D60-1
전기기사 필기

PART 1 (핵심 요점정리)
PART 2 (2025~2017)
PART 3 (2016~2003)

엔트미디어

머리말

    국가 기초 산업의 중추적인 역할을 담당하고 있는 전기 분야에서 가장 단시간만에 쉽게 자격증을 취득하기 위해서는 먼저 기 출제된 문제를 철저하게 분석하여 시험범위 및 난이도를 분석하여 그에 맞도록 준비하는 것이 가장 중요하다고 할 수 있습니다.

    이에 따라 본서는 Part 1, Part 2, Part 3로 구성하여 자격증 취득을 준비하시는 수험생분들이 단시간에 다양한 문제를 접할 수 있는 기회를 제공함과 동시에 최근의 출제방향을 알 수 있도록 구성하였으며 본서는 다음과 같은 점에 중점을 두었습니다.

Part 1 : 수험생들이 꼭 이해 또는 암기하여야 할 기초전기수학, 과목별 주요공식 및 핵심 내용을 요약정리하여 수록하였습니다.
Part 2 : 2025년부터 2017년까지의 원문 및 CBT 복원문제를 연도순으로 수록하여 최근의 출제경향 파악을 용이하도록 준비하였습니다.
Part 3 : 2016년부터 2003년까지의 출제문제 중 2017년 이후에 출제된 문제와 동일한 문제 또는 유사한 문제는 출제년도, 회차 및 문제번호를 표시한 후 삭제하여 수험생들에게 공부할 분량을 줄여줌과 동시에 다양한 문제 유형을 접할 수 있는 기회를 제공할 수 있도록 준비하였습니다.

첫째 : **검증을 통한 답과 상세한 풀이 과정을 수록함으로써 수험생 여러분들이 완벽하고 정확하게 이해할 수 있도록 준비하였습니다.**
둘째 : **개정된 KEC규정에 맞게 기 출제된 문제를 수정 보완 하였습니다.**

    끝으로 본 수험서로 필기시험을 준비하시는 여러분들에게 깊은 감사를 드리며 출판과정에서 발생할 수 있는 오·탈자 및 오답이 발견될 경우 연락주시면 수정토록하여 보다 나은 수험서가 되도록 노력하겠습니다. 또한 본 수험서에 잘못된 내용은 인터넷 홈페이지 **고객센터/정오표** 신고란에 게시할 예정이오니 많은 참고 바랍니다.
「**인터넷 주소 : www.ent1.co.kr**」

저 자

차 례

🌑 PART 3 (2016~2003)

D60-1

핵심 요점정리

기호 및 기초전기수학

1. 기호 및 단위

(1) 물리량과 단위

물 리 량	기 호	단 위	
커패시턴스	C	패라드(farad)	F
전 하 량	Q	쿨롱(coulomb)	C
도 전 율	G	지멘(siemen)	S
전 류	I	암페어(ampere)	A
에 너 지	W	주울(joule)	J
주 파 수	f	헤르쯔(hertz)	Hz
임 피 던 스	Z	옴(ohm)	Ω
인 덕 턴 스	L	헨리(henry)	H
전 력	P	와트(watt)	W
리 액 턴 스	X	오옴(ohm)	Ω
저 항	R	오옴(ohm)	Ω
시 간	t	초(second)	s
전 압	V	볼트(volt)	V

(2) 자주 사용되는 접두 미터법과 기호

접두 미터법	미터법 기호	10의 누승
기가(giga)	G	10^9
메가(mega)	M	10^6
킬로(kilo)	K	10^3
밀리(milli)	m	10^{-3}
마이크로(micro)	μ	10^{-6}
나노(nano)	n	10^{-9}
피코(pico)	p	10^{-12}

(3) 그리스 문자

그리스 문자		호 칭		그리스 문자		호 칭	
A	α	alpha	알 파	N	ν	nu	뉴 어
B	β	beta	베 타	Ξ	ξ	xi	크 사 이
Γ	γ	gamma	감 마	O	o	omicron	오미크론
Δ	δ	delta	델 타	Π	π	pi	파 이
E	ϵ	epsilon	입실론	P	ρ	rho	로 우
Z	ζ	zeta	제에타	Σ	σ	sigma	시 그 마
H	η	eta	이이타	T	τ	tau	타 우
Θ	θ	theta	시이타	Y	υ	upsilon	웁 실 론
I	ι	iota	이오타	Φ	$\phi(\varphi)$	phi	화 이
K	κ	kappa	갑 파	X	χ	chi	카 이
Λ	λ	lambda	람 다	Ψ	ψ	psi	프 사 이
M	μ	mu	뮤 우	Ω	ω	omega	오 메 가

2. 전기수학

(1) 삼각함수

1) 삼각비의 정의

직각삼각형에서 한 예각($\angle B$)이 결정되면 임의의 2변의 비는 삼각형의 크기에 관계없이 일정하다. 이들 비를 그 각의 삼각비라 한다.

① 사인(sine) : 빗변에 대한 높이의 비

$$\sin B = \frac{높이}{빗변} = \frac{b}{c}$$

② 코사인(cosine) : 빗변에 대한 밑변의 비

$$\cos B = \frac{밑변}{빗변} = \frac{a}{c}$$

③ 탄젠트(tangent) : 밑변에 대한 높이의 비

$$\tan B = \frac{높이}{밑변} = \frac{b}{a}$$

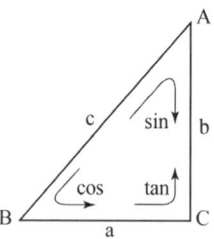

2) 특수각의 삼각비

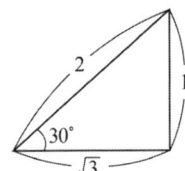 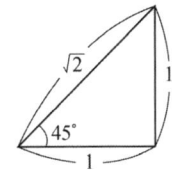 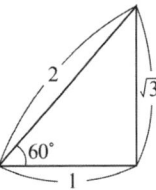

삼각비 \ θ	30°	45°	60°
$\sin\theta$	$\dfrac{1}{2}$	$\dfrac{1}{\sqrt{2}}$	$\dfrac{\sqrt{3}}{2}$
$\cos\theta$	$\dfrac{\sqrt{3}}{2}$	$\dfrac{1}{\sqrt{2}}$	$\dfrac{1}{2}$
$\tan\theta$	$\dfrac{1}{\sqrt{3}}$	1	$\sqrt{3}$

3) 삼각비의 상호관계

① $\sin(\alpha \pm \beta) = \sin\alpha\,\cos\beta \pm \cos\alpha\,\sin\beta$

② $\cos(\alpha \pm \beta) = \cos\alpha\,\cos\beta \mp \sin\alpha\,\sin\beta$

③ $\sin(90° - A) = \cos A$　　　　④ $\cos(90° - A) = \sin A$

⑤ $\tan(90° - A) = \dfrac{1}{\tan A}$　　⑥ $\sin(180° - A) = \sin A$

⑦ $\cos(180° - A) = -\cos A$　　⑧ $\tan(180° - A) = -\tan A$

⑨ $\sin^2 A + \cos^2 A = 1$

⑩ $\tan A = \dfrac{\sin A}{\cos A}$　　　⑪ $1 + \tan^2 A = \dfrac{1}{\cos^2 A}$

(2) 제곱근 계산

$a > 0,\ b > 0$ 일 때

① $(\sqrt{a})^2 = a$　　　　　　② $\sqrt{a}\,\sqrt{b} = \sqrt{ab}$

③ $a\sqrt{b} = \sqrt{a^2 b}$　　　　　④ $\dfrac{\sqrt{b}}{\sqrt{a}} = \sqrt{\dfrac{b}{a}}$

⑤ $\dfrac{\sqrt{b}}{\sqrt{a}} = \dfrac{\sqrt{ab}}{a}$　　　　⑥ $\dfrac{1}{\sqrt{a} + \sqrt{b}} = \dfrac{\sqrt{a} - \sqrt{b}}{a - b}$

⑦ $a > 0$ 일 때 $\sqrt{a^2} = a$, $a < 0$ 일 때 $\sqrt{a^2} = -a$

(3) 지수법칙

① $a^m a^n = a^{m+n}$ ② $(a^m)^n = a^{mn}$

③ $(ab)^m = a^m b^m$ ④ $\dfrac{a^m}{a^n} = a^{m-n}$

⑤ $a^{-n} = \dfrac{1}{a^n}$ ⑥ $a^0 = 1$

(4) 곱셈 공식, 인수분해 공식

① $m(a+b-c) = ma+mb-mc$

② $(a+b)^2 = a^2 + 2ab + b^2$

③ $(a-b)^2 = a^2 - 2ab + b^2$

④ $(a+b)(a-b) = a^2 - b^2$

⑤ $(x+a)(x+b) = x^2 + (a+b)x + ab$

⑥ $(ax+b)(cx+d) = acx^2 + (bc+ad)x + bd$

(5) 분수식

① 약분 : $\dfrac{bc}{ac} = \dfrac{b}{a}$ ② 통분 : $\dfrac{b}{a} + \dfrac{d}{c} = \dfrac{bc}{ac} + \dfrac{ad}{ac}$

③ 덧셈, 뺄셈 : $\dfrac{b}{a} \pm \dfrac{d}{c} = \dfrac{bc \pm ad}{ac}$ ④ 곱셈 : $\dfrac{b}{a} \times \dfrac{d}{c} = \dfrac{bd}{ac}$

⑤ 나눗셈 : $\dfrac{b}{a} \div \dfrac{d}{c} = \dfrac{b}{a} \times \dfrac{c}{d} = \dfrac{bc}{ad}$

(6) 복소수

1) 복소수의 정의

방정식 $x^2 + 1 = 0$ 의 근의 하나인 $\sqrt{-1}$ 을, 즉 제곱해서 -1이 되는 수를 편의상 기호로서 $j = \sqrt{-1}$ 로 표시하며, 이것을 허수 단위(imaginary part)라고 한다. 일반적으로 복소수는 $a+jb$ 형으로 사용하는데 a 는 실수부(real part), b 는 허수부(imaginary part)라 한다.

2) 복소수의 사칙연산

$Z_1 = a+jb$, $Z_2 = c+jd$ 라 하면

① 더하기 빼기 : $Z_1 \pm Z_2 = (a+jb) \pm (c+jd) = (a \pm c) + j(b \pm d)$

② 곱하기 : $Z_1 Z_2 = (a+jb)(c+jd) = (ac-bd) + j(ad+bc)$

③ 나누기 : $\dfrac{Z_1}{Z_2} = \dfrac{a+jb}{c+jd} = \dfrac{(a+jb)(c-jd)}{(c+jd)(c-jd)} = \dfrac{ac+bd}{c^2+d^2} + j\dfrac{bc-ad}{c^2+d^2}$

(단, $c^2 + d^2 \neq 0$)

3) 공액복소수의 성질

$Z = a+jb$에 대하여 $\overline{Z} = a-jb$인 복소수를 Z의 공액복소수라 하며, Z와 $\overline{Z}$는 서로 공액(conjugate)이라고 한다. 즉 허수부의 부호가 서로 반대이다.

① $Z + \overline{Z} = $실수 $\because$ $(a+jb) + (a-jb) = 2a$

② $Z \cdot \overline{Z} = $실수 $\because$ $(a+jb)(a-jb) = a^2 + b^2$

4) 복소수의 극형식

복소수 $Z = a+jb$를 표시하는 점을 P라고,
$\mathrm{OP} = r$, $\angle POA = \theta$라 하면, 다음과 같이 표시한다.

$$r = |Z| = \sqrt{a^2 + b^2}$$

$$\theta = \arg |Z| = \tan^{-1}\dfrac{b}{a}$$

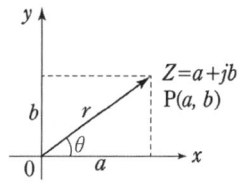

위의 식에서 복소수 $Z = a+jb$는 r의 θ를 사용해서
$Z = a+jb = r\cos\theta + jr\sin\theta = r(\cos\theta + j\sin\theta)$
로 된다. 이것을 복소수 Z의 극형식(polar form)이라고 한다.

5) 지수함수

복소수 $Z = a+jb$에 대한 지수는 e^Z로 나타내고 다음과 같이 표시한다.

$$e^Z = e^a(\cos y + j\sin y) = \exp Z$$

따라서, 복소수 $a+jb$의 극형식이 다음과 같이 표시됨을 알 수 있다.

$$Z = r(\cos\theta + j\sin\theta) = re^{j\theta}$$

그러므로, 공액복소수 $\overline{Z}$의 경우도 같은 방법에 의하여

$$\overline{Z} = a - jb = r(\cos\theta - j\sin\theta) = re^{-j\theta}$$

로 된다.

(7) 미분

① $y = C$ (C는 상수) $y' = 0$

② $y = x^m$ $y' = m\,x^{m-1}$

③ $y = f(x)\,g(x)$ $y' = f'(x)g(x) + f(x)g'(x)$

④ $y = \dfrac{f(x)}{g(x)}$ $y' = \dfrac{f'(x)g(x) - f(x)g'(x)}{g(x)^2}$

⑤ $y = \epsilon^{ax}$ $y' = a\,\epsilon^{ax}$

⑥ $y = \sin x$ $y' = \cos x$

⑦ $y = \cos x$ $y' = -\sin x$

⑧ $y = \tan x$ $y' = \sec^2 x = \dfrac{1}{\cos^2 x}$

(8) 적분

① $n \neq -1$일 때 $\displaystyle\int x^n dx = \dfrac{1}{n+1}x^{n+1} + C$

② $n = -1$일 때 $\displaystyle\int x^{-1} dx = \int \dfrac{1}{x} dx = \ln x + C$

③ $\displaystyle\int \sin x\, dx = -\cos x + C$

④ $\displaystyle\int \sin ax\, dx = -\dfrac{1}{a}\cos ax + C$

⑤ $\displaystyle\int \cos x\, dx = \sin x + C$

⑥ $\displaystyle\int \cos ax\, dx = \dfrac{1}{a}\sin ax + C$

⑦ $\displaystyle\int \sec^2 ax\, dx = \dfrac{1}{a}\tan ax + C$

⑧ $\displaystyle\int k f(x) dx = k \int f(x) dx$

⑨ $\displaystyle\int [f(x) \pm g(x)]dx = \int f(x)dx \pm \int g(x)dx$

전기자기

1. 벡터(Vector)

(1) 벡터의 내적 $A \cdot B = AB\cos\theta = A_x B_x + A_y B_y + A_z B_z$

(2) 벡터의 외적 $A \times B = AB\sin\theta$

$$= \begin{vmatrix} i & j & k \\ A_x & A_y & A_z \\ B_x & B_y & B_z \end{vmatrix}$$

$$= \begin{vmatrix} A_y & A_z \\ B_y & B_z \end{vmatrix} i + \begin{vmatrix} A_z & A_x \\ B_z & B_x \end{vmatrix} j + \begin{vmatrix} A_x & A_y \\ B_x & B_y \end{vmatrix} k$$

(3) 미분연산자 $\nabla = \left(\dfrac{\partial}{\partial x} i + \dfrac{\partial}{\partial y} j + \dfrac{\partial}{\partial z} k \right)$

(4) 전위경도 $\nabla V = \mathrm{grad}\ V = \dfrac{\partial V}{\partial x} i + \dfrac{\partial V}{\partial y} j + \dfrac{\partial V}{\partial z} k$

(5) 전계의 세기 $E = -\nabla V = -\mathrm{grad}\ V$

전계의 세기는 전위경도와 크기는 같고 방향은 반대

(6) 가우스 법칙 : $\mathrm{div}\ D = \rho$

전하가 존재하는 공간에서는 전속선이 발산(발생)한다.

(7) $\mathrm{div}\ E = \nabla \cdot E = \dfrac{\rho}{\epsilon_0}$

단위체적에서 발산하는 전기력선 수 = 단위체적당의 전하량 $\times \dfrac{1}{\epsilon_0}$

(8) $\mathrm{div}\ E = \nabla \cdot E = 0$

전하가 존재하지 않는 점은 전기력선의 새로운 발생이나 소멸이 없는 연속을 의미한다.

(9) 라플라시안 $\nabla \cdot \nabla = \nabla^2 = \dfrac{\partial^2}{\partial x^2} + \dfrac{\partial^2}{\partial y^2} + \dfrac{\partial^2}{\partial z^2} = \mathrm{div}\ \mathrm{grad}$

(10) 푸아송 방정식 : 전하밀도가 공간적으로 분포하고 있을 때, 그 내부의 임의의 점에서 전위를 결정하는 식

$$\nabla^2 V = \dfrac{\partial^2 V}{\partial x^2} + \dfrac{\partial^2 V}{\partial y^2} + \dfrac{\partial^2 V}{\partial z^2} = -\dfrac{\rho}{\epsilon_0}$$

(11) 라플라스 방정식 : 전하분포 영역 이외의 한 점의 전위 V를 생각할 때는 그 점에 전하가 없으므로 전위가 0이다.

$$\nabla^2 V = \frac{\partial^2 V}{\partial x^2} + \frac{\partial^2 V}{\partial y^2} + \frac{\partial^2 V}{\partial z^2} = 0$$

(12) • **기울기** $\nabla V = \operatorname{grad} V$

　　• **발산** $\nabla \cdot \boldsymbol{E} = \operatorname{div} E$

　　• **회전** $\nabla \times \boldsymbol{H} = \operatorname{rot} \boldsymbol{H} = \operatorname{curl} \boldsymbol{H}$

2. 진공중의 정전계

(1) 쿨롱의 법칙 : 두 점전하 사이에 작용하는 힘의 크기

$$F = \frac{Q_1 Q_2}{4\pi\epsilon_0 r^2} = 9 \times 10^9 \times \frac{Q_1 Q_2}{r^2} \ [\text{N}]$$

두 전하 사이에 작용하는 힘 　• 동종의 전하 : 반발력

　　　　　　　　　　　　　• 이종의 전하 : 흡인력

여기서, Q : 전하량 [C], r : 양 전하간의 거리 [m],

　　　　ϵ_0 : 진공중의 유전율(8.85×10^{-12}[F/m])

(2) 점전하와 전계의 세기

　1) 힘과 전계의 세기

　　① $\boldsymbol{F} = Q\boldsymbol{E}$ [N]에서 $\boldsymbol{E} = \dfrac{\boldsymbol{F}}{Q}$ [V/m] (F : 힘[N], E : 전계의 세기[V/m])

　　② $\boldsymbol{F} = m\boldsymbol{a}$ [N] 　(m : 질량[kg], a : 가속도 [m/s^2]

　　③ $\boldsymbol{E} = \dfrac{V}{d}$ [V/m] (V : 전위차[V], d : 전극간의 간격[m])

　2) 한 개의 점전하에 의한 전계의 세기

　　• 전계의 세기 : 전계 내의 임의의 한 점에 단위전하 +1[C]을 놓았을 때, 이에 작용하는 힘

$$F = E = \frac{1}{4\pi\epsilon_0}\frac{Q \times 1}{r^2} = \frac{1}{4\pi\epsilon_0}\frac{Q}{r^2} \ [\text{V/m}]$$

　3) 복수 개의 점전하에 의한 전계의 세기

　　각 점전하에 의한 전계를 구하여 벡터적으로 합성

$$E = E_1 + E_2 = \frac{1}{4\pi\epsilon_0} \frac{Q_1}{r_1^2} r_{01} + \frac{1}{4\pi\epsilon_0} \frac{Q_2}{r_2^2} r_{02}$$

4) 두 개의 점전하에 의해 전계의 세기가 0이 되는 점

① 두 개의 점전하의 극성이 동일한 경우 : 전계의 세기가 0이 되는 점은 두 점전하 사이에 존재

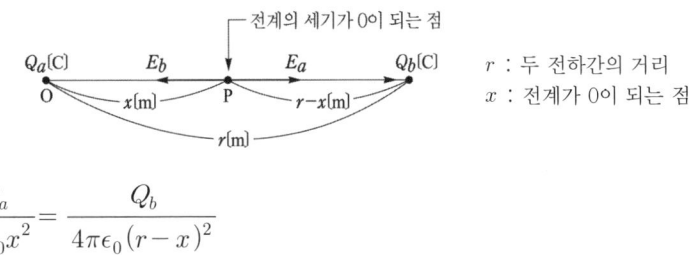

$$\frac{Q_a}{4\pi\epsilon_0 x^2} = \frac{Q_b}{4\pi\epsilon_0 (r-x)^2}$$

② 두 개의 점전하의 극성이 서로 다른 경우($|Q_a| > |Q_b|$인 경우)

: 전계의 세기가 0이 되는 점은 전하의 절대값이 작은 측의 외측에 존재

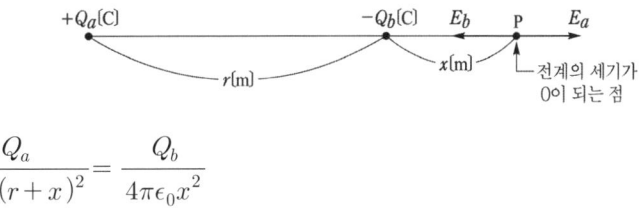

$$\frac{Q_a}{4\pi\epsilon_0 (r+x)^2} = \frac{Q_b}{4\pi\epsilon_0 x^2}$$

(3) 전계 및 전위

1) 반지름 a[m]인 구체상의 균일 전하분포에 의한 전계

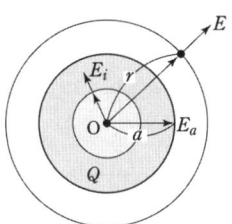

| 구체상 전하 |

	구체외부($r > a$)	구체 표면($r = a$)	구체내부($r < a$)
전계의 세기 [V/m]	$E = \dfrac{Q}{4\pi\epsilon_0 r^2}$	$E_a = \dfrac{Q}{4\pi\epsilon_0 a^2}$	$E_i = \dfrac{r}{4\pi\epsilon_0 a^3} Q$
전위 [V]	$V = \dfrac{Q}{4\pi\epsilon_0 r}$	$V_a = \dfrac{Q}{4\pi\epsilon_0 a}$	$V_i = \dfrac{Q}{4\pi\epsilon_0 a}\left(\dfrac{3}{2} - \dfrac{r^2}{2a^2}\right)$

2) 무한장 직선

  (1) 전계의 세기 $E = \dfrac{\lambda}{2\pi\epsilon_0 r}$ [V/m] (λ : 선전하 밀도[C/m])

  (2) 전위차 (직선도체로부터 거리 $r_2 > r_1$) $V_{AB} = \dfrac{\lambda}{2\pi\epsilon_0} \ln \dfrac{r_2}{r_1}$ [V]

3) 반지름 a[m]인 무한장 원주형 대전체에서의 전계

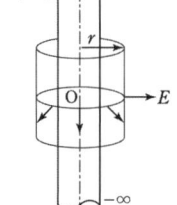

  (1) 원주 외부에서의 전계의 세기($r > a$) $E = \dfrac{\lambda}{2\pi\epsilon_0 r}$ [V/m]

  (2) 원주 표면에서의 전계의 세기($r = a$) $E_a = \dfrac{\lambda}{2\pi\epsilon_0 a}$ [V/m]

  (3) 원주 내부에서의 전계의 세기($r < a$) $E_i = \dfrac{\lambda}{2\pi\epsilon_0 a^2} r$ [V/m]

  만일 원주형 대전체 내부에 전하가 없다면 내부의 전계의 세기는
0 이 되어 완전도체와 같은 경우가 된다.

4) 동심 도체구에서의 전계 및 전위

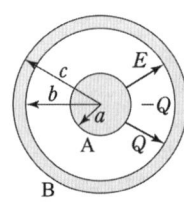

구 분	도체 A, B 사이의 전계	도체 B의 외측 전계	도체A의 전위	도체B의 전위
도체 A에 전하 : Q 도체 B에 전하 : 0	$\dfrac{Q}{4\pi\epsilon_0 r^2}$	$\dfrac{Q}{4\pi\epsilon_0 r^2}$	$\dfrac{Q}{4\pi\epsilon_0}\left(\dfrac{1}{a} - \dfrac{1}{b} + \dfrac{1}{c}\right)$	$\dfrac{Q}{4\pi\epsilon_0 c}$
도체 A에 전하 : 0 도체 B에 전하 : Q	0	$\dfrac{Q}{4\pi\epsilon_0 r^2}$	$\dfrac{Q}{4\pi\epsilon_0 c}$	$\dfrac{Q}{4\pi\epsilon_0 c}$
도체 A에 전하 : Q 도체 B에 전하 : $-Q$	$\dfrac{Q}{4\pi\epsilon_0 r^2}$	0	$\dfrac{Q}{4\pi\epsilon_0}\left(\dfrac{1}{a} - \dfrac{1}{b}\right)$	0

5) 무한 평면 도체에서의 전계 및 전위

  ① 한 장의 무한 평판 도체

    • 전속밀도 $D = \dfrac{\sigma}{2}$ [C/m^2] (σ : 면전하밀도[C/m^2])

    • 전계의 세기 $E = \dfrac{D}{\epsilon_0} = \dfrac{\sigma}{2\epsilon_0}$ [V/m]

② 두 장의 무한 평판 도체
- 평판 외측의 전계의 세기 $E = 0[\text{V/m}]$
- 평판 내측의 전계의 세기 $E = \dfrac{\sigma}{\epsilon_0}[\text{V/m}]$
- 두 평판 도체의 전위차 : $V = Ed[\text{V}]$

(4) 전기력선의 성질
① 전기력선의 방향은 전계의 방향과 일치한다.
② 전기력선 밀도는 그 점에서의 전계의 세기와 같다.

(전기력선 밀도 $\dfrac{N}{S}[\text{lines/m}^2]$=전계의 세기 $E[\text{V/m}]$)

③ 단위전하 (1 [C])에서는 $\dfrac{1}{\epsilon_0} = 36\pi \times 10^9$개의 전기력선이 발생한다.

④ 전기력선은 정전하(+ 전하)에서 출발하여 부전하(－전하)에서 멈추거나 무한원까지 퍼진다.

⑤ 전하가 없는 곳에서는 전기력선의 발생과 소멸이 없고 연속적이다.

⑥ 전기력선은 전위가 높은 곳에서 낮은 곳으로 향한다. $(E = -\text{grad } V)$

⑦ 전기력선은 자신만으로 폐곡선이 되는 일은 없다. $(\triangledown \times E = 0)$

⑧ 2개의 전기력선은 서로 교차하지 않는다.

⑨ 전기력선은 등전위면과 직교한다.(단, 전계가 0인 곳에서는 이 조건은 성립되지 않는다.)

⑩ 도체 내부에서 전기력선은 없다.(도체내부 전계의 세기가 0)

⑪ 전기력선은 도체 표면에서 수직으로 출입한다.

⑫ 전기력선은 무한원점에서 끝나거나, 무한원점에서 오는 것이 있다.

⑬ 무한원점에 있는 전하까지 합하면 전하의 총량은 0 이다.

(5) 전기력선 방정식 $\dfrac{dx}{E_x} = \dfrac{dy}{E_y} = \dfrac{dz}{E_z}$

(6) 전속과 전속밀도
1) 전속 Ψ =전하 $Q[\text{C}]$: 매질에 관계없다.

2) 전기력선수 $N = \dfrac{Q}{\epsilon_0}$: 매질에 따라 그 값이 달라진다.

3) 진공 중에 점전하 $Q[\text{C}]$이 있고, 거리 $r[\text{m}]$ 떨어진 구면상에서의 전속밀도 D

$$D = \dfrac{Q}{S} = \dfrac{Q}{4\pi r^2}[\text{C/m}^2]$$

4) 전속밀도와 전계와의 관계

$$D = \epsilon_0 E \ [\text{C/m}^2] \ \text{또는} \ E = \frac{D}{\epsilon_0} = \frac{Q}{S\epsilon_0} = \frac{\Psi}{S\epsilon_0} \ [\text{V/m}]$$

(7) 전속밀도 및 전계세기와 전하에 관한 법칙

1) 전속밀도와 전하

① **적분형** : 폐곡면에서 나오는 전 전속선 수는 폐곡면 내에 있는 전 전하량과 같다.

$$\oint_S D \cdot dS = Q$$

② **미분형** : 전속선의 발산량은 그 점에서의 체적(공간) 전하밀도 크기와 같다.

$$\rho = \text{div} \, D = \nabla \cdot D = \frac{\partial D_x}{\partial x} + \frac{\partial D_y}{\partial y} + \frac{\partial D_z}{\partial z} \ [\text{C/m}^3]$$

2) 전계세기와 전하

① **적분형** : 폐곡면에서 나오는 전 전기력선 수는 폐곡면 내에 있는 전 전하량의 $\frac{1}{\epsilon_0}$ 배와 같다.

$$\oint_S E \cdot dS = \frac{Q}{\epsilon_0}$$

② **미분형** : 전기력선의 발산량은 그 점에서의 체적 전하밀도의 $\frac{1}{\epsilon_0}$ 배와 같다.

$$\text{div} \, E = \nabla \cdot E = \frac{\rho}{\epsilon_0}$$

(8) 전위 및 전위차

1) 전위 $V_P = -\int_{\infty}^{P} E \cdot dl$

2) 한 개의 점전하에 의한 전위 $V = \dfrac{Q}{4\pi\epsilon_0 r} = 9 \times 10^9 \times \dfrac{Q}{r} \ [\text{V}]$

3) 2개 이상의 점전하 Q에 의한 전위의 합 $V = V_1 + V_2$ (대수합)

(반면에 전계의 합은 벡터 합이 되어야 한다 $E = E_1 + E_2$)

4) 점전하 Q로부터 A, B점 까지의 거리가 r_A, r_B일 때 두 점 사이의 전위차

$$V_{AB} = \frac{Q}{4\pi\epsilon_0}\left(\frac{1}{r_A} - \frac{1}{r_B}\right)[\text{V}]$$

5) 폐회로를 일주할 때 전계가 하는 일은 0이 된다.

$$\oint \boldsymbol{E} \cdot dl = 0 \ (\mathrm{rot}\,\boldsymbol{E} = 0)$$

6) 전위차 V_{AB}는 점 A(종점)와 점 B(시점)의 위치만으로 결정되며 그 값은 경로에 관계없이 일정하다.

(9) 등전위면

1) 등전위면은 폐곡면이다.

2) 전기력선은 등전위면과 항상 직교한다.

3) 두 개의 서로 다른 등전위면은 서로 교차하지 않는다.

(10) 전위경도

1) 전위가 단위 길이 당 변화하는 정도를 전위경도라 한다.

전위경도 $\dfrac{dV}{dl} = -\,\boldsymbol{E}$ [V/m]

2) 전위경도는 전계의 세기와 크기는 같고, 방향은 반대 방향이다.

- 전위경도 $\nabla V = \mathrm{grad}\ V$ [V/m]
- 전계의 세기 $\boldsymbol{E} = -\left(\dfrac{\partial}{\partial x}\boldsymbol{i} + \dfrac{\partial}{\partial y}\boldsymbol{j} + \dfrac{\partial}{\partial z}\boldsymbol{k}\right)V = -\,\mathrm{grad}\,V = -\,\nabla V$ [V/m]

(11) 입체각

1) 전구면의 입체각 $\omega = \dfrac{4\pi r^2}{r^2} = 4\pi$ [sr]

2) 반구면의 입체각 $\omega = \dfrac{2\pi r^2}{r^2} = 2\pi$ [sr]

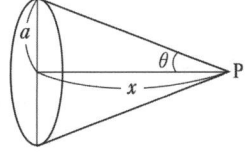

3) 반지름 a[m]의 원 또는 원판의 중심축상 x[m]의 점 P에 대하여 이루는 입체각

$$\omega = 2\pi(1 - \cos\theta) = 2\pi\left(1 - \dfrac{x}{\sqrt{x^2 + a^2}}\right)$$

(12) 도체의 성질과 전하분포

1) 도체 표면과 내부의 전위는 동일하고(등전위), 표면은 등전위면이다.

2) 도체 내부의 전계의 세기는 0 이다.

3) 전하는 도체 내부에는 존재하지 않고, 도체 표면에만 분포한다.

4) 도체 면에서의 전계의 세기는 도체 표면에 항상 수직이다.

즉, 전계는 법선성분만 존재하고, 접선성분은 존재하지 않는다.

- 법선성분의 전계 $E_n = \dfrac{\sigma}{\epsilon_0}$

- 접선성분의 전계 $E_t = 0$

⑤ 도체 표면에서의 전하밀도는 곡률이 클수록(뾰족할수록) 높다.

⑥ 중공부에 전하가 없고 대전 도체라면, 전하는 도체 외부의 표면에만 분포한다.

(13) 정전응력

$$f = \frac{1}{2}DE = \frac{1}{2}\epsilon_0 E^2 = \frac{D^2}{2\epsilon_0} = \frac{\sigma^2}{2\epsilon_0}\,[\mathrm{N/m^2}] \quad (\sigma : \text{면전하밀도 } [\mathrm{C/m^2}])$$

(14) 전기 쌍극자 모멘트 M

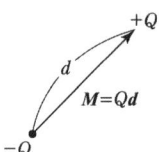

1) 크기 : $M = Qd\,[\mathrm{C \cdot m}]$

2) 방향 : $-Q$에서 $+Q$로 향하는 방향

(15) 전기쌍극자에 의한 전위 및 전계

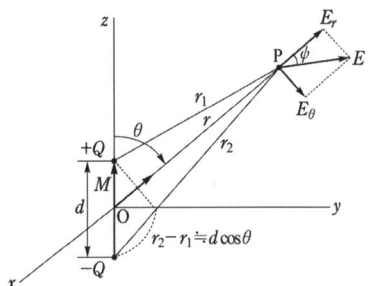

1) 전위 $V = \dfrac{Q}{4\pi\epsilon_0}\left(\dfrac{1}{r_1} - \dfrac{1}{r_2}\right) = \dfrac{M\cos\theta}{4\pi\epsilon_0 r^2}\,[\mathrm{V}]$

2) 합성전계의 크기 $E = \dfrac{M\sqrt{1+3\cos^2\theta}}{4\pi\epsilon_0 r^3}\,[\mathrm{V/m}]$

- 전계의 최대 값 : $\theta = 0° \ (\cos 0° = 1)$
- 전계의 최소 값 : $\theta = 90° \ (\cos 90° = 0)$

(16) 전기 이중층

1) 세기 : $M = \sigma t\,[\mathrm{C/m}]$ (σ : 면전하 밀도 $[\mathrm{C/m^2}]$, t : 판의 두께 $[\mathrm{m}]$)

2) 전위 : $V = \pm\dfrac{M}{4\pi\epsilon_0}\omega\,[\mathrm{V}]$

3) 전기 이중층 양면의 전위차 $V_{PQ} = \dfrac{M}{\epsilon_0}\,[\mathrm{V}]$

(17) 포아송 방정식(Poisson's equation) : 전하밀도가 0이 아닌 곳에 적용

- $\mathrm{div\,grad}\,V = -\dfrac{\rho}{\epsilon_0}$

- $\nabla \cdot \nabla V = \nabla^2 V = -\dfrac{\rho}{\epsilon_0}\ \left(\therefore\ \nabla^2 V = -\dfrac{\rho}{\epsilon_0}\right)$ (ρ : 체적 전하밀도$[\mathrm{C/m^3}]$)

(18) 라플라스 방정식(Laplace's equation) : 전하밀도가 0일 때 적용

$$\nabla \cdot \nabla V = \nabla^2 V = 0 \ \left(\therefore\ \nabla^2 V = 0\right)$$

3. 진공 중의 도체계와 정전용량

(1) 전위계수의 성질

- $P_{ii} > 0$ • $P_{ii} \geq P_{ji}$ • $P_{ji} \geq 0$ • $P_{ij} = P_{ji}$

(전위계수 P_{ij} : 도체 j에만 단위전하 +1[C]을 주었을 때 도체 i의 전위)

(2) 전위계수 $= \dfrac{1}{C} = \dfrac{V}{Q}$ [1/F] [엘라스턴스 (elastance) (daraf)]

(3) 용량계수와 유도계수

- 용량계수$(q_{ii}) > 0$ • 유도계수$(q_{ij}) \leq 0$ • $q_{ij} = q_{ji}$
- $q_{11} \geq -(q_{21} + q_{31} + q_{41} + \cdots + q_{n1})$ 또는 $q_{11} + q_{21} + q_{31} + q_{41} + \cdots + q_{n1} \geq 0$

(4) 정전용량

1) 진공 중에 고립된 도체의 정전용량 $C = \dfrac{Q}{V}$ [F]

2) 평행평판 도체에서의 정전용량 $C = \dfrac{\epsilon_0}{d} S$ [F]

3) 반지름 a[m]인 고립 도체구의 정전용량 $C = \dfrac{Q}{V} = 4\pi\epsilon_0 a$ [F]

(5) 콘덴서의 직렬접속 및 병렬접속

항 목	직렬접속	병렬접속
결 선	C_1 C_2	C_1 C_2
합 성 정전용량	• $C_0 = \dfrac{C_1 C_2}{C_1 + C_2}$	• $C_0 = C_1 + C_2$
전압 및 전하량	• 각 콘덴서의 전하량 동일 $Q_1 = Q_2 = Q_t$ • $C_1 V_1 = C_2 V_2 = \dfrac{C_1 C_2}{C_1 + C_2} \cdot V$	• 각 콘덴서의 충전전압 동일 • $V = \dfrac{Q_1}{C_1} = \dfrac{Q_2}{C_2} = \dfrac{Q_t}{C_1 + C_2}$

(6) 콘덴서 직렬접속 후 전압을 상승 시킬 때 제일먼저 파괴되는 콘덴서

1) 콘덴서 내압이 같은 경우 : 정전용량이 제일 적은 콘덴서
2) 콘덴서 내압이 다른 경우 : 전하량(내압×정전 용량)이 제일 적은 콘덴서

(7) 정전 에너지 W

$$W = \frac{1}{2}QV = \frac{1}{2}CV^2 = \frac{Q^2}{2C}[\text{J}]$$

(8) 정전 에너지 밀도

1) 평행평판 콘덴서의 정전에너지

$$W = \frac{1}{2}CV^2 = \frac{1}{2} \cdot \frac{\epsilon S}{d} \cdot (dE)^2 = \frac{1}{2}\epsilon E^2 \cdot Sd[\text{J}]$$

(V : 전위차, d : 간격, S : 면적)

2) 단위 체적당 축적되는 정전에너지 (정전에너지 밀도)

$$w = \frac{W}{Sd} = \frac{1}{2}\epsilon E^2 = \frac{1}{2}DE = \frac{1}{2}\frac{D^2}{\epsilon}\ [\text{J/m}^3]$$

3) 진공 내에서 전위 함수 $V[\text{V}]$로 주어질 때 공간에 저축되는 에너지

$$W = \int_v \frac{1}{2}\epsilon_0 E^2 dv = \frac{1}{2}\epsilon_0 \int_v |-\text{grad}\,V|^2 dv[\text{J}]$$

(9) 정전 응력

1) 도체표면에 작용하는 정전응력 f

$$f = \frac{\sigma^2}{2\epsilon_0} = \frac{D^2}{2\epsilon_0} = \frac{1}{2}DE = \frac{1}{2}\epsilon_0 E^2\ [\text{N/m}^2]$$

(여기서, $\sigma[\text{C/m}^2]$: 도체의 표면 전하밀도)

2) 반지름 $a[\text{m}]$인 구도체 표면에 작용하는 응력

$$f = \frac{1}{2}\epsilon_0 E^2 = \frac{1}{2}\epsilon_0\left(\frac{Q}{4\pi\epsilon_0 a^2}\right)^2 = \frac{Q^2}{32\pi^2\epsilon_0 a^4}\ [\text{N/m}^2]$$

4. 유전체

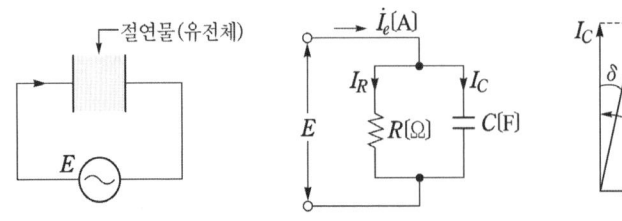

(1) 유전체 손실

$$W_d = EI_R = EI_C \tan\delta = 2\pi f CE^2 \tan\delta$$

(2) 유전체 역률

$$\tan\delta = \frac{I_R}{I_C} = \frac{E/R}{2\pi f CE} = \frac{1}{2\pi f CR}$$

(3) 비유전율 ϵ_s의 성질

1) 유전체의 비유전율 ϵ_s는 항상 1보다 크다.

2) 비유전율 ϵ_s는 물질의 종류에 따라 다르다.

3) 진공 중 비유전율 $\epsilon_s = 1$

4) 공기 중 비유전율 $\epsilon_s \fallingdotseq 1.00058$

(4) 분극의 종류

1) 전자분극(electronic polarization) : 원자내의 전자와 핵의 상대적 변위로 발생

2) 이온분극(ionic polarization) : 양으로 대전된 원자와 음으로 대전된 원자의 상대적 변위에 의하여 발생

3) 쌍극자 분극(orientational polarization) : 유극성 분자가 전계 방향에 의해 재배열한 분극

(5) 분극의 세기 P

1) $\boldsymbol{P} = \chi\boldsymbol{E} = (\epsilon - \epsilon_0)\boldsymbol{E} = \epsilon\boldsymbol{E} - \epsilon_0\boldsymbol{E} \ (D = \epsilon E) = \boldsymbol{D} - \epsilon_0\boldsymbol{E} \ [\chi \,(분극율) = \epsilon - \epsilon_0]$

2) $\boldsymbol{P} = \dfrac{Q}{S}$ (분극의 세기 : 단위 면적당의 분극 전하량)

3) $\boldsymbol{P} = \dfrac{M}{V}$ (분극의 세기 : 단위 체적당의 전기 쌍극자 모멘트)

(6) 분극의 방향 : 부(−)의 분극전하 → 정(+)의 분극전하

(7) 전기 감수율(비분극률) $\chi_{er} = \dfrac{\chi}{\epsilon_0} = \epsilon_s - 1$

(8) 패러데이관의 특징

1) 패러데이관 내의 전속선 수는 일정하다.

2) 진전하가 없는 점에서는 패러데이관은 연속적이다.

3) 패러데이관 양단에 정·부의 단위 전하가 있다.

4) 패러데이관의 밀도는 전속밀도와 같다.

5) 패러데이 관은 $\mathrm{div}\,\boldsymbol{D} = \rho$에 의하여 정전하에서 나와 부전하에서 끝나게 된다.

6) 패러데이관 수 = 전속선 수

(9) 전속밀도 $\boldsymbol{D} = \epsilon\boldsymbol{E} = \epsilon_0\epsilon_S\boldsymbol{E} = \epsilon_0\boldsymbol{E} + \epsilon_0(\epsilon_s - 1)\boldsymbol{E} = \epsilon_0\boldsymbol{E} + \boldsymbol{P}\,[\mathrm{C/m^2}]$

1) 전속밀도(D)= 진전하밀도 (σ)

2) 분극의 세기(분극도 P) = 분극전하밀도(σ_p)

(10) 유전체 중의 쿨롱의 법칙

균일한 유전체 중에 거리 $r[\mathrm{m}]$인 점전하 Q_1, $Q_2[\mathrm{C}]$ 사이에 작용하는 힘

$$F = \frac{Q_1 Q_2}{4\pi\epsilon_0\epsilon_s r^2} = 9\times 10^9 \times \frac{Q_1 Q_2}{\epsilon_s r^2}\,[\mathrm{N}]$$

(11) 점전하 $Q[\mathrm{C}]$에서 거리 $r[\mathrm{m}]$인 점에 생기는 전위

$$V = \frac{Q}{4\pi\epsilon_0\epsilon_s r} = 9\times 10^9 \times \frac{Q}{\epsilon_s r}\,[\mathrm{V}]$$

(12) 두 유전체의 경계조건 (굴절법칙)

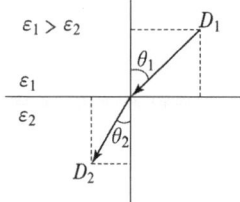 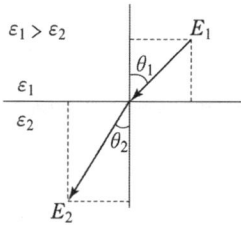

| 전속의 굴절 |　　　| 전기력선의 굴절 |

1) 전속밀도(D)의 법선성분(수직성분)이 같다. $(D_1\cos\theta_1 = D_2\cos\theta_2)$

2) 전계(E)는 접선성분(평행성분)이 같다. $(E_1\sin\theta_1 = E_2\sin\theta_2)$

3) 두 경계면에서의 전위는 서로 같다. $(V_1 = V_2)$

4) $\epsilon_1 > \epsilon_2$이면, $\theta_1 > \theta_2$이다.

5) $\dfrac{\tan\theta_1}{\tan\theta_2} = \dfrac{\epsilon_1}{\epsilon_2}$

(13) 경계면 수직$(\theta_1 = 0°)$ 입사, $\epsilon_1 > \epsilon_2$인 경우

1) 전속 및 전기력선은 굴절하지 않고 직진한다.$(\theta_2 = 0°)$

2) 전속밀도는 연속(일정)한다.$(D_1 = D_2)$

3) 전계는 불연속이다. $(E_1 < E_2)$

(14) 경계면 평행$(\theta_1 = 90°)$ 입사, $\epsilon_1 > \epsilon_2$인 경우

1) 전속 및 전기력선은 굴절하지 않고 직진한다. $(\theta_2 = 90°)$

2) 전속밀도는 불연속이다. $(D_1 > D_2)$

3) 전계는 연속(일정)한다. $(E_1 = E_2)$

(15) 유전체 중의 정전 에너지 밀도

$$w = \frac{1}{2}\boldsymbol{E} \cdot \boldsymbol{D} = \frac{\epsilon E^2}{2} = \frac{D^2}{2\epsilon}\,[\mathrm{J/m^3}]$$

(16) 유전체에 작용하는 힘$(\epsilon_1 > \epsilon_2$인 경우$)$

1) 전계가 경계면에 수직일 때

A $+\sigma$ S

ε_1 $\downarrow D$ $\downarrow E_1$ f_1

경계조건$(\varepsilon_1 > \varepsilon_2)$

C $\dfrac{-\sigma}{+\sigma}$ (인장응력) $f = f_2 - f_1$

$D_1 = D_2 = D$

ε_2 $\downarrow D$ $\downarrow E_2$ f_2

$E_1 < E_2$

$f_1 < f_2$

B $-\sigma$

① $f_n = \dfrac{1}{2}\left(\dfrac{1}{\epsilon_2} - \dfrac{1}{\epsilon_1}\right)D^2\,[\mathrm{N/m^2}]$

② 법선 성분만 존재한다.

③ 경계면에 인장응력 작용

④ 힘의 방향 : 유전율이 큰 쪽에서 적은 쪽으로

2) 전계가 경계면에 평행일 때$(\epsilon_1 > \epsilon_2$인 경우$)$

$+\sigma$ S

ε_1 $D_1 \downarrow$ $\downarrow D_2$ ε_2

경계조건$(\varepsilon_1 > \varepsilon_2)$

$E \downarrow$ $\downarrow E$ (압축응력)

$E_1 = E_2 = E$

$f_1 \rightarrow$ f_2

$D_1 > D_2$

$f \rightarrow$ $f = f_2 - f_1$

$f_1 > f_2$

$-\sigma$

① $f_n = \dfrac{1}{2}(\epsilon_1 - \epsilon_2)E^2\,[\mathrm{N/m^2}]$

② 접선 성분만 존재한다.

③ 경계면에 압축응력 작용

④ 힘의 방향 : 유전율이 큰 쪽에서 적은 쪽으로

5. 전기 영상법

(1) 평면 도체와 점 전하

1) 유도전하 $-Q$와 점전하 Q사이에 작용하는 힘 F(영상력)

$$F = \frac{Q \times (-Q)}{4\pi\epsilon_0 (2d)^2} = -\frac{Q^2}{16\pi\epsilon_0 d^2} \ [\text{N}]$$

$(-$ 부호 : 인력$)$

영상력은 전하의 종류에 관계없이 항상 흡인력이 작용한다.

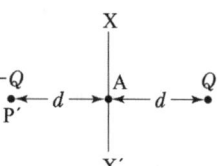

2) 원점으로부터 거리 x 만큼 떨어진 도체 위의 한 점의 전계 E

$$E = \frac{Q \, d}{2\pi\epsilon_0 (d^2 + x^2)^{3/2}}$$

3) 도체 표면의 전하 밀도

$$\sigma = \epsilon_0 E = \frac{Qd}{2\pi (d^2 + x^2)^{3/2}} \ [\text{C/m}^2]$$

4) 도체 표면의 최대 전하 밀도

$$|\sigma|_{\max} = \frac{Q}{2\pi d^2} [\text{C/m}^2]$$

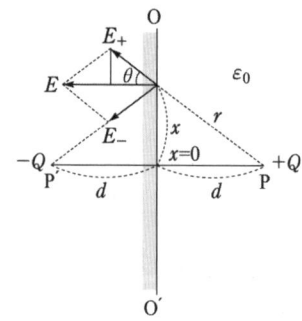

5) 영상전하 수량 $n = \dfrac{360}{\theta} - 1[개]$

(2) 접지 도체구와 점전하

반지름 a의 접지 도체구의 중심으로부터 $d\,(>a)$인 점에 점전하 Q 가 있는 경우

1) 영상점 : 중심으로부터 $\dfrac{a^2}{d}$인 점

2) 영상전하 $Q' = -\dfrac{a}{d}Q$

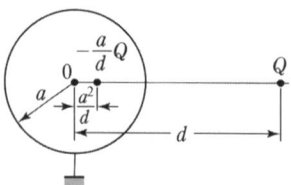

(3) 절연 도체구와 점전하

전계의 세기는 점전하 Q, 영상전하 $-\left(\dfrac{a}{d}\right)Q$ 및 $+\left(\dfrac{a}{d}\right)Q$ 의 세 개의 점전하에 의한 것이 된다.

1) 제1 영상전하

- 영상점 : $\dfrac{a^2}{d}$

- 영상전하의 크기 : $Q' = -\dfrac{a}{d}Q$

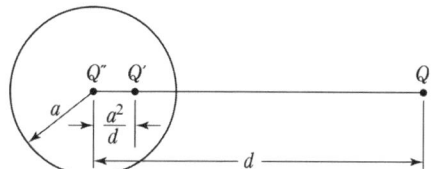

2) 제2 영상전하

- 영상점 : 원점

- 영상전하의 크기 : $Q'' = \dfrac{a}{d}Q$

(4) 평판 도체와 선 전하

무한 평판 도체와 높이 h에 선전하밀도 λ를 갖는 반지름 a인 무한 직선도체가 평행으로 놓여 있는 경우의 정전용량

$$C = \dfrac{2\pi\epsilon_0}{\ln\dfrac{2h}{a}}[\text{F/m}]$$

(5) 평등전계 중의 유전체구

1) 유전체 구의 전계의 세기 E_i

유전율 ϵ_1인 유전체 내의 평등전계 E_0 중에 유전율 ϵ_2 반지름 a인 유전체구를 놓은 경우

$$E_i = \dfrac{3\epsilon_1}{2\epsilon_1 + \epsilon_2}E_0\ [\text{V/m}]$$

2) 유전체구 내부의 전속밀도 D_i

$$D_i = \epsilon_2 E_i = \dfrac{3\epsilon_2}{2\epsilon_1 + \epsilon_2}D_0$$

(D_0 : 최초의 전속밀도)

3) 전속은 유전율이 큰 부분으로 집중된다.

4) 전계는 유전율이 작은 부분으로 집중된다.

6. 전류

(1) 전류는 미소시간 dt 사이에 그 단면을 통과한 전하량의 비율로써 정의한다.

$$I = \frac{dQ}{dt} \, [\text{A}]$$

(2) 전도 전류 I_c (conduction current) : 금속 도체 중을 흐르는 전류

- 순시값 $i_c = \dfrac{V_m}{R} \sin\omega t \, [\text{A}]$
- 실효값 $I_c = \dfrac{V}{R} \, [\text{A}]$

(3) 변위 전류 I_d (displac-ement current) : 전속밀도의 시간적 변화에 의하여 발생

- 순시값 $i_d = \omega C V_m \sin(\omega t + 90°)$
- 실효값 $I_d = \omega C V$

(4) 전류밀도와 도전율

1) 전   류 $I = neSv = \rho_v Sv \, [\text{A}]$

2) 전류밀도 $i = \dfrac{I}{S} = nev = \rho_v v \, [\text{A/m}^2]$

3) 전류밀도 $i = \sigma \boldsymbol{E}$: 정상전류의 미분형

4) 도 전 율 $\sigma = ne\mu = \rho_v \mu \, [\Omega \cdot \text{m}]^{-1}$

5) 체적전하밀도 $\rho_v = ne \, [\text{C/m}^3]$

6) 전하의 이동속도 $\boldsymbol{v} = \mu \boldsymbol{E}$

7) 전자의 비전하 $= \dfrac{e}{m} = \dfrac{-1.602 \times 10^{-19} [\text{C}]}{9.107 \times 10^{-31} [\text{kg}]} = -1.759 \times 10^{11} \, [\text{C/kg}]$

여기서, n : 단위체적당 전하의 수 μ : 하전입자의 이동도(mobility)

v : 전하의 이동속도 $[\text{m/sec}]$ S : 단면적 $[\text{m}^2]$

ρ_v : 체적전하밀도 $[\text{C/m}^3]$ σ : 도전율(conductivity)

ρ : 고유저항 $[\Omega \cdot \text{m}]$

e : 한 개 입자의 전하량 $[\text{C}]$ $(1.602 \times 10^{-19} \, [\text{C}])$

(5) 저항 $R = \dfrac{l}{\sigma S} = \rho \dfrac{l}{S} \, [\Omega]$

(6) 저항률 $\rho = \dfrac{RS}{l} \, [\Omega \cdot \text{m}]$ 로 저항과 면적에 비례하며, 길이에 반비례한다.

(7) 콘덕턴스 $G = \dfrac{1}{R} = \sigma \dfrac{S}{l} = \dfrac{S}{\rho l} \, [\mho]$ 또는 $[\text{S}]$ $\left(\rho = \dfrac{1}{\text{도전율}} = \dfrac{1}{\sigma} \, [\Omega \cdot \text{m}]\right)$

(8) 전기 저항과 정전 용량

물질의 도전율과 유전율을 알고 있으면 저항만을 측정하여 정전용량을 구할 수 있다.

$$RC = \frac{\epsilon}{\sigma} = \epsilon \rho \qquad \therefore \ RC = \epsilon \rho$$

(9) 임의의 온도 $t[℃]$ 및 $t_0[℃]$에서의 고유저항을 ρ_t, ρ_0라 하면

$$\rho_t = \rho_0 \{ 1 + \alpha_0 (t + t_0) \}$$

(10) 온도 t_1일 때의 저항 온도계수

$$\alpha_1 = \frac{1}{\dfrac{1}{\alpha_0} + t_1} = \frac{\alpha_0}{1 + \alpha_0 t_1}$$

(단, 0 [℃]에서의 동선의 온도계수 : $\alpha_0 = \dfrac{1}{234.5}$)

(11) 온도 t_1 및 t_2일 때 저항을 각각 R_1, R_2라 하고, t_1에서의 온도계수 α_1이라 하면

$$R_2 = R_1 \{ 1 + \alpha_1 (t_2 - t_1) \}$$

(12) 합성저항 온도계수 $\alpha_t = \dfrac{R_1 \alpha_1 + R_2 \alpha_2}{R_1 + R_2}$

(13) 전력 $P = \dfrac{W}{t} = V \dfrac{Q}{t} = VI \, [\mathrm{J/s}] = VI \, [\mathrm{W}]$

(14) 줄의 법칙

- 에너지(전력량) $W = P \cdot t = VIt = I^2 Rt = \dfrac{V^2}{R} t \ [\mathrm{W \cdot s}]$

- 열량 $Q = 0.24 W = 0.24 P \cdot t = 0.24 I^2 Rt = 0.24 \dfrac{V^2}{R} t \ [\mathrm{cal}]$

(15) 열전현상

1) 제베크 효과(Seebeck effect)
　① 서로 다른 두 종류의 금속선으로 폐회로 구성
　② 두 접합점의 온도를 달리하였을 때, 폐회로에 열기전력이 발생
　③ 열전대에 이용

2) 펠티에 효과(Peltier effect)

① 서로 다른 두 종류의 금속선으로 폐회로 구성

② 전류를 흘리면 금속선의 접속점에서 열의 흡수(온도 강하) 또는 발생(온도 상승)

③ 제베크 효과의 역효과로서 이 현상을 이용하여 저온을 얻는 것을 전자냉동이라 한다.

3) 톰슨 효과(Thomson effect)

① 동일한 금속 도선

② 고온 쪽에서 저온 쪽으로 전류를 흘리면 도선 속에서 열이 발생되거나 흡수가 일어나는 현상

7. 정자계

(1) 쿨롱의 법칙

$$F = \frac{m_1 m_2}{4\pi\mu_0 r^2} = 6.33 \times 10^4 \times \frac{m_1 m_2}{r^2} \, [\text{N}]$$

(m_1, m_2 : 자극의 세기[Wb], r : 자극간의 거리[m])

- 진공의 투자율 $\mu_0 = 4\pi \times 10^{-7} [\text{H/m}]$

- $\dfrac{1}{4\pi\mu_0} = 6.33 \times 10^4$

- 동일 부호의 자극사이에는 반발력, 서로 다른 부호의 자극사이에는 흡인력이 작용

(2) m[Wb]의 점자극에서 나오는 자력선 수 N

$$N = \frac{m}{\mu} = \frac{m}{\mu_0 \mu_s} \, [\text{개}]$$

(3) 자속밀도 B

$$B = \frac{\phi}{S} = \frac{m}{S} \, [\text{Wb/m}^2] \ \text{또는} \ \phi = B \cdot S \ (\phi : \text{자속[Wb]}, \ S : \text{면적[m}^2])$$

(4) 자속밀도 B와 자계의 세기 H와의 관계

$$B = \mu H \, [\text{Wb/m}^2]$$

(5) 자계의 세기 H

자계 중의 한 점에 단위자하 $(+1\,[\mathrm{Wb}])$를 놓았을 때, 이에 작용하는 힘

$$H = \frac{m}{4\pi\mu_0 r^2} = 6.33\times10^4 \times \frac{m}{r^2}\ [\mathrm{AT/m}]$$

(6) 쿨롱력과 자계

- 진공 중 $F = \dfrac{m^2}{4\pi\mu_0 r^2}\,[\mathrm{N}]$

- 진공 이외의 매질 $F = \dfrac{m^2}{4\pi\mu r^2}\,[\mathrm{N}]$

(7) 점자극 m에서 r 거리인 점의 자위 $U_m = \dfrac{m}{4\pi\mu r}\,[\mathrm{AT}]$

(8) 자기 모멘트 M

- 크기 : $M = ml\ [\mathrm{Wb}\cdot\mathrm{m}]$
- 방향 : $-m$에서 $+m$으로 향하는 방향

(9) 자기 쌍극자에서 거리 r만큼 떨어진 임의의 한 점에서의 자위 U

$$U = \frac{M\cos\theta}{4\pi\mu_0 r^2} = 6.33\times10^4 \times \frac{M\cos\theta}{r^2}\ [\mathrm{AT}]$$

(10) 자기 쌍극자에서 거리 r만큼 떨어진 임의의 한 점에서의 자계의 세기 H

$$H = \frac{M}{4\pi\mu_0 r^3}\sqrt{1+3\cos^2\theta}\ [\mathrm{AT/m}]$$

(11) 판자석의 자위 $U_m = \pm\dfrac{M\omega}{4\pi\mu_0}\,[\mathrm{AT}]$

(12) 판자석 양면의 자위차 $U_{NS} = \dfrac{M}{\mu_0}\,[\mathrm{AT}]$

(13) 자석의 자기 모멘트 $M = ml\,[\mathrm{Wb}\cdot\mathrm{m}]$ (m : 자극, l : 자극간의 거리)

(14) 평등자계 H내에 길이 l, 자극의 세기 $\pm m$인 자석이 자계와 θ의 각을 이루고 있을 때 자석이 받는 회전력 T

$$T = Fl' = Fl\sin\theta = mHl\sin\theta\ [\mathrm{N}\cdot\mathrm{m}]$$

(15) 정전계와 정자계의 유사성

정 전 계		정 자 계	
전하	$Q\,[\mathrm{C}]$	자하 (자극의 세기)	$m\,[\mathrm{Wb}]$
진공의 유전율	$\epsilon_0 = 8.85 \times 10^{-12}\,[\mathrm{F/m}]$	진공의 투자율	$\mu_0 = 4\pi \times 10^{-7}\,[\mathrm{H/m}]$
전속	$\Psi = Q\,[\mathrm{C}]$	자속	$\phi = m\,[\mathrm{Wb}]$
전속밀도	$D = \dfrac{\Psi}{S} = \dfrac{Q}{S}\,[\mathrm{C/m^2}]$ $\therefore\ \Psi = DS\,[\mathrm{C}]$	자속밀도	$B = \dfrac{\phi}{S} = \dfrac{m}{S}\,[\mathrm{Wb/m^2}]$ $\therefore\ \phi = BS\,[\mathrm{Wb}]$
전기력선	$N = \dfrac{\Psi}{\epsilon_0} = \dfrac{Q}{\epsilon_0}\,[\mathrm{lines}]$	자력선	$N = \dfrac{\phi}{\mu_0} = \dfrac{m}{\mu_0}\,[\mathrm{lines}]$
전계의 세기 (=전기력선밀도)	$E = \dfrac{D}{\epsilon_0}\,[\mathrm{V/m}]$ $\therefore\ D = \epsilon_0 E$	자계의 세기 (=자력선밀도)	$H = \dfrac{B}{\mu_0}\,[\mathrm{AT/m}]$ $\therefore\ B = \mu_0 H$
쿨롱의 법칙 (전기력)	$F = \dfrac{Q_1 Q_2}{4\pi \epsilon_0 r^2}\,[\mathrm{N}]$	쿨롱의 법칙 (전기력)	$F = \dfrac{m_1 m_2}{4\pi \mu_0 r^2}\,[\mathrm{N}]$
전계의 세기	$E = \dfrac{Q}{4\pi \epsilon_0 r^2}\,[\mathrm{V/m}]$	자계의 세기	$H = \dfrac{m}{4\pi \mu_0 r^2}\,[\mathrm{AT/m}]$
힘과 전계	$F = QE\,[\mathrm{N}]$	힘과 전계	$F = mH\,[\mathrm{N}]$
전위	$V = \dfrac{Q}{4\pi \epsilon_0 r}\,[\mathrm{V}]$	자위	$U = \dfrac{m}{4\pi \mu_0 r}\,[\mathrm{AT}]$
전기쌍극자	$V = \dfrac{M\cos\theta}{4\pi \epsilon_0 r^2}\,[\mathrm{V}]$	소자석	$U = \dfrac{M\cos\theta}{4\pi \mu_0 r^2}\,[\mathrm{AT}]$
전기이중층	$V = \dfrac{M}{4\pi \epsilon_0}\,\omega\,[\mathrm{V}]$	판자석	$U = \dfrac{M}{4\pi \mu_0}\,\omega\,[\mathrm{AT}]$
전위경도	$\boldsymbol{E} = -\,\mathrm{grad}\,V$	자위경도	$\boldsymbol{H} = -\,\mathrm{grad}\,U$

8. 전류에 의한 자계

(1) 무한직선 전류에 의한 자계 H

$$H = \frac{I}{2\pi r}\,[\mathrm{AT/m}] \quad (r : 거리\,[\mathrm{m}])$$

(2) 반지름 $a\,[\mathrm{m}]$인 원통형(원주형) 도체의 전류에 의한 자계

- 도체 내부$(r \leq a)$: $H = \dfrac{rI}{2\pi a^2}\,[\mathrm{AT/m}]$

- 도체 외부$(r \geq a)$: $H = \dfrac{I}{2\pi r}\,[\mathrm{AT/m}]$

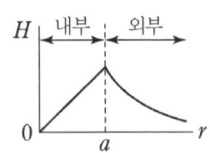

• 도체 내부에서는 축으로부터 떨어진 거리 r에 비례하나 도체 외부에서는 r에 반비례 하게 된다.

(3) 유한 직선도체에 전류 $I[\text{A}]$가 흐를 때 자계

$$H = \frac{I}{4\pi r}(\sin\theta_1 + \sin\theta_2) = \frac{I}{4\pi r}(\cos\alpha_1 + \cos\alpha_2)[\text{AT/m}]$$

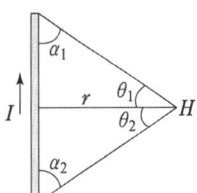

(4) 한 변이 l인 정삼각형 중심의 자계 : $H = \dfrac{9I}{2\pi l}[\text{AT/m}]$

(5) 한 변이 l인 정사각형 중심의 자계 : $H = \dfrac{2\sqrt{2}\,I}{\pi l}[\text{AT/m}]$

(6) 한 변이 l인 정육각형 중심의 자계 : $H = \dfrac{\sqrt{3}\,I}{\pi l}[\text{AT/m}]$

(7) 반지름 r인 원에 내접하는 정n각형의 회로에 전류 I가 흐를 때 원 중심점에서의 자계

  1) 전류에 의한 한 변의 자계 : $H_1 = \dfrac{I}{2\pi r}\tan\dfrac{\pi}{n}[\text{AT/m}]$

  2) n변형 중심의 자계 : $H = \dfrac{nI}{2\pi r}\tan\dfrac{\pi}{n}[\text{AT/m}]$

(8) 원형 전류 중심의 자계의 세기 : $H_0 = \dfrac{I}{2a}[\text{AT/m}]$

(9) 원형전류 중심 축상 점 P에서의 자계의 세기

$$H_x = \frac{a^2 I}{2(a^2 + x^2)^{3/2}}[\text{AT/m}]$$

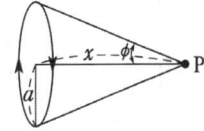

(10) 무한장 솔레노이드

  1) 내부 : $H = nI$ (내부에서는 평등자계 임)

  2) 외부 : $H = 0$

(11) 평등자계를 얻는 방법

  1) 단면적에 비하여 길이가 충분히 긴 solenoid

  2) 솔레노이드에 도선을 촘촘히 감는다.

  3) 무한장 솔레노이드 ($\because$ 누설 자속이 발생하지 않도록 하기 위함)

(12) 환상 솔레노이드

  1) 내부 : $H = \dfrac{NI}{2\pi r}$ (내부에서는 균등자계 임)

2) 외부 : $H = 0$

(13) 원형전류의 등가 판자석

1) 점 P에서의 자위 $U = \dfrac{I}{4\pi}\omega[\mathrm{A}]$

2) 자계 중의 두 점 A, B 사이의 자위차 $U_{AB} = -\displaystyle\int_{B}^{A} \boldsymbol{H} \cdot dl = I = \dfrac{\boldsymbol{M}}{\mu_0}$

(등가판자석의 세기 $\boldsymbol{M} = \mu_0 I$)

(14) 비오-사바르 법칙

임의의 형상의 도선에 전류 $I[\mathrm{A}]$가 흐를 때, 도선
상의 미소길이 dl 부분에 흐르는 전류에 의하여 거
리 r 만큼 떨어진 점 P에서의 자계의 세기 $d\boldsymbol{H}$는

$$dH = \frac{Idl\sin\theta}{4\pi r^2}$$

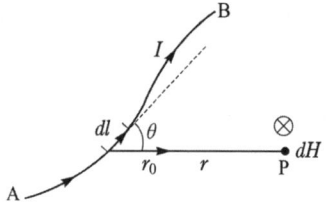

(15) 자계 내에서 전류 도체가 받는 힘 $F = BIl\sin\theta[\mathrm{N}]$

(16) 플레밍의 왼손 법칙(Fleming's left hand law)

• 엄지 : 힘(F)의 방향

• 인지 : 자속(B)의 방향

• 중지 : 전류(I)의 방향

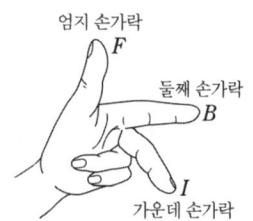

(17) 전하 q가 자속밀도 B인 평등자계 내를 이동할 때의 전자력 F

• $\boldsymbol{F} = q(v \times \boldsymbol{B})[\mathrm{N}]$

• $F = Bqv\sin\theta\ [\mathrm{N}]$

• 자계와 평행 입사 : $F = 0$이 되어 처음 상태와 같은 직선 궤적

• 자계와 수직 입사 : $F = qvB$가 되고 플레밍 왼손법칙에 의해 등속 원운동

• 회전 반경 $r = \dfrac{mv}{qB}[\mathrm{m}]$

• 각속도 $\omega = \dfrac{qB}{m}[\mathrm{rad/sec}]$

• 주기 $T = \dfrac{2\pi m}{qB}[\mathrm{sec}]$

여기서, m : 질량[kg],　q : 전기량[C],　v : 속도[m/sec]
　　　　ω : 각속도[rad/sec],　B : 자속밀도[Wb/m^2]

(18) 운동 전하 q에 전계 E와 자계 H가 동시에 작용하고 있는 경우

$$F = q(E + v \times B) \text{ [N]} : \text{로렌쯔의 힘(Lorentz's force)}$$

(19) 평행도체 상호간에 작용하는 힘

- 도체 A에 의한 도체 B의 단위길이에 작용하는 힘

$$F = \mu_0 H_1 I_2 = \frac{\mu_0 I_1 I_2}{2\pi r} \text{ [N/m]}$$

- 두 도체의 전류가 동일 방향 : 흡인력
- 두 도체의 전류가 반대 방향 : 반발력

9. 자성체

(1) 자성체의 특징

자성체의 종류	투자율	비투자율	비자하율	자기모멘트의 크기와 배열	종 류
강자성체	$\mu \gg \mu_0$	$\mu_s \gg 1$	$\chi_m \gg 1$		철(Fe), 니켈(Ni) 코발트(Co)
페리자성체					자철석(Fe_3O_4) 페라이트
상자성체	$\mu > \mu_0$	$\mu_s > 1$	$\chi_m > 0$		백금(Pt), 알루미늄(Al) 산소(O_2), 질소(N_2)
반자성체	$\mu < \mu_0$	$\mu_s < 1$	$\chi_m < 0$		금(Au), 은(Ag) 구리(Cu), 비스무트(Bi) 물(H_2O)
반강자성체					

(2) 강자성체의 특징

1) 자구가 존재한다.
2) 히스테리시스 현상이 있다.
3) 자기포화 특성이 있다.
4) 투자율이 높다.

(3) 자석 재료

1) 영구자석 재료 : 잔류자기(B_r) 및 보자력(H_c)이 클 것
2) 전자석 재료 : 잔류자기(B_r)는 크고 H_c(보자력)가 적을 것

(4) 퀴리점 또는 임계온도

강자성이 상자성으로 변하면서 강자성을 잃어버리는 온도를 임계온도 또는 퀴리점이라
한다.

(5) 소자법

① 직류법   ② 교류법   ③ 가열법

(6) 자성체 내부자계(H) = 외부자계(H_0) - 감자력(H')

(7) 감자력 H'는 자화의 세기 J에 비례하며 자성체의 형태에 따라 결정된다.

$$H' = \frac{N}{\mu_0} J \quad (N : 감자율,\ 0 \leq N \leq 1)$$

(8) 자기 차폐

1) 자속은 투자율이 큰 자성체 내부로만 통과하므로 투자율이 큰 강자성체를 사용하여
   외부자계의 영향을 작게 하는 자기적인 차단을 자기 차폐(magnetic shielding)라
   한다.
2) 자계에서는 투자율이 ∞인 자성체가 존재하지 않기 때문에 완전히 차단하는 것은 불
   가능

(9) 정전 차폐

정전 차폐는 임의의 도체를 접지된 도체로 완전 포위하면 외부 전계의 영향을 완전히
막을 수 있다.

(10) 자화의 세기 J

1) 단위면적당의 자화된 자극의 세기로 표시 : $J = \dfrac{m}{S} = \dfrac{ml}{Sl} = \dfrac{M}{V} [\mathrm{Wb/m^2}]$

2) 단위체적당의 자기모멘트로 표시 : $J = \dfrac{M}{V} [\mathrm{Wb/m^2}]$

(11) 자화의 세기 J와 자계의 세기 H와의 관계

1) $J = \chi H = (\mu - \mu_0)H = \mu_0(\mu_s - 1)H = \dfrac{\mu_0(\mu_s - 1)B}{\mu} = \dfrac{\mu_s - 1}{\mu_s}B \ [\mathrm{Wb/m^2}]$
   - 자화율 $\chi = \mu - \mu_0$
   - 비자화율 $\chi_s = \mu_s - 1$

   여기서, $\dfrac{\mu_s - 1}{\mu_s}$는 1보다 약간 작으므로 J도 B보다 약간 작다.

2) $J = (\mu - \mu_0)H = B - \mu_0 H$

(12) 자화의 세기 J와 분극의 세기 P의 대응

분극의 세기(유전체 내부현상)	자화의 세기(자성체 내부현상)
$P = \chi E$ 분극률 : $\chi = \epsilon - \epsilon_0 = \epsilon_0(\epsilon_s - 1)$	$J = \chi H$ 자화율 : $\chi = \mu - \mu_0 = \mu_0(\mu_s - 1)$
$P = (\epsilon - \epsilon_0)E$ $\quad = \epsilon E - \epsilon_0 E \ (D = \epsilon E)$ $\quad = D - \epsilon_0 E$	$J = (\mu - \mu_0)H$ $\quad = \mu H - \mu_0 H \ (B = \mu H)$ $\quad = B - \mu_0 H$
$\therefore D = \epsilon_0 E + P$	$\therefore B = \mu_0 H + J$

(13) 자속밀도 $B = \mu H + J \ [\mathrm{Wb/m^2}]$

(14) 자기회로

1) 기 자 력 $F = NI = \phi_m R_m \ [\mathrm{AT}]$ (N : 코일의 권수)

2) 자기저항 $R_m = \dfrac{l}{\mu S} \ [\mathrm{AT/Wb}]$ (S : 단면적$[\mathrm{m^2}]$, l : 자로의 길이$[\mathrm{m}]$)

3) 자기회로의 옴의 법칙 $\phi = \dfrac{F}{R_m}$ (ϕ : 자속)

4) 자기회로에서의 키로히호프의 법칙 $\displaystyle\sum_{i=1}^{n} R_i \phi_i = \sum_{i=1}^{n} N_i I_i$

5) 철심부의 자기저항 $R_i = \dfrac{l_i}{\mu S}$ (여기서, l_i : 철심의 자로의 길이)

6) 공극부의 자기저항 $R_g = \dfrac{l_g}{\mu_0 S}$ (여기서, l_g : 공극부의 자로의 길이)

7) 합성자기저항 (철심의 자기저항과 공극부의 자기저항은 직렬접속)

$$R_m = R_i + R_g = \frac{l_i}{\mu S} + \frac{l_g}{\mu_0 S} = \frac{l_i}{\mu S}\left(1 + \frac{l_g}{l_i}\mu_s\right)$$

8) 자속 $\phi = \dfrac{NI}{R} = \dfrac{NI}{\dfrac{l_i}{\mu S}\left(1 + \dfrac{l_g}{l_i}\mu_s\right)} \ [\mathrm{Wb}]$

(15) 공극이 있는 경우와 공극이 없는 경우의 비교

1) 자기저항 비교

① 공극이 있는 경우의 자기저항 $R_m = \dfrac{l_i}{\mu S}\left(1 + \dfrac{l_g}{l_i}\mu_s\right)$

② 공극이 없는 경우의 자기저항 $R_0 = \dfrac{l_i + l_g}{\mu S} = \dfrac{l}{\mu S}$

③ 자기저항의 비 $\dfrac{R_m}{R_0} = 1 + \dfrac{l_g}{l_i}\mu_s$ ($l_i \gg l_g$인 경우)

2) 자계의 세기 비교

① 철심에서의 자계의 세기 $H_i = \dfrac{\phi}{\mu S} = \dfrac{NI}{l_i\left(1 + \dfrac{l_g}{l_i}\mu_s\right)}$

② 공극에서의 자계의 세기 $H_g = \dfrac{\phi}{\mu_0 S} = \dfrac{NI\mu_s}{l_i\left(1 + \dfrac{l_g}{l_i}\mu_s\right)}$

(16) 전기회로와 자기회로의 대응

전 기 회 로		자 기 회 로	
기 전 력	U [V]	기 자 력	F_m [AT]
전 류	I [A]	자 속	ϕ [Wb]
전 계	E [V/m]	자 계	H [AT/m]
전기저항	R [Ω]	자기저항	R_m [AT/Wb]
도 전 율	σ [S/m]	투 자 율	μ [H/m]
옴의 법칙	$E = IR$ [V] $\therefore\ I = \dfrac{E}{R}$ [A]	옴의 법칙	$F_m = \phi R_m$ [AT] $\therefore\ \phi = \dfrac{NI}{R_m}$ [Wb]

(17) 자성체에서의 경계조건

1) $B_1\cos\theta_1 = B_2\cos\theta_2$ ($B_1 = \mu_1 H_1$, $B_2 = \mu_2 H_2$)

2) $H_1\sin\theta_1 = H_2\sin\theta_2$

3) 자성체의 굴절의 법칙 $\dfrac{\tan\theta_2}{\tan\theta_1} = \dfrac{\mu_2}{\mu_1}$

　　즉, 굴절각은 투자율에 비례한다.

(18) 자계 에너지

1) 정자계 에너지 밀도 : $w_m = \dfrac{1}{2}BH = \dfrac{1}{2}\mu H^2 = \dfrac{B^2}{2\mu}$ [J/m^3]

2) 흡인력 : $f = \dfrac{1}{2}BH = \dfrac{1}{2}\mu H^2 = \dfrac{B^2}{2\mu}$ [N/m^2]

10. 전자유도

(1) 전자 유도 전압 $e = -\dfrac{d\Phi}{dt} = -N\dfrac{d\phi}{dt}\,[\text{V}]$

1) 렌쯔의 법칙

① 전자유도에 의해 발생하는 기전력은 자속 변화를 방해하는 방향

② 기전력의 방향(−)을 결정

③ 유도기전력의 방향이 −인 것은 전류 및 자속 ϕ의 방향을 +로 정했기 때문

2) 패러데이 법칙(Faraday's law) 또는 노이만 법칙(Neumann's law)

① 유도 기전력의 크기는 폐회로에 쇄교하는 자속의 시간적 변화율에 비례한다.

② 기전력의 크기를 결정한다.

(2) 상호 유도작용에 의한 유기기전력

1) $e_1 = M\dfrac{di_2}{dt}\,[\text{V}]$

2) $e_2 = M\dfrac{di_1}{dt}\,[\text{V}]$ (M : 상호인덕턴스)

(3) 전자 에너지(electromagnetic energy) 혹은 자계 에너지(magnetic energy)

1) 회로가 1개일 때 $W_m = \dfrac{1}{2}LI^2\,[\text{J}]$

2) 회로가 2개일 때 $W_m = \dfrac{1}{2}L_1 I_1^{\,2} + \dfrac{1}{2}L_2 I_2^{\,2} \pm M I_1 I_2\,[\text{J}]$

(4) 운동 기전력 $e = Blv\sin\theta\,[\text{V}]$

(B : 자속밀도[Wb/m^2], l : 도체의 길이[m], v : 속도[m/sec])

(5) 자속밀도 B에서 반지름 a인 도체가 이동 또는 회전할 때

유기기전력 $e = \dfrac{\omega B a^2}{2} = \dfrac{\omega \mu_0 H a^2}{2} = \dfrac{\left(\dfrac{2\pi N}{60}\right)\mu_0 H a^2}{2} = \dfrac{\pi N \mu_0 H a^2}{60}\,[\text{V}]$

(6) 표피두께(skin depth) 또는 침투깊이 δ

$\delta = \sqrt{\dfrac{2}{\omega\sigma\mu}} = \sqrt{\dfrac{1}{\pi f \sigma \mu}}\,[\text{m}]$

(f : 주파수, σ : 도전율, μ : 투자율)

11. 인덕턴스

(1) 자기유도 작용에 의해 발생하는 기전력의 크기

$$e = -L \frac{dI}{dt} \text{ [V]}$$

(2) 전자유도 작용에 의해 발생하는 기전력의 크기

$$e = -\frac{d\Phi}{dt} = -N \frac{d\phi}{dt} \text{ [V]}$$

(3) 쇄교 자속수 $\Phi(=N\phi)$와 자기 인덕턴스 L과의 관계

$$N\phi = LI \qquad \therefore L = \frac{N\phi}{I} \text{ [Wb/A] 또는 [H]}$$

(4) 자기 인덕턴스(L)와 상호 인덕턴스(M)의 부호

1) 자기 인덕턴스란 항상 정(+)의 값을 갖는다.

2) 두 코일에 흐르는 전류가 만드는 자속이 같은 방향이면 정(+)의 값을, 반대 방향이면 부(−)의 값을 갖는다.

3) 인덕턴스의 단위 $[\text{henry}] = [\frac{\text{volt}}{\text{ampere}} \cdot \text{sec}] = [\Omega \cdot \text{sec}]$

(5) 자기 인덕턴스 L을 구하는 방법

1) **자속 쇄교법** $L = \frac{N\phi}{I} \text{ [H]}$

2) **자기 에너지법** $L = \int_v \boldsymbol{B} \cdot \boldsymbol{H} \, dv \text{[H]}$

3) **벡터 포텐셜법** $L = \frac{1}{I^2} \int_v \boldsymbol{A} \cdot \boldsymbol{J} \, dv = \frac{1}{I} \int_s \boldsymbol{B} \cdot ds = \frac{\phi}{I} \text{[H]}$

4) **정전 용량법** $LC = \frac{\phi}{I} \times \frac{Q}{V} = \mu\epsilon$ 에서 $L = \frac{\mu\epsilon}{C} \text{[H]}$

(6) 자기인덕턴스 계산 예

1) **환상 솔레노이드** : $L = \frac{\mu S N^2}{l} \text{[H]}$

   (S : 단면적[m²], l : 길이[m], N : 권수)

2) **직선 솔레노이드** : $L = \frac{\mu S N^2}{l} \text{[H]}$

3) 무한장 솔레노이드의 단위길이당 자기 인덕턴스 : $L = \mu S n^2 [\mathrm{H/m}]$

    (n : 단위길이당 권수)

4) 원형 코일 : $L = \dfrac{\pi a \mu N^2}{2} [\mathrm{H}]$ (a : 반지름[m])

5) 동축 케이블

  ① 내부 인덕턴스 : $L_i = \dfrac{\mu}{8\pi} [\mathrm{H/m}]$

  ② 외부 인덕턴스 : $L_e = \dfrac{\mu_0}{2\pi} \ln \dfrac{b}{a} [\mathrm{H/m}]$ (a : 내경의 반지름, b : 외경의 반지름)

  ③ 전 인덕턴스 : $L = L_e + L_i = \dfrac{\mu_0}{2\pi} \ln \dfrac{b}{a} + \dfrac{\mu}{8\pi} [\mathrm{H/m}]$

6) 평행 왕복 도체

  ① 선간의 자기 인덕턴스 $L_0 = \dfrac{\phi}{I} = \dfrac{\mu_0}{\pi} \ln \dfrac{d}{a} [\mathrm{H/m}]$

  ② 도체 내부에서의 자기인덕턴스 $L_i = \dfrac{\mu}{8\pi} [\mathrm{H/m}]$

  ③ 전 인덕턴스 $L = \dfrac{\mu_0}{\pi} \ln \dfrac{d}{a} + 2 \times \dfrac{\mu}{8\pi} = \dfrac{\mu_0}{\pi} \ln \dfrac{d}{a} + \dfrac{\mu}{4\pi} [\mathrm{H/m}]$

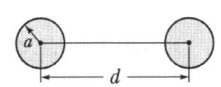

(7) 상호 인덕턴스

  1) $M_{12} = \dfrac{N_2 \, \phi_1}{I_1}$ 2) $M_{21} = \dfrac{N_1 \, \phi_2}{I_2}$

(8) 상호인덕턴스에 의해 유기되는 기전력

$$e_2 = -N_2 \frac{d\phi_1}{dt} = -M \frac{dI_1}{dt} [\mathrm{V}]$$

(9) 자기인덕턴스와 상호인덕턴스의 관계

  1) 누설자속이 없는 경우 $M^2 = L_1 L_2$ 가 된다. $\therefore \ M = \sqrt{L_1 L_2}$

  2) 누설자속이 있는 경우

    $k = \dfrac{M}{\sqrt{L_1 L_2}}$ 또는 $M = k \sqrt{L_1 L_2}$ (k : 결합계수)

  3) 자기인덕턴스 $L_1 = \dfrac{N_1 \phi_1}{I_1} = \dfrac{N_1}{I_1} \cdot \dfrac{N_1 I_1}{R_m} = \dfrac{N_1^2}{R_m} [\mathrm{H}]$

4) 누설자속이 없는 경우 상호인덕턴스

  ① $M_{12} = M_{21} = M = \dfrac{N_1 N_2}{R_m}[\text{H}]$

  ② $M = \dfrac{N_2}{N_1} L_1 [\text{H}]$ 가 된다.

5) 결합계수$(0 \le k \le 1)$

  ① $k = 0$: 자기적 결합이 전혀 되지 않음 $(M = 0)$

  ② $0 < k < 1$: 일반적인 자기 결합 상태 $(M = k\sqrt{L_1 L_2})$

  ③ $k = 1$: 완전한 자기 결합 $(M = \sqrt{L_1 L_2})$

6) C_1, C_2의 두 폐회로간의 상호 인덕턴스를 구하는 노이만 공식

$$M = \frac{\mu}{4\pi} \oint_{c2} \oint_{c1} \frac{dl_1 \cdot dl_2}{r}$$

(10) 자기적 결합(유도 결합)을 갖는 인덕턴스의 직렬 접속

1) 1, 2차 코일에 유도되는 전압 v_1, v_2

  • $v_1 = L_1 \dfrac{di_1}{dt} \pm M \dfrac{di_2}{dt}$

  • $v_2 = L_2 \dfrac{di_2}{dt} \pm M \dfrac{di_1}{dt}$

여기서, $L_1 \dfrac{di_1}{dt}$, $L_2 \dfrac{di_2}{dt}$: 자기유도전압, $\pm M \dfrac{di_2}{dt}$, $\pm M \dfrac{di_1}{dt}$: 상호유도전압

2) 상호 유도 전압의 극성

  • 자속이 같은방향 : $+ M \dfrac{di_2}{dt}$

  • 자속이 반대방향 : $- M \dfrac{di_2}{dt}$

3) $M > 0$일 때의 등가 인덕턴스 L^+ (L_1, L_2에 흐르는 전류가 같은 방향)

  $L^+ = L_1 + L_2 + 2M$

4) $M < 0$일 때의 등가 인덕턴스 L^- (L_1, L_2에 흐르는 전류가 반대방향)

  $L^- = L_1 + L_2 - 2M$

5) 상호 인덕턴스 $M = \dfrac{L^+ - L^-}{4}$

12. 전자계

(1) 변위 전류 및 변위 전류 밀도는 시간적으로 변화하는 전속 밀도에 의한 전류를 말한다.

$$i_d = \frac{\partial D}{\partial t} \ [\text{A/m}^2] \ \ (D : 전속밀도)$$

(2) 콘덴서의 전극 사이에 흐르는 전류

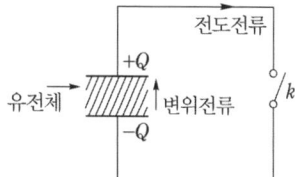

1) 전도 전류 : $+Q$에서 $-Q$로 흐른다.
2) 변위 전류 : $-Q$에서 $+Q$로 흐른다.

(3) 변위전류는 전도전류와 마찬가지로그 주위에 자계를 발생시키고 그 크기와 방향은 비오사바르 법칙이나 암페어의 주회적분 법칙을 따른다.

1) 변위 전류 밀도 $i_d = \dfrac{\partial D}{\partial t} = \dfrac{\epsilon}{d}\omega V_m \sin(\omega t + \dfrac{\pi}{2})[\text{A/m}^2]$

2) 변위 전류 $I_d = i_d S = \dfrac{\epsilon S}{d}\omega V_m \cos\omega t = \dfrac{\epsilon S}{d}\omega V_m \sin(\omega t + \dfrac{\pi}{2})[\text{A}]$

(4) 유전체 중에서의 변위전류밀도

$$i_d = \epsilon_0 \frac{\partial E}{\partial t} + \frac{\partial P}{\partial t}[\text{A/m}^2] \ \ (E : 전계의 세기, \ P : 분극의 세기)$$

유전체 중의 변위 전류=진공 중의 전계 변화에 의한 변위 전류 + 구속 전자의 변위에 의한 분극 전류

(5) 전도전류와 변위전류의 크기가 같게 되는 임계주파수

$$f_c = \frac{\sigma}{2\pi\epsilon} \ \ (\sigma : 도전율, \ \epsilon : 유전율)$$

(6) 임의의 주파수 f 에서의 유전체 손실각

$$\tan\theta = \frac{i_c}{i_d} = \frac{f_c}{f}$$

(7) 시변계에서의 전계의 세기

$$E = -\text{grad}\,V - \frac{\partial A}{\partial t}$$

E = 전하에 의한 전계 + 자계의 시간적 변화에 따른 전계
단, A는 벡터 퍼텐셜, V는 전위, H는 자계의 세기

(8) 전자계의 파동방정식

1) 전계 $\nabla^2 E = \epsilon\mu\dfrac{\partial^2 E}{\partial t^2}$

2) 자계 $\nabla^2 H = \epsilon\mu\dfrac{\partial^2 H}{\partial t^2}$

(9) 포인팅 벡터 $P = E \times H$

(10) 특성임피던스 η : 전계 E 와 자계 H의 비

$$\eta = \frac{E_x}{H_y} = \sqrt{\frac{\mu}{\epsilon}}$$

1) 진공의 고유 임피던스 $\eta_0 = \dfrac{E}{H} = \sqrt{\dfrac{\mu_0}{\epsilon_0}} = 377\,[\Omega]$

2) 매질의 고유 임피던스 $\eta = \dfrac{E}{H} = \sqrt{\dfrac{\mu}{\epsilon}} = \sqrt{\dfrac{\mu_0}{\epsilon_0}} \cdot \sqrt{\dfrac{\mu_s}{\epsilon_s}} = 377\sqrt{\dfrac{\mu_s}{\epsilon_s}}\,[\Omega]$

(11) 전송로에서의 특성 임피던스

1) 일반식 $Z_0 = \sqrt{\dfrac{R + j\omega L}{G + j\omega C}}\,[\Omega]$

2) 무손실 선로$(R = G = 0)$인 경우 $Z_0 = \sqrt{\dfrac{L}{C}}\,[\Omega]$

3) 동축 케이블(고주파에서 사용)

$$Z_0 = \sqrt{\frac{L}{C}} = \frac{1}{2\pi}\sqrt{\frac{\mu}{\epsilon}}\ln\frac{b}{a} = 60\sqrt{\frac{\mu_s}{\epsilon_s}}\ln\frac{b}{a}\,[\Omega]$$

(12) 진공 및 매질 중에서의 전자파

1) 진공 중에서의 파장 $\lambda_0 = \dfrac{v_0}{f} = \dfrac{1}{f\sqrt{\epsilon_0\mu_0}} = \dfrac{c}{f}\,[\mathrm{m}]$ $(c : 광속)$

2) 매질 중에서의 파장 $\lambda = \dfrac{v}{f} = \dfrac{c}{f\sqrt{\epsilon_s\mu_s}} = \dfrac{\lambda_o}{\sqrt{\epsilon_s\mu_s}}\,[\mathrm{m}]$

3) 진공 중에서의 전파속도 $v_0 = \dfrac{1}{\sqrt{\epsilon_0\mu_0}} = 3\times10^8 = c\,[\mathrm{m/s}]$ (광속)

4) 매질 중에서의 전파속도 $v = \dfrac{1}{\sqrt{\epsilon_0\mu_0}} \times \dfrac{1}{\sqrt{\epsilon_s\mu_s}} = \dfrac{c}{\sqrt{\epsilon_s\mu_s}}\,[\mathrm{m/s}]$

(13) 도체 내의 전자파

1) 전파정수 $\gamma = \alpha + j\beta = \sqrt{\dfrac{\omega\sigma\mu}{2}} + j\sqrt{\dfrac{\omega\sigma\mu}{2}}$ (σ : 도전율, μ : 투자율)

2) $\alpha = \beta = \sqrt{\dfrac{\omega\sigma\mu}{2}}$ (α : 감쇠정수, β : 위상정수)

3) 도체에서의 전자파는 지수함수적으로 감쇠 진동한다.

4) 도체에서의 전자파는 도전율 σ 및 주파수 f가 큰 도체일수록 감쇠가 크고 진입하기 어려우며, 완전도체에서는 전혀 진입할 수 없다.

5) 전파속도 $v = \sqrt{\dfrac{2\omega}{\sigma\mu}}$ [m/s]

6) 도체내의 전자파 침투깊이 또는 표피두께 $\delta = \dfrac{1}{\sqrt{\pi f \sigma \mu}}$

(14) 유전체에서의 전파속도는 주파수 f와 무관하며 매질의 특성 ϵ, μ에 관계된다.

$$v = f\lambda = \dfrac{1}{\sqrt{\epsilon\mu}} \text{[m/s]}$$

(15) 완전 유전체에서 전자파는 무감쇠 진동을 한다.

전파정수 $\gamma = \alpha + j\beta = 0 \mp j\omega\sqrt{\epsilon\mu}$ (감쇠정수 $\alpha = 0$)

(16) 정재파비(VSWR : voltage standing wave ratio)

1) 정재파비 $S = \dfrac{1+\text{반사계수}}{1-\text{반사계수}}$

2) 데시벨[dB]로 표시하면 $S = 20\log_{10}\dfrac{1+\varGamma}{1-\varGamma}$ [dB]

(17) 정자계 에너지와 포인팅 벡터

1) 전계 에너지 $w_e = \dfrac{1}{2}\boldsymbol{D}\cdot\boldsymbol{E} = \dfrac{1}{2}\epsilon E^2$ [J/m^3]

2) 자계 에너지 $w_m = \dfrac{1}{2}\boldsymbol{B}\cdot\boldsymbol{H} = \dfrac{1}{2}\mu H^2$ [J/m^3]

3) 단위 체적당의 전 에너지 밀도 $w = w_e + w_m = \dfrac{1}{2}(\epsilon E^2 + \mu H^2)$ [J/m^3]

(18) 고유 임피던스, 전계 및 자계의 관계식

$$\eta = \sqrt{\dfrac{\mu}{\epsilon}} \;,\quad E = \sqrt{\dfrac{\mu}{\epsilon}}\,H = \eta H$$

(19) 전력 밀도 P의 크기

$$P = wv = \epsilon E^2 \cdot \frac{1}{\sqrt{\epsilon\mu}} = \mu H^2 \cdot \frac{1}{\sqrt{\epsilon\mu}} = EH \, [\mathrm{W/m^2}]$$

(20) 포인팅 벡터(Poynting vector) 또는 방사 벡터 P

$$\boldsymbol{P} = \boldsymbol{E} \times \boldsymbol{H} = EH\sin\theta = EH\sin90° = EH \, [\mathrm{W/m^2}]$$

Chap. 3 전력공학

1. 송배전 계통의 구성

(1) 교류송전 방식의 장점

1) 전압의 승압, 강압이 용이하다.

2) 회전자계를 쉽게 얻을 수 있다.

3) 일관된 운용을 기할 수 있다.

(2) 직류송전방식의 장·단점

1) 장점

① 절연레벨을 낮출 수 있다.

② 선로의 리액턴스가 없으므로 안정도가 높다.

③ 유전체손과 무효전력이 없으므로 이로 인한 손실도 없다.

④ 표피 효과나 근접 효과가 없으므로 실효 저항의 증대가 없다.

⑤ 주파수가 다른 교류 계통과 연계가 가능하다.

⑥ 코로나 손실이 적고 충전전류가 없다.

2) 단점

① 직·교류 변환 장치가 필요하다.

② 전압의 승·강압이 안 된다.

③ 고주파나 고조파 억제대책이 필요하다.

④ 직류 차단이 어렵다.

(3) 전압의 종류

1) 공칭 전압(nominal voltage)

전선로를 대표하는 선간 전압을 말하며 그 계통의 송전 전압을 나타낸다.

2) 최고 전압 $= \dfrac{\text{공칭 전압}}{1.1} \times 1.15$

(4) 경제적인 송전전압(Alfred still 식)

$$송전전압 \,[\text{kV}] = 5.5\sqrt{0.6 \times 송전거리\,[\text{km}] + \frac{송전전력\,[\text{kW}]}{100}}$$

(5) 전압과의 관계

항 목	관 계	관 계 식
송전전력(P)	전압의 자승에 비례	$\propto V^2$
공급용량(P_p)	전압에 비례	$\propto V$
전압강하(e)	전압에 반비례	$\propto \dfrac{1}{V}$
•전선의 단면적(A)　•전선의 총중량(W)　•전력손실(P_l)　•전압강하율(ϵ)	전압의 자승에 반비례	$\propto \dfrac{1}{V^2}$

2. 송전 선로

(1) ACSR 전선과 경동선의 비교

　1) 코로나 발생 : ACSR 전선은 바깥지름이 크므로 경동선에 비해 코로나 발생이 적다.

　2) 전선의 진동 : ACSR 전선은 경동선에 비해 가볍고 바깥지름이 크므로 진동이 많이 발생한다.

(2) 연선

　1) 소선의 총수 $N = 3n(n+1) + 1$　(n : 소선의 총수)

　2) 바깥지름 $D = (2n+1)d\,[\text{mm}]$　(d : 소선의 지름[mm])

　3) 연선의 단면적 $A = Na\,[\text{mm}^2]$　(a : 소선의 단면적[mm²])

(3) 전선의 굵기 선정 시 고려사항

　1) 허용전류　　　　　　　　2) 전압강하

　3) 기계적 강도　　　　　　　4) 코로나

　5) 전력손실 및 경제성　　　　6) 부하증가에 대한 예측 등

(4) 경제적인 전선의 굵기 : 켈빈의 법칙 (Kelvin's law)

(5) 이도(dip) $D = \dfrac{wS^2}{8T}\,[\text{m}]$

　여기서, D : 이도 [m]

　　　　　　T : 전선의 수평장력 [kg]

w : 단위 길이당 전선의 중량 $[kg/m]$

S : 경간(전선의 지지점간의 거리) $[m]$

(6) 경간

1) 표준 경간 : 건설비가 최소로 되는 경간

2) 장경간 : 표준경간에 250[m]를 가산한 경간으로서

(7) 전선의 실제길이 $L = S + \dfrac{8D^2}{3S}$

(8) 전선의 진동이 발생하기 좋은 조건

1) 가벼운 전선

2) 경간이 길 경우

3) 가선 장력이 클 경우

4) 전선의 바깥지름이 클 경우

(9) 진동 억제 장치

1) 스톡 브리지 댐퍼

2) 토셔널 댐퍼

3) 베이츠 댐퍼

4) 아머로드

(10) 오프셋 두는 이유 : 전선 도약에 의한 상부전선과 하부전선의 단락사고 방지

(11) 전압에 따른 현수애자(250 [mm])의 연결 개수

전압 [kV]	66	154	220	345	765
수량	4~6	10~11	12~13	18~20	40~45

(연결개수= $\dfrac{\text{사용전압}[kV]}{20[kV]}$ + 여유 (1 ~ 2개) ⋯ 단지 참고 자료 임)

(12) 애자련의 전압분포

1) 최대 전압 분담애자 : 전선에 가장 가까운 애자

2) 최소 전압 분담애자 : 전선으로부터 2/3 (철탑으로부터 1/3)되는 지점에 있는 애자

(13) **연효율** $\eta = \dfrac{V_n}{n\,V_1} \times 100[\%]$

여기서, V_n : 애자련의 건조 섬락전압

V_1 : 애자 1개의 건조섬락전압

n : 애자개수

(14) **초호환, 초호각의 설치 효과**

1) 애자련의 전압분포가 개선되고

2) 선로의 섬락으로부터 애자련을 보호할 수 있다.

(15) **지중 케이블 고장점 탐지법**

1) 머레이 루프법(Murray loop)

2) 정전 용량의 측정으로 발견하는 법(Capacity bridge)

3) 수색 코일로 하는 방법

4) 펄스로 하는 방법(Pulse radar)

5) 음향으로 고장점을 측정하는 방법

3. 다도체와 선로정수 및 코로나

(1) **선로정수** : R, L, C, G의 4가지 정수

(리액턴스$[X_L = 2\pi f L]$는 주파수에 관계되므로 선로정수가 아니다.)

(2) **단도체 방식과 비교한 복도체 방식의 장·단점**

1) 코로나 임계전압 상승

2) 선로의 정전용량 증가

3) 선로의 인덕턴스 감소

4) 선로의 송전용량 증가

5) 안정도 증대

6) 전위경도 감소

7) 페란티 효과에 의한 수전단 전압 상승

8) 단락사고시 각 소도체에 같은 방향의 대전류가 흘러 소도체 상호간에 흡인력 발생

(3) **전선의 저항** $R = \rho\dfrac{l}{A} = \dfrac{1}{58} \times \dfrac{100}{C} \times \dfrac{l}{A}[\Omega]$

$(\rho$: 고유저항, c : 도전율[%], l : 선로길이[m], A : 단면적[mm^2])

(4) t[℃]에서의 저항값 $R_t = R_{20}[1 + \alpha_{20}(t-20)]$

(5) 표피효과 $\delta = \sqrt{\dfrac{1}{\pi f \sigma \mu}}$ [m]

주파수가 높을수록, 도전율이 높을수록, 투자율이 클수록, 표피 두께 δ가 감소하므로 표피 효과는 증대되어 도체의 실효 저항이 증가한다.

(6) 인덕턴스(L)

1) 단도체 인덕턴스 : $L = 0.4605 \log_{10} \dfrac{D}{r} + 0.05$ [mH/km]

$(D$: 선간거리, r : 전선의 반지름)

2) n도체 인덕턴스 : $L_n = 0.4605 \log_{10} \dfrac{D_e}{\sqrt[n]{r s^{n-1}}} + \dfrac{0.05}{n}$ [mH/km]

$(D_e$: 등가선간거리, n : 복도체 수, s : 소도체 간격)

3) 작용인덕턴스 $L = L_e$(자기인덕턴스)$- L_e{}'$(상호인덕턴스)

(7) 정전 용량(C_w)

1) 단도체 정전 용량 : $C_w = \dfrac{0.02413}{\log_{10} \dfrac{D}{r}}$[$\mu$F/km]

2) n도체 정전 용량 : $C_w = \dfrac{0.02413}{\log_{10} \dfrac{D}{\sqrt[n]{r s^{n-1}}}}$[$\mu$F/km]

3) 단상 1회선인 경우 작용정전 용량 $C_w = C_s + 2C_m$

(C_s : 대지정전용량, C_m : 선간정전용량)

4) 3상 1회선인 경우 작용정전 용량 $C_w = C_s + 3C_m$

5) 3상 2회선인 경우 작용정전 용량 $C_w = C_s + 3(C_m + C_m{}')$

6) 3상 1회선인 경우 대지 정전 용량 $C_s = \dfrac{0.02413}{\log_{10} \dfrac{8h^3}{r D^2}}$[$\mu$F/km]

(h : 지표면상 높이[m])

7) 충전전류 $I_c = 2\pi f C_w \dfrac{V}{\sqrt{3}}$ [A] (C_w : 작용 정전 용량)

8) 전선로의 충전 용량 : $P_c = 2\pi f C_w V^2$[VA] $= 2\pi f C_w V^2 \times 10^{-3}$[kVA]

9) 비 접지방식에서의 1선지락 전류 $I_g = j3\omega C_s E$ [A]

　(C_s : 대지 정전용량, E : 상전압[V])

(8) 연가

1) 연가의 목적 : 선로정수의 평형

2) 연가의 효과 : 직렬공진 방지, 유도장해 감소, 선로정수 평형

(9) 페란티 현상

1) 현상 : 수전단 전압이 송전단 전압보다 높아지는 현상

2) 발생원인 : 전압보다 위상이 $90°$ 앞선 충전 전류가 흘러서 발생

3) 페란티 현상 방지 대책

　① 수전단에 분로 리액터 설치

　② 동기 조상기의 부족여자 운전

(10) 공기의 파열극한 전위경도

1) DC : 30 [kV/cm]

2) AC : 21 [kV/cm] (실효값$= \dfrac{최대값}{\sqrt{2}} = \dfrac{30}{\sqrt{2}} = 21.2$[kV])

(11) 코로나

1) 코로나 임계전압 $E_o = 24.3 m_o m_1 \delta d \log_{10} \dfrac{D}{r}$ [kV]

2) 코로나 방지대책

　① 전선의 지름을 크게 한다.

　② 복도체를 사용한다.

　③ 가선 금구를 개량한다.

3) 코로나 손실(Peek 식)

$$P = \frac{241}{\delta}(f+25)\sqrt{\frac{d}{2D}}(E-E_0)^2 \times 10^{-5} \text{[kW/km/line]}$$

d : 전선의 지름[cm],　r : 전선의 반지름[m],　δ : 상대공기밀도

m_0 : 전선의 표면계수,　m_1 : 일기에 대한 계수

D : 선간거리[m],　E : 전선의 대지전압[kV]

4. 송전 특성

(1) 송전선로의 구분

구 분	거 리	선 로 정 수	회 로
단거리	수 [km]	R, L 만 고려	집중 정수회로로 취급
중거리	수십 [km]	R, L, C만 고려	T회로, π회로로 취급
장거리	수백 [km]	R, L, C, G 고려	분포정수 회로로 취급

(2) 단거리 송전선로

1) 3상 송전전압 $V_s \fallingdotseq V_r + \sqrt{3}\, I(R\cos\theta_r + X\sin\theta_r)$

   (V_s, V_r : 송·수전단 선간전압)

2) 단상 송전전압 $E_s \fallingdotseq E_r + I(R\cos\theta_r + X\sin\theta_r)$

   (E_s, E_r : 송·수전단 상전압)

3) 전압강하 $e = \dfrac{P}{V_r}(R + X\tan\theta_r)$

4) 최대 전압 강하가 발생하는 상차각(θ_r) $\tan\theta_r = \dfrac{\sin\theta_r}{\cos\theta_r} = \dfrac{X}{R}$

5) 전압 강하율 $\epsilon = \dfrac{V_s - V_r}{V_r}\times 100 = \dfrac{P}{V_r^2}(R + X\tan\theta_r)\times 100[\%]$

6) 전압 변동률 $\delta = \dfrac{V_{r_0} - V_r}{V_r}\times 100\,[\%] = \dfrac{Q_c}{P_s}\times 100\,[\%]$

   V_{r_0} : 무부하 상태에서의 수전단 전압

   V_r : 정격부하 상태에서의 수전단 전압

   Q_c : 조상설비 용량,　P_s : 모선 단락용량

7) 전력 손실률 $K = \dfrac{P_l}{P}\times 100[\%] = \dfrac{RP}{V^2\cos^2\theta}\times 100[\%]$

(3) 중거리 송전선로

1) T 회로

  • $E_s = \left(1 + \dfrac{ZY}{2}\right)E_r + Z\left(1 + \dfrac{ZY}{4}\right)I_r$　　　• $I_s = YE_r + \left(1 + \dfrac{ZY}{2}\right)I_r$

2) π 회로

  • $E_s = \left(1 + \dfrac{ZY}{2}\right)E_r + ZI_r$　　　　• $I_s = Y\left(1 + \dfrac{ZY}{4}\right)E_r + \left(1 + \dfrac{ZY}{2}\right)I_r$

(4) 장거리 송전선로

1) 특성(파동)임피던스 $Z_0 = \sqrt{\dfrac{Z}{Y}} = \sqrt{\dfrac{(R+j\omega L)}{(G+j\omega C)}}$ $[\Omega]$

선로의 특성임피던스는 선로의 저항(R)과 누설콘덕턴스(G)를 무시하면

$$Z_0 \fallingdotseq \sqrt{\dfrac{L}{C}} = 138\log_{10}\dfrac{D}{r} \ [\Omega] \quad (D : 선간거리, \ r : 전선의 반지름)$$

- 어드미턴스 Y : 개방시험
- 임피던스 Z : 단락시험에서 측정

2) 전파 정수 $\gamma = \sqrt{ZY} = \sqrt{(R+j\omega L)(G+j\omega C)} \ [\text{rad}] = \alpha + j\beta$

(α : 감쇠정수, β : 위상정수)

3) 서지파의 진행속도 $v = \dfrac{\omega}{\beta} = \dfrac{\omega}{\omega\sqrt{LC}} = \dfrac{1}{\sqrt{LC}}$

(5) 4단자 정수

- $E_s = A E_r + B I_r$ • $I_s = C E_r + D I_r$
- $AD - BC = 1$ • $A = D$

(6) T형 회로

$$\begin{bmatrix} A & B \\ C & D \end{bmatrix} = \begin{bmatrix} 1+\dfrac{ZY}{2} & Z\left(1+\dfrac{ZY}{4}\right) \\ Y & 1+\dfrac{ZY}{2} \end{bmatrix}$$

(7) π형 회로

$$\begin{bmatrix} A & B \\ C & D \end{bmatrix} = \begin{bmatrix} 1+\dfrac{ZY}{2} & Z \\ Y\left(1+\dfrac{ZY}{4}\right) & 1+\dfrac{ZY}{2} \end{bmatrix}$$

(8) 전력원선도

1) 원선도
- 가로축 : 유효전력
- 세로축 : 무효전력

2) 원선도의 반지름 $\rho = \dfrac{V_s V_r}{b} \quad (B = b \angle \beta)$

3) 전력 원선도 작성시 필요한 것

① 송전단 전압 : E_s

② 수전단 전압 : E_r

③ 회로정수 : A, B, C, D

4) 원선도에서 구할 수 없는 것 : 과도 안정 극한전력, 코로나 손실

(9) 송전용량 개략 계산법

1) Still의 식(경제적인 송전 전압) $V_s = 5.5 \sqrt{0.6\, l + \dfrac{P}{100}}\ [\text{kV}]$

(l : 송전거리[km], P : 송전용량[kW])

2) 고유 부하법 $P = \dfrac{V_r^{\,2}}{Z} = \dfrac{V_r^{\,2}}{\sqrt{\dfrac{L}{C}}}\,[\text{MW/회선}]$ (Z : 특성 임피던스[Ω])

3) 송전 용량 계수법 $P_R = k\dfrac{V_r^{\,2}}{l}\,[\text{kW}]$

(10) 송전 전력 $P = \dfrac{V_s V_r}{X}\sin\delta\,[\text{MW}]$

(V_s, V_r : 송·수전단 전압[kV], X : 리액턴스)

5. 중성점 접지방식과 유도장해

(1) 유효접지

1선 지락사고 시 건전상의 전위상승이 상규대지 전압의 1.3배 이하가 되도록 하는 접지 방식으로 직접접지가 해당되며 그 조건은 다음과 같다.

① $\dfrac{R_0}{X_1} \le 1$ ② $0 \le \dfrac{X_0}{X_1} \le 3$

(R_0 : 저항, X_0 : 영상 리액턴스, X_1 : 정상 리액턴스)

(2) 비유효접지 : 비접지방식, 저항접지방식 및 소호리액터 접지방식

(3) 저항 접지방식 : $Z_n = R$

1) 고저항 접지 : $R = 100 \sim 1{,}000\,[\Omega]$ 정도

2) 저저항 접지 : $R = 30\,[\Omega]$ 정도

(4) 비접지방식

1) 지락전류 $I_g = j3\omega C_s E$ [A]

(C_s : 대지정전용량, E : 고장점 대지전압($= \dfrac{V}{\sqrt{3}}$))

2) 특징

① 33[kV] 이하 계통에 적용

② 변압기 결선을 △−△로 할 수 있어 변압기 1대 고장 시 V−V 결선으로 송전

③ 1선 지락사고 시 지락전류가 아주 적어서 그대로 송전 가능

(5) 직접 접지 방식

1) 지락전류 $I_g = \dfrac{E}{R+jX}$ [A]

선로의 저항 R을 무시하면 $I_g = \dfrac{E}{jX} = -j\dfrac{E}{X}$ [A]로 전압보다 $90°$ 늦은 전류

2) 특징

① 22.9[kV], 154[kV], 345[kV], 765[kV] 계통에 적용

② 1선 지락 시 건전상의 대지전압 상승은 거의 없다.

③ 선로 및 기기의 절연레벨을 낮출 수 있다. (저감절연, 단절연 가능)

④ 보호 계전기의 동작이 확실하다.

⑤ 지락전류가 저 역률의 대 전류이므로 과도 안정도가 나빠진다.

⑥ 지락고장 시 통신선에 전자유도 장해를 크게 미친다.

(6) 소호 리액터 접지 방식

1) 원리 : 선로의 대지 정전 용량과 병렬 공진하는 리액터를 이용하여 중성점을 접지

2) 지락전류 : 1선 지락고장시 고장점에는 극히 작은 손실전류만이 흐른다.

3) 소호리액터의 크기

① 변압기의 임피던스 x_t를 고려하지 않는 경우

$$\omega L = \frac{1}{3\omega C_s}, \quad L = \frac{1}{3\omega^2 C_s} = \frac{1}{3(2\pi f)^2 C_s}$$

② 변압기의 임피던스 x_t를 고려하는 경우

$$\omega L = \frac{1}{3\omega C_s} - \frac{x_t}{3}, \quad L = \frac{1}{3\omega^2 C_s} - \frac{L_t}{3}$$

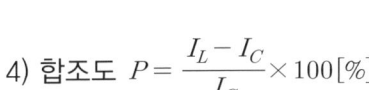
4) 합조도 $P = \dfrac{I_L - I_C}{I_C} \times 100[\%]$

(I_C : 대지충전전류, I_L : 소호리액터 사용탭 전류)

(7) 접지 방식별 특성비교

1) 지락 전류의 크기 : 직접 접지 > 고저항 접지 > 비접지 > 소호 리액터 접지

2) 지락 고장시 통신선의 유도장해 : 직접 접지 > 고저항 접지 > 비접지 > 소호 리액터

3) 지락 고장시 전위상승 : 소호 리액터 접지 > 비 접지 > 저항접지 > 직접접지

4) 과도 안정도 : 소호 리액터 접지 > 비 접지 > 저항접지 > 직접접지

(8) 중성점의 잔류 전압

$$E_n = \frac{\sqrt{C_a(C_a - C_b) + C_b(C_b - C_c) + C_c(C_c - C_a)}}{C_a + C_b + C_c} \times \frac{V}{\sqrt{3}}[V]$$

(C_a, C_b, C_c : 각 선의 대지정전 용량)

연가를 완벽하게 하여 $C_a = C_b = C_c$의 조건이 되면 잔류전압은 0이 된다.

(9) 유도 장해

1) 정전 유도 : 전력선과 통신선과의 상호 정전 용량에 의해 발생

2) 전자 유도 : 전력선과 통신선과의 상호 인덕턴스 M에 의해 발생

　전자유도전압 $E_m = -j\omega Ml(I_a + I_b + I_c) = -j\omega Ml(3I_0)$

3) 고조파 유도 : 고조파의 유도에 의한 잡음 장해

6. 고장계산

(1) 단락고장 계산

1) 옴[Ω] 법

① 단락전류 $I_s = \dfrac{E}{Z} = \dfrac{E}{\sqrt{R^2 + X^2}}[A]$

② 단락용량 $P_s = 3EI_s = \sqrt{3}\,VI_s[VA]$

2) % 임피던스 법

① $\%Z = \dfrac{I_n[\text{A}] \times Z\,[\Omega]}{E\,[\text{V}]} \times 100\,[\%]$

② $\%Z = \dfrac{P_n[\text{kVA}] \times Z\,[\Omega]}{10\,V^2[\text{kV}]}\,[\%]$ (V 및 P_n의 단위가 [kV] 및 [kVA]인 것에 주의)

③ 단락전류 $I_s = \dfrac{E\,[\text{V}]}{Z\,[\Omega]} = \dfrac{100}{\%Z} \times I_n$

④ 단락용량 $P_s = \dfrac{100}{\%Z} \times P_n$ (P_n : 기준용량)

⑤ 3상 단락용량 $P_s = \sqrt{3} \times$ 공칭전압 $\times$ 단락전류[VA]

⑥ 3상 차단기의 차단용량 $P_s = \sqrt{3} \times$ 차단기의 정격전압 $\times$ 차단전류[VA]

⑦ $\%Z$ (기준용량) $= \dfrac{\text{기준용량 [kVA]}}{\text{자기용량 [kVA]}} \times \%Z$ (자기용량)

(2) 대칭좌표법

1) 방법 : 불평형전압 이나 불평형전류를 3개의 성분(영상분, 정상분, 역상분)으로 나누어 계산하는 방법

2) 고장별 대칭분 및 전류의 크기

고장의 종류	대 칭 분	전류의 크기
3상 단락	정상분	$I_1 \neq 0,\ I_2 = I_0 = 0$
선간 단락	정상분, 역상분	$I_1 = -I_2 \neq 0,\ I_0 = 0$
1선 지락	정상분, 역상분, 영상분	$I_0 = I_1 = I_2 \neq 0$

(I_0 : 영상전류, I_1 : 정상정류, I_2 : 역상전류)

① 영상전류(I_0)
- 크기가 같고 같은 위상각을 가진 평형 단상전류
- 지락고장 시 접지계전기를 동작시키는 전류
- △결선이 있으면 △결선의 내부를 순환

② 정상전류(I_1) : 전원과 동일한 상회전 방향, 전동기에 회전토크를 준다.

③ 역상전류(I_2) : 전원의 상회전 방향과 반대 방향, 전동기에 제동력을 준다.

3) 불평형 전압

① $V_a = V_0 + V_1 + V_2$

② $V_b = V_0 + a^2 V_1 + a V_2$

③ $V_c = V_0 + a V_1 + a^2 V_2$

4) 대칭분 전압

① 영상분 $V_0 = \dfrac{1}{3}(V_a + V_b + V_c)$

② 정상분 $V_1 = \dfrac{1}{3}(V_a + a V_b + a^2 V_c)$ $(1 \rightarrow a \rightarrow a^2$의 순서)

③ 역상분 $V_2 = \dfrac{1}{3}(V_a + a^2 V_b + a V_c)$ $(1 \rightarrow a^2 \rightarrow a$의 순서)

5) 발전기의 기본식

① $V_0 = - I_0 Z_0$

② $V_1 = E_1 - I_1 Z_1 = E_a - I_1 Z_1$

③ $V_2 = - I_2 Z_2$

(3) 1선(a선) 지락고장 시

1) 대칭분 $I_0 = I_1 = I_2 = \dfrac{E_a}{Z_0 + Z_1 + Z_2}$

2) 지락전류 $I_a = I_0 + I_1 + I_2 = 3I_0 = \dfrac{3E_a}{Z_0 + Z_1 + Z_2}$

(4) 각 기기별 임피던스 관계

1) 변압기 : $Z_1 = Z_2 = Z_0$

2) 송전선로 : $Z_1 = Z_2 < Z_0$
- 송전 선로는 정지 회로이므로 정상 임피던스(Z_1)와 역상 임피던스(Z_2)는 같다
- 송전 선로의 영상 임피던스(Z_0)는 정상분의 약 4배 정도이다.

3) 발전기 : $Z_1 \neq Z_2$

7. 전력계통의 안정도

(1) 안정도에 관한 공식

1) 송전 전력 : $P = \dfrac{V_s V_r}{X} \sin \delta$ (δ : V_s와 V_r의 상차각)

2) 최대 송전 전력 : $P_m = \dfrac{V_s V_r}{X}$ (X : 리액턴스)

(2) 안정도 향상대책

1) 직렬 리액턴스(X)를 작게 한다(기기의 리액턴스를 적게, 복도체 방식, 직렬콘덴서)

2) 전압 변동을 작게 한다(속응여자 방식, 계통 연계)

3) 계통에 주는 충격의 경감(고속 재폐로 방식, 차단기의 고속화, 중간 개폐소)

4) 고장시 발전기 입·출력의 불평형을 작게 한다.

8. 이상전압 및 방호대책

(1) 개폐 이상전압

1) 개폐 이상전압이 가장 큰 경우 : 무부하 송전 선로의 충전 전류를 차단할 경우

2) 개폐 이상 전압의 크기 : 상규 대지 전압의 3.5배 이하로서 4배를 넘는 경우는 거의 없다.

(2) 뇌전압 또는 뇌전류의 특징

1) 충격파이다.

2) 외부 이상 전압과 내부 이상전압은 파두장 및 파미장 모두 다르다.

3) 충격 전압 시험시의 표준 충격 전압 파형 : $1.2 \times 50[\mu s]$

(3) 진행파의 반사와 투과

1) 전파속도 $v = \dfrac{1}{\sqrt{LC}}[\text{m/sec}]$

2) 반사 계수 $= \dfrac{Z_2 - Z_1}{Z_2 + Z_1}$

3) 투과 계수 $= \dfrac{2Z_2}{Z_2 + Z_1}$

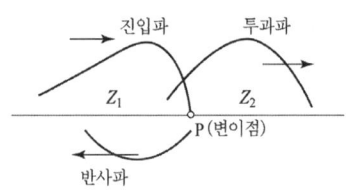

(4) 이상전압에 대한 방호 장치 및 기능

1) 가공지선 : 뇌의 차폐

2) 피뢰기 : 기기 보호

3) 매설지선 : 역섬락 방지

4) 개폐 저항기 : 개폐 서지 이상전압의 억제

5) 서지 흡수기 : 변압기, 발전기 등을 서지로부터 보호

(5) 가공지선의 특징

1) 보호각(차폐각)은 될 수 있는 대로 작게 하는 것이 바람직하다.

2) 2회선 가공에 대해서 지선 1가닥의 경우는 보호각을 35~40° 정도

3) 가공지선을 2가닥으로 하면 차폐 효과가 더 좋아진다.

(6) 피뢰기

1) 피뢰기의 제1보호 대상 : 변압기

2) 구성 : 직렬갭 + 특성요소

① 직렬갭 : 뇌 전류를 방전하고 속류를 차단

② 특성요소 : 뇌 전류 방전 시 피뢰기 자신의 전위상승을 억제

③ 쉴드링 : 전기적, 자기적 충격으로부터 보호

3) 피뢰기의 구비조건

① 상용 주파 방전 개시 전압이 높을 것

② 충격 방전 개시 전압이 낮을 것

③ 제한 전압이 낮을 것

④ 속류 차단 능력이 클 것

4) 피뢰기의 정격전압

① 직접 접지계 : 선로의 공칭전압 × 0.8~1.0배

② 저항 또는 소호 리액터 접지 : 선로의 공칭전압 ×1.4~1.6배

③ 유효접지 계통에서 피뢰기의 정격 전압을 결정하는 데 가장 중요한 요소
: 1선 지락 고장시 건전상의 대지전위 즉, 지속성 이상전압의 크기

(7) 절연협조

1) 절연협조의 기준 : 피뢰기의 제한전압

2) 절연협조 : 선로, 애자 > 부싱, 차단기 > 변압기 > 피뢰기 제한전압

9. 보호계전방식

(1) 보호계전기의 책무

1) 주보호의 책무 : 신속하게 고장구간을 최소 범위로 한정해서 제거

2) 후비보호의 책무 : 주보호가 실패했을 경우 일정한 시간을 두고 동작하는 백업(back up) 계전방식

(2) 보호 계전기의 동작 시간에 의한 분류

1) 순한시 계전기 : 고장 즉시 동작

2) 정한시 계전기 : 고장 후 일정시간이 경과하면 동작

3) 반한시 계전기 : 고장전류의 크기에 반비례하여 동작

4) 반한시 정한시 계전기 : 반한시와 정한시 특성을 겸함

(3) 변류기 2차측 개방 시

1) 1차 전류가 모두 여자전류가 되어 2차측에 과전압 유기 및 절연 파괴

2) CT 2차측 기기를 교체하고자 하는 경우는 반드시 CT 2차측을 단락시켜야 한다.

(4) 영상 변류기(ZCT) : 지락 사고시 지락 전류(영상 전류)를 검출

(5) 접지형 계기용 변압기(GPT) : 비접지 계통에서 지락 사고시의 영상 전압 검출

(6) 선택 지락 계전기 (Selective Ground Relay : SGR)

1) 병행 2회선 송전 선로에서 한쪽의 1회선에 지락 사고가 일어났을 경우 이것을 검출
하여 고장 회선만을 선택 차단

2) 구성 : SGR + GPT + ZCT

(7) 비율 차동 계전기

1) 용도 : 발전기나 변압기의 내부 고장에 대한 보호용

2) 비율 차동 계전기용 변류기의 결선은 변압기 결선과 반대로 한다.

변압기 결선	변류기 결선
Y - △	△ - Y
△ - Y	Y - △

3) 보상 변류기의 역할 : 변압기 고·저압간의 전류의 크기 및 위상을 보상

(8) 방사상 선로의 단락 보호

1) 전원이 1단에만 있는 경우 : 과전류 계전기(OCR)

2) 전원이 양단에 있는 경우 : 방향 단락 계전기(DS) + 과전류 계전기(OC)

(9) 환상 선로의 단락 보호

1) 전원이 1단에만 있는 경우 : 방향 단락 계전기(DS)

2) 전원이 2군데 이상 있는 경우 : 방향 거리 계전기(DZ)

(10) 모선 보호 계전 방식

    1) 전류 차동 계전 방식   2) 전압 차동 계전 방식

    3) 위상 비교 계전 방식   4) 방향 비교 계전 방식

(11) 표시선(pilot wire) 계전 방식의 종류

    1) 전류 순환 방식

    2) 전압 반향 방식

    3) 방향 비교 방식

10. 변전소 설비 및 전력계통 운영

(1) 변전소의 역할

    1) 전압의 변성(승압, 강압)과 조정

    2) 전력의 집중과 배분

    3) 전력 조류의 제어

    4) 송배전선로 및 변전소의 보호

(2) 1차 변전소

    1) 1차 변전소의 변압기 결선 : $Y - Y - \triangle$결선

    2) 3차 권선($\triangle$결선, 안정 권선)의 용도

        • 제3고조파의 제거   • 조상설비의 설치   • 소내용 전원의 공급

(3) $\triangle$결선이 없는 Y-Y 결선에는 제3고조파의 전류가 흐른다.

(4) 조상설비의 종류

    1) 콘덴서 : 앞선 전류를 취하여 전압강하를 보상한다.

    2) 리액터 : 늦은 전류를 취하여 이상전압의 상승을 억제한다.

    3) 동기조상기 : 무부하 운전중인 동기전동기를 과여자 운전하면 콘덴서로 작용하며,
        부족여자 운전하면 리액터로 작용한다.

(5) 모선의 종류

    1) 단일 모선 방식   2) 표준 2중 모선 방식

    3) $1\frac{1}{2}$차단기 방식   4) 환상 모선 방식

(6) 각 차단기별 소호 매질은?

종 류	소호매질
유입차단기(OCB)	절연유
진공차단기(VCB)	고진공
자기차단기(MBB)	자기력
공기차단기(ABB)	압축공기
가스차단기(GCB)	SF_6 가스

(7) 가스절연개폐장치(GIS)

가스절연 개폐장치(GIS)는 차단기, 단로기, 피뢰기, 변성기, 변류기 및 접지장치 등의
변전설비를 SF_6 가스를 충전한 금속제 함에 수납한 구조

(8) 차단기의 차단시간 및 재점호

1) 차단기의 차단시간은 트립 코일(trip coil)의 여자부터 아크 소호 시간을 합한 것

정격 차단 시간 = 개극 시간 + 아크 소호 시간

2) 차단기의 정격 차단 시간(표준) : 3 [Hz], 5 [Hz], 8 [Hz]

(9) 차단기의 표준 동작 책무

어느 시간 간격을 두고 행하여지는 일련의 동작을 규정한 것을 차단기의 동작책무
(duty cycle) 라고 한다.

- 일반용 O – 3분 – CO – 3분 – CO

　　　　　CO – 15초 – CO

- 고속도 재투입용 O – 0.3초 – CO – 3분(또는 15초, 1분) – CO

　(O : 차단동작, C : 투입동작, CO : 투입 직후 차단)

(10) 차단기의 트립방식

1) CT 2차 전류 트립 방식

2) DC 전압 방식

3) CTD 방식(콘덴서 트립 방식)

정류기로 교류를 정류하여 콘덴서를 충전하고, 그 방전 에너지에 의해 트립 코일을
여자 하여 트립 시키는 방법으로 정류기와 콘덴서로 구성되어 있다.

(11) DC 전압 방식에 필요한 축전지 용량

1) 축전지 용량 산출 일반식 $C = \dfrac{1}{L} KI$ [Ah]

(L : 보수율, K : 용량 환산시간[h], I : 방전전류[A])

2) 연축전지
- 공칭 전압 : 2.0 [V/cell]
- 공칭 용량 : 10시간율 [Ah]
- 방전 종료 전압 : 1.8 [V]

3) 알칼리축전지
- 공칭 전압 : 1.2 [V/cell]
- 공칭 용량 : 5 시간율 [Ah]

(12) SF$_6$ 가스의 특성
1) 무색, 무취, 무독, 불연성 가스
2) 공기에 비해 소호 능력이 약 100배
3) 불활성 가스
4) 1기압 하에서 절연 내력이 공기의 2~3배

(13) 단로기와 각종 개폐기 및 차단기와의 기능 비교

기 능 \ 능 력	회로 분리		사고 차단	
	무부하	부하	과부하	단락
퓨 즈	○			○
차단기	○	○	○	○
개폐기	○	○	○	
단로기	○			
전자 접촉기	○	○	○	

(14) 인터록
단로기(DS)는 부하 전류를 개폐할 수 없다. 따라서 단로기는 차단기(CB)가 열려 있어야 열고 닫을 수 있으며, 부하 통전시 단로기를 열 수 없도록 하는것을 인터록이라고 한다.
- 급전시 : DS → CB 순
- 정전시 : CB → DS 순

(15) 각종 개폐기의 적용
1) 단로기
  ① 단로 구간을 확실하게 하여 정전 개소를 확보
  ② 충전전류와 변압기의 여자 전류 및 경부하 전류 등의 미약한 전류 개폐

2) 자동부하 전환 개폐기(ALTS : automatic load transfer switch)

이중 전원을 확보하여 주전원 정전시나, 주 전원의 전압이 정격전압 이하로 떨어지는 경우 예비전원으로 자동 전환

3) 선로개폐기 : 보안상의 책임 분기점에서 보수 점검시 전로를 구분하기 위하여 시설 (단로기와 비슷한 용도).

(16) 전력 퓨즈

1) 전력 퓨즈의 주된 차단전류 : 단락전류

2) 퓨즈의 가장 큰 단점 : 재투입이 불가능

(17) 주파수, 전압제어

1) 유효전력 조정 → 주파수 조정

2) 무효전력 조정 → 전압 조정

(18) 위상 조정 변압기 : 조류제어 할 때 사용

(19) 전력 계통을 연계시키면 전력 계통의 규모가 증대되고 계통의 임피던스는 감소하여 단락전류가 증대되고 통신선의 전자유도장해도 커진다.

11. 배전계통

(1) 캐스케이딩(cascading)현상

1) 캐스케이딩(cascading)현상이 발생하는 배전방식 : **저압 뱅킹방식**

2) 캐스케이딩 원인 및 현상

변압기 또는 선로의 사고에 의해서 뱅킹내의 건전한 변압기의 일부 또는 전부가 연쇄적으로 회로로부터 차단되는 현상

3) 대책 : 인접 변압기와 연결되어 있는 저압선의 중간에 구분 퓨즈 설치

(2) 단상 3선식

1) 2종류의 전압공급을 하기 위해 사용하는 방법

2) 중성선이 단선되면 불평형 부하일 경우 부하 전압에 심한 불평형이 발생하며 이에 대한 대책으로 저압선의 말단에 밸런스를 설치한다.

3) 밸런스 : 권수비가 1 : 1인 단권변압기로서 누설 임피던스가 적다.

(3) 전력 손실

1) 손실계수

- $H = \dfrac{\text{어느 기간 중의 평균 전력 손실}}{\text{같은 기간 중의 최대 손실 전력}} \times 100 [\%]$

- $H = \alpha F + (1-\alpha)F^2$ (α : 정수로서 $0.1 \sim 0.4$)

2) 부하율 F 와 손실계수 H 와의 관계 : $1 \geq F \geq H \geq F^2 \geq 0$

(4) 집중부하와 분산부하

구 분	전력손실	전압강하
말단에 집중부하	$I^2 rL$	IrL
평등분포 부하	$\dfrac{1}{3}I^2 rL$	$\dfrac{1}{2}IrL$

(5) 수용률 $= \dfrac{\text{최대 전력}}{\text{부하 설비 용량}} \times 100 [\%]$

(6) 부등률 $= \dfrac{\text{각 수용가의 최대전력의 합계}}{\text{합성 최대 전력}}$

(7) 부하율 $= \dfrac{\text{평균 전력}}{\text{최대 전력}} \times 100[\%] = \dfrac{\text{평균 전력}}{\text{부하 설비 용량}} \times \dfrac{\text{부등률}}{\text{수용률}}$

(8) 변압기 용량 [kW] $\geq$ 합성 최대 수용 전력

$$= \dfrac{\text{각 부하의 최대 수요 전력의 합 [kW]}}{\text{부등률}}$$

$$= \dfrac{\text{부하 설비 합계 [kW]} \times \text{수용률}}{\text{부등률}}$$

(9) V-V 결선

1) V 결선 출력 $P_V = \sqrt{3}\,P_1$ (P_1 : 단상변압기 1대 용량)

2) 이용률 $= \dfrac{\sqrt{3}\,P_1}{2P_1} = 0.866$

3) 출력비 $= \dfrac{\sqrt{3}\,P_1}{3P_1} = 0.577$

(10) 역률 개선

1) 콘덴서 용량 $Q_c = P(\tan\theta_1 - \tan\theta_2) = P\left(\dfrac{\sqrt{1-\cos^2\theta_1}}{\cos\theta_1} - \dfrac{\sqrt{1-\cos^2\theta_2}}{\cos\theta_2} \right)$

$(P_1$: 부하전력[kW], $\cos\theta_1$: 개선 전 역률, $\cos\theta_2$: 개선 후 역률)

2) **방전 코일 (DC)** : 콘덴서에 축적된 잔류 전하를 방전하여 감전 사고 방지

3) **직렬 리액터**

① 제5고조파로부터 전력용 콘덴서 보호

② 직렬리액터 용량

- 이론적 : 콘덴서 용량×4[%]
- 실제(주파수 변동 등의 여유를 고려하여 선정) : 콘덴서 용량×5~6[%]

(11) 배전선로의 과전류 보호

1) 배전 변압기 1차 측 : 고압퓨즈(COS, Cut Out Switch)

2) 변압기 2차 측 : 저압 퓨즈(catch holder)

3) 수용가 실내의 인입구에서 과전류 보호 : 배선용 차단기(MCCB)

4) 수용가 실내의 인입구에서 누전으로부터 보호 : 누전 차단기(ELB)

(12) 구분 개폐기

선로 고장시 또는 정전공사 등의 경우에 전체 선로를 정전 시키지 않고 일부 구간만을 구분해서 정전시키기 위하여 설치하는 것으로서 그 종류는 다음과 같다.

1) 가스절연 부하개폐기

2) 유입 개폐기

3) 기중 개폐기

(13) 배전선로의 보호협조 : 변전소 차단기 – 리클로저 – 섹셔너라이저 – 라인 퓨즈

(14) 고장구간 자동개폐기(ASS) : 수용가의 구내 고장이 배전선로에 파급되는 것을 방지

(15) 자동부하 절체 개폐기(ALTS) : 주전원이 정전되면 자동적으로 예비전원으로 절체

12. 수력발전

(1) 발전기 출력 $P_g = 9.8QH\eta_t\eta_g$[kW]

(여기서, η_t : 수차효율, η_g : 발전기 효율, Q : 유량[m³/s], H : 유효낙차[m])

(2) 수두 : 단위 무게 [kg]당의 물이 갖는 에너지

1) 위치 수두 : H_0[m]

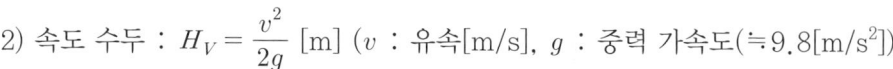

2) 속도 수두 : $H_V = \dfrac{v^2}{2g}$ [m] (v : 유속[m/s], g : 중력 가속도(≒9.8[m/s^2]))

3) 압력 수두 : $H_P = \dfrac{P}{w}$ [m] $= \dfrac{P}{1000}$ [m]

$\qquad$ (P : 수압[kg/m^2], w : 물의 단위 부피의 무게[kg/m^3])

(3) 연속의 정리 $A_1 v_1 = A_2 v_2 = Q$ (일정)

(4) 베르누이의 정리

1) 손실을 무시할 때 : $H + \dfrac{P}{w} + \dfrac{v^2}{2g} = k$ (일정)

2) 손실 수두(h_{12})를 고려할 때 : $H_1 + \dfrac{P_1}{w} + \dfrac{v_1^2}{2g} = H_2 + \dfrac{P_2}{w} + \dfrac{v_2^2}{2g} + h_{12}$

(5) 물의 이론 분출 속도 $v = \sqrt{2gH}$ [m/s]

(6) 하천 유량의 크기

1) 갈수량 : 1년 365일 중 355일은 이것보다 내려가지 않는 유량

2) 저수량 : 1년 365일 중 275일은 이것보다 내려가지 않는 유량

3) 평수량 : 1년 365일 중 185일은 이것보다 내려가지 않는 유량

4) 풍수량 : 1년 365일 중 95일은 이것보다 내려가지 않는 유량

5) 고수량 : 매년 1~2회 생기는 유량

6) 홍수량 : 3~4년에 한 번 생기는 유량

(7) 유황곡선 : 하천 유량의 종류(갈수량, 저수량, 평수량, 풍수량)를 알 수 있으며 발전계획을 수립할 경우 유용하게 이용된다.

(8) 적산 유량곡선 : 저수지 계획에 유용하게 사용된다.

(9) 취수 설비 및 도수 설비

1) 취수구 : 제수문으로 취수량을 조절하고 제진 격자 또는 스크린으로 유목이나 유수 중의 부유물의 유입을 방지한다.

2) 조압 수조 : 부하 변동에 대해 수격압을 흡수, 수차 사용 수량 변동에 따른 서지 작용을 흡수하는 기능

(10) 수차

1) 충동수차 (위치 에너지 → 운동 에너지) : 펠톤수차

2) 반동수차 (위치 에너지 → 압력 에너지)

① 프란시스 수차

② 프로펠러 수차

③ 카플란 수차

3) 수차의 특유 속도 $N_s = N\dfrac{\sqrt{P}}{H^{5/4}}$ [rpm]

(N : 정격회전수, H : 유효낙차, P : 낙차 H[m]에서의 최대출력)

(11) 낙차 변화에 의한 특성 변화

1) 회전수 : $\dfrac{N_2}{N_1} = \left(\dfrac{H_2}{H_1}\right)^{1/2}$

2) 유 량 : $\dfrac{Q_2}{Q_1} = \left(\dfrac{H_2}{H_1}\right)^{1/2}$

3) 출 력 : $\dfrac{P_2}{P_1} = \left(\dfrac{H_2}{H_1}\right)^{3/2}$

(12) 양수발전소의 특징

1) 심야 잉여전력을 유효하게 소비(발전 단가를 낮추는 효과)할 수 있다.

2) 첨두부하 발전소로 운전한다.

3) 계통 사고시 운전예비력을 확보할 수 있다. (비상용 발전소)

4) 무효전력 공급원의 역할을 담당할 수 있으므로 조상설비용량이 경감된다.

5) 주파수 제어 운전에 기여할 수 있다.

(13) 조속기

1) 부하가 변하여도 수차의 회전수를 일정하게 유지하기 위해 수차의 유량조정을 자동
적으로 행하는 장치를 조속기라 한다.

2) 기계식 조속기의 동작순서 : 평속기 → 배압 밸브 → 서보 전동기 → 복원 기구

(14) 흡출관 : 낙차를 유효하게 이용(낙차를 늘리기 위해)하기 위해 사용

1) 충동수차 : 흡출관 필요없다.

2) 반동수차 : 흡출관 필요하다.

13. 화력발전

(1) 열량의 단위
- 1 [kWh] = 860 [kcal]
- 1 [kcal] = 4.186 [kJ]

(2) 압력
1) 절대압 = 대기압 + 게이지압
2) 1기압 = 760 [mmHg] = 1.033[kg/cm^2]
3) $P = 1.033 \times \dfrac{P_a - P_0}{760}$ [kg/cm^2 a]   (P_a : 대기압[mmHg], P_0 : 진공도[mmHg])

(3) 증기 발생장치에서 상태변화
1) 보일러 : 등압 가열
2) 터빈 : 단열 팽창 (과열증기 → 습증기)
3) 복수기 : 등압 냉각
4) 급수펌프 : 단열 압축

(4) $T-s$(온도-엔트로피) 선도
- $A_1 \rightarrow A_2$: 급수 펌프에 의한 등적 단열 압축
- $A_2 \rightarrow B$: 보일러 내에서의 등압 가열
- B → C : 보일러 내에서의 건조 포화 증기의 등온 등압 수열
- C → D : 과열기 내에서의 건조 포화 증기의 등압 과열
- D → E : 터빈 내의 단열 팽창
- E → A_1 : 복수기 내의 터빈 배기의 등온 등압 응결

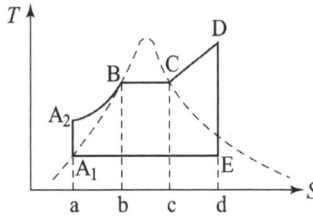

(5) 보일러 설비
1) 과열기 : 포화 증기를 과열 증기로 만들어 증기 터빈에 공급하는 장치
2) 재열기 : 터빈에서 팽창한 증기를 다시 가열하여 과열 증기의 온도 근처까지 온도를 올리기 위한 장치
3) 절탄기 : 연소 가스가 갖는 열량을 회수하여 보일러 급수를 가열하는 장치
4) 공기 예열기 : 연소 가스가 갖는 열량을 회수하여 연소용 공기의 온도를 예열
5) 집진기 : 연도로 배출되는 분진을 수거하기 위한 설비

14. 원자력

(1) 원자로의 연료, 감속재 및 냉각재

종 류	연 료	감속재	냉각재
가스 냉각로(GCR)	천연우라늄	흑연	탄산가스
가압수형 경수로(PWR)	저농축우라늄	경수	경수
비등수형 경수로(BWR)	저농축우라늄	경수	경수
중수로(CANDU)	천연우라늄	중수	중수
고속 증식로(FBR)	농축우라늄, 플루토늄	–	나트륨

(2) 제어재의 구비조건

1) 중성자 흡수 단면적이 클 것

2) 냉각재에 대하여 내부식성이 있는 것

3) 열과 방사능에 대해 안정적일 것

(3) 핵연료의 구비 조건

1) 중성자를 빨리 감속시킬 수 있을 것

2) 중성자 흡수 단면적이 작을 것

3) 열전도율이 높고, 내식성, 내방사성이 우수할 것

4) 가볍고, 밀도가 클 것

전기기기

1. 직류 발전기

(1) 직류 발전기의 주요 부분 및 역할

1) 계자(field) : 전기자를 통과하는 자속을 만드는 부분

2) 전기자(armature) : 계자에서 만든 자속을 끊어서 기전력을 유도하는 부분

3) 정류자(commutator) : 전기자 권선에서 유도된 교류를 직류로 바꾸어 주는 부분

(2) 보극 : 정류 개선

(3) 보상권선 : 전기자 반작용 억제

(4) 전기자

1) 규소강판을 사용하는 이유 : 히스테리시스손 감소

2) 얇은 철판을 성층하는 이유 : 와류손 감소

(5) 직류기의 전기자 권선 : 이층권, 고상권, 폐로권을 채택한다.

(6) 중권과 파권의 비교

비교 항목	단중 중권	단중 파권
전기자의 병렬 회로수(a)	$p\,(mp)$	$2\,(2m)$
브러시 수(b)	p	2
용　도	저전압, 대전류	고전압, 소전류
균압접속	4극 이상이면 균압 접속을 하여야 한다.	균압 접속은 필요 없다.

p : 극수,　m : 다중도

(7) 유기기전력

1) 전기자 도체 1개에 유도되는 유기기전력 $e = B\,l\,v\,[\mathrm{V}]$

(B : 자속밀도[Wb/m²], l : 도체의 길이[m], v : 도체의 회전속도[m/s])

2) 도체 총 수가 Z인 발전기의 유기기전력 $E = p\phi n \times \dfrac{Z}{a}[\mathrm{V}]$

(p : 극수, ϕ : 매극당 자속[Wb], n : 회전수[rps], Z : 총 도체수,

　　a : 내부 병렬회로수)

(8) 전기자 반작용의 영향

1) 전기적 중성축 이동

2) 주자속 감소

3) 정류자 편간의 불꽃섬락 발생

4) 발전기의 출력감소

(9) 전기자 반작용에 대한 대책

1) 브러시를 새로운 중성점으로 이동

① 발전기 : 회전 방향으로 이동

② 전동기 : 회전 방향과 반대 방향으로 이동

2) 보상권선 설치

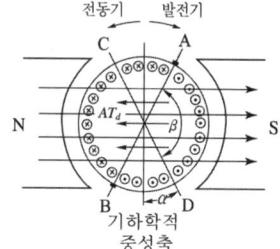

(10) 감자 기자력 $A T_d = \dfrac{Z}{2p} \cdot \dfrac{2\alpha}{180°} \cdot \dfrac{I_a}{a}$ [AT/극]

(11) 교차 기자력 $A T_c = \dfrac{Z}{2p} \cdot \dfrac{\beta}{180°} \cdot \dfrac{I_a}{a}$ [AT/극]

(12) 정류곡선 : 직선정류, 정현파 정류, 부족정류, 과정류 등이 있으며 불꽃없는 정류는 직선 또는 정현파 정류이다.

(13) 정류 코일의 리액턴스 전압(평균값) $e_L = L\dfrac{di}{dt} = L\dfrac{2I_c}{T_c}$ (T_c : 정류주기)

(14) 양호한 정류를 얻는 방법

1) 저항 정류 : 탄소브러시 사용

2) 전압 정류 : 보극설치

3) 리액턴스(L)를 적게 한다 : 단절권 채택

4) 정류주기(T_c)를 길게 한다. : 회전속도를 낮춘다.

(15) 정류자 편간전압 $e_{sa} = \dfrac{E}{\dfrac{K}{p}} = \dfrac{pE}{K}$ [V]

(E : 유기기전력, K : 정류자 편수, p : 극수)

(16) 타여자 발전기 : 외부의 독립된 직류 전원에 의해 계자권선을 여자시키는 방법

1) 유기기전력 $E = p\phi n \dfrac{Z}{a}$[V]

2) 단자전압 $V = E - I_a R_a - e_a - e_b$

　　여기서, e_a : 전기자 반작용에 의한 전압강하[V]

　　　　　　e_b : 브러시 접촉저항에 의한 전압강하[V]

3) 특징

　　① 잔류 자기가 없어도 발전 가능

　　② 운전 중 전기자 회전 방향 반대 $\Rightarrow$ +, − 극성이 반대로 발전

(17) 분권 발전기 : 전기자 권선과 계자 권선이 병렬로 접속

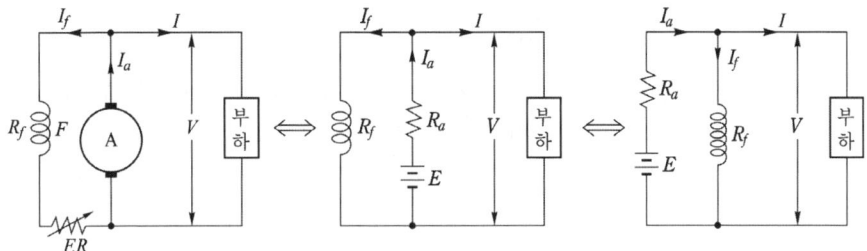

1) 부하전류 $I = \dfrac{P}{V}$

2) 계자전류 $I_f = \dfrac{V}{R_f}$

3) 전기자 전류 $I_a = I_f + I$

4) 단자전압 $V = E - I_a R_a - e_a - e_b = E - (I_f + I)R_a - e_a - e_b$

5) 분권발전기의 특징

　　① 잔류 자기가 없으면 $\Rightarrow$ 발전 불가능

　　② 운전 중 전기자 회전 방향을 반대로 하면 $\Rightarrow$ 잔류 자기를 소멸시켜 발전 불가능

　　③ 운전 중 계자 회로를 갑자기 열면 계자 권선에 고압을 유기하여 계자 권선의 절연
　　　을 파괴할 우려가 있다.

　　④ 운전 중 서서히 단락 $\Rightarrow$ 처음에는 큰 전류가 흐르나 종래에는 소전류가 흐른다.

(18) 직권 발전기 : 전기자 권선과 계자 권선이 직렬로 접속

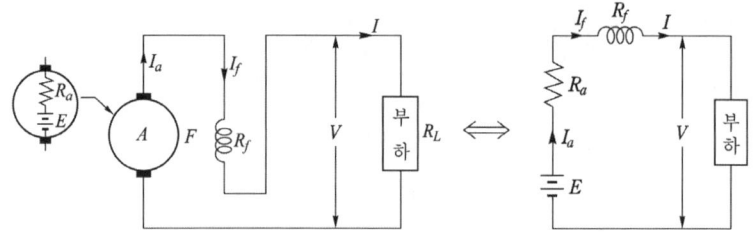

1) 전기자전류=계자전류= 부하전류($I_a = I_f = I$)

2) 부하전류 $I = \dfrac{P}{V}$

3) 단자전압 $V = E - I_a R_a - I_f R_f - e_a - e_b = E - IR_a - IR_f - e_a - e_b$

4) 특징

　① 잔류 자기가 없으면 발전 불가능

　② 운전 중 전기자 회전 방향을 반대 ⇒ 잔류 자기를 소멸시켜 발전 불가능

　③ 무부하시에는 자기여자로 전압을 확립할 수 없다.

(19) 복권 발전기

전기자 권선과 직렬로 접속되어 있는 직권 계자 권선과 전기자 권선과 병렬로 접속되어 있는 분권 계자 권선이 설치되어 있다.

(20) 차동복권 발전기

분권계자권선의 기자력과 직권계자권선의 기자력이 서로 감해지는 방향으로 되어있는 발전기로서 수하특성을 갖고 있다.

(21) 전압 변동률 $\epsilon = \dfrac{V_0 - V_n}{V_n} \times 100 \, [\%]$ (V_0 : 무부하 전압[V], V_n : 정격전압[V])

• 전압변동률 $\epsilon > 0\,(V_0 > V_n)$인 발전기 : 타여자, 분권 및 부족복권 발전기

• 전압변동률 $\epsilon = 0\,(V_0 = V_n)$인 발전기 : 평복권

• 전압변동률 $\epsilon < 0\,(V_0 < V_n)$인 발전기 : 직권, 과복권발전기

(22) 직류 발전기의 병렬 운전 조건

1) 전압 및 극성이 같을 것

2) 외부 특성 곡선이 어느 정도 수하 특성일 것

3) 용량이 같으면 각 발전기의 외부 특성 곡선이 같을 것

4) 용량이 다를 경우 [%] 부하 전류로 나타낸 외부 특성 곡선이 거의 일치할 것

(23) 분권 발전기 병렬 운전 시 부하의 분담

1) 저항(R_a)이 같으면 유기 전압(E)이 큰 발전기가 부하를 많이 분담

2) 유기 전압(E)이 같으면 부하는 전기자 회로 저항에 반비례해서 분배

3) 외부 특성 곡선이 같은 경우 부하분담은 용량에 비례

(24) 병렬운전 시 균압모선이 필요한 발전기

- 직권발전기 • 평복권 • 과복권

(25) 병렬운전 시 균압모선이 필요 없는 발전기

- 부족복권 • 차동복권 • 분권발전기

2. 직류 전동기

(1) 직류 전동기 : 전기적 에너지를 운동에너지로 변환

(2) 단자전압 $V = E_c + I_a R_a [\text{V}]$

(3) 역기전력 $E_c = p\phi n \dfrac{Z}{a}[\text{V}]$

여기서, V : 단자 전압 $[\text{V}]$, E_c : 역기전력 $[\text{V}]$, p : 극수

ϕ : 자속 $[\text{Wb}]$, I_a : 전기자 전류 $[\text{A}]$, R_a : 전기자 권선 저항 $[\Omega]$

n : 회전수 $[\text{rps}]$, Z : 전체 도체 수, a : 내부 병렬 회로 수

(4) 발전기의 유기기전력 : 플레밍의 오른손 법칙

(5) 전동기의 운동 방향 : 플레밍의 왼손법칙

(6) 타여자 전동기

1) 역기전력 $E_c = p\phi n \dfrac{Z}{a}[\text{V}]$, $\quad E_c = V - I_a R_a [\text{V}]$

2) 회전 속도 $n = K \dfrac{E_c}{\phi} = K \dfrac{V - I_a R_a}{\phi} [\text{rps}]$ (단, $K = \dfrac{a}{pZ}$)

3) 출력 $P = E_c I_a = 2\pi n T [\text{W}]$

4) 토오크 $T = \dfrac{E_c I_a}{2\pi n} = \dfrac{p\phi n \dfrac{Z}{a} I_a}{2\pi n} = \dfrac{pZ}{2\pi a}\phi I_a = K\phi I_a [\text{N} \cdot \text{m}]$

5) 타여자 전동기에서 계자전류를 0으로 하면 자속 ϕ가 0이 되어 회전자 속도가 상승하여 위험하게 되므로 계자회로에는 퓨즈를 넣어서는 안된다.

6) 공급 전원의 방향을 반대로 하며 회전방향은 반대로 된다.

(7) 분권 전동기

1) 계자 전류 $I_f = \dfrac{V}{R_f}$

2) 전원에서 흘러들어가는 전전류 $I = I_a + I_f$ (I_a : 전기자 전류, I_f : 계자전류)

3) 회전 속도 $n = K\,\dfrac{V - I_a R_a}{\phi}$ [rps]

4) 출력 $P = E_c I_a = 2\pi n T$ [W]

5) 토오크 $T = \dfrac{E_c I_a}{2\pi n} = \dfrac{p\phi n \dfrac{Z}{a} I_a}{2\pi n} = \dfrac{pZ}{2\pi a}\phi I_a = K\phi I_a$ [N·m]

토오크 $T = \dfrac{P}{2\pi\dfrac{N}{60}} \times \dfrac{1}{9.8} = 0.975 \times \dfrac{P}{N}$ [kg·m]

6) 계자 회로가 단선이 되면 자속 ϕ가 0이 되어 경부하시에는 원심력에 의해 기계가 파괴될 정도의 과속도에 도달할 수 있으므로 주의하여야 한다.

7) 공급 전원의 방향을 반대로 하면 계자 전류와 전기자 전류의 방향이 동시에 반대로 되어 회전 방향은 바뀌지 않는다.

(8) 직권 전동기

1) 전기자 전류 = 계자 전류 = 부하 전류 ($I_a = I_f = I$)

2) 단자 전압 $V = E_c + I_a(R_s + R_a)$ (R_s : 직권계자 권선저항, R_a : 전기자 저항)

3) 회전속도 $n = K \cdot \dfrac{V - I_a(R_a + R_s)}{\phi}$ [rps]

4) 토크 $T = \dfrac{E_c I_a}{2\pi n} = \dfrac{p\phi n \dfrac{Z}{a} I_a}{2\pi n} = \dfrac{pZ}{2\pi a}\phi I_a = K\phi I_a$ [N·m]

① 부하 전류가 적어 철심의 자기포화가 되지 않는 범위 $T = K I_a^2$ [N·m]

② 부하 전류가 증가하여 철심이 자기포화된 경우 $T = K I_a$ [N·m]

5) 직권 전동기에서 무부하가 되면($I = I_a = I_f = 0$, $\phi = 0$) 속도는 무한대가 되어 원심력 때문에 기계를 파괴할 염려가 있다. 따라서, 직권 전동기는 벨트 운전을 하지 않는다.

6) 직권전동기의 용도

직권전동기는 전차, 기중기등의 부하 변동이 심하고 큰 기동토크가 요구되는 기기에 주로 사용된다.

(9) 속도 변동률

$\epsilon = \dfrac{N_0 - N_n}{N_n} \times 100[\%]$ (N_0 : 무부하 속도, N_n : 정격부하에서 정격속도)

(10) 전기자 전류

1) 운전중에 있는 직류전동기의 전기자 전류 $I_a = \dfrac{V - E_c}{R_a}[\text{A}]$

2) 기동시 직류전동기의 전기자 전류 $I_a = \dfrac{V}{R_a}[\text{A}]$ (기동시 역기전력 $E_c = 0$)

(11) 직류 분권 전동기의 속도 제어법

구 분	제어 특성	특 징
계자 제어법	· 정출력 제어	· 속도제어 범위가 좁다.
전압 제어법	· 정토크 제어 ┌ 워드 레오나드 방식 └ 일그너 방식	· 제어범위가 넓다. · 손실이 매우 적다. · 정역운전이 가능 · 설비비가 많이 든다.
직렬 저항법		· 효율 나쁘다.

(12) 직권 전동기의 속도제어

1) 계자 제어법
2) 직렬 저항 제어법
3) 직·병렬 제어법

(13) 직류기의 제동법

1) 발전 제동 : 전동기를 발전기로 동작시켜 그때 발생된 전력을 열로 소비하여 제동
2) 회생 제동 : 전동기를 발전기로 동작시켜 발생하는 전력을 전원으로 반환함으로써 제동
3) 역상 제동(플러깅 제동) : 전기자의 결선을 바꾸어 역 방향의 토크를 발생하여 급 제동하는 방법

3. 직류기의 손실, 효율 및 정격

(1) 손실의 종류

- 총 손실 = 무부하손 + 부하손
- 무부하손 = 철손 + 기계손
- 철손 = 히스테리시스손 + 와류손

(2) 실측 효율 $\eta = \dfrac{출력}{입력} \times 100[\%]$

(3) 규약효율(전기적 에너지를 기준으로 하여 암기)

1) 발전기(입력 : 기계적 에너지, 출력 : 전기적 에너지)

$$\eta = \frac{출력}{출력+손실} \times 100[\%] \quad (입력=출력+손실)$$

2) 전동기(입력 : 전기적 에너지, 출력 : 기계적 에너지)

$$\eta = \frac{입력-손실}{입력} \times 100[\%] \quad (출력=입력-손실)$$

(4) 최대효율 발생 조건 : 무부하손(고정손)=부하손(가변손)

4. 특수 직류기

(1) 토크 측정방법

1) 소형 전동기 토크 측정방법 : 와전류 제동기, 프로니 브레이크법
2) 대형 전동기의 토크 측정 : 전기 동력계

(2) 전기 동력계

1) 토크 $T = W \cdot L\,[\mathrm{kg \cdot m}] = 9.8\,W \cdot L\,[\mathrm{N \cdot m}]$

(W : 힘[kg], L : 동력계 중심과의 거리[m])

2) 출력 $P = 2\pi n T = 2\pi \dfrac{N}{60} \times 9.8\,W \cdot L = 1.027 N \cdot W \cdot L\,[\mathrm{W}]$

(3) 단극 발전기

1) 일정 방향의 기전력을 발생하여 정류자가 필요 없는 구조의 발전기

2) 3~15 [V]의 저전압과 수 천 [A] 이상의 대전류 발생용으로 화학공업이나 저항 용접 등에 사용

(4) 3선식 발전기 : 두 종류의 전압(220[V] / 110[V])을 하나의 발전기로 겸용하여 사용

(5) 증폭기의 종류

   1) 앰플리다인   2) 로토트롤   3) HT 다이나모

(6) 앰플리다인 : 2단으로 증폭이 되므로 10,000 정도의 증폭률이 얻어진다.

(7) 정전압 발전기의 종류

   1) 로젠베르그 발전기   2) 베르그만 발전기   3) 제3브러시 발전기

5. 동기 발전기

(1) 동기 속도 $n_s = \dfrac{2f}{p}$ [rps], $N_s = \dfrac{120f}{p}$ [rpm]

(2) 동기기에서 분포권의 장점 및 단점

   1) 장점

     ① 기전력의 파형이 좋아진다.
     ② 권선의 누설리액턴스가 감소
     ③ 전기자에 발생되는 열을 골고루 분포시켜 과열을 방지

   2) 단점 : 집중권에 비해 합성 유기 기전력이 감소

(3) 분포권 계수 $K_{dn} = \dfrac{\sin\dfrac{n\pi}{2m}}{q\sin\dfrac{n\pi}{2mq}}$

   (n차 고조파, q : 매극매상 당 슬롯 수, m : 상수)

(4) 매극 매상 당 슬롯 수 $= \dfrac{\text{총 슬롯 수}}{\text{상수} \times \text{극수}}$

(5) 총 코일 수 $= \dfrac{\text{총 슬롯 수} \times \text{층수}}{2}$

(6) 단절권의 장·단점

1) 장점

① 고조파를 제거하여 기전력의 파형을 개선하고

② 동의 양이 적게 되는 이점이 있다.

2) 단점 : 전절권에 비해 합성 유기기전력이 감소

(7) 단절권 계수 $K_{pn} = \sin\dfrac{n\beta\pi}{2}$ (n차 고조파, $\beta = \dfrac{\text{코일간격}}{\text{극간격}}$)

(8) 동기기의 전기자 권선법

- 2층권   • 단절권   • 분포권 을 사용

(9) 전기자 권선을 Y결선으로 하는 이유

1) 중성점을 접지할 수 있으므로 권선보호 장치의 시설이 용이

2) 이상전압의 방지 대책이 용이

3) 권선의 불평형 및 제3고조파에 의한 순환전류가 흐르지 않는다.

4) 상전압은 선간 전압의 $\dfrac{1}{\sqrt{3}}$ 이 되어 코일의 절연이 용이하고 코로나 발생을 억제

(10) 고조파 기전력을 제거하여 정현파로 하기 위해 채용되는 방법

1) 매극 매상의 슬롯수 q를 크게 한다.

2) 단절권 및 분포권으로 한다.

3) 전기자 철심을 사(skewed slot) 슬롯으로 한다.

4) Y(성형)결선을 한다.

(11) 유기 기전력

1) 1개의 도체에 유기되는 기전력의 순시치 $e = Blv$ [V]

2) 권수 W 에 유기되는 기전력의 실효치 $E = 4.44K_w f W\phi$ [V]

(12) 전압변동률 $\epsilon = \dfrac{V_0 - V_n}{V_n} \times 100$[%] ($V_0$: 무부하 단자전압, V_n : 정격단자전압)

1) 유도부하인 경우 : $\epsilon > 0$ ($V_0 > V_n$)

2) 용량부하인 경우 : $\epsilon < 0$ ($V_0 < V_n$)

(13) 동기 발전기의 출력

1) 비돌극기(원통형)의 출력

- 단상 발전기 $P \fallingdotseq \dfrac{EV}{x_s}\sin\delta$ (E : 유기기전력, V : 단자전압, δ : 부하각)

- 3상 발전기 $P \fallingdotseq \dfrac{3EV}{x_s}\sin\delta$

- 최대 출력 : 부하각 $\delta = 90°$에서 발생

2) 돌극기의 출력

- 출력 $P = \dfrac{EV}{x_d}\sin\delta + \dfrac{V^2(x_d - x_q)}{2x_d x_q}\sin 2\delta$

 (x_d : 직축 동기 리액턴스, x_q : 횡축 동기 리액턴스)

- 최대 출력 : 부하각 $\delta \fallingdotseq 60°$에서 발생

(14) 전기자 반작용

역 률	부 하	전류와 전압과의 위상	작 용
역률 1	저항	I_a가 E와 동상인 경우	교차 자화 작용(횡축 반작용)
뒤진역률 0	유도성 부하	I_a가 E보다 $\pi/2$ 뒤지는 경우	감자 작용(직축 반작용)
앞선역률 0	용량성 부하	I_a가 E보다 $\pi/2$ 앞서는 경우	증자 작용(자화 작용)

1) 횡축 반작용 성분 : $I\cos\theta$

2) 직축 반작용 성분 : $I\sin\theta$

- 전압보다 $\dfrac{\pi}{2}$ 앞선 $I\sin\theta$ (진상전류, 콘덴서 부하) : 증자작용

- 전압보다 $\dfrac{\pi}{2}$ 뒤진 $I\sin\theta$ (지상전류, 리액터 부하) : 감자작용

(15) 동기 임피던스 $Z_s = r_a + jx_s = r_a + j(x_a + x_l)$ [Ω]

(r_a : 전기자 저항[Ω], x_a : 전기자 반작용 리액턴스[Ω],

x_l : 전기자 누설 리액턴스[Ω])

동기 임피던스 $Z_s = \dfrac{E_n}{I_s} = \dfrac{V_n}{\sqrt{3}\,I_s}$ [Ω]

(16) %동기 임피던스 $\%Z_s$

1) $\%Z_s = \dfrac{Z_s I_n}{E_n} \times 100$[%]

2) $\%Z_s = \dfrac{PZ_s}{10V^2}[\%]$ (P : 기준용량[kVA], V : 선간전압[kV])

(17) 리액턴스의 크기 비교

1) 초기 과도 리액턴스 < 과도 리액턴스 < 동기리액턴스

2) 돌극형 동기 발전기 : $x_d > x_q$ (x_d : 직축 동기리액턴스)

3) 원통형(비철극기) 동기발전기 : $x_d = x_q = x_s$ (x_q : 횡축 동기리액턴스)

(18) 단락 전류

1) 돌발 단락 전류 $I_s = \dfrac{E}{r_a + jx_l} \fallingdotseq \dfrac{E}{jx_l}$ (돌발 단락 전류 억제 : 누설 리액턴스 x_l)

2) 영구 단락 전류 $I_s = \dfrac{E}{r_a + jx_s} = \dfrac{E}{r_a + j(x_a + x_l)} \fallingdotseq \dfrac{E}{jx_s}$

   ($x_s = x_a + x_l$, 영구 단락 전류 억제 : 동기 리액턴스 x_s)

(19) 단락 시 흐르는 단락전류의 크기변화

단락초기 막대한 과도 전류가 흐르다가 점차 감소하여 수초 후에는 영구 단락 전류값에 이르게 된다.

(20) 단락비 $K_s = \dfrac{I_f'}{I_f''} = \dfrac{1}{Z[\mathrm{PU}]}$

여기서, I_f' : 무부하에서 정격 전압을 유기하는데 요하는 여자 전류

I_f'' : 3상 영구 단락 전류를 통하는 데 요하는 여자 전류

(21) 철기계(돌극형)의 특징

① 단락비가 크다. ② 동기 임피던스가 적다.

③ 반작용 리액턴스 x_a가 적다. ④ 전압 변동률이 양호해진다.

⑤ 기계의 중량이 크다. ⑥ 과부하 내량이 증대

⑦ 극수가 많은 저속기에 적합하다. ⑧ 안정도가 높다

(22) 동기계(원통형, 비돌극형)의 특징

① 단락비가 적다.

② 동기 임피던스가 크다.

③ 전기자 반작용이 크다.

④ 중량이 가볍고, 가격이 싸다.

(23) 발전기의 병렬운전 조건

① 기전력의 크기가 같을 것　　② 기전력의 위상이 같을 것

③ 기전력의 주파수가 같을 것　　④ 기전력의 파형이 같을 것

이 외에도 3상 동기 발전기의 병렬 운전 시에는 상회전 방향이 같아야 한다.

(24) 동기화 전류(유효전류)　$I_s = \dfrac{E_1}{x_s} \sin \dfrac{\delta}{2}[\text{A}]$　(δ : 위상차)

(25) 동기화력(유효전력)　$P_s = \dfrac{E_1{}^2}{2x_s} \sin \delta[\text{W}]$　(x_s : 동기리액턴스)

(26) 부하의 분담

1) 유효 전력의 분담 : 원동기의 속도 특성에 따라 정해진다.

2) 무효 전력의 분담 : 기전력의 크기. 즉, 계자 전류의 크기에 의해 결정된다.

(27) 동기발전기의 안정도 향상대책

1) 동기 임피던스를 작게 한다.

2) 속응 여자 방식을 채택한다.

3) 단락비를 크게 한다.

4) 동기 탈조 계전기를 사용한다.

5) 회전자에 플라이 휘일을 설치하여 관성 모멘트를 크게 한다.

6) 정상 임피던스는 작고, 영상, 역상 임피던스를 크게 한다.

(28) 동기발전기의 시험 및 측정

측정 항목	시험의 종류
철　손	무부하 시험
기계손	무부하 시험
동기임피던스	단락 시험
동기리액턴스	단락 시험
단락비	무부하(포화)시험, 단락 시험

6. 동기 전동기

(1) 동기 전동기의 입·출력

1) 동기전동기의 입력 $P_1 \fallingdotseq \dfrac{VE}{x_s} \sin \delta$

(V : 단자전압, E : 역기전력, δ : V와 E의 위상차)

2) 동기전동기의 출력 $P_2 = \dfrac{VE}{Z_s}\cos(\beta-\delta) - \dfrac{\mathrm{E}^2}{\mathrm{Z}_s}\cos\beta$ $(\beta = \tan^{-1}\dfrac{x_s}{r})$

3) 최대출력 $P_{2\max} = \dfrac{VE}{Z_s} - \dfrac{E^2}{Z_s}\cos\beta$ 즉, 최대출력은 $\delta = \beta$일 때 발생

(2) 동기와트

1) 전동기의 출력 $P = 2\pi n T$ 에서 출력은 토크와 속도의 곱으로 나타낸다.

2) 동기전동기의 경우 속도 n은 항상 일정하므로 기계적 출력을 토크로 표시하기도 하는데 이와 같이 출력와트를 토크로 표시할 때를 동기와트라 한다.

(3) 토크 T

- $T = \dfrac{60}{2\pi} \cdot \dfrac{P_2}{N_s}\,[\mathrm{N \cdot m}]$

- $T = \dfrac{1}{9.8} \times \dfrac{60}{2\pi} \times \dfrac{P_2}{N_s} = 0.975 \times \dfrac{P_2}{N_s}\,[\mathrm{kg \cdot m}]$

(4) 동기기의 전기자 반작용

작 용	동기 발전기	동기 전동기
교차 자화 작용(횡축 반작용)	I_a가 E와 동상인 경우	I_a가 V와 동상인 경우
감자 작용(직축 반작용)	I_a가 E보다 $\pi/2$ 뒤지는 경우	I_a가 V보다 $\pi/2$ 앞서는 경우
증자 작용(자화 작용)	I_a가 E보다 $\pi/2$ 앞서는 경우	I_a가 V보다 $\pi/2$ 뒤지는 경우

여기서, I_a : 전기자 전류, E : 유기 기전력, V : 단자전압(공급전압)

(5) 제동 권선의 기능

1) 난조 방지

2) 기동 토크 발생

3) 불평형 부하시의 전류, 전압 파형 개선

4) 송전선의 불평형 단락시의 이상 전압 방지

(6) 동기 전동기의 위상특성곡선 (V 곡선)

1) 역률 1

① $\cos\theta = 1$ (V와 I는 동상)

② 전기자 전류 $I\left(I = \dfrac{E_s}{jX}\right)$는 최소

2) 과여자

    ① $\cos\theta =$ 진상

    ② 콘덴서의 역할

    ③ 진상의 전기자 전류 증대

       (I가 V보다 위상이 θ만큼 앞섬)

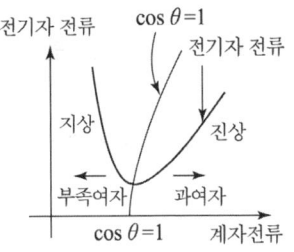

3) 부족 여자

    ① $\cos\theta =$ 지상

    ② 리액터의 역할

    ③ 지상의 전기자 전류 증대 (I 가 V보다 위상이 θ만큼 뒤짐)

7. 변압기

(1) 여자전류의 순시치 $i_0 = \sqrt{2}\,I_0\sin\left(\omega t - \dfrac{\pi}{2}\right)[\mathrm{A}]$

여기서, 실효치 $I_0 = \dfrac{V_1}{\omega L_1}[\mathrm{A}]$ 로 전압 V_1보다 위상이 $90°$ 뒤진다.

(2) 유기기전력의 실효값

    1) 1차측 유기기전력의 실효값 $E_1 = 4.44fn_1\phi_m[\mathrm{V}]$

    2) 2차측 유기기전력의 실효값 $E_2 = 4.44fn_2\phi_m[\mathrm{V}]$

(3) 변압기의 권수비(전압비) $a = \dfrac{E_1}{E_2} = \dfrac{N_1}{N_2}$

전압비는 선간전압이 아니고 반드시 상전압이 되어야 한다.

(4) 변압기의 전류비 = $\dfrac{\text{2차측 상전류}}{\text{1차측 상전류}}$, $\dfrac{I_{p1}}{I_{p2}} = \dfrac{1}{a}$

전류비는 선전류가 아니고 반드시 상전류가 되어야 한다.

(5) 변압기의 등가회로 작성에 필요한 시험

    ① 직류 저항 측정 : 권선 저항 측정

    ② 무부하 시험 : 철손 측정

    ③ 단락 시험 : 동손 측정

(6) 변압기 2차측에서 1차측으로 환산시

- 전압은 a배
- 전류는 $\dfrac{1}{a}$배
- 임피던스는 a^2배

(7) 변압기 1차측에서 2차측으로 환산시

- 전압은 $\dfrac{1}{a}$배
- 전류는 a배
- 임피던스는 $\dfrac{1}{a^2}$배
- 어드미턴스는 a^2배

(8) 여자전류 $I_0 = I_\phi + I_i = \sqrt{{I_\phi}^2 + {I_i}^2}$ (I_ϕ : 자화전류, I_i : 철손전류)

(9) 철손전류 $I_i = \dfrac{P_i}{V_1}[\mathrm{A}]$ (P_i : 철손)

(10) 여자 어드미턴스 $Y_0 = \sqrt{{g_0}^2 + {b_0}^2} = \dfrac{I_0}{V_1}[\mho]$

(11) 컨덕턴스 $g_o = \dfrac{I_i}{V_1} = \dfrac{P_i}{{V_1}^2}[\mho]$

(12) 서셉턴스 $b_0 = \sqrt{Y_0^2 - g_0^2} = \sqrt{\left(\dfrac{I_0}{V_1}\right)^2 - \left(\dfrac{P_i}{{V_1}^2}\right)^2}\,[\mho]$

(13) 변압기의 누설리액턴스 $L = \dfrac{\mu A N^2}{l} \propto N^2$

(A : 철심의 단면적[m^2], N : 코일의 권수, l : 자로의 길이[m])

(14) 변압기 1차측 단락전류

1) $I_{1s} = \dfrac{V_1}{Z_1 + Z_2'}[\mathrm{A}]$: 옴(ohm)법으로 표현

(Z_2' : 2차측 임피던스를 1차측으로 환산한 임피던스)

2) $I_{1s} = \dfrac{100}{\%Z} \times I_n$: $\%Z$ 법으로 표현

(15) %저항 강하 $p = \dfrac{r_{21} I_{1n}}{V_{1n}} \times 100 = \dfrac{r_{21} I_{1n}^2}{V_{1n} I_{1n}} \times 100 = \dfrac{P_c}{V_{1n} I_{1n}} \times 100\,[\%]$

(16) %리액턴스 강하 $q = \dfrac{x_{21} I_{1n}}{V_{1n}} \times 100\,[\%]$

(17) %임피던스 강하 $z = \dfrac{z_{21}\, I_{1n}}{V_{1n}} \times 100 = \dfrac{V_s}{V_{1n}} \times 100 = \sqrt{p^2 + q^2}\ [\%]$

(18) 전압 변동률

1) 전압으로 구하는 전압 변동률 $\epsilon = \dfrac{V_{20} - V_{2n}}{V_{2n}} \times 100\ [\%]$

2) %임피던스로 구하는 전압변동률 (지상 부하 시)

$\epsilon = p\cos\phi + q\sin\phi + \dfrac{1}{200}(q\cos\phi - p\sin\phi)^2 [\%]$

$\fallingdotseq p\cos\phi + q\sin\phi$　(ϕ : 부하 Z의 위상각)

3) %임피던스로 구하는 전압변동률 (진상 부하 시)

$\epsilon \fallingdotseq p\cos\phi - q\sin\phi$

4) 역률이 100 [%]일 때 전압 변동률

$\cos\phi = 1,\ \sin\phi = 0$이므로

$\epsilon \fallingdotseq p = \dfrac{I_{2n}\, r}{V_{2n}} \times 100 = \dfrac{I_{2n}{}^2\, r}{V_{2n}\, I_{2n}} \times 100 = \dfrac{\text{전부하 동손}}{\text{정격 용량}} \times 100\ [\%]$

5) 최대 전압변동률　$\epsilon_{\max} = \sqrt{p^2 + q^2}$

6) 최대 전압변동률을 발생하는 역률 $\cos\phi_{\max} = \dfrac{p}{\sqrt{p^2 + q^2}}$

(19) 변압기 손실의 종류

1) 변압기 손실 = 무부하손 + 부하손
2) 무부하손 = 히스테리시스손 + 와류손 + 유전체손
   (철손=히스테리시스손 + 와류손 ; 부하의 크기에 무관)
3) 부하손 = 동손 + 표류 부하손

(20) 히스테리시스손 $P_h = K_h f\, B_m^2\ [\text{W/kg}]$

(K_h : 히스테리시스 계수, B_m : 최대 자속밀도[Wb/m²])

$P_h = K \cdot f \cdot \left(\dfrac{V}{f}\right)^2 = K\dfrac{V^2}{f}$

(21) 와류손 $P_e = K_e (t \cdot f \cdot K_f \cdot B_m)^2$

(K_e : 재료에 따라 정해지는 상수, t : 철심의 두께, K_f : 파형률)

$P_e = K\left(f \cdot \dfrac{V}{f}\right)^2 = K V^2$

(22) **유전체손** : 절연물에서 생기는 손실

(23) **동손** $P_c = I^2 R$ [W]로서 변압기의 부하율에 따라 그 값이 달라진다.

- 전 부하일 때의 동손 $P_c = I^2 R$ [W]
- 부하율 m일 때의 동손 $P_{cm} = m^2 P_c = m^2 \times I^2 R$ [W]

(24) **변압기의 손실과 주파수와의 관계**

① 동손 $P_c = I^2 R$ 로 동손은 전류의 자승에 비례하나 주파수와는 무관하다.

② 와류손 $P_e = KE^2$ 에서 와류손은 주파수와 무관

③ 히스테리시스손 $P_h = K\dfrac{E^2}{f}$ 로 주파수에 반비례 한다.

(25) **정격 부하시 효율** $\eta = \dfrac{V_{2n} I_{2n} \cos\theta}{V_{2n} I_{2n} \cos\theta + P_i + I_{2n}^{\ 2} r_{21}} \times 100$ [%]

(26) **부하율** m**으로 운전시 효율** $\eta = \dfrac{m V_{2n} I_{2n} \cos\theta}{m V_{2n} I_{2n} \cos\theta + P_i + m^2 I_{2n}^{\ 2} r_{21}} \times 100$ [%]

(27) **최대 효율 운전 조건** : 부하율 $m = \sqrt{\dfrac{P_i}{P_c}}$ 의 부하로 운전시 최대 효율로 운전된다.

(28) **변압기 결선**

1) △−△ 결선도

① $V_l = V_p \angle 0°$: 선간 전압과 상전압은 크기가 같고 동상이 된다.

② $I_l = \sqrt{3} I_p \angle -30°$: 선전류는 상전류에 비해 크기가 $\sqrt{3}$ 배이고 위상은 $30°$ 뒤진다.

2) Y−Y 결선

① $V_l = \sqrt{3} V_p \angle 30°$: 선간 전압은 상전압에 비해 크기가 $\sqrt{3}$ 배이고 위상은 $30°$ 앞선다.

② $I_l = I_p \angle 0°$: 선전류는 상전류와 크기가 같고 위상이 동상이 된다.

(29) **3상 출력** $P = \sqrt{3} V_l I_l = 3 V_p I_p = 3 \times$ **단상 출력**

(30) **최대전력 공급조건** : "전원의 내부 저항 = 부하 저항"

(31) V-V 결선

1) V결선 출력 $P_V = \sqrt{3}\,V_p I_p = \sqrt{3} \times$ 단상변압기 1대 용량

2) 출력의 비 $= \dfrac{V\,\text{결선 출력}}{3상\ \text{출력}} = \dfrac{\sqrt{3}\,VI}{3\,VI} = \dfrac{1}{\sqrt{3}} \fallingdotseq 0.577 = 57.7[\%]$

3) 이용률 $= \dfrac{3상\ \text{출력}}{설비용량} = \dfrac{\sqrt{3}\,VI}{2\,VI} = \dfrac{\sqrt{3}}{2} = 0.866 = 86.6[\%]$

(32) 변압기 병렬 운전 조건

1) 극성이 같을 것

2) 권수비가 같고, 1차와 2차의 정격 전압이 같을 것

3) %임피던스 강하가 같을 것

4) 3상식에서는 위의 조건 외에 각 변압기의 상회전 방향 및 각 변위가 같을 것

(33) 변압기 병렬운전 시 부하 분담

$$\frac{P_a}{P_b} = \frac{P_A}{P_B} \times \frac{\%Z_B}{\%Z_A}$$

여기서, P_a, P_b : A, B 변압기의 분담부하

$\qquad\quad P_A$, P_B : A, B 변압기의 용량

$\qquad\quad \%Z_A$, $\%Z_B$: A, B 변압기의 $\%Z$

• 부하 분담은 변압기의 $\%Z$에 반비례 한다.

• 부하 분담을 많이 하는 변압기($\%Z$가 적은 변압기)라도 변압기의 자기 용량 이상을 분담하지 못한다.

(34) 3상 변압기의 병렬 운전 결선

병렬 운전 가능	병렬 운전 불가능
△-△ 와 △-△ Y-△ 와 Y-△ Y-Y 와 Y-Y △-Y 와 △-Y △-△ 와 Y-Y △-Y 와 Y-△	△-△ 와 △-Y △-Y 와 Y-Y

(35) 상수의 변환

1) 3상-2상간의 상수 변환

① 스코트 결선(T결선)

② 메이어 결선

③ 우드 브리지 결선

2) 3상-6상간의 상수 변환

① 환상 결선　　② 2중 3각 결선　　③ 2중 성형 결선

④ 대각 결선　　⑤ 포크 결선

(36) 스코트 결선

1) 권선비

① 주좌변압기　$\alpha_M = \dfrac{n_1}{n_2}$

② T좌변압기　$\alpha_T = \dfrac{\dfrac{\sqrt{3}}{2}n_1}{n_2} = \dfrac{\sqrt{3}}{2}\alpha_M$

2) 이용률 $= \dfrac{\sqrt{3}\,VI}{2\,VI} = 0.866 = 86.6[\%]$

(37) 단권 변압기의 자기 용량과 부하 용량

1) 변압기 1차 정격전압과 공급전압이 동일 한 경우

• 단권 변압기 용량 (자기 용량) $=$ 부하 용량 $\times \dfrac{\text{고압}-\text{저압}}{\text{고압}}$

2) 변압기 1차 정격전압과 공급전압이 서로 다른 경우(승압기의 경우)

• 단권변압기 자기용량 $P_n = e_2 I_2$

(38) 계기용 변압기

• 공칭 전압비 : $K_{np} = \dfrac{V_1}{V_2}$

• 2차 전압은 110 [V]가 정격이다.

(39) 변류기

• 공칭 전류비 : $K_{nc} = \dfrac{I_1}{I_2}$

• 2차 전류는 5 [A]가 정격이다.

• 변류기는 사용 중 고장으로 계기를 수리하고자 할 때 2차를 개로해서는 안된다.

(40) 변압기 내부고장 검출용 보호 계전기

1) 차동 계전기 (비율 차동 계전기) 2) 압력 계전기

3) 부흐홀쯔 계전기 4) 가스 검출 계전기

(41) 변압기 개방회로 시험으로 측정 할 수 있는 항목

1) 무부하전류 2) 히스테리시스손

3) 와류손 4) 여자어드미턴스

5) 철손

(42) 변압기 단락시험으로 측정 할 수 있는 항목

① 동손 ② 임피던스 와트 ③ 임피던스 전압

(43) 절연의 종류

종 류	최고사용온도 [℃]	종 류	최고사용온도 [℃]
Y 종	90	F 종	155
A 종	105	H 종	180
E 종	120	C 종	180 초과
B 종	130		

(44) 절연유

1) 열화 원인

변압기의 호흡작용에 의해 고온의 절연유가 외부 공기와의 접촉에 의해 열화 발생

2) 열화영향

• 절연내력의 저하 • 냉각효과 감소 • 침식작용

3) 열화 방지설비

• 브리더 • 질소봉입 • 콘서베이터

8. 유도 전동기

(1) 동기속도 : 극수와 주파수에 의해 정해지는 속도

• $n_s = \dfrac{2f}{p}$ [rps] • $N_s = \dfrac{120f}{p}$ [rpm]

(2) 전기각$(\alpha) = \dfrac{180°}{슬롯수/극수}$

(3) 전기적 각도 $= \dfrac{p}{2} \times$ 기하학적 각도 $\ (p : 극수)$

(4) 슬립 $s = \dfrac{N_s - N}{N_s} \times 100[\%] \ \ (N_s : 동기속도, \ N : 전동기의 실제 회전속도)$

회전자 속도 $N = (1-s)N_s \ [\mathrm{rpm}]$

(5) 기기별 슬립의 범위

1) 유도 전동기의 슬립 : $0 < s < 1$
   ① $s = 1$이면 $N = 0$이고 전동기는 정지상태
   ② $s = 0$이면 $N = N_s$가 되어 전동기가 동기속도로 회전

2) 유도 제동기의 슬립 : $s > 1$

3) 유도 발전기(비동기 발전기) : $s < 0$

4) 슬립측정 방법
   ① DC 밀리볼트계법
   ② 수화기법
   ③ 스트로보스코프법

(6) 유도 기전력 및 권선비

1) 전동기가 정지하고 있는 경우$(s = 1)$
   ① 1차 유도기전력 $E_1 = 4.44 K_{w1} w_1 f \Phi \ [\mathrm{V}]$
   ② 2차 유도기전력 $E_2 = 4.44 K_{w2} w_2 f \Phi \ [\mathrm{V}]$

   $\quad K_{w1}, \ K_{w2}$: 1차 · 2차 권선계수

   $\quad w_1, \ w_2$: 1차 · 2차 1상당 권선수

   $\quad \phi$: 1극의 평균자속[Wb]

   ③ 1차, 2차 권수비 : $\dfrac{w_1 K_{w1}}{w_2 K_{w2}} = \dfrac{E_1}{E_2} = \alpha$

2) 전동기가 슬립 s로 회전하고 있는 경우
   회전자가 회전하고 있을 때의 상대속도는 회전자가 정지하고 있을 때의 s 배가 된다.
   ① 2차전압 $E_{2s} = s E_2$
   ② 2차 주파수 $f' = s f$

③ 2차전류 $I_2 = \dfrac{E_{2s}}{Z_{2s}} = \dfrac{sE_2}{\sqrt{r_2{}^2 + (sx_2)^2}} = \dfrac{E_2}{\sqrt{\left(\dfrac{r_2}{s}\right)^2 + x_2{}^2}}$ [A]

④ 슬립s로 회전하고 있을 때 역률 $\cos\theta_2 = \dfrac{r_2}{\sqrt{r_2^2 + (sx_2)^2}}$, $\theta = \tan^{-1}\dfrac{sx_2}{r_2}$

(7) 기계적 출력을 대표하는 부하저항 $R = \dfrac{1-s}{s}r_2$ (r_2 : 2차 권선 1상의 저항)

(8) 1차, 2차 환산

1) 2차 전압의 1차 환산 : $E_2{}' = E_1 = \alpha E_2$ [V]

2) 2차 전류의 1차 환산 : $I_2{}' = I_1 = \dfrac{1}{\alpha\beta}I_2$ [A]

(상수비 $\beta = \dfrac{m_1}{m_2}$, m_1, m_2 : 1차·2차 상수)

3) 2차 임피던스의 1차 환산 : $Z_2{}' = \dfrac{E_2{}'}{I_2{}'} = \dfrac{\alpha E_2}{\dfrac{I_2}{\alpha\beta}} = \alpha^2\beta Z_2$ [Ω]

(9) 2차 저항손 $P_{c2} = sE_2I_2\cos\theta = sP_2$

(10) 기계적 출력 $P_0 = P_2 - P_{c2} = P_2 - sP_2 = P_2(1-s)$

(11) 2차 효율 $\eta_2 = \dfrac{기계적출력}{2차입력} = \dfrac{P_0}{P_2} = \dfrac{P_2(1-s)}{P_2} = (1-s)$

(12) 동기 와트 $P_2 = 2\pi \cdot \dfrac{N_s}{60} \cdot T$

동기 와트 $P_2 = P_0 + P_{c2} + P_m = $ 출력 + 2차 동손 + 기계손

(13) 토오크 T

1) $T = 0.975\dfrac{P_2}{N_s}$ [kg·m]

2) $T = 0.975\dfrac{P_0}{N}$ [kg·m]

3) $T \propto K\phi I$에서 $\phi \propto V$, $I \propto V$이므로 $T \propto V^2$, 혹은 $T \propto I^2$

(14) 3상 유도 전동기의 특성

1) 2차전류 $I_2 = \dfrac{s\,E_2}{\sqrt{r_2{}^2 + (s\,x_2)^2}}$

2) 토크 $T = K_0 \dfrac{s\,E_2{}^2\,r_2}{r_2 + (s\,x_2)^2}$

3) 최대 토크가 발생하는 슬립 $s_m = \dfrac{r_2}{x_2}$

4) 최대 토크 $T_m = K_0 \dfrac{E_2{}^2}{2x_2} [\mathrm{N \cdot m}]$

(15) 2차 저항과 최대토크와의 관계

1) 3상 유도 전동기 : 2차 저항의 크기를 변화시키면 최대 토크의 크기는 변하지 않으나 최대 토크를 발생하는 슬립점이 2차 회로의 저항에 비례하여 이동한다.

2) 단상 유도 전동기 : 2차 저항의 크기를 변화시키면 최대 토크를 발생하는 슬립점 뿐만 아니라 최대 토크의 크기까지 변화한다.

(16) 기동 시 최대 토크를 발생시키기 위하여 삽입하여야 하는 저항의 크기

$$R_s{}' = \sqrt{r_1^2 + (x_1 + x_2{}')^2} - r_2{}'$$

(17) 공급전압 V와 슬립 s와의 관계 : $s \propto \dfrac{1}{V^2}$

(18) 비례추이

• $\dfrac{r_2}{s_m} = \dfrac{r_2 + R_s}{s_t}$

(r_2 : 2차 권선의 저항, s_m : 최대 토크시 슬립, s_t : 기동시 슬립,

R_s : 2차 외부회로 저항)

• 비례추이가 되는 항목 : 토크, 역률, 2차 전류, 1차 전류

(19) 원선도 작성에 필요한 기본량

1) 저항측정   (2) 무부하시험   (3) 구속시험

(20) 전동기 토크(T)와 부하 토크(T_L)와의 관계

1) $T > T_L \left(\dfrac{d\omega}{dt} > 0\right)$: 가속상태

2) $T = T_L \ (\frac{d\omega}{dt} = 0)$: 평형속도 상태

3) $T < T_L \ (\frac{d\omega}{dt} < 0)$: 감속상태

(21) 농형 유도 전동기의 기동법

1) 전 전압 기동법
① 5 [kW] 이하의 소용량 농형 유도 전동기에 적용
② 기동 전류가 정격 전류의 4~6배 정도이다.

2) Y-△ 기동 방법
① 5~15 [kW] 정도의 농형 유도전동기 기동에 적용
② Y로 기동시 △ 기동시에 비해 기동전류는 1/3, 기동토오크도 1/3로 감소한다.

3) 리액터 기동방법

4) 기동보상기법

5) 콘도로퍼법

(22) 고조파의 회전자계 방향 및 속도

1) 회전 자계 방향
① $h = 3n + 1$: 기본파와 같은 방향의 회전 자계 발생 (n : 상수 1, 2, 3 …)
② $h = 3n$: 회전자계를 발생하지 않는다.
③ $h = 3n - 1$: 기본파와 반대 방향의 회전자계 발생

(2) 회전속도 $= \dfrac{1}{\text{고조파 차수}(h)}$

(23) 유도 전동기의 이상기동

1) 차동기 운전(크로우링 현상) : 3상 유도 전동기에서 고조파에 의해 낮은 속도에서 안정상태가 되어 더 이상 가속하지 않는 현상

2) 게르게스 현상 : 3상 권선형 유도 전동기의 2차 회로가 한 개 단선된 경우 슬립 $s = 50[\%]$ 부근에서 더 이상 가속되지 않는 현상

(24) 유도 전동기의 속도제어

1) 농형 유도 전동기의 속도 제어법
① 주파수를 바꾸는 방법

② 극수를 바꾸는 방법

③ 전원 전압을 바꾸는 방법

2) 권선형 유도 전동기의 속도 제어법

① 2차 저항을 제어하는 방법

② 2차 여자법 등이 있다.

③ 종속 제어법

(25) 종속 제어법

1) 직렬 종속법 : $N = \dfrac{120f}{p_1 + p_2}$ [rpm]

2) 차동 종속법 : $N = \dfrac{120f}{p_1 - p_2}$ [rpm]

3) 병렬 종속법 : $N = \dfrac{2 \times 120f}{p_1 + p_2}$ [rpm]

(26) 주파수가 60 [Hz]에서 50 [Hz]로 감소한 경우

1) 속도 감소　　2) 자속 ϕ 증가　　3) 역률 $\cos\theta$ 저하

4) 온도 상승　　5) 최대 토크 증가　　6) 기동 전류 약간 증가

(27) 단상유도 전압조정기

1) 구조

① 1차 권선 : 회전자

② 2차 권선 : 고정자

2) 직렬권선과 분로권선이 이루는 각 θ에 따른 출력전압

① $\theta = 0°$일 때 : $E = E_1 + E_2$ (E_1 : 입력전압, E_2 : 조정전압, E : 출력전압)

② $\theta = 90°$일 때 : $E = E_1$

③ $\theta = 180°$일 때 : $E = E_1 - E_2$

3) 단락권선의 설치목적 : 전압강하 감소

4) 정격출력 $P_a = E_2\, I_2 \times 10^{-3}$ [kVA]

5) 입력 전압과 출력 전압 사이에 위상차가 없다.

(28) 3상 유도 전압조정기

1) 구조
① 1차 권선 : 회전자
② 2차 권선 : 고정자

2) 출력전압 $E = \sqrt{(E_1 + E_2\cos\theta)^2 + (E_2\sin\theta)^2}$
(θ : 직렬권선과 분로권선이 이루는 각)

3) 단락권선 : 필요 없다.

4) 정격출력 $P_a = \sqrt{3}\,E_2 I_2 \times 10^{-3}[\text{kVA}]$

5) 입력 전압과 출력 전압 사이에 위상차가 있다.

(29) 3상 유도전동기의 시험

1) 실부하법에 의한 부하시험
① 전기동력계법
② 프로니브레이크법
③ 손실을 알고 있는 직류발전기를 사용하는 방법 등이 있다.

2) 슬립의 측정
① 회전계법　　　② 직류 밀리볼트계법
③ 수화기법　　　④ 스트로보스코프

(30) 2중 농형 유도 전동기

1) 회전자의 농형권선을 내외 이중으로 설치한 것

2) 도체
① 외측도체 : 저항이 높은 황동 또는 동니켈 합금의 도체를 사용
② 내측도체 : 저항이 낮은 전기동 사용

(31) 단상 유도전동기의 기동토크의 크기 및 용도

종 류	기동 토크 [%]	용 도
분상 기동형	125 이상	복사기, 계산기
콘덴서 기동형	250 이상	냉장고
콘덴서 전동기	140~160	세탁기, 선풍기
반발 기동형	300 이상	펌프
셰이딩 코일형	40~100	플레이어, 테이프 레코더

9. 전력용 반도체 및 정류기

(1) 회전 변류기 : 정류기로서 교류 전력을 직류 전력으로 변성하는 회전기계이다.

  1) 전압비 : $\dfrac{E_a}{E_d} = \dfrac{1}{\sqrt{2}} \sin \dfrac{\pi}{m}$ (E_a : 교류측 전압, E_d : 직류측 전압, m : 상수)

  2) 전류비 : $\dfrac{I_l}{I_d} = \dfrac{2\sqrt{2}}{m\cos\theta}$ (I_l : 교류측 선전류, I_d : 직류측 전류)

  3) 회전 변류기의 전압 조정법
  ① 직렬 리액턴스에 의한 방법
  ② 유도 전압 조정기를 사용하는 방법
  ③ 부하시 전압 조정 변압기를 사용하는 방법
  ④ 동기 승압기에 의한 방법

(2) 실리콘 정류기의 특성
  ① 역내전압이 크다.
  ② 전압 강하가 적다.
  ③ 전류 밀도가 크다.(게르마늄의 2~3배, 셀렌의 500~1000배)
  ④ 온도에 의한 영향이 작다.(최고 허용 온도 140~200 [℃])
  ⑤ 효율은 가장 좋다.(99 [%])
  ⑥ 대용량 정류기에 적합하다

(3) 다이오드의 접속
  • 다이오드 직렬 연결 : 과전압으로부터 보호

  • 다이오드 병렬 연결 : 과전류로부터 보호

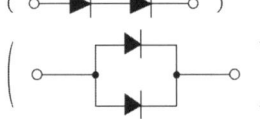

(4) 다이오드의 종류 및 용도
  • 정류용 다이오드 : 교류를 직류로 변환
  • 바랙터 다이오드 : 정전용량이 전압에 따라 변화하는 소자
  • 바리스터 다이오드 : 과도전압, 이상 전압에 대한 회로 보호용으로 사용
  • 제너 다이오드 : 정전압 회로용 소자

(5) SCR
  1) 위상 제어
  • SCR 반파전류 $E_d = \dfrac{\sqrt{2}\,E}{2\pi}(1 + \cos\alpha)$

- SCR 전파정류 $E_d = \dfrac{\sqrt{2}\,E}{\pi}(1 + \cos\alpha)$

2) 전압제어 범위

- 가능한 범위 : $\phi < \alpha \leq \pi$ (α : 점호각, ϕ : 역률각)
- 불 가능한 범위 : $\alpha \leq \phi$

  여기서, 역률각 $\phi = \tan^{-1}\dfrac{X}{R}$

3) SCR의 특징

① 아크가 생기지 않으므로 열의 발생이 적다.

② 과전압에 약하다.

③ 열용량이 적어 고온에 약하다.

④ 게이트 신호를 인가할 때부터 도통할 때까지의 시간이 짧다.

⑤ 전류가 흐르고 있을 때 양극의 전압강하가 작다.

⑥ 정류기능을 갖는 단일방향성 3단자 소자이다.

⑦ 역률각 이하에서는 제어가 되지 않는다.

(6) TRIAC(trielectrode AC switch)의 특징

1) 양방향으로 도통할 수 있다.

2) 2개의 SCR을 역병렬 접속한 것과 같다.

3) 게이트에 전류를 흘리면 어느 방향이건 전압이 높은 쪽에서 낮은 쪽으로 도통

4) TRIAC은 오직 교류 전력의 제어용으로 사용된다.

5) TRIAC은 정격 전류 이하의 전류에 있어서 과전압에 의해 파괴되지 않는다.

(7) 각종 반도체 소자의 비교

명 칭			단 자	신 호	응용 예
사이리스터	역저지 사이리스터	SCR	3단자	게이트 신호	정류기 인버터
		LASCR		빛 또는 게이트 신호	정지스위치 및 응용 스위치
		GTO		게이트 신호 on, off	초퍼 직류 스위치
		SCS	4단자		
	쌍방향 사이리스터	TRIAC	3단자	게이트 신호	조광장치, 교류 스위치
		역도통 사이리스터		게이트 신호	직류 효과
다이오드			2단자		정류기
트랜지스터			3단자		증폭기

(8) 정류회로

1) 단상

	반파정류	전파정류
다이오드	$E_d = \dfrac{\sqrt{2}\,E}{\pi} = 0.45E$	$E_d = \dfrac{2\sqrt{2}\,E}{\pi} = 0.9E$
SCR	$E_d = \dfrac{\sqrt{2}\,E}{2\pi}(1+\cos\alpha)$	$E_d = \dfrac{\sqrt{2}\,E}{\pi}(1+\cos\alpha)$
효율	40.6 [%]	81.2 [%]
PIV	$PIV = E_d \times \pi$	

2) 다상 정류

$$E_d = \frac{\sqrt{2}\,\sin\dfrac{\pi}{m}}{\dfrac{\pi}{m}} \cdot E \quad (m : 상수)$$

3) 3상 반파제어정류회로

$$E_d = \frac{3\sqrt{6}}{2\pi}\,V\cos\theta$$

(9) PIV (첨두 역전압)

1) 단상 반파 정류 회로 : $PIV = \sqrt{2}\,E = \pi\,E_d$

   (E_d : 직류전압, E : 교류전압(실효값))

2) 단상 전파 정류 회로 : $PIV = 2\sqrt{2}\,E = \pi\,E_d$

(10) 맥동률 $= \sqrt{\dfrac{실효값^2 - 평균값^2}{평균값^2}} \times 100 = \dfrac{교류분}{직류분} \times 100\,[\%]$

- 단상 반파 : 121 [%]
- 단상 전파 : 48 [%]
- 삼상 반파 : 17 [%]
- 삼상 전파 : 4 [%]

(11) 수은 정류기

1) 전압비 $\dfrac{E_d}{E_a} = \dfrac{\sqrt{2} \cdot \sin\dfrac{\pi}{m}}{\dfrac{\pi}{m}}$ 여기서, m : 상수

2) 전류비 $\dfrac{I_d}{I_a} = \sqrt{m}$

3) 수은 정류기의 이상현상

   ① 역호 : 밸브 작용을 상실하여 전자가 역류하는 현상

   ② 실호 : 점호 실패   ③ 통호 : 아크 유출   ④ 이상 전압 발생

Chap. 5 회로이론

1. 전기기초

(1) 전위차는 두 점간의 에너지 차

$$V = \frac{W[\text{J}]}{Q[\text{C}]} [\text{V}] \text{ 또는 } W = QV [\text{J}]$$

(2) 대지전압 : 대지를 기준으로 할 때의 전압으로서 대지전위는 0[V] 이다.

(3) 선간전압 : 회로에서 두 점 a, b사이의 전압을 나타내는데 a점을 기준으로 해서 b점의 전압을 나타낼 때는 보통 V_{ab}로 나타낸다.

(4) 도체의 어느 단면을 Q[C]의 전하가 t초 동안에 이동된 경우 전류 I

- $I = \dfrac{Q}{t} [\text{A}] \text{ 또는 } Q = I \cdot t [\text{C}]$

- $i(t) = \dfrac{dq}{dt} [\text{A}] \text{ 또는 } q = \displaystyle\int_0^t i \, dt [\text{C}]$

(5) 전자 1개의 전하량

- 양전하(+)인 양자 : $1.602 \times 10^{-19}[\text{C}]$
- 음전하(−)인 전자 : $-1.602 \times 10^{-19} [\text{C}]$

(6) 도선에 흐르는 전류가 $t(s)$ 동안에 W[J]의 일을 행하였다면 전력 P[W]

$$P = \frac{W}{t} = \frac{QV}{t} = V\frac{Q}{t} = VI = I^2 R = \frac{V^2}{R} [\text{W}]$$

(7) 1 [W] = 1 [J/sec], 1 [J] = 1 [N · m], 1 [kg · m] = 9.8 [N · m]

(8) 전력량 $W = Pt[\text{J}]$

(9) $1[\text{kWh}] = 1,000[\text{Wh}] = 1,000 \times 3,600[\text{W} \cdot \sec]$

$$= 3.6 \times 10^6 [\frac{\text{J}}{\sec} \cdot \sec] = 3.6 \times 10^6 [\text{J}]$$

2. 전기회로의 기본법칙

(1) 옴의 법칙

• 전압 $V = RI\,[\text{V}]$ • 전류 $I = \dfrac{V}{R}\,[\text{A}]$ • 저항 $R = \dfrac{V}{I}\,[\Omega]$

(2) 키르히호프의 전류법칙(Kirchhoff's Current Law : KCL : 제1법칙)

한 절점(접속점)에서의 유입 전류와 유출 전류의 대수적인 합은 같다.

$$\sum I_{in} = \sum I_{out}$$

(3) 키르히호프의 전압법칙(Kirchhoff's Voltage Law : KVL : 제2법칙)

임의의 폐회로(경로)에 있어서 전원전압(E_i)의 합은 전압강하의 합($V_i = IR_i$)과 같다.

$$\sum E_i = \sum V_i$$

(4) 주울의 법칙(Joule's Law)

저항 R인 도체에 전류 I가 $t(s)$동안 흘렀을 때 발생되는 에너지 $H\,[\text{J}]$

• $H = I^2Rt = Pt\,[\text{J}]$

• $H = 0.24I^2Rt = 0.24Pt\,[\text{cal}]$

(5) 단위 환산

• $1\,[\text{J}] = 0.239[\text{cal}] \fallingdotseq 0.24[\text{cal}]$ • $1\,[\text{cal}] = 4.186\,[\text{J}] \fallingdotseq 4.2\,[\text{J}]$

• $1\,[\text{kWh}] = 860\,[\text{kcal}]$ • $1\,[\text{kcal}] = 4.186\,[\text{kJ}]$

(6) 패러데이 법칙(Faraday' Law)

전해액에 전류 $I[\text{A}]$가 $t[\text{s}]$ 동안 흐른 경우, 석출되는 물질의 양 $w[\text{g}]$은

$$w = kQ = kIt\,[\text{g}] \quad (k : \text{전기화학당량})$$

3. 회로 소자

(1) 저항 $R = \rho\dfrac{l}{A}\,[\Omega]$

(2) 컨덕턴스(conductance)

$$G = \dfrac{1}{R} = \sigma\dfrac{A}{l}\,(\text{mho} : [\text{℧}]) \text{ 또는 } (\text{siemens} : [\text{S}])$$

여기서, σ : 도전율$(=1/\rho)$

(3) 저항온도계수(Temperature coefficient of resistance)

- 금속 도체 : 정$(+)$ 온도특성
- 반도체나 부도체 : 부$(-)$ 온도특성

(4) 온도 $t_1[℃]$에서의 도체의 저항을 R_1, $t_2[℃]$에서의 저항을 R_2라 하면

$$R_2 = R_1\{1 + \alpha_1(t_2 - t_1)\}[\Omega]$$

(α_1 : $t_1[℃]$일 때의 저항온도계수)

(5) 합성저항

- 직렬접속 $R_0 = R_1 + R_2 + R_3 + \cdots + R_n$

- 병렬접속 $R_0 = \dfrac{1}{\dfrac{1}{R_1} + \dfrac{1}{R_2} + \cdots + \dfrac{1}{R_n}}$

(6) 전압분배법칙

1) $V_1 = E \times \dfrac{R_1}{R_1 + R_2}$

2) $V_2 = E \times \dfrac{R_2}{R_1 + R_2}$

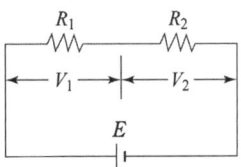

(7) 전류분배법칙

1) $I_1 = I \times \dfrac{R_2}{R_1 + R_2}$

2) $I_2 = I \times \dfrac{R_1}{R_1 + R_2}$

(8) 배율기의 배율 $m = \dfrac{V}{V_a} = 1 + \dfrac{R_m}{r_v}$

여기서, r_v : 전압계 내부저항, R_m: 배율기 저항

(9) 분류기의 배율 $m = \dfrac{I}{I_a} = 1 + \dfrac{r_a}{R_s}$

여기서, r_a : 전류계 내부저항, R_s: 분류기 저항

(10) 인덕턴스(inductance) $L = \dfrac{N\Phi}{I} = \dfrac{\mu A N^2}{l}$ [H]

여기서, N : 코일의 권수, μ : 코일의 투자율, l : 코일 길이

(11) 역기전력 $e = - N\dfrac{d\phi}{dt}$ [V]

1) 기전력의 크기 결정 : 패러데이 법칙

2) 기전력의 방향 결정 : 렌쯔의 법칙

(12) 인덕터의 특징 및 에너지 저장

1) 인덕터에 직류전류가 흐르면 $\dfrac{di}{dt} = 0$가 되므로 유도전압이 생성되지 않는다.

2) 직류(D.C)에 대해서 인덕터는 회로적으로 단락(short)되어 도체적 역할만 할 뿐이며 전압강하는 생기지 않는다.

3) 직류에 의해서도 자기장은 형성되므로 직류전류 I에 의한 자기에너지 W_L[J]가 인덕터에 저장된다.

$$W_L = \frac{1}{2} L I^2 [\text{J}]$$

(13) 합성인덕턴스

1) 직렬접속 $L_0 = L_1 + L_2 + \ \cdots \ + L_n$

2) 병렬접속 $L_0 = \dfrac{1}{\dfrac{1}{L_1} + \dfrac{1}{L_2} + \ \cdots \ + \dfrac{1}{L_n}}$

(14) 정전용량 $C = \dfrac{\epsilon_0 \epsilon_s \, S}{d}$ [F]

(15) 커패시터의 직렬접속

1) 각 콘덴서에 걸리는 전하량은 동일하다.

$Q = Q_1 = Q_2 = Q_3 = \ \cdots \ = Q_n = Q_0$

2) 합성 정전용량 $C_0 = \dfrac{1}{\dfrac{1}{C_1} + \dfrac{1}{C_2} + \ \cdots \ + \dfrac{1}{C_n}}$

(16) 커패시터의 병렬접속

1) 각 콘덴서에 걸리는 전압은 동일하다.

$$E_1 = E_2 = E_3 \cdots E_n = E_0$$

2) 합성정전용량 $C_0 = C_1 + C_2 + \cdots + C_n$

(17) 분압법칙(콘덴서)

- $V_1 = E \times \dfrac{C_2}{C_1 + C_2}$

- $V_2 = E \times \dfrac{C_1}{C_1 + C_2}$

(18) 콘덴서에 교류전압 v를 인가하는 경우 흐르는 전류 $i = \dfrac{dq}{dt} = C\dfrac{dv}{dt}\,[\mathrm{A}]$

(19) 교류전류 i 가 흐르는 경우 커패시터 양단에서의 전압강하 $v = \dfrac{1}{C}\displaystyle\int i\,dt\,[\mathrm{V}]$

(20) 전압의 시간적 변화가 없는 $dv/dt = 0$인 직류전압을 커패시터에 인가한 경우 $i = 0$가 되어 커패시터는 개방상태로 된다.

(21) 커패시터에 저장되는 정전에너지 $W_c = \dfrac{1}{2}CV^2 = \dfrac{Q^2}{2C}\,[\mathrm{J}]$

4. 전기회로의 일반해석

(1) 전압원

1) 이상적인 전압원은 내부 저항이(r) 적을수록 좋다.
2) 전압원의 직렬접속 : 전압의 크기가 서로 같지 않아도 된다.
3) 전압원의 병렬접속 조건 : 전압의 크기가 동일하여야 한다.

(2) 전류원

1) 이상적인 전류원의 내부저항값(r)은 클수록 좋다.
2) 전류원의 직렬접속 조건 : 전류원의 크기가 동일하여야 한다.
3) 전류원의 병렬접속 : 전류원의 크기가 서로 같지 않아도 된다.

(3) 브리지 회로(Bridge circuit)의 평형조건

1) 저항회로

서로 마주보는 변의 저항 값의 곱이 서로 같을 때이다.
즉, $R_1 R_4 = R_2 R_3$

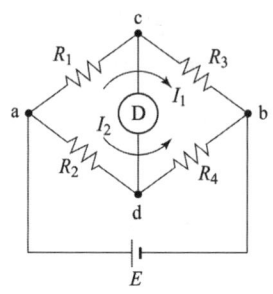

2) 임피던스 회로

서로 마주보는 변의 임피던스 곱의 실수부는 실수부
끼리 허수부는 허수부 끼리 서로 같을 때 이다.

(4) 저항의 등가변환

- 저항이 평형상태인 경우 $R_\Delta = 3R_Y$ 또는 $R_Y = \dfrac{1}{3}R_\Delta$

(5) 중첩의 정리

1) 먼저, 한 개의 전원(전압원이나 전류 원)을 취하고 나머지 전원은 모두 없앤다.
   (이때, 다른 전압원은 단락, 다른 전류원은 개방)
2) 한 개의 전원 만에 의해 지로에 흐르는 전류를 구한다.
3) 구하려는 지로의 전류는 각각의 전원에 의해 구한 전류값을 대수적으로 합하여 구한
   다. 이때 전류 방향이 같은 것은 (+)하고 다른 것은 (−)로 한다. 전류방향은 (+)값과
   (−)값을 비교하여 큰 것으로 결정한다.

(6) 테브낭의 정리(Thevenin's theorem)

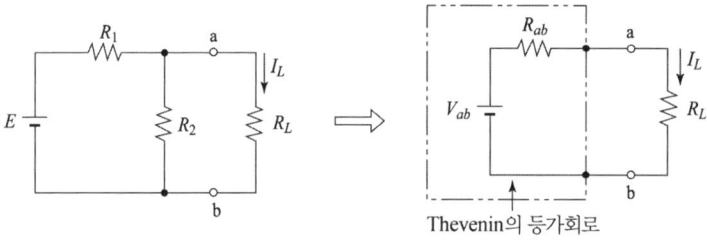

Thevenin의 등가회로

1) a, b 단자 사이에 걸리는 개방전압 $V_{ab} = \dfrac{R_2}{R_1 + R_2} E$

2) a, b 단자에서 회로측으로 바라본 등가저항 $R_{ab} = \dfrac{R_1 R_2}{R_1 + R_2}$

이때, 전압원일 경우는 단락시키고 전류원의 경우는 개방시킨다.

3) 부하전류 $I_L = \dfrac{V_{ab}}{R_{ab} + R_L}$

(7) 노튼의 정리(Norton's theorem)

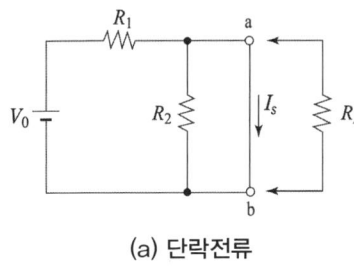

(a) 단락전류

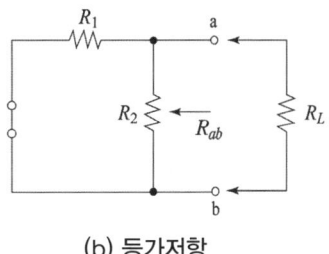

(b) 등가저항

1) 전류원 $I_s = \dfrac{V_0}{R_1}$

2) a, b 단자에서 회로측으로 바라본 등가저항 $R_{ab} = \dfrac{R_1 R_2}{R_1 + R_2}$

3) 부하전류 $I_L = \dfrac{R_{ab}}{R_{ab} + R_L} I_s$

(8) 밀만의 정리(Millman's theorem)

$$V_{ab} = \dfrac{\dfrac{E_1}{R_1} + \dfrac{E_2}{R_2} + \dfrac{E_3}{R_3}}{\dfrac{1}{R_1} + \dfrac{1}{R_2} + \dfrac{1}{R_3}} = \dfrac{G_1 E_1 + G_2 E_2 + G_3 E_3}{G_1 + G_2 + G_3}$$

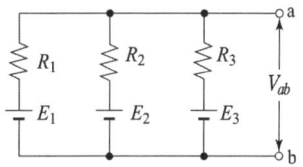

5. 교류 회로

(1) 주기 $T = \dfrac{1}{f}$ [sec]

(2) 각속도 $\omega = 2\pi f$ [rad/sec]

(3) 기하각과 전기각의 관계

1) 기하각 $\theta\,[°] = \omega t$ [rad]

2) 전기각 $\omega t = \dfrac{\theta}{180}\pi$ [rad]

(4) 평균값(average value) $V_{av} = \dfrac{1}{T} \displaystyle\int_0^T v\,dt$

(5) 정현파 교류의 평균치

1) $V_{av} = \dfrac{2}{\pi} V_m \fallingdotseq 0.637\, V_m$

2) $I_{av} = \dfrac{2}{\pi} I_m \fallingdotseq 0.637 I_m$

(6) 실효값(effective value)의 정의

동일한 저항회로에 직류와 교류를 동일시간 인가하였을 때 소비되는 전력량이 같은 경우 이 때의 직류값을 정현파 교류의 실효값으로 정의한다.

(7) 정현파 교류의 실효치

1) $V = \dfrac{V_m}{\sqrt{2}} \fallingdotseq 0.707 V_m$

2) $I = \dfrac{I_m}{\sqrt{2}} \fallingdotseq 0.707 I_m$

(8) 정현파 교류에 대한 파형률과 파고율

1) 파형률$= \dfrac{실효값}{평균값} = \dfrac{V}{V_{av}} = \dfrac{\dfrac{V_m}{\sqrt{2}}}{\dfrac{2I_m}{\pi}} \fallingdotseq 1.109$

2) 파고율$= \dfrac{최대값}{실효값} = \dfrac{V_m}{V} = \dfrac{V_m}{\dfrac{V_m}{\sqrt{2}}} = 1.414$

(9) R, L, C 회로의 전류 및 벡터

요소	순시치 표시	파형	실효치	벡터	벡터도	전류
R	$i = \dfrac{e}{R}$	$e = E_m \sin\omega t [\text{V}]$ $i = I_m \sin\omega t [\text{A}]$	$I = \dfrac{E}{R}$	$I = \dfrac{E}{R}$	$0 \xrightarrow{\quad} \dot{I} \quad \dot{E}$	동상전류 유효전류
L	$e = L\dfrac{di}{dt}$ $i = \dfrac{1}{L}\int e\,dt$	$e = E_m \sin\omega t [\text{V}]$ $i = I_m \sin\left(\omega t - \dfrac{\pi}{2}\right)[\text{A}]$	$I = \dfrac{E}{\omega L}$	$I = \dfrac{E}{j\omega L}$		지상전류 자화전류
C	$e = \dfrac{1}{C}\int i\,dt$ $i = C\dfrac{de}{dt}$	$e = E_m \sin\omega t [\text{V}]$ $i = I_m \sin\left(\omega t + \dfrac{\pi}{2}\right)[\text{A}]$	$I = \omega C E$	$I = j\omega C E$		진상전류 충전전류

(10) $R - L$ 직렬회로

1) 복소임피던스 $\boldsymbol{Z} = R + j X_L$

2) 크기 $Z = \sqrt{R^2 + X_L^2}$

3) 편각 $\theta = \tan^{-1} \dfrac{X_L}{R} = \tan^{-1} \dfrac{\omega L}{R}$

4) 전압은 전류보다 $\theta = \tan^{-1} \dfrac{X_L}{R}$ 만큼 빠르다.

(11) $R-C$ 직렬회로

1) 복소임피던스 $\boldsymbol{Z} = R - jX_C$

2) 크기 $Z = \sqrt{R^2 + X_C^2}$

3) 편각 $\theta = \tan^{-1} \dfrac{X_C}{R} = \tan^{-1} \dfrac{1}{\omega CR}$

4) 전압은 전류보다 $\theta = \tan^{-1} \dfrac{1}{\omega CR}$ 만큼 늦다.

(12) $R-L-C$ 직렬회로

1) 복소임피던스 $\boldsymbol{Z} = R + j(X_L - X_C)$

2) 크기 $Z = \sqrt{R^2 + (X_L - X_C)^2}$

3) 편각 $\theta = \tan^{-1} \dfrac{X_L - X_C}{R}$

6. 교류 전력과 에너지

(1) 저항 R 회로

1) 순시전력 p의 주파수는 전압이나 전류 주파수의 2배(2ω)로서 항상 (+) 전력값

2) 평균전력 $P = VI = I^2 R = \dfrac{V^2}{R}$

3) 시간 $t(s)$ 동안에 저항에서 열로 소비되는 에너지(전력량) $W_R = Pt = I^2 Rt \, [\text{J}]$

(2) 인덕턴스 L 회로 및 커패시턴스 C 회로

1) 순시전력 p의 주파수는 전압이나 전류 주파수의 2배(2ω)로 되며 주기적으로 (+)와 (−)가 변하는 정현파 전력특성을 나타낸다.

2) 평균전력 $P = \dfrac{1}{T} \displaystyle\int_0^T VI\sin 2\omega t \, dt = 0$

3) 전원과 인덕턴스 또는 커패시턴스 사이에 주기적인 에너지 교환이 일어날 뿐이며 전력의 소모는 발생하지 않는다.

4) L에 축적되는 에너지의 평균값 $W_L = \dfrac{1}{2}LI^2$

5) C에 축적되는 에너지의 평균값 $W_C = \dfrac{1}{2}CV^2$

(3) 역률

1) 직렬 회로의 역률 $\cos\theta = \dfrac{R}{\sqrt{R^2 + X^2}}$

2) 병렬 회로의 역률 $\cos\theta = \dfrac{X}{\sqrt{R^2 + X^2}}$

(4) 역률의 범위

1) 순 저항성 회로의 경우 $\theta = 0°$ 이므로 $\cos\theta = 1$

2) 순 유도성 회로인 경우 $\theta = 90°$ 이므로 $\cos\theta = 0$

3) 순 용량성 회로의 경우 $\theta = -90°$ 이므로 $\cos\theta = 0$

(5) 교류회로의 전력

1) 유효전력 $P = VI\cos\theta = I^2 R\,[\text{W}]$

2) 무효전력 $Q = VI\sin\theta = I^2 X\,[\text{Var}]$

3) 피상전력 $P_a = VI = I^2 Z\,[\text{VA}]$

(6) 전력과의 관계

1) $P_a^2 = P^2 + Q^2$ 또는 $P_a = \sqrt{P^2 + Q^2}$

2) 역률 $\cos\theta = \dfrac{P}{P_a} = \dfrac{\text{유효전력}}{\text{피상전력}}$

3) 무효율 $\sin\theta = \dfrac{Q}{P_a} = \dfrac{\text{무효전력}}{\text{피상전력}}$

(7) 역률 개선용 콘덴서 용량

$$Q_c = P\tan\theta_1 - P\tan\theta_2 = P(\tan\theta_1 - \tan\theta_2)$$

(θ_1 : 역률개선 전, θ_2 : 역률개선 후)

(8) $Z_S = R_S$, $Z_L = R_L$인 경우(순수한 저항회로) 최대전력전달

1) 최대전력 전달조건 $R_S = R_L$

2) 최대전력 $P_{Lmax} = \dfrac{V_S^2}{4R_L} = \dfrac{V_S^2}{4R_S}$

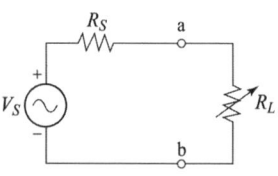

(9) $Z_S = R_S + j\,X_S$, $Z_L = R_L + j\,X_L$인 경우 최대전력전달

    1) 최대전력 전달조건 $Z_L = Z_S^{\ *}$ 즉, $R_L = R_S$, $X_L = -\,X_S$

    2) 최대출력 $P_{Lmax} = \dfrac{V_S^{\ 2}}{4R_L} = \dfrac{V_S^{\ 2}}{4R_S}$

7. 벡터궤적

임피던스 궤적	어드미턴스 궤적 (전류 궤적)	특　　징
$R-L$ 직렬	$R-C$ 병렬	• 가변하는 축에 평행한 직선 • 1상한에 존재
$R-C$ 직렬	$R-L$ 병렬	• 가변하는 축에 평행한 직선 • 4상한에 존재
$R-L$ 병렬	$R-C$ 직렬	• 가변하지 않는 축에 원의 중심점을 둔 반원벡터 • 원점을 지나는 반원벡터 • 1상한에 존재
$R-C$ 병렬	$R-L$ 직렬	• 가변하지 않는 축에 원의 중심점을 둔 반원벡터 • 원점을 지나는 반원벡터 • 4상한에 존재

8. 유도 결합 회로

(1) 1차 코일에 유도되는 전압 $v_1 = L_1 \dfrac{di_1}{dt} \pm M \dfrac{di_2}{dt}$

    • 두 코일에서 생기는 자속이 합쳐지는 방향이면 : $+\,M\dfrac{di_2}{dt}$

    • 두 코일에서 생기는 자속이 반대방향이면 : $-\,M\dfrac{di_2}{dt}$

(2) 2차 코일에 유도되는 전압 $v_2 = L_2 \dfrac{di_2}{dt} \pm M \dfrac{di_1}{dt}$

(3) 가극성 (L_1, L_2에 흘러 들어가는 전류의 방향이 모두 같은 방향)

    $L^{+} = L_1 + L_2 + 2M$

(4) 감극성 (L_1, L_2에 흘러 들어가는 전류의 방향이 서로 반대방향)

    $L^{-} = L_1 + L_2 - 2M$

(5) 결합계수 $k = \dfrac{M}{\sqrt{L_1 L_2}}$ $(0 \leq k \leq 1)$

9. 3상 교류

(1) 3상 기전력의 순시값

$$v_a = V_m \sin\omega t , \quad v_b = V_m \sin(\omega t - 120°), \quad v_c = V_m \sin(\omega t - 240°)$$

(2) 페이저로 표시

$$\boldsymbol{V}_a = V \underline{/0°}, \quad \boldsymbol{V}_b = V \underline{/-120°}, \quad \boldsymbol{V}_c = V \underline{/-240°}$$

(3) 평형 3상 전원 : 기전력의 크기가 같고 120°의 위상차를 갖는 3상 기전력

(4) 평형 3상 전원의 벡터 합 $\boldsymbol{V}_a + \boldsymbol{V}_b + \boldsymbol{V}_c = 0$

(5) Y결선

1) $\boldsymbol{V}_l = \sqrt{3}\, V_p \underline{/30°}$: 선간전압은 상전압에 비해 크기가 $\sqrt{3}$ 배이며 위상은 30° 빠르다.

2) $\boldsymbol{I}_l = \boldsymbol{I}_P$: 선전류는 상전류와 크기와 위상이 같다.

(6) △ 결선

1) $\boldsymbol{V}_l = \boldsymbol{V}_P$: 선간전압은 상전압과 크기와 위상이 같다.

2) $\boldsymbol{I}_l = \sqrt{3}\, I_p \underline{/-30°}$: 선전류는 상전류에 비해 크기가 $\sqrt{3}$ 배이며 위상은 30° 늦다.

(7) 대칭 n 상 성형결선

1) 선간전압 $E_l = 2E_P \sin\dfrac{\pi}{n}$

2) 선전류＝성형전류

3) 위상 : 선간전압이 상전압보다 $\dfrac{\pi}{2}\left(1 - \dfrac{2}{n}\right)$[rad] 만큼 앞선다.

(8) 대칭 n 상 환상결선

1) 선간전압＝환상전압

2) 선전류 $I_l = 2I_P \sin\dfrac{\pi}{n}$

3) 위상 : 선전류가 성형전류보다 $\dfrac{\pi}{2}\left(1 - \dfrac{2}{n}\right)$[rad] 만큼 뒤진다.

(9) n상 전력 $P = \dfrac{n}{2\sin\dfrac{\pi}{n}} V_l\, I_l \cos\theta\,[\text{W}]$

(10) 회전자계

  1) 대칭 전류 : 원형회전 자계 형성

  2) 비대칭 전류 : 타원 회전자계 형성

(11) 불평형 회로

  1) 3상 3선식 Y-Y회로(중성선이 연결되어 있지 않는 경우) $I_1 + I_2 + I_3 = 0$

  2) 3상 4선식(중성선이 연결되어 있는 경우) $I_1 + I_2 + I_3 = I_n$

(12) 불평형 3상전압

- $V_a = V_0 + V_1 + V_2$
- $V_b = V_0 + a^2 V_1 + a V_2$
- $V_c = V_0 + a V_1 + a^2 V_2$

(13) 영상, 정상, 역상전압

- 영상 전압 $V_0 = \dfrac{1}{3}(V_a + V_b + V_c)$
- 정상 전압 $V_1 = \dfrac{1}{3}(V_a + a V_b + a^2 V_c)$
- 역상 전압 $V_2 = \dfrac{1}{3}(V_a + a^2 V_b + a V_c)$

(14) 3상 교류발전기의 기본식

$V_0 = -Z_0 I_0, \quad V_1 = E_a - Z_1 I_1, \quad V_2 = -Z_2 I_2$

(15) 불평형률 $= \dfrac{\text{역상분}}{\text{정상분}} \times 100[\%] = \dfrac{V_2}{V_1} \times 100[\%]$ 또는 $\dfrac{I_2}{I_1} \times 100[\%]$

(16) 2전력계법

  1) 유효전력 $P = P_1 + P_2$

  2) 무효전력 $Q = \sqrt{3}(P_1 - P_2)$

  3) 피상전력 $P_a = \sqrt{P^2 + Q^2} = 2\sqrt{P_1^2 + P_2^2 - P_1 P_2}$

  4) 역률 $\cos\theta = \dfrac{P}{P_a} = \dfrac{P_1 + P_2}{2\sqrt{P_1^2 + P_2^2 - P_1 P_2}}$

10. 비정현파 교류

(1) 비정현파 교류의 실효값

- $I = \sqrt{I_0^2 + \left(\dfrac{I_{m1}}{\sqrt{2}}\right)^2 + \left(\dfrac{I_{m2}}{\sqrt{2}}\right)^2 + \cdots + \left(\dfrac{I_{mn}}{\sqrt{2}}\right)^2} = \sqrt{I_0^2 + I_1^2 + I_2^2 + \cdots + I_n^2}$

- $V = \sqrt{V_0^2 + V_1^2 + V_2^2 + V_3^2 + \cdots}$

  (V_0 : 직류분, V_1 : 기본파, V_n : 고조파)

(2) 왜형률 $= \dfrac{\text{고조파 실효값의 합}}{\text{기본파 실효값}} = \sqrt{\left(\dfrac{V_2}{V_1}\right)^2 + \left(\dfrac{V_3}{V_1}\right)^2 + \cdots}$

(3) n차 고조파에서 임피던스의 변화

1) 저항 : 변화 없음 (주파수와 무관)

2) 유도 리액턴스 $X_{Ln} = 2\pi n f L = n \cdot X_L \rightarrow n$ 배로 증가

3) 용량 리액턴스 $X_{cn} = \dfrac{1}{2\pi n f C} = \dfrac{1}{n} \cdot \dfrac{1}{2\pi f C} = \dfrac{1}{n} \cdot X_c \rightarrow \dfrac{1}{n}$ 배로 감소

(4) n차 고조파에서 전류

1) 기본파 $I_1 = \dfrac{V_1}{Z_1} = \dfrac{V_1}{\sqrt{R^2 + X_L^2}}$

2) 3고조파(인덕턴스 회로) $I_3 = \dfrac{V_3}{\sqrt{R^2 + (3X_L)^2}}$

3) 3고조파(콘덴서 회로) $I_3 = \dfrac{V_3}{\sqrt{R^2 + \left(\dfrac{1}{3}X_c\right)^2}}$

(5) 비정현파 교류의 전력

1) 비정현파에 의해 공급되는 유효전력과 무효전력은 주파수가 같은 성분의 전압, 전류에서만 발생된다.

2) 비정현파 교류전력의 평균전력 $P = V_0 I_0 + V_1 I_1 \cos\theta_1 + V_2 I_2 \cos\theta_2 + \cdots$

   즉, 비정현파 교류전력은 직류분과 각 고조파 전력의 합으로 나타난다.

3) 무효전력 $Q = \sum V_n I_n \sin\theta_n = V_1 I_1 \sin\theta_1 + V_2 I_2 \sin\theta_2 + \cdots$ (직류분이 없다)

4) 피상전력 $P_a = V_0 I_0 + \sum V_n I_n = V_0 I_0 + V_1 I_1 + V_2 I_2 + \cdots$

5) 역률 $\cos\theta = \dfrac{P}{VI} = \dfrac{V_0 I_0 + V_1 I_1 \cos\theta_1 + V_2 I_2 \cos\theta_2 + \cdots}{\sqrt{(V_0^2 + V_1^2 + V_2^2 + \cdots)} \cdot \sqrt{(I_0^2 + I_1^2 + I_2^2 + \cdots)}}$

(6) 비정현파에 대한 푸리에 급수 표현식

1) $f(t) = a_0 + \sum_{n=0}^{\infty} a_n \cos n\omega t + \sum_{n=0}^{\infty} b_n \sin n\omega t$

2) 비정현파 교류 = 직류분 + 기본파 + 고조파

(7) 반파 대칭파

1) 대칭 조건 $y(x) = -y(\pi + x)$

2) 기수파(홀수파)

3) (+)파형과 (−)파형이 같으므로 직류분(a_0)은 존재하지 않는다.

4) $\sin$항(정현항)과 $\cos$항(여현항)이 존재한다.

(8) 정현 대칭파

1) 대칭조건 $y(x) = -y(2\pi - x) = -y(-x)$

2) (+)파형과 (−)파형이 같으므로 직류분(a_0)은 존재하지 않는다.

3) $\sin$항(정현항)만 존재하고 $\cos$항(여현항)은 존재하지 않는다.

(9) 여현 대칭파

1) 대칭조건 $y(x) = y(2\pi - x) = y(-x)$

2) 우함수 파

3) 직류분(a_0)이 존재할 수 있다.

4) $\cos$항(여현항)만 존재하고, $\sin$항(정현항)은 존재하지 않는다.

(10) 반파 정현 대칭파

1) 대칭조건 $y(x) = -y(-x) = -y(\pi + x)$

2) 기수파

3) $\sin$항(정현항)만 존재하고 $\cos$항(여현항)은 존재하지 않는다.

(11) 반파 여현 대칭

1) 대칭조건 $y(x) = y(-x)$

2) 기수파

3) $\cos$항(여현항)만 존재하고, $\sin$항(정현항)은 존재하지 않는다.

11. 2단자 회로망

(1) R, L, C **직렬회로의 임피던스** $Z_s(s) = R + sL + \dfrac{1}{sC}$

(2) R, L, C **병렬회로의 임피던스** $Z_p(s) = \dfrac{1}{\dfrac{1}{R} + \dfrac{1}{sL} + sC}$

(3) 영점 및 극점

영 점	극 점
• $Z(s) = 0$가 되는 s의 값 • 분자항 $= 0$ • 회로의 단락상태 • ○로 표시	• $Z(s) = \infty$가 되는 s의 값 • 분모항 $= 0$ • 회로의 개방상태 • ×으로 표시

(4) 역회로

임피던스의 곱이 주파수에 무관한 점의 정수로 될 때 즉,

$$Z_1 Z_2 = K^2 \text{ 또는 } \frac{Y_1}{Y_2} = K^2 \ (K\text{는 실정수})$$

의 관계에 있을 때 이 두 회로의 Z_1, Z_2는 $K > 0$에 관해서 역회로라 한다.

(5) 정저항 회로

• 2단자 구동점 임피던스가 주파수에 관계없이 항상 일정한 순저항으로 될 때의 회로

• 정저항 회로 조건 $R^2 = \dfrac{L}{C}$에서, $R = \sqrt{\dfrac{L}{C}}$

12. 4단자 회로망

(1) 임피던스 파라미터(Z parameter)

$$V_1 = Z_{11}I_1 + Z_{12}I_2$$
$$V_2 = Z_{21}I_1 + Z_{22}I_2$$

(2) 행렬식으로 표시

$$\begin{bmatrix} V_1 \\ V_2 \end{bmatrix} = \begin{bmatrix} Z_{11} & Z_{12} \\ Z_{21} & Z_{22} \end{bmatrix} \begin{bmatrix} I_1 \\ I_2 \end{bmatrix}$$

• Z_{11} : 단자 1-1′에서의 개방 구동점 임피던스　　$Z_{11} = \dfrac{V_1}{I_1}\bigg|_{I_2 = 0}$

• Z_{21} : 개방 순방형 전달임피던스　　$Z_{21} = \dfrac{V_2}{I_1}\bigg|_{I_2 = 0}$

• Z_{22} : 단자 2-2′에서의 개방 구동점 임피던스　　$Z_{22} = \dfrac{V_2}{I_2}\bigg|_{I_1 = 0}$

• Z_{12} : 개방 역방형 전달임피던스　　$Z_{12} = \dfrac{V_1}{I_2}\bigg|_{I_1 = 0}$

(3) ABCD 파라미터(전송 파라미터)

$V_1 = A V_2 + B I_2,\ I_1 = C V_2 + D I_2$ 에서

• $A = \dfrac{V_1}{V_2}\bigg|_{I_2 = 0}$　　 : 전압비　　　　… 2차측 개방

• $B = \dfrac{V_1}{I_2}\bigg|_{V_2 = 0}$　　 : 임피던스 차원　… 2차측 단락

• $C = \dfrac{I_1}{V_2}\bigg|_{I_2 = 0}$　　 : 어드미턴스 차원　… 2차측 개방

• $D = \dfrac{I_1}{I_2}\bigg|_{V_2 = 0}$　　 : 전류비　　　　… 2차측 단락

(4) 영상임피던스

1) 1차측에서 본 영상임피던스 $Z_{01} = \sqrt{\dfrac{AB}{CD}}$

2) 2차측에서 본 영상임피던스 $Z_{02} = \sqrt{\dfrac{DB}{CA}}$

3) 전달정수 $\theta = \ln\left(\sqrt{AD} + \sqrt{BC}\right)$

$\theta = \alpha + j\beta$ (α : 영상 감쇠정수, β : 영상 위상정수)

13. 공진회로

(1) 직렬공진회로

1) 임피던스 $Z = R + j\left(\omega L - \dfrac{1}{\omega C}\right)$

2) 직렬공진조건 : 허수부 = 0, 즉 리액턴스 성분 $X = 0$가 되는 조건

즉, $\omega L - \dfrac{1}{\omega C} = 0$ 즉, $\omega L = \dfrac{1}{\omega C}$

3) 공진주파수 $f_r = \dfrac{1}{2\pi \sqrt{LC}}$

4) 전압확대율 또는 양호도 $Q = Q_L = Q_C = \dfrac{\omega_r L}{R} = \dfrac{1}{R \omega_r C} = \dfrac{1}{R}\sqrt{\dfrac{L}{C}}$

(2) 병렬공진회로

1) 공진주파수 $f_a = \dfrac{1}{2\pi}\sqrt{\left(\dfrac{1}{LC} - \dfrac{R^2}{L^2}\right)}$

2) 전류확대율 $Q = \dfrac{I_L}{I_a} = \dfrac{I_C}{I_a} = \dfrac{\omega_a L}{R} = \dfrac{1}{R \omega_a C} = \dfrac{1}{R}\sqrt{\dfrac{L}{C}}$

14. 분포정수회로

(1) 특성 임피던스 (파동 임피던스)의 크기

$$Z_0 = \sqrt{\dfrac{Z}{Y}} = \sqrt{\dfrac{R + j\omega L}{G + j\omega C}}\,[\Omega]$$

여기서, R, G를 무시하면 $Z_0 \fallingdotseq \sqrt{\dfrac{L}{C}}\,[\Omega]$

(2) 전파정수 $\gamma = \sqrt{ZY} = \sqrt{(R + j\omega L)(G + j\omega C)} \fallingdotseq j\omega\sqrt{LC}\,[\text{rad}]$

전파정수 $\gamma = \alpha + j\beta$ (α : 감쇠정수 β : 위상정수)

(3) 분포정수 회로의 4단자 정수

$$A = D = \cosh\gamma l, \quad B = Z_0 \sinh\gamma l, \quad C = \dfrac{1}{Z_0}\sinh\gamma l$$

(4) 무손실 선로 : $R = G = 0$인 선로를 무손실 선로라 한다.

1) 특성임피던스 $Z_0 = \sqrt{\dfrac{L}{C}}$

2) 전파정수 $\gamma = \alpha + j\beta = j\omega\sqrt{LC}$ $\therefore \alpha = 0$, $\beta = \omega\sqrt{LC}$

3) 진행파의 전파속도 $v = \dfrac{1}{\sqrt{LC}}$

4) 무손실 선로에서는 신호의 감쇠가 없으며 주파수에 관계없이 같은 크기의 파형이 전 파속도 v로 진행한다.

(5) 무왜형 선로

1) 무왜형 선로의 조건 $RC = GL$

2) 특성임피던스 $Z_0 = \sqrt{\dfrac{L}{C}}$

3) 전파정수 $\gamma = \sqrt{RG} + j\omega\sqrt{LC}$

  ∴ 감쇠정수 $\alpha = \sqrt{RG}$, 위상정수 $\beta = \omega\sqrt{LC}$

4) 진행파의 전파속도 $v = \dfrac{1}{\sqrt{LC}}$

5) 무왜형 선로에서 Z_0, α, v는 주파수에 관계없다.

15. 과도현상

(1) 인덕터

1) 인덕터에 흐르는 전류는 순간적으로 변화될 수가 없다.
2) 전류가 흐르지 않던 인덕터에 전원을 연결하는 경우 인덕터는 마치 회로를 개방 (open)시키는 작용을 한다.

(2) 커패시터

1) 커패시터의 단자전압은 순간적으로 변화될 수 없다.
2) 초기전하를 갖지 않는 커패시터에 전원을 연결하면 순간적으로 큰 전류가 흐르면서 마치 커패시터가 회로를 단락(short)시키는 작용을 한다.

(3) $R-L$ 직렬의 직류회로

1) 정상해 $i_s = \dfrac{E}{R}$[A]

2) 과도해 $i_t = -\dfrac{E}{R}e^{-\frac{R}{L}t}$

3) 일반해 $i = \dfrac{E}{R}(1 - e^{-\frac{R}{L}t})$

4) 시정수 $\tau = \dfrac{L}{R}$[sec]

(4) $R-C$ 직렬의 직류회로

1) 정상해 $q_s = CE\,[\text{C}]$

2) 과도해 $q_t = -CE\,e^{-\frac{1}{RC}t}$

3) 전류 $i = \dfrac{dq}{dt} = \dfrac{E}{R}\,e^{-\frac{1}{RC}t}$

4) 시정수 $\tau = RC\,[\text{sec}]$

(5) $R-L-C$ 직렬회로

1) $R > 2\sqrt{\dfrac{L}{C}}$: 과제동 (비진동적)

2) $R = 2\sqrt{\dfrac{L}{C}}$: 임계 진동

3) $R < 2\sqrt{\dfrac{L}{C}}$: 부족 제동(감쇄진동)

4) $R = 0$: 무제동($L-C$ 회로)

(6) $R-L$ 직렬회로에 교류전원 인가시 흐르는 전류

$$i(t) = I_m\left[\sin(\omega t + \theta - \phi) - e^{-\left(\frac{R}{L}\right)t}\sin(\theta - \phi)\right]$$

(7) $R-C$ 직렬회로에 교류전원 인가시 흐르는 전류

$$i(t) = I_m\left\{\sin(\omega t + \theta + \phi) - \frac{1}{\omega CR}\,e^{-\frac{1}{RC}t}\cos(\theta + \phi)\right\}$$

16. 라플라스 변환

(1) $f(t)$의 라플라스 변환 $F(s) = \mathcal{L}[f(t)] = \displaystyle\int_0^\infty f(t)\,e^{-st}\,dt$

(2) 라플라스 역변환

라플라스 변환식 $F(s)$로부터 그 본래의 함수 $f(t)$를 구하는 것을 $F(s)$의 라플라스 역변환이라고 한다.

$$f(t) = \mathcal{L}^{-1}[F(s)] = \frac{1}{2\pi j}\int_{c-j\infty}^{c+j\infty} f(t)e^{st}\,ds$$

(3) 단위 계단함수가 시간 이동하는 경우의 라플라스 변환 $\pounds\left[u\left(t-a\right)\right]=\dfrac{1}{s}e^{-as}$

(4) 단위 램프함수의 라플라스 변환 $\pounds\left[t\,u\left(t\right)\right]=\dfrac{1}{s^2}$

(5) 기울기가 a 인 경우의 라플라스 변환 $\pounds\left[a\,t\,\right]=\dfrac{a}{s^2}$

(6) 라플라스 변환의 기본정리

상사정리	$\pounds\left[f\left(\dfrac{t}{a}\right)\right]=aF(as)$
시간추이정리	$\pounds\left[f(t-a)\right]=e^{-as}F(s)$
복소추이정리	$\pounds\left[e^{\mp at}f(t)\right]=F(s\pm a)$
초기값정리	$\displaystyle\lim_{t\to 0}f(t)=\lim_{s\to\infty}sF(s)$
최종값정리	$\displaystyle\lim_{t\to\infty}f(t)=\lim_{s\to 0}sF(s)$

(7) 기본함수의 라플라스 변환

	$f(t)$	$F(s)$		$f(t)$	$F(s)$
1	$\delta(t)$	1	8	$\sin\omega t$	$\dfrac{\omega}{s^2+\omega^2}$
2	$u(t)$	$\dfrac{1}{s}$	9	$\cos\omega t$	$\dfrac{s}{s^2+\omega^2}$
3	t	$\dfrac{1}{s^2}$	10	$t\sin\omega t$	$\dfrac{2\omega s}{(s^2+\omega^2)^2}$
4	t^n	$\dfrac{n!}{s^{n+1}}$	11	$t\cos\omega t$	$\dfrac{s^2-\omega^2}{(s^2+\omega^2)^2}$
5	e^{-at}	$\dfrac{1}{s+a}$	12	$e^{-at}\sin\omega t$	$\dfrac{\omega}{(s+a)^2+\omega^2}$
6	$t\,e^{-at}$	$\dfrac{1}{(s+a)^2}$	13	$e^{-at}\cos\omega t$	$\dfrac{s+a}{(s+a)^2+\omega^2}$
7	$t^n\,e^{-at}$	$\dfrac{n!}{(s+a)^{n+1}}$			

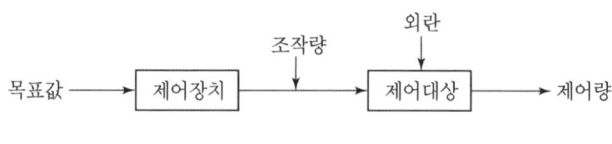

제어공학

Chap. **6**

1. 제어시스템의 개념

(1) 개회로 제어계(open loop control system)

미리 정해 놓은 순서에 따라서 제어의 각 단계가 순차적으로 진행되므로 시퀀스 제어 (sequential control) 라고도 한다.

| 개루프 제어계의 구성도 |

(2) 폐회로 제어계 (closed loop control system)

궤환 경로(feedback path)를 가지고 있는 제어계로서, 폐회로제어계에는 입력을 출력을 비교하는 장치가 반드시 필요하다.

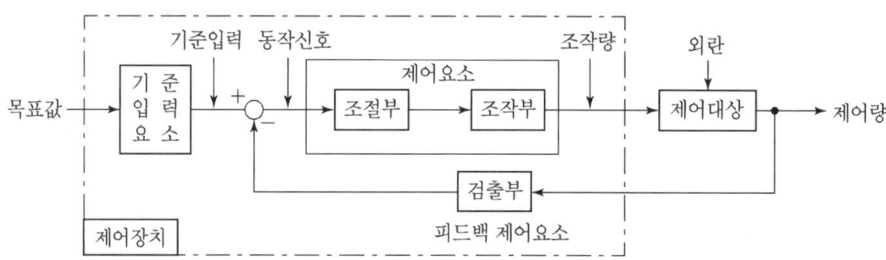

| 폐루프 제어계의 구성도 |

- 제어요소 = 조절부 + 조작부
- 제어장치 = 설정부(기준 입력요소)+제어요소+검출부

(3) 제어량의 종류에 의한 분류 : 프로세스 제어, 서보 제어, 자동 조정 제어

항 목	프로세스 제어	서보 제어	자동 조정 제어
제어량의 종 류	·온도 ·유량 ·압력 ·액위 ·농도 ·밀도 등	·물체의 위치 ·방위 ·자세 등	·전압 ·전류 ·주파수 ·회전 속도 ·힘 등

(4) 목표값의 시간적 성질에 의한 분류 : 정치제어와 추치제어가 있다.

    1) 정치제어 : 프로세스 제어, 자동 조정

    2) 추치제어 : 추종제어, 프로그램 제어, 비율 제어

(5) 제어방식별 특징

종 류		특 징	정상편차	속응도
P	비례동작	·정상오차를 수반 ·잔류 편차 발생	있음	늦음
I	적분동작		없음	늦음
D	미분동작	·오차가 커지는 것을 미리 방지 ·단독으로 사용하지 않음		빠름
PI	비례적분동작	·뒤진 회로의 특성과 같음 ·제어결과가 진동적으로 될 수 있다.	없음	늦음
PD	비례미분동작	·앞선 회로의 특성과 같음	있음	늦음
PID	비례적분미분동작	·응답의 오버슈트 감소 ·뒤진-앞선 회로의 특성과 같음	최적	최적

(6) 변환 장치

변환량	변환요소
압력 → 변위	벨로스, 다이어프램, 스프링
변위 → 압력	노즐 플래퍼, 유압 분사관, 스프링
온도 → 임피던스	측온 저항(열선, 서미스터, 백금, 니켈)
온도 → 전압	열전대(백금-백금 로듐, 철-콘스탄탄, 구리-콘스탄탄, 크로멜-알루멜)

2. 전달함수

(1) 전달함수의 정의

    선형미분방정식의 초기값을 0으로 했을 때 출력신호의 라플라스 변환과 입력 신호의
라플라스 변환의 값이다.

$$G(s) = \frac{C(s)}{R(s)} = \frac{\text{출력을 라플라스 변환한 값}}{\text{입력을 라플라스 변환한 값}}$$

(2) 시스템의 입력

1) 입력신호가 단위 임펄스 함수인 $r(t) = \delta(t)$일 때 $R(s) = \mathcal{L}[\delta(t)] = 1$

2) 입력신호가 단위 계단 함수인 $r(t) = u_s(t)$일 때 $R(s) = \mathcal{L}[u_s(t)] = \frac{1}{s}$

(3) 제어요소의 전달함수

1) 비례요소 : $c(t) = Kr(t)$ 전달함수 $G(s) = \frac{C(s)}{R(s)} = K$ (K : 이득 정수)

2) 미분요소 : $c(t) = K\dfrac{dr(t)}{dt}$ 전달함수 $G(s) = \dfrac{C(s)}{R(s)} = sK$

3) 적분요소 : $c(t) = K\displaystyle\int r(t)dt$ 전달함수 $G(s) = \dfrac{C(s)}{R(s)} = \dfrac{K}{s}$

4) 1차 지연 요소 : $b_1\dfrac{dc(t)}{dt} + b_0 c(t) = a_0 r(t)$ $(b_1, b_0 > 0)$

     전달함수 $G(s) = \dfrac{C(s)}{R(s)} = \dfrac{K}{Ts+1}$

5) 2차 지연 요소 : $b_2\dfrac{d^2 c(t)}{dt^2} + b_1\dfrac{dc(t)}{dt} + b_0 c(t) = a_0 r(t)$ $(b_2, b_1, b_0 > 0)$

     전달함수 $G(s) = \dfrac{C(s)}{R(s)} = \dfrac{K\omega_n^2}{s^2 + 2\delta\omega_n s + \omega_n^2}$

     여기서, δ : 감쇠 계수 또는 제동비, ω_n : 고유 주파수

6) 부동작 시간 요소 : $c(t) = Kr(t-L)$

     전달함수 $G(s) = \dfrac{C(s)}{R(s)} = Ke^{-Ls}$ 여기서, L : 부동작 시간

(4) 보상기

1) 진상 보상기 : 제어계의 안정도, 속응성 및 과도 특성을 개선
2) 지상 보상기 : 이득을 재조정하여 정상편차를 개선, 과도특성을 해치지 않는다.
3) 진상·지상 보상기 : 속응성과 안정도 및 정상편차를 동시에 개선

(5) 보상기에서 원래 시스템에 극점을 첨가하면 일어나는 현상

1) 분모의 s의 차수를 증가시킨다.
2) 회로내에 L, C 개수 증가
3) 시스템은 불안정화된다 (안정도 감소)

4) 과도 응답시간이 길어진다.

5) 근궤적을 s-평면의 오른쪽으로 옮겨준다.

3. 블록선도와 신호흐름선도

(1) 블록 선도의 등가변환

1) 직렬접속

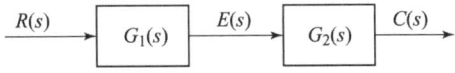

직렬접속시의 전달함수 $\dfrac{C(s)}{R(s)} = G_1(s)\,G_2(s)$

2) 병렬 접속

병렬접속시의 전달함수 $\dfrac{C(s)}{R(s)} = G_1(s) \pm G_2(s)$

3) 부궤환 접속

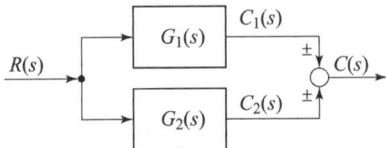

부궤환접속시의 전달함수 $\dfrac{C(s)}{R(s)} = \dfrac{G(s)}{1 + G(s)H(s)}$

(2) 메이슨(Mason)의 정리

전달함수 $G = \dfrac{\sum G_k \Delta_k}{\Delta}$

$\Delta = 1 -$ (서로 다른 루프 이득의 합) + (서로 접촉하지 않은 두 개의 루프 이득의 곱)

$\quad -$ (서로 접촉하지 않은 세 개의 루프 이득의 곱) $+ \cdots$

G_k : 입력마디에서 출력마디까지의 K 번째의 전방경로 이득

Δ_k : K번째의 전방경로 이득과 서로 접촉하지 않는 신호흐름 선도에 대한 △의 값

(3) 이상적인 연산 증폭기의 특성

1) 입력저항 $R_i = \infty$

2) 출력저항 $R_0 = 0$

3) 전압이득 $V = \infty$

4) 대역폭= ∞

5) 정부(+, −) 2개의 전원을 필요로 한다.

4. 자동제어계의 과도응답

(1) 응답

1) 인디셜 응답 : 입력에 단위 계단 함수($\mathcal{L}[r(t)] = \dfrac{1}{s}$)를 가했을 때의 응답

2) 임펄스 응답 : 입력에 단위 임펄스 함수($\mathcal{L}[\delta(t)] = 1$)를 가했을 때의 응답

3) 경사 응답 : 입력에 단위 램프 함수($\mathcal{L}[r(t)] = \dfrac{1}{s^2}$)를 가했을 때의 응답

(2) 오버슈트

1) 상대 오버슈트 $= \dfrac{\text{최대 오버슈트}}{\text{최종의 희망값}} \times 100[\%]$

2) 백분율 오버슈트 $= \dfrac{\text{최대 오버슈트}}{\text{최종 목표값}} \times 100[\%]$

3) 최대 오버슈트 발생 시간 $t_p = \dfrac{\pi}{\omega_n \sqrt{1 - \delta^2}}$

(3) 지연 시간(delay time) : 응답이 최초로 목표값의 50[%]가 되는 데 요하는 시간

(4) 감쇠비 $= \dfrac{\text{제2 오버슈트}}{\text{최대 오버슈트}}$

(5) 상승 시간(rise time) : 응답이 목표값의 10[%]로부터 90[%]까지 도달하는 데 요하는 시간

(6) 자동제어계의 과도응답

1) 선형 자동 제어계의 특성 방정식 : $1 + G(s)H(s) = 0$

2) 특성 방정식의 근의 위치와 응답
   ① 정상 상태에 빨리 도달하려면 시정수 값이 작아야 한다.
   ② 시정수 $= -\dfrac{1}{특성근}$

   • 시정수 값이 적기 위해서는 특성근의 값이 ⊖값으로서 큰 값을 가져야 한다.
   • 특성근의 값이 ⊖값이 된다는 것은 근이 s평면의 좌반 평면에 있어야 한다
   • 근이 s평면의 좌반부에서 j축에서 많이 떨어져 있을수록 정상값에 빨리 도달
   • 근이 s평면의 우반 평면에 존재하면, 즉 특성근 값이 ⊕값이면 시정수는 ⊖가 되어 진동이 점점 커진다.

(7) 영점 및 극점

영 점	극 점
· $Z(s) = 0$가 되는 s의 값	· $Z(s) = \infty$가 되는 s의 값
· 분자항 = 0	· 분모항 = 0
· 단락상태	· 회로의 개방상태
· ○로 표시	· × 으로 표시

(8) 2차계의 과도응답

1) 폐회로 전달 함수 $\dfrac{C(s)}{R(s)} = \dfrac{\omega_n^2}{s^2 + 2\delta\omega_n s + \omega_n^2}$

2) 특성 방정식 $s^2 + 2\delta\omega_n s + \omega_n^2 = 0$

$$s_1,\ s_2 = -\delta\omega_n \pm j\omega_n\sqrt{1-\delta^2} = -\sigma \pm j\omega$$

여기서, δ : 제동비 또는 감쇠 계수
ω_n : 자연 주파수 또는 고유 주파수
$\omega = \omega_n\sqrt{1-\delta^2}$: 실제 주파수 또는 감쇠 진동 주파수

① $\delta < 1$인 경우 : 부족 제동(감쇠진동)
② $\delta = 1$인 경우 : 임계 제동
③ $\delta > 1$인 경우 : 과제동(비진동)
④ $\delta = 0$인 경우 : 무제동(무한 진동 또는 완전 진동)

5. 편차와 감도

(1) 자동제어 시스템의 오차

단위 궤환 요소($H = 1$)를 가진 자동 제어 시스템의 오차

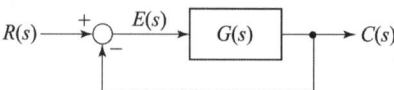

$$e_{ss} = \lim_{s \to 0} \frac{sR(s)}{1 + G(s)}$$

(2) 형에 의한 궤환 시스템의 분류

$$\lim_{s \to 0} G(s)H(s) = \frac{K}{s^l}$$

1) 0 형의 제어 시스템 : $l = 0$인 제어 시스템

2) 1 형의 제어 시스템 : $l = 1$인 제어 시스템

3) 2 형의 제어 시스템 : $l = 2$인 제어 시스템

(3) 기준 시험 입력에 대한 정상오차

1) 단위 계단 입력(정상 위치 편차) $r(t) = u(t) \rightarrow R(s) = \dfrac{1}{s}$

2) 단위 램프 입력(정상 속도 편차) $r(t) = tu(t) \rightarrow R(s) = \dfrac{1}{s^2}$

3) 단위 포물선 입력(정상 가속도 편차) $r(t) = \dfrac{1}{2}t^2u(t) \rightarrow R(s) = \dfrac{1}{s^3}$

(4) 편차 상수 요약

1) 위치 편차 상수 $K_p = \lim_{s \to 0} G(s)H(s)$

2) 속도 편차 상수 $K_v = \lim_{s \to 0} sG(s)H(s)$

3) 가속 편차 상수 $K_a = \lim_{s \to 0} s^2G(s)H(s)$

(5) 제어 시스템의 정상 상태 오차

계	정상 위치 편차 e_{ssp}	정상 속도 편차 e_{ssu}	정상 가속도 편차 e_{ssa}
2형	0	0	R/K_1
1형	0	R/K_1	∞
0형	R/K_1	∞	∞

(6) 감도 $S_K^T = \dfrac{dT/T}{dK/K} = \dfrac{K}{T} \cdot \dfrac{dT}{dK}$

6. 주파수 응답에 의한 해석

(1) 주파수 전달함수

$$[G(s)]_{s=j\omega} = G(j\omega) = |G(j\omega)| \angle G(j\omega)$$

여기서, $G(j\omega)$: 주파수 전달함수

$|G(j\omega)|$: 주파수 이득(gain)

$\angle G(j\omega)$: 위상차 또는 위상각

(2) 벡터 궤적 : ω가 0에서 ∞까지 변화하였을 때의 $G(j\omega)$의 크기와 위상각의 변화를 극좌표에 그린 것

1) 비례 요소 $G(s) = K$: 실수축상 K의 위치에 단 하나의 점으로 나타난다.

2) 미분 요소 $G(s) = s$: 허수축상에서 위로 올라가는 직선

3) 적분 요소 $G(s) = \dfrac{1}{s}$

ω가 점점 증가함에 따라 허수축상 $-\infty$에서 0으로 올라가는 직선

4) 비례 미분 요소 $G(s) = 1 + Ts$

$(1, j0)$인 점에서 수직으로 위로 올라가는 직선이 된다.

5) 1차 지연 요소 $G(s) = \dfrac{1}{1+Ts}$: 반원을 그린다.

(3) 보드선도

1) 이 득 $g = 20 \log_{10} |G(j\omega) H(j\omega)|$ [dB]

2) 위상차 $\phi = \angle G(j\omega) H(j\omega)[°]$

3) 절점 주파수 $\omega = \dfrac{1}{T}$

(4) 보드 선도의 안정 판정

1) 이득 곡선이 0 [dB]인 점을 지날 때의 주파수에서 위상 여유가 양(+)이고, 위상 곡선이 $-180°$를 지날 때 이득 여유가 양(+)이면 시스템은 안정하다.

2) 보드 선도는 극점과 영점이 우반 평면에 존재하는 경우 판정이 불가능하다.

(5) 주파수 특성에 관한 상수

1) 대역폭 : 대역폭은 크기가 $0.707M_0(\dfrac{1}{\sqrt{2}}M_0)$ 또는 $(20\log M_0 - 3)$ [dB]에서의 주파수로 정의

2) 공진 정점 M_p : M_p가 크면 과도 응답 시 오버슈트가 커진다. 제어계에서 최적의 M_p의 값은 대략 $1.1 \sim 1.5$이다.

3) 분리도 : 분리도가 예리해질수록 공진 정점 M_p가 크고, M_p가 너무 크면 과도 응답 시 오버슈트가 커지므로 제어계는 불안정하게 된다.

(6) 2차 시스템에서 공진주파수

$$\omega_p = \omega_n \sqrt{1 - 2\delta^2}$$

여기서, δ : 계의 제동비, ω_n : 고유 주파수

7. 제어계의 안정도

(1) 루드-훌비쯔의 안정 판별법

근이 모두 s평면의 좌반부에 있어야 만 제어계는 안정하다. 따라서, 특성근이 s평면의 좌반부 즉, 부 $(-)$의 실수부를 갖는 조건은 다음과 같다.

1) 특성 방정식의 모든 계수의 부호가 같아야 한다.

2) 계수 중 어느 하나라도 0이 되어서는 안 된다.

3) 루드의 표에서 제1열의 원소 부호가 같고 정$(+)$이라야 한다. 만일 제1열의 원소 중 부의 값이 존재하면 부호 변화의 개수만큼의 근이 우반 평면에 존재한다.

(2) 나이퀴스트(Nyquist)안정 판별법의 특징

1) 절대 안정도에 관하여 루드-훌비쯔 판별법과 같은 정보를 제공한다.

2) 시스템의 안정도를 개선할 수 있는 방법을 제시한다.

3) 시스템의 주파수 영역 응답에 대한 정보를 제공한다.

(3) 자동 제어계의 안정성 판별법

1) $G(s)H(s)$의 $\omega > 0$에 대한 벡터 궤적을 ω가 증가 하는 방향으로 궤적을 따라갈 때 점 $(-1, j0)$을 왼쪽으로 보게되면 안정, 오른쪽으로 보게 되면 불안정하다.

2) 제어시스템이 안정하기 위해서는 특성방정식의 근들이 모두 부$(-)$의 실수부를 가져

야 한다.

3) Nyquist 선도 경로내에 특성 방정식의 근이 존재하면 불안정, 근이 존재하지 않으면 안정하다.

4) GH 평면상의 $(-1, j0)$점을 $G(s)H(s)$ 선도가 원점 둘레를 오른쪽으로 일주하는 회전수를 N 이라고 하면 $N = z - p$ 에서 $z < p$ 이면 $N < 0$이 되어 $G(s)H(s)$ 선도 는 왼쪽으로 회전 하게 되고, 또 그 계는 안정하다고 할 수 있다.

5) 위상여유, 이득여유가 +이면 안정, −이면 불안정으로 된다.

(4) 이득 여유$(GM) = 20\log\dfrac{1}{|GH_c|} = -20\log|GH_c|$ [dB]

(5) 위상 여유 : 이득교차 주파수에서의 위상각에서 $180°$를 더한 것이다.

8. 근궤적법

(1) 폐루프의 특성 방정식 : $1 + G(s)H(s) = 0$

  1) $|G(s)H(s)| = 1$

  2) $\angle G(s)H(s) = 180° + k \times 360°$

    여기서, $k = 0,\ \pm1,\ \pm2,\ \cdots$ 이다.

(2) 근궤적의 작도법

  1) 근궤적의 출발점$(K = 0)$: 근궤적은 $G(s)H(s)$의 극으로부터 출발한다.

  2) 근궤적의 종착점$(K = \infty)$: 근궤적은 $G(s)H(s)$의 0점에서 끝난다.

  3) 근궤적의 개수 N은 영점 z와 극점 p 중에서 큰 수와 같다. 또한 근궤적의 개수는 특성 방정식의 차수와 같다.

  4) 근궤적은 실축에 대하여 대칭이다.

  5) 근궤적의 점근선의 각도 $\alpha_K = \dfrac{(2K+1)\pi}{p-z}$

    여기서, $K = 0,\ 1,\ 2,\ \cdots$로서, $p - z - 1$까지 이다.

  6) 점근선의 교차점

    ① 점근선은 실수축 상에서만 교차하고 그 수 $n = p - z$ 이다.

    ② 실수축 상에서의 점근선의 교차점 σ

$$\sigma = \frac{\sum G(s)H(s)의\ 극점 - \sum G(s)H(s)의\ 영점}{p-z}$$

7) $G(s)H(s)$의 실수축과 실영점으로부터 실수축이 분할될 때 어느 구간에서 오른쪽으로 실수축상의 극과 영점을 헤아려 갈 때 만일 총수가 홀수이면 그 구간에 근궤적이 존재하고, 짝수이면 존재하지 않는다.

8) 복소수 극에서 근궤적이 출발 또는 끝날 때의 각도(발생각) θ

$$\theta = [\pm 180° \times (\text{홀수})] - (\text{개루프 전달 함수의 나머지 극 및}$$
$$\text{영점에서부터 해당되는 극까지의 벡터각의 총합})$$

9. 상태방정식 및 Z변환

(1) 선형이고 정계수계에서의 상태 방정식 및 출력 방정식

- $x(t) = Ax(t) + Bu(t)$
- $y(t) = Cx(t)$

(2) 단위행렬 : 주 대각원소는 1이고 나머지 원소가 모두 0인 정사각행렬이다.

$$I = \begin{bmatrix} 1 & 0 \\ 0 & 1 \end{bmatrix} \quad \text{또는} \quad I = \begin{bmatrix} 1 & 0 & 0 \\ 0 & 1 & 0 \\ 0 & 0 & 1 \end{bmatrix}$$

(3) 상태 천이 행렬 $\Phi(t) = \mathcal{L}^{-1}[(sI - A)^{-1}]$의 성질

1) $\Phi(0) = I$ (I : 단위행렬)

2) $\Phi^{-1}(t) = \Phi(-t) = e^{-At}$

3) $\Phi(t_2 - t_1)\Phi(t_1 - t_0) = \Phi(t_2 - t_0)$(모든 값에 대하여)

4) $[\Phi(t)]^K = \Phi(Kt)$ 여기서 K = 정수이다.

(4) 특성 방정식 : $|sI - A| = 0$

(5) z변환 : 라플라스 변환 함수의 s 대신 $\frac{1}{T}\ln z$를 대입

(6) z변환의 몇 가지 중요한 정리

초기치 정리	$\lim_{k \to 0} y(kT) = \lim_{z \to \infty} Y(z)$
최종치 정리	$y(\infty) = \lim_{k \to \infty} y(kT) = \lim_{z \to 1}(1 - z^{-1})Y(z)$

(7) z변환표

$f(t)$	$F(s)$	$F(z)$
$\delta(t)$	1	1
$u(t)$	$\dfrac{1}{s}$	$\dfrac{z}{z-1}$
t	$\dfrac{1}{s^2}$	$\dfrac{Tz}{(z-1)^2}$
e^{-at}	$\dfrac{1}{s+a}$	$\dfrac{z}{z-e^{-at}}$

(8) z변환법을 사용한 샘플값 제어계의 해석

계의 안정도	근의 위치	
	s평면의	z평면상
안 정	좌반면	단위원 내부
불 안 정	우반면	단위원 외부
임계안정	허수축	단위 원주상

따라서, 제어계가 안정되기 위해서는 전체 전달 함수의 모든 극점이 z평면의 원점에 중심을 둔 단위원 내부에 위치해야 한다.

10. 시퀀스 제어

(1) 시퀀스

1) 미리 정해 놓은 순서 또는 일정한 논리에 의하여 정해진 순서에 따라 제어의 각 단계를 순서적으로 진행하는 제어

2) 간단한 예로서는 전기 세탁기, 자동 판매기, 엘리베이터, 교통 신호기, 또한 트랜스 퍼머신, 무인 발전소 등에 활용되고 있다.

(2) 논리 시퀀스회로

1) 논리적 회로(AND gate) : X=A·B로 표시

2) 논리합 회로(OR gate) : X=A+B로 표시한다.

3) 논리 부정 회로(NOT gate) : 입력이 "0"일 때 출력은 "1", 입력이 "1"일 때 출력은 "0"이 되는 회로

4) NAND 회로(NAND gate) : AND 회로에 NOT 회로를 접속한 AND-NOT 회로로서 논리식은 X = $\overline{\text{A·B}}$가 된다.

5) NOR 회로(NOR gate) : OR−NOT 회로로서 논리식은 $X = \overline{A+B}$가 된다.

6) 배타적 논리 합회로(exclusive−OR gate) : 입력 A, B가 서로 같지 않을 때만 출력이 "1"이 되는 회로 $X = \overline{A} \cdot B + A \cdot \overline{B} = A \oplus B$로 표시.

(3) 논리 대수 및 드모르간의 정리

1) 교환의 법칙

① $A + B = B + A$

② $A \cdot B = B \cdot A$

2) 결합의 법칙

① $(A + B) + C = A + (B + C)$

② $(A \cdot B) \cdot C = A \cdot (B \cdot C)$

3) 분배의 법칙

① $A \cdot (B + C) = A \cdot B + A \cdot C$

② $A + (B \cdot C) = (A + B) \cdot (A + C)$

4) 동일의 법칙

① $A + A = A$

② $A \cdot A = A$

5) 부정의 법칙

① $(A) = \overline{A}$

② $(\overline{A}) = A$

6) 흡수의 법칙

① $A + A \cdot B = A$

② $A \cdot (A + B) = A$

7) 공리

① $0 + A = A$ ② $1 \cdot A = A$

③ $1 + A = 1$ ④ $0 \cdot A = 0$

8) 드 모르간의 정리

① $\overline{(X_1 + X_2 + X_3 \cdots X_n)} = \overline{X_1} \cdot \overline{X_2} \cdot \overline{X_3} \cdots \overline{X_n}$

② $\overline{(X_1 \cdot X_2 \cdot X_3 \cdots X_n)} = \overline{X_1} + \overline{X_2} + \overline{X_3} + \cdots + \overline{X_n}$

Chap. 7 전기설비기술기준

1. 공통사항

(1) 통칙

1) 전압의 종별

이 규정에서 적용하는 전압의 구분은 다음과 같다.

분 류	전압의 범위
저 압	• 직류 : 1.5 [kV] 이하 • 교류 : 1 [kV] 이하
고 압	• 직류 : 1.5 [kV]를 초과하고, 7 [kV] 이하 • 교류 : 1 [kV]를 초과하고, 7 [kV] 이하
특고압	7 [kV]를 초과

2) 용어

① 급전소 : 전력계통의 운용에 관한 지시 및 급전조작을 하는 것을 말한다.

② 연접인입선 : 하나의 수용장소의 인입선으로부터 다른 지지물을 거치지 않고 다른 수용장소의 인입구에 이르는 분기 전선

③ 관등 회로 : 방전등용 안정기 또는 방전등용 변압기로부터 방전관까지의 전로

④ 접근 상태

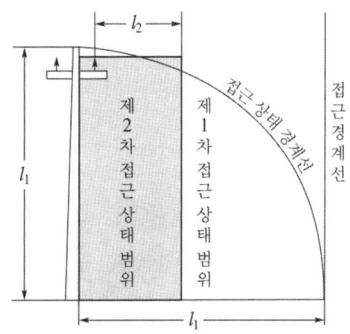

• 1차 접근 상태 : 지지물의 높이에 상당하는 거리에 시설

• 2차 접근 상태 : 수평거리 3 [m] 미만의 곳에 다른 시설물을 시설

⑤ 계통 접지 : 전력계통에서 돌발적으로 발생하는 이상현상에 대비하여 대지와 계통을 연결하는 것으로, 중성점을 대지에 접속하는 것

⑥ 리플프리 직류 : 교류를 직류로 변환할 때 리플성분의 실효값이 10[%] 이하로 포함된 직류

3) 감전에 대한 보호

① **기본보호**

기본보호는 일반적으로 직접접촉을 방지하는 것으로, 전기설비의 충전부에 인축이 접촉하여 일어날 수 있는 위험으로부터 보호되어야 한다. 기본보호는 다음 중 어느 하나에 적합하여야 한다.

㉠ 인축의 몸을 통해 전류가 흐르는 것을 방지

㉡ 인축의 몸에 흐르는 전류를 위험하지 않는 값 이하로 제한

② **고장 보호**

고장 보호는 일반적으로 기본절연의 고장에 의한 간접접촉을 방지하는 것이다.

㉠ 노출도전부에 인축이 접촉하여 일어날 수 있는 위험으로부터 보호되어야 한다.

㉡ 고장 보호는 다음 중 어느 하나에 적합하여야 한다.

- 인축의 몸을 통해 고장전류가 흐르는 것을 방지
- 인축의 몸에 흐르는 고장전류를 위험하지 않는 값 이하로 제한
- 인축의 몸에 흐르는 고장전류의 지속시간을 위험하지 않은 시간까지로 제한

(2) 전선

1) 전선의 식별

상(문자)	색상
L1	갈색
L2	흑색
L3	회색
N	청색
보호도체	녹색-노란색

2) 특고압 케이블

① 절연체가 에틸렌 프로필렌고무혼합물 또는 가교폴리에틸렌 혼합물인 케이블로서 선심 위에 금속제의 전기적 차폐층을 설치한 것

② 파이프형 압력 케이블·연피케이블·알루미늄피케이블

③ 금속피복을 한 케이블을 사용하여야 한다.

3) 전선의 접속

전선을 접속하는 경우에는 전선의 전기저항을 증가시키지 아니하도록 접속하여야 하며, 또한 다음에 따라야 한다.

① 전선의 세기를 20[%] 이상 감소시키지 아니할 것.

② 접속부분은 접속관 기타의 기구를 사용할 것.

③ 접속부분의 절연전선에 절연전선의 절연물과 동등 이상의 절연효력이 있는 것으로 충분히 피복할 것.

④ 알루미늄(알루미늄 합금을 포함한다.)을 사용하는 전선과 동(동합금을 포함한다.)을 사용하는 전선을 접속하는 등 전기 화학적 성질이 다른 도체를 접속하는 경우에는 접속부분에 전기적 부식이 생기지 않도록 할 것.

⑤ 두 개 이상의 전선을 병렬로 사용하는 경우에는 다음에 의하여 시설할 것.

- 병렬로 사용하는 각 전선의 굵기는 동선 50[mm²] 이상 또는 알루미늄 70[mm²] 이상

- 병렬로 사용하는 전선에는 각각에 퓨즈를 설치하지 말 것.

- 교류회로에서 병렬로 사용하는 전선은 금속관 안에 전자적 불평형이 생기지 않도록 시설할 것.

(3) 전로의 절연

1) 사용전압이 저압인 전로에서 정전이 어려운 경우 등 절연저항 측정이 곤란한 경우에는 누설전류를 1 [mA] 이하로 유지하여야 한다.

2) 저압전로의 절연성능

전로의 사용전압[V]	DC시험전압[V]	절연저항[MΩ]
SELV 및 PELV	250	0.5
FELV, 500[V] 이하	500	1.0
500[V] 초과	1,000	1.0

3) 고압 및 특고압 전로의 절연내력 시험 방법 및 시험전압

① 절연내력을 시험할 부분에 최대사용전압에 의하여 결정되는 시험전압을 계속하여 10분간 가하였을 때에 견디어야 한다.

② 전선에 케이블을 사용하는 경우에는 교류 시험전압의 2배의 직류전압을 전로와 대지 사이에 연속하여 10분간 가하였을 때에 견디어야 한다.

4) 절연 내력 시험전압

구 분		배율	최저전압
중성점 직접 접지식이 아닌 경우	7 [kV] 이하	1.5	
	7 [kV] 초과 ~ 60 [kV] 이하	1.25	10.5 [kV]
	60 [kV] 초과(비접지식)	1.25	
	60 [kV] 초과(중성점 접지식)	1.1	75 [kV]
중성점 직접 접지식	25 [kV] 이하(다중접지)	0.92	
	60 [kV] 초과 170 [kV]까지	0.72	
	170 [kV] 초과(발·변전소에 한함)	0.64	

5) 연료전지 및 태양전지 모듈의 절연내력

최대사용전압의 1.5배의 직류전압 또는 1배의 교류전압(500[V] 미만으로 되는 경우에는 500 [V])을 충전부분과 대지 사이에 연속하여 10분간 가하여 절연내력을 시험하였을 때에 이에 견디는 것이어야 한다.

(4) 접지시스템의 시설

1) 접지시스템의 구분 및 종류

① 구분 : 계통접지, 보호접지, 피뢰시스템 접지 등
② 종류 : 단독접지, 공통접지, 통합접지

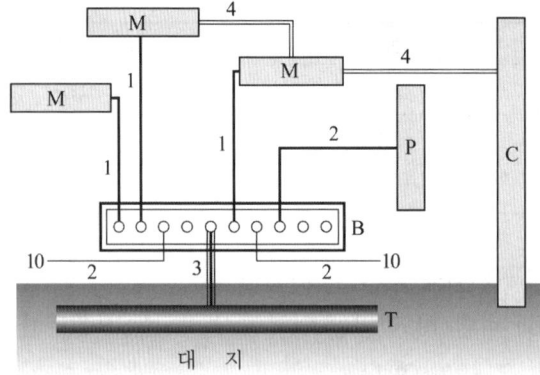

1 : 보호선(PE)
2 : 보호 등전위 본딩용 도체
3 : 접지선
4 : 보조 보호 등전위 본딩용 도체
10 : 기타 기기(예, 통신설비)
B : 주 접지단자
M : 전기기구의 노출 도전성부분
C : 철골, 금속덕트의 계통 외 도전성부분
P : 수도관, 가스관 등 금속배관
T : 접지극

접지설비 개요

2) 접지시스템 구성요소

① 접지시스템은 접지극, 접지도체, 보호도체 및 기타 설비로 구성한다.

② 접지극은 접지도체를 사용하여 주 접지단자에 연결하여야 한다.

3) 접지극의 시설 및 접지저항

① 가능한 다습한 부분에 설치

② 접지극은 지하 0.75 [m] 이상의 깊이에 매설

③ 철주의 밑면에서 0.3 [m] 이상의 깊이에 매설하거나 금속체로부터 1 [m] 이상 떼어 설치(금속체를 따라 시설하는 경우)

④ 수도관 등을 접지극으로 사용하는 경우 : 3 [Ω] 이하

⑤ 건축물·구조물의 철골을 접지극으로 사용하는 경우 : 2 [Ω] 이하

4) 접지도체의 단면적 및 시설

① 접지도체의 최소 단면적

- 구리 : 6 [mm²] 이상
- 철 : 50 [mm²] 이상

② 접지도체에 피뢰시스템이 접속되는 경우

- 구리 : 16 [mm²] 이상
- 철 : 50 [mm²] 이상

③ 특고압·고압 전기설비용 접지도체 : 6 [mm²] 이상의 연동선

④ 중성점 접지도체 : 16 [mm²] 이상의 연동선

(다만, 다음의 경우에는 6 [mm²] 이상의 연동선

- 7 [kV] 이하의 전로
- 사용전압이 25 [kV] 이하인 특고압 가공전선로. (다만, 중성선 다중접지식의 것으로서 전로에 지락이 생겼을 때 2초 이내에 자동적으로 이를 전로로부터 차단하는 장치가 되어 있는 것.)

⑤ 이동하여 사용하는 전기기계기구의 금속제 외함 등의 접지시스템의 경우는 다음의 것을 사용하여야 한다.

접지도체	접지선의 종류	접지선의 단면적
특고압·고압 전기설비 중성점 접지	• 클로로프렌캡타이어케이블(3종 및 4종) • 클로로설포네이트폴리에틸렌캡타이어 케이블의 일심 (3종 및 4종) • 다심캡타이어케이블의 차폐 기타의 금속제	10 [mm²]
저압 전기설비	다심 코드 또는 다심 캡타이어케이블의 일심	0.75 [mm²]
	다심코드 및 다심 캡타이어케이블의 일심 이외의 가요성이 있는 연동연선	1.5 [mm²]

⑥ 접지도체는 지하 0.75 [m]~지표 상 2 [m]까지 합성수지관(두께 2 [mm] 미만의 합성수지제 전선관 및 가연성 콤바인덕트관은 제외한다) 으로 덮을 것

5) 보호도체의 단면적

선도체의 단면적 S ([mm²], 구리)	보호도체의 최소 단면적([mm²], 구리)	
	보호도체의 재질	
	선도체와 같은 경우	선도체와 다른 경우
$S \leq 16$	S	$(k_1/k_2) \times S$
$16 < S \leq 35$	16(a)	$(k_1/k_2) \times 16$
$S > 35$	S(a)/2	$(k_1/k_2) \times (S/2)$

여기서, – k_1 : 선도체에 대한 k값

　　　 – k_2 : 보호도체에 대한 k값

　　　 – a : PEN 도체의 최소단면적은 중성선과 동일하게 적용한다.

6) 변압기 중성점 접지

적　용	접지 저항값
변압기 중성점	$\dfrac{150}{1선 지락전류}$[Ω] 이하 • 자동차단 설비가 1초 이내 동작하면 $600/I$[Ω] • 자동차단설비가 1초 초과 2초이내 동작하면 $300/I$[Ω]

7) 보호등전위본딩 도체의 단면적

주접지단자에 접속하기 위한 등전위본딩 도체는 설비 내에 있는 가장 큰 보호접지도체 단면적의 1/2 이상의 단면적을 가져야 하고 다음의 단면적 이상이어야 한다.

• 구리 : 6 [mm²] 이상

• 알루미늄 : 16 [mm²] 이상

• 강철 : 50 [mm²] 이상

(5) 피뢰시스템

1) 피뢰시스템의 적용범위

① 전기전자설비가 설치된 건축물·구조물로서 낙뢰로부터 보호가 필요한 것 또는 지상으로부터 높이가 20[m] 이상인 것

② 전기설비 및 전자설비 중 낙뢰로부터 보호가 필요한 설비

2) 피뢰시스템의 구성

① 외부피뢰시스템 : 직격뢰로부터 대상물을 보호

② 내부피뢰시스템 : 간접뢰 및 유도뢰로부터 대상물을 보호

3) 피뢰시스템의 등급 선정

　① 등급 : Ⅰ, Ⅱ, Ⅲ, Ⅳ

　② 위험물의 제조소·저장소 및 처리장에 설치하는 피뢰시스템은 Ⅱ 등급 이상으로
　　한다.

2. 저압전기설비

(1) 저압전기설비

1) 계통접지의 방식

　① 계통접지 구성

　　• TN 계통　　• TT 계통　　• IT 계통

　② TN 계통 : 전원측의 한 점을 직접접지하고 설비의 노출도전부를 보호도체로 접
　　속시키는 방식

　　• TN-S 계통 : 계통 전체에 대해 별도의 중성선 또는 PE 도체를 사용하는 방식

　　• TN-C 계통 : 그 계통 전체에 대해 중성선과 보호도체의 기능을 동일도체로 겸
　　　용한 PEN 도체를 사용하는 방식

　　• TN-C-S계통 : 계통의 일부분에서 PEN 도체를 사용하거나, 중성선과 별도의
　　　PE 도체를 사용하는 방식

　③ TT 계통 : 전원의 한 점을 직접 접지하고 설비의 노출도전부는 전원의 접지전극
　　과 전기적으로 독립적인 접지극에 접속시킨 방식

　④ IT 계통 : 충전부 전체를 대지로부터 절연시키거나, 한 점을 임피던스를 통해 대
　　지에 접속시킨 방식으로 전기설비의 노출도전부를 단독 또는 일괄적으로 계통의
　　PE 도체에 접속시킨다.

(2) 안전을 위한 보호

1) 감전에 대한 보호

　① 고장시의 자동차단(32 [A] 이하 분기회로의 최대 차단시간)

계통	$50[V] < U_0 \leq 120[V]$		$120[V] < U_0 \leq 230[V]$		$230[V] < U_0 \leq 400[V]$		$U_0 > 400[V]$	
	교류	직류	교류	직류	교류	직류	교류	직류
TN	0.8초	[비고1]	0.4초	5초	0.2초	0.4초	0.1초	0.1초
TT	0.3초	[비고1]	0.2초	0.4초	0.07초	0.2초	0.04초	0.1초

U_0는 대지에서 공칭교류전압 또는 직류 선간전압이다.

[비고1] 차단은 감전보호 외에 다른 원인에 의해 요구될 수도 있다.

2) SELV와 PELV를 적용한 특별저압에 의한 보호

① 특별저압 계통에 의한 보호대책
- SELV(Safety Extra-Low Voltage) : 비접지회로 보호수단
- PELV(Protective Extra-Low Voltage) : 접지회로 보호수단

② 보호대책의 요구사항
- 특별저압 계통의 전압한계는 교류 50[V] 이하, 직류 120[V] 이하
- 모든 회로로부터 특별저압 계통을 보호 분리하고, 특별저압 계통과 다른 특별저압 계통간에는 기본절연을 함
- SELV 계통과 대지간의 기본절연을 하여야 한다.

3) 과전류에 대한 보호

① **과부하 전류에 대한 보호**
ⓐ 도체와 과부하 보호장치 사이의 협조

$$I_B \le I_n \le I_Z \, , \quad I_2 \le 1.45 \times I_Z$$

- I_B : 회로의 설계전류
- I_Z : 케이블의 허용전류
- I_n : 보호장치의 정격전류
- I_2 : 보호장치가 규약시간 이내에 유효하게 동작하는 것을 보장하는 전류

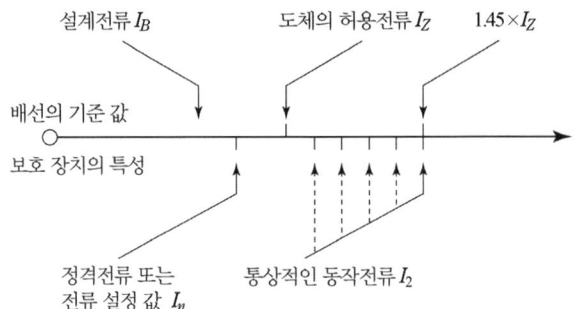

ⓑ 과부하 보호장치의 설치 위치 : 도체의 허용전류 값이 줄어드는 곳에 설치

② **단락보호장치의 설치위치**
단락전류 보호장치는 분기점(O)에 설치해야 한다.
단, 분기회로의 단락보호장치 설치점(B)과 분기점(O) 사이에 다른 분기회로 또는 콘센트의 접속이 없는 경우
ⓐ 단락, 화재 및 인체에 대한 위험이 최소화될 경우
분기 회로의 단락 보호장치 P_2는 분기점(O)으로 부터 3[m]까지 이동하여 설치할 수 있다.

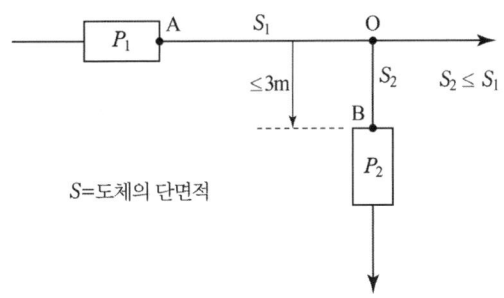

S=도체의 단면적

ⓛ 분기회로의 시작점(O)과 이 분기회로의 단락보호장치(P_2) 사이에 있는 도체가 전원측에 설치되는 보호장치(P_1)에 의해 단락보호가 되는 경우 P_2의 설치 위치는 분기점(O)로부터 거리제한이 없이 설치할 수 있다.

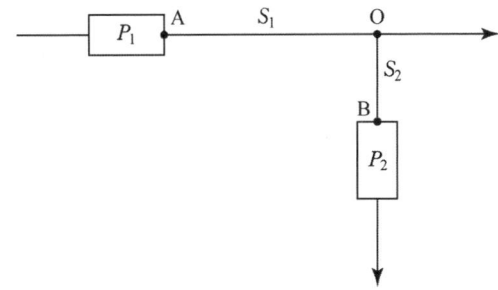

4) 저압전로 중의 전동기 보호용 과전류보호장치의 시설

옥내에 시설하는 전동기에는 전동기가 손상될 우려가 있는 과전류가 생겼을 때에 자동적으로 이를 저지하거나 이를 경보하는 장치를 하여야 한다. 다만, 다음의 어느 하나에 해당하는 경우에는 그러하지 아니하다.

① 전동기를 운전 중 상시 취급자가 감시할 수 있는 위치에 시설하는 경우
② 전동기의 구조나 부하의 성질로 보아 전동기가 손상될 수 있는 과전류가 생길 우려가 없는 경우
③ 단상전동기로써 그 전원측 전로에 시설하는 과전류 차단기의 정격전류가 16[A] (배선용 차단기는 20[A]) 이하인 경우
④ 정격 출력이 0.2[kW] 이하인 것

(3) 전선로

1) 구내 인입선

① 저압 인입선의 시설
  • 전선은 절연 전선 또는 케이블일 것
  • 전선이 절연전선인 경우

– 경간이 15 [m] 초과 : 인장강도 2.30 [kN] 이상의 것 또는 지름 2.6 [mm] 이상의 인입용 비닐절연전선

– 경간이 15 [m] 이하 : 인장강도 1.25 [kN] 이상의 것 또는 지름 2 [mm] 이상의 인입용 비닐절연전선

• 옥외용 비닐 절연 전선은 사람이 쉽게 접촉할 수 없도록 시설

• 전선의 높이

구 분	지상고	비고
도로(차도) 횡단 시	5 [m] 이상 (교통에 지장이 없는 경우 : 3 [m] 이상)	노면상
철도 또는 궤도 횡단 시	6.5 [m] 이상	레일면상
횡단보도교 위	3 [m] 이상	노면상
그 외의 경우	4 [m] 이상 (교통에 지장이 없는 경우 : 2.5 [m] 이상)	지표상

• 저압가공인입선 조영물의 구분에 따른 이격거리
  – 위쪽 : 2 [m] (전선이 저압 절연전선인 경우는 1.0[m], 고압절연전선, 특고압 절연전선 또는 케이블인 경우는 0.5[m])
  – 옆쪽 또는 아래쪽 : 0.3 [m](전선이 고압절연전선, 특고압 절연전선 또는 케이블인 경우는 0.15[m])

② 저압 연접 인입선의 시설
  • 인입선에서 분기하는 점으로부터 100[m]를 넘지 않는 지역이어야 한다.
  • 폭 5[m]를 넘는 도로를 횡단하지 말 것
  • 옥내를 통과하지 아니할 것

2) 옥측 전선로

① 공사방법 : 애자공사(전개된 장소에 한한다.), 합성수지관공사, 금속관공사(목조 이외의 조영물), 버스덕트공사(목조 이외의 조영물), 케이블공사

② 애자공사에 의한 옥측전선로
  • 전선은 4 [mm^2] 이상의 연동 절연전선(OW, DV 제외)
  • 전선의 지지점간의 거리 : 2 [m] 이하
  • 저압 옥측전선로의 전선과 다른 시설물 사이의 이격거리

다른 시설물의 구분	접근 형태	이격 거리
조영물의 상부 조영재	위 쪽	2[m] (전선이 고압 절연전선, 특고압 절연전선 또는 케이블인 경우는 1[m])
	상부 조영재 이외의 부분 또는 조영물 이외의 시설물	0.6[m] (전선이 고압 절연전선, 특고압 절연전선 또는 케이블인 경우는 0.3[m])

- 저압 옥측전선로의 전선과 식물 사이의 이격거리
  - 0.2[m] 이상
  - 전선이 고압 및 특고압 절연전선인 경우 : 전선을 식물에 접촉하지 않도록 시설

3) 옥상 전선로

① 전선 : 지름 2.6 [mm]의 경동선 또는 절연전선(OW 포함)

② 전선의 지지점간의 거리(애자를 사용하여 지지) : 15 [m] 이하

③ 조영재와의 이격 거리

  - 2 [m] 이상
  - 전선이 고압 및 특고압 절연전선인 경우 : 1 [m] 이상

④ 전선을 식물에 접촉하지 않도록 시설

(4) 저압 가공전선로

1) 저압 가공전선의 굵기 및 종류

① 저압 가공전선은 나전선, 절연전선, 다심형전선 또는 케이블을 사용

전 압	조 건	전선의 굵기 및 인장강도
400 [V] 이하	절연전선	인장강도 2.3 [kN] 이상의 것 또는 지름 2.6 [mm] 이상의 경동선
	케이블 이외	인장강도 3.43 [kN] 이상의 것 또는 지름 3.2 [mm] 이상의 경동선
400 [V] 초과인 저압 (케이블 이외)	시가지에 시설	인장강도 8.01 [kN] 이상의 것 또는 지름 5 [mm] 이상의 경동선
	시가지 외에 시설	인장강도 5.26 [kN] 이상의 것 또는 지름 4 [mm] 이상의 경동선

② 사용전압이 400 [V] 초과인 저압 가공전선에는 인입용 비닐절연전선을 사용해서는 안 된다.

2) 저압 가공전선의 높이

구분	지상고	비고
도로횡단 시	6 [m] 이상	지표상
철도 횡단 시	6.5 [m] 이상	레일면상
횡단보도교 위	3.5 [m] 이상 (저압 절연전선, 다심형 전선 또는 케이블인 경우 : 3 [m] 이상)	노면상
일반 장소	5 [m] 이상 (교통에 지장이 없는 경우 : 4 [m] 이상)	지표상

(5) 배선 및 조명설비

1) 옥내 전로의 대지 전압의 제한
① 주택을 제외한 옥내전로 : 대지전압 300 [V] 이하
② 주택의 옥내전로
- 사용전압 400 [V] 이하일 것(대지전압 300 [V] 이하)
- 전로의 입구에는 인체보호용 누전차단기를 설치할 것
- 정격 소비전력 3 [kW] 이상의 기계기구는 전기를 공급하기 위한 전로에 전용의 개폐기 및 과전류 차단기를 시설

2) 저압 옥내배선의 사용전선
단면적 2.5 [mm^2] 이상의 연동선

3) 애자공사

전 압		전선과 조영재와의 이격 거리		전 선 상 호 간 격	전선 지지점간의 거리	
					조영재의 윗면 또는 옆면에 따라 시설	조영재에 따라 시설하지 않는 경우
저 압	400[V] 이하	2.5 [cm] 이상		6 [cm] 이상	2 [m] 이하	–
	400[V] 초과	건조한 장소	2.5[cm] 이상			6 [m] 이하
		기타의 장소	4.5[cm] 이상			

4) 합성수지관공사
① 단선 사용시 전선 굵기 : 10[mm^2](알루미늄선은 16[mm^2]) 이하
② 관 상호간 및 박스 삽입깊이 : 바깥지름의 1.2배(접착제 사용시 0.8배)
③ 관의 지지점간의 거리 : 1.5[m] 이하

5) 금속관공사
① 단선 사용시 전선 굵기 : 10 [mm^2](알루미늄선은 16 [mm^2]) 이하
② 관의 두께
- 콘크리트 매설 : 1.2 [mm] 이상
- 기타의 것 : 1 [mm] 이상

6) 금속덕트공사
① 금속덕트에 넣을 수 있는 전선의 단면적 : 덕트 내부 단면적의 20[%] (제어회로 등은 50 [%] 이하)
② 폭 50 [mm] 초과, 두께 1.2 [mm] 이상의 철판 또는 동등 이상의 금속제로 제작

③ 지지점간의 거리
- 수평 : 3[m] 이하
- 수직 : 6[m] 이하

7) 버스덕트공사

① 피더 버스 덕트 : 간선용의 덕트

② 플러그인 버스 덕트 : 플러그의 수구를 설치하여 쉽게 분기할 수 있는 덕트

③ 트롤리 버스 덕트 : 이동 시킬 수 있는 구조

8) 점멸기구의 시설

① 관광숙박업 또는 숙박업(여인숙업 제외) : 객실 입구등은 1분 이내 소등

② 일반주택 및 아파트 각 호실 : 현관등은 3분 이내 소등

9) 수중조명등의 시설

① 사용전압
- 1차측 전로의 사용전압 400 [V] 이하
- 2차측 전로의 사용전압 150 [V] 이하

② 절연변압기의 2차측 배선 : 금속관배선

10) 교통신호등

① 2차측 배선의 사용 전압 300 [V] 이하

② 전선 : 케이블인 경우 이외에는 단면적 $2.5\,[\text{mm}^2]$ 이상의 연동선

③ 조가용선 4 [mm] 이상의 철선 2가닥

④ 건조물 이외 다른 시설물 등과 이격거리 0.6 [m] (케이블 0.3 [m]) 이상

⑤ 교통 신호등 회로의 인하선, 전선의 지표상 높이 : 2.5 [m] 이상

(6) 특수설비

1) 특수시설

종류	사용전압	전선굵기
전 기 울타리	• 1차측 250 [V] 이하	• 2 [mm] 이상의 경동선
	• 전선과 다른 시설물(가공 전선을 제외) 또는 수목과의 이격거리 0.3 [m] 이상	
전 기 욕 기	• 전원 변압기 2차측 전로 10 [V] 이하	• 2.5[mm²] 이상의 연동선, 케이블
	• 전극간의 거리 1 [m] 이상	
전극식 온천 온수기	• 사용전압 400 [V] 이하	

	• 1차측에 개폐기 및 과전류 차단기를 시설한 절연변압기 시설
	• 차폐장치와의 거리
	  전극식 온천온수기 : 0.5 [m] 이상
	  욕탕 : 1.5 [m] 이상	

전 기 온 상	• 대지전압 300 [V] 이하	
	• 개폐기 및 과전류 차단기의 시설 • 발열선 온도 : 80 [℃] 이하 유지	
유희용 전 차	• 1차측 400 [V] 이하 • 2차측 직류 60 [V], 교류 40 [V] 이하 • 절연변압기 사용	
	• 전차내 승압기 사용시 2차 전압 150 [V] 이하	
아크 용접기	• 1차 대지전압 300 [V] 이하	
	• 전용개폐기를 시설한 절연변압기의 사용	
소세력 회 로	• 1차 대지전압 300 [V] 이하 • 2차 사용전압 60 [V] 이하	• 1.0 [mm²] 이상의 연동선 • 가공전선의 경우 1.2 [mm] 이상의 경동선
전 기 부 식 방 지	• 전원장치 전로의 사용전압은 저압 • 전기부식방지 회로의 사용전압은 직류 60 [V] 이하 • 지중매설 양극의 매설깊이 0.75 [m] 이상 • 수중의 양극과 주위 1[m] 이내 임의의 점 사이의 전위차는 10[V]를 넘지 아니할 것	

3. 고압·특고압 전기설비

(1) 접지설비

1) 고압·특고압 접지계통
① 고압 또는 특고압 기기는 접촉전압 및 보폭전압의 허용 값 이내로 시설
② 모든 케이블의 금속시스(sheath) 부분은 접지

2) 혼촉에 의한 위험방지 시설

① 특고압과 고압의 혼촉 등에 의한 위험방지 시설 : 사용전압의 3배 이하인 전압이 고압전로에 가해진 경우에 방전하는 장치를 변압기의 단자에 가까운 1극에 설치

② 전로의 중성점의 접지 : 접지도체는 16 [mm^2] 이상의 연동선

(2) 전선로

1) 풍압하중의 종류별 적용

종 별	지 역	적 용 방 법
갑종풍압하중	고온계 지방	구성재의 수직 투영면적 1[m^2]에 대한 풍압을 기초로 하여 계산
을종풍압하중	빙설이 많은 저온계	전선 기타의 가섭선 주위에 두께 6[mm], 비중 0.9의 빙설이 부착된 상태에서 수직 투영면적 372[Pa](다도체를 구성하는 전선은 333[Pa]), 그 이외의 것은 갑종풍압하중의 2분의 1을 기초로 하여 계산한 것.
병종풍압하중	인가 밀집 지역	갑종풍압하중의 1/2을 기준으로 적용

2) 지지물의 기초 안전율

① 일반적으로 2 이상이어야 한다.

② 철탑의 경우 이상시 상정 하중에 대하여 1.33 이상으로 계산한 값과 상시 상정 하중에 대해 2 이상으로 계산한 값 중에서 큰 값

3) 지선의 사용

① 지선의 설치조건

    ㉠ 지선의 안전율은 2.5 이상

    ㉡ 인장하중 4.31 [kN] 이상

    ㉢ 3조 이상의 연선인 소선을 사용

    ㉣ 2.6[mm] 금속선 또는 인장강도가 0.68[kN/mm^2]인 아연도 강연선은 지름 2.0[mm]도 가능함

    ㉤ 지중 부분 및 지표상 0.3[m]까지 아연도금 철봉을 사용하고, 근가로 시설한다.

② 지선의 높이

    ㉠ 도로횡단 5 [m]

    ㉡ 교통에 지장이 없는 도로 4.5 [m]

    ㉢ 보도 2.5 [m]

4) 특고압 전선로(170[kV] 이하)의 시가지 등의 시설

① 애자

50[%] 충격섬락의 값이 그 전선의 근접한 다른 부분을 지지하는 애자장치의 110[%](130[kV]를 넘는 경우 105[%]) 이상인 것

② 지지물의 경간 (목주는 사용할 수 없음)

㉠ A종 : 75[m] 이하

㉡ B종 : 150[m] 이하

㉢ 철탑 : 400[m] 이하(단주 : 300[m] 이하)

③ 전선의 굵기

㉠ 100[kV] 미만 : 55[mm²] 이상

㉡ 100[kV] 이상 : 150[mm²] 이상

④ 지표상 높이

㉠ 35[kV] 이하 : 10[m] 이상 (특고압 절연전선인 경우 8[m] 이상)

㉡ 35[kV] 초과 : 10[m]에 35[kV]를 초과하는 10[kV] 단수마다 0.12[m]를 더한 것

⑤ 100[kV]를 초과하는 것은 지락 또는 단락 시 1초 안에 동작하는 자동 차단 장치를 시설할 것

5) 유도 장해의 방지

① 60[kV] 이하의 경우 전화선로 12[km]마다 유도전류가 2[μA]를 넘지 아니할 것

② 60[kV]를 초과하는 경우 전화선로 40[km]마다 유도전류가 3[μA]를 넘지 아니할 것

6) 가공 케이블의 시설

① 조가용선에 행가로 시설, 행가의 간격은 0.5[m] 이하

② 금속 테이프 작업시 테이프를 나선형으로 감으며 간격은 0.2[m] 이하

③ 조가용선은 단면적 22[mm²]의 아연도강연선

7) 가공전선의 굵기

구 분	전선의 굵기
저 압	① 사용전압이 400[V] 이하(케이블인 경우 이외) 　• 나전선 : 3.2[mm] 이상의 것 　• 절연전선 : 2.6[mm] 이상의 경동선 ② 사용전압이 400[V] 초과(케이블인 경우 이외) 　• 시가지에 시설 : 5[mm] 이상의 경동선 　• 시가지 외에 시설 : 4[mm] 이상의 경동선
고 압	5[mm] 이상 경동선
특고압	22[mm²] 이상 경동연선

8) 가공전선의 안전율

- 경동선 : 2.2 이상
- 기타 전선(연동, AL선) : 2.5 이상

9) 전선로의 경간 제한

지지물	표준경간	저·고압 보안 공사	1종 특고압 보안공사	2·3종 특고압 보안공사
목주, A종	150 [m]	100 [m]	×	100 [m]
B종	250 [m]	150 [m]	150 [m]	200 [m]
철탑	600 [m]	400 [m]	400 [m]	400 [m]

10) 가공 전선 등의 병가 (2종의 전압을 함께 시설)

① 저·고압 가공 전선의 병가

0.5[m] 이상 이격 고압에 케이블 사용할 때 0.3[m] 이상)

② 특고압 가공 전선과 저·고압 가공전선의 병가 시 이격 거리

전 압	표 준	특고압에 케이블 사용 및 저·고압에 절연전선 또는 케이블 사용
35 [kV] 이하	1.2 [m] 이상	0.5 [m] 이상
35 [kV] 초과 100 [kV] 미만	2 [m] 이상	1 [m] 이상

11) 가공 전선의 공가(전력선과 약전류 전선 함께 시설)

시설방법	저압	고압
원 칙	0.75 [m]	1.5 [m]
케이블	0.3 [m]	0.5 [m]

12) 보호망의 시설

① 특고압 가공전선의 직하에 시설하는 금속선에는 5[mm] 이상의 경동선, 그 밖의 부분에 시설하는 금속선에는 4[mm] 이상의 경동선

② 금속선의 상호간격 1.5[m] 이하

13) 25 [kV] 이하인 특고압 가공전선로

① 15 [kV] 이하

ㄱ 접지도체선의 굵기 : 6 [mm^2] 이상의 연동선

ㄴ 접지개소 상호간의 거리 : 300 [m] 이하

ㄷ 각 접지점의 대지 전기저항값은 300 [Ω] 이하이고 1 [km]마다 중성선과 대지 사이의 합성전기저항은 30 [Ω] 이하이어야 한다.

② 15 [kV]를 초과하고 25 [kV] 이하

  ㉠ 접지도체선의 굵기 : 6 [mm²] 이상의 연동선

  ㉡ 접지개소 상호간의 거리 : 150 [m] 이하

  ㉢ 각 접지점의 대지 전기저항값은 300 [Ω] 이하이고 1 [km]마다 중성선과 대지 사이의 합성전기저항은 15 [Ω] 이하이어야 한다.

14) 지중 전선로

지중 전선로는 전선에 케이블을 사용하고 또한 관로식 · 암거식(暗渠式) 또는 직접 매설식에 의하여 시설하여야 한다.

① 관로식

  ㉠ 중량을 받지 않는 곳 : 0.6 [m] 이상

  ㉡ 기타 : 1.0 [m] 이상 매설

② 직접 매설식

  ㉠ 중량을 받는 지역 : 1.0 [m] 이상

  ㉡ 기타 : 0.6 [m] 이상 매설

③ 지중 전선과 지중약전류전선 등 또는 관과의 접근 또는 교차

조 건	전 압	이격거리
지중 약전류 전선과 접근 또는 교차하는 경우	저압 또는 고압	0.3 [m]
	특고압	0.6 [m]
가연성, 유독성의 유체를 내포하는 관과 접근 또는 교차	특고압	1 [m]
	25 [kV] 이하, 다중접지방식	0.5 [m]
기타의 관과 접근 또는 교차	특고압	0.3[m]

15) 터널 안 전선로

① 철도 · 궤도 또는 자동차도 전용터널 안의 전선로

전 압	전선의 굵기	시공방법	애자공사 시 높이
저 압	인장강도 2.30[kN] 이상 또는 2.6 [mm] 이상의 경동선의 절연전선	• 합성수지관 공사 • 금속관공사 • 금속제가요전선관공사 • 케이블공사 • 애자공사	노면상, 레일면상 2.5 [m] 이상
고 압	인장강도 5.26[kN] 이상 또는 4 [mm] 이상의 경동선	• 케이블공사 • 애자공사	노면상, 레일면상 3 [m] 이상
특고압		• 케이블공사	

② 사람이 상시 통행하는 터널 안의 전선로 사용전압은 저압 또는 고압에 한하며, 다음에 따라 시설하여야 한다.

전 압	전선의 굵기	시공방법	애자공사 시 높이
저 압	인장강도 2.30[kN] 이상 또는 2.6 [mm] 이상의 경동선의 절연전선	• 합성수지관 공사 • 금속관공사 • 금속제가요전선관공사 • 케이블공사 • 애자공사	노면상 2.5 [m] 이상
고 압		• 케이블공사	

(14) 기계 기구 시설 및 옥내배선

1) 특고압 배전용 변압기의 시설

① 변압기의 1차 전압은 35 [kV] 이하, 2차는 저압 또는 고압일 것

② 변압기의 특고압측에 개폐기 및 과전류차단기를 시설할 것

③ 변압기의 2차 전압이 고압인 경우에는 고압측에 개폐기를 시설하고 또한 쉽게 개폐할 수 있도록 할 것

2) 특고압용 기계 기구의 시설

① 기계기구의 주위에 규정에 준하여 울타리·담 등을 시설하는 경우

• 울타리·담 등의 높이 : 2 [m] 이상

• 지표면과 울타리·담 등의 하단사이의 간격 : 0.15 [m] 이하

② 기계기구를 지표상 5 [m] 이상의 높이에 시설하고 충전부분의 지표상의 높이를 표에서 정한 값 이상으로 하고 또한 사람이 접촉할 우려가 없도록 시설하는 경우

사용전압의 구분	울타리·담 등의 높이와 울타리·담 등으로부터 충전 부분까지의 거리의 합계
35[kV] 이하	5 [m]
35[kV] 초과 160[kV] 이하	6 [m]
160[kV] 초과	• 거리의 합계 = 6 + 단수 × 0.12 [m] • 단수 = $\dfrac{사용전압 [kV]-160}{10}$ 단수 계산에서 소수점 이하는 절상

3) 개폐기의 시설

각 극에 설치하여야 하나 다음의 경우에는 예외로 한다.

① 중성선 또는 접지선

② 특고압 가공 전선로로서 다중 접지한 중성선

③ 제어 회로의 조작용 개폐기

4) 개폐기

고압용 또는 특고압용 개폐기로서 부하 전류의 차단 능력이 없는 것은 부하 전류가 통하고 있을 때에는 열리지 않도록 시설해야 한다. 다만, 다음의 경우에는 예외로 한다.

① 개폐기의 조작 위치에 부하 전류의 유무 표시 장치가 있는 경우
② 개폐기의 조작 위치에 전화기 등의 지시 장치가 있는 경우
③ 태블릿(tablet) 등을 사용하는 경우

5) 고압 및 특고압 전로 중의 과전류 차단기의 시설

① 고압용 포장 퓨즈 : 정격 전류의 1.3배에 견디고 2배의 전류에 120분 안에 용단
② 고압용 비포장 퓨즈 : 정격 전류의 1.25배에 견디고 2배의 전류에 2분 안에 용단

6) 과전류 차단기의 시설제한

① 접지공사의 접지선
② 다선식 전로의 중성선
③ 접지 공사를 한 저압 가공 전선로의 접지측 전선

7) 지락 차단 장치의 시설

특고압전로 또는 고압전로에 변압기에 의하여 결합되는 사용전압 400 [V] 초과의 저압전로 또는 발전기에서 공급하는 사용전압 400 [V] 초과의 저압전로에 시설

8) 피뢰기 등의 시설

① 발·변전소 또는 이에 준하는 장소의 가공 전선 인입구 및 인출구
② 가공 전선로에 접속하는 배전용 변압기의 고압측 및 특고압측
③ 고압·특고압 가공 전선로로 공급 받는 수용 장소의 인입구
④ 가공 전선과 지중 전선이 접속되는 곳
⑤ 설치 적용 제외
  • 가공 전선이 짧은 경우
  • 피보호 기기가 보호 범위 내에 위치하는 경우

9) 피뢰기의 접지

고압 및 특고압의 전로에 시설하는 피뢰기 접지저항 값은 10[Ω] 이하

(15) 발전소, 변전소, 개폐소 등의 보호장치

1) 기기의 보호장치

기기의 종류	용량	사고의 종류	보호장치
발전기		과전류나 과전압	자동차단장치
	100 [kVA] 이상	풍차 압유장치 유압의 현저한 저하	
	500 [kVA] 이상	수차 압유장치 유압의 현저한 저하	
	2,000 [kVA] 이상	수차 발전기 스러스트 베어링 과열	
	10,000 [kVA] 이상	내부고장	
	10,000 [kW] 초과	증기터빈 베어링의 마모, 과열	
특고압용 변압기	5,000 [kVA] 이상 10,000 [kVA] 미만	변압기의 내부고장	자동차단장치 또는 경보장치
	10,000 [kVA] 이상	변압기의 내부고장	자동차단장치
	타냉식 변압기	냉각장치고장	경보장치
전력용 콘덴서 및 분로 리액터	500 [kVA] 초과 15,000 [kVA] 미만	내부고장 또는 과전류	자동차단장치
	15,000 [kVA] 이상	내부고장 및 과전류 또는 과전압	
조상기	15,000 [kVA] 이상	내부고장	

2) 발·변전소의 계측 장치

① 발전기·연료전지 또는 태양전지 모듈의 전압 및 전류 또는 전력
② 발전기의 베어링 및 고정자의 온도
③ 주요 변압기의 전압 및 전류 또는 전력
④ 특고압용 변압기의 온도

(16) 전력보안 통신설비

1) 시설장소(발전소, 변전소 및 변환소)

① 원격감시제어가 되지 않는 발전소·원격 감시제어가 되지 아니하는 변전소, 개폐소, 전선로 및 이를 운용하는 급전소(분소) 간
② 2 이상의 급전소(분소) 상호 간
③ 발·변전소 등과 긴급연락이 필요한 기상대, 측후소, 소방서 및 방사선 감시계측 시설물 등
④ 동일 전력계통의 발전소, 변전소, 발·변전 제어소 및 개폐소 상호

2) 높이와 이격거리

① 전력 보안 가공통신선의 높이

시설 장소		지상고	비고
도로(차도)	일반적인 경우	5.0 [m] 이상	지표상
	교통에 지장을 안 주는 경우	4.5 [m] 이상	지표상
철도 또는 궤도 횡단 시		6.5 [m] 이상	레일면상
횡단보도교 위		3.0 [m] 이상	그 노면상
기타		3.5 [m] 이상	

② 가공전선로의 지지물에 시설하는 통신선 또는 이에 직접 접속하는 가공 통신선의 높이

시설 장소		가공전선로의 지지물에 시설	
		고·저압[m]	특고압[m]
도로횡단	일반적인 경우	6[m] 이상	6[m] 이상
	교통에 지장을 안 주는 경우	5[m] 이상	
철도 횡단(레일면상)		6.5[m] 이상	6.5[m] 이상
횡단 보도교 위	노면상	3.5[m] 이상	5[m] 이상
	절연전선 사용	3[m] 이상	
	광섬유 케이블 사용		4[m] 이상
기타의 장소	일반적인 경우 (절연전선 사용)	4[m] 이상	5[m] 이상
	광섬유 케이블 사용	3.5[m] 이상	

③ 가공전선과 첨가 통신선과의 이격거리

통신선은 가공전선의 아래에 시설할 것.

가공전선		통신선		
		일반	절연전선	광섬유케이블
중성선	25[kV] 이하, 다중 접지 중성선	0.6[m] 이상		
저압 가공전선	절연전선 또는 케이블	0.6[m] 이상	0.3[m] 이상	
	인입선			0.15[m] 이상
고압 가공전선	케이블	0.6[m] 이상	0.3[m] 이상	
특고압 가공전선	케이블	1.2[m] 이상	0.3[m] 이상	
	25[kV]이하, 다중 접지방식	0.75[m] 이상		

D60-1
최신기출문제

D60-1

2025년도 전기기사 필기
CBT 복원문제

- 2025년도 제1회 전기기사
- 2025년도 제2회 전기기사
- 2025년도 제3회 전기기사

국가기술자격검정 필기시험 문제

2025년도 전기기사 일반검정 제1회		**(CBT 복원문제)**	수검 번호	성 명
자격종목 및 등급(선택분야)	종목코드	시험시간	문제지형별		

자격종목 및 등급(선택분야)	종목코드	시험시간	문제지형별		
전기기사	**1150**	2시간 30분	**A**		

제1과목 ▶ 전기자기학

문제 01 반지름 a[m]이고, $N=1$회의 원형코일에 I[A]의 전류가 흐를 때 그 코일의 중심점에서의 자계의 세기 [AT/m]는?

① $\dfrac{I}{2\pi a}$ ② $\dfrac{I}{4\pi a}$

③ $\dfrac{I}{2a}$ ④ $\dfrac{I}{4a}$

풀이

원형 코일 중심의 자계의 세기 $H=\dfrac{NI}{2a}$[AT/m]에서

$N=1$이므로 $H=\dfrac{I}{2a}$[AT/m]   **답** ③

문제 02 한 변의 길이가 l[m]인 정사각형 도체에 전류 I[A]가 흐르고 있을 때 중심점 P에서의 자계의 세기는 몇 [A/m]인가?

① $16\pi l I$

② $4\pi l I$

③ $\dfrac{\sqrt{3}\,\pi}{2l}I$

④ $\dfrac{2\sqrt{2}}{\pi l}I$

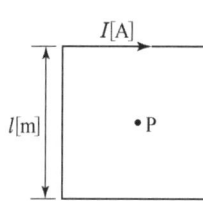

풀이

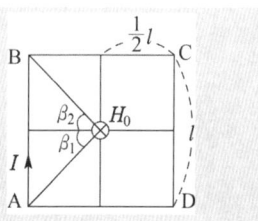

한 변 AB에 대한 중심점의 자계는

$H_{AB}=\dfrac{I}{4\pi a}(\sin\beta_1+\sin\beta_2)$이므로

$a=\dfrac{l}{2}$, $\sin\beta_1=\sin\beta_2=\sin45°=\dfrac{1}{\sqrt{2}}$ 을 대입하면

$H_{AB}=\dfrac{I}{4\pi\left(\dfrac{l}{2}\right)}\times2\times\dfrac{1}{\sqrt{2}}=\dfrac{I}{\sqrt{2}\,\pi l}$[AT/m]

$\therefore\ H_0=H_{AB}+H_{BC}+H_{CD}+H_{DA}=4H_{AB}$

$=4\times\dfrac{I}{\sqrt{2}\,\pi l}=\dfrac{2\sqrt{2}\,I}{\pi l}$[AT/m]   **답** ④

문제 03 내부도체의 반지름이 a[m]이고, 외부도체의 내반지름이 b[m], 외반지름이 c[m]인 동축케이블의 단위 길이당 자기 인덕턴스는 몇 [H/m]인가?

① $\dfrac{\mu_0}{2\pi}\ln\dfrac{b}{a}$ ② $\dfrac{\mu_0}{\pi}\ln\dfrac{b}{a}$

③ $\dfrac{2\pi}{\mu_0}\ln\dfrac{b}{a}$ ④ $\dfrac{\pi}{\mu_0}\ln\dfrac{b}{a}$

풀이

$d\phi=B\cdot dr=\mu_0 H\cdot dr=\dfrac{\mu_0 I}{2\pi r}dr$ $\left(\because\ H=\dfrac{I}{2\pi r}\right)$

$\phi=\displaystyle\int_a^b d\phi=\dfrac{\mu_0 I}{2\pi}\int_a^b\dfrac{1}{r}\cdot dr=\dfrac{\mu_0 I}{2\pi}\ln\dfrac{b}{a}$

$\therefore\ L=\dfrac{\phi}{I}=\dfrac{\mu_0}{2\pi}\ln\dfrac{b}{a}$[H/m]   **답** ①

문제 04 반자성체의 비투자율(μ_r) 값의 범위는?

① $\mu_r=1$ ② $\mu_r<1$

③ $\mu_r>1$ ④ $\mu_r=0$

풀이

자성체 종류에 따른 자화율과 비투자율의 관계

자성체 종류	자화율(비자화율)	비투자율
상자성체	$\chi(\chi_s) > 0$	$\mu_r > 1$
반자성체	$\chi(\chi_s) < 0$	$\mu_r < 1$
강자성체	$\chi(\chi_s) \gg 0$	$\mu_r \gg 1$

답 ②

문제 05 높은 주파수의 전자파가 전파될 때 일기가 좋은 날보다 비오는 날 전자파의 감쇄가 심한 원인은?

① 도전율 관계임 ② 유전율 관계임
③ 투자율 관계임 ④ 분극률 관계임

풀이

진공이 아닌 이상 일반 공기는 무시할 수 있을 정도의 도전율을 갖고 있으나 **비오는 날(즉, 습도상승)은 도전성이 증가**하며 감쇄가 더 심하게 나타난다. **답 ①**

문제 06 히스테리시스 곡선에서 히스테리시스 손실에 해당하는 것은?

① 보자력의 크기
② 잔류자기의 크기
③ 보자력과 잔류자기의 곱
④ 히스테리시스 곡선의 면적

풀이

히스테리시스 손(hysterisis loss)
히스테리시스 곡선을 다시 일주시켜도 항상 처음과 동일하기 때문에 **히스테리시스의 면적**에 해당하는 에너지는 열로 소비된다. 이것을 **히스테리시스 손**이라 한다.

$$P_h = \eta f B_m^{1.6}$$

답 ④

문제 07 투자율이 μ[H/m], 단면적이 S[m²], 길이가 l[m]인 자성체에 권선을 N회 감아서 I[A]의 전류를 흘렸을 때 이 자성체의 단면적 S[m²]를 통과하는 자속[Wb]은?

① $\mu \dfrac{I}{Nl} S$ ② $\mu \dfrac{NI}{Sl}$

③ $\dfrac{NI}{\mu S} l$ ④ $\mu \dfrac{NI}{l} S$

풀이

자기회로에 있어서의 옴의 법칙에 의해

$$\phi = \frac{F}{R_m} = \frac{NI}{R_m} = \frac{\mu SNI}{l} \text{ [Wb]}$$

(여기서, 기자력 $F = NI$[AT],

자기저항 $R_m = \dfrac{l}{\mu S}$ [AT/Wb]) **답 ④**

문제 08 어떤 공간의 비유전율은 2 이고, 전위 $V(x,y) = \dfrac{1}{x} + 2xy^2$ 이라고 할 때 점 $\left(\dfrac{1}{2}, \, 2\right)$ 에서의 전하밀도 ρ는 약 몇 [pC/m³] 인가?

① -20 ② -40
③ -160 ④ -320

풀이

전위와 공간 전하 밀도의 관계 : 포아송 방정식

$$\nabla^2 V = -\frac{\rho}{\epsilon}\left(= -\frac{\rho}{\epsilon_0 \epsilon_s}\right)$$

$$\nabla^2 V = \frac{\partial^2 V}{\partial x^2} + \frac{\partial^2 V}{\partial y^2} = \frac{\partial^2}{\partial x^2}\left(\frac{1}{x} + 2xy^2\right) + \frac{\partial^2}{\partial y^2}\left(\frac{1}{x} + 2xy^2\right)$$

$$= \frac{2}{x^3} + 4x = 16 + 2 = 18$$

$$\therefore \ \rho = -\epsilon_0 \epsilon_s (\nabla^2 V) = -8.854 \times 10^{-12} \times 2 \times 18$$

$$= -3.19 \times 10^{-10} [\text{C/m}^3] = -319 [\text{pC/m}^3]$$ **답 ④**

문제 09 점전하 Q[C]에 의한 무한 평면도체의 영상전하는?

① $-Q$[C]보다 작다.
② Q[C]보다 크다.
③ $-Q$[C]와 같다.
④ Q[C]와 같다.

풀이

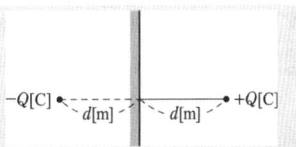

무한 평면도체와 점전하
• 영상점 : d (평면도체로부터 점전하까지의 거리와 동일)
• 영상전하 : $-Q$ (점전하와 크기는 같고, 부호는 반대) **답 ③**

문제 10 평등 전계 내에 수직으로 비유전율 $\epsilon_r = 3$ 인 유전체판을 놓았을 경우 판 내의 전속밀도 $D = 4 \times 10^{-6}$ [C/m²]이었다. 이 유전체의 비 분극률은?

① 2

② 3

③ 1×10^{-6}

④ 2×10^{-6}

풀이

$$\epsilon_r = 1 + \frac{\chi_e}{\epsilon_0} = 1 + \chi_{er}$$

여기서, ϵ_r : 비 유전율, χ_e : 분극률, χ_{er} : 비 분극률

$\therefore \chi_{er} = \epsilon_r - 1 = 3 - 1 = 2$ **답** ①

문제 11 그림들은 전자의 자기 모멘트의 크기와 배열 상태를 그 차이에 따라서 배열한 것이다. 강자성체에 속하는 것은?

①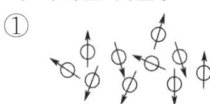

②

③

④

풀이

• 반자성체 : 영구자기 쌍극자가 없는 재질

• 상자성체 : 인접 영구자기 쌍극자의 방향이 규칙성이 없는 재질

• 강자성체 : 인접 영구자기 쌍극자의 방향이 동일 방향으로 배열하는 재질

• 반강자성체 : 인접 영구자기 쌍극자의 배열이 서로 반대인 재질 **답** ③

문제 12 다음 중 유전체에서 전자 분극이 나타나는 이유를 설명한 것으로 가장 알맞은 것은?

① 단결정 매질에서 전자운과 핵의 상대적인 변위에 의한다.

② 화합물에서 (+)이온과 (−)이온간의 상대적인 변위에 의한다.

③ 단결정에서 (+)이온과 (−)이온간의 상대적인 변위에 의한다.

④ 영구 전기 쌍극자의 전계 방향의 배열에 의한다.

풀이

• 전자 분극 : 원자를 구성하는 전자운의 중심이 원자핵에 대하여 상대적 변위에 의해 나타나는 분극

• 이온 분극 : 이온결정 내에서 양으로 대전된 원자와 음으로 대전된 원자의 상대적 변위에 의하여 일어나는 분극

• 쌍극자 배향분극 : 유극성 분자의 영구 쌍극자에 전계가 작용하면 영구 쌍극자는 전계와 같은 방향으로 회전력을 받아 분극을 일으킨다. **답** ①

문제 13 $\nabla \cdot J = -\dfrac{\partial \rho}{\partial t}$ 에 대한 설명으로 옳지 않은 것은?

① "−"부호는 전류가 폐곡면에서 유출되고 있음을 뜻한다.

② 단위 체적당 전하밀도의 시간당 증가 비율이다.

③ 전류가 정상 전류가 흐르면 폐곡면에 통과하는 전류는 0(ZERO)이다.

④ 폐곡면에서 수직으로 유출되는 전류밀도는 미소체적인 한 점에서 유출되는 단위 체적당 전류가 된다.

풀이

전류의 연속 방정식 $\nabla \cdot J = -\dfrac{\partial \rho}{\partial t}$ 으로부터 전류밀도의 발산을 체적전하밀도의 단위시간당 감소(−) 비율을 의미하고, 정상전류에서는 $\dfrac{\partial \rho}{\partial t} = 0$ (ρ 일정)이므로 $\nabla \cdot J = 0$ 이다. **답** ②

문제 14 진공 중에 선간거리 1 [m]의 평행왕복 도선이 있다. 두 선간에 작용하는 힘이 4×10^{-7} [N/m]이었다면 전선에 흐르는 전류는?

① 1[A]

② $\sqrt{2}$ [A]

③ $\sqrt{3}$ [A]

④ 2[A]

풀이

평행 왕복 도선에 작용하는 전자력

$$F = \frac{\mu_0 I^2}{2\pi r} \text{[N/m]} \text{ 에서}$$

$$I = \sqrt{\frac{2\pi r F}{\mu_0}} = \sqrt{\frac{2\pi \times 1 \times 4 \times 10^{-7}}{4\pi \times 10^{-7}}} = \sqrt{2} \text{[A]} \quad \text{답} ②$$

문제 15 전자유도법칙과 관계가 가장 먼 것은?

① 노이만의 법칙

② 렌쯔의 법칙

③ 패러데이의 법칙

④ 앙페르의 오른나사 법칙

풀이

$e = -N\dfrac{d\phi}{dt}$ 에서

- **렌쯔의 법칙** : 전자유도에 의해 발생하는 기전력은 자속 변화를 방해하는 방향으로 전류가 발생한다. 즉, **기전력의 방향을 정의한 법칙**
- **패러데이 법칙 또는 노이만의 법칙** : 유도기전력의 크기는 폐회로에 쇄교하는 자속의 시간적 변화율에 비례한다. 즉, **기전력의 크기를 정의한 법칙** 답 ④

문제 16 평행판 커패시터에 어떤 유전체를 넣었을 때 전속밀도가 4.8×10^{-7} [C/m²]이고 단위 체적당 정전에너지가 5.3×10^{-3} [J/m³]이었다. 이 유전체의 유전율은 약 몇 [F/m]인가?

① 1.15×10^{-11}

② 2.17×10^{-11}

③ 3.19×10^{-11}

④ 4.21×10^{-11}

풀이

$W_e = \dfrac{D^2}{2\epsilon}$ [J/m³] 에서

$\epsilon = \dfrac{D^2}{2 \cdot W_e} = \dfrac{(4.8 \times 10^{-7})^2}{2 \times 5.3 \times 10^{-3}} = 2.17 \times 10^{-11}$ [F/m] 답 ②

문제 17 선전하밀도가 λ [C/m]로 균일한 무한 직선도선의 전하로부터 거리가 r [m]인 점의 전계의 세기(E)는 몇 [V/m] 인가?

① $E = \dfrac{1}{4\pi\epsilon_o}\dfrac{\lambda}{r^2}$

② $E = \dfrac{1}{2\pi\epsilon_o}\dfrac{\lambda}{r^2}$

③ $E = \dfrac{1}{2\pi\epsilon_o}\dfrac{\lambda}{r}$

④ $E = \dfrac{1}{4\pi\epsilon_o}\dfrac{\lambda}{r}$

풀이

선전하 밀도가 λ[C/m]로 분포되어 있는 무한장 직선 도체에서 거리 r[m]인 점에서의 전계의 세기

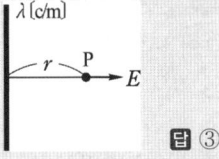

$E = \dfrac{\lambda}{2\pi\epsilon_o r}$ [V/m] 답 ③

문제 18 쌍극자 모멘트가 M[C·m]인 전기 쌍극자에 의한 임의의 점 P에서의 전계의 크기는 전기 쌍극자의 중심에서 축방향과 점 P를 잇는 선분 사이의 각이 얼마일 때 최대가 되는가?

① 0

② $\dfrac{\pi}{2}$

③ $\dfrac{\pi}{3}$

④ $\dfrac{\pi}{4}$

풀이

$E = \dfrac{M}{4\pi\epsilon_0 r^3}(\sqrt{1 + 3\cos^2\theta})$ 에서

점 P의 **전계**는 $\theta = 0°$일 때 **최대**이고 $\theta = 90°$일 때 **최소**가 된다. 답 ①

문제 19 자기회로와 전기회로의 대응으로 틀린 것은?

① 자속 ↔ 전류

② 기자력 ↔ 기전력

③ 투자율 ↔ 유전율

④ 자계의 세기 ↔ 전계의 세기

풀이

자기 회로와 전기 회로의 대응

자기 회로	전기 회로
자속 ϕ [Wb]	전류 I [A]
자계 H [A/m]	전계 E [V/m]
기자력 F [AT]	기전력 U [V]
자속 밀도 B [Wb/m²]	전류 밀도 i [A/m²]
투자율 μ [H/m]	**도전율 k [℧/m]**
자기 저항 R_m [AT/Wb]	전기 저항 R [Ω]

답 ③

문제 20 면전하 밀도가 σ[C/m²]인 대전 도체가 진공 중에 놓여 있을 때 도체 표면에 작용하는 정전 응력 [N/m²]의 크기 및 방향은?

① $\dfrac{\sigma^2}{\epsilon_0}$, 도체 외부

② $\dfrac{\sigma^2}{\epsilon_0}$, 도체 내부

③ $\dfrac{\sigma^2}{2\epsilon_0}$, 도체 외부

④ $\dfrac{\sigma^2}{2\epsilon_0}$, 도체 내부

풀이

정전 응력(f)은 도체 표면에 작용하는 단위 면적당 힘이고, 도체 표면에서 전속밀도 $D = \sigma$ [C/m²]의 관계로부터

$$f = \frac{1}{2}DE = \frac{1}{2}\epsilon_0 E^2 = \frac{1}{2}\frac{D^2}{\epsilon_0} = \frac{1}{2}\frac{\sigma^2}{\epsilon_0}\ [\text{N/m}^2]$$

정전응력의 방향은 정전응력에서 σ^2 이므로 전하의 부호에 관계없이 항상 외부로 향한다. **답** ③

제2과목 전력공학

문제 21 단로기에 대한 설명으로 틀린 것은?

① 소호장치가 있어 아크를 소멸시킨다.
② 무부하 및 여자전류의 개폐에 사용된다.
③ 사용회로수에 의해 분류하면 단투형과 쌍투형이 있다.
④ 회로의 분리 또는 계통의 접속 변경 시 사용한다.

풀이

단로기(DS)는 소호 장치가 없고 아크 소멸 능력이 없으므로 부하 전류나 사고 전류의 개폐는 할 수 없으며 기기를 전로에서 개방할 때 또는 모선의 접속 변경시 사용한다. **답** ①

문제 22 출력 20,000[kW]의 화력발전소가 부하율 80[%]로 운전할 때 1일의 석탄소비량은 약 몇 ton인가? (단, 보일러 효율 80[%], 터빈의 열 사이클 효율 35[%], 터빈 효율 85[%], 발전기 효율 76[%], 석탄의 발열량은 5500[kcal/kg]이다.)

① 275　　　　　② 293
③ 312　　　　　④ 333

풀이

부하율 $= \dfrac{\text{평균 전력}}{\text{최대 전력}} \times 100$에서

- 평균전력 = 최대 전력×부하율
$\qquad\quad= 20,000 \times 0.8 = 16,000$[kW]
- 총 발생전력량 = 24시간×평균전력
$\qquad\qquad\quad= 24 \times 16,000 = 384,000$[kWh]
- 필요한 열량 = 발생 전력량×860
$\qquad\qquad\ = 384,000 \times 860 = 330,240,000$[kcal]
$\qquad\qquad\quad(\because 1[\text{kWh}] = 860[\text{kcal}])$

- 필요한 석탄량 $= \dfrac{\text{총 필요한 열량}}{\text{석탄의 발열량} \times \text{총 효율}}$

$$= \frac{330,240,000}{5,500 \times 0.8 \times 0.35 \times 0.85 \times 0.76} \times 10^{-3}$$

$$= 331.95[\text{t}] \qquad \text{**답** ④}$$

문제 23 선간전압이 154 [kV]이고, 1상당의 임피던스가 $j8[\Omega]$인 기기가 있을 때, 기준용량을 100 [MVA]로 하면 %임피던스는 약 몇 [%]인가?

① 2.75　　　　　② 3.15
③ 3.37　　　　　④ 4.25

풀이

$$\%Z = \frac{PZ}{10\,V^2} = \frac{100 \times 10^3 \times 8}{10 \times 154^2} = 3.37[\%]$$

(여기서 V : 정격전압[kV], P : 기준용량[kVA])

[주의]
- V 및 P의 단위가 모두 [kV], [kVA]가 되어야 한다.
- $Z = R + jX$ 가 되어야 하나, 일반적으로 기기의 저항 R 이 무척 적기 때문에 R을 무시하여 Z는 X로 사용하는 경우가 많다. **답** ③

문제 24 배전선로의 손실을 경감하기 위한 대책으로 적절하지 않은 것은?

① 누전 차단기 설치
② 배전 전압의 승압
③ 전력용 콘덴서 설치
④ 전류 밀도의 감소와 평형

풀이

배전 선로의 전력 손실

$$P_l = 3I^2 r = \frac{\rho W^2 L}{A\,V^2 \cos^2\theta}$$

ρ : 고유저항　　　W : 부하 전력　　L : 배전 거리
A : 전선의 단면적　　V : 수전 전압　　$\cos\theta$: 부하 역률

따라서, **누전 차단기 설치는 선로손실 경감 대책과는 무관하다.** **답** ①

문제 25 중성점 접지방식 중 1선 지락고장일 때 선로의 전위상승이 $\sqrt{3}$ 배 이상이고, 유도장해가 최소인 것은?

① 비접지방식　　　　② 직접접지방식
③ 저항접지방식　　　④ 소호리액터접지방식

풀이

접지방식별 특징

방 식	다중 고장 발생확률	보호 계전기 동작	지락 전류	고장중 운전	전위 상승	과도 안정도	유도 장해	특 징
직접 접지 (22.9, 154, 345[kV])	최소	확실	최대	×	1.3	최소	최대	중성점영전위, 단절연가능
저항 접지	보통	↓	↓	×	$\sqrt{3}$	↓	↓	
비접지 (3.3, 6.6[kV])	최대	×	↓	가능	$\sqrt{3}$	↓	↓	저전압 단거리에 적용
소호리액터 접지(66[kV])	보통	불확실	최소	가능	$\sqrt{3}$ 이상	최대	최소	병렬공진, 고장전류최소

답 ④

문제 26 수력 발전소의 댐을 설계하거나 저수지의 용량 등을 결정하는데 가장 적당한 것은?

① 유량도
② 적산 유량 곡선
③ 유황 곡선
④ 수위 유량 곡선

풀이

적산 유량 곡선은 매일의 수량을 차례로 적산해서 가로축에 일수를, 세로축에 적산 수량을 그린 곡선으로서 수력 발전소의 댐을 설계하거나 저수지 용량 결정에 사용된다. **답** ②

문제 27 3상 회로에서 정격전압을 E, 정격 전류를 I_n, %임피던스를 $\%Z$라 할 때 3상 단락 전류는?

① $\dfrac{E}{\%Z}$

② $\dfrac{EI_n}{\%Z}$

③ $\dfrac{100 I_n}{\%Z}$

④ $\dfrac{100 E I_n}{\%Z}$

풀이

$\%Z = \dfrac{I_n Z}{E} \times 100$ 에서 $Z = \dfrac{\%ZE}{100 I_n}$ 이므로

단락 전류 $I_n = \dfrac{E}{Z} = \dfrac{E}{\dfrac{\%ZE}{100 I_n}} = \dfrac{100}{\%Z} I_n$ **답** ③

문제 28 사고, 정전 등의 중대한 영향을 받는 지역에서 정전과 동시에 자동적으로 예비전원용 배전선로로 전환하는 장치는?

① 차단기
② 리클로저(Recloser)
③ 섹셔널라이저(Sectionalizer)
④ 자동부하 전환개폐기(Auto Load Transfer Switch)

풀이

① **차단기** : 부하전류 및 사고전류를 신속·안전하게 차단하여 고장구간을 건전구간으로부터 분리시키며 또한 설비의 점검 및 수리 등의 작업 시에 작업 장소를 정전시키기 위한 설비이다.
② **리클로저** : 배전선로에서 지락고장이나 단락고장 사고가 발생하였을 때 고장을 검출하여 선로를 차단한 후 일정시간이 경과하면 자동적으로 재투입 동작을 반복함으로써 순간 고장을 제거한다.
③ **섹셔널라이저** : 선로가 정전상태일 때 자동으로 개방되어 고장구간을 분리시키는 선로 개폐기로 고장전류는 차단할 수 없다.
④ **자동부하 전환개폐기** : 정전 시에 큰 피해가 예상되는 수용가에 이중 전원을 확보하여 **주전원 정전 시나 정격전압 이하로 전압이 감소하는 경우 예비전원으로 자동으로 전환**되어 무정전 전원 공급을 수행하는 개폐기를 말한다. **답** ④

문제 29 3상 3선식 송전선에서 L을 작용 인덕턴스라 하고, L_e 및 L_m은 대지를 귀로로 하는 1선의 자기 인덕턴스 및 상호 인덕턴스라고 할 때 이들 사이의 관계식은?

① $L = L_m - L_e$

② $L = L_e - L_m$

③ $L = L_m + L_e$

④ $L = \dfrac{L_m}{L_e}$

풀이

작용 인덕턴스 = 대지 귀로의 자기 인덕턴스
　　　　　　　 − 대지 귀로의 상호 인덕턴스 **답** ②

문제 30 변전소에서 비접지 선로의 접지보호용으로 사용되는 계전기에 영상전류를 공급하는 것은?

① CT
② GPT
③ ZCT
④ PT

풀이

GPT는 영상전압을 공급하며 **영상전류는 영상변류기 ZCT (Zerophase Current Transformer)가 공급한다.** **답** ③

문제 31 저압 네트워크 배전방식에 대한 설명으로 틀린 것은?

① 전압강하가 적다.

② 부하 밀도가 적은 곳에 유용하다.

③ 무정전 공급의 신뢰도가 높다.

④ 부하의 증가에 대한 적응성이 크다.

풀이

네트워크 배전 방식

① 장점
- 정전이 적으며 배전 신뢰도가 높다.
- 기기 이용률 향상된다.
- 전압 변동이 적다.
- 적응성 양호하다.
- 전력 손실이 감소한다.
- 변전소 수를 줄일 수 있다.

② 단점
- 건설비가 비싸다.
- 인축의 접촉 사고가 증가한다.
- 특별한 보호 장치를 필요로 한다. **답 ②**

문제 32 연간 전력량이 E [kWh]이고, 연간 최대전력이 W [kW]인 경우 연부하율은 몇 [%]인가?

① $\dfrac{E}{W} \times 100$

② $\dfrac{W}{E} \times 100$

③ $\dfrac{8760\,W}{E} \times 100$

④ $\dfrac{E}{8760\,W} \times 100$

풀이

$$\text{연 부하율} = \frac{\text{연간 전력량}/(365 \times 24)}{\text{연간 최대 전력}} \times 100$$

$$= \frac{E}{8760\,W} \times 100\,[\%] \qquad \text{답 ④}$$

문제 33 33[kV] 이하의 단거리 송배전선로에 적용되는 비접지 방식에서 지락전류는 다음 중 어느 것을 말하는가?

① 누설전류 　　　② 충전전류

③ 뒤진전류 　　　④ 단락전류

풀이

비접지 방식

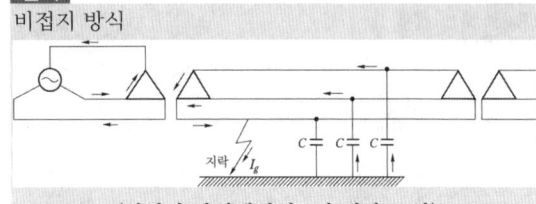

〈비접지 방식에서의 1선 지락 고장〉

- 지락전류 $I_g = j3\omega C_s E\,[\text{A}]$

　여기서, C_s : 1상당 대지 정전용량 [F]

$$E\left(=\frac{V}{\sqrt{3}}\right) : \text{고장 발생 직전의 고장점 대지전압 [V]}$$

- **지락전류는 진상전류, 즉 충전전류를 의미한다. 답 ②**

문제 34 최근에 우리나라에서 많이 채용되고 있는 가스 절연 개폐 설비(GIS)의 특징으로 틀린 것은?

① 대기 절연을 이용한 것에 비해 현저하게 소형화 할 수 있으나 비교적 고가이다.

② 소음이 적고 충전부가 완전한 밀폐형으로 되어 있기 때문에 안정성이 높다.

③ 가스 압력에 대한 엄중 감시가 필요하며 내부 점검 및 부품 교환이 번거롭다.

④ 한랭지, 산악 지방에서도 액화 방지 및 산화 방지 대책이 필요 없다.

풀이

가스절연 개폐장치(GIS)는 차단기, 단로기, 피뢰기, 변성기, 변류기 및 접지장치 등의 변전설비를 SF₆ 가스를 충전한 금속제 함에 수납한 구조로서 특징은 다음과 같다.

GIS의 특징

(1) 장점
　① 충전부가 대기에 노출되지 않아 기기의 안정성, 신뢰성이 우수하다.
　② 감전 사고 위험이 적다.
　③ 밀폐형이므로 배기 소음이 없다.
　④ 소형화 가능하다.
　⑤ 보수, 점검이 용이하다.

(2) 단점
　① 사고의 대응이 부적절한 경우 대형사고 유발 우려가 있다.
　② 고장 발생시 조기복구, 임시복구가 거의 불가능하다.
　③ SF₆ 가스의 세심한 주의가 필요하며 내부 점검 및 부품 교환이 번거롭다.
　④ **한랭지, 산악 지방에서 가스의 액화 방지 및 산화 방지 대책이 필요**하다. **답 ④**

문제 35 전력계통에서 내부 이상전압의 크기가 가장 큰 경우는?

① 유도성 소전류 차단시

② 수차발전기의 부하 차단시

③ 무부하 선로 충전전류 차단시

④ 송전선로의 부하 차단기 투입시

풀이

내부 이상전압은 계통 조작 시 또는 고장 발생 시 발생하며 계통 조작 시, 즉 송전선로의 개폐조작에 따른 과도현상 때문에 발생하는 이상전압은 투입서지와 개방서지로 나누어지며 일반적으로 투입 시 보다 개방 시, 부하가 있는 회로를 개방하는 것보다 무부하의 회로를 개방하는 쪽이 더 높은 이상전압을 발생한다. 따라서, **내부 이상 전압이 가장 큰 경우는 무부하 송전 선로의 충전 전류를 차단할 경우이다.**

답 ③

문제 36 송전선로의 코로나 방지에 가장 효과적인 방법은?

① 전선의 높이를 가급적 낮게 한다.

② 코로나 임계전압을 낮게 한다.

③ 선로의 절연을 강화한다.

④ 복도체를 사용한다.

풀이

코로나 방지 대책

코로나 임계전압$\left(E_0 = 24.3 m_0 m_1 \delta\, d \log_{10} \dfrac{D}{r}\right)$을 상승시킨다.

여기서 E_0 : 코로나 임계 전압, m_0 : 전선의 표면계수

m_1 : 기후계수, δ : 상대 공기밀도

d : 전선의 지름, D : 선간거리

따라서, 코로나 임계전압 공식에서 알 수 있듯이 코로나 방지 대책은

• 전선의 지름을 크게 한다.

• 복도체를 사용한다.

• 가선 금구를 개량한다.

• 가선시에 전선 표면의 금구를 손상하지 않게 한다.

즉, **복도체를 사용**하여 전선의 등가반지름 r_e ($\sqrt[n]{rs^{n-1}}$)를 증가시켜(전선의 지름 d를 증가) **코로나 임계전압을 높게** 하여야 한다.

답 ④

문제 37 전선의 손실계수 H와 부하율 F와의 관계는?

① $0 \leq F^2 \leq H \leq F \leq 1$

② $0 \leq H^2 \leq F \leq H \leq 1$

③ $0 \leq H \leq F^2 \leq F \leq 1$

④ $0 \leq F \leq H^2 \leq H \leq 1$

풀이

부하율 F와 손실계수 H와의 관계

$1 \geq F \geq H \geq F^2 \geq 0$의 관계가 있으며

일반적으로는 $H = \alpha F + (1-\alpha) F^2$로 표현된다.

여기서, α : 정수로서 0.1~0.4

답 ①

문제 38 한 대의 주상변압기에 역률(뒤짐) $\cos\theta_1$, 유효전력 P_1[kW]의 부하와 역률(뒤짐) $\cos\theta_2$, 유효전력 P_2[kW]의 부하가 병렬로 접속되어 있을 때 주상변압기 2차 측에서 본 부하의 종합역률은 어떻게 되는가?

① $\dfrac{P_1 + P_2}{\dfrac{P_1}{\cos\theta_1} + \dfrac{P_2}{\cos\theta_2}}$

② $\dfrac{P_1 + P_2}{\dfrac{P_1}{\sin\theta_1} + \dfrac{P_2}{\sin\theta_2}}$

③ $\dfrac{P_1 + P_2}{\sqrt{(P_1 + P_2)^2 + (P_1\tan\theta_1 + P_2\tan\theta_2)^2}}$

④ $\dfrac{P_1 + P_2}{\sqrt{(P_1 + P_2)^2 + (P_1\sin\theta_1 + P_2\sin\theta_2)^2}}$

풀이

무효 전력

$Q_1 = \dfrac{P_1}{\cos\theta_1} \cdot \sin\theta_1 = P_1\tan\theta_1$

$Q_2 = \dfrac{P_2}{\cos\theta_2} \cdot \sin\theta_2 = P_2\tan\theta_2$

역률 $\cos\theta = \dfrac{\text{유효전력}}{\text{피상전력}}$

$\quad = \dfrac{P_1 + P_2}{\sqrt{(P_1 + P_2)^2 + (P_1\tan\theta_1 + P_2\tan\theta_2)^2}}$

답 ③

문제 39 전력 계통에서 전력용 콘덴서와 직렬로 연결하는 리액터로 제거되는 고조파는?

① 제2고조파 ② 제3고조파

③ 제4고조파 ④ 제5고조파

풀이

고조파 전류의 경감

• 공진현상을 막기 위해 직렬 리액터를 삽입한다.

• **직렬 리액터에 의해 제5고조파가 제거**된다. **답** ④

문제 40 반한시 계전기의 동작 특성에 대한 설명으로 가장 알맞은 것은?

① 설정된 값 이상의 전류가 흘렀을 때 동작전류의 크기와는 관계없이 항상 일정한 시간 후에 작동한다.

② 설정된 최소 동작 전류 이상의 전류가 흐르면 즉시 작동하는 것으로 한도를 넘은 양과는 관계없이 작동한다.

③ 동작시간이 어느 전류값 까지는 그 크기에 따라 반비례 특성을 가지며 그 이상이 되면 일정한 시간 후에 작동한다.

④ 동작시간이 전류값의 크기에 따라 변하는 것으로 전류값이 클수록 빠르게 동작하고 반대로 전류값이 작아질수록 느리게 작동한다.

풀이

보호 계전기의 특징

① 순한시 특성 : 최소 동작 전류 이상의 전류가 흐르면 즉시 동작하는 특성

② 정한시 특성 : 동작전류의 크기에 관계없이 일정한 시간에 동작하는 특성

③ **반한시 특성 : 동작전류가 커질수록 동작 시간이 짧게 되는 특성**

④ 반한시 정한시 특성 : 동작전류가 적은 동안에는 동작전류가 커질수록 동작 시간이 짧게 되고 어떤 전류 이상이면 동작전류의 크기에 관계없이 일정한 시간에 동작하는 특성 **답** ④

제3과목 **전기기기**

문제 41 극수가 24일 때, 전기각 180°에 해당되는 기계각은?

① 7.5° ② 15°

③ 22.5° ④ 30°

풀이

기하학적 각도 α =전기각 $\alpha_e \times \dfrac{2}{p} = 180° \times \dfrac{2}{24} = 15°$ **답** ②

문제 42 3상 권선형 유도전동기의 전부하 슬립 5[%], 2차 1상의 저항 0.5[Ω]이다. 이 전동기의 기동 토크를 전부하 토크와 같도록 하려면 외부에서 2차에 삽입할 저항[Ω]은?

① 8.5 ② 9

③ 9.5 ④ 10

풀이

기동시 $s' = 1$에서 전부하 토크를 발생시키는 데 필요한 외부 저항 R은

$$\frac{r_2}{s} = \frac{r_2 + R}{s'} \qquad \frac{0.5}{0.05} = \frac{0.5 + R}{1}$$

$$\therefore \ R = \frac{0.5}{0.05} - 0.5 = 9.5[\Omega]$$ **답** ③

문제 43 4극, 중권, 총 도체 수 500, 극당 자속이 0.01[Wb]인 직류발전기가 100[V]의 기전력을 발생시키는데 필요한 회전수는 몇 [rpm]인가?

① 800 ② 1000

③ 1200 ④ 1600

풀이

유기기전력 $E = p\phi n \dfrac{Z}{a}$[V]에서

$$n = \frac{Ea}{p\phi Z} = \frac{100 \times 4}{4 \times 0.01 \times 500} = 20[\text{rps}] = 1200[\text{rpm}]$$

(파권에서 $a = 2$, 중권에서 $a = p$)

여기서, p : 극수

ϕ : 매극당 자속[Wb]

n : 회전수[rps]

Z : 총 도체수

a : 내부 병렬회로수 **답** ③

문제 44 단상 직권전동기의 종류가 아닌 것은?

① 직권형   ② 아트킨손형

③ 보상직권형   ④ 유도보상직권형

풀이

단상 정류자 전동기
1) 직권특성
   ① 단상 직권 정류자 전동기 – 직권형, 보상직권형,
      유도보상 직권형
   ② 단상 반발 전동기 – 아트킨손형전동기, 톰슨전동기,
      테리전동기
2) 분권특성 : 현재 현재 실용화 되지 않고 있음   **답** ②

문제 45 변압기의 권수를 N이라고 할 때 누설리액턴스는?

① N에 비례한다.

② N^2에 비례한다.

③ N에 반비례한다.

④ N^2에 반비례한다.

풀이

$$L\frac{di}{dt} = N\frac{d\Phi}{dt} \quad \therefore \ L = \frac{N\Phi}{I}$$

그런데 자속 Φ는 $\Phi = \frac{\mu ANI}{l}$

$$\therefore \ L = \frac{N \cdot \frac{\mu ANI}{l}}{I} = \frac{\mu AN^2}{l} \propto N^2$$

여기서, L : 인덕턴스 [H]
         A : 철심의 단면적 [m²]
         N : 코일의 권수 [회]
         l : 자로의 길이 [m]   **답** ②

문제 46 변압기의 $\%Z$가 커지면 단락전류는 어떻게 변화하는가?

① 커진다.

② 변동없다.

③ 작아진다.

④ 무한대로 커진다.

풀이

단락전류 $I_s = \frac{100}{\%Z}I_n$[A]이므로,

$\%Z$가 커지면 단락전류는 작아지게 된다.   **답** ③

문제 47 3상 유도전동기에서 고조파 회전자계가 기본파 회전방향과 역방향인 고조파는?

① 제3고조파   ② 제5고조파

③ 제7고조파   ④ 제13고조파

풀이

고조파 차수 h (3상인 경우)
• 기본파와 같은 방향으로 회전 : $h = 2nm+1$
                   (제7, 13차 등)
• **기본파와 반대 방향으로 회전** : $h = 2nm-1$
                   (제5, 11, 17차, …)
• $h = 3n$: 회전자계를 발생하지 않는다.
  단, m은 상수, n은 정의 정수   **답** ②

문제 48 변압기유에 요구되는 특성으로 틀린 것은?

① 점도가 클 것

② 응고점이 낮을 것

③ 인화점이 높을 것

④ 절연 내력이 클 것

풀이

변압기유의 구비조건
① 절연저항 및 절연내력이 클 것
② 비열 및 열 전도율이 크며 **점도가 낮을 것**
③ 인화점은 높고 응고점은 낮을 것
④ 열팽창계수가 작고 증발로 인한 감소량이 적을 것
⑤ 화학적으로 안정하여 열화변질 되지 않으며 기기를 침
   식시키지 말 것.   **답** ①

문제 49 다음 중 3상 권선형 유도 전동기의 기동법은?

① 2차 저항법

② 전전압 기동법

③ 기동 보상기법

④ Y–△ 기동법

풀이

• 권선형 유도 전동기의 기동법 : 2차측의 슬립링을 통하
 여 기동 저항을 삽입하고 비례 추이의 특성을 이용하여
 속도-토크 특성을 변화시켜 가면서 기동하는 방식을 택
 한다.
• 2차 저항 기동법 : 비례 추이 특성을 이용   **답** ①

문제 50 직류기의 전기자 반작용 결과가 아닌 것은?

① 주자속이 감소한다.

② 전기적 중성축이 이동한다.

③ 주자속에 영향을 미치지 않는다.

④ 정류자편 사이의 전압이 불균일하게 된다.

풀이

전기자 반작용

전기자 권선에 흐르는 전류에 의한 자속이 계자에서 만든 **주자속에 영향을 미치는 현상**을 전기자 반작용이라고 하며, 그 영향은 다음과 같다.

① 전기적 중성축 이동
  • 발전기 : 회전 방향으로 이동
  • 전동기 : 회전 방향과 반대 방향으로 이동

② 주자속 감소

③ 정류자 편간의 불꽃섬락이 발생하여 정류 불량 발생

답 ③

문제 51 역률이 가장 좋은 전동기는?

① 농형유도전동기

② 반발기동전동기

③ 동기전동기

④ 교류정류자전동기

풀이

동기 전동기는 계자 전류의 크기를 조정하여 **역률을 항상 1로 운전**할 수 있다.

답 ③

문제 52 스텝 모터(step motor)의 장점으로 틀린 것은?

① 회전각과 속도는 펄스 수에 비례한다.

② 위치제어를 할 때 각도 오차가 적고 누적 된다.

③ 가속, 감속이 용이하며 정·역전 및 변속이 쉽다.

④ 피드백 없이 오픈 루프로 손쉽게 속도 및 위치제어를 할 수 있다.

풀이

스텝모터는 디지털 신호에 비례하여 일정 각도만큼 회전하는 모터로, 그 총회전각은 입력펄스의 수로, 회전속도는 입력펄스의 빠르기에 의해 정해지며 장점은 다음과 같다.

• 피드백 루프가 필요 없다.

• 별도의 D/A, A/D 컨버터가 필요없다.

• 가속, 감속이 용이하며 정·역전 및 변속이 쉽다.

• 위치제어를 할 때 각도오차가 적고 누적되지 않는다.

• 유지보수의 필요성이 적다.

답 ②

문제 53 210/105[V]의 변압기를 그림과 같이 결선하고 고압측에 200[V]의 전압을 가하면 전압계의 지시는 몇 [V]인가? (단, 변압기는 가극성이다.)

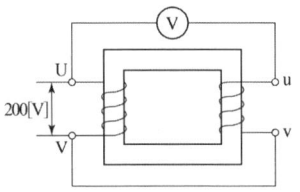

① 100

② 200

③ 300

④ 400

풀이

변압기 극성

변압기의 극성이란 어느 순간에 1차와 2차 양단자에 나타나는 유기기전력의 방향을 나타내는 것으로서 감극성과 가극성이 있다.

현재 우리나라는 감극성이 표준이다.

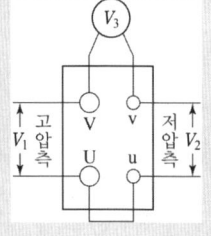

• **가극성 일 때** $V_3 = V_1 + V_2$

• **감극성 일 때** $V_3 = V_1 - V_2$

고압 측 전압을 V_1, 저압 측 전압을 V_2 라고 하면,

$$V_2 = \frac{1}{a} V_1 = \frac{105}{210} \times 200 = 100[\text{V}]$$

따라서 가극성인 경우

$$V = V_1 + V_2 = 200 + 100 = 300[\text{V}]$$

답 ③

문제 54 변압기의 등가회로 구성에 필요한 시험이 아닌 것은?

① 단락시험

② 부하시험

③ 무부하시험

④ 권선저항 측정

풀이

변압기 등가회로 작성에 필요한 시험에는 권선저항측정, 무부하시험, 단락시험 등이 있다.

답 ②

문제 55 정격 부하에서 역률 0.8(뒤짐)로 운전될 때, 전압 변동률이 12[%]인 변압기가 있다. 이 변압기에 역률 100[%]의 정격 부하를 걸고 운전할 때의 전압 변동률은 약 몇 [%] 인가? (단, %저항강하는 %리액턴스강하의 1/12이라고 한다.)

① 0.909 ② 1.5

③ 6.85 ④ 16.18

풀이

$\epsilon = p\cos\theta + q\sin\theta$ 식에서

  (여기서, p : %저항강하, q : %리액턴스강하)

$\cos\theta = 0.8$ 일 때 $\sin\theta = 0.6$

$\epsilon = p \times 0.8 + q \times 0.6 = 12$

$q = 12p$ 이므로 $12 = 0.8p + 12p \times 0.6$

$\therefore\ p = \dfrac{12}{8} = 1.5$

역률 100[%]일 때

전압변동률 $\epsilon_{100} = p\cos\theta + q\sin\theta = p \times 1 + q \times 0 = p = 1.5$

           ($\cos\theta = 1$일 때 $\sin\theta = 0$) **답** ②

문제 56 전기자 권선을 슬롯에 배치하는 방법 중 다음 그림과 같은 방법은?

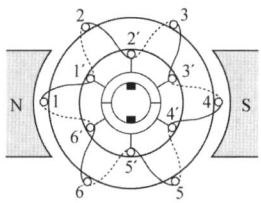

① 고상권 ② 파권

③ 환상권 ④ 중권

풀이

환상권은 환상철심에 연속된 고리모양으로 권선을 감는 방식으로 구조가 단순하여 제작이 용이하나, 효율이 낮아 현재에는 거의 사용하지 않는다. **답** ③

문제 57 직류 직권전동기의 발생 토크는 전기자 전류를 변화시킬 때 어떻게 변하는가? (단, 자기포화는 무시한다.)

① 전류에 비례한다.

② 전류에 반비례한다.

③ 전류의 제곱에 비례한다.

④ 전류의 제곱에 반비례한다.

풀이

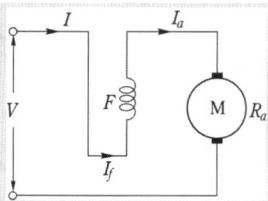

직류직권 전동기의 토오크 $P = E_c I_a = 2\pi n T$ 에서

$$T = \frac{E_c I_a}{2\pi n} = \frac{p\phi n \frac{Z}{a} I_a}{2\pi n} = \frac{pZ}{2\pi a}\phi I_a = K\phi I_a [\text{N} \cdot \text{m}]$$

(단, $K = \dfrac{pZ}{2\pi a}$)

[조건1]

부하 전류가 적어 철심이 자기포화가 되지 않는 범위에서 직권전동기는 $I_a = I_f = I \propto \phi$ 이므로

$T = K I_a^2 [\text{N} \cdot \text{m}]$

[조건2]

부하 전류가 증가하여 철심이 자기포화된 경우에는 자속 ϕ는 일정하므로

$T = K I_a [\text{N} \cdot \text{m}]$ **답** ③

문제 58 무정전 전원장치(UPS)에 사용되고 있는 컨버터의 주된 사용 목적은?

① 교류 전압의 변화를 안정화시키기 위함이다.

② 교류 전압의 주파수를 변화시키기 위함이다.

③ 교류 전압을 직류 전압으로 변화시키기 위함이다.

④ 교류 전압을 다른 교류 전압으로 변화시키기 위함이다.

풀이

무정전 전원 장치(UPS : Uninterruptible Power Supply)

① UPS는 축전지, 정류 장치(Converter)와 역변환 장치(Inverter)로 구성되어 있으며 선로의 정전이나 입력 전원에 이상 상태가 발생하였을 경우에도 정상적으로 전력을 부하측에 공급하는 설비를 UPS라 한다.

② 기능

 • 정류장치(Converter) : **교류를 직류로 변환**

 • 축전지 : 정류 장치에 의해 변환된 직류 전력을 저장

 • 역변환 장치(Inverter) : 직류를 사용 주파수의 교류 전압으로 변환 **답** ③

문제 59 단자전압 110[V], 전기자 전류 15[A], 전기자 회로의 저항 2[Ω], 정격속도 1800[rpm]으로 전부하에서 운전하고 있는 직류 분권전동기의 토크는 약 몇 [N·m]인가?

① 6.0   ② 6.4
③ 10.08   ④ 11.14

풀이

- 역기전력 $E_c = V - R_a I_a = 110 - 2 \times 15 = 80[\text{V}]$
- 전기자 발생 기계 동력 $P_m = E_c I_a = 80 \times 15 = 1200[\text{W}]$
- $P_m = E_c I_a = 2\pi n T[\text{N·m}]$ 에서

$$\text{토크 } T = \frac{P_m}{2\pi n} = \frac{1200}{2\pi \times \dfrac{1800}{60}} = 6.37[\text{N·m}]$$ **답** ②

문제 60 SCR을 이용한 단상 전파 위상제어 정류회로에서 전원전압은 실효값이 220[V], 60[Hz]인 정현파이며, 부하는 순 저항으로 10[Ω]이다. SCR의 점호각 α를 60°라 할 때 출력전류의 평균값[A]은?

① 7.54   ② 9.73
③ 11.43   ④ 14.86

풀이

	단상 반파정류	단상 전파정류
SCR	$E_d = \dfrac{\sqrt{2}E}{2\pi}(1+\cos\alpha)$	$E_d = \dfrac{\sqrt{2}E}{\pi}(1+\cos\alpha)$

단상 전파정류의 직류 평균전압

$$E_d = \frac{\sqrt{2}E}{\pi}(1+\cos\alpha) = \frac{\sqrt{2}\times 220}{\pi}(1+\cos 60°)$$
$$= 148.55[\text{V}]$$

따라서 출력전류의 평균값

$$I_d = \frac{E_d}{R} = \frac{148.55}{10} = 14.86[\text{V}]$$ **답** ④

제4과목 회로이론 및 제어공학

문제 61 단위길이당의 저항이 같은 도선을 사용하여 그림과 같은 무한히 긴 사다리꼴 회로를 만든다. 각 지로의 저항을 r 이라 할 때, a, b간의 합성 저항은?

① r

② $\sqrt{3}\,r$

③ $(\sqrt{3}+1)r$

④ $(\sqrt{3}-1)r$

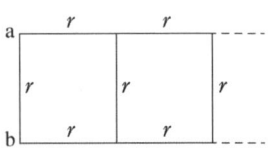

풀이

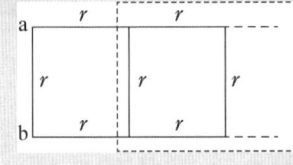

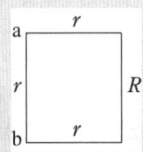

점선부분의 합성저항을 R이라 할 때 등가회로는 다음과 같다.

그림의 등가회로에서

$$R_{ab} = \frac{r(2r+R)}{r+(2r+R)} = \frac{2r^2+rR}{3r+R}$$ 이며,

저항이 무한히 연결되어 있으므로 a, b 단자에서 본 합성저항 $R_{ab} = R$로 해도 무방하다.

$R_{ab} = R$이므로 $3rR + R^2 = 2r^2 + rR$

$\therefore R^2 + 2rR - 2r^2 = 0$

근의 공식에 의해

$$R = \frac{-b \pm \sqrt{b^2-4ac}}{2a} = \frac{-2r \pm \sqrt{(2r)^2-4(-2r^2)}}{2}$$
$$= \frac{-2r \pm 2\sqrt{3}\,r}{2} = -r \pm \sqrt{3}\,r$$

저항값은 음(−)의 값이 될 수 없으므로

$\therefore R_{ab} = R = (\sqrt{3}-1)r$ **답** ④

문제 62 최대값이 10[V]인 정현파 전압이 있다. $t=0$에서의 순시값이 5[V]이고 이 순간에 전압이 증가하고 있다. 주파수가 60[Hz] 일 때, $t=2$[ms]에서의 전압의 순시값[V]은?

① $10\sin 30°$ ② $10\sin 43.2°$
③ $10\sin 73.2°$ ④ $10\sin 103.2°$

풀이

$v = V_m \sin(\omega t + \theta)$에서

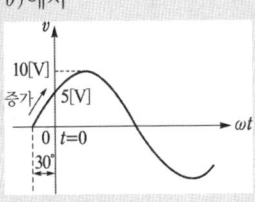

$t = 0$일 때 $v = 5[V]$ 이므로

$5 = V_m \sin(\omega \times 0 + \theta) = 10 \sin\theta$

$\therefore \sin\theta = \dfrac{1}{2}$ 이므로 $\theta = 30°$

따라서, $v = 10\sin(\omega t + 30°)$에서 $t = 2 \times 10^{-3}[s]$일 때

순시값은 $v = 10\sin(2 \times 180° \times 60 \times 2 \times 10^{-3} + 30°)$

$\qquad = 10\sin 73.2°[V]$ **답** ③

---

① $\dfrac{1}{RI}$ ② $\dfrac{C}{I}$ ③ RI ④ $\dfrac{I}{C}$

풀이

커패시터에서 전류 $i(t)$와 전압 $v(t)$의 관계식에서 초기조건 $t = 0^+$를 적용하면

$$i(t) = C\frac{dv(t)}{dt}, \quad i(0^+) = C\frac{dv(0^+)}{dt}$$

스위치가 닫혀있는 상태에서는 커패시터에 전류가 흐르지 않지만 스위치를 여는 순간 커패시터는 단락 상태가 되어 R에는 전류가 흐르지 않고 커패시터 C에만 전류가 모두 흐른다. 즉, $i(0^+) = I$가 된다.

그러므로 $i(0^+) = C\dfrac{dv(0^+)}{dt}$에서

$I = C\dfrac{dv(0^+)}{dt}$ $\therefore \dfrac{dv(0^+)}{dt} = \dfrac{I}{C}$ **답** ④

문제 63 전압 $v(t)$를 RL 직렬회로에 인가했을 때 제3고조파 전류의 실효값[A]의 크기는?

(단, $R = 8[\Omega]$, $\omega L = 2[\Omega]$,

$\quad v(t) = 100\sqrt{2}\sin\omega t + 200\sqrt{2}\sin 3\omega t$

$\qquad + 50\sqrt{2}\sin 5\omega t[V]$ 이다.)

① 10 ② 14

③ 20 ④ 28

풀이

기본 주파수에 대한 임피던스 $Z_1 = 8 + j2$

저항은 주파수와 무관하고 리액턴스는 주파수에 비례하므로 제3고조파에 대한 리액턴스는

$$X_{L3} = 3 \times 2\pi fL = 3X_{L1}$$

따라서, 3고조파에 대한 임피던스

$Z_3 = 8 + j2 \times 3 = 8 + j6$

$\therefore I_3 = \dfrac{V_3}{Z_3} = \dfrac{200}{8 + j6} = \dfrac{200}{\sqrt{8^2 + 6^2}} = 20[A]$ **답** ③

문제 64 회로에서 $t = 0$초일 때 닫혀 있는 스위치 S를 열었다. 이때 $\dfrac{dv(0^+)}{dt}$의 값은?

(단, C의 초기 전압은 0[V]이다.)

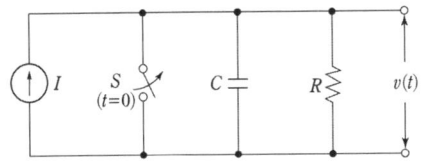

문제 65 전원의 내부임피던스가 순저항 R과 리액턴스 X로 구성되고 외부에 부하저항 Z_L을 연결하여 최대전력을 전달하려면 Z_L의 값은?

① $Z_L = \sqrt{R^2 + X^2}$

② $Z_L = \sqrt{R^2 - X^2}$

③ $Z_L = R$

④ $Z_L = R + X$

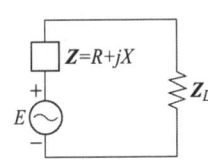

풀이

최대 전력 전송 조건은 **내부 임피던스 공액 = 외부 임피던스** 일 때이므로 $Z_L = \sqrt{R^2 + X^2}$ 이 된다. **답** ①

문제 66 다음과 같은 파형을 푸리에 급수로 전개하면?

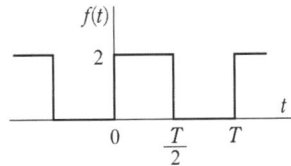

① $1 + \displaystyle\sum_{n=1}^{\infty} \dfrac{4}{\pi \cdot (2n-1)} \cdot \sin\{(2n-1)\omega t\}$

② $1 + \displaystyle\sum_{n=1}^{\infty} \dfrac{4}{\pi \cdot (2n+1)} \cdot \sin\{(2n+1)\omega t\}$

③ $1 + \sum\limits_{n=1}^{\infty} \dfrac{8}{\pi \cdot (2n-1)} \cdot \sin\{(2n-1)\omega t\}$

④ $1 + \sum\limits_{n=1}^{\infty} \dfrac{8}{\pi \cdot (2n+1)} \cdot \sin\{(2n+1)\omega t\}$

풀이

파형 구분	반파구형파	구형파
파형	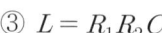	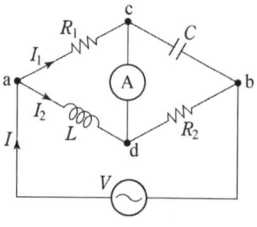
푸리에 변환 $f(t)$	$f(t) = \dfrac{A}{2} + \dfrac{2A}{\pi}$ $\sum\limits_{n=1}^{\infty} \cdot \dfrac{\sin\{(2n-1)\omega t\}}{2n-1}$	$f(t) = \dfrac{4A}{\pi}$ $\sum\limits_{n=1}^{\infty} \cdot \dfrac{\sin\{(2n-1)\omega t\}}{2n-1}$
비고	비대칭성 주기함수	대칭성 주기함수 (우함수, 반파대칭)

반파구형파의 푸리에 변환($A=2$ 대입)

$f(t) = \dfrac{A}{2} + \dfrac{2A}{\pi} \sum\limits_{n=1}^{\infty} \cdot \dfrac{\sin\{(2n-1)\omega t\}}{2n-1}$

$\quad = \dfrac{2}{2} + \dfrac{2 \times 2}{\pi} \sum\limits_{n=1}^{\infty} \cdot \dfrac{\sin\{(2n-1)\omega t\}}{2n-1}$

$\quad = 1 + \dfrac{4}{\pi} \sum\limits_{n=1}^{\infty} \cdot \dfrac{\sin\{(2n-1)\omega t\}}{2n-1}$　**답** ①

문제 67 △결선된 평형 3상 부하로 흐르는 선전류가 I_a, I_b, I_c 일 때, 이 부하로 흐르는 영상분 전류 I_0 [A]는?

① $3I_a$　　② I_a　　③ $\dfrac{1}{3}I_a$　　④ 0

풀이

영상전류 $I_0 = \dfrac{1}{3}(I_a + I_b + I_c)$에서 △결선(중성점 비접지식)

에서 $I_a + I_b + I_c = 0$ 이므로 영상전류 $I_0 = 0$이 된다.

답 ④

문제 68 저항 $R\,[\Omega]$ 3개를 Y로 접속한 회로에 전압 200 [V]의 3상 교류전원을 인가 시 선전류가 10 [A]라면 이 3개의 저항을 △로 접속하고 동일 전원을 인가 시 선전류는 몇 [A]인가?

① 10[A]　　　　② $10\sqrt{3}$ [A]

③ 30[A]　　　　④ $30\sqrt{3}$ [A]

풀이

• Y 결선 상전류　$I_Y = \dfrac{200}{\sqrt{3}\,R}$

• △결선 상전류　$I_\triangle = \dfrac{200}{R}$

Y 결선 선전류 $I_{Yl} = \dfrac{200}{\sqrt{3}\,R}$ (Y결선에서는 상전류 = 선전류)

△결선 선전류　$I_{\triangle l} = \sqrt{3}\,I_\triangle = \dfrac{200\sqrt{3}}{R}$

(△결선에서는 선전류 = $\sqrt{3} \times$상전류)

$\therefore \dfrac{I_{\triangle l}}{I_{Yl}} = \dfrac{\dfrac{200\sqrt{3}}{R}}{\dfrac{200}{\sqrt{3}\,R}} = 3$

$\therefore I_{\triangle l} = 3I_{Yl} = 3 \times 10 = 30\,[\text{A}]$　**답** ③

문제 69 그림의 교류 브리지 회로가 평형이 되는 조건은?

① $L = \dfrac{R_1 R_2}{C}$

② $L = \dfrac{C}{R_1 R_2}$

③ $L = R_1 R_2 C$

④ $L = \dfrac{R_2}{R_1}C$

풀이

브리지의 평형조건 : 서로 대각선으로 마주보고 있는 저항의 곱이 서로 같으면 평형이 된다.

$R_1 R_2 = \omega L \cdot \dfrac{1}{\omega C}$

$\therefore L = R_1 R_2 C$　**답** ③

문제 70 $8 + j6\,[\Omega]$인 임피던스에 $13 + j20\,[\text{V}]$의 전압을 인가할 때 복소전력은 약 몇 [VA]인가?

① $12.7 + j34.1$　　　② $12.7 + j55.5$

③ $45.5 + j34.1$　　　④ $45.5 + j55.5$

풀이

$I = \dfrac{V}{Z} = \dfrac{(13+j20)(8-j6)}{(8+j6)(8-j6)} = \dfrac{104 + j160 - j78 + 120}{100}$

$\quad = 2.24 + j0.82\,[\text{A}]$

$\therefore P_a = VI^* = (13+j20)(2.24 - j0.82)$

$\quad = 45.5 + j34.1\,[\text{VA}]$　**답** ③

문제 71 구동점 임피던스 함수에 있어서 극점 (pole)은?

① 개방회로 상태를 의미한다.

② 단락회로 상태를 의미한다.

③ 아무 상태도 아니다.

④ 전류가 많이 흐르는 상태를 의미한다.

풀이

영점 및 극점

• 영점 : $Z(s)=0$가 되는 s의 값을 영점(zero)이라 하며 회로의 단락상태를 나타낸다.

• 극점 : $Z(s)=\infty$가 되는 s의 값을 극점(pole)이라 하며 **회로가 개방상태임**을 나타낸다. **답** ①

문제 72 $f(t)=e^{j\omega t}$의 라플라스 변환은?

① $\dfrac{1}{s-j\omega}$ ② $\dfrac{1}{s+j\omega}$

③ $\dfrac{1}{s^2+\omega^2}$ ④ $\dfrac{\omega}{s^2+\omega^2}$

풀이

$$\mathcal{L}\left[1\cdot e^{j\omega t}\right]=\frac{1}{s}\Big|_{s=s-j\omega}=\frac{1}{s-j\omega}$$ **답** ①

문제 73 다음의 상태방정식으로 표현되는 시스템의 상태천이행렬은?

$$\begin{bmatrix}\dfrac{d}{dt}x_1\\[2mm]\dfrac{d}{dt}x_2\end{bmatrix}=\begin{bmatrix}0&1\\-3&-4\end{bmatrix}\begin{bmatrix}x_1\\x_2\end{bmatrix}$$

① $\begin{bmatrix}1.5e^{-t}-0.5e^{-3t}&-1.5e^{-t}+1.5e^{-3t}\\0.5e^{-t}-0.5e^{-3t}&-0.5e^{-t}+1.5e^{-3t}\end{bmatrix}$

② $\begin{bmatrix}1.5e^{-t}-0.5e^{-3t}&0.5e^{-t}-0.5e^{-3t}\\-1.5e^{-t}+1.5e^{-3t}&-0.5e^{-t}+1.5e^{-3t}\end{bmatrix}$

③ $\begin{bmatrix}1.5e^{-t}-0.5e^{-4t}&0.5e^{-t}-0.5e^{-4t}\\-1.5e^{-t}+1.5e^{-4t}&-0.5e^{-t}+1.5e^{-4t}\end{bmatrix}$

④ $\begin{bmatrix}1.5e^{-t}-0.5e^{-4t}&-1.5e^{-t}+1.5e^{-4t}\\0.5e^{-t}-0.5e^{-4t}&-0.5e^{-t}+1.5e^{-4t}\end{bmatrix}$

풀이

$$[sI-A]=\begin{bmatrix}s&0\\0&s\end{bmatrix}-\begin{bmatrix}0&1\\-3&-4\end{bmatrix}=\begin{bmatrix}s&-1\\3&s+4\end{bmatrix}$$

$$\Phi(s)=[sI-A]^{-1}=\frac{1}{\begin{vmatrix}s&-1\\3&s+4\end{vmatrix}}\begin{bmatrix}s+4&1\\-3&s\end{bmatrix}$$

$$=\frac{1}{s^2+4s+3}\begin{bmatrix}s+4&1\\-3&s\end{bmatrix}$$

$$=\begin{bmatrix}\dfrac{s+4}{(s+1)(s+3)}&\dfrac{1}{(s+1)(s+3)}\\[3mm]\dfrac{-3}{(s+1)(s+3)}&\dfrac{s}{(s+1)(s+3)}\end{bmatrix}$$

$$\therefore \Phi(t)=\mathcal{L}^{-1}\{[sI-A]^{-1}\}$$

$$=\begin{bmatrix}1.5e^{-t}-0.5e^{-3t}&0.5e^{-t}-0.5e^{-3t}\\-1.5e^{-t}+1.5e^{-3t}&-0.5e^{-t}+1.5e^{-3t}\end{bmatrix}$$ **답** ②

문제 74 다음 블록선도의 전달함수 $\left(\dfrac{C(s)}{R(s)}\right)$는?

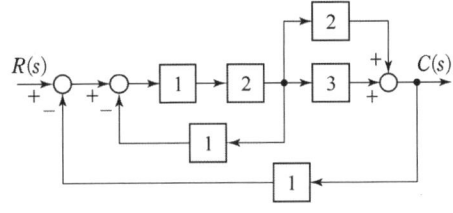

① $\dfrac{10}{9}$ ② $\dfrac{10}{13}$

③ $\dfrac{12}{9}$ ④ $\dfrac{12}{13}$

풀이

메이슨의 정리에 의해

• 전향경로 이득 : $1\times2\times(2+3)=10$

• 루프 이득 : $-1\times2\times1=-2$

$\qquad\qquad -1\times2\times3\times1=-6$

$\qquad\qquad -1\times2\times2\times1=-4$

$$\therefore G(s)=\frac{\sum전향 경로 이득}{1-\sum루프이득}=\frac{10}{1-(-2-6-4)}=\frac{10}{13}$$ **답** ②

문제 75 제어계의 과도응답에서 감쇠비란?

① 제2 오버슈트를 최대 오버슈트로 나눈 값이다.

② 최대 오버슈트를 제2 오버슈트로 나눈 값이다.

③ 제2 오버슈트와 최대 오버슈트를 곱한 값이다.

④ 제2 오버슈트와 최대 오버슈트를 더한 값이다.

풀이

감쇠비란 과도 응답의 소멸되는 속도를 나타낸 양

$$감쇠비 = \frac{제2\ 오버슈트}{최대\ 오버슈트}$$

답 ①

문제 76 $G(s)H(s) = \dfrac{K}{s(s+4)(s+5)}$ 에서 근궤적이 $j\omega$축과 교차하는 점은?

① $\omega = 4.48$
② $\omega = -4.48$
③ $\omega = 4.48,\ -4.48$
④ $\omega = 2.28$

풀이

특성 방정식은 $s(s+4)(s+5)+K = s^3 + 9s^2 + 20s + K = 0$
윗식의 루드 배열은

s^3	1	20
s^2	9	K (보조 방정식의 계수)
s^1	$\dfrac{180-K}{9}$	0
s^0	K	0

K의 임계값은 s^1의 제1열 요소를 0으로 놓아 얻을 수 있다.

$$\frac{180-K}{9} = 0 \qquad \therefore\ K = 180$$

허수축($j\omega$)을 끊은 점에서의 주파수 ω는 보조 방정식
$9s^2 + K = 0$에 $K = 180$을 대입하면 $9s^2 + 180 = 0$

$$\therefore\ s = \pm j\sqrt{20} = \pm 4.48j \text{ 이므로}$$
$$\therefore\ \omega = \pm 4.48 [\text{rad/s}]$$

답 ③

문제 77 다음 논리식 $[(AB + A\overline{B}) + AB] + \overline{A}B$ 를 간단히 하면?

① $A + B$
② $\overline{A} + B$
③ $A + \overline{B}$
④ $A + A \cdot B$

풀이

$$[(AB + A\overline{B}) + AB] + \overline{A}B = (AB + A\overline{B}) + (AB + \overline{A}B)$$
$$= A(B + \overline{B}) + B(A + \overline{A})$$
$$= A + B$$

답 ①

문제 78 안정한 제어계에 임펄스 응답을 가했을 때 제어계의 정상상태 출력은?

① 0
② $+\infty$ 또는 $-\infty$
③ $+$의 일정한 값
④ $-$의 일정한 값

풀이

안정한 제어계의 임펄스 응답 조건
$\lim\limits_{t \to \infty} c(t) = 0$: 임펄스 응답 $c(t)$가 $t \to \infty$(정상상태)일 때

0 이면 안정한 제어계

(예) $\lim\limits_{t \to \infty}(e^{-t}\cos\omega t) = 0$(안정한 계)

$\lim\limits_{t \to \infty} e^t = \infty$(불안정한 계)

답 ①

문제 79 그림의 블록선도에서 K에 대한 폐루프 전달함수 $T = \dfrac{C(s)}{R(s)}$ 의 감도 S_K^T는?

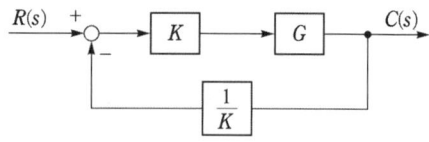

① -1
② -0.5
③ 0.5
④ 1

풀이

전달함수 $T = \dfrac{C(s)}{R(s)} = \dfrac{KG}{1 + \dfrac{1}{K} \cdot KG} = \dfrac{KG}{1 + G}$

K에 대한 감도

$$S_K^T = \frac{K}{T} \cdot \frac{dT}{dK} = \frac{K}{\dfrac{KG}{1+G}} \cdot \frac{d}{dK}\left(\frac{KG}{1+G}\right)$$

$$= \frac{1+G}{G} \cdot \frac{G(1+G) - KG \cdot 0}{(1+G)^2} = 1$$

답 ④

문제 80 제어량의 종류에 따른 분류가 아닌 것은?

① 자동조정
② 서보기구
③ 적응제어
④ 프로세스제어

풀이

- **제어량에 의한 분류** : 프로세스 제어(공정 제어), 서보 제어(추종 제어), 자동 조정 제어(정치 제어)
- 제어 목표에 의한 분류 : 정치 제어, 프로그램 제어, 추종 제어, 비율 제어
- 조절부의 동작에 의한 분류 : 온 오프제어(위치제어), 비례제어(P 동작), 미분동작 제어(D 동작), 적분동작 제어(I 동작), 비례적분 제어(PI 동작), 비례미분 제어(PD 동작), 비례적분미분 제어(PID 동작)

답 ③

제5과목 전기설비 기술기준

문제 81 발전소, 변전소, 개폐소의 시설부지조성을 위해 산지를 전용할 경우에 전용하고자 하는 산지의 평균 경사도는 몇 도 이하이어야 하는가?

① 10   ② 15
③ 20   ④ 25

풀이
발전소 등의 부지 시설조건(전기설비 기술기준 제21조의 2) 부지조성을 위해 산지를 전용할 경우에는 전용하고자 하는 **산지의 평균 경사도가 25도 이하**여야 하며, 산지전용면적 중 산지전용으로 발생되는 절·성토 경사면의 면적이 100분의 50을 초과해서는 아니 된다. **답** ④

문제 82 지중 전선로를 직접 매설식에 의하여 시설할 때, 차량 기타 중량물의 압력을 받을 우려가 있는 장소인 경우 매설깊이는 몇 [m] 이상으로 시설하여야 하는가?

① 0.6   ② 1.0
③ 1.2   ④ 1.5

풀이
334.1 지중전선로의 시설
가. 지중 전선로는 전선에 케이블을 사용하고 또한 관로식·암거식 또는 직접 매설식에 의하여 시설하여야 한다.
나. 지중 전선로를 **직접 매설식**에 의하여 시설하는 경우에는 매설 깊이는
　① 차량 기타 **중량물의 압력을 받을 우려가 있는 장소 : 1.0[m] 이상**
　② 기타 장소 : 0.6[m] 이상 **답** ②

문제 83 고압 보안공사에서 지지물이 A종 철주인 경우 경간은 몇 [m] 이하인가?

① 100   ② 150
③ 250   ④ 400

풀이
332.10 고압 보안공사
고압 보안공사는 다음에 따라야 한다.
가. 전선은 케이블인 경우 이외에는 인장강도 8.01[kN] 이상의 것 또는 지름 5[mm] 이상의 경동선일 것.
나. 목주의 풍압하중에 대한 안전율은 1.5 이상일 것.

다. 경간은 표에서 정한 값 이하일 것.

지지물의 종류	경간
목주·A종 철주 또는 A종 철근 콘크리트주	100[m] 이하
B종 철주 또는 B종 철근 콘크리트주	150[m] 이하
철탑	400[m] 이하

답 ①

문제 84 154[kV] 특고압 가공전선로를 시가지에 경동연선으로 시설할 경우 단면적은 몇 [mm²] 이상을 사용하여야 하는가?

① 100   ② 150
③ 200   ④ 250

풀이
333.1 시가지 등에서 특고압 가공전선로의 시설
사용전압이 170[kV] 이하인 전선로에서의 전선의 굵기

사용전압의 구분	전선의 단면적
100[kV] 미만	인장강도 21.67[kN] 이상의 연선 또는 단면적 55[mm²] 이상의 경동연선
100[kV] 이상	인장강도 58.84[kN] 이상의 연선 또는 **단면적 150[mm²] 이상의 경동연선**

답 ②

문제 85 건축물 외부의 전기사용장소에서 그 전기사용장소에서의 전기사용을 목적으로 조영물에 고정시켜 시설하는 전선을 무엇이라고 하는가?

① 옥내배선   ② 옥외배선
③ 옥측배선   ④ 가공인입선

풀이
112 용어정의
① 옥내배선 : 건축물 내부의 전기사용장소에 고정시켜 시설하는 전선을 말한다.
② 옥외배선 : 건축물 외부의 전기사용장소에서 그 전기사용장소에서의 전기사용을 목적으로 고정시켜 시설하는 전선을 말한다.
③ **옥측배선** : 건축물 외부의 전기사용장소에서 그 전기사용장소에서의 전기사용을 목적으로 조영물에 고정시켜 시설하는 전선을 말한다.
④ 가공인입선 : 가공전선로의 지지물로부터 다른 지지물을 거치지 아니하고 수용장소의 붙임점에 이르는 가공전선을 말한다. **답** ③

문제 86 다음은 무엇에 관한 설명인가?

발전기 · 원동기 · 연료전지 · 태양전지 · 해양에너지발전설비 · 전기저장장치 그 밖의 기계기구[비상용 예비전원을 얻을 목적으로 시설하는 것 및 휴대용 발전기를 제외한다]를 시설하여 전기를 생산[원자력, 화력, 신재생에너지 등을 이용하여 전기를 발생시키는 것과 양수발전, 전기저장장치와 같이 전기를 다른 에너지로 변환하여 저장 후 전기를 공급하는 것]하는 곳을 말한다.

① 변전소　　　　　② 발전소
③ 개폐소　　　　　④ 급전소

풀이
기술기준 제3조(정의)
① **발전소** : 발전기 · 원동기 · 연료전지 · 태양전지 · 해양에너지발전설비 · 전기저장장치 그 밖의 기계기구[비상용 예비전원을 얻을 목적으로 시설하는 것 및 휴대용 발전기를 제외한다]를 시설하여 전기를 생산[원자력, 화력, 신재생에너지 등을 이용하여 전기를 발생시키는 것과 양수발전, 전기저장장치와 같이 전기를 다른 에너지로 변환하여 저장 후 전기를 공급하는 것]하는 곳을 말한다.
② 변전소 : 변전소의 밖으로부터 전송받은 전기를 변전소 안에 시설한 변압기·전동발전기·회전변류기·정류기 그 밖의 기계기구에 의하여 변성하는 곳으로서 변성한 전기를 다시 변전소 밖으로 전송하는 곳을 말한다.
③ 개폐소 : 개폐소 안에 시설한 개폐기 및 기타 장치에 의하여 전로를 개폐하는 곳으로서 발전소·변전소 및 수용장소 이외의 곳을 말한다.
④ 급전소 : 전력계통의 운용에 관한 지시 및 급전조작을 하는 곳을 말한다.　　**답 ②**

문제 87 특고압의 기계기구 · 모선 등을 옥외에 시설하는 변전소의 구내에 취급자 이외의 자가 들어가지 못하도록 시설하는 울타리 · 담 등의 높이는 몇 [m] 이상으로 하여야 하는가?

① 2　　　　　② 2.2
③ 2.5　　　　　④ 3

풀이
351.1 발전소 등의 울타리 · 담 등의 시설
가. **울타리 · 담 등의 높이는 2[m] 이상**으로 하고 지표면과 울타리 · 담 등의 하단사이의 간격은 0.15[m] 이하로 할 것.

나. 울타리·담 등의 높이와 울타리·담 등으로부터 충전부분까지 거리의 합계는 표에서 정한 값 이상으로 할 것.

사용전압의 구분	울타리·담 등의 높이와 울타리·담 등으로부터 충전 부분까지의 거리의 합계
35[kV] 이하	5[m]
35[kV] 초과 160[kV] 이하	6[m]
160[kV] 초과	• 거리 = 6 + 단수 × 0.12 [m] • 단수 = $\dfrac{\text{사용전압 [kV]} - 160}{10}$ 단수 계산에서 소수점 이하는 절상

답 ①

문제 88 전기철도차량의 집전장치와 접촉하여 전력을 공급하기 위한 전선을 무엇이라 하는가?

① 급전선　　　　　② 급전선로
③ 전차선　　　　　④ 전차선로

풀이
402 전기철도의 용어 정의
① 전기철도용 급전선 : 전기철도용 변전소로부터 다른 전기철도용 변전소 또는 전차선에 이르는 전선을 말한다.
② 전기철도용 급전선로 : 전기철도용 급전선 및 이를 지지하거나 수용하는 시설물을 말한다.
③ **전차선** : 전기철도차량의 집전장치와 접촉하여 전력을 공급하기 위한 전선을 말한다.
④ 전차선로: 전기철도차량에 전력을 공급하기 위하여 선로를 따라 설치한 시설물로서 전차선, 급전선, 귀선과 그 지지물 및 설비를 총괄한 것을 말한다.　**답 ③**

문제 89 라이팅덕트공사에 의한 저압 옥내배선에서 덕트의 지지점 간의 거리는 몇 [m] 이하인가?

① 2　　　　　② 3
③ 4　　　　　④ 5

풀이
232.711 라이팅덕트공사
가. **덕트의 지지점 간의 거리는 2[m] 이하로 할 것.**
나. 덕트의 끝부분은 막을 것.
다. 덕트의 개구부는 아래로 향하여 시설할 것.
라. 덕트를 사람이 용이하게 접촉할 우려가 있는 장소에 시설하는 경우에는 전로에 지락이 생겼을 때에 자동적으로 전로를 차단하는 장치를 시설할 것.　**답 ①**

문제 90 주택용 배선차단기의 정격전류를 I_n 이라고 할 때, B형의 순시트립범위는 어떻게 되는가?

① $3I_n$ 초과 ~ $5I_n$ 이하

② $5I_n$ 초과 ~ $10I_n$ 이하

③ $10I_n$ 초과 ~ $20I_n$ 이하

④ $20I_n$ 초과 ~ $30I_n$ 이하

풀이

212.3.4 보호장치의 특성
순시트립에 따른 구분(주택용 배선차단기)

형	순시트립범위
B	$3I_n$ 초과 ~ $5I_n$ 이하
C	$5I_n$ 초과 ~ $10I_n$ 이하
D	$10I_n$ 초과 ~ $20I_n$ 이하

[비고] 1. B, C, D : 순시트립전류에 따른 차단기 분류
2. I_n : 차단기 정격전류   **답** ①

문제 91 우리나라 전기철도의 전력수급조건 및 전차선로의 전압에 대하여 옳지 않은 것은?

① 주파수(실효값)는 60[Hz] 이다.

② 직류방식에서 최고 비영구 전압은 지속시간이 3분 이하로 예상되는 전압의 최고값으로 한다.

③ 공칭전압(수전전압)은 22.9[kV], 154[kV], 345 [kV]가 있다.

④ 교류방식에서 최저 비영구 전압은 지속시간이 2분 이하로 예상되는 전압의 최저값으로 한다.

풀이

411.1 전력수급조건
공칭전압(수전전압)(kV) : 교류 3상 22.9, 154, 345

411.2 전차선로의 전압
1. **직류방식** : 최고 비영구 전압은 지속시간이 **5분 이하로 예상되는 전압의 최고값으로 하되**, 기존 운행 중인 전기철도차량과의 인터페이스를 고려한다.
2. 교류방식 : 주파수(실효값)는 60[Hz], 최저 비영구 전압은 지속시간이 2분 이하로 예상되는 전압의 최저값으로 하되, 기존 운행 중인 전기철도차량과의 인터페이스를 고려한다.   **답** ②

문제 92 전기욕기에 전기를 공급하는 전원 장치는 전기욕기용으로 내장되어 있는 2차측 전로의 사용전압을 몇 [V] 이하로 한정하고 있는가?

① 6 ② 10

③ 12 ④ 15

풀이

241.2 전기욕기
전기욕기에 전기를 공급하기 위한 전기욕기용 전원장치(내장되는 전원 **변압기의 2차측 전로의 사용전압이 10[V] 이하의 것에 한한다**)는 안전기준에 적합하여야 한다.   **답** ②

문제 93 유도장해방지에 대한 설명으로 옳지 않은 것은?

① 교류 특고압 가공전선로에서 발생하는 극저주파 전자계는 지표상 1[m]에서 전계가 3.5[kV/m] 이하, 자계가 83.3[μT] 이하가 되도록 시설하여야 한다.

② 직류 특고압 가공전선로에서 발생하는 직류전계는 지표면에서 25[kV/m] 이하가 되도록 하여야 한다.

③ 직류 특고압 가공전선로에서 발생하는 직류자계는 지표상 1[m]에서 1,000,000[μT] 이하가 되도록 시설하여야 한다.

④ 전력보안 통신설비는 가공전선로로부터의 정전유도작용 또는 전자유도작용에 의하여 사람에 위험을 줄 우려가 없도록 시설하여야 한다.

풀이

기술기준 제3조
직류자계(DC Magnetic Fields)란 0[Hz]인 직류전로에서 형성되는 정자계(Static Magnetic Fields)를 말한다.
기술기준 제17조 (유도장해 방지)
① 교류 특고압 가공전선로에서 발생하는 극저주파 전자계는 지표상 1[m]에서 전계가 3.5[kV/m] 이하, 자계가 83.3[μT] 이하가 되도록 시설하고, 직류 특고압 가공전선로에서 발생하는 직류전계는 지표면에서 25[kV/m] 이하, **직류자계는 지표상 1[m]에서 400,000[μT] 이하가 되도록** 시설하는 등 상시 정전유도(靜電誘導) 및 전자유도(電磁誘導) 작용에 의하여 사람에게 위험을 줄 우려가 없도록 시설하여야 한다. 다만, 논밭, 산림 그 밖에 사람의 왕래가 적은 곳에서 사람에 위험을 줄 우려가 없도록 시설하는 경우에는 그러하지 아니하다.

② 특고압의 가공전선로는 전자유도작용이 약전류전선로(전력보안 통신설비는 제외한다)를 통하여 사람에 위험을 줄 우려가 없도록 시설하여야 한다.
③ 전력보안 통신설비는 가공전선로로부터의 정전유도작용 또는 전자유도작용에 의하여 사람에 위험을 줄 우려가 없도록 시설하여야 한다. **답** ③

문제 94 지중전선로는 기설 지중약전류전선로에 대하여 통신상의 장해를 주지 않도록 기설 약전류전선로로부터 충분히 이격시키거나 기타 적당한 방법으로 시설하여야 한다. 이때 통신상의 장해가 발생하는 원인으로 옳은 것은?

① 충전전류 또는 표피작용
② 충전전류 또는 유도작용
③ 누설전류 또는 표피작용
④ 누설전류 또는 유도작용

풀이

334.5 지중약전류전선의 유도장해 방지
지중전선로는 기설 지중약전류전선로에 대하여 **누설전류 또는 유도작용에 의하여 통신상의 장해를 주지 않도록** 기설 약전류전선로로부터 충분히 이격시키거나 기타 적당한 방법으로 시설하여야 한다. **답** ④

문제 95 가공전선로의 지지물에 사용하는 지선의 시설과 관련된 내용으로 옳지 않은 것은?

① 지선의 안전율은 2.5 이상일 것
② 지중부분 및 지표상 0.3[m] 까지의 부분에는 내식성이 있는 철봉을 사용하고 쉽게 부식되지 않는 근가에 견고하게 붙일 것
③ 소선의 지름 2.6[mm] 이상인 금속선 5가닥 이상의 연선일 것
④ 지선근가는 지선의 인장하중을 견디도록 시설할 것

풀이

331.11 지선의 시설
가공전선로의 지지물에 시설하는 지지선은 다음에 따라야 한다.
가. 지선의 안전율은 2.5 이상일 것. 이 경우에 허용 인장하중의 최저는 4.31[kN]으로 한다.
나. 지선에 연선을 사용할 경우에는 다음에 의할 것.
① **소선 3가닥 이상의 연선일 것.**

---

② 소선의 지름이 2.6[mm] 이상의 금속선을 사용한 것일 것.
다. 지중부분 및 지표상 0.3[m]까지의 부분에는 내식성이 있는 것 또는 아연도금을 한 철봉을 사용하고 쉽게 부식되지 않는 전주 버팀대에 견고하게 붙일 것. 다만, 목주에 시설하는 지지선에 대해서는 적용하지 않는다.
라. 지지선의 전주 버팀대는 지지선의 인장하중을 견디도록 시설할 것. **답** ③

문제 96 사용전압이 22.9[kV]인 특고압 가공전선이 도로를 횡단하는 경우, 지표상 높이는 최소 몇 [m] 이상 인가?

① 4.5   ② 5
③ 5.5   ④ 6

풀이

333.7 특고압 가공전선의 높이

전압의 범위	일반 장소	도로 횡단	철도 또는 궤도횡단	횡단보도교
35[kV] 이하	5 [m]	6 [m]	6.5 [m]	4 [m](특고압절연전선 또는 케이블 사용)
35[kV] 초과 160[kV] 이하	6 [m]	6 [m]	6.5 [m]	5 [m](케이블 사용)
	산지 등에서 사람이 쉽게 들어갈 수 없는 장소 ; 5 [m] 이상			
160[kV] 초과	일반장소	가공전선의 높이 = 6 + 단수×0.12 [m]		
	철도 또는 궤도횡단	가공전선의 높이 = 6.5 + 단수×0.12 [m]		
	산지	가공전선의 높이 = 5 + 단수×0.12 [m]		

※ 단수 = $\dfrac{(전압 [kV]-160)}{10}$ … 단수 계산에서 소수점 이하는 절상

답 ④

문제 97 화약류 저장소에 백열전등이나 형광등 또는 이들에 전기를 공급하기 위한 전기설비(개폐기 및 과전류 차단기를 제외한다)를 시설할 때 전로의 대지전압은 몇 [V] 이하여야 하는가?

① 150   ② 300
③ 500   ④ 750

풀이

242.5 화약류 저장소 등의 위험장소
화약류 저장소 안에는 전기설비를 시설해서는 안 된다. 다만, 백열전등이나 형광등 또는 이들에 전기를 공급하기 위한 전기설비(개폐기 및 과전류 차단기를 제외한다)는 다음

에 따라 시설하는 경우에는 그러하지 아니하다.

가. 전로에 대지전압은 300[V] 이하일 것.

나. 전기기계기구는 전폐형의 것일 것.

다. 전로에 지락이 생겼을 때에 자동적으로 전로를 차단하거나 경보하는 장치를 시설하여야 한다. 답 ②

문제 98 아파트 세대 욕실에 "비데용 콘센트"를 시설하고자 한다. 다음의 시설방법 중 적합하지 않은 것은?

① 콘센트는 접지극이 없는 것을 사용한다.

② 습기가 많은 장소에 시설하는 콘센트는 방습장치를 하여야 한다.

③ 콘센트를 시설하는 경우에는 절연변압기(정격용량 3[kVA] 이하인 것에 한한다.)로 보호된 전로에 접속하여야 한다.

④ 콘센트를 시설하는 경우에는 인체감전보호용 누전차단기(정격감도전류 15[mA] 이하, 동작시간 0.03초 이하의 전류동작형의 것에 한한다.)로 보호된 전로에 접속하여야 한다.

풀이

234.5 콘센트의 시설

욕조나 샤워시설이 있는 욕실 또는 화장실 등 인체가 물에 젖어있는 상태에서 전기를 사용하는 장소에 콘센트를 시설하는 경우에는 다음에 따라 시설하여야한다.

가. 인체감전보호용 누전차단기(정격감도전류 15[mA] 이하, 동작시간 0.03[초] 이하의 전류동작형의 것에 한한다) 또는 절연변압기(정격용량 3[kVA] 이하인 것에 한한다)로 보호된 전로에 접속하거나, 인체감전보호용 누전차단기가 부착된 콘센트를 시설하여야 한다.

나. 콘센트는 접지극이 있는 방적형 콘센트를 사용하여 규정에 준하여 접지하여야 한다. 답 ①

문제 99 태양전지 발전소에 시설하는 태양전지 모듈, 전선 및 개폐기 기타 기구의 시설기준에 대한 내용으로 틀린 것은?

① 충전부분은 노출되지 아니하도록 시설할 것

② 옥내에 시설하는 경우에는 전선을 케이블공사로 시설할 수 있다.

③ 태양전지 모듈의 프레임은 지지물과 전기적으로 완전하게 접속하여야 한다.

④ 태양전지 모듈을 병렬로 접속하는 전로에는 과전류차단기를 시설하지 않아도 된다.

풀이

522 태양광설비의 시설

가. 전선은 공칭단면적 2.5[mm²] 이상의 연동선 또는 이와 동등 이상의 세기 및 굵기의 것일 것

나. 배선설비 공사는 옥내에 시설할 경우에는 합성수지관공사, 금속관공사, 금속제 가요전선관공사, 케이블공사 의 규정에 준하여 시설할 것

다. **모듈을 병렬로 접속**하는 전로에는 그 주된 전로에 단락전류가 발생할 경우에 **전로를 보호하는 과전류차단기 또는 기타 기구를 시설할 것**

라. 태양전지 모듈에 접속하는 부하측의 태양전지 어레이에서 전력변환장치에 이르는 전로에는 그 접속점에 근접하여 개폐기 기타 이와 유사한 기구(부하전류를 개폐할 수 있는 것에 한한다)를 시설할 것 답 ④

문제 100 다음 통신설비의 식별표시에 대한 설명 중 옳지 않은 것은?

① 분기주, 인류주는 매 전주에 설비표시명판을 시설하여야 한다.

② 직선주는 전주 5경간마다 설비표시명판을 시설하여야 한다.

③ 지중설비에 시설하는 통신설비의 설비표시명판은 전력구내 행거는 100[m] 간격으로 시설할 것.

④ 설비표시명판은 플라스틱 및 금속판 등 견고하고 가벼운 재질로 하고 글씨는 각인하거나 지워지지 않도록 제작된 것을 사용하여야 한다.

풀이

365.1 통신설비의 식별표시

통신설비의 식별은 다음에 따라 표시하여야 한다.

가. 모든 통신기기에는 식별이 용이하도록 인식용 표찰을 부착하여야 한다.

나. 통신사업자의 설비표시명판은 플라스틱 및 금속판 등 견고하고 가벼운 재질로 하고 글씨는 각인하거나 지워지지 않도록 제작된 것을 사용하여야 한다.

다. 설비표시명판 시설기준

　(1) 배전주에 시설하는 통신설비의 설비표시명판은 다음에 따른다.

　　(가) 직선주는 전주 5경간마다 시설할 것.

　　(나) 분기주, 인류주는 매 전주에 시설할 것.

　(2) 지중설비에 시설하는 통신설비의 설비표시명판은 다음에 따른다.

　　(가) 관로는 맨홀마다 시설할 것.

　　(나) 전력구내 행거는 50[m] 간격으로 시설할 것. 답 ③

국가기술자격검정 필기시험 문제

2025년도 전기기사 일반검정 제2회 (CBT 복원문제)		수검 번호	성 명

자격종목 및 등급(선택분야)	종목코드	시험시간	문제지형별		
전기기사	1150	2시간 30분	A		

제1과목 ▶ 전기자기학

문제 01 각종 전기기기에 접지하는 이유로 가장 옳은 것은?

① 편의상 대지는 전위가 영상 전위이기 때문이다.

② 대지는 습기가 있기 때문에 전류가 잘 흐르기 때문이다.

③ 영상전하로 생각하여 땅속은 음(−) 전하이기 때문이다.

④ 지구의 정전용량이 커서 전위가 거의 일정하기 때문이다.

풀이

지구는 정전용량이 크므로 많은 전하가 축적되어도 지구의 전위는 일정하다. 따라서 대지를 실용상 영(0)전위로 한다.

답 ④

문제 02 영구자석의 재료로 적합한 것은?

① 잔류 자속밀도(B_r)는 크고, 보자력(H_c)은 작아야 한다.

② 잔류 자속밀도(B_r)는 작고, 보자력(H_c)은 커야 한다.

③ 잔류 자속밀도(B_r)와 보자력(H_c) 모두 작아야 한다.

④ 잔류 자속밀도(B_r)와 보자력(H_c) 모두 커야 한다.

풀이

- 잔류자기(residual magnetism) : B_r
  외부에서 가한 자계 세기를 0으로 해도 자성체에 남는 자속밀도 크기
- 보자력(coercive force) : H_c
  자화된 자성체 내부의 B를 0으로 하기 위하여 외부에서 자화와 반대방향으로 가하는 자계의 세기
- **영구 자석** : 히스테리시스 곡선의 면적이 크고, 잔류 자기(B_r)와 보자력(H_c)이 모두 클 것
- 전자석 : 히스테리시스 곡선의 면적이 작고, 잔류 자기(B_r)는 크고 보자력(H_c)은 작을 것.

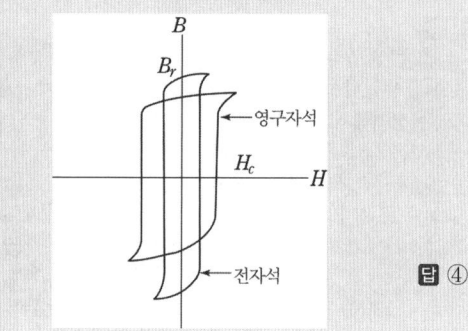

답 ④

문제 03 유전율이 10인 유전체를 5[V/m]인 전계 내에 놓으면 유전체의 표면전하밀도는 몇 [C/m²]인가? (단, 유전체의 표면과 전계는 직각이다.)

① 0.5

② 1.0

③ 50

④ 250

풀이

유전체의 표면전하밀도 σ'는 분극의 세기 P와 같으므로

$$\sigma' = P = \chi E = (\epsilon - \epsilon_0)E$$

$$= (10 - 8.85 \times 10^{-12}) \times 5 = 50[C/m^2]$$

답 ③

문제 04 막대 자석의 회전력을 나타내는 식으로 옳은 것은? 단, 막대 자석의 자기 모멘트 M[Wb·m]와 균등 자계 H[A/m]와의 이루는 각 θ는 $0° < \theta < 90°$라 한다.

① $M \times H$[N·m/rad]

② $H \times M$[N·m/rad]

③ $\mu_o H \times M$[N·m/rad]

④ $M \times \mu_o H$[N·m/rad]

풀이

자계 중의 자석에 작용하는 토크는

$T = MH\sin\theta$[N·m]

$\therefore T = M \times H$[N·m]　　**답** ①

문제 05 최대 전계 $E_m = 6$[V/m]인 평면 전자파가 수중을 전파할 때 자계의 최대치는 약 몇 [AT/m]인가? (단, 물의 비유전율 $\epsilon_s = 80$, 비투자율 $\mu_s = 1$이다.)

① 0.071 [AT/m]　　② 0.142 [AT/m]

③ 0.284 [AT/m]　　④ 0.426 [AT/m]

풀이

$\dfrac{E}{H} = \sqrt{\dfrac{\mu}{\epsilon}} = \sqrt{\dfrac{\mu_0}{\epsilon_0}} \cdot \sqrt{\dfrac{\mu_s}{\epsilon_s}} = 377\sqrt{\dfrac{\mu_s}{\epsilon_s}} = 377\sqrt{\dfrac{1}{80}}$

$\dfrac{E_m}{H_m} = \dfrac{377}{\sqrt{80}}$

$\therefore H_m = \dfrac{\sqrt{80}\,E_m}{377} = \dfrac{\sqrt{80} \times 6}{377} = 0.142$ [AT/m]　　**답** ②

문제 06 그림과 같이 무한 평면도체로부터 d[m] 떨어진 점에 $+Q$[C]의 점전하가 있을 때 $\dfrac{d}{2}$[m]인 P점에 있어서의 전계의 세기는 몇 [V/m]인가?

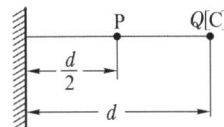

① $\dfrac{Q}{3\pi\epsilon_0 d}$　　② $\dfrac{8Q}{9\pi\epsilon_0 d^2}$

③ $\dfrac{10Q}{9\pi\epsilon_0 d^2}$　　④ $\dfrac{Q}{\pi\epsilon_0 d^2}$

풀이

• 점전하에 의한 전계

$E_+ = \dfrac{Q}{4\pi\epsilon_0\left(\dfrac{d}{2}\right)^2} = \dfrac{Q}{\pi\epsilon_0 d^2}$

• 영상전하에 의한 전계

$E_- = \dfrac{Q}{4\pi\epsilon_0\left(\dfrac{3}{2}d\right)^2} = \dfrac{Q}{9\pi\epsilon_0 d^2}$

• $E = E_+ + E_- = \dfrac{Q}{\pi\epsilon_0 d^2} + \dfrac{Q}{9\pi\epsilon_0 d^2} = \dfrac{10Q}{9\pi\epsilon_0 d^2}$　　**답** ③

문제 07 대지의 고유저항이 ρ[Ω·m]일 때 반지름이 a[m]인 그림과 같은 반구 접지극의 접지저항[Ω]은?

① $\dfrac{\rho}{4\pi a}$

② $\dfrac{\rho}{2\pi a}$

③ $\dfrac{2\pi\rho}{a}$

④ $2\pi\rho a$

풀이

$RC = \rho\epsilon$에서 반구의 정전 용량 $C = \dfrac{4\pi\epsilon a}{2} = 2\pi\epsilon a$이므로

$\therefore R = \dfrac{\rho\epsilon}{C} = \dfrac{\rho\epsilon}{2\pi\epsilon a} = \dfrac{\rho}{2\pi a}$[Ω]　　**답** ②

문제 08 전위함수가 $V = \dfrac{10}{x^2 + y^2}$[V]일 때 점(2, 1)에 있어서 전계의 세기[V/m]는?

① $-\dfrac{4}{5}(2i+j)$　　② $-\dfrac{5}{4}(2i+j)$

③ $\dfrac{4}{5}(2i+j)$　　④ $\dfrac{5}{4}(2i+j)$

풀이

$E = -\operatorname{grad}V = -\left(i\dfrac{\partial}{\partial x} + j\dfrac{\partial}{\partial y}\right)\left(\dfrac{10}{x^2+y^2}\right)$

$= i\dfrac{20x}{(x^2+y^2)^2} + j\dfrac{20y}{(x^2+y^2)^2}$

$\therefore |E|_{x=2,\,y=1} = i\dfrac{20\times2}{(2^2+1^2)^2} + j\dfrac{20\times1}{(2^2+1^2)^2} = \dfrac{4}{5}(2i+j)$　　**답** ③

문제 09 동일한 금속 도선의 두 점간에 온도차를 주고 고온쪽에서 저온쪽으로 전류를 흘리면, 줄열 이외에 도선속에서 열이 발생하거나 흡수가 일어나는 현상을 지칭하는 것은?

① 지벡효과　　　　　② 톰슨효과
③ 펠티에효과　　　　④ 볼타효과

풀이

• 지벡 효과 : 두 종류 금속 접속면에 온도차가 있으면 기전력이 발생하는 효과
• 펠티에 효과 : 두 종류 금속 접속면에 전류를 흘리면 접속점에서 열의 흡수, 발생이 일어나는 효과
• **톰슨 효과** : 동일한 금속 도선의 두 점간에 온도차를 주고, 고온 쪽에서 저온 쪽으로 전류를 흘리면 **도선 속에서 열이 발생되거나 흡수가 일어나는** 이러한 현상을 톰슨 효과라 한다.

답 ②

문제 10 공간 내에 자계 $H = K\sin x a_y$[A/m]가 주어진다. 이 자계를 형성하는 전류밀도 i [A/m²]는?

① $K\sin x a_z$　　　② $K\cos x a_x$
③ $K\sin x a_z$　　　④ $K\cos x a_z$

풀이

전류밀도 $i = \nabla \times H$
$$= \left(\frac{\partial}{\partial x}a_x + \frac{\partial}{\partial y}a_y + \frac{\partial}{\partial z}a_z\right) \times K\sin x a_y$$
$$= K\cos x a_z \,[\text{A/m}^2]$$

답 ④

문제 11 정전용량이 각각 C_1, C_2, 그 사이의 상호유도계수가 M인 절연된 두 도체가 있다. 두 도체를 가는 선으로 연결할 경우, 정전용량은 어떻게 표현되는가?

① $C_1 + C_2 - M$　　② $C_1 + C_2 + M$
③ $C_1 + C_2 + 2M$　④ $2C_1 + 2C_2 + M$

풀이

$$\begin{cases} Q_1 = q_{11}V_1 + q_{12}V_2 \\ Q_2 = q_{21}V_1 + q_{22}V_2 \end{cases} \text{에서} \begin{cases} q_{11} = c_1, \ q_{22} = c_2 \\ q_{12} = q_{21} = M \end{cases}$$
선으로 연결하면 등전위가 되어
$$V_1 = V_2 = V$$
$$\therefore \begin{cases} Q_1 = (q_{11} + q_{12})V = (C_1 + M)V \\ Q_2 = (q_{21} + q_{22})V = (M + C_2)V \end{cases}$$
$$Q_2 = (q_{21} + q_{22})V = (M + C_2)V$$

$$\therefore C = \frac{Q_1 + Q_2}{V} = C_1 + C_2 + 2M$$

답 ③

문제 12 그림과 같은 회로에서 스위치를 최초 A에 연결하여 일정전류 I_o[A]를 흘린 다음, 스위치를 급히 B로 전환할 때 저항 $R[\Omega]$에는 1 [s]간에 얼마만한 열량[cal]이 발생하는가?

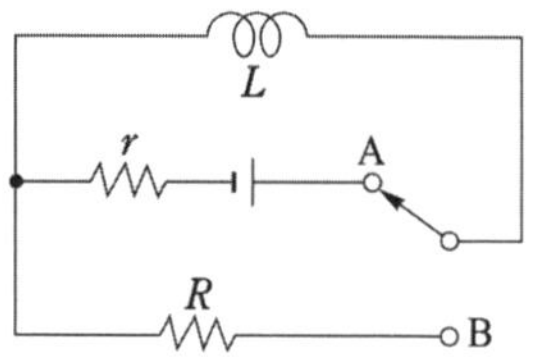

① $\dfrac{1}{8.4}LI_o^2$

② $\dfrac{1}{4.2}LI_o^2$

③ $\dfrac{1}{2}LI_o^2$

④ LI_o^2

풀이

코일 L에 축적된 에너지 $W = \dfrac{1}{2}LI_o^2$[J]이 저항에서 열로 소모되므로
$$W = \frac{1}{2}LI_o^2[\text{J}] = \frac{1}{4.2} \times \frac{1}{2}LI_o^2 = \frac{1}{8.4}LI_o^2$$
$$\left(\because 1[\text{J}] = \frac{1}{4.2}[\text{cal}]\right)$$

답 ①

문제 13 점전하에 의한 전위함수가 $V = x^2 + y^2$ [V]로 주어진 전계가 있을 때 이 전계의 전기력선 방정식은? 단, A는 상수이다.

① $xy = A$　　　　② $y = Ax$
③ $y = Ax^2$　　　④ $\dfrac{1}{x} + \dfrac{1}{y} = A$

풀이

$$E = -\text{grad}\,V = -\left(i\frac{\partial}{\partial x} + j\frac{\partial}{\partial y} + k\frac{\partial}{\partial z}\right)(x^2 + y^2)$$
$$= -i2x - j2y = -2(ix + jy) = iE_x + jE_y$$
전기력선의 방정식 $\dfrac{dx}{E_x} = \dfrac{dy}{E_y}$, $\dfrac{dx}{-2x} = \dfrac{dy}{-2y}$
$$\therefore \frac{dx}{x} = \frac{dy}{y} \text{를 양변 적분하면}$$
$$\ln x + \ln k_1 = \ln y + \ln k_2$$
$$k_1 x = k_2 y$$
$$\therefore y = \frac{k_1}{k_2}x = Ax \quad \text{단, } A = \frac{k_1}{k_2}$$

답 ②

문제 14 도체 내에서 변위전류의 영향을 무시할 수 있는 조건은?(단, K : 도전도(導電度) 또는 도전율 [℧/m], ϵ : 유전율[F/m], f : 교번 전자계의 주파수 [Hz]이다.)

① $\dfrac{K}{2\pi\epsilon} \gg f$ ② $\dfrac{K}{2\pi\epsilon} \ll f$

③ $\dfrac{\epsilon}{2\pi K} \gg f$ ④ $\dfrac{\epsilon}{2\pi K} \ll f$

풀이

도체 내의 전도전류밀도와 변위전류밀도는

• 전도전류밀도 $i_c = K\boldsymbol{E}$

• 변위전류밀도 $i_d = \dfrac{d\boldsymbol{D}}{dt}$

변위전류는 도함수와 복소수의 변환 관계

$\dfrac{d}{dt} \to j\omega$ 와 $D = \epsilon E$로부터

$i_d = \dfrac{d\boldsymbol{D}}{dt} = j\omega\boldsymbol{D} = j\omega\epsilon\boldsymbol{E}$

$i_d = |i_d| = \omega D = \omega\epsilon E = 2\pi f\epsilon E$

전도전류가 변위전류 보다 매우 크면 변위전류의 영향을 무시할 수 있으므로

$i_c \gg i_d, \quad KE \gg 2\pi f\epsilon E, \quad K \gg 2\pi f\epsilon$

$\therefore \dfrac{K}{2\pi\epsilon} \gg f$

즉, 양도체의 조건 $K \gg \omega\epsilon$이 성립한다.   **답** ①

문제 15 $z = 0$인 평면상에 중심이 원점에 있고 반경이 a[m]인 원형도체에 그림과 같이 전류 I[A]가 흐를 때 $z = b$인 점에서 자계의 세기는? (단, a_z는 단위 벡터이다.)

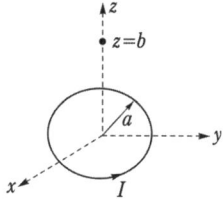

① $\dfrac{a^2 I}{2(a^2 + b^2)^3} \, \boldsymbol{a_z}$ [AT/m]

② $\dfrac{a\, I}{2(a^2 + b^2)^{\frac{3}{2}}} \, \boldsymbol{a_z}$ [AT/m]

③ $\dfrac{a^2 I}{2(a^2 + b^2)^{\frac{3}{2}}} \, \boldsymbol{a_z}$ [AT/m]

④ $\dfrac{a^2 I}{2(a^2 + b^2)^2} \, \boldsymbol{a_z}$ [AT/m]

풀이

반경 a[m]인 원형 코일의 미소 길이 dl[m]에 의한 중심축상의 한점 z의 미소 자계의 세기는 비오-사바르의 법칙에 의해

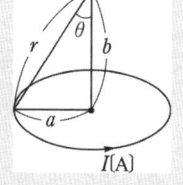

$dH = \dfrac{Idl}{4\pi r^2}\sin\theta = \dfrac{I \cdot adl}{4\pi r^3}$ [AT/m]

$\left(r = \sqrt{a^2 + b^2}, \ \sin\theta = \dfrac{a}{r}\right)$

$H = \int \dfrac{I \cdot adl}{4\pi r^3} = \dfrac{aI}{4\pi r^3}\int dl = \dfrac{aI}{4\pi r^3}2\pi a = \dfrac{a^2 I}{2r^3}$ [AT/m]

여기서, $r = \sqrt{a^2 + b^2}$ 이므로

$H = \dfrac{a^2 I}{2(a^2 + b^2)^{\frac{3}{2}}}$ [AT/m]   **답** ③

문제 16 어떤 영역 내에서 체적전하밀도가 매초 2×10^8[C/m³]의 비율로 감소할 때, 반지름 10^{-5}[m]의 구면을 통해 흘러 나가는 전류는 몇 [μA]인가?

① 0.938   ② 0.838

③ 0.738   ④ 0.638

풀이

전류의 정의 : 어떤 공간에서 폐곡면에 유입(증가) 또는 유출(감소)하는 전하량의 시간적 변화율

수학적 표현 : $I = \dfrac{dQ}{dt} \begin{cases} \text{유입(증가)} : +\text{부호} \\ \text{유출(감소)} : -\text{부호} \end{cases}$

$\begin{cases} ① \dfrac{-d\rho}{dt} = -2 \times 10^8 : \text{문제의 수학적 표현} \\ ② V = \dfrac{4}{3}\pi r^3 = \dfrac{4}{3}\pi \times 10^{-15} : \text{구의 체적} \end{cases}$

$\therefore I = -\dfrac{dQ}{dt} = -\dfrac{d}{dt}\int_V \rho dv = -\dfrac{d\rho}{dt} \cdot V$

$= (-2 \times 10^8) \times \left(\dfrac{4}{3}\pi \times 10^{-15}\right) = -0.838[\mu A]$

(단, 부호 "−"는 전류의 유출 또는 감소를 의미하므로 전류는 $0.838[\mu A]$ 이다.   **답** ②

문제 17 두 종류의 유전율(ϵ_1, ϵ_2)을 가진 유전체 경계면에 진전하가 존재하지 않을 때 성립하는 경계 조건을 옳게 나타낸 것은? (단, θ_1, θ_2는 각각 유전체 경계면의 법선벡터와 E_1, E_2가 이루는 각이다.)

① $E_1 \sin\theta_1 = E_2 \sin\theta_2$, $D_1 \sin\theta_1 = D_2 \sin\theta_2$,

$\dfrac{\tan\theta_1}{\tan\theta_2} = \dfrac{\epsilon_2}{\epsilon_1}$

② $E_1 \cos\theta_1 = E_2 \cos\theta_2$, $D_1 \sin\theta_1 = D_2 \sin\theta_2$,

$\dfrac{\tan\theta_1}{\tan\theta_2} = \dfrac{\epsilon_2}{\epsilon_1}$

③ $E_1 \sin\theta_1 = E_2 \sin\theta_2$, $D_1 \cos\theta_1 = D_2 \cos\theta_2$,

$\dfrac{\tan\theta_1}{\tan\theta_2} = \dfrac{\epsilon_1}{\epsilon_2}$

④ $E_1 \cos\theta_1 = E_2 \cos\theta_2$, $D_1 \cos\theta_1 = D_2 \cos\theta_2$,

$\dfrac{\tan\theta_1}{\tan\theta_2} = \dfrac{\epsilon_1}{\epsilon_2}$

풀이

경계 조건
- 전속밀도의 법선 성분(수직 성분)이 같다.
  ($D_1 \cos\theta_1 = D_2 \cos\theta_2$)
- 전계는 접선 성분(평행 성분)이 같다.
  ($E_1 \sin\theta_1 = E_2 \sin\theta_2$)
- 두 경계면에서의 전위는 서로 같다. ($V_1 = V_2$)
- $\epsilon_1 > \epsilon_2$이면, $\theta_1 > \theta_2$ 이다.
- $\dfrac{\tan\theta_1}{\tan\theta_2} = \dfrac{\epsilon_1}{\epsilon_2}$
- 전속선은 유전율이 큰 유전체 쪽으로 모이려는 성질이 있다. **답 ③**

문제 18 30[V/m]의 전계내의 80[V]되는 점에서 1[C]의 전하를 전계 방향으로 80[cm] 이동한 경우, 그 점의 전위[V]는?

① 9 　　　　　② 24

③ 30 　　　　　④ 56

풀이

$$V_{BA} = V_B - V_A = -\int_A^B \boldsymbol{E} \cdot dl = -\int_0^{0.8} \boldsymbol{E} \cdot dl$$
$$= -[30l]_0^{0.8} = -24[\text{V}]$$
$V_A = 80[\text{V}]$, $V_{BA} = -24[\text{V}]$ 이므로
$$\therefore V_B = V_A + V_{BA} = 80 - 24 = 56 \, [\text{V}]$$ **답 ④**

문제 19 투자율을 μ라 하고 공기 중의 투자율 μ_0와 비투자율 μ_s의 관계에서 $\mu_s = \dfrac{\mu}{\mu_0} = 1 + \dfrac{\chi}{\mu_0}$로 표현된다. 이에 대한 설명으로 알맞은 것은? (단, χ는 자화율이다.)

① $\chi > 0$인 경우 역자성체

② $\chi < 0$인 경우 상자성체

③ $\mu_s > 1$인 경우 비자성체

④ $\mu_s < 1$인 경우 역자성체

풀이

① 상자성체 : 자화가 자계와 같은 방향이므로 자화율 $\chi > 0$

② 반(역)자성체 : 자화가 자계와 반대 방향이므로 자화율 $\chi < 0$

③ 비투자율 $\mu_s = \dfrac{\mu}{\mu_0} = 1 + \dfrac{\chi}{\mu_0}$ 에서

- 상자성체에서는 자화율 $\chi > 0$ 이므로 비투자율 $\mu_s > 1$
- 반(역)자성체에서는 자화율 $\chi < 0$ 이므로 비투자율 $\mu_s < 1$ **답 ④**

문제 20 대지면에 높이 h[m]로 평행하게 가설된 매우 긴 선전하가 지면으로부터 받는 힘은?

① h에 비례

② h에 반비례

③ h^2에 비례

④ h^2에 반비례

풀이

지상의 높이 h[m]와 같은 거리에 선전하 밀도 $-\lambda$[C/m]인 영상 전하를 고려하여 선전하간의 작용력을 구하면

$$f = -\lambda E = -\lambda \cdot \frac{\lambda}{2\pi\epsilon_0(2h)} = \frac{-\lambda^2}{4\pi\epsilon_0 h} \propto \frac{1}{h}$$ **답 ②**

제2과목 전력공학

문제 21 발전기 보호용 비율 차동 계전기의 특성이 아닌 것은?

① 외부 단락시 오동작을 방지하고 내부 고장시만 예민하게 동작한다.

② 계전기의 최소 동작 전류를 일정치로 고정시켜 비율에 의해 동작한다.

③ 발전기 전류와 계전기의 차전류의 비율에 의해 동작한다.

④ 외부 단락으로 전기자 전류 급증시 계전기의 최소 동작 전류도 증대된다.

풀이

비율 차동 계전기는 피보호기기(발전기, 변압기, …)의 1차 전류와 2차 전류의 차가 일정 비율 이상으로 되었을 때 동작하는 계전기로 **변압기 및 발전기의 내부 고장 보호**에 사용된다. **답** ③

문제 22 인터록(interlock)의 기능에 대한 설명으로 옳은 것은?

① 조작자의 의중에 따라 개폐되어야 한다.

② 차단기가 열려 있어야 단로기를 닫을 수 있다.

③ 차단기가 닫혀 있어야 단로기를 닫을 수 있다.

④ 차단기와 단로기를 별도로 닫고, 열 수 있어야 한다.

풀이

단로기는 부하 전류를 개폐할 수 없다. 따라서 **단로기는 차단기가 열려 있어야 열고 닫을 수 있다.** 즉, 인터록 장치를 두어 부하 통전 시 단로기를 열 수 없도록 하여야 한다. **답** ②

문제 23 3상 3선식에서 전선 한 가닥에 흐르는 전류는 단상 2선식의 경우의 몇 배가 되는가? (단, 송전전력, 부하역률, 송전거리, 전력손실 및 선간전압이 같다.)

① $\frac{1}{\sqrt{3}}$ ② $\frac{2}{3}$

③ $\frac{3}{4}$ ④ $\frac{4}{9}$

풀이

• 단상 2선식의 송전전력 $P_1 = V_1 I_1 \cos\theta_1$

• 3상 3선식의 송전전력 $P_3 = \sqrt{3} V_3 I_3 \cos\theta_3$ 라고 하면

• 송전전력 및 선간전압이 같다는 조건이므로
$VI_1 \cos\theta = \sqrt{3} VI_3 \cos\theta$
(또한 동일 부하이므로 $\cos\theta_1 = \cos\theta_3 = \cos\theta$)

$\therefore I_3 = \frac{1}{\sqrt{3}} I_1$ **답** ①

문제 24 중거리 송전선로의 4단자 정수가 $A=1.0$, $B=j190$, $D=1.0$ 일 때 C의 값은 얼마인가?

① 0 ② $-j120$

③ j ④ $j190$

풀이

$AD-BC=1$ 에서
$\therefore C = \frac{AD-1}{B} = \frac{1.0\times1.0-1}{j190} = 0$ **답** ①

문제 25 그림과 같이 V결선 배전용 변압기의 저압측 단에서 양외측 선간 단락 시의 단락 전류는 몇 [A]인가? 단, 각 변압기의 내부 임피던스는 0.08 [Ω]이고 선간 전압은 200 [V]이다.

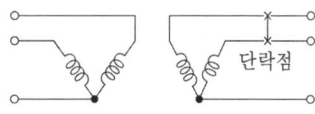

① 1250 ② 1600

③ 2500 ④ 3200

풀이

2개의 임피던스가 직렬로 접속된 것과 같으므로
$I_s = \frac{V}{2Z} = \frac{200}{2\times0.08} = 1250[A]$ **답** ①

문제 26 전선의 표피 효과에 대한 설명으로 알맞은 것은?

① 전선이 굵을수록, 주파수가 높을수록 커진다.

② 전선이 굵을수록, 주파수가 낮을수록 커진다.

③ 전선이 가늘수록, 주파수가 높을수록 커진다.

④ 전선이 가늘수록, 주파수가 낮을수록 커진다.

풀이

$$\delta = \sqrt{\frac{1}{\pi f \sigma \mu}} \ [\mathrm{m}]$$

여기서, δ : 표피 두께 또는 침투 깊이

$\mu = 4\pi \times 10^{-7} [\mathrm{H/m}]$: 투자율

σ : 도전율, f : 주파수

따라서, **주파수가 높을수록, 도전율이 높을수록, 투자율이 클수록, 표피 두께 δ가 감소**하므로 표피 효과는 증대되어 도체의 실효 저항이 증가한다. **답** ①

문제 27 공기차단기(ABB)의 공기 압력은 일반적으로 몇 [kg/cm²] 정도 되는가?

① 5~10   ② 15~30

③ 30~45   ④ 45~55

풀이

공기 차단기(ABB : Air Blast Circuit Breaker)는 15~30[kg/cm²]의 압축공기를 차단시에 발생하는 아크에 분사하여 소호하는 전력개폐장치이다. **답** ②

문제 28 그림과 같은 배전선이 있다. 급전점 O의 전압을 110[V]라 하면 C점의 전압은? (단, 선로 OA, AB, BC간의 저항은 각각 0.2[Ω]이며, 부하역률은 100[%]이다.)

① 92 [V]

② 97 [V]

③ 99 [V]

④ 104 [V]

O   A   B   C

5[A]   15[A]   10[A]

풀이

- $V_A = V_O - R_{OA} \cdot (I_A + I_B + I_C)$
  $= 110 - 0.2 \times (5 + 15 + 10) = 104 [\mathrm{V}]$
- $V_B = V_A - R_{AB} \cdot (I_B + I_C) = 104 - 0.2 \times (15 + 10) = 99 [\mathrm{V}]$
- $V_C = V_B - R_{BC} \cdot I_C = 99 - 0.2 \times 10 = 97 [\mathrm{V}]$ **답** ②

문제 29 가스냉각형 원자로에 사용하는 연료 및 냉각재는?

① 천연우라늄, 수소가스

② 농축우라늄, 질소

③ 천연우라늄, 이산화탄소

④ 농축우라늄, 흑연

풀이

원자로의 연료, 감속재 및 냉각재

종 류	연 료	감속재	냉각재
가스 냉각로(GCR)	**천연우라늄**	흑연	**탄산가스**
가압수형 경수로(PWR)	저농축우라늄	경수	경수
비등수형 경수로(BWR)	저농축우라늄	경수	경수
중수로(CANDU)	천연우라늄	중수	중수
고속 증식로(FBR)	농축우라늄, 플루토늄	–	나트륨

답 ③

문제 30 피상전력 $P[\mathrm{kVA}]$, 역률 $\cos\theta$인 부하를 역률 100[%]로 개선하기 위한 전력용 콘덴서의 용량은 몇 [kVA]인가?

① $P\sqrt{1 - \cos^2\theta}$ ② $P\tan\theta$

③ $P\cos\theta$ ④ $P\dfrac{\sqrt{1 + \cos^2\theta}}{\cos\theta}$

풀이

역률 개선용 콘덴서 용량

$Q_c[\mathrm{kVA}] = P[\mathrm{kW}](\tan\theta_1 - \tan\theta_2)$에서

$Q_c = P\cos\theta\left(\dfrac{\sin\theta}{\cos\theta} - \dfrac{0}{1}\right) = P\cos\theta\left(\dfrac{\sqrt{1 - \cos^2\theta}}{\cos\theta}\right)$

$= P\sqrt{1 - \cos^2\theta}$ **답** ①

문제 31 그림과 같이 3상 평형의 순저항 부하에 단상 전력계를 연결하였을 때 전력계가 $W[\mathrm{W}]$를 지시하였다. 이 3상 부하에서 소모하는 전체 전력[W]은?

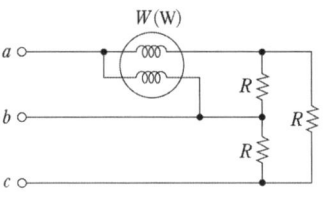

① $2W$ ② $3W$

③ $\sqrt{2}\,W$ ④ $\sqrt{3}\,W$

풀이

그림에서 단상전력 $W = V_l I_l \cos(30° - \theta)$이고,

순 저항 부하($\theta = 0°$) 이므로

$$W = V_l I_l \cos 30° = \frac{\sqrt{3}}{2} V_l I_l [\mathrm{W}]$$

따라서 3상 전력 $P = \sqrt{3}\,V_l I_l = 2W[\mathrm{W}]$ **답** ①

문제 32 정전용량 0.01[μF/km], 길이 173.2[km], 선간전압 60[kV], 주파수 60[Hz]인 3상 송전선로의 충전전류는 약 몇 [A] 인가?

① 6.3　　　　　② 12.5
③ 22.6　　　　　④ 37.2

풀이

충전전류 $I_c = \omega C_w l E = 2\pi f \cdot C_w l \cdot \dfrac{V}{\sqrt{3}}$

$= 2\pi \times 60 \times 0.01 \times 10^{-6} \times 173.2 \times \dfrac{60,000}{\sqrt{3}}$

$= 22.62[A]$ 　　**답 ③**

문제 33 유효 낙차 50[m], 이론 출력 4,900[kW]인 수력 발전소가 있다. 이 발전소의 최대 사용 수량은 몇 [m³/sec]이겠는가?

① 10　　　　　② 25
③ 50　　　　　④ 75

풀이

출력 $P = 9.8QH[kW]$

$\therefore Q = \dfrac{P}{9.8H} = \dfrac{4,900}{9.8 \times 50} = 10[\text{m}^3/\text{s}]$ 　**답 ①**

문제 34 송전계통에서 절연협조의 기본이 되는 사항은?

① 애자의 섬락전압
② 권선의 절연내력
③ 피뢰기의 제한전압
④ 변압기 부싱의 섬락전압

풀이

계통 내의 각 기기, 기구 및 애자 등의 상호간에 적정한 절연 강도를 지니게 함으로써 계통 설계를 합리적, 경제적으로 할 수 있게 한 것을 절연협조라고 하며 **피뢰기의 제한 전압이 기본**이 된다. 　**답 ③**

문제 35 선로정수 R과 관계 없는 것은?

① 길이
② 고유저항
③ 단면적
④ 투자율

풀이

$R = \rho \dfrac{l}{A}[\Omega]$

여기서, ρ : 고유 저항[Ω/m·mm²]
　　　　l : 선로 길이[m]
　　　　A : 단면적[mm²] 　**답 ④**

문제 36 단락점까지의 전선 한 가닥의 임피던스가 $Z = 6 + j8[\Omega]$(전원포함), 단락 전의 단락점 전압이 22.9[kV]인 단상 2선식 전선로의 단락용량은 몇 [kVA]인가? (단, 부하전류는 무시한다.)

① 13110[kVA]　　　② 26220[kVA]
③ 39330[kVA]　　　④ 52440[kVA]

풀이

전선 1가닥의 임피던스 $Z = \sqrt{R^2 + X^2} = \sqrt{6^2 + 8^2} = 10[\Omega]$
따라서, 왕복선로의 임피던스 $Z_s = 2Z = 2 \times 10 = 20[\Omega]$

$I_s = \dfrac{E}{Z_s} = \dfrac{22900}{20} = 1145[A]$

$P_s = EI_s = 22900 \times 1145 \times 10^{-3} = 26220[\text{kVA}]$ 　**답 ②**

문제 37 전력선과 통신선 사이에 그림과 같이 차폐선을 설치하며, 각선 사이의 상호 임피던스를 각각 Z_{12}, Z_{1s}, Z_{2s} 라 하고 차폐선 자기 임피던스를 Z_s 라 할 때 저감계수를 나타낸 식은?

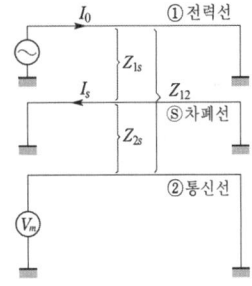

① $\left| 1 - \dfrac{Z_{1s} Z_{2s}}{Z_s Z_{12}} \right|$ 　　② $\left| 1 - \dfrac{Z_{12} Z_{1s}}{Z_s Z_{2s}} \right|$

③ $\left| 1 - \dfrac{Z_s Z_{2s}}{Z_{12} Z_{1s}} \right|$ 　　④ $\left| 1 - \dfrac{Z_s Z_{12}}{Z_{1s} Z_{2s}} \right|$

풀이

통신선에 유도되는 전압

$V_2 = -Z_{12} I_0 + Z_{2s} I_1 = -Z_{12} I_0 + Z_{2s} \dfrac{Z_{1s} I_0}{Z_s}$

$$= -Z_{12}I_0\left(1-\frac{Z_{1s}}{Z_s}\frac{Z_{2s}}{Z_{12}}\right)$$

여기서, $-Z_{12}I_0$는 차폐선이 없는 경우의 유도전압이기 때문에 $\left(1-\dfrac{Z_{1s}}{Z_s}\dfrac{Z_{2s}}{Z_{12}}\right)$는 차폐선을 설치함으로써 유도 전압이 이만큼 줄게 된다는 저감 비율을 나타내는 것으로서 차폐선의 **차폐 계수**라 한다.　　　　　**답** ①

문제 38 전선 지지점에 고저차가 없는 경간 300[m]인 송전선로가 있다. 이도를 8[m]로 유지할 경우 지지점 간의 전선 길이는 약 몇 [m]인가?

① 300.1[m]　　　　② 300.3[m]
③ 300.6[m]　　　　④ 300.9[m]

풀이

$$L=S+\frac{8D^2}{3S}=300+\frac{8\times8^2}{3\times300}=300.57[m]$$

여기서, L : 전선의 실제 길이[m]
　　　　S : 경간[m], D : 이도[m]　　**답** ③

문제 39 전력계통의 주파수 변동의 원인 중 가장 큰 영향을 미치는 것은?

① 변압기의 탭 조정
② 스팀 터빈 발전기의 거버너 밸브 열고 닫기
③ 발전기의 자동전압조정기(AVR)의 동작
④ 송전선로에 병렬콘덴서의 투입

풀이

• 유효 전력 변동 = 주파수 변동
• 무효 전력 변동 = 전압 변동
　즉, 스팀 터빈 발전기의 **거버너 밸브를 조정**하여 터빈에 공급되는 증기를 조정하면 **출력이 변화되고 주파수가 변한다.**　　　　　　　　　　　　**답** ②

문제 40 다음 중 전동기 등 기계 기구류 내의 전로의 절연 불량으로 인한 감전 사고를 방지하기 위한 방법으로 거리가 먼 것은?

① 외함 접지
② 저전압 사용
③ 퓨즈 설치
④ 누전차단기 설치

풀이

퓨즈는 회로 및 기기의 단락 보호용으로 사용된다. 따라서, 절연불량에 의한 **감전사고 방지와는 무관**하다.
　　　　　　　　　　　　　　　답 ③

제3과목　전기기기

문제 41 직류발전기의 단자전압을 조정하려면 어느 것을 조정하여야 하는가?

① 기동저항
② 계자저항
③ 방전저항
④ 전기자저항

풀이

유기기전력 $E=p\phi n\dfrac{Z}{a}$[V]에서

p, a, Z는 발전기 제작 시 이미 결정되어 운전 시 고정된 값이다. 따라서, 단자 **전압을 조정**하려면 회전수 n 또는 자속 ϕ를 조정 하여야 하나 일반적으로 회전수는 일정하게 유지하고 **계자 저항**을 가감함으로 자속 ϕ를 조정한다.
　　　　　　　　　　　　　　　답 ②

문제 42 직류 발전기에서 양호한 정류를 얻기 위한 방법이 아닌 것은?

① 보상 권선을 설치한다.
② 보극을 설치한다.
③ 브러시의 접촉저항을 크게 한다.
④ 리액턴스 전압을 크게 한다.

풀이

양호한 정류를 얻는 방법
불꽃없는 정류를 위한 조건 : **브러시 접촉면 전압강하 > 평균 리액턴스 전압**
① 보상 권선을 설치하여 전기자 반작용 억제.
② 전압 정류 : 보극 설치
③ 저항 정류 : 접촉저항이 큰 탄소 브러시를 사용
④ 리액턴스(L)를 적게 하여 **리액턴스 전압을 낮게 한다.**
　 : 단절권 채택
⑤ 정류주기(T_c)를 길게 한다. : 회전속도를 낮춘다.　**답** ④

문제 43 IGBT(Insulated Gate Bipolar Transistor)에 대한 설명으로 틀린 것은?

① MOSFET와 같이 전압제어 소자이다.

② GTO 사이리스터와 같이 역방향 전압저지 특성을 갖는다.

③ 게이트와 에미터 사이의 입력 임피던스가 매우 낮아 BJT보다 구동하기 쉽다.

④ BJT처럼 on-drop이 전류에 관계없이 낮고 거의 일정하며, MOSFET보다 훨씬 큰 전류를 흘릴 수 있다.

풀이

IGBT (Insulated Gate Bipolar Transistor)

IGBT는 MOSFET와 트랜지스터의 장점을 취한 것으로서

① 소스에 대한 게이트의 전압으로 도통과 차단을 제어한다.

② 게이트 구동전력이 매우 낮다.

③ 스위칭 속도는 FET와 트랜지스터의 중간정도로 빠른 편에 속한다.

④ 용량은 일반 트랜지스터와 동등한 수준이다.

⑤ MOSFET과 같이 **입력 임피던스가 매우 높아** BJT보다 구동하기 쉽다. **답** ③

문제 44 3상 유도전동기의 기계적 출력 P[kW], 회전수 N[rpm]인 전동기의 토크[kg·m]는?

① $0.46\dfrac{P}{N}$

② $0.855\dfrac{P}{N}$

③ $975\dfrac{P}{N}$

④ $1050\dfrac{P}{N}$

풀이

$$\tau = \frac{1}{9.8}\cdot\frac{P}{\omega} = \frac{1}{9.8}\cdot\frac{P\times10^3}{2\pi\times\dfrac{N}{60}} = 975\frac{P}{N} \text{ [kg·m]}$$ **답** ③

문제 45 일정 전압 및 일정 파형에서 주파수가 상승하면 변압기 철손은 어떻게 변하는가?

① 증가한다.

② 감소한다.

③ 불변이다.

④ 증가와 감소를 반복한다.

풀이

① 와류손 $P_e = KE^2$ 에서 와류손은 주파수와 무관하다.

② 히스테리시스손 $P_h = K\dfrac{E^2}{f}$ 로 주파수에 반비례한다.

③ 철손 = 와류손 + 히스테리시스손

주파수가 상승하면 와류손은 변함이 없지만, 히스테리시스손은 감소하므로 철손은 감소하게 된다. **답** ②

문제 46 유도전동기의 동작원리로 옳은 것은?

① 전자유도와 플레밍의 왼손 법칙

② 전자유도와 플레밍의 오른손 법칙

③ 정전유도와 플레밍의 왼손 법칙

④ 정전유도와 플레밍의 오른손 법칙

풀이

• 발전기 : 전자유도와 플레밍의 오른손 법칙

• **전동기 : 전자유도와 플레밍의 왼손법칙** **답** ①

문제 47 정격전압 6600[V]인 3상 동기발전기가 정격출력(역률 = 1)으로 운전할 때 전압변동률이 12[%]이었다. 여자전류와 회전수를 조정하지 않은 상태로 무부하 운전하는 경우 단자전압[V]은?

① 6433

② 6943

③ 7392

④ 7842

풀이

$$\text{전압변동률 } \epsilon = \frac{V_0 - V_n}{V_n}\times100 = \left(\frac{V_0}{V_n}-1\right)\times100[\%]$$

따라서, 무부하 단자전압

$$V_0 = \left(1+\frac{\epsilon}{100}\right)V_n = \left(1+\frac{12}{100}\right)\times6600 = 7392[\text{V}]$$ **답** ③

문제 48 동기기의 권선법 중 기전력의 파형을 좋게 하는 권선법은?

① 전절권, 2층권

② 단절권, 집중권

③ 단절권, 분포권

④ 전절권, 집중권

풀이

① **단절권**의 특징

• 고조파를 제거하여 **기전력의 파형을 좋게** 하고

• 자기 인덕턴스 감소

• 유기 기전력 감소

② **분포권**의 특징
- 기전력의 고조파가 감소하여 **파형이 좋아진다.**
- 권선의 누설 리액턴스가 감소한다.
- 분포권은 집중권에 비하여 합성 유기 기전력이 감소한다.

답 ③

문제 49 전원 주파수와 다른 주파수의 전력으로 변환시키는 장치는?

① 초퍼
② 사이클로 컨버터
③ 인버터
④ 컨버터

풀이
- 초퍼 : DC → DC로 변환
- 사이클로 컨버터 : 정지 사이리스터 회로에 의해 **전원 주파수와 다른 주파수의 전력으로 변환**시키는 직접 회로 장치이다.

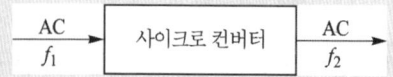

- 인버터 : DC → AC로 변환
- 컨버터 : AC → DC로 변환

답 ②

문제 50 2상 교류 서보모터를 구동하는 데 필요한 2상 전압을 얻는 방법으로 널리 쓰이는 방법은?

① 2상 전원을 직접 이용하는 방법
② 환상 결선 변압기를 이용하는 방법
③ 여자권선에 리액터를 삽입하는 방법
④ 증폭기 내에서 위상을 조정하는 방법

풀이

2상 서보 전동기

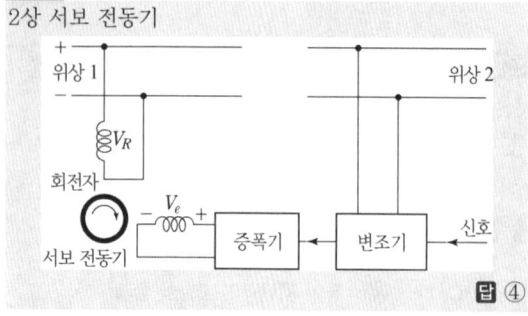

답 ④

문제 51 단상 유도전동기를 2전동기설로 설명하는 경우 정방향 회전자계의 슬립이 0.2이면, 역방향 회전자계의 슬립은 얼마인가?

① 0.2   ② 0.8
③ 1.8   ④ 2.0

풀이
- 정방향 회전자계의 슬립 $s_f = s = \dfrac{n_s - n}{n_s} = 1 - \dfrac{n}{n_s}$
- 역방향 회전자계의 슬립

$$s_b = \frac{n_s - (-n)}{n_s} = \frac{n_s + n_s - n_s + n}{n_s} = 2 - \frac{n_s - n}{n_s} = 2 - s$$

$$\therefore s_b = 2 - s = 2 - 0.2 = 1.8$$

답 ③

문제 52 전압이 일정한 모선에 접속되어 역률 1로 운전하고 있는 동기전동기를 동기조상기로 사용하는 경우 여자전류를 증가시키면 이 전동기는 어떻게 되는가?

① 역률은 앞서고, 전기자 전류는 증가한다.
② 역률은 앞서고, 전기자 전류는 감소한다.
③ 역률은 뒤지고, 전기자 전류는 증가한다.
④ 역률은 뒤지고, 전기자 전류는 감소한다.

풀이

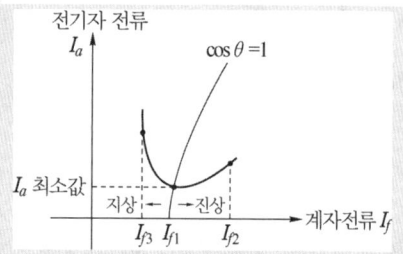

- I_{f1} : $\cos\theta = 1$
- I_{f2}(여자 전류 증가) : 진상의 전기자 전류가 흐르고, 전류는 증가한다.
- I_{f3}(여자 전류 감소) : 지상의 전기자 전류가 흐르고, 전류는 증가한다.

답 ①

문제 53 스텝각이 2°, 스테핑주파수(pulse rate)가 1800[pps]인 스테핑모터의 축속도[rps]는?

① 8   ② 10
③ 12   ④ 14

풀이

스테핑전동기는 디지털 신호에 비례하여 일정 각도만큼 회전하는 모터로 그 총회전각은 입력펄스의 수로, 회전속도는 입력펄스의 빠르기로 쉽게 제어가 가능한 특징이 있다.

- 1초당 입력펄스 : 1800 (pps : pulse/sec)
- 1펄스 당 회전각도 : 2°
- 1초당 회전각도 : $1800 \times 2° = 3600°$
- 전동기 1회전 당 회전각도 : 360°
- 전동기 1초당 회전속도 : $\dfrac{3600°}{360°} = 10$[회전] **답** ②

① 12 　　　　　　　② 10
③ 8 　　　　　　　④ 6

풀이

무부하시에는 "유기 기전력 = 무부하 단자전압"이다.

발전기 유기기전력 $E = V + I_a R_a + e_b$
$$= 200 + 50 \times 0.2 + 2$$
$$= 212[V]$$

따라서, 무부하시와 정격부하시의 전압차
$$= E - V = 212 - 200 = 12[V]$$ **답** ①

문제 54 동기발전기의 단자부근에서 단락 시 단락전류는?

① 서서히 증가하여 큰 전류가 흐른다.
② 처음부터 일정한 큰 전류가 흐른다.
③ 무시할 정도의 작은 전류가 흐른다.
④ 단락된 순간은 크나, 점차 감소한다.

풀이

평형 3상 전압을 유기하고 있는 발전기의 단자를 갑자기 단락하면 **단락 초기에 전기자 반작용이 순간적으로 나타나지 않기 때문에 막대한 과도 전류가 흐르고, 수초 후에는 전기자 반작용 리액턴스에 의해 단락 전류는 점차 감소되어 영구 단락 전류값에 이르게 된다.** **답** ④

문제 55 단권변압기에서 1차 전압 100[V], 2차 전압 110[V]인 단권변압기의 자기용량과 부하용량의 비는?

① $\dfrac{1}{10}$ 　　　　② $\dfrac{1}{11}$
③ 10 　　　　④ 11

풀이

$\dfrac{\text{자기 용량}}{\text{부하 용량}} = \dfrac{V_H - V_L}{V_H} = \dfrac{110 - 100}{110} = \dfrac{1}{11}$ **답** ②

문제 56 정격 5[kW], 200[V], 50[A], 1500[rpm]의 타여자 직류 발전기가 있다. 계자전압 50[V], 계자전류 5[A], 전기자 저항 0.2[Ω]이고 브러시에서 전압강하는 2[V]이다. 무부하시와 정격부하시의 전압차는 몇 [V]인가?

문제 57 동기전동기에서 출력이 100[%]일 때 역률이 1이 되도록 계자전류를 조정한 다음에 공급전압 V 및 계자전류 I_f를 일정하게 하고, 전부하 이하에서 운전하면 동기전동기의 역률은?

① 뒤진 역률이 되고, 부하가 감소할수록 역률은 낮아진다.
② 뒤진 역률이 되고, 부하가 감소할수록 역률은 좋아진다.
③ 앞선 역률이 되고, 부하가 감소할수록 역률은 낮아진다.
④ 앞선 역률이 되고, 부하가 감소할수록 역률은 좋아진다.

풀이

부하특성곡선

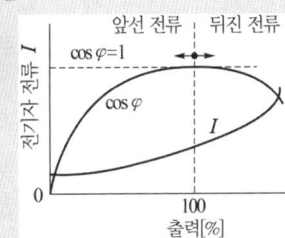

동기전동기의 부하특성곡선에 의하여
① **전부하 이하에서는 과여자로 되므로 앞선 역률로 되고, 부하가 감소할수록 역률은 낮아진다.**
② 전부하 이상에서는 부족여자로 되므로 뒤진 역률로 되고, 과부하가 될수록 역률은 낮아진다. **답** ③

문제 58 그림과 같이 발전기가 회전할 때 전기자 반작용에 대한 보상 대책으로 보극과 보상권선의 관계로 옳은 것은? (단, A는 위쪽 보극, B는 아래쪽 보극, X는 N극의 보상권선, Y는 S극의 보상권선, ⊙ 전류가 나오는 방향, ⊗ 전류가 들어가는 방향이다.)

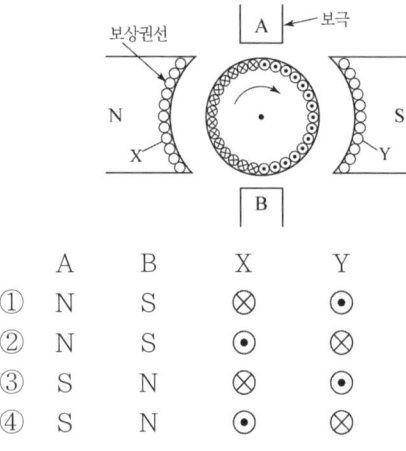

	A	B	X	Y
①	N	S	⊗	⊙
②	N	S	⊙	⊗
③	S	N	⊗	⊙
④	S	N	⊙	⊗

풀이

- **보상권선** : 계자극에 홈을 파고 권선을 감아 전기자와 직렬로 연결하여 반대방향의 전류를 흘려주어 전기자 반작용을 상쇄
- **보극** : 중성축 부분의 전기자 반작용을 상쇄하기 위하여 전기자에서 발생하는 자속과 반대방향의 자속을 발생시켜 전기자 반작용을 상쇄 **답** ④

문제 59 직류 직권전동기를 교류용으로 사용하기 위한 대책이 아닌 것은?

① 자계는 성층 철심, 원통형 고정자 적용
② 계자 권선수 감소, 전기자 권선수 증대
③ 보상 권선 설치, 브러시 접촉저항 증대
④ 정류자편 감소, 전기자 크기 감소

풀이

직류직권전동기를 교류용에 사용할 수 있으나 다음과 같은 단점이 있다.
- 철손이 크다.
- 효율이 나쁘다.
- 역률이 나쁘다.
- 정류가 불량하다.
따라서, 이러한 문제점을 해결하기 위해서는
① 전기자뿐만 아니라 계자에도 성층철심을 사용하고 원통형 회전자로 하여야 한다.
② 역률이 대단히 낮아지므로 계자권선의 권수를 적게 하고 반면에 전기자 권선수를 크게 한다. 따라서, **동일한 정격의 직류기에 비해 전기자가 커지고 정류자편의 수도 많아진다.**

③ 전기자 권선수가 많아지게 됨에 따라 전기자 반작용이 커지므로 이에 대한 대책으로 보상권선을 설치하여야 한다.
④ 정류작용이 직류기에 비해 어려우므로 이것을 개선하기 위하여 접촉저항이 큰 브러시를 사용하여 저항정류를 하여야 한다. **답** ④

문제 60 동기발전기에 회전계자형을 사용하는 경우에 대한 이유로 틀린 것은?

① 기전력의 파형을 개선한다.
② 전기자가 고정자이므로 고압 대전류용에 좋고, 절연하기 쉽다.
③ 계자가 회전자지만 저압 소용량의 직류이므로 구조가 간단하다.
④ 전기자보다 계자극을 회전자로 하는 것이 기계적으로 튼튼하다.

풀이

회전 계자형 동기 발전기는 전기자를 고정자로 하고 계자극을 회전자로 한 것으로 회전계자형을 사용하는 이유로는
- 전기자 권선은 전압이 높고 결선이 복잡하며, 대용량으로 되면 전류도 커지고, 3상 권선의 경우에는 4개의 도선을 인출하여야 한다.
- 계자 회로는 직류의 저압 회로이므로 소요 동력도 작으며, 인출 도선이 2개만 있어도 되기 때문이다.
- 계자극은 기계적으로 튼튼하게 만드는 데 용이하기 때문이다.
- 고장시의 과도 안정도를 높이기 위하여 회전자의 관성을 크게 하기 쉽기 때문이기도 하다.
그러나 **기전력의 파형을 개선**하기 위해서는 **전기자 권선을 단절권 및 분포권**으로 하여야 한다. **답** ①

제4과목 회로이론 및 제어공학

문제 61 △결선된 대칭 3상 부하가 있다. 역률이 0.8(지상)이고, 전소비전력이 1800 [W]이다. 한 상의 선로저항이 0.5 [Ω]이고, 발생하는 전선로 손실이 50 [W]이면 부하단자 전압은?

① 440[V] ② 402[V]
③ 324[V] ④ 225[V]

풀이

선로손실 $P_l = 3I^2 R$ [W]에서
선로에 흐르는 전류

$$I = \sqrt{\frac{P_l}{3R}} = \sqrt{\frac{50}{3 \times 0.5}} = \sqrt{\frac{100}{3}} \text{ [A]}$$

소비전력 $P = \sqrt{3} VI\cos\theta$ 에서
부하단자 전압

$$V = \frac{P}{\sqrt{3} I\cos\theta} = \frac{1800}{\sqrt{3} \times \sqrt{\frac{100}{3}} \times 0.8} = 225 \text{[V]} \qquad \boxed{답} \text{ ④}$$

문제 62 RL 직렬회로에서 $R = 20[\Omega]$, $L = 40$ [mH]일 때, 이 회로의 시정수[sec]는?

① 2×10^3 ② 2×10^{-3}

③ $\frac{1}{2} \times 10^3$ ④ $\frac{1}{2} \times 10^{-3}$

풀이

$R-L$ 직렬 회로에서 시정수 $\tau = \frac{L}{R}$[s]에서

$$\tau = \frac{L}{R} = \frac{40 \times 10^{-3}}{20} = 2 \times 10^{-3} \text{[sec]} \qquad \boxed{답} \text{ ②}$$

문제 63 다음과 같은 비정현파 기전력 및 전류에 의한 평균전력을 구하면 몇 [W] 인가?

$$e = 100\sin\omega t - 50\sin(3\omega t + 30°)$$
$$+ 20\sin(5\omega t + 45°)[V]$$
$$i = 20\sin\omega t + 10\sin(3\omega t - 30°)$$
$$+ 5\sin(5\omega t - 45°)[A]$$

① 825 ② 875

③ 925 ④ 1175

풀이

주파수가 다른 전압과 전류 사이의 전력은 영(0)이다.
따라서, $P = V_1 I_1 \cos\theta_1 + V_3 I_3 \cos\theta_3 + V_5 I_5 \cos\theta_5$

$$P = \frac{100}{\sqrt{2}} \times \frac{20}{\sqrt{2}} \cos 0° + \frac{-50}{\sqrt{2}} \times \frac{10}{\sqrt{2}} \cos 60°$$
$$+ \frac{20}{\sqrt{2}} \times \frac{5}{\sqrt{2}} \cos 90° = 875 \text{[W]} \qquad \boxed{답} \text{ ②}$$

문제 64 그림과 같이 결선된 회로의 단자(a, b, c)에 선간전압이 V[V]인 평형 3상 전압을 인가할 때 상전류 I[A]의 크기는?

① $\dfrac{V}{4R}$

② $\dfrac{3V}{4R}$

③ $\dfrac{\sqrt{3}\,V}{4R}$

④ $\dfrac{V}{4\sqrt{3}\,R}$

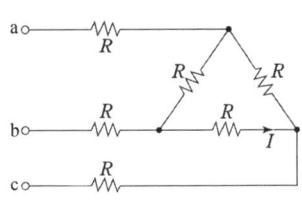

풀이

세 개의 동일한 저항 R인 경우

- $\triangle \to Y$ 로 등가 변환시 $R_Y = \frac{1}{3}R_\triangle$

- $Y \to \triangle$ 로 등가 변환시 $R_\triangle = 3R_Y$

- $\triangle$결선을 Y 결선으로 등가 변환하고 구한 1상의 저항값
  $= R + \frac{1}{3}R = \frac{4}{3}R$

- Y결선된 $\frac{4}{3}R$ 저항을 $\triangle$로 등가변환하면

  $$R_\triangle = 3 \times \frac{4}{3}R = 4R$$

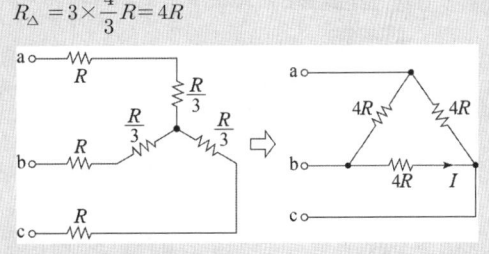

- 상전류 $I = \dfrac{V}{4R}$ [A] $\qquad \boxed{답} \text{ ①}$

문제 65 정현파 교류 $V = V_m \sin\omega t$의 전압을 반파정류 하였을 때의 실효값은 몇 [V]인가?

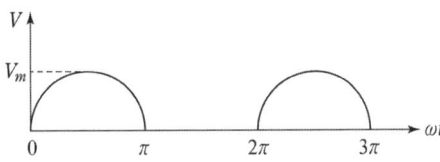

① $\dfrac{V_m}{\sqrt{2}}$ ② $\dfrac{V_m}{2}$

③ $\dfrac{V_m}{2\sqrt{2}}$ ④ $\sqrt{2}\,V_m$

풀이

파 형	정현파	정현반파	삼각파	구형반파	구형파
실효값	$\dfrac{V_m}{\sqrt{2}}$	$\dfrac{V_m}{2}$	$\dfrac{V_m}{\sqrt{3}}$	$\dfrac{V_m}{\sqrt{2}}$	V_m
평균값	$\dfrac{2V_m}{\pi}$	$\dfrac{V_m}{\pi}$	$\dfrac{V_m}{2}$	$\dfrac{V_m}{2}$	V_m

답 ②

문제 66 상의 순서가 $a-b-c$인 불평형 3상 교류 회로에서 각 상의 전류가 $I_a = 7.28 \angle 15.95°$[A], $I_b = 12.81 \angle -128.66°$[A], $I_c = 7.21 \angle 123.69°$ [A]일 때 역상분 전류는 약 몇 [A]인가?

① $8.95 \angle -1.14°$　　② $8.95 \angle 1.14°$
③ $2.51 \angle -96.55°$　　④ $2.51 \angle 96.55°$

풀이

$I_2 = \dfrac{1}{3}(I_a + a^2 I_b + a I_c)$

$= \dfrac{1}{3}[(7+j2) + (-\dfrac{1}{2} - j\dfrac{\sqrt{3}}{2})(-8-j10)$

$\quad + (-\dfrac{1}{2} + j\dfrac{\sqrt{3}}{2})(-4+j6)]$

$= \dfrac{1}{3}(7+j2+4+j4\sqrt{3}+j5-5\sqrt{3}+2-j2\sqrt{3}-j3-3\sqrt{3})$

$= -0.29 + j2.49$

$\therefore I_2 = 2.51 \angle 96.55°$

답 ④

문제 67 RLC 직렬회로의 파라미터가 $R^2 = \dfrac{4L}{C}$

의 관계를 가진다면, 이 회로에 직류 전압을 인가하는 경우 과도 응답특성은?

① 무제동　　② 과제동
③ 부족제동　　④ 임계제동

풀이

조건	특성
$R^2 > \dfrac{4L}{C}$	과제동(비진동적)
$R^2 = \dfrac{4L}{C}$	**임계제동(진동)**
$R^2 < \dfrac{4L}{C}$	부족제동(진동적)

답 ④

문제 68 $i = 3t^2 + 2t$[A]의 전류가 도선을 30초간 흘렀을 때 통과한 전체 전기량[Ah]은?

① 4.25　　② 6.75
③ 7.75　　④ 8.25

풀이

$Q = \displaystyle\int_0^t i\,dt = \int_0^{30}(3t^2 + 2t)dt = [t^3 + t^2]_0^{30}$

$= 27900[\text{A} \cdot \text{sec}] = \dfrac{27900}{3600}[\text{Ah}] = 7.75[\text{Ah}]$

답 ③

문제 69 선로의 임피던스 $Z = R + j\omega L$[Ω], 병렬 어드미턴스가 $Y = G + j\omega C$[℧]일 때 선로의 저항 R과 콘덕턴스 G가 동시에 0이 되었을 때, 전파정수 는?

① $j\omega\sqrt{LC}$　　② $j\omega\sqrt{\dfrac{C}{L}}$

③ $j\omega\sqrt{L^2 C}$　　④ $j\omega\sqrt{\dfrac{L}{C^2}}$

풀이

• 전파정수 $\gamma = \sqrt{ZY}$ 이므로
$\quad \gamma = \sqrt{(R+j\omega L)(G+j\omega C)}$
$R=0,\ G=0$ 이므로
$\quad \gamma = \sqrt{j\omega L \times j\omega C} = j\omega\sqrt{LC}$

답 ①

문제 70 $R = 100$[Ω], $X_C = 100$[Ω]이고 L만 을 가변할 수 있는 RLC 직렬회로가 있다. 이 때 $f = 500$[Hz], $E = 100$[V]를 인가하여 L을 변화시 킬 때 L의 단자전압 E_L의 최대값은 몇 [V] 인가? (단, 공진회로이다.)

① 50　　② 100
③ 150　　④ 200

풀이

• 직렬공진은 허수부 = 0, 즉 리액턴스 성분 $X=0$가 되는 조건으로서,
$\quad \omega L - \dfrac{1}{\omega C} = 0$ 즉, $\omega L = \dfrac{1}{\omega C}$, $X_L = X_C$

• 직렬 공진 시 흐르는 전류 $I = \dfrac{E}{R} = \dfrac{100}{100} = 1$[A]

• L의 단자전압 $E_L = I \cdot X_L = 1 \times 100 = 100$[V]

답 ②

문제 71

그림의 신호 흐름 선도에서 $\dfrac{y_2}{y_1}$은?

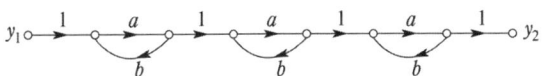

① $\dfrac{a^3}{1-3ab}$ ② $\dfrac{a^3}{(1-ab)^3}$

③ $\dfrac{a^3}{(1-3ab+ab)}$ ④ $\dfrac{a^3}{(1-3ab+2ab)}$

풀이

신호 흐름 선도는 3개 부분으로 나누어 계산할 수 있다.

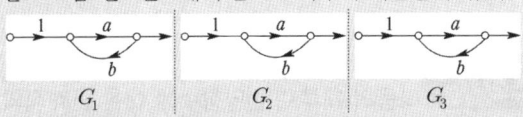

각 부분의 전달 함수는 $\dfrac{a}{1-ab}$이고,

각 부분의 종속(직렬) 접속 관계이므로

전체 전달 함수 $G(s) = G_1 \times G_2 \times G_3 = G_1^3 = \left(\dfrac{a}{1-ab}\right)^3$

별해

$$G(s) = \frac{\sum \text{전향 경로 이득}}{1 - \sum \text{루프이득}_1 + \sum \text{루프이득}_2 - \sum \text{루프이득}_3}$$

$$= \frac{a^3}{1 - 3(ab) + 3(ab)^2 - (ab)^3} = \frac{a^3}{(1-ab)^3}$$

답 ②

문제 72

제어시스템의 특성방정식이

$s^4 + s^3 - 3s^2 - s + 2 = 0$와 같을 때, 이 특성방정식에서 s평면의 오른쪽에 위치하는 근은 몇 개인가?

① 0   ② 1
③ 2   ④ 3

풀이

특성 방정식 $s^4 + s^3 - 3s^2 - s + 2 = 0$의 루드의 표는

s^4	1	-3	2
s^3	1	-1	0
s^2	$\frac{-3+1}{1}=-2$	2	
s^1	$\frac{2-2}{-2}=0$	0	
s^0	0		

제1열의 '1'에서 '-2', '-2'에서 '0'으로 부호변화가 두 번 있으므로 s평면의 오른쪽에 위치하는 근은 2개이다.

답 ③

문제 73

그림의 시퀀스 회로에서 전자접촉기 X에 의한 A접점(Normal open contact)의 사용 목적은?

① 자기유지회로
② 지연회로
③ 우선 선택회로
④ 인터록(interlock)회로

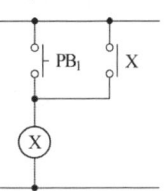

풀이

자기유지회로 : 릴레이 자신의 접점에 의하여 동작 회로를 구성하고 스스로 동작을 유지하는 회로

답 ①

문제 74

그림의 회로와 동일한 논리 소자는?

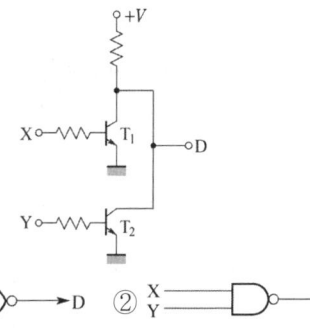

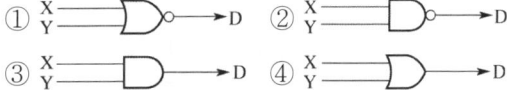

풀이

X 또는 Y에 신호가 입력되면 Tr이 동작하여 출력 D가 소멸된다. 따라서 NOR회로에 해당된다.

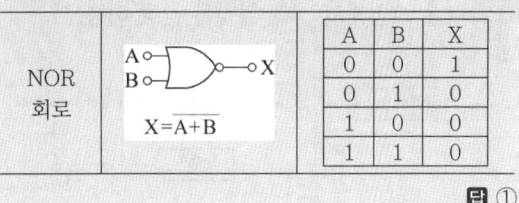

NOR 회로	A B	X=A+B

A	B	X
0	0	1
0	1	0
1	0	0
1	1	0

답 ①

문제 75

다음 중 $G(s)H(s) = \dfrac{K}{Ts+1}$일 때 이 계통은 어떤 형인가?

① 0형   ② 1형
③ 2형   ④ 3형

풀이

시스템의 형 $\displaystyle\lim_{s\to 0} G(s)H(s) = \dfrac{K}{s^i}$에서

- 0형의 제어 시스템 : $l=0$인 제어 시스템
- 1형의 제어 시스템 : $l=1$인 제어 시스템
- 2형의 제어 시스템 : $l=2$인 제어 시스템

따라서 $\lim_{s \to 0} G(s)H(s) = \lim_{s \to 0} \frac{K}{Ts+1} = K$ 이므로 $l=0$인 제어 시스템으로 0형이다. **답 ①**

문제 76 물체의 위치, 각도, 자세, 방향 등을 제어량으로 하고 목표값의 임의의 변화에 추종하는 것과 같이 구성된 제어장치를 무엇이라고 하는가?

① 프로세서 제어　　　② 서보기구
③ 자동조정　　　　　④ 추종 제어

풀이

제어량의 종류에 의한 분류

항 목	프로세스 제어	서보 제어	자동 조정 제어
특 징	플랜트나 생산 공정 중의 상태량을 제어량으로 하는 제어	기계적 변위를 제어량으로 해서 목표값의 임의의 변화에 추종하도록 구성된 제어계	전기적, 기계적 양을 주로 제어하는 것으로서, 응답 속도가 대단히 빨라야 한다.
제어량의 종 류	·온도 ·유량 ·압력 ·액위 ·농도 ·밀도 등	**·물체의 위치** **·방위** **·자세 등**	·전압 ·전류 ·주파수 ·회전속도 ·힘 등

답 ②

문제 77 그림에서 ①에 알맞은 신호 이름은?

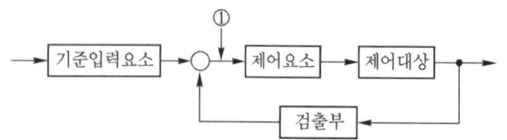

① 조작량　　　　　② 제어량
③ 기준입력　　　　④ 동작신호

풀이

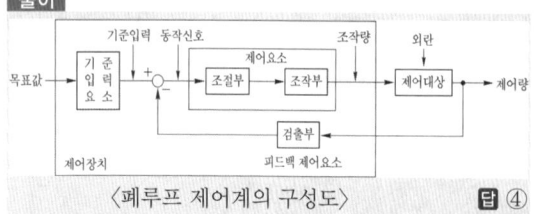

〈폐루프 제어계의 구성도〉　**답 ④**

문제 78 $R(z) = \dfrac{(1-e^{-aT})z}{(z-1)(z-e^{-aT})}$ 의 역변환은?

① te^{aT}　　　　　　② te^{-aT}
③ $1-e^{-aT}$　　　　④ $1+e^{-aT}$

풀이

$$R(z) = \frac{(1-e^{-aT})z}{(z-1)(z-e^{-aT})} = \frac{z - ze^{-aT} + z^2 - z^2}{(z-1)(z-e^{-aT})}$$
$$= \frac{z(z-e^{-aT}) - z(z-1)}{(z-1)(z-e^{-aT})} = \frac{z}{z-1} - \frac{z}{z-e^{-aT}}$$

따라서 $f(t)$는 $1-e^{-aT}$가 된다.　**답 ③**

문제 79 다음의 개루프 전달함수에 대한 근궤적의 점근선이 실수축과 만나는 교차점은?

$$G(s)H(s) = \frac{K(s+3)}{s^2(s+1)(s+3)(s+4)}$$

① $\dfrac{5}{3}$　　　　　　② $-\dfrac{5}{3}$
③ $\dfrac{5}{4}$　　　　　　④ $-\dfrac{5}{4}$

풀이

교차점 $\sigma = \dfrac{\sum 극점 - \sum 영점}{p-z}$에서

극점의 수 $p=5$, 영점의 수 $z=1$
영점 : -3
극점 : $0, 0, -1, -3, -4$

교차점 $\sigma = \dfrac{(-1-3-4)-(-3)}{5-1} = -\dfrac{5}{4}$　**답 ④**

문제 80 제어시스템에서 출력이 얼마나 목표값을 잘 추종하는지를 알아볼 때, 시험용으로 많이 사용되는 신호로 다음 식의 조건을 만족하는 것은?

$$u(t-a) = \begin{cases} 0, & t < a \\ 1, & t \geq a \end{cases}$$

① 사인함수
② 임펄스함수
③ 램프함수
④ 단위계단함수

풀이

단위 계단함수	단위 계단함수 (시간 이동하는 경우)
$u(t) = \begin{cases} 0, & t < 0 \\ 1, & t \geq 0 \end{cases}$	$u(t-a) = \begin{cases} 0, & t < a \\ 1, & t \geq a \end{cases}$

답 ④

제5과목 ▶ 전기설비 기술기준

문제 81 66000[V] 가공전선과 6000[V] 가공전선을 동일 지지물에 병행 설치하는 경우, 특고압 가공전선으로 사용하는 경동연선의 굵기는 몇 [mm²] 이상이어야 하는가?

① 22
② 38
③ 50
④ 100

풀이

333.17 특고압 가공전선과 저고압 가공전선 등의 병행설치

사용전압이 35[kV]을 초과하고 100[kV] 미만인 특고압 가공전선과 저압 또는 고압 가공전선을 동일 지지물에 시설하는 경우에는 다음에 따라 시설하여야 한다.

가. 특고압 가공전선로는 제2종 특고압 보안공사에 의할 것.

나. 특고압 가공전선은 케이블인 경우를 제외하고는 **인장강도 21.67[kN] 이상의 연선 또는 단면적이 50[mm²] 이상인 경동연선**일 것.

다. 특고압 가공전선로의 지지물은 철주·철근 콘크리트주 또는 철탑일 것

답 ③

문제 82 전기저장장치를 전용건물 이외의 장소에 시설하는 경우로서 일반인이 출입하는 건물의 부속공간에 시설하는 (옥상에는 설치하지 않는 경우이다.) 경우 이차전지랙과 랙 사이는 몇 [m] 이상 이격하여야 하는가?

① 0.8
② 1
③ 1.5
④ 3

풀이

512.1.6 전용건물 이외의 장소에 시설하는 경우

전기저장장치를 일반인이 출입하는 건물의 부속공간에 시설(옥상에는 설치할 수 없다)하는 경우에는 다음에 따라 시설하여야 한다.

가. 전기저장장치 시설장소는 내화구조이어야 한다.

나. 이차전지모듈의 직렬 연결체의 용량은 50[kWh] 이하로 하고 건물 내 시설 가능한 이차전지의 총 용량은 600[kWh] 이하이어야 한다.

다. **이차전지랙과 랙 사이는 1[m] 이상 이격**하고, 랙과 벽면 사이는 전면부의 경우 1[m] 이상, 측면과 후면부의 경우 0.8[m] 이상 이격하여야 한다.

라. 이차전지실은 건물 내 다른 시설(수전설비, 가연물질 등)로부터 1.5[m] 이상 이격하고 각 실의 출입구나 피난계단 등 이와 유사한 장소로부터 3[m] 이상 이격하여야 한다.

마. 배선설비가 이차전지실 벽면을 관통하는 경우 관통부는 해당 구획부재의 내화성능을 저하시키지 않도록 충전(充塡)하여야 한다.

답 ②

문제 83 전력보안통신설비인 무선통신용 안테나 등을 지지하는 철주의 기초 안전율은 얼마 이상이어야 하는가? (단, 무선용 안테나 등이 전선로의 주위상태를 감시할 목적으로 시설되는 것이 아닌 경우이다.)

① 1.3
② 1.5
③ 1.8
④ 2.0

풀이

364.1 무선용 안테나 등을 지지하는 철탑 등의 시설

전력보안통신설비인 무선통신용 안테나 또는 반사판 을 지지하는 목주·철주·철근 콘크리트주 또는 철탑은 다음에 따라 시설하여야 한다. 다만, 무선용 안테나 등이 전선로의 주위상태를 감시할 목적으로 시설되는 것일 경우에는 그러하지 아니하다.

가. 목주는 풍압하중에 대한 안전율은 1.5 이상이어야 한다.

나. 철주·철근 콘크리트주 또는 철탑의 **기초 안전율은 1.5 이상**이어야 한다.

답 ②

문제 84 옥내에 시설하는 사용 전압이 400[V] 초과 1000[V] 이하인 전개된 장소로서 건조한 장소가 아닌 기타의 장소의 관등회로 배선공사로서 적합한 것은?

① 애자공사
② 금속몰드공사
③ 금속덕트공사
④ 합성수지몰드공사

풀이

234.11 1[kV] 이하 방전등

관등회로의 사용전압이 400[V] 초과이고, 1[kV] 이하인 배선은 그 시설장소에 따라 합성수지관공사·금속관공사·가요전선관공사나 케이블공사 또는 표 중 어느 한 방법에 의하여야 한다.

표. 관등회로의 배선방식

시설장소의 구분		배선방법
전개된 장소	건조한 장소	애자공사 · 합성수지몰드공사 또는 금속몰드공사
	기타의 장소	애자공사
점검할 수 있는 은폐된 장소	건조한 장소	금속몰드공사

답 ①

문제 85 플로어덕트공사에 의한 저압 옥내배선에서 단선을 사용하여도 되는 전선(동선)의 단면적은 최대 몇 [mm²]인가?

① 2.5[mm²]
② 4[mm²]
③ 6[mm²]
④ 10[mm²]

풀이

232.32 플로어덕트공사

플로어덕트공사에 의한 저압 옥내 배선은 다음 각호에 의하여 시설한다.

가. 전선은 절연전선(옥외용 비닐 절연전선을 제외한다)일 것.

나. 전선은 연선일 것. 다만, 단면적 10[mm²](알루미늄선은 단면적 16[mm²]) 이하인 것은 그러하지 아니하다.

다. 플로어덕트 안에는 전선에 접속점이 없도록 할 것. 다만, 전선을 분기하는 경우에 접속점을 쉽게 점검할 수 있을 때에는 그러하지 아니하다.

답 ④

문제 86 전기철도차량에 전력을 공급하는 전차선의 가선방식에 포함되지 않는 것은?

① 가공방식
② 강체방식
③ 제3레일방식
④ 지중조가선방식

풀이

431.1 전차선 가선방식

전차선의 가선방식은 열차의 속도 및 노반의 형태, 부하전류 특성에 따라 적합한 방식을 채택하여야 하며, **가공방식, 강체방식, 제3레일방식**을 표준으로 한다.

답 ④

문제 87 가반형의 용접 전극을 사용하는 아크 용접장치의 용접변압기의 1차측 전로의 대지전압은 몇 [V] 이하이어야 하는가?

① 60
② 150
③ 300
④ 400

풀이

241.10 아크 용접기

가반형의 용접 전극을 사용하는 아크 용접장치는 다음에 따라 시설하여야 한다.

가. 용접변압기는 절연변압기일 것.

나. 용접변압기의 1차측 전로의 대지전압은 300[V] 이하일 것.

다. 용접변압기의 1차측 전로에는 용접 변압기에 가까운 곳에 쉽게 개폐할 수 있는 개폐기를 시설할 것. **답** ③

문제 88 최대사용전압이 1차 22000[V], 2차 6600[V]의 권선으로서 중성점 비접지식 전로에 접속하는 변압기의 특고압측 절연내력 시험전압은?

① 24000[V]
② 27500[V]
③ 33000[V]
④ 44000[V]

풀이

135 변압기 전로의 절연내력

권선의 종류 (최대사용전압)		접지 방식	시험 전압 (최대사용전압의 배수)	최저 시험 전압
1. 7[kV] 이하			1.5배	500[V]
		다중접지	0.92배	500[V]
2. 7[kV] 초과 25[kV] 이하		다중접지	0.92배	
3. 7[kV] 초과 60[kV] 이하 (2란의 것 제외)			1.25배	10.5[kV]
4. 60[kV] 초과 (8란의 것 제외)		비접지	1.25	
5. 60[kV] 초과 (6란 및 8란의 것 제외)		접지식	1.1배	75[kV]
6. 60[kV] 초과		직접접지	0.72배	
7. 170[kV] 초과		직접접지	0.64배	

25[kV]이하 다중접지방식이 아니므로 최대사용전압의 배수는 1.25배 이다.

∴ 시험전압 = 최대사용전압의 배수×최대사용전압
= 1.25×22000
= 27500[V]

답 ②

문제 89 전차선로에서 사용하는 직류방식의 급전전압 규격으로 잘못된 것은?

① 공칭전압 : 750[V], 1500[V]

② 최저 영구전압 : 600[V], 900[V]

③ 최고 영구전압 : 900[V], 1800[V]

④ 최고 비영구전압 : 950[V], 1950[V]

풀이

411.2 전차선로의 전압

직류방식의 급전전압

구분	최저 영구 전압[V]	공칭 전압 [V]	최고 영구 전압[V]	최고 비영구 전압[V]	장기 과전압 [V]
직류 (평균값)	500	750	900	950(1)	1,269
	900	1,500	1,800	1,950	2,538

(1) 회생제동의 경우 1,000[V]의 최고 비영구 전압은 허용 가능하다. **답 ②**

문제 90 애자공사에 의한 고압 옥내배선에 사용되는 연동선의 최소 지름은 몇 [mm²]인가?

① 2.5　　　　　② 4

③ 6　　　　　④ 8

풀이

342.1 고압 옥내배선 등의 시설

가. 고압 옥내배선은 다음에 따라 시설하여야 한다.

　① 애자공사(건조한 장소로서 전개된 장소에 한한다)

　② 케이블공사

　③ 케이블트레이공사

나. 전선은 공칭단면적 6[mm²] 이상의 연동선 **답 ③**

문제 91 고압용의 개폐기, 차단기, 피뢰기 기타 이와 유사한 기구로서 동작 시에 아크가 생기는 것은 목재의 벽 또는 천정 기타의 가연성 물체로부터 몇 [m] 이상 떼어놓아야 하는가?

① 1　　　　　② 1.2

③ 1.5　　　　　④ 2

풀이

341.7 아크를 발생하는 기구의 시설

고압용 또는 특고압용의 개폐기·차단기·피뢰기 기타 이와 유사한 기구로서 동작 시에 아크가 생기는 것은 목재의 벽 또는 천장 기타의 가연성 물체로부터 표에서 정한 값 이상 이격하여 시설하여야 한다.

기구 등의 구분	이격거리
고압용의 것	1[m] 이상
특고압용의 것	2[m] 이상(사용전압이 35[kV] 이하의 특고압용의 기구 등으로서 동작할 때에 생기는 아크의 방향과 길이를 화재가 발생할 우려가 없도록 제한하는 경우에는 1[m] 이상)

답 ①

문제 92 전기철도차량의 회생제동 사용을 중단해야 하는 경우가 아닌 것은?

① 전차선로 지락이 발생한 경우

② 회생전력을 다른 전기장치에서 흡수할 수 있는 경우

③ 전차선로에서 전력을 받을 수 없는 경우

④ 선로전압이 장기 과전압 보다 높은 경우

풀이

441.5 회생제동

1. 전기철도차량은 다음과 같은 경우에 회생제동의 사용을 중단해야 한다.

　가. 전차선로 지락이 발생한 경우

　나. 전차선로에서 전력을 받을 수 없는 경우

　다. 선로전압이 장기 과전압 보다 높은 경우

2. **회생전력을 다른 전기장치에서 흡수할 수 없는 경우에는 전기철도차량은 다른 제동시스템으로 전환되어야 한다.**

3. 전기철도 전력공급시스템은 회생제동이 상용제동으로 사용이 가능하고 다른 전기철도차량과 전력을 지속적으로 주고받을 수 있도록 설계되어야 한다. **답 ②**

문제 93 지중전선로를 직접 매설식에 의하여 시설할 때, 중량물의 압력을 받을 우려가 있는 장소에 지중전선을 견고한 트라프 기타 방호물에 넣지 않고도 부설할 수 있는 케이블은?

① 염화비닐 절연 케이블

② 폴리에틸렌 외장 케이블

③ 콤바인 덕트 케이블

④ 알루미늄피 케이블

풀이

334.1 지중전선로의 시설

지중 전선로를 직접 매설식에 의하여 시설하는 경우에 지중 전선을 견고한 트라프 기타 방호물에 넣어 시설하여야 한다.

단, 다음의 어느 하나에 해당하는 경우에는 지중전선을 견고한 트라프 기타 방호물에 넣지 아니하여도 된다.

① 저압 또는 고압의 지중전선을 차량 기타 중량물의 압력을 받을 우려가 없는 경우에 그 위를 견고한 판 또는 몰드로 덮어 시설하는 경우

② 저압 또는 고압의 **지중전선에 콤바인덕트 케이블 또는 개장한 케이블을 사용**하여 시설하는 경우　　　답 ③

문제 94 전선의 접속법 중 두 개 이상의 전선을 병렬로 사용하는 경우에 대한 설명으로 틀린 것은?

① 병렬로 사용하는 각 전선의 굵기는 알루미늄 $50[mm^2]$ 이상 또는 동선 $70[mm^2]$ 이상이어야 한다.

② 같은 극의 각 전선의 터미널러그에 완전히 접속해야 한다.

③ 병렬로 사용하는 전선에는 각각에 퓨즈를 설치하면 안된다.

④ 병렬로 사용하는 각 전선은 같은 도체, 같은 재료, 같은 길이 및 같은 굵기의 것을 사용해야 한다.

풀이

123 전선의 접속

두 개 이상의 전선을 병렬로 사용하는 경우에는

① 병렬로 사용하는 각 전선의 굵기는 **동선 50[mm² 이상 또는 알루미늄 70[mm²] 이상**으로 하고, 전선은 같은 도체, 같은 재료, 같은 길이 및 같은 굵기의 것을 사용할 것

② 같은 극의 각 전선의 터미널러그에 완전히 접속할 것

③ 병렬로 사용하는 전선에는 각각에 퓨즈를 설치하지 말 것　　　답 ①

문제 95 케이블의 일부가 아닌 경우 또는 선로도체와 함께 수납되지 않은 본딩도체는 구리도체인 경우 몇 $[mm^2]$ 이상 이어야 하는가? (단, 기계적 보호가 없는 경우이다.)

① 0.75

② 2.5

③ 4

④ 16

풀이

143.3.2 보조 보호등전위본딩 도체

1. 두 개의 노출도전부를 접속하는 보호본딩도체의 도전성은 노출도전부에 접속된 더 작은 보호도체의 도전성보다 커야 한다.

2. 노출도전부를 계통외도전부에 접속하는 보호본딩도체의 도전성은 같은 단면적을 갖는 보호도체의 1/2 이상이어야 한다.

3. 케이블의 일부가 아닌 경우 또는 선로도체와 함께 수납되지 않은 본딩도체는 다음 값 이상 이어야 한다.

　가. 기계적 보호가 된 것은 구리도체 2.5[mm²], 알루미늄 도체 16[mm²]

　나. **기계적 보호가 없는 것은 구리도체 4[mm²], 알루미늄 도체 16[mm²]**　　　답 ③

문제 96 전광표시 장치에 사용하는 저압 옥내배선을 금속관공사로 시설할 경우 단면적은 몇 $[mm^2]$ 이상의 연동선을 사용하여야 하는가?
(단, 사용전압이 400[V] 이하인 경우이다.)

① 0.75

② 1.25

③ 1.5

④ 2.5

풀이

231.3.1 저압 옥내배선의 사용전선

가. 저압 옥내배선의 전선 : 단면적 2.5[mm²] 이상의 연동선

나. 옥내배선의 사용 전압이 400[V] 이하인 경우는 다음에 의하여 시설할 수 있다.

　① 전광표시 장치 또는 제어 회로

　　• 단면적 1.5[mm²] 이상의 연동선

　　• 단면적 0.75[mm²] 이상인 다심케이블 또는 다심 캡타이어 케이블을 사용하고 또한 과전류가 생겼을 때에 자동적으로 전로에서 차단하는 장치를 시설

　② 진열장 또는 이와 유사한 것의 내부 배선 : 단면적 0.75[mm²] 이상인 코드 또는 캡타이어케이블　　　답 ③

문제 97 저압 전로에서 정전이 어려운 경우 등 절연저항 측정이 곤란한 경우 저항성분의 누설전류가 몇 [mA] 이하이면 그 전로의 절연성능은 적합한 것으로 보는가?

① 1

② 2

③ 3

④ 4

풀이

132 전로의 절연저항 및 절연내력

가. 사용전압이 저압인 전로에서 **정전이 어려운 경우** 등 절연저항 측정이 곤란한 경우에는 **누설전류를 1[mA] 이하로 유지**하여야 한다.

나. 고압 및 특고압의 전로는 규정된 시험전압을 전로와 대지 사이(다심케이블은 심선 상호 간 및 심선과 대지 사이)에 연속하여 10분간 가하여 절연내력을 시험하였을 때에 이에 견디어야 한다. **답** ①

문제 98 조가선의 시설기준으로 틀린 것은?

① 조가선은 2조까지만 시설할 것

② 조가선은 설비 안전을 위하여 전주와 전주 사이를 에서 접속할 것

③ 끝부분의 배전주와 끝부분에서 첫 번째 지지물 전에 있는 배전주에 시설하는 조가선은 장력에 견디는 형태로 시설할 것

④ 조가선은 부식되지 않는 별도의 금속 부속품을 사용하고 조가선 끝부분은 날카롭지 않게 할 것

풀이

362.3 조가선 시설기준

조가선은 다음과 같이 시설한다.

① 조가선은 설비 안전을 위하여 **전주와 전주 사이에서 접속하지 말 것**.

② 조가선은 부식되지 않는 별도의 금속 부속품을 사용하고 조가선 끝부분은 날카롭지 않게 할 것.

③ 끝부분의 배전주와 끝부분에서 첫 번째 지지물 전에 있는 배전주에 시설하는 조가선은 장력에 견디는 형태로 시설할 것.

④ 조가선은 2조까지만 시설할 것.

⑤ 과도한 장력에 의한 전주손상을 방지하기 위하여 전주 간 거리 50[m] 기준 0.4[m] 정도의 처짐정도를 반드시 유지하고, 지표상 시설 높이 기준을 준수하여 시공할 것. **답** ②

문제 99 진열장 내의 배선으로 사용전압 400[V] 이하에 사용하는 코드 또는 캡타이어 케이블의 최소 단면적은 몇 [mm²] 인가?

① 1.25   ② 1.0

③ 0.75   ④ 0.5

풀이

231.3 저압 옥내배선의 사용전선

가. 저압 옥내배선의 전선 : 단면적 2.5[mm²] 이상의 연동선

나. 옥내배선의 사용 전압이 400[V] 이하인 경우는 다음에 의하여 시설할 수 있다.

① 전광표시 장치 또는 제어 회로

• 단면적 1.5[mm²] 이상의 연동선

• 단면적 0.75[mm²] 이상인 다심케이블 또는 다심 캡타이어 케이블을 사용하고 또한 과전류가 생겼을 때에 자동적으로 전로에서 차단하는 장치를 시설

② **진열장** 또는 이와 유사한 것의 내부 배선 : 단면적 **0.75[mm²] 이상인 코드 또는 캡타이어케이블** **답** ③

문제 100 사용 중 예상치 못한 회로의 개방이 위험 또는 큰 손상을 초래할 수 있는 부하에 전원을 공급하는 회로에서 과부하 보호장치를 생략할 수 없는 회로는?

① 회전기의 여자회로

② 전자석 크레인의 전원회로

③ 전류변성기의 2차회로

④ 안전설비(주거침입경보, 가스누출경보 등)의 부하회로

풀이

212.4.3 과부하보호장치의 생략

사용 중 예상치 못한 회로의 개방이 위험 또는 큰 손상을 초래할 수 있는 다음과 같은 부하에 전원을 공급하는 회로에 대해서는 과부하 보호장치를 생략할 수 있다.

① 회전기의 여자회로

② 전자석 크레인의 전원회로

③ 전류변성기의 2차회로

④ 소방설비의 전원회로

⑤ 안전설비(주거침입경보, 가스누출경보 등)의 전원회로 **답** ④

국가기술자격검정 필기시험 문제

2025년도 전기기사 일반검정 제3회		(CBT 복원문제)	수검 번호	성 명
자격종목 및 등급(선택분야)	종목코드	시험시간	문제지형별	
전기기사	1150	2시간 30분	A	

제1과목 ▶ 전기자기학

문제 01 도체계에서 임의의 도체를 일정 전위(영전위)의 도체로 완전 포위하면 내외 공간의 전계를 완전히 차단할 수 있다. 이것을 무엇이라 하는가?

① 표피 효과   ② 핀치 효과
③ 전자 차폐   ④ 정전 차폐

[풀이]

임의의 도체를 접지된 도체로 완전 포위하면 외부에서 유도되는 전하를 차단할 수 있다. 이것을 **정전 차폐**라고 한다.

답 ④

문제 02 그림은 커패시터의 유전체 내에 흐르는 변위전류를 보여준다. 커패시터의 전극 면적을 S[m²], 전극에 축적된 전하를 q[C], 전극의 표면전하 밀도를 σ[C/m²], 전극 사이의 전속밀도를 D[C/m²]라 하면 변위전류밀도 i_d[A/m²]는?

① $\dfrac{\partial D}{\partial t}$

② $\dfrac{\partial q}{\partial t}$

③ $S\dfrac{\partial D}{\partial t}$

④ $\dfrac{1}{S}\dfrac{\partial D}{\partial t}$

[풀이]

변위 전류(displacement current) : 진공 또는 유전체 내에서 **전속밀도의 시간적 변화**에 의하여 발생하는 전류

$$i_d = \frac{I_D}{S} = \frac{\partial D}{\partial t} = \frac{\partial(\epsilon E)}{\partial t}$$

여기서, i_d : 변위전류밀도[A/m²]

     I_D : 변위전류[A]

       ϵ : 유전율[F/m]

     E : 전계의 세기[V/m]

     D : 전속밀도[C/m²]

답 ①

문제 03 정현파 자속의 주파수를 3배로 높이고 자속의 최댓값을 2배로 하면 유기기전력은 몇 배가 되는가?

① 2배   ② 3배
③ 5배   ④ 6배

[풀이]

유기기전력 $e = -\omega N\phi_m \sin(\omega t - \pi)$

$$= -2\pi f N\phi_m \sin(\omega t - \pi)$$

에서 $e \propto f\,(주파수) \propto \Phi_m\,(자속)$

따라서, 주파수를 3배로 높이고 자속의 최댓값을 2배로 하면 유기기전력은 6배가 된다.

답 ④

문제 04 투자율이 μ[H/m], 자계의 세기가 H[AT/m], 자속밀도가 B[Wb/m²]인 곳에서의 자계 에너지 밀도[J/m³]는?

① $\dfrac{B^2}{2\mu}$ ② $\dfrac{H^2}{2\mu}$

③ $\dfrac{1}{2}\mu H$ ④ BH

[풀이]

자성체 단위 체적당 저장되는 에너지, 즉 에너지 밀도는

$$w = \frac{BH}{2} = \frac{B^2}{2\mu} = \frac{1}{2}\mu H^2 \text{ [J/m}^3\text{]이다.}$$

답 ①

문제 05 면적 $S[\text{m}^2]$, 단위 길이당 권수가 n_0[회/m]인 무한히 긴 솔레노이드의 자기인덕턴스[H/m]를 구하면?

① $\mu S n_0$ ② $\mu S n_0^2$

③ $\mu S^2 n_0$ ④ $\mu S^2 n_0^2$

풀이

$$L = \frac{n_0 \phi}{I} = \frac{n_0}{I} \cdot \frac{F}{R_m} = \frac{n_0}{I} \cdot \frac{n_0 I}{R_m} = \frac{n_0^2}{R_m} = \frac{n_0^2}{\frac{l}{\mu S}}$$

$$= \frac{\mu S n_0^2}{l} [\text{H/m}]$$

(여기서, 단위 길이당 이므로 $l = 1[\text{m}]$)

$$\therefore L = \mu S n_0^2 [\text{H/m}]$$ **답** ②

문제 06 지구는 태양으로부터 $P[\text{kW/m}^2]$의 방사열을 받고 있다. 지구 표면에서의 전계의 세기는 몇 [V/m]인가?

① $377P$ ② $\dfrac{P}{377}$

③ $\sqrt{\dfrac{P}{377}}$ ④ $\sqrt{377P}$

풀이

$H = \sqrt{\dfrac{\epsilon_0}{\mu_0}}\, E[\text{A/m}]$ 이므로

$$P = EH = E^2 \sqrt{\frac{\epsilon_0}{\mu_0}}$$

$$E^2 = \sqrt{\frac{\mu_0}{\epsilon_0}} \cdot P = \sqrt{\frac{4\pi \times 10^{-7}}{8.855 \times 10^{-12}}} \cdot P = 377 \cdot P$$

$$\therefore E = \sqrt{377P}$$ **답** ④

문제 07 공기 중 두 점전하 사이에 작용하는 힘이 5[N]이었다. 두 전하 사이에 유전체를 넣었더니 힘이 2[N]으로 되었다면 유전체의 비유전율은 얼마인가?

① 15 ② 7.5

③ 5 ④ 2.5

풀이

공기 중 두 점전하 사이에 작용하는 힘 F_1은

$$F_1 = \frac{Q_1 Q_2}{4\pi\epsilon_0 r^2} [\text{N}]$$

유전체를 두 전하 사이에 넣었을 때 힘 F_2는

$$F_2 = \frac{Q_1 Q_2}{4\pi\epsilon_0 \epsilon_s r^2} [\text{N}]$$

$$\frac{F_1}{F_2} = \frac{\dfrac{Q_1 Q_2}{4\pi\epsilon_0 r^2}}{\dfrac{Q_1 Q_2}{4\pi\epsilon_0 \epsilon_s r^2}} = \epsilon_s$$

즉, 유전체를 넣으면 힘은 진공일 때의 $1/\epsilon_s$배가 된다.

$$\therefore \epsilon_s = \frac{F_1}{F_2} = \frac{5}{2} = 2.5$$ **답** ④

문제 08 지름 2[mm], 길이 25[m]인 동선의 내부 인덕턴스는 몇 [μH]인가?

① 1.25 ② 2.5

③ 5.0 ④ 25

풀이

동선의 내부 인덕턴스 $L_i = \dfrac{\mu}{8\pi} [\text{H/m}]$

동선의 경우는 $\mu \doteqdot \mu_0$ 이므로

$$\therefore L_i = \frac{4\pi \times 10^{-7}}{8\pi} \times 25 = 12.5 \times 10^{-7} [\text{H}] = 1.25[\mu\text{H}]$$ **답** ①

문제 09 인접 영구 자기 쌍극자가 크기는 같으나 방향이 서로 반대 방향으로 배열된 자성체를 어떤 자성체라 하는가?

① 반자성체

② 상자성체

③ 강자성체

④ 반강자성체

풀이

- 반자성체 : 영구자기 쌍극자는 없는 재질
- 상자성체 : 인접 영구자기 쌍극자의 방향이 규칙성이 없는 재질
- 강자성체 : 인접 영구자기 쌍극자의 방향이 동일방향으로 배열하는 재질
- 반강자성체 : 인접 영구자기 쌍극자의 배열이 서로 반대인 재질   **답** ④

문제 10 전속 밀도 $D = x^2i + 2y^2j + 3zk$ [C/m²]을 주는 원점의 1 [mm³] 내의 전하는 몇 [C]인가?

① 3
② 3×10^{-6}
③ 3×10^{-9}
④ 3×10^{-12}

풀이

P (0, 0, 0)에서 전하 밀도 ρ는

$$\rho = \text{div } D = \frac{\partial D_x}{\partial x} + \frac{\partial D_y}{\partial y} + \frac{\partial D_z}{\partial z}$$

$$= 2x + 4y + 3 = 3 \text{ [C/m}^3] \quad (\because x = y = z = 0)$$

이므로 1 [mm³] 내의 전하량은,

$$\therefore \rho \cdot v = 3 \times 10^{-9} \text{[C]}$$

답 ③

문제 11 전자파의 특성에 대한 설명으로 틀린 것은?

① 전자파의 속도는 주파수와 무관하다.
② 전파 E_x를 고유임피던스로 나누면 자파 H_y가 된다.
③ 전파 E_x와 자파 H_y의 진동 방향은 진행 방향에 수평인 종파이다.
④ 매질이 도전성을 갖지 않으면 전파 E_s와 자파 H_y는 동위상이 된다.

풀이

① 전자파 속도 $v = \dfrac{1}{\sqrt{\epsilon\mu}}$ 이므로 전자파 속도는 매질의 유전율과 투자율에 관계한다. 즉, 주파수와 무관하다.

② 특성 임피던스 $\eta = \dfrac{E_x}{H_y}$ 에서 $\therefore H_y = \dfrac{E_x}{\eta}$

③ E_x와 H_y의 진동 방향은 진행 방향에 수직인 횡파이다.

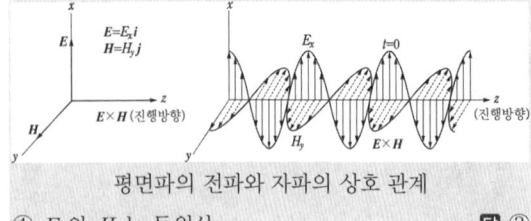

평면파의 전파와 자파의 상호 관계

④ E_x와 H_y는 동위상

답 ③

문제 12 그림과 같은 동축원통의 왕복 전류회로가 있다. 도체 단면에 고르게 퍼진 일정 크기의 전류가 내부 도체로 흘러 들어가고 외부 도체로 흘러나올 때, 전류에 의하여 생기는 자계에 대하여 틀린 것은?

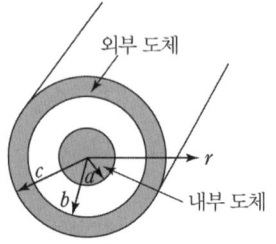

① 외부 공간($r > c$)의 자계는 영(0)이다.
② 내부 도체 내($r < a$)에 생기는 자계의 크기는 중심으로부터 거리에 비례한다.
③ 외부 도체 내($b < r < c$)에 생기는 자계의 크기는 중심으로부터 거리에 관계없이 일정하다.
④ 두 도체사이(내부 공간)($a < r < b$)에 생기는 자계의 크기는 중심으로부터 거리에 반비례한다.

풀이

① 외부 도체 외의 공간 $c < r$인 점의 자계 H_4는

$$H_4 2\pi r = I - I = 0$$

$$\therefore H_4 = 0$$

② 내부 도체에 있어서 $r < a$인 점의 자계를 H_1이라 하면 반지름 r내를 흐르는 전류, 즉 쇄교하는 전류 I_r은

$$I_r = \frac{\pi r^2}{\pi a^2} I = \frac{r^2}{a^2} I$$ 이므로, 주회 적분의 법칙에서

$$H_1 2\pi r = I_r$$

$$\therefore H_1 = \frac{I_r}{2\pi r} = \frac{1}{2\pi r}\frac{r^2}{a^2} I = \frac{rI}{2\pi a^2} \text{ [A/m]}$$

③ $b < r < c$인 점의 자계 H_3는

$$H_3 2\pi r = I - \frac{\pi r^2 - \pi b^2}{\pi c^2 - \pi b^2} I = \left(1 - \frac{r^2 - b^2}{c^2 - b^2}\right) I$$

$$H_3 = \frac{I}{2\pi r}\left(1 - \frac{r^2 - b^2}{c^2 - b^2}\right) \text{ [A/m]} \propto \frac{1}{r}$$

④ $a < r < b$일 때의 자계 H_2는

$$H_2 2\pi r = I$$

$$\therefore H_2 = \frac{I}{2\pi r} \text{ [A/m]}$$

답 ③

문제 13 한 변의 길이가 500[mm]인 정사각형 평형 평판 2장이 10[mm] 간격으로 놓여 있고 그림과 같이 유전율이 다른 2개의 유전체로 채워진 경우 합성 용량은 약 몇 [pF]인가?

① 402
② 922
③ 2028
④ 4228

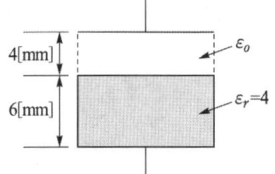

풀이

유전율이 ϵ_o, ϵ_r인 각 유전체의 정전 용량을 C_1, C_2라 하면

$$C_1 = \frac{\epsilon_o S}{d_1} = \frac{8.855 \times 10^{-12} \times 0.5 \times 0.5}{4 \times 10^{-3}}$$
$$= 0.5534 \times 10^{-9}[\text{F}] = 553.4[\text{pF}]$$

$$C_2 = \frac{\epsilon_o \epsilon_r S}{d_2} = \frac{8.855 \times 10^{-12} \times 4 \times 0.5 \times 0.5}{6 \times 10^{-3}}$$
$$= 1.4758 \times 10^{-9}[\text{F}] = 1475.8[\text{pF}]$$

직렬 합성 용량 C는

$$\therefore C = \frac{1}{\frac{1}{C_1} + \frac{1}{C_2}} = \frac{C_1 C_2}{C_1 + C_2} = \frac{553.4 \times 1475.8}{553.4 + 1475.8} = 402.4[\text{pF}]$$

답 ①

문제 14 비유전율이 2이고, 비투자율이 2인 매질 내에서의 전자파의 전파속도 v[m/s]와 진공 중의 빛의 속도 v_0[m/s] 사이의 관계는?

① $v = \frac{1}{2}v_0$
② $v = \frac{1}{4}v_0$
③ $v = \frac{1}{6}v_0$
④ $v = \frac{1}{8}v_0$

풀이

• 전파속도 $v = \frac{1}{\sqrt{\epsilon \mu}} = \frac{1}{\sqrt{\epsilon_0 \mu_0}} \cdot \frac{1}{\sqrt{\epsilon_r \mu_r}}$

$$= \frac{3 \times 10^8}{\sqrt{\epsilon_r \mu_r}}[\text{m/s}]$$

$$\left(\because \frac{1}{\sqrt{\epsilon_0 \mu_0}} = \frac{1}{\sqrt{8.855 \times 10^{-12} \times 4\pi \times 10^{-7}}} \right.$$
$$\left. = 3 \times 10^8 = v_0(\text{빛의 속도})[\text{m/s}] \right)$$

• $\epsilon_r = \mu_r = 2$일 때
$$v = \frac{3 \times 10^8}{\sqrt{\epsilon_r \mu_r}} = \frac{3 \times 10^8}{\sqrt{2 \times 2}} = \frac{1}{2}v_0 \text{ 가 된다.}$$

답 ①

문제 15 자유공간 중에서 $x = -2$, $y = 4$[m]를 통과하고 z축과 평행인 무한장 직선도체에 $+z$축 방향으로 직류전류 I[A]가 흐를 때 점(2, 4, 0) [m]에서의 자계 H [A/m]는?

① $\frac{I}{4\pi} a_y$
② $-\frac{I}{4\pi} a_y$
③ $-\frac{I}{8\pi} a_y$
④ $\frac{I}{8\pi} a_y$

풀이

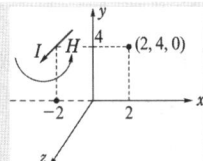

• 자계의 크기
$$H = \frac{I}{2\pi r} = \frac{I}{2\pi \times (2+2)} = \frac{I}{8\pi}$$

• 자계의 방향 : $+y$축 방향
(암페어의 오른나사 법칙)

답 ④

문제 16 하나의 철심 위에 인덕턴스가 10[H]인 두 코일을 자속이 같은 방향이 되도록 직렬 접속한 두 코일에 5[A]의 전류를 흘리면 여기에 축적되는 에너지는 몇 [J]인가? 단, 두 코일의 결합 계수는 0.8이다.

① 50
② 350
③ 450
④ 2,250

풀이

자속이 같은 방향으로 직렬 접속되었으므로 합성 인덕턴스 L은

$$L = L_1 + L_2 + 2M = L_1 + L_2 + 2k\sqrt{L_1 L_2}$$

$$W = \frac{1}{2}LI^2 = \frac{1}{2}(L_1 + L_2 + 2k\sqrt{L_1 L_2})I^2$$

$$= \frac{1}{2}(10 + 10 + 2 \times 0.8\sqrt{10 \times 10}) \times 5^2$$

$$= 450[\text{J}]$$

답 ③

문제 17 자계의 벡터포텐셜을 A라 할 때 자계의 시간적 변화에 의하여 생기는 전계의 세기 E는?

① $E = \text{rot}A$
② $\text{rot } E = A$
③ $E = -\frac{\partial A}{\partial t}$
④ $\text{rot } E = -\frac{\partial A}{\partial t}$

풀이

$B = \nabla \times A$로 정의되고 $\nabla \times E = -\dfrac{\partial B}{\partial t}$ 에서

$$\nabla \times E = -\frac{\partial B}{\partial t} = -\frac{\partial}{\partial t}(\nabla \times A) = \nabla \times \left(-\frac{\partial A}{\partial t}\right)$$

$$\therefore E = -\frac{\partial A}{\partial t}$$

답 ③

문제 18 유전율이 각각 ϵ_1, ϵ_2인 두 유전체가 접한 경계면에서 전하가 존재하지 않는다고 할 때 유전율 ϵ_1인 유전체에서 유전율 ϵ_2인 유전체로 전계 E_1이 입사각 $\theta_1 = 0°$로 입사할 경우 성립되는 식은?

① $E_1 = E_2$

② $E_1 = \epsilon_1 \epsilon_2 E_2$

③ $\dfrac{E_1}{E_2} = \dfrac{\epsilon_2}{\epsilon_1}$

④ $\dfrac{E_1}{E_2} = \dfrac{\epsilon_1}{\epsilon_2}$

풀이

유전체의 경계조건에서 전속밀도는 법선성분이 같으므로

$D_{1n} = D_{2n}$

$D = \epsilon E$의 관계로부터 $\epsilon_1 E_1 = \epsilon_2 E_2$

$$\therefore \frac{E_1}{E_2} = \frac{\epsilon_2}{\epsilon_1}$$

답 ③

문제 19 사이클로트론에서 양자가 매초 3×10^{15}개의 비율로 가속되어 나오고 있다. 양자가 15[MeV]의 에너지를 가지고 있다고 할 때, 이 사이클로트론은 가속용 고주파 전계를 만들기 위해서 150[kW]의 전력을 필요로 한다면 에너지 효율[%]은?

① 2.8   ② 3.8

③ 4.8   ④ 5.8

풀이

• $1[\text{eV}] = 1.602 \times 10^{-19}[\text{J}]$

• $150[\text{kW}] = 150 \times 10^3[\text{W}] = 150 \times 10^3[\text{J/s}]$

따라서 효율 $\eta = \dfrac{출력}{입력} \times 100$

$$= \frac{3 \times 10^{15} \times 15 \times 10^6 \times 1.602 \times 10^{-19}}{150 \times 10^3} \times 100$$

$$≒ 4.8[\%]$$

답 ③

문제 20 두 개의 소자석 A, B의 세기가 서로 같고 길이의 비는 1 : 2 이다. 그림과 같이 두 자석을 일직선 상에 놓고 그 사이에 A, B의 중심으로부터 r_1, r_2 거리에 있는 점 P에 작은 자침을 놓았을 때 자침이 자석의 영향을 받지 않았다고 한다. $r_1 : r_2$는 얼마인가?

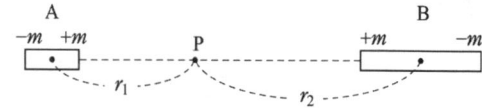

① $1 : \sqrt[3]{2}$ ② $\sqrt[3]{2} : 1$

③ $1 : \sqrt[3]{4}$ ④ $\sqrt[3]{4} : 1$

풀이

소자석 A에 의한 자기 모멘트 M이라 하면 소자석 B는 $2M$이 된다. 자석 A, B에 의한 점 P의 자계의 세기를 H_1, H_2라고 하면,

$$H_1 = \frac{2M}{4\pi\mu_0 r_1^3}, \quad H_2 = \frac{2(2M)}{4\pi\mu_0 r_2^3}$$

$\left(\because H_1 = \dfrac{M}{4\pi\mu_0 r^3}\sqrt{1+3\cos^2\theta} \text{ 에서 } \theta = 0° \text{ 이므로} \right.$

$$\left. H = \frac{2M}{4\pi\mu_0 r^3} \right)$$

방향은 점 P에서 반대방향이므로 $H_1 = H_2$ 이다.

$\dfrac{1}{r_1^3} = \dfrac{2}{r_2^3}$, $\dfrac{r_1^3}{r_2^3} = \dfrac{1}{2}$, $\dfrac{r_1}{r_2} = \dfrac{1}{\sqrt[3]{2}}$

$$\therefore r_1 : r_2 = 1 : \sqrt[3]{2}$$

답 ①

제2과목   전력공학

문제 21 그림과 같이 지지점 A, B, C에는 고저차가 없으며, 경간 AB와 BC 사이에 전선이 가설되어 그 이도가 각각 12[cm] 이다. 지지점 B에서 전선이 떨어져 전선의 이도가 D로 되었다면 D의 길이[cm]는?
(단, 지지점 B는 A와 C의 중점이며 지지점 B에서 전선이 떨어지기 전, 후의 길이는 같다.)

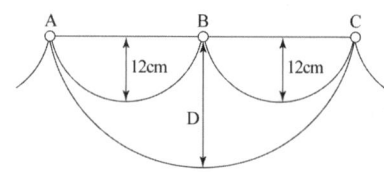

① 17　　　　　　　② 24
③ 30　　　　　　　④ 36

풀이
- L_1 : AB구간 및 BC구간 전선의 실제 길이
- L : AC구간 전선의 실제 길이
- 실제 길이는 떨어지기 전과 떨어진 후가 같으므로
  $2L_1 = L$

$$2\left(S + \frac{8D_1^2}{3S}\right) = 2S + \frac{8D^2}{3 \times 2S}$$

$$\frac{16D_1^2}{3S} = \frac{8D^2}{6S} , \ \frac{16D_1^2}{3S} = \frac{4D^2}{3S}$$

$$\therefore \ D = 2D_1 = 2 \times 12 = 24 [\text{cm}]$$

답 ②

문제 22 직접접지방식에 대한 설명으로 틀린 것은?

① 1선 지락 사고시 건전상의 대지 전압이 거의 상승하지 않는다.
② 계통의 절연수준이 낮아지므로 경제적이다.
③ 변압기의 단절연이 가능하다.
④ 보호계전기가 신속히 동작하므로 과도안정도가 좋다.

풀이
직접 접지방식의 장·단점
[장점]
① 1선 지락시에 건전상의 대지 전압이 거의 상승하지 않는다.
② 피뢰기의 효과를 증진시킬 수 있다.
③ 단절연이 가능하다.
④ 계전기의 동작이 확실해진다.
[단점]
① 송전 계통의 **과도 안정도가 나빠진다.**
② 통신선에 유도 장해가 크다.
③ 지락 시 대 전류가 흘러 기기에 손상을 준다.
④ 대용량 차단기가 필요하다.

답 ④

문제 23 선간전압, 부하역률, 선로손실, 전선중량 및 배전거리가 같다고 할 경우 단상 2선식과 3상 3선식의 공급전력의 비(단상/3상)는?

① $\dfrac{3}{2}$　　　　　　② $\dfrac{1}{\sqrt{3}}$

③ $\sqrt{3}$　　　　　　④ $\dfrac{\sqrt{3}}{2}$

풀이
- 전선의 중량이 같은 경우
  $$W = 2A_1 L = 3A_3 L , \ \frac{A_3}{A_1} = \frac{2}{3} = \frac{R_1}{R_3} \ \left(\because R \propto \frac{1}{A}\right)$$
- 전력손실이 같은 경우
  $$P_c = 2I_1^2 R_1 = 3I_3^2 R_3 \ \text{에서}$$
  $$\left(\frac{I_1}{I_3}\right)^2 = \frac{3R_3}{2R_1} = \frac{3}{2} \times \frac{3}{2} \quad \frac{I_1}{I_3} = \frac{3}{2}$$
  $\therefore$ 공급전력의 비
  $$\frac{P_1}{P_3} = \frac{VI_1}{\sqrt{3} \, VI_3} = \frac{1}{\sqrt{3}} \times \frac{3}{2} = \frac{\sqrt{3}}{2}$$

답 ④

문제 24 다음 중 그 값이 항상 1 이상인 것은?

① 부등률　　　　　② 부하율
③ 수용률　　　　　④ 전압강하율

풀이
$$\text{부등률} = \frac{\text{수용 설비 개개의 최대 수용 전력의 합계}}{\text{합성 최대 수용 전력}} \geq 1$$

답 ①

문제 25 전원이 양단에 있는 환상선로의 단락보호에 사용되는 계전기는?

① 방향거리계전기　　② 부족전압계전기
③ 선택접지계전기　　④ 부족전류계전기

풀이
- 전원이 2군데 이상 **환상 선로의 단락 보호**
  → **방향 거리 계전기(DZ)**
- 전원이 2군데 이상 방사 선로의 단락 보호
  → 방향 단락 계전기(DS)와 과전류 계전기(OC)를 조합

답 ①

문제 26 최소 동작 전류 이상의 전류가 흐르면 한도를 넘은 양(量)과는 상관없이 즉시 동작하는 계전기는?

① 순한시계전기　　　② 반한시계전기
③ 정한시계전기　　　④ 반한시정한시계전기

풀이
보호 계전기 특징
① **순한시 특성** : 최소 동작 전류 이상의 전류가 흐르면 즉시 동작하는 특성

② 반한시 특성 : 동작 전류가 커질수록 동작 시간이 짧게 되는 특성

③ 정한시 특성 : 최소 동작전류값 이상이면 동작 전류의 크기에 관계없이 일정한 시간에 동작하는 특성

④ 반한시 정한시 특성 : 동작 전류가 적은 동안에는 동작 전류가 커질수록 동작 시간이 짧게 되고 어떤 전류 이상이면 동작 전류의 크기에 관계없이 일정한 시간에 동작하는 특성 **답** ①

문제 27 현재 널리 쓰이고 있는 GCB(Gas Circuit Breaker)용 가스는?

① SF₆ 가스
② 아르곤 가스
③ 네온 가스
④ N₂ 가스

풀이
가스차단기(GCB)는 소호매질로서 SF₆(육불화유황)가스를 사용하며, SF₆ 가스의 특징으로는 안정도가 높고 무색, 무취, 무독, 불활성 기체이며 절연 내력은 공기의 약 3배이고, 10기압 정도로 압축하면 공기의 10배 정도 절연 내력을 가지므로 실용화된 가스로서는 가장 널리 쓰인다.
답 ①

문제 28 이상 전압에 대한 방호장치로 거리가 먼 것은?

① 피뢰기
② 방전코일
③ 서지흡수기
④ 가공지선

풀이
① 피뢰기 : 이상 전압에 대한 기계, 기구 보호
② **방전코일** : 콘덴서에 축적된 잔류 전하를 방전하여 **감전 사고 방지**
③ 서지 흡수기 : 변압기, 발전기 등을 서지로부터 보호
④ 가공지선 : 직격뢰 차폐
답 ②

문제 29 부하전류 차단이 불가능한 전력개폐 장치는?

① 진공차단기
② 유입차단기
③ 단로기
④ 가스차단기

풀이
• 차단기(Breaker) : 아크 소호능력이 있어 부하전류나 사고전류의 차단이 가능
• 스위치(Switch) : 아크 소호능력이 없어 부하전류나 사고전류의 차단이 불 가능

• 단로기(DS : Disconnecting Switch)는 **switch**로서 아크 소호 장치가 없어 부하 전류의 차단이 곤란하다. **답** ③

문제 30 초호각(Arcing horn)의 역할은?

① 풍압을 조절한다.
② 송전 효율을 높인다.
③ 애자의 파손을 방지한다.
④ 고주파수의 섬락전압을 높인다.

풀이
초호환, 초호각의 역할
초호환 = 소호환 = arcing ring
초호각 = 소호각 = arcing horn
• 애자련의 전압분포 개선
• **선로의 섬락으로부터 애자련의 보호** **답** ③

문제 31 피뢰기가 구비하여야 할 조건으로 거리가 먼 것은?

① 충격방전 개시전압이 낮을 것
② 상용주파 방전 개시전압이 낮을 것
③ 제한전압이 낮을 것
④ 속류의 차단능력이 클 것

풀이
피뢰기에 요구되는 성능
• 제한전압이 낮을 것
• 충격 방전개시전압이 낮을 것
• **상용주파 방전개시전압은 계통전압보다 충분히 높을 것**
• 속류 차단능력이 충분 할 것
• 뇌전류 방전과 속류 차단의 반복동작에 대하여 장기간 사용할 수 있을 것 **답** ②

문제 32 기준 선간전압 23[kV], 기준 3상 용량 5000[kVA], 1선의 유도 리액턴스가 15[Ω]일 때 %리액턴스는?

① 28.36[%]
② 14.18[%]
③ 7.09[%]
④ 3.55[%]

풀이
$$\%X = \frac{I_n X}{E_n} \times 100 \qquad P = \sqrt{3}\,V I_n, \quad V = \sqrt{3}\,E_n \text{ 이므로}$$

$$= \frac{\sqrt{3}\, VI_n X}{\sqrt{3}\, VE_n} \times 100 = \frac{P \times X}{V^2} \times 100$$

$$= \frac{P[\text{kVA}] \times 10^3 \times X[\Omega]}{V^2[\text{kV}] \times 10^6} \times 100$$

$$= \frac{XP[\text{kVA}]}{10\,V^2[\text{kV}]} [\%] \text{에서}$$

(여기서, V의 단위는 [kV], P의 단위는 [kVA]가 되어야 한다.)

$$\%X = \frac{15 \times 5000}{10 \times 23^2} = 14.18[\%] \qquad \text{답 ②}$$

문제 33 다음 사항 중 가공송전선로의 코로나손실과 관계가 없는 사항은?

① 전원주파수
② 전선의 연가
③ 상대공기밀도
④ 선간거리

풀이

Peek의 식

$$P = \frac{241}{\delta}(f+25)\sqrt{\frac{d}{2D}}(E-E_0)^2 \times 10^{-5}[\text{kW/km/선}]$$

δ : **상대 공기 밀도**, D : **선간 거리**
d : 전선의 지름, f : **주파수**
E : 전선에 걸리는 대지 전압
E_0 : 코로나 임계 전압 답 ②

문제 34 다음 중 송전선로의 역섬락을 방지하기 위한 대책으로 가장 알맞은 방법은?

① 가공지선 설치
② 피뢰기 설치
③ 매설지선 설치
④ 소호각 설치

풀이

이상 전압에 대한 대책
• 가공지선 : 뇌의 차폐
　(가공지선의 차폐각이 적을수록 보호효율이 높다)
• 피뢰기 : 뇌로부터 기기 보호
• **매설지선(탑각 접지저항을 낮춤) : 역섬락 방지**
• 아킹 혼(소호각) : 섬락사고시 애자련의 보호, 애자련의 전압 분담 균일화 답 ③

문제 35 파동 임피던스 $Z_1 = 600[\Omega]$인 선로종단에 파동 임피던스 $Z_2 = 1300[\Omega]$의 변압기가 접속되어 있다. 지금 선로에서 파고 $e_1 = 900[\text{kV}]$의 전압이 입사되었다면 접속점에서의 전압 반사파는 약 몇 [kV]인가?

① 530
② 430
③ 330
④ 230

풀이

반사 전압

$$e_2 = \frac{Z_2 - Z_1}{Z_2 + Z_1}e_1 = \frac{1300-600}{1300+600} \times 900 = 331.58\,[\text{kV}] \qquad \text{답 ③}$$

문제 36 가스절연개폐장치(GIS)의 내장기기가 아닌 것은?

① 차단기
② 단로기
③ 주변압기
④ 계기용변압기

풀이

가스절연개폐장치(GIS : Gas Insulated Switchgear)는 **차단기, 단로기**, 모선, 피뢰기, **변성기** 등을 금속체함에 수납하고 충전부를 SF_6 가스로 절연시킨 종합 개폐장치이다. 답 ③

문제 37 3상 배전선로의 말단에 역률 60[%](늦음), 60[kW]의 평형 3상 부하가 있다. 부하점에 부하와 병렬로 전력용 콘덴서를 접속하여 선로손실을 최소로 하고자 할 때 콘덴서 용량[kVA]은? (단, 부하단의 전압은 일정하다.)

① 40
② 60
③ 80
④ 100

풀이

선로 손실을 최소로 하기 위해서는 역률을 1.0으로 개선해야 하므로, 문제에서는 전 무효전력만큼의 콘덴서 용량이 필요하다.
따라서 콘덴서 용량

$$Q_c = P\tan\theta = P\frac{\sin\theta}{\cos\theta} = 60 \times \frac{0.8}{0.6} = 80[\text{kVA}] \qquad \text{답 ③}$$

문제 38 전력용 콘덴서에 비해 동기조상기의 이점으로 옳은 것은?

① 소음이 적다.

② 진상전류 이외에 지상전류를 취할 수 있다.

③ 전력손실이 적다.

④ 유지보수가 쉽다.

풀이

조상 설비의 비교

항 목	동기 조상기	전력용 콘덴서
전력손실	많음 (1.5~2.5[%])	적음 (0.3[%] 이하)
무효전력	진상, 지상 양용	진상전용
조 정	연속적	계단적
단락 사고 시 고장전류 공급	공 급	공급 안함
시 송 전	가 능	불가능

즉, 회전기인 동기조상기는 정지기인 전력콘덴서에 비해 소음이 크고 전력손실이 크며 유지보수가 어렵다는 단점이 있다. **답** ②

문제 39 배기가스의 여열을 이용해서 보일러에 공급되는 급수를 예열함으로써 연료 소비량을 줄이거나 증발량을 증가시키기 위해서 설치하는 여열회수 장치는?

① 과열기

② 공기 예열기

③ 절탄기

④ 재열기

풀이

• 과열기 : 포화증기를 가열

• 공기 예열기 : 연소용 공기를 예열

• **절탄기 : 보일러 급수를 예열**

• 재열기 : 터빈에서 팽창한 증기를 다시 가열 **답** ③

문제 40 조압수조(surge tank)의 설치 목적이 아닌 것은?

① 유량을 조절한다.

② 부하의 변동시 생기는 수격작용을 흡수한다.

③ 수격압이 압력 수로에 미치는 것을 방지한다.

④ 흡출관의 보호를 취한다.

풀이

조압 수조(surge tank)는 저수지로부터 수로가 압력터널인 경우에 시설하는 설비로서 압력 수로와 수압관을 접속하는 장소에 설치한다. 서지탱크는 자유 수면을 가진 수조로서 부하가 급격히 변화하였을 때 생기는 수격 작용을 흡수하여 **압력수로를 보호**하고, 수차의 사용 유량 변동에 의한 서징(surging)작용을 흡수한다. **답** ④

제3과목 **전기기기**

문제 41 단상반파 정류 회로의 직류전압이 100[V]일 때 정류기의 역방향 첨두전압은 약 몇 [V]인가?

① 691 ② 628

③ 536 ④ 314

풀이

PIV (첨두역전압)

• 단상 반파 정류 회로 : $PIV = \sqrt{2} E = \pi E_d$

∴ $PIV = \pi \times 100 = 314[V]$ **답** ④

문제 42 동기전동기의 전기자 전류가 최소일 때 역률은?

① 0 ② 0.707

③ 0.866 ④ 1

풀이

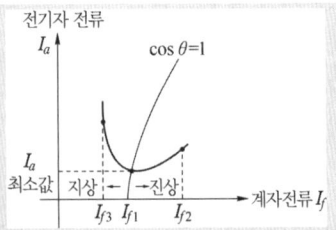

• I_{f1} : $\cos \theta = 1$

• I_{f2}(여자 전류 증가) : 진상의 전기자 전류가 흐르고, 전류는 증가한다.

• I_{f3}(여자 전류 감소) : 지상의 전기자 전류가 흐르고, 전류는 증가한다. **답** ④

문제 43 유도전동기의 안정 운전의 조건은?
(단, T_m : 전동기 토크, T_L : 부하 토크, n : 회전수)

① $\dfrac{dT_m}{dn} < \dfrac{dT_L}{dn}$ ② $\dfrac{dT_m}{dn} = \dfrac{dT_L^2}{dn}$

③ $\dfrac{dT_m}{dn} > \dfrac{dT_L}{dn}$ ④ $\dfrac{dT_m}{dn} \neq \dfrac{dT_L^2}{dn}$

풀이

• 안정 운전 : $\dfrac{dT_m}{dn} < \dfrac{dT_L}{dn}$

• 불안정 운전 : $\dfrac{dT_m}{dn} > \dfrac{dT_L}{dn}$　　**답** ①

문제 44 직류전동기의 워드레오나드 속도제어 방식으로 옳은 것은?

① 전압제어
② 저항제어
③ 계자제어
④ 직병렬제어

풀이

직류 전동기의 속도 제어법 비교

구 분	제어 특성	특 징
계자 제어법	• 정출력 제어	• 속도 제어 범위가 좁다.
전압 제어법	• 정토크 제어 – **워드 레오나드 방식** – 일그너 방식	• 제어 범위가 넓다. • 손실이 매우 적다. • 정역 운전이 가능 • 설비비가 많이 든다.
직렬 저항법		• 효율이 나쁘다.

답 ①

문제 45 주파수 60[Hz], 슬립 0.2인 경우 회전자 속도가 720[rpm]일 때 유도전동기의 극수는?

① 4　　　　　　② 6
③ 8　　　　　　④ 12

풀이

$N = (1-s)N_s$ 에서

$$N_s = \frac{N}{1-s} = \frac{720}{1-0.2} = 900 \,[\text{rpm}]$$

$$\therefore p = \frac{120f}{N_s} = \frac{120 \times 60}{900} = 8\,[\text{극}]$$

답 ③

문제 46 60[Hz], 600[rpm]의 동기전동기에 직결된 기동용 유도전동기의 극수는?

① 6　　② 8　　③ 10　　④ 12

풀이

• 극수 $p = \dfrac{120f}{N_s} = \dfrac{120 \times 60}{600} = \dfrac{7200}{600} = 12$극

• 유도 전동기는 슬립이 존재하므로 동기 전동기와 같은 극수인 경우, 유도 전동기의 속도는 동기 전동기의 속도보다 sN_s만큼 늦게 되어 유도 전동기로 동기 전동기를 기동하는 경우 동기 속도에 도달할 수 없게 된다. 따라서, 유도 전동기의 극수는 동기 전동기의 극수보다 2극 적게 하여야 한다.

즉, 유도전동기의 극수는 10극이 되어야 한다. **답** ③

문제 47 유기 기전력 210[V], 단자 전압 200[V]인 5[kW] 분권 발전기의 계자 저항이 500[Ω]이면 그 전기자 저항[Ω]은?

① 0.2　　　　　　② 0.4
③ 0.6　　　　　　④ 0.8

풀이

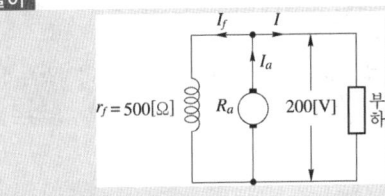

$$I_f = \frac{V}{r_f} = \frac{200}{500} = 0.4\,[\text{A}]$$

$$I = \frac{P}{V} = \frac{5 \times 10^3}{200} = 25\,[\text{A}]$$

전기자 전류 I_a는 $I_a = I + I_f$이므로

$$I_a = 25 + 0.4 = 25.4\,[\text{A}]$$

또한 $V = E - I_a R_a$ 식에서

$$\therefore R_a = \frac{E-V}{I_a} = \frac{210-200}{25.4} = \frac{10}{25.4} = 0.39\,[\Omega]$$

답 ②

문제 48 중부하에서도 기동되도록 하고 회전계자형의 동기 전동기에 고정자인 전기자 부분이 회전자의 주위를 회전할 수 있도록 2중 베어링의 구조를 가지고 있는 전동기는?

① 유도자형 전동기　　② 유도 동기 전동기
③ 초동기 전동기　　　④ 반작용 전동기

풀이

- 동기 전동기를 보완하여 중부하에서도 기동이 되도록 한 것이 **초동기 전동기**이다.
- 초동기 전동기는 기동 토크가 크고 기동 전류가 적은 것이 특징이며, **2중 베어링 장치**와 브레이크 밴드 등의 특수 구조가 있어 고속 운전에는 부적당하다. **답** ③

문제 49 히스테리시스손과 관계가 없는 것은?

① 최대 자속밀도

② 철심의 재료

③ 회전수

④ 철심용 규소강판의 두께

풀이

① 히스테리시스손 $P_h = K_h f B_m^{\ 2}$

② 와류손 $P_e = K_e (t \cdot f \cdot K_f \cdot B_m)^2$

여기서, B_m : 최대 자속 밀도 [Wb/m²]

K_h : 히스테리시스 계수(재료에 따라 정해짐)

f : 주파수 [Hz]

K_e : 재료에 따라 정해지는 상수,

t : 철심의 두께 [m]

K_f : 파형률 $\left(\dfrac{실효치}{평균치} = 1.11\right)$

따라서, **철심용 규소강판의 두께**(t)는 히스테리시스손과는 무관하고 와류손과 관계가 있다. **답** ④

문제 50 철심의 단면적이 100[cm²]이고 철심의 최대 자속밀도가 1.4[wb/m²]인 변압기가 있다. 주파수는 60 [Hz], 1차가 6300[V], 2차가 210[V]라고 할 때 각 권선의 권수는 얼마인가?(단, 철심의 점적률은 90[%]이며, 이상변압기라고 한다.)

① 1차 : 1777, 2차 : 61

② 1차 : 1877, 2차 : 63

③ 1차 : 1977, 2차 : 65

④ 1차 : 2077, 2차 : 67

풀이

- $E_1 = V_1 = 4.44 f N_1 \phi_m$

$\rightarrow N_1 = \dfrac{V_1}{4.44 f \phi_m} = \dfrac{6300}{4.44 \times 60 \times 1.4 \times 0.01 \times 0.9} = 1876.88$

- $E_2 = V_2 = 4.44 f N_2 \phi_m$

$\rightarrow N_2 = \dfrac{V_2}{4.44 f \phi_m} = \dfrac{210}{4.44 \times 60 \times 1.4 \times 0.01 \times 0.9} = 62.56$

(여기서, $\phi_m = B_m \times A \times 점적률$,

이상변압기이므로 $E = V$ **답** ②

문제 51 전체 도체수는 100, 단중 중권이며 자극수는 4, 자속수는 극당 0.628 [Wb]인 직류 분권전동기가 있다. 이 전동기의 부하시 전기자에 5 [A]가 흐르고 있었다면 이때의 토크[N·m]는?

① 12.5

② 25

③ 50

④ 100

풀이

$p = 4$, $Z = 100$, $\phi = 0.628$[Wb], $I_a = 5$[A],

단중 중권이므로 $a = p = 4$ 이다.

$P = E_c I_a = p \phi n \dfrac{Z}{a} I_a = 2\pi n T$

$\therefore T = \dfrac{p \phi n \dfrac{Z}{a} I_a}{2\pi n} = \dfrac{p \phi Z I_a}{2\pi a} = \dfrac{4 \times 0.628 \times 100 \times 5}{2\pi \times 4}$

$= 49.97$[N·m] **답** ③

문제 52 단권 변압기의 3상 결선에서 Y결선인 경우, 1차측 선간 전압 V_1, 2차측 선간 전압 V_2일 때 단권 변압기 용량/부하 용량은? 단, $V_1 > V_2$인 경우이다.

① $\dfrac{V_1 - V_2}{V_1}$

② $\dfrac{V_1^2 - V_2^2}{\sqrt{3}\, V_1 V_2}$

③ $\dfrac{\sqrt{3}\,(V_1^2 - V_2^2)}{V_1 V_2}$

④ $\dfrac{V_1 - V_2}{\sqrt{3}\, V_1}$

풀이

단권 변압기의 3상 결선에서 고압측 전압 V_h, 저압측 전압 V_l이라고 하면

결선 방식	Y결선	△결선	V결선
$\dfrac{자기\ 용량}{부하\ 용량}$	$1 - \dfrac{V_l}{V_h}$	$\dfrac{V_h^{\ 2} - V_l^2}{\sqrt{3}\, V_h V_l}$	$\dfrac{2}{\sqrt{3}}\left(1 - \dfrac{V_l}{V_h}\right)$

답 ①

문제 53 기전력(1상)이 E_o이고 동기임피던스(1상)가 Z_s인 2대의 3상 동기발전기를 무부하로 병렬 운전시킬 때 각 발전기의 기전력 사이에 δ_s의 위상차가 있으면 한쪽 발전기에서 다른 쪽 발전기로 공급되는 1상당의 전력[W]은?

① $\dfrac{E_o}{Z_s}\sin\delta_s$

② $\dfrac{E_o}{Z_s}\cos\delta_s$

③ $\dfrac{E_o^2}{2Z_s}\sin\delta_s$

④ $\dfrac{E_o^2}{2Z_s}\cos\delta_s$

풀이

두 대의 동기발전기가 병렬운전 시 발전기 기전력의 위상이 서로 다른 경우 동기화 전류가 흐르게 되고 이 전류에 의해 수수전력이 발생하게 된다.

① 동기화 전류 $I_s = \dfrac{E_o}{Z_s}\sin\dfrac{\delta_s}{2}$

② 수수전력 $P_s = \dfrac{E_o^2}{2Z_s}\sin\delta_s$ **답** ③

문제 54 동기발전기의 단락비가 1.2이면 이 발전기의 %동기임피던스(p.u)는?

① 0.12

② 0.25

③ 0.52

④ 0.83

풀이

단락비 $K_s = \dfrac{1}{\%Z}$에서

$\%Z = \dfrac{1}{K_s} = \dfrac{1}{1.2} = 0.83$ **답** ④

문제 55 반도체 정류기에 적용된 소자 중 첨두 역방향 내전압이 가장 큰 것은?

① 셀렌 정류기

② 실리콘 정류기

③ 게르마늄 정류기

④ 아산화동 정류기

풀이

실리콘 정류기의 역방향 내전압은 500~1000[V] 정도이다. **답** ②

문제 56 50[Hz]로 설계된 3상 유도전동기를 60[Hz]에 사용하는 경우 단자전압을 110[%]로 높일 때 일어나는 현상으로 틀린 것은?

① 철손불변

② 여자전류감소

③ 온도상승증가

④ 출력이 일정하면 유효전류 감소

풀이

① 철손 $P_i \propto fB^2 \propto f(V/f)^2 = V^2/f$에서
단자전압이 10[%] 상승하고, 주파수가 50[Hz]에서 60[Hz]로 상승하므로

$$P_i = \frac{(1.1V)^2}{1.2f} = \frac{1.21V^2}{1.2f} \fallingdotseq \frac{V^2}{f}$$

로 철손은 거의 변화가 없다.

② 여자 전류 $I_0 \propto V/f$ 이므로 $1.1/1.2 \fallingdotseq 0.9$배로 감소한다.

③ • 철손은 변화가 없고 유효전류는 감소하므로 전체 손실은 일정하거나 다소 감소하게 된다.

• 전체손실이 다소 감소한 상태에서 전동기 속도

$$N_s = \frac{120f}{p}$$

에서 **주파수가 증가하면 전동기 속도가 증가**하고 그 결과 전동기에 부착되어 있는 냉각 fan의 효과가 증가하게 되어 **전동기의 온도 상승은 감소**하게 된다.

④ 유효전류 $I_w \propto \dfrac{1}{V} = \dfrac{1}{1.1} \fallingdotseq 0.9$로 출력이 일정하면 유효전류는 감소 **답** ③

문제 57 유도전동기에 게르게스(Gorges)현상이 생기는 슬립은 대략 얼마인가?

① 0.25

② 0.50

③ 0.70

④ 0.80

풀이

게르게스 현상이란 3상 권선형 유도 전동기의 2차 회로 중 1선이 단선된 경우에 약간의 과부하 상태에서도 **슬립 $S = 0.5$ 부근에서 가속되지 않는 현상**을 말한다. **답** ②

문제 58 정격전압 120[V], 60[Hz]인 변압기의 무부하 입력 80[W], 무부하 전류 1.4[A]이다. 이 변압기의 여자 리액턴스는 약 몇 [Ω]인가?

① 97.6

② 103.7

③ 124.7

④ 180

풀이

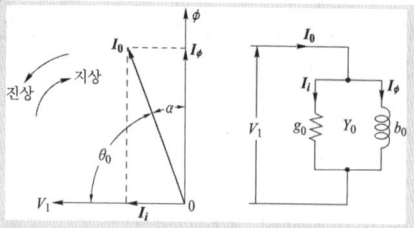

〈여자 회로 및 여자 전류의 벡터도〉

$$I_0 = I_\phi + I_i = \sqrt{I_\phi^2 + I_i^2}, \quad I_i = \frac{P_i}{V_1}[A]$$

여기서, I_0 : 여자 전류(무부하 전류)

I_ϕ : 자화 전류

I_i : 철손 전류

P_i : 철손

• 철손전류 $I_i = \dfrac{P_i}{V_1} = \dfrac{80}{120} = 0.67[A]$

• 자화전류 $I_\phi = \sqrt{I_0^2 - I_i^2} = \sqrt{1.4^2 - 0.67^2} = 1.23[A]$

• 여자 리액턴스 $x_0 = \dfrac{V_1}{I_\phi} = \dfrac{120}{1.23} = 97.6[\Omega]$ **답 ①**

문제 59 3상 권선형 유도전동기의 기동 시 2차측 저항을 2배로 하면 최대토크 값은 어떻게 되는가?

① 3배로 된다.　　② 2배로 된다.

③ 1/2로 된다.　　④ 변하지 않는다.

풀이

• 최대 토크 $T_m \propto \dfrac{V^2}{2x_2}$: 2차 저항에 무관

• 최대 토크를 발생하는 슬립 $s_m ≒ \pm \dfrac{r_2}{x_2}$: 2차 저항에 비례

따라서, 3상 유도 전동기의 **최대 토크의 크기는 2차저항 r_2 와 슬립 s 에 관계없이 항상 일정**하고 다만 최대 토크가 발생하는 슬립점이 2차 회로의 저항에 비례해서 이동할 뿐이다. **답 ④**

문제 60 유도 전동기에서 권선형 회전자에 비해 농형 회전자의 특성이 아닌 것은?

① 구조가 간단하고 효율이 좋다.

② 견고하고 보수가 용이하다.

③ 대용량에서 기동이 용이하다.

④ 중·소형 전동기에 사용된다.

풀이

농형 유도 전동기의 특성

• 회전자의 구조가 간단하고 튼튼하며 취급이 용이하다.

• 운전시의 성능은 우수하나 기동시의 성능은 떨어진다.

• 중·소형 유도 전동기에 널리 사용되며, 대형이 되면 기동 토크가 작아 기동이 곤란하게 된다. **답 ③**

제4과목　**회로이론 및 제어공학**

문제 61 전류 $I = 30\sin\omega t + 40\sin(3\omega t + 45°)$ [A]의 실효값[A]은?

① 25　　　　　　② $25\sqrt{2}$

③ 50　　　　　　④ $50\sqrt{2}$

풀이

왜형파의 실효값은 각 고조파 실효값 제곱의 합의 제곱근 이므로

$$I = \sqrt{I_1^2 + I_3^2} = \sqrt{\left(\frac{30}{\sqrt{2}}\right)^2 + \left(\frac{40}{\sqrt{2}}\right)^2} = \sqrt{\frac{30^2 + 40^2}{2}}$$

$$= 25\sqrt{2}[A]$$ **답 ②**

문제 62 그림과 같은 $R - C$ 병렬회로에서 전원전 압이 $e(t) = 3e^{-5t}$ 인 경우 이 회로의 임피던스는?

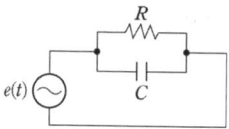

① $\dfrac{j\omega RC}{1 + j\omega RC}$　　　　② $\dfrac{R}{1 - 5RC}$

③ $\dfrac{R}{1 + RCs}$　　　　④ $\dfrac{1 + j\omega RC}{R}$

풀이

• 임피던스 $Z = \dfrac{\dfrac{R}{j\omega C}}{R + \dfrac{1}{j\omega C}} = \dfrac{R}{1 + j\omega CR}$

• $e(t) = 3e^{-5t}$ 에서 $j\omega = -5$

$(\because e = r(\cos\theta + j\sin\theta) = re^{j\theta} = re^{j\omega t})$

$\therefore Z = \dfrac{R}{1 + j\omega CR} = \dfrac{R}{1 - 5CR}[\Omega]$ **답 ②**

문제 63 커패시터와 인덕터에서 물리적으로 급격히 변화할 수 없는 것은?

① 커패시터와 인덕터에서 모두 전압

② 커패시터와 인덕터에서 모두 전류

③ 커패시터에서 전류, 인덕터에서 전압

④ 커패시터에서 전압, 인덕터에서 전류

풀이

$v_L = L\dfrac{di}{dt}$ 에서 i 가 급격히 ($t=0$인 순간) 변화하면 v_L이 ∞ 가 되는 모순이 생기고, $i_c = C\dfrac{dv}{dt}$ 에서 v 가 급격히 변화하면 i_c 가 ∞ 가 되는 모순이 생긴다.

따라서 인덕터에서는 전류, 커패시터에서는 전압이 급격하게 변화하지 않는다. **답** ④

문제 64 2전력계법을 이용한 평형 3상회로의 전력이 각각 500[W] 및 300[W]로 측정되었을 때, 부하의 역률은 약 몇 [%]인가?

① 70.7　　　　　② 87.7

③ 89.2　　　　　④ 91.8

풀이

2전력계법

• 피상전력 $P_a = 2\sqrt{W_1^2 + W_2^2 - W_1 W_2}$ [VA]

• 유효전력 $P = W_1 + W_2$ [W]

• 무효전력 $Q = \sqrt{3}\,(W_1 - W_2)$ [Var]

• 역률 $\cos\phi = \dfrac{W_1 + W_2}{2\sqrt{W_1^2 + W_2^2 - W_1 \times W_2}}$

$= \dfrac{500 + 300}{2\sqrt{500^2 + 300^2 - 500 \times 300}} \times 100$

$= 91.77$ [%] **답** ④

문제 65 선간 전압이 V_{ab}[V]인 3상 평형 전원에 대칭 부하 $R[\Omega]$이 그림과 같이 접속되어 있을 때, a, b 두 상간에 접속된 전력계의 지시 값이 W[W]라면 c 상 전류의 크기 [A]는?

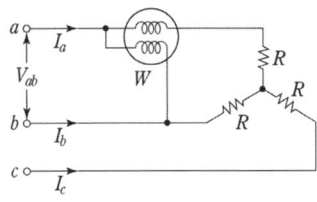

① $\dfrac{W}{3\,V_{ab}}$　　　　② $\dfrac{2\,W}{3\,V_{ab}}$

③ $\dfrac{2\,W}{\sqrt{3}\,V_{ab}}$　　　④ $\dfrac{\sqrt{3}\,W}{V_{ab}}$

풀이

부하가 $R(\cos\theta=1)$인 평형 3상회로에서 각 선간의 전력은 같으므로 한 대의 전력계의 지시값이 W[W]인 경우 유효전력 P와 선전류 I는 다음과 같다.

• $P = 2W$ [W]

• $I = \dfrac{2W}{\sqrt{3}\,V_{ab}}$ [A]

($\because P = 2W = \sqrt{3}\,VI$, 3상 평형이므로

　　$V_{ab} = V_{bc} = V_{ca} = V$, $I_a = I_b = I_c = I$) **답** ③

문제 66 $v = 100\sqrt{2}\,\sin\left(\omega t + \dfrac{\pi}{3}\right)$[V]를 복소수로 나타내면?

① $25 + j25\sqrt{3}$　　　② $50 + j25\sqrt{3}$

③ $25 + j50\sqrt{3}$　　　④ $50 + j50\sqrt{3}$

풀이

$v = 100\sqrt{2}\,\sin\left(\omega t + \dfrac{\pi}{3}\right)$를 실효값 정지 벡터로 표시하면

$V = 100\underline{/\dfrac{\pi}{3}} = 100(\cos 60° + j\sin 60°) = 50 + j50\sqrt{3}$ [V]

답 ④

문제 67 그림과 같은 직류회로에서 저항 $R[\Omega]$의 값은?

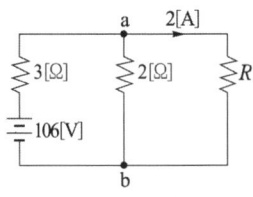

① 10　　　　　② 20

③ 30　　　　　④ 40

풀이

전압원을 전류원으로 등가변환하면

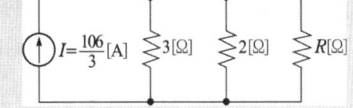

$2[\Omega]$ 저항과 $3[\Omega]$ 저항의 병렬 합성저항 $= \dfrac{3 \times 2}{2+3} = 1.2[\Omega]$

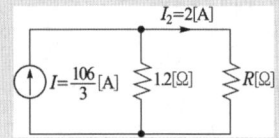

전류 분배 법칙에 의해

$$I_2 = \frac{1.2}{1.2+R}I = \frac{1.2}{1.2+R} \times \frac{106}{3} = 2[A]$$

$$\therefore R = \frac{1.2}{2} \times \frac{106}{3} - 1.2 = 20[\Omega]$$

답 ②

문제 68 4단자 회로망에서 4단자 정수가 A, B, C, D일 때, 영상 임피던스 $\dfrac{Z_{01}}{Z_{02}}$은?

① $\dfrac{D}{A}$ ② $\dfrac{B}{C}$

③ $\dfrac{C}{B}$ ④ $\dfrac{A}{D}$

풀이

$Z_{01} = \sqrt{\dfrac{AB}{CD}}$, $Z_{02} = \sqrt{\dfrac{BD}{AC}}$ 이므로

$$\therefore \frac{Z_{01}}{Z_{02}} = \frac{\sqrt{\dfrac{AB}{CD}}}{\sqrt{\dfrac{BD}{AC}}} = \frac{A}{D}$$

답 ④

문제 69 그림과 같은 회로에 교류전압 100[V]를 가하였을 때 a, b 사이의 전위차는 몇 [V]인가?

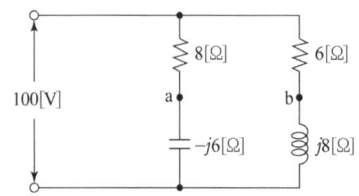

① 25 ② 50

③ 75 ④ 100

풀이

전압분배법칙에 의해 각 저항에 걸리는 전압강하
• 저항 $8[\Omega]$의 전압강하

$$V_a = \frac{8}{8-j6} \times 100 = \frac{800(8+j6)}{(8-j6)(8+j6)} = 64+j48 \,[V]$$

• 저항 $6[\Omega]$의 전압강하

$$V_b = \frac{6}{6+j8} \times 100 = \frac{600(6-j8)}{(6+j8)(6-j8)} = 36-j48 \,[V]$$

따라서 a, b 사이의 전위차 V_{ab}

$$V_{ab} = V_a - V_b = (64+j48) - (36-j48)$$
$$= 28+j96 = 100 \,\underline{/73.74}\,[V]$$

$$\therefore V_{ab} = \sqrt{28^2 + 96^2} = 100[V]$$

별해

• a점의 전류
$$I_1 = \frac{100}{8-j6} = \frac{100(8+j6)}{(8-j6)(8+j6)}$$
$$= \frac{100(8+j6)}{100}$$
$$= 8+j6[A]$$

• b점의 전류
$$I_2 = \frac{100}{6+j8} = \frac{100(6-j8)}{(6+j8)(6-j8)}$$
$$= \frac{100(6-j8)}{100}$$
$$= 6-j8[A]$$

따라서, a, b 사이의 전위차
$$|V_{ab}| = |8(8+j6) - 6(6-j8)| = |28+j96| = 100[V]$$

답 ④

문제 70 RL 직렬회로에 순시치 전압
$v(t) = 20 + 100\sin\omega t + 40\sin(3\omega t + 60°)$
$+ 40\sin5\omega t[V]$를 가할 때 제5고조파 전류의 실효값 크기는 약 몇 [A]인가? (단, $R=4[\Omega]$, $\omega L =1[\Omega]$이다.)

① 4.4 ② 5.66
③ 6.25 ④ 8.0

풀이

제 n차 고조파에 대해서
• 저항 : 변화없음
• 유도리액턴스 $X_{Ln} = 2\pi nfL = nX_L$ 로 n배로 증가
• 용량리액턴스 $X_{cn} = \dfrac{1}{2\pi nfC} = \dfrac{1}{n} \cdot X_c$ 로 $\dfrac{1}{n}$ 배로 감소

따라서, 제5고조파 전류

$$I_5 = \frac{V_5}{Z_5} = \frac{V_5}{\sqrt{R^2+(5\omega L)^2}} = \frac{\dfrac{40}{\sqrt{2}}}{\sqrt{4^2+(5\times1)^2}} = 4.42[A]$$

답 ①

문제 71 그림과 같은 신호흐름 선도에서 전달함수 $\dfrac{Y(s)}{X(s)}$는 무엇인가?

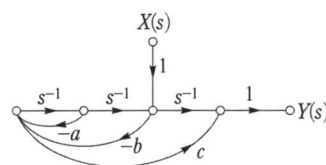

① $\dfrac{s+a}{s^2+as-b^2}$ ② $\dfrac{-bcs^2+s}{s^2+as+b}$

③ $\dfrac{-bcs^2+s+a}{s^2+as}$ ④ $\dfrac{-bcs^2+s+a}{s^2+as+b}$

풀이

비접촉 개로(s^{-1})와 독립 폐로($-as^{-1}$)가 있는 선도(제3유형)

① 개로(2개) : s^{-1}, $-bc$ ($\sum$ 개로 $= s^{-1}-bc$)

② 폐로(2개) : $-as^{-1}$, $-bs^{-2}$ ($\sum$ 폐로 $= -as^{-1}-bs^{-2}$)

③ (비접촉 개로×독립 폐로)$= s^{-1} \cdot -as^{-1} = -as^{-2}$

$G(s) = \dfrac{\sum \text{개로} - (\text{비접촉 개로×독립 폐로})}{1-\sum \text{폐로}}$

$\quad = \dfrac{(s^{-1}-bc)-\{s^{-1}\cdot(-as^{-1})\}}{1-(-as^{-1}-bs^{-2})}$

$\therefore \dfrac{X(s)}{Y(s)} = \dfrac{s^{-1}-bc+as^{-2}}{1+as^{-1}+bs^{-2}} = \dfrac{-bcs^2+s+a}{s^2+as+b}$

참고

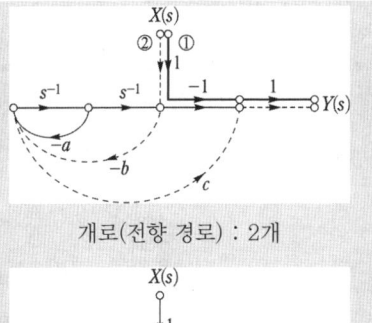

개로(전향 경로) : 2개

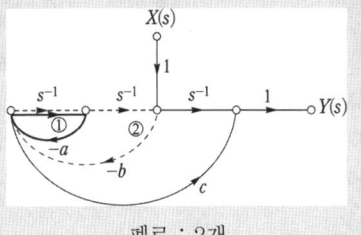

폐로 : 2개 **답 ④**

문제 72 특성 방정식 중에서 안정된 시스템인 것은?

① $2s^3+3s^2+4s+5=0$

② $s^4+3s^3-s^2+s+10=0$

③ $s^5+s^3+2s^2+4s+3=0$

④ $s^4-2s^3-3s^2+4s+5=0$

풀이

근이 모두 s평면의 좌반부에 있어야 만 제어계가 안정하다고 할 수 있다. 따라서, 근이 s평면의 좌반부 즉, 부 (−)의 실수부를 갖는 조건은 다음과 같다.

• 특성 방정식의 모든 계수의 부호가 같아야 한다.

• 계수 중 어느 하나라도 0이 되어서는 안 된다.

• 루드 수열의 제1열의 원소 부호가 같아야 한다.

• 제1열의 부호 변화는 s평면의 우반면에 존재하는 근의 수를 의미한다. **답 ①**

문제 73 $G(j\omega) = \dfrac{K}{j\omega(j\omega+1)}$의 나이퀴스트 선도는? (단, $K>0$ 이다.)

① 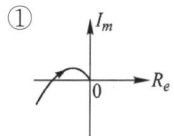 ②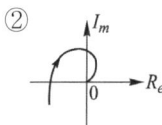

③ 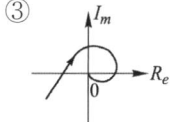 ④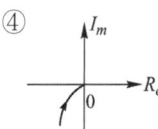

풀이

주파수 전달함수 $G(j\omega) = \dfrac{K}{j\omega(j\omega+1)}$

$\lim_{\omega\to 0}|G(j\omega)| = \lim_{\omega\to 0}\left|\dfrac{K}{j\omega(j\omega+1)}\right| = \lim_{\omega\to 0}\left|\dfrac{K}{j\omega}\right| = \infty$

$\lim_{\omega\to 0}\angle G(j\omega) = \lim_{\omega\to 0}\angle\dfrac{K}{j\omega(j\omega+1)} = \lim_{\omega\to 0}\angle\dfrac{K}{j\omega} = -90°$

$\lim_{\omega\to\infty}|G(j\omega)| = \lim_{\omega\to\infty}\left|\dfrac{K}{j\omega(j\omega+1)}\right| = \lim_{\omega\to\infty}\left|\dfrac{K}{(j\omega)^2}\right| = 0$

$\lim_{\omega\to\infty}\angle G(j\omega) = \lim_{\omega\to\infty}\angle\dfrac{K}{j\omega(j\omega+1)} = \lim_{\omega\to\infty}\angle\dfrac{K}{(j\omega)^2} = -180°$

답 ④

문제 74 주파수 응답에 의한 위치제어계의 설계에서 계통의 안정도 척도와 관계가 적은 것은?

① 공진치
② 위상여유
③ 이득여유
④ 고유주파수

풀이

주파수 응답에서 **안정도의 척도**는
① **공진치** ② **위상 여유** ③ **이득 여유**가 된다.
즉, 고유 주파수($\omega_n = 1/\sqrt{LC}$)는 안정도와는 무관하다.

답 ④

문제 75 다음 논리회로의 출력 X는?

① A
② B
③ A+B
④ A · B

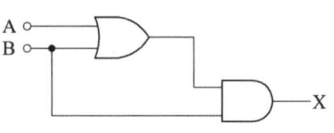

풀이

$X = (A+B) \cdot B$
$= A \cdot B + B \cdot B$
$= A \cdot B + B$
$= B(A+1) = B$

답 ②

문제 76 단위 부궤환 제어시스템의 루프전달함수 $G(s)H(s)$가 다음과 같이 주어져 있다. 이득여유가 20[dB]이면 이 때의 K의 값은?

$$G(s)H(s) = \frac{K}{(s+1)(s+3)}$$

① $\dfrac{3}{10}$
② $\dfrac{3}{20}$
③ $\dfrac{1}{20}$
④ $\dfrac{1}{40}$

풀이

$G(j\omega)H(j\omega) = \dfrac{K}{(j\omega+1)(j\omega+3)} = \dfrac{K}{(3-\omega^2)+j4\omega}$

위 식의 허수부를 0으로 놓으면
$4\omega = 0 \rightarrow \omega = 0[rad/s]$

$|G(j\omega)H(j\omega)|_{\omega=0} = \left| \dfrac{K}{3-\omega^2} \right|_{\omega=0} = \dfrac{K}{3} \quad (\omega=0)$

이득 여유 $20\log \left| \dfrac{1}{GH} \right| = 20$ [dB] 이므로

$|GH| = \dfrac{1}{10} = \dfrac{K}{3} \quad \therefore K = \dfrac{3}{10}$

답 ①

문제 77 그림의 게이트(gate)명칭은 어떻게 되는가?

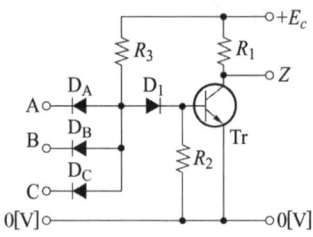

① AND gate
② OR gate
③ NAND gate
④ NOR gate

풀이

A, B, C에 신호가 동시에 입력되면 Tr이 동작하여 출력 Z가 소멸되므로, NAND회로에 해당된다.

답 ③

문제 78 다음 중 특성방정식에 대한 설명으로 옳은 것은?

① 개회로 전달함수의 분모가 0이다.
② 폐회로 전달함수의 분모가 1이다.
③ 개회로 전달함수의 분자가 0이다.
④ 폐회로 전달함수의 분모가 0이다.

풀이

$$\frac{C(s)}{R(s)} = \frac{G(s)}{1+G(s)H(s)}$$

폐회로의 전달함수에서 분모를 0으로 놓은 식을 선형 자동 제어계의 특성 방정식이라고 한다.
특성방정식 : $1+G(s)H(s) = 0$
①은 극점을 구하는 조건이다.
③은 영점을 구하는 조건이다.

답 ④

문제 79 대공포의 포신 제어에 사용되는 방법으로 목푯값의 크기나 위치가 시간에 따라 변화하므로 이것을 제어량이 자동으로 따라가도록 하는 것은?

① 정치제어
② 프로그램제어
③ 추종제어
④ 비율제어

풀이

제어목적에 의한 분류
① 정치제어 : 제어량을 어떤 일정한 목푯값으로 유지하는 것을 목적으로 하는 제어법
② 프로그램 제어 : 미리 정해진 프로그램에 따라 제어량을 변화시키는 것을 목적으로 하는 제어법

③ **추종제어** : 미지의 임의 **시간적 변화**를 하는 목푯값에 제어량을 추종시키는 것을 목적으로 하는 제어법
④ **비율제어** : 목푯값이 다른 것과 일정 비율 관계를 가지고 변화하는 경우의 추종제어법 **답** ③

설비 종별	뱅크 용량의 구분	자동적으로 전로로부터 차단하는 장치
전력용 커패시터 및 분로리액터	500 [kVA] 초과 15,000 [kVA] 미만	·내부에 고장이 생긴 경우 ·과전류가 생긴 경우
	15,000 [kVA] 이상	·**내부에 고장**이 생긴 경우 ·**과전류**가 생긴 경우 ·**과전압**이 생긴 경우
조상기	15,000 [kVA] 이상	·내부에 고장이 생긴 경우

답 ④

문제 80 단위계단 입력신호에 대한 과도응답은?
① 임펄스응답
② 인디셜응답
③ 노멀응답
④ 램프응답

풀이
입력신호가 단위 계단함수 일 때의 출력응답을 인디셜 응답 또는 단위 계단 응답이라고 한다. **답** ②

제5과목 전기설비 기술기준

문제 81 단상교류 25,000[V]인 경우 전차선로의 충전부와 차량 간의 정적 절연이격 거리는 몇 [mm] 이상인가?
① 100
② 150
③ 170
④ 270

풀이
431.3 전차선로의 충전부와 차량 간의 최소 절연이격

시스템 종류	공칭전압(V)	동적(mm)	정적(mm)
직류	750	25	25
	1,500	100	150
단상교류	25,000	170	270

답 ④

문제 82 조상설비에 내부고장, 과전류 또는 과전압이 생긴 경우 자동적으로 차단되는 장치를 해야 하는 전력용 커패시터의 최소 뱅크용량은 몇 [kVA] 인가?
① 10000
② 12000
③ 13000
④ 15000

풀이
351.5 조상설비의 보호장치
조상 설비에는 그 내부에 고장이 생긴 경우에 보호하는 장치를 표와 같이 시설하여야 한다.

문제 83 고압 가공전선로에 사용하는 가공지선은 지름 몇 [mm] 이상의 나경동선을 사용하여야 하는가?
① 2.6
② 3.0
③ 4.0
④ 5.0

풀이
332.6 고압 가공전선로의 가공지선
고압 가공전선로에 사용하는 **가공지선**은 인장강도 5.26 [kN] 이상의 것 또는 **지름 4[mm]** 이상의 나경동선을 사용한다. **답** ③

문제 84 점멸기의 시설에서 센서등(타임스위치 포함)을 시설하여야 하는 곳은?
① 공장
② 상점
③ 사무실
④ 아파트 현관

풀이
234.6 점멸기의 시설
다음의 경우에는 센서등(타임스위치 포함)을 시설하여야 한다.
가. 관광숙박업 또는 숙박업(여인숙업을 제외한다)에 이용되는 객실의 입구등은 1분 이내에 소등되는 것.
나. **일반주택 및 아파트 각 호실의 현관등은 3분** 이내에 소등되는 것. **답** ④

문제 85 사람이 접촉할 우려가 있는 경우 고압가공전선과 상부 조영재의 옆쪽에서의 이격거리는 몇 [m] 이상이어야 하는가? (단, 전선은 경동연선이라고 한다.)
① 0.6
② 0.8
③ 1.0
④ 1.2

풀이

332.11 고압 가공전선과 건조물의 접근
222.11 저압 가공전선과 건조물의 접근

저압 가공전선 또는 고압 가공전선이 건조물과 접근 상태로 시설되는 경우에는 다음에 따라야 한다.
가. 고압 가공전선로는 고압 보안공사에 의할 것.
나. 저·고압 가공전선과 건조물의 조영재 사이의 이격거리는 표에서 정한 값 이상일 것.

사용 전압 부분 공작물의 종류			저압 [m]	고압 [m]
건조물	상부 조영재 위쪽	일반적인 경우	2	2
		전선이 고압절연전선	1	2
		전선이 케이블인 경우	1	1
	기타 조영재 또는 **상부조영재의 옆쪽** 또는 아래쪽	**일반적인 경우**	1.2	**1.2**
		전선이 고압절연전선	0.4	1.2
		전선이 케이블인 경우	0.4	0.4
		사람이 쉽게 접근할 수 없도록 시설한 경우	0.8	0.8

답 ④

문제 86 소세력 회로의 전선을 조영재에 붙여 시설하는 경우 전선은 케이블(통신용 케이블을 포함한다)인 경우 이외에는 공칭단면적 몇 [mm²] 이상의 연동선 또는 이와 동등 이상의 세기 및 굵기의 것이어야 하는가?

① 0.5 　　　　　 ② 1
③ 1.5 　　　　　 ④ 2.5

풀이

241.14.3 소세력 회로의 배선
소세력 회로의 전선을 조영재에 붙여 시설하는 경우
가. 전선은 케이블(통신용 케이블을 포함한다)인 경우 이외에는 공칭단면적 1[mm²] 이상의 연동선 또는 이와 동등 이상의 세기 및 굵기의 것일 것.
나. 전선은 코드·캡타이어 케이블 또는 케이블일 것.

답 ②

문제 87 저압 옥측전선로에서 목조의 조영물에 시설할 수 있는 공사 방법은?

① 금속관 공사
② 버스덕트공사
③ 합성수지관공사
④ 케이블공사(무기물절연(MI) 케이블을 사용하는 경우)

풀이

221.2 옥측전선로
저압 옥측전선로는 다음의 공사방법에 의할 것.
가. 애자공사(전개된 장소에 한한다.)
나. **합성수지관공사**
다. 금속관공사(목조 이외의 조영물에 시설하는 경우에 한한다)
라. 버스덕트공사[목조 이외의 조영물(점검할 수 없는 은폐된 장소는 제외한다)에 시설하는 경우에 한한다]
마. 케이블공사(연피 케이블·알루미늄피 케이블 또는 무기물 절연 케이블을 사용하는 경우에는 목조 이외의 조영물에 시설하는 경우에 한한다)

답 ③

문제 88 금속제 외함을 가진 저압의 기계기구로서 사람이 쉽게 접촉될 우려가 있는 곳에 시설하는 경우 전기를 공급받는 전로에 지락이 생겼을 때 자동적으로 전로를 차단하는 장치를 설치하여야 하는 기계기구의 사용전압이 몇 [V]를 초과하는 경우인가?

① 30 　　　　　 ② 50
③ 100 　　　　　 ④ 150

풀이

211.2.3 누전차단기의 시설
금속제 외함을 가지는 사용전압이 50[V]를 초과하는 저압의 기계 기구로서 사람이 쉽게 접촉할 우려가 있는 곳에 시설하는 것에 전기를 공급하는 전로에는 전원의 자동차단에 의한 저압전로의 보호대책으로 **누전차단기를 시설하여야 한다.**

답 ②

문제 89 수소냉각식 발전기안의 수소 순도가 몇 [%] 이하로 저하한 경우에 이를 경보하는 장치를 시설해야 하는가?

① 65 　　　　　 ② 75
③ 85 　　　　　 ④ 95

풀이

351.10 수소냉각식 발전기 등의 시설
발전기 내부 또는 조상기 내부의 **수소의 순도가 85[%] 이하로 저하**한 경우에 이를 경보하는 장치를 시설할 것. **답 ③**

문제 90 사용전압이 440[V]인 이동기중기용 접촉전선을 애자공사에 의하여 옥내의 전개된 장소에 시설하는 경우 사용하는 전선으로 옳은 것은?

① 인장강도가 3.44[kN] 이상인 것 또는 지름 2.6 [mm]의 경동선으로 단면적이 8[mm²] 이상인 것

② 인장강도가 3.44[kN] 이상인 것 또는 지름 3.2 [mm]의 경동선으로 단면적이 18[mm²] 이상인 것

③ 인장강도가 11.2[kN] 이상인 것 또는 지름 6 [mm]의 경동선으로 단면적이 28[mm²] 이상인 것

④ 인장강도가 11.2[kN] 이상인 것 또는 지름 8 [mm]의 경동선으로 단면적이 18[mm²] 이상인 것

풀이

232.81 옥내에 시설하는 저압 접촉전선 배선

전선은 **인장강도 11.2[kN] 이상**의 것 또는 **지름 6[mm]의 경동선으로 단면적이 28[mm²] 이상**인 것일 것. 다만, 사용전압이 400[V] 이하인 경우에는 인장강도 3.44[kN] 이상의 것 또는 지름 3.2[mm]이상의 경동선으로 단면적이 8[mm²] 이상인 것을 사용할 수 있다. **답** ③

문제 91 22.9[kV] 특고압 가공전선이 상부 조영재 위쪽에서 접근하는 경우 전선과 상부 조영재간의 이격거리[m]는 얼마 이상이어야 하는가? (단, 케이블인 경우이다.)

① 0.8   ② 1.0
③ 1.2   ④ 2.0

풀이

333.23 특고압 가공전선과 건조물의 접근

특고압 가공전선이 건조물과 제1차 접근상태로 시설되는 경우에는 다음에 따라야 한다.

가. 특고압 가공전선로는 제3종 특고압 보안공사에 의할 것.

나. 사용전압이 35[kV] 이하인 특고압 가공전선과 건조물의 조영재 이격거리는 표에서 정한 값 이상일 것.

건조물과 조영재의 구분	전선종류	접근형태	이격거리
상부 조영재	특고압 절연전선	위쪽	2.5 [m]
		옆쪽 또는 아래쪽	1.5 [m] (전선에 사람이 쉽게 접촉할 우려가 없도록 시설한 경우는 1[m])
	케이블	**위쪽**	1.2 [m]
		옆쪽 또는 아래쪽	0.5 [m]
	기타전선		3[m]

답 ③

문제 92 옥내에 시설하는 저압용 배전반 및 분전반 등을 시설할 때 다음 중 옳지 않은 것은?

① 배전반 및 분전반의 기구 및 전선은 쉽게 점검할 수 있도록 하여야 한다.

② 노출된 충전부가 있는 배전반 및 분전반은 취급자 이외의 사람이 쉽게 출입할 수 없도록 설치하여야 한다.

③ 한 개의 분전반에는 한 가지 전원만 공급하여야 한다.

④ 주택용 분전반은 신발장, 옷장 등의 은폐된 장소에 시설하여야 한다.

풀이

232.84 옥내에 시설하는 저압용 배분전반 등의 시설

옥내에 시설하는 저압용 배·분전반의 기구 및 전선은 쉽게 점검할 수 있도록 하고 다음에 따라 시설할 것.

가. 노출된 충전부가 있는 배전반 및 분전반은 취급자 이외의 사람이 쉽게 출입할 수 없도록 설치하여야 한다.

나. 한 개의 분전반에는 한 가지 전원(1회선의 간선)만 공급하여야 한다. 다만, 안전 확보가 되도록 격벽을 설치하고 사용전압을 쉽게 식별할 수 있도록 그 회로의 과전류차단기 가까운 곳에 그 사용전압을 표시하는 경우에는 그러하지 아니하다.

다. 주택용 분전반은 노출된 장소(신발장, 옷장 등의 은폐된 장소에는 시설할 수 없다)에 시설하며 앞면판은 탈락되지 않는 구조일 것.

라. 옥내에 설치하는 배전반 및 분전반은 불연성 또는 난연성이 있도록 시설할 것. **답** ④

문제 93 철도 · 궤도 또는 자동차도 전용 터널 안의 전선로를 시설할 때 고압전선은 지름 몇 [mm] 이상의 경동선을 사용하여야 하는가?

① 2.6[mm] ② 3.2[mm]
③ 4[mm] ④ 4.5[mm]

풀이

335.1 터널 안 전선로의 시설
철도 · 궤도 또는 자동차도 전용터널 안의 전선로

전압	전선의 굵기	시공방법	애자사용공사 시 높이
저압	인장강도 2.30[kN] 이상 또는 2.6[mm] 이상의 경동선의 절연전선	• 합성수지관공사 • 금속관공사 • 금속제가요전선관 공사 • 케이블공사 • 애자사용공사	노면상, 레일면상 2.5[m] 이상
고압	인장강도 5.26[kN] 이상 또는 **4[mm] 이상의 경동선**	• 케이블공사 • 애자사용공사	노면상, 레일면상 3[m] 이상
특고압		• 케이블공사	

답 ③

문제 94 두 개 이상의 전선을 병렬로 사용하는 각 전선의 굵기는 동선을 사용하는 경우 몇 [mm²] 이상이어야 하는가?(단, 같은 도체, 같은 재료, 같은 길이 및 같은 굵기의 전선이다.)

① 35 ② 50
③ 70 ④ 95

풀이

123 전선의 접속
두 개 이상의 전선을 병렬로 사용하는 경우에는 다음에 의하여 시설할 것.
가. 병렬로 사용하는 각 전선의 굵기는 **동선 50[mm²] 이상** 또는 알루미늄 70[mm²] 이상으로 하고, 전선은 같은 도체, 같은 재료, 같은 길이 및 같은 굵기의 것을 사용할 것.
나. 같은 극의 각 전선은 동일한 터미널러그에 완전히 접속할 것.
다. 같은 극인 각 전선의 터미널러그는 동일한 도체에 2개 이상의 리벳 또는 2개 이상의 나사로 접속할 것.
라. 병렬로 사용하는 전선에는 각각에 퓨즈를 설치하지 말 것.
마. 교류회로에서 병렬로 사용하는 전선은 금속관 안에 전자적 불평형이 생기지 않도록 시설할 것.

답 ②

문제 95 발전소 · 변전소 · 개폐소의 개폐기 또는 차단기에 사용하는 압축공기장치에서 사용압력이 10[kgf/ cm²]인 경우, 주 공기탱크에 설치하는 압력계의 최고 눈금이 몇 [kgf/cm²] 이하인 것이어야 하는가?

① 1.5[kgf/cm²]
② 3[kgf/cm²]
③ 10[kgf/cm²]
④ 30[kgf/cm²]

풀이

341.15 압축공기계통
발전소 · 변전소 · 개폐소 또는 이에 준하는 곳에서 개폐기 또는 차단기에 사용하는 압축공기장치에서 주 공기탱크 또는 이에 근접한 곳에는 사용압력의 1.5배 이상 3배 이하의 최고 눈금이 있는 압력계를 시설할 것.

답 ④

문제 96 옥내에 시설하는 고압용 이동전선으로 옳은 것은?

① 6[mm] 연동선
② 비닐외장케이블
③ 옥외용 비닐절연전선
④ 고압용의 캡타이어케이블

풀이

342.2 옥내 고압용 이동전선의 시설
옥내에 시설하는 고압의 이동전선은 다음에 따라 시설하여야 한다.
가. **전선은 고압용의 캡타이어케이블일 것.**
나. 이동전선에 전기를 공급하는 전로에는 전용 개폐기 및 과전류 차단기를 각극(과전류 차단기는 다선식 전로의 중성극을 제외한다)에 시설하고, 또한 전로에 지락이 생겼을 때에 자동적으로 전로를 차단하는 장치를 시설할 것.

답 ④

문제 97 가공인입선 및 수용장소의 조영물의 옆면 등에 시설하는 전선으로서 그 수용장소의 인입구에 이르는 부분의 전선을 무엇이라고 하는가?

① 인입선
② 옥외배선
③ 옥측배선
④ 배전간선

풀이

정의(기술기준 제3조)

"인입선"이란 가공인입선[가공전선로의 지지물로부터 다른 지지물을 거치지 아니하고 수용장소의 붙임점에 이르는 가공전선(가공전선로의 전선을 말한다. 이하 같다)을 말한다] 및 수용장소의 조영물(토지에 정착한 시설물 중 지붕 및 기둥 또는 벽이 있는 시설물을 말한다. 이하 같다)의 옆면 등에 시설하는 전선으로서 그 수용장소의 인입구에 이르는 부분의 전선을 말한다. **답** ①

문제 98 교량의 윗면에 시설하는 고압 전선로는 전선의 높이를 교량의 노면상 몇 [m] 이상으로 하여야 하는가?

① 3   ② 4
③ 5   ④ 6

풀이

335.6 교량에 시설하는 전선로

교량의 윗면에 시설하는 고압 전선로는 전선의 높이를 **교량의 노면상 5[m] 이상**으로 하여 시설할 것. **답** ③

문제 99 어느 유원지의 어린이 놀이기구인 유희용 전차에 전기를 공급하는 전로의 사용전압은 교류인 경우 몇 [V] 이하이어야 하는가?

① 20   ② 40
③ 60   ④ 100

풀이

241.8 유희용 전차

가. 유희용 전차에 전기를 공급하기 위하여 사용하는 **변압기의 1차 전압은 400[V] 이하**이어야 한다.
나. 유희용 전차에 전기를 공급하는 전원장치의 **2차측 단자의 최대사용전압은 직류의 경우 60[V] 이하, 교류의 경우 40[V] 이하**일 것.
다. 접촉전선은 제3레일 방식에 의하여 시설할 것.
라. 유희용 전차의 전차 내에서 승압하여 사용하는 경우 변압기는 절연변압기를 사용하고 2차 전압은 150[V] 이하로 할 것. **답** ②

문제 100 전기철도의 설비를 보호하기 위해 시설하는 피뢰기의 시설기준으로 틀린 것은?

① 피뢰기는 변전소 인입측 및 급전선 인출측에 설치하여야 한다.
② 피뢰기는 가능한 한 보호하는 기기와 가깝게 시설하되 누설전류 측정이 용이하도록 지지대와 절연하여 설치한다.
③ 피뢰기는 개방형을 사용하고 유효보호거리를 증가시키기 위하여 방전개시전압 및 제한전압이 낮은 것을 사용한다.
④ 피뢰기는 가공전선과 직접 접속하는 지중케이블에서 낙뢰에 의해 절연파괴의 우려가 있는 케이블 단말에 설치하여야 한다.

풀이

451.3 피뢰기 설치장소

1. 다음의 장소에 피뢰기를 설치하여야 한다.
   가. 변전소 인입측 및 급전선 인출측
   나. 가공전선과 직접 접속하는 지중케이블에서 낙뢰에 의해 절연파괴의 우려가 있는 케이블 단말
2. 피뢰기는 가능한 한 보호하는 기기와 가깝게 시설하되 누설전류 측정이 용이하도록 지지대와 절연하여 설치한다.

451.4 피뢰기의 선정

피뢰기는 다음의 조건을 고려하여 선정한다.

1. **피뢰기는 밀봉형을 사용**하고 유효 보호거리를 증가시키기 위하여 방전개시전압 및 제한전압이 낮은 것을 사용한다.
2. 유도뢰서지에 대하여 2선 또는 3선의 피뢰기 동시동작이 우려되는 변전소 근처의 단락 전류가 큰 장소에는 속류차단능력이 크고 또한 차단성능이 회로조건의 영향을 받을 우려가 적은 것을 사용한다. **답** ③

memo

D60-1

2024년도 전기기사 필기 CBT 복원문제

- 2024년도 제1회 전기기사
- 2024년도 제2회 전기기사
- 2024년도 제3회 전기기사

국가기술자격검정 필기시험 문제

2024년도 전기기사 일반검정 제1회		(CBT 복원문제)	수검 번호	성 명
자격종목 및 등급(선택분야)	종목코드	시험시간	문제지형별		
전기기사	1150	2시간 30분	A		

제1과목 전기자기학

문제 01 그림과 같이 평행한 무한장 직선의 두 도선에 I[A], $4I$[A]인 전류가 각각 흐른다. 두 도선 사이 점 P에서의 자계의 세기가 0이라면 $\dfrac{a}{b}$는?

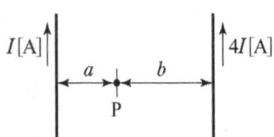

① 2　　② 4　　③ $\dfrac{1}{2}$　　④ $\dfrac{1}{4}$

풀이

I와 $4I$ 도선에 의한 자계의 방향은 서로 반대이므로 크기가 같으면 $H=0$가 된다.

I 도선에 의한 자계 $H_I=\dfrac{I}{2\pi a}$[AT/m] (⊗ 방향)

$4I$ 도선에 의한 자계 $H_{4I}=\dfrac{4I}{2\pi b}$[AT/m] (⊙ 방향)

$H_I=H_{4I}$ 이므로

$\dfrac{I}{2\pi a}=\dfrac{4I}{2\pi b}$　　$\therefore\ \dfrac{a}{b}=\dfrac{1}{4}$　　**답 ④**

문제 02 유전율 $\epsilon_0\epsilon_s$의 유전체 내에 있는 전하 Q에서 나오는 전기력선 수는?

① Q개　② $\dfrac{Q}{\epsilon_0\epsilon_s}$개　③ $\dfrac{Q}{\epsilon_0}$개　④ $\dfrac{Q}{\epsilon_s}$개

풀이

• 점전하 Q[C]로부터 나오는 **총 전기력선 수는** $\dfrac{Q}{\epsilon}=\dfrac{Q}{\epsilon_o\epsilon_s}$

개로 유전율 ϵ에 따라 변한다.

• 전속 Ψ는 매질에 관계없이 전하 Q[C]일 때 Q개의 전속선이 나온다. $\Psi=Q$[C]　　**답 ②**

문제 03 반지름 $a>b$(단위 : m)인 동심구 도체의 정전 용량은 몇 [F]인가?

① $\dfrac{2\pi\epsilon_0 ab}{a-b}$　　　② $\dfrac{4\pi\epsilon_0 ab}{a-b}$

③ $\dfrac{8\pi\epsilon_0 ab}{a-b}$　　　④ $\dfrac{16\pi\epsilon_0 ab}{a-b}$

풀이

동심구 도체의 정전 용량

• $C=\dfrac{4\pi\epsilon_0}{\dfrac{1}{a}-\dfrac{1}{b}}\ (a<b)$

• $C=\dfrac{4\pi\epsilon_0}{\dfrac{1}{b}-\dfrac{1}{a}}\ (a>b)=\dfrac{4\pi\epsilon_0 ab}{a-b}$　　**답 ②**

문제 04 그림과 같은 환상 솔레노이드 내의 철심 중심에서의 자계의 세기 H[AT/m]는? (단, 환상 철심의 평균 반지름은 r[m], 코일의 권수는 N회, 코일에 흐르는 전류는 I[A]이다.)

① $\dfrac{NI}{\pi r}$

② $\dfrac{NI}{2\pi r}$

③ $\dfrac{NI}{4\pi r}$

④ $\dfrac{NI}{2r}$

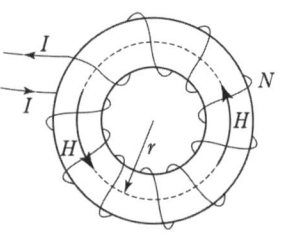

풀이

환상솔레노이드 내부자계는

$$\oint_c H \cdot dl = H \cdot 2\pi r = NI$$

$$\therefore H = \frac{NI}{2\pi r} [\text{AT/m}]$$

(참고 : 솔레노이드 외부에서의 자계는 적분로로 취한 원주와는 쇄교하는 전류가 없기 때문에 **외부의 자계의 세기 $H = 0$이 된다**.)

답 ②

문제 05 접지된 구도체와 점전하 간에 작용하는 힘은?

① 항상 흡인력이다.　　② 항상 반발력이다.

③ 조건적 흡인력이다.　④ 조건적 반발력이다.

풀이

접지 구도체에는 항상 점전하(Q)와 반대 극성인 전하 ($Q' = -\dfrac{a}{d}Q[\text{C}]$)가 유도되므로 **항상 흡인력**이 작용한다.

답 ①

문제 06 인덕턴스의 단위와 같지 않은 것은?

(여기서, [Wb] : 자속의 단위, [A] : 전류의 단위, [V] : 전압의 단위, [J] : 에너지의 단위, [s] : 시간의 단위이다.]

① $\left[\dfrac{\text{J}}{\text{A}} \cdot \dfrac{1}{\text{s}}\right]$　　　② $\left[\dfrac{\text{V}}{\text{A}} \cdot \text{s}\right]$

③ $\left[\dfrac{\text{Wb}}{\text{A}}\right]$　　　④ $\left[\dfrac{\text{J}}{\text{A}^2}\right]$

풀이

$e = -N\dfrac{d\phi}{dt} = -L\dfrac{di}{dt}$ 이므로

$$[\text{V}] = \left[\frac{\text{Wb}}{\text{s}}\right] = \left[\text{H} \cdot \frac{\text{A}}{\text{s}}\right]$$

$$\therefore [\text{H}] = \left[\frac{\text{Wb}}{\text{A}}\right] = \left[\frac{\text{V}}{\text{A}} \cdot \text{s}\right] = \left[\frac{\text{VAs}}{\text{A}^2}\right] = \left[\frac{\text{J}}{\text{A}^2}\right]$$

답 ①

문제 07 간격 d[m]인 2개의 평행판 전극 사이에 유전율 ϵ의 유전체가 있다. 전극사이에 전압 $V_m \cos\omega t$ [V]를 가했을 때 변위전류 밀도는 몇 [A/m²]인가?

① $\dfrac{\epsilon}{d} V_m \cos\omega t$　　　② $-\dfrac{\epsilon}{d}\omega V_m \sin\omega t$

③ $-\dfrac{\epsilon}{d}\omega V_m \cos\omega t$　　　④ $\dfrac{\epsilon}{d} V_m \sin\omega t$

풀이

• $v = V_m \cos\omega t$

• 전계 $E = \dfrac{v}{d} = \dfrac{V_m}{d}\cos\omega t$

• 전속밀도 $D = \epsilon E = \dfrac{\epsilon V_m}{d}\cos\omega t$

• 변위 전류 밀도 $i_d = \dfrac{\partial D}{\partial t} = \dfrac{\epsilon}{d}V_m\dfrac{\partial}{\partial t}\cos\omega t$

$$= -\frac{\epsilon}{d}\omega V_m \sin\omega t \ [\text{A/m}^2]$$

답 ②

문제 08 공기 중에서 전계의 진행파 진폭이 10 [mV/m]일 때 자계의 진행파 진폭은 몇 [mAT/m]인가?

① 26.5×10^{-1}　　　② 26.5×10^{-3}

③ 26.5×10^{-5}　　　④ 26.5×10^{-6}

풀이

$E = \eta_0 H$ 에서

$$H = \frac{E}{\eta_0} = \frac{1}{377} \times E = \frac{1}{377} \times 10 \times 10^{-3}$$

$$= 26.5 \times 10^{-6} [\text{AT/m}] = 26.5 \times 10^{-3} [\text{mAT/m}]$$

참고

• 진공(공기) : $E = \eta_0 H$,

$$\eta_0 = \sqrt{\frac{\mu_0}{\epsilon_0}} = \sqrt{\frac{4\pi \times 10^{-7}}{8.85 \times 10^{-12}}} = 377[\Omega]$$

• 매질 : $E = \eta H$, $\eta = \sqrt{\dfrac{\mu}{\epsilon}} = \sqrt{\dfrac{\mu_0 \mu_s}{\epsilon_0 \epsilon_s}}$

답 ②

문제 09 다음 중 기자력(Magnetomotive Force)에 대한 설명으로 옳지 않은 것은?

① 전기회로의 기전력에 대응한다.

② 코일에 전류를 흘렸을 때 전류밀도와 코일의 권수의 곱의 크기와 같다.

③ 자기회로의 자기저항과 자속의 곱과 동일하다.

④ SI단위는 암페어[A]이다.

풀이

기자력 $F = NI$[AT]

즉, **기자력은 전류와 코일 권수의 곱의 크기와 같다.**

답 ②

문제 10 평균 반지름(r)이 20[cm], 단면적(S)이 6[cm²]인 환상 철심에서 권선수(N)가 500회인 코일에 흐르는 전류(I)가 4[A]일 때 철심 내부에서의 자계의 세기(H)는 약 몇 [AT/m]인가?

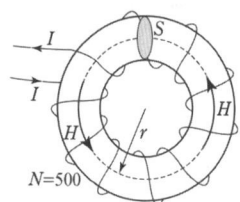

① 1590

② 1700

③ 1870

④ 2120

풀이
철심 내부에서의 자계의 세기
$$H = \frac{NI}{2\pi r} = \frac{500 \times 4}{2\pi \times 0.2} = 1591.55 \,[\text{AT/m}]$$
답 ①

문제 11 유전율이 ϵ_1과 ϵ_2인 두 유전체가 경계를 이루어 평행하게 접하고 있는 경우 유전율이 ϵ_1인 영역에 전하 Q가 존재할 때 이 전하와 ϵ_2인 유전체 사이에 작용하는 힘에 대한 설명으로 옳은 것은?

① $\epsilon_1 > \epsilon_2$인 경우 반발력이 작용한다.

② $\epsilon_1 > \epsilon_2$인 경우 흡인력이 작용한다.

③ ϵ_1과 ϵ_2에 상관없이 반발력이 작용한다.

④ ϵ_1과 ϵ_2에 상관없이 흡인력이 작용한다.

풀이
매질 ϵ_1중의 전계는 모든 매질을 ϵ_1로 하고 Q의 대칭점(거리 $2a$)에 $Q' = -\frac{\epsilon_2 - \epsilon_1}{\epsilon_2 + \epsilon_1}Q$의 전하가 있는 경우와 같다. 즉, Q에 작동하는 힘 F는 거리 $2a$가 떨어진 경우의 쿨롱력과 같으며
$$F = \frac{1}{4\pi\epsilon_1} \cdot \frac{QQ'}{(2a)^2} = -\frac{Q^2}{16\pi\epsilon_1 a^2} \cdot \frac{\epsilon_2 - \epsilon_1}{\epsilon_2 + \epsilon_1} \,[\text{N}]$$
$\therefore \epsilon_1 > \epsilon_2$이면 F는 (+)가 되어 반발력이 작용한다.

별해
유전체의 경계면에서 작용하는 힘은 유전율이 큰 쪽에서 작은 쪽으로 작용한다. 따라서 $\epsilon_1 > \epsilon_2$일 때 ϵ_1에서 ϵ_2의 방향으로 힘이 작용하므로 매질 ϵ_1중의 전하 Q를 기준으로 하면 반발력이 작용한다.
답 ①

문제 12 그림과 같은 회로에서 스위치를 최초 A에 연결하여 일정전류 I_o [A]를 흘린 다음, 스위치를 급히 B로 전환할 때 저항 $R[\Omega]$에는 1 [s]간에 얼마만한 열량[cal]이 발생하는가?

① $\frac{1}{8.4}LI_o^2$

② $\frac{1}{4.2}LI_o^2$

③ $\frac{1}{2}LI_o^2$

④ LI_o^2

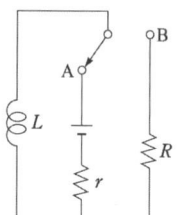

풀이
코일 L에 축적된 에너지 $W = \frac{1}{2}LI_o^2[\text{J}]$이 저항에서 열로 소모되므로
$$W = \frac{1}{2}LI_o^2[\text{J}] = \frac{1}{4.2} \times \frac{1}{2}LI_o^2 = \frac{1}{8.4}LI_o^2$$
$$(\because 1[\text{J}] = \frac{1}{4.2}[\text{cal}])$$
답 ①

문제 13 유전체에 대한 경계조건에 대한 설명이 옳지 않은 것은?

① 표면전하 밀도란 구속전하의 표면밀도를 말하는 것이다.

② 완전 유전체 내에서는 자유전하는 존재하지 않는다.

③ 경계면에 외부전하가 있으면, 유전체의 내부와 외부의 전하는 평형 되지 않는다.

④ 특수한 경우를 제외하고 경계면에서 표면전하 밀도는 영(zero)이다.

풀이
표면전하밀도는 분극전하의 표면밀도를 말한다. **답** ①

문제 14 z축 상에 놓인 길이가 긴 직선 도체에 10[A]의 전류가 +z 방향으로 흐르고 있다. 이 도체 주위의 자속밀도가 $3\hat{x} - 4\hat{y}$[Wb/m²]일 때 도체가 받는 단위 길이당 힘[N/m]은? (단, $\hat{x}$, $\hat{y}$는 단위벡터이다.)

① $-40\hat{x} + 30\hat{y}$

② $-30\hat{x} + 40\hat{y}$

③ $30\hat{x} + 40\hat{y}$

④ $40\hat{x} + 30\hat{y}$

풀이

$I = 10\hat{z}$, $B = 3\hat{x} - 4\hat{y}$에서 전류 도체가 받는 단위 길이당 힘은 $F = I \times B$이므로

3차 행렬식의 계산에 의해

$$F = I \times B = \begin{vmatrix} \hat{x} & \hat{y} & \hat{z} \\ 0 & 0 & 10 \\ 3 & -4 & 0 \end{vmatrix} = 40\hat{x} + 30\hat{y} \text{ [N/m]}$$

답 ④

문제 15 진공 중에서 점(1, 3)[m]의 위치에 -2×10^{-9}[C]의 점전하가 있을 때 점(2, 1)[m]에 있는 1[C]의 점전하에 작용하는 힘은 몇 [N]인가?
(단, $\hat{x}$, $\hat{y}$는 단위벡터이다.)

① $-\dfrac{18}{5\sqrt{5}}\hat{x} + \dfrac{36}{5\sqrt{5}}\hat{y}$

② $-\dfrac{36}{5\sqrt{5}}\hat{x} + \dfrac{18}{5\sqrt{5}}\hat{y}$

③ $-\dfrac{36}{5\sqrt{5}}\hat{x} - \dfrac{18}{5\sqrt{5}}\hat{y}$

④ $\dfrac{18}{5\sqrt{5}}\hat{x} + \dfrac{36}{5\sqrt{5}}\hat{y}$

풀이

$$r = (2-1)\hat{x} + (1-3)\hat{y} = \hat{x} - 2\hat{y}$$
$$r = \sqrt{1^2 + (-2)^2} = \sqrt{5} \text{ [m]}$$

단위벡터 $r_0 = \dfrac{r}{r} = \dfrac{\hat{x} - 2\hat{y}}{\sqrt{5}}$

$$\therefore F = \frac{1}{4\pi\epsilon_0} \cdot \frac{Q_1 Q_2}{r^2} \cdot r_0$$

$$= 9 \times 10^9 \times \frac{-2 \times 10^{-9} \times 1}{(\sqrt{5})^2} \times \frac{\hat{x} - 2\hat{y}}{\sqrt{5}}$$

$$= -\frac{18}{5\sqrt{5}}\hat{x} + \frac{36}{5\sqrt{5}}\hat{y} \text{ [N]}$$

답 ①

문제 16 길이 1[m]의 철심($\mu_r = 1000$) 자기 회로에 1[mm]의 공극이 생겼다면 전체의 자기 저항은 약 몇 배로 증가되는가? 단, 각부의 단면적은 일정하다.

① 1.5 　　　　② 2
③ 2.5 　　　　④ 3

풀이

공극이 없는 경우의 자기저항 R과 공극이 있는 경우의 자기저항 R_m의 비는

$$\frac{R_m}{R} = 1 + \frac{\mu l_g}{\mu_0 l} = 1 + \frac{l_g}{l}\mu_r = 1 + \frac{1}{1000} \times 1000 = 2$$

$$\therefore R_m = 2R$$

답 ②

문제 17 그림과 같은 직사각형의 평면 코일이 $B = \dfrac{0.05}{\sqrt{2}}(a_x + a_y)$[Wb/m²]인 자계에 위치하고 있다. 이 코일에 흐르는 전류가 5[A]일 때 z축에 있는 코일에서의 토크는 약 몇 [N·m]인가?

① $2.66 \times 10^{-4} a_x$

② $5.66 \times 10^{-4} a_x$

③ $2.66 \times 10^{-4} a_z$

④ $5.66 \times 10^{-4} a_z$

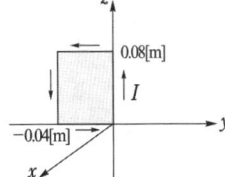

풀이

$I = 5a_z$

$B = 0.03536(a_x + a_y)$

z축상의 전류 도체가 받는 힘

$$F = (I \times B)l$$

$$I \times B = 5 \times 0.03536(a_z \times a_x + a_z \times a_y) = 0.1768(a_y - a_x)$$

$$\therefore F = (I \times B)l = 0.1768 \times 0.08(-a_x + a_y)$$

$$= 0.01414(-a_x + a_y) \text{ [N]}$$

토크 $T = r \times F$이고 $r = 0.04a_y$이므로

$$T = 5.66 \times 10^{-4}(-a_y \times a_x + a_y \times a_y)$$

$$= 5.66 \times 10^{-4}\{-(-a_z)\}$$

$$= 5.66 \times 10^{-4} a_z \text{ [N·m]}$$

답 ④

문제 18 내부 원통의 반지름이 a, 외부 원통의 반지름이 b인 동축 원통 콘덴서의 내외 원통 사이에 공기를 넣었을 때 정전용량이 C_1이었다. 내외 반지름을 모두 3배로 증가시키고 공기 대신 비유전율이 3인 유전체를 넣었을 경우의 정전용량 C_2는?

① $C_2 = \dfrac{C_1}{9}$ 　　　　② $C_2 = \dfrac{C_1}{3}$

③ $C_2 = 3C_1$ 　　　　④ $C_2 = 9C_1$

풀이

단위길이당 정전용량 $C = \dfrac{2\pi\epsilon_0\epsilon_s}{\ln\dfrac{b}{a}}$ [F/m]에서

공기의 $\epsilon_s = 1$ 이므로

$$C_1 = \frac{2\pi\epsilon_0}{\ln\frac{b}{a}}, \qquad C_2 = \frac{2\pi\epsilon_0 \times 3}{\ln\frac{3b}{3a}} = \frac{3 \times 2\pi\epsilon_0}{\ln\frac{b}{a}} = 3C_1 \qquad \boxed{답 \ ③}$$

문제 19 진공 중에서 빛의 속도와 일치하는 전자파의 전파속도를 얻기 위한 조건으로 옳은 것은?

① $\epsilon_r = 0, \ \mu_r = 0$ ② $\epsilon_r = 1, \ \mu_r = 1$

③ $\epsilon_r = 0, \ \mu_r = 1$ ④ $\epsilon_r = 1, \ \mu_r = 0$

풀이

매질 중에서의 전파속도 v

$$v = f\lambda = \frac{1}{\sqrt{\epsilon\mu}} = \frac{1}{\sqrt{\epsilon_0\mu_0}} \times \frac{1}{\sqrt{\epsilon_r\mu_r}} = \frac{c}{\sqrt{\epsilon_r\mu_r}} [\text{m/s}]$$

에서 $\epsilon_r = \mu_r = 1$일 때 전파속도 $v = c = 3 \times 10^8$ (빛의 속도)가 된다.

(참고 : $\frac{1}{\sqrt{\epsilon_0\mu_0}} = \frac{1}{\sqrt{8.855 \times 10^{-12} \times 4\pi \times 10^{-7}}}$

$= 3 \times 10^8 = c(광속) [\text{m/s}])$ $\boxed{답 \ ②}$

문제 20 진공 중 반지름이 a[m]인 무한길이의 원통도체 2개가 간격 d[m]로 평행하게 배치되어 있다. 두 도체 사이의 정전용량[C]을 나타낸 것으로 옳은 것은?

① $\pi\epsilon_0 \ln\frac{d-a}{a}$ ② $\dfrac{\pi\epsilon_0}{\ln\frac{d-a}{a}}$

③ $\pi\epsilon_0 \ln\frac{a}{d-a}$ ④ $\dfrac{\pi\epsilon_0}{\ln\frac{a}{d-a}}$

풀이

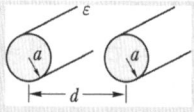

① 두 도체 사이의 전위차 V

$$V = \frac{\lambda}{\pi\epsilon_0} \ln\frac{d-a}{a} [\text{V}]$$

여기서, λ : 선전하 밀도 [C/m]

② 평행 원통 도체 사이의 정전용량 C는

$$C = \frac{\lambda}{V} = \frac{\pi\epsilon_0}{\ln\frac{d-a}{a}} [\text{F/m}]$$

여기서, $d \gg a$를 고려하면

$$C = \frac{\pi\epsilon_0}{\ln\frac{d}{a}} [\text{F/m}] \qquad \boxed{답 \ ②}$$

제2과목   **전력공학**

문제 21 지상 무효전력의 공급이 부족 할 경우 대책으로 옳은 것은?

① 역률개선용 콘덴서를 개방
② 동기조상기를 진상으로 운전
③ 분로리액터를 연결
④ 발전기의 진상운전

풀이

구분	지상 무효전력 공급 부족 시 (발생 < 소비)	지상 무효전력 공급 과잉 시 (발생 > 소비)
문제점	• 계통전압 저하 • 송전손실 증가 • 계통 안정도 저하 • 기기효율 저하 • 발전소 출력 저하	• 계통전압 상승 • 계통연계기기 수명저하 • 기기 열화 촉진 • 고조파 발생
대책	• 발전기의 지상 저역률 운전(발전기 단자전압을 상승시킴) • 동기조상기 진상운전 • 전력용콘덴서 계통 투입 • 무효전력 소비량 축소 • 역률개선용 콘덴서 투입(수용가)	• 발전기의 진상운전 • 동기조상기 지상운전 • 분로리액터 계통 투입 • 선로 충전용량 감소 • 지중케이블 운전 정지 • 역률개선용 콘덴서 개방(수용가)

$\boxed{답 \ ②}$

문제 22 송전단 전압 161[kV], 수전단 전압 155[kV], 상차각 40°, 리액턴스가 49.8[Ω]일 때 선로손실을 무시한다면 전송 전력은 약 몇 [MW]인가?

① 289   ② 322
③ 373   ④ 869

풀이

송전전력 $P = \dfrac{V_s V_r}{X} \sin\delta = \dfrac{161 \times 155}{49.8} \times \sin 40° = 322[\text{MW}]$

$\boxed{답 \ ②}$

문제 23 선로의 단위 길이당의 분포 인덕턴스를 L, 저항을 r, 정전용량을 C, 누설 콘덕턴스를 g라 할 때 전파정수는 어떻게 표현되는가?

① $\sqrt{g + \dfrac{j\omega C}{r}} + j\omega L$

② $\sqrt{r + \dfrac{j\omega L}{g}} + j\omega C$

③ $\sqrt{(r + j\omega L)(g + j\omega C)}$

④ $(r + j\omega L)(g + j\omega C)$

풀이

$Z = r + j\omega L,\ Y = g + j\omega C$에서
전파정수 $\gamma = \sqrt{ZY} = \sqrt{(r + j\omega L)(g + j\omega C)}$　　**답** ③

문제 24 수전단 전압이 3,300[V]이고, 전압 강하율이 4[%]인 송전선의 송전단 전압은 몇 [V]인가?

① 3,395　　　　② 3,432

③ 3,495　　　　④ 5,678

풀이

전압강하율 $\epsilon = \dfrac{V_s - V_r}{V_r} \times 100[\%]$에서

$V_s = (1 + \dfrac{\epsilon}{100}) \times V_r = (1 + \dfrac{4}{100}) \times 3{,}300 = 3{,}432[V]$

답 ②

문제 25 케이블 단선사고에 의한 고장점까지의 거리를 정전용량측정법으로 구하는 경우, 건전상의 정전용량이 C, 고장점까지의 정전용량이 C_x, 케이블의 길이가 l일 때 고장점까지의 거리를 나타내는 식으로 알맞은 것은?

① $\dfrac{C}{C_x} l$　　　　② $\dfrac{2C_x}{C} l$

③ $\dfrac{C_x}{C} l$　　　　④ $\dfrac{C_x}{2C} l$

풀이

정전용량이 길이에 비례하는 관계를 이용하여 선로 전체의 정전용량을 알고 있으면 고장점까지의 정전용량을 측정하여 그 값으로부터 길이의 비를 알 수 있다.

$C : C_x = l : l_x \qquad \therefore\ l_x = \dfrac{C_x}{C} \times l$　　**답** ③

문제 26 송전선로에서 이상전압이 가장 크게 발생하기 쉬운 경우는?

① 무부하 송전선로를 폐로하는 경우

② 무부하 송전선로를 개로하는 경우

③ 부하 송전선로를 폐로하는 경우

④ 부하 송전선로를 개로하는 경우

풀이

개폐 이상 전압은 회로의 폐로 때보다 개방 시가 크며 또한 부하 차단 시보다 무부하 차단 때가 더 크다. 따라서, **이상전압이 가장 큰 경우는 무부하 송전선로의 충전 전류를 차단할 때이다.** 그리고, 개폐 이상 전압은 상규 대지 전압의 3.5배 이하로서 4배를 넘는 경우는 거의 없다.　　**답** ②

문제 27 다중접지 3상 4선식 배전선로에서 고압측 (1차측) 중성선과 저압측(2차측) 중성선을 전기적으로 연결하는 목적은?

① 저압측의 단락사고를 검출하기 위하여

② 저압측의 지락사고를 검출하기 위하여

③ 주상변압기의 중성선측 부싱을 생략하기 위하여

④ 고저압 혼촉시 수용가에 침입하는 상승전압을 억제하기 위하여

풀이

고압측(1차측) 중성선과 저압측(2차측) 중성선이 전기적으로 서로 연결되어 있지 않으면 **고·저압 혼촉시** 고압측의 큰 전압이 저압측을 통해서 **수용가에 인가되어 위험을 초래**할 수 있다.　　**답** ④

문제 28 우라늄 235의 1[kg]이 핵분열을 일으킨다고 하면 약 몇 [kWh]의 전력량에 해당하는가? 단, 우라늄 235가 중성자에 의해서 핵분열하는 경우에 그 질량의 1/1100이 에너지로 변하는 것으로 한다.

① 2.3×10^6　　　　② 23×10^6

③ 2.5×10^6　　　　④ 25×10^6

풀이

$E = mc^2 = \dfrac{1}{1100} \times (3 \times 10^8)^2 = 8.18 \times 10^{13}[J]$

$1[kWh] = 3.6 \times 10^6[J]$이므로

전력량 $W = \dfrac{8.18 \times 10^{13}}{3.6 \times 10^6} = 2.27 \times 10^7[kWh]$　　**답** ②

문제 29 3상 1회선 송전선을 정삼각형으로 배치한 3상 선로의 자기인덕턴스를 구하는 식은? (단, D는 전선의 선간 거리[m], r은 전선의 반지름[m]이다.)

① $L = 0.5 + 0.4605 \log_{10} \dfrac{D}{r}$

② $L = 0.5 + 0.4605 \log_{10} \dfrac{D}{r^2}$

③ $L = 0.05 + 0.4605 \log_{10} \dfrac{D}{r}$

④ $L = 0.05 + 0.4605 \log_{10} \dfrac{D}{r^2}$

풀이

단도체에서의 인덕턴스 및 정전용량

• 인덕턴스 $L = 0.05 + 0.4605 \log \dfrac{D}{r}$ [mH/km]

• 정전용량 $C = \dfrac{0.02413}{\log \dfrac{D}{r}}$ [μF/km]

여기서, D : 선간거리[m], r : 전선의 반지름[m] **답** ③

문제 30 특유속도가 가장 낮은 수차는?

① 펠톤수차
② 사류수차
③ 프로펠러수차
④ 프란시스수차

풀이

수차의 종류와 특유속도 및 그 사용 한계

수차의 종류		특유속도의 한계값
펠톤수차		12~23
프란시스 수차	저속도형	65~150
	중속도형	150~250
	고속도형	250~350
사류수차		150~250
카플란 수차, 프로펠러 수차		350~800

답 ①

문제 31 22.9[kV]로 수전하는 자가용 전기설비가 있다. 수전점에 설치한 차단기의 차단용량이 520[MVA]일 때 차단기의 정격차단전류는 약 몇 [kA]인가?

① 3.5
② 5.5
③ 8.5
④ 12.5

풀이

차단기의 차단용량 $P_s = \sqrt{3} \, V I_s$ 에서

차단전류 $I_s = \dfrac{P_s}{\sqrt{3}\,V} = \dfrac{520 \times 10^3}{\sqrt{3} \times 22.9 \times \dfrac{1.2}{1.1}} \times 10^{-3}$

$= 12.02$ [kA] **답** ④

문제 32 선로고장 발생 시 고장전류를 차단할 수 없어 리클로저와 같이 차단 기능이 있는 후비보호 장치와 직렬로 설치되어야 하는 장치는?

① 배선용차단기
② 유입개폐기
③ 컷아웃스위치
④ 섹셔널라이저

풀이

섹셔널라이저는 배전선로에 고장이 발생할 경우 리클로저의 동작으로 선로가 무전압 상태가 되면 이를 감지하여 무전압 상태의 횟수를 기억하였다가 정해진 횟수에 도달하면 선로의 무전압 상태에서 선로를 개방하여 고장 구간을 분리시킨다. 섹셔널라이저는 **고장 전류를 차단할 수 있는 능력이 없으므로 리클로저와 직렬로 조합**하여 사용한다. **답** ④

문제 33 단선 고장시의 이상 전압이 최저인 접지 방식은?

① 직접 접지식
② 비접지식
③ 고저항 접지식
④ 소호리액터 접지식

풀이

직접 접지의 경우 1선 지락시 건전상의 **대지 전압이 거의 상승하지 않으며, 단절연이 가능**하다. **답** ①

문제 34 1[m]의 하중 0.37[kg]의 전선을 지지점이 수평인 경간 80[m]에 가설하여 딥을 0.8[m]로 하려면, 장력은 몇 [kg]인가?

① 350
② 360
③ 370
④ 380

풀이

이도 $D = \dfrac{WS^2}{8T}$ 에서

$T = \dfrac{WS^2}{8D} = \dfrac{0.37 \times 80^2}{8 \times 0.8} = \dfrac{0.37 \times 6,400}{6.4} = 370$ [kg] **답** ③

문제 35 전력계통의 전압조정과 무관한 것은?

① 전력용 콘덴서
② 자동전압조정기
③ 발전기의 속도 조정장치
④ 부하 시 탭 조정장치

풀이

$N_s = \dfrac{120f}{p}$ [rpm]에서 속도 N_s를 조정 한다는 것은 주파수 f를 조정한다는 의미이다. **답** ③

문제 36 어느 변전소의 공급 구역 내에 총 설비 부하 용량은 전등 600[kW], 동력 800[kW]이다. 각 수용가의 수용률을 전등 60[%], 동력 80[%], 각 수용가 간의 부등률을 전등 1.2, 동력 1.6, 변전소에 있어서의 전등과 동력 부하간의 부등률을 1.4라고 하면 이 변전소에서 공급하는 최대 전력은 몇 [kW]인가? 단, 부하나 선로의 전력 손실은 10[%]로 한다.

① 600　　　② 550
③ 500　　　④ 450

풀이

• 전등 부하의 최대 전력
$= \dfrac{\text{수용률}}{\text{수용가 간의 전등부하부등률}} \times \text{설비용량}$
$= \dfrac{0.6}{1.2} \times 600 = 300[\text{kW}]$

• 동력 부하 최대 전력
$= \dfrac{\text{수용률}}{\text{수용가간의 동력부하부등률}} \times \text{설비용량}$
$= \dfrac{0.8}{1.6} \times 800 = 400[\text{kW}]$

• 합성 최대 전력
$= \dfrac{\text{전등 최대 전력} + \text{동력 최대 전력}}{\text{부등률}}$
$= \dfrac{300+400}{1.4} = 500[\text{kW}]$

• 전력 손실을 10[%]로 하므로
변전소 공급 최대 전력은 $500 \times 1.1 = 550[\text{kW}]$ **답** ②

문제 37 각 전력계통을 연계선으로 상호 연결하면 여러 가지 장점이 있다. 틀린 것은?

① 경제급전이 용이하다.
② 주파수의 변화가 작아진다.
③ 각 전력계통의 신뢰도가 증가한다.
④ 배후전력(back power)이 크기 때문에 고장이 적으며 그 영향의 범위가 작아진다.

풀이

전력계통의 연계방식의 장·단점
[장점]
① 전력의 융통으로 설비용량이 절감된다.
② 건설비 및 운전 경비를 절감하므로 경제 급전이 용이하다.
③ 계통 전체로서의 신뢰도가 증가한다.
④ 부하 변동의 영향이 작아져서 안정된 주파수 유지가 가능하다.
[단점]
① 연계설비를 신설해야 한다.
② 사고시 타계통으로 파급 확대될 우려가 있다.
③ 단락전류가 증대하고 통신선의 전자유도 장해도 커진다. **답** ④

문제 38 송전 계통의 중성점 접지용 소호 리액터의 인덕턴스 L은? 단, 선로 한 선의 대지 정전 용량을 C라 한다.

① $L = \dfrac{1}{C}$　　② $L = \dfrac{C}{2\pi f}$

③ $L = \dfrac{1}{2\pi f C}$　　④ $L = \dfrac{1}{3(2\pi f)^2 C}$

풀이

소호리액터 접지방식은 **선로의 대지정전용량과 공진하는 리액터를 통하여 접지하는 방식**이므로

$\omega L = \dfrac{1}{3\omega C}$ (∵ 변압기의 리액턴스는 무시)

$\therefore L = \dfrac{1}{3\omega^2 C} = \dfrac{1}{3(2\pi f)^2 C}$ **답** ④

문제 39 수전단 전압이 송전단 전압보다 높아지는 현상을 무슨 효과라 하는가?

① 페란티 효과　　② 표피 효과
③ 근접 효과　　④ 도플러 효과

풀이

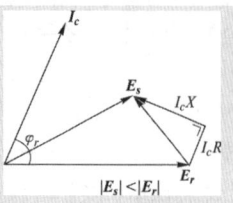

무부하의 경우 **선로의 정전용량** 때문에 전압보다 위상이 **90° 앞선 충전 전류**의 영향이 커져서 선로에 흐르는 전류가 진상이 되어 **수전단 전압(E_r)이 송전단 전압(E_s)보다 높아지는 현상을 페란티 현상**이라 한다. **답** ①

문제 40 송전선의 특성임피던스는 저항과 누설컨덕턴스를 무시하면 어떻게 표현되는가? (단, L은 선로의 인덕턴스, C는 선로의 정전용량이다.)

① $\sqrt{\dfrac{L}{C}}$ ② $\sqrt{\dfrac{C}{L}}$

③ $\dfrac{L}{C}$ ④ $\dfrac{C}{L}$

풀이

• 특성 임피던스 $Z_0 = \sqrt{\dfrac{Z}{Y}} = \sqrt{\dfrac{R+j\omega L}{G+j\omega C}}$

• R 및 G를 무시하면 $R=0$, $G=0$로 하면

$Z_0 = \sqrt{\dfrac{L}{C}}$ [Ω]가 된다. **답** ①

제3과목 ▶ 전기기기

문제 41 직류기에 보극을 설치하는 목적이 아닌 것은?

① 정류자의 불꽃 방지

② 브러시의 이동 방지

③ 정류 기전력의 발생

④ 난조의 방지

풀이

주자극 사이의 중성점에 소자극을 설치한 것을 **보극 또는 정류극**이라 하며, 전기자 전류에 의해 필요한 **정류 전압**을 얻어 리액턴스 전압을 **상쇄**시키므로 정류가 잘되고 **중성점의 이동을 막을 수 있다.** **답** ④

문제 42 정격전압 220[V], 무부하 단자전압 230 [V], 정격출력이 40[kW]인 직류 분권발전기의 계자저항이 22[Ω], 전기자 반작용에 의한 전압강하가 5[V]라면 전기자 회로의 저항[Ω]은 약 얼마인가?

① 0.026   ② 0.028

③ 0.035   ④ 0.042

풀이

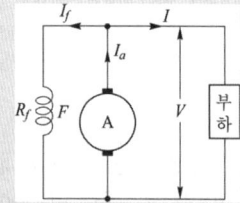

• $E = V + I_a R_a + e_a$

여기서 E : 유기기전력, V : 단자전압

     I_a : 전기자 전류, R_a : 전기자 저항

     e_a : 전기자 반작용에 의한 전압강하

• 계자전류 $I_f = \dfrac{V}{R_f} = \dfrac{220}{22} = 10$[A]

• 부하전류 $I = \dfrac{P}{V} = \dfrac{40000}{220} = 181.82$[A]

• 전기자전류 $I_a = I + I_f = 181.82 + 10 = 191.82$[A]

∴ 전기자 저항 $R_a = \dfrac{E-V-e_a}{I_a} = \dfrac{230-220-5}{191.82}$

                 $= 0.026$[Ω] **답** ①

문제 43 동기전동기에 설치된 제동권선의 효과는?

① 정지시간의 단축   ② 출력전압의 증가

③ 기동토크의 발생   ④ 과부하 내량의 증가

풀이

제동 권선의 역할

① 난조 방지

② **기동 토크 발생**

③ 불평형 부하시의 전류, 전압 파형 개선

④ 송전선의 불평형 단락시의 이상 전압 방지 **답** ③

문제 44 동기 조상기를 부족 여자로 사용하면?

① 리액터로 작용

② 저항손의 보상

③ 일반 부하의 뒤진 전류의 보상

④ 콘덴서로 작용

풀이
• 부족 여자 운전 : **리액터로 작용**하여 **앞선 전류를 보상**한다.
• 과여자 운전 : **콘덴서로 작용**하여 **뒤진 전류를 보상**한다.
답 ①

문제 45 변압기의 임피던스 전압이란?

① 정격전류시 2차측 단자전압이다.
② 변압기의 1차를 단락, 1차에 1차 정격전류와 같은 전류를 흐르게 하는 데 필요한 1차 전압이다.
③ 정격전류가 흐를 때의 변압기 내의 전압강하이다.
④ 변압기의 2차를 단락, 2차에 2차 정격전류와 같은 전류를 흐르게 하는 데 필요한 2차 전압이다.

풀이
임피던스 전압 $V_s = Z_{21} I_{1n}[\text{V}]$
(Z_{21} = 1차측 임피던스 + 2차를 1차로 환산한 임피던스)
즉, 변압기의 임피던스 전압이란 정격전류가 흐를 때의 변압기 **내부 전압강하**를 말한다. **답** ③

문제 46 3상 전원을 이용하여 2상 전압을 얻고자 할 때 사용하는 결선 방법은?

① Scott 결선   ② Fork 결선
③ 환상 결선   ④ 2중 3각 결선

풀이
• 3상에서 2상을 얻는 방법 : **스코트(Scott) 결선**, 메이어 결선, 우드 브리지 결선
• 3상에서 6상을 얻는 방법 : Fork 결선, 환상 결선, 2중 3각 결선 **답** ①

문제 47 변압기 내부고장 검출을 위해 사용하는 계전기가 아닌 것은?

① 과전압 계전기
② 비율차동 계전기
③ 부흐홀츠 계전기
④ 충격 압력 계전기

풀이
변압기 내부고장 검출용 보호 계전기
① 차동 계전기 (비율 차동 계전기)
② 압력 계전기
③ 부흐홀쯔 계전기
④ 가스 검출 계전기 **답** ①

문제 48 서보모터의 특징에 대한 설명으로 틀린 것은?

① 발생토크는 입력신호에 비례하고, 그 비가 클 것
② 직류 서보모터에 비하여 교류 서보모터의 시동 토크가 매우 클 것
③ 시동 토크는 크나 회전부의 관성모멘트가 작고, 전기적 시정수가 짧을 것
④ 빈번한 시동, 정지, 역전 등의 가혹한 상태에 견디도록 견고하고, 큰 돌입전류에 견딜 것

풀이
서보 모터의 특징
① 기동 토크가 크다.
② 회전자 관성 모멘트가 작다.
③ 제어권선 전압이 0에서는 기동해서는 안되고, 곧 정지해야 한다.
④ 직류 서보 모터의 기동 토크가 교류 서보 모터보다 크다.
⑤ 속응성이 좋다. 시정수가 짧다. 기계적 응답이 좋다.
⑥ 회전자 팬에 의한 냉각 효과를 기대할 수 없다. **답** ②

문제 49 3상 유도전동기의 2차 저항을 2배로 하면 동일하게 2배로 되는 것은?

① 역률   ② 전류
③ 슬립   ④ 토크

풀이
$$\frac{r_2}{s_m} = \frac{r_2 + R_s}{s_t}$$
여기서, r_2 : 2차 권선의 저항, s_m : 최대 토크시 슬립
s_t : 기동시 슬립, R_s : 2차 외부회로 저항
$r_2 + R_s$: 2차 회로 저항
즉, 2차 회로 저항 $r_2 + R_s$와 슬립 s_t는 비례 관계에 있다.
답 ③

문제 50 10[kW], 3상 200[V] 유도 전동기(효율 및 역률 각각 85[%])의 전부하 전류[A]는?

① 20 ② 40 ③ 60 ④ 80

풀이

$P = \sqrt{3}\,VI\cos\theta \cdot \eta$ 식에서

$\therefore I = \dfrac{P}{\sqrt{3}\,V\cos\theta \cdot \eta} = \dfrac{10 \times 10^3}{\sqrt{3} \times 200 \times 0.85 \times 0.85} = 40[A]$

답 ②

문제 51 크로우링 현상은 다음의 어느 것에서 일어나는가?

① 농형 유도 전동기
② 직류 직권 전동기
③ 회전 변류기
④ 3상 변압기

풀이

크로우링 현상이란 유도 전동기에 있어서 정지 상태로부터 동기 속도의 수분의 1인 저속도까지 가속하고, 그 이상은 가속하지 않는(안정하기는 하지만) 이상한 운전 상태.

답 ①

문제 52 직류 분권전동기의 기동시에는 계자저항기의 저항값을 어떻게 해두어야 하는가?

① 0(영)으로 해둔다.
② 최대로 해둔다.
③ 중위(中位)로 해둔다.
④ 끊어 놔둔다.

풀이

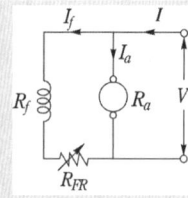

• 토크 $T = K\phi I_a$

• 회전속도 $N = K\dfrac{V - I_a R_a}{\phi}$ 에서 기동시 계자 저항을 최소로 하여 계자 전류를 크게하면 기동 토크가 크게 되고 속도는 저속으로 된다.

• 즉, **기동시 계자저항(R_{FR})을 0(영)으로한 후 기동한다.**

답 ①

문제 53 동기 발전기에서 유기기전력과 전기자 전류가 동상인 경우의 전기자 반작용은?

① 감자 작용 ② 증자 작용
③ 교차 자화 작용 ④ 직축 반작용

풀이

발전기와 전동기의 전기자 반작용은 서로 반대이다.

분 류	동기 발전기	동기 전동기
전압과 동상	교차 자화 작용	교차 자화 작용
진상전류	증자 작용	감자 작용
지상전류	감자 작용	증자 작용

답 ③

문제 54 단자전압 220[V], 부하전류 50[A]인 분권 발전기의 유도 기전력은 몇 [V]인가? (단, 여기서 전기자 저항은 0.2[Ω]이며, 계자전류 및 전기자 반작용은 무시한다.)

① 200 ② 210 ③ 220 ④ 230

풀이

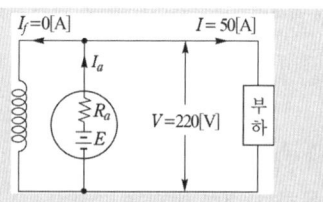

전기자 전류 $I_a = I + I_f$ 에서 계자 전류를 무시($I_f = 0$)하면 $I_a = I = 50[A]$ 가 된다.

$\therefore E = V + I_a R_a = 220 + 50 \times 0.2 = 230[V]$

답 ④

문제 55 직류 직권발전기의 전기자 전류를 I_a, 계자 전류를 I_f, 부하 전류를 I라 할 때 옳은 것은?

① $I_a = I_f = I$ ② $I_a + I_f = I$
③ $I_a + I = I_f$ ④ $I + I_f = I_a$

풀이

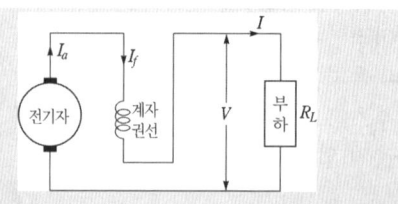

즉, $I_a = I_f = I$

답 ①

문제 56 동기발전기를 병렬운전 하는데 필요하지 않은 조건은?

① 기전력의 용량이 같을 것

② 기전력의 파형이 같을 것

③ 기전력의 크기가 같을 것

④ 기전력의 주파수가 같을 것

풀이

① 동기발전기의 병렬운전 조건
  - **기전력의 크기**가 같을 것
  - **기전력의 위상**이 같을 것
  - **기전력의 주파수**가 같을 것
  - 기전력의 파형이 같을 것
  - 상회전 방향이 같을 것
② 동기 발전기 병렬 운전 시 서로 같지 않아도 되는 사항
  - **발전기 용량** • 부하 전류 • 임피던스 **답** ①

문제 57 단상 전파 정류 회로에서 교류측 공급 전압 $628\sin 314t$[V], 직류측 부하 저항 20[Ω]일 때 직류측 전압의 평균값은?

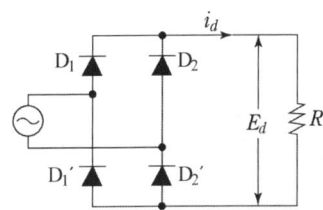

① 약 200

② 약 400

③ 약 600

④ 약 800

풀이

$E = \dfrac{E_m}{\sqrt{2}} = \dfrac{628}{\sqrt{2}} = 444[V]$

$\therefore E_d = \dfrac{2\sqrt{2}}{\pi}E = 0.9E = 0.9 \times 444 = 399.66[V]$ **답** ②

문제 58 어떤 변압기의 백분율 저항강하가 2[%], 백분율 리액턴스강하가 3[%]라 한다. 이 변압기로 역률(지역률)이 80[%]인 부하에 전력을 공급하고 있다. 이 변압기의 전압변동률은 몇 [%]인가?

① 2.4

② 3.4

③ 3.8

④ 4.0

풀이

뒤진 역률(지역률)이므로

전압 변동률 $\epsilon = p\cos\theta + q\sin\theta$
$= 2 \times 0.8 + 3 \times 0.6 = 3.4[\%]$ **답** ②

문제 59 용접용으로 사용되는 직류발전기의 특성 중에서 가장 중요한 것은?

① 과부하에 견딜 것

② 전압변동률이 적을 것

③ 경부하일 때 효율이 좋을 것

④ 전류에 대한 전압특성이 수하특성일 것

풀이

방전을 안정하게 지속시키기 위하여 방전 용접에 사용되는 전원은 직류, 교류를 막론하고 **전류가 증가하면 전압이 저하하는 수하 특성**을 가지고 있어야 한다. **답** ④

문제 60 슬립 6[%]인 유도전동기의 2차측 효율[%]은?

① 94

② 84

③ 90

④ 88

풀이

$\eta_2 = \dfrac{P_0}{P_2} \times 100 = \dfrac{(1-s)P_2}{P_2} \times 100$

$= (1-s) \times 100 = (1-0.06) \times 100 = 94[\%]$ **답** ①

제4과목 ▶ 회로이론 및 제어공학

문제 61 각상의 임피던스 $Z = 6 + j8$[Ω]인 평형 △부하에 선간 전압이 220[V]인 대칭 3상 전압을 가할 때 선전류는 약 몇 [A]인가?

① 11 [A]

② 13.5 [A]

③ 22 [A]

④ 38.1 [A]

풀이

상전류 $I_p = \dfrac{V}{Z} = \dfrac{220}{\sqrt{6^2 + 8^2}} = 22[A]$

따라서, 선전류 $I_l = \sqrt{3}I_p = \sqrt{3} \times 22 = 38.11[A]$ **답** ④

문제 62 비정현파의 전압

$v = 100\sqrt{2}\sin\omega t + 50\sqrt{2}\sin 2\omega t + 30\sqrt{2}$ $\sin 3\omega t$[V]일 때 실효 전압[V]은?

① 180

② 13.4

③ 115.8

④ 38.6

풀이

왜형파의 실효값은 각 고조파 실효값 제곱의 합의 제곱근 이므로

$V = \sqrt{V_1^2 + V_2^2 + V_3^2} = \sqrt{100^2 + 50^2 + 30^2} = 115.76$[V]

답 ③

문제 63 회로에서 $V = 10$[V], $R = 10[\Omega]$,

$L = 1$[H], $C = 10[\mu F]$ 그리고 $V_c(0) = 0$일 때 스위치 K를 닫은 직후 전류의 변화율 $\dfrac{di}{dt}(0^+)$의 값 [A/sec]은?

① 0

② 1

③ 5

④ 10

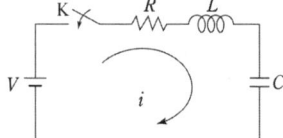

풀이

진동 여부 판별식으로부터

$\left(\dfrac{R}{2L}\right)^2 - \dfrac{1}{LC} = \left(\dfrac{10}{2 \times 1}\right)^2 - \dfrac{1}{1 \times 10 \times 10^{-6}} < 0$

즉, 위와 같은 회로는 진동인 경우이므로,

$i = \dfrac{V}{\beta L}e^{-\alpha t}\sin\beta t$

$\therefore \left.\dfrac{di}{dt}\right|_{t=0} = \dfrac{V}{\beta L}[-\alpha e^{-\alpha t}\sin\beta t + \beta e^{-\alpha t}\cos\beta t]_{t=0}$

$= \dfrac{V}{\beta L} \cdot \beta = \dfrac{V}{L} = \dfrac{10}{1} = 10$[A/sec] **답 ④**

문제 64 다음과 같은 4단자 회로에서 임피던스 파라미터 Z_{11}의 값은?

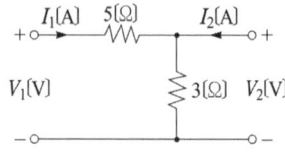

① 8[Ω]

② 5[Ω]

③ 3[Ω]

④ 2[Ω]

풀이

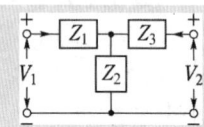

$Z_{11} = \dfrac{V_1}{I_1}\bigg|_{I_2 = 0} = \dfrac{I_1 \times (Z_1 + Z_2)}{I_1} = Z_1 + Z_2$

[참고로 $V_1 = I_1 \times (Z_1 + Z_2)$]

$\therefore Z_{11} = Z_1 + Z_2 = 5 + 3 = 8[\Omega]$ **답 ①**

문제 65 $v = V_m\sin(\omega t + 30°)$와

$i = I_m\cos(\omega t - 100°)$와의 위상차는 몇 도인가?

① 40°

② 70°

③ 130°

④ 210°

풀이

$i = I_m\cos(\omega t - 100°) = I_m\sin\left(\omega t - 100° + \dfrac{\pi}{2}\right)$

$= I_m\sin(\omega t - 10°)$

$\therefore$ 위상차 $\theta = \theta_1 - \theta_2 = 30° - (-10°) = 40°$ **답 ①**

문제 66 $R = 1$[MΩ], $C = 1[\mu F]$의 직렬 회로에

직류 100 [V]를 가했다. 시정수 τ, 전류의 초기값 I를 구하면?

① 5 [sec], 10^{-4} [A]

② 4 [sec], 10^{-3} [A]

③ 1 [sec], 10^{-4} [A]

④ 2 [sec], 10^{-3} [A]

풀이

$\tau = RC = 10^6 \times 10^{-6} = 1$ [sec]

$R-C$ 직렬회로에서 직류전압 인가 시 흐르는 전류

$i(t) = \dfrac{E}{R}e^{-\frac{1}{RC}t}$에서

전류의 초기값 즉, $t = 0$일 때 전류 $I = \dfrac{E}{R}$ 이므로

$I = \dfrac{100}{1 \times 10^6} = 10^{-4}$ [A] **답 ③**

문제 67 그림과 같은 평형 3상 회로에서 전원 전압이 $V_{ab} = 200$[V]이고 부하 한 상의 임피던스가 $Z = 4 + j3$[Ω]인 경우 전원과 부하사이 선전류 I_a는 약 몇 [A]인가?

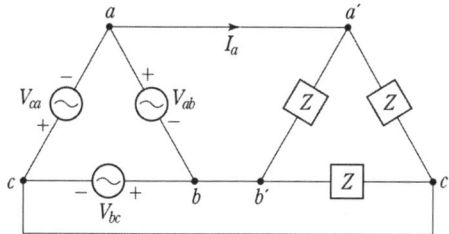

① $40\sqrt{3} \angle 36.87°$
② $40\sqrt{3} \angle -36.87°$
③ $40\sqrt{3} \angle 66.87°$
④ $40\sqrt{3} \angle -66.87°$

풀이

• 상전류 I_p

$$I_p = \frac{V}{Z} = \frac{200}{\sqrt{4^2+3^2}} = 40[A]$$

위상차 $\theta = \tan^{-1}\frac{X_L}{R} = \tan^{-1}\frac{3}{4} = 36.87°$

• △결선에서 선전류 I_a

$I_a = \sqrt{3}\,I_p \angle -30°$ 이므로

선전류 $I_a = \sqrt{3}\,I_p = 40\sqrt{3} \angle -30° - 36.87°$
$= 40\sqrt{3} \angle -66.87°[A]$

참고

$R-L$ 직렬회로에서 전압과 전류와의 위상관계

$$I_p = \frac{V}{R+jX_L} = \frac{V(R-jX_L)}{(R+jX_L)(R-jX_L)} = \frac{V}{R^2+X_L^2}(R-jX_L)$$

즉, 전류는 전압보다 위상이 $\theta = \tan^{-1}\frac{X_L}{R}$ 만큼 늦다.

답 ④

문제 68 다음의 회로에서 저항 20[Ω]에 흐르는 전류는?

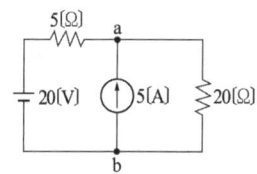

① 0.4[A]
② 1.8[A]
③ 3.9[A]
④ 5.4[A]

풀이

중첩의 원리에 의하여

• 20[V]에 의한 전류 (이때 전류원은 개방)

$$I_1 = \frac{20}{5+20} = 0.8[A]$$

• 5[A]에 의한 전류 (이때 전압원은 단락)

$$I_2 = \frac{5}{5+20} \times 5 = 1[A]$$

∴ $I = I_1 + I_2 = 0.8 + 1 = 1.8[A]$

답 ②

문제 69 어떤 회로에 $E = 100 + j50$ [V]인 전압을 가했더니 $I = 3 + j4$ [A]인 전류가 흘렀다면 이 회로의 소비전력[W]은?

① 300
② 500
③ 700
④ 900

풀이

$$P = \overline{V}I = P + jQ = (100 - j50)(3 + j4) = 500 + j250$$

즉, 유효전력 $P = 500$[W]
무효전력 $Q = 250$[Var] 이다.

답 ②

문제 70 그림과 같은 회로에서 a-b 사이의 전위차 [V]는?

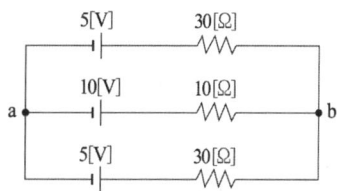

① 10 [V]
② 8 [V]
③ 6 [V]
④ 4 [V]

풀이

밀만의 정리에 의해

$$V_{ab} = \frac{\frac{E_1}{R_1} + \frac{E_2}{R_2} + \frac{E_3}{R_3}}{\frac{1}{R_1} + \frac{1}{R_2} + \frac{1}{R_3}} = \frac{\frac{5}{30} + \frac{10}{10} + \frac{5}{30}}{\frac{1}{30} + \frac{1}{10} + \frac{1}{30}}$$

$$= \frac{5 + 30 + 5}{1 + 3 + 1} = \frac{40}{5} = 8[V]$$

답 ②

문제 71 그림의 신호흐름선도를 미분방정식으로 표현한 것으로 옳은 것은? (단, 모든 초기 값은 0이다.)

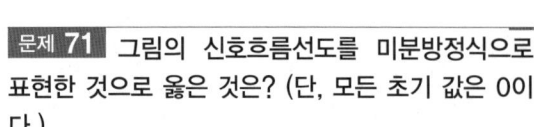

① $\dfrac{d^2c(t)}{dt^2} + 3\dfrac{dc(t)}{dt} + 2c(t) = r(t)$

② $\dfrac{d^2c(t)}{dt^2} + 2\dfrac{dc(t)}{dt} + 3c(t) = r(t)$

③ $\dfrac{d^2c(t)}{dt^2} - 3\dfrac{dc(t)}{dt} - 2c(t) = r(t)$

④ $\dfrac{d^2c(t)}{dt^2} - 2\dfrac{dc(t)}{dt} - 3c(t) = r(t)$

풀이

전향경로 이득 : $\dfrac{1}{s} \cdot \dfrac{1}{s} = \dfrac{1}{s^2}$

루프 이득 : $-\dfrac{3}{s}$, $-2 \cdot \dfrac{1}{s} \cdot \dfrac{1}{s} = -\dfrac{2}{s^2}$

$G(s) = \dfrac{\sum 전향 경로 이득}{1 - \sum 루프이득} = \dfrac{\dfrac{1}{s^2}}{1 + \dfrac{3}{s} + \dfrac{2}{s^2}}$

$= \dfrac{1}{s^2 + 3s + 2} = \dfrac{C(s)}{R(s)}$

$(s^2 + 3s + 2)C(s) = R(s)$

역라플라스 변환하면

$\therefore \dfrac{d^2c(t)}{dt^2} + 3\dfrac{dc(t)}{dt} + 2c(t) = r(t)$ **답** ①

문제 72 이산 시스템(Discrete data system)에서의 안정도 해석에 대한 설명 중 옳은 것은?

① 특성방정식의 모든 근이 z평면의 음의 반평면에 있으면 안정하다.

② 특성방정식의 모든 근이 z평면의 양의 반평면에 있으면 안정하다.

③ 특성방정식의 모든 근이 z평면의 단위원 내부에 있으면 안정하다.

④ 특성방정식의 모든 근이 z평면의 단위원 외부에 있으면 안정하다.

풀이

특성방정식의 근의 위치에 따른 안정도 판별법

계의 안정도	근의 위치	
	s평면의	z평면상
안 정	좌반면	단위원 내부
불 안 정	우반면	단위원 외부
임계안정	허수축	단위 원주상

답 ③

문제 73 전달함수가 $\dfrac{C(s)}{R(s)} = \dfrac{25}{s^2 + 6s + 25}$인 2차 제어시스템의 감쇠 진동 주파수$(\omega_d)$는 몇 [rad/sec]인가?

① 3 ② 4 ③ 5 ④ 6

풀이

$\dfrac{C(s)}{R(s)} = \dfrac{\omega_n^2}{s^2 + 2\delta\omega_n s + \omega_n^2} = \dfrac{25}{s^2 + 6s + 25}$ 에서

• $\omega_n^2 = 25$에서 $\omega_n = 5$

• $2\delta\omega_n = 6$에서 $\delta = \dfrac{6}{2\omega_n} = \dfrac{6}{2 \times 5} = \dfrac{3}{5}$

• 감쇠 진동 주파수 (실제 주파수)

$\omega_d = \omega_n\sqrt{1 - \delta^2} = 5\sqrt{1 - \left(\dfrac{3}{5}\right)^2} = 4$ **답** ②

문제 74 $F(s) = \dfrac{3s + 10}{s^3 + 2s^2 + 5s}$일 때 $f(t)$의 최종값은?

① 0 ② 1 ③ 2 ④ 8

풀이

최종값 정리에 의하여

$\lim_{t \to \infty} f(t) = \lim_{s \to 0} sF(s) = \lim_{s \to 0} s \cdot \dfrac{3s + 10}{s(s^2 + 2s + 5)} = \dfrac{10}{5} = 2$

답 ③

문제 75 자동제어계에서 과도응답 중 최종값의 10[%]에서 90[%]에 도달하는데 걸리는 시간은?

① 정정시간(settling time)

② 지연시간(delay time)

③ 상승시간(rising time)

④ 응답시간(response time)

풀이

① 정정 시간 : 최종값으로부터 요구하는 오차 이내로 정지되는데 요하는 시간

② 지연 시간 : 응답이 최종값의 50[%]에 도달하는데 필요한 시간

③ 입상 시간(**상승 시간**) : 응답이 최종값의 10[%]에서부터 90 [%]까지 도달하는데 요하는 시간을 말한다.

④ 응답 시간 : 응답이 요구하는 오차 이내로 정착되는데 요하는 시간
답 ③

문제 76 다음 회로는 무엇을 나타낸 것인가?

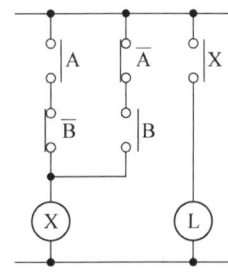

① AND

② OR

③ EX-OR

④ NAND

풀이

$X = A\overline{B} + \overline{A}B = A \oplus B$이므로 Exclusive OR 회로이다.
답 ③

문제 77 블록선도 변환이 틀린 것은?

① $X_1 \to \bigcirc \to \boxed{G} \to X_3$, X_2 $\Rightarrow$ $X_1 \to \boxed{G} \to \bigcirc \to X_3$, $\boxed{G} \leftarrow X_2$

② $X_1 \to \boxed{G} \to X_2$, $X_2 \leftarrow$ $\Rightarrow$ $X_1 \to \boxed{G} \to X_2$, $X_2 \leftarrow \boxed{G} \leftarrow$

③ $X_1 \to \boxed{G} \to X_2$, X_1 $\Rightarrow$ $X_1 \to \boxed{G} \to X_2$, $\boxed{\frac{1}{G}}$

④ $X_1 \to \boxed{G} \to \bigcirc \to X_3$, $X_2 \uparrow$ $\Rightarrow$ $X_1 \to \bigcirc \to \boxed{G} \to X_3$, $\boxed{G} \leftarrow X_2$

풀이

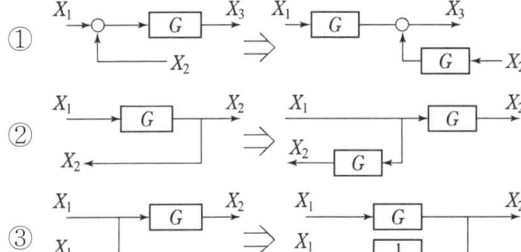

$X_3 = GX_1 + X_2$ $X_3 = (X_1 + GX_2)G$
답 ④

문제 78 $G(s)H(s) = \dfrac{K(s+1)}{s^2(s+2)(s+3)}$ 에서 점

근선의 교차점은 얼마인가?

① $-\dfrac{5}{6}$ ② $-\dfrac{1}{5}$

③ $-\dfrac{4}{3}$ ④ $-\dfrac{1}{3}$

풀이

교차점 $\sigma = \dfrac{\sum 극점 - \sum 영점}{p - z}$ 에서

극점의 수 $p = 4$, 영점의 수 $z = 1$

영점 : -1

극점 : $0, 0, -2, -3$

교차점 $\sigma = \dfrac{(-2-3)-(-1)}{4-1} = -\dfrac{4}{3}$
답 ③

문제 79 나이퀴스트(Nyquist) 선도에서의 임계점 $(-1, j0)$에 대응하는 보드선도에서의 이득과 위상은?

① 1[dB], $0°$ ② 0[dB], $-90°$

③ 0[dB], $90°$ ④ 0[dB], $-180°$

풀이

• **이득** $= 20\log|G| = 20\log 1 = 0$[dB]

• **위상** $= -180°$ 또는 $180°$
답 ④

문제 80 다음 중 라플라스 변환값과 z 변환값이 같은 함수는?

① t^2 ② t

③ $u(t)$ ④ $\delta(t)$

풀이

$\lim\limits_{t \to 0} e(t) = \lim\limits_{s \to \infty} E(z)$		
$f(t)$	$F(s)$	$F(z)$
$\delta(t)$	1	1
$u(t)$	$\dfrac{1}{s}$	$\dfrac{z}{z-1}$
t	$\dfrac{1}{s^2}$	$\dfrac{Tz}{(z-1)^2}$

답 ④

제5과목　전기설비 기술기준

문제 81 옥외설비의 절연유 유출방지설비에 대한 사항으로 중 옳지 않은 것은?

① 절연유 유출 방지설비의 선정은 기기에 들어 있는 절연유의 양, 빗물 및 화재보호시스템의 용수량, 근접 수로 및 토양조건을 고려하여야 한다.

② 벽, 집유조 및 집수탱크에 관련된 배관은 액체가 침투하지 않는 것이어야 한다.

③ 집유조 및 집수탱크는 바닥을 통하여 수로로 절연유 및 냉각액을 흘러 보낼 수 있어야 한다.

④ 절연유 및 냉각액에 대한 집유조 및 집수탱크의 용량은 물의 유입으로 지나치게 감소되지 않아야 하며, 자연배수 및 강제배수가 가능하여야 한다.

풀이

311.7 절연유 누설에 대한 보호
옥외설비의 절연유 유출방지설비
가. 절연유 유출 방지설비의 선정은 기기에 들어 있는 절연유의 양, 우수 및 화재보호시스템의 용수량, 근접 수로 및 토양조건을 고려하여야 한다.
나. 집유조 및 집수탱크가 시설되는 경우 집수탱크는 최대 용량 변압기의 유량에 대한 집유능력이 있어야 한다.
다. 벽, 집유조 및 집수탱크에 관련된 배관은 액체가 침투하지 않는 것이어야 한다.
라. 절연유 및 냉각액에 대한 집유조 및 집수탱크의 용량은 물의 유입으로 지나치게 감소되지 않아야 하며, 자연배수 및 강제배수가 가능하여야 한다.
마. 다음의 추가적인 방법으로 수로 및 지하수를 보호하여야 한다.
　(1) 집유조 및 집수탱크는 바닥으로부터 절연유 및 냉각액의 유출을 방지하여야 한다.
　(2) 배출된 액체는 유수분리장치를 통하여야 하며 이 목적을 위하여 액체의 비중을 고려하여야 한다.
답 ③

문제 82 사용전압이 400[V] 이하인 경우의 저압 보안 공사에 전선으로 경동선을 사용할 경우 지름은 몇 [mm] 이상 인가?

① 2.6　　② 3.5　　③ 4.0　　④ 5.0

풀이

222.10 저압 보안공사

저압 보안공사시 전선은 케이블인 경우 이외에는 인장강도 8.01[kN] 이상의 것 또는 **지름 5[mm]**(사용전압이 400[V] 이하인 경우에는 인장강도 5.26[kN] 이상의 것 또는 **지름 4[mm] 이상의 경동선**) 이상의 경동선이어야 한다.　**답** ③

문제 83 옥내 배선공사 중 반드시 절연전선을 사용하지 않아도 되는 공사방법은? (단, 옥외용 비닐절연전선은 제외한다.)

① 금속관공사
② 버스덕트공사
③ 합성수지관공사
④ 플로어덕트공사

풀이

231.4 나전선의 사용 제한
옥내에 시설하는 저압전선에는 나전선을 사용하여서는 아니 된다. 다만, 다음중 어느 하나에 해당하는 경우에는 그러하지 아니하다.
가. 애자사용배선에 의하여 전개된 곳에 다음의 전선을 시설하는 경우
　① 전기로용 전선
　② 전선의 피복 절연물이 부식하는 장소에 시설하는 전선
나. **버스덕트공사**에 의하여 시설하는 경우
다. 라이팅덕트공사에 의하여 시설하는 경우
라. 접촉 전선을 시설하는 경우　**답** ②

문제 84 지중 전선로의 매설방법이 아닌 것은?

① 관로식
② 인입식
③ 암거식
④ 직접 매설식

풀이

334.1 지중전선로의 시설
가. **지중 전선로는 전선에 케이블을 사용하고 또한 관로식·암거식 또는 직접 매설식에 의하여 시설**하여야 한다.
나. 지중 전선로를 직접 매설식에 의하여 시설하는 경우에는 매설 깊이는
　① 차량 기타 중량물의 압력을 받을 우려가 있는 장소 : 1.0[m] 이상
　② 기타 장소 : 0.6[m] 이상　**답** ②

문제 85 고압 지중전선이 지중 약전류전선 등과 접근하거나 교차하는 경우에 이격거리가 몇 [cm] 이하인 때에는 양 전선 사이에 견고한 내화성의 격벽을 설치하는 경우 이외에는 지중전선을 견고한 불연성 또는 난연성의 관에 넣어 그 관이 지중 약전류전선 등과 직접 접촉되지 않도록 하여야 하는가?

① 15　　　　　　② 20
③ 30　　　　　　④ 40

풀이

334.6 지중전선과 지중약전류전선 등 또는 관과의 접근 또는 교차

지중전선이 다음 조건의 이격거리 이하로 설치되는 경우에는 상호간에 내화성의 격벽을 설치하여야 한다.

조　건	전　압	이격거리
지중 약전류 전선과 접근 또는 교차하는 경우	저압 또는 고압	0.3 [m]
	특고압	0.6 [m]
가연성, 유독성의 유체를 내포하는 관과 접근 또는 교차	특고압	1 [m]
	25 [kV] 이하, 다중접지방식	0.5 [m]
기타의 관과 접근 또는 교차	특고압	0.3[m]

답 ③

문제 86 귀선로에 대한 설명으로 틀린 것은?

① 단권변압기 중성점과 단독접지에 접속한다.
② 사고 및 지락 시에도 충분한 허용전류용량을 갖도록 하여야 한다.
③ 비절연보호도체, 매설접지도체, 레일 등으로 구성한다.
④ 비절연보호도체의 위치는 통신유도장해 및 레일전위의 상승의 경감을 고려하여 결정하여야 한다.

풀이

431.5 귀선로
1. 귀선로는 비절연보호도체, 매설접지도체, 레일 등으로 구성하여 **단권변압기 중성점과 공통접지에 접속한다.**
2. 비절연보호도체의 위치는 **통신유도장해 및 레일전위의 상승의 경감을 고려**하여 결정하여야 한다.
3. 귀선로는 사고 및 지락 시에도 **충분한 허용전류용량**을 갖도록 하여야 한다.

답 ①

문제 87 급전선에 대한 설명으로 틀린 것은?

① 급전선은 비절연보호도체, 매설접지도체, 레일 등으로 구성하여 단권변압기 중성점과 공통접지에 접속한다.
② 급전선은 나전선을 적용하여 가공식으로 가설을 원칙으로 한다
③ 선상승강장, 인도교, 과선교 또는 교량 하부 등에 설치할 때에는 최소 절연이격거리 이상을 확보하여야 한다.
④ 신설 터널 내 급전선을 가공으로 설계할 경우 지지물의 취부는 C찬넬 또는 매입전을 이용하여 고정하여야 한다.

풀이

431.4 급전선로
1. 급전선은 나전선을 적용하여 가공식으로 가설을 원칙으로 한다. 다만, 전기적 이격거리가 충분하지 않거나 지락, 섬락 등의 우려가 있을 경우에는 급전선을 케이블로 하여 안전하게 시공하여야 한다.
2. 가공식은 전차선의 높이 이상으로 전차선로 지지물에 병가하며, 나전선의 접속은 직선접속을 원칙으로 한다.
3. 신설 터널 내 급전선을 가공으로 설계할 경우 지지물의 취부는 C찬넬 또는 매입전을 이용하여 고정하여야 한다.
4. 선상승강장, 인도교, 과선교 또는 교량 하부 등에 설치할 때에는 최소 절연이격거리 이상을 확보하여야 한다.

431.5 귀선로
1. **귀선로는 비절연보호도체, 매설접지도체, 레일 등으로 구성하여 단권변압기 중성점과 공통접지에 접속한다.**
2. 비절연보호도체의 위치는 통신유도장해 및 레일전위의 상승의 경감을 고려하여 결정하여야 한다.
3. 귀선로는 사고 및 지락 시에도 충분한 허용전류용량을 갖도록 하여야 한다.

즉, ①번은 귀선로에 대한 설명이다. **답 ①**

문제 88 철도 또는 궤도를 횡단하는 저고압 가공전선의 높이는 레일면상 몇 [m] 이상인가?

① 5.5　　　　　　② 6.5
③ 7.5　　　　　　④ 8.5

풀이

332.5 고압 가공전선의 높이,
222.7 저압 가공전선의 높이
저·고압 가공전선의 높이는 다음에 따라야 한다.

설치장소		가공전선의 높이
도로횡단(번잡하지 않은 도로 제외)		지표상 6 [m] 이상
철도 또는 궤도 횡단		레일면상 6.5 [m] 이상
횡단보도교 위	저압	노면상 3.5 [m] 이상 (단, 절연전선의 경우 3 [m] 이상)
	고압	노면상 3.5 [m] 이상
일반장소		지표상 5 [m] 이상. 단, 저압의 경우 절연전선 또는 케이블을 사용하여 교통에 지장이 없도록 하여 옥외조명용에 공급하는 경우 4 [m]까지 감할 수 있다.
다리의 하부 기타 이와 유사한 장소		저압의 전기철도용 급전선은 지표상 3.5[m]까지로 감할 수 있다.

답 ②

문제 89 사용전압이 22.9[kV]인 특고압 가공전선과 그 지지물·완금류·지주 또는 지선 사이의 이격거리는 몇 [cm] 이상이어야 하는가?

① 15 ② 20
③ 25 ④ 30

풀이

333.5 특고압 가공전선과 지지물 등의 이격거리
특고압 가공전선과 그 지지물·완금류·지주 또는 지선 사이의 이격거리는 표 에서 정한 값 이상이어야 한다. 다만, 기술상 부득이한 경우에 위험의 우려가 없도록 시설한 때에는 표 에서 정한 값의 0.8배까지 감할 수 있다.

사용전압	이격거리[cm]
15 [kV] 미만	15
15 [kV] 이상 25 [kV] 미만	20
25 [kV] 이상 35 [kV] 미만	25
60 [kV] 이상 70 [kV] 미만	40
130 [kV] 이상 160 [kV] 미만	90

답 ②

문제 90 최대사용전압 22.9[kV]인 3상 4선식 다중접지방식의 지중 전선로의 절연내력시험을 직류로 할 경우 시험전압은 몇 [V] 인가?

① 16448 ② 21068
③ 32796 ④ 42136

풀이

132 전로의 절연저항 및 절연내력

전로의 종류	접지방식	시험전압 (최대사용 전압의 배수)	최저 시험전압
1. 7[kV] 이하인 전로		1.5배	
2. 7[kV] 초과 25[kV] 이하	다중접지	0.92배	
3. 7[kV] 초과 60[kV] 이하 (2란의 것 제외)	비접지	1.25배	10.5[kV]
4. 60[kV] 초과	비 접지	1.25배	
5. 60[kV] 초과 (6란, 7란의 것 제외)	접 지 식	1.1배	75[kV]
6. 60[kV] 초과 (7란의 것 제외)	직접접지	0.72배	
7. 170[kV] 초과 (발전소 또는 변전소 혹은 이에 준하는 장소에 시설하는 것.)	직접접지	0.64배	

※ 전로에 케이블을 사용하는 경우에는 **직류로 시험할 수 있**으며, 시험 전압은 교류의 경우의 2배가 된다.
∴ 시험 전압 $= 22900 \times 0.92 \times 2 = 42136[V]$

답 ④

문제 91 66[kV] 가공전선과 6[kV] 가공전선을 동일 지지물에 병행설치하여 시설하는 경우 이격거리는 몇 [m] 이상이어야 하는가? 단, 특고압 전선은 케이블 사용 이외의 조건이다.

① 1 ② 2
③ 3 ④ 4

풀이

333.17 특고압 가공전선과 저고압 가공전선 등의 병행설치

전 압	표 준	특고압에 케이블 사용 및 저·고압에 절연전선 또는 케이블 사용
35[kV] 이하	1.2[m] 이상	0.5 [m] 이상
35[kV] 초과 100[kV] 미만	2[m] 이상	1 [m] 이상

답 ②

문제 92 공칭전압 직류 750[V]인 전차선과 건조물 간의 동적 절연이격 거리는 몇 [mm] 이상인가?

① 25 ② 100
③ 150 ④ 170

풀이

431.2 전차선로의 충전부와 건조물 간의 절연이격
전차선과 건조물 간의 최소 절연이격거리

시스템 종류	공칭전압 (V)	동적(mm)		정적(mm)	
		비오염	오염	비오염	오염
직류	750	25	25	25	25
	1,500	100	110	150	160
단상교류	25,000	170	220	270	320

답 ①

문제 93 저압 가공전선이 도로 등과의 접근상태로
시설되는 경우 저압 전차선로의 지지물과의 이격거리
는 몇 [m] 이상이어야 하는가? 단, 가공전선과 도로
·횡단보도교·철도 또는 궤도와의 수평 이격거리가
1[m] 이상인 경우가 아니다.

① 1   ② 3

③ 5.5   ④ 6

풀이

332.12 고압 가공전선과 도로 등의 접근 또는 교차
222.12 저압 가공전선과 도로 등의 접근 또는 교차
저압 가공전선 또는 고압 가공전선이 도로·횡단보도교
·철도·궤도·삭도 또는 저압 전차선(이하 "도로 등"이
라 한다)과 접근상태로 시설되는 경우에는 다음에 따라야
한다.
1. 고압 가공전선로는 고압 보안공사에 의할 것.
2. 저·고압 가공전선과 도로 등의 이격거리는 표에서 정
한 값 이상일 것. 다만, 가공전선과 도로·횡단보도교
·철도 또는 궤도와의 수평 이격거리가 저압에서 1[m]
이상, 고압에서 1.2[m] 이상인 경우에는 그러하지 아니
하다.

도로 등의 구분		저압	고압
도로·횡단보도교·철도 또는 궤도		3[m]	3[m]
삭도나 그 지주 또는 저압 전차선	고압절연 전선	0.3[m]	0.8[m]
	케이블	0.3[m]	0.4[m]
	기 타	0.6[m]	0.8[m]
저압 전차선로의 지지물	케이블	0.3[m]	0.3[m]
	기 타	0.3[m]	0.6[m]

답 ②

문제 94 "고압 또는 특별고압의 기계기구, 모선 등
을 옥외에 시설하는 발전소, 변전소, 개폐소 또는 이
에 준하는 곳에 시설하는 울타리, 담 등의 높이는
2[m] 이상으로 하고, 지표면과 울타리, 담 등의 하단
사이의 간격은 몇 [m] 이하로 하여야 하는가?

① 0.12   ② 0.15

③ 0.3   ④ 0.5

풀이

351.1 발전소 등의 울타리·담 등의 시설
가. 울타리·담 등의 높이는 2[m] 이상으로 하고 지표면과 울
타리·담 등의 하단사이의 간격은 0.15[m] 이하로 할 것.
나. 울타리·담 등의 높이와 울타리·담 등으로부터 충전
부분까지 거리의 합계는 표에서 정한 값 이상으로 할
것.

사용전압의 구분	울타리·담 등의 높이와 울타리·담 등으로부터 충전 부분까지의 거리의 합계
35 [kV] 이하	5 [m]
35 [kV] 초과 160 [kV] 이하	6 [m]
160 [kV] 초과	• 거리 = 6 + 단수 × 0.12 [m] • 단수 = $\dfrac{\text{사용전압 [kV]} - 160}{10}$ 단수 계산에서 소수점 이하는 절상

답 ②

문제 95 교통신호등 제어장치의 2차측 배선의 최
대사용전압은 몇 [V] 이하이어야 하는가?

① 110   ② 220

③ 300   ④ 380

풀이

234.15 교통신호등
가. 교통신호등 제어장치의 2차측 배선의 최대사용전압은
300[V] 이하이어야 한다.
나. 전선은 케이블인 경우 이외에는 공칭단면적 2.5[mm^2]
연동선과 동등 이상의 세기 및 굵기의 450/750[V] 일
반용 단심 비닐절연전선 또는 450/750[V] 내열성에틸
렌아세테이트 고무절연전선일 것.
다. 교통신호등의 전구에 접속하는 인하선은 다음에 의하
여 시설하여야 한다.
① 전선의 지표상의 높이는 2.5[m] 이상일 것.
② 전선을 애자공사에 의하여 시설하는 경우에는 전선
을 적당한 간격마다 묶을 것.
라. 교통신호등 회로의 사용전압이 150[V]를 넘는 경우는
전로에 지락이 생겼을 경우 자동적으로 전로를 차단하

는 누전차단기를 시설할 것.

마. 교통신호등의 제어장치의 금속제외함 및 신호등을 지지하는철주에는 규정에 준하여 접지공사를 하여야 한다.　　　　　　　　　　　　　**답** ③

문제 96 특고압용의 개폐기, 차단기, 피뢰기 기타 이와 유사한 기구로서 동작 시에 아크가 생기는 것은 목재의 벽 또는 천정 기타의 가연성 물체로부터 몇 [m] 이상 떼어놓아야 하는가? (단, 사용전압이 35[kV] 초과인 경우 이다.)

① 1　　　　　　　　② 1.2
③ 1.5　　　　　　　④ 2

풀이

341.7 아크를 발생하는 기구의 시설
고압용 또는 특고압용의 개폐기·차단기·피뢰기 기타 이와 유사한 기구로서 동작 시에 아크가 생기는 것은 목재의 벽 또는 천장 기타의 가연성 물체로부터 표에서 정한 값 이상 이격하여 시설하여야 한다.

기구 등의 구분	이격거리
고압용의 것	1[m] 이상
특고압용의 것	**2[m] 이상**(사용전압이 35[kV] 이하의 특고압용의 기구 등으로서 동작할 때에 생기는 아크의 방향과 길이를 화재가 발생할 우려가 없도록 제한하는 경우에는 1[m] 이상)

답 ④

문제 97 제2종 특고압 보안공사의 기준으로 틀린 것은?

① 특고압 가공전선은 연선일 것
② 지지물이 목주일 경우 그 경간은 100[m] 이하일 것
③ 지지물이 A종 철주일 경우 그 경간은 150[m] 이하일 것
④ 지지물로 사용하는 목주의 풍압하중에 대한 안전율은 2 이상일 것

풀이

333.22 특고압 보안공사
제2종 특고압 보안공사는 다음에 따라야 한다.
가. 특고압 가공전선은 연선일 것.

나. 지지물로 사용하는 목주의 풍압하중에 대한 안전율은 2 이상일 것
다. 경간은 표에서 정한 값 이하일 것

지지물의 종류	경 간
목주·A종 철주 또는 A종 철근 콘크리트주	100[m]
B종 철주 또는 B종 철근 콘크리트주	200[m]
철탑	400[m](단주인 경우에는 300[m])

답 ③

문제 98 주택 등 저압 수용 장소에서 고정 전기설비에 TN-C-S 접지방식으로 접지공사 시 중성선 겸용 보호도체(PEN)를 알루미늄으로 사용할 경우 단면적은 몇 [mm²] 이상이어야 하는가?

① 2.5　　　　　　　② 6
③ 10　　　　　　　④ 16

풀이

142.4.2 주택 등 저압수용장소 접지
저압수용장소에서 계통접지가 TN-C-S 방식인 경우 **중성선 겸용 보호도체(PEN)**는 고정 전기설비에만 사용할 수 있고, 그 도체의 단면적이 **구리는 10[mm²] 이상, 알루미늄은 16[mm²] 이상**이어야 하며, 그 계통의 최고전압에 대하여 절연되어야 한다.　　　　　　　　　**답** ④

문제 99 교류계통에서 일반적으로 사용되며 일반인이 사용하는 정격전류 몇 [A] 이하의 콘센트에는 누전차단기에 의한 추가적 보호를 하여야 하는가?

① 16　　　　　　　② 20
③ 32　　　　　　　④ 63

풀이

211.2.3 추가적인 보호
다음에 따른 교류계통에서는 누전차단기에 의한 추가적 보호를 하여야 한다.
가. 일반적으로 사용되며 **일반인이 사용하는 정격전류 20[A] 이하 콘센트**
나. 옥외에서 사용되는 정격전류 32[A] 이하 이동용 전기기기　　　　　　　　　　　　　　**답** ②

문제 100 60[kV] 이하인 특고압 가공전선과 고압 가공전선이 1차 접근상태로 시설되는 경우 최소 이격거리는 몇 [m] 인가? (단, 케이블을 사용하지 않는다고 한다.)

① 1   ② 1.2
③ 1.5   ④ 2

풀이

333.26 특고압 가공전선과 저고압 가공전선 등의 접근 또는 교차

특고압 가공전선이 가공약전류전선 등 저압 또는 **고압의 가공전선이나** 저압 또는 고압의 전차선(이하에서 "저고압 가공전선 등"이라 한다)과 **제1차 접근상태로 시설되는 경우**

가. 특고압 가공전선로는 제3종 특고압 보안공사에 의할 것.

나. 특고압 가공전선과 저고압 가공 전선 등 또는 이들의 지지물이나 지주 사이의 이격거리는 표에서 정한 값 이상일 것.

사용전압의 구분	이격거리
60[kV] 이하	2[m]
60[kV] 초과	• 이격거리 = 2 + 단수 × 0.12[m] • 단수 = $\dfrac{(전압[kV] - 60)}{10}$ 단수 계산에서 소수점 이하는 절상

답 ④

국가기술자격검정 필기시험 문제

2024년도 전기기사 일반검정 제2회	(CBT 복원문제)	수검 번호	성 명

자격종목 및 등급(선택분야)	종목코드	시험시간	문제지형별		
전기기사	1150	2시간 30분	A		

제1과목 ▶ 전기자기학

문제 01 정전계와 정자계의 대응관계가 성립되는 것은?

① $\operatorname{div} \boldsymbol{D} = \rho_v \rightarrow \operatorname{div} \boldsymbol{B} = \rho_m$

② $\nabla^2 V = -\dfrac{\rho_v}{\epsilon_0} \rightarrow \nabla^2 A = -\dfrac{i}{\mu_0}$

③ $W = \dfrac{1}{2}CV^2 \rightarrow W = \dfrac{1}{2}LI^2$

④ $F = 9 \times 10^9 \dfrac{Q_1 Q_2}{r^2} a_r \rightarrow F = 6.33 \times 10^{-4} \dfrac{m_1 m_2}{r^2} a_r$

풀이
정전계와 정자계의 대응관계
① $\operatorname{div} \boldsymbol{D} = \rho_v \rightarrow \operatorname{div} \boldsymbol{B} = 0$
② $\nabla^2 V = -\dfrac{\rho_v}{\epsilon_0} \rightarrow \nabla^2 A = -\mu_0 i$
④ $F = 9 \times 10^9 \dfrac{Q_1 Q_2}{r^2} a_r \rightarrow F = 6.33 \times 10^4 \dfrac{m_1 m_2}{r^2} a_r$
($\because$ 정전 에너지 $W = \dfrac{1}{2}CV^2 \rightarrow$ 자계 에너지 $W = \dfrac{1}{2}LI^2$)

답 ③

문제 02 그림과 같이 같은방향으로 전류가 흐르는 A, B 두 개의 원형 코일이 있다. A의 반지름이 1[m], 권수가 1회, B는 반지름 2[m], 권수가 2회 이다. A와 B 의 코일중심을 겹쳐 놓으면 중심에서의 자계는 A 코일만 있을 때의 2배가 된다고 할 때 $\dfrac{I_B}{I_A}$ 의 비는?

(A에 흐르는 전류는 I_A, B에 흐르는 전류는 I_B라고 한다.)

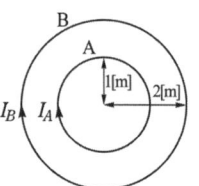

① 1 　　② 2 　　③ 3 　　④ 4

풀이
코일 중심의 자계는 $\dfrac{I}{2a}$[AT/m] 이므로

• A코일에 의한 자계 $= \dfrac{I_A}{2 \times 1}$[AT/m]

• B코일에 의한 자계 $= \dfrac{2I_B}{2 \times 2}$[AT/m]
 (B의 권선수는 2회이므로 2배가 된다.)
A, B 코일 중심을 겹쳐 두면 중심에서의 자계는 A코일만 있을 때의 2배가 되므로

$2 \times \dfrac{I_A}{2 \times 1} = \dfrac{I_A}{2 \times 1} + \dfrac{2I_B}{2 \times 2}$ 에서

$I_A = \dfrac{1}{2}I_A + \dfrac{1}{2}I_B \qquad \dfrac{1}{2}I_A = \dfrac{1}{2}I_B$

$\therefore \dfrac{I_B}{I_A} = 1$

답 ①

문제 03 정전계에 대한 설명으로 옳은 것은?

① 전계에너지가 항상 ∞인 전기장을 의미한다.
② 전계에너지가 항상 0인 전기장을 의미한다.
③ 전계에너지가 최소로 되는 전하분포의 전계를 의미한다.
④ 전계에너지가 최대로 되는 전하분포의 전계를 의미한다.

풀이
• 전계(전기장, 전장) : 전기력이 미치는 공간을 말한다.
• **정전계** : 전계 에너지가 최소로 되는 전하분포의 전계 **답 ③**

문제 04 다음 중 거리 r에 반비례하는 것은?

① 한 개의 점전하에 의한 전계
② 무한장 직선전하에 의한 전계
③ 전기 쌍극자에 의한 전계
④ 한 장의 무한 평판 도체

풀이

① 한 개의 점전하에 의한 전계

$$E = \frac{Q}{4\pi\epsilon_0 r^2} [\text{V/m}] \propto \frac{1}{r^2}$$

② 무한장 직선전하에 의한 전계

$$E = \frac{\lambda}{2\pi\epsilon_0 r} [\text{V/m}] \propto \frac{1}{r}$$

③ 전기쌍극자에 의한 전계

$$E = \frac{M\sqrt{1+3\cos^2\theta}}{4\pi\epsilon_0 r^3} [\text{V/m}] \propto \frac{1}{r^3}$$

④ 한 장의 무한 평판도체의 전계

$$E = \frac{\sigma}{2\epsilon_0} [\text{V/m}]$$

답 ②

문제 05 히스테리시스 곡선의 기울기는 다음의 어떤 값에 해당하는가?

① 투자율   ② 유전율
③ 자화율   ④ 감자율

풀이

강자성체에서 B와 H는 비선형 관계이고 **투자율** $\mu = \dfrac{dB}{dH}$로 일정한 값이 아니며 $B-H$ **곡선의 기울기를 의미**한다.

답 ①

문제 06 대전된 도체의 표면 전하밀도는 도체 표면의 모양에 따라 어떻게 되는가?

① 곡률 반지름이 크면 커진다.
② 곡률 반지름이 크면 작아진다.
③ 표면 모양에 관계없다.
④ 평면일 때 가장 크다.

풀이

전하는 뾰족한 부분에 모인다.
그런 부분은 곡률 반경이 작다.
따라서, **곡률 반경이 클수록**
전하밀도는 낮다.

답 ②

문제 07 그림과 같이 정전용량이 $C_0[\text{F}]$가 되는 평행판 공기콘덴서에 판면적의 1/3 되는 공간에 비유전률이 ϵ_s인 유전체를 채웠을 때 정전용량은 몇 [F]인가?

① $\dfrac{2\epsilon_s}{3} C_o$

② $\dfrac{3}{1+2\epsilon_s} C_o$

③ $\dfrac{1+\epsilon_s}{3} C_o$

④ $\dfrac{2+\epsilon_s}{3} C_o$

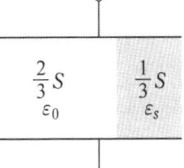

풀이

유전체 채우기 전 $C_0 = \epsilon_0 \dfrac{S}{d}$

유전체 채운 후 $C_1 = \epsilon_0 \dfrac{\frac{2}{3}S}{d} = \dfrac{2}{3} C_0$

$$C_2 = \epsilon_0 \epsilon_s \frac{\frac{1}{3}S}{d} = \frac{1}{3}\epsilon_s C_0$$

병렬 접속이므로

$$C_0' = C_1 + C_2 = \frac{2}{3} C_0 + \frac{1}{3}\epsilon_s C_0 = \frac{1}{3}(2+\epsilon_s) C_0$$

가 된다.

답 ④

문제 08 어떤 막대 철심이 있다. 단면적이 0.4[m²]이고, 길이가 0.8[m], 비투자율이 20이다. 이 철심의 자기 저항은 몇 [AT/Wb]인가?

① 3.86×10^4
② 7.96×10^4
③ 3.86×10^5
④ 7.96×10^5

풀이

자기저항 $R_m = \dfrac{l}{\mu_0 \mu_s S}$

$$= \frac{0.8}{4\pi \times 10^{-7} \times 20 \times 0.4}$$

$$= 7.96 \times 10^4 [\text{AT/Wb}]$$

답 ②

문제 09 N회 감긴 원통 코일의 단면적이 $S\,[\text{m}^2]$이고 길이가 $l[\text{m}]$이다. 이 코일의 권수를 반으로 줄이고 인덕턴스는 일정하게 유지하려면 어떻게 하면 되는가?

① 길이를 $\dfrac{1}{4}$로 한다.

② 단면적을 2배로 한다.

③ 전류의 세기를 2배로 한다.

④ 전류의 세기를 4배로 한다.

풀이

코일의 자기 인덕턴스 $L = \dfrac{\mu S N^2}{l}\,[\text{H}]$이므로 권수를 $\dfrac{1}{2}$로 하면 L은 $\left(\dfrac{1}{2}\right)^2 = \dfrac{1}{4}$배로 되므로 단면적 S를 4배 또는 길이 l을 $\dfrac{1}{4}$배로 하면 인덕턴스 L은 일정하게 된다. **답** ①

문제 10 10 [mH]의 두 개의 자기 인덕턴스가 있다. 결합 계수를 0.1로부터 0.9까지 변화시킬 수 있다면 이것을 접속시켜 얻을 수 있는 합성 인덕턴스의 최대값과 최소값의 비는?

① 9 : 1   ② 13 : 1

③ 16 : 1   ④ 19 : 1

풀이

결합 계수 $k = 0.9$일 때 합성 인덕턴스 L_+, L_-의 최대값, 최소값은

$k = 0.9$, $M = k\sqrt{L_1 L_2} = 0.9\sqrt{10 \times 10} = 9[\text{mH}]$

$L_{+\,MAX} = L_1 + L_2 + 2M = 10 + 10 + 2 \times 9 = 38[\text{mH}]$

$L_{-\,MIN} = L_1 + L_2 - 2M = 10 + 10 - 2 \times 9 = 2[\text{mH}]$

$L_{+\,MAX} : L_{-\,MIN} = 38 : 2 = 19 : 1$ **답** ④

문제 11 전자장에 대한 설명으로 틀린 것은?

① 대전된 입자에서 전기력선이 발산 또는 흡수한다.

② 전류(전하이동)는 순환형의 자기장을 이루고 있다.

③ 자석은 독립적으로 존재하지 않는다.

④ 운동하는 전자는 자기장으로부터 힘을 받지 않는다.

풀이

로렌츠의 힘 : 전계와 자계가 동시에 존재 할 때 입자에 작용하는 힘으로

• 전계에서의 힘 $F = qE\,[\text{N}]$

• 자계에서의 힘 $F = q(v \times B)\,[\text{N}]$

따라서, 전자장 내에서 운동전하는

$F = qE + q(v \times B) = q(E + v \times B)\,[\text{N}]$

의 힘을 받는다.   **답** ④

문제 12 내구의 반지름이 $a = 5[\text{cm}]$, 외구의 반지름이 $b = 10[\text{cm}]$이고, 공기로 채워진 동심구형 커패시터의 정전용량은 약 몇 [pF]인가?

① 11.1   ② 22.2

③ 33.3   ④ 44.4

풀이

공기로 채워진 동심 구 도체 사이의 정전용량

$$C = \frac{Q}{V} = \frac{4\pi\epsilon_0}{\dfrac{1}{a} - \dfrac{1}{b}} = 4\pi\epsilon_0 \cdot \frac{ab}{b-a}$$

(여기서, a : 내구의 반지름[m], b : 외구의 반지름[m])

$$\therefore C = \frac{1}{9 \times 10^9} \times \frac{5 \times 10^{-2} \times 10 \times 10^{-2}}{(10-5) \times 10^{-2}}$$

$$= 11.1 \times 10^{-12}[\text{F}] = 11.1[\text{pF}]$$ **답** ①

문제 13 반지름 a [m]인 원형코일에 전류 $I[\text{A}]$가 흘렀을 때 코일 중심에서의 자계의 세기[AT/m]는?

① $\dfrac{I}{4\pi a}$ ② $\dfrac{I}{2\pi a}$

③ $\dfrac{I}{4a}$ ④ $\dfrac{I}{2a}$

풀이

원형코일 중심의 자계의 세기

$H = \dfrac{NI}{2a}\,[\text{AT/m}]$에서 $N = 1$이므로 $H = \dfrac{I}{2a}\,[\text{AT/m}]$ **답** ④

문제 14 규소강판과 같은 자심재료의 히스테리시스 곡선의 특징은?

① 보자력이 큰 것이 좋다.

② 보자력과 잔류자기가 모두 큰 것이 좋다.

③ 히스테리시스 곡선의 면적이 큰 것이 좋다.

④ 히스테리시스 곡선의 면적이 작은 것이 좋다.

풀이

- 영구 자석 : 히스테리시스 곡선의 면적이 크고, 잔류 자기와 보자력이 모두 클 것.
- 전자석 : 히스테리시스 곡선의 면적이 작고, 잔류 자기는 크고 보자력은 작을 것. **답** ④

문제 15 막대자석 위쪽에 동축도체 원판을 놓고 회로의 한 끝은 원판의 주변에 접촉시켜 회전하도록 해 놓은 그림과 같은 패러데이 원판 실험을 할 때 검류계에 전류가 흐르지 않는 경우는?

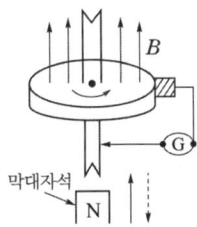

막대자석

① 자석만을 일정한 방향으로 회전시킬 때
② 원판만을 일정한 방향으로 회전시킬 때
③ 자석을 축 방향으로 전진시킨 후 후퇴시킬 때
④ 원판과 자석을 동시에 같은 방향, 같은 속도로 회전시킬 때

풀이

기전력 $\left(e = -\dfrac{d\phi}{dt}\right)$은 자속이 시간적으로 변화가 일어날 때 발생하기 때문에 자속이 자석 또는 원판의 회전에 의해 증감 또는 끊기게 되면 변화가 발생하여 기전력이 발생하고 전류가 흐르게 된다. 그러므로 **원판과 자석을 동시에 같은 방향, 같은 속도로 회전시키면 자속의 변화가 발생하지 않으므로** 전류가 흐르지 않는다. **답** ④

문제 16 합성 수지($\epsilon_s = 4$)중에서 전자파의 속도는 몇 [m/s]인가? 단, $\mu_s = 1$이다.

① 1.5×10^7 ② 1.5×10^8
③ 3×10^7 ④ 3×10^8

풀이

$v = \dfrac{c}{\sqrt{\epsilon_s \mu_s}} = \dfrac{3 \times 10^8}{\sqrt{\epsilon_s \mu_s}} = \dfrac{3 \times 10^8}{\sqrt{4 \times 1}} = 1.5 \times 10^8 [\text{m/s}]$ **답** ②

문제 17 정현파 자속의 주파수를 3배로 높이면 유기기전력은?

① 2배로 감소 ② 2배로 증가
③ 3배로 감소 ④ 3배로 증가

풀이

유기기전력
$$e = -\omega N \phi_m \sin(\omega t - \pi) = -2\pi f N \phi_m \sin(\omega t - \pi) \text{에서}$$
$$e \propto f$$
따라서, 주파수를 3배로 높이면 유기기전력은 3배로 증가한다. **답** ④

문제 18 공기 중에서 코로나방전이 3.5[kV/mm] 전계에서 발생한다고 하면, 이때 도체의 표면에 작용하는 힘은 약 몇 [N/m²] 인가?

① 27 ② 54
③ 81 ④ 108

풀이

전계 $E = 3.5[\text{kV/mm}] = \dfrac{3.5 \times 10^3}{10^{-3}}[\text{V/m}]$
$\qquad = 3.5 \times 10^6 [\text{V/m}]$

도체 표면에 작용하는 힘(정전응력)
$f = \dfrac{1}{2}\epsilon_0 E^2 [\text{N/m}^2]$에서
$f = \dfrac{1}{2} \times 8.85 \times 10^{-12} \times (3.5 \times 10^6)^2 = 54.21 [\text{N/m}^2]$ **답** ②

문제 19 자계가 비보존적인 경우를 나타내는 것은? (단, j는 공간상에 0이 아닌 전류 밀도를 의미한다.)

① $\nabla \cdot B = 0$ ② $\nabla \cdot B = j$
③ $\nabla \times H = 0$ ④ $\nabla \times H = j$

풀이

자계가 **비보존적인 경우는 회전하는 계를** 의미하므로
$\nabla \times H = \text{rot } H = \text{curl } H = j$ **답** ④

문제 20 $E = i + 2j + 3k$[V/cm]로 표시되는 전계가 있다. 0.01[μC]의 전하를 원점으로부터 $3i$ [m]로 움직이는데 필요한 일은 몇 [J]인가?

① 3×10^{-8} ② 3×10^{-7}
③ 3×10^{-6} ④ 3×10^{-5}

풀이

$$W = F \cdot r = QE \cdot r$$
$$= 0.01 \times 10^{-6} \times (i + 2j + 3k) \times 10^2 \cdot (3i)$$
$$(i \cdot i = j \cdot j = k \cdot k = 1 \text{ 이고}$$
$$i \cdot j = j \cdot k = k \cdot i = 0,$$
$$j \cdot i = k \cdot j = i \cdot k = 0)$$
$$= 0.01 \times 10^{-6} \times 3 \times 10^2$$
$$= 0.03 \times 10^{-4} = 3 \times 10^{-6} [J]$$

답 ③

제2과목 전력공학

문제 21
전력선 a의 충전 전압을 E, 통신선 b의 대지 정전 용량을 C_b, $a-b$ 사이의 상호 정전 용량을 C_{ab}라고 하면 통신선 b의 정전 유도 전압 E_s는?

① $\dfrac{C_{ab} + C_b}{C_b} E$

② $\dfrac{C_{ab} + C_b}{C_{ab}} E$

③ $\dfrac{C_b}{C_{ab} + C_b} E$

④ $\dfrac{C_{ab}}{C_{ab} + C_b} E$

풀이

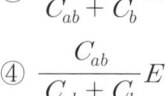
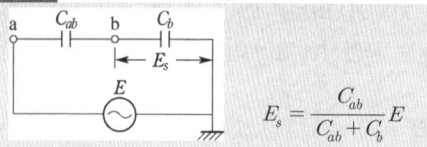

$$E_s = \frac{C_{ab}}{C_{ab} + C_b} E$$

답 ④

문제 22
전력 계통의 주파수 변동은 주로 무엇의 변화에 기인하는가?

① 유효 전력
② 무효 전력
③ 계통 전압
④ 계통 임피던스

풀이
- 유효 전력 변동 = 주파수 변동
- 무효 전력 변동 = 전압 변동

답 ①

문제 23
송전선로에 매설지선을 설치하는 목적으로 알맞은 것은?

① 직격뢰로부터 송전선을 차폐보호하기 위하여
② 철탑 기초의 강도를 보강하기 위하여
③ 현수애자 1연의 전압 분담을 균일화하기 위하여
④ 철탑으로부터 송전선로로의 역섬락을 방지하기 위하여

풀이
철탑에 뇌격 시 **철탑 탑각 접지저항이 높으면** 철탑의 전위가 올라가게 되고 만일 이때의 전압이 애자련의 절연 파괴 전압 이상으로 될 경우에는 거꾸로 **철탑으로부터 전선을 향해서 섬락을 일으키게 된다.**
이와 같은 현상을 **역섬락**이라고 하며 **역섬락을 방지하기 위해서는 철탑의 탑각 접지저항값을 낮추어야 하는데** 이를 위해서 지면 밑 30[cm]에 30~50[m]길이의 접지선을 방사상으로 몇 가닥 매설하고 있는데 이를 **매설지선**이라고 한다.

답 ④

문제 24
기력발전소에서 열손실이 가장 큰 장치는?

① 보일러 손실
② 터빈 기계손실
③ 복수기 손실
④ 보기 동력손실

풀이
열손실의 개략값[%]

보일러 손실	터빈 기계손실	복수기 손실	보기 동력손실
12	1	47	2

답 ③

문제 25
유량의 크기를 구분할 때 갈수량이란?

① 하천의 수위 중에서 1년을 통하여 355일간 이보다 내려가지 않는 수위
② 하천의 수위 중에서 1년을 통하여 275일간 이보다 내려가지 않는 수위
③ 하천의 수위 중에서 1년을 통하여 185일간 이보다 내려가지 않는 수위
④ 하천의 수위 중에서 1년을 통하여 95일간 이보다 내려가지 않는 수위

풀이

① : 갈수량 (갈수위)

② : 저수량 (저수위)

③ : 평수량 (평수위)

④ : 풍수량 (풍수위) **답** ①

문제 26 송전단, 수전단 전압을 각각 E_s, E_r이라 하고 4단자정수를 A, B, C, D라 할 때 전력원선도의 반지름은?

① $\dfrac{E_s E_r}{A}$ ② $\dfrac{E_s E_r}{B}$

③ $\dfrac{E_s E_r}{C}$ ④ $\dfrac{E_s E_r}{D}$

풀이

1) 원선도의 반지름

$\rho = \dfrac{E_s E_r}{B}$

2) 전력원선도에서 알 수 있는 사항
   ① 필요한 전력을 보내기 위한 송·수전단 전압간의 상차각
   ② 송·수전할 수 있는 최대전력
   ③ 선로손실과 송전효율
   ④ 수전단의 역률
   ⑤ 조상용량

3) 원선도에서 구할 수 없는 것
   ① 과도 안정 극한전력
   ② 코로나 손실 **답** ②

문제 27 1차 변전소용 변압기결선 Y-Y-△의 제3차 권선의 용도가 아닌 것은?

① 소내용 전압 공급

② 승압용

③ 조상 설비의 설치

④ 제3고조파 제거

풀이

1차 변전소는 전압의 승압이 필요하므로 승압에 유리한 Y-Y 결선이 사용된다. 그러나 Y-Y 결선의 경우 제3고조파가 문제 되므로 이를 해결하기 위하여 △결선의 3차 권선이 설치된 Y-Y-△결선의 변압기가 사용되며 3차 권선(△결선, 안정 권선)의 용도는
• 제3고조파의 제거
• 조상설비의 설치
• 소내용 전원의 공급 등이다. **답** ②

문제 28 3상 3선식 송전선로가 있다. 전선 한 가닥의 저항은 10 [Ω], 리액턴스는 20 [Ω]이고 수전단의 선간전압은 60 [kV], 부하역율은 0.8(늦음)이다. 전압 강하율을 5 [%]로 하면 이 송전선로로 약 몇 [kW]까지 수전할 수 있는가?

① 6200 [kW]

② 7200 [kW]

③ 8200 [kW]

④ 9200 [kW]

풀이

$\epsilon = \dfrac{P}{V^2}(R + X\tan\theta)$에서 전압강하율이 5[%]이므로

$0.05 = \dfrac{P}{60000^2}\left(10 + 20 \times \dfrac{0.6}{0.8}\right)$

$\therefore P = \dfrac{0.05 \times 60000^2}{\left(10 + 20 \times \dfrac{0.6}{0.8}\right)} \times 10^{-3} = 7200[\text{kW}]$ **답** ②

문제 29 동기조상기에 관한 설명으로 틀린 것은?

① 동기전동기의 V특성을 이용하는 설비이다.

② 동기전동기를 부족여자로 하여 컨덕터로 사용한다.

③ 동기전동기를 과여자로 하여 콘덴서로 사용한다.

④ 송전계통의 전압을 일정하게 유지하기 위한 설비이다.

풀이

• 조상설비 : 송전선을 일정한 전압으로 운전하기 위해 필요한 무효전력을 공급하는 장치를 조상설비라 하며 그 종류로는 동기 조상기, 전력용 콘덴서, 분로 리액터가 있다.

• 동기조상기 : 동기 전동기의 V특성을 이용하는 설비로서 무부하 운전중인 **동기전동기를 과여자 운전하면 콘덴서**로 작용하며, **부족여자 운전하면 리액터로 작용한다.** **답** ②

문제 30 부하 역률이 0.6인 선로의 저항 손실은 부하 역률이 0.9인 선로의 저항 손실에 비하여 약 몇 배인가?

① 0.44   ② 0.67

③ 1.5   ④ 2.25

풀이

전력손실 $P_l = 3I^2 R = 3\left(\dfrac{P}{\sqrt{3}\,V\cos\theta}\right)^2 R = \dfrac{RP^2}{V^2\cos^2\theta}$ 에서

전력손실 $P_l \propto \dfrac{1}{\cos^2\theta}$ 이다.

$\therefore \dfrac{P_{l\,0.6}}{P_{l\,0.9}} = \dfrac{\frac{1}{0.6^2}}{\frac{1}{0.9^2}} = \dfrac{81}{36} = 2.25 \quad \therefore P_{l\,0.6} = 2.25 P_{l\,0.9}$ **답** ④

문제 31 직격뢰에 대한 방호설비로 가장 적당한 것은?

① 복도체　　　　② 가공지선
③ 서지흡수기　　④ 정전방전기

풀이

가공 지선(over head ground wire)은 송전선 위에 나란히 가설된 도선으로 각 철탑에 접지되어 있으며, 그 설치 목적은
① **직격뢰에 대한 차폐 효과**
② 유도뢰에 대한 정전 차폐 효과
③ 통신선에 대한 전자 유도 장해 경감 효과　　**답** ②

문제 32 송전 선로의 보호 계전 방식이 아닌 것은?

① 전류 위상 비교 방식
② 전류 차동 보호 계전 방식
③ 방향 비교 방식
④ 전압 균형 방식

풀이

현재 사용되고 있는 송전선 보호 계전방식
① **전류 차동 원리**를 이용한 방식
　　(파일럿와이어 또는 PCM 전송)
② **전류 위상 비교방식** ③ **방향 비교방식**
④ 거리 측정방식　　⑤ 전류 균형 방식
⑥ 과전류 방식　　**답** ④

문제 33 현수애자 4개를 1련으로 한 66 [kV] 송전 선로가 있다. 현수애자 1개의 절연저항이 2000[MΩ]이라면, 표준경간을 200 [m]로 할 때 1 [km]당의 누설 컨덕턴스 [℧]는?

① 0.63×10^{-9}　　② 0.93×10^{-9}
③ 1.23×10^{-9}　　④ 1.53×10^{-9}

풀이

- 현수 애자 1련의 저항 $r = 2000\,[\text{M}\Omega] \times 4 = 8 \times 10^9\,[\Omega]$
 (애자련에 연결되어 있는 애자의 절연저항은 직렬접속과 같다.)
- 표준 경간이 200[m]이고 1[km]당 현수애자는 5련이 설치되므로

$R = \dfrac{r}{n} = \dfrac{8}{5} \times 10^9\,[\Omega]$

 (선로에 접속되어 있는 애자련의 절연저항은 병렬접속과 같다.)
- 누설 컨덕턴스 $G = \dfrac{1}{R} = \dfrac{5}{8} \times 10^{-9}\,[\text{℧}] = 0.63 \times 10^{-9}\,[\text{℧}]$
　　답 ①

문제 34 GIS(Gas Insulated Switch Gear)를 채용할 때, 다음 중 틀린 것은?

① 대기 절연을 이용한 것에 비하면 현저하게 소형화 할 수 있다.
② 신뢰성이 향상되고, 안전성이 높다.
③ 소음이 적고 환경 조화를 기할 수 있다.
④ 시설공사 방법은 복잡하나 장비비가 저렴하다.

풀이

가스절연 개폐장치(GIS)는 차단기, 단로기, 피뢰기, 변성기, 변류기 및 접지장치 등의 변전설비를 SF_6 가스를 충전한 금속제 함에 수납한 구조로서 특징은 다음과 같다.
GIS의 특징
① 충전부가 대기에 노출되지 않아 기기의 **안정성, 신뢰성**이 우수하다.
② 감전 사고 위험이 적다.
③ 밀폐형이므로 **배기 소음이 없다.**
④ **소형화** 가능하다.
⑤ 보수, 점검이 용이하다.　　**답** ④

문제 35 직접 접지 방식에서 변압기에 단절연이 가능한 이유는?

① 고장전류가 크므로
② 지락전류가 저역률이므로
③ 중성점 전위가 낮으므로
④ 보호계전기의 동작이 확실하므로

풀이

단절연 : 직접접지방식에서 변압기의 **중성점**은 항상 영 전위 부근에 유지되기 때문에 변압기 권선의 절연을 선로측으로부터 중성점까지로 접근함에 따라 점차적으로 낮출 수 있으며 이와 같은 절연 방법을 단절연이라 한다.　**답** ③

문제 36 송전단 전압을 V_s, 수전단 전압을 V_r, 선로의 리액턴스를 X라 할 때 정상 시의 최대 송전전력의 개략적인 값은?

① $\dfrac{V_s - V_r}{X}$ ② $\dfrac{V_s^2 - V_r^2}{X}$

③ $\dfrac{V_s(V_s - V_r)}{X}$ ④ $\dfrac{V_s V_r}{X}$

풀이

송전전력 $P = \dfrac{V_s V_r}{X}\sin\theta$ 에서 $\sin\theta = 1$일 때 최대 송전전력이 된다.

즉, **최대 송전전력 $P_m = \dfrac{V_s V_r}{X}$**

여기서, θ : 송전단 전압과 수전단 전압 사이의 상차각

답 ④

문제 37 △결선된 대칭 3상 부하가 있다. 역률이 0.8(지상)이고, 전소비전력이 1800 [W]이다. 한 상의 선로저항이 0.5 [Ω]이고, 발생하는 전선로 손실이 50 [W]이면 부하단자 전압은?

① 440 [V] ② 402 [V]

③ 324 [V] ④ 225 [V]

풀이

선로손실 $P_l = 3I^2 R$[W]에서

선로에 흐르는 전류 $I = \sqrt{\dfrac{P_l}{3R}} = \sqrt{\dfrac{50}{3 \times 0.5}} = \sqrt{\dfrac{100}{3}}$ [A]

소비전력 $P = \sqrt{3}\, VI\cos\theta$ 에서
부하단자 전압

$V = \dfrac{P}{\sqrt{3}\,I\cos\theta} = \dfrac{1800}{\sqrt{3}\times\sqrt{\dfrac{100}{3}}\times 0.8} = 225$[V]

답 ④

문제 38 한류 리액터의 사용 목적은?

① 누설전류의 제한
② 단락전류의 제한
③ 접지전류의 제한
④ 이상전압 발생의 방지

풀이

리액터의 역할
• 분로 리액터 : 페란티 현상 억제
• **한류 리액터 : 단락전류 제한**
• 직렬 리액터 : 제5고조파 억제

답 ②

문제 39 그림과 같은 전력계통에서 A점에 설치된 차단기의 차단용량은? (단, 각 기기의 %리액턴스는 발전기 G_1, G_2는 정격용량 15[MVA] 기준 각각 15[%]이고, 변압기는 정격용량 20[MVA] 기준 8[%], 송전선은 정격용량 10[MVA] 기준 11[%]이며, 기타 다른 정수는 무시한다.)

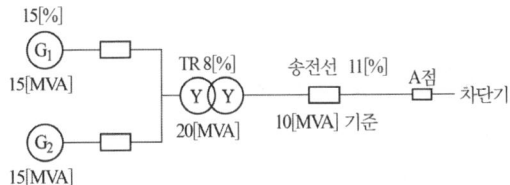

① 5[MVA] ② 50[MVA]
③ 500[MVA] ④ 5000[MVA]

풀이

기준 용량 $P_n = 20$[MVA]로 선정하고 %Z를 기준 용량으로 환산하면

$\%Z_g = \dfrac{20}{15}\times 15 = 20[\%]$

$\%Z_t = 8[\%]$

$\%Z_l = \dfrac{20}{10}\times 11 = 22[\%]$

따라서, 고장점까지의 %Z는

$\%Z = \dfrac{1}{2}\times\%Z_g + \%Z_t + \%Z_l = \dfrac{1}{2}\times 20 + 8 + 22 = 40[\%]$

차단기 용량 $P_s = \dfrac{100}{\%Z}\times P_n$ 에서

$P_s = \dfrac{100}{40}\times 20 = 50$[MVA]

답 ②

문제 40 154 [kV] 송전선로의 전압을 345 [kV]로 승압하고 같은 손실률로 송전한다고 가정하면 송전전력은 승압 전의 약 몇 배 정도인가?

① 2 ② 3
③ 4 ④ 5

풀이

전력손실 $P_l = \dfrac{P^2 R}{V^2\cos\theta^2}$ [W]

전력손실률 $h = \dfrac{P_l}{P} = \dfrac{PR}{V^2\cos\theta^2}$ 에서

송전 전력 $P = \dfrac{h\,V^2\cos\theta^2}{R}$

따라서, **송전 전력은 전압의 제곱에 비례**하므로

$$P = KV^2 = K\left(\frac{345}{154}\right)^2 = 5K$$

답 ④

제3과목 전기기기

문제 41 소용량 전동기를 무부하 또는 경부하로 기동 할 때 전동기의 전원측에 직렬로 저항을 접속하여 전원전압을 낮게 감압하여 기동한 후 저항을 점점 감소시켜 가속하고 정상속도에 도달하면 이를 단락하는 기동방식은?

① 콘돌퍼 방식
② 1차 저항 방식
③ 소프트 스타터 방식
④ Y-△ 방식

풀이

1차 저항 기동방식
리액터 기동방식에 리액터 대신에 저항기를 사용한 것으로서 전동기의 전원측에 직렬로 저항을 접속하고 전원전압을 낮게 감압하여 기동한 후 서서히 저항을 감소시켜 가속하고 전속도에 도달하면 이를 단락하는 방법이다.
이 방식은 주로 소용량 전동기를 기동할 때 기계적 충격을 완화하기 위해 사용하는 경우가 많다.
그러나 다른 방식에 비하여 기동효율이 떨어지며, 기동전류가 감소하는 비율보다도 기동토크의 감소율이 큰 관계로 무부하 또는 경부하 기동에 사용된다.

답 ②

문제 42 3상 동기 발전기의 각 상의 유기 기전력 중에서 제5고조파를 제거하려면 코일 간격/극 간격을 어떻게 하면 되는가?

① 0.8
② 0.5
③ 0.7
④ 0.6

풀이

제n고조파에 대한 단절 계수(코일 간격/극 간격)는 $K_{pn} = \sin n\beta\pi/2$가 된다.

따라서 제5고조파에 대해서는 $K_{p5} = \sin\dfrac{5\beta\pi}{2}$

$K_{p5} = 0$이 되기 위해서는 $\beta = 0, 0.4, 0.8, 1.2, \cdots$가 구해지나 이 중에서 1보다 작고 가장 가까운 $\beta = 0.8$이 제일 적당하다.

답 ①

문제 43 게이트 조작에 의해 부하전류 이상으로 유지 전류를 높일 수 있어 게이트의 턴온, 턴 오프가 가능한 사이리스터는?

① SCR
② GTO
③ LASCR
④ TRIAC

풀이

GTO(gate turn off thyristor)

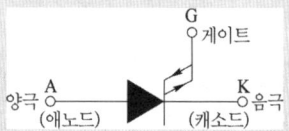

GTO는 게이트에 흐르는 전류를 점호할 때와 반대로 흐르게 함으로서 소자를 소호시킬 수 있다.

답 ②

문제 44 직류발전기의 유기기전력과 반비례하는 것은?

① 자속
② 회전수
③ 전체 도체수
④ 병렬 회로수

풀이

발전기의 유기기전력 $E = p\phi n \times \dfrac{z}{a}$ [V]

여기서, p : 극수 [극], ϕ : 매 극당 자속 [Wb],
n : 회전수 [rps], z : 총 도체 수
a : 내부 병렬회로 수
(파권에서 $a = 2$, 중권에서 $a = p$)

따라서, **유기기전력 E는 병렬 회로수 a와 반비례** 한다.

답 ④

문제 45 직류기에서 전기자 반작용의 영향을 설명한 것으로 틀린 것은?

① 주자극의 자속이 감소한다.
② 정류자편 사이의 전압이 불균일하게 된다.
③ 국부적으로 전압이 높아져 섬락을 일으킨다.
④ 전기적 중성점이 전동기인 경우 회전방향으로 이동한다.

풀이

전기자 반작용 : 전기자 권선에 흐르는 전류에 의한 자속이 계자에서 만든 주자속에 영향을 미치는 현상을 전기자 반작용이라고 하며, 그 영향은 다음과 같다.
① 전기적 중성축 이동
• 발전기 : 회전 방향으로 이동

- 전동기 : 회전 방향과 반대 방향으로 이동
② 주자속 감소
③ 정류자 편간의 불꽃섬락이 발생하여 정류 불량 발생
④ 출력의 저하　　　　　　　　　　　　　　답 ④

문제 46 단상 변압기가 있다. 전부하에서 2차 전압은 115 [V]이고, 전압 변동률은 2[%]이다. 1차 단자 전압을 구하여라. 단, 1차, 2차 권선비는 20 : 1 이다.

① 2356[V]

② 2346[V]

③ 2336[V]

④ 2326[V]

풀이

$\epsilon = \dfrac{V_{10} - V_{1n}}{V_{1n}} \times 100$에서

$V_{10} = V_{1n}\left(1 + \dfrac{\epsilon}{100}\right) = a V_{2n}\left(1 + \dfrac{\epsilon}{100}\right)$

$= 20 \times 115 \times \left(1 + \dfrac{2}{100}\right) = 2346[V]$　　답 ②

문제 47 직류 직권 전동기에서 벨트(belt)를 걸고 운전하면 안 되는 이유는?

① 손실이 많아진다.

② 직결하지 않으면 속도제어가 곤란하다.

③ 벨트가 벗겨지면 위험속도에 도달한다.

④ 벨트가 마모하여 보수가 곤란하다.

풀이

부하 전류가 적어 철심이 자기포화가 되지 않는 범위에서 $I_a = I = I_f \propto \phi$ 이므로

$n = K \cdot \dfrac{V - I_a(R_a + R_s)}{\phi} = K_1 \cdot \dfrac{V - I_a(R_a + R_s)}{I_a}$

또한, $I_a(R_a + R_s)$는 V에 비해 매우 적으므로 무시하면

$n = K_2 \cdot \dfrac{V}{I_a}[\text{rps}]$

가 된다. 따라서, **직권 전동기**에서 잔류자기가 없는 경우 무부하가 되면($I = I_a = I_f = 0,\ \phi = 0$) 속도는 무한대가 되어 원심력 때문에 기계를 파괴할 염려가 있다. 이와 같이 위험한 속도를 무 구속 속도(run away speed)라 한다. 따라서, **직권 전동기는 벨트 운전을 하지 않는다.**　　답 ③

문제 48 전동기 축의 벨트 축 지름이 28 [cm], 1140 [rpm]에서 20 [kW]를 전달하고 있다. 벨트에 작용하는 힘 [kg]은?

① 약 122 [kg]　　　　② 약 168 [kg]

③ 약 212 [kg]　　　　④ 약 234 [kg]

풀이

전동기의 발생 토크 T는

$T = 0.975 \times \dfrac{P}{N}\ [\text{kg} \cdot \text{m}]$에서

토크 $T = 0.975 \times \dfrac{20000}{1140} = 17.11[\text{kg} \cdot \text{m}]$

벨트에 작용하는 힘은

$\therefore\ F = \dfrac{T}{r} = \dfrac{17.11}{0.14} = 122.21[\text{kg}]$　　답 ①

문제 49 동기 발전기의 단락비를 계산하는 데 필요한 시험은?

① 부하 시험과 돌발 단락시험

② 단상 단락 시험과 3상 단락 시험

③ 무부하 포화 시험과 3상 단락 시험

④ 정상, 역상, 영상 리액턴스의 측정시험

풀이

- 무부하 시험 : 철손, 기계손
- 단락시험 : 동기임피던스, 동기리액턴스
- **단락비 : 무부하(포화)시험, 단락시험**　　답 ③

문제 50 다음 중 동기발전기의 여자방식이 아닌 것은?

① 직류여자기방식

② 브러시레스 여자방식

③ 정류기 여자방식

④ 회전계자방식

풀이

동기 발전기의 여자방식

- **직류 여자기** : 동기 발전기와 별도로 직류 발전기를 동기 발전기와 동일 축에 직결하여 사용하는 방법
- **정류기 여자법** : 주 발전기에서 발생한 전력의 일부를 반도체 정류기를 이용하여 정류하여 사용하는 방법
- **브러시레스 여자기** : 동기 발전기의 축단에 회전전기자형의 교류발전기를 사용하고 이 발생된 교류를 회전자상에 설치된 반도체 정류기로 정류하여 사용하는 방법　　답 ④

문제 51 포화하고 있지 않은 직류발전기의 회전수가 1/2로 감소되었을 때 기전력을 속도 변화 전과 같은 값으로 하려면 여자를 어떻게 해야 하는가?

① 1/2로 감소시킨다.
② 1배로 증가시킨다.
③ 2배로 증가시킨다.
④ 4배로 증가시킨다.

풀이

$E = k\phi N$에서 N이 $\dfrac{1}{2}$로 되면, ϕ가 2배가 되어야 E가 일정하다.   **답** ③

문제 52 변압기의 전일효율을 최대로 하기 위한 조건은?

① 전부하 시간이 짧을수록 무부하손을 적게 한다.
② 전부하 시간이 짧을수록 철손을 크게 한다.
③ 부하시간에 관계없이 전부하 동손과 철손을 같게 한다.
④ 전부하 시간이 길수록 철손을 적게 한다.

풀이

전일 효율이 최대가 되려면,
철손 = 동손 ($24P_i = \sum h P_c$)일 때다.
따라서 **전부하 시간이 짧을수록(동손이 적을수록) 철손(무부하손)을 적게** 하여야 한다.   **답** ①

문제 53 3상 동기 발전기에 무부하 전압보다 90° 늦은 전기자 전류가 흐를 때 전기자 반작용은?

① 교차 자화 작용
② 자기여자 작용
③ 감자 작용
④ 증자 작용

풀이

발전기와 전동기의 전기자 반작용은 서로 반대 이다.

분 류	동기 발전기	동기 전동기
전압과 동상	교차 자화 작용	교차 자화 작용
진상전류	증자 작용	감자 작용
지상전류	감자 작용	증자 작용

답 ③

문제 54 2방향성 3단자 사이리스터는 어느 것인가?

① SCR
② SSS
③ SCS
④ TRIAC

풀이

각 종 반도체 소자의 비교
① 방향성
  • **양방향성(쌍방향성) 소자** : DIAC, **TRIAC**, SSS
  • 역저지(단방향성) 소자 : SCR, LASCR, GTO
② 극(단자) 수
  • 2극(단자) 소자 : DIAC, SSS, Diode
  • **3극(단자) 소자** : SCR, LASCR, GTO, **TRIAC**
  • 4극(단자) 소자 : SCS   **답** ④

문제 55 보극이 없는 직류발전기에서 부하의 증가에 따라 브러시의 위치를 어떻게 하여야 하는가?

① 그대로 둔다.
② 계자극의 중간에 놓는다.
③ 발전기의 회전방향으로 이동시킨다.
④ 발전기의 회전방향과 반대로 이동시킨다.

풀이

전기자 반작용에 의한 전기적 중성축 이동
• **발전기** : 회전 방향으로 이동
• **전동기** : 회전 방향과 반대 방향으로 이동   **답** ③

문제 56 서보 전동기로 사용되는 전동기와 제어방식의 종류가 아닌 것은?

① 직류기의 전압 제어
② 릴럭턴스기의 전압 제어
③ 유도기의 전압 제어
④ 동기 기기의 주파수 제어

풀이

현재 사용되고 있는 **서보 전동기의 종류**
• 직류기의 전압제어(DC 서보모터)
• **릴럭턴스기의 주파수 제어(스텝모터)**
• 유도기의 전압 제어(브레이크 모터, 2상 서보모터)
• 동기기의 주파수 제어(트랜지스터 모터, SM 서보모터)
• 유도기의 주파수 제어(IM 서보모터)   **답** ②

문제 57 3000/200[V] 변압기의 1차 임피던스가 225[Ω]이면 2차 환산 임피던스는 약 몇 [Ω] 인가?

① 1.0 　　　　② 1.5
③ 2.1 　　　　④ 2.8

풀이

권수비 $a = \dfrac{E_1}{E_2} = \dfrac{3000}{200} = 15$

따라서, 2차 환산 임피던스

$Z_2 = \dfrac{1}{a^2} Z_1 = \dfrac{1}{15^2} \times 225 = 1[\Omega]$ 　　**답 ①**

문제 58 4극 60[Hz]의 유도전동기가 슬립 5[%]로 전부하 운전하고 있을 때 2차 권선의 손실이 94.25 [W]라고 하면 토크는 약 몇 [N·m]인가?

① 1.02 　　　　② 2.04
③ 10.0 　　　　④ 20.0

풀이

$N_s = \dfrac{120f}{p} = \dfrac{120 \times 60}{4} = 1800[\text{rpm}]$

$P_2 = \dfrac{P_{c2}}{s} = \dfrac{94.25}{0.05} = 1885[\text{W}]$

$\therefore T = \dfrac{P_2}{\omega} = \dfrac{P_2}{2\pi n_s} = \dfrac{1885}{2 \times 3.14 \times \dfrac{1800}{60}} = 10[\text{N·m}]$ 　**답 ③**

문제 59 직류 타여자발전기의 부하전류와 전기자 전류의 크기는?

① 부하전류가 전기자전류보다 크다.
② 전기자전류가 부하전류보다 크다.
③ 전기자전류와 부하전류가 같다.
④ 전기자전류와 부하전류는 항상 0이다.

풀이

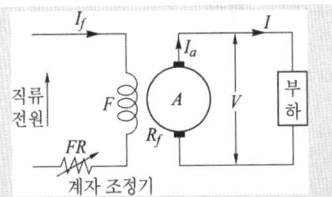

타여자 발전기는 외부에서 계자 권선 F에 직류 전원을 공급하므로 잔류 자기가 없어도 되며, **전기자 전류(I_a)와 부하전류(I)의 크기가 같다.** 　**답 ③**

문제 60 전부하 전류 1[A], 역률 85 [%], 속도가 7500 [rpm]이고 전압과 주파수가 100 [V], 60 [Hz]인 2극 단상 직권정류자전동기가 있다. 전기자와 직권 계자 권선의 실효저항의 합이 40 [Ω]이라 할 때 전부하시 속도기전력[V]은? (단, 계자자속은 정현적으로 변하며 브러시는 중성축에 위치하고 철손은 무시한다.)

① 34 　　② 45 　　③ 53 　　④ 64

풀이

$P = VI\cos\theta - I^2(R_s + R_f)$
$= 100 \times 1 \times 0.85 - 1^2 \times 40 = 85 - 40 = 45[\text{W}]$

$E_s = \dfrac{P}{I} = \dfrac{45}{1} = 45[\text{V}]$ 　　**답 ②**

제4과목 **회로이론 및 제어공학**

문제 61 2전력계법으로 평형 3상 전력을 측정하였더니 한 쪽의 지시가 500[W], 다른 한 쪽의 지시가 1500 [W] 이었다. 피상전력은 약 몇 [VA] 인가?

① 2000 　　　　② 2310
③ 2646 　　　　④ 2771

풀이

2전력계법
- 피상전력 $P_a = 2\sqrt{W_1^2 + W_2^2 - W_1 W_2}[\text{VA}]$
- 유효전력 $P = W_1 + W_2[\text{W}]$
- 무효전력 $Q = \sqrt{3}(W_1 - W_2)[\text{Var}]$

$\therefore$ 피상전력 $P_a = 2\sqrt{500^2 + 1500^2 - 500 \times 1500}$
$= 2645.75[\text{VA}]$ 　　**답 ③**

문제 62 어떤 교류 회로에

$v = 100\sin\omega t + 20\sin\left(3\omega t + \dfrac{\pi}{3}\right)[\text{V}]$인 전압을

가했을 때 이것에 의해 회로에 흐르는 전류가

$i = 40\sin\left(\omega t - \dfrac{\pi}{6}\right) + 5\sin\left(3\omega t + \dfrac{\pi}{12}\right)[\text{A}]$라 한

다. 이 회로에서 소비되는 전력은 약 몇 [kW]인가?

① 1.27 　　② 1.77 　　③ 1.97 　　④ 2.27

풀이

$$P = V_1 I_1 \cos\theta_1 + V_3 I_3 \cos\theta_3$$
$$= \frac{100}{\sqrt{2}} \cdot \frac{40}{\sqrt{2}} \cdot \cos 30° + \frac{20}{\sqrt{2}} \cdot \frac{5}{\sqrt{2}} \cdot \cos(60° - 15°)$$
$$= \frac{100 \times 40}{2} \cos 30° + \frac{20 \times 5}{2} \cos 45°$$
$$= 1767.4[\text{W}]$$

답 ②

문제 63 상의 순서가 $a - b - c$인 불평형 3상 전류가 $I_a = 15 + j2[\text{A}]$, $I_b = -20 - j14[\text{A}]$, $I_c = -3 + j10[\text{A}]$ 일 때 영상분 전류 I_0는 약 몇 [A]인가?

① $2.67 + j0.38$

② $2.02 + j6.98$

③ $15.5 - j3.56$

④ $-2.67 - j0.67$

풀이

영상전류 $I_0 = \dfrac{1}{3}(I_a + I_b + I_c)$

$$= \frac{1}{3}[(15 + j2) + (-20 - j14) + (-3 + j10)]$$
$$= \frac{1}{3}(-8 - j2) = -2.67 - j0.67[\text{A}]$$

답 ④

문제 64 4단자 파라미터 A, B, C, D 중에서 C는 어떤 차원의 정수인가?

① 1차측에서 본 개방 전압비

② 1차측에서 본 단락 전류비

③ 1차측에서 본 단락 전달 임피던스

④ 1차측에서 본 개방 전달 어드미턴스

풀이

• 1차측에서 본 개방 전압비 $A = \dfrac{V_1}{V_2}\Big|_{I_2=0}$

• 1차측에서 본 단락 전달 임피던스 $B = \dfrac{V_1}{I_2}\Big|_{V_2=0}$

• 1차측에서 본 개방 전달 어드미턴스 $C = \dfrac{I_1}{V_2}\Big|_{I_2=0}$

• 1차측에서 본 단락 전류비 $D = \dfrac{I_1}{I_2}\Big|_{V_2=0}$

답 ④

문제 65 송전 선로에서 전압이 $3 \times 10^8[\text{m/s}]$인 광속으로 전파할 때 200[MHz]인 주파수에 대한 위상 정수는 몇 [rad/m]인가?

① $\dfrac{4}{3}\pi$

② $\dfrac{2}{3}\pi$

③ $\dfrac{\pi}{3}$

④ π

풀이

파장 λ는

$$\lambda = \frac{C_0}{f} = \frac{3 \times 10^8}{200 \times 10^6} = 1.5[\text{m}]$$

그런데 1파장 $\lambda[\text{m}]$의 거리를 갖는 위상은 $2\pi[\text{rad}]$ 회전이므로 선로 길이 1[m]당의 상차, 즉 위상 정수 β는

$$\beta = \frac{2\pi}{\lambda} = \frac{2\pi}{1.5} = \frac{4\pi}{3}[\text{rad/m}]$$

답 ①

문제 66 그림과 같은 회로에서 $t = 0$에서 스위치를 갑자기 닫은 후 전류 $i(t)$가 0에서 정상 전류의 63.2[%]에 달하는 시간[s]을 구하면?

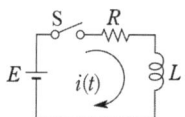

① LR ② $\dfrac{1}{LR}$ ③ $\dfrac{L}{R}$ ④ $\dfrac{R}{L}$

풀이

$R - L$ 직렬 회로에서 **정상값에 63.2 [%]에 도달하는 시간은 시정수를 의미한다.**

따라서, $\tau = \dfrac{L}{R}[\text{sec}]$

답 ③

문제 67 $R - L$ 직렬회로에서 시정수의 값이 클수록 과도현상의 소멸되는 시간은 어떻게 되는가?

① 짧아진다. ② 길어진다.

③ 과도기가 없어진다. ④ 관계없다.

풀이

• 시정수는 정상전류의 63.2 [%]에 도달할 때까지의 시간을 의미

• 시정수 $\tau = \dfrac{L}{R}[\text{sec}]$

• 시정수가 크면 과도현상이 오래 지속되고 시정수가 적으면 과도현상이 짧아진다.

답 ②

문제 68 어떤 회로의 전압 E, 전류 I 일 때 $P_a = \overline{E}I = P + jP_r$에서 $P_r > 0$이다. 이 회로는 어떤 부하인가? (단, $\overline{E}$는 E의 공액복소수이다.)

① 용량성   ② 무유도성

③ 유도성   ④ 정저항

풀이

공 액	$+j$	$-j$
전압공액 $P_a = \overline{E} \cdot I = P \mp jP_r$	용량성	유도성
전류공액 $P_a = E \cdot \overline{I} = P \pm jP_r$	유도성	용량성

답 ①

문제 69 그림과 같이 전압 V와 저항 R로 구성되는 회로 단자 A-B간에 적당한 저항 R_L을 접속하여 R_L에서 소비되는 전력을 최대로 하게 했다. 이때 R_L에서 소비되는 전력 P는?

① $\dfrac{V^2}{4R}$

② $\dfrac{V^2}{2R}$

③ R

④ $2R$

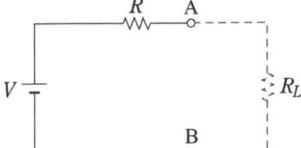

풀이

최대 전력 전송 조건 : $R_L = R$

$$\therefore P_m = I^2 R_L = \left(\frac{V}{R_L + R}\right)^2 R_L = \left(\frac{V}{R+R}\right)^2 R = \frac{V^2}{4R}[\text{W}]$$

답 ①

문제 70 권수가 2000회이고, 저항이 12[Ω]인 솔레노이드에 전류 10[A]를 흘릴 때, 자속이 6×10^{-2}[Wb]가 발생하였다. 이 회로의 시정수[sec]는?

① 1   ② 0.1

③ 0.01   ④ 0.001

풀이

$LI = N\phi$ 에서

$$L = \frac{N\phi}{I} = \frac{2000 \times 6 \times 10^{-2}}{10} = 12[\text{H}]$$

따라서 $R-L$회로의 시정수 τ은

$$\tau = \frac{L}{R} = \frac{12}{12} = 1[\text{sec}]$$

답 ①

문제 71 $F(s) = \dfrac{(s+5)(s+12)}{s(s+4)(s+6)}$ 의 역라플라스 변환은?

① $2.5 + e^{4t} + 0.5e^{6t}$

② $2.5 - e^{4t} - 0.5e^{6t}$

③ $2.5 + e^{-4t} + 0.5e^{-6t}$

④ $2.5 - e^{-4t} - 0.5e^{-6t}$

풀이

$$F(s) = \frac{(s+5)(s+12)}{s(s+4)(s+6)} = \frac{k_1}{s} + \frac{k_2}{s+4} + \frac{k_3}{s+6}$$

$$k_1 = \lim_{s \to 0} sF(s) = \left[\frac{(s+5)(s+12)}{(s+4)(s+6)}\right]_{s=0} = 2.5$$

$$k_2 = \lim_{s \to -4} (s+4)F(s) = \left[\frac{(s+5)(s+12)}{s(s+6)}\right]_{s=-4} = -1$$

$$k_3 = \lim_{s \to -6} (s+6)F(s) = \left[\frac{(s+5)(s+12)}{s(s+4)}\right]_{s=-6} = -0.5$$

$$F(s) = \frac{2.5}{s} + \frac{-1}{s+4} + \frac{-0.5}{s+6}$$

$$\therefore f(t) = \mathcal{L}^{-1}[F(s)] = 2.5 - e^{-4t} - 0.5e^{-6t}$$

답 ④

문제 72 그림과 같은 블록선도에서 전달함수 $\dfrac{C(s)}{R(s)}$를 구하면?

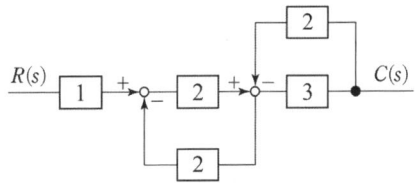

① $-\dfrac{6}{9}$ ② $-\dfrac{6}{11}$

③ $\dfrac{6}{9}$ ④ $\dfrac{6}{11}$

풀이

메이슨의 정리에 의해

• 전향경로 이득 : $1 \times 2 \times 3 = 6$

• 루프 이득 : $-2 \times 2 = -4$, $-3 \times 2 = -6$

$$\therefore G(s) = \frac{\sum \text{전향 경로 이득}}{1 - \sum \text{루프이득}}$$

$$= \frac{6}{1-(-4-6)} = \frac{6}{11}$$

답 ④

문제 73 다음과 같은 상태방정식으로 표현되는 제어시스템에 대한 특성방정식의 근은?

$$\begin{bmatrix} \dot{x}_1 \\ \dot{x}_2 \end{bmatrix} = \begin{bmatrix} 2 & 2 \\ 0.5 & 2 \end{bmatrix} \begin{bmatrix} x_1 \\ x_2 \end{bmatrix} + \begin{bmatrix} 1 \\ 0 \end{bmatrix} u$$

① $-2, -3$　　　　② $-1, -2$

③ $-1, -3$　　　　④ $1, 3$

풀이

$$|sI - A| = \begin{bmatrix} s & 0 \\ 0 & s \end{bmatrix} - \begin{bmatrix} 2 & 2 \\ 0.5 & 2 \end{bmatrix}$$

$$= \begin{bmatrix} s-2 & -2 \\ -0.5 & s-2 \end{bmatrix} = (s-2)^2 - 1$$

∴ $s^2 - 4s + 3$의 근은 $s = 3, 1$이 된다. **답** ④

문제 74 보드선도상의 안정조건을 옳게 나타낸 것은? (단, g_m은 이득여유, ϕ_m은 위상여유)

① $g_m > 0, \ \phi_m > 0$　　② $g_m < 0, \ \phi_m < 0$

③ $g_m < 0, \ \phi_m > 0$　　④ $g_m > 0, \ \phi_m < 0$

풀이
위상 여유(ϕ_m)와 이득 여유(g_m) 양쪽 모두가 0보다 크면 안정하고, 0보다 작으면 불안정하다. **답** ①

문제 75 다음 제어량 중에서 추종제어와 관계없는 것은?

① 위치　　② 방위　　③ 유량　　④ 자세

풀이
추종제어(서보제어)란 물체의 위치, 방위, 자세 등의 기계적 변위를 제어량으로 해서 목표값의 임의의 변화에 추종하도록 구성된 제어계를 말한다. **답** ③

문제 76 다음 진리표의 논리소자는?

입력		출력
A	B	C
0	0	1
0	1	0
1	0	0
1	1	0

① OR　　　　② NOR

③ NOT　　　④ NAND

풀이

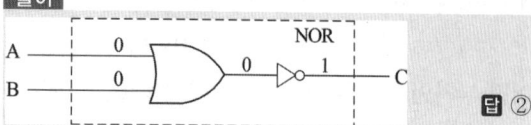

답 ②

문제 77 Routh–Hurwitz 표에서 제1열의 부호가 변하는 횟수로부터 알 수 있는 것은?

① s-평면의 좌반면에 존재하는 근의 수

② s-평면의 우반면에 존재하는 근의 수

③ s-평면의 허수축에 존재하는 근의 수

④ s-평면의 원점에 존재하는 근의 수

풀이
근이 모두 s평면의 좌반부에 있어야 만 제어계가 안정하다고 할 수 있다. 따라서, 근이 s평면의 좌반부 즉, 부 $(-)$의 실수부를 갖는 조건은 다음과 같다.
• 특성 방정식의 모든 계수의 부호가 같아야 한다.
• 계수 중 어느 하나라도 0이 되어서는 안 된다.
• 루드 수열의 제1열의 원소 부호가 같아야 한다.
• 제1열의 부호 변화는 s 평면의 우반면에 존재하는 근의 수를 의미한다. **답** ②

문제 78 $G(s) = \dfrac{1}{1+Ts}$ 와 같이 주어진 제어시스템에서 절점주파수의 이득은 약 얼마인가?

① $-2[dB]$　　　　② $-3[dB]$

③ $-4[dB]$　　　　④ $-5[dB]$

풀이
$\omega T = 1$에서 $\omega = \dfrac{1}{T}$(절점 주파수)이므로

$$G(s) = \frac{1}{1+jT \times \frac{1}{T}} = \frac{1}{1+j1}$$

$$g = 20\log|G(j\omega)| = 20\log\left|\frac{1}{1+j1}\right| = 20\log\left(\frac{1}{\sqrt{2}}\right)$$

$$\fallingdotseq -3 \ [dB]$$

답 ②

문제 79 2차 제어시스템의 감쇠율(damping ratio, ζ)이 $\zeta < 0$인 경우 제어시스템의 과도응답 특성은?

① 발산　　　　② 무제동

③ 임계제동　　④ 과제동

풀이

감쇠율	
$\zeta < 0$	발 산
$\zeta = 0$	무제동
$0 < \zeta < 1$	부족제동
$\zeta = 1$	임계제동
$\zeta > 1$	과제동

답 ①

문제 80 폐루프 시스템에서 응답의 잔류 편차 또는 정상상태오차를 제거하기 위한 제어 기법은?

① 비례 제어
② 적분 제어
③ 미분 제어
④ on-off 제어

풀이

종 류		특 징
P	비례동작	• 정상오차를 수반 • 잔류편차 발생
I	적분동작	• 잔류편차 제거
D	미분동작	• 오차가 커지는 것을 미리 방지

따라서 **잔류편차를 없애기 위해서는 제어계에 적분제어계를 포함시켜야 한다.** **답** ②

제5과목 전기설비 기술기준

문제 81 한국전기설비규정에 준한 전선의 식별에서 N상은 어떤 색을 쓰고 있는가?

① 청색
② 검은색
③ 노란색
④ 갈색

풀이

121.2 전선의 식별

상(문자)	L1	L2	L3	N	보호도체
색상	갈색	흑색	회색	**청색**	녹색-노란색

답 ①

문제 82 풍력터빈의 피뢰설비 시설기준에 대한 설명으로 틀린 것은?

① 풍력터빈에 설치한 피뢰설비(리셉터, 인하도선 등)의 기능저하로 인해 다른 기능에 영향을 미치지 않을 것

② 풍력터빈 내부의 계측 센서용 케이블은 금속관 또는 차폐케이블 등을 사용하여 뇌유도과전압으로부터 보호할 것

③ 풍력터빈에 설치하는 인하도선은 쉽게 부식되지 않는 금속선으로서 뇌격전류를 안전하게 흘릴 수 있는 충분한 굵기여야 하며, 가능한 직선으로 시설할 것

④ 수뢰부를 풍력터빈 중앙부분에 배치하되 뇌격전류에 의한 발열에 용손(溶損)되지 않도록 재질, 크기, 두께 및 형상 등을 고려할 것

풀이

532.3.5 피뢰설비
풍력터빈의 피뢰설비는 **수뢰부를 풍력터빈 선단부분 및 가장자리 부분에 배치**하되 뇌격전류에 의한 발열에 용손(溶損)되지 않도록 재질, 크기, 두께 및 형상 등을 고려할 것 **답** ④

문제 83 ACSR 전선을 사용전압 직류 1500[V]의 가공 급전선으로 사용할 경우 안전율은 얼마 이상이 되는 이도로 시설하여야 하는가?

① 2.0
② 2.1
③ 2.2
④ 2.5

풀이

332.4 고압 가공전선의 안전율
222.6 저압 가공전선의 안전율
가공전선이 케이블 이외인 경우 안전율이 다음 이상이 되는 이도로 시설하여야 한다.
가. 경동선 또는 내열 동합금선 : 2.2 이상
나. **그 밖의 전선 : 2.5** **답** ④

문제 84 중성점 접지식 전선로에 접속한 66[kV] 변압기의 절연 내력 시험 전압[kV]은?

① 72.6
② 75.0
③ 82.5
④ 99.0

풀이

135 변압기 전로의 절연내력

권선의 종류 (최대사용전압)	접지방식	시험 전압 (최대사용 전압의 배수)	최저 시험 전압
1. 7[kV] 이하		1.5배	500[V]
	다중접지	0.92배	500[V]
2. 7[kV] 초과 25[kV] 이하	다중접지	0.92배	
3. 7[kV] 초과 60[kV] 이하 (2란의 것 제외)		1.25배	10.5[kV]
4. 60[kV] 초과 (8란의 것 제외)	비접지	1.25	
5. 60[kV] 초과 (6란 및 8란의 것 제외)	접지식	1.1배	75[kV]
6. 60[kV] 초과	직접접지	0.72배	
7. 170[kV] 초과	직접접지	0.64배	

최대 사용 전압이 60[kV] 초과인 중성점 접지식인 경우 시험전압은 최대사용전압의 1.1배

∴ 시험전압 = 최대사용전압의 배수×최대사용전압
$$= 1.1 \times 66 = 72.6[kV]$$

그러나 **최저시험전압이 75[kV]이므로 75[kV]의 시험전압을 가하여야 한다.** **답** ②

문제 85 금속덕트공사에 의한 저압 옥내배선공사 시설에 대한 설명으로 틀린 것은?

① 금속덕트 안에는 전선에 접속점이 없도록 할 것
② 금속덕트 안에는 전선의 피복을 손상할 우려가 있는 것을 넣지 아니할 것
③ 금속덕트에 넣은 전선의 단면적(절연피복의 단면적을 포함한다)의 합계는 덕트의 내부 단면적의 15[%](전광표시장치 기타 이와 유사한 장치 또는 제어회로 등의 배선만을 넣는 경우에는 50[%]) 이하일 것
④ 금속덕트에 의하여 저압 옥내배선이 건축물의 방화 구획을 관통하거나 인접 조영물로 연장되는 경우에는 그 방화벽 또는 조영물 벽면의 덕트 내부는 불연성의 물질로 차폐하여야 함.

풀이

232.31 금속덕트공사
가. 전선은 절연전선(옥외용 비닐절연전선을 제외한다)일 것.
나. 금속덕트에 넣은 전선의 단면적(절연피복의 단면적을 포함한다)의 합계는 **덕트의 내부 단면적의 20[%]**(전광

표시장치 기타 이와 유사한 장치 또는 제어회로 등의 배선만을 넣는 경우에는 50[%]) 이하일 것.
다. 금속덕트 안에는 전선에 접속점이 없도록 할 것. 다만, 전선을 분기하는 경우에는 그 접속점을 쉽게 점검할 수 있는 때에는 그러하지 아니하다.
라. 금속덕트 안의 전선을 외부로 인출하는 부분은 금속덕트의 관통부분에서 전선이 손상될 우려가 없도록 시설할 것.
마. 금속덕트 안에는 전선의 피복을 손상할 우려가 있는 것을 넣지 아니할 것.
바. 금속덕트에 의하여 저압 옥내배선이 건축물의 방화 구획을 관통하거나 인접 조영물로 연장되는 경우에는 그 방화벽 또는 조영물 벽면의 덕트 내부는 불연성의 물질로 차폐하여야 함. **답** ③

문제 86 저압의 이동용 전기기계의 금속제 외함을 접지할 경우 다심 코드 및 다심 캡타이어케이블의 일심 이외의 가요성이 있는 연동연선으로 접지공사 시 접지선의 단면적은 몇 [mm²] 이상이어야 하는가?

① 0.75 ② 1.5
③ 6 ④ 10

풀이

142.3.1 접지도체
이동하여 사용하는 전기기계기구의 금속제 외함 등의 접지시스템의 경우는 다음의 것을 사용하여야 한다.

접지	접지도체의 종류	접지선의 단면적
특고압· 고압 전기설비용 접지도체 및 중성점 접지 용 접지도체	• 클로로프렌캡타이어케이블(3종 및 4종)의 1개 도체 • 클로로설포네이트폴리에틸렌캡타이어 케이블(3종 및 4종)의 1개 도체 • 다심캡타이어케이블의 차폐 기타의 금속제	10[mm²]
저압 전기설비	다심 코드 또는 다심 캡타이어케이블의 1개 도체	0.75[mm²]
	다심코드 및 다심 캡타이어케이블의 1개 도체 이외의 가요성이 있는 연동연선	1.5[mm²]

답 ②

문제 87 사용전압이 22.9[kV]인 가공전선이 철도를 횡단하는 경우, 전선의 레일면상의 높이는 몇 [m] 이상인가?

① 5 ② 5.5 ③ 6 ④ 6.5

풀이

333.7 특고압 가공전선의 높이

전압의 범위	일반 장소	도로 횡단	철도 또는 궤도횡단	횡단보도교
35[kV] 이하	5[m]	6[m]	6.5[m]	4[m](특고압 절연전선 또는 케이블 사용)
35[kV] 초과 160[kV] 이하	6[m]	6[m]	6.5[m]	5[m](케이블 사용)
	산지 등에서 사람이 쉽게 들어갈 수 없는 장소 : 5[m] 이상			
160[kV] 초과	일반장소	가공전선의 높이= 6 + 단수 × 0.12[m]		
	철도 또는 궤도횡단	가공전선의 높이 = 6.5 + 단수 × 0.12[m]		
	산지	가공전선의 높이 = 5 + 단수 × 0.12[m]		

※ 단수 = $\dfrac{(전압[kV]-160)}{10}$ … 단수 계산에서 소수점 이하는 절상

답 ④

문제 88 3300[V] 고압 가공전선을 교통이 번잡한 도로를 횡단하여 시설하는 경우 지표상 높이를 몇 [m] 이상으로 하여야 하는가?

① 5.0　　　　② 5.5
③ 6.0　　　　④ 6.5

풀이

332.5 고압 가공전선의 높이, 222.7 저압 가공전선의 높이
저·고압 가공전선의 높이는 다음에 따라야 한다.

설치장소		가공전선의 높이
도로횡단 (번잡하지 않은 도로 제외)		지표상 6 [m] 이상
철도 또는 궤도 횡단		레일면상 6.5 [m] 이상
횡단보도교 위	저압	노면상 3.5 [m] 이상 (단, 절연전선의 경우 3 [m] 이상)
	고압	노면상 3.5 [m] 이상
일반장소		지표상 5 [m] 이상. 단, 저압의 경우 절연전선 또는 케이블을 사용하여 교통에 지장이 없도록 하여 옥외조명용에 공급하는 경우 4 [m]까지 감할 수 있다.
다리의 하부 기타 이와 유사한 장소		저압의 전기철도용 급전선은 지표상 3.5[m]까지 감할 수 있다.

답 ③

문제 89 의료 장소에서 인접하는 의료장소와의 바닥면적 합계가 몇 [m²] 이하인 경우 등전위본딩 바를 공용으로 할 수 있는가?

① 30　　　　② 50
③ 80　　　　④ 100

풀이

242.10.4 의료장소 내의 접지 설비
의료장소마다 그 내부 또는 근처에 등전위본딩 바를 설치할 것. 다만, 인접하는 의료장소와의 바닥면적 합계가 50[m²] 이하인 경우에는 등전위본딩 바를 공용할 수 있다. **답 ②**

문제 90 직류 전기철도 시스템이 매설 배관 또는 케이블과 인접할 경우 누설전류를 피하기 위해 최대한 이격시켜야 하는데, 주행레일과 최소 몇 [m] 이상의 거리를 유지하여야 하는가?

① 0.5　　　　② 1
③ 1.5　　　　④ 2

풀이

461.5 누설전류 간섭에 대한 방지
직류 전기철도 시스템이 매설 배관 또는 케이블과 인접할 경우 누설전류를 피하기 위해 최대한 이격시켜야 하며, 주행레일과 최소 1[m] 이상의 거리를 유지하여야 한다. **답 ②**

문제 91 상주 감시를 요하지 아니하는 변전소에서 그 온도가 현저히 상승한 경우 기술원 주재소에 경보하는 장치를 시설하여야 할 특고압용 변압기의 출력은 얼마인가?

① 1,000[kVA] 넘는 것
② 2,000[kVA] 넘는 것
③ 3,000[kVA] 넘는 것
④ 5,000[kVA] 넘는 것

풀이

351.9 상주 감시를 하지 아니하는 변전소의 시설
다음의 경우에는 변전제어소 또는 기술원이 상주하는 장소에 경보장치를 시설할 것.
가. 운전조작에 필요한 차단기가 자동적으로 차단한 경우
나. 주요 변압기의 전원측 전로가 무전압으로 된 경우
다. 제어 회로의 전압이 현저히 저하한 경우
라. 출력 3,000[kVA]를 초과하는 특고압용변압기는 그 온도가 현저히 상승한 경우

마. 특고압용 타냉식변압기는 그 냉각장치가 고장난 경우
바. 조상기는 내부에 고장이 생긴 경우
사. 수소냉각식조상기는 그 조상기 안의 수소의 순도가 90[%] 이하로 저하한 경우, 수소의 압력이 현저히 변동한 경우 또는 수소의 온도가 현저히 상승한 경우

답 ③

문제 92 고압가공전선로의 지지물로 철탑을 사용한 경우 최대경간은 몇 [m] 이하이어야 하는가?

① 300 ② 400
③ 500 ④ 600

풀이

332.9 고압 가공전선로 경간의 제한
고압 가공전선로의 경간은 표에서 정한 값 이하이어야 한다.

지지물의 종류	경 간
목주·A종 철주 또는 A종 철근 콘크리트주	150[m]
B종 철주 또는 B종 철근 콘크리트주	250[m]
철 탑	600[m] (단주인 경우에는 400[m])

답 ④

문제 93 가공전선로의 지지물에 하중이 가하여지는 경우에 그 하중을 받는 지지물의 기초 안전율은 얼마 이상이어야 하는가? (단, 이상 시 상정하중은 무관)

① 1.5 ② 2.0
③ 2.5 ④ 3.0

풀이

331.7 가공전선로 지지물의 기초의 안전율
가공전선로의 지지물에 하중이 가하여지는 경우에 그 하중을 받는 지지물의 **기초의 안전율은 2**(이상 시 상정하중에 대한 철탑의 기초에 대하여는 1.33) **이상**이어야 한다.

답 ②

문제 94 35[kV] 이하의 특고압 가공 전선이 건조물의 상부 조영재와 제1차 접근 상태로 시설되는 경우의 이격 거리는 일반적인 경우 몇 [m] 이상이어야 하는가? 단, 특고압 절연전선 및 케이블이 아닌 경우이다.

① 3 ② 3.5 ③ 4 ④ 4.5

풀이

333.23 특고압 가공전선과 건조물의 접근
특고압 가공전선이 건조물과 제1차 접근상태로 시설되는 경우에는 다음에 따라야 한다.
가. 특고압 가공전선로는 제3종 특고압 보안공사에 의할 것.
나. 사용전압이 35[kV] 이하인 특고압 가공전선과 건조물의 조영재 이격거리는 표에서 정한 값 이상일 것.

건조물과 조영재의 구분	전선종류	접근형태	이격거리
상부 조영재	특고압 절연전선	위쪽	2.5[m]
		옆쪽 또는 아래쪽	1.5[m] (전선에 사람이 쉽게 접촉할 우려가 없도록 시설한 경우는 1[m])
	케이블	위쪽	1.2[m]
		옆쪽 또는 아래쪽	0.5[m]
	기타전선		3[m]
기타 조영재	특고압 절연전선		1.5[m] (전선에 사람이 쉽게 접촉할 우려가 없도록 시설한 경우는 1[m])
	케이블		0.5[m]
	기타 전선		3[m]

답 ①

문제 95 66[kV] 가공 전선로에 6[kV] 가공전선을 동일 지지물에 시설하는 경우 특고압 가공전선은 케이블인 경우를 제외하고 인장 강도가 몇 [kN] 이상의 연선이어야 하는가?

① 5.26 [kN] ② 8.31 [kN]
③ 14.5 [kN] ④ 21.67 [kN]

풀이

333.17 특고압 가공전선과 저고압 가공전선 등의 병행설치
사용전압이 35[kV]을 초과하고 100[kV] 미만인 특고압 가공전선과 저압 또는 고압 가공전선을 동일 지지물에 시설하는 경우에는 다음에 따라 시설하여야 한다.
가. 특고압 가공전선로는 제2종 특고압 보안공사에 의할 것.
나. 특고압 가공전선은 케이블인 경우를 제외하고는 **인장강도 21.67[kN]** 이상의 연선 또는 단면적이 50[mm²] 이상인 경동연선일 것.
다. 특고압 가공전선로의 지지물은 철주·철근 콘크리트주 또는 철탑일 것.

답 ④

문제 96 저압 옥내전로의 인입구에 가까운 곳으로서 쉽게 개폐할 수 있는 곳에 개폐기를 시설하여야 한다. 그러나 사용전압이 400[V] 이하인 옥내전로로서 다른 옥내전로에 접속하는 길이가 몇 [m] 이하인 경우는 개폐기를 생략할 수 있는가? (단, 정격전류가 16[A] 이하인 과전류 차단기 또는 정격전류가 16[A]를 초과하고 20[A] 이하인 배선용 차단기로 보호되고 있는 것에 한한다.)

① 15　② 20　③ 25　④ 30

풀이
212.6.2 저압 옥내전로 인입구에서의 개폐기의 시설
가. 저압 옥내전로에는 인입구에 가까운 곳으로서 쉽게 개폐할 수 있는 곳에 개폐기를 각 극에 시설하여야 한다.
나. 사용전압이 400[V] 이하인 옥내 전로로서 다른 옥내전로(정격전류가 16[A] 이하 과전류 차단기 또는 정격전류가 16[A]를 초과하고 20[A] 이하인 배선용 차단기로 보호되고 있는 것에 한한다)에 접속하는 길이 **15[m] 이하**의 전로에서 전기의 공급을 받는 것은 **개폐기를 생략** 할 수 있다. **답 ①**

문제 97 다음 중 특고압의 전선로로 시설하여서는 아니 되는것은?

① 터널 안 전선로　② 지중 전선로
③ 물밑 전선로　④ 옥상 전선로

풀이
331.14.2 특고압 옥상전선로의 시설
특고압 옥상전선로(특고압의 인입선의 옥상부분을 제외한다)는 시설하여서는 아니 된다. **답 ④**

문제 98 관광숙박업 또는 숙박업을 하는 객실의 입구등에 조명용 전등을 설치할 때는 몇 분 이내에 소등되는 타임스위치를 시설하여야 하는가?

① 1　② 3　③ 5　④ 10

풀이
234.6 점멸기의 시설
다음의 경우에는 센서등(타임스위치 포함)을 시설하여야 한다.
가. 관광숙박업 또는 숙박업(여인숙업을 제외한다)에 이용되는 객실의 입구등은 1분 이내에 소등되는 것.
나. 일반주택 및 아파트 각 호실의 현관등은 3분 이내에 소등되는 것. **답 ①**

문제 99 전기울타리의 시설에 관한 규정 중 틀린 것은?

① 전선과 수목 사이의 이격거리는 50[cm] 이상이어야 한다.
② 전기울타리는 사람이 쉽게 출입하지 아니하는 곳에 시설하여야 한다.
③ 전선은 인장강도 1.38[kN] 이상의 것 또는 지름 2[mm] 이상의 경동선이어야 한다.
④ 전기울타리용 전원 장치에 전기를 공급하는 전로의 사용전압은 250[V] 이하이어야 한다.

풀이
241.1 전기울타리
가. 전기울타리용 전원장치에 전원을 공급하는 전로의 사용전압은 250[V] 이하이어야 한다.
나. 전기울타리는 사람이 쉽게 출입하지 아니하는 곳에 시설할 것.
다. 전선은 인장강도 1.38[kN] 이상의 것 또는 지름 2[mm] 이상의 경동선일 것.
라. 전선과 이를 지지하는 기둥 사이의 이격거리는 25[mm] 이상일 것.
마. **전선과** 다른 시설물(가공 전선을 제외한다) 또는 **수목과의 이격거리는 0.3[m] 이상일 것. 답 ①

문제 100 특고압 지중전선이 가연성이나 유독성의 유체를 내포하는 관과 접근하기 때문에 상호간에 견고한 내화성의 격벽을 시설하였다. 상호 간의 이격거리가 몇 [m] 이하인 경우인가?

① 0.4　② 0.6
③ 0.8　④ 1

풀이
334.6 지중전선과 지중약전류전선 등 또는 관과의 접근 또는 교차
지중전선이 다음 조건의 이격거리 이하로 설치되는 경우에는 상호간에 내화성의 격벽을 설치하여야 한다.

조 건	전 압	이격거리
지중 약전류 전선과 접근 또는 교차하는 경우	저압 또는 고압	0.3[m]
	특고압	0.6[m]
가연성, 유독성의 유체를 내포하는 관과 접근 또는 교차	특고압	1[m]
	25[kV] 이하, 다중접지방식	0.5[m]
기타의 관과 접근 또는 교차	특고압	0.3[m]

답 ④

국가기술자격검정 필기시험 문제

2024년도 전기기사 일반검정 제 3 회			(CBT 복원문제)	수검 번호	성 명
자격종목 및 등급(선택분야)	종목코드	시험시간	문제지형별		
전기기사	1150	2시간 30분	A		

제1과목 ▶ 전기자기학

문제 01 간격 d[m]인 2개의 평행판 전극 사이에 유전율 ϵ의 유전체가 있다. 전극사이에 전압 $V_m \cos\omega t$[V]를 가했을 때 변위전류 밀도는 몇 [A/m²]인가?

① $\dfrac{\epsilon}{d} V_m \cos\omega t$ ② $-\dfrac{\epsilon}{d}\omega V_m \sin\omega t$

③ $-\dfrac{\epsilon}{d}\omega V_m \cos\omega t$ ④ $\dfrac{\epsilon}{d} V_m \sin\omega t$

풀이

- $v = V_m \cos\omega t$
- 전계 $E = \dfrac{v}{d} = \dfrac{V_m}{d}\cos\omega t$
- 전속밀도 $D = \epsilon E = \dfrac{\epsilon V_m}{d}\cos\omega t$
- 변위 전류 밀도 $i_d = \dfrac{\partial D}{\partial t} = \dfrac{\epsilon}{d} V_m \dfrac{\partial}{\partial t}\cos\omega t$

$$= -\dfrac{\epsilon}{d}\omega V_m \sin\omega t \ [\text{A/m}^2]$$ **답 ②**

문제 02 전류 4π[A]가 흐르고 있는 무한직선도체에 의해 자계가 4[A/m]인 점은 직선도체로부터 거리가 몇 [m]인가?

① 0.5[m] ② 1[m]

③ 3[m] ④ 4[m]

풀이

무한장 직선 전류에 의한
자계의 세기

$H = \dfrac{I}{2\pi r}$[AT/m]에서

$r = \dfrac{I}{2\pi H} = \dfrac{4\pi}{2\pi \times 4} = 0.5$[m] **답 ①**

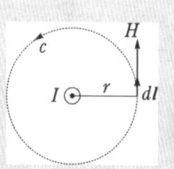

문제 03 쌍극자 모멘트가 M[C·m]인 전기 쌍극자에 의한 임의의 점 P에서의 전계의 크기는 전기 쌍극자의 중심에서 축방향과 점 P를 잇는 선분 사이의 각이 얼마일 때 최대가 되는가?

① 0 ② $\dfrac{\pi}{2}$

③ $\dfrac{\pi}{3}$ ④ $\dfrac{\pi}{4}$

풀이

$$E = \dfrac{M}{4\pi\epsilon_0 r^3}\left(\sqrt{1 + 3\cos^2\theta}\right) \text{에서}$$

점 P의 전계는 $\theta = 0°$일 때 최대이고 $\theta = 90°$일 때 최소가 된다. **답 ①**

문제 04 무손실 매질에서 고유임피던스 $\eta = 60\pi$, 비투자율 $\mu_s = 1$, 자계 $H = -0.1\cos(\omega t - z)\hat{x} + 0.5\sin(\omega t - z)\hat{y}$[AT/m]일 때 전파속도[m/s]는?

① 0.5×10^8 ② 1.5×10^8

③ 3×10^8 ④ 6×10^8

풀이

전파속도 $v = \dfrac{1}{\sqrt{\epsilon\mu}}$, 고유임피던스 $\eta = \sqrt{\dfrac{\mu}{\epsilon}}$

고유임피던스 $\eta = \sqrt{\dfrac{\mu}{\epsilon}}$ 에서

유전율 $\epsilon = \dfrac{\mu}{\eta^2} = \dfrac{\mu_0\mu_s}{\eta^2} = \dfrac{(4\pi \times 10^{-7}) \times 1}{(60\pi)^2}$

$$= 3.54 \times 10^{-11}[\text{F/m}]$$

∴ 전파속도 $v = \dfrac{1}{\sqrt{\epsilon\mu}} = \dfrac{1}{\sqrt{3.54 \times 10^{-11} \times 4\pi \times 10^{-7} \times 1}}$

$$= 1.499 \times 10^8[\text{m/s}]$$

∴ $v = 1.5 \times 10^8$ [m/s]

별해

$$\eta = \sqrt{\frac{\mu}{\epsilon}} = \sqrt{\frac{\mu_0}{\epsilon_0}}\sqrt{\frac{\mu_s}{\epsilon_s}} = 120\pi\sqrt{\frac{\mu_s}{\epsilon_s}}$$

$$\epsilon_s = \frac{(120\pi)^2\mu_s}{\eta^2} = \frac{(120\pi)^2 \times 1}{(60\pi)^2} = 4$$

$$\therefore v = \frac{1}{\sqrt{\epsilon\mu}} = \frac{1}{\sqrt{\epsilon_0\mu_0}}\frac{1}{\sqrt{\epsilon_s\mu_s}} = \frac{3 \times 10^8}{\sqrt{\epsilon_s\mu_s}}$$

$$= \frac{3 \times 10^8}{\sqrt{4 \times 1}} = \frac{3}{2} \times 10^8 = 1.5 \times 10^8 [m/s]$$ **답** ②

문제 05 그림과 같이 비투자율이 μ_{s1}, μ_{s2}인 각각 다른 자성체를 접하여 놓고 θ_1을 입사각이라 하고, θ_2를 굴절각이라 한다. 경계면에 자하가 없는 경우 미소 폐곡면을 취하여 이곳에 출입하는 자속수를 구하면?

① $\displaystyle\int_l \boldsymbol{B} \cdot \boldsymbol{n}\, dl = 0$

② $\displaystyle\int_S \boldsymbol{B} \cdot \boldsymbol{n}\, dS = 0$

③ $\displaystyle\int_S \boldsymbol{B} \cdot dS = 0$

④ $\displaystyle\int_S \boldsymbol{B} \cdot \boldsymbol{n}\, \sin\theta\, dS = 0$

풀이

경계면에 자하가 없으므로 경계면에서 자속은 연속을 한다. 즉, 자속의 연속성
• 미시적 표현 : $\mathrm{div}\, \boldsymbol{B} = \nabla \cdot \boldsymbol{B} = 0$
• 거시적 표현 : $\displaystyle\int_s \boldsymbol{B} \cdot \boldsymbol{n}\, dS = 0$ **답** ②

문제 06 무한 평면도체로부터 거리 $a[m]$인 곳에 점전하 $Q[C]$가 있을 때 도체 표면에 유도되는 최대 전하밀도는 몇 $[C/m^2]$인가?

① $\dfrac{Q}{2\pi\epsilon_0\, a^2}$

② $\dfrac{Q}{4\pi a^2}$

③ $-\dfrac{Q}{2\pi a^2}$

④ $\dfrac{Q}{4\pi\epsilon_0\, a^2}$

풀이

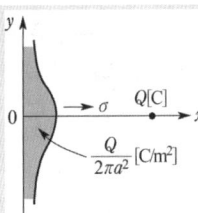

무한 평면 도체상의 기준 원점으로부터 $x[m]$인 곳의 유기 전하 밀도$[C/m^2]$는

$$\sigma = D = \epsilon_0 E = -\frac{Q \cdot a}{2\pi(a^2 + x^2)^{3/2}}[C/m^2]$$

이다. 따라서, $x = 0$일 때 ρ는 **최대**가 되므로

$$\therefore \sigma_{\max} = [\sigma]_{x=0} = -\frac{Q}{2\pi a^2}[C/m^2]$$ **답** ③

문제 07 진공 중에서 $e[C]$의 전하가 $B[Wb/m^2]$의 자계 안에서 자계와 수직방향으로 $v[m/s]$의 속도로 움직일 때 받는 힘$[N]$은?

① $\dfrac{evB}{\mu_0}$

② $\mu_0 evB$

③ evB

④ $\dfrac{eB}{v}$

풀이

자계 내에서 운동하는 전하 e가 받는 힘 F는
$$F = e\,v\,B\sin\theta$$
자계와 수직방향 이므로 $\theta = 90°$, 즉 $\sin 90° = 1$ 이므로
$$F = evB[N]$$ 이다. **답** ③

문제 08 $\nabla \cdot i = 0$에 대한 설명이 아닌 것은?

① 도체 내에 흐르는 전류는 연속이다.
② 도체 내에 흐르는 전류는 일정하다.
③ 단위시간당 전하의 변화가 없다.
④ 도체 내에 전류가 흐르지 않는다.

풀이

$\nabla \cdot i = \mathrm{div}\, i = -\dfrac{\partial \rho}{\partial t}$에서 **정상 전류가 흐를 때 전하의 축적 또는 소멸이 없을 것이므로** $\dfrac{\partial \rho}{\partial t} = 0$, 즉 $\mathrm{div}\, i = 0$가 된다. 이 결과 ①, ②, ③의 의미를 가진다. **답** ④

문제 09 그림과 같이 내구에 $+Q$[C], 외구에 $-Q$[C]의 전하로 두 개의 동심구 도체가 있다. 구 사이가 진공으로 되어 있을 때 동심구 사이의 정전 용량 C[F]는?

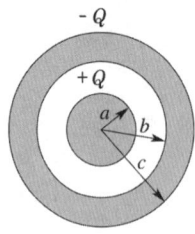

① $2\pi\epsilon_0 \dfrac{ab}{b-a}$ ② $4\pi\epsilon_0 \dfrac{ab}{b-a}$

③ $2\pi\epsilon_0 \cdot \dfrac{1}{\ln\left(\dfrac{b}{a}\right)}$ ④ $4\pi\epsilon_0 \cdot \dfrac{1}{\ln\left(\dfrac{b}{a}\right)}$

풀이

동심구에 $\pm Q$[C]를 줄 때

전위차는 $V = \dfrac{Q}{4\pi\epsilon_0}\left(\dfrac{1}{a} - \dfrac{1}{b}\right)$이므로

$\therefore C = \dfrac{Q}{V} = \dfrac{4\pi\epsilon_0}{\dfrac{1}{a} - \dfrac{1}{b}} = 4\pi\epsilon_0 \dfrac{ab}{b-a}$ [F] **답** ②

문제 10 W_1과 W_2의 에너지를 갖는 두 콘덴서를 병렬 연결한 경우의 총 에너지 W와의 관계로 옳은 것은? 단, $W_1 \neq W_2$ 이다.

① $W_1 + W_2 = W$ ② $W_1 + W_2 > W$

③ $W_1 - W_2 = W$ ④ $W_1 + W_2 < W$

풀이

전위가 다르게 충전된 콘덴서를 병렬로 접속시 전위차가 같아지도록 높은 전위 콘덴서의 전하가 낮은 전위 콘덴서 쪽으로 이동하며 이에 따른 **전하의 이동(전류)**으로 도선에서 **전력 소모가 발생**하므로 $W_1 + W_2 > W$ 의 관계가 된다. **답** ②

문제 11 그림과 같이 $q_1 = 6 \times 10^{-8}$[C], $q_2 = -12 \times 10^{-8}$ [C]의 두 전하가 서로 100[cm] 떨어져 있을 때 전계 세기가 0 이 되는 점은?

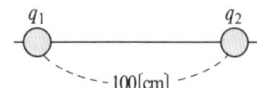

① q_1과 q_2의 연장선상 q_1으로부터 왼쪽으로 약 24.1[m] 지점이다.

② q_1과 q_2의 연장선상 q_1으로부터 오른쪽으로 약 14.1[m] 지점이다.

③ q_1과 q_2의 연장선상 q_1으로부터 왼쪽으로 약 2.41[m] 지점이다.

④ q_1과 q_2의 연장선상 q_1으로부터 오른쪽으로 약 1.41[m] 지점이다.

풀이

두 전하의 부호가 다르므로 전계의 세기가 0이 되는 점은 전하의 절대값이 작은 쪽의 외부가 된다. 즉, q_1으로부터 왼쪽이 된다.

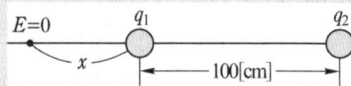

$E = \dfrac{1}{4\pi\epsilon_0}\left\{\dfrac{6\times10^{-8}}{x^2} - \dfrac{12\times10^{-8}}{(x+1)^2}\right\} = 0$

$\dfrac{6\times10^{-8}}{x^2} = \dfrac{12\times10^{-8}}{(x+1)^2}$

$2x^2 = (x+1)^2$

$\sqrt{2}x = x+1$

$\therefore x = \dfrac{1}{\sqrt{2}-1} ≒ 2.41$[m] **답** ③

문제 12 한 변의 길이가 3[m]인 정삼각형 회로에 2[A]의 전류가 흐를 때 정삼각형 중심에서의 자계의 크기는 몇 [AT/m]인가?

① $\dfrac{1}{\pi}$ ② $\dfrac{2}{\pi}$

③ $\dfrac{3}{\pi}$ ④ $\dfrac{4}{\pi}$

풀이

그림에서 한 변의 전류에 의한 자계는

$H_1 = \dfrac{I}{4\pi b}(\sin\phi_1 + \sin\phi_2)$

$= \dfrac{I}{4\pi b}\sin\phi \times 2$

$= \dfrac{I}{2\pi b} \times \dfrac{\sqrt{3}}{2}$

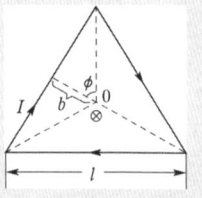

삼각형 중심의 자계는

$\therefore H = 3H_1 = \dfrac{3\sqrt{3}}{4}\dfrac{I}{\pi b}$

$$= \frac{3\sqrt{3}}{4} \times \frac{I}{\pi\left(\frac{l}{2\sqrt{3}}\right)} = \frac{9I}{2\pi l} \, [\text{AT/m}]$$

$$\left(\because \tan 30° = \frac{b}{l/2}, \; b = \frac{l}{2}\tan 30° = \frac{l}{2\sqrt{3}}\right)$$

$\therefore$ 정삼각형 중심의 자계 $H = \frac{9I}{2\pi l} = \frac{9 \times 2}{2\pi \times 3} = \frac{3}{\pi}[\text{AT/m}]$

답 ③

문제 13 도전도 $k = 6 \times 10^{17}[\text{℧/m}]$, 투자율 $\mu = \frac{6}{\pi} \times 10^{-7}[\text{H/m}]$인 평면도체 표면에 10 [kHz]의 전류가 흐를 때, 침투되는 깊이 $\delta[\text{m}]$는?

① $\frac{1}{6} \times 10^{-7}[\text{m}]$ ② $\frac{1}{8.5} \times 10^{-7}[\text{m}]$

③ $\frac{36}{\pi} \times 10^{-10}[\text{m}]$ ④ $\frac{36}{\pi} \times 10^{-6}[\text{m}]$

풀이

- **표피 효과** : 도체 내부에 교류 전류가 흐르면 전류 밀도는 도체 중심부에서 작아지고 표면으로 갈수록 커지는 현상이 나타나는데 이것을 표피 효과라 한다.
- 표피 두께(침투 깊이)

$$\delta = \sqrt{\frac{2}{\omega k \mu}} = \sqrt{\frac{1}{\pi f k \mu}}$$

$$= \sqrt{\frac{1}{\pi \times 10 \times 10^3 \times 6 \times 10^{17} \times \frac{6}{\pi} \times 10^{-7}}}$$

$$= \frac{1}{6} \times 10^{-7} \, [\text{m}]$$

답 ①

문제 14 $x > 0$인 영역에 비유전율 $\epsilon_{r1} = 3$인 유전체, $x < 0$인 영역에 비유전율 $\epsilon_{r2} = 5$인 유전체가 있다. $x < 0$인 영역에서 전계 $E_2 = 20a_x + 30a_y - 40a_z[\text{V/m}]$일 때 $x > 0$인 영역에서의 전속밀도는 몇 $[\text{C/m}^2]$인가?

① $10(10a_x + 9a_y - 12a_z)\epsilon_0$

② $20(5a_x - 10a_y + 6a_z)\epsilon_0$

③ $50(2a_x + 3a_y - 4a_z)\epsilon_0$

④ $50(2a_x - 3a_y + 4a_z)\epsilon_0$

풀이

경계면에 대해 a_x 성분은 법선 성분이고 a_y, a_z 성분은 접선

성분에 해당된다.

- 경계조건에 의하여 법선 성분 $D_{1x} = D_{2x}$ 이므로

$$\epsilon_0 \epsilon_{r1} E_{1x} = \epsilon_0 \epsilon_{r2} E_{2x}$$

$$\therefore E_{1x} = \frac{\epsilon_{r2}}{\epsilon_{r1}} E_{2x} = \frac{5}{3} 20a_x = \frac{100}{3} a_x$$

- 경계조건에 의하여 접선 성분 $E_{1y} = E_{2y}$, $E_{1z} = E_{2z}$ 이므로

$$\therefore E_{1y} = 30a_y, \quad E_{1z} = -40a_z$$

- 비유전율 ϵ_{r1}인 영역에서의 전계 E_1

$$E_1 = \frac{100}{3} a_x + 30a_y - 40a_z \, [\text{V/m}]$$

- 비유전율 ϵ_{r1}인 영역에서의 전속밀도 D_1

$$D_1 = \epsilon_0 \epsilon_{r1} E_1 = \epsilon_0 \times 3 \times \left[\frac{100}{3} a_x + 30a_y - 40a_z\right]$$

$$= (100a_x + 90a_y - 120a_z)\epsilon_0$$

$$= 10(10a_x + 9a_y - 12a_z)\epsilon_0 \, [\text{C/m}^2]$$

답 ①

문제 15 전계 및 자계의 세기가 각각 $E[\text{V/m}]$, $H[\text{AT/m}]$일 때, 포인팅 벡터 $P[\text{W/m}^2]$의 표현으로 옳은 것은?

① $P = \frac{1}{2}E \times H$ ② $P = E \, \text{rot} \, H$

③ $P = E \times H$ ④ $P = H \, \text{rot} \, E$

풀이

포인팅 벡터(Poynting vector) P

전자계 내의 한 점을 통과하는 에너지 흐름의 단위 면적당 전력 또는 전력 밀도를 표시하는 벡터

$$P = E \times H [\text{W/m}^2]$$

답 ③

문제 16 와전류와 관련된 설명으로 틀린 것은?

① 단위체적당 와류손의 단위는 $[\text{W/m}^3]$ 이다.

② 와전류는 교번자속의 주파수와 최대자속밀도에 비례한다.

③ 와전류손은 히스테리시스손과 함께 철손이다.

④ 와전류손을 감소시키기 위하여 성층철심을 사용한다.

풀이

- 무부하손인 철손 = 와류손 + 히스테리시스손
- 와류손 $W_e = K_e(t \cdot f \cdot K_f \cdot B_m)^2[\text{W}]$

  여기서, K_e : 재료에 따라 정해지는 정수

  t : 철심의 두께, f : 주파수

  K_f : 파형률, B_m : 최대 자속밀도

• 와류손을 감소시키기 위해서 성층철심(두께 t를 감소)을 사용한다.

따라서, **와류손은 주파수 f와 최대자속밀도 B_m 의 제곱에 비례한다.**

답 ②

문제 **17** 감자력이 0인 것은?

① 구 자성체   ② 환상 철심

③ 타원 자성체   ④ 굵고 짧은 막대 자성체

풀이

감자력 $H' = \dfrac{N}{\mu_0} J$ 에서

감자력 $H' = 0$이 되기 위해서는 **감자율 N이 0**이 되어야 한다. 따라서, **자극이 존재하지 않는 환상 철심**이 이에 해당한다.

참고로 구 자성체의 감자율 $N = \dfrac{1}{3}$이고,

원통 자성체의 감자율 $N = \dfrac{1}{2}$이다.

그리고, 가늘고 긴 막대 자성체가 자계와 평행으로 놓여 있을 때 감자율은 거의 0에 가깝지만, 수직으로 놓여 있으면 감자율은 1에 가까운 값이 된다.

답 ②

문제 **18** 비유전율 $\epsilon_s = 5$인 유전체 중에서 전속밀도가 4×10^{-4}[C/m²]일 때 분극의 세기는 몇 [C/m²]인가?

① 1.6×10^{-4} ② 2.4×10^{-4}

③ 3.2×10^{-4} ④ 4.8×10^{-4}

풀이

분극의 세기 $P = D - \epsilon_0 E$

$$= D - \epsilon_0 \left(\frac{D}{\epsilon_0 \epsilon_s} \right) = D - \frac{D}{\epsilon_s} = \left(1 - \frac{1}{\epsilon_s} \right) D$$

여기서, $E = \dfrac{D}{\epsilon} = \dfrac{D}{\epsilon_0 \epsilon_s}$

$$\therefore P = \left(1 - \frac{1}{5} \right) \times 4 \times 10^{-4} = 3.2 \times 10^{-4} [\text{C/m}^2]$$

답 ③

문제 **19** 반지름 $r = 1$[m]인 도체구의 표면 전하밀도가 $\dfrac{10^{-8}}{9\pi}$[C/m²]이 되도록 하는 도체구의 전위는 몇 [V]인가?

① 10   ② 20

③ 40   ④ 80

풀이

도체구의 표면전위 $V = \dfrac{Q}{4\pi\epsilon_0 r}$[V]

에서 도체구 표면의 총전하는 $Q = \sigma S = \sigma(4\pi r^2)$[C] 이므로 도체구의 표면전위 V_a는

$$\therefore V_a = \frac{Q}{4\pi\epsilon_0 r} = \frac{\sigma 4\pi r^2}{4\pi\epsilon_0 r} = \frac{\sigma 4\pi r}{4\pi\epsilon_0}$$

$$= 9 \times 10^9 \times \frac{10^{-8}}{9\pi} \times 4\pi \times 1 = 40 [\text{V}]$$

답 ③

문제 **20** 전속 밀도 $D = 3xi + 2yj + zk$ [C/m²]를 발생하는 전하 분포에서 1[mm³] 내의 전하는 얼마인가?

① 3[nC]   ② 3[μC]

③ 6[nC]   ④ 6[C]

풀이

전하 밀도 ρ는

$$\rho = \text{div} \, \boldsymbol{D} = \frac{\partial D_x}{\partial x} + \frac{\partial D_y}{\partial y} + \frac{\partial D_z}{\partial z} = 3 + 2 + 1 = 6 [\text{C/m}^3]$$

이므로 1[mm³] 내의 전하량[nC]은

$$\therefore \rho \triangle v = 6 \times 10^{-9} [\text{C}] = 6[\text{nC}]$$

답 ③

제**2**과목   **전력공학**

문제 **21** 전력선에 영상전류가 흐를 때 통신선로에 발생되는 유도장해는?

① 고조파유도장해

② 전력유도장해

③ 정전유도장해

④ 전자유도장해

풀이

① **전자유도** : 영상전류에 의해 발생 (사고시)

     전자유도 전압 $E_m = -j\omega Ml \times 3I_0$[V]

② **정전유도** : 영상전압에 의해 발생 (정상시)

답 ④

문제 22 초고압 송전선에 직접 접지방식이 채용되는 이유가 아닌 것은?

① 지락 시 중성점의 전위가 상승하지 않는다.
② 지락 시 계전기의 동작이 확실하다.
③ 단절연이 가능하다.
④ 기기의 절연레벨을 높일 수 있다.

풀이

직접 접지방식의 장·단점
[장점]
① 1선 지락시에 건전상의 대지 전압이 거의 상승하지 않는다.
② 피뢰기의 효과를 증진시킬 수 있다.
③ 단절연이 가능하다.
④ 계전기의 동작이 확실해진다.
[단점]
① 송전 계통의 과도 안정도가 나빠진다.
② 통신선에 유도 장해가 크다.
③ 지락 시 대 전류가 흘러 기기에 손상을 준다.
④ 대용량 차단기가 필요하다. **답** ④

문제 23 가공선의 서지 임피던스를 Z_a, 지중선의 서지 임피던스를 Z_c라 할 때 일반적으로 어떤 관계가 성립하는가?

① $Z_a = Z_c$
② $Z_a > Z_c$
③ $Z_a < Z_c$
④ $Z_a \leq Z_c$

풀이

cable은 가공선에 비해 정전 용량 C가 매우 크다(약 20~30배). 따라서, 서지 임피던스 $Z_0 = \sqrt{\dfrac{L}{C}}$ 에서 **가공선이 케이블에 비해 서지 임피던스가 크다**. 지중선로에서는 케이블을 사용 하여야 하므로 $Z_a > Z_c$가 성립된다. **답** ②

문제 24 초고압 송전선로에서 코로나 방지대책으로 적당하지 않은 것은?

① 매설지선
② ACSR선
③ 중공연선
④ 복도체

풀이

코로나 방지 대책
코로나 임계전압 $\left(E_0 = 24.3 m_0 m_1 \delta d \log_{10} \dfrac{D}{r}\right)$을 상승시킨다.

① 전선의 지름을 크게 한다.
② 복도체를 사용한다.
③ 가선 금구를 개량한다.
④ 가선 시에 전선 표면의 금구를 손상하지 않게 한다.
그러나 매설지선은 탑각 접지저항을 감소시켜 역섬락을 방지하기 위하여 사용된다. **답** ①

문제 25 송전전력, 부하역률, 송전거리, 전력손실, 선간전압을 동일하게 하였을 때 3상3선식에 의한 소요 전선량은 단상 2선식인 경우의 몇 [%]인가?

① 50[%]
② 67[%]
③ 75[%]
④ 87[%]

풀이

• 송전전력이 동일하므로 $VI_1 \cos\theta = \sqrt{3} VI_3 \cos\theta$
  ∴ $I_1 = \sqrt{3} I_3$

• 전력손실이 동일하므로 $2I_1^2 R_1 = 3I_3^2 R_3$
  (중성선에는 전류가 흐르지 않는 조건임. 따라서 중성선에는 전력 손실이 발생하지 않음)
  $2(\sqrt{3} I_3)^2 R_1 = 3I_3^2 R_3$
  ∴ $2R_1 = R_3$

• $R = \rho \dfrac{l}{S}$에서 $R \propto \dfrac{1}{S}$ 이므로
  $\dfrac{R_1}{R_3} = \dfrac{S_3}{S_1} = \dfrac{R_1}{2R_1} = \dfrac{1}{2}$ ∴ $S_1 = 2S_3$

• 소요 전선량 비$= \dfrac{3 \text{상} 3 \text{선식}}{\text{단상 } 2 \text{선식}} = \dfrac{3S_3}{2S_1} = \dfrac{3S_3}{2 \times 2S_3} = \dfrac{3}{4}$
  $= 0.75 = 75[\%]$ **답** ③

문제 26 3상 154[kV] 송전선의 일반회로정수가 $A = 0.900$, $B = 150$, $C = j0.901 \times 10^{-3}$, $D = 0.930$일 때 무부하시 송전단에 154[kV]를 가했을 때 수전단 전압은 몇 [kV]인가?

① 143
② 154
③ 166
④ 171

풀이

송전단 상전압 $E_s = AE_r + BI_r$ 에서
송전단 선간 전압 $V_s = AV_r + \sqrt{3} BI_r$
무부하이므로 $I_r = 0$, 따라서 $V_s = AV_r$
∴ $V_r = \dfrac{V_s}{A} = \dfrac{154}{0.9}$ [kV] $= 171$[kV] **답** ④

문제 27 부하의 역률을 개선하기 위한 콘덴서의 적정 설치 위치는?

① 수전단 모선에 중앙에 집중설치
② 수전단 모선 중앙과 저압측 모선 중앙에 집중설치
③ 저압측에 각각의 부하와 병렬로 분산하여 설치
④ 저압측 모선 중앙에 집중설치

풀이

콘덴서 설치에 따른 효과는 배전선을 포함한 전원측의 경로를 통해 나타난다.
따라서 각각의 부하에 병렬로 개별적으로 설치하는 것이 가장 효과가 크고 콘덴서 제어가 간편하나 부하 각각에 설치해야 하는 경제적인 부담이 크다. **답** ①

문제 28 역률 80[%]인 10000[kVA]의 부하를 갖는 변전소에 2000[kVA]의 콘덴서를 설치해서 역률을 개선하면 변압기에 걸리는 부하는 약 몇 [kVA]인가?

① 8000 ② 8540
③ 8940 ④ 9440

풀이

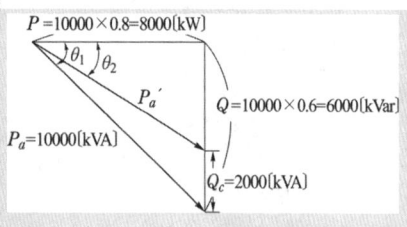

- 유효전력
$P = P_a \cos\theta_1 = 10000 \times 0.8 = 8000[\text{kW}]$
- 무효전력
$Q = P_a \sin\theta_1 = 10000 \times \sqrt{1-0.8^2} = 6000[\text{kVar}]$
- 전력용 콘덴서 $Q_c = 2000[\text{kVA}]$
따라서 변압기에 걸리는 부하 P_a'은
$P_a' = \sqrt{P^2 + (Q-Q_c)^2} = \sqrt{8000^2 + (6000-2000)^2}$
$\quad = 8944.27[\text{kVA}]$ **답** ③

문제 29 파동 임피던스 $Z_1 = 300[\Omega]$인 선로 종단에 파동 임피던스 $Z_2 = 1500[\Omega]$의 변압기가 접속되어 있다. 지금 선로에서 파고 $e_1 = 600[\text{kV}]$의 전압이 진입하였다면 접속점에서의 전압의 반사파는 약 몇 [kV]인가?

① 300 ② 400
③ 500 ④ 600

풀이

반사 전압
$$e_2 = \frac{Z_2 - Z_1}{Z_2 + Z_1} e_1 = \frac{1500-300}{1500+300} \times 600 = 400[\text{kV}]$$ **답** ②

문제 30 비접지 계통의 3상 3선식 배전선로가 있다. 1선이 지락하는 경우 건전상의 전위상승은 지락 전의 몇 배인가?

① $\dfrac{\sqrt{3}}{2}$ ② 1
③ $\sqrt{2}$ ④ $\sqrt{3}$

풀이

△결선(비접지 계통)은 1선 지락시 전위 상승이 상전압(V_p)에서 선간 전압($\sqrt{3}\,V_p$)으로 된다. **답** ④

문제 31 열효율 35[%]의 화력 발전소에서 발열량 6,000 [kcal/kg]의 석탄을 이용한다면 1[kWh]를 발전하는 데 필요한 석탄량은 몇 [kg]인가?

① 2.42 ② 1.23
③ 0.82 ④ 0.41

풀이

발전소의 열효율 $\eta = \dfrac{860W}{mH} \times 100[\%]$에서

연료 소비량 $m = \dfrac{860W}{\eta H} = \dfrac{860 \times 1}{0.35 \times 6,000} = 0.41[\text{kg}]$ **답** ④

문제 32 다음 중 모선 방식의 종류에 속하지 않는 것은?

① 단일 모선
② 2중 모선
③ 3중 모선
④ 환상 모선

풀이

모선 방식은 **단일 모선**, 복모선(2중 모선, 절환모선, 1.5차단방식), **환상 모선**으로 구분된다. **답** ③

문제 33 송전 선로의 안정도 향상 대책과 관계가 없는 것은?

① 속응 여자 방식 채용

② 재폐로 방식의 채용

③ 리액턴스 감소

④ 역률의 신속한 조정

풀이

안정도 향상 대책

① 계통의 **직렬 리액턴스 감소**(다회선 방식 채택, 복도체 방식 채택, 기기의 리액턴스 감소, 직렬 콘덴서 설치)

② 전압변동률을 적게 한다 (**속응 여자 방식** 채용, 계통의 연계, 중간 조상 방식).

③ 계통에 주는 충격을 적게 한다 (적당한 중성점 접지 방식, 고속 차단 방식, **재폐로 방식**).

④ 고장 중의 발전기 돌입 출력의 불평형을 적게 한다.

답 ④

문제 34 케이블의 전력 손실과 관계가 없는 것은?

① 철손

② 유전체손

③ 시스손

④ 도체의 저항손

풀이

철손은 와류손과 히스테리시스손으로 구성되는데 이 손실은 케이블에서 발생되는 손실이 아니고 **철심에서 발생**된다. **답** ①

문제 35 보호계전기와 그 사용 목적이 잘못된 것은?

① 비율차동계전기 : 발전기 내부 단락 검출용

② 전압평형계전기 : 발전기 출력측 PT 퓨즈 단선에 의한 오작동 방지

③ 역상과전류계전기 : 발전기 부하불평형 회전자 과열소손

④ 과전압계전기 : 과부하 단락사고

풀이

과전압계전기는 전압이 정정값 초과 시 동작하는 계전기로, 과부하 보호 및 단락 보호에 사용되지 않는다. **답** ④

문제 36 소호 리액터 접지의 합조도가 정(+)인 경우에는 어느 것과 관련이 있는가?

① 공진

② 과보상

③ 접지 저항

④ 아크 전압

풀이

$$합조도(P) = \frac{I_L - I_C}{I_C}$$

I_L : 소호 리액터 탭전류, I_C : 전대지 충전 전류

에서 합조도가 정(+)인 경우는 **과보상** 상태를 의미하며

$I_L > I_C$ 즉, $\omega L < \dfrac{1}{3\omega C}$ 이 된다. **답** ②

문제 37 그림과 같이 수심이 5 [m]인 수조가 있다. 이 수조의 측면에 미치는 수압 P_0[kg/m²]는 얼마인가?

① 2500

② 3000

③ 3500

④ 4000

5[m]

풀이

수조벽에 가해지는 평균 압력의 세기를 P_0라 하면

$P_0 = \dfrac{1}{2}wH$에서 $w = 1000[\text{kg/m}^3]$, $H = 5[\text{m}]$이므로

$P_0 = \dfrac{1}{2} \times 1000 \times 5 = 2500[\text{kg/m}^2]$ **답** ①

문제 38 부하역률이 $\cos\theta$인 경우의 배전선로의 전력손실은 같은 크기의 부하전력으로 역률이 1인 경우의 전력손실에 비하여 몇 배인가?

① $\dfrac{1}{\cos^2\theta}$

② $\dfrac{1}{\cos\theta}$

③ $\cos\theta$

④ $\cos^2\theta$

풀이

전력손실 $P_l = \dfrac{RP^2}{V^2\cos^2\theta} \propto \dfrac{1}{\cos^2\theta}$에서

역률 1일 때 비교 $\dfrac{P_{l\cos\theta}}{P_{l1.0}} = \dfrac{\frac{1}{\cos^2\theta}}{1} = \dfrac{1}{\cos^2\theta}$ **답** ①

문제 39 전력계통의 주파수가 기준치보다 증가하는 경우 어떻게 하는 것이 타당한가?

① 발전출력(kW)을 증가시켜야 한다.
② 발전출력(kW)을 감소시켜야 한다.
③ 무효전력(kVar)을 증가시켜야 한다.
④ 무효전력(kVar)을 감소시켜야 한다.

풀이

• 발전기 출력(유효 전력) 증가 → 계통 주파수 상승
• **발전기 출력(유효 전력) 감소 → 계통 주파수 하강**
• 진상 무효 전력 증가 → 수전단 전압 상승
• 지상 무효 전력 증가 → 수전단 전압 하강 **답** ②

문제 40 송전용량계수법에 의하여 송전선로의 송전용량을 결정할 때 수전 전력의 관계를 옳게 표현한 것은?

① 수전전력의 크기는 송전거리와 송전전압에 비례한다.
② 수전전력의 크기는 송전거리에 비례하고 수전단 선간전압의 제곱에 비례한다.
③ 수전전력의 크기는 송전거리에 반비례하고 수전단 선간전압에 비례한다.
④ 수전전력의 크기는 송전거리에 반비례하고 수전단 선간전압의 제곱에 비례한다.

풀이

송전용량 $P = k\dfrac{V_r^2}{l}$ [kW]

여기서, V_r : 수전단 선간 전압 [kV]

 l : 송전 거리 [km]

 k : 송전 용량계수 **답** ④

제3과목 전기기기

문제 41 직류 발전기의 계자 철심에 잔류자기가 없어도 발전을 할 수 있는 발전기는?

① 타여자 발전기　　② 분권 발전기
③ 직권 발전기　　　④ 복권 발전기

풀이

타여자 발전기는 외부에서 계자 권선 F에 직류 전원을 공급하므로 잔류 자기가 없어도 된다.

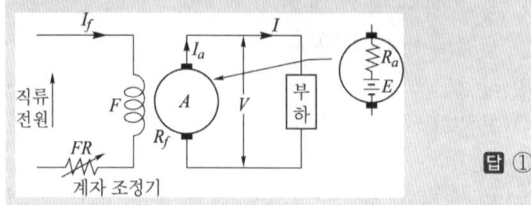

답 ①

문제 42 비돌극형 회전자를 가진 동기발전기는 부하각 δ가 몇 도일 때 최대 출력을 낼 수 있는가?

① 0°　　　　　　② 45°
③ 90°　　　　　④ 120°

풀이

비돌극기(원통형 회전자)

• 3상 발전기 출력 $P ≒ \dfrac{3EV}{x_s}\sin\delta$

• 최대 출력 : 부하각 $\delta = 90°(\sin 90° = 1)$에서 발생 **답** ③

문제 43 전력용 변압기에서 1차에 정현파 전압을 인가하였을 때, 2차에 정현파 전압이 유기되기 위해서는 1차에 흘러들어가는 여자전류는 기본파 전류외에 주로 몇 고조파 전류가 포함되는가?

① 제2고조파　　　② 제3고조파
③ 제4고조파　　　④ 제5고조파

풀이

변압기 철심의 자기 포화 현상과 히스테리시스 현상으로 자속은 정현파가 되지 못하고 고조파를 포함하는 왜형파가 된다. 따라서, **정현파 전압을 유기**하기 위해서는 정현파의 자속이 필요하게 되며 그 결과 자속을 만드는 **여자 전류에 제3고조파가 포함** 되어야 한다. **답** ②

문제 44 단상변압기 3대로 △ − Y 결선을 할 때, 2차 선간전압(V_2)과 1차 선간전압(V_1)의 위상차는?

① 1차 선간전압이 2차 선간전압보다 30° 앞선다.
② 1차 선간전압이 2차 선간전압 보다 30° 뒤진다.
③ 2차 선간전압이 1차 선간전압 보다 60° 앞선다.
④ 2차 선간전압이 1차 선간전압 보다 60° 뒤진다.

풀이

① △결선
- $V_l(V_1) = V_p \angle 0°$, $I_l = \sqrt{3} I_p \angle -30°$

② Y결선
- $V_l(V_2) = \sqrt{3} V_p \angle 30°$, $I_l = I_p$

따라서 V_1이 V_2보다 30° 뒤진다. **답** ②

풀이

각 종 반도체 소자의 비교
① 방향성
- 양방향성(쌍방향성) 소자 : DIAC, TRIAC, SSS
- 역저지(단방향성) 소자 : SCR, LASCR, GTO, SCS
② 극(단자) 수
- 2극(단자) 소자 : DIAC, SSS, Diode
- 3극(단자) 소자 : SCR, LASCR, GTO, TRIAC
- **4극(단자) 소자 : SCS** **답** ③

문제 45 직류발전기의 전기자 권선법 중 단중 파권과 단중 중권을 비교했을 때 단중 파권에 해당하는 것은?

① 고전압 대전류　　② 저전압 소전류
③ 고전압 소전류　　④ 저전압 대전류

풀이

중권과 파권의 비교

구분	중권(병렬권)	파권(직렬권)
전기자 병렬회로 수 a	$p\,(a=mp)$	$2\,(a=2m)$
브러시 수 b	p	2
용　도	저전압, 대전류	**고전압, 소전류**
균압접속	4극 이상이면 균압접속을 하여야 한다.	균압접속은 필요 없다.

여기서, m : 다중도 **답** ③

문제 46 3상 유도전동기의 속도제어법으로 틀린 것은?

① 1차 저항법　　② 극수 제어법
③ 전압 제어법　　④ 주파수 제어법

풀이

유도전동기의 속도제어 방법
① 농형 유도 전동기의 **속도 제어법**은
- **주파수**를 바꾸는 방법
- **극수**를 바꾸는 방법
- **전원 전압**을 바꾸는 방법
② 권선형 유도 전동기는
- 2차 저항을 제어하는 방법
- 2차 여자법 등이 있다. **답** ①

문제 47 3단자 사이리스터가 아닌 것은?

① SCR　　② GTO
③ SCS　　④ TRIAC

문제 48 다음 (　　)안에 알맞은 내용은?

"직류전동기의 회전속도가 위험한 상태가 되지 않으려면 직권 전동기는 (㉠)상태로, 분권전동기는 (㉡) 상태가 되지 않도록 하여야 한다."

① ㉠ 무부하, ㉡ 무여자
② ㉠ 무여자, ㉡ 무부하
③ ㉠ 무여자, ㉡ 경부하
④ ㉠ 무부하, ㉡ 경부하

풀이

- 직권 전동기에서 $I = I_a = I_f \propto \phi$이므로 직권 전동기의 속도

$$n = K\frac{V - I_a(R_a + R_s)}{I}$$

여기서, $I_a(R_a + R_s)$는 매우 적으므로 무시하면 $n = K_1\dfrac{V}{I}$ 가 된다. 따라서, **직권 전동기는 정격 전압, 무부하에서 위험속도가** 된다.

- 분권 전동기의 속도 $n = K\dfrac{V - R_a I_a}{\phi}$

따라서, **계자 회로가 끊어지면(무여자)** 자속 ϕ가 0이 되어 **전동기 속도가 고속으로 되어 위험하다.** **답** ①

문제 49 6극인 유도전동기의 토크가 τ이다. 극수를 12극으로 변환하였다면 변환한 후의 토크는? 단, 유도전동기의 2차 입력 및 주파수는 일정하다고 한다.

① τ　　　　② 2τ
③ $\dfrac{\tau}{2}$　　　　④ $\dfrac{\tau}{4}$

풀이

$\tau = 0.975\dfrac{P_2}{N_s} = 0.975\dfrac{P_2}{\dfrac{120}{p}f}[\text{kg}\cdot\text{m}]$에서 $\tau \propto p$(극수)

문제 50 동기전동기의 지상 전류는 어떤 작용을 하는가?

① 증자 작용

② 감자 작용

③ 교차 자화 작용

④ 아무 작용도 없음

풀이

발전기와 전동기의 전기자 반작용은 서로 반대이다.

분 류	동기 발전기	동기 전동기
전압과 동상	교차 자화 작용	교차 자화 작용
진상 전류(앞선전류)	증자 작용	감자 작용
지상 전류(뒤진전류)	감자 작용	**증자 작용**

(전압 : 발전기에서는 유기기전력, 전동기에서는 공급전압을 기준)　　　**답** ①

문제 51 4극, 60 [Hz]인 3상 유도기가 1750 [rpm]으로 회전하고 있을 때 전원의 b상과 c상을 바꾸면 이때의 슬립은 약 얼마인가?

① 2.03　　　　　　② 1.97

③ 1.05　　　　　　④ 0.83

풀이

$$N_s = \frac{120f}{p} = \frac{120 \times 60}{4} = 1800[\text{rpm}]$$

회전중인 유도전동기 전원의 b상과 c상을 바꾸면 전동기의 회전자가 역전하게 되며 그 때의 슬립 s는

$$\therefore s = \frac{N_s - (-N)}{N_s} = \frac{1800 - (-1750)}{1800} = 1.97$$　　**답** ②

문제 52 그림은 복권발전기의 외부특성곡선이다. 이 중 과복권을 나타내는 곡선은?

① A

② B

③ C

④ D

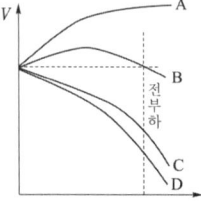

풀이

직류 복권 발전기의 외부특성 곡선

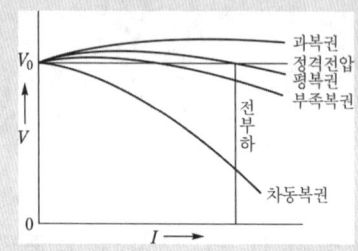

여기서, V_0 : 무부하 전압, V : 단자 전압, I : 부하전류

가동 복권 발전기에서 직권 계자 권선의 기자력을 더 많게 하여 부하 전류 증대에 따른 전압 강하보다 **부하시의 전압을 더 크게** 하여 전압 변동률을 (−)로 설계한 발전기를 **과복권 발전기**라 한다.

$$전압변동률 = \frac{무부하 전압 - 정격전압}{정격전압} \times 100[\%]$$　　**답** ①

문제 53 단상 정류자전동기의 일종인 단상 반발전동기에 해당되는 것은?

① 시라게전동기

② 반발유도전동기

③ 아트킨손형 전동기

④ 단상 직권 정류자전동기

풀이

단상 정류자 전동기

1) 직권특성

　① 단상 직권 정류자 전동기 – 직권형, 보상직권형, 유도보상 직권형

　② **단상 반발 전동기 – 아트킨손형전동기**, 톰슨전동기, 테리전동기

2) 분권특성 : 현재 실용화 되지 않고 있음　　**답** ③

문제 54 동기발전기의 자기여자 방지법이 아닌 것은?

① 발전기 2대 또는 3대를 병렬로 모선에 접속한다.

② 수전단에 동기조상기를 접속한다.

③ 송전선로의 수전단에 변압기를 접속한다.

④ 발전기의 단락비를 적게 한다.

풀이

① 발전기의 자기여자

　발전기에 진상전류가 흐르면 전기자 반작용의 증자작

이다. 따라서, 극수가 6극에서 12극으로 2배 증가하였으므로, 토크도 2배 증가하게 된다.　　**답** ②

용에 의해 여자전류를 가하지 않은 상태에서도 전압이 상승하여 정상전압까지 올라가는 현상을 발전기의 자기여자라 한다.

② 자기 여자 방지법
• 발전기 2대 또는 3대를 병렬로 모선에 접속한다.
• 수전단에 동기 조상기를 접속하고 이것을 부족 여자로 하여 송전선에서 지상 전류를 취하게 하면 충전 전류를 그 만큼 감소시키는 것이 된다.
• 송전선로의 수전단에 변압기를 접속한다.
• 수전단에 리액턴스를 병렬로 접속한다.
• **발전기의 단락비를 크게 한다.** **답** ④

문제 55 유도발전기에 관한 설명 중 틀린 것은?

① 회전자속을 만들기 위해 회전자에 DC 여자전류를 공급한다.
② 유도발전기의 주파수는 전원의 주파수로 정하고 회전속도에는 관계가 없다.
③ 출력은 회전자속도와 회전자속의 상대속도에는 비례하기 때문에 출력을 증가하려면 속도를 증가시킨다.
④ 동기발전기와 같이 동기화 할 필요가 없고 난조 등 이상현상이 생기지 않는다.

풀이

유도발전기는 전동기로서의 회전방향과 같은 방향으로 동기속도 이상의 속도$(s < 0)$로 회전시켜 발전하는 것으로서 이 발전기의 **주파수는 전원의 주파수로 정하고 회전 속도에는 관계없으나** 출력은 거의 상대 속도$(n - n_s)$와 비례하기 때문에 출력을 증가하려면 속도를 증가시켜야 한다.
유도 발전기의 장·단점은 다음과 같다.

[장점]
① 동기 발전기와 달리 가격이 싸다.
② 기동과 취급이 간단하며 고장이 적다.
③ 동기발전기와 같이 동기화할 필요가 없으며 난조 등의 이상 현상도 생기지 않는다.
④ 선로에 단락이 생긴 경우에도 여자가 상실되므로 단락 전류는 동기기에 비해 적으며 지속 시간도 짧다.

[단점]
① 병렬로 지속되는 동기기에서 여자전류를 취해야 한다.
② 공극의 치수가 작기 때문에 운전 시 주의해야 한다.
③ 효율과 역률이 낮다. **답** ①

문제 56 3150/210 [V]의 단상변압기 고압측에 100 [V]의 전압을 가하면 가극성 및 감극성일 때에 전압계 지시는 각각 몇 [V]인가?

① 가극성 : 106.7, 감극성 : 93.3
② 가극성 : 93.3, 감극성 : 106.7
③ 가극성 : 126.7, 감극성 : 96.3
④ 가극성 : 96.3, 감극성 : 126.7

풀이

변압기 극성

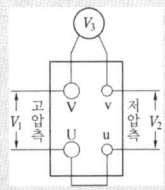

변압기의 극성이란 어느 순간에 1차와 2차 양단자에 나타나는 유기기전력의 방향을 나타내는 것으로서 감극성과 가극성이 있다. 현재 우리나라는 감극성이 표준이다.
• **가극성 일 때** $V_3 = V_1 + V_2$
• **감극성 일 때** $V_3 = V_1 - V_2$
따라서, 저압측 전압

$$V_2 = \frac{1}{a} V_1 = \frac{210}{3150} \times 100 = 6.67 [V]$$ 이므로

• 가극성 : $V_3 = V_1 + V_2 = 100 + 6.67 = 106.67 [V]$
• 감극성 : $V_3 = V_1 - V_2 = 100 - 6.67 = 93.33 [V]$ **답** ①

문제 57 일반적인 변압기의 무부하손 중 효율에 가장 큰 영향을 미치는 것은?

① 와전류손
② 유전체손
③ 히스테리시스손
④ 여자전류 저항손

풀이

무부하손 ┬ ⓐ 철손 ┬ 히스테리시스손
         │   └ 와류손
         ├ ⓑ 여자 전류에 의한 권선의 저항손
         └ ⓒ 절연물 중의 유전체손

ⓑ, ⓒ는 ⓐ에 비하여 매우 적으므로 **무부하손은 철손**이라고 보는 것이 보통이며, 이 무부하손은 부하의 유무에 관계없이 1차측에 전원만 공급되면 발생되는 손실이다. 또한 **변압기의 히스테리시스손은 와류손의 3~4배** 정도로 크다. **답** ③

문제 58 포화하고 있지 않은 직류발전기의 회전수가 4배로 증가되었을 때 기전력을 전과 같은 값으로 하려면 여자를 속도 변화 전에 비해 얼마로 하여야 하는가?

① $\dfrac{1}{2}$　② $\dfrac{1}{3}$　③ $\dfrac{1}{4}$　④ $\dfrac{1}{8}$

풀이

- 직류 발전기의 유기기전력 $E = p\phi n \dfrac{Z}{a}$ 에서 유기기전력 E가 변함없으려면 "$\phi \times n = $일정" 해야 한다. 따라서, 회전수 n이 4배로 증가하면 자속 ϕ는 1/4로 감소되어야 한다.
- 여자전류 I_f는 자속 ϕ와 비례 ($I_f \propto \phi$)　**답** ③

문제 59 3상 변압기의 병렬운전 조건으로 틀린 것은?

① 각 군의 임피던스가 용량에 비례할 것
② 각 변압기의 백분율 임피던스 강하가 같을 것
③ 각 변압기의 권수비가 같고 1차와 2차의 정격 전압이 같을 것
④ 각 변압기의 상회전 방향 및 1차와 2차 선간전압의 위상 변위가 같을 것

풀이
변압기 병렬 운전 조건
① 각 변압기의 극성이 같을 것
② 권수비 및 2차 정격 전압이 같을 것
③ 각 **변압기의 퍼센트 임피던스 강하가 같으며 저항과 리액턴스비가 같을 것**
④ 상회전 방향이 같을 것
⑤ 위상 변위가 같아야 한다.　**답** ①

문제 60 60[Hz], 1328/230[V]의 단상변압기가 있다. 무부하전류 $I = 3\sin\omega t + 1.1\sin(3\omega t + a_3)$[A] 이다. 지금 위와 똑같은 변압기 3대로 Y-△결선하여 1차에 2300[V]의 평형전압을 걸고 2차를 무부하로 하면 △회로를 순환하는 전류(실효치)는 약 몇 [A] 인가?

① 0.77　　② 1.10
③ 4.48　　④ 6.35

풀이

1차측 선간 전압 2300 [V], 상전압 1328 [V]를 가하여 여자 전류 $i = 3\sin\omega t + 1.1\sin(3\omega t + a_3)$가 흐르지 않으면 안 되나, Y-△결선이므로 **제3고조파 전류는 회로에 흐를 수가 없고 2차 △회로에 순환 전류**로 되어 흐르게 된다. 그 크기는 권수비를 곱하여 2차로 환산한 값이 된다. 실효값으로 표시하면

$$\frac{1.1}{\sqrt{2}} \times \frac{1328}{230} = 4.49[A]$$
답 ③

제4과목　회로이론 및 제어공학

문제 61 내부저항 0.1 [Ω]인 건전지 10개를 직렬로 접속하고 이것을 한조로 하여 5조 병렬로 접속하면 합성 내부저항은 몇 [Ω]인가?

① 5　　　　　　② 1
③ 0.5　　　　　④ 0.2

풀이

- 건전지 10개를 직렬로 접속시 저항
  $R_s = nr = 10 \times 0.1 = 1[\Omega]$
- 5조 병렬 접속 시 합성 내부저항
  $R_t = \dfrac{R_s}{5} = \dfrac{1}{5} = 0.2[\Omega]$　**답** ④

문제 62 3상 회로에 있어서 대칭분 전압이 $V_0 = -8 + j3$[V], $V_1 = 6 - j8$[V], $V_2 = 8 + j12$[V] 일 때 a상의 전압 V_a[V]는?

① $6 + j7$　　　　② $8 + j12$
③ $6 + j14$　　　④ $16 + j4$

풀이

$V_a = V_0 + V_1 + V_2$
　$= -8 + j3 + 6 - j8 + 8 + j12$
　$= 6 + j7$[V]　**답** ①

문제 63 $t = 0$에서 스위치(S)를 닫았을 때 $t = 0^+$에서의 $i(t)$는 몇 [A]인가? (단, 커패시터에 초기 전하는 없다.)

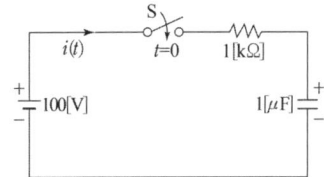

① 0.1   ② 0.2
③ 0.4   ④ 1.0

풀이

$R - C$ 직렬 회로에서 $i(t) = \dfrac{E}{R} e^{-\frac{1}{RC}t}$ 에서 $t = 0$이면

$\therefore i(0^+) = \dfrac{E}{R} e^{-\frac{1}{RC} \times 0} = \dfrac{E}{R} = \dfrac{100}{1 \times 10^3} = 0.1[\text{A}]$ **답** ①

문제 64 $R - L - C$ 직렬공진회로에서 $R = 100$ $[\Omega]$, $L = 314[\text{mH}]$, $C = 125.6[\text{pF}]$일 때, 첨예도 Q는?

① 2×10^3 ② 3×10^3
③ 4×10^2 ④ 5×10^2

풀이

직렬공진회로에서 $Q = \dfrac{1}{R} \sqrt{\dfrac{L}{C}}$

$Q = \dfrac{1}{R} \sqrt{\dfrac{L}{C}} = \dfrac{1}{100} \sqrt{\dfrac{314 \times 10^{-3}}{125.6 \times 10^{-12}}} = 500$ **답** ④

문제 65 다음과 같은 비정현파 기전력 및 전류에 의한 평균전력을 구하면 몇 [W] 인가?

$$e = 100 \sin \omega t - 50 \sin(3\omega t + 30°)$$
$$+ 20 \sin(5\omega t + 45°)[\text{V}]$$
$$i = 20 \sin \omega t + 10 \sin(3\omega t - 30°)$$
$$+ 5 \sin(5\omega t - 45°)[\text{A}]$$

① 825   ② 875
③ 925   ④ 1175

풀이

주파수가 다른 전압과 전류 사이의 전력은 영(0)이다.
따라서, $P = V_1 I_1 \cos \theta_1 + V_3 I_3 \cos \theta_3 + V_5 I_5 \cos \theta_5$

$P = \dfrac{100}{\sqrt{2}} \times \dfrac{20}{\sqrt{2}} \cos 0° + \dfrac{-50}{\sqrt{2}} \times \dfrac{10}{\sqrt{2}} \cos 60°$

$+ \dfrac{20}{\sqrt{2}} \times \dfrac{5}{\sqrt{2}} \cos 90° = 875[\text{W}]$ **답** ②

문제 66 회로의 단자 a와 b 사이에 나타나는 전압 V_{ab}는 몇 [V]인가?

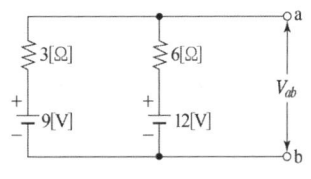

① 3   ② 9   ③ 10   ④ 12

풀이

밀만의 정리

$$E_{ab} = \dfrac{E_1 Y_1 + E_2 Y_2}{Y_1 + Y_2} = \dfrac{\dfrac{9}{3} + \dfrac{12}{6}}{\dfrac{1}{3} + \dfrac{1}{6}} = 10[\text{V}]$$ **답** ③

문제 67 테브낭 정리를 사용하여 그림 (a)의 회로를 그림 (b)와 같이 등가회로로 만들고자 할 때 V [V]와 R [Ω]의 값은?

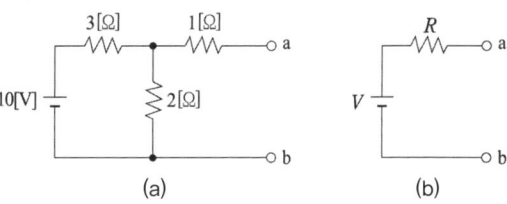

(a)   (b)

① $V = 5[\text{V}]$, $R = 0.6[\Omega]$
② $V = 2\ [\text{V}]$, $R = 2[\Omega]$
③ $V = 6[\text{V}]$, $R = 2.2[\Omega]$
④ $V = 4\ [\text{V}]$, $R = 2.2[\Omega]$

풀이

• a, b에서 본 개방 단자 전압
$$V = 10 \times \dfrac{2}{3+2} = 4\ [\text{V}]$$

• 전압원을 단락하고 a, b에서 본 저항
$$R = 1 + \dfrac{3 \times 2}{3+2} = 2.2\ [\Omega]$$ **답** ④

문제 68 분포정수 선로에서 위상정수를 β[rad/m] 라 할 때 파장은?

① $2\pi\beta$　　② $\dfrac{2\pi}{\beta}$　　③ $4\pi\beta$　　④ $\dfrac{4\pi}{\beta}$

풀이

위상정수 β와 파장 λ 사이의 관계는 $\lambda\beta = 2\pi$ 이므로
$\lambda = \dfrac{2\pi}{\beta}$ 　　　**답** ②

문제 69 대칭좌표법에서 불평형률을 나타내는 것은?

① $\dfrac{\text{영상분}}{\text{정상분}}\times 100$　　② $\dfrac{\text{정상분}}{\text{역상분}}\times 100$

③ $\dfrac{\text{정상분}}{\text{영상분}}\times 100$　　④ $\dfrac{\text{역상분}}{\text{정상분}}\times 100$

풀이

불평형 회로의 전압과 전류에는 정상분과 더불어 역상분과 영상분이 반드시 포함된다. 따라서 회로의 불평형 정도를 나타내는 척도로서 불평형률이 사용된다.

불평형률 $= \dfrac{\text{역상분}}{\text{정상분}} \times 100[\%]$ 　　　**답** ④

문제 70 회로에서 10[mH]의 인덕턴스에 흐르는 전류는 일반적으로 $i(t) = A + Be^{-at}$ 로 표시된다. a의 값은?

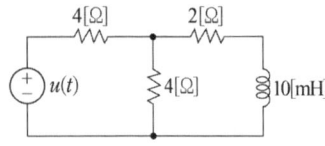

① 100　　　　　　② 200
③ 400　　　　　　④ 500

풀이

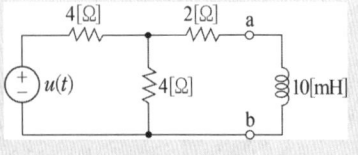

• 개방전압 $V_{ab} = \dfrac{u(t)}{4+4}\times 4 = 0.5u(t)$

• 테브난 등가저항

$R_{th} = \dfrac{4\times 4}{4+4} + 2 = 4[\Omega]$ (전압원 단락)

$\therefore i(t) = \dfrac{V}{R}(1 - e^{-\frac{R}{L}t})$

$= \dfrac{0.5}{4}(1 - e^{-\frac{4}{0.01}t})$

$= 0.125(1 - e^{-400t})$

$\therefore a = 400$ 　　　**답** ③

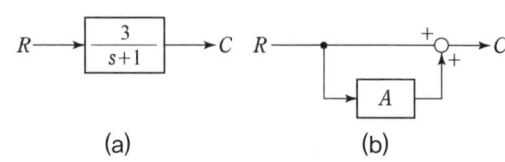

테브난의 등가회로

문제 71 그림의 두 블록 선도가 등가인 경우 A요소의 전달 함수는?

(a)　　　　　　　　　(b)

① $\dfrac{-s}{s+1}$　　　　② $\dfrac{-s+1}{s+1}$

③ $\dfrac{-s+2}{s+1}$　　　　④ $\dfrac{-s+4}{s+1}$

풀이

(a) $R\cdot\left(\dfrac{3}{s+1}\right) = C$

(b) $R + R\cdot A = R(1+A) = C$

(a), (b)에서 $\dfrac{3}{s+1} = A+1$

$\therefore A = \dfrac{3}{s+1} - 1 = \dfrac{-s+2}{s+1}$ 　　　**답** ③

문제 72 다음 회로는 무엇을 나타낸 것인가?

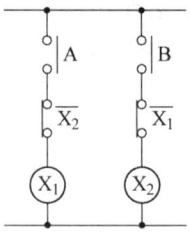

① 자기유지회로　　　② 단안정회로
③ 인터록회로　　　　④ 순차제어회로

풀이

인터록 회로 : 둘 이상의 출력이 동시에 생기지 않도록 하는 회로 　　　**답** ③

문제 73 상태 방정식 $\dot{X} = AX + BU$ 에서

$A = \begin{bmatrix} 0 & 1 \\ -2 & -3 \end{bmatrix}$, $B = \begin{bmatrix} 0 \\ 1 \end{bmatrix}$ 일 때 고유값은?

① $-1, -2$ ② $1, 2$

③ $-2, -3$ ④ $2, 3$

풀이

$|sI - A|$의 행렬식은,

$|sI - A| = \begin{bmatrix} s & 0 \\ 0 & s \end{bmatrix} - \begin{bmatrix} 0 & 1 \\ -2 & -3 \end{bmatrix} = \begin{bmatrix} s & -1 \\ 2 & s+3 \end{bmatrix}$

$\qquad = s(s+3) + 2 = s^2 + 3s + 2$

$s^2 + 3s + 2 = (s+1)(s+2) = 0$

$\therefore\ s = -1, -2$ **답** ①

문제 74 일정 입력에 대해 잔류 편차가 있는 제어계는?

① 비례 제어계

② 적분 제어계

③ 비례 적분 제어계

④ 비례 적분 미분 제어계

풀이

비례제어계는 사이클링은 없으나 **잔류편차가 생기는 결점**이 있다. 그러나, 적분제어계는 잔류편차를 제어 할 수 있는 장점이 있다. 따라서 잔류편차를 없애기 위해서는 제어계에 적분제어계를 포함시켜야 한다.   **답** ①

문제 75 다음 함수의 라플라스 역변환은?

$$I(s) = \frac{2s+3}{(s+1)(s+2)}$$

① $e^{-t} - e^{-2t}$ ② $e^t - e^{-2t}$

③ $e^{-t} + e^{-2t}$ ④ $e^t + e^{-2t}$

풀이

$I(s) = \dfrac{2s+3}{(s+1)(s+2)} = \dfrac{K_1}{s+1} + \dfrac{K_2}{s+2}$

$K_1 = \lim_{s \to -1}(s+1)F(s) = \left[\dfrac{2s+3}{s+2} \right]_{s=-1} = 1$

$K_2 = \lim_{s \to -2}(s+2)F(s) = \left[\dfrac{2s+3}{s+1} \right]_{s=-2} = 1$

$I(s) = \dfrac{1}{s+1} + \dfrac{1}{s+2}$

$\therefore\ i(t) = \mathcal{L}^{-1}[I(s)] = \mathcal{L}^{-1}\left[\dfrac{1}{s+1} + \dfrac{1}{s+2} \right] = e^{-t} + e^{-2t}$

   답 ③

문제 76 다음 블록선도의 전달함수는?

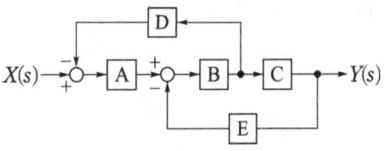

① $\dfrac{Y(s)}{X(s)} = \dfrac{ABC}{1 + BCD + ABE}$

② $\dfrac{Y(s)}{X(s)} = \dfrac{ABC}{1 + BCD + ABD}$

③ $\dfrac{Y(s)}{X(s)} = \dfrac{ABC}{1 + BCE + ABD}$

④ $\dfrac{Y(s)}{X(s)} = \dfrac{ABC}{1 + BCE + ABE}$

풀이

전향경로 이득 : ABC, 루프이득 : $-BCE$, $-ABD$

$G(s) = \dfrac{\sum 전향\,경로\,이득}{1 - \sum 루프이득} = \dfrac{ABC}{1 + BCE + ABD}$ **답** ③

문제 77 전달함수가 $\dfrac{C(s)}{R(s)} = \dfrac{25}{s^2 + 6s + 25}$ 인 2

차 제어시스템의 감쇠 진동 주파수 (ω_d)는 몇 [rad/sec]인가?

① 3   ② 4

③ 5   ④ 6

풀이

$\dfrac{C(s)}{R(s)} = \dfrac{\omega_n^2}{s^2 + 2\delta\omega_n s + \omega_n^2} = \dfrac{25}{s^2 + 6s + 25}$ 에서

• $\omega_n^2 = 25$에서 $\omega_n = 5$

• $2\delta\omega_n = 6$에서 $\delta = \dfrac{6}{2\omega_n} = \dfrac{6}{2 \times 5} = \dfrac{3}{5}$

• 감쇠 진동 주파수(실제 주파수)

$\omega_d = \omega_n \sqrt{1 - \delta^2} = 5\sqrt{1 - \left(\dfrac{3}{5} \right)^2} = 4$ **답** ②

문제 78 $G(s)H(s) = \dfrac{K}{s(s+1)(s+4)}$ 의

$K \geq 0$에서의 분지점(break away point)은?

① -2.867 ② 2.867

③ -0.467 ④ 0.467

풀이

$$1+G(s)H(s)=1+\frac{K}{s(s+1)(s+4)}=0$$

$$K=-s(s+1)(s+4)$$

$$K(\sigma)=-\sigma(\sigma+1)(\sigma+4)=-\sigma^3-5\sigma^2-4\sigma$$

$$\frac{dK(\sigma)}{d\sigma}=-3\sigma^2-10\sigma-4=0$$

$$\sigma=\frac{-b\pm\sqrt{b^2-4ac}}{2a}$$

$$=\frac{-(-10)\pm\sqrt{(-10)^2-4\times(-3)\times(-4)}}{2\times(-3)} \text{ 에서}$$

$$\therefore\ \sigma_1=-0.467,\ \sigma_2=-2.867$$

$K\geq0$에 대한 실수축상의 구간은 $0\sim-1,\ -4\sim-\infty$이므로 $\sigma_2=-2.867$은 근궤적점이 될 수 없으므로 버리고, 분지점은 $\therefore\ \sigma_1=-0.467$ **답 ③**

문제 79 근궤적이 s평면의 $j\omega$축과 교차할 때 폐루프의 제어계는?

① 안정하다.   ② 불안정하다.
③ 임계상태이다.   ④ 알 수 없다.

풀이

근궤적이 허수축($j\omega$)과 교차할 때는 특성근의 실수부 크기가 0일 때와 같다. 특성근의 실수부가 0이면 **임계 안정(임계 상태)**이다. **답 ③**

문제 80 자동제어계의 2차계 과도 응답에서 응답이 최초로 정상값의 50 [%]에 도달하는데 요하는 시간은 무엇인가?

① 상승시간   ② 지연시간
③ 응답시간   ④ 정정시간

풀이

• 상승시간 : 최종값의 10[%]에서부터 90[%]까지 도달하는데 필요로 하는 시간
• **지연시간 : 최종값의 50[%]에 도달하는데 필요로 하는 시간**
• 응답시간 : 응답 시간은 는 응답이 요구하는 오차 이내로 정착되는데 요하는 시간이다.
• 정정시간 : 최종값의 ±5[%] 이내의 오차 범위 내에 도달하는데 필요로 하는 시간 **답 ②**

제5과목 **전기설비 기술기준**

문제 81 정격전류가 63[A] 초과인 경우 배선용 차단기(주택용)는 정격전류의 몇 배의 전류에 견뎌야 하는가?

① 1.05   ② 1.13
③ 1.3   ④ 1.45

풀이

212.3.4 보호장치의 특성
과전류트립 동작시간 및 특성(주택용 배선용 차단기)

정격전류의 구분	시간	정격전류의 배수(모든 극에 통전)	
		부동작 전류	동작 전류
63[A] 이하	60분	1.13배	1.45배
63[A] 초과	120분	**1.13배**	1.45배

답 ②

문제 82 고압 가공전선로의 지지물에 시설하는 통신선의 높이는 도로를 횡단하는 경우 교통에 지장을 줄 우려가 없다면 지표상 몇 [m]까지로 감할 수 있는가?

① 4   ② 4.5
③ 5   ④ 6

풀이

362.2 전력보안통신선의 시설 높이와 이격거리
가공전선로의 지지물에 시설하는 통신선 또는 이에 직접 접속하는 가공 통신선의 높이는 다음에 따라야 한다.

시설 장소		가공전선로의 지지물에 시설	
		고·저압[m]	특고압[m]
도로횡단	일반적인 경우	6[m] 이상	6[m] 이상
	교통에 지장을 안 주는 경우	5[m] 이상	
	철도 횡단(레일면상)	6.5[m] 이상	6.5[m] 이상
횡단 보도교 위	노면상	3.5[m] 이상	5[m] 이상
	절연전선 사용	3[m] 이상	
	광섬유 케이블 사용		4[m] 이상
기타의 장소	일반적인 경우 (절연전선 사용)	4[m] 이상	5[m] 이상
	광섬유 케이블 사용	3.5[m] 이상	

답 ③

문제 83 전기용 알루미늄에 미량의 지르코늄(Zr)을 첨가하여 내열성능을 향상시킨 내열 강심알루미늄 합금연선의 약호는?

① HDCC ② ACSR
③ CNCV ④ TACSR

풀이
TACSR(Thermal-resistant Aluminum Conductor Steel Reinforced)
이 전선은 알루미늄에 소량의 지르코늄(Zr)을 첨가한 내열 알루미늄 합금선을 사용한 것으로 내열성이 우수하다.
답 ④

문제 84 저압 옥내배선에 사용하는 연동선의 최소 굵기는 몇 [mm²]인가?

① 1.5 ② 2.5
③ 4.0 ④ 6.0

풀이
231.3 저압 옥내배선의 사용전선
가. **저압 옥내배선의 전선 : 단면적 2.5[mm²] 이상의 연동선**
나. 옥내배선의 사용 전압이 400[V] 이하인 경우는 다음에 의하여 시설할 수 있다.
  ① 전광표시 장치 또는 제어 회로
   • 단면적 1.5[mm²] 이상의 연동선
   • 단면적 0.75[mm²] 이상인 다심케이블 또는 다심 캡타이어 케이블을 사용하고 또한 과전류가 생겼을 때에 자동적으로 전로에서 차단하는 장치를 시설
  ② 진열장 또는 이와 유사한 것의 내부 배선 : 단면적 0.75[mm²] 이상인 코드 또는 캡타이어케이블
답 ②

문제 85 전력보안 통신설비 시설시 가공전선로로부터 가장 주의하여야 하는 것은?

① 전선의 굵기
② 단락전류에 의한 기계적 충격
③ 전자유도작용
④ 와류손

풀이
362.4 전력유도의 방지
전력보안통신설비는 가공전선로로부터의 **정전유도작용 또는 전자유도작용**에 의하여 사람에게 위험을 줄 우려가 없도록 시설하여야 한다.
답 ③

문제 86 고압 및 특고압 가공전선로로부터 공급을 받는 수용 장소의 인입구에 반드시 시설하여야 하는 것은?

① 댐퍼 ② 아킹혼
③ 조상기 ④ 피뢰기

풀이
341.13 피뢰기의 시설
고압 및 특고압의 전로 중 다음에 열거하는 곳 또는 이에 근접한 곳에는 **피뢰기를 시설**하여야 한다.
가. 발전소·변전소 또는 이에 준하는 장소의 가공전선 인입구 및 인출구
나. 특고압 가공전선로에 접속하는 배전용 변압기의 고압측 및 특고압측
다. **고압 및 특고압 가공전선로부터 공급을 받는 수용장소의 인입구**
라. 가공전선로와 지중전선로가 접속되는 곳 **답** ④

문제 87 도로 또는 옥외 주차장에 표피전류 가열장치를 시설하는 경우 발열선에 전기를 공급하는 전로의 대지전압은 교류 몇 [V] 이하여야 하는가?(단, 주파수가 60[Hz]의 것에 한한다.)

① 150 ② 300 ③ 400 ④ 600

풀이
241.12.4 표피전류 가열장치의 시설
도로 또는 옥외 주차장에 표피전류 가열장치를 시설하는 경우 발열선에 전기를 공급하는 전로의 대지전압은 교류(주파수가 60[Hz]의 것에 한한다) **300[V] 이하**일 것.
답 ②

문제 88 주택의 전기저장장치의 축전지에 접속하는 부하 측 옥내배선을 사람이 접촉할 우려가 없도록 케이블배선에 의하여 시설하고 전선에 적당한 방호장치를 시설한 경우 주택의 옥내전로의 대지전압은 직류 몇 [V] 까지 적용할 수 있는가? (단, 전로에 지락이 생겼을 때 자동적으로 전로를 차단하는 장치를 시설한 경우이다.)

① 150 ② 300 ③ 400 ④ 600

풀이
511.1.3 옥내전로의 대지전압 제한
주택에 시설하는 전기저장장치는 이차전지에서 전력변환 장치에 이르는 옥내 직류전로를 다음에 따라 시설하는 경

우에 주택의 옥내전로의 대지전압은 직류 600[V]까지 적용할 수 있다.

가. 전로에 지락이 생겼을 때 자동적으로 전로를 차단하는 장치를 시설할 것

나. 사람이 접촉할 우려가 없는 은폐된 장소에 합성수지관배선, 금속관배선 및 케이블배선에 의하여 시설하거나, 사람이 접촉할 우려가 없도록 케이블배선에 의하여 시설하고 전선에 적당한 방호장치를 시설할 것 **답 ④**

문제 89 변압기에 의하여 특고압 전로에 결합되는 고압 전로에는 사용 전압의 3배 이하인 전압이 가하여진 경우에 어떤 장치를 그 변압기 단자의 가까운 1극에 설치하여야 하는가?

① 스위치 장치

② 계전 보호 장치

③ 누설 전류 검지 장치

④ 방전하는 장치

풀이

322.3 특고압과 고압의 혼촉 등에 의한 위험방지 시설
변압기에 의하여 특고압전로에 결합되는 고압전로에는 **사용전압의 3배 이하인 전압이 가하여진 경우에 방전하는 장치**를 그 변압기의 단자에 가까운 1극에 설치하여야 한다.

답 ④

문제 90 사용전압이 154[kV]인 가공 송전선의 시설에서 전선과 식물과의 이격거리는 일반적인 경우에 몇 [m] 이상으로 하여야 하는가?

① 2.8   ② 3.2

③ 3.6   ④ 4.2

풀이

3303.30 특고압 가공전선과 식물의 이격거리

사용전압의 구분	이격거리
60[kV] 이하	2 [m]
60[kV] 초과	2[m]에 사용전압이 60[kV]를 초과하는 10[kV] 또는 그 단수마다 12[cm]를 더한 값

• 단수 = $\dfrac{154-60}{10} = 9.4 \rightarrow$ 10단

• 이격 거리 = $2 + 0.12 \times 10 = 3.2[m]$ **답 ②**

문제 91 저압 가공전선이 건조물의 상부 조영재 옆쪽으로 접근하는 경우 저압 가공전선과 건조물의 조영재 사이의 이격거리는 몇 [m] 이상이어야 하는가? (단, 전선에 사람이 쉽게 접촉할 우려가 없도록 시설한 경우와 전선이 고압 절연전선, 특고압 절연전선 또는 케이블인 경우는 제외한다.)

① 0.6   ② 0.8   ③ 1.2   ④ 2.0

풀이

332.11 고압 가공전선과 건조물의 접근
222.11 저압 가공전선과 건조물의 접근
저압 가공전선 또는 고압 가공전선이 건조물과 접근 상태로 시설되는 경우에는 다음에 따라야 한다.

가. 고압 가공전선로는 고압 보안공사에 의할 것.

나. 저·고압 가공전선과 건조물의 조영재 사이의 이격거리는 표에서 정한 값 이상일 것.

사용 전압 부분 공작물의 종류			저압 [m]	고압 [m]
건조물	상부 조영재 위쪽	일반적인 경우	2	2
		전선이 고압절연전선	1	2
		전선이 케이블인 경우	1	1
	기타 조영재 또는 상부조영재의 옆쪽 또는 아래쪽	일반적인 경우	1.2	1.2
		전선이 고압절연전선	0.4	1.2
		전선이 케이블인 경우	0.4	0.4
		사람이 쉽게 접근할 수 없도록 시설한 경우	0.8	0.8

답 ③

문제 92 고압 옥내배선이 수관과 접근하여 시설되는 경우에는 몇 [cm] 이상 이격시켜야 하는가?

① 15   ② 30   ③ 45   ④ 60

풀이

342.1 고압 옥내배선 등의 시설
고압 옥내배선이 다른 고압 옥내배선·저압 옥내전선·관등회로의 배선·약전류 전선 등 또는 수관·가스관이나 이와 유사한 것과 접근하거나 교차하는 경우 이격거리

가. 다른 고압 옥내배선·저압 옥내전선·관등회로의 배선·약전류 전선 : 15[cm]

나. **수관·가스관이나 이와 유사한 것과 접근하거나 교차하는 경우 : 15[cm]**

다. 애자공사에 의하여 시설하는 저압 옥내전선이 나전선인 경우 : 30[cm]

라. 가스계량기 및 가스관의 이음부와 전력량계 및 개폐기 : 60[cm] **답 ①**

문제 93 사용전압이 154[kV]인 전선로를 제1종 특고압 보안공사로 시설할 경우, 여기에 사용되는 경동연선의 단면적은 몇 [mm²] 이상이어야 하는가?

① 100   ② 125
③ 150   ④ 200

풀이

333.22 특고압 보안공사
제1종 특고압 보안공사 시 전선의 단면적

사용전압	전선
100[kV] 미만	인장강도 21.67[kN] 이상의 연선 또는 단면적 55[mm²] 이상의 경동연선
100[kV] 이상 300[kV] 미만	인장강도 58.84[kN] 이상의 연선 또는 **단면적 150[mm²] 이상의 경동연선**
300[kV] 이상	인장강도 77.47[kN] 이상의 연선 또는 단면적 200[mm²] 이상의 경동연선

답 ③

문제 94 사용전압 22.9 [kV]인 가공전선로의 중성선 다중접지식에 사용되는 접지선의 굵기는 단면적 몇 [mm²]의 연동선 또는 이와 동등이상의 굵기로서 고장전류를 안전하게 통할 수 있는 것이어야 하는가? 단, 전로에 지기가 생긴 경우 2초안에 전로로부터 자동 차단하는 장치를 하였다.

① 4   ② 6
③ 10   ④ 16

풀이

333.32 25[kV] 이하인 특고압 가공전선로의 시설
사용전압이 15[kV]를 초과하고 25[kV] 이하인 특고압 가공전선로(중성선 다중접지식의 것으로서 전로에 지락이 생겼을 때에 2초 이내에 자동적으로 이를 전로로부터 차단하는 장치가 되어 있는 것에 한한다.)의 중성선의 **접지도체**는 공칭단면적 6[mm²] 이상의 연동선 또는 이와 동등 이상의 세기 및 굵기의 쉽게 부식하지 않는 금속선으로서 고장 시에 흐르는 전류가 안전하게 통할 수 있는 것일 것.

답 ②

문제 95 금속제 가요전선관공사에 대한 설명으로 틀린 것은?

① 옥외용 비닐절연전선을 사용하여 시설할 것
② 가요전선관 안에는 전선에 접속점이 없도록 할 것
③ 안쪽 면은 전선의 피복을 손상하지 아니하도록 매끈한 것일 것
④ 관의 끝부분은 피복을 손상하지 아니하는 구조로 되어 있을 것

풀이

232.13 금속제 가요전선관공사
1. 전선은 절연전선(옥외용 비닐절연전선을 제외한다)일 것.
2. 전선은 연선일 것. 다만, 단면적 10 mm²(알루미늄선은 단면적 16 mm²) 이하인 것은 그러하지 아니하다.
3. 가요전선관 안에는 전선에 접속점이 없도록 할 것.
4. 안쪽 면은 전선의 피복을 손상하지 아니하도록 매끈한 것일 것.
5. 관 상호 간 및 관과 박스 기타의 부속품과는 견고하고 또한 전기적으로 완전하게 접속할 것.
6. 가요전선관의 끝부분은 피복을 손상하지 아니하는 구조로 되어 있을 것.
7. 습기 많은 장소 또는 물기가 있는 장소에 시설하는 때에는 비닐 피복 가요전선관일 것.

답 ①

문제 96 특고압 가공전선로의 지지물 양측의 경간의 차가 큰 곳에 사용하는 철탑의 종류는?

① 내장형   ② 보강형
③ 직선형   ④ 인류형

풀이

333.11 특고압 가공전선로의 철주・철근 콘크리트주 또는 철탑의 종류
특고압 가공전선로의 지지물로 사용하는 B종 철근・B종 콘크리트주 또는 철탑의 종류는 다음과 같다.
가. 직선형 : 전선로의 직선 부분(3° 이하의 수평 각도 이루는 곳 포함)에 사용되는 것
나. 각도형 : 전선로 중 수평 각도 3°를 넘는 곳에 사용되는 것
다. 인류형 : 전 가섭선을 인류하는 곳에 사용하는 것
라. **내장형 : 전선로 지지물 양측의 경간차가 큰 곳에 사용**하는 것
마. 보강형 : 전선로 직선 부분을 보강하기 위하여 사용하는 것

답 ①

문제 97 다음 설명의 (   )안에 알맞은 내용은?

> 고압 가공전선이 다른 고압 가공전선과 접근상태로 시설되거나 교차하여 시설되는 경우에 고압 가공 전선 상호 간의 이격거리는 (   )이상, 하나의 고압 가공전선과 다른 고압 가공전선로의 지지물 사이의 이격거리는 (   )이상일 것.
> 단, 고압 가공전선은 케이블이 아닌 경우 이다.

① 80 [cm], 50 [cm] 　② 80 [cm], 60 [cm]
③ 60 [cm], 30 [cm] 　④ 40 [cm], 30 [cm]

풀이

332.17 고압 가공전선 상호 간의 접근 또는 교차
고압 가공전선과 다른 고압 가공 전선과의 이격거리

구 분	고압 가공전선	
	일 반	케이블
고압가공전선	0.8 [m]	0.4 [m]
고압가공전선로의 지지물	0.6 [m]	0.3 [m]

답 ②

문제 98 전로를 대지로부터 절연을 하여야 하는 것은 다음 중 어느 것인가?

① 전기로 　　　② 전기욕기
③ 전기다리미 　④ 전해조

풀이

131 전로의 절연 원칙
전로는 다음 이외에는 대지로부터 절연하여야 한다.
1. 저압전로, 전로의 중성점, 계기용변성기의 2차측 전로, 다중 접지, 변압기의 2차측 전로 및 직류계통에 접지공사를 하는 경우의 접지점
2. 다음과 같이 절연할 수 없는 부분
　가. 시험용 변압기, 전력선 반송용 결합 리액터, 전기울타리용 전원장치, 엑스선발생장치, 전기부식방지용 양극, 단선식 전기철도의 귀선 등 전로의 일부를 대지로부터 절연하지 아니하고 전기를 사용하는 것이 부득이한 것.
　나. **전기욕기·전기로·전기보일러·전해조 등 대지로부터 절연하는 것이 기술상 곤란한 것** **답 ③**

문제 99 전선을 접속하는 경우 전선의 세기(인장하중)는 몇 [%] 이상 감소되지 않아야 하는가?

① 10 　　　② 15
③ 20 　　　④ 25

풀이

123 전선의 접속
전선을 접속하는 경우에는 전선의 전기저항을 증가시키지 아니하도록 접속 하여야 하며, 또한 다음에 따라야 한다.
가. **전선의 세기를 20[%] 이상 감소시키지 아니할 것.**
나. 접속부분은 접속관 기타의 기구를 사용할 것.
다. 접속부분의 절연전선에 절연전선의 절연물과 동등 이상의 절연효력이 있는 것으로 충분히 피복할 것.

답 ③

문제 100 특수장소에 시설하는 전선로의 기준으로 틀린 것은?

① 교량의 윗면에 시설하는 저압전선로는 교량 노면상 5[m] 이상으로 할 것
② 교량에 시설하는 고압전선로에서 전선과 조영재 사이의 이격거리는 20[cm] 이상일 것
③ 저압전선로와 고압전선로를 같은 벼랑에 시설하는 경우 고압전선과 저압전선 사이의 이격거리는 50[cm] 이상일 것
④ 벼랑과 같은 수직부분에 시설하는 전선로는 부득이한 경우에 시설하며, 이 때 전선의 지지점 간의 거리는 15[m] 이하이어야 한다.

풀이

335.6 교량에 시설하는 전선로
가. 교량의 윗면에 시설하는 것은 전선의 높이를 교량의 노면상 5[m] 이상으로 하여 시설할 것.
나. **전선과 조영재 사이의 이격거리는** 전선이 케이블인 경우 이외에는 **0.3[m] 이상일 것.**
335.8 급경사지에 시설하는 전선로의 시설
가. 전선의 지지점 간의 거리는 15[m] 이하일 것.
나. 저압 전선로와 고압 전선로를 같은 벼랑에 시설하는 경우에는 고압 전선로를 저압 전선로의 위로하고 또한 고압전선과 저압 전선 사이의 이격거리는 0.5[m] 이상일 것. **답 ②**

D60-1

2023년도 전기기사 필기
CBT 복원문제

- 2023년도 제1회 전기기사
- 2023년도 제2회 전기기사
- 2023년도 제3회 전기기사

국가기술자격검정 필기시험 문제

2023년도 전기기사 일반검정 제1회		(CBT 복원문제)		수검 번호	성 명
자격종목 및 등급(선택분야)	종목코드	시험시간	문제지형별		
전기기사	1150	2시간 30분	A		

제1과목 전기자기학

문제 01 반지름 a인 접지 구형 도체와 점전하가 유전율 ϵ인 공간에서 각각 원점과 $(d, 0, 0)$인 점에 있다. 구형 도체를 제외한 공간의 전계를 구할 수 있도록 구형 도체를 영상 전하로 대치할 때의 영상 점전하의 위치는? 단, $d > a$ 이다.

① $\left(-\dfrac{a^2}{d},\ 0,\ 0\right)$ ② $\left(+\dfrac{a^2}{d},\ 0,\ 0\right)$

③ $\left(0,\ +\dfrac{a^2}{d},\ 0\right)$ ④ $\left(+\dfrac{d^2}{4a},\ 0,\ 0\right)$

풀이
접지 도체구와 점전하

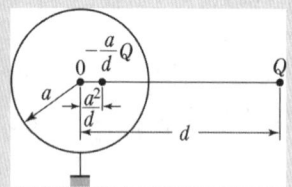

그림과 같이 반지름 a의 접지 도체구의 중심으로부터 $d(>a)$인 점에 점전하 Q가 있는 경우

- 영상점 : 중심으로부터 $\dfrac{a^2}{d}$인 점
- 영상 전하 $Q' = -\dfrac{a}{d}Q$ **답** ②

문제 02 인덕턴스의 단위와 같지 않은 것은? (여기서, [Wb] : 자속의 단위, [A] : 전류의 단위, [V] : 전압의 단위, [J] : 에너지의 단위 이다.)

① $\left[\dfrac{J}{A} \cdot \dfrac{1}{s}\right]$ ② $\left[\dfrac{V}{A} \cdot s\right]$

③ $\left[\dfrac{Wb}{A}\right]$ ④ $\left[\dfrac{J}{A^2}\right]$

풀이
$e = -N\dfrac{d\phi}{dt} = -L\dfrac{di}{dt}$ 이므로

$[V] = \left[\dfrac{Wb}{s}\right] = \left[H \cdot \dfrac{A}{s}\right]$

$\therefore [H] = \left[\dfrac{Wb}{A}\right] = \left[\dfrac{V}{A} \cdot s\right] = \left[\dfrac{VAs}{A^2}\right] = \left[\dfrac{J}{A^2}\right]$ **답** ①

문제 03 속도 v의 전자가 평등자계 내에 수직으로 들어갈 때, 이 전자에 대한 설명으로 옳은 것은?

① 구면위에서 회전하고 구의 반지름은 자계의 세기에 비례한다.

② 원운동을 하고 원의 반지름은 자계의 세기에 비례한다.

③ 원운동을 하고 원의 반지름은 자계의 세기에 반비례한다.

④ 원운동을 하고 원의 반지름은 전자의 처음 속도의 제곱에 비례한다.

풀이
전자의 원운동
평등자계 내의 전자가 수직으로 운동하였을 때 전자의 운동은 전류의 방향과 반대 방향이므로 플레밍의 왼손법칙으로부터 전자는 운동방향과 직각으로 힘을 받아 원 운동을 하게 된다.

- 회전 반경 : $r = \dfrac{mv}{qB} = \dfrac{mv}{q\mu H}$[m]
- 각속도 : $\omega = \dfrac{qB}{m}$[rad/sec]
- 주기 : $T = \dfrac{2\pi m}{qB}$[sec]

즉, 원의 반지름은 자계의 세기 H에 반비례한다.   **답** ③

문제 04 자화율(magnetic susceptibility) χ는 상자성체에서 일반적으로 어떤 값을 갖는가?

① $\chi = 0$ ② $\chi > 0$

③ $\chi < 0$ ④ $\chi = 1$

풀이

상자성체   • 자화율 $\chi > 0$
             • 비투자율 $\mu_r > 1$ **답 ②**

문제 05 반지름 2[mm]의 두 개의 무한히 긴 원통도체가 중심 간격 2[m]로 진공 중에 평행하게 놓여 있을 때 1[km]당의 정전용량은 약 몇 [μF]인가?

① $1 \times 10^{-3}[\mu F]$ ② $2 \times 10^{-3}[\mu F]$

③ $4 \times 10^{-3}[\mu F]$ ④ $6 \times 10^{-3}[\mu F]$

풀이

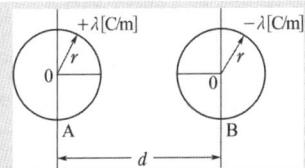

두 도체 A, B 간의 정전용량 $C_{AB} = \dfrac{\pi \epsilon_0}{\ln \dfrac{d-r}{r}}$ [F/m]

$d \gg r$일 때 $\ln \dfrac{d-r}{r} \fallingdotseq \ln \dfrac{d}{r}$로 되어 $C_{AB} = \dfrac{\pi \epsilon_0}{\ln \dfrac{d}{r}}$ [F/m]

$\therefore C_{AB} = \dfrac{\pi \times 8.85 \times 10^{-12}}{\ln \dfrac{2}{2 \times 10^{-3}}} \times 10^3 = 4 \times 10^{-9}[F]$

$\qquad = 4 \times 10^{-3}[\mu F]$ **답 ③**

문제 06 그림에서 질량 m[kg], 전기량 q[C]인 대전입자가 속도 v[m/sec]로 지면에 수직인 균등자장 B[Wb/m²]에 들어올 때 입자는 원운동을 시작한다. 이 원운동의 각속도 ω는 몇 [rad/sec]인가?

① $\omega = \dfrac{qB}{2\pi m}$

② $\omega = \dfrac{qB}{m}$

③ $\omega = \dfrac{2\pi m}{qB}$

④ $\omega = mqB$

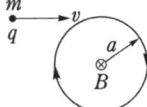

풀이

전자의 원운동

• 회전 반경 : $r = \dfrac{mv}{qB}$ [m]

• 각속도 : $\omega = \dfrac{qB}{m}$ [rad/sec]

• 주기 : $T = \dfrac{2\pi m}{qB}$ [sec]   **답 ②**

문제 07 전위 함수가 $V = 3xy + z + 1$ [V]일 때 점 (4, −4, 4)에 있어서 전계의 세기[V/m]는?

① $i\,12 + j\,12 - k$ ② $-i\,12 + j\,12 + k$

③ $-i - j - k$ ④ $i\,12 - j\,12 - k$

풀이

$E = -\text{grad}\,V = -\left(i\dfrac{\partial}{\partial x} + j\dfrac{\partial}{\partial y} + k\dfrac{\partial}{\partial z}\right)(3xy + z + 1)$

$\qquad = -(i\,3y + j\,3x + k)$

$\therefore [E]_{x=4,\,y=-4,\,z=4} = -(i\,3 \times -4 + j\,3 \times 4 + k)$

$\qquad\qquad = i\,12 - j\,12 - k$ **답 ④**

문제 08 $x = 0$인 무한평면을 경계면으로 하여 $x < 0$인 영역에는 비유전율 $\epsilon_{r1} = 2$, $x > 0$인 영역에는 $\epsilon_{r2} = 4$인 유전체가 있다. ϵ_{r1}인 유전체내에서 전계 $E_1 = 20a_x - 10a_y + 5a_z$[V/m] 일 때 $x > 0$인 영역에 있는 ϵ_{r2}인 유전체내에서 전속밀도 D_2[C/m²]는? (단, 경계면상에는 자유전하가 없다고 한다.)

① $D_2 = \epsilon_0(20a_x - 40a_y + 5a_z)$

② $D_2 = \epsilon_0(40a_x - 40a_y + 20a_z)$

③ $D_2 = \epsilon_0(80a_x - 20a_y + 10a_z)$

④ $D_2 = \epsilon_0(40a_x - 20a_y + 20a_z)$

풀이

유전체의 경계조건에 의해 다음을 만족하며 그림으로부터 다음과 같이 표현된다.

① 전속밀도는 법선 성분과 같다.

    $D_{1n} = D_{2n}$ (법선 성분은 x축이므로 $D_{1x} = D_{2x}$이고, $\epsilon_1 E_{1x} = \epsilon_2 E_{2x}$를 만족해야 함)

② 전계의 세기는 접선 성분과 같다.

    $E_{1t} = E_{2t}$ (y-z평면은 경계면과 일치하므로 접선 성분은 y, z축이 된다. 따라서 $E_{1y} = E_{2y}$, $E_{1z} = E_{2z}$를 만족해야 함)

따라서 유전체 ϵ_2 영역의 전계 E_2의 각 축성분 E_{2x}, E_{2y}, E_{2z}는

$$E_{2x} = \frac{\epsilon_1}{\epsilon_2} E_{1x} = \frac{2\epsilon_0}{4\epsilon_0} \times 20 = 10$$

$$E_{2y} = E_{1y} = -10, \quad E_{2z} = E_{1z} = 5$$

$$\therefore \ E_2 = 10a_x - 10a_y + 5a_z$$

또 전속밀도와 전계의 세기의 관계식 $D = \epsilon E$ 에서

$$D_2 = \epsilon_2 E_2 = \epsilon_0 \epsilon_{r2} E_2 = 4\epsilon_0(10a_x - 10a_y + 5a_z)$$
$$= \epsilon_0(40a_x - 40a_y + 20a_z)$$

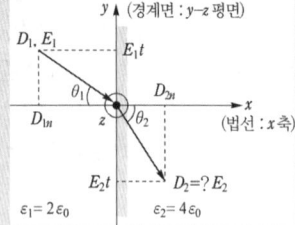

답 ②

문제 09
내부 원통의 반지름이 a, 외부 원통의 반지름이 b인 동축 원통 콘덴서의 내외 원통 사이에 공기를 넣었을 때 정전용량이 C_1이었다. 내외 반지름을 모두 3배로 증가시키고 공기 대신 비유전율이 3인 유전체를 넣었을 경우의 정전용량 C_2는?

① $C_2 = \dfrac{C_1}{9}$ ② $C_2 = \dfrac{C_1}{3}$

③ $C_2 = 3C_1$ ④ $C_2 = 9C_1$

풀이

단위길이당 정전용량

$$C = \frac{2\pi\epsilon_0\epsilon_s}{\ln\dfrac{b}{a}} \ [\text{F/m}]\text{에서}$$

공기의 $\epsilon_s = 1$ 이므로

$$C_1 = \frac{2\pi\epsilon_0}{\ln\dfrac{b}{a}}$$

$$C_2 = \frac{2\pi\epsilon_0 \times 3}{\ln\dfrac{3b}{3a}} = \frac{3 \times 2\pi\epsilon_0}{\ln\dfrac{b}{a}} = 3C_1$$

답 ③

문제 10
접지된 구도체와 점전하 간에 작용하는 힘은?

① 항상 흡인력이다.
② 항상 반발력이다.
③ 조건적 흡인력이다.
④ 조건적 반발력이다.

풀이

접지 구도체에는 항상 점전하(Q)와 반대 극성인 전하 ($Q' = -\dfrac{a}{d}Q[\text{C}]$)가 유도되므로 **항상 흡인력**이 작용한다.

답 ①

문제 11
평등 전계 중에 유전체 구에 의한 전속분포가 그림과 같이 되었을 때 ϵ_1과 ϵ_2의 크기 관계는?

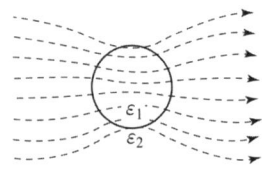

① $\epsilon_1 > \epsilon_2$ ② $\epsilon_1 < \epsilon_2$
③ $\epsilon_1 = \epsilon_2$ ④ $\epsilon_1 \leq \epsilon_2$

풀이

전속선은 유전율이 큰 쪽으로 모이므로 $\epsilon_1 > \epsilon_2$ 이다. **답** ①

문제 12
진공 중에서 내구의 반지름 $a = 3[\text{cm}]$, 외구의 내반지름 $b = 9[\text{cm}]$ 인 두 동심구 사이의 정전용량은 몇 [pF]인가?

① 0.5   ② 5
③ 50   ④ 500

풀이

두 동심구 사이의 정전용량

$$C = \frac{Q}{V} = \frac{4\pi\epsilon_0}{\left(\dfrac{1}{a} - \dfrac{1}{b}\right)} = \frac{4\pi\epsilon_0 ab}{b - a}$$

$$C = \frac{\dfrac{1}{9 \times 10^9} \times 3 \times 10^{-2} \times 9 \times 10^{-2}}{(9 - 3) \times 10^{-2}}$$
$$= 5 \times 10^{-12}[\text{F}] = 5[\text{pF}]$$

답 ②

문제 13 자극의 세기가 8×10^{-6}[Wb], 길이가 3 [cm]인 막대자석을 120 [AT/m]의 평등 자계 내에 자력선과 30°의 각도로 놓으면 이 막대자석이 받는 회전력은 몇 [N·m]인가?

① 3.02×10^{-5}
② 3.02×10^{-4}
③ 1.44×10^{-5}
④ 1.44×10^{-4}

풀이

$$T = MH\sin\theta = mlH\sin\theta$$
$$= 8 \times 10^{-6} \times 0.03 \times 120 \times \sin 30°$$
$$= 1.44 \times 10^{-5} \, [\mathrm{N \cdot m}]$$

답 ③

문제 14 두 평행판 축전기에 채워진 폴리에틸렌의 비유전율이 ϵ_r, 평행판간 거리 $d = 1.5$[mm]일 때, 만일 평행판내의 전계의 세기가 10 [kV/m]라면 평행판 간 폴리에틸렌 표면에 나타난 분극전하 밀도는?

① $\dfrac{\epsilon_r - 1}{18\pi} \times 10^{-5}$ [C/m²]

② $\dfrac{\epsilon_r - 1}{36\pi} \times 10^{-6}$ [C/m²]

③ $\dfrac{\epsilon_r}{18\pi} \times 10^{-5}$ [C/m²]

④ $\dfrac{\epsilon_r - 1}{36\pi} \times 10^{-5}$ [C/m²]

풀이

분극 전하 밀도 σ'는 분극의 세기 P와 같으므로

$$\sigma' = P = \epsilon_0(\epsilon_r - 1)E = \frac{10^7}{4\pi C^2} \times (\epsilon_r - 1) \times 10 \times 10^3$$

$$= \frac{10^7}{4\pi (3 \times 10^8)^2} \times (\epsilon_r - 1) \times 10^4 = \frac{10^{11}(\epsilon_r - 1)}{36\pi \times 10^{16}}$$

$$= \frac{\epsilon_r - 1}{36\pi} \times 10^5 [\mathrm{C/m^2}]$$

(단, 광속 $C = \dfrac{1}{\sqrt{\epsilon_0 \mu_0}}$ 에서 $\epsilon_0 = \dfrac{10^7}{4\pi C^2}$ 임)

답 ④

문제 15 진공 중에서 점 P(1, 2, 3) 및 점 Q(2, 0, 5)에 각각 300[μC], −100[μC]인 점전하가 놓여 있을 때 점전하 −100[μC]에 작용하는 힘은 몇 [N]인가?

① $10i - 20j + 20k$
② $10i + 20j - 20k$
③ $-10i + 20j + 20k$
④ $-10i + 20j - 20k$

풀이

$$r = (2-1)i + (0-2)j + (5-3)k = 1i - 2j + 2k$$
$$r = \sqrt{1^2 + (-2)^2 + 2^2} = 3[\mathrm{m}]$$
$$r_0 = \frac{1}{3}(1i - 2j + 2k)$$

$$\therefore F = 9 \times 10^9 \times \frac{Q_1 Q_2}{r^2} r_0$$

$$= 9 \times 10^9 \times \frac{300 \times 10^{-6} \times (-100 \times 10^{-6})}{3^2}$$

$$\times \frac{1}{3}(1i - 2j + 2k)$$

$$= -30 \times \frac{1}{3}(1i - 2j + 2k) = -10i + 20j - 20k [\mathrm{N}]$$

답 ④

문제 16 최대 전계 $E_m = 6$[V/m]인 평면 전자파가 수중을 전파할 때 자계의 최대치는 약 몇 [AT/m]인가? (단, 물의 비유전율 $\epsilon_s = 80$, 비투자율 $\mu_s = 1$이다.)

① 0.071 [AT/m]
② 0.142 [AT/m]
③ 0.284 [AT/m]
④ 0.426 [AT/m]

풀이

$$\frac{E}{H} = \sqrt{\frac{\mu}{\epsilon}} = \sqrt{\frac{\mu_0}{\epsilon_0}} \cdot \sqrt{\frac{\mu_s}{\epsilon_s}} = 377\sqrt{\frac{\mu_s}{\epsilon_s}} = 377\sqrt{\frac{1}{80}}$$

$$\frac{E_m}{H_m} = \frac{377}{\sqrt{80}}$$

$$\therefore H_m = \frac{\sqrt{80} E_m}{377} = \frac{\sqrt{80} \times 6}{377} = 0.142 \, [\mathrm{AT/m}]$$

답 ②

문제 17 두 종류의 유전율(ϵ_1, ϵ_2)을 가진 유전체 경계면에 진전하가 존재하지 않을 때 성립하는 경계 조건을 옳게 나타낸 것은? (단, θ_1, θ_2는 각각 유전체 경계면의 법선벡터와 E_1, E_2가 이루는 각이다.)

① $E_1 \sin\theta_1 = E_2 \sin\theta_2$, $D_1 \sin\theta_1 = D_2 \sin\theta_2$,
$\dfrac{\tan\theta_1}{\tan\theta_2} = \dfrac{\epsilon_2}{\epsilon_1}$

② $E_1 \cos\theta_1 = E_2 \cos\theta_2$, $D_1 \sin\theta_1 = D_2 \sin\theta_2$,
$\dfrac{\tan\theta_1}{\tan\theta_2} = \dfrac{\epsilon_2}{\epsilon_1}$

③ $E_1 \sin\theta_1 = E_2 \sin\theta_2$, $D_1 \cos\theta_1 = D_2 \cos\theta_2$,
$\dfrac{\tan\theta_1}{\tan\theta_2} = \dfrac{\epsilon_1}{\epsilon_2}$

④ $E_1 \cos\theta_1 = E_2 \cos\theta_2$, $D_1 \cos\theta_1 = D_2 \cos\theta_2$,
$\dfrac{\tan\theta_1}{\tan\theta_2} = \dfrac{\epsilon_1}{\epsilon_2}$

풀이

경계 조건
- 전속밀도의 법선 성분(수직 성분)이 같다.
  ($D_1 \cos\theta_1 = D_2 \cos\theta_2$)
- 전계는 접선 성분(평행 성분)이 같다.
  ($E_1 \sin\theta_1 = E_2 \sin\theta_2$)
- 두 경계면에서의 전위는 서로 같다. ($V_1 = V_2$)
- $\epsilon_1 > \epsilon_2$이면, $\theta_1 > \theta_2$ 이다.
- $\dfrac{\tan\theta_1}{\tan\theta_2} = \dfrac{\epsilon_1}{\epsilon_2}$
- 전속선은 유전율이 큰 유전체 쪽으로 모이려는 성질이 있다.   **답** ③

문제 18 자계와 전류계의 대응으로 틀린 것은?
① 자속 ↔ 전류
② 기자력 ↔ 기전력
③ 투자율 ↔ 유전율
④ 자계의 세기 ↔ 전계의 세기

풀이

자기 회로	전기 회로
자속 ϕ [Wb]	전류 I [A]
자계 H [A/m]	전계 E [V/m]
기자력 F [AT]	기전력 U [V]

자기 회로	전기 회로
자속 밀도 B [Wb/m^2]	전류 밀도 i [A/m^2]
투자율 μ [H/m]	도전율 k [℧/m]
자기 저항 R_m [AT/Wb]	전기 저항 R [Ω]

답 ③

문제 19 그림과 같은 회로에서 스위치를 최초 A에 연결하여 일정전류 I_o [A]를 흘린 다음, 스위치를 급히 B로 전환할 때 저항 R[Ω]에는 1 [s]간에 얼마만한 열량[cal]이 발생하는가?

① $\dfrac{1}{8.4} LI_o^2$

② $\dfrac{1}{4.2} LI_o^2$

③ $\dfrac{1}{2} LI_o^2$

④ LI_o^2

풀이

코일 L에 축적된 에너지 $W = \dfrac{1}{2} LI_o^2$[J]이 저항에서 열로 소모되므로

$W = \dfrac{1}{2} LI_o^2[\text{J}] = \dfrac{1}{4.2} \times \dfrac{1}{2} LI_o^2 = \dfrac{1}{8.4} LI_o^2$

($\because 1[\text{J}] = \dfrac{1}{4.2} [\text{cal}]$)   **답** ①

문제 20 어떤 대전체가 진공 중에서 전속이 Q[C] 이었다. 이 대전체를 비유전율 10인 유전체 속으로 가져갈 경우에 전속[C]은?
① Q
② $10Q$
③ $\dfrac{Q}{10}$
④ $10\epsilon_o Q$

풀이

- 점전하 Q [C]로부터 나오는 총 전기력선 수는 $\dfrac{Q}{\epsilon}$개로 유전율 ϵ에 따라 변한다.
- 전속 Ψ는 매질에 관계없이 전하 Q [C]일 때 Q개의 전속선 이 나온다.
  $\therefore \Psi = Q$ [C]   **답** ①

제2과목　전력공학

문제 21 화력발전소에서 매일 최대출력 100000 [kW], 부하율 90[%]로 60일간 연속 운전할 때 필요한 석탄량은 약 몇 [t]인가? (단, 사이클 효율은 40[%], 보일러 효율은 85 [%], 발전기 효율은 98[%]로 하고 석탄의 발열량은 5500[kcal/kg] 이라 한다.

① 60820 　　② 61820
③ 62820 　　④ 63820

풀이

부하율 $= \dfrac{\text{평균 전력}}{\text{최대 전력}} \times 100$ 에서

- 평균전력 = 최대 전력×부하율
  $= 100,000 \times 0.9 = 90,000$[kW]
- 총 발생전력량 = 60일×24시간×평균전력
  $= 60 \times 24 \times 90,000$
  $= 129,600,000$[kWh]
- 필요한 열량 = 발생 전력량×860
  $= 129,600,000 \times 860$
  $= 1.11456 \times 10^{11}$ [kcal]
  ($\because$ 1[kWh]= 860[kcal])
- 필요한 석탄량 $= \dfrac{\text{총 필요한 열량}}{\text{석탄의 발열량} \times \text{총 효율}}$
  $= \dfrac{1.11456 \times 10^{11}}{5,500 \times 0.4 \times 0.85 \times 0.98} \times 10^{-3}$
  $= 60,818$[t]　　**답** ①

문제 22 선로 전압 강하 보상기(LDC)에 대하여 옳게 설명한 것은?

① 분로 리액터로 전압 상승을 억제하는 것
② 직렬 콘덴서로 선로 리액턴스를 보상하는 것
③ 승압기로 저하된 전압을 보상하는 것
④ 선로의 전압 강하를 고려하여 모선 전압을 조정하는 것

풀이

LDC(line drop compensator)**는 부하전류에 의한 배전선의 전압강하를 보상**하는 것인데 LRT(부하시 탭절환 변압기)의 제어회로에 이것을 부가해서 배전전압을 중부하시에는 높게, 경부하시에는 낮게 자동적으로 조정하여 일정한 전압이 되도록 한다.

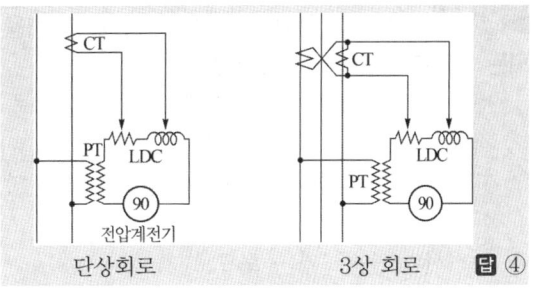

| 단상회로 | 3상 회로 | **답** ④ |

문제 23 배전선로의 고장 또는 보수 점검 시 정전 구간을 축소하기 위하여 사용되는 것은?

① 단로기 　　② 컷아웃스위치
③ 계자저항기 　④ 구분개폐기

풀이

정전구간을 축소하기 위하여 사용되는 것은 **구분 개폐기**(section switch)이며 종류로는 유입 개폐기(OS), 기중 개폐기(AS), 진공 개폐기(VS) 등이 있다.　　**답** ④

문제 24 송전용량이 증가함에 따라 송전선의 단락 및 지락전류도 증가하여 계통에 여러 가지 장해요인이 되고 있다. 이들의 경감대책으로 적합하지 않은 것은?

① 계통의 전압을 높인다.
② 고장 시 모선 분리 방식을 채용한다.
③ 발전기와 변압기의 임피던스를 작게 한다.
④ 송전선 또는 모선 간에 한류리액터를 삽입한다.

풀이

단락전류 억제대책
① 고 임피던스 기기의 채용(발전기, 변압기 등)
② 한류 리액터의 채용(직렬리액터 방식, 분로리액터 방식)
③ 계통 분할방식(상시 분할방식, 사고시 분할방식)
④ 계통전압의 격상
⑤ 계통의 직류 연계
즉, 발전기와 변압기의 임피던스 Z가 작아지면,

단락전류 $I_s = \dfrac{E}{Z}$[A]

에서 알 수 있듯이 단락 전류는 더 커지게 된다.　**답** ③

문제 25 직접 접지 방식이 초고압 송전선로에 채용되는 이유로 가장 타당한 것은?

① 계통의 절연 레벨을 저감하게 할 수 있으므로

② 지락시의 지락전류가 적으므로

③ 지락 고장 시 병행 통신선에 유기되는 유도전압이 작기 때문에

④ 송전선의 안정도가 높으므로

풀이

직접 접지 방식은 타 접지방식에 비해 **지락사고시 건전상의 전위상승이 가장 낮으므로** 송전계통의 절연레벨을 저감시킬 수 있다. 따라서, **절연비가 커지는 초고압 송전계통에서는 직접 접지 방식이 가장 경제적이다.** **답** ①

문제 26 송전선로의 코로나 방지에 가장 효과적인 방법은?

① 전선의 높이를 가급적 낮게 한다.

② 코로나 임계전압을 낮게 한다.

③ 선로의 절연을 강화한다.

④ 복도체를 사용한다.

풀이

코로나 방지 대책

코로나 임계전압 $\left(E_0 = 24.3 m_0 m_1 \delta d \log_{10} \dfrac{D}{r}\right)$을 상승시킨다.

여기서, E_0 : 코로나 임계 전압

$\quad\quad m_0$: 전선의 표면계수

$\quad\quad m_1$: 기후계수

$\quad\quad \delta$: 상대 공기밀도

$\quad\quad d$: 전선의 지름

$\quad\quad D$: 선간거리

따라서, 코로나 임계전압 공식에서 알 수 있듯이 코로나 방지 대책은

• 전선의 지름을 크게 한다.

• 복도체를 사용한다.

• 가선 금구를 개량한다.

• 가선시에 전선 표면의 금구를 손상하지 않게 한다.

즉, **복도체를 사용**하여 전선의 등가반지름 $r_e (\sqrt[n]{r s^{n-1}})$를 증가시켜(전선의 지름 d를 증가) **코로나 임계전압을 높게** 하여야 한다. **답** ④

문제 27 3상 배전 선로의 말단에 지상역률 80 [%], 160 [kW]인 평형 3상 부하가 있다. 부하점에 전력용 콘덴서를 접속하여 선로손실을 최소가 되게 하려면 전력용 콘덴서의 필요한 용량 [kVA]? (단, 여기서 부하단 전압은 변하지 않는 것으로 한다.)

① 100 [kVA] ② 120 [kVA]

③ 160 [kVA] ④ 200 [kVA]

풀이

전력손실 $P_l = 3I^2 r = \dfrac{\rho W^2 L}{A V^2 \cos^2\theta}$ [W]

에서 **선로 손실을 최소로 하기 위해서는 역률을 1로 개선해야** 한다. 따라서, 역률을 1로 개선하기 위해서는 전체 무효 전력만큼의 콘덴서 용량이 필요하다.

콘덴서 용량

$Q_c = P \tan\theta = P \times \dfrac{\sin\theta}{\cos\theta} = 160 \times \dfrac{0.6}{0.8} = 120 [kVA]$ **답** ②

문제 28 반지름이 r[m]인 3상 송전선 A, B, C가 그림과 같이 수평으로 D[m] 간격으로 배치되고 3선이 완전 연가된 경우 각 인덕턴스는 몇 [mH/km]인가?

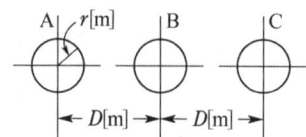

① $L = 0.05 + 0.4605 \log_{10} \dfrac{D}{r}$

② $L = 0.05 + 0.4605 \log_{10} \dfrac{\sqrt{2} D}{r}$

③ $L = 0.05 + 0.4605 \log_{10} \dfrac{\sqrt{3} D}{r}$

④ $L = 0.05 + 0.4605 \log_{10} \dfrac{\sqrt[3]{2} D}{r}$

풀이

$L = 0.05 + 0.4605 \log_{10} \dfrac{D_e}{r}$ [mH/km]

$D_e = \sqrt[3]{D \cdot D \cdot 2D} = \sqrt[3]{2} \cdot D$

$\therefore L = 0.05 + 0.4605 \log_{10} \dfrac{\sqrt[3]{2} D}{r}$ [mH/km] **답** ④

문제 29 중거리 송전선로의 특성은 무슨 회로로 다루어야 하는가?

① RL 집중정수회로

② RLC 집중정수회로

③ 분포정수회로

④ 특성임피던스회로

풀이

구 분	거리	고려하여야 할 선로정수	회로
단거리	수[km] 정도	R, L	집중정수회로
중거리	수십[km]정도	R, L, C	집중정수회로 (T회로, π회로)
장거리	100[km] 이상	R, L, C, G	분포정수회로

답 ②

문제 30 송전선로의 정상임피던스를 Z_1, 역상임피던스를 Z_2, 영상임피던스를 Z_0라 할 때 옳은 것은?

① $Z_1 = Z_2 = Z_0$ ② $Z_1 = Z_2 < Z_0$

③ $Z_1 > Z_2 = Z_0$ ④ $Z_1 < Z_2 < Z_0$

풀이

- 영상 임피던스 $Z_0 = Z + 3Z_n$
- 송전선로는 정지 회로이므로 정상 임피던스와 역상 임피던스는 같다. $Z_1 = Z_2$
- 송전선로의 영상 임피던스는 정상분의 약 4배 정도이다.

∴ 영상 임피던스 Z_0 > 정상 임피던스 Z_1
   = 역상 임피던스 Z_2

답 ②

문제 31 66/22[kV], 2000[kVA] 단상변압기 3대를 1뱅크로 운전하는 변전소로부터 전력을 공급받는 어떤 수전점에서의 3상 단락전류는 약 몇 [A]인가? (단, 변압기의 %리액턴스는 7이고 선로의 임피던스는 0이다.)

① 750   ② 1570

③ 1900   ④ 2250

풀이

단락전류

$$I_s = \frac{100}{\%Z} I_n = \frac{100}{\%Z} \cdot \frac{P_n}{\sqrt{3} V_n} = \frac{100}{7} \times \frac{2000 \times 3}{\sqrt{3} \times 22}$$

$$= 2249.42[A]$$

답 ④

문제 32 최근에 우리나라에서 많이 채용되고 있는 가스 절연 개폐 설비(GIS)의 특징으로 틀린 것은?

① 대기 절연을 이용한 것에 비해 현저하게 소형화할 수 있으나 비교적 고가이다.

② 소음이 적고 충전부가 완전한 밀폐형으로 되어 있기 때문에 안정성이 높다.

③ 가스 압력에 대한 엄중 감시가 필요하며 내부 점검 및 부품 교환이 번거롭다.

④ 한랭지, 산악 지방에서도 액화 방지 및 산화 방지 대책이 필요 없다.

풀이

가스절연 개폐장치(GIS)는 차단기, 단로기, 피뢰기, 변성기, 변류기 및 접지장치 등의 변전설비를 SF₆ 가스를 충전한 금속제 함에 수납한 구조로서 특징은 다음과 같다.

GIS의 특징

(1) 장점

① 충전부가 대기에 노출되지 않아 기기의 안정성, 신뢰성이 우수하다.

② 감전 사고 위험이 적다.

③ 밀폐형이므로 배기 소음이 없다.

④ 소형화 가능하다.

⑤ 보수, 점검이 용이하다.

(2) 단점

① 사고의 대응이 부적절한 경우 대형사고 유발 우려가 있다.

② 고장 발생시 조기복구, 임시복구가 거의 불가능하다.

③ SF₆ 가스의 세심한 주의가 필요하며 내부 점검 및 부품 교환이 번거롭다.

④ 한랭지, 산악 지방에서 가스의 액화 방지 및 산화 방지 대책이 필요하다.

답 ④

문제 33 일반적으로 부하의 역률을 저하시키는 원인은?

① 전등의 과부하

② 선로의 충전전류

③ 유도전동기의 경부하 운전

④ 동기전동기의 중부하 운전

풀이

유도 전동기의 자기 회로에는 갭(gap)이 있기 때문에 정격 전류 I_1에 대한 여자 전류 I_0의 비율은 매우 크며 일반적으로 전부하 전류의 25~50[%]에 이른다. 그리고 I_0의 대부분을 차지하고 있는 자화 전류 I_ϕ는 $\frac{\pi}{2}$ 뒤진 전류이기 때

문에 유도 전동기는 역률이 낮고 경부하일 경우에는 더욱 역률은 낮아지게 된다. **답 ③**

문제 34 배전선로에 3상 3선식 비접지 방식을 채용할 경우 나타나는 현상은?

① 1선 지락 고장 시 고장 전류가 크다.
② 1선 지락 고장 시 인접 통신선의 유도장해가 크다.
③ 고저압 혼촉고장 시 저압선의 전위상승이 크다.
④ 1선 지락 고장 시 건전상의 대지 전위상승이 크다.

풀이
비접지의 특징(직접 접지와 비교)
① 지락 전류가 비교적 적다.(유도 장해 감소)
② 보호 계전기 동작이 불확실하다.
③ V-V결선 가능
④ 저전압 단거리에 적합
⑤ 1선 지락고장시 건전상의 대지전위는 $\sqrt{3}$ 배까지 상승한다. **답 ④**

문제 35 10000[kVA] 기준으로 등가 임피던스가 0.4[%]인 발전소에 설치될 차단기의 차단용량은 몇 [MVA]인가?

① 1000
② 1500
③ 2000
④ 2500

풀이
차단기 차단 용량
$$P_s = \frac{100}{\%Z}P_n = \frac{100}{0.4} \times 10000 \times 10^{-3} = 2500[MVA]$$ **답 ④**

문제 36 유량의 크기를 구분할 때 갈수량이란?

① 하천의 수위 중에서 1년을 통하여 355일간 이보다 내려가지 않는 수위
② 하천의 수위 중에서 1년을 통하여 275일간 이보다 내려가지 않는 수위
③ 하천의 수위 중에서 1년을 통하여 185일간 이보다 내려가지 않는 수위
④ 하천의 수위 중에서 1년을 통하여 95일간 이보다 내려가지 않는 수위

풀이
① : 갈수량 (갈수위)
② : 저수량 (저수위)
③ : 평수량 (평수위)
④ : 풍수량 (풍수위) **답 ①**

문제 37 1선 지락 시에 지락전류가 가장 작은 송전계통은?

① 비접지식
② 직접접지식
③ 저항접지식
④ 소호리액터접지식

풀이
지락 사고시 지락 전류의 크기
직접 접지 > 고저항 접지 > 비접지 > 소호 리액터 접지 순이다. **답 ④**

문제 38 수전단 전력원의 방정식이

$P_r^2 + (Q_r + 400)^2 = 250000$으로 표현되는 전력계통에서 무부하시 수전단 전압을 일정하게 유지하는데 필요한 조상기의 종류와 조상용량으로 알맞은 것은?

① 진상 무효 전력 100
② 지상 무효 전력 100
③ 진상 무효 전력 200
④ 지상 무효 전력 200

풀이
무부하시 **수전단 전압을 일정하게 유지**하기 위해서는 부하시나 무부하시의 **피상전력의 크기가 일정**하여야 한다. 따라서, 무부하시($P_r = 0$) 수전단 전압을 일정하게 유지하기 위해서는
$$0 + (Q_r + 400)^2 = 500^2$$
∴ $Q_r = 100$의 지상 무효 전력이 필요하다. **답 ②**

문제 39 피뢰기의 충격방전 개시전압은 무엇으로 표시하는가?

① 직류전압의 크기
② 충격파의 평균치
③ 충격파의 최대치
④ 충격파의 실효치

풀이
충격 전압이 가해져 방전 전류가 흐르기 시작할 때 도달할 수 있는 최고 전압값을 **충격 방전 개시 전압**이라고 하며 **충격파의 최대치**로 나타낸다. **답** ③

문제 40 고압 배전선로의 중간에 승압기를 설치하는 주목적은?
① 부하의 불평형 방지
② 말단의 전압강하 방지
③ 전력손실의 감소
④ 역률 개선

풀이
승압기(booster)는 2차 전압(V_h)을 1차전압(V_e)보다 높게 한 것으로서, 배전선로의 길이가 길어 전압강하가 클 경우 배전선로의 중간에 설치하여 **승압기 2차측 전압을 높여줌으로서 말단의 전압강하를 방지**한다.

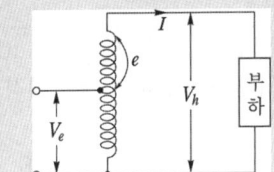

답 ②

제3과목 **전기기기**

문제 41 단상 유도전동기의 기동 시 브러시를 필요로 하는 것은?
① 분상 기동형
② 반발 기동형
③ 콘덴서 분상 기동형
④ 셰이딩 코일 기동형

풀이
반발 기동 유도 전동기는 기동시에는 반발 전동기로서 동작시키고 일정 속도에 달하면 정류자 세그먼트(segment)를 단락하여 유도 전동기로서 동작하는 전동기이며, 브러시 이동만으로 기동, 정지, 속도 제어가 가능하다. **답** ②

문제 42 어떤 수차용 교류 발전기의 단락비가 1.2이다. 이 발전기의 % 동기임피던스는?
① 0.12 ② 0.25
③ 0.52 ④ 0.83

풀이
단락비 $K_s = \dfrac{1}{\%Z}$에서 $\%Z = \dfrac{1}{K_s} = \dfrac{1}{1.2} = 0.83$ **답** ④

문제 43 부하 급변 시 부하각과 부하 속도가 진동하는 난조 현상을 일으키는 원인이 아닌 것은?
① 전기자 회로의 저항이 너무 큰 경우
② 원동기의 토크에 고조파가 포함된 경우
③ 원동기의 조속기 감도가 너무 예민한 경우
④ 자속의 분포가 기울어져 자속의 크기가 감소한 경우

풀이
난조 발생의 원인
난조 방지에 대한 대책으로는 제동 권선이 적당하며 난조에 대한 원인 및 대책은 다음과 같다.
① 원동기의 **조속기 감도가 지나치게 예민한 경우**
방지대책 : 조속기를 적당히 조정하면 충분히 방지할 수 있다.
② 원동기의 **토크에 고조파 토크가 포함된 경우**
방지대책 : 디젤 기관 등에 생기는 문제로 회전부의 플라이휠 효과를 적당히 선정하면 방지할 수 있다.
③ **전기자 회로의 저항이 상당히 큰 경우**
방지대책 : 회로의 저항을 작게 하거나 리액턴스를 삽입하면 방지할 수 있다.
④ 부하가 맥동할 때
방지대책 : 회전부의 플라이휠 효과를 적당히 선정하면 방지할 수 있다. **답** ④

문제 44 △결선 변압기의 한 대가 고장으로 제거되어 V결선으로 전력을 공급할 때, 고장전 전력에 대하여 몇 [%]의 전력을 공급할 수 있는가?
① 81.6 ② 75.0
③ 66.7 ④ 57.7

풀이
1대의 단상 변압기 용량을 P라 하면 그 출력비는
출력비 $= \dfrac{V결선의\ 출력}{△결선의\ 출력} = \dfrac{\sqrt{3}P}{3P} = \dfrac{\sqrt{3}}{3} = 0.577 = 57.7[\%]$ **답** ④

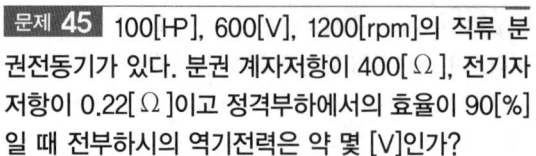

문제 45 100[HP], 600[V], 1200[rpm]의 직류 분권전동기가 있다. 분권 계자저항이 400[Ω], 전기자 저항이 0.22[Ω]이고 정격부하에서의 효율이 90[%]일 때 전부하시의 역기전력은 약 몇 [V]인가?

① 550[V]
② 570[V]
③ 590[V]
④ 610[V]

풀이

전동기의 입력을 P_i 라고 하면

$$P_i = \frac{P_o}{\eta} = \frac{100 \times 746}{0.9} = 82888[W]$$

전부하 전류 $I = \frac{P_i}{V} = \frac{82888}{600} = 138[A]$

계자 전류 $I_f = \frac{V}{R_f} = \frac{600}{400} = 1.5[A]$

전기자 전류 $I_a = I - I_f = 138 - 1.5 = 136.5[A]$

따라서, 역기전력 $E_c = V - I_a R_a$

$$= 600 - 136.5 \times 0.22 \fallingdotseq 570[V]$$ **답** ②

문제 46 외분권 차동 복권 발전기의 단자 전압 V는? (단, Φ_s[Wb] : 직권 계자 권선에 의한 자속, Φ_f[Wb] : 분권 계자의 자속, R_a[Ω] : 전기자의 저항, R_s[Ω] : 직권 계자 저항, I_a[A] : 전기자의 전류, I[A] : 부하 전류, n[rps] : 속도, $k = \frac{pZ}{a}$이며 자기 회로의 포화현상과 전기자 반작용은 무시한다.)

① $V = k(\Phi_f + \Phi_s)n - I_a R_a - IR_s$[V]

② $V = k(\Phi_f - \Phi_s)n - I_a R_a - IR_s$[V]

③ $V = k(\Phi_f + \Phi_s)n - I_a(R_a + R_s)$[V]

④ $V = k(\Phi_f - \Phi_s)n - I_a(R_a + R_s)$[V]

풀이

• 단자전압 $V = E - I_a(R_a + R_s)$[V]

• 유기 기전력 $E = p\Phi n \frac{Z}{a} = k\Phi n$[V]

• 차동 복권 이므로 전체 자속 $\Phi = \Phi_f - \Phi_s$
  (분권 계자 권선의 자속과 직권 계자 권선의 자속이 서로 반대 방향)

• $V = k(\Phi_f - \Phi_s)n - I_a(R_a + R_s)$[V] **답** ④

문제 47 3상 동기발전기의 각 상의 유기기전력에서 제3고조파를 제거할 수 있는 $\beta = \dfrac{\text{코일간격}}{\text{극간격}}$은? (단, 전기자 권선은 단절권으로 한다.)

① 0.11
② 0.33
③ 0.67
④ 1.34

풀이

• 제n고조파에 대한 단절 계수(코일 간격/극 간격)

  $K_{pn} = \sin \dfrac{n\beta\pi}{2}$이므로 제3고조파에 대한 단절 계수

  $K_{p3} = \sin \dfrac{3\beta\pi}{2}$이다.

• $\sin\theta$의 값이 0이 되기 위해서는 $\theta = 0, \pi, 2\pi, \cdots$가 되어야 한다.

• $\dfrac{3\beta\pi}{2}(=\theta)$가 $0, \pi, 2\pi, \cdots$ 이 되기 위한 β는 $0, 0.67, 1.33, \cdots$ 이나, 이 중에서 **1보다 작고 가장 가까운 $\beta = 0.67$**이 제일 적당하다. **답** ③

문제 48 단상 유도전압조정기의 2차 전압이 100 ± 30[V]이고, 직렬권선의 전류가 6[A]인 경우 정격용량은 몇 [VA] 인가?

① 780
② 420
③ 312
④ 180

풀이

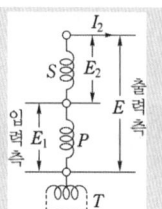

단상 유도 전압 조정기의 용량

$P = E_2(\text{조정전압}) \times I_2 = 30 \times 6 = 180[VA]$ **답** ④

문제 49 직류 분권전동기가 있다. 그 출력이 9[kW]일 때, 단자전압은 220[V], 입력전류는 51.5[A], 계자 전류는 1.5[A], 회전속도는 1500[rpm]이었다. 이때의 발생 토크[kg·m]와 효율[%]은? (단, 전기자 저항은 0.1[Ω]이다.)

① 5.85[kg·m], 94.8[%]

② 6.98[kg·m], 79.4[%]

③ 36.74[kg·m], 79.4[%]

④ 57.33[kg·m], 94.8[%]

풀이

- 전기자 전류 $I_a = I - I_f = 51.5 - 1.5 = 50\,[\text{A}]$
- 전기자 역기전력 $E_c = V - R_a I_a = 220 - 0.1 \times 50$
   $= 215[\text{V}]$
- 기계적 출력 $P = E_c I_a = 215 \times 50 = 10750\,[\text{W}]$
- 발생 토크 $\tau = 0.975\,\dfrac{P}{N} = 0.975 \times \dfrac{10750}{1500} = 6.98\,[\text{kg} \cdot \text{m}]$
- 효율 $\eta = \dfrac{출력}{입력} \times 100 = \dfrac{P}{VI} \times 100 = \dfrac{9 \times 10^3}{220 \times 51.5} \times 100$
   $= 79.43\,[\%]$ **답** ②

문제 50 동기전동기에서 전기자 반작용을 설명한 것 중 옳은 것은?

① 공급전압보다 앞선전류는 감자작용을 한다.

② 공급전압보다 뒤진전류는 감자작용을 한다.

③ 공급전압보다 앞선전류는 교차자화작용을 한다.

④ 공급전압보다 뒤진전류는 교차자화작용을 한다.

풀이

발전기와 전동기의 전기자 반작용은 서로 반대이다.

분 류	동기 발전기	동기 전동기
전압과 동상	교차 자화 작용	교차 자화 작용
진상 전류(앞선전류)	증자 작용	**감자 작용**
지상 전류(뒤진전류)	감자 작용	증자 작용

(전압 : 발전기에서는 유기기전력, 전동기에서는 공급전압을 기준)   **답** ①

문제 51 3상 유도 전동기의 원선도를 그리면 등가 회로의 정수를 구할 때 몇가지 시험이 필요하다. 그 시험이 아닌 것은?

① 무부하 시험

② 구속 시험

③ 고정자 권선의 저항 측정 시험

④ 슬립 측정 시험

풀이

1) 원선도 작성에 필요한 시험은
   - 저항 측정 • 무부하 시험 • 구속 시험이 있다.
2) 유도 전동기의 **원선도에서 구할 수 있는 항목**
   - 전부하 전류 • 역률 • 효율 • **슬립**
   - 최대출력/정격출력 • 토크   **답** ④

문제 52 어떤 직류 발전기의 유기 기전력이 206 [V]이다. 이것에 1.25[Ω]의 부하 저항을 연결하였을 때의 단자 전압은 195[V]이었다. 전기자 저항은 몇 [Ω]인가?

① 0.0321   ② 0.0424

③ 0.0705   ④ 0.0894

풀이

$$I = \frac{V}{R} = \frac{195}{1.25} = 156\,[\text{A}]\,, \quad E = V + I r_a\,[\text{V}]\ \text{이므로}$$

$$\therefore\ r_a = \frac{E - V}{I} = \frac{206 - 195}{156} = 0.0705\,[\Omega]$$ **답** ③

문제 53 반작용 전동기의 용도에 가장 적합한 것은?

① 전기 시계   ② 선풍기

③ 펌프   ④ 엘리베이터

풀이

반작용 전동기(reaction motor)는 동기 전동기의 반작용 특성을 이용한 것으로서 구조는 자극만 있고 여자권선이 없는 회전자를 가진 일종의 동기전동기로서 출력은 작고 역률이 낮지만 **직류전원을 필요로 하지 않으므로 구조가 간단하여 전기시계 및 각종 측정장치용**으로 사용된다.   **답** ①

문제 54 사이리스터를 이용한 교류전압 크기 제어 방식은?

① 정지 레오나드방식   ② 초퍼방식

③ 위상제어방식   ④ TRC 방식

풀이

사이리스터는 게이트에 주어진 펄스의 위상을 제어(**위상제어방식**)함에 따라 교류를 직류로 변환, 제어 시키는 순변환회로(rectifier)로서 사용되기도 하고 반대로 직류를 교류로 변환하는 역변환회로(inverter)로서도 사용된다.   **답** ③

문제 55 스테핑 모터의 일반적인 특징으로 틀린 것은?

① 기동·정지 특성은 나쁘다.

② 회전각은 입력펄스 수에 비례한다.

③ 회전속도는 입력펄스 주파수에 비례한다.

④ 고속 응답이 좋고, 고출력의 운전이 가능하다.

풀이

스테핑모터는 디지털 신호에 비례하여 일정 각도만큼 회전하는 모터로, 그 총회전각은 **입력펄스의 수**로, **회전속도는 입력펄스의 빠르기에 의해 정해지며** 장점은 다음과 같다.

- 피드백 루프가 필요 없다.
- 별도의 D/A, A/D 컨버터가 필요없다.
- **가속, 감속이 용이**하며 정·역전 및 변속이 쉽다.
- 위치제어를 할 때 각도오차가 적고 누적되지 않는다.
- 브러시, 슬립 링 등이 없고 부품수가 적기 때문에 유지 보수의 필요성이 적다.

답 ①

문제 56 3상 유도전동기의 리액터 기동의 리액터 대신 저항을 넣어 기동하는 방식은?

① 콘돌퍼 방식
② 1차 저항 방식
③ 소프트 스타터 방식
④ Y−△ 방식

풀이

1차저항 기동방식

리액터 기동방식에 **리액터 대신에 저항기를 사용**한 것으로서 전동기의 전원측에 직렬로 저항을 접속하고 전원전압을 낮게 감압하여 기동한 후 서서히 저항을 감소시켜 가속하고 전속도에 도달하면 이를 단락하는 방법이다.

이 방식은 주로 **소용량 전동기를 기동**할 때 기계적 충격을 완화하기 위해 사용하는 경우가 많다.

그러나 다른 방식에 비하여 기동효율이 떨어지며, 기동전류가 감소하는 비율보다도 기동토크의 감소율이 큰 관계로 무부하 또는 경부하 기동에 사용된다.

답 ②

문제 57 병렬 운전 중의 A, B 두 동기발전기 중에서 A 발전기의 여자를 B 발전기보다 강하게 하였을 경우 B기 발전기는?

① 90° 앞선 전류가 흐른다.
② 90° 뒤진 전류가 흐른다.
③ 동기화 전류가 흐른다.
④ 부하 전류가 증가한다.

풀이

동기발전기의 병렬운전

- 유기기전력이 높은 발전기(여자전류가 높은 경우) : 지상전류가 흘러 역률이 저하
- 유기기전력이 낮은 발전기(여자전류가 낮은 경우) : 진상전류가 흘러 역률이 상승

따라서, A발전기의 여자를 강하게 하였으므로 상대적으로 B발전기의 전압은 A발전기에 비해 낮으므로 B발전기에는 90° 앞선 전류가 흐른다.

답 ①

문제 58 유도 전동기에서 권선형 회전자에 비해 농형 회전자의 특성이 아닌 것은?

① 구조가 간단하고 효율이 좋다.
② 견고하고 보수가 용이하다.
③ 대용량에서 기동이 용이하다.
④ 중·소형 전동기에 사용된다.

풀이

농형 유도 전동기의 특성

- 회전자의 구조가 간단하고 튼튼하며 취급이 용이하다.
- 운전시의 성능은 우수하나 기동시의 성능은 떨어진다.
- 중·소형 유도 전동기에 널리 사용되며, **대형이 되면 기동토크가 작아 기동이 곤란**하게 된다.

답 ③

문제 59 유도전동기에 게르게스(Gorges)현상이 생기는 슬립은 대략 얼마인가?

① 0.25
② 0.50
③ 0.70
④ 0.80

풀이

게르게스 현상이란 3상 권선형 유도 전동기의 2차 회로 중 1선이 단선된 경우에 약간의 과부하 상태에서도 슬립 $S = 0.5$ 부근에서 가속되지 않는 현상을 말한다.

답 ②

문제 60 전원 주파수와 다른 주파수의 전력으로 변환시키는 장치는?

① 초퍼
② 사이클로 컨버터
③ 인버터
④ 컨버터

풀이

- 초퍼 : DC → DC로 변환
- 사이클로 컨버터 : 정지 사이리스터 회로에 의해 **전원 주파수와 다른 주파수의 전력으로 변환**시키는 직접 회로 장치이다.

$$\frac{AC}{f_1} \rightarrow \boxed{\text{사이크로 컨버터}} \rightarrow \frac{AC}{f_2}$$

- 인버터 : DC → AC로 변환
- 컨버터 : AC → DC로 변환

답 ②

제4과목 회로이론 및 제어공학

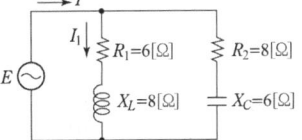

문제 61 그림과 같은 회로에서 $E = 80 \angle 0°$ [V] 이다. I의 크기[A]는?

① 1.1
② 2.3
③ 10.3
④ 11.3

풀이

$$I = I_1 + I_2 = \frac{80}{6 + j8} + \frac{80}{8 - j6}$$

$$= \frac{80(6 - j8)}{(6 + j8)(6 - j8)} + \frac{80(8 + j6)}{(8 - j6)(8 + j6)}$$

$$= 0.8(6 - j8) + 0.8(8 + j6)$$

$$= 0.8(14 - j2) = 11.3 \angle -8.1 [A]$$ **답 ④**

문제 62 단위 피드백 제어계에서 개루프 전달함수 $G(s)$가 다음과 같이 주어지는 계의 단위계단 입력에 대한 정상 편차는?

$$G(s) = \frac{6}{(s + 1)(s + 3)}$$

① $\frac{1}{2}$　　② $\frac{1}{3}$　　③ $\frac{1}{4}$　　④ $\frac{1}{6}$

풀이

$e_{ss} = \lim_{s \to 0} \frac{s}{1 + G(s)} R(s)$에서 $R(s) = \frac{1}{s}$이므로

$e_{ss} = \lim_{s \to 0} \frac{s}{1 + G(s)} \cdot \frac{1}{s} = \frac{1}{1 + \lim_{s \to 0} G(s)}$

$$= \frac{1}{1 + \lim_{s \to 0} \frac{6}{(s + 1)(s + 3)}} = \frac{1}{1 + 2} = \frac{1}{3}$$ **답 ②**

문제 63 $G(s)H(s) = \dfrac{K}{s(s + 4)(s + 5)}$ 에서 근 궤적이 $j\omega$축과 교차하는 점은?

① $\omega = 4.48$
② $\omega = -4.48$
③ $\omega = 4.48, -4.48$
④ $\omega = 2.28$

풀이

특성 방정식은 $s(s + 4)(s + 5) + K = s^3 + 9s^2 + 20s + K = 0$
윗식의 루드 배열은

s^3	1	20
s^2	9	K(보조 방정식의 계수)
s^1	$\dfrac{180 - K}{9}$	0
s^0	K	0

K의 임계값은 s^1의 제1열 요소를 0으로 놓으면 얻을 수 있다.

$$\frac{180 - K}{9} = 0 \qquad \therefore K = 180$$

허수축($j\omega$)을 끊은 점에서의 주파수 ω는 보조 방정식 $9s^2 + K = 0$에 $K = 180$을 대입하면 $9s^2 + 180 = 0$

$\therefore s = \pm j\sqrt{20} = \pm 4.48j$ 이므로

$\therefore \omega = \pm 4.48$ [rad/s]　　**답 ③**

문제 64 샘플러의 주기를 T라 할 때 s평면상의 모든 점은 식 $z = e^{sT}$에 의하여 z평면상에 사상된다. s평면의 좌반 평면상의 모든 점은 z평면상 단위원의 어느 부분으로 사상되는가?

① 내점
② 외점
③ 원주상의 점
④ z평면 전체

풀이

특성방정식의 근의 위치에 따른 안정도 판별법

계의 안정도	근의 위치	
	s평면의	z평면상
안　정	좌반면	단위원 내부
불안정	우반면	단위원 외부
임계안정	허수축	단위 원주상

답 ①

문제 65 다음 논리회로의 출력 X는?

① A
② B
③ A+B
④ A · B

풀이

X = (A+B) · B = A · B + B · B

　= A · B + B

　= B(A+1) = B　　**답 ②**

문제 66

$G(j\omega) = \dfrac{K}{j\omega(j\omega+1)}$ 의 나이퀴스트 선

도는? (단, $K > 0$ 이다.)

①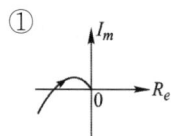

②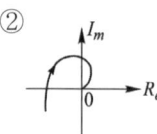

③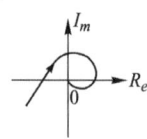

④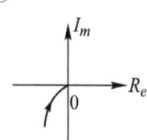

풀이

주파수 전달함수 $G(j\omega) = \dfrac{K}{j\omega(j\omega+1)}$

$\lim_{\omega \to 0} |G(j\omega)| = \lim_{\omega \to 0} \left| \dfrac{K}{j\omega(j\omega+1)} \right| = \lim_{\omega \to 0} \left| \dfrac{K}{j\omega} \right| = \infty$

$\lim_{\omega \to 0} \angle G(j\omega) = \lim_{\omega \to 0} \angle \dfrac{K}{j\omega(j\omega+1)} = \lim_{\omega \to 0} \angle \dfrac{K}{j\omega} = -90°$

$\lim_{\omega \to \infty} |G(j\omega)| = \lim_{\omega \to \infty} \left| \dfrac{K}{j\omega(j\omega+1)} \right| = \lim_{\omega \to \infty} \left| \dfrac{K}{(j\omega)^2} \right| = 0$

$\lim_{\omega \to \infty} \angle G(j\omega) = \lim_{\omega \to \infty} \angle \dfrac{K}{j\omega(j\omega+1)} = \lim_{\omega \to \infty} \angle \dfrac{K}{(j\omega)^2} = -180°$

답 ④

문제 67 그림과 같은 신호흐름 선도에서 전달함수

$\dfrac{Y(s)}{X(s)}$ 는 무엇인가?

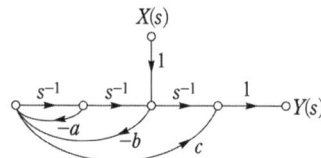

① $\dfrac{s+a}{s^2+as-b^2}$

② $\dfrac{-bcs^2+s}{s^2+as+b}$

③ $\dfrac{-bcs^2+s+a}{s^2+as}$

④ $\dfrac{-bcs^2+s+a}{s^2+as+b}$

풀이

비접촉 개로(s^{-1})와 독립 폐로($-as^{-1}$)가 있는 선도

(제 3 유형)

① 개로(2개) : s^{-1}, $-bc$　(∑ 개로 $= s^{-1} - bc$)

② 폐로(2개) : $-as^{-1}$, $-bs^{-2}$　(∑ 폐로 $= -as^{-1} - bs^{-2}$)

③ (비접촉 개로 × 독립 폐로) $= s^{-1} \cdot -as^{-1} = -as^{-2}$

$G(s) = \dfrac{\sum 개로 - (비접촉 개로 \times 독립 폐로)}{1 - \sum 폐로}$

$= \dfrac{(s^{-1} - bc) - \{s^{-1} \cdot (-as^{-1})\}}{1 - (-as^{-1} - bs^{-2})}$

∴ $\dfrac{X(s)}{Y(s)} = \dfrac{s^{-1} - bc + as^{-2}}{1 + as^{-1} + bs^{-2}} = \dfrac{-bcs^2 + s + a}{s^2 + as + b}$

풀이

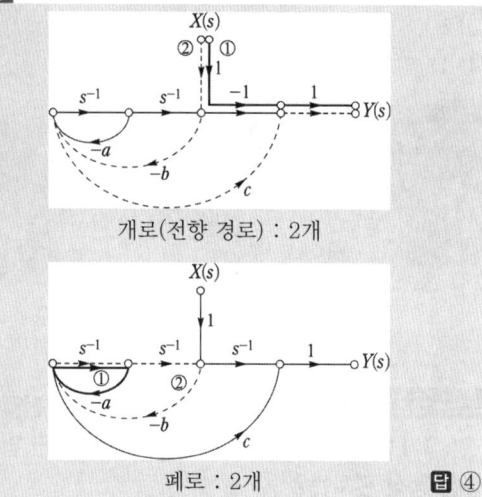

개로(전향 경로) : 2개

폐로 : 2개

답 ④

문제 68

$F(s) = \dfrac{2s+3}{s^2+3s+2}$ 의 시간 함수 $f(t)$

는?

① $f(t) = e^{-t} - e^{-2t}$

② $f(t) = e^{-t} + e^{-2t}$

③ $f(t) = e^{-t} + 2e^{-2t}$

④ $f(t) = e^{-t} - 2e^{-2t}$

풀이

$F(s) = \dfrac{2s+3}{s^2+3s+2} = \dfrac{2s+3}{(s+1)(s+2)} = \dfrac{K_1}{s+1} + \dfrac{K_2}{s+2}$

$K_1 = \lim_{s \to -1}(s+1)F(s) = \left[\dfrac{2s+3}{s+2} \right]_{s=-1} = 1$

$K_2 = \lim_{s \to -2}(s+2)F(s) = \left[\dfrac{2s+3}{s+1} \right]_{s=-2} = 1$

$F(s) = \dfrac{1}{s+1} + \dfrac{1}{s+2}$

∴ $f(t) = \mathcal{L}^{-1}[F(s)] = \mathcal{L}^{-1}\left[\dfrac{1}{s+1} + \dfrac{1}{s+2} \right] = e^{-t} + e^{-2t}$

답 ②

문제 69 $G(s)H(s) = \dfrac{2}{(s+1)(s+2)}$ 의 이득여유[dB]는?

① 20   ② −20   ③ 0   ④ ∞

풀이

$G(j\omega)H(j\omega) = \dfrac{2}{(j\omega+1)(j\omega+2)} = \dfrac{2}{-\omega^2+2+j3\omega}$

허수부를 0으로 놓으면 $3\omega_c = 0$ 따라서 $\omega_c = 0$

$|G(j\omega)H(j\omega)|_{\omega_c \to 0} = \left|\dfrac{2}{-\omega^2+2}\right|_{\omega_c \to 0} = \dfrac{2}{2} = 1$

이득 여유 $GM = 20\log\left|\dfrac{1}{GH_c}\right| = 20\log\dfrac{1}{1} = 0[\text{dB}]$ **답** ③

문제 70 개루프 전달 함수 $G(s) = \dfrac{(s+2)}{(s+1)(s+3)}$ 인 부궤환 제어계의 특성 방정식은?

① $s^2 + 3s + 2 = 0$ ② $s^2 + 4s + 3 = 0$

③ $s^2 + 4s + 6 = 0$ ④ $s^2 + 5s + 5 = 0$

풀이

부궤환 제어계의 전달 함수는 $\dfrac{G(s)}{1+G(s)H(s)}$ 이고,

특성 방정식은 $1 + G(s)H(s) = 0$ 이다.

$1 + \dfrac{s+2}{(s+1)(s+3)} = 0$ $\therefore\ s^2 + 5s + 5 = 0$ **답** ④

문제 71 신호흐름선도에서 전달함수 $\dfrac{C}{R}$ 를 구하면?

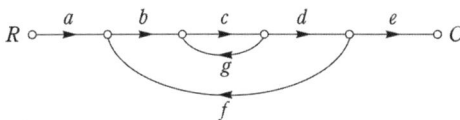

① $\dfrac{abcdg}{1-abcde}$ ② $\dfrac{abcde}{1-cg-bcdf}$

③ $\dfrac{abcde}{1-cg-cgf}$ ④ $\dfrac{abcde}{c+cg+cgf}$

풀이

- 전향경로 이득 : $abcde$
- 루프이득 : cg, $bcdf$
- $G(s) = \dfrac{\sum \text{전향 경로 이득}}{1 - \sum \text{루프이득}} = \dfrac{abcde}{1-cg-bcdf}$ **답** ②

문제 72 다음 회로의 4단자 정수는?

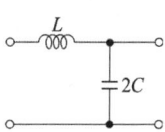

① $A = 1 + 2\omega^2 LC$, $B = j2\omega C$, $C = j\omega L$, $D = 0$

② $A = 1 - 2\omega^2 LC$, $B = j\omega L$, $C = j2\omega C$, $D = 1$

③ $A = 2\omega^2 LC$, $B = j\omega L$, $C = j2\omega C$, $D = 1$

④ $A = 2\omega^2 LC$, $B = j2\omega C$, $C = j\omega L$, $D = 0$

풀이

$\begin{bmatrix} A & B \\ C & D \end{bmatrix} = \begin{bmatrix} 1 & Z_1 \\ 0 & 1 \end{bmatrix} \begin{bmatrix} 1 & 0 \\ \dfrac{1}{Z_2} & 1 \end{bmatrix}$

$= \begin{bmatrix} 1 & j\omega L \\ 0 & 1 \end{bmatrix} \begin{bmatrix} 1 & 0 \\ j2\omega C & 1 \end{bmatrix} = \begin{bmatrix} 1 - 2\omega^2 LC & j\omega L \\ j2\omega C & 1 \end{bmatrix}$ **답** ②

문제 73 전류의 대칭분을 I_0, I_1, I_2, 유기기전력을 E_a, E_b, E_c, 단자전압의 대칭분을 V_0, V_1, V_2라 할 때 3상 교류발전기의 기본식 중 정상분 V_1 값은? (단, Z_0, Z_1, Z_2는 영상, 정상, 역상 임피던스이다.)

① $-Z_0 I_0$ ② $-Z_2 I_2$

③ $E_a - Z_1 I_1$ ④ $E_b - Z_2 I_2$

풀이

발전기의 기본식
- 영상분 $V_0 = -Z_0 I_0$
- 정상분 $V_1 = E_a - Z_1 I_1$
- 역상분 $V_2 = -Z_2 \cdot I_2$ **답** ③

문제 74 그림의 회로에서 스위치 S를 닫을 때의 충전전류 $i(t)$ [A]는 얼마인가? (단, 콘덴서에 초기 충전전하는 없다.)

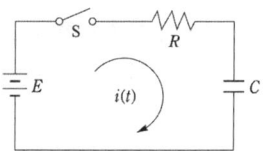

① $\dfrac{E}{R}e^{-\frac{1}{CR}t}$　　② $\dfrac{E}{R}e^{\frac{R}{C}t}$

③ $\dfrac{E}{R}e^{-\frac{C}{R}t}$　　④ $\dfrac{E}{R}e^{\frac{1}{CR}t}$

풀이

스위치를 닫았을 때 회로의 평형 방정식은

$$Ri(t)+\frac{1}{C}\int i(t)dt = E$$

C의 전하를 $q(t)$, C의 양단 전압을 v_0라 하면

$$q(t)=\int i(t)dt = Cv_0$$

$$i(t)=\frac{dq(t)}{dt}$$

따라서, 윗 식은

$$R\frac{dq(t)}{dt}+\frac{1}{C}q(t)=E$$

초기 전하를 0라 하면

$$\therefore \ q(t)=CE\left(1-e^{-\frac{1}{RC}t}\right)$$

또, $i(t)=\dfrac{dq(t)}{dt}=\dfrac{d}{dt}CE\left(1-e^{-\frac{1}{RC}t}\right)=\dfrac{E}{R}e^{-\frac{1}{RC}t}$　**답 ①**

문제 75 그림의 교류 브리지 회로가 평형이 되는 조건은?

① $L=\dfrac{R_1 R_2}{C}$

② $L=\dfrac{C}{R_1 R_2}$

③ $L=R_1 R_2 C$

④ $L=\dfrac{R_2}{R_1}C$

풀이

브리지의 평형조건 : 서로 대각선으로 마주보고 있는 저항의 곱이 서로 같으면 평형이 된다.

$$R_1 R_2 = \omega L \cdot \frac{1}{\omega C}$$

$$\therefore L=R_1 R_2 C$$　**답 ③**

문제 76 분포정수회로에 직류를 흘릴 때 특성 임피던스는? (단, 단위 길이당의 직렬 임피던스 $Z = R + j\omega L\,[\Omega]$, 병렬 어드미턴스 $Y = G + j\omega C\,[\mho]$ 이다.)

① $\sqrt{\dfrac{L}{C}}$　　② $\sqrt{\dfrac{L}{R}}$

③ $\sqrt{\dfrac{G}{C}}$　　④ $\sqrt{\dfrac{R}{G}}$

풀이

특성임피던스 $Z_0 = \sqrt{\dfrac{Z}{Y}} = \sqrt{\dfrac{R+j\omega L}{G+j\omega C}}$ 에서

직류 이므로 $\omega = 0$

따라서, 특성임피던스 $Z_0 = \sqrt{\dfrac{R}{G}}$　**답 ④**

문제 77 어떤 정현파 전압의 평균값이 150[V]이면 최대값은 약 얼마인가?

① 300 [V]　　② 236 [V]

③ 115 [V]　　④ 175 [V]

풀이

정현파에서 $V_{av}=\dfrac{2V_m}{\pi}$ 이므로

$$V_m = \frac{\pi}{2}V_{av}=\frac{\pi}{2}\times 150 \fallingdotseq 236[V]$$　**답 ②**

문제 78 그림과 같이 결선된 회로의 단자(a, b, c)에 선간전압이 V[V]인 평형 3상 전압을 인가할 때 상전류 I[A]의 크기는?

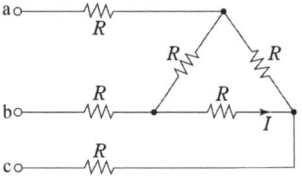

① $\dfrac{V}{4R}$　　② $\dfrac{3V}{4R}$

③ $\dfrac{\sqrt{3}\,V}{4R}$　　④ $\dfrac{V}{4\sqrt{3}\,R}$

풀이

세 개의 동일한 저항 R인 경우

• $\triangle \to$ Y 로 등가 변환시 $R_Y = \dfrac{1}{3}R_\triangle$

• Y $\to \triangle$ 로 등가 변환시 $R_\triangle = 3R_Y$

• $\triangle$결선을 Y 결선으로 등가 변환하고 구한

1상의 저항 값 $= R + \dfrac{1}{3}R = \dfrac{4}{3}R$

• Y결선된 $\frac{4}{3}R$ 저항을 △로 등가변환하면

$$R_\triangle = 3 \times \frac{4}{3}R = 4R$$

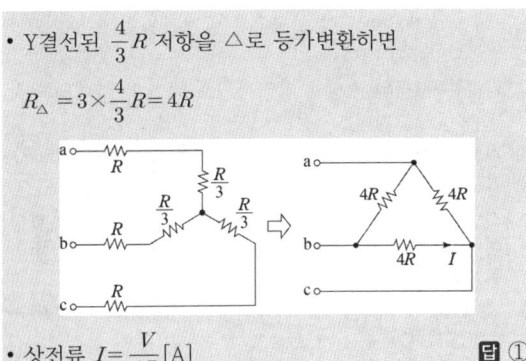

• 상전류 $I = \frac{V}{4R}$ [A]   답 ①

문제 79 그림과 같은 회로에서 스위치 S를 $t=0$ 에서 닫을 때 $t=0$에서의 전류 $i(0)$ [A]는? (단, $V_c(0)$는 C의 초기전압이며 20 [V]이다.)

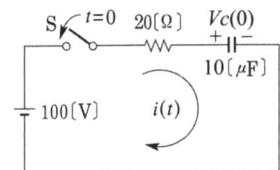

① 0   ② 4
③ 5   ④ 10

풀이

$t=0$ 이므로

$$i(t) = \frac{E}{R} = \frac{V - V_C(0)}{R} = \frac{100 - 20}{20} = 4 [A] \quad 답 ②$$

문제 80 4단자 회로에서 4단자 정수를 A, B, C, D 라 하면 영상 임피던스 $\frac{Z_{01}}{Z_{02}}$는?

① $\frac{D}{A}$ ② $\frac{B}{C}$ ③ $\frac{C}{B}$ ④ $\frac{A}{D}$

풀이

$Z_{01} = \sqrt{\frac{AB}{CD}}$, $Z_{02} = \sqrt{\frac{BD}{AC}}$ 이므로

$$\therefore \frac{Z_{01}}{Z_{02}} = \frac{\sqrt{\frac{AB}{CD}}}{\sqrt{\frac{BD}{AC}}} = \frac{A}{D} \quad 답 ④$$

제5과목   전기설비 기술기준

문제 81 최대 사용 전압이 6600[V]인 3상 유도 전동기의 권선과 대지 사이의 절연내력 시험전압은 최대 사용전압의 몇 배인가?

① 1.75   ② 1.0
③ 1.25   ④ 1.5

풀이

133 회전기 및 정류기의 절연내력

종 류		시험 전압	시험방법
회전기	발전기·전동기·조상기·기타회전기 7[kV] 이하	1.5배 (최저 500 [V])	권선과 대지 사이에 연속하여 10분간
	발전기·전동기·조상기·기타회전기 7[kV] 초과	1.25배 (최저 10.5 [kV])	
	회전 변류기	직류측의 최대사용전압의 1배의 교류전압 (최저 500 [V])	

답 ④

문제 82 다음 중 케이블트렌치에 적합한 구조가 아닌 것은?

① 케이블트렌치의 바닥 및 측면에는 방수처리하고 물이 고이지 않도록 할 것
② 케이블트렌치는 외부에서 고형물이 들어가지 않도록 IP2X 이상으로 시설할 것
③ 케이블트렌치의 뚜껑, 받침대 등 금속재는 방식처리를 하지 않도록 할 것
④ 케이블트렌치 굴곡부 안쪽의 반경은 통과하는 전선의 허용곡률반경 이상이어야 하고 배선의 절연피복을 손상시킬 수 있는 돌기가 없는 구조일 것

풀이

232.24 케이블트렌치는 다음에 적합한 구조이어야 한다.
가. 케이블트렌치의 바닥 또는 측면에는 전선의 하중에 충분히 견디고 전선에 손상을 주지 않는 받침대를 설치할 것
나. 케이블트렌치의 뚜껑, 받침대 등 금속재는 내식성의 재료이거나 **방식처리를 할 것**
다. 케이블트렌치 굴곡부 안쪽의 반경은 통과하는 전선의 허용곡률반경 이상이어야 하고 배선의 절연피복을 손

상시킬 수 있는 돌기가 없는 구조일 것
라. 케이블트렌치의 뚜껑은 바닥 마감면과 평평하게 설치하고 장비의 하중 또는 통행 하중 등 충격에 의하여 변형되거나 파손되지 않도록 할 것
마. 케이블트렌치의 바닥 및 측면에는 방수처리하고 물이 고이지 않도록 할 것
바. 케이블트렌치는 외부에서 고형물이 들어가지 않도록 IP2X 이상으로 시설할 것　**답** ③

문제 83 사용전압 154[kV]의 특고압 가공전선로를 시가지에 시설하는 경우 지표상 몇 [m] 이상에 시설하여야 하는가?

① 7　　　　　　　② 8
③ 9.44　　　　　　④ 11.44

풀이

333.1 시가지 등에서 특고압 가공전선로의 시설

사용전압의 구분	지표상의 높이
35 [kV] 이하	10 [m] (전선이 특고압 절연전선인 경우에는 8 [m])
35 [kV] 초과	10 [m]에 35 [kV]를 초과하는 10 [kV] 또는 그 단수마다 12 [cm]를 더한 값

• 단수 $= \dfrac{154-35}{10} = 11.9 \rightarrow 12$단
• 지표상의 높이 $= 10 + 12 \times 0.12 = 11.44$[m]　**답** ④

문제 84 전주외등에 사용하는 조명기구로서 적합하지 않은 것은?

① 기구의 부착밴드 및 부착용 부속금구류는 쉽게 뗄 수 없는 것일 것.
② 기구는 「전기용품 및 생활용품 안전관리법」에 적합한 것.
③ 기구는 전구를 쉽게 갈아 끼울 수 있는 구조일 것.
④ 기구의 인출선은 도체단면적이 0.75[mm²] 이상일 것.

풀이

234.10 전주외등
234.10.2 조명기구 및 부착금구
조명기구(이하 "기구"라 한다) 및 부착금구는 다음에 적합하여야 한다.

1. 기구는 「전기용품 및 생활용품 안전관리법」 또는 「산업표준화법」에 적합한 것.
2. 기구는 광원의 손상을 방지하기 위하여 원칙적으로 갓 또는 글로브가 붙은 것.
3. 기구는 전구를 쉽게 갈아 끼울 수 있는 구조일 것.
4. 기구의 인출선은 도체단면적이 0.75[mm²] 이상일 것.
5. 기구의 부착밴드 및 부착용 부속금구류는 아연도금하여 방식 처리한 강판제 또는 스테인레스제이고, 또한 **쉽게 부착할 수도 있고 뗄 수도 있는 것일 것.**
6. 가로등, 보안등에 LED 등기구를 사용하는 경우에는 KS C 7658(LED 가로등 및 보안등기구의 안전 및 성능요구사항)에 적합한 것을 시설할 것.　**답** ①

문제 85 유도장해방지에 대한 설명으로 옳지 않은 것은?

① 교류 특고압 가공전선로에서 발생하는 극저주파 전자계는 지표상 1[m]에서 전계가 3.5[kV/m] 이하, 자계가 83.3[μT] 이하가 되도록 시설하여야 한다.
② 직류 특고압 가공전선로에서 발생하는 직류전계는 지표면에서 25[kV/m] 이하가 되도록 하여야 한다.
③ 직류 특고압 가공전선로에서 발생하는 직류자계는 지표상 1[m]에서 1,000,000[μT] 이하가 되도록 시설하여야 한다.
④ 전력보안 통신설비는 가공전선로로부터의 정전유도작용 또는 전자유도작용에 의하여 사람에 위험을 줄 우려가 없도록 시설하여야 한다.

풀이

기술기준 제3조
직류자계(DC Magnetic Fields)란 0[Hz]인 직류전로에서 형성되는 정자계(Static Magnetic Fields)를 말한다.

기술기준 제17조 (유도장해 방지)
① 교류 특고압 가공전선로에서 발생하는 극저주파 전자계는 지표상 1[m]에서 전계가 3.5[kV/m] 이하, 자계가 83.3[μT] 이하가 되도록 시설하고, 직류 특고압 가공전선로에서 발생하는 직류전계는 지표면에서 25[kV/m] 이하, **직류자계는 지표상 1[m]에서 400,000[μT] 이하가 되도록** 시설하는 등 상시 정전유도(靜電誘導) 및 전자유도(電磁誘導) 작용에 의하여 사람에게 위험을 줄 우려가 없도록 시설하여야 한다. 다만, 논밭, 산림 그 밖에 사람의 왕래가 적은 곳에서 사람에 위험을 줄 우려가 없도록 시설하는 경우에는 그러하지 아니하다.

② 특고압의 가공전선로는 전자유도작용이 약전류전선로(전력보안 통신설비는 제외한다)를 통하여 사람에 위험을 줄 우려가 없도록 시설하여야 한다.

③ 전력보안 통신설비는 가공전선로로부터의 정전유도작용 또는 전자유도작용에 의하여 사람에 위험을 줄 우려가 없도록 시설하여야 한다. **답** ③

문제 86 전기철도의 설비를 위한 보호협조 사항으로 옳지 않은 것은?

① 전차선로용 애자를 섬락사고로부터 보호하고 접지전위 상승을 억제하기 위하여 적정한 보호설비를 구비하여야 한다.

② 보호계전방식은 신뢰성, 선택성, 협조성, 적절한 동작, 양호한 감도, 취급 및 보수점검이 용이하도록 구성하여야 한다.

③ 가공 선로측에서 발생한 지락 및 사고전류의 파급을 방지하기 위하여 피뢰기를 설치하여야 한다.

④ 급전선로는 안정도 향상, 자동복구, 정전시간 감소를 위하여 COS를 구비하여야 한다.

풀이

451 설비보호의 일반사항
451.1 보호협조
1. 사고 또는 고장의 파급을 방지하기 위하여 계통 내에서 발생한 사고전류를 검출하고 차단장치에 의해서 신속하고 순차적으로 차단할 수 있는 보호시스템을 구성하며 설비계통 전반의 보호협조가 되도록 하여야 한다.
2. 보호계전방식은 신뢰성, 선택성, 협조성, 적절한 동작, 양호한 감도, 취급 및 보수점검이 용이하도록 구성하여야 한다.
3. 급전선로는 안정도 향상, 자동복구, 정전시간 감소를 위하여 보호계전방식에 **자동재폐로 기능**을 구비하여야 한다.
4. 전차선로용 애자를 섬락사고로부터 보호하고 접지전위 상승을 억제하기 위하여 적정한 보호설비를 구비하여야 한다.
5. 가공 선로측에서 발생한 지락 및 사고전류의 파급을 방지하기 위하여 피뢰기를 설치하여야 한다. **답** ④

문제 87 주택용 배선차단기의 순시트립범위에 해당하지 않은 것은? 단, 여기서 I_n은 차단기 정격전류이다.

① $3I_n$ 초과 ~ $5I_n$ 이하

② $5I_n$ 초과 ~ $10I_n$ 이하

③ $10I_n$ 초과 ~ $20I_n$ 이하

④ $20I_n$ 초과 ~ $30I_n$ 이하

풀이

212.3.4 보호장치의 특성
순시트립에 따른 구분(주택용 배선차단기)

형	순시트립범위
B	$3I_n$ 초과 ~ $5I_n$ 이하
C	$5I_n$ 초과 ~ $10I_n$ 이하
D	$10I_n$ 초과 ~ $20I_n$ 이하

[비고] 1. B, C, D : 순시트립전류에 따른 차단기 분류
2. I_n : 차단기 정격전류 **답** ④

문제 88 다음 중 전로의 중성점을 접지하는 주 목적으로 볼 수 없는 것은?

① 전로의 보호 장치의 확실한 동작의 확보

② 부하 전류의 일부를 대지로 흐르게 함으로써 전선 절약

③ 이상 전압의 억제

④ 대지전압의 저하

풀이

322.5 전로의 중성점의 접지
가. 전로의 **중성점 접지공사의 목적**
　① 보호 장치의 확실한 동작의 확보
　② 이상 전압의 억제
　③ 대지전압의 저하
나. 접지도체는 공칭단면적 16[mm²] 이상의 연동선(저압 전로의 중성점에 시설하는 것은 공칭단면적 6[mm²] 이상의 연동선)으로서 고장시 흐르는 전류가 안전하게 통할 수 있는 것을 사용하고 또한 손상을 받을 우려가 없도록 시설할 것. **답** ②

문제 89 특고압 가공전선로의 전선으로 케이블을 사용하는 경우의 시설로서 옳지 않은 것은?

① 케이블은 조가용선에 행거에 의하여 시설한다.

② 케이블은 조가용선에 접속시키고 비닐테이프 등을 30[cm] 이상의 간격으로 감아 붙인다.

③ 조가용선은 단면적 22[mm²]의 아연도강연선 또는 인장강도 13.93[kN] 이상의 연선을 사용한다.

④ 조가용선 및 케이블의 피복에 사용하는 금속체에는 접지공사를 한다.

풀이

333.3 특고압 가공케이블의 시설
특고압 가공전선로는 그 전선에 케이블을 사용하는 경우에는 다음에 따라 시설하여야 한다.
가. 케이블은 다음의 어느 하나에 의하여 시설할 것.
　① 조가용선에 행거에 의하여 시설할 것. 이 경우에 행거의 간격은 0.5[m] 이하로 하여 시설하여야 한다.
　② **조가용선에 접촉시키고 그 위에 쉽게 부식되지 아니하는 금속 테이프 등을 0.2[m] 이하의 간격을 유지시켜 나선형으로 감아 붙일 것.**
나. 조가용선은 인장강도 13.93[kN] 이상의 연선 또는 단면적 22[mm²] 이상의 아연도강연선일 것.
다. 조가용선 및 케이블의 피복에 사용하는 금속체에는 규정에 준하여 접지공사를 할 것. **답** ②

문제 90 급전용변압기는 교류 전기철도의 경우 어떤 변압기의 적용을 원칙으로 하고, 급전계통에 적합하게 선정하여야 하는가?

① 3상 정류기용 변압기

② 단상 정류기용 변압기

③ 3상 스코트결선 변압기

④ 단상 스코트결선 변압기

풀이

421.4 변전소의 설비
1. 변전소 등의 계통을 구성하는 각종 기기는 운용 및 유지 보수성, 시공성, 내구성, 효율성, 친환경성, 안전성 및 경제성 등을 종합적으로 고려하여 선정하여야 한다.
2. **급전용 변압기는** 직류 전기철도의 경우 3상 정류기용 변압기, **교류 전기철도의 경우 3상 스코트결선 변압기의 적용을 원칙으로 하고,** 급전계통에 적합하게 선정하여야 한다. **답** ③

문제 91 단상교류 25,000[V]인 경우 전차선로의 충전부와 차량 간의 동적 절연이격 거리는 몇 [mm] 이상인가?

① 25 　　　　　② 100

③ 150 　　　　　④ 170

풀이

431.3 전차선로의 충전부와 차량 간의 최소 절연이격

시스템 종류	공칭전압(V)	동적(mm)	정적(mm)
직류	750	25	25
	1,500	100	150
단상교류	25,000	**170**	270

답 ④

문제 92 제1종 특고압 보안공사를 필요로 하는 가공전선로의 지지물로 사용할 수 있는 것은?

① A종 철근콘크리트주

② B종 철근콘크리트주

③ A종 철주

④ 목주

풀이

333.22 특고압 보안공사
제1종 특고압 보안공사에서 전선로의 지지물에는 B종 철주 · B종 철근 콘크리트주 또는 철탑을 사용할 것.
즉, A종 철근콘크리트주, A종 철주 및 목주는 사용할 수 없다. **답** ②

문제 93 옥내에 시설하는 전동기에 과부하 보호장치의 시설을 생략할 수 없는 경우는?

① 정격 출력이 0.75[kW]인 전동기

② 타인이 출입할 수 없고, 전동기가 손상할 정도의 과전류가 생길 우려가 없는 경우

③ 전동기가 단상의 것으로 전원측 전로에 시설하는 배선용 차단기의 정격전류가 20[A] 이하인 경우

④ 전동기를 운전 중 상시 취급자가 감시할 수 있는 위치에 시설한 경우

풀이

212.6.3 저압전로 중의 전동기 보호용 과전류보호장치의 시설

옥내에 시설하는 전동기에는 전동기가 손상될 우려가 있는 과전류가 생겼을 때에 자동적으로 이를 저지하거나 이를 경보하는 장치를 하여야 한다. 다만, 다음의 어느 하나에 해당하는 경우에는 그러지 아니하다.

가. 전동기를 운전 중 상시 취급자가 감시할 수 있는 위치에 시설하는 경우

나. 전동기의 구조나 부하의 성질로 보아 전동기가 손상될 수 있는 과전류가 생길 우려가 없는 경우

다. 단상전동기로써 그 전원측 전로에 시설하는 과전류 차단기의 정격전류가 16[A](배선용 차단기는 20[A]) 이하인 경우

라. **정격 출력이 0.2[kW] 이하의 전동기**　　　　**답** ①

문제 94 시가지내에 시설하는 154[kV] 가공 전선로에 지락 또는 단락이 생겼을 때 몇 초 안에 자동적으로 이를 전로로부터 차단하는 장치를 시설하여야 하는가?

① 1　　　② 3　　　③ 5　　　④ 10

풀이

333.1 시가지 등에서 특고압 가공전선로의 시설

사용전압이 100[kV]를 초과하는 특고압 가공전선에 **지락 또는 단락**이 생겼을 때에는 **1초 이내**에 자동적으로 이를 전로로부터 차단하는 장치를 시설할 것.　　　**답** ①

문제 95 풀용 수중 조명등에 전기를 공급하기 위하여 사용되는 절연 변압기 1차측 및 2차측 전로의 사용 전압은 각각 최대 몇 [V]인가?

① 300, 100　　　　② 400, 150

③ 200, 150　　　　④ 600, 300

풀이

234.14 수중조명등

수영장 기타 이와 유사한 장소에 사용하는 수중조명등(이하 "수중조명등"이라 한다)

에 전기를 공급하기 위해서는 절연변압기를 사용하고, 그 사용전압은 다음에 의하여야 한다.

1. 절연변압기의 **1차측 전로**의 사용전압은 **400[V] 이하**일 것.

2. 절연변압기의 **2차측 전로**의 사용전압은 **150[V] 이하**일 것.　　　**답** ②

문제 96 2차측 개방전압이 7[kV] 이하인 절연변압기를 사용하고 절연 변압기의 1차측 전로를 자동적으로 차단하는 보호장치를 시설한 경우의 전격살충기는 전격격자가 지표상 또는 마루 위 몇 [m] 이상의 높이에 설치하여야 하는가?

① 1.5　　　　　② 1.8

③ 2.5　　　　　④ 3.5

풀이

241.7 전격살충기

전격살충기는 다음에 의하여 시설하여야 한다.

가. 전격살충기의 전격격자는 지표 또는 바닥에서 3.5[m] 이상의 높은 곳에 시설할 것. 다만, 2차측 개방 전압이 **7[kV] 이하**의 절연변압기를 사용하고 보호격자에 사람이 접촉될 경우 절연변압기의 **1차측 전로**를 자동적으로 **차단하는 보호장치**를 시설한 것은 지표 또는 바닥에서 1.8[m]까지 감할 수 있다.

나. 전격살충기의 전격격자와 다른 시설물(가공전선은 제외한다) 또는 식물과의 이격거리는 0.3[m] 이상일 것.　　　**답** ②

문제 97 가공전선로의 지지물에 사용하는 지선의 시설과 관련된 내용으로 틀린 것은?

① 지선에 연선을 사용하는 경우 소선(素線) 3가닥 이상의 연선 일 것

② 지선의 안전율은 2.5 이상, 허용 인장하중의 최저는 3.31[kN]으로 할 것

③ 지선에 연선을 사용하는 경우 소선의 지름이 2.6[mm] 이상의 금속선을 사용한 것일 것

④ 가공전선로의 지지물로 사용하는 철탑은 지선을 사용하여 그 강도를 분담시키지 않을 것

풀이

331.11 지선의 시설

가. 가공전선로의 지지물로 사용하는 철탑은 지선을 사용하여 그 강도를 분담시켜서는 안 된다.

나. 지선의 안전율은 2.5 이상일 것. 이 경우에 **허용 인장하중의 최저**는 **4.31[kN]**으로 한다.

다. 지선에 연선을 사용할 경우에는 다음에 의할 것.

　① 소선 3가닥 이상의 연선일 것.

　② 소선의 지름이 2.6[mm] 이상의 금속선을 사용한 것일 것.　　　**답** ②

문제 98 전기철도차량의 회생제동 사용을 중단해야 하는 경우가 아닌 것은?

① 전차선로 지락이 발생한 경우

② 회생전력을 다른 전기장치에서 흡수할 수 있는 경우

③ 전차선로에서 전력을 받을 수 없는 경우

④ 선로전압이 장기 과전압 보다 높은 경우

풀이

441.5 회생제동

1. 전기철도차량은 다음과 같은 경우에 회생제동의 사용을 중단해야 한다.

　가. 전차선로 지락이 발생한 경우

　나. 전차선로에서 전력을 받을 수 없는 경우

　다. 선로전압이 장기 과전압 보다 높은 경우

2. **회생전력을 다른 전기장치에서 흡수할 수 없는 경우에는 전기철도차량은 다른 제동시스템으로 전환되어야 한다.**

3. 전기철도 전력공급시스템은 회생제동이 상용제동으로 사용이 가능하고 다른 전기철도차량과 전력을 지속적으로 주고받을 수 있도록 설계되어야 한다. **답** ②

문제 99 철도 또는 궤도를 횡단하는 저고압 가공전선의 높이는 레일면상 몇 [m] 이상인가?

① 5.5　　　　　② 6.5

③ 7.5　　　　　④ 8.5

풀이

332.5 고압 가공전선의 높이,

2.7 저압 가공전선의 높이

저·고압 가공전선의 높이는 다음에 따라야 한다.

설치장소		가공전선의 높이
도로횡단(번잡하지 않은 도로 제외)		지표상 6 [m] 이상
철도 또는 궤도 횡단		**레일면상 6.5 [m] 이상**
횡단보도교 위	저압	노면상 3.5 [m] 이상 (단, 절연전선의 경우 3 [m] 이상)
	고압	노면상 3.5 [m] 이상
일반장소		지표상 5 [m] 이상. 단, 저압의 경우 절연전선 또는 케이블을 사용하여 교통에 지장이 없도록 하여 옥외조명용에 공급하는 경우 4 [m]까지 감할 수 있다.
다리의 하부 기타 이와 유사한 장소		저압의 전기철도용 급전선은 지표상 3.5[m]까지로 감할 수 있다.

답 ②

문제 100 배전선로에서의 전력보안통신설비를 하여야 하는 곳의 기준으로 틀린 것은?

① 154[kV]계통 구간(가공, 지중, 해저)

② 22.9[kV]계통에 연결되는 분산전원형 발전소

③ 폐회로 배전 등 신 배전방식 도입 개소

④ 배전자동화, 원격검침, 부하감시 등 지능형전력망 구현을 위해 필요한 구간

풀이

362.1 전력보안통신설비의 시설 요구사항

배전선로에서 전력보안통신설비의 시설 장소는 다음에 따른다.

가. 22.9[kV]계통 배전선로 구간(가공, 지중, 해저)

나. 22.9[kV]계통에 연결되는 분산전원형 발전소

다. 폐회로 배전 등 신 배전방식 도입 개소

라. 배전자동화, 원격검침, 부하감시 등 지능형전력망 구현을 위해 필요한 구간 **답** ①

국가기술자격검정 필기시험 문제

2023년도 전기기사 일반검정 제 2 회		(CBT 복원문제)		수검 번호	성 명
자격종목 및 등급(선택분야)	종목코드	시험시간	문제지형별		
전기기사	1150	2시간 30분	A		

제1과목 전기자기학

문제 01 한 변의 저항이 R_o인 그림과 같은 무한히 긴 회로에서 AB간의 합성저항은 어떻게 되는가?

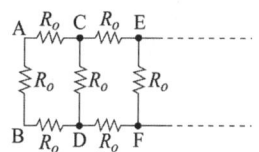

① $(\sqrt{2}-1)R_o$ ② $(\sqrt{3}-1)R_o$

③ $\dfrac{2}{3}R_o$ ④ $\dfrac{3}{4}R_o$

풀이

CD에서 우측으로 본 합성저항을 R이라 하면 회로는 그림과 같다.

AB에서의 합성저항

$$R_{AB} = \frac{R_o \cdot (2R_o + R)}{R_o + (2R_o + R)}$$

그런데 무한히 긴 회로이므로 A, B에서 본 합성저항은 R이라 해도 무방하다.

$$\therefore R_{AB} = \frac{2R_o^2 + R_o R}{3R_o + R} = R$$

$$2R_o^2 + R_o R = 3R_o R + R^2$$

$$R^2 + 2R_o R - 2R_o^2 = 0$$

근의 방정식에서

$$R = \frac{-2R_o \pm \sqrt{(2R_o)^2 + 8R_o^2}}{2}$$

$$\therefore R = -R_o \pm \sqrt{3}R_o = R_o(\sqrt{3}-1)$$

답 ②

문제 02 와류손을 줄이는 방법으로 옳은 것은?

① 투자율을 크게 한다.
② 철심의 저항률을 작게 한다.
③ 철판의 두께를 두껍게 한다.
④ 성층 철심을 사용한다.

풀이

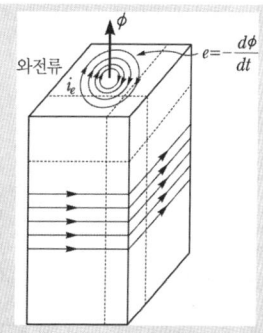

• 도체에 코일을 감고 교류전류 i를 흐르게 하면 도체 단면을 통과하는 자속이 변하게 되어 전자유도에 의한 맴돌이 형태의 유도전류가 흐른다. 이 맴돌이 전류를 와전류라고 한다.
도체는 일반적으로 저항을 갖고 있으므로 와전류가 흐르면 줄열이 발생하여 도체의 온도를 상승시키며 전력손실을 일으킨다. 즉, 와전류에 의해 발생하는 전력을 와류손 이라고 한다.

• 와류손 $W_e = K_e(t \cdot f \cdot K_f \cdot B_m)^2 [\text{W}]$
여기서, K_e : 재료에 따라 정해지는 정수,
  t : 철심의 두께, f : 주파수,
  K_f : 파형률, B_m : 최대 자속밀도

• 와류손을 감소시키기 위해서 성층철심(두께 t를 감소)을 사용한다.
답 ④

문제 03 전기쌍극자에 의한 전계의 세기는 쌍극자로부터의 거리 r에 대해서 어떠한가?

① r에 반비례한다.　　② r^2에 반비례한다.
③ r^3에 반비례한다.　　④ r^4에 반비례한다.

풀이

• 전기쌍극자에 의한 전계

$$E = \frac{M\sqrt{1+3\cos^2\theta}}{4\pi\epsilon_0 r^3}\,[\text{V/m}] \quad \therefore\ E \propto \frac{1}{r^3}$$

• 전기쌍극자에 의한 전위

$$V = \frac{M\cos\theta}{4\pi\epsilon_0 r^2}\,[\text{V}] \quad \therefore\ V \propto \frac{1}{r^2}$$　**답** ③

문제 04 비유전율 $\epsilon_r = 4$, 비투자율 $\mu_r = 1$인 매질 내에서 주파수가 1[GHz]인 전자기파의 파장은 몇 [m]인가?

① 0.1 [m]　　　　② 0.15 [m]
③ 0.25 [m]　　　　④ 0.4 [m]

풀이

전자파의 전파속도

$$v = \frac{1}{\sqrt{\epsilon\mu}} = \frac{1}{\sqrt{\epsilon_0\mu_0}\sqrt{\epsilon_r\mu_r}} = \frac{1}{\sqrt{\epsilon_0\mu_0}} \times \frac{1}{\sqrt{\epsilon_r\mu_r}}$$

여기서, $\dfrac{1}{\sqrt{\epsilon_0\mu_0}} = \dfrac{1}{\sqrt{\dfrac{1}{4\pi\times9\times10^9}\times4\pi\times10^{-7}}}$

$$= 3\times10^8\,[\text{m/sec}]$$

$$v = \frac{3\times10^8}{\sqrt{\epsilon_r\mu_r}} = \frac{3\times10^8}{\sqrt{4\times1}} = 1.5\times10^8\,[\text{m/s}]$$

$$\lambda = \frac{v}{f} = \frac{1.5\times10^8}{1\times10^9} = 0.15\,[\text{m}]$$　**답** ②

문제 05 면전하 밀도가 $\sigma[\text{C/m}^2]$인 대전 도체가 진공 중에 놓여 있을 때 도체 표면에 작용하는 정전 응력 [N/m²]의 크기 및 방향은?

① $\dfrac{\sigma^2}{\epsilon_0}$, 도체 외부　　② $\dfrac{\sigma^2}{\epsilon_0}$, 도체 내부

③ $\dfrac{\sigma^2}{2\epsilon_0}$, 도체 외부　　④ $\dfrac{\sigma^2}{2\epsilon_0}$, 도체 내부

풀이

정전 응력(f)은 도체 표면에 작용하는 단위 면적당 힘이고, 도체 표면에서 전속밀도 $D = \sigma\,[\text{C/m}^2]$의 관계로부터

$$f = \frac{1}{2}DE = \frac{1}{2}\epsilon_0 E^2 = \frac{1}{2}\frac{D^2}{\epsilon_0} = \frac{1}{2}\frac{\sigma^2}{\epsilon_0}\,[\text{N/m}^2]$$

정전응력의 방향은 정전응력에서 σ^2 이므로 전하의 부호에 관계없이 항상 외부로 향한다.　**답** ③

문제 06 비유전율 $\epsilon_s = 2.2$, 고유저항 $\rho = 10^{11}$ [$\Omega\cdot\text{m}$]인 유전체를 넣은 콘덴서의 용량이 200[μF] 이었다. 여기에 500 [kV]전압을 가하였을 때 누설전류는 약 몇 [A]인가?

① 4.2 [A]　　　　② 5.1 [A]
③ 51.3 [A]　　　　④ 61.0 [A]

풀이

$RC = \rho\epsilon$에서

$$R = \frac{\rho\epsilon}{C} = \frac{10^{11}\times8.855\times10^{-12}\times2.2}{200\times10^{-6}} = 9.74\times10^3\,[\Omega]$$

누설전류 $I = \dfrac{V}{R} = \dfrac{500\times10^3}{9.74\times10^3} = 51.33[\text{A}]$　**답** ③

문제 07 0.2 [Wb/m²]의 평등 자계 속에 자계와 직각 방향으로 놓인 길이 90 [cm]의 도선을 자계와 30° 방향으로 50 [m/s]의 속도로 이동시킬 때 도체 양단에 유기되는 기전력은 몇 [V]인가?

① 0.45[V]　　　　② 0.9[V]
③ 4.5[V]　　　　④ 9.0[V]

풀이

$e = Blv\sin\theta = 0.2\times0.9\times50\times\sin30° = 4.5[\text{V}]$　**답** ③

문제 08 무한장 솔레노이드의 내부 자계와 외부 자계에 대한 설명 중 옳은 것은?

① 내부 자계는 평등하고, 외부 자계는 0이다.
② 내부 자계는 0이고, 외부 자계는 평등하다.
③ 내부와 외부 자계의 세기는 같다.
④ 내부와 외부 자계의 세기는 0이다.

풀이

• 무한장 솔레노이드 **내부 자계**의 세기는 평등하며, 크기는
$$H_i = n_0 I\,[\text{AT/m}]$$
(단 n_0는 단위길이당 코일 권수[회/m])

• 무한장 솔레노이드 외부의 자계 $H_o = 0[\text{AT/m}]$　**답** ①

문제 09 두 매질의 경계면 사이 조건 중 옳은 것은? (단, 경계면에 전하분포는 없다.)

① 유전체와 유전체 경계면의 전계 및 전속밀도의 접선성분은 서로 같다.
② 유전체와 유전체 경계면의 전계 및 전속밀도의 법선성분은 서로 같다.
③ 유전체와 도체 경계면의 전계의 접선성분은 0이다.
④ 유전체와 도체 경계면의 전계의 법선성분은 0이다.

풀이

(1) 두 매질의 경계면에서의 경계조건
 • 전속밀도는 법선성분(수직성분)이 같다.
  ($D_{1n} = D_{2n}$, $D_1 \cos\theta_1 = D_2 \cos\theta_2$)
 • 전계의 세기는 접선성분(수평성분)이 같다.
  ($E_{1t} = E_{2t}$, $E_1 \sin\theta_1 = E_2 \sin\theta_2$)
 • 두 경계면에서의 전위는 서로 같다. ($V_1 = V_2$)
 • 굴절의 법칙 : $\epsilon_1 > \epsilon_2$이면, $\theta_1 > \theta_2$이다.
  ($\dfrac{\tan\theta_1}{\tan\theta_2} = \dfrac{\epsilon_1}{\epsilon_2}$)

(2) 도체(매질 1) 와 유전체(매질 2)의 경계조건
 • 도체내부의 전계는 0이므로 도체내부의 접선성분은 0이다.($E_{1t} = 0$)
 • 전계의 세기는 접선성분이 같고($E_{1t} = E_{2t}$), 경계면에서 전위가 같은 등전위면이므로 유전체의 접선성분도 0이다. ($E_{2t} = 0$)
 • 따라서 도체와 유전체 경계면의 전계의 세기는 0이 된다. ($E_{1t} = E_{2t} = 0$, $\therefore E_t = 0$) **답** ③

문제 10 한 변의 길이가 10[cm]인 정사각형 회로에 직류전류 10[A]가 흐를 때, 정사각형의 중심에서의 자계 세기는 몇 [A/m] 인가?

① $\dfrac{100\sqrt{2}}{\pi}$ ② $\dfrac{200\sqrt{2}}{\pi}$

③ $\dfrac{300\sqrt{2}}{\pi}$ ④ $\dfrac{400\sqrt{2}}{\pi}$

풀이

정사각형 중심점에서의 자계의 세기 $H_0 = \dfrac{2\sqrt{2}\,I}{\pi l}$[A/m]

에서 (여기서, l : 정사각형 한 변의 길이)

$H_0 = \dfrac{2\sqrt{2} \times 10}{\pi \times 10 \times 10^{-2}} = \dfrac{200\sqrt{2}}{\pi}$ [A/m] **답** ②

문제 11 콘덴서의 내압 및 정전용량이 각각 1000 [V]–2[μF], 700[V]–3[μF], 600[V]–4[μF], 300[V]–8[μF]이다. 이 콘덴서를 직렬로 연결할 때 양단에 인가되는 전압을 상승시키면 제일 먼저 절연이 파괴되는 콘덴서는?

① 1000[V]–2[μF]   ② 700[V]–3[μF]
③ 600[V]–4[μF]   ④ 300[V]–8[μF]

풀이

직렬회로에서 각 콘덴서의 전하용량이 작을수록 빨리 파괴된다.

$$Q_1 = C_1 \times V_1 = 2 \times 10^{-6} \times 1000 = 2 \times 10^{-3}$$
$$Q_2 = C_2 \times V_2 = 3 \times 10^{-6} \times 700 = 2.1 \times 10^{-3}$$
$$Q_3 = C_3 \times V_3 = 4 \times 10^{-6} \times 600 = 2.4 \times 10^{-3}$$
$$Q_4 = C_4 \times V_4 = 8 \times 10^{-6} \times 300 = 2.4 \times 10^{-3}$$

따라서, 전하용량이 $Q_4 = Q_3 > Q_2 > Q_1$ 이므로 전하용량이 가장 작은 1000[V], 2[μF]의 콘덴서가 가장 빨리 파괴된다. **답** ①

문제 12 평행판 콘덴서의 극판 사이에 유전율이 각각 ϵ_1, ϵ_2인 두 유전체를 반씩 채우고 극판 사이에 일정한 전압을 걸어줄 때 매질 (1), (2) 내의 전계의 세기 E_1, E_2 사이에 성립하는 관계로 옳은 것은?

① $E_2 = 4E_1$

② $E_2 = 2E_1$

③ $E_2 = \dfrac{E_1}{4}$

④ $E_2 = E_1$

풀이

경계면에 수직($\theta_1 = \theta_2 = 0°$)이므로 경계조건
$D_1 \cos\theta_1 = D_2 \cos\theta_2$ 에서 $D_1 = D_2$
즉, $\epsilon_1 E_1 = \epsilon_2 E_2$ 에서

$E_2 = \dfrac{\epsilon_1}{\epsilon_2} E_1 = \dfrac{\epsilon_1}{4\epsilon_1} E_1 = \dfrac{1}{4} E_1$ $\therefore E_2 = \dfrac{1}{4} E_1$ **답** ③

문제 13 전속밀도 D, 전계의 세기 E, 분극의 세기 P 사이의 관계식은?

① $P = D + \epsilon_0 E$ ② $P = D - \epsilon_0 E$
③ $P = D(1 - \epsilon_0)E$ ④ $P = \epsilon_0(D - E)$

풀이

전계 $E = \dfrac{\sigma - \sigma_p}{\epsilon_0} = \dfrac{D - P}{\epsilon_0}$ [V/m]

$\therefore D = \epsilon_0 E + P$ [C/m²]

그러므로, 분극의 세기 P는

$\therefore P = D - \epsilon_0 E = \epsilon_0 \epsilon_s E - \epsilon_0 E = \epsilon_0 (\epsilon_s - 1)E$ [C/m²] **답** ②

문제 14 선전하밀도가 λ [C/m]로 균일한 무한 직선도선의 전하로부터 거리가 r [m]인 점의 전계의 세기(E)는 몇 [V/m] 인가?

① $E = \dfrac{1}{4\pi\epsilon_o} \dfrac{\lambda}{r^2}$ ② $E = \dfrac{1}{2\pi\epsilon_o} \dfrac{\lambda}{r^2}$

③ $E = \dfrac{1}{2\pi\epsilon_o} \dfrac{\lambda}{r}$ ④ $E = \dfrac{1}{4\pi\epsilon_o} \dfrac{\lambda}{r}$

풀이

선전하 밀도가 λ[C/m]로 분포되어 있는 무한장 직선 도체에서 거리 r[m]인 점에서의 전계의 세기

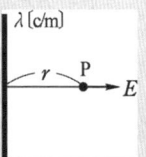

$E = \dfrac{\lambda}{2\pi\epsilon_o r}$ [V/m] **답** ③

문제 15 자기회로의 자기저항에 대한 설명으로 옳은 것은?

① 투자율에 반비례한다.

② 자기회로의 단면적에 비례한다.

③ 자기회로의 길이에 반비례한다.

④ 단면적에 반비례하고, 길이의 제곱에 비례한다.

풀이

• 자기저항 $R_m = \dfrac{l}{\mu S}$ [AT/Wb]

• 자기저항 R_m은 투자율 μ와 단면적 S에 반비례하고 길이 l에 비례한다. **답** ①

문제 16 특성임피던스가 각각 η_1, η_2인 두 매질의 경계면에 전자파가 수직으로 입사할 때 전계가 무반사로 되기 위한 가장 알맞은 조건은?

① $\eta_2 = 0$ ② $\eta_1 = 0$

③ $\eta_1 = \eta_2$ ④ $\eta_1 \cdot \eta_2 = 1$

풀이

전자파의 반사계수 $R = \dfrac{\eta_2 - \eta_1}{\eta_1 + \eta_2}$ 에서

무반사가 되기 위한 조건은 $R = \dfrac{\eta_2 - \eta_1}{\eta_1 + \eta_2} = 0$ 이다.

$\therefore \eta_1 = \eta_2$ **답** ③

문제 17 1[kV]로 충전된 어떤 콘덴서의 정전에너지가 1[J]일 때, 이 콘덴서의 크기는 몇 [μF]인가?

① 2[μF] ② 4[μF]

③ 6[μF] ④ 8[μF]

풀이

$W = \dfrac{1}{2}QV = \dfrac{1}{2}CV^2$[J]이므로

$\therefore C = \dfrac{2W}{V^2} = \dfrac{2 \times 1}{(1 \times 10^3)^2} = 2 \times 10^{-6}$[F] $= 2[\mu\text{F}]$ **답** ①

문제 18 영구자석에 관한 설명으로 옳지 않은 것은?

① 한번 자화된 다음에는 자기를 영구적으로 보존하는 자석이다.

② 보자력이 클수록 자계가 강한 영구자석이 된다.

③ 잔류 자속밀도가 클수록 자계가 강한 영구자석이 된다.

④ 자석재료로 폐회로를 만들면 강한 영구자석이 된다.

풀이

자석 재료에 **외부에서 큰 자계를 가해야 자화되어 영구자석이 된다.** **답** ④

문제 19 구리의 고유저항은 20[℃]에서 1.69×10^{-8} [$\Omega \cdot$m]이고 온도계수는 0.003393이다. 단면적이 2 [mm²]이고 100[m]인 구리선의 저항값은 40[℃]에서 약 몇 [Ω]인가?

① 0.91×10^{-3} ② 1.89×10^{-3}

③ 0.91 ④ 1.89

풀이
- 20[℃]에서의 구리의 저항
$$R_{20} = \rho \frac{l}{A} = 1.69 \times 10^{-8} \times \frac{100}{2 \times 10^{-6}} = 0.845[\Omega]$$
- 40[℃]에서의 구리의 저항
$$R_{40} = R_{20}[1 + \alpha_{20}(t-20)]$$
$$= 0.845 \times [1 + 0.00393 \times (40-20)] = 0.91[\Omega] \quad \boxed{답} ③$$

문제 20 정전계와 반대방향으로 전하를 2 [m]이동시키는데 240 [J]의 에너지가 소모되었다. 이 두 점 사이의 전위차가 60 [V]이면 전하의 전기량은 몇 [C]인가?

① 1 [C] ② 2 [C]
③ 4 [C] ④ 8 [C]

풀이
$$W = QV[J] \quad \therefore Q = \frac{W}{V} = \frac{240}{60} = 4[C] \quad \boxed{답} ③$$

제2과목 전력공학

문제 21 피뢰기의 구조는 어떻게 구성되는가?
① 특성요소와 소호리액터
② 특성요소와 콘덴서
③ 소호리액터와 콘덴서
④ 특성요소와 직렬갭

풀이
- 직렬갭 : 뇌 전류를 방전하고 속류를 차단
- 특성요소 : 뇌 전류 방전 시 피뢰기 자신의 전위상승을 억제하여 자신의 절연파괴를 방지
- 쉴드링 : 전기적, 자기적 충격으로부터 보호 $\boxed{답}$ ④

문제 22 전선의 표피 효과에 대한 설명으로 알맞은 것은?
① 도전율이 클수록, 주파수가 높을수록 표피효과가 커진다.

② 도전율이 클수록, 주파수가 낮을수록 표피효과가 커진다.
③ 도전율이 작을수록, 주파수가 높을수록 표피효과가 커진다.
④ 도전율이 작을수록, 주파수가 낮을수록 표피효과가 커진다.

풀이
$$\delta = \sqrt{\frac{1}{\pi f \sigma \mu}} [m]$$
여기서, δ : 표피 두께 또는 침투 깊이,
$\mu = 4\pi \times 10^{-7}[H/m]$: 투자율,
σ : 도전율, f : 주파수
따라서, 주파수가 높을수록, 도전율이 높을수록, 투자율이 클수록, 표피 두께 δ가 감소하므로 표피 효과는 증대되어 도체의 실효 저항이 증가한다. $\boxed{답}$ ①

문제 23 그림과 같이 정수가 서로 같은 평행 2회선 송전선로의 4단자 정수 중 B에 해당되는 것은?

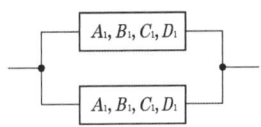

① $4B_1$ ② $2B_1$ ③ $\frac{1}{2}B_1$ ④ $\frac{1}{4}B_1$

풀이
1회선 송전선로에 대해서

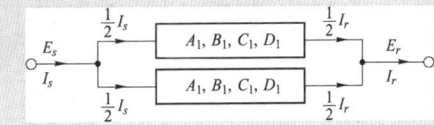

$$E_s = A_1 E_r + B_1 \cdot \frac{1}{2} I_r$$
$$\frac{1}{2}I_s = C_1 E_r + D_1 \cdot \frac{1}{2}I_r \text{ 에서 } I_s = 2C_1 E_r + D_1 \cdot I_r \text{ 로 된다.}$$
2회선 송전선로의 경우
$$E_s = AE_r + BI_r, \quad I_s = CE_r + DI_r \text{ 이므로}$$
$$A = A_1, \quad B = \frac{1}{2}B_1, \quad C = 2C_1, \quad D = D_1 \text{이 된다.}$$
즉, 2회선의 경우 병렬회로가 되므로 임피던스(B)는 1/2배, 어드미턴스(C)는 2배가 된다. $\boxed{답}$ ③

문제 24 그림과 같이 V결선 배전용 변압기의 저압 측 단에서 양외측 선간 단락 시의 단락 전류는 몇 [A]인가? 단, 각 변압기의 내부 임피던스는 0.08 [Ω]이고 선간 전압은 200 [V]이다.

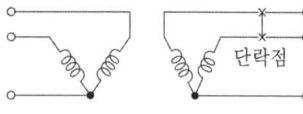

① 1250
② 1600
③ 2500
④ 3200

풀이
2개의 임피던스가 직렬로 접속된 것과 같으므로
$$I_s = \frac{V}{2Z} = \frac{200}{2 \times 0.08} = 1250[A]$$
답 ①

문제 25 전력용 콘덴서와 비교할 때 동기조상기의 특징에 해당 되는 것은?
① 전력손실이 적다.
② 진상전류 이외에 지상전류도 취할 수 있다.
③ 단락고장이 발생하여도 고장전류를 공급하지 않는다.
④ 필요에 따라 용량을 계단적으로 변경할 수 있다.

풀이
조상 설비의 비교

항 목	동기 조상기	전력용 콘덴서
전력손실	많음 (1.5~2.5 [%])	적음 (0.3 [%] 이하)
무효전력	진상, 지상 양용	진상전용
조 정	연속적	계단적
단락 사고 시 고장전류 공급	공 급	공급 안함
시 송 전	가 능	불가능

답 ②

문제 26 공기차단기(ABB)의 공기 압력은 일반적으로 몇 [kg/cm²] 정도 되는가?
① 5~10
② 15~30
③ 30~45
④ 45~55

풀이
공기 차단기(ABB : Air Blast Circuit Breaker)는 15~30[kg/ cm²]의 압축공기를 차단시에 발생하는 아크에 분사하여 소호하는 전력개폐장치이다.
답 ②

문제 27 ACSR은 동일한 길이에서 동일한 전기저항을 갖는 경동연선에 비하여 어떠한가?
① 바깥지름은 크고 중량은 작다.
② 바깥지름은 작고 중량은 크다.
③ 바깥지름과 중량이 모두 크다.
④ 바깥지름과 중량이 모두 작다.

풀이
알루미늄선은 경동선에 비하여 고유저항이 크므로 동일저항을 얻기 위해서는 지름이 큰 전선을 사용해야 한다.
($R = \rho_{al} \dfrac{l}{S_{al}} = \rho_{cu} \dfrac{l}{S_{cu}}$ 에서 $\rho_{al} > \rho_{cu}$ 이므로 $S_{al} > S_{cu}$ 이어야 한다.) 그러나 비중은 약 1/3 정도로 가볍다.
따라서, ACSR은 경동연선에 비하여 바깥지름은 크고 중량은 작다.
답 ①

문제 28 어느 전등 부하의 배전 방식을 단상 2선식에서 단상 3선식으로 바꾸었을 때, 선로에 흐르는 전류는 전자의 몇 배가 되는가? 단, 선간전압(단상 3선식의 경우는 중성선과 타선간의 전압)과 전력(부하)은 일정하며 중성선에는 전류가 흐르지 않는다고 한다.

① $\dfrac{1}{4}$
② $\dfrac{1}{3}$
③ $\dfrac{1}{2}$
④ 불변

풀이
단상 2선식에서 단상 3선식으로 바꾸었을 때 전력(부하)은 일정하므로 전압과 전류는 반비례한다. 즉, 단상 2선식을 단상 3선식으로 변경하면 전압을 2배 승압한 것과 같으므로 전류는 $\dfrac{1}{2}$배가 된다.

항 목	단상 2선식	단상 3선식
회로도		

답 ③

문제 29 송전선에 낙뢰가 가해져서 애자에 섬락이 생기면 아크가 생겨 애자가 손상되는 경우가 있다. 이것을 방지하기 위하여 사용되는 것은?

① 댐퍼(damper)
② 아머로드(armour rod)
③ 가공지선
④ 아킹혼(arcing horn)

풀이
- 댐퍼 : 전선의 진동 방지
- 아머로드 : 전선의 진동 방지
- 가공지선 : 뇌의 차폐
- 아킹혼 : 섬락으로부터 애자련의 보호, 애자련의 전압 분포 개선   **답** ④

문제 30 다음 중 가공 송전선에 사용하는 애자련 중 전압부담이 가장 큰 것은?

① 전선에 가장 가까운 것
② 중앙에 있는 것
③ 철탑에 가장 가까운 것
④ 철탑에서 1/3지점의 것

풀이
- **전압 분담 최대 : 전선에 가장 가까운 애자**
- 전압 분담 최소 : 철탑에서 1/3 지점(전선에서 2/3 지점) 애자   **답** ①

문제 31 그림과 같이 전력선과 통신선 사이에 차폐선을 설치하였다. 이 경우에 통신선의 차폐계수(K)를 구하는 관계식은? (단, 차폐선을 통신선에 근접하여 설치한다.)

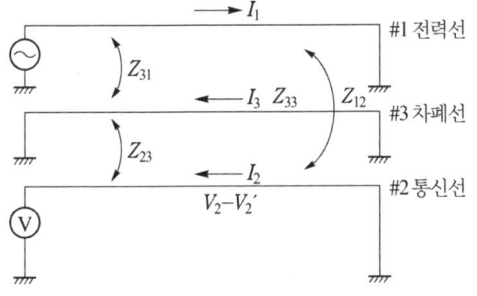

① $K = 1 + \dfrac{Z_{31}}{Z_{12}}$ ② $K = 1 - \dfrac{Z_{31}}{Z_{33}}$

③ $K = 1 - \dfrac{Z_{23}}{Z_{33}}$ ④ $K = 1 + \dfrac{Z_{23}}{Z_{33}}$

풀이
- 통신선에 유도되는 전압

$$V_2 = -Z_{12}I_1 + Z_{23}I_3 = -Z_{12}I_1 + Z_{23}\frac{Z_{31}I_1}{Z_{33}}$$

$$= -Z_{12}I_1\left(1 - \frac{Z_{23}}{Z_{33}}\frac{Z_{31}}{Z_{12}}\right) = -Z_{12}I_1\left(1 - \frac{Z_{23}}{Z_{33}}\right)$$

(참고로, 차폐선을 통신선에 근접하여 설치하였으므로 $Z_{12} = Z_{31}$로 하여도 무방하다.)
- 차폐선이 없는 경우의 유도전압 : $-Z_{12}I_1$
- **차폐 계수(K)** : $\left(1 - \dfrac{Z_{23}}{Z_{33}}\right)$

(**차폐 계수** : 차폐선을 설치함으로써 유도 전압이 이만큼 줄게 된다는 **저감 비율**을 나타내는 것)   **답** ③

문제 32 랭킨 사이클이 취하는 급수 및 증기의 올바른 순환 과정은?

① 등압가열 → 단열팽창 → 등압냉각 → 단열압축
② 단열팽창 → 등압가열 → 단열압축 → 등압냉각
③ 등압가열 → 단열압축 → 단열팽창 → 등압냉각
④ 등온가열 → 단열팽창 → 등온압축 → 단열압축

풀이
실제 기력 발전소에 쓰이는 기본 사이클(Rankine cycle)은 다음과 같다.

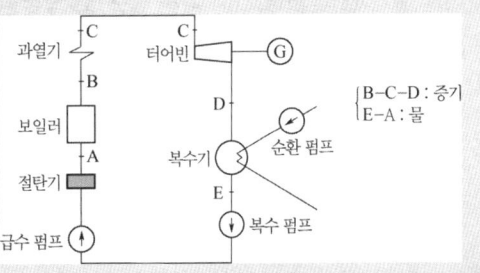

보일러(등압가열) → 터어빈(단열팽창) → 복수기(등압냉각) → 급수 펌프(단열압축)   **답** ①

문제 33 수조에 대한 설명 중 틀린 것은?

① 수로 내의 수위의 이상 상승을 방지한다.

② 수로식 발전소의 수로 처음 부분과 수압관 아래 부분에 설치한다.

③ 수로에서 유입하는 물속의 토사를 침전시켜서 배사문으로 배사하고 부유물을 제거한다.

④ 상수조는 최대사용수량의 1~2분 정도의 조정 용량을 가질 필요가 있다.

풀이

수조(head tank)는 무압수로와 연결하는 접속부에 설치되는 못으로 그 기능은 아래와 같다.

① 유하 토사의 최종적인 침전

② 유량의 과부족 조정(최대 사용 수량의 1~2분 정도)

③ 수로내 수위 상승 억제 **답** ②

문제 34 모선 보호에 사용되는 계전방식이 아닌 것은?

① 위상 비교방식   ② 선택접지 계전방식

③ 방향거리 계전방식   ④ 전류차동 보호방식

풀이

1) 모선 보호 계전 방식의 종류

  ① 전류 차동 보호 방식   ② 전압 차동 보호 방식

  ③ 위상 비교 방식   ④ 환상 모선 보호 방식

  ⑤ 방향 거리 계전 방식

2) 선택접지 계전방식

  다회선 송전 선로에서 한쪽의 1회선에 지락 또는 접지 고장이 발생하였을 때 이것을 검출하여 고장 회선만을 선택하여 차단하는 계전방식을 선택접지 계전방식이라 한다. **답** ②

문제 35 직류 송전 방식에 관한 설명 중 잘못된 것은?

① 교류보다 실효값이 적어 절연계급을 낮출 수 있다.

② 교류방식보다는 안정도가 떨어진다.

③ 직류계통과 연계시 교류계통의 차단용량이 작아진다.

④ 교류방식처럼 송전손실이 없어 송전효율이 좋아진다.

풀이

직류 송전 방식의 장·단점

[장점]

① 선로의 리액턴스가 없으므로 **안정도가 높다.**

② 유전체손 및 충전 용량이 없고 절연 내력이 강하다.

③ 비동기 연계가 가능하다.

④ 단락전류가 적고 임의 크기의 교류계통을 연계시킬 수 있다.

⑤ 코로나손 및 전력 손실이 적어 송전 효율이 높다.

⑥ 표피효과나 근접 효과가 없으므로 실효 저항의 증대가 없다.

[단점]

① 직교 변환 장치가 필요하다.

② 전압의 승압 및 강압이 불리하다.

③ 고조파나 고주파 억제 대책이 필요하다.

④ 직류 차단기가 개발되어 있지 않다. **답** ②

문제 36 6.6[kV] 고압 배전선로(비접지 선로)에서 지락보호를 위하여 특별히 필요치 않은 것은?

① 과전류계전기(OCR)

② 선택접지계전기(SGR)

③ 영상변류기(ZCT)

④ 접지변압기(GPT)

풀이

비접지 계통의 지락 사고 검출

선택 접지 계전기(SGR) + 영상 전류 검출 (ZCT) + 영상 전압 검출(GPT) **답** ①

문제 37 인터록(interlock)의 기능에 대한 설명으로 옳은 것은?

① 조작자의 의중에 따라 개폐되어야 한다.

② 차단기가 열려 있어야 단로기를 닫을 수 있다.

③ 차단기가 닫혀 있어야 단로기를 닫을 수 있다.

④ 차단기와 단로기를 별도로 닫고, 열 수 있어야 한다.

풀이

단로기는 부하 전류를 개폐할 수 없다. 따라서 **단로기는 차단기가 열려 있어야 열고 닫을 수 있다.** 즉, 인터록 장치를 두어 부하 통전 시 단로기를 열 수 없도록 하여야 한다. **답** ②

문제 38 그림과 같은 배전선이 있다. 급전점 O의 전압을 110[V]라 하면 C점의 전압은? (단, 선로 OA, AB, BC간의 저항은 각각 0.2[Ω]이며, 부하역률은 100[%]이다.)

① 92 [V]
② 97 [V]
③ 99 [V]
④ 104 [V]

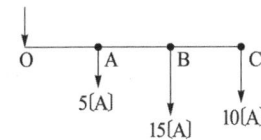

풀이

- $V_A = V_O - R_{OA} \cdot (I_A + I_B + I_C)$
  $= 110 - 0.2 \times (5 + 15 + 10) = 104 [\text{V}]$
- $V_B = V_A - R_{AB} \cdot (I_B + I_C)$
  $= 104 - 0.2 \times (15 + 10) = 99 [\text{V}]$
- $V_C = V_B - R_{BC} \cdot I_C = 99 - 0.2 \times 10 = 97 [\text{V}]$ **답 ②**

문제 39 공통 중성선 다중 접지방식의 배전선로에서 Recloser(R), Sectionalizer(S), Line fuse(F)의 보호협조가 가장 적합한 배열은? (단, 왼쪽은 후비보호 역할이다.)

① S - F - R
② S - R - F
③ F - S - R
④ R - S - F

풀이

섹셔널라이저(S)는 배전선로에 고장이 발생할 경우 리클로저(R)의 동작으로 선로가 무전압 상태가 되면 이를 감지하여 무전압 상태의 횟수를 기억하였다가 정해진 횟수에 도달하면 선로의 무전압 상태에서 선로를 개방하여 고장 구간을 분리시킨다. 섹셔널라이저(S)는 고장 전류를 차단할 수 있는 능력이 없으므로 리클로저(R)와 직렬로 조합하여 사용되며 섹셔널라이저(S)는 항상 리클로저(R)의 후단에 설치되어야 한다.
전원 → 리클로저(R) → 섹셔널라이저(S) → 부하 **답 ④**

문제 40 송전선에 복도체를 사용할 때의 장점으로 해당 없는 것은?

① 코로나손(corona loss) 경감
② 인덕턴스가 감소하고 커패시턴스가 증가
③ 안정도가 상승하고 충전 용량이 증가
④ 정전 반발력에 의한 전선 진동이 감소

풀이

복도체의 특징
복도체는 단도체에 비해 등가반지름이 증가한다. 따라서,
① 인덕턴스는 20~30 [%] 감소
② 정전 용량은 20 [%] 증가
③ 코로나 임계전압은 15~20 [%] 증가하여 코로나 발생이 억제된다.
④ 복도체에서 단락시는 모든 소도체에는 동일 방향으로 전류가 흐르므로 흡인력이 생긴다. **답 ④**

제3과목 ▶ 전기기기

문제 41 전압비 3300/105 [V], 1차 누설 임피던스 $Z_1 = 12 + j13[\Omega]$, 2차 누설 임피던스 $Z_2 = 0.015 + j0.013[\Omega]$의 변압기가 있다. 1차로 환산한 등가 임피던스[Ω]는?

① $12,015 + j13,013$
② $26.82 + j25.84$
③ $0.027 + j0.026$
④ $11,854.154 + j12,841.997$

풀이

권수비 $a = \dfrac{3300}{105} = 31.43$

$r' = r_1 + r_2' = r_1 + a^2 r_2 = 12 + 31.43^2 \times 0.015 = 26.82 [\Omega]$

$x' = x_1 + x_2' = x_1 + a^2 x_2 = 13 + 31.43^2 \times 0.013 = 25.84 [\Omega]$

$\therefore Z' = r' + x' = 26.82 + j25.84 [\Omega]$ **답 ②**

문제 42 특수전동기에 대한 설명 중 틀린 것은?

① 릴럭턴스 동기전동기는 릴럭턴스토크에 의해 동기속도로 회전한다.
② 히스테리시스전동기의 고정자는 유도전동기 고정자와 동일하다.
③ 스테퍼전동기 또는 스텝모터는 피드백 없이 정밀 위치 제어가 가능하다.
④ 선형 유도전동기의 동기속도는 극수에 비례한다.

풀이

선형 유도전동기(LIM)는 회전기의 회전자 접속방향에 발생하는 전자력을 직접 직선적인 기계에너지로 변환하는 장치로서 **선형 유도전동기의 최대속도는 모선전압과 제어 전자장치의 속도로 인해 제한된다.** **답 ④**

문제 43 다음 권선법 중 직류기에서 주로 사용되는 것은?

① 폐로권, 환상권, 이층권

② 폐로권, 고상권, 이층권

③ 개로권, 환상권, 단층권

④ 개로권, 고상권, 이층권

풀이

직류기의 전기자 권선법
- 환상권과 고상권 중에서 **고상권**을 사용
- 폐로권과 개로권 중에서 **폐로권**을 사용
- 단층권과 2층권 중에서 **2층권**을 사용
- 전절권과 단절권 중에서 **단절권**을 사용 **답 ②**

문제 44 대형 직류 전동기의 토크를 측정하는데 가장 적당한 방법은?

① 전기 동력계   ② 와전류 제동기

③ 프로니 브레이크법   ④ 앰플리다인

풀이

- **전기 동력계 : 대형 전동기** 및 수차 등의 **출력이나 토크 측정**
- 와전류 제동기 : 소형의 전동기 토크 측정
- 프로니 브레이크 법 : 소형의 전동기 토크 측정
- 앰플리다인 : 증폭기 **답 ①**

문제 45 50[Hz]로 설계된 3상 유도전동기를 60[Hz]에 사용하는 경우 단자전압을 110[%]로 높일 때 일어나는 현상으로 틀린 것은?

① 철손불변

② 여자전류감소

③ 온도상승증가

④ 출력이 일정하면 유효전류 감소

풀이

① 철손 $P_i \propto fB^2 \propto f(V/f)^2 = V^2/f$에서
단자전압이 10[%] 상승하고, 주파수가 50[Hz]에서

60[Hz]로 상승하므로

$$P_i = \frac{(1.1V)^2}{1.2f} = \frac{1.21V^2}{1.2f} ≒ \frac{V^2}{f}$$

로 철손은 거의 변화가 없다.

② 여자 전류 $I_0 \propto V/f$ 이므로 1.1/1.2 ≒ 0.9배로 감소한다.

③ • 철손은 변화가 없고 유효전류는 감소하므로 전체 손실은 일정하거나 다소 감소하게 된다.
  • 전체손실이 다소 감소한 상태에서 전동기 속도

$$N_s = \frac{120f}{p}$$

에서 **주파수가 증가하면 전동기 속도가 증가**하고 그 결과 전동기에 부착되어 있는 냉각 fan의 효과가 증가하게 되어 **전동기의 온도 상승은 감소**하게 된다.

④ 유효전류 $I_w \propto \frac{1}{V} = \frac{1}{1.1} ≒ 0.9$로 출력이 일정하면 유효전류는 감소 **답 ③**

문제 46 동기 리액턴스 $x_s = 10[\Omega]$, 전기자 권선 저항 $r_a = 0.1[\Omega]$, 유도 기전력 $E = 6400[V]$, 단자전압 $V = 4000[V]$, 부하각 $\delta = 30°$이다. 3상 동기 발전기의 출력[kW]은? 단, 1상 값이다.

① 1280   ② 3840

③ 5560   ④ 6650

풀이

$$P = \frac{EV}{x_s}\sin\delta = \frac{6400 \times 4000}{10} \times \sin30 \times 10^{-3} = 1280\,[kW]$$

참고

3상의 경우 1상의 3배가 되어야 한다.

$$P_3 = 3\frac{EV}{x_s}\sin\delta$$ **답 ①**

문제 47 단상 직권전동기의 종류가 아닌 것은?

① 직권형   ② 아트킨손형

③ 보상직권형   ④ 유도보상직권형

풀이

단상 정류자 전동기
1) 직권특성
  ① 단상 직권 정류자 전동기 – 직권형, 보상직권형, 유도보상 직권형
  ② **단상 반발 전동기** – 아트킨손형전동기, 톰슨전동기, 테리전동기
2) 분권특성 : 현재 현재 실용화 되지 않고 있음 **답 ②**

문제 48 권선형 유도전동기와 직류 분권전동기와의 유사한 점으로 가장 옳은 것은?

① 정류자가 있고, 저항으로 속도조정을 할 수 있다.
② 속도 변동률이 크고, 토크가 전류에 비례한다.
③ 속도 가변이 용이하며, 기동토크가 기동전류에 비례한다.
④ 속도 변동률이 적고, 저항으로 속도조정을 할 수 있다.

풀이
• 권선형 유도전동기 의 속도제어 : 2차 저항제어법
• 직류분권 전동기 : 직렬저항 제어법   **답** ④

문제 49 5[kVA], 3300/210[V], 단상변압기의 단락시험에서 임피던스 전압 120[V], 동손 150[W]라 하면 퍼센트 저항강하는 몇 [%]인가?

① 2   ② 3
③ 4   ④ 5

풀이
%저항 강하
$$p = \frac{I_{1n} r}{E_{1n}} \times 100 = \frac{I_{1n}^2 r}{E_{1n} I_{1n}} \times 100 = \frac{P_c}{VA} \times 100 = \frac{150}{5000} \times 100$$
$$= 3[\%]$$ **답** ②

문제 50 변압기의 무부하시험, 단락시험에서 구할 수 없는 것은?

① 철손   ② 동손
③ 절연내력   ④ 전압변동률

풀이
변압기의 시험
① 개방 회로 시험(무부하 시험)으로 측정할 수 있는 항목
  • 무부하 전류   • 히스테리시스손
  • 와류손   • 여자 어드미턴스
  • 철손
② 단락 시험으로 측정할 수 있는 항목
  • 임피던스 와트(전부하 동손)
  • 임피던스 전압(전압 강하)
그러나, 절연내력은 절연재의 종류에 따라 정해지는 것으로서 무부하 시험과 단락시험으로는 구할 수 없다. **답** ③

문제 51 그림과 같은 단상브리지 정류회로(혼합브리지)에서 직류 평균전압[V]은? (단, E는 교류측 실효치전압, α는 점호제어각이다.)

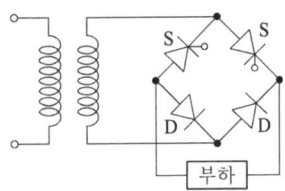

① $\dfrac{2\sqrt{2}E}{\pi}\left(\dfrac{1+\cos\alpha}{2}\right)$

② $\dfrac{\sqrt{2}E}{\pi}\left(\dfrac{1+\cos\alpha}{2}\right)$

③ $\dfrac{2\sqrt{2}E}{\pi}\left(\dfrac{1-\cos\alpha}{2}\right)$

④ $\dfrac{\sqrt{2}E}{\pi}\left(\dfrac{1-\cos\alpha}{2}\right)$

풀이
혼합브리지 회로에서 직류 평균전압
$$E_{d0} = E_d\left(\frac{1+\cos\alpha}{2}\right)$$
여기서, $E_d = \dfrac{2\sqrt{2}E}{\pi} = 0.9[V]$ **답** ①

문제 52 변압기의 1차측을 Y결선, 2차측을 △결선으로 한 경우 1차와 2차간의 전압의 위상차는?

① 0°   ② 30°   ③ 45°   ④ 60°

풀이
• Y결선 : 선간 전압은 상전압에 비해 크기가 $\sqrt{3}$ 배이고 위상은 30° 앞선다. ($V_l = \sqrt{3}\,V_p\,\underline{/30°}$)
• △결선 : 선간 전압은 상전압과 크기와 위상이 같다. ($V_l = V_p\,\underline{/0°}$)
따라서, Y−△결선 시 1차 선간 전압은 2차 선간 전압보다 30° 위상이 앞선다.   **답** ②

문제 53 3상 권선형 유도전동기의 토크−속도 곡선이 비례추이 한다는 것은 그 곡선이 무엇에 비례해서 이동하는 것을 말하는가?

① 슬립   ② 회전수
③ 2차 저항   ④ 공급전압의 크기

풀이

2차 저항의 크기를 변화 시키면 최대 토크의 크기는 변하지 않으나 **최대 토크를 발생하는 슬립점(속도)이 2차 회로의 저항에 비례하여 이동하는 것을 비례추이**라 한다. **답** ③

문제 54 동기 조상기의 계자를 과여자로 해서 운전할 경우 틀린 것은?

① 콘덴서로 작용한다.
② 위상이 뒤진 전류가 흐른다.
③ 송전선의 역률을 좋게 한다.
④ 송전선의 전압강하를 감소시킨다.

풀이

• **과여자 운전** : 콘덴서로 작용하여 **뒤진 전류를 보상**한다.
• **부족 여자 운전** : 리액터로 작용하여 앞선 전류를 보상한다. **답** ②

문제 55 3상 농형 유도전동기의 기동방법으로 틀린 것은?

① Y−△ 기동
② 전전압 기동
③ 리액터 기동
④ 2차 저항에 의한 기동

풀이

농형 유도 전동기 기동법
① 전전압 기동법 (5 [kW] 이하 소형)
② 리액터 기동법 (기동 전류를 제한하고자 할 때)
③ Y−△ 기동법 (5~15 [kW] 정도)
④ 기동 보상기법 (15 [kW] 이상)
그러나, **2차 저항에 의한 기동은 권선형 유도 전동기의 비례추이를 이용한 기동 방법**이다. **답** ④

문제 56 직류 분권전동기를 무부하로 운전 중 계자 회로에 단선이 생긴 경우 발생하는 현상으로 옳은 것은?

① 역전한다.
② 즉시 정지한다.
③ 과속도로 되어 위험하다.
④ 무부하이므로 서서히 정지한다.

풀이

$$n = k \frac{V - I_a R_a}{\phi}$$

에서 계자 회로가 단선되면 ϕ가 0이 되므로 과속도로 되어 위험하다. **답** ③

문제 57 일반적인 전동기에 비하여 리니어 전동기 (linear motor)의 장점이 아닌 것은?

① 구조가 간단하여 신뢰성이 높다.
② 마찰을 거치지 않고 추진력이 얻어진다.
③ 원심력에 의한 가속제한이 없고 고속을 쉽게 얻을 수 있다.
④ 기어, 벨트 등 동력 변환기구가 필요 없고 직접 원운동이 얻어진다.

풀이

리니어 모터란 회전기의 회전자 접속 방향에 발생하는 **전자력을 직선적인 기계 에너지로 변환시키는 장치**로서 다음과 같은 장·단점을 가지고 있다.
① 장점
  • 모터 자체의 구조가 간단하여 신뢰성이 높고 보수가 용이하다.
  • 기어, 벨트 등 동력 변환 기구가 필요 없고 **직접 직선 운동**이 얻어진다.
  • 마찰을 거치지 않고 추진력이 얻어진다.
  • 원심력에 의한 가속제한이 없고 고속을 쉽게 얻을 수 있다.
② 단점
  • 회전형에 비하여 역률, 효율이 낮다.
  • 저속도를 얻기 어렵다.
  • 부하관성의 영향이 크다. **답** ④

문제 58 누설 변압기의 특성은 어떤 것인가?

① 수하 특성
② 정전압 특성
③ 저 저항 특성
④ 저 임피던스 특성

풀이

누설 변압기는 전류가 증가하면 전압이 저하하는 수하 특성을 갖고 있다. **답** ①

문제 59 반도체 정류기에 적용된 소자 중 첨두 역방향 내전압이 가장 큰 것은?

① 셀렌 정류기 ② 실리콘 정류기
③ 게르마늄 정류기 ④ 아산화동 정류기

풀이

실리콘 정류기의 역방향 내전압은 $500 \sim 1000[V]$ 정도이다. **답** ②

문제 60 단상반파 정류 회로의 직류전압이 $220[V]$일 때 정류기의 역방향 첨두전압은 약 몇 $[V]$인가?

① 691 ② 628
③ 536 ④ 314

풀이

PIV (첨두역전압)
• 단상 반파 정류 회로 : $PIV = \sqrt{2}\,E = \pi E_d$
∴ $PIV = \pi \times 220 = 691.15[V]$ **답** ①

제4과목 **회로이론 및 제어공학**

문제 61 그림과 같은 파형의 파고율은 얼마인가?

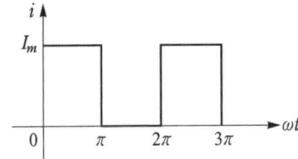

① 0.707 ② 1.414
③ 1.732 ④ 2.000

풀이

구형 반파에서
• 실효값 $I = \dfrac{I_m}{\sqrt{2}}$
• 평균값 $I_{av} = \dfrac{I_m}{2}$
• 파고율 $= \dfrac{최대값}{실효값} = \dfrac{I_m}{\dfrac{I_m}{\sqrt{2}}} = \sqrt{2}$ **답** ②

문제 62 단위길이당의 저항이 같은 도선을 사용하여 그림과 같은 무한히 긴 사다리꼴 회로를 만든다. 각 지로의 저항을 r이라 할 때, a, b간의 합성 저항은?

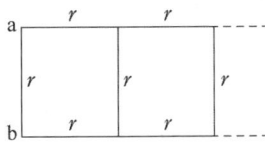

① r ② $\sqrt{3}\,r$
③ $(\sqrt{3}+1)r$ ④ $(\sqrt{3}-1)r$

풀이

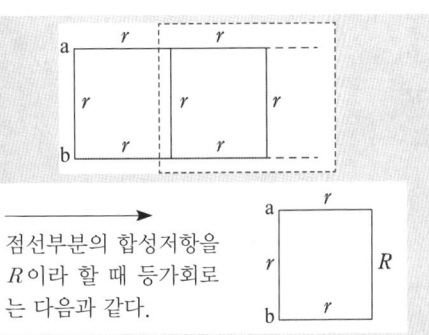

점선부분의 합성저항을 R이라 할 때 등가회로는 다음과 같다.

그림의 등가회로에서
$$R_{ab} = \frac{r(2r+R)}{r+(2r+R)} = \frac{2r^2+rR}{3r+R}\ \text{이며,}$$
저항이 무한히 연결되어 있으므로 a, b 단자에서 본 합성 저항 $R_{ab} = R$로 해도 무방하다.
$R_{ab} = R$이므로 $3rR + R^2 = 2r^2 + rR$
∴ $R^2 + 2rR - 2r^2 = 0$
근의 공식에 의해
$$R = \frac{-b \pm \sqrt{b^2-4ac}}{2a} = \frac{-2r \pm \sqrt{(2r)^2 - 4(-2r^2)}}{2}$$
$$= \frac{-2r \pm 2\sqrt{3}\,r}{2} = -r \pm \sqrt{3}\,r$$
저항값은 음(−)의 값이 될 수 없으므로
∴ $R_{ab} = R = (\sqrt{3}-1)r$ **답** ④

문제 63 개루프 전달함수가 다음과 같은 계에서 단위속도 입력에 대한 정상 편차는?

$$G(s) = \frac{10}{s(s+1)(s+2)}$$

① 0.2 ② 0.25
③ 0.33 ④ 0.5

풀이

$$K_v = \lim_{s \to 0} s\, G(s) = \lim_{s \to 0} s \cdot \frac{10}{s(s+1)(s+2)} = 5$$

$$\therefore \text{정상 속도 편차 } e_{ssv} = \frac{1}{K_v} = \frac{1}{5} = 0.2$$

답 ①

문제 64 최대값이 10[V]인 정현파 전압이 있다. $t = 0$에서의 순시값이 5[V]이고 이 순간에 전압이 증가하고 있다. 주파수가 60[Hz] 일 때, $t = 2$[ms]에서의 전압의 순시값[V]은?

① $10 \sin 30°$ ② $10 \sin 43.2°$

③ $10 \sin 73.2°$ ④ $10 \sin 103.2°$

풀이

$v = V_m \sin(\omega t + \theta)$에서

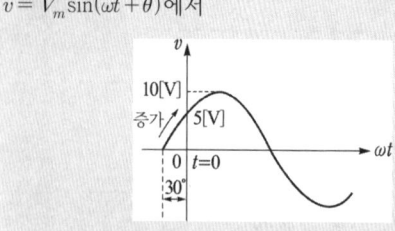

$t = 0$일 때 $v = 5$[V] 이므로

$5 = V_m \sin(\omega \times 0 + \theta) = 10\sin\theta$

$\therefore \sin\theta = \dfrac{1}{2}$ 이므로 $\theta = 30°$

따라서, $v = 10\sin(\omega t + 30°)$에서 $t = 2 \times 10^{-3}$[s]일 때

순시값은 $v = 10\sin(2 \times 180° \times 60 \times 2 \times 10^{-3} + 30°)$

$\qquad\qquad = 10 \sin 73.2°$[V]

답 ③

문제 65 대칭 6상 성형(star)결선에서 선간전압과 상전압의 관계가 바르게 나타난 것은?
(단, E_l : 선간전압, E_p : 상전압)

① $E_l = \sqrt{3}\, E_p$ ② $E_l = \dfrac{1}{\sqrt{3}} E_p$

③ $E_l = \dfrac{2}{\sqrt{3}} E_p$ ④ $E_l = E_p$

풀이

대칭 n상 회로의 선간전압 $E_l = 2E_p \sin\dfrac{\pi}{n}$ 에서

$n = 6$ 이므로 선간전압 $E_l = 2E_p \sin\dfrac{\pi}{6} = E_p$

$\therefore E_l = E_p$

답 ④

문제 66 다음과 같은 파형을 푸리에 급수로 전개하면?

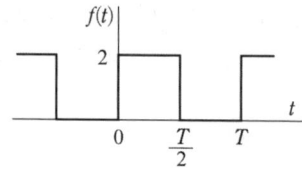

① $1 + \displaystyle\sum_{n=1}^{\infty} \frac{4}{\pi \cdot (2n-1)} \cdot \sin\{(2n-1)\omega t\}$

② $1 + \displaystyle\sum_{n=1}^{\infty} \frac{4}{\pi \cdot (2n+1)} \cdot \sin\{(2n+1)\omega t\}$

③ $1 + \displaystyle\sum_{n=1}^{\infty} \frac{8}{\pi \cdot (2n-1)} \cdot \sin\{(2n-1)\omega t\}$

④ $1 + \displaystyle\sum_{n=1}^{\infty} \frac{8}{\pi \cdot (2n+1)} \cdot \sin\{(2n+1)\omega t\}$

풀이

파형 구분	반파구형파	구형파
파형	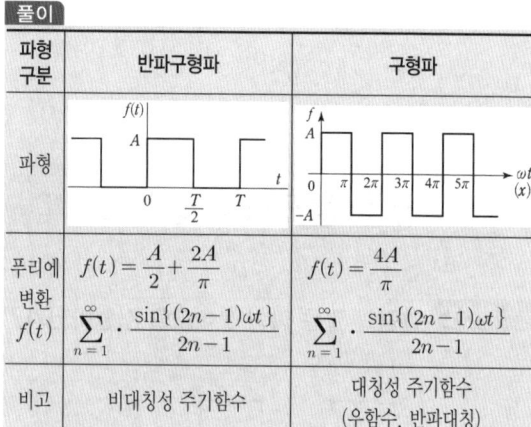	
푸리에 변환 $f(t)$	$f(t) = \dfrac{A}{2} + \dfrac{2A}{\pi}$ $\displaystyle\sum_{n=1}^{\infty} \cdot \dfrac{\sin\{(2n-1)\omega t\}}{2n-1}$	$f(t) = \dfrac{4A}{\pi}$ $\displaystyle\sum_{n=1}^{\infty} \cdot \dfrac{\sin\{(2n-1)\omega t\}}{2n-1}$
비고	비대칭성 주기함수	대칭성 주기함수 (우함수, 반파대칭)

반파구형파의 푸리에 변환($A = 2$ 대입)

$$f(t) = \frac{A}{2} + \frac{2A}{\pi} \sum_{n=1}^{\infty} \cdot \frac{\sin\{(2n-1)\omega t\}}{2n-1}$$

$$= \frac{2}{2} + \frac{2 \times 2}{\pi} \sum_{n=1}^{\infty} \cdot \frac{\sin\{(2n-1)\omega t\}}{2n-1}$$

$$= 1 + \frac{4}{\pi} \sum_{n=1}^{\infty} \cdot \frac{\sin\{(2n-1)\omega t\}}{2n-1}$$

답 ①

문제 67 $R = 30[\Omega]$, $L = 0.127$[H]의 직렬회로에 $v = 100\sqrt{2} \sin 100\pi t$[V]의 전압이 인가되었을 때 이 회로 역률은 약 얼마인가?

① 0.2 ② 0.4

③ 0.6 ④ 0.8

풀이

$X_L = \omega L = 100\pi \times 0.127 = 39.9[\Omega]$

따라서, 역률

$\cos\theta = \dfrac{R}{\sqrt{R^2+X^2}} = \dfrac{1}{\sqrt{1+\left(\dfrac{X}{R}\right)^2}} = \dfrac{1}{\sqrt{1+\left(\dfrac{39.9}{30}\right)^2}} = 0.6$

답 ③

선로에 흐르는 전류 $I = \sqrt{\dfrac{P_l}{3R}} = \sqrt{\dfrac{50}{3\times 0.5}} = \sqrt{\dfrac{100}{3}}$ [A]

소비전력 $P = \sqrt{3}\,VI\cos\theta$ 에서
부하단자 전압

$V = \dfrac{P}{\sqrt{3}\,I\cos\theta} = \dfrac{1800}{\sqrt{3}\times\sqrt{\dfrac{100}{3}}\times 0.8} = 225[V]$

답 ④

문제 68 그림과 같은 3상 Y결선 불평형 회로가 있다. 전원은 3상 평형전압 E_1, E_2, E_3이고, 부하는 Y_1, Y_2, Y_3일 때 전원의 중성점과 부하의 중성점 간의 전위차를 나타내는 식은?

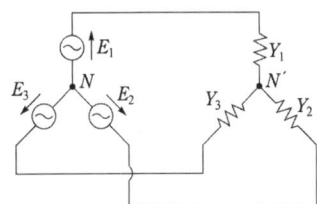

① $\dfrac{E_1Y_1 + E_2Y_2 + E_3Y_3}{Y_1 + Y_2 + Y_3}$

② $\dfrac{E_1Y_1 + E_2Y_2 + E_3Y_3}{Y_1 Y_2 Y_3}$

③ $\dfrac{E_1Y_1 - E_2Y_2 - E_3Y_3}{Y_1 + Y_2 + Y_3}$

④ $\dfrac{E_1Y_1 - E_2Y_2 - E_3Y_3}{Y_1 Y_2 Y_3}$

풀이

밀만의 정리를 이용하여 구하면 다음과 같다.

$E_{NN'} = \dfrac{Y_1 E_1 + Y_2 E_2 + Y_3 E_3}{Y_1 + Y_2 + Y_3}$

답 ①

문제 69 △결선된 대칭 3상 부하가 있다. 역률이 0.8(지상)이고, 전소비전력이 1800 [W]이다. 한 상의 선로저항이 0.5 [Ω]이고, 발생하는 전선로 손실이 50 [W]이면 부하단자 전압은?

① 440 [V] ② 402 [V]

③ 324 [V] ④ 225 [V]

풀이

선로손실 $P_l = 3I^2 R$ [W]에서

문제 70 전원의 내부임피던스가 순저항 R과 리액턴스 X로 구성되고 외부에 부하저항 Z_L을 연결하여 최대전력을 전달하려면 Z_L의 값은?

① $Z_L = \sqrt{R^2 + X^2}$

② $Z_L = \sqrt{R^2 - X^2}$

③ $Z_L = R$

④ $Z_L = R + X$

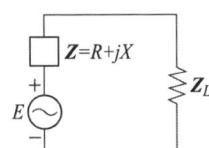

풀이

최대 전력 전송 조건은 **내부 임피던스 공액 = 외부 임피던스**일 때이므로

$Z_L = \sqrt{R^2 + X^2}$ 이 된다.

답 ①

문제 71 RLC 직렬회로에

$e = 170\cos\left(120t + \dfrac{\pi}{6}\right)$ [V]를 인가할 때

$i = 8.5\cos\left(120t - \dfrac{\pi}{6}\right)$ [A]가 흐르는 경우 소비되는 전력은 약 몇 [W]인가?

① 361 ② 623

③ 720 ④ 1445

풀이

$P = VI\cos\theta = \dfrac{170}{\sqrt{2}} \times \dfrac{8.5}{\sqrt{2}} \times \cos\{30° - (-30°)\}$

$= 361.25[W]$

답 ①

문제 72 PD 조절기와 전달함수
$G(s) = 1.2 + 0.02s$ 의 영점은?

① −60 ② −50

③ 50 ④ 60

풀이

$1.2 + 0.02s = 0$ $\therefore s = -60$

답 ①

문제 73 그림의 블록선도에서 출력 $C(s)$는?

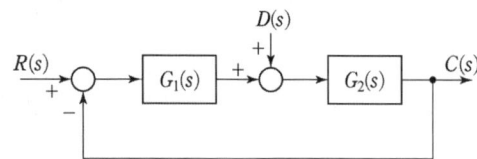

① $\left(\dfrac{G_2(s)}{1-G_1(s)G_2(s)}\right)(G_1(s)R(s)+D(s))$

② $\left(\dfrac{G_2(s)}{1+G_1(s)G_2(s)}\right)(G_1(s)R(s)+D(s))$

③ $\left(\dfrac{G_1(s)}{1-G_1(s)G_2(s)}\right)(G_1(s)R(s)+D(s))$

④ $\left(\dfrac{G_1(s)}{1+G_1(s)G_2(s)}\right)(G_1(s)R(s)+D(s))$

풀이

$\{(R(s)-C(s))G_1(s)+D(s)\}G_2(s)=C(s)$

$R(s)G_1(s)G_2(s)-C(s)G_1(s)G_2(s)+D(s)G_2(s)=C(s)$

$R(s)G_1(s)G_2(s)+D(s)G_2(s)=C(s)(1+G_1(s)G_2(s))$

$\therefore C(s)=\dfrac{G_1(s)G_2(s)}{1+G_1(s)G_2(s)}R(s)+\dfrac{G_2(s)}{1+G_1(s)G_2(s)}D(s)$

$\qquad=\dfrac{G_2(s)}{1+G_1(s)G_2(s)}(G_1(s)R(s)+D(s))$ **답** ②

문제 74 전달함수의 크기가 주파수 0에서 최대값을 갖는 저역통과 필터가 있다. 최대값의 70.7[%] 또는 −3[dB]로 되는 크기까지의 주파수로 정의되는 것은?

① 공진주파수 ② 첨두공진점

③ 대역폭 ④ 분리도

풀이

① 공진 주파수 ω_p

 공진 정점이 일어나는 주파수이며, 일반적으로 ω_p의 값이 높으면 주기는 작다.

② 공진 정점 M_p

 최대값으로 정의하며 계의 안정도의 척도가 된다. M_p가 크면 과도 응답 시 오버슈트가 커진다. 제어계에서 최적의 M_p의 값은 대략 1.1~1.5이다.

③ 대역폭

 대역폭은 크기가 $0.707M_0$ 또는 $(20\log M_0-3)$[dB]에서의 주파수로 정의한다. 대역폭이 넓으면 넓을수록 응

답 속도가 빠르다. 여기서, M_0는 영 주파수에서의 이득이다.

④ 분리도

 분리도는 신호와 잡음(외란)을 분리하는 제어계의 특성을 가리킨다. 일반적으로 예리한 분리 특성은 큰 M_p를 동반하므로 불안정하기가 쉽다. **답** ③

문제 75 다음 단위 궤환 제어계의 미분방정식은?

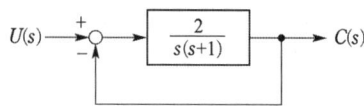

① $\dfrac{d^2c(t)}{dt^2}+\dfrac{dc(t)}{dt}+c(t)=2u(t)$

② $\dfrac{d^2c(t)}{dt^2}+\dfrac{dc(t)}{dt}+2c(t)=u(t)$

③ $\dfrac{d^2c(t)}{dt^2}+\dfrac{dc(t)}{dt}+2c(t)=5u(t)$

④ $\dfrac{d^2c(t)}{dt^2}+\dfrac{dc(t)}{dt}+2c(t)=2u(t)$

풀이

전달함수

$G(s)=\dfrac{C(s)}{U(s)}=\dfrac{\dfrac{2}{s(s+1)}}{1+\dfrac{2}{s(s+1)}}=\dfrac{2}{s(s+1)+2}=\dfrac{2}{s^2+s+2}$

$(s^2+s+2)C(s)=2U(s)$

$s^2C(s)+sC(s)+2C(s)=2U(s)$

$\therefore \dfrac{d^2c(t)}{dt^2}+\dfrac{dc(t)}{dt}+2c(t)=2u(t)$ **답** ④

문제 76 논리식 $L=\overline{x}\cdot\overline{y}+\overline{x}\cdot y+x\cdot y$를 간략화한 것은?

① $x+y$ ② $\overline{x}+y$

③ $x+\overline{y}$ ④ $\overline{x}+\overline{y}$

풀이

$L=\overline{x}\,\overline{y}+\overline{x}y+xy=\overline{x}(\overline{y}+y)+xy \quad(\because \overline{y}+y=1)$

$=\overline{x}+xy=(\overline{x}+x)(\overline{x}+y) \quad(분배법칙, \ \overline{x}+x=1)$

$=\overline{x}+y$ **답** ②

문제 77 그림과 같은 폐루프 전달함수 $T = \dfrac{C}{R}$에서 H에 대한 감도 S_H^T는?

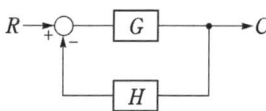

① $\dfrac{GH}{1+GH}$
② $\dfrac{-GH}{1+GH}$

③ $\dfrac{GH}{(1-GH)^2}$
④ $\dfrac{-GH}{(1+GH)^2}$

풀이

$$T = \frac{C}{R} = \frac{G}{1+GH}$$

H에 대한 감도

$$S_H^T = \frac{H}{T} \cdot \frac{dT}{dH} = \frac{H}{\frac{G}{1+GH}} \cdot \frac{d}{dH}\left(\frac{G}{1+GH}\right)$$

$$= \frac{H(1+GH)}{G} \cdot \frac{-G \cdot G}{(1+GH)^2} = \frac{-GH}{1+GH}$$

답 ②

문제 78 $G(s)H(s) = \dfrac{2}{(s+1)(s+2)}$의 이득여유[dB]는?

① 20
② −20

③ 0
④ ∞

풀이

$$G(j\omega)H(j\omega) = \frac{2}{(j\omega+1)(j\omega+2)} = \frac{2}{-\omega^2+2+j3\omega}$$

허수부를 0으로 놓으면 $3\omega_c = 0$ 따라서 $\omega_c = 0$

$$|G(j\omega)H(j\omega)|_{\omega_c \to 0} = \left|\frac{2}{-\omega_c^2+2}\right|_{\omega_c \to 0} = \frac{2}{2} = 1$$

이득 여유 $GM = 20\log\left|\dfrac{1}{GH_c}\right| = 20\log\dfrac{1}{1} = 0[\text{dB}]$ **답** ③

문제 79 $G(s)H(s) = \dfrac{K(s-1)}{s(s+1)(s-4)}$에서 점근선의 교차점을 구하면?

① −1
② 0

③ 1
④ 2

풀이

- 극점 : 0, −1, 4 (극점의 개수 $P=3$)
- 영점 : 1 (영점의 개수 $Z=1$)
- 교차점 $\sigma = \dfrac{\Sigma극점 - \Sigma영점}{P-Z}$에서 $\sigma = \dfrac{(-1+4)-1}{3-1} = 1$

여기서, P : 극점의 개수
Z : 영점의 개수 **답** ③

문제 80 $E(z) = \dfrac{9z}{(z-1)(2z+1)}$일 때, $e^*(t)$의 최종값은?

① 0
② 1
③ 2
④ 3

풀이

최종값 정리 : $f(\infty) = \lim_{t \to \infty} f^*(t) = \lim_{z \to 1}(1-z^{-1})F(z)$

$$e(\infty) = \lim_{z \to 1}\left(1-\frac{1}{z}\right)E(z) = \lim_{z \to 1}\left(\frac{z-1}{z}\right)\frac{9z}{(z-1)(2z+1)}$$

$$= \lim_{z \to 1}\frac{9}{2z+1} = 3$$ **답** ④

제5과목 **전기설비 기술기준**

문제 81 전선의 단면적이 95[mm²]인 경동연선을 사용하고 지지물로는 A종 철주 또는 A종 철근 콘크리트주를 사용하는 특고압 가공전선로를 제2종 특고압 보안공사에 의하여 시설하는 경우 경간은 몇 [m] 이하이어야 하는가?

① 100
② 150

③ 200
④ 250

풀이

333.22 특고압 보안공사

제2종 특고압 보안공사는 다음에 따라야 한다.

가. 특고압 가공전선은 연선일 것.

나. 지지물로 사용하는 목주의 풍압하중에 대한 안전율은 2 이상일 것.

다. 경간은 표에서 정한 값 이하일 것.

지지물의 종류	제2종 특고압 보안공사	인장강도 38.05[kN] 이상 또는 95[mm²] 이상인 경동연선
목주·A종 철주 또는 A종 철근 콘크리트주	100[m]	100[m]
B종 철주 또는 B종 철근 콘크리트주	200[m]	250[m]
철탑	400[m] (단주인 경우에는 300[m])	600[m] 이하

답 ①

문제 82 사용전압이 60[kV] 이하인 경우 전화선로의 길이 12[km] 마다 유도전류는 몇 [μA]를 넘지 않도록 하여야 하는가?

① 1　　② 2　　③ 3　　④ 4

풀이

333.2 유도장해의 방지
가. 사용전압이 60[kV] 이하인 경우에는 전화선로의 길이 12[km] 마다 유도전류가 **2[μA]를 넘지 아니하도록** 할 것.
나. 사용전압이 60[kV]를 초과하는 경우에는 전화선로의 길이 40[km] 마다 유도전류가 3[μA]을 넘지 아니하도록 할 것.

답 ②

문제 83 한국전기설비규정 용어에서 "제2차 접근상태"란 가공전선이 다른 시설물과 접근하는 경우에 그 가공전선이 다른 시설물의 위쪽 또는 옆쪽에서 수평거리로 몇 [m] 미만인 곳에 시설되는 상태를 말하는가?

① 2　　② 3　　③ 4　　④ 5

풀이

112 용어 정의
"제2차 접근상태"란 가공 전선이 다른 시설물과 접근하는 경우에 그 가공 전선이 다른 시설물의 위쪽 또는 옆쪽에서 **수평 거리로 3[m] 미만인 곳에 시설**되는 상태를 말한다.

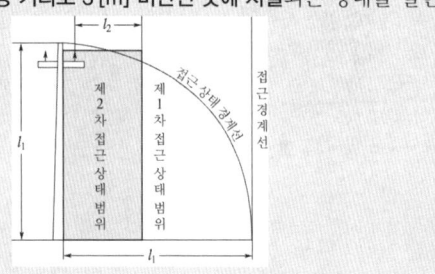

답 ②

문제 84 직류방식의 전차선로에서 공칭전압 별 지속성 최저전압과 최고전압이 옳은 것은?

① 공칭전압 750[V]에서 지속성 최저전압 300[V]
② 공칭전압 750[V]에서 지속성 최고전압 950[V]
③ 공칭전압 1500[V]에서 지속성 최저전압 900[V]
④ 공칭전압 1500[V]에서 지속성 최고전압 1950[V]

풀이

411.2 전차선로의 전압
직류방식: 사용전압과 각 전압별 최고, 최저전압은 다음의 표에 따라 선정하여야 한다. 다만, 비지속성 최고전압은 지속시간이 5분 이하로 예상되는 전압의 최고값으로 하되, 기존 운행 중인 전기철도차량과의 인터페이스를 고려한다.

	직류방식의 급전전압				
구분	지속성 최저전압 [V]	공칭 전압 [V]	지속성 최고전압 [V]	비지속성 최고전압 [V]	장기 과전압 [V]
DC (평균값)	500	750	900	950[1]	1,269
	900	1,500	1,800	1,950	2,538

(1) 회생제동의 경우 1,000[V]의 비지속성 최고전압은 허용 가능하다.

답 ③

문제 85 저압 옥내간선에서 분기하여 전기사용 기계기구에 이르는 저압 옥내전로는 분기점에서 전선의 길이가 몇 [m] 이하인 곳에 과전류 차단기를 설치하여야 하는가? 단, 단락의 위험과 화재 및 인체에 대한 위험성이 최소화 되도록 시설된 경우

① 2　　② 3　　③ 4　　④ 5

풀이

212.4.2 과부하 보호장치의 설치 위치
가. 과부하 보호장치는 전로 중 도체의 단면적, 특성, 설치 방법, 구성의 변경으로 도체의 허용전류 값이 줄어드는 곳(이하 분기점이라 함)에 설치해야 한다.
나. 과부하 보호장치는 분기점(O)에 설치해야 하나, 분기점(O)점과 분기회로의 과부하 보호장치(P_2) 설치점 사이의 배선 부분에 다른 분기회로나 콘센트 회로가 접속되어 있지 않고, 다음 중 하나를 충족하는 경우에는 변경이 있는 배선에 설치할 수 있다.
① 분기회로에 대한 단락보호가 이루어지고 있는 경우 : 분기회로의 보호장치 P_2는 분기회로의 분기점(O)으로부터 부하 측으로 거리에 구애 받지 않고 이동하여 설치할 수 있다.

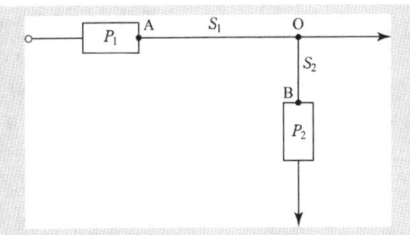

② 단락의 위험과 화재 및 인체에 대한 위험성이 최소화 되도록 시설된 경우 : 분기회로의 보호장치(P_2)는 분기회로의 분기점(O)으로부터 3[m]까지 이동하여 설치할 수 있다.

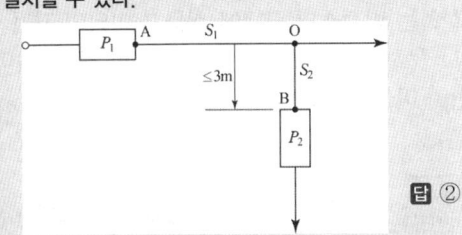

답 ②

설치장소		가공전선의 높이
도로횡단(번잡하지 않은 도로 제외)		지표상 6[m] 이상
철도 또는 궤도 횡단		레일면상 6.5[m] 이상
횡단보도교 위	저압	노면상 3.5[m] 이상 (단, 절연전선의 경우 3[m] 이상)
	고압	노면상 3.5[m] 이상
일반장소		지표상 5[m] 이상. 단, 저압의 경우 절연전선 또는 케이블을 사용하여 교통에 지장이 없도록 하여 옥외조명용에 공급하는 경우 4[m]까지 감할 수 있다.
다리의 하부 기타 이와 유사한 장소		저압의 전기철도용 급전선은 지표상 3.5[m]까지로 감할 수 있다.

답 ②

문제 86 154[kV] 특고압 가공전선로를 시가지에 경동연선으로 시설할 경우 단면적은 몇 [mm²] 이상을 사용하여야 하는가?

① 100   ② 150   ③ 200   ④ 250

풀이

333.1 시가지 등에서 특고압 가공전선로의 시설
사용전압이 170 [kV] 이하인 전선로에서의 전선의 굵기

사용전압의 구분	전선의 단면적
100 [kV] 미만	인장강도 21.67 [kN] 이상의 연선 또는 단면적 55[mm²] 이상의 경동연선
100 [kV] 이상	인장강도 58.84 [kN] 이상의 연선 또는 단면적 150[mm²] 이상의 경동연선

답 ②

문제 87 철도 또는 궤도를 횡단하는 저고압 가공전선의 높이는 레일면상 몇 [m] 이상인가?

① 5.5   ② 6.5
③ 7.5   ④ 8.5

풀이

332.5 고압 가공전선의 높이,
222.7 저압 가공전선의 높이
저·고압 가공전선의 높이는 다음에 따라야 한다.

문제 88 화약류 저장소의 전기설비의 시설기준으로 틀린 것은?

① 전로의 대지전압은 150[V] 이하일 것
② 전기기계기구는 전폐형의 것일 것
③ 전용 개폐기 및 과전류차단기는 화약류저장소 밖에 설치할 것
④ 전로에 지락이 생겼을 때에 자동적으로 전로를 차단하거나 경보하는 장치를 시설하여야 한다.

풀이

242.5 화약류 저장소 등의 위험장소
화약류 저장소 안에는 전기설비를 시설해서는 안 된다. 다만, 백열전등이나 형광등 또는 이들에 전기를 공급하기 위한 전기설비(개폐기 및 과전류 차단기를 제외한다)는 다음에 따라 시설하는 경우에는 그러하지 아니하다.
가. 전로에 대지전압은 300[V] 이하일 것.
나. 전기기계기구는 전폐형의 것일 것.
다. 전로에 지락이 생겼을 때에 자동적으로 전로를 차단하거나 경보하는 장치를 시설하여야 한다. **답 ①**

문제 89 고압 옥내배선에서 가스계량기 및 가스관의 이음부와 전력량계 및 개폐기의 최소 이격거리는 몇 [cm] 이상인가?

① 60   ② 50
③ 40   ④ 30

풀이

342.1 고압 옥내배선 등의 시설

고압 옥내배선이 다른 고압 옥내배선·저압 옥내전선·관등회로의 배선·약전류 전선 등 또는 수관·가스관이나 이와 유사한 것과 접근하거나 교차하는 경우 이격거리

가. 다른 고압 옥내배선·저압 옥내전선·관등회로의 배선·약전류 전선 : 15[cm]

나. 수관·가스관이나 이와 유사한 것과 접근하거나 교차하는 경우 : 15[cm]

다. 애자사용공사에 의하여 시설하는 저압 옥내전선이 나전선인 경우 : 30[cm]

라. 가스계량기 및 가스관의 이음부와 전력량계 및 개폐기 : 60[cm] **답** ①

문제 90 의료장소의 안전을 위한 의료용 절연변압기에 대한 다음 설명 중 옳은 것은?

① 2차측 정격전압은 교류 300 [V] 이하이다.

② 2차측 정격전압은 직류 250 [V] 이하이다.

③ 정격출력은 5 [kVA] 이하이다.

④ 정격출력은 10 [kVA] 이하이다.

풀이

242.10.3 의료장소의 안전을 위한 보호 설비

가. 이중 또는 강화절연을 한 비단락보증 절연변압기를 설치하고 그 2차측 전로는 접지하지 말 것.

나. 비단락보증 절연변압기

① 2차측 정격전압은 교류 250[V] 이하

② **공급방식 및 정격출력은 단상 2선식, 10[kVA] 이하** **답** ④

문제 91 지중전선로를 직접 매설식에 의하여 시설할 때, 중량물의 압력을 받을 우려가 있는 장소에 지중전선을 견고한 트라프 기타 방호물에 넣지 않고도 부설할 수 있는 케이블은?

① 염화비닐 절연 케이블

② 폴리에틸렌 외장 케이블

③ 콤바인 덕트 케이블

④ 알루미늄피 케이블

풀이

334.1 지중전선로의 시설

지중 전선로를 직접 매설식에 의하여 시설하는 경우에 지중 전선을 견고한 트라프 기타 방호물에 넣어 시설하여야 한다.

단, 다음의 어느 하나에 해당하는 경우에는 지중전선을 견고한 트라프 기타 방호물에 넣지 아니하여도 된다.

① 저압 또는 고압의 지중전선을 차량 기타 중량물의 압력을 받을 우려가 없는 경우에 그 위를 견고한 판 또는 몰드로 덮어 시설하는 경우

② 저압 또는 고압의 **지중전선에 콤바인덕트 케이블 또는 개장한 케이블을 사용**하여 시설하는 경우 **답** ③

문제 92 특고압의 기계기구·모선 등을 옥외에 시설하는 변전소의 구내에 취급자 이외의 자가 들어가지 못하도록 시설하는 울타리·담 등의 높이는 몇 [m] 이상으로 하여야 하는가?

① 2   ② 2.2   ③ 2.5   ④ 3

풀이

351.1 발전소 등의 울타리·담 등의 시설

가. 울타리·담 등의 높이는 2[m] 이상으로 하고 지표면과 울타리·담 등의 하단사이의 간격은 0.15[m] 이하로 할 것.

나. 울타리·담 등의 높이와 울타리·담 등으로부터 충전부분까지 거리의 합계는 표 에서 정한 값 이상으로 할 것.

사용전압의 구분	울타리·담 등의 높이와 울타리·담 등으로부터 충전 부분까지의 거리의 합계
35 [kV] 이하	5 [m]
35 [kV] 초과 160 [kV] 이하	6 [m]
160 [kV] 초과	• 거리 = 6 + 단수 × 0.12 [m] • 단수 = $\dfrac{\text{사용전압 [kV]} - 160}{10}$ 단수 계산에서 소수점 이하는 절상

답 ①

문제 93 사용전압이 저압인 전로의 전선 상호간 및 전로와 대지 사이의 절연저항은 DC 시험전압 250[V]에서 몇 [MΩ] 이상이어야 하는가? 단, 전로의 사용전압은 SELV 및 PELV인 경우이다.

① 0.5   ② 1.0

③ 1.5   ④ 2.0

풀이

저압전로의 절연성능(기술기준 제52조)

전기사용 장소의 사용전압이 저압인 전로의 전선 상호간 및 전로와 대지 사이의 절연저항은 개폐기 또는 과전류차단기로 구분할 수 있는 전로마다 다음 표에서 정한 값 이상

이어야 한다. 다만, 전선 상호간의 절연저항은 기계기구를 쉽게 분리가 곤란한 분기회로의 경우 기기 접속 전에 측정할 수 있다. 또한, 측정 시 영향을 주거나 손상을 받을 수 있는 SPD 또는 기타 기기 등은 측정 전에 분리시켜야 하고, 부득이하게 분리가 어려운 경우에는 시험전압을 250[V] DC로 낮추어 측정할 수 있지만 절연저항 값은 1[MΩ] 이상이어야 한다.

전로의 사용전압[V]	DC 시험전압[V]	절연저항[MΩ]
SELV 및 PELV	250	0.5
FELV, 500[V]이하	500	1.0
500[V] 초과	1,000	1.0

답 ①

문제 94 고압 또는 특고압 가공전선과 금속제의 울타리가 교차하는 경우 교차점과 좌, 우로 몇 [m] 이내의 개소에 규정에 의한 접지공사를 하여야 하는가? (단, 전선에 케이블을 사용하는 경우는 제외한다.)

① 25   ② 35
③ 45   ④ 55

풀이

351.1 발전소 등의 울타리·담 등의 시설
고압 또는 특고압 가공전선(전선에 케이블을 사용하는 경우는 제외함)과 금속제의 **울타리·담 등이 교차하는 경우**에 금속제의 울타리·담 등에는 교차점과 **좌, 우로 45[m] 이내**의 개소에 규정에 의한 접지공사를 하여야 한다.
또한 울타리·담 등에 문 등이 있는 경우에는 접지공사를 하거나 울타리·담 등과 전기적으로 접속하여야한다. 다만, 토지의 상황에 의하여 규정에 의한 접지저항 값을 얻기 어려울 경우에는 100[Ω] 이하로 하고 또한 고압 가공전선로는 고압보안공사, 특고압 가공전선로는 제2종 특고압 보안공사에 의하여 시설할 수 있다.

답 ③

문제 95 가공 전선로와 지중 전선로가 접속되는 곳에 시설하여야 하는 것은?

① 조상기
② 분로 리액터
③ 피뢰기
④ 정류기

풀이

341.13 피뢰기의 시설
고압 및 특고압의 전로 중 다음에 열거하는 곳 또는 이에 근접한 곳에는 **피뢰기를 시설**하여야 한다.
① 발전소·변전소 또는 이에 준하는 장소의 가공전선 인입구 및 인출구
② 특고압 가공전선로에 접속하는 배전용 변압기의 고압측 및 특고압측
③ 고압 및 특고압 가공전선로로부터 공급을 받는 수용장소의 인입구
④ **가공전선로와 지중전선로가 접속되는 곳**

답 ③

문제 96 수소냉각식 발전기안의 수소 순도가 몇 [%] 이하로 저하한 경우에 이를 경보하는 장치를 시설해야 하는가?

① 65   ② 75
③ 85   ④ 95

풀이

351.10 수소냉각식 발전기 등의 시설
발전기 내부 또는 조상기 내부의 **수소의 순도가 85[%] 이하로 저하**한 경우에 이를 경보하는 장치를 시설할 것. 답 ③

문제 97 금속제 가요전선관공사에 의한 저압 옥내배선으로 틀린 것은?

① 2종 금속제 가요전선관을 사용하였다.
② 전선으로 옥외용 비닐 절연전선을 사용하였다.
③ 규격에 적당한 지름 4[mm²]의 단선을 사용하였다.
④ 접지공사를 하였다.

풀이

232.13 금속제 가요전선관공사
가. 전선은 절연전선(옥외용 비닐 절연전선을 제외한다)일 것.
나. 전선은 연선일 것. 다만, 단면적 10[mm²](알루미늄선은 단면적 16[mm²]) 이하인 것은 그러하지 아니하다.
다. 가요전선관 안에는 전선에 접속점이 없도록 할 것.
라. 가요전선관은 2종 금속제 가요전선관일 것.
마. 규정에 준하여 접지공사를 할 것. 답 ②

문제 98 발전소 또는 변전소로부터 다른 발전소 또는 변전소를 거치지 아니하고 전차선로에 이르는 전선을 무엇이라 하는가?

① 급전선
② 전기철도용 급전선
③ 급전선로
④ 전기철도용 급전선로

풀이

112 용어 정의
"전기철도용 급전선"이란 전기철도용 변전소로부터 다른 전기철도용 변전소 또는 전차선에 이르는 전선을 말한다.

답 ②

문제 99 가공 접지선을 사용하여 접지공사를 하는 경우 변압기의 시설 장소로부터 몇 [m] 까지 떼어 놓을 수 있는가?

① 50
② 100
③ 150
④ 200

풀이

322.1 고압 또는 특고압과 저압의 혼촉에 의한 위험방지 시설
접지공사는 변압기의 시설장소마다 시행하여야 한다. 다만, 토지의 상황에 의하여 변압기의 시설장소에서 규정에 의한 접지 저항 값을 얻기 어려운 경우, 인장강도 5.26 [kN] 이상 또는 **지름 4[mm] 이상의 가공 접지도체를 변압기의 시설장소로부터 200 [m]까지 떼어놓을 수 있다.** **답** ④

문제 100 옥내 저압배선을 금속제가요전선관공사에 의해 시공하고자 할 때 전선을 단선으로 사용한다면 그 단면적은 최대 몇 [mm^2] 이하이어야 하는가?

① 2.5
② 4
③ 6
④ 10

풀이

232.13 금속제 가요전선관공사
가. 전선은 절연전선(옥외용 비닐 절연전선을 제외한다) 일 것.
나. **전선은 연선일 것. 다만, 단면적 10[mm^2]**(알루미늄선은 단면적 16[mm^2]) **이하인 것은 그러하지 아니하다.**
다. 가요전선관 안에는 전선에 접속점이 없도록 할 것.
라. 가요전선관은 2종 금속제 가요전선관일 것 **답** ④

국가기술자격검정 필기시험 문제

2023년도 전기기사 일반검정 제 3 회		(CBT 복원문제)		수검 번호	성 명
자격종목 및 등급(선택분야)	종목코드	시험시간	문제지형별		
전기기사	1150	2시간 30분	A		

제1과목 　 전기자기학

문제 01 자계의 벡터퍼텐셜을 A[Wb/m]라 할 때 도체 주위에서 자계 B[Wb/m²]가 시간적으로 변화하면 도체에 생기는 전계의 세기 E[V/m]은?

① $E = -\dfrac{\partial A}{\partial t}$ 　② rot $E = -\dfrac{\partial A}{\partial t}$

③ $E = $ rot A 　④ rot $E = \dfrac{\partial B}{\partial t}$

풀이

$B = \nabla \times A$로 정의되고 $\nabla \times E = -\dfrac{\partial B}{\partial t}$에서

$\nabla \times E = -\dfrac{\partial B}{\partial t} = -\dfrac{\partial}{\partial t}(\nabla \times A) = \nabla \times \left(-\dfrac{\partial A}{\partial t}\right)$

$\therefore E = -\dfrac{\partial A}{\partial t}$ 　답 ①

문제 02 공극을 가진 환형 자기 회로에서 공극 부분의 길이와 투자율은 철심 부분의 것에 각각 0.01배와 0.001배이다. 공극의 자기 저항은 철심 부분의 자기 저항의 몇 배인가? 단, 자기 회로의 단면적은 같다고 본다.

① 9배 　② 10배

③ 11배 　④ 18.18배

풀이

철심 부분의 자기 저항을 $R_c = \dfrac{l_c}{\mu S}$라 하면 공극 부분의 자기 저항 R_g는

$R_g = \dfrac{0.01 l_c}{0.001 \mu S} = 10 \dfrac{l_c}{\mu S} = 10 R_c$ 　답 ②

문제 03 높은 주파수의 전자파가 전파될 때 일기가 좋은 날보다 비오는 날 전자파의 감쇄가 심한 원인은?

① 도전율 관계임 　② 유전율 관계임

③ 투자율 관계임 　④ 분극률 관계임

풀이

진공이 아닌 이상 일반 공기는 무시할 수 있을 정도의 도전율을 갖고 있으나 비오는 날(즉, 습도상승)은 도전성이 증가하며 감쇄가 더 심하게 나타난다. 　답 ①

문제 04 그림에서 축전기를 ± Q로 대전한 후 스위치 k를 닫고 도선에 전류 i를 흘리는 순간의 축전기 두 판 사이의 변위전류는?

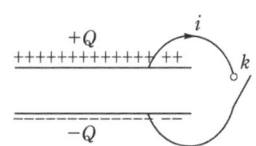

① + Q판에서 − Q판 쪽으로 흐른다.

② − Q판에서 + Q판 쪽으로 흐른다.

③ 왼쪽에서 오른쪽으로 흐른다.

④ 오른쪽에서 왼쪽으로 흐른다.

풀이

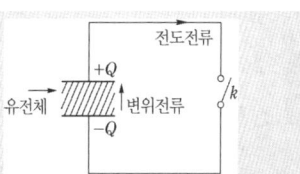

스위치 k를 닫으면 축전기의 방전상태와 같다. 따라서 방전시에는 도체를 흐르는 **전도전류는 + Q에서 − Q로 흘러** 들어가고 축전기의 유전체 내에서는 − Q에서 + Q로 전도전류와 동등한 변위전류가 흐르게 된다. 　답 ②

문제 05 비투자율 1000인 철심이 든 환상솔레노이드의 권수가 600회, 평균지름 20[cm], 철심의 단면적 10 [cm²]이다. 이 솔레노이드에 2[A]의 전류가 흐를 때 철심 내의 자속은 약 몇 [Wb]인가?

① 1.2×10^{-3} ② 1.2×10^{-4}

③ 2.4×10^{-3} ④ 2.4×10^{-4}

풀이

$\phi = BS = \mu HS = \mu_0 \mu_s \cdot \dfrac{nI}{2\pi r} \cdot S$ 에서

$\phi = 4\pi \times 10^{-7} \times 1000 \times \dfrac{600 \times 2}{2\pi \times \dfrac{20}{2} \times 10^{-2}} \times 10 \times 10^{-4}$

$= 2.4 \times 10^{-3}$ [Wb]   **답** ③

문제 06 철심부의 평균길이가 l_2, 공극의 길이가 l_1 단면적이 S인 자기회로이다. 자속밀도를 B[Wb/m²]로 하기 위한 기자력[AT]은?

① $\dfrac{\mu_0}{B}\left(l_1 + \dfrac{\mu_s}{l_2}\right)$

② $\dfrac{B}{\mu_0}\left(l_2 + \dfrac{l_1}{\mu_s}\right)$

③ $\dfrac{\mu_0}{B}\left(l_2 + \dfrac{\mu_s}{l_1}\right)$

④ $\dfrac{B}{\mu_0}\left(l_1 + \dfrac{l_2}{\mu_s}\right)$

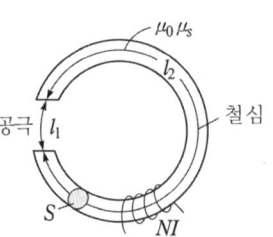

풀이

공극이 있는 경우의 합성자기저항

$R = R_g + R_c = \dfrac{l_1}{\mu_0 S} + \dfrac{l_2}{\mu S}$ [AT/Wb]

기자력 $F = NI = R\phi = R \cdot BS$ [AT]

$\therefore F = \left(\dfrac{l_1}{\mu_0 S} + \dfrac{l_2}{\mu S}\right)BS = \dfrac{B}{\mu_0}\left(l_1 + \dfrac{l_2}{\mu_s}\right)$ [AT]   **답** ④

문제 07 강자성체의 세 가지 특성에 포함되지 않는 것은?

① 와전류 특성

② 히스테리시스 특성

③ 고투자율 특성

④ 포화 특성

풀이

강자성체의 특징

① 자구가 존재한다.

② 히스테리시스 현상이 있다.

③ 고투자율

④ 자기포화 특성이 있다.

그러나, 단면적 S인 도체에 코일을 감고 **교류전류 i를 흐르게 하면** 도체 단면을 통과하는 자속이 변화게 되어 전자유도에 의한 **맴돌이 형태의 유도전류**가 흐른다. 이 맴돌이 전류를 **와전류**라고 하며, **강자성체의 특성과 무관하다.**   **답** ①

문제 08 맥스웰(Maxwell)의 전자 방정식 중 성립하지 않는 식은?

① div $\boldsymbol{D} = \rho$ ② div $\boldsymbol{B} = 0$

③ rot $\boldsymbol{E} = \dfrac{\partial \boldsymbol{B}}{\partial t}$ ④ rot $\boldsymbol{H} = J + \dfrac{\partial \boldsymbol{D}}{\partial t}$

풀이

전자계에서 성립하는 기본 방정식

맥스웰 전자방정식		의 미
미 분 형	적 분 형	
rot $\boldsymbol{E} = -\dfrac{\partial \boldsymbol{B}}{\partial t}$	$\oint_c \boldsymbol{E} \cdot dl = -\int_S \dfrac{\partial \boldsymbol{B}}{\partial t} \cdot d\boldsymbol{S}$	패러데이 법칙
rot $\boldsymbol{H} = i_c + \dfrac{\partial \boldsymbol{D}}{\partial t}$	$\oint_c \boldsymbol{H} \cdot dl = I + \int_S \dfrac{\partial \boldsymbol{D}}{\partial t} \cdot d\boldsymbol{S}$	암페어 주회 적분 법칙
div $\boldsymbol{D} = \rho$	$\oint_S \boldsymbol{D} \cdot d\boldsymbol{S} = \int_v \rho\, dv = Q$	가우스 법칙
div $\boldsymbol{B} = 0$	$\oint_S \boldsymbol{B} \cdot d\boldsymbol{S} = 0$	가우스 법칙

답 ③

문제 09 그림과 같은 정방형관 단면의 격자점 ⑥의 전위를 반복법으로 구하면 약 몇 [V]인가?

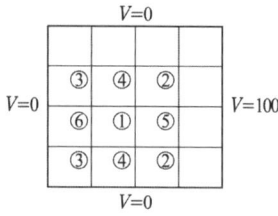

① 6.3   ② 9.4

③ 18.8   ④ 53.2

풀이

우선 정방형관 단면의 중심 격자점 ①의 전위 V_1을 구한다.

$$V_1 = \frac{1}{4}(100+0+0+0) = 25[V]$$

마찬가지 방법으로 V_3, V_6을 구한다.

$$V_3 = \frac{1}{4}(25+0+0+0) = 6.25[V]$$

$$\therefore V_6 = \frac{1}{4}(V_1 + V_3 + V_3 + 0) = \frac{1}{4}(25+6.25+6.25+0)$$

$$= 9.4[V] \qquad \boxed{답} ②$$

문제 10 접지된 무한 평면도체 전방의 한 점 P에 있는 점전하 $+Q$[C]의 평면도체에 대한 영상전하는?

① 점 P의 대칭점에 있으며, 전하는 $-Q$[C]이다.

② 점 P의 대칭점에 있으며, 전하는 $-2Q$[C]이다.

③ 평면 도체상에 있으며, 전하는 $-Q$[C]이다.

④ 평면 도체상에 있으며, 전하는 $-2Q$[C]이다.

풀이

무한 평면도체와 점전하

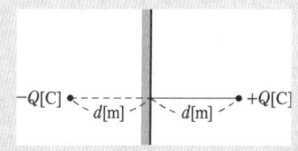

• 영상점 : d (평면도체로부터 점전하까지의 거리와 동일)
• 영상전하 : $-Q$
(점전하와 크기는 같고, 부호는 반대) $\boxed{답} ①$

문제 11 무한장 직선 도선에 흐르는 직류전류 I에 의해, 무한장 직선 도선의 전류 상하에 존재하는 자침이, 그림과 같이 자침중심축을 중심으로 회전하여 정지하였다. (ㄱ)(ㄴ)(ㄷ)(ㄹ)의 극을 순서적으로 잘 배열한 것은?

① S, N, S, N
② S, N, N, S
③ N, S, N, S
④ N, S, S, N

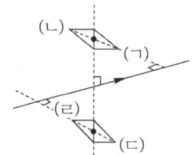

풀이

전류 도체에 의한 **자계의 방향은 암페어 오른나사법칙**으로 결정된다. 자계 내에 있는 자침의 N극을 자계방향과 일치하도록 맞춘다. $\boxed{답} ④$

문제 12 10 [μF]의 콘덴서를 100 [V]로 충전한 것을 단락시켜 0.1 [m·sec]에 방전시켰다고 하면 평균 전력[W]은?

① 450
② 500
③ 550
④ 600

풀이

$$P = \frac{W}{t} = \frac{\frac{1}{2}CV^2}{t} = \frac{\frac{1}{2} \times 10 \times 10^{-6} \times 100^2}{0.1 \times 10^{-3}} = 500[W]$$

$$\boxed{답} ②$$

문제 13 판 간격이 d인 평행판 공기콘덴서 중에 두께 t이고, 비유전율이 ϵ_s인 유전체를 삽입하였을 경우에 공기의 절연파괴를 발생하지 않고 가할 수 있는 판 간의 전위차는? (단, 유전체가 없을 때 가할 수 있는 전압을 V라 하고 공기의 절연내력은 E_o라 한다.)

① $V\left(1 - \dfrac{t}{\epsilon_s d}\right)$

② $\dfrac{Vt}{d}\left(1 - \dfrac{1}{\epsilon_s}\right)$

③ $V\left(1 + \dfrac{t}{\epsilon_s d}\right)$

④ $V\left(1 - \dfrac{t}{d}\left(1 - \dfrac{1}{\epsilon_s}\right)\right)$

풀이

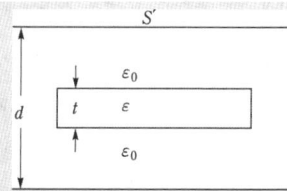

C : 유전체 삽입 전 정전용량 $C = \dfrac{\epsilon_0}{d}S$

C' : 유전체 삽입 후 정전용량

• C_1(유전체 없는 부분) $C_1 = \dfrac{\epsilon_0}{d-t}S$

• C_2(유전체 있는 부분) $C_2 = \dfrac{\epsilon}{t}S$

C'는 C_1과 C_2의 직렬 등가이므로

$$C' = \frac{1}{\frac{1}{C_1} + \frac{1}{C_2}} = \frac{1}{\frac{d-t}{\epsilon_0 S} + \frac{t}{\epsilon S}} = \frac{\epsilon_0 \epsilon S}{\epsilon(d-t) + \epsilon_0 t}$$

전하량 $Q = CV$는 유전체 삽입 전·후가 일정하므로
$CV = C'V'$

$$\therefore V' = \frac{C}{C'}V = \frac{\epsilon(d-t) + \epsilon_0 t}{\epsilon d}V = \left(1 - \frac{t}{d} + \frac{t}{\epsilon_s d}\right)V$$

따라서, $V' = V\left[1 - \frac{t}{d}\left(1 - \frac{1}{\epsilon_s}\right)\right]$

참고로 $\frac{C}{C'} = \frac{\epsilon(d-t) + \epsilon_0 t}{\epsilon_0 \epsilon S} \times \frac{\epsilon_0 S}{d} = \frac{\epsilon(d-t) + \epsilon_0 t}{\epsilon d}$ **답** ④

문제 14 평행판 콘덴서의 극판 사이에 유전율 ϵ, 저항률 ρ인 유전체를 삽입하였을 때, 두 전극간의 저항 R과 정전용량 C의 관계는?

① $R = \rho\epsilon C$ ② $RC = \frac{\epsilon}{\rho}$

③ $RC = \rho\epsilon$ ④ $RC\rho\epsilon = 1$

풀이

$$RC = \rho\frac{l}{S} \cdot \epsilon\frac{S}{l} = \rho\epsilon = \frac{\epsilon}{\sigma}$$

$\therefore RC = \rho\epsilon$

여기서, R : 저항, C : 정전용량, ϵ : 유전률, σ : 도전률,

ρ : 저항률 또는 고유저항($\rho = \frac{1}{\sigma}$) **답** ③

문제 15 대지면 높이 h[m]로 평행하게 가설된 매우 긴 선전하(선전하 밀도 λ[C/m])가 지면으로부터 받는 힘[N/m]은?

① h에 비례한다.
② h에 반비례한다.
③ h^2에 비례한다.
④ h^2에 반비례한다.

풀이

지상의 높이 h[m]와 같은 거리에 선전하 밀도 $-\lambda$[C/m] 인 영상 전하를 고려하여 선전하간의 작용력을 구하면

$$f = -\lambda E = -\lambda \cdot \frac{\lambda}{2\pi\epsilon_0(2h)} = \frac{-\lambda^2}{4\pi\epsilon_0 h} \propto \frac{1}{h}$$ **답** ②

문제 16 환상철심에 권수 3000회 A코일과 권수 200회 B코일이 감겨져 있다. A코일의 자기 인덕턴스가 360 [mH]일 때 A, B 두 코일의 상호 인덕턴스는 몇 [mH]인가? (단, 결합계수는 1이다.)

① 16 ② 24
③ 36 ④ 72

풀이

결합계수가 1일 때, 즉 누설자속이 없는 경우

상호인덕턴스 $M = \frac{N_B L_A}{N_A} = \frac{N_A L_B}{N_B}$에서

$$M = \frac{N_B L_A}{N_A} = \frac{200 \times 360}{3000} = 24[\text{mH}]$$ **답** ②

문제 17 자성체의 자화의 세기 $J = 8000$ [Wb/m²], 자화율 $\chi = 0.02$[H/m]일 때 자속밀도는 약 몇 [T]인가?

① 7000 ② 7500
③ 8000 ④ 8500

풀이

$B = \mu_0 H + J$ $\left(J = \chi H \rightarrow H = \frac{J}{\chi}\right)$

$$\therefore B = \frac{\mu_0}{\chi}J + J = J\left(\frac{\mu_0}{\chi} + 1\right) = 8000 \times \left(\frac{4\pi \times 10^{-7}}{0.02} + 1\right)$$

$$\fallingdotseq 8000[\text{Wb/m}^2] = 8000[\text{T}]$$

$(\because 1[\text{Wb/m}^2] = 1[\text{T}])$ **답** ③

문제 18 매질 1의 $\mu_{s1} = 500$, 매질 2의 $\mu_{s2} = 1000$ 이다. 매질 2에서 경계면에 대하여 45°의 각도로 자계가 입사한 경우 매질 1에서 경계면과 자계의 각도에 가장 가까운 것은?

① 20° ② 30°
③ 60° ④ 80°

풀이

굴절의 법칙

$\frac{\tan\theta_1}{\tan\theta_2} = \frac{\mu_1}{\mu_2} = \frac{\mu_{s1}}{\mu_{s2}}$에서 $\frac{\tan\theta_1}{\tan45°} = \frac{500}{1000}$

$\tan\theta_1 = \frac{1}{2}\tan45° = \frac{1}{2}$

$\theta_1 = \tan^{-1}\frac{1}{2} = 26.57°$

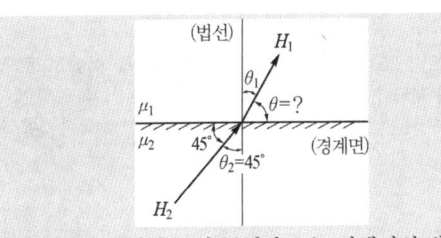

그림과 같이 입사각 θ_1과 굴절각 θ_2는 경계면의 법선에 대한 각도를 나타내므로 매질1에서 경계면과 이루는 각도 $\theta = 90° - \theta_1 = 90° - 26.57° = 63.43°$ **답** ③

문제 19 전류가 흐르고 있는 도체와 직각방향으로 자계를 가하게 되면 도체 측면에 정·부의 전하가 생기는 것을 무슨 효과라 하는가?

① 톰슨(Thomson) 효과

② 펠티에(Peltier) 효과

③ 제벡(Seebeck) 효과

④ 홀(Hall) 효과

풀이

홀 효과 (p형 반도체)

도체나 반도체의 물질에 전류를 흘리고 이것과 직각 방향으로 자계를 가하면, I와 B가 이루는 면에 직각 방향으로 기전력이 발생한다. 이 현상을 **홀 효과(Hall effect)**라 한다.   **답** ④

문제 20 전자유도에 의하여 회로에 발생하는 유도기전력의 크기는 자속 쇄교수의 시간 변화율에 비례한다는 법칙은?

① 패러데이 법칙

② 렌츠의 법칙

③ 암페어의 주회적분 법칙

④ 가우스 법칙

풀이

(1) 패러데이 법칙

- 유도기전력의 크기를 결정하는 법칙
- 유도 기전력의 크기는 폐회로에 쇄교하는 자속의 시간적 변화율에 비례한다.
- 유도 기전력 $e = -\dfrac{d\Phi}{dt} = -N\dfrac{d\phi}{dt}$ [V]

  (단, $-$부호는 유도기전력의 방향 의미)

(2) 렌츠의 법칙 : 전자유도에서 유도기전력의 방향을 결정하는 법칙($-$부호)

(3) 암페어 주회적분 법칙 : 전류와 자기장의 양적 관계를 나타낸 법칙

$$\oint_c H \cdot dl = I$$

(폐곡선에 대한 자계의 선적분은 폐곡선 내의 전류와 같다.)

(4) 가우스 법칙 : 전속밀도와 전하량의 관계를 나타낸 법칙

$$\oint_S D \cdot dS = Q$$

(폐곡면을 관통하는 전속은 폐곡면 내의 전하량과 같다.)   **답** ①

제2과목 전력공학

문제 21 30[kVA], 3300/200[V], 60[Hz]의 3상 변압기 2차측에 3상 단락이 생겼을 경우 단락전류는 약 몇 [A]인가? (단, %임피던스 전압은 3[%]이다.)

① 2250   ② 2620

③ 2730   ④ 2886

풀이

단락전류 $I_s = \dfrac{100}{\%Z} I_n = \dfrac{100}{3} \times \dfrac{30 \times 10^3}{\sqrt{3} \times 200} = 2886$[A]   **답** ④

문제 22 송배전 선로에서 내부 이상전압에 속하지 않는 것은?

① 개폐 이상전압

② 유도뢰에 의한 이상전압

③ 사고시의 과도 이상전압

④ 계통 조작과 고장시의 지속 이상전압

풀이
① 내부 이상 전압의 종류
- 개폐 이상전압
- 사고시의 과도 이상전압
- 계통 조작과 고장시의 지속 이상전압
② **외부 이상 전압**
- 직격뢰에 의한 이상전압
- **유도뢰에 의한 이상전압**
- 타선과의 혼촉 시 발생하는 이상전압　　**답** ②

문제 23　송전선로의 코로나 방지에 가장 효과적인 방법은?

① 전선의 높이를 가급적 낮게 한다.
② 코로나 임계전압을 낮게 한다.
③ 선로의 절연을 강화한다.
④ 복도체를 사용한다.

풀이
코로나 방지 대책
코로나 임계전압 $\left(E_0 = 24.3 m_0 m_1 \delta\, d \log_{10} \dfrac{D}{r}\right)$ 을 상승시킨다.

여기서 E_0 : 코로나 임계 전압, m_0 : 전선의 표면계수
　m_1 : 기후계수, δ : 상대 공기밀도,
　d : 전선의 지름, D : 선간거리
따라서, 코로나 임계전압 공식에서 알 수 있듯이 코로나 방지 대책은
- 전선의 지름을 크게 한다.
- 복도체를 사용한다.
- 가선 금구를 개량한다.
- 가선시에 전선 표면의 금구를 손상하지 않게 한다.
즉, **복도체를 사용**하여 전선의 등가반지름 $r_e (\sqrt[n]{rs^{n-1}}$)를 증가시켜(전선의 지름 d를 증가) **코로나 임계전압을 높게** 하여야 한다.　　**답** ④

문제 24　단로기에 대한 설명으로 틀린 것은?

① 소호장치가 있어 아크를 소멸시킨다.
② 무부하 및 여자전류의 개폐에 사용된다.
③ 사용회로수에 의해 분류하면 단투형과 쌍투형이 있다.
④ 회로의 분리 또는 계통의 접속 변경 시 사용한다.

풀이
단로기(DS)는 소호 장치가 없고 아크 소멸 능력이 없으므로 부하 전류나 사고 전류의 개폐는 할 수 없으며 기기를 전로에서 개방할 때 또는 모선의 접속 변경시 사용한다.　**답** ①

문제 25　중성점 접지방식 중 1선 지락고장일 때 선로의 전위상승이 $\sqrt{3}$ 배 이상이고, 유도장해가 최소인 것은?

① 비접지방식　　　② 직접접지방식
③ 저항접지방식　　④ 소호리액터접지방식

풀이
접지방식별 특징

방 식	다중고장 발생확률	보호 계전기 동작	지락 전류	고장중 운전	전위 상승	과도 안정도	유도 장해	특 징
직접 접지 (22.9, 154, 345 [kV])	최소	확실	최대	×	1.3	최소	최대	중성점영전위, 단절연가능
저항 접지	보통	↓	↓	×	$\sqrt{3}$	↓	↓	
비접지 (3.3, 6.6 [kV])	최대	×	↓	가능	$\sqrt{3}$	↓	↓	저전압 단거리에 적용
소호 리액터 접지 (66 [kV])	보통	불확실	최소	가능	$\sqrt{3}$ 이상	최대	최소	병렬공진, 고장전류최소

답 ④

문제 26　파동임피던스 $Z_1 = 500[\Omega]$, $Z_2 = 300$ $[\Omega]$인 두 무손실 선로 사이에 그림과 같이 저항 R을 접속하였다. 제1선로에서 구형파가 진행하여 왔을 때 무반사로 하기 위한 R의 값은 몇 [Ω]인가?

① 100
② 200
③ 300
④ 500

풀이
무반사는 반사 계수가 영(0)일 때이며,
반사 계수 $r = \dfrac{(R+Z_2) - Z_1}{Z_1 + (R+Z_2)} = 0$이 되어야 하므로
　$(R+Z_2) - Z_1 = 0$
　$\therefore R = Z_1 - Z_2 = 500 - 300 = 200[\Omega]$　　**답** ②

문제 27 3상 3선식 송전선에서 L을 작용 인덕턴스라 하고, L_e 및 L_m은 대지를 귀로로 하는 1선의 자기 인덕턴스 및 상호 인덕턴스라고 할 때 이들 사이의 관계식은?

① $L = L_m - L_e$ ② $L = L_e - L_m$

③ $L = L_m + L_e$ ④ $L = \dfrac{L_m}{L_e}$

풀이
작용 인덕턴스 = 대지 귀로의 자기 인덕턴스
　　　　　　 − 대지 귀로의 상호 인덕턴스 **답** ②

문제 28 선간전압이 154 [kV]이고, 1상당의 임피던스가 $j8[\Omega]$인 기기가 있을 때, 기준용량을 100 [MVA]로 하면 %임피던스는 약 몇 [%]인가?

① 2.75 ② 3.15
③ 3.37 ④ 4.25

풀이
$$\%Z = \frac{PZ}{10V^2} = \frac{100 \times 10^3 \times 8}{10 \times 154^2} = 3.37[\%]$$
(여기서 V : 정격전압[kV], P : 기준용량[kVA]) **답** ③

주의
• V 및 P의 단위가 모두 [kV], [kVA]가 되어야 한다.
• $Z = R + jX$ 가 되어야 하나, 일반적으로 기기의 저항 R이 무척 적기 때문에 R을 무시하여 $Z ≒ X$로 사용하는 경우가 많다.

문제 29 다음 중 송전선로의 역섬락을 방지하기 위한 대책으로 가장 알맞은 방법은?

① 가공지선 설치 ② 피뢰기 설치
③ 매설지선 설치 ④ 소호각 설치

풀이
이상 전압에 대한 대책
• 가공지선 : 뇌의 차폐(가공지선의 차폐각이 적을수록 보호효율 이 높다)
• 피뢰기 : 뇌로부터 기기 보호
• **매설지선(탑각 접지저항을 낮춤) : 역섬락 방지**
• 아킹 혼(소호각) : 섬락사고시 애자련의 보호, 애자련의 전압 분담 균일화 **답** ③

문제 30 사고, 정전 등의 중대한 영향을 받는 지역에서 정전과 동시에 자동적으로 예비전원용 배전선로로 전환하는 장치는?

① 차단기
② 리클로저(Recloser)
③ 섹셔널라이저(Sectionalizer)
④ 자동부하 전환개폐기
　(Auto Load Transfer Switch)

풀이
① 차단기 : 부하전류 및 사고전류를 신속·안전하게 차단하여 고장구간을 건전구간으로부터 분리시키며 또한 설비의 점검 및 수리 등의 작업 시에 작업 장소를 정전시키기 위한 설비이다.
② 리클로저 : 배전선로에서 지락고장이나 단락고장 사고가 발생하였을 때 고장을 검출하여 선로를 차단한 후 일정시간이 경과하면 자동적으로 재투입 동작을 반복함으로써 순간 고장을 제거한다.
③ 섹셔널라이저 : 선로가 정전상태일 때 자동으로 개방되어 고장구간을 분리시키는 선로 개폐기로 고장전류는 차단할 수 없다.
④ **자동부하 전환개폐기** : 정전 시에 큰 피해가 예상되는 수용가에 이중 전원을 확보하여 **주전원 정전 시나 정격전압 이하로 전압이 감소하는 경우** 예비전원으로 자동으로 전환되어 무정전 전원 공급을 수행하는 개폐기를 말한다. **답** ④

문제 31 수력 발전소의 댐을 설계하거나 저수지의 용량 등을 결정하는데 가장 적당한 것은?

① 유량도
② 적산 유량 곡선
③ 유황 곡선
④ 수위 유량 곡선

풀이
적산 유량 곡선은 매일의 수량을 차례로 적산해서 가로축에 일수를, 세로축에 적산 수량을 그린 곡선으로서 수력 발전소의 **댐을 설계하거나 저수지 용량 결정**에 사용된다. **답** ②

문제 32 화력발전소에서 매일 최대출력 100000 [kW], 부하율 90[%]로 60일간 연속 운전할 때 필요한 석탄량은 약 몇 [t]인가? (단, 사이클 효율은 40 [%], 보일러 효율은 85[%], 발전기 효율은 98[%]로 하고 석탄의 발열량은 5500[kcal/kg] 이라 한다.

① 60820   ② 61820
③ 62820   ④ 63820

풀이

부하율 = $\dfrac{평균\ 전력}{최대\ 전력} \times 100$ 에서

- 평균전력 = 최대 전력×부하율
  $= 100,000 \times 0.9 = 90,000[kW]$
- 총 발생전력량 = 60일×24시간×평균전력
  $= 60 \times 24 \times 90,000$
  $= 129,600,000[kWh]$
- 필요한 열량 = 발생 전력량×860
  $= 129,600,000 \times 860$
  $= 1.11456 \times 10^{11}[kcal]$
  ($\because 1[kWh] = 860[kcal]$)
- 필요한 석탄량 = $\dfrac{총\ 필요한\ 열량}{석탄의\ 발열량 \times 총\ 효율}$
  $= \dfrac{1.11456 \times 10^{11}}{5,500 \times 0.4 \times 0.85 \times 0.98} \times 10^{-3}$
  $= 60,818[t]$ **답** ①

문제 33 저압 네트워크 배전방식의 장점이 아닌 것은?

① 인축의 접지사고가 적어진다.
② 부하 증가시 적응성이 양호하다.
③ 무정전 공급이 가능하다.
④ 전압변동이 적다.

풀이

네트워크 배전 방식
① 장점
- 정전이 적으며 배전 신뢰도가 높다.
- 기기 이용률 향상된다.
- 전압 변동이 적다.
- 적응성 양호하다.
- 전력 손실이 감소한다.
- 변전소 수를 줄일 수 있다.
② 단점
- 건설비가 비싸다.
- **인축의 접촉 사고가 증가**한다.
- 특별한 보호 장치를 필요로 한다.   **답** ①

문제 34 전력용 콘덴서를 변전소에 설치할 때 직렬리액터를 설치하고자 한다. 직렬리액터의 용량을 결정하는 식은? (단, f_0는 전원의 기본 주파수, C는 역률개선용 콘덴서의 용량, L은 직렬리액터의 용량이다.)

① $2\pi f_0 L = \dfrac{1}{2\pi f_0 C}$

② $2\pi (3f_0) L = \dfrac{1}{2\pi (3f_0) C}$

③ $2\pi (5f_0) L = \dfrac{1}{2\pi (5f_0) C}$

④ $2\pi (7f_0) L = \dfrac{1}{2\pi (7f_0) C}$

풀이

직렬 리액터는 제5고조파 제거를 목적으로 사용된다.

$$2\pi (5f_0) L = \dfrac{1}{2\pi (5f_0) C}$$ **답** ③

문제 35 송전 선로의 정전용량은 등가 선간거리 D 가 증가하면 어떻게 되는가?

① 증가한다.
② 감소한다.
③ 변하지 않는다.
④ D^2에 반비례하여 감소한다.

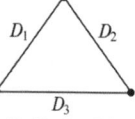
$D=(D_1, D_2, D_3)$

풀이

정전 용량 $C = \dfrac{0.02413}{\log_{10}\dfrac{D}{r}}[\mu F/km]$

여기서, r : 반지름[m], D : 등가선간거리[m]
따라서, **등가선간거리 D가 증가하면 정전 용량 C는 감소**하게 된다.   **답** ②

문제 36 파동 임피던스 $Z_1 = 600[\Omega]$인 선로종단에 파동 임피던스 $Z_2 = 1300[\Omega]$의 변압기가 접속되어 있다. 지금 선로에서 파고 $e_1 = 900[kV]$의 전압이 입사되었다면 접속점에서의 전압 반사파는 약 몇 [kV]인가?

① 530   ② 430   ③ 330   ④ 230

풀이

반사 전압

$$e_2 = \frac{Z_2 - Z_1}{Z_2 + Z_1} e_1 = \frac{1300 - 600}{1300 + 600} \times 900 = 331.58[\text{kV}]$$ **답** ③

문제 37 최근에 우리나라에서 많이 채용되고 있는 가스 절연 개폐 설비(GIS)의 특징으로 틀린 것은?

① 대기 절연을 이용한 것에 비해 현저하게 소형화할 수 있으나 비교적 고가이다.

② 소음이 적고 충전부가 완전한 밀폐형으로 되어 있기 때문에 안정성이 높다.

③ 가스 압력에 대한 엄중 감시가 필요하며 내부 점검 및 부품 교환이 번거롭다.

④ 한랭지, 산악 지방에서도 액화 방지 및 산화 방지 대책이 필요 없다.

풀이

가스절연 개폐장치(GIS)는 차단기, 단로기, 피뢰기, 변성기, 변류기 및 접지장치 등의 변전설비를 SF_6 가스를 충전한 금속제 함에 수납한 구조로서 특징은 다음과 같다.
GIS의 특징
(1) 장점
　① 충전부가 대기에 노출되지 않아 기기의 안정성, 신뢰성이 우수하다.
　② 감전 사고 위험이 적다.
　③ 밀폐형이므로 배기 소음이 없다.
　④ 소형화 가능하다.
　⑤ 보수, 점검이 용이하다.
(2) 단점
　① 사고의 대응이 부적절한 경우 대형사고 유발 우려가 있다.
　② 고장 발생시 조기복구, 임시복구가 거의 불가능하다.
　③ SF_6 가스의 세심한 주의가 필요하며 내부 점검 및 부품 교환이 번거롭다.
　④ **한랭지, 산악 지방에서 가스의 액화 방지 및 산화 방지 대책이 필요**하다. **답** ④

문제 38 3000[kW], 역률 75[%](늦음)의 부하에 전력을 공급하고 있는 변전소에 콘덴서를 설치하여 역률을 93[%]로 향상시키고자 한다. 필요한 전력용 콘덴서의 용량은 약 몇 [kVA]인가?

① 1460　　　　② 1540
③ 1620　　　　④ 1730

풀이

역률 개선용 콘덴서 용량

$$Q_c = P(\tan\theta_1 - \tan\theta_2) = P\left(\frac{\sin\theta_1}{\cos\theta_1} - \frac{\sin\theta_2}{\cos\theta_2}\right)$$

$$= P\left(\frac{\sqrt{1-\cos^2\theta_1}}{\cos\theta_1} - \frac{\sqrt{1-\cos^2\theta_2}}{\cos\theta_2}\right)[\text{kVA}]$$

여기서, $\cos\theta_1$: 개선 전 역률
　　　　$\cos\theta_2$: 개선 후 역률
유효 전력 $P = 3000[\text{kW}]$이므로

콘덴서 용량 $Q_c = 3000 \times \left(\frac{\sqrt{1-0.75^2}}{0.75} - \frac{\sqrt{1-0.93^2}}{0.93}\right)$
　　　　　　　$= 1460[\text{kVA}]$ **답** ①

문제 39 유도장해를 경감시키기 위한 전력선측의 대책으로 틀린 것은?

① 고저항 접지방식을 채용한다.

② 송전선과 통신선 사이에 차폐선을 설치한다.

③ 고속도 차단방식을 채택한다.

④ 중성점 전압을 상승시킨다.

풀이

유도장해를 경감시키기 위한 전력선측 대책

① 전력선과 통신선과의 상호 거리를 크게 하여 상호 인덕턴스를 줄인다. (전자 유도 전압 $E_m = -j\omega M l I_g$)

② 연가를 충분히 한다(선로 정수를 평형시켜 **중성점 잔류전압을 적게** 한다).

③ 케이블을 사용한다.

④ 고주파의 발생을 방지한다.

⑤ 통신선과의 교차를 직각으로 한다.

⑥ 소호 리액터의 사용 또는 고 저항 접지방식 채택(지락전류를 적게 하여 전자 유도를 적게 한다).

⑦ 고장 회선의 고속도 차단

⑧ 차폐선의 시설(가공선도 차폐선과 같은 효과가 있으며, 본선과 동일 도체를 사용하면 차폐 효과가 크다). **답** ④

문제 40 변전소에서 비접지 선로의 접지보호용으로 사용되는 계전기에 영상전류를 공급하는 것은?

① CT　　　　② GPT
③ ZCT　　　　④ PT

풀이

GPT는 영상전압을 공급하며 **영상전류는 ZCT가 공급**한다. **답** ③

제3과목 · 전기기기

문제 41 다음 ( ) 안에 옳은 내용을 순서대로 나열한 것은?

> SCR에서는 게이트 전류가 흐르면 순방향의 저지상태에서 ( )상태로 된다. 게이트 전류를 가하여 도통 완료까지의 시간을 ( )시간 이라하고 이 시간이 길면 ( )시의 ( ) 이 많고 소자가 파괴된다.

① 온(On), 턴온(Turn on), 스위칭, 전력손실
② 온(On), 턴온(Turn on), 전력손실, 스위칭
③ 스위칭, 온(On), 턴온(Turn on), 전력손실
④ 턴온(Turn on), 스위칭, 온(On), 전력손실

풀이

SCR에서는 게이트 전류가 흐르면 순방향의 저지상태에서 온(On)상태로 된다. 게이트 전류를 가하여 도통 완료까지의 시간을 턴온(Turn on)시간 이라하고 이 시간이 길면 스위칭시의 전력손실 이 많고 소자가 파괴된다. **답** ①

문제 42 직류전동기의 속도제어 방법이 아닌 것은?
① 계자 제어법
② 전압 제어법
③ 주파수 제어법
④ 직렬 저항 제어법

풀이

• 전동기의 회전수 $N = K\dfrac{V - I_a R_a}{\Phi}$

• 직류 전동기의 속도 제어법 비교

구 분	제어 특성	특 징
계자 제어법	• 정출력 제어	• 속도제어 범위가 좁다.
전압 제어법	• 정토크 제어 -워드 레오나드 방식 -일그너 방식	• 제어범위가 넓다. • 손실이 매우 적다. • 정역운전이 가능 • 설비가 많이 든다.
직렬 저항법		• 효율 나쁘다.

즉, **직류전동기 이므로 주파수와는 무관**하다. **답** ③

문제 43 스텝 모터에 대한 설명으로 틀린 것은?
① 가속과 감속이 용이하다.
② 정·역 및 변속이 용이하다.

③ 위치제어 시 각도 오차가 작다.
④ 브러시 등 부품수가 많아 유지보수 필요성이 크다.

풀이

스텝모터는 **디지털 신호에 비례하여 일정 각도만큼 회전하는 모터**로 그 총회전각은 입력펄스의 수로, 회전속도는 입력펄스의 빠르기로 쉽게 제어가 가능한 특징이 있다.
[장점]
① 피드백루프가 필요 없어 **오픈 루프로 손쉽게 속도 및 위치 제어**를 할 수 있다.
② 디지털 신호로 직접제어 할 수 있으므로 **별도의 D/A, A/D컨버터가 필요없다.**
③ 가속, 감속이 용이하며 **정·역전 및 변속이 용이**하다.
④ 속도제어 범위가 광범위하며, **초 저속에서 큰 토오크**를 얻을 수 있다.
⑤ 위치제어를 할 때 **각도 오차가 적고 누적되지 않는다.**
⑥ **유지보수가 용이**
[단점]
① 분해조립, 또는 정지위치가 한정된다.
② DC, AC서보에 비해 **효율이 나쁘다.**
③ 큰 관성부하에 적용하기는 부적합하다.
④ 마찰 부하의 경우 위치오차가 크다.(단, 오차가 누적되지는 않는다)
⑤ 오버슈트 및 진동의 문제가 있고 공진이 일어나면 전체 시스템이 불안정하게 될 수도 있다.
⑥ 대용량의 대용량기는 제작이 어렵다. **답** ④

문제 44 단상 반파의 정류 효율은?

① $\dfrac{4}{\pi^2} \times 100[\%]$
② $\dfrac{\pi^2}{4} \times 100[\%]$
③ $\dfrac{8}{\pi^2} \times 100[\%]$
④ $\dfrac{\pi^2}{8} \times 100[\%]$

풀이

$$\eta = \frac{P_{dc}}{P_{ac}} = \frac{(I_m/\pi)^2 R}{(I_m/2)^2 R} \times 100 = \frac{4}{\pi^2} \times 100 = 40.6[\%]$$ **답** ①

문제 45 변압기 1차측 사용 탭이 22900[V]인 경우 2차측 전압이 360[V]였다면 2차측 전압을 약 380[V]로 하기 위해서는 1차측의 탭을 몇 [V]로 선택해야 하는가?
① 20900
② 21900
③ 22900
④ 23900

풀이

$\dfrac{V_1}{V_2} = \dfrac{n_1}{n_2}$ 에서

1차 공급전압 $V_1 = \dfrac{n_1}{n_2} \times V_2 = \dfrac{22900}{n_2} \times 360 \text{[V]}$

1차 공급전압(V_1)이 일정한 상태에서 2차 전압을 380[V]로 상승시키기 위한 1차 측의 새로운 탭 전압 n_1'는

$V_1 = \dfrac{n_1'}{n_2} \times V_2' = \dfrac{n_1'}{n_2} \times 380 = \dfrac{22900}{n_2} \times 360$

$\therefore n_1' = \dfrac{360}{380} \times 22900 = 21694.74\text{[V]}$ 로 하여야 한다.

답 ②

별해

변압기 1차측 전압이 일정한 경우 2차측 전압을 승압하려면, 1차측 탭전압을 낮추어 권수를 줄여야 한다.
따라서, 2차측 전압을 380[V]으로 승압하려면,

$V_T' = \dfrac{360}{380} \times 22900 = 21694.73\text{[V]}$

문제 46 동기 발전기에서 전기자 권선과 계자권선이 모두 고정되고 유도자가 회전하는 것은?

① 수차 발전기　　　② 고주파 발전기
③ 터빈 발전기　　　④ 엔진 발전기

풀이

유도자형 : 계자극과 전기자를 함께 고정시키고 그 중앙에 유도자라고 하는 권선이 없는 회전자를 갖춘 것으로 주로 수백~수만[Hz] 정도의 **고주파 발전기**로 쓰인다.　답 ②

문제 47 동기 리액턴스 $x_s = 10[\Omega]$, 전기자 저항 $r_a = 0.1[\Omega]$인 Y결선 3상 동기 발전기가 있다. 1상의 단자전압은 $V = 4000\text{[V]}$이고 유기 기전력 $E = 6400\text{[V]}$이다. 부하각 $\delta = 30°$라고 하면 발전기의 3상 출력 [kW]은 약 얼마인가?

① 1250　　　② 2830
③ 3840　　　④ 4650

풀이

3상 출력 $P = \dfrac{3EV}{x_s} \sin\delta \text{[W]}$에서

$P = \dfrac{3 \times 6400 \times 4000}{10} \times \sin 30° \times 10^{-3} = 3840\text{[kW]}$　답 ③

문제 48 전력 변환 기기가 아닌 것은?

① 변압기　　　② 정류기
③ 유도전동기　　　④ 인버터

풀이

- 변압기 : 고전압을 저전압으로 또는 저전압을 고전압으로 변성
- 정류기 : 교류를 직류로 변환
- **유도 전동기 : 전기적 에너지를 운동에너지로 변환**
- 인버터 : 직류를 교류로 변환　답 ③

문제 49 동기기의 회전자에 의한 분류가 아닌 것은?

① 원통형　　　② 유도자형
③ 회전계자형　　　④ 회전전기자형

풀이

동기 발전기의 **회전자에 의한 분류**
① **유도자형** : 계자극과 전기자를 함께 고정시키고 그 중앙에 유도자라고 하는 권선이 없는 회전자를 갖춘 것으로 수백~수만 [Hz] 정도의 고주파 발전기로 사용된다.
② **회전 계자형** : 전기자를 고정자로 하고 계자극을 회전자로 한 것으로 일반적으로 거의 대부분 회전 계자형을 사용한다.
③ **회전 전기자형** : 계자극을 고정자로 한 것으로 특수용도 및 극히 소용량에 적용　답 ①

문제 50 정격속도 1732[rpm]의 직류직권전동기의 부하토크가 $\dfrac{3}{4}$으로 되었을 때의 속도는 약 몇 [rpm]인가? (단, 자기 포화는 무시한다.)

① 1155　　　② 1550
③ 1750　　　④ 2000

풀이

- 직권 전동기의 속도 $n = K\dfrac{V}{\phi}$에서 $n \propto \dfrac{1}{\phi} \propto \dfrac{1}{I_a}$

  (직권전동기에서 $I = I_a = I_f \propto \phi$ 이므로)

- 토크 $T = K\phi I_a$ 에서 자기포화를 무시하면 $I_a = I_f \propto \phi$ 이므로 $T = K I_a^2$가 된다.

- 직류직권전동기는 $T \propto I_a^2 \propto \dfrac{1}{n^2}$이므로

  $\dfrac{T_1}{T_2} = \dfrac{n_2^2}{n_1^2} \rightarrow \dfrac{T_1}{\frac{3}{4}T_1} = \dfrac{n_2^2}{1732^2}$

$$\therefore n_2 = \sqrt{\frac{4}{3} \times 1732^2} \fallingdotseq 2000[\text{rpm}]$$ **답** ④

문제 51 그림은 단상 직권 정류자 전동기의 개념도이다. C를 무엇이라고 하는가?

① 제어권선
② 보상권선
③ 보극권선
④ 단층권선

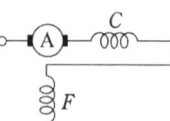

풀이

A : 전기자 C : **보상권선** F : 계자권선   **답** ②

문제 52 정류회로에서 평활회로를 사용하는 이유는?

① 출력전압의 맥류분을 감소시키기 위해
② 출력전압의 크기를 증가시키기 위해
③ 정류전압의 직류분을 감소시키기 위해
④ 정류전압을 2배로 하기 위해

풀이

평활회로 : 정류기의 출력 전압 중에 포함되는 **맥류분을 감소**시키기 위하여 사용되는 저역 필터로서 콘덴서와 저주파 초크 코일 또는 저항으로 구성된다.   **답** ①

문제 53 이상적인 변압기의 무부하에서 위상관계로 옳은 것은?

① 자속과 여자전류는 동위상이다.
② 자속은 인가전압 보다 90° 앞선다.
③ 인가전압은 1차 유기기전력 보다 90° 앞선다.
④ 1차 유기기전력과 2차 유기기전력의 위상은 반대이다.

풀이

① **자속과 여자전류는 동상**이다.
② 자속은 인가전압 보다 90° 뒤진다.
③ 인가전압은 1차 유기기전력 보다 180° 앞선다.
④ 1차 유기기전력과 2차 유기기전력은 동상이다.   **답** ①

문제 54 3000[V], 60[Hz], 8극, 100[kW] 3상 유도전동기의 전부하 2차 동손이 3[kW], 기계손이 2[kW]라면 전부하 회전수는?

① 약 986[rpm]
② 약 967[rpm]
③ 약 896[rpm]
④ 약 874[rpm]

풀이

2차 입력 $P_2 = P + P_m + P_{c2} = 100 + 2.0 + 3.0 = 105[\text{kW}]$

슬립 $s = \dfrac{P_{c2}}{P_2} = \dfrac{3.0}{105} = \dfrac{1}{35}$

$\therefore N = (1-s)N_s = \left(1 - \dfrac{1}{35}\right) \times \dfrac{120 \times 60}{8} = 874[\text{rpm}]$ **답** ④

문제 55 어떤 단상변압기의 2차 무부하 전압이 240[V] 이고, 정격 부하시의 2차 단자 전압이 230[V] 이다. 전압 변동률은 약 몇 [%]인가?

① 4.35
② 5.15
③ 6.65
④ 7.35

풀이

전압 변동률 $\epsilon = \dfrac{V_{2o} - V_{2n}}{V_{2n}} \times 100$

V_{2o} : 무부하시 2차 단자전압
V_{2n} : 정격부하시 2차 단자전압

$\therefore \epsilon = \dfrac{240 - 230}{230} \times 100 = \dfrac{10}{230} \times 100 = 4.35[\%]$ **답** ①

문제 56 3상 유도전동기의 슬립이 s일 때 2차 효율 [%]은?

① $(1-s) \times 100$
② $(2-s) \times 100$
③ $(3-s) \times 100$
④ $(4-s) \times 100$

풀이

2차 효율 $\eta_2 = \dfrac{\text{기계적출력}}{\text{2차입력}} \times 100 = \dfrac{P_0}{P_2} \times 100$

$\qquad = \dfrac{P_2(1-s)}{P_2} \times 100 = (1-s) \times 100[\%]$ **답** ①

문제 57 직류발전기의 단자전압을 조정하려면 어느 것을 조정하여야 하는가?

① 기동저항
② 계자저항
③ 방전저항
④ 전기자저항

풀이

유기기전력 $E = p\phi n \dfrac{Z}{a}$[V]에서

p, a, Z는 발전기 제작 시 이미 결정되어 운전 시 고정된 값이다. 따라서, 단자 **전압을 조정하려면** 회전수 n 또는 자속 ϕ를 조정 하여야 하나 일반적으로 회전수는 일정하게 유지하고 **계자 저항을 가감함으로 자속 ϕ를 조정**한다.

답 ②

문제 58 슬롯수 32, 코일 변수 64, 극수 4극인 1구 단중 중권기를 같은 극수의 2구 2중 파권기로 변경하면 단자 전압은 약 몇 배가 되는가?

① 0.5 ② 1 ③ 1.5 ④ 2

풀이

• $E = p\phi n \dfrac{Z}{a}$[V]에서 권선법 외의 나머지 조건이 일정하므로 $E \propto \dfrac{1}{a}$이다.

• 단중 중권기의 병렬회로수 $a' = p = 4$
  2중 파권기의 병렬회로수 $a'' = 2m = 2 \times 2 = 4$

따라서 단중 중권기를 2중 파권기로 변경하여도 모든 조건이 동일하므로 단자 전압은 서로 같다(1배).

답 ②

문제 59 4극 60 [Hz]의 3상 유도 전동기에서 1 [kW]의 동기와트에 대한 토크는 몇 [N·m]인가?

① 0.53 ② 0.54
③ 5.31 ④ 5.41

풀이

동기 와트는 동기 각속도로 회전시 2차 입력을 토크로 표시한 것이므로

$P_2 = 2\pi n_s T$[W]

동기속도 $n_s = \dfrac{2f}{p} = \dfrac{2 \times 60}{4} = 30$ [rps]

$\therefore T = \dfrac{P_2}{2\pi n_s} = \dfrac{1000}{2\pi \times 30} = 5.31$[N·m]

답 ③

문제 60 1차 전압 6600[V], 2차 전압 220[V], 주파수 60 [Hz], 1차 권수 1000회의 변압기가 있다. 최대 자속은 약 몇 [Wb]인가?

① 0.020 ② 0.025
③ 0.030 ④ 0.032

풀이

최대 자속 $\phi_m = \dfrac{E_1}{4.44 f N_1} = \dfrac{6600}{4.44 \times 60 \times 1000}$
$= 0.025$[Wb]

답 ②

제4과목 회로이론 및 제어공학

문제 61 두 코일 A, B의 저항과 리액턴스가 각각 A 코일은 3[Ω], 4[Ω]이고, B코일은 5[Ω], 2[Ω]일 때 두 코일을 직렬로 접속하여 100[V]의 전압을 인가하였다면, 회로에 흐르는 전류는 몇 [A] 인가?

① $10\angle -37°$ ② $10\angle 37°$
③ $10\angle -53°$ ④ $10\angle 53°$

풀이

A코일의 임피던스 $Z_A = 3 + j4$[Ω]
B코일의 임피던스 $Z_B = 5 + j2$[Ω]
A, B코일의 합성 임피던스

$Z_{AB} = 8 + j6 = \sqrt{8^2 + 6^2} \angle \tan^{-1}\dfrac{6}{8} = 10\angle 37°$[Ω]

따라서 회로에 흐르는 전류

$I = \dfrac{V}{Z_{AB}} = \dfrac{100}{10\angle 37°} = 10\angle -37°$[A]

답 ①

문제 62 그림과 같은 $R - C$ 병렬회로에서 전원전압이 $e(t) = 3e^{-5t}$인 경우 이 회로의 임피던스는?

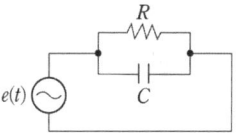

① $\dfrac{j\omega RC}{1 + j\omega RC}$ ② $\dfrac{R}{1 - 5RC}$

③ $\dfrac{R}{1 + RCs}$ ④ $\dfrac{1 + j\omega RC}{R}$

풀이

• 임피던스 $Z = \dfrac{R \cdot \dfrac{1}{j\omega C}}{R + \dfrac{1}{j\omega C}} = \dfrac{R}{1 + j\omega CR}$

- $e(t) = 3e^{-5t}$ 에서 $j\omega = -5$

$(\because e = r(\cos\theta + j\sin\theta) = re^{j\theta} = re^{j\omega t})$

$\therefore Z = \dfrac{R}{1 + j\omega CR} = \dfrac{R}{1 - 5CR}[\Omega]$ **답** ②

문제 63 선간 전압이 V_{ab}[V]인 3상 평형 전원에 대칭 부하 $R[\Omega]$이 그림과 같이 접속되어 있을 때, a, b 두 상간에 접속된 전력계의 지시 값이 W[W]라면 c 상 전류의 크기 [A]는?

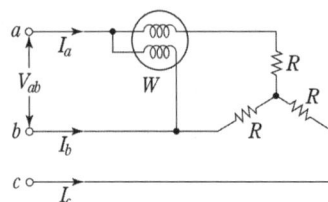

① $\dfrac{W}{3 V_{ab}}$ ② $\dfrac{2 W}{3 V_{ab}}$

③ $\dfrac{2 W}{\sqrt{3} V_{ab}}$ ④ $\dfrac{\sqrt{3} W}{V_{ab}}$

풀이

부하가 $R(\cos\theta = 1)$인 평형 3상회로에서 각 선간의 전력은 같으므로 한 대의 전력계의 지시값이 W[W]인 경우 유효 전력 P와 선전류 I는 다음과 같다.

- $P = 2W$[W] ・ $I = \dfrac{2W}{\sqrt{3} V_{ab}}$[A]

$(\because P = 2W = \sqrt{3} VI,$ 3상 평형이므로

$V_{ab} = V_{bc} = V_{ca} = V,$ $I_a = I_b = I_c = I)$ **답** ③

문제 64 라플라스 변환과 z변환이 같은 함수는?

① $\delta(t)$ ② $u(t)$

③ t ④ e^{-at}

풀이

$f(t)$	$F(s)$	$F(z)$
$\delta(t)$	1	1
$u(t)$	$\dfrac{1}{s}$	$\dfrac{z}{z-1}$
t	$\dfrac{1}{s^2}$	$\dfrac{Tz}{(z-1)^2}$
e^{-at}	$\dfrac{1}{s+a}$	$\dfrac{z}{z-e^{-aT}}$

답 ①

문제 65 다음 왜형파 전류의 왜형률은 약 얼마인가?

$$i = 30\sin\omega t + 10\cos 3\omega t + 5\sin 5\omega t[A]$$

① 0.46 ② 0.26

③ 0.53 ④ 0.37

풀이

왜형률 $= \dfrac{\text{전 고조파 실효값}}{\text{기본파 실효값}}$

$= \dfrac{\sqrt{I_3^2 + I_5^2}}{I_1} = \dfrac{\sqrt{(10/\sqrt{2})^2 + (5/\sqrt{2})^2}}{30/\sqrt{2}}$

$= 0.373$ **답** ④

문제 66 그림과 같은 직류회로에서 저항 $R[\Omega]$의 값은?

① 10 ② 20 ③ 30 ④ 40

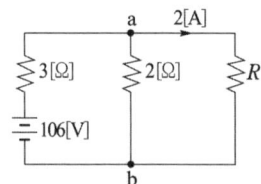

풀이

전압원을 전류원으로 등가변환하면

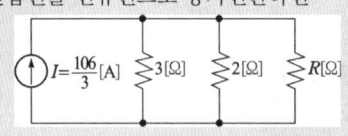

$2[\Omega]$ 저항과 $3[\Omega]$ 저항의 병렬 합성저항 $= \dfrac{3 \times 2}{2 + 3} = 1.2[\Omega]$

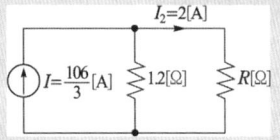

전류 분배 법칙에 의해

$I_2 = \dfrac{1.2}{1.2 + R} I = \dfrac{1.2}{1.2 + R} \times \dfrac{106}{3} = 2[A]$

$\therefore R = \dfrac{1.2}{2} \times \dfrac{106}{3} - 1.2 = 20[\Omega]$ **답** ②

문제 67 기전력 E, 내부저항 r인 전원으로부터 부하저항 R_L에 최대 전력을 공급하기 위한 조건과 그때의 최대전력 P_m은?

① $R_L = r$, $P_m = \dfrac{E^2}{4r}$

② $R_L = r$, $P_m = \dfrac{E^2}{3r}$

③ $R_L = 2r$, $P_m = \dfrac{E^2}{4r}$

④ $R_L = 2r$, $P_m = \dfrac{E^2}{3r}$

풀이

① 최대 전력 전송 조건 : r(내부저항) $= R_L$(부하저항)

② 최대전력 $P_m = I^2 R_L = \left(\dfrac{E}{r + R_L} \right)^2 R_L = \dfrac{E^2}{4r}$ [W]

  ($\because$ $r = R_L$) **답** ①

문제 68 RL 직렬회로에서 $R = 20[\Omega]$, $L = 40$ [mH]일 때, 이 회로의 시정수[sec]는?

① 2×10^3 ② 2×10^{-3}

③ $\dfrac{1}{2} \times 10^3$ ④ $\dfrac{1}{2} \times 10^{-3}$

풀이

$R{-}L$ 직렬 회로에서 시정수 $\tau = \dfrac{L}{R}$[s]에서

$\tau = \dfrac{L}{R} = \dfrac{40 \times 10^{-3}}{20} = 2 \times 10^{-3}$[sec] **답** ②

문제 69 위상정수가 $\dfrac{\pi}{8}$[rad/m]인 선로의 1[MHz]에 대한 전파 속도는 몇 [m/s]인가?

① 1.6×10^7 ② 3.2×10^7

③ 5.0×10^7 ④ 8.0×10^7

풀이

위상정수 β와 파장 λ 사이의 관계는 $\lambda \beta = 2\pi$ 이므로

$\therefore \lambda = \dfrac{2\pi}{\beta}$

전파속도 v는

$v = f\lambda = \dfrac{2\pi f}{\beta} = \dfrac{2\pi \times 1 \times 10^6}{\pi / 8} = 1.6 \times 10^7 [m/s]$ **답** ①

문제 70 4단자 정수 A, B, C, D로 출력측을 개방시켰을 때 입력측에서 본 구동점 임피던스 $Z_{11} = \dfrac{V_1}{I_1} \bigg|_{I_2 = 0}$ 를 표시한 것 중 옳은 것은?

① $Z_{11} = \dfrac{A}{C}$ ② $Z_{11} = \dfrac{B}{D}$

③ $Z_{11} = \dfrac{A}{B}$ ④ $Z_{11} = \dfrac{B}{C}$

풀이

$V_1 = AV_2 + BI_2$, $I_1 = CV_2 + DI_2$ 에서

출력 측을 개방했으므로 $I_2 = 0$

$\therefore V_1 = AV_2$, $I_1 = CV_2$

$\dfrac{V_1}{I_1} = \dfrac{AV_2}{CV_2} = \dfrac{A}{C} = Z_{11}$ **답** ①

문제 71 대칭 3상 전압이 공급되는 3상 유도 전동기에서 각 계기의 지시는 다음과 같다. 유도전동기의 역률은 약 얼마인가?

| 전력계 (W₁) : 2.84[kW] | 전력계 (W₂) : 6.00[kW] |
| 전압계 (V) : 200[V] | 전류계(A) : 30[A] |

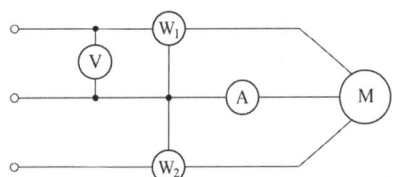

① 0.70 ② 0.75

③ 0.80 ④ 0.85

풀이

2전력계법

• 유효전력 $P = W_1 + W_2$

• 피상전력 $P_a = 2\sqrt{W_1^2 + W_2^2 - W_1 W_2}$

따라서 역률 $\cos\theta = \dfrac{W_1 + W_2}{2\sqrt{W_1^2 + W_2^2 - W_1 W_2}}$

$= \dfrac{2.84 + 6.00}{2\sqrt{2.84^2 + 6.00^2 - 2.84 \times 6.00}}$

$= 0.85$ **답** ④

유효전력 $P = W_1 + W_2 = 2.84 + 6.00 = 8.84 [\text{kW}]$

피상전력 $P_a = \sqrt{3}\, VI = \sqrt{3} \times 200 \times 30 \times 10^{-3}$

$\qquad\qquad = 10.39 [\text{kVA}]$

따라서 역률 $\cos\theta = \dfrac{P}{P_a} = \dfrac{8.84}{10.39} = 0.85$

문제 72 그림의 블록선도에 대한 전달함수 $\dfrac{C}{R}$ 는?

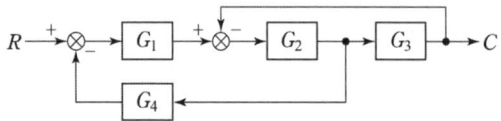

① $\dfrac{G_1 G_2 G_3}{1 + G_1 G_2 + G_1 G_2 G_4}$

② $\dfrac{G_1 G_2 G_4}{1 + G_1 G_2 + G_1 G_2 G_3}$

③ $\dfrac{G_1 G_2 G_3}{1 + G_2 G_3 + G_1 G_2 G_4}$

④ $\dfrac{G_1 G_2 G_4}{1 + G_2 G_3 + G_1 G_2 G_3}$

풀이

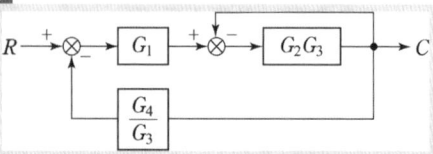

G_3 앞의 인출점을 요소 뒤로 이동하면 그림과 같은 블록선도로 나타낼 수 있다.

$\left\{ \left(R - C \dfrac{G_4}{G_3} \right) G_1 - C \right\} G_2 G_3 = C$

$R G_1 G_2 G_3 - C G_1 G_2 G_4 - C(G_2 G_3) = C$

$R G_1 G_2 G_3 = C(1 + G_2 G_3 + G_1 G_2 G_4)$

$\therefore G(s) = \dfrac{C}{R} = \dfrac{G_1 G_2 G_3}{1 + G_2 G_3 + G_1 G_2 G_4}$ **답** ③

문제 73 다음 회로는 무엇을 나타낸 것인가?

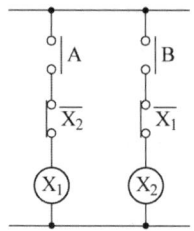

① 자기유지회로   ② 단안정회로

③ 인터록회로   ④ 순차제어회로

풀이

인터록 회로 : 둘 이상의 출력이 동시에 생기지 않도록 하는 회로 **답** ③

문제 74 보상기 $G_c(s) = \dfrac{1 + \alpha T s}{1 + T s}$ 가 진상 보상기가 되기 위한 조건은?

① $\alpha = 0$ ② $\alpha = 1$

③ $\alpha < 1$ ④ $\alpha > 1$

풀이

$G_c(s) = \dfrac{\alpha \left(s + \dfrac{1}{\alpha T} \right)}{s + \dfrac{1}{T}}$: 진상 보상기 조건

$\dfrac{1}{\alpha T} < \dfrac{1}{T}$ 이어야 하므로 $\alpha > 1$ 이어야 한다. **답** ④

문제 75 단위 부궤환 제어시스템의 루프전달함수 $G(s)H(s)$ 가 다음과 같이 주어져 있다. 이득여유가 20[dB]이면 이 때의 K 의 값은?

$$G(s)H(s) = \dfrac{K}{(s+1)(s+3)}$$

① $\dfrac{3}{10}$ ② $\dfrac{3}{20}$ ③ $\dfrac{1}{20}$ ④ $\dfrac{1}{40}$

풀이

$G(j\omega)H(j\omega) = \dfrac{K}{(j\omega+1)(j\omega+3)} = \dfrac{K}{(3-\omega^2) + j4\omega}$

위 식의 허수부를 0으로 놓으면, $4\omega = 0 \;\rightarrow\; \omega = 0 [\text{rad/s}]$

$\left| G(j\omega)H(j\omega) \right|_{\omega=0} = \left| \dfrac{K}{3-\omega^2} \right|_{\omega=0} = \dfrac{K}{3} \quad (\omega = 0)$

이득 여유 $20\log\left|\dfrac{1}{GH}\right| = 20\,[\text{dB}]$ 이므로

$|GH| = \dfrac{1}{10} = \dfrac{K}{3}$ $\therefore K = \dfrac{3}{10}$ **답 ①**

문제 76 다음과 같은 시스템에 단위계단입력 신호가 가해졌을 때 지연시간에 가장 가까운 값[sec]은?

$$\frac{C(s)}{R(s)} = \frac{1}{s+1}$$

① 0.5 ② 0.7 ③ 0.9 ④ 1.2

풀이

$G(s) = \dfrac{C(s)}{R(s)} = \dfrac{1}{s+1}$ 에서 입력에 단위 계단 $u(t)$,

즉 $R(s) = \dfrac{1}{s}$ 일 때의 응답

$C(s) = \dfrac{1}{s+1} \cdot R(s) = \dfrac{1}{s+1} \cdot \dfrac{1}{s} = \dfrac{1}{s(s+1)} = \dfrac{1}{s} - \dfrac{1}{s+1}$

$\therefore C(t) = 1 - e^{-t}$

출력의 최종값 $\lim_{t\to\infty} C(t) = 1$ 이 된다.

따라서, 지연시간 T_d는 최종값의 50 [%]에 도달하는데 소요되는 시간이므로

$0.5 = 1 - e_d^{-T}$, $e^{-T_d} = \dfrac{1}{e^{T_d}} = 0.5$ 에서 $e^{T_d} = 2$

$\therefore T_d = \log_e 2 = 0.693 \fallingdotseq 0.7[\text{sec}]$ **답 ②**

문제 77 주파수 특성의 정수 중 대역폭이 좁으면 좁을수록 이때의 응답속도는 어떻게 되는가?

① 빨라진다.
② 늘어진다.
③ 빨라졌다 늘어진다.
④ 늘어졌다 빨라진다.

풀이

대역폭은 크기가 $0.707 M_0$ 또는 $(20\log M_0 - 3)[\text{dB}]$ 에서의 주파수로 정의한다. **대역폭이 넓으면 넓을수록 응답 속도가 빠르고, 좁으면 좁을수록 응답속도는 늘어진다.** 여기서, M_0는 영 주파수에서의 이득이다. **답 ②**

문제 78 $\mathcal{L}^{-1}\left[\dfrac{1}{s^2 + 2s + 5}\right]$의 값은?

① $e^{-t}\sin 2t$ ② $e^{-t}\sin t$

③ $\dfrac{1}{2}e^{-t}\sin 2t$ ④ $\dfrac{1}{2}e^{-t}\sin t$

풀이

$F(s) = \dfrac{1}{s^2 + 2s + 5} = \dfrac{1}{s^2 + 2s + 1 + 4}$

$= \dfrac{1}{2} \cdot \dfrac{2}{(s+1)^2 + 2^2}$ 이므로

$\therefore f(t) = \dfrac{1}{2}e^{-t}\sin 2t$ 가 된다. **답 ③**

문제 79 다음 중 $G(s)H(s) = \dfrac{K}{Ts+1}$일 때 이 계통은 어떤 형인가?

① 0형 ② 1형
③ 2형 ④ 3형

풀이

시스템의 형 $\lim_{s\to 0} G(s)H(s) = \dfrac{K}{s^l}$ 에서

• 0형의 제어 시스템 : $l = 0$인 제어 시스템
• 1형의 제어 시스템 : $l = 1$인 제어 시스템
• 2형의 제어 시스템 : $l = 2$인 제어 시스템

따라서 $\lim_{s\to 0} G(s)H(s) = \lim_{s\to 0} \dfrac{K}{Ts+1} = K$ 이므로 $l = 0$인 제어 시스템으로 0형이다. **답 ①**

문제 80 어느 시퀀스 제어시스템의 내부 상태가 9가지로 바뀐다면 이를 설계할 때 필요한 플립플롭의 최소 개수는?

① 3 ② 4
③ 5 ④ 9

풀이

플립플롭은 $2^n - 1$가지를 식별할 수 있으므로, 9가지의 경우라면 최소 4개의 플립플롭 $(2^4 - 1 = 15)$이 있어야 한다. **답 ②**

제5과목 전기설비 기술기준

문제 81 중성선 다중 접지식의 것으로 전로에 지기가 생겼을 때에 2초 이내에 자동적으로 이를 전로로부터 차단하는 장치가 되어 있는 22.9 [kV] 가공전선로를 상부 조영재의 위쪽에서 접근상태로 시설하는 경우, 가공전선과 건조물과의 최소 이격거리는 몇 [m]인가? 단, 전선으로는 나전선을 사용한다고 한다.

① 1.2 ② 2 ③ 2.5 ④ 3

풀이

333.32 25[kV] 이하인 특고압 가공전선로의 시설
사용전압이 15[kV]를 초과하고 25[kV] 이하인 특고압 가공전선로(중성선 다중접지식의 것으로서 전로에 지락이 생겼을 때에 2초 이내에 자동적으로 이를 전로로부터 차단하는 장치가 되어 있는 것에 한한다)가 건조물과 접근하는 경우에 특고압 가공전선과 건조물의 조영재 사이의 이격거리는 표 에서 정한 값 이상일 것.

건조물의 조영재	접근 형태	전선의 종류	이격거리
상부 조영재	위쪽	나전선	3.0[m]
		특고압 절연전선	2.5[m]
		케이블	1.2[m]
	옆쪽 또는 아래쪽	나전선	1.5[m]
		특고압 절연전선	1.0[m]
		케이블	0.5[m]
기타의 조영재		나전선	1.5[m]
		특고압 절연전선	1.0[m]
		케이블	0.5[m]

답 ④

문제 82 전기울타리의 접지전극과 다른 접지 계통의 접지전극의 거리는 몇 [m] 이상이어야 하는가?

① 1 ② 2 ③ 3 ④ 4

풀이

241.1.7 접지
1. 전기울타리 전원장치의 외함 및 변압기의 철심은 규정에 준하여 접지공사를 하여야 한다.
2. 전기울타리의 **접지전극과 다른 접지 계통의 접지전극의 거리는 2[m] 이상**이어야 한다. 다만, 충분한 접지망을 가진 경우에는 그러하지 아니한다.

3. 가공전선로의 아래를 통과하는 전기울타리의 금속부분은 교차지점의 양쪽으로부터 5[m] 이상의 간격을 두고 접지하여야 한다.

답 ②

문제 83 저압 옥상전선로에 시설하는 전선은 지름 몇 [mm]의 경동선 또는 이와 동등 이상의 세기 및 굵기의 것이어야 하는가?

① 1.6 ② 2.0 ③ 2.6 ④ 3.2

풀이

221.3 옥상전선로
전선은 인장강도 2.30[kN] 이상의 것 또는 **지름 2.6[mm] 이상의 경동선**을 사용할 것.

답 ③

문제 84 변압기 1차측 3300[V], 2차측 220[V]의 변압기 전로의 절연내력시험 전압은 각각 몇 [V]에서 10분간 견디어야 하는가?

① 1차측 4950 [V], 2차측 500 [V]
② 1차측 4500 [V], 2차측 400 [V]
③ 1차측 4125 [V], 2차측 500 [V]
④ 1차측 3300 [V], 2차측 400 [V]

풀이

135 변압기 전로의 절연내력

권선의 종류 (최대사용전압)	접지방식	시험 전압 (최대사용전압의 배수)	최저 시험전압
1. 7[kV] 이하		1.5배	500[V]
	다중접지	0.92배	500[V]
2. 7[kV] 초과 25[kV] 이하	다중접지	0.92배	
3. 7[kV] 초과 60[kV] 이하 (2란의 것 제외)		1.25배	10.5[kV]
4. 60[kV] 초과 (8란의 것 제외)	비접지	1.25	
5. 60[kV] 초과 (6란 및 8란의 것 제외)	접지식	1.1배	75[kV]
6. 60[kV] 초과	직접접지	0.72배	
7. 170[kV] 초과	직접접지	0.64배	

즉, 1차 측 시험전압 $V_1 = 3300 \times 1.5 = 4950[V]$
2차 측 시험전압 $V_2 = 220 \times 1.5 = 330[V]$

이나 **최저시험전압이 500[V]** 이므로 2차 측 시험전압은 500 [V]가 되어야 한다.

답 ①

문제 85 특고압 가공전선로 중 지지물로서 직선형의 철탑을 연속하여 10기 이상 사용하는 부분에는 몇 기 이하마다 내장 애자장치가 되어 있는 철탑 또는 이와 동등이상의 강도를 가지는 철탑 1기를 시설하여야 하는가?

① 3 　　② 5 　　③ 7 　　④ 10

풀이

333.16 특고압 가공전선로의 내장형 등의 지지물 시설
특고압 가공전선로 중 지지물로서 직선형의 철탑을 연속하여 10기 이상 사용하는 부분에는 **10기 이하마다 장력에 견디는 애자장치가 되어 있는 철탑** 또는 이와 동등 이상의 강도를 가지는 철탑 1기를 시설하여야 한다.　　**답** ④

문제 86 가공전선로의 지지물에 취급자가 오르고 내리는데 사용하는 발판 볼트 등은 지표상 몇 [m] 미만에 시설하여서는 아니 되는가?

① 1.2 　　② 1.5 　　③ 1.8 　　④ 2.0

풀이

331.4 가공전선로 지지물의 철탑오름 및 전주오름 방지
가공전선로의 지지물에 취급자가 오르고 내리는데 사용하는 발판 볼트 등을 지표상 **1.8[m]** 미만에 시설하여서는 아니 된다.　　**답** ③

문제 87 전광표시 장치에 사용하는 저압 옥내배선을 금속관공사로 시설할 경우 연동선의 단면적은 몇 [mm²] 이상 사용하여야 하는가?

① 0.75 　　② 1.25 　　③ 1.5 　　④ 2.5

풀이

231.3.1 저압 옥내배선의 사용전선
가. 저압 옥내배선의 전선 : 단면적 2.5[mm²] 이상의 연동선
나. 옥내배선의 사용 전압이 400 [V] 이하인 경우는 다음에 의하여 시설할 수 있다.
　① **전광표시 장치** 또는 제어 회로
　　• **단면적 1.5[mm²] 이상의 연동선**
　　• 단면적 0.75[mm²] 이상인 다심케이블 또는 다심 캡타이어 케이블을 사용하고 또한 과전류가 생겼을 때에 자동적으로 전로에서 차단하는 장치를 시설
　② 진열장 또는 이와 유사한 것의 내부 배선 : 단면적 0.75[mm²] 이상인 코드 또는 캡타이어케이블　　**답** ③

문제 88 진열장 내의 배선에 사용전압 400[V] 이하에 사용하는 캡타이어 케이블의 단면적은 최소 몇 [mm²]인가?

① 1.25 　　② 1.0 　　③ 0.75 　　④ 0.5

풀이

234.8 진열장 또는 이와 유사한 것의 내부 배선
가. 사용전압 : 400[V] 이하
나. **전선의 굵기 : 단면적 0.75[mm²] 이상**
다. 전선의 종류 : 코드 또는 캡타이어 케이블　　**답** ③

문제 89 전기욕기에 전기를 공급하는 전원 장치는 전기욕기용으로 내장되어 있는 2차측 전로의 사용전압을 몇 [V] 이하로 한정하고 있는가?

① 6 　　② 10 　　③ 12 　　④ 15

풀이

241.2 전기욕기
전기욕기에 전기를 공급하기 위한 전기욕기용 전원장치(내장되는 전원 **변압기의 2차측 전로의 사용전압이 10[V] 이하**의 것에 한한다)는 안전기준에 적합하여야 한다.　　**답** ②

문제 90 가공 전선로의 지지물에 지선을 시설하려고 한다. 이 지선의 기준으로 옳은 것은?

① 소선 지름 : 2.0[mm], 안전율 : 2.5, 허용 인장하중 : 2.11[kN]
② 소선 지름 : 2.6[mm], 안전율 : 2.5, 허용 인장하중 : 4.31[kN]
③ 소선 지름 : 1.6[mm], 안전율 : 2.0, 허용 인장하중 : 4.31[kN]
④ 소선 지름 : 2.6[mm], 안전율 : 1.5, 허용 인장하중 : 3.21[kN]

풀이

331.11 지선의 시설
가. 가공전선로의 지지물로 사용하는 철탑은 지선을 사용하여 그 강도를 분담시켜서는 안 된다.
나. 지선의 **안전율은 2.5 이상**일 것. 이 경우에 **허용 인장하중의 최저는 4.31 [kN]**으로 한다.
다. 지선에 연선을 사용할 경우에는 다음에 의할 것.
　① 소선 3가닥 이상의 연선일 것.
　② 소선의 **지름이 2.6[mm] 이상의 금속선**을 사용한 것일 것.　　**답** ②

문제 91 회로의 전원 측에 설치된 1개의 보호장치에 의한 단락보호가 효과적이지 못하다면, 병렬도체가 3가닥 이상인 경우 단락보호장치는 어디에 설치하여야 하는가?

① 각 병렬도체의 전원 측
② 각 병렬도체의 부하 측
③ 각 병렬도체의 전원 측과 부하측
④ 회로의 부하측

풀이

212.5.4 병렬도체의 단락보호

1. 여러 개의 병렬도체를 사용하는 회로의 전원 측에 1개의 단락보호장치가 설치되어있는 조건에서, 어느 하나의 도체에서 발생한 단락고장이라도 효과적인 동작이 보증되는 경우, 해당 보호장치 1개를 이용하여 그 병렬도체 전체의 단락보호장치로 사용할 수 있다.
2. 1개의 보호장치에 의한 단락보호가 효과적이지 못하면, 다음 중 1가지 이상의 조치를 취해야 한다.
   가. 배선은 기계적인 손상 보호와 같은 방법으로 병렬도체에서의 단락위험을 최소화할 수 있는 방법으로 설치하고, 화재 또는 인체에 대한 위험을 최소화 할 수 있는 방법으로 설치하여야 한다.
   나. 병렬도체가 2가닥인 경우 단락보호장치를 각 병렬도체의 전원측에 설치해야 한다.
   다. **병렬도체가 3가닥 이상인 경우** 단락보호장치는 **각 병렬도체의 전원 측과 부하 측에 설치**해야 한다. **답** ③

문제 92 특고압을 옥내에 시설하는 경우 그 사용전압의 최대한도는 몇 [kV] 이하인가? (단, 케이블 트레이공사는 제외)

① 25　　② 80　　③ 100　　④ 160

풀이

342.4 특고압 옥내 전기설비의 시설
특고압 옥내배선의 사용전압은 100[kV] 이하일 것. 다만, 케이블트레이공사에 의하여 시설하는 경우에는 35[kV] 이하일 것. **답** ③

문제 93 폭발성 또는 연소성의 가스가 침입할 우려가 있는 것에 시설하는 지중전선로의 지중함은 그 크기가 최소 몇 [m³] 이상인 경우에는 통풍장치 기타 가스를 방산시키기 위한 적당한 장치를 시설하여야 하는가?

① 1　　② 3　　③ 5　　④ 10

풀이

334.2 지중함의 시설
폭발성 또는 연소성의 가스가 침입할 우려가 있는 것에 시설하는 지중함으로서 그 **크기가 1 [m³] 이상**인 것에는 통풍장치 기타 가스를 방산시키기 위한 적당한 장치를 시설할 것. **답** ①

문제 94 철탑의 강도계산에 사용하는 이상 시 상정하중이 가하여지는 경우의 그 이상 시 상정 하중에 대한 철탑의 기초에 대한 안전율은 얼마 이상이어야 하는가?

① 1.2　　② 1.33　　③ 1.5　　④ 2

풀이

331.7 가공전선로 지지물의 기초의 안전율
가공전선로의 지지물에 하중이 가하여지는 경우에 그 하중을 받는 지지물의 기초의 안전율은 2(**이상 시 상정하중에 대한 철탑의 기초에 대하여는 1.33**) 이상이어야 한다. **답** ②

문제 95 주택용 배선용 차단기의 정격전류를 I_n 이라고 할 때, 순시트립에 따른 구분에서 순시트립범위가 $10I_n$ 초과 ~ $20I_n$ 이하인 것은 차단기 분류에서 어떤 형 인가?

① A형　　② B형　　③ C형　　④ D형

풀이

212.3.4 보호장치의 특성
순시트립에 따른 구분(주택용 배선용 차단기)

형	순시트립범위
B	$3I_n$ 초과 ~ $5I_n$ 이하
C	$5I_n$ 초과 ~ $10I_n$ 이하
D	$10I_n$ 초과 ~ $20I_n$ 이하

[비고] 1. B, C, D : 순시트립전류에 따른 차단기 분류
　　　 2. I_n : 차단기 정격전류 **답** ④

문제 96 전기저장장치를 전용건물 이외의 장소에 시설하는 경우로서 일반인이 출입하는 건물의 부속공간에 시설하는 (옥상에는 설치하지 않는 경우이다.) 경우 이차전지랙과 랙 사이는 몇 [m] 이상 이격하여

야 하는가?

① 0.8 ② 1 ③ 1.5 ④ 3

풀이

512.1.6 전용건물 이외의 장소에 시설하는 경우
전기저장장치를 일반인이 출입하는 건물의 부속공간에 시설(옥상에는 설치할 수 없다)하는 경우에는 다음에 따라 시설하여야 한다.

가. 전기저장장치 시설장소는 내화구조이어야 한다.

나. 이차전지모듈의 직렬 연결체의 용량은 50[kWh] 이하로 하고 건물 내 시설 가능한 이차전지의 총 용량은 600[kWh] 이하이어야 한다.

다. **이차전지랙과 랙 사이는 1[m] 이상 이격**하고, 랙과 벽면 사이는 전면부의 경우 1[m] 이상, 측면과 후면부의 경우 0.8[m] 이상 이격하여야 한다.

라. 이차전지실은 건물 내 다른 시설(수전설비, 가연물질 등)로부터 1.5[m] 이상 이격하고 각 실의 출입구나 피난계단 등 이와 유사한 장소로부터 3[m] 이상 이격하여야 한다.

마. 배선설비가 이차전지실 벽면을 관통하는 경우 관통부는 해당 구획부재의 내화성능을 저하시키지 않도록 충전(充塡)하여야 한다. **답** ②

문제 97 금속관공사에서 절연부싱을 사용하는 가장 주된 목적은?

① 관의 끝이 터지는 것을 방지

② 관내 해충 및 이물질 출입 방지

③ 관의 단구에서 조영재의 접촉 방지

④ 관의 단구에서 전선 피복의 손상 방지

풀이

232.12 금속관공사
관의 끝 부분에는 **전선의 피복을 손상하지 아니하도록** 적당한 구조의 **부싱을 사용**할 것. 다만, 금속관공사로부터 애자공사로 옮기는 경우에는 그 부분의 관의 끝부분에는 절연부싱 또는 이와 유사한 것을 사용하여야 한다. **답** ④

문제 98 접지 공사의 접지저항값을 $\frac{150}{I}$[Ω]으로

정하고 있는데, 이 때 I에 해당되는 것은?

① 변압기의 고압측 또는 특고압측 전로의 1선 지락전류의 암페어 수

② 변압기의 고압측 또는 특고압측 전로의 단락사고 시 고장전류의 암페어 수

③ 변압기의 1차측과 2차측의 혼촉에 의한 단락전류의 암페어 수

④ 변압기의 1차와 2차에 해당되는 전류의 합

풀이

142.5 변압기 중성점 접지
변압기의 중성점접지 저항 값은 다음에 의한다.

가. **변압기의 고압·특고압측 전로 1선 지락전류로 150을 나눈 값과 같은 저항 값 이하**

나. 사용전압이 35[kV] 이하의 특고압전로가 저압측 전로와 혼촉하고 저압전로의 대지전압이 150[V]를 초과하는 경우의 저항값은 다음에 의한다.

① 1초 초과 2초 이내에 고압·특고압 전로를 자동으로 차단하는 장치를 설치할 때는 300을 나눈 값 이하

② 1초 이내에 고압·특고압 전로를 자동으로 차단하는 장치를 설치할 때는 600을 나눈 값 이하 **답** ①

문제 99 전기부식방지시설에서 전원장치를 사용하는 경우 적합한 것은?

① 전기부식방지회로의 사용전압은 교류 60[V] 이하일 것

② 지중에 매설하는 양극(+)의 매설깊이는 50[cm] 이상일 것

③ 수중에 시설하는 양극(+)과 그 주위 1[m] 이내의 전위차는 10[V]를 넘지 말 것

④ 지표 또는 수중에서 1[m] 간격의 임의의 2점간의 전위차는 7[V]를 넘지 말 것

풀이

241.16 전기부식방지 시설

가. 전기부식방지용 전원장치에 전기를 공급하는 전로의 사용전압은 저압이어야 한다.

나. 전기부식방지용 변압기는 절연변압기 일 것

다. 전기부식방지 회로(전기부식방지용 전원장치로부터 양극 및 피방식체까지의 전로를 말한다.)의 **사용전압은 직류 60[V] 이하일 것.**

라. 지중에 매설하는 양극의 **매설깊이는 0.75[m] 이상일 것.**

마. **수중에 시설**하는 양극과 그 주위 1[m] 이내의 거리에 있는 임의 점과의 사이의 **전위차는 10[V]를 넘지 아니할 것.**

바. 지표 또는 수중에서 1[m] 간격의 임의의 2점간의 전위차가 5[V]를 넘지 아니할 것. **답** ③

문제 100 급전용변압기는 교류 전기철도의 경우 어떤 변압기의 적용을 원칙으로 하고, 급전계통에 적합하게 선정하여야 하는가?

① 3상 정류기용 변압기
② 단상 정류기용 변압기
③ 3상 스코트결선 변압기
④ 단상 스코트결선 변압기

풀이

421.4 변전소의 설비
1. 변전소 등의 계통을 구성하는 각종 기기는 운용 및 유지 보수성, 시공성, 내구성, 효율성, 친환경성, 안전성 및 경제성 등을 종합적으로 고려하여 선정하여야 한다.
2. **급전용 변압기는** 직류 전기철도의 경우 3상 정류기용 변압기, **교류 전기철도의 경우 3상 스코트결선 변압기의 적용을 원칙으로 하고,** 급전계통에 적합하게 선정하여야 한다. **답** ③

D60-1

2022년도 전기기사 필기

- 2022년도 제1회 전기기사
- 2022년도 제2회 전기기사
- 2022년도 제3회 전기기사 (CBT)

국가기술자격검정 필기시험 문제

2022년도 전기기사 일반검정 제1회

자격종목 및 등급(선택분야)	종목코드	시험시간	문제지형별	수검 번호	성 명
전기기사	1150	2시간 30분	A		

제1과목 전기자기학

문제 01 면적이 0.02[m²], 간격이 0.03[m]이고, 공기로 채워진 평행평판의 커패시터에 1.0×10^{-6}[C]의 전하를 충전시킬 때, 두 판 사이에 작용하는 힘의 크기는 약 몇 [N]인가?

① 1.13 ② 1.41 ③ 1.89 ④ 2.83

풀이

• 정전용량
$$C = \frac{\epsilon_0 S}{d} = \frac{8.855 \times 10^{-12} \times 0.02}{0.03} = 5.9 \times 10^{-12}[\text{F}]$$

• 전압 $V = \frac{Q}{C} = \frac{1.0 \times 10^{-6}}{5.9 \times 10^{-12}} = 0.17 \times 10^6[\text{V}]$

• 전계의 세기 $E = \frac{V}{d} = \frac{0.17 \times 10^6}{0.03} = 5.67 \times 10^6[\text{V/m}]$

• 정전응력(단위 면적당의 작용력)
$$f = \frac{1}{2}\epsilon_0 E^2 = \frac{1}{2} \times 8.855 \times 10^{-12} \times (5.67 \times 10^6)^2$$
$$= 142.34[\text{N/m}^2]$$

• 전 면적에 작용하는 힘
$$F = f \cdot S = 142.34 \times 0.02 = 2.85[\text{N}]$$

답 ④

문제 02 자극의 세기가 7.4×10^{-5}[Wb], 길이가 10[cm]인 막대자석이 100[AT/m]의 평등자계 내에 자계의 방향과 30°로 놓여 있을 때 이 자석에 작용하는 회전력[N·m]은?

① 2.5×10^{-3} ② 3.7×10^{-4}
③ 5.3×10^{-5} ④ 6.2×10^{-6}

풀이 회전력 $T = MH\sin\theta = mlH\sin\theta$
$$= 7.4 \times 10^{-5} \times 10 \times 10^{-2} \times 100 \times \sin 30°$$
$$= 3.7 \times 10^{-4}[\text{N}\cdot\text{m}]$$

답 ②

문제 03 유전율이 $\epsilon = 2\epsilon_0$이고 투자율이 μ_0인 비도전성 유전체에서 전자파의 전계의 세기가 $E(z,t) = 120\pi\cos(10^9 t - \beta z)\hat{y}$[V/m]일 때, 자계의 세기 H[A/m]는? (단, $\hat{x}$, $\hat{y}$는 단위벡터이다.)

① $-\sqrt{2}\cos(10^9 t - \beta z)\hat{x}$
② $\sqrt{2}\cos(10^9 t - \beta z)\hat{x}$
③ $-2\cos(10^9 t - \beta z)\hat{x}$
④ $2\cos(10^9 t - \beta z)\hat{x}$

풀이

※ **전자파의 성질은 전계 E와 자계 H는 서로 직교하고, 동위상이며, 진행 방향은 $E \times H$의 방향이다.** 주어진 전계의 순시값으로부터 전자파의 성질을 만족하는 자계의 방향과 크기를 구한다.

① 전자파의 진행 방향은 위상, 즉 $10^9 t - \beta z$에서 $+z$ 방향이고, $E \times H$도 $+z$방향으로 진행한다. 따라서 자계 H는 전계 E가 $\hat{y}$축이므로 $-\hat{x}$축이어야 하고, 자계 H의 위상은 전계 E와 동위상이므로 $10^9 t - \beta z$를 만족해야 한다.

② 전계와 자계의 관계에 의한 자계의 크기 H_x
$$\eta = \frac{E_y}{H_x} = \sqrt{\frac{\mu}{\epsilon}}$$ 의 관계에서
$$H_x = \sqrt{\frac{\epsilon}{\mu}} E_y = \sqrt{\frac{2\epsilon_0}{\mu_0}} \times 120\pi = \sqrt{2}\ [\text{A/m}]$$
$$\left(\because \eta_0 = \sqrt{\frac{\mu_0}{\epsilon_0}} = 120\pi \text{에서} \sqrt{\frac{\epsilon_0}{\mu_0}} = \frac{1}{120\pi}\right)$$

③ 위의 결과로부터 자계의 순시값은 다음과 같이 나타낼 수 있다.
$$H = -H_x\cos(\omega t - \beta z)\hat{x} = -\sqrt{2}\cos(10^9 t - \beta z)\hat{x}$$

답 ①

문제 04 자기회로에서 전기회로의 도전율 $\sigma[\mho/m]$에 대응되는 것은?

① 자속 ② 기자력

③ 투자율 ④ 자기저항

풀이

자기 회로와 전기 회로의 대응

자기 회로	전기 회로
자속 ϕ [Wb]	전류 I [A]
자계 H [A/m]	전계 E [V/m]
기자력 F [AT]	기전력 U [V]
자속 밀도 B [Wb/m²]	전류 밀도 i [A/m²]
투자율 μ [H/m]	**도전율 σ [$\mho$/m]**
자기 저항 R_m [AT/Wb]	전기 저항 R [Ω]

답 ③

문제 05 단면적이 균일한 환상철심에 권수 1000회인 A 코일과 권수 N_B회인 B 코일이 감겨져 있다. A 코일의 자기 인덕턴스가 100[mH]이고, 두 코일 사이의 상호 인덕턴스가 20[mH]이고, 결합계수가 1일 때, B 코일의 권수(N_B)는 몇 회인가?

① 100 ② 200 ③ 300 ④ 400

풀이

결합계수가 1일 때, 즉 누설자속이 없는 경우

상호인덕턴스 $M = \dfrac{N_B L_A}{N_A} = \dfrac{N_A L_B}{N_B}$에서

$N_B = \dfrac{M}{L_A} \times N_A = \dfrac{20}{100} \times 1000 = 200$회 **답** ②

문제 06 공기 중에서 1[V/m]의 전계의 세기에 의한 변위전류밀도의 크기를 2[A/m²]으로 흐르게 하려면 전계의 주파수는 몇 [MHz]가 되어야 하는가?

① 9000 ② 18000

③ 36000 ④ 72000

풀이

변위전류밀도 $i_d = \omega \epsilon E$ [A/m²]에서

$\omega = 2\pi f = \dfrac{i_d}{\epsilon E}$

$\therefore f = \dfrac{i_d}{2\pi \epsilon_o \epsilon_s E} = \dfrac{2}{2\pi \times \dfrac{1}{4\pi \times 9 \times 10^9} \times 1 \times 1} \times 10^{-6}$

$= 36000$[MHz]

$(\because \epsilon_0 = \dfrac{10^7}{4\pi C_0^2} = \dfrac{10^7}{4\pi \times (3 \times 10^8)^2} = \dfrac{1}{4\pi \times 9 \times 10^9})$ **답** ③

문제 07 내부 원통 도체의 반지름이 a[m], 외부 원통 도체의 반지름이 b[m]인 동축 원통 도체에서 내외 도체 간 물질의 도전율이 $\sigma[\mho/m]$일 때 내외 도체 간의 단위 길이당 컨덕턴스[$\mho$/m]는?

① $\dfrac{2\pi\sigma}{\ln\dfrac{b}{a}}$ ② $\dfrac{2\pi\sigma}{\ln\dfrac{a}{b}}$ ③ $\dfrac{4\pi\sigma}{\ln\dfrac{b}{a}}$ ④ $\dfrac{4\pi\sigma}{\ln\dfrac{a}{b}}$

풀이

동축케이블의 정전용량 $C = \dfrac{2\pi\epsilon l}{\ln\dfrac{b}{a}}$ [F]

$RC = \rho\epsilon = \dfrac{\epsilon}{\sigma}$에서

$R = \dfrac{\epsilon}{\sigma C} = \dfrac{\epsilon}{\dfrac{2\pi\epsilon l}{\ln\dfrac{b}{a}} \cdot \sigma} = \dfrac{\ln\dfrac{b}{a}}{2\pi\sigma l}$ [Ω]

컨덕턴스 $G = \dfrac{1}{R}$ [S] 이므로 단위 길이당($l=1$) 컨덕턴스는

$G = \dfrac{1}{R} = \dfrac{2\pi\sigma}{\ln\dfrac{b}{a}}$ [S/m] **답** ①

문제 08 z축 상에 놓인 길이가 긴 직선 도체에 10[A]의 전류가 $+z$ 방향으로 흐르고 있다. 이 도체 주위의 자속밀도가 $3\hat{x} - 4\hat{y}$ [Wb/m²]일 때 도체가 받는 단위 길이당 힘[N/m]은? (단, $\hat{x}$, $\hat{y}$는 단위벡터이다.)

① $-40\hat{x} + 30\hat{y}$ ② $-30\hat{x} + 40\hat{y}$

③ $30\hat{x} + 40\hat{y}$ ④ $40\hat{x} + 30\hat{y}$

풀이

$I = 10\hat{z}$, $B = 3\hat{x} - 4\hat{y}$에서 전류 도체가 받는 단위 길이당 힘은 $F = I \times B$이므로

3차 행렬식의 계산에 의해

$F = I \times B = \begin{vmatrix} \hat{x} & \hat{y} & \hat{z} \\ 0 & 0 & 10 \\ 3 & -4 & 0 \end{vmatrix} = 40\hat{x} + 30\hat{y}$ [N/m] **답** ④

문제 09 진공 중 한 변의 길이가 0.1 [m]인 정삼각형의 3정점 A, B, C에 각각 2.0×10^{-6} [C]의 점전하가 있을 때, 점 A의 전하에 작용하는 힘은 몇 [N]인가?

① $1.8\sqrt{2}$ ② $1.8\sqrt{3}$

③ $3.6\sqrt{2}$ ④ $3.6\sqrt{3}$

풀이

점 B에 있는 전하에 의한 작용력 F_1

$$F_1 = \frac{1}{4\pi\epsilon_0}\frac{Q_1 Q_2}{r^2}$$

$$= 9 \times 10^9 \times \frac{(2 \times 10^{-6})^2}{0.1^2}$$

$$= 3.6 [N]$$

점 C에 있는 전하에 의한 작용력 F_2는 F_1과 크기는 같고 방향은 그림과 같다. 따라서

$$F = 2F_1 \cos\theta = 2F_2 \cos\theta$$

$$= 2 \times 3.6 \times \cos 30° = 3.6\sqrt{3} [N]$$

답 ④

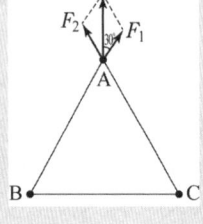

문제 10 투자율이 μ[H/m], 자계의 세기가 H [AT/m], 자속밀도가 B[Wb/m²]인 곳에서의 자계 에너지 밀도[J/m³]는?

① $\dfrac{B^2}{2\mu}$ ② $\dfrac{H^2}{2\mu}$ ③ $\dfrac{1}{2}\mu H$ ④ BH

풀이

자성체 단위 체적당 저장되는 에너지, 즉 에너지 밀도는

$$w = \frac{BH}{2} = \frac{B^2}{2\mu} = \frac{1}{2}\mu H^2 [J/m^3]$$이다.

답 ①

문제 11 진공 내 전위함수가 $V = x^2 + y^2$[V]로 주어졌을 때, $0 \le x \le 1$, $0 \le y \le 1$, $0 \le z \le 1$인 공간에 저장되는 정전에너지[J]는?

① $\dfrac{4}{3}\epsilon_0$ ② $\dfrac{2}{3}\epsilon_0$

③ $4\epsilon_0$ ④ $2\epsilon_0$

풀이

전계의 세기는 전위함수와의 관계 $E = -\nabla V$에 의해

$$E = -\nabla V = -\left(\frac{\partial V}{\partial x}i + \frac{\partial V}{\partial y}j + \frac{\partial V}{\partial z}k\right)$$

$$= -2xi - 2yj [V/m]$$

이다. 이로부터 전계의 세기의 크기 E와 E^2은

$$E = |E| = \sqrt{(2x)^2 + (2y)^2} = 2\sqrt{x^2 + y^2}$$

$$\therefore E^2 = 4(x^2 + y^2)$$

공간에 저장된 정전에너지는

$$W = \frac{1}{2}\int_v \epsilon_0 E^2 dv = \frac{4\epsilon_0}{2}\int_0^1\int_0^1\int_0^1 (x^2 + y^2)dxdydz$$

$$= \frac{4\epsilon_0}{3} [J]$$

답 ①

참고 3중적분

$$\int_0^1\int_0^1\int_0^1 (x^2 + y^2)dxdydz = \int_0^1\int_0^1 \left[\frac{x^3}{3} + y^2 x\right]_0^1 dydz$$

$$= \int_0^1\int_0^1 \left(\frac{1}{3} + y^2\right)dydz$$

$$= \int_0^1 \left[\frac{y}{3} + \frac{y^3}{3}\right]_0^1 dz = \int_0^1 \frac{2}{3}dz = \left[\frac{2z}{3}\right]_0^1 = \frac{2}{3}$$

문제 12 전계가 유리에서 공기로 입사할 때 입사각 θ_1과 굴절각 θ_2의 관계와 유리에서의 전계 E_1과 공기에서의 전계 E_2의 관계는?

① $\theta_1 > \theta_2$, $E_1 > E_2$

② $\theta_1 < \theta_2$, $E_1 > E_2$

③ $\theta_1 > \theta_2$, $E_1 < E_2$

④ $\theta_1 < \theta_2$, $E_1 < E_2$

풀이

① 유리의 유전율 ϵ_1 : 3.5~10, 공기의 유전율 ϵ_2 : 약 1 이므로 $\epsilon_1 > \epsilon_2$인 경우가 된다.

② $\epsilon_1 > \epsilon_2$인 경우

• 입사각과 굴절각 : $\theta_1 > \theta_2$

• 전속밀도 : $D_1 > D_2$ (불연속)

• 전계 : $E_1 < E_2$ (불연속)

답 ③

문제 13 진공 중 4[m] 간격으로 평행한 두 개의 무한평판 도체에 각각 $+4$[C/m²], -4[C/m²]의 전하를 주었을 때, 두 도체 간의 전위차는 약 몇 [V]인가?

① 1.36×10^{11}

② 1.36×10^{12}

③ 1.8×10^{11}

④ 1.8×10^{12}

풀이

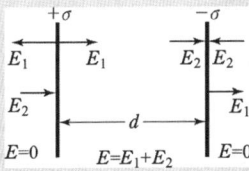

두 장의 무한 평판 도체

여기서, $E_1 = \dfrac{\sigma}{2\epsilon_0}$: $+\sigma$에 의한 전계

$E_2 = \dfrac{\sigma}{2\epsilon_0}$: $-\sigma$에 의한 전계

① 각각의 평판에 면전하 밀도가 $\pm\sigma[\text{C/m}^2]$인 경우 전계 분포는 평판 외측에서 서로 반대 방향이므로 상쇄되어 0이 되고, 평판 내측에서는 같은 방향이 된다. 따라서 전계 E는
- 평판 외측 : $E = 0$
- 평판 내측 : $E = \dfrac{\sigma}{\epsilon_0}$

② 두 평판 도체의 전위차 V

$$V = -\int_d^0 \frac{\sigma}{\epsilon_0}dl = \frac{\sigma}{\epsilon_0}d = \frac{4}{8.85 \times 10^{-12}} \times 4$$
$$= 1.81 \times 10^{12}[\text{V}] \qquad \text{답 } ④$$

문제 14 진공 중 반지름이 $a[\text{m}]$인 무한길이의 원통도체 2개가 간격 $d[\text{m}]$로 평행하게 배치되어 있다. 두 도체 사이의 정전용량[C]을 나타낸 것으로 옳은 것은?

① $\pi\epsilon_0 \ln\dfrac{d-a}{a}$ ② $\dfrac{\pi\epsilon_0}{\ln\dfrac{d-a}{a}}$

③ $\pi\epsilon_0 \ln\dfrac{a}{d-a}$ ④ $\dfrac{\pi\epsilon_0}{\ln\dfrac{a}{d-a}}$

풀이

① 두 도체 사이의 전위차 V

$$V = \frac{\lambda}{\pi\epsilon_0}\ln\frac{d-a}{a}[\text{V}]$$

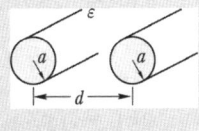

여기서, λ : 선전하 밀도 $[\text{C/m}]$

② 평행 원통 도체 사이의 정전용량 C는

$$C = \frac{\lambda}{V} = \frac{\pi\epsilon_0}{\ln\dfrac{d-a}{a}}[\text{F/m}]$$

여기서, $d \gg a$를 고려하면

$$C = \frac{\pi\epsilon_0}{\ln\dfrac{d}{a}}[\text{F/m}] \qquad \text{답 } ②$$

문제 15 진공 중에 4[m]의 간격으로 놓여진 평행 도선에 같은 크기의 왕복 전류가 흐를 때 단위 길이당 $2.0 \times 10^{-7}[\text{N}]$의 힘이 작용하였다. 이때 평형 도선에 흐르는 전류는 몇 [A]인가?

① 1   ② 2
③ 4   ④ 8

풀이

평행도선에 같은 크기의 왕복 전류가 흐를 때($I_1 = I_2 = I$ 이고, 전류 방향은 서로 반대인 전류) 단위길이당 작용하는 힘은 간격(거리)을 $r[\text{m}]$라 할 때

$$F = \frac{\mu_0 I_1 I_2}{2\pi r} = \frac{2I_1 I_2}{r} \times 10^{-7} = \frac{2I^2}{r} \times 10^{-7}[\text{N/m}] \text{ 이다.}$$

$$\therefore I = \sqrt{\frac{F \cdot r}{2 \times 10^{-7}}} = \sqrt{\frac{2.0 \times 10^{-7} \times 4}{2 \times 10^{-7}}} = 2[\text{A}] \qquad \text{답 } ②$$

문제 16 평행 극판 사이 간격이 $d[\text{m}]$이고 정전용량이 0.3 [μF]인 공기 커패시터가 있다. 그림과 같이 두 극판 사이에 비유전율이 5인 유전체를 절반 두께 만큼 넣었을 때 이 커패시터의 정전용량은 몇 [μF]이 되는가?

① 0.01
② 0.05
③ 0.1
④ 0.5

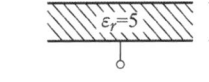

풀이

공기 부분의 정전 용량을 C_1이라 하면

$$C_1 = \frac{\epsilon_0 S}{d/2}[\text{F}] = \frac{2S\epsilon_0}{d}[\text{F}]$$

이고, 유전체 부분의 정전 용량을 C_2라 하면

$$C_2 = \frac{\epsilon S}{d/2} = \frac{2S\epsilon}{d}[\text{F}]$$

이다. 그러므로, 극판 간 공극의 두께 1/2 상당의 유전체를 넣는 경우 정전 용량 C_0는 두 개의 콘덴서가 직렬 접속된 것과 같으므로

$$C_0 = \frac{1}{\dfrac{1}{C_1} + \dfrac{1}{C_2}} = \frac{1}{\dfrac{d}{2S}\left(\dfrac{1}{\epsilon_0} + \dfrac{1}{\epsilon}\right)} = \frac{1}{\dfrac{d}{2\epsilon_0 S}\left(1 + \dfrac{\epsilon_0}{\epsilon}\right)}$$

$$= \frac{2\epsilon_0 S}{d} \cdot \frac{1}{1+\frac{\epsilon_0}{\epsilon}} = \frac{2C}{1+\frac{\epsilon_0}{\epsilon}} = \frac{2C}{1+\frac{1}{\epsilon_s}} \cdot \frac{\epsilon_s}{\epsilon_s}$$

$$= \frac{2\epsilon_s C}{1+\epsilon_s} [\text{F}]$$

$$\therefore C_0 = \frac{2\epsilon_s C}{1+\epsilon_s} = \frac{2 \times 5 \times 0.3 \times 10^{-6}}{1+5}$$

$$= 0.5 \times 10^{-6} [\text{F}] = 0.5 [\mu\text{F}]$$

답 ④

문제 17 인덕턴스[H]의 단위를 나타낸 것으로 틀린 것은?

① $\Omega \cdot \text{s}$ ② Wb/A
③ J/A^2 ④ $\text{N/(A} \cdot \text{m)}$

풀이

$e = -N\frac{d\phi}{dt} = -L\frac{di}{dt}$ 이므로

$$[\text{V}] = \left[\frac{\text{Wb}}{\text{s}}\right] = \left[\text{H} \cdot \frac{\text{A}}{\text{s}}\right]$$

$$\therefore [\text{H}] = \left[\frac{\text{Wb}}{\text{A}}\right] = \left[\frac{\text{V}}{\text{A}} \cdot \text{s}\right] = [\Omega \cdot \text{s}] = \left[\frac{\text{VAs}}{\text{A}^2}\right] = \left[\frac{\text{J}}{\text{A}^2}\right]$$

답 ④

문제 18 반지름이 a[m]인 접지된 구도체와 구도체의 중심에서 거리 d[m] 떨어진 곳에 점전하가 존재할 때, 점전하에 의한 접지된 구도체에서의 영상전하에 대한 설명으로 틀린 것은?

① 영상전하는 구도체 내부에 존재한다.
② 영상전하는 점전하와 구도체 중심을 이은 직선 상에 존재한다.
③ 영상전하의 전하량과 점전하의 전하량은 크기는 같고 부호는 반대이다.
④ 영상전하의 위치는 구도체의 중심과 점전하 사이 거리(d[m])와 구도체의 반지름(a[m])에 의해 결정된다.

풀이

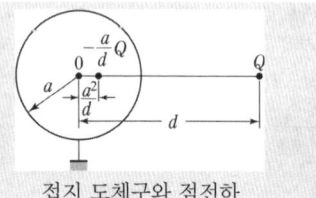

접지 도체구와 점전하

그림과 같이 반지름 a의 접지 도체구의 중심으로부터 $d(>a)$인 점에 점전하 Q가 있는 경우

• 영상점 : 중심으로부터 $\frac{a^2}{d}$인 점

• 영상 전하 $Q' = -\frac{a}{d}Q$

즉, 영상전하의 전하량은 점전하 전하량 크기의 $\frac{a}{d}$ 배 이고 부호는 반대이다.

답 ③

문제 19 평등 전계 중에 유전체 구에 의한 전속분포가 그림과 같이 되었을 때 ϵ_1과 ϵ_2의 크기 관계는?

① $\epsilon_1 > \epsilon_2$
② $\epsilon_1 < \epsilon_2$
③ $\epsilon_1 = \epsilon_2$
④ 무관하다.

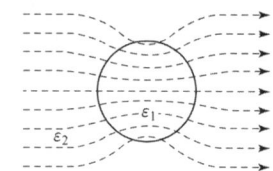

풀이

전속과 전기력선은 유전율이 큰 구의 경계면에서 모아지고, 유전율이 작은 구의 경계면에서 벌어지는 현상이 나타난다. 즉 그림과 같은 전속 분포에서 유전체구의 경계면에서 모아지므로 유전체구의 유전율이 외부보다 큰 것($\epsilon_1 > \epsilon_2$)을 의미한다.

답 ①

별해

그림에서 전속은 유전체구(ϵ_1, D_1)가 외부(ϵ_2, D_2)보다 조밀한 것을 보여준다. 따라서 전속밀도는 $D_1 > D_2$의 관계이고, $D = \epsilon E$의 비례 관계($D \propto \epsilon$)로부터 유전율은 $\epsilon_1 > \epsilon_2$의 관계가 된다.

문제 20 어떤 도체에 교류 전류가 흐를 때 도체에서 나타나는 표피 효과에 대한 설명으로 틀린 것은?

① 도체 중심부보다 도체 표면부에 더 많은 전류가 흐르는 것을 표피 효과라 한다.
② 전류의 주파수가 높을수록 표피 효과는 작아진다.
③ 도체의 도전율이 클수록 표피 효과는 커진다.
④ 도체의 투자율이 클수록 표피 효과는 커진다.

풀이

전류의 주파수가 증가할수록 도체 내부의 전류밀도가 지수함수적으로 감소되는 현상을 표피효과라 한다.

$$\delta = \sqrt{\frac{2}{\omega \sigma \mu}} = \sqrt{\frac{1}{\pi f \sigma \mu}} \ [\text{m}]$$

여기서, $\sigma[\mho/m]$: 도전율,
$\mu = 4\pi \times 10^{-7}[H/m]$: 투자율
δ : 표피두께(skin depth) 또는 침투깊이
따라서, 주파수가 높을수록, 도전율이 높을수록, 투자율이 높을수록 표피 두께 δ가 감소하므로 표피효과는 증대되어 도체의 실효저항이 증가한다. **답 ②**

제2과목 전력공학

문제 21 소호리액터를 송전계통에 사용하면 리액터의 인덕턴스와 선로의 정전용량이 어떤 상태로 되어 지락전류를 소멸시키는가?

① 병렬공진
② 직렬공진
③ 고임피던스
④ 저임피던스

풀이

• 소호 리액터 접지 방식은 선로의 대지 정전 용량과 병렬 공진하는 리액터를 이용하여 중성점을 접지하는 방식으로 1선 지락고장시 고장점에는 극히 작은 손실전류만이 흐르고 지락 아크가 자연 소멸되므로 정전없이 송전을 계속할 수 있는 접지 방식이다.
• 소호리액터의 크기(변압기의 임피던스 x_t를 고려하지 않는 경우)

$$\omega L = \frac{1}{3\omega C_s}[\Omega]$$ **답 ①**

문제 22 어느 발전소에서 40000[kWh]를 발전하는데 발열량 5000[kcal/kg]의 석탄을 20톤 사용하였다. 이 화력발전소의 열효율[%]은 약 얼마인가?

① 27.5
② 30.4
③ 34.4
④ 38.5

풀이

발전전력량 $E[kWh]$, 연료소비량 $W[kg]$, 연료의 발열량 $C[kcal/kg]$ 이라면

열효율 $\eta = \dfrac{860E}{WC} \times 100[\%]$ 에서

($\because$ 1[kWh]=860[kcal])

$$\eta = \frac{860 \times 40000}{20 \times 1000 \times 5000} \times 100 = 34.4[\%]$$ **답 ③**

문제 23 송전전력, 선간전압, 부하역률, 전력손실 및 송전거리를 동일하게 하였을 경우 단상 2선식에 대한 3상 3선식의 총 전선량(중량)비는 얼마인가? (단, 전선은 동일한 전선이다.)

① 0.75
② 0.94
③ 1.15
④ 1.33

풀이

• 송전전력이 동일하므로 $VI_1\cos\theta = \sqrt{3}\,VI_3\cos\theta$
$\therefore I_1 = \sqrt{3}\,I_3$

• 전력손실이 동일하므로 $2I_1^2 R_1 = 3I_3^2 R_3$
$2(\sqrt{3}\,I_3)^2 R_1 = 3I_3^2 R_3$ $\therefore 2R_1 = R_3$

• $R = \rho\dfrac{l}{S}$ 에서 $R \propto \dfrac{1}{S}$ 이므로

$\dfrac{R_1}{R_3} = \dfrac{S_3}{S_1} = \dfrac{R_1}{2R_1} = \dfrac{1}{2}$ $\therefore S_1 = 2S_3$

• 소요 전선량 비

$= \dfrac{3상3선식}{단상 \ 2선식} = \dfrac{3S_3}{2S_1} = \dfrac{3S_3}{2 \times 2S_3} = \dfrac{3}{4} = 0.75$ **답 ①**

문제 24 3상 송전선로가 선간단락(2선 단락)이 되었을 때 나타나는 현상으로 옳은 것은?

① 역상전류만 흐른다.
② 정상전류와 역상전류가 흐른다.
③ 역상전류와 영상전류가 흐른다.
④ 정상전류와 영상전류가 흐른다.

풀이

고장별 대칭분

고장의 종류	대 칭 분
3상 단락	정상분
선간 단락	정상분, 역상분
1선 지락	정상분, 역상분, 영상분

답 ②

문제 25 중거리 송전선로의 4단자 정수가 $A = 1.0$, $B = j190$, $D = 1.0$ 일 때 C의 값은 얼마인가?

① 0
② $-j120$
③ j
④ $j190$

풀이

$AD - BC = 1$ 에서

$$\therefore C = \frac{AD-1}{B} = \frac{1.0 \times 1.0 - 1}{j190} = 0$$

답 ①

문제 26 배전전압을 $\sqrt{2}$ 배로 하였을 때 같은 손실률로 보낼 수 있는 전력은 몇 배가 되는가?

① $\sqrt{2}$
② $\sqrt{3}$
③ 2
④ 3

풀이

전력손실 $P_l = \dfrac{P^2 R}{V^2 \cos\theta^2}$ [W]

전력손실률 $h = \dfrac{P_l}{P} = \dfrac{PR}{V^2 \cos\theta^2}$ 에서

송전 전력 $P = \dfrac{h V^2 \cos\theta^2}{R}$

따라서, **송전 전력은 전압의 제곱에 비례**하므로

$P : P' = V^2 : (\sqrt{2}\,V)^2$

$\therefore P' = 2P$

답 ③

문제 27 현수애자에 대한 설명이 아닌 것은?

① 애자를 연결하는 방법에 따라 클레비스(Clevis)형과 볼 소켓형이 있다.
② 애자를 표시하는 기호는 P이며 구조는 2~5층의 갓 모양의 자기편을 시멘트로 접착하고 그 자기를 주철재 base로 지지한다.
③ 애자의 연결개수를 가감함으로써 임의의 송전전압에 사용할 수 있다.
④ 큰 하중에 대하여는 2련 또는 3련으로 하여 사용할 수 있다.

풀이

②항은 핀 애자에 대한 설명이다.

답 ②

문제 28 다음 중 재점호가 가장 일어나기 쉬운 차단전류는?

① 동상전류
② 지상전류
③ 진상전류
④ 단락전류

풀이

충전전류를 차단할 때 전류파의 0의 위치에서 소거된 아크가 재기전압에 의하여 극간에 다시 발생하는 것을 재점호라고 하며 이러한 **재점호 전류는 콘덴서 C에 의한 진상전류에 의해 발생**한다.

답 ③

문제 29 교류발전기의 전압조정 장치로 속응여자 방식을 채택하는 이유로 틀린 것은?

① 전력계통에 고장이 발생할 때 발전기의 동기화력을 증가시킨다.
② 송전계통의 안정도를 높인다.
③ 여자기의 전압 상승률을 크게 한다.
④ 전압조정용 탭의 수동변환을 원활히 하기 위함이다.

풀이

속응 여자 방식의 특징
① 고장 발생 시 여자기의 응답이 빠르므로, 전압 상승률이 크다.
② 발전기 내부 유기기전력을 증가시켜 전기적 출력을 증가시킨다.
③ 동기화력이 증가하여 신속하게 평형상태를 회복한다.
④ 전압변동을 작게 하여 송전계통의 안정도를 높인다.

답 ④

문제 30 차단기의 정격차단시간에 대한 설명으로 옳은 것은?

① 고장 발생부터 소호까지의 시간
② 트립코일 여자로부터 소호까지의 시간
③ 가동 접촉자의 개극부터 소호까지의 시간
④ 가동 접촉자의 동작 시간부터 소호까지의 시간

풀이

차단기의 차단 시간 : 트립 코일 여자부터 차단기의 가동 전극이 고정 전극으로부터 이동을 개시하여 개극할 때까지의 개극 시간과 접점이 충분히 떨어져 **아크가 완전히 소호할 때까지의 아크 시간의 합**으로 3~8[Hz]이다.

답 ②

문제 31 3상 1회선 송전선을 정삼각형으로 배치한 3상 선로의 자기인덕턴스를 구하는 식은? (단, D는 전선의 선간 거리[m], r은 전선의 반지름[m]이다.)

① $L = 0.5 + 0.4605\log_{10}\dfrac{D}{r}$

② $L = 0.5 + 0.4605\log_{10}\dfrac{D}{r^2}$

③ $L = 0.05 + 0.4605\log_{10}\dfrac{D}{r}$

④ $L = 0.05 + 0.4605\log_{10}\dfrac{D}{r^2}$

풀이

단도체에서의 인덕턴스 및 정전용량

- 인덕턴스 $L = 0.05 + 0.4605\log\dfrac{D}{r}$ [mH/km]

- 정전용량 $C = \dfrac{0.02413}{\log\dfrac{D}{r}}$ [μF/km]

여기서, D : 선간거리[m], r : 전선의 반지름[m] **답** ③

풀이

보호계전기의 성능비교

보호방식	동작속도	대상재폐로의 가능성	검출감도	자동감시 가능성
전류차동보호계전 (파일럿와이어전송)	빠르다	가능	높다	가능
전류차동 보호계전방식 (PCM전송)	빠르다	가능	높다	가능
전류위상비교 보호계전방식	빠르다	가능	높다	가능
방향 비교 보호계전방식	빠르다	어렵다	낮다	어렵다
거리 측정 보호 계전방식	**느리다**	어렵다	낮다	어렵다
전류 균형 보호 계전방식	느리다	어렵다	낮다	어렵다
과전류 보호 계전방식	느리다	어렵다	낮다	어렵다

답 ②

문제 32 불평형 부하에서 역률[%]은?

① $\dfrac{유효전력}{각\ 상의\ 피상전력의\ 산술합} \times 100$

② $\dfrac{무효전력}{각\ 상의\ 피상전력의\ 산술합} \times 100$

③ $\dfrac{무효전력}{각\ 상의\ 피상전력의\ 벡터합} \times 100$

④ $\dfrac{유효전력}{각\ 상의\ 피상전력의\ 벡터합} \times 100$

풀이

역률 $\cos\theta = \dfrac{P}{P_a} = \dfrac{유효전력}{피상전력}$

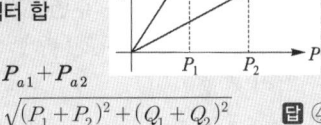

에서 **각각의 피상전력은 위상이 서로 다르므로 벡터 합**이 되어야 한다.

피상전력의 합 $P_a = P_{a1} + P_{a2}$

$= \sqrt{(P_1+P_2)^2 + (Q_1+Q_2)^2}$ **답** ④

문제 33 다음 중 동작속도가 가장 느린 계전 방식은?

① 전류 차동 보호 계전 방식

② 거리 보호 계전 방식

③ 전류 위상 비교 보호 계전 방식

④ 방향 비교 보호 계전 방식

문제 34 경간이 200[m]인 가공 전선로가 있다. 사용전선의 길이는 경간보다 몇 [m] 더 길게 하면 되는가? (단, 사용전선의 1[m] 당 무게는 2[kg], 인장하중은 4000[kg], 전선의 안전율은 2로 하고 풍압하중은 무시한다.)

① $\dfrac{1}{2}$
② $\sqrt{2}$

③ $\dfrac{1}{3}$
④ $\sqrt{3}$

풀이

이도 $D = \dfrac{WS^2}{8T} = \dfrac{2\times200^2}{8\times\dfrac{4000}{2}} = 5$

전선의 실제길이 $L = S + \dfrac{8D^2}{3S}$ 에서

$L - S = \dfrac{8D^2}{3S} = \dfrac{8\times5^2}{3\times200} = \dfrac{1}{3}$ [m] **답** ③

문제 35 부하회로에서 공진 현상으로 발생하는 고조파 장해가 있을 경우 공진 현상을 회피하기 위하여 설치하는 것은?

① 진상용 콘덴서
② 직렬 리액터

③ 방전코일
④ 진공 차단기

풀이

고조파 전류의 경감
- **공진현상을 막기 위해 직렬 리액터를 삽입**한다.
- 직렬 리액터에 의해 제5고조파가 제거된다. **답** ②

문제 36 송전단 전압이 100[V], 수전단 전압이 90[V]인 단거리 배전선로의 전압강하율[%]은 약 얼마인가?

① 5   ② 11
③ 15   ④ 20

풀이

전압강하율

$$\epsilon = \frac{V_s - V_r}{V_r} \times 100 = \frac{100 - 90}{90} \times 100 = 11.11[\%]$$ **답** ②

문제 37 다음 중 환상(루프) 방식과 비교할 때 방사상 배전선로 구성 방식에 해당되는 사항은?

① 전력 수요 증가 시 간선이나 분기선을 연장하여 쉽게 공급이 가능하다.
② 전압 변동 및 전력손실이 작다.
③ 사고 발생 시 다른 간선으로의 전환이 쉽다.
④ 환상방식 보다 신뢰도가 높은 방식이다.

풀이

고압 배전선은 일반적으로 수지식, 환상식, 망상식으로 구성된다.
① **수지식(방사상식)**
  - 수요가 증가할 때마다 간선이나 분기선을 연장 또는 증강해서 이에 쉽게 응할 수 있다.
② 환상식(loop system)
  - 선로의 도중에 고장 발생시 고장 개소의 분리 조작이 용이하여 그 부분을 빨리 분리시킬 수 있고 전류의 통로에 융통성이 있으므로 전력 손실과 전압 강하가 적다.
  - 고장시에만 자동적으로 폐로해서 전력을 공급하는 결합 개폐기가 있다.
③ 망상식(네트워크 방식)
  - 어느 회선에 사고가 일어나더라도 다른 회선에서 무정전으로 공급할 수 있다.
  - 네트워크 프로텍터(저압용 차단기, 방향성 계전기, 퓨즈)를 필요로 한다. **답** ①

문제 38 초호각(Arcing horn)의 역할은?

① 풍압을 조절한다.
② 송전 효율을 높인다.
③ 선로의 섬락 시 애자의 파손을 방지한다.
④ 고주파수의 섬락전압을 높인다.

풀이

초호환, 초호각의 역할
초호환 = 소호환 = arcing ring
초호각 = 소호각 = arcing horn
- 애자련의 전압분포 개선
- **선로의 섬락으로부터 애자련의 보호** **답** ③

문제 39 유효낙차 90[m], 출력 104500[kW], 비속도(특유속도) 210[m · kW]인 수차의 회전속도는 약 몇 [rpm]인가?

① 150   ② 180
③ 210   ④ 240

풀이

수차의 특유 속도

$$N_s = N\frac{\sqrt{P}}{H^{5/4}}[\text{rpm}]$$

여기서, N : 정격 회전수
       H : 유효 낙차
       P : 낙차 H[m]에서의 최대 출력

따라서, $N = \dfrac{N_s H^{\frac{5}{4}}}{\sqrt{P}} = \dfrac{210 \times 90^{\frac{5}{4}}}{\sqrt{104500}} = 180.08[\text{rpm}]$ **답** ②

문제 40 발전기 또는 주변압기의 내부고장 보호용으로 가장 널리 쓰이는 것은?

① 거리 계전기
② 과전류 계전기
③ 비율차동 계전기
④ 방향단락 계전기

풀이

비율 차동 계전기는 피보호기기(발전기, 변압기, …)의 1차 전류와 2차 전류의 차가 일정 비율 이상으로 되었을 때 동작하는 계전기로 **변압기 및 발전기의 내부 고장 보호**에 사용된다. **답** ③

제3과목 전기기기

문제 41 SCR을 이용한 단상 전파 위상제어 정류회로에서 전원전압은 실효값이 220[V], 60[Hz]인 정현파이며, 부하는 순 저항으로 10[Ω]이다. SCR의 점호각 α를 60°라 할 때 출력전류의 평균값[A]은?

① 7.54　　　　② 9.73
③ 11.43　　　　④ 14.86

풀이

	단상 반파정류	단상 전파정류
SCR	$E_d = \dfrac{\sqrt{2}E}{2\pi}(1+\cos\alpha)$	$E_d = \dfrac{\sqrt{2}E}{\pi}(1+\cos\alpha)$

단상 전파정류의 직류 평균전압
$$E_d = \frac{\sqrt{2}E}{\pi}(1+\cos\alpha) = \frac{\sqrt{2}\times220}{\pi}(1+\cos60°)$$
$$= 148.55[V]$$
따라서 출력전류의 평균값
$$I_d = \frac{E_d}{R} = \frac{148.55}{10} = 14.86[V]$$　　**답** ④

문제 42 직류발전기가 90[%] 부하에서 최대효율이 된다면 이 발전기의 전부하에 있어서 고정손과 부하손의 비는?

① 0.81　　　　② 0.9
③ 1.0　　　　④ 1.1

풀이

• 최대 효율은 $m^2 P_c = P_i$ 일 때(즉, **고정손과 부하손이 서로 같을 때**) 발생
• $\dfrac{P_i}{P_c} = m^2 = 0.9^2 = 0.81$
　여기서, P_i : 철손(고정손), P_c : 동손(가변손, 부하손)
　　m : 부하율　　**답** ①

문제 43 정류기의 직류측 평균전압이 2000[V]이고 리플률이 3[%]일 경우, 리플전압의 실효값[V]은?

① 20　　　　② 30
③ 50　　　　④ 60

풀이

리플률(맥동률) $= \dfrac{\triangle E}{E_d}\times100[\%]$

$\therefore \triangle E = \dfrac{3}{100}\times2000 = 60[V]$　　**답** ④

문제 44 단상 직권 정류자전동기에서 보상권선과 저항도선의 작용에 대한 설명으로 틀린 것은?

① 보상권선은 역률을 좋게 한다.
② 보상권선은 변압기의 기전력을 크게 한다.
③ 보상권선은 전기자 반작용을 제거해 준다.
④ 저항도선은 변압기 기전력에 의한 단락전류를 작게 한다.

풀이

저항 도선은 변압기 기전력에 의한 단락 전류를 작게 하여 정류를 좋게 하며 또한 **보상 권선**은 전기자 반작용을 상쇄하여 역률을 좋게 하고 변압기 **기전력을 작게 해서 정류 작용을 개선**한다.　　**답** ②

문제 45 비돌극형 동기발전기 한 상의 단자전압을 V, 유도기전력을 E, 동기리액턴스를 X_s, 부하각이 δ이고, 전기자저항을 무시할 때 한 상의 최대출력[W]은?

① $\dfrac{EV}{X_s}$　　　　② $\dfrac{3EV}{X_s}$
③ $\dfrac{E^2V}{X_s}$　　　　④ $\dfrac{EV^2}{X_s}$

풀이

비돌극기의 매상 출력 $P = \dfrac{EV}{Z_s}\sin(\alpha+\delta) - \dfrac{V^2}{Z_s}\sin\alpha$에서 전기자 저항 r_a는 매우 작으므로 이것을 무시하고 $Z_s \fallingdotseq X_s$, $\alpha \fallingdotseq 0$이라 하면 $P \fallingdotseq \dfrac{EV}{X_s}\sin\delta$[W] 가 된다.

여기서 $\sin\delta = 1$일 때 **최대출력**이 되므로, 비돌극형 동기발전기 한 상의 최대출력 $P_{\max}$은
$$P_{\max} = \frac{EV}{X_s}\sin\delta = \frac{EV}{X_s}\times1 = \frac{EV}{X_s}[W]$$　**답** ①

문제 46 3상 동기발전기에서 그림과 같이 1상의 권선을 서로 똑같은 2조로 나누어 그 1조의 권선전압을 E[V], 각 권선의 전류를 I[A]라 하고 지그재그 Y형 (Zigzag Star)으로 결선하는 경우 선간전압[V], 선전류[A] 및 피상전력[VA]은?

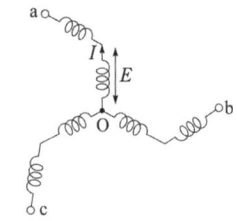

① $3E$, I, $\sqrt{3} \times 3E \times I = 5.2EI$
② $\sqrt{3}\,E$, $2I$, $\sqrt{3} \times \sqrt{3}\,E \times 2I = 6EI$
③ E, $2\sqrt{3}\,I$, $\sqrt{3} \times E \times 2\sqrt{3}\,I = 6EI$
④ $\sqrt{3}\,E$, $\sqrt{3}\,I$, $\sqrt{3} \times \sqrt{3}\,E \times \sqrt{3}\,I = 5.2EI$

풀이
Y결선에서

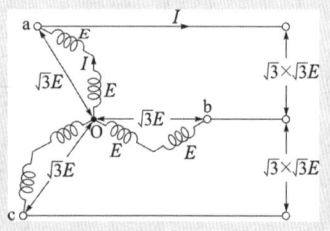

• 선간전압 = $\sqrt{3}$×상전압
• 선전류 = 상전류
• 피상전력 = $\sqrt{3}$×선간전압 × 선전류 **답** ①

문제 47 다음 중 비례추이를 하는 전동기는?
① 동기 전동기　　　② 정류자 전동기
③ 단상 유도전동기　④ 권선형 유도전동기

풀이
비례추이란 2차 회로 저항의 크기를 조정함으로써 그 크기를 제어할 수 있는 요소를 말하며 비례추이를 할 수 있는 것은 $\frac{r_2}{s}$의 함수로 표시된다.
따라서, 비례추이는 2차 저항의 크기를 변화시킬 수 있는 **권선형 유도 전동기에서 사용**된다. (농형 유도 전동기에는 적용할 수 없다.) **답** ④

문제 48 단자전압 200[V], 계자저항 50[Ω], 부하전류 50[A], 전기자저항 0.15[Ω], 전기자 반작용에 의한 전압강하 3[V]인 직류 분권발전기가 정격속도로 회전하고 있다. 이때 발전기의 유도기전력은 약 몇 [V] 인가?
① 211.1　　　② 215.1
③ 225.1　　　④ 230.1

풀이
분권 발전기

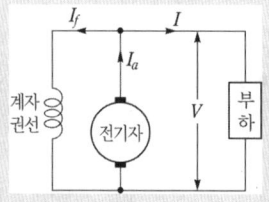

분권발전기에서 단자전압 $V = I_f R_f$ 이므로
계자전류 $I_f = \dfrac{V}{R_f} = \dfrac{200}{50} = 4$[A]
전기자 전류 $I_a = I + I_f = 50 + 4 = 54$[A]
전기자 저항 $R_a = 0.15$[Ω]인 경우,
$\therefore E = V + I_a R_a + e = 200 + 54 \times 0.15 + 3 = 211.1$[V] **답** ①

문제 49 동기기의 권선법 중 기전력의 파형을 좋게 하는 권선법은?
① 전절권, 2층권　　② 단절권, 집중권
③ 단절권, 분포권　　④ 전절권, 집중권

풀이
① **단절권**의 특징
　• 고조파를 제거하여 **기전력의 파형을 좋게** 하고
　• 자기 인덕턴스 감소
　• 유기 기전력 감소
② **분포권**의 특징
　• 기전력의 고조파가 감소하여 **파형이 좋아진다.**
　• 권선의 누설 리액턴스가 감소한다.
　• 분포권은 집중권에 비하여 합성 유기 기전력이 감소한다. **답** ③

문제 50 변압기에 임피던스전압을 인가할 때의 입력은?
① 철손　　　　② 와류손
③ 정격용량　　④ 임피던스와트

풀이

임피던스 전압 및 임피던스 와트
단락 전류 I_{1s}를 1차 정격 전류와 같게 조정했을 때의 1차 전압 V_s을 임피던스 전압. 이때의 입력 P_s[W]를 임피던스 와트라고 한다.

$$V_s = Z_{21} I_{1n} = \sqrt{r_{21}^2 + x_{21}^2}\ I_{1n}\ [\text{V}]$$
$$P_s = r_{21} I_{1n}^2 = (r_1 + a^2 r_2) I_{1n}^2\ [\text{W}]$$

답 ④

문제 51 불꽃 없는 정류를 하기 위해 평균 리액턴스 전압(A)과 브러시 접촉면 전압강하(B) 사이에 필요한 조건은?

① A > B
② A < B
③ A = B
④ A, B에 관계없다.

풀이

양호한 정류를 얻는 방법
불꽃없는 정류를 위한 조건 : 브러시 접촉면 전압강하 > 평균 리액턴스 전압
① 저항 정류 : 접촉저항이 큰 탄소 브러시를 사용하여 정류 코일의 단락 전류를 억제해서 양호한 정류를 얻는 방법
② 전압 정류 : 보극을 설치하여 정류 코일 내에 유기되는 리액턴스 전압과 반대 방향으로 정류 전압을 유기시켜 양호한 정류를 얻는 방법
③ 리액턴스 전압을 적게 한다 : 단절권 채택
④ 정류주기를 길게 한다. : 회전속도를 낮춘다.

답 ②

문제 52 유도전동기 1극의 자속 Φ, 2차 유효전류 $I_2 \cos\theta_2$, 토크 τ의 관계로 옳은 것은?

① $\tau \propto \Phi \times I_2 \cos\theta_2$

② $\tau \propto \Phi \times (I_2 \cos\theta_2)^2$

③ $\tau \propto \dfrac{1}{\Phi \times I_2 \cos\theta_2}$

④ $\tau \propto \dfrac{1}{\Phi \times (I_2 \cos\theta_2)^2}$

풀이

토크 $\tau = k\Phi I_2 \cos\theta_2 [\text{N·m}]$에서 토크는 1극의 자속 Φ와 2차 유효전류 $I_2 \cos\theta_2$의 곱에 비례한다.

답 ①

문제 53 회전자가 슬립 s로 회전하고 있을 때 고정자와 회전자의 실효 권수비를 α라 하면 고정자 기전력 E_1과 회전자 기전력 E_{2s}의 비는?

① $s\alpha$
② $(1-s)\alpha$
③ $\dfrac{\alpha}{s}$
④ $\dfrac{\alpha}{1-s}$

풀이

• 전동기 정지시 실효 권수비 : $\dfrac{E_1}{E_2} = \alpha$ $\quad \therefore E_2 = \dfrac{E_1}{\alpha}$

• 전동기가 슬립 s로 운전시 권수비 :

$$E_2' = sE_2 = \dfrac{sE_1}{\alpha} \quad \therefore \dfrac{E_1}{E_2'} = \dfrac{E_1}{sE_1/\alpha} = \dfrac{\alpha}{s}$$

답 ③

문제 54 직류 직권전동기의 발생 토크는 전기자 전류를 변화시킬 때 어떻게 변하는가? (단, 자기포화는 무시한다.)

① 전류에 비례한다.
② 전류에 반비례한다.
③ 전류의 제곱에 비례한다.
④ 전류의 제곱에 반비례한다.

풀이

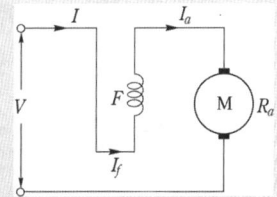

직류직권 전동기의 토오크 $P = E_c I_a = 2\pi n T$ 에서

$$T = \dfrac{E_c I_a}{2\pi n} = \dfrac{p\phi n \dfrac{Z}{a} I_a}{2\pi n} = \dfrac{pZ}{2\pi a}\phi I_a = K\phi I_a [\text{N·m}]$$

(단, $K = \dfrac{pZ}{2\pi a}$)

[조건1]
부하 전류가 적어 철심이 자기포화가 되지 않는 범위에서 직권전동기는 $I_a = I_f = I \propto \phi$ 이므로

$$T = K I_a^2 [\text{N·m}]$$

[조건2]
부하 전류가 증가하여 철심이 자기포화된 경우에는 자속 ϕ는 일정하므로

$$T = K I_a [\text{N·m}]$$

답 ③

문제 55 동기발전기의 병렬운전 중 유도기전력의 위상차로 인하여 발생하는 현상으로 옳은 것은?

① 무효전력이 생긴다.

② 동기화전류가 흐른다.

③ 고조파 무효순환전류가 흐른다.

④ 출력이 요동하고 권선이 가열된다.

풀이

병렬 운전 조건이 다른 경우

병렬 운전 조건	다른 경우 흐르는 전류
기전력의 크기가 같을 것	무효 순환 전류
기전력의 위상이 같을 것	**동기화 전류(유효 횡류)**
기전력의 주파수가 같을 것	동기화 전류
기전력의 파형이 같을 것	고주파 무효순환전류

답 ②

문제 56 3상 유도기의 기계적 출력(P_o)에 대한 변환식으로 옳은 것은? (단, 2차 입력은 P_2, 2차 동손은 P_{c2}, 동기속도는 N_s, 회전자속도는 N, 슬립은 s 이다.)

① $P_o = P_2 + P_{2c} = \dfrac{N}{N_s}P_2 = (2-s)P_2$

② $(1-s)P_2 = \dfrac{N}{N_s}P_2 = P_o - P_{2c} = P_o - sP_2$

③ $P_o = P_2 - P_{2c} = P_2 - sP_2 = \dfrac{N}{N_s}P_2$
   $= (1-s)P_2$

④ $P_o = P_2 + P_{2c} = P_2 + sP_2 = \dfrac{N}{N_s}P_2$
   $= (1+s)P_2$

풀이

- $P_{2c} = sP_2$
- 기계적 출력 = 2차 입력 − 2차 저항손 이므로
$P_0 = P_2 - P_{2c} = P_2 - sP_2 = (1-s)P_2$
$= \left[1 - \left(\dfrac{N_s - N}{N_s}\right)\right]P_2 = \dfrac{N}{N_s}P_2$

답 ③

문제 57 변압기의 등가회로 구성에 필요한 시험이 아닌 것은?

① 단락시험

② 부하시험

③ 무부하시험

④ 권선저항 측정

풀이

변압기 등가회로 작성에 필요한 시험에는 권선저항측정, 무부하시험, 단락시험 등이 있다.

답 ②

문제 58 단권변압기 두 대를 V결선하여 전압을 2000[V]에서 2200[V]로 승압한 후 200[kVA]의 3상 부하에 전력을 공급하려고 한다. 이때 단권변압기 1대의 용량은 약 몇 [kVA] 인가?

① 4.2

② 10.5

③ 18.2

④ 21

풀이

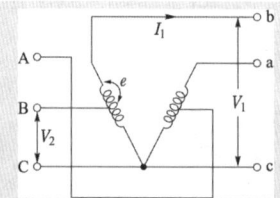

단권변압기 1대의 등가용량 eI_1은
$eI_1 = (V_1 - V_2)I_1$ 이므로

$\therefore \dfrac{\text{자기용량}}{\text{부하용량}} = \dfrac{2(V_1 - V_2)I_1}{\sqrt{3}\,V_1 I_1} = \dfrac{2}{\sqrt{3}} \cdot \left(\dfrac{V_1 - V_2}{V_1}\right)$

자기용량 $= 200 \times \dfrac{2}{\sqrt{3}} \times \dfrac{2200 - 2000}{2200} = 21[\text{kVA}]$

따라서, 단권변압기 1대의 자기용량 $= \dfrac{21}{2} = 10.5[\text{kVA}]$

답 ②

문제 59 권수비 $a = \dfrac{6600}{220}$, 주파수 60[Hz], 변압기의 철심 단면적 0.02[m²], 최대자속밀도 1.2[Wb/m²] 일 때 변압기의 1차측 유도기전력은 약 몇 [V] 인가?

① 1407

② 3521

③ 42198

④ 49814

풀이

$$E_1 = 4.44fN_1\Phi_m = 4.44 \times 60 \times 6600 \times 1.2 \times 0.02$$
$$= 42197.76[\text{V}]$$

답 ③

문제 60 회전형전동기와 선형전동기(Linear Motor)를 비교한 설명으로 틀린 것은?

① 선형의 경우 회전형에 비해 공극의 크기가 작다.

② 선형의 경우 직접적으로 직선운동을 얻을 수 있다.

③ 선형의 경우 회전형에 비해 부하관성의 영향이 크다.

④ 선형의 경우 전원의 상 순서를 바꾸어 이동방향을 변경한다.

풀이

리니어 모터란 회전기의 회전자 접속 방향에 발생하는 전자력을 직선적인 기계 에너지로 변환시키는 장치로서 다음과 같은 장·단점을 가지고 있다.

① 장점
 • 모터 자체의 구조가 간단하여 신뢰성이 높고 보수가 용이하다.
 • 기어, 벨트 등 동력 변환 기구가 필요 없고 직접 직선 운동이 얻어진다.
 • 마찰을 거치지 않고 추진력이 얻어진다.
 • 원심력에 의한 가속제한이 없고 고속을 쉽게 얻을 수 있다.

② 단점
 • 회전형에 비하여 역률, 효율이 낮다.
 • 저속도를 얻기 어렵다.
 • 부하관성의 영향이 크다.

답 ①

제4과목 ▶ 회로이론 및 제어공학

문제 61 $F(z) = \dfrac{(1-e^{-aT})z}{(z-1)(z-e^{-aT})}$ 의 역 z변환은?

① $1 - e^{-at}$　　② $1 + e^{-at}$

③ $t \cdot e^{-at}$　　④ $t \cdot e^{at}$

풀이

$$F(z) = \frac{(1-e^{-aT})z}{(z-1)(z-e^{-aT})} = \frac{z-ze^{-aT}+z^2-z^2}{(z-1)(z-e^{-aT})}$$
$$= \frac{z(z-e^{-aT})-z(z-1)}{(z-1)(z-e^{-aT})} = \frac{z}{z-1} - \frac{z}{z-e^{-aT}}$$

따라서 $f(t)$는 $1-e^{-at}$가 된다.

답 ①

문제 62 그림의 신호흐름선도에서 전달함수 $\dfrac{C(s)}{R(s)}$는?

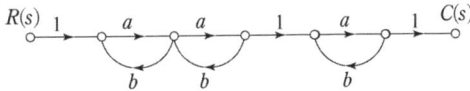

① $\dfrac{a^3}{(1-ab)^3}$　　② $\dfrac{a^3}{1-3ab+a^2b^2}$

③ $\dfrac{a^3}{1-3ab}$　　④ $\dfrac{a^3}{1-3ab+2a^2b^2}$

풀이

• 전향경로 이득 : $a \times a \times a = a^3$
• 루프 이득 : ab, ab, ab
• 비접촉 루프 이득 : $ab \times ab = a^2b^2$, $ab \times ab = a^2b^2$

$$\therefore G(s) = \frac{C(s)}{R(s)} = \frac{\sum 전향 경로 이득}{1-\sum 루프 이득+\sum 비접촉 루프 이득}$$
$$= \frac{a^3}{1-(ab+ab+ab)+(a^2b^2+a^2b^2)}$$
$$= \frac{a^3}{1-3ab+2a^2b^2}$$

답 ④

문제 63 다음의 특성 방정식 중 안정한 제어시스템은?

① $s^3 + 3s^2 + 4s + 5 = 0$

② $s^4 + 3s^3 - s^2 + s + 10 = 0$

③ $s^5 + s^3 + 2s^2 + 4s + 3 = 0$

④ $s^4 - 2s^3 - 3s^2 + 4s + 5 = 0$

풀이

계의 안정조건은 모든 차수의 항이 존재하고, 각 계수의 부호가 같아야 한다.(식 중에서 부호의 변화가 있으면 불안정하다.)

답 ①

문제 64 그림과 같은 블록선도의 제어시스템에 단위계단 함수가 입력되었을 때 정상상태 오차가 0.01이 되는 a의 값은?

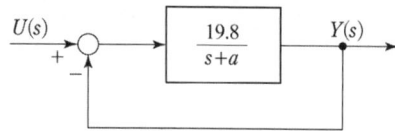

① 0.2　　② 0.6　　③ 0.8　　④ 1.0

풀이

정상상태 편차 $e_{ss} = \lim_{s \to 0} \dfrac{s}{1+G(s)} R(s)$에서

$R(s) = \dfrac{1}{s}$(단위 계단입력)이므로

$e_{ss} = \lim_{s \to 0} \dfrac{s}{1+G(s)} \cdot \dfrac{1}{s} = \dfrac{1}{1 + \lim_{s \to 0} G(s)}$

$= \dfrac{1}{1 + \lim_{s \to 0} \dfrac{19.8}{s+a}} = \dfrac{1}{1 + \dfrac{19.8}{a}} = 0.01$

$\therefore a = 0.2$ **답 ①**

문제 65 그림과 같은 보드선도의 이득선도를 갖는 제어시스템의 전달함수는?

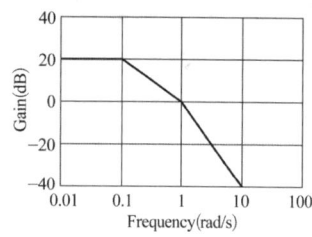

① $G(s) = \dfrac{10}{(s+1)(s+10)}$

② $G(s) = \dfrac{10}{(s+1)(10s+1)}$

③ $G(s) = \dfrac{20}{(s+1)(s+10)}$

④ $G(s) = \dfrac{20}{(s+1)(10s+1)}$

풀이

※ 보드선도에서 특징은 다음과 같다.

(1) 점근선의 교점을 절점이라 하고, 그 주파수를 절점주파수라고 한다.

---

(2) 절점의 개수는 극점과 영점의 수의 합과 같고, 점근선의 절점은 $\omega T = 1$이다.

(3) 복소 극점 또는 영점은 실수부와 허수부를 같게 놓은 조건에서 구한다.

　① 보드선도에서 절점은 두 개이고 절점주파수는 $\omega = 1$, $\omega = 0.1$ 이다. 전달함수 $G(j\omega)$는 $j\omega+1$, $j\omega+0.1$의 인수를 갖고 미지수 K를 구한다.

$$G(j\omega) = \frac{K}{(j\omega+1)(j\omega+0.1)} = \frac{10K}{(j\omega+1)(j10\omega+1)}$$

　② 이득 : $g = 20 \log |G(j\omega)|$

$$= 20 \log \left| \frac{10K}{(j\omega+1)(j10\omega+1)} \right|$$

$$= 20 \log \frac{10K}{\sqrt{\omega^2+1}\,\sqrt{(10\omega)^2+1}}$$

$\therefore g = 20 \log 10K - 20 \log \sqrt{\omega^2+1} - 20 \log \sqrt{(10\omega)^2+1}$

$\omega < 0.1$에서 $g = 20$ [dB](일정)하므로 근사 관계를 적용하여 $g = 20$ [dB]을 만족하는 K를 구한다.

$g = 20 \log 10K - 20 \log \sqrt{\omega^2+1} - 20 \log \sqrt{(10\omega)^2+1}$

$\fallingdotseq 20 \log 10K - 20 \log 1 - 20 \log 1 = 20 \log 10K$

$20 \log 10K = 20$　$\therefore K = 1$

　③ 전달함수 : $G(j\omega) = \dfrac{10}{(j\omega+1)(j10\omega+1)}$

$\therefore G(s) = \dfrac{10}{(s+1)(10s+1)}$ **답 ②**

별해

② 이득 : $g = 20 \log |G(j\omega)| = 20 \log \left| \dfrac{10K}{(j\omega+1)(j10\omega+1)} \right|$

$$= 20 \log \frac{10K}{\sqrt{\omega^2+1}\,\sqrt{(10\omega)^2+1}}$$

$\omega < 0.1$에서 $g = 20$ [dB](일정)이고, $\omega = 0.01$ [rad/s]일 때 $g = 20$ [dB]을 만족하는 K를 구한다.

$\dfrac{10K}{\sqrt{\omega^2+1}\,\sqrt{(10\omega)^2+1}} = 10$

$K = \sqrt{\omega^2+1}\,\sqrt{(10\omega)^2+1}$

$\therefore K = \sqrt{0.01^2+1}\,\sqrt{(10 \times 0.01)^2+1} = 1$

문제 66 그림과 같은 블록선도의 전달함수 $\dfrac{C(s)}{R(s)}$는?

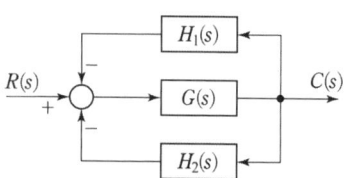

① $\dfrac{G(s)H_1(s)H_2(s)}{1+G(s)H_1(s)H_2(s)}$

② $\dfrac{G(s)}{1+G(s)H_1(s)H_2(s)}$

③ $\dfrac{G(s)}{1-G(s)(H_1(s)+H_2(s))}$

④ $\dfrac{G(s)}{1+G(s)(H_1(s)+H_2(s))}$

풀이

전향경로 이득 : $G(s)$,
루프이득 : $-G(s)H_1(s)$, $-G(s)H_2(s)$

$G(s)=\dfrac{\sum 전향\ 경로\ 이득}{1-\sum 루프이득}$

$=\dfrac{G(s)}{1-\{-G(s)H_1(s)-G(s)H_2(s)\}}$

$=\dfrac{G(s)}{1+G(s)H_1(s)+G(s)H_2(s)}$

$=\dfrac{G(s)}{1+G(s)(H_1(s)+H_2(s))}$ **답 ④**

문제 67 그림과 같은 논리회로와 등가인 것은?

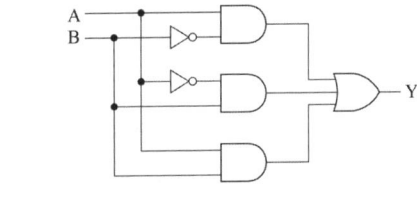

① 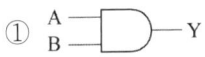 Y
② A B Y
③ 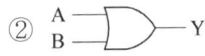 Y
④ A B Y

풀이

그림의 논리회로를 논리식으로 나타내면

$Y=A\overline{B}+\overline{A}B+AB$

$=A\overline{B}+\overline{A}B+AB+AB \ (\because AB=AB+AB)$

$=A(\overline{B}+B)+B(\overline{A}+A)$

에서 $A+\overline{A}=1$, $B+\overline{B}=1$ 이므로

$\therefore Y=A+B$ (논리합 : A B Y) **답 ②**

문제 68 다음의 개루프 전달함수에 대한 근궤적의 점근선이 실수축과 만나는 교차점은?

$$G(s)H(s)=\dfrac{K(s+3)}{s^2(s+1)(s+3)(s+4)}$$

① $\dfrac{5}{3}$ ② $-\dfrac{5}{3}$ ③ $\dfrac{5}{4}$ ④ $-\dfrac{5}{4}$

풀이

교차점 $\sigma=\dfrac{\sum 극점-\sum 영점}{p-z}$ 에서

극점의 수 $p=5$, 영점의 수 $z=1$

영점 : -3

극점 : $0,\ 0,\ -1,\ -3,\ -4$

교차점 $\sigma=\dfrac{(-1-3-4)-(-3)}{5-1}=-\dfrac{5}{4}$ **답 ④**

문제 69 블록선도에서 ⓐ에 해당하는 신호는?

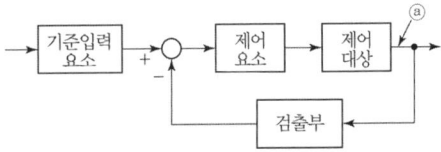

① 조작량 ② 제어량
③ 기준입력 ④ 동작신호

풀이

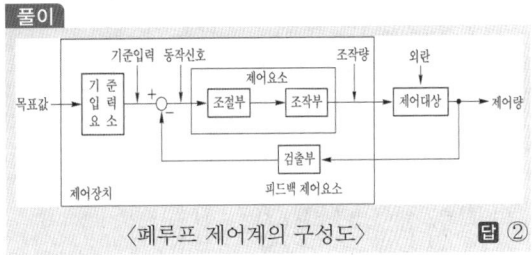

〈폐루프 제어계의 구성도〉 **답 ②**

문제 70 다음의 미분방정식과 같이 표현되는 제어시스템이 있다. 이 제어시스템을 상태방정식 $\dot{x}=Ax+Bu$로 나타내었을 때 시스템행렬 A는?

$$\dfrac{d^3C(t)}{dt^3}+5\dfrac{d^2C(t)}{dt^2}+\dfrac{dC(t)}{dt}+2C(t)=u(t)$$

$$① \begin{bmatrix} 0 & 1 & 0 \\ 0 & 0 & 1 \\ -2 & -1 & -5 \end{bmatrix} \qquad ② \begin{bmatrix} 1 & 0 & 0 \\ 0 & 1 & 0 \\ -2 & -1 & -5 \end{bmatrix}$$

$$③ \begin{bmatrix} 0 & 1 & 0 \\ 0 & 0 & 1 \\ 2 & 1 & 5 \end{bmatrix} \qquad ④ \begin{bmatrix} 1 & 0 & 0 \\ 0 & 1 & 0 \\ 2 & 1 & 5 \end{bmatrix}$$

풀이

시스템 행렬 $\boldsymbol{A}$ 는 다음의 단계에 의해 구한다.

(1) 3차 미분방정식이므로 3개의 상태변수 $x_1(t)$, $x_2(t)$, $x_3(t)$ 를 선정한다.

$$x_1(t) = C(t), \quad x_2(t) = \frac{dC(t)}{dt}, \quad x_3(t) = \frac{d^2 C(t)}{dt^2}$$

(2) 단계 (1)의 상태변수를 양변 미분하고 $\dot{x}_i = \frac{dx_i}{dt}$ 를 적용한다.

$$\frac{dx_1(t)}{dt} = \frac{dC(t)}{dt} = \dot{x}_1, \quad \frac{dx_2(t)}{dt} = \frac{d^2 C(t)}{dt^2} = \dot{x}_2,$$

$$\frac{dx_3(t)}{dt} = \frac{d^3 C(t)}{dt^3} = \dot{x}_3$$

(3) 미분방정식에서 최고차항에 대해 나머지 항을 우변으로 이항하고 상태변수 $x_1(t)$, $x_2(t)$, $x_3(t)$ 를 대입한다.

$$\frac{d^3 C(t)}{dt^3} = -5\frac{d^2 C(t)}{dt^2} - \frac{dC(t)}{dt} - 2C(t) + u(t)$$

$$\therefore \ \dot{x}_3(t) = -2x_1(t) - x_2(t) - 5x_3(t) + u(t)$$

(4) 상태방정식(상태방정식은 상태변수 x_i 의 함수로 표현)

$$\begin{cases} \dot{x}_1(t) = x_2(t) \\ \dot{x}_2(t) = x_3(t) \\ \dot{x}_3(t) = -2x_1(t) - x_2(t) - 5x_3(t) + u(t) \\ C(t) = x_1(t) \end{cases}$$

(5) 상태방정식(벡터 행렬 표현식) : 단계 (4)의 상태방정식 $\dot{x}_i(t)$ 의 함수를 벡터 행렬식으로 변환하여 시스템 행렬 $\boldsymbol{A}$ 를 구한다. ($\dot{\boldsymbol{x}} = \boldsymbol{A}x + \boldsymbol{B}u$)

$$\dot{\boldsymbol{x}}(t) = \begin{bmatrix} \dot{x}_1(t) \\ \dot{x}_2(t) \\ \dot{x}_3(t) \end{bmatrix} = \begin{bmatrix} 0 & 1 & 0 \\ 0 & 0 & 1 \\ -2 & -1 & -5 \end{bmatrix} \begin{bmatrix} x_1(t) \\ x_2(t) \\ x_3(t) \end{bmatrix} + \begin{bmatrix} 0 \\ 0 \\ 1 \end{bmatrix} u(t)$$

$$\therefore \ \boldsymbol{A} = \begin{bmatrix} 0 & 1 & 0 \\ 0 & 0 & 1 \\ -2 & -1 & -5 \end{bmatrix} \qquad \textbf{답} ①$$

별해

간편 풀이

(1) 상태변수를 선정(3차 미분방정식은 3개 선정) : $x_1(t)$, $x_2(t)$, $x_3(t)$

(2) 연립미분방정식을 상태변수에 의한 상태방정식 표현

① $\dot{x}_1(t) = x_2(t)$

② $\dot{x}_2(t) = x_3(t)$

③ $\dot{x}_3(t) = -2x_1(t) - x_2(t) - 5x_3(t) + u(t)$

(3) 상태방정식을 행렬 표현

$$\dot{\boldsymbol{x}}(t) = \begin{bmatrix} \dot{x}_1(t) \\ \dot{x}_2(t) \\ \dot{x}_3(t) \end{bmatrix} = \begin{bmatrix} 0 & 1 & 0 \\ 0 & 0 & 1 \\ -2 & -1 & -5 \end{bmatrix} \begin{bmatrix} x_1(t) \\ x_2(t) \\ x_3(t) \end{bmatrix} + \begin{bmatrix} 0 \\ 0 \\ 1 \end{bmatrix} u(t)$$

문제 71 $f_e(t)$ 가 우함수이고 $f_o(t)$ 가 기함수일 때 주기함수 $f(t) = f_e(t) + f_o(t)$ 에 대한 다음 식 중 틀린 것은?

① $f_e(t) = f_e(-t)$

② $f_o(t) = -f_o(-t)$

③ $f_o(t) = \frac{1}{2}[f(t) - f(-t)]$

④ $f_e(t) = \frac{1}{2}[f(t) - f(-t)]$

풀이

$f_e(t) = f_e(-t)$, $f_o(t) = -f_o(-t)$ 는 옳고

$f(t) = f_e(t) + f_o(t)$ 이므로

$$① \ \frac{1}{2}[f(t) + f(-t)] = \frac{1}{2}[f_e(t) + f_o(t) + f_e(-t) + f_o(-t)]$$

$$= \frac{1}{2}[f_e(t) + f_o(t) + f_e(t) - f_o(t)]$$

$$= f_e(t)$$

$$② \ \frac{1}{2}[f(t) - f(-t)] = \frac{1}{2}[f_e(t) + f_o(t) - f_e(-t) - f_o(-t)]$$

$$= \frac{1}{2}[f_e(t) + f_o(t) - f_e(t) + f_o(t)]$$

$$= f_o(t)$$

가 된다. $\qquad$ **답** ④

문제 72 3상 평형회로에 Y 결선의 부하가 연결되어 있고, 부하에서의 선간전압이 $V_{ab} = 100\sqrt{3} \angle 0°$[V]일 때 선전류가 $I_a = 20 \angle -60°$[A]이었다. 이 부하의 한 상의 임피던스[Ω]는? (단, 3상 전압의 상순은 $a-b-c$ 이다.)

① $5 \angle 30°$ $\qquad\qquad$ ② $5\sqrt{3} \angle 30°$

③ $5 \angle 60°$ $\qquad\qquad$ ④ $5\sqrt{3} \angle 60°$

풀이

Y결선에서

- 선전류 = 상전류 ($I_l = I_p \underline{/0°}$)
- 선간 전압 = $\sqrt{3}\times$상전압$\underline{/30°}$ ($V_l = \sqrt{3}\,V_p\underline{/30°}$)
- 상전압 $V_p = \dfrac{V_l}{\sqrt{3}}\underline{/-30°} = \dfrac{100\sqrt{3}}{\sqrt{3}}\underline{/-30°}$

$$= 100\underline{/-30°}[\text{V}]$$

$$\therefore Z = \frac{V_p}{I_p} = \frac{100\underline{/-30°}}{20\underline{/-60°}} = 5\underline{/30°}[\Omega]$$ **답 ①**

문제 73 그림의 회로에서 120[V]와 30[V]의 전압원(능동소자)에서의 전력은 각각 몇 [W]인가? (단, 전압원(능동소자)에서 공급 또는 발생하는 전력은 양수(+)이고, 수비 또는 흡수하는 전력은 음수(−)이다.)

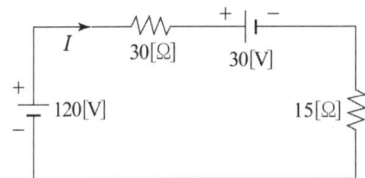

① 240[W], 60[W]　② 240[W], −60[W]
③ −240[W], 60[W]　④ −240[W], −60[W]

풀이

- 회로에 흐르는 전류 $I = \dfrac{120-30}{30+15} = 2[\text{A}]$
- 120[V]전원에서 공급되는 전력
$$P_1 = E_1 I = 120 \times 2 = 240[\text{W}]$$
- 30[V] 전원에서 흡수되는 전력(전류 방향이 반대)
$$P_2 = E_2 I = 30 \times (-2) = -60[\text{W}]$$ **답 ②**

문제 74 각 상의 전압이 다음과 같을 때 영상분 전압[V]의 순시치는? (단, 3상 전압의 상순은 $a-b-c$ 이다.)

$$v_a(t) = 40\sin\omega t[\text{V}]$$
$$v_b(t) = 40\sin\left(\omega t - \frac{\pi}{2}\right)[\text{V}]$$
$$v_c(t) = 40\sin\left(\omega t + \frac{\pi}{2}\right)[\text{V}]$$

① $40\sin\omega t$　② $\dfrac{40}{3}\sin\omega t$

③ $\dfrac{40}{3}\sin\left(\omega t - \dfrac{\pi}{2}\right)$　④ $\dfrac{40}{3}\sin\left(\omega t + \dfrac{\pi}{2}\right)$

풀이

정현파를 phasor로 표시하면
$$V_a = 40\angle 0° = 40[\text{V}]$$
$$V_b = 40\angle -90° = -j40[\text{V}]$$
$$V_c = 40\angle 90° = j40[\text{V}]$$
따라서 영상전압은
$$V_o = \frac{1}{3}(V_a + V_b + V_c) = \frac{1}{3}(40 - j40 + j40) = \frac{40}{3}\angle 0°$$
$$\therefore v_o = \frac{40}{3}\sin\omega t \text{ 가 된다.}$$ **답 ②**

문제 75 그림과 같이 3상 평형의 순저항 부하에 단상 전력계를 연결하였을 때 전력계가 $W[\text{W}]$를 지시하였다. 이 3상 부하에서 소모하는 전체 전력[W]은?

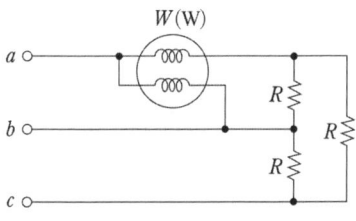

① $2W$　　② $3W$
③ $\sqrt{2}\,W$　　④ $\sqrt{3}\,W$

풀이

$$W = V_l I_l \cos(30° - \theta°)$$
순저항 부하이므로 $\theta = 0°$
따라서, $W = V_l I_l \cos 30° = \dfrac{\sqrt{3}}{2}V_l I_l$
$$\therefore 2W = \sqrt{3}\,V_l I_l = P(\text{3상전력})$$ **답 ①**

문제 76 정전용량이 $C[\text{F}]$인 커패시터에 단위 임펄스의 전류원이 연결되어 있다. 이 커패시터의 전압 $v_C(t)$는? (단, $u(t)$는 단위 계단함수이다.)

① $v_C(t) = C$　　② $v_C(t) = Cu(t)$
③ $v_C(t) = \dfrac{1}{C}$　　④ $v_C(t) = \dfrac{1}{C}u(t)$

풀이

라플라스 $V_c(s) = \dfrac{1}{sC}\mathcal{L}[\delta(t)] = \dfrac{1}{sC}$
역 라플라스 변환

$$v_c(t) = \mathcal{L}^{-1}[V_c(s)] = \mathcal{L}^{-1}\left[\frac{1}{sC}\right] = \frac{1}{C}u(t)$$

$$\therefore v_c(t) = \frac{1}{C}u(t)$$

$u(t)$는 시간 영역 $t \geq 0$을 의미하므로 반드시 붙여야 한다. (라플라스 변환은 $t \geq 0$에서 정의) **답** ④

문제 77 그림의 회로에서 $t = 0[s]$에 스위치(S)를 닫은 후 $t = 1[s]$일 때 이 회로에 흐르는 전류는 약 몇 [A]인가?

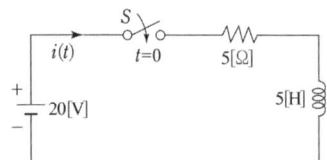

① 2.52 ② 3.16
③ 4.21 ④ 6.32

풀이

$R-L$ 직렬회로에서의 과도전류

$$i_s = \frac{E}{R}\left(1 - e^{-\frac{R}{L}t}\right) = \frac{20}{5}\left(1 - e^{-\frac{5}{5}\times 1}\right) = 2.53[A]$$ **답** ①

문제 78 순시치 전류 $i(t) = I_m \sin(\omega t + \theta_1)[A]$의 파고율은 약 얼마인가?

① 0.577 ② 0.707
③ 1.414 ④ 1.732

풀이

정현파 전류의 실효값 $I = \frac{I_m}{\sqrt{2}}[A]$

$$\therefore 파고율 = \frac{최대값}{실효값} = \frac{I_m}{\frac{I_m}{\sqrt{2}}} = \sqrt{2} = 1.414$$ **답** ③

문제 79 그림의 회로가 정저항 회로로 되기 위한 L [mH]은? (단, $R = 10[\Omega]$, $C = 1000[\mu F]$이다.)

① 1
② 10
③ 100
④ 1000

풀이

• 주파수에 관계없이 항상 일정한 순저항으로 될 때 회로를 정저항 회로라 한다.
• 정저항 조건 $R^2 = \frac{L}{C}$에서

$$\therefore L = R^2 C = 10^2 \times 1000 \times 10^{-6} = 0.1[H] = 100[mH]$$ **답** ③

문제 80 분포정수 회로에 있어서 선로의 단위 길이당 저항이 100[Ω/m], 인덕턴스가 200[mH/m], 누설컨덕턴스가 0.5[℧/m]일 때 일그러짐이 없는 조건(무왜형 조건)을 만족하기 위한 단위 길이당 커패시턴스는 몇 [μF/m]인가?

① 0.001 ② 0.1
③ 10 ④ 1000

풀이

무왜형 조건 $RC = LG$에서

$$\therefore C = \frac{LG}{R} = \frac{200 \times 10^{-3} \times 0.5}{100} \times 10^6 = 1000[\mu F/m]$$ **답** ④

제5과목 전기설비 기술기준

문제 81 저압 가공전선이 안테나와 접근상태로 시설될 때 상호 간의 이격거리는 몇 [cm] 이상이어야 하는가? (단, 전선이 고압 절연전선, 특고압 절연전선 또는 케이블이 아닌 경우이다.)

① 60 ② 80 ③ 100 ④ 120

풀이

332.14 고압 가공전선과 안테나의 접근 또는 교차
저압 가공전선 또는 고압 가공전선이 안테나와 접근상태로 시설되는 경우에는 다음에 따라야 한다.
가. 고압 가공전선로는 고압 보안공사에 의할 것
나. 가공전선과 안테나 사이의 이격거리

사용 전압 부분 공작물의 종류		저압	고압
안테나	일반적인 경우	0.6 [m]	0.8 [m]
	전선이 고압절연전선	0.3 [m]	0.8 [m]
	전선이 케이블인 경우	0.3 [m]	0.4 [m]

답 ①

문제 82 사용전압이 22.9[kV]인 특고압 가공전선과 그 지지물·완금류·지주 또는 지선 사이의 이격거리는 몇 [cm] 이상이어야 하는가?

① 15   ② 20
③ 25   ④ 30

풀이

333.5 특고압 가공전선과 지지물 등의 이격거리
특고압 가공전선과 그 지지물·완금류·지주 또는 지선 사이의 이격거리는 표 에서 정한 값 이상이어야 한다. 다만, 기술상 부득이한 경우에 위험의 우려가 없도록 시설한 때에는 표 에서 정한 값의 0.8배까지 감할 수 있다.

사용전압	이격거리[cm]
15 [kV] 미만	15
15 [kV] 이상 25 [kV] 미만	**20**
25 [kV] 이상 35 [kV] 미만	25
60 [kV] 이상 70 [kV] 미만	40
130 [kV] 이상 160 [kV] 미만	90

답 ②

문제 83 고압 가공전선으로 사용한 경동선은 안전율이 얼마 이상인 이도로 시설하여야 하는가?

① 2.0   ② 2.2
③ 2.5   ④ 3.0

풀이

332.4 고압 가공전선의 안전율,
222.6 저압 가공전선의 안전율
가공전선이 케이블 이외인 경우 안전율이 다음 이상이 되는 이도로 시설하여야 한다.
가. **경동선 또는 내열 동합금선 : 2.2 이상**
나. 그 밖의 전선 : 2.5

답 ②

문제 84 최대사용전압이 23000[V]인 중성점 비접지식 전로의 절연내력 시험전압은 몇 [V] 인가?

① 16560
② 21160
③ 25300
④ 28750

풀이

132 전로의 절연저항 및 절연내력

전로의 종류	접지 방식	시험전압 (최대사용 전압의 배수)	최저 시험전압
1. 7[kV] 이하인 전로		1.5배	
2. 7[kV] 초과 25[kV] 이하	다중접지	0.92배	
3. **7[kV] 초과 60[kV] 이하** (2란의 것 제외)	비접지	1.25배	10.5[kV]
4. 60[kV] 초과	비접지	1.25배	
5. 60[kV] 초과 (6란, 7란의 것 제외)	접지식	1.1배	75[kV]
6. 60[kV] 초과 (7란의 것 제외)	직접접지	0.72배	
7. 170[kV] 초과 (발전소 또는 변전소 혹은 이에 준하는 장소에 시설하는 것.)	직접접지	0.64배	

$\therefore$ 시험 전압 $= 23,000 \times 1.25 = 28,750[V]$

답 ④

문제 85 급전선에 대한 설명으로 틀린 것은?

① 급전선은 비절연보호도체, 매설접지도체, 레일 등으로 구성하여 단권변압기 중성점과 공통접지에 접속한다.
② 가공식은 전차선의 높이 이상으로 전차선로 지지물에 병행 설치하며, 나전선의 접속은 직선 접속을 원칙으로 한다.
③ 선상승강장, 인도교, 과선교 또는 교량 하부 등에 설치할 때에는 최소 절연이격거리 이상을 확보하여야 한다.
④ 신설 터널 내 급전선을 가공으로 설계할 경우 지지물의 취부는 C찬넬 또는 매입전을 이용하여 고정하여야 한다.

풀이

431.4 급전선로
• 급전선은 나전선을 적용하여 가공식으로 가설을 원칙으로 한다.
• ①번은 귀선로에 대한 설명이다.

답 ①

문제 86 진열장 내의 배선으로 사용전압 400[V] 이하에 사용하는 코드 또는 캡타이어 케이블의 최소 단면적은 몇 [mm²] 인가?

① 1.25 ② 1.0
③ 0.75 ④ 0.5

풀이

231.3 저압 옥내배선의 사용전선
가. 저압 옥내배선의 전선 : 단면적 2.5[mm²] 이상의 연동선
나. 옥내배선의 사용 전압이 400[V] 이하인 경우는 다음에 의하여 시설할 수 있다.
 ① 전광표시 장치 또는 제어 회로
  • 단면적 1.5[mm²] 이상의 연동선
  • 단면적 0.75[mm²] 이상인 다심케이블 또는 다심 캡타이어 케이블을 사용하고 또한 과전류가 생겼을 때에 자동적으로 전로에서 차단하는 장치를 시설
 ② 진열장 또는 이와 유사한 것의 내부 배선 : 단면적 0.75[mm²] 이상인 코드 또는 캡타이어케이블 **답 ③**

문제 87 지중 전선로를 직접 매설식에 의하여 시설할 때, 차량 기타 중량물의 압력을 받을 우려가 있는 장소인 경우 매설깊이는 몇 [m] 이상으로 시설하여야 하는가?
① 0.6 ② 1.0
③ 1.2 ④ 1.5

풀이

334.1 지중전선로의 시설
가. 지중 전선로는 전선에 케이블을 사용하고 또한 관로식·암거식 또는 직접 매설식에 의하여 시설하여야 한다.
나. 지중 전선로를 **직접 매설식**에 의하여 시설하는 경우에는 매설 깊이는
 ① 차량 기타 중량물의 압력을 받을 우려가 있는 장소 : 1.0 [m] 이상
 ② 기타 장소 : 0.6 [m] 이상 **답 ②**

문제 88 플로어덕트 공사에 의한 저압 옥내배선 공사 시 시설기준으로 틀린 것은?
① 덕트의 끝부분은 막을 것
② 옥외용 비닐절연전선을 사용할 것
③ 덕트 안에는 전선에 접속점이 없도록 할 것
④ 덕트 및 박스 기타의 부속품은 물이 고이는 부분이 없도록 시설하여야 한다.

풀이

232.32 플로어덕트공사
가. 전선은 절연전선(옥외용 비닐 절연전선을 제외한다)일 것.
나. 전선은 연선일 것. 다만, 단면적 10[mm²](알루미늄선은 단면적 16[mm²]) 이하인 것은 그러하지 아니하다.
다. 플로어덕트 안에는 전선에 접속점이 없도록 할 것. 다만, 전선을 분기하는 경우에 접속점을 쉽게 점검할 수 있을 때에는 그러하지 아니하다.
라. 덕트 상호 간 및 덕트와 박스 및 인출구와는 견고하고 또한 전기적으로 완전하게 접속할 것.
마. 박스 및 인출구는 마루 위로 돌출하지 아니하도록 시설하고 또한 물이 스며들지 아니하도록 밀봉할 것.
바. 덕트의 끝부분은 막을 것.
사. 덕트는 접지공사를 할 것. **답 ②**

문제 89 중앙급전 전원과 구분되는 것으로서 전력소비지역 부근에 분산하여 배치 가능한 신·재생에너지 발전설비 등의 전원으로 정의되는 용어는?
① 임시전력원 ② 분전반전원
③ 분산형전원 ④ 계통연계전원

풀이

112 용어 정의
분산형 전원이란 중앙급전 전원과 구분되는 것으로서 **전력소비지역 부근에 분산하여 배치 가능한 전원**을 말한다. 상용전원의 정전시에만 사용하는 비상용 예비전원은 제외하며, 신·재생에너지 발전설비, 전기저장장치 등을 포함한다. **답 ③**

문제 90 애자공사에 의한 저압 옥측전선로는 사람이 쉽게 접촉될 우려가 없도록 시설하고, 전선의 지지점 간의 거리는 몇 [m] 이하이어야 하는가?
① 1 ② 1.5 ③ 2 ④ 3

풀이

221.2 옥측전선로
애자공사에 의한 저압 옥측전선로는 다음에 의하고 또한 사람이 쉽게 접촉될 우려가 없도록 시설할 것
가. 전선의 단면적은 4[mm²] 이상의 연동 절연전선(옥외용 비닐절연전선 및 인입용 절연전선은 제외한다.)일 것.
나. 전선 상호 간의 간격 및 전선과 조영재 사이의 이격거리

전 압	전선 상호 간의 간격		전선과 조영재 사이의 이격거리	
	사용전압 400[V] 이하인 경우	사용전압 400[V] 초과인 경우	사용전압 400[V] 이하인 경우	사용전압 400[V] 초과인 경우
비나 이슬에 젖지 않는 장소	0.06[m] 이상	0.06[m] 이상	0.025[m] 이상	0.025[m] 이상
비나 이슬에 젖는 장소	0.06[m] 이상	0.12[m] 이상	0.025[m] 이상	0.045[m] 이상

다. 전선의 지지점 간의 거리는 2[m] 이하일 것.
라. 애자는 절연성·난연성 및 내수성이 있는 것일 것.

답 ③

문제 91 저압 가공전선로의 지지물이 목주인 경우 풍압하중의 몇 배의 하중에 견디는 강도를 가지는 것이어야 하는가?

① 1.2 ② 1.5
③ 2 ④ 3

풀이

333.10 특고압 가공전선로의 목주 시설
332.7 고압 가공전선로의 지지물의 강도
222.8 저압 가공전선로의 지지물의 강도
지지물이 목주인 경우 안전율 및 말구의 지름

전압의 종별	안전율	말구의 지름
저 압	1.2	-
고 압	1.3	0.12 [m] 이상
특고압	1.5	0.12 [m] 이상

답 ①

문제 92 교류 전차선 등 충전부와 식물 사이의 이격거리는 몇 [m] 이상이어야 하는가? (단, 현장여건을 고려한 방호벽 등의 안전조치를 하지 않은 경우이다.)

① 1 ② 3
③ 5 ④ 10

풀이

431.11 전차선 등과 식물사이의 이격거리
교류 전차선 등 충전부와 식물사이의 이격거리는 5[m] 이상이어야 한다. 다만, 5[m] 이상 확보하기 곤란한 경우에는 현장여건을 고려하여 방호벽 등 안전조치를 하여야 한다.

답 ③

문제 93 조상기에 내부 고장이 생긴 경우, 조상기의 뱅크용량이 몇 [kVA] 이상일 때 전로로부터 자동 차단하는 장치를 시설하여야 하는가?

① 5000 ② 10000
③ 15000 ④ 20000

풀이

351.5 조상설비의 보호장치
조상설비에는 그 내부에 고장이 생긴 경우에 보호하는 장치를 표와 같이 시설하여야 한다.

설비 종별	뱅크 용량의 구분	자동적으로 전로로부터 차단하는 장치
전력용 커패시터 및 분로리액터	500[kVA] 초과 15,000[kVA] 미만	• 내부에 고장이 생긴 경우 • 과전류가 생긴 경우
	15,000[kVA] 이상	• 내부에 고장이 생긴 경우 • 과전류가 생긴 경우 • 과전압이 생긴 경우
조상기	15,000[kVA] 이상	• 내부에 고장이 생긴 경우

답 ③

문제 94 고장보호에 대한 설명으로 틀린 것은?

① 고장보호는 일반적으로 직접접촉을 방지하는 것이다.
② 고장보호는 인축의 몸을 통해 고장전류가 흐르는 것을 방지하여야 한다.
③ 고장보호는 인축의 몸에 흐르는 고장전류를 위험하지 않는 값 이하로 제한하여야 한다.
④ 고장보호는 인축의 몸에 흐르는 고장전류의 지속시간을 위험하지 않은 시간까지로 제한하여야 한다.

풀이

113.2 감전에 대한 보호
가. 기본보호
기본보호는 일반적으로 직접접촉을 방지하는 것으로 전기설비의 충전부에 인축이 접촉하여 일어날 수 있는 위험으로부터 보호되어야 한다.
① 인축의 몸을 통해 전류가 흐르는 것을 방지
② 인축의 몸에 흐르는 전류를 위험하지 않는 값 이하로 제한
나. 고장보호
일반적으로 **기본절연의 고장에 의한 간접접촉을 방지하**는 것으로 노출도전부에 인축이 접촉하여 일어날 수 있는 위험으로부터 보호되어야 한다.

① 인축의 몸을 통해 고장전류가 흐르는 것을 방지
② 인축의 몸에 흐르는 고장전류를 위험하지 않는 값 이하로 제한
③ 인축의 몸에 흐르는 고장전류의 지속시간을 위험하지 않은 시간까지로 제한 답 ①

문제 95 네온방전등의 관등회로의 전선을 애자공사에 의해 자기 또는 유리제 등의 애자로 견고하게 지지하여 조영재의 아랫면 또는 옆면에 부착한 경우 전선 상호 간의 이격거리는 몇 [mm] 이상이어야 하는가?

① 30   ② 60
③ 80   ④ 100

풀이

234.12 네온방전등
네온방전등에 공급하는 전로의 대지전압은 300[V] 이하로 하여야 하며, 다음에 의하여 시설하여야 한다. 다만, 네온방전등에 공급하는 전로의 대지전압이 150[V] 이하인 경우는 적용하지 않는다.
가. 네온변압기는 옥내배선과 직접 접촉하여 시설할 것.
나. 관등회로의 배선은 애자공사로 다음에 따라서 시설하여야 한다.
 ① 전선은 네온관용전선을 사용할 것.
 ② 전선은 자기 또는 유리제 등의 애자로 견고하게 지지하여 조영재의 아랫면 또는 옆면에 부착하고 **전선 상호간의 이격거리는 60[mm] 이상**일 것.
 ③ 전선지지점간의 거리는 1[m] 이하로 할 것.
 ④ 애자는 절연성·난연성 및 내수성이 있는 것일 것 답 ②

문제 96 수소냉각식 발전기에서 사용하는 수소 냉각 장치에 대한 시설기준으로 틀린 것은?

① 수소를 통하는 관으로 동관을 사용할 수 있다.
② 수소를 통하는 관은 이음매가 있는 강판이어야 한다.
③ 발전기 내부의 수소의 온도를 계측하는 장치를 시설하여야 한다.
④ 발전기 내부의 수소의 순도가 85[%] 이하로 저하한 경우에 이를 경보하는 장치를 시설하여야 한다.

풀이

351.10 수소냉각식 발전기 등의 시설
수소냉각식의 발전기·조상기 또는 이에 부속하는 수소 냉각 장치는 다음 각 호에 따라 시설하여야 한다.
가. 발전기 또는 조상기는 기밀구조의 것이고 또한 수소가 대기압에서 폭발하는 경우에 생기는 압력에 견디는 강도를 가지는 것일 것.
나. 발전기 내부 또는 조상기 내부의 수소의 순도가 85[%] 이하로 저하한 경우에 이를 경보하는 장치를 시설할 것.
다. 발전기 내부 또는 조상기 내부의 수소의 압력을 계측하는 장치 및 그 압력이 현저히 변동한 경우에 이를 경보하는 장치를 시설할 것.
라. 발전기 내부 또는 조상기 내부의 수소의 온도를 계측하는 장치를 시설할 것.
마. **수소를 통하는 관은** 동관 또는 **이음매 없는 강판**이어야 하며 또한 수소가 대기압에서 폭발하는 경우에 생기는 압력에 견디는 강도의 것일 것. 답 ②

문제 97 전력보안통신설비인 무선통신용 안테나 등을 지지하는 철주의 기초 안전율은 얼마 이상이어야 하는가? (단, 무선용 안테나 등이 전선로의 주위상태를 감시할 목적으로 시설되는 것이 아닌 경우이다.)

① 1.3   ② 1.5
③ 1.8   ④ 2.0

풀이

364.1 무선용 안테나 등을 지지하는 철탑 등의 시설
전력보안통신설비인 무선통신용 안테나 또는 반사판을 지지하는 목주·철주·철근 콘크리트주 또는 철탑은 다음에 따라 시설하여야 한다. 다만, 무선용 안테나 등이 전선로의 주위상태를 감시할 목적으로 시설되는 것일 경우에는 그러하지 아니하다.
가. 목주는 풍압하중에 대한 안전율은 1.5 이상이어야 한다.
나. 철주·철근 콘크리트주 또는 철탑의 **기초 안전율은 1.5 이상**이어야 한다. 답 ②

문제 98 특고압 가공전선로의 지지물 양측의 경간의 차가 큰 곳에 사용하는 철탑의 종류는?

① 내장형   ② 보강형
③ 직선형   ④ 인류형

풀이
333.11 특고압 가공전선로의 철주·철근 콘크리트주 또는 철탑의 종류
특고압 가공전선로의 지지물로 사용하는 B종 철근·B종 콘크리트주 또는 철탑의 종류는 다음과 같다.
가. 직선형 : 전선로의 직선 부분(3° 이하의 수평 각도 이루는 곳 포함)에 사용되는 것
나. 각도형 : 전선로 중 수평 각도 3°를 넘는 곳에 사용되는 것
다. 인류형 : 전 가섭선을 인류하는 곳에 사용하는 것
라. **내장형 : 전선로 지지물 양측의 경간차가 큰 곳에 사용**하는 것
마. 보강형 : 전선로 직선 부분을 보강하기 위하여 사용하는 것 **답** ①

문제 99 사무실 건물의 조명설비에 사용되는 백열전등 또는 방전등에 전기를 공급하는 옥내전로의 대지전압은 몇 [V] 이하인가?
① 250
② 300
③ 350
④ 400

풀이
231.6 옥내전로의 대지 전압의 제한
백열전등 또는 방전등에 전기를 공급하는 옥내의 **전로의 대지전압은 300[V] 이하**이어야 한다. **답** ②

문제 100 전기저장장치를 전용건물에 시설하는 경우에 대한 설명이다. 다음 ( )에 들어갈 내용으로 옳은 것은?

> 전기저장장치 시설장소는 주변 시설(도로, 건물, 가연물질 등)로부터 (㉠)[m] 이상 이격하고 다른 건물의 출입구나 피난계단 등 이와 유사한 장소로부터는 (㉡)[m] 이상 이격하여야 한다.

① ㉠ 3, ㉡ 1
② ㉠ 2, ㉡ 1.5
③ ㉠ 1, ㉡ 2
④ ㉠ 1.5, ㉡ 3

풀이
512.1.5 전용건물에 시설하는 경우
전기저장장치 시설장소는 주변 시설(도로, 건물, 가연물질 등)로부터 1.5[m] 이상 이격하고 다른 건물의 출입구나 피난계단 등 이와 유사한 장소로부터는 3[m] 이상 이격하여야 한다. **답** ④

국가기술자격검정 필기시험 문제

2022년도 전기기사 일반검정 제 2 회				수검 번호	성 명
자격종목 및 등급(선택분야)	종목코드	시험시간	문제지형별		
전기기사	1150	2시간 30분	A		

제1과목 ▶ 전기자기학

문제 01 $\epsilon_r = 81$, $\mu_r = 1$인 매질의 고유 임피던스는 약 몇 [Ω]인가? (단, ϵ_r은 비유전율이고, μ_r은 비투자율이다.)

① 13.9 　　　　② 21.9

③ 33.9 　　　　④ 41.9

풀이

고유 임피던스

$$Z_0 = \frac{E}{H} = \sqrt{\frac{\mu}{\epsilon}} = \sqrt{\frac{\mu_0}{\epsilon_0}} \cdot \sqrt{\frac{\mu_r}{\epsilon_r}}$$

$$= \sqrt{\frac{4\pi \times 10^{-7}}{8.855 \times 10^{-12}}} \cdot \sqrt{\frac{\mu_r}{\epsilon_r}}$$

$$= 377\sqrt{\frac{\mu_r}{\epsilon_r}} = 377\sqrt{\frac{1}{81}} = 41.89 \,[\Omega]$$

답 ④

문제 02 강자성체의 $B - H$곡선을 자세히 관찰하면 매끈한 곡선이 아니라 자속밀도가 어느 순간 급격히 계단적으로 증가 또는 감소하는 것을 알 수 있다. 이러한 현상을 무엇이라 하는가?

① 퀴리점(Curie point)

② 자왜현상(Magneto-striction)

③ 바크하우젠 효과(Barkhausen effect)

④ 자기 여자효과(Magnetic after effect)

풀이

바크하우젠 효과

자성체 내에서 임의의 방향으로 배열되었던 자구가 외부 자장의 힘이 일정치 이상이 되면 순간적으로 회전하여 자장의 방향으로 배열되기 때문에 자속밀도가 증가하는 현상

답 ③

문제 03 진공 중에 무한 평면도체와 d[m] 만큼 떨어진 곳에 선전하밀도 λ[C/m]의 무한 직선도체가 평행하게 놓여 있는 경우 직선 도체의 단위 길이당 받는 힘은 몇 [N/m]인가?

① $\dfrac{\lambda^2}{\pi\epsilon_0 d}$ 　　　　② $\dfrac{\lambda^2}{2\pi\epsilon_0 d}$

③ $\dfrac{\lambda^2}{4\pi\epsilon_0 d}$ 　　　　④ $\dfrac{\lambda^2}{16\pi\epsilon_0 d}$

풀이

지상의 높이 d[m]와 같은 깊이에 $-\lambda$[C/m]의 영상 도선을 평행 배선한 것으로 생각하면 된다.

직선 도체에서의 전계 E는

$$E = \frac{\lambda}{2\pi\epsilon_0 (2d)} \,[V/m]$$

가 되므로 직선 도체가 단위 길이 당 받는 힘 F는

$$F = \lambda E = \frac{\lambda^2}{4\pi\epsilon_0 d} \,[N/m]$$

답 ③

문제 04 평행 극판 사이에 유전율이 각각 ϵ_1, ϵ_2인 유전체를 그림과 같이 채우고, 극판 사이에 일정한 전압을 걸었을 때 두 유전체 사이에 작용하는 힘은? (단, $\epsilon_1 > \epsilon_2$)

① ⓐ의 방향

② ⓑ의 방향

③ ⓒ의 방향

④ ⓓ의 방향

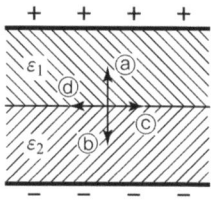

풀이

그림과 같이 유전율이 다른 두 종류의 유전체가 채워지고 그 경계면에 전계가 수직으로 입사는 경우 경계면에서의 작용하는 힘

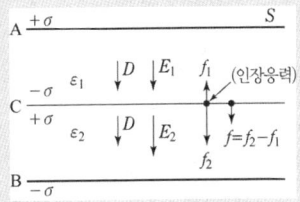

① 조건 : $\epsilon_1 > \epsilon_2$

② 전계가 경계면에 수직으로 입사할 경우
- 전속밀도 $D_1 = D_2 = D$ (일정)
- 전계 $E_1 = \dfrac{D}{\epsilon_1}$, $E_2 = \dfrac{D}{\epsilon_2}$

  $\epsilon_1 > \epsilon_2$이므로 $E_2 > E_1$

③ 유전체의 경계면에 가상의 전극 C를 생각하면, 전극 A, C를 가진 콘덴서와 전극 B, C를 가진 두 개의 콘덴서가 직렬로 연결된 것으로 생각 할 수 있다.

④ 콘덴서의 두 전극사이에는 흡인력이 작용
- 전극 C를 기준으로 하여 전극A 방향(위쪽)으로 단위 면적당

  $f_1 = \dfrac{1}{2}DE_1 = \dfrac{1}{2}\dfrac{D^2}{\epsilon_1}$ [N/m²] 의 힘이 작용
- 전극C를 기준으로 하여 전극B 방향(아래쪽)으로 단위 면적당

  $f_2 = \dfrac{1}{2}DE_2 = \dfrac{1}{2}\dfrac{D^2}{\epsilon_2}$ [N/m²] 의 힘이 작용
- $\epsilon_1 > \epsilon_2$ 이므로 $f_2 > f_1$가 되어 전극B 방향(아래쪽)으로

  $f = f_2 - f_1 = \dfrac{1}{2}(E_2 - E_1)D = \dfrac{1}{2}(\dfrac{1}{\epsilon_2} - \dfrac{1}{\epsilon_1})D^2$ [N/m²]

  의 힘을 받게 된다.

⑤ 결론 : $\epsilon_1 > \epsilon_2$이면 $f_2 > f_1$의 관계가 성립되어 **유전율이 작은 방향으로 힘이 작용**하게 된다. **답** ②

문제 05 정전용량이 $20[\mu F]$인 공기의 평행판 커패시터에 0.1[C]의 전하량을 충전하였다. 두 평행판 사이에 비유전율이 10인 유전체를 채웠을 때 유전체 표면에 나타나는 분극 전하량[C]은?

① 0.009 　　② 0.01
③ 0.09 　　④ 0.1

풀이

분극의 세기 P는 분극전하밀도 $\sigma'(P = \sigma')$, 전속밀도 D는 극판의 진전하 $\sigma(D = \sigma)$로 정의한다. 또 유전체 삽입 전과 후의 진전하는 일정하므로 전속밀도와 전하량도 동일하다.

즉 유전체 삽입 후의 전하량은

$Q = Q_0 = \sigma S = DS = 0.1$ [C]이고,

분극전하량은 $Q' = PS = \sigma' S$로 나타낼 수 있다.

$D = \epsilon E = \epsilon_0 \epsilon_s E$에 의해 분극의 세기 P와 전계의 세기 E의 관계식은

$$P = \epsilon_0(\epsilon_s - 1)E = \epsilon_0(\epsilon_s - 1)\dfrac{D}{\epsilon_0 \epsilon_s}$$

$$\therefore\ P = \left(1 - \dfrac{1}{\epsilon_s}\right)D$$

가 된다. 양변에 극판의 면적 S를 곱하면

$$PS = \left(1 - \dfrac{1}{\epsilon_s}\right)DS$$

이고, $Q' = PS$, $Q = Q_0 = DS = 0.1$ [C]을 적용하면 분극 전하량 Q'은

$$Q' = \left(1 - \dfrac{1}{\epsilon_s}\right)Q = \left(1 - \dfrac{1}{10}\right)\times 0.1 = 0.09\ [C]$$　**답** ③

문제 06 유전율이 ϵ_1과 ϵ_2인 두 유전체가 경계를 이루어 평행하게 접하고 있는 경우 유전율이 ϵ_1인 영역에 전하 Q가 존재할 때 이 전하와 ϵ_2인 유전체 사이에 작용하는 힘에 대한 설명으로 옳은 것은?

① $\epsilon_1 > \epsilon_2$인 경우 반발력이 작용한다.
② $\epsilon_1 > \epsilon_2$인 경우 흡인력이 작용한다.
③ ϵ_1과 ϵ_2에 상관없이 반발력이 작용한다.
④ ϵ_1과 ϵ_2에 상관없이 흡인력이 작용한다.

풀이

매질 ϵ_1중의 전계는 모든 매질을 ϵ_1로 하고 Q의 대칭점(거리 $2a$)에 $Q' = -\dfrac{\epsilon_2 - \epsilon_1}{\epsilon_2 + \epsilon_1}Q$의 전하가 있는 경우와 같다. 즉, Q에 작동하는 힘 F는 거리 $2a$가 떨어진 경우의 쿨롱력과 같으며

$$F = \dfrac{1}{4\pi\epsilon_1}\cdot\dfrac{QQ'}{(2a)^2} = -\dfrac{Q^2}{16\pi\epsilon_1 a^2}\cdot\dfrac{\epsilon_2 - \epsilon_1}{\epsilon_2 + \epsilon_1}\ [N]$$

$\therefore\ \epsilon_1 > \epsilon_2$이면 F는 (+)가 되어 반발력이 작용한다. **답** ①

별해

유전체의 경계면에서 작용하는 힘은 유전율이 큰 쪽에서 작은 쪽으로 작용한다. 따라서 $\epsilon_1 > \epsilon_2$일 때 ϵ_1에서 ϵ_2의 방향으로 힘이 작용하므로 매질 ϵ_1중의 전하 Q를 기준으로 하면 반발력이 작용한다.

문제 07 단면적이 균일한 환상철심에 권수 100회인 A코일과 권수 400회인 B코일이 있을 때 A코일의 자기 인덕턴스가 4[H]라면 두 코일의 상호 인덕턴스는 몇 [H]인가? (단, 누설자속은 0이다.)

① 4 ② 8

③ 12 ④ 16

풀이

$L=\dfrac{\mu SN^2}{l}$ 에서 $L \propto N^2$ 이므로

$L_A : L_B = N_A^2 : N_B^2$ 에서 $L_B = L_A \left(\dfrac{N_B}{N_A}\right)^2$

상호 인덕턴스

$M = \sqrt{L_A L_B} = \sqrt{L_A \times L_A \left(\dfrac{N_B}{N_A}\right)^2} = L_A \times \dfrac{N_B}{N_A}$

$\therefore M = 4 \times \dfrac{400}{100} = 16$ [H]

(∵ 누설자속이 0 이므로 결합계수는 1이 된다.) **답** ④

문제 08 평균 자로의 길이가 10[cm], 평균 단면적이 2[cm²]인 환상 솔레노이드의 자기 인덕턴스를 5.4[mH] 정도로 하고자 한다. 이때 필요한 코일의 권선수는 약 몇 회인가? (단, 철심의 비투자율은 15000이다.)

① 6 ② 12

③ 24 ④ 29

풀이

$LI = N\phi$ 에서

$L = \dfrac{N}{I} \cdot \phi = \dfrac{N}{I} \cdot \dfrac{\mu SNI}{l} = \dfrac{\mu SN^2}{l}$ [H]

$\therefore N = \sqrt{\dfrac{Ll}{\mu S}} = \sqrt{\dfrac{Ll}{\mu_0 \mu_s S}}$

$= \sqrt{\dfrac{5.4 \times 10^{-3} \times 10 \times 10^{-2}}{4\pi \times 10^{-7} \times 15000 \times 2 \times 10^{-4}}} = 11.97$회 **답** ②

문제 09 진공 중에서 점(1, 3)[m]의 위치에 -2×10^{-9}[C]의 점전하가 있을 때 점(2, 1)[m]에 있는 1[C]의 점전하에 작용하는 힘은 몇 [N]인가? (단, $\hat{x}$, $\hat{y}$는 단위벡터이다.)

① $-\dfrac{18}{5\sqrt{5}}\hat{x} + \dfrac{36}{5\sqrt{5}}\hat{y}$

② $-\dfrac{36}{5\sqrt{5}}\hat{x} + \dfrac{18}{5\sqrt{5}}\hat{y}$

③ $-\dfrac{36}{5\sqrt{5}}\hat{x} - \dfrac{18}{5\sqrt{5}}\hat{y}$

④ $\dfrac{18}{5\sqrt{5}}\hat{x} + \dfrac{36}{5\sqrt{5}}\hat{y}$

풀이

$\boldsymbol{r} = (2-1)\hat{x} + (1-3)\hat{y} = \hat{x} - 2\hat{y}$

$r = \sqrt{1^2 + (-2)^2} = \sqrt{5}$ [m]

단위벡터 $\boldsymbol{r}_0 = \dfrac{\boldsymbol{r}}{r} = \dfrac{\hat{x} - 2\hat{y}}{\sqrt{5}}$

$\therefore \boldsymbol{F} = \dfrac{1}{4\pi\epsilon_0} \cdot \dfrac{Q_1 Q_2}{r^2} \cdot \boldsymbol{r}_0$

$= 9 \times 10^9 \times \dfrac{-2 \times 10^{-9} \times 1}{(\sqrt{5})^2} \times \dfrac{\hat{x} - 2\hat{y}}{\sqrt{5}}$

$= -\dfrac{18}{5\sqrt{5}}\hat{x} + \dfrac{36}{5\sqrt{5}}\hat{y}$ [N] **답** ①

문제 10 투자율이 μ[H/m], 단면적이 S[m²], 길이가 l[m]인 자성체에 권선을 N회 감아서 I[A]의 전류를 흘렸을 때 이 자성체의 단면적 S[m²]를 통과하는 자속[Wb]은?

① $\mu\dfrac{I}{Nl}S$ ② $\mu\dfrac{NI}{Sl}$

③ $\dfrac{NI}{\mu S}l$ ④ $\mu\dfrac{NI}{l}S$

풀이

자기회로에 있어서의 옴의 법칙에 의해

$\phi = \dfrac{F}{R_m} = \dfrac{NI}{R_m} = \dfrac{\mu SNI}{l}$ [Wb]

(여기서, 기자력 $F = NI$[AT],

자기저항 $R_m = \dfrac{l}{\mu S}$[AT/Wb]) **답** ④

문제 11 정전용량이 C_0[μF]인 평행판의 공기 커패시터가 있다. 두 극판 사이에 극판과 평행하게 절반을 비유전율이 ϵ_r인 유전체로 채우면 커패시터의 정전용량[μF]은?

① $\dfrac{C_0}{2\left(1+\dfrac{1}{\epsilon_r}\right)}$ ② $\dfrac{C_0}{1+\dfrac{1}{\epsilon_r}}$

③ $\dfrac{2C_0}{1+\dfrac{1}{\epsilon_r}}$ ④ $\dfrac{4C_0}{1+\dfrac{1}{\epsilon_r}}$

공기 부분의 정전 용량을 C_1이라 하면

$$C_1 = \frac{\epsilon_0 S}{d/2}[\text{F}] = \frac{2S\epsilon_0}{d}[\text{F}]$$

이고, 유전체 부분의 정전 용량을 C_2라 하면

$$C_2 = \frac{\epsilon S}{d/2} = \frac{2S\epsilon}{d}[\text{F}]$$

이다. 그러므로, 극판 간 공극의 두께 1/2 상당의 유전체를 넣는 경우 정전 용량 C는 **두 개의 콘덴서가 직렬 접속**된 것과 같으므로

$$C = \frac{1}{\dfrac{1}{C_1}+\dfrac{1}{C_2}} = \frac{1}{\dfrac{d}{2S}\left(\dfrac{1}{\epsilon_0}+\dfrac{1}{\epsilon}\right)} = \frac{1}{\dfrac{d}{2\epsilon_0 S}\left(1+\dfrac{\epsilon_0}{\epsilon}\right)}$$

$$= \frac{2\epsilon_0 S}{d}\cdot\frac{1}{1+\dfrac{\epsilon_0}{\epsilon}} = \frac{2C_0}{1+\dfrac{\epsilon_0}{\epsilon}} = \frac{2C_0}{1+\dfrac{1}{\epsilon_r}}[\text{F}]$$

(평행판 공기콘덴서의 정전용량 $C_0 = \dfrac{\epsilon_0 S}{d}[\text{F}]$) **답** ③

문제 12 그림은 커패시터의 유전체 내에 흐르는 변위전류를 보여준다. 커패시터의 전극 면적을 $S\,[\text{m}^2]$, 전극에 축적된 전하를 $q[\text{C}]$, 전극의 표면전하 밀도를 $\sigma[\text{C/m}^2]$, 전극 사이의 전속밀도를 $D[\text{C/m}^2]$라 하면 변위전류밀도 $i_d[\text{A/m}^2]$는?

① $\dfrac{\partial D}{\partial t}$

② $\dfrac{\partial q}{\partial t}$

③ $S\dfrac{\partial D}{\partial t}$

④ $\dfrac{1}{S}\dfrac{\partial D}{\partial t}$

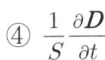

변위 전류(displacement current) : 진공 또는 유전체 내에서 **전속밀도의 시간적 변화**에 의하여 발생하는 전류

$$i_d = \frac{I_D}{S} = \frac{\partial D}{\partial t} = \frac{\partial(\epsilon E)}{\partial t}$$

여기서, i_d : 변위전류밀도$[\text{A/m}^2]$
I_D : 변위전류$[\text{A}]$
ϵ : 유전율$[\text{F/m}]$
E : 전계의 세기$[\text{V/m}]$
D : 전속밀도$[\text{C/m}^2]$ **답** ①

문제 13 그림과 같이 점 O를 중심으로 반지름이 a [m]인 구도체 1과 안쪽 반지름이 b[m]이고 바깥쪽 반지름이 c[m]인 구도체 2가 있다. 이 도체계에서 전위계수 P_{11}[1/F]에 해당되는 것은?

① $\dfrac{1}{4\pi\epsilon}\dfrac{1}{a}$

② $\dfrac{1}{4\pi\epsilon}\left(\dfrac{1}{a}-\dfrac{1}{b}\right)$

③ $\dfrac{1}{4\pi\epsilon}\left(\dfrac{1}{b}-\dfrac{1}{c}\right)$

   $\dfrac{1}{4\pi\epsilon}\left(\dfrac{1}{a}-\dfrac{1}{b}+\dfrac{1}{c}\right)$

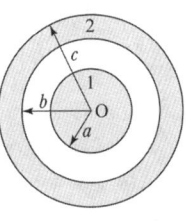

$$\begin{cases} V_1 = P_{11}Q_1 + P_{12}Q_2 \\ V_2 = P_{21}Q_1 + P_{22}Q_2 \end{cases}$$

에서 $Q_1 = 1$, $Q_2 = 0$일 때 $V_1 = P_{11}$, $V_2 = P_{21}$
$\qquad Q_1 = 0$, $Q_2 = 1$일 때 $V_2 = P_{22}$, $V_1 = P_{12}$

이므로, 내구에 $Q_1 = 1$을 줄 때 외구에는 -1, $+1$의 전하가 내외에 유기되므로

$$V_1 = P_{11} = \frac{1}{4\pi\epsilon}\left(\frac{1}{a}-\frac{1}{b}+\frac{1}{c}\right)[\text{1/F}]$$ **답** ④

문제 14 자계의 세기를 나타내는 단위가 아닌 것은?

① A/m

② N/Wb

③ $(\text{H}\cdot\text{A})/\text{m}^2$

④ $\text{Wb}/(\text{H}\cdot\text{m})$

자계의 세기는 1[Wb]당의 작용력이므로

$$\left[\frac{\text{N}}{\text{Wb}}\right] = \left[\frac{\text{N}\cdot\text{m}}{\text{Wb}\cdot\text{m}}\right] = \left[\frac{\text{J/Wb}}{\text{m}}\right] = \left[\frac{\text{A}}{\text{m}}\right] = \left[\frac{\text{Wb}}{\text{H}\cdot\text{m}}\right]$$ **답** ③

문제 15 그림과 같이 평행한 무한장 직선의 두 도선에 I[A], $4I$[A]인 전류가 각각 흐른다. 두 도선 사이 점 P에서의 자계의 세기가 0이라면 $\frac{a}{b}$는?

① 2
② 4
③ $\frac{1}{2}$
④ $\frac{1}{4}$

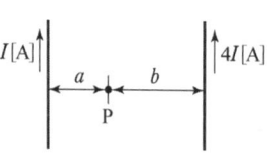

풀이

I와 $4I$ 도선에 의한 자계의 방향은 서로 반대이므로 크기가 같으면 $H = 0$이 된다.

I 도선에 의한 자계 $H_I = \dfrac{I}{2\pi a}$[AT/m] (⊗ 방향)

$4I$ 도선에 의한 자계 $H_{4I} = \dfrac{4I}{2\pi b}$[AT/m] (⊙ 방향)

$H_I = H_{4I}$이므로

$\dfrac{I}{2\pi a} = \dfrac{4I}{2\pi b}$ $\therefore \dfrac{a}{b} = \dfrac{1}{4}$ **답** ④

문제 16 반지름이 2[m]이고 권수가 120회인 원형 코일 중심에서의 자계의 세기를 30[AT/m]로 하려면 원형코일에 몇 [A]의 전류를 흘려야 하는가?

① 1   ② 2   ③ 3   ④ 4

풀이

원형 코일 중심의 자계의 세기

$H = \dfrac{NI}{2a}$[AT/m] 이므로

$\therefore I = \dfrac{2aH}{N} = \dfrac{2 \times 2 \times 30}{120} = 1$[A]   **답** ①

문제 17 내압 및 정전용량이 각각 1000[V]−2[μF], 700[V]−3[μF], 600[V]−4[μF], 300[V]−8[μF]인 4개의 커패시터가 있다. 이 커패시터들을 직렬로 연결하여 양단에 전압을 인가한 후 전압을 상승시키면 가장 먼저 절연이 파괴되는 커패시터는? (단, 커패시터의 재질이나 형태는 동일하다.)

① 1000[V]−2[μF]   ② 700[V]−3[μF]
③ 600[V]−4[μF]   ④ 300[V]−8[μF]

풀이

직렬 회로에서 각 콘덴서의 전하용량이 작을수록 빨리 파괴된다.

$Q_1 = C_1 \times V_1 = 2 \times 10^{-6} \times 1000 = 2 \times 10^{-3}$
$Q_2 = C_2 \times V_2 = 3 \times 10^{-6} \times 700 = 2.1 \times 10^{-3}$
$Q_3 = C_3 \times V_3 = 4 \times 10^{-6} \times 600 = 2.4 \times 10^{-3}$
$Q_4 = C_4 \times V_4 = 8 \times 10^{-6} \times 300 = 2.4 \times 10^{-3}$

따라서, 전하용량이 $Q_4 = Q_3 > Q_2 > Q_1$ 이므로 전하용량이 가장 작은 1000[V], 2[μF]의 콘덴서가 가장 빨리 파괴된다.   **답** ①

문제 18 내구의 반지름이 $a = 5$[cm], 외구의 반지름이 $b = 10$[cm]이고, 공기로 채워진 동심구형 커패시터의 정전용량은 약 몇 [pF]인가?

① 11.1   ② 22.2
③ 33.3   ④ 44.4

풀이

공기로 채워진 동심 구 도체 사이의 정전용량

$C = \dfrac{Q}{V} = \dfrac{4\pi\epsilon_0}{\dfrac{1}{a} - \dfrac{1}{b}} = 4\pi\epsilon_0 \cdot \dfrac{ab}{b-a}$

(여기서, a : 내구의 반지름[m], b : 외구의 반지름[m])

$\therefore C = \dfrac{1}{9 \times 10^9} \times \dfrac{5 \times 10^{-2} \times 10 \times 10^{-2}}{(10-5) \times 10^{-2}}$

$= 11.1 \times 10^{-12}$[F] $= 11.1$[pF]   **답** ①

문제 19 자성체의 종류에 대한 설명으로 옳은 것은? (단, χ_m는 자화율이고, μ_r은 비투자율이다.)

① $\chi_m > 0$이면, 역자성체이다.
② $\chi_m < 0$이면, 상자성체이다.
③ $\mu_r > 1$이면, 비자성체이다.
④ $\mu_r < 1$이면, 역자성체이다.

풀이

① 상자성체 : 자화가 자계와 같은 방향이므로 자화율 $\chi_m > 0$
② 반(역)자성체 : 자화가 자계와 반대 방향이므로 자화율 $\chi_m < 0$
③ 비투자율 $\mu_r = \dfrac{\mu}{\mu_0} = 1 + \dfrac{\chi_m}{\mu_0}$ 에서
 • 상자성체에서는 자화율 $\chi_m > 0$ 이므로

비투자율 $\mu_r > 1$
- 반(역)자성체에서는 자화율 $\chi_m < 0$ 이므로
비투자율 $\mu_r < 1$
답 ④

문제 20 구조표계에서 $\nabla^2 r$의 값은 얼마인가?

(단, $r = \sqrt{x^2 + y^2 + z^2}$)

① $\dfrac{1}{r}$ ② $\dfrac{2}{r}$

③ r ④ $2r$

풀이

$$r = (x^2 + y^2 + z^2)^{\frac{1}{2}}, \quad \nabla^2 r = \frac{\partial^2 r}{\partial x^2} + \frac{\partial^2 r}{\partial y^2} + \frac{\partial^2 r}{\partial z^2}$$

이다. 먼저 우변의 제 1항을 2계 미분하면

$$\frac{\partial}{\partial x}(x^2 + y^2 + z^2)^{\frac{1}{2}} = \frac{1}{2}(x^2 + y^2 + z^2)^{-\frac{1}{2}} \cdot 2x$$

$$= x(x^2 + y^2 + z^2)^{-\frac{1}{2}}$$

$$\frac{\partial}{\partial x}x(x^2 + y^2 + z^2)^{-\frac{1}{2}} = (x^2 + y^2 + z^2)^{-\frac{1}{2}}$$
$$- x^2(x^2 + y^2 + z^2)^{-\frac{3}{2}}$$

$$\therefore \frac{\partial^2 r}{\partial x^2} = (x^2 + y^2 + z^2)^{-\frac{1}{2}} - x^2(x^2 + y^2 + z^2)^{-\frac{3}{2}}$$

가 된다. 같은 방법으로 제 2, 3 항도 계산하면 각각

$$\frac{\partial^2 r}{\partial y^2} = (x^2 + y^2 + z^2)^{-\frac{1}{2}} - y^2(x^2 + y^2 + z^2)^{-\frac{3}{2}}$$

$$\frac{\partial^2 r}{\partial z^2} = (x^2 + y^2 + z^2)^{-\frac{1}{2}} - z^2(x^2 + y^2 + z^2)^{-\frac{3}{2}}$$

가 얻어진다.

$$\nabla^2 r = \frac{\partial^2 r}{\partial x^2} + \frac{\partial^2 r}{\partial y^2} + \frac{\partial^2 r}{\partial z^2}$$

$$= 3(x^2 + y^2 + z^2)^{-\frac{1}{2}} - (x^2 + y^2 + z^2)(x^2 + y^2 + z^2)^{-\frac{3}{2}}$$

$$= 3(x^2 + y^2 + z^2)^{-\frac{1}{2}} - (x^2 + y^2 + z^2)^{-\frac{1}{2}}$$

$$= 2(x^2 + y^2 + z^2)^{-\frac{1}{2}}$$

$$\therefore \nabla^2 r = \frac{2}{\sqrt{x^2 + y^2 + z^2}} = \frac{2}{r}$$
답 ②

참고 미분 공식

(1) $\dfrac{\partial}{\partial x}\{f(x)\}^n = n\{f(x)\}^{n-1} \cdot f'(x)$

(2) $\dfrac{\partial}{\partial x}\{f(x) \cdot g(x)\} = f'(x) \cdot g(x) + f(x) \cdot g'(x)$

제2과목 전력공학

문제 21 피뢰기의 충격방전 개시전압은 무엇으로 표시하는가?

① 직류전압의 크기 ② 충격파의 평균치

③ 충격파의 최대치 ④ 충격파의 실효치

풀이

충격 전압이 가해져 방전 전류가 흐르기 시작할 때 도달할 수 있는 최고 전압값을 **충격 방전 개시 전압**이라고 하며 **충격파의 최대치**로 나타낸다. **답** ③

문제 22 전력용 콘덴서에 비해 동기조상기의 이점으로 옳은 것은?

① 소음이 적다.
② 진상전류 이외에 지상전류를 취할 수 있다.
③ 전력손실이 적다.
④ 유지보수가 쉽다.

풀이

조상 설비의 비교

항 목	동기 조상기	전력용 콘덴서
전력손실	많음 (1.5~2.5 [%])	적음 (0.3 [%] 이하)
무효전력	진상, 지상 양용	진상전용
조 정	연속적	계단적
단락 사고 시 고장전류 공급	공 급	공급 안함
시 송 전	가 능	불가능

즉, 회전기인 동기조상기는 정지기인 전력콘덴서에 비해 소음이 크고 전력손실이 크며 유지보수가 어렵다는 단점이 있다. **답** ②

문제 23 단락보호방식에 관한 설명으로 틀린 것은?

① 방사상 선로의 단락 보호방식에서 전원이 양단에 있을 경우 방향 단락 계전기와 과전류 계전기를 조합시켜서 사용한다.
② 전원이 1단에만 있는 방사상 송전선로에서의 고장 전류는 모두 발전소로부터 방사상으로 흘러나간다.

③ 환상 선로의 단락 보호방식에서 전원이 두 군데 이상 있는 경우에는 방향 거리 계전기를 사용한다.

④ 환상 선로의 단락 보호방식에서 전원이 1단에만 있을 경우 선택 단락 계전기를 사용한다.

풀이

① 방사상 선로의 단락 보호 방식
• 전원이 1단에만 있을 경우 : 과전류 계전기(OC)
• 전원이 양단에 있을 경우 : 방향 단락 계전기(DS)와 과전류 계전기(OC)

② 환상 선로의 단락 보호 방식
• **전원이 1단에만 있을 경우 : 방향 단락 계전기(DS)**
• 전원이 양단에 있을 경우 : 방향 단락 계전기(DS)와 방향 거리 계전기(DZ)

답 ④

문제 24 밸런서의 설치가 가장 필요한 배전방식은?

① 단상 2선식　　　　② 단상 3선식
③ 3상 3선식　　　　④ 3상 4선식

풀이

단상 3선식에서 중성선이 단선되면 부하의 불평형에 의한 **전압 불평형**이 생기기 쉽다(경부하측 전위 상승). 따라서 이를 방지하기 위하여 **밸런서를 설치**한다. **답** ②

문제 25 부하전류가 흐르는 전로는 개폐할 수 없으나 기기의 점검이나 수리를 위하여 회로를 분리하거나, 계통의 접속을 바꾸는데 사용하는 것은?

① 차단기　　　　　② 단로기
③ 전력용 퓨즈　　　④ 부하 개폐기

풀이

단로기(DS : Disconnecting Switch)는 switch로서 아크 소호 장치가 없어 **부하 전류의 차단이 곤란**하다. 따라서, 단로기(DS)는 기기의 점검이나 수리를 위하여 회로를 분리하거나, 계통의 접속을 바꾸거나 하는 경우에 사용된다. **답** ②

문제 26 정전용량 0.01[μF/km], 길이 173.2[km], 선간전압 60[kV], 주파수 60[Hz]인 3상 송전선로의 충전전류는 약 몇 [A] 인가?

① 6.3　　　　　　② 12.5
③ 22.6　　　　　　④ 37.2

풀이

충전전류 $I_c = \omega C_w \, lE = 2\pi f \cdot C_w \, l \cdot \dfrac{V}{\sqrt{3}}$

$\qquad = 2\pi \times 60 \times 0.01 \times 10^{-6} \times 173.2 \times \dfrac{60,000}{\sqrt{3}}$

$\qquad = 22.62[A]$ **답** ③

문제 27 보호계전기의 반한시 · 정한시 특성은?

① 동작전류가 커질수록 동작시간이 짧게 되는 특성

② 최소 동작전류 이상의 전류가 흐르면 즉시 동작하는 특성

③ 동작전류의 크기에 관계없이 일정한 시간에 동작하는 특성

④ 동작전류가 커질수록 동작시간이 짧아지며, 어떤 전류 이상이 되면 동작전류의 크기에 관계없이 일정한 시간에 동작하는 특성

풀이

보호 계전기의 동작 시간에 의한 분류

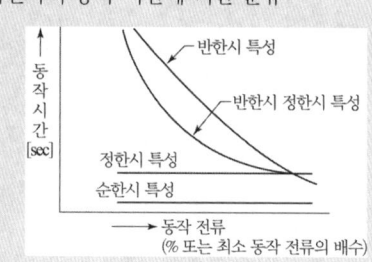

〈계전기의 한시 특성〉

보호 계전기 특징
① 순(한)시 특성 : 최소 동작 전류 이상의 전류가 흐르면 즉시 동작하는 특성
② 정한시 특성 : 동작 전류의 크기에 관계없이 일정한 시간에 동작하는 특성
③ 반한시 특성 : 동작 전류가 커질수록 동작 시간이 짧게 되는 특성
④ 반한시 정한시 특성 : 동작 전류가 적은 동안에는 동작 전류가 커질수록 동작 시간이 짧게 되는 반한시 특성을 갖고, 어떤 전류 이상이면 동작 전류의 크기에 관계없이 일정한 시간에 동작하는 정한시 특성을 가진 특성 **답** ④

문제 28 전력계통의 안정도에서 안정도의 종류에 해당하지 않는 것은?

① 정태 안정도
② 상태 안정도
③ 과도 안정도
④ 동태 안정도

풀이

안정도의 종류
① 정태 안정도(static stability) : 송전 계통이 불변 부하 또는 극히 서서히 증가하는 부하에 대하여 계속적으로 송전할 수 있는 능력을 정태 안정도로 하고, 안정도를 유지할 수 있는 극한의 송전 전력을 정태 안정 극한 전력이라고 한다.
② 과도 안정도(transient stability) : 계통에 갑자기 고장 사고와 같은 급격한 외란이 발생하였을 때에도 탈조하지 않고 새로운 평형 상태를 회복하여 송전을 계속할 수 있는 능력을 과도 안정도라 하고 이 경우의 극한 전력을 과도 안정 극한 전력이라고 한다.
③ 동태 안정도(dynamic stability) : 고속 자동 전압 조정기로 동기기의 여자 전류를 제어 할 경우의 정태 안정도를 특히 동태 안정도라 한다. **답** ②

문제 29 배전선로의 역률 개선에 따른 효과로 적합하지 않은 것은?

① 선로의 전력손실 경감
② 선로의 전압강하의 감소
③ 전원측 설비의 이용률 향상
④ 선로 절연의 비용 절감

풀이

역률 개선의 효과
① 전력 손실 경감
② 전압 강하 경감
③ 설비 용량의 여유분 증가
④ 전력 요금의 절약
즉, **선로절연에 요하는 비용은 선로 전압의 크기에 좌우되지** 선로의 역률과는 무관하다. **답** ④

문제 30 저압뱅킹 배전방식에서 캐스케이딩현상을 방지하기 위하여 인접 변압기를 연락하는 저압선의 중간에 설치하는 것으로 알맞은 것은?

① 구분퓨즈
② 리클로저
③ 섹셔널라이저
④ 구분개폐기

풀이

캐스케이딩
• 현상 : 일부 변압기 또는 선로의 사고에 의해서 뱅킹내의 모든 변압기가 연쇄적으로 선로로부터 차단되는 현상 (고장이 확대)
• 발생 : 뱅킹방식에서 발생
• 대책 : 인접 변압기와 연결되어 있는 **저압선의 중간에 구분 퓨즈를 설치하여** 사고가 확대되는 것을 방지 **답** ①

문제 31 승압기에 의하여 전압 V_e에서 V_h로 승압할 때, 2차 정격전압 e, 자기용량 W인 단상 승압기가 공급할 수 있는 부하용량은?

① $\dfrac{V_h}{e} \times W$
② $\dfrac{V_e}{e} \times W$
③ $\dfrac{V_e}{V_h - V_e} \times W$
④ $\dfrac{V_h - V_e}{V_e} \times W$

풀이

승압기의 자기용량
$W = eI$ [VA]에서
승압기의 정격전류
$I = \dfrac{W}{e}$ [A]
부하용량
$P = V_h I = V_h \dfrac{W}{e}$ [VA] **답** ①

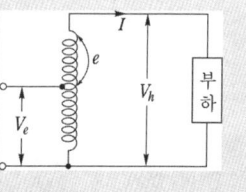

문제 32 배기가스의 여열을 이용해서 보일러에 공급되는 급수를 예열함으로써 연료 소비량을 줄이거나 증발량을 증가시키기 위해서 설치하는 여열회수 장치는?

① 과열기
② 공기 예열기
③ 절탄기
④ 재열기

풀이

• 과열기 : 포화증기를 가열
• 공기 예열기 : 연소용 공기를 예열
• **절탄기 : 보일러 급수를 예열**
• 재열기 : 터빈에서 팽창한 증기를 다시 가열 **답** ③

문제 33 직렬콘덴서를 선로에 삽입할 때의 이점이 아닌 것은?

① 선로의 인덕턴스를 보상한다.
② 수전단의 전압강하를 줄인다.
③ 정태안정도를 증가한다.
④ 송전단의 역률을 개선한다.

풀이

직렬 콘덴서는 선로의 유도 리액턴스(부하의 리액턴스에 비해서 작은 값)를 상쇄시키는 것이므로 선로의 정태 안정도를 증가시키고 선로의 전압 강하를 줄일 수는 있지만 **계통의 역률을 개선시킬 정도의 큰 용량은 되지 못한다.** 답 ④

문제 34 전선의 굵기가 균일하고 부하가 균등하게 분산되어 있는 배전선로의 전력손실은 전체 부하가 선로 말단에 집중되어 있는 경우에 비하여 어느 정도가 되는가?

① $\dfrac{1}{2}$ ② $\dfrac{1}{3}$

③ $\dfrac{2}{3}$ ④ $\dfrac{3}{4}$

풀이

집중 부하와 분산 부하

구 분	전력 손실	전압 강하
말단에 집중 부하	I^2rL	IrL
평등 분포 부하	$\dfrac{1}{3}I^2rL$	$\dfrac{1}{2}IrL$

여기서, I : 전선의 전류
　　　 r : 전선 단위 길이당 저항
　　　 L : 전선의 길이 답 ②

문제 35 송전단 전압 161[kV], 수전단 전압 154[kV], 상차각 35°, 리액턴스 60[Ω]일 때 선로 손실을 무시하면 전송전력[MW]은 약 얼마인가?

① 356   ② 307
③ 237   ④ 161

풀이

전송전력 $P = \dfrac{V_s V_r}{X} \sin\delta = \dfrac{161 \times 154}{60} \sin 35°$
　　　　　 $= 237.02[\text{MW}]$ 답 ③

문제 36 직접접지방식에 대한 설명으로 틀린 것은?

① 1선 지락 사고시 건전상의 대지 전압이 거의 상승하지 않는다.
② 계통의 절연수준이 낮아지므로 경제적이다.
③ 변압기의 단절연이 가능하다.
④ 보호계전기가 신속히 동작하므로 과도안정도가 좋다.

풀이

직접 접지방식의 장·단점
[장점]
① 1선 지락시에 건전상의 대지 전압이 거의 상승하지 않는다.
② 피뢰기의 효과를 증진시킬 수 있다.
③ 단절연이 가능하다.
④ 계전기의 동작이 확실해진다.
[단점]
① 송전 계통의 **과도 안정도가 나빠진다.**
② 통신선에 유도 장해가 크다.
③ 지락 시 대 전류가 흘러 기기에 손상을 준다.
④ 대용량 차단기가 필요하다. 답 ④

문제 37 그림과 같이 지지점 A, B, C에는 고저차가 없으며, 경간 AB와 BC 사이에 전선이 가설되어 그 이도가 각각 12[cm] 이다. 지지점 B에서 전선이 떨어져 전선의 이도가 D로 되었다면 D의 길이[cm]는?
(단, 지지점 B는 A와 C의 중점이며 지지점 B에서 전선이 떨어지기 전, 후의 길이는 같다.)

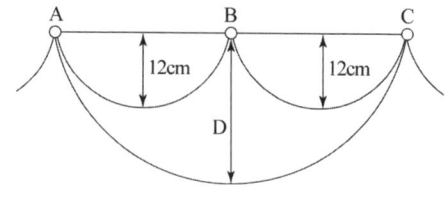

① 17   ② 24   ③ 30   ④ 36

풀이

• L_1 : AB구간 및 BC구간 전선의 실제 길이
• L : AC구간 전선의 실제 길이
• 실제 길이는 떨어지기 전과 떨어진 후가 같으므로
　$2L_1 = L$
　$2\left(S + \dfrac{8D_1^2}{3S}\right) = 2S + \dfrac{8D^2}{3 \times 2S}$

$$\frac{16D_1^2}{3S} = \frac{8D^2}{6S}, \quad \frac{16D_1^2}{3S} = \frac{4D^2}{3S}$$

$$\therefore D = 2D_1 = 2 \times 12 = 24[\text{cm}] \qquad \boxed{답} ②$$

문제 38 수차의 캐비테이션 방지책으로 틀린 것은?

① 흡출수두를 증대시킨다.

② 과부하 운전을 가능한 한 피한다.

③ 수차의 비속도를 너무 크게 잡지 않는다.

④ 침식에 강한 금속재료로 러너를 제작한다.

풀이

① 캐비테이션 현상

수차에 유입하는 물이 수차의 각 부분을 흐르면서 어떤 원인으로 기포가 발생하며, 이 기포가 압력이 높은 곳에 도달하면 더 이상 기포 상태를 유지하지 못하고 터지면서 부근의 물체에 충격을 주게 된다. 이 충격이 되풀이되면 그 부분은 침식되며 진동과 소음을 일으키고 효율이 저하하게 된다. 이러한 현상을 캐비테이션(cavitation) 또는 공동현상(空洞現像)이라 부른다.

② 캐비테이션 방지대책

• 수차의 비속도를 너무 크게 잡지 않는다.

• **흡출수두를 너무 높게 취하지 않는다.**

• 침식에 강한 재료 (예를 들면 스테인리스 강)로 러너를 제작한다.

• 러너 표면을 미끄럽게 하고, 가공정도(加工精度)를 높인다.

• 러너 출구 부분의 압력이 너무 저하하지 않도록 한다. 즉, 흡출관 입구 부분에 적당량의 공기를 도입한다.

• 과도한 부분 부하, 과부하 운전을 가능한 피할 것

$$\boxed{답} ①$$

문제 39 송전선로에 매설지선을 설치하는 목적은?

① 철탑 기초의 강도를 보강하기 위하여

② 직격뇌로부터 송전선을 차폐보호하기 위하여

③ 현수애자 1연의 전압 분담을 균일화하기 위하여

④ 철탑으로부터 송전선로로의 역섬락을 방지하기 위하여

풀이

뇌서지가 철탑에 가격시 철탑의 탑각 접지 저항이 충분히 낮지 않으면 철탑의 전위가 상승하여 철탑에서 선로로 섬락을 일으키는 경우가 있는데 이를 역섬락이라하며 방지대책으로는 매설 지선을 설치하여 탑각 접지 저항을 낮추

어야 한다. 매설지선은 뇌해 방지 및 역섬락 방지를 위함이다.

$$\boxed{답} ④$$

문제 40 1회선 송전선과 변압기의 조합에서 변압기의 여자 어드미턴스를 무시하였을 경우 송수전단의 관계를 나타내는 4단자 정수 C_0는?

(단, $A_0 = A + CZ_{ts}$

$B_0 = B + AZ_{tr} + DZ_{ts} + CZ_{tr}Z_{ts}$

$D_0 = D + CZ_{tr}$

여기서 Z_{ts}는 송전단변압기의 임피던스이며, Z_{tr}은 수전단변압기의 임피던스이다.)

① C

② $C + DZ_{ts}$

③ $C + AZ_{ts}$

④ $CD + CA$

풀이

$$\begin{bmatrix} A_0 & B_0 \\ C_0 & D_0 \end{bmatrix} = \begin{bmatrix} 1 & Z_{ts} \\ 0 & 1 \end{bmatrix}\begin{bmatrix} A & B \\ C & D \end{bmatrix}\begin{bmatrix} 1 & Z_{tr} \\ 0 & 1 \end{bmatrix}$$

$$= \begin{bmatrix} A + CZ_{ts} & B + DZ_{ts} \\ C & D \end{bmatrix}\begin{bmatrix} 1 & Z_{tr} \\ 0 & 1 \end{bmatrix}$$

$$= \begin{bmatrix} A + CZ_{ts} & B + AZ_{tr} + DZ_{ts} + CZ_{tr}Z_{ts} \\ C & D + CZ_{tr} \end{bmatrix}$$

$$\boxed{답} ①$$

제3과목 전기기기

문제 41 단상 변압기의 무부하 상태에서

$V_1 = 200\sin(\omega t + 30°)[\text{V}]$의 전압이 인가되었을 때 $I_o = 3\sin(\omega t + 60°) + 0.7\sin(3\omega t + 180°)$ [A]의 전류가 흘렀다. 이때 무부하손은 약 몇 [W] 인가?

① 150

② 259.8

③ 415.2

④ 512

풀이

주파수가 다른 전압과 전류 사이의 전력은 영(0)이므로 기본파에 의한 전력만을 계산하면 된다. 무부하손 P_0는

$$P_0 = \frac{200}{\sqrt{2}} \times \frac{3}{\sqrt{2}} \times \cos(60° - 30°) = 259.81[\text{W}]$$ **답** ②

문제 42 단상 직권 정류자 전동기의 전기자 권선과 계자 권선에 대한 설명으로 틀린 것은?

① 계자권선의 권수를 적게 한다.
② 전기자 권선의 권수를 크게 한다.
③ 변압기 기전력을 적게 하여 역률 저하를 방지한다.
④ 브러시로 단락되는 코일 중의 단락전류를 크게 한다.

풀이

① 단상 직권 정류자 전동기
직류 직권 전동기에 가해 주는 직류 전압을 그림과 같이 바꿀 경우에도 자속과 전기자 전류의 방향이 동시에 모두 반대가 되므로, 회전 방향은 변하지 않는다.

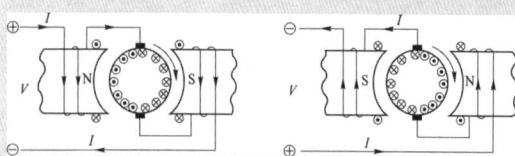

직·교류 양용 전동기의 원리

따라서, 이 직류 직권 전동기에 교류 전압을 가해 주어도 전동기는 항상 같은 방향의 토크를 발생하고, 회전을 같은 방향으로 계속한다. 직·교류 양용 전동기는 이와 같은 원리를 이용한 전동기로서 단상 직권 정류자 전동기라고 한다.

② 단상 직권 정류자 전동기의 정류작용
브러시로 단락되는 코일에는 인덕턴스에 의한 유도 기전력 외에 주자속의 교번에 의한 변압기 작용에 의하여 기전력이 유도되고, **단락 전류가 크므로 정류 작용은 직류기의 경우보다 어렵다.** 이것을 개선하기 위하여
• 브러시 접촉 저항이 어느 정도 큰 것을 사용하여 저항 정류를 하고
• 대형은 보극을 설치하거나 전기자 코일과 정류자편 사이를 접속하는데 고저항의 도선을 사용하여 단락 전류의 제한. **답** ④

문제 43 전부하시의 단자전압이 무부하시의 단자전압보다 높은 직류발전기는?

① 분권발전기
② 평복권발전기
③ 과복권발전기
④ 차동복권발전기

풀이

복권발전기의 외부특성곡선

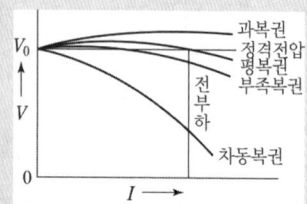

가동 복권 발전기에서 직권 계자 권선의 기자력을 더 많게 하여 부하 전류 증대에 따른 전압 강하보다 **부하시의 전압을 더 크게 하여** 전압 변동률을 (−)로 설계한 발전기를 **과복권 발전기**라 한다.

$$전압변동률 = \frac{무부하 전압 - 정격전압}{정격전압} \times 100[\%]$$ **답** ③

문제 44 직류기의 다중 중권 권선법에서 전기자 병렬 회로수 a와 극수 P 사이의 관계로 옳은 것은? (단, m은 다중도이다.)

① $a = 2$ ② $a = 2m$
③ $a = P$ ④ $a = mP$

풀이

권선 / 항목	중권	파권
내부 병렬회로 수 a	$P(mP)$	$2(2m)$
브러시 수 b	P	2
용도	저전압, 대전류	고전압, 소전류
균압환	4극 이상	−

여기서, P : 극수, m : 다중도 **답** ④

문제 45 슬립 s_t에서 최대 토크를 발생하는 3상 유도전동기에 2차측 한 상의 저항을 r_2라 하면 최대 토크로 기동하기 위한 2차측 한 상에 외부로부터 가해 주어야 할 저항[Ω]은?

① $\dfrac{1-s_t}{s_t}r_2$　　② $\dfrac{1+s_t}{s_t}r_2$

③ $\dfrac{r_2}{1-s_t}$　　　④ $\dfrac{r_2}{s_t}$

풀이

비례추이 $\dfrac{r_2}{s_t}=\dfrac{r_2+R_s}{s_s}$ 에서

여기서, r_2 : 2차 권선의 저항

S_t : 최대 토크시 슬립

S_s : 기동시 슬립(**정지상태에서 기동시** $S_s=1$)

R_s : 2차 외부회로 저항

따라서, $\dfrac{r_2}{s_t}=\dfrac{r_2+R_s}{1}$ 에서

$R_s=\dfrac{r_2}{s_t}-r_2=\dfrac{1-s_t}{s_t}r_2$　**답** ①

문제 46 단상 변압기를 병렬 운전할 경우 부하전류의 분담은?

① 용량에 비례하고 누설 임피던스에 비례

② 용량에 비례하고 누설 임피던스에 반비례

③ 용량에 반비례하고 누설 리액턴스에 비례

④ 용량에 반비례하고 누설 리액턴스의 제곱에 비례

풀이

$\dfrac{I_a}{I_b}=\dfrac{P_A}{P_B}\cdot\dfrac{\%Z_b}{\%Z_a}$

즉, 단상 변압기 병렬운전 시 부하 분담은 누설 임피던스에 반비례하며, 변압기의 용량에 비례한다.

여기서, $I_a,\ I_b$: 각 변압기의 분담 전류

$P_A,\ P_B$: A, B 변압기의 용량

$\%Z_a,\ \%Z_b$: A, B 변압기의 %임피던스　**답** ②

문제 47 스텝 모터(step motor)의 장점으로 틀린 것은?

① 회전각과 속도는 펄스 수에 비례한다.

② 위치제어를 할 때 각도 오차가 적고 누적 된다.

③ 가속, 감속이 용이하며 정·역전 및 변속이 쉽다.

④ 피드백 없이 오픈 루프로 손쉽게 속도 및 위치 제어를 할 수 있다.

풀이

스텝모터는 디지털 신호에 비례하여 일정 각도만큼 회전하는 모터로, 그 총회전각은 입력펄스의 수로, 회전속도는 입력펄스의 빠르기에 의해 정해지며 장점은 다음과 같다.

• 피드백 루프가 필요 없다.

• 별도의 D/A, A/D 컨버터가 필요없다.

• 가속, 감속이 용이하며 정·역전 및 변속이 쉽다.

• **위치제어를 할 때 각도오차가 적고 누적되지 않는다.**

• 유지보수의 필요성이 적다.　**답** ②

문제 48 380[V], 60[Hz], 4극, 10[kW]인 3상 유도전동기의 전부하 슬립이 4[%]이다. 전원 전압을 10[%] 낮추는 경우 전부하 슬립은 약 몇 [%] 인가?

① 3.3　　　　② 3.6

③ 4.4　　　　④ 4.9

풀이

공급 전압이 10 [%] 저하된 경우의 전부하 슬립과 전압을 $s',\ V'$라 하면

$s'=s\times\left(\dfrac{V_1}{V_1'}\right)^2=s\times\left(\dfrac{V_1}{V_1\times0.9}\right)^2=0.04\times\left(\dfrac{380}{380\times0.9}\right)^2$

$=0.049=4.9[\%]$　**답** ④

문제 49 3상 권선형 유도전동기의 기동 시 2차측 저항을 2배로 하면 최대토크 값은 어떻게 되는가?

① 3배로 된다.　　② 2배로 된다.

③ 1/2로 된다.　　④ 변하지 않는다.

풀이

• 최대 토크 $T_m\propto\dfrac{V^2}{2x_2}$: 2차 저항에 무관

• 최대 토크를 발생하는 슬립 s_m 늑$\pm\dfrac{r_2}{x_2}$: 2차 저항에 비례

따라서, 3상 유도 전동기의 **최대 토크의 크기는 2차저항** r_2 와 슬립 s 에 관계없이 항상 일정하고 다만 최대 토크가 발생하는 슬립점이 2차 회로의 저항에 비례해서 이동할 뿐이다.　**답** ④

문제 50 직류 분권전동기에서 정출력 가변속도의 용도에 적합한 속도제어법은?

① 계자제어　　　② 저항제어

③ 전압제어　　　④ 극수제어

풀이

직류 전동기의 속도 제어법 비교

구 분	제어 특성	특 징
계자 제어법	• 정출력 제어	• 속도 제어 범위가 좁다.
전압 제어법	• 정토크 제어 -워드 레오나드 방식 -일그너 방식	• 제어 범위가 넓다. • 손실이 매우 적다. • 정역 운전이 가능 • 설비비가 많이 든다.
직렬 저항법		• 효율이 나쁘다.

답 ①

문제 51 직류 분권전동기의 전기자전류가 10[A]일 때 5[N·m]의 토크가 발생하였다. 이 전동기의 계자의 자속이 80[%]로 감소되고, 전기자전류가 12[A]로 되면 토크는 약 몇 [N·m] 인가?

① 3.9 ② 4.3
③ 4.8 ④ 5.2

풀이

• 변경 전 $\tau = \dfrac{PZ}{2\pi a}\phi I_a = k\phi I_a = 5[\text{N·m}]$에서

$$k\phi = \dfrac{5}{I_a} = \dfrac{5}{10} = 0.5$$

• 변경 후 $\tau' = k\phi' I_a' = k\phi \times 0.8 \times I_a'$
$$= 0.5 \times 0.8 \times 12 = 4.8[\text{N·m}]$$

답 ③

문제 52 권수비가 a인 단상변압기 3대가 있다. 이 것을 1차에 △, 2차에 Y로 결선하여 3상 교류평형 회로에 접속할 때 2차측의 단자전압을 V[V], 전류를 I[A]라고 하면 1차측의 단자전압 및 선전류는 얼마인 가? (단, 변압기의 저항, 누설리액턴스, 여자전류는 무시한다.)

① $\dfrac{aV}{\sqrt{3}}$[V], $\dfrac{\sqrt{3}\,I}{a}$[A]

② $\sqrt{3}\,aV$[V], $\dfrac{I}{\sqrt{3}\,a}$[A]

③ $\dfrac{\sqrt{3}\,V}{a}$[V], $\dfrac{aI}{\sqrt{3}}$[A]

④ $\dfrac{V}{\sqrt{3}\,a}$[V], $\sqrt{3}\,aI$[A]

풀이

• 권수비 $a = \dfrac{I_{p2}(\text{2차측 상전류})}{I_{p1}(\text{1차측 상전류})} = \dfrac{E_1(\text{1차측상전압})}{E_2(\text{2차측 상전압})}$

(권수비는 상전압 대 상전압, 상전류 대 상전류로 하여야 한다.)

• 권수비 $a = \dfrac{E_1}{E_2} = \dfrac{V_1}{\dfrac{V_2}{\sqrt{3}}}$

(• 1차측 : △결선 이므로 "상전압=선간전압", 즉, $E_1 = V_1$,

• 2차측 : Y결선 이므로 상전압 = $\dfrac{\text{선간전압}}{\sqrt{3}}$, $E_2 = \dfrac{V_2}{\sqrt{3}}$)

$\therefore V_1 = a\dfrac{V_2}{\sqrt{3}} = a\dfrac{V}{\sqrt{3}}$ $(\because V_2 = V)$

• 권수비 $a = \dfrac{I_{p2}}{I_{p1}}$에서

• 1차측 상전류 $I_{p1} = \dfrac{I_{p2}}{a} = \dfrac{I}{a}$

• 1차측 선전류 $I_1 = \sqrt{3}\,I_{p1} = \sqrt{3}\dfrac{I}{a}$

(• 1차측 : △결선 이므로 "선전류=$\sqrt{3}$상전류", 즉, $I_1 = \sqrt{3}\,I_{p1}$

• 2차측 : Y결선 이므로 "선전류=상전류") $I_{p2} = I_2 = I$)

답 ①

문제 53 3상 전원전압 220[V]를 3상 반파정류회로의 각 상에 SCR을 사용하여 정류제어 할 때 위상각을 60°로 하면 순 저항부하에서 얻을 수 있는 출력전압 평균값은 약 몇 [V] 인가?

① 128.65 ② 148.55
③ 257.3 ④ 297.1

답 전항정답

문제 54 유도자형 동기발전기의 설명으로 옳은 것은?

① 전기자만 고정되어 있다.
② 계자극만 고정되어 있다.
③ 회전자가 없는 특수 발전기이다.
④ 계자극과 전기자가 고정되어 있다.

풀이

유도자형 : 계자극과 전기자를 함께 고정시키고 그 중앙에 유도자라고 하는 권선이 없는 회전자를 갖춘 것으로 수백~수만 [Hz] 정도의 **고주파 발전기로 사용**된다. **답** ④

문제 55 3상 동기발전기의 여자전류 10[A]에 대한 단자전압이 $1000\sqrt{3}$ [V], 3상 단락전류가 50[A]인 경우 동기임피던스는 몇 [Ω] 인가?

① 5
② 11
③ 20
④ 34

풀이

동기 임피던스 $Z_s = \dfrac{E_n}{I_s} = \dfrac{V_n}{\sqrt{3}\,I_s}$ [Ω]

여기서, E_n : 정격 상전압 [V], I_s : 3상 단락 전류 [A]
V_n : 정격 단자 전압 [V]

$\therefore Z_s = \dfrac{1000\sqrt{3}}{\sqrt{3}\times 50} = 20$ [Ω]   **답** ③

문제 56 동기발전기에서 무부하 정격전압일 때의 여자전류를 I_{f0}, 정격부하 정격전압일 때의 여자전류를 I_{f1}, 3상 단락 정격전류에 대한 여자전류를 I_{fs}라 하면 정격속도에서의 단락비 K는?

① $K = \dfrac{I_{fs}}{I_{f0}}$
② $K = \dfrac{I_{f0}}{I_{fs}}$

③ $K = \dfrac{I_{fs}}{I_{f1}}$
④ $K = \dfrac{I_{f1}}{I_{fs}}$

풀이

단락비 $K_s = \dfrac{\text{무부하에서 정격전압을 유기하는 데 필요한 여자전류}}{\text{정격전류와 같은 3상 단락전류를 흘리는 데 필요한 여자전류}}$

$= \dfrac{I_{f0}}{I_{fs}} = \dfrac{I_s}{I_n}$ **답** ②

문제 57 변압기의 습기를 제거하여 절연을 향상시키는 건조법이 아닌 것은?

① 열풍법
② 단락법
③ 진공법
④ 건식법

풀이

변압기의 건조법
① 열풍법 : 송풍기와 전열기에 의하여 열풍을 공급하여 건조하는 방법
② 단락법 : 변압기의 1차 권선 또는 2차 권선을 단락한 후 다른 권선에 임피던스 전압의 약 20[%]에 해당하는 전압을 인가하고 이때 흐르는 단락전류에 의한 동손에 의하여 가열 건조하는 방법

③ 진공법 : 변압기를 탱크에 넣어서 밀폐하고 이 속으로 보일러에서 발생한 증기를 보내서 가열하는 한편 진공펌프로 탱크 내의 공기를 빼고, 절연물 속의 습기를 증발 건조시키는 방법

건식법은 변압기 냉각방식의 한 종류로 공랭식과 풍냉식이 있다.   **답** ④

문제 58 극수 20, 주파수 60[Hz]인 3상 동기발전기의 전기자권선이 2층 중권, 전기자 전 슬롯 수 180, 각 슬롯 내의 도체 수 10, 코일피치 7슬롯인 2중 성형 결선으로 되어 있다. 선간전압 3300[V]를 유도하는 데 필요한 기본파 유효자속은 약 몇 [Wb] 인가?

(단, 코일피치와 자극피치의 비 $\beta = \dfrac{7}{9}$이다.)

① 0.004
② 0.062
③ 0.053
④ 0.07

풀이

유기기전력 $E = 4.44 K_w f W\phi$ [V]
여기서, K_w : 권선계수 ($K_w = K_d \times K_p$),
K_d : 분포계수, K_p : 단절계수
f : 주파수, W : 한 상당 권수, ϕ : 자속
① 분포권 계수 (K_d)
매극 매상 당 슬롯 수 q

$q = \dfrac{\text{총슬롯수}}{\text{상수}\times\text{극수}} = \dfrac{180}{3\times 20} = 3$

분포권 계수

$K_d = \dfrac{\sin\dfrac{\pi}{2m}}{q\sin\dfrac{\pi}{2mq}} = \dfrac{\sin\dfrac{\pi}{2\times 3}}{3\sin\dfrac{\pi}{2\times 3\times 3}} = 0.96$

② 단절권 계수 (K_p)

$K_p = \sin\dfrac{\beta\pi}{2} = \sin\left(\dfrac{7}{9}\times\dfrac{\pi}{2}\right) = 0.94$

③ 한 상당 권수 (W)

$W = \dfrac{180\times 10}{3\times 2}\times\dfrac{1}{2} = 150$

$\therefore$ 자속 $\phi = \dfrac{E}{4.44 K_w f W} = \dfrac{E}{4.44 K_d K_p f W}$

$= \dfrac{3300/\sqrt{3}}{4.44\times 0.96\times 0.94\times 60\times 150}$

$= 0.053$ [Wb]   **답** ③

문제 59 일반적인 3상 유도전동기에 대한 설명으로 틀린 것은?

① 불평형 전압으로 운전하는 경우 전류는 증가하나 토크는 감소한다.

② 원선도 작성을 위해서는 무부하시험, 구속시험, 1차 권선저항 측정을 하여야 한다.

③ 농형은 권선형에 비해 구조가 견고하며 권선형에 비해 대형전동기로 널리 사용된다.

④ 권선형 회전자의 3선 중 1선이 단선되면 동기속도의 50[%]에서 더 이상 가속되지 못하는 현상을 게르게스현상이라 한다.

풀이

농형 유도 전동기는 권선형에 비해 구조가 간단하며 튼튼하여, 큰 기동토크를 필요로 하지 않는 중,소형 부하에 사용된다. 그러나 큰 기동토크를 필요로 하는 **대형 전동기에는 기동특성이 우수한 권선형 유도전동기가 많이 사용**된다.

답 ③

문제 60 2방향성 3단자 사이리스터는 어느 것인가?

① SCR   ② SSS

③ SCS   ④ TRIAC

풀이

각 종 반도체 소자의 비교

① 방향성

• **양방향성(쌍방향성) 소자** : DIAC, **TRIAC**, SSS

• 역저지(단방향성) 소자 : SCR, LASCR, GTO

② 극(단자) 수

• 2극(단자) 소자 : DIAC, SSS, Diode

• **3극(단자) 소자** : SCR, LASCR, GTO, **TRIAC**

• 4극(단자) 소자 : SCS

답 ④

제4과목 **회로이론 및 제어공학**

문제 61 다음 블록선도의 전달함수 $\left(\dfrac{C(s)}{R(s)}\right)$는?

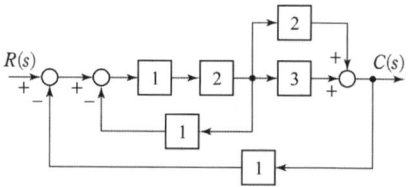

① $\dfrac{10}{9}$ ② $\dfrac{10}{13}$ ③ $\dfrac{12}{9}$ ④ $\dfrac{12}{13}$

풀이

메이슨의 정리에 의해

• 전향경로 이득 : $1 \times 2 \times (2+3) = 10$

• 루프 이득 : $-1 \times 2 \times 1 = -2$

$-1 \times 2 \times 3 \times 1 = -6$

$-1 \times 2 \times 2 \times 1 = -4$

$\therefore G(s) = \dfrac{\sum 전향\,경로\,이득}{1 - \sum 루프이득} = \dfrac{10}{1-(-2-6-4)} = \dfrac{10}{13}$

답 ②

문제 62 전달함수가 $G(s) = \dfrac{1}{0.1s(0.01s+1)}$

과 같은 시스템에서 $\omega = 0.1$[rad/s]일 때의 이득[dB]과 위상각[°]은 약 얼마인가?

① 40[dB], $-90°$ ② -40[dB], $90°$

③ 40[dB], $180°$ ④ -40[dB], $-180°$

풀이

① 주파수 전달함수 : $G(j\omega) = \dfrac{1}{j0.1\omega(j0.01\omega+1)}$

② 이득 : $g = 20\log|G(j\omega)|$

$= 20\log\left|\dfrac{1}{j0.1\omega(j0.01\omega+1)}\right|$

$= 20\log\left|\dfrac{1}{j0.01(j0.001+1)}\right|$

$= 20\log\dfrac{1}{0.01\sqrt{0.001^2+1^2}}$

$= 20\log\dfrac{1}{0.01\sqrt{0.001^2+1^2}}$

$= 20\log 10^2 = 40\,[dB]$

③ 위상각 : 주파수 전달함수

$$G(j\omega) = \frac{1}{j0.01\,(j0.001+1)}$$ 에서 위상각

$$\underline{/G(j\omega)} = \underline{/1} - \underline{/j0.01} - \underline{/(j0.001+1)}$$
$$= 0° - 90° - \tan^{-1}0.001 = -90.057° ≒ -90°$$
$$\therefore \underline{/G(j\omega)} ≒ -90° \qquad 답 ①$$

문제 63 다음의 논리식과 등가인 것은?

$$Y = (A+B)(\overline{A}+B)$$

① Y = A
② Y = B
③ Y = $\overline{A}$
④ Y = $\overline{B}$

풀이

$$Y = (A+B)(\overline{A}+B)$$
$$= A\overline{A} + \overline{A}B + AB + BB$$
$$= \overline{A}B + AB + B \quad (\because A\overline{A}=0.\ BB=B)$$
$$= B(\overline{A}+A+1) \quad (\because \overline{A}+A+1=1)$$
$$= B \qquad 답 ②$$

문제 64 다음의 개루프 전달함수에 대한 근궤적이 실수축에서 이탈하게 되는 분리점은 약 얼마인가?

$$G(s)H(s) = \frac{K}{s(s+3)(s+8)}, \quad K \geq 0$$

① −0.93
② −5.74
③ −6.0
④ −1.33

풀이

특성방정식에서 극점($K=0$)은 $s=0,\ -3,\ -8$이고, 영점($K=\infty$)은 존재하지 않는다. 따라서 근궤적의 존재 구간은 $-3<s<0$와 $-\infty<s<-8$이고, 두 개의 극점 사이 구간인 $-3<s<0$의 범위에서 실수축상에 한 개의 분리점이 존재한다. 제어계의 특성방정식 $1+G(s)H(s)=0$에 의해 $s(s+3)(s+8)+K=0$, $K=-s(s+3)(s+8)$

분리점의 조건$\left(\frac{dK}{ds}=0\right)$을 적용하면

$$\frac{dK}{ds} = \frac{d}{ds}\{-s(s+3)(s+8)\} = -(3s^2+22s+24)=0$$
$$\therefore s_1 = -1.33,\ s_2 = -6$$

따라서 분리점의 존재 구간은 $-3<s<0$이므로 두 근 중에서 근궤적의 분리점은 $s_1 = -1.33$이 된다. 답 ④

문제 65 $$F(z) = \frac{(1-e^{-aT})z}{(z-1)(z-e^{-aT})}$$의 역 z변환은?

① $t \cdot e^{-at}$
② $a^t \cdot e^{-at}$
③ $1+e^{-at}$
④ $1-e^{-at}$

풀이

$$F(z) = \frac{(1-e^{-aT})z}{(z-1)(z-e^{-aT})} = \frac{z(z-e^{-aT})-z(z-1)}{(z-1)(z-e^{-aT})}$$
$$= \frac{z}{z-1} - \frac{z}{z-e^{-aT}}$$

따라서 $f(t)$는 $1-e^{-at}$ 가 된다. 답 ④

문제 66 기본 제어요소인 비례요소의 전달함수는? (단, K는 상수이다.)

① $G(s) = K$
② $G(s) = Ks$
③ $G(s) = \frac{K}{s}$
④ $G(s) = \frac{K}{s+K}$

풀이

- 비례 요소 : $G(s) = K$
- 미분 요소 : $G(s) = Ks$
- 적분 요소 : $G(s) = \frac{K}{s}$
- 1차 지연요소 : $G(s) = \frac{K}{Ts+1}$ 답 ①

문제 67 다음의 상태방정식으로 표현되는 시스템의 상태천이행렬은?

$$\begin{bmatrix} \frac{d}{dt}x_1 \\ \frac{d}{dt}x_2 \end{bmatrix} = \begin{bmatrix} 0 & 1 \\ -3 & -4 \end{bmatrix}\begin{bmatrix} x_1 \\ x_2 \end{bmatrix}$$

① $\begin{bmatrix} 1.5e^{-t}-0.5e^{-3t} & -1.5e^{-t}+1.5e^{-3t} \\ 0.5e^{-t}-0.5e^{-3t} & -0.5e^{-t}+1.5e^{-3t} \end{bmatrix}$

② $\begin{bmatrix} 1.5e^{-t}-0.5e^{-3t} & 0.5e^{-t}-0.5e^{-3t} \\ -1.5e^{-t}+1.5e^{-3t} & -0.5e^{-t}+1.5e^{-3t} \end{bmatrix}$

③ $\begin{bmatrix} 1.5e^{-t} - 0.5e^{-4t} & 0.5e^{-t} - 0.5e^{-4t} \\ -1.5e^{-t} + 1.5e^{-4t} & -0.5e^{-t} + 1.5e^{-4t} \end{bmatrix}$

④ $\begin{bmatrix} 1.5e^{-t} - 0.5e^{-4t} & -1.5e^{-t} + 1.5e^{-4t} \\ 0.5e^{-t} - 0.5e^{-4t} & -0.5e^{-t} + 1.5e^{-4t} \end{bmatrix}$

풀이

$[sI - A] = \begin{bmatrix} s & 0 \\ 0 & s \end{bmatrix} - \begin{bmatrix} 0 & 1 \\ -3 & -4 \end{bmatrix} = \begin{bmatrix} s & -1 \\ 3 & s+4 \end{bmatrix}$

$\Phi(s) = [sI - A]^{-1} = \dfrac{1}{\begin{vmatrix} s & -1 \\ 3 & s+4 \end{vmatrix}} \begin{bmatrix} s+4 & 1 \\ -3 & s \end{bmatrix}$

$= \dfrac{1}{s^2 + 4s + 3} \begin{bmatrix} s+4 & 1 \\ -3 & s \end{bmatrix}$

$= \begin{bmatrix} \dfrac{s+4}{(s+1)(s+3)} & \dfrac{1}{(s+1)(s+3)} \\ \dfrac{-3}{(s+1)(s+3)} & \dfrac{s}{(s+1)(s+3)} \end{bmatrix}$

$\therefore \ \Phi(t) = \mathcal{L}^{-1}\{[sI - A]^{-1}\}$

$= \begin{bmatrix} 1.5e^{-t} - 0.5e^{-3t} & 0.5e^{-t} - 0.5e^{-3t} \\ -1.5e^{-t} + 1.5e^{-3t} & -0.5e^{-t} + 1.5e^{-3t} \end{bmatrix}$ **답** ②

문제 68 그림의 신호흐름선도를 미분방정식으로 표현한 것으로 옳은 것은? (단, 모든 초기 값은 0이다.)

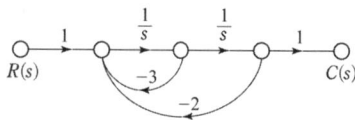

① $\dfrac{d^2 c(t)}{dt^2} + 3\dfrac{dc(t)}{dt} + 2c(t) = r(t)$

② $\dfrac{d^2 c(t)}{dt^2} + 2\dfrac{dc(t)}{dt} + 3c(t) = r(t)$

③ $\dfrac{d^2 c(t)}{dt^2} - 3\dfrac{dc(t)}{dt} - 2c(t) = r(t)$

④ $\dfrac{d^2 c(t)}{dt^2} - 2\dfrac{dc(t)}{dt} - 3c(t) = r(t)$

풀이

전향경로 이득 : $\dfrac{1}{s} \cdot \dfrac{1}{s} = \dfrac{1}{s^2}$

루프 이득 : $-\dfrac{3}{s}$, $-2 \cdot \dfrac{1}{s} \cdot \dfrac{1}{s} = -\dfrac{2}{s^2}$

$G(s) = \dfrac{\sum \text{전향 경로 이득}}{1 - \sum \text{루프이득}} = \dfrac{\dfrac{1}{s^2}}{1 + \dfrac{3}{s} + \dfrac{2}{s^2}}$

$= \dfrac{1}{s^2 + 3s + 2} = \dfrac{C(s)}{R(s)}$

$(s^2 + 3s + 2)C(s) = R(s)$

역라플라스 변환하면

$\therefore \dfrac{d^2 c(t)}{dt^2} + 3\dfrac{dc(t)}{dt} + 2c(t) = r(t)$ **답** ①

문제 69 제어시스템의 전달함수가

$T(s) = \dfrac{1}{4s^2 + s + 1}$ 과 같이 표현될 때 이 시스템의 고유주파수(ω_n[rad/s])와 감쇠율(ζ)은?

① $\omega_n = 0.25$, $\zeta = 1.0$

② $\omega_n = 0.5$, $\zeta = 0.25$

③ $\omega_n = 0.5$, $\zeta = 0.5$

④ $\omega_n = 1.0$, $\zeta = 0.5$

풀이

$T(s) = \dfrac{1}{4s^2 + s + 1} = \dfrac{\dfrac{1}{4}}{s^2 + \dfrac{1}{4}s + \dfrac{1}{4}}$

2차계의 전달함수 $= \dfrac{\omega_n^2}{s^2 + 2\zeta\omega_n s + \omega_n^2}$ 와 비교하면

• 고유주파수 $\omega_n^2 = \dfrac{1}{4}$ → $\therefore \omega_n = \dfrac{1}{2} = 0.5$

• 감쇠율 $2\zeta\omega_n = 2\zeta \times \dfrac{1}{2} = \dfrac{1}{4}$ → $\therefore \zeta = \dfrac{1}{4} = 0.25$ **답** ②

문제 70 제어시스템의 특성방정식이

$s^4 + s^3 - 3s^2 - s + 2 = 0$와 같을 때, 이 특성방정식에서 s 평면의 오른쪽에 위치하는 근은 몇 개인가?

① 0

② 1

③ 2

④ 3

풀이

특성 방정식 $s^4 + s^3 - 3s^2 - s + 2 = 0$의 루드의 표는

s^4	1	-3	2
s^3	1	-1	0
s^2	$\dfrac{-3+1}{1} = -2$	2
s^1	$\dfrac{2-2}{-2} = 0$	0
s^0	0	

제1열의 '1'에서 '-2', '-2'에서 '0'으로 부호변화가 두 번 있으므로 s 평면의 오른쪽에 위치하는 근은 2개이다.

답 ③

문제 71 회로에서 6[Ω]에 흐르는 전류[A]는?

① 2.5
② 5
③ 7.5
④ 10

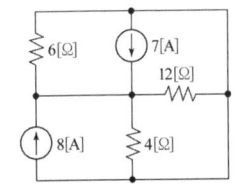

풀이

중첩의 원리에 의하여 회로 내 어느 한 지로에 흐르는 전류는 각 전원이 단독으로 존재할 때의 전류를 각각 대수적으로 합하여 구하는 정리로서 그 적용 방법은 먼저, 한 개의 전원 (전압원이나 전류 원)을 취하고 나머지 전원은 모두 없앤다. (이때, **다른 전압원은 단락, 다른 전류원은 개방**)

① 7[A] 전류원

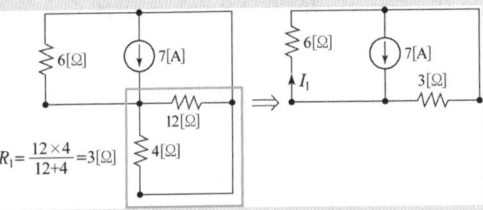

$$R_1 = \frac{12 \times 4}{12+4} = 3[\Omega]$$

전류 분배 법칙에 의해 $I_1 = \dfrac{3}{6+3} \times 7 = 2.33[A]$

② 8[A] 전류원

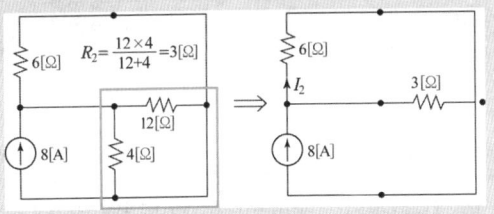

$$R_2 = \frac{12 \times 4}{12+4} = 3[\Omega]$$

전류 분배 법칙에 의해 $I_2 = \dfrac{3}{6+3} \times 8 = 2.67[A]$

따라서 6[Ω]에는 같은 방향의 전류가 흐르므로,

$\therefore I = I_1 + I_2 = 2.33 + 2.67 = 5[A]$

답 ②

문제 72 RL 직렬회로에서 시정수가 0.03[s], 저항이 14.7 [Ω]일 때 이 회로의 인덕턴스[mH]는?

① 441
② 362
③ 17.6
④ 2.53

풀이

$R-L$ 직렬 회로에서 시정수 $\tau = \dfrac{L}{R}$[s]에서

$L = \tau \times R = 0.03 \times 14.7 = 0.441[H] = 441[mH]$

답 ①

문제 73 상의 순서가 $a-b-c$인 불평형 3상 교류 회로에서 각 상의 전류가 $I_a = 7.28 \angle 15.95°$[A], $I_b = 12.81 \angle -128.66°$[A], $I_c = 7.21 \angle 123.69°$[A]일 때 역상분 전류는 약 몇 [A]인가?

① $8.95 \angle -1.14°$
② $8.95 \angle 1.14°$
③ $2.51 \angle -96.55°$
④ $2.51 \angle 96.55°$

풀이

$$I_2 = \frac{1}{3}(I_a + a^2 I_b + a I_c)$$

$$= \frac{1}{3}\left[(7+j2) + \left(-\frac{1}{2} - j\frac{\sqrt{3}}{2}\right)(-8-j10) \right.$$
$$\left. + \left(-\frac{1}{2} + j\frac{\sqrt{3}}{2}\right)(-4+j6)\right]$$

$$= \frac{1}{3}(7+j2+4+j4\sqrt{3}+j5-5\sqrt{3}+2-j2\sqrt{3}-j3-3\sqrt{3})$$

$$= -0.29 + j2.49$$

$\therefore I_2 = 2.51 \angle 96.55°$

답 ④

문제 74 그림과 같은 T형 4단자 회로의 임피던스 파라미터 Z_{22}는?

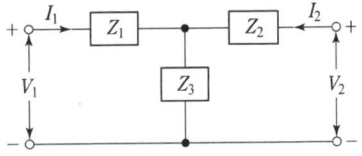

① Z_3
② $Z_1 + Z_2$
③ $Z_1 + Z_3$
④ $Z_2 + Z_3$

풀이

$$Z_{22} = \frac{V_2}{I_2}\bigg|_{I_1=0} = \frac{I_2 \times (Z_2 + Z_3)}{I_2} = Z_2 + Z_3$$

답 ④

참고

$V_2 = I_2 \times (Z_2 + Z_3)$

문제 75 그림과 같은 부하에 선간전압이 $V_{ab} = 100 \angle 30°$[V]인 평형 3상 전압을 가했을 때 선전류 I_a[A]는?

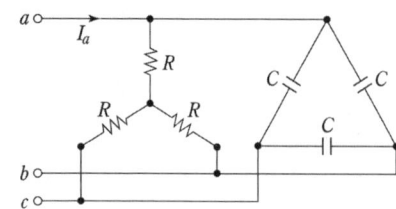

① $\dfrac{100}{\sqrt{3}}\left(\dfrac{1}{R} + j3\omega C\right)$ ② $100\left(\dfrac{1}{R} + j\sqrt{3}\,\omega C\right)$

③ $\dfrac{100}{\sqrt{3}}\left(\dfrac{1}{R} + j\omega C\right)$ ④ $100\left(\dfrac{1}{R} + j\omega C\right)$

풀이

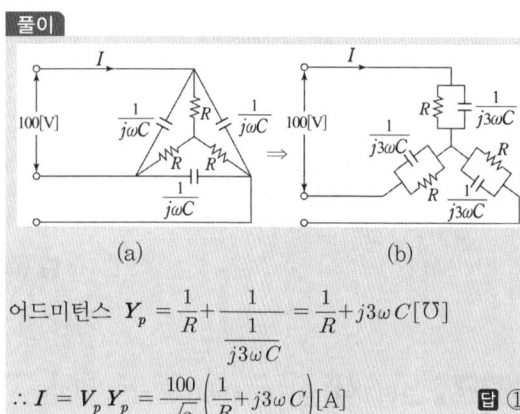

어드미턴스 $Y_p = \dfrac{1}{R} + \dfrac{1}{\dfrac{1}{j3\omega C}} = \dfrac{1}{R} + j3\omega C\,[\mho]$

$\therefore I = V_p Y_p = \dfrac{100}{\sqrt{3}}\left(\dfrac{1}{R} + j3\omega C\right)[\text{A}]$ **답** ①

문제 76 분포정수로 표현된 선로의 단위 길이당 저항이 0.5[Ω/km], 인덕턴스가 1[μH/km], 커패시턴스가 6[μF/km]일 때 일그러짐이 없는 조건(무왜형 조건)을 만족하기 위한 단위 길이당 컨덕턴스[℧/m]는?

① 1 ② 2 ③ 3 ④ 4

풀이

무왜선로(일그러짐이 없는 선로)의 조건은 $RC = LG$ 이다.
따라서 컨덕턴스 G 는

$G = \dfrac{RC}{L} = \dfrac{0.5 \times 6 \times 10^{-6}}{1 \times 10^{-6}} = 3[\mho/\text{m}]$ **답** ③

문제 77 그림 (a)의 Y결선 회로를 그림 (b)의 △결선 회로로 등가 변환했을 때 R_{ab}, R_{bc}, R_{ca}는 각각 몇 [Ω]인가? (단, $R_a = 2[\Omega]$, $R_b = 3[\Omega]$, $R_c = 4[\Omega]$)

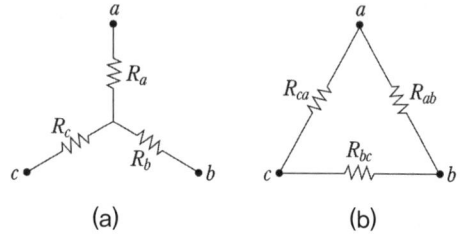

(a) (b)

① $R_{ab} = \dfrac{6}{9}$, $R_{bc} = \dfrac{12}{9}$, $R_{ca} = \dfrac{8}{9}$

② $R_{ab} = \dfrac{1}{3}$, $R_{bc} = 1$, $R_{ca} = \dfrac{1}{2}$

③ $R_{ab} = \dfrac{13}{2}$, $R_{bc} = 13$, $R_{ca} = \dfrac{26}{3}$

④ $R_{ab} = \dfrac{11}{3}$, $R_{bc} = 11$, $R_{ca} = \dfrac{11}{2}$

풀이

$R_{ab} = \dfrac{R_a R_b + R_b R_c + R_c R_a}{R_c} = \dfrac{2\times3 + 3\times4 + 4\times2}{4} = \dfrac{13}{2}[\Omega]$

$R_{bc} = \dfrac{R_a R_b + R_b R_c + R_c R_a}{R_a} = \dfrac{2\times3 + 3\times4 + 4\times2}{2} = 13[\Omega]$

$R_{ca} = \dfrac{R_a R_b + R_b R_c + R_c R_a}{R_b} = \dfrac{2\times3 + 3\times4 + 4\times2}{3} = \dfrac{26}{3}[\Omega]$

답 ③

문제 78 다음과 같은 비정현파 교류 전압 $v(t)$와 전류 $i(t)$에 의한 평균전력은 약 몇 [W]인가?

$$v(t) = 200\sin 100\pi t + 80\sin\left(300\pi t - \dfrac{\pi}{2}\right)[\text{V}]$$
$$i(t) = \dfrac{1}{5}\sin\left(100\pi t - \dfrac{\pi}{3}\right) + \dfrac{1}{10}\sin\left(300\pi t - \dfrac{\pi}{4}\right)[\text{A}]$$

① 6.414 ② 8.586
③ 12.828 ④ 24.212

풀이

주파수가 다른 전압과 전류 사이의 전력은 영(0)이다.

따라서,
$P = V_1 I_1 \cos\theta_1 + V_3 I_3 \cos\theta_3$
$= \dfrac{200}{\sqrt{2}} \cdot \dfrac{1}{5\sqrt{2}} \cdot \cos 60° + \dfrac{80}{\sqrt{2}} \cdot \dfrac{1}{10\sqrt{2}} \cdot \cos 45°$
$= 12.828 [W]$　　　**답** ③

문제 79

회로에서 $I_1 = 2e^{-j\frac{\pi}{6}}$ [A], $I_2 = 5e^{j\frac{\pi}{6}}$ [A], $I_3 = 5.0$ [A], $Z_3 = 1.0[\Omega]$일 때 부하(Z_1, Z_2, Z_3) 전체에 대한 복소 전력은 약 몇 [VA]인가? 단, 전류 공액을 취하도록 한다.

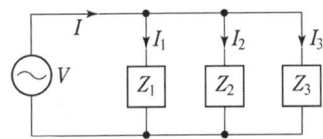

① $55.3 - j7.5$ 　　② $55.3 + j7.5$
③ $45 - j26$ 　　　④ $45 + j26$

풀이

$V = I_3 Z_3 = 5 \times 1 = 5 [V]$

$I = I_1 + I_2 + I_3 = 2e^{-j\frac{\pi}{6}} + 5e^{j\frac{\pi}{6}} + 5$
$= 2\left(\cos\dfrac{\pi}{6} - j\sin\dfrac{\pi}{6}\right) + 5\left(\cos\dfrac{\pi}{6} + j\sin\dfrac{\pi}{6}\right) + 5$
$= 11.06 + j1.5 [A]$

$\therefore P_a = V\bar{I} = 5(11.06 - j1.5) = 55.3 - j7.5 [VA]$　**답** ①

문제 80

$f(t) = \mathcal{L}^{-1}\left[\dfrac{s^2 + 3s + 2}{s^2 + 2s + 5}\right]$ 는?

① $\delta(t) + e^{-t}(\cos 2t - \sin 2t)$
② $\delta(t) + e^{-t}(\cos 2t + 2\sin 2t)$
③ $\delta(t) + e^{-t}(\cos 2t - 2\sin 2t)$
④ $\delta(t) + e^{-t}(\cos 2t + \sin 2t)$

풀이

$\mathcal{L}^{-1}\left[\dfrac{s^2+3s+2}{s^2+2s+5}\right] = \mathcal{L}^{-1}\left[1 + \dfrac{s-3}{s^2+2s+5}\right]$
$= \mathcal{L}^{-1}\left[1 + \dfrac{s-3}{(s+1)^2 + 2^2}\right]$

$= \mathcal{L}^{-1}\left[1 + \dfrac{s+1}{(s+1)^2 + 2^2} - 2\dfrac{2}{(s+1)^2 + 2^2}\right]$
$= \delta(t) + e^{-t}\cos 2t - 2e^{-t}\sin 2t$
$= \delta(t) + e^{-t}(\cos 2t - 2\sin 2t)$　　**답** ③

참고 기본함수의 라플라스 변환

$f(t)$	$F(s)$
$\delta(t)$	1
$e^{-at}\sin\omega t$	$\dfrac{\omega}{(s+a)^2 + \omega^2}$
$e^{-at}\cos\omega t$	$\dfrac{s+a}{(s+a)^2 + \omega^2}$

제5과목　**전기설비 기술기준**

문제 81 풍력터빈의 피뢰설비 시설기준에 대한 설명으로 틀린 것은?

① 풍력터빈에 설치한 피뢰설비(리셉터, 인하도선 등)의 기능저하로 인해 다른 기능에 영향을 미치지 않을 것

② 풍력터빈 내부의 계측 센서용 케이블은 금속관 또는 차폐케이블 등을 사용하여 뇌유도과전압으로부터 보호할 것

③ 풍력터빈에 설치하는 인하도선은 쉽게 부식되지 않는 금속선으로서 뇌격전류를 안전하게 흘릴 수 있는 충분한 굵기여야 하며, 가능한 직선으로 시설할 것

④ 수뢰부를 풍력터빈 중앙부분에 배치하되 뇌격전류에 의한 발열에 용손(溶損)되지 않도록 재질, 크기, 두께 및 형상 등을 고려할 것

풀이

532.3.5 피뢰설비
풍력터빈의 피뢰설비는 **수뢰부를 풍력터빈 선단부분 및 가장자리 부분에 배치**하되 뇌격전류에 의한 발열에 용손(溶損)되지 않도록 재질, 크기, 두께 및 형상 등을 고려할 것　**답** ④

문제 82 샤워시설이 있는 욕실 등 인체가 물에 젖어있는 상태에서 전기를 사용하는 장소에 콘센트를 시설할 경우 인체감전보호용 누전차단기의 정격감도전류는 몇 [mA] 이하인가?

① 5　　　　　　　　② 10

③ 15　　　　　　　　④ 30

풀이

234.5 콘센트의 시설
욕조나 샤워시설이 있는 욕실 또는 화장실 등 인체가 물에 젖어있는 상태에서 전기를 사용하는 장소에 콘센트를 시설하는 경우에는 다음에 따라 시설하여야한다.

가. **인체감전보호용 누전차단기(정격감도전류 15[mA] 이하, 동작시간 0.03[초] 이하의 전류동작형의 것에 한한다)** 또는 절연변압기(정격용량 3[kVA] 이하인 것에 한한다)로 보호된 전로에 접속하거나, 인체감전보호용 누전차단기가 부착된 콘센트를 시설하여야 한다.

나. 콘센트는 접지극이 있는 방적형 콘센트를 사용하여 규정에 준하여 접지하여야 한다.　**답** ③

문제 83 강관으로 구성된 철탑의 갑종 풍압하중은 수직 투영면적 1[m²]에 대한 풍압을 기초로 하여 계산한 값이 몇 [Pa] 인가? (단, 단주는 제외한다.)

① 1255　　　　　　　② 1412

③ 1627　　　　　　　④ 2157

풀이

331.6 풍압하중의 종별과 적용

철탑	단주 (완철류는 제외함)	원형의 것	588 [Pa]
		기타의 것	1,117 [Pa]
	강관으로 구성되는 것(단주는 제외함)		1,255 [Pa]
	기타의 것		2,157 [Pa]

답 ①

문제 84 한국전기설비규정에 따른 용어의 정의에서 감전에 대한 보호 등 안전을 위해 제공되는 도체를 말하는 것은?

① 접지도체

② 보호도체

③ 수평도체

④ 접지극도체

풀이

112 용어정의
보호도체(PE, Protective Conductor)"란 감전에 대한 보호 등 안전을 위해 제공되는 도체를 말한다.　**답** ②

문제 85 주택의 전기저장장치의 축전지에 접속하는 부하 측 옥내배선을 사람이 접촉할 우려가 없도록 케이블배선에 의하여 시설하고 전선에 적당한 방호장치를 시설한 경우 주택의 옥내전로의 대지전압은 직류 몇 [V] 까지 적용할 수 있는가? (단, 전로에 지락이 생겼을 때 자동적으로 전로를 차단하는 장치를 시설한 경우이다.)

① 150　　　　　　　② 300

③ 400　　　　　　　④ 600

풀이

511.3 옥내전로의 대지전압 제한
주택의 전기저장장치의 축전지에 접속하는 부하 측 옥내배선을 다음에 따라 시설하는 경우에 주택의 옥내전로의 **대지전압은 직류 600[V]까지 적용**할 수 있다.

가. 전로에 지락이 생겼을 때 자동적으로 전로를 차단하는 장치를 시설할 것

나. 사람이 접촉할 우려가 없는 은폐된 장소에 합성수지관배선, 금속관배선 및 케이블배선에 의하여 시설하거나, 사람이 접촉할 우려가 없도록 케이블배선에 의하여 시설하고 전선에 적당한 방호장치를 시설할 것

답 ④

문제 86 통신상의 유도 장해방지 시설에 대한 설명이다. 다음 (　　)에 들어갈 내용으로 옳은 것은?

> 교류식 전기철도용 전차선로는 기설 가공약전류 전선로에 대하여 (　　)에 의한 통신상의 장해가 생기지 않도록 시설하여야 한다.

① 정전작용　　　　　② 유도작용

③ 가열작용　　　　　④ 산화작용

풀이

461.7 통신상의 유도 장해방지 시설
교류식 전기철도용 전차선로는 기설 가공약전류 전선로에 대하여 **유도작용에 의한 통신상의 장해가 생기지 않도록 시설**하여야 한다.　**답** ②

문제 87 전압의 구분에 대한 설명으로 옳은 것은?

① 직류에서의 저압은 1000[V] 이하의 전압을 말한다.

② 교류에서의 저압은 1500[V] 이하의 전압을 말한다.

③ 직류에서의 고압은 3500[V]를 초과하고 7000[V] 이하인 전압을 말한다.

④ 특고압은 7000[V]를 초과하는 전압을 말한다.

풀이

111 통칙

전압의 구분은 다음과 같다.

분류	전압의 범위
저압	• 직류 : 1.5[kV] 이하 • 교류 : 1[kV] 이하
고압	• 직류 : 1.5[kV]를 초과하고, 7[kV] 이하 • 교류 : 1[kV]를 초과하고, 7[kV] 이하
특고압	7[kV]를 초과

답 ④

문제 88 고압 가공전선로의 가공지선으로 나경동선을 사용할 때의 최소 굵기는 지름 몇 [mm] 이상인가?

① 3.2 　　　② 3.5

③ 4.0 　　　④ 5.0

풀이

332.6 고압 가공전선로의 가공지선

고압 가공전선로에 사용하는 **가공지선**은 인장강도 5.26[kN] 이상의 것 또는 **지름 4[mm] 이상의 나경동선**을 사용한다.

답 ③

문제 89 특고압용 변압기의 내부에 고장이 생겼을 경우에 자동차단장치 또는 경보장치를 하여야 하는 최소 뱅크용량은 몇 [kVA] 인가?

① 1000 　　　② 3000

③ 5000 　　　④ 10000

풀이

351.4 특고압용 변압기의 보호장치

특고압용의 변압기에는 그 내부에 고장이 생겼을 경우에 보호하는 장치를 표와 같이 시설하여야 한다.

뱅크 용량의 구분	동작 조건	장치의 종류
5,000 [kVA] 이상 10,000 [kVA] 미만	변압기 내부 고장	자동 차단 장치 또는 경보 장치
10,000 [kVA] 이상	변압기 내부 고장	자동 차단 장치
타냉식 변압기(변압기의 권선 및 철심을 직접 냉각시키기 위하여 봉입한 냉매를 강제 순환시키는 냉각 방식을 말한다.)	냉각 장치에 고장이 생긴 경우 또는 변압기의 온도가 현저히 상승한 경우	경보 장치

답 ③

문제 90 합성수지관 및 부속품의 시설에 대한 설명으로 틀린 것은?

① 관의 지지점 간의 거리는 1.5[m] 이하로 할 것

② 합성수지제 가요전선관 상호 간은 직접 접속할 것

③ 접착제를 사용하여 관 상호 간을 삽입하는 깊이는 관의 바깥지름의 0.8배 이상으로 할 것

④ 접착제를 사용하지 않고 관 상호 간을 삽입하는 깊이는 관의 바깥지름의 1.2배 이상으로 할 것

풀이

232.11.3 합성수지관 및 부속품의 시설

합성수지제 휨(가요) 전선관 상호 간은 직접 접속하지 말 것.

답 ②

문제 91 사용전압이 22.9[kV]인 가공전선이 철도를 횡단하는 경우, 전선의 레일면상의 높이는 몇 [m] 이상인가?

① 5 　　② 5.5 　　③ 6 　　④ 6.5

풀이

333.7 특고압 가공전선의 높이

전압의 범위	일반 장소	도로 횡단	철도 또는 궤도횡단	횡단보도교
35[kV] 이하	5[m]	6[m]	6.5[m]	4[m](특고압 절연전선 또는 케이블 사용)
35[kV] 초과 160[kV] 이하	6[m]	6[m]	6.5[m]	5[m](케이블 사용)
	산지 등에서 사람이 쉽게 들어갈 수 없는 장소 : 5[m] 이상			

전압의 범위	일반 장소	도로 횡단	철도 또는 궤도횡단	횡단보도교
160[kV] 초과	일반장소	가공전선의 높이= 6 + 단수 × 0.12[m]		
	철도 또는 궤도횡단	가공전선의 높이 = 6.5 + 단수 × 0.12[m]		
	산지	가공전선의 높이 = 5 + 단수 × 0.12[m]		

※ 단수 = $\dfrac{전압[kV]-160}{10}$

… 단수 계산에서 소수점 이하는 절상 **답 ④**

문제 92

가공전선로의 지지물에 시설하는 통신선 또는 이에 직접 접속하는 가공 통신선이 철도 또는 궤도를 횡단하는 경우 그 높이는 레일면상 몇 [m] 이상으로 하여야 하는가?

① 3 ② 3.5 ③ 5 ④ 6.5

풀이

362.2 전력보안통신선의 시설 높이와 이격거리
가공전선로의 지지물에 시설하는 통신선 또는 이에 직접 접속하는 가공 통신선의 높이는 다음에 따라야 한다.

시설 장소		가공전선로의 지지물에 시설	
		고·저압[m]	특고압[m]
도로횡단	일반적인 경우	6[m] 이상	6[m] 이상
	교통에 지장을 안 주는 경우	5[m] 이상	
철도 횡단 (레일면상)		6.5[m] 이상	6.5[m] 이상
횡단 보도교 위	노면상	3.5[m] 이상	5[m] 이상
	절연전선 사용	3[m] 이상	
	광섬유 케이블 사용		4[m] 이상
기타의 장소	일반적인 경우 (절연전선 사용)	4[m] 이상	5[m] 이상
	광섬유 케이블 사용	3.5[m] 이상	

답 ④

문제 93

전력보안통신설비의 조가선은 단면적 몇 [mm²] 이상의 아연도강연선을 사용하여야 하는가?

① 16 ② 38
③ 50 ④ 55

풀이

362.3 조가선 시설기준
조가선은 단면적 38[mm²] 이상의 아연도강연선을 사용할 것. **답 ②**

문제 94

가요전선관 및 부속품의 시설에 대한 내용이다. 다음 ( )에 들어갈 내용으로 옳은 것은?

> 1종 금속제 가요전선관에는 단면적 ( )[mm²] 이상의 나연동선을 전체 길이에 걸쳐 삽입 또는 첨가하여 그 나연동선과 1종 금속제가요전선관을 양쪽 끝에서 전기적으로 완전하게 접속할 것. 다만, 관의 길이가 4[m] 이하인 것을 시설하는 경우에는 그러하지 아니하다.

① 0.75 ② 1.5
③ 2.5 ④ 4

풀이

232.13.3 가요전선관 및 부속품의 시설
1종 금속제 가요전선관에는 단면적 2.5[mm²] 이상의 나연동선을 전체 길이에 걸쳐 삽입 또는 첨가하여 그 나연동선과 1종 금속제가요전선관을 양쪽 끝에서 전기적으로 완전하게 접속할 것. 다만, 관의 길이가 4[m] 이하인 것을 시설하는 경우에는 그러하지 아니하다. **답 ③**

문제 95

사용전압이 154[kV]인 전선로를 제1종 특고압 보안공사로 시설할 경우, 여기에 사용되는 경동연선의 단면적은 몇 [mm²] 이상이어야 하는가?

① 100 ② 125
③ 150 ④ 200

풀이

333.22 특고압 보안공사
제1종 특고압 보안공사 시 전선의 단면적

사용전압	전선
100[kV] 미만	인장강도 21.67[kN] 이상의 연선 또는 단면적 55[mm²] 이상의 경동연선
100[kV] 이상 300[kV] 미만	인장강도 58.84[kN] 이상의 연선 또는 단면적 150[mm²] 이상의 경동연선
300[kV] 이상	인장강도 77.47[kN] 이상의 연선 또는 단면적 200[mm²] 이상의 경동연선

답 ③

문제 96 사용전압이 400[V] 이하인 저압 옥측전선로를 애자공사에 의해 시설하는 경우 전선 상호 간의 간격은 몇 [m] 이상이어야 하는가? (단, 비나 이슬에 젖지 않는 장소에 사람이 쉽게 접촉될 우려가 없도록 시설한 경우이다.)

① 0.025 ② 0.045
③ 0.06   ④ 0.12

풀이

232.56 애자공사
가. 전선의 종류 : 절연 전선. 단, 옥외용 비닐 절연 전선(OW) 및 인입용 비닐 절연 전선(DV)은 제외한다.
나. 이격 거리

전 압		전선과 조영재와의 이격 거리	전선 상호 간격	전선 지지점 간의 거리	
				조영재의 상면 또는 측면	조영재에 따라 시설하지 않는 경우
저압	400[V] 이하	2.5[cm] 이상	6[cm] 이상	2[m] 이하	–
	400[V] 초과	건조한 장소 2.5[cm] 이상			6[m] 이하
		기타의 장소 4.5[cm] 이상			

답 ③

문제 97 지중전선로는 기설 지중약전류전선로에 대하여 통신상의 장해를 주지 않도록 기설 약전류전선로로부터 충분히 이격시키거나 기타 적당한 방법으로 시설하여야 한다. 이때 통신상의 장해가 발생하는 원인으로 옳은 것은?

① 충전전류 또는 표피작용
② 충전전류 또는 유도작용
③ 누설전류 또는 표피작용
④ 누설전류 또는 유도작용

풀이

334.5 지중약전류전선의 유도장해 방지
지중전선로는 기설 지중약전류전선로에 대하여 **누설전류 또는 유도작용에 의하여 통신상의 장해를 주지 않도록** 기설 약전류전선로로부터 충분히 이격시키거나 기타 적당한 방법으로 시설하여야 한다. **답** ④

문제 98 최대사용전압이 10.5[kV]를 초과하는 교류의 회전기 절연내력을 시험하고자 한다. 이때 시험전압은 최대사용전압의 몇 배의 전압으로 하여야 하는가? (단, 회전변류기는 제외한다.)

① 1   ② 1.1
③ 1.25 ④ 1.5

풀이

133 회전기 및 정류기의 절연내력

종 류			시험전압	시험 방법
회전기	발전기·전동기·조상기·기타회전기	7[kV] 이하	1.5배 (최저 500[V])	권선과 대지 사이에 연속하여 10분간
		7[kV] 초과	1.25배 (최저 10,500[V])	
	회전 변류기		직류측의 최대 사용전압의 1배의 교류 전압(최저 500[V])	

답 ③

문제 99 과전류차단기로 저압전로에 사용하는 범용의 퓨즈(「전기용품 및 생활용품 안전관리법」에서 규정하는 것을 제외한다)의 정격전류가 16[A]인 경우 용단전류는 정격전류의 몇 배인가? (단, 퓨즈 (gG)인 경우이다.)

① 1.25 ② 1.5
③ 1.6   ④ 1.9

풀이

212.3.4 보호장치의 특성
1. 과전류 보호장치는 KS C 또는 KS C IEC 관련 표준(배선차단기, 누전차단기, 퓨즈 등의 표준)의 동작특성에 적합하여야 한다.
2. 과전류차단기로 저압전로에 사용하는 범용의 퓨즈는 표에 적합한 것이어야 한다.
표. 퓨즈(gG)의 용단특성

정격전류의 구분	시간	정격전류의 배수	
		불용단전류	용단전류
4[A] 이하	60분	1.5배	2.1배
4[A] 초과 16[A] 미만	60분	1.5배	1.9배
16[A] 이상 63[A] 이하	**60분**	**1.25배**	**1.6배**
63[A] 초과 160[A] 이하	120분	1.25배	1.6배
160[A] 초과 400[A] 이하	180분	1.25배	1.6배
400[A] 초과	240분	1.25배	1.6배

답 ③

문제 100 폭연성 분진 또는 화약류의 분말에 전기설비가 발화원이 되어 폭발할 우려가 있는 곳에 시설하는 저압 옥내배선의 공사방법으로 옳은 것은? (단, 사용전압이 400[V] 초과인 방전등을 제외한 경우이다.)

① 금속관공사
② 애자사용공사
③ 합성수지관공사
④ 캡타이어 케이블공사

풀이

242.2.1 폭연성 분진 위험장소
폭연성 분진 또는 화약류의 분말이 전기설비가 발화원이 되어 폭발할 우려가 있는 곳에 시설하는 저압 옥내배선, 저압 관등회로 배선, 소세력 회로의 전선은 **금속관공사 또는 케이블공사**(캡타이어 케이블을 사용하는 것을 제외한다)에 의할 것. **답** ①

국가기술자격검정 필기시험 문제

2022년도 전기기사 일반검정 제3회 (CBT 복원문제)				수검 번호	성 명
자격종목 및 등급(선택분야)	종목코드	시험시간	문제지형별		
전기기사	1150	2시간 30분	A		

제1과목 전기자기학

문제 01 와류손에 대한 설명으로 틀린 것은?
(단, f : 주파수, B_m : 최대자속밀도, t : 두께, ρ : 저항률이다.)

① t^2에 비례한다.
② f^2에 비례한다.
③ ρ^2에 비례한다.
④ B_m^2에 비례한다.

풀이

도체에 코일을 감고 교류 전류 i를 흐르게 하면 도체 단면을 통과하는 자속이 변하게 되어 전자유도에 의한 맴돌이 형태의 유도 전류가 흐른다. 이 맴돌이 전류를 와전류라고 한다. 도체는 일반적으로 저항을 갖고 있으므로 와전류가 흐르면 줄열이 발생하여 도체의 온도를 상승시키며 전력손실을 일으킨다.

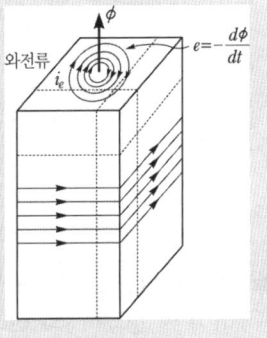

즉, 와전류에 의해 발생하는 전력을 와류손 이라고 한다.

$$\text{와류손 } P_e = \delta_e (t\,f\,k_f\,B_m)^2\,[\text{W/kg}]$$

여기서, δ_e : 재료에 의한 정수

f : 주파수[Hz]

B_m : 자속 밀도의 최대값 [Wb/m²]

t : 철판의 두께[m]

k_f : 파형률　　　　　　　**답 ③**

문제 02 유전체(유전율= 9) 내의 전계의 세기가 100 [V/m]일 때 유전체 내에 저장되는 에너지 밀도 [J/m³]는?

① 5.55×10^4
② 4.5×10^4
③ 9×10^9
④ 4.05×10^5

풀이

유전체 내에 저장되는 에너지 밀도

$w = \dfrac{ED}{2} = \dfrac{1}{2}\epsilon E^2 = \dfrac{1}{2}\dfrac{D^2}{\epsilon}\,[\text{J/m}^3]$ 식에서

$\therefore w = \dfrac{1}{2}\epsilon E^2 = \dfrac{1}{2} \times 9 \times (100)^2 = 4.5 \times 10^4\,[\text{J/m}^3]$　**답 ②**

문제 03 전위경도 V와 전계 E의 관계식은?
① $E = \text{grad}\ V$
② $E = \text{div}\ V$
③ $E = -\text{grad}\ V$
④ $E = -\text{div}\ V$

풀이

전위경도는 전계의 세기와 크기는 같고, 방향은 반대 방향이다.

$E = -\text{grad}\ V = -\nabla V\,[\text{V/m}]$　　　　　　　**답 ③**

문제 04 전계 $E = \dfrac{2}{x}\hat{x} + \dfrac{2}{y}\hat{y}\,[\text{V/m}]$에서 점(3, 5)[m]를 통과하는 전기력선의 방정식은? (단, $\hat{x}$, $\hat{y}$는 단위벡터이다.)

① $x^2 + y^2 = 12$
② $y^2 - x^2 = 12$
③ $x^2 + y^2 = 16$
④ $y^2 - x^2 = 16$

풀이

$E_x = \dfrac{2}{x}$, $E_y = \dfrac{2}{y}$ 이므로

전기력선 방정식 $\dfrac{dx}{E_x} = \dfrac{dy}{E_y} = \dfrac{dz}{E_z}$ 에서

$\dfrac{dx}{\frac{2}{x}} = \dfrac{dy}{\frac{2}{y}} \rightarrow x\,dx = y\,dy$

양변을 적분하면

$$\frac{1}{2}x^2 = \frac{1}{2}y^2 + k$$

$x = 3$, $y = 5$이므로

$$k = \frac{1}{2}x^2 - \frac{1}{2}y^2 = \frac{1}{2} \times 3^2 - \frac{1}{2} \times 5^2 = -8$$

$$\therefore \ \frac{1}{2}x^2 = \frac{1}{2}y^2 - 8 \quad 즉, \ y^2 - x^2 = 16$$

답 ④

문제 05 폐곡면을 통하는 전속과 폐곡면 내부의 전하와의 상관 관계를 나타내는 법칙은?

① 가우스 법칙　　　　② 쿨롱 법칙

③ 포아송 법칙　　　　④ 라플라스 법칙

풀이

전하가 임의의 분포(즉, 선, 면, 체적 분포)를 하고 있을 때, 폐곡면 내의 전 전하에 대해 폐곡면을 통과하는 전기력선의 수 또는 전속과의 관계를 수학적으로 표현한 식을 가우스 법칙(정리)이라 한다.

답 ①

문제 06 공기 중에서 2[cm]의 간격을 가진 두 평행 도선에 1000 [A]의 전류가 흐를 때 도선 1 [m]마다 작용하는 힘[N/m]은?

① 5　　　　　　　　② 10

③ 15　　　　　　　　④ 20

풀이

$$F = \frac{\mu_0 I_1 I_2}{2\pi r} = \frac{2I^2}{r} \times 10^{-7} \ \ (\because \ \mu_0 = 4\pi \times 10^{-7}[\text{H/m}])$$

$$= \frac{2 \times 1000^2}{2 \times 10^{-2}} \times 10^{-7} = 10[\text{N/m}]$$

답 ②

문제 07 자기회로에서 철심의 투자율을 μ라 하고 회로의 길이를 l이라 할 때 그 회로의 일부에 미소공극 l_g를 만들면 회로의 자기저항은 처음의 몇 배인가? (단, $l_g \ll l$, 즉 $l - l_g \fallingdotseq l$이다.)

① $1 + \dfrac{\mu l_g}{\mu_0 l}$ 　　　　② $1 + \dfrac{\mu l}{\mu_0 l_g}$

③ $1 + \dfrac{\mu_0 l_g}{\mu l}$ 　　　　④ $1 + \dfrac{\mu_0 l}{\mu l_g}$

풀이

투자율 μ인 자기저항 $\ R_\mu = \dfrac{l}{\mu A}$

여기서, A는 철심의 단면적, 미소 공극은 l_g이므로 철심의 길이는 $l - l_g \fallingdotseq l$이라 하면 이때의 자기저항 R_m은

$$R_m = R_1 + R_2 = \frac{l_g}{\mu_0 A} + \frac{l}{\mu A} \ \text{이므로}$$

$$\therefore \ \frac{R_m}{R_\mu} = 1 + \frac{\mu \, l_g}{\mu_0 \, l} = 1 + \frac{l_g}{l} \mu_s$$

답 ①

문제 08 다음의 관계식 중 성립할 수 없는 것은? (단, μ는 투자율, χ는 자화율, μ_o는 진공의 투자율, J는 자화의 세기이다.)

① $J = \chi B$ 　　　　② $B = \mu H$

③ $\mu = \mu_o + \chi$ 　　④ $\mu_s = 1 + \dfrac{\chi}{\mu_o}$

풀이

- 자화율 $\chi = \mu - \mu_0 [\text{H/m}]$
- 자화의 세기 $J = \chi H = (\mu - \mu_0) H$
$$= \mu H - \mu_0 H = B - \mu_0 H [\text{Wb/m}^2]$$
- 자속밀도 $B = \mu_0 H + J = \mu_0 H + \chi H$
$$= (\mu_0 + \chi) H = \mu H \ [\text{Wb/m}^2]$$
- 비투자율 $\mu_s = \dfrac{\mu}{\mu_0} = \dfrac{\mu_0 + \chi}{\mu_0} = 1 + \dfrac{\chi}{\mu_0} [\text{H/m}]$

답 ①

문제 09 평행판 공기콘덴서의 양 극판에 $+\rho$ [C/m²], $-\rho$[C/m²]의 전하가 충전되어 있을 때 이 두 전극 사이에 유전율 ϵ[F/m]인 유전체를 삽입한 경우의 전계의 세기는 몇 [V/m]인가? 단, 유전체의 분극전하밀도를 $+\rho_P$[C/m²], $-\rho_P$[C/m²]라 한다.

① $\dfrac{\rho + \rho_P}{\epsilon_0}$ 　　　　② $\dfrac{\rho - \rho_P}{\epsilon_0}$

③ $\dfrac{\rho}{\epsilon_0} - \dfrac{\rho_P}{\epsilon}$ 　　　④ $\dfrac{\rho_P}{\epsilon_0}$

풀이

콘덴서 도체극판의 진전하밀도 ρ는 전속밀도 D, 유전체의 분극전하밀도 ρ_p는 분극의 세기(분극도) P로 정의한다. ($D = \rho, \ P = \rho_p$)

따라서, $D, \ P$ 및 E의 관계식 $D = \epsilon_0 E + P$에서

전계의 세기 E는

$$\therefore E = \frac{D-P}{\epsilon_0} = \frac{\rho - \rho_p}{\epsilon_0}$$
답 ②

문제 10 비유전율 $\epsilon_r = 6$, 비투자율 $\mu_r = 1$, 도전율 $\sigma = 0$인 유전체 내에서의 전자파의 전파속도는 약 [m/s]인가?

① 1.22×10^8[m/s] ② 1.22×10^7[m/s]

③ 1.22×10^6[m/s] ④ 1.22×10^5[m/s]

풀이

전파속도

$$v = \frac{1}{\sqrt{\epsilon \mu}} = \frac{1}{\sqrt{\epsilon_0 \mu_0}} \cdot \frac{1}{\sqrt{\epsilon_r \mu_r}} = c \frac{1}{\sqrt{\epsilon_r \mu_r}} = \frac{3 \times 10^8}{\sqrt{\epsilon_r \mu_r}} \text{[m/s]}$$

따라서, $v = \frac{3 \times 10^8}{\sqrt{6 \times 1}} = 1.22 \times 10^8$[m/s]
답 ①

참고

$$\frac{1}{\sqrt{\epsilon_0 \mu_0}} = \frac{1}{\sqrt{8.855 \times 10^{-12} \times 4\pi \times 10^{-7}}} = 3 \times 10^8$$

문제 11 0.2 [C]의 점전하가 전계 $E = 5a_y + a_z$ [V/m] 및 자속 밀도 $B = 2a_y + 5a_z$ [Wb/m²] 내로 속도 $v = 2a_x + 3a_y$ [m/s]로 이동할 때 점전하에 작용하는 힘 F [N]은? (단, a_x, a_y, a_z는 단위 벡터이다.)

① $2a_x - a_y + 3a_z$ ② $3a_x - a_y + a_z$

③ $a_x + a_y - 2a_z$ ④ $5a_x + a_y - 3a_z$

풀이

$$F = q(E + v \times B)$$
$$= 0.2(5a_y + a_z) + 0.2(2a_x + 3a_y) \times (2a_y + 5a_z)$$
$$= 0.2(5a_y + a_z) + 0.2 \begin{vmatrix} a_x & a_y & a_z \\ 2 & 3 & 0 \\ 0 & 2 & 5 \end{vmatrix}$$
$$= 0.2(5a_y + a_z) + 0.2(15a_x + 4a_z - 10a_y)$$
$$= 0.2(15a_x - 5a_y + 5a_z) = 3a_x - a_y + a_z$$
답 ②

문제 12 그림과 같은 직사각형의 평면 코일이 $B = \frac{0.05}{\sqrt{2}}(a_x + a_y)$[Wb/m²]인 자계에 위치하고 있다. 이 코일에 흐르는 전류가 5[A] 일 때 z축에 있는 코일에서의 토크는 약 몇 [N·m]인가?

① $2.66 \times 10^{-4} a_x$

② $5.66 \times 10^{-4} a_x$

③ $2.66 \times 10^{-4} a_z$

④ $5.66 \times 10^{-4} a_z$

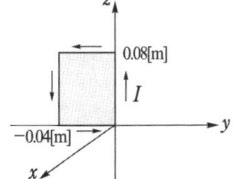

풀이

$I = 5a_z$

$B = 0.03536(a_x + a_y)$

z축상의 전류 도체가 받는 힘

$F = (I \times B)l$

$I \times B = 5 \times 0.03536(a_z \times a_x + a_z \times a_y) = 0.1768(a_y - a_x)$

$\therefore F = (I \times B)l = 0.1768 \times 0.08(-a_x + a_y)$
$= 0.01414(-a_x + a_y)$[N]

토크 $T = r \times F$ 이고 $r = 0.04a_y$ 이므로

$T = 5.66 \times 10^{-4}(-a_y \times a_x + a_y \times a_y)$
$= 5.66 \times 10^{-4}\{-(-a_z)\}$
$= 5.66 \times 10^{-4} a_z$[N·m]
답 ④

문제 13 커패시터를 제조하는데 4가지(A, B, C, D)의 유전재료가 있다. 커패시터 내의 전계를 일정하게 하였을 때, 단위체적당 가장 큰 에너지 밀도를 나타내는 재료부터 순서대로 나열한 것은? (단, 유전재료 A, B, C, D의 비유전율은 각각 $\epsilon_{rA} = 8$, $\epsilon_{rB} = 10$, $\epsilon_{rC} = 2$, $\epsilon_{rD} = 4$이다.)

① C > D > A > B

② B > A > D > C

③ D > A > C > B

④ A > B > D > C

풀이

유전체 내에 저장되는 에너지 밀도

$$w = \frac{1}{2}\epsilon E^2 \text{ [J/m}^3]\text{에서 } w \propto \epsilon_r$$

즉, 에너지 밀도는 비유전율에 비례한다.

따라서 $\epsilon_{rB} > \epsilon_{rA} > \epsilon_{rD} > \epsilon_{rC}$ 이므로

$\therefore B > A > D > C$
답 ②

문제 14 정전계에서 도체의 성질을 설명한 것 중 옳지 않은 것은?

① 전하는 도체의 표면에서만 존재한다.

② 대전된 도체는 등전위면이다.

③ 도체 내부의 전계는 0 이다.

④ 도체 표면상에서 전계의 방향은 모든 점에서 표면의 접선 방향이다.

풀이

도체의 성질과 전하분포

• 도체 표면과 내부의 전위는 동일하고(등전위), 표면은 등전위면이다.

• 도체 내부의 전계의 세기는 0 이다.

• 전하는 도체 내부에는 존재하지 않고, 도체 표면에만 분포한다.

• **도체 면에서의 전계의 세기는 도체 표면에 항상 수직이다.**

• 도체 표면에서의 전하밀도는 곡률이 클수록 높다. 즉, 곡률반경이 작을수록 높다.

• 중공부에 전하가 없고 대전 도체라면, 전하는 도체 외부의 표면에만 분포한다.

• 중공부에 전하를 두면 도체 내부표면에 동량 이부호, 도체 외부표면에 동량 동부호의 전하가 분포한다. **답** ④

문제 15 자기인덕턴스가 20[mH]인 코일에 0.2[s] 동안 전류가 100[A]로 변할 때 코일에 유기되는 기전력[V]은 얼마인가?

① 10 ② 20 ③ 30 ④ 40

풀이

유기 기전력

$$e = L\frac{di}{dt} = 20 \times 10^{-3} \times \frac{100}{0.2} = 10\,[\text{V}]$$ **답** ①

문제 16 정현파 자속의 주파수를 3배로 높이면 유기기전력은?

① 2배로 감소 ② 2배로 증가

③ 3배로 감소 ④ 3배로 증가

풀이

유기기전력

$$e = -\omega N\phi_m \sin(\omega t - \pi) = -2\pi f N\phi_m \sin(\omega t - \pi)$$ 에서

$$e \propto f$$

따라서, 주파수를 3배로 높이면 유기기전력은 3배로 증가한다. **답** ④

문제 17 영구자석의 재료로 적합한 것은?

① 잔류 자속밀도(B_r)는 크고, 보자력(H_c)은 작아야 한다.

② 잔류 자속밀도(B_r)는 작고, 보자력(H_c)은 커야 한다.

③ 잔류 자속밀도(B_r)와 보자력(H_c) 모두 작아야 한다.

④ 잔류 자속밀도(B_r)와 보자력(H_c) 모두 커야 한다.

풀이

• 잔류자기(residual magnetism) : B_r

외부에서 가한 자계 세기를 0으로 해도 자성체에 남는 자속밀도 크기

• 보자력(coercive force) : H_c

자화된 자성체 내부의 B를 0으로 하기 위하여 외부에서 자화와 반대방향으로 가하는 자계의 세기

• **영구 자석 : 히스테리시스 곡선의 면적이 크고, 잔류 자기(B_r)와 보자력(H_c)이 모두 클 것**

• 전자석 : 히스테리시스 곡선의 면적이 작고, 잔류 자기(B_r)는 크고 보자력(H_c)은 작을 것.

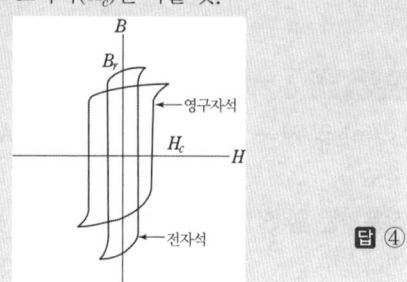

답 ④

문제 18 1[kV]로 충전된 어떤 콘덴서의 정전에너지가 1[J]일 때, 이 콘덴서의 크기는 몇 [μF]인가?

① 2[μF] ② 4[μF]

③ 6[μF] ④ 8[μF]

풀이

$$W = \frac{1}{2}QV = \frac{1}{2}CV^2[\text{J}]$$ 이므로

$$\therefore C = \frac{2W}{V^2} = \frac{2 \times 1}{(1 \times 10^3)^2} = 2 \times 10^{-6}[\text{F}] = 2[\mu\text{F}]$$ **답** ①

문제 19 500 [AT/m]의 자계 중에 어떤 자극을 놓았을 때 5 × 10³[N]의 힘이 작용했을 때의 자극의 세기는 몇 [Wb]인가?

① 10   ② 20

③ 30   ④ 40

풀이

$F = mH$에서

$\therefore m = \dfrac{F}{H} = \dfrac{5 \times 10^3}{500} = \dfrac{5000}{500} = 10[\text{Wb}]$ **답** ①

문제 20 무한히 넓은 도체 평면판에 면밀도 σ [C/m²]의 전하가 분포되어 있는 경우 전력선은 면(面)에 수직으로 나와 평행하게 발산한다. 이 평면의 전계의 세기는 몇 [V/m]인가?

① $\dfrac{\sigma}{\epsilon_0}$ ② $\dfrac{\sigma}{2\epsilon_0}$ ③ $\dfrac{\sigma}{2\pi\epsilon_0}$ ④ $\dfrac{\sigma}{4\pi\epsilon_0}$

풀이

무한 평면 전하에서는 전계가 수직으로 발산한다. 원통면을 가우스 표면으로 취하면

$\oint_s E \cdot ds = \dfrac{Q}{\epsilon_0}$에서

$E \times 2s = \dfrac{\sigma s}{\epsilon_0}$

$\therefore E = \dfrac{\sigma}{2\epsilon_0}$

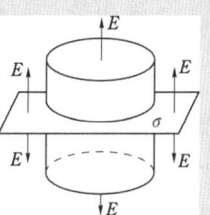

   답 ②

제2과목   전력공학

문제 21 피뢰기의 정격전압이란?

① 상용주파수의 방전개시전압

② 속류를 차단할 수 있는 최고의 교류전압

③ 방전을 개시할 때 단자전압의 순시값

④ 충격방전전류를 통하고 있을 때 단자전압

풀이

피뢰기의 정격 전압

• 선로 단자와 접지 단자간에 인가할 수 있는 **상용주파 최대 허용 전압의 실효값**으로서 1선 지락 고장시 건전상의

대지전위 즉, 지속성 이상전압의 크기에 따라 달라진다.

• **속류 차단이 가능한 최고의 교류 전압을 말한다.**

• $E_R = \alpha\beta \dfrac{V_m}{\sqrt{3}}$

여기서, E_R : 피뢰기의 정격전압

     α : 접지계수 (유효접지 계통 : 1.1~1.3)

     β : 여유도 (1.15)

     V_m : 선간의 최고 허용전압 (V_m = 공칭전압 $\times \dfrac{1.2}{1.1}$)

   답 ②

문제 22 3상 송전 선로의 선간 전압을 100 [kV], 3상 기준 용량을 10,000 [kVA]로 할 때, 선로 임피던스(1선당) 100 [Ω]을 %임피던스로 환산하면 얼마인가?

① 1   ② 10

③ 0.33   ④ 3.33

풀이

$\%Z = \dfrac{ZP}{10\,V^2} = \dfrac{100 \times 10,000}{10 \times 100^2} = 10[\%]$

(여기서 V : 정격전압[kV], P : 기준용량[kVA])   **답** ②

주의

• V 및 P의 단위가 모두 [kV], [kVA]가 되어야 한다.

• $Z = R + jX$ 가 되어야 하나, 일반적으로 기기의 저항 R이 무척 적기 때문에 R을 무시하여 $Z ≒ X$로 사용하는 경우가 많다.

문제 23 3상 1회선 전선로의 작용 정전 용량을 C, 선간 정전 용량을 C_1, 대지 정전 용량을 C_2라 할 때 C, C_1, C_2의 관계는?

① $C = C_1 + 3C_2$ ② $C = 3C_1 + C_2$

③ $C = C_1 + C_2$ ④ $C = 3(C_1 + C_2)$

풀이

등가 회로를 그려 보면

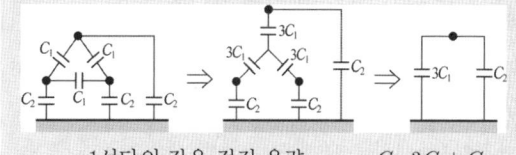

1선당의 작용 정전 용량 $C = 3C_1 + C_2$

   답 ②

문제 24 제 5고조파 전류의 억제를 위해 전력용 콘덴서에 직렬로 삽입하는 유도 리액턴스의 값으로 적당한 것은?

① 전력용 콘덴서 용량의 약 6[%] 정도
② 전력용 콘덴서 용량의 약 12[%] 정도
③ 전력용 콘덴서 용량의 약 18[%] 정도
④ 전력용 콘덴서 용량의 약 24[%] 정도

풀이

직렬 리액터 (SR : Series Reactor)
제5고조파로부터 전력용 콘덴서 보호 및 파형 개선의 목적으로 사용된다. 직렬 리액터의 용량은 다음과 같다.
① 이론적 : 콘덴서 용량 ×4 [%]
② 실 제 : 콘덴서 용량 ×6 [%]   **답** ①

문제 25 중거리 송전선로의 T형 회로에서 송전단 전류 I_s는? (단, Z, Y는 선로의 직렬 임피던스와 병렬 어드미턴스이고, E_r은 수전단 전압, I_r은 수전단 전류이다.)

① $I_r\left(1 + \dfrac{ZY}{2}\right) + E_r Y$

② $E_r\left(1 + \dfrac{ZY}{2}\right) + ZI_r\left(1 + \dfrac{ZY}{4}\right)$

③ $E_r\left(1 + \dfrac{ZY}{2}\right) + Z_r$

④ $I_r\left(1 + \dfrac{ZY}{2}\right) + E_r Y\left(1 + \dfrac{ZY}{4}\right)$

풀이

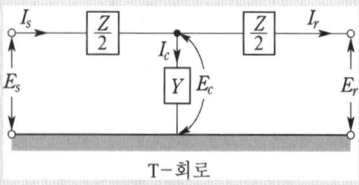

T−회로

$E_c = E_r + I_r \cdot \dfrac{Z}{2}$

$I_c = YE_c = Y\left(E_r + I_r \dfrac{Z}{2}\right)$

$I_s = I_c + I_r = Y\left(E_r + I_r \dfrac{Z}{2}\right) + I_r$

$\therefore I_s = YE_r + \left(\dfrac{YZ}{2} + 1\right)I_r$ **답** ①

문제 26 그림과 같은 4단자 정수를 가진 2개의 회로가 직렬로 연결되어 있을 때 합성 4단자 정수 A,B,C,D는?

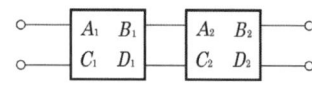

① $A = A_1A_2 + B_1C_2$, $B = A_1B_2 + B_1D_2$,
$C = A_2C_1 + C_2D_1$, $D = B_2C_1 + D_1D_2$

② $A = A_1A_2 + B_1C_1$, $B = A_1B_2 + B_1D_2$,
$C = A_2C_1 + D_1C_2$, $D = B_1C_2 + D_1D_2$

③ $A = A_1A_2 + B_2C_1$, $B = A_1B_2 + B_1D_2$,
$C = A_1C_2 + D_1C_2$, $D = B_2C_1 + D_1D_2$

④ $A = A_1A_2 + B_1C_2$, $B = A_2B_1 + B_1D_1$,
$C = A_1C_2 + D_1D_2$, $D = B_1C_1 + D_1D_2$

풀이

$$\begin{bmatrix} A & B \\ C & D \end{bmatrix} = \begin{bmatrix} A_1 & B_1 \\ C_1 & D_1 \end{bmatrix}\begin{bmatrix} A_2 & B_2 \\ C_2 & D_2 \end{bmatrix}$$

$$= \begin{bmatrix} A_1A_2 + B_1C_2 & A_1B_2 + B_1D_2 \\ A_2C_1 + C_2D_1 & B_2C_1 + D_1D_2 \end{bmatrix}$$ **답** ①

문제 27 SF_6 가스 차단기에 대한 설명으로 옳지 않은 것은?

① 공기에 비하여 소호능력이 약 100배 정도이다.
② 절연거리를 적게 할 수 있어 차단기 전체를 소형, 경량화 할 수 있다.
③ SF_6 가스를 이용한 것으로서 독성이 있으므로 취급에 유의하여야 한다.
④ SF_6 가스 자체는 불활성기체이다.

풀이

SF_6 가스의 성질은 다음과 같다.
① 보통 상태에서 불활성, 불연성, 무색, 무취, **무독성 기체**
② 열전도율은 공기의 1.6배
③ 소호능력은 공기의 100~200배
④ 절연내력은 공기의 3배 이상
⑤ 비중은 공기의 5배
⑥ 액화 온도는 −62[℃]   **답** ③

문제 28 연가를 해도 효과가 없는 것은?

① 직렬공진의 방지

② 통신선의 유도장해 감소

③ 대지정전용량의 감소

④ 선로정수의 평형

풀이

연가의 효과

① 선로 정수 평형

② 임피던스 평형

③ 소호 리액터 접지시 직렬 공진 방지

④ 유도 장해 감소

따라서, **연가의 효과는 선로 정수의 평형**이지 대지정전 용량을 감소시키지는 않는다. **답** ③

문제 29 기저(基底)부하용으로 사용하기 적합한 발전방식은?

① 석탄 화력

② 저수지식 수력

③ 양수식 수력

④ 원자력

풀이

발전 설비별 운전 방식

• **기저부하 운전 : 원자력**, 대용량 석탄화력

• 중간부하 운전 : 복합화력, 중용량 이하의 화력

• 첨두부하 운전 : 양수식, 조정지식, 댐식 수력 **답** ④

문제 30 설비 A가 150[kW], 수용률 0.5, 설비 B가 250 [kW], 수용률 0.8일 때 합성최대전력이 235 [kW]이면 부등률은 약 얼마인가?

① 1.10 ② 1.13

③ 1.17 ④ 1.22

풀이

$$부등률 = \frac{개별\ 부하의\ 최대수용\ 전력의\ 합}{합성\ 최대\ 수용\ 전력}$$

$$= \frac{\sum (설비용량 \times 수용률)}{합성\ 최대\ 수용\ 전력}$$

$$= \frac{150 \times 0.5 + 250 \times 0.8}{235} = 1.17$$

답 ③

문제 31 통신선과 병행인 60 [Hz]의 3상 1회선 송전선에서 1선 지락으로 110 [A]의 영상 전류가 흐르고 있을 때 통신선에 유기되는 전자 유도전압은 약 몇 [V]인가? (단, 영상전류는 송전선 전체에 걸쳐 같은 크기이고, 통신선과 송전선의 상호 인덕턴스는 0.05 [mH/km], 양 선로의 평행 길이는 55 [km] 이다.)

① 252 [V] ② 293 [V]

③ 342 [V] ④ 365 [V]

풀이

$$E_m = -j\omega M l\, 3I_0$$

$$= -j2\pi \times 60 \times 0.05 \times 10^{-3} \times 55 \times 3 \times 110$$

$$= 342.12\ [V]$$

※ 유도 전압은 그 크기를 뜻하므로 (−)의미가 없다.

답 ③

문제 32 원자력 발전소에서 원자로의 냉각재가 갖추어야 할 조건으로 잘못된 것은?

① 중성자의 흡수 단면적이 클 것

② 유도 방사능이 적을 것

③ 비열이 클 것

④ 열전도율이 클 것

풀이

원자로 냉각재의 조건

① 중성자 흡수가 적을 것

② 방사능을 띠기 어려울 것

③ 비열, 열전도율이 클 것

④ 열용량이 클 것 **답** ①

문제 33 복도체에 있어서 소도체의 반지름을 r [m], 소도체 사이의 간격을 s[m]라고 할 때 2개의 소도체를 사용한 복도체의 등가 반지름은?

① $\sqrt{r \cdot s}$ ② $\sqrt{r^2 \cdot s}$

③ $\sqrt{r \cdot s^2}$ ④ $r \cdot s$

풀이

등가 반지름 $r_e = \sqrt[n]{r s^{n-1}}$

여기서, n : 소도체 수, r : 소도체 반지름

s : 소도체간 거리

따라서, $n = 2$이면 $r_e = \sqrt{r \cdot s}$ 가 된다. **답** ①

문제 34 3상 3선식 송전선로가 있다. 전선 한 가닥의 저항은 10 [Ω], 리액턴스는 20 [Ω]이고 수전단의 선간전압은 60 [kV], 부하역률은 0.8(늦음)이다. 전압 강하율을 5 [%]로 하면 이 송전선로로 약 몇 [kW]까지 수전할 수 있는가?

① 6200 [kW]
② 7200 [kW]
③ 8200 [kW]
④ 9200 [kW]

풀이

$\epsilon = \dfrac{P}{V^2}(R + X\tan\theta)$에서 전압강하율이 5[%]이므로

$$0.05 = \frac{P}{60000^2}\left(10 + 20 \times \frac{0.6}{0.8}\right)$$

$$\therefore\ P = \frac{0.05 \times 60000^2}{\left(10 + 20 \times \dfrac{0.6}{0.8}\right)} \times 10^{-3} = 7200[\text{kW}]$$

답 ②

문제 35 다음 중 가공 지선의 설치 목적으로 볼 수 없는 것은?

① 유도뢰에 대한 정전차폐
② 전압강하의 방지
③ 직격뢰에 대한 차폐
④ 통신선에 대한 전자유도 장해 경감

풀이

가공 지선(over head ground wire)은 송전선 위에 나란히 가설된 도선으로 각 철탑에 접지되어 있으며, 그 설치 목적은

① **직격뢰에 대한 차폐** 효과
② 유도뢰에 대한 **정전 차폐** 효과
③ 통신선에 대한 **전자 유도 장해 경감** 효과

답 ②

문제 36 수전단을 단락한 경우 송전단에서 본 임피던스가 300 [Ω]이고, 수전단을 개방한 경우 송전단에서 본 어드미턴스가 1.875 × 10⁻³ [℧]일 때 송전선의 특성임피던스는 약 몇 [Ω]인가?

① 200
② 300
③ 400
④ 500

풀이

$Z = 300[\Omega]$

$Y = 1.875 \times 10^{-3}[℧]$

특성임피던스 $Z_0 = \sqrt{\dfrac{Z}{Y}} = \sqrt{\dfrac{300}{1.875 \times 10^{-3}}} = 400[\Omega]$

답 ③

문제 37 송전계통에서 절연협조의 기본이 되는 사항은?

① 애자의 섬락전압
② 권선의 절연내력
③ 피뢰기의 제한전압
④ 변압기 부싱의 섬락전압

풀이

계통 내의 각 기기, 기구 및 애자 등의 상호간에 적정한 절연 강도를 지니게 함으로써 계통 설계를 합리적, 경제적으로 할 수 있게 한 것을 **절연협조**라고 하며 **피뢰기의 제한 전압이 기본**이 된다.

답 ③

문제 38 단상변압기 3대에 의한 △결선에서 1대를 제거하고 동일전력을 V결선으로 보낸다면 동손은 약 몇 배가 되는가?

① 0.67
② 2.0
③ 2.7
④ 3.0

풀이

- V결선 출력 $P_V = \sqrt{3}\,VI_V$
- △결선 출력 $P_\triangle = 3VI_\triangle$
- 동일전력, 즉 $P_V = P_\triangle$ 이므로 $\sqrt{3}\,VI_V = 3VI_\triangle$ 에서

  $I_V = \sqrt{3}\,I_\triangle$

- △결선(단상 변압기 3대) 전력손실 $P_{\triangle l} = 3I_\triangle^2 R$
- V결선(단상변압기 2대) 전력손실

  $P_{Vl} = 2I_V^2 R = 2(\sqrt{3}\,I_\triangle)^2 R = 2 \times 3I_\triangle^2 R = 2P_{\triangle l}$

답 ②

문제 39 변전소에서 비접지 선로의 접지보호용으로 사용되는 계전기에 영상전류를 공급하는 것은?

① CT
② GPT
③ ZCT
④ PT

풀이

GPT는 영상전압을 공급하며 **영상전류는 영상변류기 ZCT (Zerophase Current Transformer)가 공급**한다.

답 ③

문제 40 그림과 같은 단거리 배전선로의 송전단 전압 및 역률은 각각 6600 [V], 0.9이고 수전단 전압 및 역률이 각각 6100 [V], 0.8 일 때 회로에 흐르는 전류 I[A]는? 단, $r = 10[\Omega]$, $x = 20[\Omega]$ 이라고 한다.

① 96 [A]

② 106 [A]

③ 120 [A]

④ 126 [A]

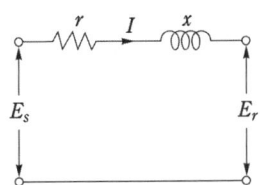

풀이

• 송전단 전력 $P_s = E_s I \cos\theta_s$

• 수전단 전력 $P_r = E_r I \cos\theta_r$

• 전력손실 $P_l = P_s - P_r = I(E_s\cos\theta_s - E_r\cos\theta_r) = I^2 r$ 에서

• 전류 $I = \dfrac{E_s\cos\theta_s - E_r\cos\theta_r}{r} = \dfrac{6600 \times 0.9 - 6100 \times 0.8}{10}$

$= 106[A]$ **답** ②

제3과목 | 전기기기

문제 41 직류발전기의 극수가 8, 전기자 도체수가 400을 단중 파권으로 하였을 때 매극의 자속수가 0.01[Wb]이면 600[rpm]때의 기전력은 얼마인가?

① 130

② 160

③ 180

④ 200

풀이

$p = 8$, $Z = 400$, $\phi = 0.01$[Wb], $n = \dfrac{600}{60} = 10$[rps]

파권이므로 $a = 2$

$\therefore E = p\phi n \dfrac{Z}{a} = 8 \times 0.01 \times \dfrac{600}{60} \times \dfrac{400}{2} = 160$[V] **답** ②

문제 42 동기전동기의 특징에 대한 설명으로 틀린 것은?

① 난조를 일으킬 염려가 없다.

② 회전속도가 일정하다.

③ 제동권선이 필요하다.

④ 직류전원이 필요하다.

풀이

(1) 동기 전동기의 특징

① 장점

• 속도가 일정 불변이다.

• 항상 역률 1로 운전할 수 있다.

• 부하의 역률을 개선할 수 있다.

• 유도 전동기에 비하여 효율이 좋다.

② 단점

• 보통 구조의 것은 기동 토크가 적고 속도 조정을 할 수 없다.

• **난조를 일으킬 염려가 있다.**

• 여자용의 직류 전원을 필요로 하며 설비비가 많이 든다.

(2) 동기전동기에 설치된 제동 권선의 역할

① 난조 방지

② 기동 토크 발생

③ 불평형 부하시의 전류, 전압 파형 개선

④ 송전선의 불평형 단락시의 이상 전압 방지 **답** ①

문제 43 60 [Hz], 4극, 3상 권선형 유도전동기의 회전자가 슬립 0.1로 회전할 때 회전자 주파수는 몇 [Hz]인가?

① 6 ② 54 ③ 60 ④ 600

풀이

유도전동기의 회전자 주파수 f_2는

$f_2 = sf_1 = 0.1 \times 60 = 6$[Hz] **답** ①

문제 44 정격이 같은 2대의 단상변압기 1000 [kVA]의 임피던스 전압은 각각 8 [%]와 7 [%]이다. 이것을 병렬로 하면 몇 [kVA]의 부하를 걸 수 있는 가?

① 1865 ② 1870 ③ 1875 ④ 1880

풀이

$\dfrac{P_a[kVA]}{Z_b} = \dfrac{P_b[kVA]}{Z_a} = \dfrac{P_a + P_b}{Z_a + Z_b}$ 이므로

$\dfrac{P_a}{7} = \dfrac{P_b}{8} = \dfrac{P}{15}$

임피던스가 작은 변압기, 즉 P_b가 큰 부하를 분담하나 자기용량까지만 분담할 수 있다.

따라서 전체 부하는

$P = P_b \times \dfrac{15}{8} = 1000 \times \dfrac{15}{8} = 1875$ [kVA] **답** ③

문제 45 단상 유도 전압 조정기의 양 권선이 일치할 때 직렬권선의 전압이 150[V], 전원 전압이 220[V]일 경우, 1차와 2차 권선의 축 사이의 각도가 30°이면 부하측 전압은 약 몇 [V]인가?

① 370 ② 350
③ 220 ④ 150

풀이

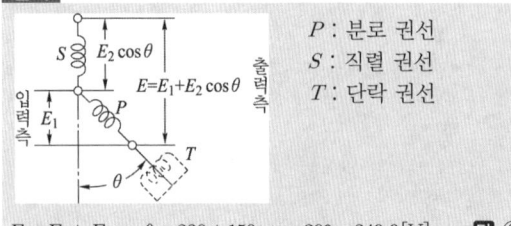

P : 분로 권선
S : 직렬 권선
T : 단락 권선

$$E = E_1 + E_2 \cos\theta = 220 + 150 \times \cos 30° = 349.9[\text{V}]$$ **답** ②

문제 46 변압기 결선방식 중 3상에서 6상으로 변환할 수 없는 것은?

① 환상 결선 ② 2중 3각 결선
③ 포크 결선 ④ 우드 브리지 결선

풀이

① **3상-2상간의 상수 변환**
• 스코트 결선(T결선) • 메이어 결선
• **우드 브리지 결선**
② **3상-6상간의 상수 변환**
• 환상 결선 • 2중 3각 결선 • 2중 성형 결선
• 대각 결선 • 포크 결선 **답** ④

문제 47 정격이 10[HP], 200[V]인 직류 분권전동기가 있다. 전부하 전류는 46[A], 전기자저항은 0.25[Ω], 계자저항은 100[Ω]이며, 브러시 접촉에 의한 전압강하는 2[V], 철손과 마찰손을 합쳐 380[W]이다. 표류부하손을 정격출력의 1[%]라 한다면 이 전동기의 효율[%]은? (단, 1[HP] = 746[W] 이다.)

① 84.5 ② 82.5
③ 80.2 ④ 78.5

풀이

• $I_f = \dfrac{V}{R_f} = \dfrac{200}{100} = 2[\text{A}]$

• $E_c = V - I_a R_a - e_b = 200 - 44 \times 0.25 - 2 = 187[\text{V}]$

• $P_m = E_c I_a = 187 \times 44 = 8228[\text{W}]$

• 표류부하손 = $10 \times 746 \times 0.01 = 74.6[\text{W}]$

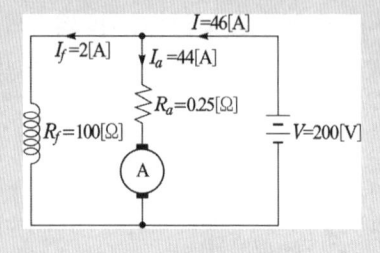

• 효율 $\eta = \dfrac{P_m - (\text{철손} + \text{기계손} + \text{표류부하손})}{VI} \times 100$

$= \dfrac{8228 - (380 + 74.6)}{200 \times 46} \times 100 = 84.49[\%]$ **답** ①

문제 48 동기전동기가 무부하 운전 중에 부하가 걸리면 동기전동기의 속도는?

① 정지한다.
② 동기속도와 같다.
③ 동기속도보다 빨라진다.
④ 동기속도 이하로 떨어진다.

풀이

자극수 p의 교류기에 전원주파수 f인 교류를 공급하면 회전자는 $N_s = \dfrac{120f}{p}[\text{rpm}]$의 항상 같은 방향의 회전력이 생기며 동기속도로 회전하므로 동기전동기라고 한다. 장점으로는
① **속도가 일정 불변**이다.
② 항상 역률 1로 운전할 수 있다.
③ 부하의 역률을 개선할 수 있다.
④ 유도 전동기에 비하여 효율이 좋다. **답** ②

문제 49 3상 유도전동기가 경부하에서 운전 중 1선의 퓨즈가 잘못되어 용단되었을 때는?

① 속도가 증가하여 다른 선의 퓨즈도 용단된다.
② 속도가 늘어져서 다른 선의 퓨즈도 용단된다.
③ 전류가 감소하여 운전이 얼마동안 계속된다.
④ 전류가 증가하여 운전이 얼마동안 계속된다.

풀이

3상 유도전동기 운전 중 1선의 퓨즈가 용단되면 단상 전동기가 되고 부하에 따라 그 현상이 달라진다.

① 전부하로 운전 시
- 최대 토크는 50[%] 전후로 된다.
- 최대 토크를 발생하는 슬립 $s=0$쪽으로 가까워진다.
- 최대 토크 부근에서는 1차 전류가 증가한다.
- 정지하는 경우에는 과대 전류가 흘러서 나머지 퓨즈가 용단되거나 차단기가 동작한다.
② **경부하로 운전 시**
- 슬립이 2배 정도로 되고 회전수는 떨어진다.
- 1차 전류가 2배 가까이 되어서 **열손실이 증가하고, 계속 운전하면 과열로 소손**된다. 답 ④

문제 50 유도 전동기 원선도 작성에 필요한 시험과 원선도에서 구할 수 있는 것이 옳게 배열된 것은?

① 무부하 시험, 1차 입력
② 부하시험, 기동전류
③ 슬립측정시험, 기동토크
④ 구속시험, 고정자 권선의 저항

풀이

원선도란 유도 전동기의 실부하 시험을 하지 않고서도 유도 전동기에 대한 간단한 시험의 결과로부터 전동기의 특성을 쉽게 구 할 수 있도록 한 것으로, 간이 등가 회로의 해석에 이용한 것을 헤일랜드(Heyland circle diagram) 원선도라 한다.

원선도 작성에는 다음 실험이 필요하다.
① 저항측정
② 무부하시험 (no load test)
③ 구속시험 (lock test)

원선도는 다음의 값을 구할 수 있다.
① 1차 입력
② 2차 입력(동기와트)
③ 철손
④ 1차 저항손
⑤ 2차 저항손
⑥ 출력 답 ①

문제 51 극수가 24일 때, 전기각 180°에 해당되는 기계각은?

① 7.5°
② 15°
③ 22.5°
④ 30°

풀이

기하학적 각도

$\alpha = $전기각 $\alpha_e \times \dfrac{2}{p} = 180° \times \dfrac{2}{24} = 15°$ 답 ②

문제 52 동기기의 3상 단락곡선이 직선이 되는 이유로 가장 알맞은 것은?

① 누설리액턴스가 크므로
② 자기포화가 있으므로
③ 무부하 상태이므로
④ 전기자 반작용으로

풀이

단락전류는 전기자 저항을 무시하면 동기리액턴스에 의해 그 크기가 결정된다. 즉, 동기리액턴스에 의해 흐르는 전류는 90° 늦은 전류가 크게 흐르게 되며, 이 전류에 의한 **전기자 반작용이 감자 작용이 되므로 3상 단락곡선은 직선이** 된다. 답 ④

문제 53 변압기의 부하 전류 및 전압이 일정하고, 주파수가 낮아 졌을 때 의 현상으로 옳은 것은?

① 철손감소
② 철손증가
③ 동손감소
④ 동손증가

풀이

- 동손 $P_c = I^2R$ 로 동손은 전류의 자승에 비례하나 주파수와는 무관하다.
- 유기기전력 $E = 4.44fW\phi_m$ [V]에서 기전력이 일정한 경우

$f \propto \dfrac{E}{\phi_m} \propto \dfrac{E}{B_m}$

- 와류손 $P_e = K_e(t \cdot f \cdot K_f \cdot B_m)^2 = K_e\left(t \cdot f \cdot K_f \cdot \dfrac{E}{f}\right)^2$

$= KE^2$ 에서 와류손은 주파수와 무관하다.

- 히스테리시스손

$P_h = K_h \cdot f \cdot B_m^2 = K \cdot f \cdot \left(\dfrac{E}{f}\right)^2 = K\dfrac{E^2}{f}$

로 주파수에 반비례한다.

따라서, 철손 = 와류손 + 히스테리시스손 으로 구성되어 있으므로 주파수가 낮아지면 철손은 증가 하게 된다. 즉, **와류손은 주파수에 무관 하지만 히스테리시스손은 주파수에 반비례 하므로 주파수가 낮아지면 전체 철손은 증가하게 된**다. 답 ②

문제 54 1 [MVA], 3300 [V], 동기 임피던스 6 [Ω] 2대의 3상 교류 발전기를 병렬운전 중 한 발전기의 계자를 강화해서 두 유도기전력(상전압) 사이에 210 [V]의 전압차가 생기게 했을 때 두 발전기 사이에 흐르는 무효횡류는?

① 17.5 [A] ② 20 [A]
③ 15.5 [A] ④ 14 [A]

풀이

무효 횡류 $I_c = \dfrac{E_1 - E_2}{2Z_s} = \dfrac{E_c}{2Z_s} = \dfrac{210}{2 \times 6} = \dfrac{210}{12} = 17.5[A]$

답 ①

문제 55 동기발전기의 회전자 둘레를 2배로 하면 회전자 주변속도는 몇 배가 되는가?

① 1 ② 2 ③ 4 ④ 8

풀이

회전자 주변속도 $v = \pi D n_s$[m/s]에서 $v \propto \pi D$ 이므로 회전자 둘레(πD)를 2배로 하면 주변속도도 2배로 된다.

답 ②

문제 56 유도전동기의 2차 여자 시에 2차주파수와 같은 주파수의 전압 E_c를 2차에 가한 경우 옳은 것은? (단, sE_2는 유도기의 2차 유도기전력이다.)

① E_c를 sE_2와 반대위상으로 가하면 속도는 증가한다.
② E_c를 sE_2보다 $90°$ 위상을 빠르게 가하면 역률은 개선된다.
③ E_c를 sE_2와 같은 위상으로 $E_c < sE_2$의 크기로 가하면 속도는 증가한다.
④ E_c를 sE_2와 같은 위상으로 $E_c = sE_2$의 크기로 가하면 동기속도이상으로 회전한다.

풀이

유도전동기의 2차 회로에 2차 전압 sE_2보다 $90°$ 빠른 위상차를 갖는 슬립주파수의 기전력 E_c를 외부에서 공급하면 앞선 전류가 흐르게 되어 역률을 개선할 수 있다. 이와 같이 역률 개선을 목적으로 슬립 주파수의 2차 여자 전압을 공급하는 발전기를 진상기라고 한다.

답 ②

문제 57 변압기에서 1차 전압의 주파수만 증가시키면 가장 많이 증가하는 것은? 단, 전압의 크기는 변함이 없다.

① 여자 전류 ② 온도 상승
③ 철손 ④ % 임피던스

풀이

정격 전압에서 주파수만 증가하면 철손, 여자 전류, 온도 상승은 주파수에 반비례하므로 감소하지만 **%임피던스**, 즉 **%리액턴스** $\%X = \dfrac{XP}{10V^2}$ (리액턴스 $X = 2\pi f L$)는 주파수에 비례하므로 주파수가 증가하면 %X도 증가한다.

답 ④

문제 58 직류기의 전기자 반작용 결과가 아닌 것은?

① 주자속이 감소한다.
② 전기적 중성축이 이동한다.
③ 주자속에 영향을 미치지 않는다.
④ 정류자편 사이의 전압이 불균일하게 된다.

풀이

전기자 반작용 : 전기자 권선에 흐르는 전류에 의한 자속이 계자에서 만든 **주자속에 영향을 미치는 현상**을 전기자 반작용이라고 하며, 그 영향은 다음과 같다.
① 전기적 중성축 이동
 • 발전기 : 회전 방향으로 이동
 • 전동기 : 회전 방향과 반대 방향으로 이동
② 주자속 감소
③ 정류자 편간의 불꽃섬락이 발생하여 정류 불량 발생

답 ③

문제 59 3000/200[V] 변압기의 1차 임피던스가 225[Ω]이면 2차 환산 임피던스는 약 몇 [Ω] 인가?

① 1.0 ② 1.5
③ 2.1 ④ 2.8

풀이

권수비 $a = \dfrac{E_1}{E_2} = \dfrac{3000}{200} = 15$

따라서, 2차 환산 임피던스

$Z_2 = \dfrac{1}{a^2}Z_1 = \dfrac{1}{15^2} \times 225 = 1[\Omega]$

답 ①

문제 60 동기발전기에 회전계자형을 사용하는 경우에 대한 이유로 틀린 것은?

① 기전력의 파형을 개선한다.
② 전기자가 고정자이므로 고압 대전류용에 좋고,

절연하기 쉽다.

③ 계자가 회전자지만 저압 소용량의 직류이므로 구조가 간단하다.

④ 전기자보다 계자극을 회전자로 하는 것이 기계적으로 튼튼하다.

풀이

회전 계자형 동기 발전기는 전기자를 고정자로 하고 계자극을 회전자로 한 것으로 회전계자형을 사용하는 이유로는

- 전기자 권선은 전압이 높고 결선이 복잡하며, 대용량으로 되면 전류도 커지고, 3상 권선의 경우에는 4개의 도선을 인출하여야 한다.
- 계자 회로는 직류의 저압 회로이므로 소요 동력도 작으며, 인출 도선이 2개만 있어도 되기 때문이다.
- 계자극은 기계적으로 튼튼하게 만드는 데 용이하기 때문이다.
- 고장시의 과도 안정도를 높이기 위하여 회전자의 관성을 크게 하기 쉽기 때문이기도 하다.

그러나 **기전력의 파형을 개선**하기 위해서는 **전기자 권선을 단절권 및 분포권**으로 하여야 한다. **답** ①

제4과목 회로이론 및 제어공학

문제 61 다음과 같은 궤환 제어계가 안정하기 위한 K의 범위는?

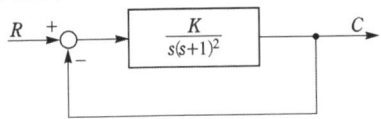

① $K > 0$ ② $K > 1$
③ $0 < K < 1$ ④ $0 < K < 2$

풀이

특성 방정식 $1 + G(s)H(s) = 1 + \dfrac{K}{s(s+1)^2} = 0$

$s(s+1)^2 + K = s^3 + 2s^2 + s + K = 0$

루드의 표

s^3	1	1
s^2	2	K
s^1	$\dfrac{2-K}{2}$	0
s^0	K	

제1열의 부호 변화가 없어야 안정하므로

$\dfrac{2-K}{2} > 0$, $K > 0$ $\therefore 0 < K < 2$ **답** ④

문제 62 3차인 이산치 시스템의 특성방정식의 근이 −0.3, −0.2, +0.5로 주어져 있다. 이 시스템의 안정도는?

① 이 시스템은 안정한 시스템이다.
② 이 시스템은 불안정한 시스템이다.
③ 이 시스템은 임계 안정한 시스템이다.
④ 위 정보로서는 이 시스템의 안정도를 알 수 없다.

풀이

근의 위치(−0.3, −0.2, +0.5)가 원점을 중심으로 한 단위원 내부에 있으므로 안정한 시스템이다. **답** ①

문제 63 블록선도의 전달함수가 $\dfrac{C(s)}{R(s)} = 10$과 같이 되기 위한 조건은?

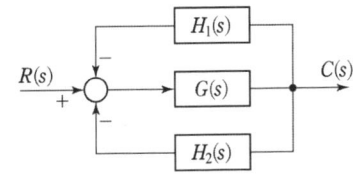

① $G(s) = \dfrac{1}{1 - H_1(s) - H_2(s)}$

② $G(s) = \dfrac{10}{1 - H_1(s) - H_2(s)}$

③ $G(s) = \dfrac{1}{1 - 10H_1(s) - 10H_2(s)}$

④ $G(s) = \dfrac{10}{1 - 10H_1(s) - 10H_2(s)}$

풀이

① 전달함수로 나타내면

$(R - CH_1 - CH_2)G = C$

$RG = C(1 + H_1 G + H_2 G)$

$\therefore \dfrac{C}{R} = \dfrac{G}{1 + H_1 G + H_2 G}$

② 블록선도의 전달함수가 10이 되어야 하므로

$$\frac{G}{1+H_1 G+H_2 G}=10$$

$$G=10(1+H_1 G+H_2 G)=10+10H_1 G+10H_2 G$$

$$G-10H_1 G-10H_2 G=G(1-10H_1-10H_2)=10$$

$$\therefore G(s)=\frac{10}{1-10H_1(s)-10H_2(s)}$$

답 ④

문제 64 회로에서 $t=0$ 초에 전압 $v_1(t)=e^{-4t}$ [V]를 인가하였을 때 $v_2(t)$는 몇 [V]인가? (단, $R=2[\Omega]$, $L=1[H]$이다.)

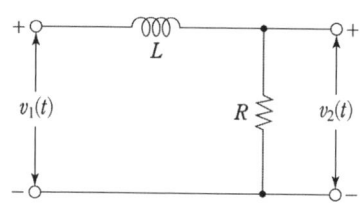

① $e^{-2t}-e^{-4t}$

② $2e^{-2t}-2e^{-4t}$

③ $-2e^{-2t}+2e^{-4t}$

④ $-2e^{-2t}-2e^{-4t}$

풀이

① $V_1(s)=\mathcal{L}[v_1(t)]=\mathcal{L}[e^{-4t}]=\dfrac{1}{s+4}$

② $\dfrac{V_2(s)}{V_1(s)}=\dfrac{R}{R+Ls}=\dfrac{2}{s+2}$

$\therefore V_2(s)=\dfrac{2}{s+2}V_1(s)=\dfrac{2}{(s+2)(s+4)}$

③ $V_2(s)=\dfrac{2}{(s+2)(s+4)}=\dfrac{K_1}{s+2}+\dfrac{K_2}{s+4}$

$K_1=\lim_{s\to -2}(s+2)\cdot V_2(s)=\left[\dfrac{2}{s+4}\right]_{s=-2}=1$

$K_2=\lim_{s\to -4}(s+4)\cdot V_2(s)=\left[\dfrac{1}{s+2}\right]_{s=-4}=-1$

$V_2(s)=\dfrac{1}{s+2}-\dfrac{1}{s+4}$

$\therefore v_2(t)=\mathcal{L}^{-1}\left[\dfrac{2}{(s+2)(s+4)}\right]=\mathcal{L}^{-1}\left[\dfrac{1}{s+2}-\dfrac{1}{s+4}\right]$

$=e^{-2t}-e^{-4t}[V]$

답 ①

문제 65 그림과 같은 함수의 라플라스 변환은?

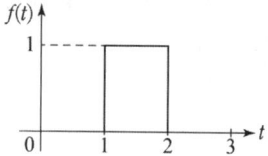

① $\dfrac{1}{s}(e^s-e^{2s})$

② $\dfrac{1}{s}(e^{-s}-e^{-2s})$

③ $\dfrac{1}{s}(e^{-2s}-e^{-s})$

④ $\dfrac{1}{s}(e^{-s}+e^{-2s})$

풀이

$f(t)=1\cdot\{u(t-1)-u(t-2)\}$

$\therefore F(s)=\mathcal{L}[f(t)]=\mathcal{L}[u(t-1)]-\mathcal{L}[u(t-2)]$

$=\dfrac{e^{-s}}{s}-\dfrac{e^{-2s}}{s}=\dfrac{1}{s}(e^{-s}-e^{-2s})$

답 ②

문제 66 다음 회로망에서 입력전압을 $V_1(t)$, 출력전압을 $V_2(t)$라 할 때, $\dfrac{V_2(s)}{V_1(s)}$에 대한 고유주파수 ω_n과 제동비 ζ의 값은? (단, $R=100[\Omega]$, $L=2$ [H], $C=200[\mu F]$이고, 모든 초기전하는 0이다.)

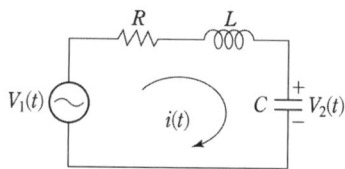

① $\omega_n=50$, $\zeta=0.5$

② $\omega_n=50$, $\zeta=0.7$

③ $\omega_n=250$, $\zeta=0.5$

④ $\omega_n=250$, $\zeta=0.7$

풀이

• RLC 직렬회로의 전달함수

$G(s)=\dfrac{1}{LCs^2+RCs+1}$

여기에 $R=100[\Omega]$, $L=2[H]$, $C=200[\mu F]$를 대입하면

$G(s)=\dfrac{1}{2\times 200\times 10^{-6}\times s^2+100\times 200\times 10^{-6}\times s+1}$

$=\dfrac{1}{0.0004s^2+0.02s+1}=\dfrac{2500}{s^2+50s+2500}$

- 2차계의 전달함수 $G(s) = \dfrac{\omega_n^2}{s^2 + 2\zeta\omega_n s + \omega_n^2}$ 와 비교하면
- $\omega_n^2 = 2500$ 에서 고유주파수 $\omega_n = 50$
- $2\zeta\omega_n = 50$ 에서 제동비 $\zeta = \dfrac{50}{2\omega_n} = \dfrac{50}{2 \times 50} = 0.5$ **답 ①**

문제 67 나이퀴스트 선도에서의 임계점 $(-1,\, j\,0)$ 는 보드 선도에서 대응하는 이득[dB]과 위상은?

① 1, 0°　　　　　② 0, -90°

③ 0, 180°　　　　④ 0, 90°

풀이

- 이득 $= 20\log|G| = 20\log 1 = 0\,[\mathrm{dB}]$
- 위상 $= -180^\circ$ 또는 180°　　**답 ③**

문제 68 연산 증폭기의 성질에 관한 설명으로 틀린 것은?

① 전압 이득이 매우 크다.

② 입력 임피던스가 매우 작다.

③ 전력 이득이 매우 크다.

④ 출력 임피던스가 매우 작다.

풀이

연산 증폭기의 특징
① 입력 임피던스가 크다.
② 출력 임피던스는 적다.
③ 증폭도가 매우 크다.
④ 정부(+, −) 2개의 전원을 필요로 한다.　**답 ②**

문제 69 다음 논리식 $[(AB + A\overline{B}) + AB\,] + \overline{A}B$ 를 간단히 하면?

① $A + B$　　　　　② $\overline{A} + B$

③ $A + \overline{B}$　　　　④ $A + A \cdot B$

풀이

$[(AB + A\overline{B}) + AB\,] + \overline{A}B = (AB + A\overline{B}) + (AB + \overline{A}B)$
$\qquad\qquad = A(B + \overline{B}) + B(A + \overline{A})$
$\qquad\qquad = A + B$　　**답 ①**

문제 70 그림과 같은 신호흐름선도에서 전달함수 $\dfrac{C}{R}$ 는?

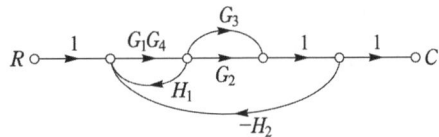

① $\dfrac{G_1 G_4 (G_2 + G_3)}{1 + G_1 G_4 H_1 + G_1 G_4 (G_2 + G_3) H_2}$

② $\dfrac{G_1 G_4 (G_2 + G_3)}{1 - G_1 G_4 H_1 + G_1 G_4 (G_3 + G_2) H_2}$

③ $\dfrac{G_1 G_2 + G_3 G_4}{1 + G_1 G_3 G_4 H_2 + G_1 G_2 H_1}$

④ $\dfrac{G_1 G_2 - G_3 G_4}{1 - G_1 G_2 H_1 + G_1 G_3 G_4 H_2}$

풀이

① 앞방향 경로
- 1번째 경로 : $G_1 G_2 G_4$
- 2번째 경로 : $G_1 G_3 G_4$

② 피드백 경로
- $L_{11} = G_1 G_4 H_1$
- $L_{21} = -G_1 G_2 G_4 H_2$
- $L_{31} = -G_1 G_3 G_4 H_2$

③ 서로 접속하지 않은 루프는 없고 모든 루프는 앞 방향 경로와 접한다.

$\Delta = 1 - (L_{11} + L_{21} + L_{31})$
$\quad = 1 - G_1 G_4 H_1 + G_1 G_2 G_4 H_2 + G_1 G_3 G_4 H_2$

$\Delta_1 = 1, \quad \Delta_2 = 1$

$\therefore G = \dfrac{C}{R} = \dfrac{G_1 \Delta_1 + G_2 \Delta_2}{\Delta}$

$\quad = \dfrac{G_1 G_2 G_4 + G_1 G_3 G_4}{1 - G_1 G_4 H_1 + G_1 G_2 G_4 H_2 + G_1 G_3 G_4 H_2}$

$\quad = \dfrac{G_1 G_4 (G_2 + G_3)}{1 - G_1 G_4 H_1 + G_1 G_4 (G_2 + G_3) H_2}$　**답 ②**

문제 71 $8 + j6\,[\Omega]$ 인 임피던스에 $13 + j20\,[\mathrm{V}]$ 의 전압을 인가할 때 복소전력은 약 몇 $[\mathrm{VA}]$ 인가? 단, 전류공액을 한다.

① $12.7 + j34.1$　　　② $12.7 + j55.5$

③ $45.5 + j34.1$　　　④ $45.5 + j55.5$

풀이

$$I = \frac{V}{Z} = \frac{(13+j20)(8-j6)}{(8+j6)(8-j6)} = \frac{104+j160-j78+120}{100}$$

$$= 2.24+j0.82[\text{A}]$$

$$\therefore P_a = VI^* = (13+j20)(2.24-j0.82)$$

$$= 45.5+j34.1[\text{VA}] \qquad \boxed{\text{답}}\ ③$$

문제 72 테브낭 정리를 사용하여 그림 (a)의 회로를 그림 (b)와 같이 등가회로로 만들고자 할 때 V[V]와 R[Ω]의 값은?

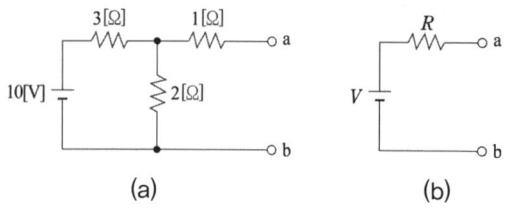

(a)   (b)

① $V = 5$[V], $R = 0.6$[Ω]
② $V = 2$[V], $R = 2$[Ω]
③ $V = 6$[V], $R = 2.2$[Ω]
④ $V = 4$[V], $R = 2.2$[Ω]

풀이

• a, b에서 본 개방 단자 전압

$$V = 10 \times \frac{2}{3+2} = 4 \,[\text{V}]$$

• 전압원을 단락하고 a, b에서 본 저항

$$R = 1 + \frac{3\times 2}{3+2} = 2.2 \,[\Omega] \qquad \boxed{\text{답}}\ ④$$

문제 73 그림과 같이 △회로를 Y회로로 등가 변환하였을 때 임피던스 Z_a[Ω]는?

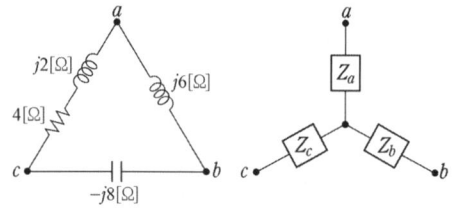

① 12
② $-3+j6$
③ $4-j8$
④ $6+j8$

풀이

$$Z_a = \frac{Z_1 Z_3}{Z_1 + Z_2 + Z_3}$$

$$= \frac{(4+j2)\times j6}{4+j2-j8+j6}$$

$$= \frac{j24-12}{4}$$

$$= -3+j6[\Omega] \qquad \boxed{\text{답}}\ ②$$

문제 74 선로의 임피던스 $Z = R + j\omega L[\Omega]$, 병렬 어드미턴스가 $Y = G + j\omega C[\text{℧}]$일 때 선로의 저항 R과 콘덕턴스 G가 동시에 0이 되었을 때, 전파정수는?

① $j\omega\sqrt{LC}$
② $j\omega\sqrt{\dfrac{C}{L}}$

③ $j\omega\sqrt{L^2C}$
④ $j\omega\sqrt{\dfrac{L}{C^2}}$

풀이

• 전파정수 $\gamma = \sqrt{ZY}$ 이므로

$$\gamma = \sqrt{(R+j\omega L)(G+j\omega C)}$$

$R=0,\ G=0$ 이므로

$$\gamma = \sqrt{j\omega L \times j\omega C} = j\omega\sqrt{LC} \qquad \boxed{\text{답}}\ ①$$

문제 75 저항 R, 인덕턴스 L, 콘덴서 C의 직렬회로에서 발생되는 과도현상이 진동이 되지 않을 조건은?

① $\left(\dfrac{R}{2L}\right)^2 - \dfrac{1}{LC} > 0$
② $\left(\dfrac{R}{2L}\right)^2 - \dfrac{1}{LC} < 0$

③ $\left(\dfrac{R}{2L}\right)^2 - \dfrac{1}{LC} = 0$
④ $\dfrac{R}{2L} - \dfrac{1}{LC} = 0$

풀이

• 진동적 : $\left(\dfrac{R}{2L}\right)^2 < \dfrac{1}{LC}$

• 비진동적 : $\left(\dfrac{R}{2L}\right)^2 > \dfrac{1}{LC}$

• 임계적 : $\left(\dfrac{R}{2L}\right)^2 = \dfrac{1}{LC}$

임계적 조건 $\left(\dfrac{R}{2L}\right)^2 - \dfrac{1}{LC} = 0$에서 $R^2 = \dfrac{4L}{C}$ $\boxed{\text{답}}\ ①$

문제 76 직렬로 유도 결합된 회로이다. 단자 a-b에서 본 등가임피던스 Z_{ab}를 나타낸 식은?

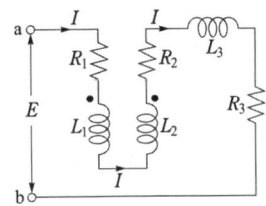

① $R_1 + R_2 + R_3 + j\omega(L_1 + L_2 - 2M)$

② $R_1 + R_2 + j\omega(L_1 + L_2 + 2M)$

③ $R_1 + R_2 + R_3 + j\omega(L_1 + L_2 + L_3 + 2M)$

④ $R_1 + R_2 + R_3 + j\omega(L_1 + L_2 + L_3 - 2M)$

풀이

유도결합회로의 상호인덕턴스 M은 두 코일의 자기 인덕턴스 L_1, L_2에 대한 등가 인덕턴스를 계산함으로서 산출할 수 있다.

1) $M > 0$일 때의 등가 인덕턴스 L^+(L_1, L_2에 흘러 들어가는 전류의 방향이 모두 dot 방향)

$$L^+ = L_1 + L_2 + 2M$$

2) $M < 0$일 때의 등가 인덕턴스 L^- (전류의 방향이 L_1에는 dot 방향, L_2에는 dot 반대방향)

$$L^- = L_1 + L_2 - 2M$$

따라서, $L_0 = L_1 + L_2 \pm 2M$에서 L_1과 L_2에 흐르는 전류가 다른 방향으로 유입하므로 M의 부호는 −이다. **답** ④

문제 77 대칭 n상에서 선전류와 상전류 사이의 위상차[rad]는?

① $\dfrac{n}{2}\left(1 - \dfrac{\pi}{2}\right)$

② $\dfrac{\pi}{2}\left(1 - \dfrac{n}{2}\right)$

③ $2\left(1 - \dfrac{\pi}{n}\right)$

④ $\dfrac{\pi}{2}\left(1 - \dfrac{2}{n}\right)$

풀이

• 대칭 n상 성형결선

선간전압이 상전압 보다 $\dfrac{\pi}{2}\left(1 - \dfrac{2}{n}\right)$[rad] 만큼 앞선다.

• 대칭 n상 환상결선

선전류가 상전류 보다 $\dfrac{\pi}{2}\left(1 - \dfrac{2}{n}\right)$[rad] 만큼 늦다. **답** ④

문제 78 그림과 같은 회로에 주파수 60[Hz], 교류전압 200 [V]의 전원이 인가되었다. R의 전력 손실을 $L = 0$인 때의 $\dfrac{1}{2}$로 하면 L의 크기는 약 몇 [H]인가? 단, $R = 600[\Omega]$ 이다.

① 0.59
② 1.59
③ 3.62
④ 4.62

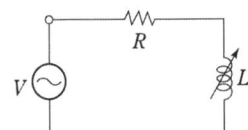

풀이

• $L = 0$일 때의 전력손실 $P_1 = \dfrac{V^2}{R}$

• $R - L$ 직렬회로에서 전력손실

$$P_2 = \left(\frac{V}{\sqrt{R^2 + \omega^2 L^2}}\right)^2 R$$

문제에서 $\dfrac{1}{2}P_1 = P_2$ 이므로

$$\frac{1}{2} \cdot \frac{V^2}{R} = \left(\frac{V}{\sqrt{R^2 + \omega^2 L^2}}\right)^2 R \text{ 에서}$$

$$\frac{1}{2R} = \frac{R}{R^2 + \omega^2 L^2}$$

$$2R^2 = R^2 + \omega^2 L^2$$

$$\therefore R = \omega L$$

따라서, $L = \dfrac{R}{\omega} = \dfrac{R}{2\pi f} = \dfrac{600}{2 \times 3.14 \times 60} = 1.59[\text{H}]$ **답** ②

문제 79 RL 직렬회로에서 시정수가 0.03[sec], 저항이 14.7 [Ω]일 때 코일의 인덕턴스[mH]는?

① 441
② 362
③ 17.6
④ 2.53

풀이

$R - L$ 직렬 회로에서 시정수 $\tau = \dfrac{L}{R}$[s]에서

$L = \tau \times R = 0.03 \times 14.7 = 0.441[\text{H}] = 441[\text{mH}]$ **답** ①

문제 80 선간전압이 200[V], 선전류가 $10\sqrt{3}$ [A], 부하역률이 80[%]인 평형 3상회로의 무효전력 [Var]은?

① 3600 　　　　　② 3000
③ 2400 　　　　　④ 1800

풀이

무효율 $\sin\theta = \sqrt{1-\cos^2\theta} = \sqrt{1-0.8^2} = 0.6$
따라서 무효전력 $P_r = \sqrt{3}\,VI\sin\theta$
$\qquad\qquad = \sqrt{3}\times 200\times 10\sqrt{3}\times 0.6$
$\qquad\qquad = 3600[\text{Var}]$ **답 ①**

제5과목 　전기설비 기술기준

문제 81 전기저장장치를 시설하는 곳에서 계측장치를 시설하지 않아도 되는 것은?

① 주요변압기의 전압, 전류 및 전력
② 축전지 출력 단자의 전압, 전류, 전력
③ 축전지 출력 단자의 충방전 상태
④ 주요변압기의 온도

풀이

512.2.2 계측장치
전기저장장치를 시설하는 곳에는 다음의 사항을 계측하는 장치를 시설하여야 한다.
가. 축전지 출력 단자의 전압, 전류, 전력 및 충방전 상태
나. **주요 변압기의 전압 및 전류 또는 전력** **답 ④**

문제 82 특고압 지중전선이 지중 약전류전선 등과 접근하거나 교차하는 경우에 상호 간의 이격거리가 몇 [cm] 이하인 때에는 두 전선이 직접 접촉하지 아니하도록 특고압 지중 전선과 지중 약전류 전선 등 사이에 견고한 내화성의 격벽을 설치하여야 하는가?

① 15 　　　　　② 20
③ 30 　　　　　④ 60

풀이

334.6 지중전선과 지중약전류전선 등 또는 관과의 접근 또는 교차

지중전선이 다음 조건의 이격거리 이하로 설치되는 경우에는 상호간에 내화성의 격벽을 설치하여야 한다.

조 건	전압	이격거리
지중 약전류 전선과 접근 또는 교차하는 경우	저압 또는 고압	0.3 [m]
	특고압	**0.6 [m]**
가연성, 유독성의 유체를 내포하는 관과 접근 또는 교차	특고압	1 [m]
	25 [kV] 이하, 다중접지방식	0.5 [m]
기타의 관과 접근 또는 교차	특고압	0.3[m]

답 ④

문제 83 큰 고장전류가 구리 소재의 접지도체를 통하여 흐르지 않을 경우 접지도체의 최소 단면적은 몇 [mm²] 이상이어야 하는가? (단, 접지도체에 피뢰시스템이 접속되지 않는 경우이다.)

① 0.75 　　　　　② 2.5
③ 6 　　　　　④ 16

풀이

142.3.1 접지도체
가. 접지도체의 최소 단면적은 다음과 같다.
　(1) **구리는 6[mm²] 이상**
　(2) 철제는 50[mm²] 이상
나. 접지도체에 피뢰시스템이 접속되는 경우, 접지도체의 단면적
　(1) 구리는 16[mm²] 이상
　(2) 철제는 50[mm²] 이상 **답 ③**

문제 84 특고압을 직접 저압으로 변성하는 변압기를 시설하여서는 아니 되는 변압기는?

① 광산에서 물을 양수하기 위한 양수기용 변압기
② 전기로 등 전류가 큰 전기를 소비하기 위한 변압기
③ 교류식 전기철도용 신호회로에 전기를 공급하기 위한 변압기
④ 발전소·변전소·개폐소 또는 이에 준하는 곳의 소내용 변압기

풀이

341.3 특고압을 직접 저압으로 변성하는 변압기의 시설
특고압을 직접 저압으로 변성하는 변압기는 다음의 것 이외에는 시설하여서는 아니된다.

가. 전기로 등 전류가 큰 전기를 소비하기 위한 변압기

나. 발전소·변전소·개폐소 또는 이에 준하는 곳의 소내용 변압기

다. 25[kV] 이하인 특고압 가공전선로(중성선 다중접지식의 것으로서 전로에 지락이 생겼을 때에 2초 이내에 자동적으로 이를 전로로부터 차단하는 장치가 되어 있는 것에 한한다.)에 접속 하는 변압기

라. 사용전압이 35[kV] 이하인 변압기로서 그 특고압측 권선과 저압측 권선이 혼촉한 경우에 자동적으로 변압기를 전로로부터 차단하기 위한 장치를 설치한 것.

마. 사용전압이 100[kV] 이하인 변압기로서 그 특고압측 권선과 저압측 권선사이에 접지저항 값이 10 [Ω] 이하인 금속제의 혼촉방지판이 있는 것.

바. 교류식 전기철도용 신호회로에 전기를 공급하기 위한 변압기

답 ①

문제 85 변압기 1차측 3300[V], 2차측 220[V]의 변압기 전로의 절연내력시험 전압은 각각 몇 [V]에서 10분간 견디어야 하는가?

① 1차측 4950 [V], 2차측 500 [V]

② 1차측 4500 [V], 2차측 400 [V]

③ 1차측 4125 [V], 2차측 500 [V]

④ 1차측 3300 [V], 2차측 400 [V]

풀이

135 변압기 전로의 절연내력

권 선 의 종 류 (최대사용전압)	접지방식	시험 전압(최대 사용전압의 배수)	최저시험 전압
1. 7[kV] 이하		1.5배	500[V]
	다중접지	0.92배	500[V]
2. 7[kV] 초과 25[kV] 이하	다중접지	0.92배	
3. 7[kV] 초과 60[kV] 이하 (2란의 것 제외)		1.25배	10.5[kV]
4. 60[kV] 초과 (8란 의 것 제외)	비접지	1.25	
5. 60[kV] 초과 (6란 및 8란의 것 제외)	접지식	1.1배	75 [kV]
6. 60[kV] 초과	직접접지	0.72배	
7. 170[kV] 초과	직접접지	0.64배	

즉, 1차 측 시험전압은 $V_1 = 3300 \times 1.5 = 4950 [V]$

2차 측 시험전압 $V_2 = 220 \times 1.5 = 330 [V]$

이나 **최저시험전압이 500[V] 이므로 2차 측 시험전압은 500 [V]가 되어야 한다.** 답 ①

문제 86 저압 옥내배선 합성수지관공사 시 연선이 아닌 경우 사용할 수 있는 전선의 최대 단면적은 몇 [mm²]인가? (단, 알루미늄선은 제외한다.)

① 4 ② 6

③ 10 ④ 16

풀이

232.11 합성수지관공사

가. 전선은 절연전선(옥외용 비닐 절연전선을 제외한다)일 것.

나. **전선은 연선일 것.** 다만, 다음의 것은 적용하지 않는다.

① 짧고 가는 합성수지관에 넣은 것.

② **단면적 10[mm²](알루미늄선은 단면적 16[mm²]) 이하의 것.** 답 ③

문제 87 일반 주택 및 아파트 각 호실의 현관등은 몇 분 이내에 소등 되도록 타임스위치를 시설하여야 하는가?

① 3 ② 4 ③ 5 ④ 6

풀이

234.6 점멸기의 시설

다음의 경우에는 센서등(타임스위치 포함)을 시설하여야 한다.

가. 관광숙박업 또는 숙박업(여인숙업을 제외한다)에 이용되는 객실의 입구등은 1분 이내에 소등되는 것.

나. **일반주택 및 아파트 각 호실의 현관등은 3분 이내에 소등 되는 것.** 답 ①

문제 88 옥내의 저압전선으로 나전선 사용이 허용되지 않는 경우는?

① 금속관공사에 의하여 시설하는 경우

② 버스덕트공사에 의하여 시설하는 경우

③ 라이팅덕트공사에 의하여 시설하는 경우

④ 애자공사에 의하여 전개된 곳에 전기로용 전선을 시설하는 경우

풀이

231.4 나전선의 사용 제한

옥내에 시설하는 저압전선에는 나전선을 사용하여서는 아니 된다. 다만, 다음중 어느 하나에 해당하는 경우에는 그러하지 아니하다.

가. 애자공사에 의하여 전개된 곳에 다음의 전선을 시설하는 경우

① 전기로용 전선
② 전선의 피복 절연물이 부식하는 장소에 시설하는 전선
나. 버스덕트공사에 의하여 시설하는 경우
다. 라이팅덕트공사에 의하여 시설하는 경우
라. 접촉 전선을 시설하는 경우 **답** ①

문제 89 발열선을 도로, 주차장 또는 조영물의 조영재에 고정시켜 시설하는 경우 발열선에 전기를 공급하는 전로의 대지전압은 몇 [V] 이하이어야 하는가?

① 100   ② 150
③ 200   ④ 300

풀이

241.12 도로 등의 전열장치
가. 발열선에 전기를 공급하는 전로의 **대지전압은 300[V] 이하**일 것.
나. 발열선은 그 온도가 80[℃]를 넘지 아니하도록 시설할 것. 다만, 도로 또는 옥외주차장에 금속피복을 한 발열선을 시설할 경우에는 발열선의 온도를 120[℃]이하로 할 수 있다.
다. 발열선은 다른 전기설비·약전류전선 등 또는 수관·가스관이나 이와 유사한 것에 전기적·자기적 또는 열적인 장해를 주지 아니하도록 시설할 것. **답** ④

문제 90 석유류를 저장하는 장소의 전등배선에 사용하지 않는 공사방법은?

① 케이블공사   ② 금속관공사
③ 애자공사   ④ 합성수지관공사

풀이

242.4 위험물 등이 존재하는 장소
셀룰로이드·성냥·**석유류** 기타 타기 쉬운 위험한 물질을 제조하거나 저장하는 곳에 시설하는 저압 옥내 전기설비는 다음에 따르고 또한 위험의 우려가 없도록 시설하여야 한다.
가. 이동전선은 접속점이 없는 0.6/1[kV] EP 고무 절연 클로로프렌 캡타이어 케이블 또는 0.6/1[kV] 비닐 절연 비닐캡타이어 케이블을 사용할 것.
나. 저압 옥내배선 등은 **합성수지관공사**(두께 2[mm] 미만의 합성수지 전선관 및 난연성이 없는 콤바인 덕트관을 사용하는 것을 제외한다)·**금속관공사 또는 케이블공사**에 의할 것. **답** ③

문제 91 금속덕트공사에 의한 저압 옥내배선에서, 금속 덕트에 넣은 전선의 단면적의 합계는 덕트 내부 단면적의 얼마이하이어야 하는가?

① 20[%] 이하   ② 30[%] 이하
③ 40[%] 이하   ④ 50[%] 이하

풀이

232.31 금속덕트공사
금속덕트에 넣은 전선의 단면적(절연피복의 단면적을 포함한다)의 합계는 **덕트의 내부 단면적의 20[%]**(전광표시 기타 이와 유사한 장치 또는 제어회로 등의 배선만을 넣는 경우에는 50 [%]) 이하일 것. **답** ①

문제 92 특고압 가공전선로의 경간은 지지물이 철탑인 경우 몇 [m] 이하이어야 하는가? (단, 단주가 아닌 경우이다.)

① 400   ② 500
③ 600   ④ 700

풀이

333.21 특고압 가공전선로의 경간 제한
특고압 가공전선로의 경간은 표에서 정한 값 이하이어야 한다.

지지물의 종류	경 간
목주·A종 철주 또는 A종 철근 콘크리트주	150[m]
B종 철주 또는 B종 철근 콘크리트주	250[m]
철탑	600[m] (단주인 경우에는 400[m])

답 ③

문제 93 사용 전압이 35 [kV] 이하인 특고압 가공전선과 가공약전류 전선을 동일 지지물에 시설하는 경우 특고압 가공전선로의 보안공사로 알맞은 것은?

① 고압 보안공사
② 제1종 특고압 보안공사
③ 제2종 특고압 보안공사
④ 제3종 특고압 보안공사

풀이

333.19 특고압 가공전선과 가공약전류전선 등의 공용설치
사용전압이 35[kV] 이하인 특고압 가공전선과 가공약전류전선 등을 동일 지지물에 시설하는 경우에는 다음에 따라야 한다.

가. 특고압 가공전선로는 **제2종 특고압 보안공사**에 의할 것.

나. 특고압 가공전선은 가공약전류전선 등의 위로하고 별개의 완금류에 시설할 것.

다. 특고압 가공전선은 케이블인 경우 이외에는 인장강도 21.67[kN] 이상의 연선 또는 단면적이 50[mm²] 이상인 경동연선일 것.

라. 특고압 가공전선과 가공약전류전선 등 사이의 이격거리는 2[m] 이상으로 할 것. 다만, 특고압 가공전선이 케이블인 경우에는 0.5[m]까지로 감할 수 있다.

답 ③

문제 94 가공전선로에 사용하는 지지물의강도 계산에 적용하는 풍압하중의 종별로 알맞은 것은?

① 갑종, 을종, 병종
② A종, B종, C종
③ 1종, 2종, 3종
④ 수평, 수직, 각도

풀이

331.6 풍압하중의 종별과 적용
가공 전선로에 사용하는 지지물의 강도 계산에 적용하는 풍압 하중은 다음의 3종으로 한다.

가. 갑종 풍압하중
구성재의 수직 투영면적 1[m²]에 대한 풍압을 기초로 하여 계산한 것.

나. 을종 풍압하중
전선 기타의 가섭선 주위에 두께 6[mm], 비중 0.9의 빙설이 부착된 상태에서 수직 투영면적 372 [Pa](다도체를 구성하는 전선은 333[Pa]), 그 이외의 것은 갑종 풍압하중의 2분의 1을 기초로 하여 계산한 것.

다. 병종 풍압하중
갑종 풍압하중의 2분의 1을 기초로 하여 계산한 것.

답 ①

문제 95 플로어덕트공사에 의한 저압 옥내배선에서 단선을 사용하여도 되는 전선(동선)의 단면적은 최대 몇 [mm²]인가?

① 2.5[mm²]
② 4[mm²]
③ 6[mm²]
④ 10[mm²]

풀이

232.32 플로어덕트공사
플로어덕트공사에 의한 저압 옥내 배선은 다음 각호에 의하여 시설한다.

가. 전선은 절연전선(옥외용 비닐 절연전선을 제외한다)일 것.

나. 전선은 연선일 것. 다만, 단면적 10[mm²](알루미늄선은 단면적 16[mm²]) 이하인 것은 그러하지 아니하다.

다. 플로어덕트 안에는 전선에 접속점이 없도록 할 것. 다만, 전선을 분기하는 경우에 접속점을 쉽게 점검할 수 있을 때에는 그러하지 아니하다.

답 ④

문제 96 발전소에서 개폐기 또는 차단기에 사용하는 압축공기 장치는 수압을 연속하여 10분간 가하여 시험하였을 때 최고 사용압력 몇 배의 수압에 견디고 새지 않아야 하는가?

① 1.1배
② 1.25배
③ 1.5배
④ 2배

풀이

341.15 압축공기계통
발전소·변전소·개폐소 또는 이에 준하는 곳에서 개폐기 또는 차단기에 사용하는 압축공기장치는 **최고 사용압력의 1.5배의 수압**(최고 사용압력의 1.25배의 기압)을 연속하여 10분간 가하여 시험을 하였을 때에 이에 견디고 또한 새지 아니할 것.

답 ③

문제 97 옥내에 시설하는 전동기가 과전류로 손상될 우려가 있을 경우 자동적으로 이를 저지하거나 경보하는 장치를 하여야 한다. 정격출력이 몇 [kW] 이하인 전동기에는 이와 같은 과부하 보호장치를 시설하지 않아도 되는가?

① 0.2
② 0.75
③ 3
④ 5

풀이

212.6.3 저압전로 중의 전동기 보호용 과전류보호장치의 시설
옥내에 시설하는 전동기에는 전동기가 손상될 우려가 있는 과전류가 생겼을 때에 자동적으로 이를 저지하거나 이를 경보하는 장치를 하여야 한다. 다만, 다음의 어느 하나에 해당하는 경우에는 그러하지 아니하다.

가. 전동기를 운전 중 상시 취급자가 감시할 수 있는 위치에 시설하는 경우

나. 전동기의 구조나 부하의 성질로 보아 전동기가 손상될 수 있는 과전류가 생길 우려가 없는 경우

다. 단상전동기로써 그 전원측 전로에 시설하는 과전류 차단기의 정격전류가 16[A](배선용 차단기는 20[A]) 이하인 경우

라. **정격 출력이 0.2[kW] 이하의 전동기**

답 ①

문제 **98** 방전등용 변압기의 2차 단락전류나 관등회로의 동작전류가 몇 [mA] 이하인 방전등을 시설하는 경우 방전등용 안정기의 외함 및 방전등용 전등기구의 금속제 부분에 옥내 방전등 공사의 접지공사를 하지 않아도 되는가? 단, 방전등용 안정기를 외함에 넣고 또한 그 외함과 방전등용 안정기를 넣을 방전등용 전등기구를 전기적으로 접속하지 않도록 시설한다고 한다.

① 25 [mA]   ② 50 [mA]
③ 75 [mA]   ④ 100 [mA]

풀이

234.11.5 접지

1. 방전등용 안정기의 외함 및 전등기구의 금속제부분에는 규정에 준하여 접지공사를 하여야 한다.
2. 상기의 **접지공사**는 다음에 해당될 경우는 **생략할 수 있다.**
   가. 관등회로의 사용전압이 **대지전압 150[V] 이하의 것을 건조한 장소**에서 시공할 경우
   나. 관등회로의 사용전압이 400[V] 이하 또는 **변압기의 정격 2차 단락전류** 혹은 **회로의 동작전류가 50[mA] 이하의 것**으로 안정기를 외함에 넣고, 이것을 조명기구와 전기적으로 접속되지 않도록 시설할 경우   **답** ②

문제 **99** 전기욕기에 전기를 공급하는 전원 장치는 전기욕기용으로 내장되어 있는 2차측 전로의 사용전압을 몇 [V] 이하로 한정하고 있는가?

① 6   ② 10
③ 12   ④ 15

풀이

241.2 전기욕기

전기욕기에 전기를 공급하기 위한 전기욕기용 전원장치(내장되는 전원 **변압기의 2차측 전로의 사용전압이 10[V] 이하의 것**에 한한다)는 안전기준에 적합하여야 한다.   **답** ②

문제 **100** 다음 통신설비의 식별표시에 대한 설명 중 옳지 않은 것은?

① 분기주, 인류주는 매 전주에 설비표시명판을 시설하여야 한다.
② 직선주는 전주 5경간마다 설비표시명판을 시설하여야 한다.
③ 지중설비에 시설하는 통신설비의 설비표시명판은 전력구내 행거는 100[m] 간격으로 시설할 것.
④ 설비표시명판은 플라스틱 및 금속판 등 견고하고 가벼운 재질로 하고 글씨는 각인하거나 지워지지 않도록 제작된 것을 사용하여야 한다.

풀이

365.1 통신설비의 식별표시

통신설비의 식별은 다음에 따라 표시하여야 한다.
가. 모든 통신기기에는 식별이 용이하도록 인식용 표찰을 부착하여야 한다.
나. 통신사업자의 설비표시명판은 플라스틱 및 금속판 등 견고하고 가벼운 재질로 하고 글씨는 각인하거나 지워지지 않도록 제작된 것을 사용하여야 한다.
다. 설비표시명판 시설기준
   (1) 배전주에 시설하는 통신설비의 설비표시명판은 다음에 따른다.
      (가) 직선주는 전주 5경간마다 시설할 것.
      (나) 분기주, 인류주는 매 전주에 시설할 것.
   (2) 지중설비에 시설하는 통신설비의 설비표시명판은 다음에 따른다.
      (가) 관로는 맨홀마다 시설할 것.
      (나) **전력구내 행거는 50[m] 간격으로 시설할 것.**   **답** ③

D60-1

2021년도 전기기사 필기

- 2021년도 제1회 전기기사
- 2021년도 제2회 전기기사
- 2021년도 제3회 전기기사

국가기술자격검정 필기시험 문제

2021년도 전기기사 일반검정 제1회

자격종목 및 등급(선택분야)	종목코드	시험시간	문제지형별	수검 번호	성 명
전기기사	**1150**	**2시간 30분**	**A**		

제1과목   전기자기학

문제 01 비투자율 $\mu_r = 800$, 원형 단면적이 $S = 10[\text{cm}^2]$, 평균 자로 길이 $l = 16\pi \times 10^{-2}[\text{m}]$의 환상철심에 600회의 코일을 감고 이 코일에 1[A]의 전류를 흘리면 환상 철심 내부의 자속은 몇 [Wb] 인가?

① 1.2×10^{-3}　　② 1.2×10^{-5}
③ 2.4×10^{-3}　　④ 2.4×10^{-5}

풀이

환상철심 내부 자속

$$\phi = BS = \mu H \cdot S = \mu \cdot \frac{NI}{l} \cdot S$$

$$= \frac{\mu_o \mu_r NIS}{l}[\text{Wb}]$$

$$= \frac{4\pi \times 10^{-7} \times 800 \times 600 \times 1 \times 10 \times 10^{-4}}{16\pi \times 10^{-2}}$$

$$= 1.2 \times 10^{-3}[\text{Wb}] \quad (\because 1[\text{cm}^2] = 10^{-4}[\text{m}^2])$$
　　　답 ①

문제 02 정상전류계에서 $\nabla \cdot i = 0$에 대한 설명으로 틀린 것은?

① 도체 내에 흐르는 전류는 연속이다.
② 도체 내에 흐르는 전류는 일정하다.
③ 단위 시간당 전하의 변화가 없다.
④ 도체 내에 전류가 흐르지 않는다.

풀이

$$\nabla \cdot i = \text{div } i = -\frac{\partial \rho}{\partial t}$$

에서 정상 전류가 흐를 때 전하의 축적 또는 소멸이 없을 것이므로 $\frac{\partial \rho}{\partial t} = 0$, 즉 div $i = 0$가 된다. 이 결과 ①, ②, ③의 의미를 가진다.
　　　답 ④

문제 03 동일한 금속 도선의 두 점 사이에 온도차를 주고 전류를 흘렸을 때 열의 발생 또는 흡수가 일어나는 현상은?

① 펠티에(Peltier) 효과
② 볼타(Volta) 효과
③ 제벡(Seebeck) 효과
④ 톰슨(Thomson) 효과

풀이

• 펠티에 효과 : 두 종류 금속 접속면에 전류를 흘리면 접속점에서 열의 흡수, 발생이 일어나는 효과
• 제벡 효과 : 두 종류 금속 접속면에 온도차가 있으면 기전력이 발생하는 효과
• **톰슨 효과** : **동일한 금속 도선의 두 점간에 온도차를 주고,** 고온 쪽에서 저온 쪽으로 전류를 흘리면 **도선 속에서 열이 발생되거나 흡수**가 일어나는 이러한 현상을 톰슨 효과라 한다.
　　　답 ④

문제 04 비유전율이 2이고, 비투자율이 2인 매질 내에서의 전자파의 전파속도 $v[\text{m/s}]$와 진공 중의 빛의 속도 $v_0[\text{m/s}]$ 사이 관계는?

① $v = \frac{1}{2}v_0$　　　② $v = \frac{1}{4}v_0$
③ $v = \frac{1}{6}v_0$　　　④ $v = \frac{1}{8}v_0$

풀이

• 진공에서의 전파속도
$$v_0 = \frac{1}{\sqrt{\epsilon_0 \mu_0}} \quad \left(\because \frac{1}{\sqrt{\epsilon_0 \mu_0}} = \frac{1}{\sqrt{8.855 \times 10^{-12} \times 4\pi \times 10^{-7}}}\right.$$
$$= 3 \times 10^8 = v_0(\text{빛의 속도})[\text{m/s}]$$

• 매질 속에서의 전파속도
$$v = \frac{1}{\sqrt{\epsilon \mu}} = \frac{1}{\sqrt{\epsilon_0 \mu_0}} \frac{1}{\sqrt{\epsilon_r \mu_r}} = \frac{1}{\sqrt{\epsilon_r \mu_r}} v_0$$

$$= \frac{1}{\sqrt{2 \times 2}} v_0 = \frac{1}{2} v_0$$ 답 ①

문제 05 진공 내의 점 (2, 2, 2)에 10^{-9}[C]의 전하가 놓여 있다. 점 (2, 5, 6)에서의 전계 E는 약 몇 [V/m]인가? (단, a_y, a_z는 단위벡터이다.)

① $0.278a_y + 2.888a_z$ ② $0.216a_y + 0.288a_z$

③ $0.288a_y + 2.216a_z$ ④ $0.291a_y + 0.288a_z$

풀이

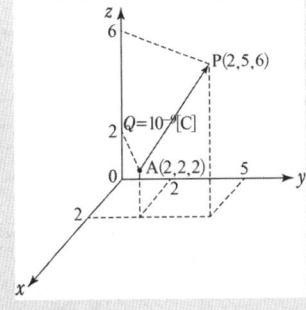

• 그림과 같이 전하 10^{-9}[C]이 존재하는 점 A와 점 P 사이의 거리는

$$r = \sqrt{(2-2)^2 + (5-2)^2 + (6-2)^2} = 5[\text{m}]$$

이므로, P점의 전계의 세기 E는

$$E = 9 \times 10^9 \times \frac{Q}{r^2} = 9 \times 10^9 \times \frac{10^{-9}}{5^2} = 0.36[\text{V/m}]$$

• 전계의 방향을 표시하는 단위 벡터는

$$r_0 = \frac{r}{r} = \frac{(5-2)a_y + (6-2)a_z}{5} = \frac{1}{5}(3a_y + 4a_z)$$

• 따라서 전계 E는

$$E = 0.36 \times \frac{1}{5}(3a_y + 4a_z) = 0.216a_y + 0.288a_z[\text{V/m}]$$

답 ②

문제 06 한 변의 길이가 l[m]인 정사각형 도체에 전류 I[A]가 흐르고 있을 때 중심점 P에서의 자계의 세기는 몇 [A/m]인가?

① $16\pi l I$

② $4\pi l I$

③ $\frac{\sqrt{3}\,\pi}{2l} I$

④ $\frac{2\sqrt{2}}{\pi l} I$

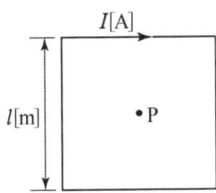

풀이

한 변 AB에 대한 중심점의 자계는

$$H_{AB} = \frac{I}{4\pi a}(\sin\beta_1 + \sin\beta_2)$$

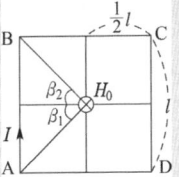

이므로 $a = \frac{l}{2}$,

$\sin\beta_1 = \sin\beta_2 = \sin45° = \frac{1}{\sqrt{2}}$ 을 대입하면

$$H_{AB} = \frac{I}{4\pi\left(\frac{l}{2}\right)} \times 2 \times \frac{1}{\sqrt{2}} = \frac{I}{\sqrt{2}\,\pi l}[\text{AT/m}]$$

$$\therefore H_0 = H_{AB} + H_{BC} + H_{CD} + H_{DA}$$

$$= 4H_{AB} = 4 \times \frac{I}{\sqrt{2}\,\pi l} = \frac{2\sqrt{2}\,I}{\pi l}[\text{AT/m}]$$

답 ④

문제 07 간격이 3[cm]이고 면적이 30[cm²]인 평판의 공기 콘덴서에 220[V]의 전압을 가하면 두 판 사이에 작용하는 힘은 약 몇 [N]인가?

① 6.3×10^{-6} ② 7.14×10^{-7}

③ 8×10^{-5} ④ 5.75×10^{-4}

풀이

정전응력 $f = \frac{1}{2}\epsilon_0 E^2[\text{N/m}^2]$ 에서 $E = \frac{V}{d}$ 이므로

$$f = \frac{1}{2}\epsilon_0 \left(\frac{V}{d}\right)^2[\text{N/m}^2]$$

전극의 전 면적에 작용하는 힘

$$F = f \cdot S = \frac{1}{2}\epsilon_0 \left(\frac{V}{d}\right)^2 S$$

$$= \frac{1}{2} \times 8.855 \times 10^{-12} \times \left(\frac{220}{3 \times 10^{-2}}\right)^2 \times 30 \times 10^{-4}$$

$$= 7.14 \times 10^{-7}[\text{N}]$$

답 ②

문제 08 전계 E[V/m], 전속밀도 D[C/m²], 유전율 $\epsilon = \epsilon_0\epsilon_r$[F/m], 분극의 세기 P[C/m²] 사이의 관계를 나타낸 것으로 옳은 것은?

① $P = D + \epsilon_0 E$ ② $P = D - \epsilon_0 E$

③ $P = \frac{D + E}{\epsilon_0}$ ④ $P = \frac{D - E}{\epsilon_0}$

풀이

전계 $E = \frac{\sigma - \sigma_p}{\epsilon_0} = \frac{D - P}{\epsilon_0}[\text{V/m}]$

$$\therefore D = \epsilon_0 E + P \, [\text{C/m}^2]$$

그러므로, 분극의 세기 P는

$$\therefore P = D - \epsilon_0 E = \epsilon_0 \epsilon_r E - \epsilon_0 E$$
$$= \epsilon_0(\epsilon_r - 1)E \, [\text{C/m}^2]$$

답 ②

문제 09 커패시터를 제조하는데 4가지(A, B, C, D)의 유전재료가 있다. 커패시터 내의 전계를 일정하게 하였을 때, 단위체적당 가장 큰 에너지 밀도를 나타내는 재료부터 순서대로 나열한 것은? (단, 유전재료 A, B, C, D의 비유전율은 각각 $\epsilon_{rA} = 8$, $\epsilon_{rB} = 10$, $\epsilon_{rC} = 2$, $\epsilon_{rD} = 4$이다.)

① C > D > A > B
② B > A > D > C
③ D > A > C > B
④ A > B > D > C

풀이

유전체 내에 저장되는 에너지 밀도

$$w = \frac{1}{2}\epsilon E^2 \, [\text{J/m}^3] \text{에서 } w \propto \epsilon_r$$

즉, 에너지 밀도는 비유전율에 비례한다.
따라서 $\epsilon_{rB} > \epsilon_{rA} > \epsilon_{rD} > \epsilon_{rC}$ 이므로
$$\therefore B > A > D > C$$

답 ②

문제 10 내구의 반지름이 2[cm], 외구의 반지름이 3[cm]인 동심 구 도체 간에 고유저항이 1.884×10^2 [Ω · m]인 저항 물질로 채워져 있을 때, 내외구 간의 합성 저항은 약 몇 [Ω]인가?

① 2.5 ② 5.0
③ 250 ④ 500

풀이

동심 구 도체 사이의 정전용량

$$C = \frac{Q}{V} = \frac{4\pi\epsilon}{\dfrac{1}{a} - \dfrac{1}{b}} = 4\pi\epsilon \cdot \frac{ab}{b-a}$$

(여기서, a : 내구의 반지름[m], b : 외구의 반지름[m])

$$= 4\pi\epsilon \times \frac{2 \times 3 \times 10^{-4}}{(3-2) \times 10^{-2}} = 4\pi\epsilon \times 6 \times 10^{-2} \, [\text{F}]$$

$RC = \rho\epsilon$ 에서

$$R = \frac{\rho\epsilon}{C} = \frac{1.884 \times 10^2 \times \epsilon}{4\pi\epsilon \times 6 \times 10^{-2}} = 249.87 \, [\Omega]$$

답 ③

문제 11 영구자석의 재료로 적합한 것은?

① 잔류 자속밀도(B_r)는 크고, 보자력(H_c)은 작아야 한다.
② 잔류 자속밀도(B_r)는 작고, 보자력(H_c)은 커야 한다.
③ 잔류 자속밀도(B_r)와 보자력(H_c) 모두 작아야 한다.
④ 잔류 자속밀도(B_r)와 보자력(H_c) 모두 커야 한다.

풀이

• 잔류자기(residual magnetism) : B_r
  외부에서 가한 자계 세기를 0으로 해도 자성체에 남는 자속밀도 크기
• 보자력(coercive force) : H_c
  자화된 자성체 내부의 B를 0으로 하기 위하여 외부에서 자화와 반대방향으로 가하는 자계의 세기
• 영구 자석 : 히스테리시스 곡선의 면적이 크고, 잔류 자기(B_r)와 보자력(H_c)이 모두 클 것.
• 전자석 : 히스테리시스 곡선의 면적이 작고, 잔류 자기(B_r)는 크고 보자력(H_c)은 작을 것.

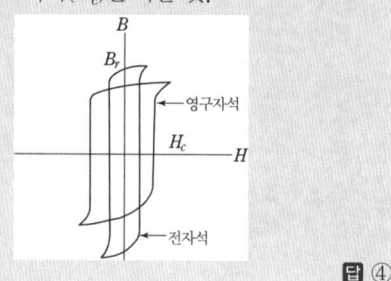

답 ④

문제 12 평등 전계 중에 유전체 구에 의한 전속분포가 그림과 같이 되었을 때 ϵ_1과 ϵ_2의 크기 관계는?

① $\epsilon_1 > \epsilon_2$
② $\epsilon_1 < \epsilon_2$
③ $\epsilon_1 = \epsilon_2$
④ $\epsilon_1 \leq \epsilon_2$

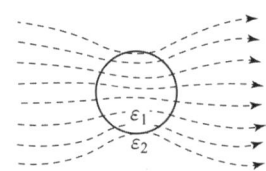

풀이

전속선은 유전율이 큰 쪽으로 모이므로 $\epsilon_1 > \epsilon_2$이다. **답** ①

문제 13 환상 솔레노이드의 단면적이 S, 평균 반지름이 r, 권선수가 N이고 누설자속이 없는 경우 자기 인덕턴스의 크기는?

① 권선수 및 단면적에 비례한다.
② 권선수의 제곱 및 단면적에 비례한다.
③ 권선수의 제곱 및 평균 반지름에 비례한다.
④ 권선수의 제곱에 비례하고 단면적에 반비례한다.

풀이

철심을 통하는 자속은

$\phi = BS = \mu HS = \mu \dfrac{NI}{l}S = \dfrac{\mu SNI}{l}$ [Wb] 이므로,

$N\phi = LI$ 에서

$L = \dfrac{N\phi}{I} = \dfrac{N \cdot \dfrac{\mu SNI}{l}}{I} = \dfrac{\mu SN^2}{l}$ [H]

따라서, **자기 인덕턴스는 투자율 μ, 단면적 S, 권선수 N^2에 비례하고 자로의 길이 l에 반비례한다.** **답** ②

문제 14 전하 e[C], 질량 m[kg]인 전자가 전계 E [V/m] 내에 놓여 있을 때 최초에 정지하고 있었다면 t초 후에 전자의 속도[m/s]는?

① $\dfrac{meE}{t}$ ② $\dfrac{me}{E}t$

③ $\dfrac{mE}{e}t$ ④ $\dfrac{Ee}{m}t$

풀이

① 전자의 질량 m[kg]이 가속도 a[m/s²]로 운동할 때 작용하는 역학적인 힘은 뉴턴의 제2법칙에 의해

$F_m = ma$[N]

또 가속도 a와 속도 v의 관계 $a = \dfrac{v}{t}$에 의해

역학적인 힘 $F_m = ma = m\dfrac{v}{t}$[N]

② 전계 E[V/m]내에서 전하 e[C]에 작용하는 전기적인 힘, 즉 정전력 $F_e = eE$[N]

③ 역학적인 힘과 정전력은 같으므로

$F_m = F_e , \qquad m\dfrac{v}{t} = eE$

$\therefore v = \dfrac{Ee}{m}t$ [m/s] **답** ④

문제 15 다음 중 비투자율(μ_r)이 가장 큰 것은?

① 금   ② 은
③ 구리   ④ 니켈

풀이

자 성 체	비투자율 μ_r
금	0.999964
은	0.999998
구 리	0.999991
니 켈	600

답 ④

문제 16 그림과 같은 환상 솔레노이드 내의 철심 중심에서의 자계의 세기 H[AT/m]는? (단, 환상 철심의 평균 반지름은 r[m], 코일의 권수는 N회, 코일에 흐르는 전류는 I[A]이다.)

① $\dfrac{NI}{\pi r}$

② $\dfrac{NI}{2\pi r}$

③ $\dfrac{NI}{4\pi r}$

④ $\dfrac{NI}{2r}$

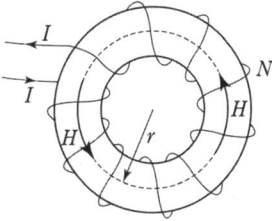

풀이

환상솔레노이드 내부자계는

$\oint_c H \cdot dl = H \cdot 2\pi r = NI$

$\therefore H = \dfrac{NI}{2\pi r}$ [AT/m] **답** ②

참고 솔레노이드 외부에서의 자계는 적분로로 취한 원주와는 쇄교하는 전류가 없기 때문에 **외부의 자계의 세기 $H = 0$이 된다.**

문제 17 강자성체가 아닌 것은?

① 코발트   ② 니켈
③ 철   ④ 구리

풀이

자성체의 특징

자성체의 종류	투자율	비투자율	비자하율	자기모멘트의 크기와 배열	종류
강자성체	$\mu \gg \mu_0$	$\mu_s \gg 1$	$\chi_m \gg 1$		철(Fe) 니켈(Ni) 코발트(Co)
페리자성체					자철석(Fe₃O₄) 페라이트
상자성체	$\mu > \mu_0$	$\mu_s > 1$	$\chi_m > 0$		백금(Pt) 알루미늄(Al) 산소(O₂)
반자성체	$\mu < \mu_0$	$\mu_s < 1$	$\chi_m < 0$		금(Au) 은(Ag) **구리(Cu)** 비스무트(Bi) 물(H₂O)
반강자성체					

답 ④

문제 18 반지름이 a[m]인 원형 도선 2개의 루프가 z축 상에 그림과 같이 놓인 경우 I[A]의 전류가 흐를 때 원형 전류 중심 축 상의 자계 H [A/m]는? (단, a_z, a_ϕ는 단위벡터이다.)

① $H = \dfrac{a^2 I}{(a^2 + z^2)^{3/2}} a_\phi$

② $H = \dfrac{a^2 I}{(a^2 + z^2)^{3/2}} a_z$

③ $H = \dfrac{a^2 I}{2(a^2 + z^2)^{3/2}} a_\phi$

④ $H = \dfrac{a^2 I}{2(a^2 + z^2)^{3/2}} a_z$

풀이

원형전류에 의한 중심축상의 자위 u는

$$u = \frac{I}{4\pi}\omega = \frac{I}{2}\left(1 - \frac{z}{\sqrt{a^2 + z^2}}\right) [\text{AT}] \text{ 이고}$$

자계의 세기 H_{1z}는

$$H_{1z} = -\frac{\partial u}{\partial z} a_z = \frac{a^2 I}{2(a^2 + z^2)^{3/2}} a_z \text{ 가 된다.}$$

그런데 원형전류가 두 개이고 원점에서의 자계 방향도 같으므로 H_{1z}의 2배가 된다.

$$\therefore H_z = 2H_{1z} = \frac{a^2 I}{(a^2 + z^2)^{3/2}} a_z$$

답 ②

문제 19 방송국 안테나 출력이 W [W]이고 이로부터 진공 중에 r[m] 떨어진 점에서 자계의 세기의 실효치는 약 몇 [A/m]인가?

① $\dfrac{1}{r}\sqrt{\dfrac{W}{377\pi}}$

② $\dfrac{1}{2r}\sqrt{\dfrac{W}{377\pi}}$

③ $\dfrac{1}{2r}\sqrt{\dfrac{W}{188\pi}}$

④ $\dfrac{1}{r}\sqrt{\dfrac{2W}{377\pi}}$

풀이

전력밀도 $P = \dfrac{W}{S} = \dfrac{W}{4\pi r^2} [\text{W/m}^2]$

공기 중에서 $E = \sqrt{\dfrac{\mu_0}{\epsilon_0}} H = 377H$ 이므로

$$P = EH = 377H^2 = \frac{W}{4\pi r^2} [\text{W/m}^2]$$

$$\therefore H = \frac{1}{2r} \cdot \sqrt{\frac{W}{377\pi}} [\text{A/m}]$$

답 ②

문제 20 직교하는 무한 평판도체와 점전하에 의한 영상전하는 몇 개 존재하는가?

① 2　　② 3　　③ 4　　④ 5

풀이

$$n = \frac{360}{\theta} - 1 = \frac{360}{90} - 1 = 3\text{개(직교하므로 } \theta = 90°)$$

답 ②

제2과목 전력공학

문제 21 그림과 같은 유황곡선을 가진 수력지점에서 최대사용수량 OC로 1년간 계속 발전하는데 필요한 저수지의 용량은?

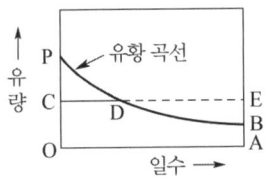

① 면적 OCPBA
② 면적 OCDBA
③ 면적 DEB
④ 면적 PCD

풀이

최대 사용 수량 OC 로 1년간 계속 발전할 때, **부족 수량은 면적 DEB에 상당한 수량**이므로, 이 면적에 상당한 수량만큼 저수해 두면 된다. **답** ③

문제 22 통신선과 평행인 주파수 60[Hz]의 3상 1회선 송전선이 있다. 1선 지락 때문에 영상전류가 100[A] 흐르고 있다면 통신선에 유도되는 전자유도전압[V]은 약 얼마인가? (단, 영상전류는 전 전선에 걸쳐서 같으며, 송전선과 통신선과의 상호 인덕턴스는 0.06 [mH/km], 그 평행 길이는 40[km]이다.)

① 156.6
② 162.8
③ 230.2
④ 271.4

풀이

$$E_m = -j\omega M l\, 3I_0$$
$$= -j2\pi \times 60 \times 0.06 \times 10^{-3} \times 40 \times 3 \times 100$$
$$= 271.43 \,[\text{V}]$$

※ 유도 전압은 그 크기를 뜻하므로 (−)의미가 없다. **답** ④

문제 23 고장전류의 크기가 커질수록 동작시간이 짧게 되는 특성을 가진 계전기는?

① 순한시 계전기
② 정한시 계전기
③ 반한시 계전기
④ 반한시 정한시 계전기

풀이

보호 계전기의 동작 시간에 의한 분류

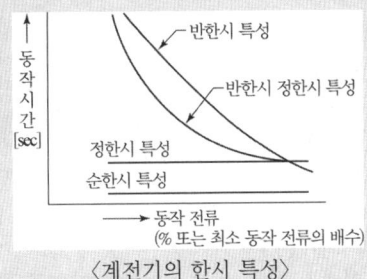

〈계전기의 한시 특성〉

보호 계전기 특징
① 순(한)시 특성 : 최소 동작 전류 이상의 전류가 흐르면 즉시 동작하는 특성
② 정한시 특성 : 동작 전류의 크기에 관계없이 일정한 시간에 동작하는 특성
③ **반한시 특성 : 동작 전류가 커질수록 동작 시간이 짧게 되는 특성**
④ 반한시 정한시 특성 : 동작 전류가 적은 동안에는 동작 전류가 커질수록 동작 시간이 짧게 되는 반한시 특성을 갖고, 어떤 전류 이상이면 동작 전류의 크기에 관계없이 일정한 시간에 동작하는 정한시 특성을 가진 특성 **답** ③

문제 24 3상 3선식 송전선에서 한 선의 저항이 10 [Ω], 리액턴스가 20 [Ω]이며, 수전단의 선간전압이 60[kV], 부하역률이 0.8인 경우에 전압강하율이 10[%]라 하면 이 송전선로로는 약 몇 [kW]까지 수전할 수 있는가?

① 10000
② 12000
③ 14400
④ 18000

풀이

$\epsilon = \dfrac{P}{V^2}(R + X\tan\theta)$에서 전압강하율이 10[%]이므로

$$0.1 = \frac{P}{60000^2}\left(10 + 20 \times \frac{0.6}{0.8}\right)$$

$$\therefore P = \frac{0.1 \times 60000^2}{\left(10 + 20 \times \dfrac{0.6}{0.8}\right)} \times 10^{-3} = 14400\,[\text{kW}]$$ **답** ③

문제 25 기준 선간전압 23[kV], 기준 3상 용량 5000 [kVA], 1선의 유도 리액턴스가 15[Ω]일 때 %리액턴스는?

① 28.36[%]　　② 14.18[%]
③ 7.09[%]　　④ 3.55[%]

풀이

$\%X = \dfrac{I_n X}{E_n} \times 100$　$P = \sqrt{3}\,VI_n$, $V = \sqrt{3}\,E_n$ 이므로

$= \dfrac{\sqrt{3}\,VI_n\,X}{\sqrt{3}\,VE_n} \times 100 = \dfrac{P \times X}{V^2} \times 100$

$= \dfrac{P[\text{kVA}] \times 10^3 \times X[\Omega]}{V^2[\text{kV}] \times 10^6} \times 100$

$= \dfrac{XP[\text{kVA}]}{10\,V^2[\text{kV}]}\,[\%]$ 에서

(여기서, V의 단위는 [kV], P의 단위는 [kVA]가 되어야 한다.)

$\%X = \dfrac{15 \times 5000}{10 \times 23^2} = 14.18[\%]$　　**답** ②

문제 26 전력원선도의 가로축과 세로축을 나타내는 것은?

① 전압과 전류　　② 전압과 전력
③ 전류와 전력　　④ 유효전력과 무효전력

풀이

가로축 : 유효 전력
세로축 : 무효 전력　　**답** ④

문제 27 화력발전소에서 증기 및 급수가 흐르는 순서는?

① 절탄기 → 보일러 → 과열기 → 터빈 → 복수기
② 보일러 → 절탄기 → 과열기 → 터빈 → 복수기
③ 보일러 → 과열기 → 절탄기 → 터빈 → 복수기
④ 절탄기 → 과열기 → 보일러 → 터빈 → 복수기

풀이

실제 기력 발전소에 쓰이는 기본 사이클(Rankine cycle)은 다음과 같다.

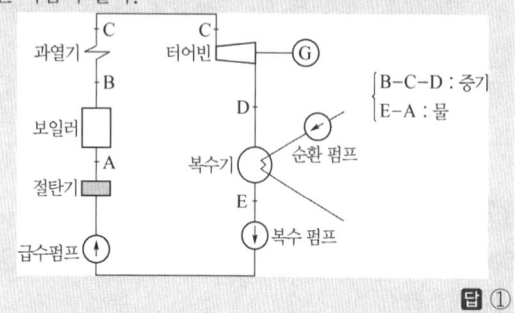

답 ①

문제 28 연료의 발열량이 430[kcal/kg]일 때, 화력발전소의 열효율율[%]은? (단, 발전기 출력은 P_G [kW], 시간당 연료의 소비량은 B[kg/h]이다.)

① $\dfrac{P_G}{B} \times 100$　　② $\sqrt{2} \times \dfrac{P_G}{B} \times 100$

③ $\sqrt{3} \times \dfrac{P_G}{B} \times 100$　　④ $2 \times \dfrac{P_G}{B} \times 100$

풀이

발전기 출력 P_G[kW], 연료소비량 B[kg/h], 연료의 발열량 C[kcal/kg] 이라면 1시간당
• 입력 : $B \times 1 \times C$[kcal]
• 출력 : $P_G \times 1 \times 860$[kcal] (1[kWh] = 860[kcal])

따라서, 효율 $\eta = \dfrac{출력}{입력} = \dfrac{P_G \times 860}{B \times C} \times 100[\%]$

$= \dfrac{P_G \times 860}{B \times 430} \times 100 = 2 \times \dfrac{P_G}{B} \times 100[\%]$　**답** ④

문제 29 송전선로에서 1선 지락 시에 건전상의 전압 상승이 가장 적은 접지방식은?

① 비접지방식　　② 직접접지방식
③ 저항접지방식　　④ 소호리액터접지방식

풀이

직접 접지 방식의 장·단점
[장점]
① 1선 지락시에 건전상의 대지 전압이 거의 상승하지 않는다.
② 피뢰기의 효과를 증진시킬 수 있다.
③ 단절연이 가능하다.
④ 계전기의 동작이 확실해진다.

[단점]
① 송전 계통의 과도 안정도가 나빠진다.
② 통신선에 유도 장해가 크다.
③ 지락시 대전류가 흘러 기기에 손상을 준다.
④ 대용량 차단기가 필요하다.　　**답** ②

문제 30 접지봉으로 탑각의 접지저항 값을 희망하는 접지저항 값까지 줄일 수 없을 때 사용하는 것은?

① 가공지선
② 매설지선
③ 크로스본드선
④ 차폐선

풀이
- 가공지선 : 뇌차폐
- 매설지선 : 접지저항을 낮추어 역섬락 방지
  (철탑의 탑각 접지 저항을 낮추기 위하여 지하 30~60 [cm] 정도의 깊이에 길이 30~50[m] 정도의 아연 도금 철선을 매설하는 선을 매설지선이라고 한다.)
- 크로스본드 : cable의 시스전압을 저감시키고 시스손을 감소시기 위한 접지방식
- 차폐선 : 유도 장해 감소 **답** ②

문제 31 전력 퓨즈(Power Fuse)는 고압, 특고압기기의 주로 어떤 전류의 차단을 목적으로 설치하는가?

① 충전전류
② 부하전류
③ 단락전류
④ 영상전류

풀이
전력용 퓨즈는 단락 보호용으로 사용된다. **답** ③

문제 32 정전용량이 C_1이고, V_1의 전압에서 Q_r의 무효전력을 발생하는 콘덴서가 있다. 정전용량을 변화시켜 2배로 승압된 전압($2V_1$)에서도 동일한 무효전력 Q_r을 발생시키고자 할 때, 필요한 콘덴서의 정전용량 C_2는?

① $C_2 = 4C_1$
② $C_2 = 2C_1$
③ $C_2 = \dfrac{1}{2}C_1$
④ $C_2 = \dfrac{1}{4}C_1$

풀이

$Q = 2\pi f C V^2$ 에서 $C = \dfrac{Q}{2\pi f V^2}$

따라서, $C \propto \dfrac{1}{V^2}$

$C_1 : C_2 = \dfrac{1}{V_1^2} : \dfrac{1}{(2V_1)^2}$ $\therefore C_2 = \dfrac{1}{4}C_1$ **답** ④

문제 33 송전선로에서의 고장 또는 발전기 탈락과 같은 큰 외란에 대하여 계통에 연결된 각 동기기가 동기를 유지하면서 계속 안정적으로 운전할 수 있는지를 판별하는 안정도는?

① 동태안정도(dynamic stability)
② 정태안정도(steady-state stability)

③ 전압안정도(voltage stability)
④ 과도안정도(transient stability)

풀이
안정도의 종류
① 정태 안정도(static stability) : 송전 계통이 불변 부하 또는 극히 서서히 증가하는 부하에 대하여 계속적으로 송전할 수 있는 능력을 정태 안정도로 하고, 안정도를 유지할 수 있는 극한의 송전 전력을 정태 안정 극한 전력이라고 한다.
② 과도 안정도(transient stability) : 계통에 갑자기 고장 사고와 같은 급격한 외란이 발생하였을 때에도 탈조하지 않고 새로운 평형 상태를 회복하여 송전을 계속할 수 있는 능력을 과도 안정도라 하고 이 경우의 극한 전력을 과도 안정 극한 전력이라고 한다.
③ 동태 안정도(dynamic stability) : 고속 자동 전압 조정기로 동기기의 여자 전류를 제어 할 경우의 정태 안정도를 특히 동태 안정도라 한다. **답** ④

문제 34 송전선로의 고장전류 계산에 영상 임피던스가 필요한 경우는?

① 1선 지락
② 3상 단락
③ 3선 단선
④ 선간 단락

풀이
고장별 대칭분

고장의 종류	대 칭 분
3상 단락	정상분
선간 단락	정상분, 역상분
1선 지락	정상분, 역상분, **영상분**

답 ①

문제 35 배전선로의 주상변압기에서 고압측-저압측에 주로 사용되는 보호장치의 조합으로 적합한 것은?

① 고압측 : 컷아웃 스위치, 저압측 : 캐치홀더
② 고압측 : 캐치홀더, 저압측 : 컷아웃 스위치
③ 고압측 : 리클로저, 저압측 : 라인퓨즈
④ 고압측 : 라인퓨즈, 저압측 : 리클로저

풀이
주상 변압기의 1차측 보호에는 컷아웃 스위치(C.O.S)를, 2차측 보호에는 캐치 홀더를 설치한다. **답** ①

문제 36 용량 20[kVA]인 단상 주상 변압기에 걸리는 하루 동안의 부하가 처음 14시간 동안은 20[kW], 다음 10시간 동안은 10[kW]일 때, 이 변압기에 의한 하루 동안의 손실량[Wh]은? (단, 부하의 역률은 1로 가정하고, 변압기의 전 부하동손은 300[W], 철손은 100 [W]이다.)

① 6850　　　　　② 7200
③ 7350　　　　　④ 7800

풀이

• 철손 (철손은 부하에 관계없이 전원만 공급되면 손실 발생)
$$P_i = 100 \times 24[\text{h}] = 2400[\text{Wh}]$$
• 동손 (동손은 부하의 제곱에 비례)
$$P_c = 300 \times 14[\text{h}] + 300 \times \left(\frac{1}{2}\right)^2 \times 10[\text{h}] = 4950[\text{Wh}]$$
∴ 전체손실 $P_l = P_i + P_c = 2400 + 4950 = 7350[\text{Wh}]$ **답** ③

문제 37 케이블 단선사고에 의한 고장점까지의 거리를 정전용량측정법으로 구하는 경우, 건전상의 정전용량이 C, 고장점까지의 정전용량이 C_x, 케이블의 길이가 l 일 때 고장점까지의 거리를 나타내는 식으로 알맞은 것은?

① $\dfrac{C}{C_x}l$　② $\dfrac{2C_x}{C}l$　③ $\dfrac{C_x}{C}l$　④ $\dfrac{C_x}{2C}l$

풀이

정전용량이 길이에 비례하는 관계를 이용하여 선로 전체의 정전용량을 알고 있으면 고장점까지의 정전용량을 측정하여 그 값으로부터 길이의 비를 알 수 있다.

$$C : C_x = l : l_x \qquad \therefore\ l_x = \frac{C_x}{C} \times l$$ **답** ③

문제 38 수용가의 수용률을 나타낸 식은?

① $\dfrac{\text{합성최대수용전력[kW]}}{\text{평균전력[kW]}} \times 100[\%]$

② $\dfrac{\text{평균전력[kW]}}{\text{합성최대수용전력[kW]}} \times 100[\%]$

③ $\dfrac{\text{부하설비합계[kW]}}{\text{최대수용전력[kW]}} \times 100[\%]$

④ $\dfrac{\text{최대수용전력[kW]}}{\text{부하설비합계[kW]}} \times 100[\%]$

풀이

$$\text{수용률} = \frac{\text{최대 수용 전력[kW]}}{\text{총부하 설비 용량[kW]}} \times 100[\%]$$
배전 변압기의 용량계산의 척도가 된다. **답** ④

문제 39 %임피던스에 대한 설명으로 틀린 것은?

① 단위를 갖지 않는다.
② 절대량이 아닌 기준량에 대한 비를 나타낸 것이다.
③ 기기 용량의 크기와 관계없이 일정한 범위의 값을 갖는다.
④ 변압기나 동기기의 내부 임피던스에만 사용할 수 있다.

풀이

$$\%Z = \frac{I_n Z}{E_n} \times 100 \text{으로 표시된다.}$$

즉 %Z는 정격전류가 흐를 때 생기는 전압강하를 정격 상전압에 대한 비율로 나타내며, **변압기나 동기기 등의 내부 임피던스와 전선로의 임피던스**를 %법으로 나타낼 수 있다. **답** ④

문제 40 역률 0.8, 출력 320[kW]인 부하에 전력을 공급하는 변전소에 역률 개선을 위해 전력용콘덴서 140 [kVA]를 설치했을 때 합성역률은?

① 0.93　　　　　② 0.95
③ 0.97　　　　　④ 0.99

풀이

• 부하의 유효전력 $P = 320[\text{kW}]$
• 부하의 무효전력
$$Q = \frac{P}{\cos\theta} \times \sin\theta = \frac{320}{0.8} \times 0.6 = 240[\text{kVar}]$$
• 콘덴서 용량 $Q_c = 140[\text{kVA}]$
• 역률
$$\cos\theta = \frac{P}{\sqrt{P^2 + (Q - Q_c)^2}} = \frac{320}{\sqrt{320^2 + (240 - 140)^2}} = 0.95$$
답 ②

제3과목 전기기기

문제 41 전류계를 교체하기 위해 우선 변류기 2차측을 단락시켜야 하는 이유는?

① 측정오차 방지
② 2차측 절연 보호
③ 2차측 과전류 보호
④ 1차측 과전류 방지

풀이

변류기(CT)의 2차 회로를 개방하면 1차 전류가 모두 여자전류가 되어 **2차 권선에 매우 높은 전압이 유기**되므로 **절연이 파괴**될 우려가 있고, 또 철심 중의 자속이 급격히 증가하여 철손이 증가하므로 열이 발생하여 소손될 염려가 있다. 따라서, 전류계를 교체하기 위해서는 우선 변류기 2차측을 단락시켜야 한다. **답** ②

문제 42 BJT에 대한 설명으로 틀린 것은?

① Bipolar Junction Thyristor의 약자이다.
② 베이스 전류로 컬렉터 전류를 제어하는 전류제어 스위치이다.
③ MOSFET, IGBT 등의 전압제어 스위치보다 훨씬 큰 구동전력이 필요하다.
④ 회로기호 B, E, C는 각각 베이스(Base), 에미터(Emitter), 컬렉터(Collector)이다.

풀이

양극성 접합 트랜지스터
(BJT ; Bipolar Junction Transistor)
기본적으로 2개의 p-n 접합의 결합으로 구성되고, n 또는 p 영역이 2개의 p-n 접합에 공통되는 **p-n-p형의 트랜지스터 또는 n-p-n형의 트랜지스터.** **답** ①

문제 43 단상 변압기 2대를 병렬 운전할 경우, 각 변압기의 부하전류를 I_a, I_b, 1차측으로 환산한 임피던스를 Z_a, Z_b, 백분율 임피던스 강하를 z_a, z_b, 정격용량을 P_{an}, P_{bn}이라 한다. 이때 부하분담에 대한 관계로 옳은 것은?

① $\dfrac{I_a}{I_b} = \dfrac{Z_a}{Z_b}$ ② $\dfrac{I_a}{I_b} = \dfrac{P_{bn}}{P_{an}}$

③ $\dfrac{I_a}{I_b} = \dfrac{z_b}{z_a} \times \dfrac{P_{an}}{P_{bn}}$ ④ $\dfrac{I_a}{I_b} = \dfrac{Z_a}{Z_b} \times \dfrac{P_{an}}{P_{bn}}$

풀이

변압기 병렬운전시 **부하 분담**은 백분율임피던스 강하에 역비례하며, 변압기 용량에 비례한다.

즉, $\dfrac{I_a}{I_b} = \dfrac{z_b}{z_a} \times \dfrac{P_{an}}{P_{bn}}$

여기서, I_a, I_b : 각 변압기의 부하전류
z_a, z_b : 각 변압기의 백분율 임피던스 강하
P_{an}, P_{bn} : 각 변압기의 정격용량 **답** ③

문제 44 사이클로 컨버터(Cyclo Converter)에 대한 설명으로 틀린 것은?

① DC-DC buck 컨버터와 동일한 구조이다.
② 출력주파수가 낮은 영역에서 많은 장점이 있다.
③ 시멘트공장의 분쇄기 등과 같이 대용량 저속 교류전동기 구동에 주로 사용된다.
④ 교류를 교류로 직접 변환하면서 전압과 주파수를 동시에 가변하는 전력변환기이다.

풀이

사이클로 컨버터란 정지 사이리스터 회로에 의해 **전원 주파수와 다른 주파수의 전력으로 변환**시키는 직접 회로 장치이다.

$$\xrightarrow{\text{AC } f_1} \boxed{\text{사이크로 컨버터}} \xrightarrow{\text{AC } f_2}$$

답 ①

문제 45 극수 4이며 전기자 권선은 파권, 전기자 도체수가 250인 직류발전기가 있다. 이 발전기가 1200[rpm]으로 회전할 때 600[V]의 기전력을 유기하려면 1극당 자속은 몇 [Wb]인가?

① 0.04 ② 0.05
③ 0.06 ④ 0.07

풀이

직류발전기의 유기기전력 $E = p\phi n \dfrac{Z}{a}$[V] 에서
1극당 자속 ϕ

$$\phi = \frac{aE}{Z} \times \frac{1}{pn} = \frac{2 \times 600}{250} \times \frac{1}{4 \times 1200/60} = 0.06[\text{Wb}]$$
($\because$ 파권 $a = 2$, 중권 $a = p$)　　　　**답 ③**

① 동기화 전류 $I_s = \frac{E_o}{Z_s} \sin\frac{\delta_s}{2}$

② 수수전력 $P_s = \frac{E_o^2}{2Z_s} \sin\delta_s$　　　　**답 ③**

문제 46 직류발전기의 전기자 반작용에 대한 설명으로 틀린 것은?

① 전기자 반작용으로 인하여 전기적 중성축을 이동시킨다.

② 정류자 편간 전압이 불균일하게 되어 섬락의 원인이 된다.

③ 전기자 반작용이 생기면 주자속이 왜곡되고 증가하게 된다.

④ 전기자 반작용이란, 전기자 전류에 의하여 생긴 자속이 계자에 의해 발생되는 주자속에 영향을 주는 현상을 말한다.

풀이

전기자 반작용 : 전기자 권선에 흐르는 전류에 의한 자속이 계자에서 만든 **주자속에 영향을 미치는 현상**을 전기자 반작용이라고 하며, 그 영향은 다음과 같다.
① 전기적 중성축 이동
　• 발전기 : 회전 방향으로 이동
　• 전동기 : 회전 방향과 반대 방향으로 이동
② **주자속 감소 및 발전기의 유기기전력 감소**
③ **정류자 편간의 불꽃 섬락 발생**
④ **발전기의 출력감소**　　　　**답 ③**

문제 47 기전력(1상)이 E_o이고 동기임피던스(1상)가 Z_s인 2대의 3상 동기발전기를 무부하로 병렬 운전시킬 때 각 발전기의 기전력 사이에 δ_s의 위상차가 있으면 한쪽 발전기에서 다른 쪽 발전기로 공급되는 1상당의 전력[W]은?

① $\frac{E_o}{Z_s} \sin\delta_s$
② $\frac{E_o}{Z_s} \cos\delta_s$
③ $\frac{E_o^2}{2Z_s} \sin\delta_s$
④ $\frac{E_o^2}{2Z_s} \cos\delta_s$

풀이

두 대의 동기발전기가 병렬운전 시 발전기 기전력의 위상이 서로 다른 경우 동기화 전류가 흐르게 되고 이 전류에 의해 수수전력이 발생하게 된다.

문제 48 60[Hz], 6극의 3상 권선형 유도전동기가 있다. 이 전동기의 정격 부하시 회전수는 1140[rpm]이다. 이 전동기를 같은 공급전압에서 전부하 토크로 기동하기 위한 외부저항은 몇 [Ω]인가? (단, 회전자 권선은 Y결선이며 슬립링간의 저항은 0.1[Ω]이다.)

① 0.5　　② 0.85　　③ 0.95　　④ 1

풀이

• 회전자계 속도(동기속도)
$$N_s = \frac{120f}{p} = \frac{120 \times 60}{6} = 1200[\text{rpm}]$$

• 슬립 $s = \frac{N_s - N_n}{N_s} = \frac{1200 - 1140}{1200} = 0.05$

• 슬립링 간의 저항이 0.1[Ω]이므로(슬립링 사이에 2개의 **회전자권선이 직렬접속**)
회전자 1상의 저항 $r_2 = \frac{0.1}{2} = 0.05[\Omega]$

• 기동 시($s' = 1$) 전부하 토크로 기동하기 위한 외부저항 R은
$$\frac{r_2}{s} = \frac{r_2 + R}{s'} \rightarrow \frac{0.05}{0.05} = \frac{0.05 + R}{1}$$
$$\therefore R = \frac{0.05}{0.05} - 0.05 = 0.95[\Omega]$$　　**답 ③**

참고 기동시 슬립 $s' = 1$인 이유
$$s' = \frac{N_s - N}{N_s} = \frac{N_s - 0}{N_s} = 1$$
즉, **기동시라는 것은 회전자가 정지상태($N = 0$)라는 것을 의미)**

문제 49 발전기 회전자에 유도자를 주로 사용하는 발전기는?

① 수차발전기
② 엔진발전기
③ 터빈발전기
④ 고주파발전기

풀이

수백~수만 [Hz] 정도의 주파수를 발생 시키는 **고주파 발전기**에는 계자극과 전기자를 함께 고정시키고 그 중앙에 **유도자라고 하는 권선이 없는 회전자를 갖춘 유도자형 발전기가 사용**된다.　　**답 ④**

문제 50 3상 권선형 유도전동기 기동 시 2차측에 외부 가변저항을 넣는 이유는?

① 회전수 감소
② 기동전류 증가
③ 기동토크 감소
④ 기동전류 감소와 기동토크 증가

풀이

$$\frac{r_2}{s_m} = \frac{r_2 + R_s}{s_t}$$

여기서, r_2 : 2차 권선의 저항, S_m : 최대 토크시 슬립
S_t : 기동시 슬립 (정지상태에서 기동시 $S_t = 1$)
R_s : 2차 외부회로 저항

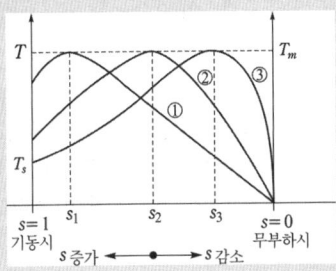

토크의 비례추이 곡선

외부 회로 저항 R_s의 값이 클수록 최대 토크 T_m을 발생하는 슬립 s_t의 값도 커져야 하므로 곡선은 ③ → ② → ①로 이동하게 되어 기동시($s = 1$) 기동토크는 증가하게 된다. 즉, 기동 시 2차 회로에 저항을 크게 하면 비례추이에 의해서 **큰 기동 토크를 얻을 수 있고 기동전류도 억제**할 수 있다.

답 ④

문제 51 1차 전압은 3300[V]이고 1차측 무부하 전류는 0.15 [A], 철손은 330[W]인 단상 변압기의 자화전류는 약 몇 [A]인가?

① 0.112
② 0.145
③ 0.181
④ 0.231

풀이

철손 전류 $I_i = \frac{P_i}{V_1} = \frac{330}{3300} = 0.1[A]$

따라서, 자화 전류 $I_\phi = \sqrt{I_0^2 - I_i^2}$ 식에서

∴ $I_\phi = \sqrt{0.15^2 - 0.1^2} = 0.112[A]$

답 ①

문제 52 유도전동기의 안정 운전의 조건은?
(단, T_m : 전동기 토크, T_L : 부하 토크, n : 회전수)

① $\frac{dT_m}{dn} < \frac{dT_L}{dn}$　② $\frac{dT_m}{dn} = \frac{dT_L^2}{dn}$

③ $\frac{dT_m}{dn} > \frac{dT_L}{dn}$　④ $\frac{dT_m}{dn} \neq \frac{dT_L^2}{dn}$

풀이

• 안정 운전 : $\frac{dT_m}{dn} < \frac{dT_L}{dn}$

• 불안정 운전 : $\frac{dT_m}{dn} > \frac{dT_L}{dn}$

답 ①

문제 53 전압이 일정한 모선에 접속되어 역률 1로 운전하고 있는 동기전동기를 동기조상기로 사용하는 경우 여자전류를 증가시키면 이 전동기는 어떻게 되는가?

① 역률은 앞서고, 전기자 전류는 증가한다.
② 역률은 앞서고, 전기자 전류는 감소한다.
③ 역률은 뒤지고, 전기자 전류는 증가한다.
④ 역률은 뒤지고, 전기자 전류는 감소한다.

풀이

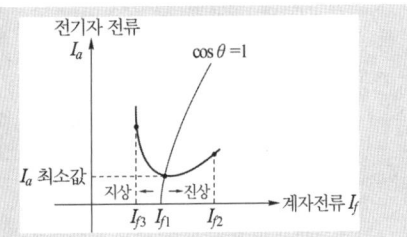

• I_{f1} : $\cos\theta = 1$
• I_{f2}(여자 전류 증가) : 진상의 전기자 전류가 흐르고, 전류는 증가한다.
• I_{f3}(여자 전류 감소) : 지상의 전기자 전류가 흐르고, 전류는 증가한다.

답 ①

문제 54 직류기에서 계자자속을 만들기 위하여 전자석의 권선에 전류를 흘리는 것을 무엇이라 하는가?

① 보극
② 여자
③ 보상권선
④ 자화작용

풀이
여자(勵磁) : 자속을 발생시키기 위해 계자권선(전자석의 권선)에 전류를 흘리는 것 　　**답** ②

문제 55 동기리액턴스 $X_s = 10[\Omega]$, 전기자 권선 저항 $r_a = 0.1[\Omega]$, 3상 중 1상의 유도기전력 $E = 6400[V]$, 단자전압 $V = 4000[V]$, 부하각 $\delta = 30°$ 이다. 비철극기인 3상 동기발전기의 출력은 약 몇 [kW]인가?

① 1280 　　　　　　② 3840
③ 5560 　　　　　　④ 6650

풀이
비돌극기(비철극기, 원통형)의 출력

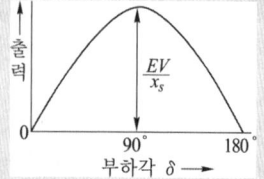

E : 유기 기전력
V : 단자 전압
δ : 부하각

① 단상 발전기 $P = \dfrac{EV}{X_s}\sin\delta$

② 3상 발전기 $P = \dfrac{3EV}{X_s}\sin\delta$

③ 최대 출력 : 부하각 $\delta = 90°$에서 발생
즉, 3상 동기발전기의 출력

$P = 3\dfrac{EV}{X_s}\sin\delta = 3 \times \dfrac{6400 \times 4000}{10} \times \sin 30 \times 10^{-3}$

$= 3840[kW]$ 　　**답** ②

문제 56 히스테리시스 전동기에 대한 설명으로 틀린 것은?

① 유도전동기와 거의 같은 고정자이다.
② 회전자 극은 고정자 극에 비하여 항상 각도 δ_h 만큼 앞선다.
③ 회전자가 부드러운 외면을 가지므로 소음이 적으며, 순조롭게 회전시킬 수 있다.
④ 구속 시부터 동기속도만을 제외한 모든 속도 범위에서 일정한 히스테리시스 토크를 발생한다.

풀이
히스테리시스 전동기
① 고정자는 유동전동기의 고정자와 동일하며, 회전자는 매끄러운 원통형으로 구성된다.
② 히스테리시스로 인해 **회전자 극은 고정자 극에 비하여 항상 각도 δ_h 만큼 뒤진다.**

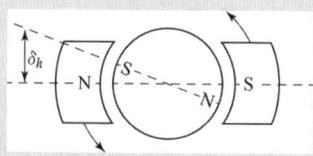

③ 히스테리시스 토크는 주파수 및 속도와 무관하게 일정하며, 구속 시부터 동기속도만을 제외한 모든 속도범위에서 일정한 히스테리시스 토크를 발생한다. 　　**답** ②

문제 57 단자전압 220[V], 부하전류 50[A]인 분권 발전기의 유도 기전력은 몇 [V]인가? (단, 여기서 전기자 저항은 $0.2[\Omega]$이며, 계자전류 및 전기자 반작용은 무시한다.)

① 200　　② 210　　③ 220　　④ 230

풀이

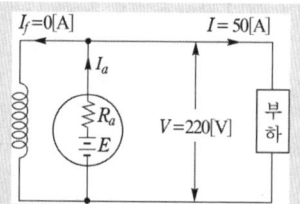

전기자 전류 $I_a = I + I_f$에서 계자 전류를 무시($I_f = 0$)하면 $I_a = I = 50[A]$ 가 된다.

$\therefore E = V + I_a R_a = 220 + 50 \times 0.2 = 230[V]$ 　　**답** ④

문제 58 단상 유도전압조정기에서 단락권선의 역할은?

① 철손 경감
② 절연 보호
③ 전압강하 경감
④ 전압조정 용이

풀이
단상유도 전압조정기의 **단락권선은 누설리액턴스로 인한 전압강하를 경감**시키기 위한 것이다. 　　**답** ③

문제 59 3상 유도전동기에서 회전자가 슬립 s로 회전하고 있을 때 2차 유기전압 E_{2s} 및 2차 주파수 f_{2s}와 s와의 관계는? (단, E_2는 회전자가 정지하고 있을 때 2차 유기기전력이며 f_1은 1차 주파수이다.)

① $E_{2s} = sE_2$, $f_{2s} = sf_1$

② $E_{2s} = sE_2$, $f_{2s} = \dfrac{f_1}{s}$

③ $E_{2s} = \dfrac{E_2}{s}$, $f_{2s} = \dfrac{f_1}{s}$

④ $E_{2s} = (1-s)E_2$, $f_{2s} = (1-s)f_1$

풀이

회전자가 슬립 s로 회전하고 있는 경우에 2차 도체와 회전자계와의 상대 속도는

상대 속도 = 회전 자계 속도 – 회전자 속도

$\qquad = N_s - N = sN_s$ 가 된다.

$\left(\because s = \dfrac{N_s - N}{N_s} \right)$

즉, 회전자가 회전하고 있을 때의 상대속도는 회전자가 정지하고 있을 때의 s배가 되므로 2차 유도기전력 E_{2s} 및 2차 주파수 f_{2s}는

• $E_{2s} = sE_2$ • $f_{2s} = sf_1$ **답 ①**

문제 60 3300/220[V]의 단상 변압기 3대를 △–Y 결선하고 2차측 선간에 15[kW]의 단상 전열기를 접속하여 사용하고 있다. 결선을 △–△로 변경하는 경우 이 전열기의 소비전력은 몇 [kW]로 되는가?

① 5   ② 12   ③ 15   ④ 21

풀이

전력은 전압의 제곱에 비례($P \propto V^2$)한다.

지금 △–Y결선을 △–△결선으로 하면 부하에 인가되는 전압은 $\dfrac{1}{\sqrt{3}}$배가 되므로 전력은 $\left(\dfrac{1}{\sqrt{3}} \right)^2$이 된다.

$\therefore P = 15 \times \left(\dfrac{1}{\sqrt{3}} \right)^2 = 5[\text{kW}]$

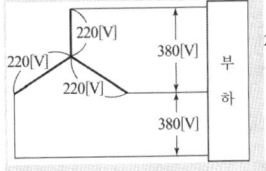
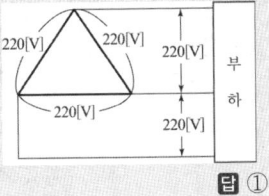

답 ①

제4과목 **회로이론 및 제어공학**

문제 61 블록선도와 같은 단위 피드백 제어시스템의 상태방정식은? (단, 상태변수는 $x_1(t) = c(t)$, $x_2(t) = \dfrac{d}{dt}c(t)$로 한다.)

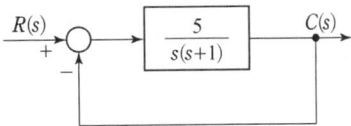

① $\dot{x_1}(t) = x_2(t)$
   $\dot{x_2}(t) = -5x_1(t) - x_2(t) + 5r(t)$

② $\dot{x_1}(t) = x_2(t)$
   $\dot{x_2}(t) = -5x_1(t) - x_2(t) - 5r(t)$

③ $\dot{x_1}(t) = -x_2(t)$
   $\dot{x_2}(t) = 5x_1(t) + x_2(t) - 5r(t)$

④ $\dot{x_1}(t) = -x_2(t)$
   $\dot{x_2}(t) = -5x_1(t) - x_2(t) + 5r(t)$

풀이

① 제어시스템의 전달함수

$G(s) = \dfrac{C(s)}{R(s)} = \dfrac{\dfrac{5}{s(s+1)}}{1 + \dfrac{5}{s(s+1)}} = \dfrac{5}{s^2 + s + 5}$

$s^2 C(s) + s C(s) + 5C(s) = 5R(s)$

② 초기조건 0으로 놓고 역라플라스 변환에 의한 미분방정식을 구한다.

$\dfrac{d^2 c(t)}{dt^2} + \dfrac{dc(t)}{dt} + 5c(t) = 5r(t)$

③ 2차 미분방정식이므로 2개의 상태변수 $x_1(t)$, $x_2(t)$를 선정한다.

$x_1(t) = c(t)$, $x_2(t) = \dfrac{dc(t)}{dt}$

④ 단계 ③의 상태변수를 양변 미분하고를 $x_i(t) = \dfrac{dx_i}{dt}$ 적용한다.

$\dfrac{dx_1(t)}{dt} = \dfrac{dc(t)}{dt} = \dot{x_1}$, $\dfrac{dx_2(t)}{dt} = \dfrac{d^2 c(t)}{dt^2} = \dot{x_2}$

⑤ 미분방정식에서 최고차항에 대해 나머지항을 우변으로 이항하여 정리한 후 상태 변수 $x_1(t)$, $x_2(t)$를 대입한다.

$$\frac{d^2c(t)}{dt^2} = -\frac{dc(t)}{dt} - 5c(t) + 5r(t)$$

$$\therefore \dot{x}_2 = -5x_1(t) - x_2(t) + 5r(t)$$

⑥ 상태방정식

$$\begin{cases} \dot{x}_1 = x_2(t) \\ \dot{x}_2 = -5x_1(t) - x_2(t) + 5r(t) \end{cases}$$

답 ①

문제 62 적분 시간 3[sec], 비례 감도가 3인 비례 적분동작을 하는 제어 요소가 있다. 이 제어 요소에 동작신호 $x(t) = 2t$를 주었을 때 조작량은 얼마인가? (단, 초기 조작량 $y(t)$는 0으로 한다.)

① $t^2 + 2t$ ② $t^2 + 4t$

③ $t^2 + 6t$ ④ $t^2 + 8t$

풀이

비례적분 동작(PI 동작)에서

• 조작량 : $x_{0(t)} = K_p \left(x_i(t) + \frac{1}{T_I} \int x_i(t)dt \right)$

(K_p : 비례감도, x_i : 동작 신호, x_0 : 조작량, T_I : 적분시간)

따라서, 조작량 $x_0(t) = 3 \left(2t + \frac{1}{3} \int 2t dt \right)$

$$= 6t + 3 \times \frac{2}{3} \times \frac{1}{2}t^2 = t^2 + 6t$$ 답 ③

문제 63 블록선도의 제어시스템은 단위 램프 입력에 대한 정상상태 오차(정상편차)가 0.01이다. 이 제어시스템의 제어요소인 $G_{C1}(s)$의 k는?

$$G_{C1}(s) = k, \quad G_{C2}(s) = \frac{1+0.1s}{1+0.2s}$$

$$G_P(s) = \frac{200}{s(s+1)(s+2)}$$

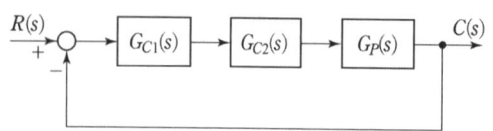

① 0.1   ② 1

③ 10   ④ 100

풀이

제어계에 **램프 입력**를 가했을 경우의 정상 편차를 정상 속도 **편차**라고 말한다.

속도 편차 상수 K_v

$$K_v = \lim_{s \to 0} s \cdot G(H)H(s)$$

$$= \lim_{s \to 0} s \cdot \frac{200k(1+0.1s)}{s(s+1)(s+2)(1+0.2s)} = \frac{200k}{2} = 100k$$

속도 편차 $e_{ssv} = \frac{1}{K_v} = \frac{1}{100k} = 0.01$에서

$$\therefore k = 1$$ 답 ②

문제 64 개루프 전달함수 $G(s)H(s)$로부터 근궤적을 작성할 때 실수축에서의 점근선의 교차점은?

$$G(s)H(s) = \frac{K(s-2)(s-3)}{s(s+1)(s+2)(s+4)}$$

① 2   ② 5   ③ −4   ④ −6

풀이

교차점 $\sigma = \dfrac{\sum 극점 - \sum 영점}{p - z}$에서

극점의 수 $p = 4$, 영점의 수 $z = 2$

영점 : 2, 3

극점 : 0, −1, −2, −4

교차점 $\sigma = \dfrac{(-1-2-4)-(2+3)}{4-2} = \dfrac{-12}{2} = -6$ 답 ④

문제 65 2차 제어시스템의 감쇠율(damping ratio, ζ)이 $\zeta < 0$인 경우 제어시스템의 과도응답 특성은?

① 발산   ② 무제동

③ 임계제동   ④ 과제동

풀이

감쇠율	
$\zeta < 0$	발 산
$\zeta = 0$	무제동
$0 < \zeta < 1$	부족제동
$\zeta = 1$	임계제동
$\zeta > 1$	과제동

답 ①

문제 66 특성 방정식이

$2s^4 + 10s^3 + 11s^2 + 5s + K = 0$으로 주어진 제어 시스템이 안정하기 위한 조건은?

① $0 < K < 2$ ② $0 < K < 5$

③ $0 < K < 6$ ④ $0 < K < 10$

풀이

루드의 표는

s^4	2	11	K
s^3	10	5	
s^2	$\dfrac{(10 \times 11) - (2 \times 5)}{10} = 10$	K	
s^1	$\dfrac{(10 \times 5) - 10K}{10}$		
s^0	K		

제1열의 부호 변화가 없어야 안정하므로

$5 - K > 0$, $5 > K$, $K > 0$

$\therefore \ 0 < K < 5$ **답** ②

문제 67 블록선도의 전달함수 $\left(\dfrac{C(s)}{R(s)} \right)$는?

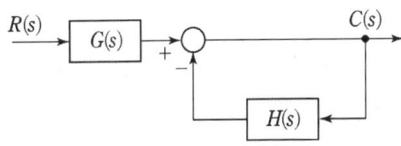

① $\dfrac{G(s)}{1 + H(s)}$ ② $\dfrac{G(s)}{1 + G(s)H(s)}$

③ $\dfrac{1}{1 + H(s)}$ ④ $\dfrac{1}{1 + G(s)H(s)}$

풀이

$C(s) = R(s)G(s) - C(s)H(s)$

$C(s)\{1 + H(s)\} = R(s)G(s)$

$\therefore \ \dfrac{C(s)}{R(s)} = \dfrac{G(s)}{1 + H(s)}$ **답** ①

문제 68 신호흐름선도에서 전달함수 $\left(\dfrac{C(s)}{R(s)} \right)$는?

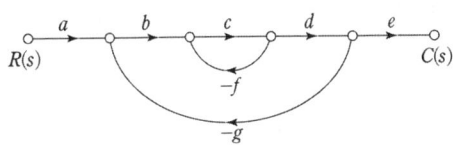

① $\dfrac{abcde}{1 - cg - bcdg}$ ② $\dfrac{abcde}{1 - cf + bcdg}$

③ $\dfrac{abcde}{1 + cf - bcdg}$ ④ $\dfrac{abcde}{1 + cf + bcdg}$

풀이

- 전향경로 이득 : $abcde$
- 루프이득 : $-cf, \ -bcdg$
- $G(s) = \dfrac{\sum 전향 경로 이득}{1 - \sum 루프이득} = \dfrac{abcde}{1 + cf + bcdg}$ **답** ④

문제 69 $e(t)$의 z변환을 $E(z)$라고 했을 때 $e(t)$의 최종값 $e(\infty)$은?

① $\displaystyle\lim_{z \to 1} E(z)$ ② $\displaystyle\lim_{z \to \infty} E(z)$

③ $\displaystyle\lim_{z \to 1} (1 - z^{-1})E(z)$ ④ $\displaystyle\lim_{z \to \infty} (1 - z^{-1})E(z)$

풀이

항 목	초기값 정리	최종값 정리
z 변환	$e(0) = \displaystyle\lim_{z \to \infty} E(z)$	$e(\infty) = \displaystyle\lim_{z \to 1}\left(1 - \dfrac{1}{z}\right)E(z)$
라플라스 변환	$e(0) = \displaystyle\lim_{s \to \infty} sE(s)$	$e(\infty) = \displaystyle\lim_{s \to 0} sE(s)$

답 ③

문제 70 $\overline{A} + \overline{B} \cdot C$와 등가인 논리식은?

① $\overline{A \cdot (B + C)}$ ② $\overline{A + B \cdot C}$

③ $\overline{A \cdot B + C}$ ④ $\overline{A \cdot B} + C$

풀이

드 모르간의 정리에 의해

$\overline{A} + \overline{B} \cdot C = \overline{A} + \overline{(B + C)} = \overline{A(B + C)}$

일반화된 드 모르간의 정리

- $\overline{(X_1 + X_2)} = \overline{X_1} \cdot \overline{X_2}$ - $\overline{(X_1 \cdot X_2)} = \overline{X_1} + \overline{X_2}$ **답** ①

문제 71 $F(s) = \dfrac{2s^2 + s - 3}{s(s^2 + 4s + 3)}$의 라플라스 역변환은?

① $1 - e^{-t} + 2e^{-3t}$ ② $1 - e^{-t} - 2e^{-3t}$

③ $-1 - e^{-t} - 2e^{-3t}$ ④ $-1 + e^{-t} + 2e^{-3t}$

풀이

$$F(s) = \frac{2s^2+s-3}{s(s^2+4s+3)} = \frac{2s^2+s-3}{s(s+1)(s+3)}$$

$$= \frac{k_1}{s} + \frac{k_2}{s+1} + \frac{k_3}{s+3}$$

$$k_1 = \lim_{s \to 0} s\,F(s) = \left[\frac{2s^2+s-3}{(s+1)(s+3)}\right]_{s=0} = -1$$

$$k_2 = \lim_{s \to -1}(s+1)F(s) = \left[\frac{2s^2+s-3}{s(s+3)}\right]_{s=-1} = 1$$

$$k_3 = \lim_{s \to -3}(s+3)F(s) = \left[\frac{2s^2+s-3}{s(s+1)}\right]_{s=-3} = 2$$

$$F(s) = \frac{-1}{s} + \frac{1}{s+1} + \frac{2}{s+3}$$

$$\therefore f(t) = \pounds^{-1}[F(s)] = -1 + e^{-t} + 2e^{-3t}$$

답 ④

참고 기본함수의 라플라스 변환

	$f(t)$	$F(s)$
1	$\delta(t)$	1
2	$u(t)$	$\dfrac{1}{s}$
3	t	$\dfrac{1}{s^2}$
4	t^n	$\dfrac{n!}{s^{n+1}}$
5	e^{-at}	$\dfrac{1}{s+a}$
6	$t\,e^{-at}$	$\dfrac{1}{(s+a)^2}$
7	$t^n e^{-at}$	$\dfrac{n!}{(s+a)^{n+1}}$

문제 72 전압 및 전류가 다음과 같을 때 유효전력 [W] 및 역률[%]은 각각 약 얼마인가?

$$v(t) = 100\sin\omega t - 50\sin(3\omega t + 30°)$$
$$\qquad + 20\sin(5\omega t + 45°)[\text{V}]$$
$$i(t) = 20\sin(\omega t + 30°) + 10\sin(3\omega t - 30°)$$
$$\qquad + 5\cos 5\omega t[\text{A}]$$

① 825[W], 48.6[%]
② 776.4[W], 59.7[%]
③ 1120[W], 77.4[%]
④ 1850[W], 89.6[%]

풀이

주파수가 다른 전압과 전류 사이의 전력은 영(0)이다.
따라서, $P = V_1 I_1 \cos\theta_1 + V_3 I_3 \cos\theta_3 + V_5 I_5 \cos\theta_5$

$$= \frac{100}{\sqrt{2}} \cdot \frac{20}{\sqrt{2}}\cos30° - \frac{50}{\sqrt{2}} \cdot \frac{10}{\sqrt{2}}\cos60°$$

$$\quad + \frac{20}{\sqrt{2}} \cdot \frac{5}{\sqrt{2}}\cos45°$$

$$= \frac{2000}{2} \cdot \frac{\sqrt{3}}{2} - \frac{500}{2} \cdot \frac{1}{2} + \frac{100}{2} \cdot \frac{1}{\sqrt{2}}$$

$$= 776.38[\text{W}]$$

답 ②

참고 $\cos5\omega t = \sin(5\omega t + 90°)$

• 피상전력

$$P_a = \sqrt{V_1^2 + V_3^2 + V_5^2} \times \sqrt{I_1^2 + I_3^2 + I_5^2}$$

$$= \sqrt{\frac{100^2}{2} + \frac{50^2}{2} + \frac{20^2}{2}} \times \sqrt{\frac{20^2}{2} + \frac{10^2}{2} + \frac{5^2}{2}}$$

$$= 1301.2[\text{VA}]$$

따라서, 역률 $\cos\theta = \dfrac{P}{P_a} \times 100 = \dfrac{776.38}{1301.2} \times 100 = 59.67[\%]$

문제 73 회로에서 $t = 0$초일 때 닫혀 있는 스위치 S를 열었다. 이때 $\dfrac{dv(0^+)}{dt}$의 값은? (단, C의 초기 전압은 0[V]이다.)

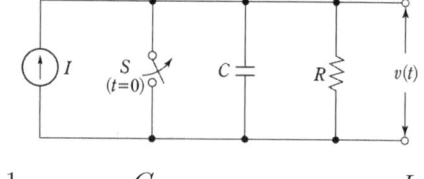

① $\dfrac{1}{RI}$ ② $\dfrac{C}{I}$ ③ RI ④ $\dfrac{I}{C}$

풀이

커패시터에서 전류 $i(t)$와 전압 $v(t)$의 관계식에서 초기조건 $t = 0^+$를 적용하면

$$i(t) = C\frac{dv(t)}{dt}, \quad i(0^+) = C\frac{dv(0^+)}{dt}$$

스위치가 닫혀있는 상태에서는 커패시터에 전류가 흐르지 않지만 스위치를 여는 순간 커패시터는 단락 상태가 되어 R에는 전류가 흐르지 않고 커패시터 C에만 전류가 모두 흐른다. 즉, $i(0^+) = I$가 된다.

그러므로 $i(0^+) = C\dfrac{dv(0^+)}{dt}$에서

$$I = C\frac{dv(0^+)}{dt} \quad \therefore \frac{dv(0^+)}{dt} = \frac{I}{C}$$

답 ④

문제 74 △결선된 대칭 3상 부하가 0.5[Ω]인 저항만의 선로를 통해 평형 3상 전압원에 연결되어 있다. 이 부하의 소비전력이 1800[W]이고 역률이 0.8(지상)일 때, 선로에서 발생하는 손실이 50[W]이면 부하의 단자전압[V]의 크기는?

① 627   ② 525

③ 326   ④ 225

풀이

선로손실 $P_l = 3I^2R$ [W]에서

선로에 흐르는 전류

$$I = \sqrt{\frac{P_l}{3R}} = \sqrt{\frac{50}{3 \times 0.5}} = \sqrt{\frac{100}{3}} \text{ [A]}$$

소비전력 $P = \sqrt{3} VI\cos\theta$ 에서

부하단자 전압

$$V = \frac{P}{\sqrt{3} I\cos\theta} = \frac{1800}{\sqrt{3} \times \sqrt{\frac{100}{3}} \times 0.8} = 225 \text{[V]}$$ **답** ④

문제 75 그림과 같이 △회로를 Y회로로 등가 변환하였을 때 임피던스 Z_a[Ω]는?

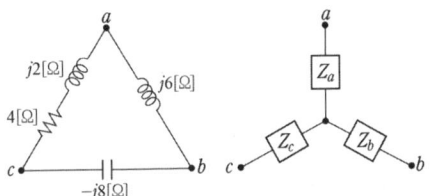

① 12   ② $-3 + j6$

③ $4 - j8$ ④ $6 + j8$

풀이

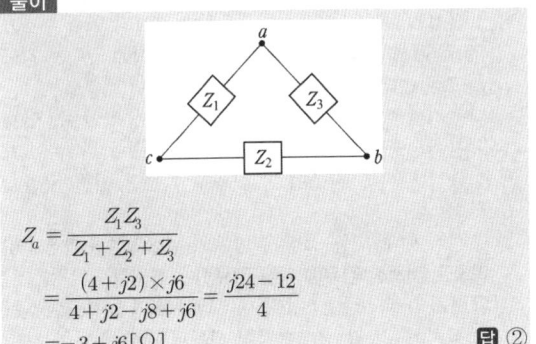

$$Z_a = \frac{Z_1 Z_3}{Z_1 + Z_2 + Z_3}$$

$$= \frac{(4 + j2) \times j6}{4 + j2 - j8 + j6} = \frac{j24 - 12}{4}$$

$$= -3 + j6 \text{[Ω]}$$ **답** ②

문제 76 그림과 같은 H형의 4단자 회로망에서 4단자정수(전송 파라미터) A는? (단, V_1은 입력전압이고, V_2는 출력전압이고, A는 출력 개방 시 회로망의 전압이득$\left(\dfrac{V_1}{V_2}\right)$이다.)

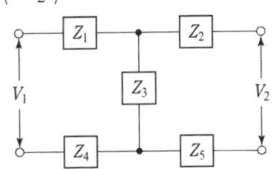

① $\dfrac{Z_1 + Z_2 + Z_3}{Z_3}$ ② $\dfrac{Z_1 + Z_3 + Z_4}{Z_3}$

③ $\dfrac{Z_2 + Z_3 + Z_5}{Z_3}$ ④ $\dfrac{Z_3 + Z_4 + Z_5}{Z_3}$

풀이

$$A = \frac{V_1}{V_2}\bigg|_{I_2=0} \text{ 에서}$$

$$A = \frac{V_1}{\dfrac{Z_3}{Z_1 + Z_3 + Z_4} \times V_1} = \frac{Z_1 + Z_3 + Z_4}{Z_3}$$ **답** ②

문제 77 특성 임피던스가 400[Ω]인 회로 말단에 1200[Ω]의 부하가 연결되어 있다. 전원 측에 20[kV]의 전압을 인가할 때 반사파의 크기[kV]는? (단, 선로에서의 전압 감쇠는 없는 것으로 간주한다.)

① 3.3   ② 5

③ 10   ④ 33

풀이

• 전압진행파의 반사 계수 $= \dfrac{Z_2 - Z_1}{Z_2 + Z_1}$

• 전압진행파의 투과 계수 $= \dfrac{2Z_2}{Z_2 + Z_1}$

여기서, $Z_1 = 400$[Ω], $Z_2 = 1200$[Ω] 이므로

전압진행파의 반사계수

$$\rho = \frac{Z_2 - Z_1}{Z_2 + Z_1} = \frac{1200 - 400}{1200 + 400} = 0.5$$

따라서, 반사 전압이 전원측 전압의 0.5배이므로

반사전압 $= 0.5 \times 20 = 10$ [kV] **답** ③

문제 78 회로에서 전압 V_{ab}[V]는?

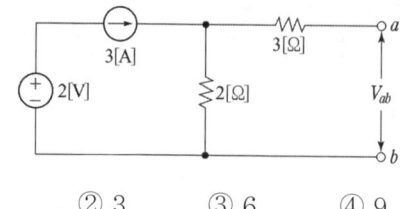

① 2 　　② 3 　　③ 6 　　④ 9

풀이
- 전압원만 존재할 때 a, b단자간의 전압(**전류원은 개방**)
  $V_{ab} = 0$ (전류원을 개방하므로 회로가 개방됨)
- 전류원만 존재할 때 a, b단자간의 전압(**전압원은 단락**)
  $V_{ab} = 3 \times 2 = 6$[V](3[A] 전류는 2[Ω]의 저항에만 흐른다.)
  따라서, a, b 단자의 전압 $V_{ab} = 6$[V]가 된다. **답** ③

문제 79 △결선된 평형 3상 부하로 흐르는 선전류가 I_a, I_b, I_c 일 때, 이 부하로 흐르는 영상분 전류 I_0[A]는?

① $3I_a$ 　　② I_a 　　③ $\frac{1}{3}I_a$ 　　④ 0

풀이
영상전류 $I_0 = \frac{1}{3}(I_a + I_b + I_c)$에서 **△결선(중성점 비접지식)**에서 $I_a + I_b + I_c = 0$ 이므로 영상전류 $I_0 = 0$이 된다.
답 ④

문제 80 저항 $R = 15$[Ω]과 인덕턴스 $L = 3$[mH]를 병렬로 접속한 회로의 서셉턴스의 크기는 약 몇 [℧]인가? (단, $\omega = 2\pi \times 10^5$)

① 3.2×10^{-2} 　　② 8.6×10^{-3}
③ 5.3×10^{-4} 　　④ 4.9×10^{-5}

풀이
$$Y = \frac{1}{R} + \frac{1}{j\omega L} = \frac{1}{15} + \frac{1}{j2\pi \times 10^5 \times 3 \times 10^{-3}}$$
$$= 0.07 - j5.31 \times 10^{-4} = G - jB$$
따라서 서셉턴스 $B = 5.31 \times 10^{-4}$이다. **답** ③

제5과목 **전기설비 기술기준**

문제 81 전기철도차량에 전력을 공급하는 전차선의 가선방식에 포함되지 않는 것은?
① 가공방식 　　② 강체방식
③ 제3레일방식 　　④ 지중조가선방식

풀이
431.1 전차선 가선방식
전차선의 가선방식은 열차의 속도 및 노반의 형태, 부하전류 특성에 따라 적합한 방식을 채택하여야 하며, **가공방식, 강체방식, 제3레일방식**을 표준으로 한다. **답** ④

문제 82 수소냉각식 발전기 및 이에 부속하는 수소냉각장치에 대한 시설기준으로 틀린 것은?
① 발전기 내부의 수소의 온도를 계측하는 장치를 시설할 것
② 발전기 내부의 수소의 순도가 70[%] 이하로 저하한 경우에 경보를 하는 장치를 시설할 것
③ 발전기는 기밀구조의 것이고 또한 수소가 대기압에서 폭발하는 경우에 생기는 압력에 견디는 강도를 가지는 것일 것
④ 발전기 내부의 수소의 압력을 계측하는 장치 및 그 압력이 현저히 변동한 경우에 이를 경보하는 장치를 시설할 것

풀이
351.10 수소냉각식 발전기 등의 시설
수소냉각식의 발전기 · 조상기 또는 이에 부속하는 수소냉각 장치는 다음 각 호에 따라 시설하여야 한다.
가. 발전기 또는 조상기는 기밀구조의 것이고 또한 **수소가 대기압에서 폭발하는 경우에 생기는 압력에 견디는 강도**를 가지는 것일 것
나. 발전기축의 밀봉부에는 질소 가스를 봉입할 수 있는 장치 또는 발전기 축의 밀봉부로부터 누설된 수소 가스를 안전하게 외부에 방출할 수 있는 장치를 시설할 것.
다. 발전기 내부 또는 조상기 내부의 **수소의 순도가 85[%] 이하로 저하한 경우에 이를 경보하는 장치**를 시설할 것.
라. 발전기 내부 또는 조상기 내부의 **수소의 압력을 계측하는 장치** 및 그 압력이 현저히 변동한 경우에 이를 경보하는 장치를 시설할 것.

마. 발전기 내부 또는 조상기 내부의 **수소의 온도를 계측하는 장치**를 시설할 것.

바. 발전기 내부 또는 조상기 내부로 수소를 안전하게 도입할 수 있는 장치 및 발전기안 또는 조상기안의 수소를 안전하게 외부로 방출할 수 있는 장치를 시설할 것.

사. 발전기 또는 조상기에 붙인 유리제의 점검 창 등은 쉽게 파손되지 아니하는 구조로 되어 있을 것.　**답** ②

문제 83 저압전로의 보호도체 및 중성선의 접속방식에 따른 접지계통의 분류가 아닌 것은?

① IT 계통　　　　② TN 계통
③ TT 계통　　　　④ TC 계통

풀이
203.1 계통접지 구성
1. 저압전로의 보호도체 및 중성선의 접속 방식에 따라 **접지계통은 다음과 같이 분류**한다.
　가. TN 계통　　나. TT 계통　　다. IT 계통
2. 계통접지에서 사용되는 문자의 정의는 다음과 같다.
　가. 제1문자 – 전원계통과 대지의 관계
　　T : 한 점을 대지에 직접 접속
　　I : 모든 충전부를 대지와 절연시키거나 높은 임피던스를 통하여 한 점을 대지에 직접 접속
　나. 제2문자 – 전기설비의 노출도전부와 대지의 관계
　　T : 노출도전부를 대지로 직접 접속. 전원계통의 접지와는 무관
　　N : 노출도전부를 전원계통의 접지점(교류 계통에서는 통상적으로 중성점, 중성점이 없을 경우는 선도체)에 직접 접속
　다. 그 다음 문자(문자가 있을 경우) – 중성선과 보호도체의 배치
　　S : 중성선 또는 접지된 선도체 외에 별도의 도체에 의해 제공되는 보호 기능
　　C : 중성선과 보호 기능을 한 개의 도체로 겸용 (PEN 도체)　**답** ④

문제 84 교통신호등 회로의 사용전압이 몇 [V]를 넘는 경우는 전로에 지락이 생겼을 경우 자동적으로 전로를 차단하는 누전차단기를 시설하는가?

① 60　　　　② 150
③ 300　　　　④ 450

풀이
234.15.4 누전차단기
교통신호등 회로의 **사용전압이 150[V]를 넘는 경우는 전로에**

지락이 생겼을 경우 자동적으로 전로를 차단하는 누전차단기를 시설할 것.　**답** ②

문제 85 터널 안의 전선로의 저압전선이 그 터널 안의 다른 저압전선(관등회로의 배선은 제외한다.) · 약전류전선 등 또는 수관 · 가스관이나 이와 유사한 것과 접근하거나 교차하는 경우, 저압전선을 애자공사에 의하여 시설하는 때에는 이격거리가 몇 [cm] 이상이어야 하는가? (단, 전선이 나전선이 아닌 경우이다.)

① 10　　② 15　　③ 20　　④ 25

풀이
335.2 터널 안 전선로의 전선과 약전류전선 등 또는 관 사이의 이격거리
터널 안의 전선로의 저압전선이 그 터널 안의 다른 저압전선(관등회로의 배선은 제외한다.) · 약전류전선 등 또는 수관 · 가스관이나 이와 유사한 것과 접근하거나 교차하는 경우, **저압전선을 애자공사에 의하여 시설하는 때에는 이격거리가 0.1 [m](나전선인 경우에는 0.3 [m]) 이상**이어야 한다.　**답** ①

문제 86 개정된 KEC에 따라 삭제된 문제임.

문제 87 사용전압이 154[kV]인 모선에 접속되는 전력용 커패시터에 울타리를 시설하는 경우 울타리의 높이와 울타리로부터 충전부분까지 거리의 합계는 몇 [m] 이상 되어야 하는가?

① 2　　② 3　　③ 5　　④ 6

풀이
351.1 발전소 등의 울타리 · 담 등의 시설

사용전압의 구분	울타리 · 담 등의 높이와 울타리 · 담 등으로부터 충전 부분까지의 거리의 합계
35 [kV] 이하	5 [m]
35 [kV] 초과 160 [kV] 이하	6 [m]
160 [kV] 초과	• 거리 = 6 + 단수 × 0.12 [m] • 단수 = $\dfrac{\text{사용전압 [kV]} - 160}{10}$ 단수 계산에서 소수점 이하는 절상

답 ④

문제 88 태양광설비에 시설하여야 하는 계측기의 계측대상에 해당하는 것은?

① 전압과 전류　　② 전력과 역률
③ 전류와 역률　　④ 역률과 주파수

풀이

522.3.6 태양광설비의 계측장치

태양광설비에는 **전압과 전류 또는 전압과 전력을 계측하는 장치를 시설하여야 한다.** 답 ①

문제 89 전선의 단면적이 38[mm²]인 경동연선을 사용하고 지지물로는 B종 철주 또는 B종 철근 콘크리트주를 사용하는 특고압 가공전선로를 제3종 특고압 보안공사에 의하여 시설하는 경우 경간은 몇 [m] 이하이어야 하는가?

① 100　　② 150　　③ 200　　④ 250

풀이

333.22 특고압 보안공사

제3종 특고압 보안공사는 다음에 따라야 한다.
가. 특고압 가공전선은 연선일 것.
나. 경간은 표에서 정한 값 이하일 것.

지지물의 종류	제3종 특고압 보안공사	전선의 굵기에 따른 경간	
목주·A종 철주 또는 A종 철근 콘크리트주	100[m]	인장강도14.51[kN] 이상 또는 38[mm²] 이상인 경동연선	150[m]
B종 철주 또는 B종 철근 콘크리트주	200[m]	인장강도 21.67[kN] 이상 또는 55[mm²] 이상인 경동연선	250[m]
철 탑	400[m] (단주인 경우에는 300[m])		600[m]이하 (단주인 경우에는 400[m])

답 ③

문제 90 저압 전로에서 정전이 어려운 경우 등 절연저항 측정이 곤란한 경우 저항성분의 누설전류가 몇 [mA] 이하이면 그 전로의 절연성능은 적합한 것으로 보는가?

① 1　　　　　　② 2
③ 3　　　　　　④ 4

풀이

132 전로의 절연저항 및 절연내력

가. 사용전압이 저압인 전로에서 **정전이 어려운 경우** 등 절연저항 측정이 곤란한 경우에는 **누설전류를 1[mA] 이하로 유지**하여야 한다.
나. 고압 및 특고압의 전로는 규정된 시험전압을 전로와 대지 사이(다심케이블은 심선 상호 간 및 심선과 대지 사이)에 연속하여 10분간 가하여 절연내력을 시험하였을 때에 이에 견디어야 한다. 답 ①

문제 91 금속제 가요전선관 공사에 의한 저압 옥내 배선의 시설기준으로 틀린 것은?

① 가요전선관 안에는 전선에 접속점이 없도록 한다.
② 옥외용 비닐절연전선을 제외한 절연전선을 사용한다.
③ 점검할 수 없는 은폐된 장소에는 1종 가요전선관을 사용할 수 있다.
④ 2종 금속제 가요전선관을 사용하는 경우에 습기 많은 장소에 시설하는 때에는 비닐피복 2종 가요전선관으로 한다.

풀이

232.13 금속제 가요전선관공사

가. 전선은 절연전선(옥외용 비닐 절연전선을 제외한다)일 것.
나. 전선은 연선일 것. 다만, 단면적 10[mm²](알루미늄선은 단면적 16[mm²]) 이하인 것은 그러하지 아니하다.
다. 가요전선관 안에는 전선에 접속점이 없도록 할 것.
라. **가요전선관은 2종 금속제 가요전선관일 것.** 답 ③

문제 92 "리플프리(Ripple-free)직류"란 교류를 직류로 변환할 때 리플성분의 실효값이 몇 [%] 이하로 포함된 직류를 말하는가?

① 3　　　　② 5　　　　③ 10　　　　④ 15

풀이

112 용어정의

"리플프리(Ripple-free) 직류"란 교류를 직류로 변환할 때 리플성분의 **실효값이 10[%] 이하로 포함된 직류**를 말한다. 답 ③

문제 93 사용전압이 22.9[kV]인 가공전선로를 시가지에 시설하는 경우 전선의 지표상 높이는 몇 [m] 이상인가? (단, 전선은 특고압 절연전선을 사용한다.)

① 6 　　② 7 　　③ 8 　　④ 10

풀이

333.1 시가지 등에서 특고압 가공전선로의 시설

사용전압의 구분	지표상의 높이
35 [kV] 이하	10 [m] (전선이 특고압 절연전선인 경우에는 8 [m])
35 [kV] 초과	10[m]에 35[kV]를 초과하는 10[kV] 또는 그 단수마다 12[cm]를 더한 값

답 ③

문제 94 가공전선로의 지지물에 시설하는 지선으로 연선을 사용할 경우, 소선(素線)은 몇 가닥 이상이어야 하는가?

① 2 　　② 3 　　③ 5 　　④ 9

풀이

331.11 지선의 시설
가. 가공전선로의 지지물로 사용하는 철탑은 지선을 사용하여 그 강도를 분담시켜서는 안 된다.
나. 지선의 안전율은 2.5 이상일 것. 이 경우에 허용 인장하중의 최저는 4.31[kN]으로 한다.
다. 지선에 연선을 사용할 경우에는 다음에 의할 것.
　① **소선 3가닥 이상의 연선일 것.**
　② 소선의 지름이 2.6[mm] 이상의 금속선을 사용한 것일 것.
라. 지중부분 및 지표상 0.3[m]까지의 부분에는 내식성이 있는 것 또는 아연도금을 한 철봉을 사용하고 쉽게 부식되지 않는 근가에 견고하게 붙일 것.
마. 도로를 횡단하여 시설하는 지선의 높이는 지표상 5[m] 이상으로 하여야 한다. 　**답** ②

문제 95 다음 ( )에 들어갈 내용으로 옳은 것은?

지중전선로는 기설 지중약전류전선로에 대하여 (ⓐ) 또는 (ⓑ)에 의하여 통신상의 장해를 주지 않도록 기설 약전류전선로로부터 충분히 이격시키거나 기타 적당한 방법으로 시설하여야 한다.

① ⓐ 누설전류, ⓑ 유도작용
② ⓐ 단락전류, ⓑ 유도작용

③ ⓐ 단락전류, ⓑ 정전작용
④ ⓐ 누설전류, ⓑ 정전작용

풀이

334.5 지중약전류전선의 유도장해 방지
지중전선로는 기설 지중약전류전선로에 대하여 **누설전류 또는 유도작용에 의하여 통신상의 장해를 주지 않도록** 기설 약전류전선로로부터 충분히 이격시키거나 기타 적당한 방법으로 시설하여야 한다. 　**답** ①

문제 96 사용전압이 22.9[kV]인 가공전선로의 다중접지한 중성선과 첨가 통신선의 이격거리는 몇 [cm] 이상이어야 하는가? (단, 특고압 가공전선로는 중성선 다중접지식의 것으로 전로에 지락이 생긴 경우 2초 이내에 자동적으로 이를 전로로부터 차단하는 장치가 되어 있는 것으로 한다.)

① 60 　　② 75 　　③ 100 　　④ 120

풀이

362.2 전력보안통신선의 시설 높이와 이격거리
가. 통신선은 가공전선의 아래에 시설할 것.
나. 이격거리

가공전선		통신선		
		일반	절연전선	광섬유 케이블
중성선	25[kV] 이하, 다중접지중성선	0.6[m] 이상		
저압 가공전선	일반	0.6[m] 이상		
	절연전선 또는 케이블		0.3[m] 이상	
	인입선			0.15[m] 이상
고압 가공전선	일반	0.6[m] 이상		
	케이블		0.3[m] 이상	
특고압 가공전선	일반	1.2[m] 이상		
	케이블		0.3[m] 이상	
	25[kV] 이하, 다중 접지방식	0.75[m] 이상		

답 ①

문제 97 사용전압 22.9[kV]인 가공전선이 삭도와 제1차 접근상태로 시설되는 경우, 가공전선과 삭도 또는 삭도용 지주 사이의 이격거리는 몇 [m] 이상으로 하여야 하는가? (단, 전선으로는 특고압 절연전선을 사용한다.)

① 0.5 　　② 1 　　③ 2 　　④ 2.12

풀이

333.25 특고압 가공전선과 삭도의 접근 또는 교차
특고압 가공전선이 삭도와 제1차 접근상태로 시설되는 경우에는 다음에 따라야 한다.
가. 특고압 가공전선로는 제3종 특고압 보안공사에 의할 것.
나. 특고압 가공전선과 삭도 또는 삭도용 지주 사이의 이격거리는 표에서 정한 값 이상일 것.

사용전압	전선의 종류	이격거리
35 [kV] 이하	표 준	2 [m]
	특고압 절연전선 사용	**1 [m]**
	케이블	0.5 [m]
35 [kV] 초과 60 [kV] 이하		2 [m]
60 [kV] 초과	• 이격거리 $= 2 + $ 단수$\times 0.12$ [m] • 단수 $= \dfrac{(전압\,[kV]-60)}{10}$ 단수 계산에서 소수점 이하는 절상	

답 ②

문제 98 저압 옥내배선에 사용하는 연동선의 최소 굵기는 몇 [mm²]인가?

① 1.5   ② 2.5   ③ 4.0   ④ 6.0

풀이

231.3 저압 옥내배선의 사용전선
가. **저압 옥내배선의 전선 : 단면적 2.5[mm²] 이상의 연동선**
나. 옥내배선의 사용 전압이 400[V] 이하인 경우는 다음에 의하여 시설할 수 있다.
　① 전광표시 장치 또는 제어 회로
　　• 단면적 1.5[mm²] 이상의 연동선
　　• 단면적 0.75[mm²] 이상인 다심케이블 또는 다심 캡타이어 케이블을 사용하고 또한 과전류가 생겼을 때에 자동적으로 전로에서 차단하는 장치를 시설
　② 진열장 또는 이와 유사한 것의 내부 배선 : 단면적 0.75[mm²] 이상인 코드 또는 캡타이어케이블

답 ②

문제 99 전격살충기의 전격격자는 지표 또는 바닥에서 몇 [m] 이상의 높은 곳에 시설하여야 하는가?

① 1.5   ② 2   ③ 2.8   ④ 3.5

풀이

241.7 전격살충기
전격살충기는 다음에 의하여 시설하여야 한다.

가. 전격살충기의 **전격격자는 지표 또는 바닥에서 3.5[m] 이상**의 높은 곳에 시설할 것. 다만, 2차측 개방 전압이 7[kV] 이하의 절연변압기를 사용하고 보호격자에 사람이 접촉될 경우 절연변압기의 1차측 전로를 자동적으로 차단하는 보호장치를 시설한 것은 지표 또는 바닥에서 1.8[m]까지 감할 수 있다.
나. 전격살충기의 전격격자와 다른 시설물(가공전선은 제외한다) 또는 식물과의 이격거리는 0.3[m] 이상일 것.

답 ④

문제 100 전기철도의 설비를 보호하기 위해 시설하는 피뢰기의 시설기준으로 틀린 것은?

① 피뢰기는 변전소 인입측 및 급전선 인출측에 설치하여야 한다.
② 피뢰기는 가능한 한 보호하는 기기와 가깝게 시설하되 누설전류 측정이 용이하도록 지지대와 절연하여 설치한다.
③ 피뢰기는 개방형을 사용하고 유효보호거리를 증가시키기 위하여 방전개시전압 및 제한전압이 낮은 것을 사용한다.
④ 피뢰기는 가공전선과 직접 접속하는 지중케이블에서 낙뢰에 의해 절연파괴의 우려가 있는 케이블 단말에 설치하여야 한다.

풀이

451.3 피뢰기 설치장소
1. 다음의 장소에 피뢰기를 설치하여야 한다.
　가. 변전소 인입측 및 급전선 인출측
　나. 가공전선과 직접 접속하는 지중케이블에서 낙뢰에 의해 절연파괴의 우려가 있는 케이블 단말
2. 피뢰기는 가능한 한 보호하는 기기와 가깝게 시설하되 누설전류 측정이 용이하도록 지지대와 절연하여 설치한다.

451.4 피뢰기의 선정
피뢰기는 다음의 조건을 고려하여 선정한다.
1. **피뢰기는 밀봉형을 사용**하고 유효 보호거리를 증가시키기 위하여 방전개시전압 및 제한전압이 낮은 것을 사용한다.
2. 유도뢰서지에 대하여 2선 또는 3선의 피뢰기 동시동작이 우려되는 변전소 근처의 단락 전류가 큰 장소에는 속류차단능력이 크고 또한 차단성능이 회로조건의 영향을 받을 우려가 적은 것을 사용한다.

답 ③

국가기술자격검정 필기시험 문제

2021년도 전기기사 일반검정 제2회				수검 번호	성 명
자격종목 및 등급(선택분야)	종목코드	시험시간	문제지형별		
전기기사	1150	2시간 30분	A		

제1과목 **전기자기학**

문제 01 두 종류의 유전율(ϵ_1, ϵ_2)을 가진 유전체가 서로 접하고 있는 경계면에 진전하가 존재하지 않을 때 성립하는 경계조건으로 옳은 것은? (단, E_1, E_2는 각 유전체에서의 전계이고, D_1, D_2는 각 유전체에서의 전속밀도 이고, θ_1, θ_2는 각각 경계면의 법선 벡터와 E_1, E_2가 이루는 각이다.)

① $E_1\cos\theta_1 = E_2\cos\theta_2$,

$D_1\sin\theta_1 = D_2\sin\theta_2$, $\dfrac{\tan\theta_1}{\tan\theta_2} = \dfrac{\epsilon_2}{\epsilon_1}$

② $E_1\cos\theta_1 = E_2\cos\theta_2$,

$D_1\sin\theta_1 = D_2\sin\theta_2$, $\dfrac{\tan\theta_1}{\tan\theta_2} = \dfrac{\epsilon_1}{\epsilon_2}$

③ $E_1\sin\theta_1 = E_2\sin\theta_2$,

$D_1\cos\theta_1 = D_2\cos\theta_2$, $\dfrac{\tan\theta_1}{\tan\theta_2} = \dfrac{\epsilon_2}{\epsilon_1}$

④ $E_1\sin\theta_1 = E_2\sin\theta_2$,

$D_1\cos\theta_1 = D_2\cos\theta_2$, $\dfrac{\tan\theta_1}{\tan\theta_2} = \dfrac{\epsilon_1}{\epsilon_2}$

풀이

경계조건

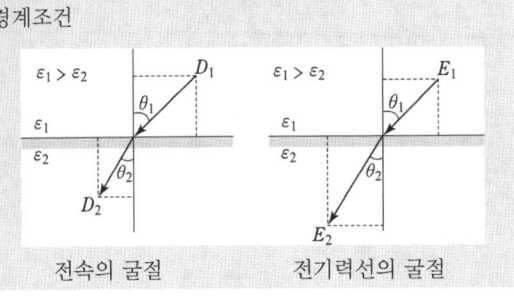

전속의 굴절   전기력선의 굴절

- 전속밀도의 법선성분(수직성분)이 같다. ($D_1\cos\theta_1 = D_2\cos\theta_2$)
- 전계는 접선성분(평행성분)이 같다. ($E_1\sin\theta_1 = E_2\sin\theta_2$)
- 두 경계면에서의 전위는 서로 같다. ($V_1 = V_2$)
- $\epsilon_1 > \epsilon_2$이면, $\theta_1 > \theta_2$이다.
- $\dfrac{\tan\theta_1}{\tan\theta_2} = \dfrac{\epsilon_1}{\epsilon_2}$

답 ④

문제 02 공기 중에서 반지름 0.03[m]의 구도체에 줄 수 있는 최대 전하는 약 몇 [C]인가? (단, 이 구도체의 주위 공기에 대한 절연내력은 5×10^6[V/m] 이다.)

① 5×10^{-7} ② 2×10^{-6}

③ 5×10^{-5} ④ 2×10^{-4}

풀이

반지름 a인 구도체의 정전용량 $C = 4\pi\epsilon_0 a$[F]이므로 전하량 $Q = CV$[C]에서

$(\because V = aE = 0.03\times5\times10^6$[V])

$\therefore Q = 4\pi\epsilon_0 aV = \dfrac{1}{9\times10^9}\times0.03\times0.03\times5\times10^6$

$= 5\times10^{-7}$[C]

답 ①

문제 03 진공 중의 평등자계 H_0 중에 반지름이 a [m]이고, 투자율이 μ인 구 자성체가 있다. 이 구 자성체의 감자율은? (단, 구 자성체 내부의 자계는

$H = \dfrac{3\mu_0}{2\mu_0 + \mu} H_0$ 이다.)

① 1   ② $\dfrac{1}{2}$ ③ $\dfrac{1}{3}$ ④ $\dfrac{1}{4}$

풀이

자성체에서 외부 자계 H_0, 내부자계 H일 때 감자력 H'은 아래의 두 식으로 표현된다.

$$H' = H_0 - H, \quad H' = \frac{N}{\mu_0} J$$

(N : 감자율, J : 자화의 세기)

구 자성체 내부의 자계의 변형

$$H = \frac{3\mu_0}{2\mu_0 + \mu} H_0 = \frac{3}{2 + \mu_s} H_0$$

$$H' = H_0 - H = H_0 - \frac{3}{2 + \mu_s} H_0 = \frac{\mu_s - 1}{\mu_s + 2} H_0 \quad \cdots (1)$$

자화의 세기 $J = \chi H = \mu_0(\mu_s - 1)H = \frac{3\mu_0(\mu_s - 1)}{\mu_s + 2} H_0$를 감자력에 대입하면

$$H' = \frac{N}{\mu_0} J = \frac{N}{\mu_0} \cdot \frac{3\mu_0(\mu_s - 1)}{\mu_s + 2} H_0 = \frac{3N(\mu_s - 1)}{\mu_s + 2} H_0 \cdots (2)$$

식 (1)과 (2)를 등식으로 놓으면 감자율 N은

$$\frac{\mu_s - 1}{\mu_s + 2} H_0 = \frac{3N(\mu_s - 1)}{\mu_s + 2} H_0$$

$$\therefore N = \frac{1}{3}$$

답 ③

문제 04 유전율 ϵ, 전계의 세기 E인 유전체의 단위 체적당 축적되는 정전에너지는?

① $\dfrac{E}{2\epsilon}$ ② $\dfrac{\epsilon E}{2}$

③ $\dfrac{\epsilon E^2}{2}$ ④ $\dfrac{\epsilon^2 E^2}{2}$

풀이

정전에너지

$$W = \frac{1}{2} CV^2 = \frac{1}{2} \cdot \frac{\epsilon S}{d} \cdot (dE)^2 = \frac{1}{2} \epsilon E^2 \cdot Sd [\text{J}]$$

단위 체적당 축적되는 정전에너지 ω는

$$\omega = \frac{W}{Sd} = \frac{1}{2} \epsilon E^2 [\text{J}]$$

답 ③

문제 05 단면적이 균일한 환상철심에 권수 N_A인 A코일과 권수 N_B인 B코일이 있을 때, B코일의 자기 인덕턴스가 L_A[H]라면 두 코일의 상호 인덕턴스[H]는? (단, 누설자속은 0이다.)

① $\dfrac{L_A N_A}{N_B}$ ② $\dfrac{L_A N_B}{N_A}$

③ $\dfrac{N_A}{L_A N_B}$ ④ $\dfrac{N_B}{L_A N_A}$

풀이

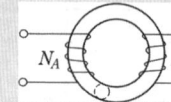

$R = \dfrac{N_A^2}{L_B} = \dfrac{N_A N_B}{M}$에서

자기 인덕턴스 $L_A = \dfrac{N_B^2}{R}$[H]

상호 인덕턴스 $M = \dfrac{N_A N_B}{R}$[H]

위의 두 식에서 R을 소거하면

$$\therefore M = \frac{L_A N_A}{N_B} [\text{H}]$$

답 ①

문제 06 비투자율이 350인 환상철심 내부의 평균 자계의 세기가 342[AT/m]일 때 자화의 세기는 약 몇 [Wb/m²]인가?

① 0.12   ② 0.15

③ 0.18   ④ 0.21

풀이

자화율

$$\chi_m = \mu - \mu_0 = \mu_0(\mu_s - 1) = 4\pi \times 10^{-7}(350 - 1)$$
$$= 4.38 \times 10^{-4} [\text{H/m}]$$

자화의 세기

$$J = \chi_m H = 4.38 \times 10^{-4} \times 342 = 0.15 [\text{Wb/m}^2]$$

답 ②

문제 07 진공 중에 놓인 Q[C]의 전하에서 발산되는 전기력선의 수는?

① Q ② ϵ_0

③ $\dfrac{Q}{\epsilon_0}$ ④ $\dfrac{\epsilon_0}{Q}$

풀이

• **전기력선 수** : 진공 중의 단위구 중심에 점전하 Q가 있는 경우 나오는 총 전기력선 수는 $\dfrac{Q}{\epsilon_0}$[개].

그러나 매질이 진공이 아닌 경우에는 매질의 유전율 ϵ의 값에 따라 전기력선 수는 변화게 된다.

• **전속** : 전속은 매질에 관계없이 전하 Q[C]일 때 Q[개]의 전속선이 나온다.

답 ③

문제 08 비투자율이 50인 환상 철심을 이용하여 100[cm] 길이의 자기회로를 구성할 때 자기저항을 2.0×10^7 [AT/Wb] 이하로 하기 위해서는 철심의 단면적을 약 몇 [m²] 이상으로 하여야 하는가?

① 3.6×10^{-4} ② 6.4×10^{-4}

③ 8.0×10^{-4} ④ 9.2×10^{-4}

풀이

자기저항 $R_m = \dfrac{l}{\mu_0 \mu_s S}$ [AT/Wb]에서

단면적 $S = \dfrac{l}{\mu_0 \mu_s R_m} = \dfrac{100 \times 10^{-2}}{4\pi \times 10^{-7} \times 50 \times 2 \times 10^7}$

$\qquad\qquad = 8.0 \times 10^{-4} [\text{m}^2]$

답 ③

문제 09 자속밀도가 10[Wb/m²]인 자계 중에 10[cm] 도체를 자계와 60°의 각도로 30[m/s]로 움직일 때, 이 도체에 유기되는 기전력은 몇 [V]인가?

① 15   ② $15\sqrt{3}$

③ 1500   ④ $1500\sqrt{3}$

풀이

유기기전력

$e = Blv\sin\theta = 10 \times (10 \times 10^{-2}) \times 30 \times \sin 60° = 15\sqrt{3} \text{ [V]}$

답 ②

문제 10 전기력선의 성질에 대한 설명으로 옳은 것은?

① 전기력선은 등전위면과 평행하다.

② 전기력선은 도체 표면과 직교한다.

③ 전기력선은 도체 내부에 존재할 수 있다.

④ 전기력선은 전위가 낮은 점에서 높은 점으로 향한다.

풀이

전기력선의 성질은 다음과 같다.

① 전기력선은 정전하에서 시작하여 부전하에서 그친다.

② 전하가 없는 곳에서는 전기력선의 발생, 소멸이 없고 연속적이다.

③ 전위가 높은 점에서 낮은 점으로 향한다.

④ 그 자신만으로 폐곡선이 되는 일은 없다.

⑤ 전계가 0이 아닌 곳에서는 2개의 전기력선은 교차하지 않는다.

⑥ 도체 내부에는 전기력선이 없다.

⑦ 수직 단면의 전기력선 밀도는 전계의 세기이고(1 [개/m²]=1 [N/C]), 전기력선의 접선 방향은 전계의 방향이다.

⑧ **도체면(등전위면)에서 전기력선은 수직으로 출입한다.**

⑨ 단위 전하 ±1 [C]에서는 $1/\epsilon_0$개의 전기력선이 출입한다.

답 ②

문제 11 평등자계와 직각방향으로 일정한 속도로 발사된 전자의 원운동에 관한 설명으로 옳은 것은?

① 플레밍의 오른손법칙에 의한 로렌츠의 힘과 원심력의 평형 원운동이다.

② 원의 반지름은 전자의 발사속도와 전계의 세기의 곱에 반비례한다.

③ 전자의 원운동 주기는 전자의 발사속도와 무관하다.

④ 전자의 원운동 주파수는 전자의 질량에 비례한다.

풀이

전자의 원운동 : 평등자계 내의 전자가 수직으로 운동하였을 때 전자의 운동은 전류의 방향과 반대 방향이므로 플레밍의 왼손법칙으로부터 전자는 운동방향과 직각으로 힘을 받아 원 운동을 하게 된다.

• 회전반경 : $r = \dfrac{mv}{qB}$ [m]

• 각속도 : $\omega = \dfrac{qB}{m}$ [rad/sec]

• 주   기 : $T = \dfrac{2\pi m}{qB}$ [sec]

즉, **전자의 원운동 주기 T는 전자의 발사속도 v와 무관하다.**

답 ③

문제 12 전계 E [V/m]가 두 유전체의 경계면에 평행으로 작용하는 경우 경계면에 단위 면적당 작용하는 힘의 크기는 몇 [N/m²]인가? (단, ϵ_1, ϵ_2는 각 유전체의 유전율이다.)

① $f = E^2(\epsilon_1 - \epsilon_2)$ ② $f = \dfrac{1}{E^2}(\epsilon_1 - \epsilon_2)$

③ $f = \dfrac{1}{2}E^2(\epsilon_1 - \epsilon_2)$ ④ $f = \dfrac{1}{2E^2}(\epsilon_1 - \epsilon_2)$

풀이

전계가 경계면에 평행일 때($\epsilon_1 > \epsilon_2$인 경우)

경계면에 작용하는 단위 면적당 힘 $f = \frac{1}{2}\epsilon E^2$ [N/m²]

- ϵ_1에서의 힘 $f_1 = \frac{1}{2}\epsilon_1 E^2$ [N/m²]

- ϵ_2에서의 힘 $f_2 = \frac{1}{2}\epsilon_2 E^2$ [N/m²]

- 전체적인 힘 f_n는 $f_1 > f_2$이므로 $f_n = f_1 - f_2$

  $f_n = \frac{1}{2}(\epsilon_1 - \epsilon_2)E^2$ [N/m²]

- 힘의 방향 : 유전율이 큰 쪽에서 적은 쪽으로

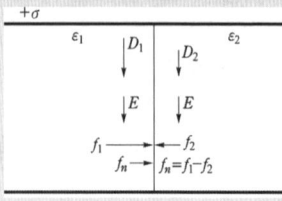

경계조건 ($\epsilon_1 > \epsilon_2$)
$E_1 = E_2 = E$
$D_1 > D_2$
$f_1 > f_2$

답 ③

문제 13 공기 중에 있는 반지름 a[m]의 독립 금속구의 정전용량은 몇 [F]인가?

① $2\pi\epsilon_0 a$

② $4\pi\epsilon_0 a$

③ $\dfrac{1}{2\pi\epsilon_0 a}$

④ $\dfrac{1}{4\pi\epsilon_0 a}$

풀이

- 공기중에서 반지름 a[m]인 구도체의 전위 $V = \dfrac{Q}{4\pi\epsilon_0 a}$ [V]

  $\therefore C = \dfrac{Q}{V} = \dfrac{Q}{\dfrac{Q}{4\pi\epsilon_0 a}} = 4\pi\epsilon_0 a$[F]

- 구의 정전용량은 $4\pi\epsilon a$[F], 반구의 정전용량은 $2\pi\epsilon a$[F]이다.

답 ②

문제 14 와전류가 이용되고 있는 것은?

① 수중 음파 탐지기

② 레이더

③ 자기 브레이크(magmetic brake)

④ 사이클로트론(cyclotron)

풀이

자기 브레이크(magmetic brake)는 전자석 또는 자석의 자기장에 의해 고속으로 움직이는 금속에 와전류를 발생하고, 자석에 주행방향에 대한 역방향의 힘이 작용하여 운동 대상을 정지시키는 것

답 ③

문제 15 전계 $E = \dfrac{2}{x}\hat{x} + \dfrac{2}{y}\hat{y}$[V/m]에서

점(3, 5)[m]를 통과하는 전기력선의 방정식은?
(단, $\hat{x}$, $\hat{y}$는 단위벡터이다.)

① $x^2 + y^2 = 12$

② $y^2 - x^2 = 12$

③ $x^2 + y^2 = 16$

④ $y^2 - x^2 = 16$

풀이

$E_x = \dfrac{2}{x}$, $E_y = \dfrac{2}{y}$이므로

전기력선 방정식 $\dfrac{dx}{E_x} = \dfrac{dy}{E_y} = \dfrac{dz}{E_z}$ 에서

$\dfrac{dx}{\frac{2}{x}} = \dfrac{dy}{\frac{2}{y}} \rightarrow xdx = ydy$

양변을 적분하면

$\dfrac{1}{2}x^2 = \dfrac{1}{2}y^2 + k$

$x = 3$, $y = 5$이므로

$k = \dfrac{1}{2}x^2 - \dfrac{1}{2}y^2 = \dfrac{1}{2}\times 3^2 - \dfrac{1}{2}\times 5^2 = -8$

$\therefore \dfrac{1}{2}x^2 = \dfrac{1}{2}y^2 - 8$

즉, $y^2 - x^2 = 16$

답 ④

문제 16 전계 $E = \sqrt{2}E_e \sin\omega\left(t - \dfrac{x}{c}\right)$[V/m]의

평면전자파가 있다. 진공 중에서 자계의 실효값은 몇 [A/m]인가?

① $\dfrac{1}{4\pi}E_e$

② $\dfrac{1}{36\pi}E_e$

③ $\dfrac{1}{120\pi}E_e$

④ $\dfrac{1}{360\pi}E_e$

풀이

고유 임피던스 $\eta = \dfrac{E}{H} = \sqrt{\dfrac{\mu}{\epsilon}}$ 에서

$\eta = \dfrac{E_e}{H_e} = \sqrt{\dfrac{\mu_0}{\epsilon_0}} = 120\pi$

따라서, 자계의 실효값 $H_e = \dfrac{1}{120\pi}E_e$

답 ③

참고 $\mu_0 = 4\pi \times 10^{-7}$, $\dfrac{1}{4\pi\epsilon_0} = 9 \times 10^9$

$\sqrt{\dfrac{\mu_0}{\epsilon_0}} = \sqrt{\dfrac{4\pi \times 10^{-7}}{\dfrac{1}{4\pi \times 9 \times 10^9}}} = 120\pi$

문제 17 진공 중에 서로 떨어져 있는 두 도체 A, B가 있다. 도체 A에만 1[C]의 전하를 줄 때, 도체 A, B의 전위가 각각 3[V], 2[V]이었다. 지금 도체 A, B에 각각 1[C]과 2[C]의 전하를 주면 도체 A의 전위는 몇 [V]인가?

① 6   ② 7
③ 8   ④ 96

풀이

$Q_A = 1[C]$, $Q_B = 0[C]$일 때
$$V_A = P_{AA}Q_A + P_{AB}Q_B = P_{AA} \times 1 + P_{AB} \times 0$$
$$= P_{AA} = 3[V/C]$$
$$V_B = P_{BA}Q_A + P_{BB}Q_B = P_{BA} \times 1 + P_{BB} \times 0$$
$$= P_{BA} = 2[V/C]$$
따라서 $Q_A = 1[C]$, $Q_B = 2[C]$ 일 때
도체 A의 전위 V_A는
$$V_A = P_{AA}Q_A + P_{AB}Q_B = 3 \times 1 + 2 \times 2 = 7[V]$$
$$(\because P_{AB} = P_{BA})$$

답 ②

문제 18 한 변의 길이가 4[m]인 정사각형의 루프에 1[A]의 전류가 흐를 때, 중심점에서의 자속밀도 B는 약 몇 [Wb/m²]인가?

① 2.83×10^{-7} ② 5.65×10^{-7}
③ 11.31×10^{-7} ④ 14.14×10^{-7}

풀이

한 변의 길이가 L[m]인 정사각형 중심의 자계의 세기 H[AT/m]

$$H = \frac{2\sqrt{2}}{\pi} \cdot \frac{I}{L} [AT/m] \text{ 이므로}$$

자속밀도 $B = \mu_0 H = \mu_0 \times \frac{2\sqrt{2}}{\pi} \cdot \frac{I}{L}$

$$= 4\pi \times 10^{-7} \times \frac{2\sqrt{2}}{\pi} \times \frac{1}{4}$$

$$= 2.83 \times 10^{-7} [Wb/m^2]$$

답 ①

문제 19 원점에 1[μC]의 점전하가 있을 때 점 P (2, -2, 4)[m]에서의 전계의 세기에 대한 단위벡터는 약 얼마인가?

① $0.41a_x - 0.41a_y + 0.82a_z$
② $-0.33a_x + 0.33a_y - 0.66a_z$
③ $-0.41a_x + 0.41a_y - 0.82a_z$
④ $0.33a_x - 0.33a_y + 0.66a_z$

풀이

그림과 같이 전하 1[μC]이 존재하는 점과 점 P간의 거리
$$r = \sqrt{2^2 + (-2)^2 + 4^2}$$
$$= \sqrt{24}$$
이므로 전계 세기의 크기는
$$E = 9 \times 10^9 \times \frac{Q}{r^2}$$
$$= 9 \times 10^9 \times \frac{1 \times 10^{-6}}{(\sqrt{24})^2} = \frac{9}{24} \times 10^3 [V/m]$$

전계 방향의 단위 벡터
$$\frac{E}{E} = \frac{r}{r} = \frac{(2a_x - 2a_y + 4a_z)}{\sqrt{24}} = 0.41a_x - 0.41a_y + 0.82a_z$$

답 ①

문제 20 공기 중에서 전자기파의 파장이 3[m]라면 그 주파수는 몇 [MHz]인가?

① 100   ② 300
③ 1000   ④ 3000

풀이

공기중에서 $f\lambda = v_0 = 3 \times 10^8$

따라서 $f = \frac{v_0}{\lambda} = \frac{3 \times 10^8}{3} \times 10^{-6} = 100[MHz]$ **답** ①

제2과목 **전력공학**

문제 21 비등수형 원자로의 특징에 대한 설명으로 틀린 것은?

① 증기 발생기가 필요하다.
② 저농축 우라늄을 연료로 사용한다.
③ 노심에서 비등을 일으킨 증기가 직접 터빈에 공급되는 방식이다.
④ 가압수형 원자로에 비해 출력밀도가 낮다.

풀이

비등수형(BWR) 원자로
노심에서 비등을 일으킨 증기를 직접 터빈에 공급하는 원자로로서 다음과 같은 특징이 있다.

① 연료로 농축 우라늄을 사용하며, 감속재와 냉각재로 경수를 사용한다.

② 원자로의 내부증기를 직접터빈에서 이용하기 때문에 증기 발생기가 필요 없다.

③ 원자로 내에서 비등한 방사능을 띤 증기가 직접 터빈으로 들어가므로 방사성 방호설비를 강화해야 한다.

④ 가압수형(PWR)에 비해 노심의 출력밀도가 낮아 같은 출력의 경우 노심 및 압력 용기가 커진다. **답 ①**

문제 22 전력계통에서 내부 이상전압의 크기가 가장 큰 경우는?

① 유도성 소전류 차단 시

② 수차발전기의 부하 차단 시

③ 무부하 선로 충전전류 차단 시

④ 송전선로의 부하 차단기 투입 시

풀이

내부 이상전압은 계통 조작 시 또는 고장 발생시 발생하며 계통 조작 시.

즉, 송전선로의 개폐조작에 따른 과도현상 때문에 발생하는 이상전압은 투입서지와 개방서지로 나누어지며 일반적으로 투입 시 보다 개방 시, 부하가 있는 회로를 개방하는 것보다 무부하의 회로를 개방하는 쪽이 더 높은 이상전압을 발생한다. 따라서, **이상 전압이 가장 큰 경우는 무부하 송전 선로의 충전 전류를 차단할 경우이다.**

개폐 서지의 크기는 선로의 길이, 차단기의 성능, 중성점 접지 방식에 따라 차이는 있으나 대부분의 경우 상규 대지 전압의 4배를 넘는 경우는 거의 없다. **답 ③**

문제 23 송전단 전압을 V_s, 수전단 전압을 V_r, 선로의 리액턴스를 X라 할 때 정상 시의 최대 송전전력의 개략적인 값은?

① $\dfrac{V_s - V_r}{X}$

② $\dfrac{V_s^2 - V_r^2}{X}$

③ $\dfrac{V_s(V_s - V_r)}{X}$

④ $\dfrac{V_s V_r}{X}$

풀이

송전 전력 $P = \dfrac{V_s V_r}{X} \sin\theta$ 에서 $\sin\theta = 1$일 때 최대 송전전력이 된다. 즉, **최대 송전전력 $P_m = \dfrac{V_s V_r}{X}$**

여기서, θ : 송전단 전압과 수전단 전압 사이의 상차각 **답 ④**

문제 24 망상(network)배전방식의 장점이 아닌 것은?

① 전압변동이 적다.

② 인축의 접지사고가 적어진다.

③ 부하의 증가에 대한 융통성이 크다.

④ 무정전 공급이 가능하다.

풀이

망상(Network)배전 방식

① 장점

- 정전이 적으며 배전 신뢰도가 높다.
- 기기 이용률 향상된다.
- 전압 변동이 적다.
- 부하 증가에 대한 적응성이 양호하다.
- 전력 손실이 감소한다.
- 변전소 수를 줄일 수 있다.

② 단점

- 건설비가 비싸다.
- **인축의 접촉 사고가 증가한다.**
- 특별한 보호 장치를 필요로 한다. **답 ②**

문제 25 500[kVA]의 단상 변압기 상용 3대(결선 △-△), 예비 1대를 갖는 변전소가 있다. 부하의 증가로 인하여 예비 변압기까지 동원해서 사용한다면 응할 수 있는 최대부하[kVA]는 약 얼마인가?

① 2000

② 1730

③ 1500

④ 830

풀이

예비 변압기 1대를 포함하여 **4대의 단상 변압기**로 최대의 전력을 공급할 수 있는 방법은 **V결선 2뱅크**로 구성하는 방법이므로

$$P_v = 2 \times \sqrt{3} P_1 = 2 \times \sqrt{3} \times 500 = 1000\sqrt{3} = 1732[\text{kVA}]$$

답 ②

문제 26 배전용 변전소의 주변압기로 주로 사용되는 것은?

① 강압 변압기

② 체승 변압기

③ 단권 변압기

④ 3권선 변압기

풀이

송전은 발전소에서 생산된 전력을 고전압으로 승압시켜 수용가 부근의 배전용 변전소로 이송하는 것이고, 배전은 송전된 고전압의 전력을 수용가에 적합한 낮은 전압으로

감압하여 수용가에게 전력을 공급하는 시스템이다. 따라서, 체승 변압기는 승압을 하여야 하는 송전변전소에 사용되며 **체강(강압) 변압기는 감압을 하여야 하는 배전변전소에 사용**된다. **답** ①

문제 27 3상용 차단기의 정격 차단 용량은?

① $\sqrt{3} \times$ 정격전압 $\times$ 정격차단전류
② $3\sqrt{3} \times$ 정격전압 $\times$ 정격전류
③ $3 \times$ 정격전압 $\times$ 정격차단전류
④ $\sqrt{3} \times$ 정격전압 $\times$ 정격전류

풀이
3상용 차단기의 정격 차단용량 $P_s = \sqrt{3}\, V I_s$
V : 정격 전압, I_s : 정격 차단 전류 **답** ①

문제 28 3상 3선식 송전선로에서 각 선의 대지정전용량이 0.5096[μF]이고, 선간정전용량이 0.1295[μF]일 때, 1선의 작용정전용량은 약 몇 [μF]인가?

① 0.6 ② 0.9
③ 1.2 ④ 1.8

풀이
$C_n = C_s + 3C_m = 0.5096 + 3 \times 0.1295 = 0.8981\,[\mu F]$
여기서 C_s : 대지정전용량
C_m : 선간정전용량 **답** ②

문제 29 그림과 같은 송전계통에서 S점에 3상 단락사고가 발생했을 때 단락전류[A]는 약 얼마인가? (단 선로의 길이와 리액턴스는 각각 50[km], 0.6[Ω/km]이다.)

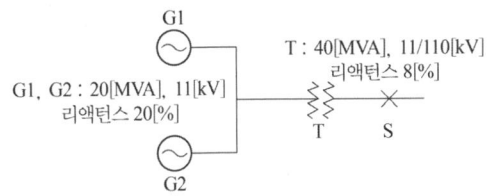

① 224 ② 324
③ 454 ④ 554

풀이
기준용량 $P_n = 40[MVA]$로 할 경우
① 발전기의 $\%X_g$ (40 [MVA] 기준)
$$\%X_g = \frac{40[MVA]}{20[MVA]} \times 20[\%] = 40[\%]$$
병렬로 연결되어 있으므로,
합성 $\%X_g = \frac{40 \times 40}{40 + 40} = 20[\%]$
② 송전선의 단락점까지 $\%X_l$는
$$\%X_l = \frac{XP}{10V^2} = \frac{0.6 \times 50 \times 40 \times 10^3}{10 \times 110^2} = 9.92[\%]$$
③ 발전기에서 단락점까지의 총 $\%X_T$는
$\%X_T = \%X_g + \%X_t + \%X_l = 20 + 8 + 9.92 = 37.92[\%]$
④ 정격전류 $I_n = \frac{P_n}{\sqrt{3}\,V} = \frac{40 \times 10^3}{\sqrt{3} \times 110}[A]$
따라서 단락 전류 I_s는
$$I_s = \frac{100}{\%Z}I_n = \frac{100}{37.92} \times \frac{40 \times 10^3}{\sqrt{3} \times 110} = 553.65[A]$$ **답** ④

문제 30 전력계통의 전압을 조정하는 가장 보편적인 방법은?

① 발전기의 유효전력 조정
② 부하의 유효전력 조정
③ 계통의 주파수 조정
④ 계통의 무효전력 조정

풀이
• 무효 전력 제어 ⇔ 전압 제어
• 유효 전력 제어 ⇔ 주파수 제어 **답** ④

문제 31 역률 0.8(지상)의 2800[kW] 부하에 전력용 콘덴서를 병렬로 접속하여 합성역률을 0.9로 개선하고자 할 경우, 필요한 전력용 콘덴서의 용량[kVA]은 약 얼마인가?

① 372 ② 558
③ 744 ④ 1116

풀이
$$Q_c = P(\tan\theta_1 - \tan\theta_2)$$
$$= P\left(\frac{\sqrt{1-\cos\theta_1^2}}{\cos\theta_1} - \frac{\sqrt{1-\cos\theta_2^2}}{\cos\theta_2}\right)[kVA]$$
에서 유효 전력 $P = 2800[kW]$이므로 콘덴서 용량은

$$Q_c = 2800 \left(\frac{\sqrt{1-0.8^2}}{0.8} - \frac{\sqrt{1-0.9^2}}{0.9} \right) = 744 \,[\text{kVA}]$$

가 된다.

답 ③

문제 32 컴퓨터에 의한 전력조류 계산에서 슬랙 (slack)모선의 초기치로 지정하는 값은? (단, 슬랙 모선을 기준모선으로 한다.)

① 유효전력과 무효전력

② 전압 크기와 유효전력

③ 전압 크기와 위상각

④ 전압 크기와 무효전력

풀이

전력 조류 계산의 입·출력 데이터

모선의 종류	기지량	미지량
발전소 모선	·유효 전력 ·모선 전압의 크기	·무효 전력 ·모선 전압의 위상각
부하(변전소) 모선	·유효 전력 ·무효 전력	·모선 전압의 크기 ·모선 전압의 위상각
슬랙 모선	·모선 전압의 크기 ·모선 전압의 위상각	·유효 전력 ·무효 전력 ·계통의 전 송전 손실

답 ③

문제 33 직격뢰에 대한 방호설비로 가장 적당한 것은?

① 복도체

② 가공지선

③ 서지흡수기

④ 정전방전기

풀이

가공 지선(over head ground wire)은 송전선 위에 나란히 가설된 도선으로 각 철탑에 접지되어 있으며, 그 설치 목적은

① **직격뢰에 대한 차폐 효과**

② 유도뢰에 대한 정전 차폐 효과

③ 통신선에 대한 전자 유도 장해 경감 효과

답 ②

문제 34 저압배전선로에 대한 설명으로 틀린 것은?

① 저압 뱅킹 방식은 전압변동을 경감할 수 있다.

② 밸런서(balancer)는 단상 2선식에 필요하다.

③ 부하율(F)과 손실계수(H) 사이에는

$1 \geq F \geq H \geq F^2 \geq 0$의 관계가 있다.

④ 수용률이란 최대수용전력을 설비용량으로 나눈 값을 퍼센트로 나타낸 것이다.

풀이

단상 3선식에서는 양측 부하의 불평형에 의한 부하 전압의 불평형이 큰 문제로 된다. 따라서, 이런 전압의 불평형을 줄이기 위한 대책으로 **밸런서가 필요**하다. 즉, 단상 2선식에는 밸런서가 필요 없다.

답 ②

문제 35 증기터빈내에서 팽창 도중에 있는 증기를 일부 추기하여 그것이 갖는 열을 급수가열에 이용하는 열사이클은?

① 랭킨사이클

② 카르노사이클

③ 재생사이클

④ 재열사이클

풀이

• **재생 사이클** : 증기터빈에서 팽창 도중에 있는 **증기를 일부 추기하여 급수가열에 이용**함으로써 열효율을 향상시키는 방법

• 재열 사이클 : 어느 압력까지 터빈에서 팽창한 증기를 보일러에 되돌려 가지고 재열기로 적당한 온도까지 재가열시킨 다음 다시 터빈에 보내서 팽창시키도록 하여 열효율을 향상시키는 방법

• 재열 재생 사이클 : 재생 사이클 + 재열 사이클

답 ③

문제 36 단상 2선식 배전선로의 말단에 지상역률 $\cos\theta$인 부하 $P[\text{kW}]$가 접속되어 있고 선로말단의 전압은 $V[\text{V}]$이다. 선로 한 가닥의 저항을 $R[\Omega]$이라 할 때 송전단의 공급전력[kW]은?

① $P + \dfrac{P^2R}{V\cos\theta} \times 10^3$

② $P + \dfrac{2P^2R}{V\cos\theta} \times 10^3$

③ $P + \dfrac{P^2R}{V^2\cos^2\theta} \times 10^3$

④ $P + \dfrac{2P^2R}{V^2\cos^2\theta} \times 10^3$

풀이

• 단상 2선식에서 전류 $I = \dfrac{P}{V\cos\theta} \times 10^3 \,[\text{A}]$

• 선로손실 $P_l = 2I^2R = 2 \times \left(\dfrac{P \times 10^3}{V\cos\theta} \right)^2 \times R \times 10^{-3} [\text{kW}]$

• 송전단 공급전력 $P_s = P + P_l = P + \dfrac{2P^2R}{V^2\cos^2\theta} \times 10^3 [\text{kW}]$

답 ④

문제 37 선로, 기기 등의 절연 수준 저감 및 전력용 변압기의 단절연을 모두 행할 수 있는 중성점 접지방식은?

① 직접접지방식　　② 소호리액터접지방식
③ 고저항접지방식　　④ 비접지방식

풀이

직접 접지 방식의 장·단점
[장점]
① 1선 지락시에 건전상의 대지 전압이 거의 상승하지 않는다.
② 피뢰기의 효과를 증진시킬 수 있다.
③ **단절연이 가능**하다.
④ 계전기의 동작이 확실해진다.
[단점]
① 송전계통의 과도 안정도가 나빠진다.
② 통신선에 유도 장해가 크다.
③ 지락시 대전류가 흘러 기기에 손상을 준다.
④ 대용량 차단기가 필요하다.　　**답** ①

문제 38 최대수용전력이 3[kW]인 수용가가 3세대, 5[kW]인 수용가가 6세대라고 할 때, 이 수용가군에 전력을 공급할 수 있는 주상변압기의 최소 용량[kVA]은? (단, 역률은 1, 수용가간의 부등률은 1.30이다.)

① 25　　② 30　　③ 35　　④ 40

풀이

$$변압기용량 = \frac{설비용량 \times 수용률}{부등률 \times 역률}$$

$$= \frac{3 \times 3 + 5 \times 6}{1.3 \times 1} = 30[kVA]$$　　**답** ②

문제 39 부하전류 차단이 불가능한 전력개폐 장치는?

① 진공차단기　　② 유입차단기
③ 단로기　　④ 가스차단기

풀이

• 차단기(Breaker) : 아크 소호능력이 있어 부하전류나 사고전류의 차단이 가능
• 스위치(Switch) : 아크 소호능력이 없어 부하전류나 사고전류의 차단이 불 가능
• **단로기(DS : Disconnecting Switch)는 switch로서 아크 소호 장치가 없어 부하 전류의 차단이 곤란**하다.　**답** ③

문제 40 가공송전선로에서 총 단면적이 같은 경우 단도체와 비교하여 복도체의 장점이 아닌 것은?

① 안정도를 증대시킬 수 있다.
② 공사비가 저렴하고 시공이 간편하다.
③ 전선표면의 전위경도를 감소시켜 코로나 임계전압이 높아진다.
④ 선로의 인덕턴스가 감소되고 정전용량이 증가해서 송전용량이 증대된다.

풀이

복도체 방식의 장·단점
복도체의 경우 전선의 등가반지름
$r_e(^n\sqrt{rs^{n-1}})$가 단도체의 반지름 r보다 증가하므로 다음과 같은 장·단점이 있다.
(1) 장점
　① 선로의 인덕턴스 감소　② 선로의 정전용량 증가
　③ 코로나 임계전압 상승　④ 선로의 송전용량 증가
　⑤ 안정도 증대
(2) 단점
　① 페란티 효과에 의한 수전단 전압 상승
　② 단락사고시 각 소도체에 같은 방향의 대전류가 흘러 소도체 상호간에 흡인력 발생
　③ 단도체방식에 비해 공사비가 고가이고 시공이 어렵다.　**답** ②

제3과목　전기기기

문제 41 부하전류가 크지 않을 때 직류 직권전동기 발생 토크는? (단, 자기회로가 불포화인 경우이다.)

① 전류에 비례한다.
② 전류에 반비례한다.
③ 전류의 제곱에 비례한다.
④ 전류의 제곱에 반비례한다.

풀이

직류직권 전동기의 토오크
$P = E_c I_a = 2\pi n T$에서

$$T = \frac{E_c I_a}{2\pi n} = \frac{p\phi n \frac{Z}{a} I_a}{2\pi n}$$

$$= \frac{pZ}{2\pi a}\phi I_a = K\phi I_a[N \cdot m]$$

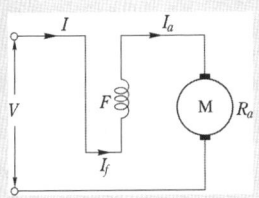

(단, $K = \dfrac{pZ}{2\pi a}$)

[조건1]

부하 전류가 적어 철심이 **자기포화가 되지 않는 범위**에서 직권전동기는 $I_a = I_f = I \propto \phi$ 이므로

$$T = KI_a^2 [\mathrm{N \cdot m}]$$

[조건2]

부하 전류가 증가하여 철심이 자기포화된 경우에는 자속 ϕ는 일정하므로

$$T = KI_a [\mathrm{N \cdot m}]$$

답 ③

문제 42 동기전동기에 대한 설명으로 틀린 것은?

① 동기전동기는 주로 회전계자형이다.

② 동기전동기는 무효전력을 공급할 수 있다.

③ 동기전동기는 제동권선을 이용한 기동법이 일반적으로 많이 사용된다.

④ 3상 동기전동기의 회전방향을 바꾸려면 계자권선 전류의 방향을 반대로 한다.

풀이

3상 동기전동기의 **회전방향을 바꾸려면** 3선 중 2선의 전원 단자를 서로 바꾸어서 결선하여야 한다.

답 ④

문제 43 동기발전기에서 동기속도와 극수와의 관계를 옳게 표시한 것은? (단, N : 동기속도, p : 극수이다.)

①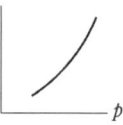
②
③
④

풀이

동기속도 $N = \dfrac{120f}{p} \propto \dfrac{1}{p}$

즉, 동기 속도는 극수 p에 **반비례**하므로 쌍곡선이 된다.

답 ②

문제 44 어떤 직류전동기가 역기전력 200[V], 매분 1200회전으로 토크 158.76[N·m]를 발생하고 있을 때의 전기자 전류는 약 몇 [A]인가? (단, 기계손 및 철손은 무시한다.)

① 90
② 95
③ 100
④ 105

풀이

출력 $P = E_c I_a = 2\pi n T [\mathrm{W}]$에서

전기자전류 I_a

$$I_a = \frac{2\pi n T}{E_c} = \frac{2\pi \times \dfrac{1200}{60} \times 158.76}{200} = 99.75 [\mathrm{A}]$$

답 ③

문제 45 일반적인 DC 서보모터의 제어에 속하지 않는 것은?

① 역률제어
② 토크제어
③ 속도제어
④ 위치제어

풀이

서보제어는 기계적 변위를 제어량으로 해서 목표값의 임의의 변화에 추종하도록 구성된 제어계로 **물체의 위치, 방위, 자세**등의 제어에 사용된다. 따라서, **역률제어와는 무관**하다.

답 ①

문제 46 극수가 4극이고 전기자권선이 단중 중권인 직류발전기의 전기자전류가 40[A]이면 전기자권선의 각 병렬회로에 흐르는 전류[A]는?

① 4
② 6
③ 8
④ 10

풀이

내부 병렬회로수 a

• 중권 : 내부 병렬회로수 a=극수 p

• 파권 : $a = 2$ (극수와 관계없이 내부 병렬회로수 2)

따라서, 중권이고 극수가 4이므로 내부 병렬회로수 $a = p = 4$가 된다.

∴ 각 병렬회로에 흐르는 전류 $i_a = \dfrac{I_a}{a} = \dfrac{40}{4} = 10 [\mathrm{A}]$

답 ④

문제 47 부스트(Boost)컨버터의 입력전압이 45 [V]로 일정하고, 스위칭 주기가 20[kHz], 듀티비 (Duty ratio)가 0.6, 부하저항이 10[Ω]일 때 출력전압은 몇 [V]인가? (단, 인덕터에는 일정한 전류가 흐르고 커패시터 출력전압의 리플성분은 무시한다.)

① 27 ② 67.5
③ 75 ④ 112.5

풀이

부스트 컨버터의 전달비 G_V는

$$G_V = \frac{V_o}{V_i} = \frac{1}{1-D}$$

여기서, V_o : 출력전압, V_i : 입력전압, D : 듀티비

$$\therefore V_o = \frac{V_i}{1-D} = \frac{45}{1-0.6} = 112.5[\text{V}]$$

답 ④

문제 48 8극, 900[rpm] 동기발전기와 병렬 운전하는 6극 동기발전기의 회전수는 몇 [rpm] 인가?

① 900 ② 1000
③ 1200 ④ 1400

풀이

발전기 병렬운전 조건에서 주파수가 동일해야 한다.

극수 8인 발전기의 주파수는 $N_s = \frac{120f}{p}$ 에서

$$900 = \frac{120f}{8} \qquad \therefore f = \frac{900 \times 8}{120} = 60[\text{Hz}]$$

따라서, 병렬운전하는 극수 6인 교류발전기의 주파수도 60[Hz]가 되어야 하므로 이때의 회전수 N은

$$\therefore N = \frac{120 \times 60}{6} = 1200[\text{rpm}]$$

답 ③

문제 49 변압기 단락시험에서 변압기의 임피던스 전압이란?

① 1차 전류가 여자전류에 도달했을 때의 2차측 단자전압
② 1차 전류가 정격전류에 도달했을 때의 2차측 단자전압
③ 1차 전류가 정격전류에 도달했을 때의 변압기 내의 전압강하
④ 1차 전류가 2차 단락전류에 도달했을 때의 변압기 내의 전압강하

풀이

임피던스 전압 $V_s = Z_{21} I_{1n}[\text{V}]$
($Z_{21} = $ 1차측 임피던스 + 2차를 1차로 환산한 임피던스)
즉, **변압기의 임피던스 전압이란 정격전류가 흐를 때의 변압기 내부 전압강하**를 말한다.

답 ③

문제 50 단상 정류자전동기의 일종인 단상 반발전동기에 해당되는 것은?

① 시라게전동기
② 반발유도전동기
③ 아트킨손형 전동기
④ 단상 직권 정류자전동기

풀이

단상 정류자 전동기
1) 직권특성
  ① 단상 직권 정류자 전동기 – 직권형, 보상직권형, 유도보상 직권형
  ② **단상 반발 전동기 – 아트킨손형전동기, 톰슨전동기, 테리전동기**
2) 분권특성 : 현재 실용화 되지 않고 있음

답 ③

문제 51 와전류 손실을 패러데이 법칙으로 설명한 과정 중 틀린 것은?

① 와전류가 철심 내에 흘러 발열 발생
② 유도기전력 발생으로 철심에 와전류가 흐름
③ 와전류 에너지 손실량은 전류밀도에 반비례
④ 시변 자속으로 강자성체 철심에 유도기전력 발생

풀이

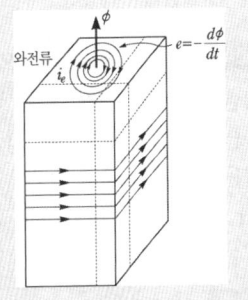

도체에 코일을 감고 교류전류 i를 흐르게 하면 도체 단면을 통과하는 자속이 변하게 되어 전자유도에 의한 맴돌이 형태의 유도전류가 흐른다. 이 맴돌이 전류를 와전류라고 한다.
도체는 일반적으로 저항을 갖고 있으므로 와전류가 흐르면 줄열이 발생하여 도체의 온도를 상승시키며 전력손실을 일으킨다.
즉, 와전류에 의해 발생하는 전력을 와류손 이라고 한다.

와류손 $P_e = \delta_e (t f k_f B_m)^2 [\text{W/kg}]$

여기서, δ_e : 재료에 의한 정수, f : 주파수[Hz]

B_m : 자속 밀도의 최대값 [Wb/m²]

t : 철판의 두께[m], k_f : 파형률

따라서, **와류손은 전류밀도와 무관**하다. **답** ③

문제 52 10[kW], 3상 380[V] 유도전동기의 전부하 전류는 약 몇 [A] 인가? (단, 전동기의 효율은 85[%], 역률은 85[%]이다.)

① 15   ② 21

③ 26   ④ 36

풀이

전부하 전류 $I = \dfrac{P}{\sqrt{3} V \cos\theta \, \eta} = \dfrac{10 \times 10^3}{\sqrt{3} \times 380 \times 0.85 \times 0.85}$

$= 21.03[\text{A}]$ **답** ②

문제 53 변압기의 주요시험 항목 중 전압변동률 계산에 필요한 수치를 얻기 위한 필수적인 시험은?

① 단락시험   ② 내전압시험

③ 변압비시험   ④ 온도상승시험

풀이

• 전압변동률 $\epsilon = p\cos\theta + q\sin\theta$
  (여기서, p : %저항강하, q : %리액턴스강하)

• 변압기의 단락시험으로 임피던스 와트, 임피던스 전압 및 입력 전류를 측정하여 누설 임피던스, 누설 리액턴스, 권선의 저항 등을 산출한다.

• 즉, 단락시험으로 %저항강하, %리액턴스강하를 구하여 전압변동률을 알 수 있다. **답** ①

문제 54 2전동기설에 의하여 단상 유도전동기의 가상적 2개의 회전자 중 정방향에 회전하는 회전자 슬립이 s이면 역방향에 회전하는 가상적 회전자의 슬립은 어떻게 표시되는가?

① $1 + s$ ② $1 - s$

③ $2 - s$ ④ $3 - s$

풀이

• 정방향 회전자계의 슬립

$s_f = s = \dfrac{n_s - n}{n_s} = 1 - \dfrac{n}{n_s}$

• 역방향 회전자계의 슬립

$s_b = \dfrac{n_s - (-n)}{n_s} = \dfrac{n_s + n_s - n_s + n}{n_s} = 2 - \dfrac{n_s - n}{n_s} = 2 - s$

답 ③

문제 55 3상 농형 유도전동기의 전전압 기동토크는 전부하토크의 1.8배이다. 이 전동기에 기동보상기를 사용하여 기동전압을 전전압의 2/3로 낮추어 기동하면, 기동토크는 전부하토크 T 와 어떤 관계인가?

① $3.0\,T$ ② $0.8\,T$

③ $0.6\,T$ ④ $0.3\,T$

풀이

토크는 전압의 제곱에 비례하므로

$T_s \ : \ T_s' = V^2 : \left(\dfrac{2}{3}V\right)^2$

$T_s' = \dfrac{4}{9} T_s = \dfrac{4}{9} \times 1.8T = 0.8T$ **답** ②

문제 56 변압기에서 생기는 철손 중 와류손(Eddy Current Loss)은 철심의 규소강판 두께와 어떤 관계에 있는가?

① 두께에 비례

② 두께의 2승에 비례

③ 두께의 3승에 비례

④ 두께의 $\dfrac{1}{2}$ 승에 비례

풀이

와류손 $P_e = K_e (t \cdot f \cdot K_f \cdot B_m)^2$

여기서, t : 철심의 두께[m]

f : 주파수[Hz],

K_f : 파형률 $\left(\dfrac{\text{실효치}}{\text{평균치}} = 1.11\right)$

B_m : 최대 자속밀도[Wb/m²] **답** ②

문제 57 50[Hz], 12극의 3상 유도전동기가 10[HP]의 정격출력을 내고 있을 때, 회전수는 약 몇 [rpm]인가? (단, 회전자 동손은 350[W]이고, 회전자 입력은 회전자 동손과 정격 출력의 합이다.)

① 468   ② 478   ③ 488   ④ 500

풀이

- 2차 입력 $P_2 = P + P_{c_2} = 10 \times 746 + 350 = 7810[W]$
  ($\because$ 1[HP]=746[W])

- 회전자 동손 $P_{c_2} = sP_2$에서 슬립 $s = \dfrac{P_{c_2}}{P_2} = \dfrac{350}{7810}$

- 동기속도 $N_s = \dfrac{120f}{p} = \dfrac{120 \times 50}{12} = 500[rpm]$

- 회전속도 $N = (1-s)N_s = \left(1 - \dfrac{350}{7810}\right) \times 500$
  $= 477.59[rpm]$ **답 ②**

문제 58 변압기의 권수를 N이라고 할 때 누설리액턴스는?

① N에 비례한다.　② N^2에 비례한다.
③ N에 반비례한다.　④ N^2에 반비례한다.

풀이

$L\dfrac{di}{dt} = N\dfrac{d\Phi}{dt}$　$\therefore L = \dfrac{N\Phi}{I}$

그런데 자속 Φ는　$\Phi = \dfrac{\mu ANI}{l}$

$\therefore L = \dfrac{N \cdot \dfrac{\mu ANI}{l}}{I} = \dfrac{\mu AN^2}{l} \propto N^2$

여기서, L : 인덕턴스 [H], A : 철심의 단면적 [m²]
　　　N : 코일의 권수 [회], l : 자로의 길이 [m]

답 ②

문제 59 동기발전기의 병렬운전 조건에서 같지 않아도 되는 것은?

① 기전력의 용량　② 기전력의 위상
③ 기전력의 크기　④ 기전력의 주파수

풀이

① 동기발전기의 병렬운전 조건
  - 기전력의 크기가 같을 것
  - 기전력의 위상이 같을 것
  - 기전력의 주파수가 같을 것
  - 기전력의 파형이 같을 것
  - 상회전 방향이 같을 것

② 동기 발전기 병렬 운전 시 서로 같지 않아도 되는 사항
  - **발전기 용량**
  - 부하 전류
  - 임피던스

답 ①

문제 60 다이오드를 사용하는 정류회로에서 과대한 부하전류로 인하여 다이오드가 소손될 우려가 있을 때 가장 적절한 조치는 어느 것인가?

① 다이오드를 병렬로 추가한다.
② 다이오드를 직렬로 추가한다.
③ 다이오드 양단에 적당한 값의 저항을 추가한다.
④ 다이오드 양단에 적당한 값의 커패시터를 추가한다.

풀이

- 다이오드 직렬 연결 : 과전압으로부터 다이오드 보호

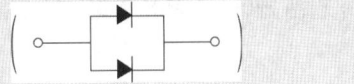

- 다이오드 병렬 연결 : 과전류로부터 다이오드 보호

답 ①

제4과목 **회로이론 및 제어공학**

문제 61 전달함수가 $G_C(s) = \dfrac{s^2 + 3s + 5}{2s}$인 제어기가 있다. 이 제어기는 어떤 제어기인가?

① 비례 미분 제어기
② 적분 제어기
③ 비례 적분 제어기
④ 비례 미분 적분 제어기

풀이

$G_C(s) = \dfrac{s^2 + 3s + 5}{2s} = \dfrac{s}{2} + \dfrac{3}{2} + \dfrac{5}{2s}$

$= \dfrac{3}{2} + \dfrac{1}{2}s + \dfrac{1}{\frac{2}{5}s} = \dfrac{3}{2}\left(1 + \dfrac{1}{3}s + \dfrac{1}{\frac{3}{5}s}\right)$

이므로 비례 미분 적분 제어계이다. **답 ④**

참고

- 비례요소 : $G(s) = K$
- 미분 요소 : $G(s) = s$
- 적분요소 : $G(s) = \dfrac{1}{s}$

문제 62 다음 논리회로의 출력 Y는?

① A
② B
③ A+B
④ A·B

풀이

$Y = (A+B) \cdot B$
$= A \cdot B + B \cdot B$ $(\because B \cdot B = B)$
$= A \cdot B + B$
$= B(A+1)$ $(\because A+1=1)$
$= B$

답 ②

문제 63 그림과 같은 제어시스템이 안정하기 위한 k의 범위는?

① $k > 0$
② $k > 1$
③ $0 < k < 1$
④ $0 < k < 2$

풀이

특성방정식

$1 + G(s)H(s) = 1 + \dfrac{k}{s(s+1)^2} = 0$

$s(s+1)^2 + k = s^3 + 2s^2 + s + k = 0$

루드의 표

$$
\begin{array}{c|cc}
s^3 & 1 & 1 \\
s^2 & 2 & k \\
s^1 & \dfrac{2-k}{2} & 0 \\
s^0 & k &
\end{array}
$$

제1열의 부호변화가 없어야 안정하므로

$2 - k > 0,\ k > 0$ ∴ $0 < k < 2$

답 ④

문제 64 다음과 같은 상태방정식으로 표현되는 제어시스템의 특성방정식의 근$(s_1,\ s_2)$은?

$$
\begin{bmatrix} \dot{x_1} \\ \dot{x_2} \end{bmatrix} = \begin{bmatrix} 0 & 1 \\ -2 & -3 \end{bmatrix} \begin{bmatrix} x_1 \\ x_2 \end{bmatrix} + \begin{bmatrix} 1 \\ 0 \end{bmatrix} u
$$

① 1, -3
② -1, -2
③ -2, -3
④ -1, -3

풀이

$$
|sI - A| = \begin{bmatrix} s & 0 \\ 0 & s \end{bmatrix} - \begin{bmatrix} 0 & 1 \\ -2 & -3 \end{bmatrix} = \begin{bmatrix} s & -1 \\ 2 & s+3 \end{bmatrix}
$$

$= s(s+3) + 2 = s^2 + 3s + 2$

즉 특성방정식은 $s^2 + 3s + 2 = 0$이므로

$s^2 + 3s + 2 = (s+2)(s+1) = 0$

∴ $s = -1,\ -2$

답 ②

문제 65 그림의 블록선도와 같이 표현되는 제어시스템에서 $A = 1$, $B = 1$일 때, 블록선도의 출력 C는 약 얼마인가?

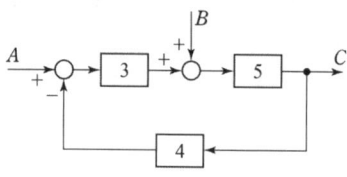

① 0.22
② 0.33
③ 1.22
④ 3.1

풀이

$[(A - 4C) \times 3 + B] \times 5 = C$

$A = 1$, $B = 1$인 경우

$(3 - 12C + 1) \times 5 = C$

$20 - 60C = C$

∴ $C = \dfrac{20}{61} = 0.33$

답 ②

문제 66 제어요소가 제어대상에 주는 양은?

① 동작신호
② 조작량
③ 제어량
④ 궤환량

풀이

제어 요소는 동작 신호를 조작량으로 변환하는 요소이고 조절부와 조작부로 이루어진다.

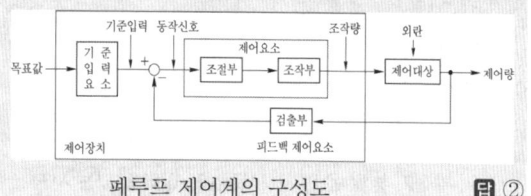

폐루프 제어계의 구성도

답 ②

문제 67 전달함수가 $\dfrac{C(s)}{R(s)} = \dfrac{1}{3s^2 + 4s + 1}$ 인 제어시스템의 과도 응답 특성은?

① 무제동 　　　② 부족제동

③ 임계제동 　　　④ 과제동

풀이

폐회로 전달 함수가 아래 식과 같이 표시되는 2차계의 자동제어계

$$\frac{C(s)}{R(s)} = \frac{\omega_n^2}{s^2 + 2\delta\omega_n s + \omega_n^2}$$

$$\frac{C(s)}{R(s)} = \frac{1}{3s^2 + 4s + 1} = \frac{\frac{1}{3}}{s^2 + \frac{4}{3}s + \frac{1}{3}}$$

$$\therefore \omega_n^2 = \frac{1}{3} \rightarrow \omega_n = \frac{1}{\sqrt{3}}$$

$$2\delta\omega_n = \frac{4}{3} \rightarrow \delta = \frac{4}{3} \times \frac{1}{2} \times \sqrt{3} = 1.15$$

즉, $\delta > 1$이므로 과제동이다. 　**답** ④

참고

① $\delta < 1$인 경우 : 부족 제동

② $\delta = 1$인 경우 : 임계 제동

③ $\delta > 1$인 경우 : 과제동

④ $\delta = 0$인 경우 : 무제동

문제 68 함수 $f(t) = e^{-at}$ 의 z변환 함수 $F(z)$는?

① $\dfrac{2z}{z - e^{aT}}$ 　　② $\dfrac{1}{z + e^{aT}}$

③ $\dfrac{z}{z + e^{-aT}}$ 　　④ $\dfrac{z}{z - e^{-aT}}$

풀이

$f(t)$	$F(s)$	$F(z)$
$\delta(t)$	1	1
$u(t)$	$\dfrac{1}{s}$	$\dfrac{z}{z-1}$
t	$\dfrac{1}{s^2}$	$\dfrac{Tz}{(z-1)^2}$
e^{-at}	$\dfrac{1}{s+a}$	$\dfrac{z}{z - e^{-aT}}$

답 ④

문제 69 제어시스템의 주파수 전달함수가 $G(j\omega) = j5\omega$ 이고, 주파수가 $\omega = 0.02[\text{rad/sec}]$ 일 때 이 제어시스템의 이득[dB]은?

① 20 　　② 10 　　③ −10 　　④ −20

풀이

$$g = 20\log|G(j\omega)| = 20\log|j5\omega|_{\omega = 0.02}$$

$$= 20\log|j5 \times 0.02| = 20\log|j0.1|$$

$$= 20\log 10^{-1} = -20[\text{dB}]$$
　답 ④

문제 70 그림과 같은 제어시스템의 폐루프 전달함수 $T(s) = \dfrac{C(s)}{R(s)}$ 에 대한 감도 S_K^T는?

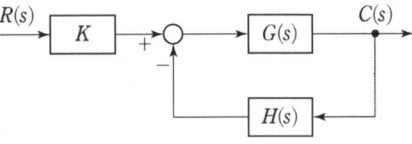

① 0.5 　　　　② 1

③ $\dfrac{G}{1 + GH}$ 　　④ $\dfrac{-GH}{1 + GH}$

풀이

전달함수 $T = \dfrac{C(s)}{R(s)} = \dfrac{KG}{1 + GH}$

K에 대한 감도

$$\therefore S_K^T = \frac{K}{T} \cdot \frac{dT}{dK} = \frac{K}{\frac{KG}{1+GH}} \cdot \frac{d}{dK}\left(\frac{KG}{1+GH}\right)$$

$$= \frac{1 + GH}{G} \cdot \frac{G(1+GH)}{(1+GH)^2} = 1$$
　답 ②

문제 71 그림(a)와 같은 회로에 대한 구동점 임피던스의 극점과 영점이 각각 그림(b)에 나타낸 것과 같고 $Z(0) = 1$일 때, 이 회로에서 $R[\Omega]$, $L[\text{H}]$, $C[\text{F}]$ 의 값은?

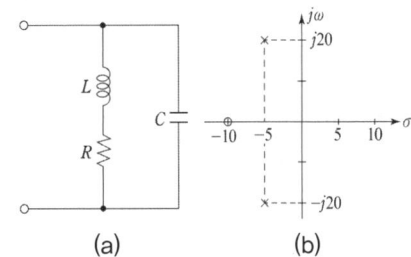

(a) 　　　　(b)

① $R = 1.0[\Omega]$, $L = 0.1[H]$, $C = 0.0235[F]$

② $R = 1.0[\Omega]$, $L = 0.2[H]$, $C = 1.0[F]$

③ $R = 2.0[\Omega]$, $L = 0.1[H]$, $C = 0.0235[F]$

④ $R = 2.0[\Omega]$, $L = 0.2[H]$, $C = 1.0[F]$

풀이

① 구동점 임피던스

$$Z(s) = \frac{(Ls+R) \cdot \frac{1}{Cs}}{Ls + R + \frac{1}{Cs}} = \frac{Ls + R}{LCs^2 + RCs + 1}$$

$$= \frac{\frac{1}{C}\left(s + \frac{R}{L}\right)}{s^2 + \frac{R}{L}s + \frac{1}{LC}}$$

② $Z(0) = 1$의 조건에서 $Z(s)$에 $s = 0$을 대입하면

$Z(0) = R = 1[\Omega]$

③ 영점 $s = -10$은 $Z(s)$의 분자가 0인 경우의 근을 의미

(분자) $= \frac{1}{C}\left(s + \frac{R}{L}\right) = 0$, $\quad s = -\frac{R}{L} = -10$

$\therefore L = 0.1[H]$

④ 극점 $s = -5 \pm j20$은 $Z(s)$의 분모가 0인 경우의 근을 의미

(분모) $= \{s - (-5+j20)\}\{s - (-5-j20)\}$

$= (s + 5 - j20)(s + 5 + j20)$

$= (s+5)^2 + 20^2 = s^2 + 10s + 425$

$s^2 + \frac{R}{L}s + \frac{1}{LC} = s^2 + 10s + 425$, $\quad \frac{1}{LC} = 425$

$\therefore C = \frac{1}{425L} = \frac{1}{425 \times 0.1} = 0.0235[F]$ **답 ①**

문제 72 회로에서 저항 $1[\Omega]$에 흐르는 전류 $I[A]$는?

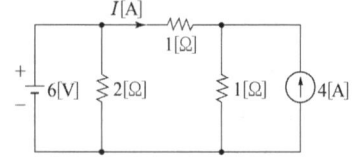

① 3 　　② 2 　　③ 1 　　④ -1

풀이

① 전류원 개방 시 I'는

$$I' = \frac{6}{(1+1)} = 3[A]$$

② 전압원 단락시 I''는

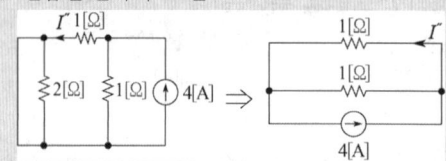

$$I'' = \frac{1}{2} \times 4 = 2[A]$$

(전압원을 단락 하므로 $2[\Omega]$의 저항으로는 전류가 흐르지 않는다.)

③ I'과 I''의 방향이 반대이므로 R에 흐르는 전류 I는

$\therefore I = I' - I'' = 3 - 2 = 1[A]$ **답 ③**

문제 73 파형이 톱니파인 경우 파형률은 약 얼마인가?

① 1.155　　　　② 1.732

③ 1.414　　　　④ 0.577

풀이

• 파형률 $= \dfrac{\text{실효값}}{\text{평균값}}$

• 톱니파 $\begin{cases} \text{파형률} = 1.15 \\ \text{파고율} = 1.732 \end{cases}$ **답 ①**

문제 74 무한장 무손실 전송선로의 임의의 위치에서 전압이 100[V]이었다. 이 선로의 인덕턴스가 7.5 $[\mu H/m]$이고, 커패시턴스가 $0.012[\mu F/m]$일 때 이 위치에서 전류[A]는?

① 2　　　　　② 4

③ 6　　　　　④ 8

풀이

무손실 선로에서 $R = 0$, $G = 0$ 이므로

$$Z_0 = \sqrt{\frac{Z}{Y}} = \sqrt{\frac{R + j\omega L}{G + j\omega C}} = \sqrt{\frac{L}{C}} = \sqrt{\frac{7.5}{0.012}} = 25[\Omega]$$

$\therefore I = \frac{V}{Z_0} = \frac{100}{25} = 4[A]$ **답 ②**

문제 75 전압 $v(t) = 14.14\sin\omega t + 7.07\sin\left(3\omega t + \dfrac{\pi}{6}\right)$[V]의 실효값은 약 몇 [V]인가?

① 3.87 ② 11.2
③ 15.8 ④ 21.2

[풀이]

비정현파의 실효값은 각파의 실효값의 제곱의 합의 제곱근이므로 실효값 $V = \sqrt{V_0^2 + V_1^2 + V_2^2 + V_3^2 + \cdots}$ 에서

$$V = \sqrt{\left(\dfrac{14.14}{\sqrt{2}}\right)^2 + \left(\dfrac{7.07}{\sqrt{2}}\right)^2} = 11.18[\text{V}]$$

답 ②

문제 76 그림과 같은 평형 3상 회로에서 전원 전압이 $V_{ab} = 200$[V]이고 부하 한 상의 임피던스가 $Z = 4 + j3[\Omega]$인 경우 전원과 부하사이 선전류 I_a는 약 몇 [A]인가?

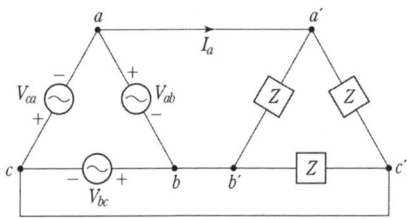

① $40\sqrt{3} \angle 36.87°$ ② $40\sqrt{3} \angle -36.87°$
③ $40\sqrt{3} \angle 66.87°$ ④ $40\sqrt{3} \angle -66.87°$

[풀이]

• 상전류 I_p

$$I_p = \dfrac{V}{Z} = \dfrac{200}{\sqrt{4^2 + 3^2}} = 40[\text{A}]$$

위상차 $\theta = \tan^{-1}\dfrac{X_L}{R} = \tan^{-1}\dfrac{3}{4} = 36.87°$

• △결선에서 선전류 I_a

$I_a = \sqrt{3}\,I_p \angle -30°$ 이므로

선전류 $I_a = \sqrt{3}\,I_p = 40\sqrt{3} \angle -30° - 36.87°$
$\qquad\qquad = 40\sqrt{3} \angle -66.87°[\text{A}]$

답 ④

[참고]

$R-L$ 직렬회로에서 전압과 전류와의 위상관계

$$I_p = \dfrac{V}{R + jX_L} = \dfrac{V(R - jX_L)}{(R + jX_L)(R - jX_L)} = \dfrac{V}{R^2 + X_L^2}(R - jX_L)$$

즉, 전류는 전압보다 위상이 $\theta = \tan^{-1}\dfrac{X_L}{R}$ 만큼 늦다.

문제 77 정상상태에서 $t = 0$초인 순간에 스위치 S를 열었다. 이 때 흐르는 전류 $i(t)$는?

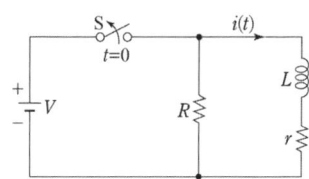

① $\dfrac{V}{R}e^{-\frac{R+r}{L}t}$ ② $\dfrac{V}{r}e^{-\frac{R+r}{L}t}$
③ $\dfrac{V}{R}e^{-\frac{L}{R+r}t}$ ④ $\dfrac{V}{r}e^{-\frac{L}{R+r}t}$

[풀이]

• $i(0^+) = i(0^-) = \dfrac{V}{r}$ ($\because$ L은 단락)
• $i(\infty) = 0$
• 시정수 $\tau = \dfrac{L}{R_{eq}} = \dfrac{L}{r + R}$

$\therefore i(t) = \dfrac{V}{r}e^{-\frac{R+r}{L}t}$

답 ②

문제 78 선간전압이 150[V], 선전류가 $10\sqrt{3}$[A], 역률이 80 [%]인 평형 3상 유도성 부하로 공급되는 무효전력[var]은?

① 3600 ② 3000
③ 2700 ④ 1800

[풀이]

무효율 $\sin\theta = \sqrt{1 - \cos^2\theta} = \sqrt{1 - 0.8^2} = 0.6$

$\therefore$ 무효전력 $P_r = \sqrt{3}\,VI\sin\theta = \sqrt{3} \times 150 \times 10\sqrt{3} \times 0.6$
$\qquad\qquad = 2700[\text{var}]$

답 ③

문제 79 그림과 같은 함수의 라플라스 변환은?

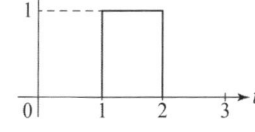
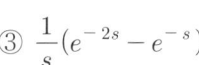

① $\dfrac{1}{s}(e^s - e^{2s})$
② $\dfrac{1}{s}(e^{-s} - e^{-2s})$
③ $\dfrac{1}{s}(e^{-2s} - e^{-s})$
④ $\dfrac{1}{s}(e^{-s} + e^{-2s})$

풀이

$$f(t) = 1 \cdot \{u(t-1) - u(t-2)\}$$
$$\therefore F(s) = \mathcal{L}[f(t)] = \mathcal{L}[u(t-1)] - \mathcal{L}[u(t-2)]$$
$$= \frac{e^{-s}}{s} - \frac{e^{-2s}}{s} = \frac{1}{s}(e^{-s} - e^{-2s})$$

답 ②

문제 80 상의 순서가 $a-b-c$인 불평형 3상 전류가 $I_a = 15 + j2[A]$, $I_b = -20 - j14[A]$, $I_c = -3 + j10[A]$일 때 영상분 전류 I_0는 약 몇 [A]인가?

① $2.67 + j0.38$
② $2.02 + j6.98$
③ $15.5 - j3.56$
④ $-2.67 - j0.67$

풀이

영상전류 $I_0 = \frac{1}{3}(I_a + I_b + I_c)$

$$= \frac{1}{3}[(15+j2) + (-20-j14) + (-3+j10)]$$
$$= \frac{1}{3}(-8 - j2) = -2.67 - j0.67[A]$$

답 ④

제5과목 전기설비 기술기준

문제 81 지중 전선로를 직접 매설식에 의하여 차량 기타 중량물의 압력을 받을 우려가 있는 장소에 시설하는 경우 매설 깊이는 몇 [m] 이상으로 하여야 하는가?

① 0.6
② 1
③ 1.5
④ 2

풀이

334.1 지중전선로의 시설

가. 지중 전선로는 전선에 케이블을 사용하고 또한 관로식·암거식 또는 직접 매설식에 의하여 시설하여야 한다.

나. 지중 전선로를 직접 매설식에 의하여 시설하는 경우 매설 깊이

① **차량 기타 중량물의 압력을 받을 우려가 있는 장소에는 1.0[m] 이상**

② 기타 장소에는 0.6[m] 이상으로 하고 또한 지중 전선을 견고한 트라프 기타 방호물에 넣어 시설하여야 한다.

답 ②

문제 82 돌침, 수평도체, 메시도체의 요소 중에 한 가지 또는 이를 조합한 형식으로 시설하는 것은?

① 접지극시스템
② 수뢰부시스템
③ 내부피뢰시스템
④ 인하도선시스템

풀이

152.1 수뢰부시스템

1. **수뢰부시스템의 선정은 돌침, 수평도체, 메시도체의 요소 중에 한 가지 또는 이를 조합한 형식으로 시설하여야 한다.**

2. 수뢰부시스템의 배치는 다음에 의한다.
   가. 보호각법, 회전구체법, 메시법 중 하나 또는 조합된 방법으로 배치하여야 한다.
   나. 건축물·구조물의 뾰족한 부분, 모서리 등에 우선하여 배치한다.

답 ②

문제 83 지중 전선로에 사용하는 지중함의 시설기준으로 틀린 것은?

① 조명 및 세척이 가능한 장치를 하도록 할 것

② 견고하고 차량 기타 중량물의 압력에 견디는 구조일 것

③ 그 안의 고인 물을 제거할 수 있는 구조로 되어 있을 것

④ 뚜껑은 시설자 이외의 자가 쉽게 열 수 없도록 시설할 것

풀이

334.2 지중함의 시설

지중전선로에 사용하는 지중함은 다음에 따라 시설하여야 한다.

가. 지중함은 견고하고 차량 기타 **중량물의 압력에 견디는 구조일 것**.

나. 지중함은 그 안의 **고인 물을 제거할 수 있는 구조로 되어 있을 것**.

다. 폭발성 또는 연소성의 가스가 침입할 우려가 있는 것에 시설하는 지중함으로서 그 크기가 1[m³] 이상인 것에는 **통풍장치 기타 가스를 방산시키기 위한 적당한 장치**를 시설할 것.

라. 지중함의 뚜껑은 **시설자이외의 자가 쉽게 열 수 없도록** 시설할 것.

답 ①

문제 84 전기 부식 방지를 위해서 매설금속체측의 누설전류에 의한 전식의 피해가 예상되는 곳에 고려하여야 하는 방법으로 틀린 것은?

① 절연코팅
② 배류장치 설치
③ 변전소 간 간격 축소
④ 저준위 금속체를 접속

풀이

461.4 전기 부식 방지
가. **전기철도측의 전기 부식 방지를 위해서는 다음 방법을 고려하여야 한다.**
  ① **변전소 간 간격 축소**
  ② 레일본드의 양호한 시공
  ③ 장대레일채택
  ④ 절연도상 및 레일과 침목사이에 절연층의 설치
나. 매설금속체측의 누설전류에 의한 전식의 피해가 예상되는 곳은 다음 방법을 고려하여야 한다.
  ① 배류장치 설치
  ② 절연코팅
  ③ 매설금속체 접속부 절연
  ④ 저준위 금속체를 접속
  ⑤ 궤도와의 이격거리 증대
  ⑥ 금속판 등의 도체로 차폐 **답** ③

문제 85 일반 주택의 저압 옥내배선을 점검하였더니 다음과 같이 시설되어 있었을 경우 시설기준에 적합하지 않은 것은?

① 합성수지관의 지지점 간의 거리를 2[m]로 하였다.
② 합성수지관 안에서 전선의 접속점이 없도록 하였다.
③ 금속관공사에 옥외용 비닐절연전선을 제외한 절연전선을 사용하였다.
④ 인입구에 가까운 곳으로서 쉽게 개폐할 수 있는 곳에 개폐기를 각 극에 시설하였다.

풀이

232.11 합성수지관공사
관의 지지점 간의 거리는 1.5 [m] 이하로 하고, 또한 그 지지점은 관의 끝·관과 박스의 접속점 및 관 상호 간의 접속점 등에 가까운 곳에 시설할 것. **답** ①

문제 86 하나 또는 복합하여 시설하여야 하는 접지극의 방법으로 틀린 것은?

① 지중 금속구조물
② 토양에 매설된 기초 접지극
③ 케이블의 금속외장 및 그 밖에 금속피복
④ 대지에 매설된 강화콘크리트의 용접된 금속보강재

풀이

142.2 접지극의 시설 및 접지저항
접지극은 다음의 방법 중 하나 또는 복합하여 시설하여야 한다.
가. 콘크리트에 매입 된 기초 접지극
나. 토양에 매설된 기초 접지극
다. 토양에 수직 또는 수평으로 직접 매설된 금속전극(봉, 전선, 테이프, 배관, 판 등)
라. 케이블의 금속외장 및 그 밖에 금속피복
마. 지중 금속구조물(배관 등)
바. 대지에 매설된 철근콘크리트의 용접된 금속 보강재. 다만, **강화콘크리트는 제외**한다. **답** ④

문제 87 사용전압이 154[kV]인 전선로를 제1종 특고압보안공사로 시설할 때 경동연선의 굵기는 몇 [mm²] 이상이어야 하는가?

① 55
② 100
③ 150
④ 200

풀이

333.22 특고압 보안공사
제1종 특고압 보안공사는 다음에 따라야 한다.

사용전압	전 선
100 [kV] 미만	인장강도 21.67 [kN] 이상의 연선 또는 단면적 55[mm²] 이상의 경동연선
100 [kV] 이상 300 [kV] 미만	인장강도 58.84 [kN] 이상의 연선 또는 **단면적 150[mm²] 이상의 경동연선**
300 [kV] 이상	인장강도 77.47 [kN] 이상의 연선 또는 단면적 200[mm²] 이상의 경동연선

답 ③

문제 88 다음 ( )에 들어갈 내용으로 옳은 것은?

"동일 지지물에 저압 가공전선(다중접지된 중성선은 제외한다.)과 고압 가공전선을 시설하는 경우 고압 가공전선을 저압 가공전선의 (㉠)로 하고, 별개의 완금류에 시설 해야하며, 고압 가공전선과 저압 가공전선 사이의 이격거리는 (㉡)[m] 이상으로 한다."

① ㉠ 아래 ㉡ 0.5 　　② ㉠ 아래 ㉡ 1
③ ㉠ 위 ㉡ 0.5 　　④ ㉠ 위 ㉡ 1

풀이

332.8 고압 가공전선 등의 병행설치
저압 가공전선(다중접지된 중성선은 제외한다. 이하 같다)과 고압 가공전선을 동일 지지물에 시설하는 경우에는 다음에 따라야 한다.
가. **저압 가공전선을 고압 가공전선의 아래**로 하고 별개의 완금류에 시설할 것.
나. 저압 가공전선과 고압 가공전선 사이의 **이격거리는 0.5[m] 이상**일 것.
다. 다음의 어느 하나에 해당하는 경우에는 "가" 및 "나"에 의하지 아니할 수 있다.
　① 고압 가공전선에 케이블을 사용하고, 또한 그 케이블과 저압 가공전선 사이의 이격거리를 0.3[m] 이상으로 하여 시설하는 경우
　② 저압 가공인입선을 분기하기 위하여 저압 가공전선을 고압용의 완금류에 견고하게 시설하는 경우
답 ③

문제 89 전기설비기술기준에서 정하는 안전원칙에 대한 내용으로 틀린 것은?

① 전기설비는 감전, 화재 그 밖에 사람에게 위해를 주거나 물건에 손상을 줄 우려가 없도록 시설하여야 한다.
② 전기설비는 다른 전기설비, 그 밖의 물건의 기능에 전기적 또는 자기적인 장해를 주지 않도록 시설하여야 한다.
③ 전기설비는 경쟁과 새로운 기술 및 사업의 도입을 촉진함으로써 전기사업의 건전한 발전을 도모하도록 시설하여야 한다.
④ 전기설비는 사용목적에 적절하고 안전하게 작동하여야 하며, 그 손상으로 인하여 전기공급에 지장을 주지 않도록 시설하여야 한다.

풀이

안전원칙(기술기준 제2조)
① 전기설비는 감전, 화재 그 밖에 사람에게 위해(危害)를 주거나 물건에 손상을 줄 우려가 없도록 시설하여야 한다.
② 전기설비는 사용목적에 적절하고 안전하게 작동하여야 하며, 그 손상으로 인하여 전기 공급에 지장을 주지 않도록 시설하여야 한다.
③ 전기설비는 다른 전기설비, 그 밖의 물건의 기능에 전기적 또는 자기적인 장해를 주지 않도록 시설하여야 한다.
답 ③

문제 90 플로어덕트공사에 의한 저압 옥내배선에서 연선을 사용하지 않아도 되는 전선(동선)의 단면적은 최대 몇 [mm²]인가?

① 2 　　② 4 　　③ 6 　　④ 10

풀이

232.32 플로어덕트공사
플로어덕트공사에 의한 저압 옥내 배선은 다음 각호에 의하여 시설한다.
가. 전선은 절연전선(옥외용 비닐 절연전선을 제외한다)일 것.
나. **전선은 연선일 것. 다만, 단면적 10[mm²](알루미늄선은 단면적 16[mm²]) 이하인 것은 그러하지 아니하다.**
다. 플로어덕트 안에는 전선에 접속점이 없도록 할 것. 다만, 전선을 분기하는 경우에 접속점을 쉽게 점검할 수 있을 때에는 그러하지 아니하다.
답 ④

문제 91 풍력터빈에 설비의 손상을 방지하기 위하여 시설하는 운전상태를 계측하는 계측장치로 틀린 것은?

① 조도계 　　② 압력계
③ 온도계 　　④ 풍속계

풀이

532.3.6 계측장치의 시설
풍력터빈에는 설비의 손상을 방지하기 위하여 운전 상태를 계측하는 다음의 계측장치를 시설하여야 한다.
1. 회전속도계
2. 나셀(nacelle) 내의 진동을 감시하기 위한 진동계
3. **풍속계**
4. **압력계**
5. **온도계**
답 ①

문제 92 전압의 종별에서 교류 600[V]는 무엇으로 분류하는가?

① 저압　　　　　② 고압

③ 특고압　　　　④ 초고압

풀이

111. 통칙

전압의 구분은 다음과 같다.

분 류	전압의 범위
저 압	• 직류 : 1.5 [kV] 이하 • **교류 : 1[kV] 이하**
고 압	• 직류 : 1.5 [kV]를 초과하고 7 [kV] 이하 • 교류 : 1 [kV]를 초과하고 7 [kV] 이하
특고압	7 [kV]를 초과

답 ①

문제 93 옥내 배선공사 중 반드시 절연전선을 사용하지 않아도 되는 공사방법은? (단, 옥외용 비닐절연전선은 제외한다.)

① 금속관공사　　　② 버스덕트공사

③ 합성수지관공사　④ 플로어덕트공사

풀이

231.4 나전선의 사용 제한

옥내에 시설하는 저압전선에는 나전선을 사용하여서는 아니 된다. 다만, 다음중 어느 하나에 해당하는 경우에는 그러하지 아니하다.

가. 애자사용배선에 의하여 전개된 곳에 다음의 전선을 시설하는 경우

　① 전기로용 전선

　② 전선의 피복 절연물이 부식하는 장소에 시설하는 전선

나. 버스덕트공사에 의하여 시설하는 경우

다. 라이팅덕트공사에 의하여 시설하는 경우

라. 접촉 전선을 시설하는 경우　　　　**답** ②

문제 94 시가지에 시설하는 사용전압 170[kV] 이하인 특고압 가공전선로의 지지물이 철탑이고 전선이 수평으로 2 이상 있는 경우에 전선 상호 간의 간격이 4[m] 미만인 때에는 특고압 가공전선로의 경간은 몇 [m] 이하이어야 하는가?

① 100　　　　　② 150

③ 200　　　　　④ 250

풀이

333.1 시가지 등에서 특고압 가공전선로의 시설

지지물의 종류	경 간
A종 철주 또는 A종 철근 콘크리트주	75[m]
B종 철주 또는 B종 철근 콘크리트주	150[m]
철 탑	400[m] (단주인 경우에는 300[m]) 다만, 전선이 수평으로 2 이상 있는 경우에 전선 상호간의 간격이 4[m] 미만인 때에는 250[m]

답 ④

문제 95 사용전압이 170[kV] 이하의 변압기를 시설하는 변전소로서 기술원이 상주하여 감시하지는 않으나 수시로 순회하는 경우, 기술원이 상주하는 장소에 경보장치를 시설하지 않아도 되는 경우는?

① 옥내 및 옥외변전소에 화재가 발생한 경우

② 제어회로의 전압이 현저히 저하한 경우

③ 운전조작에 필요한 차단기가 자동적으로 차단한 후 재폐로한 경우

④ 수소냉각식 조상기는 그 조상기 안의 수소의 순도가 90[%] 이하로 저하한 경우

풀이

351.9 상주 감시를 하지 아니하는 변전소의 시설

다음의 경우에는 **변전제어소 또는 기술원이 상주하는 장소에 경보장치를 시설할 것.**

가. 운전조작에 필요한 차단기가 자동적으로 차단한 경우 **(차단기가 재폐로한 경우를 제외한다)**

나. 주요 변압기의 전원측 전로가 무전압으로 된 경우

다. 제어 회로의 전압이 현저히 저하한 경우

라. 옥내 및 옥외변전소에 화재가 발생한 경우

마. 출력 3,000 [kVA]를 초과하는 특고압용변압기는 그 온도가 현저히 상승한 경우

바. 특고압용 타냉식변압기는 그 냉각장치가 고장난 경우

사. 조상기는 내부에 고장이 생긴 경우

아. 수소냉각식조상기는 그 조상기 안의 수소의 순도가 90% 이하로 저하한 경우, 수소의 압력이 현저히 변동한 경우 또는 수소의 온도가 현저히 상승한 경우

자. 가스절연기기의 절연가스의 압력이 현저히 저하한 경우　　**답** ③

문제 96 특고압용 타냉식 변압기의 냉각장치에 고장이 생긴 경우를 대비하여 어떤 보호장치를 하여야 하는가?

① 경보장치
② 속도조정장치
③ 온도시험장치
④ 냉매흐름장치

풀이

351.4 특고압용 변압기의 보호장치

뱅크용량의 구분	동작조건	장치의 종류
5,000[kVA] 이상 10,000[kVA] 미만	변압기 내부고장	자동차단장치 또는 경보장치
10,000[kVA] 이상	변압기 내부고장	자동차단장치
타냉식변압기 (강제 순환시키는 냉각 방식을 말한다)	• 냉각장치에 고장이 생긴 경우 • 변압기의 온도가 현저히 상승한 경우	경보장치

답 ①

문제 97 특고압 가공전선로의 지지물로 사용하는 B종 철주, B종 철근콘크리트주 또는 철탑의 종류에서 전선로의 지지물 양쪽의 경간의 차가 큰 곳에 사용하는 것은?

① 각도형
② 인류형
③ 내장형
④ 보강형

풀이

333.11 특고압 가공전선로의 철주·철근 콘크리트주 또는 철탑의 종류
특고압 가공전선로의 지지물로 사용하는 B종 철근·B종 콘크리트주 또는 철탑의 종류는 다음과 같다.
가. 직선형 : 전선로의 직선 부분
(3° 이하의 수평 각도 이루는 곳 포함)에 사용되는 것
나. 각도형 : 전선로 중 수평 각도 3°를 넘는 곳에 사용되는 것
다. 인류형 : 전 가섭선을 인류하는 곳에 사용하는 것
라. **내장형** : 전선로 지지물 **양측의 경간차가 큰 곳**에 사용하는 것
마. 보강형 : 전선로 직선 부분을 보강하기 위하여 사용하는 것

답 ③

문제 98 아파트 세대 욕실에 "비데용 콘센트"를 시설하고자 한다. 다음의 시설방법 중 적합하지 않은 것은?

① 콘센트는 접지극이 없는 것을 사용한다.
② 습기가 많은 장소에 시설하는 콘센트는 방습장치를 하여야 한다.
③ 콘센트를 시설하는 경우에는 절연변압기(정격용량 3[kVA] 이하인 것에 한한다.)로 보호된 전로에 접속하여야 한다.
④ 콘센트를 시설하는 경우에는 인체감전보호용 누전차단기(정격감도전류 15[mA] 이하, 동작시간 0.03초 이하의 전류동작형의 것에 한한다.)로 보호된 전로에 접속하여야 한다.

풀이

234.5 콘센트의 시설
욕조나 샤워시설이 있는 **욕실 또는 화장실 등 인체가 물에 젖어있는 상태에서 전기를 사용하는 장소**에 콘센트를 시설하는 경우에는 다음에 따라 시설하여야한다.
가. 인체감전보호용 누전차단기(정격감도전류 15[mA] 이하, 동작시간 0.03[초] 이하의 전류동작형의 것에 한한다) 또는 절연변압기(정격용량 3[kVA] 이하인 것에 한한다)로 보호된 전로에 접속하거나, 인체감전보호용 누전차단기가 부착된 콘센트를 시설하여야 한다.
나. **콘센트는 접지극이 있는 방적형 콘센트를 사용**하여 규정에 준하여 접지하여야 한다.

답 ①

문제 99 고압 가공전선로의 가공지선에 나경동선을 사용하려면 지름 몇 [mm] 이상의 것을 사용하여야 하는가?

① 2.0
② 3.0
③ 4.0
④ 5.0

풀이

332.6 고압 가공전선로의 가공지선
고압 가공전선로에 사용하는 **가공지선은** 인장강도 5.26[kN] 이상의 것 또는 **지름 4[mm] 이상의 나경동선을 사용**한다.

답 ③

문제 100 변전소의 주요 변압기에 계측장치를 시설하여 측정하여야 하는 것이 아닌 것은?

① 역률 　　　　② 전압
③ 전력 　　　　④ 전류

풀이

351.6 계측장치

변전소 또는 이에 준하는 곳에는 다음의 사항을 계측하는 장치를 시설하여야 한다. 다만, 전기철도용 변전소는 주요 변압기의 전압을 계측하는 장치를 시설하지 아니할 수 있다.

가. **주요 변압기의 전압 및 전류 또는 전력**
나. 특고압용 변압기의 온도　　　　**답** ①

국가기술자격검정 필기시험 문제

2021년도 전기기사 일반검정 제3회				수검 번호	성 명
자격종목 및 등급(선택분야)	종목코드	시험시간	문제지형별		
전기기사	1150	2시간 30분	A		

제1과목 　전기자기학

문제 01 자기 인덕턴스가 각각 L_1, L_2인 두 코일의 상호 인덕턴스가 M일 때 결합 계수는?

① $\dfrac{M}{L_1 L_2}$　　② $\dfrac{L_1 L_2}{M}$

③ $\dfrac{M}{\sqrt{L_1 L_2}}$　　④ $\dfrac{\sqrt{L_1 L_2}}{M}$

풀이

• 결합 계수 　$k = \dfrac{M}{\sqrt{L_1 L_2}}$

• 결합계수($0 \le k \le 1$)

　$k = 0$: 자기적 결합이 전혀 되지 않음 ($M = 0$)

　$0 < k < 1$: 일반적인 자기 결합 상태 ($M = k\sqrt{L_1 L_2}$)

　$k = 1$: 완전한 자기 결합 ($M = \sqrt{L_1 L_2}$)　**답** ③

문제 02 정상 전류계에서 J는 전류밀도, σ는 도전율, ρ는 고유저항, E는 전계의 세기일 때, 옴의 법칙의 미분형은?

① $J = \sigma E$　　② $J = \dfrac{E}{\sigma}$

③ $J = \rho E$　　④ $J = \rho \sigma E$

풀이

(1) 옴 법칙의 거시적 고찰

　$I = \dfrac{V}{R}\left(R = \rho\dfrac{l}{S}\right) \to I = \dfrac{SV}{\rho l}\left(E = \dfrac{V}{l}\right) : I = \dfrac{SE}{\rho}$

(2) 옴 법칙의 미시적 고찰 : 위의 전체 전류 I를 전류밀도 J로 표현하면 $J = \dfrac{I}{S}$에 의해 다음과 같이 나타낼 수 있다. 즉, $J = \dfrac{I}{S} = \dfrac{E}{\rho}$

$\therefore J = \dfrac{1}{\rho}E = \sigma E \ \left(\because \dfrac{1}{\rho} = \sigma\right)$　　**답** ①

풀이

정전계와 전류계의 유사성

정 전 계	전 류 계
전속밀도 D	전류밀도 J
유전율 ϵ	도전율 σ
전계의 세기 E	전계의 세기 E
$D = \epsilon E$	$J = \sigma E$

문제 03 길이가 10[cm]이고 단면의 반지름이 1 [cm]인 원통형 자성체가 길이 방향으로 균일하게 자화되어 있을 때 자화의 세기가 0.5[Wb/m²] 이라면 이 자성체의 자기모멘트[Wb · m]는?

① 1.57×10^{-5}　　② 1.57×10^{-4}

③ 1.57×10^{-3}　　④ 1.57×10^{-2}

풀이

$M = ml = \pi a^2 J \cdot l$

　$= 3.14 \times (0.01)^2 \times 0.5 \times 0.1 = 1.57 \times 10^{-5}[\text{Wb} \cdot \text{m}]$ **답** ①

문제 04 그림과 같이 공기 중 2개의 동심 구도체에서 내구(A)에만 전하 Q를 주고 외구(B)를 접지하였을 때 내구(A)의 전위는?

① $\dfrac{Q}{4\pi\epsilon_0}\left(\dfrac{1}{a} - \dfrac{1}{b} + \dfrac{1}{c}\right)$

② $\dfrac{Q}{4\pi\epsilon_0}\left(\dfrac{1}{a} - \dfrac{1}{b}\right)$

③ $\dfrac{Q}{4\pi\epsilon_0} \cdot \dfrac{1}{c}$

④ 0

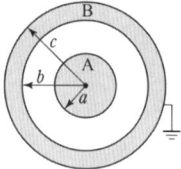

풀이

전위의 계산은 주어진 문제에서 먼저 전하분포와 전기력선 분포를 파악한다.

① 내구(A)에만 전하 Q를 주고 외구(B)를 접지하면 전하 분포는 내구(A)의 표면에 전하 Q, 외구(B)의 안표면에 $-Q$가 된다.

② 따라서 전기력선은 내외구체 사이에만 존재(전계 E존재)하고, 외구(B)의 도체 내부와 바깥에는 전기력선이 분포하지 않는다. 즉, 전계($E=0$)

③ 내구 A의 전위 V_a, 내외구의 전위차 V_{ab}, 외구 도체 내부의 전위차 V_{bc}, 외구 B의 바깥 표면 전위 V_c 라 할 때, 내구 A의 전위 V_a는 다음과 같이 표현할 수 있다.

$$V_a = V_{ab} + V_{bc} + V_c$$

여기서 도체 내부의 전계와 외구 바깥의 전계는 $E=0$ 이므로

$$V_{bc} = -\int_c^b E \cdot dl = 0, \ V_c = -\int_\infty^c E \cdot dl = 0 \text{ 이 된다.}$$

즉, 내구 A의 전위 V_a는 $(V_{bc} = V_c = 0)$에서

$$V_a = V_{ab} + V_{bc} + V_c = V_{ab} = -\int_b^a E \cdot dl$$

$$= -\int_b^a \frac{Q}{4\pi\epsilon_0 r^2} dr = \frac{Q}{4\pi\epsilon_0}\left(\frac{1}{a} - \frac{1}{b}\right) \quad \text{답 ②}$$

별해

내구(A)에만 전하 Q를 주고 외구(B)를 접지하면 전하분포는 구(A)의 표면에 전하 Q, 외구(B)의 안표면에 $-Q$가 분포하므로 전기력선은 이 사이에만 분포한다. 즉 내구 A의 전위 V_a는 내외구의 전위차 V_{ab}와 같으므로 다음과 같다.

$$V_a = V_{ab} = V_a - V_b = \frac{Q}{4\pi\epsilon_0}\left(\frac{1}{a} - \frac{1}{b}\right)$$

(전위의 공식을 이용하면 편리함)

문제 05 평행판 커패시터에 어떤 유전체를 넣었을 때 전속밀도가 4.8×10^{-7} [C/m²]이고 단위 체적당 정전에너지가 5.3×10^{-3} [J/m³]이었다. 이 유전체의 유전율은 약 몇 [F/m]인가?

① 1.15×10^{-11}
② 2.17×10^{-11}
③ 3.19×10^{-11}
④ 4.21×10^{-11}

풀이

$W_e = \dfrac{D^2}{2\epsilon}$ [J/m³] 에서

$$\epsilon = \frac{D^2}{2 \cdot W_e} = \frac{(4.8\times10^{-7})^2}{2\times5.3\times10^{-3}} = 2.17\times10^{-11} \text{[F/m]} \quad \text{답 ②}$$

문제 06 히스테리시스 곡선에서 히스테리시스 손실에 해당하는 것은?

① 보자력의 크기
② 잔류자기의 크기
③ 보자력과 잔류자기의 곱
④ 히스테리시스 곡선의 면적

풀이

히스테리시스 손(hysterisis loss)
히스테리시스 곡선을 다시 일주시켜도 항상 처음과 동일하기 때문에 **히스테리시스의 면적**에 해당하는 에너지는 열로 소비된다. 이것을 **히스테리시스 손**이라 한다.

$$P_h = \eta f B_m^{1.6} \text{[J/m³]} \quad \text{답 ④}$$

문제 07 그림과 같이 극판의 면적이 S [m²]인 평행판 커패시터에 유전율이 각각 $\epsilon_1 = 4$, $\epsilon_2 = 2$인 유전체를 채우고 a, b 양단에 V[V]의 전압을 인가했을 때 ϵ_1, ϵ_2인 유전체 내부의 전계의 세기 E_1과 E_2의 관계식은? (단, σ[C/m²]는 면전하밀도이다.)

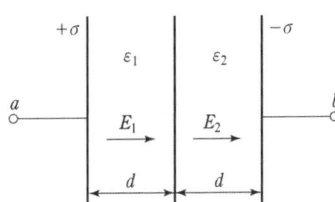

① $E_1 = 2E_2$
② $E_1 = 4E_2$
③ $2E_1 = E_2$
④ $E_1 = E_2$

풀이

경계면에 수직$(\theta_1 = \theta_2 = 0°)$이므로
경계조건 $D_1\cos\theta_1 = D_2\cos\theta_2$ 에서 $D_1 = D_2$
즉, $\epsilon_1 E_1 = \epsilon_2 E_2$ 에서 $E_1 = \dfrac{\epsilon_2}{\epsilon_1}E_2 = \dfrac{2}{4}\times E_2 = \dfrac{1}{2}E_2$
∴ $2E_1 = E_2$ 　　답 ③

문제 08 간격이 d[m]이고 면적이 S [m²]인 평행판 커패시터의 전극 사이에 유전율이 ϵ인 유전체를 넣고 전극 간에 V [V]의 전압을 가했을 때, 이 커패시터의 전극판을 떼어내는데 필요한 힘의 크기[N]는?

① $\dfrac{1}{2\epsilon}\dfrac{V^2}{d^2 S}$ ② $\dfrac{1}{2\epsilon}\dfrac{dV^2}{S}$

③ $\dfrac{1}{2}\epsilon\dfrac{V}{d}S$ ④ $\dfrac{1}{2}\epsilon\dfrac{V^2}{d^2}S$

풀이

$$F = f \cdot S = \frac{1}{2}\epsilon E^2 \cdot S = \frac{1}{2}\epsilon\left(\frac{V}{d}\right)^2 \cdot S\,[\text{N}]$$ **답** ④

문제 09 다음 중 기자력(magnetomotive force)에 대한 설명으로 틀린 것은?

① SI 단위는 암페어[A] 이다.
② 전기회로의 기전력에 대응한다.
③ 자기회로의 자기저항과 자속의 곱과 동일하다.
④ 코일에 전류를 흘렸을 때 전류밀도와 코일의 권수의 곱의 크기와 같다.

풀이

기자력 $F = NI = \phi R_m\,[\text{AT}]$
즉, 기자력은 전류와 코일 권수의 곱의 크기와 같다. **답** ④

문제 10 유전율 ϵ, 투자율 μ인 매질 내에서 전자파의 전파속도는?

① $\sqrt{\dfrac{\mu}{\epsilon}}$ ② $\sqrt{\mu\epsilon}$

③ $\sqrt{\dfrac{\epsilon}{\mu}}$ ④ $\dfrac{1}{\sqrt{\mu\epsilon}}$

풀이

매질 중에서의 전파속도 v
$$v = f\lambda = \frac{1}{\sqrt{\epsilon\mu}} = \frac{1}{\sqrt{\epsilon_0\mu_0}} \times \frac{1}{\sqrt{\epsilon_s\mu_s}} = \frac{c}{\sqrt{\epsilon_s\mu_s}}\,[\text{m/s}]$$
$$\left(c = \frac{1}{\sqrt{\epsilon_0\mu_0}} = 3\times10^8\,[\text{m/s}] : \text{빛의 속도}\right)$$ **답** ④

문제 11 평균 반지름(r)이 20[cm], 단면적(S)이 6[cm²]인 환상 철심에서 권선수(N)가 500회인 코일에 흐르는 전류(I)가 4[A]일 때 철심 내부에서의 자계의 세기(H)는 약 몇 [AT/m]인가?

① 1590
② 1700
③ 1870
④ 2120

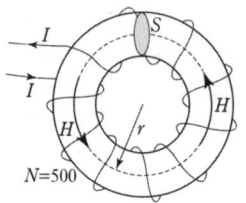

풀이

철심 내부에서의 자계의 세기
$$H = \frac{NI}{2\pi r} = \frac{500\times4}{2\pi\times0.2} = 1591.55\,[\text{AT/m}]$$ **답** ①

문제 12 패러데이관(Faraday tube)의 성질에 대한 설명으로 틀린 것은?

① 패러데이관 중에 있는 전속수는 그 관속에 진전하가 없으면 일정하며 연속적이다.
② 패러데이관의 양단에는 양 또는 음의 단위 진전하가 존재하고 있다.
③ 패러데이관 한 개의 단위 전위차 당 보유에너지는 $\dfrac{1}{2}[\text{J}]$이다.
④ 패러데이관의 밀도는 전속밀도와 같지 않다.

풀이

단위전하에서 나오는 전속선의 관을 패러데이관이라 하며, 그 특징은 다음과 같다.
• 패러데이관 내의 전속수는 일정하다.
• **페러데이관의 밀도는 전속 밀도와 같다.**
  (패러데이관 수 = 전속선 수).
• 진전하가 없는 점에서 패러데이관은 연속이다.
• 패러데이관 양단에 정, 부의 단위 전하가 있다. **답** ④

문제 13 공기 중 무한 평면도체의 표면으로부터 2[m] 떨어진 곳에 4[C]의 점전하가 있다. 이 점전하가 받는 힘은 몇 [N]인가?

① $\dfrac{1}{\pi\epsilon_0}$ ② $\dfrac{1}{4\pi\epsilon_0}$ ③ $\dfrac{1}{8\pi\epsilon_0}$ ④ $\dfrac{1}{16\pi\epsilon_0}$

풀이

점전하 $+Q\,[\text{C}]$과 무한 평면 도체간의 작용력 $F[\text{N}]$은 영상 전하 $-Q\,[\text{C}]$와의 작용력[N]이므로

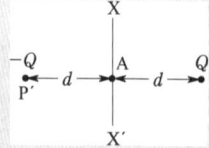

$$F = \frac{Q\cdot(-Q)}{4\pi\epsilon_0(2d)^2} = \frac{-Q^2}{16\pi\epsilon_0 d^2}\,[\text{N}]$$

여기서, 부호 (−)는 흡인력이다.

$$\therefore F = \frac{4^2}{16\pi\epsilon_0 \times 2^2} = \frac{1}{4\pi\epsilon_0} = 9\times10^9 [\text{N}]$$ 답 ②

$$\therefore F = \frac{1}{4\pi\epsilon_0} \cdot \frac{Q_1 Q_2}{r^2} \cdot r_0$$

$$= 9\times10^9 \times \frac{-2\times10^{-9}\times1}{(\sqrt5)^2} \times \frac{2\hat x - \hat y}{\sqrt5}$$

$$= -\frac{36}{5\sqrt5}\hat x + \frac{18}{5\sqrt5}\hat y \ [\text{N}]$$ 답 ②

문제 14 반지름이 r[m]인 반원형 전류 I[A]에 의한 반원의 중심(O)에서 자계의 세기[AT/m]는?

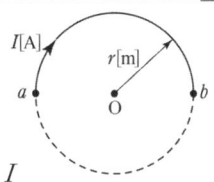

① $\dfrac{2I}{r}$ ② $\dfrac{I}{r}$

③ $\dfrac{I}{2r}$ ④ $\dfrac{I}{4r}$

풀이

원형 전류의 중심 자계의 세기

$$H = \frac{I}{2r} [\text{AT/m}] \text{ 이므로}$$

반원의 중심 자계의 세기

$$H = \frac{I}{2r} \times \frac{1}{2} = \frac{I}{4r} [\text{AT/m}]$$

방향은 앙페르의 오른 나사 법칙에 의해 $\otimes$ 방향이 된다. 답 ④

문제 16 내압이 2.0[kV]이고 정전용량이 각각 0.01[μF], 0.02[μF], 0.04[μF]인 3개의 커패시터를 직렬로 연결했을 때 전체 내압은 몇 [V]인가?

① 1750 ② 2000

③ 3500 ④ 4000

풀이

$Q = C_1 V_1 = C_2 V_2 = C_3 V_3$ 에서 콘덴서 용량이 적을수록 콘덴서에 인가되는 전압이 높아진다. 즉, **내압이 동일하다면 용량이 제일 적은 콘덴서가 제일 먼저 파괴된다.** 따라서, **최초로 파괴되는 콘덴서를 기준하여 전압을 인가하면 된다.**
0.01[μF]이 최초로 파괴되므로 0.01[μF]에서 기준한다.

$$V_1 : V_2 : V_3 = \frac{1}{0.01} : \frac{1}{0.02} : \frac{1}{0.04} = 4 : 2 : 1$$

$$V_1 = \frac{4}{7}V \rightarrow V = \frac{7}{4} \times 2,000 = 3,500 [\text{V}]$$ 답 ③

문제 15 진공 중에서 점 (0, 1)[m]의 위치에 -2×10^{-9}[C]의 점전하가 있을 때, 점 (2, 0)[m]에 있는 1[C]의 점전하에 작용하는 힘은 몇 [N]인가? (단, $\hat x$, $\hat y$는 단위벡터이다.)

① $-\dfrac{18}{3\sqrt5}\hat x + \dfrac{36}{3\sqrt5}\hat y$

② $-\dfrac{36}{5\sqrt5}\hat x + \dfrac{18}{5\sqrt5}\hat y$

③ $-\dfrac{36}{3\sqrt5}\hat x + \dfrac{18}{3\sqrt5}\hat y$

④ $\dfrac{36}{5\sqrt5}\hat x + \dfrac{18}{5\sqrt5}\hat y$

풀이

$$\boldsymbol r = (2-0)\hat x + (0-1)\hat y = 2\hat x - \hat y$$
$$r = \sqrt{2^2 + (-1)^2} = \sqrt5 [\text{m}]$$
단위벡터 $\boldsymbol r_0 = \dfrac{\boldsymbol r}{r} = \dfrac{2\hat x - \hat y}{\sqrt5}$

문제 17 그림과 같이 단면적 S[m²]가 균일한 환상 철심에 권수 N_1인 A 코일과 권수 N_2인 B 코일이 있을 때, A 코일의 자기 인덕턴스가 L_1[H]이라면 두 코일의 상호 인덕턴스 M[H]는? (단, 누설자속은 0이다.)

① $\dfrac{L_1 N_2}{N_1}$

② $\dfrac{N_2}{L_1 N_1}$

③ $\dfrac{L_1 N_1}{N_2}$

④ $\dfrac{N_1}{L_1 N_2}$

풀이

$$R = \frac{N_1^2}{L_1} = \frac{N_1 N_2}{M} \text{ 에서}$$

자기 인덕턴스 $L_1 = \dfrac{N_1^2}{R}$ [H]

상호 인덕턴스 $M = \dfrac{N_1 N_2}{R}$ [H]

위의 두 식에서 R을 소거하면

$$\therefore M = \dfrac{L_1 N_2}{N_1} \text{ [H]}$$

답 ①

밍의 왼손법칙으로부터 전자는 운동방향과 직각으로 힘을 받아 원 운동을 하게 된다.

- 회전 반경 : $r = \dfrac{mv}{qB} = \dfrac{mv}{q\mu H}$ [m]

- 각속도 : $\omega = \dfrac{qB}{m}$ [rad/sec]

- 주기 : $T = \dfrac{2\pi m}{qB}$ [sec]

즉, 원의 반지름은 자계의 세기 H에 반비례한다. **답** ③

문제 18 간격 d[m], 면적 S [m²]의 평행판 전극 사이에 유전율이 ϵ인 유전체가 있다. 전극 간에 $v(t) = V_m \sin\omega t$의 전압을 가했을 때, 유전체 속의 변위전류밀도[A/m²]는?

① $\dfrac{\epsilon \omega V_m}{d}\cos\omega t$ ② $\dfrac{\epsilon \omega V_m}{d}\sin\omega t$

③ $\dfrac{\epsilon V_m}{\omega d}\cos\omega t$ ④ $\dfrac{\epsilon V_m}{\omega d}\sin\omega t$

풀이

- $v = V_m \sin\omega t$

- 전계 $E = \dfrac{v}{d} = \dfrac{V_m}{d}\sin\omega t$

- 전속밀도 $D = \epsilon E = \dfrac{\epsilon V_m}{d}\sin\omega t$

- 변위 전류 밀도 $i_d = \dfrac{\partial D}{\partial t} = \dfrac{\epsilon}{d}V_m \dfrac{\partial}{\partial t}\sin\omega t$

$$= \dfrac{\epsilon}{d}\omega V_m \cos\omega t \text{ [A/m}^2]$$

답 ①

문제 19 속도 v의 전자가 평등자계 내에 수직으로 들어갈 때, 이 전자에 대한 설명으로 옳은 것은?

① 구면위에서 회전하고 구의 반지름은 자계의 세기에 비례한다.

② 원운동을 하고 원의 반지름은 자계의 세기에 비례한다.

③ 원운동을 하고 원의 반지름은 자계의 세기에 반비례한다.

④ 원운동을 하고 원의 반지름은 전자의 처음 속도의 제곱에 비례한다.

풀이

전자의 원운동 : 평등자계 내의 전자가 수직으로 운동하였을 때 전자의 운동은 전류의 방향과 반대 방향이므로 플레

문제 20 쌍극자 모멘트가 M [C · m]인 전기쌍극자에 의한 임의의 점 P에서의 전계의 크기는 전기쌍극자의 중심에서 축방향과 점 P를 잇는 선분 사이의 각이 얼마일 때 최대가 되는가?

① 0 ② $\dfrac{\pi}{2}$ ③ $\dfrac{\pi}{3}$ ④ $\dfrac{\pi}{4}$

풀이

$$E = \dfrac{M}{4\pi\epsilon_0 r^3}(\sqrt{1+3\cos^2\theta})$$에서 점 P의 전계는 $\theta = 0°$일 때 최대이고 $\theta = 90°$일 때 최소가 된다. **답** ①

제2과목 **전력공학**

문제 21 동작 시간에 따른 보호 계전기의 분류와 이에 대한 설명으로 틀린 것은?

① 순한시 계전기는 설정된 최소동작전류 이상의 전류가 흐르면 즉시 동작한다

② 반한시 계전기는 동작시간이 전류값의 크기에 따라 변하는 것으로 전류값이 클수록 느리게 동작하고 반대로 전류값이 작아질수록 빠르게 동작하는 계전기이다.

③ 정한시 계전기는 설정된 값 이상의 전류가 흘렀을 때 동작 전류의 크기와는 관계없이 항상 일정한 시간 후에 동작하는 계전기이다.

④ 반한시 · 정한시 계전기는 어느 전류값까지는 반한시성이지만 그 이상이 되면 정한시로 동작하는 계전기이다.

풀이

보호 계전기의 동작 시간에 의한 분류

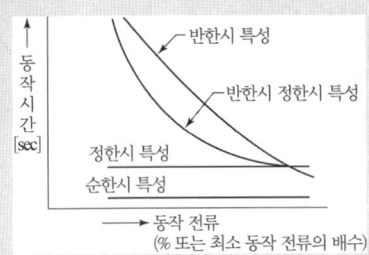

〈계전기의 한시 특성〉

보호 계전기 특징
① 순(한)시 특성 : 최소 동작 전류 이상의 전류가 흐르면 즉시 동작하는 특성
② 정한시 특성 : 동작 전류의 크기에 관계없이 일정한 시간에 동작하는 특성
③ 반한시 특성 : 동작 전류가 커질수록 동작 시간이 짧게 되는 특성
④ 반한시 정한시 특성 : 동작 전류가 적은 동안에는 동작 전류가 커질수록 동작 시간이 짧게 되는 반한시 특성을 갖고, 어떤 전류 이상이면 동작 전류의 크기에 관계없이 일정한 시간에 동작하는 정한시 특성을 가진 특성
즉, **반한시 계전기**는 정정된 값 이상의 전류가 흘러서 동작할 경우에 동작 **전류값이 클수록 빨리 동작**하고 반대로 동작 **전류값이 작아질수록 느리게 동작**하는 특성이 있다. **답** ②

문제 22 환상선로의 단락보호에 주로 사용하는 계전방식은?

① 비율차동계전방식 　② 방향거리계전방식
③ 과전류계전방식 　　④ 선택접지계전방식

풀이

• 전원이 2군데 이상 환상 선로의 단락 보호 → 방향 거리 계전기(DZ)
• 전원이 2군데 이상 방사 선로의 단락 보호 → 방향 단락 계전기(DS)와 과전류 계전기(OC)를 조합 **답** ②

문제 23 옥내배선을 단상 2선식에서 단상 3선식으로 변경하였을 때, 전선 1선당 공급전력은 약 몇 배 증가하는가? (단, 선간전압(단상 3선식의 경우는 중성선과 타선간의 전압), 선로전류(중성선의 전류 제외) 및 역률은 같다.)

① 0.71　② 1.33　③ 1.41　④ 1.73

풀이

항 목	단상 2선식	단상 3선식
회로도		

① 공급 전력
• 단상 2선식 $P_1 = VI\cos\theta$
• 단상 3선식 $P_3 = 2VI\cos\theta = 2P_1$
② 1선당 공급전력
• 단상 2선식 : $\dfrac{P_1}{2}$ 　• 단상 3선식 $\dfrac{P_3}{3} = \dfrac{2P_1}{3}$

따라서, 단상 3선식에서 1선당 공급전력은
$\dfrac{2P_1}{3} = \dfrac{4}{3}\dfrac{P_1}{2} = 1.33 \times \dfrac{P_1}{2}$ 이 되어 단상 2선식에 비해 1.33배 증가하게 된다. **답** ②

문제 24 3상용 차단기의 정격차단용량은 그 차단기의 정격전압과 정격차단전류와의 곱을 몇 배한 것인가?

① $\dfrac{1}{\sqrt{2}}$ 　　　② $\dfrac{1}{\sqrt{3}}$
③ $\sqrt{2}$ 　　　④ $\sqrt{3}$

풀이

3상용 차단기의 정격 차단용량 $P_s = \sqrt{3}\,VI_s$
V : 정격 전압, I_s : 정격 차단 전류 **답** ④

문제 25 유효낙차 100[m], 최대 유량 20[m³/s]의 수차가 있다. 낙차가 81[m]로 감소하면 유량[m³/s]은? (단, 수차에서 발생되는 손실 등은 무시하며 수차 효율은 일정하다.)

① 15　② 18　③ 24　④ 30

풀이

낙차 변화에 대한 유량의 변화는 다음과 같다.

$\dfrac{Q_2}{Q_1} = \left(\dfrac{H_2}{H_1}\right)^{\frac{1}{2}} = \sqrt{\dfrac{H_2}{H_1}}$

$\therefore Q_2 = Q_1\sqrt{\dfrac{H_2}{H_1}} = 20 \times \sqrt{\dfrac{81}{100}} = 20 \times 0.9 = 18\,[\text{m}^3/\text{sec}]$ **답** ②

문제 26 단락용량 3000[MVA]인 모선의 전압이 154[kV]라면 등가 모선 임피던스[Ω]는 약 얼마인가?

① 5.81　　② 6.21　　③ 7.91　　④ 8.71

풀이

단락용량 $P_s = \dfrac{V^2}{Z}$

따라서 등가 모선임피던스

$Z = \dfrac{V^2}{P_s} = \dfrac{(154 \times 10^3)^2}{3000 \times 10^6} = 7.91[\Omega]$　　**답** ③

문제 27 중성점 접지 방식 중 직접접지 송전방식에 대한 설명으로 틀린 것은?

① 1선 지락 사고 시 지락전류는 타접지방식에 비하여 최대로 된다.
② 1선 지락 사고 시 지락계전기의 동작이 확실하고 선택차단이 가능하다.
③ 통신선에서의 유도장해는 비접지방식에 비하여 크다.
④ 기기의 절연레벨을 상승시킬 수 있다.

풀이

직접 접지 방식의 장·단점
(1) 장점
　• **절연 레벨을 저하시킬 수 있다.**
　• 1선 지락 사고시 건전상의 대지전압 상승은 1.3배 이하로서 이상 전압의 크기는 타 접지방식에 비해 낮다.
　• 정격전압이 낮은 피뢰기를 사용 할 수 있다.
　• 단절연된 변압기를 사용 할 수 있다.
　• 지락계전기의 동작을 확실하게 할 수 있다.
(2) 단점
　• 과도 안정도가 나빠진다.
　• 통신선에 전자 유도장해를 일으킨다.
　• 대용량의 차단기가 필요하다.　　**답** ④

문제 28 송전선에 직렬콘덴서를 설치하였을 때의 특징으로 틀린 것은?

① 선로 중에서 일어나는 전압강하를 감소시킨다.
② 송전전력의 증가를 꾀할 수 있다.
③ 부하역률이 좋을수록 설치효과가 크다.
④ 단락사고가 발생하는 경우 사고전류에 의하여 과전압이 발생한다.

풀이

직렬 콘덴서의 장·단점
[장점]
① 유도 리액턴스를 보상하고 전압 강하를 감소시킨다.
② 수전단의 전압변동률을 경감시킨다.
③ 최대 송전 전력이 증대하고 정태 안정도가 증대한다.
④ **부하 역률이 나쁠수록 효과가 크다.**
⑤ 용량이 작으므로 설비가 저렴하다.

[단점]
① 단락 고장시 콘덴서 양단에 고전압이 걸린다.
② 무부하 변압기에 직렬 콘덴서를 투입하는 경우 선로 전류가 증대한다.
③ 고압 배전선에 설치하는 경우 자기 여자 현상이 일어날 경우가 있다.
④ 과보상이 되면 동기기에 난조가 생기거나 탈조하는 수가 있다.　　**답** ③

문제 29 수압철관의 안지름이 4[m]인 곳에서의 유속이 4 [m/s]이다. 안지름이 3.5[m]인 곳에서의 유속[m/s]은 약 얼마인가?

① 4.2　　　　　② 5.2
③ 6.2　　　　　④ 7.2

풀이

연속의 정리 $A_1 v_1 = A_2 v_2 = Q$ (일정)에서

$v_2 = \dfrac{v_1 A_1}{A_2} = \dfrac{v_1 \times \frac{1}{4}\pi d_1^2}{\frac{1}{4}\pi d_2^2}$

$\quad = \dfrac{4 \times 4^2}{3.5^2} = 5.22[\text{m/s}]$　　**답** ②

문제 30 경간이 200[m]인 가공 전선로가 있다. 사용전선의 길이는 경간보다 약 몇 [m] 더 길어야 하는가? (단, 전선의 1[m]당 하중은 2[kg], 인장하중은 4000 [kg]이고, 풍압하중은 무시하며, 전선의 안전율은 2이다.)

① 0.33　　　　　② 0.61
③ 1.41　　　　　④ 1.73

풀이

이도 $D = \dfrac{WS^2}{8T} = \dfrac{2 \times 200^2}{8 \times \frac{4000}{2}} = 5$

전선의 실제길이 $L = S + \dfrac{8D^2}{3S}$ 에서

$L - S = \dfrac{8D^2}{3S} = \dfrac{8 \times 5^2}{3 \times 200} = \dfrac{1}{3} = 0.33[m]$ 답 ①

문제 31 송전선로에서 현수 애자련의 연면 섬락과 가장 관계가 먼 것은?

① 댐퍼
② 철탑 접지 저항
③ 현수 애자련의 개수
④ 현수 애자련의 소손

풀이

애자의 상하 금구 사이에 인가된 전압이 일정값 이상이 되면 애자 주위의 공기를 통해서 양 금구간에 지속적인 아크를 발생하여 애자가 소손되어 섬락을 일으키게 된다. 따라서, 애자련의 섬락을 방지하기 위해서는 애자련의 개수를 증가시키거나, 주기적인 애자련의 청소 및 철탑의 탑각접지 저항값을 낮추어 역섬락을 방지하도록 하여야 한다.

여기서, **댐퍼는 전선의 진동에너지를 흡수**함으로서 진동발생 방지 및 진동으로 인한 **전선의 단선을 방지**하기 위한 설비이다.   답 ①

문제 32 전력계통의 중성점 다중 접지방식의 특징으로 옳은 것은?

① 통신선의 유도장해가 적다.
② 합성 접지 저항이 매우 높다.
③ 건전 상의 전위 상승이 매우 높다.
④ 지락보호 계전기의 동작이 확실하다.

풀이

공통 중성선 다중 접지방식의 특징
① 통신선의 유도장해가 크다.
② 합성 접지 저항이 낮다.
③ 건전 상 전위 상승이 낮다.(특히 고저압 혼촉 시 저압선의 전위 상승이 낮으므로 3상 4선식 배전선로에 많이 사용된다.)
④ **지락보호 계전기의 동작이 확실해진다.**   답 ④

문제 33 전력계통의 전압조정설비에 대한 특징으로 틀린 것은?

① 병렬콘덴서는 진상능력만을 가지며 병렬리액터는 진상능력이 없다.
② 동기조상기는 조정의 단계가 불연속적이나 직렬콘덴서 및 병렬리액터는 연속적이다.
③ 동기조상기는 무효전력의 공급과 흡수가 모두 가능하며 진상 및 지상용량을 갖는다.
④ 병렬리액터는 경부하시에 계통 전압이 상승하는 것을 억제하기 위하여 초고압 송전선 등에 설치된다.

풀이

	진상	지상	시충전	조정	단락시 고장전류 공급
콘덴서	○	×	×	단계적	×
리액터	×	○	×	단계적	×
동기 조상기	○	○	○	연속적	○

답 ②

문제 34 변압기 보호용 비율차동계전기를 사용하여 △-Y 결선의 변압기를 보호하려고 한다. 이때 변압기 1, 2차측에 설치하는 변류기의 결선 방식은? (단, 위상 보정기능이 없는 경우이다.)

① △-△
② △-Y
③ Y-△
④ Y-Y

풀이

변압기 보호용 계전기는 비율 차동 계전기가 사용되며 변압기 1차와 2차간의 변위를 보정하기 위하여 **변류기의 결선은 변압기의 결선과 반대**로 한다.
즉, **변압기 결선이 △-Y이면 변류기 결선은 Y-△로 한다.**   답 ③

문제 35 송전선로에 단도체 대신 복도체를 사용하는 경우에 나타나는 현상으로 틀린 것은?

① 전선의 작용인덕턴스를 감소시킨다.
② 선로의 작용정전용량을 증가시킨다.
③ 전선 표면의 전위경도를 저감시킨다.
④ 전선의 코로나 임계전압을 저감시킨다.

풀이

복도체의 특징 : 복도체는 단도체에 비해 등가반지름이 증가한다. 따라서,
① 인덕턴스는 20~30 [%] 감소
② 정전 용량은 20 [%] 증가
③ 코로나 임계전압은 15~20 [%] 증가하여 코로나 발생이 억제된다.

답 ④

문제 36 어느 화력발전소에서 40000[kWh]를 발전하는데 발열량 860[kcal/kg]의 석탄이 60톤 사용된다. 이 발전소의 열효율[%]은 약 얼마인가?

① 56.7   ② 66.7

③ 76.7   ④ 86.7

풀이

발전전력량 E[kWh], 연료소비량 W[kg], 연료의 발열량 C[kcal/kg] 이라면

열효율 $\eta = \dfrac{860E}{WC} \times 100$[%]에서 ($\because$ 1[kWh]=860[kcal])

$\eta = \dfrac{860 \times 40000}{60 \times 1000 \times 860} \times 100 = 66.67$ [%]

답 ②

문제 37 가공송전선의 코로나 임계전압에 영향을 미치는 여러 가지 인자에 대한 설명 중 틀린 것은?

① 전선표면이 매끈할수록 임계전압이 낮아진다.
② 날씨가 흐릴수록 임계전압은 낮아진다.
③ 기압이 낮을수록, 온도가 높을수록 임계전압은 낮아진다.
④ 전선의 반지름이 클수록 임계전압은 높아진다.

풀이

$E_o = 24.3 m_0 m_1 \delta d \log_{10} \dfrac{D}{r}$ [kV]

여기서, E_0 : 코로나 임계 전압 [kV]

m_0 : 전선의 표면 계수 (전선의 표면 상태가 매끈한 단선은 1, 거친 단선은 0.98~0.93을 적용)

m_1 : 기후에 관한 계수 : 맑은 날씨이면 1.0, 비오는 날은 0.8

δ : 상대 공기 밀도 $\left(\delta = \dfrac{0.386b}{273+t}\right)$

d : 전선의 직경 [cm], r : 전선의 반지름 [cm]

D : 전선의 선간거리 [cm], b : 기압 [mmHg]

t : 기온 [℃]

즉, 전선의 표면이 매끈할수록 임계전압은 높아져 코로나 발생은 억제된다.

답 ①

문제 38 송전선의 특성 임피던스의 특징으로 옳은 것은?

① 선로의 길이가 길어질수록 값이 커진다.
② 선로의 길이가 길어질수록 값이 작아진다.
③ 선로의 길이에 따라 값이 변하지 않는다.
④ 부하용량에 따라 값이 변한다.

풀이

특성 임피던스는 송전선을 이동하는 진행파에 대한 전압과 전류의 비로서 선로의 길이와는 무관하다.

특성 임피던스 $Z_0 = \sqrt{\dfrac{Z}{Y}} = \sqrt{\dfrac{(r+j\omega L)}{(g+j\omega C)}}$ [Ω]

선로의 특성임피던스는 선로의 저항(r)과 누설콘덕턴스 (g)를 무시하면 $Z_0 = \sqrt{\dfrac{L}{C}}$ 로 표현된다.

답 ③

문제 39 송전 선로의 보호 계전 방식이 아닌 것은?

① 전류 위상 비교 방식
② 전류 차동 보호 계전 방식
③ 방향 비교 방식
④ 전압 균형 방식

풀이

현재 사용되고 있는 송전선 보호 계전방식
① 전류 차동 원리를 이용한 방식
    (파일럿와이어 또는 PCM 전송)
② 전류 위상 비교방식   ③ 방향 비교방식
④ 거리 측정방식   ⑤ 전류 균형 방식
⑥ 과전류 방식

답 ④

문제 40 선로고장 발생 시 고장전류를 차단할 수 없어 리클로저와 같이 차단 기능이 있는 후비보호 장치와 함께 설치되어야 하는 장치는?

① 배선용차단기   ② 유입개폐기
③ 컷아웃스위치   ④ 섹셔널라이저

풀이

섹셔널라이저는 배전선로에 고장이 발생할 경우 리클로저의 동작으로 선로가 무전압 상태가 되면 이를 감지하여 무전압 상태의 횟수를 기억하였다가 정해진 횟수에 도달하면 선로의 무전압 상태에서 선로를 개방하여 고장 구간을 분리시킨다. 섹셔널라이저는 고장 전류를 차단할 수 있는 능력이 없으므로 리클로저와 직렬로 조합하여 사용한다.

답 ④

제3과목 전기기기

문제 41 3상 변압기를 병렬 운전하는 조건으로 틀린 것은?

① 각 변압기의 극성이 같을 것

② 각 변압기의 %임피던스 강하가 같을 것

③ 각 변압기의 1차와 2차 정격전압과 변압비가 같을 것

④ 각 변압기의 1차와 2차 선간전압의 위상 변위가 다를 것

풀이

변압기 병렬 운전 조건

① 각 변압기의 극성이 같을 것

② 권수비 및 2차 정격 전압이 같을 것

③ 각 변압기의 퍼센트 임피던스 강하가 같으며 저항과 리액턴스비가 같을 것

④ 상회전 방향이 같을 것

⑤ **위상 변위가 같아야 한다.** 답 ④

문제 42 직류 직권전동기에서 분류 저항기를 직권 권선에 병렬로 접속해 여자전류를 가감시켜 속도를 제어하는 방법은?

① 저항 제어 ② 전압 제어

③ 계자 제어 ④ 직·병렬 제어

풀이

직권 전동기의 속도제어

① 계자 제어법

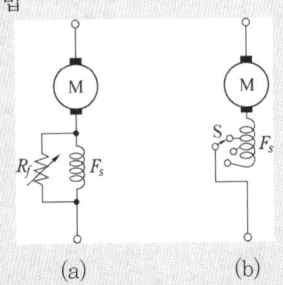

(a)   (b)

그림 (a)와 같이 **계자 권선에 병렬로 접속한 저항** R_f를 조정해서 **계자 전류를 변화**시키는 방법과 그림 (b)와 같이 계자 권선의 중간에 내놓은 탭 접속을 바꾸어 계자를 조정하는 방법이 있다.

② 직렬 저항 제어법

전기자 회로에 저항을 넣어서 속도를 저하 시키는 방법으로 효율이 나쁜 것이 결점이지만 직·병렬 제어법과 병용하여 많이 사용되는 방법이다.

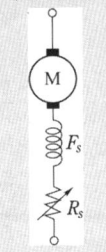

③ 직·병렬 제어법

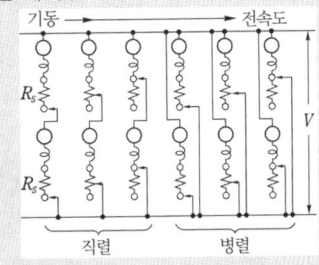

전압 제어법의 일종으로 정격이 같은 전동기를 직·병렬 접속하여 전동기에 인가되는 전압을 조정하여 속도를 제어하는 방법으로 이것만으로는 속도의 변화가 원활하지 못하므로 저항 제어법을 병용한다. 답 ③

문제 43 직류발전기의 특성곡선에서 각 축에 해당하는 항목으로 틀린 것은?

① 외부특성곡선 : 부하전류와 단자전압

② 부하특성곡선 : 계자전류와 단자전압

③ 내부특성곡선 : 무부하전류와 단자전압

④ 무부하특성곡선 : 계자전류와 유도기전력

풀이

구 분	횡축	종축	조 건	
무부하 포화 곡선	I_f	$V(=E)$	n=일정	$I=0$
외부 특성 곡선	I	V	n=일정	R_f=일정
내부 특성 곡선	I	E	n=일정	R_f=**일정**
부하 특성 곡선	I_f	V	n=일정	I=일정
계자 조정 곡선	I	I_f	n=일정	V=일정

(단, V : 단자전압, E : 유기 기전력, I : 부하전류, I_f : 계자전류) 답 ③

문제 44 60[Hz], 600[rpm]의 동기전동기에 직결된 기동용 유도전동기의 극수는?

① 6　　　　　　　② 8

③ 10　　　　　　　④ 12

풀이

- 극수 $p = \dfrac{120f}{N_s} = \dfrac{120 \times 60}{600} = \dfrac{7200}{600} = 12$극

- 유도 전동기는 슬립이 존재하므로 동기 전동기와 같은 극수인 경우, 유도 전동기의 속도는 동기 전동기의 속도보다 sN_s만큼 늦게 되어 유도 전동기로 동기 전동기를 기동하는 경우 동기 속도에 도달 할 수 없게 된다. 따라서, 유도 전동기의 극수는 동기 전동기의 극수보다 2극 적게 하여야 한다.

  즉, 유도전동기의 극수는 10극이 되어야 한다.　**답 ③**

문제 45 다이오드를 사용한 정류회로에서 다이오드를 여러 개 직렬로 연결하면 어떻게 되는가?

① 전력공급의 증대

② 출력전압의 맥동률을 감소

③ 다이오드를 과전류로부터 보호

④ 다이오드를 과전압으로부터 보호

풀이

- 다이오드 **직렬 연결** : 과전압으로부터 다이오드 보호

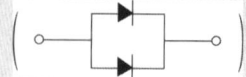

- 다이오드 병렬 연결 : 과전류로부터 다이오드 보호

답 ④

문제 46 4극 60[Hz]인 3상 유도전동기가 있다. 1725 [rpm]으로 회전하고 있을 때, 2차 기전력의 주파수[Hz]는?

① 2.5　　　　　　② 5

③ 7.5　　　　　　④ 10

풀이

동기속도 $N_s = \dfrac{120f}{p} = \dfrac{120 \times 60}{4} = 1800$ [rpm]

슬립 $s = \dfrac{N_s - N}{N_s} = \dfrac{1800 - 1725}{1800} = 0.0417$

$\therefore f_2 = sf_1 = 0.0417 \times 60 = 2.5$[Hz]　**답 ①**

문제 47 직류 분권전동기의 전압이 일정할 때 부하 토크가 2배로 증가하면 부하전류는 약 몇 배가 되는가?

① 1　　　② 2　　　③ 3　　　④ 4

풀이

분권 전동기 토크 $T = K\phi I_a$ [kg·m]에서 $T \propto I_a$ 이므로

$T : 2T = I_a : I_x$, $I_x = 2I_a$　**답 ②**

문제 48 유도전동기의 슬립을 측정하려고 한다. 다음 중 슬립의 측정법이 아닌 것은?

① 수화기법　　　　② 직류밀리볼트계법

③ 스트로보스코프법　④ 프로니브레이크법

풀이

- 슬립의 측정
  ① 회전계법 : 회전계로 직접 회전수를 측정해서 s를 구하는 방법
  ② 직류 밀리볼트계법 : 권선형 유도전동기에 사용
  ③ 수화기법
  ④ 스트로보스코프
- 프로니브레이크법은 소형 전동기의 토크 측정법이다.

답 ④

문제 49 정격출력 10000[kVA], 정격전압 6600 [V], 정격역률 0.8인 3상 비돌극 동기발전기가 있다. 여자를 정격상태로 유지할 때 이 발전기의 최대 출력은 약 몇 [kW] 인가? (단, 1상의 동기 리액턴스를 0.9[pu]라 하고 저항은 무시한다.)

① 17089　　　　　② 18889

③ 21259　　　　　④ 23619

풀이

- 비돌극기의 매상 출력 $P ≒ \dfrac{EV}{x_s} \sin\delta$ [W]

- 비돌극기의 최대출력은 $\sin\delta = 1$일 때 이므로

  $P_{max} = \dfrac{EV}{x_s} \sin\delta = \dfrac{EV}{x_s} \times 1 = \dfrac{EV}{x_s}$ [W]

- 단위법으로 그린 1상의 벡터도

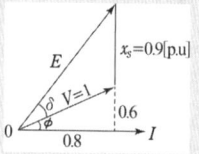

- $E = \sqrt{0.8^2 + (0.6+0.9)^2} = 1.7[pu]$
- $P_{\max} = \dfrac{EV}{x_s} = \dfrac{1.7 \times 1}{0.9} = 1.8889[pu]$

$\therefore P_{\max} = 1.8889 \times 10000 = 18889[kVA]$ **답** ②

문제 50 단상 반파정류회로에서 직류전압의 평균값 210[V]를 얻는데 필요한 변압기 2차 전압의 실효값은 약 몇 [V] 인가? (단, 부하는 순 저항이고, 정류기의 전압강하 평균값은 15[V]로 한다.)

① 400   ② 433
③ 500   ④ 566

풀이

단상 반파정류의 직류전압

$E_d = \dfrac{2\sqrt{2}}{2\pi} E - e = 0.45E - e\ [V]$

따라서 실효값 $E = \dfrac{E_d + e}{0.45} = \dfrac{210 + 15}{0.45} = 500\ [V]$ **답** ③

문제 51 변압기유에 요구되는 특성으로 틀린 것은?

① 점도가 클 것   ② 응고점이 낮을 것
③ 인화점이 높을 것   ④ 절연 내력이 클 것

풀이

변압기유의 구비조건
① 절연저항 및 절연내력이 클 것
② 비열 및 열 전도율이 크며 **점도가 낮을 것**
③ 인화점은 높고 응고점은 낮을 것
④ 열팽창계수가 작고 증발로 인한 감소량이 적을 것
⑤ 화학적으로 안정하여 열화변질 되지 않으며 기기를 침식시키지 말 것. **답** ①

문제 52 100[kVA], 2300/115[V], 철손 1[kW], 전부하동손 1.25[kW]의 변압기가 있다. 이 변압기는 매일 무부하로 10시간, $\dfrac{1}{2}$ 정격부하 역률 1에서 8시간, 전부하 역률 0.8(지상)에서 6시간 운전하고 있다면 전일효율은 약 몇 [%] 인가?

① 93.3   ② 94.3
③ 95.3   ④ 96.3

풀이

$P_a = 100\ [kVA]$, 철손 $P_i = 1\ [kW]$,
전부하 동손 $P_c = 1.25\ [kW]$ 이므로,
- 전일 철손 $24P_i = 24 \times 1 = 24[kWh]$
- 전일 동손 $\sum(h \times m^2 P_c)$

$= \left[8 \times \left(\dfrac{1}{2}\right)^2 \times 1.25\right] + (6 \times 1^2 \times 1.25) = 10[kWh]$

- 전일 출력 $\sum(h \times m P_a \cos\theta)$

$= \left(8 \times \dfrac{1}{2} \times 100 \times 1\right) + (6 \times 1 \times 100 \times 0.8) = 880[kWh]$

- 전일효율

$\eta = \dfrac{\sum h \cdot m P_a \cos\theta}{\sum h \cdot m P_a \cos\theta + 24P_i + \sum m^2 P_c} \times 100[\%]$

$= \dfrac{880}{880 + 24 + 10} \times 100 = 96.28\ [\%]$ **답** ④

문제 53 3상 유도전동기에서 고조파 회전자계가 기본파 회전방향과 역방향인 고조파는?

① 제3고조파   ② 제5고조파
③ 제7고조파   ④ 제13고조파

풀이

고조파 차수 h (3상인 경우)
- 기본파와 같은 방향으로 회전 : $h = 2nm+1$(제7, 13차 등)
- **기본파와 반대 방향으로 회전** : $h = 2nm-1$(제5, 11, 17차, …)
- $h = 3n$: 회전자계를 발생하지 않는다.
단, m은 상수, n은 정의 정수 **답** ②

문제 54 직류 분권전동기의 기동 시에 정격전압을 공급하면 전기자 전류가 많이 흐르다가 회전속도가 점점 증가함에 따라 전기자 전류가 감소하는 원인은?

① 전기자반작용의 증가
② 전기자권선의 저항증가
③ 브러시의 접촉저항증가
④ 전동기의 역기전력상승

풀이

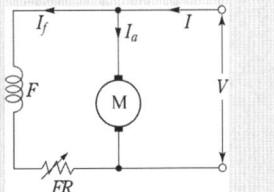

- 단자전압 $V = E_c + I_a R_a$에서 전기자 전류 $I_a = \dfrac{V - E_c}{R_a}$[A]
  가 된다.
- 역기전력 $E_c = p\phi n \dfrac{Z}{a}$[V]에서 $E_c \propto n$
- 기동 시에는 속도 n이 적기 때문에 역기전력 E_c도 적다.
  따라서, 전기자 전류 $I_a = \dfrac{V - E_c}{R_a}$[A]에서 알 수 있듯이
  많은 전류가 흐르게 된다.
  (참고 : 전기자 저항 R_a는 매우 적은 값 이다.)
- 속도 n이 점점 증가하게 되면 역기전력 $E_c = p\phi n \dfrac{Z}{a}$도 증

  가 하게 된다. 따라서, 전기자 전류 $I_a = \dfrac{V - E_c}{R_a}$[V]에서

  E_c가 증가하게 되므로 전기자 전류 I_a는 감소하게 된다.

  답 ④

문제 55 변압기의 전압변동률에 대한 설명으로 틀린 것은?

① 일반적으로 부하변동에 대하여 2차 단자전압의 변동이 작을수록 좋다.
② 전부하시와 무부하시의 2차 단자전압이 서로 다른 정도를 표시하는 것이다.
③ 인가전압이 일정한 상태에서 무부하 2차 단자전압에 반비례한다.
④ 전압변동률은 전등의 광도, 수명, 전동기의 출력 등에 영향을 미친다.

풀이

전압변동률 $\epsilon = \dfrac{V_{2o} - V_{2n}}{V_{2n}} \times 100$

V_{2o} : 무부하 시 2차 단자전압

V_{2n} : 정격부하 시 2차 단자전압 답 ③

문제 56 1상의 유도기전력이 6000[V]인 동기발전기에서 1분간 회전수를 900[rpm]에서 1800[rpm]으로 하면 유도기전력은 약 몇 [V]인가?

① 6000 ② 12000
③ 24000 ④ 36000

풀이

유도기전력 $e = Blv = Bl \times \pi Dn \propto n$ ($\because v = \pi Dn$)
여기서, B : 자속밀도, l : 도체의 길이,

D : 전기자의 직경, n : 회전수
따라서, 유도기전력과 속도는 비례($e \propto n$)하므로,
6000 : e' = 900 : 1800

$\therefore e' = \dfrac{1800}{900} \times 6000 = 12000$ [V] 답 ②

문제 57 변압기 내부고장 검출을 위해 사용하는 계전기가 아닌 것은?

① 과전압 계전기 ② 비율차동 계전기
③ 부흐홀츠 계전기 ④ 충격 압력 계전기

풀이

변압기 내부고장 검출용 보호 계전기
① 차동 계전기 (비율 차동 계전기)
② 압력 계전기
③ 부흐홀쯔 계전기
④ 가스 검출 계전기 답 ①

문제 58 권선형 유도전동기의 2차 여자법 중 2차 단자에서 나오는 전력을 동력으로 바꿔서 직류전동기에 가하는 방식은?

① 회생방식 ② 크레머방식
③ 플러깅방식 ④ 세르비우스방식

풀이

크레머(Kramer) 방식 : 유도전동기와 직류전동기를 기계적으로 직결하고 전기적으로는 유도전동기의 2차 출력을 실리콘 정류기로 정류하여 직류전동기의 입력으로서 가하도록 접속한 방식 답 ②

문제 59 동기조상기의 구조상 특징으로 틀린 것은?

① 고정자는 수차발전기와 같다.
② 안전 운전용 제동권선이 설치된다.
③ 계자 코일이나 자극이 대단히 크다.
④ 전동기 축은 동력을 전달하는 관계로 비교적 굵다.

풀이

동기 조상기는 동기 전동기를 무부하로 회전시켜 직류 계자 전류 I_f의 크기를 조정하여 무효 전력을 지상 또는 진상으로 제어하는 기기이다.

• 과여자 : 콘덴서 C로 작용
• 부족여자 : 인덕턴스 L로 작용 　답 ④

문제 60 75[W] 이하의 소출력 단상 직권정류자 전동기의 용도로 적합하지 않은 것은?

① 믹서　　　　　② 소형공구
③ 공작기계　　　④ 치과의료용

풀이

직류 직권 전동기에 가해 주는 직류 전압을 그림과 같이 바꿀 경우에도 자속과 전기자 전류의 방향이 동시에 모두 반대가 되므로, 회전 방향은 변하지 않는다.

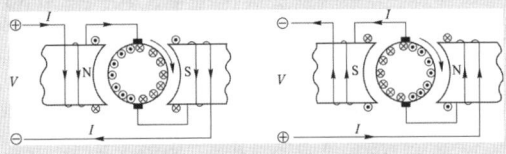

직·교류 양용 전동기의 원리

따라서, 이 직류 직권 전동기에 교류 전압을 가해 주어도 전동기는 항상 같은 방향의 토크를 발생하고, 회전을 같은 방향으로 계속한다. 직·교류 양용 전동기는 이와 같은 원리를 이용한 전동기로서 **단상 직권 정류자 전동기**라고 하며 **믹서기, 재봉틀, 진공청소기, 휴대용 드릴, 치과의료용 및 소형공구**에 사용된다. 　답 ③

제4과목 회로이론 및 제어공학

문제 61 그림의 제어시스템이 안정하기 위한 K의 범위는?

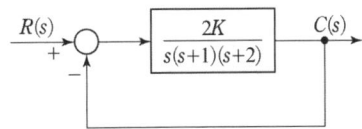

① $0 < K < 3$　　　② $0 < K < 4$
③ $0 < K < 5$　　　④ $0 < K < 6$

풀이

특성방정식은
$$1 + G(s)H(s) = 1 + \frac{2K}{s(s+1)(s+2)} = 0$$

$$s(s+1)(s+2) + 2K = s^3 + 3s^2 + 2s + 2K = 0$$
이므로, 루드의 표는

s^3	1	2
s^2	3	$2K$
s^1	$\dfrac{6-2K}{3}$	0
s^0	$2K$	

계가 안정하기 위해서는 제1열의 부호변화가 없어야 하므로
$$6 - 2K > 0, \ 2K > 0$$
$$\therefore \ 0 < K < 3$$　　답 ①

문제 62 블록선도의 전달함수가 $\dfrac{C(s)}{R(s)} = 10$과 같이 되기 위한 조건은?

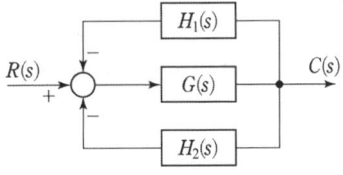

① $G(s) = \dfrac{1}{1 - H_1(s) - H_2(s)}$

② $G(s) = \dfrac{10}{1 - H_1(s) - H_2(s)}$

③ $G(s) = \dfrac{1}{1 - 10H_1(s) - 10H_2(s)}$

④ $G(s) = \dfrac{10}{1 - 10H_1(s) - 10H_2(s)}$

풀이

① 전달함수로 나타내면
$$(R - CH_1 - CH_2)G = C$$
$$RG = C(1 + H_1 G + H_2 G)$$
$$\therefore \ \frac{C}{R} = \frac{G}{1 + H_1 G + H_2 G}$$

② 블록선도의 전달함수가 10이 되어야 하므로
$$\frac{G}{1 + H_1 G + H_2 G} = 10$$
$$G = 10(1 + H_1 G + H_2 G) = 10 + 10H_1 G + 10H_2 G$$
$$G - 10H_1 G - 10H_2 G = G(1 - 10H_1 - 10H_2) = 10$$
$$\therefore \ G(s) = \frac{10}{1 - 10H_1(s) - 10H_2(s)}$$　　답 ④

문제 63 주파수 전달함수가 $G(j\omega) = \dfrac{1}{j100\omega}$ 인 제어시스템에서 $\omega = 1.0$[rad/s]일 때의 이득[dB]과 위상각[°]은 각각 얼마인가?

① 20[dB], $90°$
② 40[dB], $90°$
③ -20[dB], $-90°$
④ -40[dB], $-90°$

풀이

$$g = 20\log |G(j\omega)| = 20\log \left|\frac{1}{j100\omega}\right| = 20\log \left|\frac{1}{j100}\right|$$

$$= 20\log \frac{1}{100} = -40[dB]$$

$$\theta = \angle G(j\omega) = \angle \frac{1}{j100\omega} = \angle \frac{1}{j100} = -90°$$

답 ④

문제 64 개루프 전달함수가 다음과 같은 제어시스템의 근궤적이 $j\omega$(허수)축과 교차할 때 K는 얼마인가?

$$G(s)H(s) = \frac{K}{s(s+3)(s+4)}$$

① 30
② 48
③ 84
④ 180

풀이

특성 방정식은
$$s(s+3)(s+4)+K = s^3 + 7s^2 + 12s + K = 0$$
윗 식의 루드 배열은

s^3	1	12
s^2	7	K
s^1	$\dfrac{84-K}{7}$	0
s^0	K	0

K의 임계값은 s^1의 제1열 요소를 0으로 놓아 얻을 수 있다.
$$\frac{84-K}{7} = 0 \qquad \therefore K = 84$$

답 ③

문제 65

그림과 같은 신호흐름선도에서 $\dfrac{C(s)}{R(s)}$ 는?

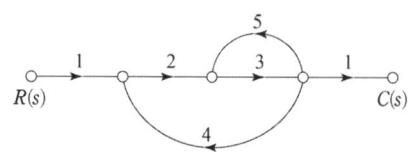

① $-\dfrac{6}{38}$
② $\dfrac{6}{38}$
③ $-\dfrac{6}{41}$
④ $\dfrac{6}{41}$

풀이

• 전향경로 이득 : $2\times3 = 6$
• 루프 이득 : $3\times5 = 15$, $2\times3\times4 = 24$

$$\therefore G(s) = \frac{\sum 전향 경로 이득}{1 - \sum 루프이득} = \frac{6}{1-(15+24)} = -\frac{6}{38}$$

답 ①

문제 66 제어요소의 표준 형식인 적분요소에 대한 전달함수는? (단, K는 상수이다.)

① Ks
② $\dfrac{K}{s}$
③ K
④ $\dfrac{K}{1+Ts}$

풀이

• 비례 요소 : K
• 미분 요소 : Ks
• 적분 요소 : $\dfrac{K}{s}$
• 1차 지연요소 : $\dfrac{K}{Ts+1}$

답 ②

문제 67 단위계단 함수 $u(t)$를 z변환하면?

① $\dfrac{1}{z-1}$
② $\dfrac{z}{z-1}$
③ $\dfrac{1}{Tz-1}$
④ $\dfrac{Tz}{Tz-1}$

풀이

$f(t)$	$F(s)$	$F(z)$
$\delta(t)$	1	1
$u(t)$	$\dfrac{1}{s}$	$\dfrac{z}{z-1}$
t	$\dfrac{1}{s^2}$	$\dfrac{Tz}{(z-1)^2}$
e^{-at}	$\dfrac{1}{s+a}$	$\dfrac{z}{z-e^{-at}}$

답 ②

문제 68 그림의 논리회로와 등가인 논리식은?

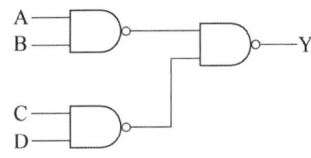

① $Y = A \cdot B \cdot C \cdot D$
② $Y = A \cdot B + C \cdot D$
③ $Y = \overline{A \cdot B} + \overline{C \cdot D}$
④ $Y = (\overline{A} + \overline{B}) \cdot (\overline{C} + \overline{D})$

풀이

- $Y = \overline{\overline{A \cdot B} \cdot \overline{C \cdot D}} = \overline{\overline{A \cdot B}} + \overline{\overline{C \cdot D}} = A \cdot B + C \cdot D$
- 드모르간의 법칙 : $\overline{A \cdot B} = \overline{A} + \overline{B}$
  $\overline{A + B} = \overline{A} \cdot \overline{B}$

답 ②

문제 69 다음과 같은 상태방정식으로 표현되는 제어시스템에 대한 특성방정식의 근(s_1, s_2)은?

$$\begin{bmatrix} \dot{x_1} \\ \dot{x_2} \end{bmatrix} = \begin{bmatrix} 0 & -3 \\ 2 & -5 \end{bmatrix} \begin{bmatrix} x_1 \\ x_2 \end{bmatrix} + \begin{bmatrix} 1 \\ 0 \end{bmatrix} u$$

① $1, -3$
② $-1, -2$
③ $-2, -3$
④ $-1, -3$

풀이

$|sI - A|$의 행렬식은
$$|sI - A| = \begin{bmatrix} s & 0 \\ 0 & s \end{bmatrix} - \begin{bmatrix} 0 & -3 \\ 2 & -5 \end{bmatrix}$$
$$= \begin{bmatrix} s & 3 \\ -2 & s+5 \end{bmatrix} = s(s+5) + 6$$
$\therefore s^2 + 5s + 6$의 근은 $s = -2, -3$가 된다.

답 ③

문제 70 블록선도의 제어시스템은 단위 램프입력에 대한 정상상태 오차(정상편차)가 0.01이다. 이 제어시스템의 제어요소인 $G_{C1}(s)$의 k는?

$$G_{C1}(s) = k, \quad G_{C2}(s) = \frac{1+0.1s}{1+0.2s}$$
$$G_P(s) = \frac{20}{s(s+1)(s+2)}$$

$$R(s) \xrightarrow{+} \bigcirc \xrightarrow{-} \boxed{G_{C1}(s)} \rightarrow \boxed{G_{C2}(s)} \rightarrow \boxed{G_P(s)} \rightarrow C(s)$$

① 0.1
② 1
③ 10
④ 100

풀이

속도 편차 상수 $k_v = \lim\limits_{s \to 0} s\, G(s) H(s)$

$$= \lim\limits_{s \to 0} s \cdot \frac{20k(1+0.1s)}{s(s+1)(s+2)(1+0.2s)} = 10k$$

속도 편차 $e_{ssv} = \dfrac{1}{k_v} = \dfrac{1}{10k} = 0.01$ 이므로

$\therefore k = 10$

답 ③

문제 71 평형 3상 부하에 선간전압의 크기가 200 [V]인 평형 3상 전압을 인가했을 때 흐르는 선전류의 크기가 8.6 [A]이고 무효전력이 1298[Var]이었다. 이때 이 부하의 역률은 약 얼마인가?

① 0.6
② 0.7
③ 0.8
④ 0.9

풀이

- 피상전력 $P_a = \sqrt{3}\, VI = \sqrt{3} \times 200 \times 8.6 = 2979.13 [VA]$
- $P_a = \sqrt{P^2 + P_r^2}$ 에서
  유효전력 $P = \sqrt{P_a^2 - P_r^2} = \sqrt{2979.13^2 - 1298^2}$
  $= 2681.49 [W]$

$\therefore \cos\theta = \dfrac{P}{P_a} = \dfrac{2681.49}{2979.13} = 0.9$

답 ④

문제 72 단위 길이당 인덕턴스 및 커패시턴스가 각각 L 및 C일 때 전송선로의 특성 임피던스는? (단, 전송선로는 무손실 선로이다.)

① $\sqrt{\dfrac{L}{C}}$
② $\sqrt{\dfrac{C}{L}}$
③ $\dfrac{L}{C}$
④ $\dfrac{C}{L}$

풀이

무손실 선로이므로 $R = 0$, $G = 0$
따라서, 특성임피던스
$$Z_0 = \sqrt{\frac{Z}{Y}} = \sqrt{\frac{R+j\omega L}{G+j\omega C}} = \sqrt{\frac{L}{C}} [\Omega]$$

답 ①

문제 73 각상의 전류가 $i_a(t) = 90\sin\omega t$[A],
$i_b(t) = 90\sin(\omega t - 90°)$[A],
$i_c(t) = 90\sin(\omega t + 90°)$[A]일 때 영상분 전류[A]의 순시치는?

① $30\cos\omega t$ ② $30\sin\omega t$
③ $90\sin\omega t$ ④ $90\cos\omega t$

풀이

정현파를 복소수로 표시하면
$I_a = \dfrac{90}{\sqrt{2}}\angle 0° = \dfrac{90}{\sqrt{2}}(\cos 0° + j\sin 0°) = \dfrac{90}{\sqrt{2}}$[A]
$I_b = \dfrac{90}{\sqrt{2}}\angle -90° = \dfrac{90}{\sqrt{2}}(\cos 90° - j\sin 90°) = -j\dfrac{90}{\sqrt{2}}$[A]
$I_c = \dfrac{90}{\sqrt{2}}\angle 90° = \dfrac{90}{\sqrt{2}}(\cos 90° + j\sin 90°) = j\dfrac{90}{\sqrt{2}}$[A]
영상전류 I_0는
$I_0 = \dfrac{1}{3}(I_a + I_b + I_c) = \dfrac{1}{3}\left(\dfrac{90}{\sqrt{2}} - j\dfrac{90}{\sqrt{2}} + j\dfrac{90}{\sqrt{2}}\right) = \dfrac{30}{\sqrt{2}}$[A]
$\therefore i_0 = \sqrt{2}\dfrac{30}{\sqrt{2}}\sin\omega t = 30\sin\omega t$[A] 가 된다.   **답** ②

문제 74 내부 임피던스가 $0.3 + j2$[Ω]인 발전기에 임피던스가 $1.1 + j3$[Ω]인 선로를 연결하여 어떤 부하에 전력을 공급하고 있다. 이 부하의 임피던스가 몇 [Ω]일 때 발전기로부터 부하로 전달되는 전력이 최대가 되는가?

① $1.4 - j5$ ② $1.4 + j5$
③ 1.4 ④ $j5$

풀이

발전기 내부 임피던스와 선로 임피던스의 합을 내부 임피던스로 생각하면 내부 임피던스 Z_s는
$Z_s = Z_g + Z_l = 0.3 + j2 + 1.1 + j3 = 1.4 + j5$[Ω]
최대 전력 전달 조건에서의 $Z_0 = \overline{Z_s}$이므로
$Z_0 = 1.4 - j5$[Ω]   **답** ①

문제 75 그림과 같은 파형의 라플라스 변환은?

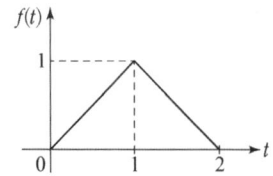

① $\dfrac{1}{s^2}(1 - 2e^s)$

② $\dfrac{1}{s^2}(1 - 2e^{-s})$

③ $\dfrac{1}{s^2}(1 - 2e^s + e^{2s})$

④ $\dfrac{1}{s^2}(1 - 2e^{-s} + e^{-2s})$

풀이

구간 $0 \le t \le 1$에서 $f_1(t) = t$이고,
구간 $1 \le t \le 2$에서 $f_2(t) = 2 - t$이므로
$$\mathcal{L}[f(t)] = \int_0^1 t e^{-st}dt + \int_1^2 (2-t)e^{-st}dt$$
$$= \left[t \cdot \dfrac{e^{-st}}{-s}\right]_0^1 + \dfrac{1}{s}\int_0^1 e^{-st}dt + \left[(2-t)\dfrac{e^{-st}}{-s}\right]_1^2$$
$$\quad - \dfrac{1}{s}\int_1^2 e^{-st}dt$$
$$= \dfrac{e^{-s}}{-s} - \dfrac{e^{-s}}{s^2} + \dfrac{1}{s^2} + \dfrac{e^{-s}}{s} + \dfrac{e^{-2s}}{s^2} - \dfrac{e^{-s}}{s^2}$$
$$= \dfrac{1}{s^2}(1 - 2e^{-s} + e^{-2s})$$ **답** ④

문제 76 어떤 회로에서 $t = 0$초에 스위치를 닫은 후 $i = 2t + 3t^2$[A]의 전류가 흘렀다. 30초까지 스위치를 통과한 총 전기량[Ah]은?

① 4.25   ② 6.75
③ 7.75   ④ 8.25

풀이

$$Q = \int_0^t i\,dt = \int_0^{30}(2t + 3t^2)dt = [t^2 + t^3]_0^{30}$$
$$= 27900[\text{A} \cdot \text{sec}]$$
$$= \dfrac{27900}{3600}[\text{Ah}] = 7.75[\text{Ah}]$$ **답** ③

문제 77 전압 $v(t)$를 RL 직렬회로에 인가했을 때 제3고조파 전류의 실효값[A]의 크기는?
(단, $R = 8$[Ω], $\omega L = 2$[Ω],
$v(t) = 100\sqrt{2}\sin\omega t + 200\sqrt{2}\sin 3\omega t$
$\qquad + 50\sqrt{2}\sin 5\omega t$[V] 이다.)

① 10   ② 14   ③ 20   ④ 28

기본 주파수에 대한 임피던스 $Z_1 = 8 + j2$

저항은 주파수와 무관하고 리액턴스는 주파수에 비례하므로 제3고조파에 대한 리액턴스는

$$X_{L3} = 3 \times 2\pi f L = 3X_{L1}$$

따라서, 3고조파에 대한 임피던스

$$Z_3 = 8 + j2 \times 3 = 8 + j6$$

$$\therefore I_3 = \frac{V_3}{Z_3} = \frac{200}{8+j6} = \frac{200}{\sqrt{8^2+6^2}} = 20[A]$$ 답 ③

문제 78 회로에서 $t = 0$ 초에 전압 $v_1(t) = e^{-4t}$ [V]를 인가하였을 때 $v_2(t)$는 몇 [V]인가? (단, $R = 2[\Omega]$, $L = 1[H]$이다.)

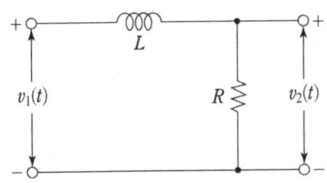

① $e^{-2t} - e^{-4t}$ ② $2e^{-2t} - 2e^{-4t}$

③ $-2e^{-2t} + 2e^{-4t}$ ④ $-2e^{-2t} - 2e^{-4t}$

① $V_1(s) = \mathcal{L}[v_1(t)] = \mathcal{L}[e^{-4t}] = \frac{1}{s+4}$

② $\frac{V_2(s)}{V_1(s)} = \frac{R}{R+Ls} = \frac{2}{s+2}$

$\therefore V_2(s) = \frac{2}{s+2}V_1(s) = \frac{2}{(s+2)(s+4)}$

③ $V_2(s) = \frac{2}{(s+2)(s+4)} = \frac{K_1}{s+2} + \frac{K_2}{s+4}$

$K_1 = \lim_{s \to -2}(s+2) \cdot V_2(s) = \left[\frac{2}{s+4}\right]_{s=-2} = 1$

$K_2 = \lim_{s \to -4}(s+4) \cdot V_2(s) = \left[\frac{2}{s+2}\right]_{s=-4} = -1$

$V_2(s) = \frac{1}{s+2} - \frac{1}{s+4}$

$\therefore v_2(t) = \mathcal{L}^{-1}\left[\frac{2}{(s+2)(s+4)}\right] = \mathcal{L}^{-1}\left[\frac{1}{s+2} - \frac{1}{s+4}\right]$

$= e^{-2t} - e^{-4t}[V]$ 답 ①

문제 79 동일한 저항 $R[\Omega]$ 6개를 그림과 같이 결선하고 대칭 3상 전압 $V[V]$를 가하였을 때 전류 I [A]의 크기는?

① $\frac{V}{R}$

② $\frac{V}{2R}$

③ $\frac{V}{4R}$

④ $\frac{V}{5R}$

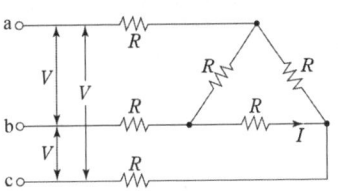

세 개의 동일한 저항 R인 경우

• $\triangle \to$ Y 로 등가 변환시 $R_Y = \frac{1}{3}R_\triangle$

• Y $\to \triangle$ 로 등가 변환시 $R_\triangle = 3R_Y$

• $\triangle$결선을 Y 결선으로 등가 변환하고 구한 1상의 저항 값 $= R + \frac{1}{3}R = \frac{4}{3}R$

• Y결선된 $\frac{4}{3}R$ 저항을 $\triangle$로 등가 변환하면

$$R_\triangle = 3 \times \frac{4}{3}R = 4R$$

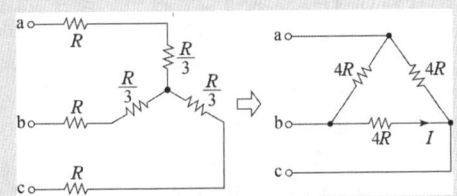

• 상전류 $I = \frac{V}{4R}[A]$ 답 ③

문제 80 어떤 선형 회로망의 4단자 정수가 $A = 8$, $B = j2$, $D = 1.625 + j$일 때, 이 회로망의 4단자 정수 C는?

① $24 - j14$ ② $8 - j11.5$

③ $4 - j6$ ④ $3 - j4$

$AD - BC = 1$이므로

$\therefore C = \frac{AD-1}{B} = \frac{8(1.625+j)-1}{j2} = 4 - j6$ 답 ③

제5과목 전기설비 기술기준

문제 81 저압 옥상전선로의 시설기준으로 틀린 것은?

① 전개된 장소에 위험의 우려가 없도록 시설할 것
② 전선은 지름 2.6[mm] 이상의 경동선을 사용할 것
③ 전선은 절연전선(옥외용 비닐절연전선은 제외)을 사용할 것
④ 전선은 상시 부는 바람 등에 의하여 식물에 접촉하지 아니하도록 시설하여야 한다.

풀이

221.3 옥상전선로
저압 옥상전선로는 전개된 장소에 다음에 따르고 또한 위험의 우려가 없도록 시설하여야 한다.
가. 전선은 인장강도 2.30[kN] 이상의 것 또는 지름 2.6[mm] 이상의 경동선을 사용할 것.
나. **전선은 절연전선(OW전선[옥외용비닐절연전선]을 포함한다.) 또는 이와 동등 이상의 절연효력이 있는 것을 사용할 것.**
다. 전선은 조영재에 견고하게 붙인 지지주 또는 지지대에 절연성·난연성 및 내수성이 있는 애자를 사용하여 지지하고 또한 그 지지점 간의 거리는 15[m] 이하일 것.
라. 전선과 그 저압 옥상 전선로를 시설하는 조영재와의 이격거리는 2[m](전선이 고압절연전선, 특고압 절연전선 또는 케이블인 경우에는 1[m]) 이상일 것.
마. 저압 옥상전선로의 전선은 상시 부는 바람 등에 의하여 식물에 접촉하지 아니하도록 시설하여야 한다.
답 ③

문제 82 이동형의 용접 전극을 사용하는 아크용접장치의 시설기준으로 틀린 것은?

① 용접변압기는 절연변압기일 것
② 용접변압기의 1차측 전로의 대지전압은 300[V] 이하일 것
③ 용접변압기의 2차측 전로에는 용접변압기에 가까운 곳에 쉽게 개폐할 수 있는 개폐기를 시설할 것
④ 용접변압기의 2차측 전로 중 용접변압기로부터 용접전극에 이르는 부분의 전로는 용접 시 흐르는 전류를 안전하게 통할 수 있는 것일 것

풀이

241.10 아크 용접기
가반형의 용접 전극을 사용하는 아크 용접장치는 다음에 따라 시설하여야 한다.
가. 용접변압기는 절연변압기일 것.
나. 용접변압기의 1차측 전로의 대지전압은 300[V] 이하일 것.
다. 용접변압기의 1차측 전로에는 용접 변압기에 가까운 곳에 쉽게 개폐할 수 있는 개폐기를 시설할 것.
라. 용접기 외함 및 피용접재 또는 이와 전기적으로 접속되는 받침대·정반 등의 금속체는 규정에 준하여 접지공사를 하여야 한다.
답 ③

문제 83 사용전압이 15[kV] 초과 25[kV] 이하인 특고압 가공전선로가 상호 간 접근 또는 교차하는 경우 사용전선이 양쪽 모두 나전선이라면 이격거리는 몇 [m] 이상이어야 하는가? (단, 중성선 다중접지 방식의 것으로서 전로에 지락이 생겼을 때에 2초 이내에 자동적으로 이를 전로로부터 차단하는 장치가 되어 있다.)

① 1.0
② 1.2
③ 1.5
④ 1.75

풀이

333.32 25[kV] 이하인 특고압 가공전선로의 시설
사용전압이 15[kV]를 초과하고 25[kV] 이하인 특고압 가공전선로(중성선 다중접지식의 것으로서 전로에 지락이 생겼을 때에 2초 이내에 자동적으로 이를 전로로부터 차단하는 장치가 되어 있는 것에 한한다.)가 상호 간 접근 또는 교차하는 경우 이격거리

사용 전선의 종류	이격거리
어느 한쪽 또는 양쪽이 나전선인 경우	1.5 [m]
양쪽이 특고압 절연전선인 경우	1 [m]
한쪽이 케이블이고 다른 한쪽이 케이블이거나 특고압 절연전선인 경우	0.5 [m]

답 ③

문제 84 최대사용전압이 1차 22000[V], 2차 6600[V]의 권선으로서 중성점 비접지식 전로에 접속하는 변압기의 특고압측 절연내력 시험전압은?

① 24000[V]
② 27500[V]
③ 33000[V]
④ 44000[V]

풀이

135 변압기 전로의 절연내력

권 선 의 종 류 (최대사용전압)	접지방식	시험 전압 (최대사용전압 의 배수)	최저 시험 전압
1. 7[kV] 이하		1.5배	500[V]
	다중접지	0.92배	500[V]
2. 7[kV] 초과 25[kV] 이하	다중접지	0.92배	
3. 7[kV] 초과 60[kV] 이하 (2란의 것 제외)		1.25배	10.5[kV]
4. 60[kV] 초과 (8란 의 것 제외)	비접지	1.25	
5. 60[kV] 초과 (6란 및 8란의 것 제외)	접지식	1.1배	75 [kV]
6. 60[kV] 초과	직접접지	0.72배	
7. 170[kV] 초과	직접접지	0.64배	

25[kV]이하 다중접지방식이 아니므로 최대사용전압의 배수는 1.25배 이다.

∴ 시험전압 = 최대사용전압의 배수×최대사용전압
= $1.25 \times 22000 = 27500$[V] **답** ②

문제 85 가공전선로의 지지물로 볼 수 없는 것은?

① 철주 ② 지선
③ 철탑 ④ 철근 콘크리트주

풀이

지지물은 폭풍우, 지진, 뇌, 눈 등의 자연재해로부터 가공전선로를 안전하게 지지하여야 한다.
따라서 지지물은 전선을 지지하는데 충분한 강도를 가져야 하며 오랜 기간에도 견딜 수 있는 것이어야 한다.
지지물의 종류로서는 철탑, 철근콘크리트주, 철주, 목주 등이 있으며, 이외에도 강판조립주 라든가 MC철탑(콘크리트가 충진되어 있는 강관철탑) 및 알루미늄탑 등도 있다. **답** ②

문제 86 점멸기의 시설에서 센서등(타임스위치 포함)을 시설하여야 하는 곳은?

① 공장 ② 상점
③ 사무실 ④ 아파트 현관

풀이

234.6 점멸기의 시설
다음의 경우에는 센서등(타임스위치 포함)을 시설하여야 한다.
가. 관광숙박업 또는 숙박업(여인숙업을 제외한다)에 이용되는 객실의 입구등은 1분 이내에 소등되는 것.

나. 일반주택 및 아파트 각 호실의 현관등은 3분 이내에 소등되는 것. **답** ④

문제 87 순시조건($t \le 0.5$초)에서 교류 전기철도 급전시스템에서의 레일 전위의 최대 허용접촉전압(실효값)으로 옳은 것은?

① 60[V] ② 65[V]
③ 440[V] ④ 670[V]

풀이

461.2 레일 전위의 위험에 대한 보호
1. 레일 전위는 고장 조건에서의 접촉전압 또는 정상 운전 조건에서의 접촉전압으로 구분하여야 한다.
2. 교류 전기철도 급전시스템에서의 레일 전위의 최대 허용 접촉전압은 표 의 값 이하하여야 한다. 단, 작업장 및 이와 유사한 장소에서는 최대 허용 접촉전압을 25[V](실효값)를 초과하지 않아야 한다.

표. 교류 전기철도 급전시스템의 최대 허용 접촉전압

시간 조건	최대 허용 접촉전압(실효값)
순시조건($t \le 0.5$초)	670[V]
일시적 조건(0.5초$< t \le 300$초)	65[V]
영구적 조건($t > 300$초)	60[V]

답 ④

문제 88 전기저장장치의 이차전지에 자동으로 전로로부터 차단하는 장치를 시설하여야 하는 경우로 틀린 것은?

① 과저항이 발생한 경우
② 과전압이 발생한 경우
③ 제어장치에 이상이 발생한 경우
④ 이차전지 모듈의 내부 온도가 급격히 상승할 경우

풀이

511.2.7 제어 및 보호장치의 시설
1. 전기저장장치가 비상용 예비전원 용도를 겸하는 경우에는 다음에 따라 시설하여야 한다.
가. 상용전원이 정전되었을 때 비상용 부하에 전기를 안정적으로 공급할 수 있는 시설을 갖출 것
나. 관련 법령에서 정하는 전원유지시간 동안 비상용 부하에 전기를 공급할 수 있는 충전용량을 상시 보존하도록 시설할 것

2. **전기저장장치는** 정격운전 범위를 초과하는 다음의 경우가 발생했을 때 자동으로 전로를 차단하는 보호장치를 시설하여야 한다.
   가. **과전압, 저전압, 과전류가 발생**한 경우
   나. **제어장치에 이상이 발생**한 경우
   다. **이차전지 모듈의 내부 온도가 상승**할 경우
3. 직류전로에는 지락이 생겼을 때에 자동적으로 전로를 차단하는 장치를 시설하여야 한다.
4. 발전소 또는 변전소 혹은 이에 준하는 장소에 전기저장장치를 시설하는 경우 전로가 차단되었을 때에 경보하는 장치를 시설하여야 한다. 답 ①

문제 89 뱅크용량이 몇 [kVA] 이상인 조상기에는 그 내부에 고장이 생긴 경우에 자동적으로 이를 전로로부터 차단하는 보호장치를 하여야 하는가?

① 10000
② 15000
③ 20000
④ 25000

풀이

351.5 조상설비의 보호장치
조상 설비에는 그 내부에 고장이 생긴 경우에 보호하는 장치를 표와 같이 시설하여야 한다.

설비 종별	뱅크 용량의 구분	자동적으로 전로로부터 차단하는 장치
전력용 커패시터 및 분로리액터	500[kVA] 초과 15,000[kVA] 미만	·내부에 고장이 생긴 경우 ·과전류가 생긴 경우
	15,000[kVA] 이상	·내부에 고장이 생긴 경우 ·과전류가 생긴 경우 ·과전압이 생긴 경우
조상기	15,000[kVA] 이상	·내부에 고장이 생긴 경우

답 ②

문제 90 전주외등의 시설 시 사용하는 공사방법으로 틀린 것은?

① 애자공사
② 케이블공사
③ 금속관공사
④ 합성수지관공사

풀이

234.10 전주외등
234.10.1 적용범위
이 규정은 대지전압 300[V] 이하의 형광등, 고압방전등, LED등 등을 배전선로의 지지물 등에 시설하는 경우에 적용한다.
234.10.2 배선

배선은 단면적 2.5[mm²] 이상의 절연전선 또는 이와 동등 이상의 절연효력이 있는 것을 사용하고 다음 배선방법 중에서 시설하여야 한다.
1. 케이블공사
2. 합성수지관공사
3. 금속관공사

답 ①

문제 91 농사용 저압 가공전선로의 지지점 간 거리는 몇 [m] 이하이어야 하는가?

① 30
② 50
③ 60
④ 100

풀이

222.22 농사용 저압 가공전선로의 시설
가. 사용전압은 저압일 것.
나. 저압 가공전선은 인장강도 1.38[kN] 이상의 것 또는 지름 2[mm] 이상의 경동선일 것.
다. 저압 가공전선의 지표상의 높이는 3.5[m] 이상일 것. 다만, 저압 가공전선을 사람이 쉽게 출입하지 못하는 곳에 시설하는 경우에는 3[m]까지로 감할 수 있다.
라. 목주의 굵기는 말구 지름이 0.09[m] 이상일 것.
마. **전선로의 지지점 간 거리는 30[m] 이하일 것.** 답 ①

문제 92 특고압 가공전선로에서 발생하는 극저주파 전계는 지표상 1[m]에서 몇 [kV/m] 이하이어야 하는가?

① 2.0
② 2.5
③ 3.0
④ 3.5

풀이

유도장해 방지(기술기준 제17조)
특고압 가공전선로에서 발생하는 **극저주파 전자계는 지표상 1[m]에서 전계가 3.5[kV/m] 이하**, 자계가 83.3 [μT] 이하가 되도록 시설하는 등 상시 정전유도 및 전자유도 작용에 의하여 사람에게 위험을 줄 우려가 없도록 시설하여야 한다. 답 ④

문제 93 단면적 55[mm²]인 경동연선을 사용하는 특고압 가공전선로의 지지물로 장력에 견디는 형태의 B종 철근 콘크리트주를 사용하는 경우, 허용 최대 경간은 몇 [m] 인가?

① 150
② 250
③ 300
④ 500

풀이

333.21 특고압 가공전선로의 경간 제한
특고압 가공전선로의 경간은 표에서 정한 값 이하이어야
한다.

지지물의 종류	표준 경간 22[mm²] 이상의 경동연선	인장강도 21.67[kN] 이상 또는 단면적 50[mm²] 이상의 경동연선
목주·A종 철주 또는 A종 철근 콘크리트주	150[m] 이하	300[m] 이하
B종 철주 또는 B종 철근 콘크리트주	250[m] 이하	500[m] 이하
철탑	600[m] 이하 (단주인 경우 400[m])	600[m] 이하

답 ④

문제 94 저압 옥측전선로에서 목조의 조영물에 시설할 수 있는 공사 방법은?

① 금속관 공사
② 버스덕트공사
③ 합성수지관공사
④ 케이블공사(무기물절연(MI) 케이블을 사용하는 경우)

풀이

221.2 옥측전선로
저압 옥측전선로는 다음의 공사방법에 의할 것.
가. 애자공사(전개된 장소에 한한다.)
나. **합성수지관공사**
다. 금속관공사(목조 이외의 조영물에 시설하는 경우에 한한다)
라. 버스덕트공사[목조 이외의 조영물(점검할 수 없는 은폐된 장소는 제외한다)에 시설하는 경우에 한한다]
마. 케이블공사(연피 케이블·알루미늄피 케이블 또는 무기물 절연 케이블을 사용하는 경우에는 목조 이외의 조영물에 시설하는 경우에 한한다)

답 ③

문제 95 시가지에 시설하는 154[kV] 가공전선로를 도로와 제1차 접근상태로 시설하는 경우, 전선과 도로와의 이격거리는 몇 [m] 이상이어야 하는가?

① 4.4
② 4.8
③ 5.2
④ 5.6

풀이

333.24 특고압 가공전선과 도로 등의 접근 또는 교차
특고압 가공전선이 도로·횡단보도교·철도 또는 궤도(이하 "도로 등"이라 한다)와 제1차 접근 상태로 시설되는 경우에는 다음에 따라야 한다.
가. 특고압 가공전선로는 제3종 특고압 보안공사에 의할 것.
나. 특고압 가공전선과 도로 등 사이의 이격거리는 표에서 정한 값 이상일 것. 다만, 특고압 절연전선을 사용하는 사용전압이 35[kV] 이하의 특고압 가공전선과 도로 등 사이의 수평 이격거리가 1.2[m] 이상인 경우에는 그러하지 아니하다.

사용전압의 구분	이격거리
35[kV] 이하	3[m]
35[kV] 초과	• 이격거리 = 3 + 단수 × 0.15[m] • 단수 = $\dfrac{(전압[kV]-35)}{10}$ 단수 계산에서 소수점 이하는 절상

• 단수 $= \dfrac{154-35}{10} = 11.9 \rightarrow 12$단

• 이격거리 $= 3+12\times0.15 = 4.8[m]$

답 ②

문제 96 귀선로에 대한 설명으로 틀린 것은?

① 나전선을 적용하여 가공식으로 가설을 원칙으로 한다.
② 사고 및 지락 시에도 충분한 허용전류용량을 갖도록 하여야 한다.
③ 비절연보호도체, 매설접지도체, 레일 등으로 구성하여 단권변압기 중성점과 공통접지에 접속한다.
④ 비절연보호도체의 위치는 통신유도장해 및 레일전위의 상승의 경감을 고려하여 결정하여야 한다.

풀이

431.5 귀선로
1. 귀선로는 비절연보호도체, 매설접지도체, 레일 등으로 구성하여 **단권변압기 중성점과 공통접지에 접속**한다.
2. 비절연보호도체의 위치는 **통신유도장해 및 레일전위의 상승의 경감**을 고려하여 결정하여야 한다.
3. 귀선로는 사고 및 지락 시에도 **충분한 허용전류용량**을 갖도록 하여야 한다.

답 ①

문제 97 변전소에 울타리·담 등을 시설할 때, 사용전압이 345[kV] 이면 울타리·담 등의 높이와 울타리·담 등으로부터 충전부분까지의 거리의 합계는 몇 [m] 이상으로 하여야 하는가?

① 8.16 ② 8.28
③ 8.40 ④ 9.72

풀이

351.1 발전소 등의 울타리·담 등의 시설
고압 또는 특고압의 기계기구·모선 등을 옥외에 시설하는 발전소·변전소·개폐소 또는 이에 준하는 곳에서 울타리·담 등은 다음에 따라 시설하여야 한다.
가. 울타리·담 등의 높이는 2[m] 이상으로 하고 지표면과 울타리·담 등의 하단사이의 간격은 0.15[m] 이하로 할 것.
나. 울타리·담 등과 고압 및 특고압의 충전 부분이 접근하는 경우에는 울타리·담 등의 높이와 울타리·담 등으로부터 충전부분까지 거리의 합계는 표에서 정한 값 이상으로 할 것.

사용전압의 구분	울타리·담 등의 높이와 울타리·담 등으로부터 충전 부분까지의 거리의 합계
35 [kV] 이하	5 [m]
35 [kV] 초과 160 [kV] 이하	6 [m]
160 [kV] 초과	• 거리 = 6 + 단수 × 0.12 [m] • 단수 = $\dfrac{\text{사용전압 [kV]} - 160}{10}$ 단수 계산에서 소수점 이하는 절상

• 단수 = $\dfrac{345 - 160}{10} = 18.5 \rightarrow 19$단
• 충전 부분까지의 거리[m] = $6 + 19 \times 0.12 = 8.28$[m]

답 ②

문제 98 큰 고장전류가 구리 소재의 접지도체를 통하여 흐르지 않을 경우 접지도체의 최소 단면적은 몇 [mm²] 이상이어야 하는가? (단, 접지도체에 피뢰시스템이 접속되지 않는 경우이다.)

① 0.75 ② 2.5
③ 6 ④ 16

풀이

142.3.1 접지도체
가. 접지도체의 최소 단면적은 다음과 같다.
  (1) **구리는 6[mm²] 이상**
  (2) **철제는 50[mm²] 이상**

나. 접지도체에 피뢰시스템이 접속되는 경우, 접지도체의 단면적
  (1) 구리는 16[mm²] 이상
  (2) 철제는 50[mm²] 이상

답 ③

문제 99 전력보안 가공통신선을 횡단보도교 위에 시설하는 경우 그 노면상 높이는 몇 [m] 이상인가? (단, 가공전선로의 지지물에 시설하는 통신선 또는 이에 직접 접속하는 가공통신선은 제외한다.)

① 3 ② 4
③ 5 ④ 6

풀이

362.2 전력보안통신선의 시설 높이와 이격거리
전력 보안 가공통신선(이하 "가공통신선"이라 한다)의 높이는 다음을 따른다.

구 분		지상고	비고
도로(차도)	일반적인 경우	5.0[m] 이상	
	교통에 지장을 안 주는 경우	4.5[m]이상	
철도 또는 궤도 횡단 시		6.5[m] 이상	레일면상
횡단보도교 위		**3.0[m] 이상**	그 노면상
기타		3.5[m] 이상	

답 ①

문제 100 케이블트레이 공사에 사용할 수 없는 케이블은?

① 연피 케이블
② 난연성 케이블
③ 캡타이어 케이블
④ 알루미늄피 케이블

풀이

232.41 케이블트레이공사
전선은 **연피케이블, 알루미늄피 케이블 등 난연성 케이블** 또는 기타 케이블(적당한 간격으로 연소방지 조치를 하여야 한다) 또는 금속관 혹은 합성수지관 등에 넣은 절연전선을 사용하여야 한다.

답 ③

D60-1

2020년도 전기기사 필기

- 2020년도 제1,2회 전기기사
- 2020년도 제3회 전기기사
- 2020년도 제4회 전기기사

국가기술자격검정 필기시험 문제

2020년도 전기기사 일반검정 제1,2회

자격종목 및 등급(선택분야)	종목코드	시험시간	문제지형별	수검 번호	성 명
전기기사	1150	2시간 30분	A		

제1과목 ▶ 전기자기학

문제 01 면적이 매우 넓은 두 개의 도체 판을 d[m] 간격으로 수평하게 평행 배치하고, 이 평행 도체 판 사이에 놓인 전자가 정지하고 있기 위해서 그 도체 판 사이에 가하여야 할 전위차[V]는? (단, g는 중력 가속도이고, m은 전자의 질량이고, e는 전자의 전하량이다.)

① $mged$

② $\dfrac{ed}{mg}$

③ $\dfrac{mgd}{e}$

④ $\dfrac{mge}{d}$

풀이

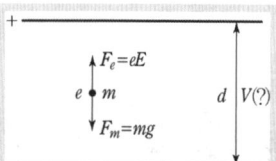

전기장에서 전자(e)에 작용하는 힘 $F_e = eE$
중력장에서 질량(m)에 작용하는 힘 $F_g = mg$
전자의 정지 조건의 운동방정식은 $F_e = F_g$이므로

$eE = mg$ $\therefore E = \dfrac{mg}{e}$[V/m]

도체 판에서 전위차와 전계의 관계식은 $V = Ed$에 의해

$\therefore V = Ed = \dfrac{mgd}{e}$[V]   **답** ③

문제 02 전위함수 $V = x^2 + y^2$[V]일 때 점(3, 4)[m]에서의 등전위선의 반지름은 몇 [m]이며, 전기력선 방정식은 어떻게 되는가?

① 등전위선의 반지름 : 3,
전기력선 방정식 : $y = \dfrac{3}{4}x$

② 등전위선의 반지름 : 4,
전기력선 방정식 : $y = \dfrac{4}{3}x$

③ 등전위선의 반지름 : 5,
전기력선 방정식 : $x = \dfrac{4}{3}y$

④ 등전위선의 반지름 : 5,
전기력선 방정식 : $x = \dfrac{3}{4}y$

풀이

(1) 등전위선의 반지름
  $V = x^2 + y^2$은 중심이 원점인 원의 방정식
  (형식 : $x^2 + y^2 = r^2$) 이다.
  즉, 여기에 점(3, 4)를 대입하면
  등전위선의 반지름 $r = \sqrt{x^2 + y^2} = \sqrt{3^2 + 4^2} = 5$[m]

(2) 전기력선 방정식
  전기력선 방정식은 $\dfrac{dx}{E_x} = \dfrac{dy}{E_y}$이므로 전위함수 V로부터 전계의 세기 E를 구한다.

  $E = -\nabla V = -\left(\dfrac{\partial}{\partial x}i + \dfrac{\partial}{\partial y}j + \dfrac{\partial}{\partial z}k\right)(x^2 + y^2)$
  $= -2xi - 2yj$ $(E = E_x i + E_y j)$

  전기력선 방정식에 적용하면

  $\dfrac{dx}{-2x} = \dfrac{dy}{-2y} \rightarrow \dfrac{dx}{x} = \dfrac{dy}{y}$

  (양변 적분하고 적분상수 C를 붙인다.)

  $\displaystyle\int \dfrac{dx}{x} = \int \dfrac{dy}{y} + C$

  $\displaystyle\int \dfrac{dx}{x} = \ln x$(적분 공식),

  $\ln x - \ln y = \ln \dfrac{x}{y}$(로그 공식) 이므로

  $\ln x = \ln y + C \rightarrow \ln x - \ln y = C \rightarrow \ln \dfrac{x}{y} = C$

$\ln \dfrac{x}{y} = C$에서 $\dfrac{x}{y} = e^C$이고,

점 $(3, 4)$를 대입하면 $e^C = \dfrac{x}{y} = \dfrac{3}{4}$

$\therefore \ x = \dfrac{3}{4} y$

답 ④

문제 03 자기회로에서 자기저항의 크기에 대한 설명으로 옳은 것은?

① 자기회로의 길이에 비례

② 자기회로의 단면적에 비례

③ 자성체의 비투자율에 비례

④ 자성체의 비투자율의 제곱에 비례

풀이

자기저항 $R_m = \dfrac{l}{\mu S}$ [AT/Wb]에서 자기저항 R_m 은 자기회로의 길이 l 에 비례한다.

답 ①

문제 04 10[mm]의 지름을 가진 동선에 50[A]의 전류가 흐르고 있을 때 단위시간 동안 동선의 단면을 통과하는 전자의 수는 약 몇 개인가?

① 7.85×10^{16}

② 20.45×10^{15}

③ 31.21×10^{19}

④ 50×10^{19}

풀이

통과한 전기량은 $Q = it$ [C]

전자 1개당 전하량 $e = 1.602 \times 10^{-19}$ [C] 이므로

동선 단면을 단위 시간에 통과하는 전자의 수

$N = \dfrac{Q}{e} = \dfrac{50 \times 1}{1.602 \times 10^{-19}} = 31.21 \times 10^{19}$ [개]

답 ③

문제 05 자기 인덕턴스와 상호 인덕턴스와의 관계에서 결합계수 k의 범위는?

① $0 \le k \le \dfrac{1}{2}$

② $0 \le k \le 1$

③ $1 \le k \le 2$

④ $1 \le k \le 10$

풀이

결합계수($0 \le k \le 1$)

• $k = 0$: 자기적 결합이 전혀 되지 않음 $(M = 0)$

• $0 < k < 1$: 일반적인 자기 결합 상태 $(M = k\sqrt{L_1 L_2}\,)$

• $k = 1$: 완전한 자기 결합 $(M = \sqrt{L_1 L_2}\,)$

답 ②

문제 06 면적이 S [m²]이고 극간의 거리가 d[m]인 평행판 콘덴서에 비유전율이 ϵ_r인 유전체를 채울 때 정전용량[F]은? (단, ϵ_0는 진공의 유전율이다.)

① $\dfrac{2\epsilon_0 \epsilon_r S}{d}$

② $\dfrac{\epsilon_0 \epsilon_r S}{\pi d}$

③ $\dfrac{\epsilon_0 \epsilon_r S}{d}$

④ $\dfrac{2\pi \epsilon_0 \epsilon_r S}{d}$

풀이

정전 용량

$C = \dfrac{Q}{V} = \dfrac{Q}{Ed} = \dfrac{\sigma S}{\dfrac{\sigma d}{\epsilon_0 \epsilon_r}}$

$= \sigma S \times \dfrac{\epsilon_0 \epsilon_r}{\sigma d} = \dfrac{\epsilon_0 \epsilon_r S}{d}$ [F]

답 ③

문제 07 반자성체의 비투자율(μ_r) 값의 범위는?

① $\mu_r = 1$

② $\mu_r < 1$

③ $\mu_r > 1$

④ $\mu_r = 0$

풀이

자성체 종류에 따른 자화율과 비투자율의 관계

자성체 종류	자화율(비자화율)	비투자율
상자성체	$\chi(\chi_s) > 0$	$\mu_r > 1$
반자성체	$\chi(\chi_s) < 0$	$\mu_r < 1$
강자성체	$\chi(\chi_s) \gg 0$	$\mu_r \gg 1$

답 ②

문제 08 반지름 a[m]인 무한장 원통형 도체에 전류가 균일하게 흐를 때 도체 내부에서 자계의 세기 [AT/m]는?

① 원통 중심축으로부터 거리에 비례한다.

② 원통 중심축으로부터 거리에 반비례한다.

③ 원통 중심축으로부터 거리의 제곱에 비례한다.

④ 원통 중심축으로부터 거리의 제곱에 반비례한다.

풀이

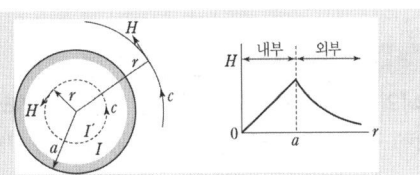

반지름 a[m]인 원통형(원주형) 도체에 의한 자계

① 원통형 외부의 자계($r > a$)

$$H = \frac{I}{2\pi r}[\text{AT/m}] \quad (\because H \propto \frac{1}{r})$$

② 원통형 내부의 자계($r < a$)

• 균일전류 분포 : $H = \frac{rI}{2\pi a^2}[\text{AT/m}] \quad (\because H \propto r)$

• 전류가 도체 표면에서만 흐르는 경우 : $H = 0[\text{AT/m}]$

(여기서, a : 도체의 반지름,

r : 원통축으로부터의 거리) **답** ①

문제 09 정전계 해석에 관한 설명으로 틀린 것은?

① 포아송 방정식은 가우스 정리의 미분형으로 구할 수 있다.

② 도체 표면에서의 전계의 세기는 표면에 대해 법선 방향을 갖는다.

③ 라플라스 방정식은 전극이나 도체의 형태에 관계없이 체적전하밀도가 0인 모든 점에서 $\triangle^2 V = 0$을 만족한다.

④ 라플라스 방정식은 비선형 방정식이다.

풀이

포아송 방정식은 $\nabla^2 V = -\dfrac{\rho}{\epsilon_0}$이고,

라플라스 방정식은 $\nabla^2 V = 0$ 이다.

이 방정식에 포함된 라플라시언이라고 부르는 ∇^2은 선형이고, 스칼라 연산자를 나타낸다.

따라서 라플라스 방정식 및 포아송 방정식은 선형 방정식이 된다. **답** ④

문제 10 비유전율 ϵ_r이 4인 유전체의 분극률은 진공의 유전율 ϵ_0의 몇 배인가?

① 1   ② 3   ③ 9   ④ 12

풀이

분극률 $\chi = \epsilon_0(\epsilon_r - 1) = \epsilon_0(4-1) = 3\epsilon_0$이므로 3배가 된다. **답** ②

문제 11 공기 중에 있는 무한히 긴 직선 도체에 10[A]의 전류가 흐르고 있을 때 도선으로부터 2[m] 떨어진 점에서의 자속밀도는 몇 [Wb/m²]인가?

① 10^{-5} ② 0.5×10^{-6}

③ 10^{-6} ④ 2×10^{-6}

풀이

무한장 직선 전류로부터 r[m] 떨어진 점의 자계는

$$H = \frac{I}{2\pi r}[\text{A/m}]$$이고,

자속밀도 $B = \mu H = \dfrac{\mu I}{2\pi r} = \dfrac{\mu_r \mu_0 I}{2\pi r}[\text{Wb/m}^2]$

$\therefore B = \dfrac{1 \times 4\pi \times 10^{-7} \times 10}{2\pi \times 2} = 10^{-6}[\text{Wb/m}^2]$ **답** ③

문제 12 그림에서 $N = 1000$회, $l = 100$[cm], $S = 10$ [cm²]인 환상 철심의 자기 회로에 전류 $I = 10$[A]를 흘렸을 때 축적되는 자계 에너지는 몇 [J]인가? (단, 비투자율 $\mu_r = 100$ 이다.)

① $2\pi \times 10^{-3}$

② $2\pi \times 10^{-2}$

③ $2\pi \times 10^{-1}$

④ 2π

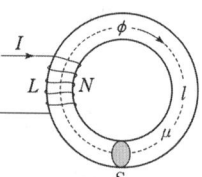

풀이

단면적 S, 투자율 μ, 권수 N인 환상철심에 전류 I를 흘린 경우

$$\text{자속 } \phi = BS = \mu HS = \mu\frac{NI}{l}S = \frac{\mu SNI}{l}[\text{Wb}]$$

$N\phi = LI$ 에서 자기인덕턴스 $L = \dfrac{N\phi}{I} = \dfrac{\mu SN^2}{l}[\text{H}]$ 이므로

$$L = \frac{\mu_0 \mu_r SN^2}{l} = \frac{4\pi \times 10^{-7} \times 100 \times 10 \times 10^{-4} \times 1000^2}{100 \times 10^{-2}}$$

$$= 4\pi \times 10^{-2}[\text{H}]$$

$\therefore$ 축적되는 자계에너지

$$W = \frac{1}{2}LI^2 = \frac{1}{2} \times 4\pi \times 10^{-2} \times 10^2 = 2\pi[\text{J}]$$ **답** ④

문제 13 20[℃]에서 저항의 온도계수가 0.002인 니크롬선의 저항이 100[Ω]이다. 온도가 60[℃]로 상승되면 저항은 몇 [Ω]이 되겠는가?

① 108   ② 112   ③ 115   ④ 120

풀이

온도 t_1 및 t_2일 때 저항을 각각 R_1, R_2라 하고, t_1에서의 온도계수 α_1이라 하면

$R_2 = R_1 \left[1 + \alpha_1 \left(t_2 - t_1\right)\right]$ 에서
$R_2 = 100[1 + 0.002(60 - 20)] = 108[\Omega]$ 답 ①

문제 14 전계 및 자계의 세기가 각각 E[V/m], $\overline{H}$ [AT/m]일 때, 포인팅 벡터 P[W/m²]의 표현으로 옳은 것은?

① $P = \dfrac{1}{2} E \times H$ ② $P = E \, \text{rot} \, H$

③ $P = E \times H$ ④ $P = H \, \text{rot} \, E$

풀이

포인팅 벡터(Poynting vector) P
전자계 내의 **한 점을 통과하는 에너지 흐름의 단위 면적당 전력 또는 전력 밀도**를 표시하는 벡터
$P = E \times H \, [\text{W/m}^2]$ 답 ③

문제 15 자기유도계수 L의 계산 방법이 아닌 것은? (단, N : 권수, ϕ : 자속[Wb], I : 전류[A], A : 벡터 퍼텐셜[Wb/m], i : 전류밀도[A/m²], B : 자속밀도[Wb/m²], H : 자계의 세기[AT/m] 이다.)

① $L = \dfrac{N\phi}{I}$ ② $L = \dfrac{\int_v A \cdot i \, dv}{I^2}$

③ $L = \dfrac{\int_v B \cdot H dv}{I^2}$ ④ $L = \dfrac{\int_v A \cdot i \, dv}{I}$

풀이

① 자기 에너지법 : $W = \dfrac{1}{2} LI^2$ $\therefore L = \dfrac{2W}{I^2}$

② 자속 쇄교법 : $N\phi = LI$ $\therefore L = \dfrac{N\phi}{I}$

③ 벡터 포텐셜법 :

$W = \dfrac{1}{2} \int_v B \cdot H dv = \dfrac{1}{2} \int_v A \cdot i dv = \dfrac{1}{2} LI^2$

$\therefore L = \dfrac{\int_v B \cdot H dv}{I^2} = \dfrac{\int_v A \cdot i dv}{I^2}$ 답 ④

문제 16 평등자계 내에 전자가 수직으로 입사하였을 때 전자의 운동에 대한 설명으로 옳은 것은?

① 원심력은 전자속도에 반비례한다.

② 구심력은 자계의 세기에 반비례한다.

③ 원운동을 하고, 반지름은 자계의 세기에 비례한다.

④ 원운동을 하고, 반지름은 전자의 회전속도에 비례한다.

풀이

① 평등자계 내의 전자가 수직으로 입사하였을 때 전자의 운동은 전류의 방향과 반대 방향을 고려하여 플레밍의 왼손법칙을 적용하면 원의 중심으로 향하는 힘을 받는다. 즉, 운동 방향과 직각으로 힘을 받아 **등속 원운동**을 한다.

② 전자력에 의한 구심력(F), 원심력(F')과 평형 조건 ($F = F'$)에 의한 궤도 반지름

구심력 $F = evB$,   원심력 $F' = \dfrac{mv^2}{r}$,

평형조건 $evB = \dfrac{mv^2}{r}$ 에서 반지름 $r = \dfrac{mv}{eB}[\text{m}]$

따라서,

• 원심력 $F' = \dfrac{mv^2}{r}$ 에서 원심력은 전자속도의 자승에 비례한다.

• 구심력 $F = evB$에서 구심력 $F \propto B \propto \mu H$ 이므로 자계의 세기에 비례한다.

• 전자의 궤도 반지름 $r \propto \dfrac{v}{B}\left(= \dfrac{v}{\mu H}\right)$ 에서 반지름은 자계의 세기(H)에 반비례하고, 회전속도(v)에 비례한다.   답 ④

문제 17 진공 중 3[m] 간격으로 두 개의 평행한 무한평판 도체에 각각 +4[C/m²], −4[C/m²]의 전하를 주었을 때, 두 도체 간의 전위차는 약 몇 [V]인가?

① 1.5×10^{11} ② 1.5×10^{12}

③ 1.36×10^{11} ④ 1.36×10^{12}

풀이

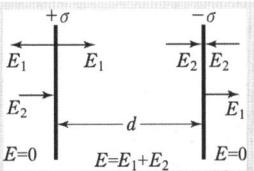

두 장의 무한 평판 도체

여기서, $E_1 = \dfrac{\sigma}{2\epsilon_0}$: $+\sigma$에 의한 전계

$E_2 = \dfrac{\sigma}{2\epsilon_0}$: $-\sigma$에 의한 전계

① 각각의 평판에 면전하 밀도가 $\pm\sigma[\text{C/m}^2]$인 경우 전계 분포는 평판 외측에서 서로 반대 방향이므로 상쇄되어 0이 되고, 평판 내측에서는 같은 방향이 된다. 따라서 전계 E는

• 평판 외측 : $E=0$

• 평판 내측 : $E=\dfrac{\sigma}{\epsilon_0}$

② 두 평판 도체의 전위차 V

$$V=-\int_d^0 \frac{\sigma}{\epsilon_0}dl=\frac{\sigma}{\epsilon_0}d=\frac{4}{8.85\times10^{-12}}\times3$$
$$=1.36\times10^{12}[\text{V}]$$

답 ④

문제 18 그림과 같이 내부 도체구 A에 $+Q[\text{C}]$, 외부 도체구 B에 $-Q[\text{C}]$를 부여한 동심 도체구 사이의 정전용량 $C[\text{F}]$는?

① $4\pi\epsilon_o(b-a)$

② $\dfrac{4\pi\epsilon_o ab}{b-a}$

③ $\dfrac{ab}{4\pi\epsilon_o(b-a)}$

④ $4\pi\epsilon_o\left(\dfrac{1}{a}-\dfrac{1}{b}\right)$

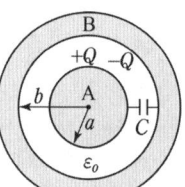

풀이

동심 도체구에서의 정전용량
① 도체구 사이의 전위차

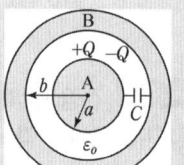

$$V=-\int_b^a Edr$$
$$=\frac{Q}{4\pi\epsilon_0}\left(\frac{1}{a}-\frac{1}{b}\right)[\text{V/m}]$$

② 정전용량 C

$$C=\frac{Q}{V}=\frac{4\pi\epsilon_0}{\frac{1}{a}-\frac{1}{b}}=\frac{4\pi\epsilon_0 ab}{b-a}[\text{F}]$$

답 ②

문제 19 자속밀도 $B[\text{Wb/m}^2]$의 평등 자계 내에서 길이 $l[\text{m}]$인 도체 ab가 속도 $v[\text{m/s}]$로 그림과 같이 도선을 따라서 자계와 수직으로 이동할 때, 도체 ab에 의해 유기된 기전력의 크기 $e[\text{V}]$와 폐회로 abcd 내 저항 R에 흐르는 전류의 방향은? (단, 폐회로 abcd 내 도선 및 도체의 저항은 무시한다.)

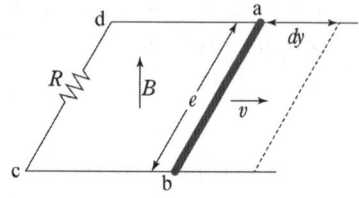

① $e=Blv$, 전류 방향 : c → d

② $e=Blv$, 전류 방향 : d → c

③ $e=Blv^2$, 전류 방향 : c → d

④ $e=Blv^2$, 전류 방향 : d → c

풀이

자속밀도가 변화하지 않고 폐회로가 이동하는 경우 유도 기전력

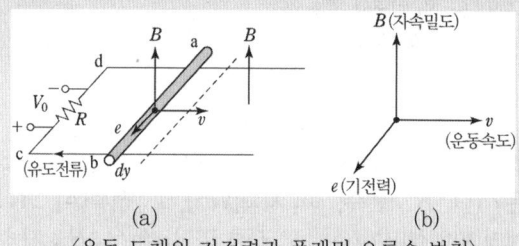

(a)   (b)

〈운동 도체의 기전력과 플레밍 오른손 법칙〉

① 유도 기전력 $e=Blv[\text{V}]$

② 전류방향은 플레밍의 오른손 법칙에 의해 a → b → c → d 방향으로 흐른다.

답 ①

문제 20 유전율이 ϵ_1, $\epsilon_2[\text{F/m}]$인 유전체 경계면에 단위 면적당 작용하는 힘의 크기는 몇 $[\text{N/m}^2]$인가? (단, 전계가 경계면에 수직인 경우이며, 두 유전체에서의 전속밀도는 $D_1=D_2=D[\text{C/m}^2]$이다.)

① $2\left(\dfrac{1}{\epsilon_1}-\dfrac{1}{\epsilon_2}\right)D^2$ ② $2\left(\dfrac{1}{\epsilon_1}+\dfrac{1}{\epsilon_2}\right)D^2$

③ $\dfrac{1}{2}\left(\dfrac{1}{\epsilon_1}+\dfrac{1}{\epsilon_2}\right)D^2$ ④ $\dfrac{1}{2}\left(\dfrac{1}{\epsilon_2}-\dfrac{1}{\epsilon_1}\right)D^2$

풀이

단위 면적당 작용하는 힘

$$F_n=w_2-w_1$$
$$=\frac{1}{2}E_2D_2-\frac{1}{2}E_1D_1[\text{N/m}^2]$$

인데, 경계면에 수직으로 입사되므로

$$D_1=D_2=D$$

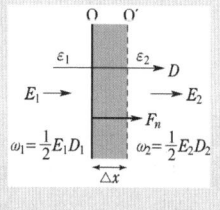

$$F_n = \frac{1}{2}(E_2 - E_1)D = \frac{1}{2}\left(\frac{1}{\epsilon_2} - \frac{1}{\epsilon_1}\right)D^2 \ [\text{N/m}^2] \ \text{이다.}$$

(여기서, $E_2 = \dfrac{D_2}{\epsilon_2} = \dfrac{D}{\epsilon_2}$, $E_1 = \dfrac{D_1}{\epsilon_1} = \dfrac{D}{\epsilon_1}$) **답 ④**

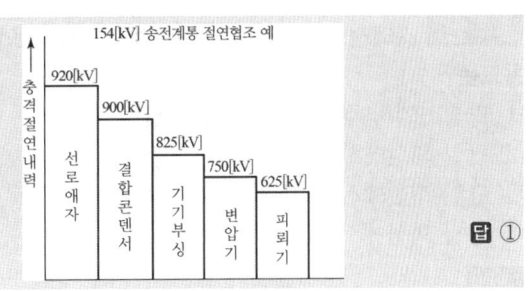

154[kV] 송전계통 절연협조 예

답 ①

제2과목 전력공학

문제 21 중성점 직접접지방식의 발전기가 있다. 1선 지락 사고 시 지락전류는? (단, Z_1, Z_2, Z_0는 각각 정상, 역상, 영상 임피던스이며, E_a는 지락된 상의 무부하 기전력이다.)

① $\dfrac{E_a}{Z_0 + Z_1 + Z_2}$
② $\dfrac{Z_1 E_a}{Z_0 + Z_1 + Z_2}$

③ $\dfrac{3E_a}{Z_0 + Z_1 + Z_2}$
④ $\dfrac{Z_0 E_a}{Z_0 + Z_1 + Z_2}$

풀이

- I_0, I_1, I_2를 각각 영상, 정상, 역상 전류라고 하면 1선 지락 고장 시 $I_0 = I_1 = I_2$ 가 된다.
- a상이 지락 된 경우 $V_a = 0$이 되고 발전기의 기본식을 대입하면

$$V_a = V_0 + V_1 + V_2 = -Z_0 I_0 + E_a - Z_1 I_1 - Z_2 I_2$$
$$= E_a - (Z_0 + Z_1 + Z_2)I_0 = 0$$

$$\therefore I_0 = \frac{E_a}{Z_0 + Z_1 + Z_2} = I_1 = I_2$$

- a상의 지락전류

$$I_a = I_0 + I_1 + I_2 = 3I_0 = \frac{3E_a}{Z_0 + Z_1 + Z_2}$$

답 ③

문제 22 다음 중 송전계통의 절연협조에 있어서 절연레벨이 가장 낮은 기기는?

① 피뢰기
② 단로기
③ 변압기
④ 차단기

풀이

절연 협조는 계통의 각 기기 및 기구, 선로, 애자 상호간의 균형있는 적당한 절연 강도를 가지는 것을 말하며 **피뢰기의 제한 전압이 기기의 기준 충격 절연 강도보다 낮아야** 한다.

문제 23 화력발전소에서 절탄기의 용도는?

① 보일러에 공급되는 급수를 예열한다.
② 포화증기를 과열한다.
③ 연소용 공기를 예열한다.
④ 석탄을 건조한다.

풀이

- **절탄기 : 보일러 급수를 예열**
- 과열기 : 포화증기를 가열
- 공기 예열기 : 연소용 공기를 예열
- 재열기 : 터빈에서 팽창한 증기를 다시 가열 **답 ①**

문제 24 3상 배전선로의 말단에 역률 60[%](늦음), 60[kW]의 평형 3상 부하가 있다. 부하점에 부하와 병렬로 전력용 콘덴서를 접속하여 선로손실을 최소로 하고자 할 때 콘덴서 용량[kVA]은? (단, 부하단의 전압은 일정하다.)

① 40
② 60
③ 80
④ 100

풀이

- 3상 배전선로의 전력손실

$$P_l = 3I^2 R = 3\left(\frac{P}{\sqrt{3}\,V\cos\theta}\right)^2 R = \frac{P^2 R}{V^2 \cos^2\theta}\ [\text{W}]$$

- 선로 손실 P_l을 최소로 하기 위해서는 역률 $\cos\theta = 1$이 되어야 한다.
- 역률을 1로 개선하기 위해서는 부하의 지상 무효전력을 보상할 수 있는 콘덴서를 설치해야 한다.

즉, 콘덴서 용량

$$Q_c = P\tan\theta = P\frac{\sin\theta}{\cos\theta} = 60 \times \frac{0.8}{0.6} = 80\,[\text{kVA}]$$

답 ③

문제 25 송배전 선로에서 선택지락계전기(SGR)의 용도는?

① 다회선에서 접지 고장 회선의 선택

② 단일 회선에서 접지 전류의 대소 선택

③ 단일 회선에서 접지 전류의 방향 선택

④ 단일 회선에서 접지 사고의 지속 시간 선택

풀이

선택지락계전기(Selective Ground Relay : SGR)는 병행 2회선 또는 다회선 송전 선로에서 한쪽의 1회선에 지락 사고가 일어났을 경우 이것을 검출하여 고장 회선만을 선택 차단할 수 있게끔 선택 단락 계선기의 동작 전류를 특별히 작게 한 것으로 비접지 계통의 지락 사고 검출에 사용된다.

답 ①

문제 26 정격전압 7.2[kV], 정격차단용량 100[MVA]인 3상 차단기의 정격 차단전류는 약 몇 [kA]인가?

① 4　　　② 6　　　③ 7　　　④ 8

풀이

정격 차단 용량 $P_s = \sqrt{3} \times$ 정격전압 $\times$ 정격차단전류

정격 차단 전류 $I_s = \dfrac{P_s}{\sqrt{3}\,V} = \dfrac{100 \times 10^6}{\sqrt{3} \times 7.2 \times 10^3} \times 10^{-3}$[kA]

$= 8$[kA]　　**답** ④

문제 27 고장 즉시 동작하는 특성을 갖는 계전기는?

① 순시 계전기

② 정한시 계전기

③ 반한시 계전기

④ 반한시성 정한시 계전기

풀이

보호 계전기의 동작 시간에 의한 분류

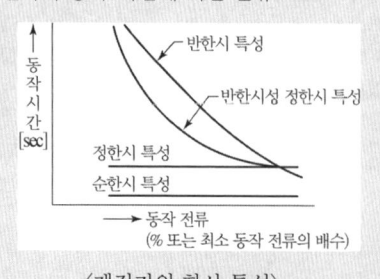

〈계전기의 한시 특성〉

보호 계전기 특징

① **순(한)시 특성** : 최소 동작 전류 이상의 전류가 흐르면 즉시 동작하는 특성

② **정한시 특성** : 동작 전류의 크기에 관계없이 일정한 시간에 동작하는 특성

③ **반한시 특성** : 동작 전류가 커질수록 동작 시간이 짧게 되는 특성

④ **반한시 정한시 특성** : 동작 전류가 적은 동안에는 동작 전류가 커질수록 동작 시간이 짧게 되는 반한시 특성을 갖고, 어떤 전류 이상이면 동작 전류의 크기에 관계없이 일정한 시간에 동작하는 정한시 특성을 가진 특성

답 ①

문제 28 30000[kW]의 전력을 51[km] 떨어진 지점에 송전하는데 필요한 전압은 약 몇 [kV]인가? (단, Still의 식에 의하여 산정한다.)

① 22　　　　　　② 33

③ 66　　　　　　④ 100

풀이

Still의 식(경제적인 송전 전압)

$$V_s = 5.5\sqrt{0.6l + \frac{P}{100}}\ [\text{kV}]$$

여기서, l : 송전 거리 [km], P : 송전 용량 [kW]

∴ 경제적인 송전전압 $V_s = 5.5\sqrt{0.6 \times 51 + 0.01 \times 30000}$

$\fallingdotseq 100$[kV]　　**답** ④

문제 29 댐의 부속설비가 아닌 것은?

① 수로　　　　　② 수조

③ 취수구　　　　④ 흡출관

풀이

흡출관은 반동 수차의 출구에서부터 방수로 수면까지 연결하는 관으로 낙차를 유효하게 이용(낙차를 늘리기 위해)하기 위해 사용한다.

답 ④

문제 30 3상 3선식에서 전선 한 가닥에 흐르는 전류는 단상 2선식의 경우의 몇 배가 되는가? (단, 송전전력, 부하역률, 송전거리, 전력손실 및 선간전압이 같다.)

① $\dfrac{1}{\sqrt{3}}$　　② $\dfrac{2}{3}$　　③ $\dfrac{3}{4}$　　④ $\dfrac{4}{9}$

- 단상 2선식의 송전전력 $P_1 = V_1 I_1 \cos\theta_1$
- 3상 3선식의 송전전력 $P_3 = \sqrt{3}\, V_3 I_3 \cos\theta_3$라고 하면
- 송전전력 및 선간전압이 같다는 조건이므로

$VI_1\cos\theta = \sqrt{3}\, VI_3\cos\theta$

(또한 동일 부하이므로 $\cos\theta_1 = \cos\theta_3 = \cos\theta$)

$\therefore\ I_3 = \dfrac{1}{\sqrt{3}} I_1$ **답** ①

$\delta = \sqrt{\dfrac{1}{\pi f \sigma \mu}}\,[\mathrm{m}]$

여기서, δ : 표피 두께 또는 침투 깊이,

$\mu = 4\pi \times 10^{-7}[\mathrm{H/m}]$: 투자율,

σ : 도전율, f : 주파수

따라서, **주파수가 높을수록, 도전율이 높을수록, 투자율이 클수록, 표피 두께 δ가 감소하므로 표피 효과는 증대되어 도체의 실효 저항이 증가한다.** **답** ①

문제 31 사고, 정전 등의 중대한 영향을 받는 지역에서 정전과 동시에 자동적으로 예비전원용 배전선로로 전환하는 장치는?

① 차단기
② 리클로저(Recloser)
③ 섹셔널라이저(Sectionalizer)
④ 자동부하 전환개폐기(Auto Load Transfer Switch)

① 차단기 : 부하전류 및 사고전류를 신속·안전하게 차단하여 고장구간을 건전구간으로부터 분리시키며 또한 설비의 점검 및 수리 등의 작업 시에 작업 장소를 정전시키기 위한 설비이다.
② 리클로저 : 배전선로에서 지락고장이나 단락고장 사고가 발생하였을 때 고장을 검출하여 선로를 차단한 후 일정시간이 경과하면 자동적으로 재투입 동작을 반복함으로써 순간 고장을 제거한다.
③ 섹셔널라이저 : 선로가 정전상태일 때 자동으로 개방되어 고장구간을 분리시키는 선로 개폐기로 고장전류는 차단할 수 없다.
④ **자동부하 전환개폐기** : 정전 시에 큰 피해가 예상되는 수용가에 이중 전원을 확보하여 **주전원 정전 시나 정격전압 이하로 전압이 감소하는 경우 예비전원으로 자동으로 전환**되어 무정전 전원 공급을 수행하는 개폐기를 말한다. **답** ④

문제 32 전선의 표피 효과에 대한 설명으로 알맞은 것은?

① 전선이 굵을수록, 주파수가 높을수록 커진다.
② 전선이 굵을수록, 주파수가 낮을수록 커진다.
③ 전선이 가늘수록, 주파수가 높을수록 커진다.
④ 전선이 가늘수록, 주파수가 낮을수록 커진다.

문제 33 일반회로 정수가 같은 평행 2회선에서 A, B, C, D는 각각 1회선의 경우의 몇 배로 되는가?

① A : 2배, B : 2배, C : $\dfrac{1}{2}$배, D : 1배

② A : 1배, B : 2배, C : $\dfrac{1}{2}$배, D : 1배

③ A : 1배, B : $\dfrac{1}{2}$배, C : 2배, D : 1배

④ A : 1배, B : $\dfrac{1}{2}$배, C : 2배, D : 2배

1회선 송전선로에 대해서

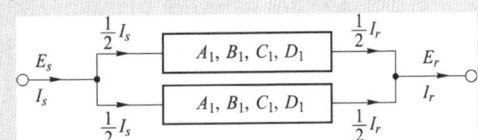

$E_s = A_1 E_r + B_1 \cdot \dfrac{1}{2} I_r$

$\dfrac{1}{2} I_s = C_1 E_r + D_1 \cdot \dfrac{1}{2} I_r$ 에서 $I_s = 2C_1 E_r + D_1 \cdot I_r$ 로 된다.

2회선 송전선로의 경우

$E_s = AE_r + BI_r$, $I_s = CE_r + DI_r$ 이므로

$A = A_1$, $B = \dfrac{1}{2}B_1$, $C = 2C_1$, $D = D_1$이 된다.

즉, 2회선의 경우 병렬회로가 되므로 임피던스(B)는 1/2배, 어드미턴스(C)는 2배가 된다. **답** ③

문제 34 변전소에서 비접지 선로의 접지보호용으로 사용되는 계전기에 영상전류를 공급하는 것은?

① CT ② GPT
③ ZCT ④ PT

GPT는 영상 전압을 공급하며 **영상 전류는 ZCT가 공급한**다. **답** ③

문제 35 단로기에 대한 설명으로 틀린 것은?

① 소호장치가 있어 아크를 소멸시킨다.

② 무부하 및 여자전류의 개폐에 사용된다.

③ 사용회로수에 의해 분류하면 단투형과 쌍투형이 있다.

④ 회로의 분리 또는 계통의 접속 변경 시 사용한다.

풀이
단로기(DS)는 소호 장치가 없고 아크 소멸 능력이 없으므로 부하 전류나 사고 전류의 개폐는 할 수 없으며 기기를 전로에서 개방할 때 또는 모선의 접속 변경시 사용한다. **답** ①

문제 36 4단자 정수 $A = 0.9918 + j0.0042$,
$B = 34.17 + j50.38$,
$C = (-0.006 + j3247) \times 10^{-4}$

인 송전선로의 송전단에 66[kV]를 인가하고 수전단을 개방하였을 때 수전단 선간전압은 약 몇 [kV]인가?

① $\dfrac{66.55}{\sqrt{3}}$ ② 62.5

③ $\dfrac{62.5}{\sqrt{3}}$ ④ 66.55

풀이
• 4단자 정수 $E_s = AE_r + BI_r$, $I_s = CE_r + DI_r$
• 수전단을 개방($I_r = 0$)하면 $E_s = AE_r$ 이다.
 따라서 수전단 전압
$$E_r = \frac{E_s}{A} = \frac{66/\sqrt{3}}{0.9918 + j0.0042} = \frac{66.55}{\sqrt{3}}\,[\text{kV}]$$
• 수전단 선간전압
$$V_r = E_r \times \sqrt{3} = \frac{66.55}{\sqrt{3}} \times \sqrt{3} = 66.55[\text{kV}]$$ **답** ④

문제 37 증기터빈 출력을 P[kW], 증기량을 $\overline{W}$ [t/h], 초압 및 배기의 증기 엔탈피를 각각 i_0, i_1 [kcal/kg] 이라 하면 터빈의 효율 η_T[%]는?

① $\dfrac{860P \times 10^3}{W(i_0 - i_1)} \times 100$

② $\dfrac{860P \times 10^3}{W(i_1 - i_0)} \times 100$

③ $\dfrac{860P}{W(i_0 - i_1) \times 10^3} \times 100$

④ $\dfrac{860P}{W(i_1 - i_0) \times 10^3} \times 100$

풀이
• 입력열량 $= W \times 10^3 \times (i_0 - i_1)[\text{kcal}]$
• 출력열량 $= P \times 860[\text{kcal}]$ ($\because$ 1[kWh] $=$ 860[kcal])
• 터빈효율 $\eta_T = \dfrac{\text{출력열량}}{\text{입력열량}} \times 100$
$$= \frac{860P}{W(i_0 - i_1) \times 10^3} \times 100[\%]$$ **답** ③

문제 38 송전선로에서 가공지선을 설치하는 목적이 아닌 것은?

① 뇌(雷)의 직격을 받을 경우 송전선 보호

② 유도뢰에 의한 송전선의 고전위 방지

③ 통신선에 대한 전자유도장해 경감

④ 철탑의 접지저항 경감

풀이
가공 지선(over head ground wire)은 송전선 위에 나란히 가설된 도선으로 각 철탑에 접지되어 있으며, 그 설치 목적은
① **직격뢰에 대한 차폐 효과**
② **유도뢰에 대한 정전 차폐 효과**
③ **통신선에 대한 전자 유도 장해 경감 효과**
따라서, **철탑의 접지저항을 경감하기 위해서는 매설지선을 설치**해야 한다. **답** ④

문제 39 수전단의 전력원 방정식이
$$P_r^{\,2} + (Q_r + 400)^2 = 250000$$
으로 표현되는 전력계통에서 조상설비 없이 전압을 일정하게 유지하면서 공급할 수 있는 부하전력은?

(단, 부하는 무유도성이다)

① 200　　② 250　　③ 300　　④ 350

풀이

전력원 방정식 $P_r^2 + (Q_r + 400)^2 = 250000$ 에서 조상설비가 없으므로 $Q_r = 0$ 이다.

또한 전압을 일정하게 유지한다는 것은 피상전력이 일정하다는 것이므로 $P_r^2 + 400^2 = 250000$ 이 된다.

$\therefore P_r = 300$ **답** ③

문제 40 전력설비의 수용률을 나타낸 것은?

① 수용률 $= \dfrac{\text{평균전력[kW]}}{\text{부하설비용량[kW]}} \times 100[\%]$

② 수용률 $= \dfrac{\text{부하설비용량[kW]}}{\text{평균전력[kW]}} \times 100[\%]$

③ 수용률 $= \dfrac{\text{최대수용전력[kW]}}{\text{부하설비용량[kW]}} \times 100[\%]$

④ 수용률 $= \dfrac{\text{부하설비용량[kW]}}{\text{최대수용전력[kW]}} \times 100[\%]$

풀이

수용률 $= \dfrac{\text{최대 수용 전력 [kW]}}{\text{총부하 설비 용량 [kW]}} \times 100[\%]$

배전 변압기의 용량계산의 척도가 된다. **답** ③

제3과목　전기기기

문제 41 단상 유도전동기의 기동 시 브러시를 필요로 하는 것은?

① 분상 기동형
② 반발 기동형
③ 콘덴서 분상 기동형
④ 셰이딩 코일 기동형

풀이

반발 기동 유도 전동기는 기동시에는 반발 전동기로서 동작시키고 일정 속도에 달하면 정류자 세그먼트(segment)를 단락하여 유도 전동기로서 동작하는 전동기이며, **브러시 이동만으로 기동, 정지, 속도 제어가 가능**하다. **답** ②

문제 42 전원전압이 100[V]인 단상 전파정류제어에서 점호각이 30°일 때 직류 평균전압은 약 몇 [V] 인가?

① 54　　② 64　　③ 84　　④ 94

풀이

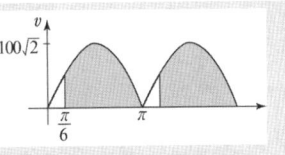

단상 전파정류파

$$v_{dc} = \frac{1}{\pi} \int_{\frac{\pi}{6}}^{\pi} v \, d(\omega t) = \frac{1}{\pi} \int_{\frac{\pi}{6}}^{\pi} 100\sqrt{2} \, \sin\omega t \, d(\omega t)$$

$$= \frac{100\sqrt{2}}{\pi} [-\cos\omega t]_{\frac{\pi}{6}}^{\pi} = \frac{100\sqrt{2}}{\pi} \left(-\cos\pi + \cos\frac{\pi}{6}\right)$$

$$= \frac{100\sqrt{2}}{\pi} \left(1 + \frac{\sqrt{3}}{2}\right) = 84[V]$$ **답** ③

문제 43 3선 중 2선의 전원 단자를 서로 바꾸어서 결선하면 회전방향이 바뀌는 기기가 아닌 것은?

① 회전변류기
② 유도전동기
③ 동기전동기
④ 정류자형 주파수 변환기

풀이

정류자형 주파수 변환기는 유도전동기의 2차 여자를 행하기 위한 교류여자기로서 사용되며, 슬립링을 통하여 주파수 f_1의 3상 교류전압을 인가하면 회전자계가 생기고 이것이 동기속도로 상회전 방향으로 회전한다. 이 회전자계의 방향은 회전자의 회전여부와 그 속도와 방향에 전혀 관계가 없다. **답** ④

문제 44 단상 유도전동기의 분상 기동형에 대한 설명으로 틀린 것은?

① 보조권선은 높은 저항과 낮은 리액턴스를 갖는다.
② 주권선은 비교적 낮은 저항과 높은 리액턴스를 갖는다.
③ 높은 토크를 발생시키려면 보조권선에 병렬로 저항을 삽입한다.
④ 전동기가 기동하여 속도가 어느 정도 상승하면 보조권선을 전원에서 분리해야 한다.

풀이

분상 기동형 단상 유도 전동기

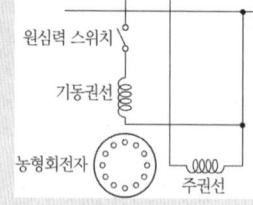

원심력 스위치
기동권선
농형회전자
주권선

- 주권선 : 상당히 작은 저항과 큰 리액턴스를 갖는다.
- 기동권선 : 큰 저항과 작은 리액턴스를 갖으며, 원심력 스위치가 있다.
- 기동토크 $T_s = kI_m I_s \sin\alpha$
  여기서, k : 상수, α : I_m 과 I_s 사이의 위상각
- 운전 : 회전자가 대략 회전자 최종 속도의 약 75[%]에 도달하면 원심력 스위치가 동작하여 회로로부터 기동권선이 분리된다.
- **더 높은 기동토크를 발생시키려면 기동권선 내에 직렬저항을 접속**하거나 주권선 내에 직렬 유도성 리액턴스를 접속한다.
  답 ③

문제 45 변압기의 $\%Z$가 커지면 단락전류는 어떻게 변화하는가?

① 커진다.
② 변동없다.
③ 작아진다.
④ 무한대로 커진다.

풀이

단락전류 $I_s = \dfrac{100}{\%Z} I_n$[A]이므로, $\%Z$가 커지면 단락전류는 작아지게 된다.
답 ③

문제 46 정격전압 6600[V]인 3상 동기발전기가 정격출력(역률 = 1)으로 운전할 때 전압변동률이 12[%]이었다. 여자전류와 회전수를 조정하지 않은 상태로 무부하 운전하는 경우 단자전압[V]은?

① 6433
② 6943
③ 7392
④ 7842

풀이

전압변동률 $\epsilon = \dfrac{V_0 - V_n}{V_n} \times 100 = \left(\dfrac{V_0}{V_n} - 1\right) \times 100$[%]
따라서, 무부하 단자전압
$V_0 = \left(1 + \dfrac{\epsilon}{100}\right) V_n = (1 + \dfrac{12}{100}) \times 6600 = 7392$[V] **답** ③

문제 47 계자 권선이 전기자에 병렬로만 연결된 직류기는?

① 분권기
② 직권기
③ 복권기
④ 타여자기

풀이

- 분권발전기 : 계자권선 F 와 전기자 권선 A가 병렬로 접속
- 직권발전기 : 계자권선 F 와 전기자 권선 A가 직렬로 접속

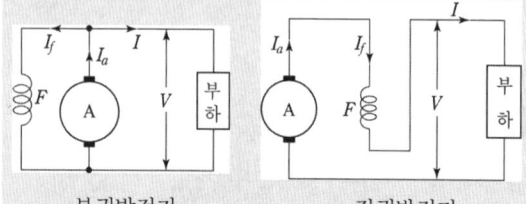

분권발전기　　　　직권발전기

- 복권발전기 : 직권계자권선(F_s)과 분권계자권선(F_p)을 가지고 있으며, 직권계자권선은 전기자 권선 A와 직렬 접속, 분권계자권선은 전기자 권선 A와 병렬 접속
- 타여자 발전기 : 계자권선 F는 전기자 권선 A와 접속 되지 않고 별도의 외부 여자전원에 접속

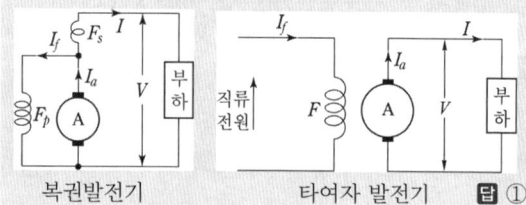

복권발전기　　　　타여자 발전기 **답** ①

문제 48 3상 20000[kVA]인 동기발전기가 있다. 이 발전기는 60[Hz]일 때는 200[rpm], 50[Hz]일 때는 약 167 [rpm]으로 회전한다. 이 동기발전기의 극수는?

① 18극
② 36극
③ 54극
④ 72극

풀이

- 동기속도 $N_s = \dfrac{120f}{P}$[rpm]에서 극수 $P = \dfrac{120f}{N_s}$ [극]
- 60[Hz]일 때 200[rpm]으로 회전하므로 극수 P는
  $P = \dfrac{120f}{N_s} = \dfrac{120 \times 60}{200} = 36$[극] **답** ②

문제 49 1차 전압 6600[V], 권수비 30인 단상변압기로 전등부하에 30[A]를 공급할 때의 입력[kW]은? (단, 변압기의 손실은 무시한다.)

① 4.4   ② 5.5

③ 6.6   ④ 7.7

풀이

• 변압기 2차 전류를 1차 전류로 환산하면

$$I_1 = \frac{I_2}{a} = \frac{30}{30} = 1[A]$$

• 별도의 언급이 없으므로 전등 부하의 역률 $\cos\theta = 1$

• 입력 $P_1 = V_1 I_1 \cos\theta = 6600 \times 1 \times 1 \times 10^{-3} = 6.6[kW]$

답 ③

문제 50 스텝 모터에 대한 설명으로 틀린 것은?

① 가속과 감속이 용이하다.

② 정·역 및 변속이 용이하다.

③ 위치제어 시 각도 오차가 작다.

④ 브러시 등 부품수가 많아 유지보수 필요성이 크다.

풀이

스텝모터는 **디지털 신호에 비례하여 일정 각도만큼 회전하는 모터**로 그 총회전각은 입력펄스의 수로, 회전속도는 입력펄스의 빠르기로 쉽게 제어가 가능한 특징이 있다.

[장점]

① 피드백루프가 필요 없어 **오픈 루프로 손쉽게 속도 및 위치제어**를 할 수 있다.

② 디지털 신호로 직접제어 할 수 있으므로 **별도의 D/A, A/D컨버터가 필요없다.**

③ 가속, 감속이 용이하며 정·역전 및 변속이 용이하다.

④ 속도제어 범위가 광범위하며, **초 저속에서 큰 토오크**를 얻을 수 있다.

⑤ 위치제어를 할 때 각도 오차가 적고 누적되지 않는다.

⑥ **유지보수가 용이**

[단점]

① 분해조립, 또는 정지위치가 한정된다.

② DC, AC서보에 비해 **효율이 나쁘다.**

③ 큰 관성부하에 적용하기는 부적합하다.

④ 마찰 부하의 경우 위치오차가 크다. (단, 오차가 누적되지는 않는다)

⑤ 오버슈트 및 진동의 문제가 있고 공진이 일어나면 전체 시스템이 불안정하게 될 수도 있다.

⑥ 대용량의 대용량기는 제작이 어렵다.

답 ④

문제 51 출력이 20[kW]인 직류발전기의 효율이 80[%]이면 전 손실은 약 몇 [kW]인가?

① 0.8   ② 1.25

③ 5   ④ 45

풀이

• 효율 $\eta = \dfrac{출력}{입력} \times 100 = \dfrac{출력}{출력 + 손실} \times 100 = \dfrac{P}{P + P_l} \times 100$ 에서

• 전 손실 $P_l = \dfrac{P}{\frac{\eta}{100}} - P = \dfrac{20}{0.8} - 20 = 5[kW]$

답 ③

문제 52 동기전동기의 공급 전압과 부하를 일정하게 유지하면서 역률을 1로 운전하고 있는 상태에서 여자 전류를 증가시키면 전기자 전류는?

① 앞선 무효전류가 증가

② 앞선 무효전류가 감소

③ 뒤진 무효전류가 증가

④ 뒤진 무효전류가 감소

풀이

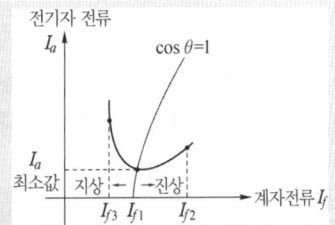

• I_{f1} : $\cos\theta = 1$

• I_{f2}(여자 전류 증가) : 진상의 전기자 전류가 흐르고, 전류는 증가한다.

• I_{f3}(여자 전류 감소) : 지상의 전기자 전류가 흐르고, 전류는 증가한다.

답 ①

문제 53 전압변동률이 작은 동기발전기의 특성으로 옳은 것은?

① 단락비가 크다.

② 속도변동률이 크다.

③ 동기 리액턴스가 크다.

④ 전기자 반작용이 크다.

풀이

단락비가 큰 기계를 철기계, 단락비가 작은 기계를 동기계라 하며, **철기계는 부피가 커지며 값이 비싸고**, 철손, 기계손 등의 고정손이 커서 효율은 나빠지나 **전압 변동률이 작고 안정도 및 선로 충전 용량이 커지는** 이점이 있다. 답 ①

문제 54 직류발전기에 $P[\text{N} \cdot \text{m/s}]$의 기계적 동력을 주면 전력은 몇 [W]로 변환되는가? (단, 손실은 없으며, i_a는 전기자 도체의 전류, e는 전기자 도체의 유도기전력, Z는 총 도체수이다.)

① $P = i_a e Z$ ② $P = \dfrac{i_a e}{Z}$

③ $P = \dfrac{i_a Z}{e}$ ④ $P = \dfrac{eZ}{i_a}$

풀이

- 단자전압 $E = e \times \dfrac{Z}{a}$
- 전류 $I = a \times i_a$
- 전력 $P = EI = e \times \dfrac{Z}{a} \times a \times i_a = i_a e Z$ 답 ①

문제 55 도통(on) 상태에 있는 SCR을 차단(off) 상태로 만들기 위해서는 어떻게 하여야 하는가?

① 게이트 펄스전압을 가한다.
② 게이트 전류를 증가시킨다.
③ 게이트 전압이 부(−)가 되도록 한다.
④ 전원전압의 극성이 반대가 되도록 한다.

풀이

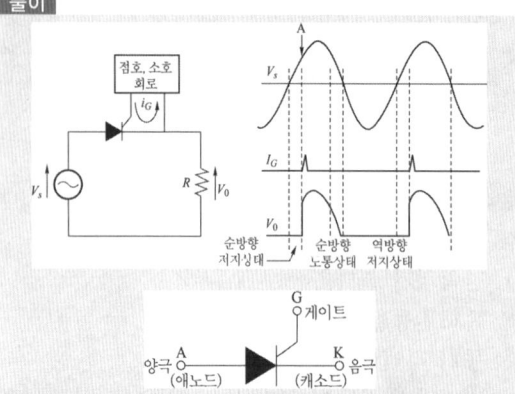

SCR은 게이트에 (+)의 트리거 펄스가 인가되면 통전 상태로 되어 **정류 작용(교류를 직류로 변환)**이 개시되고, 일단 통

전이 시작되면 게이트 전류를 차단해도 주전류(애노드 전류)는 차단되지 않는다. 이때에 이를 **차단하려면 애노드 전압(전원 전압)을 (0) 또는 (−)로** 해야 한다. 답 ④

문제 56 단권변압기의 설명으로 틀린 것은?

① 분로권선과 직렬권선으로 구분된다.
② 1차 권선과 2차 권선의 일부가 공통으로 사용된다.
③ 3상에는 사용할 수 없고 단상으로만 사용한다.
④ 분로권선에서 누설자속이 없기 때문에 전압변동률이 작다.

풀이

단권 변압기는 단상 및 3상에서 사용이 가능하며 3상에서의 결선법은
- Y결선   · △결선   · V결선   · 변연장 △결선이 있다.
답 ③

문제 57 직류전동기의 워드레오나드 속도제어 방식으로 옳은 것은?

① 전압제어   ② 저항제어
③ 계자제어   ④ 직병렬제어

풀이

직류 전동기의 속도 제어법 비교

구 분	제어 특성	특 징
계자 제어법	· 정출력 제어	· 속도 제어 범위가 좁다.
전압 제어법	· 정토크 제어 −워드 레오나드 방식 −일그너 방식	· 제어 범위가 넓다. · 손실이 매우 적다. · 정역 운전이 가능 · 설비비가 많이 든다.
직렬 저항법		· 효율이 나쁘다.

답 ①

문제 58 유도전동기를 정격상태로 사용 중, 전압이 10[%] 상승할 때 특성변화로 틀린 것은? (단, 부하는 일정 토크라고 가정한다.)

① 슬립이 작아진다.
② 역률이 떨어진다.
③ 속도가 감소한다.
④ 히스테리시스손과 와류손이 증가한다.

풀이

① $\dfrac{s'}{s} = \left(\dfrac{V_1}{V'}\right)^2$: 슬립은 전압의 제곱에 반비례 하므로, 전압이 상승하면 슬립은 작아진다.

② $\cos\theta = \dfrac{P}{\sqrt{3}\,VI}$: 역률은 전압에 반비례하므로 전압이 상승하면 역률은 떨어진다.

③ $\dfrac{N}{N'} = \left(\dfrac{V_1}{V'}\right)^2$: 속도는 전압의 제곱에 비례하므로, **전압이 상승하면 속도도 상승**한다.

④ 와류손은 주파수와는 무관하고 전압의 제곱에 비례하므로, 와류손이 증가한다.　　　**답** ③

문제 59 단자전압 110[V], 전기자 전류 15[A], 전기자 회로의 저항 2[Ω], 정격속도 1800[rpm]으로 전부하에서 운전하고 있는 직류 분권전동기의 토크는 약 몇 [N·m]인가?

① 6.0　　　　　　　② 6.4
③ 10.08　　　　　　④ 11.14

풀이

• 역기전력 $E_c = V - R_a I_a = 110 - 2 \times 15 = 80$[V]
• 전기자 발생 기계 동력 $P_m = E_c I_a = 80 \times 15 = 1200$ [W]
• $P_m = E_c I_a = 2\pi n T$[N·m]에서

토크 $T = \dfrac{P_m}{2\pi n} = \dfrac{1200}{2\pi \times \dfrac{1800}{60}} = 6.37$[N·m]　　**답** ②

문제 60 용량 1[kVA], 3000/200[V]의 단상변압기를 단권변압기로 결선해서 3000/3200[V]의 승압기로 사용할 때 그 부하용량[kVA]은?

① $\dfrac{1}{16}$　　② 1　　③ 15　　④ 16

풀이

부하 용량 = 자기 용량 $\times \dfrac{V_h}{V_h - V_l}$

$= 1 \times \dfrac{3200}{3200 - 3000} = 16$[kVA]　　**답** ④

제4과목 **회로이론 및 제어공학**

문제 61 특성방정식이 $\ s^3 + 2s^2 + Ks + 10 = 0$ 로 주어지는 제어시스템이 안정하기 위한 K의 범위는?

① $K > 0$　　　　　　② $K > 5$
③ $K < 0$　　　　　　④ $0 < K < 5$

풀이

특성방정식은 $F(s) = s^3 + 2s^2 + Ks + 10 = 0$이므로 루드의 표는

s^3	1	K
s^2	2	10
s^1	$\dfrac{2K-10}{2}$	0
s^0	10	

제1열의 부호 변화가 없어야 안정하므로

$2K - 10 > 0$　　∴ $K > 5$　　**답** ②

문제 62 제어시스템의 개루프 전달함수가

$$G(s)H(s) = \dfrac{K(s+30)}{s^4 + s^3 + 2s^2 + s + 7}$$

로 주어질 때, 다음 중 $K > 0$인 경우 근궤적의 점근선이 실수축과 이루는 각[°]은?

① $20°$　　② $60°$　　③ $90°$　　④ $120°$

풀이

극점의 수 $p = 4$, 영점의 수 $z = 1$이므로

점근선의 각도 $\alpha_K = \dfrac{(2K+1)\pi}{p - z}(K = 0,\ 1,\ 2)$에서

• $K = 0$ 에서

$\alpha_0 = \dfrac{(2K+1)\pi}{p-z} = \dfrac{(2 \times 0 + 1) \times 180°}{4-1} = \dfrac{180°}{3} = 60°$

• $K = 1$ 에서

$\alpha_1 = \dfrac{(2K+1)\pi}{p-z} = \dfrac{(2 \times 1 + 1) \times 180°}{4-1} = \dfrac{540°}{3} = 180°$

• $K = 2$ 에서

$\alpha_2 = \dfrac{(2K+1)\pi}{p-z} = \dfrac{(2 \times 2 + 1) \times 180°}{4-1} = \dfrac{900°}{3} = 300° = -60°$

답 ②

문제 63 z변환된 함수 $F(z) = \dfrac{3z}{(z-e^{-3t})}$에 대응되는 라플라스 변환 함수는?

① $\dfrac{1}{(s+3)}$ ② $\dfrac{3}{(s-3)}$

③ $\dfrac{1}{(s-3)}$ ④ $\dfrac{3}{(s+3)}$

풀이

$\lim\limits_{t\to 0} e(t) = \lim\limits_{s\to\infty} E(z)$		
$f(t)$	$F(s)$	$F(z)$
$\delta(t)$	1	1
$u(t)$	$\dfrac{1}{s}$	$\dfrac{z}{z-1}$
t	$\dfrac{1}{s^2}$	$\dfrac{Tz}{(z-1)^2}$
e^{-at}	$\dfrac{1}{s+a}$	$\dfrac{z}{z-e^{-at}}$

$\therefore F(s) = \dfrac{3}{s+3}$ **답** ④

문제 64 그림과 같은 제어시스템의 전달함수 $\dfrac{C(s)}{R(s)}$는?

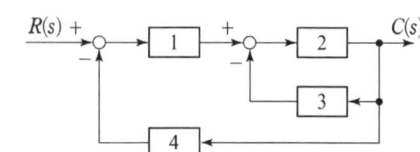

① $\dfrac{1}{15}$ ② $\dfrac{2}{15}$ ③ $\dfrac{3}{15}$ ④ $\dfrac{4}{15}$

풀이

• 전향경로 이득 : 1×2
• 루프 이득 : $-(2\times 3)$, $-(1\times 2\times 4)$
• 전달함수
$G(s) = \dfrac{\sum \text{전향 경로 이득}}{1-\sum\text{루프이득}} = \dfrac{2}{1-(-6-8)} = \dfrac{2}{15}$ **답** ②

문제 65 그림과 같은 논리회로의 출력 Y는?

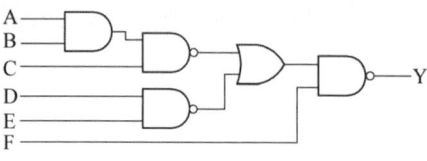

① $ABCDE + \overline{F}$
② $\overline{A}\,\overline{B}\,\overline{C}\,\overline{D}\,\overline{E} + F$
③ $\overline{A} + \overline{B} + \overline{C} + \overline{D} + \overline{E} + F$
④ $A + B + C + D + E + \overline{F}$

풀이

$Y = \overline{(\overline{ABC + \overline{DE}})F} = \overline{(\overline{ABC + \overline{DE}})} + \overline{F} = ABCDE + \overline{F}$
드 모르간의 정리
• $\overline{X_1 + X_2} = \overline{X_1} \cdot \overline{X_2}$
• $\overline{X_1 \cdot X_2} = \overline{X_1} + \overline{X_2}$ **답** ①

문제 66 전달함수가 $G_c(s) = \dfrac{2s+5}{7s}$인 제어기가 있다. 이 제어기는 어떤 제어기인가?

① 비례 미분 제어기
② 적분 제어기
③ 비례 적분 제어기
④ 비례 적분 미분 제어기

풀이

$G_c(s) = \dfrac{2s+5}{7s} = \dfrac{2}{7} + \dfrac{5}{7s} = \dfrac{2}{7} + \dfrac{1}{\frac{7}{5}s} = \dfrac{2}{7}\left(1 + \dfrac{1}{\frac{2}{5}s}\right)$

이므로 비례적분 제어계이다. **답** ③

문제 67 단위 피드백제어계에서 개루프 전달함수 $G(s)$가 다음과 같이 주어졌을 때 단위 계단 입력에 대한 정상상태 편차는?

$$G(s) = \dfrac{5}{s(s+1)(s+2)}$$

① 0 ② 1 ③ 2 ④ 3

풀이

정상상태 편차 $e_{ss} = \lim\limits_{s\to 0} \dfrac{s}{1+G(s)} R(s)$에서

$R(s) = \dfrac{1}{s}$ (단위 계단입력)이므로

$$e_{ss} = \lim_{s \to 0} \dfrac{s}{1 + G(s)} \cdot \dfrac{1}{s} = \dfrac{1}{1 + \lim\limits_{s \to 0} G(s)}$$

$$= \dfrac{1}{1 + \lim\limits_{s \to 0} \dfrac{5}{s(s+1)(s+2)}} = 0 \qquad \text{답 } ①$$

문제 68 그림의 신호흐름선도에서 전달함수

$\dfrac{C(s)}{R(s)}$ 는?

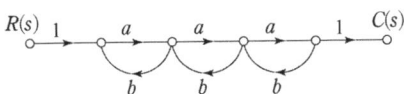

① $\dfrac{a^3}{(1 - ab)^3}$　　　② $\dfrac{a^3}{(1 - 3ab + a^2 b^2)}$

③ $\dfrac{a^3}{1 - 3ab}$　　　④ $\dfrac{a^3}{1 - 3ab + 2a^2 b^2}$

풀이

- 전향경로 이득 : $a \times a \times a = a^3$
- 루프 이득 : $ab,\ ab,\ ab$
- 비접촉 루프 이득 : $ab \times ab = a^2 b^2$

$$\therefore G(s) = \dfrac{C(s)}{R(s)} = \dfrac{\sum \text{전향 경로 이득}}{1 - \sum \text{루프 이득} + \sum \text{비접촉 루프 이득}}$$

$$= \dfrac{a^3}{1 - (ab + ab + ab) + a^2 b^2} = \dfrac{a^3}{1 - 3ab + a^2 b^2}$$

답 ②

문제 69 다음과 같은 미분방정식으로 표현되는 제어시스템의 시스템 행렬 A 는?

$$\dfrac{d^2 c(t)}{dt^2} + 5 \dfrac{dc(t)}{dt} + 3c(t) = r(t)$$

① $\begin{bmatrix} -5 & -3 \\ 0 & 1 \end{bmatrix}$　　② $\begin{bmatrix} -3 & -5 \\ 0 & 1 \end{bmatrix}$

③ $\begin{bmatrix} 0 & 1 \\ -3 & -5 \end{bmatrix}$　　④ $\begin{bmatrix} 0 & 1 \\ -5 & -3 \end{bmatrix}$

풀이

※ 상태 방정식 : $\dot{x} = \dfrac{dx}{dt} = Ax + Br$

　　　　(A : 시스템 행렬, B : 제어 행렬)

시스템 미분방정식에서 상태방정식(벡터 행렬 표현식)을 다음의 순서로 구한다.

① 2차 미분 방정식이므로 2개의 상태 변수 $x_1(t)$, $x_2(t)$ 를 선정한다.

$$x_1(t) = c(t), \quad x_2(t) = \dfrac{dc(t)}{dt}$$

② 단계 ①의 상태 변수를 양변 미분하고 $\dot{x}_i = \dfrac{dx_i}{dt}$ 를 적용한다.

$$\dfrac{dx_1(t)}{dt} = \dfrac{dc(t)}{dt} = \dot{x}_1, \quad \dfrac{dx_2(t)}{dt} = \dfrac{d^2 c(t)}{dt^2} = \dot{x}_2$$

③ 주어진 미분 방정식에서 최고차 항에 대해 나머지 항을 우변으로 이항하여 정리한 후 상태 변수 $x_1(t)$, $x_2(t)$ 를 대입한다.

$$\dfrac{d^2 c(t)}{dt^2} = -5 \dfrac{dc(t)}{dt} - 3c(t) + r(t)$$

$$\therefore \ \dot{x}_2 = -3x_1(t) - 5x_2(t) + r(t)$$

④ 상태 방정식(연립 1차 미분 방정식 : 2개의 상태 방정식)

$$\begin{cases} \dot{x}_1(t) = x_2(t) \\ \dot{x}_2(t) = -3x_1(t) - 5x_2(t) + r(t) \end{cases}$$

⑤ 단계 ④의 상태 방정식을 벡터 행렬로 표현한다.

$$\dot{x}(t) = \begin{bmatrix} \dot{x}_1(t) \\ \dot{x}_2(t) \end{bmatrix} = \begin{bmatrix} 0 & 1 \\ -3 & -5 \end{bmatrix} \begin{bmatrix} x_1(t) \\ x_2(t) \end{bmatrix} + \begin{bmatrix} 0 \\ 1 \end{bmatrix} r(t)$$

⑥ 상태 방정식 $\dot{x} = \dfrac{dx}{dt} = Ax + Br$ 에서 시스템 행렬은 A 가 되므로 벡터 행렬로 표현한 단계 ⑤에서 다음과 같이 구해진다.

$$A = \begin{bmatrix} 0 & 1 \\ -3 & -5 \end{bmatrix} \qquad \text{답 } ③$$

문제 70 안정한 제어시스템의 보드 선도에서 이득 여유는?

① $-20 \sim 20[\text{dB}]$ 사이에 있는 크기[dB] 값이다.

② $0 \sim 20[\text{dB}]$ 사이에 있는 크기 선도의 길이이다.

③ 위상이 $0°$가 되는 주파수에서 이득의 크기[dB] 이다.

④ 위상이 $-180°$가 되는 주파수에서 이득의 크기 [dB] 이다.

풀이

안정한 시스템의 보드 선도에서 이득 곡선이 0[dB]인 점을 지날 때의 주파수에서 양의 위상 여유가 생기고, **위상 곡선이 $-180°$를 지날 때 양의 이득여유가 생긴다.** 답 ④

문제 71 3상 전류가 $I_a = 10 + j3$[A], $I_b = -5 - j2$[A], $I_c = -3 + j4$[A]일 때 정상분 전류의 크기는 약 몇 [A]인가?

① 5
② 6.4
③ 10.5
④ 13.34

풀이

정상분 전류

$$I_1 = \frac{1}{3}(I_a + aI_b + a^2I_c)$$

$$= \frac{1}{3}\left\{10 + j3 + \left(-\frac{1}{2} + j\frac{\sqrt{3}}{2}\right)(-5 - j2)\right.$$

$$\left. + \left(-\frac{1}{2} - j\frac{\sqrt{3}}{2}\right)(-3 + j4)\right\}$$

$$= 6.40 + j0.09 \fallingdotseq 6.4\text{[A]}$$ **답 ②**

문제 72 그림의 회로에서 영상 임피던스 Z_{01}이 6 [Ω]일 때, 저항 R의 값은 몇 [Ω]인가?

① 2
② 4
③ 6
④ 9

풀이

$$\begin{bmatrix} A & B \\ C & D \end{bmatrix} = \begin{bmatrix} 1 & R \\ 0 & 1 \end{bmatrix}\begin{bmatrix} 1 & 0 \\ \frac{1}{5} & 1 \end{bmatrix} = \begin{bmatrix} 1+\frac{R}{5} & R \\ \frac{1}{5} & 1 \end{bmatrix}$$

$$\therefore A = 1 + \frac{R}{5}, \quad B = R, \quad C = \frac{1}{5}, \quad D = 1$$

$$Z_{01} = \sqrt{\frac{AB}{CD}} = \sqrt{\frac{\left(1+\frac{R}{5}\right)\cdot R}{\frac{1}{5}\times 1}} = \sqrt{5R + R^2} = 6$$

$$R^2 + 5R = 36 \rightarrow R^2 + 5R - 36 = 0$$

$$R = \frac{-5 \pm \sqrt{5^2 + 4\times 36}}{2} \text{에서}$$

$$\therefore R = 4\text{[Ω]}$$ **답 ②**

문제 73 Y결선의 평형 3상 회로에서 선간전압 V_{ab}와 상전압 V_{an}의 관계로 옳은 것은?

(단, $V_{bn} = V_{an}\,e^{-j(2\pi/3)}$, $V_{cn} = V_{bn}\,e^{-j(2\pi/3)}$)

① $V_{ab} = \frac{1}{\sqrt{3}}\,e^{j(\pi/6)}\,V_{an}$

② $V_{ab} = \sqrt{3}\,e^{j(\pi/6)}\,V_{an}$

③ $V_{ab} = \frac{1}{\sqrt{3}}\,e^{-j(\pi/6)}\,V_{an}$

④ $V_{ab} = \sqrt{3}\,e^{-j(\pi/6)}\,V_{an}$

풀이

Y결선에서 선간전압 $V_{ab} = \sqrt{3}\,V_{an} \angle \frac{\pi}{6} = \sqrt{3}\,e^{j(\pi/6)}\,V_{an}$ (상전압)의 관계가 있다. **답 ②**

문제 74 $f(t) = t^2 e^{-\alpha t}$를 라플라스 변환하면?

① $\dfrac{2}{(s+\alpha)^2}$
② $\dfrac{3}{(s+\alpha)^2}$
③ $\dfrac{2}{(s+\alpha)^3}$
④ $\dfrac{3}{(s+\alpha)^3}$

풀이

복소 추이 정리에 의해서

$$\mathcal{L}\left[t^2 e^{-\alpha t}\right] = \mathcal{L}\left[t^2\right]_{s = s+\alpha} = \left[\frac{2}{s^3}\right]_{s=s+\alpha} = \frac{2}{(s+\alpha)^3}$$ **답 ③**

문제 75 선로의 단위 길이 당 인덕턴스, 저항, 정전용량, 누설 컨덕턴스를 각각 L, R, C, G라 하면 전파정수는?

① $\dfrac{\sqrt{(R+j\omega L)}}{(G+j\omega C)}$

② $\sqrt{(R+j\omega L)(G+j\omega C)}$

③ $\sqrt{\dfrac{(R+j\omega C)}{(G+j\omega L)}}$

④ $\sqrt{\dfrac{(G+j\omega C)}{(R+j\omega L)}}$

풀이

전파정수 $\gamma = \sqrt{ZY}$ 이므로

$\gamma = \sqrt{(R+j\omega L)(G+j\omega C)}$ **답 ②**

문제 76 회로에서 0.5[Ω] 양단 전압 V은 약 몇 [V] 인가?

① 0.6
② 0.93
③ 1.47
④ 1.5

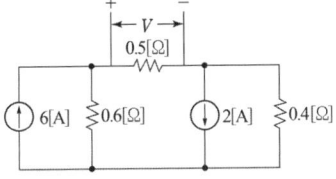

풀이

① 6[A] 전류원에 의해 0.5[Ω]에 흐르는 전류 (이때 2[A] 전류원은 개방)

$$I' = \frac{0.6}{0.6+(0.5+0.4)} \times 6 = 2.4[A]$$

② 2[A] 전류원에 의해 0.5[Ω]에 흐르는 전류 (이때 6[A] 전류원은 개방)

$$I'' = \frac{0.4}{(0.6+0.5)+0.4} \times 2 = 0.53[A]$$

③ 0.5[Ω] 저항에 흐르는 I'전류와 I''전류의 방향이 같으므로

$$I = I' + I'' = 2.4 + 0.53 = 2.93[A]$$

④ 전압 $V = IR = 2.93 \times 0.5 = 1.47[V]$ **답** ③

문제 77 RLC 직렬회로의 파라미터가 $R^2 = \dfrac{4L}{C}$

의 관계를 가진다면, 이 회로에 직류 전압을 인가하는 경우 과도 응답특성은?

① 무제동
② 과제동
③ 부족제동
④ 임계제동

풀이

조건	특성
$R^2 > \dfrac{4L}{C}$	과제동(비진동적)
$R^2 = \dfrac{4L}{C}$	**임계제동(진동)**
$R^2 < \dfrac{4L}{C}$	부족제동(진동적)

답 ④

문제 78
$$v(t) = 3 + 5\sqrt{2}\sin\omega t + 10\sqrt{2}\sin\left(3\omega t - \frac{\pi}{3}\right)$$

[V]의 실효값 크기는 약 몇 [V]인가?

① 9.6
② 10.6
③ 11.6
④ 12.6

풀이

비정현파의 실효값 $V = \sqrt{\text{각 파의 실효값 제곱의 합}}$ 이므로

실효값 $V = \sqrt{V_0^2 + V_1^2 + V_2^2 + \cdots + V_n^2}$

$$= \sqrt{3^2 + 5^2 + 10^2} = 11.58[V]$$ **답** ③

문제 79 그림과 같이 결선된 회로의 단자(a, b, c)에 선간전압이 V[V]인 평형 3상 전압을 인가할 때 상전류 I[A]의 크기는?

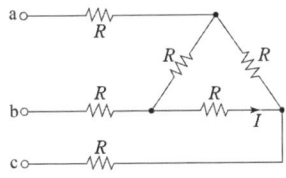

① $\dfrac{V}{4R}$
② $\dfrac{3V}{4R}$
③ $\dfrac{\sqrt{3}\,V}{4R}$
④ $\dfrac{V}{4\sqrt{3}\,R}$

풀이

세 개의 동일한 저항 R인 경우

- △→Y 로 등가 변환시 $R_Y = \dfrac{1}{3}R_\triangle$
- Y→△ 로 등가 변환시 $R_\triangle = 3R_Y$
- △결선을 Y 결선으로 등가 변환하고 구한 1상의 저항 값
$$= R + \frac{1}{3}R = \frac{4}{3}R$$
- Y결선된 $\dfrac{4}{3}R$ 저항을 △로 등가변환하면
$$R_\triangle = 3 \times \frac{4}{3}R = 4R$$

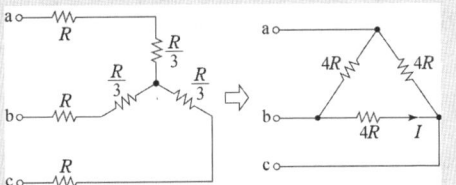

- 상전류 $I = \dfrac{V}{4R}$[A] **답** ①

문제 80 $8 + j6$[Ω]인 임피던스에 $13 + j20$[V]의 전압을 인가할 때 복소전력은 약 몇 [VA]인가?

① $12.7 + j34.1$
② $12.7 + j55.5$
③ $45.5 + j34.1$
④ $45.5 + j55.5$

풀이

$$I = \frac{V}{Z} = \frac{(13+j20)(8-j6)}{(8+j6)(8-j6)} = \frac{104+j160-j78+120}{100}$$

$$= 2.24 + j0.82 [A]$$

$$\therefore P_a = VI^* = (13+j20)(2.24-j0.82)$$

$$= 45.5 + j34.1 [VA]$$

답 ③

제5과목 전기설비 기술기준

문제 81 지중 전선로를 직접 매설식에 의하여 시설할 때, 중량물의 압력을 받을 우려가 있는 장소에 저압 또는 고압의 지중전선을 견고한 트라프 기타 방호물에 넣지 않고도 부설할 수 있는 케이블은?

① PVC 외장 케이블
② 콤바인 덕트 케이블
③ 염화비닐 절연 케이블
④ 폴리에틸렌 외장 케이블

풀이

334.1 지중전선로의 시설
지중 전선로를 직접 매설식에 의하여 시설하는 경우에 지중 전선을 견고한 트라프 기타 방호물에 넣어 시설하여야 한다. 단, 다음의 어느 하나에 해당하는 경우에는 지중전선을 견고한 트라프 기타 방호물에 넣지 아니하여도 된다.
① 저압 또는 고압의 지중전선을 차량 기타 중량물의 압력을 받을 우려가 없는 경우에 그 위를 견고한 판 또는 몰드로 덮어 시설하는 경우
② 저압 또는 고압의 지중전선에 **콤바인덕트 케이블 또는 개장한 케이블을 사용**하여 시설하는 경우 답 ②

문제 82 수소냉각식 발전기 등의 시설기준으로 틀린 것은?

① 발전기안 또는 조상기안의 수소의 온도를 계측하는 장치를 시설한 것
② 발전기축의 밀봉부로부터 수소가 누설될 때 누설된 수소를 외부로 방출하지 않을 것
③ 발전기안 또는 조상기안의 수소의 순도가 85[%] 이하로 저하한 경우에 이를 경보하는 장치를 시설할 것

④ 발전기 또는 조상기는 수소가 대기압에서 폭발하는 경우에 생기는 압력에 견디는 강도를 가지는 것일 것

풀이

351.10 수소냉각식 발전기 등의 시설
수소냉각식의 발전기 · 조상기 또는 이에 부속하는 수소냉각 장치는 다음 각 호에 따라 시설하여야 한다.
가. 발전기 또는 조상기는 **기밀구조** 것이고 또한 수소가 대기압에서 폭발하는 경우에 생기는 **압력에 견디는 강도를 가지는 것**일 것.
나. 발전기축의 밀봉부에는 질소 가스를 봉입할 수 있는 장치 또는 발전기 축의 밀봉부로부터 **누설된 수소 가스를 안전하게 외부에 방출할 수 있는 장치**를 시설할 것.
다. 발전기 내부 또는 조상기 내부의 수소의 **순도가 85[%] 이하로 저하한 경우에 이를 경보하는 장치**를 시설할 것.
라. 발전기 내부 또는 조상기 내부의 **수소의 압력을 계측**하는 장치 및 그 압력이 현저히 변동한 경우에 이를 경보하는 장치를 시설할 것.
마. 발전기 내부 또는 조상기 내부의 **수소의 온도를 계측**하는 장치를 시설할 것.
바. 발전기 내부 또는 조상기 내부로 수소를 안전하게 도입할 수 있는 장치 및 발전기안 또는 조상기안의 **수소를 안전하게 외부로 방출할 수 있는 장치**를 시설할 것.
사. 발전기 또는 조상기에 붙인 유리제의 점검 창 등은 쉽게 파손되지 아니하는 구조로 되어 있을 것. 답 ②

문제 83 어느 유원지의 어린이 놀이기구인 유희용 전차에 전기를 공급하는 전로의 사용전압은 교류인 경우 몇 [V] 이하이어야 하는가?

① 20   ② 40
③ 60   ④ 100

풀이

241.8 유희용 전차
가. 유희용 전차에 전기를 공급하기 위하여 사용하는 **변압기의 1차 전압은 400[V] 이하**이어야 한다.
나. 유희용 전차에 전기를 공급하는 전원장치의 **2차측 단자의 최대사용전압은 직류의 경우 60[V] 이하, 교류의 경우 40[V] 이하**일 것.
다. 집촉전선은 제3레일 방식에 의하여 시설할 것.
라. 유희용 전차의 전차 내에서 승압하여 사용하는 경우 변압기는 절연변압기를 사용하고 2차 전압은 150[V] 이하로 할 것. 답 ②

문제 84 연료전지 및 태양전지 모듈의 절연내력시험을 하는 경우 충전부분과 대지 사이에 인가하는 시험전압은 얼마인가? (단, 연속하여 10분간 가하여 견디는 것이어야 한다.)

① 최대사용전압의 1.25배의 직류전압 또는 1배의 교류전압(500[V] 미만으로 되는 경우에는 500[V])
② 최대사용전압의 1.25배의 직류전압 또는 1.25배의 교류전압(500[V] 미만으로 되는 경우에는 500[V])
③ 최대사용전압의 1.5배의 직류전압 또는 1배의 교류전압(500[V] 미만으로 되는 경우에는 500[V])
④ 최대사용전압의 1.5배의 직류전압 또는 1.25배의 교류전압(500[V] 미만으로 되는 경우에는 500[V])

풀이

134 연료전지 및 태양전지 모듈의 절연내력
연료전지 및 태양전지 모듈은 **최대사용전압의 1.5배의 직류전압** 또는 1배의 교류전압(500[V] 미만으로 되는 경우에는 500[V])을 충전부분과 대지사이에 **연속하여 10분간** 가하여 절연내력을 시험하였을 때에 이에 견디는 것이어야 한다. **답** ③

문제 85 전개된 장소에서 저압 옥상전선로의 시설기준으로 적합하지 않은 것은?

① 전선은 절연전선을 사용하였다.
② 전선 지지점 간의 거리를 20[m]로 하였다.
③ 전선은 지름 2.6[mm]의 경동선을 사용하였다.
④ 저압 절연전선과 그 저압 옥상 전선로를 시설하는 조영재와의 이격거리를 2[m]로 하였다.

풀이

221.3 옥상전선로
저압 옥상전선로는 전개된 장소에 다음에 따르고 또한 위험의 우려가 없도록 시설하여야 한다.
가. 전선은 인장강도 2.30[kN] 이상의 것 또는 지름 2.6[mm] 이상의 경동선을 사용할 것.
나. 전선은 절연전선(OW전선을 포함한다.) 또는 이와 동등 이상의 절연효력이 있는 것을 사용할 것.

다. 전선은 조영재에 견고하게 붙인 지지주 또는 지지대에 절연성·난연성 및 내수성이 있는 애자를 사용하여 지지하고 또한 그 지지점 간의 거리는 15[m] 이하일 것.
라. 전선과 그 저압 옥상 전선로를 시설하는 조영재와의 이격거리는 2[m](전선이 고압절연전선, 특고압 절연전선 또는 케이블인 경우에는 1[m]) 이상일 것.
마. 저압 옥상전선로의 전선은 상시 부는 바람 등에 의하여 식물에 접촉하지 아니하도록 시설하여야 한다. **답** ②

문제 86 고압 가공전선을 시설할 때 사용되는 경동선의 굵기는 지름 몇 [mm] 이상인가?

① 2.6 ② 3.2
③ 4.0 ④ 5.0

풀이

332.3 고압 가공전선의 굵기 및 종류
고압 가공전선은 인장강도 8.01[kN] 이상의 고압 절연전선, 특고압 절연전선 또는 **지름 5[mm] 이상**의 경동선의 고압 절연전선, 특고압 절연전선을 사용하여야 한다. **답** ④

문제 87 저압 수상전선로에 사용되는 전선은?

① 옥외 비닐케이블
② 600[V] 비닐절연전선
③ 600[V] 고무절연전선
④ 클로로프렌 캡타이어 케이블

풀이

335.3 수상전선로의 시설
수상전선로를 시설하는 경우에는 그 사용전압은 저압 또는 고압인 것에 한한다.
가. 전선
　① **저압 : 클로로프렌 캡타이어 케이블**
　② 고압 : 캡타이어 케이블
나. 수상전선로의 전선과 가공전선로 접속점의 높이
　① 접속점이 육상에 있는 경우 : 지표상 5[m] 이상. 다만, 저압인 경우에 도로상 이외의 곳에 있을 때에는 지표상 4[m]
　② 접속점이 수면상에 있는 경우 : 저압 4[m] 이상, 고압 5[m] 이상
다. 수상전선로의 사용전압이 고압인 경우에는 전로에 지락이 생겼을 때에 자동적으로 전로를 차단하기 위한 장치를 시설하여야 한다. **답** ④

문제 88 케이블트레이공사에 사용하는 케이블 트레이에 적합하지 않은 것은?

① 비금속제 케이블 트레이는 난연성 재료가 아니어도 된다.

② 금속재의 것은 적절한 방식처리를 한 것이거나 내식성 재료의 것이어야 한다.

③ 금속제 케이블 트레이 계통은 기계적 및 전기적으로 완전하게 접속하여야 한다.

④ 케이블 트레이가 방화구획의 벽 등을 관통하는 경우에 관통부는 불연성의 물질로 충전하여야 한다.

풀이

232.41 케이블트레이공사
케이블트레이공사는 케이블을 지지하기 위하여 사용하는 금속재 또는 불연성 재료로 제작된 유닛 또는 유닛의 집합체 및 그에 부속하는 부속재 등으로 구성된 견고한 구조물을 말하며 사다리형, 펀칭형, 메시형, 바닥밀폐형 기타 이와 유사한 구조물을 포함하여 적용한다.
가. 케이블 트레이의 안전율은 1.5 이상으로 하여야 한다.
나. 금속재의 것은 적절한 방식처리를 한 것이거나 내식성 재료의 것이어야 한다.
다. **비금속제 케이블 트레이는 난연성 재료**의 것이어야 한다.
라. 금속제 케이블 트레이 계통은 기계적 및 전기적으로 완전하게 접속하여야 하며 금속제 트레이는 접지공사를 하여야 한다.
답 ①

문제 89 가공전선로의 지지물의 강도계산에 적용하는 풍압하중은 빙설이 많은 지방이외의 지방에서 저온계절에는 어떤 풍압하중을 적용하는가? (단, 인가가 연접되어 있지 않다고 한다.)

① 갑종풍압하중
② 을종풍압하중
③ 병종풍압하중
④ 을종과 병종풍압하중을 혼용

풀이

331.6 풍압하중의 종별과 적용

지 역		고온계절	저온계절
빙설이 많은 지방 이외의 지방		갑종	**병종**
빙설이 많은 지방	일반지역	갑종	을종
	해안지방, 기타 저온계절에 최대 풍압이 생기는 지역	갑종	갑종과 을종 중 큰 값 선정

지 역	고온계절	저온계절
인가가 많이 연접되어 있는 장소	병종	병종

답 ③

문제 90 특고압 가공전선로의 지지물에 첨가하는 통신선 보안장치에 사용되는 피뢰기의 동작전압은 교류 몇 [V] 이하인가?

① 300 ② 600
③ 1000 ④ 1500

풀이

362.5 특고압 가공전선로 첨가설치 통신선의 시가지 인입 제한
특고압 가공전선로의 지지물에 시설하는 통신선 또는 이것에 직접 접속하는 통신선인 경우에는 다음의 보안장치일 것.
S_2 : 인입용 고압개폐기
DR_2 : 특고압용 배류 중계 코일(선로측 코일과 옥내측 코일 사이 및 선로측 코일과 대지사이의 절연내력은 교류 6 [kV]의 시험전압으로 시험하였을 때 연속하여 1분간 이에 견디는 것일 것.)
L_1 : 교류 1[kV] 이하에서 동작하는 피뢰기
E_3 : 접지

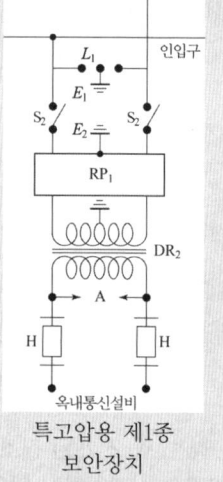

특고압용 제1종 보안장치

답 ③

문제 91 백열전등 또는 방전등에 전기를 공급하는 옥내전로의 대지전압은 몇 [V] 이하이어야 하는가? (단, 백열전등 또는 방전등 및 이에 부속하는 전선은 사람이 접촉할 우려가 없도록 시설한 경우이다.)

① 60 ② 110
③ 220 ④ 300

풀이

231.6 옥내전로의 대지 전압의 제한
백열전등 또는 방전등에 전기를 공급하는 옥내의 전로의 **대지전압은 300[V] 이하**여야 한다.
답 ④

문제 92 태양전지 발전소에 시설하는 태양전지 모듈, 전선 및 개폐기 기타 기구의 시설기준에 대한 내용으로 틀린 것은?

① 충전부분은 노출되지 아니하도록 시설할 것
② 옥내에 시설하는 경우에는 전선을 케이블공사로 시설할 수 있다.
③ 태양전지 모듈의 프레임은 지지물과 전기적으로 완전하게 접속하여야 한다.
④ 태양전지 모듈을 병렬로 접속하는 전로에는 과전류차단기를 시설하지 않아도 된다.

풀이
522 태양광설비의 시설
가. 전선은 공칭단면적 2.5[mm²] 이상의 연동선 또는 이와 동등 이상의 세기 및 굵기의 것일 것.
나. 배선설비 공사는 옥내에 시설할 경우에는 합성수지관공사, 금속관공사, 금속제 가요전선관공사, 케이블공사 의 규정에 준하여 시설할 것.
다. **모듈을 병렬로 접속하는 전로에는 그 주된 전로에 단락전류가 발생할 경우에 전로를 보호하는 과전류차단기 또는 기타 기구를 시설할 것**
라. 태양전지 모듈에 접속하는 부하측의 태양전지 어레이에서 전력변환장치에 이르는 전로에는 그 접속점에 근접하여 개폐기 기타 이와 유사한 기구(부하전류를 개폐할 수 있는 것에 한한다)를 시설할 것 **답** ④

문제 93 가공전선로의 지지물에 시설하는 지선으로 연선을 사용할 경우 소선은 최소 몇 가닥 이상이어야 하는가?

① 3   ② 5   ③ 7   ④ 9

풀이
331.11 지선의 시설
가. 가공전선로의 지지물로 사용하는 철탑은 지선을 사용하여 그 강도를 분담시켜서는 안 된다.
나. 지선의 안전율은 2.5 이상일 것. 이 경우에 허용 인장하중의 최저는 4.31[kN]으로 한다.
다. 지선에 연선을 사용할 경우에는 다음에 의할 것.
　① **소선 3가닥 이상**의 연선일 것.
　② 소선의 지름이 2.6[mm] 이상의 금속선을 사용한 것일 것.
라. 지중부분 및 지표상 0.3[m]까지의 부분에는 내식성이 있는 것 또는 아연도금을 한 철봉을 사용하고 쉽게 부식되지 않는 근가에 견고하게 붙일 것.
마. 도로를 횡단하여 시설하는 지선의 높이는 지표상 5[m] 이상으로 하여야 한다. **답** ①

문제 94 저압 가공전선로 또는 고압 가공전선로와 기설 가공 약전류 전선로가 병행하는 경우에는 유도작용에 의한 통신상의 장해가 생기지 아니하도록 전선과 기설 약전류 전선간의 이격거리는 몇 [m] 이상이어야 하는가? (단, 전기철도용 급전선로는 제외한다.)

① 2   ② 4   ③ 6   ④ 8

풀이
332.1 가공약전류전선로의 유도장해 방지
저압 가공전선로 또는 고압 가공전선로와 기설 가공약전류전선로가 병행하는 경우에는 유도작용에 의하여 통신상의 장해가 생기지 않도록 전선과 **기설 약전류전선간의 이격거리는 2[m] 이상**이어야 한다. **답** ①

문제 95 중성점 직접 접지식 전로에 접속되는 최대사용전압 161[kV]인 3상 변압기 권선(성형결선)의 절연내력시험을 할 때 접지시켜서는 안 되는 것은?

① 철심 및 외함
② 시험되는 변압기의 부싱
③ 시험되는 권선의 중성점 단자
④ 시험되지 않는 각 권선(다른 권선이 2개 이상 있는 경우에는 각 권선)의 임의의 1단자

풀이
135 변압기 전로의 절연내력

권선의 종류	시험 전압	시험 방법
최대 사용전압이 60[kV]를 초과하는 권선(성형결선의 것에 한한다)으로서 중성점 직접 접지식전로에 접속하는 것.	최대 사용전압의 0.72배의 전압	**시험되는 권선의 중성점단자**, 다른 권선(다른 권선이 2개 이상 있는 경우에는 각 권선)의 임의의 1단자, 철심 및 외함을 접지하고 시험되는 권선의 중성점 단자이외의 임의의 1단자와 대지 사이에 시험전압을 연속하여 10분간 가한다.

답 ②

출제기준 변경 및 개정된 관계 법규에 따라 삭제된 문제가 있어 20문항이 안됩니다.

국가기술자격검정 필기시험 문제

2020년도 전기기사 일반검정 제3회

자격종목 및 등급(선택분야)	종목코드	시험시간	문제지형별	수검 번호	성 명
전기기사	1150	2시간 30분	A		

제1과목 전기자기학

문제 01 그림과 같은 직사각형의 평면 코일이 $B = \dfrac{0.05}{\sqrt{2}}(a_x + a_y)$[Wb/m²]인 자계에 위치하고 있다. 이 코일에 흐르는 전류가 5[A] 일 때 z축에 있는 코일에서의 토크는 약 몇 [N·m]인가?

① $2.66 \times 10^{-4} a_x$

② $5.66 \times 10^{-4} a_x$

③ $2.66 \times 10^{-4} a_z$

④ $5.66 \times 10^{-4} a_z$

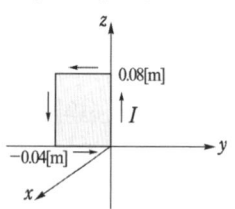

풀이

$I = 5a_z$, $B = 0.03536(a_x + a_y)$

z축상의 전류 도체가 받는 힘

$F = (I \times B)l$

$I \times B = 5 \times 0.03536(a_z \times a_x + a_z \times a_y) = 0.1768(a_y - a_x)$

$\therefore F = (I \times B)l = 0.1768 \times 0.08(-a_x + a_y)$

$= 0.01414(-a_x + a_y)$[N]

토크 $T = r \times F$ 이고 $r = 0.04a_y$ 이므로

$T = 5.66 \times 10^{-4}(-a_y \times a_x + a_y \times a_y)$

$= 5.66 \times 10^{-4}\{-(-a_z)\}$

$= 5.66 \times 10^{-4} a_z$[N·m]　　답 ④

문제 02 내부 장치 또는 공간을 물질로 포위시켜 외부 자계의 영향을 차폐시키는 방식을 자기차폐라 한다. 다음 중 자기차폐에 가장 적합한 것은?

① 비투자율이 1보다 작은 역자성체

② 강자성체 중에서 비투자율이 큰 물질

③ 강자성체 중에서 비투자율이 작은 물질

④ 비투자율에 관계없이 물질의 두께에만 관계되므로 되도록이면 두꺼운 물질

풀이

투자율이 큰 자성체의 중공구를 평등 자계 안에 놓으면 대부분의 자속은 자성체 내부로만 통과하므로 내부 공간의 자계는 외부 자계에 비하여 대단히 작다. 이러한 현상을 **자기차폐**라고 한다.

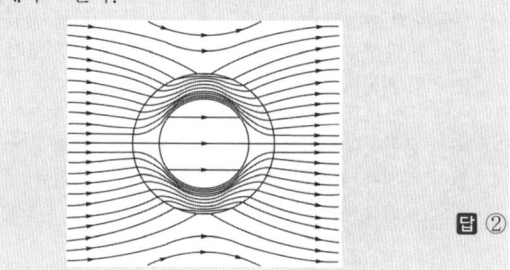

답 ②

문제 03 분극의 세기 P, 전계 E, 전속밀도 D의 관계를 나타낸 것으로 옳은 것은? (단, ϵ_0는 진공의 유전율이고, ϵ_s은 유전체의 비유전율이고, ϵ은 유전체의 유전율이다.)

① $P = \epsilon_0(\epsilon + 1)E$　　② $E = \dfrac{D+P}{\epsilon_0}$

③ $P = D - \epsilon_0 E$　　④ $\epsilon_0 = D - E$

풀이

전계 $E = \dfrac{\sigma - \sigma_p}{\epsilon_0} = \dfrac{D-P}{\epsilon_0}$[V/m] 이므로

전속밀도 $D = \epsilon_0 E + P$[C/m²] 이다.

따라서 분극의 세기 $P = D - \epsilon_0 E = \epsilon_0 \epsilon_s E - \epsilon_0 E$

$= \epsilon_0(\epsilon_s - 1)E$[C/m²]　　답 ③

문제 04 주파수가 100[MHz]일 때 구리의 표피두께(skin depth)는 약 몇 [mm]인가? (단, 구리의 도전율은 5.9×10^7[℧/m] 이고, 비투자율은 0.99 이다.)

① 3.3×10^{-2} ② 6.6×10^{-2}

③ 3.3×10^{-3} ④ 6.6×10^{-3}

풀이

$$\delta = \sqrt{\frac{2}{\omega\mu\sigma}} = \sqrt{\frac{1}{\pi f \mu \sigma}}$$

$$= \frac{1}{\sqrt{\pi \times 100 \times 10^6 \times 4\pi \times 10^{-7} \times 0.99 \times 5.9 \times 10^7}}$$

$$= 6.6 \times 10^{-3} \text{ [mm]}$$

여기서, δ : 표피 두께 또는 침투 깊이

$\mu_0 = 4\pi \times 10^{-7}$[H/m] : 투자율

σ : 도전율, f : 주파수 **답** ④

문제 05 압전기 현상에서 전기 분극이 기계적 응력에 수직한 방향으로 발생하는 현상은?

① 종효과 ② 횡효과

③ 역효과 ④ 직접효과

풀이

결정에 가한 **기계적 응력과 전기 분극이 동일 방향으로 발생**하는 경우를 종효과, **수직 방향으로 발생하는 경우를 횡효과**라 한다.

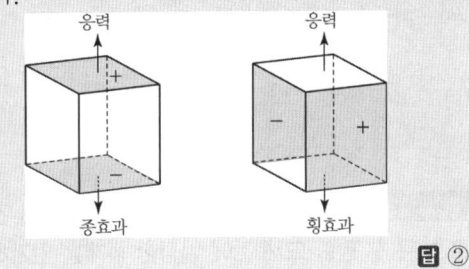

답 ②

문제 06 구리의 고유저항은 20[℃]에서 1.69×10^{-8} [$\Omega \cdot$ m]이고 온도계수는 0.00393 이다. 단면적이 2[mm²]이고 100[m]인 구리선의 저항값은 40[℃]에서 약 몇 [Ω]인가?

① 0.91×10^{-3}

② 1.89×10^{-3}

③ 0.91

④ 1.89

풀이

• 20[℃]에서의 구리의 저항

$$R_{20} = \rho \frac{l}{A} = 1.69 \times 10^{-8} \times \frac{100}{2 \times 10^{-6}} = 0.845 [\Omega]$$

• 40[℃]에서의 구리의 저항

$$R_{40} = R_{20}[1 + \alpha_{20}(t - 20)]$$

$$= 0.845 \times [1 + 0.00393 \times (40 - 20)] = 0.91 [\Omega]$$ **답** ③

문제 07 전위경도 V와 전계 E의 관계식은?

① $E = \text{grad } V$ ② $E = \text{div } V$

③ $E = -\text{grad } V$ ④ $E = -\text{div } V$

풀이

전위경도는 전계의 세기와 크기는 같고, 방향은 반대 방향이다.

$$E = -\text{grad } V = -\nabla V \text{[V/m]}$$ **답** ③

문제 08 비유전율 3, 비투자율 3인 매질에서 전자기파의 진행속도 v[m/s]와 진공에서의 속도 v_0[m/s]의 관계는?

① $v = \frac{1}{9} v_0$ ② $v = \frac{1}{3} v_0$

③ $v = 3v_0$ ④ $v = 9v_0$

풀이

• 진공에서의 전파속도 $v_0 = \dfrac{1}{\sqrt{\epsilon_0 \mu_0}}$

• 매질 속에서의 전파속도

$$v = \frac{1}{\sqrt{\epsilon\mu}} = \frac{1}{\sqrt{\epsilon_0\mu_0}} \frac{1}{\sqrt{\epsilon_r\mu_r}} = \frac{1}{\sqrt{\epsilon_r\mu_r}} v_0 = \frac{1}{\sqrt{3 \times 3}} v_0 = \frac{1}{3} v_0$$ **답** ②

문제 09 정전계에서 도체에 정(+)의 전하를 주었을 때의 설명으로 틀린 것은?

① 도체 표면의 곡률 반지름이 작은 곳에 전하가 많이 분포한다.

② 도체 외측의 표면에만 전하가 분포한다.

③ 도체 표면에서 수직으로 전기력선이 출입한다.

④ 도체 내에 있는 공동면에도 전하가 골고루 분포한다.

풀이

① 중공부에 전하가 없고 도체에 전하 Q를 준 경우
도체 내면 및 도체내부에는 전하가 없으며 전하는 모두 외부 표면에만 존재하게 된다.

② 중공부에 전하 Q를 준 경우
도체 내부표면에 동량 이부호($-Q$), 도체 외부표면에 동량 동부호(Q) 의 전하가 분포한다.

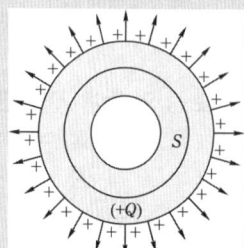

〈중공부에 전하가 없는 경우 (전하 Q [C]의 대전도체)〉

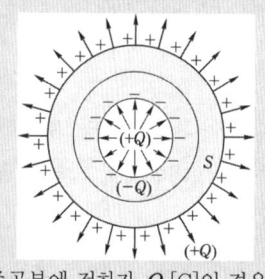

〈중공부에 전하가 Q [C]인 경우〉　**답** ④

문제 10 평행 도선에 같은 크기의 왕복 전류가 흐를 때 두 도선 사이에 작용하는 힘에 대한 설명으로 옳은 것은?

① 흡인력이다.
② 전류의 제곱에 비례한다.
③ 주위 매질의 투자율에 반비례한다.
④ 두 도선 사이 간격의 제곱에 반비례한다.

풀이

평행도선에 같은 크기의 왕복 전류가 흐를 때($I_1 = I_2 = I$이고, 전류 방향은 서로 반대인 전류) 단위길이당 **작용하는 힘**은 간격(거리)을 r[m]라 할 때

$$F = \frac{\mu_0 I_1 I_2}{2\pi r} = \frac{2 I_1 I_2}{r} \times 10^{-7} = \frac{2 I^2}{r} \times 10^{-7} [\text{N/m}]$$ 이다.

즉, **전류의 제곱에 비례하고, 간격(거리)에 반비례**하며 반발력이 작용한다.

(두 전류의 방향이 같은 방향이면 흡인력, 다른 방향(왕복 전류)이면 반발력이 작용한다.)　**답** ②

문제 11 공기 중에서 2[V/m]의 전계의 세기에 의한 변위전류밀도의 크기를 2[A/m²]으로 흐르게 하려면 전계의 주파수는 약 몇 [MHz]가 되어야 하는가?

① 9000
② 18000
③ 36000
④ 72000

풀이

변위전류밀도 $i_d = \omega \epsilon E$ [A/m²] 에서

$$\omega = 2\pi f = \frac{i_d}{\epsilon E}$$

$$\therefore f = \frac{i_d}{2\pi \epsilon_o \epsilon_s E} = \frac{2}{2\pi \times 8.85 \times 10^{-12} \times 1 \times 2} \times 10^{-6}$$
$$= 17983 [\text{MHz}]$$ 　**답** ②

문제 12 대지의 고유저항이 ρ[Ω·m]일 때 반지름이 a[m]인 그림과 같은 반구 접지극의 접지저항[Ω]은?

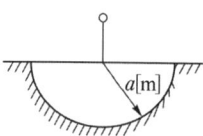

① $\dfrac{\rho}{4\pi a}$
② $\dfrac{\rho}{2\pi a}$
③ $\dfrac{2\pi \rho}{a}$
④ $2\pi \rho a$

풀이

$RC = \rho\epsilon$ 에서 반구의 정전 용량 $C = \dfrac{4\pi\epsilon a}{2} = 2\pi\epsilon a$ 이므로

$$\therefore R = \frac{\rho\epsilon}{C} = \frac{\rho\epsilon}{2\pi\epsilon a} = \frac{\rho}{2\pi a} [\Omega]$$ 　**답** ②

문제 13 2장의 무한 평판 도체를 4[cm]의 간격으로 놓은 후 평판 도체 간에 일정한 전계를 인가하였더니 평판 도체 표면에 2[μC/m²]의 전하밀도가 생겼다. 이 때 평행 도체 표면에 작용하는 정전응력은 약 몇 [N/m²]인가?

① 0.057
② 0.226
③ 0.57
④ 2.26

풀이

정전응력 $f = \dfrac{1}{2} DE = \dfrac{1}{2}\epsilon E^2 = \dfrac{D^2}{2\epsilon}$

$$= \frac{(2 \times 10^{-6})^2}{2 \times 8.85 \times 10^{-12}} = 0.226 [\text{N/m}^2]$$ 　**답** ②

문제 14 반지름이 5[mm], 길이가 15[mm], 비투자율이 50인 자성체 막대에 코일을 감고 전류를 흘려서 자성체 내의 자속밀도를 50[Wb/m²]으로 하였을 때 자성체 내에서의 자계의 세기는 몇 [A/m]인가?

① $\dfrac{10^7}{\pi}$ ② $\dfrac{10^7}{2\pi}$

③ $\dfrac{10^7}{4\pi}$ ④ $\dfrac{10^7}{8\pi}$

풀이

$B = \mu H = \mu_0 \mu_s H$ 에서 자계의 세기는

$\therefore H = \dfrac{B}{\mu_0 \mu_s} = \dfrac{50}{4\pi \times 10^{-7} \times 50} = \dfrac{10^7}{4\pi}$ [A/m] **답** ③

문제 15 자성체 내의 자계의 세기가 H[AT/m]이고 자속밀도가 B[Wb/m²]일 때, 자계 에너지 밀도 [J/m³]는?

① HB ② $\dfrac{1}{2\mu} H^2$

③ $\dfrac{\mu}{2} B^2$ ④ $\dfrac{1}{2\mu} B^2$

풀이

자성체 단위체적 당 저장되는 에너지, 즉 에너지 밀도 w는

$w = \dfrac{1}{2} BH = \dfrac{B^2}{2\mu} = \dfrac{1}{2}\mu H^2$ [J/m³] 이다. **답** ④

문제 16 임의의 방향으로 배열되었던 강자성체의 자구가 외부 자기장의 힘이 일정치 이상이 되는 순간에 급격히 회전하여 자기장의 방향으로 배열되고 자속밀도가 증가하는 현상을 무엇이라 하는가?

① 자기 여효(magnetic aftereffect)

② 바크하우젠 효과(Barkhausen effect)

③ 자기왜현상(magneto-striction effect)

④ 핀치 효과(Pinch effect)

풀이

① 자기 여효 : 강자성체에 자기장의 변화를 주었을 때 자화의 변화에 시간적 지연이 생기는 현상

② **바크하우젠 효과** : 자성체 내에서 임의의 방향으로 배열되었던 자구가 외부 자장의 힘이 일정값 이상이 되면 순간적으로 회전하여 자장의 방향으로 배열되고 자속

밀도가 증가하는 현상

③ 자기왜 현상 : 강자성체가 자화될 때 자화와 함께 기계적 변형이 생기는 현상

④ 핀치 효과 : 액체 도체에 전류가 흐를 때 액체 도체의 중심을 향해 수축력이 작용하는 현상 **답** ②

문제 17 반지름이 30[cm]인 원판 전극의 평행판 콘덴서가 있다. 전극의 간격이 0.1[cm]이며 전극 사이 유전체의 비유전율이 4.0이라 한다. 이 콘덴서의 정전용량은 약 몇 [μF]인가?

① 0.01 ② 0.02

③ 0.03 ④ 0.04

풀이

정전용량 $C = \dfrac{\epsilon S}{d} = \dfrac{\epsilon_0 \epsilon_s \pi r^2}{d}$

$= \dfrac{8.85 \times 10^{-12} \times 4 \times \pi \times (30 \times 10^{-2})^2}{0.1 \times 10^{-2}}$

$= 0.01 \times 10^{-6}$ [F] $= 0.01$ [μF] **답** ①

문제 18 한 변의 길이가 l[m]인 정사각형 도체 회로에 전류 I[A]를 흘릴 때 회로의 중심점에서의 자계의 세기는 몇 [AT/m]인가?

① $\dfrac{2I}{\pi l}$ ② $\dfrac{I}{\sqrt{2}\,\pi l}$

③ $\dfrac{\sqrt{2}\,I}{\pi l}$ ④ $\dfrac{2\sqrt{2}\,I}{\pi l}$

풀이

한 변 AB에 대한 중심점의 자계는

$H_{AB} = \dfrac{I}{4\pi a}(\sin\beta_1 + \sin\beta_2)$

이므로 $a = \dfrac{l}{2}$,

$\sin\beta_1 = \sin\beta_2 = \sin 45° = \dfrac{1}{\sqrt{2}}$

을 대입하면

$H_{AB} = \dfrac{I}{4\pi\left(\dfrac{l}{2}\right)} \times 2 \times \dfrac{1}{\sqrt{2}} = \dfrac{I}{\sqrt{2}\,\pi l}$ [AT/m]

$\therefore H_0 = H_{AB} + H_{BC} + H_{CD} + H_{DA}$

$= 4H_{AB} = 4 \times \dfrac{I}{\sqrt{2}\,\pi l} = \dfrac{2\sqrt{2}\,I}{\pi l}$ [AT/m] **답** ④

문제 19 정전용량이 0.03[μF]인 평행판 공기 콘덴서의 두 극판 사이에 절반 두께의 비유전율 10인 유리판을 극판과 평행하게 넣었다면 이 콘덴서의 정전용량은 약 몇 [μF]이 되는가?

① 1.83 ② 18.3
③ 0.055 ④ 0.55

풀이

공기 부분의 정전 용량을 C_1이라 하면

$$C_1 = \frac{\epsilon_0 S}{d/2}[\text{F}] = \frac{2S\epsilon_0}{d}[\text{F}]$$

이고, 유리판 부분의 정전 용량을 C_2라 하면

$$C_2 = \frac{\epsilon S}{d/2}[\text{F}] = \frac{2S\epsilon}{d}[\text{F}]$$

이다. 그러므로, 극판 간 공극의 두께 1/2 상당의 유리판을 넣는 경우 정전 용량 C_0는 **두 개의 콘덴서가 직렬 접속**된 것과 같으므로

$$C_0 = \frac{1}{\frac{1}{C_1}+\frac{1}{C_2}} = \frac{1}{\frac{d}{2S}\left(\frac{1}{\epsilon_0}+\frac{1}{\epsilon}\right)} = \frac{1}{\frac{d}{2\epsilon_0 S}\left(1+\frac{\epsilon_0}{\epsilon}\right)}$$

$$= \frac{2\epsilon_0 S}{d}\cdot\frac{1}{1+\frac{\epsilon_0}{\epsilon}} = \frac{2C}{1+\frac{\epsilon_0}{\epsilon}} = \frac{2C}{1+\frac{1}{\epsilon_s}}\cdot\frac{\epsilon_s}{\epsilon_s}$$

$$= \frac{2\epsilon_s C}{1+\epsilon_s}[\text{F}]$$

(평행판 공기콘덴서의 정전용량 $C=\frac{\epsilon_0 S}{d}[\text{F}]$)

$$\therefore C_0 = \frac{2\times10}{1+10}\times0.03 = 0.055[\mu\text{F}]$$ **답** ③

문제 20 정전용량이 각각 $C_1=1[\mu\text{F}]$, $C_2=2[\mu\text{F}]$인 도체에 전하 $Q_1=-5[\mu\text{C}]$, $Q_2=2[\mu\text{C}]$을 각각 주고 각 도체를 가는 철사로 연결하였을 때 C_1에서 C_2로 이동하는 전하 $Q[\mu\text{C}]$는?

① -4 ② -3.5
③ -3 ④ -1.5

풀이

두 도체를 가는 철사로 연결하면 두 도체의 전위는 동일하게 된다.(이때 전체의 전하량은 변함이 없다.)

$$C_1 V_1 + C_2 V_2 = Q_1 + Q_2 = C_1 V + C_2 V$$

• 철사로 연결 후 공통 전위

$$V = \frac{Q_1+Q_2}{C_1+C_2} = \frac{-5+2}{1+2} = -1[\text{V}]$$

• 철사로 연결 후 C_1의 전하량

$$Q_1' = C_1 V = 1\times(-1) = -1[\mu\text{C}]$$

• 철사로 연결 후 C_1에서 C_2로 이동하는 전하량

$$Q = Q_1 - Q_1' = -5-(-1) = -4[\mu\text{C}]$$ **답** ①

제2과목 전력공학

문제 21 3상 전원에 접속된 △ 결선의 커패시터를 Y결선으로 바꾸면 진상 용량 $Q_Y[\text{kVA}]$는?
(단, $Q_\triangle$는 △ 결선된 커패시터의 진상 용량이고, Q_Y는 Y결선된 커패시터의 진상 용량이다.)

① $Q_Y = \sqrt{3}\,Q_\triangle$ ② $Q_Y = \frac{1}{3}Q_\triangle$
③ $Q_Y = 3Q_\triangle$ ④ $Q_Y = \frac{1}{\sqrt{3}}Q_\triangle$

풀이

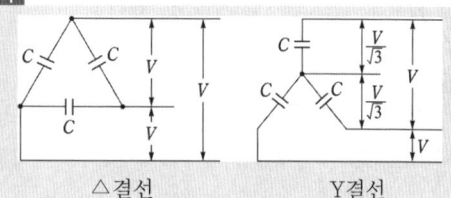

△결선 Y결선

$$Q_\triangle = 3\times2\pi fCV^2$$
$$Q_Y = 3\times2\pi fC\left(\frac{V}{\sqrt{3}}\right)^2 = 2\pi fCV^2$$
$$\therefore Q_Y = \frac{1}{3}Q_\triangle$$ **답** ②

문제 22 교류 배전선로에서 전압강하 계산식은 $V_d = k(R\cos\theta+X\sin\theta)I$로 표현된다. 3상 3선식 배전선로인 경우에 k는?

① $\sqrt{3}$ ② $\sqrt{2}$
③ 3 ④ 2

풀이

전압강하
• 단상 2선식 $e = 2I(R\cos\theta+X\sin\theta)$
• 3상 3선식 $e = \sqrt{3}\,I(R\cos\theta+X\sin\theta)$ **답** ①

문제 23 송전선에서 뇌격에 대한 차폐 등을 위해 가선하는 가공지선에 대한 설명으로 옳은 것은?

① 차폐각은 보통 $15 \sim 30°$ 정도로 하고 있다.

② 차폐각이 클수록 벼락에 대한 차폐효과가 크다.

③ 가공지선을 2선으로 하면 차폐각이 적어진다.

④ 가공지선으로는 연동선을 주로 사용한다.

풀이

가공 지선은 뇌 서지로부터 송전선의 차폐를 위해 시설한다. 차폐각은 $35° \sim 40°$ 정도로 잡고 있으며, 차폐각이 작을수록 (가공지선을 2회선으로 하면 차폐각이 적어진다.) 보호율이 높으나 그 반면에 건설비가 비싸다. 가공 지선은 ACSR을 사용한다. **답** ③

문제 24 배전선의 전력손실 경감 대책이 아닌 것은?

① 다중접지 방식을 채용한다.

② 역률을 개선한다.

③ 배전 전압을 높인다.

④ 부하의 불평형을 방지한다.

풀이

배전선로의 전력손실

$$P_l = 3 I^2 r = \frac{\rho u^2 L}{A V^2 \cos^2 \theta} \text{에서 } P_l \propto \frac{1}{V^2 \cos^2 \theta} \text{이므로}$$

전력손실을 경감시키기 위해서는 역률을 개선하고, 전압을 높여야 하며 또한, 부하의 불평형을 방지함으로서 중성선에 흐르는 전류에 의한 전력 손실을 억제하여야 한다. 따라서 **다중접지 방식은 전력손실 경감 대책이 될 수 없다.** **답** ①

문제 25 그림과 같은 이상 변압기에서 2차 측에 5 $[\Omega]$의 저항부하를 연결하였을 때 1차 측에 흐르는 전류(I)는 약 몇 $[A]$인가?

① 0.6

② 1.8

③ 20

④ 660

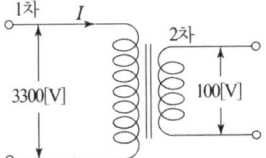

풀이

$$I_2 = \frac{V_2}{R} = \frac{100}{5} = 20 [A]$$

$$\text{권수비 } a = \frac{n_1}{n_2} = \frac{E_1}{E_2} = \frac{3300}{100} = 33$$

$$\therefore I_1 = \frac{I_2}{a} = \frac{20}{33} = 0.6 \quad \textbf{답} ①$$

문제 26 전압과 유효전력이 일정할 경우 부하 역률이 70 [%]인 선로에서의 저항 손실($P_{70\%}$)은 역률이 90[%]인 선로에서의 저항 손실($P_{90\%}$)과 비교하면 약 얼마인가?

① $P_{70\%} = 0.6 P_{90\%}$ ② $P_{70\%} = 1.7 P_{90\%}$

③ $P_{70\%} = 0.3 P_{90\%}$ ④ $P_{70\%} = 2.7 P_{90\%}$

풀이

전력손실 $P_l \propto \dfrac{1}{\cos^2 \theta}$ 이므로

$$\frac{P_{70\%}}{P_{90\%}} = \frac{\frac{1}{0.7^2}}{\frac{1}{0.9^2}} = \frac{81}{49} = 1.7 \quad \therefore P_{70\%} = 1.7 P_{90\%} \quad \textbf{답} ②$$

문제 27 3상 3선식 송전선에서 L을 작용 인덕턴스라 하고, L_e 및 L_m은 대지를 귀로로 하는 1선의 자기 인덕턴스 및 상호 인덕턴스라고 할 때 이들 사이의 관계식은?

① $L = L_m - L_e$ ② $L = L_e - L_m$

③ $L = L_m + L_e$ ④ $L = \dfrac{L_m}{L_e}$

풀이

작용 인덕턴스 = 대지 귀로의 자기 인덕턴스
　　　　　　　 − 대지 귀로의 상호 인덕턴스 **답** ②

문제 28 표피효과에 대한 설명으로 옳은 것은?

① 표피효과는 주파수에 비례한다.

② 표피효과는 전선의 단면적에 반비례한다.

③ 표피효과는 전선의 비투자율에 반비례한다.

④ 표피효과는 전선의 도전율에 반비례한다.

풀이

$$\delta = \sqrt{\frac{1}{\pi f \sigma \mu}} [m]$$

여기서, δ : 표피 두께 또는 침투 깊이

$\mu = 4\pi \times 10^{-7}[\text{H/m}]$: 투자율

σ : 도전율, f : 주파수

따라서, **주파수가 높을수록, 도전율이 높을수록, 투자율이 클수록, 표피 두께 δ가 감소하므로 표피 효과는 증대되어 도체의 실효 저항이 증가한다.** 답 ①

문제 29 1상의 대지 정전용량이 0.5[μF], 주파수가 60 [Hz]인 3상 송전선이 있다. 이 선로에 소호리액터를 설치한다면, 소호리액터의 공진리액턴스는 약 몇 [Ω]이면 되는가?

① 970 ② 1370

③ 1770 ④ 3570

풀이

소호 리액터 접지 방식의 원리

리액턴스(소호 리액터 + 변압기 리액턴스)를 대지 정전 용량과 공진

$\therefore \omega L = \dfrac{1}{3\omega C_s} = \dfrac{1}{3 \times 2\pi \times 60 \times 0.5 \times 10^{-6}} = 1768[\Omega]$ 답 ③

문제 30 배전선로의 전압을 3[kV]에서 6[kV]로 승압하면 전압강하율(δ)은 어떻게 되는가? (단, $\delta_{3\text{kV}}$는 전압이 3[kV]일 때 전압강하율이고, $\delta_{6\text{kV}}$는 전압이 6[kV]일 때 전압강하율이고, 부하는 일정하다고 한다.)

① $\delta_{6\text{kV}} = \dfrac{1}{2}\delta_{3\text{kV}}$ ② $\delta_{6\text{kV}} = \dfrac{1}{4}\delta_{3\text{kV}}$

③ $\delta_{6\text{kV}} = 2\delta_{3\text{kV}}$ ④ $\delta_{6\text{kV}} = 4\delta_{3\text{kV}}$

풀이

전압강하 $e = \dfrac{P}{V}(R + X\tan\theta)$ 이므로,

전압강하율 $\epsilon = \dfrac{e}{V} = \dfrac{P}{V^2}(R + X\tan\theta)$ 이다.

n배 승압하였을 때 전압강하율 $\epsilon' = \dfrac{P}{(nV)^2}(R + X\tan\theta)$ 이므로

$\dfrac{\epsilon'}{\epsilon} = \dfrac{\dfrac{P}{n^2 V^2}(R + X\tan\theta)}{\dfrac{P}{V^2}(R + X\tan\theta)} = \dfrac{1}{n^2}$

따라서 전압을 3[kV]에서 6[kV]로 2배 승압하면

$\dfrac{\delta_{6\text{kV}}}{\delta_{3\text{kV}}} = \dfrac{1}{2^2} \rightarrow \delta_{6\text{kV}} = \dfrac{1}{4}\delta_{3\text{kV}}$ 답 ②

문제 31 계통의 안정도 증진대책이 아닌 것은?

① 발전기나 변압기의 리액턴스를 작게 한다.

② 선로의 회선수를 감소시킨다.

③ 중간 조상 방식을 채용한다.

④ 고속도 재폐로 방식을 채용한다.

풀이

안정도 향상 대책

① 계통의 직렬 리액턴스 감소(다회선 방식 채택, 복도체 방식 채택, **기기의 리액턴스 감소**, 직렬 콘덴서 설치)

② 전압 변동률을 적게 한다 (속응 여자 방식 채용, 계통의 연계, **중간 조상 방식**).

③ 계통에 주는 충격을 적게 한다 (적당한 중성점 접지 방식, 고속 차단 방식, **재폐로 방식**).

④ 고장 중의 발전기 돌입 출력의 불평형을 적게 한다. 답 ②

문제 32 배전선로의 고장 또는 보수 점검 시 정전 구간을 축소하기 위하여 사용되는 것은?

① 단로기 ② 컷아웃스위치

③ 계자저항기 ④ 구분개폐기

풀이

정전구간을 축소하기 위하여 사용되는 것은 **구분 개폐기** (section switch)이며 종류로는 유입 개폐기(OS), 기중 개폐기(AS), 진공 개폐기(VS) 등이 있다. 답 ④

문제 33 수전단 전력 원선도의 전력 방정식이 $P_r^2 + (Q_r + 400)^2 = 250000$으로 표현되는 전력계통에서 가능한 최대로 공급할 수 있는 부하전력(P_r)과 이때 전압을 일정하게 유지하는데 필요한 무효전력(Q_r)은 각각 얼마인가?

① $P_r = 500$, $Q_r = -400$

② $P_r = 400$, $Q_r = 500$

③ $P_r = 300$, $Q_r = 100$

④ $P_r = 200$, $Q_r = -300$

풀이

$P_r^2 + (Q_r + 400)^2 = 500^2$

에서 **전력공급을 최대로 하기 위해서는 무효전력이 0이 되어야 한다.**

따라서, $Q_r + 400 = 0$ $\therefore Q_r = -400$

또 무효전력이 0일 때 공급할 수 있는 최대전력은
$P_r^2 = 500^2$ 에서 $P_r = 500$이 된다.　답 ①

문제 34 프란시스 수차의 특유속도[m · kW]의 한계를 나타내는 식은? (단, H[m]는 유효낙차이다.)

① $\dfrac{13000}{H+50} + 10$
② $\dfrac{13000}{H+50} + 30$

③ $\dfrac{20000}{H+20} + 10$
④ $\dfrac{20000}{H+20} + 30$

풀이

수차의 종류와 특유속도(N_s)의 한계

종　류		N_s의 한계값	
펠톤수차		$12 \le N_s \le 23$	
프란시스 수차	저속도형	$N_s \le \dfrac{20000}{H+20} + 30$	$65 \sim 150$
	중속도형		$150 \sim 250$
	고속도형		$250 \sim 350$
사류수차		$N_s \le \dfrac{20000}{H+20} + 40$	$150 \sim 250$
카플란 수차 프로펠러 수차		$N_s \le \dfrac{20000}{H+20} + 50$	$350 \sim 800$

답 ④

문제 35 정격전압 6600[V], Y결선, 3상 발전기의 중성점을 1선 지락 시 지락전류를 100[A]로 제한하는 저항기로 접지하려고 한다. 저항기의 저항 값은 약 몇 [Ω]인가?

① 44
② 41
③ 38
④ 35

풀이

지락전류 $I_g = \dfrac{E}{R_g}$[A]에서

$\therefore R_g = \dfrac{E}{I_g} = \dfrac{\dfrac{V}{\sqrt{3}}}{I_g} = \dfrac{\dfrac{6600}{\sqrt{3}}}{100} \fallingdotseq 38[\Omega]$　답 ③

문제 36 수전용 변전설비의 1차측 차단기의 차단용량은 주로 어느 것에 의하여 정해지는가?

① 수전 계약용량
② 부하설비의 단락용량
③ 공급측 전원의 단락용량
④ 수전전력의 역률과 부하율

풀이

"차단기의 차단용량 > 단락용량" 이어야 한다.
따라서, 차단기 차단 용량은 그 점에 있어서의 단락 용량에 의해 결정된다.　답 ③

문제 37 송전 철탑에서 역섬락을 방지하기 위한 대책은?

① 가공지선의 설치
② 탑각 접지저항의 감소
③ 전력선의 연가
④ 아크혼의 설치

풀이

① 가공지선 : 직격뢰의 차폐, 유도뢰의 정전차폐 및 통신선에 대한 전자유도 장해 경감
② 매설지선 : 탑각 접지저항을 감소시켜 역섬락을 방지
③ 연가 : 선로정수의 평형
④ 아크혼 : 선로의 섬락으로부터 애자련의 보호 및 애자련의 전압분포 개선　답 ②

문제 38 조속기의 폐쇄시간이 짧을수록 나타나는 현상으로 옳은 것은?

① 수격작용은 작아진다.
② 발전기의 전압 상승률은 커진다.
③ 수차의 속도 변동률은 작아진다.
④ 수압관 내의 수압 상승률은 작아진다.

풀이

• 수차발전기는 부하가 감소하여 회전속도가 상승하거나 부하가 증가하여 회전속도가 감소하면 발전전압과 주파수가 변한다. 따라서, 부하가 변하여도 수차의 회전수를 일정하게 유지하기 위해 수차의 유량조정을 자동적으로 행하는 장치를 조속기라 한다.

• 속도 변동률 $\delta = \dfrac{N_m - N_0}{N_0} \times 100[\%]$

(N_m : 수차의 최대회전속도, N_0 : 정격회전속도)
에서 조속기의 폐쇄시간이 짧을수록 수차의 최대속도 N_m 이 감소하여 속도 변동률은 작아진다.　답 ③

문제 39 주변압기 등에서 발생하는 제5고조파를 줄이는 방법으로 옳은 것은?

① 전력용 콘덴서에 직렬리액터를 연결한다.
② 변압기 2차측에 분로리액터를 연결한다.
③ 모선에 방전코일을 연결한다.
④ 모선에 공심 리액터를 연결한다.

풀이

전력용 콘덴서와 직렬로 리액터를 접속하여 제5고조파를 제거시킨다.   **답** ①

문제 40 복도체에서 2본의 전선이 서로 충돌하는 것을 방지하기 위하여 2본의 전선 사이에 적당한 간격을 두어 설치하는 것은?

① 아모로드   ② 댐퍼
③ 아킹혼   ④ 스페이서

풀이

스페이서 : 다도체의 경우 전선상호의 접근 및 충돌을 방지하기 위해 사용된다.

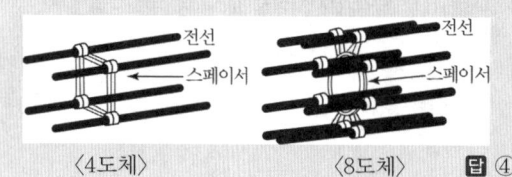

〈4도체〉   〈8도체〉   **답** ④

제3과목 **전기기기**

문제 41 서보모터의 특징에 대한 설명으로 틀린 것은?

① 발생토크는 입력신호에 비례하고, 그 비가 클 것
② 직류 서보모터에 비하여 교류 서보모터의 시동토크가 매우 클 것
③ 시동 토크는 크나 회전부의 관성모멘트가 작고, 전기적 시정수가 짧을 것
④ 빈번한 시동, 정지, 역전 등의 가혹한 상태에 견디도록 견고하고, 큰 돌입전류에 견딜 것

풀이

서보 모터의 특징
① 기동 토크가 크다.
② 회전자 관성 모멘트가 작다.
③ 제어권선 전압이 0에서는 기동해서는 안되고, 곧 정지해야 한다.
④ 직류 서보 모터의 기동 토크가 교류 서보 모터보다 크다.
⑤ 속응성이 좋다. 시정수가 짧다. 기계적 응답이 좋다.
⑥ 회전자 팬에 의한 냉각 효과를 기대할 수 없다.   **답** ②

문제 42 정격전압 120[V], 60[Hz]인 변압기의 무부하 입력 80[W], 무부하 전류 1.4[A]이다. 이 변압기의 여자 리액턴스는 약 몇 [Ω]인가?

① 97.6   ② 103.7   ③ 124.7   ④ 180

풀이

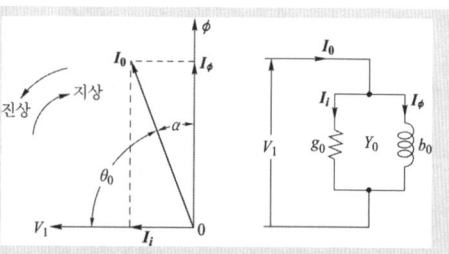

〈여자 회로 및 여자 전류의 벡터도〉

$$I_0 = I_\phi + I_i = \sqrt{I_\phi^2 + I_i^2}, \quad I_i = \frac{P_i}{V_1}[A]$$

여기서, I_0 : 여자 전류(무부하 전류), I_ϕ : 자화 전류, I_i : 철손 전류, P_i : 철손

• 철손전류 $I_i = \dfrac{P_i}{V_1} = \dfrac{80}{120} = 0.67[A]$

• 자화전류 $I_\phi = \sqrt{I_0^2 - I_i^2} = \sqrt{1.4^2 - 0.67^2} = 1.23[A]$

• 여자 리액턴스 $x_0 = \dfrac{V_1}{I_\phi} = \dfrac{120}{1.23} = 97.6[\Omega]$ **답** ①

문제 43 극수 8, 중권 직류기의 전기자 총 도체 수 960, 매극 자속 0.04[Wb], 회전수 400[rpm]이라면 유기기전력은 몇 [V]인가?

① 256   ② 327   ③ 425   ④ 625

풀이

중권이므로 $a = p = 8$

$E = p\phi\dfrac{N}{60} \cdot \dfrac{z}{a} = 8 \times 0.04 \times \dfrac{400}{60} \times \dfrac{960}{8} = 256[V]$ **답** ①

문제 44 3상 유도전동기에서 2차측 저항을 2배로 하면 그 최대토크는 어떻게 변하는가?

① 2배로 커진다.   ② 3배로 커진다.

③ 변하지 않는다.   ④ $\sqrt{2}$ 배로 커진다.

풀이

- **최대 토크** $T_m \propto \dfrac{V^2}{2x_2}$: 2차 저항에 무관

- 최대 토크를 발생하는 슬립 $s_m \fallingdotseq \pm \dfrac{r_2}{x_2}$: 2차 저항에 비례

즉, 최대 토크의 크기는 변하지 않으나 최대 토크를 발생하는 슬립은 2배로 된다.   **답** ③

문제 45 3상 변압기 2차측의 E_W 상만을 반대로 하고 Y-Y 결선을 한 경우, 2차 상전압이 $E_U = 70[V]$, $E_V = 70[V]$, $E_W = 70[V]$라면 2차 선간전압은 약 몇 [V]인가?

① $V_{U-V} = 121.2[V]$, $V_{V-W} = 70[V]$,
    $V_{W-U} = 70[V]$

② $V_{U-V} = 121.2[V]$, $V_{V-W} = 210[V]$,
    $V_{W-U} = 70[V]$

③ $V_{U-V} = 121.2[V]$, $V_{V-W} = 121.2[V]$,
    $V_{W-U} = 70[V]$

④ $V_{U-V} = 121.2[V]$, $V_{V-W} = 121.2[V]$,
    $V_{W-U} = 121.2[V]$

풀이

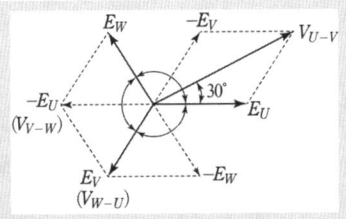

E_W 상만을 반대로 할 경우

$V_{U-V} = E_U - E_V = 70\angle 0° - 70\angle -120°$

$\quad = 70 - 70 \left(-\dfrac{1}{2} - j\dfrac{\sqrt{3}}{2} \right) = 121.2[V]$

$V_{V-W} = E_V + E_W = -E_U = 70[V]$

$V_{W-U} = -E_W - E_U = E_V = 70[V]$ **답** ①

문제 46 동기전동기에 일정한 부하를 걸고 계자전류를 0[A]에서부터 계속 증가시킬 때 관련 설명으로 옳은 것은? (단, I_a는 전기자전류이다.)

① I_a는 증가하다가 감소한다.

② I_a가 최소일 때 역률이 1이다.

③ I_a가 감소상태일 때 앞선 역률이다.

④ I_a가 증가상태일 때 뒤진 역률이다.

풀이

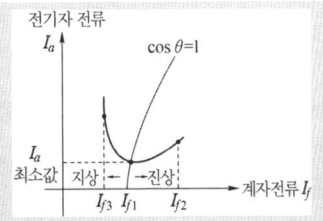

- I_{f1} : $\cos\theta = 1$
- I_{f2}(여자 전류 증가) : 진상의 전기자 전류가 흐르고, 전류는 증가한다.
- I_{f3}(여자 전류 감소) : 지상의 전기자 전류가 흐르고, 전류는 증가한다.   **답** ②

문제 47 3[kVA], 3000/200[V]의 변압기의 단락시험에서 임피던스전압 120[V], 동손 150[W]라 하면 %저항 강하는 몇 [%]인가?

① 1   ② 3   ③ 5   ④ 7

풀이

$$\%저항강하 \ p = \frac{I_{1n} r}{V_{1n}} \times 100 = \frac{I_{1n}^2 r}{V_{1n} I_{1n}} \times 100$$

$$= \frac{P_c}{P_a} \times 100 = \frac{150}{3000} \times 100 = 5[\%] \qquad \textbf{답} ③$$

문제 48 정격출력 50[kW], 4극 220[V], 60[Hz]인 3상 유도전동기가 전부하 슬립 0.04, 효율 90[%]로 운전되고 있을 때 다음 중 틀린 것은?

① 2차 효율 = 92[%]

② 1차 입력 = 55.56[kW]

③ 회전자 동손 = 2.08[kW]

④ 회전자 입력 = 52.08[kW]

풀이

- 2차 효율 $\eta_2 = (1-s) = 1 - 0.04 = 0.96 = 96[\%]$

- 1차 입력 $P_1 = \dfrac{P_0}{\eta} = \dfrac{50}{0.9} = 55.56[\text{kW}]$

- 회전자 동손 $P_{c2} = sP_2 = \dfrac{s}{1-s}P_0 = \dfrac{0.04}{1-0.04} \times 50$
  $= 2.08[\text{kW}]$

  또는 $P_{c2} = sP_2 = 0.04 \times 52.08 = 2.08[\text{kW}]$

- 회전자 입력 $P_2 = \dfrac{1}{1-s}P_0 = \dfrac{1}{1-0.04} \times 50 = 52.08[\text{kW}]$

답 ①

문제 49 단상 유도전동기를 2전동기설로 설명하는 경우 정방향 회전자계의 슬립이 0.2이면, 역방향 회전자계의 슬립은 얼마인가?

① 0.2 　② 0.8 　③ 1.8 　④ 2.0

풀이

- 정방향 회전자계의 슬립 $s_f = s = \dfrac{n_s - n}{n_s} = 1 - \dfrac{n}{n_s}$

- 역방향 회전자계의 슬립

$$s_b = \frac{n_s - (-n)}{n_s} = \frac{n_s + n - n_s + n}{n_s} = 2 - \frac{n_s - n}{n_s} = 2 - s$$

$\therefore s_b = 2 - s = 2 - 0.2 = 1.8$

답 ③

문제 50 직류 가동복권발전기를 전동기로 사용하면 어느 전동기가 되는가?

① 직류 직권전동기
② 직류 분권전동기
③ 직류 가동복권전동기
④ 직류 차동복권전동기

풀이

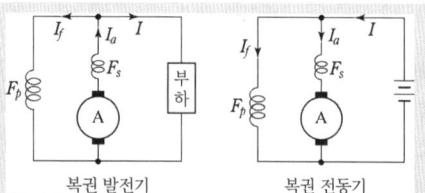

복권 발전기　　　복권 전동기

직류 가동복권발전기를 전동기로 사용하면, 분권 계자권선 (F_p)에 흐르는 전류의 방향은 변함이 없으나 직권계자권선(F_s)에 흐르는 전류는 발전기로 사용할 때와는 반대방향의 전류가 흐르게 되어 **직류 차동 복권 전동기**가 된다.

답 ④

문제 51 동기발전기를 병렬운전 하는데 필요하지 않은 조건은?

① 기전력의 용량이 같을 것
② 기전력의 파형이 같을 것
③ 기전력의 크기가 같을 것
④ 기전력의 주파수가 같을 것

풀이

① 동기발전기의 병렬운전 조건
- **기전력의 크기가 같을 것**
- **기전력의 위상이 같을 것**
- **기전력의 주파수가 같을 것**
- 기전력의 파형이 같을 것
- 상회전 방향이 같을 것

② 동기 발전기 병렬 운전 시 서로 같지 않아도 되는 사항
- 발전기 용량
- 부하 전류
- 임피던스

답 ①

문제 52 IGBT(Insulated Gate Bipolar Transistor)에 대한 설명으로 틀린 것은?

① MOSFET와 같이 전압제어 소자이다.
② GTO 사이리스터와 같이 역방향 전압저지 특성을 갖는다.
③ 게이트와 에미터 사이의 입력 임피던스가 매우 낮아 BJT보다 구동하기 쉽다.
④ BJT처럼 on-drop이 전류에 관계없이 낮고 거의 일정하며, MOSFET보다 훨씬 큰 전류를 흘릴 수 있다.

풀이

IGBT (Insulated Gate Bipolar Transistor)
IGBT는 MOSFET와 트랜지스터의 장점을 취한 것으로서
① 소스에 대한 게이트의 전압으로 도통과 차단을 제어한다.
② 게이트 구동전력이 매우 낮다.
③ 스위칭 속도는 FET와 트랜지스터의 중간정도로 빠른 편에 속한다.
④ 용량은 일반 트랜지스터와 동등한 수준이다.
⑤ MOSFET과 같이 **입력 임피던스가 매우 높아** BJT보다 구동하기 쉽다.

답 ③

문제 53 동작모드가 그림과 같이 나타나는 혼합브리지는?

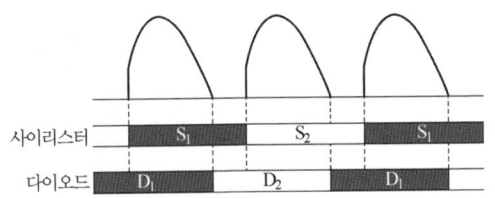

① ②

③ ④

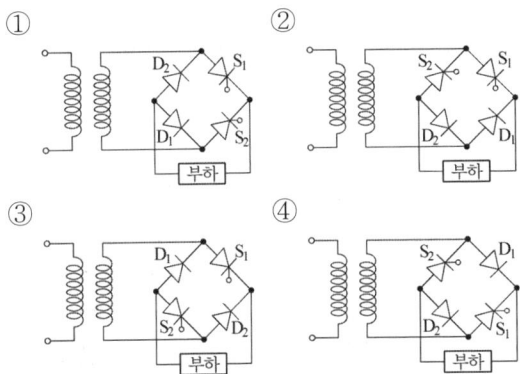

풀이
전파정류회로의 동작모드

입력 정현파 $v = V_m \sin \omega t \begin{cases} 0 \leq \omega t < \pi \\ \pi \leq \omega t < 2\pi \end{cases}$

(1) $0 \leq \omega t < \pi$ (2) $\pi \leq \omega t < 2\pi$

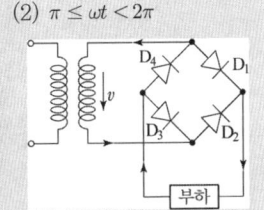

(동작모드 : D_1, D_3)   (동작모드 : D_2, D_4)

문제의 그림에서 사이리스터(S)와 다이오드(D)의 동작모드는 다음과 같다.

$\begin{cases} 0 \leq \omega t < \pi : S_1, D_1 \\ \pi \leq \omega t < 2\pi : S_2, D_2 \end{cases}$

주어진 각 항의 동작모드

① $\begin{cases} 0 \leq \omega t < \pi : S_1, D_1 \\ \pi \leq \omega t < 2\pi : S_2, D_2 \end{cases}$

② $\begin{cases} 0 \leq \omega t < \pi : S_1, D_2 \\ \pi \leq \omega t < 2\pi : S_2, D_1 \end{cases}$

③ $\begin{cases} 0 \leq \omega t < \pi : S_1, S_2 \\ \pi \leq \omega t < 2\pi : D_1, D_2 \end{cases}$

④ $\begin{cases} 0 \leq \omega t < \pi : D_1, D_2 \\ \pi \leq \omega t < 2\pi : S_1, S_2 \end{cases}$

따라서 정답은 ①이다.   **답** ①

문제 54 유도전동기에서 공급 전압의 크기가 일정하고 전원 주파수만 낮아질 때 일어나는 현상으로 옳은 것은?
① 철손이 감소한다.
② 온도상승이 커진다.
③ 여자전류가 감소한다.
④ 회전속도가 증가한다.

풀이
① 히스테리시스손 $P_h \propto \dfrac{1}{f}$ 이므로 철손은 증가한다.

② **주파수가 감소하면 철손이 증가하여** 전동기 온도가 상승하는 반면에 전동기 속도 $N_s = \dfrac{120f}{p}$ 에서 **전동기속도가 감소하고** 그 결과 전동기에 부착되어 있는 **냉각 fan의 효과가 감소하게 되어 전동기의 온도는 더욱 더 상승하게 된다.**

③ 여자전류는 $I_0 \propto \dfrac{V}{f}$ 이므로 증가한다.

④ 속도는 $N \propto f$ 이므로 감소한다.   **답** ②

문제 55 용접용으로 사용되는 직류발전기의 특성 중에서 가장 중요한 것은?
① 과부하에 견딜 것
② 전압변동률이 적을 것
③ 경부하일 때 효율이 좋을 것
④ 전류에 대한 전압특성이 수하특성일 것

풀이
방전을 안정하게 지속시키기 위하여 방전 용접에 사용되는 전원은 직류, 교류를 막론하고 **전류가 증가하면 전압이 저하하는 수하 특성을** 가지고 있어야 한다.   **답** ④

문제 56 동기발전기에 설치된 제동권선의 효과로 틀린 것은?
① 난조 방지
② 과부하 내량의 증대
③ 송전선의 불평형 단락 시 이상전압 방지
④ 불평형 부하 시의 전류, 전압 파형의 개선

풀이
제동 권선의 역할
① 난조 방지   ② 기동 토크 발생
③ 불평형 부하시의 전류, 전압 파형 개선
④ 송전선의 불평형 단락시의 이상 전압 방지   **답** ②

문제 57 3300/220[V] 변압기 A, B의 정격용량이 각각 400 [kVA], 300[kVA]이고, %임피던스 강하가 각각 2.4 [%]와 3.6[%]일 때 그 2대의 변압기에 걸 수 있는 합성부하용량은 몇 [kVA]인가?

① 550   ② 600   ③ 650   ④ 700

풀이

- $m = \dfrac{P_A}{P_B} = \dfrac{(kVA)_A}{(kVA)_B} = \dfrac{400}{300} = \dfrac{4}{3}$

- $\dfrac{P_a}{P_b} = \dfrac{(kVA)_A}{(kVA)_B} = m \times \dfrac{(\%I_B Z_B)}{(\%I_A Z_A)} = \dfrac{4}{3} \times \dfrac{3.6}{2.4} = 2$

- $P_b = \dfrac{P_a}{2} = \dfrac{400}{2} = 200 \,[kVA]$

따라서, 합성 용량 $= 400 + 200 = 600[kVA]$ **답** ②

문제 58 동기기의 전기자 저항을 r, 전기자 반작용 리액턴스를 X_a, 누설 리액턴스를 X_l라고 하면 동기 임피던스를 표시하는 식은?

① $\sqrt{r^2 + \left(\dfrac{X_a}{X_l}\right)^2}$ ② $\sqrt{r^2 + X_l^2}$

③ $\sqrt{r^2 + X_a^2}$ ④ $\sqrt{r^2 + (X_a + X_l)^2}$

풀이

동기임피던스 $Z_s = r + jX_s = r + j(X_a + X_l)[\Omega]$

$\therefore Z_s = \sqrt{r^2 + (X_a + X_l)^2}$

여기서, r_a : 전기자 저항 $[\Omega]$

X_s : 동기 리액턴스 $[\Omega]$

    (전기자 반작용 리액턴스와 누설 리액턴스의 합)

X_a : 전기자 반작용 리액턴스 $[\Omega]$

X_l : 전기자 누설 리액턴스 $[\Omega]$ **답** ④

문제 59 단상 유도전동기에 대한 설명으로 틀린 것은?

① 반발 기동형 : 직류전동기와 같이 정류자와 브러시를 이용하여 기동한다.

② 분상 기동형 : 별도의 보조권선을 사용하여 회전자계를 발생시켜 기동한다.

③ 커패시터 기동형 : 기동전류에 비해 기동토크가 크지만, 커패시터를 설치해야 한다.

④ 반발 유도형 : 기동 시 농형권선과 반발전동기의 회전자 권선을 함께 이용하나 운전 중에는 농형권선만을 이용한다.

풀이

반발유도 전동기 : 단상 유도전동기의 하나로 회전자에 농형 권선과 반발 전동기의 회전자 권선을 가지며, **운전 중에도 두 권선을 그대로 사용**하고 있는 전동기를 말한다. 기동 토크가 크지만 속도 변동률도 크다.   **답** ④

문제 60 직류전동기의 속도제어법이 아닌 것은?

① 계자 제어법   ② 전력 제어법

③ 전압 제어법   ④ 저항 제어법

풀이

직류전동기의 속도제어법 비교

구 분	제어 특성	특 징
계자제어법	• 정출력 제어	• 속도제어범위가 좁다.

전압제어법	• 정토크 제어
	  – 워드 레오나드 방식
	  – 일그너 방식
		• 제어범위가 넓다.
		• 손실이 매우 적다.
		• 정역운전이 가능
		• 설비비가 많이 든다.

직렬저항법		• 효율이 나쁘다.

답 ②

제4과목   회로이론 및 제어공학

문제 61 그림과 같은 피드백제어 시스템에서 입력이 단위계단함수일 때 정상상태 오차상수인 위치상수(K_p)는?

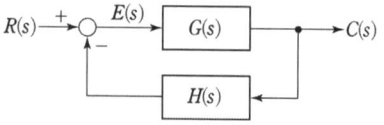

① $K_p = \lim_{s \to 0} G(s)H(s)$

② $K_p = \lim_{s \to 0} \dfrac{G(s)}{H(s)}$

③ $K_p = \lim_{s \to \infty} G(s)H(s)$

④ $K_p = \lim_{s \to \infty} \dfrac{G(s)}{H(s)}$

풀이

$E(s) = R(s) - C(s)H(s)$, $C(s) = E(s)G(s)$ 이므로

$E(s) = R(s) - E(s)G(s)H(s)$

$E(s)\{1 + G(s)H(s)\} = R(s)$

$E(s) = \dfrac{R(s)}{1 + G(s)H(s)}$

정상위치편차

$e_{ssp} = \lim_{s \to \infty} e(t) = \lim_{s \to 0} s \cdot E(s) = \lim_{s \to 0} \dfrac{sR(s)}{1 + G(s)H(s)}$

입력이 단위계단함수 이므로

$e_{ssp} = \lim_{s \to 0} \dfrac{sR(s)}{1 + G(s)H(s)} = \lim_{s \to 0} \dfrac{s \times \dfrac{R}{s}}{1 + G(s)H(s)}$

$= \dfrac{R}{1 + \lim_{s \to 0} G(s)H(s)} = \dfrac{R}{1 + K_p}$

따라서 위치편차상수 $K_p = \lim_{s \to 0} G(s)H(s)$ **답** ①

문제 62 적분 시간 4[sec], 비례 감도가 4인 비례 적분 동작을 하는 제어 요소에 동작신호 $x_i(t) = 2t$ 를 주었을 때 이 제어 요소의 조작량은? (단, 조작량의 초기 값은 0이다.)

① $t^2 + 8t$ ② $t^2 + 2t$

③ $t^2 - 8t$ ④ $t^2 - 2t$

풀이

비례적분 동작(PI 동작)에서

• 조작량 : $x_{0(t)} = K_p(x_i(t) + \dfrac{1}{T_I}\int x_i(t)dt)$

• 전달함수 : $\dfrac{X_0(s)}{X_i(s)} = K_p(1 + \dfrac{1}{T_I s})$

(K_p : 비례감도, x_i : 동작 신호, x_0 : 조작량, T_I : 적분시간)

따라서, 조작량 $x_0(t) = 4(2t + \dfrac{1}{4}\int 2tdt)$

$= 8t + 2 \times \dfrac{1}{2}t^2 = t^2 + 8t$ **답** ①

문제 63 시간함수 $f(t) = \sin\omega t$의 z 변환은? (단, T는 샘플링 주기이다)

① $\dfrac{z\sin\omega T}{z^2 + 2z\cos\omega T + 1}$ ② $\dfrac{z\sin\omega T}{z^2 - 2z\cos\omega T + 1}$

③ $\dfrac{z\cos\omega T}{z^2 - 2z\sin\omega T + 1}$ ④ $\dfrac{z\cos\omega T}{z^2 + 2z\sin\omega T + 1}$

풀이

$f(t)$	$F(s)$	$F(z)$
$\sin\omega t$	$\dfrac{\omega}{s^2 + \omega^2}$	$\dfrac{z\sin\omega T}{z^2 - 2z\cos\omega T + 1}$
$\cos\omega t$	$\dfrac{s}{s^2 + \omega^2}$	$\dfrac{z(z - \cos\omega T)}{z^2 - 2z\cos\omega T + 1}$

답 ②

문제 64 다음과 같은 신호흐름선도에서 $\dfrac{C(s)}{R(s)}$ 의 값은?

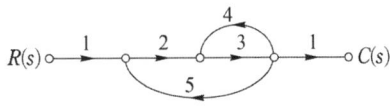

① $-\dfrac{1}{41}$ ② $-\dfrac{3}{41}$

③ $-\dfrac{6}{41}$ ④ $-\dfrac{8}{41}$

풀이

• 전향경로 이득 : $2 \times 3 = 6$

• 루프 이득 : $3 \times 4 = 12$, $2 \times 3 \times 5 = 30$

$\therefore G(s) = \dfrac{\sum \text{전향 경로 이득}}{1 - \sum \text{루프이득}} = \dfrac{6}{1 - (12 + 30)} = -\dfrac{6}{41}$ **답** ③

문제 65 Routh-Hurwitz 방법으로 특성방정식이 $s^4 + 2s^3 + s^2 + 4s + 2 = 0$인 시스템의 안정도를 판별하면?

① 안정   ② 불안정

③ 임계안정   ④ 조건부 안정

풀이

특성 방정식 $F(s) = a_0 s^4 + a_1 s^3 + a_2 s^2 + a_3 s^1 + a_4 = 0$에서

$a_0 = 1$, $a_1 = 2$, $a_2 = 1$, $a_3 = 4$, $a_4 = 2$이므로,

$D_1 = a_1 = 2$

$D_2 = \begin{vmatrix} a_1 & a_3 \\ a_0 & a_2 \end{vmatrix} = \begin{vmatrix} 2 & 4 \\ 1 & 1 \end{vmatrix} = 2 - 4 = -2$

$D_3 = \begin{vmatrix} a_1 & a_3 & a_5 \\ a_0 & a_2 & a_4 \\ 0 & a_1 & a_3 \end{vmatrix} = \begin{vmatrix} 2 & 4 & 0 \\ 1 & 1 & 2 \\ 0 & 2 & 4 \end{vmatrix} = 8 - 16 - 8 = -16$

따라서 행렬식 D_2, D_3가 부(-)이므로 불안정하다. **답** ②

문제 66 제어시스템의 상태방정식이

$$\frac{dx(t)}{dt} = A\,x(t) + Bu(t), \quad A = \begin{bmatrix} 0 & 1 \\ -3 & 4 \end{bmatrix},$$

$B = \begin{bmatrix} 1 \\ 1 \end{bmatrix}$ 일 때, 특성방정식을 구하면?

① $s^2 - 4s - 3 = 0$ ② $s^2 - 4s + 3 = 0$

③ $s^2 + 4s + 3 = 0$ ④ $s^2 + 4s - 3 = 0$

풀이

$$\begin{bmatrix} x_1 \\ x_2 \end{bmatrix} = \begin{bmatrix} 0 & 1 \\ -3 & 4 \end{bmatrix} \begin{bmatrix} x_1 \\ x_2 \end{bmatrix} + \begin{bmatrix} 1 \\ 1 \end{bmatrix} u$$

특성 방정식 $|sI - A| = \begin{bmatrix} s & 0 \\ 0 & s \end{bmatrix} - \begin{bmatrix} 0 & 1 \\ -3 & 4 \end{bmatrix} = \begin{bmatrix} s & -1 \\ 3 & s-4 \end{bmatrix}$

$$= s(s-4) + 3 = s^2 - 4s + 3 \quad \boxed{\text{답}} \ ②$$

문제 67 어떤 제어시스템의 개루프 이득이

$$G(s)H(s) = \frac{K(s+2)}{s(s+1)(s+3)(s+4)}$$ 일 때 이 시

스템이 가지는 근궤적의 가지(branch) 수는?

① 1   ② 3   ③ 4   ④ 5

풀이

영점의 개수 $z = 1$개(-2)
극점의 개수 $p = 4$개($0, -1, -3, -4$)
근궤적의 가지수는 유한 영점의 개수(z)와 유한 극점의 개수(p) 중에서 큰 수와 같으며, 또한 특성방정식의 차수와 같다. 따라서, 근궤적의 가지 수는 4 이다. $\boxed{\text{답}}$ ③

문제 68 다음 회로에서 입력 전압 $v_1(t)$에 대한 출력전압 $v_2(t)$의 전달함수 $G(s)$는?

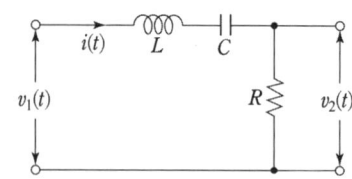

① $\dfrac{RCs}{LCs^2 + RCs + 1}$ ② $\dfrac{RCs}{LCs^2 - RCs - 1}$

③ $\dfrac{Cs}{LCs^2 + RCs + 1}$ ④ $\dfrac{Cs}{LCs^2 - RCs - 1}$

풀이

$$\begin{cases} v_1(t) = L\dfrac{d}{dt}i(t) + \dfrac{1}{C}\displaystyle\int i(t)dt + Ri(t) \\ v_2(t) = Ri(t) \end{cases}$$

초기값을 0으로 하고 라플라스 변환하면

$$\begin{cases} V_1(s) = LsI(s) + \dfrac{1}{Cs}I(s) + RI(s) = \left(Ls + \dfrac{1}{Cs} + R\right)I(s) \\ V_2(s) = RI(s) \end{cases}$$

$$\therefore G(s) = \frac{V_2(s)}{V_1(s)} = \frac{R}{Ls + \dfrac{1}{Cs} + R} = \frac{RCs}{LCs^2 + RCs + 1}$$

$\boxed{\text{답}}$ ①

문제 69 특성방정식의 모든 근이 s평면(복소평면)의 $j\omega$축(허수축)에 있을 때 제어시스템의 안정도는?

① 알 수 없다.   ② 안정하다.

③ 불안정하다.   ④ 임계안정이다.

풀이

특성방정식의 근의 위치에 따른 안정도 판별법

계의 안정도	근의 위치	
	s평면의	z평면상
안 정	좌반면	단위원 내부
불 안 정	우반면	단위원 외부
임계안정	허수축	단위 원주상

$\boxed{\text{답}}$ ④

문제 70 논리식 $((AB + A\overline{B}) + AB) + \overline{A}B$를 간단히 하면?

① $A + B$ ② $\overline{A} + B$

③ $A + \overline{B}$ ④ $A + A \cdot B$

풀이

$$[(AB + A\overline{B}) + AB] + \overline{A}B = (AB + A\overline{B}) + (AB + \overline{A}B)$$
$$= A(B + \overline{B}) + B(A + \overline{A})$$
$$= A + B \quad \boxed{\text{답}} \ ①$$

문제 71 선간 전압이 V_{ab}[V]인 3상 평형 전원에 대칭 부하 $R[\Omega]$이 그림과 같이 접속되어 있을 때, a, b 두 상간에 접속된 전력계의 지시 값이 W[W]라면 c 상 전류의 크기 [A]는?

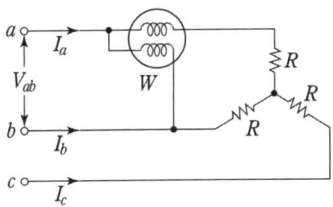

① $\dfrac{W}{3V_{ab}}$ ② $\dfrac{2W}{3V_{ab}}$

③ $\dfrac{2W}{\sqrt{3}\,V_{ab}}$ ④ $\dfrac{\sqrt{3}\,W}{V_{ab}}$

풀이

부하가 $R(\cos\theta=1)$인 평형 3상회로에서 각 선간의 전력은 같으므로 한 대의 전력계의 지시값이 $W[\text{W}]$인 경우 유효전력 P와 선전류 I는 다음과 같다.

- $P=2W[\text{W}]$
- $I=\dfrac{2W}{\sqrt{3}\,V_{ab}}[\text{A}]$

($\because P=2W=\sqrt{3}\,VI$, 3상 평형이므로

$V_{ab}=V_{bc}=V_{ca}=V,\ I_a=I_b=I_c=I$) **답 ③**

문제 72 불평형 3상 전류가 $I_a=15+j2[\text{A}]$, $I_b=-20-j14[\text{A}]$, $I_c=-3+j10[\text{A}]$일 때, 역상분 전류 $I_2[\text{A}]$는?

① $1.91+j6.24$ ② $15.74-j3.57$

③ $-2.67-j0.67$ ④ $-8-j2$

풀이

$$I_2=\frac{1}{3}(I_a+a^2I_b+aI_c)$$
$$=\frac{1}{3}\Big\{(15+j2)+\Big(-\frac{1}{2}-j\frac{\sqrt{3}}{2}\Big)(-20-j14)$$
$$+\Big(-\frac{1}{2}+j\frac{\sqrt{3}}{2}\Big)(-3+j10)\Big\}$$
$$=1.91+j6.24\,[\text{A}]$$ **답 ①**

문제 73 RC 직렬회로에 직류전압 $V[\text{V}]$가 인가되었을 때, 전류 $i(t)$에 대한 전압 방정식(KVL)이 $V=Ri(t)+\dfrac{1}{C}\displaystyle\int i(t)dt[\text{V}]$ 이다. 전류 $i(t)$의 라플라스 변환인 $I(s)$는? (단, C에는 초기 전하가 없다.)

① $I(s)=\dfrac{V}{R}\dfrac{1}{s-\dfrac{1}{RC}}$ ② $I(s)=\dfrac{C}{R}\dfrac{1}{s+\dfrac{1}{RC}}$

③ $I(s)=\dfrac{V}{R}\dfrac{1}{s+\dfrac{1}{RC}}$ ④ $I(s)=\dfrac{R}{C}\dfrac{1}{s-\dfrac{1}{RC}}$

풀이

양변을 라플라스변환 하면

$$\frac{V}{s}=RI(s)+\frac{1}{Cs}I(s)=\Big(R+\frac{1}{Cs}\Big)I(s)$$

$$\therefore I(s)=\frac{V}{s\Big(R+\dfrac{1}{Cs}\Big)}=\frac{V}{Rs+\dfrac{1}{C}}$$

$$=\frac{V}{Rs+\dfrac{1}{C}}\cdot\frac{\dfrac{1}{R}}{\dfrac{1}{R}}=\frac{V}{R}\frac{1}{s+\dfrac{1}{RC}}$$ **답 ③**

문제 74 회로에서 $20[\Omega]$의 저항이 소비하는 전력은 몇 $[\text{W}]$인가?

① 14
② 27
③ 40
④ 80

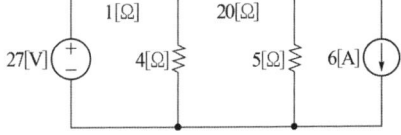

풀이

위 그림을 테브낭의 정리를 사용하여 등가하면 아래의 그림과 같다.

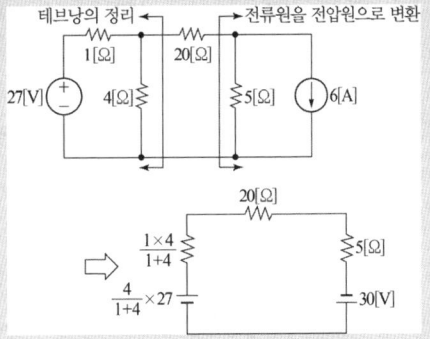

$20[\Omega]$의 저항에 흐르는 전류는

$$I=\frac{E}{R}=\frac{\dfrac{4}{1+4}\times27+30}{\dfrac{1\times4}{1+4}+20+5}=2\,[\text{A}]$$

$$\therefore P=I^2R=2^2\times20=80\,[\text{W}]$$ **답 ④**

별해

폐로 해석법(메쉬 해석법)
전류원을 전압원으로 변환하면 다음의 등가회로가 된다.

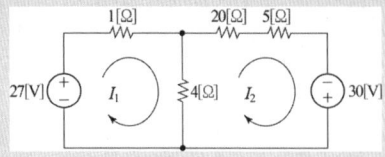

$$27 = I_1 + 4(I_1 - I_2) = 5I_1 - 4I_2 \quad \cdots ①$$

$$30 = 4(I_2 - I_1) + 25I_2 = -4I_1 + 29I_2 \quad \cdots ②$$

①×4+②×5 하면

$$108 = 20I_1 - 16I_2$$

$$150 = -20I_1 + 145I_2$$

$$258 = 129I_2, \quad \therefore I_2 = \frac{258}{129} = 2[\text{A}]$$

$$P_2 = I_2^2 R = 2^2 \times 20 = 80[\text{W}]$$

문제 75 선간 전압이 100[V]이고, 역률이 0.6인 평형 3상 부하에서 무효전력이 $Q = 10[\text{kVar}]$일 때, 선전류의 크기는 약 몇 [A]인가?

① 57.7 ② 72.2 ③ 96.2 ④ 125

풀이

• 무효율 $\sin\theta = \sqrt{1 - \cos^2\theta} = \sqrt{1 - 0.6^2} = 0.8$

• 무효전력 $Q = \sqrt{3} VI\sin\theta$ 에서 $I = \dfrac{Q}{\sqrt{3} V\sin\theta}$

따라서 선전류 $I = \dfrac{10 \times 10^3}{\sqrt{3} \times 100 \times 0.8} = 72.17[\text{A}]$ **답** ②

문제 76 그림과 같은 T형 4단자 회로망에서 4단자 정수 A와 C는?

(단, $Z_1 = \dfrac{1}{Y_1}$, $Z_2 = \dfrac{1}{Y_2}$, $Z_3 = \dfrac{1}{Y_3}$)

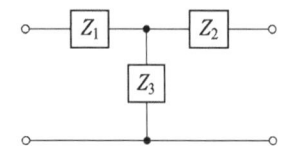

① $A = 1 + \dfrac{Y_3}{Y_1}$, $C = Y_2$

② $A = 1 + \dfrac{Y_3}{Y_1}$, $C = \dfrac{1}{Y_3}$

③ $A = 1 + \dfrac{Y_3}{Y_1}$, $C = Y_3$

④ $A = 1 + \dfrac{Y_1}{Y_3}$, $C = \left(1 + \dfrac{Y_1}{Y_3}\right)\dfrac{1}{Y_3} + \dfrac{1}{Y_2}$

풀이

$$\begin{bmatrix} A & B \\ C & D \end{bmatrix} = \begin{bmatrix} 1 & Z_1 \\ 0 & 1 \end{bmatrix} \begin{bmatrix} 1 & 0 \\ \dfrac{1}{Z_3} & 1 \end{bmatrix} \begin{bmatrix} 1 & Z_2 \\ 0 & 1 \end{bmatrix}$$

$$= \begin{bmatrix} 1 + \dfrac{Z_1}{Z_3} & \dfrac{Z_1 Z_2 + Z_2 Z_3 + Z_3 Z_1}{Z_3} \\ \dfrac{1}{Z_3} & 1 + \dfrac{Z_2}{Z_3} \end{bmatrix}$$

따라서 $A = 1 + \dfrac{Z_1}{Z_3} = 1 + \dfrac{Y_3}{Y_1}$, $C = \dfrac{1}{Z_3} = Y_3$ **답** ③

문제 77 어떤 회로의 유효전력이 300[W], 무효전력이 400 [Var] 이다. 이 회로의 복소전력의 크기 [VA]는?

① 350 ② 500
③ 600 ④ 700

풀이

$$P_a = P + jQ = 300 + j400 = \sqrt{300^2 + 400^2} = 500[\text{VA}]$$ **답** ②

문제 78 $R = 4[\Omega]$, $\omega L = 3[\Omega]$의 직렬회로에 $e = 100\sqrt{2}\sin\omega t + 50\sqrt{2}\sin3\omega t$를 인가할 때 이 회로의 소비전력은 약 몇 [W]인가?

① 1000 ② 1414
③ 1560 ④ 1703

풀이

주어진 비정현파는 기본파와 제3고조파 분으로 이루어져 있다.

$$P = I^2 R = \left(\frac{E}{\sqrt{R^2 + X^2}}\right)^2 R = \frac{E^2 R}{R^2 + X^2} \text{에서}$$

• 기본파에 의한 전력 P_1은

$$P_1 = \frac{E_1^2 R}{R^2 + X_1^2} = \frac{100^2 \times 4}{4^2 + 3^2} = 1600[\text{W}]$$

• 3고조파에 의한 전력 P_3은

$$P_3 = \frac{E_3^2 R}{R^2 + X_3^2} = \frac{50^2 \times 4}{4^2 + (3 \times 3)^2} = 103[\text{W}]$$

($\because$ 리액턴스 $X = 2\pi f L$에서 X는 주파수에 비례한다.

그러므로 **3고조파에서의 리액턴스** X_3는 X의 3배가 된다.)
따라서, 이 회로의 소비전력
$P = P_1 + P_3 = 1600 + 103 = 1703[W]$ **답** ④

제5과목 전기설비 기술기준

문제 79 단위 길이당 인덕턴스가 $L[H/m]$이고, 단위 길이당 정전용량이 $C[F/m]$인 무손실 선로에서의 진행파 속도[m/s]는?

① $\sqrt{LC}$ 　　　② $\dfrac{1}{\sqrt{LC}}$

③ $\sqrt{\dfrac{C}{L}}$ 　　　④ $\sqrt{\dfrac{L}{C}}$

풀이

분포 정수 회로가 **무손실 선로**일 때 $R = 0$, $G = 0$이므로
$\gamma = \alpha + j\beta = \sqrt{ZY} = \sqrt{(R+j\omega L)(G+j\omega C)} = j\omega\sqrt{LC}$
$(\therefore \alpha = 0,\ \beta = \omega\sqrt{LC})$
$\lambda = \dfrac{2\pi}{\beta} = \dfrac{2\pi}{\omega\sqrt{LC}} = \dfrac{1}{f\sqrt{LC}}$
$\therefore v = f\lambda = \dfrac{1}{\sqrt{LC}}$ **답** ②

문제 80 $t = 0$에서 스위치(S)를 닫았을 때 $t = 0^+$에서의 $i(t)$는 몇 [A]인가? (단, 커패시터에 초기 전하는 없다.)

① 0.1
② 0.2
③ 0.4
④ 1.0

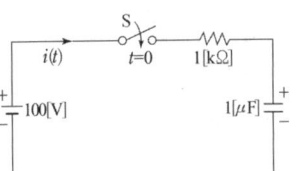

풀이

$R-C$ 직렬 회로에서 $i(t) = \dfrac{E}{R} e^{-\frac{1}{RC}t}$ 에서 $t = 0$이면
$\therefore i(0^+) = \dfrac{E}{R} e^{-\frac{1}{RC}\times 0} = \dfrac{E}{R} = \dfrac{100}{1\times 10^3} = 0.1[A]$ **답** ①

문제 81 345[kV] 송전선을 사람이 쉽게 들어가지 않는 산지에 시설할 때 전선의 지표상 높이는 몇 [m] 이상으로 하여야 하는가?

① 7.28　　　② 7.56
③ 8.28　　　④ 8.56

풀이

333.7 특고압 가공전선의 높이

전압의 범위	일반장소	도로횡단	철도 또는 궤도횡단	횡단보도교
35[kV] 이하	5[m]	6[m]	6.5[m]	4[m](특고압절연전선 또는 케이블 사용)
35[kV] 초과 160[kV] 이하	6[m]	6[m]	6.5[m]	5[m](케이블 사용)
	산지 등에서 사람이 쉽게 들어갈 수 없는 장소 ; 5[m] 이상			
160[kV] 초과	일반장소	가공전선의 높이 = 6 + 단수 × 0.12[m]		
	철도 또는 궤도횡단	가공전선의 높이 = 6.5 + 단수 × 0.12[m]		
	산지	가공전선의 높이 = 5 + 단수 × 0.12[m]		

※ 단수 $= \dfrac{(\text{전압 }[kV]-160)}{10}$ … 단수 계산에서 소수점 이하는 절상

- 160[kV]를 초과하는 특고압 가공 전선의 지표상 높이는 산지 등에서는 5[m]에, 160[kV]를 넘는 10[kV] 또는 그 단수마다 12[cm]를 가한 값
- 단수 $= \dfrac{345-160}{10} = 18.5 \rightarrow 19$단
$\therefore$ 전선의 지표상 높이 $= 5 + 19 \times 0.12 = 7.28[m]$ **답** ①

문제 82 변전소에서 오접속을 방지하기 위하여 특고압전로의 보기 쉬운 곳에 반드시 표시해야 하는 것은?

① 상별표시　　　② 위험표시
③ 최대전류　　　④ 정격전압

풀이

351.2 특고압전로의 상 및 접속 상태의 표시
가. 발전소·변전소 또는 이에 준하는 곳의 **특고압전로에는 그의 보기 쉬운 곳에 상별 표시**를 하여야 한다.
나. 발전소·변전소 또는 이에 준하는 곳의 특고압전로에 대하여는 그 접속 상태를 모의모선의 사용 기타의 방법에 의하여 표시하여야 한다. 다만, 이러한 전로에 접속하는 특고압전선로의 회선수가 2 이하이고 또한 특

고압의 모선이 단일모선인 경우에는 그러하지 아니하다.

답 ①

라. 용접기 외함 및 피용접재 또는 이와 전기적으로 접속되는 받침대·정반 등의 금속체는 규정에 준하여 접지 공사를 하여야 한다.

답 ③

문제 83 전력보안 가공통신선의 시설 높이에 대한 기준으로 옳은 것은?

① 철도의 궤도를 횡단하는 경우에는 레일면상 5[m] 이상

② 횡단보도교 위에 시설하는 경우에는 그 노면상 3[m] 이상

③ 도로(차도와 도로의 구별이 있는 도로는 차도) 위에 시설하는 경우에는 지표상 2[m] 이상

④ 교통에 지장을 줄 우려가 없도록 도로 (차도와 도로의 구별이 있는 도로는 차도) 위에 시설하는 경우에는 지표상 2[m]까지로 감할 수 있다.

풀이

362.2 전력보안통신선의 시설 높이와 이격거리

전력 보안 가공통신선(이하 "가공통신선"이라 한다)의 높이는 다음을 따른다.

구분		지상고	비고
도로(차도)	일반적인 경우	5.0[m] 이상	
	교통에 지장을 안 주는 경우	4.5[m]이상	
철도 또는 궤도 횡단 시		6.5[m] 이상	레일면상
횡단보도교 위		3.0[m] 이상	그 노면상
기타		3.5[m] 이상	

답 ②

문제 84 가반형의 용접전극을 사용하는 아크 용접 장치의 용접변압기의 1차측 전로의 대지전압은 몇 [V] 이하이어야 하는가?

① 60   ② 150   ③ 300   ④ 400

풀이

241.10 아크 용접기

가반형의 용접 전극을 사용하는 아크 용접장치는 다음에 따라 시설하여야 한다.

가. 용접변압기는 절연변압기일 것.

나. 용접변압기의 1차측 전로의 대지전압은 300[V] 이하일 것.

다. 용접변압기의 1차측 전로에는 용접 변압기에 가까운 곳에 쉽게 개폐할 수 있는 개폐기를 시설할 것.

문제 85 전기온상용 발열선은 그 온도가 몇 [℃]를 넘지 않도록 시설하여야 하는가?

① 50   ② 60   ③ 80   ④ 100

풀이

241.5 전기온상 등

가. 전기온상에 전기를 공급하는 전로의 대지전압은 300[V] 이하일 것.

나. 발열선은 그 온도가 80[℃]를 넘지 않도록 시설 할 것.

다. 발열선과 조영재 사이의 이격거리는 0.025[m] 이상으로 할 것.

라. 발열선의 지지점 간의 거리는 1[m] 이하일 것. 다만, 발열선 상호 간의 간격이 0.06[m] 이상인 경우에는 2[m] 이하로 할 수 있다.

답 ③

문제 86 사용전압이 154[kV]인 가공전선로를 제1종 특고압 보안공사로 시설할 때 사용되는 경동연선의 단면적은 몇 [mm²] 이상이어야 하는가?

① 55   ② 100   ③ 150   ④ 200

풀이

333.22 특고압 보안공사

제1종 특고압 보안공사는 다음에 따라야 한다.

사용전압	전 선
100 [kV] 미만	인장강도 21.67 [kN] 이상의 연선 또는 단면적 55[mm²] 이상의 경동연선
100 [kV] 이상 300 [kV] 미만	인장강도 58.84 [kN] 이상의 연선 또는 단면적 150[mm²] 이상의 경동연선
300 [kV] 이상	인장강도 77.47[kN] 이상의 연선 또는 단면적 200[mm²] 이상의 경동연선

답 ③

문제 87 고압용 기계기구를 시가지에 시설할 때 지표상 몇 [m] 이상의 높이에 시설하고, 또한 사람이 쉽게 접촉할 우려가 없도록 하여야 하는가?

① 4.0   ② 4.5

③ 5.0   ④ 5.5

풀이

341.8 고압용 기계기구의 시설

고압용 기계기구는 다음의 어느 하나에 해당하는 경우와 발전소·변전소·개폐소 또는 이에 준하는 곳에 시설하는 경우 이외에는 시설하여서는 아니 된다.

가. 기계기구의 주위에 규정에 준하여 울타리·담 등을 시설하는 경우

나. **기계기구를 지표상 4.5[m](시가지 외에는 4[m]) 이상의** 높이에 시설하고 또한 사람이 쉽게 접촉할 우려가 없도록 시설하는 경우

다. 옥내에 설치한 기계기구를 취급자 이외의 사람이 출입할 수 없도록 설치한 곳에 시설하는 경우

라. 기계기구를 콘크리트제의 함 또는 규정에 따른 접지공사를 한 금속제 함에 넣고 또한 충전부분이 노출하지 아니하도록 시설하는 경우　　　　　**답** ②

문제 88 발전기, 전동기, 조상기, 기타 회전기(회전변류기 제외)의 절연내력 시험전압은 어느 곳에 가하는가?

① 권선과 대지 사이
② 외함과 권선 사이
③ 외함과 대지 사이
④ 회전자와 고정자 사이

풀이

133 회전기 및 정류기의 절연내력

종　류		시험 전압	시험방법
회전기	발전기·전동기·조상기·기타회전기	7[kV] 이하	1.5배 (최저 500 [V])	권선과 대지 사이에 연속하여 10분간
		7[kV] 초과	1.25배 (최저 10.5 [kV])	
	회전 변류기		직류측의 최대사용전압의 1배의 교류전압 (최저 500 [V])	

답 ①

문제 89 특고압 지중전선이 지중 약전류전선 등과 접근하거나 교차하는 경우에 상호 간의 이격거리가 몇 [cm] 이하인 때에는 두 전선이 직접 접촉하지 아니하도록 특고압 지중 전선과 지중 약전류 전선 등 사이에 견고한 내화성의 격벽을 설치하여야 하는가?

① 15　　　② 20　　　③ 30　　　④ 60

풀이

334.6 지중전선과 지중약전류전선 등 또는 관과의 접근 또는 교차

지중전선이 다음 조건의 이격거리 이하로 설치되는 경우에는 상호간에 내화성의 격벽을 설치하여야 한다.

조　건	전　압	이격거리
지중 약전류 전선과 접근 또는 교차하는 경우	저압 또는 고압	0.3 [m]
	특고압	0.6 [m]
가연성, 유독성의 유체를 내포하는 관과 접근 또는 교차	특고압	1 [m]
	25 [kV] 이하, 다중접지방식	0.5 [m]
기타의 관과 접근 또는 교차	특고압	0.3[m]

답 ④

문제 90 고압 옥내배선의 공사방법으로 틀린 것은?

① 케이블공사
② 합성수지관공사
③ 케이블트레이공사
④ 애자공사(건조한 장소로서 전개된 장소에 한한다.)

풀이

342.1 고압 옥내배선 등의 시설

가. 고압 옥내배선은 다음에 따라 시설하여야 한다.
　① 애자공사(건조한 장소로서 전개된 장소에 한한다)
　② 케이블공사
　③ 케이블트레이공사
나. 전선은 공칭단면적 6[mm²] 이상의 연동선　**답** ②

문제 91 조상설비에 내부고장, 과전류 또는 과전압이 생긴 경우 자동적으로 차단되는 장치를 해야 하는 전력용 커패시터의 최소 뱅크용량은 몇 [kVA] 인가?

① 10000　　　② 12000
③ 13000　　　④ 15000

풀이

351.5 조상설비의 보호장치

조상 설비에는 그 내부에 고장이 생긴 경우에 보호하는 장치를 표와 같이 시설하여야 한다.

설비 종별	뱅크 용량의 구분	자동적으로 전로로부터 차단하는 장치
전력용 커패시터 및 분로리액터	500 [kVA] 초과 15,000 [kVA] 미만	·내부에 고장이 생긴 경우 ·과전류가 생긴 경우
	15,000 [kVA] 이상	**·내부에 고장이 생긴 경우** **·과전류가 생긴 경우** **·과전압이 생긴 경우**
조상기	15,000 [kVA] 이상	·내부에 고장이 생긴 경우

답 ④

문제 92 사용전압이 440[V]인 이동기중기용 접촉전선을 애자공사에 의하여 옥내의 전개된 장소에 시설하는 경우 사용하는 전선으로 옳은 것은?

① 인장강도가 3.44[kN] 이상인 것 또는 지름 2.6[mm]의 경동선으로 단면적이 8[mm²] 이상인 것

② 인장강도가 3.44[kN] 이상인 것 또는 지름 3.2[mm]의 경동선으로 단면적이 18[mm²] 이상인 것

③ 인장강도가 11.2[kN] 이상인 것 또는 지름 6[mm]의 경동선으로 단면적이 28[mm²] 이상인 것

④ 인장강도가 11.2[kN] 이상인 것 또는 지름 8[mm]의 경동선으로 단면적이 18[mm²] 이상인 것

풀이

232.81 옥내에 시설하는 저압 접촉전선 배선
전선은 **인장강도 11.2[kN] 이상**의 것 또는 **지름 6[mm]의 경동선으로 단면적이 28[mm²] 이상**인 것일 것. 다만, 사용전압이 400[V] 이하인 경우에는 인장강도 3.44[kN] 이상의 것 또는 지름 3.2[mm]이상의 경동선으로 단면적이 8[mm²] 이상인 것을 사용할 수 있다. **답** ③

문제 93 옥내에 시설하는 사용 전압이 400[V] 초과 1000[V] 이하인 전개된 장소로서 건조한 장소가 아닌 기타의 장소의 관등회로 배선공사로서 적합한 것은?

① 애자공사
② 금속몰드공사
③ 금속덕트공사
④ 합성수지몰드공사

풀이

234.11 1 [kV] 이하 방전등
관등회로의 사용전압이 400[V] 초과이고, 1[kV] 이하인 배선은 그 시설장소에 따라 합성수지관공사·금속관공사·가요전선관공사나 케이블공사 또는 표 중 어느 한 방법에 의하여야 한다.

표. 관등회로의 배선방식

시설장소의 구분		배선방법
전개된 장소	건조한 장소	애자공사 · 합성수지몰드공사 또는 금속몰드공사
	기타의 장소	애자공사
점검할 수 있는 은폐된 장소	건조한 장소	금속몰드공사

답 ①

문제 94 가공전선로의 지지물에 시설하는 지선의 시설기준으로 틀린 것은?

① 지선의 안전율을 2.5 이상으로 할 것
② 소선은 최소 5가닥 이상의 강심 알루미늄연선을 사용할 것
③ 도로를 횡단하여 시설하는 지선의 높이는 지표상 5[m] 이상으로 할 것
④ 지중부분 및 지표상 30[cm]까지의 부분에는 내식성이 있는 것을 사용할 것

풀이

331.11 지선의 시설
가공전선로의 지지물에 시설하는 지선은 다음에 따라야 한다.
가. 지선의 안전율은 2.5 이상일 것. 이 경우에 허용 인장하중의 최저는 4.31[kN]으로 한다.
나. 지선에 연선을 사용할 경우에는 다음에 의할 것.
　① **소선 3가닥 이상**의 연선일 것.
　② 소선의 지름이 2.6[mm] 이상의 금속선을 사용한 것일 것.
다. 지중부분 및 지표상 0.3[m]까지의 부분에는 내식성이 있는 것 또는 아연도금을 한 철봉을 사용하고 쉽게 부식되지 않는 근가에 견고하게 붙일 것.
라. 도로를 횡단하여 시설하는 지선의 높이는 지표상 5[m] 이상으로 하여야 한다. **답** ②

문제 95 특고압 가공전선로 중 지지물로서 직선형의 철탑을 연속하여 10기 이상 사용하는 부분에는 몇 기 이하마다 내장 애자장치가 되어 있는 철탑 또는 이와 동등이상의 강도를 가지는 철탑 1기를 시설하여야 하는가?

① 3   ② 5   ③ 7   ④ 10

풀이

333.16 특고압 가공전선로의 내장형 등의 지지물 시설
특고압 가공전선로 중 지지물로서 직선형의 철탑을 연속하여 10기 이상 사용하는 부분에는 **10기 이하마다** 장력에 견디는 애자장치가 되어 있는 철탑 또는 이와 동등 이상의 강도를 가지는 철탑 1기를 시설하여야 한다. **답** ④

문제 96 저압 가공전선으로 사용할 수 없는 것은?

① 케이블   ② 절연전선
③ 다심형 전선   ④ 나동복 강선

풀이

222.5 **저압 가공전선의 굵기 및 종류**
가. 저압 가공전선은 나전선(중성선 또는 다중접지된 접지측 전선으로 사용하는 전선에 한한다), **절연전선, 다심형 전선 또는 케이블을 사용**하여야 한다.
나. 전선의 굵기

전 압	조 건	전선의 굵기 및 인장강도
400[V] 이하	절연전선	인장강도 2.3[kN] 이상의 것 또는 지름 2.6[mm] 이상의 경동선
	케이블 이외	인장강도 3.43[kN] 이상의 것 또는 지름 3.2[mm] 이상의 경동선
400[V] 초과인 저압 (케이블 이외)	시가지에 시설	인장강도 8.01[kN] 이상의 것 또는 지름 5[mm] 이상의 경동선
	시가지 외에 시설	인장강도 5.26[kN]이상의 것 또는 지름 4[mm] 이상의 경동선

다. 사용전압이 **400[V] 초과**인 저압 가공전선에는 **인입용 비닐절연전선을 사용하여서는 안 된다.** **답** ④

문제 97 접지공사에 사용하는 접지도체를 사람이 접촉할 우려가 있는 곳에 시설하는 경우, 「전기용품 및 생활용품 안전관리법」을 적용받는 합성수지관(두께 2[mm] 미만의 합성수지제 전선관 및 난연성이 없는 콤바인덕트관을 제외한다)으로 덮어야 하는 범위로 옳은 것은?

① 접지도체의 지하 30[cm]로부터 지표상 1[m]까지의 부분

② 접지도체의 지하 50[cm]로부터 지표상 1.2[m]까지의 부분

③ 접지도체의 지하 60[cm]로부터 지표상 1.8[m]까지의 부분

④ 접지도체의 지하 75[cm]로부터 지표상 2[m]까지의 부분

풀이

142.3.1 접지도체
접지도체는 지하 0.75[m] 부터 지표 상 2[m] 까지 부분은 합성수지관(두께 2[mm] 미만의 합성수지제 전선관 및 가연성 콤바인덕트관은 제외한다) 또는 이와 동등 이상의 절연효과와 강도를 가지는 몰드로 덮어야 한다. **답** ④

문제 98 사용전압이 400[V] 이하인 저압 가공전선은 케이블인 경우를 제외하고는 지름이 몇 [mm] 이상이어야 하는가?

① 3.2   ② 3.6
③ 4.0   ④ 5.0

풀이

222.5 저압 가공전선의 굵기 및 종류
가. 저압 가공전선은 나전선(중성선 또는 다중접지된 접지측 전선으로 사용하는 전선에 한한다), 절연전선, 다심형 전선 또는 케이블을 사용하여야 한다.
나. 전선의 굵기

전 압	조 건	전선의 굵기 및 인장강도
400 [V] 이하	절연전선	인장강도 2.3 [kN] 이상의 것 또는 지름 2.6 [mm] 이상의 경동선
	케이블 이외	인장강도 3.43 [kN] 이상의 것 또는 **지름 3.2 [mm] 이상의 경동선**
400 [V] 초과인 저압 (케이블 이외)	시가지에 시설	인장강도 8.01 [kN] 이상의 것 또는 지름 5 [mm] 이상의 경동선
	시가지 외에 시설	인장강도 5.26 [kN]이상의 것 또는 지름 4 [mm] 이상의 경동선

답 ①

출제기준 변경 및 개정된 관계 법규에 따라 삭제된 문제가 있어 20문항이 안됩니다.

국가기술자격검정 필기시험 문제

2020년도 전기기사 일반검정 제4회

자격종목 및 등급(선택분야)	종목코드	시험시간	문제지형별	수검 번호	성 명
전기기사	1150	2시간 30분	A		

제1과목 ▶ 전기자기학

문제 01 환상 솔레노이드 철심 내부에서 자계의 세기[AT/m]는? (단, N은 코일 권선수, r은 환상 철심의 평균 반지름, I는 코일에 흐르는 전류이다.)

① NI

② $\dfrac{NI}{2\pi r}$

③ $\dfrac{NI}{2r}$

④ $\dfrac{NI}{4\pi r}$

풀이

$$\oint_c H \cdot dl = H \cdot 2\pi r = NI$$

$$\therefore H = \frac{NI}{2\pi r} [\text{AT/m}] \qquad \text{답} ②$$

문제 02 전류 I가 흐르는 무한 직선 도체가 있다. 이 도체로부터 수직으로 0.1[m] 떨어진 점에서 자계의 세기가 180[AT/m] 이다. 도체로부터 수직으로 0.3[m] 떨어진 점에서 자계의 세기[AT/m]는?

① 20

② 60

③ 180

④ 540

풀이

무한장 직선 전류에 의한 자계의 세기

$H = \dfrac{I}{2\pi r} [\text{A/m}]$에서 $H \propto \dfrac{1}{r}$

따라서, $180 : H_x = \dfrac{1}{0.1} : \dfrac{1}{0.3}$

$$\therefore H_x = \frac{0.1}{0.3} \times 180 = 60 [\text{AT/m}] \qquad \text{답} ②$$

문제 03 길이가 l[m], 단면적의 반지름이 a[m]인 원통이 길이 방향으로 균일하게 자화되어 자화의 세기가 J[Wb/m²]인 경우, 원통 양단에서의 자극의 세기 m[Wb]은?

① alJ

② $2\pi alJ$

③ $\pi a^2 J$

④ $\dfrac{J}{\pi a^2}$

풀이

자화의 세기 $J = \dfrac{m}{s} [\text{Wb/m}^2]$

$$\therefore m = J \cdot s = J \cdot \pi a^2 [\text{Wb}] \qquad \text{답} ③$$

문제 04 임의의 형상의 도선에 전류 I[A]가 흐를 때, 거리 r[m]만큼 떨어진 점에서의 자계의 세기 H[AT/m]를 구하는 비오-사바르의 법칙에서 자계의 세기 H[AT/m]와 거리 r[m]의 관계로 옳은 것은?

① r에 반비례

② r에 비례

③ r^2에 반비례

④ r^2에 비례

풀이

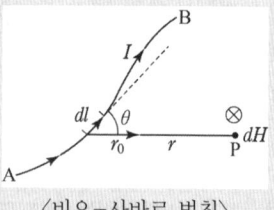

〈비오-사바르 법칙〉

• 임의의 형상의 도선에 전류 I[A]가 흐를 때, 도선 상의 미소길이 dl 부분에 흐르는 전류에 의하여 거리 r만큼 떨어진 점 P에서의 자계의 세기 dH는

$$dH = \frac{I dl \sin\theta}{4\pi r^2} [\text{AT/m}]$$

여기서, θ는 dl과 거리 r이 이루는 각이다.

• 점 P에서의 자계의 방향은 미소길이 dl과 거리 r이 이루는 면에 수직으로 오른나사 법칙을 따른다. 즉, **자계의 세기는 거리의 제곱에 반비례**한다. **답** ③

문제 05 진공 중에서 전자파의 전파속도[m/s]는?

① $C_0 = \dfrac{1}{\sqrt{\epsilon_0 \mu_0}}$ ② $C_0 = \sqrt{\epsilon_0 \mu_0}$

③ $C_0 = \dfrac{1}{\sqrt{\epsilon_0}}$ ④ $C_0 = \dfrac{1}{\sqrt{\mu_0}}$

풀이

• 매질 중에서의 전파속도 v

$$v = f\lambda = \frac{1}{\sqrt{\epsilon\mu}} = \frac{1}{\sqrt{\epsilon_0 \mu_0}} \times \frac{1}{\sqrt{\epsilon_r \mu_r}}[\text{m/s}]$$

• 진공 중에서 전파속도 v_0는 (진공 중 에서 $\epsilon_r = \mu_r = 1$)

$$v_0 = \frac{1}{\sqrt{\epsilon_0 \mu_0}} = 3 \times 10^8 = c \text{ (빛의 속도)}$$

여기서, μ_0 : 진공의 투자율, μ_r : 비투자율,
ϵ_0 : 진공의 유전율, ϵ_r : 비유전율 **답** ①

참고

$$\frac{1}{\sqrt{\epsilon_0 \mu_0}} = \frac{1}{\sqrt{8.855 \times 10^{-12} \times 4\pi \times 10^{-7}}}$$
$$= 3 \times 10^8 = c \text{ (광속) [m/s]}$$

문제 06 자속밀도가 10[Wb/m²]인 자계 내에 길이 4[cm]의 도체를 자계와 직각으로 놓고 이 도체를 0.4초 동안 1[m]씩 균일하게 이동하였을 때 발생하는 기전력은 몇 [V]인가?

① 1   ② 2
③ 3   ④ 4

풀이

속도 $v = \dfrac{L}{t} = \dfrac{1}{0.4} = 2.5[\text{m/sec}]$

유기 기전력 $e = Blv\sin\theta$에서

$\therefore e = 10 \times 4 \times 10^{-2} \times 2.5 \times \sin 90° = 1[\text{V}]$ **답** ①

문제 07 영구자석 재료로 사용하기에 적합한 특성은?

① 잔류자기와 보자력이 모두 큰 것이 적합하다.

② 잔류자기는 크고 보자력은 작은 것이 적합하다.

③ 잔류자기는 작고 보자력은 큰 것이 적합하다.

④ 잔류자기와 보자력이 모두 작은 것이 적합하다.

풀이

• **영구 자석** : 히스테리시스 곡선의 면적이 크고, 잔류 자기와 보자력이 모두 클 것.

• **전자석** : 히스테리시스 곡선의 면적이 작고, 잔류 자기는 크고 보자력은 작을 것. **답** ①

문제 08 변위전류와 관계가 가장 깊은 것은?

① 도체   ② 반도체
③ 자성체   ④ 유전체

풀이

변위 전류 I_d (displacement current)
진공 또는 **유전체 내에서 전속밀도의 시간적 변화**에 의하여 발생하는 전류 **답** ④

문제 09 내부 원통의 반지름이 a, 외부 원통의 반지름이 b인 동축 원통 콘덴서의 내외 원통 사이에 공기를 넣었을 때 정전용량이 C_1이었다. 내외 반지름을 모두 3배로 증가시키고 공기 대신 비유전율이 3인 유전체를 넣었을 경우의 정전용량 C_2는?

① $C_2 = \dfrac{C_1}{9}$ ② $C_2 = \dfrac{C_1}{3}$

③ $C_2 = 3C_1$ ④ $C_2 = 9C_1$

풀이

단위길이당 정전용량

$$C = \frac{2\pi\epsilon_0\epsilon_s}{\ln\dfrac{b}{a}}[\text{F/m}] \text{에서}$$

공기의 $\epsilon_s = 1$ 이므로

$$C_1 = \frac{2\pi\epsilon_0}{\ln\dfrac{b}{a}}$$

$$C_2 = \frac{2\pi\epsilon_0 \times 3}{\ln\dfrac{3b}{3a}} = \frac{3 \times 2\pi\epsilon_0}{\ln\dfrac{b}{a}} = 3C_1$$ **답** ③

문제 10 다음 정전계에 관한 식 중에서 틀린 것은? (단, D는 전속밀도, V는 전위, ρ는 공간(체적) 전하밀도, ϵ은 유전율이다.)

① 가우스의 정리 : $\text{div } D = \rho$

② 포아송의 방정식 : $\nabla^2 V = \dfrac{\rho}{\epsilon}$

③ 라플라스의 방정식 : $\nabla^2 V = 0$

④ 발산의 정리 : $\oint_s D \cdot ds = \int_v \text{div } D \, dv$

풀이

• $\text{div } E = \nabla \cdot E = \dfrac{\rho}{\epsilon_0}$

• $E = -\text{grad } V = -\nabla V$

이 두 식에서 다음의 관계식을 얻을 수 있다.

$\text{div grad } V = -\dfrac{\rho}{\epsilon_0}$

$\nabla \cdot \nabla V = \nabla^2 V = -\dfrac{\rho}{\epsilon_0}$

즉, 전하밀도가 공간적으로 분포하고 있을 때 그 내부의 임의의 점에서 전위를 결정하는 식으로 $\nabla^2 V = -\dfrac{\rho}{\epsilon_0}$을 포아송의 방정식이라고 한다. **답 ②**

문제 11 질량(m)이 10^{-10}[kg]이고, 전하량(Q)이 10^{-8}[C]인 전하가 전기장에 의해 가속되어 운동하고 있다. 가속도가 $a = 10^2 i + 10^2 j$[m/s²]일 때 전기장의 세기 E[V/m]는?

① $E = 10^4 i + 10^5 j$ ② $E = i + 10j$

③ $E = i + j$ ④ $E = 10^{-6} i + 10^{-4} j$

풀이

$F = QE = ma$[N]

$\therefore E = \dfrac{m}{Q} a = \dfrac{10^{-10}}{10^{-8}} \times (10^2 i + 10^2 j) = i + j$[V/m] **답 ③**

문제 12 유전율이 ϵ_1, ϵ_2인 유전체 경계면에 수직으로 전계가 작용할 때 단위 면적당 수직으로 작용하는 힘[N/m²]은? (단, E는 전계[V/m], D는 전속밀도 [C/m²] 이고, $\epsilon_1 > \epsilon_2$ 이다.)

① $2\left(\dfrac{1}{\epsilon_2} - \dfrac{1}{\epsilon_1}\right)E^2$ ② $2\left(\dfrac{1}{\epsilon_2} - \dfrac{1}{\epsilon_1}\right)D^2$

③ $\dfrac{1}{2}\left(\dfrac{1}{\epsilon_2} - \dfrac{1}{\epsilon_1}\right)E^2$ ④ $\dfrac{1}{2}\left(\dfrac{1}{\epsilon_2} - \dfrac{1}{\epsilon_1}\right)D^2$

풀이

단위 면적당 작용하는 힘

$F_n = w_2 - w_1$

$= \dfrac{1}{2}E_2 D_2 - \dfrac{1}{2}E_1 D_1$ [N/m²]

인데, 경계면에 수직으로 입사되므로

$D_1 = D_2$

$F_n = \dfrac{1}{2}(E_2 - E_1)D = \dfrac{1}{2}\left(\dfrac{1}{\epsilon_2} - \dfrac{1}{\epsilon_1}\right)D^2$ [N/m²] 이다. **답 ④**

문제 13 진공 중에서 2[m] 떨어진 두 개의 무한 평행 도선에 단위 길이 당 10^{-7}[N]의 반발력이 작용할 때 각 도선에 흐르는 전류의 크기와 방향은? (단, 각 도선에 흐르는 전류의 크기는 같다.)

① 각 도선에 2[A]가 반대 방향으로 흐른다.

② 각 도선에 2[A]가 같은 방향으로 흐른다.

③ 각 도선에 1[A]가 반대 방향으로 흐른다.

④ 각 도선에 1[A]가 같은 방향으로 흐른다.

풀이

평행도선 단위길이 당 작용하는 힘은 간격(거리)을 r[m]라 할 때

$F = \dfrac{\mu_0 I_1 I_2}{2\pi r} = \dfrac{2I_1 I_2}{r} \times 10^{-7} = \dfrac{2I^2}{r} \times 10^{-7}$[N/m]

• 각 도선에 흐르는 전류

$I = \sqrt{\dfrac{Fr}{2} \times 10^7} = \sqrt{\dfrac{10^{-7} \times 2}{2} \times 10^7} = 1$[A]

• 두 전류의 방향이 같은 방향이면 흡인력, 다른 방향(왕복전류)이면 반발력이 작용한다.

따라서, 각 도선에 1[A]전류가 반대 방향으로 흐른다. **답 ③**

문제 14 자기 인덕턴스(self inductance) L[H]을 나타낸 식은? (단, N은 권선수, I는 전류[A], ϕ는 자속[Wb], B는 자속밀도[Wb/m²], H는 자계의 세기 [Wb/m], A는 벡터 퍼텐셜[Wb/m], J는 전류밀도 [A/m²] 이다.)

① $L = \dfrac{N\phi}{I^2}$

② $L = \dfrac{1}{2I^2}\displaystyle\int \boldsymbol{B} \cdot \boldsymbol{H}\, dv$

③ $L = \dfrac{1}{I^2}\displaystyle\int \boldsymbol{A} \cdot \boldsymbol{J}\, dv$

④ $L = \dfrac{1}{I}\displaystyle\int \boldsymbol{B} \cdot \boldsymbol{H}\, dv$

풀이

① $N\phi = LI$ $\therefore L = \dfrac{N\phi}{I}$

② 자계 에너지 밀도 $w = \dfrac{1}{2}\boldsymbol{B} \cdot \boldsymbol{H}\,[\mathrm{J/m^3}]$이므로 자계 에너지는

$W = \dfrac{1}{2}\displaystyle\int_v \boldsymbol{B} \cdot \boldsymbol{H}\, dv\,[\mathrm{J}]$

$W = \dfrac{1}{2}LI^2\,[\mathrm{J}], \quad \dfrac{1}{2}LI^2 = \dfrac{1}{2}\displaystyle\int_v \boldsymbol{B} \cdot \boldsymbol{H}\, dv$

$\therefore L = \dfrac{1}{I^2}\displaystyle\int_v \boldsymbol{B} \cdot \boldsymbol{H}\, dv$

③ 인덕턴스 L은 $\boldsymbol{B} = \nabla \times \boldsymbol{A}$ 와 $\nabla \times \boldsymbol{H} = \boldsymbol{J}$를 적용하면

$L = \dfrac{1}{I^2}\displaystyle\int_v \boldsymbol{B} \cdot \boldsymbol{H}\, dv = \dfrac{1}{I^2}\displaystyle\int_v (\nabla \times \boldsymbol{A}) \cdot \boldsymbol{H}\, dv$

$= \dfrac{1}{I^2}\displaystyle\int_v \boldsymbol{A} \cdot (\nabla \times \boldsymbol{H})\, dv = \dfrac{1}{I^2}\displaystyle\int_v \boldsymbol{A} \cdot \boldsymbol{J}\, dv$

④ ②의 풀이 결과와 같이 인덕턴스는 $L = \dfrac{1}{I^2}\displaystyle\int_v \boldsymbol{B} \cdot \boldsymbol{H}\, dv$

답 ③

문제 15 반지름이 a[m], b[m]인 두 개의 구 형상 도체 전극이 도전율 k인 매질 속에 거리 r[m] 만큼 떨어져 있다. 양 전극 간의 저항[Ω]은?
(단, $r \gg a$, $r \gg b$ 이다.)

① $4\pi k\left(\dfrac{1}{a} + \dfrac{1}{b}\right)$ ② $4\pi k\left(\dfrac{1}{a} - \dfrac{1}{b}\right)$

③ $\dfrac{1}{4\pi k}\left(\dfrac{1}{a} + \dfrac{1}{b}\right)$ ④ $\dfrac{1}{4\pi k}\left(\dfrac{1}{a} - \dfrac{1}{b}\right)$

풀이

① 구도체 a, b 사이의 정전용량

$C = \dfrac{Q}{V_a - V_b} = \dfrac{4\pi\epsilon}{\dfrac{1}{a} + \dfrac{1}{b}}\,[\mathrm{F}]$

② $RC = \rho\dfrac{l}{S} \times \dfrac{\epsilon S}{d} = \rho\epsilon$ ($\because l = d$ 이다.)

$\therefore R = \dfrac{\rho\epsilon}{C} = \dfrac{\rho\epsilon}{\dfrac{4\pi\epsilon}{\left(\dfrac{1}{a} + \dfrac{1}{b}\right)}} = \dfrac{\rho}{4\pi}\left(\dfrac{1}{a} + \dfrac{1}{b}\right) = \dfrac{1}{4\pi k}\left(\dfrac{1}{a} + \dfrac{1}{b}\right)\,[\Omega]$

(여기서, $\rho = \dfrac{1}{k}\,[\Omega \cdot \mathrm{m}]$, $\rho =$ 고유저항, $k =$ 도전율)

답 ③

문제 16 정전계 내 도체 표면에서 전계의 세기가 $E = \dfrac{a_x - 2a_y + 2a_z}{\epsilon_0}$ [V/m]일 때 도체 표면상의 전하밀도 ρ_s[C/m²]를 구하면? (단, 자유공간이다.)

① 1   ② 2   ③ 3   ④ 5

풀이

전기력선 수 $N = E \cdot A = \dfrac{Q}{\epsilon_0}$ 에서 $\epsilon_0 \cdot E = \dfrac{Q}{A}$

$\therefore \rho_s = \dfrac{Q}{A} = \epsilon_0 \times \left|\dfrac{a_x - 2a_y + 2a_z}{\epsilon_0}\right| = |a_x - 2a_y + 2a_z|$

$= \sqrt{1^2 + (-2)^2 + 2^2} = 3\,[\mathrm{C/m^2}]$

답 ③

문제 17 저항의 크기가 1[Ω]인 전선이 있다. 전선의 체적을 동일하게 유지하면서 길이를 2배로 늘였을 때 전선의 저항[Ω]은?

① 0.5   ② 1   ③ 2   ④ 4

풀이

체적이 동일하므로

$S_1 \times l_1 = S_2 \times l_2 = S_2 \times 2l_1$

따라서, 전선의 단면적 $S_2 = \dfrac{1}{2}S_1$ 가 된다.

저항 $R_2 = \rho \times \dfrac{l_2}{S_2} = \rho \times \dfrac{2l_1}{\dfrac{1}{2}S_1} = 4 \times \rho \times \dfrac{l_1}{S_1}$

$= 4R_1 = 4 \times 1 = 4\,[\Omega]$

답 ④

문제 18 반지름이 3[cm]인 원형 단면을 가지고 있는 환상 연철심에 코일을 감고 여기에 전류를 흘려서 철심 중의 자계 세기가 400[AT/m]가 되도록 여자할 때, 철심 중의 자속밀도는 약 몇 [Wb/m²]인가?
(단, 철심의 비투자율은 400이라고 한다.)

① 0.2   ② 0.8   ③ 1.6   ④ 2.0

풀이

자속밀도 $B = \mu H = \mu_0 \mu_s H$
$$= 4\pi \times 10^{-7} \times 400 \times 400 = 0.2 [\text{Wb/m}^2]$$ 답 ①

문제 19 자기회로와 전기회로에 대한 설명으로 틀린 것은?

① 자기저항의 역수를 컨덕턴스라 한다.
② 자기회로의 투자율은 전기회로의 도전율에 대응된다.
③ 전기회로의 전류는 자기회로의 자속에 대응된다.
④ 자기저항의 단위는 [AT/Wb] 이다.

풀이

전기회로와 자기회로의 대응

전기회로		자기회로	
기전력	E [V]	기자력	F_m [AT]
전 류	I [A]	자 속	ϕ [Wb]
전 계	E [V/m]	자 계	H [AT/m]
전기저항	R [Ω]	자기저항	R_m [AT/Wb]
컨덕턴스	G [℧]	**퍼미언스**	$\dfrac{1}{R_m}$ [Wb/AT]
도전율	σ [S/m]	투자율	μ [H/m]
옴의법칙	$E = IR$ [V] $\therefore I = \dfrac{E}{R}$ [A]	옴의법칙	$F_m = \phi R_m$ [AT] $\therefore \phi = \dfrac{NI}{R_m}$ [Wb]

자기저항의 역수를 퍼미언스(permeance)라 하며, 전기회로의 컨덕턴스에 대응한다. 답 ①

문제 20 서로 같은 2개의 구 도체에 동일양의 전하로 대전시킨 후 20[cm] 떨어뜨린 결과 구 도체에 서로 8.6 ×10⁻⁴[N]의 반발력이 작용하였다. 구 도체에 주어진 전하는 약 몇 [C]인가?

① 5.2×10^{-8}
② 6.2×10^{-8}
③ 7.2×10^{-8}
④ 8.2×10^{-8}

풀이

쿨롱의 법칙에서 $F = \dfrac{Q^2}{4\pi\epsilon_o r^2}$

$Q = \sqrt{4\pi\epsilon_o r^2 F} = \sqrt{4\pi \times 8.85 \times 10^{-12} \times 0.2^2 \times 8.6 \times 10^{-4}}$
$= 6.19 \times 10^{-8} [\text{C}]$ 답 ②

제2과목 **전력공학**

문제 21 전력원선도에서 구할 수 없는 것은?

① 송·수전할 수 있는 최대 전력
② 필요한 전력을 보내기 위한 송·수전단 전압간의 상차각
③ 선로 손실과 송전 효율
④ 과도극한전력

풀이

① 원선도에서 알 수 있는 사항
  • 정태안정 전력　　　　• 조상용량
  • 수전단 역률　　　　　• 선로의 손실과 효율
  • 송·수양단 전압간의 상차각
② 원선도에서 알 수 없는 사항
  • 코로나 손실
  • 과도 안정 극한전력 답 ④

문제 22 다음 중 그 값이 항상 1 이상인 것은?

① 부등률
② 부하율
③ 수용률
④ 전압강하율

풀이

부등률 $= \dfrac{\text{수용 설비 개개의 최대 수용 전력의 합계}}{\text{합성 최대 수용 전력}} \geq 1$ 답 ①

문제 23 송전전력, 송전거리, 전선로의 전력손실이 일정하고, 같은 재료의 전선을 사용한 경우 단상 2선식에 대한 3상 4선식의 1선당 전력비는 약 얼마인가? (단, 중성선은 외선과 같은 굵기이다.)

① 0.7
② 0.87
③ 0.94
④ 1.15

풀이

종별	전력	1선당 전력
단상 2선식	$P_1 = VI\cos\theta$	$\dfrac{VI\cos\theta}{2}$
3상 4선식	$P_3 = \sqrt{3}\,VI\cos\theta$	$\dfrac{\sqrt{3}\,VI\cos\theta}{4}$

따라서 1선당 전력비

$$\frac{P_3}{P_1} = \frac{\frac{\sqrt{3}}{4}VI\cos\theta}{\frac{1}{2}VI\cos\theta} = 0.87$$

답 ②

문제 24 3상용 차단기의 정격 차단용량은?

① $\sqrt{3}$ ×정격전압×정격차단전류

② $\sqrt{3}$ ×정격전압×정격전류

③ 3×정격전압×정격차단전류

④ 3×정격전압×정격전류

풀이

정격 차단용량 $P_s = \sqrt{3}\,VI_s$

V : 정격 전압, I_s : 정격 차단 전류 **답** ①

문제 25 개폐서지의 이상전압을 감쇄할 목적으로 설치하는 것은?

① 단로기 ② 차단기

③ 리액터 ④ 개폐저항기

풀이

차단기의 개폐시에 재점호로 인하여 **개폐 서지 이상 전압이 발생**된다. 이것을 낮추고 절연 내력을 높일 수 있게 하기 위해 차단기 접촉자간에 병렬 임피던스로서 **개폐 저항기를** 삽입한다. **답** ④

문제 26 부하의 역률을 개선할 경우 배전선로에 대한 설명으로 틀린 것은? (단, 다른 조건은 동일하다.)

① 설비용량의 여유 증가

② 전압강하의 감소

③ 선로전류의 증가

④ 전력손실의 감소

풀이 역률 개선의 효과

① 전력 손실 경감 ② 전압 강하 경감

③ 설비 용량의 여유분 증가 ④ 전력 요금의 절약

즉, 3상 공급 전력 $P = \sqrt{3}\,VI\cos\theta$ 에서

선로전류 $I = \dfrac{P}{\sqrt{3}\,V\cos\theta} \propto \dfrac{1}{\cos\theta}$ ($\because P$=일정, V=일정)

따라서, **역률 $\cos\theta$ 를 개선하면 선로 전류는 감소하게 되어**

선로손실도 감소하게 되고 선로에서의 전압강하도 감소하게 된다. **답** ③

문제 27 수력발전소의 형식을 취수방법, 운용방법에 따라 분류할 수 있다. 다음 중 취수방법에 따른 분류가 아닌 것은?

① 댐식 ② 수로식

③ 조정지식 ④ 유역 변경식

풀이

① 낙차를 얻는 방법(취수방법)에 의한 분류

수로식 발전소, 댐식 발전소, 댐 수로식 발전소, 유역 변경식 발전소

② 유량의 사용 방법(**운용방법**)에 의한 분류

자연 유입식 발전소, **조정지식** 발전소, 저수지식 발전소, 양수식 발전소 **답** ③

문제 28 한류리액터를 사용하는 가장 큰 목적은?

① 충전전류의 제한

② 접지전류의 제한

③ 누설전류의 제한

④ 단락전류의 제한

풀이

리액터의 역할

• 분로 리액터 : 페란티 현상 억제

• **한류 리액터 : 단락전류 제한**

• 직렬 리액터 : 제5고조파 억제 **답** ④

문제 29 66/22[kV], 2000[kVA] 단상변압기 3대를 1뱅크로 운전하는 변전소로부터 전력을 공급받는 어떤 수전점에서의 3상 단락전류는 약 몇 [A]인가? (단, 변압기의 %리액턴스는 7이고 선로의 임피던스는 0이다.)

① 750 ② 1570

③ 1900 ④ 2250

풀이

단락전류

$$I_s = \frac{100}{\%Z}I_n = \frac{100}{\%Z} \cdot \frac{P_n}{\sqrt{3}\,V_n} = \frac{100}{7} \times \frac{2000\times3}{\sqrt{3}\times22}$$

$$= 2249.42[A]$$ **답** ④

문제 30 반지름 0.6[cm]인 경동선을 사용하는 3상 1회선 송전선에서 선간거리를 2[m]로 정삼각형 배치할 경우, 각 선의 인덕턴스[mH/km]는 약 얼마인가?

① 0.81 ② 1.21
③ 1.51 ④ 1.81

풀이

인덕턴스 $L = 0.05 + 0.4605 \log \dfrac{D}{r}$ [mH/km]에서

정삼각 배치($D_{12} = D_{23} = D_{31}$)이므로 $D = 2$[m]

$\therefore L = 0.05 + 0.4605 \log \dfrac{2}{0.6 \times 10^{-2}} = 1.21$[mH/km] **답** ②

문제 31 파동임피던스 $Z_1 = 500[\Omega]$인 선로에 파동임피던스 $Z_2 = 1500[\Omega]$인 변압기가 접속되어 있다. 선로로부터 600[kV]의 전압파가 들어왔을 때, 접속점에서의 투과파 전압[kV]은?

① 300 ② 600
③ 900 ④ 1200

풀이

투과파 전압 $e_2 = \dfrac{2Z_2}{Z_1 + Z_2} \times e_1 = \dfrac{2 \times 1500}{500 + 1500} \times 600$

$= 900$[kV] **답** ③

문제 32 원자력발전소에서 비등수형 원자로에 대한 설명으로 틀린 것은?

① 연료로 농축 우라늄을 사용한다.
② 냉각재로 경수를 사용한다.
③ 물을 원자로 내에서 직접 비등시킨다.
④ 가압수형 원자로에 비해 노심의 출력밀도가 높다.

풀이

비등수형(BWR) 원자로
노심에서 비등을 일으킨 증기를 직접 터빈에 공급하는 원자로로서 다음과 같은 특징이 있다.
① 연료로 농축 우라늄을 사용하며, 감속재와 냉각재로 경수를 사용한다.
② 원자로의 내부증기를 직접터빈에서 이용하기 때문에 증기 발생기가 필요 없다.
③ 원자로 내에서 비등한 방사능을 띤 증기가 직접 터빈으로 들어가므로 방사성 방호설비를 강화해야 한다.

④ 가압수형(PWR)에 비해 노심의 출력밀도가 낮아 같은 출력의 경우 노심 및 압력 용기가 커진다. **답** ④

문제 33 송배전선로의 고장전류 계산에서 영상 임피던스가 필요한 경우는?

① 3상 단락 계산 ② 선간 단락 계산
③ 1선 지락 계산 ④ 3선 단선 계산

풀이
고장별 대칭분

고장의 종류	대 칭 분
3상 단락	정상분
선간 단락	정상분, 역상분
1선 지락	정상분, 역상분, **영상분**

답 ③

문제 34 다음 중 송전선로의 역섬락을 방지하기 위한 대책으로 가장 알맞은 방법은?

① 가공지선 설치 ② 피뢰기 설치
③ 매설지선 설치 ④ 소호각 설치

풀이
이상 전압에 대한 대책
• 가공지선 : 뇌의 차폐(가공지선의 차폐각이 적을수록 보호효율 이 높다)
• 피뢰기 : 뇌로부터 기기 보호
• 매설지선(탑각 접지저항을 낮춤) : **역섬락 방지**
• 아킹 혼(소호각) : 섬락사고시 애자련의 보호, 애자련의 전압 분담 균일화 **답** ③

문제 35 증기 사이클에 대한 설명 중 틀린 것은?

① 랭킨사이클의 열효율은 초기 온도 및 초기 압력이 높을수록 효율이 크다.
② 재열사이클은 저압터빈에서 증기가 포화상태에 가까워졌을 때 증기를 다시 가열하여 고압터빈으로 보낸다.
③ 재생사이클은 증기 원동기 내에서 증기의 팽창 도중에서 증기를 추출하여 급수를 예열한다.
④ 재열재생사이클은 재생사이클과 재열사이클을 조합하여 병용하는 방식이다.

풀이

- 재생 사이클 : 증기터빈에서 팽창 도중에 있는 증기를 일부 추기하여 급수가열에 이용함으로써 열효율을 향상시키는 방법
- 재열 사이클 : 어느 압력까지 고압터빈에서 팽창한 증기를 보일러에 되돌려 가지고 재열기로 적당한 온도까지 재가열시킨 다음 다시 저압터빈에 보내서 팽창시키도록 하여 열효율을 향상시키는 방법

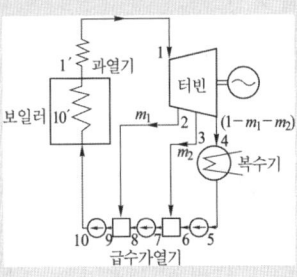

재생 사이클

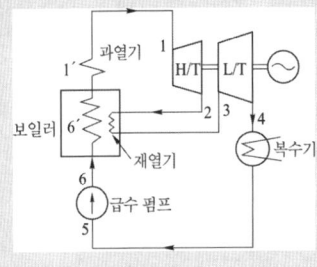

재열 사이클

- 재생 재열 사이클 : 재생 사이클 + 재열 사이클
  따라서, **재생 재열 사이클의 열효율이 가장 높다.** 답 ②

문제 36 전원이 양단에 있는 환상선로의 단락보호에 사용되는 계전기는?

① 방향거리 계전기　　② 부족전압 계전기
③ 선택접지 계전기　　④ 부족전류 계전기

풀이

- **전원이 2군데 이상 환상 선로의 단락 보호 → 방향 거리 계전기(DZ)**
- 전원이 2군데 이상 방사 선로의 단락 보호 → 방향 단락 계전기(DS)와 과전류 계전기(OC)를 조합 답 ①

문제 37 전력계통을 연계시켜서 얻는 이득이 아닌 것은?

① 배후 전력이 커져서 단락용량이 작아진다.

---

② 부하 증가 시 종합첨두부하가 저감된다.
③ 공급 예비력이 절감된다.
④ 공급 신뢰도가 향상된다.

풀이

전력계통의 연계방식의 장·단점
[장점]
① 전력의 융통으로 설비용량이 절감된다.
② 건설비 및 운전 경비를 절감하므로 경제 급전이 용이하다.
③ 계통 전체로서의 신뢰도가 증가한다.
④ 부하 변동의 영향이 작아져서 안정된 주파수 유지가 가능하다.
[단점]
① 연계설비를 신설해야 한다.
② 사고시 타계통에의 파급 확대될 우려가 있다.
③ **단락전류가 증대하고 통신선의 전자유도 장해도 커진다.**
　　　　　　　　　　　　　　　　　　　　답 ①

문제 38 배전선로에 3상 3선식 비접지 방식을 채용할 경우 나타나는 현상은?

① 1선 지락 고장 시 고장 전류가 크다.
② 1선 지락 고장 시 인접 통신선의 유도장해가 크다.
③ 고저압 혼촉고장 시 저압선의 전위상승이 크다.
④ 1선 지락 고장 시 건전상의 대지 전위상승이 크다.

풀이

비접지의 특징(직접 접지와 비교)
① 지락 전류가 비교적 적다.(유도 장해 감소)
② 보호 계전기 동작이 불확실하다.
③ V-V결선 가능
④ 저전압 단거리에 적합
⑤ **1선 지락고장시 건전상의 대지전위는 $\sqrt{3}$ 배까지 상승**한다. 답 ④

문제 39 전력용콘덴서를 변전소에 설치할 때 직렬리액터를 설치하고자 한다. 직렬리액터의 용량을 결정하는 계산식은? (단, f_0는 전원의 기본주파수, C는 역률 개선용 콘덴서의 용량, L은 직렬리액터의 용량이다.)

① $L = \dfrac{1}{(2\pi f_0)^2 C}$ ② $L = \dfrac{1}{(5\pi f_0)^2 C}$

③ $L = \dfrac{1}{(6\pi f_0)^2 C}$ ④ $L = \dfrac{1}{(10\pi f_0)^2 C}$

풀이

직렬 리액터는 제5고조파 제거를 목적으로 사용된다.

$2\pi(5f_0)L = \dfrac{1}{2\pi(5f_0)C}$ $\therefore L = \dfrac{1}{(10\pi f_0)^2 C}$ **답** ④

문제 40 선간전압이 V[kV]이고 3상 정격용량이 P[kVA]인 전력계통에서 리액턴스가 X(ohm)라고 할 때, 이 리액턴스를 %리액턴스로 나타내면?

① $\dfrac{XP}{10V}$ ② $\dfrac{XP}{10V^2}$

③ $\dfrac{XP}{V^2}$ ④ $\dfrac{10V^2}{XP}$

풀이

$\%X = \dfrac{I_n[\text{A}] \times X[\Omega]}{E[\text{V}]} \times 100[\%]$

분모, 분자에 $\sqrt{3}\,V$를 곱하면

$\%X = \dfrac{\sqrt{3}\,V[\text{V}] \times I_n[\text{A}] \times X[\Omega]}{\sqrt{3}\,V[\text{V}] \times E[\text{V}]} \times 100[\%]$

$\quad = \dfrac{P[\text{VA}] \times X[\Omega]}{V^2[\text{V}]} \times 100[\%]$

$\quad = \dfrac{P[\text{kVA}] \times 10^3 \times X[\Omega]}{V^2 \times 10^6[\text{kV}]} \times 100[\%]$

$\quad = \dfrac{P[\text{kVA}] \times X[\Omega]}{10V^2[\text{kV}]}[\%]$ **답** ②

제3과목 ▶ 전기기기

문제 41 3상 변압기의 병렬운전 조건으로 틀린 것은?

① 각 군의 임피던스가 용량에 비례할 것

② 각 변압기의 백분율 임피던스 강하가 같을 것

③ 각 변압기의 권수비가 같고 1차와 2차의 정격 전압이 같을 것

④ 각 변압기의 상회전 방향 및 1차와 2차 선간전 압의 위상 변위가 같을 것

풀이

변압기 병렬 운전 조건

① 각 변압기의 극성이 같을 것

② 권수비 및 2차 정격 전압이 같을 것

③ 각 변압기의 퍼센트 임피던스 강하가 같으며 저항과 리액턴스비가 같을 것

④ 상회전 방향이 같을 것

⑤ 위상 변위가 같아야 한다.   **답** ①

문제 42 동기발전기 단절권의 특징이 아닌 것은?

① 코일 간격이 극 간격보다 작다.

② 전절권에 비해 합성 유기 기전력이 증가한다.

③ 전절권에 비해 코일 단이 짧게 되므로 재료가 절약된다.

④ 고조파를 제거해서 전절권에 비해 기전력의 파 형이 좋아진다.

풀이

단절권 : 코일 간격이 극 간격보다 작은 것

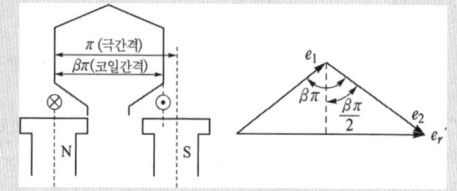

[장점]

① 고조파를 제거하여 기전력의 파형을 개선하고

② 코일 단부가 짧게 되어 기계전체 길이가 축소되어 동의 양이 적게 되는 이점이 있다.

[단점]

① 전절권에 비해 **합성 유기기전력이 감소**   **답** ②

문제 43 210/105[V]의 변압기를 그림과 같이 결선하고 고압측에 200[V]의 전압을 가하면 전압계의 지시는 몇 [V]인가? (단, 변압기는 가극성이다.)

① 100

② 200

③ 300

④ 400

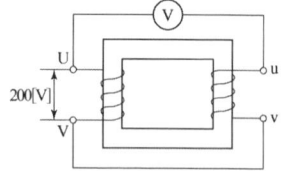

풀이

변압기 극성

변압기의 극성이란 어느 순간에 1차와 2차 양단자에 나타나는 유기기전력의 방향을 나타내는 것으로서 감극성과 가극성이 있다. 현재 우리나라는 감극성이 표준이다.

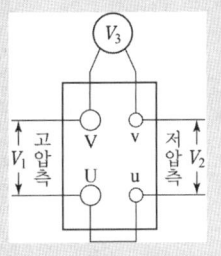

- 가극성 일 때 $V_3 = V_1 + V_2$
- 감극성 일 때 $V_3 = V_1 - V_2$

고압 측 전압을 V_1, 저압 측 전압을 V_2 라고 하면,

$$V_2 = \frac{1}{a} V_1 = \frac{105}{210} \times 200 = 100 [\text{V}]$$

따라서 가극성인 경우

$$V = V_1 + V_2 = 200 + 100 = 300 [\text{V}]$$

답 ③

문제 44 직류기의 권선을 단중 파권으로 감으면 어떻게 되는가?

① 저압 대전류용 권선이다.

② 균압환을 연결해야 한다.

③ 내부 병렬 회로수가 극수만큼 생긴다.

④ 전기자 병렬 회로수가 극수에 관계없이 언제나 2이다.

풀이

전기자 권선을 중권과 파권에 대하여 비교하면

비교 항목	단중 중권	단중 파권
전기자의 병렬 회로수	극수와 같다.	항상 2이다.
브러시 수	극수와 같다.	2개로 되나, 극수만큼의 브러시를 둘 수도 있다.
전기자 도체의 굵기, 권수, 극수가 모두 같을 때	저전압, 대전류를 얻을 수 있다.	전류는 작지만 고전압을 얻을 수 있다.
균압 접속	4극 이상이면 균압접속을 하여야 한다.	균압 접속은 필요 없다.

답 ④

문제 45 2상 교류 서보모터를 구동하는 데 필요한 2상 전압을 얻는 방법으로 널리 쓰이는 방법은?

① 2상 전원을 직접 이용하는 방법

② 환상 결선 변압기를 이용하는 방법

③ 여자권선에 리액터를 삽입하는 방법

④ 증폭기 내에서 위상을 조정하는 방법

풀이

2상 서보 전동기

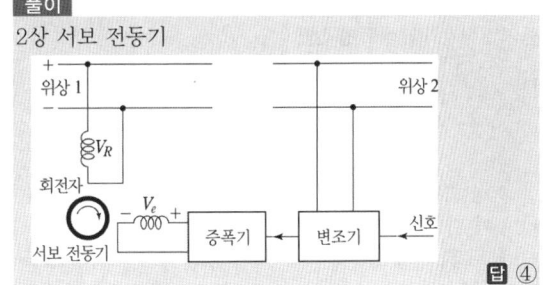

답 ④

문제 46 3상 분권 정류자전동기에 속하는 것은?

① 톰슨 전동기　　② 데리 전동기

③ 시라게 전동기　　④ 애트킨슨 전동기

풀이

① 단상 반발 전동기 : 톰슨 전동기, 데리 전동기, 애트킨슨 전동기

② 3상 분권 정류자 전동기 : 시라게 전동기

답 ③

문제 47 4극, 중권, 총 도체 수 500, 극당 자속이 0.01 [Wb]인 직류발전기가 100[V]의 기전력을 발생시키는데 필요한 회전수는 몇 [rpm]인가?

① 800　　② 1000

③ 1200　　④ 1600

풀이

유기기전력 $E = p\phi n \dfrac{Z}{a} [\text{V}]$에서

$$n = \frac{Ea}{p\phi Z} = \frac{100 \times 4}{4 \times 0.01 \times 500} = 20 [\text{rps}] = 1200 [\text{rpm}]$$

(파권에서 $a = 2$, 중권에서 $a = p$)

여기서, p : 극수, ϕ : 매극당 자속[Wb], n : 회전수[rps]

Z : 총 도체수, a : 내부 병렬회로수

답 ③

문제 48 동기기의 안정도를 증진시키는 방법이 아닌 것은?

① 단락비를 크게 할 것

② 속응여자방식을 채용할 것

③ 정상 리액턴스를 크게 할 것

④ 영상 및 역상 임피던스를 크게 할 것

풀이

동기발전기의 안정도 증진법
① 동기 임피던스를 작게 한다.
② 속응 여자 방식을 채택한다.
③ 회전자에 플라이 휠을 설치하여 관성 모멘트를 크게 한다.
④ 정상 임피던스는 작고, 영상, 역상 임피던스를 크게 한다.
⑤ 단락비를 크게 한다.
⑥ 동기 탈조 계전기를 사용한다. **답** ③

문제 49 3상 유도전동기의 기계적 출력 P[kW], 회전수 N[rpm]인 전동기의 토크[N · m]는?

① $0.46\dfrac{P}{N}$ ② $0.855\dfrac{P}{N}$

③ $975\dfrac{P}{N}$ ④ $9549.3\dfrac{P}{N}$

풀이

토크 $\tau = \dfrac{P}{\omega} = \dfrac{P\times 10^3}{2\pi\times\dfrac{N}{60}} = 9549.3\dfrac{P}{N}$[N · m] **답** ④

문제 50 취급이 간단하고 기동시간이 짧아서 섬과 같이 전력계통에서 고립된 지역, 선박 등에 사용되는 소용량 전원용 발전기는?

① 터빈 발전기 ② 엔진 발전기
③ 수차 발전기 ④ 초전도 발전기

풀이

엔진 발전기
① 디젤 기관 또는 가스 기관과 같은 왕복 기관으로 운전되는 발전기로, 저속이며 비교적 소용량의 것이 많다.
② 취급이 간단하고 기동 시간이 짧으므로 예비 전원 및 벽지 또는 낙도의 전력용 전원 등으로 사용된다. **답** ②

문제 51 평형 6상 반파정류회로에서 297[V]의 직류전압을 얻기 위한 입력측 각 상전압은 약 몇 [V]인가? (단, 부하는 순수 저항부하이다.)

① 110 ② 220
③ 380 ④ 440

풀이

상수 m인 다상 정류인 경우

$$\frac{E_d}{E} = \frac{\sqrt{2}\sin\dfrac{\pi}{m}}{\dfrac{\pi}{m}}$$

$$\therefore E = \frac{\dfrac{\pi}{m}}{\sqrt{2}\sin\dfrac{\pi}{m}}E_d = \frac{\dfrac{\pi}{6}}{\sqrt{2}\sin\dfrac{\pi}{6}}\times 297 = 220[V]$$ **답** ②

문제 52 단면적 10[cm²]인 철심에 200회의 권선을 감고, 이 권선에 60[Hz], 60[V]인 교류전압을 인가하였을 때 철심의 최대자속밀도는 약 몇 [Wb/m²]인가?

① 1.126×10^{-3} ② 1.126
③ 2.252×10^{-3} ④ 2.252

풀이

• 유기기전력 $E = 4.44 f\Phi_m N$[V]에서 $\Phi_m = \dfrac{E}{4.44 fN}$[Wb]

• 최대자속밀도 $B_m = \dfrac{\Phi_m}{A} = \dfrac{E}{4.44 fNA}$

$$= \frac{60}{4.44\times 60\times 200\times 10\times 10^{-4}}$$

$$= 1.126[\text{Wb/m}^2]$$ **답** ②

문제 53 전력의 일부를 전원측에 반환할 수 있는 유도전동기의 속도제어법은?

① 극수변환법 ② 크레머 방식
③ 2차 저항 가감법 ④ 세르비우스 방식

풀이

2차 여자 제어
권선형 유도전동기의 2차 회로에 2차 주파수 f_2와 같은 주파수로 적당한 크기와 위상의 전압을 외부에서 가하는 것을 2차 여자라고 하며 이 방법에는 크레머 방식과 세르비우스 방식이 있다.
① 크레머 방식 : 유도 전동기와 직류 전동기를 기계적으로 직결하고, 또 전기적으로는 유도 전동기의 2차 출력을 실리콘 정류기로 정류하여 직류 전동기의 입력으로 가하도록 접속한 것이다.
② 세르비우스 방식 : 2차 저항 손실에 해당하는 전력을 전원에 반환하는 방식으로 전동발전기 대신 사이리스터를 사용한 것을 정지세르비우스 방식이라고 한다. **답** ④

문제 54 직류발전기를 병렬운전 할 때 균압모선이 필요한 직류기는?

① 직권발전기, 분권발전기

② 복권발전기, 직권발전기

③ 복권발전기, 분권발전기

④ 분권발전기, 단극발전기

풀이

- 균압모선의 목적 : 직류발전기의 안정된 병렬 운전을 위하여
- 병렬운전 시 **균압모선이 필요한 발전기** : 직권 발전기, 평복권 발전기, 과복권 발전기
- 병렬운전 시 균압모선이 필요없는 발전기 : 분권 발전기, 부족복권 발전기, 차동복권 발전기 　**답** ②

문제 55 전부하로 운전하고 있는 50[Hz], 4극의 권선형 유도전동기가 있다. 전부하에서 속도를 1440 [rpm]에서 1000[rpm]으로 변환시키자면 2차에 약 몇 [Ω]의 저항을 넣어야 하는가? (단, 2차 저항은 0.02[Ω] 이다.)

① 0.147　　　　　　② 0.18

③ 0.02　　　　　　④ 0.024

풀이

- 동기속도 $N_s = \dfrac{120f}{p} = \dfrac{120 \times 50}{4} = 1500\,[\text{rpm}]$
- 1440[rpm]에서의 슬립

$$s_1 = \frac{N_s - N_1}{N_s} = \frac{1500 - 1440}{1500} = 0.04$$

- 1000[rpm]에서의 슬립

$$s_2 = \frac{N_s - N_2}{N_s} = \frac{1500 - 1000}{1500} = 0.333$$

- 비례추이에 의해 삽입할 2차 외부저항 R은

$$\frac{r_2}{s_1} = \frac{r_2 + R}{s_2} \;\rightarrow\; \frac{0.02}{0.04} = \frac{0.02 + R}{0.333}$$

$$\therefore\; R = \frac{0.02}{0.04} \times 0.333 - 0.02 = 0.1465\,[\Omega] \quad \textbf{답} ①$$

문제 56 권선형 유도전동기 2대를 직렬종속으로 운전하는 경우 그 동기속도는 어떤 전동기의 속도와 같은가?

① 두 전동기 중 적은 극수를 갖는 전동기

② 두 전동기 중 많은 극수를 갖는 전동기

③ 두 전동기의 극수의 합과 같은 극수를 갖는 전동기

④ 두 전동기의 극수의 합의 평균과 같은 극수를 갖는 전동기

풀이

종속 접속법

① **직렬 종속법** : $N = \dfrac{120f}{p_1 + p_2}\,[\text{rpm}]$

② **차동 종속법** : $N = \dfrac{120f}{p_1 - p_2}\,[\text{rpm}]$

③ **병렬 종속법** : $N = \dfrac{2 \times 120f}{p_1 + p_2}\,[\text{rpm}]$ 　**답** ③

문제 57 GTO 사이리스터의 특징으로 틀린 것은?

① 각 단자의 명칭은 SCR 사이리스터와 같다.

② 온(On) 상태에서는 양방향 전류특성을 보인다.

③ 온(On) 드롭(Drop)은 약 2∼4[V]가 되어 SCR 사이리스터 보다 약간 크다.

④ 오프(Off) 상태에서는 SCR 사이리스터처럼 양방향 전압저지능력을 갖고 있다.

풀이

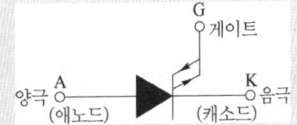

GTO(gate turn off thyristor)

SCR은 도통 시점을 임의로 조절하는 것이 가능 하지만 소호시키는 시점은 제어 할 수 없다. 따라서, 이러한 단점을 보완한 것이 GTO로서 게이트에 흐르는 전류를 점호할 때의 전류와 반대 방향의 전류를 흐르게 함으로서 임의로 GTO를 소호시킬 수 있다.

- 온(On) 상태에서는 SCR과 같이 단방향 전류특성을 보인다.
- 오프(Off) 상태에서는 SCR과 같이 양방향 전압저지능력을 갖고 있다. 　**답** ②

문제 58 포화되지 않은 직류발전기의 회전수가 4배로 증가되었을 때 기전력을 전과 같은 값으로 하려면 자속을 속도 변화 전에 비해 얼마로 하여야 하는가?

① $\dfrac{1}{2}$　　② $\dfrac{1}{3}$　　③ $\dfrac{1}{4}$　　④ $\dfrac{1}{8}$

풀이

- 직류 발전기의 유기기전력 $E = p\phi n \dfrac{Z}{a}$에서 유기기전력 E가 변함없으려면 "$\phi \times n =$일정" 해야 한다.
  따라서, 회전수 n이 4배로 증가하면 자속 ϕ는 1/4로 감소되어야 한다.
- 여자전류 I_f는 자속 ϕ와 비례 ($I_f \propto \phi$) **답 ③**

문제 59 동기발전기의 단자부근에서 단락 시 단락 전류는?

① 서서히 증가하여 큰 전류가 흐른다.
② 처음부터 일정한 큰 전류가 흐른다.
③ 무시할 정도의 작은 전류가 흐른다.
④ 단락된 순간은 크나, 점차 감소한다.

풀이

평형 3상 전압을 유기하고 있는 발전기의 단자를 갑자기 단락하면 **단락 초기**에 전기자 반작용이 순간적으로 나타나지 않기 때문에 **막대한 과도 전류가 흐르고, 수초 후**에는 전기자 반작용 리액턴스에 의해 **단락 전류는 점차 감소되어 영구 단락 전류값**에 이르게 된다. **답 ④**

문제 60 단권변압기에서 1차 전압 100[V], 2차 전압 110 [V]인 단권변압기의 자기용량과 부하용량의 비는?

① $\dfrac{1}{10}$ ② $\dfrac{1}{11}$
③ 10 ④ 11

풀이

$$\frac{\text{자기 용량}}{\text{부하 용량}} = \frac{V_H - V_L}{V_H} = \frac{110 - 100}{110} = \frac{1}{11}$$ **답 ②**

제4과목 ▶ 회로이론 및 제어공학

문제 61 그림과 같은 블록선도의 제어시스템에서 속도 편차 상수 K_v는 얼마인가?

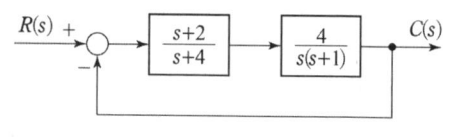

① 0 ② 0.5 ③ 2 ④ ∞

풀이

정상 속도 편차
제어계에 램프 입력 $r(t) = Rt\,u(t)$를 가했을 경우의 정상 편차를 정상 속도 편차라고 말한다. $Rt\,u(t)$의 라플라스 변환은 R/s^2이므로 정상 속도 편차 e_{ssv}는
① $H = 1$인 경우 : 속도 편차 상수 $K_v = \lim\limits_{s \to 0} sG(s)$
② $H \neq 1$인 경우 : 속도 편차 상수 $K_v = \lim\limits_{s \to 0} sG(s)H(s)$
따라서, $H = 1$인 경우 속도 편차 상수
$$K_v = \lim_{s \to 0} sG(s) = \lim_{s \to 0} s \cdot \frac{4(s+2)}{s(s+1)(s+4)} = 2$$ **답 ③**

문제 62 근궤적의 성질 중 틀린 것은?

① 근궤적은 실수축을 기준으로 대칭이다.
② 점근선은 허수축 상에서 교차한다.
③ 근궤적의 가지 수는 특성방정식의 차수와 같다.
④ 근궤적은 개루프 전달함수의 극점으로부터 출발한다.

풀이

근궤적의 작도법
① 근궤적은 $K = 0$일 때 극에서 출발하고 $K = \infty$일 때 영점에 도착한다.
② 근궤적의 개수는 유한 영점의 개수(z)와 유한 극점의 개수(p) 중에서 큰 수와 같으며, 또한 특성방정식의 차수와 같다.
③ 특성방정식의 근이 실근 또는 공액 복소근을 가지므로 근궤적은 실수축에 대하여 대칭이다.
④ **점근선은 실수축 상에서만 교차**하고 그 수 $n = p - z$이다.
⑤ 실수축에서 이득 K가 최대가 되게 하는 점이 이탈점이 될 수 있다. **답 ②**

문제 63 Routh-Hurwitz 안정도 판별법을 이용하여 특성방정식이 $s^3 + 3s^2 + 3s + 1 + K = 0$으로 주어진 제어시스템이 안정하기 위한 K의 범위를 구하면?

① $-1 \le K < 8$
② $-1 < K \le 8$
③ $-1 < K < 8$
④ $K < -1$ 또는 $K > 8$

풀이
특성방정식은 $F(s) = s^3 + 3s^2 + 3s + 1 + K = 0$ 이므로 루드의 표는

s^3	1	3
s^2	3	$1+K$
s^1	$\dfrac{9-(1+K)}{3}$	0
s^0	$1+K$	

제1열의 부호 변화가 없어야 안정하므로
$9 - (1+K) > 0 \;\rightarrow\; 8 > K$
$1 + K > 0 \;\rightarrow\; K > -1$
$\therefore -1 < K < 8$

답 ③

문제 64 $e(t)$의 z변환을 $E(z)$라고 했을 때 $e(t)$의 초기값 $e(0)$는?

① $\lim_{z \to 1} E(z)$
② $\lim_{z \to \infty} E(z)$
③ $\lim_{z \to 1} (1-z^{-1}) E(z)$
④ $\lim_{z \to \infty} (1-z^{-1}) E(z)$

풀이

항 목	초기값 정리	최종값 정리
z 변환	$e(0) = \lim_{z \to \infty} E(z)$	$e(\infty) = \lim_{z \to 1} \left(1 - \dfrac{1}{z}\right) E(z)$
라플라스 변환	$e(0) = \lim_{s \to \infty} sE(s)$	$e(\infty) = \lim_{s \to 0} sE(s)$

답 ②

문제 65 그림의 신호 흐름 선도에서 $\dfrac{C(s)}{R(s)}$는?

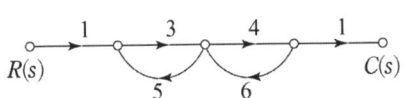

① $-\dfrac{2}{5}$
② $-\dfrac{6}{19}$
③ $-\dfrac{12}{29}$
④ $-\dfrac{12}{37}$

풀이
· 전향경로 이득 : $3 \times 4 = 12$
· 루프 이득 : $3 \times 5 = 15$, $4 \times 6 = 24$
$\therefore G(s) = \dfrac{\sum 전향 경로 이득}{1 - \sum 루프이득} = \dfrac{12}{1 - (15 + 24)} = -\dfrac{6}{19}$

답 ②

문제 66 전달함수가 $G(s) = \dfrac{10}{s^2 + 3s + 2}$으로 표현되는 제어시스템에서 직류 이득은 얼마인가?

① 1
② 2
③ 3
④ 5

풀이
직류에서는 $j\omega = 0$, 즉 $s = 0$이므로
$\therefore G(s) = \dfrac{10}{0 + 0 + 2} = 5$

답 ④

문제 67 전달함수가 $\dfrac{C(s)}{R(s)} = \dfrac{25}{s^2 + 6s + 25}$인 2차 제어시스템의 감쇠 진동 주파수($\omega_d$)는 몇 [rad/sec]인가?

① 3
② 4
③ 5
④ 6

풀이
$\dfrac{C(s)}{R(s)} = \dfrac{\omega_n^2}{s^2 + 2\delta\omega_n s + \omega_n^2} = \dfrac{25}{s^2 + 6s + 25}$ 에서

· $\omega_n^2 = 25$에서 $\omega_n = 5$
· $2\delta\omega_n = 6$에서 $\delta = \dfrac{6}{2\omega_n} = \dfrac{6}{2 \times 5} = \dfrac{3}{5}$
· 감쇠 진동 주파수(실제 주파수)
$\omega_d = \omega_n \sqrt{1 - \delta^2} = 5\sqrt{1 - \left(\dfrac{3}{5}\right)^2} = 4$

답 ②

문제 68 다음 논리식을 간단히 한 것은?

$$Y = \overline{A}BC\overline{D} + \overline{A}BCD + \overline{A}\,\overline{B}\,C\overline{D} + \overline{A}\,\overline{B}\,CD$$

① $Y = \overline{A}C$
② $Y = A\overline{C}$
③ $Y = AB$
④ $Y = BC$

풀이

$$Y = \overline{A}BC\overline{D} + \overline{A}BCD + \overline{A}\,\overline{B}\,C\overline{D} + \overline{A}\,\overline{B}\,CD$$
$$= \overline{A}C(B\overline{D} + BD + \overline{B}\,\overline{D} + \overline{B}D)$$
$$= \overline{A}C(B + \overline{B})(D + \overline{D})$$
$$= \overline{A}C \quad (\because \overline{B} + B = 1,\ \overline{D} + D = 1)$$

답 ①

문제 69 폐루프 시스템에서 응답의 잔류 편차 또는 정상상태오차를 제거하기 위한 제어 기법은?

① 비례 제어   ② 적분 제어
③ 미분 제어   ④ on-off 제어

풀이

종 류		특 징
P	비례동작	• 정상오차를 수반 • 잔류편차 발생
I	적분동작	• 잔류편차 제거
D	미분동작	• 오차가 커지는 것을 미리 방지

따라서 **잔류편차를 없애기 위해서는 제어계에 적분제어계를 포함시켜야 한다.**

답 ②

문제 70 시스템행렬 A가 다음과 같을 때 상태천이 행렬을 구하면?

$$A = \begin{bmatrix} 0 & 1 \\ -2 & -3 \end{bmatrix}$$

① $\begin{bmatrix} 2e^t - e^{2t} & -e^t + e^{2t} \\ 2e^t - 2e^{2t} & -e^t - 2e^{2t} \end{bmatrix}$

② $\begin{bmatrix} 2e^{-t} - e^{-2t} & e^{-t} - e^{-2t} \\ -2e^{-t} + 2e^{-2t} & -e^{-t} - 2e^{2t} \end{bmatrix}$

③ $\begin{bmatrix} 2e^{-t} - e^{-2t} & -e^{-t} + e^{-2t} \\ 2e^{-t} - 2e^{-2t} & -e^{-t} - 2e^{-2t} \end{bmatrix}$

④ $\begin{bmatrix} 2e^{-t} - e^{-2t} & e^{-t} - e^{-2t} \\ -2e^{-t} + 2e^{-2t} & -e^{-t} + 2e^{-2t} \end{bmatrix}$

풀이

$$[sI - A] = \begin{bmatrix} s & 0 \\ 0 & s \end{bmatrix} - \begin{bmatrix} 0 & 1 \\ -2 & -3 \end{bmatrix} = \begin{bmatrix} s & -1 \\ 2 & s+3 \end{bmatrix}$$

$$\Phi(s) = [sI - A]^{-1} = \frac{1}{\begin{vmatrix} s & -1 \\ 2 & s+3 \end{vmatrix}} \begin{bmatrix} s+3 & 1 \\ -2 & s \end{bmatrix}$$

$$= \frac{1}{s^2 + 3s + 2} \begin{bmatrix} s+3 & 1 \\ -2 & s \end{bmatrix}$$

$$= \begin{bmatrix} \dfrac{s+3}{(s+1)(s+2)} & \dfrac{1}{(s+1)(s+2)} \\ \dfrac{-2}{(s+1)(s+2)} & \dfrac{s}{(s+1)(s+2)} \end{bmatrix}$$

$$\therefore \Phi(t) = \mathcal{L}^{-1}\{[sI - A]^{-1}\}$$
$$= \begin{bmatrix} 2e^{-t} - e^{-2t} & e^{-t} - e^{-2t} \\ -2e^{-t} + 2e^{-2t} & -e^{-t} + 2e^{-2t} \end{bmatrix}$$

답 ④

문제 71 대칭 3상 전압이 공급되는 3상 유도 전동기에서 각 계기의 지시는 다음과 같다. 유도전동기의 역률은 약 얼마인가?

전력계 (W_1) : 2.84[kW]   전력계 (W_2) : 6.00[kW]
전압계 (V) : 200[V]   전류계(A) : 30[A]

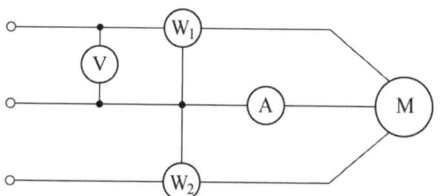

① 0.70   ② 0.75   ③ 0.80   ④ 0.85

풀이

2전력계법
• 유효전력 $P = W_1 + W_2$
• 피상전력 $P_a = 2\sqrt{W_1^2 + W_2^2 - W_1 W_2}$

따라서 역률 $\cos\theta = \dfrac{W_1 + W_2}{2\sqrt{W_1^2 + W_2^2 - W_1 W_2}}$

$$= \frac{2.84 + 6.00}{2\sqrt{2.84^2 + 6.00^2 - 2.84 \times 6.00}}$$

$$= 0.85$$

답 ④

별해

유효전력 $P = W_1 + W_2 = 2.84 + 6.00 = 8.84$[kW]
피상전력 $P_a = \sqrt{3}\,VI = \sqrt{3} \times 200 \times 30 \times 10^{-3} = 10.39$[kVA]

따라서 역률 $\cos\theta = \dfrac{P}{P_a} = \dfrac{8.84}{10.39} = 0.85$

문제 72 불평형 3상 전류 $I_a = 25 + j4$[A], $I_b = -18 - j16$[A], $I_c = 7 + j15$[A]일 때 영상전류 I_0[A]는?

① $2.67 + j$ ② $2.67 + j2$

③ $4.67 + j$ ④ $4.67 + j2$

풀이

영상전류 $I_0 = \frac{1}{3}(I_a + I_b + I_c)$

$= \frac{1}{3}[(25 + j4) + (-18 - j16) + (7 + j15)]$

$= 4.67 + j[A]$ **답 ③**

문제 73 △결선으로 운전 중인 3상 변압기에서 하나의 변압기 고장에 의해 V결선으로 운전하는 경우, V결선으로 공급할 수 있는 전력은 고장 전 △결선으로 공급할 수 있는 전력에 비해 약 몇 [%]인가?

① 86.6   ② 75.0

③ 66.7   ④ 57.7

풀이

1대의 단상변압기용량을 P_1이라 하면 그 출력비는

$\frac{\text{V결선의 출력}}{\triangle\text{결선의 출력}} = \frac{\sqrt{3}\,P_1}{3P_1} = \frac{\sqrt{3}}{3} = 0.577 = 57.7[\%]$ **답 ④**

문제 74 분포정수회로에서 직렬 임피던스를 Z, 병렬 어드미턴스를 Y라 할 때, 선로의 특성임피던스 Z_0는?

① ZY ② $\sqrt{ZY}$

③ $\sqrt{\dfrac{Y}{Z}}$ ④ $\sqrt{\dfrac{Z}{Y}}$

풀이

특성 임피던스 $Z_0 = \sqrt{\dfrac{Z(\text{단락})[\Omega]}{Y(\text{개방})[\mho]}} = \sqrt{\dfrac{R + j\omega L}{G + j\omega C}}$ **답 ④**

문제 75 4단자 정수 A, B, C, D 중에서 전압이득의 차원을 가진 정수는?

① A   ② B   ③ C   ④ D

풀이

A, B, C, D로 표시되는

4단자 기초 방정식은 $\begin{bmatrix} V_1 \\ I_1 \end{bmatrix} = \begin{bmatrix} A & B \\ C & D \end{bmatrix}\begin{bmatrix} V_2 \\ I_2 \end{bmatrix}$ 이며,

각 파라미터의 물리적 의미는

- A : 출력을 개방했을 때 전압 이득 $A = \dfrac{V_1}{V_2}\bigg|_{I_2=0}$

- B : 출력을 단락했을 때 전달 임피던스 $B = \dfrac{V_1}{I_2}\bigg|_{V_2=0}$

- C : 출력을 개방했을 때 전달 어드미턴스 $C = \dfrac{I_1}{V_2}\bigg|_{I_2=0}$

- D : 출력을 단락했을 때 전류 이득 $D = \dfrac{I_1}{I_2}\bigg|_{V_2=0}$ **답 ①**

문제 76 그림과 같은 회로의 구동점 임피던스[Ω]는?

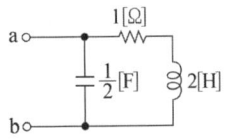

① $\dfrac{2(2s+1)}{2s^2 + s + 2}$ ② $\dfrac{2s^2 + s - 2}{-2(2s+1)}$

③ $\dfrac{-2(2s+1)}{2s^2 + s - 2}$ ④ $\dfrac{2s^2 + s + 2}{2(2s+1)}$

풀이

2단자망 한 쌍의 단자에서 본 임피던스를 구동점 임피던스라고 하며, 보통 $j\omega$ 또는 s로 치환하여 나타낸다.

$\therefore Z(s) = \dfrac{(R + Ls) \cdot \frac{1}{Cs}}{(R + Ls) + \frac{1}{Cs}} = \dfrac{(1 + 2s) \times \frac{2}{s}}{(1 + 2s) + \frac{2}{s}} = \dfrac{2(2s+1)}{2s^2 + s + 2}$ **답 ①**

문제 77 RL 직렬회로에 순시치 전압

$v(t) = 20 + 100\sin\omega t + 40\sin(3\omega t + 60°)$

$+ 40\sin 5\omega t$[V]를 가할 때 제5고조파 전류의 실효값 크기는 약 몇 [A]인가? (단, $R = 4[\Omega]$, $\omega L = 1[\Omega]$이다.)

① 4.4   ② 5.66

③ 6.25   ④ 8.0

풀이

제 n차 고조파에 대해서

- 저항 : 변화없음
- 유도리액턴스 $X_{Ln} = 2\pi nfL = nX_L$ 로 n배로 증가

• 용량리액턴스 $X_{cn} = \dfrac{1}{2\pi n f C} = \dfrac{1}{n} \cdot X_c$ 로 $\dfrac{1}{n}$ 배로 감소

따라서, 제5고조파 전류

$$I_5 = \frac{V_5}{Z_5} = \frac{V_5}{\sqrt{R^2 + (5\omega L)^2}} = \frac{\frac{40}{\sqrt{2}}}{\sqrt{4^2 + (5 \times 1)^2}} = 4.42[A]$$

답 ①

문제 78 회로의 단자 a와 b 사이에 나타나는 전압 V_{ab}는 몇 [V]인가?

① 3
② 9
③ 10
④ 12

풀이

밀만의 정리

$$E_{ab} = \frac{E_1 Y_1 + E_2 Y_2}{Y_1 + Y_2} = \frac{\dfrac{9}{3} + \dfrac{12}{6}}{\dfrac{1}{3} + \dfrac{1}{6}} = 10[V]$$

답 ③

문제 79 그림의 교류 브리지 회로가 평형이 되는 조건은?

① $L = \dfrac{R_1 R_2}{C}$

② $L = \dfrac{C}{R_1 R_2}$

③ $L = R_1 R_2 C$

④ $L = \dfrac{R_2}{R_1} C$

풀이

브리지의 평형조건
서로 대각선으로 마주보고 있는 저항의 곱이 서로 같으면 평형이 된다.

$$R_1 R_2 = \omega L \cdot \frac{1}{\omega C}$$

$$\therefore L = R_1 R_2 C$$

답 ③

문제 80 $f(t) = t^n$ 의 라플라스 변환식은?

① $\dfrac{n}{s^n}$

② $\dfrac{n+1}{s^{n+1}}$

③ $\dfrac{n!}{s^{n+1}}$

④ $\dfrac{n+1}{s^{n!}}$

풀이

기본함수의 라플라스 변환

	$f(t)$	$F(s)$		$f(t)$	$F(s)$
1	$\delta(t)$	1	5	e^{-at}	$\dfrac{1}{s+a}$
2	$u(t)$	$\dfrac{1}{s}$	6	$t\,e^{-at}$	$\dfrac{1}{(s+a)^2}$
3	t	$\dfrac{1}{s^2}$	7	$t^n e^{-at}$	$\dfrac{n!}{(s+a)^{n+1}}$
4	t^n	$\dfrac{n!}{s^{n+1}}$			

답 ③

제5과목   전기설비 기술기준

문제 81 옥내에 시설하는 저압전선에 나전선을 사용할 수 있는 경우는?

① 버스덕트 공사에 의하여 시설하는 경우
② 금속덕트 공사에 의하여 시설하는 경우
③ 합성수지관 공사에 의하여 시설하는 경우
④ 후강전선관 공사에 의하여 시설하는 경우

풀이

231.4 나전선의 사용 제한
옥내에 시설하는 저압전선에는 나전선을 사용하여서는 아니 된다. 다만, 다음중 어느 하나에 해당하는 경우에는 그러하지 아니하다.
가. **애자공사**에 의하여 전개된 곳에 다음의 전선을 시설하는 경우
　① **전기로용 전선**
　② 전선의 피복 **절연물이 부식하는 장소**에 시설하는 전선
나. **버스덕트공사**에 의하여 시설하는 경우
다. **라이팅덕트공사**에 의하여 시설하는 경우
라. **접촉 전선**을 시설하는 경우

답 ①

문제 82 사용전압이 35000[V] 이하인 특고압 가공전선과 가공약전류 전선을 동일 지지물에 시설하는 경우, 특고압 가공전선로의 보안공사로 적합한 것은?

① 고압 보안공사

② 제1종 특고압 보안공사

③ 제2종 특고압 보안공사

④ 제3종 특고압 보안공사

풀이

333.19 특고압 가공전선과 가공약전류전선 등의 공용설치

사용전압이 35[kV] 이하인 **특고압 가공전선과 가공약전류 전선 등**을 동일 지지물에 **시설**하는 경우에는 다음에 따라야 한다.

가. 특고압 가공전선로는 **제2종 특고압 보안공사**에 의할 것.

나. 특고압 가공전선은 가공약전류전선 등의 위로하고 별개의 완금류에 시설할 것. **답 ③**

문제 83 그림은 전력선 반송통신용 결합장치의 보안장치이다. 여기에서 CC는 어떤 커패시터인가?

① 결합 커패시터

② 전력용 커패시터

③ 정류용 커패시터

④ 축전용 커패시터

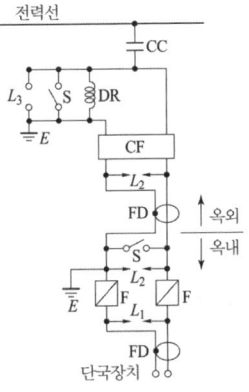

풀이

362.11 전력선 반송 통신용 결합장치의 보안장치

전력선 반송통신용 결합 커패시터에 접속하는 회로에는 그림 의 보안장치 또는 이에 준하는 보안장치를 시설하여야 한다.

전력선 반송 통신용 결합 장치의 보안장치

• FD : 동축 케이블

• F : 정격 전류 10 [A] 이하의 포장 퓨즈

• DR : 전류 용량 2 [A] 이상의 배류 선륜

• L_1 : 교류 300 [V] 이하에서 동작하는 피뢰기

• L_2 : 동작 전압이 교류 1,300 [V]를 넘고 1,600 [V] 이하로 조정된 방전갭

• L_3 : 동작 전압이 교류 2[kV]를 넘고 3 [kV] 이하로 구상 방전갭

• S : 접지용 개폐기

• CF : 결합 필터

• **CC : 결합 콘덴서(결합 안테나를 포함한다)**

• E : 접지 **답 ①**

문제 84 과전류차단기로 시설하는 퓨즈 중 고압전로에 사용하는 비포장 퓨즈는 정격전류 2배 전류 시 몇 분 안에 용단되어야 하는가?

① 1분   ② 2분   ③ 5분   ④ 10분

풀이

341.10 고압 및 특고압 전로 중의 과전류차단기의 시설

가. 과전류차단기로 시설하는 퓨즈 중 고압전로에 사용하는 포장 퓨즈는 정격전류의 1.3배의 전류에 견디고 또한 2배의 전류로 120분 안에 용단되는 것이어야 한다.

나. 과전류차단기로 시설하는 퓨즈 중 고압전로에 사용하는 비포장 퓨즈는 정격전류의 1.25배의 전류에 견디고 또한 2배의 전류로 2분 안에 용단되는 것이어야 한다. **답 ②**

문제 85 고압 가공전선로에 사용하는 가공지선은 지름 몇 [mm] 이상의 나경동선을 사용하여야 하는가?

① 2.6   ② 3.0   ③ 4.0   ④ 5.0

풀이

332.6 고압 가공전선로의 가공지선

고압 가공전선로에 사용하는 **가공지선**은 인장강도 5.26[kN] 이상의 것 또는 **지름 4[mm] 이상의 나경동선**을 사용한다. **답 ③**

문제 86 수소냉각식 발전기 및 이에 부속하는 수소냉각장치의 시설에 대한 설명으로 틀린 것은?

① 발전기안의 수소의 밀도를 계측하는 장치를 시설할 것

② 발전기안의 수소의 순도가 85[%] 이하로 저하한 경우에 이를 경보하는 장치를 시설할 것

③ 발전기안의 수소의 압력을 계측하는 장치 및 그

압력이 현저히 변동한 경우에 이를 경보하는 장치를 시설할 것

④ 발전기는 기밀구조의 것이고 또한 수소가 대기압에서 폭발하는 경우에 생기는 압력에 견디는 강도를 가지는 것일 것

풀이

351.10 수소냉각식 발전기 등의 시설
수소냉각식의 발전기·조상기 또는 이에 부속하는 수소냉각 장치는 다음 각 호에 따라 시설하여야 한다.

가. 발전기 또는 조상기는 기밀구조의 것이고 또한 수소가 대기압에서 폭발하는 경우에 생기는 **압력에 견디는 강도**를 가지는 것일 것.

나. 발전기축의 밀봉부에는 질소 가스를 봉입할 수 있는 장치 또는 발전기 축의 밀봉부로부터 누설된 수소 가스를 안전하게 외부에 방출할 수 있는 장치를 시설할 것.

다. 발전기 내부 또는 조상기 내부의 **수소의 순도가 85[%] 이하로 저하한 경우에 이를 경보하는 장치**를 시설할 것.

라. 발전기 내부 또는 조상기 내부의 **수소의 압력을 계측**하는 장치 및 그 압력이 현저히 변동한 경우에 이를 경보하는 장치를 시설할 것.

마. 발전기 내부 또는 조상기 내부의 수소의 온도를 계측하는 장치를 시설할 것.

바. 발전기 내부 또는 조상기 내부로 수소를 안전하게 도입할 수 있는 장치 및 발전기안 또는 조상기안의 수소를 안전하게 외부로 방출할 수 있는 장치를 시설할 것.

사. 발전기 또는 조상기에 붙인 유리제의 점검 창 등은 쉽게 파손되지 아니하는 구조로 되어 있을 것. **답** ①

문제 87 제2종 특고압 보안공사 시 지지물로 사용하는 철탑의 경간을 400[m] 초과로 하려면 몇 [mm²] 이상의 경동연선을 사용하여야 하는가?

① 38   ② 55   ③ 82   ④ 95

풀이

333.22 특고압 보안공사

지지물의 종류	제2종 특고압 보안공사	인장강도38.05[kN] 이상 또는 95[mm²] 이상인 경동연선
목주·A종 철주 또는 A종 철근 콘크리트주	100[m]	100[m]
B종 철주 또는 B종 철근 콘크리트주	200[m]	250[m]
철탑	400[m] (단주인 경우에는 300[m])	600[m]이하

답 ④

문제 88 목장에서 가축의 탈출을 방지하기 위하여 전기울타리를 시설하는 경우 전선은 인장강도가 몇 [kN] 이상의 것이어야 하는가?

① 1.38   ② 2.78
③ 4.43   ④ 5.93

풀이

241.1 전기울타리

가. 전기울타리용 전원장치에 전원을 공급하는 전로의 사용전압은 250[V] 이하이어야 한다.

나. 전기울타리는 사람이 쉽게 출입하지 아니하는 곳에 시설할 것.

다. **전선은 인장강도 1.38[kN] 이상**의 것 또는 지름 2[mm] 이상의 경동선일 것.

라. 전선과 이를 지지하는 기둥 사이의 이격거리는 25[mm] 이상일 것.

마. 전선과 다른 시설물(가공 전선을 제외한다) 또는 수목과의 이격거리는 0.3[m] 이상일 것. **답** ①

문제 89 다음 ( )에 들어갈 내용으로 옳은 것은?

가공전선로는 무선설비의 기능에 계속적이고 또한 중대한 장해를 주는 ( )가 생길 우려가 있는 경우에는 이를 방지하도록 시설하여야 한다.

① 전파   ② 혼촉
③ 단락   ④ 정전기

풀이

331.1 전파장해의 방지
가공전선로는 무선설비의 기능에 계속적이고 또한 **중대한 장해를 주는 전파**를 발생할 우려가 있는 경우에는 이를 방지하도록 시설하여야 한다. **답** ①

문제 90 최대사용전압이 7[kV]를 초과하는 회전기의 절연내력 시험은 최대사용전압의 몇 배의 전압 (10500[V] 미만으로 되는 경우에는 10500[V])에서 10분간 견디어야 하는가?

① 0.92   ② 1
③ 1.1   ④ 1.25

풀이

133 회전기 및 정류기의 절연내력

종 류		시험 전압	시험방법
회전기	발전기·전동기· 조상기·기타회 전기	7[kV] 이하	1.5배 (최저 500 [V])	권선과 대지 사이에 연속 하여 10분간
		7[kV] 초과	1.25배 (최저 10.5 [kV])	
	회전 변류기		직류측의 최대사용전 압의 1배의 교류전압 (최저 500 [V])	

답 ④

문제 91 버스 덕트 공사에 의한 저압 옥내배선 시설공사에 대한 설명으로 틀린 것은?

① 덕트(환기형의 것을 제외)의 끝부분은 막지 말 것
② 덕트에 접지공사를 할 것
③ 덕트(환기형이 것을 제외)의 내부에 먼지가 침입하지 아니하도록 할 것
④ 덕트 상호 간 및 전선 상호 간은 견고하고 또한 전기적으로 완전하게 접속할 것.

풀이

232.61 버스덕트공사
가. 덕트 상호 간 및 전선 상호 간은 견고하고 또한 전기적으로 완전하게 접속할 것.
나. 덕트를 조영재에 붙이는 경우에는 덕트의 지지점 간의 거리를 3[m](수직으로 붙이는 경우에는 6[m]) 이하로 하고 또한 견고하게 붙일 것.
다. **덕트(환기형의 것을 제외한다)의 끝부분은 막을 것.**
라. 덕트(환기형의 것을 제외한다)의 내부에 먼지가 침입하지 아니하도록 할 것.
마. 덕트는 접지공사를 할 것
답 ①

문제 92 지중전선로에 사용하는 지중함의 시설기준으로 틀린 것은?

① 지중함은 견고하고 차량 기타 중량물의 압력에 견디는 구조일 것
② 지중함은 그 안의 고인 물을 제거할 수 있는 구조로 되어 있을 것
③ 지중함의 뚜껑은 시설자 이외의 자가 쉽게 열

수 없도록 시설할 것
④ 폭발성의 가스가 침입할 우려가 있는 것에 시설하는 지중함으로서 그 크기가 0.5[m³] 이상인 것에는 통풍장치 기타 가스를 방산시키기 위한 적당한 장치를 시설할 것

풀이

334.2 지중함의 시설
지중전선로에 사용하는 지중함은 다음에 따라 시설하여야 한다.
가. 지중함은 견고하고 차량 기타 중량물의 압력에 견디는 구조일 것.
나. 지중함은 그 안의 고인 물을 제거할 수 있는 구조로 되어 있을 것.
다. 폭발성 또는 연소성의 가스가 침입할 우려가 있는 것에 시설하는 지중함으로서 그 크기가 1[m³] 이상인 것에는 **통풍장치 기타 가스를 방산시키기 위한 적당한 장치를 시설할 것.**
라. 지중함의 뚜껑은 시설자이외의 자가 쉽게 열 수 없도록 시설할 것.
답 ④

문제 93 교량의 윗면에 시설하는 고압 전선로는 전선의 높이를 교량의 노면상 몇 [m] 이상으로 하여야 하는가?

① 3 　　② 4 　　③ 5 　　④ 6

풀이

335.6 교량에 시설하는 전선로
교량의 윗면에 시설하는 고압 전선로는 전선의 높이를 **교량의 노면상 5[m] 이상**으로 하여 시설할 것. 답 ③

문제 94 저압의 전선로 중 절연부분의 전선과 대지 간의 절연저항은 사용전압에 대한 누설전류가 최대 공급전류의 얼마를 넘지 않도록 유지하여야 하는가?

① $\dfrac{1}{1000}$ 　　　　② $\dfrac{1}{2000}$

③ $\dfrac{1}{3000}$ 　　　　④ $\dfrac{1}{4000}$

풀이

저압의 전선로 중 대지간의 절연 저항은 사용 전압에 대한 **누설 전류가 최대 공급 전류의 1/2000을 넘지 않도록 유지**하여야 한다 (기술기준 제27조). 답 ②

문제 95 사람이 상시 통행하는 터널 안의 배선(전기기계기구 안의 배선, 관등회로의 배선, 소세력 회로의 전선은 제외)의 시설기준에 적합하지 않은 것은? (단, 사용전압이 저압의 것에 한한다.)

① 합성수지관 공사로 시설하였다.
② 공칭단면적 2.5[mm²]의 연동선을 사용하였다.
③ 애자공사 시 전선의 높이는 노면상 2[m]로 시설하였다.
④ 전로에는 터널의 입구 가까운 곳에 전용 개폐기를 시설하였다.

풀이

242.7.1 사람이 상시 통행하는 터널 안의 배선의 시설
사람이 상시 통행하는 터널 안의 배선(전기기계기구 안의 배선, 관등회로의 배선 및 소세력 회로의 전선을 제외한다.)은 그 사용전압이 저압의 것에 한하고 또한 다음에 따라 시설하여야 한다.
가. **합성수지관공사**, 금속관공사, 금속제가요전선관 공사, 케이블공사 및 애자공사에 의할 것
나. 전선은 **공칭단면적 2.5[mm²]의 연동선**과 동등 이상의 세기 및 굵기의 절연전선(옥외용 비닐절연전선 및 인입용 비닐절연전선을 제외한다)을 사용하여 애자공사에 의하여 시설하고 또한 이를 **노면상 2.5[m] 이상의 높이**로 할 것.
다. 전로에는 터널의 입구에 가까운 곳에 **전용 개폐기를 시설할 것.**
답 ③

문제 96 발전소에서 계측하는 장치를 시설하여야 하는 사항에 해당하지 않는 것은?

① 특고압용 변압기의 온도
② 발전기의 회전수 및 주파수
③ 발전기의 전압 및 전류 또는 전력
④ 발전기의 베어링(수중 메탈을 제외한다) 및 고정자의 온도

풀이

351.6 계측장치
발전소에서는 다음의 사항을 계측하는 장치를 시설하여야 한다.
가. 발전기의 전압 및 전류 또는 전력
나. 발전기의 베어링 및 고정자의 온도
다. 주요 변압기의 전압 및 전류 또는 전력
라. 특고압용 변압기의 온도
답 ②

문제 97 가공전선로의 지지물에 하중이 가하여지는 경우에 그 하중을 받는 지지물의 기초 안전율은 얼마 이상이어야 하는가? (단, 이상 시 상정하중은 무관)

① 1.5   ② 2.0
③ 2.5   ④ 3.0

풀이

331.7 가공전선로 지지물의 기초의 안전율
가공전선로의 지지물에 하중이 가하여지는 경우에 그 하중을 받는 지지물의 **기초의 안전율은 2**(이상 시 상정하중에 대한 철탑의 기초에 대하여는 1.33) **이상**이어야 한다.
답 ②

문제 98 금속제 외함을 가진 저압의 기계기구로서 사람이 쉽게 접촉될 우려가 있는 곳에 시설하는 경우 전기를 공급받는 전로에 지락이 생겼을 때 자동적으로 전로를 차단하는 장치를 설치하여야 하는 기계기구의 사용전압이 몇 [V]를 초과하는 경우인가?

① 30   ② 50
③ 100   ④ 150

풀이

211.2.3 누전차단기의 시설
금속제 외함을 가지는 사용전압이 50[V]를 초과하는 저압의 기계 기구로서 사람이 쉽게 접촉할 우려가 있는 곳에 시설하는 것에 전기를 공급하는 전로에는 전원의 자동차단에 의한 저압전로의 보호대책으로 **누전차단기를 시설하여야 한다.**
답 ②

문제 99 케이블 트레이공사에 사용하는 케이블 트레이에 대한 기준으로 틀린 것은?

① 안전율은 1.5 이상으로 하여야 한다.
② 비금속제 케이블 트레이는 수밀성 재료의 것이어야 한다.
③ 금속제 케이블 트레이 계통은 기계적 및 전기적으로 완전하게 접속하여야 한다.
④ 금속제 케이블 트레이는 접지공사를 하여야 한다.

풀이

232.41 케이블트레이공사

케이블트레이공사는 케이블을 지지하기 위하여 사용하는 금속재 또는 불연성 재료로 제작된 유닛 또는 유닛의 집합체 및 그에 부속하는 부속재 등으로 구성된 견고한 구조물을 말하며 사다리형, 펀칭형, 메시형, 바닥밀폐형 기타 이와 유사한 구조물을 포함하여 적용한다.

가. 케이블 트레이의 안전율은 1.5 이상으로 하여야 한다.

나. 금속재의 것은 적절한 방식처리를 한 것이거나 내식성 재료의 것이어야 한다.

다. **비금속제 케이블 트레이는 난연성 재료**의 것이어야 한다.

라. 금속제 케이블 트레이 계통은 기계적 및 전기적으로 완전하게 접속하여야 하며 금속제 트레이는 접지공사를 하여야 한다. **답** ②

출제기준 변경 및 개정된 관계 법규에 따라 삭제된 문제가 있어 20문항이 안됩니다.

memo

D60-1

2019년도 전기기사 필기

국가기술자격검정 필기시험 문제

2019년도 전기기사 일반검정 제1회				수검 번호	성 명
자격종목 및 등급(선택분야)	종목코드	시험시간	문제지형별		
전기기사	1150	2시간 30분	A		

제1과목 전기자기학

문제 01 평행판 콘덴서에 어떤 유전체를 넣었을 때 전속밀도가 2.4×10^{-7} [C/m²]이고 단위 체적 중의 에너지가 5.3×10^{-3}[J/m³]이었다. 이 유전체의 유전율은 약 몇 [F/m]인가?

① 2.17×10^{-11} 　② 5.43×10^{-11}

③ 5.17×10^{-12} 　④ 5.43×10^{-12}

풀이

$W_e = \dfrac{D^2}{2\epsilon}$ [J/m³] 에서

$\epsilon = \dfrac{D^2}{2 \cdot W_e} = \dfrac{(2.4 \times 10^{-7})^2}{2 \times 5.3 \times 10^{-3}} = 5.43 \times 10^{-12}$ [F/m] **답** ④

문제 02 와류손에 대한 설명으로 틀린 것은?
(단, f : 주파수, B_m : 최대자속밀도, t : 두께, ρ : 저항률이다.)

① t^2에 비례한다. 　② f^2에 비례한다.

③ ρ^2에 비례한다. 　④ B_m^2에 비례한다.

풀이

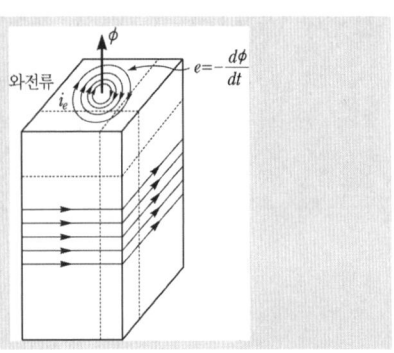

도체에 코일을 감고 교류전류 i를 흐르게 하면 도체 단면을 통과하는 자속이 변하게 되어 전자유도에 의한 맴돌이 형태의 유도전류가 흐른다. 이 맴돌이 전류를 와전류라고 한다. 도체는 일반적으로 저항을 갖고 있으므로 와전류가 흐르면 줄열이 발생하여 도체의 온도를 상승시키며 전력손실을 일으킨다.
즉, 와전류에 의해 발생하는 전력을 와류손 이라고 한다.

와류손 $P_e = \delta_e (t f k_f B_m)^2$ [W/kg]

여기서, δ_e : 재료에 의한 정수

f : 주파수[Hz]

B_m : 자속 밀도의 최대값 [Wb/m²]

t : 철판의 두께[m], k_f : 파형률 **답** ③

문제 03 서로 다른 두 유전체 사이의 경계면에 전하분포가 없다면 경계면 양쪽에서의 전계 및 전속밀도는?

① 전계 및 전속밀도의 접선성분은 서로 같다.

② 전계 및 전속밀도의 법선 성분은 서로 같다.

③ 전계의 법선성분이 서로 같고, 전속밀도의 접선성분이 서로 같다.

④ 전계의 접선성분이 서로 같고, 전속밀도의 법선성분이 서로 같다.

풀이

경계조건

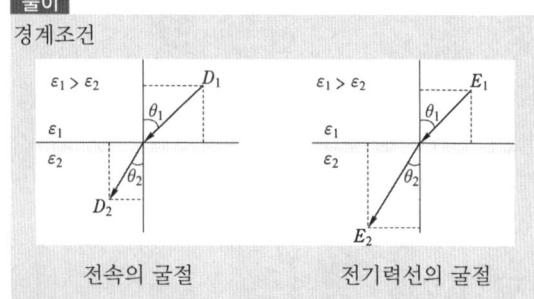

전속의 굴절　　　전기력선의 굴절

- 전속밀도의 법선성분(수직성분)이 같다.($D_1\cos\theta_1 = D_2\cos\theta_2$)
- 전계는 접선성분(평행성분)이 같다. ($E_1\sin\theta_1 = E_2\sin\theta_2$)
- 두 경계면에서의 전위는 서로 같다. ($V_1 = V_2$)
- $\epsilon_1 > \epsilon_2$이면, $\theta_1 > \theta_2$이다.
- $\dfrac{\tan\theta_1}{\tan\theta_2} = \dfrac{\epsilon_1}{\epsilon_2}$

답 ④

문제 04 $x > 0$인 영역에 비유전율 $\epsilon_{r1} = 3$인 유전체, $x < 0$인 영역에 비유전율 $\epsilon_{r2} = 5$인 유전체가 있다. $x < 0$인 영역에서 전계 $E_2 = 20a_x + 30a_y - 40a_z$[V/m]일 때 $x > 0$인 영역에서의 전속밀도는 몇 [C/m²]인가?

① $10(10a_x + 9a_y - 12a_z)\epsilon_0$

② $20(5a_x - 10a_y + 6a_z)\epsilon_0$

③ $50(2a_x + 3a_y - 4a_z)\epsilon_0$

④ $50(2a_x - 3a_y + 4a_z)\epsilon_0$

풀이

경계면에 대해 a_x 성분은 법선 성분이고 a_y, a_z 성분은 접선 성분에 해당된다.

- 경계조건에 의하여 법선 성분 $D_{1x} = D_{2x}$ 이므로

$$\epsilon_0\epsilon_{r1}E_{1x} = \epsilon_0\epsilon_{r2}E_{2x}$$

$$\therefore E_{1x} = \frac{\epsilon_{r2}}{\epsilon_{r1}}E_{2x} = \frac{5}{3}20a_x = \frac{100}{3}a_x$$

- 경계조건에 의하여 접선 성분 $E_{1y} = E_{2y}$, $E_{1z} = E_{2z}$ 이므로

$$\therefore E_{1y} = 30a_y, \qquad E_{1z} = -40a_z$$

- 비유전율 ϵ_{r1}인 영역에서의 전계 E_1

$$E_1 = \frac{100}{3}a_x + 30a_y - 40a_z\,[\text{V/m}]$$

- 비유전율 ϵ_{r1}인 영역에서의 전속밀도 D_1

$$D_1 = \epsilon_0\epsilon_{r1}E_1 = \epsilon_0 \times 3 \times \left[\frac{100}{3}a_x + 30a_y - 40a_z\right]$$

$$= (100a_x + 90a_y - 120a_z)\epsilon_0$$

$$= 10(10a_x + 9a_y - 12a_z)\epsilon_0\,[\text{C/m}^2]$$

답 ①

문제 05 q[C]의 전하가 진공 중에서 v[m/s]의 속도로 운동하고 있을 때, 이 운동방향과 θ의 각으로 r[m] 떨어진 점의 자계의 세기[AT/m]는?

① $\dfrac{q\sin\theta}{4\pi r^2 v}$

② $\dfrac{v\sin\theta}{4\pi r^2 q}$

③ $\dfrac{qv\sin\theta}{4\pi r^2}$

④ $\dfrac{v\sin\theta}{4\pi r^2 q^2}$

풀이

전하 dq가 미소거리 dl을 dt 동안 속도 v로 이동할 때 속도 v와 전류 I

$$v = \frac{dl}{dt}, \quad I = \frac{dq}{dt} = \frac{vdq}{dl}$$

자계의 세기(비오-사바르 법칙)

$$dH = \frac{Idl\sin\theta}{4\pi r^2} = \frac{vdq\sin\theta}{4\pi r^2} \left(I = \frac{vdq}{dl}\ \text{대입}\right)$$

$$\therefore H = \frac{v\sin\theta}{4\pi r^2}\int_0^q dq = \frac{qv\sin\theta}{4\pi r^2}\,[\text{AT/m}]$$

답 ③

문제 06 원형 선전류 I[A]의 중심축상 점 P의 자위[A]를 나타내는 식은? (단, θ는 점 P에서 원형전류를 바라보는 평면각이다.)

① $\dfrac{I}{2}(1 - \cos\theta)$

② $\dfrac{I}{4}(1 - \cos\theta)$

③ $\dfrac{I}{2}(1 - \sin\theta)$

④ $\dfrac{I}{4}(1 - \sin\theta)$

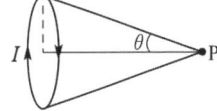

풀이

그림과 같이 점 P에서 코일 AB를 바라보는 입체각 ω는

$$\omega = 2\pi(1 - \cos\theta)$$

이므로 자위는

$$U_m = \frac{I}{4\pi}\omega$$

$$= \frac{I}{4\pi} \cdot 2\pi(1 - \cos\theta)$$

$$= \frac{I}{2}(1 - \cos\theta)$$

$$= \frac{I}{2}\left(1 - \frac{x}{\sqrt{a^2 + x^2}}\right)[\text{A}]$$

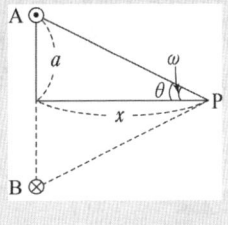

답 ①

문제 07 균일한 자장 내에 놓여 있는 직선도선에 전류 및 길이를 각각 2배로 하면 이 도선에 작용하는 힘은 몇 배가 되는가?

① 1 　② 2 　③ 4 　④ 8

힘 $F = IBl\sin\theta[\text{N}]$ 에서

$$F' = 2I \cdot B \cdot 2l \cdot \sin\theta = 4 \cdot IBl\sin\theta = 4F$$

즉 4배가 된다.

답 ③

문제 08 진공 중에서 무한장 직선도체에 선전하밀도 $\rho_L = 2\pi \times 10^{-3}[\text{C/m}]$가 균일하게 분포된 경우 직선도체에서 2[m]와 4[m] 떨어진 두 점사이의 전위차는 몇 [V] 인가?

① $\dfrac{10^{-3}}{\pi\epsilon_o}\ln 2$ ② $\dfrac{10^{-3}}{\epsilon_o}\ln 2$

③ $\dfrac{1}{\pi\epsilon_o}\ln 2$ ④ $\dfrac{1}{\epsilon_o}\ln 2$

풀이

무한직선전하에 의한 전계는 $E = \dfrac{\rho_L}{2\pi\epsilon_0 r}[\text{V/m}]$이므로

전위차 $V = -\displaystyle\int_{r_2}^{r_1} \boldsymbol{E} \cdot d\boldsymbol{r} = -\dfrac{\rho_L}{2\pi\epsilon_0}\int_{r_2}^{r_1}\dfrac{1}{r} \cdot dr$

$\quad = -\dfrac{\rho_L}{2\pi\epsilon_0}[\ln r]_{r_2}^{r_1} = \dfrac{\rho_L}{2\pi\epsilon_0}\ln\dfrac{r_2}{r_1}$

$\quad = \dfrac{2\pi \times 10^{-3}}{2\pi\epsilon_0}\ln\dfrac{4}{2} = \dfrac{10^{-3}}{\epsilon_0}\ln 2[\text{V}]$

답 ②

문제 09 환상철심에 권수 3000회 A코일과 권수 200회 B코일이 감겨져 있다. A코일의 자기 인덕턴스가 360 [mH]일 때 A, B 두 코일의 상호 인덕턴스는 몇 [mH]인가? (단, 결합계수는 1이다.)

① 16   ② 24
③ 36   ④ 72

풀이

결합계수가 1일 때, 즉 누설자속이 없는 경우

상호인덕턴스 $M = \dfrac{N_B L_A}{N_A} = \dfrac{N_A L_B}{N_B}$ 에서

$M = \dfrac{N_B L_A}{N_A} = \dfrac{200 \times 360}{3000} = 24[\text{mH}]$

답 ②

문제 10 맥스웰방정식 중 틀린 것은?

① $\displaystyle\oint_s \boldsymbol{B} \cdot d\boldsymbol{S} = \rho_s$

② $\displaystyle\oint_s \boldsymbol{D} \cdot d\boldsymbol{S} = \int_v \rho dv$

③ $\displaystyle\oint_c \boldsymbol{E} \cdot dl = -\int_s \dfrac{\partial \boldsymbol{B}}{\partial t} \cdot d\boldsymbol{S}$

④ $\displaystyle\oint_c \boldsymbol{H} \cdot dl = I + \int_s \dfrac{\partial \boldsymbol{D}}{\partial t} \cdot d\boldsymbol{S}$

풀이

전자계에서 성립하는 기본 방정식

맥스웰 전자방정식		의 미
미 분 형	적 분 형	
$\text{rot}\,\boldsymbol{E} = -\dfrac{\partial \boldsymbol{B}}{\partial t}$	$\displaystyle\oint_c \boldsymbol{E} \cdot dl = -\int_s \dfrac{\partial \boldsymbol{B}}{\partial t} \cdot d\boldsymbol{S}$	패러데이 법칙
$\text{rot}\,\boldsymbol{H} = i_c + \dfrac{\partial \boldsymbol{D}}{\partial t}$	$\displaystyle\oint_c \boldsymbol{H} \cdot dl = I + \int_s \dfrac{\partial \boldsymbol{D}}{\partial t} \cdot d\boldsymbol{S}$	암페어 주회 적분 법칙
$\text{div}\,\boldsymbol{D} = \rho$	$\displaystyle\oint_S \boldsymbol{D} \cdot d\boldsymbol{S} = \int_v \rho\, dv = Q$	가우스 법칙
$\text{div}\,\boldsymbol{B} = 0$	$\displaystyle\oint_S \boldsymbol{B} \cdot d\boldsymbol{S} = 0$	가우스 법칙

답 ①

문제 11 자기회로의 자기저항에 대한 설명으로 옳은 것은?

① 투자율에 반비례한다.
② 자기회로의 단면적에 비례한다.
③ 자기회로의 길이에 반비례한다.
④ 단면적에 반비례하고, 길이의 제곱에 비례한다.

풀이

- 자기저항 $R_m = \dfrac{l}{\mu S}[\text{AT/Wb}]$
- 자기저항 R_m은 투자율 μ와 단면적 S에 반비례하고 길이 l에 비례한다.

답 ①

문제 12 접지된 구도체와 점전하 간에 작용하는 힘은?

① 항상 흡인력이다.   ② 항상 반발력이다.
③ 조건적 흡인력이다.   ④ 조건적 반발력이다.

풀이

접지 구도체에는 항상 점전하(Q)와 반대 극성인 전하 ($Q' = -\dfrac{a}{d}Q$[C])가 유도되므로 **항상 흡인력이 작용**한다.

답 ①

문제 13 그림과 같이 전류가 흐르는 반원형 도선이 평면 $Z = 0$상에 놓여 있다. 이 도선이 자속밀도 $B = 0.6a_x - 0.5a_y + a_z$[Wb/m²]인 균일자계 내에 놓여 있을 때 도선의 직선 부분에 작용하는 힘[N]은?

① $4a_x + 2.4a_z$

② $4a_x - 2.4a_z$

③ $5a_x - 3.5a_z$

④ $-5a_x + 3.5a_z$

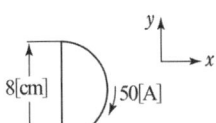

풀이

① 단위 길이당 작용하는 힘 F'

$F' = I \times B = 50a_y \times (0.6a_x - 0.5a_y + a_z)$

$\quad = 30a_y \times a_x - 25a_y \times a_y + 50a_y \times a_z$

$\quad = 50a_x - 30a_z$

$(\because a_y \times a_x = -a_z, \ a_y \times a_y = 0, \ a_y \times a_z = a_x)$

② 도선의 길이 l에 작용하는 힘 F

$F = F'l = (50a_x - 30a_z) \times 0.08 = 4a_x - 2.4a_z$

답 ②

문제 14 평행한 두 도선간의 전자력은? (단, 두 도선간의 거리는 r[m]라 한다.)

① r에 비례

② r^2에 비례

③ r에 반비례

④ r^2에 반비례

풀이

평행도선 단위길이당 **작용하는 힘**은 간격(거리)을 r[m]라 할 때

$$F = \frac{\mu_0 I_1 I_2}{2\pi r} = \frac{2 I_1 I_2}{r} \times 10^{-7} \text{[N/m]}$$

로 **두 전류의 곱에 비례**하고, **간격(거리)에 반비례**하며 두 전류의 방향이 같은 방향이면 흡인력, 다른 방향(왕복전류)이면 반발력이 작용한다.

답 ③

문제 15 다음의 관계식 중 성립할 수 없는 것은? (단, μ는 투자율, χ는 자화율, μ_o는 진공의 투자율, J는 자화의 세기이다.)

① $J = \chi B$

② $B = \mu H$

③ $\mu = \mu_o + \chi$

④ $\mu_s = 1 + \dfrac{\chi}{\mu_o}$

풀이

- 자화율 $\chi = \mu - \mu_0$ [H/m]
- **자화의 세기** $J = \chi H = (\mu - \mu_0)H$
  $\qquad\qquad = \mu H - \mu_0 H = B - \mu_0 H$ [Wb/m²]
- 자속밀도 $B = \mu_0 H + J = \mu_0 H + \chi H$
  $\qquad\qquad = (\mu_0 + \chi)H = \mu H$ [Wb/m²]
- 비투자율 $\mu_s = \dfrac{\mu}{\mu_0} = \dfrac{\mu_0 + \chi}{\mu_0} = 1 + \dfrac{\chi}{\mu_0}$ [H/m]

답 ①

문제 16 평행판 콘덴서의 극판 사이에 유전율 ϵ, 저항률 ρ인 유전체를 삽입하였을 때, 두 전극간의 저항 R과 정전용량 C의 관계는?

① $R = \rho\epsilon C$

② $RC = \dfrac{\epsilon}{\rho}$

③ $RC = \rho\epsilon$

④ $RC\rho\epsilon = 1$

풀이

$$RC = \rho\frac{l}{S} \cdot \epsilon\frac{S}{l} = \rho\epsilon = \frac{\epsilon}{\sigma}$$

$\therefore RC = \rho\epsilon$

여기서, R : 저항, C : 정전용량, ϵ : 유전률, σ : 도전률, ρ : 저항률 또는 고유저항($\rho = \dfrac{1}{\sigma}$)

답 ③

문제 17 비투자율 $\mu_s = 1$, 비유전율 $\epsilon_s = 90$인 매질 내의 고유임피던스는 약 몇 [Ω]인가?

① 32.5

② 39.7

③ 42.3

④ 45.6

풀이 고유 임피던스

$Z_0 = \dfrac{E}{H} = \sqrt{\dfrac{\mu}{\epsilon}} = \sqrt{\dfrac{\mu_0}{\epsilon_0}} \cdot \sqrt{\dfrac{\mu_s}{\epsilon_s}}$

$\quad = \sqrt{\dfrac{4\pi \times 10^{-7}}{8.855 \times 10^{-12}}} \cdot \sqrt{\dfrac{\mu_s}{\epsilon_s}} = 377\sqrt{\dfrac{\mu_s}{\epsilon_s}} = 377\sqrt{\dfrac{1}{90}}$

$\quad = 39.74$ [Ω]

답 ②

문제 18 사이클로트론에서 양자가 매초 3×10^{15}개의 비율로 가속되어 나오고 있다. 양자가 15[MeV]의 에너지를 가지고 있다고 할 때, 이 사이클로트론은 가속용 고주파 전계를 만들기 위해서 150[kW]의 전력을 필요로 한다면 에너지 효율[%]은?

① 2.8　　② 3.8　　③ 4.8　　④ 5.8

풀이

• $1[eV] = 1.602 \times 10^{-19}[J]$,　$1[W] = 1[J/s]$
• $150[kW] = 150 \times 10^3[W] = 150 \times 10^3[J/s]$
• 효율 $\eta = \dfrac{출력}{입력} \times 100$

$$= \frac{3 \times 10^{15} \times 15 \times 10^6 \times 1.602 \times 10^{-19}}{150 \times 10^3} \times 100$$

$$\fallingdotseq 4.81[\%]$$

답 ③

문제 19 단면적 4[cm²]의 철심에 6×10^{-4}[Wb]의 자속을 통하게 하려면 2800[AT/m]의 자계가 필요하다. 이 철심의 비투자율은 약 얼마인가?

① 346　　　　　　② 375
③ 407　　　　　　④ 426

풀이

$B = \mu_0 \mu_s H$ 에서

$$\therefore \mu_s = \frac{B}{\mu_0 H} = \frac{\Phi/S}{\mu_0 H} = \frac{\Phi}{\mu_0 H S}$$

$$= \frac{6 \times 10^{-4}}{4\pi \times 10^{-7} \times 2800 \times 4 \times 10^{-4}} \fallingdotseq 426$$

답 ④

문제 20 대전된 도체의 특징으로 틀린 것은?

① 가우스정리에 의해 내부에는 전하가 존재한다.
② 전계는 도체 표면에 수직인 방향으로 진행된다.
③ 도체에 인가된 전하는 도체 표면에만 분포한다.
④ 도체 표면에서의 전하밀도는 곡률이 클수록 높다.

풀이

도체의 성질과 전하분포
• 전하는 도체 내부에는 존재하지 않고, 도체 표면에만 분포한다.
• 도체 면에서의 전계의 세기는 도체 표면에 항상 수직이다.
• 도체 표면과 내부의 전위는 동일하고(등전위), 표면은 등전위면이다.
• 도체 내부의 전계의 세기는 0 이다.
• 도체 표면에서의 전하밀도는 곡률이 클수록 높다. 즉, 곡률반경이 작을수록 높다.

답 ①

제2과목　전력공학

문제 21 송배전 선로에서 도체의 굵기는 같게 하고 도체간의 간격을 크게 하면 도체의 인덕턴스는?

① 커진다.
② 작아진다.
③ 변함이 없다.
④ 도체의 굵기 및 도체간의 간격과는 무관하다.

풀이

• 인덕턴스 $L = 0.05 + 0.4605 \log \dfrac{D}{r} \propto \log \dfrac{D}{r}$

• 정전용량 $C = \dfrac{0.02413}{\log \dfrac{D}{r}} \propto \dfrac{1}{\log \dfrac{D}{r}}$

따라서 등가선간거리 D가 증가하면, 인덕턴스 L은 증가하고 정전용량 C는 감소한다.

답 ①

문제 22 동일전력을 동일 선간전압, 동일역률로 동일거리에 보낼 때 사용하는 전선의 총 중량이 같으면 3상 3선식인 때와 단상 2선식일 때 전력손실비는?

① 1　　② $\dfrac{3}{4}$　　③ $\dfrac{2}{3}$　　④ $\dfrac{1}{\sqrt{3}}$

풀이

• 송전전력이 동일하므로

$$VI_1 = \sqrt{3} V I_3 \qquad \therefore \frac{I_1}{I_3} = \sqrt{3}$$

• 전선의 총 중량이 동일하므로

$$2\sigma A_1 l = 3\sigma A_3 l \qquad \therefore \frac{A_1}{A_3} = \frac{3}{2}$$

• $R = \rho \dfrac{l}{A}$ 에서 $R \propto \dfrac{1}{A}$ 이므로 저항비 $\dfrac{R_3}{R_1} = \dfrac{3}{2}$

$$\therefore 전력손실비 = \frac{3상\,3선식}{단상\,2선식} = \frac{3 I_3^2 R_3}{2 I_1^2 R_1}$$

$$= \frac{3}{2} \times \left(\frac{1}{\sqrt{3}}\right)^2 \times \frac{3}{2} = \frac{3}{4}$$

답 ②

문제 23 배전반에 접속되어 운전 중인 계기용 변압기(PT) 및 변류기(CT)의 2차측 회로를 점검할 때 조치사항으로 옳은 것은?

① CT만 단락시킨다.
② PT만 단락시킨다.
③ CT와 PT 모두를 단락시킨다.
④ CT와 PT 모두를 개방시킨다.

풀이

2차측 개방 불가
변류기(CT) 2차측을 개방하면 1차 전류가 모두 여자전류가 되어 2차측에 과전압 유기 및 절연이 파괴되어 소손될 우려가 있으므로 CT 2차측 기기를 교체하고자 하는 경우는 반드시 **CT 2차측을 단락**시켜야 한다. **답** ①

문제 24 배전선로의 역률 개선에 따른 효과로 적합하지 않은 것은?

① 선로의 전력손실 경감
② 선로의 전압강하의 감소
③ 전원측 설비의 이용률 향상
④ 선로 절연의 비용 절감

풀이

역률 개선의 효과
① 전력 손실 경감   ② 전압 강하 경감
③ 설비 용량의 여유분 증가   ④ 전력 요금의 절약
즉, **선로절연에 요하는 비용은 선로 전압의 크기에 좌우**되지 선로의 역률과는 무관하다. **답** ④

문제 25 총 낙차 300[m], 사용수량 20[m³/s]인 수력발전소의 발전기출력은 약 몇 [kW] 인가? (단, 수차 및 발전기효율은 각각 90[%], 98[%]라하고, 손실 낙차는 총 낙차의 6[%]라고 한다.)

① 48750   ② 51860
③ 54170   ④ 54970

풀이

발전소 출력 $P = 9.8QH\eta_t\,\eta_g$에서
$P = 9.8 \times 20 \times (300 - 300 \times 0.06) \times 0.9 \times 0.98 \times 10^{-3}$
  $= 48749.9[\text{kW}]$
(유효 낙차 H = 총 낙차 − 손실 낙차
      $= 300 - 300 \times 0.06 = 282[\text{m}]$) **답** ①

문제 26 수전단을 단락한 경우 송전단에서 본 임피던스가 330[Ω]이고, 수전단을 개방한 경우 송전단에서 본 어드미턴스가 $1.875 \times 10^{-3}[\mho]$일 때 송전단의 특성임피던스는 약 몇 [Ω]인가?

① 120   ② 220   ③ 320   ④ 420

풀이

• 수전단을 단락한 경우 송전단에서 본 임피던스
  $Z = 330[\Omega]$
• 수전단을 개방한 경우 송전단에서 본 어드미턴스
  $Y = 1.875 \times 10^{-3}[\mho]$
• 특성임피던스 $Z_0 = \sqrt{\dfrac{Z}{Y}} = \sqrt{\dfrac{330}{1.875 \times 10^{-3}}} = 419.52[\Omega]$ **답** ④

문제 27 비접지식 3상 송배전계통에서 1선 지락고장 시 고장전류를 계산하는데 사용되는 정전용량은?

① 작용정전용량   ② 대지정전용량
③ 합성정전용량   ④ 선간정전용량

풀이

비접지방식에서 정전용량의 적용
• **지락전류 I_g 계산 시 : 대지정전용량**
  $(I_g = j3\omega C_s E[\text{A}]$
  여기서, C_s : 대지 정전용량, E : 상전압[V])
• **충전전류 I_c 계산 시 : 작용정전용량**
  $(I_c = 2\pi f C_w \dfrac{V}{\sqrt{3}}[\text{A}]$ 여기서, C_w : 작용정전용량) **답** ②

문제 28 다중접지 계통에 사용되는 재폐로 기능을 갖는 일종의 차단기로서 과부하 또는 고장전류가 흐르면 순시동작하고, 일정시간 후에는 자동적으로 재폐로 하는 보호기기는?

① 라인퓨즈   ② 리클로저
③ 섹셔널라이저   ④ 고장구간 자동개폐기

풀이

① 라인 퓨즈 : 배전선로의 도중에 삽입되는 퓨즈로서 배전용 COS라고 한다.
② **리클로저** : 배전 선로에 고장이 발생하였을 때 고장 전류를 검출하여 고속 차단하고 **자동 재폐로 동작을 수행**하여 고장 구간을 분리하거나 또는 재송전하는 기능을 가진 장치

③ 섹셔널라이저 : 리클로저와 협조하여 고장 구간을 신속히 개방하여 사고를 국부적으로 분리시키는 장치로서 부하전류의 차단능력이 없고 선로의 무전압 상태에서 동작시킨다.

④ 고장구간 자동개폐기(ASS) : 수용가의 구내 고장이 배전선로에 파급되는 것을 방지하기 위하여 사용된다.

답 ②

문제 29 송전선 중간에 전원이 없을 경우에 송전단의 전압 $E_s = AE_r + BI_r$이 된다. 수전단의 전압 E_r의 식으로 옳은 것은? (단, I_s, I_r는 송전단 및 수전단의 전류이다.)

① $E_r = AE_s + CI_s$

② $E_r = BE_s + AI_s$

③ $E_r = DE_s - BI_s$

④ $E_r = CE_s - DI_s$

풀이

송전 선로 4단자 정수 관계

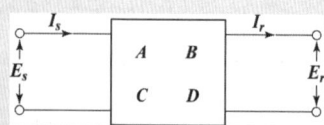

- $AD - BC = 1$
- $E_s = AE_r + BI_r$ …… ①
- $I_s = CE_r + DI_r$ …… ② 에서

①×D − ②×B 하면

$DE_s - BI_s = ADE_r + BDI_r - BCE_r - BDI_r$

$\qquad\qquad = (AD - BC)E_r = E_r$ ($\because AD - BC = 1$)

$\therefore \ E_r = DE_s - BI_s$

답 ③

문제 30 비접지 계통의 지락사고 시 계전기에 영상전류를 공급하기 위하여 설치하는 기기는?

① PT   ② CT

③ ZCT   ④ GPT

풀이

- ZCT(Zerophase Current Transformer, 영상변류기) : 영상 전류 공급
- GPT(Ground Potential Transformer, 접지형 계기용 변압기) : 영상 전압 공급

답 ③

문제 31 이상전압의 파고값을 저감시켜 전력사용설비를 보호하기 위하여 설치하는 것은?

① 초호환   ② 피뢰기

③ 계전기   ④ 접지봉

풀이

피뢰기

① 기능

- **이상전압이 내습**해서 피뢰기의 단자전압이 어느 일정값 이상으로 올라가면 **즉시 방전해서 전압 상승을 억제**하고
- 이상전압이 없어져서 단자전압이 일정값 이하가 되면 즉시 방전을 정지해서 원래의 송전 상태로 되돌아가게 한다.

② 구성

- **직렬갭** : 뇌 전류를 방전하고 속류를 차단
- **특성요소** : 뇌 전류 방전 시 피뢰기 자신의 전위상승을 억제하여 자신의 절연파괴를 방지
- **쉴드링** : 전기적, 자기적 충격으로부터 보호

답 ②

문제 32 저압뱅킹방식에서 저전압의 고장에 의하여 건전한 변압기의 일부 또는 전부가 차단되는 현상은?

① 아킹(Arcing)

② 플리커(Flicker)

③ 밸런스(Balance)

④ 캐스케이딩(Cascading)

풀이

캐스케이딩 현상이란 Banking 배전방식으로 운전 중 건전한 변압기 일부가 고장이 발생하면 부하가 다른 건전한 변압기에 걸려서 **고장이 확대되는 현상**을 말한다.

답 ④

문제 33 임피던스 Z_1, Z_2 및 Z_3을 그림과 같이 접속한 선로의 A쪽에서 전압파 E가 진행해 왔을 때 접속점 B에서 무반사로 되기 위한 조건은?

① $Z_1 = Z_2 + Z_3$

② $\dfrac{1}{Z_3} = \dfrac{1}{Z_1} + \dfrac{1}{Z_2}$

③ $\dfrac{1}{Z_1} = \dfrac{1}{Z_2} + \dfrac{1}{Z_3}$

④ $\dfrac{1}{Z_2} = \dfrac{1}{Z_1} + \dfrac{1}{Z_3}$

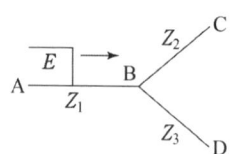

풀이

$Z_A = Z_1$, $Z_B = \dfrac{1}{\dfrac{1}{Z_2} + \dfrac{1}{Z_3}}$ 라고 하면

반사계수 $= \dfrac{Z_B - Z_A}{Z_A + Z_B}$ 에서 **무반사 조건은 $Z_A = Z_B$일 때** 이다.

따라서, $Z_1 = \dfrac{1}{\dfrac{1}{Z_2} + \dfrac{1}{Z_3}}$ $\therefore \dfrac{1}{Z_1} = \dfrac{1}{Z_2} + \dfrac{1}{Z_3}$ **답** ③

문제 34 변전소의 가스차단기에 대한 설명으로 틀린 것은?

① 근거리 차단에 유리하지 못하다.
② 불연성이므로 화재의 위험성이 적다.
③ 특고압 계통의 차단기로 많이 사용된다.
④ 이상전압의 발생이 적고, 절연회복이 우수하다.

풀이

가스 차단기의 특징
가스 차단기는 소호매질로 SF₆ 가스를 사용한 것으로서
특징은 다음과 같다.
• SF₆ 가스는 불연성이므로 화재의 위험이 적다.
• 소호능력이 뛰어나 고전압 대전류 차단에 적합
• 이상전압의 발생이 적고 아크 소멸 후 절연 회복능력이
 우수하여 탈조 차단 및 **근거리 차단에 유리**
• SF₆는 절연성능이 우수하여 절연거리를 적게 할 수 있으
 므로 차단기 전체를 소형화 및 경량화 할 수 있다. **답** ①

문제 35 켈빈(Kelvin)의 법칙이 적용되는 경우는?

① 전압 강하를 감소시키고자 하는 경우
② 부하 배분의 균형을 얻고자 하는 경우
③ 전력 손실량을 축소시키고자 하는 경우
④ 경제적인 전선의 굵기를 선정하고자 하는 경우

풀이

• **경제적인 전선의 굵기 : 켈빈의 법칙**
• 경제적인 송전전압 결정 : Still 식　　　**답** ④

문제 36 단도체 방식과 비교할 때 복도체 방식의 특징이 아닌 것은?

① 안정도가 증가된다.
② 인덕턴스가 감소된다.
③ 송전용량이 증가된다.
④ 코로나 임계전압이 감소된다.

풀이

복도체(또는 다도체)를 사용하면 전선의 등가반지름
($r_e = \sqrt[n]{r d^{n-1}}$)이 증가하여 인덕턴스의 감소, 정전용량
증가, 송전용량 증가, 안정도 증가, 전위경도가 감소하여
코로나 임계전압 증가의 효과가 있다. **답** ④

문제 37 보호계전기의 반한시 · 정한시 특성은?

① 동작전류가 커질수록 동작시간이 짧게 되는 특성
② 최소 동작전류 이상의 전류가 흐르면 즉시 동작하는 특성
③ 동작전류의 크기에 관계없이 일정한 시간에 동작하는 특성
④ 동작전류가 커질수록 동작시간이 짧아지며, 어떤 전류 이상이 되면 동작전류의 크기에 관계없이 일정한 시간에서 동작하는 특성

풀이

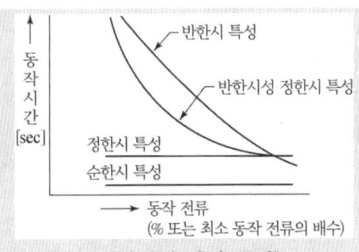

〈계전기의 한시 특성〉

보호 계전기의 동작 시간에 의한 분류
① 반한시 특성 : 동작 전류가 커질수록 동작 시간이 짧게
 되는 특성
② 순(한)시 특성 : 최소 동작 전류 이상의 전류가 흐르면
 즉시 동작하는 특성
③ 정한시 특성 : 동작 전류의 크기에 관계없이 일정한 시
 간에 동작하는 특성
④ 반한시 정한시 특성 : 동작 전류가 적은 동안에는 동작
 전류가 커질수록 동작 시간이 짧게 되는 반한시 특성을
 갖고, 어떤 전류 이상이면 동작 전류의 크기에 관계없
 이 일정한 시간에 동작하는 정한시 특성을 가진 특성
 답 ④

문제 38 1선 지락 시에 지락전류가 가장 작은 송전 계통은?

① 비접지식   ② 직접접지식

③ 저항접지식   ④ 소호리액터접지식

풀이

지락 사고시 지락 전류의 크기
직접 접지 > 고저항 접지 > 비접지 > 소호 리액터 접지 순이다. **답** ④

문제 39 수차의 캐비테이션 방지책으로 틀린 것은?

① 흡출수두를 증대시킨다.

② 과부하 운전을 가능한 한 피한다.

③ 수차의 비속도를 너무 크게 잡지 않는다.

④ 침식에 강한 금속재료로 러너를 제작한다.

풀이

① 캐비테이션 현상

수차에 유입하는 물이 수차의 각 부분을 흐르면서 어떤 원인으로 기포가 발생하며, 이 기포가 압력이 높은 곳에 도달하면 더 이상 기포 상태를 유지하지 못하고 터지면서 부근의 물체에 충격을 주게 된다. 이 충격이 되풀이되면 그 부분은 침식되며 진동과 소음을 일으키고 효율이 저하하게 된다. 이러한 현상을 캐비테이션(cavitation) 또는 공동현상(空洞現像)이라 부른다.

② 캐비테이션 방지대책

• 수차의 비속도를 너무 크게 잡지 않는다.
• **흡출관의 높이를 너무 높게 취하지 않는다.**
• 침식에 강한 재료 (예를 들면 스테인리스 강)로 러너를 제작한다.
• 러너 표면을 미끄럽게 하고, 가공정도(加工精度)를 높인다.
• 러너 출구 부분의 압력이 너무 저하하지 않도록 한다. 즉, 흡출관 입구 부분에 적당량의 공기를 도입한다.
• 과도한 부분 부하, 과부하 운전을 가능한 피할 것 **답** ①

문제 40 선간전압이 154 [kV]이고, 1상당의 임피던스가 $j8[\Omega]$인 기기가 있을 때, 기준용량을 100 [MVA]로 하면 %임피던스는 약 몇 [%]인가?

① 2.75   ② 3.15

③ 3.37   ④ 4.25

풀이

$$\%Z = \frac{PZ}{10\,V^2} = \frac{100\times10^3\times8}{10\times154^2} = 3.37[\%]$$

(여기서 V : 정격전압[kV], P : 기준용량[kVA])

[주의]
• V 및 P의 단위가 모두 [kV], [kVA]가 되어야 한다.
• $Z = R + jX$ 가 되어야 하나, 일반적으로 기기의 저항 R이 무척 적기 때문에 R을 무시하여 Z를 X로 사용하는 경우가 많다. **답** ③

제3과목 **전기기기**

문제 41 다음 ( )에 알맞은 것은?

> 직류발전기에서 계자권선이 전기자에 병렬로 연결된 직류기는 (ⓐ) 발전기라 하며, 전기자권선과 계자권선이 직렬로 접속된 직류기는 (ⓑ) 발전기라 한다.

① ⓐ 분권, ⓑ 직권   ② ⓐ 직권, ⓑ 분권

③ ⓐ 복권, ⓑ 분권   ④ ⓐ 자여자, ⓑ 타여자

풀이

• 분권 발전기 : 전기자 권선(전기자)과 계자 권선이 병렬로 접속

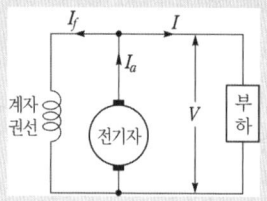

• 직권 발전기 : 전기자 권선(전기자)과 계자 권선이 직렬로 접속

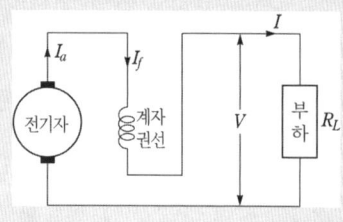

답 ①

문제 42 3상 비돌극형 동기발전기가 있다. 정격출력 5000 [kVA], 정격전압 6000[V], 정격역률 0.8이다. 여자를 정격상태로 유지할 때 이 발전기의 최대출력은 약 몇 [kVA] 인가? (단, 1상의 동기리액턴스는 0.8[P.U]이며 저항은 무시한다.)

① 7500　　　　② 10000
③ 11500　　　　④ 12500

풀이

- 비돌극기의 매상 출력 $P \fallingdotseq \dfrac{EV}{x_s}\sin\delta\,[\mathrm{W}]$

- 비돌극기의 최대출력은 $\sin\delta = 1$일 때 이므로

$$P_{\max} = \frac{EV}{x_s}\sin\delta = \frac{EV}{x_s}\times 1 = \frac{EV}{x_s}\,[\mathrm{W}]$$

- 단위법으로 그린 1상의 벡터도

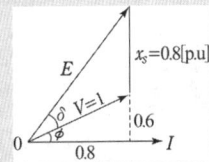

- $E = \sqrt{0.8^2 + (0.6+0.8)^2} = 1.61\,[\mathrm{P.U}]$
- $P_{\max} = \dfrac{EV}{x_s} = \dfrac{1.61\times 1}{0.8} = 2.01\,[\mathrm{P.U}]$
- $\therefore\ P_{\max} = 2.01\times 5000 = 10{,}050\,[\mathrm{kVA}]$　　**답** ②

문제 43 직류기의 손실 중에서 기계손으로 옳은 것은?

① 풍손　　　　② 와류손
③ 표류 부하손　　④ 브러시의 전기손

풀이

손실의 종류

총손실 ┬ 무부하손 ┬ 철손 ┬ 히스테리시스손 $P_h = \sigma_h f B_a^{1.6}\,[\mathrm{W/m^3}]$
　　　│　　　　│　　　└ 와류손 $P_e = \sigma_e (t f B_a)^2\,[\mathrm{W/m^3}]$
　　　│　　　　└ **기계손 – 풍손**, 베어링 마찰손, 브러시 마찰손
　　　└ 부하손 ┬ 전기자 저항손 $P_c = I_a^2 R\,[\mathrm{W}]$
　　　　　　　├ 브러시 손
　　　　　　　└ 표류 부하손 ‥‥ 철손, 기계손, 동손 이외의 손실
　　　　　　　　　　　　　　　　　　　　　　　　　　　답 ①

문제 44 1차 전압 6600[V], 2차 전압 220[V], 주파수 60 [Hz], 1차 권수 1200회인 경우 변압기의 최대 자속[Wb]은?

① 0.36　　　　② 0.63
③ 0.012　　　④ 0.021

풀이

- 1차 유기기전력 $E_1 = 4.44 f\phi_m N_1\,[\mathrm{V}]$에서

$$\text{최대 자속}\ \phi_m = \frac{E_1}{4.44 f N_1}$$

- 최대 자속 $\phi_m = \dfrac{6600}{4.44\times 60\times 1200} \fallingdotseq 0.021\,[\mathrm{Wb}]$　**답** ④

문제 45 직류발전기의 정류 초기에 전류변화가 크며 이때 발생되는 불꽃정류로 옳은 것은?

① 과정류　　　　② 직선정류
③ 부족정류　　　④ 정현파정류

풀이

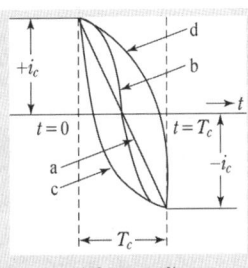

〈정류 곡선〉

정류곡선 : 직선정류, 정현파 정류, 부족정류, 과정류 등이 있으며 불꽃없는 정류는 직선 또는 정현파 정류이다.

① a (직선정류) : 전류가 직선적으로 균등하게 변화 → 양호한 정류

② b (정현파 정류) : 정류개시 및 종료시 전류변화는 $\dfrac{dI_c}{dt} = 0$으로 불꽃 발생안함 → 양호한 정류

③ c (과정류) : 정류개시 시 $\dfrac{dI_c}{dt}$가 매우커서 **정류 초기** 즉, 브러시 앞쪽에서 **불꽃발생**

④ d (부족정류) : 정류종료 시 $\dfrac{dI_c}{dt}$가 매우커서 정류 종료 즉, 브러시 뒤쪽에서 불꽃발생　　**답** ①

문제 46 3상 유도전동기의 속도제어법으로 **틀린** 것은?

① 1차 저항법
② 극수 제어법
③ 전압 제어법
④ 주파수 제어법

풀이

유도전동기의 속도제어 방법
① 농형 유도 전동기의 **속도 제어법**은
- **주파수**를 바꾸는 방법
- **극수**를 바꾸는 방법
- **전원 전압**을 바꾸는 방법
② 권선형 유도 전동기는
- 2차 저항을 제어하는 방법
- 2차 여자법 등이 있다. **답** ①

문제 47 60[Hz]의 변압기에 50[Hz]의 동일전압을 가했을 때의 자속밀도는 60[Hz] 때와 비교하였을 경우 어떻게 되는가?

① $\dfrac{5}{6}$로 감소   ② $\dfrac{6}{5}$으로 증가

③ $\left(\dfrac{5}{6}\right)^{1.6}$로 감소   ④ $\left(\dfrac{6}{5}\right)^{2}$으로 증가

풀이

$E = 4.44 f N \phi_m$ 에서 전압이 일정 한 경우 $\phi_m \propto \dfrac{1}{f}$

또한, $\phi_m = B_m A$ 에서 $\phi_m \propto B_m$ 이므로 $B_m \propto \dfrac{1}{f}$

$B_{60} : B_{50} = \dfrac{1}{60} : \dfrac{1}{50}$ $\therefore B_{50} = \dfrac{6}{5} B_{60}$ **답** ②

문제 48 2대의 변압기로 V결선하여 3상 변압하는 경우 변압기 이용률은 약 몇 [%]인가?

① 57.8   ② 66.6
③ 86.6   ④ 100

풀이

이용률 $= \dfrac{3상\ 출력}{설비용량} = \dfrac{\sqrt{3}\,VI}{2\,VI} = \dfrac{\sqrt{3}}{2} = 0.866(86.6[\%])$

   답 ③

문제 49 3상 유도전동기의 기동법 중 전전압 기동에 대한 설명으로 틀린 것은?

① 기동 시에 역률이 좋지 않다.
② 소용량으로 기동 시간이 길다.
③ 소용량 농형 전동기의 기동법이다.
④ 전동기 단자에 직접 정격전압을 가한다.

풀이

전 전압 기동법 : 전동기에 별도의 기동장치를 사용하지 않고 직접 정격전압을 인가하여 기동하는 방법으로 5 [kW] 이하의 소용량 농형 유도 전동기에 적용하며 전전압으로 기동하므로 **기동토크가 크며 기동 시간이 짧다.** **답** ②

문제 50 동기발전기의 전기자 권선법 중 집중권인 경우 매극 매상의 홈(slot) 수는?

① 1개   ② 2개
③ 3개   ④ 4개

풀이

- **집중권** : 1극, 1상의 코일이 차지하는 슬롯수가 1개인 것으로 각 coil에 유기되는 기전력 사이에 위상차가 없다.

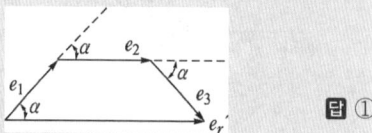

- **분포권** : 1극, 1상의 코일이 차지하는 슬롯수가 2개 이상인 것으로 각 coil에 유기되는 기전력 사이에 위상차가 존재한다. 따라서 전체 기전력의 크기는 집중권에 비해 낮다.

   답 ①

문제 51 유도전동기의 속도제어를 인버터방식으로 사용하는 경우 1차 주파수에 비례하여 1차 전압을 공급하는 이유는?

① 역률을 제어하기 위해
② 슬립을 증가시키기 위해
③ 자속을 일정하게 하기 위해
④ 발생토크를 증가시키기 위해

풀이

전동기에서 회전자계의 자속 ϕ는 1차전압에 비례하고 그 주파수에 반비례한다. 따라서 주파수를 바꾸어서 속도제어를 하는 경우, **자속을 일정하게 유지하기 위하여 주파수와 그 전압을 동시에 바꾸어서** $\dfrac{V_1}{f}$ **를 일정**하게 해야 한다.

이때 전압을 일정하게 하고 주파수만 낮추면 자속 ϕ는 증가하고 그 자속 ϕ를 만들기 위해 여자전류가 현저히 증가하게 된다. **답** ③

문제 52 3상 유도전압조정기의 원리를 응용한 것은?

① 3상 변압기　　② 3상 유도전동기

③ 3상 동기발전기　④ 3상 교류자전동기

풀이

3상 유도 전압 조정기는 권선형 3상 유도 전동기의 1차 권선 P와, 2차 권선 S를 3상 성형 단권 변압기와 같이 접속하고, 회전자를 구속한 상태로 두고 사용하는 것과 같다. **답** ②

문제 53 유도전동기의 기동 시 공급하는 전압을 단권변압기에 의해서 일시 강하시켜서 기동전류를 제한하는 기동방법은?

① Y−△기동

② 저항기동

③ 직접기동

④ 기동 보상기에 의한 기동

풀이

기동보상기법 : 3상 단권변압기를 이용하여 전동기에 인가되는 **기동전압을 감소**시킴으로써 기동전류를 감소시키는 기동방식

① 15 [kW] 이상의 농형 유도전동기 기동에 적용

② 기동 보상기 2차측 전류 = 기동 전류 × 기동 보상기 탭

③ 기동 보상기 1차측 전류

= 기동 보상기 2차측 전류 / 권수비

= 기동 보상기 2차측 전류 × 기동 보상기 탭 **답** ④

문제 54 정류회로에서 상의 수를 크게 했을 경우 옳은 것은?

① 맥동 주파수와 맥동률이 증가한다.

② 맥동률과 맥동 주파수가 감소한다.

③ 맥동 주파수는 증가하고 맥동률은 감소한다.

④ 맥동률과 주파수는 감소하나 출력이 증가한다.

풀이

정류상수 ϕ와 맥동률 및 맥동 주파수의 관계

상수 ϕ	2	3	4	6	12
맥동률	0.47	0.17	0.089	0.04	0.014
맥동주파수	$2f$	$3f$	$4f$	$6f$	$12f$

여기서, f : 전원 주파수

즉, 정류 회로에서 **상의 수를 크게 했을 경우 맥동 주파수는 높으나 맥동률은 감소**한다. **답** ③

문제 55 동기전동기의 위상특성곡선(V곡선)에 대한 설명으로 옳은 것은?

① 출력을 일정하게 유지할 때 부하전류와 전기자전류의 관계를 나타낸 곡선

② 역률을 일정하게 유지할 때 계자전류와 전기자전류의 관계를 나타낸 곡선

③ 계자전류를 일정하게 유지할 때 전기자전류와 출력사이의 관계를 나타낸 곡선

④ 공급전압 V와 부하가 일정할 때 계자전류의 변화에 대한 전기자전류의 변화를 나타낸 곡선

풀이

위상 특성 곡선이란 단자 전압과 부하를 일정하게 유지하고, 여자 전류를 변화시킬 경우 **계자 전류와 전기자 전류와의 관계**를 표시한 것

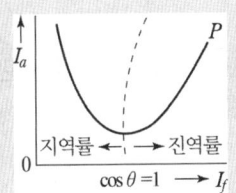

• 과여자(계자 전류가 역률 1일 때의 계자전류 보다 큰 경우) : 앞선 전기자 전류

• 부족여자(계자 전류가 역률 1일 때의 계자전류 보다 적은 경우) : 뒤진 전기자 전류 **답** ④

문제 56 그림과 같은 회로에서 V(전원전압의 실효치)= 100[V], 점호각 $\alpha = 30°$인 때의 부하 시의 직류전압 $E_{d\alpha}$[V]는 약 얼마인가? (단, 전류가 연속하는 경우이다.)

① 90

② 86

③ 77.9

④ 100

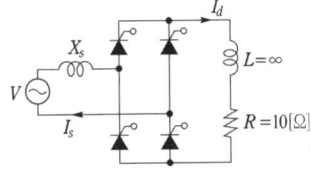

풀이

• 인덕턴스 L이 크므로 각 싸이리스터는 180°의 기간 동안 도통하게 되므로

직류전압 $E_{d\alpha} = \dfrac{1}{\pi} \displaystyle\int_{\alpha}^{\pi+\alpha} \sqrt{2}\,V\sin\omega t\,(d\omega t) = \dfrac{2\sqrt{2}\,V}{\pi}\cos\alpha$

따라서, 직류전압 $E_{d\alpha} = \dfrac{2\sqrt{2}\times 100}{\pi}\times\cos30° = 77.97$[V]

• 참고로 인덕턴스 $L = \infty$에서 전류파형은 완전히 평활하게 된다. 답 ③

문제 57 직류 분권전동기가 전기자 전류 100[A]일 때 50 [kg · m]의 토크를 발생하고 있다. 부하가 증가하여 전기자 전류가 120[A]로 되었다면 발생 토크[kg · m]는 얼마인가?

① 60 ② 67
③ 88 ④ 160

풀이
• 분권 전동기 토크 $T = K\phi I_a$ [kg·m]에서 $T \propto I_a$ 이므로
$$100 : 120 = 50 : T'$$
$$\therefore T' = \frac{120}{100} \times 50 = 60[\text{kg} \cdot \text{m}]$$ 답 ①

문제 58 비례추이와 관계있는 전동기로 옳은 것은?
① 동기전동기
② 농형 유도전동기
③ 단상정류자전동기
④ 권선형 유도전동기

풀이
비례추이란 2차 회로 저항의 크기를 조정함으로써 그 크기를 제어할 수 있는 요소를 말하며 비례추이를 할 수 있는 것은 $\frac{r_2}{s}$ 의 함수로 표시된다. 따라서, 비례추이는 2차 저항의 크기를 변화시킬 수 있는 **권선형 유도 전동기에서 사용**된다. (농형 유도 전동기에는 적용할 수 없다.) 답 ④

문제 59 3/4 부하에서 효율이 최대인 주상변압기의 전부하 시 철손과 동손의 비는?
① 8 : 4 ② 4 : 8
③ 9 : 16 ④ 16 : 9

풀이
변압기 최고 효율 조건
$m^2 P_c = P_i$ 에서
$$\left(\frac{3}{4}\right)^2 P_c = P_i, \quad 9P_c = 16P_i$$
$$\therefore P_i : P_c = 9 : 16$$ 답 ③

문제 60 동기발전기의 단락비가 적을 때의 설명으로 옳은 것은?
① 동기 임피던스가 크고 전기자 반작용이 작다.
② 동기 임피던스가 크고 전기자 반작용이 크다.
③ 동기 임피던스가 작고 전기자 반작용이 작다.
④ 동기 임피던스가 작고 전기자 반작용이 크다.

풀이
단락비 $K_s = \dfrac{1}{\text{동기 임피던스 [Pu]}}$
이며 단락비가 적은 기계(동기계)의 특징으로는
① **동기 임피던스가 크다.**
② 전기자 반작용이 크다.
③ 공극이 적다.
④ 전압변동률이 크다.
⑤ 중량이 가볍고 재료가 적게 들어 가격이 싸다. 답 ②

제4과목 회로이론 및 제어공학

문제 61 다음의 신호 흐름 선도를 메이슨의 공식을 이용하여 전달함수를 구하고자 한다. 이 신호 흐름 선도에서 루프(Loop)는 몇 개 인가?

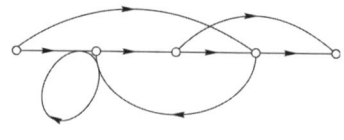

① 0 ② 1 ③ 2 ④ 3

풀이
루프(loop)는 한 마디에서 시작하여 다시 그 마디로 돌아오는 경로를 말하며, 모든 마디는 두 번 이상 지날 수 없다.

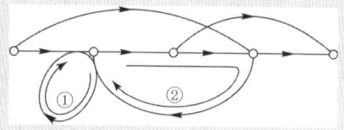

따라서 ①, ② 두 개 이다. 답 ③

문제 62 특성 방정식 중에서 안정된 시스템인 것은?

① $2s^3 + 3s^2 + 4s + 5 = 0$

② $s^4 + 3s^3 - s^2 + s + 10 = 0$

③ $s^5 + s^3 + 2s^2 + 4s + 3 = 0$

④ $s^4 - 2s^3 - 3s^2 + 4s + 5 = 0$

풀이

근이 모두 s평면의 좌반부에 있어야 만 제어계가 안정하다고 할 수 있다. 따라서, 근이 s평면의 좌반부 즉, 부 $(-)$의 실수부를 갖는 조건은 다음과 같다.

• 특성 방정식의 모든 계수의 부호가 같아야 한다.

• 계수 중 어느 하나라도 0이 되어서는 안 된다.

• 루드 수열의 제1열의 원소 부호가 같아야 한다.

• 제1열의 부호 변화는 s평면의 우반면에 존재하는 근의 수를 의미한다.   **답 ①**

문제 63 단위궤환 제어시스템의 전향경로 전달함수가 $G(s) = \dfrac{K}{s(s^2 + 5s + 4)}$ 일 때, 이 시스템이 안정하기 위한 K의 범위는?

① $K < -20$ ② $-20 < K < 0$

③ $0 < K < 20$ ④ $20 < K$

풀이

특성 방정식은

$1 + G(s)H(s) = 1 + \dfrac{K}{s(s^2 + 5s + 4)} = 0$

$s(s^2 + 5s + 4) + K = s^3 + 5s^2 + 4s + K = 0$

이므로, 루드의 표는

s^3	1	4
s^2	5	K
s^1	$\dfrac{20-K}{5}$	0
s^0	K	

계가 안정하기 위해서는 **제1열의 부호 변화가 없어야 하므로**

$20 - K > 0, \quad K > 0 \qquad \therefore 0 < K < 20$ **답 ③**

문제 64 $R(z) = \dfrac{(1-e^{-aT})z}{(z-1)(z-e^{-aT})}$ 의 역변환은?

① te^{aT} ② te^{-aT}

③ $1 - e^{-aT}$ ④ $1 + e^{-aT}$

풀이

$R(z) = \dfrac{(1-e^{-aT})z}{(z-1)(z-e^{-aT})} = \dfrac{z - ze^{-aT} + z^2 - z^2}{(z-1)(z-e^{-aT})}$

$= \dfrac{z(z-e^{-aT}) - z(z-1)}{(z-1)(z-e^{-aT})} = \dfrac{z}{z-1} - \dfrac{z}{z-e^{-aT}}$

따라서 $f(t)$는 $1-e^{-aT}$가 된다.   **답 ③**

문제 65 타이머에서 입력신호가 주어지면 바로 동작하고, 입력신호가 차단된 후에는 일정시간이 지난 후에 출력이 소멸되는 동작형태는?

① 한시동작 순시복귀

② 순시동작 순시복귀

③ 한시동작 한시복귀

④ 순시동작 한시복귀

풀이

타이머 회로

① 한시동작 순시복귀 : 입력이 주어지면 일정시간 후 동작하고, 입력이 차단되면 즉시 출력이 소멸

② 순시동작 순시복귀 : 입력이 주어지면 즉시 동작하고, 입력이 차단되면 즉시 출력이 소멸

③ 한시동작 한시복귀 : 입력이 주어지면 일정시간 후 동작하고, 입력이 차단되면 일정시간 후 출력이 소멸

④ **순시동작 한시복귀** : 입력이 주어지면 즉시 동작하고, 입력이 차단되면 일정시간 후 출력이 소멸   **답 ④**

문제 66 시간영역에서 자동제어계를 해석할 때 기본 시험입력에 보통 사용되지 않는 입력은?

① 정속도 입력   ② 정현파 입력

③ 단위계단 입력   ④ 정가속도 입력

풀이

기준 시험 입력 종류

① 계단 입력

② 등속 입력

③ 등가속 입력   **답 ②**

문제 67 $G(s)H(s) = \dfrac{K(s-1)}{s(s+1)(s-4)}$ 에서 점근선의 교차점을 구하면?

① -1 ② 0 ③ 1 ④ 2

- 극점 : 0, -1, 4 (극점의 개수 $P=3$)
- 영점 : 1 (영점의 개수 $Z=1$)
- 교차점 $\sigma = \dfrac{\Sigma \text{극점} - \Sigma \text{영점}}{P-Z}$ 에서 $\sigma = \dfrac{(-1+4)-1}{3-1} = 1$

여기서, P : 극점의 개수
Z : 영점의 개수

답 ③

문제 68 n차 선형 시불변 시스템의 상태방정식을
$\dfrac{d}{dt}X(t) = AX(t) + Br(t)$로 표시할 때 상태천이
행렬 $\Phi(t)(n \times n$행렬)에 관하여 틀린 것은?

① $\Phi(t) = e^{At}$

② $\dfrac{d\Phi(t)}{dt} = A \cdot \Phi(t)$

③ $\Phi(t) = \mathcal{L}^{-1}[(sI-A)^{-1}]$

④ $\Phi(t)$는 시스템의 정상상태응답을 나타낸다.

풀이
$\Phi(t)$는 선형 시스템의 과도 응답(천이행렬)을 나타낸다.

답 ④

문제 69
다음의 신호 흐름 선도에서 C/R는?

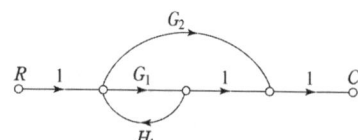

① $\dfrac{G_1 + G_2}{1 - G_1 H_1}$

② $\dfrac{G_1 G_2}{1 - G_1 H_1}$

③ $\dfrac{G_1 + G_2}{1 + G_1 H_1}$

④ $\dfrac{G_1 G_2}{1 + G_1 H_1}$

풀이
- 전향경로 이득 : G_1, G_2
- 루프이득 : $G_1 H_1$
- $G(s) = \dfrac{\Sigma \text{전향 경로 이득}}{1 - \Sigma \text{루프이득}} = \dfrac{G_1 + G_2}{1 - G_1 H_1}$

답 ①

문제 70 PD 조절기와 전달함수 $G(s) = 1.2 + 0.02s$의 영점은?

① -60 ② -50 ③ 50 ④ 60

풀이
$1.2 + 0.02s = 0$ $\therefore s = -60$

답 ①

문제 71 전원과 부하가 △결선된 3상 평형회로가 있다. 전원전압이 200[V], 부하 1상의 임피던스가 $6 + j8[\Omega]$일 때 선전류 [A]는?

① 20 ② $20\sqrt{3}$ ③ $\dfrac{20}{\sqrt{3}}$ ④ $\dfrac{\sqrt{3}}{20}$

풀이
전원과 부하가 다같이 △결선이므로 상전류 I_p는
$$I_p = \frac{V}{Z} = \frac{200}{\sqrt{6^2 + 8^2}} = 20[A]$$
따라서, 선전류 $I_l = \sqrt{3} I_p = 20\sqrt{3}[A]$

답 ②

문제 72 $e = 100\sqrt{2}\sin\omega t + 75\sqrt{2}\sin 3\omega t + 20\sqrt{2}\sin 5\omega t$[V]인 전압을 RL직렬회로에 가할 때 제3고조파 전류의 실효값은 몇 [A] 인가?
(단, $R = 4[\Omega]$, $\omega L = 1[\Omega]$ 이다.)

① 15 ② $15\sqrt{2}$ ③ 20 ④ $20\sqrt{2}$

풀이
기본 주파수에 대한 임피던스 $Z_1 = 4 + j1$
저항은 주파수와 무관하고 리액턴스는 주파수에 비례하므로
제3고조파에 대한 리액턴스는
$$X_{L3} = 3 \times 2\pi f L = 3 X_{L1}$$
따라서, 3고조파에 대한 임피던스
$Z_3 = 4 + j1 \times 3 = 4 + j3$
$$\therefore I_3 = \frac{E_3}{Z_3} = \frac{75}{4 + j3} = \frac{75}{\sqrt{4^2 + 3^2}} = 15[A]$$

답 ①

문제 73 분포정수 선로에서 무왜형 조건이 성립하면 어떻게 되는가?

① 감쇠량이 최소로 된다.
② 전파속도가 최대로 된다.
③ 감쇠량은 주파수에 비례한다.
④ 위상정수가 주파수에 관계없이 일정하다.

풀이

감쇠량 $\alpha = \sqrt{RG}$ 로 **무왜형 조건인 $RC = LG$**일 때 최소가 된다. **답 ①**

회로에서 $V = 10[V]$, $R = 10[\Omega]$, $L = 1[H]$, $C = 10[\mu F]$ 그리고 $V_c(0) = 0$일 때 스위치 K를 닫은 직후 전류의 변화율 $\dfrac{di}{dt}(0^+)$의 값 [A/sec]은?

① 0
② 1
③ 5
④ 10

풀이

진동 여부 판별식으로부터

$$\left(\frac{R}{2L}\right)^2 - \frac{1}{LC} = \left(\frac{10}{2 \times 1}\right)^2 - \frac{1}{1 \times 10 \times 10^{-6}} < 0$$

즉, 위와 같은 회로는 진동인 경우이므로,

$$i = \frac{V}{\beta L}e^{-\alpha t}\sin\beta t$$

$$\therefore \frac{di}{dt}\bigg|_{t=0} = \frac{V}{\beta L}[-\alpha e^{-\alpha t}\sin\beta t + \beta e^{-\alpha t}\cos\beta t]_{t=0}$$

$$= \frac{V}{\beta L} \cdot \beta = \frac{V}{L} = \frac{10}{1} = 10[\text{A/sec}] \qquad \textbf{답 ④}$$

$F(s) = \dfrac{2s + 15}{s^3 + s^2 + 3s}$ 일 때 $f(t)$의 최종값은?

① 2 ② 3 ③ 5 ④ 15

풀이

최종값 정리에 의하여

$$\lim_{t \to \infty} f(t) = \lim_{s \to 0} sF(s) = \lim_{s \to 0} s \cdot \frac{2s + 15}{s(s^2 + s + 3)} = \frac{15}{3} = 5$$

답 ③

대칭 5상 교류 성형결선에서 선간전압과 상전압 간의 위상차는 몇 도인가?

① 27° ② 36° ③ 54° ④ 72°

풀이

대칭 n상인 경우 전압 간의 위상차

$$\theta = \frac{\pi}{2}\left(1 - \frac{2}{n}\right) = \frac{180}{2}\left(1 - \frac{2}{5}\right) = 90 \times \frac{3}{5} = 54° \qquad \textbf{답 ③}$$

정현파 교류 $V = V_m \sin\omega t$의 전압을 반파정류 하였을 때의 실효값은 몇 [V]인가?

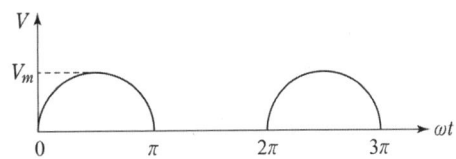

① $\dfrac{V_m}{\sqrt{2}}$ ② $\dfrac{V_m}{2}$

③ $\dfrac{V_m}{2\sqrt{2}}$ ④ $\sqrt{2}\,V_m$

풀이

파 형	정현파	정현반파	삼각파	구형반파	구형파
실효값	$\dfrac{V_m}{\sqrt{2}}$	$\dfrac{V_m}{2}$	$\dfrac{V_m}{\sqrt{3}}$	$\dfrac{V_m}{\sqrt{2}}$	V_m
평균값	$\dfrac{2V_m}{\pi}$	$\dfrac{V_m}{\pi}$	$\dfrac{V_m}{2}$	$\dfrac{V_m}{2}$	V_m

답 ②

회로망 출력단자 a-b에서 바라본 등가임피던스는? (단, $V_1 = 6[V]$, $V_2 = 3[V]$, $I_1 = 10$ [A], $R_1 = 15[\Omega]$, $R_2 = 10[\Omega]$, $L = 2[H]$, $j\omega = s$이다.)

① $s + 15$
② $2s + 6$
③ $\dfrac{3}{s + 2}$
④ $\dfrac{1}{s + 3}$

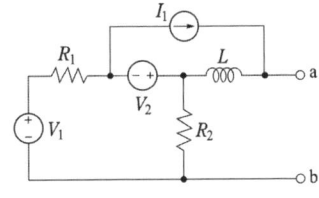

풀이

• 전압원은 단락, 전류원은 개방

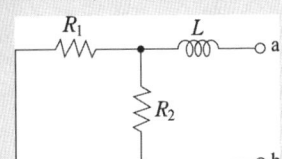

$$\cdot \ Z_{ab} = \frac{R_1 R_2}{R_1 + R_2} + j\omega L = \frac{15 \times 10}{15 + 10} + 2s = 6 + 2s$$ **답** ②

문제 79 대칭 3상 전압이 a상 V_a, b상 $V_b = a^2 V_a$, c상 $V_c = a V_a$일 때 a상을 기준으로 한 대칭분 전압 중 정상분 V_1[V]은 어떻게 표시되는가?

① $\dfrac{1}{3} V_a$ ② V_a

③ $a V_a$ ④ $a^2 V_a$

풀이

$$V_1 = \frac{1}{3}(V_a + a V_b + a^2 V_c) = \frac{1}{3}(V_a + a^3 V_a + a^3 V_a)$$
$$= \frac{V_a}{3}(1 + a^3 + a^3) = V_a \quad (\because a^3 = 1)$$ **답** ②

문제 80 다음과 같은 비정현파 기전력 및 전류에 의한 평균전력을 구하면 몇 [W] 인가?

$$e = 100\sin\omega t - 50\sin(3\omega t + 30°)$$
$$+ 20\sin(5\omega t + 45°)[V]$$
$$i = 20\sin\omega t + 10\sin(3\omega t - 30°)$$
$$+ 5\sin(5\omega t - 45°)[A]$$

① 825   ② 875

③ 925   ④ 1175

풀이

주파수가 다른 전압과 전류 사이의 전력은 영(0)이다.
따라서, $P = V_1 I_1 \cos\theta_1 + V_3 I_3 \cos\theta_3 + V_5 I_5 \cos\theta_5$
$$P = \frac{100}{\sqrt{2}} \times \frac{20}{\sqrt{2}} \cos 0° + \frac{-50}{\sqrt{2}} \times \frac{10}{\sqrt{2}} \cos 60°$$
$$+ \frac{20}{\sqrt{2}} \times \frac{5}{\sqrt{2}} \cos 90° = 875[W]$$ **답** ②

제5과목 **전기설비 기술기준**

문제 81 지중 전선로의 매설방법이 아닌 것은?

① 관로식   ② 인입식

③ 암거식   ④ 직접 매설식

풀이

334.1 지중전선로의 시설
가. 지중 전선로는 전선에 케이블을 사용하고 또한 관로식·암거식 또는 직접 매설식에 의하여 시설하여야 한다.
나. 지중 전선로를 직접 매설식에 의하여 시설하는 경우에는 매설 깊이는
  ① 차량 기타 중량물의 압력을 받을 우려가 있는 장소
    : 1.0 [m] 이상
  ② 기타 장소 : 0.6[m] 이상 **답** ②

문제 82 특고압용 변압기로서 그 내부에 고장이 생긴 경우에 반드시 자동 차단되어야 하는 변압기의 뱅크용량은 몇 [kVA] 이상인가?

① 5000   ② 10000

③ 50000   ④ 100000

풀이

351.4 특고압용 변압기의 보호장치
특고압용의 변압기에는 그 내부에 고장이 생겼을 경우에 보호하는 장치를 표와 같이 시설하여야 한다.

뱅크 용량의 구분	동작 조건	장치의 종류
5,000 [kVA] 이상 10,000 [kVA] 미만	변압기 내부 고장	자동 차단 장치 또는 경보 장치
10,000 [kVA] 이상	변압기 내부 고장	자동 차단 장치
타냉식 변압기(변압기의 권선 및 철심을 직접 냉각시키기 위하여 봉입한 냉매를 강제 순환시키는 냉각 방식을 말한다.)	냉각 장치에 고장이 생긴 경우 또는 변압기의 온도가 현저히 상승한 경우	경보 장치

답 ②

문제 83 전력보안 가공통신선(광섬유 케이블은 제외)을 조가 할 경우 조가용 선은?

① 금속으로 된 단선

② 강심 알루미늄 연선

③ 금속선으로 된 연선

④ 알루미늄으로 된 단선

풀이

362.3 조가선 시설기준

조가선은 단면적 38[mm²] 이상의 아연도강연선을 사용할 것. 답 ③

문제 84 저고압 가공전선과 가공약전류 전선 등을 동일 지지물에 시설하는 기준으로 틀린 것은?

① 가공전선을 가공약전류전선 등의 위로하고 별개의 완금류에 시설할 것

② 전선로의 지지물로서 사용하는 목주의 풍압하중에 대한 안전율은 1.5 이상일 것

③ 가공전선과 가공약전류전선 등 사이의 이격거리는 저압과 고압 모두 75[cm] 이상일 것

④ 가공전선이 가공약전류전선에 대하여 유도작용에 의한 통신상의 장해를 줄 우려가 있는 경우에는 가공전선을 적당한 거리에서 연가할 것

풀이

332.21 고압 가공전선과 가공약전류전선 등의 공용설치, 222.21 저압 가공전선과 가공약전류전선 등의 공용설치

저압 가공전선 또는 고압 가공전선과 가공약전류전선 등을 동일 지지물에 시설하는 경우에는 다음에 따라 시설하여야 한다.

가. 전선로의 지지물로서 사용하는 목주의 풍압하중에 대한 안전율은 1.5 이상일 것.

나. 가공전선을 가공약전류전선 등의 위로하고 별개의 완금류에 시설할 것.

다. 가공전선과 가공약전류전선 등 사이의 이격거리
  • 저압(다중 접지된 중성선을 제외한다)은 0.75[m] 이상
  • 고압은 1.5[m] 이상일 것.

라. 가공전선이 가공약전류전선에 대하여 유도작용에 의한 통신상의 장해를 줄 우려가 있는 경우에는 다음의 규정에 준하여 시설할 것.
  ① 가공전선과 가공약전류전선간의 이격거리를 증가시킬 것.
  ② 교류식 가공전선로의 경우에는 가공전선을 적당한 거리에서 연가할 것.
  ③ 가공전선과 가공약전류전선 사이에 인장강도 5.26[kN] 이상의 것 또는 지름 4[mm] 이상인 경동선의 금속선 2가닥 이상을 시설하고 규정에 준하여 접지공사를 할 것. 답 ③

문제 85 석유류를 저장하는 장소의 전등배선에 사용하지 않는 공사방법은?

① 케이블공사

② 금속관공사

③ 애자공사

④ 합성수지관공사

풀이

242.4 위험물 등이 존재하는 장소

셀룰로이드 · 성냥 · 석유류 기타 타기 쉬운 위험한 물질을 제조하거나 저장하는 곳에 시설하는 저압 옥내 전기설비는 다음에 따르고 또한 위험의 우려가 없도록 시설하여야 한다.

가. 이동전선은 접속점이 없는 0.6/1[kV] EP 고무 절연 클로로프렌 캡타이어 케이블 또는 0.6/1[kV] 비닐 절연 비닐캡타이어 케이블을 사용할 것.

나. 저압 옥내배선 등은 합성수지관공사(두께 2[mm] 미만의 합성수지 전선관 및 난연성이 없는 콤바인 덕트관을 사용하는 것을 제외한다) · 금속관공사 또는 케이블공사에 의할 것. 답 ③

문제 86 풀용 수중조명등에 사용되는 절연 변압기의 2차측 전로의 사용전압이 몇 [V]를 초과하는 경우에는 그 전로에 지락이 생겼을 때에 자동적으로 전로를 차단하는 장치를 하여야 하는가?

① 30

② 60

③ 150

④ 300

풀이

234.14 수중조명등

가. 수영장 기타 이와 유사한 장소에 사용하는 수중조명등에 전기를 공급하기 위해서는 절연변압기를 사용하여야 한다.

나. 절연변압기의 2차측 전로의 사용전압이 30[V]를 초과하는 경우, 그 전로에 지락이 생겼을 때에 자동적으로 전로를 차단하는 정격감도전류 30[mA] 이하의 누전차단기를 시설하여야 한다. 답 ①

문제 87 사용전압이 154[kV]인 가공 송전선의 시설에서 전선과 식물과의 이격거리는 일반적인 경우에 몇 [m] 이상으로 하여야 하는가?

① 2.8

② 3.2

③ 3.6

④ 4.2

풀이

33.30 특고압 가공전선과 식물의 이격거리

사용전압의 구분	이격거리
60 [kV] 이하	2 [m]
60 [kV] 초과	2[m]에 사용전압이 60[kV]를 초과하는 10 [kV] 또는 그 단수마다 12[cm]를 더한 값

• 단수 = $\dfrac{154-60}{10}$ = 9.4 → 10단

• 이격 거리 = 2 + 0.12 × 10 = 3.2[m]   **답** ②

문제 88 과전류차단기로 저압전로에 사용하는 50 [A] 퓨즈를 붙인 경우 이 퓨즈는 정격전류의 몇 배의 전류에 견딜 수 있어야 하는가?

① 1.1 　　　　　 ② 1.25

③ 1.6 　　　　　 ④ 2

풀이

212.3.4 보호장치의 특성

1. 과전류 보호장치는 KS C 또는 KS C IEC 관련 표준(배선차단기, 누전차단기, 퓨즈등의 표준)의 동작특성에 적합하여야 한다.

2. 과전류차단기로 저압전로에 사용하는 범용의 퓨즈는 표에 적합한 것이어야 한다.

표. 퓨즈(gG)의 용단특성

정격전류의 구분	시간	정격전류의 배수	
		불용단전류	용단전류
4[A] 이하	60분	1.5배	2.1배
4[A] 초과 16[A] 미만	60분	1.5배	1.9배
16[A] 이상 63[A] 이하	60분	1.25배	1.6배
63[A] 초과 160[A] 이하	120분	1.25배	1.6배
160[A] 초과 400[A] 이하	180분	1.25배	1.6배
400[A] 초과	240분	1.25배	1.6배

답 ②

문제 89 농사용 저압 가공전선로의 시설 기준으로 틀린 것은?

① 사용전압이 저압일 것

② 전선로의 경간은 40[m] 이하일 것

③ 저압 가공전선의 인장강도는 1.38[kN] 이상일 것

④ 저압 가공전선의 지표상 높이는 3.5[m] 이상일 것

풀이

222.22 농사용 저압 가공전선로의 시설

가. 사용전압은 저압일 것.

나. 저압 가공전선은 인장강도 1.38[kN] 이상의 것 또는 지름 2[mm] 이상의 경동선일 것.

다. 저압 가공전선의 지표상의 높이는 3.5[m] 이상일 것. 다만, 저압 가공전선을 사람이 쉽게 출입하지 못하는 곳에 시설하는 경우에는 3[m]까지로 감할 수 있다.

라. 목주의 굵기는 말구 지름이 0.09[m] 이상일 것.

마. 전선로의 지지점 간 거리는 30[m] 이하일 것.　**답** ②

문제 90 고압 가공전선로에 시설하는 피뢰기의 접지저항 값은 몇 [Ω] 까지 허용되는가? 단, 피뢰기 접지공사의 접지선은 전용의 것으로 한다.

① 20 　　　　　 ② 30

③ 50 　　　　　 ④ 75

풀이

341.14 피뢰기의 접지

가. 고압 및 특고압의 전로에 시설하는 피뢰기 접지저항 값은 10[Ω] 이하로 하여야 한다.

나. 고압가공전선로에 시설하는 피뢰기의 접지공사의 **접지선이 전용의 것인 경우에는 접지 저항치가 30[Ω]까지 허용**된다.　**답** ②

문제 91 고압 옥측전선로에 사용할 수 있는 전선은?

① 케이블 　　　　 ② 나경동선

③ 절연전선 　　　 ④ 다심형 전선

풀이

331.13 옥측전선로

고압 옥측전선로는 전개된 장소에는 다음에 따라 시설하여야 한다.

가. 전선은 케이블일 것.

나. 케이블은 견고한 관 또는 트라프에 넣거나 사람이 접촉할 우려가 없도록 시설할 것.

다. 케이블을 조영재의 옆면 또는 아랫면에 따라 붙일 경우에는 케이블의 지지점 간의 거리를 2 [m] (수직으로 붙일 경우에는 6[m])이하로 하고 또한 피복을 손상하지 아니하도록 붙일 것.　**답** ①

문제 92 최대사용전압이 22900[V]인 3상 4선식 중성선 다중접지식 전로와 대지 사이의 절연내력 시험전압은 몇 [V] 인가?

① 32510
② 28752
③ 25229
④ 21068

풀이

132 전로의 절연저항 및 절연내력

전로의 종류	접지 방식	시험전압 (최대사용 전압의 배수)	최저 시험전압
1. 7[kV] 이하인 전로		1.5배	
2. 7[kV] 초과 25[kV] 이하	다중접지	0.92배	
3. 7[kV] 초과 60[kV] 이하 (2란의 것 제외)	비접지	1.25배	10.5[kV]
4. 60[kV] 초과	비접지	1.25배	
5. 60[kV] 초과 (6란, 7란의 것 제외)	접지식	1.1배	75[kV]
6. 60[kV] 초과(7란의 것 제외)	직접접지	0.72배	
7. 170[kV] 초과 (발전소 또는 변전소 혹은 이에 준하는 장소에 시설하는 것.)	직접접지	0.64배	

※ 전로에 케이블을 사용하는 경우에는 직류로 시험할 수 있으며, 시험 전압은 교류의 경우의 2배가 된다.

∴ 시험 전압 $= 22900 \times 0.92 = 21068[V]$ **답** ④

문제 93 발전기를 전로로부터 자동적으로 차단하는 장치를 시설하여야 하는 경우에 해당 되지 않는 것은?

① 발전기에 과전류가 생긴 경우
② 용량이 5000[kVA] 이상인 발전기의 내부에 고장이 생긴 경우
③ 용량이 500[kVA] 이상의 발전기를 구동하는 수차의 압유장치의 유압이 현저히 저하한 경우
④ 용량이 100[kVA] 이상의 발전기를 구동하는 풍차의 압유장치의 유압, 압축공기장치의 공기압이 현저히 저하한 경우

풀이

351.3 발전기 등의 보호장치
발전기에는 다음의 경우에 자동적으로 이를 전로로부터 차단하는 장치를 시설하여야 한다.
가. 발전기에 과전류나 과전압이 생긴 경우
나. 용량이 500[kVA] 이상의 발전기를 구동하는 수차의 압유 장치의 유압이 현저히 저하한 경우

다. 용량이 100[kVA] 이상의 발전기를 구동하는 풍차의 압유장치의 유압이 현저히 저하한 경우
라. 용량이 2,000[kVA] 이상인 수차 발전기의 스러스트 베어링의 온도가 현저히 상승한 경우
마. 용량이 10,000[kVA] 이상인 발전기의 내부에 고장이 생긴 경우
바. 정격출력이 10,000 [kW]를 초과하는 증기터빈은 그 스러스트 베어링이 현저하게 마모되거나 그의 온도가 현저히 상승한 경우 **답** ②

문제 94 라이팅덕트공사에 의한 저압 옥내배선 공사 시설 기준으로 틀린 것은?

① 덕트의 끝부분은 막을 것
② 덕트는 조영재에 견고하게 붙일 것
③ 덕트는 조영재를 관통하여 시설할 것
④ 덕트의 지지점 간의 거리는 2[m] 이하로 할 것

풀이

232.71 라이팅덕트공사
가. 덕트는 조영재에 견고하게 붙일 것.
나. 덕트의 지지점 간의 거리는 2 [m] 이하로 할 것.
다. 덕트의 끝부분은 막을 것.
라. 덕트의 개구부는 아래로 향하여 시설할 것.
마. 덕트는 조영재를 관통하여 시설하지 아니할 것.
바. 덕트를 사람이 용이하게 접촉할 우려가 있는 장소에 시설하는 경우에는 전로에 지락이 생겼을 때에 자동적으로 전로를 차단하는 장치를 시설할 것. **답** ③

문제 95 고압 옥내배선이 수관과 접근하여 시설되는 경우에는 몇 [cm] 이상 이격시켜야 하는가?

① 15
② 30
③ 45
④ 60

풀이

342.1 고압 옥내배선 등의 시설
고압 옥내배선이 다른 고압 옥내배선·저압 옥내전선·관등회로의 배선·약전류 전선 등 또는 수관·가스관이나 이와 유사한 것과 접근하거나 교차하는 경우 이격거리
가. 다른 고압 옥내배선·저압 옥내전선·관등회로의 배선·약전류 전선 : 15[cm]
나. 수관·가스관이나 이와 유사한 것과 접근하거나 교차하는 경우 : 15[cm]
다. 애자공사에 의하여 시설하는 저압 옥내전선이 나전선인 경우 : 30[cm]
라. 가스계량기 및 가스관의 이음부와 전력량계 및 개폐기 : 60[cm] **답** ①

문제 96 금속덕트공사에 의한 저압 옥내배선에서, 금속덕트에 넣은 전선의 단면적의 합계는 일반적으로 덕트 내부 단면적의 몇 [%] 이하이어야 하는가? (단, 전광표시 장치 기타 이와 유사한 장치 또는 제어회로 등의 배선만을 넣는 경우에는 50[%])

① 20   ② 30
③ 40   ④ 50

풀이

232.31 금속덕트공사
금속덕트에 넣은 전선의 단면적(절연피복의 단면적을 포함한다)의 합계는 **덕트의 내부 단면적의 20[%]**(전광표시 장치 기타 이와 유사한 장치 또는 제어회로 등의 배선만을 넣는 경우에는 50[%]) **이하일 것.** **답** ①

문제 97 지중 전선로에 사용하는 지중함의 시설기준으로 틀린 것은?

① 조명 및 세척이 가능한 적당한 장치를 시설할 것
② 견고하고 차량 기타 중량물의 압력에 견디는 구조일 것
③ 그 안의 고인 물을 제거할 수 있는 구조로 되어 있을 것
④ 뚜껑은 시설자 이외의 자가 쉽게 열 수 없도록 시설할 것

풀이

334.2 지중함의 시설
지중전선로에 사용하는 지중함은 다음에 따라 시설하여야 한다.
가. 지중함은 **견고하고 차량 기타 중량물의 압력에 견디는 구조**일 것.
나. 지중함은 그 안의 **고인 물을 제거할 수 있는 구조**로 되어 있을 것.
다. 폭발성 또는 연소성의 가스가 침입할 우려가 있는 것에 시설하는 지중함으로서 그 **크기가 1[m³] 이상인 것**에는 **통풍장치 기타 가스를 방산시키기 위한 적당한 장치**를 시설할 것.
라. 지중함의 **뚜껑은 시설자이외의 자가 쉽게 열 수 없도록 시설할 것.** **답** ①

문제 98 철탑의 강도계산에 사용하는 이상 시 상정하중을 계산하는데 사용되는 것은?

① 미진에 의한 요동과 철구조물의 인장하중
② 뇌가 철탑에 가하여졌을 경우의 충격하중
③ 이상전압이 전선로에 내습하였을 때 생기는 충격하중
④ 풍압이 전선로에 직각방향으로 가하여지는 경우의 하중

풀이

333.14 이상 시 상정하중
철탑의 강도계산에 사용하는 **이상 시 상정하중**은 풍압이 **전선로에 직각방향으로 가하여지는 경우의 하중**과 전선로의 방향으로 가하여지는 경우의 하중을 계산하여 부재에 큰 응력이 생기는 쪽의 하중을 채택한다. **답** ④

> 출제기준 변경 및 개정된 관계 법규에 따라 삭제된 문제가 있어 20문항이 안됩니다.

국가기술자격검정 필기시험 문제

2019년도 전기기사 일반검정 제 2 회				수검 번호	성 명
자격종목 및 등급(선택분야)	종목코드	시험시간	문제지형별		
전기기사	1150	2시간 30분	A		

제1과목 ▶ 전기자기학

문제 01 진공 중에서 한 변이 a[m]인 정사각형 단일 코일이 있다. 코일에 I[A]의 전류를 흘릴 때 정사각형 중심에서 자계의 세기는 몇 [AT/m]인가?

① $\dfrac{2\sqrt{2}\,I}{\pi a}$

② $\dfrac{I}{\sqrt{2}\,a}$

③ $\dfrac{I}{2a}$

④ $\dfrac{4I}{a}$

풀이

- 원형 전류 중심의 자계 $H_0 = \dfrac{I}{2a}$[AT/m]
  (여기서, a는 반지름)
- 정사각형 중심에서 자계의 세기 $H = \dfrac{2\sqrt{2}\,I}{\pi a}$[AT/m]
  (여기서, a은 한 변의 길이)   **답** ①

문제 02 단면적 S, 길이 l, 투자율 μ인 자성체의 자기회로에 권선을 N회 감아서 I의 전류를 흐르게 할 때 자속은?

① $\dfrac{\mu SI}{Nl}$

② $\dfrac{\mu NI}{Sl}$

③ $\dfrac{NIl}{\mu S}$

④ $\dfrac{\mu SNI}{l}$

풀이

자기회로에 있어서의 옴의 법칙에 의해
$$\phi = \frac{F}{R_m} = \frac{NI}{R_m} = \frac{\mu SNI}{l}\,[\text{Wb}]$$
(여기서, 기자력 $F = NI$[AT],
자기저항 $R_m = \dfrac{l}{\mu S}$[AT/Wb])   **답** ④

문제 03 자속밀도가 0.3[Wb/m²]인 평등자계 내에 5[A]의 전류가 흐르는 길이 2[m]인 직선도체가 있다. 이 도체를 자계 방향에 대하여 60°의 각도로 놓았을 때 이 도체가 받는 힘은 약 몇 [N] 인가?

① 1.3   ② 2.6   ③ 4.7   ④ 5.2

풀이

$F = IBl\sin\theta = 5 \times 0.3 \times 2 \times \sin 60° = 2.6$[N]   **답** ②

문제 04 어떤 대전체가 진공 중에서 전속이 Q[C]이었다. 이 대전체를 비유전율 10인 유전체 속으로 가져갈 경우에 전속[C]은?

① Q ② $10Q$ ③ $\dfrac{Q}{10}$ ④ $10\epsilon_o Q$

풀이

- 점전하 Q[C]로부터 나오는 총 전기력선 수는 $\dfrac{Q}{\epsilon}$ 개로 유전율 ϵ에 따라 변한다.
- 전속 $\varPsi$는 매질에 관계없이 전하 Q[C]일 때 Q개의 전속선이 나온다.
  $\therefore \varPsi = Q$[C]   **답** ①

문제 05 30[V/m]의 전계내의 80[V]되는 점에서 1[C]의 전하를 전계 방향으로 80[cm] 이동한 경우, 그 점의 전위[V]는?

① 9   ② 24   ③ 30   ④ 56

풀이

$$V_{BA} = V_B - V_A = -\int_A^B \boldsymbol{E} \cdot dl = -\int_0^{0.8} \boldsymbol{E} \cdot dl$$
$$= -[30l]_0^{0.8} = -24\,[\text{V}]$$
$V_A = 80$[V], $V_{BA} = -24$[V] 이므로
$\therefore V_B = V_A + V_{BA} = 80 - 24 = 56$[V]   **답** ④

문제 06 그림과 같이 평행한 무한장 직선도선에 I [A], $4I$[A]인 전류가 흐른다. 두 선 사이의 점 P에서 자계의 세기가 0 이라고 하면 $\frac{a}{b}$는?

① 2
② 4
③ $\frac{1}{2}$
④ $\frac{1}{4}$

풀이

I와 $4I$ 도선에 의한 자계의 방향은 서로 반대이므로 크기가 같으면 $H = 0$가 된다.

I 도선에 의한 자계 $H_I = \dfrac{I}{2\pi a}$[AT/m] (⊗ 방향)

$4I$ 도선에 의한 자계 $H_{4I} = \dfrac{4I}{2\pi b}$[AT/m] (⊙ 방향)

$H_I = H_{4I}$ 이므로

$\dfrac{I}{2\pi a} = \dfrac{4I}{2\pi b}$ ∴ $\dfrac{a}{b} = \dfrac{1}{4}$ **답** ④

문제 07 다음 중 스토크스(stokes)의 정리는?

① $\oint \boldsymbol{H} \cdot d\boldsymbol{s} = \displaystyle\int\int_s (\nabla \cdot \boldsymbol{H}) \cdot d\boldsymbol{s}$

② $\displaystyle\int \boldsymbol{B} \cdot d\boldsymbol{s} = \int_s (\nabla \times \boldsymbol{H}) \cdot d\boldsymbol{s}$

③ $\oint_c \boldsymbol{H} \cdot d\boldsymbol{s} = \displaystyle\int (\nabla \cdot \boldsymbol{H}) \cdot d\boldsymbol{l}$

④ $\oint_c \boldsymbol{H} \cdot d\boldsymbol{l} = \displaystyle\int_s (\nabla \times \boldsymbol{H}) \cdot d\boldsymbol{s}$

풀이

스토크스(Stokes)의 정리는 선적분과 면적 적분의 관계식으로 "어떤 벡터의 폐곡선에 따른 선적분은 그 벡터의 회전을 폐곡선이 만드는 면적에 대하여 면적 적분한 것과 같다."로 표현된다. 이를 수식으로 표시하면

$\oint_c \boldsymbol{H} \cdot d\boldsymbol{l} = \displaystyle\int_s (\nabla \times \boldsymbol{H}) \cdot d\boldsymbol{s} = \int_s \text{rot}\, \boldsymbol{H} \cdot d\boldsymbol{s}$ 이다. **답** ④

문제 08 정상전류계에서 옴의 법칙에 대한 미분형은? (단, i는 전류밀도, k는 도전율, ρ는 고유저항, E는 전계의 세기이다.)

① $i = k\boldsymbol{E}$
② $i = \dfrac{\boldsymbol{E}}{k}$
③ $i = \rho \boldsymbol{E}$
④ $i = -k\boldsymbol{E}$

풀이

(1) 옴의 법칙의 거시적 고찰

$I = \dfrac{V}{R}\left(R = \rho\dfrac{l}{S}\right) \rightarrow I = \dfrac{SV}{\rho l}\left(E = \dfrac{V}{l}\right) : I = \dfrac{SE}{\rho}$

(2) 옴의 법칙의 미시적 고찰 : 위의 전체 전류 I를 전류밀도 i로 표현하면 $i = \dfrac{I}{S}$에 의해 다음과 같이 나타낼 수 있다. 즉

$i = \dfrac{I}{S} = \dfrac{E}{\rho}$ ∴ $i = \dfrac{1}{\rho}E = kE$ **답** ①

별해

정전계와 전류계의 유사성

정 전 계	전 류 계
전속밀도 D	전류밀도 i
유전율 ϵ	도전율 k
전계의 세기 E	전계의 세기 E
$D = \epsilon E$	$i = kE$

∴ $i = kE = \dfrac{1}{\rho}E$ (저항률과 도전율 : 역수 관계)

문제 09 다음 식 중에서 틀린 것은?

① $\boldsymbol{E} = -\text{grad}\, V$

② $\displaystyle\int_s \boldsymbol{E} \cdot n\,ds = \dfrac{Q}{\epsilon_o}$

③ $\text{grad}\, V = i\dfrac{\partial^2 V}{\partial x^2} + j\dfrac{\partial^2 V}{\partial y^2} + k\dfrac{\partial^2 V}{\partial z^2}$

④ $V = \displaystyle\int_p^\infty \boldsymbol{E} \cdot dl$

풀이

• 전위 기울기 : $\text{grad}\, V = i\dfrac{\partial V}{\partial x} + j\dfrac{\partial V}{\partial y} + k\dfrac{\partial V}{\partial z}$ **답** ③

문제 10 진공내의 점(3, 0, 0)[m]에 4×10^{-9}[C]의 전하가 있다. 이 때 점(6, 4, 0)[m]의 전계의 크기는 약 몇 [V/m] 이며, 전계의 방향을 표시하는 단위벡터는 어떻게 표시되는가?

① 전계의 크기 : $\dfrac{36}{25}$, 단위벡터 : $\dfrac{1}{5}(3a_x + 4a_y)$

② 전계의 크기 : $\dfrac{36}{125}$, 단위벡터 : $3a_x + 4a_y$

③ 전계의 크기 : $\dfrac{36}{25}$, 단위벡터 : $a_x + a_y$

④ 전계의 크기 : $\dfrac{36}{125}$, 단위벡터 : $\dfrac{1}{5}(a_x + a_y)$

풀이

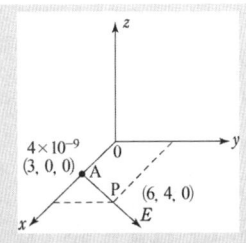

그림과 같이 전하 4×10^{-9} [C]이 존재하는
점 A와 점 P 사이의 거리는
$$\sqrt{(6-3)^2 + (4-0)^2} = 5 \text{ [m]}$$
이므로, P점의 전계의 세기 E는
$$E = 9 \times 10^9 \times \frac{4 \times 10^{-9}}{5^2} = \frac{36}{25} \text{ [V/m]}$$
그리고, 전계의 방향을 표시하는 단위 벡터는
$$\frac{E}{E} = \frac{r}{r} = \frac{3a_x + 4a_y}{5} = \frac{1}{5}(3a_x + 4a_y)$$
답 ①

문제 11 도전율 σ인 도체에서 전장 E에 의해 전류밀도 J가 흘렀을 때 이 도체에서 소비되는 전력을 표시한 식은?

① $\displaystyle\int_v E \cdot J \, dv$　　② $\displaystyle\int_v E \times J \, dv$

③ $\dfrac{1}{\sigma}\displaystyle\int_v E \cdot J \, dv$　　④ $\dfrac{1}{\sigma}\displaystyle\int_v E \times J \, dv$

풀이

도전율 σ인 도체 공간 내의 단면적 dS, 미소길이 dl인 미소체적 dv에서 전류와 전위차
$$dV = E dl, \quad dI = J dS$$
미소체적의 전력
$$dP = dV dI = E dl \cdot J dS = E \cdot J (dl \, dS) = E \cdot J \, dv$$
$$\therefore dP = E \cdot J \, dv$$
전 공간의 전력 $P = \displaystyle\int_v E \cdot J \, dv$
답 ①

문제 12 전속밀도 $D = X^2 i + Y^2 j + Z^2 k$ [C/m²]를 발생시키는 점(1, 2, 3)에서의 체적 전하밀도는 몇 [C/m³]인가?

① 12　　② 13　　③ 14　　④ 15

풀이

점 (1, 2, 3)의 전하밀도는 가우스 법칙에 의해
$$\rho = \text{div}\,D = \frac{\partial D_x}{\partial X} + \frac{\partial D_y}{\partial Y} + \frac{\partial D_z}{\partial Z} = 2X + 2Y + 2Z$$
$$= 2 \times 1 + 2 \times 2 + 2 \times 3 = 12 [\text{C/m}^3]$$
답 ①

문제 13 자극의 세기가 8×10^{-6} [Wb], 길이가 3 [cm]인 막대자석을 120 [AT/m]의 평등자계 내에 자력선과 30°의 각도로 놓으면 이 막대자석이 받는 회전력은 몇 [N·m]인가?

① 1.44×10^{-4}　　② 1.44×10^{-5}

③ 3.02×10^{-4}　　④ 3.02×10^{-5}

풀이

$$T = MH\sin\theta = mlH\sin\theta$$
$$= 8 \times 10^{-6} \times 0.03 \times 120 \times \sin 30°$$
$$= 1.44 \times 10^{-5} [\text{N·m}]$$
답 ②

문제 14 자기회로와 전기회로의 대응으로 틀린 것은?

① 자속 ↔ 전류
② 기자력 ↔ 기전력
③ 투자율 ↔ 유전율
④ 자계의 세기 ↔ 전계의 세기

풀이

자기 회로와 전기 회로의 대응

자기 회로	전기 회로
자속 ϕ [Wb]	전류 I [A]
자계 H [A/m]	전계 E [V/m]
기자력 F [AT]	기전력 U [V]
자속 밀도 B [Wb/m²]	전류 밀도 i [A/m²]
투자율 μ [H/m]	**도전율 k [℧/m]**
자기 저항 R_m [AT/Wb]	전기 저항 R [Ω]

답 ③

문제 15 자기인덕턴스의 성질을 옳게 표현한 것은?

① 항상 0 이다.

② 항상 정(正)이다.

③ 항상 부(負)이다.

④ 유도되는 기전력에 따라 정(正)도 되고 부(負)도 된다.

풀이

자기 인덕턴스란 자신의 회로에 단위 전류가 흐를 때의 자속쇄교수를 말하며 **항상 정(+)의 값을 갖는다.** 반면에 상호 인덕턴스는 두 회로 사이의 관계로 두 코일에 흐르는 전류가 만드는 자속이 같은 방향이면 정(+)의 값을, 반대 방향이면 부(−)의 값을 갖는다. **답** ②

문제 16 진공 중에서 빛의 속도와 일치하는 전자파의 전파속도를 얻기 위한 조건으로 옳은 것은?

① $\epsilon_r = 0$, $\mu_r = 0$ ② $\epsilon_r = 1$, $\mu_r = 1$

③ $\epsilon_r = 0$, $\mu_r = 1$ ④ $\epsilon_r = 1$, $\mu_r = 0$

풀이

매질 중에서의 전파속도 v

$$v = f\lambda = \frac{1}{\sqrt{\epsilon\mu}} = \frac{1}{\sqrt{\epsilon_0\mu_0}} \times \frac{1}{\sqrt{\epsilon_r\mu_r}} = \frac{c}{\sqrt{\epsilon_r\mu_r}} \,[\text{m/s}]$$

에서 $\epsilon_r = \mu_r = 1$일 때 전파속도 $v = c = 3\times10^8$ (빛의 속도)가 된다.

(참고 : $\frac{1}{\sqrt{\epsilon_0\mu_0}} = \frac{1}{\sqrt{8.855\times10^{-12}\times4\pi\times10^{-7}}}$

$= 3\times10^8 = c$ (광속) $[\text{m/s}]$) **답** ②

문제 17 4[A] 전류가 흐르는 코일과 쇄교하는 자속수가 4[Wb] 이다. 이 전류 회로에 축적되어 있는 자기에너지[J]는?

① 4 ② 2

③ 8 ④ 16

풀이

쇄교 자속수 $N\phi$가 4 [Wb]이므로 $N\phi = LI$ 에서

$L = \frac{N\phi}{I} = \frac{4}{4} = 1\,[\text{H}]$

$\therefore W = \frac{1}{2}LI^2 = \frac{1}{2}\times1\times4^2 = 8\,[\text{J}]$ **답** ③

문제 18 어떤 환상 솔레노이드의 단면적이 S이고, 자로의 길이가 l, 투자율이 μ라고 한다. 이 철심에 균등하게 코일을 N회 감고 전류를 흘렸을 때 자기 인덕턴스에 대한 설명으로 옳은 것은?

① 투자율 μ에 반비례한다.

② 권선수 N^2에 비례한다.

③ 자로의 길이 l에 비례한다.

④ 단면적 S에 반비례한다.

풀이

철심을 통하는 자속은

$$\phi = BS = \mu HS = \mu\frac{NI}{l}S = \frac{\mu SNI}{l}\,[\text{Wb}]$$이므로,

$N\phi = LI$ 에서

$$L = \frac{N\phi}{I} = \frac{N\cdot\frac{\mu SNI}{l}}{I} = \frac{\mu SN^2}{l}\,[\text{H}]$$

따라서 **자기 인덕턴스**는 투자율 μ, 단면적 S, **권선수 N^2에 비례**하고 자로의 길이 l에 반비례한다. **답** ②

문제 19 유전율이 ϵ, 도전율이 σ, 반경이 r_1, r_2 ($r_1 < r_2$), 길이가 l인 동축케이블에서 저항 R은 얼마인가?

① $\dfrac{2\pi r l}{\ln\dfrac{r_2}{r_1}}$ ② $\dfrac{2\pi\epsilon l}{\dfrac{1}{r_1} - \dfrac{1}{r_2}}$

③ $\dfrac{1}{2\pi\sigma l}\ln\dfrac{r_2}{r_1}$ ④ $\dfrac{1}{2\pi r l}\ln\dfrac{r_2}{r_1}$

풀이

$RC = \rho\epsilon = \dfrac{\epsilon}{\sigma}$ 이므로

$\therefore R = \dfrac{\epsilon}{C\sigma} = \dfrac{\epsilon}{\dfrac{2\pi\epsilon l}{\ln\dfrac{r_2}{r_1}}\times\sigma} = \dfrac{1}{2\pi\sigma l}\ln\dfrac{r_2}{r_1}\,[\Omega]$ **답** ③

문제 20 상이한 매질의 경계면에서 전자파가 만족해야 할 조건이 아닌 것은? (단, 경계면은 두 개의 무손실 매질 사이이다.)

① 경계면의 양측에서 전계의 접선성분은 서로 같다.

② 경계면의 양측에서 자계의 접선성분은 서로 같다.

③ 경계면의 양측에서 자속밀도의 접선성분은 서로 같다.

④ 경계면의 양측에서 전속밀도의 법선성분은 서로 같다.

풀이

- 전계는 접선성분(평행성분)이 같다. ($E_1\sin\theta_1 = E_2\sin\theta_2$)
- 자계는 접성성분(평행성분)이 같다. ($H_1\sin\theta_1 = H_2\sin\theta_2$)
- 자속밀도의 법선성분(수직성분)이 같다.
  ($B_1\cos\theta_1 = B_2\cos\theta_2$)
- 전속밀도의 법선성분(수직성분)이 같다.
  ($D_1\cos\theta_1 = D_2\cos\theta_2$)   **답** ③

제2과목 전력공학

문제 21 단도체 방식과 비교하여 복도체 방식의 송전선로를 설명한 것으로 틀린 것은?

① 선로의 송전용량이 증가된다.

② 계통의 안정도를 증진시킨다.

③ 전선의 인덕턴스가 감소하고, 정전용량이 증가된다.

④ 전선 표면의 전위경도가 저감되어 코로나 임계전압을 낮출 수 있다.

풀이

복도체(또는 다도체)를 사용하면 전선의 등가반지름 ($r_e = \sqrt[n]{r\,d^{n-1}}$)이 증가하여 인덕턴스의 감소, 정전용량 증가, 송전용량 증가, 안정도 증가, **전위경도가 감소하여 코로나 임계전압 증가**의 효과가 있다.   **답** ④

문제 22 유효낙차 100[m], 최대사용수량 20[m³/s], 수차효율 70[%]인 수력발전소의 연간 발전전력량은 약 몇 [kWh]인가? (단, 발전기의 효율은 85[%]라고 한다.)

① 2.5×10^7 ② 5×10^7

③ 10×10^7 ④ 20×10^7

풀이

- 발전기 출력
  $P = 9.8\,QH\eta_t\eta_g = 9.8 \times 20 \times 100 \times 0.7 \times 0.85 = 11662\,[\text{kW}]$
- 연간발전량
  $W = P \times t = 11662 \times 365 \times 24 = 10.22 \times 10^7\,[\text{kWh}]$

여기서, Q : 사용 수량 [m³/s]

　　　　H : 유효 낙차 [m]

　　　　η_t : 수차 효율

　　　　η_g : 발전기 효율

　　　　t : 발전시간 [h]   **답** ③

문제 23 부하역률이 $\cos\theta$인 경우 배전선로의 전력손실은 같은 크기의 부하전력으로 역률이 1인 경우의 전력손실에 비하여 어떻게 되는가?

① $\dfrac{1}{\cos\theta}$ ② $\dfrac{1}{\cos^2\theta}$

③ $\cos\theta$ ④ $\cos^2\theta$

풀이

전력손실 $P_l = \dfrac{RP^2}{V^2\cos^2\theta} \propto \dfrac{1}{\cos^2\theta}$에서

역률 1일 때 비교 $\dfrac{P_{l\cos\theta}}{P_{l1.0}} = \dfrac{\frac{1}{\cos^2\theta}}{1} = \dfrac{1}{\cos^2\theta}$ **답** ②

문제 24 선택 지락 계전기의 용도를 옳게 설명한 것은?

① 단일 회선에서 지락고장 회선의 선택 차단

② 단일 회선에서 지락전류의 방향 선택 차단

③ 병행 2회선에서 지락고장 회선의 선택 차단

④ 병행 2회선에서 지락고장의 지속시간 선택 차단

풀이

선택지락계전기(Selective Ground Relay : SGR)은 **병행 2회선** 또는 다회선 송전 선로에서 한쪽의 1회선에 지락 사고가 일어났을 경우 이것을 검출하여 **고장 회선만을 선택 차단**할 수 있게끔 선택 단락 계전기의 동작 전류를 특별히 작게 한 것으로 비접지 계통의 지락 사고 검출에 사용된다.   **답** ③

문제 25 직류 송전방식에 관한 설명으로 틀린 것은?

① 교류 송전방식보다 안정도가 낮다.

② 직류계통과 연계 운전 시 교류계통의 차단용량은 작아진다.

③ 교류 송전방식에 비해 절연계급을 낮출 수 있다.

④ 비동기 연계가 가능하다.

풀이

직류 송전 방식의 장·단점

[장점]

① 선로의 리액턴스가 없으므로 **안정도가 높다.**

② 유전체손 및 충전 용량이 없고 절연 내력이 강하다.

③ 비동기 연계가 가능하다.

④ 단락전류가 적고 임의 크기의 교류 계통을 연계시킬 수 있다.

⑤ 코로나손 및 전력 손실이 적어 송전 효율이 높다.

⑥ 표피 효과나 근접 효과가 없으므로 실효 저항의 증대가 없다.

[단점]

① 직교 변환 장치가 필요하다.

② 전압의 승압 및 강압이 불리하다.

③ 고조파나 고주파 억제 대책이 필요하다.

④ 직류 차단기가 개발되어 있지 않다. **답** ①

문제 26 터빈(turbine)의 임계속도란?

① 비상조속기를 동작시키는 회전수

② 회전자의 고유 진동수와 일치하는 위험 회전수

③ 부하를 급히 차단하였을 때의 순간 최대 회전수

④ 부하 차단 후 자동적으로 정정된 회전수

풀이

임계 속도란

① 안정할 수 있는 최고 속도

② 회전자의 고유 진동수와 일치하는 위험 회전수 **답** ②

문제 27 변전소, 발전소 등에 설치하는 피뢰기에 대한 설명 중 틀린 것은?

① 방전전류는 뇌충격전류의 파고값으로 표시한다.

② 피뢰기의 직렬갭은 속류를 차단 및 소호하는 역할을 한다.

③ 정격전압은 상용주파수 정현파 전압의 최고 한도를 규정한 순시값이다.

④ 속류란 방전현상이 실질적으로 끝난 후에도 전력계통에서 피뢰기에 공급되어 흐르는 전류를 말한다.

풀이

피뢰기 정격 전압이란 선로 단자와 접지 단자간에 인가할 수 있는 **상용주파 최대 허용 전압의 실효값**으로서 그 크기 결정은 $V = \alpha\beta\dfrac{V_m}{\sqrt{3}}$ [V]로 표시된다.

여기서, α : 접지계수 (유효접지 계통: 1.1~1.3),

β : 여유도 (1.15)

V_m : 선간의 최고 허용전압(V_m = 공칭전압 × $\dfrac{1.2}{1.1}$)

답 ③

문제 28 아킹혼(Arcing Horn)의 설치 목적은?

① 이상전압 소멸

② 전선의 진동방지

③ 코로나 손실방지

④ 섬락사고에 대한 애자보호

풀이

아킹 혼(소호각) **: 섬락사고시 애자련의 보호**, 애자련의 전압 분담 균일화 **답** ④

문제 29 일반 회로정수가 A, B, C, D이고 송전단 전압이 E_s인 경우 무부하시 수전단 전압은?

① $\dfrac{E_s}{A}$ ② $\dfrac{E_s}{B}$

③ $\dfrac{A}{C}E_s$ ④ $\dfrac{C}{A}E_s$

풀이

• 4단자 정수 $E_s = AE_r + BI_r$, $I_s = CE_r + DI_r$

• 무부하 ($I_r = 0$)일 때 $E_s = AE_r$ 이므로

수전단 전압 $E_r = \dfrac{E_s}{A}$ **답** ①

문제 30 10000[kVA] 기준으로 등가 임피던스가 0.4[%]인 발전소에 설치될 차단기의 차단용량은 몇 [MVA]인가?

① 1000 　② 1500 　③ 2000 　④ 2500

풀이

차단기 차단 용량

$P_s = \dfrac{100}{\%Z} P_n = \dfrac{100}{0.4} \times 10000 \times 10^{-3} = 2500[\text{MVA}]$ 　**답** ④

문제 31 변전소에서 접지를 하는 목적으로 적절하지 않은 것은?

① 기기의 보호
② 근무자의 안전
③ 차단 시 아크의 소호
④ 송전시스템의 중성점 접지

풀이

접지의 목적
① 지락 및 단락 전류 등 고장 전류로부터 기기 보호
② 배전 변전소 운전원의 감전사고 및 설비의 화재사고를 방지
③ 보호 계전기의 확실한 동작 확보 및 전위상승 억제
　답 ③

문제 32 한 대의 주상변압기에 역률(뒤짐) $\cos\theta_1$, 유효전력 P_1[kW]의 부하와 역률(뒤짐) $\cos\theta_2$, 유효전력 P_2[kW]의 부하가 병렬로 접속되어 있을 때 주상변압기 2차 측에서 본 부하의 종합역률은 어떻게 되는가?

① $\dfrac{P_1 + P_2}{\dfrac{P_1}{\cos\theta_1} + \dfrac{P_2}{\cos\theta_2}}$

② $\dfrac{P_1 + P_2}{\dfrac{P_1}{\sin\theta_1} + \dfrac{P_2}{\sin\theta_2}}$

③ $\dfrac{P_1 + P_2}{\sqrt{(P_1 + P_2)^2 + (P_1\tan\theta_1 + P_2\tan\theta_2)^2}}$

④ $\dfrac{P_1 + P_2}{\sqrt{(P_1 + P_2)^2 + (P_1\sin\theta_1 + P_2\sin\theta_2)^2}}$

풀이

무효 전력

$Q_1 = \dfrac{P_1}{\cos\theta_1} \cdot \sin\theta_1 = P_1 \tan\theta_1$

$Q_2 = \dfrac{P_2}{\cos\theta_2} \cdot \sin\theta_2 = P_2 \tan\theta_2$

역률　$\cos\theta = \dfrac{\text{유효전력}}{\text{피상전력}}$

$= \dfrac{P_1 + P_2}{\sqrt{(P_1 + P_2)^2 + (P_1\tan\theta_1 + P_2\tan\theta_2)^2}}$ 　**답** ③

문제 33 옥내배선의 전선 굵기를 결정할 때 고려해야 할 사항으로 틀린 것은?

① 허용전류 　　　② 전압강하
③ 배선방식 　　　④ 기계적강도

풀이

전선의 굵기를 결정하는 요인
① 허용 전류
② 기계적 강도
③ 전압 강하
이며, 허용 전류가 가장 중요한 요소가 된다. 　**답** ③

문제 34 33[kV] 이하의 단거리 송배전선로에 적용되는 비접지 방식에서 지락전류는 다음 중 어느 것을 말하는가?

① 누설전류 　　　② 충전전류
③ 뒤진전류 　　　④ 단락전류

풀이

접지 방식

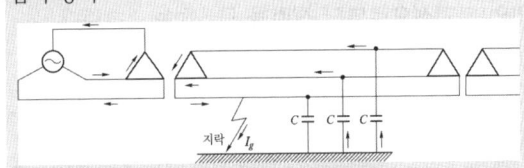

〈비접지 방식에서의 1선 지락 고장〉

• 지락전류 $I_g = j3\omega C_s E$ [A]
　여기서, C_s : 1상당 대지 정전용량 [F]
　　　　 $E\left(= \dfrac{V}{\sqrt{3}}\right)$: 고장 발생 직전의 고장점 대지전압 [V]

• 지락전류는 진상전류, 즉 충전전류를 의미한다. 　**답** ②

문제 35 중거리 송전선로의 T형 회로에서 송전단 전류 I_s는? (단, Z, Y는 선로의 직렬 임피던스와 병렬 어드미턴스이고, E_r은 수전단 전압, I_r은 수전단 전류이다.)

① $E_r\left(1+\dfrac{ZY}{2}\right)+ZI_r$

② $I_r\left(1+\dfrac{ZY}{2}\right)+E_r Y$

③ $E_r\left(1+\dfrac{ZY}{2}\right)+ZI_r\left(1+\dfrac{ZY}{4}\right)$

④ $I_r\left(1+\dfrac{ZY}{2}\right)+E_r Y\left(1+\dfrac{ZY}{4}\right)$

풀이

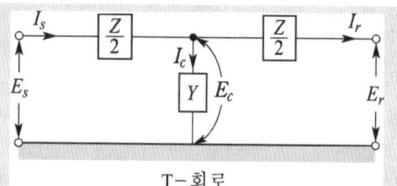

T－회로

$E_c = E_r + I_r \cdot \dfrac{Z}{2}$

$I_c = YE_c = Y\left(E_r + I_r \dfrac{Z}{2}\right)$

$I_s = I_c + I_r = Y\left(E_r + I_r \dfrac{Z}{2}\right) + I_r$

$\therefore\ I_s = YE_r + \left(\dfrac{YZ}{2}+1\right)I_r$

답 ②

문제 36 고압 배전선로 구성방식 중, 고장 시 자동적으로 고장개소의 분리 및 건전선로에 폐로하여 전력을 공급하는 개폐기를 가지며, 수요 분포에 따라 임의의 분기선으로부터 전력을 공급하는 방식은?

① 환상식 ② 망상식
③ 뱅킹식 ④ 가지식(수지식)

풀이

고압 배전선은 일반적으로 수지식, 환상식, 망상식으로 구성된다.
① 수지식(방사상식)
  • 수요가 증가할 때마다 간선이나 분기선을 연장 또는 증강해서 이에 쉽게 응할 수 있다.
② **환상식**(loop system)
  • 선로의 도중에 고장 발생시 고장 개소의 분리 조작이 용이하여 그 부분을 빨리 분리시킬 수 있고 전류의 통로에 융통성이 있으므로 전력 손실과 전압 강하가 적다.

  • 고장시에만 자동적으로 폐로해서 전력을 공급하는 결합 개폐기가 있다.
③ 망상식(네트워크 방식)
  • 어느 회선에 사고가 일어나더라도 다른 회선에서 무정전으로 공급할 수 있다.
  • 네트워크 프로텍터(저압용 차단기, 방향성 계전기, 퓨즈)를 필요로 한다. **답** ①

문제 37 그림과 같은 2기 계통에 있어서 발전기에서 전동기로 전달되는 전력 P는?
(단, $X = X_G + X_L + X_M$이고 E_G, E_M은 각각 발전기 및 전동기의 유기기전력, δ는 E_G와 E_M간의 상차각이다.)

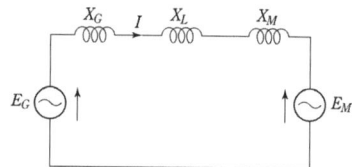

① $P = \dfrac{E_G}{XE_M}\sin\delta$ ② $P = \dfrac{E_G E_M}{X}\sin\delta$

③ $P = \dfrac{E_G E_M}{X}\cos\delta$ ④ $P = XE_G E_M\cos\delta$

풀이

• 발전기의 유기기전력 $E_G = E_M + jXI$

  따라서 전류 $I = \dfrac{E_G - E_M}{jX}$

• E_M을 기준벡터로 하면

  $E_G = E_G\underline{/\delta},\ E_M = E_M\underline{/0°}$

• 송전전력 $W = P + jQ = E_G I^* = E_G\underline{/\delta} \times \left(\dfrac{E_G - E_M}{jX}\right)^*$

  $= E_G\underline{/\delta} \times \left(\dfrac{E_G\underline{/-\delta} - E_M}{-jX}\right)$

  $= \dfrac{E_G E_M\sin\delta}{X} + j\dfrac{E_G^2 - E_G E_M\cos\delta}{X}$

• 유효전력 $P = \dfrac{E_G E_M}{X}\sin\delta$ **답** ②

문제 38 전력계통 연계시의 특징으로 틀린 것은?
① 단락전류가 감소한다.
② 경제 급전이 용이하다.

③ 공급신뢰도가 향상된다.

④ 사고 시 다른 계통으로의 영향이 파급될 수 있다.

풀이

전력계통을 연계시킨다는 것은 전력계통을 병렬로 운전하는 것으로서 계통을 연계시키면 전력계통의 규모가 증대되고 계통의 임피던스는 감소하게 된다.

(1) 장점

① 전력의 융통으로 설비 용량이 절감된다.

② 건설비 및 운전 경비를 절감하므로 경제 급전이 용이하다.

③ 계통 전체로서의 신뢰도가 증가한다.

④ 부하 변동의 영향이 작아져서 안정된 주파수 유지가 가능하다.

(2) 단점

① 연계설비를 신설해야 한다.

② 사고시 타계통으로 사고가 파급 확대될 우려가 있다.

③ 병렬회로 수가 많아지게 되며, 따라서 선로 임피던스가 감소하여 **단락전류가 증대되고 통신선의 전자유도 장해도 커진다.** **답** ①

문제 39 공통 중성선 다중 접지방식의 배전선로에서 Recloser (R), Sectionalizer(S), Line fuse(F)의 보호협조가 가장 적합한 배열은? (단, 보호협조는 변전소를 기준으로 한다.)

① S - F - R   ② S - R - F

③ F - S - R   ④ R - S - F

풀이

섹셔널라이저(S)는 배전선로에 고장이 발생할 경우 리클로저(R)의 동작으로 선로가 무전압 상태가 되면 이를 감지하여 무전압 상태의 횟수를 기억하였다가 정해진 횟수에 도달하면 선로의 무전압 상태에서 선로를 개방하여 고장구간을 분리시킨다. 섹셔널라이저(S)는 고장 전류를 차단할 수 있는 능력이 없으므로 리클로저(R)와 직렬로 조합하여 사용되며 섹셔널라이저(S)는 항상 리클로저(R)의 후단에 설치되어여 한다.

전원 → 리클로저(R) → 섹셔널라이저(S) → 라인퓨즈(F) → 부하 **답** ④

문제 40 송전선의 특성임피던스와 전파정수는 어떤 시험으로 구할 수 있는가?

① 뇌파시험   ② 정격부하시험

③ 절연강도 측정시험   ④ 무부하시험과 단락시험

풀이

• 전파정수 $\gamma = \sqrt{ZY}$

• 특성 임피던스 $Z_0 = \sqrt{\dfrac{Z}{Y}}$

여기서, Y는 무부하 시험에서 구하고, Z는 단락시험에서 구한다. **답** ④

제3과목 **전기기기**

문제 41 단상 변압기의 병렬운전 시 요구사항으로 틀린 것은?

① 극성이 같을 것

② 정격출력이 같을 것

③ 정격전압과 권수비가 같을 것

④ 저항과 리액턴스의 비가 같을 것

풀이

변압기 병렬 운전 조건

① 권수비가 같을 것 (정격 전압이 같을 것)

② 극성이 같을 것

③ %임피던스 강하가 같을 것

④ 저항과 리액턴스비가 같을 것 **답** ②

문제 42 유도전동기로 동기전동기를 기동하는 경우, 유도전동기의 극수는 동기전동기의 극수보다 2극 적은 것을 사용하는 이유로 옳은 것은? (단, s는 슬립이며 N_s는 동기속도이다.)

① 같은 극수의 유도전동기는 동기속도보다 sN_s 만큼 늦으므로

② 같은 극수의 유도전동기는 동기속도보다 sN_s 만큼 빠르므로

③ 같은 극수의 유도전동기는 동기속도보다 $(1-s)N_s$ 만큼 늦으므로

④ 같은 극수의 유도전동기는 동기속도보다 $(1-s)N_s$ 만큼 빠르므로

풀이

유도 전동기는 슬립이 존재하므로 동기 전동기와 같은 극 수인 경우, **유도 전동기의 속도는 동기 전동기의 속도 보다 sN_s 만큼 늦게 되어 유도 전동기로 동기 전동기를 기동하는 경우 동기 속도에 도달 할 수 없게 된다.** 따라서, 유도 전동기 의 극수는 동기 전동기의 극수보다 2극 적게 한다.

- 유도 전동기의 회전 속도 $N = (1-s)N_s$
- 동기 전동기의 회전 속도 N_s
- 동기 전동기의 회전속도 – 유도 전동기의 회전속도
  $= N_s - (1-s)N_s = sN_s$ **답** ①

문제 43 동기발전기에 회전계자형을 사용하는 경우에 대한 이유로 틀린 것은?

① 기전력의 파형을 개선한다.

② 전기자가 고정자이므로 고압 대전류용에 좋고, 절연하기 쉽다.

③ 계자가 회전자지만 저압 소용량의 직류이므로 구조가 간단하다.

④ 전기자보다 계자극을 회전자로 하는 것이 기계적으로 튼튼하다.

풀이

회전계자형 동기발전기는 전기자를 고정자로 하고 계자극 을 회전자로 한 것으로 회전계자형을 사용하는 이유로는

- 전기자 권선은 전압이 높고 결선이 복잡하며, 대용량으로 되면 전류도 커지고, 3상 권선의 경우에는 4개의 도선을 인출하여야 한다.
- 계자 회로는 직류의 저압 회로이므로 소요 동력도 작으며, 인출 도선이 2개만 있어도 되기 때문이다.
- 계자극은 기계적으로 튼튼하게 만드는 데 용이하기 때문이다.
- 고장시의 과도 안정도를 높이기 위하여 회전자의 관성을 크게 하기 쉽기 때문이기도 하다.

그러나 **기전력의 파형을 개선**하기 위해서는 전기자 **권선을 단절권 및 분포권**으로 하여야 한다. **답** ①

문제 44 3상 동기발전기의 매극 매상의 슬롯수를 3 이라 할 때 분포권 계수는?

① $6\sin\dfrac{\pi}{18}$ ② $3\sin\dfrac{\pi}{36}$

③ $\dfrac{1}{6\sin\dfrac{\pi}{18}}$ ④ $\dfrac{1}{12\sin\dfrac{\pi}{18}}$

풀이

분포권 계수 K_d는

$$K_d = \frac{\sin\dfrac{n\pi}{2m}}{q\sin\dfrac{n\pi}{2mq}} \text{에서}$$

$n=1$, 상수 $m=3$, 매극, 매상의 슬롯수 $q=3$이므로

$$\therefore K_d = \frac{\sin\dfrac{\pi}{6}}{3\sin\dfrac{\pi}{2\times3\times3}} = \frac{\dfrac{1}{2}}{3\sin\dfrac{\pi}{18}} = \frac{1}{6\sin\dfrac{\pi}{18}}$$ **답** ③

문제 45 변압기의 누설리액턴스를 나타낸 것은? (단, N은 권수이다.)

① N에 비례 ② N^2에 반비례

③ N^2에 비례 ④ N에 반비례

풀이

$$L\frac{di}{dt} = N\frac{d\Phi}{dt} \quad \therefore L = \frac{N\Phi}{I}$$

그런데 자속 Φ는 $\Phi = \dfrac{\mu ANI}{l}$

$$\therefore L = \frac{N \cdot \dfrac{\mu ANI}{l}}{I} = \frac{\mu AN^2}{l} \propto N^2$$ **답** ③

문제 46 가정용 재봉틀, 소형공구, 영사기, 치과의료용, 엔진 등에 사용하고 있으며, 교류, 직류 양쪽 모두에 사용되는 만능전동기는?

① 전기 동력계

② 3상 유도전동기

③ 차동 복권전동기

④ 단상 직권정류자전동기

풀이

직류 직권 전동기에 가해 주는 직류 전압을 그림과 같이 바꿀 경우에도 자속과 전기자 전류의 방향이 동시에 모두 반대가 되므로, 회전 방향은 변하지 않는다.

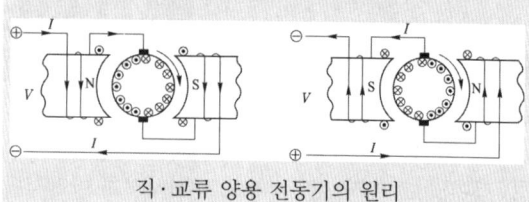

직·교류 양용 전동기의 원리

따라서, 이 직류 직권 전동기에 교류 전압을 가해 주어도 전동기는 항상 같은 방향의 토크를 발생하고, 회전을 같은 방향으로 계속한다. **직·교류 양용 전동기**는 이와 같은 원리를 이용한 전동기로서 **단상 직권 정류자 전동기**라고 한다.

답 ④

문제 47 정격전압 220[V], 무부하 단자전압 230[V], 정격출력이 40[kW]인 직류 분권발전기의 계자저항이 22[Ω], 전기자 반작용에 의한 전압강하가 5[V]라면 전기자 회로의 저항[Ω]은 약 얼마인가?

① 0.026 　　　　② 0.028
③ 0.035 　　　　④ 0.042

풀이

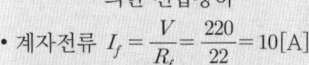

- $E = V + I_a R_a + e_a$

여기서 E : 유기기전력
　　　V : 단자전압
　　　I_a : 전기자 전류
　　　R_a : 전기자 저항
　　　e_a : 전기자 반작용에
　　　　　　의한 전압강하

- 계자전류 $I_f = \dfrac{V}{R_f} = \dfrac{220}{22} = 10[A]$

- 부하전류 $I = \dfrac{P}{V} = \dfrac{40000}{220} = 181.82[A]$

- 전기자전류 $I_a = I + I_f = 181.82 + 10 = 191.82[A]$

∴ 전기자 저항 $R_a = \dfrac{E - V - e_a}{I_a} = \dfrac{230 - 220 - 5}{191.82}$
　　　　　　　　$= 0.026[\Omega]$

답 ①

문제 48 전력용 변압기에서 1차에 정현파 전압을 인가하였을 때, 2차에 정현파 전압이 유기되기 위해서는 1차에 흘러들어가는 여자전류는 기본파 전류 외에 주로 몇 고조파 전류가 포함되는가?

① 제2고조파 　　　② 제3고조파
③ 제4고조파 　　　④ 제5고조파

풀이

변압기 철심의 자기 포화 현상과 히스테리시스 현상으로 자속은 정현파가 되지 못하고 고조파를 포함하는 왜형파가 된다. 따라서, **정현파 전압을 유기**하기 위해서는 정현파의 자속이 필요하게 되며 그 결과 자속을 만드는 **여자 전류**에 **제3고조파**가 포함되어야 한다.

답 ②

문제 49 스텝각이 2°, 스테핑주파수(pulse rate)가 1800 [pps]인 스테핑모터의 축속도[rps]는?

① 8 　　② 10 　　③ 12 　　④ 14

풀이

스테핑전동기는 디지털 신호에 비례하여 일정 각도만큼 회전하는 모터로 그 총회전각은 입력펄스의 수로, 회전속도는 입력펄스의 빠르기로 쉽게 제어가 가능한 특징이 있다.
- 1초당 입력펄스 : 1800 (pps : pulse/sec)
- 1펄스 당 회전각도 : 2°
- 1초당 회전각도 : $1800 \times 2° = 3600°$
- 전동기 1회전 당 회전각도 : 360°
- 전동기 1초당 회전속도 : $\dfrac{3600°}{360°} = 10$[회전]

답 ②

문제 50 변압기에서 사용되는 변압기유의 구비조건으로 틀린 것은?

① 점도가 높을 것 　　② 응고점이 낮을 것
③ 인화점이 높을 것 　　④ 절연 내력이 클 것

풀이

변압기유의 구비조건
① 절연저항 및 절연내력이 클 것
② 비열 및 열 전도율이 크며 **점도가 낮을 것**
③ 인화점은 높고 응고점은 낮을 것
④ 열팽창계수가 작고 증발로 인한 감소량이 적을 것
⑤ 화학적으로 안정하여 열화변질 되지 않으며 기기를 침식시키지 말 것.

답 ①

문제 51 동기발전기의 병렬 운전 중 위상차가 생기면 어떤 현상이 발생하는가?

① 무효 횡류가 흐른다.
② 무효 전력이 생긴다.
③ 유효 횡류가 흐른다.
④ 출력이 요동하고 권선이 가열된다.

풀이

병렬 운전 조건이 다른 경우

병렬 운전 조건	다른 경우 흐르는 전류
기전력의 크기가 같을 것	무효 순환 전류
기전력의 위상이 같을 것	**동기화 전류(유효 횡류)**
기전력의 주파수가 같을 것	동기화 전류
기전력의 파형이 같을 것	고주파 무효순환전류

답 ③

문제 52 직류발전기의 외부 특성곡선에서 나타내는 관계로 옳은 것은?

① 계자전류와 단자전압
② 계자전류와 부하전류
③ 부하전류와 단자전압
④ 부하전류와 유기기전력

풀이

직류발전기 특성 곡선

구 분	횡축	종축	조 건
무부하 포화 곡선	I_f	$V(=E)$	n=일정, $I=0$
외부 특성 곡선	I (부하전류)	V (단자전압)	n=일정, R_f=일정
내부 특성 곡선	I	E	n=일정, R_f=일정
부하 특성 곡선	I_f	V	n=일정, I=일정
계자 조정 곡선	I	I_f	n=일정, V=일정

답 ③

문제 53 단상 유도전동기의 토크에 대한 2차 저항을 어느 정도 이상으로 증가시킬 때 나타나는 현상으로 옳은 것은?

① 역회전 가능 ② 최대토크 일정
③ 기동토크 증가 ④ 토크는 항상(+)

답 전항정답

문제 54 직류기에 관련된 사항으로 잘못 짝 지어진 것은?

① 보극 – 리액턴스 전압 감소
② 보상권선 – 전기자 반작용 감소
③ 전기자 반작용 – 직류전동기 속도 감소
④ 정류기간 – 전기자 코일이 단락되는 기간

풀이

전기자 권선에 흐르는 전류에 의한 자속이 계자에서 만든 주자속에 영향을 미치는 현상을 **전기자 반작용**이라고 하며 그 영향은 다음과 같다.
① 전기적 중성축 이동
 • 발전기 : 회전 방향으로 이동
 • 전동기 : 회전 방향과 반대 방향으로 이동
  (전기자 권선에 흐르는 전류의 방향이 발전기와 반대)

② 주자속 감소
 • 발전기 : 유기기전력 감소($E = P\phi n \dfrac{Z}{a}$)
 • 전동기 : 회전속도 상승($N = k \dfrac{V - I_a r_a}{\phi}$)
③ 정류자 편간의 불꽃섬락이 발생하여 정류 불량 발생

답 ③

문제 55 그림은 전원전압 및 주파수가 일정할 때의 다상 유도전동기의 특성을 표시하는 곡선이다. 1차 전류를 나타내는 곡선은 몇 번 곡선인가?

① (1)
② (2)
③ (3)
④ (4)

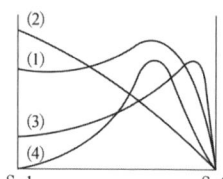

풀이

(1) 토크 (2) 1차 전류 (3) 역률 (4) 출력 **답** ②

참고 슬립 s와 1차 전류 I_1과의 관계
• 2차 전류 $I_2 = \dfrac{sE_2}{\sqrt{r_2^2 + (sx_2)^2}}$

• 1차측으로 환산한 2차 전류 $I_1' = \dfrac{1}{\alpha\beta} I_2$

• 1차 전류 $I_1 = I_1' + I_0$
① $s=1$(전동기 기동시)
 $s=1$일 때 $(sx_2)^2 \gg r_2^2$ 이므로 r_2^2을 무시하면
 $I_2 = \dfrac{E_2}{x_2}$[A]
② $s \doteqdot 0$ 부근(동기속도 부근)
 $(sx_2)^2 \doteqdot 0$이므로 $(sx_2)^2$을 무시하면 $I_2 = \dfrac{sE_2}{r_2}$[A]가 되고, 또한 s값이 매우 적기 때문에 I_2값도 거의 0에 가까워진다.

문제 56 동기전동기가 무부하 운전 중에 부하가 걸리면 동기전동기의 속도는?

① 정지한다.
② 동기속도와 같다.
③ 동기속도보다 빨라진다.
④ 동기속도 이하로 떨어진다.

풀이

자극수 p의 교류기에 전원주파수 f인 교류를 공급하면 회전자는 $N_s = \dfrac{120f}{p}$[rpm]의 항상 같은 방향의 회전력이 생기며 동기속도로 회전하므로 동기전동기라고 한다. 장점으로는
① **속도가 일정 불변**이다.
② 항상 역률 1로 운전할 수 있다.
③ 부하의 역률을 개선할 수 있다.
④ 유도 전동기에 비하여 효율이 좋다. **답 ②**

문제 57 100[V], 10[A], 1500[rpm]인 직류 분권발전기의 정격 시의 계자전류는 2[A]이다. 이 때 계자회로에는 10[Ω]의 외부저항이 삽입되어 있다. 계자권선의 저항[Ω]은?

① 20 ② 40
③ 80 ④ 100

풀이

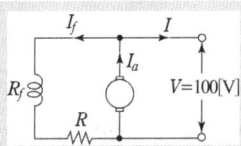

$$V = I_f(R_f + R)$$

$$\therefore R_f = \frac{V}{I_f} - R = \frac{100}{2} - 10 = 40[\Omega]$$ **답 ②**

문제 58 50[Hz]로 설계된 3상 유도전동기를 60[Hz]에 사용하는 경우 단자전압을 110[%]로 높일 때 일어나는 현상으로 틀린 것은?

① 철손불변
② 여자전류감소
③ 온도상승증가
④ 출력이 일정하면 유효전류 감소

풀이

① 철손 $P_i \propto fB^2 \propto f(V/f)^2 = V^2/f$에서
단자전압이 10[%] 상승하고, 주파수가 50[Hz]에서 60[Hz]로 상승하므로
$$P_i = \frac{(1.1V)^2}{1.2f} = \frac{1.21V^2}{1.2f} = \frac{V^2}{f}$$
로 철손은 거의 변화가 없다.

② 여자 전류 $I_0 \propto V/f$ 이므로 1.1/1.2 ≒ 0.9배로 감소한다.
③ • 철손은 변화가 없고 유효 전류는 감소하므로 전체 손실은 일정하거나 다소 감소하게 된다.
 • 전체손실이 다소 감소한 상태에서 전동기 속도
$$N_s = \frac{120f}{p}$$
에서 **주파수가 증가하면 전동기 속도가 증가**하고 그 결과 전동기에 부착되어 있는 냉각 fan의 효과가 증가하게 되어 **전동기의 온도 상승은 감소**하게 된다.
④ 유효전류 $I_w \propto \dfrac{1}{V} = \dfrac{1}{1.1} ≒ 0.9$로 출력이 일정하면 유효 전류는 감소 **답 ③**

문제 59 직류기발전기에서 양호한 정류(整流)를 얻는 조건으로 틀린 것은?
① 정류주기를 크게 할 것
② 리액턴스 전압을 크게 할 것
③ 브러시의 접촉저항을 크게 할 것
④ 전기자 코일의 인덕턴스를 작게 할 것

풀이

양호한 정류를 얻는 방법
불꽃없는 정류를 위한 조건 : 브러시 접촉면 전압강하 > 평균 리액턴스 전압
① 보상 권선을 설치하여 전기자 반작용 억제.
② 전압 정류 : 보극 설치
③ 저항 정류 : 접촉저항이 큰 탄소 브러시를 사용
④ 인덕턴스(L)를 적게 하여 **리액턴스 전압**을 낮게 한다. : 단절권 채택
⑤ 정류주기(T_c)를 길게 한다. : 회전속도를 낮춘다. **답 ②**

문제 60 상전압 200[V]의 3상 반파정류회로의 각 상에 SCR을 사용하여 정류제어 할 때 위상각을 $\dfrac{\pi}{6}$로 하면 순 저항부하에서 얻을 수 있는 직류전압[V]은?

① 90 ② 180 ③ 203 ④ 234

풀이

3상 반파정류회로의 평균전압 $E_{d\pi}$은
$$E_{d\pi} = \frac{3\sqrt{6}}{2\pi}V\cos\theta = 1.17V\cos\theta$$
$$= 1.17 \times 200 \times \cos\frac{\pi}{6} ≒ 203\,[V]$$ **답 ③**

제4과목 회로이론 및 제어공학

문제 61 폐루프 전달함수 $\dfrac{G(s)}{1+G(s)H(s)}$의 극의 위치를 개루프 전달함수 $G(s)H(s)$의 이득상수 K의 함수로 나타내는 기법은?

① 근궤적법 ② 보드 선도법
③ 이득 선도법 ④ Nyguist 판정법

풀이
근궤적은 K가 0으로부터 ∞까지 변할 때 특성방정식 $1+G(s)H(s)=0$의 각 K에 대응하는 근을 s평면상에 점철하는 것이다. **답** ①

문제 62 블록선도 변환이 틀린 것은?

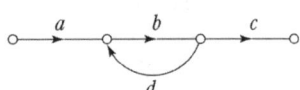

풀이

$X_3 = GX_1 + X_2$ $X_3 = (X_1 + GX_2)G$ **답** ④

문제 63 다음 회로망에서 입력전압을 $V_1(t)$, 출력전압을 $V_2(t)$라 할 때, $\dfrac{V_2(s)}{V_1(s)}$에 대한 고유주파수 ω_n과 제동비 ζ의 값은? (단, $R=100[\Omega]$, $L=2$[H], $C=200[\mu F]$이고, 모든 초기전하는 0이다.)

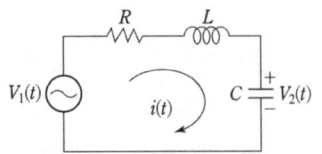

① $\omega_n = 50$, $\zeta = 0.5$ ② $\omega_n = 50$, $\zeta = 0.7$
③ $\omega_n = 250$, $\zeta = 0.5$ ④ $\omega_n = 250$, $\zeta = 0.7$

풀이
· RLC 직렬회로의 전달함수 $G(s) = \dfrac{1}{LCs^2 + RCs + 1}$

여기에 $R=100[\Omega]$, $L=2$[H], $C=200[\mu F]$를 대입하면

$$G(s) = \dfrac{1}{2 \times 200 \times 10^{-6} \times s^2 + 100 \times 200 \times 10^{-6} \times s + 1}$$

$$= \dfrac{1}{0.0004s^2 + 0.02s + 1} = \dfrac{2500}{s^2 + 50s + 2500}$$

· 2차계의 전달함수 $G(s) = \dfrac{\omega_n^2}{s^2 + 2\zeta\omega_n s + \omega_n^2}$와 비교하면

· $\omega_n^2 = 2500$에서 고유주파수 $\omega_n = 50$

· $2\zeta\omega_n = 50$에서 제동비 $\zeta = \dfrac{50}{2\omega_n} = \dfrac{50}{2 \times 50} = 0.5$ **답** ①

문제 64 다음 신호 흐름선도의 일반식은?

① $G = \dfrac{1-bd}{abc}$ ② $G = \dfrac{1+bd}{abc}$

③ $G = \dfrac{abc}{1+bd}$ ④ $G = \dfrac{abc}{1-bd}$

풀이
전향경로 이득 : abc, 루프이득 : bd

$G(s) = \dfrac{\Sigma 전향 경로 이득}{1 - \Sigma 루프이득} = \dfrac{abc}{1-bd}$ **답** ④

문제 65 다음 중 이진 값 신호가 아닌 것은?

① 디지털 신호
② 아날로그 신호
③ 스위치의 On-Off 신호
④ 반도체 소자의 동작, 부동작 상태

풀이

이진 값 신호는 0과 1에 대응하는 불연속 신호이며, 아날로그 신호는 연속된 신호이다.
- 아날로그 신호 : 소리, 전류 등과 같이 연속적으로 변하는 신호
- 디지털 신호 : 스위치의 On-Off 등과 같이 불연속적으로 변하는 신호

답 ②

문제 66 보드 선도에서 이득여유에 대한 정보를 얻을 수 있는 것은?

① 위상곡선 0°에서의 이득과 0[dB]과의 차이
② 위상곡선 180°에서의 이득과 0[dB]과의 차이
③ 위상곡선 −90°에서의 이득과 0[dB]과의 차이
④ 위상곡선 −180°에서의 이득과 0[dB]과의 차이

풀이

이득 여유란 위상 선도가 −180°선을 끊는 점의 이득의 부호를 바꾼 g_m이 이득 여유이다.

답 ④

문제 67 단위 궤환제어계의 개루프 전달함수가
$G(s) = \dfrac{K}{s(s+2)}$ 일 때, K가 $-\infty$ 로부터 $+\infty$ 까지 변하는 경우 특성방정식의 근에 대한 설명으로 틀린 것은?

① $-\infty < K < 0$에 대하여 근은 모두 실근이다.
② $0 < K < 1$에 대하여 2개의 근은 모두 음의 실근이다.
③ $K = 0$에 대하여 $s_1 = 0$, $s_2 = -2$의 근은 $G(s)$의 극점과 일치한다.
④ $1 < K < \infty$에 대하여 2개의 근은 음의 실수부 중근이다.

풀이

폐루프 특성방정식 $s(s+2)+K=0$, $s^2+2s+K=0$
특성근 $s_1, s_2 = -1 \pm \sqrt{1-K}$
① $-\infty < K < 0$: 근호 안은 양수($1-K>0$)이므로 양과 음의 두 실근
② $0 < K < 1$: $-1 < s_1 < 0$, $-2 < s_2 < -1$이므로 음의 두 실근
③ $K = 0$: $s_1 = 0$, $s_2 = -2$이므로 극점과 일치하는 두 실근
④ $1 < K < \infty$: 근호 안은 음수($1-K<0$)이므로 **음의 실수부를 갖는 공액 복소근**

답 ④

문제 68 그림의 시퀀스 회로에서 전자접촉기 X에 의한 A접점(Normal open contact)의 사용 목적은?

① 자기유지회로
② 지연회로
③ 우선 선택회로
④ 인터록(interlock)회로

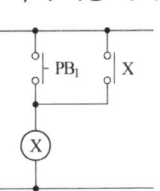

풀이

자기유지회로 : 릴레이 자신의 접점에 의하여 동작 회로를 구성하고 스스로 동작을 유지하는 회로

답 ①

문제 69 2차계 과도응답에 대한 특성 방정식의 근은 $s_1, s_2 = -\zeta\omega_n \pm j\omega_n\sqrt{1-\zeta^2}$ 이다, 감쇠비 ζ가 $0 < \zeta < 1$ 사이에 존재할 때 나타나는 현상은?

① 과제동   ② 무제동
③ 부족제동   ④ 임계제동

풀이

$s_1, s_2 = -\zeta\omega_n \pm j\omega_n\sqrt{1-\zeta^2}$ 에서
- $0 < \zeta < 1$인 경우 : **부족제동**
  공액복소수근을 가지므로 감쇠진동을 한다.
- $\zeta = 1$인 경우 : 임계제동
  $s_1, s_2 = -\omega_n$으로 중근(실근)을 가지므로 진동에서 비진동으로 옮겨가는 임계상태이다.
- $\zeta > 1$인 경우 : 과제동
  서로 다른 2개의 실근을 가지므로 비진동이다.
- $\zeta = 0$인 경우 : 무제동
  $s_1, s_2 = \pm j\omega_n$으로 순공액 허근을 가지므로 일정한 진폭으로 무한히 진동한다.

답 ③

문제 70 다음의 블록선도에서 특성방정식의 근은?

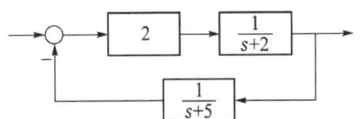

① −2, −5   ② 2, 5
③ −3, −4   ④ 3, 4

풀이

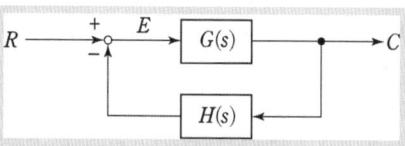

특성 방정식은 $1+G(s)H(s)=0$ 이므로

$$1+G(s)H(s)=1+2\cdot\frac{1}{s+2}\cdot\frac{1}{s+5}=0$$

$$(s+2)(s+5)+2=s^2+7s+12=(s+3)(s+4)=0$$

$$\therefore s=-3,\ -4$$

답 ③

풀이

$$G(s)=\frac{H(s)}{\Delta(s)}=\frac{\frac{1}{sC}}{R+\frac{1}{Cs}}=\frac{1}{RCs+1}$$

$$\Delta(s)=\mathcal{L}\left[\delta(t)\right]=1$$

$$H(s)=\frac{1}{RCs+1}\Delta(s)=\frac{1}{RCs+1}\cdot 1=\frac{1}{RCs+1}$$

$$=\frac{1}{RC}\cdot\frac{1}{s+\frac{1}{RC}}$$

$$\therefore h(t)=\mathcal{L}^{-1}[H(s)]=\frac{1}{RC}e^{-\frac{1}{RC}t}$$

답 ②

문제 71 평형 3상 3선식 회로에서 부하는 Y결선이고, 선간전압이 $173.2\underline{/0°}$[V]일 때 선전류는 $20\underline{/-120°}$[A]이었다면, Y결선된 부하 한상의 임피던스는 약 몇 [Ω]인가?

① $5\underline{/60°}$
② $5\underline{/90°}$
③ $5\sqrt{3}\underline{/60°}$
④ $5\sqrt{3}\underline{/90°}$

풀이

• Y결선에서 선전류 = 상전류 ($I_l=I_p\underline{/0°}$)
• 선간 전압 = $\sqrt{3}\times$상전압$\underline{/30°}$ ($V_l=\sqrt{3}V_p\underline{/30°}$)
• 상전압 $V_p=\dfrac{V_l}{\sqrt{3}}\underline{/-30°}=\dfrac{100\sqrt{3}}{\sqrt{3}}\underline{/-30°}$

$$=100\underline{/-30°}[\text{V}]$$

$$\therefore Z=\frac{V_p}{I_p}=\frac{100\underline{/-30°}}{20\underline{/-120°}}=5\underline{/90°}[\Omega]$$

답 ②

문제 72 그림과 같은 RC 저역통과 필터회로에 단위 임펄스를 입력으로 가했을 때 응답 $h(t)$는?

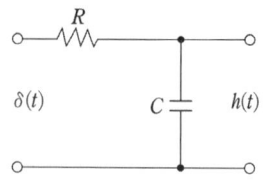

① $h(t)=RCe^{-\frac{t}{RC}}$
② $h(t)=\dfrac{1}{RC}e^{-\frac{t}{RC}}$

③ $h(t)=\dfrac{R}{1+j\omega RC}$
④ $h(t)=\dfrac{1}{RC}e^{-\frac{C}{R}t}$

문제 73 2전력계법으로 평형 3상 전력을 측정하였더니 한 쪽의 지시가 500[W], 다른 한 쪽의 지시가 1500 [W] 이었다. 피상전력은 약 몇 [VA] 인가?

① 2000
② 2310
③ 2646
④ 2771

풀이

2전력계법
• 피상전력 $P_a=2\sqrt{W_1^2+W_2^2-W_1W_2}$ [VA]
• 유효전력 $P=W_1+W_2$[W]
• 무효전력 $Q=\sqrt{3}\,(W_1-W_2)$[Var]
• ∴ 피상전력 $P_a=2\sqrt{500^2+1500^2-500\times 1500}$

$$=2645.75[\text{VA}]$$

답 ③

문제 74 회로에서 4단자 정수 A, B, C, D의 값은?

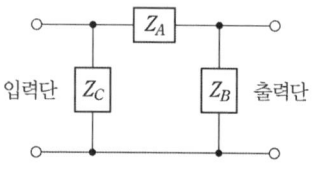

입력단 Z_C Z_B 출력단

① $A=1+\dfrac{Z_A}{Z_B}$, $B=Z_A$, $C=\dfrac{1}{Z_A}$, $D=1+\dfrac{Z_B}{Z_A}$

② $A=1+\dfrac{Z_A}{Z_B}$, $B=Z_A$, $C=\dfrac{1}{Z_B}$, $D=1+\dfrac{Z_A}{Z_B}$

③ $A=1+\dfrac{Z_A}{Z_B}$, $B=Z_A$, $C=\dfrac{Z_A+Z_B+Z_C}{Z_BZ_C}$,

$D=\dfrac{1}{Z_BZ_C}$

④ $A = 1 + \dfrac{Z_A}{Z_B}$, $B = Z_A$, $C = \dfrac{Z_A + Z_B + Z_C}{Z_B Z_C}$,

$D = 1 + \dfrac{Z_A}{Z_C}$

풀이

$$\begin{bmatrix} 1 & 0 \\ \frac{1}{Z_C} & 1 \end{bmatrix} \begin{bmatrix} 1 & Z_A \\ 0 & 1 \end{bmatrix} \begin{bmatrix} 1 & 0 \\ \frac{1}{Z_B} & 1 \end{bmatrix} = \begin{bmatrix} 1 & Z_A \\ \frac{1}{Z_C} & \frac{Z_A}{Z_C} + 1 \end{bmatrix} \begin{bmatrix} 1 & 0 \\ \frac{1}{Z_B} & 1 \end{bmatrix}$$

$$= \begin{bmatrix} 1 + \dfrac{Z_A}{Z_B} & Z_A \\ \dfrac{1}{Z_C} + \dfrac{Z_A}{Z_B Z_C} + \dfrac{1}{Z_B} & \dfrac{Z_A}{Z_C} + 1 \end{bmatrix}$$

$$= \begin{bmatrix} 1 + \dfrac{Z_A}{Z_B} & Z_A \\ \dfrac{Z_B + Z_A + Z_C}{Z_B Z_C} & \dfrac{Z_A}{Z_C} + 1 \end{bmatrix} \qquad \text{답 ④}$$

문제 75 길이에 따라 비례하는 저항 값을 가진 어떤 전열선에 E_0[V]의 전압을 인가하면 P_0[W]의 전력이 소비된다. 이 전열선을 잘라 원래 길이의 $\dfrac{2}{3}$로 만들고 E[V]의 전압을 가한다면 소비전력 P[W]는?

① $P = \dfrac{P_0}{2} \left(\dfrac{E}{E_0} \right)^2$ ② $P = \dfrac{3 P_0}{2} \left(\dfrac{E}{E_0} \right)^2$

③ $P = \dfrac{2 P_0}{3} \left(\dfrac{E}{E_0} \right)^2$ ④ $P = \dfrac{\sqrt{3}\, P_0}{2} \left(\dfrac{E}{E_0} \right)^2$

풀이

① E_0[V]의 전압을 인가할 때,

전력 $P_0 = \dfrac{E_0^2}{R}$ [W]에서 $R = \dfrac{E_0^2}{P_0}$

② E[V]의 전압을 인가할 때(전열선의 길이는 $\dfrac{2}{3}$) 저항

$R' = \dfrac{2}{3} R [\Omega]$ ($\because R = \rho \dfrac{l}{A}$이므로 저항 R은 길이 l에 비례)

전력 $P = \dfrac{E^2}{R'} = \dfrac{E^2}{\frac{2}{3} R}$ [W]에서 $R = \dfrac{3}{2} \dfrac{E^2}{P}$

①, ②에 의해

$\dfrac{E_0^2}{P_0} = \dfrac{3}{2} \dfrac{E^2}{P}$

$\therefore P = \dfrac{3 P_0}{2} \left(\dfrac{E}{E_0} \right)^2$ **답 ②**

문제 76 $f(t) = e^{j\omega t}$의 라플라스 변환은?

① $\dfrac{1}{s - j\omega}$ ② $\dfrac{1}{s + j\omega}$

③ $\dfrac{1}{s^2 + \omega^2}$ ④ $\dfrac{\omega}{s^2 + \omega^2}$

풀이

$$\mathcal{L} \left[1 \cdot e^{j\omega t} \right] = \dfrac{1}{s} \Big|_{s = s - j\omega} = \dfrac{1}{s - j\omega} \qquad \text{답 ①}$$

문제 77 1[km]당 인덕턴스 25[mH], 정전용량 0.005[μF]의 선로가 있다. 무손실 선로라고 가정한 경우 진행파의 위상(전파) 속도는 약 몇 [km/s] 인가?

① 8.95×10^4 ② 9.95×10^4

③ 89.5×10^4 ④ 99.5×10^4

풀이

위상속도 $v = \dfrac{1}{\sqrt{LC}}$ 에서

$v = \dfrac{1}{\sqrt{25 \times 10^{-3} \times 0.005 \times 10^{-6}}} = 8.94 \times 10^4 [\text{km/sec}]$ **답 ①**

문제 78 그림과 같은 순 저항회로에서 대칭 3상 전압을 가할 때 각 선에 흐르는 전류가 같으려면 R의 값은 몇 [Ω] 인가?

① 8

② 12

③ 16

④ 20

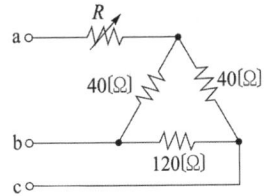

풀이

△저항을 Y저항으로 변환하면

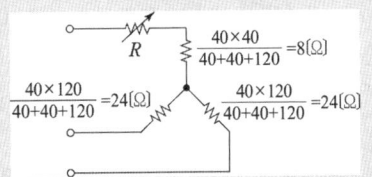

에서 각 선전류가 같기 위해서는 각 선저항이 같아야 하므로 $R + 8 = 24$라야 한다.

$R = 24 - 8 = 16 [\Omega]$ **답 ③**

문제 79 어떤 콘덴서를 300[V]로 충전하는데 9[J]의 에너지가 필요하였다. 이 콘덴서의 정전용량은 몇 [μF] 인가?

① 100
② 200
③ 300
④ 400

풀이

$$W = \frac{1}{2}CV^2 \ [J]에서$$

$$C = \frac{2W}{V^2} = \frac{2 \times 9}{300^2} = 2 \times 10^{-4} \ [F] = 200[\mu F]$$

답 ②

문제 80 전류 $I = 30\sin\omega t + 40\sin(3\omega t + 45°)$ [A]의 실효값[A]은?

① 25
② $25\sqrt{2}$
③ 50
④ $50\sqrt{2}$

풀이

왜형파의 실효값은 각 고조파 실효값 제곱의 합의 제곱근이므로

$$I = \sqrt{I_1^2 + I_3^2} = \sqrt{\left(\frac{30}{\sqrt{2}}\right)^2 + \left(\frac{40}{\sqrt{2}}\right)^2} = \sqrt{\frac{30^2 + 40^2}{2}}$$

$$= 25\sqrt{2} \ [A]$$

답 ②

제5과목   전기설비 기술기준

문제 81 고압용 기계기구를 시설하여서는 안 되는 경우는?

① 시가지 외로서 지표상 3[m]인 경우
② 발전소, 변전소, 개폐소 또는 이에 준하는 곳에 시설하는 경우
③ 옥내에 설치한 기계기구를 취급자 이외의 사람이 출입할 수 없도록 설치한 곳에 시설하는 경우
④ 공장 등의 구내에서 기계기구의 주위에 사람이 쉽게 접촉할 우려가 없도록 적당한 울타리를 설치하는 경우

풀이

341.8 고압용 기계기구의 시설
고압용 기계기구는 다음의 어느 하나에 해당하는 경우와 발전소·변전소·개폐소 또는 이에 준하는 곳에 시설하는 경우 이외에는 시설하여서는 아니 된다.
가. 기계기구의 주위에 규정에 준하여 울타리·담 등을 시설하는 경우
나. **기계기구를 지표상 4.5[m](시가지 외에는 4[m]) 이상의 높이에 시설하고 또한 사람이 쉽게 접촉할 우려가 없도록 시설하는 경우**
다. 옥내에 설치한 기계기구를 취급자 이외의 사람이 출입할 수 없도록 설치한 곳에 시설하는 경우
라. 기계기구를 콘크리트제의 함 또는 규정에 따른 접지공사를 한 금속제 함에 넣고 또한 충전부분이 노출하지 아니하도록 시설하는 경우

답 ①

문제 82 어떤 공장에서 케이블을 사용하는 사용전압이 22[kV]인 가공전선을 건물 옆쪽에서 1차 접근상태로 시설하는 경우, 케이블과 건물의 조영재 이격거리는 몇 [cm] 이상이어야 하는가?

① 50
② 80
③ 100
④ 120

풀이

333.23 특고압 가공전선과 건조물의 접근
특고압 가공전선이 건조물과 제1차 접근상태로 시설되는 경우에는 다음에 따라야 한다.
가. 특고압 가공전선로는 제3종 특고압 보안공사에 의할 것.
나. 사용전압이 35[kV] 이하인 특고압 가공전선과 건조물의 조영재 이격거리는 표에서 정한 값 이상일 것.

건조물과 조영재의 구분	전선종류	접근형태	이격거리
상부 조영재	특고압 절연전선	위쪽	2.5 [m]
		옆쪽 또는 아래쪽	1.5 [m] (전선에 사람이 쉽게 접촉할 우려가 없도록 시설한 경우는 1 [m])
	케이블	위쪽	1.2 [m]
		옆쪽 또는 아래쪽	0.5 [m]
	기타전선		3[m]
기타 조영재	특고압 절연전선		1.5[m] (전선에 사람이 쉽게 접촉할 우려가 없도록 시설한 경우는 1 [m])
	케이블		0.5 [m]
	기타 전선		3 [m]

답 ①

문제 83 옥내에 시설하는 전동기가 소손되는 것을 방지하기 위한 과부하 보호 장치를 하지 않아도 되는 것은?

① 정격 출력이 7.5[kW] 이상인 경우

② 정격 출력이 0.2[kW] 이하인 경우

③ 정격 출력이 2.5[kW]이며, 과전류 차단기가 없는 경우

④ 전동기 출력이 4[kW]이며, 취급자가 감시할 수 없는 경우

풀이

212.6.3 저압전로 중의 전동기 보호용 과전류보호장치의 시설

옥내에 시설하는 전동기에는 전동기가 손상될 우려가 있는 과전류가 생겼을 때에 자동적으로 이를 저지하거나 이를 경보하는 장치를 하여야 한다. 다만, 다음의 어느 하나에 해당하는 경우에는 그러하지 아니하다.

가. 전동기를 운전 중 상시 취급자가 감시할 수 있는 위치에 시설하는 경우

나. 전동기의 구조나 부하의 성질로 보아 전동기가 손상될 수 있는 과전류가 생길 우려가 없는 경우

다. 단상전동기로써 그 전원측 전로에 시설하는 과전류 차단기의 정격전류가 16[A](배선용 차단기는 20[A]) 이하인 경우

라. 정격 출력이 0.2[kW] 이하의 전동기   **답** ②

문제 84 사용전압 66[kV]의 가공전선로를 시가지에 시설할 경우 전선의 지표상 최소 높이는 몇 [m]인가?

① 6.48   ② 8.36

③ 10.48   ④ 12.36

풀이

333.1 시가지 등에서 특고압 가공전선로의 시설

사용전압의 구분	지표상의 높이
35 [kV] 이하	10 [m] (전선이 특고압 절연전선인 경우에는 8 [m])
35 [kV] 초과	10 [m]에 35 [kV]를 초과하는 10 [kV] 또는 그 단수마다 12 [cm]를 더한 값

• 단수 $= \dfrac{66-35}{10} = 3.1 \rightarrow 4$단

• 지표상의 높이 $= 10 + 4 \times 0.12 = 10.48$[m]   **답** ③

문제 85 차량 기타 중량물의 압력을 받을 우려가 있는 장소에 지중 전선로를 직접 매설식으로 시설하는 경우 매설깊이는 몇 [m] 이상이어야 하는가?

① 0.8   ② 1.0

③ 1.2   ④ 1.5

풀이

334.1 지중전선로의 시설

가. 지중전선로는 전선에 케이블을 사용하고 또한 관로식 · 암거식 또는 직접 매설식에 의하여 시설하여야 한다.

나. 지중 전선로를 직접 매설식에 의하여 시설하는 경우에는 매설 깊이는

① 차량 기타 중량물의 압력을 받을 우려가 있는 장소 : 1.0 [m] 이상

② 기타 장소 : 0.6[m] 이상   **답** ②

문제 86 가공전선로의 지지물에 취급자가 오르고 내리는데 사용하는 발판 볼트 등은 지표상 몇 [m] 미만에 시설하여서는 아니 되는가?

① 1.2   ② 1.8

③ 2.2   ④ 2.5

풀이

331.4 가공전선로 지지물의 철탑오름 및 전주오름 방지

가공전선로의 지지물에 취급자가 오르고 내리는데 사용하는 발판 볼트 등을 지표상 1.8 [m] 미만에 시설하여서는 아니 된다.   **답** ②

문제 87 저압 옥상전선로의 시설에 대한 설명으로 틀린 것은?

① 전선은 절연전선을 사용한다.

② 전선은 지름 2.6[mm] 이상의 경동선을 사용한다.

③ 전선은 상시 부는 바람 등에 의하여 식물에 접촉하지 않도록 시설한다.

④ 전선과 옥상 전선로를 시설하는 조영재와의 이격거리를 0.5[m]로 한다.

풀이

221.3 옥상전선로

저압 옥상전선로는 전개된 장소에 다음에 따르고 또한 위험의 우려가 없도록 시설하여야 한다.

가. 전선은 인장강도 2.30[kN] 이상의 것 또는 지름 2.6 [mm] 이상의 경동선을 사용할 것.

나. 전선은 절연전선(OW전선을 포함한다.) 또는 이와 동등 이상의 절연효력이 있는 것을 사용할 것.

다. 전선은 조영재에 견고하게 붙인 지지주 또는 지지대에 절연성·난연성 및 내수성이 있는 애자를 사용하여 지지하고 또한 그 지지점 간의 거리는 15[m] 이하일 것.

라. 전선과 그 저압 옥상 전선로를 시설하는 **조영재와의 이격거리는 2[m]**(전선이 고압절연전선, 특고압 절연전선 또는 케이블인 경우에는 1[m]) 이상일 것.

마. 저압 옥상전선로의 전선은 상시 부는 바람 등에 의하여 식물에 접촉하지 아니하도록 시설하여야 한다.

답 ④

고압 가공전선로에 사용하는 가공지선으로 나경동선을 사용할 때의 최소 굵기[mm]는?

① 3.2   ② 3.5   ③ 4.0   ④ 5.0

풀이

332.6 고압 가공전선로의 가공지선

고압 가공전선로에 사용하는 가공지선은 인장강도 5.26 [kN] 이상의 것 또는 **지름 4[mm] 이상의 나경동선**을 사용한다.

답 ③

문제 89 특고압용 변압기의 보호장치인 냉각장치에 고장이 생긴 경우 변압기의 온도가 현저하게 상승한 경우에 이를 경보하는 장치를 반드시 하지 않아도 되는 경우는?

① 유입 풍냉식   ② 유입 자냉식

③ 송유 풍냉식   ④ 송유 수냉식

풀이

351.4 특고압용 변압기의 보호장치

특고압용의 변압기에는 그 내부에 고장이 생겼을 경우에 보호하는 장치를 표와 같이 시설하여야 한다.

뱅크 용량의 구분	동작 조건	장치의 종류
5,000 [kVA] 이상 10,000 [kVA] 미만	변압기 내부 고장	자동 차단 장치 또는 경보 장치
10,000 [kVA] 이상	변압기 내부 고장	자동 차단 장치
타냉식 변압기(변압기의 권선 및 철심을 직접 냉각 시키기 위하여 봉입한 냉매를 강제 순환시키는 냉각 방식을 말한다.)	냉각 장치에 고장이 생긴 경우 또는 변압기의 온도가 현저히 상승한 경우	**경보 장치**

※ 유입 자냉식 변압기는 타냉식 변압기가 아니므로 반드시 경보장치를 설치 할 필요 없다.

답 ②

문제 90 빙설의 정도에 따라 풍압하중을 적용하도록 규정하고 있는 내용 중 옳은 것은? (단, 빙설이 많은 지방 중 해안지방 기타 저온계절에 최대풍압이 생기는 지방은 제외한다.)

① 빙설이 많은 지방에서는 고온계절에는 갑종 풍압하중, 저온계절에는 을종 풍압하중을 적용한다.

② 빙설이 많은 지방에서는 고온계절에는 을종 풍압하중, 저온계절에는 갑종 풍압하중을 적용한다.

③ 빙설이 적은 지방에서는 고온계절에는 갑종 풍압하중, 저온계절에는 을종 풍압하중을 적용한다.

④ 빙설이 적은 지방에서는 고온계절에는 을종 풍압하중, 저온계절에는 갑종 풍압하중을 적용한다.

풀이

331.6 풍압하중의 종별과 적용

지 역		고온계절	저온계절
빙설이 많은 지방 이외의 지방		갑종	병종
빙설이 많은 지방	일반지역	갑종	을종
	해안지방, 기타 저온 계절에 최대 풍압이 생기는 지역	갑종	갑종과 을종 중 큰 값 선정
인가가 많이 연접되어 있는 장소		병종	병종

답 ①

문제 91 가공전선로의 지지물에 시설하는 지선의 시설기준으로 옳은 것은?

① 지선의 안전율은 2.2 이상이어야 한다.

② 연선을 사용할 경우에는 소선(素線) 3가닥 이상이어야 한다.

③ 도로를 횡단하여 시설하는 지선의 높이는 지표상 4[m] 이상으로 하여야 한다.

④ 지중부분 및 지표상 20[cm]까지의 부분에는 내식성이 있는 것 또는 아연도금을 한다.

풀이

331.11 지선의 시설

가. 지선의 **안전율은 2.5 이상**일 것. 이 경우에 허용 인장하중의 최저는 4.31[kN]으로 한다.

나. 지선에 연선을 사용할 경우에는 다음에 의할 것.
　① **소선 3가닥 이상**의 연선일 것.
　② 소선의 지름이 2.6[mm] 이상의 금속선을 사용한 것일 것.
다. 지중부분 및 **지표상 0.3[m] 까지**의 부분에는 내식성이 있는 것 또는 **아연도금을 한 철봉**을 사용하고 쉽게 부식되지 않는 근가에 견고하게 붙일 것.
라. 도로를 횡단하여 시설하는 지선의 높이는 **지표상 5[m] 이상**으로 하여야 한다.　**답** ②

문제 92 조상설비의 조상기(調相機) 내부에 고장이 생긴 경우에 자동적으로 전로로부터 차단하는 장치를 시설해야 하는 뱅크용량[kVA]으로 옳은 것은?

① 1000　　　　　② 1500
③ 10000　　　　④ 15000

풀이
351.5 조상설비의 보호장치
조상 설비에는 그 내부에 고장이 생긴 경우에 보호하는 장치를 표와 같이 시설하여야 한다.

설비 종별	뱅크 용량의 구분	자동적으로 전로로부터 차단하는 장치
전력용 커패시터 및 분로리액터	500 [kVA] 초과 15,000 [kVA] 미만	·내부에 고장이 생긴 경우 ·과전류가 생긴 경우
	15,000 [kVA] 이상	·내부에 고장이 생긴 경우 ·과전류가 생긴 경우 ·과전압이 생긴 경우
조상기	15,000 [kVA] 이상	·내부에 고장이 생긴 경우

답 ④

문제 93 무선용 안테나 등을 지지하는 철탑의 기초 안전율은 얼마 이상이어야 하는가?

① 1.0　　　　　② 1.5
③ 2.0　　　　　④ 2.5

풀이
364.1 무선용 안테나 등을 지지하는 철탑 등의 시설
전력보안통신설비인 무선통신용 안테나 또는 반사판 을 지지하는 목주·철주·철근 콘크리트주 또는 철탑은 다음에 따라 시설하여야 한다. 다만, 무선용 안테나 등이 전선로의 주위상태를 감시할 목적으로 시설되는 것일 경우에는 그러하지 아니하다.
가. 목주는 풍압하중에 대한 안전율은 1.5 이상이어야 한다.

나. 철주·철근 콘크리트주 또는 **철탑의 기초 안전율은 1.5 이상**이어야 한다.　**답** ②

문제 94 특고압 가공전선로의 지지물로 사용하는 B종 철주에서 각도형은 전선로 중 몇 도를 넘는 수평 각도를 이루는 곳에 사용되는가?

① 1　　　　　　② 2
③ 3　　　　　　④ 5

풀이
333.11 특고압 가공전선로의 철주·철근 콘크리트주 또는 철탑의 종류
특고압 가공전선로의 지지물로 사용하는 B종 철근·B종 콘크리트주 또는 철탑의 종류는 다음과 같다.
가. 직선형 : 전선로의 직선 부분
　(3° 이하의 수평 각도 이루는 곳 포함)에 사용되는 것
나. **각도형 : 전선로 중 수평 각도 3°를 넘는 곳**에 사용되는 것
다. 인류형 : 전 가섭선을 인류하는 곳에 사용하는 것
라. 내장형 : 전선로 지지물 양측의 경간차가 큰 곳에 사용하는 것
마. 보강형 : 전선로 직선 부분을 보강하기 위하여 사용하는 것　**답** ③

출제기준 변경 및 개정된 관계 법규에 따라 삭제된 문제가 있어 20문항이 안됩니다.

국가기술자격검정 필기시험 문제

2019년도 전기기사 일반검정 제 3 회				수검 번호	성 명
자격종목 및 등급(선택분야)	종목코드	시험시간	문제지형별		
전기기사	1150	2시간 30분	A		

제1과목 전기자기학

문제 01 도전도 $k = 6 \times 10^{17}[\mho/m]$, 투자율 $\mu = \dfrac{6}{\pi} \times 10^{-7}[H/m]$인 평면도체 표면에 10[kHz]의 전류가 흐를 때, 침투깊이 $\delta[m]$는?

① $\dfrac{1}{6} \times 10^{-7}$ ② $\dfrac{1}{8.5} \times 10^{-7}$

③ $\dfrac{36}{\pi} \times 10^{-6}$ ④ $\dfrac{36}{\pi} \times 10^{-10}$

풀이

$\delta = \sqrt{\dfrac{2}{\omega\sigma\mu}} = \sqrt{\dfrac{1}{\pi f\sigma\mu}}$

여기서, σ : 도전율[$\mho$/m], μ : 투자율[H/m],
δ : 표피두께(skin depth) 또는 침투깊이[m]

$\therefore \delta = \sqrt{\dfrac{1}{\pi f\sigma\mu}} = \sqrt{\dfrac{1}{\pi \times 10 \times 10^3 \times 6 \times 10^{17} \times \dfrac{6}{\pi} \times 10^{-7}}}$

$= \dfrac{1}{6} \times 10^{-7}[m]$ **답** ①

문제 02 강자성체의 세 가지 특성에 포함되지 않는 것은?

① 자기포화 특성   ② 와전류 특성
③ 고투자율 특성   ④ 히스테리시스 특성

풀이
① 강자성체 : 인접 영구자기 쌍극자의 방향이 동일방향으로 배열하는 재질
② 강자성체의 특징
 • 자구가 존재한다.
 • 히스테리시스 현상이 있다.
 • 자기포화 특성이 있다.   • 투자율이 높다.   **답** ②

문제 03 송전선의 전류가 0.01초 사이에 10[kA] 변화될 때 이 송전선에 나란한 통신선에 유도되는 유도전압은 몇 [V] 인가? (단, 송전선과 통신선 간의 상호유도계수는 0.3[mH]이다.)

① 30   ② 300
③ 3000   ④ 30000

풀이
유도전압 $e = M\dfrac{di(t)}{dt} = 0.3 \times 10^{-3} \times \dfrac{10 \times 10^3}{0.01} = 300[V]$
   답 ②

문제 04 단면적 15 [cm²]의 자석 근처에 같은 단면적을 가진 철편을 놓을 때 그 곳을 통하는 자속이 3×10^{-4} [Wb]이면 철편에 작용하는 흡인력은 약 몇 [N]인가?

① 12.2   ② 23.9
③ 36.6   ④ 48.8

풀이
자극의 단위 면적당 흡인력 $f = \dfrac{B^2}{2\mu_0}[N/m^2]$ 이므로

전체흡인력 $F = f \times S = \dfrac{B^2 S}{2\mu_0} = \dfrac{\left(\dfrac{\phi}{S}\right)^2 S}{2\mu_0}$

$= \dfrac{\phi^2}{2\mu_0 S} = \dfrac{(3 \times 10^{-4})^2}{2 \times 4\pi \times 10^{-7} \times 15 \times 10^{-4}}$

$= 23.87[N]$ **답** ②

문제 05 단면적이 $s[m^2]$, 단위 길이에 대한 권수가 n[회/m]인 무한히 긴 솔레노이드의 단위 길이 당 자기인덕턴스[H/m]는?

① $\mu \cdot s \cdot n$
② $\mu \cdot s \cdot n^2$
③ $\mu \cdot s^2 \cdot n$
④ $\mu \cdot s^2 \cdot n^2$

풀이

- 무한히 긴 솔레노이드의 자계 $H = nI$ [A/m]
- 자속밀도 $B = \mu H = \mu nI$ [T]

따라서, 단위길이에 대한 자속 쇄교수
$\Phi = n\phi = nBs = \mu n^2 Is$ 가 되므로 단위길이당 자기 인덕 턴스 $L = \dfrac{\Phi}{I} = \mu n^2 s$ [H/m]가 된다. **답** ②

문제 06 다음 금속 중 저항률이 가장 작은 것은?

① 은
② 철
③ 백금
④ 알루미늄

풀이

금속의 저항률				(단위 : $\rho \times 10^{-8}$ [Ω · m])	
금 속	은	금	알루미늄	철	백금
고유저항(저항률)	1.62	2.44	2.83	10	10.5

답 ①

문제 07 전하 q[C]가 진공 중의 자계 H[AT/m]에 수직방향으로 v[m/s]의 속도로 움직일 때 받는 힘은 몇 [N]인가? (단, 진공 중의 투자율은 μ_o 이다.)

① qvH
② $\mu_o qH$
③ πqvH
④ $\mu_o qvH$

풀이

자계 내에 놓여진 운동 전하가 받는 힘은
$F = qvB\sin\theta = qv\mu_0 H\sin\theta$ [N]에서 $\theta = 90°$이므로
$F = qv\mu_0 H$ [N]이다. **답** ④

문제 08 무한장 직선형 도선에 I[A]의 전류가 흐를 경우 도선으로부터 R[m] 떨어진 점의 자속밀도 B [Wb/m²]는?

① $B = \dfrac{\mu I}{2\pi R}$
② $B = \dfrac{I}{2\pi\mu R}$
③ $B = \dfrac{\mu I}{4\pi R}$
④ $B = \dfrac{I}{4\pi\mu R}$

풀이

무한장 직선 전류로부터 R[m] 떨어진 점의 자계는
$H = \dfrac{I}{2\pi R}$ [A/m]이고, $B = \mu H$ 이므로
$B = \mu H = \dfrac{\mu I}{2\pi R}$ [Wb/m²] **답** ①

문제 09 원통 좌표계에서 일반적으로 벡터가 $A = 5r\sin\phi a_z$로 표현될 때 점$(2, \dfrac{\pi}{2}, 0)$에서 curl$A$를 구하면?

① $5a_r$
② $5\pi a_\phi$
③ $-5a_\phi$
④ $-5\pi a_\phi$

풀이

$$\nabla \times A = \frac{1}{r}\begin{vmatrix} a_r & ra_\phi & a_z \\ \dfrac{\partial}{\partial r} & \dfrac{\partial}{\partial \phi} & \dfrac{\partial}{\partial z} \\ A_r & rA_\phi & A_z \end{vmatrix} = \frac{1}{r}\begin{vmatrix} a_r & ra_\phi & a_z \\ \dfrac{\partial}{\partial r} & \dfrac{\partial}{\partial \phi} & \dfrac{\partial}{\partial z} \\ 0 & 0 & 5r\sin\phi \end{vmatrix}$$

$$= \frac{1}{r}\left\{ \frac{\partial}{\partial \phi}(5r\sin\phi)a_r - \frac{\partial}{\partial r}(5r\sin\phi)ra_\phi \right\}$$

$$= \frac{\partial}{\partial \phi}(5\sin\phi)a_r - \frac{\partial}{\partial r}(5r\sin\phi)a_\phi$$

$$= 5\cos\phi\, a_r - 5\sin\phi\, a_\phi \qquad \left(2, \frac{\pi}{2}, 0\right)$$

$$= 5\cos\frac{\pi}{2}a_r - 5\sin\frac{\pi}{2}a_\phi = -5a_\phi$$

답 ③

문제 10 전기 저항에 대한 설명으로 틀린 것은?

① 저항의 단위는 옴[Ω]을 사용한다.
② 저항률(ρ)의 역수를 도전율이라고 한다.
③ 금속선의 저항 R은 길이 l에 반비례한다.
④ 전류가 흐르고 있는 금속선에 있어서 임의 두 점간의 전위차는 전류에 비례한다.

풀이

전기저항 $R = \rho\dfrac{l}{S}$ [Ω]

여기서, R : 저항 [Ω], σ : 도전율,
$\rho = \dfrac{1}{\sigma}$: 저항률 또는 고유저항 [Ω · m]

따라서 **저항 R은 길이 l에 비례**한다. **답** ③

문제 11 자계의 벡터포텐셜을 A라 할 때 자계의 시간적 변화에 의하여 생기는 전계의 세기 E는?

① $E = \text{rot} A$

② $\text{rot} E = A$

③ $E = -\dfrac{\partial A}{\partial t}$

④ $\text{rot} E = -\dfrac{\partial A}{\partial t}$

풀이

$B = \nabla \times A$로 정의되고 $\nabla \times E = -\dfrac{\partial B}{\partial t}$에서

$\nabla \times E = -\dfrac{\partial B}{\partial t} = -\dfrac{\partial}{\partial t}(\nabla \times A) = \nabla \times \left(-\dfrac{\partial A}{\partial t}\right)$

$\therefore E = -\dfrac{\partial A}{\partial t}$ 답 ③

문제 12 평행판 콘덴서의 극간 전압이 일정한 상태에서 극간에 공기가 있을 때의 흡인력을 F_1, 극판 사이에 극판 간격의 2/3 두께의 유리판($\epsilon_r = 10$)을 삽입할 때의 흡인력을 F_2라 하면 $\dfrac{F_2}{F_1}$는?

① 0.6

② 0.8

③ 1.5

④ 2.5

풀이

- 공기 콘덴서의 정전용량
  $C_1 = \dfrac{\epsilon_0 S}{d}$

- 유전체 삽입한 콘덴서의 정전용량(복합유전체의 등가회로 그림 참고)

  $C_2 = \dfrac{\dfrac{\epsilon_0 S}{d/3} \cdot \dfrac{10\epsilon_0 S}{2d/3}}{\dfrac{\epsilon_0 S}{d/3} + \dfrac{10\epsilon_0 S}{2d/3}} = \dfrac{5}{2}\dfrac{\epsilon_0 S}{d} = \dfrac{5}{2}C_1$

- 힘은 에너지에 비례($F \propto W$)하고, 전압이 일정할 때 에너지는 정전용량에 비례($W \propto C$)하므로 힘도 정전용량에 비례하는 관계($F \propto C$)로부터 다음의 관계식이 성립하므로

  $\therefore \dfrac{F_2}{F_1} = \dfrac{W_2}{W_1} = \dfrac{C_2}{C_1} = \dfrac{5}{2} = 2.5$ $(\because F \propto W \propto C)$ 답 ④

참고

만약 전하가 일정한 경우에는 정전에너지가 정전용량에 반비례하므로 다음의 관계식이 성립

$\therefore \dfrac{F_2}{F_1} = \dfrac{W_2}{W_1} = \dfrac{C_1}{C_2} = \dfrac{2}{5} = 0.4$ $\left(\because F \propto W \propto \dfrac{1}{C}\right)$

문제 13 환상철심의 평균 자계의 세기가 3000 [AT/m]이고, 비투자율이 600인 철심 중의 자화의 세기는 약 몇 [Wb/m²]인가?

① 0.75

② 2.26

③ 4.52

④ 9.04

풀이

- 자화율 $\chi_m = \mu - \mu_0 = \mu_0(\mu_s - 1)$[H/m]
- 자화의 세기 $J = \chi_m H = \mu_0(\mu_s - 1)H$
  $= 4\pi \times 10^{-7} \times (600 - 1) \times 3000$
  $= 2.26$[Wb/m²]   답 ②

문제 14 전자파의 특성에 대한 설명으로 틀린 것은?

① 전자파의 속도는 주파수와 무관하다.

② 전파 E_x를 고유임피던스로 나누면 자파 H_y가 된다.

③ 전파 E_x와 자파 H_y의 진동방향은 진행방향에 수평인 종파이다.

④ 매질이 도전성을 갖지 않으면 전파 E_x와 자파 H_y는 동위상이 된다.

풀이

① 전자파 속도 $v = \dfrac{1}{\sqrt{\epsilon \mu}}$이므로 전자파 속도는 매질의 유전율과 투자율에 관계한다. 즉, 주파수와 무관하다.

② 특성 임피던스 $\eta = \dfrac{E_x}{H_y}$에서 $\therefore H_y = \dfrac{E_x}{\eta}$

③ E_x와 H_y의 진동 방향은 진행 방향에 수직인 횡파이다.

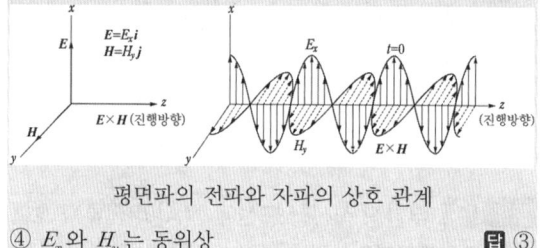

평면파의 전파와 자파의 상호 관계

④ E_x와 H_y는 동위상   답 ③

문제 15 진공 중에서 점 P(1, 2, 3) 및 점 Q(2, 0, 5)에 각각 300[μC], -100[μC]인 점전하가 놓여 있을 때 점전하 -100[μC]에 작용하는 힘은 몇 [N]인가?

① $10i - 20j + 20k$

② $10i + 20j - 20k$

③ $-10i + 20j + 20k$

④ $-10i + 20j - 20k$

풀이

$r = (2-1)i + (0-2)j + (5-3)k = 1i - 2j + 2k$

$r = \sqrt{1^2 + (-2)^2 + 2^2} = 3[\text{m}]$

$r_0 = \dfrac{1}{3}(1i - 2j + 2k)$

$\therefore F = 9 \times 10^9 \times \dfrac{Q_1 Q_2}{r^2} r_0$

$= 9 \times 10^9 \times \dfrac{300 \times 10^{-6} \times (-100 \times 10^{-6})}{3^2}$

$\times \dfrac{1}{3}(1i - 2j + 2k)$

$= -30 \times \dfrac{1}{3}(1i - 2j + 2k) = -10i + 20j - 20k[\text{N}]$

답 ④

문제 16 반지름 $a[\text{m}]$의 구 도체에 전하 $Q[\text{C}]$가 주어질 때 구 도체 표면에 작용하는 정전응력은 몇 $[\text{N/m}^2]$인가?

① $\dfrac{9Q^2}{16\pi^2 \epsilon_o a^6}$

② $\dfrac{9Q^2}{32\pi^2 \epsilon_o a^6}$

③ $\dfrac{Q^2}{16\pi^2 \epsilon_o a^4}$

④ $\dfrac{Q^2}{32\pi^2 \epsilon_o a^4}$

풀이

• 구도체 표면의 전계의 세기 $E = \dfrac{Q}{4\pi \epsilon_0 a^2}$

따라서, 구도체 표면에 작용하는 정전응력은

$f = \dfrac{1}{2}\epsilon_0 E^2 = \dfrac{1}{2}\epsilon_0 \left(\dfrac{Q}{4\pi \epsilon_0 a^2}\right)^2 = \dfrac{Q^2}{32\pi^2 \epsilon_0 a^4} [\text{N/m}^2]$ **답** ④

문제 17 정전용량이 $1[\mu\text{F}]$이고 판의 간격이 d인 공기콘덴서가 있다. 두께 $\dfrac{1}{2}d$, 비유전율 $\epsilon_r = 2$ 유전체를 그 콘덴서의 한 전극면에 접촉하여 넣었을 때 전체의 정전용량$[\mu\text{F}]$은?

$\epsilon_r = 2$ $\dfrac{d}{2}$ $\dfrac{d}{2}$

① 2 ② $\dfrac{1}{2}$ ③ $\dfrac{4}{3}$ ④ $\dfrac{5}{3}$

풀이

콘덴서의 직렬 등가회로로 바꿀 수 있고 합성정전용량 C는

$C = \dfrac{1}{\dfrac{1}{C_1} + \dfrac{1}{C_2}} = \dfrac{C_1 C_2}{C_1 + C_2}$

여기서, C_1, C_2는

ϵ_0 — C_1

$\epsilon_0 \epsilon_s$ — C_2

$C_1 = \dfrac{\epsilon_0 A}{\dfrac{d}{2}} = \dfrac{2\epsilon_0 A}{d}$

$C_2 = \dfrac{\epsilon_0 \epsilon_s A}{\dfrac{d}{2}} = \dfrac{2\epsilon_0 \epsilon_s A}{d}$

$\therefore C = \dfrac{\dfrac{2\epsilon_0 A}{d} \cdot \dfrac{2\epsilon_0 \epsilon_s A}{d}}{\dfrac{2\epsilon_0 A}{d} + \dfrac{2\epsilon_0 \epsilon_s A}{d}} = \dfrac{\dfrac{\epsilon_0 A}{d} 4\epsilon_s}{2 + 2\epsilon_s} = \dfrac{\epsilon_0 A \cdot 2\epsilon_s}{d(1 + \epsilon_s)}$

$= \dfrac{\epsilon_0 A}{d} \cdot \dfrac{2\epsilon_s}{1 + \epsilon_s}$

유전체를 삽입하기 전 정전용량 $C_0 = \dfrac{\epsilon_0 A}{d}$이므로

$C = C_0 \cdot \dfrac{2\epsilon_s}{1 + \epsilon_s} = 1 \cdot \dfrac{2 \times 2}{1 + 2} = \dfrac{4}{3} [\mu\text{F}]$ **답** ③

문제 18 정전용량이 각각 C_1, C_2, 그 사이의 상호 유도계수가 M인 절연된 두 도체가 있다. 두 도체를 가는 선으로 연결할 경우, 정전용량은 어떻게 표현되는가?

① $C_1 + C_2 - M$

② $C_1 + C_2 + M$

③ $C_1 + C_2 + 2M$

④ $2C_1 + 2C_2 + M$

풀이

$\begin{cases} Q_1 = q_{11} V_1 + q_{12} V_2 \\ Q_2 = q_{21} V_1 + q_{22} V_2 \end{cases}$ 에서 $\begin{cases} q_{11} = c_1, \;\; q_{22} = c_2 \\ q_{12} = q_{21} = M \end{cases}$

선으로 연결하면 등전위가 되어

$V_1 = V_2 = V$

$\therefore \begin{cases} Q_1 = (q_{11} + q_{12})V = (C_1 + M)V \\ Q_2 = (q_{21} + q_{22})V = (M + C_2)V \end{cases}$

$Q_2 = (q_{21} + q_{22})V = (M + C_2)V$

$\therefore C = \dfrac{Q_1 + Q_2}{V} = C_1 + C_2 + 2M$ **답** ③

문제 19 길이 l[m]인 동축 원통 도체의 내외원통에 각각 $+\lambda$, $-\lambda$[C/m]의 전하가 분포되어 있다. 내외원통 사이에 유전율 ϵ인 유전체가 채워져 있을 때, 전계의 세기[V/m]는? (단, V는 내외원통 간의 전위차, D는 전속밀도이고, a, b는 내외원통의 반지름이며, 원통 중심에서의 거리 r은 $a < r < b$인 경우이다.)

① $\dfrac{V}{r \cdot \ln\dfrac{b}{a}}$ ② $\dfrac{V}{\epsilon \cdot \ln\dfrac{b}{a}}$

③ $\dfrac{D}{r \cdot \ln\dfrac{b}{a}}$ ④ $\dfrac{D}{\epsilon \cdot \ln\dfrac{b}{a}}$

풀이

원통간 전위차

$$V = -\int_b^a E dl = -\int_b^a \frac{\lambda}{2\pi\epsilon_0 r} dl = \frac{\lambda}{2\pi\epsilon_0}[\ln r]_a^b$$

$$= \frac{\lambda}{2\pi\epsilon_0} \ln\frac{b}{a}$$

$$\therefore \lambda = \frac{2\pi\epsilon_0 V}{\ln\dfrac{b}{a}}$$

원통 내의 전계의 세기 E

$$E = \frac{\lambda}{2\pi\epsilon_0 r} = \frac{1}{2\pi\epsilon_0 r} \times \frac{2\pi\epsilon_0 V}{\ln\dfrac{b}{a}} = \frac{V}{r\ln\dfrac{b}{a}}$$ **답** ①

문제 20 변위전류와 가장 관계가 깊은 것은?

① 도체 ② 반도체

③ 유전체 ④ 자성체

풀이

변위 전류(displacement current) : 진공 또는 **유전체** 내에서 **전속밀도의 시간적 변화**에 의하여 발생하는 전류

$$i_D = \frac{I_D}{S} = \frac{\partial D}{\partial t} = \frac{\partial(\epsilon E)}{\partial t}$$

여기서, i_D : 변위전류밀도[A/m²]

I_D : 변위전류[A]

ϵ : 유전율[F/m]

E : 전계의 세기[V/m]

D : 전속밀도[C/m²] **답** ③

제2과목 **전력공학**

문제 21 역률 80[%], 500[kVA]의 부하설비에 100[kVA]의 진상용 콘덴서를 설치하여 역률을 개선하면 수전점에서의 부하는 약 몇 [kVA]가 되는가?

① 400 ② 425 ③ 450 ④ 475

풀이

• 부하의 유효전력 $P = P_a\cos\theta = 500 \times 0.8 = 400$[kW]

• 부하의 무효전력 $Q_L = P_a\sin\theta = 500 \times \sqrt{1-\cos\theta^2}$

$= 500 \times \sqrt{1-0.8^2} = 300$[kVar]

• 콘덴서 용량 $Q_C = 100$[kVar]

• 역률 개선 후 수전점에서의 부하

$P_a' = \sqrt{P^2+(Q_L-Q_C)^2} = \sqrt{400^2+(300-100)^2}$

$= 447.21$[kVA] **답** ③

문제 22 가공지선에 대한 설명 중 틀린 것은?

① 유도뢰 서지에 대하여도 그 가설구간 전체에 사고방지의 효과가 있다.

② 직격뢰에 대하여 특히 유효하며 탑 상부에 시설하므로 뇌는 주로 가공지선에 내습한다.

③ 송전선의 1선 지락 시 지락전류의 일부가 가공지선에 흘러 차폐작용을 하므로 전자유도장해를 적게 할 수 있다.

④ 가공지선 때문에 송전선로의 대지정전용량이 감소하므로 대지사이에 방전할 때 유도전압이 특히 커서 차폐효과가 좋다.

풀이

가공 지선(over head ground wire)은 송전선 위에 나란히 가설된 도선으로 각 철탑에 접지되어 있으며, 그 설치 목적은

① 직격뢰에 대한 차폐 효과

② 유도뢰에 대한 정전 차폐 효과

③ 통신선에 대한 전자 유도 장해 경감 효과 **답** ④

문제 23 부하전류의 차단에 사용되지 않는 것은?

① DS ② ACB

③ OCB ④ VCB

풀이

- 차단기(Breaker) : 아크 소호능력이 있어 부하전류나 사고전류의 차단이 가능
- 스위치(Switch) : 아크 소호능력이 없어 부하전류나 사고전류의 차단이 불 가능
- 단로기(DS : Disconnecting Switch)는 차단기(Breaker)가 아닌 **switch로서 아크 소호 장치가 없어 부하 전류의 차단이 곤란하다.** 답 ①

문제 24 플리커 경감을 위한 전력 공급측의 방안이 아닌 것은?

① 공급전압을 낮춘다.
② 전용 변압기로 공급한다.
③ 단독 공급계통을 구성한다.
④ 단락용량이 큰 계통에서 공급한다.

풀이

플리커 경감 대책
1) 전력 공급측에서 실시
　　① 전용 계통으로 공급
　　② 단락 용량이 큰 계통에서 공급
　　③ 전용 변압기로 공급
　　④ **공급 전압을 승압**
2) 수용가 측에서의 대책
　　① 전원 계통에 리액터 분을 보상
　　② 전압 강하를 보상
　　③ 부하의 무효 전력 변동분을 흡수
　　④ 플리커 부하 전류의 변동분을 억제 답 ①

문제 25 3상 무부하 발전기의 1선 지락 고장 시에 흐르는 지락 전류는? (단, E는 접지된 상의 무부하 기전력이고 Z_0, Z_1, Z_2는 발전기의 영상, 정상, 역상 임피던스이다.)

① $\dfrac{E}{Z_0 + Z_1 + Z_2}$

② $\dfrac{\sqrt{3}\,E}{Z_0 + Z_1 + Z_2}$

③ $\dfrac{3E}{Z_0 + Z_1 + Z_2}$

④ $\dfrac{E^2}{Z_0 + Z_1 + Z_2}$

풀이

- 1선 지락 고장시 전류의 대칭분은 크기와 위상각이 모두 같다. 즉 $I_0 = I_1 = I_2$
- 전류의 대칭성분 $I_0 = I_1 = I_2 = \dfrac{E}{Z_0 + Z_1 + Z_2}$

- 지락 전류 $I_g = I_0 + I_1 + I_2 = 3I_0 = \dfrac{3E}{Z_0 + Z_1 + Z_2}$ 답 ③

문제 26 변성기의 정격부담을 표시하는 단위는?

① W
② S
③ dyne
④ VA

풀이

정격부담 : 변성기 2차측 단자간에 접속되는 부하의 한도를 말하며 [VA]로 표시한다. 답 ④

문제 27 수력발전소의 분류 중 낙차를 얻는 방법에 의한 분류 방법이 아닌 것은?

① 댐식 발전소
② 수로식 발전소
③ 양수식 발전소
④ 유역 변경식 발전소

풀이

낙차를 얻는 방법에 의한 분류
① 수로식 발전소
② 댐식 발전소
③ 댐 수로식 발전소
④ 유역 변경식 발전소 답 ③

문제 28 원자로에서 중성자가 원자로 외부로 유출되어 인체에 위험을 주는 것을 방지하고 방열의 효과를 주기 위한 것은?

① 제어재
② 차폐재
③ 반사체
④ 구조재

풀이

① 제어재 : 원자로의 출력조정 및 이상 시 노 운전 정지를 위하여 사용하는 것으로 중성자를 잘 흡수하는 물질을 사용한다.
② 차폐재 : 원자로 내부의 **방사선이 외부에 누출되는 것을 방지**하기 위한 벽의 역할을 하는 것으로 열차폐와 생체 차폐가 있다.
③ 반사체 : 핵분열로 발생한 고속 중성자 또는 열중성자가 원자로의 외부에 누출되는 것을 방지하기 위한 것이다.
④ 구조재 : 연료봉, 감속재, 제어봉, 냉각재 등이 포함된 노심을 지지하기 위하여 사용되는 노 내 물질이다. 답 ②

문제 29 연가에 의한 효과가 아닌 것은?

① 직렬공진의 방지
② 대지정전용량의 감소
③ 통신선의 유도장해 감소
④ 선로정수의 평형

풀이

연가의 효과
① 선로 정수 평형
② 임피던스 평형
③ 소호 리액터 접지시 직렬 공진 방지
④ 유도 장해 감소
따라서, **연가의 효과**는 선로 정수의 평형이지 대지정전 용량을 감소시키지는 않는다. **답** ②

문제 30 각 전력계통을 연계선으로 상호 연결하였을 때 장점으로 틀린 것은?

① 건설비 및 운전경비를 절감하므로 경제급전이 용이하다.
② 주파수의 변화가 작아진다.
③ 각 전력계통의 신뢰도가 증가된다.
④ 선로 임피던스가 증가되어 단락전류가 감소된다.

풀이

전력계통의 연계
전력계통을 연계 시킨다는 것은 전력계통을 병렬로 운전하는 것으로서 계통을 연계시키면 전력계통의 규모가 증대되고 계통의 임피던스는 감소하게 되며 그 장·단점은 다음과 같다.
(1) 장점
　① 전력의 융통으로 설비 용량이 절감된다.
　② 건설비 및 운전 경비를 절감하므로 경제 급전이 용이하다.
　③ 계통 전체로서의 신뢰도가 증가한다.
　④ 부하 변동의 영향이 작아져서 안정된 주파수 유지가 가능하다.
(2) 단점
　① 연계설비를 신설해야 한다.
　② 사고시 타계통으로 사고가 파급 확대될 우려가 있다.
　③ 병렬회로 수가 많아지게 되며, 따라서 선로 임피던스가 감소하여 **단락전류가 증대되고 통신선의 전자유도 장해도 커진다.** **답** ④

문제 31 전압요소가 필요한 계전기가 아닌 것은?

① 주파수 계전기
② 동기탈조 계전기
③ 지락 과전류 계전기
④ 방향성 지락 과전류 계전기

풀이

• 지락과전류 계전기 : 영상전류만으로 지락사고를 검출하는 방식 (ZCT + GR)
• 방향성 지락 과전류 계전기 : 영상전압과 영상전류로 동작 (ZCT + GPT + DGR) **답** ③

문제 32 수력발전설비에서 흡출관을 사용하는 목적으로 옳은 것은?

① 압력을 줄이기 위하여
② 유효낙차를 늘리기 위하여
③ 속도변동률을 적게 하기 위하여
④ 물의 유선을 일정하게 하기 위하여

풀이

흡출관은 반동 수차의 출구에서부터 방수로 수면까지 연결하는 관으로 **낙차를 유효하게 이용**(낙차를 늘리기 위해)하기 위해 사용한다. **답** ②

문제 33 인터록(interlock)의 기능에 대한 설명으로 옳은 것은?

① 조작자의 의중에 따라 개폐되어야 한다.
② 차단기가 열려 있어야 단로기를 닫을 수 있다.
③ 차단기가 닫혀 있어야 단로기를 닫을 수 있다.
④ 차단기와 단로기를 별도로 닫고, 열 수 있어야 한다.

풀이

단로기는 부하 전류를 개폐할 수 없다. 따라서 **단로기는 차단기가 열려 있어야 열고 닫을 수 있다.** 즉, 인터록 장치를 두어 부하 통전 시 단로기를 열 수 없도록 하여야 한다. **답** ②

문제 34 같은 선로와 같은 부하에서 교류 단상 3선식은 단상 2선식에 비하여 전압강하와 배전효율이 어떻게 되는가?

① 전압강하는 적고, 배전효율은 높다.
② 전압강하는 크고, 배전효율은 낮다.
③ 전압강하는 적고, 배전효율은 낮다.
④ 전압강하는 크고, 배전효율은 높다.

풀이

항 목	단상 2선식	단상 3선식
회로도		
공급전력이 동일한 경우 1선당 흐르는 전류	$I = \dfrac{P}{V}$	$I = \dfrac{P}{2V}$

즉, 단상3선식에서 선로에 흐르는 전류는 단상 2선식에 비해 1/2의 전류가 흐르므로 전압강하도 단상2선식에 비해 1/2로 감소한다. **답 ①**

문제 35 전력 원선도에서는 알 수 없는 것은?

① 송수전할 수 있는 최대전력
② 선로 손실
③ 수전단 역률
④ 코로나손

풀이

① 원선도에서 알 수 있는 사항
• 정태안정 전력   • 조상용량
• 수전단 역률   • 선로의 손실과 효율
• 송·수양단 전압간의 상차각
② 원선도에서 알 수 없는 사항
• **코로나 손실**
• 과도 안정 극한전력   **답 ④**

문제 36 가공선 계통은 지중선 계통보다 인덕턴스 및 정전용량이 어떠한가?

① 인덕턴스, 정전용량이 모두 작다.
② 인덕턴스, 정전용량이 모두 크다.
③ 인덕턴스는 크고, 정전용량은 작다.
④ 인덕턴스는 작고, 정전용량은 크다.

풀이

• 인덕턴스 $L = 0.05 + 0.4605 \log_{10} \dfrac{D}{r}$ [mH/km]

• 정전용량 $C = \dfrac{0.02413}{\log_{10} \dfrac{D}{r}}$ [μF/km]

즉, **가공선 계통은** 지중선 계통에 비해서 선간 거리 D가 수십 배 크므로 **인덕턴스는 크고 정전 용량은 작다.** **답 ③**

문제 37 송전선의 특성임피던스는 저항과 누설컨덕턴스를 무시하면 어떻게 표현되는가? (단, L은 선로의 인덕턴스, C는 선로의 정전용량이다.)

① $\sqrt{\dfrac{L}{C}}$ ② $\sqrt{\dfrac{C}{L}}$ ③ $\dfrac{L}{C}$ ④ $\dfrac{C}{L}$

풀이

• 특성 임피던스 $Z_0 = \sqrt{\dfrac{Z}{Y}} = \sqrt{\dfrac{R + j\omega L}{G + j\omega C}}$

• R 및 G를 무시하면 $R = 0$, $G = 0$로 하면 $Z_0 = \sqrt{\dfrac{L}{C}}$ [Ω] 가 된다. **답 ①**

문제 38 다음 중 송전선로의 코로나 임계전압이 높아지는 경우가 아닌 것은?

① 날씨가 맑다.
② 기압이 높다.
③ 상대공기밀도가 낮다.
④ 전선의 반지름과 선간거리가 크다.

풀이

$$E_0 = 24.3 m_0 m_1 \delta d \log_{10} \dfrac{2D}{d}, \quad \delta = \dfrac{0.386b}{273 + t}$$

여기서, m_0 : 전선의 표면계수
$\qquad m_1$: 기후계수(맑은 날은 1.0, 우천시는 0.8, 서리가 많은 날은 0.7~0.6)
$\qquad \delta$: 상대 공기밀도
$\qquad d$: 전선의 지름[cm],
$\qquad D$: 선간거리[cm]
$\qquad t$: 기온[℃],
$\qquad b$: 기압[mmHg]
따라서, 코로나 임계전압은 전선의 지름(d)이 커지면 높아지고, 기압(b)이 높거나, 온도(t)가 낮아지거나 **상대공기밀도(δ)가 높은** 경우 코로나 임계전압은 높아진다. **답 ③**

문제 39 어느 수용가의 부하설비는 전등설비가 500[W], 전열설비가 600[W], 전동기 설비가 400[W], 기타설비가 100[W]이다. 이 수용가의 최대 수용전력이 1200 [W]이면 수용률은 몇 [%]인가?

① 55 ② 65 ③ 75 ④ 85

풀이

$$수용률 = \frac{최대\ 수용\ 전력}{설비\ 용량(접속부하)} \times 100$$
$$= \frac{1200}{500+600+400+100} \times 100 = 75[\%]$$

답 ③

문제 40 케이블의 전력 손실과 관계가 없는 것은?

① 철손 ② 유전체손
③ 시스손 ④ 도체의 저항손

풀이

철손은 와류손과 히스테리시스손으로 구성되는데 이 손실은 케이블에서 발생되는 손실이 아니고 **철심에서 발생**된다.

답 ①

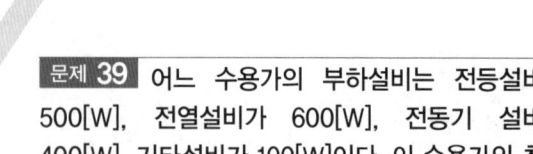

제3과목 **전기기기**

문제 41 동기발전기의 돌발 단락 시 발생되는 현상으로 틀린 것은?

① 큰 과도전류가 흘러 권선 소손
② 단락전류는 전기자 저항으로 제한
③ 코일 상호간 큰 전자력에 의한 코일 파손
④ 큰 단락전류 후 점차 감소하여 지속 단락전류 유지

풀이

평형 3상 전압을 유기하고 있는 발전기의 단자를 갑자기 단락하면 단락 초기에 전기자 반작용이 순간적으로 나타나지 않기 때문에 막대한 과도 전류가 흐르다가 점차 감소하여 수초 후에는 영구 단락 전류값에 이르게 된다.

① 돌발 단락 전류 $I_s = \frac{E}{r_a + jx_l}$

• 돌발 단락 전류 제한 : 전기자 권선저항 r_a + 누설 리액턴스 x_l

② 영구 단락 전류 $I_s = \frac{E}{r_a + jx_s} = \frac{E}{r_a + j(x_a + x_l)} = \frac{E}{Z_s}$

• 영구 단락 전류 제한 : 전기자 권선 저항 r_a + 누설 리액턴스 x_l + 전기자 반작용 리액턴스 x_a

답 ②

문제 42 터빈 발전기의 냉각을 수소냉각방식으로 하는 이유로 틀린 것은?

① 풍손이 공기 냉각 시의 약 1/10로 줄어든다.
② 열전도율이 좋고 가스냉각기의 크기가 작아진다.
③ 절연물의 산화작용이 없으므로 절연열화가 작아서 수명이 길다.
④ 반폐형으로 하기 때문에 이물질의 침입이 없고 소음이 감소한다.

풀이

수소 냉각 발전기의 장·단점
① 장점
• 비중이 공기의 약 7[%]로 가볍고 풍손은 공기의 약 1/10로 감소
• 비열이 공기의 약 14배로 열전도성이 좋고, 공기냉각 발전기에 비하여 약 25 [%]의 출력이 증가
• 가스 냉각기가 적어도 된다.
• 코로나 발생전압이 높고 절연물의 수명이 길어진다.
• **전폐형으로** 함으로써 **불순물의 침입이 없고 운전 중 소음이 적다.**
② 단점
• 공기와 적당히 혼합하면 폭발할 우려가 있다.
• 폭발 예방을 위한 부속설비가 필요하며 설비비가 증가

답 ④

문제 43 SCR의 특징으로 틀린 것은?

① 과전압에 약하다.
② 열용량이 적어 고온에 약하다.
③ 전류가 흐르고 있을 때의 양극 전압강하가 크다.
④ 게이트에 신호를 인가할 때부터 도통할 때까지의 시간이 짧다.

풀이

SCR의 순방향 전압 강하는 보통 1.5[V] 이하로 적다.

답 ③

문제 44 단상 유도전동기의 특징을 설명한 것으로 옳은 것은?

① 기동 토크가 없으므로 기동장치가 필요하다.

② 기계손이 있어도 무부하 속도는 동기속도보다 크다.

③ 권선형은 비례추이가 불가능하며, 최대 토크는 불변이다.

④ 슬립은 $0 > s > -1$이고 2보다 작고 0이 되기 전에 토크가 0이 된다.

풀이

단상 유도 전동기는 기동시 즉 $s=1$에서 기동 토크가 0 이므로 기동할 수 없다. 그러나, 어떤 방향으로 회전을 시켜 주면 토크가 발생되어 그 방향으로 회전한다. 따라서, **단상 유도 전동기에는 기동 장치가 필요하다.** 답 ①

문제 45 직류발전기에 직결한 3상 유도전동기가 있다. 발전기의 부하 100[kW], 효율 90[%]이며 전동기 단자전압 3300[V], 효율 90[%], 역률 90[%]이다. 전동기에 흘러들어가는 전류는 약 몇 [A]인가?

① 2.4 ② 4.8

③ 19 ④ 24

풀이

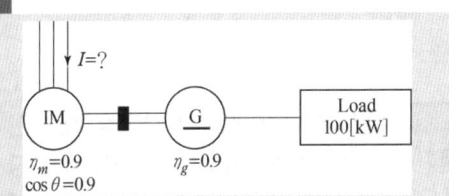

• 직류발전기 입력(=3상 유도전동기의 출력 P_o)

$$P_g = \frac{P_L}{\eta_g} = \frac{100}{0.9} = 111.11[kW]$$

• 전동기의 입력 $P_i = \frac{P_o}{\eta_m} = \frac{111.11}{0.9} = 123.46[kW]$

• 전동기에 흘러들어가는 전류 I는

$$I = \frac{P_i}{\sqrt{3}\,V\cos\theta} = \frac{123.46 \times 10^3}{\sqrt{3} \times 3300 \times 0.9} = 24[A]$$ 답 ④

문제 46 몰드변압기의 특징으로 틀린 것은?

① 자기 소화성이 우수하다.

② 소형 경량화가 가능하다.

③ 건식변압기에 비해 소음이 적다.

④ 유입변압기에 비해 절연레벨이 낮다.

답 전항정답

문제 47 유도전동기의 회전속도를 N[rpm], 동기속도를 N_s[rpm]이라하고 순방향 회전자계의 슬립을 s라고하면, 역방향 회전자계에 대한 회전자 슬립은?

① $s-1$ ② $1-s$

③ $s-2$ ④ $2-s$

풀이

단상 유도 전동기가 슬립 s로 회전하면 회전 주파수는 정상분 전동기에서는 $(1-s)f$이고 **역상분 전동기에서는** $f + (1-s)f = (2-s)f$가 **된다.** 따라서 회전자 권선은 sf와 $(2-s)f$ 되는 주파수의 기전력을 유기한다. 답 ④

문제 48 유도발전기의 동작 특성에 관한 설명 중 틀린 것은?

① 병렬로 접속된 동기발전기에서 여자를 취해야 한다.

② 효율과 역률이 낮으며 소출력의 자동수력발전기와 같은 용도에 사용된다.

③ 유도발전기의 주파수를 증가하려면 회전속도를 동기속도 이상으로 회전시켜야 한다.

④ 선로에 단락이 생긴 경우에는 여자가 상실되므로 단락전류는 동기발전기에 비해 적고 지속시간도 짧다.

풀이

유도발전기는 전동기로서의 회전방향과 같은 방향으로 동기속도 이상의 속도($s<0$)로 회전시켜 발전하는 것으로서 이 발전기의 **주파수는 전원의 주파수로 정하고 회전 속도에는 관계없으나** 출력은 거의 상대 속도($n-n_s$)와 비례하기 때문에 출력을 증가하려면 속도를 증가시켜야 한다.

유도 발전기의 장·단점은 다음과 같다.

[장점]

① 동기 발전기와 달리 가격이 싸다.

② 기동과 취급이 간단하며 고장이 적다.

③ 동기발전기와 같이 동기화할 필요가 없으며 난조 등의 이상 현상도 생기지 않는다.

④ 선로에 단락이 생긴 경우에도 여자가 상실되므로 단락 전류는 동기기에 비해 적으며 지속 시간도 짧다.

[단점]
① 병렬로 지속되는 동기기에서 여자전류를 취해야 한다.
② 공극의 치수가 작기 때문에 운전 시 주의해야 한다.
③ 효율과 역률이 낮다.
답 ③

문제 49 단상 변압기를 병렬 운전하는 경우 각 변압기의 부하분담이 변압기의 용량에 비례하려면 각각의 변압기의 %임피던스는 어느 것에 해당되는가?
① 어떠한 값이라도 좋다.
② 변압기 용량에 비례하여야 한다.
③ 변압기 용량에 반비례하여야 한다.
④ 변압기 용량에 관계없이 같아야 한다.

풀이
부하 분담비 $m = \dfrac{\%Z_B}{\%Z_A} \cdot \dfrac{P_A}{P_B}$ 이다.
따라서 **%임피던스는 변압기 용량에 반비례**한다.
여기서, P_A, P_B : A, B 변압기의 용량
　　　　$\%Z_a$, $\%Z_b$: A, B 변압기의 %임피던스
답 ③

문제 50 그림은 여러 직류전동기의 속도 특성곡선을 나타낸 것이다. 1부터 4까지 차례로 옳은 것은?

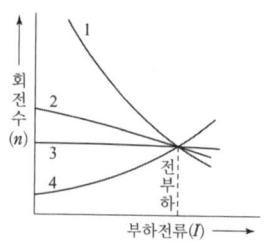

① 차동복권, 분권, 가동복권, 직권
② 직권, 가동복권, 분권, 차동복권
③ 가동복권, 차동복권, 직권, 분권
④ 분권, 직권, 가동복권, 차동복권

풀이
직류 전동기의 속도 및 토크 특성

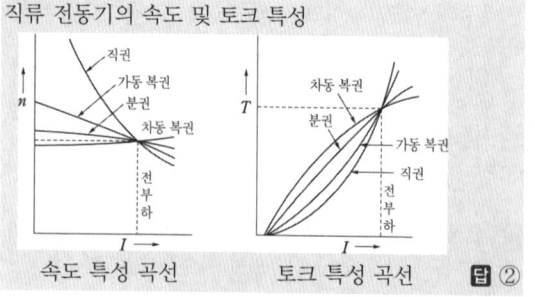

속도 특성 곡선　　토크 특성 곡선
답 ②

문제 51 전력변환기기로 틀린 것은?
① 컨버터
② 정류기
③ 인버터
④ 유도전동기

풀이
• 컨버터 : 교류를 직류로 변환
• 정류기 : 교류를 직류로 변환
• 인버터 : 직류를 교류로 변환
• 유도 전동기 : 전기적 에너지를 운동에너지로 변환
답 ④

문제 52 농형 유도전동기에 주로 사용되는 속도제어법은?
① 극수 변환법
② 종속 접속법
③ 2차 저항제어법
④ 2차 여자제어법

풀이
① 농형 유도 전동기의 속도 제어법
　　$N_s = \dfrac{120}{p} f$ 에서
　• 주파수를 바꾸는 방법
　• **극수를 바꾸는 방법**
　• 전원전압을 바꾸는 방법이 있다.
② 권선형 유도 전동기의 속도 제어법
　• 2차여자 제어법
　• 2차저항 제어법
　• 종속 제어법
답 ①

문제 53 정격전압 100[V], 정격전류 50[A]인 분권 발전기의 유기기전력은 몇 [V]인가? (단, 전기자 저항 0.2[Ω], 계자전류 및 전기자 반작용은 무시한다.)
① 110
② 120
③ 125
④ 127.5

풀이
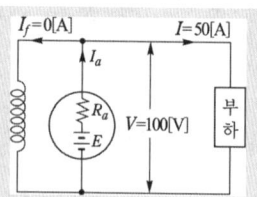

전기자 전류 $I_a = I + I_f$ 에서
계자 전류를 무시($I_f = 0$)하면
$I_a = I = 50[A]$ 가 된다.
∴ $E = V + I_a R_a = 100 + 50 \times 0.2 = 110[V]$
답 ①

문제 54 그림과 같은 변압기 회로에서 부하 R_2에 공급되는 전력이 최대로 되는 변압기의 권수비 a는?

① $\sqrt{5}$

② $\sqrt{10}$

③ 5

④ 10

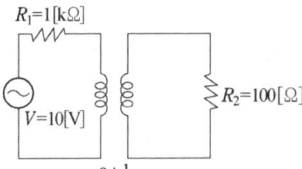

풀이

최대 전력 공급 조건은 **"전원의 내부 저항 = 부하 저항"**이다.

즉, $R_1 = a^2 R_2$

$\therefore a = \sqrt{\dfrac{R_1}{R_2}} = \sqrt{\dfrac{1000}{100}} = \sqrt{10}$　　　답 ②

문제 55 변압기의 백분율 저항강하가 3[%], 백분율 리액턴스 강하가 4[%]일 때 뒤진 역률 80[%]인 경우의 전압변동률[%]은?

① 2.5　　　　　　　② 3.4

③ 4.8　　　　　　　④ −3.6

풀이

전압변동률 $\epsilon = p\cos\theta + q\sin\theta$ 에서
(여기서, p : %저항강하, q : %리액턴스강하)
$\epsilon = 3 \times 0.8 + 4 \times 0.6 = 4.8[\%]$　　답 ③

문제 56 정류자형 주파수변환기의 회전자에 주파수 f_1의 교류를 가할 때 시계방향으로 회전자계가 발생하였다. 정류자 위의 브러시 사이에 나타나는 주파수 f_c를 설명한 것 중 틀린 것은? (단, n : 회전자의 속도, n_s : 회전자계의 속도, s : 슬립이다.)

① 회전자를 정지시키면 $f_c = f_1$인 주파수가 된다.

② 회전자를 반시계방향으로 $n = n_s$의 속도로 회전시키면, $f_c = 0[\text{Hz}]$가 된다.

③ 회전자를 반시계방향으로 $n < n_s$의 속도로 회전시키면, $f_c = sf_1[\text{Hz}]$가 된다.

④ 회전자를 시계방향으로 $n < n_s$의 속도로 회전시키면, $f_c < f_1[\text{Hz}]$가 된다.

풀이

정류자형 주파수 변환기

① 회전자가 정지하고 있는 경우 정류자 상의 브러시 사이에 나타나는 전압 E_c의 주파수 f_c는 슬립링에 가해진 전원용 주파수 f_1과 같다.

② 회전자의 외부에서 힘을 가하여 Φ와 반대방향으로 속도 $n = n_s$로 회전시 E_c의 주파수 f_c는 0이 되어 직류 전압이 된다.

③ 회전자의 속도 $n < n_s$의 경우 E_c의 주파수 $f_c = sf_1[\text{Hz}]$가 된다.

④ 회전자를 Φ와 같은 방향의 속도 n으로 회전시 E_c의 주파수 $f_c = f_1 + f[\text{Hz}]$이다.

즉, 전원의 주파수 f_1을 임의의 주파수 $f_1 + f$로 변환할 수 있다.　　　답 ④

문제 57 변압기의 보호에 사용되지 않는 것은?

① 온도계전기　　　　② 과전류계전기

③ 임피던스계전기　　④ 비율차동계전기

풀이

임피던스형 거리계전기

계전기의 설치점으로부터 단락 또는 지락점의 방향과 고장발생점까지의 전기적거리(임피던스)를 판별하여 동작하는 것으로, 거리가 가까울 경우에는 고장전류가 커서 빨리 동작하게 된다. 즉, **임피던스 계전기는** 변압기 자체의 보호가 아닌 **계통의 단락,** 직접접지계의 주보호 및 후비보호로 광범위하게 사용된다.　　　답 ③

문제 58 동기발전기의 3상 단락곡선에서 단락전류가 계자전류에 비례하여 거의 직선이 되는 이유로 가장 옳은 것은?

① 무부하 상태이므로

② 전기자 반작용으로

③ 자기포화가 있으므로

④ 누설 리액턴스가 크므로

풀이

• 단락전류는 전기자 저항을 무시하면 동기리액턴스에 의해 그 크기가 결정된다.

$$I_s = \frac{E}{Z_s} = \frac{E}{\sqrt{r_a^2 + x_s^2}} \fallingdotseq \frac{E}{jx_s}$$

• 동기리액턴스에 의해 흐르는 전류는 90° 늦은 전류가 크게 흐르게 되며, 이 전류에 의한 **전기자 반작용이 감자 작용이 되므로 3상 단락곡선은 직선이 된다.**　　답 ②

문제 59 1차 전압 V_1, 2차 전압 V_2인 단권변압기를 Y결선했을 때, 등가용량과 부하용량의 비는? (단, $V_1 > V_2$이다.)

① $\dfrac{V_1 - V_2}{\sqrt{3}\,V_1}$

② $\dfrac{V_1 - V_2}{V_1}$

③ $\dfrac{V_1^2 - V_2^2}{\sqrt{3}\,V_1 V_2}$

④ $\dfrac{\sqrt{3}\,(V_1 - V_2)}{2\,V_1}$,

풀이

단권 변압기의 3상 결선

결선방식	자기 용량 부하 용량
Y결선	$1 - \dfrac{V_l}{V_h}$
△결선	$\dfrac{V_h{}^2 - V_l{}^2}{\sqrt{3}\,V_h V_l}$
V결선	$\dfrac{2}{\sqrt{3}}\left(1 - \dfrac{V_l}{V_h}\right)$
변연장 △결선	$-\dfrac{\sqrt{3}}{2}\left(\dfrac{V_l}{V_h}\right) + \sqrt{1 - \dfrac{1}{4}\left(\dfrac{V_l}{V_h}\right)^2}$

답 ②

문제 60 E를 전압, r을 1차로 환산한 저항, x를 1차로 환산한 리액턴스라고 할 때 유도전동기의 원선도에서 원의 지름을 나타내는 것은?

① $E \cdot r$

② $E \cdot x$

③ $\dfrac{E}{x}$

④ $\dfrac{E}{r}$

풀이

유도 전동기는 일정값의 리액턴스와 부하에 의하여 변하는 저항$(r_2{}'/s)$의 직렬 회로라고 생각되므로 부하에 의하여 변화하는 전류 벡터의 궤적, 즉 **원선도의 지름은 전압에 비례하고 리액턴스에 반비례**한다.

답 ③

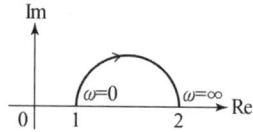
제4과목 **회로이론 및 제어공학**

문제 61 그림의 벡터 궤적을 갖는 계의 주파수 전달함수는?

Im 축, Re 축, $\omega=0$은 1 부근, $\omega=\infty$는 2 부근

① $\dfrac{1}{j\omega + 1}$

② $\dfrac{1}{j2\omega + 1}$

③ $\dfrac{j\omega + 1}{j2\omega + 1}$

④ $\dfrac{j2\omega + 1}{j\omega + 1}$

풀이

$G(j\omega) = \dfrac{1 + j\omega T_2}{1 + j\omega T_1}$ 에서

$\omega = 0$일 때 $|G(j\omega)| = 1$,

$\omega = \infty$일 때 $|G(j\omega)| = \dfrac{T_2}{T_1} = 2$ 이므로

$T_2 > T_1$이고 위상각은 +값이므로

$\therefore\ G(j\omega) = \dfrac{1 + j2\omega}{1 + j\omega}$

답 ④

문제 62 근궤적에 관한 설명으로 틀린 것은?

① 근궤적은 실수축에 대하여 상하 대칭으로 나타난다.

② 근궤적의 출발점은 극점이고 근궤적의 도착점은 영점이다.

③ 근궤적의 가지 수는 극점의 수와 영점의 수 중에서 큰 수와 같다.

④ 근궤적이 s평면의 우반면에 위치하는 K의 범위는 시스템이 안정하기 위한 조건이다.

풀이

근궤적이 K의 변화에 따라 허수축을 지나 s평면의 우반 평면으로 들어가는 순간은 계의 안정성이 파괴되는 임계점에 해당한다.

답 ④

문제 63 제어시스템에서 출력이 얼마나 목표값을 잘 추종하는지를 알아볼 때, 시험용으로 많이 사용되는 신호로 다음 식의 조건을 만족하는 것은?

$$u(t-a) = \begin{cases} 0, & t < a \\ 1, & t \geq a \end{cases}$$

① 사인함수
② 임펄스함수
③ 램프함수
④ 단위계단함수

풀이

단위 계단함수	단위 계단함수(시간 이동하는 경우)
$u(t) = \begin{cases} 0, & t < 0 \\ 1, & t \geq 0 \end{cases}$	$u(t-a) = \begin{cases} 0, & t < a \\ 1, & t \geq a \end{cases}$

답 ④

문제 64 특성방정식 $s^2 + Ks + 2K - 1 = 0$인 계가 안정하기 위한 K의 범위는?

① $K > 0$
② $K > \dfrac{1}{2}$
③ $K < \dfrac{1}{2}$
④ $0 < K < \dfrac{1}{2}$

풀이

루드의 표는

s^2	1	$2K-1$
s^1	K	
s^0	$2K-1$	

계가 안정될 필요조건은 모든 차수항이 존재하고 각 계수의 부호가 모두 같아야 한다. **(1 열의 부호 변화가 없어야 한다.)**
따라서 1열의 부호 변화가 없으려면
$K > 0$, $2K - 1 > 0$
$\therefore K > \dfrac{1}{2}$

답 ②

문제 65 상태공간 표현식 $\dot{x} = Ax + Bu$ 로 표현
$$y = Cx$$
되는 선형 시스템에서
$$A = \begin{bmatrix} 0 & 1 & 0 \\ 0 & 0 & 1 \\ -2 & -9 & -8 \end{bmatrix}, B = \begin{bmatrix} 0 \\ 0 \\ 5 \end{bmatrix}, C = \begin{bmatrix} 1 & 0 & 0 \end{bmatrix},$$
$$D = 0, \; x = \begin{bmatrix} x_1 \\ x_2 \\ x_3 \end{bmatrix}$$ 이면 시스템 전달함수 $\dfrac{Y(s)}{U(s)}$는?

① $\dfrac{1}{s^3 + 8s^2 + 9s + 2}$

② $\dfrac{1}{s^3 + 2s^2 + 9s + 8}$

③ $\dfrac{5}{s^3 + 8s^2 + 9s + 2}$

④ $\dfrac{5}{s^3 + 2s^2 + 9s + 8}$

풀이

(1) 행렬
$$sI - A = \begin{bmatrix} s & 0 & 0 \\ 0 & s & 0 \\ 0 & 0 & s \end{bmatrix} - \begin{bmatrix} 0 & 1 & 0 \\ 0 & 0 & 1 \\ -2 & -9 & -8 \end{bmatrix} = \begin{bmatrix} s & -1 & 0 \\ 0 & s & -1 \\ 2 & 9 & s+8 \end{bmatrix}$$

(2) 수반행렬 $\text{adj}(sI - A)$
$$\text{adj}(sI-A) = \begin{bmatrix} \begin{vmatrix} s & -1 \\ 9 & s+8 \end{vmatrix} & -\begin{vmatrix} -1 & 0 \\ 9 & s+8 \end{vmatrix} & \begin{vmatrix} -1 & 0 \\ s & -1 \end{vmatrix} \\ -\begin{vmatrix} 0 & 2 \\ -1 & s+8 \end{vmatrix} & \begin{vmatrix} s & 0 \\ 2 & s+8 \end{vmatrix} & -\begin{vmatrix} s & 0 \\ 0 & -1 \end{vmatrix} \\ \begin{vmatrix} 0 & s \\ 2 & 9 \end{vmatrix} & -\begin{vmatrix} s & -1 \\ 2 & 9 \end{vmatrix} & \begin{vmatrix} s & -1 \\ 0 & s \end{vmatrix} \end{bmatrix}$$
$$= \begin{bmatrix} s^2+8s+9 & s+8 & 1 \\ -2 & s(s+8) & s \\ 2s & -(9s+2) & s^2 \end{bmatrix}$$

(3) 행렬식 $\det(sI - A) = s^3 + 8s^2 + 9s + 2$

(4) 전달함수
$$G(s) = \frac{Y(s)}{U(s)} = C\frac{\text{adj}(sI-A)}{\det(sI-A)}B = \frac{5}{s^3 + 2s^2 + 9s + 8}$$

답 ③

문제 66

그림의 블록선도에 대한 전달함수 $\dfrac{C}{R}$ 는?

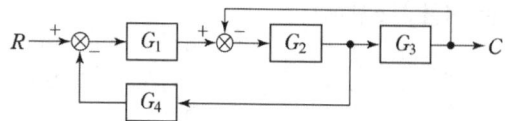

① $\dfrac{G_1 G_2 G_3}{1 + G_1 G_2 + G_1 G_2 G_4}$

② $\dfrac{G_1 G_2 G_4}{1 + G_1 G_2 + G_1 G_2 G_3}$

③ $\dfrac{G_1 G_2 G_3}{1 + G_2 G_3 + G_1 G_2 G_4}$

④ $\dfrac{G_1 G_2 G_4}{1 + G_2 G_3 + G_1 G_2 G_3}$

풀이

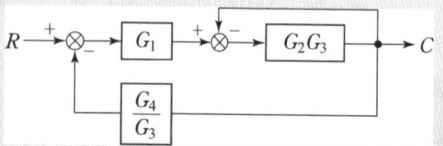

G_3 앞의 인출점을 요소 뒤로 이동하면 그림과 같은 블록선도로 나타낼 수 있다.

$$\left\{ \left(R - C \frac{G_4}{G_3} \right) G_1 - C \right\} G_2 G_3 = C$$

$$RG_1 G_2 G_3 - CG_1 G_2 G_4 - C(G_2 G_3) = C$$

$$RG_1 G_2 G_3 = C(1 + G_2 G_3 + G_1 G_2 G_4)$$

$$\therefore G(s) = \frac{C}{R} = \frac{G_1 G_2 G_3}{1 + G_2 G_3 + G_1 G_2 G_4}$$

답 ③

문제 67

신호흐름선도의 전달함수

$T(s) = \dfrac{C(s)}{R(s)}$ 로 옳은 것은?

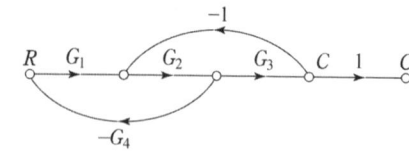

① $\dfrac{G_1 G_2 G_3}{1 - G_2 G_3 + G_1 G_2 G_4}$

② $\dfrac{G_1 G_2 G_3}{1 + G_1 G_2 G_4 + G_2 G_3}$

③ $\dfrac{G_1 G_2 G_3}{1 + G_1 G_3 - G_1 G_2 G_4}$

④ $\dfrac{G_1 G_2 G_3}{1 - G_1 G_3 - G_1 G_2 G_4}$

풀이

• 전향경로 이득 : $G_1 G_2 G_3$

• 루프이득 : $-G_1 G_2 G_4$, $-G_2 G_3$

• 전달함수 $G(s) = \dfrac{\sum \text{전향경로이득}}{1 - \sum \text{루프이득}}$

$$= \frac{G_1 G_2 G_3}{1 + G_1 G_2 G_4 + G_2 G_3}$$

답 ②

문제 68

Routh–Hurwitz 표에서 제1열의 부호가 변하는 횟수로부터 알 수 있는 것은?

① s−평면의 좌반면에 존재하는 근의 수

② s−평면의 우반면에 존재하는 근의 수

③ s−평면의 허수축에 존재하는 근의 수

④ s−평면의 원점에 존재하는 근의 수

풀이

근이 모두 s평면의 좌반부에 있어야만 제어계가 안정하다고 할 수 있다. 따라서, 근이 s평면의 좌반부 즉, 부 (−)의 실수부를 갖는 조건은 다음과 같다.

• 특성 방정식의 모든 계수의 부호가 같아야 한다.

• 계수 중 어느 하나라도 0이 되어서는 안 된다.

• 루드 수열의 제1열의 원소 부호가 같아야 한다.

• **제1열의 부호 변화는 s평면의 우반면에 존재하는 근의 수를 의미한다.**

답 ②

문제 69

부울 대수식 중 틀린 것은?

① $A \cdot \overline{A} = 1$　　② $A + 1 = 1$

③ $A + A = A$　　④ $A \cdot A = A$

풀이

① $A \cdot \overline{A} = 0$　　② $A + \overline{A} = 1$

③ $A + 1 = 1$　　④ $A \cdot 1 = A$

⑤ $A \cdot 0 = 0$　　⑥ $A + 0 = A$

⑦ $A \cdot A = A$　　⑧ $A + A = A$

답 ①

문제 70 함수 e^{-at}의 z변환으로 옳은 것은?

① $\dfrac{z}{z-e^{-aT}}$ ② $\dfrac{z}{z-a}$

③ $\dfrac{1}{z-e^{-aT}}$ ④ $\dfrac{1}{z-a}$

풀이

$f(t)$	$F(s)$	$F(z)$
e^{-at}	$\dfrac{1}{s+a}$	$\dfrac{z}{z-e^{-aT}}$

답 ①

문제 71 4단자 회로망에서 4단자 정수가 A, B, C, D일 때, 영상 임피던스 $\dfrac{Z_{01}}{Z_{02}}$은?

① $\dfrac{D}{A}$ ② $\dfrac{B}{C}$ ③ $\dfrac{C}{B}$ ④ $\dfrac{A}{D}$

풀이

$Z_{01}=\sqrt{\dfrac{AB}{CD}}$, $Z_{02}=\sqrt{\dfrac{BD}{AC}}$ 이므로

$\therefore \dfrac{Z_{01}}{Z_{02}}=\dfrac{\sqrt{\dfrac{AB}{CD}}}{\sqrt{\dfrac{BD}{AC}}}=\dfrac{A}{D}$

답 ④

문제 72 RL 직렬회로에서 $R=20[\Omega]$, $L=40$ [mH]일 때, 이 회로의 시정수[sec]는?

① 2×10^{3} ② 2×10^{-3}

③ $\dfrac{1}{2}\times10^{3}$ ④ $\dfrac{1}{2}\times10^{-3}$

풀이

$R-L$ 직렬 회로에서 시정수 $\tau=\dfrac{L}{R}$ [s]에서

$\tau=\dfrac{L}{R}=\dfrac{40\times10^{-3}}{20}=2\times10^{-3}$[sec]

답 ②

문제 73 비정현파 전류가

$i(t)=56\sin\omega t+20\sin2\omega t+30\sin(3\omega t+30°)$
$+40\sin(4\omega t+60°)$로 표현될 때, 왜형률은 약 얼

마인가?

① 1.0   ② 0.96

③ 0.55   ④ 0.11

풀이

왜형률$=\dfrac{\text{전 고조파 실효값}}{\text{기본파 실효값}}=\dfrac{\sqrt{I_2^{\,2}+I_3^{\,2}+I_4^{\,2}}}{I_1}$

$=\dfrac{\sqrt{(20/\sqrt{2})^2+(30/\sqrt{2})^2+(40/\sqrt{2})^2}}{56/\sqrt{2}}=0.96$

답 ②

문제 74 대칭 6상 성형(star)결선에서 선간전압 크기와 상전압 크기의 관계로 옳은 것은?
(단, V_l : 선간전압 크기, V_p : 상전압 크기)

① $V_l=V_p$ ② $V_l=\sqrt{3}\,V_p$

③ $V_l=\dfrac{1}{\sqrt{3}}V_p$ ④ $V_l=\dfrac{2}{\sqrt{3}}V_p$

풀이

대칭 n상 회로의 선간전압 $V_l=2V_p\sin\dfrac{\pi}{n}$ 에서

$n=6$ 이므로 선간전압 $V_l=2V_p\sin\dfrac{\pi}{6}=V_p$

$\therefore V_l=V_p$

답 ①

문제 75 3상 불평형 전압 V_a, V_b, V_c가 주어진다면, 정상분 전압은? (단, $a=e^{j2\pi/3}=1\angle120°$ 이다.)

① $V_a+a^2V_b+aV_c$

② $V_a+aV_b+a^2V_c$

③ $\dfrac{1}{3}(V_a+a^2V_b+aV_c)$

④ $\dfrac{1}{3}(V_a+aV_b+a^2V_c)$

풀이

- 영상전압 $V_0=\dfrac{1}{3}(V_a+V_b+V_c)$

- 정상전압 $V_1=\dfrac{1}{3}(V_a+aV_b+a^2V_c)$ $(1\to a\to a^2$ 의 형태$)$

- 역상전압 $V_2=\dfrac{1}{3}(V_a+a^2V_b+aV_c)$ $(1\to a^2\to a$ 의 형태$)$

답 ④

문제 76 송전선로가 무손실 선로일 때, $L = 96$ [mH]이고, $C = 0.6[\mu F]$이면 특성임피던스$[\Omega]$는?

① 100

② 200

③ 400

④ 600

풀이

무손실 선로에서 $R = 0$, $G = 0$이므로

$$Z_0 = \sqrt{\frac{Z}{Y}} = \sqrt{\frac{R + j\omega L}{G + j\omega C}} = \sqrt{\frac{L}{C}} = \sqrt{\frac{96 \times 10^{-3}}{0.6 \times 10^{-6}}} = 400[\Omega]$$

답 ③

문제 77 2전력계법을 이용한 평형 3상회로의 전력이 각각 500[W] 및 300[W]로 측정되었을 때, 부하의 역률은 약 몇 [%]인가?

① 70.7

② 87.7

③ 89.2

④ 91.8

풀이

2전력계법

• 피상전력 $P_a = 2\sqrt{W_1^2 + W_2^2 - W_1 W_2}$ [VA]

• 유효전력 $P = W_1 + W_2$ [W]

• 무효전력 $Q = \sqrt{3}(W_1 - W_2)$ [Var]

• 역률 $\cos\phi = \dfrac{W_1 + W_2}{2\sqrt{W_1^2 + W_2^2 - W_1 \times W_2}}$

$$= \frac{500 + 300}{2\sqrt{500^2 + 300^2 - 500 \times 300}} \times 100 = 91.77[\%]$$

답 ④

문제 78 커패시터와 인덕터에서 물리적으로 급격히 변화할 수 없는 것은?

① 커패시터와 인덕터에서 모두 전압

② 커패시터와 인덕터에서 모두 전류

③ 커패시터에서 전류, 인덕터에서 전압

④ 커패시터에서 전압, 인덕터에서 전류

풀이

$v_L = L\dfrac{di}{dt}$에서 i가 급격히 ($t = 0$인 순간) 변화하면 v_L이 ∞가 되는 모순이 생기고, $i_c = C\dfrac{dv}{dt}$에서 v가 급격히 변화하면 i_c가 ∞가 되는 모순이 생긴다.

따라서 **인덕터에서는 전류, 커패시터에서는 전압**이 급격하게 변화하지 않는다.

답 ④

문제 79 인덕턴스가 0.1[H]인 코일에 실효값 100 [V], 60 [Hz], 위상 30도인 전압을 가했을 때 흐르는 전류의 실효값 크기는 약 몇 [A]인가?

① 43.7

② 37.7

③ 5.46

④ 2.65

풀이

전류의 실효값

$$I = \frac{E}{\omega L} = \frac{E}{2\pi f L} = \frac{100}{2\pi \times 60 \times 0.1} = 2.65[A]$$

답 ④

문제 80 $f(t) = \delta(t - T)$의 라플라스변환 $F(s)$는?

① e^{Ts}

② e^{-Ts}

③ $\dfrac{1}{s}e^{Ts}$

④ $\dfrac{1}{s}e^{-Ts}$

풀이

시간 추이 정리에 의해서

$$\mathcal{L}[\delta(t - T)] = e^{-Ts}\,\mathcal{L}[\delta(t)] = e^{-Ts}$$

답 ②

제5과목 ▶ 전기설비 기술기준

문제 81 고압 가공전선로의 지지물로 철탑을 사용한 경우 최대경간은 몇 [m] 이하이어야 하는가?

① 300

② 400

③ 500

④ 600

풀이

333.21 고압 가공전선로의 경간 제한

고압 가공전선로의 경간은 표에서 정한 값 이하이어야 한다.

지지물의 종류	경 간
목주 · A종 철주 또는 A종 철근 콘크리트주	150[m]
B종 철주 또는 B종 철근 콘크리트주	250[m]
철탑	600[m] (단주인 경우에는 400[m])

답 ④

문제 82 폭발성 또는 연소성의 가스가 침입할 우려가 있는 것에 시설하는 지중함으로서 그 크기가 몇 [m³] 이상의 것은 통풍장치 기타 가스를 방산시키기 위한 적당한 장치를 시설하여야 하는가?

① 0.9
② 1.0
③ 1.5
④ 2.0

풀이

334.2 지중함의 시설
폭발성 또는 연소성의 가스가 침입할 우려가 있는 것에 시설하는 지중함으로서 그 **크기가 1 [m³] 이상**인 것에는 통풍장치 기타 가스를 방산시키기 위한 적당한 장치를 시설할 것

답 ②

문제 83 사용전압 35000[V]인 기계기구를 옥외에 시설하는 개폐소의 구내에 취급자 이외의 자가 들어가지 않도록 울타리를 설치할 때 울타리와 특고압의 충전부분이 접근하는 경우에는 울타리의 높이와 울타리로부터 충전부분까지의 거리의 합은 최소 몇 [m] 이상이어야 하는가?

① 4
② 5
③ 6
④ 7

풀이

351.1 발전소 등의 울타리·담 등의 시설
가. 울타리·담 등의 높이는 2[m] 이상으로 하고 지표면과 울타리·담 등의 하단사이의 간격은 0.15[m] 이하로 할 것.
나. 울타리·담 등의 높이와 울타리·담 등으로부터 충전부분까지 거리의 합계는 표 에서 정한 값 이상으로 할 것.

사용전압의 구분	울타리·담 등의 높이와 울타리·담 등으로부터 충전 부분까지의 거리의 합계
35 [kV] 이하	5 [m]
35 [kV] 초과 160 [kV] 이하	6 [m]
160 [kV] 초과	• 거리 = 6 + 단수 × 0.12 [m] • 단수 = $\dfrac{\text{사용전압 [kV]}-160}{10}$ 단수 계산에서 소수점 이하는 절상

답 ②

문제 84 다음의 ⓐ, ⓑ에 들어갈 내용으로 옳은 것은?

> 과전류차단기로 시설하는 퓨즈 중 고압전로에 사용하는 비포장퓨즈는 정격전류의 (ⓐ)배의 전류에 견디고 또한 2배의 전류로 (ⓑ)분 안에 용단되는 것이어야 한다.

① ⓐ 1.1, ⓑ 1
② ⓐ 1.2, ⓑ 1
③ ⓐ 1.25, ⓑ 2
④ ⓐ 1.3, ⓑ 2

풀이

341.10 고압 및 특고압 전로 중의 과전류차단기의 시설
가. 과전류차단기로 시설하는 퓨즈 중 고압전로에 사용하는 포장 퓨즈는 정격전류의 1.3배의 전류에 견디고 또한 2배의 전류로 120분 안에 용단되는 것이어야 한다.
나. 과전류차단기로 시설하는 퓨즈 중 고압전로에 사용하는 **비포장 퓨즈는 정격전류의 1.25배의 전류에 견디고 또한 2배의 전류로 2분 안에 용단되는 것이어야 한다.**

답 ③

문제 85 지중 전선로를 직접 매설식에 의하여 시설하는 경우에는 매설 깊이를 차량 기타 중량물의 압력을 받을 우려가 있는 장소에서는 몇 [cm] 이상으로 하면 되는가?

① 40
② 60
③ 80
④ 100

풀이

334.1 지중전선로의 시설
가. 지중 전선로는 전선에 케이블을 사용하고 또한 관로식·암거식 또는 직접 매설식에 의하여 시설하여야 한다.
나. 지중 전선로를 직접 매설식에 의하여 시설하는 경우에는 매설 깊이는
① **차량 기타 중량물의 압력을 받을 우려가 있는 장소 : 1.0 [m] 이상**
② 기타 장소 : 0.6 [m] 이상

답 ④

문제 86 저압 가공전선이 건조물의 상부 조영재 옆쪽으로 접근하는 경우 저압 가공전선과 건조물의 조영재 사이의 이격거리는 몇 [m] 이상이어야 하는가? (단, 전선에 사람이 쉽게 접촉할 우려가 없도록 시설한 경우와 전선이 고압 절연전선, 특고압 절연전선 또는 케이블인 경우는 제외한다.)

① 0.6   ② 0.8

③ 1.2   ④ 2.0

풀이

332.11 고압 가공전선과 건조물의 접근
222.11 저압 가공전선과 건조물의 접근
저압 가공전선 또는 고압 가공전선이 건조물과 접근 상태
로 시설되는 경우에는 다음에 따라야 한다.

가. 고압 가공전선로는 고압 보안공사에 의할 것.

나. 저·고압 가공전선과 건조물의 조영재 사이의 이격거
    리는 표에서 정한 값 이상일 것.

사용 전압 부분 공작물의 종류		저압 [m]	고압 [m]
건조물	상부 조영재 위쪽	일반적인 경우	2	2
		전선이 고압절연전선	1	2
		전선이 케이블인 경우	1	1
	기타 조영재 또는 상부조 영재의 옆쪽 또는 아래쪽	일반적인 경우	1.2	1.2
		전선이 고압절연전선	0.4	1.2
		전선이 케이블인 경우	0.4	0.4
		사람이 쉽게 접근 할 수 없도록 시설한 경우	0.8	0.8

답 ③

문제 87 변압기의 고압측 전로와의 혼촉에 의하여
저압측 전로의 대지전압이 150[V]를 넘는 경우에 2초
이내에 고압전로를 자동 차단하는 장치가 되어 있는
6600/ 220[V] 배전선로에 있어서 1선 지락 전류가
2[A]이면 접지저항 값의 최대는 몇 [Ω] 인가?

① 50   ② 75

③ 150   ④ 300

풀이

142.5 변압기 중성점 접지
변압기의 중성점접지 저항 값은 다음에 의한다.

가. 변압기의 고압·특고압측 전로 1선 지락전류로 150을
    나눈 값과 같은 저항 값 이하

$$R = \frac{150}{\text{변압기의 고압측 또는 특고압측의 1선 지락전류}}[\Omega]$$

나. 사용전압이 35[kV] 이하의 특고압전로가 저압측 전로
    와 혼촉하고 저압전로의 대지전압이 150[V]를 초과하
    는 경우는 저항 값은 다음에 의한다.

① 1초 초과 2초 이내에 고압·특고압 전로를 자동으로
    차단하는 장치를 설치할 때는 300을 나눈 값 이하

$$R = \frac{300}{\dfrac{\text{변압기의 고압측 또는 특고압측의 1선}}{\text{지락전류}}}[\Omega]$$

② 1초 이내에 고압·특고압 전로를 자동으로 차단하
    는 장치를 설치할 때는 600을 나눈 값 이하

$$R = \frac{600}{\dfrac{\text{변압기의 고압측 또는 특고압측의 1선}}{\text{지락전류}}}[\Omega]$$

$$\therefore R = \frac{300}{1\text{선 지락 전류}} = \frac{300}{2} = 150[\Omega]$$

답 ③

문제 88 폭연성 분진 또는 화약류의 분말이 존재하
는 곳의 저압 옥내배선은 어느 공사에 의하는가?

① 금속관공사

② 애자공사

③ 합성수지관공사

④ 캡타이어케이블공사

풀이

242.2.1 폭연성 분진 위험장소
폭연성 분진(마그네슘·알루미늄·티탄·지르코늄) 또는
화약류의 분말이 전기설비가 발화원이 되어 폭발할 우려
가 있는 곳에 시설하는 저압 옥내배선, 저압 관등회로 배
선, 소세력 회로의 전선은 **금속관공사 또는 케이블공사(캡타
이어 케이블을 사용하는 것을 제외한다)**에 의할 것. **답** ①

문제 89 지중 전선로는 기설 지중 약전류 전선로에
대하여 다음의 어느 것에 의하여 통신상의 장해를 주지
아니하도록 기설 약전류 전선로로부터 충분히 이격시
키는가?

① 충전전류 또는 표피작용

② 충전전류 또는 유도작용

③ 누설전류 또는 표피작용

④ 누설전류 또는 유도작용

풀이

334.5 지중약전류전선의 유도장해 방지
지중전선로는 기설 지중약전류전선로에 대하여 **누설전류
또는 유도작용**에 의하여 통신상의 장해를 주지 않도록 기설
약전류전선로로부터 충분히 이격시키거나 기타 적당한 방
법으로 시설하여야 한다. **답** ④

문제 90 저압 옥내전로의 인입구에 가까운 곳으로서 쉽게 개폐할 수 있는 곳에 개폐기를 시설하여야 한다. 그러나 사용전압이 400[V] 이하인 옥내전로로서 다른 옥내전로에 접속하는 길이가 몇 [m] 이하인 경우는 개폐기를 생략할 수 있는가? (단, 정격전류가 16[A] 이하인 과전류 차단기 또는 정격전류가 16[A]를 초과하고 20[A] 이하인 배선용 차단기로 보호되고 있는 것에 한한다.)

① 15   ② 20   ③ 25   ④ 30

풀이
212.6.2 저압 옥내전로 인입구에서의 개폐기의 시설
가. 저압 옥내전로에는 인입구에 가까운 곳으로서 쉽게 개폐할 수 있는 곳에 개폐기를 각 극에 시설하여야 한다.
나. 사용전압이 400[V] 이하인 옥내 전로로서 다른 옥내전로(정격전류가 16[A] 이하인 과전류 차단기 또는 정격전류가 16[A]를 초과하고 20[A] 이하인 배선용 차단기로 보호되고 있는 것에 한한다)에 접속하는 길이 **15[m] 이하**의 전로에서 전기의 공급을 받는 것은 **개폐기를 생략** 할 수 있다.   **답** ①

문제 91 일반주택 및 아파트 각 호실의 현관등은 몇 분 이내에 소등되는 타임스위치를 시설하여야 하는가?

① 1분   ② 3분
③ 5분   ④ 10분

풀이
234.6 점멸기의 시설
다음의 경우에는 센서등(타임스위치 포함)을 시설하여야 한다.
가. 관광숙박업 또는 숙박업(여인숙업을 제외한다)에 이용되는 객실의 입구등은 1분 이내에 소등되는 것.
나. 일반주택 및 **아파트 각 호실의 현관등은 3분 이내에 소등**되는 것.   **답** ②

문제 92 발전소에서 장치를 시설하여 계측하지 않아도 되는 것은?

① 발전기의 회전자 온도
② 특고압용 변압기의 온도
③ 발전기의 전압 및 전류 또는 전력
④ 주요 변압기의 전압 및 전류 또는 전력

풀이
351.6 계측장치
발전소에서는 다음의 사항을 계측하는 장치를 시설하여야 한다.
가. 발전기의 전압 및 전류 또는 전력
나. 발전기의 베어링 및 고정자의 온도
다. 주요 변압기의 전압 및 전류 또는 전력
라. 특고압용 변압기의 온도   **답** ①

문제 93 백열전등 또는 방전등에 전기를 공급하는 옥내전로의 대지전압은 몇 [V] 이하이어야 하는가?

① 440   ② 380
③ 300   ④ 100

풀이
231.6 옥내전로의 대지 전압의 제한
백열전등 또는 방전등에 전기를 공급하는 옥내의 **전로의 대지전압은 300[V] 이하**여야 한다.   **답** ③

문제 94 66000[V] 가공전선과 6000[V] 가공전선을 동일 지지물에 병행 설치하는 경우, 특고압 가공전선으로 사용하는 경동연선의 굵기는 몇 [mm²] 이상이어야 하는가?

① 22   ② 38
③ 50   ④ 100

풀이
333.17 특고압 가공전선과 저고압 가공전선 등의 병행설치
사용전압이 35[kV]을 초과하고 100[kV] 미만인 특고압 가공전선과 저압 또는 고압 가공전선을 동일 지지물에 시설하는 경우에는 다음에 따라 시설하여야 한다.
가. 특고압 가공전선로는 제2종 특고압 보안공사에 의할 것.
나. 특고압 가공전선은 케이블인 경우를 제외하고는 인장강도 21.67[kN] 이상의 연선 또는 **단면적이 50[mm²] 이상인 경동연선**일 것.
다. 특고압 가공전선로의 지지물은 철주·철근 콘크리트주 또는 철탑일 것   **답** ③

문제 95 저압 또는 고압의 가공 전선로와 기설 가공 약전류 전선로가 병행할 때 유도작용에 의한 통신상의 장해가 생기지 않도록 전선과 기설 약전류 전선간의 이격거리는 몇 [m] 이상이어야 하는가? (단, 전기철도용 급전선로는 제외한다.)

① 2   ② 3   ③ 4   ④ 6

풀이

332.1 가공약전류전선로의 유도장해 방지
저압 가공전선로 또는 고압 가공전선로와 기설 가공약전류전선로가 병행하는 경우에는 유도작용에 의하여 통신상의 장해가 생기지 않도록 전선과 **기설 약전류전선간의 이격거리는 2[m] 이상**이어야 한다. **답** ①

문제 96 가공전선로의 지지물에 하중이 가하여지는 경우에 그 하중을 받는 지지물의 기초 안전율은 특별한 경우를 제외하고 최소 얼마 이상인가?

① 1.5   ② 2
③ 2.5   ④ 3

풀이

331.7 가공전선로 지지물의 기초의 안전율
가공전선로의 지지물에 하중이 가하여지는 경우에 그 하중을 받는 지지물의 **기초의 안전율은 2**(이상 시 상정하중에 대한 철탑의 기초에 대하여는 1.33) **이상**이어야 한다. **답** ②

출제기준 변경 및 개정된 관계 법규에 따라 삭제된 문제가 있어 20문항이 안됩니다.

D60-1

2018년도 전기기사 필기

- 2018년도 제1회 전기기사
- 2018년도 제2회 전기기사
- 2018년도 제3회 전기기사

국가기술자격검정 필기시험 문제

2018년도 전기기사 일반검정 제1회				수검 번호	성 명
자격종목 및 등급(선택분야)	종목코드	시험시간	문제지형별		
전기기사	1150	2시간 30분	A		

제1과목 ▶ 전기자기학

문제 01 평면도체 표면에서 r[m]의 거리에 점전하 Q[C]이 있을 때 이 전하를 무한원까지 운반하는데 필요한 일은 몇 [J] 인가?

① $\dfrac{Q^2}{4\pi\epsilon_0 r}$ ② $\dfrac{Q^2}{8\pi\epsilon_0 r}$

③ $\dfrac{Q^2}{16\pi\epsilon_0 r}$ ④ $\dfrac{Q^2}{32\pi\epsilon_0 r}$

풀이

작용력 F은

$$F = \frac{-Q^2}{4\pi\epsilon_0 (2r)^2}$$
$$= \frac{-Q^2}{16\pi\epsilon_0 r^2}[\text{N}](\text{흡인력})$$

요하는 일 W은

$$W = \int_r^\infty F dr = \frac{Q^2}{16\pi\epsilon_0}\int_r^\infty \frac{1}{r^2}dr = \frac{Q^2}{16\pi\epsilon_0}\left[-\frac{1}{r}\right]_r^\infty$$
$$= \frac{Q^2}{16\pi\epsilon_0 r}[\text{J}]$$

답 ③

문제 02 역자성체에서 비투자율(μ_s)은 어느 값을 갖는가?

① $\mu_s = 1$ ② $\mu_s < 1$

③ $\mu_s > 1$ ④ $\mu_s = 0$

풀이

- 강자성체 : $\mu_s \gg 1$
- 상자성체 : $\mu_s > 1$
- 역자성체 : $\mu_s < 1$

답 ②

문제 03 비유전율 ϵ_{r1}, ϵ_{r2}인 두 유전체가 나란히 무한평면으로 접하고 있고, 이 경계면에 평행으로 유전체의 비유전율 ϵ_{r1} 내에 경계면으로부터 d[m]인 위치에 선전하 밀도 ρ[C/m]인 선상전하가 있을 때, 이 선전하와 유전체 ϵ_{r2} 간의 단위 길이당의 작용력은 몇 [N/m]인가?

① $9\times 10^9 \times \dfrac{\rho^2}{\epsilon_{r2}d} \times \dfrac{\epsilon_{r1}+\epsilon_{r2}}{\epsilon_{r1}-\epsilon_{r2}}$

② $2.25\times 10^9 \times \dfrac{\rho^2}{\epsilon_{r2}d} \times \dfrac{\epsilon_{r1}-\epsilon_{r2}}{\epsilon_{r1}+\epsilon_{r2}}$

③ $9\times 10^9 \times \dfrac{\rho^2}{\epsilon_{r1}d} \times \dfrac{\epsilon_{r1}-\epsilon_{r2}}{\epsilon_{r1}+\epsilon_{r2}}$

④ $2.25\times 10^9 \times \dfrac{\rho^2}{\epsilon_{r1}d} \times \dfrac{\epsilon_{r1}-\epsilon_{r2}}{\epsilon_{r1}+\epsilon_{r2}}$

풀이

전 공간이 ϵ_1의 유전체로 채워져 있고 점 P'에 직선전하 ρ'을 놓은 경우와 전 공간이 ϵ_2의 유전체로 채워져 있고 점 P에 직선 전하 ρ''을 놓은 경우의 각각에 대해 유전체 경계조건을 만족하도록 전속밀도와 전계의 세기를 각각 구하여 등가로 놓으면 각각의 영상 선전하밀도 ρ', ρ''은

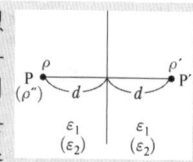

$$\rho' = \frac{\epsilon_1 - \epsilon_2}{\epsilon_1 + \epsilon_2}\rho, \quad \rho'' = \frac{2\epsilon_2}{\epsilon_1 + \epsilon_2}\rho$$

가 된다. 선전하 ρ와 유전체 ϵ_2 간의 작용력은 전 공간이 유전체 ϵ_1으로 채워져 있고 ρ, ρ'이 거리 $2d$만큼 떨어진 경우의 영상력 F를 의미한다. 따라서 직선전하가 받는 힘 $F = \rho'E$으로부터

$$F = \rho'E = \frac{\rho\rho'}{2\pi\epsilon_1(2d)} = \frac{\rho^2}{4\pi\epsilon_1 d}\cdot\frac{\epsilon_1-\epsilon_2}{\epsilon_1+\epsilon_2}$$

$$= \frac{\rho^2}{4\pi\epsilon_0\epsilon_{r1}d}\cdot\frac{\epsilon_{r1}-\epsilon_{r2}}{\epsilon_{r1}+\epsilon_{r2}} = 9\times 10^9 \cdot\frac{\rho^2}{\epsilon_{r1}d}\cdot\frac{\epsilon_{r1}-\epsilon_{r2}}{\epsilon_{r1}+\epsilon_{r2}}$$

가 구해진다.

답 ③

문제 04 점전하에 의한 전계는 쿨롱의 법칙을 사용하면 되지만 분포되어 있는 전하에 의한 전계를 구할 때는 무엇을 이용하는가?

① 렌츠의 법칙　　　② 가우스의 정리
③ 라플라스 방정식　④ 스토크스의 정리

풀이

전하가 임의의 분포(즉, 선, 면, 체적 분포)를 하고 있을 때, 폐곡면 내의 전 전하에 대해 폐곡면을 통과하는 전기력선의 수 또는 전속과의 관계를 수학적으로 표현한 식을 **가우스 법칙(정리)**이라 한다. 즉,

- 전속밀도 : $\oint_s D \cdot ds = Q$
- 전계의 세기 : $\oint_s E \cdot ds = \dfrac{Q}{\epsilon_0}$ 　**답** ②

문제 05 패러데이관(Faraday tube)의 성질에 대한 설명으로 틀린 것은?

① 패러데이관 중에 있는 전속수는 그 관속에 진전하가 없으면 일정하며 연속적이다.
② 패러데이관의 양단에는 양 또는 음의 단위 진전하가 존재하고 있다.
③ 패러데이관 한 개의 단위 전위차 당 보유에너지는 1/2[J]이다.
④ 패러데이관의 밀도는 전속밀도와 같지 않다.

풀이

패러데이관에서
- 패러데이관 내의 전속선 수는 일정하다.
- 진전하가 없는 점에서는 패러데이관은 연속적이다.
- 패러데이관 양단에 정·부의 단위 전하가 있다.
- 단위 전위차당 패러데이관의 보유 에너지는 1/2[J]이다.
- **패러데이관의 밀도는 전속밀도와 같다.** 　**답** ④

문제 06 진공 중에 균일하게 대전된 반지름 a[m]인 선전하 밀도 λ_l[C/m]의 원환이 있을 때, 그 중심으로부터 중심축상 x[m]의 거리에 있는 점의 전계의 세기는 몇 [V/m] 인가?

① $\dfrac{a\lambda_l x}{2\epsilon_0 \left(a^2 + x^2\right)^{\frac{3}{2}}}$

② $\dfrac{a\lambda_l x}{\epsilon_0 \left(a^2 + x^2\right)^{\frac{3}{2}}}$

③ $\dfrac{\lambda_l x}{2\epsilon_0 \left(a^2 + x^2\right)}$

④ $\dfrac{\lambda_l x}{\epsilon_0 \left(a^2 + x^2\right)}$

풀이

미소길이 dl의 전하 $dq = \lambda_l dl$이고 이 dq를 점전하로 취급하면 P점의 전계 dE'는

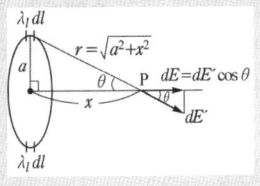

$$dE' = \frac{dq}{4\pi\epsilon_0 r^2}$$

$$= \frac{\lambda_l dl}{4\pi\epsilon_0 (a^2 + x^2)}$$

이 전계의 수직분력은 원환 지름의 반대쪽 전하에 의한 전계의 수직분력에 의해 상쇄된다. 따라서 x축상의 수평분력 dE는

$$dE = dE'\cos\theta = dE'\frac{x}{r} = \frac{\lambda_l x dl}{4\pi\epsilon_0 (a^2 + x^2)^{3/2}}$$

원환 전체에 대한 P점의 전계 E는

$$E = \oint dE = \frac{\lambda_l x}{4\pi\epsilon_0 (a^2 + x^2)^{3/2}} \int_0^{2\pi a} dl$$

$$= \frac{\lambda_l x \cdot 2\pi a}{4\pi\epsilon_0 (a^2 + x^2)^{3/2}} = \frac{a\lambda_l x}{2\epsilon_0 (a^2 + x^2)^{3/2}}$$ 　**답** ①

문제 07 유전률이 ϵ_1, ϵ_2[F/m]인 유전체 경계면에 단위면적당 작용하는 힘은 몇 [N/m²]인가?
(단, 전계가 경계면에 수직인 경우이며, 두 유전체의 전속밀도 $D_1 = D_2 = D$ 이다.)

① $2\left(\dfrac{1}{\epsilon_1} - \dfrac{1}{\epsilon_2}\right)D^2$

② $2\left(\dfrac{1}{\epsilon_1} + \dfrac{1}{\epsilon_2}\right)D^2$

③ $\dfrac{1}{2}\left(\dfrac{1}{\epsilon_1} + \dfrac{1}{\epsilon_2}\right)D^2$

④ $\dfrac{1}{2}\left(\dfrac{1}{\epsilon_2} - \dfrac{1}{\epsilon_1}\right)D^2$

풀이

단위 면적당 작용하는 힘은

$$F_n = w_2 - w_1 = \frac{1}{2}E_2 D_2 - \frac{1}{2}E_1 D_1 \ [\text{N/m}^2]$$

인데, 경계면에서 수직으로 입사되므로 $D_1 = D_2 = D$로

$$F_n = \frac{1}{2}(E_2 - E_1)D = \frac{1}{2}\left(\frac{1}{\epsilon_2} - \frac{1}{\epsilon_1}\right)D^2 \ [\text{N/m}^2] \ \text{이다.}$$

(여기서, $E_2 = \dfrac{D_2}{\epsilon_2} = \dfrac{D}{\epsilon_2}$, $E_1 = \dfrac{D_1}{\epsilon_1} = \dfrac{D}{\epsilon_1}$) **답** ④

문제 08 공기 중에 있는 지름 6[cm]인 단일 도체구의 정전용량은 약 몇 [pF]인가?

① 0.34 ② 0.67

③ 3.34 ④ 6.71

풀이

구도체 정전용량 $C = 4\pi\epsilon_0\epsilon_s a$ [F]에서

$$C = 4\pi \times 8.855 \times 10^{-12} \times 1 \times \frac{6}{100} \times \frac{1}{2}$$

$$= 3.34 \times 10^{-12} [F]$$

$$= 3.34 [pF]$$

여기서, 공기의 $\epsilon_s = 1$, a : 반지름[m], $1[pF] = 10^{-12}[F]$

답 ③

문제 09 내압 1000[V] 정전용량 1[μF], 내압 750[V] 정전용량 2[μF], 내압 500[V] 정전용량 5[μF]인 콘덴서 3개를 직렬로 접속하고 인가전압을 서서히 높이면 최초로 파괴되는 콘덴서는?

① 1[μF] ② 2[μF]

③ 5[μF] ④ 동시에 파괴된다.

풀이

각 콘덴서의 전하량

$$Q_1 = C_1 V_1 = 1 \times 10^{-6} \times 1000 = 1 \times 10^{-3}[C]$$

$$Q_2 = C_2 V_2 = 2 \times 10^{-6} \times 750 = 1.5 \times 10^{-3}[C]$$

$$Q_3 = C_3 V_3 = 5 \times 10^{-6} \times 500 = 2.5 \times 10^{-3}[C]$$

따라서, 전하량이 가장 적은 1[μF] 콘덴서가 가장 먼저 파괴된다.

답 ①

문제 10 내부장치 또는 공간을 물질로 포위시켜 외부자계의 영향을 차폐시키는 방식을 자기차폐라 한다. 다음 중 자기차폐에 가장 좋은 것은?

① 비투자율이 1보다 작은 역자성체

② 강자성체 중에서 비투자율이 큰 물질

③ 강자성체 중에서 비투자율이 작은 물질

④ 비투자율에 관계없이 물질의 두께에만 관계되므로 되도록이면 두꺼운 물질

풀이

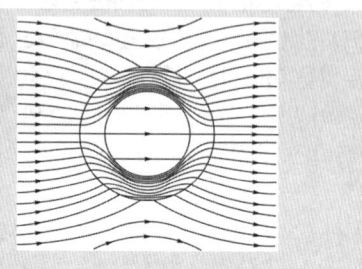

투자율이 큰 자성체의 중공구를 평등 자계 안에 놓으면 대부분의 자속은 자성체 내부로만 통과하므로 내부 공간의 자계는 외부 자계에 비하여 대단히 작다. 이러한 현상을 자기 차폐라고 한다. **답** ②

문제 11 40[V/m]인 전계 내의 50[V] 되는 점에서 1[C]의 전하가 전계 방향으로 80[cm] 이동하였을 때, 그 점의 전위는 몇 [V]인가?

① 18 ② 22 ③ 35 ④ 65

풀이

$$V_{BA} = V_B - V_A = -\int_A^B \boldsymbol{E} \cdot d\boldsymbol{l} = -\int_0^{0.8} \boldsymbol{E} \cdot d\boldsymbol{l}$$

$$= -[40l]_0^{0.8} = -32$$

$V_A = 50$ [V], $V_{BA} = -32$ [V] 이므로

$$\therefore V_B = V_A + V_{BA} = 50 - 32 = 18[V]$$ **답** ①

문제 12 그림과 같이 반지름 a[m]의 한번 감긴 원형코일이 균일한 자속밀도 B[Wb/m²]인 자계에 놓여 있다. 지금 코일 면을 자계와 나란하게 전류 I[A]를 흘리면 원형코일이 자계로부터 받는 회전 모멘트는 몇 [N·m /rad] 인가?

① $\pi a B I$

② $2\pi a B I$

③ $\pi a^2 B I$

④ $2\pi a^2 B I$

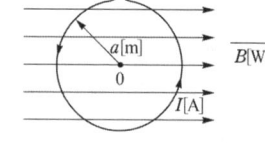

풀이

회전력 $T = NSBI\cos\theta = \pi a^2 BI$ [N·m/rad]

여기서, $N = 1$, $S = \pi a^2$, 코일 면을 자계와 나란하게 전류를 흘렸으므로 $\theta = 0°$, 즉 $\cos 0° = 1$ **답** ③

문제 13 다음 조건들 중 초전도체에 부합되는 것은? (단, μ_r은 비투자율, χ_m은 비자화율, B는 자속밀도이며 작동온도는 임계온도 이하라 한다.)

① $\chi_m = -1$, $\mu_r = 0$, $B = 0$

② $\chi_m = 0$, $\mu_r = 0$, $B = 0$

③ $\chi_m = 1$, $\mu_r = 0$, $B = 0$

④ $\chi_m = -1$, $\mu_r = 1$, $B = 0$

풀이

• 초전도체는 비투자율 μ_r 이 0인 물질($\mu_r = 0$)

• 자화율과 투자율의 관계식 $\chi = \mu_0(\mu_r - 1)$에서

비자화율 $\chi_m = \dfrac{\chi}{\mu_0} = \mu_r - 1 = -1$

• 자속밀도 $B = \mu H = \mu_0 \mu_r H = 0$ ($\because \mu_r = 0$) **답 ①**

문제 14 자속밀도 $10[\text{Wb/m}^2]$ 자계 중에 $10[\text{cm}]$ 도체를 자계와 $30°$의 각도로 $30[\text{m/s}]$로 움직일 때, 도체에 유기되는 기전력은 몇 [V] 인가?

① 15   ② $15\sqrt{3}$

③ 1500   ④ $1500\sqrt{3}$

풀이

$e = vBl\sin\theta = 30 \times 10 \times 0.1 \times \sin 30° = 15[\text{V}]$ **답 ①**

문제 15 $x = 0$인 무한평면을 경계면으로 하여 $x < 0$인 영역에는 비유전율 $\epsilon_{r1} = 2$, $x > 0$인 영역에는 $\epsilon_{r2} = 4$인 유전체가 있다. ϵ_{r1}인 유전체내에서 전계 $E_1 = 20a_x - 10a_y + 5a_z[\text{V/m}]$ 일 때 $x > 0$인 영역에 있는 ϵ_{r2}인 유전체내에서 전속밀도 D_2 $[\text{C/m}^2]$는? (단, 경계면상에는 자유전하가 없다고 한다.)

① $D_2 = \epsilon_0(20a_x - 40a_y + 5a_z)$

② $D_2 = \epsilon_0(40a_x - 40a_y + 20a_z)$

③ $D_2 = \epsilon_0(80a_x - 20a_y + 10a_z)$

④ $D_2 = \epsilon_0(40a_x - 20a_y + 20a_z)$

풀이

유전체의 경계조건에 의해 다음을 만족하며 그림으로부터 다음과 같이 표현된다.

① 전속밀도는 법선 성분과 같다.

$D_{1n} = D_{2n}$ (법선 성분은 x축이므로 $D_{1x} = D_{2x}$이고, $\epsilon_1 E_{1x} = \epsilon_2 E_{2x}$를 만족해야 함)

② 전계의 세기는 접선 성분과 같다.

$E_{1t} = E_{2t}$ ($y-z$평면은 경계면과 일치하므로 접선 성분은 y, z축이 된다. 따라서 $E_{1y} = E_{2y}$, $E_{1z} = E_{2z}$를 만족해야 함)

따라서 유전체 ϵ_2 영역의 전계 E_2의 각 축성분 E_{2x}, E_{2y}, E_{2z}는

$$E_{2x} = \frac{\epsilon_1}{\epsilon_2}E_{1x} = \frac{2\epsilon_0}{4\epsilon_0} \times 20 = 10$$

$$E_{2y} = E_{1y} = -10, \quad E_{2z} = E_{1z} = 5$$

$$\therefore E_2 = 10a_x - 10a_y + 5a_z$$

또 전속밀도와 전계의 세기의 관계식 $D = \epsilon E$에서

$$D_2 = \epsilon_2 E_2 = \epsilon_0 \epsilon_{r2} E_2 = 4\epsilon_0(10a_x - 10a_y + 5a_z)$$
$$= \epsilon_0(40a_x - 40a_y + 20a_z)$$

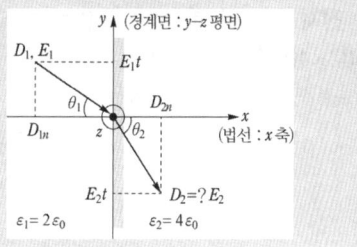

답 ②

문제 16 평면파 전파가

$E = 30\cos(10^9 t + 20z)j[\text{V/m}]$로 주어졌다면 이 전자파의 위상 속도는 몇 [m/s] 인가?

① 5×10^7 ② $\dfrac{1}{3} \times 10^8$

③ 10^9 ④ $\dfrac{2}{3}$

풀이

전파의 형태 $E = E_0 \cos(\omega t + \beta z)$에서

전파 속도(위상 속도) $v = \dfrac{\omega}{\beta} = \dfrac{10^9}{20} = 5 \times 10^7 [\text{m/s}]$ **답 ①**

문제 17 그림과 같이 단면적 $S = 10[\text{cm}^2]$, 자로의 길이 $l = 20\pi[\text{cm}]$, 비투자율 $\mu_s = 1000$인 철심에 $N_1 = N_2 = 100$인 두 코일을 감았다. 두 코일 사이의 상호인덕턴스는 몇 [mH]인가?

① 0.1
② 1
③ 2
④ 20

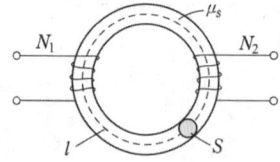

풀이

상호 인덕턴스

$$M_{21} = M_{12} = M = \frac{N_2\phi_{21}}{I_1} = \frac{N_1\phi_{12}}{I_2} = \frac{N_1 N_2}{R_m} = \frac{\mu S N_1 N_2}{l} \ [\text{H}]$$

에서

$$M = \frac{4\pi \times 10^{-7} \times 1000 \times 10 \times 10^{-4} \times 100 \times 100}{20\pi \times 10^{-2}}$$

$$= 0.02[\text{H}] = 20[\text{mH}]$$

답 ④

문제 18 1 [μA]의 전류가 흐르고 있을 때, 1초 동안 통과하는 전자 수는 약 몇 개인가? (단, 전자 1개의 전하는 1.602×10^{-19} [C] 이다.)

① 6.24×10^{10} ② 6.24×10^{11}
③ 6.24×10^{12} ④ 6.24×10^{13}

풀이

단위시간당 통과한 전기량

$Q = it = 1 \times 10^{-6} \times 1 = 1 \times 10^{-6}$ [C]이고

전자 1개의 전하량 $e = 1.602 \times 10^{-19}$ [C] 이므로

∴ 전자의 개수 $n = \dfrac{Q}{e} = \dfrac{1 \times 10^{-6}}{1.602 \times 10^{-19}} = 6.24 \times 10^{12}$[개]

답 ③

문제 19 균일하게 원형단면을 흐르는 전류 I[A]에 의한, 반지름 a[m], 길이 l[m], 비투자율 μ_s인 원통도체의 내부 인덕턴스는 몇 [H] 인가?

① $10^{-7}\mu_s l$ ② $3 \times 10^{-7}\mu_s l$
③ $\dfrac{1}{4a} \times 10^{-7}\mu_s l$ ④ $\dfrac{1}{2} \times 10^{-7}\mu_s l$

풀이

원형 도체 내부의 인덕턴스

$$L_i = \frac{\mu}{8\pi} \cdot l = \frac{\mu_0 \mu_s}{8\pi} \cdot l = \frac{4\pi \times 10^{-7}}{8\pi} \times \mu_s \times l$$

$$= \frac{1}{2} \times 10^{-7} \times \mu_s l \ [\text{H}]$$

답 ④

문제 20 한 변의 길이가 10[cm]인 정사각형 회로에 직류전류 10[A]가 흐를 때, 정사각형의 중심에서의 자계 세기는 몇 [A/m] 인가?

① $\dfrac{100\sqrt{2}}{\pi}$ ② $\dfrac{200\sqrt{2}}{\pi}$
③ $\dfrac{300\sqrt{2}}{\pi}$ ④ $\dfrac{400\sqrt{2}}{\pi}$

풀이

정사각형 중심점에서의 자계의 세기 $H_0 = \dfrac{2\sqrt{2}I}{\pi l}$[A/m]에서 (여기서, l : 정사각형 한변의 길이)

$$H_0 = \frac{2\sqrt{2} \times 10}{\pi \times 10 \times 10^{-2}} = \frac{200\sqrt{2}}{\pi} \ [\text{A/m}]$$

답 ②

제2과목 **전력공학**

문제 21 송전선에서 재폐로 방식을 사용하는 목적은?

① 역률 개선   ② 안정도 증진
③ 유도장해의 경감   ④ 코로나 발생방지

풀이

송전 선로에 발생하는 사고의 대부분은 애자의 섬락에 의한 것으로서 고장구간을 차단해서 무전압으로 하면 바로 그 원인이 해소되므로, 다시 차단기를 투입해서 송전을 계속 할 수 있는 경우가 많다.

이러한 조작을 자동적으로 행하는 것이 **자동 재폐로 보호 방식**으로서 **계통의 안정도를 향상**시킨다.

답 ②

문제 22 설비용량이 360[kW], 수용률 0.8, 부등률 1.2 일 때 합성최대수용전력은 몇 [kW]인가?

① 120   ② 240
③ 360   ④ 480

풀이

• 최대수용전력 = 설비용량 × 수용률
  = 360 × 0.8 = 288[kW]

• 부등률 = $\dfrac{\text{개별 최대 수용 전력의 합}}{\text{합성 최대 수용 전력}}$ 에서

• 합성 최대 수용 전력 = $\dfrac{\text{개별 최대 수용 전력의 합}}{\text{부등률}}$

$$= \dfrac{288}{1.2} = 240[\text{kW}]$$ 답 ②

문제 23 배전계통에서 사용하는 고압용 차단기의 종류가 아닌 것은?

① 기중차단기(ACB)
② 공기차단기(ABB)
③ 진공차단기(VCB)
④ 유입차단기(OCB)

풀이

기중차단기(Air Circuit Breakers) 는 공기를 소호 매질로 하여 **저압계통** 전력의 송수전, 절체 및 정지 등을 계획적으로 수행하는 외에 전력계통의 고장 발생시 신속하게 자동 차단하는 책무를 가진 차단기이다. 답 ①

문제 24 SF₆가스차단기에 대한 설명으로 틀린 것은?

① SF₆가스 자체는 불활성 기체이다.
② SF₆가스는 공기에 비하여 소호능력이 약 100 배 정도이다.
③ 절연거리를 적게 할 수 있어 차단기 전체를 소형, 경량화 할 수 있다.
④ SF₆가스를 이용한 것으로서 독성이 있으므로 취급에 유의하여야 한다.

풀이

1) 가스차단기(GCB)는 소호매질로 절연성능이 우수한 SF₆(육불화유황)가스를 사용하는 것으로서 차단기 전체를 소형화 및 경량화한 차단기 이다.
2) **SF₆ 가스의 특징**
 ① 보통 상태에서 불활성, 불연성, 무색, 무취, **무독성 기체**
 ② 열전도율은 공기의 1.6배
 ③ 소호능력은 공기의 100~200배
 ④ 절연내력은 공기의 3배 이상
 ⑤ 비중은 공기의 5배
 ⑥ 액화 온도는 −62[℃] 답 ④

문제 25 송전선로의 일반회로 정수가 $A = 0.7$, $B = j190$, $D = 0.9$ 일 때 C의 값은?

① $-j1.95 \times 10^{-3}$ ② $j1.95 \times 10^{-3}$
③ $-j1.95 \times 10^{-4}$ ④ $j1.95 \times 10^{-4}$

풀이

$AD - BC = 1$에서

$$C = \dfrac{AD-1}{B} = \dfrac{0.7 \times 0.9 - 1}{j190} = \dfrac{-0.37}{j190} \fallingdotseq j1.95 \times 10^{-3}$$

(참고로, $j^2 = -1$이므로 분모 분자에 j를 곱하면

$$\dfrac{-j0.37}{j^2 190} = \dfrac{-j0.37}{-190} = j0.00195)$$ 답 ②

문제 26 부하역률이 0.8인 선로의 저항손실은 0.9 인 선로의 저항손실에 비해서 약 몇 배 정도 되는가?

① 0.97 ② 1.1 ③ 1.27 ④ 1.5

풀이

전력손실 $P_l = 3I^2 R = 3\left(\dfrac{P}{\sqrt{3}\, V\cos\theta}\right)^2 R = \dfrac{RP^2}{V^2 \cos^2\theta}$ 에서

전력손실 $P_l \propto \dfrac{1}{\cos^2\theta}$ 이다.

따라서, $\dfrac{P_{l\,0.8}}{P_{l\,0.9}} = \dfrac{\frac{1}{0.8^2}}{\frac{1}{0.9^2}} = \dfrac{0.81}{0.64} = 1.27$

$\therefore P_{l0.8} = 1.27 P_{l0.9}$ 답 ③

문제 27 단상변압기 3대에 의한 △결선에서 1대를 제거하고 동일전력을 V결선으로 보낸다면 동손은 약 몇 배가 되는가?

① 0.67 ② 2.0
③ 2.7 ④ 3.0

풀이

• V결선 출력 $P_V = \sqrt{3}\, VI_V$
• △결선 출력 $P_\triangle = 3VI_\triangle$
• 동일전력, 즉 $P_V = P_\triangle$ 이므로 $\sqrt{3}\, VI_V = 3VI_\triangle$ 에서
 $I_V = \sqrt{3}\, I_\triangle$
• △결선(단상 변압기 3대) 전력손실 $P_{\triangle l} = 3I_\triangle^2 R$
• V결선(단상변압기 2대)
 전력손실 $P_{Vl} = 2I_V^2 R = 2(\sqrt{3}\, I_\triangle)^2 R = 2 \times 3I_\triangle^2 R = 2P_{\triangle l}$ 답 ②

문제 28 피뢰기의 충격방전 개시전압은 무엇으로 표시하는가?

① 직류전압의 크기 ② 충격파의 평균치
③ 충격파의 최대치 ④ 충격파의 실효치

풀이

충격 전압이 가해져 방전 전류가 흐르기 시작할 때 도달할 수 있는 최고 전압값을 **충격 방전 개시 전압**이라고 하며 **충격파의 최대치**로 나타낸다. **답** ③

문제 29 단상 2선식 배전선로의 선로임피던스가 $2+j5[\Omega]$이고 무유도성 부하전류 10[A] 일 때 송전단 역률은? (단, 수전단 전압의 크기는 100[V] 이고, 위상각은 0° 이다.)

① $\dfrac{5}{12}$ ② $\dfrac{5}{13}$ ③ $\dfrac{11}{12}$ ④ $\dfrac{12}{13}$

풀이

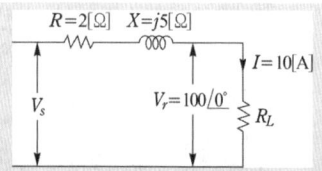

$I = \dfrac{V_r}{R_L}$ (무유도 부하이고 수전단 전압의 위상이 0°이므로 부하는 저항이다.)에서

저항 $R_L = \dfrac{V_r}{I} = \dfrac{100}{10} = 10[\Omega]$

$\therefore \cos\theta = \dfrac{R+R_L}{\sqrt{(R+R_L)^2+X^2}} = \dfrac{(2+10)}{\sqrt{(2+10)^2+5^2}} = \dfrac{12}{13}$ **답** ④

문제 30 모선 보호에 사용되는 계전방식이 아닌 것은?

① 위상 비교방식 ② 선택접지 계전방식
③ 방향거리 계전방식 ④ 전류차동 보호방식

풀이

1) **모선 보호 계전 방식의 종류**
   ① **전류 차동 보호 방식** ② **전압 차동 보호 방식**
   ③ **위상 비교 방식** ④ **환상 모선 보호 방식**
   ⑤ **방향 거리 계전 방식**
2) 선택접지 계전방식 : 다회선 송전 선로에서 한쪽의 1회 선에 지락 또는 접지 고장이 발생하였을 때 이것을 검

출하여 고장 회선만을 선택하여 차단하는 계전방식을 선택접지 계전방식 이라 한다. **답** ②

문제 31 그림과 같이 전력선과 통신선 사이에 차폐선을 설치하였다. 이 경우에 통신선의 차폐계수(K)를 구하는 관계식은? (단, 차폐선을 통신선에 근접하여 설치한다.)

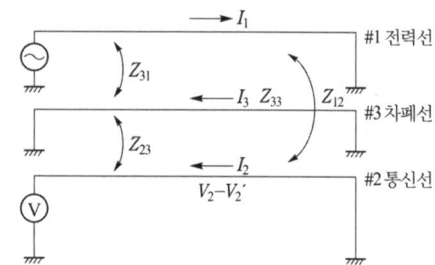

① $K = 1 + \dfrac{Z_{31}}{Z_{12}}$ ② $K = 1 - \dfrac{Z_{31}}{Z_{33}}$

③ $K = 1 - \dfrac{Z_{23}}{Z_{33}}$ ④ $K = 1 + \dfrac{Z_{23}}{Z_{33}}$

풀이

• 통신선에 유도되는 전압

$V_2 = -Z_{12}I_1 + Z_{23}I_3 = -Z_{12}I_1 + Z_{23}\dfrac{Z_{31}I_1}{Z_{33}}$

$= -Z_{12}I_1\left(1 - \dfrac{Z_{23}Z_{31}}{Z_{33}Z_{12}}\right) = -Z_{12}I_1\left(1 - \dfrac{Z_{23}}{Z_{33}}\right)$

(참고로, 차폐선을 통신선에 근접하여 설치하였으므로 $Z_{12} = Z_{31}$로 하여도 무방하다.)

• 차폐선이 없는 경우의 유도전압 : $-Z_{12}I_1$

• **차폐 계수(K)** : $\left(1 - \dfrac{Z_{23}}{Z_{33}}\right)$

(**차폐 계수** : 차폐선을 설치함으로써 유도 전압이 이만큼 줄게 된다는 **저감 비율**을 나타내는 것) **답** ③

문제 32 %임피던스와 관련된 설명으로 틀린 것은?

① 정격전류가 증가하면 %임피던스는 감소한다.
② 직렬리액터가 감소하면 %임피던스도 감소한다.
③ 전기기계의 %임피던스가 크면 차단기의 용량은 작아진다.
④ 송전계통에서는 임피던스의 크기를 옴값 대신에 %값으로 나타내는 경우가 많다.

풀이

$\%Z = \dfrac{I_n Z}{E_n} \times 100[\%]$으로 표시된다.

즉, $\%Z$는 정격전류가 흐를 때 생기는 전압강하가 정격 상 전압에 대한 비율로 나타내는 것으로서 **정격전류 I_n이 증가하면 %임피던스도 비례하여 증가**하게 된다. **답** ①

문제 33 A, B 및 C상 전류를 각각 I_a, I_b 및 I_c라 할

때 $I_x = \dfrac{1}{3}(I_a + a^2 I_b + a I_c)$, $a = -\dfrac{1}{2} + j\dfrac{\sqrt{3}}{2}$으

로 표시되는 I_x는 어떤 전류인가?

① 정상전류
② 역상전류
③ 영상전류
④ 역상전류와 영상전류의 합

풀이

대칭 좌표법의 대칭 전류를 보면
- 정상 전류 $I_1 = \dfrac{1}{3}(I_a + a I_b + a^2 I_c)$ ($1 \to a \to a^2$의 순서)
- **역상 전류** $I_2 = \dfrac{1}{3}(I_a + a^2 I_b + a I_c)$ ($1 \to a^2 \to a$의 순서)
- 영상 전류 $I_0 = \dfrac{1}{3}(I_a + I_b + I_c)$ **답** ②

문제 34 그림과 같이 "수류가 고체에 둘려 쌓여 있고 A로부터 유입되는 수량과 B로부터 유출되는 수량이 같다"고 하는 이론은?

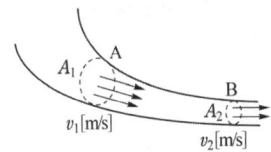

① 수두이론
② 연속의 원리
③ 베르누이의 정리
④ 토리첼리의 정리

풀이

연속의 정리 $A_1 v_1 = A_2 v_2 = Q$ (일정)
  단, A_1, A_2 : a, b점의 단면적 $[m^2]$
      v_1, v_2 : a, b점의 유속 $[m/s]$ **답** ②

문제 35 4단자 정수가 A, B, C, D인 선로에 임피던스가 $\dfrac{1}{Z_T}$인 변압기가 수전단에 접속된 경우 계통의 4단자 정수 중 D_0는?

① $D_0 = \dfrac{C + DZ_T}{Z_T}$ ② $D_0 = \dfrac{C + AZ_T}{Z_T}$

③ $D_0 = \dfrac{D + CZ_T}{Z_T}$ ④ $D_0 = \dfrac{B + AZ_T}{Z_T}$

풀이

$$\begin{bmatrix} A_0 & B_0 \\ C_0 & D_0 \end{bmatrix} = \begin{bmatrix} A & B \\ C & D \end{bmatrix} \begin{bmatrix} 1 & \dfrac{1}{Z_T} \\ 0 & 1 \end{bmatrix} = \begin{bmatrix} A & \dfrac{A}{Z_T} + B \\ C & \dfrac{C}{Z_T} + D \end{bmatrix}$$

$$\therefore \ D_0 = D + \dfrac{C}{Z_T} = \dfrac{C + DZ_T}{Z_T}$$ **답** ①

문제 36 대용량 고전압의 안정권선(△권선)이 있다. 이 권선의 설치 목적과 관계가 먼 것은?

① 고장전류 저감   ② 제3고조파 제거
③ 조상 설비 설치   ④ 소내용 전원 공급

풀이

1차 변전소는 전압의 승압이 필요하므로 승압에 유리한 Y-Y 결선이 사용된다.
그러나 Y-Y 결선의 경우 제3고조파가 문제 되므로 이를 해결하기 위하여 △결선의 3차 권선이 설치된 Y-Y-△ 결선의 변압기가 사용되며 **3차 권선**(△결선, 안정 권선)의 용도는
- 제3고조파의 제거
- 조상설비의 설치
- 소내용 전원의 공급 등이다. **답** ①

문제 37 한류리액터를 사용하는 가장 큰 목적은?

① 충전전류의 제한   ② 접지전류의 제한
③ 누설전류의 제한   ④ 단락전류의 제한

풀이

리액터의 종류
- 분로 리액터 : 페란티 현상 감소
- **한류 리액터** : 단락 전류 감소
- 직렬 리액터 : 제5고조파 억제 **답** ④

문제 38 변압기 등 전력설비 내부 고장 시 변류기에 유입하는 전류와 유출하는 전류의 차로 동작하는 보호계전기는?

① 차동계전기　　　② 지락계전기
③ 과전류계전기　　④ 역상전류계전기

풀이

① **차동 계전기** : 보호 구간에 **유입하는 전류와 유출하는 전류의 차를 검출해서 동작**하는 계전기로서 변압기 등 전력설비의 내부 고장 보호에 사용된다.
② **지락 계전기** : 영상변류기(ZCT)에 의해 검출된 영상전류에 의해 동작하며 지락 고장 보호용으로 사용
③ **과전류 계전기** : 일정값 이상의 전류가 흘렀을 때 동작하며, 일명 과부하 계전기라고도 한다.
④ **역상 전류 계전기** : 역상분의 전류를 검출하는 계전기

답 ①

문제 39 송전 선로의 정전용량은 등가 선간거리 D가 증가하면 어떻게 되는가?

① 증가한다.
② 감소한다.
③ 변하지 않는다.
④ D^2에 반비례하여 감소한다.

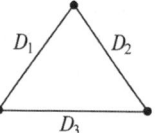

D_1　D_2
D_3
$D=(D_1, D_2, D_3)$

풀이

정전 용량　$C = \dfrac{0.02413}{\log_{10}\dfrac{D}{r}}\,[\mu F/km]$

여기서, r : 반지름[m], D : 등가선간거리[m]
따라서, **등가선간거리 D가 증가하면 정전 용량 C는 감소**하게 된다.

답 ②

문제 40 3상 결선 변압기의 단상운전에 의한 소손 방지 목적으로 설치하는 계전기는?

① 차동계전기
② 역상계전기
③ 단락계전기
④ 과전류계전기

풀이

3상 변압기가 단상으로 운전되면 역상분이 존재하므로 **역상 계전기로 결상을 검출**한다.

답 ②

제3과목　전기기기

문제 41 단상 직권 정류자 전동기의 전기자 권선과 계자 권선에 대한 설명으로 틀린 것은?

① 계자권선의 권수를 적게 한다.
② 전기자 권선의 권수를 크게 한다.
③ 변압기 기전력을 적게 하여 역률 저하를 방지한다.
④ 브러시로 단락되는 코일 중의 단락전류를 많게 한다.

풀이

① **단상 직권 정류자 전동기**
　직류 직권 전동기에 가해 주는 직류 전압을 그림과 같이 바꿀 경우에도 자속과 전기자 전류의 방향이 동시에 모두 반대가 되므로, 회전 방향은 변하지 않는다.

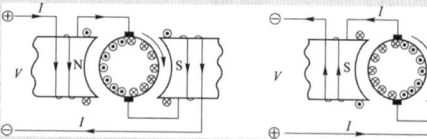

직·교류 양용 전동기의 원리

　따라서, 이 직류 직권 전동기에 교류 전압을 가해 주어도 전동기는 항상 같은 방향의 토크를 발생하고, 회전을 같은 방향으로 계속한다. 직·교류 양용 전동기는 이와 같은 원리를 이용한 전동기로서 단상 직권 정류자 전동기라고 한다.
② **단상 직권 정류자 전동기의 정류작용**
　브러시로 단락되는 코일에는 인덕턴스에 의한 유도 기전력 외에 주자속의 교번에 의한 변압기 작용에 의하여 기전력이 유도되고, **단락 전류가 크므로 정류 작용은 직류기의 경우보다 어렵다.** 이것을 개선하기 위하여
　• 브러시 접촉 저항이 어느 정도 큰 것을 사용하여 저항 정류를 하고
　• 대형은 보극을 설치하거나 전기자 코일과 정류자편 사이를 접속하는데 고저항의 도선을 사용하여 단락 전류의 제한.

답 ④

문제 42 단상 직권전동기의 종류가 아닌 것은?

① 직권형
② 아트킨손형
③ 보상직권형
④ 유도보상직권형

풀이

단상 정류자 전동기
1) 직권특성
   ① 단상 직권 정류자 전동기 – 직권형, 보상직권형, 유도보상 직권형
   ② 단상 반발 전동기 – 아트킨손형전동기, 톰슨전동기, 테리전동기
2) 분권특성 : 현재 현재 실용화 되지 않고 있음　**답** ②

문제 43 동기조상기의 여자전류를 줄이면?

① 콘덴서로 작용
② 리액터로 작용
③ 진상전류로 됨
④ 저항손의 보상

풀이

동기 조상기는 동기 전동기를 무부하로 회전시켜 직류 계자 전류 I_f의 크기를 조정하여 무효 전력을 지상 또는 진상으로 제어하는 기기이다.
• 과여자 : 콘덴서 C로 작용
• 부족여자 : 인덕턴스 L로 작용　**답** ②

문제 44 권선형 유도전동기에서 비례추이에 대한 설명으로 틀린 것은? (단, s_m은 최대토크 시 슬립이다.)

① r_2를 크게 하면 s_m은 커진다.
② r_2를 삽입하면 최대토크가 변한다.
③ r_2를 크게 하면 기동토크도 커진다.
④ r_2를 크게 하면 기동전류는 감소한다.

풀이

• 2차 저항(r_2)의 크기를 변화 시키면 최대 토크의 크기는 변하지 않으나 최대 토크를 발생하는 슬립점(속도)이 2차 회로의 저항에 비례하여 이동하는 것을 비례추이라 한다.
• 최대 토크 $T_m \propto \dfrac{V^2}{2x_2}$: 2차 저항(r_2)에 무관
• 최대 토크를 발생하는 슬립 $s_m = \pm\dfrac{r_2}{x_2}$: 2차 저항에 비례

따라서, **최대 토크는 2차 저항에 무관**하며 최대 토크를 발생하는 슬립만 2차 저항에 비례한다.　**답** ②

문제 45 전기자저항 $r_a = 0.2[\Omega]$, 동기리액턴스 $x_s = 20[\Omega]$인 Y결선의 3상 동기발전기가 있다. 3상 중 1상의 단자전압 $V = 4400[V]$, 유도기전력 $E = 6600[V]$ 이다. 부하각 $\delta = 30°$라고 하면 발전기의 출력은 약 몇 [kW] 인가?

① 2178
② 3251
③ 4253
④ 5532

풀이

3상 출력 $P = \dfrac{3EV}{Z_s}\sin\delta\,[\mathrm{W}]$에서

$$P = \frac{3\times 6600\times 4400}{\sqrt{0.2^2 + 20^2}}\times\sin 30°\times 10^{-3} = 2177.89[\mathrm{kW}]$$　**답** ①

문제 46 반도체 정류기에 적용된 소자 중 첨두 역방향 내전압이 가장 큰 것은?

① 셀렌 정류기
② 실리콘 정류기
③ 게르마늄 정류기
④ 아산화동 정류기

풀이

실리콘 정류기의 역방향 내전압은 500~1000 [V] 정도이다.　**답** ②

문제 47 동기전동기에서 전기자 반작용을 설명한 것 중 옳은 것은?

① 공급전압보다 앞선전류는 감자작용을 한다.
② 공급전압보다 뒤진전류는 감자작용을 한다.
③ 공급전압보다 앞선전류는 교차자화작용을 한다.
④ 공급전압보다 뒤진전류는 교차자화작용을 한다.

풀이

발전기와 전동기의 전기자 반작용은 서로 반대이다.

분　류	동기 발전기	동기 전동기
전압과 동상	교차 자화 작용	교차 자화 작용
진상 전류(앞선전류)	증자 작용	**감자 작용**
지상 전류(뒤진전류)	감자 작용	증자 작용

(전압 : 발전기에서는 유기기전력, 전동기에서는 공급전압을 기준)　**답** ①

문제 48 실리콘 제어정류기(SCR)의 설명 중 틀린 것은?

① P–N–P–N 구조로 되어 있다.

② 인버터 회로에 이용될 수 있다.

③ 고속도의 스위치 작용을 할 수 있다.

④ 게이트에 (+)와 (−)의 특성을 갖는 펄스를 인가하여 제어한다.

풀이

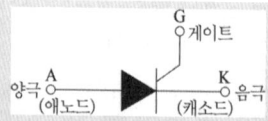

SCR은 **게이트에 (+)의 트리거 펄스가 인가**되면 통전 상태로 되어 정류 작용(교류를 직류로 변환)이 개시되고, 일단 통전이 시작되면 게이트 전류를 차단해도 주전류(애노드 전류)는 차단되지 않는다. 이때에 이를 차단 하려면 애노드 전압을 (0) 또는 (−)로 해야 한다. **답** ④

문제 49 변압기 결선방식 중 3상에서 6상으로 변환할 수 없는 것은?

① 2중 성형 ② 환상 결선

③ 대각 결선 ④ 2중 6각 결선

풀이

① 3상–2상간의 상수 변환
- 스코트 결선(T결선) • 메이어 결선
- 우드 브리지 결선

② 3상–6상간의 상수 변환
- **환상 결선** • 2중 3각 결선 • **2중 성형 결선**
- **대각 결선** • 포크 결선 **답** ④

문제 50 직류발전기가 90[%] 부하에서 최대효율이 된다면 이 발전기의 전부하에 있어서 고정손과 부하손의 비는?

① 1.1 ② 1.0 ③ 0.9 ④ 0.81

풀이

- 최대 효율은 $m^2 P_c = P_i$ 일 때(즉, 고정손과 부하손이 서로 같을 때) 발생
- $\dfrac{P_i}{P_c} = m^2 = 0.9^2 = 0.81$

여기서, P_i : 철손(고정손), P_c : 동손(가변손, 부하손)

m : 부하율 **답** ④

문제 51 150[kVA]의 변압기의 철손이 1[kW], 전부하동손이 2.5[kW] 이다. 역률 80[%]에 있어서의 최대효율은 약 몇 [%]인가?

① 95 ② 96

③ 97.4 ④ 98.5

풀이

- 최대 효율이 발생하는 부하율 m

$m^2 P_c = P_i$ 에서 **최대 효율이 발생**하므로

$$m = \sqrt{\frac{P_i}{P_c}} = \sqrt{\frac{1}{2.5}} = 0.63$$

- 최대효율 $\eta_{\max} = \dfrac{m VI\cos\theta}{m VI\cos\theta + P_i + m^2 P_c} \times 100$ 에서

$$\eta_{\max} = \frac{0.63 \times 150 \times 0.8}{0.63 \times 150 \times 0.8 + 1 + 1} \times 100 = 97.42[\%]$$
답 ③

문제 52 정격 부하에서 역률 0.8(뒤짐)로 운전될 때, 전압 변동률이 12[%]인 변압기가 있다. 이 변압기에 역률 100[%]의 정격 부하를 걸고 운전할 때의 전압 변동률은 약 몇 [%] 인가? (단, %저항강하는 %리액턴스강하의 1/12이라고 한다.)

① 0.909 ② 1.5

③ 6.85 ④ 16.18

풀이

$\epsilon = p\cos\theta + q\sin\theta$ 식에서

(여기서, p : %저항강하, q : %리액턴스강하)

$\cos\theta = 0.8$ 일 때 $\sin\theta = 0.6$

$\epsilon = p \times 0.8 + q \times 0.6 = 12$

$q = 12p$ 이므로 $12 = 0.8p + 12p \times 0.6$ ∴ $p = \dfrac{12}{8} = 1.5$

역률 100[%]일 때

전압변동률 $\epsilon_{100} = p\cos\theta + q\sin\theta = p \times 1 + q \times 0 = p = 1.5$

($\cos\theta = 1$일 때 $\sin\theta = 0$) **답** ②

문제 53 권선형 유도전동기 저항제어법의 단점 중 틀린 것은?

① 운전 효율이 낮다.

② 부하에 대한 속도 변동이 작다.

③ 제어용 저항기는 가격이 비싸다.

④ 부하가 적을 때는 광범위한 속도 조정이 곤란하다.

권선형 유도 전동기의 저항 제어법의 장·단점

[장점]
- 기동용 저항기를 겸한다.
- 구조가 간단하여 제어 조작이 용이하고 내구성이 풍부하다.

[단점]
- 속도 변화의 [%]와 같은 [%]의 효율을 희생하기 때문에 운전 효율이 나쁘다. 즉, 2차 회로의 효율 $\eta_2 = P/P_2 = (1-s)$ 이다.
- **부하에 대한 속도 변동이 크다.**
- 부하가 적을 때는 광범위한 속도 조정이 곤란하다.
- 제어용 저항은 전부하에서 장시간 운전해도 위험한 온도가 되지 않을 만큼의 충분한 크기가 필요하므로 가격이 비싸다.

답 ②

문제 54 부하 급변 시 부하각과 부하 속도가 진동하는 난조 현상을 일으키는 원인이 아닌 것은?

① 전기자 회로의 저항이 너무 큰 경우
② 원동기의 토크에 고조파가 포함된 경우
③ 원동기의 조속기 감도가 너무 예민한 경우
④ 자속의 분포가 기울어져 자속의 크기가 감소한 경우

풀이

난조 발생의 원인

난조 방지에 대한 대책으로는 제동 권선이 적당하며 난조에 대한 원인 및 대책은 다음과 같다.

① 원동기의 **조속기 감도가 지나치게 예민한 경우**
  방지대책 : 조속기를 적당히 조정하면 충분히 방지할 수 있다.
② 원동기의 **토크에 고조파 토크가 포함된 경우**
  방지대책 : 디젤 기관 등에 생기는 문제로 회전부의 플라이휠 효과를 적당히 선정하면 방지할 수 있다.
③ **전기자 회로의 저항이 상당히 큰 경우**
  방지대책 : 회로의 저항을 작게 하거나 리액턴스를 삽입하면 방지할 수 있다.
④ 부하가 맥동할 때
  방지대책 : 회전부의 플라이휠 효과를 적당히 선정하면 방지할 수 있다.

답 ④

문제 55 단상변압기 3대를 이용하여 3상 △-Y 결선을 했을 때 1차와 2차 전압의 각변위(위상차)는?

① 0° ② 60° ③ 150° ④ 180°

풀이

- 각 변위(위상변위)란 1차 유기전압을 기준으로 하고 이에 대한 2차 유기전압의 뒤진각을 말한다.
- 각 변위는 시계방향으로 뒤진 것을 (+)로 한다.

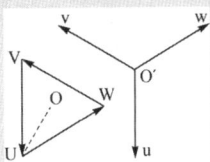

답 ③

문제 56 권선형 유도전동기의 전부하 운전 시 슬립이 4[%] 이고 2차 정격전압이 150[V] 이면 2차 유도기전력은 몇 [V]인가?

① 9 ② 8 ③ 7 ④ 6

풀이

$$E_{2s} = sE_2 = 0.04 \times 150 = 6[\text{V}]$$

여기서, E_{2s} : 슬립 s로 회전 시 2차 유도기전력
E_2 : 전동기가 정지하고 있을 때 2차 유도기전력

답 ④

문제 57 3상 유도전동기의 슬립이 s일 때 2차 효율 [%]은?

① $(1-s) \times 100$
② $(2-s) \times 100$
③ $(3-s) \times 100$
④ $(4-s) \times 100$

풀이

$$\text{2차 효율 } \eta_2 = \frac{\text{기계적출력}}{\text{2차입력}} \times 100 = \frac{P_0}{P_2} \times 100$$
$$= \frac{P_2(1-s)}{P_2} \times 100 = (1-s) \times 100[\%]$$

답 ①

문제 58 직류전동기의 회전수를 1/2로 하자면 계자자속을 어떻게 해야 하는가?

① $\frac{1}{4}$ 로 감소시킨다.
② $\frac{1}{2}$ 로 감소시킨다.
③ 2배로 증가시킨다.
④ 4배로 증가시킨다.

풀이

전동기의 회전수 $n = K\dfrac{V - I_a R_a}{\phi} \propto \dfrac{1}{\phi}$ 이므로 n을 $\dfrac{1}{2}$로 하자면 자속 ϕ는 2배가 되어야 한다. **답** ③

문제 59 사이리스터 2개를 사용한 단상 전파정류 회로에서 직류전압 100[V]를 얻으려면 PIV가 약 몇 [V]인 다이오드를 사용하면 되는가?

① 111   ② 141
③ 222   ④ 314

풀이

	단상 반파정류	단상 전파정류
SCR	$E_d = \dfrac{\sqrt{2}E}{2\pi}(1+\cos\alpha)$	$E_d = \dfrac{\sqrt{2}E}{\pi}(1+\cos\alpha)$
PIV	PIV = $E_d \times \pi$	

따라서, PIV = $\pi E_d = \pi \times 100 \fallingdotseq 314$[V] **답** ④

문제 60 교류발전기의 고조파 발생을 방지하는 방법으로 틀린 것은?

① 전기자 반작용을 크게 한다.
② 전기자 권선을 단절권으로 감는다.
③ 전기자 슬롯을 스큐 슬롯으로 한다.
④ 전기자 권선의 결선을 성형으로 한다.

풀이

고조파 기전력을 소거하는 방법은 다음과 같다.
① 매극 매상의 슬롯수 q를 크게 한다.
② 부정수(不整數) 슬롯권을 채용한다.
③ 단절권 및 분포권으로 한다.
④ 반폐 슬롯을 사용한다.
⑤ 전기자 철심을 스큐 슬롯으로 한다.
⑥ 공극의 길이를 크게 한다.
⑦ Y결선을 한다. **답** ①

제4과목 회로이론 및 제어공학

문제 61 개루프 전달함수 $G(s)$가 다음과 같이 주어지는 단위 부궤환계가 있다. 단위 계단입력이 주어졌을 때, 정상상태 편차가 0.05가 되기 위해서는 K의 값은 얼마인가?

$$G(s) = \frac{6K(s+1)}{(s+2)(s+3)}$$

① 19   ② 20   ③ 0.95   ④ 0.05

풀이

단위 부궤환계에서 단위계단입력($R(s) = \dfrac{1}{s}$)이 주어질 때

정상상태 편차 $e_{ss} = \lim\limits_{s \to 0}\dfrac{sR(s)}{1+G(s)}$ 에서

$e_{ss} = \lim\limits_{s \to 0}\dfrac{s}{1+G(s)} \cdot \dfrac{1}{s} = \dfrac{1}{1+\lim\limits_{s \to 0}G(s)}$

$= \dfrac{1}{1+\lim\limits_{s \to 0}\dfrac{6K(s+1)}{(s+2)(s+3)}} = \dfrac{1}{1+\dfrac{6K}{6}} = 0.05$

$\therefore K = 19$ **답** ①

문제 62 제어량의 종류에 따른 분류가 아닌 것은?

① 자동조정   ② 서보기구
③ 적응제어   ④ 프로세스제어

풀이

• 제어량에 의한 분류 : 프로세스 제어(공정 제어), 서보 제어(추종 제어), 자동 조정 제어(정치 제어)
• 제어 목표에 의한 분류 : 정치 제어, 프로그램 제어, 추종 제어, 비율 제어
• 조절부의 동작에 의한 분류 : 온 오프제어(위치제어), 비례제어(P 동작), 미분동작 제어(D 동작)
적분동작 제어(I 동작), 비례적분 제어(PI 동작), 비례미분 제어(PD 동작), 비례적분미분 제어(PID 동작) **답** ③

문제 63 개루프 전달함수

$G(s)H(s) = \dfrac{K(s-5)}{s(s-1)^2(s+2)^2}$ 일 때 주어지는 계에서 점근선의 교차점은?

① $-\dfrac{3}{2}$ ② $-\dfrac{7}{4}$ ③ $\dfrac{5}{3}$ ④ $-\dfrac{1}{5}$

풀이

교차점 $\sigma = \dfrac{\sum 극점 - \sum 영점}{P - Z}$ 에서

(여기서, P : 극점의 개수, Z : 영점의 개수)

· 영점 : 5

· 극점 : 0, 1, 1, -2, -2

· $P = 5$, $Z = 1$ 이므로

· 교차점 $\sigma = \dfrac{(0+1+1-2-2)-5}{5-1} = -\dfrac{7}{4}$ **답** ②

문제 64 단위계단함수의 라플라스변환과 z변환함수는?

① $\dfrac{1}{s}$, $\dfrac{z}{z-1}$ ② s, $\dfrac{z}{z-1}$

③ $\dfrac{1}{s}$, $\dfrac{z-1}{z}$ ④ s, $\dfrac{z-1}{z}$

풀이

단위 계단함수 $u(t)$의 라플라스 변환 $F(s)$와 z변환 $F(z)$ 함수

$f(t)$	$F(s)$	$F(z)$
$u(t)$	$\dfrac{1}{s}$	$\dfrac{z}{z-1}$

답 ①

문제 65 다음 방정식으로 표시되는 제어계가 있다. 이 계를 상태 방정식 $\dot{x}(t) = Ax(t) + Bu(t)$로 나타내면 계수 행렬 A는?

$$\frac{d^3 c(t)}{dt^3} + 5\frac{d^2 c(t)}{dt^2} + \frac{dc(t)}{dt} + 2c(t) = r(t)$$

① $\begin{bmatrix} 0 & 1 & 0 \\ 0 & 0 & 1 \\ -2 & -1 & -5 \end{bmatrix}$ ② $\begin{bmatrix} 0 & 1 & 0 \\ 1 & 0 & 0 \\ 5 & 1 & 2 \end{bmatrix}$

③ $\begin{bmatrix} 0 & 0 & 1 \\ 1 & 0 & 0 \\ 0 & 5 & 2 \end{bmatrix}$ ④ $\begin{bmatrix} 0 & 1 & 0 \\ 0 & 0 & 1 \\ -2 & -1 & 0 \end{bmatrix}$

풀이

$x_1(t) = c(t)$, $x_2(t) = \dot{c}(t) = \dot{x}_1(t)$, $x_3(t) = \dot{x}_2(t) = \ddot{x}_1(t)$ 라 놓으면,

$\dot{x}_3(t) = -2x_1(t) - x_2(t) - 5x_3(t) + r(t)$

$\therefore \begin{bmatrix} \dot{x}_1(t) \\ \dot{x}_2(t) \\ \dot{x}_3(t) \end{bmatrix} = \begin{bmatrix} 0 & 1 & 0 \\ 0 & 0 & 1 \\ -2 & -1 & -5 \end{bmatrix} \begin{bmatrix} x_1(t) \\ x_2(t) \\ x_3(t) \end{bmatrix} + \begin{bmatrix} 0 \\ 0 \\ 1 \end{bmatrix} r(t)$ **답** ①

문제 66 안정한 제어계에 임펄스 응답을 가했을 때 제어계의 정상상태 출력은?

① 0

② $+\infty$ 또는 $-\infty$

③ $+$의 일정한 값

④ $-$의 일정한 값

풀이

안정한 제어계의 임펄스 응답 조건

$\lim\limits_{t \to \infty} c(t) = 0$: 임펄스 응답 $c(t)$가 $t \to \infty$(정상상태)일 때

0이면 안정한 제어계

(예) $\lim\limits_{t \to \infty}(e^{-t}\cos\omega t) = 0$(안정한 계)

$\lim\limits_{t \to \infty} e^t = \infty$(불안정한 계)   **답** ①

문제 67 그림과 같은 블록선도에서 $C(s)/R(s)$의 값은?

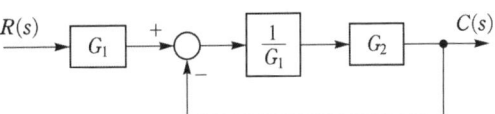

① $\dfrac{G_1}{G_1 - G_2}$ ② $\dfrac{G_2}{G_1 - G_2}$

③ $\dfrac{G_2}{G_1 + G_2}$ ④ $\dfrac{G_1 G_2}{G_1 + G_2}$

풀이

$\left[R(s)G_1 - C(s) \right] \dfrac{1}{G_1} G_2 = C(s)$

$R(s)G_2 - \dfrac{C(s)G_2}{G_1} = C(s)$, $R(s)G_2 = C(s)\left(1 + \dfrac{G_2}{G_1}\right)$

$\therefore \dfrac{C(s)}{R(s)} = \dfrac{G_2}{1 + \dfrac{G_2}{G_1}} = \dfrac{G_1 G_2}{G_1 + G_2}$ **답** ④

문제 68 신호흐름선도에서 전달함수 $\dfrac{C}{R}$ 를 구하면?

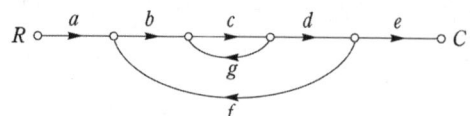

① $\dfrac{abcdg}{1-abcde}$　　② $\dfrac{abcde}{1-cg-bcdf}$

③ $\dfrac{abcde}{1-cg-cgf}$　　④ $\dfrac{abcde}{c+cg+cgf}$

풀이

- 전향경로 이득 : $abcde$
- 루프이득 : cg, $bcdf$
- $G(s) = \dfrac{\sum 전향\,경로\,이득}{1-\sum 루프이득} = \dfrac{abcde}{1-cg-bcdf}$　**답** ②

문제 69 대칭좌표법에서 대칭분을 각 상전압으로 표시한 것 중 틀린 것은?

① $E_0 = \dfrac{1}{3}(E_a + E_b + E_c)$

② $E_1 = \dfrac{1}{3}(E_a + aE_b + a^2 E_c)$

③ $E_2 = \dfrac{1}{3}(E_a + a^2 E_b + aE_c)$

④ $E_3 = \dfrac{1}{3}(E_a^2 + E_b^2 + E_c^2)$

풀이

$E_0 = \dfrac{1}{3}(E_a + E_b + E_c)$　영상전압

$E_1 = \dfrac{1}{3}(E_a + aE_b + a^2 E_c)$　정상전압($1 \to a \to a^2$의 순서)

$E_2 = \dfrac{1}{3}(E_a + a^2 E_b + aE_c)$　역상전압($1 \to a^2 \to a$의 순서)

참고로 E_0, E_1, E_2라는 전압은 있지만 E_3라는 전압은 없다.　**답** ④

문제 70 다음과 같은 진리표를 갖는 회로의 종류는?

입 력		출력
A	B	
0	0	0
0	1	1
1	0	1
1	1	0

① AND　　　　② NOR

③ NAND　　　④ EX−OR

풀이

배타적 논리 합회로 (Exclusive−OR gate)

입력 A, B가 서로 같지 않을 때만 출력이 "1"이 되는 회로이며, 논리식은 $X = \overline{A} \cdot B + A \cdot \overline{B} = A \oplus B$로 표시된다.　**답** ④

문제 71 특성방정식이 $s^3 + 2s^2 + Ks + 5 = 0$가 안정하기 위한 K의 값은?

① $K > 0$　　　　② $K < 0$

③ $K > \dfrac{5}{2}$　　　　④ $K < \dfrac{5}{2}$

풀이

특성 방정식은 $s^3 + 2s^2 + Ks + 5 = 0$이므로 루드의 표는

$$
\begin{array}{c|cc}
s^3 & 1 & K \\
s^2 & 2 & 5 \\
s^1 & \dfrac{2K-5}{2} & 0 \\
s^0 & 5 &
\end{array}
$$

제1열의 부호 변화가 없어야 안정하므로

$2K-5 > 0$　　$\therefore K > \dfrac{5}{2}$　**답** ③

문제 72 $R-L$ 직렬회로에서 스위치 S가 1번 위치에 오랫동안 있다가 $t = 0^+$에서 위치 2번으로 옮겨진 후, $\dfrac{L}{R}$[s] 후에 L에 흐르는 전류[A]는?

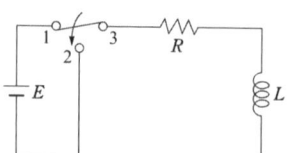

① $\dfrac{E}{R}$ 　　　　② $0.5\dfrac{E}{R}$

③ $0.368\dfrac{E}{R}$ 　　④ $0.632\dfrac{E}{R}$

풀이

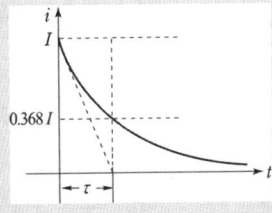

완전해(perfect solution) $i(t)$

$$i(t) = \frac{E}{R}e^{-\frac{R}{L}t}$$

이 전류의 시간적 변화는 그림과 같이 시간이 흐름에 따라 지수적으로 감소하여 0에 접근하게 된다.

$t = \dfrac{L}{R}[\text{s}]$ 이므로

$$i(t) = \frac{E}{R}e^{-\frac{R}{L}\times\frac{L}{R}} = 0.368\frac{E}{R}[\text{A}]$$ **답** ③

문제 73 분포 정수회로에서 선로정수가 R, L, C, G 이고 무왜형 조건이 $RC = GL$과 같은 관계가 성립될 때 선로의 특성 임피던스 Z_0는? (단, 선로의 단위길이당 저항을 R, 인덕턴스를 L, 정전용량을 C, 누설컨덕턴스를 G라 한다.)

① $Z_0 = \dfrac{1}{\sqrt{CL}}$ 　　② $Z_0 = \sqrt{\dfrac{L}{C}}$

③ $Z_0 = \sqrt{CL}$ 　　　　④ $Z_0 = \sqrt{RG}$

풀이

$RC = GL$ 에서 $R = \dfrac{GL}{C}$ 이므로

특성임피던스 $Z_0 = \sqrt{\dfrac{Z}{Y}} = \sqrt{\dfrac{R + j\omega L}{G + j\omega C}}$

$= \sqrt{\dfrac{\frac{GL}{C} + j\omega L}{G + j\omega C}} = \sqrt{\dfrac{\frac{L}{C}(G + j\omega C)}{G + j\omega C}}$

$= \sqrt{\dfrac{L}{C}}$

즉, 무왜형 선로 및 무손실 선로의 특성 임피던스 $Z_0 = \sqrt{\dfrac{L}{C}}$ 이다. **답** ②

문제 74 그림과 같은 4단자 회로망에서 하이브리드 파라미터 H_{11}은?

① $\dfrac{Z_1}{Z_1 + Z_3}$

② $\dfrac{Z_1}{Z_1 + Z_2}$

③ $\dfrac{Z_1 Z_3}{Z_1 + Z_3}$

④ $\dfrac{Z_1 Z_2}{Z_1 + Z_2}$

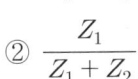

풀이

$V_1 = H_{11}I_1 + H_{12}V_2$, 　$I_2 = H_{21}I_1 + H_{22}V_2$ 에서 H 파라미터의 물리적 의미는

- $H_{11} = \dfrac{V_1}{I_1}\Big|_{V_2 = 0}$ 　: 단락 입력 임피던스

- $H_{21} = \dfrac{I_2}{I_1}\Big|_{V_2 = 0}$ 　: 단락 순방형 전류 이득

- $H_{22} = \dfrac{I_2}{V_2}\Big|_{I_1 = 0}$ 　: 개방 출력 어드미턴스

- $H_{12} = \dfrac{V_1}{V_2}\Big|_{I_1 = 0}$ 　: 개방 역방형 전압이득

따라서, $H_{11} = \dfrac{V_1}{I_1}\Big|_{V_2 = 0} = \dfrac{\frac{Z_1 Z_3}{Z_1 + Z_3}\cdot I_1}{I_1} = \dfrac{Z_1 Z_3}{Z_1 + Z_3}$ **답** ③

문제 75 내부저항 0.1 [Ω]인 건전지 10개를 직렬로 접속하고 이것을 한조로 하여 5조 병렬로 접속하면 합성 내부저항은 몇 [Ω]인가?

① 5 　　　　② 1

③ 0.5 　　　④ 0.2

풀이

- 건전지 10개를 직렬로 접속시 저항
  $R_s = nr = 10 \times 0.1 = 1[\Omega]$

- 5조 병렬 접속 시 합성 내부저항
  $R_t = \dfrac{R_s}{5} = \dfrac{1}{5} = 0.2[\Omega]$ **답** ④

문제 76 함수 $f(t)$의 라플라스 변환은 어떤 식으로 정의되는가?

① $\int_0^\infty f(t)e^{st}dt$

② $\int_0^\infty f(t)e^{-st}dt$

③ $\int_0^\infty f(-t)e^{st}dt$

④ $\int_{-\infty}^\infty f(-t)e^{-st}dt$

풀이

라플라스 변환(Laplace transformation)
어떤 임의의 시간함수 $f(t)$에 e^{-st}를 곱한 $f(t)\,e^{-st}$ 를 시간 t에 대해서 0부터 ∞까지 적분하면 $f(t)$는 라플라스 연산자 s를 갖는 함수 $F(s)$로 변환된다. 즉, $0 \le t \le \infty$로 정의되는 $f(t)$의 라플라스 변환은 다음 식으로 표시한다.

$$F(s) = \mathcal{L}\,[f(t)] = \int_0^\infty f(t)\,e^{-st}\,dt$$ **답** ②

문제 77 대칭좌표법에서 불평형률을 나타내는 것은?

① $\dfrac{\text{영상분}}{\text{정상분}} \times 100$

② $\dfrac{\text{정상분}}{\text{역상분}} \times 100$

③ $\dfrac{\text{정상분}}{\text{영상분}} \times 100$

④ $\dfrac{\text{역상분}}{\text{정상분}} \times 100$

풀이

불평형 회로의 전압과 전류에는 정상분과 더불어 역상분과 영상분이 반드시 포함된다. 따라서 회로의 불평형 정도를 나타내는 척도로서 불평형률이 사용된다.

$$\text{불평형률} = \frac{\text{역상분}}{\text{정상분}} \times 100\ [\%]$$ **답** ④

문제 78 그림의 왜형파를 푸리에 급수로 전개할 때, 옳은 것은?

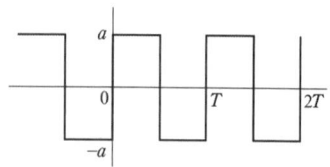

① 우수파만 포함한다.
② 기수파만 포함한다.
③ 우수파 · 기수파 모두 포함한다.
④ 푸리에의 급수로 전개할 수 없다.

풀이

반파 및 정현 대칭이므로 홀수항의 정현 성분만 존재한다.
  답 ②

문제 79 최대값이 E_m 인 반파 정류 정현파의 실효값은 몇 [V] 인가?

① $\dfrac{2E_m}{\pi}$

② $\sqrt{2}\,E_m$

③ $\dfrac{E_m}{\sqrt{2}}$

④ $\dfrac{E_m}{2}$

풀이

파형	정현파	정현반파	삼각파	구형반파	구형파
실효값	$\dfrac{E_m}{\sqrt{2}}$	$\dfrac{E_m}{2}$	$\dfrac{E_m}{\sqrt{3}}$	$\dfrac{E_m}{\sqrt{2}}$	E_m
평균값	$\dfrac{2E_m}{\pi}$	$\dfrac{E_m}{\pi}$	$\dfrac{E_m}{2}$	$\dfrac{E_m}{2}$	E_m

  답 ④

문제 80 그림과 같이 $R[\Omega]$의 저항을 Y결선으로 하여 단자의 a, b 및 c에 비대칭 3상 전압을 가할 때, a단자의 중성점 N에 대한 전압은 약 몇 [V] 인가?
(단, $V_{ab} = 210[\text{V}]$, $V_{bc} = -90 - j180[\text{V}]$, $V_{ca} = -120 + j180[\text{V}]$)

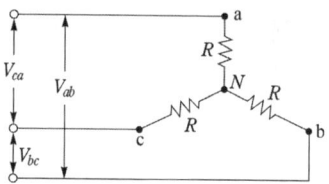

① 100 ② 116 ③ 121 ④ 125

풀이

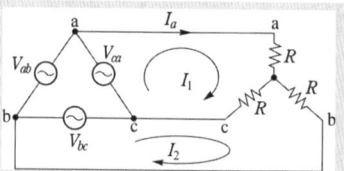

폐로 방정식(메쉬 방정식)
$$2RI_1 - RI_2 = V_{ca}, \quad -RI_1 + 2RI_2 = V_{bc}$$

$$I_1 = \frac{\begin{vmatrix} V_{ca} & -R \\ V_{bc} & 2R \end{vmatrix}}{\begin{vmatrix} 2R & -R \\ -R & 2R \end{vmatrix}} = \frac{2RV_{ca} + RV_{bc}}{4R^2 - R^2} = \frac{2V_{ca} + V_{bc}}{3R}$$

저항 R에 흐르는 전류 $I_a = I_1$이고, 전압강하를 나타내는 a단자의 중성점 N에 대한 전압 V_{aN}은 $V_{aN} = RI_1$ $= RI_a$ 이다.

$$V_{aN} = \frac{2V_{ca} + V_{bc}}{3} = \frac{2(-120 + j180) + (-90 - j180)}{3}$$

$$= -110 + j60 = 125\underline{/151.4°}\,[\mathrm{V}]$$

따라서 중성점 전압의 크기

$$V_{aN} = \sqrt{(-110)^2 + 60^2} = 125\,[\mathrm{V}]$$

답 ④

제5과목 전기설비 기술기준

문제 81 태양전지 모듈의 시설에 대한 설명으로 옳은 것은?

① 충전부분은 노출하여 시설할 것
② 출력배선은 극성별로 확인 가능토록 표시할 것
③ 전선은 공칭단면적 $1.5[\mathrm{mm}^2]$ 이상의 연동선을 사용할 것
④ 전선을 옥내에 시설할 경우에는 애자공사에 준하여 시설할 것

풀이

520 태양광발전설비
가. 태양전지 모듈, 전선, 개폐기 및 기타 기구는 **충전부분이 노출되지 않도록** 시설하여야 한다.
나. 모듈의 **출력배선은 극성별로 확인**할 수 있도록 표시할 것
다. 전선은 **공칭단면적 2.5[mm²] 이상의 연동선** 또는 이와 동등 이상의 세기 및 굵기의 것일 것.
라. 모듈을 병렬로 접속하는 전로에는 그 주된 전로에 단락전류가 발생할 경우에 전로를 보호하는 과전류차단기 또는 기타 기구를 시설할 것
마. 배선설비 공사는 옥내에 시설할 경우에는 **합성수지관공사, 금속관공사, 금속제가요전선관공사, 케이블공사의 규정**에 준하여 시설할 것.

답 ②

문제 82 저압 옥상전선로를 전개된 장소에 시설하는 내용으로 틀린 것은?

① 전선은 절연전선일 것
② 전선은 단면적 $2.5[\mathrm{mm}^2]$ 이상의 경동선의 것
③ 전선과 그 저압 옥상전선로를 시설하는 조영재와의 이격거리는 2[m] 이상일 것
④ 전선은 조영재에 내수성이 있는 애자를 사용하여 지지하고 그 지지점 간의 거리는 15[m] 이하일 것

풀이

221.3 옥상전선로
저압 옥상전선로는 전개된 장소에 다음에 따르고 또한 위험의 우려가 없도록 시설하여야 한다.
가. 전선은 인장강도 2.30[kN] 이상의 것 또는 **지름 2.6[mm] 이상의 경동선**을 사용할 것.
나. 전선은 **절연전선**(OW전선을 포함한다.) 또는 이와 동등 이상의 절연효력이 있는 것을 사용할 것.
다. 전선은 조영재에 견고하게 붙인 지지주 또는 지지대에 절연성·난연성 및 내수성이 있는 애자를 사용하여 지지하고 또한 그 **지지점 간의 거리는 15[m] 이하**일 것.
라. 전선과 그 저압 옥상 전선로를 시설하는 **조영재와의 이격거리는 2[m]**(전선이 고압절연전선, 특고압 절연전선 또는 케이블인 경우에는 1[m]) **이상**일 것.
마. 저압 옥상전선로의 전선은 상시 부는 바람 등에 의하여 식물에 접촉하지 아니하도록 시설하여야 한다.

답 ②

문제 83 무대, 무대마루 밑, 오케스트라 박스, 영사실 기타 사람이나 무대 도구가 접촉할 우려가 있는 곳에 시설하는 저압 옥내배선·전구선 또는 이동전선은 사용전압이 몇 [V] 이하이어야 하는가?

① 60
② 110
③ 220
④ 400

풀이

242.6 전시회, 쇼 및 공연장의 전기설비
무대·무대마루 밑·오케스트라 박스·영사실 기타 사람이나 무대 도구가 접촉할 우려가 있는 곳에 시설하는 저압 옥내배선, 전구선 또는 이동전선은 **사용전압이 400 [V] 이하**이어야 한다.

답 ④

문제 84 과전류차단기로 시설하는 퓨즈 중 고압전로에 사용하는 포장퓨즈는 정격전류의 몇 배의 전류에 견디어야 하는가?

① 1.1   ② 1.25   ③ 1.3   ④ 1.6

풀이

341.10 고압 및 특고압 전로 중의 과전류차단기의 시설

가. 과전류차단기로 시설하는 퓨즈 중 고압전로에 사용하는 **포장 퓨즈는 정격전류의 1.3배의 전류에 견디고 또한 2배의 전류로 120분 안에 용단되는 것**이어야 한다.

나. 과전류차단기로 시설하는 퓨즈 중 고압전로에 사용하는 비포장 퓨즈는 정격전류의 1.25배의 전류에 견디고 또한 2배의 전류로 2분 안에 용단되는 것이어야 한다.

답 ③

문제 85 터널 안 전선로의 시설방법으로 옳은 것은?

① 저압전선은 지름 2.6[mm]의 경동선의 절연전선을 사용하였다.

② 고압전선은 절연전선을 사용하여 합성수지관공사로 하였다.

③ 저압전선을 애자공사에 의하여 시설하고 이를 레일면상 또는 노면상 2.2[m]의 높이로 시설하였다.

④ 고압전선을 금속관공사에 의하여 시설하고 이를 레일면상 또는 노면상 2.4[m]의 높이로 시설하였다.

풀이

335.1 터널 안 전선로의 시설
철도 · 궤도 또는 자동차도 전용터널 안의 전선로

전압	전선의 굵기	시공방법	애자공사 시 높이
저압	인장강도 2.30[kN] 이상 또는 2.6 [mm] 이상의 경동선의 절연전선	• 합성수지관공사 • 금속관공사 • 금속제가요전선관공사 • 케이블공사 • 애자공사	노면상, 레일면상 2.5 [m] 이상
고압	인장강도 5.26[kN] 이상 또는 4 [mm] 이상의 경동선	• 케이블공사 • 애자공사	노면상, 레일면상 3 [m] 이상
특고압		• 케이블공사	

답 ①

문제 86 저압 옥측전선로에서 목조의 조영물에 시설할 수 있는 공사방법은?

① 금속관공사

② 버스덕트공사

③ 합성수지관공사

④ 연피 또는 알루미늄 케이블공사

풀이

221.2 옥측전선로
저압 옥측전선로는 다음의 공사방법에 의할 것.

가. 애자공사(전개된 장소에 한한다.)

나. 합성수지관공사

다. **금속관공사(목조 이외의 조영물에 시설하는 경우에 한한다)**

라. **버스덕트공사[목조 이외의 조영물**(점검할 수 없는 은폐된 장소는 제외한다)**에 시설하는 경우에 한한다]**

마. 케이블공사(**연피 케이블 · 알루미늄피 케이블** 또는 무기물 절연 케이블을 사용하는 경우에는 **목조 이외의 조영물에 시설하는 경우에 한한다)**

답 ③

문제 87 특고압을 직접 저압으로 변성하는 변압기를 시설하여서는 아니 되는 변압기는?

① 광산에서 물을 양수하기 위한 양수기용 변압기

② 전기로 등 전류가 큰 전기를 소비하기 위한 변압기

③ 교류식 전기철도용 신호회로에 전기를 공급하기 위한 변압기

④ 발전소 · 변전소 · 개폐소 또는 이에 준하는 곳의 소내용 변압기

풀이

341.3 특고압을 직접 저압으로 변성하는 변압기의 시설
특고압을 직접 저압으로 변성하는 변압기는 다음의 것 이외에는 시설하여서는 아니 된다.

가. **전기로 등 전류가 큰 전기를 소비하기 위한 변압기**

나. **발전소 · 변전소 · 개폐소 또는 이에 준하는 곳의 소내용 변압기**

다. 25[kV] 이하인 특고압 가공전선로(중성선 다중접지식의 것으로서 전로에 지락이 생겼을 때에 2초 이내에 자동적으로 이를 전로로부터 차단하는 장치가 되어 있는 것에 한한다.)에 접속 하는 변압기

라. 사용전압이 35[kV] 이하인 변압기로서 그 특고압측 권선과 저압측 권선이 혼촉한 경우에 자동적으로 변압기를 전로로부터 차단하기 위한 장치를 설치한 것.

마. 사용전압이 100[kV] 이하인 변압기로서 그 특고압측 권선과 저압측 권선사이에 접지저항 값이 10 [Ω] 이하인 금속제의 혼촉방지판이 있는 것.

바. 교류식 **전기철도용 신호회로에 전기를 공급하기 위한 변압기**

답 ①

문제 88 케이블 트레이공사에 사용하는 케이블트레이의 시설기준으로 틀린 것은?

① 케이블 트레이 안전율은 1.3 이상이어야 한다.

② 비금속제 케이블 트레이는 난연성 재료의 것이어야 한다.

③ 전선의 피복 등을 손상시킬 돌기 등이 없이 매끈해야 한다.

④ 금속제 트레이에 접지공사를 하여야 한다.

풀이

232.41 케이블트레이공사

가. 전선은 연피케이블, 알루미늄피 케이블 등 난연성 케이블 또는 기타 케이블(적당한 간격으로 연소방지 조치를 하여야 한다) 또는 금속관 혹은 합성수지관 등에 넣은 절연전선을 사용하여야 한다.

나. 케이블 트레이의 **안전율은 1.5 이상**으로 하여야 한다.

다. 금속재의 것은 적절한 방식처리를 한 것이거나 내식성 재료의 것이어야 한다.

라. 비금속제 케이블 **트레이는 난연성 재료**의 것이어야 한다.

마. 금속제 케이블 트레이 계통은 기계적 및 전기적으로 완전하게 접속하여야 하며 **금속제 트레이는 접지공사를** 하여야 한다.

답 ①

문제 89 최대 사용전압 23[kV]의 권선으로 중성점 접지식전로(중성선을 가지는 것으로 그 중성선에 다중접지를 하는 전로)에 접속되는 변압기는 몇 [V]의 절연내력 시험전압에 견디어야 하는가?

① 21160

② 25300

③ 38750

④ 34500

풀이

135 변압기 전로의 절연내력

권선의 종류 (최대사용전압)	접지방식	시험 전압 (최대사용전압의 배수)	최저 시험전압
1. 7[kV] 이하		1.5배	500[V]
	다중접지	0.92배	500[V]
2. 7[kV] 초과 25[kV] 이하	다중접지	0.92배	
3. 7[kV] 초과 60[kV] 이하 (2란의 것 제외)		1.25배	10.5[kV]
4. 60[kV] 초과(8란의 것 제외)	비접지	1.25	
5. 60[kV] 초과 (6란 및 8란의 것 제외)	접지식	1.1배	75 [kV]
6. 60[kV] 초과	직접접지	0.72배	
7. 170[kV] 초과	직접접지	0.64배	

7[kV] 초과 25[kV] 이하의 다중접지방식이므로 시험전압 배수는 0.92 ∴ 시험 전압 $= 23 \times 0.92 = 21.16$[kV]

답 ①

문제 90 고압 보안공사에서 지지물이 A종 철주인 경우 경간은 몇 [m] 이하인가?

① 100

② 150

③ 250

④ 400

풀이

332.10 고압 보안공사

고압 보안공사는 다음에 따라야 한다.

가. 전선은 케이블인 경우 이외에는 인장강도 8.01[kN] 이상의 것 또는 지름 5[mm] 이상의 경동선일 것.

나. 목주의 풍압하중에 대한 안전율은 1.5 이상일 것.

다. 경간은 표 에서 정한 값 이하일 것.

지지물의 종류	경 간
목주·**A종 철주** 또는 A종 철근 콘크리트주	100[m] 이하
B종 철주 또는 B종 철근 콘크리트주	150[m] 이하
철 탑	400[m] 이하

답 ①

문제 91 고압 가공전선으로 경동선 또는 내열 동합금선을 사용할 때 그 안전율은 최소 얼마 이상이 되는 이도로 시설하여야 하는가?

① 2.0

② 2.2

③ 2.5

④ 3.3

풀이

332.4 고압 가공전선의 안전율
222.6 저압 가공전선의 안전율
가공전선이 케이블 이외인 경우 안전율이 다음 이상이 되는 이도로 시설하여야 한다.
가. 경동선 또는 내열 동합금선 : 2.2 이상
나. 그 밖의 전선 : 2.5

답 ②

문제 92 가공전선로 지지물의 승탑 및 승주방지를 위한 발판 볼트는 지표상 몇 [m] 미만에 시설하여서는 아니 되는가?

① 1.2 ② 1.5
③ 1.8 ④ 2.0

풀이

331.4 가공전선로 지지물의 철탑오름 및 전주오름 방지
가공전선로의 지지물에 취급자가 오르고 내리는데 사용하는 발판 볼트 등을 지표상 1.8 [m] 미만에 시설하여서는 아니 된다.

답 ③

문제 93 저압 옥내간선에서 분기하여 전기사용 기계기구에 이르는 저압 옥내전로는 분기점에서 전선의 길이가 몇 [m] 이하인 곳에 과전류 차단기를 설치하여야 하는가? 단, 단락의 위험과 화재 및 인체에 대한 위험성이 최소화 되도록 시설된 경우

① 2   ② 3   ③ 4   ④ 5

풀이

212.4.2 과부하 보호장치의 설치 위치
가. 과부하 보호장치는 전로 중 도체의 단면적, 특성, 설치 방법, 구성의 변경으로 도체의 허용전류 값이 줄어드는 곳(이하 분기점이라 함)에 설치해야 한다.
나. 과부하 보호장치는 분기점(O)에 설치해야 하나, 분기점(O)점과 분기회로의 과부하 보호장치(P_2) 설치점 사이의 배선 부분에 다른 분기회로나 콘센트 회로가 접속되어 있지 않고, 다음 중 하나를 충족하는 경우에는 변경이 있는 배선에 설치할 수 있다.
　① 분기회로에 대한 단락보호가 이루어지고 있는 경우
　: 분기회로의 보호장치 P_2는 분기회로의 분기점(O)으로부터 부하 측으로 거리에 구애 받지 않고 이동하여 설치할 수 있다.

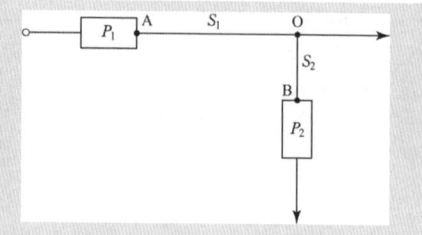

　② 단락의 위험과 화재 및 인체에 대한 위험성이 최소화 되도록 시설된 경우 : 분기회로의 보호장치 (P_2)는 분기회로의 분기점(O)으로부터 3[m]까지 이동하여 설치할 수 있다.

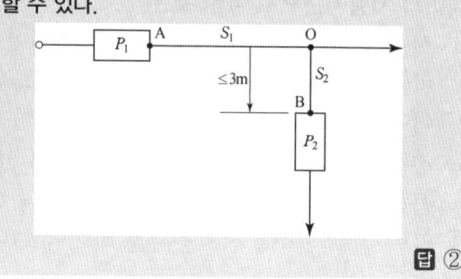

답 ②

문제 94 전로에 대한 설명 중 옳은 것은?

① 통상의 사용 상태에서 전기를 절연한 곳
② 통상의 사용 상태에서 전기를 접지한 곳
③ 통상의 사용 상태에서 전기가 통하고 있는 곳
④ 통상의 사용 상태에서 전기가 통하고 있지 않은 곳

풀이

전로 : 통상의 사용 상태에서 전기가 통하고 있는 곳

답 ③

문제 95 금속덕트공사에 의한 저압 옥내배선공사 시설에 대한 설명으로 틀린 것은?

① 덕트에 접지공사를 한다.
② 금속 덕트는 두께 1.0[mm] 이상인 철판으로 제작하고 덕트 상호간에 완전하게 접속한다.
③ 덕트를 조영재에 붙이는 경우 덕트 지지점간의 거리를 3[m] 이하로 견고하게 붙인다.
④ 금속 덕트에 넣은 전선의 단면적의 합계가 덕트의 내부 단면적의 20[%] 이하가 되도록 한다.

풀이

232.31 금속덕트공사

가. 전선은 절연전선(옥외용 비닐절연전선을 제외한다)일 것.

나. 금속덕트에 넣은 전선의 단면적(절연피복의 단면적을 포함한다)의 합계는 **덕트의 내부 단면적의 20[%]**(전광표시 장치, 기타 이와 유사한 장치 또는 제어회로 등의 배선만을 넣는 경우에는 50[%]) **이하일 것.**

다. 덕트 상호 간은 견고하고 또한 전기적으로 완전하게 접속할 것.

라. 덕트를 조영재에 붙이는 경우에는 **덕트의 지지점 간의 거리를 3[m]**(수직으로 붙이는 경우에는 6[m]) **이하로** 할 것.

마. 덕트의 끝부분은 막을 것.

바. 폭이 50[mm]를 초과하고 또한 **두께가 1.2[mm] 이상인 철판** 또는 금속제의 것.

사. 덕트는 접지공사를 할 것. **답** ②

문제 96 사용전압이 60[kV] 이하인 경우 전화선로의 길이 12[km] 마다 유도전류는 몇 [μA]를 넘지 않도록 하여야 하는가?

① 1　　② 2　　③ 3　　④ 4

풀이

333.2 유도장해의 방지

가. 사용전압이 60[kV] 이하인 경우에는 전화선로의 길이 12[km] 마다 유도전류가 **2[μA]를 넘지 아니하도록 할** 것.

나. 사용전압이 60[kV]를 초과하는 경우에는 전화선로의 길이 40[km] 마다 유도전류가 3[μA]을 넘지 아니하도록 할 것. **답** ②

문제 97 그림은 전력선 반송통신용 결합장치의 보안장치를 나타낸 것이다. S의 명칭으로 옳은 것은?

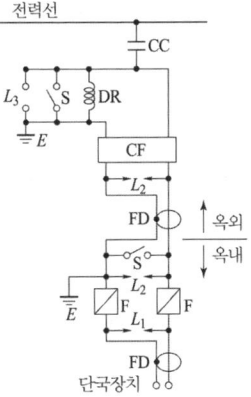

① 동축 케이블
② 결합 콘덴서
③ 접지용 개폐기
④ 구상용 방전갭

풀이

362.11 전력선 반송 통신용 결합장치의 보안장치

전력선 반송통신용 결합 커패시터에 접속하는 회로에는 그림 의 보안장치 또는 이에 준하는 보안장치를 시설하여야 한다.

전력선 반송 통신용 결합장치의 보안장치

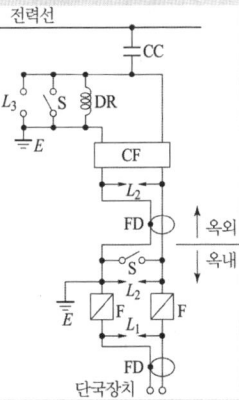

• FD : 동축 케이블
• F : 정격 전류 10[A] 이하의 포장 퓨즈
• DR : 전류 용량 2[A] 이상의 배류 선륜
• L₁ : 교류 300[V] 이하에서 동작하는 피뢰기
• L₂ : 동작 전압이 교류 1,300[V]를 넘고 1,600[V] 이하로 조정된 방전갭
• L₃ : 동작 전압이 교류 2[kV]를 넘고 3[kV] 이하로 조정된 구상 방전갭
• S : **접지용 개폐기**
• CF : 결합 필터
• CC : 결합 콘덴서(결합 안테나를 포함한다)
• E : 접지 **답** ③

문제 98 발전소·변전소·개폐소 또는 이에 준하는 곳에서 개폐기 또는 차단기에 사용하는 압축공기장치의 공기압축기는 최고 사용압력의 1.5배의 수압을 연속하여 몇 분간 가하여 시험을 하였을 때에 이에 견디고 또한 새지 아니하여야 하는가?

① 5　　　② 10
③ 15　　④ 20

풀이

341.15 압축공기계통

발전소·변전소·개폐소 또는 이에 준하는 곳에서 개폐기 또는 차단기에 사용하는 압축공기장치는 최고 **사용압력의 1.5배의 수압**(최고 사용압력의 1.25배의 기압)을 **연속하여 10분간** 가하여 시험을 하였을 때에 이에 견디고 또한 새지 아니할 것. **답** ②

출제기준 변경 및 개정된 관계 법규에 따라 삭제된 문제가 있어 20문항이 안됩니다.

국가기술자격검정 필기시험 문제

2018년도 전기기사 일반검정 제2회

자격종목 및 등급(선택분야)	종목코드	시험시간	문제지형별	수검 번호	성 명
전기기사	1150	2시간 30분	A		

제1과목 **전기자기학**

문제 01 매질 1의 $\mu_{s1} = 500$, 매질 2의 $\mu_{s2} = 1000$이다. 매질 2에서 경계면에 대하여 45°의 각도로 자계가 입사한 경우 매질 1에서 경계면과 자계의 각도에 가장 가까운 것은?

① 20° ② 30° ③ 60° ④ 80°

풀이

굴절의 법칙

$\dfrac{\tan\theta_1}{\tan\theta_2} = \dfrac{\mu_1}{\mu_2} = \dfrac{\mu_{s1}}{\mu_{s2}}$에서 $\dfrac{\tan\theta_1}{\tan 45°} = \dfrac{500}{1000}$

$\tan\theta_1 = \dfrac{1}{2}\tan 45° = \dfrac{1}{2}$, $\theta_1 = \tan^{-1}\dfrac{1}{2} = 26.57°$

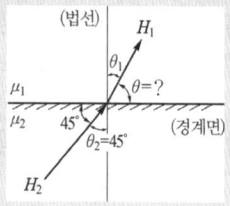

그림과 같이 입사각 θ_1과 굴절각 θ_2는 경계면의 법선에 대한 각도를 나타내므로 매질1에서 경계면과 이루는 각도 $\theta = 90° - \theta_1 = 90° - 26.57° = 63.43°$ **답** ③

문제 02 다음 (가), (나)에 대한 법칙으로 알맞은 것은?

전자유도에 의하여 회로에 발생되는 기전력은 쇄교 자속수의 시간에 대한 감소비율에 비례한다는 (가)에 따르고 특히, 유도된 기전력의 방향은 (나)에 따른다.

① (가) 패러데이의 법칙   (나) 렌츠의 법칙
② (가) 렌츠의 법칙   (나) 패러데이의 법칙
③ (가) 플레밍의 왼손법칙   (나) 패러데이의 법칙
④ (가) 패러데이의 법칙   (나) 플레밍의 왼손법칙

풀이

- **페러데이 법칙** : "유도기전력의 크기는 폐회로에 쇄교하는 자속의 시간적 변화율에 비례한다." 이것을 패러데이 법칙(Faraday's law) 또는 노이만 법칙(Neumann's law)이라 하며, 기전력의 크기를 결정한다.

$e = -\dfrac{d\Phi}{dt} = -N\dfrac{d\phi}{dt}$ [V] (단, $\Phi = N\phi$로 쇄교 자속수)

- **렌즈의 법칙(Lenz's law)** : 전자유도에 의해 발생하는 기전력은 자속 변화를 방해하는 방향(−)으로 전류가 발생한다. 이것을 렌쯔의 법칙(Lenz's law)이라 하고, **기전력의 방향을 결정**한다. **답** ①

문제 03 히스테리시스 곡선에서 히스테리시스 손실에 해당하는 것은?

① 보자력의 크기
② 잔류자기의 크기
③ 보자력과 잔류자기의 곱
④ 히스테리시스 곡선의 면적

풀이

히스테리시스 손(hysterisis loss)
히스테리시스 곡선을 다시 일주시켜도 항상 처음과 동일하기 때문에 **히스테리시스의 면적**에 해당하는 에너지는 열로 소비된다. 이것을 **히스테리시스 손**이라 한다.

$P_h = \eta f B_m^{1.6}$ **답** ④

문제 04 대지의 고유저항이 $\rho[\Omega \cdot m]$일 때 반지름 $a[m]$인 그림과 같은 반구 접지극의 접지저항$[\Omega]$은?

① $\dfrac{\rho}{4\pi a}$

② $\dfrac{\rho}{2\pi a}$

③ $\dfrac{2\pi \rho}{a}$

④ $2\pi \rho a$

풀이

$RC = \rho\epsilon$ 에서 반구의 정전용량 $C = \dfrac{4\pi\epsilon a}{2} = 2\pi\epsilon a$이므로

$\therefore R = \dfrac{\rho\epsilon}{C} = \dfrac{\rho\epsilon}{2\pi\epsilon a} = \dfrac{\rho}{2\pi a}[\Omega]$　　**답** ②

문제 05 N회 감긴 환상코일의 단면적이 $S[m^2]$이고 평균 길이가 $l[m]$이다. 이 코일의 권수를 2배로 늘이고 인덕턴스를 일정하게 하려고 할 때, 다음 중 옳은 것은?

① 길이를 2배로 한다.

② 단면적을 $\dfrac{1}{4}$로 한다.

③ 비투자율을 $\dfrac{1}{2}$배로 한다.

④ 전류의 세기를 4배로 한다.

풀이

코일의 자기 인덕턴스 $L = \dfrac{\mu S N^2}{l}[H]$이므로 권수를 2로 하면 L은 $(2)^2 = 4$배로 되므로 단면적 S를 $\dfrac{1}{4}$배 또는 길이 l을 4배로 하면 인덕턴스 L은 일정하게 된다.　**답** ②

문제 06 무한장 솔레노이드에 전류가 흐를 때 발생되는 자장에 관한 설명으로 옳은 것은?

① 내부 자장은 평등자장이다.

② 외부 자장은 평등자장이다.

③ 내부 자장의 세기는 0이다.

④ 외부와 내부의 자장의 세기는 같다.

풀이

• 무한장 솔레노이드 **내부의 자계** $H_i = nI[AT/m]$
 (위치에 관계없는 **평등자계**)

• 무한장 솔레노이드 외부의 자계 $H_o = 0[AT/m]$　**답** ①

문제 07 자기회로에서 키르히호프의 법칙으로 알맞은 것은? (단, R : 자기저항, ϕ : 자속, N : 코일 권수, I : 전류이다.)

① $\displaystyle\sum_{i=1}^{n} \phi_i = \infty$　　② $\displaystyle\sum_{i=1}^{n} N_i \phi_i = 0$

③ $\displaystyle\sum_{i=1}^{n} R_i \phi_i = \sum_{i=1}^{n} N_i I_i$　④ $\displaystyle\sum_{i=1}^{n} R_i \phi_i = \sum_{i=1}^{n} N_i L_i$

풀이

자기회로에서 **키르히호프의 법칙**
임의의 폐자로에 있어서 **각 부의 자기저항과 자속과의 곱의 합은 폐자로에 있는 기자력의 총합과 같다.**　**답** ③

문제 08 한 변의 길이가 $l[m]$인 정사각형 도체 회로에 전류 $I[A]$를 흘릴 때 회로의 중심점에서 자계의 세기는 몇 $[AT/m]$ 인가?

① $\dfrac{2I}{\pi l}$　　　　　② $\dfrac{I}{\sqrt{2}\,\pi l}$

③ $\dfrac{\sqrt{2}\,I}{\pi l}$　　　　④ $\dfrac{2\sqrt{2}\,I}{\pi l}$

풀이

한 변 AB에 대한 중심점의 자계는

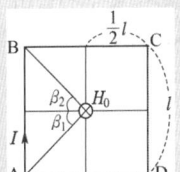

$H_{AB} = \dfrac{I}{4\pi a}(\sin\beta_1 + \sin\beta_2)$

이므로 $a = \dfrac{l}{2}$,

$\sin\beta_1 = \sin\beta_2 = \sin 45° = \dfrac{1}{\sqrt{2}}$ 을 대입하면

$H_{AB} = \dfrac{I}{4\pi\left(\dfrac{l}{2}\right)} \times 2 \times \dfrac{1}{\sqrt{2}} = \dfrac{I}{\sqrt{2}\,\pi l}[AT/m]$

$\therefore H_0 = H_{AB} + H_{BC} + H_{CD} + H_{DA}$

$= 4H_{AB} = 4 \times \dfrac{I}{\sqrt{2}\,\pi l} = \dfrac{2\sqrt{2}\,I}{\pi l}[AT/m]$　**답** ④

문제 09 일정전압의 직류전원에 저항을 접속하여 전류를 흘릴 때, 저항값을 20[%] 감소시키면 흐르는 전류는 처음 저항에 흐르는 전류의 몇 배가 되는가?

① 1.0배　　　　② 1.1배

③ 1.25배　　　　④ 1.5배

풀이

- 저항 감소 전 전류 $I_1 = \dfrac{E}{R}$[A]

- 저항 감소 후 전류 $I_2 = \dfrac{E}{(1-0.2)R} = 1.25\dfrac{E}{R} = 1.25 I_1$

답 ③

문제 10 전하밀도 ρ_s[C/m²]인 무한 판상 전하분포에 의한 임의 점의 전장에 대하여 틀린 것은?

① 전장의 세기는 매질에 따라 변한다.

② 전장의 세기는 거리 r에 반비례한다.

③ 전장은 판에 수직방향으로만 존재한다.

④ 전장의 세기는 전하밀도 ρ_s에 비례한다.

풀이

무한 판상 전하분포에 의한 임의 점의 **전계는** $E = \dfrac{\rho_s}{\epsilon}$로 전하밀도에 비례하고, 유전율(매질)에 반비례하며, **거리에 관계없는 평등자계**이다. 또 이 전계의 방향은 판에 수직방향이다.

답 ②

문제 11 유전율이 ϵ인 유전체 내에 있는 점전하 Q에서 발산되는 전기력선의 수는 총 몇 개인가?

① Q

② $\dfrac{Q}{\epsilon_o \epsilon_s}$

③ $\dfrac{Q}{\epsilon_s}$

④ $\dfrac{Q}{\epsilon_o}$

풀이

- 점전하 Q[C]로부터 나오는 **총 전기력선 수는** $\dfrac{Q}{\epsilon} = \dfrac{Q}{\epsilon_o \epsilon_s}$개로 유전율 ϵ에 따라 변한다.

- 전속 Ψ는 매질에 관계없이 전하 Q[C]일 때 Q개의 전속선이 나온다. $\Psi = Q$[C]

답 ②

문제 12 반지름 a[m]의 원형 단면을 가진 도선에 전도전류 $i_c = I_c \sin 2\pi ft$[A]가 흐를 때 변위전류밀도 J_d는 몇 [A/m²]가 되는가? (단, 도전율은 σ[S/m]이고, 비유전율은 ϵ_r이다.)

① $\dfrac{f\epsilon_r I_c}{4\pi \times 10^9 \sigma a^2}$

② $\dfrac{\epsilon_r I_c}{4\pi f \times 10^9 \sigma a^2}$

③ $\dfrac{f\epsilon_r I_c}{9\pi \times 10^9 \sigma a^2}$

④ $\dfrac{f\epsilon_r I_c}{18\pi \times 10^9 \sigma a^2}$

풀이

전도전류밀도 $i_c = \sigma E$, $i_c = \dfrac{I_c}{\sqrt{2}A} = \dfrac{I_c}{\sqrt{2}(\pi a^2)}$에서

$$E = \dfrac{I_c}{\sqrt{2}A\sigma} = \dfrac{I_c}{\sqrt{2}(\pi a^2)\sigma}$$

변위전류밀도 $i_d = \dfrac{\partial D}{\partial t} = \dfrac{\partial(\epsilon E)}{\partial t} = j\omega\epsilon E = j2\pi f\epsilon_0\epsilon_r E$에서

변위전류밀도 최대값 J_d는

$$J_d = \sqrt{2}(2\pi f)\epsilon_0\epsilon_r E = \sqrt{2}(2\pi f)\epsilon_0\epsilon_r \dfrac{I_c}{\sqrt{2}(\pi a^2)\sigma}$$

$$\therefore J_d = 2\epsilon_0 \dfrac{f\epsilon_r I_c}{a^2\sigma} = \dfrac{2}{4\pi\times9\times10^9}\dfrac{f\epsilon_r I_c}{\sigma a^2} = \dfrac{f\epsilon_r I_c}{18\pi\times10^9 \sigma a^2}$$

답 ④

문제 13 대전 도체 표면전하밀도는 도체 표면의 모양에 따라 어떻게 분포하는가?

① 표면전하밀도는 뾰족할수록 커진다.

② 표면전하밀도는 평면일 때 가장 크다.

③ 표면전하밀도는 곡률이 크면 작아진다.

④ 표면전하밀도는 표면의 모양과 무관하다.

풀이

전하는 뾰족한 부분에 모이는 성질이 있는데, 그런 부분은 곡률 반경이 작다. 따라서, 곡률 반경이 클수록 전하밀도는 낮다.

(곡률 반경 $\propto \dfrac{1}{\text{곡률}}$)

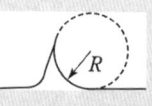

답 ①

문제 14 내부도체의 반지름이 a[m]이고, 외부도체의 내반지름이 b[m], 외반지름이 c[m]인 동축케이블의 단위 길이당 자기 인덕턴스는 몇 [H/m]인가?

① $\dfrac{\mu_0}{2\pi}\ln\dfrac{b}{a}$

② $\dfrac{\mu_0}{\pi}\ln\dfrac{b}{a}$

③ $\dfrac{2\pi}{\mu_0}\ln\dfrac{b}{a}$

④ $\dfrac{\pi}{\mu_0}\ln\dfrac{b}{a}$

풀이

$$d\phi = B \cdot dr = \mu_0 H \cdot dr = \dfrac{\mu_0 I}{2\pi r}dr \quad \left(\because H = \dfrac{I}{2\pi r}\right)$$

$$\phi = \int_a^b d\phi = \frac{\mu_0 I}{2\pi}\int_a^b \frac{1}{r}\cdot dr = \frac{\mu_0 I}{2\pi}\ln\frac{b}{a}$$

$$\therefore L = \frac{\phi}{I} = \frac{\mu_0}{2\pi}\ln\frac{b}{a}\,[\text{H/m}]$$ 답 ①

문제 15 공기 중에서 1[m] 간격을 가진 두 개의 평행 도체 전류의 단위길이에 작용하는 힘은 몇 [N] 인가? (단, 전류는 1[A]라고 한다.)

① 2×10^{-7} ② 4×10^{-7}

③ $2\pi\times10^{-7}$ ④ $4\pi\times10^{-7}$

풀이

평행도선에 작용하는 단위길이당 힘 F

$F = \frac{\mu_0 I_1 I_2}{2\pi r} = \frac{2I_1 I_2}{r}\times10^{-7}\,[\text{N/m}]\,(\because \mu_0 = 4\pi\times10^{-7})$에서

$F = \frac{2\times1\times1}{1}\times10^{-7} = 2\times10^{-7}\,[\text{N/m}]$ 답 ①

문제 16 공기 중에서 코로나방전이 3.5[kV/mm] 전계에서 발생한다고 하면, 이때 도체의 표면에 작용하는 힘은 약 몇 [N/m²] 인가?

① 27 ② 54 ③ 81 ④ 108

풀이

전계 $E = 3.5[\text{kV/mm}] = \frac{3.5\times10^3}{10^{-3}}\,[\text{V/m}] = 3.5\times10^6\,[\text{V/m}]$

도체 표면에 작용하는 힘(정전응력) $f = \frac{1}{2}\epsilon_0 E^2\,[\text{N/m}^2]$에서

$f = \frac{1}{2}\times8.85\times10^{-12}\times(3.5\times10^6)^2 = 54.21\,[\text{N/m}^2]$ 답 ②

문제 17 무한장 직선 전류에 의한 자계의 세기 [AT/m]는?

① 거리 r에 비례한다.

② 거리 r^2에 비례한다.

③ 거리 r에 반비례한다.

④ 거리 r^2에 반비례한다.

풀이

무한장 직선도체에 전류 $I[\text{A}]$가 흐를 때

이 도체에 의한 자계 H

$H = \frac{I}{2\pi r}\,[\text{AT/m}]$로 거리에 반비례한다. ($H\propto\frac{1}{r}$) 답 ③

문제 18 Biot-Savart의 법칙에 의하면, 전류소에 의해서 임의의 한 점(P)에 생기는 자계의 세기를 구할 수 있다. 다음 중 설명으로 틀린 것은?

① 자계의 세기는 전류의 크기에 비례한다.

② MKS 단위계를 사용할 경우 비례상수는 $\frac{1}{4\pi}$이다.

③ 자계의 세기는 전류소와 점 P와의 거리에 반비례한다.

④ 자계의 방향은 전류소 및 이 전류소와 점 P를 연결하는 직선을 포함하는 면에 법선방향이다.

풀이

비오-사바르 법칙

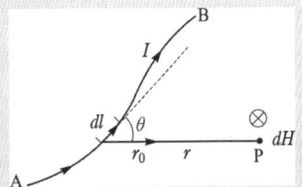

• 임의의 형상의 도선에 전류 $I[\text{A}]$가 흐를 때, 도선 상의 미소길이 dl 부분에 흐르는 전류에 의하여 거리 r만큼 떨어진 점 P에서의 자계의 세기 dH는

$$dH = \frac{I dl \sin\theta}{4\pi r^2}\,[\text{AT/m}]$$

여기서, θ는 dl과 거리 r이 이루는 각이다.

• 점 P에서의 자계의 방향은 미소길이 dl과 거리 r이 이루는 면에 수직으로 오른나사 법칙을 따른다. 즉, **자계의 세기는 거리의 제곱에 반비례한다.** 답 ③

문제 19 전계 $E = \sqrt{2}\,E_e\sin\omega\left(t - \frac{x}{c}\right)[\text{V/m}]$의 평면전자파가 있다. 진공 중에서 자계의 실효값은 몇 [A/m] 인가?

① $0.707\times10^{-3}E_e$ ② $1.44\times10^{-3}E_e$

③ $2.65\times10^{-3}E_e$ ④ $5.37\times10^{-3}E_e$

풀이

자유공간 또는 진공 중에서

고유임피던스 $\eta_0 = \frac{E_e}{H_e} = \sqrt{\frac{\mu_0}{\epsilon_0}} = \sqrt{\frac{4\pi\times10^{-7}}{8.85\times10^{-12}}} = 377\,[\Omega]$

이므로

$H_e = \frac{1}{377}E_e = 2.65\times10^{-3}E_e\,[\text{A/m}]$ 답 ③

문제 20 $x > 0$인 영역에 $\epsilon_1 = 3$인 유전체, $x < 0$인 영역에 $\epsilon_2 = 5$인 유전체가 있다. 유전율 ϵ_2인 영역에서 전계가 $E_2 = 20a_x + 30a_y - 40a_z$ [V/m] 일 때, 유전율 ϵ_1인 영역에서의 전계 E_1 [V/m]은?

① $\dfrac{100}{3}a_x + 30a_y - 40a_z$

② $20a_x + 90a_y - 40a_z$

③ $100a_x + 10a_y - 40a_z$

④ $60a_x + 30a_y - 40a_z$

풀이

경계면에 대해 a_x 성분은 법선 성분이고 a_y, a_z 성분은 접선 성분에 해당된다.
- 경계조건에 의하여 법선 성분 $D_{1x} = D_{2x}$ 이므로
$$\epsilon_1 E_{1x} = \epsilon_2 E_{2x}$$
$$\therefore E_{1x} = \frac{\epsilon_2}{\epsilon_1} E_{2x} = \frac{5}{3} 20 a_x = \frac{100}{3} a_x$$
- 경계조건에 의하여 접선성분 $E_{1y} = E_{2y}$, $E_{1z} = E_{2z}$ 이므로
$$\therefore E_{1y} = 30a_y, \quad E_{1z} = -40a_z$$
- 유전율 ϵ_1인 영역에서의 전계 E_1
$$E_1 = \frac{100}{3}a_x + 30a_y - 40a_z \text{ [V/m]}$$
답 ①

제2과목 전력공학

문제 21 1[kWh]를 열량으로 환산하면 약 몇 [kcal]인가?

① 80 ② 256 ③ 539 ④ 860

풀이

열량의 단위
- 1 [kWh] = 860 [kcal]
- 1 [kcal] = 4.186 [kJ]
답 ④

문제 22 순저항 부하의 부하전력 P[kW], 전압 E [V], 선로의 길이 l[m], 고유저항 ρ[$\Omega \cdot mm^2/m$]인 단상 2선식 선로에서 선로 손실을 q[W]라 하면, 전선의 단면적[mm^2]은 어떻게 표현되는가?

① $\dfrac{\rho l P^2}{qE^2} \times 10^6$

② $\dfrac{2\rho l P^2}{qE^2} \times 10^6$

③ $\dfrac{\rho l P^2}{2qE^2} \times 10^6$

④ $\dfrac{2\rho l P^2}{q^2 E} \times 10^6$

풀이

- 단상에서 전류 $I = \dfrac{P\,[\text{kW}]}{E\,[\text{V}]} = \dfrac{P \times 10^3}{E}$ [A]
- 저항 $R = \rho \dfrac{l}{A}$ [Ω]
(여기서, ρ : 고유저항[$\Omega \cdot mm^2/m$], l : 선로길이[m], A : 전선의 단면적[mm^2])
- 단상 2선식에서의 선로손실
$$q = 2I^2 R = 2 \times \left(\frac{P \times 10^3}{E}\right)^2 \times \rho \frac{l}{A} = \frac{2\rho l P^2 \times 10^6}{E^2 A} \text{ [W]}$$
따라서, 전선의 단면적 $A = \dfrac{2\rho l P^2}{qE^2} \times 10^6 [mm^2]$ **답 ②**

문제 23 동작전류의 크기가 커질수록 동작시간이 짧게 되는 특성을 가진 계전기는?

① 순한시 계전기 ② 정한시 계전기
③ 반한시 계전기 ④ 반한시 정한시 계전기

풀이

보호 계전기의 동작 시간에 의한 분류

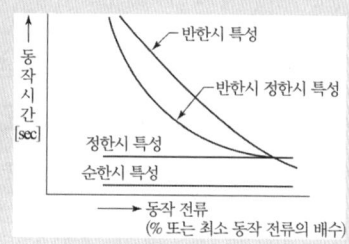

〈계전기의 한시 특성〉

보호 계전기 특징
① 순(한)시 특성 : 최소 동작 전류 이상의 전류가 흐르면 즉시 동작하는 특성
② 정한시 특성 : 동작 전류의 크기에 관계없이 일정한 시간에 동작하는 특성
③ **반한시 특성 : 동작 전류가 커질수록 동작 시간이 짧게 되는 특성**
④ 반한시 정한시 특성 : 동작 전류가 적은 동안에는 동작 전류가 커질수록 동작 시간이 짧게 되는 반한시 특성을 갖고, 어떤 전류 이상이면 동작 전류의 크기에 관계없이 일정한 시간에 동작하는 정한시 특성을 가진 특성
답 ③

문제 24 22.9[kV], Y결선된 자가용 수전설비의 계기용변압기의 2차측 정격전압은 몇 [V]인가?

① 110
② 220
③ $110\sqrt{3}$
④ $220\sqrt{3}$

풀이

계기용 변압기의 2차 정격전압은 110[V], 변류기의 2차 정격전류는 5[A]이다.　**답** ①

문제 25 소호리액터를 송전계통에 사용하면 리액터의 인덕턴스와 선로의 정전용량이 어떤 상태로 되어 지락전류를 소멸시키는가?

① 병렬공진
② 직렬공진
③ 고임피던스
④ 저임피던스

풀이

- 소호 리액터 접지 방식은 선로의 대지 정전 용량과 병렬 공진하는 리액터를 이용하여 중성점을 접지하는 방식으로 1선지락고장시 고장점에는 극히 작은 손실전류만이 흐르고 지락 아크가 자연 소멸되므로 정전없이 송전을 계속할 수 있는 접지 방식이다.
- 소호리액터의 크기(변압기의 임피던스 x_t를 고려하지 않는 경우)

$$\omega L = \frac{1}{3\omega C_s}[\Omega]$$　　**답** ①

문제 26 동기조상기에 대한 설명으로 틀린 것은?

① 시충전이 불가능하다.
② 전압 조정이 연속적이다.
③ 중부하시에는 과여자로 운전하여 앞선 전류를 취한다.
④ 경부하시에는 부족여자로 운전하여 뒤진 전류를 취한다.

풀이

- 조상설비 : 송전선을 일정한 전압으로 운전하기 위해 필요한 무효전력을 공급하는 장치를 조상설비라 하며 그 종류로는 동기 조상기, 전력용 콘덴서, 분로 리액터가 있다.
- 동기조상기 : 동기 전동기의 V특성을 이용하는 설비로서 무부하 운전중인 동기전동기를 과여자 운전하면 콘덴서로 작용하며, 부족여자 운전하면 리액터로 작용한다.

- 조상설비의 특성비교

	진상	지상	시충전	조정	단락시 고장전류 공급
콘덴서	○	×	×	단계적	×
리액터	×	○	×	단계적	×
동기 조상기	○	○	○	연속적	○

답 ①

문제 27 화력발전소에서 가장 큰 손실은?

① 소내용 동력
② 송풍기 손실
③ 복수기에서의 손실
④ 연도 배출가스 손실

풀이

발전소마다 각 손실의 비가 다르나 복수식 발전소에서는 복수기 냉각수에 의한 열량이 가장 크고 석탄 열량의 50～60[%]에 달한다. 다음에 큰 것은 굴뚝 배출 가스 손실로 10[%] 정도이다.　**답** ③

문제 28 정전용량 0.01 [μF/km], 길이 173.2[km], 선간전압 60[kV], 주파수 60[Hz]인 3상 송전선로의 충전전류는 약 몇 [A]인가?

① 6.3
② 12.5
③ 22.6
④ 37.2

풀이

$$I_c = \omega C_w l E = 2\pi f C_w l\left(\frac{V}{\sqrt{3}}\right)$$

$$= 2\pi \times 60 \times 0.01 \times 10^{-6} \times 173.2 \times \frac{60,000}{\sqrt{3}} = 22.6[A]$$

C_w : 전선 1선당 작용정전 용량[F], V : 선간 전압[V],
f : 주파수 [Hz], l : 선로 길이
(참고로 선로의 충전전류 계산 시 전압은 변압기 결선과 관계없이 상전압 $\left(\dfrac{V}{\sqrt{3}}\right)$를 적용하여야 한다.)　**답** ③

문제 29 발전용량 9800[kW]의 수력발전소 최대 사용 수량이 10[m³/s]일 때, 유효낙차는 몇 [m]인가?

① 100
② 125
③ 150
④ 175

풀이

발전용량 $P = 9.8QH$ [kW]

(단, Q : 사용수량[m²/s], H : 유효 낙차[m]

따라서, 유효낙차 $H = \dfrac{P}{9.8Q} = \dfrac{9800}{9.8 \times 10} = 100$[m] **답** ①

문제 30 차단기의 정격 차단시간은?

① 고장 발생부터 소호까지의 시간
② 트립코일 여자부터 소호까지의 시간
③ 가동 접촉자의 개극부터 소호까지의 시간
④ 가동접촉자의 동작시간부터 소호까지의 시간

풀이

차단기의 차단 시간
트립 코일 여자부터 차단기의 가동 전극이 고정 전극으로부터 이동을 개시하여 개극할 때까지의 개극 시간과 접점이 충분히 떨어져 아크가 완전히 소호할 때까지의 아크 시간의 합으로 3~8[Hz] 이다. **답** ②

문제 31 부하전류의 차단능력이 없는 것은?

① DS   ② NFB
③ OCB   ④ VCB

풀이

• 차단기(Breaker) : 아크 소호능력이 있어 부하전류나 사고전류의 차단이 가능
• 스위치(Switch) : 아크 소호능력이 없어 부하전류나 사고전류의 차단이 불 가능
• **단로기**(DS : Disconnecting Switch)는 차단기(Breaker)가 아닌 **switch로서 아크 소호 장치가 없어 부하 전류의 차단이 곤란**하다. **답** ①

문제 32 전선의 굵기가 균일하고 부하가 송전단에서 말단까지 균일하게 분포되어 있을 때 배전선 말단에서 전압강하는? (단, 배전선 전체저항 R, 송전단의 부하전류는 I 이다.)

① $\dfrac{1}{2}RI$ ② $\dfrac{1}{\sqrt{2}}RI$

③ $\dfrac{1}{\sqrt{3}}RI$ ④ $\dfrac{1}{3}RI$

풀이

집중 부하와 분산 부하

구 분	전력 손실	전압 강하
말단에 집중 부하	I^2R	IR
균등 분포 부하	$\dfrac{1}{3}I^2R$	$\dfrac{1}{2}IR$

여기서, I : 전선의 전류, R : 배전선 전체저항 **답** ①

문제 33 역률 개선용 콘덴서를 부하와 병렬로 연결하고자 한다. △결선방식과 Y결선방식을 비교하면 콘덴서의 정전용량[μF]의 크기는 어떠한가?

① △결선방식과 Y결선방식은 동일하다.

② Y결선방식이 △결선방식의 $\dfrac{1}{2}$이다.

③ △결선방식이 Y결선방식의 $\dfrac{1}{3}$이다.

④ Y결선방식이 △결선방식의 $\dfrac{1}{\sqrt{3}}$이다.

풀이

$Q = 3EI = 3E2\pi f \, CE = 3 \times 2\pi f \, CE^2$ 에서

$C_\triangle = \dfrac{Q}{3 \times 2\pi f V^2}$ (∵ △결선에서 상전압 E = 선간전압 V)

$C_Y = \dfrac{Q}{3 \times 2\pi f \left(\dfrac{V}{\sqrt{3}}\right)^2} = \dfrac{Q}{2\pi f V^2}$

(Y결선에서 상전압 = $\dfrac{\text{선간전압}}{\sqrt{3}}$)

$\therefore \dfrac{C_\triangle}{C_Y} = \dfrac{\dfrac{Q}{3 \times 2\pi f V^2}}{\dfrac{Q}{2\pi f V^2}} = \dfrac{1}{3}$ $\therefore C_\triangle = \dfrac{1}{3}C_Y$ **답** ③

문제 34 송전선로에서 고조파 제거 방법이 아닌 것은?

① 변압기를 △결선 한다.
② 능동형 필터를 설치한다.
③ 유도전압 조정장치를 설치한다.
④ 무효전력 보상장치를 설치한다.

풀이

유도 전압 조정장치는 배전선로의 **모선 전압 조정장치**로서 고조파 제거와는 무관하다. **답** ③

문제 35 송전선로에 댐퍼(Damper)를 설치하는 주된 이유는?

① 전선의 진동방지
② 전선의 이탈방지
③ 코로나현상의 방지
④ 현수애자의 경사방지

풀이

댐퍼 : 전선의 진동에너지를 흡수함으로서 **진동발생 방지** 및 진동으로 인한 전선의 단선을 방지하기 위한 설비

답 ①

문제 36 400[kVA] 단상변압기 3대를 △-△결선으로 사용하다가 1대의 고장으로 V-V결선을 하여 사용하면 약 몇 [kVA] 부하까지 걸 수 있겠는가?

① 400   ② 566
③ 693   ④ 800

풀이

$$P_V = \sqrt{3}\, P_1 = \sqrt{3} \times 400 = 692.82[\text{kVA}]$$

답 ③

문제 37 직격뢰에 대한 방호설비로 가장 적당한 것은?

① 복도체   ② 가공지선
③ 서지흡수기   ④ 정전방전기

풀이

가공 지선(over head ground wire)은 송전선 위에 나란히 가설된 도선으로 각 철탑에 접지되어 있으며, 그 설치 목적은
① **직격뢰에 대한 차폐 효과**
② 유도뢰에 대한 정전 차폐 효과
③ 통신선에 대한 전자 유도 장해 경감 효과

답 ②

문제 38 선로정수를 평행되게 하고, 근접 통신선에 대한 유도장해를 줄일 수 있는 방법은?

① 연가를 시행한다.
② 전선으로 복도체를 사용한다.
③ 전선로의 이도를 충분하게 한다.
④ 소호리액터 접지를 하여 중성점 전위를 줄여준다.

풀이

1) 연가
일반적인 3상 3선식 선로에서는 정삼각형 배치가 아니며, 또 지표상의 높이도 서로 같지 아니하므로 이러한 경우 각, 전선의 인덕턴스 및 정전용량은 다르게 된다. 이러한 경우 송전단에서 대칭전압을 인가하더라도 수전단에서는 비대칭으로 될 것이다. 따라서, 이를 평형 시키기 위하여 송전선로의 길이를 3의 정수배 구간으로 등분하고 지상의 전선을 적당한 구간마다 바꾸어 전체적으로 평형 시키는데 이것을 연가라 한다.

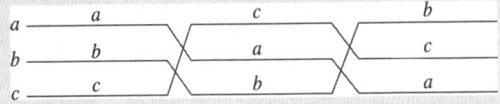

2) 연가의 효과
① 직렬공진 방지   ② 유도장해 감소
③ 선로정수 평형

답 ①

문제 39 직류 송전방식에 대한 설명으로 틀린 것은?

① 선로의 절연이 교류방식보다 용이하다.
② 리액턴스 또는 위상각에 대해서 고려할 필요가 없다.
③ 케이블 송전일 경우 유전손이 없기 때문에 교류방식보다 유리하다.
④ 비동기 연계가 불가능하므로 주파수가 다른 계통간의 연계가 불가능하다.

풀이

직류 송전 방식의 장·단점
[장점]
① 선로의 리액턴스가 없으므로 안정도가 높다.
② 유전체손 및 충전 용량이 없고 절연 내력이 강하다.
③ **비동기 연계가 가능하다.**
④ 단락전류가 적고 임의 크기의 교류 계통을 연계시킬 수 있다.
⑤ 코로나손 및 전력 손실이 적어 송전 효율이 높다.
⑥ 표피 효과나 근접 효과가 없으므로 실효 저항의 증대가 없다.
[단점]
① 직교 변환 장치가 필요하다.
② 전압의 승압 및 강압이 불리하다.
③ 고조파나 고주파 억제 대책이 필요하다.
④ 직류 차단기가 개발되어 있지 않다.

답 ④

문제 40 저압배전계통을 구성하는 방식 중, 캐스케이딩(cascading)을 일으킬 우려가 있는 방식은?

① 방사상방식
② 저압뱅킹방식
③ 저압네트워크방식
④ 스포트네트워크방식

풀이

저압 뱅킹방식은 고압 배전선에 접속되어 있는 두 대 이상의 변압기의 2차측을 서로 접속시켜 공동으로 사용하는 배전방식으로 그 특징은 다음과 같다.
• 전압 변동에 의한 플리커가 적다.
• 전압강하와 전력손실이 적다.
• 부하증가에 대한 융통성이 있으므로 변압기의 용량을 줄일 수 있다.
• 공급의 신뢰도가 좋다.
• **캐스케이딩(cascading)현상을 일으킬 수 있다.**
• 수지식에 비해 건설비가 높다.　　　**답** ②

제3과목　전기기기

문제 41 동기발전기의 전기자권선을 분포권으로 하면 어떻게 되는가?

① 난조를 방지한다.
② 기전력의 파형이 좋아진다.
③ 권선의 리액턴스가 커진다.
④ 집중권에 비하여 합성 유기기전력이 증가한다.

풀이

분포권의 장·단점
[장점] • 기전력의 고조파가 감소하여 **파형이 좋아진다.**
　　　 • 권선의 누설 리액턴스가 감소한다.
　　　 • 전기자 권선에 의한 열을 고르게 분포시켜 과열을 방지한다.
[단점] • 분포권은 집중권에 비하여 합성 유기 기전력이 감소한다.　　　**답** ②

문제 42 부하전류가 2배로 증가하면 변압기의 2차측 동손은 어떻게 되는가?

① $\frac{1}{4}$로 감소한다.
② $\frac{1}{2}$로 감소한다.
③ 2배로 증가한다.
④ 4배로 증가한다.

풀이

동손 $P_c = I^2 R \propto I^2$ 에서 부하전류 I가 2배로 증가하면 동손 P_c는 4배로 증가한다.　　　**답** ④

문제 43 동기전동기에서 출력이 100[%]일 때 역률이 1이 되도록 계자전류를 조정한 다음에 공급전압 V 및 계자전류 I_f를 일정하게 하고, 전부하 이하에서 운전하면 동기전동기의 역률은?

① 뒤진 역률이 되고, 부하가 감소할수록 역률은 낮아진다.
② 뒤진 역률이 되고, 부하가 감소할수록 역률은 좋아진다.
③ 앞선 역률이 되고, 부하가 감소할수록 역률은 낮아진다.
④ 앞선 역률이 되고, 부하가 감소할수록 역률은 좋아진다.

풀이

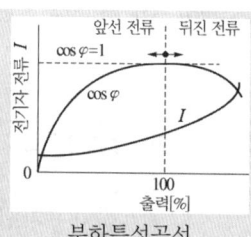

부하특성곡선

동기전동기의 부하특성곡선에 의하여
① **전부하 이하에서는 과여자로 되므로 앞선 역률로 되고, 부하가 감소할수록 역률은 낮아진다.**
② 전부하 이상에서는 부족여자로 되므로 뒤진 역률로 되고, 과부하가 될수록 역률은 낮아진다.　　　**답** ③

문제 44 유도기전력의 크기가 서로 같은 A, B 2대의 동기발전기를 병렬 운전할 때, A발전기의 유기기전력 위상이 B보다 앞설 때 발생하는 현상이 아닌 것은?

① 동기화력이 발생한다.
② 고조파 무효순환전류가 발생된다.
③ 유효전류인 동기화전류가 발생된다.
④ 전기자 동손을 증가시키며 과열의 원인이 된다.

풀이

병렬 운전 중인 **A 발전기의 위상이 B발전기 보다 앞선 경우**

- A 발전기로부터 B 발전기로 **동기화 전류**가 흐르게 된다.

  (동기화 전류 $I_s = \dfrac{E}{x_s}\sin\dfrac{\delta}{2}[A]$)

- A 발전기로부터 B 발전기로 **동기화력이 공급**된다.

  (동기 화력 $P_s = \dfrac{E^2}{2x_s}\sin\delta\,[W]$)

- 부하가 증가한 A 발전기의 위상은 늦어지고 상대적으로 부하가 감소한 B 발전기의 위상은 빨라져 두 발전기의 위상이 같게 된다. 그러나, **고조파 무효순환전류는 기전력의 파형이 다른 경우에 발생**한다. **답** ②

문제 45 직류 분권발전기의 극수 4, 전기자 총 도체수 600으로 매분 600회전할 때 유기기전력이 220[V]라 한다. 전기자 권선이 파권일 때 매극당 자속은 약 몇 [Wb]인가?

① 0.0154 ② 0.0183
③ 0.0192 ④ 0.0199

풀이

유기기전력 $E = p\phi n\dfrac{Z}{a}[V]$에서

$\phi = \dfrac{Ea}{pnZ} = \dfrac{220 \times 2}{4 \times \dfrac{600}{60} \times 600} = 0.0183[Wb]$

(파권에서 $a = 2$, 중권에서 $a = p$)

여기서, p : 극수, ϕ : 매극당 자속[Wb], n : 회전수[rps]

Z : 총 도체수, a : 내부 병렬회로수 **답** ②

문제 46 직류기의 철손에 관한 설명으로 틀린 것은?

① 성층철심을 사용하면 와전류손이 감소한다.
② 철손에는 풍손과 와전류손 및 저항손이 있다.
③ 철에 규소를 넣게 되면 히스테리시스손이 감소한다.
④ 전기자 철심에는 철손을 작게 하기위해 규소강판을 사용한다.

풀이

1. 총손실
   (1) 무부하손
      ① 철손

○ 히스테리시스손 $P_h = \sigma_h f B_a^{1.6}[W/m^3]$

○ 와류손 $P_e = \sigma_e (t f B_a)^2[W/m^3]$

② **기계손 : 풍손**, 베어링 마찰손, 브러시 마찰손
   (2) 부하손
      ① **전기자 저항손** $P_c = I_a^2 R\,[W]$
      ② 브러시 손
      ③ 표류 부하손 : 철손, 기계손, 동손 이외의 손실

2. 성층철심 ⇒ 와류손 감소
3. 규소강판 ⇒ 히스테리시스손 감소
   즉, **풍손은 기계손, 저항손은 부하손**에 해당한다. **답** ②

문제 47 어떤 정류회로의 부하전압이 50[V]이고 맥동률 3[%]이면 직류 출력전압에 포함된 교류분은 몇 [V] 인가?

① 1.2 ② 1.5
③ 1.8 ④ 2.1

풀이

맥동률 $= \dfrac{교류분(\Delta E)}{직류분(E_d)} \times 100\,[\%]$에서

$\therefore \Delta E = \dfrac{3}{100} \times 50 = 1.5[V]$ **답** ②

문제 48 3상 수은 정류기의 직류 평균 부하전류가 50[A]가 되는 1상 양극 전류 실효값은 약 몇 [A]인가?

① 9.6 ② 17
③ 29 ④ 87

풀이

1상의 양극 전류는 50[A]가 $\dfrac{2\pi}{3}$ 사이에만 흐르고 나머지 $\dfrac{4\pi}{3}$는 흐르지 않으므로

$I_{rms} = \sqrt{\dfrac{\left(50^2 \times \dfrac{2\pi}{3}\right)}{2\pi}} = \dfrac{50}{\sqrt{3}} = 28.87[A]$ **답** ③

문제 49 저항부하를 갖는 정류회로에서 직류분 전압이 200[V]일 때 다이오드에 가해지는 첨두역전압(PIV)의 크기는 약 몇 [V] 인가?

① 346 ② 628
③ 692 ④ 1038

풀이

	반파정류	전파정류
다이오드	$E_d = \dfrac{\sqrt{2}\,E}{\pi} = 0.45E$	$E_d = \dfrac{2\sqrt{2}\,E}{\pi} = 0.9E$
PIV	\multicolumn{2}{c}{$PIV = E_d \times \pi$}

역전압 첨두값 $PIV = E_d \times \pi = 200 \times \pi = 628.32$[V] **답** ②

문제 50 그림은 동기발전기의 구동 개념도이다. 그림에서 2를 발전기라 할 때 3의 명칭으로 적합한 것은?

① 전동기
② 여자기
③ 원동기
④ 제동기

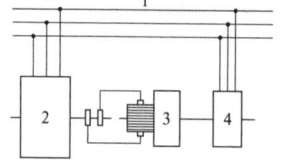

풀이
여자기의 구동방식

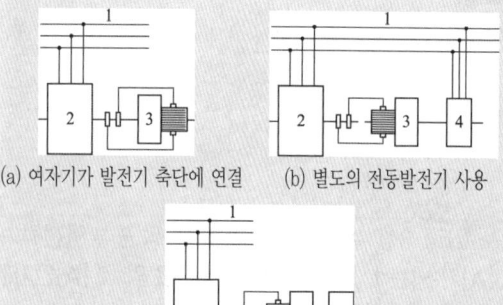

(a) 여자기가 발전기 축단에 연결   (b) 별도의 전동발전기 사용

(c) 여자기 전용의 원동기 사용

1 : 모선, 2 : 발전기, 3 : 여자기, 4 : 전동기, 5 : 원동기

답 ②

문제 51 유도전동기의 2차 회로에 2차 주파수와 같은 주파수로 적당한 크기와 적당한 위상의 전압을 외부에서 가해주는 속도제어법은?

① 1차 전압 제어
② 2차 저항 제어
③ 2차 여자 제어
④ 극수 변환 제어

풀이
2차 여자 제어법 : 2차 주파수 sf와 같은 주파수의 전압을 발생시켜 슬립링을 통하여 회전자 권선에 공급하여, s를 변환시키는 방법이 2차여자법이다.

$$I_2 = \frac{sE_2 \pm E_c}{r_2}$$

여기서, I_2, r_2 일정하면 $sE_2 \pm E_c =$ 일정 하므로 E_c의 크기에 따라 슬립 s도 변화하므로 속도도 변화게 된다. **답** ③

문제 52 변압기의 1차측을 Y결선, 2차측을 △결선으로 한 경우 1차와 2차간의 전압의 위상차는?

① $0°$ ② $30°$ ③ $45°$ ④ $60°$

풀이
• Y결선 : 선간 전압은 상전압에 비해 크기가 $\sqrt{3}$ 배이고 위상은 $30°$ 앞선다. ($V_l = \sqrt{3}\,V_p\ \underline{/30°}$)
• △결선 : 선간 전압은 상전압과 크기와 위상이 같다. ($V_l = V_p\ \underline{/0°}$)

따라서, Y－△결선 시 1차 선간 전압은 2차 선간 전압보다 $30°$ 위상이 앞선다. **답** ②

문제 53 이상적인 변압기의 무부하에서 위상관계로 옳은 것은?

① 자속과 여자전류는 동위상이다.
② 자속은 인가전압 보다 $90°$ 앞선다.
③ 인가전압은 1차 유기기전력 보다 $90°$ 앞선다.
④ 1차 유기기전력과 2차 유기기전력의 위상은 반대이다.

풀이
① **자속과 여자전류는 동상**이다.
② 자속은 인가전압 보다 $90°$ 뒤진다.
③ 인가전압은 1차 유기기전력 보다 $180°$ 앞선다.
④ 1차 유기기전력과 2차 유기기전력은 동상이다. **답** ①

문제 54 정격출력 50[kW], 4극 220[V], 60[Hz]인 3상 유도전동기가 전부하 슬립 0.04, 효율 90[%]로 운전되고 있을 때 다음 중 틀린 것은?

① 2차 효율 = 96[%]
② 1차 입력 = 55.56[kW]
③ 회전자입력 = 47.9[kW]
④ 회전자동손 = 2.08[kW]

풀이
• 2차 효율 $\eta_2 = (1-s) = 1 - 0.04 = 0.96 = 96$ [%]

- 1차 입력 $P_1 = \dfrac{P_0}{\eta} = \dfrac{50}{0.9} = 55.56\,[\text{kW}]$

- **회전자 입력** $P_2 = \dfrac{1}{1-s}P_0 = \dfrac{1}{1-0.04} \times 50 = 52.08\,[\text{kW}]$

- 회전자 동손 $P_{c2} = sP_2 = \dfrac{s}{1-s}P_0 = \dfrac{0.04}{1-0.04} \times 50$
$= 2.08\,[\text{kW}]$

  또는 $P_{c2} = sP_2 = 0.04 \times 52.08 = 2.08\,[\text{kW}]$ **답** ③

문제 55 3상 변압기를 1차 Y, 2차 △로 결선하고 1차에 선간전압 3300[V]를 가했을 때의 무부하 2차 선간전압은 몇 [V] 인가? (단, 전압비는 30 : 1 이다.)

① 63.5 ② 110 ③ 173 ④ 190.5

풀이

- 1차측 상전압 $E_1 = \dfrac{V_1}{\sqrt{3}} = \dfrac{3300}{\sqrt{3}}\,[\text{V}]$

- 전압비 $a = \dfrac{E_1}{E_2}$ 에서

  2차측 상전압 $E_2 = \dfrac{E_1}{a} = \dfrac{\frac{3300}{\sqrt{3}}}{30} = 63.51\,[\text{V}]$

- △결선에서 상전압=선간전압 이므로
$E_2 = V_2 = 63.51\,[\text{V}]$ **답** ①

문제 56 직류발전기의 유기기전력과 반비례하는 것은?

① 자속 ② 회전수
③ 전체 도체수 ④ 병렬 회로수

풀이

발전기의 유기기전력 $E = p\phi n \times \dfrac{z}{a}\,[\text{V}]$

여기서, p : 극수 [극], ϕ : 매 극당 자속 [Wb],
n : 회전수 [rps], z : 총 도체 수
a : 내부 병렬회로 수(파권에서 $a=2$, 중권에서 $a=p$)
따라서, **유기기전력 E는 병렬 회로수 a와 반비례**한다.
답 ④

문제 57 일반적인 3상 유도전동기에 대한 설명 중 틀린 것은?

① 불평형 전압으로 운전하는 경우 전류는 증가하나 토크는 감소한다.

② 원선도 작성을 위해서는 무부하시험, 구속시험, 1차 권선저항 측정을 하여야 한다.

③ 농형은 권선형에 비해 구조가 견고하며 권선형에 비해 대형전동기로 널리 사용된다.

④ 권선형 회전자의 3선 중 1선이 단선되면 동기속도의 50[%]에서 더 이상 가속되지 못하는 현상을 게르게스현상이라 한다.

풀이

농형 유도 전동기는 권선형에 비해 구조가 간단하며 튼튼하여, 큰 기동토크를 필요로 하지 않는 중,소형 부하에 사용된다. 그러나 큰 기동토크를 필요로 하는 **대형 전동기에는 기동특성이 우수한 권선형 유도전동기가 많이 사용**된다.
답 ③

문제 58 변압기 보호장치의 주된 목적이 아닌 것은?

① 전압 불평형 개선
② 절연내력 저하 방지
③ 변압기 자체 사고의 최소화
④ 다른 부분으로의 사고 확산 방지

풀이

변압기 보호장치는 전압 불평형 개선과는 관계가 없다.
답 ①

문제 59 직류기에서 기계각은 극수가 P인 경우 전기각과의 관계는 어떻게 되는가?

① 전기각 $\times 2P$ ② 전기각 $\times 3P$
③ 전기각 $\times \dfrac{2}{P}$ ④ 전기각 $\times \dfrac{3}{P}$

풀이

기하학적 각도(기계각) $\alpha =$ 전기각 $\alpha_e \times \dfrac{2}{P}$ **답** ③

문제 60 3상 권선형 유도전동기의 전부하 슬립 5[%], 2차 1상의 저항 0.5[Ω]이다. 이 전동기의 기동토크를 전부하 토크와 같도록 하려면 외부에서 2차에 삽입할 저항[Ω]은?

① 8.5 ② 9 ③ 9.5 ④ 10

풀이

기동시 $s'=1$ 에서 전부하 토크를 발생시키는 데 필요한 외부 저항 R은

$$\frac{r_2}{s} = \frac{r_2+R}{s'} \qquad \frac{0.5}{0.05} = \frac{0.5+R}{1}$$

$$\therefore R = \frac{0.5}{0.05} - 0.5 = 9.5[\Omega] \qquad \boxed{\text{답}} \ ③$$

제4과목 **회로이론 및 제어공학**

문제 61 $G(s) = \dfrac{1}{0.005s(0.1s+1)^2}$ 에서 $\omega = 10$

[rad/s]일 때의 이득 및 위상각은?

① 20[dB], $-90°$ ② 20[dB], $-180°$

③ 40[dB], $-90°$ ④ 40[dB], $-180°$

풀이

$$G(j\omega) = \frac{1}{\frac{5}{1000}j\omega\left(\frac{1}{10}j\omega+1\right)^2}$$

$$g = 20\log|G(j\omega)| = 20\log\left|\frac{1}{\frac{5}{1000}j\omega\left(\frac{1}{10}j\omega+1\right)^2}\right|$$

$$= 20\log\frac{1}{\frac{5}{100}(\sqrt{1+1})^2}$$

$$= 20\log\frac{1}{\frac{1}{10}} = 20\log10 = 20[\text{dB}]$$

$$G(j\omega) = \frac{1}{0.005(j\omega)\{0.1(j\omega)+1\}^2} = \frac{1}{j\,0.05\,(j+1)^2}$$

$$= \frac{1}{j\,0.05(-1+j2+1)} = \frac{1}{-0.1} = -10$$

$$\therefore \theta = \angle G(j\omega) = -180° \qquad \boxed{\text{답}} \ ②$$

문제 62 그림과 같은 논리회로는?

① OR 회로

② AND 회로

③ NOT 회로

④ NOR 회로

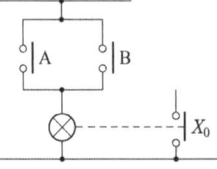

풀이

OR 회로

• 입력 A, B 중 한 입력만 있어도 출력 X가 생기는 회로

• 논리합 회로

• 병렬 논리 회로 $\boxed{\text{답}}$ ①

문제 63 그림은 제어계와 그 제어계의 근궤적을 작도한 것이다. 이것으로부터 결정된 이득여유 값은?

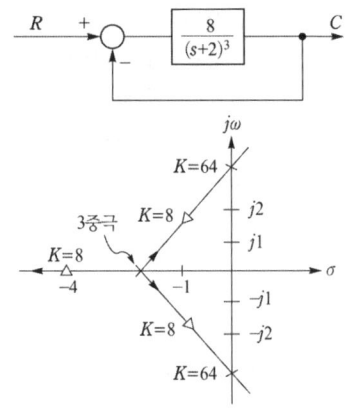

① 2   ② 4   ③ 8   ④ 64

풀이

$$\text{이득 여유}(GM) = \frac{\text{허수축과의 교차점에서 } K\text{의 값}}{K\text{의 설계값}}$$

문제에서 $G(s)$의 이득 정수 K의 설계값은 8이고, 근궤적으로부터 허수축과 교차점에서의 K값은 64이므로

$$\text{이득 여유} = \frac{64}{8} = 8 \ \text{이다.}$$

참고로 [dB]로 표시한 이득 여유는 $GM = 20\log8 = 18[\text{dB}]$

$\boxed{\text{답}}$ ③

문제 64 궤환(Feed back) 제어계의 특징이 아닌 것은?

① 정확성이 증가한다.

② 대역폭이 증가한다.

③ 구조가 간단하고 설치비가 저렴하다.

④ 계(系)의 특성 변화에 대한 입력 대 출력비의 감도가 감소한다.

풀이

궤환(피드백; Feed back) 제어계의 특징

① 정확성의 증가

② 계의 특성 변화에 대한 입력 대 출력비의 감도 감소
③ 비선형과 왜형에 대한 효과의 감소
④ 감쇠폭의 증가
⑤ 발진을 일으키고 불안정한 상태로 되어 가는 경향성
⑥ **구조가 복잡하고 설치비가 고가**　답 ③

문제 65 그림과 같은 스프링 시스템을 전기적 시스템으로 변환했을 때 이에 대응하는 회로는?

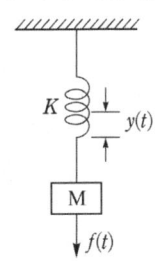

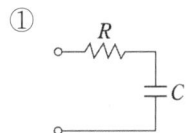
①

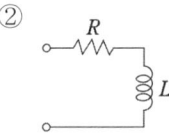
②

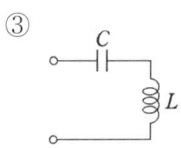
③

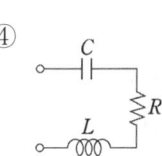
④

풀이

전기계와 물리계의 대응관계

전기계	기계계	
	직선운동계	회전운동계
전 압 E	**힘 f**	토 크 τ
전 류 I	속 도 v	각속도 ω
전 하 Q	변 위 x	각변위 θ
인덕턴스 L	**질 량 M**	관성모멘트 J
저 항 R	제동계수 μ	제동계수 μ
용 량 C	**스프링정수 K**	스프링정수 k

평형상태에서 힘 $f(t)$로 $y(t)$만큼 변위시킬 때
질량은 $M\dfrac{d^2}{dt^2}y(t)$, 스프링 저항력은 $Ky(t)$이므로

$$M\frac{d^2}{dt^2}y(t)+Ky(t)=f(t)$$
$$\left(Ms^2+K\right)Y(s)=F(s)$$
$$\therefore G(s)=\frac{Y(s)}{F(s)}=\frac{1}{Ms^2+K}$$

이 경우를 전기 회로로 표시하면 그림과 같다.　답 ③

문제 66 노내 온도를 제어하는 프로세스 제어계에서 검출부에 해당하는 것은?

① 노
② 밸브
③ 증폭기
④ 열전대

풀이

• 검출부 : 제어 대상으로부터 제어량을 검출하고 기준 입력신호와 비교시키는 부분
• 열전대 : 온도를 열기전력으로 변환시키는 요소
따라서, **열전대는 노내 온도를 검출하는 것으로서 검출부에 해당**한다.　답 ④

문제 67 전달함수 $G(s)=\dfrac{1}{s+a}$ 일 때, 이 계의 임펄스응답 $c(t)$를 나타내는 것은? (단 a는 상수이다.)

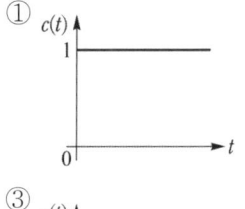
①

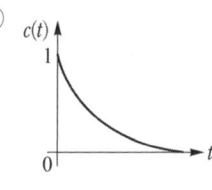
②

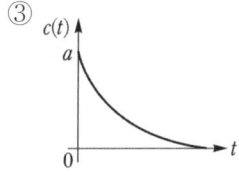
③

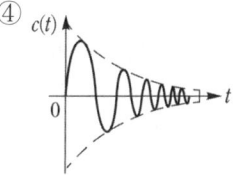
④

풀이

임펄스 응답은 단위 임펄스 함수를 입력으로 했을 때의 응답이다.
• 입력 라플라스 변환 $R(s)=\mathcal{L}[r(t)]=\mathcal{L}[\delta(t)]=1$
• 출력 라플라스 변환

$$G(s)=\frac{C(s)}{R(s)}=\frac{1}{(s+a)}\text{에서}$$
$$C(s)=\frac{1}{(s+a)}R(s)=\frac{1}{(s+a)}\cdot 1=\frac{1}{(s+a)}$$

• 임펄스 응답 $c(t)=\mathcal{L}^{-1}[C(s)]=\mathcal{L}^{-1}\left[\dfrac{1}{s+a}\right]=e^{-at}$

즉, 지수 감쇠 함수의 그래프　답 ②

문제 68 $\dfrac{d^2}{dt^2}c(t)+5\dfrac{d}{dt}c(t)+4c(t)=r(t)$ 와

같은 함수를 상태함수로 변환 하였다. 벡터 A, B의 값으로 적당한 것은?

$$\frac{d}{dt}X(t)=AX(t)+Br(t)$$

① $A=\begin{bmatrix} 0 & 1 \\ -5 & -4 \end{bmatrix}$, $B=\begin{bmatrix} 0 \\ 1 \end{bmatrix}$

② $A=\begin{bmatrix} 0 & 1 \\ 5 & 4 \end{bmatrix}$, $B=\begin{bmatrix} 0 \\ 1 \end{bmatrix}$

③ $A=\begin{bmatrix} 0 & 1 \\ -4 & -5 \end{bmatrix}$, $B=\begin{bmatrix} 0 \\ 1 \end{bmatrix}$

④ $A=\begin{bmatrix} 0 & 1 \\ 4 & 5 \end{bmatrix}$, $B=\begin{bmatrix} 0 \\ 1 \end{bmatrix}$

풀이

상태변수 $x_1(t)=c(t)$

$$x_2(t)=\frac{dc(t)}{dt}=\frac{dx_1(t)}{dt}=\dot{x_1}$$

상태 방정식 $\dot{x_2}(t)=-4x_1(t)-5x_2(t)+r(t)$

$$\therefore \begin{bmatrix} \dot{x_1}(t) \\ \dot{x_2}(t) \end{bmatrix} = \begin{bmatrix} 0 & 1 \\ -4 & -5 \end{bmatrix}\begin{bmatrix} x_1(t) \\ x_2(t) \end{bmatrix}+\begin{bmatrix} 0 \\ 1 \end{bmatrix}r(t)$$ **답** ③

문제 69 이산 시스템(Discrete data system)에서의 안정도 해석에 대한 설명 중 옳은 것은?

① 특성방정식의 모든 근이 z평면의 음의 반평면에 있으면 안정하다.

② 특성방정식의 모든 근이 z평면의 양의 반평면에 있으면 안정하다.

③ 특성방정식의 모든 근이 z평면의 단위원 내부에 있으면 안정하다.

④ 특성방정식의 모든 근이 z평면의 단위원 외부에 있으면 안정하다.

풀이

특성방정식의 근의 위치에 따른 안정도 판별법

계의 안정도	근의 위치	
	s평면의	z평면상
안 정	좌반면	단위원 내부
불 안 정	우반면	단위원 외부
임계안정	허수축	단위 원주상

답 ③

문제 70 단위 부궤환 제어시스템의 루프전달함수 $G(s)H(s)$가 다음과 같이 주어져 있다. 이득여유가 20[dB]이면 이 때의 K의 값은?

$$G(s)H(s)=\frac{K}{(s+1)(s+3)}$$

① $\dfrac{3}{10}$ ② $\dfrac{3}{20}$ ③ $\dfrac{1}{20}$ ④ $\dfrac{1}{40}$

풀이

$$G(j\omega)H(j\omega)=\frac{K}{(j\omega+1)(j\omega+3)}=\frac{K}{(3-\omega^2)+j4\omega}$$

위 식의 허수부를 0으로 놓으면, $4\omega=0 \rightarrow \omega=0[\text{rad/s}]$

$$|G(j\omega)H(j\omega)|_{\omega=0}=\left|\frac{K}{3-\omega^2}\right|_{\omega=0}=\frac{K}{3} \quad (\omega=0)$$

이득 여유 $20\log\left|\dfrac{1}{GH}\right|=20\,[\text{dB}]$ 이므로

$$|GH|=\frac{1}{10}=\frac{K}{3} \qquad \therefore K=\frac{3}{10}$$ **답** ①

문제 71 $R=100[\Omega]$, $X_C=100[\Omega]$이고 L만을 가변 할 수 있는 RLC 직렬회로가 있다. 이 때 $f=500[\text{Hz}]$, $E=100[\text{V}]$를 인가하여 L을 변화시킬 때 L의 단자전압 E_L의 최대값은 몇 [V] 인가? (단, 공진회로이다.)

① 50   ② 100   ③ 150   ④ 200

풀이

• 직렬공진은 허수부 $=0$, 즉 리액턴스 성분 $X=0$가 되는 조건으로서,

$$\omega L-\frac{1}{\omega C}=0 \text{ 즉, } \omega L=\frac{1}{\omega C},\ X_L=X_C$$

• 직렬 공진 시 흐르는 전류 $I=\dfrac{E}{R}=\dfrac{100}{100}=1[\text{A}]$

• L의 단자전압 $E_L=I\cdot X_L=1\times100=100[\text{V}]$ **답** ②

문제 72 어떤 회로에 전압을 115[V] 인가하였더니 유효전력이 230[W], 무효전력이 345[Var]를 지시한다면 회로에 흐르는 전류는 약 몇 [A]인가?

① 2.5   ② 5.6   ③ 3.6   ④ 4.5

풀이

피상전력 $P_a=\sqrt{P^2+{P_r}^2}=\sqrt{230^2+345^2}=414.6[\text{VA}]$

$I=\dfrac{P_a}{V}=\dfrac{414.6}{115}≒3.6\,[\text{A}]$ **답** ③

문제 73 시정수의 의미를 설명한 것 중 틀린 것은?

① 시정수가 작으면 과도현상이 짧다.

② 시정수가 크면 정상상태에 늦게 도달한다.

③ 시정수는 τ로 표기하며 단위는 초(sec)이다.

④ 시정수는 과도기간 중 변화해야할 양의 0.632 [%]가 변화하는데 소요된 시간이다.

풀이

- 시정수는 정상전류의 63.2 [%]에 도달할 때까지의 시간을 의미
- 시정수 $\tau = \dfrac{L}{R}$[sec]
- 시정수가 크면 과도현상이 오래 지속되고 시정수가 적으면 과도현상이 짧아진다. 답 ④

문제 74 무손실 선로에 있어서 감쇠정수 α, 위상정수를 β라 하면 α와 β의 값은? (단, R, G, L, C는 선로 단위 길이 당의 저항, 컨덕턴스, 인덕턴스, 커패시턴스이다.)

① $\alpha = \sqrt{RG}$, $\beta = 0$

② $\alpha = 0$, $\beta = \dfrac{1}{\sqrt{LC}}$

③ $\alpha = 0$, $\beta = \omega\sqrt{LC}$

④ $\alpha = \sqrt{RG}$, $\beta = \omega\sqrt{LC}$

풀이

무손실 조건 $R = G = 0$이므로

γ (전파정수) $= \alpha + j\beta$ $\begin{pmatrix} \alpha : 감쇠 \\ \beta : 위상정수 \end{pmatrix} = \sqrt{Z \cdot Y}$

$\qquad\qquad = \sqrt{(R + j\omega L)(G + j\omega C)} = j\omega\sqrt{LC}$

그러므로 $\begin{bmatrix} \alpha = 0 \\ \beta = \omega\sqrt{LC} \end{bmatrix}$ 답 ③

문제 75 어떤 소자에 걸리는 전압이

$100\sqrt{2}\cos\left(314t - \dfrac{\pi}{6}\right)$[V]이고, 흐르는 전류가

$3\sqrt{2}\cos\left(314t + \dfrac{\pi}{6}\right)$[A]일 때 소비되는 전력[W]은?

① 100   ② 150

③ 250   ④ 300

풀이

전압과 전류 사이의 위상차

$\theta = \dfrac{\pi}{6} - \left(-\dfrac{\pi}{6}\right) = \dfrac{180°}{6} - \left(-\dfrac{180°}{6}\right) = 60°$

$\therefore P = VI\cos\theta = 100 \times 3 \times \cos 60° = 150$[W]

(전압과 전류는 실효값을 적용하여야 함.) 답 ②

문제 76 그림 (a)와 그림 (b)가 역회로 관계에 있으려면 L의 값은 몇 [mH]인가?

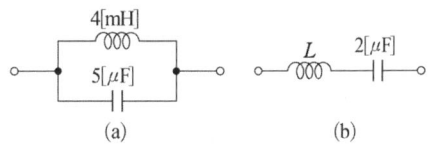

(a)   (b)

① 1   ② 2   ③ 5   ④ 10

풀이

구동점 임피던스가 각각 Z_1, Z_2인 2개의 2단자 회로망에 있어서, 임피던스의 곱이 주파수에 무관한 점의 정수로 될 때 즉,

$\qquad Z_1 Z_2 = K^2$ (K는 실정수)

의 관계에 있을 때 이 두 회로의 Z_1, Z_2는 $K > 0$에 관해서 역회로라 한다.

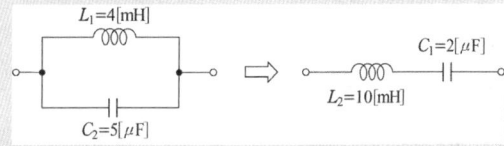

즉, $\dfrac{L_1}{C_1} = \dfrac{L_2}{C_2} = K^2$의 관계에서

$L_2 = \dfrac{L_1}{C_1} \times C_2 = \dfrac{4 \times 10^{-3}}{2 \times 10^{-6}} \times 5 \times 10^{-6} = 10 \times 10^{-3}$[H]

$\quad = 10$[mH]

참고 역회로

$E \Leftrightarrow I$, $R \Leftrightarrow G$, $L \Leftrightarrow C$, $Z \Leftrightarrow Y$, $X \Leftrightarrow B$, 직렬회로 $\Leftrightarrow$ 병렬회로, 전압원 $\Leftrightarrow$ 전류원

Z_1	Z_1의 역회로
L_0	C_0
L_2 C_2	L_1 / C_2

답 ④

문제 77 2개의 전력계로 평형 3상 부하의 전력을 측정하였더니 한쪽의 지시가 다른 쪽 전력계 지시의 3배였다면 부하의 역률은 약 얼마인가?

① 0.46 ② 0.55
③ 0.65 ④ 0.76

풀이

2전력계법
- 피상전력 $P_a = 2\sqrt{W_1^2 + W_2^2 - W_1 W_2}$ [VA]
- 유효전력 $P = W_1 + W_2$ [W]
- 무효전력 $Q = \sqrt{3}(W_1 - W_2)$ [Var]
- 역률 $\cos\phi = \dfrac{W_1 + W_2}{2\sqrt{W_1^2 + W_2^2 - W_1 \times W_2}}$ 에서

$W_1 = 3W_2$ 이므로

$\therefore \cos\phi = \dfrac{3W_2 + W_2}{2\sqrt{(3W_2)^2 + W_2^2 - (3W_2) \times W_2}} \fallingdotseq 0.76$ **답** ④

문제 78 $F(s) = \dfrac{1}{s(s+a)}$ 의 라플라스 역변환은?

① e^{-at} ② $1 - e^{-at}$
③ $a(1 - e^{-at})$ ④ $\dfrac{1}{a}(1 - e^{-at})$

풀이

$F(s) = \dfrac{1}{s(s+a)} = \dfrac{K_1}{s} + \dfrac{K_2}{s+a}$

$K_1 = \lim_{s \to 0} sF(s) = \left[\dfrac{1}{s+a}\right]_{s=0} = \dfrac{1}{a}$

$K_2 = \lim_{s \to -a}(s+a)F(s) = \left[\dfrac{1}{s}\right]_{s=-a} = -\dfrac{1}{a}$

$F(s) = \dfrac{1}{sa} - \dfrac{1}{a(s+a)} = \dfrac{1}{a}\left(\dfrac{1}{s} - \dfrac{1}{s+a}\right)$

$\therefore f(t) = \mathcal{L}^{-1}\left[\dfrac{1}{a}\left(\dfrac{1}{s} - \dfrac{1}{s+a}\right)\right] = \dfrac{1}{a}(1 - e^{-at})$ **답** ④

문제 79 공간적으로 서로 $\dfrac{2\pi}{n}$ [rad]의 각도를 두고 배치한 n개의 코일에 대칭 n상 교류를 흘리면 그 중심에 생기는 회전자계의 모양은?

① 원형 회전자계 ② 타원형 회전자계
③ 원통형 회전자계 ④ 원추형 회전자계

풀이

회전자계
- 대칭 전류 : 원형회전 자계 형성
- 비대칭 전류 : 타원 회전자계 형성 **답** ①

문제 80 선간전압이 200[V]인 대칭 3상 전원에 평형 3상 부하가 접속되어 있다. 부하 1상 의 저항은 10[Ω], 유도리액턴스 15[Ω], 용량리액턴스 5[Ω]가 직렬로 접속된 것이다. 부하가 △결선일 경우, 선로전류 [A]와 3상 전력[W]은 약 얼마인가?

① $I_l = 10\sqrt{6}$, $P_3 = 6000$
② $I_l = 10\sqrt{6}$, $P_3 = 8000$
③ $I_l = 10\sqrt{3}$, $P_3 = 6000$
④ $I_l = 10\sqrt{3}$, $P_3 = 8000$

풀이

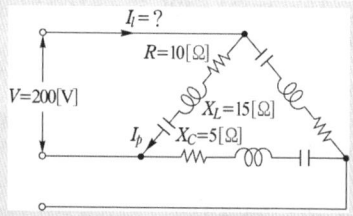

- 1상 임피던스 $Z = R + j(X_L - X_C) = 10 + j(15 - 5)$
  $= 10 + j10$ [Ω]
- 상전류 $I_p = \dfrac{V_p}{Z} = \dfrac{200}{\sqrt{10^2 + 10^2}} = \dfrac{20}{\sqrt{2}}$ [A]
- △결선인 경우 선전류는 상전류의 $\sqrt{3}$ 배 이므로
  선전류 $I_l = \sqrt{3}I_p = \sqrt{3} \times \dfrac{20}{\sqrt{2}} = 10\sqrt{6}$ [A]
- 3상 전력 $P_3 = 3I_p^2 R = 3 \times \left(\dfrac{20}{\sqrt{2}}\right)^2 \times 10 = 6000$ [W] **답** ①

제5과목 전기설비 기술기준

문제 81 접지공사의 접지극을 시설할 때 동결 깊이를 감안하여 지하 몇 [cm] 이상의 깊이로 매설하여야 하는가?

① 60 ② 75 ③ 90 ④ 100

풀이

142.2 접지극의 시설 및 접지저항

접지극의 매설은 다음에 의한다.

가. 접지극은 지표면으로부터 **지하 0.75[m] 이상**으로 하되 **동결 깊이를 감안**하여 매설 깊이를 정해야 한다.

나. 접지도체를 철주 기타의 금속체를 따라서 시설하는 경우에는 접지극을 철주의 밑면으로부터 0.3[m] 이상의 깊이에 매설하는 경우 이외에는 접지극을 지중에서 그 금속체로부터 1[m] 이상 떼어 매설하여야 한다.

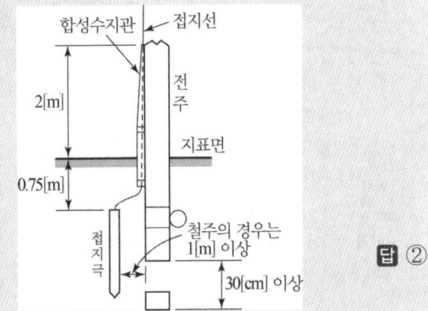

답 ②

문제 82 애자공사에 의한 저압 옥내배선 시설 중 틀린 것은?

① 전선은 인입용 비닐 절연전선일 것

② 전선 상호 간의 간격은 6[cm] 이상일 것

③ 전선의 지지점 간의 거리는 전선을 조영재의 윗면에 따라 붙일 경우에는 2[m] 이하일 것

④ 전선과 조영재 사이의 이격거리는 사용전압이 400[V] 이하인 경우에는 2.5[cm] 이상일 것

풀이

232.56 애자공사

가. 전선의 종류 : 절연 전선 단, **옥외용 비닐 절연 전선(OW) 및 인입용 비닐 절연 전선(DV)은 제외**한다.

나. 이격 거리

전 압		전선과 조영재와의 이격 거리	전선 상호 간격	전선 지지점간의 거리	
				조영재의 윗면 또는 옆면에 따라 시설	조영재에 따라 시설하지 않는 경우
저압	400[V] 이하	2.5[cm] 이상	6[cm] 이상	2[m] 이하	–
	400[V] 초과	건조한 장소 2.5[cm] 이상			6[m] 이하
		기타의 장소 4.5[cm] 이상			

답 ①

문제 83 저압 및 고압 가공전선의 높이는 도로를 횡단하는 경우와 철도를 횡단하는 경우에 각각 몇 [m] 이상이어야 하는가?

① 도로 : 지표상 5, 철도 : 레일면상 6

② 도로 : 지표상 5, 철도 : 레일면상 6.5

③ 도로 : 지표상 6, 철도 : 레일면상 6

④ 도로 : 지표상 6, 철도 : 레일면상 6.5

풀이

332.5 고압 가공전선의 높이,

222.7 저압 가공전선의 높이

저·고압 가공전선의 높이는 다음에 따라야 한다.

설치장소		가공전선의 높이
도로횡단(번잡하지 않은 도로 제외)		지표상 6[m] 이상
철도 또는 궤도 횡단		레일면상 6.5[m] 이상
횡단보도교 위	저압	노면상 3.5[m] 이상 (단, 절연전선의 경우 3[m] 이상)
	고압	노면상 3.5[m] 이상
일반장소		지표상 5[m] 이상 단, 저압의 경우 절연전선 또는 케이블을 사용하여 교통에 지장이 없도록 하여 옥외조명용에 공급하는 경우 4[m]까지 감할 수 있다.
다리의 하부 기타 이와 유사한 장소		저압의 전기철도용 급전선은 지표상 3.5[m]까지로 감할 수 있다.

답 ④

문제 84 발전용 수력 설비에서 필댐의 축제재료로 필댐의 본체에 사용하는 토질재료로 적합하지 않은 것은?

① 묽은 진흙으로 되지 않을 것

② 댐의 안정에 필요한 강도 및 수밀성이 있을 것

③ 유기물을 포함하고 있으며 광물성분은 불용성일 것

④ 댐의 안정에 지장을 줄 수 있는 팽창성 또는 수축성이 없을 것

풀이

필댐 축제재료 (기술기준 제145조)

필댐의 본체에 사용하는 토질재료는 다음에 적합한 것이어야 한다.

① 댐의 안정에 필요한 강도 및 수밀성이 있을 것.

② 댐의 안정에 지장을 줄 수 있는 팽창성 또는 수축성이 없을 것.
③ 묽은 진흙으로 되지 않을 것.
④ 유기물을 포함하지 않으며 광물성분은 불용성일 것.

답 ③

문제 85 전기울타리용 전원 장치에 전기를 공급하는 전로의 사용전압은 몇 [V] 이하이어야 하는가?

① 150 ② 200 ③ 250 ④ 300

풀이

241.1 전기울타리
가. 전기울타리용 전원장치에 전원을 공급하는 전로의 **사용전압은 250[V] 이하**이어야 한다.
나. 전기울타리는 사람이 쉽게 출입하지 아니하는 곳에 시설할 것.
다. 전선은 인장강도 1.38[kN] 이상의 것 또는 지름 2[mm] 이상의 경동선일 것.
라. 전선과 이를 지지하는 기둥 사이의 이격거리는 25[mm] 이상일 것.
마. 전선과 다른 시설물(가공 전선을 제외한다) 또는 수목과의 이격거리는 0.3[m] 이상일 것.

답 ③

문제 86 사용전압이 22.9[kV]인 특고압 가공전선로(중성선 다중접지식의 것으로서 전로에 지락이 생겼을 때에 2초 이내에 자동적으로 이를 전로로부터 차단하는 장치가 되어 있는 것에 한한다.)가 상호 간 접근 또는 교차하는 경우 사용전선이 양쪽 모두 케이블인 경우 이격거리는 몇 [m] 이상인가?

① 0.25 ② 0.5 ③ 0.75 ④ 1.0

풀이

333.32 25[kV] 이하인 특고압 가공전선로의 시설
사용전압이 15[kV]를 초과하고 25[kV] 이하인 특고압 가공전선로(중성선 다중접지식의 것으로서 전로에 지락이 생겼을 때에 2초 이내에 자동적으로 이를 전로로부터 차단하는 장치가 되어 있는 것에 한한다.)가 상호 간 접근 또는 교차하는 경우 이격거리

사용 전선의 종류	이격거리
어느 한쪽 또는 양쪽이 나전선인 경우	1.5[m]
양쪽이 특고압 절연전선인 경우	1[m]
한쪽이 케이블이고 다른 한쪽이 케이블이거나 특고압 절연전선인 경우	0.5[m]

답 ②

문제 87 고압 가공인입선이 케이블 이외의 것으로서 그 전선의 아래쪽에 위험표시를 하였다면 전선의 지표상 높이는 몇 [m] 까지로 감할 수 있는가?

① 2.5 ② 3.5 ③ 4.5 ④ 5.5

풀이

331.12.1 고압 가공인입선의 시설
가. 고압 가공인입선의 전선
 ① 인장강도 8.01[kN] 이상의 고압 절연전선, 특고압 절연전선
 ② 지름 5[mm] 이상의 경동선의 고압 절연전선, 특고압 절연전선
나. 고압 가공인입선의 높이는 지표상 5[m]로 하여야 한다. 그러나 그 고압 가공인입선이 케이블 이외의 것인 때에는 그 전선의 **아래쪽에 위험 표시**를 하면 고압 가공인입선의 높이는 **지표상 3.5[m] 까지로 감할 수 있다.**
다. 횡단보도교의 위에 시설하는 경우에는 그 노면상 3.5[m] 이상
라. 고압 연접인입선은 시설하여서는 아니 된다. **답 ②**

문제 88 전력계통의 일부가 전력계통의 전원과 전기적으로 분리된 상태에서 분산형전원에 의해서만 가압되는 상태를 무엇이라 하는가?

① 계통연계
② 접속설비
③ 단독운전
④ 단순 병렬운전

풀이

112 용어 정의
가. "계통연계"란 둘 이상의 전력계통 사이를 전력이 상호 융통될 수 있도록 선로를 통하여 연결하는 것으로 전력계통 상호간을 송전선, 변압기 또는 직류-교류변환설비 등에 연결하는 것. 계통연락이라고도 한다.
나. "**단독운전**"이란 전력계통의 일부가 전력계통의 전원과 전기적으로 분리된 상태에서 분산형전원에 의해서만 가압되는 상태를 말한다.
다. "단순 병렬운전"이란 자가용 발전설비 또는 저압 소용량 일반용 발전설비를 배전계통에 연계하여 운전하되, 생산한 전력의 전부를 자체적으로 소비하기 위한 것으로서 생산한 전력이 연계계통으로 송전되지 않는 병렬 형태를 말한다. **답 ③**

문제 89 특고압의 기계기구 · 모선 등을 옥외에 시설하는 변전소의 구내에 취급자 이외의 자가 들어가지 못하도록 시설하는 울타리 · 담 등의 높이는 몇 [m] 이상으로 하여야 하는가?

① 2　　② 2.2　　③ 2.5　　④ 3

풀이

351.1 발전소 등의 울타리 · 담 등의 시설
가. **울타리 · 담 등의 높이는 2[m] 이상**으로 하고 지표면과 울타리 · 담 등의 하단사이의 간격은 0.15[m] 이하로 할 것.
나. 울타리 · 담 등의 높이와 울타리 · 담 등으로부터 충전부분까지 거리의 합계는 표 에서 정한 값 이상으로 할 것.

사용전압의 구분	울타리·담 등의 높이와 울타리·담 등으로부터 충전 부분까지의 거리의 합계
35 [kV] 이하	5 [m]
35 [kV] 초과 160 [kV] 이하	6 [m]
160 [kV] 초과	• 거리 = 6 + 단수 × 0.12 [m] • 단수 = $\dfrac{\text{사용전압 [kV]}-160}{10}$ 단수 계산에서 소수점 이하는 절상

답 ①

문제 90 가반형의 용접 전극을 사용하는 아크 용접 장치의 용접변압기의 1차측 전로의 대지전압은 몇 [V] 이하이어야 하는가?

① 60　　② 150　　③ 300　　④ 400

풀이

241.10 아크 용접기
가반형의 용접 전극을 사용하는 아크 용접장치는 다음에 따라 시설하여야 한다.
가. 용접변압기는 절연변압기일 것.
나. 용접변압기의 1차측 전로의 **대지전압은 300[V] 이하**일 것.
다. 용접변압기의 1차측 전로에는 용접 변압기에 가까운 곳에 쉽게 개폐할 수 있는 개폐기를 시설할 것. **답** ③

문제 91 지중 전선로를 직접 매설식에 의하여 시설하는 경우에 차량 기타 중량물의 압력을 받을 우려가 없는 장소의 매설 깊이는 몇 [cm] 이상이어야 하는가?

① 60　　　　　　　② 100
③ 120　　　　　　④ 150

풀이

334.1 지중전선로의 시설
가. 지중 전선로는 전선에 케이블을 사용하고 또한 관로식 · 암거식 또는 직접 매설식에 의하여 시설하여야 한다.
나. 지중 전선로를 직접 매설식에 의하여 시설하는 경우에는 매설 깊이는
① **차량 기타 중량물의 압력을 받을 우려가 있는 장소 : 1.0 [m] 이상**
② **기타 장소 : 0.6 [m] 이상**　　**답** ①

문제 92 특고압을 옥내에 시설하는 경우 그 사용 전압의 최대한도는 몇 [kV] 이하인가? (단, 케이블 트레이공사는 제외)

① 25　　　　　　② 80
③ 100　　　　　④ 160

풀이

342.4 특고압 옥내 전기설비의 시설
특고압 옥내배선의 사용전압은 100[kV] 이하일 것. 다만, 케이블트레이공사에 의하여 시설하는 경우에는 35[kV] 이하일 것.　　**답** ③

문제 93 샤워시설이 있는 욕실 등 인체가 물에 젖어있는 상태에서 전기를 사용하는 장소에 콘센트를 시설할 경우 인체감전보호용 누전차단기의 정격감도 전류는 몇 [mA] 이하인가?

① 5　　　　　　② 10
③ 15　　　　　④ 30

풀이

234.5 콘센트의 시설
욕조나 샤워시설이 있는 욕실 또는 화장실 등 인체가 물에 젖어있는 상태에서 전기를 사용하는 장소에 콘센트를 시설하는 경우에는 다음에 따라 시설하여야한다.
가. **인체감전보호용 누전차단기(정격감도전류 15[mA] 이하, 동작시간 0.03[초] 이하의 전류동작형의 것에 한한다)** 또는 절연 변압기(정격용량 3[kVA] 이하인 것에 한한다)로 보호된 전로에 접속하거나, 인체감전보호용 누전차단기가 부착된 콘센트를 시설하여야 한다.
나. 콘센트는 접지극이 있는 방적형 콘센트를 사용하여 규정에 준하여 접지하여야 한다.　　**답** ③

문제 94 ( ) 안에 들어갈 내용으로 옳은 것은?

> 유희용 전차에 전기를 공급하는 전로의 사용전압은 직류의 경우는 (Ⓐ)[V] 이하, 교류의 경우는 (Ⓑ) [V] 이하이어야 한다.

① Ⓐ 60, Ⓑ 40　　② Ⓐ 40, Ⓑ 60

③ Ⓐ 30, Ⓑ 60　　④ Ⓐ 60, Ⓑ 30

풀이

241.8 유희용 전차

가. 유희용 전차에 전기를 공급하기 위하여 사용하는 **변압기의 1차 전압은 400[V] 이하**이어야 한다.

나. 유희용 전차에 전기를 공급하는 전원장치의 **2차측 단자의 최대사용전압은 직류의 경우 60[V] 이하, 교류의 경우 40[V] 이하**일 것.

다. 접촉전선은 제3레일 방식에 의하여 시설할 것.

라. 유희용 전차의 전차 내에서 승압하여 사용하는 경우 변압기는 절연변압기를 사용하고 2차 전압은 150[V] 이하로 할 것.　　**답** ①

문제 95 철탑의 강도계산을 할 때 이상 시 상정하중이 가하여지는 경우 철탑의 기초에 대한 안전율은 얼마 이상이어야 하는가?

① 1.33　　② 1.83

③ 2.25　　④ 2.75

풀이

331.7 가공전선로 지지물의 기초의 안전율

가공전선로의 지지물에 하중이 가하여지는 경우에 그 하중을 받는 지지물의 기초의 안전율은 2(**이상 시 상정하중에 대한 철탑의 기초에 대하여는 1.33**) 이상이어야 한다.　**답** ①

문제 96 발전기를 자동적으로 전로로부터 차단하는 장치를 반드시 시설하지 않아도 되는 경우는?

① 발전기에 과전류나 과전압이 생긴 경우

② 용량 5000[kVA] 이상인 발전기의 내부에 고장이 생긴 경우

③ 용량 500[kVA] 이상의 발전기를 구동하는 수차의 압유 장치의 유압이 현저히 저하한 경우

④ 용량 2000[kVA] 이상인 수차 발전기의 스러스트 베어링의 온도가 현저히 상승하는 경우

풀이

351.3 발전기 등의 보호장치

발전기에는 다음의 경우에 자동적으로 이를 전로로부터 차단하는 장치를 시설하여야 한다.

가. 발전기에 과전류나 과전압이 생긴 경우

나. 용량이 500[kVA] 이상의 발전기를 구동하는 수차의 압유 장치의 유압이 현저히 저하한 경우

다. 용량이 100[kVA] 이상의 발전기를 구동하는 풍차의 압유장치의 유압이 현저히 저하한 경우

라. 용량이 2,000[kVA] 이상인 수차 발전기의 스러스트 베어링의 온도가 현저히 상승한 경우

마. **용량이 10,000 [kVA] 이상인 발전기의 내부에 고장이 생긴 경우**

바. 정격출력이 10,000[kW]를 초과하는 증기터빈은 그 스러스트 베어링이 현저하게 마모되거나 그의 온도가 현저히 상승한 경우　　**답** ②

> 출제기준 변경 및 개정된 관계 법규에 따라 삭제된 문제가 있어 20문항이 안됩니다.

국가기술자격검정 필기시험 문제

2018년도 전기기사 일반검정 제3회				수검 번호	성 명
자격종목 및 등급(선택분야)	종목코드	시험시간	문제지형별		
전기기사	1150	2시간 30분	A		

제1과목　전기자기학

문제 01 전계 E의 x, y, z 성분을 E_x, E_y, E_z 라 할 때 $\text{div}\,E$는?

① $\dfrac{\partial E_x}{\partial x} + \dfrac{\partial E_y}{\partial y} + \dfrac{\partial E_z}{\partial z}$

② $i\dfrac{\partial E_x}{\partial x} + j\dfrac{\partial E_y}{\partial y} + k\dfrac{\partial E_z}{\partial z}$

③ $\dfrac{\partial^2 E_x}{\partial x^2} + \dfrac{\partial^2 E_y}{\partial y^2} + \dfrac{\partial^2 E_z}{\partial z^2}$

④ $i\dfrac{\partial^2 E_x}{\partial x^2} + j\dfrac{\partial^2 E_y}{\partial y^2} + k\dfrac{\partial^2 E_z}{\partial z^2}$

풀이

벡터의 발산 (divergence)

$$\nabla \cdot \boldsymbol{E} = \left(\frac{\partial}{\partial x}\boldsymbol{i} + \frac{\partial}{\partial y}\boldsymbol{j} + \frac{\partial}{\partial z}\boldsymbol{k}\right) \cdot (E_x\boldsymbol{i} + E_y\boldsymbol{j} + E_z\boldsymbol{k})$$

$$= \frac{\partial E_x}{\partial x} + \frac{\partial E_y}{\partial y} + \frac{\partial E_z}{\partial z}$$

이 관계식은 벡터 $\boldsymbol{E}$방향으로 그려진 단위체적에서 발산 (divergence)하는 선속수의 물리적 의미를 가지므로 즉, $\nabla \cdot \boldsymbol{E} = \text{div}\,\boldsymbol{E}$로 표시 ($\nabla$·대신에 div를 사용) **답** ①

문제 02 동심 구형 콘덴서의 내외 반지름을 각각 5배로 증가시키면 정전 용량은 몇 배로 증가하는가?

① 5 　　　　② 10
③ 15 　　　　④ 20

풀이

동심구형 콘덴서의 정전용량 $C = \dfrac{4\pi\epsilon_0 ab}{b-a}$ [F]에서 내외구의 반지름을 5배로 늘린 경우의 정전 용량을 C'라 하면

$$\therefore C' = \frac{4\pi\epsilon_0 (5a)(5b)}{(5b-5a)} = \frac{4\pi\epsilon_0 ab}{b-a} \times 5 = 5C \quad \textbf{답 ①}$$

문제 03 도체나 반도체에 전류를 흘리고 이것과 직각방향으로 자계를 가하면 이 두 방향과 직각방향으로 기전력이 생기는 현상을 무엇이라 하는가?

① 홀 효과 　　　② 핀치 효과
③ 볼타 효과 　　④ 압전 효과

풀이

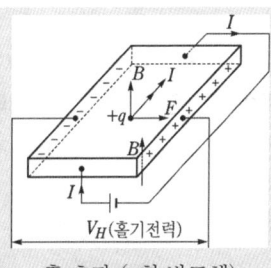

홀 효과 (p형 반도체)

도체나 반도체의 물질에 전류를 흘리고 이것과 직각 방향으로 자계를 가하면, I와 B가 이루는 면에 직각 방향으로 기전력이 발생한다. 이 현상을 **홀 효과**(Hall effect)라 한다.
답 ①

문제 04 자성체 경계면에 전류가 없을 때의 경계조건으로 틀린 것은?

① 자계 H의 접선성분 $H_{1T} = H_{2T}$

② 자속밀도 B의 법선성분 $B_{1N} = B_{2N}$

③ 경계면에서의 자력선의 굴절 $\dfrac{\tan\theta_1}{\tan\theta_2} = \dfrac{\mu_1}{\mu_2}$

④ 전속밀도 D의 법선성분 $D_{1N} = D_{2N} = \dfrac{\mu_2}{\mu_1}$

풀이

• 자계 세기 H의 접선 성분의 연속성
  : $H_1\sin\theta_1 = H_2\sin\theta_2 \Rightarrow H_{1T} = H_{2T}$
• 자속 밀도 B의 법선 성분의 연속성
  : $B_1\cos\theta_1 = B_2\cos\theta_2 \Rightarrow B_{1N} = B_{2N}$
• 굴절각 : $\dfrac{\tan\theta_1}{\tan\theta_2} = \dfrac{\mu_1}{\mu_2}$
• 전속 밀도 D의 법선 성분의 연속성
  : $D_1\cos\theta_1 = D_2\cos\theta_2 \Rightarrow D_{1N} = D_{2N}$ 　답 ④

문제 05 유전율 ϵ, 전계의 세기 E인 유전체의 단위 체적에 축적되는 에너지는?

① $\dfrac{E}{2\epsilon}$ 　② $\dfrac{\epsilon E}{2}$ 　③ $\dfrac{\epsilon E^2}{2}$ 　④ $\dfrac{\epsilon^2 E^2}{2}$

풀이

단위 체적당 축적되는 에너지
$$w = \frac{1}{2}\boldsymbol{E}\cdot\boldsymbol{D} = \frac{\epsilon E^2}{2} = \frac{D^2}{2\epsilon}\,[\mathrm{J/m^3}]$$ 답 ③

문제 06 자기인덕턴스 L_1, L_2와 상호인덕턴스 M 사이의 결합계수는? (단, 단위는 [H] 이다.)

① $\dfrac{M}{L_1 L_2}$ 　② $\dfrac{L_1 L_2}{M}$
③ $\dfrac{M}{\sqrt{L_1 L_2}}$ 　④ $\dfrac{\sqrt{L_1 L_2}}{M}$

풀이

결합 계수 $k = \dfrac{M}{\sqrt{L_1 L_2}}$ 답 ③

문제 07 평면도체 표면에서 d[m] 거리에 점전하 Q[C]이 있을 때 이 전하를 무한원점까지 운반하는데 필요한 일[J]은?

① $\dfrac{Q^2}{4\pi\epsilon_0 d}$ 　② $\dfrac{Q^2}{8\pi\epsilon_0 d}$
③ $\dfrac{Q^2}{16\pi\epsilon_0 d}$ 　④ $\dfrac{Q^2}{32\pi\epsilon_0 d}$

풀이

작용력은
$$F = \frac{Q^2}{4\pi\epsilon_0(2d)^2} = \frac{Q^2}{16\pi\epsilon_0 d^2}\,[\mathrm{N}]\,(흡인력)$$

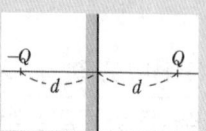

요하는 일은
$$W = \int_d^\infty F dr = \frac{Q^2}{16\pi\epsilon_0}\int_d^\infty \frac{1}{d^2}dr = \frac{Q^2}{16\pi\epsilon_0}\left[-\frac{1}{d}\right]_d^\infty$$
$$= \frac{Q^2}{16\pi\epsilon_0 d}\,[\mathrm{J}]$$ 답 ③

문제 08 판자석의 세기가 0.01[Wb/m], 반지름이 5[cm]인 원형 자석판이 있다. 자석의 중심에서 축상 10[cm]인 점에서의 자위의 세기는 몇 [AT] 인가?

① 100 　② 175
③ 370 　④ 420

풀이

자위의 세기
$$U = \frac{\phi_m \omega}{4\pi\mu_0} = \frac{\phi_m 2\pi(1-\cos\theta)}{4\pi\mu_0} = \frac{\phi_m(1-\cos\theta)}{2\mu_0}$$
$$= \frac{\phi_m\left(1-\dfrac{x}{\sqrt{x^2+a^2}}\right)}{2\mu_0} = \frac{0.01\times\left(1-\dfrac{10}{\sqrt{5^2+10^2}}\right)}{2\times4\pi\times10^{-7}}$$
$$= 420[\mathrm{AT}]$$ 답 ④

문제 09 진공 중에서 선전하 밀도 $\rho_l = 6\times10^{-8}$ [C/m]인 무한히 긴 직선상 선전하가 x축과 나란하고 $z=2$[m] 점을 지나고 있다. 이 선전하에 의하여 반지름 5[m]인 원점에 중심을 둔 구표면 S_0를 통과하는 전기력선수는 약 얼마인가?

① 3.1×10^4 　② 4.8×10^4
③ 5.5×10^4 　④ 6.2×10^4

풀이

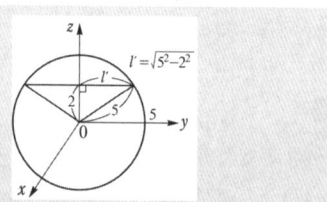

그림에서 구 내부에 포함된 직선 길이 l

$$l = 2l' = 2 \times \sqrt{5^2-2^2} = 2\sqrt{21}\,[\text{m}]$$

구 내부에 포함된 직선 선전하에 의한 총전하량 Q

$$Q = \rho_l l = 6 \times 10^{-8} \times 2\sqrt{21} = 5.5 \times 10^{-7}\,[\text{C}]$$

전기력선수 N과 전하량 Q의 관계 $N = Q/\epsilon_0$에 의해 구 표면을 통과하는 전기력선수 N

$$N = \frac{Q}{\epsilon_0} = \frac{5.5 \times 10^{-7}}{8.85 \times 10^{-12}} = 6.2 \times 10^4\,[\text{lines, V/m}]$$ 답 ④

문제 10 길이 l[m], 지름 d[m]인 원통이 길이 방향으로 균일하게 자화되어 자화의 세기가 J[Wb/m²]인 경우 원통 양단에서의 전자극의 세기[Wb]는?

① $\pi d^2 J$ ② πdJ ③ $\dfrac{4J}{\pi d^2}$ ④ $\dfrac{\pi d^2 J}{4}$

풀이

자화의 세기 $J = \dfrac{m}{s}$ [Wb/m²]

$$\therefore m = J \cdot s = J \cdot \frac{\pi d^2}{4}\,[\text{Wb}]$$ 답 ④

문제 11 대지면에 높이 h[m]로 평행하게 가설된 매우 긴 선전하가 지면으로부터 받는 힘은?

① h에 비례 ② h에 반비례
③ h^2에 비례 ④ h^2에 반비례

풀이

지상의 높이 h[m]와 같은 거리에 선전하 밀도 $-\lambda$[C/m]인 영상 전하를 고려하여 선전하간의 작용력을 구하면

$$f = -\lambda E = -\lambda \cdot \frac{\lambda}{2\pi\epsilon_0(2h)} = \frac{-\lambda^2}{4\pi\epsilon_0 h} \propto \frac{1}{h}$$ 답 ②

문제 12 정전에너지, 전속밀도 및 유전상수 ϵ_r의 관계에 대한 설명 중 틀린 것은?

① 굴절각이 큰 유전체는 ϵ_r이 크다.
② 동일 전속밀도에서는 ϵ_r이 클수록 정전에너지는 작아진다.
③ 동일 정전에너지에서는 ϵ_r이 클수록 전속밀도가 커진다.
④ 전속은 매질에 축적되는 에너지가 최대가 되도

록 분포된다.

풀이

정전계는 에너지가 최소인 상태로 분포된다 (Thomson의 정리). 즉, 전속은 매질 내에 축적되는 에너지가 최소가 되도록 분포한다. 답 ④

문제 13 $\sigma = 1$[℧/m], $\epsilon_s = 6$, $\mu = \mu_0$인 유전체에 교류전압을 가할 때 변위전류와 전도전류의 크기가 같아지는 주파수는 약 몇 [Hz] 인가?

① 3.0×10^9 ② 4.2×10^9
③ 4.7×10^9 ④ 5.1×10^9

풀이

변위 전류와 전도 전류의 크기가 같아지는 주파수

$$f = \frac{\sigma}{2\pi\epsilon} = \frac{\sigma}{2\pi\epsilon_0\epsilon_s}\,[\text{Hz}]$$에서

$$f = \frac{1}{2\pi \times 8.855 \times 10^{-12} \times 6} = 3 \times 10^9\,[\text{Hz}]$$ 답 ①

문제 14 그 양이 증가함에 따라 무한장 솔레노이드의 자기인덕턴스 값이 증가하지 않는 것은 무엇인가?

① 철심의 반경 ② 철심의 길이
③ 코일의 권수 ④ 철심의 투자율

풀이

자속 $\phi = BS = \mu HS = \mu nI\pi a^2$
단위 길이당 자기인덕턴스

$$L = \frac{n\phi}{I} = \frac{n}{I}\mu nI\pi a^2 = \mu\pi a^2 n^2\,[\text{H/m}]$$

(여기서, a : 반지름[m], n : 단위 길이당 권수)
따라서, 단위 길이당 자기 인덕턴스는 철심의 길이와는 무관하다. 답 ②

문제 15 단면적 S[m²], 단위 길이당 권수가 n_0[회/m]인 무한히 긴 솔레노이드의 자기인덕턴스[H/m]는?

① $\mu S n_0$ ② $\mu S n_0^2$
③ $\mu S^2 n_0$ ④ $\mu S^2 n_0^2$

풀이

자속 $\phi = BS = \mu HS = \mu n_0 IS$

단위 길이당 자기인덕턴스

$$L = \frac{n_0 \phi}{I} = \frac{n_0}{I} \mu n_0 IS = \mu n_0^2 S \, [\text{H/m}]$$

(여기서, a : 반지름[m], n_0 : 단위 길이당 권수[회/m])

답 ②

문제 16 비투자율 1000인 철심이 든 환상솔레노이드의 권수가 600회, 평균지름 20[cm], 철심의 단면적 10 [cm²]이다. 이 솔레노이드에 2[A]의 전류가 흐를 때 철심 내의 자속은 약 몇 [Wb]인가?

① 1.2×10^{-3}
② 1.2×10^{-4}
③ 2.4×10^{-3}
④ 2.4×10^{-4}

풀이

$\phi = BS = \mu HS = \mu_0 \mu_s \cdot \dfrac{nI}{2\pi r} \cdot S$ 에서

$$\phi = 4\pi \times 10^{-7} \times 1000 \times \frac{600 \times 2}{2\pi \times \frac{20}{2} \times 10^{-2}} \times 10 \times 10^{-4}$$

$$= 2.4 \times 10^{-3} \, [\text{Wb}]$$

답 ③

문제 17 맥스웰의 전자방정식에 대한 의미를 설명한 것으로 틀린 것은?

① 자계의 회전은 전류밀도와 같다.
② 자계는 발산하며, 자극은 단독으로 존재한다.
③ 전계의 회전은 자속밀도의 시간적 감소율과 같다.
④ 단위체적 당 발산 전속 수는 단위체적 당 공간 전하 밀도와 같다.

풀이

맥스웰의 전자방정식 중 $\nabla \cdot B = \text{div} \boldsymbol{B} = 0$의 의미
• 독립된 자극은 존재하지 않고 항상 N, S극이 존재함을 의미
• 발산의 원천이 없기 때문에 자속선의 새로운 발생이나 소멸이 없는 연속을 의미

답 ②

문제 18 3개의 점전하 $Q_1 = 3[\text{C}]$, $Q_2 = 1[\text{C}]$, $Q_3 = -3$ [C]을 점 $P_1(1, 0, 0)$, $P_2(2, 0, 0)$, $P_3(3, 0, 0)$에 어떻게 놓으면 원점에서의 전계의 크기가 최대가 되는가?

① P_1에 Q_1, P_2에 Q_2, P_3에 Q_3
② P_1에 Q_2, P_2에 Q_3, P_3에 Q_1
③ P_1에 Q_3, P_2에 Q_1, P_3에 Q_2
④ P_1에 Q_3, P_2에 Q_2, P_3에 Q_1

풀이

점 P_1, P_2, P_3에 임의의 전하 Q_A, Q_B, Q_C가 있다고 할 때 원점에서의 전계의 세기는

$$E = \frac{1}{4\pi\epsilon_0} \left(\frac{Q_A}{1} + \frac{Q_B}{4} + \frac{Q_C}{9} \right)$$

$$= \frac{1}{4\pi\epsilon_0 \cdot 36} (36Q_A + 9Q_B + 4Q_C)$$

이 식에서 전계 E가 최대가 되려면 $(36Q_A + 9Q_B + 4Q_C)$에서 Q_A, Q_B, Q_C의 계수 (36, 9, 4)에 의해 $Q_A > Q_B > Q_C$를 만족해야 한다.

즉 $Q_A > Q_B > Q_C$ 이므로 $Q_A = Q_1 = 3[\text{C}]$, $Q_B = Q_2 = 1$ [C], $Q_C = Q_3 = -3[\text{C}]$

$E \leftarrow$	$P_1(Q_A)$	$P_2(Q_B)$	$P_3(Q_C)$
0	1	2	3

답 ①

문제 19 유전율이 $\epsilon = 4\epsilon_0$이고 투자율이 μ_0인 비도전성 유전체에서 전자파의 전계의 세기가 $E(z, t) = a_y 377\cos(10^9 t - \beta z)$[V/m]일 때의 자계의 세기 H는 몇 [A/m] 인가?

① $-a_z 2\cos(10^9 t - \beta z)$
② $-a_x 2\cos(10^9 t - \beta z)$
③ $-a_z 7.1 \times 10^4 \cos(10^9 t - \beta z)$
④ $-a_x 7.1 \times 10^4 \cos(10^9 t - \beta z)$

풀이

※ 전자파의 성질은 전계 E와 자계 H는 서로 직교하고, 동위상이며, 진행 방향은 $E \times H$의 방향이다. 주어진 전계의 순시값으로부터 전자파의 성질을 만족하는 자계의 방향과 크기를 구한다.

① 전자파의 진행 방향은 z방향이고, 전계 E가 a_y의 방향으로 주어졌으므로 $E \times H$ 방향을 만족하려면 자계 H는 $-a_x$방향이어야 한다.

② 전계와 자계의 크기 관계

$$H_x = \sqrt{\frac{\epsilon}{\mu}} E_y = \sqrt{\frac{4\epsilon_0}{\mu_0}} \times 377 = 2 \times \frac{1}{377} \times 377 = 2[\text{A/m}]$$

③ 자계의 순시값

$$H(z, t) = -a_x 2\cos(10^9 t - \beta z) [\text{A/m}]$$

답 ②

문제 20 전기력선의 설명 중 틀린 것은?

① 전기력선은 부전하에서 시작하여 정전하에서 끝난다.

② 단위 전하에서는 $1/\epsilon_0$개의 전기력선이 출입한다.

③ 전기력선은 전위가 높은 점에서 낮은 점으로 향한다.

④ 전기력선의 방향은 그 점의 전계의 방향과 일치하며 밀도는 그 점에서의 전계의 크기와 같다.

풀이

전기력선은 정전하(+전하)에서 출발하여 부전하(−전하)에서 멈추거나 무한원까지 퍼지며, 전위가 높은 곳에서 낮은 곳으로 향한다. **답** ①

제2과목 전력공학

문제 21 변류기 수리 시 2차측을 단락시키는 이유는?

① 1차측 과전류 방지   ② 2차측 과전류 방지

③ 1차측 과전압 방지   ④ 2차측 과전압 방지

풀이

CT의 2차 회로를 개방하면 1차 전류가 모두 여자 전류가 되어 2차 권선에 매우 높은 전압이 유기되어 절연이 파괴되어 소손될 염려가 있으므로 CT의 2차측을 개방하면 안된다. **답** ④

문제 22 1년 365일 중 185일은 이 양 이하로 내려가지 않는 유량은?

① 평수량   ② 풍수량

③ 고수량   ④ 저수량

풀이

- 평수량 : 1년 365일 중 185일은 이것보다 내려가지 않는 유량
- 풍수량 : 1년 365일 중 95일은 이것보다 내려가지 않는 유량
- 고수량 : 매년 1~2회 생기는 출수의 유량
- 저수량 : 1년 365일 중 275일은 이것보다 내려가지 않는 유량

- 갈수량 : 1년 365일 중 355일은 이것보다 내려가지 않는 유량
- 홍수량 : 3~4년에 한 번 생기는 출수의 유량
- 최저 갈수량, 최대 홍수량 : 과거의 기록, 구전 등으로 판정된 최저 또는 최대의 유량 **답** ①

문제 23 배전선의 전압조정장치가 아닌 것은?

① 승압기

② 리클로저

③ 유도전압조정기

④ 주상변압기 탭 절환장치

풀이

리클로저 : 배전 선로에 고장이 발생하였을 때 고장 전류를 검출하여 고속 차단하고 **자동 재폐로 동작을 수행**하여 고장 구간을 분리하거나 또는 재송전하는 기능을 가진 장치. 따라서, **리클로저는 전압조정장치가 아니다.** **답** ②

문제 24 발전기 또는 주변압기의 내부고장 보호용으로 가장 널리 쓰이는 것은?

① 거리계전기

② 과전류계전기

③ 비율차동계전기

④ 방향단락계전기

풀이

비율 차동 계전기는 피보호기기(발전기, 변압기, …)의 1차 전류와 2차 전류의 차가 일정 비율 이상으로 되었을 때 동작하는 계전기로 **변압기 및 발전기의 내부 고장 보호에 사용**된다. **답** ③

문제 25 그림과 같은 선로의 등가선간거리는 몇 [m]인가?

① 5

② $5\sqrt{2}$

③ $5\sqrt[3]{2}$

④ $10\sqrt[3]{2}$

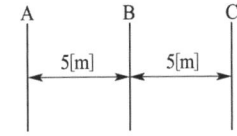

풀이

$D_e = \sqrt[3]{D_{AB} \cdot D_{BC} \cdot D_{CA}} = \sqrt[3]{5 \times 5 \times 10} = 5\sqrt[3]{2}\,[m]$ **답** ③

문제 26 서지파(진행파)가 서지 임피던스 Z_1의 선로측에서 서지 임피던스 Z_2의 선로측으로 입사할 때 투과계수(투과파 전압÷입사파 전압) b를 나타내는 식은?

① $b = \dfrac{Z_2 - Z_1}{Z_1 + Z_2}$ ② $b = \dfrac{2Z_2}{Z_1 + Z_2}$

③ $b = \dfrac{Z_1 - Z_2}{Z_1 + Z_2}$ ④ $b = \dfrac{2Z_1}{Z_1 + Z_2}$

풀이

• 파동(서지)임피던스가 서로 다른 회로에 연결된 점(이것을 보통 변이점이라 한다)에 진행파가 진입하면 일부는 반사하고 나머지는 변이점을 통과해서 다음회로에 침입해 들어가게 된다.
• 서지파(진행파)가 서지 임피던스 Z_1의 선로측에서 서지 임피던스 Z_2의 선로측으로 입사할 때

투과 계수$(b) = \dfrac{2Z_2}{Z_2 + Z_1}$

반사 계수$(\beta) = \dfrac{Z_2 - Z_1}{Z_2 + Z_1}$ **답** ②

문제 27 3상 송전선로에서 선간단락이 발생하였을 때 다음 중 옳은 것은?

① 역상전류만 흐른다.
② 정상전류와 역상전류가 흐른다.
③ 역상전류와 영상전류가 흐른다.
④ 정상전류와 영상전류가 흐른다.

풀이

고장별 대칭분

고장의 종류	대 칭 분
3상 단락	정상분
선간 단락	정상분, 역상분
1선 지락	정상분, 역상분, 영상분

답 ②

문제 28 송전계통의 안정도 향상 대책이 아닌 것은?

① 전압 변동을 적게 한다.
② 고속도 재폐로 방식을 채용한다.
③ 고장시간, 고장전류를 적게 한다.
④ 계통의 직렬 리액턴스를 증가시킨다.

풀이

안정도 향상 대책
① 계통의 직렬 리액턴스 감소(다회선 방식 채택, 복도체 방식 채택, 기기의 리액턴스 감소, 직렬 콘덴서 설치)
② 전압 변동률을 적게 한다 (속응 여자 방식 채용, 계통의 연계, 중간 조상 방식)
③ 계통에 주는 충격을 적게 한다 (적당한 중성점 접지 방식, 고속 차단 방식, 재폐로 방식).
④ 고장 중의 발전기 돌입 출력의 불평형을 적게 한다.   **답** ④

문제 29 배전선로에서 사고범위의 확대를 방지하기 위한 대책으로 적당하지 않은 것은?

① 선택접지계전방식 채택
② 자동고장 검출장치 설치
③ 진상콘덴서를 설치하여 전압보상
④ 특고압의 경우 자동구분개폐기 설치

풀이

콘덴서가 과대하면 계통은 진상이 되어 이상전압의 발생 가능성이 증가하고 사고 시 사고 범위가 확대될 수 있다. 따라서, 전력 계통은 진상운전을 하면 안되고 지상운전을 하여야 한다.   **답** ③

문제 30 송전전력, 송전거리, 전선의 비중 및 전력 손실률이 일정하다고 하면 전선의 단면적 A[mm²]와 송전전압 V[kV]와의 관계로 옳은 것은?

① $A \propto V$ ② $A \propto V^2$

③ $A \propto \dfrac{1}{\sqrt{V}}$ ④ $A \propto \dfrac{1}{V^2}$

풀이

• 전력손실 $P_l = 3I^2 R = \dfrac{P^2 \rho\, l}{V^2 \cos^2\theta A}$ (전류 $I = \dfrac{P}{\sqrt{3}\,V\cos\theta}$)

• 전력손실률 $h = \dfrac{P_l}{P} = \dfrac{P \rho\, l}{V^2 \cos^2\theta A}$ 에서

전선의 단면적 $A = \dfrac{P \rho\, l}{h V^2 \cos^2\theta}$

• $P,\ \rho,\ l,\ h,\ \cos\theta$가 일정한 경우이므로

전선의 단면적 $A \propto \dfrac{1}{V^2}$ **답** ④

문제 31 화력발전소에서 재열기의 사용 목적은?

① 증기를 가열한다.　② 공기를 가열한다.

③ 급수를 가열한다.　④ 석탄을 건조한다.

풀이

• 재열기 : 터빈에서 팽창한 증기를 다시 가열

• 공기 예열기 : 연소용 공기를 예열

• 절탄기 : 보일러 급수를 예열

• 과열기 : 포화증기를 가열　　　　　　　　**답** ①

문제 32 선로에 따라 균일하게 부하가 분포된 선로의 전력 손실은 이들 부하가 선로의 말단에 집중적으로 접속되어 있을 때 보다 어떻게 되는가?

① $\dfrac{1}{2}$로 된다.　　② $\dfrac{1}{3}$로 된다.

③ 2배로 된다.　　④ 3배로 된다.

풀이

집중 부하와 분산 부하

구 분	전력 손실	전압 강하
말단에 집중 부하	$I^2 rL$	IrL
균등 분포 부하	$\dfrac{1}{3}I^2 rL$	$\dfrac{1}{2}IrL$

여기서, I : 전선의 전류, r : 전선 단위 길이당 저항,
　　　　L : 전선의 길이　　　　　　　　**답** ②

문제 33 반지름 r[m]이고 소도체 간격 s인 4복도체 송전선로에서 전선 A, B, C가 수평으로 배열되어 있다. 등가선간거리가 D[m]로 배치되고 완전 연가된 경우 송전선로의 인덕턴스는 몇 [mH/km] 인가?

① $0.4605 \log_{10} \dfrac{D}{\sqrt{rs^2}} + 0.0125$

② $0.4605 \log_{10} \dfrac{D}{\sqrt[2]{rs}} + 0.025$

③ $0.4605 \log_{10} \dfrac{D}{\sqrt[3]{rs^2}} + 0.0167$

④ $0.4605 \log_{10} \dfrac{D}{\sqrt[4]{rs^3}} + 0.0125$

풀이

n복도체의 인덕턴스

$L_n = \dfrac{0.05}{n} + 0.4605 \log_{10} \dfrac{D}{\sqrt[n]{rs^{n-1}}}$ [mH/km]에서

$L_4 = 0.4605 \log_{10} \dfrac{D}{\sqrt[4]{rs^{4-1}}} + \dfrac{0.05}{4}$

$\quad = 0.4605 \log_{10} \dfrac{D}{\sqrt[4]{rs^3}} + 0.0125$[mH/km]

여기서, n : 소도체 수,　r : 소도체 반지름,
　　　　s : 소도체간 거리　　　　　　　**답** ④

문제 34 최소 동작 전류 이상의 전류가 흐르면 한도를 넘은 양(量)과는 상관없이 즉시 동작하는 계전기는?

① 순한시계전기　　　② 반한시계전기

③ 정한시계전기　　　④ 반한시정한시계전기

풀이

보호 계전기 특징

① **순한시 특성** : 최소 동작 전류 이상의 전류가 흐르면 **즉시 동작하는 특성**

② 반한시 특성 : 동작 전류가 커질수록 동작 시간이 짧게 되는 특성

③ 정한시 특성 : 최소 동작전류값 이상이면 동작 전류의 크기에 관계없이 일정한 시간에 동작하는 특성

④ 반한시 정한시 특성 : 동작 전류가 적은 동안에는 동작 전류가 커질수록 동작 시간이 짧게 되고 어떤 전류 이상이면 동작 전류의 크기에 관계없이 일정한 시간에 동작하는 특성　　　　　　**답** ①

문제 35 최근에 우리나라에서 많이 채용되고 있는 가스 절연 개폐 설비(GIS)의 특징으로 틀린 것은?

① 대기 절연을 이용한 것에 비해 현저하게 소형화할 수 있으나 비교적 고가이다.

② 소음이 적고 충전부가 완전한 밀폐형으로 되어 있기 때문에 안정성이 높다.

③ 가스 압력에 대한 엄중 감시가 필요하며 내부 점검 및 부품 교환이 번거롭다.

④ 한랭지, 산악 지방에서도 액화 방지 및 산화 방지 대책이 필요 없다.

풀이

가스절연 개폐장치(GIS)는 차단기, 단로기, 피뢰기, 변성기, 변류기 및 접지장치 등의 변전설비를 SF₆ 가스를 충전한 금속제 함에 수납한 구조로서 특징은 다음과 같다.

GIS의 특징
(1) 장점
① 충전부가 대기에 노출되지 않아 기기의 안정성, 신뢰성이 우수하다.
② 감전 사고 위험이 적다.
③ 밀폐형이므로 배기 소음이 없다.
④ 소형화 가능하다.
⑤ 보수, 점검이 용이하다.
(2) 단점
① 사고의 대응이 부적절한 경우 대형사고 유발 우려가 있다.
② 고장 발생시 조기복구, 임시복구가 거의 불가능하다.
③ SF₆ 가스의 세심한 주의가 필요하며 내부 점검 및 부품 교환이 번거롭다.
④ **한랭지, 산악 지방에서 가스의 액화 방지 및 산화 방지 대책이 필요**하다. 답 ④

문제 36 송전선로에 복도체를 사용하는 주된 목적은?

① 인덕턴스를 증가시키기 위하여
② 정전용량을 감소시키기 위하여
③ 코로나 발생을 감소시키기 위하여
④ 전선 표면의 전위경도를 증가시키기 위하여

풀이

복도체의 특징
복도체는 단도체에 비해 등가반지름이 증가한다. 따라서,
① 인덕턴스는 20~30 [%] 감소
② 정전 용량은 20 [%] 증가
③ 코로나 임계전압은 15~20 [%] 증가하여 **코로나 발생이 억제**된다. 답 ③

문제 37 송배전 선로의 전선 굵기를 결정하는 주요 요소가 아닌 것은?

① 전압강하   ② 허용전류
③ 기계적 강도   ④ 부하의 종류

풀이

전선의 굵기를 결정하는 요인
① 허용 전류
② 기계적 강도
③ 전압 강하 이며
허용 전류가 가장 중요한 요소가 된다. 답 ④

문제 38 기준 선간전압 23[kV], 기준 3상 용량 5000[kVA], 1선의 유도 리액턴스가 15[Ω]일 때 %리액턴스는?

① 28.36[%]   ② 14.18[%]
③ 7.09[%]   ④ 3.55[%]

풀이

$$\%X = \frac{I_n X}{E_n} \times 100 \qquad P = \sqrt{3} \, V I_n, \quad V = \sqrt{3} \, E_n \text{이므로}$$

$$= \frac{\sqrt{3} \, V I_n X}{\sqrt{3} \, V E_n} \times 100 = \frac{P \times X}{V^2} \times 100$$

$$= \frac{P[\text{kVA}] \times 10^3 \times X[\Omega]}{V^2[\text{kV}] \times 10^6} \times 100 = \frac{XP[\text{kVA}]}{10 V^2[\text{kV}]}[\%] \text{에서}$$

(여기서, V의 단위는 [kV], P의 단위는 [kVA]가 되어야 한다.)

$$\%X = \frac{15 \times 5000}{10 \times 23^2} = 14.18[\%]$$ 답 ②

문제 39 망상(Network)배전방식에 대한 설명으로 옳은 것은?

① 전압 변동이 대체로 크다.
② 부하 증가에 대한 융통성이 적다.
③ 방사상 방식보다 무정전 공급의 신뢰도가 더 높다.
④ 인축에 대한 감전사고가 적어서 농촌에 적합하다.

풀이

망상(Network)배전 방식
① 장점
 • **정전이 적으며 배전 신뢰도가 높다.**
 • 기기 이용률 향상된다.
 • 전압 변동이 적다.
 • 부하 증가에 대한 적응성이 양호하다.
 • 전력 손실이 감소한다.
 • 변전소 수를 줄일 수 있다.
② 단점
 • 건설비가 비싸다.
 • 인축의 접촉 사고가 증가한다.
 • 특별한 보호 장치를 필요로 한다. 답 ③

문제 40 3상용 차단기의 정격전압은 170[kV]이고 정격차단전류가 50[kA]일 때 차단기의 정격차단용량은 약 몇 [MVA]인가?

① 5000   ② 10000
③ 15000   ④ 20000

풀이

정격 차단 용량 $P_s = \sqrt{3}\, VI_s$ [MVA]

(여기서, V : 정격 전압[kV], I_s : 정격 차단 전류[kA])에서

$P_s = \sqrt{3} \times 170 \times 50 = 14722.43$ [MVA]   **답** ③

제3과목 전기기기

문제 41 3상 직권 정류자전동기에 중간 변압기를 사용하는 이유로 적당하지 않은 것은?

① 중간 변압기를 이용하여 속도 상승을 억제할 수 있다.

② 회전자 전압을 정류작용에 맞는 값으로 선정할 수 있다.

③ 중간 변압기를 사용하여 누설 리액턴스를 감소할 수 있다.

④ 중간 변압기의 권수비를 바꾸어 전동기 특성을 조정할 수 있다.

풀이

3상 직권 정류자 전동기의 **중간 변압기**는 고정자 권선과 회전자 권선 사이에 직렬로 접속되며 이 중간 변압기를 사용하는 주요한 이유는 다음과 같다.

① 전원 전압의 크기에 관계없이 **정류에 알맞은 회전자 전압을 선택**할 수 있다.

② 중간 변압기의 권수비를 바꾸어 **전동기의 특성을 조정**할 수 있다.

③ 직권 특성이기 때문에 경부하에서는 속도가 매우 상승하나 중간 변압기를 사용, 그 철심을 포화하도록 하면 **그 속도 상승을 제한**할 수 있다.   **답** ③

문제 42 단상 직권 정류자전동기에서 보상권선과 저항도선의 작용을 설명한 것으로 틀린 것은?

① 역률을 좋게 한다.

② 변압기 기전력을 크게 한다.

③ 전기자 반작용을 감소시킨다.

④ 저항도선은 변압기 기전력에 의한 단락전류를 적게 한다.

풀이

저항 도선은 변압기 기전력에 의한 단락 전류를 작게 하여 정류를 좋게 하며 또한 **보상 권선**은 전기자 반작용을 상쇄하여 역률을 좋게 하고 변압기 **기전력을 작게 해서 정류 작용을 개선**한다.   **답** ②

문제 43 변압기의 권수를 N이라고 할 때 누설리액턴스는?

① N에 비례한다.   ② N^2에 비례한다.

③ N에 반비례한다.   ④ N^2에 반비례한다.

풀이

$$L \frac{di}{dt} = N \frac{d\Phi}{dt} \quad \therefore\ L = \frac{N\Phi}{I}$$

그런데 자속 Φ는 $\Phi = \dfrac{\mu ANI}{l}$

$$\therefore\ L = \frac{N \cdot \dfrac{\mu ANI}{l}}{I} = \frac{\mu AN^2}{l} \propto N^2$$

여기서, L : 인덕턴스 [H]

$\quad\quad\ A$: 철심의 단면적 [m²]

$\quad\quad\ N$: 코일의 권수 [회]

$\quad\quad\ l$: 자로의 길이 [m]   **답** ②

문제 44 직류기의 온도상승 시험 방법 중 반환부하법의 종류가 아닌 것은?

① 카프법   ② 홉킨슨법

③ 스코트법   ④ 블론델법

풀이

직류기의 온도시험에는 실부하법과 반환 부하법이 있다.

① 실부하법

실부하법은 발전기 또는 전동기에 실제로 부하를 인가하여 온도상승을 시험하는 방법으로 일반적으로 소용량의 경우로 한정된다.

② **반환 부하법**

반환 부하법에서는 동일 정격(정격 출력, 정격 전압, 정격 속도)의 기계 2대를 기계적으로 연결하여 1대는 발전기, 다른 1대는 전동기로서 운전하여 상호간에 전력 및 기계적 동력을 서로 주고 받도록 하면 양기의 손실만큼만 외부에서 에너지를 공급하면 되므로 경제적이 된다. 따라서, 양기의 손실을 공급하는 방법에 따라 **블론델법, 카프법 및 홉킨스 법**이 있다.

그러나, **스코트법은 3상에서 2상의 전원을 얻는 결선방법**이다.   **답** ③

문제 45 직류발전기의 병렬 운전에서 부하 분담의 방법은?

① 계자전류와 무관하다.

② 계자전류를 증가하면 부하분담은 감소한다.

③ 계자전류를 증가하면 부하분담은 증가한다.

④ 계자전류를 감소하면 부하분담은 증가한다.

풀이

계자전류 I_f를 증가시키면 유기기전력 E가 증가하게 된다.
($E = K\phi n = KI_f n$)
따라서, 직류발전기의 병렬운전 조건인 단자전압이 같아야 하므로 단자전압 $V = E - I_a R_a$에서 E가 증가하면 I_a가 증가하여 **부하 분담은 증가**한다. **답** ③

문제 46 일반적인 변압기의 손실 중에서 온도상승에 관계가 가장 적은 요소는?

① 철손   ② 동손

③ 와류손   ④ 유전체손

풀이

유전체손은 절연물중에서 발생하는 손실로 그 값이 매우 적어 일반적으로 무시된다. **답** ④

문제 47 1차 전압 6600[V], 2차 전압 220[V], 주파수 60 [Hz], 1차 권수 1000회의 변압기가 있다. 최대 자속은 약 몇 [Wb]인가?

① 0.020   ② 0.025

③ 0.030   ④ 0.032

풀이

최대 자속 $\phi_m = \dfrac{E_1}{4.44 f N_1} = \dfrac{6600}{4.44 \times 60 \times 1000} = 0.025[\text{Wb}]$
답 ②

문제 48 역률 100[%]일 때의 전압 변동률 ϵ은 어떻게 표시되는가?

① %저항강하   ② %리액턴스강하

③ %서셉턴스강하   ④ %임피던스강하

풀이

전압변동률 $\epsilon = p\cos\theta + q\sin\theta$ 에서
(여기서, p : %저항강하, q : %리액턴스강하)

역률 100[%]일 경우, $\cos\theta = 1$, $\sin\theta = 0$ 이므로
$\therefore \epsilon = p\cos\theta + q\sin\theta = p \times 1 + q \times 0 = p$
즉, 전압변동률 = %저항강하이다. **답** ①

문제 49 3상 농형 유도전동기의 기동방법으로 틀린 것은?

① Y-△ 기동   ② 전전압 기동

③ 리액터 기동   ④ 2차 저항에 의한 기동

풀이

농형 유도 전동기 기동법
① 전전압 기동법 (5 [kW] 이하 소형)
② 리액터 기동법 (기동 전류를 제한하고자 할 때)
③ Y-△ 기동법 (5~15 [kW] 정도)
④ 기동 보상기법 (15 [kW] 이상)
그러나, **2차 저항에 의한 기동**은 권선형 유도 전동기의 비례추이를 이용한 기동 방법이다. **답** ④

문제 50 직류 복권발전기의 병렬운전에 있어 균압선을 붙이는 목적은 무엇인가?

① 손실을 경감한다.

② 운전을 안정하게 한다.

③ 고조파의 발생을 방지한다.

④ 직권계자간의 전류증가를 방지한다.

풀이

직권계자가 있는 직류 직권발전기와 직류 복권발전기는 안정된 병렬운전을 하기 위하여 **균압선을 설치**해야 한다.
답 ②

문제 51 2방향성 3단자 사이리스터는 어느 것인가?

① SCR   ② SSS

③ SCS   ④ TRIAC

풀이

각 종 반도체 소자의 비교
① 방향성
 • **양방향성(쌍방향성)** 소자 : DIAC, **TRIAC**, SSS
 • 역저지(단방향성) 소자 : SCR, LASCR, GTO
② 극(단자) 수
 • 2극(단자) 소자 : DIAC, SSS, Diode

- 3극(단자) 소자 : SCR, LASCR, GTO, TRIAC
- 4극(단자) 소자 : SCS

답 ④

문제 52 15[kVA], 3000/200[V] 변압기의 1차측 환산 등가 임피던스가 $5.4 + j6[\Omega]$일 때, %저항강하 p와 %리액턴스강하 q는 각각 약 몇 [%] 인가?

① $p = 0.9$, $q = 1$
② $p = 0.7$, $q = 1.2$
③ $p = 1.2$, $q = 1$
④ $p = 1.3$, $q = 0.9$

풀이

$$I_{1n} = \frac{P_n}{V_{1n}} = \frac{15 \times 10^3}{3000} = 5[A]$$

- %저항강하 $p = \dfrac{I_{1n}r}{V_{1n}} \times 100 = \dfrac{5 \times 5.4}{3000} \times 100 = 0.9[\%]$

- %리액턴스강하 $q = \dfrac{I_{1n}x}{V_{1n}} \times 100 = \dfrac{5 \times 6}{3000} \times 100 = 1[\%]$

답 ①

문제 53 유도전동기의 2차 여자제어법에 대한 설명으로 틀린 것은?

① 역률을 개선할 수 있다.
② 권선형 전동기에 한하여 이용된다.
③ 동기속도의 이하로 광범위하게 제어할 수 있다.
④ 2차 저항손이 매우 커지며 효율이 저하된다.

풀이

2차 여자제어법 : 2차 주파수 sf와 같은 주파수의 전압을 발생시켜 슬립링을 통하여 회전자 권선에 공급하여, s를 변환시키는 방법이 2차 여자법이다.

$$I_2 = \frac{sE_2 \pm E_c}{r_2}$$

여기서, I_2, r_2가 일정하면 "$sE_2 \pm E_c = $일정" 하므로 E_c의 크기에 따라 슬립 s도 변화하므로 속도도 변화게 된다. (즉, 2차 여자제어법은 속도제어용 저항을 제어하는 것이 아니라 2차 주파수 sf와 같은 주파수의 전압의 크기에 따라 속도를 제어하는 방법이다.)

- 권선형 전동기에 한하여 이용된다.
- 역률을 개선할 수 있다.
- 동기 속도의 상하로 상당히 넓은 제어가 가능하다. **답 ④**

문제 54 직류발전기를 3상 유도전동기에서 구동하고 있다. 이 발전기에 55[kW]의 부하를 걸 때 전동기의 전류는 약 몇 [A]인가? (단, 발전기의 효율은 88[%], 전동기의 단자전압은 400[V], 전동기의 효율은 88 [%], 전동기의 역률은 82[%]로 한다.)

① 125
② 225
③ 325
④ 425

풀이

- 발전기의 입력 $P_g = \dfrac{P}{\eta_g} = \dfrac{55}{0.88} = 62.5[\text{kW}]$

- 발전기의 입력=전동기의 출력이므로 전동기의 출력
  $P_0 = 62.5[\text{kW}]$

- 전동기의 입력 $P_i = \dfrac{P_0}{\eta_m} = \dfrac{62.5}{0.88} = 71.02[\text{kW}]$

- 전동기 전류 $I = \dfrac{P_i}{\sqrt{3}\,V\cos\theta} = \dfrac{71.02 \times 10^3}{\sqrt{3} \times 400 \times 0.82} = 125.01[A]$

답 ①

문제 55 동기기의 기전력의 파형 개선책이 아닌 것은?

① 단절권
② 집중권
③ 공극조정
④ 자극모양

풀이

고조파를 소거하여 **기전력의 파형을 개선**하는 방법
① 매극 매상의 슬롯수 q를 크게 한다.
② 부정수(不整數) 슬롯권을 채용한다.
③ **단절권 및 분포권으로** 한다.
④ **반폐 슬롯을** 사용한다.
⑤ 전기자 철심을 스큐 슬롯으로 한다.
⑥ **공극의 길이를 크게** 한다.
⑦ Y결선을 한다.

답 ②

문제 56 유도자형 동기발전기의 설명으로 옳은 것은?

① 전기자만 고정되어 있다.
② 계자극만 고정되어 있다.
③ 회전자가 없는 특수 발전기이다.
④ 계자극과 전기자가 고정되어 있다.

풀이

유도자형 발전기는 계자극과 전기자를 함께 고정시키고 그 중앙에 유도자라고 하는 권선이 없는 회전자를 갖춘 것으로

주로 수백~수만 [Hz] 정도의 고주파 발전기로 쓰인다.

답 ④

풀이

돌극형(철극기)에서는 직축이 횡축에 비하여 공극(air gap)이 작으므로 직축(동기) 리액턴스 X_d가 횡축(동기) 리액턴스 X_q보다 크다 ($X_d > X_q$). 그러나 **비철극기**에서는 공극이 일정하므로 $X_d = X_q = X_s$로 된다.

답 ②

문제 57 50[Ω]의 계자저항을 갖는 직류 분권발전기가 있다. 이 발전기의 출력이 5.4[kW] 일 때 단자전압은 100[V], 유기기전력은 115[V]이다. 이 발전기의 출력이 2[kW] 일 때 단자전압이 125[V]라면 유기기전력은 약 몇 [V] 인가?

① 130   ② 145   ③ 152   ④ 159

풀이

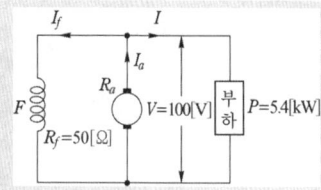

① 출력 5.4[kW]일 때

- 단자전압 $V = 100$[V], 유기기전력 $E = 115$[V]

- 계자전류 $I_f = \dfrac{V}{R_f} = \dfrac{100}{50} = 2$[A]

- 부하전류 $I = \dfrac{P}{V} = \dfrac{5400}{100} = 54$[A]

- 전기자 전류 $I_a = I + I_f = 54 + 2 = 56$[A]

- 유기 기전력 $E = V + I_a R_a$에서

  전기자 저항 $R_a = \dfrac{E - V}{I_a} = \dfrac{115 - 100}{56} = 0.27$[Ω]

② 출력 2[kW]일 때

- 단자전압 $V = 125$[V]

- 계자전류 $I_f = \dfrac{V}{R_f} = \dfrac{125}{50} = 2.5$[A]

  (계자 저항 R_f 값은 변함이 없다.)

- 부하전류 $I = \dfrac{P}{V} = \dfrac{2000}{125} = 16$[A]

- 전기자 전류 $I_a = I + I_f = 16 + 2.5 = 18.5$[A]

- 유기기전력 $E = V + I_a R_a = 125 + 18.5 \times 0.27 = 130$[V]

답 ①

문제 58 돌극형 동기발전기에서 직축 동기리액턴스를 X_d, 횡축 동기리액턴스를 X_q라 할 때의 관계는?

① $X_d < X_q$ ② $X_d > X_q$
③ $X_d = X_q$ ④ $X_d \ll X_q$

문제 59 200[V], 10[kW]의 직류 분권전동기가 있다. 전기자저항은 0.2[Ω], 계자저항은 40[Ω]이고 정격전압에서 전류가 15[A]인 경우 5[kg·m]의 토크를 발생한다. 부하가 증가하여 전류가 25[A]로 되는 경우 발생 토크[kg·m]는?

① 2.5   ② 5   ③ 7.5   ④ 10

풀이

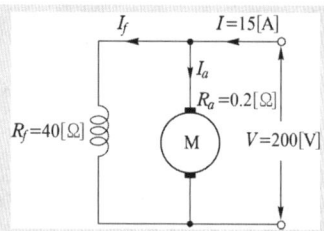

직류 분권전동기

- 계자전류 $I_f = \dfrac{V}{R_f} = \dfrac{200}{40} = 5$[A]

- 전기자 전류 $I_a = I - I_f = 15 - 5 = 10$[A]

- 부하가 증가 한 경우 전기자 전류

  $I_a' = I' - I_f = 25 - 5 = 20$[A]

- 분권 전동기 토크 $T = K\phi I_a$ [N·m]에서 $T \propto I_a$ 이므로

  $5 : T' = 10 : 20$ $\therefore T' = 10$[kg·m]

답 ④

문제 60 10극 50[Hz] 3상 유도전동기가 있다. 회전자도 3상이고 회전자가 정지할 때 2차 1상간의 전압이 150 [V] 이다. 이것을 회전자계와 같은 방향으로 400 [rpm]으로 회전시킬 때 2차 전압은 몇 [V] 인가?

① 50   ② 75   ③ 100   ④ 150

풀이

- 동기속도 $N_s = \dfrac{120f}{P} = \dfrac{120 \times 50}{10} = 600$ [rpm]

- 슬립 $s = \dfrac{N_s - N}{N_s} = \dfrac{600 - 400}{600} = \dfrac{1}{3}$

- 슬립 s로 회전할 때 2차전압 $E_{2s} = sE_2 = \dfrac{1}{3} \times 150 = 50$[V]

답 ①

제4과목 회로이론 및 제어공학

문제 61 특성방정식 $s^2 + 2\zeta\omega_n s + \omega_n^2 = 0$ 에서 감쇠진동을 하는 제동비 ζ의 값은?

① $\zeta > 1$ ② $\zeta = 1$

③ $\zeta = 0$ ④ $0 < \zeta < 1$

풀이

- $\zeta < 1$인 경우 : 부족 제동 (감쇠 진동)
- $\zeta > 1$인 경우 : 과제동 (비진동)
- $\zeta = 1$인 경우 : 임계 제동 (임계 상태)
- $\zeta = 0$인 경우 : 무제동 (무한진동 또는 완전진동) **답** ④

문제 62 다음의 회로를 블록선도로 그린 것 중 옳은 것은?

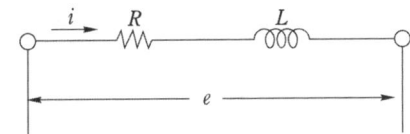

①

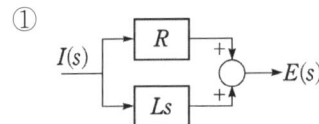

②

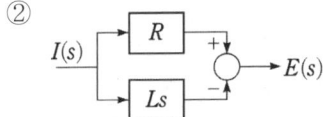

③

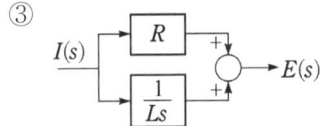

④

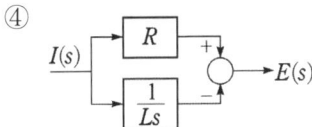

풀이

그림의 회로를 시간함수로 표현하면 $Ri(t) + L\dfrac{dt(i)}{dt} = e(t)$

라플라스 변환을 하면

$$\mathcal{L}\left[Ri(t) + L\frac{dt(i)}{dt} = e(t)\right] = RI(s) + LsI(s) = E(s)$$

$$\therefore (R + Ls)I(s) = E(s)$$

여기서, $G(s) = \dfrac{E(s)}{I(s)} = R + Ls$ 이므로

$I(s)$를 입력으로 하고 $E(s)$를 출력으로 하는 R과 Ls의 병렬회로가 된다. **답** ①

문제 63 다음 그림의 전달함수 $\dfrac{Y(z)}{R(z)}$는 다음 중 어느 것인가?

```
r(t) ○╱○────[시간지연 T]────[G(s)]──── y(t)
            [이상적 표본기]
```

① $G(z)z$ ② $G(z)z^{-1}$

③ $G(z)Tz^{-1}$ ④ $G(z)Tz$

풀이

$$\frac{Y(z)}{R(z)} = G(z)z^{-1}$$

답 ②

문제 64 일반적인 제어시스템에서 안정의 조건은?

① 입력이 있는 경우 초기값에 관계없이 출력이 0으로 간다.

② 입력이 없는 경우 초기값에 관계없이 출력이 무한대로 간다.

③ 시스템이 유한한 입력에 대해서 무한한 출력을 얻는 경우

④ 시스템이 유한한 입력에 대해서 유한한 출력을 얻는 경우

풀이

- 제어시스템의 안정도는 입력 또는 외란에 대한 시스템의 응답에 의하여 정해지며, **유한한 입력에 대하여 유한한 출력이 생기는 시스템을 안정**하다고 한다.
- 시스템이 안정하다는 것은 특성방정식 $1 + G(s)H(s) = 0$의 근이 모두 s평면 좌반부에 존재한다는 것을 뜻한다. **답** ④

문제 65 일정 입력에 대해 잔류 편차가 있는 제어계는?

① 비례 제어계   ② 적분 제어계

③ 비례 적분 제어계   ④ 비례 적분 미분 제어계

풀이

비례제어계는 사이클링은 없으나 **잔류편차가 생기는 결점이** 있다. 그러나, 적분제어계는 잔류편차를 제어 할 수 있는 장점이 있다. 따라서 잔류편차를 없애기 위해서는 제어계에 적분제어계를 포함시켜야 한다.　**답** ①

문제 66 개루프 전달함수 $G(s)H(s)$가 다음과 같이 주어지는 부궤환계에서 근궤적 점근선의 실수축과의 교차점은?

$$G(s)H(s) = \frac{K}{s(s+4)(s+5)}$$

① 0　　② −1　　③ −2　　④ −3

풀이

- 극점 : 0, −4, −5 (극점의 개수 $P=3$)
- 영점 : 0 (영점의 개수 $Z=0$)
- 교차점 $\sigma = \dfrac{\sum 극점 - \sum 영점}{P-Z}$ 에서

$$\sigma = \frac{(0-4-5)-0}{3-0} = -3$$

여기서, P : 극점의 개수,　Z : 영점의 개수　**답** ④

문제 67 $s^3 + 11s^2 + 2s + 40 = 0$에는 양의 실수부를 갖는 근은 몇 개 있는가?

① 1　　② 2　　③ 3　　④ 없다.

풀이

특성방정식 $s^3 + 11s^2 + 2s + 40 = 0$
루드 공식을 이용하면

s^3	1	2
s^2	11	40
s^1	$\dfrac{22-40}{11} = -1.64$	0
s^0	40	

제 1 열에 11에서 −1.64, −1.64에서 40으로 **부호 변화가 두 번 있으므로** 양의 실수를 갖는 근은 **2개**이다.　**답** ②

문제 68 논리식 $L = \overline{x} \cdot \overline{y} + \overline{x} \cdot y + x \cdot y$를 간략화한 것은?

① $x + y$　　　　② $\overline{x} + y$
③ $x + \overline{y}$　　　　④ $\overline{x} + \overline{y}$

풀이

$L = \overline{x}\,\overline{y} + \overline{x}y + xy = \overline{x}(\overline{y}+y) + xy \quad (\because \ \overline{y}+y=1)$
$= \overline{x} + xy = (\overline{x}+x)(\overline{x}+y) \quad (분배법칙, \ \overline{x}+x=1)$
$= \overline{x} + y$　**답** ②

문제 69 그림과 같은 블록선도에서 전달함수 $\dfrac{C(s)}{R(s)}$를 구하면?

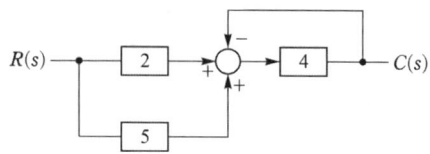

① $\dfrac{1}{8}$　　② $\dfrac{5}{28}$　　③ $\dfrac{28}{5}$　　④ 8

풀이

그림과 같은 블록선도에서

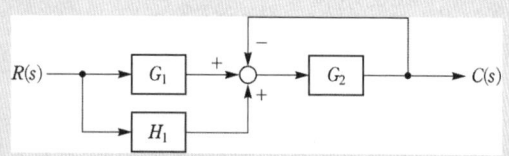

$(RG_1 + RH_1 - C)G_2 = C$
$RG_1G_2 + RH_1G_2 - CG_2 = C$
$R(G_1G_2 + H_1G_2) = C(1+G_2)$
$\therefore \dfrac{C(s)}{R(s)} = \dfrac{G_1G_2 + H_1G_2}{1+G_2} = \dfrac{G_2(G_1+H_1)}{1+G_2}$

$G_1 = 2$, $G_2 = 4$, $H_1 = 5$를 대입하면

$\therefore G(s) = \dfrac{C(s)}{R(s)} = \dfrac{4(2+5)}{1+4} = \dfrac{28}{5}$　**답** ③

문제 70 $G(j\omega) = \dfrac{K}{j\omega(j\omega+1)}$ 에 있어서 진폭 A 및 위상각 θ는?

$$\lim_{\omega \to \infty} G(j\omega) = A \angle \theta$$

① $A = 0, \ \theta = -90°$
② $A = 0, \ \theta = -180°$
③ $A = \infty, \ \theta = -90°$
④ $A = \infty, \ \theta = -180°$

풀이

• 진폭

$$A = \lim_{t\to\infty} |G(j\omega)| = \lim_{t\to\infty}\left|\frac{K}{j\omega(j\omega+1)}\right| = \lim_{t\to\infty}\left|\frac{K}{(j\omega)^2}\right| = 0$$

• 위상 $\theta = \lim_{t\to\infty} \underline{/G(j\omega)} = \lim_{t\to\infty} \angle\frac{K}{j\omega(j\omega+1)}$

$$= \lim_{t\to\infty} \angle\frac{K}{(j\omega)^2} = -180°$$

($1/j^2$은 시계방향으로 90°의 2회 회전 이동을 의미함) **답** ②

문제 71 $R=100[\Omega]$, $C=30[\mu F]$의 직렬회로에 $f=60[Hz]$, $V=100[V]$의 교류전압을 인가할 때 전류는 약 몇 [A] 인가?

① 0.42   ② 0.64
③ 0.75   ④ 0.87

풀이

$$I = \frac{V}{Z} = \frac{V}{\sqrt{R^2 + \left(\frac{1}{2\pi fC}\right)^2}}$$

$$= \frac{100}{\sqrt{100^2 + \left(\frac{1}{2\times3.14\times60\times30\times10^{-6}}\right)^2}} = 0.75[A]$$ **답** ③

문제 72 무손실 선로의 정상상태에 대한 설명으로 틀린 것은?

① 전파정수 γ은 $j\omega\sqrt{LC}$ 이다.

② 특성 임피던스 $Z_0 = \sqrt{\dfrac{C}{L}}$ 이다.

③ 진행파의 전파속도 $v = \dfrac{1}{\sqrt{LC}}$ 이다.

④ 감쇠정수 $\alpha = 0$, 위상정수 $\beta = \omega\sqrt{LC}$ 이다.

풀이

무손실 선로이므로 $R=0$, $G=0$

$\therefore$ 특성임피던스 $Z_0 = \sqrt{\dfrac{Z}{Y}} = \sqrt{\dfrac{R+j\omega L}{G+j\omega C}} = \sqrt{\dfrac{L}{C}}[\Omega]$

답 ②

문제 73 그림과 같은 파형의 Laplace 변환은?

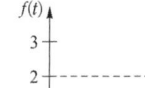

① $\dfrac{1}{2s^2}(1 - e^{-4s} - se^{-4s})$

② $\dfrac{1}{2s^2}(1 - e^{-4s} - 4e^{-4s})$

③ $\dfrac{1}{2s^2}(1 - se^{-4s} - 4e^{-4s})$

④ $\dfrac{1}{2s^2}(1 - e^{-4s} - 4se^{-4s})$

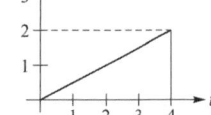

풀이

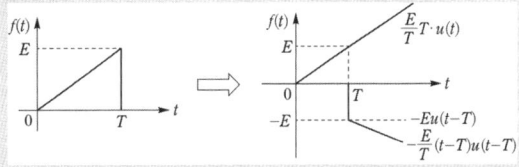

$f(t) = \dfrac{E}{T}tu(t) - \dfrac{E}{T}(t-T)u(t-T) - Eu(t-T)$ 이므로

$T=4$, $E=2$를 대입하면

$$f(t) = \frac{1}{2}tu(t) - \frac{1}{2}(t-4)u(t-4) - 2u(t-4)$$

이것을 라플라스 변환하면

$$F(s) = \mathcal{L}[f(t)] = \frac{1}{2}\cdot\frac{1}{s^2} - \frac{1}{2}\cdot\frac{1}{s^2}e^{-4s} - \frac{2}{s}e^{-4s}$$

$$= \frac{1}{2s^2}(1 - e^{-4s} - 4se^{-4s})$$ **답** ④

문제 74 2전력계법으로 평형 3상 전력을 측정하였더니 한쪽의 지시가 700[W], 다른 쪽의 지시가 1400[W] 이었다. 피상전력은 약 몇 [VA]인가?

① 2425   ② 2771
③ 2873   ④ 2974

풀이

2전력계법에서

• 유효전력 $P = P_1 + P_2$

• 무효전력 $Q = \sqrt{3}(P_1 - P_2)$

• 피상전력 $P_a = 2\sqrt{P_1^2 + P_2^2 - P_1 P_2}$

• 역률 $\cos\theta = \dfrac{P_1 + P_2}{2\sqrt{P_1^2 + P_2^2 - P_1 P_2}}$

따라서, 피상전력 $P_a = 2\sqrt{700^2 + 1400^2 - 700\times1400}$

$$= 2424.87[VA]$$ **답** ①

문제 75 그림과 같은 파형의 파고율은?

① 1

② $\dfrac{1}{\sqrt{2}}$

③ $\sqrt{2}$

④ $\sqrt{3}$

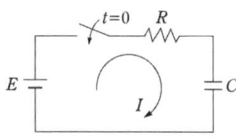

풀이

구형 반파에서

• 실효값 $V=\dfrac{V_m}{\sqrt{2}}$ ・ 평균값 $V_{av}=\dfrac{V_m}{2}$

• 파고율 = $\dfrac{최대값}{실효값}=\dfrac{V_m}{\dfrac{V_m}{\sqrt{2}}}=\sqrt{2}$ **답 ③**

문제 76 최대값이 I_m인 정현파 교류의 반파정류 파형의 실효값은?

① $\dfrac{I_m}{2}$ ② $\dfrac{I_m}{\sqrt{2}}$ ③ $\dfrac{2I_m}{\pi}$ ④ $\dfrac{\pi I_m}{2}$

풀이

파 형	정현파	정현반파	삼각파	구형반파	구형파
실효값	$\dfrac{I_m}{\sqrt{2}}$	$\dfrac{I_m}{2}$	$\dfrac{I_m}{\sqrt{3}}$	$\dfrac{I_m}{\sqrt{2}}$	I_m
평균값	$\dfrac{2I_m}{\pi}$	$\dfrac{I_m}{\pi}$	$\dfrac{I_m}{2}$	$\dfrac{I_m}{2}$	I_m

답 ①

문제 77 그림과 같은 RC 회로에서 스위치를 넣은 순간 전류는? (단, 초기조건은 0 이다.)

① 불변전류이다.

② 진동전류이다.

③ 증가함수로 나타난다.

④ 감쇠함수로 나타난다.

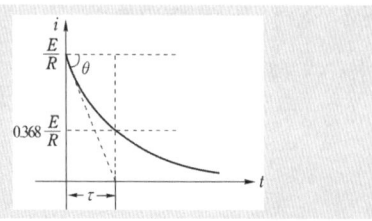

풀이

$R-C$ 직렬회로(직류전압을 인가하는 경우)

• 전류 $i(t)=\dfrac{E}{R}e^{-\frac{1}{RC}t}$ [A]

• 시정수 $\tau=RC$ [sec]

• 충전전류의 시간적 변화

따라서, 스위치를 닫는 순간 과도전류의 값은 지수함수적으로 **감소**하며, 시정수 값이 클수록 천천히 사라진다. **답 ④**

문제 78 그림과 같이 10[Ω]의 저항에 권수비가 10 : 1의 결합회로를 연결했을 때 4단자정수 A, B, C, D는?

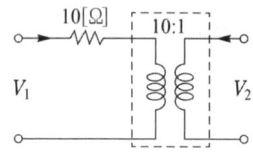

① $A=1$, $B=10$, $C=0$, $D=10$

② $A=10$, $B=1$, $C=0$, $D=10$

③ $A=10$, $B=0$, $C=1$, $D=\dfrac{1}{10}$

④ $A=10$, $B=1$, $C=0$, $D=\dfrac{1}{10}$

풀이

$\begin{bmatrix}A & B\\ C & D\end{bmatrix}=\begin{bmatrix}전압비 & 임피던스\\ 어드미턴스 & 전류비\end{bmatrix}$ 의 형태 이므로

$\begin{bmatrix}A & B\\ C & D\end{bmatrix}=\begin{bmatrix}1 & 10\\ 0 & 1\end{bmatrix}\begin{bmatrix}10 & 0\\ 0 & \frac{1}{10}\end{bmatrix}=\begin{bmatrix}10 & 1\\ 0 & \frac{1}{10}\end{bmatrix}$

따라서, $A=10$, $B=1$, $C=0$, $D=\dfrac{1}{10}$ **답 ④**

문제 79 회로에서 저항 R에 흐르는 전류 I[A]는?

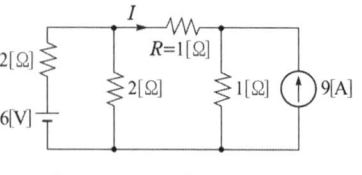

① -1 ② -2 ③ 2 ④ 4

풀이

• 전압원 6 [V]에 의해 R에 흐르는 전류 I'
(이때 전류원 9[A]는 개방)

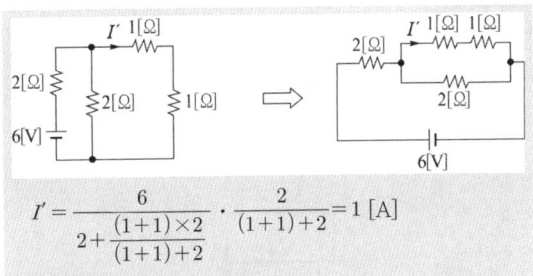

$$I' = \frac{6}{2 + \dfrac{(1+1) \times 2}{(1+1)+2}} \cdot \frac{2}{(1+1)+2} = 1 \,[A]$$

• 전류원 9 [A]에 의해 R에 흐르는 전류 I'' (이때 전압원 6 [V]는 단락)

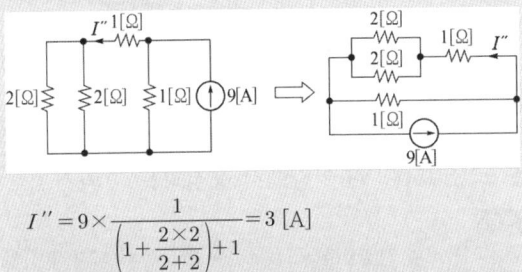

$$I'' = 9 \times \frac{1}{\left(1 + \dfrac{2 \times 2}{2+2}\right) + 1} = 3 \,[A]$$

• I'과 I''의 방향이 반대이므로 R에 흐르는 전 전류 I는 $I = I' - I'' = 1 - 3 = -2[A]$ (문제의 그림에서 주어진 전류 방향과 반대 방향) **답** ②

문제 80 전류의 대칭분을 I_0, I_1, I_2, 유기기전력을 E_a, E_b, E_c, 단자전압의 대칭분을 V_0, V_1, V_2라 할 때 3상 교류발전기의 기본식 중 정상분 V_1 값은? (단, Z_0, Z_1, Z_2는 영상, 정상, 역상 임피던스이다.)

① $-Z_0 I_0$
② $-Z_2 I_2$
③ $E_a - Z_1 I_1$
④ $E_b - Z_2 I_2$

풀이

발전기의 기본식
• 영상분 $V_0 = -Z_0 I_0$
• **정상분 $V_1 = E_a - Z_1 I_1$**
• 역상분 $V_2 = -Z_2 \cdot I_2$ **답** ③

문제 81 최대사용전압이 220[V]인 전동기의 절연내력시험을 하고자 할 때 시험 전압은 몇 [V]인가?

① 300
② 330
③ 450
④ 500

풀이

133 회전기 및 정류기의 절연내력

종 류		시험 전압	시험방법
회전기	발전기·전동기· 조상기·기타회 전기	7[kV] 이하	1.5배 (최저 500 [V])	권선과 대지 사이에 연속하여 10분간
		7[kV] 초과	1.25배 (최저 10.5 [kV])	
	회전 변류기	직류측의 최대사용전압의 1배의 교류전압 (최저 500 [V])	

시험 전압 = $220 \times 1.5 = 330[V]$이나, **500[V] 미만으로 되는 경우에는 500[V]** 이다. **답** ④

문제 82 66[kV] 가공전선과 6[kV] 가공전선을 동일 지지물에 병행 설치하는 경우에 특고압 가공전선은 케이블인 경우를 제외하고는 단면적이 몇 [mm²] 이상인 경동연선을 사용하여야 하는가?

① 22
② 38
③ 50
④ 100

풀이

333.17 특고압 가공전선과 저고압 가공전선 등의 병행설치 사용전압이 35[kV]을 초과하고 100[kV] 미만인 특고압 가공전선과 저압 또는 고압 가공전선을 동일 지지물에 시설하는 경우에는 다음에 따라 시설하여야 한다.
가. 특고압 가공전선로는 제2종 특고압 보안공사에 의할 것.
나. **특고압 가공전선**은 케이블인 경우를 제외하고는 인장강도 21.67[kN] 이상의 연선 또는 **단면적이 50[mm²] 이상**인 경동연선일 것.
다. 특고압 가공전선로의 지지물은 철주·철근 콘크리트주 또는 철탑일 것 **답** ③

문제 83 발전소의 개폐기 또는 차단기에 사용하는 압축공기장치의 주 공기탱크에 시설하는 압력계의 최고 눈금의 범위로 옳은 것은?

① 사용압력의 1배 이상 2배 이하
② 사용압력의 1.15배 이상 2배 이하
③ 사용압력의 1.5배 이상 3배 이하
④ 사용압력의 2배 이상 3배 이하

풀이

341.15 압축공기계통
발전소·변전소·개폐소 또는 이에 준하는 곳에서 개폐기 또는 차단기에 사용하는 압축공기장치는 다음에 따라 시설하여야 한다.
가. 공기압축기는 최고 사용압력의 1.5배의 수압(수압을 연속하여 10분간 가하여 시험을 하기 어려울 때에는 최고 사용압력의 1.25배의 기압)을 연속하여 10분간 가하여 시험을 하였을 때에 이에 견디고 또한 새지 아니할 것.
나. 주 공기탱크 또는 이에 근접한 곳에는 **사용압력의 1.5배 이상 3배 이하의 최고 눈금이 있는 압력계를 시설**할 것.
다. 사용 압력에서 공기의 보급이 없는 상태로 개폐기 또는 차단기의 투입 및 차단을 연속하여 1회 이상 할 수 있는 용량을 가지는 것일 것. **답** ③

문제 84 고압 가공전선로의 지지물로서 사용하는 목주의 풍압하중에 대한 안전율은 얼마 이상이어야 하는가?

① 1.2　　　　② 1.3
③ 2.2　　　　④ 2.5

풀이

333.10 특고압 가공전선로의 목주 시설
332.7 고압 가공전선로의 지지물의 강도
222.8 저압 가공전선로의 지지물의 강도
지지물이 목주인 경우 안전율 및 말구의 지름

전압의 종별	안전율	말구의 지름
저 압	1.2	–
고 압	1.3	0.12 [m] 이상
특고압	1.5	0.12 [m] 이상

답 ②

문제 85 다음 그림에서 L_1은 어떤 크기로 동작하는 기기의 명칭인가?

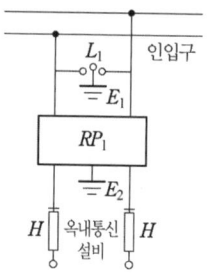

① 교류 1000[V] 이하에서 동작하는 단로기
② 교류 1000[V] 이하에서 동작하는 피뢰기
③ 교류 1500[V] 이하에서 동작하는 단로기
④ 교류 1500[V] 이하에서 동작하는 피뢰기

풀이

362.5 특고압 가공전선로 첨가설치 통신선의 시가지 인입 제한

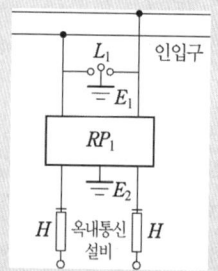

- H : 250[mA] 이하에서 동작하는 열 코일
- RP_1 : 교류 300[V] 이하에서 동작하고, 최소 감도 전류가 3[A] 이하로서 최소 감도전류 때의 응동시간이 1사이클 이하이고 또한 전류 용량이 50[A], 20초 이상인 자복성(自復性)이 있는 릴레이 보안기
- L_1 : **교류 1[kV] 이하에서 동작하는 피뢰기**
- E_1 및 E_2 : 접지 **답** ②

문제 86 지중 전선로에 있어서 폭발성 가스가 침입할 우려가 있는 장소에 시설하는 지중함은 크기가 몇 [m³] 이상일 때 가스를 방산시키기 위한 장치를 시설하여야 하는가?

① 0.25　② 0.5　③ 0.75　④ 1.0

풀이

334.2 지중함의 시설
폭발성 또는 연소성의 가스가 침입할 우려가 있는 것에 시설하는 지중함으로서 그 **크기가 1 [m³] 이상**인 것에는 통풍 장치 기타 가스를 방산시키기 위한 적당한 장치를 시설할 것. **답** ④

문제 87 최대사용전압 22.9[kV]인 3상 4선식 다중 접지방식의 지중 전선로의 절연내력시험을 직류로 할 경우 시험전압은 몇 [V] 인가?

① 16448 ② 21068
③ 32796 ④ 42136

풀이

132 전로의 절연저항 및 절연내력

전로의 종류	접지 방식	시험전압 (최대사용 전압의 배수)	최저 시험전압
1. 7[kV] 이하인 전로		1.5배	
2. 7[kV] 초과 25[kV] 이하	다중접지	0.92배	
3. 7[kV] 초과 60[kV] 이하 (2란의 것 제외)	비접지	1.25배	10.5[kV]
4. 60[kV] 초과	비 접 지	1.25배	
5. 60[kV] 초과 (6란, 7란의 것 제외)	접 지 식	1.1배	75[kV]
6. 60[kV] 초과 (7란의 것 제외)	직접접지	0.72배	
7. 170[kV] 초과 (발전소 또는 변전소 혹은 이에 준하는 장소에 시설하는 것.)	직접접지	0.64배	

※ 전로에 케이블을 사용하는 경우에는 **직류로 시험할 수 있으며**, 시험 전압은 교류의 경우의 2배가 된다.
∴ 시험 전압 $= 22900 \times 0.92 \times 2 = 42136[V]$ **답** ④

문제 88 특고압용 타냉식 변압기의 냉각장치에 고 장이 생긴 경우를 대비하여 어떤 보호장치를 하여야 하는가?

① 경보장치
② 속도조정장치
③ 온도시험장치
④ 냉매흐름장치

풀이

351.4 특고압용 변압기의 보호장치
특고압용의 변압기에는 그 내부에 고장이 생겼을 경우에 보호하는 장치를 표와 같이 시설하여야 한다.

뱅크 용량의 구분	동작 조건	장치의 종류
5,000 [kVA] 이상 10,000 [kVA] 미만	변압기 내부 고장	자동 차단 장치 또는 경보 장치
10,000 [kVA] 이상	변압기 내부 고장	자동 차단 장치
타냉식 변압기(변압기의 권선 및 철심을 직접 냉각시키기 위하여 봉입한 냉매를 강제 순환시키는 냉각 방식을 말한다.)	냉각 장치에 고장이 생긴 경우 또는 변압기의 온도가 현저히 상승한 경우	경보 장치

답 ①

문제 89 금속덕트공사에 적당하지 않은 것은?

① 전선은 절연전선을 사용한다.
② 덕트의 끝부분은 항시 개방시킨다.
③ 덕트 안에는 전선의 접속점이 없도록 한다.
④ 덕트의 안쪽 면 및 바깥 면에는 산화방지를 위하여 아연도금을 한다.

풀이

232.31 금속덕트공사
가. **전선은 절연전선**(옥외용 비닐절연전선을 제외한다)일 것.
나. 금속덕트에 넣은 전선의 단면적(절연피복의 단면적을 포함한다)의 합계는 **덕트의 내부 단면적의 20[%]**(전광표시 장치 기타 이와 유사한 장치 또는 제어회로 등의 배선만을 넣는 경우에는 50[%]) 이하일 것.
다. 금속덕트 안에는 전선에 접속점이 없도록 할 것. 다만, 전선을 분기하는 경우에는 그 접속점을 쉽게 점검할 수 있는 때에는 그러하지 아니하다.
라. 덕트를 조영재에 붙이는 경우에는 덕트의 지지점 간의 거리를 3[m](수직으로 붙이는 경우에는 6[m]) 이하로 할 것.
마. **덕트의 끝부분은 막을 것.**
바. 폭이 50[mm]를 초과하고 또한 두께가 1.2[mm] 이상인 철판 또는 금속제의 것.
사. **안쪽 면 및 바깥 면에는 산화 방지를 위하여 아연도금** 또는 이와 동등 이상의 효과를 가지는 도장을 한 것일 것.
아. 덕트는 접지공사를 할 것. **답** ②

문제 90 가공 전선로에 사용하는 지지물의 강도계 산에 적용하는 갑종 풍압하중을 계산할 때 구성재의 수직 투영면적 1 [m²]에 대한 풍압의 기준으로 틀린 것은?

① 목주 : 588[Pa]

② 원형 철주 : 588[Pa]

③ 원형 철근콘크리트주 : 882[Pa]

④ 강관으로 구성(단주는 제외)된 철탑 : 1255[Pa]

풀이

331.6 풍압하중의 종별과 적용

풍압을 받는 구분			풍압[Pa]
지지물	목 주		588
	철 주	원형의 것	588
		삼각형 또는 농형	1412
		강관에 의하여 구성되는 4각형의 것	1117
		기타의 것으로 복재가 전후면에 겹치는 경우	1627
		기타의 것으로 겹치지 않은 경우	1784
	철근콘크리트주	원형의 것	588
		기타의 것	882
	철 탑	강관으로 구성되는 것	1255
		기타의 것	2157

답 ③

문제 91 3상 4선식 22.9[kV], 중성선 다중접지 방식의 특고압 가공전선 아래에 통신선을 첨가 하고자 한다. 특고압 가공전선과 통신선과의 이격거리는 몇 [cm] 이상인가?

① 60　　② 75　　③ 100　　④ 120

풀이

362.2 전력보안통신선의 시설 높이와 이격거리
가공전선과 첨가 통신선과의 이격거리
가. 통신선은 가공전선의 아래에 시설할 것.
나. 이격거리

가공전선		통신선		
		일반	절연전선	광섬유 케이블
중성선	25[kV]이하, 다중접지중성선	0.6[m] 이상		
저압 가공전선	일반	0.6[m]이상		
	절연전선 또는 케이블	0.6[m]이상	0.3[m]이상	
	인입선			0.15[m]이상
고압 가공전선	일반	0.6[m]이상		
	케이블	0.6[m]이상	0.3[m]이상	

가공전선		통신선		
		일반	절연전선	광섬유 케이블
특고압 가공전선	일반	1.2[m]이상		
	케이블	1.2[m]이상	0.3[m]이상	
	25[kV]이하, 다중 접지방식	0.75[m]이상		

답 ②

문제 92 특고압 가공전선이 도로 등과 교차하는 경우에 특고압 가공전선이 도로 등의 위에 시설되는 때에 설치하는 보호망에 대한 설명으로 옳은 것은?

① 보호망은 접지공사를 하지 않는다.

② 보호망을 구성하는 금속선의 인장강도는 6[kN] 이상으로 한다.

③ 보호망을 구성하는 금속선은 지름 1.0[mm] 이상의 경동선을 사용한다.

④ 보호망을 구성하는 금속선 상호의 간격은 가로, 세로 각 1.5[m] 이하로 한다.

풀이

333.24 특고압 가공전선과 도로 등의 접근 또는 교차
특고압 가공전선과 도로 등 사이에 다음에 의하여 보호망을 시설하는 경우에는 제2종 특고압 보안공사에 의하지 아니할 수 있다.
가. 보호망은 규정에 준하여 **접지공사를 한 금속제의 망상장치로 하고 견고하게 지지할 것.**
나. 보호망을 구성하는 금속선은 그 외주 및 특고압 가공전선의 직하에 시설하는 **금속선에는 인장강도 8.01[kN] 이상의 것** 또는 **지름 5[mm] 이상의 경동선**을 사용하고 그 밖의 부분에 시설하는 금속선에는 인장강도 5.26[kN] 이상의 것 또는 지름 4[mm] 이상의 경동선을 사용할 것.
다. 보호망을 구성하는 **금속선 상호의 간격은 가로, 세로 각 1.5[m] 이하일 것.**

답 ④

문제 93 특고압 옥외 배전용 변압기가 1대일 경우 특고압측에 일반적으로 시설하여야 하는 것은?

① 방전기

② 계기용 변류기

③ 계기용 변압기

④ 개폐기 및 과전류차단기

③ 옥외용 비닐절연전선

④ 고압용의 캡타이어케이블

풀이

342.2 옥내 고압용 이동전선의 시설

옥내에 시설하는 고압의 이동전선은 다음에 따라 시설하여야 한다.

가. **전선은 고압용의 캡타이어케이블일 것.**

나. 이동전선에 전기를 공급하는 전로에는 전용 개폐기 및 과전류 차단기를 각극(과전류 차단기는 다선식 전로의 중성극을 제외한다)에 시설하고, 또한 전로에 지락이 생겼을 때에 자동적으로 전로를 차단하는 장치를 시설할 것.

답 ④

풀이

341.2 특고압 배전용 변압기의 시설

특고압 전선로에 접속하는 배전용 변압기를 시설하는 경우에는 특고압 전선에 특고압 절연전선 또는 케이블을 사용하고 또한 다음에 따라야 한다.

가. 변압기의 1차 전압은 35[kV] 이하, 2차 전압은 저압 또는 고압일 것.

나. **변압기의 특고압측에 개폐기 및 과전류차단기를 시설할 것.**

다. 변압기의 2차 전압이 고압인 경우에는 고압측에 개폐기를 시설하고 또한 쉽게 개폐할 수 있도록 할 것.

답 ④

문제 94 교통이 번잡한 도로를 횡단하여 저압 가공전선을 시설하는 경우 지표상 높이는 몇 [m] 이상으로 하여야 하는가?

① 4.0 　② 5.0

③ 6.0 　④ 6.5

풀이

332.5 고압 가공전선의 높이

222.7 저압 가공전선의 높이

저·고압 가공전선의 높이는 다음에 따라야 한다.

설치장소		가공전선의 높이
도로횡단(번잡하지 않은 도로 제외)		지표상 6[m] 이상
철도 또는 궤도 횡단		레일면상 6.5[m] 이상
횡단보도교 위	저압	노면상 3.5[m] 이상 (단, 절연전선의 경우 3[m] 이상)
	고압	노면상 3.5[m] 이상
일반장소		지표상 5[m] 이상. 단, 저압의 경우 절연전선 또는 케이블을 사용하여 교통에 지장이 없도록 하여 옥외조명용에 공급하는 경우 4[m]까지 감할 수 있다.
다리의 하부 기타 이와 유사한 장소		저압의 전기철도용 급전선은 지표상 3.5[m]까지로 감할 수 있다.

답 ③

문제 95 옥내에 시설하는 고압용 이동전선으로 옳은 것은?

① 6[mm] 연동선

② 비닐외장케이블

문제 96 1[kV] 이하인 방전등용 안정기를 저압의 옥내배선과 직접 접속하여 시설할 경우 옥내전로의 대지전압은 최대 몇 [V]인가?

① 100 　② 150 　③ 300 　④ 450

풀이

234.11 1[kV] 이하 방전등

관등회로의 사용전압이 1[kV] 이하인 방전등을 시설할 경우 방전등에 전기를 공급하는 **전로의 대지전압은 300[V] 이하로** 하여야 하며 다음에 따른다. 다만, 대지전압이 150[V] 이하의 것은 적용하지 않는다.

가. 방전등은 사람이 접촉될 우려가 없도록 시설할 것.

나. 방전등용 안정기는 **옥내배선과 직접 접속하여 시설할 것.**

답 ③

문제 97 사용전압이 22.9[kV]인 특고압 가공전선이 도로를 횡단하는 경우, 지표상 높이는 최소 몇 [m] 이상인가?

① 4.5 　② 5 　③ 5.5 　④ 6

풀이

333.7 특고압 가공전선의 높이

전압의 범위	일반장소	도로횡단	철도 또는 궤도횡단	횡단보도교
35[kV] 이하	5[m]	6[m]	6.5[m]	4[m](특고압절연전선 또는 케이블 사용)
35[kV] 초과 160[kV] 이하	6[m]	6[m]	6.5[m]	5[m](케이블 사용)
	산지 등에서 사람이 쉽게 들어갈 수 없는 장소 ; 5[m] 이상			

전압의 범위	일반 장소	도로 횡단	철도 또는 궤도횡단	횡단보도교
160 [kV] 초과	일반장소			가공전선의 높이 = 6 + 단수×0.12 [m]
	철도 또는 궤도횡단			가공전선의 높이 = 6.5 + 단수×0.12 [m]
	산지			가공전선의 높이 = 5 + 단수×0.12 [m]

※ 단수 $= \dfrac{(전압 [kV]-160)}{10}$

… 단수 계산에서 소수점 이하는 절상 **답** ④

문제 98 관광숙박업 또는 숙박업을 하는 객실의 입구등에 조명용 전등을 설치할 때는 몇 분 이내에 소등되는 타임스위치를 시설하여야 하는가?

① 1 ② 3
③ 5 ④ 10

풀이

234.6 점멸기의 시설

다음의 경우에는 센서등(타임스위치 포함)을 시설하여야 한다.

가. **관광숙박업 또는 숙박업**(여인숙업을 제외한다)에 이용되는 **객실의 입구등은 1분 이내에 소등**되는 것.

나. 일반주택 및 아파트 각 호실의 현관등은 3분 이내에 소등되는 것. **답** ①

출제기준 변경 및 개정된 관계 법규에 따라 삭제된 문제가 있어 20문항이 안됩니다.

D60-1

2017년도 전기기사 필기

국가기술자격검정 필기시험 문제

2017년도 전기기사 일반검정 제1회				수검 번호	성 명
자격종목 및 등급(선택분야)	종목코드	시험시간	문제지형별		
전기기사	1150	2시간 30분	A		

제1과목 **전기자기학**

문제 01 평행평판 공기콘덴서의 양 극판에 $+\sigma$ [C/m²], $-\sigma$[C/m²]의 전하가 분포되어 있다. 이 두 전극 사이에 유전율 ϵ[F/m]인 유전체를 삽입한 경우의 전계 [V/m]는? (단, 유전체의 분극전하밀도를 $+\sigma'$[C/m²], $-\sigma'$[C/m²]이라 한다.)

① $\dfrac{\sigma}{\epsilon_o}$ ② $\dfrac{\sigma+\sigma'}{\epsilon_o}$

③ $\dfrac{\sigma}{\epsilon_o}-\dfrac{\sigma'}{\epsilon}$ ④ $\dfrac{\sigma-\sigma'}{\epsilon_o}$

풀이

콘덴서 도체극판의 진전하밀도(ρ)=전속밀도(D), 유전체의 분극전하밀도(σ')=분극의 세기(분극도 P)로 정의한다. (즉, $D=\sigma$, $P=\sigma'$)
따라서, D, P 및 E의 관계식 $D=\epsilon_0 E+P$에서 전계의 세기 E는

$\therefore E=\dfrac{D-P}{\epsilon_0}=\dfrac{\sigma-\sigma'}{\epsilon_0}$ [V/m]   **답** ④

문제 02 폐회로에 유도되는 유도기전력에 관한 설명으로 옳은 것은?

① 유도기전력은 권선수의 제곱에 비례한다.
② 렌츠의 법칙은 유도기전력의 크기를 결정하는 법칙이다.
③ 자계가 일정한 공간 내에서 폐회로가 운동하여도 유도기전력이 유도된다.
④ 전계가 일정한 공간 내에서 폐회로가 운동하여도 유도기전력이 유도된다.

풀이

유도기전력 $e=-n\dfrac{d\phi}{dt}$

① 패러데이 법칙 : 유도기전력의 크기 결정
(권선수 n 및 $\dfrac{d\phi}{dt}$에 비례)
② 렌쯔의 법칙 : 유도기전력의 방향 결정 ("−" 부호 : 자속변화를 방해하는 방향)
③ 유도기전력의 유도는 쇄교자속의 변화율이므로 자계 변화, 도체 회로 운동 또는 자계 변화 및 폐회로 운동이 된다.
   답 ③

문제 03 자계와 직각으로 놓인 도체에 I[A]의 전류를 흘릴 때 f[N]의 힘이 작용하였다. 이 도체를 v[m/s]의 속도로 자계와 직각으로 운동시킬 때의 기전력 e[V]는?

① $\dfrac{fv}{I^2}$ ② $\dfrac{fv}{I}$ ③ $\dfrac{fv^2}{I}$ ④ $\dfrac{fv}{2I}$

풀이

도체가 받는 힘 $f=IBl\sin\theta$[N]에서 도체가 자계와 직각이므로 $\sin 90°=1$ 따라서, $Bl=\dfrac{f}{I}$

$\therefore$ 유기전압 $e=vBl=\dfrac{fv}{I}$[V]   **답** ②

문제 04 그림과 같이 반지름 a인 무한장 평행도체 A, B가 간격 d로 놓여 있고, 단위 길이당 각각 $+\lambda$, $-\lambda$의 전하가 균일하게 분포되어 있다. A, B 도체 간의 전위차[V]는? (단, $d \gg a$ 이다.)

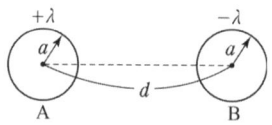

① $\dfrac{\lambda}{\pi\epsilon_o}\ln\dfrac{d-a}{a}$ ② $\dfrac{\lambda}{2\pi\epsilon_o}\ln\dfrac{d}{a}$

③ $\dfrac{\lambda}{\pi\epsilon_o}\ln\dfrac{a}{d}$ ④ $\dfrac{\lambda}{2\pi\epsilon_o}\ln\dfrac{a}{d}$

풀이

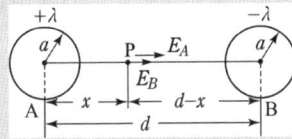

P점의 전계의 세기 E

$E = E_A + E_B = \dfrac{\lambda}{2\pi\epsilon_0 x} + \dfrac{\lambda}{2\pi\epsilon_0(d-x)} = \dfrac{\lambda}{2\pi\epsilon_0}\left(\dfrac{1}{x} + \dfrac{1}{d-x}\right)$

두 도체간의 전위차 V_{AB}

$V_{AB} = -\int_{d-a}^{a} E\,dx = \int_{a}^{d-a} E\,dx$

$= \dfrac{\lambda}{2\pi\epsilon_0}\left(\int_{a}^{d-a}\dfrac{1}{x}dx + \int_{a}^{d-a}\dfrac{1}{d-x}dx\right)$

$= \dfrac{\lambda}{2\pi\epsilon_0}\left([\ln x]_{a}^{d-a} + [-\ln(d-x)]_{a}^{d-a}\right)$

$= \dfrac{\lambda}{\pi\epsilon_0}\ln\dfrac{d-a}{a} ≒ \dfrac{\lambda}{\pi\epsilon_0}\ln\dfrac{d}{a}$

($\because d \gg a$에 의해 $d-a ≒ d$)   **답** ①

문제 05 반지름 a, b인 두 개의 구 형상 도체 전극이 도전율 k인 매질 속에 중심거리 r만큼 떨어져 있다. 양 전극 간의 저항은? (단, $r \gg a$, b 이다)

① $4\pi k\left(\dfrac{1}{a} + \dfrac{1}{b}\right)$ ② $4\pi k\left(\dfrac{1}{a} - \dfrac{1}{b}\right)$

③ $\dfrac{1}{4\pi k}\left(\dfrac{1}{a} + \dfrac{1}{b}\right)$ ④ $\dfrac{1}{4\pi k}\left(\dfrac{1}{a} - \dfrac{1}{b}\right)$

풀이

구도체 a, b 사이의 정전용량 C는,

$C = \dfrac{Q}{V_a - V_b} = \dfrac{4\pi\epsilon}{\dfrac{1}{a} + \dfrac{1}{b}}$ [F]

(전기저항 R과 정전용량 C를 곱하면 다음과 같다.

$R \times C = \rho\dfrac{l}{S} \times \dfrac{\epsilon S}{d} = \rho\epsilon$, 여기서 $l = d$ 이다.)

$\therefore R = \dfrac{\rho\epsilon}{C} = \dfrac{\rho\epsilon}{4\pi\epsilon \Big/\left(\dfrac{1}{a} + \dfrac{1}{b}\right)} = \dfrac{\rho}{4\pi}\left(\dfrac{1}{a} + \dfrac{1}{b}\right)$

$= \dfrac{1}{4\pi k}\left(\dfrac{1}{a} + \dfrac{1}{b}\right)$ [Ω]

($\rho = \dfrac{1}{k}$, ρ = 고유저항, k = 도전율)   **답** ③

문제 06 매질1(ϵ_1)은 나일론(비유전율 $\epsilon_s = 4$)이고, 매질2(ϵ_2)는 진공일 때 전속밀도 D가 경계면에서 각각 θ_1, θ_2의 각을 이룰 때 $\theta_2 = 30°$라면 θ_1의 값은?

① $\tan^{-1}\dfrac{4}{\sqrt{3}}$

② $\tan^{-1}\dfrac{\sqrt{3}}{4}$

③ $\tan^{-1}\dfrac{\sqrt{3}}{2}$

④ $\tan^{-1}\dfrac{2}{\sqrt{3}}$

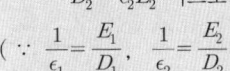

경계면

풀이

- 전계는 경계면에서 수평 성분이 서로 같으므로
  $E_1\sin\theta_1 = E_2\sin\theta_2$
- 전속밀도는 경계면에서 수직 성분이 서로 같으므로
  $D_1\cos\theta_1 = D_2\cos\theta_2$

따라서, $\dfrac{E_1\sin\theta_1}{D_1\cos\theta_1} = \dfrac{E_2\sin\theta_2}{D_2\cos\theta_2}$

여기서 $D_1 = \epsilon_1 E_1$

$D_2 = \epsilon_2 E_2$ 이므로

($\because \dfrac{1}{\epsilon_1} = \dfrac{E_1}{D_1}$, $\dfrac{1}{\epsilon_2} = \dfrac{E_2}{D_2}$

따라서, $\dfrac{E_1\sin\theta_1}{D_1\cos\theta_1} = \dfrac{1}{\epsilon_1}\cdot\dfrac{\sin\theta_1}{\cos\theta_1} = \dfrac{1}{\epsilon_1}\cdot\tan\theta_1$

$\dfrac{E_2\sin\theta_2}{D_2\cos\theta_2} = \dfrac{1}{\epsilon_2}\cdot\dfrac{\sin\theta_2}{\cos\theta_2} = \dfrac{1}{\epsilon_2}\cdot\tan\theta_2$가 된다.)

$\dfrac{1}{\epsilon_1}\tan\theta_1 = \dfrac{1}{\epsilon_2}\tan\theta_2$ 따라서, $\dfrac{\tan\theta_1}{\tan\theta_2} = \dfrac{\epsilon_1}{\epsilon_2}$

$\dfrac{\tan\theta_1}{\tan30°} = \dfrac{4}{1} = \dfrac{\tan\theta_1}{\dfrac{1}{\sqrt{3}}}$ 에서 $\tan\theta_1 = \dfrac{4}{\sqrt{3}}$

$\therefore \theta_1 = \tan^{-1}\dfrac{4}{\sqrt{3}}$ ($\theta_2 = 30°$, $\epsilon_1 = 4$, $\epsilon_2 = 1$)   **답** ①

문제 07 자기회로에 관한 설명으로 옳은 것은?

① 자기회로의 자기저항은 자기회로의 단면적에 비례한다.

② 자기회로의 기자력은 자기저항과 자속의 곱과 같다.

③ 자기저항 R_{m1}과 R_{m2}을 직렬연결 시 합성 자기

저항은 $\dfrac{1}{R_m} = \dfrac{1}{R_{m1}} + \dfrac{1}{R_{m2}}$ 이다.

④ 자기회로의 자기저항은 자기회로의 길이에 반비례한다.

풀이

①, ④ 자기저항 $R_m = \dfrac{l}{\mu S}$

즉 자기회로의 자기저항은 자로의 길이 l에 비례하고, 단면적 S 반비례한다.

② 자기회로의 옴의 법칙 $\phi = \dfrac{NI}{R_m} = \dfrac{F}{R_m}$ 에서, **기자력 F는 자기저항 R_m 과 자속 ϕ의 곱과 같다.**

③ 자기저항 R_{m1}과 R_{m2}을 직렬연결 시 합성 자기저항은 $R_m = R_{m1} + R_{m2}$가 된다. **답** ②

문제 08 두 개의 콘덴서를 직렬접속하고 직류전압을 인가 시 설명으로 옳지 않은 것은?

① 정전용량이 작은 콘덴서에 전압이 많이 걸린다.

② 합성 정전용량은 각 콘덴서의 정전용량의 합과 같다.

③ 합성 정전용량은 각 콘덴서의 정전용량보다 작아진다.

④ 각 콘덴서의 두 전극에 정전유도에 의하여 정·부의 동일한 전하가 나타나고 전하량은 일정하다.

풀이

①, ④ 콘덴서를 직렬로 접속하고 단자 사이에 전압 V를 인가하면 각 콘덴서의 두 전극에 정전유도에 의하여 정·부의 동일한 전하 $+Q$, $-Q$가 나타나고 전하량은 일정하게 된다.

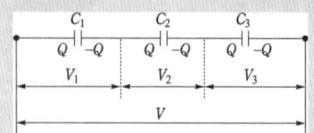

전하량 Q : 일정
$V = V_1 + V_2 + V_3$

콘덴서의 직렬접속

즉, $Q = C_1 V_1 = C_2 V_2 = C_3 V_3$

따라서, 정전용량이 작은 콘덴서에 전압이 많이 걸린다.

②, ③ 합성정전 용량 $C_0 = \dfrac{C_1 C_2}{C_1 + C_2}$

따라서 합성정전 용량은 각 콘덴서의 정전용량보다 작아진다.

항목	직렬접속	병렬접속
결선	$\dashv\vdash$ $\dashv\vdash$ C_1 C_2	C_1 C_2
합성 정전 용량	• 저항의 병렬접속과 동일 방법 • $C_0 = \dfrac{C_1 C_2}{C_1 + C_2}$ • 접속되는 콘덴서가 증가할수록 **합성 정전용량은 감소**	• 저항의 직렬접속과 동일 방법 • $C_0 = C_1 + C_2$ • 접속되는 콘덴서가 증가할수록 합성 정전용량은 증가

답 ②

문제 09 길이가 1[cm], 지름이 5[mm] 인 동선에 1[A]의 전류를 흘렸을 때 전자가 동선을 흐르는 데 걸리는 평균 시간은 약 몇 초인가? (단, 동선의 전자밀도는 1×10^{28} [개/m³] 이다.)

① 3   ② 31

③ 314   ④ 3147

풀이

동선의 단위체적당 전자수(전자밀도) n, 전자 한 개의 전하량 e라 하면 총 전하량 $Q = nSl \times e$이므로

$I = \dfrac{Q}{t}$ 에서 시간 t는

$t = \dfrac{Q}{I} = \dfrac{neSl}{I} = \dfrac{ne\left(\dfrac{\pi D^2}{4}\right)l}{I}$ [sec]

$\therefore\ t = 1 \times 10^{28} \times 1.602 \times 10^{-19} \times \dfrac{\pi(5 \times 10^{-3})^2}{4} \times 1 \times 10^{-2}$

$= 314$[sec] **답** ③

문제 10 일반적인 전자계에서 성립되는 기본방정식이 아닌 것은? (단, i는 전류밀도, ρ는 공간전하밀도이다.)

① $\nabla \times \boldsymbol{H} = i + \dfrac{\partial \boldsymbol{D}}{\partial t}$

② $\nabla \times \boldsymbol{E} = -\dfrac{\partial \boldsymbol{B}}{\partial t}$

③ $\nabla \cdot \boldsymbol{D} = \rho$

④ $\nabla \cdot \boldsymbol{B} = \mu \boldsymbol{H}$

전자계에서 성립하는 기본 방정식

맥스웰 전자방정식	의 미
rot $E = \nabla \times E = -\dfrac{\partial B}{\partial t} = -\mu\dfrac{\partial H}{\partial t}$	패러데이 법칙
rot $H = \nabla \times H = i_c + \dfrac{\partial D}{\partial t}$	암페어 주회적분 법칙
div $D = \nabla \cdot D = \rho$	가우스 법칙(정전계)
div $B = \nabla \cdot B = 0$	가우스 법칙(정자계)

답 ④

문제 11 기계적인 변형력을 가할 때, 결정체의 표면에 전위차가 발생되는 현상은?

① 볼타 효과   ② 전계 효과
③ 압전 효과   ④ 파이로 효과

풀이

① 어떤 특수한 결정을 가진 물질은 **기계적 응력을 주면 그 물질속에 전기분극이 일어난다. 이 현상을 압전 현상**이라고 한다.

② 이 현상은 방향성을 가지고 있으며, 결정에 가한 기계적 응력과 전기 분극이 동일 방향으로 발생하는 경우를 종효과, 수직 방향으로 발생하는 경우를 횡효과라 한다.

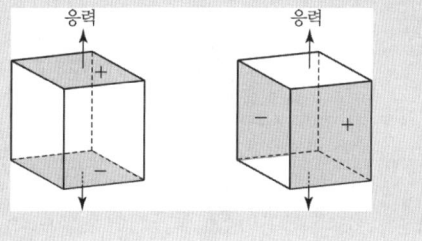

답 ③

문제 12 전계 E [V/m], 자계 H [AT/m]의 전자계가 평면파를 이루고, 자유공간으로 단위 시간에 전파될 때 단위 면적당 전력밀도[W/m²]의 크기는?

① EH^2 ② EH ③ $\dfrac{1}{2}EH^2$ ④ $\dfrac{1}{2}EH$

풀이

전력밀도 P

$$P = wv = \epsilon E^2 \cdot \frac{1}{\sqrt{\epsilon\mu}} = \mu H^2 \cdot \frac{1}{\sqrt{\epsilon\mu}}$$

$$= \sqrt{\frac{\mu}{\epsilon}}\,H^2 = \sqrt{\frac{\mu}{\epsilon}}\,H \cdot H = EH\,[\text{W/m}^2]\ (\because\ \epsilon E^2 = \mu H^2)$$

$\left(E = \sqrt{\dfrac{\mu}{\epsilon}}\,H = \eta H,\ \text{고유임피던스 } \eta = \sqrt{\dfrac{\mu}{\epsilon}}\,,\right.$

전파속도 $v = f\lambda = \dfrac{1}{\sqrt{\epsilon\mu}}$

여기서, w : 에너지 밀도[J/m³], v : 전파속도[m/s]$)$

답 ②

문제 13 옴의 법칙을 미분형태로 표시하면?
(단, i는 전류밀도이고, ρ는 저항률, E는 전계이다.)

① $i = \dfrac{1}{\rho}E$ ② $i = \rho E$
③ $i = \text{div}\,E$ ④ $i = \nabla \times E$

풀이

(1) 옴의 법칙의 거시적 고찰

$$I = \frac{V}{R}\left(R = \rho\frac{l}{S}\right) \rightarrow I = \frac{SV}{\rho l}\left(E = \frac{V}{l}\right) : I = \frac{SE}{\rho}$$

(2) 옴의 법칙의 미시적 고찰 : 위의 전체 전류 I를 전류밀도 i로 표현하면 $i = \dfrac{I}{S}$에 의해 다음과 같이 나타낼 수 있다.

즉, $i = \dfrac{I}{S} = \dfrac{E}{\rho}$ $\therefore\ i = \dfrac{1}{\rho}E$

답 ①

별해

정전계와 전류계의 유사성

정 전 계	전 류 계
전속밀도 D	전류밀도 i
유전율 ϵ	도전율 σ
전계의 세기 E	전계의 세기 E
$D = \epsilon E$	$i = \sigma E$

$\therefore\ i = \sigma E = \dfrac{1}{\rho}E$ (저항률과 도전율 : 역수 관계)

문제 14 한 변의 길이가 $\sqrt{2}$[m]인 정사각형의 4개 꼭짓점에 $+10^{-9}$[C]의 점전하가 각각 있을 때 이 사각형의 중심에서의 전위[V]는?

① 0   ② 18
③ 36   ④ 72

풀이

4개 전하에 의한 전위는 1개 전하에 의한 전위의 4배 이므로

$$V = \frac{Q}{4\pi\epsilon r} \times 4 = 9 \times 10^9 \times \frac{10^{-9}}{1} \times 4 = 36\,[\text{V}]$$

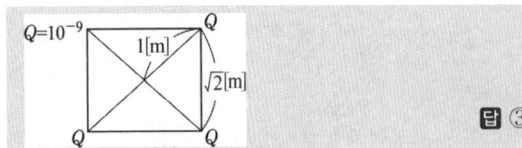

답 ③

따라서, 평행평판 사이의 단위면적당 정전용량 C_0는

$$C_0' = \frac{\sigma}{V} = \frac{\epsilon_0}{d}\,[\text{F/m}^2]$$

따라서, 정전용량 $C = C_0'S = \dfrac{\epsilon_0}{d}S[\text{F}]$ **답** ①

문제 15 0.2[μF]인 평행판 공기 콘덴서가 있다. 전극 간에 그 간격의 절반 두께의 유리판을 넣었다면 콘덴서의 용량은 약 몇 [μF]인가? (단, 유리의 비유전율은 10 이다.)

① 0.26   ② 0.36

③ 0.46   ④ 0.56

풀이

공기 부분 정전 용량을 C_1 이라 하면

$$C_1 = \frac{\epsilon_0 S}{d/2} = \frac{2S\epsilon_0}{d}\,[\text{F}]$$

이고, 유리판 부분 정전 용량을 C_2 라 하면

$$C_2 = \frac{\epsilon S}{d/2} = \frac{2S\epsilon}{d}\,[\text{F}]$$

이다. 그러므로, 극판간 공극의 두께 1/2 상당의 유리판을 넣을 경우 정전 용량 C

$$C = \frac{1}{\dfrac{1}{C_1}+\dfrac{1}{C_2}} = \frac{1}{\dfrac{d}{2S}\left(\dfrac{1}{\epsilon_0}+\dfrac{1}{\epsilon}\right)}$$

$$= \frac{1}{\dfrac{d}{2S\epsilon_0}\left(1+\dfrac{\epsilon_0}{\epsilon}\right)} = \frac{2C_0}{1+\dfrac{\epsilon_0}{\epsilon}} = \frac{2C_0}{1+\dfrac{1}{\epsilon_s}}$$

$$\therefore\ C = \frac{2C_0}{1+\dfrac{1}{\epsilon_s}} = \frac{2\times0.2}{1+\dfrac{1}{10}} = 0.36\,[\mu\text{F}]$$ **답** ②

문제 16 면적이 S [m²]인 금속판 2매를 간격이 d [m] 되게 공기 중에 나란하게 놓았을 때 두 도체 사이의 정전용량[F]은?

① $\dfrac{S}{d}\epsilon_o$ ② $\dfrac{d}{S}\epsilon_o$ ③ $\dfrac{d}{S^2}\epsilon_o$ ④ $\dfrac{S^2}{d}\epsilon_o$

풀이

평행평판 도체에서 극판간의 거리 d[m], 두 평판 도체의 면전하밀도 $\pm\sigma$[C/m²]일 때

전계의 세기 $E = \dfrac{\sigma}{\epsilon_0}$[V/m]

전위차 $V = Ed = \dfrac{\sigma}{\epsilon_0}d$[m]

문제 17 면전하 밀도가 ρ_s[C/m²]인 무한히 넓은 도체판에서 R[m] 만큼 떨어져 있는 점의 전계의 세기[V/m]는?

① $\dfrac{\rho_s}{\epsilon_o}$ ② $\dfrac{\rho_s}{2\epsilon_o}$ ③ $\dfrac{\rho_s}{2R}$ ④ $\dfrac{\rho_s}{4\pi R^2}$

풀이

면전하 밀도가 ρ_s[C/m²]인 무한히 넓은 도체판에서 R[m] 만큼 떨어져 있는 곳의 전속밀도 $D = \dfrac{\rho_s}{2}$이므로

전속밀도 $D = \epsilon_o E$에서 전계의 세기 $E = \dfrac{D}{\epsilon_o} = \dfrac{\rho_s}{2\epsilon_o}$ **답** ②

문제 18 300회 감은 코일에 3[A]의 전류가 흐를 때의 기자력[AT]은?

① 10   ② 90

③ 100   ④ 900

풀이

기자력 $F = NI$ 에서
$F = 300\times3 = 900\,[\text{AT}]$ **답** ④

문제 19 구리로 만든 지름 20[cm]의 반구에 물을 채우고 그 중에 지름 10[cm]의 구를 띄운다. 이 때에 두 개의 구가 동심구라면 두 구 사이의 저항은 약 몇 [Ω] 인가? (단, 물의 도전율은 10^{-3}[℧/m]라 하고, 물이 충만 되어 있다고 한다.)

① 1590   ② 2590

③ 2800   ④ 3180

풀이

동심구의 정전용량에서 반구이므로

$$C = \frac{4\pi\epsilon}{\dfrac{1}{a}-\dfrac{1}{b}}\times\frac{1}{2} = \frac{2\pi\epsilon}{\dfrac{1}{a}-\dfrac{1}{b}}\,[\text{F}]$$

$RC = \epsilon\rho = \dfrac{\epsilon}{\sigma}$에서

$$\therefore R = \frac{\epsilon}{\sigma C} = \frac{1}{2\pi\sigma}\left(\frac{1}{a} - \frac{1}{b}\right) = \frac{1}{2\pi\times 10^{-3}}\left(\frac{1}{0.05} - \frac{1}{0.1}\right)$$
$$= 1591[\Omega] \qquad \text{답} ①$$

문제 20 자기회로에서 철심의 투자율을 μ라 하고 회로의 길이를 l이라 할 때 그 회로의 일부에 미소공극 l_g를 만들면 회로의 자기저항은 처음의 몇 배인가? (단, $l_g \ll l$, 즉 $l-l_g \fallingdotseq l$이다.)

① $1 + \dfrac{\mu l_g}{\mu_0 l}$ ② $1 + \dfrac{\mu l}{\mu_0 l_g}$

③ $1 + \dfrac{\mu_0 l_g}{\mu l}$ ④ $1 + \dfrac{\mu_0 l}{\mu l_g}$

풀이

투자율 μ인 자기저항 $R_\mu = \dfrac{l}{\mu A}$

여기서, A는 철심의 단면적, 미소 공극은 l_g이므로 철심의 길이는 $l-l_g \fallingdotseq l$이라 하면 이때의 자기저항 R_m은

$$R_m = R_1 + R_2 = \frac{l_g}{\mu_0 A} + \frac{l}{\mu A} \text{ 이므로}$$

$$\therefore \frac{R_m}{R_\mu} = 1 + \frac{\mu l_g}{\mu_0 l} = 1 + \frac{l_g}{l}\mu_s \qquad \text{답} ①$$

제2과목 전력공학

문제 21 초고압 송전계통에 단권변압기가 사용되는데 그 이유로 볼 수 없는 것은?

① 효율이 높다.
② 단락 전류가 작다.
③ 전압변동률이 작다.
④ 자로가 단축되어 재료를 절약할 수 있다.

풀이

단권변압기의 특징
① 중량이 가볍다.
② 전압변동률이 작다.
③ 동손의 감소에 따른 효율이 높다.
④ 변압비가 1에 가까우면 용량이 커진다.
⑤ 1차측의 이상 전압이 2차측에 미친다.
⑥ 누설 임피던스가 작으므로 **단락 전류가 증가**한다.

⑦ 단권 변압기의 2차측 권선은 공통 권선이므로 절연강도를 낮출 수 없다. 답 ②

문제 22 어떤 화력 발전소의 증기조건이 고온원 540[℃], 저온원 30[℃]일 때 이 온도 간에서 움직이는 카르노 사이클의 이론 열효율[%]은?

① 85.2 ② 80.5
③ 75.3 ④ 62.7

풀이

카르노 사이클의 이론 열효율

$$\eta = 1 - \frac{\text{방출열량}}{\text{공급열량}} = 1 - \frac{\text{저온원}}{\text{고온원}}$$

• 고온원 $T_1 = 273 + 540 = 813[K]$
• 저온원 $T_2 = 273 + 30 = 303[K]$

$$\therefore \eta = \left(1 - \frac{T_2}{T_1}\right)\times 100 = \left(1 - \frac{303}{813}\right)\times 100 = 62.7[\%] \qquad \text{답} ④$$

문제 23 그림과 같은 회로의 영상, 정상, 역상 임피던스 Z_0, Z_1, Z_2는?

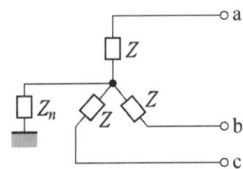

① $Z_0 = Z + 3Z_n$, $Z_1 = Z_2 = Z$
② $Z_0 = 3Z_n$, $Z_1 = Z$, $Z_2 = 3Z$
③ $Z_0 = 3Z + Z_n$, $Z_1 = 3Z$, $Z_2 = Z$
④ $Z_0 = Z + Z_n$, $Z_1 = Z_2 = Z + 3Z_n$

풀이

영상 임피던스(Z_0)는 $Z_0 = Z + 3Z_n$

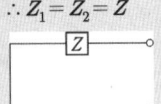

정상 임피던스와 역상 임피던스는 변압기와 선로가 정지상태이므로 같다.

$$\therefore Z_1 = Z_2 = Z$$

답 ①

문제 24 피뢰기의 구비조건이 아닌 것은?

① 상용주파 방전개시 전압이 낮을 것
② 충격방전 개시전압이 낮을 것
③ 속류 차단능력이 클 것
④ 제한전압이 낮을 것

풀이

피뢰기의 구비조건
① 상용 주파 방전 개시 전압이 높을 것
② 충격 방전 개시 전압이 낮을 것
③ 제한 전압이 낮을 것
④ 속류 차단 능력이 클 것
⑤ 방전 내량이 크며 장시간 사용하여도 열화가 적을 것

답 ①

문제 25 비접지식 송전선로에 있어서 1선 지락고장이 생겼을 경우 지락점에 흐르는 전류는?

① 직류 전류
② 고장상의 영상전압과 동상의 전류
③ 고장상의 영상전압보다 90도 빠른 전류
④ 고장상의 영상전압보다 90도 늦은 전류

풀이

비접지 방식에서 1선 지락 전류 $I_g = j3\omega C_s E$[A] 이다. 따라서, **지락 전류는 대지 정전 용량에 의해 전압보다 90° 앞선 전류**가 된다.

답 ③

문제 26 코로나현상에 대한 설명이 아닌 것은?

① 전선을 부식시킨다.
② 코로나 현상은 전력의 손실을 일으킨다.
③ 코로나 방전에 의하여 전파 장해가 일어난다.
④ 코로나 손실은 전원 주파수의 2/3 제곱에 비례한다.

풀이

(1) 코로나 : 전선 주위의 공기절연이 국부적으로 파괴되어 낮은 소리나 엷은 빛을 내면서 방전하게 되는 현상을 코로나 또는 코로나 방전이라고 한다.
(2) 코로나의 영향
① 전력손실 : peek 식
$$P = \frac{241}{\delta}(f+25)\sqrt{\frac{d}{2D}}(E-E_o)^2 \times 10^{-5}[\text{kW/km/line}]$$
E : 전선의 대지전압[kV]
E_o : 코로나 임계전압[kV]

f : 주파수 [Hz], d : 전선의 지름 [cm]
D : 선간거리 [cm] δ : 상대공기밀도
즉, **코로나 손실은 전원 주파수 f에 비례**한다.
② 코로나 잡음
③ 전선 부식 (원인 : 오존 O_3)
④ 통신선에의 유도장해
⑤ 소호 리액터의 소호능력 저하
⑥ 진행파의 파고값 감쇠 (코로나의 장점)

답 ④

문제 27 가공전선로에 사용하는 전선의 굵기를 결정할 때 고려할 사항이 아닌 것은?

① 절연저항 ② 전압강하
③ 허용전류 ④ 기계적 강도

풀이

전선의 굵기를 결정하는 요인
① 허용전류 ② 기계적 강도 ③ 전압강하
이며, 허용전류가 가장 중요한 요소가 된다.
즉, 가공전선로는 전선을 철주, 철근콘크리트주 또는 철탑 등에 애자로 지지 하므로 **전선의 절연저항은 전선의 굵기를 결정 할 때 고려 사항이 아니다.**

답 ①

문제 28 조상설비가 아닌 것은?

① 정지형무효전력 보상장치
② 자동고장구분개폐기
③ 전력용콘덴서
④ 분로리액터

풀이

조상설비 : 송전선을 일정한 전압으로 운전하기 위해 필요한 무효전력을 공급하는 장치를 조상설비라 하며 그 종류로는 동기 조상기, **정지형 무효전력 보상장치, 전력용 콘덴서, 분로 리액터**가 있다.

답 ②

문제 29 다음 (㉮), (㉯), (㉰)에 들어갈 내용으로 옳은 것은?

원자력이란 일반적으로 무거운 원자핵이 핵분열하여 가벼운 핵으로 바뀌면서 발생하는 핵분열 에너지를 이용하는 것이고, (㉮)발전은 가벼운 원자핵을 (과) (㉯)하여 무거운 핵으로 바꾸면서 (㉰) 전후의 질량결손에 해당하는 방출 에너지를 이용하는 방식이다.

① ㉮ 원자핵융합   ㉯ 융합   ㉰ 결합
② ㉮ 핵결합   ㉯ 반응   ㉰ 융합
③ ㉮ 핵융합   ㉯ 융합   ㉰ 핵반응
④ ㉮ 핵반응   ㉯ 반응   ㉰ 결합

풀이

원자핵은 양자와 중성자로서 이루어져 있고, 이들을 결합시키고 있는 결합에너지는 원자핵의 질량수에 따라서 그 크기가 달라진다. 일반적으로 질량수가 큰 원자핵(가령 $_{92}U^{235}$)은 핵분열을 일으켜서 이 결합에너지의 일부를 방출하며(핵분열에너지), 반대로 질량수가 작은 원자핵(가령 $_{1}H^{1}$)은 2개의 원자핵이 1개의 원자핵으로 융합 할 때 에너지를 방출하게 된다(핵융합 에너지)   **답** ③

문제 30 경간 200[m], 장력 1000[kg], 하중 2[kg/m]인 가공전선의 이도(dip)는 몇 [m]인가?

① 10   ② 11   ③ 12   ④ 13

풀이

$$D = \frac{WS^2}{8T} = \frac{2 \times 200^2}{8 \times 1000} = 10[m]$$ **답** ①

문제 31 영상변류기를 사용하는 계전기는?

① 과전류계전기   ② 과전압계전기
③ 부족전압계전기   ④ 선택지락계전기

풀이

보호계전 방식
• 과전류 : CT + OCR
• 과전압 : PT + OVR
• 저(부족)전압 : PT + UVR
• 지락과전류 : ZCT(영상 변류기) + SGR   **답** ④

문제 32 전력계통의 안정도 향상 방법이 아닌 것은?

① 선로 및 기기의 리액턴스를 낮게 한다.
② 고속도 재폐로 차단기를 채용한다.
③ 중성점 직접접지방식을 채용한다.
④ 고속도 AVR을 채용한다.

풀이

안정도 향상 대책
① 계통의 직렬 리액턴스 감소(다회선 방식 채택, 복도체

방식 채택, 기기의 리액턴스 감소, 직렬 콘덴서 설치)
② 전압변동률을 적게 한다 (속응 여자 방식 채용, 계통의 연계, 중간 조상 방식).
③ 계통에 주는 충격을 적게 한다 (적당한 중성점 접지 방식, 고속 차단 방식, 재폐로 방식).
④ 고장 중의 발전기 돌입 출력의 불평형을 적게 한다.   **답** ③

참고

중성점 직접접지방식은 지락 사고 시 큰 지락전류가 흐르게 되어 계통에 큰 충격을 주게 되므로 **안정도 측면에서는 가장 불합리한 접지방식**이다.

문제 33 송전용량이 증가함에 따라 송전선의 단락 및 지락전류도 증가하여 계통에 여러 가지 장해요인이 되고 있다. 이들의 경감대책으로 적합하지 않은 것은?

① 계통의 전압을 높인다.
② 고장 시 모선 분리 방식을 채용한다.
③ 발전기와 변압기의 임피던스를 작게 한다.
④ 송전선 또는 모선 간에 한류리액터를 삽입한다.

풀이

단락전류 억제대책
① **고 임피던스 기기의 채용**(발전기, 변압기 등)
② 한류 리액터의 채용(직렬리액터 방식, 분로리액터 방식)
③ 계통 분할방식(상시 분할방식, 사고시 분할방식)
④ 계통전압의 격상
⑤ 계통의 직류 연계
   즉, 발전기와 변압기의 임피던스 Z가 작아지면,
   단락전류 $I_s = \frac{E}{Z}[A]$
에서 알 수 있듯이 단락 전류는 더 커지게 된다.   **답** ③

문제 34 송배전 선로에서 선택지락계전기(SGR)의 용도는?

① 다회선에서 접지 고장 회선의 선택
② 단일 회선에서 접지 전류의 대소 선택
③ 단일 회선에서 접지 전류의 방향 선택
④ 단일 회선에서 접지 사고의 지속 시간 선택

풀이

선택지락계전기(Selective Ground Relay : SGR)은 병행 2회선 또는 **다회선 송전 선로**에서 한쪽의 1회선에 지락 사고가 일어났을 경우 이것을 검출하여 **고장 회선만을 선택 차단**할 수 있게끔 선택 단락 계전기의 동작 전류를 특별히 작게 한 것으로 비접지 계통의 지락 사고 검출에 사용된다.

답 ①

문제 35 그림과 같은 회로의 일반 회로정수가 아닌 것은?

① $\dot{B} = Z+1$

② $\dot{A} = 1$

③ $\dot{C} = 0$

④ $\dot{D} = 1$

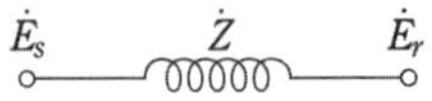

$$\underset{\dot{E}_s}{\circ} \quad \underset{\dot{Z}}{\text{—0000—}} \quad \underset{\dot{E}_r}{\circ}$$

풀이

$E_s = AE_r + BI_r$, $I_s = CE_r + DI_r$ 에서
$E_s = E_r + I_r Z$, $I_s = I_r$ 이므로
즉, $A=1$, $\boldsymbol{B}=\boldsymbol{Z}$, $C=0$, $D=1$ 이 된다. **답** ①

문제 36 송전선로의 중성점을 접지하는 목적이 아닌 것은?

① 송전 용량의 증가

② 과도 안정도의 증진

③ 이상 전압 발생의 억제

④ 보호 계전기의 신속, 확실한 동작

풀이

송전 선로의 중성점 접지의 목적
① 이상 전압 발생 방지
② 1선 지락시 건전상 전압 상승 억제 및 기기나 선로의 절연절감
③ 보호 계전기 동작 확실
④ 소호 리액터 계통에서의 1선 지락시 아크 소멸
즉, 중성점 접지는 송전 용량의 증가와는 관계가 없다. **답** ①

문제 37 부하전류가 흐르는 전로는 개폐할 수 없으나 기기의 점검이나 수리를 위하여 회로를 분리하거나, 계통의 접속을 바꾸는데 사용하는 것은?

① 차단기

② 단로기

③ 전력용 퓨즈

④ 부하 개폐기

풀이

단로기(DS : Disconnecting Switch)는 switch로서 아크 소호 장치가 없어 **부하 전류의 차단이 곤란**하다. 따라서, 단로기(DS)는 기기의 점검이나 수리를 위하여 회로를 분리하거나, 계통의 접속을 바꾸거나 하는 경우에 사용된다.

답 ②

문제 38 증식비가 1보다 큰 원자로는?

① 경수로

② 흑연로

③ 중수로

④ 고속 증식로

풀이

고속 증식로의 증식비는 1.1～1.4 정도로 추정된다. **답** ④

문제 39 보호계전기와 그 사용 목적이 잘못된 것은?

① 비율차동계전기 : 발전기 내부 단락 검출용

② 전압평형계전기 : 발전기 출력측 PT 퓨즈 단선에 의한 오작동 방지

③ 역상과전류계전기 : 발전기 부하불평형 회전자 과열소손

④ 과전압계전기 : 과부하 단락사고

풀이

과전압계전기는 전압이 정정값 초과 시 동작하는 계전기로, 과부하 보호 및 단락 보호에 사용되지 않는다.

답 ④

문제 40 송전선로의 정상임피던스를 Z_1, 역상임피던스를 Z_2, 영상임피던스를 Z_0라 할 때 옳은 것은?

① $Z_1 = Z_2 = Z_0$

② $Z_1 = Z_2 < Z_0$

③ $Z_1 > Z_2 = Z_0$

④ $Z_1 < Z_2 < Z_0$

풀이

• 영상 임피던스 $Z_0 = Z + 3Z_n$
• 송전선로는 정지 회로이므로 정상 임피던스와 역상 임피던스는 같다. $Z_1 = Z_2$
• 송전선로의 영상 임피던스는 정상분의 약 4배 정도이다.
∴ 영상 임피던스 Z_0 > 정상 임피던스 Z_1
         = 역상 임피던스 Z_2 **답** ②

제3과목 전기기기

문제 41 변압기의 규약 효율 산출에 필요한 기본요건이 아닌 것은?

① 파형은 정현파를 기준으로 한다.

② 별도의 지정이 없는 경우 역률은 100[%] 기준이다.

③ 부하손은 40[℃]를 기준으로 보정한 값을 사용한다.

④ 손실은 각 권선에 대한 부하손의 합과 무부하손의 합이다.

풀이

변압기의 **규약 효율 산출시** 별도의 지정이 없는 경우 **역률은 100 [%], 온도는 75[℃] 기준**한다. **답** ③

문제 42 그림과 같은 회로에서 전원전압의 실효치 200 [V], 점호각 30° 일 때 출력전압은 약 몇 [V]인가? (단, 정상상태이다.)

① 157.8

② 168.0

③ 177.8

④ 187.8

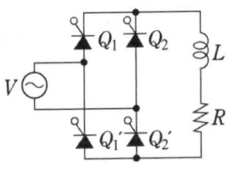

풀이

사이리스터를 사용한 대칭 브리지 회로에서 사이리스터의 점호각을 α라 하면 출력전압 $E_{d\alpha}$는

$$E_{d\alpha} = \frac{\sqrt{2}\,E}{\pi}(1+\cos\alpha) = \frac{\sqrt{2}\times 200}{\pi}(1+\cos 30°) = 168[V]$$

답 ②

문제 43 분권발전기의 회전 방향을 반대로 하면 일어나는 현상은?

① 전압이 유기된다.

② 발전기가 소손된다.

③ 잔류자기가 소멸된다.

④ 높은 전압이 발생한다.

풀이

- 발전기의 회전 방향이 반대로 되면 유기되는 기전력의 방향 및 계자 전류 I_f의 방향이 반대

- 계자 전류의 방향이 반대로 되면 계자 권선의 잔류 자기가 상쇄되어 자속이 0이 된다.

- 자속이 0이 되면 $E = p\phi n\dfrac{Z}{a}$에서 유기 기전력은 0[V]가 된다.

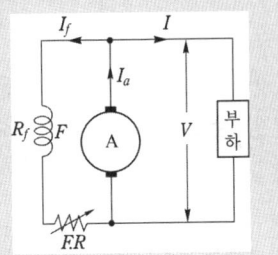

답 ③

문제 44 단락비가 큰 동기기의 특징으로 옳은 것은?

① 안정도가 떨어진다.

② 전압변동률이 크다.

③ 선로 충전용량이 크다.

④ 단자 단락 시 단락 전류가 적게 흐른다.

풀이

단락비 $K_s = \dfrac{1}{\text{동기 임피던스 [Pu]}}$

이며 **단락비가 큰 기계의 특징**으로는

① 동기 임피던스가 작으며, 전압강하와 전압변동률이 작다.

② 전기자 반작용이 작다.

③ 안정도가 향상되며, 출력이 증가한다.

④ 과부하 내량의 증대, **선로의 충전 용량의 증가**

⑤ 철이 많이 사용되어 철기계라 불린다.

⑥ 철손이 증가하여 효율이 떨어진다.

⑦ 공극이 크며 기계의 형태, 중량이 커진다.

⑧ 고가이다. **답** ③

문제 45 극수가 24일 때, 전기각 180°에 해당되는 기계각은?

① 7.5°　② 15°　③ 22.5°　④ 30°

풀이

기하학적 각도

$\alpha = $전기각 $\alpha_e \times \dfrac{2}{p} = 180° \times \dfrac{2}{24} = 15°$ **답** ②

문제 46 단상 직권 정류자 전동기에서 보상권선과 저항도선의 작용을 설명한 것 중 틀린 것은?

① 보상권선은 역률을 좋게 한다.

② 보상권선은 변압기의 기전력을 크게 한다.

③ 보상권선은 전기자 반작용을 제거해 준다.

④ 저항도선은 변압기 기전력에 의한 단락 전류를 작게 한다.

풀이

저항 도선은 변압기 기전력에 의한 단락 전류를 작게 하여 정류를 좋게 하며 또한 **보상 권선**은 전기자 반작용을 상쇄하여 역률을 좋게 하고 변압기 **기전력을 작게** 해서 **정류 작용을 개선**한다. **답** ②

문제 47 5[kVA], 3000/200[V]의 변압기의 단락 시험에서 임피던스 전압 120[V], 동손 150[W]라 하면 %저항강하는 약 몇 [%]인가?

① 2 ② 3

③ 4 ④ 5

풀이

%저항 강하

$$p = \frac{I_{1n} r}{E_{1n}} \times 100 = \frac{I_{1n}^2 r}{E_{1n} I_{1n}} \times 100 = \frac{P_c}{VA} \times 100 = \frac{150}{5000} \times 100$$

$$= 3[\%]$$ **답** ②

문제 48 직류기에 보극을 설치하는 목적은?

① 정류 개선 ② 토크의 증가

③ 회전수 일정 ④ 기동토크의 증가

풀이

주자극 사이의 중성점에 소자극을 설치한 것을 **보극** 또는 정류극이라 하며, 전기자 전류에 의해 필요한 정류 전압을 얻어 리액턴스 전압을 상쇄시키므로 **정류가 잘되고 중성점의 이동을 막을 수 있다.** **답** ①

문제 49 어떤 단상변압기의 2차 무부하 전압이 240[V]이고, 정격 부하시의 2차 단자 전압이 230[V]이다. 전압 변동률은 약 몇 [%]인가?

① 4.35 ② 5.15

③ 6.65 ④ 7.35

풀이

$$\text{전압 변동률 } \epsilon = \frac{V_{2o} - V_{2n}}{V_{2n}} \times 100$$

V_{2o} : 무부하시 2차 단자전압

V_{2n} : 정격부하시 2차 단자전압

$$\therefore \epsilon = \frac{240 - 230}{230} \times 100 = \frac{10}{230} \times 100 = 4.35[\%]$$ **답** ①

문제 50 슬립 s_t 에서 최대 토크를 발생하는 3상 유도 전동기에 2차측 한 상의 저항을 r_2 라 하면 최대 토크로 기동하기 위한 2차측 한 상에 외부로부터 가해주어야 할 저항[Ω]은?

① $\frac{1 - s_t}{s_t} r_2$ ② $\frac{1 + s_t}{s_t} r_2$

③ $\frac{r_2}{1 - s_t}$ ④ $\frac{r_2}{s_t}$

풀이

비례추이 $\frac{r_2}{s_t} = \frac{r_2 + R_s}{s_s}$ 에서

여기서, r_2 : 2차 권선의 저항, S_t : 최대 토크시 슬립

S_s : 기동시 슬립(정지상태에서 기동시 $S_s = 1$)

R_s : 2차 외부회로 저항

따라서, $\frac{r_2}{s_t} = \frac{r_2 + R_s}{1}$ 에서 $R_s = \frac{r_2}{s_t} - r_2 = \frac{1 - s_t}{s_t} r_2$ **답** ①

문제 51 4극, 3상 동기기가 48개의 슬롯을 가진다. 전기자 권선 분포 계수 K_d를 구하면 약 얼마인가?

① 0.923 ② 0.945

③ 0.957 ④ 0.969

풀이

매극 매상당 슬롯 수 q는

$$q = \frac{\text{총 슬롯 수}}{\text{상수} \times \text{극}} = \frac{48}{3 \times 4} = 4$$

$$K_d = \frac{\sin \frac{\pi}{2m}}{q \sin \frac{\pi}{2mq}} = \frac{\sin \frac{\pi}{2 \times 3}}{4 \times \sin \frac{\pi}{2 \times 3 \times 4}} = 0.957$$ **답** ③

문제 52 일반적인 농형 유도전동기에 비하여 2중 농형 유도전동기의 특징으로 옳은 것은?

① 손실이 적다.　　② 슬립이 크다.
③ 최대 토크가 크다.　④ 기동 토크가 크다.

풀이
2중 농형 유도 전동기

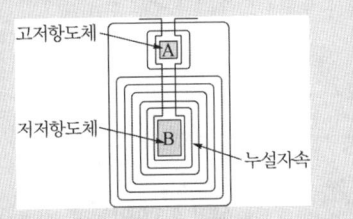

① 회전자의 농형권선을 내·외 이중으로 설치한 것으로서, **기동토크를 크게** 한 것이다.
② 도체
　• 외측도체 : 저항이 높은 황동 또는 동니켈 합금의 도체를 사용
　• 내측도체 : 저항이 낮은 전기동 사용　**답** ④

문제 53 원통형 회전자를 가진 동기발전기는 부하각 δ가 몇 도일 때 최대 출력을 낼 수 있는가?

① $0°$　　　　　② $30°$
③ $60°$　　　　　④ $90°$

풀이
• 비돌극기(비철극기, 원통형 회전자) 최대 출력의 출력각 : $90°$
• 돌극기 최대 출력의 출력각 : $60°$ 부근　**답** ④

문제 54 유도전동기의 안정 운전의 조건은?
(단, T_m : 전동기 토크, T_L : 부하 토크, n : 회전수)

① $\dfrac{dT_m}{dn} < \dfrac{dT_L}{dn}$　② $\dfrac{dT_m}{dn} = \dfrac{dT_L^2}{dn}$

③ $\dfrac{dT_m}{dn} > \dfrac{dT_L}{dn}$　④ $\dfrac{dT_m}{dn} \neq \dfrac{dT_L^2}{dn}$

풀이
• 안정 운전 : $\dfrac{dT_m}{dn} < \dfrac{dT_L}{dn}$

• 불안정 운전 : $\dfrac{dT_m}{dn} > \dfrac{dT_L}{dn}$　**답** ①

문제 55 사이리스터에서 게이트 전류가 증가하면?

① 순방향 저지전압이 증가한다.
② 순방향 저지전압이 감소한다.
③ 역방향 저지전압이 증가한다.
④ 역방향 저지전압이 감소한다.

풀이
① 순방향 저지상태 : 순방향 전압이 SCR에 인가되어도 SCR은 다이오드처럼 바로 도통하는 것이 아니고 SCR을 점호하기 전까지는 계속 불통상태에 머물러 있으며 이러한 상태를 순방향 저지 상태라 한다.
② SCR에 순방향 전압이 인가되어 있을 때 **게이트 단자에 전류를 흘리면 순방향 저지전압이 감소**하여 SCR은 도통된다. 그러나 역전압이 걸려 있는 상태에서는 게이트 단자에 전류를 흘려도 SCR은 도통되지 않는다.
③ SCR은 일단 도통된 후 게이트 전류를 차단 시켜도 계속 도통상태를 유지한다.
④ SCR의 소호 : 소자에 역전압이 걸려 흐르던 전류가 멈추면 소호된다. 그리고 일단 소호가 되고나면 다시 순방향 전압이 가해져도 게이트를 통해 점호하기 전까지는 다시 도통하지 않는다.　**답** ②

문제 56 동기발전기의 단자 부근에서 단락이 일어났다고 하면 단락전류는 어떻게 되는가?

① 전류가 계속 증가한다.
② 큰 전류가 증가와 감소를 반복한다.
③ 처음에는 큰 전류이나 점차 감소한다.
④ 일정한 큰 전류가 지속적으로 흐른다.

풀이
평형 3상 전압을 유기하고 있는 발전기의 단자를 갑자기 단락하면 **단락 초기에 전기자 반작용이 순간적으로 나타나지 않기 때문에** 막대한 과도 전류가 흐르고, 수초 후에는 전기자 반작용 리액턴스에 의해 **단락 전류는 점차 감소되어 영구 단락 전류값**에 이르게 된다.　**답** ③

문제 57 60[Hz]인 3상 8극 및 2극의 유도전동기를 차동종속으로 접속하여 운전할 때의 무부하속도[rpm]는?

① 720　② 900　③ 1000　④ 1200

풀이
차동 종속
$N = \dfrac{120f}{p_1 - p_2} = \dfrac{120 \times 60}{8 - 2} = 1200[\text{rpm}]$　**답** ④

문제 58 직류발전기의 병렬운전에 있어서 균압선을 붙이는 발전기는?

① 타여자발전기

② 직권발전기와 분권발전기

③ 직권발전기와 복권발전기

④ 분권발전기와 복권발전기

풀이

직권계자가 있는 직류 직권발전기와 직류 복권발전기는 안정된 병렬운전을 하기 위하여 **균압선**을 설치해야 한다. 답 ③

문제 59 변압기의 절연내력시험 방법이 아닌 것은?

① 가압시험　　② 유도시험

③ 무부하시험　　④ 충격전압시험

풀이

절연내력 시험은 변압기의 외함과 대지간, 대지와 권선간, 충전부분 상호간 등의 절연강도를 보안하기 위한 시험으로 **가압시험, 유도시험, 충격전압시험** 등 3가지가 있다. 답 ③

문제 60 직류발전기의 유기기전력이 230[V], 극수가 4, 정류자 편수가 162인 정류자 편간 평균전압은 약 몇 [V]인가? (단, 권선법은 중권이다.)

① 5.68　　② 6.28

③ 9.42　　④ 10.2

풀이

$$e_{sa} = \frac{pE}{K} = \frac{4 \times 230}{162} = 5.68 \text{ [V]}$$

e_{sa} : 정류자 편간 전압,　E : 유기 기전력

p : 극수,　K : 정류자 편수 답 ①

제4과목 **회로이론 및 제어공학**

문제 61 다음과 같은 시스템에 단위계단입력 신호가 가해졌을 때 지연시간에 가장 가까운 값[sec]은?

$$\frac{C(s)}{R(s)} = \frac{1}{s+1}$$

① 0.5　　　② 0.7

③ 0.9　　　④ 1.2

풀이

$G(s) = \dfrac{C(s)}{R(s)} = \dfrac{1}{s+1}$에서 입력에 단위 계단 $u(t)$,

즉 $R(s) = \dfrac{1}{s}$ 일 때의 응답

$$C(s) = \frac{1}{s+1} \cdot R(s) = \frac{1}{s+1} \cdot \frac{1}{s} = \frac{1}{s(s+1)} = \frac{1}{s} - \frac{1}{s+1}$$

$\therefore C(t) = 1 - e^{-t}$

출력의 최종값 $\lim_{t \to \infty} C(t) = 1$이 된다.

따라서, 지연시간 T_d는 최종값의 50 [%]에 도달하는데 소요되는 시간이므로

$0.5 = 1 - e^{-T_d}$,

$e^{-T_d} = \dfrac{1}{e^{T_d}} = 0.5$에서 $e^{T_d} = 2$

$\therefore T_d = \log_e 2 = 0.693 ≒ 0.7[\text{sec}]$ 답 ②

문제 62 그림에서 ①에 알맞은 신호 이름은?

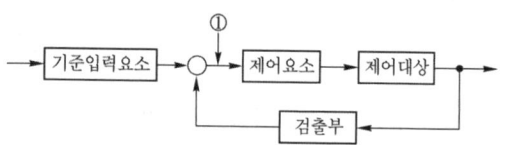

① 조작량　　　② 제어량

③ 기준입력　　④ 동작신호

풀이

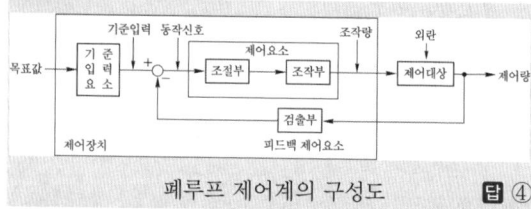

폐루프 제어계의 구성도 답 ④

문제 63 특성방정식이 다음과 같다. 이를 z변환하여 z평면에 도시할 때 단위원 밖에 놓일 근은 몇 개인가?

$$(s+1)(s+2)(s-3) = 0$$

① 0 　　② 1 　　③ 2 　　④ 3

풀이

s평면의 우반면은 z평면의 원점을 중심으로 한 단위원 외부에 사상된다.
$(s+1)(s+2)(s-3) = 0$ 에서 $s = -1, -2, 3$ 이므로 단위원 밖에 놓일 근은 1개($s = 3$)이다. **답** ②

문제 64 드모르간의 정리를 나타낸 식은?

① $\overline{A+B} = A \cdot B$ 　　② $\overline{A+B} = \overline{A} + \overline{B}$

③ $\overline{A \cdot B} = \overline{A} \cdot \overline{B}$ 　　④ $\overline{A+B} = \overline{A} \cdot \overline{B}$

풀이

드모르간의 정리
* $\overline{A+B} = \overline{A} \cdot \overline{B}$
* $\overline{A \cdot B} = \overline{A} + \overline{B}$

답 ④

문제 65 다음 단위 궤환 제어계의 미분방정식은?

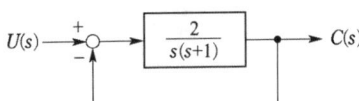

① $\dfrac{d^2c(t)}{dt^2} + \dfrac{dc(t)}{dt} + c(t) = 2u(t)$

② $\dfrac{d^2c(t)}{dt^2} + \dfrac{dc(t)}{dt} + 2c(t) = u(t)$

③ $\dfrac{d^2c(t)}{dt^2} + \dfrac{dc(t)}{dt} + 2c(t) = 5u(t)$

④ $\dfrac{d^2c(t)}{dt^2} + \dfrac{dc(t)}{dt} + 2c(t) = 2u(t)$

풀이

전달함수

$$G(s) = \frac{C(s)}{U(s)} = \frac{\frac{2}{s(s+1)}}{1 + \frac{2}{s(s+1)}} = \frac{2}{s(s+1)+2} = \frac{2}{s^2+s+2}$$

$(s^2+s+2)C(s) = 2U(s)$

$s^2C(s) + sC(s) + 2C(s) = 2U(s)$

$$\therefore \frac{d^2c(t)}{dt^2} + \frac{dc(t)}{dt} + 2c(t) = 2u(t)$$

답 ④

문제 66 다음 진리표의 논리소자는?

입력		출력
A	B	C
0	0	1
0	1	0
1	0	0
1	1	0

① OR 　　② NOR

③ NOT 　　④ NAND

풀이

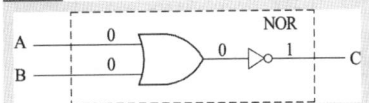

답 ②

문제 67 근궤적이 s평면의 $j\omega$축과 교차할 때 폐루프의 제어계는?

① 안정하다. 　　② 알 수 없다.

③ 불안정하다. 　　④ 임계상태이다.

풀이

근궤적이 허수축($j\omega$)과 교차할 때는 특성근의 실수부 크기가 0일 때와 같다. 특성근의 실수부가 0이면 **임계 안정(임계 상태)**이다. **답** ④

문제 68 특성방정식 $s^3 + 2s^2 + (k+3)s + 10 = 0$에서 Routh 안정도 판별법으로 판별시 안정하기 위한 k의 범위는?

① $k > 2$ 　　② $k < 2$

③ $k > 1$ 　　④ $k < 1$

풀이

루드의 표는

s^3	1	$k+3$
s^2	2	10
s^1	$\dfrac{2(k+3)-10}{2}$	0
s^0	10	

계가 안정될 필요조건은 모든 차수항이 존재하고 각 계수의 부호가 모두 같아야 한다. (1열의 부호 변화가 없어야 한다.)

즉, $\dfrac{2(k+3)-10}{2} > 0$, $k+3-5 > 0$

$\therefore k > 2$ 답 ①

문제 69 그림과 같은 신호흐름 선도에서 전달함수 $\dfrac{Y(s)}{X(s)}$ 는 무엇인가?

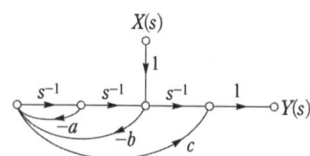

① $\dfrac{s+a}{s^2+as-b^2}$ ② $\dfrac{-bcs^2+s}{s^2+as+b}$

③ $\dfrac{-bcs^2+s+a}{s^2+as}$ ④ $\dfrac{-bcs^2+s+a}{s^2+as+b}$

풀이

비접촉 개로(s^{-1})와 독립 폐로($-as^{-1}$)가 있는 선도 (제 3유형)

① 개로(2개) : s^{-1}, $-bc$ ($\sum$ 개로 $= s^{-1}-bc$)

② 폐로(2개) : $-as^{-1}$, $-bs^{-2}$ ($\sum$ 폐로 $=-as^{-1}-bs^{-2}$)

③ (비접촉 개로×독립 폐로) $= s^{-1} \cdot -as^{-1} = -as^{-2}$

$$G(s) = \frac{\sum 개로 - (비접촉 개로 \times 독립 폐로)}{1 - \sum 폐로}$$

$$= \frac{(s^{-1}-bc)-\{s^{-1} \cdot (-as^{-1})\}}{1-(-as^{-1}-bs^{-2})}$$

$\therefore \dfrac{X(s)}{Y(s)} = \dfrac{s^{-1}-bc+as^{-2}}{1+as^{-1}+bs^{-2}} = \dfrac{-bcs^2+s+a}{s^2+as+b}$ 답 ④

참고

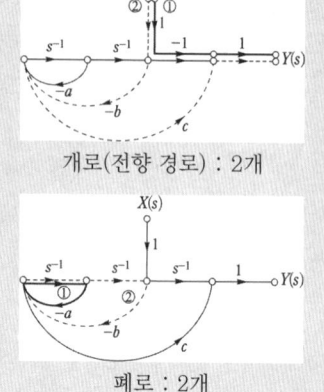

개로(전향 경로) : 2개

폐로 : 2개

문제 70 $G(s)H(s) = \dfrac{2}{(s+1)(s+2)}$ 의 이득여유[dB]는?

① 20   ② −20   ③ 0   ④ ∞

풀이

$G(j\omega)H(j\omega) = \dfrac{2}{(j\omega+1)(j\omega+2)} = \dfrac{2}{-\omega^2+2+j3\omega}$

허수부를 0으로 놓으면 $3\omega_c = 0$ 따라서 $\omega_c = 0$

$|G(j\omega)H(j\omega)|_{\omega_c \to 0} = \left|\dfrac{2}{-\omega_c^2+2}\right|_{\omega_c \to 0} = \dfrac{2}{2} = 1$

이득 여유 $GM = 20\log\left|\dfrac{1}{GH_c}\right| = 20\log\dfrac{1}{1} = 0[\text{dB}]$ 답 ③

문제 71 $R_1 = R_2 = 100[\Omega]$ 이며 $L_1 = 5[\text{H}]$인 회로에서 시정수는 몇 [sec] 인가?

① 0.001

② 0.01

③ 0.1

④ 1

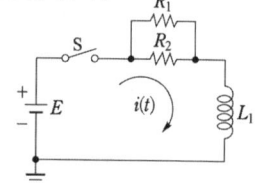

풀이

합성저항 $R = \dfrac{R_1 R_2}{R_1+R_2} = \dfrac{100 \times 100}{100+100} = 50[\Omega]$

$\therefore$ RL 직렬회로의 시정수 $\tau = \dfrac{L}{R} = \dfrac{5}{50} = 0.1[\text{sec}]$ 답 ③

문제 72 최대값이 10[V]인 정현파 전압이 있다. $t=0$에서의 순시값이 5[V]이고 이 순간에 전압이 증가하고 있다. 주파수가 60[Hz] 일 때, $t=2[\text{ms}]$에서의 전압의 순시값[V]은?

① $10\sin30°$ ② $10\sin43.2°$

③ $10\sin73.2°$ ④ $10\sin103.2°$

풀이

$v = V_m\sin(\omega t+\theta)$에서

$t=0$일 때 $v=5[\text{V}]$ 이므로

$5 = V_m\sin(\omega \times 0+\theta)$

$= 10\sin\theta$

$\therefore \sin\theta = \dfrac{1}{2}$ 이므로 $\theta = 30°$

따라서, $v = 10\sin(\omega t+30°)$에서

$t = 2 \times 10^{-3}[\text{s}]$ 일 때

순시값은 $v = 10\sin(2 \times 180° \times 60 \times 2 \times 10^{-3} + 30°)$
$= 10\sin 73.2°[\text{V}]$ **답 ③**

① $\frac{2}{s}(1 - e^{4s})$ ② $\frac{2}{s}(1 - e^{-4s})$

③ $\frac{4}{s}(1 - e^{4s})$ ④ $\frac{4}{s}(1 - e^{-4s})$

풀이

$f(t) = 2u(t) - 2u(t-4)$
$F(s) = \mathcal{L}[f(t)] = \mathcal{L}[2u(t) - 2u(t-4)]$
$= 2\left(\frac{1}{s} - \frac{1}{s}e^{-4s}\right) = \frac{2}{s}(1 - e^{-4s})$ **답 ②**

문제 73 비접지 3상 Y회로에서 전류 $I_a = 15 + j2$ [A], $I_b = -20 - j14$[A] 일 경우 I_c[A]는?

① $5 + j12$ ② $-5 + j12$
③ $5 - j12$ ④ $-5 - j12$

풀이

중성점이 비접지이므로 $I_a + I_b + I_c = 0$
$\therefore I_c = -(I_a + I_b) = -(15 + j2 - 20 - j14) = 5 + j12[\text{A}]$ **답 ①**

문제 76 콘덴서 C[F]에 단위 임펄스의 전류원을 접속하여 동작시키면 콘덴서의 전압 $V_c(t)$는? (단, $u(t)$는 단위계단 함수이다.)

① $V_c(t) = C$ ② $V_c(t) = Cu(t)$

③ $V_c(t) = \frac{1}{C}$ ④ $V_c(t) = \frac{1}{C}u(t)$

풀이

라플라스 $V_c(s) = \frac{1}{sC}\mathcal{L}[\delta(t)] = \frac{1}{sC}$

역 라플라스 변환

$V_c(t) = \mathcal{L}^{-1}[V_c(s)] = \mathcal{L}^{-1}\left[\frac{1}{sC}\right] = \frac{1}{C}u(t)$

$\therefore V_c(t) = \frac{1}{C}u(t)$

$u(t)$는 시간 영역 $t \geq 0$을 의미하므로 반드시 붙여야 한다. (라플라스 변환은 $t \geq 0$에서 정의) **답 ④**

문제 74 그림과 같은 회로의 구동점 임피던스 Z_{ab}는?

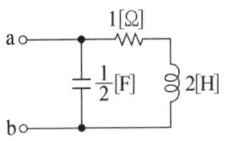

① $\frac{2(2s+1)}{2s^2 + s + 2}$ ② $\frac{2s+1}{2s^2 + s + 2}$

③ $\frac{2(2s-1)}{2s^2 + s + 2}$ ④ $\frac{2s^2 + s + 2}{2(2s+1)}$

풀이

구동점 임피던스는 2단자망의 한 쌍의 단자에서 본 임피던스를 구동점 임피던스라고 하며, 보통 $j\omega$ 또는 s로 치환하여 나타낸다.

$Z(s) = \dfrac{(R + Ls) \cdot \frac{1}{Cs}}{(R + Ls) + \frac{1}{Cs}} = \dfrac{(1 + 2s) \times \frac{2}{s}}{(1 + 2s) + \frac{2}{s}} = \dfrac{2(2s+1)}{2s^2 + s + 2}$ **답 ①**

문제 77 그림과 같은 회로의 콘덕턴스 G_2에 흐르는 전류 i는 몇 [A]인가?

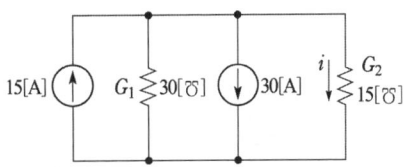

① -5 ② 5 ③ -10 ④ 10

풀이

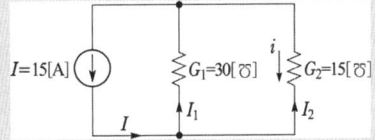

문제 75 그림과 같은 구형파의 라플라스 변환은?

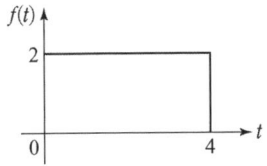

전류원 두 개가 방향이 반대이므로 그림과 같은 회로가 된다.

$$I_2 = \frac{G_2}{G_1 + G_2}I = \frac{15}{30+15}\times 15 = 5\,[\text{A}]$$

그런데 G_2에 표시된 전류 i의 방향과 전류원에서 공급되어 G_2에 흐르는 전류 I_2 방향이 반대이므로

$$i = -5\,[\text{A}]$$

답 ①

문제 78 분포정수 전송회로에 대한 설명이 아닌 것은?

① $\dfrac{R}{L} = \dfrac{G}{C}$인 회로를 무왜형 회로라 한다.

② $R = G = 0$인 회로를 무손실 회로라 한다.

③ 무손실 회로와 무왜형 회로의 감쇠정수는 $\sqrt{RG}$ 이다.

④ 무손실 회로와 무왜형 회로에서의 위상속도는 $\dfrac{1}{\sqrt{LC}}$ 이다.

풀이

- 무손실 회로 감쇠 정수 $\alpha = 0$
- 무왜형 선로 감쇠 정수 $\alpha = \sqrt{RG}$

답 ③

문제 79 다음 회로에서 절점 a와 절점 b의 전압이 같은 조건은?

① $R_1 R_3 = R_2 R_4$
② $R_1 R_2 = R_3 R_4$
③ $R_1 + R_3 = R_2 + R_4$
④ $R_1 + R_2 = R_3 + R_4$

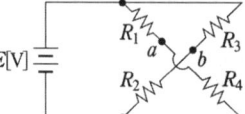

풀이

문제의 회로는 그림과 같으므로 절점 a와 절점 b의 전압이 같기 위한 조건은 **브리지가 평형 상태**에 있으면 된다. 즉

$$R_1 R_2 = R_3 R_4$$

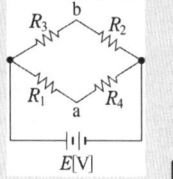

답 ②

문제 80 그림과 같은 파형의 파고율은?

① 1
② 2
③ $\sqrt{2}$
④ $\sqrt{3}$

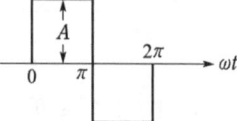

풀이

구형파는 최대값 = 실효값 = 평균값 이므로
파형률과 파고율 모두 1.0 이다.

답 ①

제5과목 **전기설비 기술기준**

문제 81 지중에 매설되어 있는 금속제 수도관로를 각종 접지공사의 접지극으로 사용하려면 대지와의 전기저항 값이 몇 [Ω] 이하의 값을 유지하여야 하는가?

① 1　　　　　　② 2
③ 3　　　　　　④ 5

풀이

142.2 접지극의 시설 및 접지저항
가. 지중에 매설되어 있고 대지와의 전기저항 값이 3[Ω] 이하의 값을 유지하고 있는 **금속제 수도관로**가 규정에 따르는 경우 접지극으로 사용이 가능하다.
나. 대지와의 사이에 전기저항 값이 2[Ω] 이하인 값을 유지하는 **건축물·구조물의 철골 기타의 금속제**는 접지공사의 접지극으로 사용할 수 있다.

답 ③

문제 82 가섭선에 의하여 시설하는 안테나가 있다. 이 안테나 주위에 경동연선을 사용한 고압 가공전선이 지나가고 있다면 수평 이격거리는 몇 [cm] 이상이어야 하는가?

① 40　　　　　② 60
③ 80　　　　　④ 100

풀이

332.14 고압 가공전선과 안테나의 접근 또는 교차
저압 가공전선 또는 고압 가공전선이 안테나와 접근상태로 시설되는 경우에는 다음에 따라야 한다.
가. 고압 가공전선로는 고압 보안공사에 의할 것.
나. 가공전선과 안테나 사이의 이격거리

사용 전압 부분 공작물의 종류		저압	고압
안테나	일반적인 경우	0.6 [m]	0.8 [m]
	전선이 고압절연전선	0.3 [m]	0.8 [m]
	전선이 케이블인 경우	0.3 [m]	0.4 [m]

답 ③

문제 83 가공전선로의 지지물에 시설하는 지선으로 연선을 사용할 경우에는 소선이 최소 몇 가닥 이상이어야 하는가?

① 3 ② 4
③ 5 ④ 6

풀이

331.11 지선의 시설
가. 지선의 안전율은 2.5 이상일 것. 이 경우에 허용 인장하중의 최저는 4.31[kN]으로 한다.
나. 지선에 연선을 사용할 경우에는 다음에 의할 것.
  ① **소선 3가닥 이상**의 연선일 것.
  ② 소선의 지름이 2.6[mm] 이상의 금속선을 사용한 것일 것.

답 ①

문제 84 옥내의 저압전선으로 나전선 사용이 허용되지 않는 경우는?

① 금속관공사에 의하여 시설하는 경우
② 버스덕트공사에 의하여 시설하는 경우
③ 라이팅덕트공사에 의하여 시설하는 경우
④ 애자공사에 의하여 전개된 곳에 전기로용 전선을 시설하는 경우

풀이

231.4 나전선의 사용 제한
옥내에 시설하는 저압전선에는 나전선을 사용하여서는 아니 된다. 다만, 다음중 어느 하나에 해당하는 경우에는 그러하지 아니하다.
가. 애자공사에 의하여 전개된 곳에 다음의 전선을 시설하는 경우
  ① **전기로용 전선**
  ② 전선의 **피복 절연물이 부식하는 장소**에 시설하는 전선
나. **버스덕트공사**에 의하여 시설하는 경우
다. **라이팅덕트공사**에 의하여 시설하는 경우
라. **접촉 전선**을 시설하는 경우

답 ①

문제 85 과전류차단기로 저압전로에 사용하는 80 [A] 퓨즈를 수평으로 붙이고, 정격전류의 1.6배 전류를 통한 경우에 몇 분 안에 용단되어야 하는가? (단, IEC 표준을 도입한 과전류차단기로 저압전로에 사용하는 퓨즈는 제외한다.)

① 30분 ② 60분
③ 120분 ④ 180분

풀이

212.3 보호장치의 종류 및 특성
1. 과전류 보호장치는 KS C 또는 KS C IEC 관련 표준(배선차단기, 누전차단기, 퓨즈등의 표준)의 동작특성에 적합하여야 한다.
2. 과전류차단기로 저압전로에 사용하는 범용의 퓨즈는 표 에 적합한 것이어야 한다.

정격전류의 구분	시간	정격전류의 배수	
		불용단전류	용단전류
4 [A] 이하	60분	1.5배	2.1배
4 [A] 초과 16 [A] 미만	60분	1.5배	1.9배
16 [A] 이상 63 [A] 이하	60분	1.25배	1.6배
63 [A] 초과 160 [A] 이하	**120분**	1.25배	**1.6배**
160 [A] 초과 400 [A] 이하	180분	1.25배	1.6배
400 [A] 초과	240분	1.25배	1.6배

답 ③

문제 86 철도·궤도 또는 자동차도의 전용터널 안의 전선로의 시설방법으로 틀린 것은?

① 고압전선은 케이블공사로 하였다.
② 저압전선을 금속제가요전선관공사에 의하여 시설하였다.
③ 저압전선으로 지름 2.0[mm]의 경동선을 사용하였다.
④ 저압전선을 애자공사에 의하여 시설하고 이를 레일면상 또는 노면상 2.5[m] 이상의 높이로 유지하였다.

풀이

335.1 터널 안 전선로의 시설
철도·궤도 또는 자동차도 전용터널 안의 전선로

전압	전선의 굵기	시공방법	애자공사 시 높이
저압	인장강도 2.30[kN] 이상 또는 2.6[mm] 이상의 경동선의 절연전선	• 합성수지관공사 • 금속관공사 • 금속제가요전선관공사 • 케이블공사 • 애자공사	노면상, 레일면상 2.5[m] 이상
고압	인장강도 5.26[kN] 이상 또는 4[mm] 이상의 경동선	• 케이블공사 • 애자공사	노면상, 레일면상 3[m] 이상
특고압		• 케이블공사	

답 ③

문제 87 발열선을 도로, 주차장 또는 조영물의 조영재에 고정시켜 시설하는 경우 발열선에 전기를 공급하는 전로의 대지전압은 몇 [V] 이하이어야 하는가?

① 100   ② 150
③ 200   ④ 300

풀이

241.12 도로 등의 전열장치
가. 발열선에 전기를 공급하는 전로의 대지전압은 300[V] 이하일 것.
나. 발열선은 그 온도가 80[℃]를 넘지 아니하도록 시설할 것. 다만, 도로 또는 옥외주차장에 금속피복을 한 발열선을 시설할 경우에는 발열선의 온도를 120[℃] 이하로 할 수 있다.
다. 발열선은 다른 전기설비·약전류전선 등 또는 수관·가스관이나 이와 유사한 것에 전기적·자기적 또는 열적인 장해를 주지 아니하도록 시설할 것.

답 ④

문제 88 수소냉각식 발전기 등의 시설기준으로 틀린 것은?

① 발전기 안의 수소의 온도를 계측하는 장치를 시설할 것
② 수소를 통하는 관은 수소가 대기압에서 폭발하는 경우에 생기는 압력에 견디는 강도를 가질 것
③ 발전기 안의 수소의 순도가 95[%] 이하로 저하한 경우에 이를 경보하는 장치를 시설할 것
④ 발전기 안의 수소의 압력을 계측하는 장치 및 그 압력이 현저히 변동한 경우에 이를 경보하는 장치를 시설할 것

풀이

351.10 수소냉각식 발전기 등의 시설
발전기 내부 또는 조상기 내부의 수소의 순도가 85[%] 이하로 저하한 경우에 이를 경보하는 장치를 시설할 것.

답 ③

문제 89 조상기의 내부에 고장이 생긴 경우 자동적으로 전로로부터 차단하는 장치는 조상기의 뱅크용량이 몇 [kVA] 이상이어야 시설하는가?

① 5000   ② 10000
③ 15000   ④ 20000

풀이

351.5 조상설비의 보호장치
조상 설비에는 그 내부에 고장이 생긴 경우에 보호하는 장치를 표와 같이 시설하여야 한다.

설비 종별	뱅크 용량의 구분	자동적으로 전로로부터 차단하는 장치
전력용 커패시터 및 분로리액터	500[kVA] 초과 15,000[kVA] 미만	• 내부에 고장이 생긴 경우 • 과전류가 생긴 경우
	15,000[kVA] 이상	• 내부에 고장이 생긴 경우 • 과전류가 생긴 경우 • 과전압이 생긴 경우
조상기	15,000[kVA] 이상	• 내부에 고장이 생긴 경우

답 ③

문제 90 가공전선로의 지지물에 취급자가 오르고 내리는데 사용하는 발판 볼트 등은 지표상 몇 [m] 미만에 시설하여서는 아니 되는가?

① 1.2   ② 1.5   ③ 1.8   ④ 2.0

풀이

331.4 가공전선로 지지물의 철탑오름 및 전주오름 방지
가공전선로의 지지물에 취급자가 오르고 내리는데 사용하는 발판 볼트 등을 지표상 1.8[m] 미만에 시설하여서는 아니 된다.

답 ③

문제 91 사람이 접촉할 우려가 있는 경우 고압가공전선과 상부 조영재의 옆쪽에서의 이격거리는 몇 [m] 이상이어야 하는가? (단, 전선은 경동연선이라고 한다.)

① 0.6   ② 0.8   ③ 1.0   ④ 1.2

풀이

332.11 고압 가공전선과 건조물의 접근
222.11 저압 가공전선과 건조물의 접근
저압 가공전선 또는 고압 가공전선이 건조물과 접근 상태로 시설되는 경우에는 다음에 따라야 한다.
가. 고압 가공전선로는 고압 보안공사에 의할 것.
나. 저·고압 가공전선과 건조물의 조영재 사이의 이격거리는 표에서 정한 값 이상일 것.

사용 전압 부분 공작물의 종류			저압 [m]	고압 [m]
건조물	상부 조영재 위쪽	일반적인 경우	2	2
		전선이 고압절연선	1	2
		전선이 케이블인 경우	1	1
	기타 조영재 또는 상부조영재의 옆쪽 또는 아래쪽	**일반적인 경우**	1.2	**1.2**
		전선이 고압절연선	0.4	1.2
		전선이 케이블인 경우	0.4	0.4
		사람이 쉽게 접근 할 수 없도록 시설한 경우	0.8	0.8

답 ④

풀이

332.5 고압 가공전선의 높이,
222.7 저압 가공전선의 높이
저·고압 가공전선의 높이는 다음에 따라야 한다.

설치장소		가공전선의 높이
도로횡단(번잡하지 않은 도로 제외)		지표상 6 [m] 이상
철도 또는 궤도 횡단		레일면상 6.5 [m] 이상
횡단보도교 위	저압	노면상 3.5 [m] 이상 (단, 절연전선의 경우 3 [m] 이상)
	고압	노면상 3.5 [m] 이상
일반장소		지표상 5[m] 이상. 단, 저압의 경우 절연전선 또는 케이블을 사용하여 교통에 지장이 없도록 하여 옥외조명용에 공급하는 경우 4[m]까지 감할 수 있다.
다리의 하부 기타 이와 유사한 장소		저압의 전기철도용 급전선은 지표상 3.5[m]까지로 감할 수 있다.

답 ②

문제 92 특고압 가공전선로에서 사용전압이 60 [kV]를 넘는 경우, 전화선로의 길이 몇 [km] 마다 유도전류가 3[μA]를 넘지 않도록 하여야 하는가?

① 12
② 40
③ 80
④ 100

풀이

333.2 유도장해의 방지
가. 사용전압이 60[kV] 이하인 경우에는 전화선로의 길이 12[km] 마다 유도전류가 2[μA]를 넘지 아니하도록 할 것.
나. 사용전압이 60[kV]를 초과하는 경우에는 전화선로의 길이 40[km] 마다 유도전류가 3[μA]을 넘지 아니하도록 할 것.
다. 특고압 가공전선로는 기설 통신선로에 대하여 상시정전 유도작용에 의하여 통신상의 장해를 주지 아니하도록 시설하여야 한다.

답 ②

문제 93 옥외용 비닐절연전선을 사용한 저압가공전선이 횡단보도교 위에 시설되는 경우에 그 전선의 노면상 높이는 몇 [m] 이상으로 하여야 하는가?

① 2.5
② 3.0
③ 3.5
④ 4.0

문제 94 직선형의 철탑을 사용한 특고압 가공전선로가 연속하여 10기 이상 사용하는 부분에는 몇 기 이하마다 내장 애자장치가 되어 있는 철탑 1기를 시설하여야 하는가?

① 5
② 10
③ 15
④ 20

풀이

333.16 특고압 가공전선로의 내장형 등의 지지물 시설
특고압 가공전선로 중 지지물로서 직선형의 철탑을 연속하여 10기 이상 사용하는 부분에는 10기 이하마다 장력에 견디는 애자장치가 되어 있는 철탑 또는 이와 동등 이상의 강도를 가지는 철탑 1기를 시설하여야 한다.

답 ②

문제 95 애자공사를 습기가 많은 장소에 시설하는 경우 전선과 조영재 사이의 이격거리는 몇 [cm] 이상이어야 하는가? (단, 사용전압은 440[V]인 경우이다.)

① 2.0
② 2.5
③ 4.5
④ 6.0

풀이

232.56 애자공사
가. 전선의 종류 : 절연 전선. 단, 옥외용 비닐 절연 전선 (OW) 및 인입용 비닐 절연 전선(DV)은 제외한다.

나. 이격 거리

전 압		전선과 조영재와의 이격 거리		전 선 상 호 간 격	전선 지지점간의 거리		
					조영재의 윗면 또는 옆면에 따라 시설	조영재에 따라 시설하지 않는 경우	
저 압	400[V] 이하	2.5 [cm] 이상				–	
	400[V] 초과	건조한 장소	2.5[cm] 이상	6 [cm] 이상	2 [m] 이하	6 [m] 이하	
		기타의 장소	4.5[cm] 이상				

답 ③

문제 **96** 터널 등에 시설하는 사용전압이 220[V]인 전구선이 0.6/1[kV] EP 고무 절연 클로로프렌 캡타이어 케이블일 경우 단면적은 최소 몇 [mm²] 이상이어야 하는가?

① 0.5   ② 0.75

③ 1.25   ④ 1.4

풀이

242.7.2 터널 등의 전구선 또는 이동전선 등의 시설

터널 등에 시설하는 사용전압이 400[V] 이하인 저압의 전구선 또는 이동전선은 다음과 같이 시설하여야 한다.

가. 전구선은 **단면적 0.75[mm²] 이상의 300/300[V] 편조 고무코드** 또는 0.6/1[kV] EP 고무 절연 클로로프렌 캡타이어 케이블일 것.

나. 이동전선은 300/300[V] 편조 고무코드, 비닐 코드 또는 캡타이어 케이블일 것.

답 ②

> 출제기준 변경 및 개정된 관계 법규에 따라 삭제된 문제가 있어 20문항이 안됩니다.

국가기술자격검정 필기시험 문제

2017년도 전기기사 일반검정 제2회				수검 번호	성 명
자격종목 및 등급(선택분야)	종목코드	시험시간	문제지형별		
전기기사	1150	2시간 30분	A		

제1과목 ▷ 전기자기학

문제 01 무한 평면에 일정한 전류가 표면에 한 방향으로 흐르고 있다. 평면으로부터 r만큼 떨어진 점과 $2r$만큼 떨어진 점과의 자계의 비는 얼마인가?

① 1
② $\sqrt{2}$
③ 2
④ 4

풀이

무한 평판에서 전류가 전면으로 $J[\text{A/m}]$가 흐르고 있을 때 자계는 상부에서 왼쪽 방향, 하부는 오른쪽 방향으로 나타난다. 이때 평판 상부의 폐곡선 ABCD에서 자계를 고려한다.

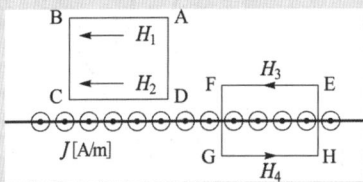

적분로 AB, CD의 길이가 l 부분의 자계를 H_1, H_2일 때 폐곡선 ABCD 내부에 전류가 0인 암페어 주회적분을 적용한다. 적분로 AB는 H_1과 같은 방향, CD는 H_2와 반대 방향이므로 선적분은 각각 H_1l, $-H_2l$이고, BC와 DA의 선적분은 자계와 적분로가 수직이므로 0이 된다.

$$\oint H \cdot dl = \int_{AB} H_1 \cdot dl + \int_{BC} H \cdot dl$$
$$+ \int_{CD} H_2 \cdot dl + \int_{DA} H \cdot dl = 0$$

$$\oint H \cdot dl = H_1 \cdot l - H_2 \cdot l = 0$$

$$\therefore H_1 = H_2$$

$H_1 = H_2$로부터 **무한 평판 전류 도체에서 자계의 세기는 수직 거리에 관계없이 일정**하다.

참고

폐곡선 EFGH 내부에 전류 I일 때 암페어 주회적분을 적용하면 H_3, H_4는 적분로와 방향이 같으므로 (+)가 된다. 또 자계의 대칭성(방향은 반대이지만 크기는 동일)에 의해 $H_3 = H_4$이므로 다음과 같이 정리된다.

$$\oint H \cdot dl = \int_{EF} H_3 \cdot dl + \int_{FG} H \cdot dl$$
$$+ \int_{GH} H_4 \cdot dl + \int_{HE} H \cdot dl = I$$

$$\oint H \cdot dl = H_3 \cdot l + H_4 \cdot l = I, \quad 2H_3 = I/l = J,$$

$$\therefore H_3 = \frac{J}{2}$$

따라서 무한 평판 전류 $J[\text{A/m}]$에 의한 자계는 모두 일정한 관계를 나타내고, 자계의 세기는 다음과 같다.

$$\therefore H_1 = H_2 = H_3 = H_4 = \frac{J}{2}[\text{A/m}] \qquad \boxed{답} ①$$

문제 02 내부도체 반지름이 10[mm], 외부도체의 내반지름이 20[mm]인 동축케이블에서 내부도체 표면에 전류 I가 흐르고, 얇은 외부도체에 반대방향인 전류가 흐를 때 단위 길이당 외부 인덕턴스는 약 몇 [H/m] 인가?

① 0.28×10^{-7}
② 1.39×10^{-7}
③ 2.03×10^{-7}
④ 2.78×10^{-7}

풀이

동축 케이블의 단위 길이당 외부 인덕턴스

$$L = \frac{\mu_0}{2\pi} \ln \frac{b}{a} = \frac{4\pi \times 10^{-7}}{2\pi} \ln \frac{20 \times 10^{-3}}{10 \times 10^{-3}}$$

$$= 1.39 \times 10^{-7} [\text{H/m}] \qquad \boxed{답} ②$$

문제 03 최대 정전용량 C_0[F]인 그림과 같은 콘덴서의 정전용량이 각도에 비례하여 변화한다고 한다. 이 콘덴서를 전압 V[V]로 충전했을 때 회전자에 작용하는 토크는?

① $\dfrac{C_0 V^2}{2}$ [N·m]

② $\dfrac{C_0^2 V}{2\pi}$ [N·m]

③ $\dfrac{C_0 V^2}{2\pi}$ [N·m]

④ $\dfrac{C_0 V^2}{\pi}$ [N·m]

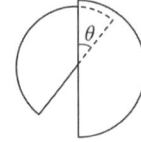

풀이

회전 각도 θ일 때 용량을 C_θ, 그때의 에너지를 W_θ라 하면

$$C_\theta = C_0 \frac{\theta}{\pi}$$

$$W_\theta = \frac{1}{2} CV^2 = \frac{C_0 V^2}{2\pi}\theta$$

따라서, 회전력 T는

$$T = \frac{\partial W_\theta}{\partial \theta} = \frac{\partial}{\partial \theta}\left(\frac{C_0 V^2}{2\pi}\theta\right) = \frac{C_0 V^2}{2\pi} \text{[N·m]}$$

θ의 증가 방향으로 **인가 전압의 제곱에 비례하는 회전력이 작용**한다. **답 ③**

문제 04 어떤 공간의 비유전율은 2 이고, 전위 $V(x,y) = \dfrac{1}{x} + 2xy^2$ 이라고 할 때 점 $\left(\dfrac{1}{2}, \ 2\right)$에서의 전하밀도 ρ는 약 몇 [pC/m³] 인가?

① -20 ② -40

③ -160 ④ -320

풀이

전위와 공간 전하 밀도의 관계 : 포아송 방정식

$$\nabla^2 V = -\frac{\rho}{\epsilon}\left(=-\frac{\rho}{\epsilon_0 \epsilon_s}\right)$$

$$\nabla^2 V = \frac{\partial^2 V}{\partial x^2} + \frac{\partial^2 V}{\partial y^2} = \frac{\partial^2}{\partial x^2}\left(\frac{1}{x} + 2xy^2\right) + \frac{\partial^2}{\partial y^2}\left(\frac{1}{x} + 2xy^2\right)$$

$$= \frac{2}{x^3} + 4x = 16 + 2 = 18$$

$$\therefore \ \rho = -\epsilon_0 \epsilon_s (\nabla^2 V) = -8.854 \times 10^{-12} \times 2 \times 18$$

$$= -3.19 \times 10^{-10} \text{[C/m}^3\text{]} = -319 \text{[pC/m}^3\text{]} \quad \text{답 ④}$$

문제 05 원통좌표계에서 전류밀도 $j = Kr^2 a_z$ [A/m²]일 때 암페어의 법칙을 사용한 자계의 세기 H [AT/m]는? (단, K는 상수이다.)

① $H = \dfrac{K}{4} r^4 a_\phi$ ② $H = \dfrac{K}{4} r^3 a_\phi$

③ $H = \dfrac{K}{4} r^4 a_z$ ④ $H = \dfrac{K}{4} r^3 a_z$

풀이

$$\text{rot } H = \left(\frac{1}{r}\frac{\partial H_z}{\partial \phi} - \frac{\partial H_\phi}{\partial z}\right)a_r + \left(\frac{\partial H_r}{\partial z} - \frac{\partial H_z}{\partial r}\right)a_\phi$$
$$+ \left(\frac{1}{r}\frac{\partial(rH_\phi)}{\partial r} - \frac{1}{r}\frac{\partial H_r}{\partial \phi}\right)a_z = Kr^2 a_z$$

$$\frac{1}{r}\frac{\partial(rH_\phi)}{\partial r} - \frac{1}{r}\frac{\partial H_r}{\partial \phi} = Kr^2$$

$$\therefore \ H = \frac{K}{4} r^3 a_\phi \qquad \text{답 ②}$$

문제 06 그림과 같은 히스테리시스 루프를 가진 철심이 강한 평등자계에 의해 매 초 60[Hz]로 자화할 경우 히스테리시스 손실은 몇 [W] 인가? (단, 철심의 체적은 20[cm³], $B_r = 5$[Wb/m²], $H_c = 2$[AT/m] 이다.)

① 1.2×10^{-2}

② 2.4×10^{-2}

③ 3.6×10^{-2}

④ 4.8×10^{-2}

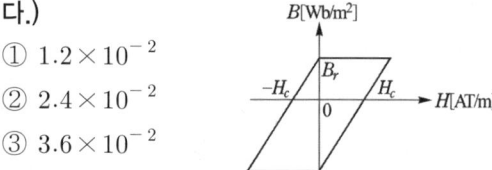

풀이

철심이 한 번 자화함에 따라 발생하는 에너지 손실 W_h는 사각형 히스테리시스로 포위된 면적과 동일하게 된다.

$$W_h = 4H_c B_r \text{[W/m}^3\text{]}$$

따라서, 체적은 v[m³], 주파수를 f[Hz]라 하면 구하는 에너지 P_h는

$$\therefore \ P_h = fvW_h = 4fvH_c B_r = 4 \times 60 \times 20 \times 10^{-6} \times 2 \times 5$$
$$= 4.8 \times 10^{-2} \text{[W]} \qquad \text{답 ④}$$

문제 07 그림과 같이 직각 코일이

$B = 0.05 \dfrac{a_x + a_y}{\sqrt{2}}$ [T]인자계에 위치하고 있다. 코

일에 5[A] 전류가 흐를 때 z축에서의 토크는 약 몇 [N·m] 인가?

① $2.66 \times 10^{-4} a_x$

② $5.66 \times 10^{-4} a_x$

③ $2.66 \times 10^{-4} a_z$

④ $5.66 \times 10^{-4} a_z$

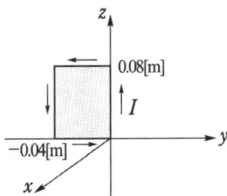

풀이

$I = 5a_z$, $B = 0.03536(a_x + a_y)$

z축상의 전류 도체가 받는 힘

$F = (I \times B) l$

$I \times B = 5 \times 0.03536(a_z \times a_x + a_z \times a_y) = 0.1768(a_y - a_x)$

$\therefore F = (I \times B) l = 0.1768 \times 0.08(-a_x + a_y)$

$= 0.01414(-a_x + a_y)[N]$

토크 $T = r \times F$이고 $r = 0.04a_y$ 이므로

$T = 5.66 \times 10^{-4}(-a_y \times a_x + a_y \times a_y) = 5.66 \times 10^{-4}\{-(-a_z)\}$

$= 5.66 \times 10^{-4} a_z [N \cdot m]$ **답** ④

문제 08 그림과 같이 무한평면 도체 앞 a[m] 거리에 점전하 Q[C]가 있다. 점 O에서 x[m]인 P점의 전하밀도 σ[C/m²]는?

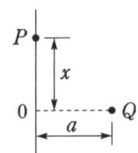

① $\dfrac{Q}{4\pi} \cdot \dfrac{a}{(a^2 + x^2)^{\frac{3}{2}}}$

② $\dfrac{Q}{2\pi} \cdot \dfrac{a}{(a^2 + x^2)^{\frac{3}{2}}}$

③ $\dfrac{Q}{4\pi} \cdot \dfrac{a}{(a^2 + x^2)^{\frac{2}{3}}}$

④ $\dfrac{Q}{2\pi} \cdot \dfrac{a}{(a^2 + x^2)^{\frac{2}{3}}}$

풀이

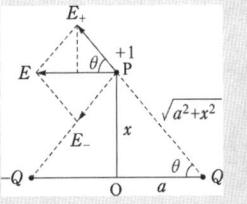

무한 평판 대 점전하이므로 전기 영상법을 적용

영상 전하 $-Q$, 점 P에서 전계의 세기 E

$E_+ = E_- = \dfrac{Q}{4\pi\epsilon_0 \left(\sqrt{a^2 + x^2}\right)^2} = \dfrac{Q}{4\pi\epsilon_0 (a^2 + x^2)}$

$E = 2E_+ \cos\theta = 2 \cdot \dfrac{Q}{4\pi\epsilon_0 (a^2 + x^2)} \cdot \dfrac{a}{\sqrt{a^2 + x^2}}$

$\therefore E = \dfrac{Q}{2\pi\epsilon_0} \cdot \dfrac{a}{(a^2 + x^2)^{\frac{3}{2}}}$

면전하밀도와 전계의 세기의 관계식 $\sigma = D = \epsilon_0 E$로부터

$\therefore \sigma = D = \epsilon_0 E = \dfrac{Q}{2\pi} \cdot \dfrac{a}{(a^2 + x^2)^{\frac{3}{2}}}$[C/m²] **답** ②

문제 09 막대자석 위쪽에 동축도체 원판을 놓고 회로의 한 끝은 원판의 주변에 접촉시켜 회전하도록 해놓은 그림과 같은 패러데이 원판 실험을 할 때 검류계에 전류가 흐르지 않는 경우는?

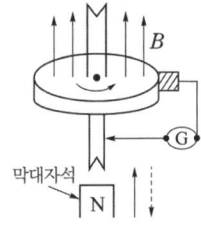

① 자석만을 일정한 방향으로 회전시킬 때

② 원판만을 일정한 방향으로 회전시킬 때

③ 자석을 축 방향으로 전진시킨 후 후퇴시킬 때

④ 원판과 자석을 동시에 같은 방향, 같은 속도로 회전시킬 때

풀이

기전력$\left(e = -\dfrac{d\phi}{dt}\right)$은 자속이 시간적으로 변화가 일어날 때 발생하기 때문에 자속이 자석 또는 원판의 회전에 의해 증감 또는 끊기게 되면 변화가 발생하여 기전력이 발생하고 전류가 흐르게 된다. 그러므로 원판과 자석을 동시에 같은 방향, 같은 속도로 회전시키면 자속의 변화가 발생하지 않으므로 전류가 흐르지 않는다. **답** ④

문제 10 유전율 $\epsilon = 8.855 \times 10^{-12}$[F/m]인 진공 중을 전자파가 전파할 때 진공 중의 투자율[H/m]은?

① 7.58×10^{-5}

② 7.58×10^{-7}

③ 12.56×10^{-5}

④ 12.56×10^{-7}

풀이

진공 중의 전자파 속도

$c = \dfrac{1}{\sqrt{\epsilon_0 \mu_0}} = 3 \times 10^8 \,[\text{m/s}]$ 에서

$\therefore \mu_0 = \dfrac{1}{\epsilon_0 c^2} = \dfrac{1}{8.855 \times 10^{-12} \times (3 \times 10^8)^2}$

$= 12.55 \times 10^{-7} \,[\text{H/m}]$ **답** ④

문제 11 점전하에 의한 전계의 세기[V/m]를 나타내는 식은? (단, r은 거리, Q는 전하량, λ는 선전하 밀도, σ는 표면전하밀도 이다.)

① $\dfrac{1}{4\pi\epsilon_o}\dfrac{Q}{r^2}$ ② $\dfrac{1}{4\pi\epsilon_o}\dfrac{\sigma}{r^2}$

③ $\dfrac{1}{2\pi\epsilon_o}\dfrac{Q}{r^2}$ ④ $\dfrac{1}{2\pi\epsilon_o}\dfrac{\sigma}{r^2}$

풀이

전계의 세기는 전계 내의 임의의 한 점에 단위전하 +1 [C]을 놓았을 때, 이에 작용하는 힘을 말하므로 그림과 같이 점 O에 점전하 Q[C]이 있고, 거리 r [m] 떨어진 점 P에 단위 전하 +1[C]를 놓았을 때 이에 작용하는 전기력 $\boldsymbol{F}$는 전계의 세기 $\boldsymbol{E}$가 된다.

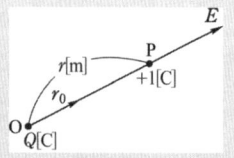

$F = E = \dfrac{1}{4\pi\epsilon_o}\dfrac{Q \times 1}{r^2} = \dfrac{1}{4\pi\epsilon_o}\dfrac{Q}{r^2} \,[\text{V/m}]$

여기서, E : 전계의 세기 [V/m], Q : 전하량 [C]

r : 양 전하간의 거리 [m]

ϵ_o : 진공중의 유전율 **답** ①

문제 12 유전율 ϵ, 투자율 μ인 매질에서의 전파속도 v는?

① $\dfrac{1}{\sqrt{\epsilon\mu}}$ ② $\sqrt{\epsilon\mu}$ ③ $\sqrt{\dfrac{\epsilon}{\mu}}$ ④ $\sqrt{\dfrac{\mu}{\epsilon}}$

풀이

전자파의 속도는 $v^2 = \dfrac{1}{\epsilon\mu}$ 에서

$\therefore v = \dfrac{1}{\sqrt{\epsilon\mu}} = \dfrac{1}{\sqrt{\epsilon_0\mu_0}} \cdot \dfrac{1}{\sqrt{\epsilon_s\mu_s}} = c\,\dfrac{1}{\sqrt{\epsilon_s\mu_s}}$

$= \dfrac{3 \times 10^8}{\sqrt{\epsilon_s\mu_s}}\,[\text{m/s}]$ **답** ①

문제 13 전계 E [V/m], 전속밀도 D[C/m²], 유전율 $\epsilon = \epsilon_o\epsilon_s$[F/m], 분극의 세기 P[C/m²] 사이의 관계는?

① $P = D + \epsilon_0 E$ ② $P = D - \epsilon_0 E$

③ $P = \dfrac{D + E}{\epsilon_0}$ ④ $P = \dfrac{D - E}{\epsilon_0}$

풀이

전계 $E = \dfrac{\sigma - \sigma_p}{\epsilon_0} = \dfrac{D - P}{\epsilon_0}\,[\text{V/m}]$

$\therefore D = \epsilon_0 E + P \,[\text{C/m}^2]$

그러므로, 분극의 세기 P는

$\therefore P = D - \epsilon_0 E = \epsilon_0\epsilon_s E - \epsilon_0 E = \epsilon_0(\epsilon_s - 1)E \,[\text{C/m}^2]$ **답** ②

문제 14 서로 결합하고 있는 두 코일 C_1과 C_2의 자기인덕턴스가 각각 L_{c1}, L_{c2}라고 한다. 이 둘을 직렬로 연결하여 합성인덕턴스 값을 얻은 후 두 코일간 상호인덕턴스의 크기($|M|$)를 얻고자 한다. 직렬로 연결할 때, 두 코일간 자속이 서로 가해져서 보강되는 방향의 합성인덕턴스의 값이 L_1, 서로 상쇄되는 방향의 합성인덕턴스의 값이 L_2일 때, 다음 중 알맞은 식은?

① $L_1 < L_2,\ |M| = \dfrac{L_2 + L_1}{4}$

② $L_1 > L_2,\ |M| = \dfrac{L_1 + L_2}{4}$

③ $L_1 < L_2,\ |M| = \dfrac{L_2 - L_1}{4}$

④ $L_1 > L_2,\ |M| = \dfrac{L_1 - L_2}{4}$

풀이

자속이 같은 방향인 경우의 합성 인덕턴스

$L_1 = L_{c1} + L_{c2} + 2M$ ······ ①

자속이 반대 방향인 경우의 합성 인덕턴스

$L_2 = L_{c1} + L_{c2} - 2M$ ······ ②

따라서, $L_1 > L_2$이고 ① − ② 를 하면

$L_1 - L_2 = 4M$

$\therefore M = \dfrac{L_1 - L_2}{4}$ **답** ④

문제 15 벡터 포텐셜 $A = 3x^2 y a_x + 2x a_y - z^3 a_z$ [Wb/m] 일 때의 자계의 세기 H[A/m]는? (단, μ는 투자율이라 한다.)

① $\dfrac{1}{\mu}(2 - 3x^2)a_y$

② $\dfrac{1}{\mu}(3 - 2x^2)a_y$

③ $\dfrac{1}{\mu}(2 - 3x^2)a_z$

④ $\dfrac{1}{\mu}(3 - 2x^2)a_z$

풀이

자속밀도와 벡터 포텐셜의 관계 $B = \text{rot}\, A = \nabla \times A$

$\nabla \times A = \left(\dfrac{\partial}{\partial x}a_x + \dfrac{\partial}{\partial y}a_y + \dfrac{\partial}{\partial z}a_z \right) \times (3x^2 y a_x + 2x a_y - z^3 a_z)$

$= \begin{vmatrix} a_x & a_y & a_z \\ \dfrac{\partial}{\partial x} & \dfrac{\partial}{\partial y} & \dfrac{\partial}{\partial z} \\ 3x^2 y & 2x & -z^3 \end{vmatrix} = (2 - 3x^2)a_z$

$B = (2 - 3x^2)a_z$ 와 $B = \mu H$ 의 관계식에서

$\therefore\ H = \dfrac{B}{\mu} = \dfrac{1}{\mu}(2 - 3x^2)a_z$ **답** ③

문제 16 정전용량이 C_0[F]인 평행판 공기콘덴서가 있다. 이것의 극판에 평행으로 판간격 d[m]의 1/2 두께인 유리판을 삽입하였을 때의 정전용량[F]은? (단, 유리판의 유전율은 ϵ[F/m] 이라 한다.)

① $\dfrac{2C_0}{1 + \dfrac{1}{\epsilon}}$

② $\dfrac{C_0}{1 + \dfrac{1}{\epsilon}}$

③ $\dfrac{2C_0}{1 + \dfrac{\epsilon_0}{\epsilon}}$

④ $\dfrac{C_0}{1 + \dfrac{\epsilon}{\epsilon_0}}$

풀이

공기 부분 정전 용량을 C_1 이라 하면

$C_1 = \dfrac{\epsilon_0 S}{d/2} = \dfrac{2S\epsilon_0}{d}$ [F]

이고, 유리판 부분 정전 용량을 C_2 라 하면

$C_2 = \dfrac{\epsilon S}{d/2} = \dfrac{2S\epsilon}{d}$ [F]

이다. 그러므로, 극판간 공극의 두께 1/2 상당의 유리판을 넣을 경우 정전 용량 C

$C = \dfrac{1}{\dfrac{1}{C_1} + \dfrac{1}{C_2}} = \dfrac{1}{\dfrac{d}{2S}\left(\dfrac{1}{\epsilon_0} + \dfrac{1}{\epsilon}\right)} = \dfrac{1}{\dfrac{d}{2S\epsilon_0}\left(1 + \dfrac{\epsilon_0}{\epsilon}\right)}$

$= \dfrac{2C_0}{1 + \dfrac{\epsilon_0}{\epsilon}} = \dfrac{2C_0}{1 + \dfrac{1}{\epsilon_s}}$ **답** ③

문제 17 자기회로에서 자기저항의 관계로 옳은 것은?

① 자기회로의 길이에 비례

② 자기회로의 단면적에 비례

③ 자성체의 비투자율에 비례

④ 자성체의 비투자율의 제곱에 비례

풀이

자기 저항 $R_m = \dfrac{l}{\mu S}$ 이므로 $R_m \propto l$ 이다.

즉, **자기 저항은 자기회로의 길이(l)에 비례**한다. **답** ①

문제 18 그림과 같은 길이가 1 [m]인 동축 원통 사이의 정전용량[F/m]은?

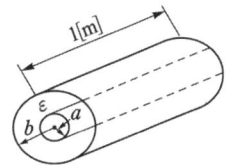

① $C = \dfrac{2\pi}{\epsilon \ln\dfrac{b}{a}}$

② $C = \dfrac{\epsilon}{2\pi \ln\dfrac{b}{a}}$

③ $C = \dfrac{2\pi\epsilon}{\ln\dfrac{b}{a}}$

④ $C = \dfrac{2\pi\epsilon}{\ln\dfrac{a}{b}}$

풀이

동축 원통 사이의 단위길이당 정전용량 C 는

$C = \dfrac{\lambda}{V} = \dfrac{2\pi\epsilon}{\ln\dfrac{b}{a}}$ [F/m] **답** ③

문제 19 철심이 든 환상 솔레노이드의 권수는 500회, 평균 반지름은 10 [cm], 철심의 단면적은 10 [cm²], 비투자율 4000 이다. 이 환상 솔레노이드에 2 [A]의 전류를 흘릴 때 철심 내의 자속[Wb]은?

① 4×10^{-3}

② 4×10^{-4}

③ 8×10^{-3}

④ 8×10^{-4}

풀이

$\phi = BS = \mu HS = \mu_0 \mu_s \cdot \dfrac{nI}{2\pi r} \cdot S$

$\phi = 4\pi \times 10^{-7} \times 4000 \times \dfrac{500 \times 2}{2\pi \times 0.1} \times (10 \times 10^{-4})$

$= 8 \times 10^{-3} [\text{Wb}]$

답 ③

문제 20 그림과 같은 정방형관 단면의 격자점 ⑥의 전위를 반복법으로 구하면 약 몇 [V]인가?

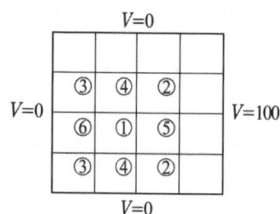

$V=0$

$V=0$ ③ ④ ②
⑥ ① ⑤ $V=100$
③ ④ ②

$V=0$

① 6.3   ② 9.4   ③ 18.8   ④ 53.2

풀이

우선 정방형관 단면의 중심 격자점 ①의 전위 V_1을 구한다.

$V_1 = \frac{1}{4}(100 + 0 + 0 + 0) = 25[\text{V}]$

마찬가지 방법으로 V_3, V_6을 구한다.

$V_3 = \frac{1}{4}(25 + 0 + 0 + 0) = 6.25[\text{V}]$

$\therefore V_6 = \frac{1}{4}(V_1 + V_3 + V_3 + 0) = \frac{1}{4}(25 + 6.25 + 6.25 + 0)$

$= 9.4[\text{V}]$

답 ②

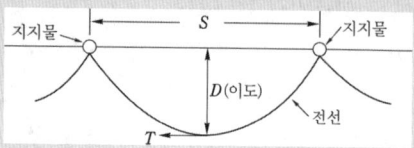

제2과목 **전력공학**

문제 21 가공 송전선로를 가선할 때에는 하중조건과 온도조건을 고려하여 적당한 이도(dip)를 주도록 하여야 한다. 이도에 대한 설명으로 옳은 것은?

① 이도의 대소는 지지물의 높이를 좌우한다.

② 전선을 가선할 때 전선을 팽팽하게 하는 것을 이도가 크다고 한다.

③ 이도가 작으면 전선이 좌우로 크게 흔들려서 다른 상의 전선에 접촉하여 위험하게 된다.

④ 이도가 작으면 이에 비례하여 전선의 장력이 증가되며, 너무 작으면 전선 상호간이 꼬이게 된다.

풀이

• 이도(Dip) : 전선의 양쪽 지지점을 연결하는 수평선으로부터 전선이 밑으로 내려가 있는 길이

지지물 ⟵ S ⟶ 지지물

D(이도)

전선

T

• 이도의 대소는 지지물의 높이를 좌우한다.
• 이도가 너무 크면 전선의 좌우 진동이 크게 되어 다른 상의 전선과 접촉하거나 수목과 접촉할 우려가 있다.
• 이도가 너무 작으면 전선의 장력이 증가하고 심하면 전선이 단선될 수 있다.

답 ①

문제 22 동기조상기(A)와 전력용 콘덴서(B)를 비교한 것으로 옳은 것은?

① 시충전 : (A) 불가능, (B) 가능
② 전력손실 : (A) 작다, (B) 크다
③ 무효전력 조정 : (A) 계단적, (B) 연속적
④ 무효전력 : (A) 진상 · 지상용, (B) 진상용

풀이

조상설비의 비교

항 목	동기 조상기	전력용 콘덴서	분로 리액터
전력손실	많음 (1.5~2.5 [%])	적음 (0.3 [%] 이하)	적음 (0.6 [%] 이하)
무효전력	진상, 지상 양용	진상전용	지상전용
조정	연속적	계단적	계단적
사고시 전압유지	큼	작음	작음
시충전	가능	불가능	불가능

답 ④

문제 23 수력발전소에서 사용되는 수차 중 15[m] 이하의 저낙차에 적합하여 조력발전용으로 알맞은 수차는?

① 카플란수차   ② 펠톤수차
③ 프란시스수차   ④ 튜블러수차

풀이

원통 수차(tubular type turbine)는 특히 저낙차용으로서 용도가 넓고 조력 발전소에도 쓰이며 또한 가역식으로서 양수식 발전소의 펌프 수차에도 사용되고 있다.

답 ④

문제 24 승압기에 의하여 전압 V_e에서 V_h로 승압할 때, 2차 정격전압 e, 자기용량 W인 단상 승압기가 공급할 수 있는 부하용량은?

① $\dfrac{V_h}{e} \times W$　　　② $\dfrac{V_e}{e} \times W$

③ $\dfrac{V_e}{V_h - V_e} \times W$　　④ $\dfrac{V_h - V_e}{V_e} \times W$

풀이

승압기의 자기용량
$W = eI$ [VA]에서
승압기의 정격전류
$I = \dfrac{W}{e}$ [A]

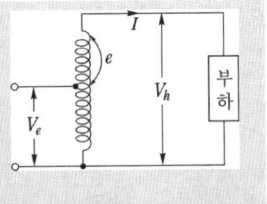

부하용량

$P = V_h I = V_h \dfrac{W}{e}$ [VA]　　**답** ①

문제 25 어떤 화력발전소에서 과열기 출구의 증기압이 169 [kg/cm²] 이다. 이것은 약 몇 [atm]인가?

① 127.1　　　② 163.6

③ 1650　　　④ 12850

풀이

1 [atm] $= 760$ [mmHg] $= 1.033$ [kg/cm²]

따라서, $169 \times \dfrac{1}{1.033} = 163.6$ [atm]　　**답** ②

문제 26 어떤 공장의 소모전력이 100[kW]이며, 이 부하의 역률이 0.6 일 때, 역률을 0.9로 개선하기 위한 전력용 콘덴서의 용량은 약 몇 [kVA] 인가?

① 75　　　② 80

③ 85　　　④ 90

풀이

$$Q_c = P(\tan\theta_1 - \tan\theta_2)$$
$$= P\left(\frac{\sqrt{1-\cos\theta_1{}^2}}{\cos\theta_1} - \frac{\sqrt{1-\cos\theta_2{}^2}}{\cos\theta_2}\right) \text{[kVA]}$$

에서 유효 전력 $P = 100$[kW]이므로 콘덴서 용량은

$$Q_c = 100\left(\frac{\sqrt{1-0.6^2}}{0.6} - \frac{\sqrt{1-0.9^2}}{0.9}\right) = 84.9 \text{ [kVA]}$$　　**답** ③

문제 27 송전계통의 한 부분이 그림과 같이 3상 변압기로 1차측은 △로, 2차측은 Y로 중성점이 접지되어 있을 경우, 1차측에 흐르는 영상전류는?

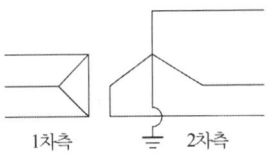

1차측　　　2차측

① 1차측 선로에서 ∞ 이다.

② 1차측 선로에서 반드시 0 이다.

③ 1차측 변압기 내부에서는 반드시 0 이다.

④ 1차측 변압기 내부와 1차측 선로에서 반드시 0 이다.

풀이

그림과 같이 **영상 전류**는 중성점을 통하여 대지로 흐르며 1차 변압기의 △권선 내에서는 순환 전류가 흐르나 각 상이 동상이므로 △ 권선 외부로 유출하지 못한다.

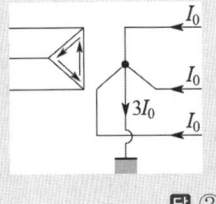

답 ②

문제 28 일반적으로 부하의 역률을 저하시키는 원인은?

① 전등의 과부하

② 선로의 충전전류

③ 유도전동기의 경부하 운전

④ 동기전동기의 중부하 운전

풀이

유도 전동기의 자기 회로에는 갭(gap)이 있기 때문에 정격 전류 I_1에 대한 여자 전류 I_0의 비율은 매우 크며 일반적으로 전부하 전류의 25~50[%]에 이른다. 그리고 I_0의 대부분을 차지하고 있는 자화 전류 I_ϕ는 $\dfrac{\pi}{2}$ 뒤진 전류이기 때문에 유도 전동기는 역률이 낮고 경부하일 경우에는 더욱 역률은 낮아지게 된다.　　**답** ③

문제 29 송전단 전압을 V_s, 수전단 전압을 V_r, 선로의 리액턴스를 X라 할 때 정상 시의 최대 송전전력의 개략적인 값은?

① $\dfrac{V_s - V_r}{X}$　　② $\dfrac{V_s^2 - V_r^2}{X}$

③ $\dfrac{V_s(V_s - V_r)}{X}$　　④ $\dfrac{V_s V_r}{X}$

풀이

송전 전력 $P = \dfrac{V_s V_r}{X}\sin\theta$ 에서 $\sin\theta = 1$일 때 최대 송전전력이 된다. 즉, **최대 송전전력** $P_m = \dfrac{V_s V_r}{X}$

여기서, θ : 송전단 전압과 수전단 전압 사이의 상차각

답 ④

문제 30 가공지선의 설치 목적이 아닌 것은?

① 전압강하의 방지

② 직격뢰에 대한 차폐

③ 유도뢰에 대한 정전차폐

④ 통신선에 대한 전자유도 장해 경감

풀이

가공지선(over head ground wire)은 송전선 위에 나란히 가설된 도선으로 각 철탑에 접지되어 있으며, 그 설치 목적은

① 직격뢰에 대한 차폐 효과

② 유도뢰에 대한 정전 차폐 효과

③ 통신선에 대한 전자 유도 장해 경감 효과

답 ①

문제 31 배전선로에 관한 설명으로 틀린 것은?

① 밸런서는 단상 2선식에 필요하다.

② 저압뱅킹방식은 전압 변동을 경감할 수 있다.

③ 배전선로의 부하율이 F일 때 손실계수는 F와 F^2의 사이의 값이다.

④ 수용률이란 최대수용전력을 설비용량으로 나눈 값을 퍼센트로 나타낸다.

풀이

단상 3선식에서는 양측 부하의 불평형에 의한 부하 전압의 불평형이 큰 문제가 되며, 이런 전압의 불평형을 줄이기 위한 대책으로 밸런서가 필요하다. 즉, **밸런서는 단상 2선식에 필요한 것이 아니라 단상 3선식에 필요**하다. **답** ①

문제 32 피뢰기가 방전을 개시할 때의 단자전압의 순시값을 방전 개시전압이라 한다. 방전 중의 단자 전압의 파고값을 무엇이라 하는가?

① 속류

② 제한전압

③ 기준충격 절연강도

④ 상용주파 허용단자전압

풀이

① 속류 : 방전 전류에 이어서 전원으로부터 공급되는 상용 주파수의 전류가 직렬갭을 통하여 대지로 흐르는 전류

② **제한전압** : 충격파 전류가 흐르고 있을 때(피뢰기 동작 중일 때)의 피뢰기 단자전압의 파고값

③ 기준충격 절연강도 : 송배전 계통에서 절연 협조의 기준이 되는 절연강도

④ 상용주파 허용단자전압(정격전압) : 속류의 차단이 되는 최고의 교류전압. 즉, 피뢰기의 양단자 사이에 인가할 수 있는 상용주파수 최대전압의 실효값 **답** ②

문제 33 수차 발전기에 제동권선을 설치하는 주된 목적은?

① 정지시간 단축

② 회전력의 증가

③ 과부하 내량의 증대

④ 발전기 안정도의 증진

풀이

발전기의 **안정도 향상 대책**

① 정태 극한 전력을 크게 한다(정상 리액턴스 작게).

② 난조 방지 (플라이 휠 효과 선정, **제동권선 설치**)

③ 단락비를 크게 한다. **답** ④

문제 34 3상 3선식 가공송전선로에서 한 선의 저항은 15[Ω], 리액턴스는 20[Ω]이고, 수전단 선간전압은 30 [kV], 부하역률은 0.8(뒤짐)이다. 전압강하율을 10[%]라 하면, 이 송전선로는 몇 [kW]까지 수전할 수 있는가?

① 2500　　② 3000

③ 3500　　④ 4000

풀이

전압강하율 $\epsilon = \dfrac{P}{V^2}(R + X\tan\theta)$에서

$$P=\frac{\epsilon V^2}{R+X\tan\theta}=\frac{0.1\times30000^2}{15+20\times\frac{0.6}{0.8}}=3\times10^6[W]=3000[kW]$$

$$(\because \tan\theta=\frac{\sin\theta}{\cos\theta}=\frac{0.6}{0.8})$$ 답 ②

문제 35 송전선로에서 사용하는 변압기 결선에 △ 결선이 포함되어 있는 이유는?

① 직류분의 제거
② 제3고조파의 제거
③ 제5고조파의 제거
④ 제7고조파의 제거

풀이

변압기의 △결선 이유는 **△결선시 제3고조파를 제거할 수 있기 때문이다.** 답 ②

문제 36 차단기와 아크 소호원리가 바르지 않은 것은?

① OCB : 절연유에 분해 가스 흡부력 이용
② VCB : 공기 중 냉각에 의한 아크 소호
③ ABB : 압축공기를 아크에 불어 넣어서 차단
④ MBB : 전자력을 이용하여 아크를 소호실내로 유도하여 냉각

풀이

소호원리에 따른 차단기의 종류

종류	약어	소호원리
유입차단기	OCB	소호실에서 아크에 의한 절연유 분해 가스의 흡부력을 이용해서 차단
기중차단기	ACB	대기 중에서 아크를 길게 하여 소호실에서 냉각 차단
자기차단기	MBB	대기 중에서 전자력을 이용하여 아크를 소호실내로 유도해서 냉각차단
공기차단기	ABB	압축된 공기를 아크에 불어 넣어서 차단
진공차단기	VCB	**고진공중에서 전자의 고속도 확산에 의해 차단**
가스차단기	GCB	고성능 절연특성을 가진 특수가스(SF6)를 흡수해서 차단

답 ②

문제 37 교류송전방식과 비교하여 직류송전방식의 설명이 아닌 것은?

① 전압변동률이 양호하고 무효전력에 기인하는 전력손실이 생기지 않는다.
② 안정도의 한계가 없으므로 송전용량을 높일 수 있다.
③ 전력변환기에서 고조파가 발생한다.
④ 고전압, 대전류의 차단이 용이하다.

풀이

직류의 경우 전압, 전류의 영(0)점이 없어 **고전압, 대전류 차단이 어렵다.** 답 ④

문제 38 전압 66000[V], 주파수 60[Hz], 길이 15[km], 심선 1선당 작용 정전용량 0.3587[μF/km]인 한 선당 지중전선로의 3상 무부하 충전전류는 약 몇 [A]인가? (단, 정전용량 이외의 선로정수는 무시한다.)

① 62.5 ② 68.2
③ 73.6 ④ 77.3

풀이

충전전류 $I_c=2\pi fCl\frac{V}{\sqrt{3}}$ [A]에서

$$I_c=2\pi\times60\times(0.3587\times10^{-6})\times15\times\left(\frac{66000}{\sqrt{3}}\right)\fallingdotseq77.3[A]$$

답 ④

문제 39 전력계통에서 사용되고 있는 GCB(Gas Circuit Breaker)용 가스는?

① N2 가스 ② SF6 가스
③ 알곤 가스 ④ 네온 가스

풀이

가스차단기(GCB)는 소호매질로서 SF6(육불화유황)가스를 사용하며, SF6 가스의 특징으로는 안정도가 높고 무색, 무취, 무독, 불활성 기체이며 절연 내력은 공기의 약 3배이고, 10기압 정도로 압축하면 공기의 10배 정도 절연 내력을 가지므로 실용화된 가스로서는 가장 널리 쓰인다. 답 ②

문제 40 네트워크 배전방식의 설명으로 옳지 않은 것은?

① 전압 변동이 적다.
② 배전 신뢰도가 높다.
③ 전력손실이 감소한다.
④ 인축의 접촉사고가 적어진다.

풀이

네트워크 배전 방식
① 장점
  • 정전이 적으며 배전 신뢰도가 높다.
  • 기기 이용률 향상된다.   • 전압 변동이 적다.
  • 적응성 양호하다.   • 전력 손실이 감소한다.
  • 변전소 수를 줄일 수 있다.
② 단점
  • 건설비가 비싸다.
  • **인축의 접촉 사고가 증가한다.**
  • 특별한 보호 장치를 필요로 한다.   **답** ④

제3과목 ▶ 전기기기

문제 41 정류회로에 사용되는 환류다이오드(free wheeling diode)에 대한 설명으로 틀린 것은?

① 순저항 부하의 경우 불필요하게 된다.
② 유도성 부하의 경우 불필요하게 된다.
③ 환류다이오드 동작 시 부하출력 전압은 0[V]가 된다.
④ 유도성 부하의 경우 부하전류의 평활화에 유용하다.

풀이

환류 다이오드는 부하와 병렬로 접속되어 다이오드가 off 될 때 **유도성 부하전류의 통로를 만드는 다이오드로** 부하전류를 평활화하고 다이오드의 역바이어스 전압을 부하에 관계없이 일정하게 유지시킨다.   **답** ②

문제 42 3상 변압기를 병렬 운전하는 경우 불가능한 조합은?

① △ – Y와 Y – △   ② △ – △와 Y – Y
③ △ – Y와 △ – Y   ④ △ – Y와 △ – △

풀이

3상 변압기의 병렬 운전의 결선 조합

병렬 운전 가능	병렬 운전 불가능
△–△와 △–△	△–△와 △–Y
Y–Y와 Y–Y	△–△와 Y–△
Y–△와 Y–△	△–Y와 Y–Y
△–Y와 △–Y	Y–△와 Y–Y
△–△와 Y–Y	
△–Y와 Y–△	

* 이유 : 3개의 △, 3개의 Y는 2차간에 정격 전압이 다르며 30°의 변위가 생겨 순환 전류가 흐른다.   **답** ④

문제 43 3상 직권 정류자 전동기에 중간(직렬)변압기가 쓰이고 있는 이유가 아닌 것은?

① 정류자 전압의 조정
② 회전자 상수의 감소
③ 실효 권수비 선정 조정
④ 경부하 때 속도의 이상 상승 방지

풀이

중간 변압기 사용 목적
① 전원 전압의 크기에 관계없이 회전자 전압을 정류 작용에 맞는 값으로 선정할 수 있다.
② 중간 변압기의 권수비를 바꾸어서 전동기의 특성을 조정할 수 있다.
③ 철심을 포화시켜 속도의 상승을 억제할 수 있다.   **답** ②

문제 44 직류 분권전동기를 무부하로 운전 중 계자 회로에 단선이 생긴 경우 발생하는 현상으로 옳은 것은?

① 역전한다.
② 즉시 정지한다.
③ 과속도로 되어 위험하다.
④ 무부하이므로 서서히 정지한다.

풀이

$n = k \dfrac{V - I_a R_a}{\phi}$ 에서 **계자 회로가 단선되면** ϕ가 0이 되므로 **과속도로 되어 위험**하다.   **답** ③

문제 45 변압기에 있어서 부하와는 관계없이 자속만을 발생시키는 전류는?

① 1차 전류 　　② 자화 전류
③ 여자 전류 　　④ 철손 전류

풀이

여자전류 $\dot{I_o} = \dot{I_\phi} + \dot{I_i}$ ∴ $I_o = \sqrt{I_\phi^2 + I_i^2}$

$\dot{I_\phi}$ (자화전류) : 자속을 유지하는 전류
$\dot{I_i}$ (철손전류) : 철손을 공급하는 전류　　**답 ②**

문제 46 직류전동기의 규약효율을 나타낸 식으로 옳은 것은?

① $\dfrac{출력}{입력} \times 100[\%]$

② $\dfrac{입력}{입력 + 손실} \times 100[\%]$

③ $\dfrac{출력}{출력 + 손실} \times 100[\%]$

④ $\dfrac{입력 - 손실}{입력} \times 100[\%]$

풀이

규약효율 (전기적 에너지를 기준으로 하여 암기)

• **전동기** (입력 ; 전기적 에너지, 출력 ; 기계적 에너지) : 입력이 전기적 에너지 이므로 입력을 기준

$\eta = \dfrac{입력 - 손실}{입력} \times 100[\%]$ (출력 = 입력 - 손실)

• **발전기** (입력 : 기계적 에너지, 출력 : 전기적 에너지) : 출력이 전기적 에너지 이므로 출력을 기준

$\eta = \dfrac{출력}{출력 + 손실} \times 100[\%]$ (입력 = 출력 + 손실)　　**답 ④**

문제 47 직류전동기에서 정속도(constant speed) 전동기라고 볼 수 있는 전동기는?

① 직권전동기 　　② 타여자전동기
③ 화동복권전동기 　④ 차동복권전동기

풀이

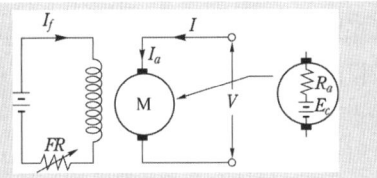

타여자 전동기는 **계자전류를 외부전원에서 일정하게 공급**할 수 있으므로 부하변동에 의한 속도 변화가 적어 **정속도 전동기**라고 할 수 있다.　　**답 ②**

문제 48 부흐홀츠 계전기에 대한 설명으로 틀린 것은?

① 오동작의 가능성이 많다.
② 전기적 신호로 동작한다.
③ 변압기의 보호에 사용된다.
④ 변압기의 주탱크와 콘서베이터를 연결하는 관 중에 설치한다.

풀이

부흐홀쯔 계전기는 변압기의 내부 고장으로 발생하는 **기름의 분해 가스 증기 또는 유류**를 이용하여 부저를 움직여 계전기의 접점을 닫는 것이므로 변압기의 주탱크와 콘서베이터와의 연결관 도중에 설치한다.　　**답 ②**

문제 49 단상 유도전동기의 기동방법 중 기동토크가 가장 큰 것은?

① 반발 기동형 　　② 분상 기동형
③ 세이딩 코일형 　④ 콘덴서 분상 기동형

풀이

단상 유도 전동기의 종류 및 용도

종 류	기동 토크 [%]	용 도
분상 기동형	125 이상	복사기, 계산기
콘덴서 기동형	250 이상	냉장고
콘덴서 전동기	140~160	세탁기, 선풍기
반발 기동형	300 이상	펌프
세이딩 코일형	40~100	플레이어, 테이프 레코더

즉, **기동 토크는 반발 기동형 > 콘덴서 기동형 > 분상 기동형 > 세이딩 코일형** 순이다.　　**답 ①**

문제 50 직류기에서 정류코일의 자기인덕턴스를 L이라 할 때 정류코일의 전류가 정류주기 T_c 사이에 I_c 에서 $-I_c$ 로 변한다면 정류코일의 리액턴스 전압 [V]의 평균값은?

① $L\dfrac{T_c}{2I_c}$　② $L\dfrac{I_c}{2T_c}$　③ $L\dfrac{2I_c}{T_c}$　④ $L\dfrac{I_c}{T_c}$

풀이

정류주기 내 전류는 $+I_c$ 에서 $-I_c$로 변하므로 전류 변화량은 $I_c - (-I_c) = 2I_c$ 가 된다.

그러므로 $e_L = L \dfrac{di}{dt} = L \dfrac{2I_c}{T_c}$ **답** ③

문제 51 일반적인 전동기에 비하여 리니어 전동기 (linear motor)의 장점이 아닌 것은?

① 구조가 간단하여 신뢰성이 높다.

② 마찰을 거치지 않고 추진력이 얻어진다.

③ 원심력에 의한 가속제한이 없고 고속을 쉽게 얻을 수 있다.

④ 기어, 벨트 등 동력 변환기구가 필요 없고 직접 원운동이 얻어진다.

풀이

리니어 모터란 회전기의 회전자 접속 방향에 발생하는 **전자력을 직선적인 기계 에너지로** 변환시키는 장치로서 다음과 같은 장·단점을 가지고 있다.

① 장점
- 모터 자체의 구조가 간단하여 신뢰성이 높고 보수가 용이하다.
- 기어, 벨트 등 동력 변환 기구가 필요 없고 **직접 직선운동**이 얻어진다.
- 마찰을 거치지 않고 추진력이 얻어진다.
- 원심력에 의한 가속제한이 없고 고속을 쉽게 얻을 수 있다.

② 단점
- 회전형에 비하여 역률, 효율이 낮다.
- 저속도를 얻기 어렵다.
- 부하관성의 영향이 크다. **답** ④

문제 52 와전류 손실을 패러데이 법칙으로 설명한 과정 중 틀린 것은?

① 와전류가 철심으로 흘러 발열

② 유기전압 발생으로 철심에 와전류가 흐름

③ 시변 자속으로 강자성체 철심에 유기전압 발생

④ 와전류 에너지 손실량은 전류 경로 크기에 반비례

풀이

도체에 코일을 감고 교류전류 i를 흐르게 하면 도체 단면을 통과하는 자속이 변하게 되어 전자유도에 의한 맴돌이 형태의 유도전류가 흐른다. 이 맴돌이 전류를 와전류라고 한다. 도체는 일반적으로 저항을 갖고 있으므로 와전류가 흐르면 줄열이 발생하여 도체의 온도를 상승 시키며 전력손실을 일으킨다.

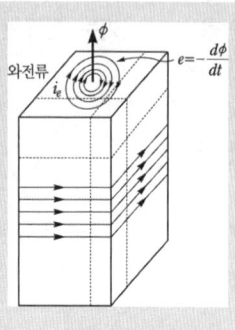

즉, 와전류에 의해 발생하는 전력을 와류손 이라고 한다.

와류손 $P_e = \delta_e (t f k_f B_m)^2 [\text{W/kg}]$

여기서, δ_e : 재료에 의한 정수
f : 주파수[Hz]
B_m : 자속 밀도의 최대값 [Wb/m²]
t : 철판의 두께[m]
k_f : 파형률 **답** ④

문제 53 주파수가 정격보다 3[%] 감소하고 동시에 전압이 정격보다 3[%] 상승된 전원에서 운전되는 변압기가 있다. 철손이 $f B_m^2$ 에 비례한다면 이 변압기 철손은 정격상태에 비하여 어떻게 달라지는가? (단, f : 주파수, B_m : 자속밀도 최대치이다.)

① 약 8.7[%] 증가 ② 약 8.7[%] 감소
③ 약 9.4[%] 증가 ④ 약 9.4[%] 감소

풀이

정격 주파수 f, 정격 전압 V 라고 하면,

철손 $P_i = k f B_m^2 = k f \left(k' \dfrac{V}{f} \right)^2$ 의 조건에서

감소한 주파수 $f' = 0.97 f$, 상승된 전압 $V' = 1.03 V$, 이때의 철손을 P_i'라고 하면

$$P_i' = k \dfrac{V'^2}{f'} = k \dfrac{(1.03 V)^2}{0.97 f} = \dfrac{1.061}{0.97} \dfrac{V^2}{f} = 1.094 P_i$$

즉, 철손은 $(1.094 - 1 = 0.094)$ 약 9.4[%]증가한다. **답** ③

문제 54 직류를 다른 전압의 직류로 변환하는 전력 변환기기는?

① 초퍼 ② 인버터
③ 사이클로 컨버터 ④ 브리지형 인버터

풀이

- 초퍼 : DC → DC로 변환
- 컨버터 : AC → DC로 변환
- 인버터 : DC → AC로 변환 **답** ①

문제 55 교류정류자기에서 갭의 자속분포가 정현파로 $\phi_m = 0.14$[Wb], $p = 2$, $a = 1$, $Z = 200$, $N = 1200$[rpm]인 경우 브러시 축이 자극 축과 30°라면 속도 기전력의 실효값 E_s는 약 몇 [V]인가?

① 160　② 400　③ 560　④ 800

풀이

$$E_s = \frac{1}{\sqrt{2}} \cdot \frac{p}{a} Z \frac{N}{60} \phi_m \sin\theta$$

$$= \frac{1}{\sqrt{2}} \times \frac{2}{1} \times 200 \times \frac{1200}{60} \times 0.14 \times \sin 30° = 396[\text{V}]$$ **답** ②

문제 56 역률 0.85의 부하 350[kW]에 50[kW]를 소비하는 동기전동기를 병렬로 접속하여 합성 부하의 역률을 0.95로 개선하려면 전동기의 진상 무효전력은 약 몇 [kVar]인가?

① 68　② 72　③ 80　④ 85

풀이

역률을 0.85에서 0.95로 개선하기 위해서는 **동기전동기를 과여자하여 콘덴서로 작용**하도록 하여야 한다.

- 유효전력 = 부하 유효전력 + 동기전동기 유효전력
  $$= 350 + 50 = 400[\text{kW}]$$
- 부하의 무효전력 $= 350 \times \frac{\sqrt{1-0.85^2}}{0.85} = 216.91[\text{kVar}]$
- 동기전동기의 진상무효전력 Q
- $\cos\theta = \frac{\text{유효전력}}{\text{피상전력}} = \frac{400}{\sqrt{400^2 + (216.91 - Q)^2}} = 0.95$

$\therefore Q = 85[\text{kVar}]$ **답** ④

문제 57 3상 동기발전기의 단락곡선이 직선으로 되는 이유는?

① 전기자 반작용으로
② 무부하 상태이므로
③ 자기포화가 있으므로
④ 누설 리액턴스가 크므로

풀이

단락전류는 전기자 저항을 무시하면 동기리액턴스에 의해 그 크기가 결정된다. 즉, 동기리액턴스에 의해 흐르는 전류는 90° 늦은 전류가 크게 흐르게 되며, 이 전류에 의한 **전기자 반작용이 감자 작용이 되므로 3상 단락곡선은 직선이** 된다. **답** ①

문제 58 변압기의 무부하시험, 단락시험에서 구할 수 없는 것은?

① 철손　② 동손
③ 절연내력　④ 전압변동률

풀이

변압기의 시험
① 개방 회로 시험(무부하 시험)으로 측정할 수 있는 항목
- 무부하 전류 ・ 히스테리시스손 ・ 와류손
- 여자 어드미턴스 ・ 철손
② 단락 시험으로 측정할 수 있는 항목
- 임피던스 와트(전부하 동손)
- 임피던스 전압(전압 강하)
그러나, 절연내력은 절연재의 종류에 따라 정해지는 것으로서 무부하 시험과 단락시험으로는 구할 수 없다. **답** ③

문제 59 정격출력 5000[kVA], 정격전압 3.3[kV], 동기임피던스가 매상 1.8[Ω]인 3상 동기발전기의 단락비는 약 얼마인가?

① 1.1　② 1.2
③ 1.3　④ 1.4

풀이

단락 전류 $I_s = \frac{E}{Z_s} = \frac{V/\sqrt{3}}{Z_s} = \frac{3300}{\sqrt{3} \times 1.8} = 1058.48[\text{A}]$

정격 전류 $I_n = \frac{P}{\sqrt{3} V} = \frac{5000 \times 10^3}{\sqrt{3} \times 3300} = 874.77[\text{A}]$

$\therefore$ 단락비 $K_s = \frac{I_s}{I_n} = \frac{1058.48}{874.77} = 1.21$ **답** ②

문제 60 동기기의 회전자에 의한 분류가 아닌 것은?

① 원통형　② 유도자형
③ 회전계자형　④ 회전전기자형

풀이

동기 발전기의 **회전자에 의한 분류**

① 유도자형 : 계자극과 전기자를 함께 고정시키고 그 중앙에 유도자라고 하는 권선이 없는 회전자를 갖춘 것으로 수백~수만 [Hz] 정도의 고주파 발전기로 사용된다.

② 회전 계자형 : 전기자를 고정자로 하고 계자극을 회전자로 한 것으로 일반적으로 거의 대부분 회전 계자형을 사용한다.

③ 회전 전기자형 : 계자극을 고정자로 한 것으로 특수용도 및 극히 소용량에 적용 **답 ①**

제4과목 회로이론 및 제어공학

문제 61 기준 입력과 주궤환량과의 차로서, 제어계의 동작을 일으키는 원인이 되는 신호는?

① 조작 신호
② 동작 신호
③ 주궤환 신호
④ 기준 입력 신호

풀이

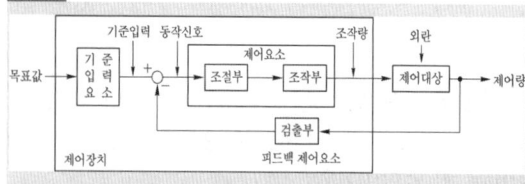

〈 폐루프 제어계의 구성도 〉

• 주궤환 = 피드백 **답 ②**

문제 62 폐루프 전달함수 $C(s)/R(s)$가 다음과 같은 2차 제어계에 대한 설명 중 틀린 것은?

$$\frac{C(s)}{R(s)} = \frac{\omega_n^2}{s^2 + 2\delta\omega_n s + \omega_n^2}$$

① 최대 오버슈트는 $e^{-\pi\delta/\sqrt{1-\delta^2}}$ 이다.

② 이 폐루프계의 특성방정식은 $s^2 + 2\delta\omega_n s + \omega_n^2 = 0$ 이다.

③ 이 계는 $\delta = 0.1$일 때 부족 제동된 상태에 있게 된다.

④ δ값을 작게 할수록 제동은 많이 걸리게 되니 비

교 안정도는 향상된다.

풀이

① $\delta < 1$인 경우 : 부족 제동

$s_1, \ s_2 = -\delta\omega_n \pm j\omega_n \sqrt{1-\delta^2}$

공액 복소수근을 가지므로 감쇠 진동을 한다.

② $\delta = 1$인 경우 : 임계 제동

$s_1, \ s_2 = -\omega_n$

중근(실근)을 가지므로 진동에서 비진동으로 옮겨가는 임계 상태이다.

③ $\delta > 1$인 경우 : 과제동

$s_1, \ s_2 = -\delta\omega_n \pm \omega_n \sqrt{\delta^2 - 1}$

서로 다른 2개의 실근을 가지므로 비진동이다.

④ $\delta = 0$인 경우 : 무제동

즉, δ값이 클수록 과제동이 되어 제동이 많이 걸리게 된다. **답 ④**

문제 63 3차인 이산치 시스템의 특성방정식의 근이 −0.3, −0.2, +0.5로 주어져 있다. 이 시스템의 안정도는?

① 이 시스템은 안정한 시스템이다.
② 이 시스템은 불안정한 시스템이다.
③ 이 시스템은 임계 안정한 시스템이다.
④ 위 정보로서는 이 시스템의 안정도를 알 수 없다.

풀이

근의 위치(−0.3, −0.2, +0.5)가 원점을 중심으로 한 단위원 내부에 있으므로 안정한 시스템이다. **답 ①**

문제 64 다음의 특성방정식을 Routh-Hurwitz 방법으로 안정도를 판별하고자 한다. 이때 안정도를 판별하기 위하여 가장 잘 해석한 것은 어느 것인가?

$$q(s) = s^5 + 2s^4 + 2s^3 + 4s^2 + 11s + 10$$

① s평면의 우반면에 근은 없으나 불안정하다.
② s평면의 우반면에 근이 1개 존재하여 불안정하다.
③ s평면의 우반면에 근이 2개 존재하여 불안정하다.
④ s평면의 우반면에 근이 3개 존재하여 불안정하다.

풀이

s^5	1	2	11
s^4	2	4	10

s^3 : $\dfrac{2\times2-1\times4}{2}=0\rightarrow$ $\dfrac{2\times11-1\times10}{2}=6$

ϵ

s^2 : $\dfrac{4\epsilon-2\times6}{2}$ $\qquad$ 10

s^1 : $\dfrac{24\epsilon-72-10\epsilon^2}{4\epsilon-12}$

s^0 : 10

ϵ을 양(+)의 쪽에서 0으로 접근시키면, s^2 첫 번째 행의 부호는 (−), s^1 첫 번째 행의 부호는 (+)가 된다. 따라서, **제1 열의 부호가 2번 변하므로 우반면에 근이 2개가 존재하여 불안정하다.** 답 ③

문제 65 전달함수

$G(s)H(s)=\dfrac{K(s+1)}{s(s+1)(s+2)}$ 일 때 근궤적의 수는?

① 1 　　② 2 　　③ 3 　　④ 4

풀이

근궤적의 수(N)는 극의 수(p)와 영점의 수(z)에서 큰 수와 같다. 즉, $z>p$이면 $N=z$이고, $z<p$이면 $N=p$가 된다. 문제에서 $z=1$, $p=3$이므로 근궤적의 수 $N=p$, 즉 $N=3$ 답 ③

문제 66 다음의 미분 방정식을 신호 흐름 선도에 옳게 나타낸 것은? (단, $c(t)=X_1(t)$,

$X_2(t)=\dfrac{d}{dt}X_1(t)$로 표시한다.)

$$2\dfrac{dc(t)}{dt}+5c(t)=r(t)$$

①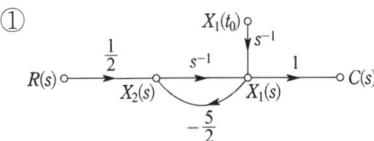

②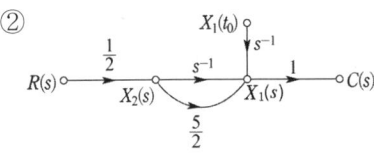

③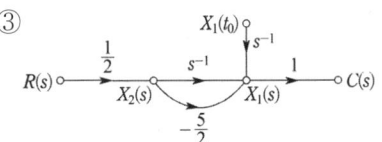

④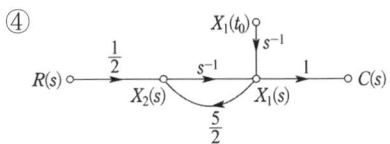

풀이

$$\dfrac{d}{dt}c(t)=\dfrac{d}{dt}x_1(t)=x_2(t) \qquad \cdots\cdots ①$$

이므로, 주어진 원 미분 방정식을 다음과 같이 변경할 수 있다.

$$\dfrac{d}{dt}c(t)=-\dfrac{5}{2}c(t)+\dfrac{1}{2}r(t)$$

$$x_2(t)=-\dfrac{5}{2}x_1(t)+\dfrac{1}{2}r(t) \qquad \cdots\cdots ②$$

식 ①을 적분하면

$$x_1(t)=\int_{t_0}^{t}x_2(\tau)d\tau+x_1(t_0) \qquad \cdots\cdots ③$$

식 ②, ③을 라플라스 변환하면

$$X_2(s)=-\dfrac{5}{2}X_1(s)+\dfrac{1}{2}R(s) \qquad \cdots\cdots ④$$

$$X_1(s)=\dfrac{X_2(s)}{s}+\dfrac{x_1(t_0)}{s} \qquad \cdots\cdots ⑤$$

식 ④, ⑤를 신호 흐름 선도로 변환하면 그림 (a), (b)와 같다. 또한 두 선도를 합성하면 (c)가 된다.

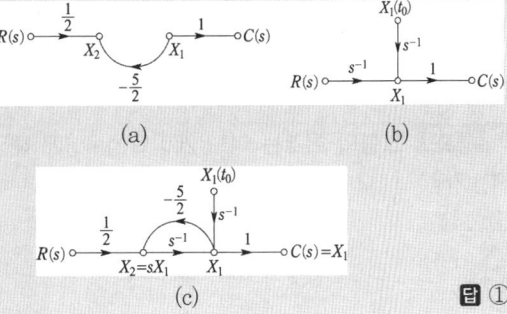

(a) 　　　　　　　(b)

(c)

답 ①

문제 67 다음 블록선도의 전체전달함수가 1이 되기 위한 조건은?

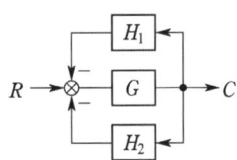

① $G = \dfrac{1}{1 - H_1 - H_2}$ ② $G = \dfrac{1}{1 + H_1 + H_2}$

③ $G = \dfrac{-1}{1 - H_1 - H_2}$ ④ $G = \dfrac{-1}{1 + H_1 + H_2}$

풀이

$(R - CH_1 - CH_2)G = C$

$RG = C(1 + H_1 G + H_2 G)$

전체전달함수 $G(s) = \dfrac{C}{R} = \dfrac{G}{1 + H_1 G + H_2 G} = 1$ 에서

$G = 1 + H_1 G + H_2 G, \quad G(1 - H_1 - H_2) = 1$

$\therefore G = \dfrac{1}{1 - H_1 - H_2}$ **답 ①**

문제 68 특성방정식의 모든 근이 s복소평면의 좌반면에 있으면 이 계는 어떠한가?

① 안정 ② 준안정

③ 불안정 ④ 조건부안정

풀이

특성방정식의 근의 위치에 따른 안정도 판별법

계의 안정도	근의 위치	
	s평면의	z평면상
안 정	좌반면	단위원 내부
불 안 정	우반면	단위원 외부
임계안정	허수축	단위 원주상

답 ①

문제 69 그림의 회로는 어느 게이트(gate)에 해당되는가?

① OR

② AND

③ NOT

④ NOR

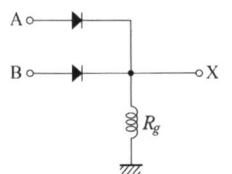

풀이

OR 회로

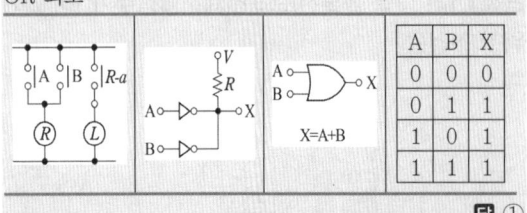

$X = A + B$

A	B	X
0	0	0
0	1	1
1	0	1
1	1	1

답 ①

문제 70 전달함수가

$G(s) = \dfrac{Y(s)}{X(s)} = \dfrac{1}{s^2(s+1)}$ 로 주어진 시스템의 단위 임펄스 응답은?

① $y(t) = 1 - t + e^{-t}$

② $y(t) = 1 + t + e^{-t}$

③ $y(t) = t - 1 + e^{-t}$

④ $y(t) = t - 1 - e^{-t}$

풀이

$\mathcal{L}[\delta(t)] = 1$, 단위 임펄스 응답 $C(s) = G(s)$이므로

$C(t) = \mathcal{L}^{-1}[G(s)]$

$G(s) = \dfrac{1}{s^2(s+1)} = \dfrac{K_1}{s^2} + \dfrac{K_2}{s} + \dfrac{K_3}{s+1}$

$K_1 = s^2 \cdot G(s)\Big|_{s=0} = \dfrac{1}{s+1}\Big|_{s=0} = 1$

$K_2 = \dfrac{d}{ds}\left(s^2 \cdot G(s)\right)\Big|_{s=0} = \dfrac{d}{ds}\left(\dfrac{1}{s+1}\right)\Big|_{s=0}$

$\qquad = -\dfrac{1}{(s+1)^2}\Big|_{s=0} = -1$

$K_3 = (s+1) \cdot G(s)\Big|_{s=-1} = \dfrac{1}{s^2}\Big|_{s=-1} = 1$

$G(s) = \dfrac{1}{s^2} - \dfrac{1}{s} + \dfrac{1}{s+1}$

$\therefore C(t) = \mathcal{L}^{-1}[G(s)] = t - 1 + e^{-t}$ **답 ③**

문제 71 다음과 같은 회로망에서 영상파라미터(영상전달정수) θ는?

① 10

② 2

③ 1

④ 0

$j600[\Omega] \quad j600[\Omega]$

$-j300[\Omega]$

풀이

$\begin{bmatrix} A & B \\ C & D \end{bmatrix} = \begin{bmatrix} 1 & j600 \\ 0 & 1 \end{bmatrix}\begin{bmatrix} 1 & 0 \\ \dfrac{1}{-j300} & 1 \end{bmatrix}\begin{bmatrix} 1 & j600 \\ 0 & 1 \end{bmatrix} = \begin{bmatrix} -1 & 0 \\ j\dfrac{1}{300} & -1 \end{bmatrix}$

$\therefore \theta = \cosh^{-1}\sqrt{AD} = \cosh^{-1}1 = 0$ **답 ④**

문제 72 $E = 40 + j30[\text{V}]$의 전압을 가하면 $I = 30 + j10[\text{A}]$의 전류가 흐르는 회로의 역률은?

① 0.949 ② 0.831

③ 0.764 ④ 0.651

풀이

임피던스

$$Z = \frac{E}{I} = \frac{40 + j30}{30 + j10} = \frac{(40 + j30)(30 - j10)}{(30 + j10)(30 - j10)}$$

$$= \frac{1200 + j900 - j400 + 300}{900 + 100} = 1.5 + j0.5$$

$$\cos\theta = \frac{R}{\sqrt{R^2 + X^2}} = \frac{1.5}{\sqrt{1.5^2 + 0.5^2}} = 0.949$$

답 ①

문제 73 △결선된 대칭 3상 부하가 있다. 역률이 0.8(지상)이고 소비전력이 1800[W]이다. 선로의 저항 0.5[Ω]에서 발생하는 선로손실이 50[W]이면 부하단자 전압[V]은?

① 627   ② 525   ③ 326   ④ 225

풀이

선로손실 $P_l = 3I^2 R$ [W]에서

선로에 흐르는 전류 $I = \sqrt{\dfrac{P_l}{3R}} = \sqrt{\dfrac{50}{3 \times 0.5}} = \sqrt{\dfrac{100}{3}}$ [A]

소비전력 $P = \sqrt{3}\, VI\cos\theta$ 에서

부하단자 전압 $V = \dfrac{P}{\sqrt{3}\, I\cos\theta} = \dfrac{1800}{\sqrt{3} \times \sqrt{\dfrac{100}{3}} \times 0.8}$

$$= 225[\text{V}]$$

답 ④

문제 74 그림과 같은 회로에서 스위치 S를 닫았을 때, 과도분을 포함하지 않기 위한 $R[\Omega]$은?

① 100
② 200
③ 300
④ 400

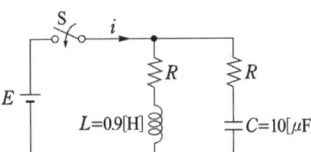

풀이

과도 현상이 발생되지 않기 위한 조건은 정저항 조건을 만족하면 되므로 $R^2 = \dfrac{L}{C}$이다.

$$\therefore R = \sqrt{\dfrac{L}{C}} = \sqrt{\dfrac{0.9}{10 \times 10^{-6}}} = 300[\Omega]$$

답 ③

문제 75 다음과 같은 회로의 공진 시 어드미턴스는?

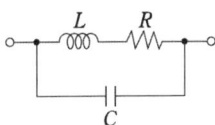

① $\dfrac{RL}{C}$ ② $\dfrac{RC}{L}$ ③ $\dfrac{L}{RC}$ ④ $\dfrac{R}{LC}$

풀이

합성어드미턴스

$$Y = Y_1 + Y_2 = \frac{1}{R + j\omega L} + j\omega C$$

$$= \frac{R}{R^2 + \omega^2 L^2} + j\left(\omega C - \frac{\omega L}{R^2 + \omega^2 L^2}\right)$$

이때 공진조건은 어드미턴스의 허수부의 값이 0이 되어야 하므로

$$\omega C - \frac{\omega L}{R^2 + \omega^2 L^2} = 0, \quad \omega C = \frac{\omega L}{R^2 + \omega^2 L^2}$$

따라서, $R^2 + \omega^2 L^2 = \dfrac{L}{C}$

공진시 어드미턴스는 허수부가 0이 되므로

$$Y = \frac{R}{R^2 + \omega^2 L^2} = \frac{R}{\dfrac{L}{C}} = \frac{RC}{L}$$

답 ②

문제 76 $F(s) = \dfrac{s + 1}{s^2 + 2s}$ 로 주어졌을 때 $F(s)$의 역변환은?

① $\dfrac{1}{2}(1 + e^t)$ ② $\dfrac{1}{2}(1 + e^{-2t})$

③ $\dfrac{1}{2}(1 - e^{-t})$ ④ $\dfrac{1}{2}(1 - e^{-2t})$

풀이

$$F(s) = \frac{s + 1}{s^2 + 2s} = \frac{s + 1}{s(s + 2)} = \frac{k_1}{s} + \frac{k_2}{s + 2}$$

$$k_1 = \lim_{s \to 0} s F(s) = \left[\frac{s + 1}{s + 2}\right]_{s = 0} = \frac{1}{2}$$

$$k_2 = \lim_{s \to -2} (s + 2) F(s) = \left[\frac{s + 1}{s}\right]_{s = -2} = \frac{1}{2}$$

$$F(s) = \frac{1}{2}\left(\frac{1}{s} + \frac{1}{s + 2}\right)$$

$$\therefore f(t) = \mathcal{L}^{-1}[F(s)] = \frac{1}{2}(1 + e^{-2t})$$

답 ②

문제 77 분포정수회로에서 직렬임피던스를 Z, 병렬어드미턴스를 Y라 할 때, 선로의 특성임피던스 Z_0는?

① ZY

② $\sqrt{ZY}$

③ $\sqrt{\dfrac{Y}{Z}}$

④ $\sqrt{\dfrac{Z}{Y}}$

풀이

특성 임피던스

$$Z_0 = \sqrt{\frac{Z}{Y}} = \sqrt{\frac{R+j\omega L}{G+j\omega C}} \fallingdotseq \sqrt{\frac{L}{C}} \ [\Omega]$$

$(\because R$ 및 G는 적으므로 무시$)$　　**답** ④

문제 78 그림과 같은 회로에서 전류 I[A]는?

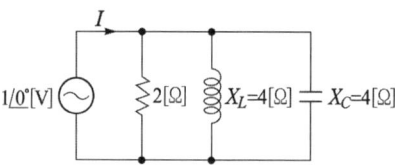

① 0.2　　② 0.5　　③ 0.7　　④ 0.9

풀이

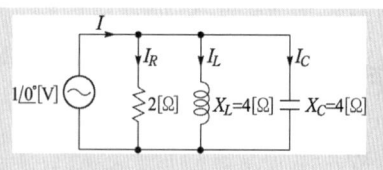

$$I = I_R + I_L + I_C = \frac{1}{2} + \frac{1}{j4} + \frac{1}{-j4}$$
$$= 0.5 - j0.25 + j0.25 = 0.5[\text{A}]$$
　　답 ②

문제 79 $e(t) = 100\sqrt{2}\sin\omega t + 150\sqrt{2}\sin3\omega t + 260\sqrt{2}\sin5\omega t$[V]인 전압을 $R-L$ 직렬회로에 가할 때 제5고조파 전류의 실효값은 약 몇 [A]인가? (단, $R=12[\Omega]$, $\omega L=1[\Omega]$ 이다.)

① 10　　　　② 15

③ 20　　　　④ 25

풀이

제 n차 고조파에 대해서
· 저항 : 변화없음
· 유도리액턴스 $X_{Ln} = 2\pi n f L = n X_L$ 로 n배로 증가

· 용량리액턴스 $X_{cn} = \dfrac{1}{2\pi n f C} = \dfrac{1}{n} \cdot X_c$ 로 $\dfrac{1}{n}$배로 감소

따라서, 5고조파에 대해서는

$$I_5 = \frac{V_5}{Z_5} = \frac{260}{12 + j(5\times1)} = \frac{260}{\sqrt{12^2 + 5^2}} = 20[\text{A}]$$　　**답** ③

문제 80 그림과 같은 파형의 전압 순시값은?

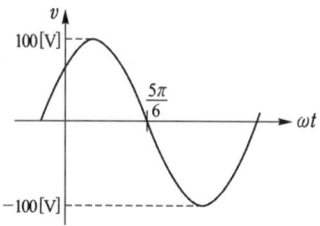

① $100\sin\left(\omega t + \dfrac{\pi}{6}\right)$

② $100\sqrt{2}\sin\left(\omega t + \dfrac{\pi}{6}\right)$

③ $100\sin\left(\omega t - \dfrac{\pi}{6}\right)$

④ $100\sqrt{2}\sin\left(\omega t - \dfrac{\pi}{6}\right)$

풀이

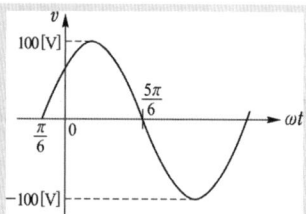

· 최대값 : $100[\text{V}]$

· 위상 : $\dfrac{\pi}{6}$ 앞선다.

정현파의 순시값 기본식 $v = V_m \sin(\omega t + \theta)$에서

$$V_m = 100[\text{V}], \ \theta = \frac{\pi}{6}$$

$$\therefore v = 100\sin\left(\omega t + \frac{\pi}{6}\right)[\text{V}]$$　　**답** ①

제5과목 전기설비 기술기준

문제 81
가공전선로의 지지물에 시설하는 지선에 관한 사항으로 옳은 것은?
① 소선은 지름 2.0[mm] 이상인 금속선을 사용한다.
② 도로를 횡단하여 시설하는 지선의 높이는 지표상 6.0[m] 이상이다.
③ 지선의 안전율은 1.2 이상이고 허용인장하중의 최저는 4.31[kN]으로 한다.
④ 지선에 연선을 사용할 경우에는 소선은 3가닥 이상의 연선을 사용한다.

풀이
331.11 지선의 시설
가. 가공전선로의 지지물로 사용하는 철탑은 지선을 사용하여 그 강도를 분담시켜서는 안 된다.
나. 지선의 안전율은 2.5 이상일 것. 이 경우에 허용 인장하중의 최저는 4.31[kN]으로 한다.
다. 지선에 연선을 사용할 경우에는 다음에 의할 것.
 ① **소선 3가닥 이상**의 연선일 것.
 ② 소선의 **지름이 2.6[mm] 이상의 금속선**을 사용한 것일 것
라. 도로를 횡단하여 시설하는 지선의 높이는 **지표상 5[m] 이상**으로 하여야 한다. **답 ④**

문제 82
옥내배선의 사용 전압이 400[V] 이하일 때 전광표시 장치, 기타 이와 유사한 장치 또는 제어 회로 등의 배선에 다심케이블을 시설하는 경우 배선의 단면적은 몇 [mm²] 이상인가? (단, 배선에 과전류가 생긴 경우 자동 차단 장치를 시설한 경우 이다.)
① 0.75　② 1.5　③ 1　④ 2.5

풀이
231.3 저압 옥내배선의 사용전선
가. 저압 옥내배선의 전선 : 단면적 2.5[mm²] 이상의 연동선
나. 옥내배선의 사용 전압이 400[V] 이하인 경우는 다음에 의하여 시설할 수 있다.
 ① 전광표시 장치 또는 제어 회로
 • 단면적 1.5[mm²] 이상의 연동선
 • 단면적 0.75[mm²] 이상인 다심케이블 또는 다심 캡타이어 케이블을 사용하고 또한 과전류가 생겼을 때에 자동적으로 전로에서 차단하는 장치를 시설
 ② 진열장 또는 이와 유사한 것의 내부 배선 : 단면적 0.75[mm²] 이상인 코드 또는 캡타이어케이블 **답 ①**

문제 83
전동기의 과부하 보호 장치의 시설에서 전원측 전로에 시설한 배선용 차단기의 정격 전류가 몇 [A] 이하의 것이면 이 전로에 접속하는 단상전동기에는 과부하 보호 장치를 생략할 수 있는가?
① 15　② 20　③ 30　④ 50

풀이
212.6.3 저압전로 중의 전동기 보호용 과전류보호장치의 시설
옥내에 시설하는 전동기에는 전동기가 손상될 우려가 있는 과전류가 생겼을 때에 자동적으로 이를 저지하거나 이를 경보하는 장치를 하여야 한다. 다만, 다음의 어느 하나에 해당하는 경우에는 그러하지 아니하다.
가. 전동기를 운전 중 상시 취급자가 감시할 수 있는 위치에 시설하는 경우
나. 전동기의 구조나 부하의 성질로 보아 전동기가 손상될 수 있는 과전류가 생길 우려가 없는 경우
다. 단상전동기로써 그 전원측 전로에 시설하는 **과전류 차단기의 정격전류가 16[A] (배선용 차단기는 20[A]) 이하인 경우**
라. 정격 출력이 0.2[kW] 이하의 전동기 **답 ②**

문제 84
154 [kV] 가공 송전선로를 제1종 특고압 보안공사로 할 때 사용되는 경동연선의 굵기는 몇 [mm²] 이상이어야 하는가?
① 100　② 150
③ 200　④ 250

풀이
333.22 특고압 보안공사
제1종 특고압 보안공사는 다음에 따라야 한다.

사용전압	전　　　　선
100 [kV] 미만	인장강도 21.67 [kN] 이상의 연선 또는 단면적 55[mm²] 이상의 경동연선
100 [kV] 이상 300 [kV] 미만	인장강도 58.84 [kN] 이상의 연선 또는 **단면적 150[mm²] 이상의 경동연선**
300 [kV] 이상	인장강도 77.47[kN] 이상의 연선 또는 단면적 200[mm²] 이상의 경동연선

답 ②

문제 85 일반적으로 저압 옥내간선에서 분기하여 전기사용기계기구에 이르는 저압 옥내 전로는 저압 옥내간선과의 분기점에서 전선의 길이가 몇 [m] 이하인 곳에 과전류 차단기를 설치하여야 하는가? 단, 단락의 위험과 화재 및 인체에 대한 위험성이 최소화 되도록 시설된 경우

① 0.5   ② 1.0
③ 2.0   ④ 3.0

풀이

212.4.2 과부하 보호장치의 설치 위치

가. 과부하 보호장치는 전로 중 도체의 단면적, 특성, 설치 방법, 구성의 변경으로 도체의 허용전류 값이 줄어드는 곳(이하 분기점이라 함)에 설치해야 한다.

나. 과부하 보호장치는 분기점(O)에 설치해야 하나, 분기점(O)점과 분기회로의 과부하 보호장치(P_2) 설치점 사이의 배선 부분에 다른 분기회로나 콘센트 회로가 접속되어 있지 않고, 다음 중 하나를 충족하는 경우에는 변경이 있는 배선에 설치할 수 있다.

① 분기회로에 대한 단락보호가 이루어지고 있는 경우 : 분기 회로의 보호장치 P_2는 분기회로의 분기점(O)으로부터 부하측으로 거리에 구애 받지 않고 이동하여 설치할 수 있다.

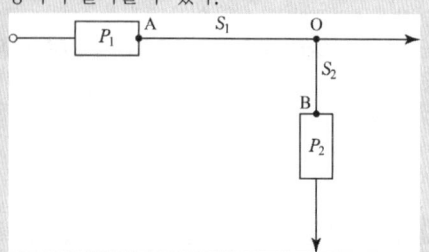

② 단락의 위험과 화재 및 인체에 대한 위험성이 최소화 되도록 시설된 경우 : 분기회로의 보호장치(P_2)는 분기회로의 분기점(O)으로부터 3[m]까지 이동하여 설치할 수 있다.

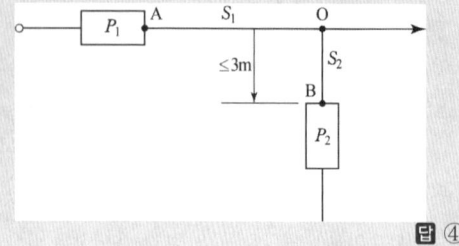

답 ④

문제 86 사용전압이 35[kV] 이하인 특고압 가공전선과 가공약전류전선 등을 동일 지지물에 시설하는 경우, 특고압 가공전선로는 어떤 종류의 보안공사로 하여야 하는가?

① 고압보안공사
② 제1종 특고압 보안공사
③ 제2종 특고압 보안공사
④ 제3종 특고압 보안공사

풀이

333.19 특고압 가공전선과 가공약전류전선 등의 공용설치
사용전압이 35[kV] 이하인 특고압 가공전선과 가공약전류전선 등 을 동일 지지물에 시설하는 경우에는 다음에 따라야 한다.

가. **특고압 가공전선로는 제2종 특고압 보안공사**에 의할 것.
나. 특고압 가공전선은 가공약전류전선 등의 위로하고 별개의 완금류에 시설할 것.
다. 특고압 가공전선은 케이블인 경우 이외에는 인장강도 21.67[kN] 이상의 연선 또는 단면적이 50[mm²] 이상인 경동연선일 것.
라. 특고압 가공전선과 가공약전류전선 등 사이의 이격거리는 2[m] 이상으로 할 것. 다만, 특고압 가공전선이 케이블인 경우에는 0.5[m]까지로 감할 수 있다.

답 ③

문제 87 최대사용전압이 3.3[kV]인 차단기 전로의 절연내력 시험전압은 몇 [V]인가?

① 3036
② 4125
③ 4950
④ 6600

풀이

136 기구 등의 전로의 절연내력
개폐기·차단기·전력용 커패시터·유도전압조정기·계기용변성기 기타의 기구의 전로 및 발전소·변전소·개폐소 또는 이에 준하는 곳에 시설하는 기계기구의 접속선 및 모선은 표 에서 정하는 시험전압을 충전 부분과 대지 사이(다심케이블은 심선 상호 간 및 심선과 대지 사이)에 연속하여 10분간 가하여 절연내력을 시험하였을 때에 이에 견디어야 한다.

전로의 종류	접지 방식	시험전압 (최대사용 전압의 배수)	최저 시험전압
1. 7[kV] 이하인 전로		1.5배	500[V]
2. 7[kV] 초과 25[kV] 이하	다중접지	0.92배	
3. 7[kV] 초과 60[kV] 이하 (2란의 것 제외)		1.25배	10.5[kV]
4. 60[kV] 초과	비 접지	1.25배	
5. 60[kV] 초과 (6란, 7란의 것 제외)	접 지 식	1.1배	75[kV]
6. 60[kV] 초과 (7란의 것 제외)	직접접지	0.72배	
7. 170[kV] 초과 (발전소 또는 변전소 혹은 이에 준하는 장소에 시설하는 것.)	직접접지	0.64배	

∴ 시험 전압 = 3300 × 1.5 = 4950[V]　　답 ③

문제 88 금속관공사에서 절연부싱을 사용하는 가장 주된 목적은?

① 관의 끝이 터지는 것을 방지
② 관내 해충 및 이물질 출입 방지
③ 관의 단구에서 조영재의 접촉 방지
④ 관의 단구에서 전선 피복의 손상 방지

풀이

232.12 금속관공사
관의 끝 부분에는 **전선의 피복을 손상하지 아니하도록** 적당한 구조의 **부싱을 사용**할 것. 다만, 금속관공사로부터 애자공사로 옮기는 경우에는 그 부분의 관의 끝부분에는 절연부싱 또는 이와 유사한 것을 사용하여야 한다.　답 ④

문제 89 사용전압이 22.9[kV]인 특고압 가공전선과 그 지지물·완금류·지주 또는 지선 사이의 이격거리는 몇 [cm] 이상이어야 하는가?

① 15　　　　　② 20
③ 25　　　　　④ 30

풀이

333.5 특고압 가공전선과 지지물 등의 이격거리
특고압 가공전선과 그 지지물·완금류·지주 또는 지선 사이의 이격거리는 표 에서 정한 값 이상이어야 한다. 다만, 기술상 부득이한 경우에 위험의 우려가 없도록 시설한 때에는 표 에서 정한 값의 0.8배까지 감할 수 있다.

사용전압	이격거리[cm]
15 [kV] 미만	15
15 [kV] 이상　25 [kV] 미만	**20**
25 [kV] 이상　35 [kV] 미만	25
60 [kV] 이상　70 [kV] 미만	40
130 [kV] 이상　160 [kV] 미만	90

답 ②

문제 90 건조한 장소로서 전개된 장소에 고압옥내배선을 시설할 수 있는 공사방법은?

① 덕트공사　　　　② 금속관공사
③ 애자공사　　　　④ 합성수지관공사

풀이

342.1 고압 옥내배선 등의 시설
가. 고압 옥내배선은 다음에 따라 시설하여야 한다.
　① 애자공사(건조한 장소로서 전개된 장소에 한한다)
　② 케이블공사
　③ 케이블트레이공사
나. 전선은 공칭단면적 6[mm²] 이상의 연동선　답 ③

문제 91 가반형(이동형)의 용접전극을 사용하는 아크용접장치를 시설할 때 용접변압기의 1차측 전로의 대지전압은 몇 [V] 이하이어야 하는가?

① 200　　　　　② 250
③ 300　　　　　④ 600

풀이

241.10 아크 용접기
가반형의 용접 전극을 사용하는 아크 용접장치는 다음에 따라 시설하여야 한다.
가. 용접변압기는 절연변압기일 것.
나. 용접변압기의 **1차측 전로의 대지전압은 300[V] 이하**일 것.
다. 용접변압기의 1차측 전로에는 용접 변압기에 가까운 곳에 쉽게 개폐할 수 있는 개폐기를 시설할 것.
라. 용접기 외함 및 피용접재 또는 이와 전기적으로 접속되는 받침대·정반 등의 금속체는 규정에 준하여 접지공사를 하여야 한다.　답 ③

문제 92 지중전선로를 직접 매설식에 의하여 차량 기타 중량물의 압력을 받을 우려가 있는 장소에 시설할 경우에는 그 매설 깊이를 최소 몇 [m] 이상으로 하여야 하는가?

① 1.0　　② 1.2　　③ 1.5　　④ 1.8

풀이

334.1 지중전선로의 시설

가. 지중 전선로는 전선에 케이블을 사용하고 또한 관로식 · 암거식 또는 직접 매설식에 의하여 시설하여야 한다.

나. 지중 전선로를 직접 매설식에 의하여 시설하는 경우에는 매설 깊이는

　① 차량 기타 **중량물의 압력을 받을 우려가 있는 장소 : 1.0 [m] 이상**

　② 기타 장소 : 0.6[m] 이상　　**답** ①

문제 93 고압 가공전선에 케이블을 사용하는 경우 케이블을 조가용선에 행거로 시설하고자 할 때 행거의 간격은 몇 [cm] 이하로 하여야 하는가?

① 30　　② 50　　③ 80　　④ 100

풀이

332.2 가공케이블의 시설

저압 가공전선 또는 고압 가공전선에 케이블을 사용하는 경우에는 다음에 따라 시설하여야 한다.

가. 케이블은 조가용선에 행거로 시설할 것. 이 경우에는 사용전압이 고압인 때에는 **행거의 간격은 0.5[m] 이하**로 하는 것이 좋다.

나. 조가용선은 인장강도 5.93[kN] 이상의 것 또는 단면적 22 [mm²] 이상인 아연도강연선일 것.

다. 조가용선 및 케이블의 피복에 사용하는 금속체에는 접지공사를 할 것.

라. 조가용선을 케이블에 접촉시켜 금속 테이프를 감는 경우에는 20 [cm] 이하의 간격으로 나선상으로 한다.

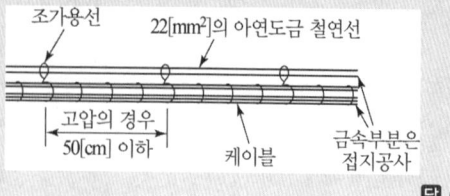

답 ②

문제 94 고압 가공전선로의 지지물에 시설하는 통신선의 높이는 도로를 횡단하는 경우 교통에 지장을 줄 우려가 없다면 지표상 몇 [m]까지로 감할 수 있는가?

① 4　　② 4.5　　③ 5　　④ 6

풀이

362.2 전력보안통신선의 시설 높이와 이격거리

가공전선로의 지지물에 시설하는 통신선 또는 이에 직접 접속하는 가공 통신선의 높이는 다음에 따라야 한다.

시설 장소		가공전선로의 지지물에 시설	
		고 · 저압[m]	특고압[m]
도로횡단	일반적인 경우	6[m] 이상	6[m] 이상
	교통에 지장을 안 주는 경우	5[m] 이상	
철도 횡단(레일면상)		6.5[m] 이상	6.5[m] 이상
횡단 보도교 위	노면상	3.5[m] 이상	5[m] 이상
	절연전선 사용	3[m] 이상	
	광섬유 케이블 사용		4[m] 이상
기타의 장소	일반적인 경우 (절연전선 사용)	4[m] 이상	5[m] 이상
	광섬유 케이블 사용	3.5[m] 이상	

답 ③

出제기준 변경 및 개정된 관계 법규에 따라 삭제된 문제가 있어 20문항이 안됩니다.

국가기술자격검정 필기시험 문제

2017년도 전기기사 일반검정 제3회				수검 번호	성 명
자격종목 및 등급(선택분야)	종목코드	시험시간	문제지형별		
전기기사	1150	2시간 30분	A		

제1과목 전기자기학

문제 01 점전하에 의한 전위 함수가

$V = \dfrac{1}{x^2 + y^2}$ [V] 일 때 grad V 는?

① $-\dfrac{ix + jy}{(x^2+y^2)^2}$

② $-\dfrac{i2x + j2y}{(x^2+y^2)^2}$

③ $-\dfrac{i2x}{(x^2+y^2)^2}$

④ $-\dfrac{j2y}{(x^2+y^2)^2}$

풀이

grad $V = \nabla V = \dfrac{\partial V}{\partial x}i + \dfrac{\partial V}{\partial y}j + \dfrac{\partial V}{\partial z}k$

$V = \dfrac{1}{x^2+y^2} = (x^2+y^2)^{-1}$

$\dfrac{\partial V}{\partial x} = \dfrac{\partial}{\partial x}\{(x^2+y^2)^{-1}\} = -(x^2+y^2)^{-2}\cdot 2x = -\dfrac{2x}{(x^2+y^2)^2}$

$\dfrac{\partial V}{\partial y} = \dfrac{\partial}{\partial y}\{(x^2+y^2)^{-1}\} = -(x^2+y^2)^{-2}\cdot 2y = -\dfrac{2y}{(x^2+y^2)^2}$

$\dfrac{\partial V}{\partial z} = \dfrac{\partial}{\partial z}\{(x^2+y^2)^{-1}\} = 0$

$\therefore$ grad $V = -\dfrac{2x}{(x^2+y^2)^2}i - \dfrac{2y}{(x^2+y^2)^2}j = -\dfrac{2xi + 2yj}{(x^2+y^2)^2}$

답 ②

문제 02 반지름 1[cm]인 원형코일에 전류 10[A]가 흐를 때, 코일의 중심에서 코일면에 수직으로 $\sqrt{3}$ [cm] 떨어진 점의 자계의 세기는 몇 [AT/m]인가?

① $\dfrac{1}{16}\times 10^3$

② $\dfrac{3}{16}\times 10^3$

③ $\dfrac{5}{16}\times 10^3$

④ $\dfrac{7}{16}\times 10^3$

풀이

자계의 세기 $H = -\text{grad}\,U$ 에 의하여

$\therefore H = -\dfrac{dU}{dx} = \dfrac{Ia^2}{2(a^2+x^2)^{3/2}}$

$H = \dfrac{10\times(10^{-2})^2}{2\{(10^{-2})^2+(\sqrt{3}\times 10^{-2})^2\}^{3/2}}$

$= \dfrac{10\times 10^{-4}}{2\{10^{-4}(1+3)\}^{3/2}} = \dfrac{10^{-3}}{2\times 10^{-6}\times 2^3} = \dfrac{1}{16}\times 10^3 [\text{A/m}]$

답 ①

문제 03 Poisson 및 Laplace 방정식을 유도하는 데 관련이 없는 식은?

① $\text{rot}\,\boldsymbol{E} = -\dfrac{\partial \boldsymbol{B}}{\partial t}$

② $\boldsymbol{E} = -\text{grad}\,V$

③ $\text{div}\,\boldsymbol{D} = \rho_\nu$

④ $\boldsymbol{D} = \epsilon \boldsymbol{E}$

풀이

공간전하밀도(체적전하밀도)와 전계의 세기와의 관계식

$\text{div}\,\boldsymbol{D} = \rho$ $(\boldsymbol{D} = \epsilon \boldsymbol{E})$, $\text{div}\,\boldsymbol{E} = \dfrac{\rho}{\epsilon}$

전위와 전계의 세기의 관계식

$\boldsymbol{E} = -\text{grad}\,V$ $(\boldsymbol{E} = -\nabla V)$

두 식으로부터 다음의 포아송 방정식과 라플라스 방정식 유도된다.

$\text{div grad}\,V = -\dfrac{\rho}{\epsilon_0}$ $(\nabla\cdot\nabla V = \nabla^2 V)$

$\therefore \nabla^2 V = -\dfrac{\rho}{\epsilon_0}$: 포아송 방정식(Poisson's equation)

$\therefore \nabla^2 V = 0$ $(\rho = 0)$: 라플라스 방정식(Laplace's equation)

답 ①

별해

Poisson 및 Laplace 방정식은 정전계에서의 공간전하밀도와 전위의 관계식을 나타낸다. 따라서 시변계에서 자속변화에 의한 기전력의 발생을 나타내는 전계와 자속밀도의 관계식 $\left(\text{rot}\boldsymbol{E} = -\dfrac{\partial \boldsymbol{B}}{\partial t}\right)$과는 관계가 없다.

문제 04 면적 S[m²], 간격 d[m]인 평행판 콘덴서에 전하 Q[C]를 충전하였을 때 정전 에너지 W[J]는?

① $W = \dfrac{dQ^2}{\epsilon S}$ ② $W = \dfrac{dQ^2}{2\epsilon S}$

③ $W = \dfrac{dQ^2}{4\epsilon S}$ ④ $W = \dfrac{dQ^2}{8\epsilon S}$

풀이

평행판 콘덴서의 정전 용량 $C = \dfrac{\epsilon S}{d}$

∴ 정전 에너지 $W = \dfrac{Q^2}{2C} = \dfrac{dQ^2}{2\epsilon S}$ **답** ②

문제 05 규소강판과 같은 자심재료의 히스테리시스 곡선의 특징은?

① 보자력이 큰 것이 좋다.

② 보자력과 잔류자기가 모두 큰 것이 좋다.

③ 히스테리시스 곡선의 면적이 큰 것이 좋다.

④ 히스테리시스 곡선의 면적이 작은 것이 좋다.

풀이

• 영구 자석 : 히스테리시스 곡선의 면적이 크고, 잔류 자기와 보자력이 모두 클 것.

• 전자석 : 히스테리시스 곡선의 면적이 작고, 잔류 자기는 크고 보자력은 작을 것.   **답** ④

문제 06 평등자계 내에 전자가 수직으로 입사하였을 때 전자의 운동을 바르게 나타낸 것은?

① 구심력은 전자속도에 반비례한다.

② 원심력은 자계의 세기에 반비례한다.

③ 원운동을 하고 반지름은 자계의 세기에 비례한다.

④ 원운동을 하고 반지름은 전자의 회전속도에 비례한다.

풀이

전자력에 의한 구심력(F), 원심력(F')과 평형 조건 ($F = F'$)에 의한 궤도 반지름

구심력 : $F = evB$,   원심력 : $F' = \dfrac{mv^2}{r}$

반지름 : $r = \dfrac{mv}{eB}$[m]

① 구심력(F) : $F \propto v$이므로 전자속도에 비례

② 원심력(F') : 자계의 세기(H)와 관계가 없음

③ 전자의 궤도 반지름 : $r \propto \dfrac{v}{B}\left(= \dfrac{v}{\mu H}\right)$에서 자계의 세기 ($H$)에 반비례하고, 속도에 비례   **답** ④

문제 07 액체 유전체를 포함한 콘덴서 용량이 C[F]인 것에 V[V]의 전압을 가했을 경우에 흐르는 누설전류[A]는?(단, 유전체의 유전율은 ϵ[F/m], 고유 저항은 ρ[Ω · m] 이다.)

① $\dfrac{\rho\epsilon}{CV}$ ② $\dfrac{C}{\rho\epsilon V}$

③ $\dfrac{CV}{\rho\epsilon}$ ④ $\dfrac{\rho\epsilon V}{C}$

풀이

$RC = \rho\epsilon$ 에서

$R = \dfrac{\rho\epsilon}{C}$ $I = \dfrac{V}{R} = \dfrac{V}{\dfrac{\rho\epsilon}{C}} = \dfrac{CV}{\rho\epsilon}$[A]   **답** ③

문제 08 다이아몬드와 같은 단결정 물체에 전장을 가할 때 유도되는 분극은?

① 전자분극

② 이온분극과 배향분극

③ 전자분극과 이온분극

④ 전자분극, 이온분극, 배향분극

풀이

전자 분극은 단결정 매질에서 전자운과 핵의 상대적인 변위에 의해 발생한다.   **답** ①

문제 09 다음 설명 중 옳은 것은?

① 무한 직선 도선에 흐르는 전류에 의한 도선 내부에서 자계의 크기는 도선의 반경에 비례한다.

② 무한 직선 도선에 흐르는 전류에 의한 도선의 외부에서 자계의 크기는 도선의 중심과의 거리에 무관하다.

③ 무한장 솔레노이드 내부자계의 크기는 코일에 흐르는 전류의 크기에 비례한다.

④ 무한장 솔레노이드 내부자계의 크기는 단위 길이당 권수의 제곱에 비례한다.

풀이

무한 직선 도선의 전류

① 도선 내부 자계의 세기 : $H_i = \dfrac{r}{2\pi a^2} I$ [AT/m]

   (도선 반지름 a^2에 반비례)

② 도선 외부 자계의 세기 : $H_e = \dfrac{I}{2\pi r}$ [AT/m]

   (도선 중심의 거리 r에 반비례)

③,④ **무한장 솔레노이드 내부 자계** : $H_i = nI$ [AT/m]

   (전류 I 및 단위 길이당 권수 n에 비례)　　**답** ③

문제 10 그림과 같은 유전속 분포가 이루어질 때 ϵ_1과 ϵ_2의 크기 관계는?

① $\epsilon_1 > \epsilon_2$

② $\epsilon_1 < \epsilon_2$

③ $\epsilon_1 = \epsilon_2$

④ $\epsilon_1 > 0,\ \epsilon_2 > 0$

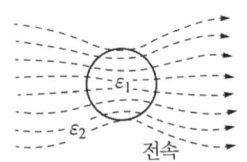

전속

풀이

전속선은 유전율이 큰 쪽으로 모이므로 $\epsilon_1 > \epsilon_2$이다. **답** ①

문제 11 커패시터를 제조하는데 A, B, C, D와 같은 4가지의 유전재료가 있다. 커패시터 내의 전계를 일정하게 하였을 때, 단위체적당 가장 큰 에너지 밀도를 나타내는 재료부터 순서대로 나열한 것은?

(단, 유전재료 A, B, C, D의 비유전율은 각각 $\epsilon_{rA} = 8,\ \epsilon_{rB} = 10,\ \epsilon_{rC} = 2,\ \epsilon_{rD} = 4$ 이다.)

① C > D > A > B

② B > A > D > C

③ D > A > C > B

④ A > B > D > C

풀이

유전체 내에 저장되는 에너지 밀도

$w = \dfrac{1}{2}\epsilon E^2$ [J/m^3]에서 $w \propto \epsilon_r$

즉, **에너지 밀도는 비유전율에 비례한다.**

따라서 $\epsilon_{rB} > \epsilon_{rA} > \epsilon_{rD} > \epsilon_{rC}$ 이므로

$\therefore B > A > D > C$　　**답** ②

문제 12 전계 및 자계의 세기가 각각 E, H일 때, 포인팅 벡터 P의 표시로 옳은 것은?

① $P = \dfrac{1}{2}E \times H$　　② $P = E \operatorname{rot} H$

③ $P = E \times H$　　④ $P = H \operatorname{rot} E$

풀이

진행 방향에 수직되는 단위 면적을 단위 시간에 통과하는 에너지를 포인팅(Poynting) 벡터 또는 방사 벡터라 하며 $P = E \times H = EH \sin\theta$ [W/m^2]로 표현된다. **답** ③

문제 13 인덕턴스의 단위[H]와 같지 않은 것은?

① J/A·s　　② $\Omega \cdot$s

③ Wb/A　　④ J/A^2

풀이

$e = -N\dfrac{d\phi}{dt} = -L\dfrac{di}{dt}$ 이므로

$[\text{V}] = \left[\dfrac{\text{Wb}}{\text{s}}\right] = \left[\text{H} \cdot \dfrac{\text{A}}{\text{s}}\right]$

$\therefore [\text{H}] = \left[\dfrac{\text{Wb}}{\text{A}}\right] = \left[\dfrac{\text{V}}{\text{A}} \cdot \text{s}\right] = [\Omega \cdot \text{s}] = \left[\dfrac{\text{VAs}}{\text{A}^2}\right] = \left[\dfrac{\text{J}}{\text{A}^2}\right]$

답 ①

문제 14 투자율 μ[H/m], 자계의 세기 H[AT/m], 자속밀도 B[Wb/m^2]인 곳의 자계 에너지 밀도[J/m^3]는?

① $\dfrac{B^2}{2\mu}$　　② $\dfrac{H^2}{2\mu}$　　③ $\dfrac{1}{2}\mu H$　　④ BH

풀이

자성체 단위 체적당 저장되는 에너지, 즉 에너지 밀도는

$w = \dfrac{BH}{2} = \dfrac{B^2}{2\mu} = \dfrac{1}{2}\mu H^2$ [J/m^3]이다. **답** ①

문제 15 정전계 해석에 관한 설명으로 틀린 것은?

① 포아송 방정식은 가우스 정리의 미분형으로 구할 수 있다.

② 도체 표면에서의 전계의 세기는 표면에 대해 법선 방향을 갖는다.

③ 라플라스 방정식은 전극이나 도체의 형태에 관계없이 체적전하밀도가 0인 모든 점에서 $\nabla^2 V = 0$을 만족한다.

④ 라플라스 방정식은 비선형 방정식이다.

풀이

포아송 방정식은 $\nabla^2 V = -\dfrac{\rho}{\epsilon_0}$이고, 라플라스 방정식은 $\nabla^2 V = 0$ 이다. 이 방정식에 포함된 라플라시언이라고 부르는 ∇^2은 선형이고, 스칼라 연산자를 나타낸다. 따라서 **라플라스 방정식 및 포아송 방정식은 선형 방정식**이 된다.

답 ④

문제 16 공간 도체내의 한 점에 있어서 자속이 시간적으로 변화하는 경우에 성립하는 식은?

① $\nabla \times E = \dfrac{\partial H}{\partial t}$ ② $\nabla \times E = -\dfrac{\partial H}{\partial t}$

③ $\nabla \times E = \dfrac{\partial B}{\partial t}$ ④ $\nabla \times E = -\dfrac{\partial B}{\partial t}$

풀이

• $\nabla \times \boldsymbol{E} = \mathrm{rot}\ \boldsymbol{E} = \mathrm{Curl}\ \boldsymbol{E} = -\dfrac{\partial B}{\partial t}$ (회전)

• $\nabla \cdot \boldsymbol{E} = \mathrm{div}\ \boldsymbol{E}$ (발산)

답 ④

문제 17 중심은 원점에 있고 반지름 a[m]인 원형 선도체가 $z = 0$인 평면에 있다. 도체에 선전하밀도 ρ_L[C/m]가 분포되어 있을 때 $z = b$[m]인 점에서 전계 E[V/m]는? (단, a_r, a_z는 원통좌표계에서 r 및 z방향의 단위벡터이다.)

① $\dfrac{ab\rho_L}{2\pi\epsilon_o(a^2 + b^2)} a_r$

② $\dfrac{ab\rho_L}{4\pi\epsilon_o(a^2 + b^2)} a_z$

③ $\dfrac{ab\rho_L}{2\epsilon_o(a^2 + b^2)^{\frac{3}{2}}} a_z$

④ $\dfrac{ab\rho_L}{4\epsilon_o(a^2 + b^2)^{\frac{3}{2}}} a_z$

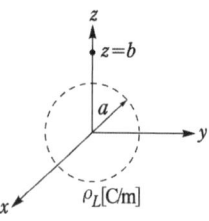

풀이

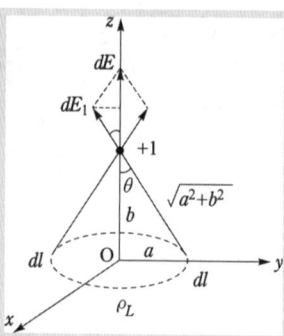

미소 길이 dl에 대한 전계의 세기 dE_1과 dE

$$dE_1 = \frac{\rho_L dl}{4\pi\epsilon_0\left(\sqrt{a^2+b^2}\right)^2}$$

$$dE = 2dE_1\cos\theta = 2 \cdot \frac{\rho_L dl}{4\pi\epsilon_0\left(\sqrt{a^2+b^2}\right)^2} \cdot \frac{b}{\sqrt{a^2+b^2}}$$

$$= \frac{b\rho_L dl}{2\pi\epsilon_0(a^2+b^2)^{\frac{3}{2}}}$$

원형 선도체에 의한 전계의 세기 E

$$E = \int_0^{\pi a} \frac{b\rho_L dl}{2\pi\epsilon_0(a^2+b^2)^{3/2}} = \frac{b\rho_L}{2\pi\epsilon_0}\int_0^{\pi a}\frac{dl}{(a^2+b^2)^{3/2}}$$

$$= \frac{b\rho_L}{2\pi\epsilon_0}\frac{\pi a}{(a^2+b^2)^{3/2}}$$

$$\therefore E = \frac{ab\rho_L}{2\epsilon_0(a^2+b^2)^{3/2}}, \quad \boldsymbol{E} = \frac{ab\rho_L}{2\epsilon_0(a^2+b^2)^{\frac{3}{2}}} a_z$$

답 ③

문제 18 $V = x^2$[V]로 주어지는 전위 분포일 때 $x = 20$[cm]인 점의 전계는?

① $+x$방향으로 40[V/m]

② $-x$방향으로 40[V/m]

③ $+x$방향으로 0.4[V/m]

④ $-x$방향으로 0.4[V/m]

풀이

전위 함수와 전계의 관계식 $\boldsymbol{E} = -\mathrm{grad}\ V$로부터

$$\boldsymbol{E} = -\mathrm{grad}\ V = -\nabla V$$

$$= -\left(\frac{\partial}{\partial x}(x^2)\boldsymbol{i} + \frac{\partial}{\partial y}(x^2)\boldsymbol{j} + \frac{\partial}{\partial z}(x^2)\boldsymbol{k}\right)$$

$$= -2x\boldsymbol{i} = -0.4\boldsymbol{i}\ [\text{V/m}]$$

따라서 전계의 방향은 $-x$ 방향, 전계의 크기는 0.4[V/m]가 된다.

답 ④

문제 19 자화의 세기 단위로 옳은 것은?

① AT/Wb
② AT/m²

③ Wb · m
④ Wb/m²

풀이

자화의 세기 $J = \dfrac{m}{S} = \dfrac{ml}{Sl} = \dfrac{M}{V}$ [Wb/m²]

여기서, S : 자성체의 단면적 [m²]

m : 자화된 자기량 [Wb]

l : 자성체의 길이 [m]

V : 자성체의 체적 [m³]

M : 자기모멘트($M = ml$ [Wb · m]) **답** ④

문제 20 변위 전류와 가장 관계가 깊은 것은?

① 반도체
② 유전체

③ 자성체
④ 도체

풀이

변위 전류 I_d (displacement current)

진공 또는 **유전체** 내에서 전속밀도의 시간적 변화에 의하여 발생하는 전류 **답** ②

제2과목 ▶ 전력공학

문제 21 전력용 콘덴서에 의하여 얻을 수 있는 전류는?

① 지상전류
② 진상전류

③ 동상전류
④ 영상전류

풀이

• **전력용 콘덴서 : 진상 전류**

• **리액터 : 지상 전류** **답** ②

문제 22 부하 역률이 현저히 낮은 경우 발생하는 현상이 아닌 것은?

① 전기요금의 증가

② 유효전력의 증가

③ 전력 손실의 증가

④ 선로의 전압강하 증가

풀이

유효전력 $P = \sqrt{3}\, VI\cos\theta$ [W]이므로,

역률($\cos\theta$)이 낮으면 유효전력(P)은 감소한다. **답** ②

문제 23 개폐서지의 이상전압을 감쇄할 목적으로 설치하는 것은?

① 단로기
② 차단기

③ 리액터
④ 개폐저항기

풀이

차단기의 개폐시에 재점호로 인하여 **개폐 서지 이상 전압**이 발생된다. 이것을 낮추고 절연 내력을 높일 수 있게 하기 위해 차단기 접촉자간에 병렬 임피던스로서 **개폐 저항기**를 삽입한다. **답** ④

문제 24 배전용 변전소의 주변압기로 주로 사용되는 것은?

① 강압 변압기
② 체승 변압기

③ 단권 변압기
④ 3권선 변압기

풀이

송전은 발전소에서 생산된 전력을 고전압으로 승압시켜 수용가 부근의 배전용 변전소로 이송하는 것이고, **배전**은 송전된 고전압의 전력을 수용가에 적합한 낮은 전압으로 감압하여 수용가에게 전력을 공급하는 시스템이다. 따라서, 체승 변압기는 승압을 하여야 하는 송전변전소에 사용되며 **강압 변압기는 감압을 하여야 하는 배전변전소에 사용**된다. **답** ①

문제 25 초호각(Arcing horn)의 역할은?

① 풍압을 조절한다.

② 송전 효율을 높인다.

③ 애자의 파손을 방지한다.

④ 고주파수의 섬락전압을 높인다.

풀이

초호환, 초호각의 역할

초호환 = 소호환 = arcing ring

초호각 = 소호각 = arcing horn

• 애자련의 전압분포 개선

• **선로의 섬락으로부터 애자련의 보호** **답** ③

문제 26 △－△ 결선된 3상 변압기를 사용한 비접지 방식의 선로가 있다. 이 때 1선 지락 고장이 발생하면 다른 건전한 2선의 대지전압은 지락 전의 몇 배까지 상승하는가?

① $\dfrac{\sqrt{3}}{2}$　　　　② $\sqrt{3}$

③ $\sqrt{2}$　　　　④ 1

풀이

비접지 계통에서 1선 지락시 건전상의 전위 상승은 상전압에서 선간 전압으로 되므로 $\sqrt{3}$ **배 상승**하게 된다.　**답** ②

문제 27 22[kV], 60[Hz] 1회선의 3상 송전선에서 무부하 충전전류는 약 몇 [A]인가? (단, 송전선의 길이는 20 [km]이고, 1선 1[km]당 정전용량은 0.5[μF]이다.

① 12　　　　② 24

③ 36　　　　④ 48

풀이

충전 전류 $I_c = 2\pi f C l \dfrac{V}{\sqrt{3}}$

$\quad = 2\pi \times 60 \times 0.5 \times 10^{-6} \times 20 \times \dfrac{22000}{\sqrt{3}}$

$\quad = 47.86[A]$　**답** ④

문제 28 모선보호용 계전기로 사용하면 가장 유리한 것은?

① 거리 방향계전기
② 역상 계전기
③ 재폐로 계전기
④ 과전류 계전기

풀이

모선 보호 계전 방식의 종류
① 전류 차동 보호 방식
② 전압 차동 보호 방식
③ 위상 비교 방식
④ 환상 모선 보호 방식
⑤ 방향 거리(거리 방향) 계전 방식　**답** ①

문제 29 현수애자에 대한 설명으로 틀린 것은?

① 애자를 연결하는 방법에 따라 클래비스형과 볼소켓형이 있다.
② 큰 하중에 대하여는 2연 또는 3연으로 하여 사용할 수 있다.
③ 애자의 연결 개수를 가감함으로서 임의의 송전전압에 사용할 수 있다.
④ 2~4층의 갓 모양의 자기편을 시멘트로 접착하고 그 자기를 주철제 베이스로 지지한다.

풀이

④항은 핀 애자에 대한 설명이다.　**답** ④

문제 30 송전선로의 고장전류 계산에 영상 임피던스가 필요한 경우는?

① 1선 지락　　　　② 3상 단락
③ 3선 단선　　　　④ 선간 단락

풀이

고장별 대칭분

고장의 종류	대 칭 분
3상 단락	정상분
선간 단락	정상분, 역상분
1선 지락	정상분, 역상분, **영상분**

답 ①

문제 31 그림과 같은 3상 송전계통에서 송전단 전압은 3300[V] 이다. 점 P에서 3상 단락사고가 발생했다면 발전기에 흐르는 단락전류는 약 몇 [A]인가?

① 320
② 330
③ 380
④ 410

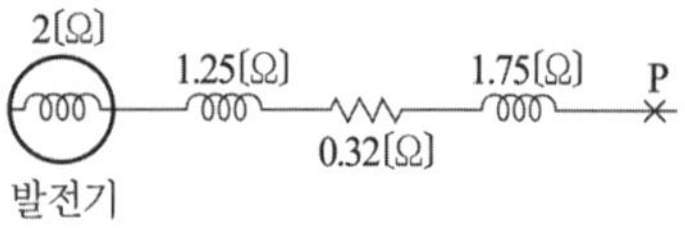

풀이

임피던스를 구하면
$\quad Z = 0.32 + j(2 + 1.25 + 1.75) = 0.32 + j5$
옴 법에 의해

$$I_s = \dfrac{E}{Z} = \dfrac{E}{\sqrt{R^2 + X^2}} = \dfrac{\dfrac{3300}{\sqrt{3}}}{\sqrt{0.32^2 + 5^2}} = 380.27 \ [A]$$　**답** ③

문제 32 조속기의 폐쇄시간이 짧을수록 옳은 것은?

① 수격작용은 작아진다.

② 발전기의 전압 상승률은 커진다.

③ 수차의 속도 변동률은 작아진다.

④ 수압관 내의 수압 상승률은 작아진다.

풀이

- 수차발전기는 부하가 감소하여 회전속도가 상승하거나 부하가 증가하여 회전속도가 감소하면 발전전압과 주파수가 변한다. 따라서, 부하가 변하여도 수차의 회전수를 일정하게 유지하기 위해 수차의 유량조정을 자동적으로 행하는 장치를 조속기라 한다.
- 속도 변동률 $\delta = \dfrac{N_m - N_0}{N_0} \times 100 [\%]$

(N_m : 수차의 최대회전속도, N_0 : 정격회전속도)

에서 **조속기의 폐쇄시간이 짧을수록 수차의 최대속도 N_m 이 감소하여 속도 변동률**은 작아진다. **탭** ③

문제 33 그림과 같은 수전단 전압 3.3[kV], 역률 0.85(뒤짐)인 부하 300[kW]에 공급하는 선로가 있다. 이때 송전단 전압은 약 몇 [V] 인가?

① 3430

② 3530

③ 3730

④ 3830

풀이

$E_s = E_r + I(R\cos\theta + X\sin\theta)$

$= 3300 + \dfrac{300 \times 10^3}{3300 \times 0.85}(4 \times 0.85 + 3 \times \sqrt{1 - 0.85^2})$

$= 3832.66[\text{V}]$

(단상 2선식에서 부하전류 $I = \dfrac{P}{E_r\cos\theta}[\text{A}]$) **탭** ④

문제 34 장거리 송전선로는 일반적으로 어떤 회로로 취급하여 회로를 해석하는가?

① 분포정수회로

② 분산부하회로

③ 집중정수회로

④ 특성임피던스회로

풀이

구 분	선로정수	회로
단거리	R, L	집중 정수 회로
중거리	R, L, C	T회로, π회로
장거리	R, L, C, G	분포 정수 회로

탭 ①

문제 35 증기의 엔탈피란?

① 증기 1[kg]의 잠열

② 증기 1[kg]의 현열

③ 증기 1[kg]의 보유열량

④ 증기 1[kg]의 증발열을 그 온도로 나눈 것

풀이

엔탈피(enthalpy)는 각 온도에 있어 **물 또는 증기의 보유 열량**의 뜻이다. **탭** ③

문제 36 4단자 정수 $A = D = 0.8$, $B = j1.0$인 3상 송전선로에 송전단전압 160[kV]를 인가할 때 무부하시 수전단 전압은 몇 [kV] 인가?

① 154 ② 164

③ 180 ④ 200

풀이

- 4단자 정수 $E_s = AE_r + BI_r$, $I_s = CE_r + DI_r$
- 무부하 ($I_r = 0$)일 때 $E_s = AE_r$ 이므로

수전단 전압 $E_r = \dfrac{E_s}{A} = \dfrac{160}{0.8} = 200[\text{kV}]$ **탭** ④

문제 37 유도장해를 방지하기 위한 전력선측의 대책으로 틀린 것은?

① 차폐선을 설치한다.

② 고속도 차단기를 사용한다.

③ 중성점 전압을 가능한 높게 한다.

④ 중성점 접지에 고저항을 넣어서 지락전류를 줄인다.

풀이

유도장해를 방지하기 위한 전력선측 대책

① 전력선과 통신선과의 상호 거리를 크게 하여 상호 인덕

턴스를 줄인다. (전자 유도 전압 $E_m = -j\omega MlI_g$)

② 연가를 충분히 한다(**선로 정수를 평형시켜 중성점 잔류 전압을 적게** 한다).

③ 케이블을 사용한다.

④ 고주파의 발생을 방지한다.

⑤ 통신선과의 교차를 직각으로 한다.

⑥ 소호 리액터의 사용 또는 고 저항 접지방식 채택(지락 전류를 적게 하여 전자 유도를 적게 한다).

⑦ 고장 회선의 고속도 차단

⑧ 차폐선의 시설(가공선도 차폐선과 같은 효과가 있으며, 본선과 동일 도체를 사용하면 차폐 효과가 크다).

답 ③

문제 38 원자로의 감속재에 대한 설명으로 틀린 것은?

① 감속 능력이 클 것

② 원자 질량이 클 것

③ 사용 재료로 경수를 사용

④ 고속 중성자를 열 중성자로 바꾸는 작용

풀이

감속재는 핵분열로 발생한 고속 중성자(약 2[MeV])의 에너지(=속도)를 떨어뜨려서 열중성자 (0.025[eV])로 바꾸는 작용을 하는 것으로서 사용재료로는 경수, 중수, 흑연, 베릴륨이 사용되며, 구비 하여야 할 조건은

① 중성자 흡수가 적을 것

② 감속능(slowing down power)과 감속비(moderation ratio)의 값이 클 것

③ 탄성산란의 효과가 클 것(가벼운 원자핵 일수록 효과가 크므로 **원자량이 적은 원소가 유리**)

④ 중성자 에너지를 빨리 감속시킬 수 있을 것

⑤ 중성자와의 충돌 확률이 높을 것

답 ②

문제 39 송전선로에 매설지선을 설치하는 주된 목적은?

① 철탑 기초의 강도를 보강하기 위하여

② 직격뢰로부터 송전선을 차폐보호하기 위하여

③ 현수애자 1연의 전압분담을 균일화하기 위하여

④ 철탑으로부터 송전선로의 역섬락을 방지하기 위하여

풀이

철탑에 뇌격 시 철탑 탑각 접지저항이 높으면 철탑의 전위가 올라가게 되고 만일 이때의 전압이 애자련의 절연 파괴

전압 이상으로 될 경우에는 거꾸로 철탑으로부터 전선을 향해서 섬락을 일으키게 된다.

이와 같은 현상을 역섬락이라고 하며 **역섬락을 방지**하기 위해서는 철탑의 탑각 접지저항값을 낮추어야 하는데 이를 위해서 지면 밑 30[cm]에 30~50[m]길이의 접지선을 방사상으로 몇 가닥 매설하고 있는데 이를 **매설지선** 이라고 한다.

답 ④

문제 40 송전전력, 부하역률, 송전거리, 전력손실, 선간전압이 동일할 때 3상 3선식에 의한 소요전선량은 단상 2선식의 몇 [%] 인가?

① 50   ② 67   ③ 75   ④ 87

풀이

- 송전전력이 동일하므로 $VI_1\cos\theta = \sqrt{3}\,VI_3\cos\theta$

$$\therefore I_1 = \sqrt{3}\,I_3$$

- 전력손실이 동일하므로 $2I_1^2 R_1 = 3I_3^2 R_3$

(중성선에는 전류가 흐르지 않는 조건임, 따라서 중성선에는 전력 손실이 발생하지 않음)

$$2(\sqrt{3}\,I_3)^2 R_1 = 3I_3^2 R_3 \quad \therefore 2R_1 = R_3$$

- $R = \rho\dfrac{l}{S}$ 에서 $R \propto \dfrac{1}{S}$ 이므로

$$\frac{R_1}{R_3} = \frac{S_3}{S_1} = \frac{R_1}{2R_1} = \frac{1}{2} \quad \therefore S_1 = 2S_3$$

- 소요 전선량 비 $= \dfrac{3상\ 3선식}{단상\ 2선식} = \dfrac{3S_3}{2S_1}$

$$= \frac{3S_3}{2 \times 2S_3} = \frac{3}{4} = 0.75 = 75[\%] \qquad \text{**답** ③}$$

제3과목 ▶ 전기기기

문제 41 3상 유도기에서 출력의 변환 식으로 옳은 것은?

① $P_0 = P_2 + P_{2c} = \dfrac{N}{N_s}P_2 = (2-s)P_2$

② $(1-s)P_2 = \dfrac{N}{N_s}P_2 = P_0 - P_{2c} = P_0 - sP_2$

③ $P_0 = P_2 - P_{2c} = P_2 - sP_2$

$\quad = \dfrac{N}{N_s}P_2 = (1-s)P_2$

④ $P_0 = P_2 + P_{2c} = P_2 + sP_2$

$$= \frac{N}{N_s}P_2 = (1+s)P_2$$

풀이

- 2차 동손 $P_{2c} = sP_2$
- $P_0 = P_2 - P_{2c} = P_2 - sP_2 = P_2(1-s)$

$$= P_2\left[1 - \left(\frac{N_s - N}{N_s}\right)\right] = P_2\frac{N}{N_s}$$ **답** ③

문제 42 변압기의 보호방식 중 비율차동계전기를 사용하는 경우는?

① 고조파 발생을 억제하기 위하여

② 과여자 전류를 억제하기 위하여

③ 과전압 발생을 억제하기 위하여

④ 변압기 상간 단락 보호를 위하여

풀이

비율 차동 계전기 : 변압기 내부고장 보호

- 변압기 내부에서 3상 단락 사고시

  $i_2 = 0$이 되어 비율 차동 계전기의 동작 coil에는 $i_d = i_1$의 전류가 흐르게 되어 비율 차동 계전기가 동작

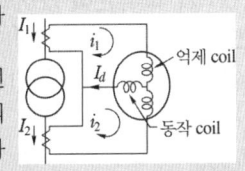

- 변압기 외부에서 3상 단락 사고시

  비율 차동 계전기의 동작 coil에는 $i_d = i_1 - i_2$의 전류가 흐르게 되며, 이때 i_d의 값이 정정값 이하가 되어 비율 차동 계전기는 동작하지 않는다.   **답** ④

문제 43 직류전동기의 전기자전류가 10[A]일 때 5[kg·m]의 토크가 발생하였다. 이 전동기의 계자 자속이 80[%]로 감소되고, 전기자 전류가 12[A]로 되면 토크는 약 몇 [kg·m]인가?

① 5.2   ② 4.8   ③ 4.3   ④ 3.9

풀이

- 변경 전 $\tau = \dfrac{PZ}{2\pi a}\phi I_a = k\phi I_a = 5[\text{kg·m}]$에서

  $k\phi = \dfrac{5}{I_a} = \dfrac{5}{10} = 0.5$

- 변경 후 $\tau' = k\phi' I_a' = k\phi \times 0.8 I_a'$

  $= 0.5 \times 0.8 \times 12 = 4.8[\text{kg·m}]$ **답** ②

문제 44 다이오드 2개를 이용하여 전파정류를 하고, 순저항 부하에 전력을 공급하는 회로가 있다. 저항에 걸리는 직류분 전압이 90[V]라면 다이오드에 걸리는 최대 역전압[V]의 크기는?

① 90   ② 242.8

③ 254.5   ④ 282.8

풀이

	반파정류	전파정류
다이오드	$E_d = \dfrac{\sqrt{2}E}{\pi} = 0.45E$	$E_d = \dfrac{2\sqrt{2}E}{\pi} = 0.9E$
PIV	$PIV = E_d \times \pi$	

역전압 첨두값 $PIV = E_d \times \pi = 90 \times \pi = 282.74[\text{V}]$ **답** ④

문제 45 동기전동기에 대한 설명으로 옳은 것은?

① 기동 토크가 크다.

② 역률조정을 할 수 있다.

③ 가변속 전동기로서 다양하게 응용된다.

④ 공극이 매우 작아 설치 및 보수가 어렵다.

풀이

동기 전동기의 특징

① 장점

- 속도가 일정 불변이다.
- 항상 역률 1로 운전할 수 있다.
- 여자 전류를 가감하여 **역률을 조정할 수 있다.**
- 유도 전동기에 비하여 효율이 좋다.

② 단점

- 보통 구조의 것은 기동 토크가 적고 속도 조정을 할 수 없다.
- 난조를 일으킬 염려가 있다.
- 여자용의 직류 전원을 필요로 하며 설비비가 많이 든다.   **답** ②

문제 46 농형 유도전동기에 주로 사용되는 속도 제어법은?

① 극수 제어법   ② 종속 제어법

③ 2차 여자 제어법   ④ 2차 저항 제어법

풀이

① 농형 유도 전동기의 속도 제어법

$N_s = \dfrac{120}{p}f$에서

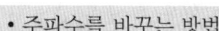

- 주파수를 바꾸는 방법
- **극수를 바꾸는 방법**
- 전원전압을 바꾸는 방법이 있다.

② 권선형 유도 전동기의 속도 제어법
- 2차여자 제어법
- 2차저항 제어법
- 종속 제어법

답 ①

문제 47 3상 권선형 유도전동기에서 2차측 저항을 2배로 하면 그 최대토크는 어떻게 되는가?

① 불변이다.　　　　② 2배 증가한다.

③ $\frac{1}{2}$로 감소한다.　　④ $\sqrt{2}$ 배 증가한다.

풀이

- **최대 토크** $T_m \propto \dfrac{V^2}{2x_2}$: **2차 저항에 무관**

- 최대 토크를 발생하는 슬립 $s_m \risingdotseq \pm \dfrac{r_2}{x_2}$: **2차 저항에 비례**

즉, 최대 토크의 크기는 변하지 않으나 최대 토크를 발생하는 슬립은 2배로 된다.

답 ①

문제 48 일반적인 변압기의 무부하손 중 효율에 가장 큰 영향을 미치는 것은?

① 와전류손　　　　② 유전체손

③ 히스테리시스손　　④ 여자전류 저항손

풀이

무부하손 ─┬─ ⓐ 철손 ─┬─ 히스테리시스손
　　　　　│　　　　　└─ 와류손
　　　　　├─ ⓑ 여자 전류에 의한 권선의 저항손
　　　　　└─ ⓒ 절연물 중의 유전체손

ⓑ, ⓒ는 ⓐ에 비하여 매우 적으므로 **무부하손은 철손**이라고 보는 것이 보통이며, 이 무부하손은 부하의 유무에 관계없이 1차측에 전원만 공급되면 발생되는 손실이다. 또한 **변압기의 히스테리시스손은 와류손의 3~4배 정도로 크**다.

답 ③

문제 49 전기자 총 도체수 152, 4극, 파권인 직류발전기가 전기자 전류를 100[A]로 할 때 매 극당 감자기자력[AT/극]은 얼마인가?(단, 브러시의 이동각은 10°이다.)

① 33.6　　② 52.8　　③ 105.6　　④ 211.2

풀이

$p=4$, $Z=152$, $a=2$(파권), $I_a=100$ [A], $\alpha=10°$이므로 감자 기자력 AT_d는

$$AT_d = \frac{I_a Z}{2ap} \cdot \frac{2\alpha}{180} = \frac{100 \times 152}{2 \times 2 \times 4} \cdot \frac{2 \times 10}{180} = 105.6 \text{ [AT/극]}$$

답 ③

문제 50 동기발전기의 단락비가 1.2이면 이 발전기의 %동기임피던스(p.u)는?

① 0.12　　　　　　② 0.25

③ 0.52　　　　　　④ 0.83

풀이

단락비 $K_s = \dfrac{1}{\%Z}$ 에서　$\%Z = \dfrac{1}{K_s} = \dfrac{1}{1.2} = 0.83$

답 ④

문제 51 정격전압, 정격주파수가 6600/220[V], 60[Hz], 와류손이 720[W]인 단상변압기가 있다. 이 변압기를 3300[V], 50[Hz]의 전원에 사용하는 경우 와류손은 약 몇 [W]인가?

① 120　　② 150　　③ 180　　④ 200

풀이

$P_e = \rho_e \, (t \cdot f \cdot k_f \cdot B_m)^2$ 에서

$B_m \propto \dfrac{V}{f}$ 이므로 $P_e \propto k V^2$

따라서, **와류손은 전압의 제곱에 비례하나 주파수에는 무관**하다.

$$\therefore P_e{}' = P_e \times \left(\frac{V'}{V}\right)^2 = 720 \times \left(\frac{3300}{6600}\right)^2 = 180 \text{[W]}$$

답 ③

문제 52 보극이 없는 직류발전기에서 부하의 증가에 따라 브러시의 위치를 어떻게 하여야 하는가?

① 그대로 둔다.

② 계자극의 중간에 놓는다.

③ 발전기의 회전방향으로 이동시킨다.

④ 발전기의 회전방향과 반대로 이동시킨다.

풀이

전기자 반작용에 의한 전기적 중성축 이동
- **발전기 : 회전 방향으로 이동**
- 전동기 : 회전 방향과 반대 방향으로 이동

답 ③

문제 53 반발기동형 단상유도전동기의 회전방향을 변경하려면?

① 전원의 2선을 바꾼다.

② 주권선의 2선을 바꾼다.

③ 브러시의 접속선을 바꾼다.

④ 브러시의 위치를 조정한다.

풀이

반발 기동 유도 전동기는 기동시에는 반발 전동기로서 동작시키고 일정 속도에 달하면 정류자 세그먼트(segment)를 단락하여 유도 전동기로서 동작하는 전동기이며, **브러시 이동만으로 기동, 정지, 속도 제어가 가능**하다. **답** ④

문제 54 다음 ( ) 안에 옳은 내용을 순서대로 나열한 것은?

> SCR에서는 게이트 전류가 흐르면 순방향의 저지상태에서 ( )상태로 된다. 게이트 전류를 가하여 도통 완료까지의 시간을 ( )시간 이라하고 이 시간이 길면 ( )시의 ( ) 이 많고 소자가 파괴된다.

① 온(On), 턴온(Turn on), 스위칭, 전력손실

② 온(On), 턴온(Turn on), 전력손실, 스위칭

③ 스위칭, 온(On), 턴온(Turn on), 전력손실

④ 턴온(Turn on), 스위칭, 온(On), 전력손실

풀이

SCR에서는 게이트 전류가 흐르면 순방향의 저지상태에서 온(On)상태로 된다. 게이트 전류를 가하여 도통 완료까지의 시간을 턴온(Turn on)시간 이라하고 이 시간이 길면 스위칭시의 전력손실 이 많고 소자가 파괴된다. **답** ①

문제 55 직류전동기의 속도제어 방법이 아닌 것은?

① 계자 제어법

② 전압 제어법

③ 주파수 제어법

④ 직렬 저항 제어법

풀이

• 전동기의 회전수 $N = K \dfrac{V - I_a R_a}{\Phi}$

• 직류 전동기의 속도 제어법 비교

구 분	제어 특성	특 징
계자 제어법	• 정출력 제어	• 속도제어 범위가 좁다.
전압 제어법	• 정토크 제어 -워드 레오나드 방식 -일그너 방식	• 제어범위가 넓다. • 손실이 매우 적다. • 정역운전이 가능 • 설비비가 많이 든다.
직렬 저항법		• 효율 나쁘다.

즉, **직류전동기 이므로 주파수와는 무관**하다. **답** ③

문제 56 동기발전기의 안정도를 증진시키기 위한 대책이 아닌 것은?

① 속응 여자 방식을 사용한다.

② 정상 임피던스를 작게 한다.

③ 역상·영상 임피던스를 작게 한다.

④ 회전자의 플라이 휠 효과를 크게 한다.

풀이

동기발전기의 안정도 증진법

① 동기 임피던스를 작게 한다.

② 속응 여자 방식을 채택한다.

③ 회전자에 플라이 휠을 설치하여 관성 모멘트를 크게 한다.

④ 정상 임피던스는 작고, **영상, 역상 임피던스를 크게** 한다.

⑤ 단락비를 크게 한다.

⑥ 동기 탈조 계전기를 사용한다. **답** ③

문제 57 비돌극형 동기발전기 한 상의 단자전압을 V, 유기기전력을 E, 동기리액턴스를 X_s, 부하각이 δ이고 전기자저항을 무시할 때 한 상의 최대출력[W]은?

① $\dfrac{EV}{X_s}$

② $\dfrac{3EV}{X_s}$

③ $\dfrac{E^2 V}{X_s} \sin\delta$

④ $\dfrac{EV^2}{X_s} \sin\delta$

풀이

비돌극기의 매상 출력 $P = \dfrac{EV}{Z_s}\sin(\alpha + \delta) - \dfrac{V^2}{Z_s}\sin\alpha$에서 전기자 저항 r_a는 매우 작으므로 이것을 무시하고 $Z_s \fallingdotseq X_s$, $\alpha \fallingdotseq 0$이라 하면 $P \fallingdotseq \dfrac{EV}{X_s}\sin\delta$ [W]가 된다.

여기서 $\sin\delta = 1$일 때 **최대출력**이 되므로, 비돌극형 동기 발전기 한 상의 최대출력 $P_{\max}$은

$$P_{\max} = \frac{EV}{X_s}\sin\delta = \frac{EV}{X_s}\times 1 = \frac{EV}{X_s}[\text{W}]$$

답 ①

그 크기는 권수비를 곱하여 2차로 환산한 값이 된다. 실효 값으로 표시하면

$$\frac{1.1}{\sqrt{2}}\times\frac{1328}{230} = 4.49[\text{A}]$$

답 ③

문제 58 60[Hz]의 3상 유도전동기를 동일전압으로 50 [Hz]에 사용할 때 ⓐ 무부하 전류, ⓑ 온도 상승, ⓒ 속도는 어떻게 변하겠는가?

① ⓐ $\frac{60}{50}$으로 증가, ⓑ $\frac{60}{50}$으로 증가, ⓒ $\frac{50}{60}$으로 감소

② ⓐ $\frac{60}{50}$으로 증가, ⓑ $\frac{50}{60}$으로 감소, ⓒ $\frac{50}{60}$으로 감소

③ ⓐ $\frac{50}{60}$으로 감소, ⓑ $\frac{60}{50}$으로 증가, ⓒ $\frac{50}{60}$으로 감소

④ ⓐ $\frac{50}{60}$으로 감소, ⓑ $\frac{60}{50}$으로 증가, ⓒ $\frac{60}{50}$으로 증가

풀이

ⓐ $E = 4.44k_w\,Wf\phi[\text{V}]$에서 $\phi\propto I_\phi\propto I_0\propto\dfrac{E}{f}$ 이므로 여자전류 I_0는 $\dfrac{60}{50}$으로 증가한다.

ⓑ 히스테리시스손 $P_h\propto fB_m\propto f\phi^2\propto f\cdot\left(\dfrac{1}{f}\right)^2\propto\dfrac{1}{f}$이므로 온도 상승은 $\dfrac{60}{50}$으로 증가한다.

ⓒ $N_s = \dfrac{120f}{p}$에서 $N_s\propto f$이므로 $\dfrac{50}{60}$으로 감소한다.

답 ①

문제 59 60[Hz], 1328/230[V]의 단상변압기가 있다. 무부하전류 $I = 3\sin\omega t + 1.1\sin(3\omega t + a_3)[\text{A}]$이다. 지금 위와 똑같은 변압기 3대로 Y−△결선하여 1차에 2300[V]의 평형전압을 걸고 2차를 무부하로 하면 △회로를 순환하는 전류(실효치)는 약 몇 [A] 인가?

① 0.77 ② 1.10
③ 4.48 ④ 6.35

풀이

1차측 선간 전압 2300 [V], 상전압 1328 [V]를 가하여 여자 전류 $i = 3\sin\omega t + 1.1\sin(3\omega t + \alpha_3)$가 흐르지 않으면 안 되나, Y−△결선이므로 **제3고조파 전류는 회로에 흐를 수가 없고 2차 △회로에 순환 전류로 되어 흐르게 된다.**

문제 60 3000/200[V] 변압기의 1차 임피던스가 225[Ω]이면 2차 환산 임피던스는 약 몇 [Ω] 인가?

① 1.0 ② 1.5
③ 2.1 ④ 2.8

풀이

권수비 $a = \dfrac{E_1}{E_2} = \dfrac{3000}{200} = 15$

따라서, 2차 환산 임피던스

$$Z_2 = \frac{1}{a^2}Z_1 = \frac{1}{15^2}\times 225 = 1[\Omega]$$

답 ①

제4과목 회로이론 및 제어공학

문제 61 다음 블록선도의 전달함수는?

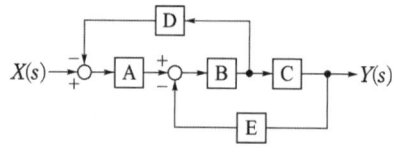

① $\dfrac{Y(s)}{X(s)} = \dfrac{ABC}{1 + BCD + ABE}$

② $\dfrac{Y(s)}{X(s)} = \dfrac{ABC}{1 + BCD + ABD}$

③ $\dfrac{Y(s)}{X(s)} = \dfrac{ABC}{1 + BCE + ABD}$

④ $\dfrac{Y(s)}{X(s)} = \dfrac{ABC}{1 + BCE + ABE}$

풀이

전향경로 이득 : ABC, 루프이득 : $-BCE$, $-ABD$

$$G(s) = \frac{\sum\text{전향 경로 이득}}{1-\sum\text{루프이득}} = \frac{ABC}{1 + BCE + ABD}$$

답 ③

문제 62 제어장치가 제어대상에 가하는 제어신호로 제어장치의 출력인 동시에 제어대상의 입력인 신호는?

① 목표값　　　　　② 조작량
③ 제어량　　　　　④ 동작신호

풀이

자동제어계의 구성

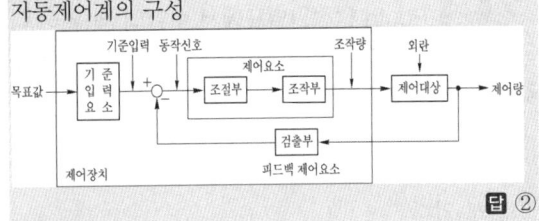

답 ②

문제 63 주파수 특성의 정수 중 대역폭이 좁으면 좁을수록 이때의 응답속도는 어떻게 되는가?

① 빨라진다.
② 늦어진다.
③ 빨라졌다 늦어진다.
④ 늦어졌다 빨라진다.

풀이

대역폭은 크기가 $0.707 M_0$ 또는 $(20 \log M_0 - 3)[\mathrm{dB}]$에서의 주파수로 정의한다. **대역폭이 넓으면 넓을수록 응답 속도가 빠르고, 좁으면 좁을수록 응답속도는 늦어진다.** 여기서, M_0는 영 주파수에서의 이득 이다.　**답** ②

문제 64 다음 논리회로가 나타내는 식은?

① $X = (A \cdot B) + \overline{C}$
② $X = (\overline{A \cdot B}) + C$
③ $X = (\overline{A + B}) \cdot C$
④ $X = (A + B) \cdot \overline{C}$

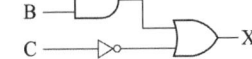

풀이

논리기호	논리식
A、B ⟶ X	$X = AB$
A、B ⟶ X	$X = A + B$
A ⟶ X	$X = \overline{A}$

즉,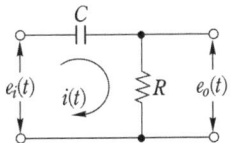

답 ①

문제 65 그림과 같은 요소는 제어계의 어떤 요소인가?

① 적분요소
② 미분요소
③ 1차 지연요소
④ 1차 지연 미분요소

풀이

비례 요소 : K, 미분 요소 : Ks, 적분 요소 : $\dfrac{K}{s}$

1차 지연요소 : $\dfrac{K}{Ts+1}$

전달함수　$G(s) = \dfrac{RCs}{1+RCs} = \dfrac{Ts}{1+Ts}$

이므로 1차 지연 요소를 포함한 미분 요소이다.　**답** ④

문제 66 상태방정식으로 표시되는 제어계의 천이행렬 $\Phi(t)$는?

$$\dot{X} = \begin{bmatrix} 0 & 1 \\ 0 & 0 \end{bmatrix} X + \begin{bmatrix} 0 \\ 1 \end{bmatrix} U$$

① $\begin{bmatrix} 0 & t \\ 1 & 1 \end{bmatrix}$　　　② $\begin{bmatrix} 1 & 1 \\ 0 & t \end{bmatrix}$

③ $\begin{bmatrix} 1 & t \\ 0 & 1 \end{bmatrix}$　　　④ $\begin{bmatrix} 0 & t \\ 1 & 0 \end{bmatrix}$

풀이

$$[sI - A] = \begin{bmatrix} s & 0 \\ 0 & s \end{bmatrix} - \begin{bmatrix} 0 & 1 \\ 0 & 0 \end{bmatrix} = \begin{bmatrix} s & -1 \\ 0 & s \end{bmatrix}$$

$$[sI - A]^{-1} = \dfrac{1}{\begin{vmatrix} s & -1 \\ 0 & s \end{vmatrix}} \begin{bmatrix} s & 1 \\ 0 & s \end{bmatrix} = \begin{bmatrix} \dfrac{1}{s} & \dfrac{1}{s^2} \\ 0 & \dfrac{1}{s} \end{bmatrix}$$

$$\therefore \Phi(t) = \mathcal{L}^{-1}\{[sI-A]^{-1}\} = \mathcal{L}^{-1} \begin{bmatrix} \dfrac{1}{s} & \dfrac{1}{s^2} \\ 0 & \dfrac{1}{s} \end{bmatrix} = \begin{bmatrix} 1 & t \\ 0 & 1 \end{bmatrix}$$

답 ③

문제 67 제어기에서 적분제어의 영향으로 가장 적합한 것은?

① 대역폭이 증가한다.

② 응답 속응성을 개선시킨다.

③ 작동오차의 변화율에 반응하여 동작한다.

④ 정상상태의 오차를 줄이는 효과를 갖는다.

풀이

비례제어계는 사이클링은 없으나 잔류편차가 생기는 결점이 있다. 그러나, **적분제어계는 잔류편차를 제어 할 수 있는 장점**이 있다. 따라서 잔류편차를 없애기 위해서는 제어계에 적분제어계를 포함시켜야 한다. **답** ④

문제 68 입력신호 $x(t)$와 출력신호 $y(t)$의 관계가 다음과 같을 때 전달함수는?

$$\frac{d^2}{dt^2}y(t)+5\frac{d}{dt}y(t)+6y(t)=x(t)$$

① $\dfrac{1}{(s+2)(s+3)}$

② $\dfrac{s+1}{(s+2)(s+3)}$

③ $\dfrac{s+4}{(s+2)(s+3)}$

④ $\dfrac{s}{(s+2)(s+3)}$

풀이

모든 초기치를 0으로 하고 라플라스 변환하면

$(s^2+5s+6)Y(s)=X(s)$

$\therefore \dfrac{Y(s)}{X(s)}=\dfrac{1}{s^2+5s+6}=\dfrac{1}{(s+2)(s+3)}$ **답** ①

문제 69 $G(j\omega)=\dfrac{1}{j\omega T+1}$ 의 크기와 위상각은?

① $G(j\omega)=\sqrt{\omega^2T^2+1}\ \underline{/\tan^{-1}\omega T}$

② $G(j\omega)=\sqrt{\omega^2T^2+1}\ \underline{/-\tan^{-1}\omega T}$

③ $G(j\omega)=\dfrac{1}{\sqrt{\omega^2T^2+1}}\ \underline{/\tan^{-1}\omega T}$

④ $G(j\omega)=\dfrac{1}{\sqrt{\omega^2T^2+1}}\ \underline{/-\tan^{-1}\omega T}$

풀이

• 크기 : $|G(j\omega)|=\left|\dfrac{1}{1+j\omega T}\right|=\dfrac{1}{\sqrt{1+(\omega T)^2}}$

• 위상각 : $\theta=-\tan^{-1}\dfrac{\omega T}{1}=-\tan^{-1}\omega T$ **답** ④

문제 70 Routh 안정판별표에서 수열의 제1열이 다음과 같을 때 이 계통의 특성 방정식에 양의 실수부를 갖는 근이 몇 개인가?

① 전혀 없다.

② 1개 있다.

③ 2개 있다.

④ 3개 있다.

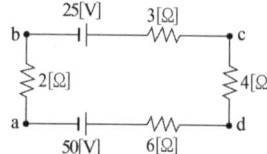

$$\begin{array}{r}1\\2\\-1\\3\\1\end{array}$$

풀이

제1열의 '2'에서 '−1', '−1'에서 '3'으로 **부호 변화가 두 번 있**으므로 **양의 실수를 갖는 근은 2개** 이다. **답** ③

문제 71 회로에서의 전류 방향을 옳게 나타낸 것은?

① 알 수 없다.

② 시계방향이다.

③ 흐르지 않는다.

④ 반시계방향이다.

풀이

직류의 전원이 직렬로 연결되어 있는 경우에는 큰 전원(50[V])에서 작은 전원(25[V]) 쪽으로 전류가 흐르므로, 반시계 방향(d → c → b → a)으로 전류가 흐른다. **답** ④

문제 72 특성 방정식

$s^5+2s^4+2s^3+3s^2+4s+1$을 Routh−Hurwitz 판별법으로 분석한 결과로 옳은 것은?

① s−평면의 우반면에 근이 존재하지 않기 때문에 안정한 시스템이다.

② s−평면의 우반면에 근이 1개 존재하기 때문에 불안정한 시스템이다.

③ s−평면의 우반면에 근이 2개 존재하기 때문에 불안정한 시스템이다.

④ s−평면의 우반면에 근이 3개 존재하기 때문에 불안정한 시스템이다.

풀이

s^5	1	2	4
s^4	2	3	1
s^3	0.5	3.5	0
s^2	-11	1	
s^1	3.55	0	
s^0	1		

루드 표에서 **제1열의 부호가 2번 변하므로**(0.5에서 -11로, -11에서 3.55로) 우반면에 불안정한 근이 2개가 존재한다.
답 ③

문제 73 RL 직렬회로에 $e = 100\sin(120\pi t)$[V]의 전압을 인가하여 $i = 2\sin(120\pi t - 45°)$[A]의 전류가 흐르도록 하려면 저항은 몇 [Ω] 인가?

① 25.0   ② 35.4
③ 50.0   ④ 70.7

풀이

임피던스 $Z = \dfrac{E}{I} = \dfrac{\frac{100}{\sqrt{2}}\underline{/0°}}{\frac{2}{\sqrt{2}}\underline{/-45°}} = 50\underline{/45°}$

$\therefore Z = 50(\cos45° + j\sin45°) = 35.36 + j35.36$

임피던스 $Z = R + jX$ 이므로

$\therefore R = 35.36[\Omega], X = 35.36[\Omega]$
답 ②

문제 74 회로에서 10[mH]의 인덕턴스에 흐르는 전류는 일반적으로 $i(t) = A + Be^{-at}$로 표시된다. a의 값은?

① 100
② 200
③ 400
④ 500

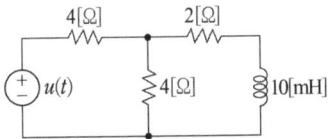

풀이

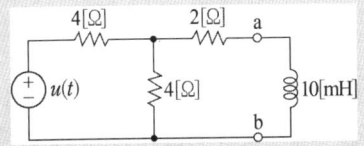

• 개방전압 $V_{ab} = \dfrac{u(t)}{4+4} \times 4 = 0.5u(t)$

• 테브난 등가저항
$R_{th} = \dfrac{4 \times 4}{4+4} + 2 = 4[\Omega]$ (전압원 단락)

$\therefore i(t) = \dfrac{V}{R}\left(1 - e^{-\frac{R}{L}t}\right)$

$= \dfrac{0.5}{4}\left(1 - e^{-\frac{4}{0.01}t}\right)$

$= 0.125(1 - e^{-400t})$

$\therefore a = 400$

테브난의 등가회로
답 ③

문제 75 3상 △부하에서 각 선전류를 I_a, I_b, I_c라 하면 전류의 영상분[A]은? (단, 회로는 평형 상태이다.)

① ∞   ② 1   ③ $\dfrac{1}{3}$ ④ 0

풀이

영상전류 $I_0 = \dfrac{1}{3}(I_a + I_b + I_c)$에서

평형 상태이므로 $I_a + I_b + I_c = 0$
따라서, 영상전류 $I_0 = 0$이 된다.
답 ④

문제 76 정현파 교류전원 $e = E_m\sin(\omega t + \theta)$[V]가 인가된 RLC 직렬회로에 있어서 $\omega L > \dfrac{1}{\omega C}$ 일 경우, 이 회로에 흐르는 전류 I[A]의 위상은 인가전압 e[V]의 위상보다 어떻게 되는가?

① $\tan^{-1}\dfrac{\omega L - \frac{1}{\omega C}}{R}$ 앞선다.

② $\tan^{-1}\dfrac{\omega L - \frac{1}{\omega C}}{R}$ 뒤진다.

③ $\tan^{-1}R\left(\dfrac{1}{\omega L} - \omega C\right)$ 앞선다.

④ $\tan^{-1}R\left(\dfrac{1}{\omega L} - \omega C\right)$ 뒤진다.

풀이

임피던스 $Z = R + j\left(\omega L - \dfrac{1}{\omega C}\right)$

• $\omega L > \dfrac{1}{\omega C}$: 유도성 회로, 지상전류(I_L)

• $\omega L < \dfrac{1}{\omega C}$: 용량성 회로, 진상전류(I_C)

따라서, $\theta = \tan^{-1}\dfrac{허수부}{실수부} = \tan^{-1}\dfrac{\omega L - \frac{1}{\omega C}}{R}$ 뒤진다. **답** ②

문제 77 그림과 같은 $R-C$ 병렬회로에서 전원전압이 $e(t)=3e^{-5t}$인 경우 이 회로의 임피던스는?

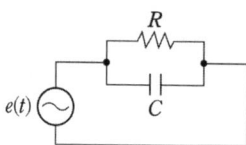

① $\dfrac{j\omega RC}{1+j\omega RC}$ ② $\dfrac{R}{1-5RC}$

③ $\dfrac{R}{1+RCs}$ ④ $\dfrac{1+j\omega RC}{R}$

풀이

- 임피던스 $Z=\dfrac{\dfrac{R}{j\omega C}}{R+\dfrac{1}{j\omega C}}=\dfrac{R}{1+j\omega CR}$

- $e(t)=3e^{-5t}$ 에서 $j\omega=-5$

  ($\because e=r(\cos\theta+j\sin\theta)=re^{j\theta}=re^{j\omega t}$)

$\therefore Z=\dfrac{R}{1+j\omega CR}=\dfrac{R}{1-5CR}$ [Ω] **답** ②

문제 78 분포정수 선로에서 위상정수를 β[rad/m]라 할 때 파장은?

① $2\pi\beta$ ② $\dfrac{2\pi}{\beta}$ ③ $4\pi\beta$ ④ $\dfrac{4\pi}{\beta}$

풀이

위상정수 β와 파장 λ 사이의 관계는

$\lambda\beta=2\pi$ 이므로 $\lambda=\dfrac{2\pi}{\beta}$ **답** ②

문제 79 성형(Y)결선의 부하가 있다. 선간전압 300[V]의 3상 교류를 가했을 때 선전류가 40[A]이고, 역률이 0.8 이라면 리액턴스는 약 몇 [Ω]인가?

① 1.66 ② 2.60

③ 3.56 ④ 4.33

풀이

1상의 임피던스 $Z=\dfrac{E}{I}=\dfrac{300/\sqrt{3}}{40}=4.33$ [Ω]

$\sin\theta=\sqrt{1-\cos^2\theta}=\sqrt{1-0.8^2}=0.6$이므로

리액턴스 $X=Z\sin\theta=4.33\times0.6=2.598$ [Ω] **답** ②

문제 80 그림의 회로에서 합성 인덕턴스는?

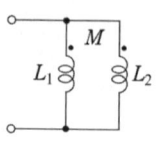

① $\dfrac{L_1L_2-M^2}{L_1+L_2-2M}$ ② $\dfrac{L_1L_2+M^2}{L_1+L_2-2M}$

③ $\dfrac{L_1L_2-M^2}{L_1+L_2+2M}$ ④ $\dfrac{L_1L_2+M^2}{L_1+L_2+2M}$

풀이

병렬 접속형의 등가 회로를 그려 보면 그림과 같다.
그러므로, 합성 인덕턴스 L_0는

$L_0=M+\dfrac{(L_1-M)(L_2-M)}{(L_1-M)+(L_2-M)}$

$=\dfrac{L_1L_2-M^2}{L_1+L_2-2M}$ **답** ①

제5과목 전기설비 기술기준

문제 81 최대 사용전압 7[kV] 이하 전로의 절연내력을 시험할 때 시험전압을 연속하여 몇 분간 가하였을 때 이에 견디어야 하는가?

① 5분 ② 10분

③ 15분 ④ 30분

풀이

132 전로의 절연저항 및 절연내력

고압 및 특고압의 전로는 시험전압을 **전로와 대지 사이에 연속하여 10분간** 가하여 절연내력을 시험하였을 때에 이에 견디어야 한다. **답** ②

문제 82 가공전선로에 사용하는 지지물의 강도 계산 시 구성재의 수직 투영면적 1[m²]에 대한 풍압을 기초로 적용하는 갑종풍압하중 값의 기준으로 틀린 것은?

① 목주 : 588[Pa]

② 원형 철주 : 588[Pa]

③ 철근콘크리트주 : 1117[Pa]

④ 강관으로 구성된 철탑(단주는 제외) : 1255[Pa]

풀이

331.6 풍압하중의 종별과 적용

풍압을 받는 구분			풍압 [Pa]
목　　　주			588
지지물	철　주	원형의 것	588
		삼각형 또는 농형	1412
		강관에 의하여 구성되는 4각형의 것	1117
		기타의 것으로 복재가 전후면에 겹치는 경우	1627
		기타의 것으로 겹치지 않은 경우	1784
	철근콘크리트주	원형의 것	588
		기타의 것	882
	철　탑	강관으로 구성되는 것	1255
		기타의 것	2157

답 ③

문제 83 고압 옥내배선의 시설 공사로 할 수 없는 것은?

① 케이블공사

② 금속제가요전선관공사

③ 케이블트레이공사

④ 애자공사(건조한 장소로서 전개된 장소)

풀이

342.1 고압 옥내배선 등의 시설

가. 고압 옥내배선은 다음에 따라 시설하여야 한다.

　① **애자공사(건조한 장소로서 전개된 장소에 한한다)**

　② **케이블공사**

　③ **케이블트레이공사**

나. 전선은 공칭단면적 6[mm²]이상의 연동선

답 ②

문제 84 고압 인입선 시설에 대한 설명으로 틀린 것은?

① 15[m] 떨어진 다른 수용가에 고압 연접인입선을 시설하였다.

② 전선은 5[mm] 경동선과 동등한 세기의 고압 절연전선을 사용하였다.

③ 고압 가공인입선 아래에 위험표시를 하고 지표 상 3.5[m]의 높이에 설치하였다.

④ 횡단 보도교 위에 시설하는 경우 케이블을 사용하여 노면상에서 3.5[m]의 높이에 시설하였다.

풀이

331.12.1 고압 가공인입선의 시설

가. 고압 가공인입선의 전선

　① 인장강도 8.01[kN] 이상의 고압 절연전선, 특고압 절연전선

　② 지름 5[mm] 이상의 경동선의 고압 절연전선, 특고압 절연전선

나. 고압 가공인입선의 높이는 지표상 5[m]로 하여야 한다. 그러나 그 고압 가공인입선이 케이블 이외의 것인 때에는 그 전선의 아래쪽에 위험 표시를 하면 고압 가공인입선의 높이는 지표상 3.5[m]까지로 감할 수 있다.

다. 횡단보도교의 위에 시설하는 경우에는 그 노면상 3.5[m] 이상

라. **고압 연접인입선은 시설하여서는 아니 된다.**　**답** ①

문제 85 345[kV] 가공전선이 154[kV] 가공전선과 교차하는 경우 이들 양 전선 상호간의 이격거리는 몇 [m] 이상이어야 하는가?

① 4.48　　　　② 4.96

③ 5.48　　　　④ 5.82

풀이

333.27 특고압 가공전선 상호 간의 접근 또는 교차

사용전압의 구분	이격거리
35 [kV] 이하	• 특고압 가공전선에 케이블을 사용하고 다른 특고압 가공전선에 특고압 절연전선 또는 케이블을 사용하는 경우 : 0.5 [m] • 각각의 특고압 가공전선에 특고압 절연전선을 사용하는 경우 : 1 [m]
60 [kV] 이하	2 [m]
60 [kV] 초과	• 이격거리 = 2 + 단수 × 0.12 [m] • 단수 = $\dfrac{(전압\,[kV]-60)}{10}$ 단수계산에서 소수점 이하는 절상

• 단수 = $\dfrac{345-60}{10}$ = 28.5 → 29단

• 이격 거리 = 2+29×0.12 = 5.48[m]　**답** ③

문제 86 공통접지공사 적용시 선도체의 단면적이 16 [mm²]인 경우 보호도체(PE)에 적합한 단면적은? (단, 보호도체의 재질이 선도체와 같은 경우)

① 4

② 6

③ 10

④ 16

풀이

142.3.2 보호도체

보호도체의 최소 단면적은 다음에 의한다.

선도체의 단면적 S (mm², 구리)	보호도체의 최소 단면적(mm², 구리)	
	보호도체의 재질	
	선도체와 같은 경우	선도체와 다른 경우
$S \leq 16$	S	$(k_1/k_2) \times S$
$16 < S \leq 35$	$16(a)$	$(k_1/k_2) \times 16$
$S > 35$	$S(a)/2$	$(k_1/k_2) \times (S/2)$

여기서, − k_1 : 상도체에 대한 k값

− k_2 : 보호도체에 대한 k값

− a : PEN 도체의 최소단면적은 중성선과 동일하게 적용한다. **답 ④**

문제 87 일반 변전소 또는 이에 준하는 곳의 주요 변압기에 반드시 시설하여야 하는 계측장치가 아닌 것은?

① 주파수

② 전압

③ 전류

④ 전력

풀이

351.6 계측장치

변전소 또는 이에 준하는 곳에는 다음의 사항을 계측하는 장치를 시설하여야 한다. 다만, 전기철도용 변전소는 주요 변압기의 전압을 계측하는 장치를 시설하지 아니할 수 있다.

가. 주요 변압기의 전압 및 전류 또는 전력

나. 특고압용 변압기의 온도 **답 ①**

문제 88 애자공사에 의한 저압 옥내배선을 시설할 때 전선의 지지점간의 거리는 전선을 조영재의 윗면 또는 옆면에 따라 붙일 경우 몇 [m] 이하인가?

① 1.5

② 2

③ 2.5

④ 3

풀이

232.56 애자공사

가. 전선의 종류 : 절연 전선. 단, 옥외용 비닐 절연 전선(OW) 및 인입용 비닐 절연 전선(DV)은 제외한다.

나. 이격 거리

전 압		전선과 조영재와의 이격 거리	전선 상호 간격	전선 지지점간의 거리	
				조영재의 윗면 또는 옆면에 따라 시설	조영재에 따라 시설하지 않는 경우
저압	400[V] 이하	2.5 [cm] 이상	6 [cm] 이상	2 [m] 이하	−
	400[V] 초과	건조한 장소 2.5[cm] 이상			6 [m] 이하
		기타의 장소 4.5[cm] 이상			

답 ②

문제 89 특수장소에 시설하는 전선로의 기준으로 틀린 것은?

① 교량의 윗면에 시설하는 저압전선로는 교량 노면상 5[m] 이상으로 할 것

② 교량에 시설하는 고압전선로에서 전선과 조영재 사이의 이격거리는 20[cm] 이상일 것

③ 저압전선로와 고압전선로를 같은 벼랑에 시설하는 경우 고압전선과 저압전선 사이의 이격거리는 50[cm] 이상일 것

④ 벼랑과 같은 수직부분에 시설하는 전선로는 부득이한 경우에 시설하며, 이 때 전선의 지지점간의 거리는 15[m] 이하이어야 한다.

풀이

335.6 교량에 시설하는 전선로

가. 교량의 윗면에 시설하는 것은 전선의 높이를 교량의 노면상 5[m] 이상으로 하여 시설할 것.

나. 전선과 조영재 사이의 이격거리는 전선이 케이블인 경우 이외에는 0.3[m] 이상일 것.

335.8 급경사지에 시설하는 전선로의 시설

가. 전선의 지지점 간의 거리는 15[m] 이하일 것.

나. 저압 전선로와 고압 전선로를 같은 벼랑에 시설하는 경우에는 고압 전선로를 저압 전선로의 위로하고 또한 고압전선과 저압 전선 사이의 이격거리는 0.5[m] 이상일 것. **답 ②**

문제 90 가공 접지선을 사용하여 접지공사를 하는 경우 변압기의 시설 장소로부터 몇 [m] 까지 떼어 놓을 수 있는가?

① 50   ② 100
③ 150   ④ 200

풀이
22.1 고압 또는 특고압과 저압의 혼촉에 의한 위험방지 시설
접지공사는 변압기의 시설장소마다 시행하여야 한다. 다만, 토지의 상황에 의하여 변압기의 시설장소에서 규정에 의한 접지 저항 값을 얻기 어려운 경우, 인장강도 5.26 [kN] 이상 또는 **지름 4[mm] 이상의 가공 접지도체를 변압기의 시설장소로부터 200 [m]까지 떼어놓을 수 있다.** **답** ④

문제 91 고압 가공전선으로 경동선을 사용하는 경우 안전율은 얼마 이상이 되는 이도(弛度)로 시설하여야 하는가?

① 2.0   ② 2.2
③ 2.5   ④ 4.0

풀이
332.4 고압 가공전선의 안전율
222.6 저압 가공전선의 안전율
가공전선이 케이블 이외인 경우 안전율이 다음 이상이 되는 이도로 시설하여야 한다.
가. **경동선 또는 내열 동합금선 : 2.2 이상**
나. 그 밖의 전선 : 2.5 **답** ②

문제 92 백열전등 또는 방전등에 전기를 공급하는 옥내전로의 대지전압은 몇 [V] 이하인가?

① 120   ② 150
③ 200   ④ 300

풀이
231.6 옥내전로의 대지 전압의 제한
백열전등 또는 방전등에 전기를 공급하는 옥내의 전로의 **대지전압은 300[V] 이하여야 한다.** **답** ④

문제 93 가공전선로 지지물 기초의 안전율은 일반적으로 얼마 이상인가?

① 1.5   ② 2
③ 2.2   ④ 2.5

풀이
331.7 가공전선로 지지물의 기초의 안전율
가공전선로의 지지물에 하중이 가하여지는 경우에 그 하중을 받는 지지물의 **기초의 안전율은 2**(이상 시 상정하중에 대한 철탑의 기초에 대하여는 1.33) **이상**이어야 한다.
답 ②

문제 94 사용전압 154[kV]의 특고압 가공전선로를 시가지에 시설하는 경우 지표상 몇 [m] 이상에 시설하여야 하는가?

① 7   ② 8
③ 9.44   ④ 11.44

풀이
333.1 시가지 등에서 특고압 가공전선로의 시설

사용전압의 구분	지표상의 높이
35 [kV] 이하	10[m] (전선이 특고압 절연전선인 경우에는 8[m])
35 [kV] 초과	10[m]에 35[kV]를 초과하는 10[kV] 또는 그 단수마다 12[cm]를 더한 값

• 단수 = $\dfrac{154-35}{10} = 11.9 \rightarrow 12$단
• 지표상의 높이 = $10 + 12 \times 0.12 = 11.44$[m] **답** ④

문제 95 "지중관로"에 대한 정의로 가장 옳은 것은?

① 지중전선로·지중 약전류 전선로와 지중매설지선 등을 말한다.
② 지중전선로·지중 약전류 전선로와 복합케이블선로·기타 이와 유사한 것 및 이들에 부속되는 지중함을 말한다.
③ 지중전선로·지중 약전류 전선로·지중에 시설하는 수관 및 가스관과 지중매설지선을 말한다.
④ 지중전선로·지중 약전류 전선로·지중 광섬유 케이블 선로·지중에 시설하는 수관 및 가스관과 기타 이와 유사한 것 및 이들에 부속하는 지중함 등을 말한다.

풀이
112 용어 정의
"지중 관로"란 지중 전선로·지중 약전류 전선로·지중 광섬유 케이블 선로·지중에 시설하는 수관 및 가스관과

이와 유사한 것 및 이들에 부속하는 지중함 등을 말한다.

답 ④

문제 96 가공 전선로의 지지물에 시설하는 지선의 시설기준으로 옳은 것은?

① 지선의 안전율은 1.2 이상일 것

② 소선은 최소 5가닥 이상의 연선일 것

③ 도로를 횡단하여 시설하는 지선의 높이는 일반적으로 지표상 5[m] 이상으로 할 것

④ 지중부분 및 지표상 60[cm] 까지의 부분은 아연도금을 한 철봉 등 부식하기 어려운 재료를 사용할 것

풀이

331.11 지선의 시설

가. 지선의 안전율은 2.5 이상일 것. 이 경우에 허용 인장하중의 최저는 4.31[kN]으로 한다.

나. 지선에 연선을 사용할 경우에는 다음에 의할 것.

　① 소선 3가닥 이상의 연선일 것.

　② 소선의 지름이 2.6[mm] 이상의 금속선을 사용한 것일 것.

다. 지중부분 및 지표상 0.3[m]까지의 부분에는 내식성이 있는 것 또는 아연도금을 한 철봉을 사용하고 쉽게 부식되지 않는 근가에 견고하게 붙일 것.

라. 도로를 횡단하여 시설하는 지선의 높이는 **지표상 5[m] 이상**으로 하여야 한다.

답 ③

문제 97 저압 옥내배선에 적용하는 사용전선의 내용 중 틀린 것은?

① 단면적 2.5[mm²] 이상의 연동선이어야 한다.

② 무기물 절연 케이블로 옥내배선을 하려면 케이블 단면적은 2[mm²] 이상이어야 한다.

③ 진열장 등 사용전압이 400[V] 이하인 경우 0.75[mm²] 이상인 코드 또는 캡타이어케이블을 사용할 수 있다.

④ 전광표시장치 또는 제어회로에 사용전압이 400[V] 이하인 경우 사용하는 배선은 단면적 1.5[mm²] 이상의 연동선을 사용하고 합성수지관 공사로 할 수 있다.

풀이

231.3.1 저압 옥내배선의 사용전선

가. 저압 옥내배선의 전선 : 단면적 2.5[mm²] 이상의 연동선

나. 옥내배선의 사용 전압이 400 [V] 이하인 경우는 다음에 의하여 시설할 수 있다.

　① 전광표시 장치 또는 제어 회로

　　• 단면적 1.5[mm²] 이상의 연동선

　　• 단면적 0.75[mm²] 이상인 다심케이블 또는 다심 캡타이어 케이블을 사용하고 또한 과전류가 생겼을 때에 자동적으로 전로에서 차단하는 장치를 시설

　② 진열장 또는 이와 유사한 것의 내부 배선 : 단면적 0.75[mm²] 이상인 코드 또는 캡타이어케이블

답 ②

문제 98 케이블 트레이공사 적용 시 적합한 사항은?

① 난연성 케이블을 사용한다.

② 케이블 트레이의 안전율은 2.0 이상으로 한다.

③ 케이블 트레이 안에서 전선접속은 허용하지 않는다.

④ 사용전압이 400[V] 미만인 경우 접지공사를 하지 않는다.

풀이

232.41 케이블트레이공사

가. 전선은 연피케이블, 알루미늄피 케이블 등 **난연성 케이블** 또는 기타 케이블(적당한 간격으로 연소방지 조치를 하여야 한다) 또는 금속관 혹은 합성수지관 등에 넣은 절연전선을 사용하여야 한다.

나. 케이블트레이 안에서 전선을 접속하는 경우에는 전선접속부분에 사람이 접근할 수 있고 또한 그 부분이 측면 레일 위로 나오지 않도록 하고 그 부분을 절연처리하여야 한다.

다. 케이블 트레이의 **안전율은 1.5 이상**으로 하여야 한다.

라. 금속재의 것은 적절한 방식처리를 한 것이거나 내식성 재료의 것이어야 한다.

마. 비금속제 케이블 트레이는 난연성 재료의 것이어야 한다.

바. 금속제 케이블 트레이 계통은 기계적 및 전기적으로 완전하게 접속하여야 하며 금속제 **트레이는 접지공사를 하여야 한다.**

답 ①

문제 99 지중 전선로의 시설에서 관로식에 의하여 시설하는 경우 매설깊이는 몇 [m] 이상으로 하여야 하는가?

① 0.6

② 1.0

③ 1.2

④ 1.5

풀이

334.1 지중전선로의 시설

가. 지중 전선로는 전선에 케이블을 사용하고 또한 관로식·암거식 또는 직접 매설식에 의하여 시설하여야 한다.

나. 지중 전선로를 관로식 또는 암거식에 의하여 시설하는 경우에는 다음에 따라야 한다.

　① **관로식**에 의하여 시설하는 경우에는 **매설 깊이를 1.0 [m] 이상**, 중량물의 압력을 받을 우려가 없는 곳은 0.6[m] 이상

　② 암거식에 의하여 시설하는 경우에는 견고하고 차량 기타 중량물의 압력에 견디는 것을 사용할 것.

다. 지중 전선로를 직접 매설식에 의하여 시설하는 경우에는 매설 깊이를 차량 기타 중량물의 압력을 받을 우려가 있는 장소에는 1.0[m] 이상, 기타 장소에는 0.6 [m] 이상

답 ②

출제기준 변경 및 개정된 관계 법규에 따라 삭제된 문제가 있어 20문항이 안됩니다.

memo

D60-1

기출문제

D60-1

2016년도 전기기사 필기

국가기술자격검정 필기시험 문제

2016년도 전기기사 일반검정 제1회

자격종목 및 등급(선택분야)	종목코드	시험시간	문제지형별	수검 번호	성 명
전기기사	**1150**	**2시간 30분**	**A**		

제1과목 ▶ 전기자기학

문제 01 극판 간격 d[m], 면적 S[m²], 유전율 ϵ[F/m]이고, 정전 용량이 C[F]인 평행판 콘덴서에 $v = V_m \sin \omega t$[V]의 전압을 가할 때의 변위전류[A]는?

① $\omega C V_m \cos \omega t$
② $C V_m \sin \omega t$
③ $-C V_m \sin \omega t$
④ $-\omega C V_m \cos \omega t$

풀이

변위 전류 밀도 $i_d = \dfrac{\partial \boldsymbol{D}}{\partial t} = \epsilon \dfrac{\partial \boldsymbol{E}}{\partial t} = \epsilon \dfrac{\partial}{\partial t} \left(\dfrac{v}{d} \right)$

$\qquad = \dfrac{\epsilon}{d} \dfrac{\partial}{\partial t} V_m \sin \omega t = \dfrac{\epsilon}{d} \omega V_m \cos \omega t$ [A/m²]

∴ 변위 전류 $I_d = i_d S = \dfrac{\epsilon S}{d} \omega V_m \cos \omega t = \omega C V_m \cos \omega t$ [A]

답 ①

문제 02 한 변의 길이가 l[m]인 정삼각형 회로에 전류 I[A]가 흐르고 있을 때 삼각형 중심에서의 자계의 세기[AT/m]는?

① $\dfrac{\sqrt{2}\,I}{3\pi l}$
② $\dfrac{9I}{\pi l}$
③ $\dfrac{2\sqrt{2}\,I}{3\pi l}$
④ $\dfrac{9I}{2\pi l}$

풀이

그림에서 한 변의 전류에 의한 자계는

$H_1 = \dfrac{I}{4\pi b} (\sin \phi_1 + \sin \phi_2)$

$\quad = \dfrac{I}{4\pi b} \sin \phi \times 2 = \dfrac{I}{2\pi b} \times \dfrac{\sqrt{3}}{2}$

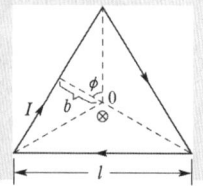

삼각형 중심의 자계는

∴ $H = 3H_1 = \dfrac{3\sqrt{3}}{4} \dfrac{I}{\pi b} = \dfrac{3\sqrt{3}}{4} \times \dfrac{I}{\pi \left(\dfrac{l}{2\sqrt{3}} \right)} = \dfrac{9I}{2\pi l}$ [AT/m]

$\left(\because \tan 30° = \dfrac{b}{l/2}, \quad b = \dfrac{l}{2} \tan 30° = \dfrac{l}{2\sqrt{3}} \right)$

답 ④

문제 03 변위전류밀도와 관계없는 것은?

① 전계의 세기
② 유전율
③ 자계의 세기
④ 전속밀도

풀이

$i_D = \dfrac{I_D}{S} = \dfrac{\partial D}{\partial t} = \epsilon \dfrac{\partial E}{\partial t}$ [A/m²]

여기서, i_D : 변위 전류 밀도 [A/m²]

$\qquad\ I_D$: 변위전류 [A], $\quad \epsilon$: 유전율 [F/m]

$\qquad\ E$: 전계의 세기 [V/m]

$\qquad\ D$: 전속밀도 [C/m²]

답 ③

문제 04 벡터 $A = 5e^{-r}\cos\phi\, a_r - 5\cos\phi\, a_z$가 원통좌표계로 주어졌다. 점$(2, \dfrac{3\pi}{2}, 0)$에서의 $\nabla \times A$를 구하였다. a_z방향의 계수는?

① 2.5
② −2.5
③ 0.34
④ −0.34

풀이

$A = 5e^{-r}\cos\phi\, a_r - 5\cos\phi\, a_z$

$\nabla \times A = \dfrac{1}{r} \begin{vmatrix} a_r & a_\phi r & a_z \\ \dfrac{\partial}{\partial r} & \dfrac{\partial}{\partial \phi} & \dfrac{\partial}{\partial z} \\ A_r & rA_\phi & A_z \end{vmatrix} = \dfrac{1}{r} \begin{vmatrix} a_r & a_\phi r & a_z \\ \dfrac{\partial}{\partial r} & \dfrac{\partial}{\partial \phi} & \dfrac{\partial}{\partial z} \\ 5e^{-r}\cos\phi & 0 & -5\cos\phi \end{vmatrix}$

$$= \frac{1}{r}\left\{\left(\frac{\partial}{\partial\phi}(-5\cos\phi)-0\right)a_r+\left(\frac{\partial}{\partial z}(5e^{-r}\cos\phi)\right.\right.$$
$$\left.\left.-\frac{\partial}{\partial r}(-5\cos\phi)\right)ra_\phi+\left(0-\frac{\partial}{\partial\phi}(5e^{-r}\cos\phi)\right)a_z\right\}$$
$$=\frac{1}{r}\left\{5\sin\phi\,a_r+5e^{-r}\sin\phi\,a_z\right\}$$

a_z의 계수 : $\frac{1}{r}5e^{-r}\sin\phi=\frac{1}{2}5e^{-2}\sin\frac{3}{2}\pi$

$$=-0.338\cdots\approx-0.34 \quad \text{답 ④}$$

$$\therefore Q=Q_1-Q_1'=C_1V_1-C_1V=C_1(V_1-V)$$
$$=C_1\left(V_1-\frac{C_1V_1+C_2V_2}{C_1+C_2}\right)$$
$$=C_1\left(\frac{C_1V_1+C_2V_1-C_1V_1-C_2V_2}{C_1+C_2}\right)$$
$$=\frac{C_1C_2(V_1-V_2)}{C_1+C_2} \quad \text{답 ①}$$

문제 05 내부저항이 $r[\Omega]$인 전지 M개를 병렬로 연결했을 때, 전지로부터 최대 전력을 공급받기 위한 부하저항$[\Omega]$은?

① $\dfrac{r}{M}$ ② Mr ③ r ④ M^2r

풀이

- 최대전력 공급 조건은 "내부 저항 = 부하 저항" 일 때이다.
- 내부 저항 $r[\Omega]$인 전지 M개를 병렬 연결하면 내부 합성 저항은 $\dfrac{r}{M}[\Omega]$
- 최대전력 공급 조건에 따라 부하저항 $R_L=\dfrac{r}{M}[\Omega]$이 되어야 한다.   답 ①

문제 07 반지름이 3[m]인 구에 공간전하밀도가 1 $[C/m^3]$가 분포되어 있을 경우 구의 중심으로부터 1 [m]인 곳의 전계는 몇 [V/m]인가?

① $\dfrac{1}{2\epsilon_o}$ ② $\dfrac{1}{3\epsilon_o}$ ③ $\dfrac{1}{4\epsilon_o}$ ④ $\dfrac{1}{5\epsilon_o}$

풀이

$$E_i=\frac{rQ}{4\pi\epsilon_0 a^3}\left(Q=\rho V_{체적}=\rho\frac{4}{3}\pi a^3\right)$$
$$\rightarrow E_i=\frac{\rho r}{3\epsilon_0}(\rho=1[C/m^3],\ r=1[m])$$
$$\therefore E_i=\frac{1}{3\epsilon_0} \quad \text{답 ②}$$

문제 06 서로 멀리 떨어져 있는 두 도체를 각각 V_1 [V], V_2[V] ($V_1>V_2$)의 전위로 충전한 후 가느다란 도선으로 연결하였을 때 그 도선에 흐르는 전하 Q [C]는? (단, C_1, C_2는 두 도체의 정전용량이다.)

① $\dfrac{C_1C_2(V_1-V_2)}{C_1+C_2}$ ② $\dfrac{2C_1C_2(V_1-V_2)}{C_1+C_2}$

③ $\dfrac{C_1C_2(V_1-V_2)}{2(C_1+C_2)}$ ④ $\dfrac{2(C_1V_1-C_2V_2)}{C_1C_2}$

풀이

- 두 도체의 처음 전하를 각각 Q_1, $Q_2[C]$, 가느다란 도체로 연결한 후의 전하를 Q_1', $Q_2'[C]$라 하면,
$$C_1V_1+C_2V_2=Q_1+Q_2=Q_1'+Q_2'=C_1V+C_2V[C]$$
- 두 도체를 도선으로 연결하면 두 도체의 전위는 같아지므로 이때의 공통전위를 V라고 하면, 공통 전위
$$V=\frac{C_1V_1+C_2V_2}{C_1+C_2}[V]$$
- 도체에 흐르는 전하량 $Q[C]$는 ($V_1>V_2$ 이므로 $V_1>V$, $V_2<V$ 의 관계가 된다.)

문제 08 한 변의 길이가 3[m]인 정삼각형 회로에 2[A]의 전류가 흐를 때 정삼각형 중심에서의 자계의 크기는 몇 [AT/m]인가?

① $\dfrac{1}{\pi}$ ② $\dfrac{2}{\pi}$ ③ $\dfrac{3}{\pi}$ ④ $\dfrac{4}{\pi}$

풀이

그림에서 한 변의 전류에 의한 자계는

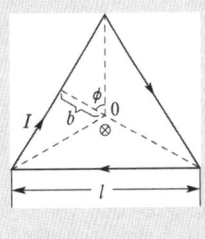

$$H_1=\frac{I}{4\pi b}(\sin\phi_1+\sin\phi_2)$$
$$=\frac{I}{4\pi b}\sin\phi\times2$$
$$=\frac{I}{2\pi b}\times\frac{\sqrt{3}}{2}$$

삼각형 중심의 자계는
$$\therefore H=3H_1=\frac{3\sqrt{3}}{4}\frac{I}{\pi b}=\frac{3\sqrt{3}}{4}\times\frac{I}{\pi\left(\frac{l}{2\sqrt{3}}\right)}=\frac{9I}{2\pi l}[AT/m]$$
$$\left(\because\tan30°=\frac{b}{l/2},\ b=\frac{l}{2}\tan30°=\frac{l}{2\sqrt{3}}\right)$$

$$\therefore \text{정삼각형 중심의 자계 } H = \frac{9I}{2\pi l} = \frac{9 \times 2}{2\pi \times 3} = \frac{3}{\pi} [\text{AT/m}]$$

답 ③

이 결과로부터 전계의 세기의 그래프의 정답은 ①, ④가 된다.(조건 누락으로 정답이 두 개) **답 ①, ④**

문제 09 반지름 $a[\text{m}]$인 구대칭 전하에 의한 구내외의 전계의 세기에 해당되는 것은?

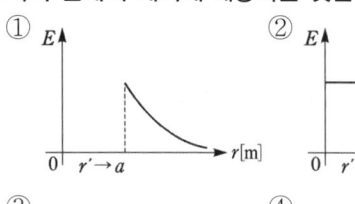
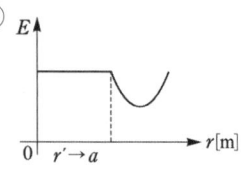

풀이

구체의 전하 분포는 다음과 같이 두 가지 경우를 생각할 수 있다.
조건(1) : 구체 내부에서 전하가 균일 분포하는 경우
조건(2) : 구도체에서 전하가 표면에 존재하는 경우
두 조건의 전하 분포는 모두 중심 O에서 전하 $Q[\text{C}]$가 점대칭을 하게 된다. 따라서 전기력선 분포는 조건(1)에서 중심에서부터, 조건(2)에서는 도체 표면에서부터 외부로 방사상으로 발산하게 된다. 즉 전계분포는 각각 다음과 같다.

조건 (1)	조건 (2)
① 구체 외부$(r > a)$	① 구체 외부$(r > a)$
$E = \dfrac{Q}{4\pi\epsilon_0 r^2} [\text{V/m}]$	$E = \dfrac{Q}{4\pi\epsilon_0 r^2} [\text{V/m}]$
$\therefore E \propto \dfrac{1}{r^2} (r^2\text{에 반비례})$	$\therefore E \propto \dfrac{1}{r^2} (r^2\text{에 반비례})$
② 구체 표면$(r = a)$	② 구체 표면$(r = a)$
$E_a = \dfrac{Q}{4\pi\epsilon_0 a^2} [\text{V/m}](\text{일정})$	$E_a = \dfrac{Q}{4\pi\epsilon_0 a^2} [\text{V/m}](\text{일정})$
③ 구체 내부$(r < a)$	③ 구체 내부$(r < a)$
$E_i = \dfrac{rQ}{4\pi\epsilon_0 a^3} [\text{V/m}]$	$E_i = 0$
$\therefore E \propto r (\text{비례})$	
④ 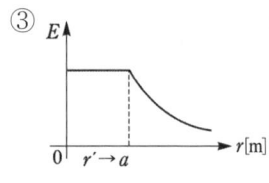	① 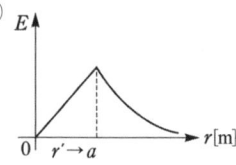

문제 10 무한히 넓은 평면 자성체의 앞 $a[\text{m}]$ 거리의 경계면에 평행하게 무한히 긴 직선 전류 $I[\text{A}]$가 흐를 때, 단위 길이당 작용력은 몇 $[\text{N/m}]$인가?

① $\dfrac{\mu_o}{4\pi a}\left(\dfrac{\mu + \mu_o}{\mu - \mu_o}\right)I^2$ ② $\dfrac{\mu_o}{2\pi a}\left(\dfrac{\mu + \mu_o}{\mu - \mu_o}\right)I^2$

③ $\dfrac{\mu_o}{4\pi a}\left(\dfrac{\mu - \mu_o}{\mu + \mu_o}\right)I^2$ ④ $\dfrac{\mu_o}{2\pi a}\left(\dfrac{\mu - \mu_o}{\mu + \mu_o}\right)I^2$

풀이

공간 내에서 자계는 전류 I와 대칭인 위치에 영상전류 I'를 발생시킨다.

$$I' = \frac{\mu - \mu_o}{\mu + \mu_o}I$$

따라서, 거리 $2a$ 만큼 떨어진 두전류 I, I'에 작용하는 힘 F는

$$\therefore F = \frac{\mu_o II'}{2\pi d} = \frac{\mu_o (\mu - \mu_o)}{2\pi \times 2a(\mu + \mu_o)}I^2 = \frac{\mu_o (\mu - \mu_o)}{4\pi a(\mu + \mu_o)}I^2$$

(흡인력) **답 ③**

문제 11 판 간격이 d인 평행판 공기콘덴서 중에 두께 t이고, 비유전율이 ϵ_s인 유전체를 삽입하였을 경우에 공기의 절연파괴를 발생하지 않고 가할 수 있는 판 간의 전위차는? (단, 유전체가 없을 때 가할 수 있는 전압을 V라 하고 공기의 절연내력은 E_o라 한다.)

① $V\left(1 - \dfrac{t}{\epsilon_s d}\right)$ ② $\dfrac{Vt}{d}\left(1 - \dfrac{1}{\epsilon_s}\right)$

③ $V\left(1 + \dfrac{t}{\epsilon_s d}\right)$ ④ $V\left(1 - \dfrac{t}{d}\left(1 - \dfrac{1}{\epsilon_s}\right)\right)$

풀이

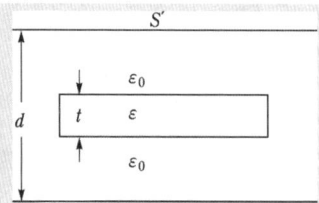

C : 유전체 삽입 전 정전용량 $C = \dfrac{\epsilon_0}{d}S$

C' : 유전체 삽입 후 정전용량

- C_1(유전체 없는 부분) $C_1 = \dfrac{\epsilon_0}{d-t}S$
- C_2(유전체 있는 부분) $C_2 = \dfrac{\epsilon}{t}S$

C'는 C_1과 C_2의 직렬 등가이므로

$$C' = \dfrac{1}{\dfrac{1}{C_1}+\dfrac{1}{C_2}} = \dfrac{1}{\dfrac{d-t}{\epsilon_0 S}+\dfrac{t}{\epsilon S}} = \dfrac{\epsilon_0 \epsilon S}{\epsilon(d-t)+\epsilon_0 t}$$

전하량 $Q = CV$는 유전체 삽입 전·후가 일정하므로

$CV = C'V'$

$$\therefore\ V' = \dfrac{C}{C'}V = \dfrac{\epsilon(d-t)+\epsilon_0 t}{\epsilon d}V = \left(1 - \dfrac{t}{d} + \dfrac{t}{\epsilon_s d}\right)V$$

따라서, $V' = V\left[1 - \dfrac{t}{d}\left(1 - \dfrac{1}{\epsilon_s}\right)\right]$

참고로 $\dfrac{C}{C'} = \dfrac{\epsilon(d-t)+\epsilon_0 t}{\epsilon_0 \epsilon S} \times \dfrac{\epsilon_0 S}{d} = \dfrac{\epsilon(d-t)+\epsilon_0 t}{\epsilon d}$ **답 ④**

문제 12 전기 쌍극자에 관한 설명으로 틀린 것은?

① 전계의 세기는 거리의 세제곱에 반비례한다.
② 전계의 세기는 주위 매질에 따라 달라진다.
③ 전계의 세기는 쌍극자 모멘트에 비례한다.
④ 쌍극자의 전위는 거리에 반비례한다.

풀이

- 전기 쌍극자에 의한 전위 $V = \dfrac{M\cos\theta}{4\pi\epsilon_0 r^2}\,[\mathrm{V}] \propto \dfrac{1}{r^2}$
- 전기 쌍극자에 의한 전계
  $E = \dfrac{M\sqrt{1+3\cos^2\theta}}{4\pi\epsilon_0 r^3}\,[\mathrm{V/m}] \propto \dfrac{1}{r^3}$ **답 ④**

제2과목 전력공학

문제 21 연간 전력량이 E[kWh]이고, 연간 최대전력이 W[kW]인 경우 연부하율은 몇 [%] 인가?

① $\dfrac{E}{W} \times 100$ ② $\dfrac{\sqrt{3}\,W}{E} \times 100$

③ $\dfrac{8760\,W}{E} \times 100$ ④ $\dfrac{E}{8760\,W} \times 100$

풀이

연 부하율 $= \dfrac{\text{연간 전력량}/(365 \times 24)}{\text{연간 최대 전력}} \times 100$

$= \dfrac{E}{8760\,W} \times 100[\%]$ **답 ④**

문제 22 그림과 같은 22[kV] 3상 3선식 전선로의 P점에 단락이 발생하였다면 3상 단락전류는 약 몇 [A]인가? (단, %리액턴스는 8[%]이며 저항분은 무시한다.)

① 6561
② 8560
③ 11364
④ 12684

22[kV]
20000[kVA]

풀이

단락 전류 $I_s = \dfrac{100}{\%Z}I_n = \dfrac{100}{\%Z} \times \dfrac{P_n}{\sqrt{3} \times V_n}$

$= \dfrac{100}{8} \times \dfrac{20000}{\sqrt{3} \times 22} \fallingdotseq 6561[\mathrm{A}]$ **답 ①**

문제 23 송전선로의 각 상전압이 평형되어 있을 때 3상 1회선 송전선의 작용정전용량[μF/km]을 옳게 나타낸 것은? (단, r은 도체의 반지름[m], D는 도체의 등가선간거리[m] 이다.)

① $\dfrac{0.02413}{\log_{10}\dfrac{D}{r}}$ ② $\dfrac{0.2413}{\log_{10}\dfrac{D}{r}}$

③ $\dfrac{0.02413}{\log_{10}\dfrac{D^2}{r}}$ ④ $\dfrac{0.2413}{\log_{10}\dfrac{D^2}{r}}$

풀이

$C = \dfrac{0.02413}{\log_{10}\dfrac{D}{r}}\,[\mu\mathrm{F/km}]$

여기서, r : 반지름[m]
　　　　D : 등가선간거리[m] **답 ①**

문제 24 동기조상기에 관한 설명으로 틀린 것은?

① 동기전동기의 V특성을 이용하는 설비이다.

② 동기전동기를 부족여자로 하여 컨덕터로 사용한다.

③ 동기전동기를 과여자로 하여 콘덴서로 사용한다.

④ 송전계통의 전압을 일정하게 유지하기 위한 설비이다.

풀이

• 조상설비 : 송전선을 일정한 전압으로 운전하기 위해 필요한 무효전력을 공급하는 장치를 조상설비라 하며 그 종류로는 동기 조상기, 전력용 콘덴서, 분로 리액터가 있다.

• 동기조상기 : 동기 전동기의 V특성을 이용하는 설비로서 무부하 운전중인 **동기전동기를 과여자 운전하면 콘덴서**로 작용하며, **부족여자 운전하면 리액터**로 작용한다.   답 ②

문제 25 피뢰기의 제한전압이란?

① 충격파의 방전개시전압

② 상용주파수의 방전개시전압

③ 전류가 흐르고 있을 때의 단자전압

④ 피뢰기 동작 중 단자전압의 파고값

풀이

① 충격 방전 개시전압 : 충격전압이 가해져 방전전류가 흐르기 시작할 때 도달할 수 있는 최고 전압값을 충격방전 개시전압이라고 한다.

② 상용주파 방전 개시전압 : 상용주파수의 방전개시 전압(실효값)으로 피뢰기 정격전압의 1.5배 이상이 되도록 잡고 있다.

③ 제한전압 : 충격파 전류가 흐르고 있을 때(**피뢰기 동작중일때**)의 피뢰기 단자전압의 파고값   답 ④

문제 26 그림과 같은 전력계통의 154[kV] 송전선로에서 고장 지락 임피던스 Z_{gf}를 통해서 1선 지락고장이 발생되었을 때 고장점에서 본 영상 %임피던스는? (단, 그림에 표시한 임피던스는 모두 동일용량, 100[MVA] 기준으로 환산한 %임피던스임)

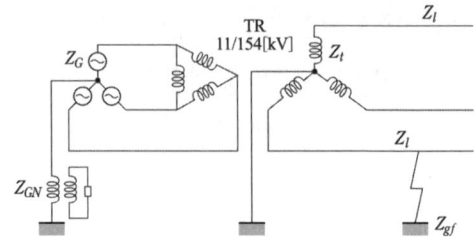

① $Z_0 = Z_l + Z_t + Z_G$

② $Z_0 = Z_l + Z_t + Z_{gf}$

③ $Z_0 = Z_l + Z_t + 3Z_{gf}$

④ $Z_0 = Z_l + Z_t + Z_{gf} + Z_G + Z_{GN}$

풀이

$$V = 3I_0 \cdot Z_{gf} = I_0 \cdot 3Z_{gf}$$
$$Z_0 = Z_l + Z_t + 3Z_{gf}$$

답 ③

제3과목 ▶ 전기기기

문제 41 정전압 계통에 접속된 동기발전기의 여자를 약하게 하면?

① 출력이 감소한다.

② 전압이 강하한다.

③ 앞선 무효전류가 증가한다.

④ 뒤진 무효전류가 증가한다.

풀이

A, B 동기발전기를 병렬 운전중 **A기의 여자를 약하게 하면** A기의 유기기전력이 저하하고 A기에는 **진상 무효 전류**가 흐르게 되어 역률이 개선되고, B기에는 지상무효전류가 흘러 역률이 저하한다.   답 ③

문제 42 직류기의 전기자 반작용에 의한 영향이 아닌 것은?

① 자속이 감소하므로 유기기전력이 감소한다.

② 발전기의 경우 회전방향으로 기하학적 중성축이 형성된다.

③ 전동기의 경우 회전방향과 반대방향으로 기하학적 중성축이 형성된다.

④ 브러시에 의해 단락된 코일에는 기전력이 발생하므로 브러시 사이의 유기기전력이 증가한다.

풀이

전기자 반작용의 영향

① 전기적 중성축 이동
 - **발전기** : 회전 방향으로 이동
 - **전동기** : 회전 방향과 반대 방향으로 이동

② **주자속 감소 및 발전기의 유기기전력 감소**

③ 정류자 편간의 불꽃 섬락 발생

④ 발전기의 출력감소 **답** ④

문제 43 4극 3상 유도전동기가 있다. 전원전압 200 [V]로 전부하를 걸었을 때 전류는 21.5 [A]이다. 이 전동기의 출력은 약 몇 [W]인가? (단, 전부하 역률 86 [%], 효율 85 [%]이다.)

① 5029 ② 5444

③ 5820 ④ 6103

풀이

- 입력 $P_i = \sqrt{3}\,VI\cos\theta = \sqrt{3} \times 200 \times 21.5 \times 0.86$
  $= 6405.12[\text{W}]$
- 출력 = 입력 × 효율 = $P_i \times \eta$
  $= 6405.1 \times 0.85 = 5444.36[\text{W}]$ **답** ②

문제 44 3상 3300[V], 100[kVA]의 동기발전기의 정격 전류는 약 몇 [A]인가?

① 17.5 ② 25

③ 30.3 ④ 33.3

풀이

정격 전류 $I = \dfrac{P}{\sqrt{3}\,V} = \dfrac{100 \times 10^3}{\sqrt{3} \times 3300} \fallingdotseq 17.5[\text{A}]$ **답** ①

문제 45 변압비 3000/100 [V]인 단상 변압기 2대의 고압측을 그림과 같이 직렬로 3300 [V] 전원에 연결하고, 저압측에 각각 5 [Ω], 7 [Ω]의 저항을 접속하였을 때, 고압측의 단자 전압 E_1은 약 몇 [V]인가?

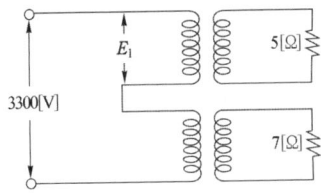

① 471 ② 660

③ 1375 ④ 1925

풀이

$$E_1 = \frac{Z_1}{Z_1 + Z_2} \cdot E = \frac{5}{5+7} \times 3300 = 1375[\text{V}]$$

$$E_2 = \frac{Z_2}{Z_1 + Z_2} \cdot E = \frac{7}{5+7} \times 3300 = 1925[\text{V}]$$ **답** ③

문제 46 교류기에서 유기기전력의 특정 고조파분을 제거하고 또 권선을 절약하기 위하여 자주 사용되는 권선법은?

① 전절권 ② 분포권

③ 집중권 ④ 단절권

풀이

① 기전력의 파형을 좋게 하고, 권선량을 절약하기 위해서는 단절권으로 하여야 한다.

② 단절권의 장점
 - **동량 절약**
 - 자기 인덕턴스 감소
 - **특정 고조파를 제거**하여 파형 개선 **답** ④

문제 47 4극 60[Hz]의 유도전동기가 슬립 5[%]로 전부하 운전하고 있을 때 2차 권선의 손실이 94.25[W]라고 하면 토크는 약 몇 [N·m]인가?

① 1.02 ② 2.04

③ 10.0 ④ 20.0

풀이

$$N_s = \frac{120f}{p} = \frac{120 \times 60}{4} = 1800[\text{rpm}]$$

$$P_2 = \frac{P_{c2}}{s} = \frac{94.25}{0.05} = 1885[\text{W}]$$

$$\therefore T = \frac{P_2}{\omega} = \frac{P_2}{2\pi n_s} = \frac{1885}{2 \times 3.14 \times \frac{1800}{60}} = 10[\text{N}\cdot\text{m}] \quad \boxed{\text{답}} ③$$

문제 48 단상 변압기에 정현파 유기기전력을 유기하기 위한 여자전류의 파형은?

① 정현파   ② 삼각파

③ 왜형파   ④ 구형파

풀이

변압기 철심의 자기 포화 현상과 히스테리시스 현상으로 자속은 정현파가 되지 못하고 고조파를 포함하는 왜형파가 된다. 따라서, **정현파 전압을 유기**하기 위해서는 정현파의 자속이 필요하게 되며 그 결과 자속을 만드는 **여자 전류는 제3고조파를 포함하는 왜형파**가 되어야 한다. $\boxed{\text{답}}$ ③

문제 49 변압기의 전일 효율이 최대가 되는 조건은?

① 하루 중의 무부하손의 합 = 하루 중의 부하손의 합

② 하루 중의 무부하손의 합 < 하루 중의 부하손의 합

③ 하루 중의 무부하손의 합 > 하루 중의 부하손의 합

④ 하루 중의 무부하손의 합 = 2 × 하루 중의 부하손의 합

풀이

전일효율

• $\eta = \dfrac{\sum h \cdot VI\cos\theta}{\sum h \cdot VI\cos\theta + 24P_i + \sum m^2 P_c} \times 100[\%]$

• 최대 효율 조건 : $24P_i = \sum m^2 P_c$

즉, **최대효율**은 하루 중의 **무부하손의 합**과 하루 중의 **부하손의 합이 같아야** 한다.

여기서, h : 운전시간 [h]

         P_c : 전부하 동손 [W],

         P_i : 철손 [W]

         m : 부하율 $\boxed{\text{답}}$ ①

문제 50 동기 발전기의 제동권선의 주요 작용은?

① 제동작용   ② 난조방지작용

③ 시동권선작용   ④ 자려작용(自勵作用)

풀이

회전 자극 표면에 설치한 유도 전동기의 농형 권선과 같은 권선으로서 회전자가 동기 속도로 회전하고 있는 동안에는 전압을 유도하지 않으므로 아무런 작용이 없다. 그러나, 조금이라도 동기 속도를 벗어나면 전기자 자속을 끊어 전압이 유도되어 단락 전류가 흐르므로 동기 속도로 되돌아가게 된다. 즉, 진동 에너지를 열로 소비하여 진동을 방지한다. 이 **제동 권선은 난조 방지**에 쓰인다. $\boxed{\text{답}}$ ②

문제 51 대칭 3상 권선에 평형 3상 교류가 흐르는 경우 회전 자계의 설명으로 틀린 것은?

① 발생 회전 자계 방향 변경 가능

② 발생 회전 자계는 전류와 같은 주기

③ 발생 회전 자계 속도는 동기 속도보다 늦음

④ 발생 회전 자계 세기는 각 코일 최대 자계의 1.5배

풀이

i_u, i_v, i_w의 3상 전류에 의해 발생된 **자계의 벡터 합은 동기 속도로**($N_s = \dfrac{120f}{p}[\text{rpm}]$) **회전**하게 되며 이를 **회전 자계**라 한다. $\boxed{\text{답}}$ ③

문제 52 직류기 권선법에 대한 설명 중 틀린 것은?

① 단중 파권은 균압환이 필요하다.

② 단중 중권의 병렬회로 수는 극수와 같다.

③ 저전류·고전압 출력은 파권이 유리하다.

④ 단중 파권의 유기전압은 단중 중권의 $\dfrac{p}{2}$이다.

풀이

중권과 파권의 비교 요약

항 목 권 선	중 권	파 권
내부 병렬회로 수 a	$a = p$	$a = 2$
브러시 수 b	$b = p$	$b = 2$
용 도	저전압, 대전류	고전압, 소전류
균압환	4극 이상	–

$\boxed{\text{답}}$ ①

문제 53 스테핑 모터의 일반적인 특징으로 틀린 것은?

① 기동·정지 특성은 나쁘다.
② 회전각은 입력펄스 수에 비례한다.
③ 회전속도는 입력펄스 주파수에 비례한다.
④ 고속 응답이 좋고, 고출력의 운전이 가능하다.

풀이

스테핑모터는 디지털 신호에 비례하여 일정 각도만큼 회전하는 모터로, 그 **총회전각은 입력펄스의 수로, 회전속도는 입력펄스의 빠르기에 의해 정해지며** 장점은 다음과 같다.
• 피드백 루프가 필요 없다.
• 별도의 D/A, A/D 컨버터가 필요없다.
• **가속, 감속이 용이하며** 정·역전 및 변속이 쉽다.
• 위치제어를 할 때 각도오차가 적고 누적되지 않는다.
• 브러시, 슬립 링 등이 없고 부품수가 적기 때문에 유지보수의 필요성이 적다. **답** ①

문제 54 철손 1.6 [kW] 전부하동손 2.4 [kW]인 변압기에는 약 몇 [%] 부하에서 효율이 최대로 되는가?

① 82   ② 95
③ 97   ④ 100

풀이

변압기 효율은 $m^2 P_c = P_i$ **일 때 최대이므로**

$$\therefore m = \sqrt{\frac{P_i}{P_c}} = \sqrt{\frac{1.6}{2.4}} \fallingdotseq 0.82$$

즉, 약 82[%] 부하에서 최대 효율이 된다. **답** ①

제4과목 회로이론 및 제어공학

문제 61 제어오차가 검출될 때 오차가 변화하는 속도에 비례하여 조작량을 조절하는 동작으로 오차가 커지는 것을 사전에 방지하는 제어 동작은?

① 미분동작제어
② 비례동작제어
③ 적분동작제어
④ 온-오프(ON-OFF)제어

풀이

종 류		특 징
P	비례동작	• 정상오차를 수반 • 잔류편차 발생
I	적분동작	• 잔류편차 제거
D	**미분동작**	• **오차가 커지는 것을 미리 방지**
PI	비례적분동작	• 잔류편차 제거 • 제어결과가 진동적으로 될 수 있다.
PD	비례미분동작	• 응답 속응성의 개선
PID	비례적분미분동작	• 잔류편차 제거 • 응답의 오버슈트 감소 • 응답 속응성의 개선

답 ①

문제 62 다음과 같은 상태방정식으로 표현되는 제어계에 대한 설명으로 틀린 것은?

$$\dot{x} = \begin{bmatrix} 0 & 1 \\ -2 & -3 \end{bmatrix} x + \begin{bmatrix} 1 & 1 \\ 0 & -2 \end{bmatrix} u$$

① 2차 제어계이다.
② x는 (2×1)의 벡터이다.
③ 특성방정식은 $(s+1)(s+2) = 0$ 이다.
④ 제어계는 부족제동(under damped)된 상태에 있다.

풀이

특성 방정식은 $s^2 + 3s + 2 = 0$ 이므로
$s^2 + 2\delta\omega_n s + \omega_n^2 = 0$과 비교하면
$$2\delta\omega_n = 3, \quad \omega_n^2 = 2$$
$$\therefore \omega_n = \sqrt{2}, \quad 2\sqrt{2}\delta = 3$$
따라서 $\delta = \dfrac{3}{2\sqrt{2}}$은 1보다 크므로 **과제동** 상태이다. **답** ④

문제 63 벡터 궤적이 다음과 같이 표시되는 요소는?

① 비례요소
② 1차 지연 요소
③ 2차 지연요소
④ 부동작 시간요소

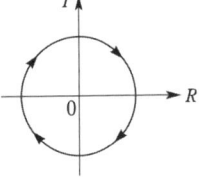

풀이

부동작 시간 요소 $G(s) = e^{-Ls}$ 는

$$G(j\omega) = e^{-j\omega L} = \cos\omega L - j\sin\omega L$$

$$|G(j\omega)| = \sqrt{(\cos\omega L)^2 + (\sin\omega L)^2} = 1$$

$$\underline{/G(j\omega)} = \tan^{-1}\left(\frac{\sin\omega L}{\cos\omega L}\right) = -\omega L$$

크기는 1이고, ω의 증가에 따라 벡터 궤적 $G(j\omega)$는 원주상을 시계 방향으로 회전한다. **답** ④

문제 64 그림과 같은 이산치계의 z변환 전달함수 $\dfrac{C(z)}{R(z)}$를 구하면? (단, $Z\left[\dfrac{1}{s+a}\right] = \dfrac{z}{z - e^{-aT}}$ 임)

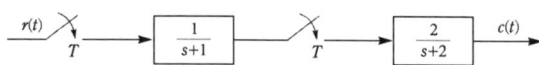

① $\dfrac{2z}{z - e^{-T}} - \dfrac{2z}{z - e^{-2T}}$

② $\dfrac{2z^2}{(z - e^{-T})(z - e^{-2T})}$

③ $\dfrac{2z}{z - e^{-2T}} - \dfrac{2z}{z - e^{-T}}$

④ $\dfrac{2z}{(z - e^{-T})(z - e^{-2T})}$

풀이

$$C(z) = G_1(z)\,G_2(z)\,R(z)$$

$$\therefore G(z) = \frac{C(z)}{R(z)} = G_1(z)\,G_2(z)$$

$$= z\left[\frac{1}{s+1}\right] z\left[\frac{2}{s+2}\right] = \frac{2z^2}{(z - e^{-T})(z - e^{-2T})}$$

답 ②

문제 65 다음의 논리 회로를 간단히 하면?

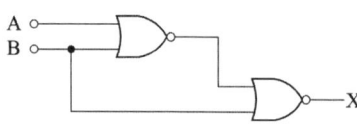

① $X = AB$
② $X = A\overline{B}$
③ $X = \overline{A}B$
④ $X = \overline{AB}$

풀이

$$X = \overline{\overline{(A+B)} + B} = \overline{\overline{(A+B)}} \cdot \overline{B}$$

$$= (A+B) \cdot \overline{B} = A\overline{B} + B\overline{B} = A\overline{B}$$

답 ②

문제 66 단위계단 입력에 대한 응답특성이 $c(t) = 1 - e^{-\frac{1}{T}t}$ 로 나타나는 제어계는?

① 비례제어계
② 적분제어계
③ 1차지연제어계
④ 2차지연제어계

풀이

$$R(s) = \mathcal{L}[r(t)] = \mathcal{L}[u(t)] = \frac{1}{s}$$

$$C(s) = \mathcal{L}[c(t)] = \mathcal{L}\left[1 - e^{-\frac{1}{T}t}\right] = \frac{1}{s} - \frac{1}{s + \frac{1}{T}}$$

$$\therefore G(s) = \frac{C(s)}{R(s)} = \frac{\dfrac{1}{s} - \dfrac{1}{s + \dfrac{1}{T}}}{\dfrac{1}{s}} = 1 - \frac{s}{s + \dfrac{1}{T}} = \frac{1}{Ts + 1}$$

즉, 1차지연제어계이다. **답** ③

문제 67 주파수 응답에 의한 위치제어계의 설계에서 계통의 안정도 척도와 관계가 적은 것은?

① 공진치
② 위상여유
③ 이득여유
④ 고유주파수

풀이

주파수 응답에서 **안정도의 척도**는
① **공진치** ② **위상 여유** ③ **이득 여유**가 된다.
즉, 고유 주파수($\omega_n = 1/\sqrt{LC}$)는 안정도와는 무관하다. **답** ④

문제 68 평형 3상 △결선 회로에서 선간전압(E_l)과 상전압(E_p)의 관계로 옳은 것은?

① $E_l = \sqrt{3}\,E_p$
② $E_l = 3E_p$
③ $E_l = E_p$
④ $E_l = \dfrac{1}{\sqrt{3}}E_p$

풀이

① △결선에서
  • 선간전압 $E_l = E_p$ (상전압)
  • 선전류 $I_l = \sqrt{3}\, I_p$ (상전류)
② Y결선에서
  • 선간전압 $E_l = \sqrt{3}\, E_p$ (상전압)
  • 선전류 $I_l = I_p$ (상전류)

답 ③

문제 69 정격전압에서 1[kW]의 전력을 소비하는 저항에 정격의 80[%] 전압을 가할 때의 전력[W]은?

① 320 ② 540
③ 640 ④ 860

풀이

$P = \dfrac{V^2}{R}$ [W]에서 $P \propto V^2$

따라서, $P : P' = V^2 : V'^2 = V^2 : (0.8V)^2$

$\therefore P' = 0.64P = 0.64 \times 1000 = 640$[W]

답 ③

문제 70 그림과 같은 회로에서 i_x는 몇 [A]인가?

① 3.2
② 2.6
③ 2.0
④ 1.4

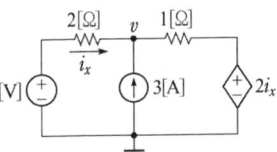

풀이

중첩의 원리에 의하여 전류원을 개방한 (a)회로에서 $i_x{'}$는

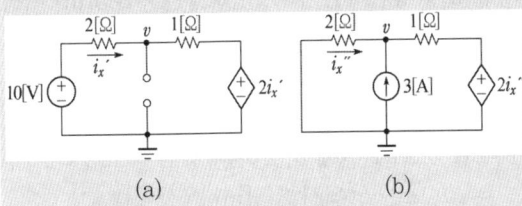

(a)　　　(b)

$i_x{'} = \dfrac{10 - 2i_x{'}}{2+1}$

$\therefore i_x{'} = 2$ [A]

다음 10 [V]의 전압원을 단락시킨 (b)회로에서 $K{-}I$ 법칙을 적용하면,

$i_x{''} + 3 = \dfrac{v - 2i_x{''}}{1}$ ············ ①

$i_x{''} = -\dfrac{v}{2}$ ··················· ② ($\because v = -2i_x{''}$)

식 ①, ②에서,

$i_x{''} = -0.6$ [A]

$\therefore i_x = i_x{'} + i_x{''} = 2 - 0.6 = 1.4$[A]

답 ④

문제 71 그림과 같이 전압 V와 저항 R로 구성되는 회로 단자 A-B간에 적당한 저항 R_L을 접속하여 R_L에서 소비되는 전력을 최대로 하게 했다. 이때 R_L에서 소비되는 전력 P는?

① $\dfrac{V^2}{4R}$

② $\dfrac{V^2}{2R}$

③ R

④ $2R$

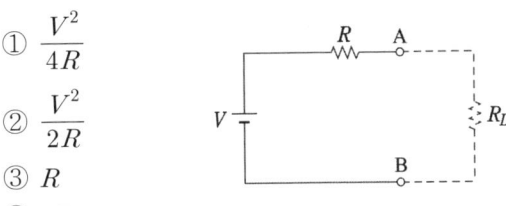

풀이

최대 전력 전송 조건 : $R_L = R$

$\therefore P_m = I^2 R_L = \left(\dfrac{V}{R_L + R}\right)^2 R_L = \left(\dfrac{V}{R+R}\right)^2 R = \dfrac{V^2}{4R}$ [W]

답 ①

문제 72 그림에서 $t = 0$에서 스위치 S를 닫았다. 콘덴서에 충전된 초기전압 $V_C(0)$가 1[V] 이었다면 전류 $i(t)$를 변환한 값 $I(s)$는?

① $\dfrac{3}{2s+4}$

② $\dfrac{3}{s(2s+4)}$

③ $\dfrac{2}{s(s+2)}$

④ $\dfrac{1}{s+2}$

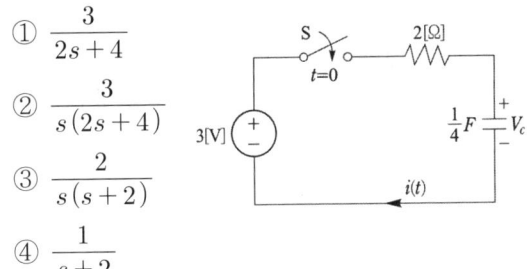

풀이

$i(t) = \dfrac{E}{R} e^{-\frac{1}{RC}t} = \dfrac{3-1}{2} e^{-\frac{1}{2 \times \frac{1}{4}}t} = e^{-2t}$

$\therefore I(s) = \mathcal{L}\left[e^{-2t}\right] = \dfrac{1}{s+2}$

답 ④

문제 73 분포정수 회로에서 선로의 특성 임피던스를 Z_0, 전파정수를 γ 라 할 때 무한장 선로에 있어서 송전단에서 본 직렬임피던스는?

① $\dfrac{Z_0}{\gamma}$

② $\sqrt{\gamma Z_0}$

③ γZ_0

④ $\dfrac{\gamma}{Z_0}$

풀이

무한장 선로에 있어서 송전단에서의 임피던스 Z는

$$\gamma \cdot Z_0 = \sqrt{YZ} \cdot \sqrt{\dfrac{Z}{Y}} = Z$$

(특성 임피던스 $Z_0 = \sqrt{\dfrac{Z}{Y}}$, 전파정수 $\gamma = \sqrt{YZ}$) **답** ③

문제 74 다음의 T형 4단자망 회로에서 $ABCD$ 파라미터 사이의 성질 중 성립되는 대칭조건은?

① $A = D$

② $A = C$

③ $B = C$

④ $B = A$

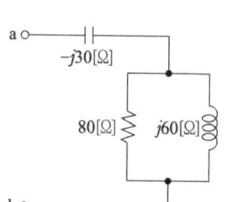

풀이

$$\begin{bmatrix} 1 & j\omega L \\ 0 & 1 \end{bmatrix} \begin{bmatrix} 1 & 0 \\ j\omega C & 1 \end{bmatrix} \begin{bmatrix} 1 & j\omega L \\ 0 & 1 \end{bmatrix} = \begin{bmatrix} 1 - \omega^2 LC & j\omega L(2 - \omega^2 LC) \\ j\omega C & 1 - \omega^2 LC \end{bmatrix}$$

따라서 대칭조건은 $A = D$ 이다. **답** ①

문제 75 그림의 RLC 직병렬회로를 등가 병렬회로로 바꿀 경우, 저항과 리액턴스는 각각 몇 [Ω] 인가?

① 46.23, $j87.67$

② 46.23, $j107.15$

③ 31.25, $j87.67$

④ 31.25, $j107.15$

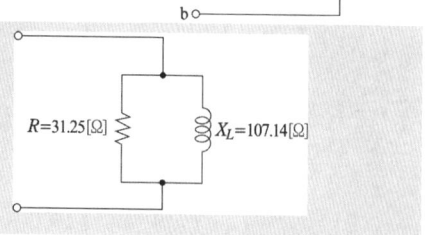

풀이

$R = 31.25[\Omega]$ $X_L = 107.14[\Omega]$

$$Z = -j30 + \dfrac{80 \times j60}{80 + j60} = 28.8 + j8.4[\Omega]$$

$$Y = \dfrac{1}{Z} = \dfrac{1}{28.8 + j8.4} = \dfrac{4}{125} - j\dfrac{7}{750}[\mho]$$

허수부가 (−) 이므로 $R-L$ 병렬 회로이다.

$$\therefore G = \dfrac{4}{125}[\mho] \Rightarrow R = \dfrac{1}{G} = \dfrac{125}{4} = 31.25[\Omega]$$

$$B_L = \dfrac{7}{750}[\mho] \Rightarrow X_L = \dfrac{1}{B_L} = \dfrac{750}{7} = 107.14[\Omega]$$ **답** ④

문제 76 $F(s) = \dfrac{5s + 3}{s(s + 1)}$ 일 때 $f(t)$의 정상값은?

① 5

② 3

③ 1

④ 0

풀이

최종값 정리에 의하여

$$\lim_{t \to \infty} f(t) = \lim_{s \to 0} sF(s) = \lim_{s \to 0} s \cdot \dfrac{5s + 3}{s(s + 1)} = \dfrac{3}{1} = 3$$ **답** ②

제5과목 전기설비 기술기준

문제 81 저압 및 고압 가공전선의 높이에 대한 기준으로 틀린 것은?

① 철도를 횡단하는 경우는 레일면상 6.5[m] 이상이다.

② 횡단 보도교 위에 시설하는 경우는 저압의 경우는 그 노면 상에서 3[m] 이상이다.

③ 횡단 보도교 위에 시설하는 경우는 고압의 경우는 그 노면 상에서 3.5[m] 이상이다.

④ 다리의 하부 기타 이와 유사한 장소에 시설하는 저압의 전기철도용 급전선은 지표상 3.5[m] 까지로 감할 수 있다.

풀이

332.5 고압 가공전선의 높이,
222.7 저압 가공전선의 높이
저·고압 가공전선의 높이는 다음에 따라야 한다.

설치장소		가공전선의 높이
도로횡단 (번잡하지 않은 도로 제외)		지표상 6 [m] 이상
철도 또는 궤도 횡단		레일면상 6.5 [m] 이상
횡단보도교 위	저압	노면상 3.5 [m] 이상 (단, 절연전선의 경우 3 [m] 이상)
	고압	노면상 3.5 [m] 이상
일반장소		지표상 5 [m] 이상. 단, 저압의 경우 절연전선 또는 케이블을 사용하여 교통에 지장이 없도록 하여 옥외조명용에 공급하는 경우 4 [m]까지 감할 수 있다.
다리의 하부 기타 이와 유사한 장소		저압의 전기철도용 급전선은 지표상 3.5[m]까지로 감할 수 있다.

답 ②

문제 82 특고압용 제2종 보안 장치 또는 이에 준하는 보안 장치 등이 되어 있지 않은 25 [kV] 이하인 특고압 가공 전선로의 지지물에 시설하는 통신선 또는 이에 직접 접속하는 통신선으로 사용할 수 있는 것은?

① 광섬유 케이블
② CN/CV 케이블
③ 켑타이어 케이블
④ 지름 2.6 [mm] 이상의 절연 전선

풀이
362.6 25[kV] 이하인 특고압 가공전선로 첨가 통신선의 시설에 관한 특례
특고압 가공전선로의 지지물에 시설하는 **통신선은 광섬유 케이블일 것.** 다만, 표준에 적합한 특고압용 제2종 보안장치 또는 이에 준하는 보안장치를 시설할 때에는 그러하지 아니하다.

답 ①

문제 83 의료 장소에서 인접하는 의료장소와의 바닥면적 합계가 몇 [m²] 이하인 경우 등전위본딩 바를 공용으로 할 수 있는가?

① 30   ② 50
③ 80   ④ 100

풀이
242.10.4 의료장소 내의 접지 설비

의료장소마다 그 내부 또는 근처에 등전위본딩 바를 설치할 것. 다만, **인접하는 의료장소와의 바닥 면적 합계가 50 [m²] 이하인 경우에는 등전위본딩 바를 공용할 수 있다.**

답 ②

문제 84 765[kV] 가공전선 시설 시 2차 접근 상태에서 건조물을 시설하는 경우 건조물 상부와 가공전선 사이의 수직거리는 몇 [m] 이상인가? (단, 전선의 높이가 최저상태로 사람이 올라갈 우려가 있는 개소를 말한다.)

① 15   ② 20
③ 25   ④ 28

풀이
333.23 특고압 가공전선과 건조물의 접근
사용전압이 400[kV] 이상의 특고압 가공전선이 **건조물과 제2차 접근상태**로 있는 경우에는 다음에 따라 시설하여야 한다.
가. 전선높이가 최저상태일 때 **가공전선과 건조물 상부와의 수직 거리가 28[m] 이상일 것.**
나. 독립된 주거생활을 할 수 있는 단독주택, 공동주택 및 학교, 병원 등 불특정 다수가 이용하는 다중 이용 시설의 건조물이 아닐 것.
다. 폭연성 분진, 가연성 가스, 인화성물질, 석유류, 화학류 등 위험 물질을 다루는 건조물에 해당되지 아니할 것.
라. 건조물 최상부에서 전계(3.5[kV/m]) 및 자계(83.3[μT])를 초과하지 아니할 것.

답 ④

문제 85 고·저압 혼촉에 의한 위험을 방지하려고 시행하는 접지공사에 대한 기준으로 틀린 것은?

① 접지공사는 변압기의 시설장소마다 시행하여야 한다.
② 토지의 상황에 의하여 접지저항 값을 얻기 어려운 경우, 가공 접지선을 사용하여 접지극을 100[m]까지 떼어 놓을 수 있다.
③ 가공 공동지선을 설치하여 접지공사를 하는 경우, 각 변압기를 중심으로 지름 400[m] 이내의 지역에 접지를 하여야 한다.
④ 저압 전로의 사용전압이 300[V] 이하인 경우, 그 접지공사를 중성점에 하기 어려우면 저압측의 1단자에 시행할 수 있다.

풀이

322.1 고압 또는 특고압과 저압의 혼촉에 의한 위험방지 시설

가. 고압전로 또는 특고압전로와 저압전로를 결합하는 변압기의 저압측의 중성점에는 접지공사를 하여야 한다. 다만, 저압전로의 사용전압이 300[V] 이하인 경우에 그 접지공사를 변압기의 중성점에 하기 어려울 때에는 저압측의 1단자에 시행할 수 있다.

나. 접지공사는 변압기의 시설장소마다 시행하여야 한다. 다만, 토지의 상황에 의하여 변압기의 시설장소에서 **규정에 의한 접지 저항 값을 얻기 어려운 경우**, 인장강도 5.26[kN] 이상 또는 **지름 4[mm] 이상의 가공 접지도체**를 변압기의 **시설장소로부터 200[m]까지 떼어놓을 수 있다**.

다. 접지공사를 하는 경우에 토지의 상황에 의하여 규정에 의하기 어려울 때에는 가공공동지선을 설치하여 2 이상의 시설장소에 다음과 같이 접지공사를 할 수 있다.

① 접지공사는 각 변압기를 중심으로 하는 지름 400 [m] 이내의 지역으로서 그 변압기에 접속되는 전선로 바로 아래의 부분에서 각 변압기의 양쪽에 있도록 할 것.

② 가공공동지선과 대지 사이의 합성 전기저항 값은 1 [km]를 지름으로 하는 지역 안마다 규정에 의해 접지저항 값을 가지는 것으로 하고 또한 각 접지도체를 가공공동지선으로부터 분리하였을 경우의 각 접지도체와 대지 사이의 전기저항 값은 300[Ω] 이하로 할 것. **답** ②

문제 86 가공 전선로의 지지물에 시설하는 지선의 안전율은 일반적인 경우 얼마 이상이어야 하는가?

① 2.0 　　　　　② 2.2

③ 2.5 　　　　　④ 2.7

풀이

331.11 지선의 시설

가. 지선의 **안전율은 2.5 이상일 것**. 이 경우에 허용 인장하중의 최저는 4.31[kN]으로 한다.

나. 지선에 연선을 사용할 경우에는 다음에 의할 것.

① 소선 3가닥 이상의 연선일 것.

② 소선의 지름이 2.6[mm] 이상의 금속선을 사용한 것일 것. **답** ③

문제 87 저압 가공전선로의 지지물에 시설하는 통신선 또는 이에 직접 접속하는 가공통신선이 도로를 횡단하는 경우, 일반적으로 지표상 몇 [m] 이상의 높이로 시설하여야 하는가?

① 6.0 　　　　　② 4.0

③ 5.0 　　　　　④ 3.0

풀이

362.2 전력보안통신선의 시설 높이와 이격거리

가공전선로의 지지물에 시설하는 통신선 또는 이에 직접 접속하는 가공 통신선의 높이는 다음에 따라야 한다.

시설 장소		가공전선로의 지지물에 시설	
		고·저압[m]	특고압[m]
도로 횡단	일반적인 경우	6[m] 이상	6[m] 이상
	교통에 지장을 안 주는 경우	5[m] 이상	
철도 횡단(레일면상)		6.5[m] 이상	6.5[m] 이상
횡단 보도교 위	노면상	3.5[m] 이상	5[m] 이상
	절연전선 사용	3[m] 이상	
	광섬유 케이블 사용		4[m] 이상
기타의 장소	일반적인 경우(절연전선 사용)	4[m] 이상	5[m] 이상
	광섬유 케이블 사용	3.5[m] 이상	

답 ①

16년 1회 동일 및 유사 문제 (년도-회-번호)

1과목 전기자기학

13	19-3-03
14	18-3-03
15	22-3-15
16	18-3-11
17	21-1-01
18	20-4-06
19	20-4-17
20	21-3-13

2과목 전력공학

27	18-3-28
28	18-2-36
29	18-2-30
30	19-3-33
31	18-1-40
32	21-2-22
33	18-3-31
34	19-3-24
35	18-3-30
36	21-2-21
37	22-3-40
38	21-3-26
39	17-1-24
40	21-2-34

3과목 전기기기

55	21-2-60
56	19-2-52
57	22-1-43
58	22-3-51
59	22-1-60
60	20-1,2-58

4과목 회로이론 및 제어공학

77	20-3-64
78	17-2-65
79	22-3-67
80	22-3-80

5과목 전기설비기술기준

88	21-2-88
89	21-2-92
90	19-2-87
91	19-3-83
92	19-1-92
93	17-1-96
94	17-1-91
95	21-2-93
96	19-3-82
97	18-3-97

국가기술자격검정 필기시험 문제

2016년도 전기기사 일반검정 제2회				수검 번호	성 명
자격종목 및 등급(선택분야)	종목코드	시험시간	문제지형별		
전기기사	1150	2시간 30분	A		

제1과목 **전기자기학**

문제 01 무한히 넓은 두 장의 평면판 도체를 간격 d[m]로 평행하게 배치하고 각각의 평면판에 면전하 밀도 $\pm\sigma$[C/m²]로 분포되어 있는 경우 전기력선은 면에 수직으로 나와 평행하게 발산한다. 이 평면판 내부의 전계의 세기는 몇 [V/m]인가?

① $\dfrac{\sigma}{\epsilon_0}$ 　　　② $\dfrac{\sigma}{2\epsilon_0}$

③ $\dfrac{\sigma}{2\pi\epsilon_0}$ 　　④ $\dfrac{\sigma}{4\pi\epsilon_0}$

풀이

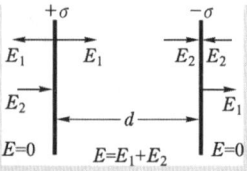

두 장의 무한 평면판 도체

여기서, $E_1 = \dfrac{\sigma}{2\epsilon_0}$: $+\sigma$에 의한 전계

$E_2 = \dfrac{\sigma}{2\epsilon_0}$: $-\sigma$에 의한 전계

전계 : 각각의 평면판에 면전하 밀도가 $\pm\sigma$[C/m²]인 경우에는 $+\sigma$, $-\sigma$의 두 평행 도체판을 각각 나누어 단독으로 존재하는 것으로 고려할 수 있다. 이 경우 평판에서의 전계 분포는 평판 외측에서 서로 반대 방향이므로 상쇄되어 0이 되고, 평판 내측에서는 같은 방향이 된다. 따라서 전계 E는

• 평판 외측 : $E = 0$

• 평판 내측 : $E = E_1 + E_2 = \dfrac{\sigma}{2\epsilon_0} + \dfrac{\sigma}{2\epsilon_0} = \dfrac{\sigma}{\epsilon_0}$ 　**답** ①

문제 02 자기 모멘트 9.8×10^{-5}[Wb·m]의 막대자석을 지구자계의 수평 성분 10.5[AT/m]의 곳에서 지자기 자오면으로부터 90° 회전시키는데 필요한 일은 약 몇 [J]인가?

① 1.03×10^{-3} 　　② 1.03×10^{-5}

③ 9.03×10^{-3} 　　④ 9.03×10^{-5}

풀이

지구 자계가 자석에 작용하는 회전력은 $T = MH\sin\theta$이고, 각 θ만큼 회전시키는데 필요한 일은

$$W = \int_0^\theta T\cdot d\theta = MH\int_0^\theta \sin\theta\cdot d\theta = MH(1-\cos\theta)$$
$$= 9.8\times10^{-5}\times10.5(1-\cos90°) \fallingdotseq 1.03\times10^{-3}[J] \quad \textbf{답} ①$$

문제 03 자유공간 중에 $x=2$, $z=4$인 무한장 직선상에 ρ_L[C/m]인 균일한 선전하가 있다. 점(0, 0, 4)의 전계 E [V/m]는?

① $E = \dfrac{-\rho_L}{4\pi\epsilon_0}a_x$ 　　② $E = \dfrac{\rho_L}{4\pi\epsilon_0}a_x$

③ $E = \dfrac{-\rho_L}{2\pi\epsilon_0}a_x$ 　　④ $E = \dfrac{\rho_L}{2\pi\epsilon_0}a_x$

풀이

무한장 직선장 ρ_L의 전계의 세기

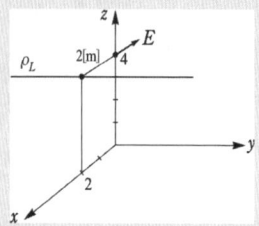

크기 : $E = \dfrac{\rho_L}{2\pi\epsilon_0 r} = \dfrac{\rho_L}{2\pi\epsilon_0\times2} = \dfrac{\rho_L}{4\pi\epsilon_0}$[V/m]

방향 : $-a_x$

$$\therefore E = -Ea_x = -\frac{\rho_L}{4\pi\epsilon_0}a_x$$

답 ①

문제 04 전위 $V = 3xy + z + 4$일 때 전계 E는?

① $i\,3x + j\,3y + k$ ② $-i\,3y + j\,3x + k$

③ $i\,3x - j\,3y - k$ ④ $-i\,3y - j\,3x - k$

풀이

$$E = -\operatorname{grad}V = -\nabla V$$
$$= -\left(\frac{\partial V}{\partial x}i + \frac{\partial V}{\partial y}j + \frac{\partial V}{\partial z}k\right)$$
$$= -(3yi + 3xj + k) = -3yi - 3xj - k$$

답 ④

문제 05 쌍극자모멘트가 $M[\text{C}\cdot\text{m}]$인 전기쌍극자에서 점P의 전계는 $\theta = \frac{\pi}{2}$에서 어떻게 되는가?
(단, θ는 전기쌍극자의 중심에서 축 방향과 점 P를 잇는 선분의 사이 각 이다.)

① 0   ② 최소

③ 최대   ④ $-\infty$

풀이

$E = \dfrac{M}{4\pi\epsilon_0 r^3}(\sqrt{1+3\cos^2\theta})$에서 점 P의 **전계는** $\theta = 0°$일 때 **최대이고** $\theta = 90°$일 때 **최소가** 된다.

답 ②

문제 06 감자력이 0인 것은?

① 구 자성체

② 환상 철심

③ 타원 자성체

④ 굵고 짧은 막대 자성체

풀이

감자력 $H' = \dfrac{N}{\mu_0}J$에서 감자력 $H' = 0$이 되기 위해서는 **감자율 N이** 0이 되어야 한다. 따라서, **자극이 존재하지 않는 환상 철심**이 이에 해당한다. 참고로 구 자성체의 감자율 $N = \dfrac{1}{3}$이고, 원통 자성체의 감자율 $N = \dfrac{1}{2}$이다.
그리고, 가늘고 긴 막대 자성체가 자계와 평행으로 놓여 있을 때 감자율은 거의 0에 가깝지만, 수직으로 놓여 있으면 감자율은 1에 가까운 값이 된다.

답 ②

문제 07 그림과 같이 반지름 10[cm]인 반원과 그 양단으로부터 직선으로 된 도선에 10[A]의 전류가 흐를 때, 중심 O에서의 자계의 세기와 방향은?

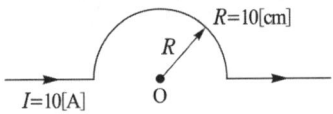

① 2.5[AT/m], 방향 ⊙

② 25[AT/m], 방향 ⊙

③ 2.5[AT/m], 방향 ⊗

④ 25[AT/m], 방향 ⊗

풀이

원형 전류의 중심 자계의 세기 $H = \dfrac{I}{2R}[\text{AT/m}]$ 이므로 반원의 중심 자계의 세기 $H = \dfrac{I}{2R}\times\dfrac{1}{2} = \dfrac{I}{4R}[\text{AT/m}]$

따라서, $H = \dfrac{10}{4\times0.1} = 25[\text{AT/m}]$, 방향은 앙페르의 오른 나사 법칙에 의해 ⊗ 방향이 된다.

답 ④

문제 08 W_1과 W_2의 에너지를 갖는 두 콘덴서를 병렬 연결한 경우의 총 에너지 W와의 관계로 옳은 것은? 단, $W_1 \neq W_2$ 이다.

① $W_1 + W_2 = W$

② $W_1 + W_2 > W$

③ $W_1 - W_2 = W$

④ $W_1 + W_2 < W$

풀이

전위가 다르게 충전된 콘덴서를 병렬로 접속시 전위차가 같아지도록 높은 전위 콘덴서의 전하가 낮은 전위 콘덴서 쪽으로 이동하며 이에 따른 **전하의 이동(전류)으로** 도선에서 **전력 소모가 발생하므로** $W_1 + W_2 > W$ 의 관계가 된다.

답 ②

문제 09 그림과 같은 원통상 도선 한 가닥이 유전율 $\epsilon[\text{F/m}]$인 매질 내에 지상 $h[\text{m}]$ 높이로 지면과 나란히 가선되어 있을 때 대지와 도선간의 단위 길이 당 정전용량[F/m]은?

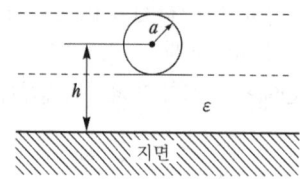

① $\dfrac{2\pi\epsilon}{\sinh^{-1}\dfrac{h}{a}}$
② $\dfrac{\pi\epsilon}{\sinh^{-1}\dfrac{h}{a}}$

③ $\dfrac{2\pi\epsilon}{\cosh^{-1}\dfrac{h}{a}}$
④ $\dfrac{\pi\epsilon}{\cosh^{-1}\dfrac{h}{a}}$

풀이

$C' = \dfrac{\pi\epsilon}{\ln\dfrac{2h}{a}}$

도선과 지면 사이의 정전용량 C일 때 C'는 두 개의 C가 직렬 접속의 등가회로이므로

$C' = \dfrac{C}{2}$

$\therefore C = 2C' = \dfrac{2\pi\epsilon}{\ln\dfrac{2h}{a}}$ [F/m]

$(\ln\dfrac{2h}{a} \fallingdotseq \cosh^{-1}\dfrac{h}{a})$ 에서 $C = \dfrac{2\pi\epsilon}{\cosh^{-1}\dfrac{h}{a}}$ [F/m] **답 ③**

문제 10 자기회로에서 키르히호프의 법칙에 대한 설명으로 옳은 것은?

① 임의의 결합점으로 유입하는 자속의 대수합은 0이다.

② 임의의 폐자로에서 자속과 기자력의 대수합은 0이다.

③ 임의의 폐자로에서 자기저항과 기자력의 대수합은 0이다.

④ 임의의 폐자로에서 각 부의 자기저항과 자속의 대수합은 0이다.

풀이

자기회로의 키로히호프의 법칙

① 자기회로의 결합점에 있어서는 이 결합점에 유입하는 **자속의 총화는 0**이다.

② 임의의 폐자로에 있어서 각 부의 자기저항과 자속과의 곱의 합은 폐자로에 있는 기자력의 총화와 같다. **답 ①**

문제 11 압전효과를 이용하지 않은 것은?

① 수정발진기
② 마이크로폰
③ 초음파 발생기
④ 자속계

풀이

수정, 전기석, 로셀염 등의 **압전기가 수정 발진자, 마이크로폰, 초음파 발진자**, crystal pick-up(일정 주파수의 발진회로, 수중 탐색, 금속 탐상) 등 여러 방면에 이용되고 있다. **답 ④**

제2과목 ▶ 전력공학

문제 21 송전계통에서 자동재폐로 방식의 장점이 아닌 것은?

① 신뢰도 향상

② 공급지장시간의 단축

③ 보호계전방식의 단순화

④ 고장상의 고속도 차단, 고속도 재투입

풀이

송전 선로에 발생하는 사고의 대부분은 애자의 섬락에 의한 것으로서 고장구간을 차단해서 무전압으로 하면 바로 그 원인이 해소되므로, 다시 차단기를 투입해서 송전을 계속할 수 있는 경우가 많다.

이러한 조작을 자동적으로 행하는 것이 자동 재폐로 방식이라고 하며 단상 재폐로 방식과 3상 재폐로 방식이 있다.

재폐로 방식의 장점으로는

① **고장상을 고속도 차단 후 고속도 재투입**함으로써 계통의 과도 안정도가 향상된다.

② 송전용량을 2회선 용량한도까지 증대시켜서 사용 가능하다.

③ 1회선 구간에서는 **신뢰도를 향상**시켜 2회선에 맞먹는 능력을 보유 할 수 있다.

④ 정전시 공급지장시간을 단축시켜 안정된 전력공급을 기할 수 있다. **답 ③**

문제 22 초고압용 차단기에 개폐저항기를 사용하는 주된 이유는?

① 차단속도 증진
② 차단전류 감소
③ 이상전압 억제
④ 부하설비 증대

풀이

차단기의 개폐시에 재점호로 인하여 **개폐 서지 이상 전압이 발생**된다. 이것을 낮추고 절연 내력을 높일 수 있게 하기 위해 차단기 접촉자간에 병렬 임피던스로서 **개폐 저항기를** 삽입한다.　**답** ③

문제 23 송전단 전압이 66[kV]이고, 수전단 전압이 62[kV]로 송전 중이던 선로에서 부하가 급격히 감소하여 수전단 전압이 63.5[kV]가 되었다. 전압강하율은 약 몇 [%]인가?

① 2.28　　　　　② 3.94
③ 6.06　　　　　④ 6.45

풀이

전압강하율

$$\epsilon = \frac{V_s - V_r}{V_r} \times 100 = \frac{66 - 63.5}{63.5} \times 100 = 3.94[\%]$$　**답** ②

문제 24 이상전압에 대한 방호장치가 아닌 것은?

① 피뢰기　　　　② 가공지선
③ 방전코일　　　④ 서지흡수기

풀이

① 피뢰기 : 이상 전압에 대한 기계, 기구 보호
② 가공지선 : 직격뢰 차폐
③ **방전코일** : 콘덴서에 축적된 잔류 전하를 방전하여 **감전 사고 방지**
④ 서지 흡수기 : 변압기, 발전기 등을 서지로부터 보호
　답 ③

문제 25 154 [kV] 송전선로의 전압을 345 [kV]로 승압하고 같은 손실률로 송전한다고 가정하면 송전 전력은 승압 전의 약 몇 배 정도인가?

① 2　　② 3　　③ 4　　④ 5

풀이

전력손실　$P_l = \dfrac{P^2 R}{V^2 \cos^2\theta}$ [W]

전력손실률 $h = \dfrac{P_l}{P} = \dfrac{PR}{V^2 \cos^2\theta}$ 에서

송전 전력 $P = \dfrac{h V^2 \cos^2\theta}{R}$

따라서, 송전 전력은 전압의 제곱에 비례하므로

$$P = K V^2 = K \left(\frac{345}{154}\right)^2 = 5K$$　**답** ④

문제 26 방향성을 갖지 않는 계전기는?

① 전력 계전기　　　② 과전류계전기
③ 비율차동계전기　④ 선택지락 계전기

풀이

방향성을 가지고 있지 않는 계전기
① 과전류 계전기　　② 과전압 계전기
③ 부족 전압 계전기　④ 차동 계전기
⑤ 거리 계전기　　　⑥ 지락 계전기　**답** ②

문제 27 송전계통에서 1선 지락 시 유도장해가 가장 적은 중성점 접지방식은?

① 비접지방식
② 저항접지방식
③ 직접접지방식
④ 소호리액터접지방식

풀이

• 전자 유도 전압 : $E_m = j\omega M l 3 I_0$
여기서, M : 전력선과 통신선 사이의 상호 인덕턴스 [H/km]
　　　　l : 병행길이 [km]
　　　　I_0 : 영상 전류 [A]
즉, 지락 사고 시 흐르는 큰 영상전류에 의해 전자 유도 전압이 상승하여 전자 유도 장해를 발생시킨다. 따라서, **지락사고 시 지락전류가 최소가 되는 소호리액터접지방식이 유도장해가 가장 적다.**
• 1선 지락사고시 발생하는 유도장해의 크기
직접접지방식 > 저항접지방식 > 비접지방식 > 소호리액터접지방식　**답** ④

문제 28 22.9[kV-Y] 3상 4선식 중성선 다중접지 계통의 특성에 대한 내용으로 틀린 것은?

① 1선 지락사고 시 1상 단락전류에 해당하는 큰 전류가 흐른다.
② 전원의 중성점과 주상변압기의 1차 및 2차를 공통의 중성선으로 연결하여 접지한다.

③ 각 상에 접속된 부하가 불평형일 때도 불완전 1선 지락고장의 검출감도가 상당히 예민하다.

④ 고저압 혼촉사고 시에는 중성선에 막대한 전위 상승을 일으켜 수용가에 위험을 줄 우려가 있다.

풀이

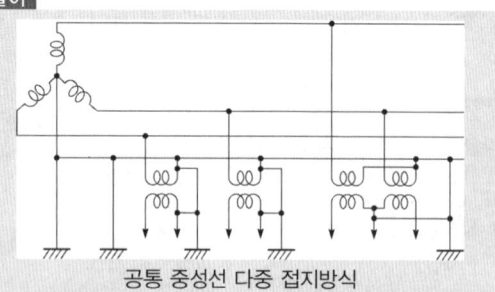

공통 중성선 다중 접지방식

이 방식에서 지락사고는 중성선과의 단락사고로 되기 때문에 퓨즈 또는 과전류 계전기로 보호할 수 있는 특징이 있다. 그러나 각 상에 접속된 부하가 불평형일 때 발생하는 불평형 전류, 또는 고장 발생 시 흐르는 **고장전류가 각 접지 개소에 분류하기 때문에 고감도의 지락보호는 곤란**하다.

답 ③

문제 29 송전전압 154[kV], 2회선 선로가 있다. 선로 길이가 240[km]이고 선로의 작용 정전용량이 0.02[μF/km]라고 한다. 이것을 자기 여자를 일으키지 않고 충전하기 위해서는 최소한 몇[MVA] 이상의 발전기를 이용하여야 하는가? (단, 주파수는 60[Hz]이다.)

① 78
② 86
③ 89
④ 95

풀이

1회선 충전용량 $Q = 3 \times 2\pi f C l \left(\dfrac{V}{\sqrt{3}}\right)^2$ 에서

$Q = 3 \times 2\pi \times 60 \times 0.02 \times 240 \times 10^{-6} \times \left(\dfrac{154,000}{\sqrt{3}}\right)^2 \times 10^{-6}$

$= 42.92[\text{MVA}]$

2회선이므로 필요한 발전기 용량 Q'는

$Q' = 2 \times Q = 2 \times 42.92 = 86[\text{MVA}]$

답 ②

문제 30 선로 전압 강하 보상기(LDC)에 대한 설명으로 옳은 것은?

① 승압기로 저하된 전압을 보상하는 것
② 분로 리액터로 전압 상승을 억제하는 것
③ 선로의 전압 강하를 고려하여 모선 전압을 조정하는 것
④ 직렬 콘덴서로 선로의 리액턴스를 보상하는 것

풀이

LDC(line drop compensator)는 부하전류에 의한 배전선의 전압강하를 보상하는 것인데 LRT(부하시 탭절환 변압기)의 제어회로에 이것을 부가해서 배전전압을 중부하시에는 높게, 경부하시에는 낮게 자동적으로 조정하여 **일정한 전압**이 되도록 한다.

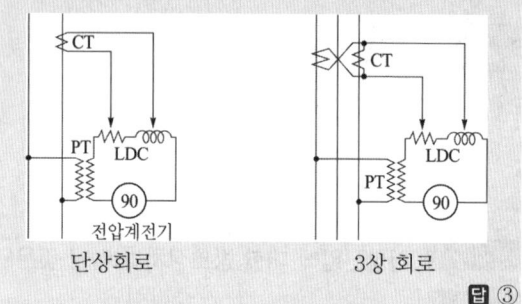

단상회로   3상 회로

답 ③

문제 31 유효낙차 100 [m], 최대사용수량 20 [m³/s]인 발전소의 최대 출력은 약 몇 [kW]인가? (단, 수차 및 발전기의 합성효율은 85 [%]라 한다.)

① 14160
② 16660
③ 24990
④ 33320

풀이

발전 출력 $P = 9.8 Q H \eta_t \eta_g$ [kW]에서
$P = 9.8 \times 20 \times 100 \times 0.85 = 16660[\text{kW}]$

답 ②

문제 32 각 수용가의 수용 설비 용량이 50 [kW], 100 [kW], 80 [kW], 60 [kW], 150 [kW]이며 각각의 수용률이 0.6, 0.6, 0.5, 0.5, 0.4일 때 부하의 부등률이 1.3이라면 변압기 용량은 약 몇 [kVA]가 필요한가? (단, 평균 부하 역률은 80 [%]라고 한다.)

① 142
② 165
③ 183
④ 212

풀이

$$변압기\ 용량 = \frac{설비\ 용량 \times 수용률}{부등률 \times 역률}$$
$$= \frac{(50+100)\times0.6+(80+60)\times0.5+150\times0.4}{1.3\times0.8}$$
$$= 211.54[kVA]$$

답 ④

문제 33 그림과 같은 주상 변압기 2차측 접지공사의 목적은?

① 1차측 과전류 억제
② 2차측 과전류 억제
③ 1차측 전압상승 억제
④ 2차측 전압상승 억제

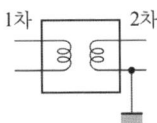

풀이

주상 변압기는 **1차측과 2차측의 혼촉에 의한 2차측 전압의 상승**을 막기 위해서 2차측에 접지를 하여, 고전압에 의한 사고를 막아준다.

답 ④

제3과목 전기기기

문제 41 정격 출력 10,000 [kVA], 정격 전압 6,600 [V], 정격 역률 0.6인 3상 동기 발전기가 있다. 동기 리액턴스 0.6 [p.u]인 경우의 전압 변동률[%]은?

① 21 ② 31
③ 40 ④ 52

풀이

$$E = \sqrt{0.6^2+(0.8+0.6)^2}$$
$$= 1.523$$
$$\epsilon = \frac{E-V}{V}\times100$$
$$= \frac{1.523-1}{1}\times100$$
$$= 52.3[\%]$$

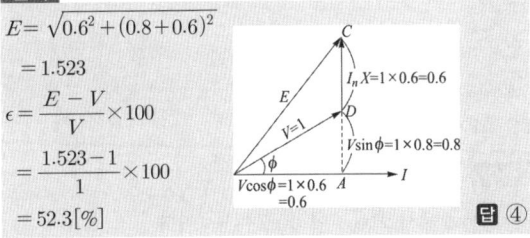

답 ④

문제 42 직류 분권발전기에 대한 설명으로 옳은 것은?

① 단자전압이 강하하면 계자전류가 증가한다.
② 부하에 의한 전압의 변동이 타여자발전기에 비하여 크다.
③ 타여자발전기의 경우보다 외부특성 곡선이 상향(上向)으로 된다.
④ 분권권선의 접속방법에 관계없이 자기여자로 전압을 올릴 수가 있다.

풀이

• 분권발전기 : 분권 발전기에서 부하전류 I가 증가하면 발전기 단자 전압 V는 감소하게 된다.
$$V = E-(I_f+I)R$$
따라서, 계자전류($I_f = \frac{V}{R_f}$)는 단자전압 V에 비례하므로 단자전압이 감소하게 되면 계자전류 I_f도 감소하게 되어 유기기전력도 감소하게 된다.
• 타여자 발전기 : 타여자 발전기는 외부에서 계자전원을 공급하므로 부하전류의 변동에 관계없이 일정한 전압을 유기 할 수 있다. 따라서, **부하변동에 따른 전압변동은 분권발전기가 타여자 발전기에 비해 크다.**

답 ②

문제 43 3상 유도전압 조정기의 동작원리 중 가장 적당한 것은?

① 두 전류 사이에 작용하는 힘이다.
② 교번자계의 전자유도작용을 이용한다.
③ 충전된 두 물체 사이에 작용하는 힘이다.
④ 회전자계에 의한 유도작용을 이용하여 2차 전압의 위상전압 조정에 따라 변화한다.

풀이

3상 유도 전압 조정기의 원리
회전자속에 의하여 직렬 권선의 1상에 유도되는 기전력을 조정전압이라 하고 이것을 E_2[V]라고 하면 E_2는 일정한 크기의 회전자속에 의하여 생기는 것이므로 회전자와 고정자와의 관계 위치에 관계없이 항상 그 크기는 일정하다. 그러나 회전자와 고정자의 관계 위치의 변화에 따라 **분로 권선 전압 E_1에 대한 E_2의 위상이 변화**한다.
즉, 3상 유도전압 조정기의 출력측 전압
$$E = \sqrt{(E_1+E_2\cos\theta)^2+(E_2\sin\theta)^2}$$
으로 나타낸다.

답 ④

문제 44 정격용량 100[kVA]인 단상 변압기 3대를 △−△결선하여 300[kVA]의 3상 출력을 얻고 있다. 한 상에 고장이 발생하여 결선을 V결선으로 하는 경우 (a) 뱅크용량[kVA], (b) 각 변압기의 출력[kVA]은?

① (a) 253 (b) 126.5
② (a) 200 (b) 100
③ (a) 173 (b) 86.6
④ (a) 152 (b) 75.6

풀이

(a) 뱅크용량 $P_V = \sqrt{3}\, P_1 = \sqrt{3} \times 100 = 173.2$[kVA]

(b) 각 변압기 출력 $P = \dfrac{P_V}{2} = \dfrac{173.2}{2} = 86.6$[kVA] **답** ③

문제 45 동기 발전기의 단락비를 계산하는 데 필요한 시험은?

① 부하 시험과 돌발 단락시험
② 단상 단락 시험과 3상 단락 시험
③ 무부하 포화 시험과 3상 단락 시험
④ 정상, 역상, 영상 리액턴스의 측정시험

풀이

- 무부하 시험 : 철손, 기계손
- 단락시험 : 동기임피던스, 동기리액턴스
- 단락비 : 무부하(포화)시험, 단락시험 **답** ③

문제 46 3상 유도전동기의 기동법 중 Y−△기동법으로 기동 시 1차 권선의 각 상에 가해지는 전압은 기동 시 및 운전 시 각각 정격전압의 몇 배가 가해지는가?

① 1, $\dfrac{1}{\sqrt{3}}$

② $\dfrac{1}{\sqrt{3}}$, 1

③ $\sqrt{3}$, $\dfrac{1}{\sqrt{3}}$

④ $\dfrac{1}{\sqrt{3}}$, $\sqrt{3}$

풀이

Y−△ 기동 방법 : 기동시 고정자 권선을 Y로 접속하여 기동함으로써 기동전류를 감소시키고 운전속도에 가까워지면 권선을 △로 변경하여 운전하는 방식

- 기동시 : Y결선, 1차 권선에 가해지는 전압 $\dfrac{V}{\sqrt{3}}$

- 운전시 : △결선, 1차 권선에 가해지는 전압 V

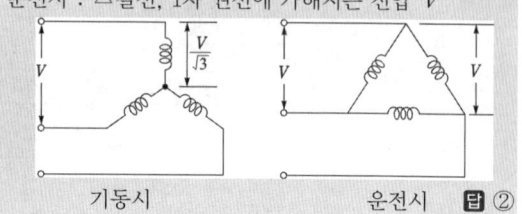

기동시   운전시 **답** ②

문제 47 SCR에 관한 설명으로 틀린 것은?

① 3단자 소자이다.
② 스위칭 소자이다.
③ 직류 전압만을 제어한다.
④ 적은 게이트 신호로 대전력을 제어한다.

풀이

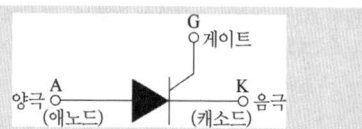

SCR은 게이트에 (+)의 트리거 펄스가 인가되면 통전 상태로 되어 **정류 작용(교류를 직류로 변환)**이 개시되고, 일단 통전이 시작되면 게이트 전류를 차단해도 주전류(애노드 전류)는 차단되지 않는다. 이때에 이를 차단 하려면 애노드 전압을 (0) 또는 (−)로 해야 한다. 그러므로 DC 회로에서는 일단 흐르기 시작한 전류를 차단시키는 방법이 부과되지 않으면 안되지만 AC 회로에서는 애노드 전압이 반주기마다 (0) 또는 (−)가 되므로 문제가 되지 않는다. **답** ③

문제 48 유도 전동기의 최대 토크를 발생하는 슬립을 S_t, 최대 출력을 발생하는 슬립을 S_p라 하면 대소 관계는?

① $S_p = S_t$
② $S_p > S_t$
③ $S_p < S_t$
④ 일정치 않다.

풀이

$P = 2\pi n T$에서 $P \propto n$이고, $T \propto \dfrac{1}{n}$ 이다.

따라서, P는 n이 클 때(슬립 s가 적을 때), T는 n이 적을 때(슬립 s가 클 때) 크게 된다. **답** ③

문제 49 단상 전파정류에서 공급전압이 E일 때 무부하 직류 전압의 평균값은? (단, 브리지 다이오드를 사용한 전파정류회로이다.)

① $0.90E$ ② $0.45E$
③ $0.75E$ ④ $1.17E$

풀이

다이오드 정류회로

• 단상 전파정류회로 : $E_{d0} = \frac{2}{\pi}E_m = \frac{2}{\pi}\cdot\sqrt{2}E = 0.9E$

• 단상 반파정류회로 : $E_{d0} = \frac{E_m}{\pi} = \frac{\sqrt{2}}{\pi}\cdot E = 0.45E$

답 ①

문제 50 3상 권선형 유도전동기의 토크-속도 곡선이 비례추이 한다는 것은 그 곡선이 무엇에 비례해서 이동하는 것을 말하는가?

① 슬립 ② 회전수
③ 2차 저항 ④ 공급전압의 크기

풀이

2차 저항의 크기를 변화시키면 최대 토크의 크기는 변하지 않으나 최대 토크를 발생하는 슬립점(속도)이 2차 회로의 저항에 비례하여 이동하는 것을 비례추이라 한다. **답** ③

문제 51 평형 3상 회로의 전류를 측정하기 위해서 변류비 200 : 5의 변류기를 그림과 같이 접속하였더니 전류계의 지시가 1.5 [A]이었다. 1차 전류는 몇 [A]인가?

① 60
② $60\sqrt{3}$
③ 30
④ $30\sqrt{3}$

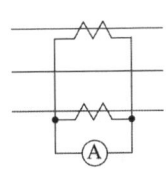

풀이

변류비 200 : 5 의 의미는 CT 1차 전류가 200[A]일 때 CT 2차 전류가 5[A]가 된다는 의미이므로

$200 : 5 = I_1 : 1.5$

$\therefore I_1 = 1.5\times\frac{200}{5} = 60[A]$ **답** ①

문제 52 정격 200[V], 10[kW] 직류 분권발전기의 전압변동률은 몇 [%]인가? (단, 전기자 및 분권계자 저항은 각각 0.1 [Ω], 100 [Ω] 이다.

① 2.6 ② 3.0
③ 3.6 ④ 4.5

풀이

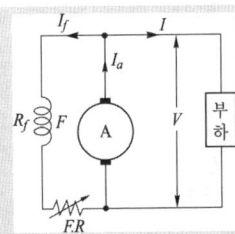

계자전류 $I_f = \frac{V}{R_f} = \frac{200}{100} = 2[A]$

부하전류 $I = \frac{P}{V} = \frac{10000}{200} = 50[A]$

전기자 전류 $I_a = I + I_f = 50 + 2 = 52[A]$

무부하 전압 $V_0 = V + I_a R_a = 200 + 52\times0.1 = 205.2[V]$

전압변동률 $\epsilon = \frac{V_0 - V_n}{V_n}\times100 = \frac{205.2 - 200}{200}\times100$
$= 2.6[\%]$ **답** ①

문제 53 VVVF(Variable Voltage Variable Frequency)는 어떤 전동기의 속도 제어에 사용되는가?

① 동기 전동기 ② 유도 전동기
③ 직류 복권전동기 ④ 직류 타여자전동기

풀이

유도전동기 속도제어법에는 극수변환, 전원주파수를 변화하는 방법(VVVF에 의한 속도제어), 2차 여자법, 1차 전압제어, 2차 저항제어법 등이 있다. **답** ②

문제 54 그림은 단상 직권 정류자 전동기의 개념도이다. C를 무엇이라고 하는가?

① 제어권선
② 보상권선
③ 보극권선
④ 단층권선

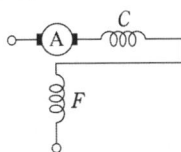

풀이

A : 전기자 C : **보상권선** F : 계자권선 **답** ②

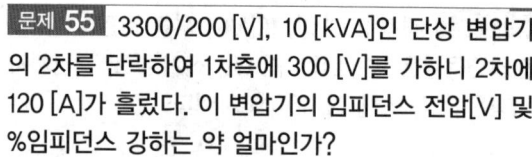

문제 55 3300/200 [V], 10 [kVA]인 단상 변압기의 2차를 단락하여 1차측에 300 [V]를 가하니 2차에 120 [A]가 흘렀다. 이 변압기의 임피던스 전압[V] 및 %임피던스 강하는 약 얼마인가?

① 125[V], 3.8[%]　② 125[V], 3.5[%]

③ 200[V], 4.0[%]　④ 200[V], 4.2[%]

풀이

1차 정격 전류 $I_{1n} = \dfrac{P}{V_1} = \dfrac{10 \times 10^3}{3300} = 3.03$[A]

1차 단락 전류 $I_{1s} = \dfrac{1}{a} I_{2s} = \dfrac{200}{3300} \times 120 = 7.27$[A]

2차를 1차로 환산한 등가 누설 임피던스

$Z_{21} = \dfrac{V_s'}{I_{1s}} = \dfrac{300}{7.27} = 41.26$ [Ω]

임피던스 전압 V_s는

∴ $V_s = I_{1n} Z_{21} = 3.03 \times 41.26 = 125.02$ [V]

%임피던스 강하 $\%Z$는

∴ $\%Z = \dfrac{V_s}{V_{1n}} \times 100 = \dfrac{125.02}{3300} \times 100 = 3.8$[%]　**답 ①**

제4과목 | **회로이론 및 제어공학**

문제 61 Nyquist 판정법의 설명으로 틀린 것은?

① 안정성을 판정하는 동시에 안정도를 제시해 준다.

② 계의 안정도를 개선하는 방법에 대한 정보를 제시해 준다.

③ Nyquist 선도는 제어계의 오차 응답에 관한 정보를 준다.

④ Routh-Hurwitz 판정법과 같이 계의 안정여부를 직접 판정해 준다.

풀이

나이퀴스트 판별법은 다음과 같은 특징이 있다.
- 절대 안정도에 관하여 루드-홀비쯔 판별법과 같은 정보를 제공한다.
- 시스템의 안정도를 개선할 수 있는 방법을 제시한다.
- 시스템의 주파수 영역 응답에 대한 정보를 제공한다.

즉, Nyquist 선도는 제어계의 오차 응답에 관한 정보를 주는 것이 아니라 계의 주파수 응답에 관한 정보를 준다. **답 ③**

문제 62

그림의 신호 흐름 선도에서 $\dfrac{y_2}{y_1}$은?

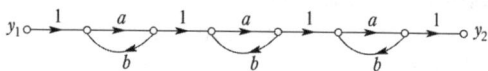

① $\dfrac{a^3}{1 - 3ab}$　② $\dfrac{a^3}{(1 - ab)^3}$

③ $\dfrac{a^3}{(1 - 3ab + ab)}$　④ $\dfrac{a^3}{(1 - 3ab + 2ab)}$

풀이

신호 흐름 선도는 3개 부분으로 나누어 계산할 수 있다.

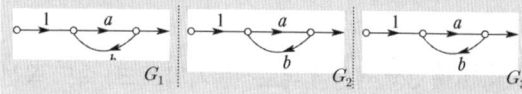

각 부분의 전달 함수는 $\dfrac{a}{1 - ab}$이고,

각 부분의 종속(직렬) 접속 관계이므로

전체 전달 함수 $G(s) = G_1 \times G_2 \times G_3 = G_1^3 = \left(\dfrac{a}{1 - ab}\right)^3$ **답 ②**

별해

$G(s) = \dfrac{\sum \text{전향 경로 이득}}{1 - \sum \text{루프이득}_1 + \sum \text{루프이득}_2 - \sum \text{루프이득}_3}$

$= \dfrac{a^3}{1 - 3(ab) + 3(ab)^2 - (ab)^3} = \dfrac{a^3}{(1 - ab)^3}$

문제 63 폐루프 시스템의 특징으로 틀린 것은?

① 정확성이 증가한다.

② 감쇠폭이 증가한다.

③ 발진을 일으키고 불안정한 상태로 되어 갈 가능성이 있다.

④ 계의 특성 변화에 대한 입력 대 출력비의 감도가 증가한다.

풀이

피드백(폐루프) 제어계의 특징
① 정확성의 증가
② 계의 특성 변화에 대한 **입력 대 출력비의 감도 감소**
③ 비선형과 왜형에 대한 효과의 감소
④ 감쇠폭의 증가
⑤ 발진을 일으키고 불안정한 상태로 되어 가는 경향성
⑥ 구조가 복잡하고 설치비가 고가 **답 ④**

문제 64 2차 제어계 $G(s)H(s)$의 나이퀴스트 선도의 특징이 아닌 것은?

① 이득여유는 ∞ 이다.

② 교차량 $|GH| = 0$ 이다.

③ 모두 불안정한 제어계이다.

④ 부의 실축과 교차하지 않는다.

풀이

2차 시스템에서는 $G(s)H(s)$의 나이퀴스트 선도가 음의 실수축과 교차하지 않으므로 교차량(crossover) $|GH_c|$는 0. 따라서 이득 여유

$$GM = 20\log\frac{1}{|GH_c|} = \infty[\text{dB}]$$

이다. 이득 여유가 ∞[dB]이라 함은 이론적으로 시스템이 불안정한 상태에 도달되기까지 이득 K의 값을 무한대로 증대시킬 수 있다는 뜻이다. 즉, 모든 $K(<\infty)$에 대해서 **2차 시스템은 안정하다.** **답** ③

문제 65 다음과 같은 상태 방정식의 고유값 λ_1과 λ_2는?

$$\begin{bmatrix} \dot{x}_1 \\ \dot{x}_2 \end{bmatrix} = \begin{bmatrix} 1 & -2 \\ -3 & 2 \end{bmatrix}\begin{bmatrix} x_1 \\ x_2 \end{bmatrix} + \begin{bmatrix} 2 & -3 \\ -4 & 3 \end{bmatrix}\begin{bmatrix} r_1 \\ r_2 \end{bmatrix}$$

① 4, −1

② −4, 1

③ 6, −1

④ −6, 1

풀이

특성방정식의 근을 행렬 A의 고유치라 하므로, 고유값은

$$|\lambda I - A| = \begin{bmatrix} \lambda & 0 \\ 0 & \lambda \end{bmatrix} - \begin{bmatrix} 1 & -2 \\ -3 & 2 \end{bmatrix} = \begin{bmatrix} \lambda-1 & 2 \\ 3 & \lambda-2 \end{bmatrix}$$

$$= (\lambda-1)(\lambda-2) - 6 = \lambda^2 - 3\lambda - 4$$

$$= (\lambda-4)(\lambda+1) = 0$$

$$\therefore \lambda = 4, \ -1 \qquad \text{답} ①$$

문제 66 제어기에서 미분제어의 특성으로 가장 적합한 것은?

① 대역폭이 감소한다.

② 제동을 감소시킨다.

③ 작동오차의 변화율에 반응하여 동작한다.

④ 정상상태의 오차를 줄이는 효과를 갖는다.

풀이

미분제어는 제어 오차가 검출될 때 오차가 변화하는 속도에 비례하여 조작량을 가감하는 동작으로서 **오차가 커지는 것을 미연에 방지**한다. **답** ③

문제 67 그림과 같은 블록선도로 표시되는 제어계는 무슨 형인가?

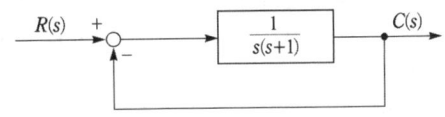

① 0

② 1

③ 2

④ 3

풀이

$$G(s)H(s) = \frac{1}{s(s+1)}$$

원점에서의 극점의 수 이므로 1형 제어계 이다. **답** ②

문제 68 다음의 설명 중 틀린 것은?

① 최소 위상 함수는 양의 위상 여유이면 안정하다.

② 이득 교차 주파수는 진폭비가 1이 되는 주파수이다.

③ 최소 위상 함수는 위상 여유가 0이면 임계안정하다.

④ 최소 위상 함수의 상대 안정도는 위상각의 증가와 함께 작아진다.

풀이

위상여유, 이득여유가 +이면 안정, −이면 불안정으로 된다. 따라서, **상대 안정도는 위상각의 증가와 함께 높아진다.** **답** ④

문제 69 $v = 100\sqrt{2}\sin\left(\omega t + \frac{\pi}{3}\right)[\text{V}]$를 복소수로 나타내면?

① $25 + j25\sqrt{3}$

② $50 + j25\sqrt{3}$

③ $25 + j50\sqrt{3}$

④ $50 + j50\sqrt{3}$

문제 70 인덕턴스 0.5[H], 저항 2[Ω]의 직렬회로에 30[V]의 직류전압을 급히 가했을 때 스위치를 닫은 후 0.1초 후의 전류의 순시값 i[A]와 회로의 시정수 τ[s]는?

① $i = 4.95$, $\tau = 0.25$

② $i = 12.75$, $\tau = 0.35$

③ $i = 5.95$, $\tau = 0.45$

④ $i = 13.95$, $\tau = 0.25$

풀이

$i(t) = \dfrac{E}{R}\left(1 - e^{-\frac{R}{L}t}\right)$에서

여기서, $\dfrac{E}{R} = \dfrac{30}{2} = 15\,[\mathrm{A}]$, $\dfrac{R}{L} = \dfrac{2}{0.5} = 4$

$\therefore\ i(t) = 15(1 - e^{-4 \times 0.1}) = 4.95[\mathrm{A}]$

시정수 τ는 $\ \tau = \dfrac{L}{R} = \dfrac{0.5}{2} = 0.25[\mathrm{s}]$

답 ①

문제 71 다음 회로의 4단자 정수는?

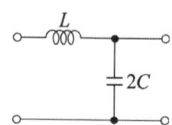

① $A = 1 + 2\omega^2 LC$, $B = j2\omega C$, $C = j\omega L$, $D = 0$

② $A = 1 - 2\omega^2 LC$, $B = j\omega L$, $C = j2\omega C$, $D = 1$

③ $A = 2\omega^2 LC$, $B = j\omega L$, $C = j2\omega C$, $D = 1$

④ $A = 2\omega^2 LC$, $B = j2\omega C$, $C = j\omega L$, $D = 0$

풀이

$\begin{bmatrix} A & B \\ C & D \end{bmatrix} = \begin{bmatrix} 1 & Z_1 \\ 0 & 1 \end{bmatrix}\begin{bmatrix} 1 & 0 \\ \dfrac{1}{Z_2} & 1 \end{bmatrix}$

$= \begin{bmatrix} 1 & j\omega L \\ 0 & 1 \end{bmatrix}\begin{bmatrix} 1 & 0 \\ j2\omega C & 1 \end{bmatrix} = \begin{bmatrix} 1 - 2\omega^2 LC & j\omega L \\ j2\omega C & 1 \end{bmatrix}$ **답 ②**

문제 72 한 상의 임피던스가 $6 + j8[\Omega]$인 △부하에 대칭 선간 전압 200 [V]를 인가할 때 3상 전력은 몇 [W]인가?

① 2400 　　② 4160

③ 7200 　　④ 10800

풀이

상전류 : $I_p = \dfrac{V_p}{Z_p} = \dfrac{200}{\sqrt{6^2 + 8^2}} = 20\,[\mathrm{A}]$

$\therefore\ P = 3 I_p^2 \cdot R = 3 \times 20^2 \times 6 = 7200[\mathrm{W}]$ **답 ③**

문제 73 그림과 같이 $R = 1[\Omega]$인 저항을 무한히 연결할 때, a − b에서의 합성저항은?

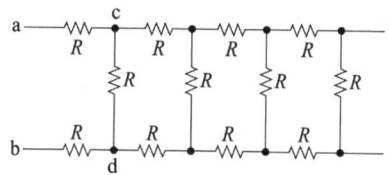

① $1 + \sqrt{3}$ 　　② $\sqrt{3}$

③ $1 + \sqrt{2}$ 　　④ ∞

풀이

저항이 무한히 연결되어 있으므로 a, b 단자에서 본 합성저항 $R_{ab} = R_{cd}$로 해도 무방하다.

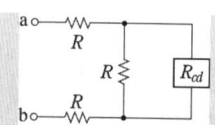

따라서, $R_{ab} = 2R + \dfrac{R \cdot R_{cd}}{R + R_{cd}}$이며 $R_{ab} = R_{cd}$이므로

$RR_{ab} + R_{ab}^2 = 2R^2 + 2R \cdot R_{ab} + R \cdot R_{ab}$

여기서 $R = 1\,[\Omega]$를 대입한 후 정리하면

$R_{ab}^2 - 2R_{ab} - 2 = 0$

근의 공식에 의해

$R_{ab} = \dfrac{-b \pm \sqrt{b^2 - 4ac}}{2a} = \dfrac{2 \pm \sqrt{4 + 4 \times 2}}{2} = 1 \pm \sqrt{3}$

따라서, 저항값은 음(−)의 값이 될 수 없으므로

$R_{ab} = 1 + \sqrt{3}$ **답 ①**

문제 74 3상 불평형 전압에서 역상 전압이 35 [V]이고, 정상 전압이 100 [V], 영상 전압이 10 [V]라고 할 때 전압의 불평형률은?

① 0.1 　　② 0.25 　　③ 0.35 　　④ 0.45

풀이

불평형률 = $\dfrac{\text{역상 전압}}{\text{정상 전압}} = \dfrac{35}{100} = 0.35$

답 ③

문제 75 $f(t) = u(t-a) - u(t-b)$의 라플라스 변환 $F(s)$는?

① $\dfrac{1}{s^2}(e^{-as} - e^{-bs})$ ② $\dfrac{1}{s}(e^{-as} - e^{-bs})$

③ $\dfrac{1}{s^2}(e^{as} + e^{bs})$ ④ $\dfrac{1}{s}(e^{as} + e^{bs})$

풀이

$\mathcal{L}[f(t)] = \dfrac{e^{-as}}{s} - \dfrac{e^{-bs}}{s} = \dfrac{1}{s}(e^{-as} - e^{-bs})$

답 ②

문제 76 4단자 정수 A, B, C, D 중에서 어드미턴스 차원을 가진 정수는?

① A ② B ③ C ④ D

풀이

4단자 방정식에서
- $E_s = AE_r + BI_r$
- $I_s = CE_r + DI_r$ 에서

A : 전압비 차원, B : 임피던스 차원,
C : 어드미턴스 차원, D : 전류비 차원

답 ③

제5과목 전기설비 기술기준

문제 81 가공 약전류전선을 사용 전압이 22.9 [kV]인 특고압 가공전선과 동일 지지물에 공가하고자 할 때 가공 전선으로 경동연선을 사용한다면 단면적이 몇 [mm²] 이상인가?

① 22   ② 38   ③ 45   ④ 50

풀이

333.19 특고압 가공전선과 가공약전류전선 등의 공용설치
사용전압이 35[kV] 이하인 특고압 가공전선과 가공약전류전선 등 을 동일 지지물에 시설하는 경우에는 다음에 따라야 한다.

가. 특고압 가공전선로는 제2종 특고압 보안공사에 의할 것.

나. 특고압 가공전선은 가공약전류전선 등의 위로하고 별개의 완금류에 시설할 것.

다. **특고압 가공전선**은 케이블인 경우 이외에는 인장강도 21.67[kN] 이상의 연선 또는 **단면적이 50 [mm²] 이상인 경동연선**일 것.

라. 특고압 가공전선과 가공약전류전선 등 사이의 이격거리는 2[m] 이상으로 할 것. 다만, 특고압 가공전선이 케이블인 경우에는 0.5[m] 까지로 감할 수 있다.

답 ④

문제 82 발전소·변전소 또는 이에 준하는 곳의 특고압전로에 대한 접속상태를 모의모선의 사용 또는 기타의 방법으로 표시 하여야 하는데, 그 표시의 의무가 없는 것은?

① 전선로의 회선수가 3회선 이하로서 복모선

② 전선로의 회선수가 2회선 이하로서 복모선

③ 전선로의 회선수가 3회선 이하로서 단일모선

④ 전선로의 회선수가 2회선 이하로서 단일모선

풀이

351.2 특고압전로의 상 및 접속 상태의 표시
발·변전소, 개폐소 등에 있어서는 보수의 편의를 도모하고 오조작, 오접속을 방지하기 위하여 특고압 전로에는 다음의 시설이 필요하다.

가. 보기 쉬운 곳에 상별표시를 한다.

나. 접속 상태를 모의 모선 등으로 표시한다. 다만, **단모선으로 회선수가 2 이하의 간단한 것은 예외**로 한다. **답 ④**

문제 83 ACSR 전선을 사용전압 직류 1500[V]의 가공 급전선으로 사용할 경우 안전율은 얼마 이상이 되는 이도로 시설하여야 하는가?

① 2.0   ② 2.1

③ 2.2   ④ 2.5

풀이

332.4 고압 가공전선의 안전율, 222.6 저압 가공전선의 안전율
가공전선이 케이블 이외인 경우 안전율이 다음 이상이 되는 이도로 시설하여야 한다.

가. 경동선 또는 내열 동합금선 : 2.2 이상

나. **그 밖의 전선 : 2.5** **답 ④**

문제 84 154[kV] 가공전선과 가공 약전류 전선이 교차하는 경우에 시설하는 보호망을 구성하는 금속선 중 가공 전선의 바로 아래에 시설되는 것 이외의 다른 부분에 시설되는 금속선은 지름 몇 [mm] 이상의 아연도 철선이어야 하는가?

① 2.6
② 3.2
③ 4.0
④ 5.0

풀이

333.26 특고압 가공전선과 저고압 가공전선 등의 접근 또는 교차

보호망은 규정에 준하여 접지공사를 한 금속제의 망상장치로 하고 또한 다음에 따라 시설하여야 한다.

가. 보호망을 구성하는 금속선은 그 외주 및 특고압 가공전선의 바로 아래에 시설하는 금속선에 인장강도 8.01[kN] 이상의 것 또는 지름 5[mm] 이상의 경동선을 사용하고 **기타 부분에 시설하는 금속선에 인장강도 3.64[kN] 이상 또는 지름 4[mm] 이상의 아연도철선**을 사용할 것.

나. 보호망을 구성하는 금속선 상호 간의 간격은 가로세로 각 1.5[m] 이하일 것.

다. 보호망과 저고압 가공전선 등과의 수직 이격거리는 60[cm] 이상일 것. **답** ③

문제 85 특고압 가공 전선이 삭도와 제2차 접근 상태로 시설할 경우에 특고압 가공 전선로의 보안 공사는?

① 고압 보안 공사
② 제1종 특고압 보안 공사
③ 제2종 특고압 보안 공사
④ 제3종 특고압 보안 공사

풀이

333.25 특고압 가공전선과 삭도의 접근 또는 교차

가. 특고압 가공전선이 삭도와 제1차 접근상태 : 특고압 가공전선로는 제3종 특고압 보안공사에 의할 것.

나. **특고압 가공전선이 삭도와 제2차 접근상태 : 특고압 가공전선로는 제2종 특고압 보안공사에 의할 것.** **답** ③

문제 86 설계하중이 6.8[kN]인 철근 콘크리트주의 길이가 17[m]라 한다. 이 지지물을 지반이 연약한 곳 이외의 곳에서 안전율을 고려하지 않고 시설하려고 하면 땅에 묻히는 깊이는 몇 [m] 이상으로 하여야 하는가?

① 2.0[m]
② 2.3[m]
③ 2.5[m]
④ 2.8[m]

풀이

331.7 가공전선로 지지물의 기초의 안전율

가공전선로의 지지물에 하중이 가하여지는 경우에 그 하중을 받는 지지물의 기초의 안전율은 2(이상 시 상정하중에 대한 철탑의 기초에 대하여는 1.33) 이상이어야 한다. 다만, 다음에 따라 시설하는 경우에는 적용하지 않는다.

설계하중 전장	6.8 [kN] 이하	6.8 [kN] 초과 ~9.8 [kN] 이하	9.8 [kN] 초과 ~14.72[kN] 이하
15 [m] 이하	전장 × 1/6[m] 이상	전장 × 1/6 + 0.3[m] 이상	전장 × 1/6 +0.5[m] 이상
15 [m] 초과	2.5[m] 이상	2.8[m] 이상	–
16 [m] 초과~ 20 [m] 이하	**2.8[m] 이상**		
15 [m] 초과~ 18 [m] 이하	–	–	3 [m] 이상
18 [m] 초과	–	–	3.2[m] 이상

답 ④

문제 87 특고압 가공전선로에서 발생하는 극저주파 전자계는 자계의 경우 지표상 1 [m]에서 측정 시 몇 [μT] 이하인가?

① 28.0
② 46.5
③ 70.0
④ 83.3

풀이

유도장해 방지(기술기준 제17조)

특고압 가공전선로에서 발생하는 극저주파 전자계는 지표상 1[m]에서 전계가 3.5[kV/m] 이하, **자계가 83.3[μT] 이하가 되도록** 시설하는 등 상시 정전유도 및 전자유도 작용에 의하여 사람에게 위험을 줄 우려가 없도록 시설하여야 한다. **답** ④

문제 88 전로를 대지로부터 반드시 절연하여야 하는 것은?

① 시험용 변압기
② 저압 가공전선로의 접지측 전선
③ 전로의 중성점에 접지공사를 하는 경우의 접지점
④ 계기용변성기의 2차측 전로에 접지공사를 하는 경우의 접지점

[풀이]

131 전로의 절연 원칙

전로는 다음 이외에는 대지로부터 절연하여야 한다.

가. 저압전로에 **접지공사를 하는 경우의 접지점**

나. **전로의 중성점에 접지공사를 하는 경우의 접지점**

다. **계기용변성기의 2차측 전로에 접지공사를 하는 경우의 접지점**

라. 다중 접지를 하는 경우의 접지점

마. 변압기의 2차측 전로에 접지공사를 하는 경우의 접지점

바. 직류계통에 접지공사를 하는 경우의 접지점

사. 다음과 같이 절연할 수 없는 부분

① **시험용 변압기**, 전력선 반송용 결합 리액터, 전기울타리용 전원장치, 엑스선발생장치, 전기부식방지용 양극, 단선식 전기 철도의 귀선 등 전로의 일부를 대지로부터 절연하지 아니하고 전기를 사용하는 것이 부득이한 것.

② 전기욕기·전기로·전기보일러·전해조 등 대지로부터 절연하는 것이 기술상 곤란한 것. **[답] ②**

[문제 89] 가공전선과 첨가 통신선과의 시공방법으로 틀린 것은?

① 통신선은 가공전선의 아래에 시설 할 것

② 통신선과 고압 가공전선 사이의 이격거리는 60[cm] 이상일 것

③ 통신선과 특고압 가공전선로의 다중접지한 중성선 사이의 이격거리는 1.2[m] 이상일 것

④ 통신선은 특고압 가공전선로의 지지물에 시설하는 기계기구에 부속되는 전선과 접촉 할 우려가 없도록 지지물 또는 완금류에 견고하게 시설할 것

[풀이]

362.2 전력보안통신선의 시설 높이와 이격거리

가. 통신선은 가공전선의 아래에 시설할 것.

나. 이격거리

가공전선		통신선		
		일반	절연전선	광섬유 케이블
중성선	25[kV]이하, 다중접지중성선	0.6[m] 이상		
저압 가공전선	일 반	0.6[m]이상		
	절연전선 또는 케이블	0.6[m]이상	0.3[m]이상	
	인입선			0.15[m]이상

가공전선		통신선		
		일반	절연전선	광섬유 케이블
고압 가공전선	일 반	0.6[m]이상		
	케이블	0.6[m]이상	0.3[m]이상	
특고압 가공전선	일 반	1.2[m]이상		
	케이블	1.2[m]이상	0.3[m]이상	
	25[kV]이하, 다중 접지방식	0.75[m]이상		

[답] ③

[문제 90] 애자공사에 의한 저압 옥내배선 시 전선 상호간의 간격은 몇 [cm] 이상인가?

① 2　　　　　　② 4

③ 6　　　　　　④ 8

[풀이]

232.56 애자공사

가. 전선의 종류 : 절연 전선. 단, 옥외용 비닐 절연 전선(OW) 및 인입용 비닐 절연 전선(DV)은 제외한다.

나. 이격 거리

전 압		전선과 조영재와의 이격 거리	전 선 상 호 간 격	전선 지지점간의 거리	
				조영재의 윗면 또는 옆면에 따라 시설	조영재에 따라 시설하지 않는 경우
저 압	400[V] 이하	2.5 [cm] 이상	6[cm] 이상	2 [m] 이하	–
	400[V] 초과	건조한 장소 2.5[cm] 이상			6 [m] 이하
		기타의 장소 4.5[cm] 이상			

[답] ③

[문제 91] 전기 울타리의 시설에 사용되는 전선은 지름 몇 [mm] 이상의 경동선인가?

① 2.0　　　　　② 2.6

③ 3.2　　　　　④ 4.0

[풀이]

241.1 전기울타리

가. 전기울타리용 전원장치에 전원을 공급하는 전로의 사용전압은 250[V] 이하이어야 한다.

나. 전기울타리는 사람이 쉽게 출입하지 아니하는 곳에 시설할 것.

다. 전선은 인장강도 1.38[kN] 이상의 것 또는 **지름 2 [mm] 이상의 경동선**일 것.

라. 전선과 이를 지지하는 기둥 사이의 이격거리는 25 [mm] 이상일 것.

마. 전선과 다른 시설물(가공 전선을 제외한다) 또는 수목 과의 이격거리는 0.3[m] 이상일 것. **답** ①

문제 92 발전소의 계측요소가 아닌 것은?

① 발전기의 고정자 온도
② 저압용 변압기의 온도
③ 발전기의 전압 및 전류
④ 주요 변압기의 전류 및 전압

풀이

351.6 계측장치
발전소에서는 다음의 사항을 계측하는 장치를 시설하여야 한다.
가. 발전기의 전압 및 전류 또는 전력
나. 발전기의 베어링 및 고정자의 온도
다. 주요 변압기의 전압 및 전류 또는 전력
라. 특고압용 변압기의 온도 **답** ②

국가기술자격검정 필기시험 문제

2016년도 전기기사 일반검정 제3회

자격종목 및 등급(선택분야)	종목코드	시험시간	문제지형별	수검 번호	성 명
전기기사	1150	2시간 30분	A		

제1과목 **전기자기학**

문제 01 반지름이 a[m]이고 단위 길이에 대한 권수가 n인 무한장 솔레노이드의 단위 길이당 자기인덕턴스는 몇 [H/m]인가?

① $\mu\pi a^2 n^2$ ② $\mu\pi an$
③ $\dfrac{an}{2\mu\pi}$ ④ $4\mu\pi a^2 n^2$

풀이

$$L=\frac{N\phi}{I}=\frac{N}{I}\cdot\frac{NI}{R_m}=\frac{N^2}{R_m}=\frac{N^2}{\frac{l}{\mu s}}=\frac{\mu s N^2}{l}=\frac{\mu s(nl)^2}{l}$$

$$=\mu s n^2 l\,[H]$$

$\therefore$ 단위 길이당 $L_0=\mu s n^2=\mu\pi a^2 n^2$[H/m] **답** ①

문제 02 선전하밀도 ρ[C/m]를 갖는 코일이 반원형의 형태를 취할 때, 반원의 중심에서 전계의 세기를 구하면 몇 [V/m]인가? (단, 반지름은 r[m]이다.)

선전하밀도 ρ

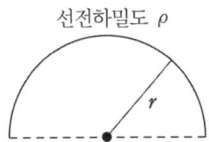

① $\dfrac{\rho}{8\pi\epsilon_0 r^2}$ ② $\dfrac{\rho}{4\pi\epsilon_0 r}$
③ $\dfrac{\rho}{4\pi\epsilon_0 r^2}$ ④ $\dfrac{\rho}{2\pi\epsilon_0 r}$

풀이

• 선전하에 의한 전계 : $E=\dfrac{\rho}{2\pi\epsilon_0 r}$ [V/m]

• 점전하에 의한 전계 : $E=\dfrac{Q}{4\pi\epsilon_0 r^2}$ [V/m] **답** ④

문제 03 자계와 전류계의 대응으로 틀린 것은?
① 자속 $\leftrightarrow$ 전류
② 기자력 $\leftrightarrow$ 기전력
③ 투자율 $\leftrightarrow$ 유전율
④ 자계의 세기 $\leftrightarrow$ 전계의 세기

풀이

자기 회로	전기 회로
자속 ϕ [Wb]	전류 I [A]
자계 H [A/m]	전계 E [V/m]
기자력 F [AT]	기전력 U [V]
자속 밀도 B [Wb/m²]	전류 밀도 i [A/m²]
투자율 μ [H/m]	**도전율** k [℧/m]
자기 저항 R_m [AT/Wb]	전기 저항 R [Ω]

답 ③

문제 04 베이클라이트 중의 전속 밀도가 D[C/m²]일 때의 분극의 세기는 몇 [C/m²]인가? (단, 베이클라이트의 비유전율은 ϵ_s이다.)

① $D(\epsilon_s-1)$ ② $D\left(1+\dfrac{1}{\epsilon_s}\right)$
③ $D\left(1-\dfrac{1}{\epsilon_s}\right)$ ④ $D(\epsilon_s+1)$

풀이

$$P=D-\epsilon_0 E=D-\epsilon_0\times\frac{D}{\epsilon_0\epsilon_s}=D\left(1-\frac{1}{\epsilon_s}\right)[C/m^2]$$ **답** ③

문제 05 철심부의 평균길이가 l_2, 공극의 길이가 l_1 단면적이 S인 자기회로이다. 자속밀도를 $B[\text{Wb/m}^2]$로 하기 위한 기자력[AT]은?

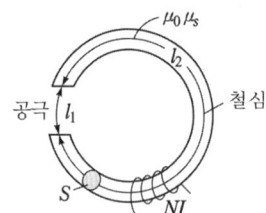

① $\dfrac{\mu_0}{B}\left(l_1 + \dfrac{\mu_s}{l_2}\right)$　　② $\dfrac{B}{\mu_0}\left(l_2 + \dfrac{l_1}{\mu_s}\right)$

③ $\dfrac{\mu_0}{B}\left(l_2 + \dfrac{\mu_s}{l_1}\right)$　　④ $\dfrac{B}{\mu_0}\left(l_1 + \dfrac{l_2}{\mu_s}\right)$

풀이

공극이 있는 경우의 합성자기저항

$R = R_g + R_c = \dfrac{l_1}{\mu_0 S} + \dfrac{l_2}{\mu S}[\text{AT/Wb}]$

기자력 $F = NI = R\phi = R \cdot BS$ [AT]

$\therefore F = \left(\dfrac{l_1}{\mu_0 S} + \dfrac{l_2}{\mu S}\right)BS = \dfrac{B}{\mu_0}\left(l_1 + \dfrac{l_2}{\mu_s}\right)[\text{AT}]$　답 ④

문제 06 자성체의 자화의 세기 $J = 8000$ [Wb/m²], 자화율 $\chi = 0.02[\text{H/m}]$일 때 자속밀도는 약 몇 [T]인가?

① 7000　　② 7500
③ 8000　　④ 8500

풀이

$B = \mu_0 H + J \left(J = \chi H \rightarrow H = \dfrac{J}{\chi}\right)$

$\therefore B = \dfrac{\mu_0}{\chi}J + J = J\left(\dfrac{\mu_0}{\chi}+1\right) = 8000 \times \left(\dfrac{4\pi \times 10^{-7}}{0.02}+1\right)$

$\fallingdotseq 8000[\text{Wb/m}^2] = 8000[\text{T}]$

$(\because 1[\text{Wb/m}^2] = 1[\text{T}])$　답 ③

문제 07 진공중의 자계 10[AT/m]인 점에 5×10^{-3} [Wb]의 자극을 놓으면 그 자극에 작용하는 힘[N]은?

① 5×10^{-2}　　② 5×10^{-3}
③ 2.5×10^{-2}　　④ 2.5×10^{-3}

풀이

$F = mH$ 에서

$F = 5 \times 10^{-3} \times 10 = 5 \times 10^{-2}[\text{N}]$　답 ①

문제 08 자성체 $3 \times 4 \times 20[\text{cm}^3]$가 자속밀도 $B = 130[\text{mT}]$로 자화되었을 때 자기모멘트가 48[A · m²]이었다면 자화의 세기 M은 몇 [A/m]인가?

① 10^4　　② 10^5
③ 2×10^4　　④ 2×10^5

풀이

자화의 세기 M의 정의 : 단위 체적당 자기모멘트

$\dfrac{\text{자기모멘트}}{V_{\text{체적}}} = \dfrac{48}{3 \times 4 \times 20 \times 10^{-6}} = 2 \times 10^5[\text{A/m}]$　답 ④

문제 09 진공 중에서 $+q[\text{C}]$과 $-q[\text{C}]$의 점전하가 미소거리 $a[\text{m}]$ 만큼 떨어져 있을 때 이 쌍극자가 P점에 만드는 전계[V/m]와 전위[V]의 크기는?

① $E = \dfrac{qa}{4\pi\epsilon_0 r^2}$,　$V = 0$

② $E = \dfrac{qa}{4\pi\epsilon_0 r^3}$,　$V = 0$

③ $E = \dfrac{qa}{4\pi\epsilon_0 r^2}$,　$V = \dfrac{qa}{4\pi\epsilon_0 r}$

④ $E = \dfrac{qa}{4\pi\epsilon_0 r^3}$,　$V = \dfrac{qa}{4\pi\epsilon_0 r^2}$

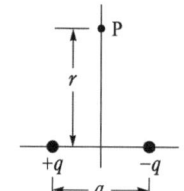

풀이

• 전기쌍극자 모멘트 $M = qa[\text{C} \cdot \text{m}]$

• P점에서의 전계의 세기 $E = \dfrac{M}{4\pi\epsilon_0 r^3}\sqrt{1 + 3\cos\theta^2}$ 에서

$\theta = 90°$이므로 $\cos 90° = 0$

따라서, $E = \dfrac{M}{4\pi\epsilon_0 r^3} = \dfrac{qa}{4\pi\epsilon_0 r^3}[\text{V/m}]$

• P점에서의 전위 $V = \dfrac{M}{4\pi\epsilon_0 r^2}\cos\theta$ 에서 $\theta = 90°$ 이므로

$\cos 90° = 0$

따라서, 전위 $V = 0[\text{V}]$ 이 된다.　답 ②

문제 10 원점에 +1[C], 점(2, 0)에 −2[C]의 점전하가 있을 때 전계의 세기가 0인 점은?

① $(-3-2\sqrt{3},\quad 0)$

② $(-3+2\sqrt{3},\quad 0)$

③ $(-2-2\sqrt{2},\quad 0)$

④ $(-2+2\sqrt{2},\quad 0)$

풀이

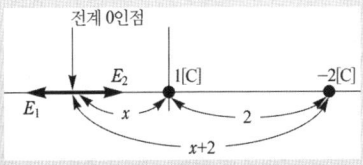

두 전하의 부호가 다른 경우에 전하량의 절대값이 작은쪽의 외측에 전계의 세기가 0인 점이 존재한다.

$E_1 = E_2$ 이므로

$$\frac{1}{4\pi\epsilon_0 x^2} = \frac{2}{4\pi\epsilon_0 (x+2)^2}, \quad \frac{1}{x^2} = \frac{2}{(x+2)^2}$$

$$2x^2 = (x+2)^2 \rightarrow \sqrt{2}\,x = x+2$$

$$(\sqrt{2}-1)x = 2$$

$$\therefore \ x = \frac{2}{\sqrt{2}-1} = 2+2\sqrt{2}$$

따라서, 좌표$(-2-2\sqrt{2},\ 0)$ **답** ③

문제 11 반지름 a [m], $N=1$회의 원형코일에 전류 I[A]가 흘렀을 때 코일 중심에서의 자계의 세기 [AT/m]는?

① $\dfrac{I}{4\pi a}$ ② $\dfrac{I}{2\pi a}$ ③ $\dfrac{I}{4a}$ ④ $\dfrac{I}{2a}$

풀이

원형 코일 중심의 자계의 세기 $H = \dfrac{NI}{2a}$[AT/m]에서

$N=1$이므로 $H = \dfrac{I}{2a}$[AT/m] **답** ④

문제 12 손실 유전체에서 전자파에 관한 전파정수 γ로서 옳은 것은?

① $j\omega\sqrt{\mu\epsilon}\sqrt{j\dfrac{\sigma}{\omega\epsilon}}$ ② $j\omega\sqrt{\mu\epsilon}\sqrt{1-j\dfrac{\sigma}{2\omega\epsilon}}$

③ $j\omega\sqrt{\mu\epsilon}\sqrt{1-j\dfrac{\sigma}{\omega\epsilon}}$ ④ $j\omega\sqrt{\mu\epsilon}\sqrt{1-j\dfrac{\omega\epsilon}{\sigma}}$

풀이

$$r^2 = j\omega\mu(\sigma+j\omega\epsilon)$$

$$r = \pm\sqrt{j\omega\mu(\sigma+j\omega\epsilon)}$$

$$\therefore \ r = \sqrt{j\omega\mu(\sigma+j\omega\epsilon)} = j\omega\sqrt{\epsilon\mu}\sqrt{1-j\dfrac{\sigma}{\omega\epsilon}}$$ **답** ③

제2과목 전력공학

문제 21 송전 거리, 전력, 손실률 및 역률이 일정하다면 전선의 굵기는?

① 전류에 비례한다.

② 전류에 반비례한다.

③ 전압의 제곱에 비례한다.

④ 전압의 제곱에 반비례한다.

풀이

관 계	관 계 식	항 목
전압의 자승에 비례	$\propto V^2$	송전전력(P)
전압에 반비례	$\propto \dfrac{1}{V}$	전압강하(e)
전압의 자승에 반비례	$\propto \dfrac{1}{V^2}$	• 전선의 단면적(A) • 전선의 총중량(W) • 전력손실(P_l) • 전압강하율(ϵ)

답 ④

문제 22 보호계전기의 보호방식 중 표시선 계전방식이 아닌 것은?

① 방향 비교 방식 ② 위상 비교 방식

③ 전압 반향 방식 ④ 전류 순환 방식

풀이

표시선 계전방식 이란 보호해야 할 송전 선로의 선택 차단 구간의 양단간에 따로 표시선(pilot wire)을 설치해서 상용 주파의 신호 전류를 흘리게 한 것으로서 원리적으로는 차동계전 방식과 같으며 그 방식은 다음과 같다.

① **방향 비교 방식**(directional comparison relaying)

② **전압 반향 방식**(opposite voltage system)

③ **전류 순환 방식**(circulating current system) **답** ②

문제 23 중성점 직접 접지방식에 대한 설명으로 틀린 것은?

① 계통의 과도 안정도가 나쁘다.

② 변압기의 단절연(段絕緣)이 가능하다.

③ 1선 지락 시 건전상의 전압은 거의 상승하지 않는다.

④ 1선 지락전류가 적어 차단기의 차단능력이 감소된다.

풀이

직접 접지방식의 장·단점

[장점]

① 1선 지락시에 건전상의 대지 전압이 거의 상승하지 않는다.

② 피뢰기의 효과를 증진시킬 수 있다.

③ 단절연이 가능하다.

④ 계전기의 동작이 확실해진다.

[단점]

① 송전 계통의 과도 안정도가 나빠진다.

② 통신선에 유도 장해가 크다.

③ **지락시 대전류가 흘러 기기에 손상**을 준다.

④ 대용량 차단기가 필요하다.　　　　**답** ④

문제 24 수전단의 전력원 방정식이

$P_r^2 + (Q_r + 400)^2 = 250000$으로 표현되는 전력계통에서 가능한 최대로 공급할 수 있는 부하전력(P_r)과 이때 전압을 일정하게 유지 하는데 필요한 무효전력(Q_r)은 각각 얼마인가?

① $P_r = 500$, $Q_r = -400$

② $P_r = 400$, $Q_r = 500$

③ $P_r = 300$, $Q_r = 100$

④ $P_r = 200$, $Q_r = -300$

풀이

$P_r^2 + (Q_r + 400)^2 = 500^2$ 에서 **전력공급을 최대로 하기 위해서는 무효전력이 0이 되어야 한다.**

따라서, $Q_r + 400 = 0$　∴ $Q_r = -400$

또 무효전력이 0일 때 공급할 수 있는 최대전력은

$P_r^2 = 500^2$ 에서 $P_r = 500$이 된다.　　**답** ①

문제 25 3상 3선식의 전선 소요량에 대한 3상 4선식의 전선 소요량의 비는 얼마인가? (단, 배전거리, 배전전력 및 전력손실은 같고, 4선식의 중성선의 굵기는 외선의 굵기와 같으며, 외선과 중성선간의 전압은 3선식의 선간전압과 같다.)

① $\dfrac{4}{9}$　　② $\dfrac{2}{3}$　　③ $\dfrac{3}{4}$　　④ $\dfrac{1}{3}$

풀이

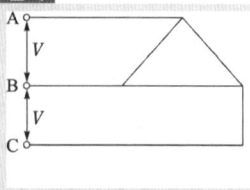　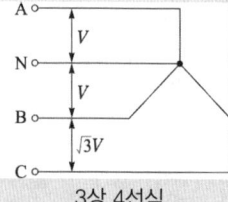

3상 3선식　　　　　　　3상 4선식

① 공급 전력 동일

$P_3 = \sqrt{3}\, V I_3 \cos\theta$,　$P_4 = 3 V I_4 \cos\theta$

$P_3 = P_4$이므로

$I_3 = \sqrt{3}\, I_4$　∴ $I_4 = \dfrac{1}{\sqrt{3}} I_3$

② 전력 손실 동일

$Pl_3 = 3 I_3^2 R_3$,　$Pl_4 = 3 I_4^2 R_4$ (중성선에는 전류가 흐르지 않으므로 전력손실이 발생하지 않는다.)

$P_{l3} = P_{l4}$이므로　$3 I_3^2 R_3 = 3 I_4^2 R_4$

$3 I_3^2 R_3 = 3 \left(\dfrac{1}{\sqrt{3}} I_3\right)^2 R_4$　　　∴ $R_4 = 3 R_3$

$R = \rho \dfrac{l}{A}$에서　$\rho \dfrac{l}{A_4} = 3 \rho \dfrac{l}{A_3}$　∴ $A_4 = \dfrac{1}{3} A_3$

③ 전선 중량

$\dfrac{W_3}{W_4} = \dfrac{3 \times A_3 \times \sigma \times l}{4 \times A_4 \times \sigma \times l} = \dfrac{3 \times A_3}{4 \times \frac{1}{3} A_3} = \dfrac{9}{4}$　∴ $W_4 = \dfrac{4}{9} W_3$

답 ①

별해

항 목	단상 2선식	단상 3선식	3상 3선식	3상 4선식
소요 전선량 전력 손실비	24	9	18	8

표에 의해 $\dfrac{3상\ 4선식}{3상\ 3선식} = \dfrac{8}{18} = \dfrac{4}{9}$

문제 26 변압기의 결선 중에서 1차에 제3고조파가 있을 때 2차에 제3고조파 전압이 외부로 나타나는 결선은?

① Y - Y   ② Y - △

③ △ - Y   ④ △ - △

풀이

제3고조파는 변압기의 △결선에 의하여 순환 전류가 되어 소멸되나 Y결선에서는 2차측에도 나타난다.

따라서, △결선이 없는 Y-Y 결선은 잘 사용되지 않는다.

답 ①

풀이

소호리액터 접지방식은 중성점을 송전 선로의 대지 정전 용량과 공진하는 리액터를 통해 접지하는 방식으로 지락 사고시 지락 전류가 최소가 된다. 따라서, **소호리액터 접지 방식에서 지락전류를 차단하여야 하는 차단기의 차단능력은 적어도 된다.**

답 ④

문제 27 동일 모선에 2개 이상의 급전선(Feeder)을 가진 비접지 배전계통에서 지락사고에 대한 보호계전기는?

① OCR   ② OVR

③ SGR   ④ DFR

풀이

- **선택지락계전기**(Selective Ground Relay : SGR)은 **병 행 2회선 송전 선로**에서 한쪽의 1회선에 지락 사고가 일어났을 경우 이것을 검출하여 **고장 회선만을 선택 차단**할 수 있게끔 선택 단락 계전기의 동작 전류를 특별히 작게 한 것으로 비접지 계통의 지락 사고 검출에 사용된다.
- OCR : Over Current Relay (과전류계전기)
- OVR : Over Voltage Relay (과전압계전기)
- DFR : Differential Relay (차동계전기)

답 ③

문제 30 단상 변압기 3대를 △결선으로 운전하던 중 1대의 고장으로 V결선 한 경우 V결선과 △결선의 출력비는 약 몇 [%]인가?

① 52.2   ② 57.7

③ 66.7   ④ 86.6

풀이

$3P$: △결선의 용량, $\sqrt{3}P$: V결선시의 용량이므로

출력비 $= \dfrac{P_V}{P_\triangle} = \dfrac{\sqrt{3}P}{3P} \times 100 = 57.7[\%]$

답 ②

문제 28 전력선에 영상전류가 흐를 때 통신선로에 발생되는 유도장해는?

① 고조파유도장해   ② 전력유도장해

③ 전자유도장해   ④ 정전유도장해

풀이

① **전자유도 : 영상전류에 의해 발생** (사고시)

    전자유도 전압 $E_m = -j\omega Ml \times 3I_0$ [V]

② 정전유도 : 영상전압에 의해 발생 (정상시)

답 ③

문제 31 중거리 송전선로의 특성은 무슨 회로로 다루어야 하는가?

① RL 집중정수회로   ② RLC 집중정수회로

③ 분포정수회로   ④ 특성임피던스회로

풀이

구 분	거리	고려하여야 할 선로정수	회로
단거리	수[km] 정도	R, L	집중정수회로
중거리	수십[km]정도	R, L, C	**집중정수회로** (T회로, π회로)
장거리	100[km] 이상	R, L, C, G	분포정수회로

답 ②

문제 29 차단기의 차단능력이 가장 가벼운 것은?

① 중성점 직접접지계통의 지락전류 차단

② 중성점 저항접지계통의 지락전류 차단

③ 송전선로의 단락사고시의 단락사고 차단

④ 중성점을 소호리액터로 접지한 장거리 송전선로의 지락전류 차단

문제 32 발전기의 단락비가 작은 경우의 현상으로 옳은 것은?

① 단락전류가 커진다.

② 안정도가 높아진다.

③ 전압변동률이 커진다.

④ 선로를 충전할 수 있는 용량이 증가한다.

풀이

단락비가(K_s) 적은 기계

- 동기 임피던스가 크다 ($Z_s \propto \dfrac{1}{K_s}$)
- 단락전류가 적어진다($I_s = \dfrac{E}{Z_s}$)
- **전압변동률이 커진다.**
- 전기자 반작용이 커진다.
- 안정도가 낮아진다.
- 자기 여자 현상이 커진다.
- 선로를 충전할 수 있는 용량이 감소한다. **답** ③

문제 33 배전선로의 손실을 경감하기 위한 대책으로 적절하지 않은 것은?

① 누전 차단기 설치
② 배전 전압의 승압
③ 전력용 콘덴서 설치
④ 전류 밀도의 감소와 평형

풀이

배전 선로의 전력 손실

$$P_l = 3I^2 r = \frac{\rho W^2 L}{A V^2 \cos^2\theta}$$

ρ : 고유저항, W : 부하 전력, L : 배전 거리
A : 전선의 단면적, V : 수전 전압, $\cos\theta$: 부하 역률
따라서, **누전 차단기 설치는 선로손실 경감 대책과는 무관하다.** **답** ①

제3과목 ▶ 전기기기

문제 41 정격 출력이 7.5[kW]의 3상 유도 전동기가 전부하 운전에서 2차 저항손이 300[W]이다. 슬립은 약 몇 [%]인가?

① 3.85
② 4.61
③ 7.51
④ 9.42

풀이

$P_2 = P_0 + P_{2c} = 7.5 + 0.3 = 7.8$

$s = \dfrac{P_{2c}}{P_2} \times 100 = \dfrac{0.3}{7.8} \times 100 = 3.85[\%]$ **답** ①

문제 42 직류 분권 발전기를 병렬 운전을 하기 위해서는 발전기 용량 P와 정격 전압 V는?

① P와 V 모두 달라도 된다.
② P는 같고, V는 달라도 된다.
③ P와 V가 모두 같아야 한다.
④ P는 달라도 V는 같아야 한다.

풀이

직류 발전기의 병렬 운전 조건은 다음과 같다.
① 전압의 크기와 극성이 같을 것
② 외부 특성 곡선이 어느 정도 수하 특성일 것(단, 직권 특성과 과복권 특성은 균압선을 설치할 것)
③ 각 발전기의 부하 전류를 그 정격 전류의 백분율로 표시한 외부 특성 곡선이 거의 같을 것
그러므로 **직류 분권 발전기를 병렬 운전하려면 정격 전압 V는 같아야 하지만 용량 P는 달라도 된다.** **답** ④

문제 43 변압기에서 철손을 구할 수 있는 시험은?

① 유도시험
② 단락시험
③ 부하시험
④ 무부하시험

풀이

변압기의 시험
① 개방 회로 시험(**무부하 시험**)으로 측정할 수 있는 항목
   - 무부하 전류   • 히스테리시스손   • 와류손
   - 여자 어드미턴스   • **철손**
② 단락 시험으로 측정할 수 있는 항목
   - 동손   • 임피던스 와트   • 임피던스 전압   **답** ④

문제 44 권선형 유도전동기의 2차권선의 전압 sE_2와 같은 위상의 전압 E_c를 공급하고 있다. E_c를 점점 크게 하면 유도 전동기의 회전방향과 속도는 어떻게 변하는가?

① 속도는 회전자계와 같은 방향으로 동기속도까지만 상승한다.
② 속도는 회전자계와 반대 방향으로 동기속도까지만 상승한다.
③ 속도는 회전자계와 같은 방향으로 동기속도 이상으로 회전할 수 있다.
④ 속도는 회전자계와 반대 방향으로 동기속도 이상으로 회전할 수 있다.

풀이

2차 여자법 : 유도전동기의 회전자 권선에 **2차 기전력** sE_2 와 동일 주파수의 전압 E_c를 가해 그 크기를 조절하므로써 속도를 제어하는 방법으로서 E_c를 2차 기전력과 같은 방향으로 인가하면 $I_2 = \dfrac{sE_2+E_c}{r_2}$ 에서 I_2 및 r_2가 일정하면 sE_2+E_c 도 일정하고, E_c를 증가시키면 sE_2는 감소 즉, 슬립 s도 감소하게 되며 반면에 **속도는 증가**하게 된다. 반대로 E_c를 감소시키면 sE_2는 증가 즉, 슬립 s도 증가하게 되어 속도는 감소하게 된다. **답 ③**

문제 45 주파수 60[Hz], 슬립 0.2인 경우 회전자 속도가 720 [rpm]일 때 유도전동기의 극수는?

① 4 ② 6 ③ 8 ④ 12

풀이

$N=(1-s)N_s$ 에서

$N_s = \dfrac{N}{1-s} = \dfrac{720}{1-0.2} = 900 \,[\text{rpm}]$

$\therefore p = \dfrac{120f}{N_s} = \dfrac{120 \times 60}{900} = 8[\text{극}]$ **답 ③**

문제 46 3상 유도전동기 원선도에서 역률[%]을 표시하는 것은?

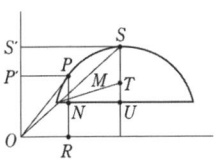

① $\dfrac{\overline{OS'}}{\overline{OS}} \times 100$ ② $\dfrac{\overline{SS'}}{\overline{OS}} \times 100$

③ $\dfrac{\overline{OP'}}{\overline{OP}} \times 100$ ④ $\dfrac{\overline{OS}}{\overline{OP}} \times 100$

풀이

역률 $\cos\theta = \dfrac{\overline{OP'}}{\overline{OP}} \times 100$ **답 ③**

문제 47 유도 전동기의 1차 전압 변화에 의한 속도 제어에서 SCR을 사용하여 변화시키는 것은?

① 토크 ② 전류

③ 주파수 ④ 위상각

풀이

유도 전동기의 1차측에 사이리스터를 접속하고 전압이 1 [Hz] 동안 주기마다 **위상각이 변하는 것에 의해 전압을 바꾸는 방법**으로 2차 저항에서의 손실이 커서 효율이 나쁘다. **답 ④**

문제 48 상수 m, 매극 매상당 슬롯수 q인 동기발전기에서 n차 고조파분에 대한 분포계수는?

① $\dfrac{q\sin\dfrac{n\pi}{mq}}{\sin\dfrac{n\pi}{m}}$ ② $\dfrac{\sin\dfrac{n\pi}{m}}{q\sin\dfrac{n\pi}{mq}}$

③ $\dfrac{\sin\dfrac{\pi}{2m}}{q\sin\dfrac{n\pi}{2mq}}$ ④ $\dfrac{\sin\dfrac{n\pi}{2m}}{q\sin\dfrac{n\pi}{2mq}}$

풀이

분포권계수 $K_d = \dfrac{\text{분포권의 유기기전력}}{\text{집중권의 유기기전력}} = \dfrac{e_r'}{e_r}$ 으로 다음과 같다.

$K_d = \dfrac{\sin\dfrac{\pi}{2m}}{q\sin\dfrac{\pi}{2mq}}$ (기본파)

$K_{dn} = \dfrac{\sin\dfrac{n\pi}{2m}}{q\sin\dfrac{n\pi}{2mq}}$ (n차 고조파)

여기서, q : 매극 매상당 슬롯수, m : 상 수 **답 ④**

문제 49 슬롯수 36의 고정자 철심이 있다. 여기에 3상 4극의 2층권으로 권선할 때 매극 매상의 슬롯수와 코일수는?

① 3과 18 ② 9와 36

③ 3과 36 ④ 8과 18

풀이

• 매극매상 슬롯수 $= \dfrac{\text{총 슬롯수}}{\text{상수}\times\text{극수}} = \dfrac{36}{3\times4} = 3$

• 코일수 $= \dfrac{\text{총 슬롯수}\times\text{층수}}{2} = \dfrac{36\times2}{2} = 36$ **답 ③**

문제 50 동기 전동기의 기동법 중 자기동법 (self-starting method)에서 계자권선을 저항을 통해서 단락시키는 이유는?

① 기동이 쉽다.
② 기동 권선으로 이용한다.
③ 고전압의 유도를 방지한다.
④ 전기자 반작용을 방지한다.

풀이

동기전동기의 자기동법
이 방식은 난조 방지용인 제동권선을 기동권선으로 하여 시동토크를 얻는 방법으로서, **기동 시 전기자권선에 의한 회전자계에 의해 계자권선내에 고압이 유도되어 절연을 파괴할 우려가 있으므로 계자권선은 외부 저항을 통해 단락해 놓고 기동해야 한다.** 답 ③

문제 51 3단자 사이리스터가 아닌 것은?

① SCR   ② GTO
③ SCS   ④ TRIAC

풀이

각 종 반도체 소자의 비교
① 방향성
  • 양방향성(쌍방향성) 소자 : DIAC, TRIAC, SSS
  • 역저지(단방향성) 소자 : SCR, LASCR, GTO, SCS
② 극(단자) 수
  • 2극(단자) 소자 : DIAC, SSS, Diode
  • 3극(단자) 소자 : SCR, LASCR, GTO, TRIAC
  • **4극(단자) 소자 : SCS** 답 ③

문제 52 6극 직류발전기의 정류자 편수가 132, 유기기전력이 210 [V], 직렬도체수가 132개이고 중권이다. 정류자 편간 전압은 약 몇 [V]인가?

① 4   ② 9.5
③ 12   ④ 16

풀이

$$e_{sa} = \frac{pE}{K} = \frac{6 \times 210}{132} = 9.55 \, [V]$$

e_{sa} : 정류자 편간 전압
E : 유기 기전력,
p : 극수
K : 정류자 편수 답 ②

문제 53 직류발전기의 전기자 반작용의 영향이 아닌 것은?

① 주자속이 증가한다.
② 전기적 중성축이 이동한다.
③ 정류작용에 악영향을 준다.
④ 정류자편 사이의 전압이 불균일하게 된다.

풀이

전기자 반작용의 영향
① 전기적 중성축 이동
  • 발전기 : 회전 방향으로 이동
  • 전동기 : 회전 방향과 반대 방향으로 이동
② 주자속 감소 및 유기기전력 감소
③ 정류자 편간의 불꽃 섬락 발생
④ 발전기의 출력감소 답 ①

문제 54 3000[V]의 단상 배전선 전압을 3300[V]로 승압하는 단권 변압기의 자기용량은 약 몇 [kVA]인가? (단, 여기서 부하용량은 100[kVA] 이다.)

① 2.1   ② 5.3
③ 7.4   ④ 9.1

풀이

$$\frac{부하용량}{자기용량} = \frac{V_h}{V_h - V_l} \, [kVA] 에서$$

$$자기용량 = \frac{V_h - V_l}{V_h} \times 부하용량$$

$$= \frac{3300 - 3000}{3300} \times 100 = 9.09$$ 답 ④

제4과목 **회로이론 및 제어공학**

문제 61 단위 피드백 제어계의 개루프 전달함수가 $G(s) = \dfrac{1}{(s+1)(s+2)}$ 일 때 단위계단 입력에 대한 정상 편차는?

① $\dfrac{1}{3}$ ② $\dfrac{2}{3}$

③ 1   ④ $\dfrac{4}{3}$

풀이

$e_{ss} = \lim_{s \to 0} \dfrac{s}{1+G(s)} R(s)$ 에서 $R(s) = \dfrac{1}{s}$ 이므로

$e_{ss} = \lim_{s \to 0} \dfrac{s}{1+G(s)} \cdot \dfrac{1}{s} = \dfrac{1}{1 + \lim\limits_{s \to 0} G(s)}$

$= \dfrac{1}{1 + \lim\limits_{s \to 0} \dfrac{1}{(s+1)(s+2)}} = \dfrac{1}{1+\dfrac{1}{2}} = \dfrac{2}{3}$ **답** ②

문제 62 그림의 블록선도에서 K에 대한 폐루프 전달함수 $T = \dfrac{C(s)}{R(s)}$ 의 감도 S_K^T는?

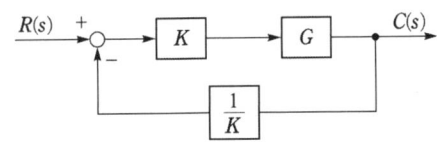

① -1
② -0.5
③ 0.5
④ 1

풀이

전달함수 $T = \dfrac{C(s)}{R(s)} = \dfrac{KG}{1 + \dfrac{1}{K} \cdot KG} = \dfrac{KG}{1+G}$

K에 대한 감도

$S_K^T = \dfrac{K}{T} \cdot \dfrac{dT}{dK} = \dfrac{K}{\dfrac{KG}{1+G}} \cdot \dfrac{d}{dK}\left(\dfrac{KG}{1+G}\right)$

$= \dfrac{1+G}{G} \cdot \dfrac{G(1+G) - KG \cdot 0}{(1+G)^2} = 1$ **답** ④

문제 63 다음의 전달함수 중에서 극점이 $-1 \pm j2$, 영점이 -2인 것은?

① $\dfrac{s+2}{(s+1)^2 + 4}$
② $\dfrac{s-2}{(s+1)^2 + 4}$

③ $\dfrac{s+2}{(s-1)^2 + 4}$
④ $\dfrac{s-2}{(s-1)^2 + 4}$

풀이

$\dfrac{s+2}{(s+1)^2 + 4}$ 에서

• 영점은 분자가 0이 되어야 하므로 $s+2=0$ 에서 $s=-2$
• 극점은 분모가 0이 되어야 하므로
$(s+1)^2 + 4 = s^2 + 2s + 5 = 0$

근의 공식에 의해

$s = \dfrac{-2 \pm \sqrt{4 - 4 \times 5}}{2} = \dfrac{-2 \pm \sqrt{-16}}{2} = -1 \pm j2$ **답** ①

문제 64 근궤적에 대한 설명 중 옳은 것은?

① 점근선은 허수축에서만 교차한다.
② 근궤적이 허수축을 끊는 K의 값은 일정하다.
③ 근궤적은 절대 안정도 및 상대 안정도와 관계가 없다.
④ 근궤적의 개수는 극점의 수와 영점의 수 중에서 큰 것과 일치한다.

풀이

• 점근선은 실수축 상에서만 교차하고 그 수 $n = p - z$이다.
• 근궤적이 K의 변화에 따라 허축을 지나 s평면의 우반평면으로 들어가는 순간은 계의 안정성이 파괴되는 임계점에 해당한다.
• 근궤적의 수(N)는 극의 수(p)와 영점의 수(z) 중에서 큰 수와 같다. **답** ④

문제 65 다음의 논리 회로를 간단히 하면?

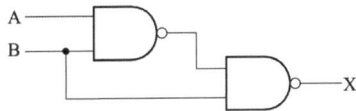

① $\overline{A} + B$
② $A + \overline{B}$
③ $\overline{A} + \overline{B}$
④ $A + B$

풀이

$X = \overline{(\overline{A \cdot B}) \cdot B} = \overline{\overline{A \cdot B}} + \overline{B} = A \cdot B + \overline{B}$
분배법칙에 의해
$A \cdot B + \overline{B} = (A + \overline{B}) \cdot (B + \overline{B}) = A + \overline{B} \quad (\because B + \overline{B} = 1)$ **답** ②

문제 66 전달함수 $G(s) = \dfrac{C(s)}{R(s)} = \dfrac{1}{(s+a)^2}$ 인 제어계의 임펄스 응답 $c(t)$는?

① e^{-at}
② $1 - e^{-at}$
③ te^{-at}
④ $\dfrac{1}{2}t^2$

- 입력 라플라스 변환 $R(s) = \mathcal{L}[r(t)] = \mathcal{L}[\delta(t)] = 1$
- 출력 라플라스 변환 $G(s) = \dfrac{C(s)}{R(s)} = \dfrac{1}{(s+a)^2}$

$$C(s) = \frac{1}{(s+a)^2} R(s) = \frac{1}{(s+a)^2} \cdot 1 = \frac{1}{(s+a)^2}$$

∴ 임펄스 응답 $c(t) = \mathcal{L}^{-1}[C(s)] = te^{-at}$ **답** ③

문제 67 $\mathcal{L}^{-1}\left[\dfrac{s}{(s+1)^2}\right]$는?

① $e^t - te^{-t}$ 　② $e^{-t} - te^{-t}$
③ $e^{-t} + te^{-t}$ 　④ $e^{-t} + 2te^{-t}$

풀이

$$\frac{s}{(s+1)^2} = \frac{A}{s+1} + \frac{B}{(s+1)^2} \qquad A=1,\ B=-1$$
$$= \frac{1}{s+1} - \frac{1}{(s+1)^2} = e^{-t} - te^{-t}$$ **답** ②

문제 68 전하보존의 법칙(conservation of charge)과 가장 관계가 있는 것은?

① 키르히호프의 전류법칙
② 키르히호프의 전압법칙
③ 옴의 법칙
④ 렌츠의 법칙

풀이

전하보존의 법칙의 정의
전하는 새로이 생성되거나 소멸하지 않고 항상 처음의 전하량을 유지한다.
이의 법칙으로 정의하므로 전기회로의 한 접속점에서 유입하는 전류는 유출하는 전류와 같으므로 회로에 흐르는 전하량은 항상 일정하다. 즉, **키르히호프의 전류법칙에 해당**한다. **답** ①

문제 69 그림과 같은 직류 전압의 라플라스 변환을 구하면?

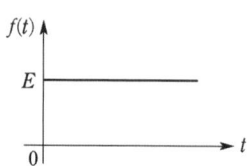

① $\dfrac{E}{s-1}$ 　② $\dfrac{E}{s+1}$
③ $\dfrac{E}{s}$ 　④ $\dfrac{E}{s^2}$

풀이

$$\mathcal{L}[Eu(t)] = \frac{E}{s}$$ **답** ③

문제 70 그림의 사다리꼴 회로에서 부하전압 V_L [V]의 크기는 몇 [V]인가?

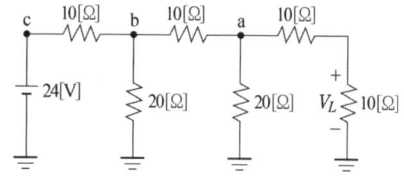

① 3 　② 3.25
③ 4 　④ 4.15

풀이

전압분배 법칙을 적용하면 된다. 처음 a 점 우측의 합성저항은 $20\,[\Omega]$이며, 이 저항이 아래측의 $20[\Omega]$과 병렬로 되어 a 점의 합성저항은 $10\,[\Omega]$이 된다. b 점에서도 동일하게 되어 $10\,[\Omega]$이 된다. 즉 $24\,[V]$는 1/2씩 b 점을 중심으로 나누어 걸리게 된다. 따라서, b 점의 전위는 $12\,[V]$, 마찬가지로 a점의 전위는 $6[V]$, V_L의 전위는 $3\,[V]$가 된다. **답** ①

문제 71 상전압이 120[V]인 평형 3상 Y결선의 전원에 Y결선 부하를 도선으로 연결하였다. 도선의 임피던스는 $1+j[\Omega]$이고 부하의 임피던스는 $20+j10$ [Ω]이다. 이때 부하에 걸리는 전압은 약 몇 [V]인가?

① $67.18\,\underline{/-25.4°}$ 　② $101.62\,\underline{/0°}$
③ $113.14\,\underline{/-1.1°}$ 　④ $118.2\,\underline{/-30°}$

풀이

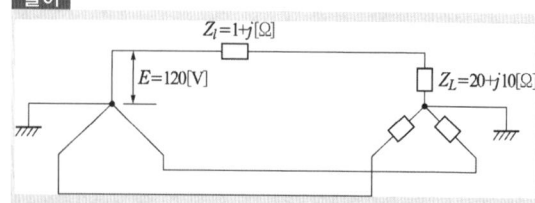

- 도선의 임피던스 $Z_l = 1 + j[\Omega]$
- 부하임피던스

$$Z_L = 20 + j10 = \sqrt{20^2 + 10^2} \; \underline{/\tan^{-1}\frac{10}{20}} = 22.36 \; \underline{/26.565°}$$

- 합성임피던스 $Z = Z_l + Z_L = 1 + j + 20 + j10 = 21 + j11$

$$= \sqrt{21^2 + 11^2} \; \underline{/\tan^{-1}\frac{11}{21}} = 23.71 \; \underline{/27.646°}$$

- 부하전압 $V_L = \dfrac{V_P}{Z} \cdot Z_L$

$$= \frac{120 \; \underline{/0°}}{23.71 \; \underline{/27.646°}} \cdot 22.36 \; \underline{/26.565°}$$

$$= 113.17 \; \underline{/-1.08°} \qquad \boxed{답} \; ③$$

문제 72 인덕턴스 $L = 20$[mH]인 코일에 실효값 $E = 50$[V], 주파수 $f = 60$[Hz]인 정현파 전압을 인가했을 때 코일에 축적되는 평균 자기에너지는 약 몇 [J]인가?

① 6.3   ② 4.4
③ 0.63   ④ 0.44

풀이

$$I = \frac{E}{2\pi f L} = \frac{50}{2\pi \times 60 \times 20 \times 10^{-3}} = 6.63[A]$$

$$W_L = \frac{1}{2}LI^2 = \frac{1}{2} \times 20 \times 10^{-3} \times 6.63^2 = 0.44[J] \qquad \boxed{답} \; ④$$

문제 73 전압비 10^6을 데시벨(dB)로 나타내면?

① 20   ② 60
③ 100   ④ 120

풀이

$$dB = 20\log_{10}10^6 = 120[dB] \qquad \boxed{답} \; ④$$

문제 74 전송선로의 특성 임피던스가 $100\,[\Omega]$이고, 부하저항이 $400\,[\Omega]$일 때 전압 정재파비 S는 얼마인가?

① 0.25   ② 0.6
③ 1.67   ④ 4

풀이

선로에서 반사파가 존재하는 경우 입사파와 반사파는 그 방향이 서로 다르므로 두 개의 파가 어느 방향으로도 진행

하지 못하고 한 곳에서만 출렁이는 파가 존재하게 되는데 이와 같은 파를 정재파라고 한다.

반사계수 $\rho = \dfrac{Z_R - Z_0}{Z_R + Z_0} = \dfrac{400 - 100}{400 + 100} = \dfrac{3}{5} = 0.6$

전압 정재파비 $S = \dfrac{1 + |\rho|}{1 - |\rho|} = \dfrac{1 + 0.6}{1 - 0.6} = 4$ $\boxed{답} \; ④$

문제 75 구동점 임피던스 함수에 있어서 극점 (pole)은?

① 개방회로 상태를 의미한다.
② 단락회로 상태를 의미한다.
③ 아무 상태도 아니다.
④ 전류가 많이 흐르는 상태를 의미한다.

풀이

영점 및 극점
- 영점 : $Z(s) = 0$가 되는 s의 값을 영점(zero)이라 하며 회로의 단락상태를 나타낸다.
- 극점 : $Z(s) = \infty$가 되는 s의 값을 극점(pole)이라 하며 **회로가 개방상태임**을 나타낸다. $\boxed{답} \; ①$

제5과목   **전기설비 기술기준**

문제 81 태양전지 발전소에 시설하는 태양전지 모듈, 전선 및 개폐기의 시설에 대한 설명으로 틀린 것은?

① 전선은 공칭단면적 $2.5[\text{mm}^2]$ 이상의 연동선을 사용할 것
② 태양전지 모듈에 접속하는 부하측 전로에는 개폐기를 시설할 것
③ 태양전지 모듈을 병렬로 접속하는 전로에 과전류차단기를 시설할 것
④ 옥측에 시설하는 경우 금속관공사, 합성수지관공사, 애자공사로 배선할 것

풀이

520 태양광발전설비
가. 태양전지 모듈에 접속하는 부하측의 태양전지 어레이에서 전력변환장치에 이르는 전로에는 그 **접속점에 근**

접하여 개폐기 기타 이와 유사한 기구(부하전류를 개폐할 수 있는 것에 한한다)를 시설할 것

나. 모듈을 병렬로 접속하는 전로에는 그 주된 전로에 **단락전류가 발생할 경우에 전로를 보호하는 과전류차단기** 또는 기타 기구를 시설할 것

다. 전선은 **공칭단면적 2.5[mm²] 이상의 연동선** 또는 이와 동등 이상의 세기 및 굵기의 것일 것

라. 배선설비 공사는 옥내에 시설할 경우에는 **합성수지관공사, 금속관공사, 금속제가요전선관공사, 케이블공사의 규정에 준하여 시설할 것.** 답 ④

문제 82 시가지내에 시설하는 154[kV] 가공 전선로에 지락 또는 단락이 생겼을 때 몇 초 안에 자동적으로 이를 전로로부터 차단하는 장치를 시설하여야 하는가?

① 1
② 3
③ 5
④ 10

풀이

333.1 시가지 등에서 특고압 가공전선로의 시설
사용전압이 100[kV]를 초과하는 특고압 가공전선에 **지락 또는 단락이 생겼을 때에는 1초 이내에 자동적으로 이를 전로로부터 차단하는 장치를 시설할 것.** 답 ①

문제 83 발전소, 변전소, 개폐소의 시설부지조성을 위해 산지를 전용할 경우에 전용하고자 하는 산지의 평균 경사도는 몇 도 이하이어야 하는가?

① 10
② 15
③ 20
④ 25

풀이

발전소 등의 부지 시설조건(전기설비 기술기준 제21조의 2)
부지조성을 위해 산지를 전용할 경우에는 전용하고자 하는 **산지의 평균 경사도가 25도 이하**이어야 하며, 산지전용면적 중 산지전용으로 발생되는 절 · 성토 경사면의 면적이 100분의 50을 초과해서는 아니 된다. 답 ④

문제 84 특고압 가공전선이 도로 · 횡단보도교 · 철도 또는 궤도와 제1차 접근상태로 시설되는 경우 특고압 가공전선로에는 제 몇 종 보안공사에 의하여야 하는가?

① 제1종 특고압 보안공사
② 제2종 특고압 보안공사

③ 제3종 특고압 보안공사
④ 제4종 특고압 보안공사

풀이

333.24 특고압 가공전선과 도로 등의 접근 또는 교차
가. 특고압 가공전선이 도로 · 횡단보도교 · 철도 또는 궤도와 **제1차 접근 상태로 시설 : 특고압 가공전선로는 제3종 특고압 보안**
나. 특고압 가공전선이 도로 등과 제2차 접근상태로 시설 : 특고압 가공전선로는 제2종 특고압 보안공사에 의할 것. 답 ③

문제 85 전기방식시설의 전기방식 회로의 전선 중 지중에 시설하는 것으로 틀린 것은?

① 전선은 공칭단면적 4.0[mm²]의 연동선 또는 이와 동등 이상의 세기 및 굵기의 것일 것

② 양극에 부속하는 전선은 공칭단면적 2.5[mm²] 이상의 연동선 또는 이와 동등 이상의 세기 및 굵기의 것을 사용할 수 있을 것

③ 전선을 직접 매설식에 의하여 시설하는 경우 차량 기타의 중량물의 압력을 받을 우려가 없는 것에 매설 깊이를 1.2[m] 이상으로 할 것

④ 입상 부분의 전선 중 깊이 60[cm] 미만인 부분은 사람이 접촉 할 우려가 없고 또한 손상을 받을 우려가 없도록 적당한 방호장치를 할 것

풀이

241.16 전기부식방지 시설
전기부식방지 회로의 전선중 지중에 시설하는 부분은 다음에 의하여 시설할 것.
가. 전선은 공칭단면적 4.0[mm²]의 연동선일 것. 다만, 양극에 부속하는 전선은 공칭단면적 2.5[mm²] 이상의 연동선을 사용할 수 있다.
나. 전선은 450/750[V] 일반용 단심 비닐절연전선 · 클로로프렌 외장 케이블 · 비닐외장 케이블 또는 폴리에틸렌 외장 케이블일 것.
다. 전선을 직접 매설식에 의하여 시설하는 경우에는 **매설 깊이를 차량 기타의 중량물의 압력을 받을 우려가 있는 곳에서는 1.0[m] 이상, 기타의 곳에서는 0.3[m] 이상**
라. 입상부분의 전선 중 깊이 0.6[m] 미만인 부분은 사람이 접촉할 우려가 없고 또한 손상을 받을 우려가 없도록 적당한 방호장치를 할 것. 답 ③

문제 86 전동기의 절연내력시험은 권선과 대지 간에 계속하여 시험전압을 가 할 경우, 최소 몇 분간은 견디어야 하는가?

① 5   ② 10

③ 20   ④ 30

풀이

133 회전기 및 정류기의 절연내력

종 류		시험 전압	시험방법
회전기	발전기·전동기·조상기·기타회전기 7[kV] 이하	1.5배 (최저 500 [V])	권선과 대지 사이에 연속하여 10분간
	7[kV] 초과	1.25배 (최저 10.5 [kV])	
	회전 변류기	직류측의 최대사용 전압의 1배의 교류 전압(최저 500 [V])	

답 ②

문제 87 고압 가공전선이 안테나와 접근상태로 시설되는 경우에 가공전선과 안테나 사이의 수평 이격거리는 최소 몇 [cm] 이상이어야 하는가? (단, 가공전선으로는 케이블을 사용하지 않는다고 한다.)

① 60   ② 80   ③ 100   ④ 120

풀이

332.14 고압 가공전선과 안테나의 접근 또는 교차
저압 가공전선 또는 고압 가공전선이 안테나와 접근상태로 시설되는 경우에는 다음에 따라야 한다.
가. 고압 가공전선로는 고압 보안공사에 의할 것.
나. 가공전선과 안테나 사이의 이격거리

사용 전압 부분 공작물의 종류		저압	고압
안테나	일반적인 경우	0.6 [m]	0.8 [m]
	전선이 고압절연전선	0.3 [m]	0.8 [m]
	전선이 케이블인 경우	0.3 [m]	0.4 [m]

답 ②

문제 88 주택 등 저압 수용 장소에서 고정 전기설비에 TN-C-S 접지방식으로 접지공사 시 중성선 겸용 보호도체(PEN)를 알루미늄으로 사용할 경우 단면적은 몇 [mm²]이상이어야 하는가?

① 2.5   ② 6   ③ 10   ④ 16

풀이

142.4.2 주택 등 저압수용장소 접지
저압수용장소에서 계통접지가 TN-C-S 방식인 경우 **중성선 겸용 보호도체(PEN)**는 고정 전기설비에만 사용할 수 있고, 그 도체의 단면적이 구리는 **10[mm²] 이상, 알루미늄은 16[mm²] 이상**이어야 하며, 그 계통의 최고전압에 대하여 절연되어야 한다.

답 ④

문제 89 주택의 옥내를 통과하여 그 주택 이외의 장소에 전기를 공급하기 위한 옥내배선을 공사하는 방법이다. 사람이 접촉 할 우려가 없는 은폐된 장소에서 시행하는 공사 종류가 아닌 것은? (단, 주택의 옥내전로의 대지전압은 300[V]이다.)

① 금속관공사   ② 케이블공사

③ 금속덕트공사   ④ 합성수지관공사

풀이

231.6 옥내전로의 대지 전압의 제한
주택의 옥내를 통과하여 그 주택 이외의 장소에 전기를 공급하기 위한 옥내배선은 사람이 접촉할 우려가 없는 은폐된 장소에 **합성수지관 공사, 금속관 공사 또는 케이블 공사**에 의하여 시설하여야 한다.

답 ③

문제 90 전기울타리의 시설에 관한 규정 중 틀린 것은?

① 전선과 수목 사이의 이격거리는 50[cm] 이상이어야 한다.

② 전기울타리는 사람이 쉽게 출입하지 아니하는 곳에 시설하여야 한다.

③ 전선은 인장강도 1.38[kN] 이상의 것 또는 지름 2[mm] 이상의 경동선이어야 한다.

④ 전기울타리용 전원 장치에 전기를 공급하는 전로의 사용전압은 250[V] 이하이어야 한다.

풀이

241.1 전기울타리
가. 전기울타리용 전원장치에 전원을 공급하는 전로의 사용전압은 250[V] 이하이어야 한다.
나. 전기울타리는 사람이 쉽게 출입하지 아니하는 곳에 시설할 것.
다. 전선은 인장강도 1.38[kN] 이상의 것 또는 지름 2[mm] 이상의 경동선일 것.

라. 전선과 이를 지지하는 기둥 사이의 이격거리는 25 [mm] 이상일 것.

마. **전선과 다른 시설물(가공 전선을 제외한다) 또는 수목과의 이격거리는 0.3[m] 이상일 것.** 답 ①

16년 3회 동일 및 유사 문제 (년도-회-번호)

1과목 전기자기학

13	18-1-02
14	22-1-20
15	22-3-08
16	21-3-07
17	22-2-01
18	21-3-20
19	18-2-15
20	20-4-12

2과목 전력공학

34	18-2-32
35	21-2-32
36	22-3-31
37	20-4-28
38	21-1-32
39	21-1-29
40	20-1,2-29

3과목 전력공학

55	21-1-50
56	17-1-44

57	21-1-55
58	22-1-52
59	22-2-46
60	19-1-59

4과목 회로이론 및 제어공학

76	22-1-68
77	22-2-66
78	20-4-63
79	21-3-76
80	18-3-75

5과목 전기설비기술기준

91	21-1-91
92	19-2-91
93	18-3-90
94	21-1-96
95	18-2-95
96	21-1-82
97	22-1-82
98	18-1-96

D60-1

2015년도 전기기사 필기

- 2015년도 제1회 전기기사
- 2015년도 제2회 전기기사
- 2015년도 제3회 전기기사

국가기술자격검정 필기시험 문제

2015년도 전기기사 일반검정 제1회				수검 번호	성 명
자격종목 및 등급(선택분야)	종목코드	시험시간	문제지형별		
전기기사	**1150**	2시간 30분	**A**		

제1과목 ▶ 전기자기학

문제 01 무한장 선로에 균일하게 전하가 분포된 경우 선로로부터 r[m] 떨어진 P점에서의 전계의 세기 E[V/m]는 얼마인가? (단, 선전하 밀도는 ρ_L[C/m]이다.)

① $E = \dfrac{\rho_L}{4\pi\epsilon_0 r}$

② $E = \dfrac{\rho_L}{4\pi\epsilon_0 r^2}$

③ $E = \dfrac{\rho_L}{2\pi\epsilon_0 r}$

④ $E = \dfrac{\rho_L}{2\pi\epsilon_0 r^2}$

풀이

Gauss의 정리

$\displaystyle \int_s \boldsymbol{E} \cdot \boldsymbol{n}\, dS = \dfrac{Q}{\epsilon_0}$ 에서　$E \times 2\pi r \times l = \dfrac{\rho_L \times l}{\epsilon_0}$

$\therefore\ E = \dfrac{\rho_L}{2\pi\epsilon_0 r}$ [V/m]　　　답 ③

문제 02 [$\Omega \cdot \sec$]와 같은 단위는?

① [F]   ② [F/m]

③ [H]   ④ [H/m]

풀이

유기기전력 $e = -N\dfrac{d\phi}{dt} = -N\dfrac{d\phi}{di}\cdot\dfrac{di}{dt} = -L\dfrac{di}{dt}$ 이므로

$[\text{volt}] = [\text{henry}] \cdot \left[\dfrac{\text{ampere}}{\text{sec}}\right]$,

$\left[\dfrac{\text{volt}}{\text{ampere}} \cdot \sec\right] = [\text{henry}]$

$[\text{ohm} \cdot \sec] = [\text{henry}]$

$\left(\because\ \text{저항}\ R = \dfrac{E}{I} \right)$　　　답 ③

문제 03 자계의 세기 $H = xya_y - xza_z$ [A/m]일 때 점(2, 3, 5)에서 전류밀도는 몇 [A/m²]인가?

① $3a_x + 5a_y$ ② $3a_y + 5a_z$

③ $5a_x + 3a_z$ ④ $5a_y + 3a_z$

풀이

전류밀도 : $\boldsymbol{J} = \text{rot}\,\boldsymbol{H} = \nabla \times \boldsymbol{H}$

$= \begin{vmatrix} a_x & a_y & a_z \\ \dfrac{\partial}{\partial x} & \dfrac{\partial}{\partial y} & \dfrac{\partial}{\partial z} \\ Hx & Hy & Hz \end{vmatrix} = \begin{vmatrix} a_x & a_y & a_z \\ \dfrac{\partial}{\partial x} & \dfrac{\partial}{\partial y} & \dfrac{\partial}{\partial z} \\ 0 & xy & -xz \end{vmatrix} = za_y + ya_z$

$x = 2,\ y = 3,\ z = 5$를 대입하면

전류밀도 $\boldsymbol{J} = 5a_y + 3a_z$ [A/m²]　　　답 ④

문제 04 진공 중에 +20[μC]과 −3.2[μC]인 2개의 점전하가 1.2[m] 간격으로 놓여 있을 때 두 전하 사이에 작용하는 힘[N]과 작용력은 어떻게 되는가?

① 0.2[N], 반발력   ② 0.2[N], 흡인력

③ 0.4[N], 반발력   ④ 0.4[N], 흡인력

풀이

쿨롱의 법칙 $F = \dfrac{Q_1 Q_2}{4\pi\epsilon_0 r^2}$ [N]에서

작용하는 힘

$F = 9 \times 10^9 \times \dfrac{20 \times 10^{-6} \times (-3.2 \times 10^{-6})}{1.2^2} = -0.4$[N]

여기서, (−)는 흡인력이다.

(∵ 동종의 전하 사이에는 반발력, 서로 다른 전하 사이에는 흡인력이 작용한다.) **답** ④

문제 05 회로에서 단자 a-b간에 V의 전위차를 인가할 때 C_1의 에너지는?

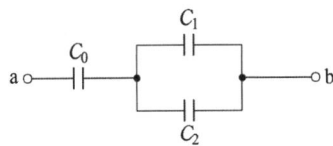

① $\dfrac{C_1^2 V^2}{2}\left(\dfrac{C_1+C_2}{C_0+C_1+C_2}\right)^2$

② $\dfrac{C_1 V^2}{2}\left(\dfrac{C_0}{C_0+C_1+C_2}\right)^2$

③ $\dfrac{C_1 V^2}{2}\dfrac{C_0(C_1+C_2)}{(C_0+C_1+C_2)^2}$

④ $\dfrac{C_1 V^2}{2}\dfrac{C_0^2 C_2}{(C_0+C_1+C_2)}$

풀이

합성 용량 $C_t=\dfrac{C_0(C_1+C_2)}{C_0+C_1+C_2}$ [F]

C_1 양단의 전위차 $V_1=\dfrac{C_t}{(C_1+C_2)}V=\dfrac{C_0}{C_0+C_1+C_2}V$ [V]

C_1의 에너지 $W_1=\dfrac{1}{2}C_1V_1^2=\dfrac{1}{2}C_1\left(\dfrac{C_0}{C_0+C_1+C_2}V\right)^2$

$\qquad\qquad =\dfrac{C_1 V^2}{2}\left(\dfrac{C_0}{C_0+C_1+C_2}\right)^2$ [J] **답** ②

문제 06 공기 중에서 x방향으로 진행하는 전자파가 있다.

$$E_y=3\times10^{-2}\sin\omega(x-vt)\text{[V/m]}$$
$$E_z=4\times10^{-2}\sin\omega(x-vt)\text{[V/m]}$$

일 때 포인팅 벡터의 크기[W/m²]는?

① $6.63\times10^{-6}\sin^2\omega(x-vt)$

② $6.63\times10^{-6}\cos^2\omega(x-vt)$

③ $6.63\times10^{-4}\sin\omega(x-vt)$

④ $6.63\times10^{-4}\cos\omega(x-vt)$

풀이

전계 $E=\sqrt{E_y{}^2+E_z{}^2}$

$\qquad =\sqrt{(3\times10^{-2})^2+(4\times10^{-2})^2}\,\sin\omega(x-vt)$

$\qquad =5\times10^{-2}\sin\omega(x-vt)$ [V/m]

공기의 고유임피던스

$\eta_0=\dfrac{E}{H}=\sqrt{\dfrac{\mu_0}{\epsilon_0}}=120\pi=377\,[\Omega]$

에서 자계와 전계의 관계식 $H=\dfrac{E}{120\pi}=\dfrac{E}{377}$

$P=EH=\dfrac{E^2}{377}=\dfrac{\{5\times10^{-2}\sin\omega(x-vt)\}^2}{377}$

$\qquad =\dfrac{(5\times10^{-2})^2}{377}\sin^2\omega(x-vt)$

$\qquad =6.63\times10^{-6}\sin^2\omega(x-vt)$

$\therefore P=6.63\times10^{-6}\sin^2\omega(x-vt)$ **답** ①

문제 07 $Ql=\pm200\pi\epsilon_0\times10^3\text{[C·m]}$인 전기쌍극자에서 l과 r의 사이각이 $\dfrac{\pi}{3}$이고, $r=1\text{[m]}$인 점의 전위[V]는?

① $50\pi\times10^4$ ② 50×10^3

③ 25×10^3 ④ $5\pi\times10^4$

풀이

전기쌍극자에 의한 전위

$V=\dfrac{M\cos\theta}{4\pi\epsilon_0 r^2}=\dfrac{Ql\cos\theta}{4\pi\epsilon_0 r^2}$ [V] 에서

$V=\dfrac{200\pi\epsilon_0\times10^3\times\cos\dfrac{\pi}{3}}{4\pi\epsilon_0\times1^2}=25\times10^3\text{[V]}$

여기서, $M=Ql$: 쌍극자 모멘트

$\qquad\quad r$: 쌍극자 중심에서 점 P까지의 거리 **답** ③

문제 08 60[Hz]의 교류 발전기의 회전자가 자속밀도 0.15 [Wb/m²]의 자기장 내에서 회전하고 있다. 만일 코일의 면적이 2×10^{-2}[m²]일 때 유도기전력의 최대값 $E_m=220$[V]가 되려면 코일을 약 몇 번 감아야 하는가? (단, $\omega=2\pi f=377$[rad/sec] 이다.)

① 195회 ② 220회

③ 395회 ④ 440회

유기기전력 $e = -N\dfrac{d\phi}{dt} = -N\dfrac{d}{dt}(\phi_m \sin\omega t)$

$\qquad = -N\phi_m \omega \cos\omega t$

$\qquad = E_m \sin\left(\omega t - \dfrac{\pi}{2}\right)[\text{V}]$ 에서

$\qquad E_m = \omega N\phi_m$

따라서, 권수 $N = \dfrac{E_m}{\omega\phi_m} = \dfrac{220}{377 \times 0.15 \times 2 \times 10^{-2}} = 194.52[\text{회}]$

$\qquad (\because \ \phi_m = B[\text{Wb/m}^2] \times S[\text{m}^2])$ **답** ①

문제 09 와전류와 관련된 설명으로 틀린 것은?

① 단위체적당 와류손의 단위는 $[\text{W/m}^3]$ 이다.

② 와전류는 교번자속의 주파수와 최대자속밀도에 비례한다.

③ 와전류손은 히스테리시스손과 함께 철손이다.

④ 와전류손을 감소시키기 위하여 성층철심을 사용한다.

풀이

• 무부하손인 철손 = 와류손 + 히스테리시스손

• 와류손 $W_e = K_e(t \cdot f \cdot K_f \cdot B_m)^2[\text{W}]$

여기서, K_e : 재료에 따라 정해지는 정수

$\quad\ t$: 철심의 두께, f : 주파수

$\quad K_f$: 파형률, $\ B_m$: 최대 자속밀도

• 와류손을 감소시키기 위해서 성층철심(두께 t를 감소)을 사용한다.

따라서, **와류손은 주파수 f와 최대자속밀도 B_m 의 제곱에 비례한다.** **답** ②

문제 10 균일한 자속밀도 B중에 자기 모멘트 m의 자석(관성 모멘트 I)이 있다. 이 자석을 미소 진동시켰을 때의 주기는?

① $\dfrac{1}{2\pi}\sqrt{\dfrac{I}{mB}}$ ② $\dfrac{1}{2\pi}\sqrt{\dfrac{mB}{I}}$

③ $2\pi\sqrt{\dfrac{I}{mB}}$ ④ $2\pi\sqrt{\dfrac{mB}{I}}$

풀이

$T = \dfrac{2\pi}{\omega}\ \left(\omega = \sqrt{\dfrac{mB}{I}}\right)$

$\therefore\ T = 2\pi\sqrt{\dfrac{I}{mB}}$ **답** ③

문제 11 전속밀도에 대한 설명으로 가장 옳은 것은?

① 전속은 스칼라량이기 때문에 전속밀도도 스칼라량이다.

② 전속밀도는 전계의 세기의 방향과 반대 방향이다.

③ 전속밀도는 유전체 내에 분극의 세기와 같다.

④ 전속밀도는 유전체와 관계없이 크기는 일정하다.

풀이

• 전속 Ψ는 매질에 관계없이 전하 $Q[\text{C}]$일 때 Q개의 전속선이 나온다.

• 전속밀도 D는 단위 면적당의 전속선 수로써 $D = \dfrac{\Psi}{S} = \dfrac{Q}{S}$ 로 표시된다.

• 점전하 $Q[\text{C}]$으로부터 거리 $r[\text{m}]$ 떨어진 구면상에서의 전속밀도 $D = \dfrac{Q}{4\pi r^2}[\text{C/m}^2]$ 이다.

따라서, **전속밀도 D는 유전체(ϵ)와 관계없이 크기는 일정하다.** **답** ④

제2과목 **전력공학**

문제 21 폐쇄 배전반을 사용하는 주된 이유는 무엇인가?

① 보수의 편리 ② 사람에 대한 안전

③ 기기의 안전 ④ 사고파급 방지

풀이

• 폐쇄 배전반 : 접지된 철판으로 된 외함 속에 배전반의 기능에 필요한 모든기기 즉 차단기, CT, PT, 보호 계전기와 이에 필요한 보조 기기 등이 전부 내장되어 있어 외부로 충전부가 노출 되지 않도록 함으로써 **인축에 대한 접촉 사고를 방지하여 안전도를 향상**시킨 배전반을 폐쇄 배전반이라 한다. **답** ②

문제 22 3상 송전선로의 각 상의 대지 정전용량을 C_a, C_b 및 C_c 라 할 때, 중성점 비접지 시의 중성점과 대지 간의 전압은? (단, E는 상전압이다.)

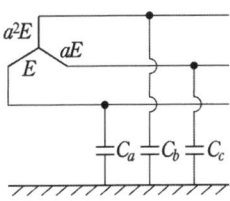

① $(C_a + C_b + C_c)E$

② $\dfrac{\sqrt{C_a C_b + C_b C_c + C_c C_a}}{C_a + C_b + C_c}E$

③ $\dfrac{\sqrt{C_a(C_a - C_b) + C_b(C_b - C_c) + C_c(C_c - C_a)}}{C_a + C_b + C_c}E$

④ $\dfrac{\sqrt{C_a(C_b - C_c) + C_b(C_c - C_a) + C_c(C_a - C_b)}}{C_a + C_b + C_c}E$

풀이

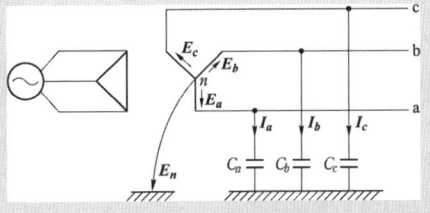

〈중성점 잔류 전압〉

$I_a = j\omega C_a(E_n + E_a)$

$I_b = j\omega C_b(E_n + E_b)$

$I_c = j\omega C_c(E_n + E_c)$

에서 중성점이 비접지이므로

$I_a + I_b + I_c = 0$

$j\omega C_a(E_n + E_a) + j\omega C_b(E_n + E_b) + j\omega C_c(E_n + E_c) = 0$

$\therefore\ E_n = -\dfrac{C_a E_a + C_b E_b + C_c E_c}{C_a + C_b + C_c}$

$E_a = E$, $E_b = a^2 E$, $E_c = aE$를 대입하여 E_n의 절대값을 구하면

$E_n = \dfrac{C_a E + C_b E\left(-\dfrac{1}{2} + j\dfrac{\sqrt{3}}{2}\right) + C_c E\left(-\dfrac{1}{2} - j\dfrac{\sqrt{3}}{2}\right)}{C_a + C_b + C_c}$

$E_n = \dfrac{\sqrt{\left(C_a - \dfrac{1}{2}C_b - \dfrac{1}{2}C_c\right)^2 + \left(\dfrac{\sqrt{3}}{2}C_b - \dfrac{\sqrt{3}}{2}C_c\right)^2}}{C_a + C_b + C_c} \times E$

$\therefore\ E_n = \dfrac{\sqrt{C_a(C_a - C_b) + C_b(C_b - C_c) + C_c(C_c - C_a)}}{C_a + C_b + C_c} \times E$

따라서 연가를 완벽하게 하여 $C_a = C_b = C_c$의 조건이 되면 잔류전압은 0이 된다. **답** ③

문제 23 66[kV] 송전선로에서 3상 단락고장이 발생하였을 경우 고장점에서 본 등가 정상임피던스가 자기용량(40[MVA]) 기준으로 20[%]일 경우 고장전류는 정격전류의 약 몇 배가 되는가?

① 2 ② 4
③ 5 ④ 8

풀이

단락전류 $I_s = \dfrac{100}{\%Z}I_n = \dfrac{100}{20}I_n = 5I_n$

따라서 단락전류는 정격전류의 5배가 된다. **답** ③

문제 24 조압수조의 설치 목적은?

① 조속기의 보호
② 수차의 보호
③ 여수의 처리
④ 수압관의 보호

풀이

조압수조(surge tank)는 저수지로부터 수로가 **압력터널인 경우에 시설**하는 설비로서 압력 수로와 수압관을 접속하는 장소에 설치한다. 조압수조는 자유 수면을 가진 수조로서 부하가 급격히 변화하였을 때 생기는 수격 작용을 흡수하여 **압력수로와 수압관을 보호**하고, 수차의 사용 유량 변동에 의한 서징(surging)작용을 흡수한다. **답** ④

문제 25 다중접지 3상 4선식 배전선로에서 고압측(1차측) 중성선과 저압측(2차측) 중성선을 전기적으로 연결하는 목적은?

① 저압측의 단락 사고를 검출하기 위함
② 저압측의 접지 사고를 검출하기 위함
③ 주상 변압기의 중성선측 부싱을 생략하기 위함
④ 고저압 혼촉 시 수용가에 침입하는 상승전압을 억제하기 위함

풀이

중성선끼리 연결되지 않으면 고저압 혼촉시 고압측의 큰 전압이 저압측을 통해서 수용가에 침입할 우려가 있다. **답** ④

문제 26 피뢰기의 직렬 갭(gap)의 작용으로 가장 옳은 것은?

① 이상전압의 진행파를 증가시킨다.

② 상용주파수의 전류를 방전시킨다.

③ 이상전압이 내습하면 뇌전류를 방전하고, 상용주파수의 속류를 차단하는 역할을 한다.

④ 뇌전류 방전 시의 전위상승을 억제하여 절연파괴를 방지한다.

풀이

직렬 갭의 역할
- 평상시(정상 상태) : 대지간에 절연 유지(누설전류 차단)
- 이상 전압 내습 시 : 뇌전류 방전 및 전압의 상승 방지
- 방전 종류 후 : 속류 차단
  답 ③

문제 27 전력선에 의한 통신선로의 전자유도장해 발생요인은 주로 무엇 때문인가?

① 지락사고 시 영상전류가 커지기 때문에

② 전력선의 전압이 통신선로보다 높기 때문에

③ 통신선에 피뢰기를 설치하였기 때문에

④ 전력선과 통신선로 사이의 상호인덕턴스가 감소하였기 때문에

풀이

전자 유도 전압 : $E_m = j\omega M l\, 3I_0$

여기서, M : 전력선과 통신선 사이의 상호 인덕턴스 [H/km]

l : 병행길이 [km], I_0 : 영상 전류 [A]

즉, 지락 사고 시 흐르는 큰 영상전류에 의해 전자 유도 전압이 **상승**하여 전자 유도 장해를 발생시킨다. **답** ①

문제 28 배전계통에서 전력용 콘덴서를 설치하는 목적으로 가장 타당한 것은?

① 배전선의 전력손실 감소

② 전압강하 증대

③ 고장 시 영상전류 감소

④ 변압기 여유율 감소

풀이

전력용 콘덴서 설치(역률 개선)의 효과
① 전력 손실 감소
② 변압기, 개폐기 등의 소요 용량 감소
③ 송전 용량 증대

④ 전압 강하 감소

이들 중 가장 큰 효과는 전력 손실 감소가 된다(전력 손실은 역률의 제곱에 역비례하여 감소한다) **답** ①

제3과목 **전기기기**

문제 41 저항 부하인 사이리스터 단상 반파 정류기로 위상 제어를 할 경우 점호각을 0°에서 60°로 하면 다른 조건이 동일한 경우 출력 평균전압은 몇 배가 되는가?

① 3/4   ② 4/3

③ 3/2   ④ 2/3

풀이

단상 반파정류 저항부하에서 직류 평균전압

$$E_d = \frac{1+\cos\alpha}{\sqrt{2}\,\pi}E \text{ 에서}$$

- 점호각 $\alpha = 0°$일 때

$$E_{d1} = \frac{1+\cos 0°}{\sqrt{2}\,\pi}E = \frac{2}{\sqrt{2}\,\pi}E\,[V]$$

- 점호각 $\alpha = 60°$일 때

$$E_{d2} = \frac{1+\cos 60°}{\sqrt{2}\,\pi}E = \frac{1.5}{\sqrt{2}\,\pi}E\,[V]$$

$$\frac{E_{d2}}{E_{d1}} = \frac{1.5}{2} = \frac{3}{4} \qquad \therefore E_{d2} = \frac{3}{4}E_{d1}$$ **답** ①

문제 42 직류 전동기의 제동법 중 동일 제동법이 아닌 것은?

① 회전자의 운동에너지를 전기에너지로 변환한다.

② 전기에너지를 저항에서 열에너지로 소비시켜 제동시킨다.

③ 복권 전동기는 직권 계자 권선의 접속을 반대로 한다.

④ 전원의 극성을 바꾼다.

풀이

직류 전동기의 제동법
① 발전 제동 : 전동기를 발전기로 동작시켜 회전자의 **운동에너지를 전기에너지로 변환**시켜 외부의 저항기에서 **열에너지로 소비**시켜 제동하는 방법으로 전동기의 종류에

따른 권선의 접속 방법은
- **직권전동기** : 직권 계자의 접속을 반대로 하거나 타 여자로 동작시킴
- **분권전동기** : 계자를 전원에 접속한 상태에서 전기자 회로만 떼어내어 양단에 저항기를 접속
- **복권전동기** : 직권계자권선의 접속을 반대로 접속
② 회생제동 : 전동기가 부하에 의해 발전기로 동작되어 발생된 전력을 전원으로 반환하여 제동
③ 플러깅 : 전기자의 접속을 역으로 하여 회전방향과 반대 방향의 토크를 발생하여 급속히 정지 또는 역전시켜 제동하는 방법 **답** ④

문제 43 병렬운전을 하고 있는 두 대의 3상 동기 발전기 사이에 무효순환전류가 흐르는 경우는?

① 여자전류의 변화
② 부하의 증가
③ 부하의 감소
④ 원동기의 출력변화

풀이

- 병렬 운전 조건이 다른 경우

병렬 운전 조건	다른 경우 흐르는 전류
기전력의 크기가 같을 것	**무효 순환 전류**
기전력의 위상이 같을 것	동기화 전류
기전력의 주파수가 같을 것	동기화 전류
기전력의 파형이 같을 것	고주파 무효순환전류

- 유기기전력 $E = 4.44 K_w f W \phi [V]$

(여자전류가 변하면 자속 ϕ 가 변하고, 따라서 유기기전력의 크기가 변한다) **답** ①

문제 44 단상 변압기에서 전부하의 2차 전압은 100[V]이고, 전압 변동률은 4[%]이다. 1차 단자 전압 [V]은? (단, 1차, 2차 권선비는 20 : 1 이다.)

① 1920
② 2080
③ 2160
④ 2260

풀이

$\epsilon = \dfrac{V_{10} - V_{1n}}{V_{1n}} \times 100$ 에서

$V_{10} = V_{1n}\left(1 + \dfrac{\epsilon}{100}\right) = a V_{2n}\left(1 + \dfrac{\epsilon}{100}\right)$

$= 20 \times 100 \times \left(1 + \dfrac{4}{100}\right) = 2080[V]$ **답** ②

문제 45 변압기 여자회로의 어드미턴스 $Y_0[℧]$를 구하면? (단, I_0는 여자전류, I_i는 철손전류, I_ϕ는 자화전류, g_0는 콘덕턴스, V_1는 인가전압이다.)

① $\dfrac{I_0}{V_1}$
② $\dfrac{I_i}{V_1}$
③ $\dfrac{I_\phi}{V_1}$
④ $\dfrac{g_0}{V_1}$

풀이

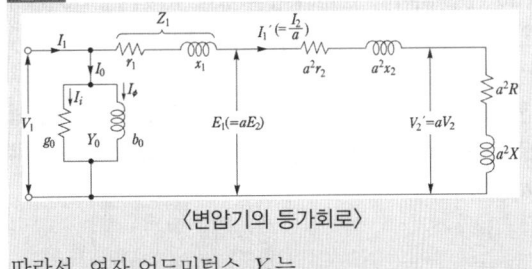

〈변압기의 등가회로〉

따라서, 여자 어드미턴스 Y_0는

$$Y_0 = \sqrt{g_0^2 + b_0^2} = \dfrac{I_0}{V_1}[℧]$$ **답** ①

문제 46 유도 전동기의 속도 제어법 중 저항 제어와 관계없는 것은?

① 농형유도전동기
② 비례추이
③ 속도제어가 간단하고 원활함
④ 속도조정범위가 작음

풀이

유도 전동기의 속도 제어법
① 농형 유도 전동기의 속도 제어법
- 주파수를 바꾸는 방법
- 극수를 바꾸는 방법
- 전원 전압을 바꾸는 방법
② 권선형 유도 전동기의 속도 제어법
- 2차 저항을 제어하는 방법
- 2차 여자법
- 종속 제어법

따라서, **농형유도전동기의 속도제어법 에서는 저항제어가 적용되지 않는다.** **답** ①

문제 47 역률이 가장 좋은 전동기는?

① 농형유도전동기
② 반발기동전동기
③ 동기전동기
④ 교류정류자전동기

풀이

동기 전동기는 계자 전류의 크기를 조정하여 **역률을 항상 1로 운전**할 수 있다.　**답** ③

문제 48 전부하 전류 1[A], 역률 85[%], 속도가 7500[rpm]이고 전압과 주파수가 100[V], 60[Hz]인 2극 단상 직권정류자전동기가 있다. 전기자와 직권 계자 권선의 실효저항의 합이 40[Ω]이라 할 때 전부하시 속도기전력[V]은? (단, 계자자속은 정현적으로 변하며 브러시는 중성축에 위치하고 철손은 무시한다.)

① 34　　　　　　　② 45

③ 53　　　　　　　④ 64

풀이

$$P = VI\cos\theta - I^2(R_s + R_f)$$
$$= 100 \times 1 \times 0.85 - 1^2 \times 40 = 85 - 40 = 45[\text{W}]$$
$$E_s = \frac{P}{I} = \frac{45}{1} = 45[\text{V}]$$　**답** ②

문제 49 동기기의 전기자권선이 매극 매상당 슬롯수가 4, 상수가 3인 권선의 분포 계수는 얼마인가? (단, sin 7.5° = 0.1305, sin 15° = 0.2588, sin 22.5° = 0.3827, sin 30° = 0.5 이다.)

① 0.487　　　　　② 0.844

③ 0.866　　　　　④ 0.958

풀이

분포권 계수는 $K_d = \dfrac{\sin\dfrac{n\pi}{2m}}{q\sin\dfrac{n\pi}{2mq}}$ 에서

$n = 1$, 상수 $m = 3$,
매극 매상의 슬롯수 $q = 4$이므로

$$\therefore K_d = \frac{\sin\dfrac{\pi}{2\times3}}{4\sin\dfrac{\pi}{2\times3\times4}} = \frac{\dfrac{1}{2}}{4\sin\dfrac{\pi}{24}} = \frac{1}{8\sin 7.5}$$

$$= \frac{1}{8\times0.1305} = 0.958$$　**답** ④

문제 50 3상 유도전동기의 2차 입력 P_2, 슬립이 s 일 때의 2차 동손 P_{c2}은?

① $P_{c2} = \dfrac{P_2}{s}$　　　　② $P_{c2} = sP_2$

③ $P_{c2} = s^2 P_2$　　　　④ $P_{c2} = (1-s)P_2$

풀이

2차 동손
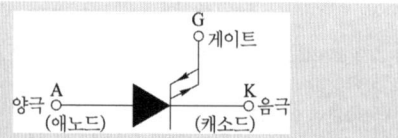
$$P_{c2} = I_2^2 r_2 = I_2 r_2 \cdot \frac{sE_2}{\sqrt{r_2^2 + (sx_2)^2}}$$
$$= sE_2 I_2 \frac{r_2}{\sqrt{r_2^2 + (sx_2)^2}} = sE_2 I_2\cos\theta_2 = sP_2$$　**답** ②

문제 51 게이트 조작에 의해 부하전류 이상으로 유지 전류를 높일 수 있어 게이트의 턴온, 턴 오프가 가능한 사이리스터는?

① SCR　　　　　② GTO

③ LASCR　　　　④ TRIAC

풀이

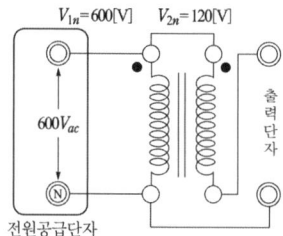

GTO는 게이트에 흐르는 전류를 점호할 때와 반대로 흐르게 함으로서 소자를 소호 시킬 수 있다.　**답** ②

문제 52 다음 그림과 같이 단상변압기를 단권변압기로 사용한다면 출력단자의 전압[V]은? (단, V_{1n}[V]를 1차 정격전압이라 하고, V_{2n}[V]를 2차 정격전압이라 한다.)

V_{1n}=600[V]　V_{2n}=120[V]
600V_{ac}
출력단자
전원공급단자

① 600　　② 120　　③ 480　　④ 720

풀이

$$V_2 = V_1 - \frac{120}{600}\,V_1 = 600 - \frac{120}{600}\times 600 = 480[\mathrm{V}]$$ **답** ③

제4과목　회로이론 및 제어공학

문제 61 다음은 시스템의 블록선도이다. 이 시스템이 안정한 시스템이 되기위한 K의 범위는?

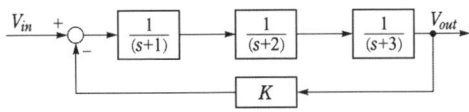

① $-6 < K < 60$　　② $0 < K < 60$
③ $-1 < K < 3$　　④ $0 < K < 3$

풀이

특성방정식 $1 + G(s)H(s) = 1 + \dfrac{K}{(s+1)(s+2)(s+3)} = 0$

$(s+1)(s+2)(s+3) + K = s^3 + 6s^2 + 11s + (6+K) = 0$

이므로 루드의 표는

s^3	1	11
s^2	6	$6+K$
s^1	$\dfrac{66-(6+K)}{6}$	0
s^0	$6+K$	

시스템이 안정되기 위해서는 제1열의 부호 변화가 없어야 하므로

$66-(6+K) > 0,\ 6+K > 0 \ \rightarrow\ K < 60,\ -6 < K$

$\therefore\ -6 < K < 60$ **답** ①

문제 62 $f(t) = \sin t \cdot \cos t$ 를 라플라스 변환하면?

① $\dfrac{1}{s^2 + 1^2}$　　② $\dfrac{1}{s^2 + 2^2}$

③ $\dfrac{1}{(s+2)^2}$　　④ $\dfrac{1}{(s+4)^2}$

풀이

삼각함수의 가법 정리 $\sin 2t = \sin(t+t) = 2\sin t \cos t$ 에 의하여 $\sin t \cos t = \dfrac{1}{2}\sin 2t$ 가 된다.

$$F(s) = \mathcal{L}[\sin t \cos t] = \mathcal{L}\left[\frac{1}{2}\sin 2t\right]$$
$$= \frac{1}{2}\cdot\frac{2}{s^2+2^2} = \frac{1}{s^2+2^2}$$ **답** ②

문제 63 다음의 블록선도와 같은 것은?

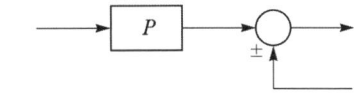

①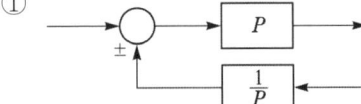

②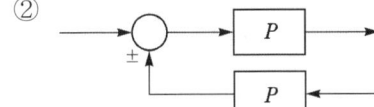

③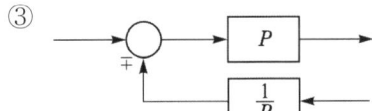

④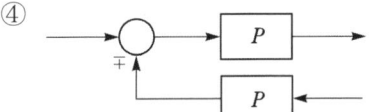

풀이

변환사항	변　환　전	등　가　변　환
합산점을 요소 앞에 이동	$a \rightarrow \boxed{P} \xrightarrow{b} \overset{d}{\underset{\pm}{\bigcirc}}\ \ d=b\pm c \ \uparrow c$	$a \xrightarrow{a\pm c'} \boxed{P} \xrightarrow{d}$, $c' \rightarrow \boxed{1/P} \leftarrow c$
합산점을 요소 뒤에 이동	$a \overset{}{\underset{\pm}{\bigcirc}} \rightarrow \boxed{P} \xrightarrow{c}\ \uparrow b$	$a \rightarrow \boxed{P} \rightarrow \bigcirc \xrightarrow{c}$, $b \rightarrow \boxed{P} \uparrow$

답 ①

문제 64 다음과 같은 계전기회로는 어떤 회로인가?

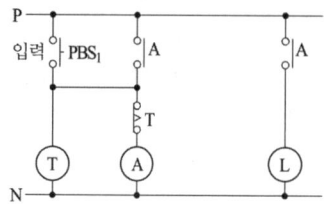

① 쌍안정회로   ② 단안정회로

③ 인터록회로   ④ 일치회로

풀이

단안정 회로 : 기동 입력을 주면 설정된 시간 동안만 회로가 동작하고 정지 입력이 없이 자동으로 정지하는 회로. 즉, **정해진 시간만 동작하는 회로**를 단안정회로라고 한다.

답 ②

문제 65 자동제어계의 기본적 구성에서 제어요소는 무엇으로 구성되는가?

① 비교부와 검출부   ② 검출부와 조작부

③ 검출부와 조절부   ④ 조절부와 조작부

풀이

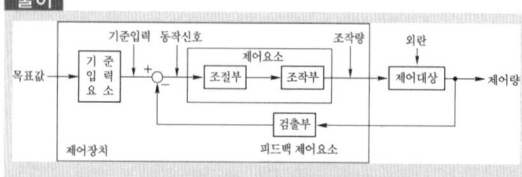

〈폐루프 제어계의 구성도〉

제어 요소는 동작 신호를 조작량으로 변환하는 요소이고 조절부와 조작부로 이루어진다.

답 ④

문제 66 그림과 같은 RC 회로에서 전압 $v_i(t)$를 입력으로 하고 전압 $v_o(t)$를 출력으로 할 때 이에 맞는 신호흐름 선도는? (단, 전달함수의 초기값은 0 이다.)

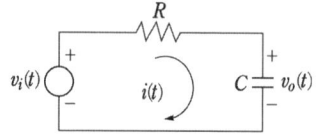

①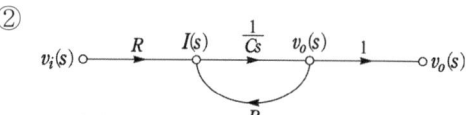

②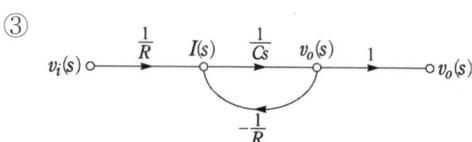

③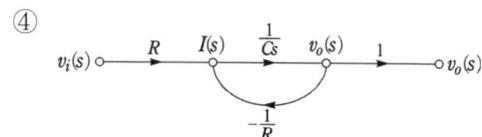

④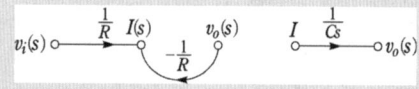

풀이

$$(v_i - v_o)\frac{1}{R} = i(t) \ , \quad \frac{1}{C}\int i(t)dt = v_o(t)$$

라플라스 변환하면

$$v_i(s)\frac{1}{R} - v_o(s)\frac{1}{R} = I(s) \ , \quad \frac{1}{Cs}I(s) = v_o(s)$$

그러므로

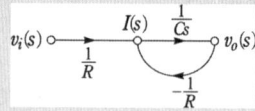

합성하면

답 ③

문제 67 권수가 2000회이고, 저항이 12[Ω]인 솔레노이드에 전류 10[A]를 흘릴 때, 자속이 6×10^{-2} [Wb]가 발생하였다. 이 회로의 시정수[sec]는?

① 1   ② 0.1

③ 0.01   ④ 0.001

풀이

$LI = N\phi$ 에서 $\quad L = \dfrac{N\phi}{I} = \dfrac{2000 \times 6 \times 10^{-2}}{10} = 12[\text{H}]$

따라서 $R-L$ 회로의 시정수 τ은

$$\tau = \frac{L}{R} = \frac{12}{12} = 1[\text{sec}]$$

답 ①

문제 68 다음과 같은 왜형파의 실효값[V]은?

① $5\sqrt{2}$

② $\dfrac{10}{\sqrt{6}}$

③ 15

④ 35

풀이

실효값

$$v = \sqrt{\frac{1}{T}\int_0^T v^2 dt} = \sqrt{\frac{1}{\pi}\left\{\int_0^{\frac{\pi}{2}}\left(\frac{10}{\pi}t\right)^2 dt + \int_{\frac{\pi}{2}}^{\pi}(-5)^2 dt\right\}}$$

$$= \sqrt{\frac{1}{\pi}\left\{\left[\frac{100}{\pi^2}\cdot\frac{t^3}{3}\right]_0^{\frac{\pi}{2}} + [25t]_{\frac{\pi}{2}}^{\pi}\right\}}$$

$$= \sqrt{\frac{100}{6}} = \frac{10}{\sqrt{6}}$$

답 ②

문제 69 $G(j\omega) = \dfrac{K}{j\omega(j\omega+1)}$ 의 나이퀴스트 선도는? (단, $K > 0$ 이다.)

①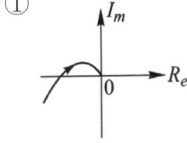

②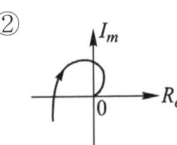

③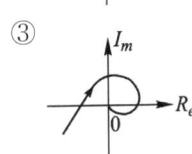

④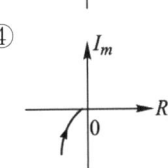

풀이

주파수 전달함수 $G(j\omega) = \dfrac{K}{j\omega(j\omega+1)}$

$$\lim_{\omega\to 0}|G(j\omega)| = \lim_{\omega\to 0}\left|\frac{K}{j\omega(j\omega+1)}\right| = \lim_{\omega\to 0}\left|\frac{K}{j\omega}\right| = \infty$$

$$\lim_{\omega\to 0}\angle G(j\omega) = \lim_{\omega\to 0}\angle \frac{K}{j\omega(j\omega+1)} = \lim_{\omega\to 0}\angle \frac{K}{j\omega} = -90°$$

$$\lim_{\omega\to\infty}|G(j\omega)| = \lim_{\omega\to\infty}\left|\frac{K}{j\omega(j\omega+1)}\right| = \lim_{\omega\to\infty}\left|\frac{K}{(j\omega)^2}\right| = 0$$

$$\lim_{\omega\to\infty}\angle G(j\omega) = \lim_{\omega\to\infty}\angle \frac{K}{j\omega(j\omega+1)} = \lim_{\omega\to\infty}\angle \frac{K}{(j\omega)^2} = -180°$$

답 ④

문제 70 어느 소자에 걸리는 전압은 $v = 3\cos 3t$ [V]이고, 흐르는 전류 $i = -2\sin(3t+10°)$[A] 이다. 전압과 전류간의 위상차는?

① $10°$ ② $30°$

③ $70°$ ④ $100°$

풀이

$v = 3\cos 3t = 3\sin(3t+90°)$

$i = -2\sin(3t+10°) = 2\sin(3t+10°+180°)$

$\quad = 2\sin(3t+190°)$

따라서, v 와 i 의 위상차 $= 190° - 90° = 100°$ **답** ④

문제 71 그림과 같은 단위 계단 함수는?

① $u(t)$

② $u(t-a)$

③ $u(a-t)$

④ $-u(t-a)$

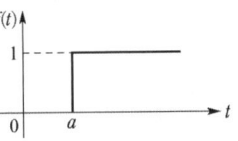

풀이

$f(t) = 1 \cdot u(t-a)$ **답** ②

문제 72 어떤 2단자쌍 회로망의 Y파라미터가 그림과 같다. a-a′ 단자간에 $V_1 = 36$[V], b-b′ 단자간에 $V_2 = 24$[V]의 정전압원을 연결하였을 때 I_1, I_2의 값은? (단, Y 파라미터의 단위는 [℧] 이다.)

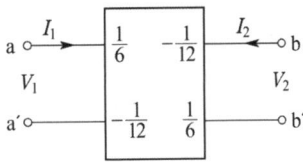

① $I_1 = 4$[A], $I_2 = 5$[A]

② $I_1 = 5$[A], $I_2 = 4$[A]

③ $I_1 = 1$[A], $I_2 = 4$[A]

④ $I_1 = 4$[A], $I_2 = 1$[A]

풀이

어드미턴스 파라미터

$$\begin{bmatrix} I_1 \\ I_2 \end{bmatrix} = \begin{bmatrix} Y_{11} & Y_{12} \\ Y_{21} & Y_{22} \end{bmatrix}\begin{bmatrix} V_1 \\ V_2 \end{bmatrix} = \begin{bmatrix} \dfrac{1}{6} & -\dfrac{1}{12} \\ -\dfrac{1}{12} & \dfrac{1}{6} \end{bmatrix}\begin{bmatrix} 36 \\ 24 \end{bmatrix}$$

$$= \begin{bmatrix} \frac{1}{6} \times 36 - \frac{1}{12} \times 24 \\ -\frac{1}{12} \times 36 + \frac{1}{6} \times 24 \end{bmatrix} = \begin{bmatrix} 4 \\ 1 \end{bmatrix} \qquad \text{답 ④}$$

문제 73 위상정수가 $\frac{\pi}{8}$ [rad/m]인 선로의 1 [MHz]에 대한 전파 속도는 몇 [m/s]인가?

① 1.6×10^7 ② 3.2×10^7
③ 5.0×10^7 ④ 8.0×10^7

풀이

위상 정수 β와 파장 λ 사이의 관계는

$\lambda\beta = 2\pi$ 이므로 $\therefore \lambda = \frac{2\pi}{\beta}$

전파속도 v 는

$$v = f\lambda = \frac{2\pi f}{\beta} = \frac{2\pi \times 1 \times 10^6}{\pi/8} = 1.6 \times 10^7 [\text{m/s}] \qquad \text{답 ①}$$

제5과목 ▶ 전기설비 기술기준

문제 81 지지물이 A종 철근 콘크리트주일 때 고압 가공전선로의 경간은 몇 [m] 이하인가?

① 150   ② 250
③ 400   ④ 600

풀이

332.9 고압 가공전선로 경간의 제한
고압 가공전선로의 경간은 표에서 정한 값 이하이어야 한다.

지지물의 종류	경 간
목주 · A종 철주 또는 A종 철근 콘크리트주	150[m]
B종 철주 또는 B종 철근 콘크리트주	250[m]
철 탑	600[m]

답 ①

문제 82 태양전지모듈에 사용하는 연동선의 최소 단면적[mm²]은?

① 1.5   ② 2.5   ③ 4.0   ④ 6.0

풀이

522 태양광설비의 시설
가. 전선은 공칭단면적 **2.5[mm²] 이상의 연동선** 또는 이와 동등 이상의 세기 및 굵기의 것일 것.
나. 배선설비 공사는 옥내에 시설할 경우에는 합성수지관 공사, 금속관공사, 금속제가요전선관공사, 케이블 공 사 의 규정에 준하여 시설할 것. 답 ②

문제 83 전력보안 통신설비 시설시 가공전선로로 부터 가장 주의하여야 하는 것은?

① 전선의 굵기
② 단락전류에 의한 기계적 충격
③ 전자유도작용
④ 와류손

풀이

362.4 전력유도의 방지
전력보안통신설비는 가공전선로로부터의 **정전유도작용 또 는 전자유도작용**에 의하여 사람에게 위험을 줄 우려가 없도 록 시설하여야 한다. 답 ③

문제 84 가공 전선로의 지지물에 지선을 시설하려 고 한다. 이 지선의 기준으로 옳은 것은?

① 소선 지름 : 2.0 [mm], 안전율 : 2.5, 허용 인 장하중 : 2.11 [kN]
② 소선 지름 : 2.6 [mm], 안전율 : 2.5, 허용 인 장하중 : 4.31 [kN]
③ 소선 지름 : 1.6 [mm], 안전율 : 2.0, 허용 인 장하중 : 4.31 [kN]
④ 소선 지름 : 2.6 [mm], 안전율 : 1.5, 허용 인 장하중 : 3.21 [kN]

풀이

331.11 지선의 시설
가. 가공전선로의 지지물로 사용하는 철탑은 지선을 사용 하여 그 강도를 분담시켜서는 안 된다.
나. 지선의 **안전율은 2.5 이상**일 것. 이 경우에 **허용 인장하 중의 최저는 4.31 [kN]**으로 한다.
다. 지선에 연선을 사용할 경우에는 다음에 의할 것.
  ① 소선 **3가닥 이상**의 연선일 것.
  ② 소선의 **지름이 2.6[mm] 이상**의 금속선을 사용한 것일 것. 답 ②

문제 85 중성점 직접접지식 전로에 연결되는 최대사용전압이 69[kV]인 전로의 절연내력 시험전압은 최대사용전압의 몇 배인가?

① 1.25 ② 0.92

③ 0.72 ④ 1.5

풀이

132 전로의 절연저항 및 절연내력

전로의 종류	접지 방식	시험전압 (최대사용 전압의 배수)	최저 시험전압
1. 7[kV] 이하인 전로		1.5배	
2. 7[kV] 초과 25[kV] 이하	다중접지	0.92배	
3. 7[kV] 초과 60[kV] 이하 (2란의 것 제외)	비접지	1.25배	10.5[kV]
4. 60[kV] 초과	비접지	1.25배	
5. 60[kV] 초과 (6란, 7란의 것 제외)	접지식	1.1배	75[kV]
6. 60[kV] 초과 (7란의 것 제외)	직접접지	0.72배	
7. 170[kV] 초과 (발전소 또는 변전소 혹은 이에 준하는 장소에 시설하는 것.)	직접접지	0.64배	

답 ③

국가기술자격검정 필기시험 문제

2015년도 전기기사 일반검정 제 2 회

자격종목 및 등급(선택분야)	종목코드	시험시간	문제지형별	수검 번호	성 명
전기기사	**1150**	**2시간 30분**	**A**		

제1과목 ▷ 전기자기학

문제 01 반경 a인 구도체에 $-Q$의 전하를 주고 구도체의 중심 O에서 $10a$ 되는 점 P에 $10Q$의 점전하를 놓았을 때, 직선 OP 위의 점 중에서 전위가 0 이 되는 지점과 구도체의 중심 O와의 거리는?

① $\dfrac{a}{5}$ ② $\dfrac{a}{2}$ ③ a ④ $2a$

풀이

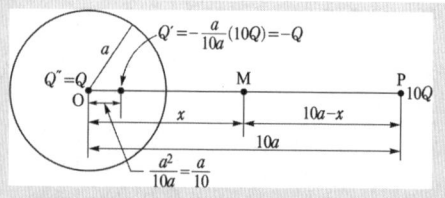

점 P의 점전하 $10Q$에 의한 비접지 구도체 내에 두 영상전하 Q', Q''

$$Q' = -\frac{a}{10a}(10Q) = -Q, \quad Q'' = Q$$

구도체에 준 전하 $-Q$는 영상전하 $Q'' = Q$와 중화되므로 점 P의 $10Q$와 영상전하 $Q' = -Q$에 의한 전위 $V_M = 0$인 조건에 의해

$$\frac{10Q}{4\pi\epsilon(10a-x)} + \frac{-Q}{4\pi\epsilon\left(x - \frac{a}{10}\right)} = 0$$

$$\frac{10Q}{4\pi\epsilon(10a-x)} = \frac{Q}{4\pi\epsilon\left(x - \frac{a}{10}\right)}$$

$$10\left(x - \frac{a}{10}\right) = 10a - x$$

$$10x - a = 10a - x$$

$$\therefore x = a$$

답 ③

문제 02 그림과 같은 동축원통의 왕복 전류회로가 있다. 도체 단면에 고르게 퍼진 일정 크기의 전류가 내부 도체로 흘러 들어가고 외부 도체로 흘러나올 때, 전류에 의하여 생기는 자계에 대하여 틀린 것은?

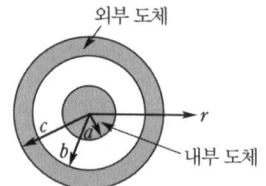

① 외부 공간($r > c$)의 자계는 영(0)이다.
② 내부 도체 내($r < a$)에 생기는 자계의 크기는 중심으로부터 거리에 비례한다.
③ 외부 도체 내($b < r < c$)에 생기는 자계의 크기는 중심으로부터 거리에 관계없이 일정하다.
④ 두 도체사이(내부 공간)($a < r < b$)에 생기는 자계의 크기는 중심으로부터 거리에 반비례한다.

풀이

① 외부 도체 외의 공간 $c < r$인 점의 자계 H_4는
$$H_4 2\pi r = I - I = 0 \quad \therefore \ H_4 = 0$$

② 내부 도체에 있어서 $r < a$인 점의 자계를 H_1이라 하면 반지름 r내를 흐르는 전류, 즉 쇄교하는 전류 I_r은 $I_r = \dfrac{\pi r^2}{\pi a^2} I = \dfrac{r^2}{a^2} I$ 이므로, 주회 적분의 법칙에서

$$H_1 2\pi r = I_r \quad \therefore \ H_1 = \frac{I_r}{2\pi r} = \frac{1}{2\pi r}\frac{r^2}{a^2}I = \frac{rI}{2\pi a^2} \, [\text{A/m}]$$

③ $b < r < c$인 점의 자계 H_3는

$$H_3 2\pi r = I - \frac{\pi r^2 - \pi b^2}{\pi c^2 - \pi b^2}I = \left(1 - \frac{r^2 - b^2}{c^2 - b^2}\right)I$$

$$H_3 = \frac{I}{2\pi r}\left(1 - \frac{r^2 - b^2}{c^2 - b^2}\right) [\text{A/m}] \propto \frac{1}{r}$$

④ $a < r < b$일 때의 자계 H_2는

$H_2 2\pi r = I$ $\therefore H_2 = \dfrac{I}{2\pi r}$ [A/m]   답 ③

문제 03 다음 중 틀린 것은?

① 도체의 전류밀도 J는 가해진 전기장 E에 비례하여 온도변화와 무관하게 항상 일정하다.

② 도전율의 변화는 원자구조, 불순도 및 온도에 의하여 설명이 가능하다.

③ 전기저항은 도체의 재질, 형상, 온도에 따라 결정되는 상수이다.

④ 고유저항의 단위는 [Ω·m] 이다.

풀이

저항 $R = \rho \dfrac{l}{S}$ [Ω], 고유저항 $\rho = \dfrac{RS}{l}$ [Ω·m],

도전율 $\sigma = \dfrac{1}{\rho} = \dfrac{l}{RS}$ [S/m],

전류밀도 $J = \sigma E$의 관계로부터 **전류밀도는 도전율에 비례하고 고유저항에 반비례한다.**

$J \propto \sigma \propto \dfrac{1}{\rho}$

ρ_1을 t_1[℃], ρ_2를 t_2[℃]에서의 고유저항(저항률)이라면 $\rho_2 = \rho_1\{1 + \alpha_1(t_2 - t_1)\}$의 관계로부터 고유저항은 온도변화에 관계가 있다. 즉, **전류밀도는 도전율에 비례하고 고유저항에 반비례하는 관계로부터 온도변화에 관계한다.** 답 ①

문제 04 그림과 같은 단극 유도장치에서 자속밀도 B[T]로 균일하게 반지름 a[m]인 원통형 영구자석 중심축 주위를 각속도 ω[rad/s]로 회전하고 있다. 이때 브러시(접촉자)에서 인출되어 저항 R[Ω]에 흐르는 전류는 몇 [A] 인가?

① $\dfrac{aB\omega}{R}$

② $\dfrac{a^2 B\omega}{R}$

③ $\dfrac{aB\omega}{2R}$

④ $\dfrac{a^2 B\omega}{2R}$

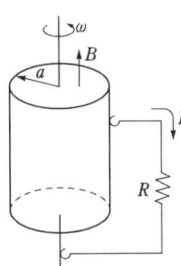

풀이

미소길이 dr에 의한 유도 기전력 de

$de = Bdrv = Bdr(r\omega) = \omega Br dr$

반지름 a인 원통형 단극유도장치의 유도기전력 e

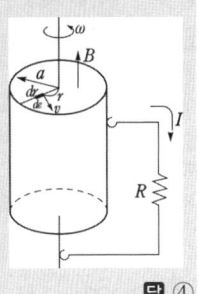

$e = \displaystyle\int_0^a de = \omega B \int_0^a r dr = \omega B \dfrac{a^2}{2}$

$\therefore e = \dfrac{a^2 B\omega}{2}$ [V]

유도기전력에 의한 전류 i

$\therefore i = \dfrac{e}{R} = \dfrac{a^2 B\omega}{2R}$ [A]   답 ④

문제 05 영구자석에 관한 설명으로 틀린 것은?

① 한번 자화된 다음에는 자기를 영구적으로 보존하는 자석이다.

② 보자력이 클수록 자계가 강한 영구자석이 된다.

③ 잔류 자속밀도가 클수록 자계가 강한 영구자석이 된다.

④ 자석재료로 폐회로를 만들면 강한 영구자석이 된다.

풀이

자석 재료에 **외부에서 큰 자계를 가해야 자화되어 영구자석이** 된다.   답 ④

문제 06 수직 편파는?

① 전계가 대지에 대해서 수직면에 있는 전자파

② 전계가 대지에 대해서 수평면에 있는 전자파

③ 자계가 대지에 대해서 수직면에 있는 전자파

④ 자계가 대지에 대해서 수평면에 있는 전자파

풀이

• 수평 편파 : 대지에 대해 전계가 수평면에 있는 전자파
• 수직 편파 : 대지에 대해 전계가 수직면에 있는 전자파

답 ①

문제 07 원점에서 점(-2, 1, 2)로 향하는 단위벡터를 a_1이라 할 때 $y = 0$인 평면에 평행이고 a_1에 수직인 단위벡터 a_2는?

① $a_2 = \pm\left(\dfrac{1}{\sqrt{2}}a_x + \dfrac{1}{\sqrt{2}}a_z\right)$

② $a_2 = \pm\left(\dfrac{1}{\sqrt{2}}a_x - \dfrac{1}{\sqrt{2}}a_y\right)$

③ $a_2 = \pm\left(\dfrac{1}{\sqrt{2}}a_z + \dfrac{1}{\sqrt{2}}a_y\right)$

④ $a_2 = \pm\left(\dfrac{1}{\sqrt{2}}a_y - \dfrac{1}{\sqrt{2}}a_z\right)$

풀이

단위벡터 a_1은 위치벡터 $A_1 = -2a_x + a_y + 2a_z$로부터

$$a_1 = \frac{-2a_x + a_y + 2a_z}{\sqrt{(-2)^2 + 1^2 + 2^2}} = \frac{-2a_x + a_y + 2a_z}{\sqrt{9}}$$

단위벡터 a_2는 $y = 0$인 평면($x-z$ 평면)에서 벡터의 성분 A_x, A_z 또 a_1과 수직에서 $a_1 \cdot a_2 = 0$을 만족해야 하므로

$$a_2 = \pm\frac{A_x a_x + A_z a_z}{\sqrt{A_x^2 + A_z^2}}$$

$$a_1 \cdot a_2 = \frac{-2a_x + a_y + 2a_z}{\sqrt{9}} \cdot \left(\pm\frac{A_x a_x + A_z a_z}{\sqrt{A_x^2 + A_z^2}}\right) = 0$$

$$(-2a_x + a_y + 2a_z) \cdot (A_x a_x + A_z a_z) = -2A_x + 2A_z = 0$$

에서 $A_x = A_z$

$$\therefore a_2 = \pm\frac{A_x a_x + A_x a_z}{\sqrt{A_x^2 + A_x^2}} = \pm\frac{(a_x + a_z)A_x}{\sqrt{2}A_x}$$

$$= \pm\left(\frac{1}{\sqrt{2}}a_x + \frac{1}{\sqrt{2}}a_z\right)$$ **답** ①

별해

단위벡터 a_2는 $y = 0$인 평면($x-z$평면)에 평행 조건에서 성분벡터가 $A_x a_x$, $A_z a_z$로 되어 있는 벡터를 나타내므로 선택형에서 ①만 해당된다.(풀지 않고도 해결 가능)

문제 08 비유전율이 10인 유전체를 5[V/m]인 전계 내에 놓으면 유전체의 표면전하밀도는 몇 [C/m²]인가? (단, 유전체의 표면과 전계는 직각이다.)

① $35\epsilon_0$　　　② $45\epsilon_0$

③ $55\epsilon_0$　　　④ $65\epsilon_0$

풀이

유전체의 표면전하밀도 σ'는 분극의세기 P와 같으므로

$$\sigma' = P = \chi E = (\epsilon - \epsilon_0)E = \epsilon_0(\epsilon_s - 1)E$$
$$= \epsilon_0 \times (10-1) \times 5 = 45\epsilon_0 [\text{C/m}^2]$$ **답** ②

문제 09 자기 쌍극자에 의한 자위 U[A]에 해당되는 것은? (단, 자기 쌍극자의 자기 모멘트는 M[Wb·m], 쌍극자의 중심으로부터의 거리는 r[m], 쌍극자의 정방향과의 각도는 θ라 한다.)

① $6.33 \times 10^4 \times \dfrac{M\sin\theta}{r^3}$

② $6.33 \times 10^4 \times \dfrac{M\sin\theta}{r^2}$

③ $6.33 \times 10^4 \times \dfrac{M\cos\theta}{r^3}$

④ $6.33 \times 10^4 \times \dfrac{M\cos\theta}{r^2}$

풀이

자기 쌍극자에 의한 자위

$$U_m = \frac{M\cos\theta}{4\pi\mu_0 r^2} = 6.33 \times 10^4 \times \frac{M\cos\theta}{r^2}[\text{A}]$$ **답** ④

문제 10 평면 전자파에서 전계의 세기가

$$E = 5\sin\omega\left(t - \frac{x}{v}\right)[\mu\text{V/m}]$$

인 공기 중에서의 자계의 세기는 몇 [μA/m] 인가?

① $-\dfrac{5\omega}{v}\cos\omega\left(t - \dfrac{x}{v}\right)$

② $5\omega\cos\omega\left(t - \dfrac{x}{v}\right)$

③ $4.8 \times 10^2 \sin\omega\left(t - \dfrac{x}{v}\right)$

④ $1.3 \times 10^{-2} \sin\omega\left(t - \dfrac{x}{v}\right)$

풀이

전계와 자계의 관계식에서

$$H_e = \sqrt{\frac{\epsilon_0}{\mu_0}}E_e = \sqrt{\frac{8.855 \times 10^{-12}}{4\pi \times 10^{-7}}}E_e$$
$$= 2.65 \times 10^{-3}E_e = 1.3 \times 10^{-2}\sin\omega\left(t - \frac{x}{v}\right)$$ **답** ④

문제 11 반경 r_1, r_2인 동심구가 있다. 반경 r_1, r_2인 구 껍질에 각각 $+Q_1$, $+Q_2$의 전하가 분포되어 있는 경우 $r_1 \leq r \leq r_2$ 에서의 전위는?

① $\dfrac{1}{4\pi\epsilon_0}\left(\dfrac{Q_1+Q_2}{r}\right)$ ② $\dfrac{1}{4\pi\epsilon_0}\left(\dfrac{Q_1}{r_1}+\dfrac{Q_2}{r_2}\right)$

③ $\dfrac{1}{4\pi\epsilon_0}\left(\dfrac{Q_2}{r}+\dfrac{Q_1}{r_2}\right)$ ④ $\dfrac{1}{4\pi\epsilon_0}\left(\dfrac{Q_1}{r}+\dfrac{Q_2}{r_2}\right)$

풀이

반경 $r(r_1 \leq r \leq r_2)$의 전위 V_r은 반경 r_2인 외구의 표면 전위 V_2와 반경 $r \sim r_2$ 사이의 전위차 V_{r2}의 합이 된다.
즉 $V_r = V_2 + V_{r2}$

외구의 표면전위 $V_2 = \dfrac{Q_1+Q_2}{4\pi\epsilon_0 r_2}$

$r \sim r_2$ 사이의 전위차 $V_{r2} = \dfrac{Q_1}{4\pi\epsilon_0}\left(\dfrac{1}{r}-\dfrac{1}{r_2}\right)$

반경 r의 전위 $V_r = V_2 + V_{r2}$

$\qquad = \dfrac{Q_1+Q_2}{4\pi\epsilon_0 r_2}+\dfrac{Q_1}{4\pi\epsilon_0}\left(\dfrac{1}{r}-\dfrac{1}{r_2}\right)$

$\qquad = \dfrac{1}{4\pi\epsilon_0}\left(\dfrac{Q_1}{r}+\dfrac{Q_2}{r_2}\right)$ **답** ④

문제 12 다음 (   )안의 ㉠과 ㉡에 들어갈 알맞은 내용은?

"도체의 전기전도는 도전율로 나타내는데 이는 도체 내의 자유전하밀도에 (㉠)하고, 자유전하의 이동도에 (㉡)한다."

① ㉠ 비례   ㉡ 비례
② ㉠ 반비례   ㉡ 반비례
③ ㉠ 비례   ㉡ 반비례
④ ㉠ 반비례   ㉡ 비례

풀이

도전율 $\sigma = nq\mu = \rho\mu\,[\Omega \cdot m]^{-1}$
여기서, n: 단위체적당 전하의 수
$\quad\quad \mu$: 하전입자의 이동도
$\quad\quad q$: 한 개 입자의 전하량 [C]
$\quad\quad \rho$: 체적전하밀도 [C/m³] **답** ①

제2과목 **전력공학**

문제 21 경간 200[m]의 지지점이 수평인 가공 전선로가 있다. 전선 1[m]의 하중은 2[kg], 풍압하중은 없는 것으로 하고 전선의 인장하중은 4000[kg], 안전율 2.2로 하면 이도는 몇 [m]인가?

① 4.7   ② 5.0
③ 5.5   ④ 6.2

풀이

이도 $D = \dfrac{WS^2}{8T} = \dfrac{2\times 200^2}{8\times 4000/2.2} = 5.5[m]$ **답** ③

문제 22 전기 공급 시 사람의 감전, 전기 기계류의 손상을 방지하기 위한 시설물이 아닌 것은?

① 보호용 개폐기
② 축전지
③ 과전류 차단기
④ 누전 차단기

풀이

사람과 기기를 보호하기 위한 시설물에는 보호용 개폐기, 과전류 차단기, 누전 차단기, 퓨즈 등이 있다. 그러나 **축전지는 예비전원설비**이다. **답** ②

문제 23 송배전 계통에 발생하는 이상전압의 내부적 원인이 아닌 것은?

① 선로의 개폐
② 직격뢰
③ 아크 접지
④ 선로의 이상 상태

풀이

(1) 내부적 원인에 의한 이상 전압
　① 개폐 이상 전압
　② 고장시의 과도 이상 전압
　③ 계통 조작과 고장시의 지속 이상 전압
(2) **외부적 원인**에 의한 이상 전압
　① 유도뢰
　② **직격뢰**
　③ 다른 고압선과의 혼촉 및 유도 **답** ②

문제 24 중거리 송전선로의 π형 회로에서 송전단 전류 I_s 는? (단, Z, Y는 선로의 직렬 임피던스와 병렬 어드미턴스이고 E_r, I_r 은 수전단 전압과 전류이다.)

① $\left(1 + \dfrac{ZY}{2}\right)E_r + ZI_r$

② $\left(1 + \dfrac{ZY}{2}\right)E_r + Z\left(1 + \dfrac{ZY}{4}\right)I_r$

③ $\left(1 + \dfrac{ZY}{2}\right)I_r + YE_r$

④ $\left(1 + \dfrac{ZY}{2}\right)I_r + Y\left(1 + \dfrac{ZY}{4}\right)E_r$

풀이

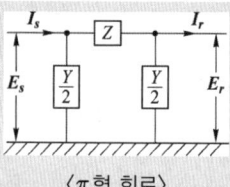

〈π형 회로〉

• $E_s = \left(1 + \dfrac{ZY}{2}\right)E_r + ZI_r$

• $I_s = Y\left(1 + \dfrac{ZY}{4}\right)E_r + \left(1 + \dfrac{ZY}{2}\right)I_r$ **답** ④

문제 25 Y결선된 발전기에서 3상 단락사고가 발생한 경우 전류에 관한 식 중 옳은 것은?
(단, Z_0, Z_1, Z_2는 영상, 정상, 역상 임피던스이다.)

① $I_a + I_b + I_c = I_0$ ② $I_a = \dfrac{E_a}{Z_0}$

③ $I_b = \dfrac{a^2 E_a}{Z_1}$ ④ $I_c = \dfrac{aE_a}{Z_2}$

풀이

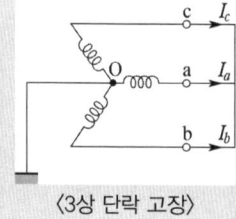

〈3상 단락 고장〉

3상 단락 고장 시 전압 및 전류의 관계
• $V_a = V_b = V_c = 0$

• $I_a + I_b + I_c = 0$

• $I_a = \dfrac{E_a}{Z_1}$, $I_b = \dfrac{a^2 E_a}{Z_1}$, $I_c = \dfrac{aE_a}{Z_1}$ **답** ③

문제 26 보일러 급수 중의 염류 등이 굳어서 내벽에 부착되어 보일러 열전도와 물의 순환을 방해하며 내면의 수관벽을 과열시켜 파열을 일으키게 하는 원인이 되는 것은?

① 스케일   ② 부식
③ 포밍   ④ 캐리오버

풀이

스케일이란, 보일러의 급수에 포함되어 있는 알루미늄, 나트륨 등의 **염류가 굳어서** 되는 것으로 관석이라고도 부르고 있다. 또한 스케일은 내벽에 부착되어 **보일러 열전도와 물의 순환을 방해**하며 내면의 수관벽을 과열시켜 파열을 일으키게 하는 원인이 되기도 한다.   **답** ①

문제 27 서지파가 파동임피던스 Z_1의 선로 측에서 파동 임피던스 Z_2의 선로 측으로 진행할 때 반사계수 β는?

① $\beta = \dfrac{Z_2 - Z_1}{Z_1 + Z_2}$

② $\beta = \dfrac{2Z_2}{Z_1 + Z_2}$

③ $\beta = \dfrac{Z_1 - Z_2}{Z_1 + Z_2}$

④ $\beta = \dfrac{2Z_1}{Z_1 + Z_2}$

풀이

파동임피던스가 서로 다른 회로에 연결된 점(이것을 보통 변이점이라 한다)에 진행파가 진입하면 일부는 반사하고 나머지는 변이점을 통과해서 다음회로에 침입해 들어가게 된다.

• 반사 계수$(\beta) = \dfrac{Z_2 - Z_1}{Z_2 + Z_1}$

• 투과 계수$(\gamma) = \dfrac{2Z_2}{Z_2 + Z_1}$ **답** ①

문제 28 일반적인 비접지 3상 송전선로의 1선 지락 고장 발생 시 각 상의 전압은 어떻게 되는가?

① 고장 상의 전압은 떨어지고, 나머지 두 상의 전압은 변동되지 않는다.
② 고장 상의 전압은 떨어지고, 나머지 두 상의 전압은 상승한다.
③ 고장 상의 전압은 떨어지고, 나머지 상의 전압도 떨어진다.
④ 고장 상의 전압이 상승한다.

풀이

비접지 계통에서 1선 지락시 건전상의 전위 상승은 상전압에서 선간 전압으로 되므로 $\sqrt{3}$ 배 상승하게 된다. **답 ②**

제3과목 전기기기

문제 41 2대의 동기 발전기가 병렬 운전하고 있을 때 동기화 전류가 흐르는 경우는?

① 기전력의 크기에 차가 있을 때
② 기전력의 위상에 차가 있을 때
③ 기전력의 파형에 차가 있을 때
④ 부하 분담에 차가 있을 때

풀이

병렬 운전 조건	병렬 운전 조건이 다른 경우
기전력의 크기가 같을 것	무효 순환 전류가 흐른다.
기전력의 위상이 같을 것	유효 전류로 동기화 전류가 흐른다.
기전력의 주파수가 같을 것	동기화 전류가 주기적으로 흐른다.
기전력의 파형이 같을 것	고조파 무효 순환 전류가 흐른다.

답 ②

문제 42 3대의 단상변압기를 △-Y로 결선하고 1차 단자전압 V_1, 1차 전류 I_1 이라 하면 2차 단자전압 V_2와 2차 전류 I_2의 값은? (단, 권수비는 a이고, 저항, 리액턴스, 여자전류는 무시한다.)

① $V_2 = \sqrt{3}\dfrac{V_1}{a}, \ I_2 = \sqrt{3}\,aI_1$

② $V_2 = V_1, \ I_2 = \dfrac{a}{\sqrt{3}}I_1$

③ $V_2 = \sqrt{3}\dfrac{V_1}{a}, \ I_2 = \dfrac{a}{\sqrt{3}}I_1$

④ $V_2 = \dfrac{V_1}{a}, \ I_2 = I_1$

풀이

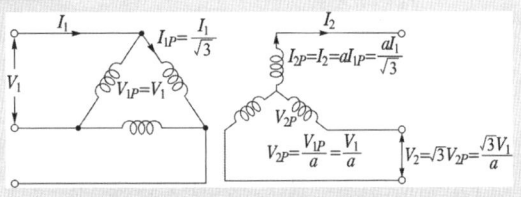

변압기에서 전압비 및 전류비는 반드시 상전압 대 상전압, 상전류 대 상전류가 되어야 한다.

- 2차측 상전압 $V_{2P} = \dfrac{V_{1P}}{a} = \dfrac{V_1}{a}$

  ($\because$ △결선에서 상전압=선간전압)

  $\therefore$ 2차측 단자전압(선간전압) $V_2 = \sqrt{3}\,V_{2P} = \dfrac{\sqrt{3}\,V_1}{a}$

- 1차측 상전류 $I_{1P} = \dfrac{I_1}{\sqrt{3}}$

  ($\because$ △결선에서 상전류는 선전류의 $\dfrac{1}{\sqrt{3}}$ 배)

- 2차측 상전류 $I_{2P} = aI_{1P}$
- 2차측 선전류 $I_2 = I_{2P} = \dfrac{aI_1}{\sqrt{3}}$

답 ③

문제 43 1000 [kW], 500 [V]의 직류 발전기가 있다. 회전수 246 [rpm]이고 슬롯수 192, 각 슬롯내의 도체수 6, 극수는 12 이다. 전부하에서의 자속수[Wb]는? (단, 전기자 저항은 0.006 [Ω]이고, 전기자권선은 단중 중권이다.)

① 0.502
② 0.305
③ 0.2065
④ 0.1084

풀이

$I = \dfrac{P}{V} = \dfrac{1000 \times 10^3}{500} = 2000 \ [\text{A}]$

$Z = (슬롯수) \times (1슬롯의 도체수) = 192 \times 6 = 1152$

$E = V + I_a R_a = 500 + 2000 \times 0.006 = 512 \ [\text{V}]$

$E = \dfrac{p}{a}Z\phi\dfrac{N}{60}$ 에서 중권이므로 $a = p$ 이다.

$$\therefore \phi = \frac{60 \cdot E}{ZN} = \frac{60 \times 512}{1152 \times 246} = 0.1085[\text{Wb}]$$ **답 ④**

문제 44 유도전동기에서 크라우링(crawling)현상으로 맞는 것은?

① 기동시 회전자의 슬롯수 및 권선법이 적당하지 않은 경우 정격속도보다 낮은 속도에서 안정운전이 되는 현상

② 기동시 회전자의 슬롯수 및 권선법이 적당하지 않은 경우 정격속도보다 높은 속도에서 안정운전이 되는 현상

③ 회전자 3상중 1상이 단선된 경우 정격속도의 50[%] 속도에서 안정운전이 되는 현상

④ 회전자 3상중 1상이 단락된 경우 정격속도보다 높은 속도에서 안정운전이 되는 현상

풀이

차동기 운전(크로우링 현상)
3상 유도 전동기에서 회전자의 슬롯수 및 권선법이 적당하지 않아 고조파가 발생되고, 이로 인해 **전동기는 낮은 속도에서 안정상태가 되어 더 이상 가속하지 않는 현상**을 차동기운전(crawling) 이라 한다.
방지대책으로는 경사슬롯(skewed slot)을 채용한다.

답 ①

문제 45 직류 직권전동기를 교류용으로 사용하기 위한 대책이 아닌 것은?

① 자계는 성층 철심, 원통형 고정자 적용

② 계자 권선수 감소, 전기자 권선수 증대

③ 보상 권선 설치, 브러시 접촉저항 증대

④ 정류자편 감소, 전기자 크기 감소

풀이

직류직권전동기를 교류용에 사용할 수 있으나 다음과 같은 단점이 있다.
• 철손이 크다.
• 효율이 나쁘다.
• 역률이 나쁘다.
• 정류가 불량하다.
따라서, 이러한 문제점을 해결하기 위해서는
① 전기자뿐만 아니라 계자에도 성층철심을 사용하고 원통형 회전자로 하여야 한다.

---

② 역률이 대단히 낮아지므로 계자권선의 권수를 적게 하고 반면에 전기자 권선수를 크게 한다.
따라서, **동일한 정격의 직류기에 비해 전기자가 커지고 정류자편의 수도 많아진다.**

③ 전기자 권선수가 많아지게 됨에 따라 전기자 반작용이 커지므로 이에 대한 대책으로 보상권선을 설치하여야 한다.

④ 정류작용이 직류기에 비해 어려우므로 이것을 개선하기 위하여 접촉저항이 큰 브러시를 사용하여 저항정류를 하여야 한다.

답 ④

문제 46 60[kW], 4극, 전기자 도체의 수 300개, 중권으로 결선된 직류 발전기가 있다. 매극당 자속은 0.05[Wb]이고 회전속도는 1200[rpm]이다. 이 직류 발전기가 전부하에 전력을 공급할 때 직렬로 연결된 전기자 도체에 흐르는 전류[A]는?

① 32   ② 42
③ 50   ④ 57

풀이

• 유기기전력 $E = p\phi n \dfrac{Z}{a}$

$$= 4 \times 0.05 \times \frac{1200}{60} \times \frac{300}{4} = 300[\text{V}]$$

• 전부하 전류 $I = \dfrac{P}{E} = \dfrac{60000}{300} = 200[\text{A}]$

• 중권이므로 병렬 회로수 a는 극수 p와 같으므로
$a = p = 4$

∴ 병렬회로수가 4이므로 1회로(직렬로 연결된 전기자)에 흐르는 전류

$$I_a = \frac{I}{a} = \frac{200}{4} = 50[\text{A}]$$

답 ③

문제 47 정류기 설계 조건이 아닌 것은?

① 출력 전압 직류 평활성

② 출력 전압 최소 고조파 함유율

③ 입력 역률 1 유지

④ 전력계통 연계성

풀이

정류기는 교류를 직류로 변환 시키는 장치로서 **전력계통의 연계와는 무관**하다.

답 ④

문제 48 주파수가 일정한 3상 유도전동기의 전원전압이 80 [%]로 감소하였다면, 토크는? (단, 회전수는 일정하다고 가정한다.)

① 64[%]로 감소 ② 80[%]로 감소
③ 89[%]로 감소 ④ 변화없음

풀이

토오크 $T = \dfrac{m_1 V_1^2 \dfrac{r_2'}{s}}{(r_1 + \dfrac{r_2'}{s})^2 + (x_1 + x_2')^2}$

에서 **토크는 전압의 제곱에 비례**하므로
$T' = (0.8)^2 T = 0.64T$ 즉, 64 [%]이다.　　**답** ①

문제 49 2차로 환산한 임피던스가 각각 $0.03 + j0.02[\Omega]$, $0.02 + j0.03[\Omega]$인 단상 변압기 2대를 병렬로 운전시킬 때 분담 전류는?

① 크기는 같으나 위상이 다르다.
② 크기와 위상이 같다.
③ 크기는 다르나 위상이 같다.
④ 크기와 위상이 다르다.

풀이

$Z_1 = \sqrt{0.03^2 + 0.02^2} = 0.036$
$Z_2 = \sqrt{0.02^2 + 0.03^2} = 0.036$
$\therefore Z_1 = Z_2$

$I = \dfrac{V}{Z}$ 에서 $Z_1 = Z_2$이므로 $I_1 = I_2$로 전류의 크기는 같다.
$\theta = \tan^{-1}\dfrac{X}{R}$ 에서

$\theta_1 = \tan^{-1}\dfrac{0.02}{0.03} = 33.69°$

$\theta_2 = \tan^{-1}\dfrac{0.03}{0.02} = 56.31°$

로 위상은 다르다.　　**답** ①

문제 50 히스테리시스손과 관계가 없는 것은?

① 최대 자속밀도
② 철심의 재료
③ 회전수
④ 철심용 규소강판의 두께

풀이

① 히스테리시스손 $P_h = K_h f B_m^2$
② 와류손 $P_e = K_e (t \cdot f \cdot K_f \cdot B_m)^2$
여기서, B_m : 최대 자속 밀도 [Wb/m²]
　　　K_h : 히스테리시스 계수(재료에 따라 정해짐)
　　　f : 주파수 [Hz],
　　　K_e : 재료에 따라 정해지는 상수
　　　t : 철심의 두께 [m]
　　　K_f : 파형률$\left(\dfrac{실효치}{평균치} = 1.11\right)$

따라서, **철심용 규소강판의 두께(t)는 히스테리시스손과는 무관하고 와류손과 관계가 있다.**　　**답** ④

문제 51 동기 전동기에 관한 설명 중 틀린 것은?

① 기동 토크가 작다.
② 유도 전동기에 비해 효율이 양호하다.
③ 여자기가 필요하다.
④ 역률을 조정할 수 없다.

풀이

동기 전동기의 특징
① 장점
  • 속도가 일정 불변이다.
  • 항상 역률 1로 운전할 수 있다.
  • **부하의 역률을 개선**할 수 있다.
  • 유도 전동기에 비하여 효율이 좋다.
② 단점
  • 보통 구조의 것은 기동 토크가 적고 속도 조정을 할 수 없다.
  • 난조를 일으킬 염려가 있다.
  • 여자용의 직류 전원을 필요로 하며 설비비가 많이 든다.　　**답** ④

문제 52 특수전동기에 대한 설명 중 틀린 것은?

① 릴럭턴스 동기전동기는 릴럭턴스토크에 의해 동기속도로 회전한다.
② 히스테리시스전동기의 고정자는 유도전동기 고정자와 동일하다.
③ 스테퍼전동기 또는 스텝모터는 피드백 없이 정밀 위치 제어가 가능하다.
④ 선형 유도전동기의 동기속도는 극수에 비례한다.

풀이

선형 유도전동기(LIM)는 회전기의 회전자 접속방향에 발생하는 전자력을 직접 직선적인 기계에너지로 변환하는 장치로서 **선형 유도전동기의 최대속도는 모선전압과 제어 전자장치의 속도로 인해 제한된다.** 답 ④

제4과목 회로이론 및 제어공학

문제 61 그림의 신호흐름선도에서 $\dfrac{C}{R}$를 구하면?

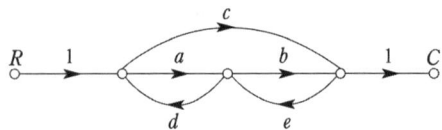

① $\dfrac{ab+c}{1-(ad+be)-cde}$

② $\dfrac{ab+c}{1+(ad+be)-cde}$

③ $\dfrac{ab+c}{1-(ad+be)}$

④ $\dfrac{ab+c}{1+(ad+be)}$

풀이

$G_1 = ab, \quad \Delta_1 = 1$

$G_2 = c, \quad \Delta_2 = 1$

$L_{11} = ad, \quad L_{21} = be, \quad L_{31} = cde, \quad \Delta = 1 - (L_{11} + L_{21} + L_{31})$

$\therefore \dfrac{C}{R} = \dfrac{G_1 \Delta_1 + G_2 \Delta_2}{\Delta} = \dfrac{ab+c}{1-(ad+be)-cde}$ 답 ①

문제 62 다음 특성 방정식 중 안정될 필요 조건을 갖춘 것은?

① $s^4 + 3s^2 + 10s + 10 = 0$

② $s^3 + s^2 - 5s + 10 = 0$

③ $s^3 + 2s^2 + 4s - 1 = 0$

④ $s^3 + 9s^2 + 20s + 12 = 0$

풀이

계의 안정 조건은 모든 차수의 항이 존재하고 각 계수의 부호가 같아야 한다. 답 ④

문제 63 z변환법을 사용한 샘플치 제어계가 안정되려면 $1 + G(z)H(z) = 0$의 근의 위치는?

① z평면의 좌반면에 존재하여야 한다.

② z평면의 우반면에 존재하여야 한다.

③ $|z| = 1$인 단위원 안쪽에 존재하여야 한다.

④ $|z| = 1$인 단위원 바깥쪽에 존재하여야 한다.

풀이

특성방정식의 근의 위치에 따른 안정도 판별법

계의 안정도	근의 위치	
	s평면의	z평면상
안 정	좌반면	**단위원 내부**
불 안 정	우반면	단위원 외부
임계안정	허수축	단위 원주상

답 ③

문제 64 $f(t) = Ke^{-at}$의 z 변환은?

① $\dfrac{Kz}{z - e^{-at}}$ ② $\dfrac{Kz}{z + e^{-at}}$

③ $\dfrac{z}{z - Ke^{-at}}$ ④ $\dfrac{z}{z + Ke^{-at}}$

풀이

$\lim\limits_{t \to 0} e(t) = \lim\limits_{s \to \infty} E(z)$		
$f(t)$	$F(s)$	$F(z)$
$\delta(t)$	1	1
$u(t)$	$\dfrac{1}{s}$	$\dfrac{z}{z-1}$
t	$\dfrac{1}{s^2}$	$\dfrac{Tz}{(z-1)^2}$
e^{-at}	$\dfrac{1}{s+a}$	$\dfrac{z}{z - e^{-at}}$

답 ①

문제 65 제어계의 입력이 단위계단 신호일 때 출력 응답은?

① 임펄스응답　　② 인디셜응답
③ 노멀응답　　　④ 램프응답

풀이

입력신호가 단위 계단함수일 때의 출력응답을 인디셜 응답 또는 단위 계단 응답이라고 한다. **답 ②**

문제 66 자동제어계의 과도응답의 설명으로 틀린 것은?

① 지연시간은 최종값의 50[%]에 도달하는 시간이다.
② 정정시간은 응답의 최종값의 허용범위가 ±5[%] 내에 안정되기까지 요하는 시간이다.
③ 백분율 오버슈트 = $\dfrac{최대오버슈트}{최종목표값} \times 100$
④ 상승시간은 최종값의 10[%]에서 100[%]까지 도달하는데 요하는 시간이다.

풀이

상승 시간(rise time) : 응답이 목표값의 10[%]로부터 90[%]까지 도달하는 데 요하는 시간이다. **답 ④**

문제 67 주파수 전달함수 $G(s) = s$인 미분요소가 있을 때 이 시스템의 벡터궤적은?

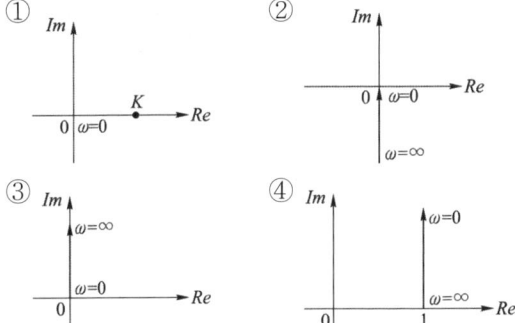

풀이

미분 요소　$G(s) = s$
주파수 전달 함수 $G(j\omega) = j\omega$
는 단지 허수부만으로 ω가 점점 증가함에 따라 $j\omega$는 허수

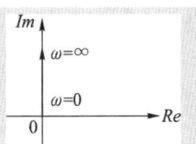

축상에서 그림과 같이 위로 올라가는 직선으로 된다. **답 ③**

문제 68 2차계의 감쇠비 δ가 $\delta > 1$이면 어떤 경우인가?

① 비 제동　　　② 과 제동
③ 부족 제동　　④ 발산

풀이

• $\delta < 1$인 경우 : 부족 제동(감쇠 진동)
• $\delta > 1$인 경우 : **과제동(비진동)**
• $\delta = 1$인 경우 : 임계 제동(임계 상태)
• $\delta = 0$인 경우 : 무제동(무한 진동 또는 완전 진동) **답 ②**

문제 69 특성방정식 $P(s)$가 다음과 같이 주어지는 계가 있다. 이 계가 안정되기 위한 K와 T의 관계로 맞는 것은? (단, K와 T는 양의 실수이다.)

$$P(s) = 2s^3 + 3s^2 + (1+5KT)s + 5K = 0$$

① $K > T$
② $15KT > 10K$
③ $3 + 15KT > 10K$
④ $3 - 15KT > 10K$

풀이

특성 방정식은 $P(s) = 2s^3 + 3s^2 + (1+5KT)s + 5K = 0$
이므로 루드의 표는

s^3	2	$1+5KT$
s^2	3	$5K$
s^1	$\dfrac{3 \times (1+5KT) - (2 \times 5K)}{3}$	0
s^0	$5K$	

제1열의 부호 변화가 없어야 안정하므로
　$3 \times (1+5KT) - (2 \times 5K) > 0$, $5K > 0$
따라서 K와 T의 관계는
　$3 + 15KT - 10K > 0$　　$3 + 15KT > 10K$ **답 ③**

문제 70 $R[\Omega]$의 저항 3개를 Y로 접속한 것을 선간전압 200[V]의 3상 교류 전원에 연결할 때 선전류가 10[A] 흐른다면, 이 3개의 저항을 △로 접속하고 동일 전원에 연결하면 선전류는 몇 [A]인가?

① 30   ② 25

③ 20   ④ $\dfrac{20}{\sqrt{3}}$

풀이

- Y 결선 상전류 $I_Y = \dfrac{200}{\sqrt{3}\,R}$ (∵ 상전류 = $\dfrac{\text{상전압}}{\text{저항}}$)

  (∵ Y결선에서 상전압 = $\dfrac{\text{선간전압}}{\sqrt{3}} = \dfrac{200}{\sqrt{3}}$)

- Y 결선 선전류 $I_{Yl} = \dfrac{200}{\sqrt{3}\,R} = 10[\text{A}]$

  (∵ Y결선에서 "상전류 = 선전류")

  ∴ $R = \dfrac{200}{10\sqrt{3}} = \dfrac{20}{\sqrt{3}}[\Omega]$

- △결선 상전류 $I_\triangle = \dfrac{200}{R} = \dfrac{200}{20/\sqrt{3}} = 10\sqrt{3}[\text{A}]$

- △결선 선전류 $I_{\triangle l} = \sqrt{3}\,I_\triangle = \sqrt{3} \times 10\sqrt{3} = 30[\text{A}]$

  답 ①

문제 71 반파 대칭의 왜형파에 포함되는 고조파는?

① 제2고조파   ② 제4고조파

③ 제5고조파   ④ 제6고조파

풀이

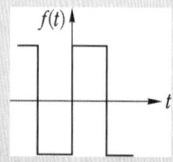

반파대칭 …… sin항과 cos항 존재 (n : 홀수항)
반파 대칭의 경우 한 주기마다 동일한 파형이 반복된다.

$f(t) = -f(t+\pi)$, $a_n = 0$

∴ $f(t) = \displaystyle\sum_{n=0}^{\infty} a_n \cos n\omega t + \sum_{n=0}^{\infty} b_n \sin n\omega t$

단, $n = 1, 3, 5, \cdots, 2n-1$ **(홀수항만 존재)**   **답** ③

문제 72 전류 $\sqrt{2}\,I\sin(\omega t + \theta)[\text{A}]$와 기전력 $\sqrt{2}\,V\cos(\omega t - \phi)[\text{V}]$ 사이의 위상차는?

① $\dfrac{\pi}{2} - (\phi - \theta)$ ② $\dfrac{\pi}{2} - (\phi + \theta)$

③ $\dfrac{\pi}{2} + (\phi + \theta)$ ④ $\dfrac{\pi}{2} + (\phi - \theta)$

풀이

$i = \sqrt{2}\,I\sin(\omega t + \theta)$

$v = \sqrt{2}\,V\cos(\omega t - \phi) = \sqrt{2}\,V\sin\left(\omega t - \phi + \dfrac{\pi}{2}\right)[\text{V}]$

따라서, v와 i의 위상차는

위상차 = $\left(\dfrac{\pi}{2} - \phi\right) - \theta = \dfrac{\pi}{2} - (\phi + \theta)$

$[\because \cos\theta = \sin(\theta + 90°)]$ **답** ②

문제 73 전원측 저항 1[kΩ], 부하저항 10 [Ω]일 때, 이것에 변압비 $n : 1$의 이상변압기를 사용하여 정합을 취하려 한다. n의 값으로 옳은 것은?

① 1

② 10

③ 100

④ 1000

$R_1 = 1[\text{kΩ}]$ $n:1$ V_1 V_2 $R_2 = 10[\Omega]$

풀이

$R_1 = n^2 R_2$ 이므로

변압비 $n^2 = \dfrac{R_1}{R_2} = \dfrac{1000}{10} = 100$ ∴ $n = 10$ **답** ②

문제 74 그림과 같은 회로의 전달함수는?

(단, $T_1 = R_1 C$, $T_2 = \dfrac{R_2}{R_1 + R_2}$ 이다.)

① $\dfrac{1}{1 + T_1 s}$

② $\dfrac{T_2(1 + T_1 s)}{1 + T_1 T_2 s}$

③ $\dfrac{1 + T_1 s}{1 + T_2 s}$

④ $\dfrac{T_2(1 + T_1 s)}{T_1(1 + T_2 s)}$

R_1 C e_i R_2 e_o

풀이

- $i(t) = \dfrac{1}{R_1}\{e_i(t) - e_o(t)\} + C\dfrac{d}{dt}\{e_i(t) - e_o(t)\}$

- $e_o(t) = R_2\,i(t)$

초기값을 0으로 하고 라플라스 변환하면

$I(s) = \dfrac{1}{R_1}[E_i(s) - E_o(s)] + Cs[E_i(s) - E_o(s)]$

$$E_o(s) = R_2 I(s)$$

$$\frac{E_o(s)}{R_2} = \frac{1}{R_1} E_i(s) - \frac{1}{R_1} E_o(s) + CsE_i(s) - CsE_o(s)$$

$$E_o(s)\left(\frac{1}{R_2} + \frac{1}{R_1} + Cs\right) = E_i(s)\left(\frac{1}{R_1} + Cs\right)$$

$\therefore$ 전달함수 $G(s) = \dfrac{E_o(s)}{E_i(s)} = \dfrac{\dfrac{1}{R_1} + Cs}{\dfrac{1}{R_1} + \dfrac{1}{R_2} + Cs}$

분모 분자에 R_1을 곱하면

$$G(s) = \frac{R_1 Cs + 1}{R_1 Cs + 1 + \dfrac{R_1}{R_2}} = \frac{R_1 Cs + 1}{R_1 Cs + \dfrac{R_1 + R_2}{R_2}}$$

여기서, $T_1 = R_1 C,\ T_2 = \dfrac{R_2}{R_1 + R_2}$ 이므로

$\therefore G(s) = \dfrac{T_1 s + 1}{T_1 s + \dfrac{1}{T_2}} = \dfrac{T_2(1 + T_1 s)}{1 + T_1 T_2 s}$ **답 ②**

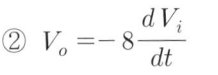 **문제 75** 정현파 교류 전압의 실효값에 어떠한 수를 곱하면 평균값을 얻을 수 있는가?

① $\dfrac{2\sqrt{2}}{\pi}$ ② $\dfrac{\sqrt{3}}{2}$

③ $\dfrac{2}{\sqrt{3}}$ ④ $\dfrac{\pi}{2\sqrt{2}}$

풀이

실효값을 V, 최대값을 V_m, 평균값을 V_{av}라 하면

$V_m = \sqrt{2}\,V,\ V_{av} = \dfrac{2}{\pi} V_m$ 이므로

$\therefore$ 평균값 $V_{av} = \dfrac{2}{\pi} V_m = \dfrac{2}{\pi} \times \sqrt{2}\,V = \dfrac{2\sqrt{2}}{\pi} V$ **답 ①**

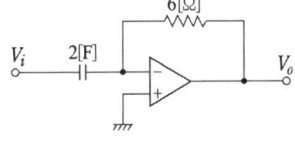 **문제 76** 다음의 연산증폭기 회로에서 출력전압 V_o를 나타내는 식은? (단, V_i는 입력신호이다.)

① $V_o = -12 \dfrac{dV_i}{dt}$

② $V_o = -8 \dfrac{dV_i}{dt}$

③ $V_o = -0.5 \dfrac{dV_i}{dt}$

④ $V_o = -\dfrac{1}{8} \dfrac{dV_i}{dt}$

풀이

$$V_o = -CR\frac{dV_i}{dt} = -12\frac{dV_i}{dt}$$ **답 ①**

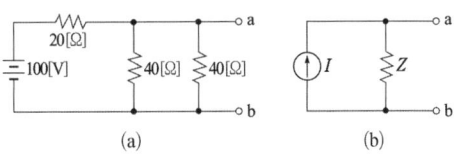 **문제 77** 그림 (a)와 (b)의 회로가 등가 회로가 되기 위한 전류원 I[A]와 임피던스 Z[Ω]의 값은?

(a) (b)

① 5 [A], 10 [Ω] ② 2.5 [A], 10 [Ω]

③ 5 [A], 20 [Ω] ④ 2.5 [A], 20 [Ω]

풀이

• 전압원을 전류원으로 등가변환
 등가회로란 전압원과 전류원에 부하 R_L이 연결되어 있을 때 R_L에 흐르는 전류가 서로 같으면 부하에 대해 두 회로는 등가가 된다.

$$I = \frac{100}{20} = 5[A]$$

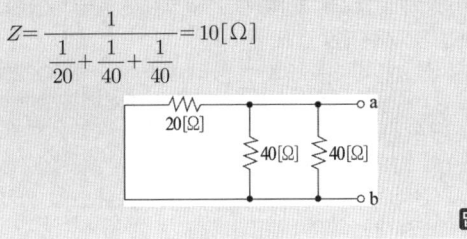

• 단자 ab에서 바라본 임피던스 Z(이때 전압원은 단락)

$$Z = \frac{1}{\dfrac{1}{20} + \dfrac{1}{40} + \dfrac{1}{40}} = 10[\Omega]$$

답 ①

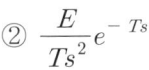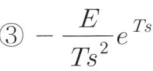 **문제 78** 다음 파형의 라플라스 변환은?

① $-\dfrac{E}{Ts^2} e^{-Ts}$

② $\dfrac{E}{Ts^2} e^{-Ts}$

③ $-\dfrac{E}{Ts^2} e^{Ts}$

④ $\dfrac{E}{Ts^2} e^{Ts}$

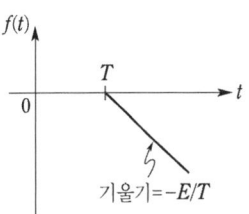

기울기=$-E/T$

풀이

$f(t) = -\dfrac{E}{T}(t-T)u(t-T)$ 이므로

$\mathcal{L}[f(t)] = -\dfrac{E}{Ts^2}e^{-Ts}$ **답** ①

제5과목 **전기설비 기술기준**

문제 **81** 접지 공사의 접지저항값을 $\dfrac{150}{I}$[Ω]으로 정하고 있는데, 이 때 I에 해당되는 것은?

① 변압기의 고압측 또는 특고압측 전로의 1선 지락전류의 암페어 수
② 변압기의 고압측 또는 특고압측 전로의 단락사고 시 고장전류의 암페어 수
③ 변압기의 1차측과 2차측의 혼촉에 의한 단락전류의 암페어 수
④ 변압기의 1차와 2차에 해당되는 전류의 합

풀이

142.5 변압기 중성점 접지
변압기의 중성점접지 저항 값은 다음에 의한다.
가. **변압기의 고압·특고압측 전로 1선 지락전류로 150을 나눈 값과 같은 저항 값 이하**
나. 사용전압이 35[kV] 이하의 특고압전로가 저압측 전로와 혼촉하고 저압전로의 대지전압이 150[V]를 초과하는 경우의 저항값은 다음에 의한다.
　① 1초 초과 2초 이내에 고압·특고압 전로를 자동으로 차단하는 장치를 설치할 때는 300을 나눈 값 이하
　② 1초 이내에 고압·특고압 전로를 자동으로 차단하는 장치를 설치할 때는 600을 나눈 값 이하   **답** ①

문제 **82** 옥내에 시설하는 관등회로의 사용전압이 1[kV]를 초과하는 방전등으로써 방전관에 네온방전관을 사용한 관등회로의 배선은?

① 무기물 절연 케이블공사
② 금속관공사
③ 합성수지관공사
④ 애자공사

풀이

234.12 네온방전등
네온방전등에 공급하는 전로의 대지전압은 300 [V] 이하로 하여야 하며, **관등회로의 배선은 애자공사로 다음에 따라서 시설하여야 한다.**
가. 전선은 네온관용전선을 사용할 것.
나. 전선은 자기 또는 유리제 등의 애자로 견고하게 지지하여 조영의 아랫면 또는 옆면에 부착하고 전선 상호 간의 이격거리는 60[mm] 이상일 것.
다. 전선지지점간의 거리는 1[m] 이하로 할 것.
라. 애자는 절연성·난연성 및 내수성이 있는 것일 것.   **답** ④

문제 **83** 시가지에서 특고압 가공전선로의 지지물에 시설할 수 없는 통신선은?

① 지름 4[mm]의 절연전선
② 단면적 16[mm²] 이상의 절연전선
③ 광섬유 케이블
④ CN/CV 케이블

풀이

362.5 특고압 가공전선로 첨가설치 통신선의 시가지 인입 제한
시가지에 시설하는 통신선은 특고압 가공전선로의 지지물에 시설하여서는 아니 된다. 다만, 통신선이 절연전선과 동등 이상의 절연효력이 있고 인장강도 5.26[kN] 이상의 것. 또는 연선의 경우 **단면적 16[mm²] (지름 4[mm]) 이상의 절연전선 또는 광섬유 케이블**인 경우에는 그러하지 아니하다.   **답** ④

문제 **84** 사용전압이 400[V] 이하인 경우의 저압 보안 공사에 전선으로 경동선을 사용할 경우 지름은 몇 [mm] 이상 인가?

① 2.6　　　　　　　② 3.5
③ 4.0　　　　　　　④ 5.0

풀이

222.10 저압 보안공사
저압 보안공사시 전선은 케이블인 경우 이외에는 인장강도 8.01[kN] 이상의 것 또는 지름 5[mm](사용전압이 **400[V] 이하인 경우에는** 인장강도 5.26[kN] 이상의 것 또는 **지름 4[mm] 이상의 경동선**) 이상의 경동선이어야 한다.   **답** ③

문제 85 사람이 상시 통행하는 터널 안의 배선을 애자공사에 의하여 시설하는 경우 설치 높이는 노면상 몇 [m] 이상 인가?

① 1.5 　　　　② 2
③ 2.5 　　　　④ 3

풀이

335.1 터널 안 전선로의 시설
사람이 상시 통행하는 터널 안의 전선로 사용전압은 저압 또는 고압에 한하며, 다음에 따라 시설하여야 한다.

전압	전선의 굵기	시공방법	애자공사 시 높이
저압	인장강도 2.30[kN] 이상 또는 2.6[mm] 이상의 경동선의 절연전선	• 합성수지관공사 • 금속관공사 • 금속제가요전선관공사 • 케이블공사 • 애자공사	노면상 2.5 [m] 이상
고압		• 케이블공사	

답 ③

문제 86 345[kV] 가공전선로를 제1종 특고압 보안공사에 의하여 시설하는 경우에 사용하는 전선은 인장강도 77.47[kN] 이상의 연선 또는 단면적 몇 [mm²] 이상의 경동연선 이어야 하는가?

① 100 　　　　② 125
③ 150 　　　　④ 200

풀이

333.22 특고압 보안공사
제1종 특고압 보안공사는 다음에 따라야 한다.

사용전압	전 선
100 [kV] 미만	인장강도 21.67 [kN] 이상의 연선 또는 단면적 55[mm²] 이상의 경동연선
100 [kV] 이상 300 [kV] 미만	인장강도 58.84 [kN] 이상의 연선 또는 단면적 150[mm²] 이상의 경동연선
300 [kV] 이상	인장강도 77.47[kN] 이상의 연선 또는 단면적 200[mm²] 이상의 경동연선

답 ④

문제 87 발전소, 변전소, 개폐소 또는 이에 준하는 곳에 설치하는 배전반 시설에 법규상 확보할 사항이 아닌 것은?

① 방호장치
② 통로를 시설
③ 기기 조작에 필요한 공간
④ 공기 여과장치

풀이

351.7 배전반의 시설
배전반에 고압용 또는 특고압용의 기구 또는 전선을 시설하는 경우에는 취급자에게 위험이 미치지 아니하도록 적당한 **방호장치 또는 통로를 시설**하여야 하며, **기기조작에 필요한 공간을 확보**하여야 한다. **답 ④**

문제 88 전체의 길이가 16[m]이고 설계하중이 6.8 [kN] 초과 9.8[kN] 이하인 철근 콘크리트주를 논, 기타 지반이 연약한 곳 이외의 곳에 시설할 때, 묻히는 깊이를 2.5[m] 보다 몇 [cm] 가산하여 시설하는 경우에는 기초의 안전율에 대한 고려 없이 시설하여도 되는가?

① 10 　　　　② 20
③ 30 　　　　④ 40

풀이

331.7 가공전선로 지지물의 기초의 안전율
가공전선로의 지지물에 하중이 가하여지는 경우에 그 하중을 받는 지지물의 기초의 안전율은 2(이상 시 상정하중에 대한 철탑의 기초에 대하여는 1.33) 이상이어야 한다. 다만, 다음에 따라 시설하는 경우에는 적용하지 않는다.

전장	6.8 [kN] 이하	6.8 [kN] 초과~9.8 [kN] 이하	9.8[kN] 초과~14.72[kN] 이하
15 [m] 이하	전장 × 1/6 이상	전장 × 1/6 + 0.3[m] 이상	전장 × 1/6 +0.5[m] 이상
15 [m] 초과	2.5[m] 이상	2.8[m] 이상	–
16 [m] 초과~20 [m] 이하	2.8[m] 이상	–	–
15 [m] 초과~18 [m] 이하	–	–	3 [m] 이상
18 [m] 초과	–	–	3.2 [m] 이상

답 ③

문제 89 KS C IEC 60364에서 전원의 한 점을 직접 접지하고, 설비의 노출 도전성 부분을 전원계통의 접지극과 별도로 전기적으로 독립하여 접지하는 방식은?

① TT 계통　　② TN-C 계통
③ TN-S 계통　　④ TN-CS 계통

풀이

203.3 TT 계통
전원의 한 점을 직접 접지하고 설비의 노출도전부는 전원의 접지전극과 전기적으로 독립적인 접지극에 접속시킨다. **답** ①

문제 90 옥내의 저압전선으로 애자공사에 의하여 전개된 곳에 나전선의 사용이 허용되지 않는 경우는?
① 전기로용 전선
② 취급자 이외의 자가 출입할 수 없도록 설비한 장소에 시설하는 전선
③ 제분공장의 전선
④ 전선의 피복절연물이 부식하는 장소에 시설하는 전선

풀이

231.4 나전선의 사용 제한
옥내에 시설하는 저압전선에는 나전선을 사용하여서는 아니 된다. 다만, 다음중 어느 하나에 해당하는 경우에는 그러하지 아니하다.
가. 애자공사에 의하여 전개된 곳에 다음의 전선을 시설하는 경우
　① **전기로용 전선**
　② 전선의 **피복 절연물이 부식하는 장소**에 시설하는 전선
나. **버스덕트공사**에 의하여 시설하는 경우
다. **라이팅덕트공사**에 의하여 시설하는 경우
라. **접촉 전선**을 시설하는 경우 **답** ③

문제 91 "고압 또는 특별고압의 기계기구, 모선 등을 옥외에 시설하는 발전소, 변전소, 개폐소 또는 이에 준하는 곳에 시설하는 울타리, 담 등의 높이는 (㉠)[m] 이상으로 하고, 지표면과 울타리, 담 등의 하단사이의 간격은 (㉡)[cm] 이하로 하여야 한다"에서 ㉠, ㉡에 알맞은 것은?
① ㉠ 3 ㉡ 15　　② ㉠ 2 ㉡ 15
③ ㉠ 3 ㉡ 25　　④ ㉠ 2 ㉡ 25

풀이

351.1 발전소 등의 울타리·담 등의 시설
가. **울타리·담 등의 높이는 2[m] 이상**으로 하고 지표면과

울타리·담 등의 **하단사이의 간격은 0.15[m] 이하**로 할 것.
나. 울타리·담 등의 높이와 울타리·담 등으로부터 충전 부분까지 거리의 합계는 표 에서 정한 값 이상으로 할 것.

사용전압의 구분	울타리·담 등의 높이와 울타리·담 등으로부터 충전 부분까지의 거리의 합계
35 [kV] 이하	5 [m]
35 [kV] 초과 160 [kV] 이하	6 [m]
160 [kV] 초과	• 거리 = 6 + 단수 × 0.12 [m] • 단수 = $\dfrac{\text{사용전압 [kV]} - 160}{10}$ 단수 계산에서 소수점 이하는 절상

답 ②

문제 92 저압 가공전선과 고압 가공전선을 동일 지지물에 병행 설치하는 경우, 고압 가공전선에 케이블을 사용하면 그 케이블과 저압 가공전선의 최소 이격거리는 몇 [cm]인가?
① 30　　② 50
③ 70　　④ 90

풀이

332.8 고압 가공전선 등의 병행설치
저압 가공전선(다중접지된 중성선은 제외한다. 이하 같다)과 고압 가공전선을 동일 지지물에 시설하는 경우에는 다음에 따라야 한다.
가. 저압 가공전선을 고압 가공전선의 아래로 하고 별개의 완금류에 시설할 것.
나. 저압 가공전선과 고압 가공전선 사이의 이격거리는 0.5[m] 이상일 것.
다. 다음의 어느 하나에 해당하는 경우에는 "가" 및 "나"에 의하지 아니할 수 있다.
　① 고압 가공전선에 케이블을 사용하고, 또한 그 케이블과 저압 가공전선 사이의 **이격거리를 0.3[m] 이상**으로 하여 시설하는 경우
　② 저압 가공인입선을 분기하기 위하여 저압 가공전선을 고압용의 완금류에 견고하게 시설하는 경우

답 ①

15년 2회 동일 및 유사 문제 (년도–회–번호)

1과목 전기자기학

13	18-3-2
14	18-3-05
15	20-4-10
16	19-2-13
17	17-3-14
18	20-4-03
19	17-2-02
20	18-3-07

2과목 전력공학

29	17-2-38
30	19-2-24
31	18-3-25
32	20-4-27
33	16-2-22
34	19-1-31
35	18-2-34
36	18-3-32
37	20-4-39
38	19-3-34
39	21-1-28
40	20-1,2-27

3과목 전기기기

53	19-2-58
54	21-2-44
55	20-3-47
56	16-3-48
57	17-3-51
58	19-2-42
59	21-1-53
60	16-3-51

4과목 회로이론 및 제어공학

79	22-3-79
80	19-1-75

5과목 전기설비기술기준

93	18-3-87
94	20-4-99
95	22-2-91
96	22-2-83
97	18-1-96
98	21-2-100

국가기술자격검정 필기시험 문제

2015년도 전기기사 일반검정 제 3 회				수검 번호	성 명
자격종목 및 등급(선택분야)	종목코드	시험시간	문제지형별		
전기기사	1150	2시간 30분	A		

제1과목 ▶ 전기자기학

문제 01 패러데이의 법칙에 대한 설명으로 가장 적합한 것은?

① 정전유도에 의해 회로에 발생하는 기자력은 자속의 변화 방향으로 유도된다.

② 정전유도에 의해 회로에 발생되는 기자력은 자속 쇄교수의 시간에 대한 증가율에 비례한다.

③ 전자유도에 의해 회로에 발생되는 기전력은 자속의 변화를 방해하는 반대 방향으로 기전력이 유도된다.

④ 전자유도에 의해 회로에 발생하는 기전력은 자속 쇄교수의 시간에 대한 변화율에 비례한다.

풀이

패러데이 법칙 : "유도기전력의 크기는 폐회로에 쇄교하는 자속의 시간적 변화율에 비례한다." 이것을 패러데이 법칙(Faraday's law) 또는 노이만 법칙(Neumann's law)이라 하며, 기전력의 크기를 결정한다.

$e = -\dfrac{d\Phi}{dt} = -N\dfrac{d\phi}{dt}$ [V] (단, $\Phi = N\phi$로 쇄교 자속수)

참고로 "전자유도에 의해 발생하는 기전력은 자속 변화를 방해하는 방향(−)으로 전류가 발생한다." 이것을 렌쯔의 법칙(Lenz's law)이라 하고, 기전력의 방향을 결정한다.

답 ④

문제 02 반지름 a, $b(b > a)$ [m]의 동심 구도체 사이에 유전율 ϵ[F/m]의 유전체가 채워졌을 때의 정전 용량은 몇 [F]인가?

① $\dfrac{\pi\epsilon}{\ln(b/a)}$

② $\dfrac{\ln(b/a)}{\pi\epsilon}$

③ $\dfrac{4\pi\epsilon ab}{b-a}$

④ $\dfrac{1}{4\pi\epsilon}\dfrac{a-b}{ab}$

풀이

동심 도체구에서의 정전 용량

$C = \dfrac{4\pi\epsilon}{\dfrac{1}{a} - \dfrac{1}{b}}$ [F]에서 $C = \dfrac{4\pi\epsilon ab}{b-a}$ [F]

답 ③

문제 03 맥스웰의 전자 방정식 중 패러데이 법칙에서 유도된 식은? (단, D : 전속 밀도, ρ_v : 공간 전하 밀도, B : 자속밀도, E : 전계의 세기, J : 전류밀도, H : 자계의 세기 이다.)

① $\mathrm{div}\, D = \rho_v$

② $\mathrm{div}\, B = 0$

③ $\nabla \times H = J + \dfrac{\partial D}{\partial t}$

④ $\nabla \times E = -\dfrac{\partial B}{\partial t}$

풀이

전자계에서 성립하는 기본 방정식

맥스웰 전자방정식		의 미
미 분 형	적 분 형	
$\mathrm{rot}\, E = -\dfrac{\partial B}{\partial t}$	$\oint_c E \cdot dl = -\displaystyle\int_S \dfrac{\partial B}{\partial t} \cdot dS$	패러데이 법칙
$\mathrm{rot}\, H = i_c + \dfrac{\partial D}{\partial t}$	$\oint_c H \cdot dl = I + \displaystyle\int_S \dfrac{\partial D}{\partial t} \cdot dS$	암페어 주회 적분 법칙
$\mathrm{div}\, D = \rho$	$\oint_S D \cdot dS = \displaystyle\int_v \rho\, dv = Q$	가우스 법칙
$\mathrm{div}\, B = 0$	$\oint_S B \cdot dS = 0$	가우스 법칙

즉, 패러데이 법칙에서 유도된 맥스웰의 전자방정식은

$\mathrm{rot}\, E = \nabla \times E = -\dfrac{\partial B}{\partial t}$ 이다.

답 ④

문제 04 특성임피던스가 각각 η_1, η_2인 두 매질의 경계면에 전자파가 수직으로 입사할 때 전계가 무반사로 되기 위한 가장 알맞은 조건은?

① $\eta_2 = 0$

② $\eta_1 = 0$

③ $\eta_1 = \eta_2$

④ $\eta_1 \cdot \eta_2 = 1$

풀이

전자파의 반사계수 $R = \dfrac{\eta_2 - \eta_1}{\eta_1 + \eta_2}$ 에서

무반사가 되기 위한 조건은 $R = \dfrac{\eta_2 - \eta_1}{\eta_1 + \eta_2} = 0$ 이다.

$\therefore \eta_1 = \eta_2$

답 ③

문제 05 무한 평면도체로부터 거리 a[m]인 곳에 점전하 Q[C]가 있을 때 도체 표면에 유도되는 최대 전하밀도는 몇 [C/m^2]인가?

① $\dfrac{Q}{2\pi\epsilon_0\, a^2}$

② $\dfrac{Q}{4\pi a^2}$

③ $-\dfrac{Q}{2\pi a^2}$

④ $\dfrac{Q}{4\pi\epsilon_0\, a^2}$

풀이

무한 평면 도체상의 기준 원점으로부터 x[m]인 곳의 유기 전하 밀도[C/m^2]는

$\sigma = D = \epsilon_0 E$

$= -\dfrac{Q \cdot a}{2\pi(a^2 + x^2)^{3/2}}$ [C/m^2]

이다. 따라서, $x = 0$일 때 ρ는 최대가 되므로

$\therefore \sigma_{\max} = [\sigma]_{x=0} = -\dfrac{Q}{2\pi a^2}$ [C/m^2]

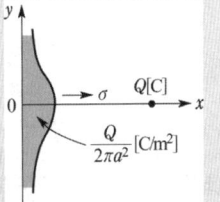

답 ③

문제 06 Q[C]의 전하를 가진 반지름 a[m]의 도체구를 유전율 ϵ[F/m]의 기름 탱크로부터 공기 중으로 빼내는데 요하는 에너지는 몇 [J]인가?

① $\dfrac{Q^2}{8\pi\epsilon_0 a}\left(1 - \dfrac{1}{\epsilon_s}\right)$

② $\dfrac{Q^2}{4\pi\epsilon_0 a}\left(1 - \dfrac{1}{\epsilon_s}\right)$

③ $\dfrac{Q^2}{8\pi\epsilon_0 a}(\epsilon_s - 1)$

④ $\dfrac{Q^2}{4\pi\epsilon_0 a}(\epsilon_s - 1)$

풀이

공기 중의 구의 용량 $C = 4\pi\epsilon_0 a$

기름 중의 구의 용량 $C' = 4\pi\epsilon a = 4\pi\epsilon_0 \epsilon_s a$

$\therefore$ 필요한 에너지

$W = \dfrac{Q^2}{2C} - \dfrac{Q^2}{2C'} = \dfrac{Q^2}{8\pi\epsilon_0 a} - \dfrac{Q^2}{8\pi\epsilon_0 \epsilon_s a} = \dfrac{Q^2}{8\pi\epsilon_0 a}\left(1 - \dfrac{1}{\epsilon_s}\right)$

답 ①

문제 07 다음 설명 중 옳은 것은?

① 자계 내의 자속밀도는 벡터포텐셜을 폐로선적분하여 구할 수 있다.

② 벡터포텐셜은 거리에 반비례하며 전류의 방향과 같다.

③ 자속은 벡터포텐셜의 curl을 취하면 구할 수 있다.

④ 스칼라포텐셜은 정전계와 정자계에서 모두 정의되나 벡터포텐셜은 정전계에서만 정의된다.

풀이

• 자속밀도 $B = \text{rot}\,A = \text{curl}\,A = \nabla \times A$ (자속밀도는 벡터포텐셜의 curl을 취하면 구할 수 있음)

• 자속 $\phi = \oint_c A \cdot dl$ (자속은 벡터포텐셜을 폐로 선적분하여 구할 수 있음)

• 스칼라포텐셜은 정전계와 정자계에서 모두 정의되나 벡터포텐셜은 정자계에서만 정의되고,

벡터포텐셜은 $A = \dfrac{\mu}{4\pi}\displaystyle\int \dfrac{J}{r}\,dv$ 이므로 거리에 반비례하고 전류의 방향과 같다.

답 ②

문제 08 한 변의 저항이 R_o인 그림과 같은 무한히 긴 회로에서 AB간의 합성저항은 어떻게 되는가?

① $(\sqrt{2} - 1)R_o$

② $(\sqrt{3} - 1)R_o$

③ $\dfrac{2}{3}R_o$

④ $\dfrac{3}{4}R_o$

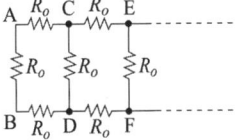

풀이

CD에서 우측으로본 합성저항을 R이라 하면 회로는 그림과 같다.

AB에서의 합성저항

$$R_{AB} = \frac{R_0 \cdot (2R_0 + R)}{R_0 + (2R_0 + R)}$$

그런데 무한히 긴 회로이므로 A, B에서 본 합성저항은 R이라 해도 무방하다.

$$\therefore R_{AB} = \frac{2R_0^2 + R_0 R}{3R_0 + R} = R$$

$$2R_0^2 + R_0 R = 3R_0 R + R^2$$

$$R^2 + 2R_0 R - 2R_0^2 = 0$$

근의 방정식에서

$$R = \frac{-2R_0 \pm \sqrt{(2R_0)^2 + 8R_0^2}}{2}$$

$$\therefore R = -R_0 \pm \sqrt{3} R_0 = R_0(\sqrt{3} - 1)$$

답 ②

문제 09 평면 전자파가 유전율 ϵ, 투자율 μ인 유전체 내를 전파한다. 전계의 세기가

$E = E_m \sin \omega \left(t - \frac{x}{v} \right)$[V/m]라면 자계의 세기 H [AT/m]는?

① $\sqrt{\mu \epsilon}\, E_m \sin \omega \left(t - \frac{x}{v} \right)$

② $\sqrt{\dfrac{\epsilon}{\mu}}\, E_m \cos \omega \left(t - \frac{x}{v} \right)$

③ $\sqrt{\dfrac{\epsilon}{\mu}}\, E_m \sin \omega \left(t - \frac{x}{v} \right)$

④ $\sqrt{\dfrac{\mu}{\epsilon}}\, E_m \cos \omega \left(t - \frac{x}{v} \right)$

풀이

고유 임피던스 $\eta = \dfrac{E}{H} = \sqrt{\dfrac{\mu}{\epsilon}}$ 에서

$H = \sqrt{\dfrac{\epsilon}{\mu}} E = \sqrt{\dfrac{\epsilon}{\mu}} E_m \sin \omega (t - \frac{x}{v})$[AT/m]   답 ③

문제 10 높은 전압이나, 낙뢰를 맞는 자동차 안에는 승객이 안전한 이유가 아닌 것은?

① 도전성 용기 내부의 장은 외부 전하나 자장이 정지 상태에서 영(ZERO)이다.

② 도전성 내부 벽에는 음(−)전하가 이동하여 외부에 같은 크기의 양(+)전하를 준다.

③ 도전성인 용기라도 속빈 경우에 그 내부에는 전기장이 존재하지 않는다.

④ 표면의 도전성 코팅이나 프레임 사이에 도체의 연결이 필요 없기 때문이다.

풀이

속빈 중공도체의 내부에는 전기장이 존재하지 않고 내부벽에 전하(양, 음)가 있어도 **등전위가 되어 전위차가 없기 때문에 전류가 흐르지 않게 되어 감전의 염려가 없이 안전한 것**이다. (④항은 문제와 아무 관계가 없는 설명임)   답 ④

문제 11 유도 기전력의 크기는 폐회로에 쇄교하는 자속의 시간적 변화율에 비례하는 정량적인 법칙은?

① 노이만의 법칙

② 가우스의 법칙

③ 암페어의 주회적분 법칙

④ 플레밍의 오른손 법칙

풀이

페러데이 법칙 :

"유도기전력의 크기는 폐회로에 쇄교하는 자속의 시간적 변화율에 비례한다." 이것을 패러데이 법칙(Faraday's law) 또는 **노이만 법칙**(Neumann's law)이라 하며, 기전력의 크기를 결정한다.

$$e = -\frac{d\Phi}{dt} = -N\frac{d\phi}{dt} \text{ [V]}$$

(단, $\Phi = N\phi$로 쇄교 자속수)

참고로 "전자유도에 의해 발생하는 기전력은 자속 변화를 방해하는 방향(−)으로 전류가 발생한다." 이것을 렌쯔의 법칙(Lenz's law)이라 하고, 기전력의 방향을 결정한다.   답 ①

문제 12 지름 2[mm], 길이 25[m]인 동선의 내부 인덕턴스는 몇 [μH]인가?

① 1.25   ② 2.5

③ 5.0   ④ 25

풀이

동선의 내부 인덕턴스 $L_i = \dfrac{\mu}{8\pi}$[H/m]

동선의 경우는 $\mu = \mu_0$ 이므로

$\therefore L_i = \dfrac{4\pi \times 10^{-7}}{8\pi} \times 25 = 12.5 \times 10^{-7}$[H]

$= 1.25$[μH]   답 ①

문제 13 아래의 그림과 같은 자기회로에서 A부분에만 코일을 감아서 전류를 인가할 때의 자기저항과 B부분에만 코일을 감아서 전류를 인가할 때의 자기저항[AT/Wb]을 각각 구하면 어떻게 되는가?
(단, 자기저항 $R_1 = 3$[AT/Wb], $R_2 = 1$[AT/Wb], $R_3 = 2$[AT/Wb]이다.)

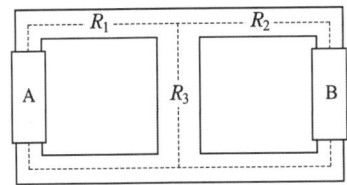

① $R_A = 2.20$, $R_B = 3.67$
② $R_A = 3.67$, $R_B = 2.20$
③ $R_A = 1.43$, $R_B = 2.83$
④ $R_A = 2.20$, $R_B = 1.43$

풀이

① A부분에만 코일을 감아서 전류를 인가할 때의 자기저항

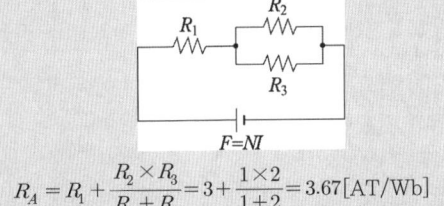

$$R_A = R_1 + \frac{R_2 \times R_3}{R_2 + R_3} = 3 + \frac{1 \times 2}{1 + 2} = 3.67 \text{[AT/Wb]}$$

② B부분에만 코일을 감아서 전류를 인가할 때의 자기저항

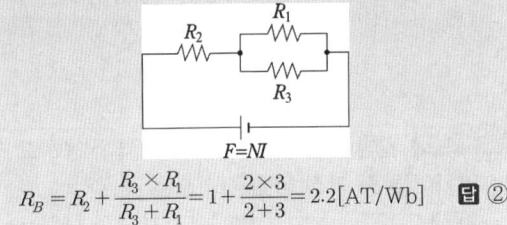

$$R_B = R_2 + \frac{R_3 \times R_1}{R_3 + R_1} = 1 + \frac{2 \times 3}{2 + 3} = 2.2 \text{[AT/Wb]}$$ **답** ②

문제 14 5000[μF]의 콘덴서를 60[V]로 충전시켰을 때 콘덴서에 축적되는 에너지는 몇 [J]인가?
① 5　　② 9　　③ 45　　④ 90

풀이

콘덴서에 축적되는 에너지 W는
$$W = \frac{1}{2}QV = \frac{1}{2}CV^2 = \frac{1}{2} \times 5000 \times 10^{-6} \times 60^2 = 9 \text{[J]}$$ **답** ②

제2과목 **전력공학**

문제 21 기력발전소 내의 보조기 중 예비기를 가장 필요로 하는 것은?
① 미분탄송입기　　② 급수펌프
③ 강제통풍기　　④ 급탄기

풀이

보일러 운전 중에는 끊임없이 그 증발량에 해당하는 급수를 보일러에 공급해서 드럼의 수위를 일정하게 유지하지 않으면 안된다. 보일러 급수의 정지는 발전소를 정지시킬 뿐만 아니라 빈 드럼을 가열시킴으로써 중대한 사고를 일으키는 원인이 되기 때문에 **급수펌프는 특히 신뢰도가 높은 것을 사용하여야 하며, 동시에 예비기를 설치**해서 상용기가 고장이 나면 즉시 예비기로 전환 할 수 있는 시스템으로 하여야 한다. **답** ②

문제 22 송전선로에서 변압기의 유기 기전력에 의해 발생하는 고조파중 제 3고조파를 제거하기 위한 방법으로 가장 적당한 것은?
① 변압기를 △결선한다.
② 동기조상기를 설치한다.
③ 직렬 리액터를 설치한다.
④ 전력용 콘덴서를 설치한다.

풀이

• 제3고조파 제거 : 변압기의 △결선
• 제5고조파 제거 : 직렬 리액터 **답** ①

문제 23 유량의 크기를 구분할 때 갈수량이란?
① 하천의 수위 중에서 1년을 통하여 355일간 이보다 내려가지 않는 수위
② 하천의 수위 중에서 1년을 통하여 275일간 이보다 내려가지 않는 수위
③ 하천의 수위 중에서 1년을 통하여 185일간 이보다 내려가지 않는 수위
④ 하천의 수위 중에서 1년을 통하여 95일간 이보다 내려가지 않는 수위

① : 갈수량 (갈수위)

② : 저수량 (저수위)

③ : 평수량 (평수위)

④ : 풍수량 (풍수위)

답 ①

문제 24 전압 V_1[kV]에 대한 %리액턴스 값이 X_{p1}이고, 전압 V_2[kV]에 대한 %리액턴스 값이 X_{p2}일 때, 이들 사이의 관계로 옳은 것은?

① $X_{p1} = \dfrac{V_1^2}{V_2^2} X_{p2}$ ② $X_{p1} = \dfrac{V_2}{V_1^2} X_{p2}$

③ $X_{p1} = \left(\dfrac{V_2}{V_1}\right)^2 X_{p2}$ ④ $X_{p1} = \left(\dfrac{V_1}{V_2}\right)^2 X_{p2}$

$\%X = \dfrac{XP}{10V^2}$ 에서 $\%X \propto \dfrac{1}{V^2}$ 이므로

$X_{p1} : X_{p2} = \dfrac{1}{V_1^2} : \dfrac{1}{V_2^2}$ $\therefore X_{p1} = \left(\dfrac{V_2}{V_1}\right)^2 X_{p2}$ **답** ③

문제 25 각 수용가의 수용률 및 수용가 사이의 부등률이 변화할 때 수용가군 총합의 부하율에 대한 설명으로 옳은 것은?

① 수용률에 비례하고 부등률에 반비례한다.

② 부등률에 비례하고 수용률에 반비례한다.

③ 부등률과 수용률에 모두 반비례한다.

④ 부등률과 수용률에 모두 비례한다.

부하율 $= \dfrac{평균 수용전력}{최대 수용 전력} = \dfrac{평균 수용전력 \times 부등률}{설비용량 \times 수용률}$

즉, 부하율은 부등률에 비례하고 수용률에 반비례한다. **답** ②

문제 26 송전단전압이 3.4 [kV], 수전단전압이 3 [kV]인 배전 선로에서 수전단의 부하를 끊은 경우의 수전단전압이 3.2 [kV]로 되었다면 이때의 전압변동률은 약 몇 [%]인가?

① 5.88 ② 6.25

③ 6.67 ④ 11.76

전압변동률 $\delta = \dfrac{V_{r0} - V_r}{V_r} \times 100 = \dfrac{3.2 - 3}{3} \times 100 = 6.67[\%]$

여기서, V_{r0} : 무부하시 수전단 전압

V_r : 전부하시 수전단 전압 **답** ③

문제 27 송전선로의 코로나 방지에 가장 효과적인 방법은?

① 전선의 높이를 가급적 낮게 한다.

② 코로나 임계전압을 낮게 한다.

③ 선로의 절연을 강화한다.

④ 복도체를 사용한다.

코로나 방지 대책

코로나 임계전압 $\left(E_0 = 24.3 m_0 m_1 \delta d \log_{10} \dfrac{D}{r}\right)$을 상승시킨다.

여기서 E_0 : 코로나 임계 전압, m_0 : 전선의 표면계수,

m_1 : 기후계수, δ : 상대 공기밀도

d : 전선의 지름, D : 선간거리

따라서, 코로나 임계전압 공식에서 알 수 있듯이 코로나 방지 대책은

• 전선의 지름을 크게 한다.

• 복도체를 사용한다.

• 가선 금구를 개량한다.

• 가선시에 전선 표면의 금구를 손상하지 않게 한다.

즉, **복도체를 사용**하여 전선의 등가반지름 $r_e (\sqrt[n]{rs^{n-1}})$를 증가시켜(전선의 지름 d를 증가) **코로나 임계전압을 높게** 하여야 한다. **답** ④

문제 28 일반적으로 화력발전소에서 적용하고 있는 열사이클 중 가장 열효율이 좋은 것은?

① 재생사이클 ② 랭킨사이클

③ 재열사이클 ④ 재생재열사이클

• 재생 사이클 : 증기터빈에서 팽창 도중에 있는 증기를 일부 추기하여 급수가열에 이용함으로써 열효율을 향상시키는 방법

• 재열 사이클 : 어느 압력까지 터빈에서 팽창한 증기를 보일러에 되돌려 가지고 재열기로 적당한 온도까지 재가열시킨 다음 다시 터빈에 보내서 팽창시키도록 하여 열효율을 향상시키는 방법

$$Z= \sqrt{(r_1 +a^2 r_2)^2 +(x_1 +a^2 x_2)^2}$$

1차 단락전류 $I_{1s} = \dfrac{E_1}{\sqrt{(r_1 +a^2 r_2)^2 +(x_1 +a^2 x_2)^2}}$ 답 ①

문제 29 154 [kV] 송전선로에서 송전거리가 154 [km]라 할 때, 송전용량 계수법에 의한 송전용량은 몇 [kW]인가? (단, 송전용량 계수는 1200 으로 한다.)

① 61600 ② 92400
③ 123200 ④ 184800

풀이

송전용량 $P=$회선 수$\times K\dfrac{V^2}{l}$[kW]

여기서, K : 용량계수, V : 송전전압[kV]
   l : 송전거리[km]

$P=1200\times\dfrac{154^2}{154}=184800$[kW] 답 ④

제3과목 전기기기

문제 41 단상 변압기의 1차 전압 E_1, 1차 저항 r_1, 2차 저항 r_2, 1차 누설리액턴스 x_1, 2차 누설리액턴스 x_2, 권수비 a라고 하면 2차 권선을 단락했을 때의 1차 단락 전류는?

① $I_{1s} = \dfrac{E_1}{\sqrt{(r_1 +a^2 r_2)^2 +(x_1 +a^2 x_2)^2}}$

② $I_{1s} = \dfrac{E_1}{a\sqrt{(r_1 +a^2 r_2)^2 +(x_1 +a^2 x_2)^2}}$

③ $I_{1s} = \dfrac{E_1}{\sqrt{(r_1 +r_2/a^2)^2 +(x_1/a^2 +x_2)^2}}$

④ $I_{1s} = \dfrac{aE_1}{\sqrt{(r_1/a^2 +r_2)^2 +(x_1/a^2 +x_2)^2}}$

풀이

2차측 임피던스 Z_2를 1차로 환산한 임피던스 Z_2'는
   $Z_2' = a^2 Z_2 = a^2(r_2 +jx_2)$
따라서, 1차측에서 본 전체 임피던스 Z는

문제 42 그림과 같이 180° 도통형 인버터의 상태일 때 u상과 v상의 상전압 및 $u-v$선간전압은?

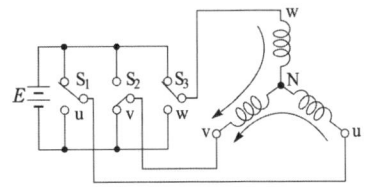

① $\dfrac{1}{3}E, \left(-\dfrac{2}{3}E\right), E$ ② $\dfrac{2}{3}E, \dfrac{1}{3}E, \dfrac{1}{3}E$

③ $\dfrac{1}{2}E, \dfrac{1}{2}E, E$ ④ $\dfrac{1}{3}E, \dfrac{2}{3}E, \dfrac{1}{3}E$

풀이

문제의 그림을 등가변환하면 다음과 같다.

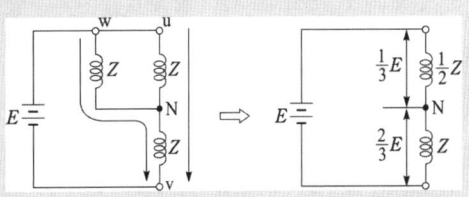

① 한 상의 임피던스를 Z라고 하면 w상과 u상의 임피던스는 병렬연결이므로

합성임피던스 $Z_{wu} = \dfrac{Z\cdot Z}{Z+Z} = \dfrac{1}{2}Z$

전압분배법칙을 적용하면, w상과 u상의 상전압은

$E_w = E_u = \dfrac{\frac{1}{2}Z}{\frac{1}{2}Z+Z}E = \dfrac{1}{3}E$

② v상의 상전압 $E_v = E-\dfrac{1}{3}E = \dfrac{2}{3}E$

여기서, v상의 상전압은 인가된 전압과 극성이 반대이므로 $-\dfrac{2}{3}E$로 나타낸다.

③ $u-v$ 선간전압은 인가된 전압과 같으므로 E 이다. 답 ①

문제 43 4극, 60[Hz]의 회전변류기가 있는데 회전전기자형이다. 이 회전변류기의 회전방향과 회전속도는 다음 중 어느 것인가?

① 회전자계의 방향으로 1800[rpm] 속도로 회전한다.

② 회전자계의 방향으로 1800[rpm] 이하의 속도로 회전한다.

③ 회전자계의 방향과 반대방향으로 1800[rpm] 속도로 회전한다.

④ 회전자계의 방향과 반대방향으로 1800[rpm] 이상의 속도로 회전한다.

풀이

회전변류기는 동기 전동기와 직류 발전기를 동일 축에 접속시킨 것과 같은 것으로 교류 입력을 슬립링으로부터 받아 정류자 및 브러시에 의해 직류 출력을 발생시키는 회전기기로서, **회전전기자형 이므로 회전방향은 회전자계와 반대방향으로** 동기속도($N_s = \dfrac{120f}{p} = \dfrac{120 \times 60}{4} = 1800[\text{rpm}]$)로 회전한다.   **답** ③

문제 44 변압기에서 콘서베이터의 용도는?

① 통풍 장치

② 변압기유의 열화방지

③ 강제순환

④ 코로나 방지

풀이

콘서베이터는 변압기의 상부에 설치된 원통형의 유조(기름통)로서, 그 속에는 1/2 정도의 기름이 들어 있고 주변압기 외함 내의 기름과는 가는 파이프로 연결되어 있다. 변압기 부하의 변화에 따르는 호흡 작용에 의한 변압기 기름의 팽창, 수축이 콘서베이터의 상부에서 행하여지게 되므로 높은 온도의 기름이 직접 공기와 접촉하는 것을 방지하여 **기름의 열화를 방지**하는 것이다.   **답** ②

문제 45 스테핑모터에 대한 설명 중 틀린 것은?

① 회전속도는 스테핑 주파수에 반비례한다.

② 총 회전각도는 스텝각과 스텝수의 곱이다.

③ 분해능은 스텝각에 반비례한다.

④ 펄스구동방식의 전동기이다.

풀이

스태핑 모터는 디지털 신호에 비례하여 일정각도 만큼 회전하는 모터로, 그 총회전각은 입력펄스의 수로, **회전속도는 입력펄스의 빠르기**로 쉽게 제어가 가능한 특징이 있다.   **답** ①

문제 46 사이리스터를 이용한 교류전압 크기 제어방식은?

① 정지 레오나드방식   ② 초퍼방식

③ 위상제어방식   ④ TRC 방식

풀이

사이리스터는 게이트에 주어진 펄스의 위상을 제어(**위상제어방식**)함에 따라 교류를 직류로 변환, 제어 시키는 순변환회로(rectifier)로서 사용되기도 하고 반대로 직류를 교류로 변환하는 역변환회로(inverter)로서도 사용된다.   **답** ③

문제 47 전체 도체수는 100, 단중 중권이며 자극수는 4, 자속수는 극당 0.628 [Wb] 인 직류 분권전동기가 있다. 이 전동기의 부하시 전기자에 5 [A]가 흐르고 있었다면 이때의 토크[N·m]는?

① 12.5   ② 25

③ 50   ④ 100

풀이

$p = 4$, $Z = 100$, $\phi = 0.628[\text{Wb}]$, $I_a = 5[\text{A}]$,
단중 중권이므로 $a = p = 4$ 이다.

$$P = E_c I_a = p\phi n \frac{Z}{a} I_a = 2\pi n \, T$$

$$\therefore T = \frac{p\phi n \dfrac{Z}{a} I_a}{2\pi n} = \frac{p\phi Z I_a}{2\pi a} = \frac{4 \times 0.628 \times 100 \times 5}{2\pi \times 4}$$

$$= 49.97[\text{N·m}]$$ **답** ③

문제 48 전기철도에 가장 적합한 직류전동기는?

① 분권전동기   ② 직권전동기

③ 복권전동기   ④ 자여자분권전동기

풀이

직권 전동기에서는 토크가 증가하면 속도가 저하하므로 회전속도와 토크와의 곱에 비례하는 출력도 어떤 범위 내에서는 대체로 일정하다. 따라서, **직권 전동기는 전기철도,**

기중기 등의 부하 변동이 심하고 큰 기동 토크가 요구되는 기기에 사용된다. **답** ②

문제 49 3상 전원을 이용하여 2상 전압을 얻고자 할 때 사용하는 결선 방법은?

① Scott 결선
② Fork 결선
③ 환상 결선
④ 2중 3각 결선

풀이

- 3상에서 2상을 얻는 방법 : 스코트(Scott) 결선, 메이어 결선, 우드 브리지 결선
- 3상에서 6상을 얻는 방법 : Fork 결선, 환상 결선, 2중 3각 결선 **답** ①

문제 50 직류 분권발전기를 서서히 단락상태로 하면 어떠한 상태로 되는가?

① 과전류로 소손된다.
② 과전압이 된다.
③ 소전류가 흐른다.
④ 운전이 정지된다.

풀이

분권 발전기를 운전 중 서서히 단락하면 처음에는 큰 전류가 흐르나 종래에는 소전류가 흐른다.
즉, 그 과정을 살펴보면
① 초기의 큰 단락 전류에 의한 전압 강하$(I_a R_a + e_a + e_b)$ 때문에 단자전압 감소$(V = E - I_a R_a - e_a - e_b)$
② 단자전압 V가 감소하면 계자전류 $I_f = \dfrac{V}{R_f}$ 에서 계자 전류 및 자속 감소
③ 자속 ϕ가 감소하면 유기기전력 $E = P\phi n \dfrac{Z}{a}$ 에서 유기 기전력 감소
④ 유기기전력 E가 감소하면 단자 전압 V는 더욱 더 감소하게 되어 부하전류 $I = \dfrac{V}{R}$ 에서 부하 전류도 더욱 더 감소하여 종래에는 소전류가 흐르게 된다. **답** ③

문제 51 권선형 유도전동기와 직류 분권전동기와의 유사한 점으로 가장 옳은 것은?

① 정류자가 있고, 저항으로 속도조정을 할 수 있다.
② 속도 변동률이 크고, 토크가 전류에 비례한다.
③ 속도 가변이 용이하며, 기동토크가 기동전류에 비례한다.
④ 속도 변동률이 적고, 저항으로 속도조정을 할 수 있다.

풀이

- 권선형 유도전동기 의 속도제어 : 2차 저항제어법
- 직류분권 전동기 : 직렬저항 제어법 **답** ④

제4과목 **회로이론 및 제어공학**

문제 61 전달함수의 크기가 주파수 0에서 최대값을 갖는 저역통과 필터가 있다. 최대값의 70.7[%] 또는 -3[dB]로 되는 크기까지의 주파수로 정의되는 것은?

① 공진주파수
② 첨두공진점
③ 대역폭
④ 분리도

풀이

① 공진 주파수 ω_p
   공진 정점이 일어나는 주파수이며, 일반적으로 ω_p의 값이 높으면 주기는 작다.
② 공진 정점 M_p
   최대값으로 정의하며 계의 안정도의 척도가 된다. M_p가 크면 과도 응답 시 오버슈트가 커진다. 제어계에서 최적의 M_p의 값은 대략 1.1~1.5이다.
③ 대역폭
   대역폭은 크기가 $0.707 M_0$ 또는 $(20 \log M_0 - 3)$[dB]에서의 주파수로 정의한다. 대역폭이 넓으면 넓을수록 응답 속도가 빠르다.
   여기서, M_0는 영 주파수에서의 이득 이다.
④ 분리도
   분리도는 신호와 잡음(외란)을 분리하는 제어계의 특성을 가리킨다. 일반적으로 예리한 분리 특성은 큰 M_p를 동반하므로 불안정하기가 쉽다. **답** ③

문제 62

$G(s) = \dfrac{K}{s}$인 적분요소의 보드선도에서

이득곡선의 1[decade] 당 기울기는 몇 [dB]인가?

① 10
② 20
③ -10
④ -20

풀이

$g = 20\log|G(j\omega)| = 20\log\left|\dfrac{K}{j\omega}\right| = 20\log\dfrac{K}{\omega}$

$= 20\log K - 20\log\omega$

$\omega = 0.1$ 일 때 $\quad g = 20\log K + 20\ [\text{dB}]$

$\omega = 1$ 일 때 $\quad g = 20\log K\ [\text{dB}]$

$\omega = 10$ 일 때 $\quad g = 20\log K - 20\ [\text{dB}]$

그러므로, $-20[\text{dB}]$의 경사를 가진다. **답** ④

문제 63 어떤 제어계의 전달함수

$G(s) = \dfrac{s}{(s+2)(s^2+2s+2)}$ 에서 안정성을 판정

하면?

① 임계상태
② 불안정
③ 안정
④ 알 수 없다.

풀이

종합 전달함수이므로 특성 방정식은

$(s+2)(s^2+2s+2) = s^3+4s^2+6s+4 = 0$

홀비쯔의 판별법에서

$a_0 = 1,\ a_1 = 4,\ a_2 = 6,\ a_3 = 4$이므로 $D_1 = a_1 = 4$

$D_2 = \begin{vmatrix} a_1 & a_3 \\ a_0 & a_2 \end{vmatrix} = \begin{vmatrix} 4 & 4 \\ 1 & 6 \end{vmatrix} = 24 - 4 = 20$

$D_1 > 0,\ D_2 > 0$이므로 제어계는 안정하다. **답** ③

문제 64 자동제어계에서 과도응답 중 최종값의

10[%]에서 90[%]에 도달하는데 걸리는 시간은?

① 정정시간(settling time)

② 지연시간(delay time)

③ 상승시간(rising time)

④ 응답시간(response time)

풀이

① 정정 시간 : 최종값으로부터 요구하는 오차 이내로 정지되는데 요하는 시간

② 지연 시간 : 응답이 최종값의 50[%]에 도달하는데 필요한 시간

③ 입상 시간(상승 시간) : 응답이 최종값의 10[%]에서부터 90[%]까지 도달하는데 요하는 시간을 말한다.

④ 응답 시간 : 응답이 요구하는 오차 이내로 정착되는데 요하는 시간 **답** ③

문제 65 다음 중 온도를 전압으로 변환시키는 요소는?

① 차동변압기
② 열전대
③ 측온저항
④ 광전지

풀이

변환 요소

• 차동 변압기 : 변위 ⇒ 전압

• **열전대 : 온도 ⇒ 전압**

• 측온저항 : 온도 ⇒ 임피던스

• 광전지 : 광 ⇒ 전압 **답** ②

문제 66 다음 블록선도의 전달함수는?

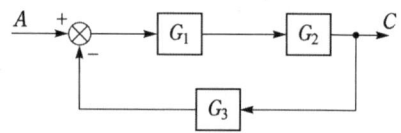

① $\dfrac{G_1G_2}{1 - G_1G_2G_3}$
② $\dfrac{G_1G_2}{1 + G_1G_2G_3}$

③ $\dfrac{G_1}{1 - G_1G_2G_3}$
④ $\dfrac{G_2}{1 + G_1G_2G_3}$

풀이

$(A - CG_3)G_1G_2 = C$

$AG_1G_2 = C + CG_1G_2G_3 = C(1 + G_1G_2G_3)$

$\therefore \dfrac{C}{A} = \dfrac{G_1G_2}{1 + G_1G_2G_3}$ **답** ②

문제 67 특성방정식이

$s^4 + s^3 + 2s^2 + 3s + 2 = 0$인 경우 불안정한 근의

수는?

① 0개
② 1개
③ 2개
④ 3개

풀이

루드의 공식을 이용하면

$$
\begin{array}{c|ccc}
s^4 & 1 & 2 & 2 \\
s^3 & 1 & 3 & 0 \\
s^2 & \dfrac{1\times2-1\times3}{1}=-1 & \dfrac{1\times2-1\times0}{1}=2 & \\
s^1 & \dfrac{-1\times3-1\times2}{-1}=5 & 0 & \\
s^0 & \dfrac{5\times2-(-1)\times0}{5}=2 & &
\end{array}
$$

제 1열의 부호가 1에서 −1로, −1에서 5로 2번 바뀌었으므로 s 평면의 우반면에 불안정한 근 2개를 갖는다. **답** ③

문제 68 3상 불평형 전압을 V_a, V_b, V_c라고 할 때 역상 전압 V_2는?

① $V_2 = \dfrac{1}{3}(V_a + V_b + V_c)$

② $V_2 = \dfrac{1}{3}(V_a + aV_b + a^2V_c)$

③ $V_2 = \dfrac{1}{3}(V_a + a^2V_b + V_c)$

④ $V_2 = \dfrac{1}{3}(V_a + a^2V_b + aV_c)$

풀이

- 영상전압 $V_0 = \dfrac{1}{3}(V_a + V_b + V_c)$

- 정상전압 $V_1 = \dfrac{1}{3}(V_a + aV_b + a^2V_c)$

  $(1 \rightarrow a \rightarrow a^2$의 순서$)$

- 역상전압 $V_2 = \dfrac{1}{3}(V_a + a^2V_b + aV_c)$

  $(1 \rightarrow a^2 \rightarrow a$의 순서$)$ **답** ④

문제 69 다음 함수의 라플라스 역변환은?

$$I(s) = \frac{2s+3}{(s+1)(s+2)}$$

① $e^{-t} - e^{-2t}$ ② $e^t - e^{-2t}$

③ $e^{-t} + e^{-2t}$ ④ $e^t + e^{-2t}$

풀이

$$I(s) = \frac{2s+3}{(s+1)(s+2)} = \frac{K_1}{s+1} + \frac{K_2}{s+2}$$

$$K_1 = \lim_{s \to -1}(s+1)F(s) = \left[\frac{2s+3}{s+2}\right]_{s=-1} = 1$$

$$K_2 = \lim_{s \to -2}(s+2)F(s) = \left[\frac{2s+3}{s+1}\right]_{s=-2} = 1$$

$$I(s) = \frac{1}{s+1} + \frac{1}{s+2}$$

$$\therefore i(t) = \mathcal{L}^{-1}[I(s)] = \mathcal{L}^{-1}\left[\frac{1}{s+1} + \frac{1}{s+2}\right] = e^{-t} + e^{-2t}$$

답 ③

문제 70 평형 3상 회로에서 그림과 같이 변류기를 접속하고 전류계를 연결하였을 때, A₂에 흐르는 전류 [A]는?

① $5\sqrt{3}$

② $5\sqrt{2}$

③ 5

④ 0

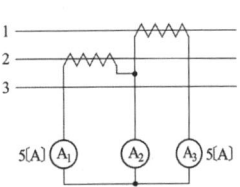

풀이

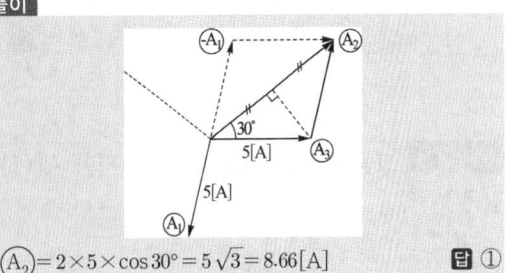

$(A_2) = 2 \times 5 \times \cos 30° = 5\sqrt{3} = 8.66 [\mathrm{A}]$ **답** ①

문제 71 그림과 같은 전기회로의 전달함수는? (단, $e_i(t)$ 입력전압, $e_o(t)$ 출력전압이다.)

① $\dfrac{1 + CRs}{CR}$

② $\dfrac{1 + CRs}{CRs}$

③ $\dfrac{CR}{1 + CRs}$

④ $\dfrac{CRs}{1 + CRs}$

풀이

$$e_i(t) = \frac{1}{C}\int i(t)dt + Ri(t)$$

$$e_o(t) = Ri(t)$$

초기값을 0으로 하고 라플라스 변환하면

$$\begin{cases} E_i(s) = \dfrac{1}{Cs}I(s) + RI(s) \\ E_o(s) = RI(s) \end{cases}$$

$$\therefore G(s) = \frac{E_o(s)}{E_i(s)} = \frac{R}{\dfrac{1}{Cs} + R} = \frac{CRs}{1 + CRs}$$

답 ④

문제 72 0.1[μF]의 콘덴서에 주파수 1[kHz], 최대전압 2000 [V]를 인가할 때 전류의 순시값[A]은?

① $4.446 \sin(\omega t + 90°)$

② $4.446 \cos(\omega t - 90°)$

③ $1.256 \sin(\omega t + 90°)$

④ $1.256 \cos(\omega t - 90°)$

풀이

콘덴서에 흐르는 전류는 전압보다 90° 앞서므로
$$i = \omega C V_m \sin(\omega t + 90°)$$
$$= 2\pi \times 1 \times 10^3 \times 0.1 \times 10^{-6} \times 2000 \sin(\omega t + 90°)$$
$$= 1.256 \sin(\omega t + 90°) \text{ [A]}$$

답 ③

문제 73 그림과 같은 직류회로에서 저항 $R[\Omega]$의 값은?

① 10

② 20

③ 30

④ 40

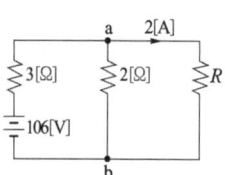

풀이

전압원을 전류원으로 등가변환하면

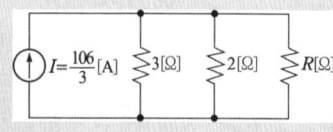

2[Ω] 저항과 3[Ω] 저항의 병렬 합성저항 $= \dfrac{3 \times 2}{2+3} = 1.2$ [Ω]

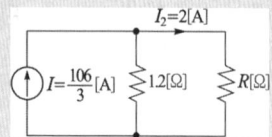

전류 분배 법칙에 의해

$$I_2 = \frac{1.2}{1.2 + R}I = \frac{1.2}{1.2 + R} \times \frac{106}{3} = 2\text{[A]}$$

$$\therefore R = \frac{1.2}{2} \times \frac{106}{3} - 1.2 = 20\,[\Omega]$$

답 ②

제5과목 **전기설비 기술기준**

문제 81 시가지에 시설하는 특고압 가공전선로용 지지물로 사용될 수 없는 것은? (단, 사용전압이 170[kV] 이하의 전선로인 경우이다.)

① 철근콘크리트주 　　② 목주

③ 철탑 　　　　　　　④ 철주

풀이

333.1 시가지 등에서 특고압 가공전선로의 시설
지지물에는 철주 · 철근 콘크리트주 또는 철탑을 사용할 것.

답 ②

문제 82 의료장소에서 전기설비 시설로 적합하지 않는 것은?

① 그룹 0 장소는 TN 또는 TT 접지 계통 적용

② 의료 IT 계통의 분전반은 의료장소의 내부 혹은 가까운 외부에 설치

③ 그룹 1 또는 그룹 2 의료장소의 수술등, 내시경 조명등은 정전 시 0.5초 이내 비상전원 공급

④ 의료 IT 계통의 누설전류 계측 시 10[mA]에 도달하면 표시 및 경보하도록 시설

풀이

242.10 의료장소
가. **그룹 0 : TT 계통 또는 TN 계통**
나. 의료 IT 계통의 분전반은 의료장소의 내부 혹은 가까운 외부에 설치할 것.
다. 의료장소내의 비상전원
　① 절환시간 **0.5초 이내에 비상전원을 공급**하는 장치 또는 기기
　　• 0.5초 이내에 전력공급이 필요한 생명유지장치
　　• 그룹 1 또는 그룹 2의 의료장소의 **수술등**, 내시경, **수술실 테이블, 기타 필수 조명**
　② 절환시간 15초 이내에 비상전원을 공급하는 장치 또는 기기
　　• 15초 이내에 전력공급이 필요한 생명유지장치

- 그룹 2의 의료장소에 최소 50[%]의 조명, 그룹 1의 의료장소에 최소 1개의 조명
③ 절환시간 15초를 초과하여 비상전원을 공급하는 장치 또는 기기
- 병원기능을 유지하기 위한 기본 작업에 필요한 조명
- 그 밖의 병원 기능을 유지하기 위하여 중요한 기기 또는 설비   **답** ④

문제 83 전력용 콘덴서 또는 분로리액터의 내부에 고장 또는 과전류 및 과전압이 생긴 경우에 자동적으로 동작하여 전로로부터 자동차단하는 장치를 시설해야하는 뱅크용량은?

① 500[kVA]를 넘고 7,500[kVA] 미만
② 7,500[kVA]를 넘고 10,000[kVA] 미만
③ 10,000[kVA]를 넘고 15,000[kVA] 미만
④ 15,000[kVA] 이상

풀이

351.5 조상설비의 보호장치
조상 설비에는 그 내부에 고장이 생긴 경우에 보호하는 장치를 표와 같이 시설하여야 한다.

설비 종별	뱅크 용량의 구분	자동적으로 전로로부터 차단하는 장치
전력용 커패시터 및 분로리액터	500 [kVA] 초과 15,000 [kVA] 미만	·내부에 고장이 생긴 경우 ·과전류가 생긴 경우
	15,000 [kVA] 이상	·내부에 고장이 생긴 경우 ·과전류가 생긴 경우 ·과전압이 생긴 경우
조상기	15,000 [kVA] 이상	·내부에 고장이 생긴 경우

답 ④

문제 84 특고압을 직접 저압으로 변성하는 변압기를 시설하여서는 안되는 것은?

① 교류식 전기철도용 신호회로에 전기를 공급하기 위한 변압기
② 1차전압이 22.9 [kV]이고, 1차측과 2차측 권선이 혼촉한 경우에 자동적으로 전로로부터 차단되는 차단기가 설치된 변압기
③ 1차전압 66 [kV]의 변압기로서 1차측과 2차측 권선사이에 접지저항 값이 10 [Ω] 이하인 금속제 혼촉방지판이 있는 변압기
④ 1차전압이 22 [kV]이고 △결선된 비접지 변압기로서 2차측 부하설비가 항상 일정하게 유지되는 변압기

풀이

341.3 특고압을 직접 저압으로 변성하는 변압기의 시설
특고압을 직접 저압으로 변성하는 변압기는 다음의 것 이외에는 시설하여서는 아니 된다.
가. 전기로 등 전류가 큰 전기를 소비하기 위한 변압기
나. 발전소·변전소·개폐소 또는 이에 준하는 곳의 소내용 변압기
다. 25[kV] 이하인 특고압 가공전선로(중성선 다중접지식의 것으로서 전로에 지락이 생겼을 때에 2초 이내에 자동적으로 이를 전로로부터 차단하는 장치가 되어 있는 것에 한한다.)에 접속 하는 변압기
라. 사용전압이 35[kV] 이하인 변압기로서 그 특고압측 권선과 저압측 권선이 **혼촉한 경우에 자동적으로 변압기를 전로로부터 차단하기 위한 장치**를 설치한 것.
마. 사용전압이 100 [kV] 이하인 변압기로서 그 특고압측 권선과 저압측 권선사이에 접지저항 값이 **10[Ω] 이하인 금속제의 혼촉방지판이 있는 것.**
바. 교류식 **전기철도용 신호회로**에 전기를 공급하기 위한 변압기   **답** ④

문제 85 전로(電路)와 대지 간 절연내력시험을 하고자 할 때 전로의 종류와 그에 따른 시험전압의 내용으로 옳은 것은?

① 7000[V]이하 - 2배
② 60000[V]초과 중성점 비접지 - 1.5배
③ 60000[V]초과 중성점 접지 - 1.1배
④ 170000[V]초과 중성점 직접접지 - 0.72배

풀이

132 전로의 절연저항 및 절연내력

전로의 종류	접지 방식	시험전압 (최대사용 전압의 배수)	최저 시험전압
1. 7[kV] 이하인 전로		1.5배	
2. 7[kV] 초과 25[kV] 이하	다중접지	0.92배	
3. 7[kV] 초과 60[kV] 이하 (2란의 것 제외)	비접지	1.25배	10.5[kV]
4. 60[kV] 초과	비접지	1.25배	
5. 60[kV] 초과 (6란, 7란의 것 제외)	접지식	1.1배	75[kV]
6. 60[kV] 초과 (7란의 것 제외)	직접접지	0.72배	

전로의 종류	접지 방식	시험전압 (최대사용 전압의 배수)	최저 시험전압
7. 170[kV] 초과(발전소 또는 변전소 혹은 이에 준하는 장소에 시설하는 것.)	직접접지	0.64배	

답 ③

문제 86 제1종 특고압 보안공사로 시설하는 전선로의 지지물로 사용할 수 없는 것은?

① 철탑

② B종 철주

③ B종 철근 콘크리트주

④ 목주

풀이

333.22 특고압 보안공사

제1종 특고압 보안공사 시 전선로의 지지물에는 B종 철주·B종 철근콘크리트주 또는 철탑을 사용할 것. 즉, **A종 철주, A종 철근콘크리트주 및 목주는 사용할 수 없다.** **답 ④**

문제 87 철재 물탱크에 전기부식방지 시설을 하였다. 수중에 시설하는 양극과 그 주위 1[m] 안에 있는 점과의 전위차는 몇 [V] 이하이며, 사용전압은 직류 몇 [V] 이하이어야 하는가?

① 전위차 : 5, 전압 : 30

② 전위차 : 10, 전압 : 60

③ 전위차 : 15, 전압 : 90

④ 전위차 : 20, 전압 : 120

풀이

241.16 전기부식방지 시설

가. 전기부식방지 회로의 **사용전압은 직류 60[V] 이하일 것.**

나. **수중에 시설하는** 양극과 그 주위 1[m] 이내의 거리에 있는 임의 점과의 사이의 **전위차는 10[V]를 넘지 아니할 것.**

다. 지표 또는 수중에서 1 [m] 간격의 임의의 2점간의 전위차가 5 [V]를 넘지 아니할 것. **답 ②**

문제 88 동일 지지물에 저압 가공전선(다중접지된 중성선은 제외)과 고압 가공전선을 시설하는 경우 저압 가공전선은?

① 고압 가공전선의 위로 하고 동일 완금류에 시설

② 고압 가공전선과 나란하게 하고 동일 완금류에 시설

③ 고압 가공전선의 아래로 하고 별개의 완금류에 시설

④ 고압 가공전선과 나란하게 하고 별개의 완금류에 시설

풀이

332.8 고압 가공전선 등의 병행설치

저압 가공전선(다중접지된 중성선은 제외한다. 이하 같다)과 고압 가공전선을 동일 지지물에 시설하는 경우에는 다음에 따라야 한다.

가. **저압 가공전선을 고압 가공전선의 아래로 하고 별개의 완금류에 시설할 것.**

나. 저압 가공전선과 고압 가공전선 사이의 이격거리는 0.5[m] 이상일 것. 단, 고압 가공 전선이 케이블인 경우는 30 [cm] 이상 이격 **답 ③**

문제 89 옥내에 시설하는 전동기에 과부하 보호장치의 시설을 생략할 수 없는 경우는?

① 정격 출력이 0.75 [kW]인 전동기

② 타인이 출입할 수 없고, 전동기가 손상할 정도의 과전류가 생길 우려가 없는 경우

③ 전동기가 단상의 것으로 전원측 전로에 시설하는 배선용 차단기의 정격전류가 20 [A] 이하인 경우

④ 전동기를 운전 중 상시 취급자가 감시 할 수 있는 위치에 시설한 경우

풀이

212.6.3 저압전로 중의 전동기 보호용 과전류보호장치의 시설

옥내에 시설하는 전동기에는 전동기가 손상될 우려가 있는 과전류가 생겼을 때에 자동적으로 이를 저지하거나 이를 경보하는 장치를 하여야 한다. 다만, 다음의 어느 하나에 해당하는 경우에는 그러하지 아니하다.

가. 전동기를 운전 중 상시 취급자가 감시할 수 있는 위치에 시설하는 경우

나. 전동기의 구조나 부하의 성질로 보아 전동기가 손상될
   수 있는 과전류가 생길 우려가 없는 경우
다. 단상전동기로써 그 전원측 전로에 시설하는 과전류 차
   단기의 정격전류가 16[A](배선용 차단기는 20[A]) 이
   하인 경우
라. **정격 출력이 0.2[kW] 이하의 전동기**   **답** ①

15년 3회   동일 및 유사 문제 (년도-회-번호)

1과목 전기자기학

15	21-2-10
16	18-2-12
17	19-2-03
18	22-3-11
19	21-2-06
20	21-2-12

2과목 전력공학

30	22-2-27
31	20-1,2-31
32	18-3-28
33	22-3-24
34	22-2-36
35	17-2-22
36	22-3-36
37	20-4-28
38	20-1,2-22
39	22-3-37
40	18-2-24

3과목 전기기기

52	18-2-50
53	22-1-46

54	21-2-48
55	21-2-43
56	21-2-49
57	19-3-53
58	20-4-56
59	18-3-49
60	21-1-49

4과목 회로이론 및 제어공학

74	20-3-64
75	22-3-68
76	20-4-64
77	22-3-78
78	21-3-72
79	20-1,2-78
80	19-3-72

5과목 전기설비기술기준

90	17-3-81
91	21-3-85
92	20-1,2-93
93	22-2-92
94	22-1-87
95	19-1-84

memo

D60-1

2014년도 전기기사 필기

- 2014년도 제1회 전기기사
- 2014년도 제2회 전기기사
- 2014년도 제3회 전기기사

국가기술자격검정 필기시험 문제

2014년도 전기기사 일반검정 제1회

자격종목 및 등급(선택분야)	종목코드	시험시간	문제지형별	수검 번호	성 명
전기기사	1150	2시간 30분	A		

제1과목 ▶ 전기자기학

문제 01 그림과 같이 균일하게 도선을 감은 권수 N, 단면적 S [m²], 평균길이 l[m]인 공심의 환상솔레노이드에 I[A]의 전류를 흘렸을 때 자기인덕턴스 L[H] 값은?

① $L = \dfrac{4\pi N^2 S}{l} \times 10^{-5}$

② $L = \dfrac{4\pi N^2 S}{l} \times 10^{-6}$

③ $L = \dfrac{4\pi N^2 S}{l} \times 10^{-7}$

④ $L = \dfrac{4\pi N^2 S}{l} \times 10^{-8}$

풀이

옴의 법칙 $\phi = \dfrac{NI}{R_m}$, $R_m = \dfrac{l}{\mu s}$ 이므로

$L = \dfrac{N\phi}{I}$ 에서 $L = \dfrac{N}{I} \cdot \dfrac{NI}{R_m} = \dfrac{N^2}{R_m} = \dfrac{\mu S N^2}{l}$ [H]

$\mu = \mu_0 \mu_s = 4\pi \times 10^{-7}$ (∵ 공심이므로 $\mu_s = 1$)

따라서, $L = \dfrac{4\pi N^2 S}{l} \times 10^{-7}$[H]　　**답 ③**

문제 02 반지름 a[m], 단위 길이당 권수 N, 전류 I [A]인 무한 솔레노이드 내부 자계의 세기 [A/m]는?

① NI

② $\dfrac{NI}{2\pi a}$

③ $\dfrac{2\pi NI}{a}$

④ $\dfrac{aNI}{2\pi}$

풀이

무한장 솔레노이드
- 내부 자계의 세기 : $H_i = NI$ [AT/m]
- 외부 자계의 세기 : $H_o = 0$ [AT/m]　　**답 ①**

문제 03 전기 쌍극자에 대한 설명 중 옳은 것은?

① 반경 방향의 전계성분은 거리의 제곱에 반비례

② 전체 전계의 세기는 거리의 3승에 반비례

③ 전위는 거리에 반비례

④ 전위는 거리의 3승에 반비례

풀이

- 전기 쌍극자에 의한 전위 $V = \dfrac{M\cos\theta}{4\pi\epsilon_0 r^2}$ [V] $\propto \dfrac{1}{r^2}$

- 전기 쌍극자에 의한 전계

$E = \dfrac{M\sqrt{1+3\cos^2\theta}}{4\pi\epsilon_0 r^3}$ [V/m] $\propto \dfrac{1}{r^3}$　　**답 ②**

문제 04 전속밀도가

$D = e^{-2y}(a_x \sin 2x + a_y \cos 2x)$ [C/m²]일 때 전속의 단위 체적당 발산량 [C/m³]은?

① $2e^{-2y}\cos 2x$

② $4e^{-2y}\cos 2x$

③ 0

④ $2e^{-2y}(\sin 2x + \cos 2x)$

풀이

$\rho = \text{div}D = \dfrac{\partial D_x}{\partial x} + \dfrac{\partial D_y}{\partial y} + \dfrac{\partial D_z}{\partial z}$

$= \dfrac{\partial}{\partial x} e^{-2y} \sin 2x + \dfrac{\partial}{\partial y} e^{-2y} \cos 2x$

$= 2e^{-2y}\cos 2x - 2e^{-2y}\cos 2x = 0$　　**답 ③**

문제 05 $x < 0$ 영역에는 자유공간, $x > 0$ 영역에는 비유전율 $\epsilon_s = 2$인 유전체가 있다. 자유공간에서 전계 $E = 10 a_x$가 경계면에 수직으로 입사한 경우 유전체 내의 전속밀도는?

① $5\epsilon_0 a_x$ ② $10\epsilon_0 a_x$

③ $15\epsilon_0 a_x$ ④ $20\epsilon_0 a_x$

풀이

전속밀도는 경계면에 수직으로 입사하면 매질(ϵ)에 관계없이 일정하다. 따라서 자유공간의 $D_1 = \epsilon_0 E_1$에서 유전체의 전속밀도는

$$\therefore D_2 = D_1 = \epsilon_0 E_1 = 10\epsilon_0 a_x$$

ϵ_0 | $\epsilon_s=2$
$E_1=10a_x$ | E_2
$D_1=\epsilon_0 E_1$ | $D_2(D_1=D_2)$
$x<0$ | $x>0$
$x=0$

답 ②

문제 06 자기 감자율 $N = 2.5 \times 10^{-3}$, 비투자율 $\mu_s = 100$의 막대형 자성체를 자계의 세기 $H = 500$ [AT/m]의 평등자계 내에 놓았을 때 자화의 세기는 약 몇 [Wb/m²]인가?

① 4.98×10^{-2} ② 6.25×10^{-2}

③ 7.82×10^{-2} ④ 8.72×10^{-2}

풀이

자화의 세기 $J = \dfrac{\mu_0(\mu_s - 1)}{1 + (\mu_s - 1)N} H_0$ 에서

$$J = \frac{4\pi \times 10^{-7} \times (100 - 1)}{1 + (100 - 1) \times 2.5 \times 10^{-3}} \times 500 = 4.98 \times 10^{-2} [\text{Wb/m}^2]$$

답 ①

문제 07 다음 ( )안에 들어갈 내용으로 옳은 것은?

전기 쌍극자에 의해 발생하는 전위의 크기는 전기쌍극자 중심으로부터 거리의 (㉮)에 반비례하고, 자기 쌍극자에 의해 발생하는 자계의 크기는 자기 쌍극자 중심으로부터 거리의 (㉯)에 반비례한다.

① ㉮ 제곱, ㉯ 제곱

② ㉮ 제곱, ㉯ 세제곱

③ ㉮ 세제곱, ㉯ 제곱

④ ㉮ 세제곱, ㉯ 세제곱

풀이

• 전기 쌍극자에 의한 전위

$$V = \frac{M}{4\pi \epsilon_0 r^2} \cos\theta \propto \frac{1}{r^2}$$

• 자기 쌍극자에 의한 자계

$$H = \frac{M}{4\pi \mu_0 r^3} \sqrt{3\cos^2\theta + 1} \propto \frac{1}{r^3}$$

답 ②

문제 08 간격에 비해서 충분히 넓은 평행판 콘덴서의 판 사이에 비유전율 ϵ_s인 유전체를 채우고 외부에서 판에 수직방향으로 전계 E_0를 가할 때 분극전하에 의한 전계의 세기는 몇 [V/m]인가?

① $\dfrac{\epsilon_s + 1}{\epsilon_s} \times E_0$ ② $\dfrac{\epsilon_s}{\epsilon_s + 1} \times E_0$

③ $\dfrac{\epsilon_s - 1}{\epsilon_s} \times E_0$ ④ $\dfrac{\epsilon_s}{\epsilon_s - 1} \times E_0$

풀이

분극 전하를 σ 라고 하면

$$P = \sigma = D\left(1 - \frac{1}{\epsilon_s}\right) = \frac{\epsilon_s - 1}{\epsilon_s} \epsilon_0 E_0$$

$$\therefore E = \frac{\sigma}{\epsilon_0} = \frac{\epsilon_s - 1}{\epsilon_s} E_0$$

답 ③

문제 09 와전류손(eddy current loss)에 대한 설명으로 옳은 것은?

① 도전율이 클수록 작다.

② 주파수에 비례한다.

③ 최대자속밀도의 1.6승에 비례한다.

④ 주파수의 제곱에 비례한다.

풀이

와전류손 $W_e \propto \sigma f^2 B^2 [\text{W}]$

여기서, σ : 철심의 도전율, B : 자속밀도

즉, 와전류손은 도전율에 비례하고 주파수 및 자속밀도의 제곱에 비례한다.

답 ④

문제 10 손실유전체(일반매질)에서의 고유임피던스는?

① $\sqrt{\dfrac{\dfrac{\sigma}{\omega\epsilon}}{1-j\dfrac{\sigma}{2\omega\epsilon}}}$　　② $\sqrt{1-j\dfrac{\sigma}{2\omega\epsilon}}$

③ $\sqrt{\dfrac{\dfrac{\sigma}{\omega\epsilon}}{1-j\dfrac{\sigma}{\omega\epsilon}}}$　　④ $\sqrt{\dfrac{\dfrac{\mu}{\epsilon}}{1-j\dfrac{\sigma}{\omega\epsilon}}}$

풀이

완전 유전체의 고유 임피던스 $\eta=\sqrt{\dfrac{\mu}{\epsilon}}$ 이므로 **완전 유전체의 조건(도전율 $\sigma=0$)**을 문제에 대입하여 $\eta=\sqrt{\dfrac{\mu}{\epsilon}}$ 가 나오는 ④번이 답이다.　**답 ④**

문제 11 정전계와 정자계의 대응관계가 성립되는 것은?

① $\operatorname{div}\boldsymbol{D}=\rho_v \rightarrow \operatorname{div}\boldsymbol{B}=\rho_m$

② $\nabla^2 V=-\dfrac{\rho_v}{\epsilon_0} \rightarrow \nabla^2 A=-\dfrac{i}{\mu_0}$

③ $W=\dfrac{1}{2}CV^2 \rightarrow W=\dfrac{1}{2}LI^2$

④ $F=9\times10^9\dfrac{Q_1Q_2}{r^2}a_r \rightarrow F=6.33\times10^{-4}\dfrac{m_1m_2}{r^2}a_r$

풀이

정전계와 정자계의 대응관계
① $\operatorname{div}\boldsymbol{D}=\rho_v \rightarrow \operatorname{div}\boldsymbol{B}=0$

② $\nabla^2 V=-\dfrac{\rho_v}{\epsilon_0} \rightarrow \nabla^2 A=-\mu_0 i$

④ $F=9\times10^9\dfrac{Q_1Q_2}{r^2}a_r \rightarrow F=6.33\times10^4\dfrac{m_1m_2}{r^2}a_r$

($\therefore$ 정전 에너지 $W=\dfrac{1}{2}CV^2 \rightarrow$ 자계 에너지 $W=\dfrac{1}{2}LI^2$)　**답 ③**

제2과목　전력공학

문제 21 배전 선로의 배전 변압기 탭을 선정함에 있어 틀린 것은?

① 중부하시 탭 변경점 직전의 저압선 말단 수용가의 전압을 허용 전압 변동의 하한보다 저하시키지 않아야 한다.

② 중부하시 탭 변경점 직후 변압기에 접속된 수용가 전압을 허용 전압 변동의 상한보다 초과시키지 않아야 한다.

③ 경부하시 변전소 송전 전압을 저하시 최초의 탭 변경점 직전의 저압선 말단 수용가의 전압을 허용 전압 변동의 하한보다 저하시키지 않아야 한다.

④ 경부하시 탭 변경점 직후의 변압기에 접속된 전압을 허용전압 변동의 하한보다 초과하지 않아야 한다.

답 ④

문제 22 1차 변전소에서 가장 유리한 3권선 변압기 결선은?

① $\triangle-Y-Y$　　② $Y-\triangle-\triangle$

③ $Y-Y-\triangle$　　④ $\triangle-Y-\triangle$

풀이

1차 변전소는 전압의 승압이 필요하므로 **승압에 유리한 Y-Y** 결선이 사용된다. 그러나 Y-Y 결선의 경우 제3고조파가 문제 되므로 이를 해결하기 위하여 △결선의 3차 권선이 설치된 $Y-Y-\triangle$결선의 변압기가 사용되며 3차 권선(△ 결선, 안정 권선)의 용도는
• 제3고조파의 제거
• 조상설비의 설치
• 소내용 전원의 공급 등이다.　**답 ③**

문제 23 최대수용전력이 45×10^3[kW]인 공장의 어느 하루의 소비전력량이 480×10^3[kWh]라고 한다. 하루의 부하율은 몇 [%]인가?

① 22.2　　② 33.3

③ 44.4　　④ 66.6

풀이

$$일부하율 = \frac{평균\ 전력}{최대\ 전력} \times 100 = \frac{480 \times 10^3/24}{45 \times 10^3} \times 100$$
$$= 44.44[\%] \qquad \boxed{답} ③$$

발전기 쪽에서 본 3상 단락 전류

$$I_s = \frac{100}{\%Z}I_n = \frac{100}{120} \times \frac{1000 \times 10^6}{\sqrt{3} \times 11 \times 10^3}$$
$$= 43,740[A] = 43.7[kA] \qquad \boxed{답} ①$$

문제 24 파동임피던스 $Z_1 = 500[\Omega]$, $Z_2 = 300$ $[\Omega]$인 두 무손실 선로 사이에 그림과 같이 저항 R을 접속하였다. 제1선로에서 구형파가 진행하여 왔을 때 무반사로 하기 위한 R의 값은 몇 $[\Omega]$인가?

① 100
② 200
③ 300
④ 500

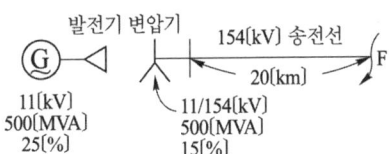

풀이

무반사는 반사 계수가 영(0)일 때이며,

반사 계수 $r = \dfrac{(R+Z_2) - Z_1}{Z_1 + (R+Z_2)} = 0$이 되어야 하므로

$(R+Z_2) - Z_1 = 0$

$\therefore R = Z_1 - Z_2 = 500 - 300 = 200\,[\Omega]$ $\qquad \boxed{답} ②$

문제 25 그림의 F점에서 3상 단락고장이 생겼다. 발전기 쪽에서 본 3상 단락전류는 몇 [kA]가 되는가? (단, 154 [kV] 송전선의 리액턴스는 1000 [MVA]를 기준으로 하여 2 [%/km] 이다.)

발전기 변압기
154[kV] 송전선
20[km]
F

11[kV]
500[MVA]
25[%]

11/154[kV]
500[MVA]
15[%]

① 43.7   ② 47.7
③ 53.7   ④ 59.7

풀이

기준용량 P_n을 1000 [MVA]로 선정

$$\%Z_G = 25 \times \frac{1000}{500} = 50[\%]$$

$$\%Z_T = 15 \times \frac{1000}{500} = 30[\%]$$

$$\%Z_l = 2 \times 20 = 40[\%]$$

총 임피던스 $\%Z = \%Z_G + \%Z_T + \%Z_l$
$= 50 + 30 + 40 = 120[\%]$

문제 26 154 [kV] 송전계통의 뇌에 대한 보호에서 절연강도의 순서가 가장 경제적이고 합리적인 것은?

① 피뢰기 → 변압기 코일 → 기기 부싱 → 결합콘덴서 → 선로애자

② 변압기 코일 → 결합콘덴서 → 피뢰기 → 선로애자 → 기기 부싱

③ 결합콘덴서 → 기기 부싱 → 선로애자 → 변압기 코일 → 피뢰기

④ 기기 부싱 → 결합콘덴서 → 변압기 코일 → 피뢰기 → 선로애자

풀이

절연 협조는 계통의 각 기기 및 기구, 선로, 애자 상호간의 균형있는 적당한 절연 강도를 가지는 것을 말하며 **피뢰기의 제한 전압이 기기의 기준 충격 절연 강도보다 낮아야 한다.**

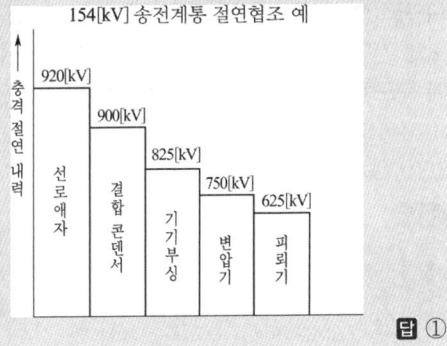

154[kV] 송전계통 절연협조 예

충격절연내력

920[kV] 선로애자
900[kV] 결합콘덴서
825[kV] 기기부싱
750[kV] 변압기
625[kV] 피뢰기

$\boxed{답} ①$

문제 27 유효접지계통에서 피뢰기의 정격전압을 결정하는데 가장 중요한 요소는?

① 선로 애자련의 충격섬락전압
② 내부 이상전압 중 과도이상전압의 크기
③ 유도뢰의 전압의 크기
④ 1선 지락고장시 건전상의 대지전위

풀이

• **피뢰기 정격 전압**이란 선로 단자와 접지 단자간에 인가할 수 있는 상용주파 최대 허용 전압의 실효값으로서 **1선 지**

락 고장시 건전상의 대지전위 즉, 지속성 이상전압의 크기에 따라 달라진다.
• 피뢰기의 정격전압 $V = \alpha\beta V_m$ [V]로 표시된다.
여기서, α : 접지계수 , β : 유도계수, V_m : 공칭 전압
답 ④

문제 28 다음 중 가공 송전선에 사용하는 애자련 중 전압부담이 가장 큰 것은?
① 전선에 가장 가까운 것
② 중앙에 있는 것
③ 철탑에 가장 가까운 것
④ 철탑에서 1/3지점의 것

풀이
• 전압 분담 최대 : 전선에 가장 가까운 애자
• 전압 분담 최소 : 철탑에서 1/3 지점(전선에서 2/3 지점) 애자
답 ①

문제 29 3상 3선식 송전선로가 소도체 2개의 복도체 방식으로 되어 있을 때 소도체의 지름 8 [cm], 소도체 간격 36 [cm], 등가 선간거리 120 [cm]인 경우에 복도체 1 [km]의 인덕턴스는 약 몇 [mH]인가?
① 0.4855　　② 0.5255
③ 0.6975　　④ 0.9265

풀이
$$L_n = \frac{0.05}{n} + 0.4605 \log_{10} \frac{D}{\sqrt[n]{rs^{n-1}}} \text{[mH/km] 에서}$$
$$L_2 = \frac{0.05}{2} + 0.4605 \log_{10} \frac{120}{\sqrt[2]{4 \times 36}} = 0.4855 \text{[mH/km]}$$
여기서, n : 소도체 수, r : 소도체 반지름, s : 소도체간 거리
답 ①

문제 30 송·배전 전선로에서 전선의 진동으로 인하여 전선이 단선되는 것을 방지하기 위한 설비는?
① 오프셋　　② 크램프
③ 댐퍼　　④ 초호환

풀이
댐퍼 : 전선의 진동에너지를 흡수함으로서 진동발생 방지 및 진동으로 인한 **전선의 단선을 방지**하기 위한 설비 답 ③

문제 31 배전계통에서 부등률이란?
① $\dfrac{\text{최대수용전력}}{\text{부하설비용량}}$
② $\dfrac{\text{부하의 평균전력의 합}}{\text{부하설비의 최대전력}}$
③ $\dfrac{\text{최대부하시의 설비용량}}{\text{정격용량}}$
④ $\dfrac{\text{각 수용가의 최대수용전력의 합}}{\text{합성 최대수용전력}}$

풀이
$$\text{부등률} = \frac{\text{각 부하의 최대수용전력의 합}}{\text{각 부하를 종합했을 때의 최대수용전력}}$$
으로 1보다 크다. 부등률은 부하의 동시 사용 정도를 나타내는 척도가 된다.
답 ④

제3과목 전기기기

문제 41 동기전동기에 설치된 제동권선의 효과는?
① 정지시간의 단축
② 출력전압의 증가
③ 기동토크의 발생
④ 과부하 내량의 증가

풀이
제동 권선의 역할
① 난조 방지
② **기동 토크 발생**
③ 불평형 부하시의 전류, 전압 파형 개선
④ 송전선의 불평형 단락시의 이상 전압 방지
답 ③

문제 42 동기 조상기의 계자를 과여자로 해서 운전할 경우 틀린 것은?
① 콘덴서로 작용한다.
② 위상이 뒤진 전류가 흐른다.
③ 송전선의 역률을 좋게 한다.
④ 송전선의 전압강하를 감소시킨다.

풀이

• **과여자 운전** : 콘덴서로 작용하여 **뒤진 전류를 보상**한다.
• **부족 여자 운전** : 리액터로 작용하여 앞선 전류를 보상한다. **답** ②

풀이

평활회로 : 정류기의 출력 전압 중에 포함되는 **맥류분을 감소시키기 위하여** 사용되는 저역 필터로서 콘덴서와 저주파 초크 코일 또는 저항으로 구성된다. **답** ①

문제 43 3상 유도전동기의 슬립이 $s < 0$인 경우를 설명한 것으로 틀린 것은?

① 동기속도 이상이다.
② 유도발전기로 사용된다.
③ 유도전동기 단독으로 동작이 가능하다.
④ 속도를 증가시키면 출력이 증가한다.

풀이

슬립 $s = \dfrac{n_s - n}{n_s}$ 에서 $n > n_s$인 경우 $s < 0$이 된다.

여기서, n : 회전자의 회전 속도, n_s : 동기 속도
외부에서 유도 전동기의 회전자를 동기 속도 이상으로 회전시키면 유도 전동기는 유도 발전기로 동작되고 이것을 비동기 발전기라고 한다. **답** ③

문제 46 다음 직류전동기 중에서 속도 변동률이 가장 큰 것은?

① 직권 전동기   ② 분권 전동기
③ 차동 복권 전동기   ④ 가동 복권 전동기

풀이

• 부하변화에 대하여 **속도 변동이 가장 큰 직류 전동기** : **직권 전동기**
• 부하변화에 대하여 속도 변동이 가장 작은 직류 전동기 : 차동 복권 전동기

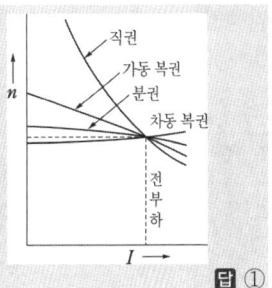

답 ①

문제 44 3상 유도전동기에서 회전력과 단자 전압의 관계는?

① 단자 전압과 무관한다.
② 단자 전압에 비례한다.
③ 단자 전압의 2승에 비례한다.
④ 단자 전압의 2승에 반비례한다.

풀이

회전력 $T = k_0 \dfrac{s E_2^2 r_2}{r_2^2 + (s x_2)^2} \propto E^2$

따라서, **회전력은 단자 전압의 2승에 비례**한다. **답** ③

문제 47 3상 직권 정류자 전동기에서 중간 변압기를 사용하는 주된 이유는?

① 발생 토크를 증가시키기 위해
② 역회전 방지를 위해
③ 직권특성을 얻기 위해
④ 경부하시 급속한 속도상승 억제를 위해

풀이

중간 변압기 사용 목적
① 전원 전압의 크기에 관계없이 회전자 전압을 정류 작용에 맞는 값으로 선정할 수 있다.
② 중간 변압기의 권수비를 바꾸어서 전동기의 특성을 조정할 수 있다.
③ 철심을 포화시켜 **속도의 상승을 억제**할 수 있다. **답** ④

문제 45 정류회로에서 평활회로를 사용하는 이유는?

① 출력전압의 맥류분을 감소시키기 위해
② 출력전압의 크기를 증가시키기 위해
③ 정류전압의 직류분을 감소시키기 위해
④ 정류전압을 2배로 하기위해

문제 48 1차측 권수가 1500인 변압기의 2차측에 16 [Ω]의 저항을 접속하니 1차 측에서는 8 [kΩ]으로 환산되었다. 2차측 권수는?

① 약 67   ② 약 87
③ 약 107   ④ 약 207

풀이

1차(R_1)로 환산한 2차 저항(R_2) 관계식 $R_1 = a^2 R_2$에서

권수비 $a = \sqrt{\dfrac{R_1}{R_2}} = \sqrt{\dfrac{8000}{16}} = 10\sqrt{5}$

권수비 $a = \dfrac{N_1}{N_2}$에서

$\therefore N_2 = \dfrac{N_1}{a} = \dfrac{1500}{10\sqrt{5}} = 67.08[회]$　　**답 ①**

문제 49 우리나라 발전소에 설치되어 3상 교류를 발생하는 발전기는?

① 동기 발전기　　　② 분권 발전기

③ 직권 발전기　　　④ 복권 발전기

풀이

우리나라 **발전소**에서 전력 발생을 목적으로 운전하고 있는 발전기는 모두 **동기 발전기로 3상 교류를 발생**하고 있다. 여기서, 직권 발전기, 분권 발전기 및 복권 발전기는 직류 발전기에 속한다.　　**답 ①**

문제 50 220 [V], 10 [A], 전기자 저항이 1 [Ω], 회전수가 1800 [rpm] 인 전동기의 역기전력은 몇 [V]인가?

① 90　　　　　　② 140

③ 175　　　　　④ 210

풀이

전동기의 역기전력 $E_c = V - I_a R_a = 220 - 10 \times 1 = 210[V]$　　**답 ④**

문제 51 계자저항 50 [Ω], 계자전류 2 [A], 전기자 저항 3 [Ω]인 분권 발전기가 무부하로 정격속도로 회전할 때 유기기전력 [V]은?

① 106　　② 112　　③ 115　　④ 120

풀이

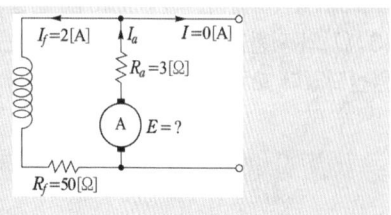

$R_f = 50[Ω]$, $I_f = 2[A]$, $R_a = 3[Ω]$

단자 전압 V는 계자 회로의 전압강하와 같으므로

$V = R_f I_f = 50 \times 2 = 100[V]$

$E = V + I_a R_a$ 식에서

$I_a = I_f$ $(\because$ 무부하이므로 $I = 0)$

$\therefore$ 유기기전력 $E = V + I_f R_a = 100 + 2 \times 3 = 106[V]$　　**답 ①**

문제 52 다이오드를 사용한 정류회로에서 다이오드를 여러 개 직렬로 연결하면?

① 고조파전류를 감소시킬 수 있다.

② 출력전압의 맥동률을 감소시킬 수 있다.

③ 입력전압을 증가시킬 수 있다.

④ 부하전류를 증가시킬 수 있다.

풀이

• 다이오드 직렬 연결 : 과전압으로부터 보호.
즉, 입력 전압을 증가시킬 수 있다.

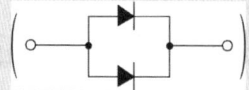

• 다이오드 병렬 연결 : 과전류로부터 보호

답 ③

문제 53 직류분권 전동기의 공급전압이 V [V], 전기자 전류 I_a[A], 전기자 저항 R_a[Ω], 회전수 N [rpm]일 때 발생토크는 몇 [kg · m]인가?

① $\dfrac{30}{9.8}\left(\dfrac{VI_a - I_a^2 R_a}{\pi N}\right)$　　② $\dfrac{30}{9.8}\left(\dfrac{V - I_a R_a}{\pi N}\right)$

③ $30\left(\dfrac{VI_a - I_a^2 R_a}{\pi N}\right)$　　④ $\dfrac{1}{9.8}\left(\dfrac{V - I_a R_a}{2\pi N}\right)$

풀이

토크 $T = \dfrac{P}{\omega} = \dfrac{E_c I_a}{2\pi n} = \dfrac{E_c I_a}{2\pi \dfrac{N}{60}}[N \cdot m]$

$= \dfrac{1}{9.8} \dfrac{60 E_c I_a}{2\pi N}[kg \cdot m] (\because 1[kg \cdot m] = 9.8[N \cdot m])$

역기전력 $E_c = V - I_a R_a$를 대입하여 식을 정리하면

$T = \dfrac{1}{9.8}\dfrac{30(V - I_a R_a)I_a}{\pi N} = \dfrac{30}{9.8}\left(\dfrac{VI_a - I_a^2 R_a}{\pi N}\right)[kg \cdot m]$　　**답 ①**

문제 54 동기 전동기의 V 특성곡선(위상특성곡선)에서 무부하 곡선은?

① A
② B
③ C
④ D

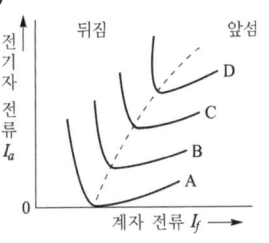

뒤짐 앞섬

전기자 전류 I_a

계자 전류 I_f →

풀이

부하가 클수록 전기자 전류 I_a가 커지므로 V 곡선은 위로 이동한다. 여기서, A는 무부하 곡선이다. **답** ①

문제 55 권선형 유도전동기의 기동법에 대한 설명 중 틀린 것은?

① 기동시 2차 회로의 저항을 크게 하면 기동시에 큰 토크를 얻을 수 있다.
② 기동시 2차 회로의 저항을 크게 하면 기동시에 기동전류를 억제할 수 있다.
③ 2차 권선저항을 크게 하면 속도상승에 따라 외부저항이 증가한다.
④ 2차 권선저항을 크게 하면 운전상태의 특성이 나빠진다.

풀이

비례추이에서 $\frac{r_2}{s_m} = \frac{r_2 + R_s}{s_t}$

여기서, r_2 : 2차 권선의 저항, S_m : 최대 토크시 슬립
S_t : 기동시 슬립 (정지상태에서 기동시 $S_t = 1$)
R_s : 2차 외부회로 저항

즉, 2차 권선저항 r_2를 크게 하면 외부저항 R_s는 감소한다. **답** ③

문제 56 유도전동기의 부하를 증가시켰을 때 옳지 않은 것은?

① 속도는 감소한다.
② 1차 부하전류는 감소한다.
③ 슬립은 증가한다.
④ 2차 유도기전력은 증가한다.

풀이

전동기의 기계적 부하가 증가하면 전동기의 토크 T가 증가 되어야 한다.
따라서, 토크 $T = K\phi I_2 \cos\theta_2$에서 2차 전류 I_2가 증가하고 동시에 1차 부하 전류도 증가하게 된다. **답** ②

문제 57 평형 3상 전류를 측정하려고 60/5[A]의 변류기 2대를 그림과 같이 접속했더니 전류계에 2.5[A]가 흘렀다. 1차 전류는 몇 [A]인가?

① 5
② $5\sqrt{3}$
③ 10
④ $10\sqrt{3}$

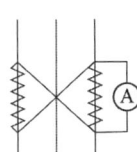

풀이

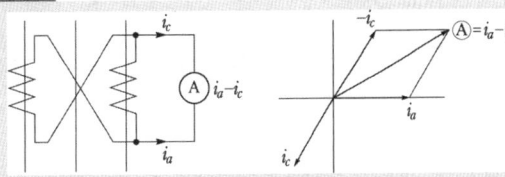

전류계 ⓐ에는 변류기 2차 전류 i_a와 i_c의 차 전류가 흐르게 되므로 ⓐ $= \sqrt{3}i_a = \sqrt{3}i_c$의 관계가 성립한다.

따라서 $i_a = \frac{2.5}{\sqrt{3}}$[A]가 되고

1차전류 $I_1 = \frac{60}{5} \times i_a = \frac{60}{5} \times \frac{2.5}{\sqrt{3}} = 17.32$[A] **답** ④

문제 58 △결선 변압기의 한 대가 고장으로 제거되어 V결선으로 전력을 공급할 때, 고장전 전력에 대하여 몇 [%]의 전력을 공급할 수 있는가?

① 81.6
② 75.0
③ 66.7
④ 57.7

풀이

1대의 단상 변압기 용량을 P라 하면 그 출력비
출력비 $= \frac{\text{V결선의 출력}}{\text{△결선의 출력}} = \frac{\sqrt{3}P}{3P} = \frac{\sqrt{3}}{3} = 0.577 = 57.7$[%] **답** ④

제4과목 회로이론 및 제어공학

문제 61 자동제어의 분류에서 엘리베이터의 자동 제어에 해당하는 제어는?

① 추종 제어
② 프로그램 제어
③ 정치 제어
④ 비율 제어

풀이

미리 정해진 프로그램에 따라 제어량을 변화시키는 목적으로 사용되는 것을 프로그램 제어라 한다.
따라서, **엘리베이터의 제어는 프로그램 제어**에 해당한다.

답 ②

문제 62 그림과 같은 RC 회로에 단위 계단전압을 가하면 출력전압은?

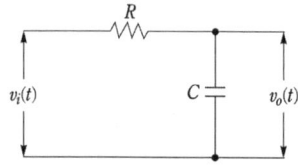

① 아무 전압도 나타나지 않는다.
② 처음부터 계단전압이 나타난다.
③ 계단전압에서 지수적으로 감쇠한다.
④ 0부터 상승하여 계단전압에 이른다.

풀이

입력이 계단전압이므로

$$V_i(s) = \mathcal{L}[v_i(t)] = \mathcal{L}[u(t)] = \frac{1}{s}$$

$$G(s) = \frac{V_o(s)}{V_i(s)} = \frac{1}{RCs+1} \text{에서}$$

$$V_o(s) = \frac{1}{RCs+1} V_i(s) = \frac{1}{RCs+1} \cdot \frac{1}{s}$$

$$= \frac{\frac{1}{RC}}{s\left(s + \frac{1}{RC}\right)} = \frac{1}{s} - \frac{1}{s + \frac{1}{RC}}$$

$$\therefore v_o(t) = \mathcal{L}^{-1}[V_o(s)] = 1 - e^{-\frac{1}{RC}t}$$

답 ④

문제 63 그림과 같은 블록선도에서 $C(s)/R(s)$의 값은?

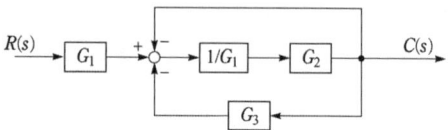

① $\dfrac{G_2}{G_1 - G_2 - G_3}$

② $\dfrac{G_2}{G_1 - G_2 - G_2 G_3}$

③ $\dfrac{G_1}{G_1 + G_2 + G_2 G_3}$

④ $\dfrac{G_1 G_2}{G_1 + G_2 + G_2 G_3}$

풀이

$$(RG_1 - C - CG_3)\frac{1}{G_1} G_2 = C$$

$$RG_2 - C\frac{G_2}{G_1} - C\frac{G_2 G_3}{G_1} = C$$

$$RG_2 = C\left(1 + \frac{G_2}{G_1} + \frac{G_2 G_3}{G_1}\right)$$

$$\therefore G(s) = \frac{C}{R} = \frac{G_1 G_2}{G_1 + G_2 + G_2 G_3}$$

답 ④

문제 64 Routh 안정도 판별법에 의한 방법 중 불안정한 제어계의 특성 방정식은?

① $s^3 + 2s^2 + 3s + 4 = 0$
② $s^3 + s^2 + 5s + 4 = 0$
③ $s^3 + 4s^2 + 5s + 2 = 0$
④ $s^3 + 3s^2 + 2s + 10 = 0$

풀이

④의 특성 방정식에 관한 루드의 표는

s^3	1	2
s^2	3	10
s^1	$\dfrac{3\times2-1\times10}{3}=-\dfrac{4}{3}$	0
s^0	$\dfrac{-\dfrac{4}{3}\times10-3\times0}{-\dfrac{4}{3}}=10$	0

제 1열의 부호가 +3에서 $-\dfrac{4}{3}$로 $-\dfrac{4}{3}$에서 +10으로 2번 바뀌었으므로 s 평면의 우반면에 불안정한 근 2개를 갖는다.

답 ④

문제 65 이득이 K 인 시스템의 근궤적을 그리고자 한다. 다음 중 잘못된 것은?

① 근궤적의 가지수는 극(Pole)의 수와 같다.

② 근궤적은 $K = 0$ 일 때 극에서 출발하고 $K = \infty$ 일 때 영점에 도착한다.

③ 실수축에서 이득 K가 최대가 되게 하는 점이 이탈점이 될 수 있다.

④ 근궤적은 실수축에 대칭이다.

풀이

근궤적
- 극점에서 출발하여 원점에서 끝남
- **근궤적의 수는 특성 방정식의 차수와 같다.**
- 근궤적의 대칭성 : 특성 방정식의 근이 실근 또는 공액 복소근을 가지므로 근궤적은 실수축에 대하여 대칭이다.
- 근궤적의 점근선 : 큰 s에 대하여 근궤적은 점근선을 가진다.
- 점근선의 교차점 : 점근선은 실수축 상에만 교차하고 그 수는 $n = p - z$ 이다. **답** ①

문제 66 어떤 제어계에 단위 계단입력을 가하였더니 출력이 $1 - e^{-2t}$ 로 나타났다. 이 계의 전달함수는?

① $\dfrac{1}{s+2}$ ② $\dfrac{2}{s+2}$

③ $\dfrac{1}{s(s+2)}$ ④ $\dfrac{2}{s(s+2)}$

풀이

입력 $R(s) = \mathcal{L}[r(t)] = \mathcal{L}[u(t)] = \dfrac{1}{s}$

출력 $C(s) = \mathcal{L}[c(t)] = \mathcal{L}[1 - e^{-2t}] = \dfrac{1}{s} - \dfrac{1}{s+2}$

$\therefore$ 전달함수 $G(s) = \dfrac{C(s)}{R(s)} = \dfrac{\dfrac{1}{s} - \dfrac{1}{s+2}}{\dfrac{1}{s}}$

$= 1 - \dfrac{s}{s+2} = \dfrac{2}{s+2}$ **답** ②

문제 67 그림과 같은 회로에서 저항 $0.2\,[\Omega]$에 흐르는 전류는 몇 [A] 인가?

① 0.4
② −0.4
③ 0.2
④ −0.2

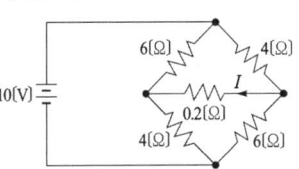

풀이

- 테브낭 정리 이용 $0.2\,[\Omega]$ 개방시 양단의 전압 V_{ab}

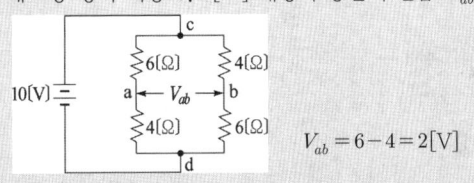

$V_{ab} = 6 - 4 = 2\,[V]$

- 전압원 제거(단락)하고, a, b에서 본 저항 R_t 는

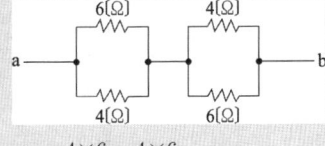

$R_t = \dfrac{4 \times 6}{4+6} + \dfrac{4 \times 6}{4+6} = 4.8\,[\Omega]$

- 테브낭 등가회로

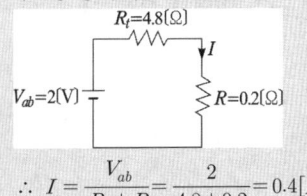

$\therefore I = \dfrac{V_{ab}}{R_t + R} = \dfrac{2}{4.8 + 0.2} = 0.4\,[A]$ **답** ①

문제 68 다음 과도응답에 관한 설명 중 틀린 것은?

① 지연 시간은 응답이 최초로 목표값의 50 [%]가 되는데 소요되는 시간이다.

② 백분율 오버슈트는 최종 목표값과 최대 오버슈트와의 비를 %로 나타낸 것이다.

③ 감쇠비는 최종 목표값과 최대 오버슈트와의 비를 나타낸 것이다.

④ 응답시간은 응답이 요구하는 오차 이내로 정착되는데 걸리는 시간이다.

풀이

감쇠비 $= \dfrac{\text{제 2 오버슈트}}{\text{최대 오버슈트}}$ **답** ③

문제 69 어떤 2단자 회로에 단위 임펄스 전압을 가할 때 $2e^{-t} + 3e^{-2t}$[A]의 전류가 흘렀다. 이를 회로로 구성하면? (단, 각 소자의 단위는 기본 단위로 한다.)

①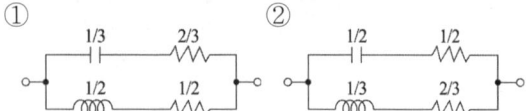

②

③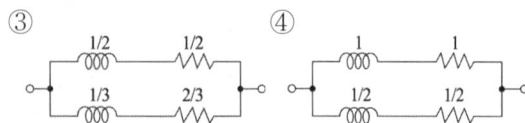

④

풀이

$$\mathcal{L}\left[2e^{-t} + 3e^{-2t}\right] = \frac{2}{s+1} + \frac{3}{s+2} = \frac{1}{\dfrac{s}{2} + \dfrac{1}{2}} + \frac{1}{\dfrac{s}{3} + \dfrac{2}{3}}$$

(저항 : R, 유도리액턴스 : $X_L = sL$,

용량리액턴스 : $X_c = \dfrac{1}{sC}$) **답** ③

문제 70 $f(t) = 3t^2$의 라플라스 변환은?

① $\dfrac{3}{s^3}$ ② $\dfrac{3}{s^2}$ ③ $\dfrac{6}{s^3}$ ④ $\dfrac{6}{s^2}$

풀이

$\mathcal{L}[t^n] = \dfrac{n!}{s^{n+1}}$ 에서

$F(s) = \mathcal{L}[3t^2] = 3 \times \dfrac{2!}{s^{(2+1)}} = 3 \times \dfrac{2 \times 1}{s^3} = \dfrac{6}{s^3}$ **답** ③

문제 71 RLC 직렬 공진회로에서 제3고조파의 공진주파수 f[Hz]는?

① $\dfrac{1}{2\pi\sqrt{LC}}$ ② $\dfrac{1}{3\pi\sqrt{LC}}$

③ $\dfrac{1}{6\pi\sqrt{LC}}$ ④ $\dfrac{1}{9\pi\sqrt{LC}}$

풀이

제n고조파 공진주파수 $f_n = \dfrac{1}{2\pi n \sqrt{LC}}$ 이므로,

제3고조파 공진주파수 $f_3 = \dfrac{1}{2\pi \times 3 \sqrt{LC}} = \dfrac{1}{6\pi\sqrt{LC}}$

답 ③

문제 72 세 변의 저항 $R_a = R_b = R_c = 15[\Omega]$인 Y결선 회로가 있다. 이것과 등가인 △결선 회로의 각 변의 저항[Ω]은?

① 135 ② 45

③ 15 ④ 5

풀이

3개의 저항값이 동일한 경우

• △결선을 Y결선으로 등가 변환 : $R_Y = \dfrac{1}{3} R_\Delta$

• Y결선을 △결선으로 등가 변환 : $R_\Delta = 3R_Y$

$\therefore R_\Delta = 3R_Y = 3 \times 15 = 45[\Omega]$ **답** ②

문제 73 모든 초기값을 0으로 할 때, 입력에 대한 출력의 비는?

① 전달함수 ② 충격함수

③ 경사함수 ④ 포물선함수

풀이

전달 함수 : 모든 초기값을 0으로 하였을 때 출력 신호의 라플라스 변환값과 입력 신호의 라플라스 변환값의 비이다.

즉, 전달함수 $G(s) = \dfrac{\text{출력신호의 라플라스 변환 값}}{\text{입력신호의 라플라스 변환 값}}$

답 ①

문제 74 다음과 같은 회로에서 $t = 0^+$ 에서 스위치 K를 닫았다. $i_1(0^+)$, $i_2(0^+)$는 얼마인가? (단, C의 초기전압과 L의 초기전류는 0이다.)

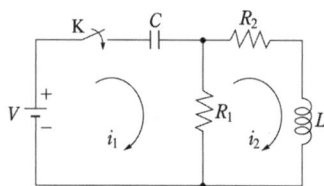

① $i_1(0^+) = 0$ $i_2(0^+) = V/R_2$

② $i_1(0^+) = V/R_1$ $i_2(0^+) = 0$

③ $i_1(0^+) = 0$ $i_2(0^+) = 0$

④ $i_1(0^+) = V/R_1$ $i_2(0^+) = V/R_2$

풀이

$t = 0^+$ 에서 C는 단락, L은 개방이므로

$$i_1(0^+) = \frac{V}{R_1}, \quad i_2(0^+) = 0$$

답 ②

제5과목 전기설비 기술기준

문제 81 대지로부터 절연을 하는 것이 기술상 곤란하여 절연을 하지 않아도 되는 것은?

① 항공장애등   ② 전기로
③ 옥외조명등   ④ 에어콘

풀이

131 전로의 절연 원칙
전로는 다음 이외에는 대지로부터 절연하여야 한다.
가. 저압전로에 접지공사를 하는 경우의 접지점
나. 전로의 중성점에 접지공사를 하는 경우의 접지점
다. 계기용변성기의 2차측 전로에 접지공사를 하는 경우의 접지점
라. 다중 접지를 하는 경우의 접지점
마. 변압기의 2차측 전로에 접지공사를 하는 경우의 접지점
바. 직류계통에 접지공사를 하는 경우의 접지점
사. 다음과 같이 절연할 수 없는 부분
  ① 시험용 변압기, 전력선 반송용 결합 리액터, 전기울타리용 전원장치, 엑스선발생장치, 전기부식방지용 양극, 단선식 전기 철도의 귀선 등 전로의 일부를 대지로부터 절연하지 아니하고 전기를 사용하는 것이 부득이한 것.
  ② **전기욕기·전기로·전기보일러·전해조 등 대지로부터 절연하는 것이 기술상 곤란한 것.**   **답** ②

문제 82 과전류차단기로 저압전로에 사용하는 15 [A] 퓨즈를 수평으로 붙인 경우 이 퓨즈는 정격전류의 몇 배의 전류에 견딜 수 있어야 하는가?

① 1.5   ② 1.6
③ 1.9   ④ 2

풀이

212.3.4 보호장치의 특성
1. 과전류 보호장치는 KS C 또는 KS C IEC 관련 표준(배

선차단기, 누전차단기, 퓨즈등의 표준)의 동작특성에 적합하여야 한다.
2. 과전류차단기로 저압전로에 사용하는 범용의 퓨즈는 표 에 적합한 것이어야 한다.

정격전류의 구분	시간	정격전류의 배수	
		불용단전류	용단전류
4[A] 이하	60분	1.5배	2.1배
4[A] 초과 16[A] 미만	60분	**1.5배**	1.9배
16[A] 이상 63[A] 이하	60분	1.25배	1.6배
63[A] 초과 160[A] 이하	120분	1.25배	1.6배
160[A] 초과 400[A] 이하	180분	1.25배	1.6배
400[A] 초과	240분	1.25배	1.6배

답 ①

문제 83 가공전선로의 지지물 중 지선을 사용하여 그 강도를 분담시켜서는 안 되는 것은?

① 철탑   ② 목주
③ 철주   ④ 철근콘크리트주

풀이

331.11 지선의 시설
가공전선로의 지지물로 사용하는 **철탑은 지선을 사용하여 그 강도를 분담시켜서는 안 된다.**   **답** ①

문제 84 옥내배선의 사용전압이 220 [V]인 경우 금속관 공사의 기술기준으로 옳은 것은?

① 금속관과 접속부분의 나사는 3턱 이상으로 나사결합을 하였다.
② 전선은 옥외용 비닐절연전선을 사용하였다.
③ 콘크리트에 매설하는 전선관의 두께는 1.0 [mm]를 사용하였다.
④ 금속관에는 접지공사를 하였다.

풀이

232.12 금속관공사
가. 전선은 절연전선(옥외용 비닐절연전선을 제외한다)일 것.
나. 전선은 연선일 것. 다만, 다음의 것은 적용하지 않는다.
  ① 짧고 가는 금속관에 넣은 것.
  ② 단면적 10[mm²](알루미늄선은 단면적 16[mm²]) 이하의 것.
다. 관의 두께는 다음에 의할 것.
  ① 콘크리트에 매설하는 것은 1.2[mm] 이상

② 콘크리트 매설 이외의 것은 1[mm] 이상

라. 방폭형 부속품의 경우 전선관과의 접속부분의 나사는 5턱 이상 완전히 나사결합이 될 수 있는 길이일 것.

마. 관에는 접지공사를 할 것. 답 ④

문제 85 옥내 저압배선을 금속제가요전선관공사에 의해 시공하고자 할 때 전선을 단선으로 사용한다면 그 단면적은 최대 몇 [mm²] 이하이어야 하는가?

① 2.5 ② 4

③ 6 ④ 10

풀이

232.13 금속제 가요전선관공사

가. 전선은 절연전선(옥외용 비닐 절연전선을 제외한다)일 것.

나. **전선은 연선일 것.** 다만, **단면적 10[mm²]**(알루미늄선은 단면적 16[mm²]) **이하인 것은 그러하지 아니하다.**

다. 가요전선관 안에는 전선에 접속점이 없도록 할 것.

라. 가요전선관은 2종 금속제 가요전선관일 것 답 ④

문제 86 저압 옥내배선용 전선으로 적합한 것은?

① 단면적이 0.8[mm²] 이상인 무기물 절연 케이블

② 단면적이 2.5[mm²] 이상인 연동선

③ 단면적이 1.5[mm²] 이상인 연동선

④ 단면적이 2.0[mm²] 이상인 연동선

풀이

231.3 저압 옥내배선의 사용전선

가. 저압 옥내배선의 전선 : 단면적 **2.5[mm²] 이상의 연동선**

나. 옥내배선의 사용 전압이 400 [V] 이하인 경우는 다음에 의하여 시설할 수 있다.

① 전광표시 장치 또는 제어 회로

• 단면적 1.5[mm²] 이상의 연동선

• 단면적 0.75[mm²] 이상인 다심케이블 또는 다심 캡타이어 케이블을 사용하고 또한 과전류가 생겼을 때에 자동적으로 전로에서 차단하는 장치를 시설

② 진열장 또는 이와 유사한 것의 내부 배선 : 단면적 0.75[mm²] 이상인 코드 또는 캡타이어케이블

답 ②

문제 87 소맥분, 전분, 유황 등의 가연성 분진이 존재하는 공장에 전기설비가 발화원이 되어 폭발할 우려가 있는 곳의 저압옥내배선에 적합하지 못한 공사는? (단, 각 종 전선관배선 시 관의 두께는 모두 기준에 적합한 것을 사용한다.)

① 합성수지관공사

② 금속관공사

③ 금속제가요전선관공사

④ 케이블공사

풀이

242.2.2 가연성 분진 위험장소

가연성 분진에 전기설비가 발화원이 되어 폭발할 우려가 있는 곳에 시설하는 저압 옥내 전기설비는 다음에 따르고 또한 위험의 우려가 없도록 시설하여야 한다.

가. **합성수지관공사**(두께 2[mm] 미만의 합성 수지 전선관 및 난연성이 없는 콤바인 덕트관을 사용하는 것을 제외한다)·

나. **금속관공사**

다. **케이블공사** 답 ③

문제 88 저압의 옥측배선을 시설 장소에 따라 시공할 때 적절하지 못한 것은?

① 버스덕트공사를 철골조로 된 공장 건물에 시설

② 합성수지관공사를 목조로 된 건축물에 시설

③ 금속몰드공사를 목조로 된 건축물에 시설

④ 애자공사를 전개된 장소에 있는 공장 건물에 시설

풀이

221.2 옥측전선로

저압 옥측전선로는 다음의 공사방법에 의할 것.

가. 애자공사(전개된 장소에 한한다.)

나. 합성수지관공사

다. 금속관공사(목조 이외의 조영물에 시설하는 경우에 한한다)

라. **버스덕트공사[목조 이외의 조영물**(점검할 수 없는 은폐된 장소는 제외한다)**에 시설하는 경우에 한한다]**

마. 케이블공사(연피 케이블·알루미늄피 케이블 또는 무기물 절연 케이블을 사용하는 경우에는 목조 이외의 조영물에 시설하는 경우에 한한다)

답 ③

문제 89 최대사용전압이 69 [kV]인 중성점 비접지식 전로의 절연내력 시험전압은 몇 [kV]인가?

① 63.48 ② 75.9

③ 86.25 ④ 103.5

풀이

132 전로의 절연저항 및 절연내력

전로의 종류	접지 방식	시험전압 (최대사용전압의 배수)	최저 시험전압
1. 7[kV] 이하인 전로		1.5배	
2. 7[kV] 초과 25[kV] 이하	다중접지	0.92배	
3. 7[kV] 초과 60[kV] 이하 (2란의 것 제외)	비접지	1.25배	10.5[kV]
4. 60[kV] 초과	비접지	1.25배	
5. 60[kV] 초과 (6란, 7란의 것 제외)	접지식	1.1배	75[kV]
6. 60[kV] 초과 (7란의 것 제외)	직접접지	0.72배	
7. 170[kV] 초과 (발전소 또는 변전소 혹은 이에 준하는 장소에 시설하는 것.)	직접접지	0.64배	

※ 전로에 케이블을 사용하는 경우에는 직류로 시험할 수 있으며 시험 전압은 교류의 경우의 2배가 된다.

비접지식으로 60 [kV]를 초과하므로 1.25배

∴ 시험 전압 = 69 × 1.25 = 86.25[kV] **답** ③

문제 90 식물 재배용 전기온상에 사용하는 전열 장치에 대한 설명으로 틀린 것은?

① 전로의 대지 전압은 300 [V] 이하

② 발열선은 90 [℃] 가 넘지 않도록 시설할 것

③ 발열선의 지지점간 거리는 1.0 [m] 이하일 것

④ 발열선과 조영재사이의 이격 거리는 2.5 [cm] 이상일 것

풀이

241.5 전기온상 등

가. 전기온상에 전기를 공급하는 전로의 대지전압은 300 [V] 이하일 것.

나. 발열선은 그 온도가 80[℃]를 넘지 않도록 시설할 것.

다. 발열선과 조영재 사이의 이격거리는 0.025[m] 이상으로 할 것.

라. 발열선의 지지점 간의 거리는 1[m] 이하일 것. 다만, 발열선 상호 간의 간격이 0.06[m] 이상인 경우에는 2[m] 이하로 할 수 있다. **답** ②

14년 1회 동일 및 유사 문제 (년도-회-번호)

1과목 전기자기학		3과목 전기기기	
12	21-1-19	59	20-1,2-56
13	19-3-10	60	20-1,2-50
14	19-2-02	**4과목 회로이론 및 제어공학**	
15	18-3-11	75	15-2-65
16	21-2-02	76	20-1,2-63
17	21-3-01	77	18-1-70
18	19-3-08	78	18-2-75
19	21-3-07	79	17-3-78
20	18-3-07	80	20-3-76
2과목 전력공학		**5과목 전기설비기술기준**	
32	22-2-33	91	20-1,2-81
33	20-3-24	92	17-2-81
34	20-4-36	93	22-1-99
35	19-2-38	94	21-1-82
36	18-3-31	95	18-1-96
37	17-1-32	96	17-3-84
38	20-1,2-21	97	21-2-97
39	20-4-32	98	22-2-100
40	21-2-39		

국가기술자격검정 필기시험 문제

2014년도 전기기사 일반검정 제 2 회				수검 번호	성 명
자격종목 및 등급(선택분야)	종목코드	시험시간	문제지형별		
전기기사	1150	2시간 30분	A		

제1과목 전기자기학

문제 01 그림과 같은 손실 유전체에서 전원의 양극 사이에 채워진 동축케이블의 전력손실은 몇 [W] 인가? (단, 모든 단위는 MKS 유리화 단위이며, σ 는 매질의 도전율 [S/m]이라 한다.)

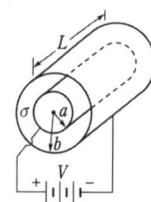

① $\dfrac{\pi\sigma V^2 L}{2\ln\dfrac{b}{a}}$ ② $\dfrac{\pi\sigma V^2 L}{\ln\dfrac{b}{a}}$

③ $\dfrac{2\pi\sigma V^2 L}{\ln\dfrac{b}{a}}$ ④ $\dfrac{4\pi\sigma V^2 L}{\ln\dfrac{b}{a}}$

풀이

동축 원통 도체의 정전용량

$C = \dfrac{2\pi\epsilon L}{\ln\dfrac{b}{a}}$ [F]

$RC = \epsilon\rho = \dfrac{\epsilon}{\sigma}$ 에서 $R = \dfrac{\epsilon}{\sigma C} = \dfrac{\ln\dfrac{b}{a}}{2\pi\sigma L}$ [Ω]

전력손실 $P_l = \dfrac{V^2}{R} = \dfrac{2\pi\sigma V^2 L}{\ln\dfrac{b}{a}}$ [W] **답** ③

문제 02 반지름이 0.01 [m]인 구도체를 접지시키고 중심으로부터 0.1 [m]의 거리에 10 [μC]의 점전하를 놓았다. 구도체에 유도된 총 전하량은 몇 [μC] 인가?

① 0 ② −1
③ −10 ④ 10

풀이

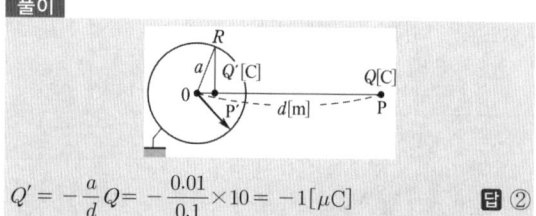

$Q' = -\dfrac{a}{d}Q = -\dfrac{0.01}{0.1}\times 10 = -1[\mu C]$ **답** ②

문제 03 자기인덕턴스 L [H] 인 코일에 I[A]의 전류를 흘렸을 때 코일에 축적되는 에너지 W [J]와 전류 I [A] 사이의 관계를 그래프로 표시하면 어떤 모양이 되는가?

① 포물선 ② 직선
③ 원 ④ 타원

풀이

코일에 축적되는 에너지 $W = \dfrac{1}{2}LI^2$ [J]

∴ $W \propto I^2$ 이므로 포물선 모양이 된다. **답** ①

문제 04 구도체에 50[μC]의 전하가 있다. 이때의 전위가 10[V]이면 도체의 정전용량은 몇 [μF]인가?

① 3 ② 4
③ 5 ④ 6

풀이

정전용량 $C = \dfrac{Q}{V} = \dfrac{50 \times 10^{-6}}{10} = 5 \times 10^{-6} [\text{F}] = 5 [\mu\text{F}]$

답 ③

문제 05 무한장 솔레노이드의 외부 자계에 대한 설명 중 옳은 것은?

① 솔레노이드 내부의 자계와 같은 자계가 존재한다.

② $1/2\pi$의 배수가 되는 자계가 존재한다.

③ 솔레노이드 외부에는 자계가 존재하지 않는다.

④ 권회수에 비례하는 자계가 존재한다.

풀이

무한장 솔레노이드

• 내부 자계의 세기 : 크기 $H_i = n_0 I [\text{AT/m}]$

 (단, n_0는 단위 길이 당 코일 권수 [회/m]이다.)

• **외부 자계의 세기** : 크기 $\boldsymbol{H_o} = 0 [\text{AT/m}]$ 이다.

답 ③

문제 06 공기콘덴서의 고정 전극판 A와 가동 전극판 B간의 간격이 $d = 1[\text{mm}]$이고 전계는 극면간에서만 균등하다고 하면 정전용량은 몇 $[\mu\text{F}]$인가? (단, 전극판의 상대되는 부분의 면적은 $S [\text{m}^2]$라 한다.)

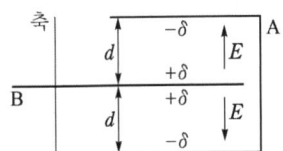

① $\dfrac{S}{9\pi}$

② $\dfrac{S}{18\pi}$

③ $\dfrac{S}{36\pi}$

④ $\dfrac{S}{72\pi}$

풀이

두 전극판 A, B간 콘덴서의 정전용량 $C = \dfrac{\epsilon_0 S}{d} [\text{F}]$이다.

그런데 정전용량 C인 콘덴서가 병렬 접속되어 있으므로, (가동 전극판 B에 $+\delta$, $+\delta$이므로 병렬, 만약 $+\delta$, $-\delta$이면 직렬 접속임)

$C_0 = 2C = \dfrac{2\epsilon_0 S}{d} = \dfrac{2S}{4\pi \times 9 \times 10^9 \times 10^{-3}}$

$\left(\because \dfrac{1}{4\pi\epsilon_0} = 9 \times 10^9 \rightarrow \epsilon_0 = \dfrac{1}{4\pi \times 9 \times 10^9} \right)$

$= \dfrac{S}{18\pi} \times 10^{-6} [\text{F}] = \dfrac{S}{18\pi} [\mu\text{F}]$

답 ②

문제 07 맥스웰의 방정식과 연관이 없는 것은?

① 페러데이 법칙

② 쿨롱의 법칙

③ 스토크스의 법칙

④ 가우스 정리

풀이

맥스웰 전자 방정식의 미분형

① $\text{rot } \boldsymbol{E} = -\dfrac{\partial \boldsymbol{B}}{\partial t}$: 패러데이 법칙

③ $\text{rot } \boldsymbol{H} = J + \dfrac{\partial \boldsymbol{D}}{\partial t}$: 암페어의 주회적분 법칙, 스토크스 정리

④ $\text{div} \boldsymbol{D} = \rho$: 가우스의 법칙

답 ②

문제 08 두 유전체의 경계면에 대한 설명 중 옳은 것은?

① 두 유전체의 경계면에 전계가 수직으로 입사하면 두 유전체내의 전계의 세기는 같다.

② 유전율이 작은 쪽에서 큰 쪽으로 전계가 입사할 때 입사각은 굴절각보다 크다.

③ 경계면에서 정전력은 전계가 경계면에 수직으로 입사할 때 유전율이 큰 쪽에서 작은 쪽으로 작용한다.

④ 유전율이 큰 쪽에서 작은 쪽으로 전계가 경계면에 수직으로 입사할 때 유전율이 작은 쪽의 전계의 세기가 작아진다.

풀이

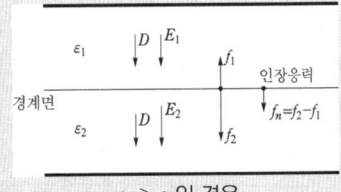

$\epsilon_1 > \epsilon_2$인 경우

전계가 경계면에 수직으로 입사할 때, 경계면을 공통 전극으로 취하는 2개의 콘덴서가 직렬로 되어있는 회로로 볼 수 있다.

따라서, 콘덴서의 두 전극사이에는 흡인력이 작용하므로 f_1과 f_2의 방향은 서로 반대 방향이 되고 이때 단위면적당 작용하는 힘 f_1, f_2는

$\cdot\ f_1 = \dfrac{1}{2}\dfrac{D^2}{\epsilon_1}$, $f_2 = \dfrac{1}{2}\dfrac{D^2}{\epsilon_2}$

따라서 $\epsilon_1 > \epsilon_2$이면 $f_1 < f_2$가 된다.

$\cdot$ 즉, 경계면에서의 정전력은 유전율이 큰쪽에서 작은 쪽으로 향한다. **답** ③

문제 09 전자계에 대한 맥스웰의 기본 이론이 아닌 것은?

① 전하에서 전속선이 발산된다.

② 고립된 자극은 존재하지 않는다.

③ 변위전류는 자계를 발생하지 않는다.

④ 자계의 시간적 변화에 따라 전계의 회전이 생긴다.

풀이

맥스웰 방정식 의미

① $\nabla \times E = -\dfrac{\partial B}{\partial t}$

(자계의 시간적 변화는 회전하는 전계 발생)

② $\nabla \times H = i + \dfrac{\partial D}{\partial t}$

(전도전류와 변위전류는 회전하는 자계 발생)

③ $\nabla \cdot B = 0$ (자극 N, S극이 공존)

④ $\nabla \cdot D = \rho$ (전하에 의해 전속선 발산) **답** ③

문제 10 전자파가 유전율과 투자율이 각각 ϵ_1과 μ_1인 매질에서 ϵ_2와 μ_2인 매질에 수직으로 입사할 경우, 입사전계 E_1과 입사자계 H_1에 비하여 투과전계 E_2와 투과자계 H_2의 크기는 각각 어떻게 되는가? (단, $\sqrt{\dfrac{\mu_1}{\epsilon_1}} > \sqrt{\dfrac{\mu_2}{\epsilon_2}}$ 이다.)

① E_2, H_2 모두 E_1, H_1에 비하여 크다.

② E_2, H_2 모두 E_1, H_1에 비하여 적다.

③ E_2는 E_1에 비하여 크고, H_2는 H_1에 비하여 적다

④ E_2는 E_1에 비하여 적고, H_2는 H_1에 비하여 크다.

풀이

전계의 투과계수 $\dfrac{E_2}{E_1} = \dfrac{2\sqrt{\dfrac{\mu_2}{\epsilon_2}}}{\sqrt{\dfrac{\mu_1}{\epsilon_1}} + \sqrt{\dfrac{\mu_2}{\epsilon_2}}}$

자계의 투과계수 $\dfrac{H_2}{H_1} = \dfrac{2\sqrt{\dfrac{\mu_1}{\epsilon_1}}}{\sqrt{\dfrac{\mu_1}{\epsilon_1}} + \sqrt{\dfrac{\mu_2}{\epsilon_2}}}$로 나타난다.

$\sqrt{\dfrac{\mu_1}{\epsilon_1}} > \sqrt{\dfrac{\mu_2}{\epsilon_2}}$ 이므로 즉 $E_1 > E_2$, $H_2 > H_1$ 이다. **답** ④

문제 11 자유공간에서 정육각형의 꼭짓점에 동량, 동질의 점전하 Q가 각각 놓여 있을 때 정육각형 한 변의 길이가 a라 하면 정육각형 중심의 전계의 세기는?

① $\dfrac{Q}{4\pi\epsilon_0 a^2}$ ② $\dfrac{3Q}{2\pi\epsilon_0 a^2}$

③ $6Q$ ④ 0

풀이

2개의 점전하가 3쌍으로 맞서 있고, 각 쌍의 중심 전계의 세기는 크기가 같고 방향이 정반대이므로 0이 되고 **합성 전계의 세기도 0**이 된다.

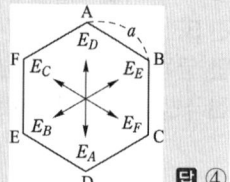 **답** ④

제2과목 **전력공학**

문제 21 ACSR은 동일한 길이에서 동일한 전기저항을 갖는 경동연선에 비하여 어떠한가?

① 바깥지름은 크고 중량은 작다.

② 바깥지름은 작고 중량은 크다.

③ 바깥지름과 중량이 모두 크다.

④ 바깥지름과 중량이 모두 작다.

풀이

알루미늄선은 경동선에 비하여 고유저항이 크므로 동일저항을 얻기 위해서는 지름이 큰 전선을 사용해야 한다. ($R = \rho_{al} \dfrac{l}{S_{al}} = \rho_{cu} \dfrac{l}{S_{cu}}$ 에서 $\rho_{al} > \rho_{cu}$ 이므로 $S_{al} > S_{cu}$ 이어야 한다.) 그러나 비중은 약 1/3 정도로 가볍다.

따라서, ACSR은 경동연선에 비하여 바깥지름은 크고 중량은 작다. **답** ①

문제 22 송·배전 계통에서의 안정도 향상 대책이 아닌 것은?

① 병렬 회선수 증가
② 병렬 콘덴서 설치
③ 속응여자방식 채용
④ 기기의 리액턴스 감소

풀이

안정도 향상 대책
① 계통의 직렬 리액턴스 감소(다회선 방식 채택, 복도체 방식 채택, 기기의 리액턴스 감소, 직렬 콘덴서 설치)
② 전압 변동률을 적게 한다 (속응 여자 방식 채용, 계통의 연계, 중간 조상 방식).
③ 계통에 주는 충격을 적게 한다 (적당한 중성점 접지 방식, 고속 차단 방식, 재폐로 방식).
④ 고장 중의 발전기 돌입 출력의 불평형을 적게 한다.
참고로 **병렬 콘덴서**는 역률 개선을 통한 **전력손실 감소가 주 목적**이다. **답** ②

문제 23 그림과 같은 66 [kV] 선로의 송전전력이 20000 [kW], 역률이 0.8 (lag)일 때 a상에 완전 지락 사고가 발생하였다. 지락계전기 DG에 흐르는 전류는 약 몇 [A] 인가? (단, 부하의 정상, 역상임피던스 및 기타 정수는 무시한다.)

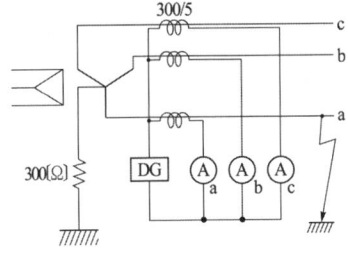

① 2.1   ② 2.9   ③ 3.7   ④ 5.5

풀이

지락전류 $I_g = \dfrac{E}{R} = \dfrac{V}{\sqrt{3} \times R} = \dfrac{66000}{\sqrt{3} \times 300} = 127$ [A]

지락계전기에 흐르는 전류

$i_n = I_g \times \dfrac{5}{300} = 127 \times \dfrac{5}{300} = 2.12$ [A]   **답** ①

문제 24 파동 임피던스가 300 [Ω]인 가공 송전선 1 [km] 당의 인덕턴스[mH/km]는? (단, 저항과 누설 컨덕턴스는 무시한다.)

① 1.0   ② 1.2
③ 1.5   ④ 1.8

풀이

파동임피던스 $Z_0 = \sqrt{\dfrac{L}{C}} = 138 \log_{10} \dfrac{D}{r} = 300$[Ω] 에서

$\log_{10} \dfrac{D}{r} = \dfrac{300}{138}$

• 인덕턴스 $L = 0.05 + 0.4605 \log_{10} \dfrac{D}{r}$ [mH/km]에서

$L = 0.4605 \log_{10} \dfrac{D}{r} = 0.4605 \times \dfrac{300}{138} = 1.0$ [mH/km]

참고로

• $L = 0.05 + 0.4605 \log_{10} \dfrac{D}{r} = 0.4605 \log_{10} \dfrac{D}{r}$ [mH/km]

• $C = \dfrac{0.02413}{\log_{10} \dfrac{D}{r}}$ [μF/km]

• $\sqrt{\dfrac{L}{C}} = \sqrt{\dfrac{0.4605 \log_{10} \dfrac{D}{r} \times 10^{-3}}{\dfrac{0.02413}{\log_{10} \dfrac{D}{r}} \times 10^{-6}}}$

$= \sqrt{\dfrac{0.4605 \times 10^{-3}}{0.02413 \times 10^{-6}}} \cdot \sqrt{(\log_{10} \dfrac{D}{r})^2} = 138 \log_{10} \dfrac{D}{r}$ **답** ①

문제 25 가공전선로에 사용되는 전선의 구비조건으로 틀린 것은?

① 도전율이 높아야 한다.
② 기계적 강도가 커야 한다.
③ 전압강하가 적어야 한다.
④ 허용전류가 적어야 한다.

풀이

전선의 구비 조건
① 도전율이 클 것
② **전선의 허용전류가 클 것**
③ 기계적 강도가 클 것
④ 유연성이 클 것
⑤ 내구성이 있을 것
⑥ 비중이 작을 것　　　　　답 ④

문제 26 그림과 같이 각 도체와 연피간의 정전용량이 C_0, 각 도체간의 정전용량이 C_m인 3심 케이블의 도체 1조당의 작용 정전용량은?

① $C_0 + C_m$
② $3C_0 + 3C_m$
③ $3C_0 + C_m$
④ $C_0 + 3C_m$

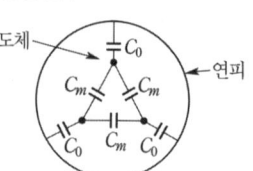

도체 → C_0
← 연피
C_m C_m
C_0 C_m C_0

풀이

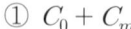

• 3상 3선식 : $C_n = C_0 + 3C_m$

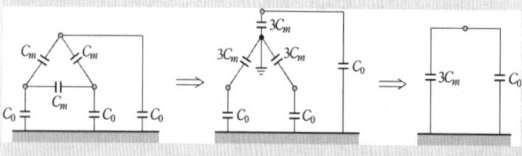

C_m C_m ⇒ $3C_m$ $3C_m$ C_0 ⇒ $3C_m$ C_0
C_0 C_m C_0 C_0 C_0 C_0

• 단상 2선식 : $C_n = C_0 + 2C_m$　　답 ④

문제 27 지락 고장 시 문제가 되는 유도장해로서 전력선과 통신선의 상호 인덕턴스에 의해 발생하는 장해 현상은?

① 정전유도
② 전자유도
③ 고조파유도
④ 전파유도

풀이

유도장해
• 정전 유도 장해 : 전력선과 통신선과의 상호 정전용량에 의해 발생되며 평상 운전 시 문제가 됨.
• 전자 유도 장해 : 전력선과 통신선과의 상호 인덕턴스와 지락 고장 시 흐르는 영상전류에 의해 발생 함.
　(전자 유도전압 $E_m = -j\omega Ml \times 3I_0$)　답 ②

제3과목 ▶ **전기기기**

문제 41 그림과 같은 단상브리지 정류회로(혼합브리지)에서 직류 평균전압[V]은? (단, E는 교류측 실효치전압, α는 점호제어각이다.)

① $\dfrac{2\sqrt{2}\,E}{\pi}\left(\dfrac{1+\cos\alpha}{2}\right)$

② $\dfrac{\sqrt{2}\,E}{\pi}\left(\dfrac{1+\cos\alpha}{2}\right)$

③ $\dfrac{2\sqrt{2}\,E}{\pi}\left(\dfrac{1-\cos\alpha}{2}\right)$

④ $\dfrac{\sqrt{2}\,E}{\pi}\left(\dfrac{1-\cos\alpha}{2}\right)$

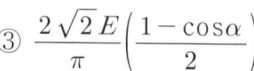

S S
D D
부하

풀이

혼합브리지 회로에서 직류 평균전압
$$E_{d0} = E_d\left(\frac{1+\cos\alpha}{2}\right)$$
여기서, $E_d = \dfrac{2\sqrt{2}\,E}{\pi} = 0.9[V]$　답 ①

문제 42 정격출력 5 [kW], 정격전압 100 [V]의 직류 분권전동기를 전기동력계로 사용하여 시험하였더니 전기동력계의 저울이 5 [kg]을 나타내었다. 이때 전동기의 출력[kW]은 약 얼마인가? (단, 동력계의 암(arm) 길이는 0.6 [m], 전동기의 회전수는 1500 [rpm]으로 한다.)

① 3.69　　　　② 3.81
③ 4.62　　　　④ 4.87

풀이

• 전동기의 토크 $T = WL\,[\mathrm{kg \cdot m}]$에 의하여
　$T = 5 \times 0.6 = 3\,[\mathrm{kg \cdot m}]$
• 전동기의 출력 P는
　$P = \omega T = 2\pi n T = 2\pi \times \dfrac{1500}{60} \times 3 \times 9.8$
　　$= 4618[\mathrm{W}] = 4.62[\mathrm{kW}]$
　　$(1[\mathrm{kg \cdot m}] = 9.8[\mathrm{N \cdot m}])$　답 ③

문제 43 직류 직권전동기가 있다. 공급 전압이 100 [V], 전기자 전류가 4 [A]일 때 회전속도는 1500 [rpm]이다. 여기서 공급전압을 80 [V]로 낮추었을 때 같은 전기자전류에 대하여 회전속도는 얼마로 되는가? (단, 전기자 권선 및 계자 권선의 전저항은 0.5 [Ω]이다.)

① 986 ② 1042
③ 1125 ④ 1194

풀이

속도는 역기전력에 비례하므로

$(\because E_c = p\,\phi n \dfrac{Z}{a}$에서 $E_c \propto n)$

처음의 역기전력 $E_c = V - I_a R = 100 - 4 \times 0.5 = 98$ [V]

전압을 낮추었을 때 역기전력 $E_c' = 80 - 4 \times 0.5 = 78$ [V]

$E_c \propto n$ 이므로

$98 : 78 = 1500 : n'$

$\therefore n' = \dfrac{78}{98} \times 1500 = 1193.88$ [rpm] **답** ④

문제 44 부하의 역률이 0.6일 때 전압변동률이 최대로 되는 변압기가 있다. 역률 1.0일 때의 전압변동률이 3 [%]라고 하면 역률 0.8에서의 전압변동률은 몇 [%]인가?

① 4.4 ② 4.6
③ 4.8 ④ 5.0

풀이

$\epsilon = p\cos\phi + q\sin\phi$ 식에서

• 부하 역률 100 [%]일 때

$\epsilon_{100} = p \times 1 + q \times 0 = 3$ [%] $\therefore p = 3$

• 최대 전압 변동률 ϵ_{max}을 일으키는 부하 역률 $\cos\phi_m$

$\cos\phi_m = \dfrac{p}{\sqrt{p^2 + q^2}} = \dfrac{3}{\sqrt{3^2 + q^2}} = 0.6$ 에서 $\therefore q = 4$ [%]

• 부하 역률이 80 [%]일 때

$\epsilon_{80} = p\cos\phi + q\sin\phi = 3 \times 0.8 + 4 \times 0.6 = 4.8$ [%] **답** ③

문제 45 단상 직권 정류자 전동기에서 주자속의 최대치를 ϕ_m, 자극수를 P, 전기자 병렬 회로수를 a, 전기자 전 도체수를 Z, 전기자의 속도를 N [rpm]이라 하면 속도 기전력의 실효값 E_r [V]은? (단, 주자속은 정현파이다.)

① $E_r = \sqrt{2}\,\dfrac{P}{a} Z \dfrac{N}{60} \phi_m$

② $E_r = \dfrac{1}{\sqrt{2}}\,\dfrac{P}{a} ZN \phi_m$

③ $E_r = \dfrac{P}{a} Z \dfrac{N}{60} \phi_m$

④ $E_r = \dfrac{1}{\sqrt{2}}\,\dfrac{P}{a} Z \dfrac{N}{60} \phi_m$

풀이

$E_r = P\phi n \dfrac{Z}{a} = P \dfrac{\phi_m}{\sqrt{2}} \dfrac{N}{60} \cdot \dfrac{Z}{a} = \dfrac{1}{\sqrt{2}}\,\dfrac{P}{a} Z \dfrac{N}{60} \phi_m$ **답** ④

문제 46 병렬 운전 중의 A, B 두 동기발전기 중에서 A 발전기의 여자를 B 발전기보다 강하게 하였을 경우 B기 발전기는?

① 90° 앞선 전류가 흐른다.
② 90° 뒤진 전류가 흐른다.
③ 동기화 전류가 흐른다.
④ 부하 전류가 증가한다.

풀이

동기발전기의 병렬운전

• 유기기전력이 높은 발전기(여자전류가 높은 경우) : 지상전류가 흘러 역률이 저하

• **유기기전력이 낮은 발전기(여자전류가 낮은 경우) : 진상전류가 흘러 역률이 상승**

따라서, A발전기의 여자를 강하게 하였으므로 상대적으로 B발전기의 전압은 A발전기에 비해 낮으므로 B발전기에는 90° 앞선 전류가 흐른다. **답** ①

문제 47 수백 [Hz]~20000 [Hz]정도의 고주파 발전기에 쓰이는 회전자형은?

① 농형 ② 유도자형
③ 회전전기자형 ④ 회전계자형

풀이

동기 발전기의 회전자에 의한 분류

① 회전 계자형 : 전기자를 고정자로 하고 계자극을 회전자로 한 것으로 일반적으로 거의 대부분 회전 계자형을 사용한다.

② 회전 전기자형 : 계자극을 고정자로 한 것으로 특수용도 및 극히 소용량에 적용

③ **유도자형** : 계자극과 전기자를 함께 고정시키고 그 중앙에 유도자라고 하는 권선이 없는 회전자를 갖춘 것으로 **수백~수만 [Hz] 정도의 고주파 발전기로 사용**된다.

답 ②

문제 48 직류기의 정류작용에 관한 설명으로 틀린 것은?

① 리액턴스 전압을 상쇄시키기 위해 보극을 둔다.
② 정류작용은 직선정류가 되도록 한다.
③ 보상권선은 정류작용에 큰 도움이 된다.
④ 보상권선이 있으면 보극은 필요 없다.

풀이

양호한 정류를 얻는 조건

① 리액턴스 전압을 작게 한다. $\left(e_L = L\dfrac{2I_c}{T_c}\right)$

② 단절권 채용으로 자기 인덕턴스를 작게 한다.
③ 고속을 피하여 정류 주기를 길게 한다.
④ 저항 정류로서 탄소 브러시를 사용한다.
⑤ 전압 정류로서 보극을 설치한다.

보상권선은 전기자반작용 억제가 주 목적으로, 양호한 정류를 얻기 위해서는 보극도 필요하다.

답 ④

문제 49 어느 변압기의 무유도 전부하의 효율이 96 [%], 그 전압변동률은 3 [%]이다. 이 변압기의 최대효율[%]은?

① 약 96.3
② 약 97.1
③ 약 98.4
④ 약 99.2

풀이

무유도 전부하 출력을 1이라 하고, 이 때의 동손 및 철손의 정격 출력에 대한 비를 P_c, P_i 라고 하면

$\eta = \dfrac{1}{1 + P_c + P_i}$ 에서

$1 + P_c + P_i = \dfrac{1}{\eta}$

$P_c + P_i = \dfrac{1}{\eta} - 1 = \dfrac{1}{0.96} - 1 = 0.042$

전압변동률 $\epsilon = \dfrac{V_0 - V_n}{V_n} = \dfrac{IR}{V_n} = \dfrac{I^2 R}{V_n I} = \dfrac{P_c}{P}$ 에서

전부하 출력 $P = 1$ 일 때 $\epsilon = P_c = 0.03$

$\therefore P_i = 0.042 - P_c = 0.042 - 0.03 = 0.012$

$1/m$ 부하의 경우, 최대 효율이 된다고 하면

$\left(\dfrac{1}{m}\right)^2 P_c = P_i$

그러므로 무유도 부하의 최대 효율 η_m 는

$\therefore \eta_m = \dfrac{0.64}{0.64 + 0.012 \times 2} \times 100 = 96.3 [\%]$

답 ①

문제 50 단상 유도전압조정기의 2차 전압이 100 ± 30 [V]이고, 직렬권선의 전류가 6 [A]인 경우 정격용량은 몇 [VA] 인가?

① 780
② 420
③ 312
④ 180

풀이

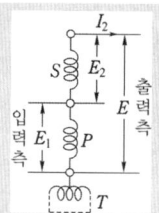

단상 유도 전압 조정기의 용량

$P = E_2 (\text{조정전압}) \times I_2 = 30 \times 6 = 180 [VA]$

답 ④

문제 51 유도전동기에 게르게스(Gorges)현상이 생기는 슬립은 대략 얼마인가?

① 0.25
② 0.50
③ 0.70
④ 0.80

풀이

게르게스 현상이란 3상 권선형 유도 전동기의 2차 회로 중 1선이 단선된 경우에 약간의 과부하 상태에서도 **슬립** $S = 0.5$ 부근에서 가속되지 않는 현상을 말한다.

답 ②

문제 52 600 [rpm]으로 회전하는 타여자 발전기가 있다. 이 때 유기기전력은 150 [V], 여자전류는 5 [A]이다. 이 발전기를 800 [rpm]으로 회전하여 180 [V]의 유기기전력을 얻으려면 여자전류는 몇 [A]로 하여야 하는가? (단, 자기회로의 포화현상은 무시한다.)

① 3.2
② 3.7
③ 4.5
④ 5.2

풀이

$E=p\phi n\dfrac{Z}{a}=KI_fN$ 식에서 (단, $K=\dfrac{p}{60}\cdot\dfrac{Z}{a}$, $\phi\propto I_f$)

$K=\dfrac{E}{I_fN}=\dfrac{150}{5\times600}=0.05$

$\therefore I_f=\dfrac{E}{KN}=\dfrac{180}{0.05\times800}=4.5[A]$ **답** ③

풀이

Y-Y결선에서 **중성점을 접지하면 제3고조파** 전류가 흘러 통신선에 유도 장해를 일으킨다. **답** ③

제4과목 **회로이론 및 제어공학**

문제 53 교류 타코미터(AC tachometer)의 제어 권선전압 $e(t)$와 회전각 θ의 관계는?

① $\theta\propto e(t)$

② $\dfrac{d\theta}{dt}\propto e(t)$

③ $\theta\cdot e(t)=$일정

④ $\dfrac{d\theta}{dt}\cdot e(t)=$일정

풀이

제어 권선전압은 회전각 속도에 비례한다.

$\therefore e(t)\propto\dfrac{d\theta}{dt}$ **답** ②

문제 61 $G(s)H(s)=\dfrac{K}{s(s+1)(s+4)}$ 의

$K\geq0$ 에서의 분지점(break away point)은?

① -2.867 ② 2.867

③ -0.467 ④ 0.467

풀이

$1+G(s)H(s)=1+\dfrac{K}{s(s+1)(s+4)}=0$

$K=-s(s+1)(s+4)$

$K(\sigma)=-\sigma(\sigma+1)(\sigma+4)=-\sigma^3-5\sigma^2-4\sigma$

$\dfrac{dK(\sigma)}{d\sigma}=-3\sigma^2-10\sigma-4=0$

$\sigma=\dfrac{-b\pm\sqrt{b^2-4ac}}{2a}$

$=\dfrac{-(-10)\pm\sqrt{(-10)^2-4\times(-3)\times(-4)}}{2\times(-3)}$ 에서

$\therefore \sigma_1=-0.467,\ \sigma_2=-2.867$

$K\geq0$에 대한 실수축상의 구간은 $0\sim-1$, $-4\sim-\infty$이므로 $\sigma_2=-2.867$은 근궤적점이 될 수 없으므로 버리고, 분지점은

$\therefore \sigma_1=-0.467$ **답** ③

문제 54 유도전동기의 동작원리로 옳은 것은?

① 전자유도와 플레밍의 왼손 법칙

② 전자유도와 플레밍의 오른손 법칙

③ 정전유도와 플레밍의 왼손 법칙

④ 정전유도와 플레밍의 오른손 법칙

풀이

• **발전기** : 전자유도와 플레밍의 오른손 법칙

• **전동기** : 전자유도와 플레밍의 왼손법칙 **답** ①

문제 55 변압기의 결선방식에 대한 설명으로 틀린 것은?

① △-△결선에서 1상분이 고장이 나면 나머지 2대로써 V결선 운전이 가능하다.

② Y-Y결선에서 1차, 2차 모두 중성점을 접지할 수 있으며, 고압의 경우 이상전압을 감소시킬 수 있다.

③ Y-Y결선에서 중성점을 접지하면 제5고조파 전류가 흘러 통신선에 유도장해를 일으킨다.

④ Y-△결선에서 1상에 고장이 생기면 전원공급이 불가능해진다.

문제 62 그림의 회로와 동일한 논리 소자는?

① X Y ▷ D (NOR)

② X Y ▷ D (NAND)

③ X Y ▷ D (AND)

④ X Y ▷ D (OR)

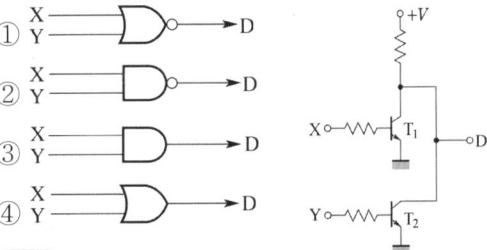

풀이

X 또는 Y에 신호가 입력되면 Tr이 동작하여 출력 D가 소멸된다. 따라서 NOR회로에 해당된다.

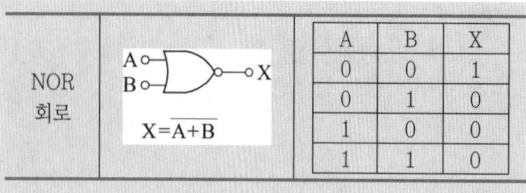

NOR 회로	A○○⊐○─X B○○⊐ X=$\overline{A+B}$	A	B	X
		0	0	1
		0	1	0
		1	0	0
		1	1	0

답 ①

문제 63 그림과 같은 RLC 회로에서 입력전압 $e_i(t)$, 출력 전류가 $i(t)$인 경우 이 회로의 전달함수 $I(s)/E_i(s)$는? (단, 모든 초기조건은 0이다.)

① $\dfrac{Cs}{RCs^2 + LCs + 1}$

② $\dfrac{1}{RCs^2 + LCs + 1}$

③ $\dfrac{Cs}{LCs^2 + RCs + 1}$

④ $\dfrac{1}{LCs^2 + RCs + 1}$

풀이

$e_i(t) = L\dfrac{d}{dt}i(t) + Ri(t) + \dfrac{1}{C}\int i(t)dt$

초기값을 0으로 하고 라플라스 변환하면,

$E_i(s) = LsI(s) + RI(s) + \dfrac{1}{Cs}I(s)$

$\quad = \left(Ls + R + \dfrac{1}{Cs}\right)I(s)$

∴ 전달함수 $G(s) = \dfrac{I(s)}{E_i(s)} = \dfrac{1}{R + Ls + \dfrac{1}{Cs}}$

$\quad = \dfrac{Cs}{LCs^2 + RCs + 1}$

답 ③

문제 64 아래의 신호흐름선도의 이득 $\dfrac{Y_6}{Y_1}$의 분자에 해당하는 값은?

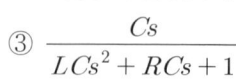
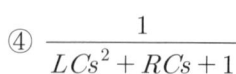

① $G_1G_2G_3G_4 + G_4G_5$

② $G_1G_2G_3G_4 + G_4G_5 + G_2H_1$

③ $G_1G_2G_3G_4H_3 + G_2H_1 + G_4H_2$

④ $G_1G_2G_3G_4 + G_4G_5 + G_2G_4G_5H_1$

풀이

$G_1' = G_1G_2G_3G_4$, $\Delta_1 = 1$, $G_2' = G_4G_5$, $\Delta_2 = 1 + G_2H_1$

전달함수 $G = \dfrac{C}{R} = \dfrac{\sum G_k\Delta_k}{\Delta}$ 에서

∴ 분자 $C = G_1'\Delta_1 + G_2'\Delta_2$

$\quad = (G_1G_2G_3G_4) \times 1 + G_4G_5 \times (1 + G_2H_1)$

$\quad = G_1G_2G_3G_4 + G_4G_5 + G_2G_4G_5H_1$

답 ④

문제 65 2차 제어계에서 공진주파수(ω_m)와 고유주파수(ω_n), 감쇠비(α) 사이의 관계로 옳은 것은?

① $\omega_m = \omega_n\sqrt{1 - \alpha^2}$

② $\omega_m = \omega_n\sqrt{1 + \alpha^2}$

③ $\omega_m = \omega_n\sqrt{1 - 2\alpha^2}$

④ $\omega_m = \omega_n\sqrt{1 + 2\alpha^2}$

풀이

공진주파수 $\omega_m = \omega_n\sqrt{1 - 2\alpha^2}$

답 ③

문제 66 다음 제어량 중에서 추종제어와 관계없는 것은?

① 위치 　　　② 방위

③ 유량 　　　④ 자세

풀이

추종제어(서보제어)란 물체의 위치, 방위, 자세 등의 기계적 변위를 제어량으로 해서 목표값의 임의의 변화에 추종하도록 구성된 제어계를 말한다.

답 ③

문제 67 보드선도상의 안정조건을 옳게 나타낸 것은? (단, g_m은 이득여유, ϕ_m은 위상여유)

① $g_m > 0$, $\phi_m > 0$ 　　② $g_m < 0$, $\phi_m < 0$

③ $g_m < 0$, $\phi_m > 0$ 　　④ $g_m > 0$, $\phi_m < 0$

풀이

위상 여유(ϕ_m)와 이득 여유(g_m) 양쪽 모두가 0보다 크면 안정하고, 0보다 작으면 불안정하다. **답** ①

문제 68 다음의 미분방정식으로 표시되는 시스템의 계수 행렬 A는 어떻게 표시되는가?

$$\frac{d^2c(t)}{dt^2}+5\frac{dc(t)}{dt}+3c(t)=r(t)$$

① $\begin{bmatrix} -5 & -3 \\ 0 & 1 \end{bmatrix}$ ② $\begin{bmatrix} -3 & -5 \\ 0 & 1 \end{bmatrix}$

③ $\begin{bmatrix} 0 & 1 \\ -3 & -5 \end{bmatrix}$ ④ $\begin{bmatrix} 0 & 1 \\ -5 & -3 \end{bmatrix}$

풀이

$$\dot{x}_2(t)=-3x_1(t)-5x_2(t)$$
$$\therefore \begin{bmatrix} \dot{x}_1(t) \\ \dot{x}_2(t) \end{bmatrix}=\begin{bmatrix} 0 & 1 \\ -3 & -5 \end{bmatrix}\begin{bmatrix} x_1(t) \\ x_2(t) \end{bmatrix}+\begin{bmatrix} 0 \\ 1 \end{bmatrix}r(t)$$ **답** ③

문제 69 4단자 정수 A, B, C, D로 출력측을 개방시켰을 때 입력측에서 본 구동점 임피던스 $Z_{11}=\left.\dfrac{V_1}{I_1}\right|_{I_2=0}$ 를 표시한 것 중 옳은 것은?

① $Z_{11}=\dfrac{A}{C}$ ② $Z_{11}=\dfrac{B}{D}$

③ $Z_{11}=\dfrac{A}{B}$ ④ $Z_{11}=\dfrac{B}{C}$

풀이

$V_1=AV_2+BI_2,\ I_1=CV_2+DI_2$ 에서 출력 측을 개방했으므로 $I_2=0$
$\therefore V_1=AV_2,\ I_1=CV_2$
$\dfrac{V_1}{I_1}=\dfrac{AV_2}{CV_2}=\dfrac{A}{C}=Z_{11}$ **답** ①

문제 70 RC 저역 여파기 회로의 전달함수 $G(j\omega)$ 에서 $\omega=\dfrac{1}{RC}$인 경우 $|G(j\omega)|$의 값은?

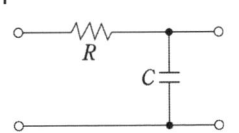

① 1 ② $\dfrac{1}{\sqrt{2}}$ ③ $\dfrac{1}{\sqrt{3}}$ ④ $\dfrac{1}{2}$

풀이

$$G(s)=\frac{\frac{1}{sC}}{R+\frac{1}{sC}}=\frac{1}{sRC+1}$$
$$G(j\omega)=\frac{1}{j\omega RC+1}\text{에서 } \omega=\frac{1}{RC}\text{ 이므로}$$
$$|G(j\omega)|=\left|\frac{1}{1+j}\right|=\frac{1}{\sqrt{2}}=0.707$$ **답** ②

문제 71 다음 회로에서 전압 V를 가하니 20 [A]의 전류가 흘렀다고 한다. 이 회로의 역률은?

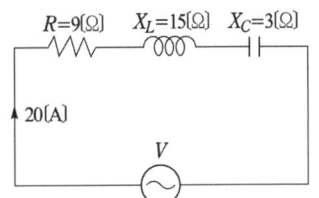

① 0.8 ② 0.6 ③ 1.0 ④ 0.9

풀이

$$\cos\theta=\frac{R}{Z}=\frac{R}{\sqrt{R^2+(X_L-X_C)^2}}=\frac{9}{\sqrt{9^2+(15-3)^2}}=0.6$$ **답** ②

문제 72 분포정수회로에 직류를 흘릴 때 특성 임피던스는? (단, 단위 길이당의 직렬 임피던스 $Z=R+j\omega L$ [Ω], 병렬 어드미턴스 $Y=G+j\omega C$ [℧] 이다.)

① $\sqrt{\dfrac{L}{C}}$ ② $\sqrt{\dfrac{L}{R}}$

③ $\sqrt{\dfrac{G}{C}}$ ④ $\sqrt{\dfrac{R}{G}}$

풀이

특성임피던스 $Z_0=\sqrt{\dfrac{Z}{Y}}=\sqrt{\dfrac{R+j\omega L}{G+j\omega C}}$ 에서

직류 이므로 $\omega=0$

따라서, 특성임피던스 $Z_0=\sqrt{\dfrac{R}{G}}$ **답** ④

문제 73

그림과 같은 π형 4단자 회로의 어드미턴스 파라미터 중 Y_{22}는?

① $Y_{22} = Y_A + Y_C$

② $Y_{22} = Y_B$

③ $Y_{22} = Y_A$

④ $Y_{22} = Y_B + Y_C$

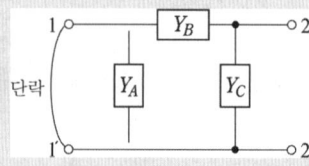

풀이

$Y_{22} = \left.\dfrac{I_2}{V_2}\right|_{V_1=0}$

$V_1 = 0$는 1차측을 단락한 것이므로 회로는

따라서, $I_2 = (Y_B + Y_C) \times V_2$

$\therefore Y_{22} = \dfrac{I_2}{V_2} = \dfrac{(Y_B + Y_C)V_2}{V_2} = Y_B + Y_C$

답 ④

참고

• $Y_{11} = \left.\dfrac{I_1}{V_1}\right|_{V_2=0} = Y_A + Y_B$

• $Y_{12} = \left.\dfrac{I_1}{V_2}\right|_{V_1=0} = \dfrac{-Y_B V_2}{V_2} = -Y_B$

• $Y_{21} = \left.\dfrac{I_2}{V_1}\right|_{V_2=0} = \dfrac{-Y_B V_1}{V_1} = -Y_B$

문제 74

$\dfrac{d^2 x(t)}{dt^2} + 2\dfrac{dx(t)}{dt} + x(t) = 1$ 에서

$x(t)$는 얼마인가? (단, $x(0) = x'(0) = 0$ 이다.)

① $te^{-t} - e^t$

② $t^{-t} + e^{-t}$

③ $1 - te^{-t} - e^{-t}$

④ $1 + te^{-t} + e^{-t}$

풀이

$s^2 X(s) + 2s X(s) + X(s) = \dfrac{1}{s}$

$X(s)(s^2 + 2s + 1) = \dfrac{1}{s}$

$X(s) = \dfrac{1}{s(s^2 + 2s + 1)} = \dfrac{1}{s(s+1)^2}$

$= \dfrac{K_1}{s} + \dfrac{K_2}{(s+1)^2} + \dfrac{K_3}{(s+1)}$

$K_1 = \lim_{s \to 0} s \cdot F(s) = \left[\dfrac{1}{s^2 + 2s + 1}\right]_{s=0} = 1$

$K_2 = \lim_{s \to -1} (s+1)^2 \cdot F(s) = \left[\dfrac{1}{s}\right]_{s=-1} = -1$

$K_3 = \lim_{s \to -1} \dfrac{d}{ds}\left(\dfrac{1}{s}\right) = \left[\dfrac{-1}{s^2}\right]_{s=-1} = -1$

$X(s) = \dfrac{1}{s} - \dfrac{1}{(s+1)^2} - \dfrac{1}{(s+1)}$

$\therefore x(t) = \mathcal{L}^{-1}[X(s)] = 1 - te^{-t} - e^{-t}$

답 ③

제5과목 ▶ 전기설비 기술기준

문제 81

합성수지몰드공사에 의한 저압 옥내배선의 시설방법으로 옳지 않은 것은

① 합성수지몰드는 홈의 폭 및 깊이가 3.5 [cm] 이하의 것 이어야 한다.

② 전선은 옥외용 비닐절연전선을 제외한 절연전선이어야 한다.

③ 합성수지몰드 상호간 및 합성수지몰드와 박스 기타의 부속품과는 전선이 노출되지 않도록 접속한다.

④ 합성수지몰드 안에는 접속점을 1개소까지 허용한다.

풀이

232.21 합성수지몰드공사

가. 전선은 절연전선(옥외용 비닐 절연전선을 제외한다)일 것.

나. 합성수지몰드 안에는 전선에 접속점이 없도록 할 것.
다만, 합성수지몰드 안의 전선을 합성 수지제의 조인트 박스를 사용하여 접속할 경우에는 그러하지 아니하다.

다. 합성수지몰드는 홈의 폭 및 깊이가 35[mm] 이하의 것일 것. 다만, 사람이 쉽게 접촉할 우려가 없도록 시설하는 경우에는 폭이 50[mm] 이하의 것을 사용할 수 있다.

답 ④

문제 82 의료장소의 안전을 위한 의료용 절연변압기에 대한 다음 설명 중 옳은 것은?

① 2차측 정격전압은 교류 300 [V] 이하이다.
② 2차측 정격전압은 직류 250 [V] 이하이다.
③ 정격출력은 5 [kVA] 이하이다.
④ 정격출력은 10 [kVA] 이하이다.

풀이

242.10.3 의료장소의 안전을 위한 보호 설비

가. 이중 또는 강화절연을 한 비단락보증 절연변압기를 설치하고 그 2차측 전로는 접지하지 말 것.
나. 비단락보증 절연변압기
　① 2차측 정격전압은 교류 250[V] 이하
　② 공급방식 및 정격출력은 단상 2선식, 10[kVA] 이하

답 ④

문제 83 전력보안 통신용 전화설비의 시설장소로 틀린 것은?

① 동일 수계에 속하고 보안상 긴급연락의 필요가 있는 수력발전소 상호간
② 동일 전력계통에 속하고 보안상 긴급연락의 필요가 있는 발전소 및 개폐소 상호간
③ 2 이상의 급전소 상호간과 이들을 총합 운용하는 급전소간
④ 원격감시제어가 되지 않는 발전소와 변전소간

풀이

362.1 전력보안통신설비의 시설 요구사항

발전소, 변전소 및 변환소 에서의 전력보안통신설비의 시설 장소는 다음에 따른다.

가. **원격감시제어가 되지 아니하는 발전소·변전소·개폐소·전선로 및 이를 운용하는 급전소 및 급전분소 간**
나. 2 이상의 급전소(분소) 상호 간과 이들을 총합 운용하는 급전소(분소) 간
다. 수력설비의 안전상 필요한 양수소 및 강수량 관측소와 수력발전소 간
라. 동일 수계에 속하고 안전상 긴급 연락의 필요가 있는 수력발전소 상호 간
마. 동일 전력계통에 속하고 또한 안전상 긴급연락의 필요가 있는 발전소·변전소 및 개폐소 상호 간

답 ④

문제 84 다음 중 국내의 전압 종별이 아닌 것은?

① 저압　　　　　② 고압
③ 특고압　　　　④ 초고압

풀이

111 통칙

전압의 구분은 다음과 같다.

분 류	전압의 범위
저 압	• 직류 : 1.5 [kV] 이하 • 교류 : 1 [kV] 이하
고 압	• 직류 : 1.5 [kV]를 초과하고 7 [kV] 이하 • 교류 : 1 [kV]를 초과하고 7 [kV] 이하
특고압	7 [kV]를 초과

답 ④

문제 85 특고압 가공전선로의 전선으로 케이블을 사용하는 경우의 시설로서 옳지 않은 것은?

① 케이블은 조가용선에 행거에 의하여 시설한다.
② 케이블은 조가용선에 접속시키고 비닐테이프 등을 30[cm] 이상의 간격으로 감아 붙인다.
③ 조가용선은 단면적 22[mm²]의 아연도강연선 또는 인장강도 13.93[kN] 이상의 연선을 사용한다.
④ 조가용선 및 케이블의 피복에 사용하는 금속체에는 접지공사를 한다.

풀이

333.3 특고압 가공케이블의 시설

특고압 가공전선로는 그 전선에 케이블을 사용하는 경우에는 다음에 따라 시설하여야 한다.

가. 케이블은 다음의 어느 하나에 의하여 시설할 것.
　① 조가용선에 행거에 의하여 시설할 것. 이 경우에 행거의 간격은 0.5[m] 이하로 하여 시설하여야 한다.
　② **조가용선에 접촉**시키고 그 위에 쉽게 부식되지 아니하는 **금속 테이프 등을 0.2[m] 이하의 간격**을 유지시켜 나선형으로 감아 붙일 것.
나. 조가용선은 인장강도 13.93[kN] 이상의 연선 또는 단면적 22[mm²] 이상의 아연도강연선일 것.
다. 조가용선 및 케이블의 피복에 사용하는 금속체에는 규정에 준하여 접지공사를 할 것.

답 ②

문제 86
교량 위에 시설하는 220[V] 조명용 저압 가공전선로에 사용되는 경동선의 최소 굵기는 몇 [mm]인가? 단, 전선은 절연전선을 사용한다.

① 1.6 ② 2.0
③ 2.6 ④ 3.2

풀이

222.5 저압 가공전선의 굵기 및 종류
가. 저압 가공전선은 나전선(중성선 또는 다중접지된 접지측 전선으로 사용하는 전선에 한한다), 절연전선, 다심형 전선 또는 케이블을 사용하여야 한다.
나. 전선의 굵기

전 압	조 건	전선의 굵기 및 인장강도
400 [V] 이하	절연전선	인장강도 2.3 [kN] 이상의 것 또는 **지름 2.6 [mm] 이상의 경동선**
	케이블 이외	인장강도 3.43 [kN] 이상의 것 또는 지름 3.2 [mm] 이상의 경동선
400[V] 초과인 저압(케이블 이외)	시가지에 시설	인장강도 8.01 [kN] 이상의 것 또는 지름 5 [mm] 이상의 경동선
	시가지 외에 시설	인장강도 5.26 [kN] 이상의 것 또는 지름 4 [mm] 이상의 경동선

답 ③

문제 87
전극식 온천용 승온기 시설에서 적합하지 않은 것은?

① 승온기의 사용전압은 400[V] 이하일 것
② 전동기 전원공급용 변압기는 300[V] 이하의 절연변압기를 사용할 것
③ 절연변압기 외함에는 접지공사를 할 것
④ 승온기 및 차폐장치의 외함은 절연성 및 내수성이 있는 견고한 것일 것

풀이

241.4 전극식 온천온수기
가. 전극식 온천온수기의 사용전압은 400[V] 이하이어야 한다.
나. 전극식 온천온수기 또는 이에 부속하는 급수 펌프에 직결되는 전동기에 전기를 공급하기 위해서는 **사용전압이 400[V] 이하인 절연변압기**를 사용할 것. **답 ②**

문제 88
전기부식방지시설에서 전원장치를 사용하는 경우 적합한 것은?

① 전기부식방지회로의 사용전압은 교류 60[V] 이하일 것
② 지중에 매설하는 양극(+)의 매설깊이는 50[cm] 이상일 것
③ 수중에 시설하는 양극(+)과 그 주위 1 [m] 이내의 전위차는 10 [V]를 넘지 말 것
④ 지표 또는 수중에서 1 [m] 간격의 임의의 2점간의 전위차는 7 [V]를 넘지 말 것

풀이

241.16 전기부식방지 시설
가. 전기부식방지용 전원장치에 전기를 공급하는 전로의 사용전압은 저압이어야 한다.
나. 전기부식방지용 변압기는 절연변압기일 것
다. 전기부식방지 회로(전기부식방지용 전원장치로부터 양극 및 피방식체까지의 전로를 말한다.)의 **사용전압은 직류 60[V] 이하일 것.**
라. 지중에 매설하는 양극의 **매설깊이는 0.75[m] 이상일 것.**
마. **수중에 시설**하는 양극과 그 주위 1[m] 이내의 거리에 있는 임의 점과의 사이의 **전위차는 10[V]를 넘지 아니할 것.**
바. 지표 또는 수중에서 1 [m] 간격의 임의의 2점간의 전위차가 5 [V]를 넘지 아니할 것. **답 ③**

문제 89
다음 ( ) 안에 들어갈 내용으로 알맞은 것은?

"발전기, 변압기, 조상기, 모선 또는 이를 지지하는 애자는 ( )에 의하여 생기는 기계적 충격에 견디는 것이어야 한다."

① 정격전류 ② 단락전류
③ 과부하전류 ④ 최대사용전류

풀이

발전기 등의 기계적 강도 (기술기준 제23조)
발전기, 변압기, 조상기, 모선 또는 이를 지지하는 애자는 **단락 전류에 의하여 생긴 기계적 충격**에 견디는 것이어야 한다. **답 ②**

문제 90 발전소·변전소를 산지에 시설할 경우 절토면 최하단부에서 발전 및 변전설비까지 최소 이격거리는 보안울타리, 외곽도로, 수림대를 포함하여 몇 [m] 이상 되어야 하는가?

① 3
② 4
③ 5
④ 6

풀이

발전소 등의 부지 시설조건(기술기준 제21조의 2)
산지전용 후 발생하는 절토면 최하단부에서 발전 및 변전설비까지의 최소 이격거리는 보안울타리, 외곽도로, 수림대 등을 포함하여 6 [m] 이상이 되어야 한다. **답** ④

문제 91 일반 주택의 저압 옥내배선을 점검한 결과 시공이 잘못된 것은?

① 욕실의 전등으로 방습형 형광등이 시설되어 있다.
② 단상 3선식 인입개폐기의 중성선에 동판이 접속되어 있다.
③ 합성수지관의 지지점간의 거리가 2[m]로 되어 있다.
④ 금속관배선으로 시공된 곳에는 HIV전선이 사용되었다.

풀이

232.11 합성수지관공사
관의 지지점 간의 거리는 1.5 [m] 이하로 하고, 또한 그 지지점은 관의 끝·관과 박스의 접속점 및 관 상호 간의 접속점 등에 가까운 곳에 시설할 것. **답** ③

국가기술자격검정 필기시험 문제

2014년도 전기기사 일반검정 제3회				수검 번호	성 명
자격종목 및 등급(선택분야)	종목코드	시험시간	문제지형별		
전기기사	1150	2시간 30분	A		

제1과목 전기자기학

문제 01 정전용량이 C_0 [μF] 인 평행판 공기콘덴서 판의 면적 $\dfrac{2}{3}S$에 비유전율 ϵ_s인 에보나이트판을 삽입하면 콘덴서의 정전용량은 몇 [μF] 인가?

① $\dfrac{1}{2}\epsilon_s C_0$

② $\dfrac{3}{1+2\epsilon_s} C_0$

③ $\dfrac{1+\epsilon_s}{3} C_0$

④ $\dfrac{1+2\epsilon_s}{3} C_0$

풀이

콘덴서의 등가 회로

평행판 공기 콘덴서의 정전용량 $C_0 = \dfrac{\epsilon_o S}{d}$[F]에서

• 에보나이트 판으로 채워지지 않은 부분의 정전 용량

$$C_1 = \frac{\epsilon_0 \times \frac{1}{3}S}{d} = \frac{1}{3} \cdot \frac{\epsilon_0 S}{d} = \frac{1}{3}C_0$$

• 에보나이트 판으로 채워진 부분의 정전 용량

$$C_2 = \frac{\epsilon_0 \epsilon_s \times \frac{2}{3}S}{d} = \frac{2}{3}\epsilon_s \cdot \frac{\epsilon_0 S}{d} = \frac{2}{3}\epsilon_s \cdot C_0$$

• C_1과 C_2는 병렬 접속이므로

$$\therefore C = C_1 + C_2 = \frac{1}{3}C_0 + \frac{2}{3}\epsilon_s C_0 = \frac{(1+2\epsilon_s)}{3}C_0 [\mu F]$$

답 ④

문제 02 두 개의 소자석 A, B의 세기가 서로 같고 길이의 비는 1 : 2 이다. 그림과 같이 두 자석을 일직선 상에 놓고 그 사이에 A, B의 중심으로부터 r_1, r_2 거리에 있는 점 P에 작은 자침을 놓았을 때 자침이 자석의 영향을 받지 않았다고 한다. $r_1 : r_2$는 얼마인가?

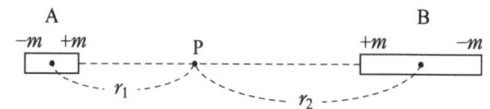

① $1 : \sqrt[3]{2}$

② $\sqrt[3]{2} : 1$

③ $1 : \sqrt[3]{4}$

④ $\sqrt[3]{4} : 1$

풀이

소자석 A에 의한 자기 모멘트 M이라 하면 소자석 B는 $2M$이 된다. 자석 A, B에 의한 점 P의 자계의 세기를 H_1, H_2라고 하면,

$$H_1 = \frac{2M}{4\pi\mu_0 r_1^3}, \quad H_2 = \frac{2(2M)}{4\pi\mu_0 r_2^3}$$

$$\left(\because H_1 = \frac{M}{4\pi\mu_0 r^3}\sqrt{1+3\cos^2\theta} \text{ 에서 } \theta = 0°\text{이므로} \right.$$

$$\left. H = \frac{2M}{4\pi\mu_0 r^3} \right)$$

방향은 점 P에서 반대방향이므로 $H_1 = H_2$이다.

$$\frac{1}{r_1^3} = \frac{2}{r_2^3}, \quad \frac{r_1^3}{r_2^3} = \frac{1}{2}, \quad \frac{r_1}{r_2} = \frac{1}{\sqrt[3]{2}}$$

$$\therefore r_1 : r_2 = 1 : \sqrt[3]{2}$$

답 ①

문제 03 히스테리시스 곡선의 기울기는 다음의 어떤 값에 해당하는가?

① 투자율
② 유전율
③ 자화율
④ 감자율

풀이

강자성체에서 B와 H는 비선형 관계이고 **투자율** $\mu = \dfrac{dB}{dH}$로 일정한 값이 아니며 $B-H$ **곡선의 기울기를 의미한다.**

답 ①

문제 04 한 변의 길이가 l [m]인 정육각형 회로에 I [A]가 흐르고 있을 때 그 정육각형 중심의 자계의 세기는 몇 [A/m]인가?

① $\dfrac{I}{2\pi l}$　　　② $\dfrac{2\sqrt{2}\,I}{\pi l}$

③ $\dfrac{\sqrt{3}\,I}{\pi l}$　　　④ $\dfrac{\sqrt{2}\,I}{2\pi l}$

풀이

정육각형 회로의 중심 자계 H_0

$$H_0 = \frac{6I}{2\pi r}\tan\frac{\pi}{6}\ [\text{AT/m}]$$

정육각형에서 $r = l$이므로

$$H_0 = \frac{6I}{2\pi l}\times\tan 30° = \frac{6I}{2\pi l}\times\frac{1}{\sqrt{3}} = \frac{\sqrt{3}\,I}{\pi l}$$

답 ③

문제 05 정전계에 대한 설명으로 옳은 것은?

① 전계에너지가 항상 ∞인 전기장을 의미한다.
② 전계에너지가 항상 0인 전기장을 의미한다.
③ 전계에너지가 최소로 되는 전하분포의 전계를 의미한다.
④ 전계에너지가 최대로 되는 전하분포의 전계를 의미한다.

풀이

전계
• 전계(전기장, 전장) : 전기력이 미치는 공간을 말한다.
• 정전계 : 전계 에너지가 최소로 되는 전하분포의 전계

답 ③

문제 06 공기 중 방사성 원소 플루토늄(Pu)에서 나오는 한 개의 α입자가 정지하기까지 1.5×10^5쌍의 정·부 이온을 만든다. 전리상자에 매초 4×10^{10}개의 α선이 들어올 때, 이 전리상자에 흐르는 포화전류의 크기는 몇 [A] 인가? (단, 이온 한 개의 전하는 1.6×10^{-19}

[C] 이다.)

① 4.8×10^{-3}　　　② 4.8×10^{-4}
③ 9.6×10^{-3}　　　④ 9.6×10^{-4}

풀이

한 개의 α입자에서 1.5×10^5의 이온이 만들어지고, 4×10^{10} 개의 α입자에서의 이온수는 $1.5 \times 10^5 \times 4 \times 10^{10}$[개] 이다.
따라서 총 전하 Q는 $1.5 \times 10^5 \times 4 \times 10^{10} \times 1.6 \times 10^{-19}$[C]

$$\therefore I = \frac{Q}{t} = \frac{1.5 \times 10^5 \times 4 \times 10^{10} \times 1.6 \times 10^{-19}}{1}$$
$$= 9.6 \times 10^{-4}\,[\text{A}]$$

답 ④

문제 07 와전류에 대한 설명으로 틀린 것은?

① 도체 내부를 통하는 자속이 없으면 와전류가 생기지 않는다.
② 도체내부를 통하는 자속이 변화하지 않아도 전류의 회전이 발생하여 전류밀도가 균일하지 않다.
③ 패러데이의 전자유도 법칙에 의해 철심이 교번자속을 통할 때 줄(Joule)열 손실이 크다.
④ 교류기기는 와전류가 매우 크기 때문에 저감대책으로 얇은 철판(규소강판)을 겹쳐서 사용한다.

풀이

와전류(eddy current) : 단면적 S인 도체에 코일을 감고 교류전류 i를 흐르게 하면 **도체 단면을 통과하는 자속이 변하게 되어** 전자유도에 의한 맴돌이 형태의 유도 전류가 흐른다. 이 맴돌이 형태의 전류를 와전류라고 한다.

답 ②

문제 08 전자파에서 전계 E와 자계 H 의 비 (E/H)는? (단, μ_s, ϵ_s 는 각각 공간의 비투자율, 비유전율이다.)

① $377\sqrt{\dfrac{\epsilon_s}{\mu_s}}$　　　② $377\sqrt{\dfrac{\mu_s}{\epsilon_s}}$

③ $\dfrac{1}{377}\sqrt{\dfrac{\epsilon_s}{\mu_s}}$　　　④ $\dfrac{1}{377}\sqrt{\dfrac{\mu_s}{\epsilon_s}}$

풀이

고유임피던스

$$Z_0 = \frac{E}{H} = \sqrt{\frac{\mu}{\epsilon}} = \sqrt{\frac{\mu_0\mu_s}{\epsilon_0\epsilon_s}} = \sqrt{\frac{4\pi \times 10^{-7} \times \mu_s}{8.855 \times 10^{-12} \times \epsilon_s}}$$

$$\doteqdot 377\sqrt{\frac{\mu_s}{\epsilon_s}}$$

답 ②

문제 09 반지름 a [m]인 원통 도체에 전류 I[A]가 균일하게 분포되어 흐르고 있을 때의 도체 내부의 자계의 세기는 몇 [A/m] 인가? (단, 중심으로부터의 거리는 r [m]라 한다.)

① $\dfrac{Ir}{\pi a^2}$　　　② $\dfrac{Ir}{2\pi a}$

③ $\dfrac{Ir}{2\pi a^2}$　　　④ $\dfrac{Ir}{4\pi a^2}$

풀이

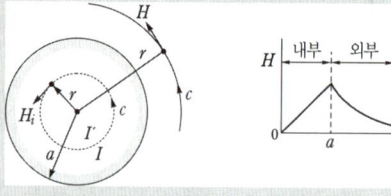

• 원주도체 내부의 자계의 세기 ($r < a$)

$$H_i = \frac{Ir}{2\pi a^2}[\text{AT/m}] \quad (\therefore H_i \propto r)$$

내부 자계의 세기 H_i 는 거리(r)에 비례한다.

• 원주도체 외부의 자계의 세기 ($r > a$)

$$H = \frac{I}{2\pi r}[\text{AT/m}] \quad (\therefore H \propto \frac{1}{r})$$

즉, 외부 자계의 세기 H는 거리(r)에 반비례 한다.

답 ③

문제 10 체적 전하밀도 ρ [C/m³]로 V [m³]의 체적에 걸쳐서 분포되어 있는 전하분포에 의한 전위를 구하는 식은? (단, r은 중심으로부터의 거리이다.)

① $\dfrac{1}{4\pi\epsilon_0}\iiint_v \dfrac{\rho}{r^2}dv[\text{V}]$

② $\dfrac{1}{4\pi\epsilon_0}\iiint_v \dfrac{\rho}{r}dv[\text{V}]$

③ $\dfrac{1}{2\pi\epsilon_0}\iiint_v \dfrac{\rho}{r^2}dv[\text{V}]$

④ $\dfrac{1}{2\pi\epsilon_0}\iiint_v \dfrac{\rho}{r}dv[\text{V}]$

풀이

$V = \dfrac{Q}{4\pi\epsilon_0 r}$ 에서 체적 전하밀도 ρ가 주어진 공간의 충전하는 $Q = \iiint_v \rho\, dv$가 된다.

$$\therefore V = \frac{1}{4\pi\epsilon_0}\iiint_v \frac{\rho}{r}dv$$

답 ②

참고

• $Q = \lambda l = \displaystyle\int \lambda dl\,(\lambda$: 선전하밀도)

• $Q = \sigma s = \displaystyle\iint_s \sigma ds\,(\sigma$: 면전하밀도)

• $Q = \rho V_\text{체적} = \displaystyle\iiint_v \rho dv\,(\rho$: 체적전하밀도)

문제 11 유전체 내의 전속밀도를 정하는 원천은?

① 유전체의 유전율이다.

② 분극 전하만이다.

③ 진전하만이다.

④ 진전하와 분극 전하이다.

풀이

가우스 정리의 미분형 $\text{div}\,D = \rho$에서 알 수 있듯이 **유전체 중의 전속 밀도의 발산은 진전하 밀도 ρ만에 의해 좌우**된다.

답 ③

문제 12 반지름 a[m]의 반구형 도체를 대지표면에 그림과 같이 묻었을 때 접지저항 R [Ω]은?
(단, ρ [Ω · m]는 대지의 고유저항이다.)

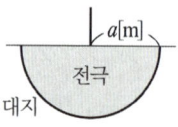

① $\dfrac{\rho}{2\pi a}$　　　② $\dfrac{\rho}{4\pi a}$

③ $2\pi a\rho$　　　④ $4\pi a\rho$

풀이

$RC = \rho\epsilon$ 에서 반구의 정전용량 $C = \dfrac{4\pi\epsilon a}{2} = 2\pi\epsilon a$ 이므로

$$\therefore R = \frac{\rho\epsilon}{C} = \frac{\rho\epsilon}{2\pi\epsilon a} = \frac{\rho}{2\pi a}[\Omega]$$

답 ①

제2과목 전력공학

문제 21 수조에 대한 설명 중 틀린 것은?

① 수로 내의 수위의 이상 상승을 방지한다.

② 수로식 발전소의 수로 처음 부분과 수압관 아래 부분에 설치한다.

③ 수로에서 유입하는 물속의 토사를 침전시켜서 배사문으로 배사하고 부유물을 제거한다.

④ 상수조는 최대사용수량의 1~2분 정도의 조정용량을 가질 필요가 있다.

풀이

수조(head tank)는 무압수로와 연결하는 접속부에 설치되는 못으로 그 기능은 아래와 같다.
① 유하 토사의 최종적인 침전
② 유량의 과부족 조정(최대 사용 수량의 1~2분 정도)
③ 수로내 수위 상승 억제　　　　　　　**답** ②

문제 22 저압 단상 3선식 배전 방식의 가장 큰 단점은?

① 절연이 곤란하다.

② 전압의 불평형이 생기기 쉽다.

③ 설비 이용률이 나쁘다.

④ 2종류의 전압을 얻을 수 있다.

풀이

단상 3선식에서 중성선이 단선되면 부하의 불평형에 의한 **전압 불평형**이 생기기 쉽다(경부하측 전위 상승). 따라서 이를 방지하기 위하여 밸런서를 설치한다.　**답** ②

문제 23 송전선로의 송전특성이 아닌 것은?

① 단거리 송전선로에서는 누설 컨덕턴스, 정전용량을 무시해도 된다.

② 중거리 송전선로는 T회로, π회로 해석을 사용한다.

③ 100[km]가 넘는 송전선로는 근사계산식을 사용한다.

④ 장거리 송전선로의 해석은 특성임피던스와 전파정수를 사용한다.

풀이

구 분	거리	고려하여야 할 선로정수	회로
단거리	수[km] 정도	R, L	집중 정수 회로
중거리	수십[km]정도	R, L, C	T회로, π회로
장거리	100[km] 이상	R, L, C, G	분포 정수 회로

답 ③

문제 24 전선의 지지점의 높이가 15[m], 이도가 2.7[m], 경간이 300[m]일 때 전선의 지표상으로부터의 평균높이[m]는?

① 14.2　　　　② 13.2
③ 12.2　　　　④ 11.2

풀이

$$h = h' - \frac{2}{3}D = 15 - \frac{2}{3} \times 2.7 = 13.2[m]$$

단, h : 전선의 평균 높이, h' : 지지점의 높이, D : 이도

답 ②

문제 25 1대의 주상변압기에 부하1과 부하2가 병렬로 접속되어 있을 경우 주상변압기에 걸리는 피상전력[kVA]은?

부하1	유효전력 P_1 [kW], 역률(늦음) $\cos\theta_1$
부하2	유효전력 P_2 [kW], 역률(늦음) $\cos\theta_2$

① $\dfrac{P_1}{\cos\theta_1} + \dfrac{P_2}{\cos\theta_2}$

② $\sqrt{\left(\dfrac{P_1}{\cos\theta_1}\right)^2 + \left(\dfrac{P_2}{\cos\theta_2}\right)^2}$

③ $\sqrt{(P_1 + P_2)^2 + (P_1\tan\theta_1 + P_2\tan\theta_2)^2}$

④ $\sqrt{\left(\dfrac{P_1}{\sin\theta_1}\right) + \left(\dfrac{P_2}{\sin\theta_2}\right)}$

풀이

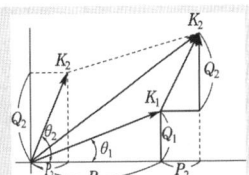

$$Q_1 = \frac{P_1}{\cos\theta_1}\sin\theta_1 = P_1\tan\theta_1$$

$$Q_2 = \frac{P_2}{\cos\theta_2}\sin\theta_2 = P_2\tan\theta_2$$

합성 피상 전력

$$K = \sqrt{(P_1 + P_2)^2 + (P_1\tan\theta_1 + P_2\tan\theta_2)^2}$$

답 ③

문제 26 송전선로에서 지락보호계전기의 동작이 가장 확실한 접지방식은?

① 직접접지식　　　② 저항접지식
③ 소호리액터접지식　④ 리액터접지식

풀이

직접 접지방식의 장·단점

[장점]
① 1선 지락시에 건전상의 대지 전압이 거의 상승하지 않는다.
② 피뢰기의 효과를 증진시킬 수 있다.
③ 단절연이 가능하다.
④ **계전기의 동작이 확실해진다.**

[단점]
① 송전 계통의 과도 안정도가 나빠진다.
② 통신선에 유도 장해가 크다.
③ 지락 시 대 전류가 흘러 기기에 손상을 준다.
④ 대용량 차단기가 필요하다.

답 ①

문제 27 화력발전소에서 매일 최대출력 100000 [kW], 부하율 90 [%]로 60일간 연속 운전할 때 필요한 석탄량은 약 몇 [t]인가? (단, 사이클 효율은 40 [%], 보일러 효율은 85 [%], 발전기 효율은 98 [%]로 하고 석탄의 발열량은 5500 [kcal/kg] 이라 한다.

① 60820　　　　② 61820
③ 62820　　　　④ 63820

풀이

부하율 $= \dfrac{\text{평균 전력}}{\text{최대 전력}} \times 100$ 에서

• 평균전력 = 최대 전력 × 부하율 = $100,000 \times 0.9$
　　　　　= $90,000[kW]$

• 총 발생전력량 = 60일×24시간×평균전력
　　　　　　= $60 \times 24 \times 90,000$
　　　　　　= $129,600,000[kWh]$

• 필요한 열량 = 발생 전력량 × 860
　　　　　= $129,600,000 \times 860$

$= 1.11456 \times 10^{11}[kcal]$
$(\because 1[kWh] = 860[kcal])$

• 필요한 석탄량 $= \dfrac{\text{총 필요한 열량}}{\text{석탄의 발열량} \times \text{총 효율}}$
　　　　　$= \dfrac{1.11456 \times 10^{11}}{5,500 \times 0.4 \times 0.85 \times 0.98} \times 10^{-3}$
　　　　　$= 60,818[t]$

답 ①

제3과목 　전기기기

문제 41 고주파 발전기의 특징이 아닌 것은?

① 상용전원보다 낮은 주파수의 회전 발전기이다.
② 극수가 많은 동기발전기를 고속으로 회전시켜서 고주파 전압을 얻는 구조이다.
③ 유도자형은 회전자 구조가 견고하여 고속에서도 견딘다.
④ 상용 주파수 보다 높은 주파수의 전력을 발생하는 동기 발전기이다.

풀이

수백~수만 [Hz] 정도의 주파수를 발생시키는 고주파 발전기에는 계자극과 전기자를 함께 고정시키고 그 중앙에 유도자라고 하는 권선이 없는 회전자를 갖춘 유도자형 발전기가 사용된다.

답 ①

문제 42 SCR에 대한 설명으로 틀린 것은?

① 게이트 전류로 통전전압을 가변시킨다.
② 주전류를 차단하려면 게이트 전압을 (0) 또는 (−)로 해야 한다.
③ 게이트 전류의 위상각으로 통전 전류의 평균값을 제어시킬 수 있다.
④ 대전류 제어 정류용으로 이용된다.

풀이

SCR은 게이트에 (+)의 트리거 펄스가 인가되면 통전 상태로 되어 정류 작용이 개시되고, 일단 통전이 시작되면 게이트 전류를 차단해도 주전류(애노드 전류)는 차단되지 않는다. 이 때에 이를 차단하려면 **애노드 전압을 (0) 또는 (−)로 해야 한다.**

답 ②

문제 43 변압기 온도상승 시험을 하는데 가장 좋은 방법은?

① 충격전압시험　　　② 단락시험
③ 반환부하법　　　　④ 무부하시험

풀이

• 충격 전압 시험 : 절연 내력 측정
• 단락 시험 : 동손 측정
• **반환 부하법 : 변압기의 온도 상승 시험**
• 무부하 시험 : 철손 측정　　　　　　　**답** ③

문제 44 2 [kVA], 3000/100 [V]의 단상변압기의 철손이 200 [W]이면 1차에 환산한 여자 컨덕턴스[℧]는?

① 66.6×10^{-3}　　② 22.2×10^{-6}
③ 22×10^{-2}　　　④ 2×10^{-6}

풀이

$P_i = 200[\text{W}], \quad V_1 = 3000[\text{V}], \quad V_2 = 100[\text{V}]$

$g_0 = \dfrac{P_i}{V_1^2} = \dfrac{200}{3000^2} = 22.2 \times 10^{-6} [\text{℧}]$　　**답** ②

문제 45 정류자형 주파수 변환기의 특성이 아닌 것은?

① 유도전동기의 2차 여자용 교류여자기로 사용된다.
② 회전자는 정류자와 3개의 슬립링으로 구성되어 있다.
③ 정류자 위에는 한 개의 자극마다 전기각 π/3간격으로 3조의 브러시로 구성되어 있다.
④ 회전자는 3상 회전변류기의 전기자와 거의 같은 구조이다.

풀이

정류자형 주파수 변환기는 유도전동기의 2차 여자를 행하기 위한 교류여자기로서 사용된다.
구조는 3상 회전변류기의 전기자와 거의 같은 구조를 갖고 정류자와 3개의 슬립링을 갖추고 있다.
정류자상에는 한 쌍의 자극마다 **전기각 2π/3의 간격**으로 3조의 브러시가 있고 3개의 슬립링은 회전자 권선을 3등분한 점에 각각 접속된다. 용량이 큰 것에서는 정류작용을 좋게 하기 위하여 보상권선, 보극 그리고 보극권선 등을

설치한 고정자도 있다.　　　　　　　　　**답** ③

문제 46 4극, 중권 직류전동기의 전기자 전도체수 160, 1극당 자속수 0.01 [Wb], 부하전류 100 [A]일 때 발생 토크[N·m]는?

① 36.2　　　　　　② 34.8
③ 25.5　　　　　　④ 23.4

풀이

중권이므로 $a = p = 4$

$T = \dfrac{pZ}{2\pi a}\phi I_a = \dfrac{4 \times 160}{2 \times 3.14 \times 4} \times 0.01 \times 100 ≒ 25.5[\text{N·m}]$
　　　　　　　　　　　　　　　　　　답 ③

문제 47 제어 정류기 중 특정 고조파를 제거할 수 있는 방법은?

① 대칭각 제어기법
② 소호각 제어기법
③ 대칭 호소각 제어기법
④ 펄스폭 변조 제어기법

　　　　　　　　　　　　　　　　　　답 ④

문제 48 풍력 발전기로 이용되는 유도 발전기의 단점이 아닌 것은?

① 병렬로 접속되는 동기기에서 여자전류를 취해야 한다.
② 공극의 치수가 작기 때문에 운전 시 주의해야 한다.
③ 효율이 낮다.
④ 역률이 높다.

풀이

유도발전기는 전동기로서의 회전방향과 같은 방향으로 동기속도 이상의 속도($s < 0$)로 회전시켜 발전하는 것으로서 장·단점은 다음과 같다.
[장점]
① 동기 발전기와 달리 가격이 싸다.
② 기동과 취급이 간단하며 고장이 적다.
③ 동기발전기와 같이 동기화할 필요가 없으며 난조 등의 이상 현상도 생기지 않는다.

④ 선로에 단락이 생긴 경우에도 여자가 상실되므로 단락
　전류는 동기기에 비해 적으며 지속 시간도 짧다.

[단점]

① 병렬로 지속되는 동기기에서 여자전류를 취해야 한다.

② 공극의 치수가 작기 때문에 운전 시 주의해야 한다.

③ 효율과 역률이 낮다.　　　　　　　　　답 ④

문제 49 10 [kVA], 2000/100 [V] 변압기 1차 환산
등가 임피던스가 $6.2 + j7$ [Ω]일 때 %임피던스 강
하[%]는?

① 약 9.4　　　　　　② 약 8.35

③ 약 6.75　　　　　④ 약 2.3

풀이

$Z = \sqrt{6.2^2 + 7^2} = 9.35 [\Omega]$

$\%Z = \dfrac{ZP}{10\,V^2} = \dfrac{9.35 \times 10}{10 \times 2^2} = 2.34 [\%]$

(여기서, V의 단위가[kV], P의 단위가[kVA]임을 알아야
한다.)　　　　　　　　　　　　　　답 ④

문제 50 직류발전기의 단자전압을 조정하려면 어
느 것을 조정하여야 하는가?

① 기동저항

② 계자저항

③ 방전저항

④ 전기자저항

풀이

유기기전력 $E = p\phi n \dfrac{Z}{a}$ [V]에서 p, a, Z는 발전기 제작 시
이미 결정되어 운전 시 고정된 값이다.

따라서, 단자 **전압을 조정하려면** 회전수 n 또는 자속 ϕ를
조정하여야 하나 일반적으로 회전수는 일정하게 유지하고
계자 저항을 가감함으로 자속 ϕ를 조정한다.　답 ②

문제 51 30 [kVA], 3300/200 [V], 60 [Hz]의 3상
변압기 2차측에 3상 단락이 생겼을 경우 단락전류는
약 몇 [A] 인가? (단, %임피던스 전압은 3 [%]이다.)

① 2250　　　　　　② 2620

③ 2730　　　　　　④ 2886

풀이

$I_s = \dfrac{100}{\%Z} I_n = \dfrac{100}{3} \times \dfrac{30 \times 10^3}{\sqrt{3} \times 200} = 2886.75 [A]$

(정격 전류 $I_n = \dfrac{P\,[VA]}{\sqrt{3}\,V\,[V]}$ [A])　　　답 ④

제4과목　회로이론 및 제어공학

문제 61 $\dfrac{d^2 x}{dt^2} + \dfrac{dx}{dt} + 2x = 2u$의 상태변수를

$x_1 = x$, $x_2 = \dfrac{dx}{dt}$라 할 때, 시스템 매트릭스
(system matrix)는?

① $\begin{bmatrix} 0 & 1 \\ 1 & 1 \end{bmatrix}$　　　② $\begin{bmatrix} 0 & 1 \\ 2 & 1 \end{bmatrix}$

③ $\begin{bmatrix} 0 & 1 \\ -2 & -1 \end{bmatrix}$　　④ $\begin{bmatrix} 0 \\ 1 \end{bmatrix}$

풀이

$\dot{x}_2(t) = -2x_1(t) - x_2(t)$

$\therefore \begin{bmatrix} \dot{x}_1(t) \\ \dot{x}_2(t) \end{bmatrix} = \begin{bmatrix} 0 & 1 \\ -2 & -1 \end{bmatrix} \begin{bmatrix} x_1(t) \\ x_2(t) \end{bmatrix} + \begin{bmatrix} 0 \\ 2 \end{bmatrix} u(t)$　답 ③

문제 62 다음과 같은 블록선도의 등가합성 전달함
수는?

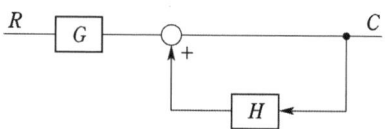

① $\dfrac{G}{1+H}$　　　　　② $\dfrac{G}{1+GH}$

③ $\dfrac{G}{1-GH}$　　　　④ $\dfrac{G}{1-H}$

풀이

$C = RG + CH$

$C(1-H) = RG$

$\therefore \dfrac{C}{R} = \dfrac{G}{1-H}$　　　　　　　답 ④

문제 63 Nyquist 선도로부터 결정된 이득여유는 4~12[db], 위상여유가 30~40°일 때 이 제어계는?

① 불안정

② 임계안정

③ 인디셜응답 시간이 지날수록 진동은 확대

④ 안정

풀이

안정계에 요구되는 여유
- 이득 여유(GM) : 4~12 [dB]
- 위상 여유(PM) : 30~60°   **답** ④

문제 64 다음과 같은 시스템의 전달함수를 미분 방정식의 형태로 나타낸 것은?

$$G(s) = \frac{Y(s)}{X(s)} = \frac{3}{(s+1)(s-2)}$$

① $\dfrac{d^2}{dt^2}x(t) + \dfrac{d}{dt}x(t) - 2x(t) = 3y(t)$

② $\dfrac{d^2}{dt^2}y(t) + \dfrac{d}{dt}y(t) - 2y(t) = 3x(t)$

③ $\dfrac{d^2}{dt^2}y(t) - \dfrac{d}{dt}y(t) - 2y(t) = 3x(t)$

④ $\dfrac{d^2}{dt^2}y(t) + \dfrac{d}{dt}y(t) + 2y(t) = 3x(t)$

풀이

$\dfrac{Y(s)}{X(s)} = \dfrac{3}{s^2 - s - 2}$

$s^2 Y(s) - sY(s) - 2Y(s) = 3X(s)$

$\therefore \dfrac{d^2}{dt^2}y(t) - \dfrac{d}{dt}y(t) - 2y(t) = 3x(t)$ **답** ③

문제 65 자동제어계의 2차계 과도 응답에서 응답이 최초로 정상값의 50 [%]에 도달하는데 요하는 시간은 무엇인가?

① 상승시간   ② 지연시간

③ 응답시간   ④ 정정시간

풀이

- 상승시간 : 최종값의 10[%]에서부터 90[%]까지 도달하는데 필요로 하는 시간

- 지연시간 : 최종값의 50[%]에 도달하는데 필요로 하는 시간

- 응답시간 : 응답시간은 응답이 요구하는 오차 이내로 정착되는데 요하는 시간이다.

- 정정시간 : 최종값의 ±5[%] 이내의 오차 범위 내에 도달하는데 필요로 하는 시간   **답** ②

문제 66 다음과 같은 특성방정식의 근궤적 가지수는?

$$s(s+1)(s+2) + k(s+3) = 0$$

① 6   ② 5   ③ 4   ④ 3

풀이

근궤적의 가지수는 특성 방정식의 차수와 같아야 한다.
따라서, 가지수는 3개가 된다.   **답** ④

문제 67 계통방정식이 $J\dfrac{d\omega}{dt} + f\omega = \tau(t)$로 표시되는 시스템의 시정수는? (단, J는 관성 모멘트, f는 마찰 제동계수, ω는 각속도, τ는 회전력이다.)

① $\dfrac{f}{J}$ ② $\dfrac{J}{f}$

③ $-\dfrac{J}{f}$ ④ $-f \cdot J$

풀이

- 1차 지연 요소의 전달함수 $G(s) = \dfrac{K}{Ts+1}$에서 K는 이득 정수, T는 시정수이다.

- 계통방정식을 라플라스 변환하면 $(Js+f)\Omega(s) = R(s)$

전달 함수 $G(s) = \dfrac{\Omega(s)}{R(s)} = \dfrac{1}{Js+f} = \dfrac{\frac{1}{f}}{\frac{J}{f}s+1} = \dfrac{K}{Ts+1}$

따라서, 시정수 $T = \dfrac{J}{f}$이다.   **답** ②

문제 68 $R = 30[\Omega]$, $L = 79.6[mH]$의 RL 직렬 회로에 60 [Hz]의 교류를 가할 때 과도현상이 발생하지 않으려면 전압은 어떤 위상에서 가해야 하는가?

① $23°$ ② $30°$ ③ $45°$ ④ $60°$

풀이

$R-L$ 직렬 회로에 $e = E_m \sin(\omega t + \theta)$ 의 교류 전압을 인가하는 경우 회로에 흐르는 전류는,

$$i = \frac{E_m}{Z}\left\{\sin(\omega t + \theta - \varphi) - e^{-\frac{R}{L}t}\sin(\theta - \varphi)\right\}$$ 가 된다.

이때, **과도 전류가 생기지 않으려면**, $\sin(\theta - \varphi)$가 0이어야 한다. 즉, $\theta = \varphi$이므로,

$$\varphi = \tan^{-1}\frac{\omega L}{R} = \tan^{-1}\frac{2 \times \pi \times 60 \times 79.6 \times 10^{-3}}{30} = \tan^{-1}1$$

$$\varphi = 45°$$

답 ③

문제 69 계단함수의 주파수 연속 스펙트럼은?

① $A T_P \left| \dfrac{\cos(\omega T_P/2)}{\omega T_p/2} \right|$

② $A T_P \left| \sin(\omega T_P/2) \right|$

③ $A T_P \left| \dfrac{\sin(\omega T_P/2)}{\omega T_p/2} \right|$

④ $\left| \dfrac{\sin(\omega T_P/2)}{\omega T_p/2} \right|$

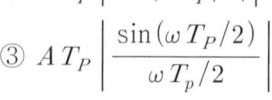

풀이

(1) 구형파(사각파) $f(t)$의 연속스펙트럼은 푸리에 적분 변환 $F(j\omega)$에 의해 다음과 같다.

$$F(j\omega) = Aa \left| \frac{\sin(\omega a/2)}{\omega a/2} \right|$$

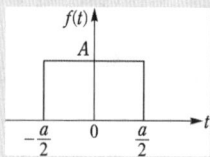

(2) 푸리에 적분 변환의 크기 $|F(j\omega)|$는 평행이동해도 영향이 없으므로, 위의 식에 적용하면

$$|F(j\omega)| = A T_P \left| \frac{\sin(\omega T_P/2)}{\omega T_p/2} \right|$$

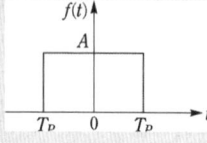

답 ③

문제 70 $f(t)$와 $\dfrac{df}{dt}$ 는 라플라스 변환이 가능하며 $\mathcal{L}\,[f(t)]$를 $F(s)$라고 할 때 최종값 정리는?

① $\lim\limits_{s \to 0} F(s)$ 　　　② $\lim\limits_{s \to \infty} sF(s)$

③ $\lim\limits_{s \to \infty} F(s)$ 　　　④ $\lim\limits_{s \to 0} sF(s)$

풀이

최종값 정리 : 어떤 함수 $f(t)$에 대해서 시간 t가 ∞에 가까워지는 경우 $f(t)$의 극한값을 최종값(final value)이라 한다.

$$f(\infty) = \lim_{t \to \infty} f(t) = \lim_{s \to 0} sF(s)$$

답 ④

문제 71 무한장 평행 2선 선로에 주파수 4 [MHz]의 전압을 가하였을 때 전압의 위상정수는 약 몇 [rad/m]인가? (단, 여기서 전파속도는 3×10^8 [m/sec]로 한다.)

① 0.0734 　　　② 0.0838

③ 0.0934 　　　④ 0.0634

풀이

파장 $\lambda = \dfrac{C_0}{f} = \dfrac{3 \times 10^8}{4 \times 10^6} = 75[\text{m}]$

$\therefore \beta = \dfrac{2\pi}{\lambda} = \dfrac{2\pi}{75} = 0.0838[\text{rad/m}]$

답 ②

문제 72 평형 3상 △결선 부하의 각 상의 임피던스가 $Z = 8 + j6[\Omega]$인 회로에 대칭 3상 전원 전압 100 [V]를 가할 때 무효율과 무효전력[Var]은?

① 무효율 : 0.6, 무효전력 : 1800

② 무효율 : 0.6, 무효전력 : 2400

③ 무효율 : 0.8, 무효전력 : 1800

④ 무효율 : 0.8, 무효전력 : 2400

풀이

• 무효율 $\sin\theta = \dfrac{X}{\sqrt{R^2 + X^2}} = \dfrac{6}{\sqrt{8^2 + 6^2}} = 0.6$

• 각 상에 흐르는 상전류 $I_P = \dfrac{V_P}{Z} = \dfrac{100}{\sqrt{8^2 + 6^2}} = 10[\text{A}]$

• 무효전력 $P_r = 3I_P^2 X = 3 \times 10^2 \times 6 = 1800[\text{Var}]$

답 ①

문제 73 2개의 교류전압

$v_1 = 141\sin(120\pi t - 30°)$ [V]와

$v_2 = 150\cos(120\pi t - 30°)$ [V]의 위상차를 시간으로 표시하면 몇 초인가?

① $\dfrac{1}{60}$ ② $\dfrac{1}{120}$ ③ $\dfrac{1}{240}$ ④ $\dfrac{1}{360}$

풀이

$v_2 = 150\cos(120\pi t - 30°) = 150\sin(120\pi t - 30° + 90°)$

$\therefore v_1$과 v_2의 위상차 $\theta = \dfrac{\pi}{2}$

$\theta = \omega t$ 에서 $t = \dfrac{\theta}{\omega} = \dfrac{\pi}{2} \times \dfrac{1}{120\pi} = \dfrac{1}{240}$ [sec]   **답** ③

문제 74 회로에서 스위치 S를 닫을 때, 이 회로의 시정수는?

① $\dfrac{L}{R_1 + R_2}$

② $\dfrac{-L}{R_1 + R_2}$

③ $\dfrac{R_1 + R_2}{L}$

④ $-\dfrac{R_1 + R_2}{L}$

풀이

직렬 연결이므로 $R_1 + R_2$를 R이라 하면 $R-L$ 직렬 회로와 같다.

$\therefore \tau = \dfrac{L}{R} = \dfrac{L}{R_1 + R_2}$ **답** ①

문제 75 다음 왜형파 전압과 전류에 의한 전력은 몇 [W]인가? (단, 전압의 단위는 [V], 전류의 단위는 [A]이다.)

$v = 100\sin(\omega t + 30°) - 50\sin(3\omega t + 60°) \\ \qquad + 25\sin 5\omega t$

$i = 20\sin(\omega t - 30°) + 15\sin(3\omega t + 30°) \\ \qquad + 10\cos(5\omega t - 60°)$

① 933.0   ② 566.9
③ 420.0   ④ 283.5

풀이

$\cos\omega t = \sin(\omega t + 90°)$ 이므로

$i = 20\sin(\omega t - 30°) + 15\sin(3\omega t + 30°) \\ \qquad + 10\sin(5\omega t - 60° + 90°) \\ = 20\sin(\omega t - 30°) + 15\sin(3\omega t + 30°) \\ \qquad + 10\sin(5\omega t + 30°)$ [A]

$P = V_1 I_1 \cos\theta_1 + V_3 I_3 \cos\theta_3 + V_5 I_5 \cos\theta_5$

$= \dfrac{100}{\sqrt{2}} \cdot \dfrac{20}{\sqrt{2}} \cos 60° - \dfrac{50}{\sqrt{2}} \cdot \dfrac{15}{\sqrt{2}} \cos 30°$

$\quad + \dfrac{25}{\sqrt{2}} \cdot \dfrac{10}{\sqrt{2}} \cos 30°$

$\fallingdotseq 283.5$[W]   **답** ④

제5과목 **전기설비 기술기준**

문제 81 다음 설명의 ( )안에 알맞은 내용은?

고압 가공전선이 다른 고압 가공전선과 접근상태로 시설되거나 교차하여 시설되는 경우에 고압 가공 전선 상호 간의 이격거리는 ( )이상, 하나의 고압 가공전선과 다른 고압 가공전선로의 지지물 사이의 이격거리는 ( )이상일 것

① 80 [cm], 50 [cm]   ② 80 [cm], 60 [cm]
③ 60 [cm], 30 [cm]   ④ 40 [cm], 30 [cm]

풀이

332.17 고압 가공전선 상호 간의 접근 또는 교차
고압 가공전선과 다른 고압 가공 전선과의 이격거리

구 분	고압 가공전선	
	일 반	케이블
고압가공전선	0.8 [m]	0.4 [m]
고압가공전선로의 지지물	0.6 [m]	0.3 [m]

답 ②

문제 82 주택의 전로 인입구에 누전차단기를 시설하지 않는 경우 옥내 전로의 대지전압은 최대 몇 [V]까지 가능한가?

① 100   ② 150   ③ 250   ④ 300

풀이

231.6 옥내 전로의 대지 전압의 제한

대지전압은 300 [V] 이하이어야 하며 다음 각 호에 의하여 시설하여야 한다. 다만, 대지전압 150[V] 이하의 전로인 경우에는 다음 각 호에 의하지 아니할 수 있다.

① 사용 전압은 400 [V] 이하일 것

② 주택의 전로 인입구에는 감전보호용 누전차단기를 시설하여야 한다. 다만, 전로의 전원측에 정격용량이 3 [kVA]이하인 절연변압기(1차 전압이 저압이고 2차 전압이 300 [V] 이하인 것에 한한다)를 사람이 쉽게 접촉할 우려가 없도록 시설하고 또한 그 절연변압기의 부하측 전로를 접지하지 않는 경우에는 예외로 한다. **답** ②

문제 83 최대 사용전압이 66[kV]인 중성점 비접지식 전로에 접속하는 유도전압조정기의 절연내력 시험전압은 몇 [V] 인가?

① 47520   ② 72600

③ 82500   ④ 99000

풀이

136 기구 등의 전로의 절연내력

개폐기·차단기·전력용 커패시터·유도전압조정기·계기용변성기 기타의 기구의 전로 및 발전소·변전소·개폐소 또는 이에 준하는 곳에 시설하는 기계기구의 접속선 및 모선은 표 에서 정하는 시험전압을 충전 부분과 대지 사이(다심케이블은 심선 상호 간 및 심선과 대지 사이)에 연속하여 10분간 가하여 절연내력을 시험하였을 때에 이에 견디어야 한다.

전로의 종류	접지 방식	시험전압 (최대사용 전압의 배수)	최저 시험전압
1. 7[kV] 이하인 전로		1.5배	
2. 7[kV] 초과 25[kV] 이하	다중접지	0.92배	
3. 7[kV] 초과 60[kV] 이하 (2란의 것 제외)	비접지	1.25배	10.5[kV]
4. 60[kV] 초과	비접지	1.25배	
5. 60[kV] 초과 (6란, 7란의 것 제외)	접지식	1.1배	75[kV]
6. 60[kV] 초과 (7란의 것 제외)	직접접지	0.72배	
7. 170[kV] 초과 (발전소 또는 변전소 혹은 이에 준하는 장소에 시설하는 것.)	직접접지	0.64배	

∴ 시험 전압 = 66000 × 1.25 = 82500[V]   **답** ③

문제 84 발전소·변전소·개폐소, 이에 준하는 곳, 전기사용장소 상호간의 전선 및 이를 지지하거나 수용하는 시설물을 무엇이라 하는가?

① 급전소   ② 송전선로

③ 전선로   ④ 개폐소

풀이

① 급전소 : 전력계통의 운용에 관한 지시 및 급전조작을 하는 곳

② 전로 : 통상의 사용 상태에서 전기가 통하고 있는 곳

③ **전선로** : 발전소·변전소·개폐소, 이에 준하는 곳, 전기사용 장소 상호간의 **전선 및 이를 지지하거나 수용하는 시설물**

④ 개폐소 : 개폐소 안에 시설한 개폐기 및 기타 장치에 의하여 전로를 개폐하는 곳으로서 발전소·변전소 및 수용장소 이외의 곳   **답** ③

문제 85 25[kV] 이하인 특고압 가공전선로가 상호 접근 또는 교차하는 경우 사용전선이 양쪽 모두 케이블인 경우 이격거리는 몇 [m]이상인가?

① 0.25   ② 0.5

③ 0.75   ④ 1.0

풀이

333.27 특고압 가공전선 상호 간의 접근 또는 교차

사용전압의 구분	이격거리
35 [kV] 이하	• 특고압 가공전선에 케이블을 사용하고 다른 특고압 가공전선에 특고압 절연전선 또는 케이블을 사용하는 경우 : 0.5 [m] • 각각의 특고압 가공전선에 특고압 절연전선을 사용하는 경우 : 1 [m]
60 [kV] 이하	2 [m]
60 [kV] 초과	• 이격거리 = 2 + 단수 × 0.12 [m] • 단수 = $\dfrac{(전압 [kV]-60)}{10}$ 단수계산에서 소수점 이하는 절상

답 ②

문제 86 저압 또는 고압의 지중전선이 지중약전류전선 등과 교차하는 경우 몇 [cm] 이하일 때에 내화성의 격벽을 설치하여야 하는가?

① 90   ② 60

③ 30   ④ 10

풀이

334.6 지중전선과 지중약전류전선 등 또는 관과의 접근 또는 교차

지중전선이 다음 조건의 이격거리 이하로 설치되는 경우에는 상호간에 내화성의 격벽을 설치하여야 한다.

조 건	전 압	이격거리
지중 약전류 전선과 접근 또는 교차하는 경우	저압 또는 고압	0.3 [m]
	특고압	0.6 [m]
가연성, 유독성의 유체를 내포하는 관과 접근 또는 교차	특고압	1 [m]
	25 [kV] 이하, 다중접지방식	0.5 [m]
기타의 관과 접근 또는 교차	특고압	0.3[m]

답 ③

문제 87 뱅크용량이 20000 [kVA] 인 전력용 커패시터에 자동적으로 전로로부터 차단하는 보호장치를 하려고 한다. 반드시 시설하여야 할 보호장치가 아닌 것은?

① 내부에 고장이 생긴 경우에 동작하는 장치
② 절연유의 압력이 변화할 때 동작하는 장치
③ 과전류가 생긴 경우에 동작하는 장치
④ 과전압이 생긴 경우에 동작하는 장치

풀이

351.5 조상설비의 보호장치

조상 설비에는 그 내부에 고장이 생긴 경우에 보호하는 장치를 표와 같이 시설하여야 한다.

설비 종별	뱅크 용량의 구분	자동적으로 전로로부터 차단하는 장치
전력용 커패시터 및 분로리액터	500 [kVA] 초과 15,000 [kVA] 미만	·내부에 고장이 생긴 경우 ·과전류가 생긴 경우
	15,000 [kVA] 이상	·내부에 고장이 생긴 경우 ·과전류가 생긴 경우 ·과전압이 생긴 경우
조상기	15,000 [kVA] 이상	·내부에 고장이 생긴 경우

답 ②

문제 88 수력발전소의 발전기 내부에 고장이 발생하였을 때 자동적으로 전로로부터 차단하는 장치를 시설하여야 하는 발전기 용량은 몇 [kVA] 이상인가?

① 3000
② 5000
③ 8000
④ 10000

풀이

351.3 발전기 등의 보호장치

발전기에는 다음의 경우에 자동적으로 이를 전로로부터 차단하는 장치를 시설하여야 한다.

가. 발전기에 과전류나 과전압이 생긴 경우
나. 용량이 500[kVA] 이상의 발전기를 구동하는 수차의 압유 장치의 유압이 현저히 저하한 경우
다. 용량이 100[kVA] 이상의 발전기를 구동하는 풍차의 압유장치의 유압이 현저히 저하한 경우
라. 용량이 2,000[kVA] 이상인 수차 발전기의 스러스트 베어링의 온도가 현저히 상승한 경우
마. **용량이 10,000[kVA] 이상인 발전기의 내부에 고장이 생긴 경우**
바. 정격출력이 10,000 [kW]를 초과하는 증기터빈은 그 스러스트 베어링이 현저하게 마모되거나 그의 온도가 현저히 상승한 경우

답 ④

문제 89 154[kV] 특고압 가공전선로를 시가지에 경동연선으로 시설할 경우 단면적은 몇 [mm²] 이상인가?

① 100
② 150
③ 200
④ 250

풀이

333.1 시가지 등에서 특고압 가공전선로의 시설

사용전압이 170 [kV] 이하인 전선로에서의 전선의 굵기

사용전압의 구분	전선의 단면적
100 [kV] 미만	인장강도 21.67 [kN] 이상의 연선 또는 단면적 55[mm²] 이상의 경동연선
100 [kV] 이상	인장강도 58.84 [kN] 이상의 연선 또는 단면적 150[mm²] 이상의 경동연선

답 ②

문제 90 제1종 특고압 보안공사를 필요로 하는 가공전선로의 지지물로 사용할 수 있는 것은?

① A종 철근콘크리트주
② B종 철근콘크리트주
③ A종 철주
④ 목주

풀이

333.22 특고압 보안공사

제1종 특고압 보안공사에서 전선로의 지지물에는 B종 철

주·B종 철근 콘크리트주 또는 철탑을 사용할 것. 즉, A종 철근콘크리트주, A종 철주 및 목주는 사용할 수 없다. **답** ②

14년 3회 동일 및 유사 문제 (년도-회-번호)

1과목 전기자기학
13	21-3-16
14	20-1,2-05
15	21-1-13
16	18-2-13
17	21-1-08
18	18-1-02
19	21-3-15
20	21-3-10

2과목 전력공학
28	22-1-40
29	20-3-31
30	18-1-21
31	21-2-24
32	22-3-25
33	20-1,2-24
34	18-1-22
35	15-2-21
36	21-2-28
37	17-3-37
38	20-3-23
39	20-1,2-35
40	18-3-36

3과목 전기기기
52	20-3-51
53	18-1-57
54	17-2-45
55	22-3-60
56	17-2-49
57	19-2-48
58	21-3-43
59	19-3-57
60	21-3-46

4과목 회로이론 및 제어공학
76	18-1-64
77	16-3-61
78	17-1-66
79	16-3-75
80	18-2-79

5과목 전기설비기술기준
91	22-3-88
92	19-2-83
93	21-3-82
94	21-1-93
95	20-4-92
96	18-2-87
97	22-2-87
98	22-1-87

D60-1

2013년도 전기기사 필기

국가기술자격검정 필기시험 문제

2013년도 전기기사 일반검정 제1회				수검 번호	성 명
자격종목 및 등급(선택분야)	종목코드	시험시간	문제지형별		
전기기사	1150	2시간 30분	A		

제1과목 ▶ 전기자기학

문제 01 진공 중에 선전하 밀도 $+\lambda$ [C/m]의 무한장 직선전하 A와 $-\lambda$ [C/m]의 무한장 직선전하 B가 d [m]의 거리에 평행으로 놓여 있을 때, A에서 거리 $d/3$[m]되는 점의 전계의 크기는 몇 [V/m]인가?

① $\dfrac{3\lambda}{4\pi\epsilon_o d}$ ② $\dfrac{9\lambda}{4\pi\epsilon_o d}$

③ $\dfrac{3\lambda}{8\pi\epsilon_o d}$ ④ $\dfrac{9\lambda}{8\pi\epsilon_o d}$

풀이

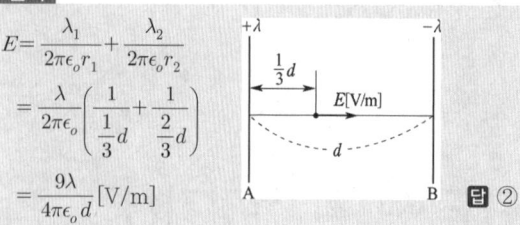

$$E = \frac{\lambda_1}{2\pi\epsilon_o r_1} + \frac{\lambda_2}{2\pi\epsilon_o r_2}$$
$$= \frac{\lambda}{2\pi\epsilon_o}\left(\frac{1}{\frac{1}{3}d} + \frac{1}{\frac{2}{3}d}\right)$$
$$= \frac{9\lambda}{4\pi\epsilon_o d} \text{[V/m]}$$

답 ②

문제 02 환상 철심에 감은 코일에 5 [A]의 전류를 흘려 2000 [AT]의 기자력을 생기게 하려면 코일의 권수(회)는 얼마로 하여야 하는가?

① 10000 ② 500
③ 400 ④ 250

풀이

기자력 $F = NI$ 에서

$\therefore N = \dfrac{F}{I} = \dfrac{2000}{5} = 400$[회] **답** ③

문제 03 다음 중 금속에서의 침투깊이(Skin Depth)에 대한 설명으로 옳은 것은?

① 같은 금속을 사용할 경우 전자파의 주파수를 증가시키면 침투깊이가 증가한다.
② 같은 주파수의 전자파를 사용할 경우 전도율이 높은 금속을 사용하면 침투깊이가 감소한다.
③ 같은 주파수의 전자파를 사용할 경우 투자율 값이 작은 금속을 사용하면 침투깊이가 감소한다.
④ 같은 금속을 사용할 경우 어떤 전자파를 사용하더라도 침투깊이는 변하지 않는다.

풀이

전류의 주파수가 증가할수록 도체 내부의 전류밀도가 지수함수적으로 감소되는 현상을 표피효과라 한다.

$$\delta = \sqrt{\frac{2}{\omega\sigma\mu}} = \sqrt{\frac{1}{\pi f \sigma \mu}} \text{ [m]}$$

여기서, $\sigma [\text{℧/m}]$: 도전율
$\mu = 4\pi\times10^{-7} [\text{H/m}]$: 투자율
δ : 표피두께(skin depth) 또는 침투깊이
f(주파수), σ(도전율), μ(투자율) 가 클수록 침투깊이(δ)가 작게 되어 표피 효과가 심해진다. **답** ②

문제 04 그림과 같은 모양의 자화곡선을 나타내는 자성체 막대를 충분히 강한 평등자계 중에서 매분 3000회 회전시킬 때 자성체는 단위체적당 매초 약 몇 [kcal]의 열이 발생하는가? (단, $B_r = 2$ [Wb/m²], $H_L = 500$ [AT/m], $B = \mu H$에서 μ는 일정하지 않음)

① 11.7
② 47.6
③ 70.2
④ 200

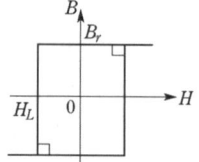

풀이

히스테리시스 곡선의 면적 = 철심이 한 번 자화함에 따라 발생하는 전력손실

$$4B_r H_L = 4 \times 2 \times 500 = 4000 \, [\text{W/m}^3]$$

$$H = \frac{1}{4.2} \times 4000 \times \frac{3000}{60} \times 10^{-3} = 47.6 \, [\text{kcal/sec}]$$

$(1 \, [\text{W}] = 1 [\text{J/sec}], \ 1 [\text{J}] = \frac{1}{4.2} [\text{cal}])$ 답 ②

문제 05 전위가 V_A인 A점에서 Q[C]의 전하를 전계와 반대 방향으로 l[m] 이동시킨 점 P의 전위 [V]는? (단, 전계 E는 일정하다고 가정한다.)

① $V_P = V_A - El$ ② $V_P = V_A + El$

③ $V_P = V_A - EQ$ ④ $V_P = V_A + EQ$

풀이

전위차 $V_{PA} = El$[V]

전하를 전계의 반대방향으로 이동시켰으므로 P점의 전위는 전위차 V_{PA}만큼 높아지게 된다.

따라서, P점의 전위 $V_P = V_A + V_{PA} = V_A + El$[V]가 된다.   답 ②

문제 06 반지름 2 [mm]의 두 개의 무한히 긴 원통 도체가 중심 간격 2 [m]로 진공 중에 평행하게 놓여 있을 때 1 [km]당의 정전용량은 약 몇 [μF]인가?

① $1 \times 10^{-3} [\mu\text{F}]$ ② $2 \times 10^{-3} [\mu\text{F}]$

③ $4 \times 10^{-3} [\mu\text{F}]$ ④ $6 \times 10^{-3} [\mu\text{F}]$

풀이

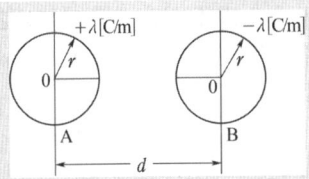

두 도체 A, B간의 정전용량 $C_{AB} = \dfrac{\pi\epsilon_0}{\ln\dfrac{d-r}{r}}$ [F/m]

$d \gg r$일 때 $\ln\dfrac{d-r}{r} \fallingdotseq \ln\dfrac{d}{r}$로 되어 $C_{AB} = \dfrac{\pi\epsilon_0}{\ln\dfrac{d}{r}}$ [F/m]

$\therefore C_{AB} = \dfrac{\pi \times 8.85 \times 10^{-12}}{\ln\dfrac{2}{2 \times 10^{-3}}} \times 10^3 = 4 \times 10^{-9} [\text{F}]$

$= 4 \times 10^{-3} [\mu\text{F}]$ 답 ③

문제 07 Z축의 정방향(+방향)으로 $10\pi a_z$ [A]가 흐를 때 이 전류로부터 5 [m]지점에 발생되는 자계의 세기 H [A/m]는?

① $H = -a_z$ ② $H = a_\phi$

③ $H = \dfrac{1}{2}a_\phi$ ④ $H = -a_\phi$

풀이

원통좌표계를 생각하면 자계 H의 방향은 암페어의 오른나사 법칙에 의해 a_ϕ 방향이 된다. 따라서 Z축의 전류 $I = 10\pi$[A]에서 $r = 5$[m] 떨어진 점의 자계의 세기 H는

$$H = \frac{I}{2\pi r} = \frac{10\pi}{2\pi \times 5} = 1 [\text{A/m}]$$

이므로 자계의 세기를 벡터 H로 표현하면

$H = a_\phi$ [A/m]가 된다.   답 ②

문제 08 그림과 같은 전기 쌍극자에서 P점의 전계의 세기는 몇 [V/m] 인가?

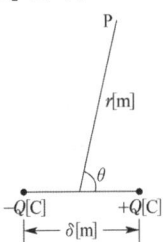

① $a_r \dfrac{Q\delta}{2\pi\epsilon_0 r^3}\cos\theta + a_\theta \dfrac{Q\delta}{4\pi\epsilon_0 r^3}\sin\theta$

② $a_r \dfrac{Q\delta}{4\pi\epsilon_0 r^3}\sin\theta + a_\theta \dfrac{Q\delta}{4\pi\epsilon_0 r^3}\cos\theta$

③ $a_r \dfrac{Q\delta}{2\pi\epsilon_0 r^3}\sin\theta + a_\theta \dfrac{Q\delta}{4\pi\epsilon_0 r^3}\cos\theta$

④ $a_r \dfrac{Q\delta}{4\pi\epsilon_0 r^2}\omega + a_\theta \dfrac{Q\delta}{4\pi\epsilon_0 r^2}(1-\omega)$

풀이

전기 쌍극자에 의한 P점의 전위는 쌍극자 모멘트 $M = Q\delta$ [C·m]라 할 때

$$V = \frac{M\cos\theta}{4\pi\epsilon_0 r^2} [\text{V}]$$이므로

$$E = -\nabla V = -\left(\frac{\partial V}{\partial r}a_r + \frac{1}{r}\frac{\partial V}{\partial \theta}a_\theta + \frac{1}{r\sin\theta}\frac{\partial V}{\partial \phi}a_\phi\right)$$
$$= -\left[\frac{-2M\cos\theta}{4\pi\epsilon_0 r^3}a_r + \frac{1}{r}\frac{(-M\sin\theta)}{4\pi\epsilon_0 r^2}a_\theta + 0\right]$$
$$= \frac{2M\cos\theta}{4\pi\epsilon_0 r^3}a_r + \frac{M\sin\theta}{4\pi\epsilon_0 r^3}a_\theta$$
$$= a_r\frac{Q\delta}{2\pi\epsilon_0 r^3}\cos\theta + a_\theta\frac{Q\delta}{4\pi\epsilon_0 r^3}\sin\theta \ [\text{V/m}]$$

답 ①

전계의 세기 $E = -\text{grad}\, V = -\left(\frac{\partial}{\partial x}i + \frac{\partial}{\partial y}j + \frac{\partial}{\partial z}k\right)V$
$$= -\left(\frac{\partial}{\partial x}i + \frac{\partial}{\partial y}j + \frac{\partial}{\partial z}k\right)(2x + 5yz + 3)$$
$$= -(2i + 5zj + 5yk)$$
$$\therefore [E]_{x=2,\ y=1,\ z=0} = -(2i + 5zj + 5yk) = -2i - 5k$$

답 ③

문제 09 전기쌍극자에 의한 전계의 세기는 쌍극자로부터의 거리 r에 대해서 어떠한가?

① r에 반비례한다.　　② r^2에 반비례한다.
③ r^3에 반비례한다.　　④ r^4에 반비례한다.

풀이

• 전기쌍극자에 의한 전계 : $E = \dfrac{M\sqrt{1+3\cos^2\theta}}{4\pi\epsilon_0 r^3}$ [V/m]
$$\therefore E \propto \frac{1}{r^3}$$

• 전기쌍극자에 의한 전위 : $V = \dfrac{M\cos\theta}{4\pi\epsilon_0 r^2}$ [V]
$$\therefore V \propto \frac{1}{r^2}$$

답 ③

문제 10 그림과 같은 공심 토로이드 코일의 권선수를 N배하면 인덕턴스는 몇 배 되는가?

① N^{-2}
② N^{-1}
③ N
④ N^2

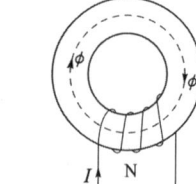

풀이

$$L = \frac{N\phi}{I} = \frac{\mu S N^2}{l} \propto N^2$$

답 ④

문제 11 전위함수가 $V = 2x + 5yz + 3$일 때, 점 $(2, 1, 0)$에서의 전계의 세기는?

① $-2i - 5j - 3k$　　② $i + 2j + 3k$
③ $-2i - 5k$　　④ $4i + 3k$

풀이

$V = 2x + 5yz + 3$　$(2, 1, 0)$에서

제2과목 **전력공학**

문제 21 단락 보호용 계전기의 범주에 가장 적합한 것은?

① 한시 계전기　　　　② 탈조 보호 계전기
③ 과전류 계전기　　　④ 주파수 계전기

풀이

계전기를 보호 목적, 즉 용도면에서 간추려서 분류하면 다음과 같다.
① **단락보호용 계전기 : 과전류 계전기**, 부족전압 계전기, 단락방향 계전기, 선택 단락 계전기, 거리 계전기, 방향 거리 계전기
② 지락 보호 계전기 : 과전류 지락 계전기, 방향 지락 계전기, 선택 지락 계전기
③ 기타 : 탈조 보호 계전기, 주파수 계전기, 한시 계전기

답 ③

문제 22 현수애자 4개를 1련으로 한 66[kV] 송전선로가 있다. 현수애자 1개의 절연저항이 2000[MΩ]이라면, 표준경간을 200[m]로 할 때 1[km]당의 누설컨덕턴스 [$\mho$]는?

① 0.63×10^{-9}　　② 0.93×10^{-9}
③ 1.23×10^{-9}　　④ 1.53×10^{-9}

풀이

• 현수애자 1련의 저항　$r = 2000\,[\text{M}\Omega] \times 4 = 8 \times 10^9\,[\Omega]$
(애자련에 연결되어 있는 애자의 절연저항은 직렬접속과 같다.)

• 표준 경간이 200[m]이고 1[km]당 현수애자는 5련이 설치되므로 $R = \dfrac{r}{n} = \dfrac{8}{5} \times 10^9$ [Ω]
(선로에 접속되어 있는 애자련의 절연저항은 병렬접속과

같다.)
• 누설 컨덕턴스 $G = \dfrac{1}{R} = \dfrac{5}{8} \times 10^{-9}\,[\mho] = 0.63 \times 10^{-9}\,[\mho]$

답 ①

풀이

$$\begin{bmatrix} A_0 & B_0 \\ C_0 & D_0 \end{bmatrix} = \begin{bmatrix} A & B \\ C & D \end{bmatrix}\begin{bmatrix} 1 & Z_{tr} \\ 0 & 1 \end{bmatrix} = \begin{bmatrix} A & B+AZ_{tr} \\ C & D+CZ_{tr} \end{bmatrix}$$

$$\therefore\ B_0 = B + AZ_{tr}$$

답 ④

문제 23 개폐장치 중에서 고장전류의 차단능력이 없는 것은?

① 진공차단기　　　② 유입개폐기
③ 리클로저　　　　④ 전력퓨즈

풀이

개폐장치의 능력

종류 \ 능력	부하전류 차단	고장전류 차단
차 단 기	○	○
개 폐 기	○	X
리클로져	○	○
전력퓨즈	X	○

답 ②

문제 24 직류송전방식에 비하여 교류송전방식의 가장 큰 이점은?

① 선로의 리액턴스에 의한 전압강하가 없으므로 장거리 송전에 유리하다.
② 변압이 쉬워 고압송전에 유리하다.
③ 같은 절연에서 송전전력이 크게 된다.
④ 지중송전의 경우 충전전류와 유전체손을 고려하지 않아도 된다.

풀이

직류 송전방식과 비교한 **교류 송전방식의 장점**
① **전압의 승압, 강압 변경이 용이하다**
② 교류 방식으로 회전 자계를 쉽게 얻을 수 있다.
③ 교류 방식으로 일관된 운용을 기할 수 있다.

답 ②

문제 25 그림과 같은 회로에 있어서의 합성 4단자 정수에서 B_0의 값은?

① $B_0 = B + Z_{tr}$
② $B_0 = A + BZ_{tr}$
③ $B_0 = C + DZ_{tr}$
④ $B_0 = B + AZ_{tr}$

문제 26 부하전력, 선로길이 및 선로손실이 동일할 경우 전선동량이 가장 적은 방식은?

① 3상 3선식　　　② 3상 4선식
③ 단상 3선식　　　④ 단상 2선식

풀이

소요 전선량의 비교

방 식	소요 전선량($1\phi 2W$을 기준)
$1\phi 2W$	100 [%]
$1\phi 3W$	37.5 [%]
$3\phi 3W$	75 [%]
$3\phi 4W$	33.33 [%]

답 ②

문제 27 감속재의 온도 계수란?

① 감속재의 시간에 대한 온도 상승률
② 반응에 아무런 영향을 주지 않는 계수
③ 감속재의 온도 1 [℃] 변화에 대한 반응도의 변화
④ 열중성자로에서 양(+)의 값을 갖는 계수

풀이

온도 변화가 반응도에 미치는 영향을 일반적으로 **온도 계수**라고 한다. 이 **온도 1 [℃] 변화**에 따라 반응도의 변화를 나타내며 이것을 α라 하여 $\alpha = \dfrac{d\rho}{dT}$로 표시한다.

답 ③

문제 28 반지름이 1.2 [cm]인 전선 1선을 왕로로 하고 대지를 귀로로 하는 경우 왕복회로의 총 인덕턴스는 약 몇 [mH/km]인가? (단, 등가대지면의 깊이는 600 [m]이다.)

① 2.4025 [mH/km]
② 2.3525 [mH/km]
③ 2.2639 [mH/km]
④ 2.2139 [mH/km]

풀이

$$L_e = 0.1 + 0.4605 \log_{10} \frac{2H_e}{r}$$

$$= 0.1 + 0.4605 \log_{10} \frac{2 \times 600}{1.2 \times 10^{-2}} = 2.4025 \, [\text{mH/km}]$$

여기서, H_e : 등가 대지면의 깊이[m], r : 전선 반지름[m]

답 ①

문제 29 수차의 조속기가 너무 예민하면 어떤 현상이 발생되는가?

① 전압변동이 작게 된다.

② 수압상승률이 크게 된다.

③ 속도변동률이 작게 된다.

④ 탈조를 일으키게 된다.

풀이

수차의 조속기가 예민하면 난조를 일으키기 쉽고 심하게 되면 탈조까지 일으킬 수 있다. 발전기 관성 모멘트가 크든가, 또는 자극에 제동권선이 있으면 난조는 방지된다. 답 ④

제3과목 전기기기

문제 41 3150/210 [V]의 단상변압기 고압측에 100 [V]의 전압을 가하면 가극성 및 감극성일 때에 전압계 지시는 각각 몇 [V]인가?

① 가극성 : 106.7, 감극성 : 93.3

② 가극성 : 93.3, 감극성 : 106.7

③ 가극성 : 126.7, 감극성 : 96.3

④ 가극성 : 96.3, 감극성 : 126.7

풀이

변압기 극성
변압기의 극성이란 어느 순간에 1차와 2차 양단자에 나타나는 유기기전력의 방향을 나타내는 것으로서 감극성과 가극성이 있다. 현재 우리나라는 감극성이 표준이다.

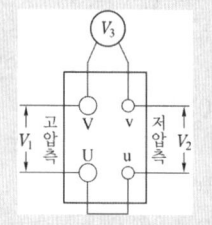

- 가극성 일 때 $V_3 = V_1 + V_2$
- 감극성 일 때 $V_3 = V_1 - V_2$

  따라서, 저압측 전압

$$V_2 = \frac{1}{a} V_1 = \frac{210}{3150} \times 100 = 6.67 \, [\text{V}]$$ 이므로

- 가극성 : $V_3 = V_1 + V_2 = 100 + 6.67 = 106.67 \, [\text{V}]$
- 감극성 : $V_3 = V_1 - V_2 = 100 - 6.67 = 93.33 \, [\text{V}]$ 답 ①

문제 42 유도 전동기에서 권선형 회전자에 비해 농형 회전자의 특성이 아닌 것은?

① 구조가 간단하고 효율이 좋다.

② 견고하고 보수가 용이하다.

③ 대용량에서 기동이 용이하다.

④ 중·소형 전동기에 사용된다.

풀이

농형 유도 전동기의 특성
- 회전자의 구조가 간단하고 튼튼하며 취급이 용이하다.
- 운전시의 성능은 우수하나 기동시의 성능은 떨어진다.
- 중·소형 유도 전동기에 널리 사용되며, 대형이 되면 기동 토크가 작아 기동이 곤란하게 된다. 답 ③

문제 43 스테핑 모터의 속도–토크특성에 관한 설명 중 틀린 것은?

① 무부하 상태에서 이 값보다 빠른 입력 펄스주파수에서는 기동시킬 수가 없게 되는 주파수를 최대 자기동주파수라 한다.

② 탈출(풀 아웃)토크와 인입(풀 인)토크에 의해 둘러 쌓인 영역을 슬루(slew)영역이라 한다.

③ 슬루영역에서는 펄스레이트를 변화시켜도 오동작이나 공진을 일으키지 않는 안정한 영역이다.

④ 무부하시 이 주파수 이상의 펄스를 인가하여도 모터가 응답할 수 없는 것을 최대 응답주파수라 한다.

풀이

슬루 영역은 초기에 자기 스스로 기동하여 회전이 어려운 영역으로서 불안정한 영역이다. 답 ③

문제 44 제9차 고조파에 의한 기자력의 회전방향 및 속도는 기본파 회전 자계와 비교할 때 다음 중 적당한 것은?

① 기본파와 역방향이고 9배의 속도
② 기본파와 역방향이고 1/9배의 속도
③ 회전자계를 발생하지 않는다.
④ 기본파와 동방향이고 9배의 속도

풀이

$3n$ 고조파 : 회전 자계를 발생하지 않는다.
$2nm+1$ 고조파 : 기본파와 동위상
$2nm-1$ 고조파 : 기본파와 역위상
∴ 9고조파는 $3n$ 고조파이므로 기본파에 대해 영상이므로 회전 자계를 발생하지 않는다. **답** ③

문제 45 단상 유도전동기 중 콘덴서 기동형 전동기의 특성은?

① 회전 자계는 타원형이다.
② 기동 전류가 크다.
③ 기동 회전력이 작다.
④ 분상 기동형의 일종이다.

풀이

콘덴서 기동형 단상 유도전동기
① **분상기동형 단상 유도전동기의 기동권선에 직렬로 콘덴서를 연결한 구조**로 되어있으며, 주권선과 기동권선에 의하여 원형에 가까운 회전자계가 생긴다.

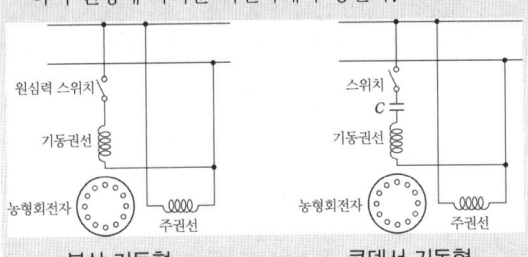

분상 기동형   콘덴서 기동형

② 기동 전류가 비교적 작고 기동 토크가 크므로 소형 펌프, 송풍기, 소형 공작기계, 공기 압축기 등에 널리 사용된다. **답** ④

문제 46 단상 변압기에 있어서 부하역률 80[%]의 지상 역률에서 전압변동률 4[%]이고, 부하역률 100[%]에서 전압변동률 3[%]라고 한다. 이 변압기의 퍼센트 리액턴스는 약 몇 [%]인가?

① 2.7   ② 3.0
③ 3.3   ④ 3.6

풀이

역률 100[%]일 때의 전압 변동률
$\epsilon_{100}=p\cos\theta+q\sin\theta=p\times1+q\times0=3[\%]$
∴ $p=3[\%]$
역률 80[%]일 때의 전압 변동률
$\epsilon_{80}=p\cos\theta+q\sin\theta=3\times0.8+q\times0.6=4[\%]$
∴ $q=\dfrac{4-2.4}{0.6}=\dfrac{1.6}{0.6}=2.7[\%]$ **답** ①

문제 47 직류 발전기를 전동기로 사용하고자 한다. 이 발전기의 정격 전압 120 [V], 정격 전류 40 [A], 전기자 저항 0.15 [Ω]이며, 전부하일 때 발전기와 같은 속도로 회전시키려면 단자 전압은 몇 [V]를 공급하여야 하는가? (단, 전기자 반작용 및 여자 전류는 무시한다.)

① 114[V]   ② 126[V]
③ 132[V]   ④ 138[V]

풀이

• 발전기 유기기전력 $E=V+I_aR_a=120+40\times0.15=126[V]$
• 전동기의 역기전력 $E_c=p\phi n\dfrac{Z}{a}=K\phi n$ 에서 회전수가 같고 여자 전류(자속)는 무시하므로 전동기의 역기전력 E_c는 발전기의 유기 기전력 E와 같게 된다.
• 전동기의 단자 전압 $V=E_c+I_aR_a=126+40\times0.15=132[V]$ **답** ③

문제 48 변압기에 사용하는 절연유가 갖추어야할 성질이 아닌 것은?

① 절연내력이 클 것
② 인화점이 높을 것
③ 유동성이 풍부하고 비열이 커서 냉각효과가 클 것
④ 응고점이 높을 것

변압기 절연유의 구비조건
① 절연저항 및 절연내력이 클 것
② 비열 및 열전도율이 크며 점도가 용도에 따라 적당히 낮을 것
③ 인화점은 130 [℃] 이상 높고 응고점은 −30 [℃] 이하로 낮을 것
④ 열팽창 계수가 작고 증발로 인한 감소량이 적을 것
⑤ 화학적으로 안정하여 열화 변질되지 않으며 기기를 침식시키지 말 것 **답** ④

문제 49 무부하의 장거리 송전선로에 동기발전기를 접속하는 경우, 송전선로의 자기여자현상을 방지하기 위해서 동기조상기를 사용하였다. 이때 동기조상기의 계자전류를 어떻게 하여야 하는가?
① 계자전류를 0으로 한다.
② 부족여자로 한다.
③ 과여자로 한다.
④ 역률이 1인 상태에서 일정하게 한다.

풀이

자기 여자 방지법
① 발전기 2대 또는 3대를 병렬로 모선에 접속한다.
② **수전단에 동기 조상기를 접속하고 이것을 부족 여자로 하** 여 송전선에서 지상 전류를 취하게 하면 충전 전류를 그 만큼 감소시키는 것이 된다. **답** ②

제4과목 **회로이론 및 제어공학**

문제 61 2차계의 주파수 응답과 시간 응답간의 관계 중 잘못된 것은?
① 안정된 제어계에서 높은 대역폭은 큰 공진 첨두값과 대응된다.
② 최대 오버슈트와 공진 첨두값은 ζ(감쇠율)만의 함수로 나타낼 수 있다.
③ ω_n(고유주파수) 일정시 ζ(감쇠율)가 증가하면 상승 시간과 대역폭은 증가한다.
④ 대역폭은 영 주파수 이득보다 3 [dB] 떨어지는 주파수로 정의된다.

풀이

ζ(감쇠율)가 증가하면 대역폭은 감소한다. **답** ③

문제 62 전달함수 $G(s) = \dfrac{1}{s(s+10)}$에 $\omega = 0.1$인 정현파 입력을 주었을 때 보드선도의 이득은?
① −40 [dB]
② −20 [dB]
③ 0 [dB]
④ 20 [dB]

풀이

$$g[dB] = 20\log\left|\frac{1}{j\omega(j\omega+10)}\right| = 20\log\left|\frac{1}{\omega\sqrt{\omega^2+10^2}}\right|$$

$\omega = 0.1$이므로

$$g[dB] = 20\log\left|\frac{1}{0.1\sqrt{0.1^2+10^2}}\right| ≒ 20\log 1 = 0[dB]$$ **답** ③

문제 63 제어량을 어떤 일정한 목표값으로 유지하는 것을 목적으로 하는 제어법은?
① 추종제어
② 비율제어
③ 프로그램제어
④ 정치제어

풀이

제어 목적에 의한 분류
① 추종제어 : 미지의 임의 시간적 변화를 하는 목표값에 제어량을 추종시키는 것을 목적으로 하는 제어법
② 비율제어 : 목표값이 다른 것과 일정 비율 관계를 가지고 변화하는 경우의 추종 제어법
③ 프로그램제어 : 미리 정해진 프로그램에 따라 제어량을 변화시키는 것을 목적으로 하는 제어법
④ **정치제어 : 제어량을 어떤 일정한 목표값으로 유지하는 것을 목적으로 하는 제어법** **답** ④

문제 64 그림과 같은 회로망은 어떤 보상기로 사용될 수 있는가? (단, $1 < R_1 C$인 경우로 한다.)
① 지연 보상기
② 지 · 진상 보상기
③ 지상 보상기
④ 진상 보상기

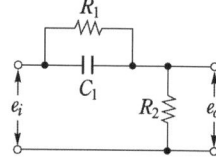

풀이

$$G(s) = \frac{\dfrac{1}{R_1} + C_1 s}{\dfrac{1}{R_1} + \dfrac{1}{R_2} + C_1 s} = \frac{R_2 + R_1 R_2 C_1 s}{R_1 + R_2 + R_1 R_2 C_1 s}$$

$$= \frac{R_2}{R_1 + R_2} \cdot \frac{1 + R_1 C_1 s}{1 + \dfrac{R_1 R_2}{R_1 + R_2} C_1 s}$$

$$\alpha = \frac{R_2}{R_1 + R_2}, \quad \alpha < 1$$

$T = R_1 C_1$ 라 놓으면

$$\therefore G(s) = \frac{\alpha(1 + Ts)}{1 + \alpha Ts}$$

여기서, $\alpha Ts \ll 1$ 이라고 하면 전달 함수는 근사적으로 $G(s) = \alpha(1 + Ts)$로 되어 미분 요소(진상 회로)가 된다.

답 ④

문제 65 계의 특성상 감쇠계수가 크면 위상여유가 크고, 감쇠성이 강하여 (A)는(은) 좋으나 (B)는(은) 나쁘다, A, B를 바르게 묶은 것은?

① 안정도, 응답성
② 응답성, 이득여유
③ 오프셋, 안정도
④ 이득여유, 안정도

풀이

감쇠계수(δ)가 크다는 것은 회로의 R값이 크다는 것을 의미하며 이 경우 안정도는 향상되나 응답성은 저하(상승 시간 또는 지연 시간은 길어진다)한다.

답 ①

문제 66 RL 직렬회로에 직류전압 5[V]를 $t = 0$에서 인가하였더니 $i(t) = 50(1 - e^{-20 \times 10^{-3}t})$[mA] ($t \geq 0$)이었다. 이 회로의 저항을 처음 값의 2배로 하면 시정수는 얼마가 되겠는가?

① 10 [msec]
② 40 [msec]
③ 5 [sec]
④ 25 [sec]

풀이

- $R-L$ 직렬회로에 직류전압 인가시 흐르는 전류 :

$$i(t) = \frac{E}{R}(1 - e^{-\frac{R}{L}t}) \text{에서 } \frac{R}{L} = 20 \times 10^{-3}$$

- 시정수 $\tau = \dfrac{L}{R} = \dfrac{1}{20 \times 10^{-3}} = 50$ [sec]

- 시정수 $\tau \propto \dfrac{1}{R}$ 이므로 저항이 2배로 되면 시정수는 $\dfrac{1}{2}$로 되어 $\tau' = \dfrac{1}{2} \times 50 = 25$[sec]

답 ④

문제 67 그림과 같은 회로에서 a-b 사이의 전위차 [V]는?

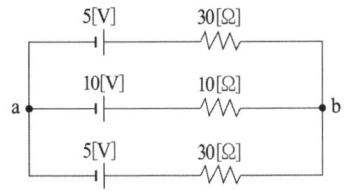

① 10 [V]
② 8 [V]
③ 6 [V]
④ 4 [V]

풀이

밀만의 정리에 의해

$$V_{ab} = \frac{\dfrac{E_1}{R_1} + \dfrac{E_2}{R_2} + \dfrac{E_3}{R_3}}{\dfrac{1}{R_1} + \dfrac{1}{R_2} + \dfrac{1}{R_3}} = \frac{\dfrac{5}{30} + \dfrac{10}{10} + \dfrac{5}{30}}{\dfrac{1}{30} + \dfrac{1}{10} + \dfrac{1}{30}}$$

$$= \frac{5 + 30 + 5}{1 + 3 + 1} = \frac{40}{5} = 8 \text{[V]}$$

답 ②

문제 68 각 상의 임피던스가 $R + jX$[Ω]인 것을 Y 결선으로 한 평형 3상 부하에 선간전압 E[V]를 가하면 선전류는 몇 [A]가 되는가?

① $\dfrac{E}{\sqrt{2(R^2 + X^2)}}$
② $\dfrac{\sqrt{2}E}{\sqrt{R^2 + X^2}}$
③ $\dfrac{\sqrt{3}E}{\sqrt{R^2 + X^2}}$
④ $\dfrac{E}{\sqrt{3(R^2 + X^2)}}$

풀이

- 1상의 임피던스 $Z_P = R + jX = \sqrt{R^2 + X^2}$
- 상전압 $E_P = \dfrac{E}{\sqrt{3}}$
- Y결선에서 선전류 $I_l =$ 상전류 I_p 이므로

$$I_p = \frac{E_P}{Z_P} = \frac{E/\sqrt{3}}{\sqrt{R^2 + X^2}} = \frac{E}{\sqrt{3(R^2 + X^2)}}$$

답 ④

문제 69 저항 R과 리액턴스 X를 병렬로 연결할 때의 역률은?

① $\dfrac{X}{\sqrt{R^2+X^2}}$

② $\dfrac{R}{\sqrt{R^2+X^2}}$

③ $\dfrac{1/X}{\sqrt{R^2+X^2}}$

④ $\dfrac{1/R}{\sqrt{R^2+X^2}}$

풀이

역률 $\cos\theta = \dfrac{I_R}{I} = \dfrac{G}{Y} = \dfrac{X}{\sqrt{R^2+X^2}}$ 답 ①

제5과목 전기설비 기술기준

문제 81 고압 또는 특고압과 저압의 혼촉에 의한 위험방지시설로 가공공동지선을 설치하여 2 이상의 시설 장소에 접지공사를 할 때, 가공공동지선은 지름 몇 [mm] 이상의 경동선을 사용하여야 하는가?

① 1.5

② 2

③ 3.5

④ 4

풀이

322.1 고압 또는 특고압과 저압의 혼촉에 의한 위험방지시설
가공공동지선을 설치하여 2 이상의 시설장소에 규정에 의하여 다음과 같이 접지공사를 할 수 있다.
가. **가공공동지선**은 인장강도 5.26[kN] 이상 또는 **지름 4[mm] 이상의 경동선**을 사용하여 저압가공전선에 관한 규정에 준하여 시설할 것.
나. 접지공사는 각 변압기를 중심으로 하는 지름 400[m] 이내의 지역으로서 그 변압기에 접속되는 전선로 바로 아래의 부분에서 각 변압기의 양쪽에 있도록 할 것.
다. 가공공동지선과 대지 사이의 합성 전기저항 값은 1 [km]를 지름으로 하는 지역 안마다 규정에 의해 접지 저항 값을 가지는 것으로 하고 또한 각 접지도체를 가공공동지선으로부터 분리하였을 경우의 각 접지도체와 대지 사이의 전기저항값은 300[Ω] 이하로 할 것.
     답 ④

문제 82 저압 가공인입선 시설시 사용할 수 없는 전선은?

① 절연전선, 케이블

② 경간 20[m] 이하인 경우 지름 2[mm] 이상의 인입용 비닐절연전선

③ 지름 2.6[mm] 이상의 인입용 비닐절연전선

④ 사람 접촉우려가 없도록 시설하는 경우 옥외용 비닐절연전선

풀이

221.1.1 저압 인입선의 시설
저압 가공인입선은 다음에 따라 시설하여야 한다.
가. 전선은 **절연전선 또는 케이블**일 것.
나. 전선이 절연전선인 경우
   ① **경간이 15[m] 초과** : 인장강도 2.30[kN] 이상의 것 또는 **지름 2.6[mm] 이상의 인입용 비닐절연전선**일 것.
   ② **경간이 15[m] 이하** : 인장강도 1.25[kN] 이상의 것 또는 **지름 2[mm] 이상의 인입용 비닐절연전선**일 것.
다. 전선이 옥외용 비닐 절연 전선인 경우에는 사람이 접촉할 우려가 없도록 시설할 것.   답 ②

문제 83 특고압 전선로에 사용되는 애자장치에 대한 갑종 풍압하중은 그 구성재의 수직투영면적 1 [m²]에 대한 풍압하중을 몇 [Pa]를 기초로 하여 계산한 것인가?

① 592

② 668

③ 946

④ 1039

풀이

331.6 풍압하중의 종별과 적용

풍압을 받는 구분		풍압 [Pa]
전선 기타의 가섭선	다도체를 구성하는 전선	666
	기타의 것	745
특고압 전선로용의 애자 장치		**1039**
특고압 전선로용의 완금류	단일재로서 사용하는 것	1196
	기타의 것	1627

     답 ④

문제 84 발전소 또는 변전소로부터 다른 발전소 또는 변전소를 거치지 아니하고 전차선로에 이르는 전선을 무엇이라 하는가?

① 급전선
② 전기철도용 급전선
③ 급전선로
④ 전기철도용 급전선로

풀이

112 용어 정의
"전기철도용 급전선"이란 전기철도용 변전소로부터 다른 전기철도용 변전소 또는 전차선에 이르는 전선을 말한다.

답 ②

문제 85 가공 케이블 시설시 고압 가공전선에 케이블을 사용하는 경우 조가용선은 단면적이 몇 [mm²] 이상인 아연도 강연선이어야 하는가?

① 8
② 14
③ 22
④ 30

풀이

332.2 가공케이블의 시설
저압 가공전선 또는 고압 가공전선에 케이블을 사용하는 경우에는 다음에 따라 시설하여야 한다.

가. 케이블은 조가용선에 행거로 시설할 것. 이 경우에는 사용전압이 고압인 때에는 행거의 간격은 0.5 [m] 이하로 하는 것이 좋다.

나. **조가용선**은 인장강도 5.93[kN] 이상의 것 또는 **단면적 22[mm²] 이상인 아연도강연선**일 것.

다. 조가용선 및 케이블의 피복에 사용하는 금속체에는 접지공사를 할 것.

라. 조가용선을 케이블에 접촉시켜 금속 테이프를 감는 경우에는 20[cm] 이하의 간격으로 나선상으로 한다.

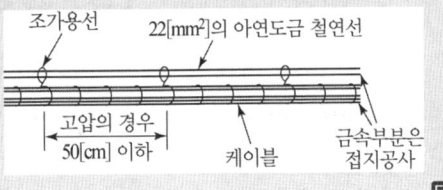

조가용선　　22[mm²]의 아연도금 철연선
고압의 경우
50[cm] 이하　　케이블　　금속부분은 접지공사

답 ③

국가기술자격검정 필기시험 문제

2013년도 전기기사 일반검정 제2회

자격종목 및 등급(선택분야)	종목코드	시험시간	문제지형별	수검 번호	성 명
전기기사	1150	2시간 30분	A		

제1과목 　전기자기학

문제 01 유전체에 대한 경계조건에 대한 설명이 옳지 않은 것은?

① 표면전하 밀도란 구속전하의 표면밀도를 말하는 것이다.

② 완전 유전체 내에서는 자유전하는 존재하지 않는다.

③ 경계면에 외부전하가 있으면, 유전체의 내부와 외부의 전하는 평형 되지 않는다.

④ 특수한 경우를 제외하고 경계면에서 표면전하밀도는 영(zero)이다.

풀이

표면전하밀도는 분극전하의 표면밀도를 말한다. **답** ①

문제 02 그림과 같이 정전용량이 C_o [F]가 되는 평행판 공기콘덴서에 판면적의 1/2 되는 공간에 비유전률이 ϵ_s인 유전체를 채웠을 때 정전용량은 몇 [F] 인가?

① $\frac{1}{2}(1+\epsilon_s)C_o$

② $(1+\epsilon_s)C_o$

③ $\frac{2}{3}(1+\epsilon_s)C_o$

④ C_o

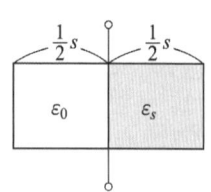

풀이

유전체 채우기 전 $C_0 = \epsilon_0 \dfrac{S}{d}$

유전체 채운 후

$$C_1 = \epsilon_0 \frac{\frac{1}{2}S}{d} = \frac{1}{2}C_0, \quad C_2 = \epsilon_0\epsilon_s \frac{\frac{1}{2}S}{d} = \frac{1}{2}\epsilon_s C_0$$

병렬 접속이므로

$$C_0' = C_1 + C_2 = \frac{1}{2}C_0 + \frac{1}{2}\epsilon_s C_0 = \frac{1}{2}(1+\epsilon_s)C_0 \text{ 가 된다.}$$

답 ①

문제 03 압전기 현상에서 분극이 응력과 같은 방향으로 발생하는 현상을 무슨 효과라 하는가?

① 종효과 ② 횡효과

③ 역효과 ④ 간접효과

풀이

결정에 가한 기계적 응력과 전기 분극이 동일 방향으로 발생하는 경우를 종효과, 수직 방향으로 발생하는 경우를 횡효과라 한다.

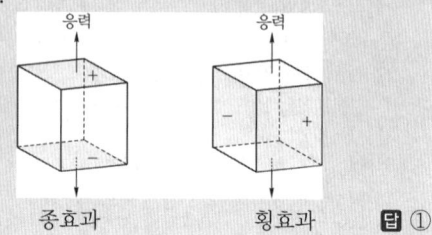

답 ①

문제 04 자화의 세기로 정의 할 수 있는 것은?

① 단위면적당 자위밀도

② 단위체적당 자기모멘트

③ 자력선 밀도

④ 자화선 밀도

풀이

• 자화의 세기 $J = \dfrac{m}{S}$: 단위면적당의 자극의 세기

• 자화의 세기 $J=\dfrac{M}{V}$: 단위체적당의 자기모멘트 **답** ②

문제 05 평면 도체로부터 수직거리 a[m]인 곳에 점전하 Q[C]가 있다. Q와 평면도체 사이에 작용하는 힘은 몇 [N]인가? (단, 평면도체 오른편을 유전율 ϵ의 공간이라 한다.)

① $-\dfrac{Q^2}{16\pi\epsilon a^2}$　　② $-\dfrac{Q^2}{8\pi\epsilon a^2}$

③ $-\dfrac{Q^2}{4\pi\epsilon a^2}$　　④ $-\dfrac{Q^2}{2\pi\epsilon a^2}$

풀이

점전하 $+Q$[C]과 평면 도체 간의 작용력 F[N]은 영상 전하 $-Q$[C]와의 작용력[N]이므로

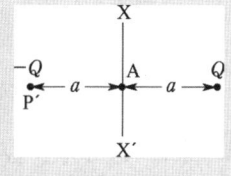

$$F=\dfrac{Q\cdot(-Q)}{4\pi\epsilon(2a)^2}=\dfrac{-Q^2}{16\pi\epsilon a^2}\text{[N]}$$

여기서, 부호 (−)는 흡인력이다. **답** ①

문제 06 무한평면도체에서 d[m]의 거리에 있는 반경 a[m]의 구도체와 평면도체 사이의 정전용량은 몇 [F]인가? (단, $a\ll d$ 이다.)

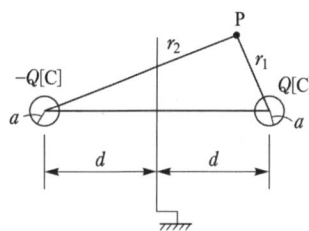

① $\dfrac{\pi\epsilon}{\dfrac{1}{a}-\dfrac{1}{2d}}$　　② $\dfrac{1}{4\pi\epsilon}(a-2d)$

③ $\dfrac{1}{4\pi\epsilon}\left(\dfrac{1}{a}-\dfrac{1}{2d}\right)$　　④ $\dfrac{4\pi\epsilon}{\dfrac{1}{a}-\dfrac{1}{2d}}$

풀이

두 도체에 의한 점 P의 전위 V_P는

$$V_P=\dfrac{Q}{4\pi\epsilon}\left(\dfrac{1}{r_1}-\dfrac{1}{r_2}\right)$$

두 구도체의 전위 V_A, V_B는

$$V_A=\dfrac{Q}{4\pi\epsilon}\left(\dfrac{1}{a}-\dfrac{1}{2d-a}\right),\quad V_B=\dfrac{Q}{4\pi\epsilon}\left(\dfrac{1}{2d-a}-\dfrac{1}{a}\right)$$

두 도체구의 전위차

$$V=V_A-V_B=\dfrac{Q}{2\pi\epsilon}\left(\dfrac{1}{a}-\dfrac{1}{2d-a}\right)\fallingdotseq\dfrac{Q}{2\pi\epsilon}\left(\dfrac{1}{a}-\dfrac{1}{2d}\right)$$

$$(\because d\gg a)$$

구와 평면도체와의 전위차 $V'=\dfrac{V}{2}=\dfrac{Q}{4\pi\epsilon}\left(\dfrac{1}{a}-\dfrac{1}{2d}\right)$

정전용량 $C=\dfrac{Q}{V'}=\dfrac{4\pi\epsilon}{\dfrac{1}{a}-\dfrac{1}{2d}}$ **답** ④

문제 07 그림과 같이 권수 50회이고 전류 1[mA]가 흐르고 있는 직사각형 코일이 0.1[Wb/m²]의 평등자계 내에 자계와 30°로 기울여 놓았을 때 이 코일의 회전력 [N·m]은? (단, $a=10$[cm], $b=15$[cm]이다.)

① 3.74×10^{-5}
② 6.49×10^{-5}
③ 7.48×10^{-5}
④ 11.22×10^{-5}

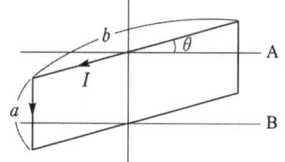

풀이

회전력 $T=NBIS\cos\theta$
$=50\times0.1\times1\times10^{-3}\times0.1\times0.15\times\cos30°$
$=6.49\times10^{-5}\text{[N·m]}$ **답** ②

문제 08 공극을 가진 환상솔레노이드에서 총 권수 N회, 철심의 투자율 μ[H/m], 단면적 S[m²], 길이 l[m]이고 공극의 길이가 δ[m]일 때 공극부에 자속밀도 B[Wb/m²]을 얻기 위해서는 몇 [A]의 전류를 흘려야 하는가?

① $\dfrac{N}{B}\left(\dfrac{l}{\mu}+\dfrac{\delta}{\mu_0}\right)$　　② $\dfrac{N}{B}\left(\dfrac{l}{\mu_0}+\dfrac{\delta}{\mu}\right)$

③ $\dfrac{B}{N}\left(\dfrac{l}{\mu}+\dfrac{\delta}{\mu_0}\right)$　　④ $\dfrac{B}{N}\left(\dfrac{l}{\mu_0}+\dfrac{\delta}{\mu}\right)$

풀이

$$\phi=\dfrac{NI}{\dfrac{\delta}{\mu_0 S}+\dfrac{l}{\mu S}}=BS$$

$$\therefore I = \frac{BS}{N}\left(\frac{\delta}{\mu_0 S} + \frac{l}{\mu S}\right) = \frac{B}{N}\left(\frac{\delta}{\mu_0} + \frac{l}{\mu}\right)$$

답 ③

문제 09 자화율(magnetic susceptibility) χ는 상자성체에서 일반적으로 어떤 값을 갖는가?

① $\chi = 0$ ② $\chi = 1$

③ $\chi < 0$ ④ $\chi > 0$

풀이

상자성체
- 자화율 $\chi > 0$
- 비투자율 $\mu_r > 1$

답 ④

제2과목 전력공학

문제 21 보일러에서 흡수 열량이 가장 큰 곳은?

① 절탄기 ② 수냉벽

③ 과열기 ④ 공기예열기

풀이

항 목	가열 면적 [%]	흡수 열량 [%]
수냉벽	10~15	**40~50**
보일러 수관	5~10	10~15
과열기	10~15	15~20
절탄기	15	10~15
공기 예열기	50	5~10

답 ②

문제 22 송전선로의 일반회로정수가 $A = 0.7$, $C = j1.95 \times 10^{-3}$, $D = 0.9$라 하면 B의 값은 약 얼마인가?

① $j90$ ② $-j90$

③ $j190$ ④ $-j190$

풀이

$AD - BC = 1$에서

$$B = \frac{AD-1}{C} = \frac{0.7 \times 0.9 - 1}{j1.95 \times 10^{-3}} = j189.7$$

답 ③

문제 23 조정지 용량 100000 [m³], 유효낙차 100 [m]인 수력발전소가 있다. 조정지의 전 용량을 사용하여 발생될 수 있는 전력량은 약 몇 [kWh]인가? (단, 수차 및 발전기의 종합효율을 75 [%]로 하고 유효낙차는 거의 일정하다고 본다.)

① 20417 ② 25248

③ 30448 ④ 42540

풀이

$$전력량 \ W = P \times t = 9.8 \times \frac{V}{3600 \times t} \times H \times \eta \times t$$

$$= 9.8 \times \frac{VH\eta}{3600} = 9.8 \times \frac{100000 \times 100 \times 0.75}{3600}$$

$$= 20416.67 \ [kWh]$$

$$(\because Q = \frac{V}{3600 \times t} \quad 여기서, \ V : 조정지 \ 용량 \ [m^3],$$

$$t : 사용 \ 시간 \ [h])$$

답 ①

문제 24 공기차단기(ABB)의 공기 압력은 일반적으로 몇 [kg/cm²] 정도 되는가?

① 5~10 ② 15~30

③ 30~45 ④ 45~55

풀이

공기 차단기(ABB : Air Blast Circuit Breaker)는 15~30[kg/cm²]의 압축공기를 차단시에 발생하는 아크에 분사하여 소호하는 전력개폐장치이다.

답 ②

문제 25 공장이나 빌딩에 200 [V] 전압을 400 [V]로 승압하여 배전을 할 때, 400 [V] 배전과 관계없는 것은?

① 전선 등 재료의 절감

② 전압변동률의 감소

③ 배선의 전력손실 경감

④ 변압기 용량의 절감

풀이

승압의 효과
- 공급 용량의 증대
- 전압강하율의 개선
- 지중 배전 방식의 채택이 용이
- 고압 배전선 연장의 감소
- 대용량의 전기 기기 사용 용이
- 전력 손실의 감소
- 전선 등 재료의 절감

답 ④

문제 26 부하역률이 0.6인 경우, 전력용 콘덴서를 병렬로 접속하여 합성역률을 0.9로 개선하면 전원측 선로의 전력손실은 처음 것의 약 몇 [%]로 감소되는가?

① 38.5   ② 44.4
③ 56.6   ④ 62.8

풀이

전력손실 $P_l = 3I^2 R = 3\left(\dfrac{P}{\sqrt{3}\,V\cos\theta}\right)^2 R = \dfrac{RP^2}{V^2\cos^2\theta}$ 에서

전력손실 $P_l \propto \dfrac{1}{\cos^2\theta}$ 이다.

따라서, $P_{l1} : P_{l2} = \dfrac{1}{\cos^2\theta_1} : \dfrac{1}{\cos^2\theta_2} = \dfrac{1}{0.6^2} : \dfrac{1}{0.9^2}$

$P_{l2} = \dfrac{0.6^2}{0.9^2} \times P_{l1} = 0.444 P_{l1}$ **답** ②

문제 27 송전선의 전압변동률을 나타내는 식

$\dfrac{V_{R1} - V_{R2}}{V_{R2}} \times 100$ [%]에서 V_{R1}은 무엇인가?

① 부하시 수전단 전압
② 무부하시 수전단 전압
③ 부하시 송전단 전압
④ 무부하시 송전단 전압

풀이

전압변동률 $= \dfrac{\text{무부하시의 수전단 전압} - \text{전부하시의 수전단 전압}}{\text{전부하시의 수전단 전압}} \times 100[\%]$

답 ②

문제 28 원자로의 감속재가 구비하여야 할 사항으로 적합하지 않은 것은?

① 원자량이 큰 원소일 것
② 중성자의 흡수 단면적이 적을 것
③ 중성자와의 충돌 확률이 높을 것
④ 감속비가 클 것

풀이

감속재는 핵분열로 발생한 고속 중성자(약 2[MeV])의 에너지(=속도)를 떨어뜨려서 열중성자 (0.025 [eV])로 바꾸는 작용을 하는 것으로서 구비 하여야 할 조건은
① 중성자 흡수가 적을 것

② 감속능(slowing down power)과 감속비(moderation ratio)의 값이 클 것
③ 탄성산란의 효과가 클 것(가벼운 원자핵 일 수록 효과가 크므로 **원자량이 적은 원소가 유리**)
④ 중성자 에너지를 빨리 감속시킬 수 있을 것
⑤ 중성자와의 충돌 확률이 높을 것   **답** ①

제3과목 **전기기기**

문제 41 단상 유도전압조정기에서 1차 전원전압을 V_1이라 하고, 2차의 유도전압을 E_2라고 할 때 부하 단자전압을 연속적으로 가변할 수 있는 조정 범위는?

① $0 \sim V_1$ 까지
② $V_1 + E_2$ 까지
③ $V_1 - E_2$ 까지
④ $V_1 + E_2$에서 $V_1 - E_2$ 까지

풀이

$V_2 = V_1 + E_2 \cos\alpha$에서 단상 유도 전압 조정기의 1차 권선을 0°에서 180°까지 회전시키면 $\cos\alpha$는 −1에서 1까지 변화하므로 V_2는 $V_1 + E_2$에서 $V_1 - E_2$ 까지 조정될 수 있다.

답 ④

문제 42 1차 및 2차 정격전압이 같은 2대의 변압기가 있다. 그 용량 및 임피던스 강하가 A 변압기는 5 [kVA], 3 [%], B 변압기는 20 [kVA], 2 [%]일 때 이것을 병렬 운전하는 경우 부하를 분담하는 비(A : B)는?

① 1 : 4   ② 1 : 6
③ 2 : 3   ④ 3 : 2

풀이

$$\dfrac{P_a}{P_b} = \dfrac{P_A}{P_B} \times \dfrac{\%Z_B}{\%Z_A}$$

여기서, P_a, P_b : A, B 변압기의 분담부하
     P_A, P_B : A, B 변압기의 용량
     $\%Z_A$, $\%Z_B$: A, B 변압기의 %Z

따라서, $P_a = \dfrac{P_A}{P_B} \times \dfrac{\%Z_B}{\%Z_A} \times P_b = \dfrac{5}{20} \times \dfrac{2}{3} \times P_b = \dfrac{1}{6} P_b$

$\therefore P_a : P_b = 1 : 6$ **답** ②

문제 43 브러시의 위치를 이동시켜 회전방향을 역회전 시킬 수 있는 단상 유도전동기는?

① 반발 기동형 전동기
② 세이딩코일형 전동기
③ 분상기동형 전동기
④ 콘덴서 전동기

풀이

단상 반발 전동기는 브러시 이동으로 속도 제어 및 역전이 가능하다. **답** ①

문제 44 직류 발전기에서 섬락이 생기는 가장 큰 원인은?

① 장시간 운전　　② 부하의 급변
③ 경부하 운전　　④ 회전속도 저하

풀이

부하가 급변하면 직류기의 전기자 반작용이 증가하게 되고 또한 섬락도 증가하게 된다. **답** ②

문제 45 단상반파 정류회로에서 실효치 E와 직류 평균치 E_{do}와의 관계식으로 옳은 것은?

① $E_{do} = 0.90E$ [V]　② $E_{do} = 0.81E$ [V]
③ $E_{do} = 0.67E$ [V]　④ $E_{do} = 0.45E$ [V]

풀이

다이오드 정류회로

• 단상 전파정류회로 : $E_{do} = \dfrac{2}{\pi}E_m = \dfrac{2}{\pi} \cdot \sqrt{2}E = 0.9E$

• 단상 반파정류회로 : $E_{do} = \dfrac{E_m}{\pi} = \dfrac{\sqrt{2}}{\pi} \cdot E = 0.45E$

답 ④

문제 46 10000[kVA], 6000[V], 60[Hz], 24극, 단락비 1.2인 3상 동기발전기의 동기 임피던스 [Ω]는?

① 1　　② 3　　③ 10　　④ 30

풀이

• 단락비 $K_s = \dfrac{100}{\%Z}$ 에서 $\%Z = \dfrac{100}{K_s} = \dfrac{100}{1.2} = 83.33$

• $\%Z = \dfrac{ZP}{10V^2}$ 에서

$$Z = \dfrac{10V^2 \times \%Z}{P} = \dfrac{10 \times 6^2 \times 83.33}{10000} = 3[\Omega]$$

(여기서, V의 단위가[kV], P의 단위가[kVA] 임)

답 ②

문제 47 속도 특성곡선 및 토크 특성곡선을 나타낸 전동기는?

① 직류 분권전동기
② 직류 직권전동기
③ 직류 복권전동기
④ 타여자 전동기

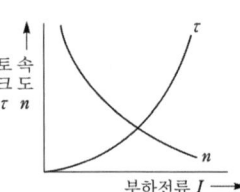

풀이

• 직류 직권전동기의 속도 $n = k\dfrac{V}{I}$ 에서 $n \propto \dfrac{1}{I}$

• 직류 직권전동기의 토크 $\tau = kI^2$ 에서 $\tau \propto I^2$ **답** ②

문제 48 사이클로 컨버터(cyclo converter)란?

① 실리콘 양방향성 소자이다.
② 제어정류기를 사용한 주파수 변환기이다.
③ 직류 제어소자이다.
④ 전류 제어소자이다.

풀이

사이클로 컨버터란 정지 사이리스터 회로에 의해 **전원 주파수와 다른 주파수의 전력으로 변환시키는 직접 회로 장치**이다. **답** ②

문제 49 다음 중 3상 권선형 유도 전동기의 기동법은?

① 2차 저항법　　② 전전압 기동법
③ 기동 보상기법　④ Y-△ 기동법

풀이

• 권선형 유도 전동기의 기동법 : 2차측의 슬립링을 통하여 기동 저항을 삽입하고 비례 추이의 특성을 이용하여 속도-토크 특성을 변화시켜 가면서 기동하는 방식을 택한다.
• 2차 저항 기동법 : 비례 추이 특성을 이용 **답** ①

문제 50 다음 그림은 어떤 전동기의 1차측 결선도인가?

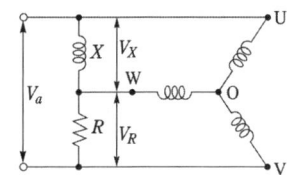

① 모노사이클릭형 전동기
② 반발 유도전동기
③ 콘덴서 전동기
④ 반발기동형 단상 유도전동기

답 ①

문제 51 직류 직권 전동기가 전차용에 사용되는 이유는?

① 속도가 클 때 토크가 크다.
② 토크가 클 때 속도가 적다.
③ 기동토크가 크고 속도는 불변이다.
④ 토크는 일정하고 속도는 전류에 비례한다.

풀이
- 전차의 특성 : 기동시에는 저속의 큰 토크가 필요하다.
- 직류 직권전동기의 속도 $n = k\dfrac{V}{I}$ 에서 $n \propto \dfrac{1}{I}$
- 직류 직권전동기의 토크 $T = kI^2$ 에서 $T \propto I^2$

즉, 직류 직권 전동기는 기동 시 큰 토크가 발생되고 속도는 낮아지므로 전차 구동용으로 사용된다. **답** ②

제4과목 **회로이론 및 제어공학**

문제 61 시간 지정이 있는 특수한 시스템이 미분방정식 $\dfrac{d}{dt}y(t) + y(t) = x(t - T)$ 로 표시될 때 이 시스템의 전달 함수는?

① $e^{-t} + e$
② $e^{-sT} + \dfrac{1}{s}$
③ $\dfrac{e^{-sT}}{s(s+1)}$
④ $\dfrac{e^{-sT}}{s+1}$

풀이
양변을 라플라스 변환하면
$$sY(s) + Y(s) = e^{-sT}X(s)$$
$$\therefore G(s) = \frac{Y(s)}{X(s)} = \frac{e^{-sT}}{s+1}$$ **답** ④

문제 62 그림과 같은 논리회로에서 출력 F의 값은?

① A
② $\overline{A}BC$
③ $AB + \overline{B}C$
④ $(A + B)C$

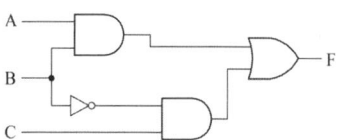

풀이

논리기호	논리식
A, B → X	$X = AB$
A, B → X	$X = A + B$
A → X	$X = \overline{A}$

답 ③

문제 63 개루프 전달함수가 다음과 같은 계에서 단위속도 입력에 대한 정상 편차는?

$$G(s) = \frac{10}{s(s+1)(s+2)}$$

① 0.2 ② 0.25 ③ 0.33 ④ 0.5

풀이
$$K_v = \lim_{s \to 0} sG(s) = \lim_{s \to 0} s \cdot \frac{10}{s(s+1)(s+2)} = 5$$
$$\therefore 정상\ 속도\ 편차\ e_{ssv} = \frac{1}{K_v} = \frac{1}{5} = 0.2$$ **답** ①

문제 64 RLC 직렬회로에서 전원 전압을 V 라 하고, L, C 에 걸리는 전압을 각각 V_L 및 V_C 라면 선택도 Q는?

① $\dfrac{CR}{L}$ ② $\dfrac{CL}{R}$ ③ $\dfrac{V}{V_L}$ ④ $\dfrac{V_C}{V}$

풀이

선택도 $Q = \dfrac{V_L}{V} = \dfrac{V_C}{V} = \dfrac{1}{R}\sqrt{\dfrac{L}{C}}$ 답 ④

문제 65 그림의 회로에서 출력전압 V_o는 입력전압 V_i와 비교할 때 위상 변화는?

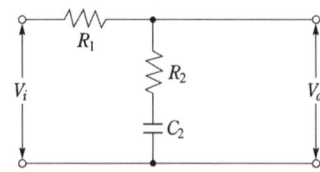

① 위상이 뒤진다.
② 위상이 앞선다.
③ 동상이다.
④ 낮은 주파수에서는 위상이 뒤떨어지고 높은 주파수에서는 앞선다.

풀이

회로에 흐르는 전류를 I라 하고 I를 기준 벡터로 한다. ($I = I \angle 0°$)

입력 $V_i = IR_1 + IR_2 + \dfrac{I}{j\omega C_2} = V_1 + V_2 + V_{C2}$

출력 $V_o = IR_2 + \dfrac{I}{j\omega C_2} = V_2 + V_{C2}$

V_1과 V_2는 전류와 동상이고 V_{C2}는 전류보다 90° 뒤진 위상이므로 벡터도는 다음과 같다.

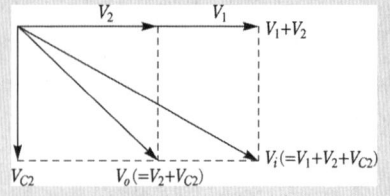

∴ V_o는 V_i보다 위상이 뒤진다.   답 ①

문제 66 다음 안정도 판별법 중 $G(s)H(s)$의 극점과 영점이 우반평면에 있을 경우 판정 불가능한 방법은?

① Routh-Hurwitz 판별법
② Bode 선도
③ Nyquist 판별법
④ 근궤적법

풀이

보드 선도는 극점과 영점이 우반 평면에 존재하는 경우 판정이 불가능하다.   답 ②

문제 67 보상기 $G_c(s) = \dfrac{1 + \alpha T s}{1 + T s}$ 가 진상 보상기가 되기 위한 조건은?

① $\alpha = 0$ ② $\alpha = 1$
③ $\alpha < 1$ ④ $\alpha > 1$

풀이

$G_c(s) = \dfrac{\alpha\left(s + \dfrac{1}{\alpha T}\right)}{s + \dfrac{1}{T}}$: 진상 보상기 조건

$\dfrac{1}{\alpha T} < \dfrac{1}{T}$ 이어야 하므로 $\alpha > 1$이어야 한다.   답 ④

문제 68 $G(s)H(s) = \dfrac{K_1}{(T_1 s + 1)(T_2 s + 1)}$ 의 개루프 전달함수에 대한 Nyquist 안정도 판별에 대한 설명으로 옳은 것은?

① K_1, T_1 및 T_2의 값에 대하여 조건부 안정
② K_1, T_1 및 T_2의 값에 관계없이 안정
③ K_1 값에 대하여 조건부 안정
④ K_1, T_1 및 T_2의 모든 양의 값에 대하여 안정

풀이

$(T_1 s + 1)(T_2 s + 1)$의 결과가 계수의 부호가 모두 양의 값일 경우 안정한 계가 된다.   답 ④

문제 69 개루프 전달함수 $G(s)H(s) = \dfrac{K}{s(s+3)^2}$ 의 이탈점에 해당되는 것은?

① 1   ② -1   ③ 2   ④ -2

풀이

이 계의 특성 방정식은 $G(s)H(s) = \dfrac{K}{s(s+3)^2}$이므로

$1 + G(s)H(s) = \dfrac{s(s+3)^2 + K}{s(s+3)^2} = 0$

또는

$$s(s+3)^2 + K = 0 \qquad \cdots\cdots ①$$

①을 고쳐쓰면

$$K = -s(s+3)^2 \qquad \cdots\cdots ②$$

②를 s에 관하여 미분하면

$$\frac{dK}{ds} = -3(s^2 + 4s + 3) = 0 \qquad \cdots\cdots ③$$

③을 간단히 하면

$$(s+3)(s+1) = 0 \qquad \cdots\cdots ④$$

따라서 분지점은 $a = -3$, $b = -1$ 이다. 답 ②

$$i(t) = \frac{E}{R}\left(1 - e^{-\frac{R}{L}t}\right)[A] \text{에서}$$

$$0.01 = \frac{24}{2000}\left(1 - e^{-\frac{2000}{25}t}\right) = 0.012(1 - e^{-80t})$$

$$e^{-80t} = 0.1666$$

양변에 $\ln$을 취하면

$$\ln e^{-80t} = \ln 0.1666$$

$$-80t = \ln 0.1666$$

$$\therefore \ t = 0.0224[\sec]$$

답 ③

문제 70 역률각이 45°인 3상 평형부하에 상순이 a-b-c 이고 Y결선된 회로에 $V_a = 220$[V]인 상전 압을 가하니 $I_a = 10$[A]의 전류가 흘렀다. 전력계의 지시값 [W]은?

① 1555.63[W]

② 2694.44[W]

③ 3047.19[W]

④ 3680.67[W]

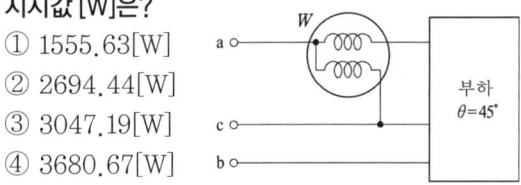

풀이

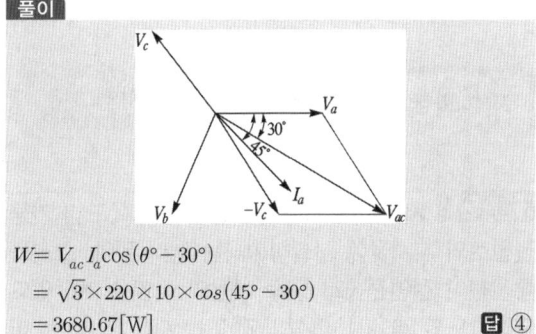

$$W = V_{ac}I_a\cos(\theta° - 30°)$$
$$= \sqrt{3} \times 220 \times 10 \times \cos(45° - 30°)$$
$$= 3680.67[W]$$

답 ④

문제 71 그림의 RL 직렬회로에서 스위치를 닫은 후 몇 초 후에 회로의 전류가 10 [mA]가 되는가?

① 0.011 [sec]

② 0.016 [sec]

③ 0.022 [sec]

④ 0.031 [sec]

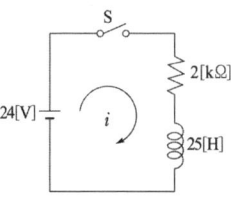

풀이

$R-L$ 직렬 회로에 직류 전압 인가 시 흐르는 전류

문제 72 그림과 같은 회로와 쌍대(dual)가 될 수 있는 회로는?

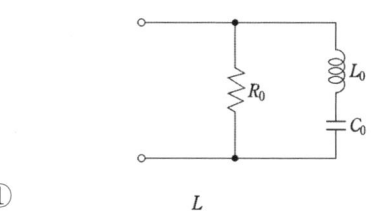

①
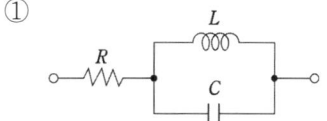

②
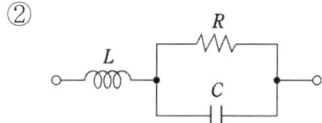

③
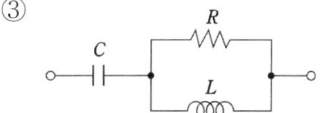

④
$$\xrightarrow{R \quad L \quad C}$$

풀이

쌍대회로 변환

전압	전류	개방	단락
직렬	병렬	마디	폐로
저항	컨덕턴스	나무	보목
리액턴스	서셉턴스	마디전압	폐로전류
임피던스	어드미턴스	커트세트	폐로
인덕턴스	커패시턴스	테브낭정리	노튼정리

답 ①

문제 73 전원의 내부임피던스가 순저항 R과 리액턴스 X로 구성되고 외부에 부하저항 Z_L을 연결하여 최대전력을 전달하려면 Z_L의 값은?

① $Z_L = \sqrt{R^2 + X^2}$

② $Z_L = \sqrt{R^2 - X^2}$

③ $Z_L = R$

④ $Z_L = R + X$

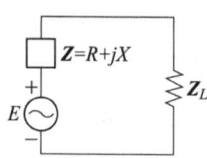

풀이

최대 전력 전송 조건은 **내부 임피던스 공액 = 외부 임피던스**일 때이므로 $Z_L = \sqrt{R^2 + X^2}$ 이 된다. **답** ①

문제 74 그림의 회로에서 절점전압 V_a [V]와 지로 전류 I_a [A]의 크기는?

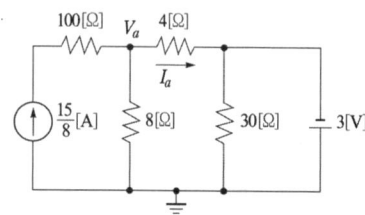

① $V_a = 4$[V], $I_a = \dfrac{11}{8}$[A]

② $V_a = 5$[V], $I_a = \dfrac{5}{4}$[A]

③ $V_a = 2$[V], $I_a = \dfrac{13}{8}$[A]

④ $V_a = 3$[V], $I_a = \dfrac{3}{2}$[A]

풀이

V_a를 고전위로 취하고 K.C.L에 의해
(유입전류 = 유출전류)

$\dfrac{15}{8} = \dfrac{V_a}{8} + \dfrac{V_a + 3}{4}$ 에서

$15 = V_a + 2V_a + 6$

$3V_a = 9$

$\therefore \ V_a = 3$[V]

전류 $I_a = \dfrac{V_a + 3}{4} = \dfrac{6}{4} = \dfrac{3}{2}$[A] **답** ④

문제 75 그림과 같은 π형 회로에 있어서 어드미턴스 파라미터 중 Y_{21}은 어느 것인가?

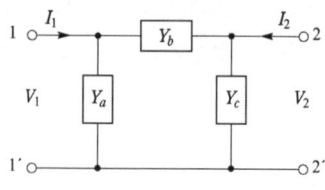

① Y_a ② $-Y_b$

③ $Y_a + Y_b$ ④ $Y_b + Y_c$

풀이

어드미턴스 parameter를 구하는 법
- Y_{11} : 출력단자를 단락하고 입력측에서 본 단락 구동점 어드미턴스
- Y_{22} : 입력단자를 단락하고 출력측에서 본 단락 구동점 어드미턴스
- Y_{12} : 입력단자를 단락했을 때의 단락 전달 어드미턴스
- Y_{21} : **출력단자를 단락했을 때의 단락 전달 어드미턴스**

따라서, $Y_{21} = -Y_b$ 가 된다. **답** ②

제5과목 전기설비 기술기준

문제 81 시가지에 시설하는 통신선은 특고압 가공전선로의 지지물에 시설하여서는 아니 된다. 그러나 통신선이 절연전선과 동등 이상의 절연효력이 있고 인장강도 5.26 [kN] 이상의 것 또는 지름 몇 [mm] 이상의 절연전선 또는 광섬유 케이블인 것이면 시설이 가능한가?

① 4   ② 4.5

③ 5   ④ 5.5

풀이

362.5 특고압 가공전선로 첨가설치 통신선의 시가지 인입 제한

시가지에 시설하는 통신선은 특고압 가공전선로의 지지물에 시설하여서는 아니 된다. 다만, 통신선이 절연전선과 동등 이상의 절연효력이 있고 인장강도 5.26[kN] 이상의 것. 또는 **단면적 16[mm²] (지름 4[mm]) 이상의 절연전선** 또는 광섬유 케이블인 경우에는 그러하지 아니하다. **답** ①

문제 82 전압 구분에서 고압에 해당되는 것은?

① 직류는 1.5[kV]를, 교류는 1[kV]를 초과하고 7[kV] 이하인 것

② 직류는 600[V]를, 교류는 750[V]를 초과하고 7[kV] 이하인 것

③ 직류는 750[V]를, 교류는 600[V]를 초과하고 9[kV] 이하인 것

④ 직류는 600[V]를, 교류는 750[V]를 초과하고 9[kV] 이하인 것

풀이

111. 통칙
전압의 구분은 다음과 같다.

분 류	전압의 범위
저 압	• 직류 : 1.5 [kV] 이하 • 교류 : 1 [kV] 이하
고 압	• 직류 : 1.5 [kV]를 초과하고 7 [kV] 이하 • 교류 : 1 [kV]를 초과하고 7 [kV] 이하
특고압	7 [kV]를 초과

답 ①

문제 83 최대사용전압 154 [kV] 중성점 직접 접지식 전로에 시험전압을 전로와 대지사이에 몇 [kV]를 연속으로 10분간 가하여 절연내력을 시험하였을 때 이에 견디어야 하는가?

① 231
② 192.5
③ 141.68
④ 110.88

풀이

132 전로의 절연저항 및 절연내력

전로의 종류	접지 방식	시험전압 (최대사용 전압의 배수)	최저 시험전압
1. 7[kV] 이하인 전로		1.5배	
2. 7[kV] 초과 25[kV] 이하	다중접지	0.92배	
3. 7[kV] 초과 60[kV] 이하 (2란의 것 제외)	비접지	1.25배	10.5[kV]
4. 60[kV] 초과	비접지	1.25배	
5. 60[kV] 초과 (6란, 7란의 것 제외)	접지식	1.1배	75[kV]
6. 60[kV] 초과 (7란의 것 제외)	직접접지	0.72배	
7. 170[kV] 초과 (발전소 또는 변 전소 혹은 이에 준하는 장소에 시설하는 것.)	직접접지	0.64배	

∴ 시험 전압 $= 154 \times 0.72 = 110.88$[kV]

답 ④

문제 84 한국전기설비규정 용어에서 "제2차 접근상태"란 가공전선이 다른 시설물과 접근하는 경우에 그 가공전선이 다른 시설물의 위쪽 또는 옆쪽에서 수평거리로 몇 [m] 미만인 곳에 시설되는 상태를 말하는가?

① 2
② 3
③ 4
④ 5

풀이

112 용어 정의
"제2차 접근상태"란 가공 전선이 다른 시설물과 접근하는 경우에 그 가공 전선이 다른 시설물의 위쪽 또는 옆쪽에서 **수평 거리로 3 [m] 미만**인 곳에 시설되는 상태를 말한다.

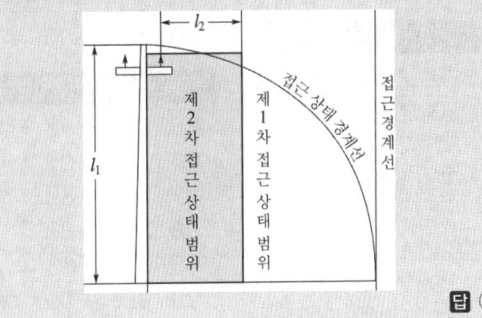

답 ②

13년 2회 동일 및 유사 문제 (년도-회-번호)

1과목 전기자기학

10	22-3-20
11	18-1-19
12	20-3-02
13	19-1-13
14	19-3-07
15	20-1,2-06
16	20-4-08
17	20-4-17
18	16-3-11
19	19-3-11
20	21-1-01

2과목 전력공학

29	20-3-28
30	19-3-35
31	21-1-35
32	17-2-27
33	19-1-32
34	13-3-26
35	21-3-34
36	18-3-28
37	22-2-24
38	17-3-28
39	18-3-36
40	20-4-33

3과목 전기기기

52	19-2-44
53	22-1-59

54	18-3-52
55	18-2-55
66	18-2-60
57	19-2-42
58	22-2-50
59	20-4-58
60	21-1-55

4과목 회로이론 및 제어공학

76	18-3-65
77	17-3-65
78	15-2-70
79	20-1,2-75
80	18-3-80

5과목 전기설비기술기준

85	21-1-93
86	22-3-91
87	22-2-88
88	22-2-89
89	18-1-83
90	22-3-99
91	22-1-88
92	22-1-83
93	18-2-95
94	18-2-83
95	21-3-94
96	19-2-86

국가기술자격검정 필기시험 문제

2013년도 전기기사 일반검정 제3회				수검 번호	성 명
자격종목 및 등급(선택분야)	종목코드	시험시간	문제지형별		
전기기사	1150	2시간 30분	A		

제1과목 전기자기학

문제 01 한 변의 길이가 500 [mm]인 정사각형 평형 평판 2장이 10 [mm] 간격으로 놓여 있고 그림과 같이 유전율이 다른 2개의 유전체로 채워진 경우 합성용량은 약 몇 [pF]인가?

① 402
② 922
③ 2028
④ 4228

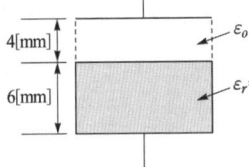

풀이

유전율이 ϵ_o, ϵ_r인 각 유전체의 정전 용량을 C_1, C_2라 하면

$C_1 = \dfrac{\epsilon_o S}{d_1} = \dfrac{8.855\times10^{-12}\times0.5\times0.5}{4\times10^{-3}}$
$= 0.5534\times10^{-9}[F] = 553.4[pF]$

$C_2 = \dfrac{\epsilon_o \epsilon_r S}{d_2} = \dfrac{8.855\times10^{-12}\times4\times0.5\times0.5}{6\times10^{-3}}$
$= 1.4758\times10^{-9}[F] = 1475.8[pF]$

직렬 합성 용량 C는

$\therefore C = \dfrac{1}{\frac{1}{C_1}+\frac{1}{C_2}} = \dfrac{C_1 C_2}{C_1+C_2} = \dfrac{553.4\times1475.8}{553.4+1475.8} = 402.4[pF]$

답 ①

문제 02 철도궤도간 거리가 1.5 [m]이며 궤도는 서로 절연되어 있다. 열차가 매시 60 [km]의 속도로 달리면서 차축이 지구자계의 수직분력 $B = 0.15\times10^{-4}$ [Wb/ m²]을 절단할 때 두 궤도 사이에 발생하는 기전력은 몇 [V] 인가?

① 1.75×10^{-4}
② 2.75×10^{-4}
③ 3.75×10^{-4}
④ 4.75×10^{-4}

풀이

속도 $v = \dfrac{V[m/h]}{3600} = \dfrac{60\times10^3}{3600} = 16.67[m/sec]$

$e = vBl\sin\theta = 16.67\times0.15\times10^{-4}\times1.5\times\sin90°$
$= 3.75\times10^{-4}[V]$

답 ③

문제 03 선전하밀도가 λ [C/m]로 균일한 무한 직선도선의 전하로부터 거리가 r [m]인 점의 전계의 세기(E)는 몇 [V/m] 인가?

① $E = \dfrac{1}{4\pi\epsilon_o}\dfrac{\lambda}{r^2}$
② $E = \dfrac{1}{2\pi\epsilon_o}\dfrac{\lambda}{r^2}$
③ $E = \dfrac{1}{2\pi\epsilon_o}\dfrac{\lambda}{r}$
④ $E = \dfrac{1}{4\pi\epsilon_o}\dfrac{\lambda}{r}$

풀이

선전하 밀도가 λ[C/m]로 분포되어 있는 무한장 직선 도체에서 거리 r[m]인 점에서의 전계의 세기

$E = \dfrac{\lambda}{2\pi\epsilon_o r}[V/m]$

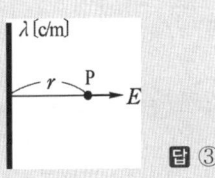

답 ③

문제 04 정전용량(C_i)과 내압(V_{imax})이 다른 콘덴서를 여러 개 직렬로 연결하고 그 직렬회로 양단에 직류전압을 인가할 때 가장 먼저 절연이 파괴되는 콘덴서는?

① 정전용량이 가장 작은 콘덴서
② 최대 충전 전하량이 가장 작은 콘덴서
③ 내압이 가장 작은 콘덴서
④ 배분전압이 가장 큰 콘덴서

풀이

$Q = C_1 V_1 = C_2 V_2 = C_3 V_3$에서 알 수 있듯이 **최대 충전 전하량 $C \times V$가 가장 작은** 콘덴서가 가장 먼저 절연이 파괴된다.

답 ②

문제 05 반지름 a[m]인 도체구에 전하 Q[C]를 주었다. 도체구를 둘러싸고 있는 유전체의 유전율이 ϵ_s인 경우 경계면에 나타나는 분극 전하는 몇 [C/m²]인가?

① $\dfrac{Q}{4\pi a^2}(1 - \epsilon_s)$

② $\dfrac{Q}{4\pi a^2}(\epsilon_s - 1)$

③ $\dfrac{Q}{4\pi a^2}\left(1 - \dfrac{1}{\epsilon_s}\right)$

④ $\dfrac{Q}{4\pi a^2}\left(\dfrac{1}{\epsilon_s} - 1\right)$

풀이

$D = \epsilon_0 E + P$ [C/m²], $D = \epsilon_0 \epsilon_s E = \epsilon E$

$P = D\left(1 - \dfrac{1}{\epsilon_s}\right) = \epsilon E\left(1 - \dfrac{1}{\epsilon_s}\right) = \dfrac{Q}{4\pi a^2}\left(1 - \dfrac{1}{\epsilon_s}\right)$ [C/m²]

답 ③

문제 06 그림에서 I[A]의 전류가 반지름 a [m]의 무한히 긴 원주도체를 축에 대하여 대칭으로 흐를 때 원주외부의 자계 H를 구한 값은?

① $H = \dfrac{I}{4\pi r}$ [AT/m]

② $H = \dfrac{I}{4\pi r^2}$ [AT/m]

③ $H = \dfrac{I}{2\pi r}$ [AT/m]

④ $H = \dfrac{I}{2\pi r^2}$ [AT/m]

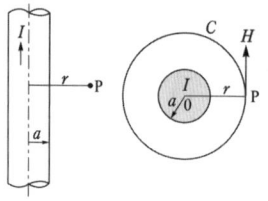

풀이

무한장의 직선 도체에 전류 I[A]가 흐를 때, 거리 r[m] 떨어진 점에서의 자계의 세기는 일정하므로 적분로 c를 원주상으로 취하고, 암페어 주회적분의 법칙을 적용하면

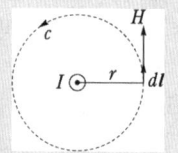

$\displaystyle\oint_c \boldsymbol{H} \cdot d\boldsymbol{l} = \oint H\, dl = 2\pi r H = I$ 가 된다.

따라서, 자계의 세기 H는

$H = \dfrac{I}{2\pi r}$ [AT/m]

답 ③

문제 07 패러데이 법칙에서 유도기전력 e[V]를 옳게 표현한 것은?

① $e = -\dfrac{1}{N}\dfrac{d\phi}{dt}$

② $e = -\dfrac{1}{N^2}\dfrac{d\phi}{dt}$

③ $e = -N\dfrac{d\phi}{dt}$

④ $e = -N^2\dfrac{d\phi}{dt}$

풀이

유도 기전력 $e = -\dfrac{d\phi}{dt}$ 즉, 쇄교 자속 ϕ[Wb]가 시간적으로 변화하는 비율과 같다.

$e = -\dfrac{d\phi}{dt}$

권수 N의 경우 $e = -N\dfrac{d\phi}{dt}$

답 ③

문제 08 같은 길이의 도선으로 M회와 N회 감은 원형 동심 코일에 각각 같은 전류를 흘릴 때 M회 감은 코일의 중심 자계는 N회 감은 코일의 몇 배인가?

① $\dfrac{M}{N}$

② $\dfrac{M^2}{N}$

③ $\dfrac{M}{N^2}$

④ $\dfrac{M^2}{N^2}$

풀이

$l = M(2\pi a_M)$ $\therefore a_M = \dfrac{l}{2\pi M}$

$l = N(2\pi a_N)$ $\therefore a_N = \dfrac{l}{2\pi N}$

$\therefore \dfrac{H_M}{H_N} = \dfrac{\dfrac{MI}{2 \cdot \dfrac{l}{2\pi M}}}{\dfrac{NI}{2 \cdot \dfrac{l}{2\pi N}}} = \left(\dfrac{M}{N}\right)^2$

답 ④

문제 09 자기회로에 대한 설명으로 틀린 것은?

① 전기회로의 정전용량에 해당되는 것은 없다.

② 자기저항에는 전기저항의 줄 손실에 해당되는 손실이 있다.

③ 기자력과 자속은 변화가 비직선성을 갖고 있다.

④ 누설자속은 전기회로의 누설전류에 비하여 대체로 많다.

풀이

전기 회로에서는 전류가 흐르므로 $I^2 R$의 줄열이 발생하여 줄 손실(동손)이 생기지만 자기 회로에서는 자속이 흐르므로 **자속에 의한 동손은 발생하지 않고 철손이 생긴다.**

답 ②

① 전류의 세기에 반비례한다.
② 도선의 길이에 비례한다.
③ 자계의 세기에 반비례한다.
④ 전류와 자계의 방향이 이루는 각 $\tan\theta$에 비례한다.

풀이

$$F = IBl\sin\theta = I\mu_0 Hl\sin\theta[\text{N}]$$

답 ②

문제 10 2개의 폐회로 C_1, C_2에서 상호 유도계수를 구하는 노이만(Neumann)의 식으로 옳은 것은? (단, μ : 투자율, ϵ : 유전율, r_{12} : 두 미소 부분간의 거리, dl_1, dl_2 : 각 회로상에 취한 미소부분이다.)

① $\dfrac{\mu}{\pi} \oint_{C_1} \oint_{C_2} \dfrac{dl_1 \times dl_2}{r_{12}}$

② $\dfrac{\mu}{2\pi} \oint_{C_1} \oint_{C_2} \dfrac{dl_1 \cdot dl_2}{r_{12}}$

③ $\dfrac{\epsilon\mu}{\pi} \oint_{C_1} \oint_{C_2} \dfrac{dl_1 \times dl_2}{r_{12}}$

④ $\dfrac{\mu}{4\pi} \oint_{C_1} \oint_{C_2} \dfrac{dl_1 \cdot dl_2}{r_{12}}$

풀이

그림과 같이 두 개의 전기 회로 C_1과 C_2와의 상호 유도계수 M_{21}을 구하는 방법으로 노이만의 공식이 있다. 지금 C_1에 전류 I_1이 흐를 때 dS_2 부분에 생기는 벡터 퍼텐셜 A_1은

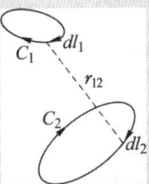

$$A_1 = \frac{\mu}{4\pi} \oint_{c1} \frac{I_1}{r} dl_1$$

C_2와 쇄교하는 자속 ϕ_{21}은

$$\phi_{21} = \oint_{c2} A_1 \cdot dl_2 = \frac{\mu I_1}{4\pi} \oint_{c2} \oint_{c1} \frac{I}{r} dl_1 \cdot dl_2$$

$$M_{21} = \frac{\mu}{4\pi} \oint_{c1} \oint_{c2} \frac{dl_1 \cdot dl_2}{r_{12}} \text{ (노이만의 공식)}$$

답 ④

문제 11 전류가 흐르는 도선을 자계 안에 놓으면, 이 도선에 힘이 작용한다. 평등 자계의 진공 중에 놓여 있는 직선 전류 도선이 받는 힘에 대하여 옳은 것은?

제2과목 전력공학

문제 21 전력선과 통신선간의 상호 정전용량 및 상호 인덕턴스에 의해 발생되는 유도장해로 옳은 것은?
① 정전유도장해 및 전자유도장해
② 전력유도장해 및 정전유도장해
③ 정전유도장해 및 고주파유도장해
④ 전자유도장해 및 고조파유도장해

풀이

• 전자 유도 장해 : 전력선과 통신선과의 상호 인덕턴스에 기인
• 정전 유도 장해 : 전력선과 통신선과의 정전용량에 기인

답 ①

문제 22 조압수조(surge tank)의 설치 목적이 아닌 것은?
① 유량을 조절한다.
② 부하의 변동시 생기는 수격작용을 흡수한다.
③ 수격압이 압력 수로에 미치는 것을 방지한다.
④ 흡출관의 보호를 취한다.

풀이

조압 수조(surge tank)는 저수지로부터 수로가 압력터널인 경우에 시설하는 설비로서 압력 수로와 수압관을 접속하는 장소에 설치한다. 서지탱크는 자유 수면을 가진 수조로서 부하가 급격히 변화하였을 때 생기는 수격 작용을 흡수하여 **압력수로를 보호**하고, 수차의 사용 유량 변동에 의한 서징(surging)작용을 흡수한다.

답 ④

문제 23 저압 배전선의 배전 방식 중 배전 설비가 단순하고, 공급 능력이 최대인 경제적 배분 방식이며, 국내에서 220/380[V] 승압 방식으로 채택된 방식은?

① 단상 2선식   ② 단상 3선식

③ 3상 3선식   ④ 3상 4선식

풀이

경제적인 측면 및 효율성을 감안하여 현재 우리나라에서 사용되고 있는 전기 공급 방식은

• 송전 : 3상 3선식

• **배전 : 3상 4선식**을 채택하여 사용하고 있다.   **답** ④

문제 24 지중 전선로가 가공 전선로에 비해 장점에 해당하는 것이 아닌 것은?

① 경과지 확보가 가공 전선로에 비해 쉽다.

② 다회선 설치가 가공 전선로에 비해 쉽다.

③ 외부 기상 여건 등의 영향을 받지 않는다.

④ 송전용량이 가공 전선로에 비해 크다.

풀이

지중 전선로는 가공 전선로에 비해 여러 가지 장점이 있는 반면에 같은 굵기의 도체로는 **가공 전선로에 비해 송전 용량이 작고 건설비가 아주 비싸다**는 단점이 있다.   **답** ④

문제 25 전등만으로 구성된 수용가를 두 군으로 나누어 각 군에 변압기 1개씩을 설치하며 각 군의 수용가의 총 설비 용량을 각각 30 [kW], 50 [kW]라 한다. 각 수용가의 수용률을 0.6, 수용가간 부등률을 1.2, 변압기군의 부등률을 1.3이라고 하면 고압 간선에 대한 최대 부하는 약 [kW] 인가? (단, 간선의 역률은 100 [%] 이다.)

① 15   ② 22   ③ 31   ④ 35

풀이

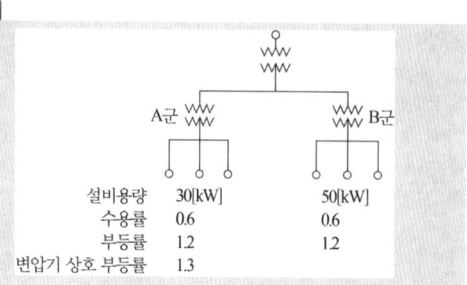

설비용량	30[kW]	50[kW]
수용률	0.6	0.6
부등률	1.2	1.2
변압기 상호 부등률	1.3	

A군 최대 전력=설비 용량 ×수용률 = $30 \times 0.6 = 18$[kW]

합성 최대 전력 $= \dfrac{\text{최대 전력}}{\text{수용가 부등률}} = \dfrac{18}{1.2}$

B군 최대 전력 $= 50 \times 0.6 = 30$[kW]

합성 최대 전력 $= \dfrac{30}{1.2}$

총 합성 최대 전력 $= \dfrac{\text{최대 전력의 합}}{\text{변압기 상호 부등률}}$

$= \dfrac{\dfrac{18}{1.2} + \dfrac{30}{1.2}}{1.3} = 30.77$[kW]   **답** ③

문제 26 정격전압이 66 [kV]인 3상3선식 송전선로에서 1선의 리액턴스가 17 [Ω]일 때, 이를 100 [MVA] 기준으로 환산한 %리액턴스는 약 얼마인가?

① 35   ② 39   ③ 45   ④ 49

풀이

$$\%X = \frac{PX}{10V^2} = \frac{100 \times 10^3 \times 17}{10 \times 66^2} = 39.02 \ [\%]$$

(V : 정격 전압[kV], P : 기준 용량 [kVA])   **답** ②

문제 27 송전선에 코로나가 발생하면 전선이 부식된다. 무엇에 의하여 부식되는가?

① 산소   ② 오존

③ 수소   ④ 질소

풀이

코로나가 발생하면 코로나의 화학작용으로 **오존(O_3) 및 산화질소(NO)가 발생**하게 되고, 이것에 의하여 전선이 부식된다.   **답** ②

문제 28 4단자 정수가 A, B, C, D인 송전선로의 등가 π회로를 그림과 같이 하면 Z_1의 값은?

① B

② $\dfrac{A}{B}$

③ $\dfrac{D}{B}$

④ $\dfrac{1}{B}$

풀이

4단자 정수 $ABCD$는

$$\begin{bmatrix} A & B \\ C & D \end{bmatrix} = \begin{bmatrix} 1 & 0 \\ \frac{1}{Z_2} & 1 \end{bmatrix} \begin{bmatrix} 1 & Z_1 \\ 0 & 1 \end{bmatrix} \begin{bmatrix} 1 & 0 \\ \frac{1}{Z_3} & 1 \end{bmatrix}$$

$$= \begin{bmatrix} 1+\frac{Z_1}{Z_3} & Z_1 \\ \frac{1}{Z_2}+\frac{1}{Z_3}+\frac{Z_1}{Z_2 Z_3} & 1+\frac{Z_2}{Z_3} \end{bmatrix}$$

$\therefore Z_1 = B$

답 ①

문제 29 다음 중 송전선로에 사용되는 애자의 특성이 나빠지는 원인으로 볼 수 없는 것은?

① 애자 각 부분의 열팽창의 상이
② 전선 상호간의 유도장애
③ 누설전류에 의한 편열
④ 시멘트의 화학팽창 및 동결팽창

풀이

전선 상호간의 유도 장애는 애자의 특성과 무관하다. 답 ②

문제 30 3상3선식 선로에서 수전단전압이 6600 [V], 역률 80 [%](지상), 정격전류 50 [A]의 3상 평형 부하가 연결되어 있다. 선로임피던스 $R=3[\Omega]$, $X=4[\Omega]$인 경우 이때의 송전단전압은 약 몇 [V]인가?

① 7543
② 7037
③ 7016
④ 6852

풀이

$V_s = V_r + \sqrt{3}\,I(R\cos\theta + X\sin\theta)$
$= 6600 + \sqrt{3} \times 50(3\times0.8 + 4\times0.6)$
$= 7015.69[V]$

답 ③

제3과목 **전기기기**

문제 41 동기발전기의 무부하 포화곡선은 그림 중 어느 것인가? (단, V는 단자전압, I_f는 여자전류이다.)

① ①
② ②
③ ③
④ ④

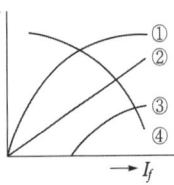

풀이

① 무부하 포화 곡선
② 단락 곡선
③ 전부하 포화 곡선
④ 외부 특성 곡선

답 ①

문제 42 변압기의 1차측을 Y결선, 2차측을 △결선으로 한 경우 1차와 2차간 전압의 위상변위는?

① $0°$
② $30°$
③ $45°$
④ $60°$

풀이

• Y결선에서 선간전압 $V_l = \sqrt{3}\,V_p \angle 30°$
• △결선에서 선간전압 $V_l = V_p \angle 0°$
따라서, 1차와 2차간 전압의 위상변위는 $30°$ 이다. 답 ②

문제 43 부하전류가 100 [A] 일 때 회전속도 1000 [rpm]으로 10 [kg·m]의 토크를 발생하는 직류 직권 전동기가 80 [A]의 부하전류로 감소되었을 때의 토크는 몇 [kg·m]인가?

① 2.5
② 3.6
③ 4.9
④ 6.4

풀이

토크 $T = K\phi I_a [N\cdot m]$ 에서
직권전동기는 $I_a = I_f = I \propto \phi$ (**직권 전동기에서 "전기자 전류 = 계자 전류 = 부하 전류"**)
따라서, $T = K'I^2 \propto I^2$, $T_1 : T_2 = I_1^2 : I_2^2$
$\therefore T_2 = \left(\frac{I_2}{I_1}\right)^2 \times T_1 = \left(\frac{80}{100}\right)^2 \times 10 = 6.4[kg\cdot m]$ 답 ④

문제 44 직류 분권전동기의 공급 전압의 극성을 반대로 하면 회전방향은?

① 변하지 않는다.　　② 반대로 된다.
③ 회전하지 않는다.　④ 발전기로 된다.

풀이

직류 분권전동기의 공급 전압의 극성이 반대로 되면, **계자 전류와 전기자 전류의 방향이 동시에 반대**로 된다. 따라서, 회전 방향은 변하지 않는다.　　**답** ①

문제 45 4극, 3상 유도전동기가 있다. 총 슬롯수는 48이고 매극매상 슬롯에 분포하고 코일 간격은 극간격의 75 [%]의 단절권으로 하면 권선계수는 얼마인가?

① 약 0.986　　　　② 약 0.960
③ 약 0.924　　　　④ 약 0.887

풀이

매극 매상당 슬롯수 $q = \dfrac{\text{총슬롯수}}{\text{상수} \times \text{극수}} = \dfrac{48}{3 \times 4} = 4$

분포권 계수 : $k_d = \dfrac{\sin\dfrac{\pi}{2m}}{q\sin\dfrac{\pi}{2mq}} = \dfrac{\sin\dfrac{180°}{2 \times 3}}{4 \times \sin\dfrac{180°}{2 \times 3 \times 4}} = 0.958$

단절권 계수 : $k_p = \sin\dfrac{\beta\pi}{2} = \sin\dfrac{0.75 \times 180°}{2} = 0.924$

∴ 권선 계수 : $k_w = k_d \times k_p = 0.958 \times 0.924 = 0.885$　**답** ④

문제 46 직류 분권발전기의 전기자 권선을 단중 중권으로 감으면?

① 브러시 수는 극수와 같아야 한다.
② 균압선이 필요 없다.
③ 높은 전압, 작은 전류에 적당하다.
④ 병렬 회로수는 항상 2이다.

풀이

전기자 권선을 중권과 파권에 대하여 비교하면

비교 항목	단중 중권	단중 파권
전기자의 병렬 회로수	극수와 같다.	항상 2이다.
브러시 수	극수와 같다.	2개로 되나, 극수만큼의 브러시를 둘 수도 있다.

비교 항목	단중 중권	단중 파권
전기자 도체의 굵기, 권수, 극수가 모두 같을 때	저전압, 대전류를 얻을 수 있다.	전류는 작지만 고전압을 얻을 수 있다.
균압 접속	4극 이상이면 균압 접속을 하여야 한다.	균압 접속은 필요 없다.

답 ①

문제 47 단상 단권변압기 3대를 Y결선으로 해서 3상 전압 3000 [V]를 300 [V] 승압하여 3300 [V]로 하고, 150 [kVA]를 송전하려고 한다. 이 경우에 단상 단권변압기의 저전압측 전압, 승압전압 및 Y결선의 자기용량은 얼마인가?

① 3000 [V], 300 [V], 13.62 [kVA]
② 3000 [V], 300 [V], 4.54 [kVA]
③ 1732 [V], 173.2 [V], 13.62 [kVA]
④ 1732 [V], 173.2 [V], 4.54 [kVA]

풀이

• 저 전압측 전압 $E_1 = \dfrac{V_1}{\sqrt{3}} = \dfrac{3000}{\sqrt{3}} = 1732 [V]$

• 승압전압 $e = \dfrac{V_2}{\sqrt{3}} - E_1 = \dfrac{3300}{\sqrt{3}} - 1732 = 173.26 [V]$

• 2차전류 $I_2 = \dfrac{P}{\sqrt{3}\,V_2} = \dfrac{150}{\sqrt{3} \times 3.3} = 26.24 [A]$

• 자기용량 $W = 3eI_2 = 3 \times 173.26 \times 26.24 \times 10^{-3}$
$\qquad\qquad = 13.64 [kVA]$　**답** ③

문제 48 단상반파 정류 회로의 직류전압이 220 [V] 일 때 정류기의 역방향 첨두전압은 약 몇 [V]인가?

① 691　　　　② 628
③ 536　　　　④ 314

풀이

PIV (첨두역전압)
• 단상 반파 정류 회로 : $PIV = \sqrt{2}E = \pi E_d$
∴ $PIV = \pi \times 220 = 691.15 [V]$　**답** ①

제4과목 회로이론 및 제어공학

문제 61 특성 방정식 $s^3 + 9s^2 + 20s + K = 0$에서 허수축과 교차하는 점 s는?

① $s = \pm j\sqrt{20}$
② $s = \pm j\sqrt{30}$
③ $s = \pm j\sqrt{40}$
④ $s = \pm j\sqrt{50}$

풀이

$s^3 + 9s^2 + 20s + K = 0$
위 식의 루드표는

$$
\begin{array}{c|cc}
s^3 & 1 & 20 \\
s^2 & 9 & K \\
s^1 & \dfrac{9 \times 20 - 1 \times K}{9} = 20 - \dfrac{K}{9} & 0 \\
s^0 & K & 0
\end{array}
$$

K의 임계값은 s^1의 제1요소를 0으로 놓아 얻을 수 있다.

$20 - \dfrac{K}{9} = 0$ 에서 $K = 180$

허수축을 끊는 점에서의 주파수 ω는 보조 방정식 $9s^2 + K = 0$에 $K = 180$을 대입해 얻을 수 있다.

즉, $9s^2 + 180 = 0$
위식을 풀면
$s = \pm j\sqrt{20}$ **답** ①

문제 62 제어계의 과도응답에서 감쇠비란?

① 제2 오버슈트를 최대 오버슈트로 나눈 값이다.
② 최대 오버슈트를 제2 오버슈트로 나눈 값이다.
③ 제2 오버슈트와 최대 오버슈트를 곱한 값이다.
④ 제2 오버슈트와 최대 오버슈트를 더한 값이다.

풀이

감쇠비 란 과도 응답의 소멸되는 속도를 나타낸 양

$$감쇠비 = \frac{제2\ 오버슈트}{최대\ 오버슈트}$$ **답** ①

문제 63 $Y(z) = \dfrac{2z}{(z-1)(z-2)}$ 의 함수를 z역 변환하면?

① $y(t) = -2u(t) - 2u(2t)$
② $y(t) = -2u(t) + 2u(2t)$
③ $y(t) = -3\delta(t) - 3\delta(2t)$
④ $y(t) = -3\delta(t) + 3\delta(2t)$

풀이

$$\frac{Y(z)}{z} = \frac{2}{(z-1)(z-2)} = \frac{k_1}{z-1} + \frac{k_2}{z-2}$$

$$k_1 = \frac{2}{z-2}\bigg|_{s=1} = \frac{2}{-1} = -2,$$

$$k_2 = \frac{2}{z-1}\bigg|_{s=2} = \frac{2}{1} = 2$$

$$\therefore \frac{Y(z)}{z} = \frac{-2}{z-1} + \frac{2}{z-2}$$

$$Y(z) = \frac{-2z}{z-1} + \frac{2z}{z-2}$$

$$y(t) = -2u(t) + 2u(2t)$$ **답** ②

문제 64 상태 방정식이 다음과 같은 계의 천이행렬 $\Phi(t)$는 어떻게 표시 되는가?

$$\dot{x}(t) = Ax(t) + Bu$$

① $L^{-1}[(sI - A)]$
② $L^{-1}[(sI - A)^{-1}]$
③ $L^{-1}[(sI - B)]$
④ $L^{-1}[(sI - B)^{-1}]$

풀이

$\dot{x} = Ax + Bu$의 특성 방정식은 $|sI - A| = 0$이며 천이 행렬은 $\mathcal{L}^{-1}|sI - A|^{-1}$ 이다. **답** ②

문제 65 시간영역에서의 제어계 설계에 주로 사용되는 방법은?

① Bode 선도법
② 근궤적법
③ Nyquist 선도법
④ Nichols 선도법

풀이

• 주파수 영역에서 선형계, 자동 제어계를 연구하는데 유용한 방법 : 나이퀴스트 판별법, 보드 선도법, 니콜스 선도법
• **시간 영역에서의 제어계 설계에 유용한 방법** : 근궤적법 **답** ②

문제 66 다음 시스템의 전달함수(C/R)는?

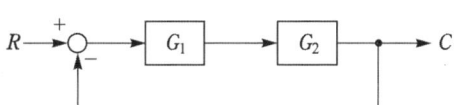

① $\dfrac{C}{R} = \dfrac{G_1 G_2}{1 + G_1 G_2}$ ② $\dfrac{C}{R} = \dfrac{G_1 G_2}{1 - G_1 G_2}$

③ $\dfrac{C}{R} = \dfrac{1 + G_1 G_2}{G_1 G_2}$ ④ $\dfrac{C}{R} = \dfrac{1 - G_1 G_2}{G_1 G_2}$

풀이

$(R - C)G_1 G_2 = C$

$RG_1 G_2 - CG_1 G_2 = C$

$RG_1 G_2 = C(1 + G_1 G_2)$

$\therefore \dfrac{C}{R} = \dfrac{G_1 G_2}{1 + G_1 G_2}$　**답** ①

문제 67 Nyquist 선도에서 얻을 수 있는 자료 중 틀린 것은?

① 계통의 안정도 개선법을 알 수 있다.

② 상태 안정도를 알 수 있다.

③ 정상 오차를 알 수 있다.

④ 절대 안정도를 알 수 있다.

풀이

나이퀴스트 판별법은 다음과 같은 특징이 있다.

• 안정성을 판정하는 동시에 안정도를 제시해 준다.

• 절대 안정도에 관하여 루드−홀비쯔 판별법과 같은 정보를 제공한다.

• 시스템의 안정도를 개선할 수 있는 방법을 제시한다.

• 시스템의 주파수 영역 응답에 대한 정보를 제공한다.

답 ③

문제 68 $\overline{A}BC + \overline{A}B\overline{C} + A\overline{B}\overline{C} + AB\overline{C} + \overline{A}\,\overline{B}C$ $+ \overline{A}\,\overline{B}\,\overline{C}$의 논리식을 간략화 하면?

① $A + AC$　　② $A + C$

③ $\overline{A} + A\overline{B}$　　④ $\overline{A} + A\overline{C}$

풀이

$\overline{A}BC + \overline{A}B\overline{C} + A\overline{B}\overline{C} + AB\overline{C} + \overline{A}\,\overline{B}C + \overline{A}\,\overline{B}\,\overline{C}$

$= \overline{A}B(C + \overline{C}) + A\overline{C}(\overline{B} + B) + \overline{A}\,\overline{B}(C + \overline{C})$

　$(\because C + \overline{C} = 1, \ B + \overline{B} = 1)$

$= \overline{A}B + A\overline{C} + \overline{A}\,\overline{B}$

$= \overline{A}(B + \overline{B}) + A\overline{C} = \overline{A} + A\overline{C}$　**답** ④

문제 69 직렬 저항 2 [Ω], 병렬 저항 1.5 [Ω]인 무한제형 회로(Infinite Ladder)의 입력저항(등가 2단자망의 저항)의 값은 약 얼마인가?

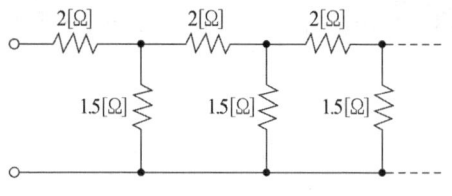

① 6 [Ω]　② 5 [Ω]　③ 3 [Ω]　④ 4 [Ω]

풀이

무한제형 회로이므로 다음과 같은 등가회로로 변환할 수 있다.

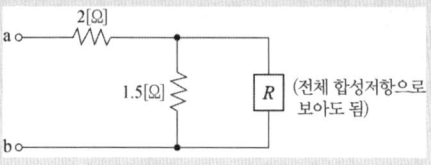

단자 a, b에서 본 합성저항 R

$R = 2 + \dfrac{1.5R}{1.5 + R}$

$1.5R + R^2 = 3 + 2R + 1.5R$

$R^2 - 2R - 3 = 0$ 에서

$(R - 3)(R + 1) = 0$ ∴ $R = 3, \ R = -1$

따라서, 저항 R값이 (−)는 없으므로 $R = 3\,[\Omega]$이 된다.

답 ③

문제 70 △결선된 대칭 3상 부하가 있다. 역률이 0.8(지상)이고, 전소비전력이 1800 [W]이다. 한 상의 선로저항이 0.5 [Ω]이고, 발생하는 전선로 손실이 50 [W]이면 부하단자 전압은?

① 440 [V]　　② 402 [V]

③ 324 [V]　　④ 225 [V]

풀이

선로손실 $P_l = 3I^2 R\,[W]$에서

선로에 흐르는 전류 $I = \sqrt{\dfrac{P_l}{3R}} = \sqrt{\dfrac{50}{3 \times 0.5}} = \sqrt{\dfrac{100}{3}}\,[A]$

소비전력 $P = \sqrt{3}\,VI\cos\theta$ 에서

부하단자 전압 $V = \dfrac{P}{\sqrt{3}\,I\cos\theta} = \dfrac{1800}{\sqrt{3} \times \sqrt{\dfrac{100}{3}} \times 0.8}$

$= 225\,[V]$　**답** ④

문제 71 어떤 회로에 $E = 100 + j50$ [V]인 전압을 가했더니 $I = 3 + j4$ [A]인 전류가 흘렀다면 이 회로의 소비전력[W]은?

① 300 ② 500
③ 700 ④ 900

풀이

$P = \overline{V}I = P + jQ = (100 - j50)(3 + j4) = 500 + j250$
즉, 유효전력 $P - 500[W]$,
　무효전력 $Q = 250[Var]$ 이다.　　**답** ②

문제 72 그림의 정전용량 C[F]를 충전한 후 스위치 S를 닫아 이것을 방전하는 경우의 과도 전류는? (단, 회로에는 저항이 없다.)

① 불변의 진동전류
② 감쇠하는 전류
③ 감쇠하는 진동전류
④ 일정치까지 증가한 후 감쇠하는 전류

풀이

저항 성분이 없으므로 전력 소모가 없고 L, C내의 보유 에너지는 불변하므로 크기, 주파수가 변함없는 불변의 진동 전류가 흐른다.　　**답** ①

문제 73 다음과 같은 전류의 초기값 $i(0_+)$은?

$$I(s) = \frac{12}{2s(s+6)}$$

① 6 ② 2 ③ 1 ④ 0

풀이

$\lim_{s \to \infty} sI(s) = \lim_{s \to \infty} s\frac{12}{2s(s+6)} = \lim_{s \to \infty} \frac{12}{2(s+6)} = 0$　**답** ④

문제 74 다음 결합 회로의 4단자 정수 A, B, C, D 파라미터 행렬은?

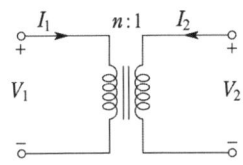

① $\begin{bmatrix} A & B \\ C & D \end{bmatrix} = \begin{bmatrix} n & 0 \\ 0 & \frac{1}{n} \end{bmatrix}$　② $\begin{bmatrix} A & B \\ C & D \end{bmatrix} = \begin{bmatrix} 1 & n \\ \frac{1}{n} & 0 \end{bmatrix}$

③ $\begin{bmatrix} A & B \\ C & D \end{bmatrix} = \begin{bmatrix} 0 & n \\ \frac{1}{n} & 1 \end{bmatrix}$　④ $\begin{bmatrix} A & B \\ C & D \end{bmatrix} = \begin{bmatrix} 1 & 0 \\ \frac{1}{n} & 0 \\ 0 & n \end{bmatrix}$

풀이

변압기의 4단자 정수는

$\begin{bmatrix} a & 0 \\ 0 & \frac{1}{a} \end{bmatrix}$ 이므로 $\begin{bmatrix} A & B \\ C & D \end{bmatrix} = \begin{bmatrix} \frac{n_1}{n_2} & 0 \\ 0 & \frac{n_2}{n_1} \end{bmatrix}$

여기서 $n_1 = n$, $n_2 = 1$이므로 $\begin{bmatrix} A & B \\ C & D \end{bmatrix} = \begin{bmatrix} n & 0 \\ 0 & \frac{1}{n} \end{bmatrix}$가 된다.　　**답** ①

제5과목　전기설비 기술기준

문제 81 다음 중 지중전선로의 전선으로 사용되는 것은?

① 절연전선 ② 강심알루미늄선
③ 나경동선 ④ 케이블

풀이

334.1 지중전선로의 시설
지중 전선로는 전선에 케이블을 사용하고 또한 관로식 · 암거식 또는 직접 매설식에 의하여 시설하여야 한다. **답** ④

문제 82 고압 가공전선로의 지지물에 시설하는 통신선 또는 이에 직접접속하는 가공통신선을 횡단보도교의 위에 시설하는 경우, 그 노면상 최소 몇 [m] 이상의 높이로 시설하면 되는가?

① 3.5 ② 4
③ 4.5 ④ 5

풀이

362.2 전력보안통신선의 시설 높이와 이격거리
가공전선로의 지지물에 시설하는 통신선 또는 이에 직접 접속하는 가공 통신선의 높이는 다음에 따라야 한다.

시설 장소		가공전선로의 지지물에 시설	
		고·저압[m]	특고압[m]
도로 횡단	일반적인 경우	6[m] 이상	6[m] 이상
	교통에 지장을 안 주는 경우	5[m] 이상	
철도 횡단(레일면상)		6.5[m] 이상	6.5[m] 이상
횡단	노면상	3.5[m] 이상	5[m] 이상
보도교 위	절연전선 사용	3[m] 이상	
	광섬유 케이블 사용		4[m] 이상
기타의 장소	일반적인 경우(절연전선 사용)	4[m] 이상	5[m] 이상
	광섬유 케이블 사용	3.5[m] 이상	

답 ①

문제 83 발전기의 용량에 관계없이 자동적으로 이를 전로로부터 차단하는 장치를 시설하여야 하는 경우는?

① 베어링의 과열
② 과전류 인입
③ 압유 제어장치의 전원전압
④ 발전기 내부고장

풀이

351.3 발전기 등의 보호장치
발전기에는 다음의 경우에 자동적으로 이를 전로로부터 차단하는 장치를 시설하여야 한다.
가. **발전기에 과전류나 과전압이 생긴 경우**
나. 용량이 500[kVA] 이상의 발전기를 구동하는 수차의 압유 장치의 유압이 현저히 저하한 경우
다. 용량이 100[kVA] 이상의 발전기를 구동하는 풍차의 압유장치의 유압이 현저히 저하한 경우
라. 용량이 2,000[kVA] 이상인 수차 발전기의 스러스트 베어링의 온도가 현저히 상승한 경우
마. 용량이 10,000[kVA] 이상인 발전기의 내부에 고장이 생긴 경우
바. 정격출력이 10,000[kW]를 초과하는 증기터빈은 그 스러스트 베어링이 현저하게 마모되거나 그의 온도가 현저히 상승한 경우

답 ②

문제 84 특고압 가공전선로를 제2종 특고압 보안공사에 의해서 시설할 수 있는 경우는?

① 특고압 가공전선이 가공 약전류전선 등과 제1차 접근상태로 시설되는 경우

② 35[kV] 특고압 가공전선과 가공약전류전선을 공용설치하는 경우
③ 특고압 가공전선이 도로 등과 제1차 접근상태로 시설되는 경우
④ 특고압 가공전선이 철도 등과 제1차 접근상태로 시설되는 경우

풀이

333.19 특고압 가공전선과 가공약전류전선 등의 공용설치
사용전압이 35[kV] 이하인 **특고압 가공전선과 가공약전류전선 등을 동일 지지물에 시설**하는 경우에는 다음에 따라야 한다.
가. 특고압 가공전선로는 **제2종 특고압 보안공사**에 의할 것.
나. 특고압 가공전선은 가공약전류전선 등의 위로하고 별개의 완금류에 시설할 것.

답 ②

문제 85 금속관공사에 의한 저압 옥내배선 시설에 대한 설명으로 잘못된 것은?

① 인입용 비닐절연전선을 사용했다.
② 옥외용 비닐절연전선을 사용했다.
③ 짧고 가는 금속관에 연선을 사용했다.
④ 단면적 10[mm²] 이하의 단선을 사용했다.

풀이

232.12 금속관공사
가. 전선은 절연전선(옥외용 비닐절연전선을 제외한다)일 것.
나. **전선은 연선일 것.** 다만, 다음의 것은 적용하지 않는다.
① 짧고 가는 금속관에 넣은 것.
② **단면적 10[mm²]**(알루미늄선은 단면적 16[mm²]) 이하의 것.

답 ②

문제 86 사용전압이 380 [V]인 옥내배선을 애자공사로 시설할 때 전선과 조영재 사이의 이격거리는 몇 [cm] 이상이어야 하는가?

① 2   ② 2.5
③ 4.5   ④ 6

풀이

232.56 애자공사
가. 전선의 종류 : 절연 전선. 단, 옥외용 비닐 절연 전선(OW) 및 인입용 비닐 절연 전선(DV)은 제외한다.

나. 이격 거리

전 압		전선과 조영재와의 이격 거리	전 선 상 호 간 격	전선 지지점간의 거리	
				조영재의 윗면 또는 옆면에 따라 시설	조영재에 따라 시설하지 않는 경우
저 압	400[V] 이하	2.5 [cm] 이상	6 [cm] 이상	2 [m] 이하	–
	400[V] 초과	건조한 장소 2.5[cm] 이상			
		기타의 장소 4.5[cm] 이상			6 [m] 이하

답 ②

문제 87 사용전압 480 [V]인 저압 옥내배선으로 절연전선을 애자공사에 의해서 점검할 수 있는 은폐 장소에 시설하는 경우, 전선 상호간의 간격은 몇 [cm] 이상이어야 하는가?

① 6　　　　② 20　　　　③ 40　　　　④ 60

풀이

232.56 애자공사
가. 전선의 종류 : 절연 전선. 단, 옥외용 비닐 절연 전선 (OW) 및 인입용 비닐 절연 전선(DV)은 제외한다.
나. 이격 거리

전 압		전선과 조영재와의 이격 거리	전 선 상 호 간 격	전선 지지점간의 거리	
				조영재의 윗면 또는 옆면에 따라 시설	조영재에 따라 시설하지 않는 경우
저 압	400[V] 이하	2.5 [cm] 이상	6 [cm] 이상	2 [m] 이하	–
	400[V] 초과	건조한 장소 2.5[cm] 이상			
		기타의 장소 4.5[cm] 이상			6 [m] 이하

답 ①

문제 88 고압 가공전선과 가공 약전류전선을 동일 지지물에 시설하는 경우에 전선 상호간의 최소 이격 거리는 일반적으로 몇 [m] 이상이어야 하는가? (단, 고압 가공전선은 절연전선이라고 한다.)

① 0.75　　　　　② 1.0
③ 1.2　　　　　④ 1.5

풀이

332.21 고압 가공전선과 가공약전류전선 등의 공용설치
222.21 저압 가공전선과 가공약전류전선 등의 공용설치
가공전선과 가공약전류전선 등 사이의 이격거리
가. 저압(다중 접지된 중성선을 제외한다)은 0.75[m] 이상
나. 고압은 1.5[m] 이상일 것.
다. 가공약전류전선 등이 절연전선 또는 통신용 케이블인 경우에 이격거리를 저압 가공전선이 고압 절연전선, 특고압 절연전선 또는 케이블인 경우에는 0.3[m], 고압 가공전선이 케이블인 때에는 0.5[m]까지로 감할 수 있다.

답 ④

문제 89 전선 기타의 가섭선 주위에 두께 6 [mm], 비중 0.9의 빙설이 부착된 상태에서 수직투영 면적 1 [m²]당 다도체를 구성하는 전선의 을종 풍압하중은 몇 [Pa]을 적용하는가?

① 333　　② 38　　③ 60　　④ 68

풀이

331.6 풍압하중의 종별과 적용
을종 풍압하중 : 전선 기타의 가섭선 주위에 두께 6[mm], 비중 0.9의 빙설이 부착된 상태에서 수직 투영면적 372 [Pa](다도체를 구성하는 전선은 333[Pa]), 그 이외의 것은 갑종풍압하중의 2분의 1을 기초로 하여 계산한 것. 답 ①

문제 90 길이 16 [m], 설계하중 8.2 [kN]의 철근콘 크리트주를 지반이 튼튼한 곳에 시설하는 경우 지지 물 기초의 안전율과 무관하려면 땅에 묻는 깊이를 몇 [m] 이상으로 하여야 하는가?

① 2.0　　② 2.5　　③ 2.8　　④ 3.2

풀이

331.7 가공전선로 지지물의 기초의 안전율
가공전선로의 지지물에 하중이 가하여지는 경우에 그 하 중을 받는 지지물의 기초의 안전율은 2(이상 시 상정하중 에 대한 철탑의 기초에 대하여는 1.33) 이상이어야 한다. 다만, 다음에 따라 시설하는 경우에는 적용하지 않는다.

설계하중 전장	6.8 [kN] 이하	6.8 [kN] 초과 ~9.8 [kN] 이하	9.8 [kN] 초과 ~14.72[kN] 이하
15 [m] 이하	전장 × 1/6[m] 이상	전장 × 1/6 + 0.3[m] 이상	전장 × 1/6 +0.5[m] 이상
15 [m] 초과	2.5[m] 이상	2.8[m] 이상	–
16 [m] 초과~ 20 [m] 이하	2.8[m] 이상	–	–

설계하중 전장	6.8 [kN] 이하	6.8 [kN] 초과 ~9.8 [kN] 이하	9.8 [kN] 초과 ~14.72 [kN] 이하
15 [m] 초과~ 18 [m] 이하	–	–	3 [m] 이상
18 [m] 초과	–	–	3.2 [m] 이상

답 ③

다. 모듈을 병렬로 접속하는 전로에는 그 주된 전로에 단
   락전류가 발생할 경우에 전로를 보호하는 과전류차단
   기 또는 기타 기구를 시설할 것
라. 태양전지 모듈에 접속하는 부하측의 태양전지 어레이
   에서 전력변환장치에 이르는 전로에는 그 접속점에
   근접하여 개폐기 기타 이와 유사한 기구(부하전류를
   개폐할 수 있는 것에 한한다)를 시설할 것   답 ②

문제 91 중성점에 시설하는 접지용 접지도체의 최소 굵기 [mm²]는?

① 10　　　　　　　　② 16
③ 25　　　　　　　　④ 35

풀이

142.3.1 접지도체
중성점 접지용 접지도체는 공칭단면적 16[mm²] 이상의 연동
선 또는 동등 이상의 단면적 및 세기를 가져야 한다. 다만,
다음의 경우에는 공칭단면적 6[mm²] 이상의 연동선 또는
동등 이상의 단면적 및 강도를 가져야 한다.
가. 7[kV] 이하의 전로
나. 사용전압이 25[kV] 이하인 특고압 가공전선로. 다만,
   중성선 다중접지식의 것으로서 전로에 지락이 생겼을
   때 2초 이내에 자동적으로 이를 전로로부터 차단하는
   장치가 되어 있는 것.   답 ②

문제 93 수소냉각식 발전기안의 수소 순도가 몇 [%] 이하로 저하한 경우에 이를 경보하는 장치를 시설해야 하는가?

① 65　　　　　　　　② 75
③ 85　　　　　　　　④ 95

풀이

351.10 수소냉각식 발전기 등의 시설
발전기 내부 또는 조상기 내부의 **수소의 순도가 85[%] 이하**
로 저하한 경우에 이를 경보하는 장치를 시설할 것. 답 ③

문제 92 태양전지 발전소에 시설하는 태양전지 모듈, 전선 및 개폐기의 시설에 대한 설명으로 잘못된 것은?

① 태양전지 모듈에 접속하는 부하측 전로에는 개
  폐기를 시설할 것
② 옥내에 시설하는 경우 금속관공사, 합성수지관
  공사, 애자공사로 배선할 것
③ 태양전지 모듈을 병렬로 접속하는 전로에 과전
  류차단기를 시설할 것
④ 전선은 공칭단면적 2.5[mm²] 이상의 연동선
  을 사용할 것

풀이

522 태양광설비의 시설
가. 전선은 공칭단면적 2.5[mm²] 이상의 연동선 또는 이
   와 동등 이상의 세기 및 굵기의 것일 것.
나. 배선설비 공사는 옥내에 시설할 경우에는 **합성수지관**
   공사, 금속관공사, 금속제 가요전선관공사, 케이블공사 의
   규정에 준하여 시설할 것.

13년 3회 동일 및 유사 문제 (년도-회-번호)

1과목 전기자기학

12	18-3-08
13	17-1-12
14	21-3-14
15	22-2-13
16	19-3-11
17	22-3-19
18	16-1-01
19	22-2-07
20	22-2-03

2과목 전력공학

31	19-1-36
32	17-1-24
33	20-1,2-23
34	21-3-33
35	20-3-39
36	18-3-30
37	18-1-30
38	19-2-39
39	22-3-31
40	19-3-23

3과목 전기기기

49	14-1-51
50	20-4-49

51	22-1-54
52	18-1-54
53	22-2-47
54	22-1-47
55	19-2-44
56	14-2-49
57	18-3-41
58	16-3-41
59	19-3-51
60	21-1-52

4과목 회로이론 및 제어공학

75	22-3-61
76	20-3-62
77	17-3-75
78	19-2-77
79	21-3-77
80	22-2-72

5과목 전기설비기술기준

94	15-3-86
95	21-1-87
96	22-1-99
97	21-3-83
98	15-2-85

memo

D60-1

2012년도 전기기사 필기

국가기술자격검정 필기시험 문제

2012년도 전기기사 일반검정 제1회				수검 번호	성 명
자격종목 및 등급(선택분야)	종목코드	시험시간	문제지형별		
전기기사	1150	2시간 30분	A		

제1과목 | 전기자기학

문제 01 최대 전계 $E_m = 6$[V/m]인 평면 전자파가 수중을 전파할 때 자계의 최대치는 약 몇 [AT/m]인가? (단, 물의 비유전율 $\epsilon_s = 80$, 비투자율 $\mu_s = 1$이다.)

① 0.071 [AT/m]
② 0.142 [AT/m]
③ 0.284 [AT/m]
④ 0.426 [AT/m]

풀이

$$\frac{E}{H} = \sqrt{\frac{\mu}{\epsilon}} = \sqrt{\frac{\mu_0}{\epsilon_0}} \cdot \sqrt{\frac{\mu_s}{\epsilon_s}} = 377\sqrt{\frac{\mu_s}{\epsilon_s}} = 377\sqrt{\frac{1}{80}}$$

$$\frac{E_m}{H_m} = \frac{377}{\sqrt{80}}$$

$$\therefore \ H_m = \frac{\sqrt{80}\,E_m}{377} = \frac{\sqrt{80} \times 6}{377} = 0.142 \text{ [AT/m]} \quad \boxed{\text{답}} \ ②$$

문제 02 자유공간에서 점 P(5, −2, 4)가 도체면상에 있으며, 이 점에서의 전계 $E = 6a_x - 2a_y + 3a_z$ [V/m]이다. 점 P에서의 면전하밀도 ρ_s [C/m²]은?

① $-2\epsilon_o$[C/m²]   ② $3\epsilon_o$[C/m²]
③ $6\epsilon_o$[C/m²]   ④ $7\epsilon_o$[C/m²]

풀이

도체 표면에서의 전계의 세기 $E = \dfrac{\rho_s}{\epsilon_0}$ [V/m]에서

$$\rho_s = \epsilon_0 E = \epsilon_0 (6a_x - 2a_y + 3a_z)$$
$$= \epsilon_0 (\sqrt{6^2 + (-2)^2 + 3^2} = 7\epsilon_0 \text{ [C/m²]} \quad \boxed{\text{답}} \ ④$$

문제 03 공극(air gap)이 있는 환상 솔레노이드에 권수는 1000회, 철심의 길이 l은 10[cm], 공극의 길이 l_g는 2[mm], 단면적은 3[cm²], 철심의 비투자율은 800, 전류는 10[A]라 했을 때, 이 솔레노이드의 자속은 약 몇 [Wb]인가? (단, 누설자속은 없다고 한다.)

① 3×10^{-2}[Wb]
② 1.89×10^{-3}[Wb]
③ 1.77×10^{-3}[Wb]
④ 2.89×10^{-3}[Wb]

풀이

공극이 있는 경우의 합성저항

$$R = R_g + R_c = \frac{l_g}{\mu_0 S} + \frac{l}{\mu S} = \frac{1}{\mu_0 S}\left(l_g + \frac{l}{\mu_s}\right)$$

$$= \frac{1}{4\pi \times 10^{-7} \times 3 \times 10^{-4}}\left(2 \times 10^{-3} + \frac{10 \times 10^{-2}}{800}\right)$$

$$= 563.67 \times 10^4 \text{[AT/Wb]}$$

$F = NI = R\phi$ 에서

자속 $\phi = \dfrac{NI}{R} = \dfrac{1000 \times 10}{563.67 \times 10^4} = 1.77 \times 10^{-3}$[Wb] $\quad \boxed{\text{답}} \ ③$

문제 04 등자위면의 설명으로 잘못된 것은?

① 등자위면은 자력선과 직교한다.
② 자계 중에서 같은 자위의 점으로 이루어진 면이다.
③ 자계 중에 있는 물체의 표면은 항상 등자위면이다.
④ 서로 다른 등자위면은 교차하지 않는다.

풀이

어떤 물체를 자계 중에 놓으면 표면이 항상 등자위면이 되지 않는다. $\quad \boxed{\text{답}} \ ③$

문제 05 반지름 a[m]의 원판형 전기 2중층의 중심축상 x[m]의 거리에 있는 점 P(+전하측)의 전위는? (단, 2중층의 세기는 M [C/m]이다.)

① $\dfrac{M}{\epsilon_o}\left(1-\dfrac{x}{\sqrt{x^2+a^2}}\right)$ [V]

② $\dfrac{M}{2\epsilon_o}\left(1-\dfrac{x}{\sqrt{x^2+a^2}}\right)$ [V]

③ $\dfrac{M}{\epsilon_o}\left(1-\dfrac{a}{\sqrt{x^2+a^2}}\right)$ [V]

④ $\dfrac{M}{2\epsilon_o}\left(1-\dfrac{a}{\sqrt{x^2+a^2}}\right)$ [V]

풀이

점 P의 전위는

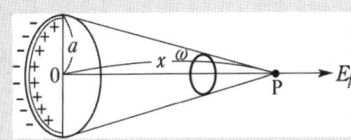

$$V_P=\dfrac{M}{4\pi\epsilon_0}\omega\ [\text{V}]$$

점 P에서 원판 도체를 본 입체각 ω는

$$\omega=2\pi(1-\cos\theta)=2\pi\left(1-\dfrac{x}{\sqrt{a^2+x^2}}\right)$$

가 되므로

$$\therefore\ V_P=\dfrac{M}{4\pi\epsilon_0}\cdot 2\pi\left(1-\dfrac{x}{\sqrt{a^2+x^2}}\right)$$

$$=\dfrac{M}{2\epsilon_0}\left(1-\dfrac{x}{\sqrt{a^2+x^2}}\right)[\text{V}]$$

답 ②

문제 06 미분 방정식 형태로 나타낸 맥스웰의 전자계 기초 방정식에 해당되는 것은?

① $\text{rot}\ \boldsymbol{E}=-\dfrac{\partial\boldsymbol{B}}{\partial t}$, $\text{rot}\ \boldsymbol{H}=i+\dfrac{\partial\boldsymbol{D}}{\partial t}$,
   $\text{div}\ \boldsymbol{D}=0$, $\text{div}\ \boldsymbol{B}=0$

② $\text{rot}\ \boldsymbol{E}=-\dfrac{\partial\boldsymbol{B}}{\partial t}$, $\text{rot}\ \boldsymbol{H}=i+\dfrac{\partial\boldsymbol{D}}{\partial t}$,
   $\text{div}\ \boldsymbol{D}=\rho$, $\text{div}\ \boldsymbol{B}=0$

③ $\text{rot}\ \boldsymbol{E}=-\dfrac{\partial\boldsymbol{B}}{\partial t}$, $\text{rot}\ \boldsymbol{H}=i+\dfrac{\partial\boldsymbol{D}}{\partial t}$,
   $\text{div}\ \boldsymbol{D}=\rho$, $\text{div}\ \boldsymbol{B}=\boldsymbol{H}$

④ $\text{rot}\ \boldsymbol{E}=-\dfrac{\partial\boldsymbol{B}}{\partial t}$, $\text{rot}\ \boldsymbol{H}=i$, $\text{div}\ \boldsymbol{D}=0$,
   $\text{div}\ \boldsymbol{B}=0$

풀이

맥스웰 방정식의 미분형

① $\text{rot}\ \boldsymbol{E}=-\dfrac{\partial\boldsymbol{B}}{\partial t}$: Faraday 법칙

② $\text{rot}\ \boldsymbol{H}=i+\dfrac{\partial\boldsymbol{D}}{\partial t}$: 암페어의 주회적분 법칙

③ $\text{div}\ \boldsymbol{D}=\rho$: 가우스의 법칙

④ $\text{div}\ \boldsymbol{B}=0$: 고립된 자하는 없다. **답** ②

문제 07 그림과 같이 반지름 a[m]인 원형단면을 가지고 중심 간격이 d[m]인 평행왕복도선의 단위길이당 자기인덕턴스 [H/m]는? (단, 도체는 공기 중에 있고 $d\gg a$로 한다.)

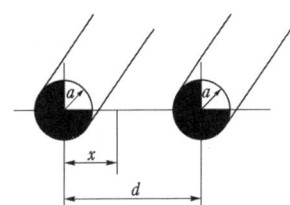

① $L=\dfrac{\mu_o}{\pi}\ln\dfrac{a}{d}+\dfrac{\mu}{4\pi}$ [H/m]

② $L=\dfrac{\mu_o}{\pi}\ln\dfrac{a}{d}+\dfrac{\mu}{2\pi}$ [H/m]

③ $L=\dfrac{\mu_o}{\pi}\ln\dfrac{d}{a}+\dfrac{\mu}{4\pi}$ [H/m]

④ $L=\dfrac{\mu_o}{\pi}\ln\dfrac{d}{a}+\dfrac{\mu}{2\pi}$ [H/m]

풀이

• 각 도체 내부에 있는 자기 인덕턴스 : $L_i=\dfrac{\mu}{8\pi}$[H/m]

• 선간의 자기 인덕턴스 : $L_e=\dfrac{\mu_0}{\pi}\ln\dfrac{\text{d}}{\text{a}}$[H/m]

따라서, 평행 왕복 도체에서의 전 인덕턴스

$$L=L_e+2\times L_i=\dfrac{\mu_0}{\pi}\ln\dfrac{\text{d}}{\text{a}}+2\times\dfrac{\mu}{8\pi}=\dfrac{\mu_0}{\pi}\ln\dfrac{\text{d}}{\text{a}}+\dfrac{\mu}{4\pi}[\text{H/m}]$$

답 ③

문제 08 변위전류에 의하여 전자파가 발생되었을 때 전자파의 위상은?

① 변위전류보다 $90°$ 늦다.

② 변위전류보다 $90°$ 빠르다.

③ 변위전류보다 $30°$ 빠르다.

④ 변위전류보다 $30°$ 늦다.

풀이

전파 $e = E_m \sin\omega t$[위상 $\theta = 0°$]라고 하면

변위전류(밀도)

$i = \dfrac{\partial D}{\partial t} = \epsilon \dfrac{\partial E}{\partial t} = \epsilon \dfrac{\partial}{\partial t}(E_m \sin\omega t) = \epsilon E_m \dfrac{\partial}{\partial t}(\sin\omega t)$

$= \omega\epsilon E_m \cos\omega t = \omega\epsilon E_m \sin(\omega t + 90°)$[위상 $\theta = 90°$]

∴ 전파와 자파는 동상이므로 전자파의 위상은 변위전류보다 $90°$ 늦다. **답** ①

별해

$i = \dfrac{\partial D}{\partial t} = \epsilon \dfrac{\partial E}{\partial t}$ $\dfrac{\partial}{\partial t} \Rightarrow 90°$ 위상 빠른 것을 의미

∴ i가 E보다 $90°$ 빠르다. 즉, E가 i보다 $90°$ 느리다.

문제 09 매질이 완전 유전체인 경우의 전자 파동 방정식을 표시하는 것은?

① $\nabla^2 E = \epsilon\mu \dfrac{\partial E}{\partial t}$, $\nabla^2 H = k\mu \dfrac{\partial H}{\partial t}$

② $\nabla^2 E = \epsilon\mu \dfrac{\partial^2 E}{\partial t^2}$, $\nabla^2 H = \epsilon\mu \dfrac{\partial^2 H}{\partial t^2}$

③ $\nabla^2 E = \epsilon\mu \dfrac{\partial^2 E}{\partial t^2}$, $\nabla^2 H = k\mu \dfrac{\partial^2 H}{\partial t^2}$

④ $\nabla^2 E = \epsilon\mu \dfrac{\partial E}{\partial t}$, $\nabla^2 H = \epsilon\mu \dfrac{\partial H}{\partial t}$

풀이

전자계의 파동 방정식

• 전계 : $\nabla^2 E = \epsilon\mu \dfrac{\partial^2 E}{\partial t^2}$

• 자계 : $\nabla^2 H = \epsilon\mu \dfrac{\partial^2 H}{\partial t^2}$ **답** ②

문제 10 비유전율 $\epsilon_s = 2.2$, 고유저항 $\rho = 10^{11}$ [Ω·m]인 유전체를 넣은 콘덴서의 용량이 200[μF]이었다. 여기에 500[kV] 전압을 가하였을 때 누설전류는 약 몇 [A]인가?

① 4.2 [A]   ② 5.1 [A]

③ 51.3 [A]   ④ 61.0 [A]

풀이

$RC = \rho\epsilon$에서

$R = \dfrac{\rho\epsilon}{C} = \dfrac{10^{11} \times 8.855 \times 10^{-12} \times 2.2}{200 \times 10^{-6}} = 9.74 \times 10^3 [\Omega]$

누설전류 $I = \dfrac{V}{R} = \dfrac{500 \times 10^3}{9.74 \times 10^3} = 51.33[A]$ **답** ③

문제 11 그림과 같은 회로에서 스위치를 최초 A에 연결하여 일정전류 I_o [A]를 흘린 다음, 스위치를 급히 B로 전환할 때 저항 R[Ω]에는 1 [s]간에 얼마만한 열량[cal]이 발생하는가?

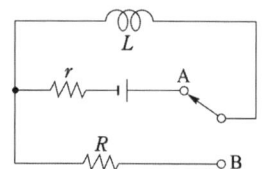

① $\dfrac{1}{8.4} LI_o^2$ ② $\dfrac{1}{4.2} LI_o^2$

③ $\dfrac{1}{2} LI_o^2$ ④ LI_o^2

풀이

코일 L에 축적된 에너지 $W = \dfrac{1}{2} LI_o^2$[J]이 저항에서 열로 소모되므로

$W = \dfrac{1}{2} LI_o^2[J] = \dfrac{1}{4.2} \times \dfrac{1}{2} LI_o^2 = \dfrac{1}{8.4} LI_o^2$

$(\because 1[J] = \dfrac{1}{4.2}[cal])$ **답** ①

문제 12 자유공간 중에서 $x = -2$, $y = 4$[m]를 통과하고 z축과 평행인 무한장 직선도체에 $+z$축 방향으로 직류전류 I[A]가 흐를 때 점(2, 4, 0) [m]에서의 자계 H [A/m]는?

① $\dfrac{I}{4\pi} a_y$ ② $-\dfrac{I}{4\pi} a_y$

③ $-\dfrac{I}{8\pi} a_y$ ④ $\dfrac{I}{8\pi} a_y$

풀이

• 자계의 크기

$$H = \frac{I}{2\pi r}$$

$$= \frac{I}{2\pi \times (2+2)} = \frac{I}{8\pi}$$

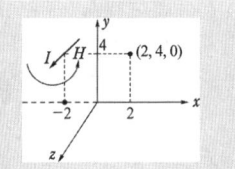

• 자계의 방향 : +y축 방향
(암페어의 오른나사 법칙)

답 ④

제2과목 전력공학

문제 21 전압강하율이 10[%]인 단거리 배전선로가 있다. 송전단의 전압이 100 [V]일 때 수전단의 전압은 약 몇 [V]인가?

① 82 [V] ② 91 [V]
③ 98 [V] ④ 108 [V]

풀이

전압 강하율 $\epsilon = \dfrac{V_s - V_r}{V_r} \times 100[\%]$ 에서

$$V_r = \frac{100 V_s}{100 + \epsilon} = \frac{100 \times 100}{100 + 10} = 90.91[V]$$

답 ②

문제 22 단락점까지의 전선 한 가닥의 임피던스가 $Z = 6 + j8[\Omega]$(전원포함), 단락 전의 단락점 전압이 22.9[kV]인 단상 2선식 전선로의 단락용량은 몇 [kVA]인가? (단, 부하전류는 무시한다.)

① 13110 [kVA]
② 26220 [kVA]
③ 39330 [kVA]
④ 52440 [kVA]

풀이

전선 1가닥의 임피던스 $Z = \sqrt{R^2 + X^2} = \sqrt{6^2 + 8^2} = 10[\Omega]$
따라서, 왕복선로의 임피던스 $Z_s = 2Z = 2 \times 10 = 20[\Omega]$

$$I_s = \frac{E}{Z_s} = \frac{22900}{20} = 1145[A]$$

$$P_s = E I_s = 22900 \times 1145 \times 10^{-3} = 26220 \, [kVA]$$

답 ②

문제 23 직접접지방식이 초고압 송전선에 채용되는 이유 중 가장 적당한 것은?

① 지락고장시 병행 통신선에 유기되는 유도전압이 적기 때문에
② 지락시의 지락전류가 적으므로
③ 계통의 절연을 낮게 할 수 있으므로
④ 송전선의 안정도가 높으므로

풀이

직접접지방식은 1선 지락 사고시 건전상의 대지전압 상승은 1.3배 이하로서, **이상전압의 크기는 타 접지방식에 비해 낮으므로** 정격전압이 낮은 피뢰기를 사용할 수 있어 송전계통의 절연레벨을 낮출 수 있다. 따라서, 절연비용이 많이 소요되는 초고압 송전계통에서 절연비용을 낮추기 위하여 **직접접지방식을 채용**한다.

답 ③

문제 24 고압 배전선로의 중간에 승압기를 설치하는 주목적은?

① 부하의 불평형 방지
② 말단의 전압강하 방지
③ 전력손실의 감소
④ 역률 개선

풀이

승압기(booster)는 2차 전압 (V_h)을 1차 전압(V_e)보다 높게한 것으로서, 배전선로의 길이가 길어 전압강하가 클 경우 배전선로의 중간에 설치하여 **승압기 2차측 전압**을 높여줌으로서 말단의 전압강하를 방지한다.

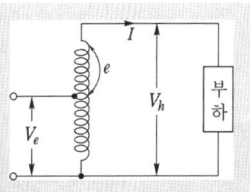

답 ②

문제 25 전력계통의 주파수 변동의 원인 중 가장 큰 영향을 미치는 것은?

① 변압기의 탭 조정
② 스팀 터빈 발전기의 거버너 밸브 열고 닫기
③ 발전기의 자동전압조정기(AVR)의 동작
④ 송전선로에 병렬콘덴서의 투입

풀이

• 유효 전력 변동 = 주파수 변동
• 무효 전력 변동 = 전압 변동

즉, 스팀 터빈 발전기의 **거버너 밸브를 조정**하여 터빈에 공급되는 증기를 조정하면 **출력이 변화되고 주파수가 변한다.**
답 ②

문제 26 수차를 돌리고 나온 물이 흡출관을 통과할 때 흡출관의 중심부에 진공상태를 형성하는 현상은?

① racing
② jumping
③ hunting
④ cavitation

풀이

흡출관의 높이(흡출수두)는 이론적으로 10[m]까지 가능하지만, 이 경우 러너 날개 부근의 **압력이 진공에 가까워 캐비테이션이 발생**하므로 흡출관의 높이를 너무 높게 하지 않고 6~7[m] 이하로 하고 있다.
답 ④

문제 27 펌프의 양수량 Q [m³/sec], 유효 양정 H_u[m], 펌프의 효율 η_p, 전동기의 효율 η_m 일 때, 양수발전기의 출력[kW]은?

① $P = \dfrac{9.8 Q^2 H_u}{\eta_p \eta_m}$
② $P = \dfrac{9.8 Q^2 H_u^2}{\eta_p \eta_m}$

③ $P = \dfrac{9.8 Q H_u}{\eta_p \eta_m}$
④ $P = \dfrac{9.8^2 Q H_u}{\eta_p \eta_m}$

풀이

양수발전은 심야 경부하시에 잉여전력을 이용하여 물을 양수하였다가 첨두부하시에 발전하는 방식으로서 양수시에는 전동기로 사용하고 발전시에는 발전기로 사용하는 것으로서 양수발전기의 출력(용량)P는

$P = \dfrac{9.8 Q H_u}{\eta_p \eta_m}$[kW]
답 ③

문제 28 1선 1 [km]당의 코로나 손실 P [kW]를 나타내는 peek식은? (단, δ : 상대 공기 밀도, D : 선간 거리[cm], d : 전선의 지름[cm], f : 주파수[Hz], E : 전선에 걸리는 대지 전압[kV], E_0 : 코로나 임계 전압[kV]이다.)

① $P = \dfrac{241}{\delta}(f + 25)\sqrt{\dfrac{d}{2D}}(E - E_0)^2 \times 10^{-5}$

② $P = \dfrac{241}{\delta}(f + 25)\sqrt{\dfrac{2D}{d}}(E - E_0)^2 \times 10^{-5}$

③ $P = \dfrac{241}{\delta}(f + 25)\sqrt{\dfrac{d}{2D}}(E - E_0)^2 \times 10^{-3}$

④ $P = \dfrac{241}{\delta}(f + 25)\sqrt{\dfrac{2D}{d}}(E - E_0)^2 \times 10^{-3}$

풀이

코로나 손실 P[kW]를 나타내는 peek식

$P = \dfrac{241}{\delta}(f + 25)\sqrt{\dfrac{d}{2D}}(E - E_0)^2 \times 10^{-5}$[kW/km/선]
답 ①

제3과목 ▶ 전기기기

문제 41 정격이 5[kW], 100[V], 50[A], 1800 [rpm]인 타여자 직류 발전기가 있다. 무부하시의 단자전압은? (단, 계자전압 50 [V], 계자전류 5 [A], 전기자 저항 0.2 [Ω], 브러시의 전압강하는 2 [V]이다.)

① 100 [V]
② 112 [V]
③ 115 [V]
④ 120 [V]

풀이

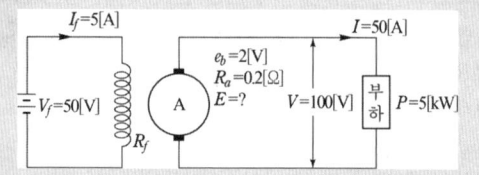

무부하시의 단자전압은 발전기 유기기전력과 같으므로 유기기전력 E는

$E = V + I_a R_a + e_b = 100 + 50 \times 0.2 + 2 = 112$[V]
답 ②

문제 42 대형 직류 전동기의 토크를 측정하는데 가장 적당한 방법은?

① 전기 동력계
② 와전류 제동기
③ 프로니 브레이크법
④ 앰플리다인

풀이
- 전기 동력계 : 대형 전동기 및 수차 등의 **출력이나 토크 측정**
- 와전류 제동기 : 소형의 전동기 토크 측정
- 프로니 브레이크 법 : 소형의 전동기 토크 측정
- 앰플리다인 : 증폭기 **답 ①**

문제 43 A, B 2대의 동기발전기를 병렬 운전할 때 B발전기의 여자전류를 증가시키면?

① B발전기의 역률 저하
② B발전기의 전류 감소
③ B발전기의 무효전력 감소
④ B발전기의 전력 증가

풀이
동기발전기의 병렬운전
- 유기기전력이 높은 발전기(여자전류가 높은 경우) : **지상전류가 흘러 역률이 저하**
- 유기기전력이 낮은 발전기(여자전류가 낮은 경우) : **진상전류가 흘러 역률이 상승** **답 ①**

문제 44 전기자 도체의 굵기, 권수가 모두 같을 때 단중 중권에 비해 단중 파권 권선의 이점은?

① 전류는 커지며 저전압이 이루어진다.
② 전류는 적으나 저전압이 이루어진다.
③ 전류는 적으나 고전압이 이루어진다.
④ 전류가 커지며 고전압이 이루어진다.

풀이
전기자 권선법

항목 \\ 권선	중권	파권
내부 병렬회로 수 a	$a=p$	$a=2$
브러시 수 b	$b=p$	$b=2$
용도	저전압, 대전류	**고전압, 소전류**
균압환	4극 이상	–

p : 극수, a : 내부 병렬회로 수, b : 브러시 수 **답 ③**

문제 45 보극이 없는 직류기에서 브러시를 부하에 따라 이동시키는 이유는?

① 공극 자속의 일그러짐을 없애기 위하여
② 유기기전력을 없애기 위하여
③ 전기자 반작용의 감자분력을 없애기 위하여
④ 정류작용을 잘 되게 하기 위하여

풀이
보극을 가지고 있지 않는 직류기에서는 정류를 잘 되게 하기 위하여 브러시를 전기적 중성축으로 이동시켜야 하는데 발전기의 경우에는 그의 회전 방향으로 브러시를 이동시키고, 전동기에서는 그의 회전과 반대 방향으로 이동시킨다. **답 ④**

문제 46 다음 권선법 중 직류기에서 주로 사용되는 것은?

① 폐로권, 환상권, 이층권
② 폐로권, 고상권, 이층권
③ 개로권, 환상권, 단층권
④ 개로권, 고상권, 이층권

풀이
직류기의 전기자 권선법
- 환상권과 고상권 중에서 **고상권**을 사용
- 폐로권과 개로권 중에서 **폐로권**을 사용
- 단층권과 2층권 중에서 **2층권**을 사용
- 전절권과 단절권 중에서 **단절권**을 사용 **답 ②**

문제 47 변압기 1차측 사용 탭이 6300 [V]인 경우 2차측 전압이 110 [V]였다면 2차측 전압을 약 120 [V]로 하기 위해서는 1차측의 탭을 몇 [V]로 선택해야 하는가?

① 6000 ② 6300
③ 6600 ④ 6900

풀이
$\dfrac{V_1}{V_2} = \dfrac{n_1}{n_2}$ 에서

1차 공급전압 $V_1 = \dfrac{n_1}{n_2} \times V_2 = \dfrac{6300}{n_2} \times 110\,[V]$

1차 공급전압(V_1)이 일정한 상태에서 2차 전압을 120[V]로 상승시키기 위한 1차 측의 새로운 탭 전압 $n_1{'}$는

$V_1 = \dfrac{n_1{'}}{n_2} \times V_2 = \dfrac{n_1{'}}{n_2} \times 120 = \dfrac{6300}{n_2} \times 110$

$\therefore n_1{'} = \dfrac{110}{120} \times 6300 = 5775\,[V]$로 하여야 한다.

그러나 공단 답이 ④로 되어있으므로 답은 ④번으로 표기하였습니다. **답 ④**

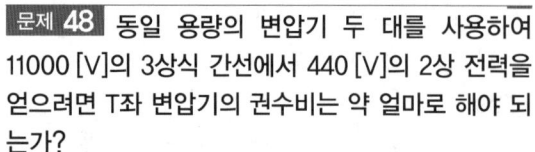
문제 48 동일 용량의 변압기 두 대를 사용하여 11000 [V]의 3상식 간선에서 440 [V]의 2상 전력을 얻으려면 T좌 변압기의 권수비는 약 얼마로 해야 되는가?

① 28 ② 30 ③ 22 ④ 25

풀이

• 주좌 변압기의 권선비 $\alpha_M = \dfrac{n_1}{n_2} = \dfrac{11000}{440}$

• T좌 변압기의 권선비

$\alpha_T = \dfrac{\sqrt{3}}{2} \times \alpha_M = \dfrac{\sqrt{3}}{2} \times \dfrac{11000}{440} = 21.65$　**답** ③

문제 49 동기 각속도 ω_0, 회전자 각속도 ω인 유도전동기의 2차 효율은?

① $\dfrac{\omega_0}{\omega}$

② $\dfrac{\omega}{\omega_0}$

③ $\dfrac{\omega_0 - \omega}{\omega_0}$

④ $\dfrac{\omega_0 - \omega}{\omega}$

풀이

2차 효율 $\eta_2 = \dfrac{출력}{2차입력} = \dfrac{P_0}{P_2} = \dfrac{\omega T}{\omega_0 T} = \dfrac{\omega}{\omega_0}$　**답** ②

문제 50 유도전동기와 직결된 전기동력계의 부하전류를 증가하면 유도전동기의 속도는?

① 증가한다. ② 감소한다.
③ 변함이 없다. ④ 동기 속도로 회전한다.

풀이

유도전동기의 부하(전기동력계)가 증가하면 유도전동기의 속도는 감소하게 된다.　**답** ②

문제 51 반도체 사이리스터로 속도 제어를 할 수 없는 것은?

① 정지형 레너드 제어 ② 일그너 제어
③ 초퍼 제어 ④ 인버터 제어

풀이

일그너 방식은 보조 발전기를 돌리는데 교류 전동기를 사용하고 그 축에 큰 플라이휘일을 붙여 전동기 부하가 급변하여도 전원에서 공급되는 전력의 변동을 적게 한 것으로

압연기나 권상기에 사용된다.　**답** ②

문제 52 동기 조상기의 회전수는 무엇에 의하여 결정되는가?

① 효율 ② 역률

③ 토크 속도 ④ $N_s = \dfrac{120f}{p}$의 속도

풀이

동기전동기를 무부하로 운전하고 여자전류를 부족여자 혹은 과여자로 하여 유기기전력 E의 크기를 조정함으로서 전기자 전류의 위상 및 크기를 조정할 수 있는 것을 동기조상기라고 한다. 따라서, **동기조상기는 항상 동기속도** ($N_s = \dfrac{120f}{p}$)로 회전한다.　**답** ④

제4과목　회로이론 및 제어공학

문제 61 루프 전달함수가 다음과 같은 제어계의 실수축 상의 근궤적 범위는? (단, $K > 0$)

$$G(s)H(s) = \frac{K}{s(s+1)(s+2)}$$

① 0 ~ −1 사이의 실수축상
② −1 ~ −2 사이의 실수축상
③ −2 ~ −∞ 사이의 실수축상
④ 0 ~ −1, −2 ~ −∞ 사이의 실수축상

풀이

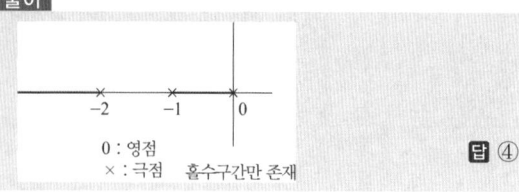

0 : 영점
× : 극점　홀수구간만 존재　**답** ④

문제 62 상태방정식 $\dot{x} = Ax(t) + Bu(t)$에서 $A = \begin{bmatrix} 0 & 1 \\ -2 & -3 \end{bmatrix}$인 시스템의 안정도는 어떠한가?

① 안정하다. ② 불안정하다.
③ 임계안정하다. ④ 판정불능

풀이

$|sI-A|$의 행렬식은,

$$|sI-A| = \begin{vmatrix} s & 0 \\ 0 & s \end{vmatrix} - \begin{vmatrix} 0 & 1 \\ -2 & -3 \end{vmatrix} = \begin{vmatrix} s & -1 \\ 2 & s+3 \end{vmatrix}$$

$$= s(s+3)+2 = s^2+3s+2$$

$$s^2+3s+2 = (s+1)(s+2) = 0$$

$$\therefore s = -1, \ -2$$

즉, 특성방정식의 근이 s평면의 좌반면에 있으므로 안정하다.

답 ①

문제 63 다음 설명 중 틀린 것은?

① 상태공간 해석법은 비선형·시변 시스템에 대해서도 사용 가능하다.
② 상태 방정식은 입력과 상태변수의 관계로 표현된다.
③ 상태변수는 시스템의 과거, 현재 그리고 미래 조건을 나타내는 척도로 이용된다.
④ 상태 방정식의 형태가 다르게 표현되면 시간응답 또는 주파수 응답이 변한다.

답 ④

문제 64 서보모터의 특징으로 틀린 것은?

① 원칙적으로 정역전 운전이 가능하여야 한다.
② 저속이며 거침없는 운전이 가능하여야 한다.
③ 직류용은 없고 교류용만 있다.
④ 급가속, 급감속이 용이한 것이라야 한다.

풀이

서보모터는 직류용 및 교류용이 있다.

답 ③

문제 65 단자 a, b 간에 25[V]의 전압을 가할 때, 5[A]의 전류가 흐른다. 저항 r_1, r_2에 흐르는 전류비가 1 : 3일 때 r_1, r_2의 값은?

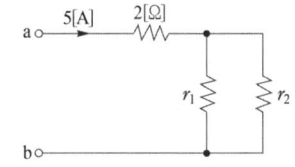

---

① $r_1 = 12[\Omega]$, $r_2 = 4[\Omega]$
② $r_1 = 4[\Omega]$, $r_2 = 12[\Omega]$
③ $r_1 = 6[\Omega]$, $r_2 = 2[\Omega]$
④ $r_1 = 2[\Omega]$, $r_2 = 6[\Omega]$

풀이

$I = \dfrac{E}{R}$ 에서 합성저항 $R = \dfrac{E}{I} = \dfrac{25}{5} = 5[\Omega]$

$$R = 2 + \frac{r_1 r_2}{r_1+r_2} = 5[\Omega]$$

$$\therefore \frac{r_1 r_2}{r_1+r_2} = 5-2 = 3[\Omega]$$

r_1, r_2에 흐르는 전류비가 1 : 3 이면, 전류는 저항에 반비례 하므로

$$r_1 = 3r_2$$

따라서, $\dfrac{3r_2 \times r_2}{3r_2+r_2} = \dfrac{3r_2^2}{4r_2} = 3[\Omega]$에서 $r_2 = 4[\Omega]$

$$r_1 = 3r_2 = 3 \times 4 = 12[\Omega]$$

답 ①

문제 66 어떤 회로에 $100+j20$[V]인 전압을 가할 때 $4+j3$[A]인 전류가 흐른다면 이 회로의 임피던스 [Ω]는?

① $18.4 - j8.8 \ [\Omega]$ ② $27.3 - j15.2 \ [\Omega]$
③ $48.6 + j31.4 \ [\Omega]$ ④ $65.7 - j54.3 \ [\Omega]$

풀이

$$Z = \frac{V}{I} = \frac{100+j20}{4+j3} = \frac{(100+j20)(4-j3)}{(4+j3)(4-j3)} = \frac{460-j220}{25}$$

$$= 18.4 - j8.8[\Omega]$$

답 ①

문제 67 어떤 회로에서 유효전력 80[W], 무효전력 60[Var]일 때 역률은?

① 0.8[%] ② 8[%]
③ 80[%] ④ 800[%]

풀이

유효전력 $P = 80$

무효전력 $P_r = 60$ 이므로

피상전력 $P_a = \sqrt{P^2+P_r^2} = \sqrt{80^2+60^2} = 100[VA]$

따라서, 역률 $\cos\theta = \dfrac{P}{P_a} = \dfrac{80}{100} = 0.8$

$$\therefore 80[\%]$$

답 ③

문제 68 그림과 같은 파형의 파고율은?

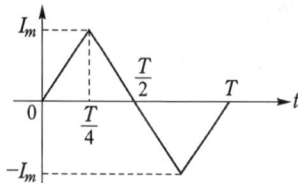

① $\dfrac{1}{\sqrt{3}}$ ② $\dfrac{2}{\sqrt{3}}$ ③ $\sqrt{2}$ ④ $\sqrt{3}$

풀이

삼각파의 실효값 $I = \dfrac{I_m}{\sqrt{3}}$ 이므로

파고율 $= \dfrac{\text{최대값}}{\text{실효값}} = \dfrac{I_m}{\dfrac{I_m}{\sqrt{3}}} = \sqrt{3}$ **답 ④**

문제 69 저항이 40[Ω], 인덕턴스가 79.58 [mH]인 $R-L$ 직렬회로에 $311\sin(377t + 30°)$[V]의 전압을 가할 때 전류의 순시값[A]은 약 얼마인가?

① $4.4\angle -6.87°$[A]

② $4.4\angle 36.87°$[A]

③ $6.2\angle -6.87°$[A]

④ $6.2\angle 36.87°$[A]

풀이

• $\omega = 377$ 이므로
  리액턴스 $X_L = \omega L = 377 \times 79.58 \times 10^{-3} = 30$[Ω]
• 저항 $R = 40$[Ω] 이므로
  임피던스 $Z = \sqrt{R^2 + X_L^2} = \sqrt{40^2 + 30^2} = 50$[Ω]
• $\theta = \tan^{-1}\dfrac{X_L}{R} = \tan^{-1}\dfrac{30}{40} = 36.87°$
• 전압의 실효값 $V = \dfrac{V_m}{\sqrt{2}} = \dfrac{311}{\sqrt{2}}$[V]
• 전류의 순시 값 $i = \dfrac{311\angle 30°}{\sqrt{2} \times 50 \angle 36.87°} = 4.4\angle -6.87°$[A]

답 ①

문제 70 각상의 임피던스 $Z = 6 + j8$[Ω]인 평형 △부하에 선간 전압이 220[V]인 대칭 3상 전압을 가할 때 선전류는 약 몇 [A]인가?

① 11 [A] ② 13.5 [A]

③ 22 [A] ④ 38.1 [A]

풀이

상전류 $I_p = \dfrac{V}{Z} = \dfrac{220}{\sqrt{6^2 + 8^2}} = 22$[A]

따라서, 선전류 $I_l = \sqrt{3}\,I_p = \sqrt{3} \times 22 ≒ 38.1$[A]   **답 ④**

제5과목 전기설비 기술기준

문제 81 가공공동지선에 의한 접지공사에 있어 가공공동지선과 대지간의 합성 전기저항값은 몇 [m]를 지름으로 하는 지역마다 규정하는 접지 저항값을 가지는 것으로 하여야 하는가?

① 400 ② 600

③ 800 ④ 1000

풀이

322.1 고압 또는 특고압과 저압의 혼촉에 의한 위험방지 시설
가공공동지선과 대지 사이의 합성 전기저항 값은 1[km]를 지름으로 하는 지역 안마다 규정에 의해 접지저항 값을 가지는 것으로 하고 또한 각 접지도체를 가공공동지선으로부터 분리하였을 경우의 각 접지도체와 대지 사이의 전기저항값은 300[Ω] 이하로 할 것.   **답 ④**

문제 82 가공 전선로에 사용하는 지지물의 강도 계산에 적용하는 풍압하중 중 병종풍압하중은 갑종풍압하중에 대한 얼마의 풍압을 기초로 하여 계산한 것인가?

① $\dfrac{1}{2}$ ② $\dfrac{1}{3}$ ③ $\dfrac{2}{3}$ ④ $\dfrac{1}{4}$

풀이

331.6 풍압하중의 종별과 적용
가. 갑종 풍압하중 : 구성재의 수직 투영면적 1[m²]에 대한 풍압을 기초로 하여 계산한 것.
나. 을종 풍압하중 : 전선 기타의 가섭선 주위에 두께 6 [mm], 비중 0.9의 빙설이 부착된 상태에서 수직 투영면적 372[Pa](다도체를 구성하는 전선은 333[Pa]), 그 이외의 것은 갑종풍압하중의 2분의 1을 기초로 하여 계산한 것.
다. **병종 풍압하중 : 갑종풍압하중의 2분의 1을 기초로 하여 계산한 것.**   **답 ①**

문제 83 최대 사용전압 15[V]를 넘고 30[V] 이하인 소세력 회로에 사용하는 절연변압기의 2차 단락전류 값이 제한을 받지 않을 경우는 2차측에 시설하는 과전류 차단기의 용량이 몇 [A] 이하일 경우인가?

① 0.5 ② 1.5
③ 3.0 ④ 5.0

풀이

241.14 소세력 회로
1. 소세력 회로에 전기를 공급하기 위한 변압기는 절연변압기 이어야 한다.
2. 절연변압기의 2차 단락전류는 소세력 회로의 최대사용전압에 따라 표 에서 정한 값 이하의 것일 것.

소세력 회로의 최대사용전압의 구분	2차 단락전류	과전류 차단기의 정격전류
15 [V] 이하	8 [A]	5 [A]
15 [V] 초과 30 [V] 이하	5 [A]	3 [A]
30 [V] 초과 60 [V] 이하	3 [A]	1.5 [A]

답 ③

문제 84 옥내전로의 대지전압 제한에 관한 규정으로 주택의 전로인입구에 절연변압기를 사람이 쉽게 접촉할 우려가 없이 시설하는 경우 정격용량이 몇 [kVA] 이하일 때 인체보호용 누전차단기를 시설하지 않아도 되는가?

① 2 ② 3
③ 5 ④ 10

풀이

231.6 옥내전로의 대지 전압의 제한
주택의 옥내전로(전기기계기구내의 전로를 제외한다)의 대지전압은 300[V] 이하이어야 하며 다음 각 호에 따라 시설하여야 한다.
1. 사용전압은 400[V] 이하여야 한다.
2. 주택의 전로 인입구에는 감전보호용 누전차단기를 시설하여야 한다. 다만, **전로의 전원측에 정격용량이 3[kVA] 이하인 절연변압기**(1차 전압이 저압이고 2차 전압이 300[V] 이하인 것에 한한다)를 사람이 쉽게 접촉할 우려가 없도록 시설하고 또한 그 절연변압기의 부하측 전로를 접지하지 않는 경우에는 예외로 한다.

답 ②

문제 85 고압 가공전선이 케이블인 경우 가공전선과 안테나 사이의 이격거리는 몇 [cm] 이상인가?

① 40[cm] ② 80[cm]
③ 120[cm] ④ 160[cm]

풀이

332.14 고압 가공전선과 안테나의 접근 또는 교차
저압 가공전선 또는 고압 가공전선이 안테나와 접근상태로 시설되는 경우에는 다음에 따라야 한다.
가. 고압 가공전선로는 고압 보안공사에 의할 것.
나. 가공전선과 안테나 사이의 이격거리

사용 전압 부분 공작물의 종류		저압	고압
안테나	일반적인 경우	0.6 [m]	0.8 [m]
	전선이 고압절연전선	0.3 [m]	0.8 [m]
	전선이 케이블인 경우	0.3 [m]	0.4 [m]

답 ①

문제 86 철주를 강관에 의하여 구성되는 사각형의 것일 때 갑종 풍압하중을 계산하려 한다. 수직 투영면적 1 [m²]에 대한 풍압하중은 몇 [Pa]를 기초하여 계산하는가?

① 588 ② 882
③ 1117 ④ 1255

풀이

331.6 풍압하중의 종별과 적용 : 갑종 풍압하중

풍압을 받는 구분		구성재의 수직 투영면적 1 [m²]에 대한 풍압
목 주		588 [Pa]
철주	원형의 것	588 [Pa]
	삼각형 또는 마름모형의 것	1,412 [Pa]
	강관에 의하여 구성되는 4각형의 것	1,117 [Pa]
	기타의 것	복재가 전·후면에 겹치는 경우에는 1,627[Pa], 기타의 경우에는 1,784[Pa]

답 ③

문제 87 버스덕트공사에서 덕트를 조영재에 붙이는 경우 지지점간의 거리는?

① 2 [m] 이하 ② 3 [m] 이하
③ 4 [m] 이하 ④ 5 [m] 이하

풀이

232.61 버스덕트공사

덕트를 조영재에 붙이는 경우에는 **덕트의 지지점 간의 거리를** 3[m](수직으로 붙이는 경우에는 6[m]) 이하로 하고 또한 견고하게 붙일 것. **답** ②

12년 1회 동일 및 유사 문제 (년도-회-번호)

1과목 전기자기학

13	18-1-09
14	21-1-03
15	22-3-10
16	22-1-05
17	19-3-02
18	22-1-20
19	21-2-11
20	19-2-05

2과목 전력공학

29	19-2-39
30	22-2-25
31	16-2-32
32	20-4-25
33	21-3-22
34	18-3-35
35	18-3-25
36	22-3-25
37	18-3-36
38	21-1-27
39	22-3-39
40	19-1-38

3과목 전기기기

53	18-1-46
54	16-2-53
55	18-3-53
56	21-3-60
57	18-3-58
58	21-1-51
59	20-3-56
60	22-3-44

4과목 회로이론 및 제어공학

71	21-3-65
72	18-2-70
73	16-2-67
74	22-3-67
75	15-1-65
76	17-3-65
77	19-3-76
78	21-2-80
79	22-3-72
80	22-2-74

5과목 전기설비기술기준

88	18-2-88
89	19-2-83
90	15-3-86
91	14-3-86
92	16-3-82
93	13-3-82
94	21-2-100
95	22-2-100
96	22-3-93
97	22-3-85

국가기술자격검정 필기시험 문제

2012년도 전기기사 일반검정 제 2 회				수검 번호	성 명
자격종목 및 등급(선택분야)	종목코드	시험시간	문제지형별		
전기기사	1150	2시간 30분	A		

제1과목　전기자기학

문제 01 전기쌍극자에 의한 등전위면을 극좌표로 나타내면? (단, k는 상수이다.)

① $r^2 = k\sin\theta$
② $r^2 = \sqrt{k\sin\theta}$
③ $r^2 = k\cos\theta$
④ $r^2 = \sqrt{k\cos\theta}$

풀이

전기 쌍극자에 의한 전위

$V = \dfrac{M\cos\theta}{4\pi\epsilon_0 r^2}$ [V]에서 $r^2 = \dfrac{M\cos\theta}{4\pi\epsilon_0 V} = k\cos\theta$

(등전위면이므로 전위 V는 일정, 여기서, $k = \dfrac{M}{4\pi\epsilon_0 V}$)

답 ③

문제 02 그림과 같이 면적 S [m²]인 평행판 콘덴서의 극판 간에 판과 평행으로 두께 d_1 [m], d_2 [m], 유전율 ϵ_1 [F/m], ϵ_2 [F/m]의 유전체를 삽입하면 정전용량 [F]은?

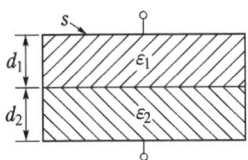

① $\dfrac{S}{\dfrac{d_1}{\epsilon_1} + \dfrac{d_2}{\epsilon_2}}$
② $\dfrac{S}{\dfrac{\epsilon_1}{d_1} + \dfrac{\epsilon_2}{d_2}}$
③ $\dfrac{S}{d_1\epsilon_1 + d_2\epsilon_2}$
④ $\dfrac{S}{d_1\epsilon_2 + d_2\epsilon_2}$

풀이

유전율이 ϵ_1, ϵ_2인 각 유전체의 정전용량을 C_1, C_2라 하면

$C_1 = \dfrac{\epsilon_1 S}{d_1}$, $C_2 = \dfrac{\epsilon_2 S}{d_2}$ 이므로

직렬 합성용량 C는

$$\therefore C = \cfrac{1}{\dfrac{1}{C_1} + \dfrac{1}{C_2}} = \dfrac{C_1 C_2}{C_1 + C_2} = \cfrac{\dfrac{\epsilon_1 S \epsilon_2 S}{d_1 d_2}}{\dfrac{\epsilon_1 S}{d_1} + \dfrac{\epsilon_2 S}{d_2}}$$

$$= \dfrac{\epsilon_1 \epsilon_2 S}{\epsilon_2 d_1 + \epsilon_1 d_2} = \dfrac{S}{\dfrac{d_1}{\epsilon_1} + \dfrac{d_2}{\epsilon_2}}$$

답 ①

문제 03 강자성체의 자속밀도 B의 크기와 자화의 세기 J의 크기 사이에는 어떤 관계가 있는가?

① J는 B와 같다.
② J는 B보다 약간 작다.
③ J는 B보다 약간 크다.
④ J는 B보다 대단히 크다.

풀이

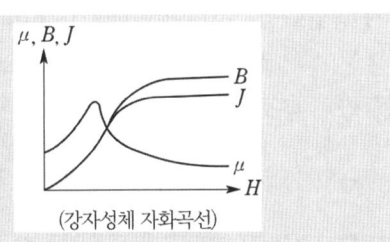

(강자성체 자화곡선)

강자성체는 $\mu_s \gg 1$이므로 $J = \dfrac{\mu_s - 1}{\mu_s}B$에서 $\dfrac{\mu_s - 1}{\mu_s}$은 1보다 약간 작으므로 J도 B보다 약간 작다.

답 ②

문제 04 일반적으로 자구를 가지는 자성체는?

① 상자성체 　　② 강자성체
③ 역자성체 　　④ 비자성체

풀이

자기 모멘트가 서로 접근하여 원자 전체의 모멘트가 동일 방향으로 정렬하고 있는 작은 영역을 자구(magnetic domain)라고 하며, **강자성체에는 처음부터 자구가 존재한다.** **답** ②

문제 05 평균길이 1 [m], 권수 1000회의 솔레노이드 코일에 비투자율 1000의 철심을 넣고 자속밀도 1 [Wb/m²]을 얻기 위해 코일에 흘려야 할 전류는 몇 [A]인가?

① $\dfrac{10}{4\pi}$ 　② $\dfrac{100}{8\pi}$ 　③ $\dfrac{6\pi}{100}$ 　④ $\dfrac{4\pi}{10}$

풀이

- 무한장 솔레노이드의 자계의 세기 $H = nI = \dfrac{NI}{l}$

  (여기서, n : 단위 길이당 권선 수, N : 총 권선 수)
- 자속밀도 $B = \mu H = \mu_0 \mu_s H$
- 전류 $I = \dfrac{Hl}{N} = \dfrac{Bl}{\mu_0 \mu_s N}$

  $= \dfrac{1 \times 1}{4\pi \times 10^{-7} \times 1000 \times 1000} = \dfrac{10}{4\pi}$ [A] **답** ①

문제 06 그림과 같이 평행판 콘덴서에 교류전원을 접속할 때 전류의 연속성에 대해서 성립하는 식은? (단. E : 전계, D : 전속밀도, ρ : 체적전하밀도, i : 전도전류밀도, B : 자속밀도, t : 시간이다.)

① $\nabla \cdot D = \rho$

② $\nabla \times E = -\dfrac{\partial B}{\partial t}$

③ $\nabla \cdot \left(i + \dfrac{\partial D}{\partial t}\right) = 0$

④ $\nabla \cdot B = 0$

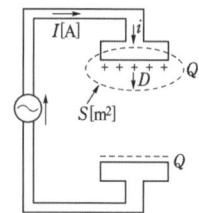

풀이

어떤 한 점에서 벡터 A의 연속성의 물리적 의미 :
$$\text{div}\,A = \nabla \cdot A = 0$$
평행판 콘덴서(내부 : 유전체) 내에서 전류밀도 i는
$$i = i_c + i_d = i_c + \dfrac{\partial D}{\partial t}$$

여기서, i_c : 전도전류밀도, 　i_d : 변위전류밀도
전류의 연속성은 $\text{div}\,i = 0$ 이므로

$$\text{div}\,i = \text{div}\left(i_c + \dfrac{\partial D}{\partial t}\right) = 0$$

$$\nabla \cdot i = \nabla \cdot \left(i_c + \dfrac{\partial D}{\partial t}\right) = 0 \qquad \text{답} ③$$

참고

$\nabla \cdot B = 0$(자속의 연속성)
$\nabla \cdot D = 0$(전속의 연속성)

문제 07 두 개의 길고 직선인 도체가 평행으로 그림과 같이 위치하고 있다. 각 도체에는 10 [A]의 전류가 같은 방향으로 흐르고 있으며, 이격거리는 0.2 [m] 일 때 오른쪽 도체의 단위 길이당 힘은? (단, a_x, a_z는 단위 벡터이다.)

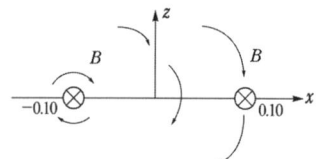

① $10^{-2}(-a_x)$ [N/m] 　② $10^{-4}(-a_x)$ [N/m]

③ $10^{-2}(-a_z)$ [N/m] 　④ $10^{-4}(-a_z)$ [N/m]

풀이

$$F = F r_0$$

- 크기 : $F = \dfrac{\mu_0 I^2}{2\pi r} = 2 \times \dfrac{I^2}{r} \times 10^{-7} = 2 \times \dfrac{10^2}{0.2} \times 10^{-7}$

  $= 10^{-4}$[N] 　$(\mu_0 = 4\pi \times 10^{-7})$
- 방향 : 전류가 같은 방향이므로 흡인력 작용 $r_0 = -a_x$

  $\therefore F = 10^{-4}(-a_x)$ **답** ②

문제 08 유전체에서 변위 전류를 발생하는 것은?

① 분극전하밀도의 공간적 변화
② 분극전하밀도의 시간적 변화
③ 전속밀도의 공간적 변화
④ 전속밀도의 시간적 변화

풀이

변위 전류 i_d (displacement current) : 진공 또는 유전체 내에서 전속밀도의 시간적 변화에 의하여 발생하는 전류

즉, $i_d = \dfrac{\partial D}{\partial t}$ **답** ④

문제 09 무한이 넓은 두 장의 도체판을 d[m]의 간격으로 평행하게 놓은 후, 두 판 사이에 V[V]의 전압을 가한 경우 도체판의 단위 면적당 작용하는 힘은 몇 [N/m²]가?

① $f = \epsilon_o \dfrac{V^2}{d}$ ② $f = \dfrac{1}{2}\epsilon_o \dfrac{V^2}{d}$

③ $f = \dfrac{1}{2}\epsilon_o\left(\dfrac{V}{d}\right)^2$ ④ $f = \dfrac{1}{2}\dfrac{1}{\epsilon_o}\left(\dfrac{V}{d}\right)^2$

풀이

정전응력

$$f = \frac{1}{2}DE = \frac{1}{2}\epsilon_0 E^2 = \frac{1}{2}\epsilon_0\left(\frac{V}{d}\right)^2 = \frac{1}{2}\frac{D^2}{\epsilon_0}[\text{N/m}^2] \quad \boxed{답} ③$$

문제 10 그림과 같이 비투자율이 μ_{s1}, μ_{s2} 인 각각 다른 자성체를 접하여 놓고 θ_1을 입사각이라 하고, θ_2를 굴절각이라 한다. 경계면에 자하가 없는 경우 미소 폐곡면을 취하여 이곳에 출입하는 자속수를 구하면?

① $\displaystyle\int_l \boldsymbol{B} \cdot n \, dl = 0$

② $\displaystyle\int_S \boldsymbol{B} \cdot n \, dS = 0$

③ $\displaystyle\int_S \boldsymbol{B} \cdot dS = 0$

④ $\displaystyle\int_S \boldsymbol{B} \cdot n \sin\theta \, dS = 0$

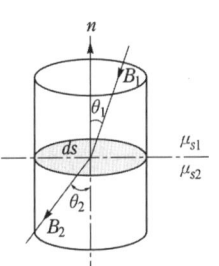

풀이

경계면에 자하가 없으므로 경계면에서 자속은 연속을 한다. 즉, 자속의 연속성
- 미시적 표현 : $\text{div}\boldsymbol{B} = \nabla \cdot \boldsymbol{B} = 0$
- 거시적 표현 : $\displaystyle\int_s \boldsymbol{B} \cdot n \, dS = 0$ $\boxed{답} ②$

제2과목 **전력공학**

문제 21 6.6[kV] 고압 배전선로(비접지 선로)에서 지락보호를 위하여 특별히 필요치 않은 것은?

① 과전류계전기(OCR)
② 선택접지계전기(SGR)
③ 영상변류기(ZCT)
④ 접지변압기(GPT)

풀이

비접지 계통의 지락 사고 검출
선택접지계전기(SGR) + 영상전류검출 (ZCT) + 영상전압검출 (GPT) $\boxed{답} ①$

문제 22 6.6[kV], 60[Hz], 3상3선식 비접지식에서 선로의 길이가 10 [km]이고 1선의 대지정전용량이 0.005 [μF/km] 일 때 1선 지락 시의 고장전류 I_g [A]의 범위로 옳은 것은?

① $I_g < 1$ ② $1 \leq I_g < 2$

③ $2 \leq I_g < 3$ ④ $3 \leq I_g < 4$

풀이

$$I_g = 3 \times 2\pi f C_s E = 3 \times 2\pi f C_s \times \frac{V}{\sqrt{3}}[\text{A}]$$

$$\therefore I_g = 6\pi \times 60 \times 0.005 \times 10^{-6} \times \frac{6600}{\sqrt{3}} \times 10 \fallingdotseq 0.215[\text{A}]$$

$$\therefore I_g < 1[\text{A}] \quad \boxed{답} ①$$

문제 23 유역면적이 4000[km²]인 어떤 발전 지점이 있다. 유역내의 연강우량이 1400[mm]이고, 유출계수가 75 %] 라고 하면 그 지점을 통과하는 연평균 유량은?

① 약 121 [m³/s] ② 약 133 [m³/s]
③ 약 251 [m³/s] ④ 약 150 [m³/s]

풀이

$$Q = \frac{A\rho k \times 10^3}{365 \times 24 \times 60 \times 60}[\text{m}^3/\text{s}]$$

여기서, Q : 연간평균유량 [m³/s]
  A : 하천의 유역면적 [km²]
  k : 유출계수, ρ : 연강수량 [mm]

$$Q = \frac{4000 \times 1400 \times 0.75 \times 10^3}{365 \times 24 \times 60 \times 60} = 133.18[\text{m}^3/\text{s}]$$ 답 ②

문제 24 용량 30 [MVA], 33/11 [kV], △-Y결선 변압기에 차동보호계전기가 설치되어 있다. 이 변압기로 30 [MVA] 부하에 전력을 공급할 때 부하측에 설치된 ㉠ CT의 결선방법과 ㉡ CT전류로 가장 적합한 것은?

① ㉠ Y결선, ㉡ 3.9 [A]
② ㉠ Y결선, ㉡ 6.8 [A]
③ ㉠ △결선, ㉡ 3.9 [A]
④ ㉠ △결선, ㉡ 6.8 [A]

풀이

㉠ 변압기 보호용 계전기는 비율 차동 계전기가 사용되며 변압기 1차와 2차간의 변위를 보정하기 위하여 **변류기의 결선은 변압기의 결선과 반대**로 한다. 즉, 변압기 결선이 △-Y이면 변류기 결선은 Y-△로 한다. 따라서, **변압기 2차측 결선이 Y결선 이므로 CT결선은 △결선**으로 하여야 한다.

㉡ • 변압기 2차측 전류

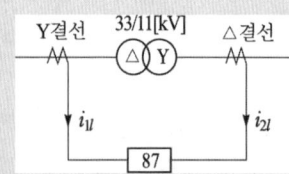

$$I_{2n} = \frac{P_n}{\sqrt{3}\,V_2} = \frac{30000}{\sqrt{3} \times 11} = 1574.6[\text{A}]$$

• CT전류 $= I_{2n} \times (1.25 \sim 1.5) = 1574.6 \times (1.25 \sim 1.5)$
$= 1968.3 \sim 2361.9[\text{A}]$
따라서, CT는 표준품인 2000/5[A]를 선정
• 변압기 2차측 CT결선이 △결선이므로 차동보호계전기(87)에 흐르는 전류 I_{2l}은 선전류가 된다.

$$I_{2l} = 1574.6 \times \frac{5}{2000} \times \sqrt{3} = 6.82[\text{A}]$$ 답 ④

문제 25 비접지 방식에 대한 설명 중 옳은 것은?
① 보호 계전기의 동작이 가장 확실하다.
② 고전압 송전방식으로 주로 채택되고 있다.
③ 장거리 송전에 적합하다.
④ V-V 결선이 가능하다.

풀이

비접지 방식
① 단거리 선로에 사용
② 전압이 낮은 계통(33[kV] 정도 이하)에 사용
③ 지락보호 계전방식이 복잡
④ 비접지 방식은 접지를 위하여 중성점을 뽑을 필요가 없기 때문에 변압기를 △-△결선으로 연결 할 수 있다. 따라서, **변압기의 고장 또는 점검 수리 시 변압기(단상) 1대를 제거하고 V-V결선으로 전환해서 송전을 계속** 할 수 있다.
답 ④

문제 26 고압고온을 채용한 기력발전소에서 채용되는 열사이클로 그림과 같은 장치선도의 열사이클은?

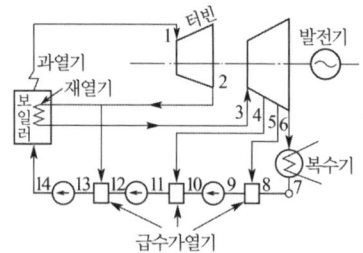

① 랭킨사이클
② 재생사이클
③ 재열사이클
④ 재열재생사이클

풀이

• **재생 사이클** : 증기터빈에서 팽창 도중에 있는 **증기를 일부 추기하여 급수가열에 이용**함으로써 열효율을 향상시키는 방법
• **재열 사이클** : 어느 압력까지 터빈에서 팽창한 증기를 보일러로 되돌려 가지고 **재열기로 적당한 온도까지 재가열**시킨 다음 다시 터빈에 보내서 팽창시키도록 하여 열효율을 향상시키는 방법
• **재열 재생 사이클** : 재생 사이클 + 재열 사이클
답 ④

문제 27 조상설비에 대한 설명으로 잘못된 것은?
① 송 · 수전단의 전압이 일정하게 유지되도록 하는 조정 역할을 한다.
② 역률의 개선으로 송전 손실을 경감시키는 역할을 한다.
③ 전력 계통 안정도 향상에 기여한다.
④ 이상전압으로부터 선로 및 기기의 보호능력을 가진다.

풀이

조상설비는
① 송 · 수전단의 전압이 일정하게 유지되도록 하는 조정 역할
② 역률 개선에 의한 송전 손실의 경감
③ 전력 시스템의 안정도 향상을 목적으로 하는 설비이다.
따라서, **이상전압으로부터 선로 및 기기의 보호를 위해서는 피뢰기를 설치**하여야 한다. **답** ④

문제 28 그림과 같은 전력계통에서 A점에 설치된 차단기의 단락용량은? (단, 각 기기의 %리액턴스는 발전기 G_1, G_2는 정격용량 15[MVA] 기준 각각 15[%]이고, 변압기는 정격용량 20[MVA] 기준 8[%], 송전선은 정격용량 10[MVA] 기준 11[%]이며, 기타 다른 정수는 무시한다.)

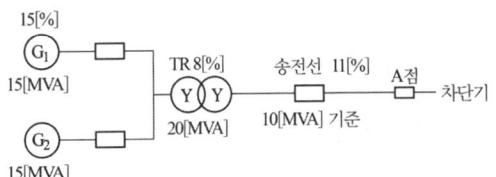

① 5[MVA]　　　② 50[MVA]
③ 500[MVA]　　④ 5000[MVA]

풀이

기준 용량 $P_n = 20$ [MVA]로 선정하고 %Z를 기준 용량으로 환산하면

$$\%Z_g = \frac{20}{15} \times 15 = 20 \,[\%]$$

$$\%Z_t = 8 \,[\%]$$

$$\%Z_l = \frac{20}{10} \times 11 = 22 \,[\%]$$

따라서, 고장점까지의 %Z는

$$\%Z = \frac{1}{2} \times \%Z_g + \%Z_t + \%Z_l = \frac{1}{2} \times 20 + 8 + 22 = 40 \,[\%]$$

차단기 용량 $P_s = \frac{100}{\%Z} \times P_n$ 에서

$$P_s = \frac{100}{40} \times 20 = 50 \,[\text{MVA}]$$ **답** ②

제3과목　전기기기

문제 41 정격 5[kW], 200[V], 50[A], 1500[rpm]의 타여자 직류 발전기가 있다. 계자전압 50[V], 계자전류 5[A], 전기자 저항 0.2[Ω]이고 브러시에서 전압 강하는 2[V]이다. 무부하시와 정격부하시의 전압차는 몇 [V]인가?

① 12　　　　　② 10
③ 8　　　　　　④ 6

풀이

무부하시에는 "유기 기전력=무부하 단자전압" 이다.
발전기 유기기전력 $E = V + I_a R_a + e_b$
　　　　　　　　　　$= 200 + 50 \times 0.2 + 2 = 212$[V]
따라서, 무부하시와 정격부하시의 전압차
　　　　　$= E - V = 212 - 200 = 12$[V] **답** ①

문제 42 브러시레스 DC 서보 모터의 특징으로 틀린 것은?
① 단위 전류당 발생 토크가 크고 효율이 좋다.
② 토크 맥동이 작고, 안정된 제어가 용이하다.
③ 기계적 시간 상수가 크고 응답이 느리다.
④ 기계적 접점이 없고 신뢰성이 높다.

풀이

서보 모터의 특징
① 기동 토크가 크다.
② 회전자 관성 모멘트가 작다.
③ 제어권선 전압이 0에서는 기동해서는 안되고, 곧 정지해야 한다.
④ 직류 서보모터의 기동 토크가 교류 서보모터보다 크다.
⑤ 속응성이 좋다. **시정수가 짧다. 기계적 응답이 좋다.**
⑥ 회전자 팬에 의한 냉각 효과를 기대할 수 없다. **답** ③

문제 43 동기발전기의 병렬운전 중 여자 전류를 증가시키면 그 발전기는?
① 전압이 높아진다.
② 출력이 커진다.
③ 역률이 좋아진다.
④ 역률이 나빠진다.

풀이

동기 발전기의 병렬 운전
- 유기 기전력이 높은 발전기(여자 전류가 높은 경우) : 90° 지상전류가 흘러 역률이 저하
- 유기 기전력이 낮은 발전기(여자 전류가 낮은 경우) : 90° 진상전류가 흘러 역률이 상승 **답** ④

문제 44 3상 분권 정류자전동기인 슈라게 전동기의 특성은?

① 1차 권선을 회전자에 둔 3상 권선형 유도전동기
② 1차 권선을 고정자에 둔 3상 권선형 유도전동기
③ 1차 권선을 고정자에 둔 3상 농형 유도전동기
④ 1차 권선을 회전자에 둔 3상 농형 유도전동기

풀이

슈라게 전동기의 구조
슈라게 전동기는 3상 분포권으로 된 **1차 권선을 회전자 권선**으로, **2차 권선을 고정자권선**으로 하고, 1차 권선과 같은 홈의 윗부분에 들어있는 조정권선으로 되어있는 **3상 권선형 유도전동기**이다. **답** ①

문제 45 15[kW] 3상 유도전동기의 기계손이 350[W], 전부하시의 슬립이 3[%]이다. 전부하시의 2차 동손은 약 몇 [W]인가?

① 523   ② 475
③ 411   ④ 365

풀이

기계적 출력 P_0 = 기계손 + 전동기 출력
$$= 350 + 15000 = 15350[\text{W}]$$
$$P_{c2} = sP_2 = \frac{s}{1-s}P_0 = \frac{0.03}{1-0.03} \times 15350 = 475[\text{W}]$$ **답** ②

문제 46 60[Hz] 6극 10[kW]인 유도전동기가 슬립 5[%]로 운전할 때 2차의 동손이 500[W]이다. 이 전동기의 전부하시의 토크[kg · m]는?

① 약 4.3   ② 약 8.5
③ 약 41.8   ④ 약 83.5

풀이

- 동기속도 $N_s = \dfrac{120f}{p} = \dfrac{120 \times 60}{6} = 1200[\text{rpm}]$

- 회전속도 $N = (1-s)N_s = (1-0.05) \times 1200 = 1140[\text{rpm}]$
- 토크 $T = 0.975\dfrac{P}{N}$ [kg · m]에서

$$T = 0.975 \times \frac{10000}{1140} = 8.55[\text{kg} \cdot \text{m}]$$ **답** ②

문제 47 다음 (   )안에 알맞은 내용은?

"직류전동기의 회전속도가 위험한 상태가 되지 않으려면 직권 전동기는 (㉠)상태로, 분권전동기는 (㉡) 상태가 되지 않도록 하여야 한다."

① ㉠ 무부하, ㉡ 무여자
② ㉠ 무여자, ㉡ 무부하
③ ㉠ 무여자, ㉡ 경부하
④ ㉠ 무부하, ㉡ 경부하

풀이

- 직권 전동기에서 $I = I_a = I_f \propto \phi$ 이므로

  직권 전동기의 속도 $n = K\dfrac{V - I_a(R_a + R_s)}{I}$

  여기서, $I_a(R_a + R_s)$는 매우 적으므로 무시하면 $n = K_1\dfrac{V}{I}$

  가 된다. 따라서, **직권 전동기는 정격 전압, 무부하에서 위험속도**가 된다.

- 분권 전동기의 속도 $n = K\dfrac{V - R_a I_a}{\phi}$

  따라서, **계자 회로가 끊어지면(무여자)** 자속 ϕ가 0이 되어 **전동기 속도가 고속으로 되어 위험**하다. **답** ①

문제 48 변압기의 성층철심 강판 재료의 규소 함유량은 대략 몇 [%]인가?

① 8[%]   ② 6[%]
③ 4[%]   ④ 2[%]

풀이

변압기 철심
- 규소 함유량 : 4~4.5 [%]
- 강판의 두께 : 0.3~0.35 [mm] **답** ③

문제 49 사이리스터의 래칭(latching)전류에 관한 설명으로 옳은 것은?

① 게이트를 개방한 상태에서 사이리스터 도통 상태를 유지하기 위한 최소전류
② 게이트 전압을 인가한 후에 급히 제거한 상태에서 도통상태가 유지되는 최소의 순전류
③ 사이리스터의 게이트를 개방한 상태에서 전압이 상승하면 급히 증가하게 되는 순전류
④ 사이리스터가 턴온하기 시작하는 전류

풀이

게이트 개방 상태에서 SCR이 도통되고 있을 때 그 상태를 유지하기 위한 최소의 순전류를 유지 전류(holding current)라고 하고, 턴온되려고 할 때는 이 이상의 순전류가 필요하고, 확실히 **턴온시키기 위해서 필요한 최소의 순전류를 래칭전류**라 한다. **답** ④

제4과목 회로이론 및 제어공학

문제 61 $F(s) = \dfrac{8}{s^3} + \dfrac{3}{s+2}$ 의 역 라플라스 변환은?

① $(3t^2 + 3e^{-3t})u(t)$

② $(4t^2 + 3e^{-2t})u(t)$

③ $(8t^2 - 3e^{2t})u(t)$

④ $(8t^2 + 3e^{-2t})u(t)$

풀이

$\mathcal{L}[t^n] = \dfrac{n!}{s^{n+1}}$, $\mathcal{L}[e^{-at}] = \dfrac{1}{s+a}$ 이므로

$F(s) = \dfrac{8}{s^3} + \dfrac{3}{s+2} = 4 \times \dfrac{2!}{s^{2+1}} + 3 \times \dfrac{1}{s+2}$

$\therefore f(t) = (4t^2 + 3e^{-2t})u(t)$ **답** ②

문제 62 그림과 같은 4단자망에서 정수 행렬은?

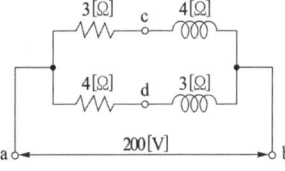

① $\begin{bmatrix} 1 & Z \\ 0 & 1 \end{bmatrix}$ ② $\begin{bmatrix} 1 & 0 \\ \dfrac{1}{Z} & 1 \end{bmatrix}$

③ $\begin{bmatrix} 1 & Z \\ \dfrac{1}{Z} & 0 \end{bmatrix}$ ④ $\begin{bmatrix} Z & 1 \\ 1 & 0 \end{bmatrix}$

풀이

4단자 정수에서 A=전압비, B=임피던스 차원, C=어드미턴스 차원, D=전류비 이므로

$\begin{bmatrix} A & B \\ C & D \end{bmatrix} = \begin{bmatrix} 1 & 0 \\ \dfrac{1}{Z} & 1 \end{bmatrix}$ **답** ②

문제 63 샘플러의 주기를 T라 할 때 s평면상의 모든 점은 식 $z = e^{sT}$에 의하여 z평면상에 사상된다. s평면의 좌반 평면상의 모든 점은 z평면상 단위원의 어느 부분으로 사상되는가?

① 내점 ② 외점
③ 원주상의 점 ④ z평면 전체

풀이

특성방정식의 근의 위치에 따른 안정도 판별법

계의 안정도	근의 위치	
	s평면의	z평면상
안 정	좌반면	단위원 내부
불 안 정	우반면	단위원 외부
임계안정	허수축	단위 원주상

답 ①

문제 64 회로에서 단자, a, b 사이에 교류전압 200[V]를 가하였을 때 c, d 사이의 전위차는 몇 [V]인가?

① 46 [V]
② 96 [V]
③ 56 [V]
④ 76 [V]

풀이

· c점의 전위 $V_c = \dfrac{200}{3+j4} \times j4 = \dfrac{j800}{(3+j4)(3-j4)} \times (3-j4)$
  $= 128 + j96\,[\text{V}]$

· d점의 전위 $V_d = \dfrac{200}{4+j3} \times j3 = \dfrac{j600}{(4+j3)(4-j3)} \times (4-j3)$
  $= 72 + j96\,[\text{V}]$

· c, d 사이의 전위차 $V_{cd} = V_c - V_d = 128 + j96 - 72 - j96$
  $= 56\,[\text{V}]$ **답** ③

문제 65 상태방정식 $x(t) = A\,x(t) + B\,r(t)$인 제어계의 특성 방정식은?

① $|sI - B| = I$ ② $|sI - A| = I$

③ $|sI - B| = 0$ ④ $|sI - A| = 0$

풀이

n차 선형 시불변 시스템의 상태 방정식은

$$\frac{d}{dt}\boldsymbol{x}(t) = \boldsymbol{A}\boldsymbol{x}(t) + \boldsymbol{B}\boldsymbol{r}(t)$$

이 때 제어계의 특성 방정식 $|s\boldsymbol{I} - \boldsymbol{A}| = 0$ **답** ④

문제 66 물체의 위치, 각도, 자세, 방향 등을 제어량으로 하고 목표값의 임의의 변화에 추종하는 것과 같이 구성된 제어장치를 무엇이라고 하는가?

① 프로세서 제어   ② 서보기구

③ 자동조정   ④ 추종 제어

풀이

제어량의 종류에 의한 분류

항 목	프로세스 제어	서보 제어	자동 조정 제어
특 징	플랜트나 생산 공정 중의 상태량을 제어량으로 하는 제어	기계적 변위를 제어량으로 해서 목표값의 임의의 변화에 추종하도록 구성된 제어계	전기적, 기계적 양을 주로 제어하는 것으로서, 응답 속도가 대단히 빨라야 한다.
제어량의 종 류	·온도 ·유량 ·압력 ·액위 ·농도 ·밀도 등	**·물체의 위치 ·방위 ·자세 등**	·전압 ·전류 ·주파수 ·회전속도 ·힘 등

답 ②

문제 67 다음 회로의 역회로는?
(단, $K^2 = 2 \times 10^3$이다.)

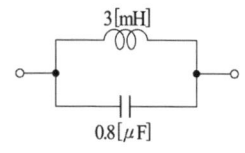

①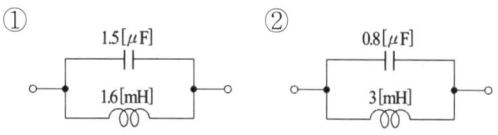
②

문제 68 $G(s) = \dfrac{s+2}{s^2+1}$의 극점과 영점은?

① $-2,\ -2$ ② $-j,\ -2$

③ $-2,\ j$ ④ $\pm j,\ -2$와 ∞

풀이

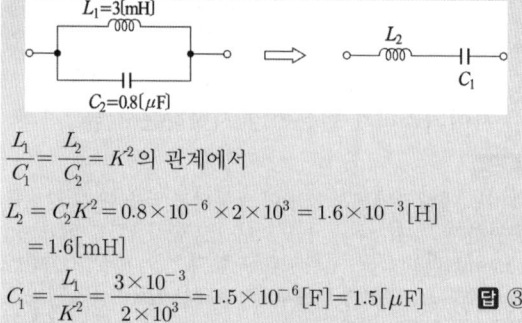

$\dfrac{L_1}{C_1} = \dfrac{L_2}{C_2} = K^2$의 관계에서

$L_2 = C_2 K^2 = 0.8 \times 10^{-6} \times 2 \times 10^3 = 1.6 \times 10^{-3}[\text{H}]$
$\quad = 1.6[\text{mH}]$

$C_1 = \dfrac{L_1}{K^2} = \dfrac{3 \times 10^{-3}}{2 \times 10^3} = 1.5 \times 10^{-6}[\text{F}] = 1.5[\mu\text{F}]$ **답** ③

풀이

• 영점 : 전달함수의 분자가 0이 되는 근
• 극점 : 전달함수의 분모가 0이 되는 근

$$G(s) = \frac{s+2}{s^2+1} = \frac{s+2}{(s+j)(s-j)}$$

따라서, 영점은 -2, ∞, 극점은 $\pm j$ **답** ④

문제 69 블록선도에서 $C(s) = R(s)$라면 전달함수 $G(s)$는?

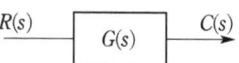

① 0   ② -1 ③ ∞ ④ 1

풀이

$G(s) = \dfrac{C(s)}{R(s)}$ 에서 $C(s) = R(s)$이면 $G(s) = 1$ **답** ④

문제 70 대칭 3상 4선식 전력계통이 있다. 단상 전력계 2개로 전력을 측정하였더니 각 전력계의 값이 각각 $-301\,[\text{W}]$ 및 $1327\,[\text{W}]$이었다. 이때 역률은 약 얼마인가?

① 0.94   ② 0.75

③ 0.62   ④ 0.34

풀이

2전력계법에서

$$역률 \ \cos\theta = \frac{P_1+P_2}{2\sqrt{P_1^2+P_2^2-P_1P_2}}$$

$$= \frac{-301+1327}{2\sqrt{301^2+1327^2+301\times1327}} = 0.34 \quad \text{답 ④}$$

제5과목 | 전기설비 기술기준

문제 81 애자공사에 의한 고압 옥내배선에 사용되는 연동선의 최소 지름은 몇 [mm²]인가?

① 2.5   ② 4

③ 6   ④ 8

풀이

342.1 고압 옥내배선 등의 시설

가. 고압 옥내배선은 다음에 따라 시설하여야 한다.
　① 애자공사(건조한 장소로서 전개된 장소에 한한다)
　② 케이블공사
　③ 케이블트레이공사

나. 전선은 공칭단면적 6[mm²] 이상의 연동선   답 ③

문제 82 과전류차단기로 시설하는 퓨즈 중 고압전로에 사용하는 포장 퓨즈는 2배의 정격전류시 몇 분 안에 용단되어야 하는가?

① 2   ② 30

③ 60   ④ 120

풀이

341.10 고압 및 특고압 전로 중의 과전류차단기의 시설

가. 과전류차단기로 시설하는 퓨즈 중 고압전로에 사용하는 **포장 퓨즈는 정격전류의 1.3배의 전류에 견디고 또한 2배의 전류로 120분 안에 용단**되는 것이어야 한다.

나. 과전류차단기로 시설하는 퓨즈 중 고압전로에 사용하는 비포장 퓨즈는 정격전류의 1.25배의 전류에 견디고 또한 2배의 전류로 2분 안에 용단되는 것이어야 한다.

답 ④

문제 83 발전소에 시설하여야 하는 계측장치가 아닌 것은?

① 발전기의 전압 및 전류

② 주요 변압기의 역률

③ 발전기의 고정자 온도

④ 특고압용 변압기의 온도

풀이

351.6 계측장치

발전소에서는 다음의 사항을 계측하는 장치를 시설하여야 한다.

가. 발전기의 전압 및 전류 또는 전력

나. 발전기의 베어링 및 고정자의 온도

다. **주요 변압기의 전압 및 전류 또는 전력**

라. 특고압용 변압기의 온도   답 ②

문제 84 철탑의 강도 계산에 사용하는 이상 시 상정하중의 종류가 아닌 것은?

① 수직하중

② 좌굴하중

③ 수평 횡하중

④ 수평 종하중

풀이 333.14 이상 시 상정하중

철탑의 강도계산에 사용하는 이상 시 상정하중은 **수직하중, 수평 횡하중, 수평 종하중** 이 있다.   답 ②

12년 2회   동일 및 유사 문제 (년도-회-번호)

1과목 전기자기학

11	21-3-10
12	20-1,2-12
13	17-3-07
14	19-1-09
15	19-1-20
16	17-1-17
17	15-2-01
18	14-3-04
19	18-3-17
20	18-3-12

2과목 전력공학

29	13-3-30
30	17-3-26
31	21-2-22
32	22-3-29
33	22-2-33
34	17-1-33
35	21-1-34
36	20-4-21
37	21-2-31
38	17-3-34
39	15-3-25
40	17-3-38

3과목 전기기기

50	18-1-47
51	22-3-49
52	18-1-57
53	19-3-42
54	17-3-54

55	22-3-46
56	15-1-44
57	22-2-49
58	22-2-60
59	21-1-46
60	20-1,2-49

4과목 회로이론 및 제어공학

71	18-3-65
72	17-3-61
73	17-1-66
74	15-3-63
75	20-4-77
76	19-2-61
77	15-1-69
78	22-3-75
79	20-4-78
80	22-3-74

5과목 전기설비기술기준

85	20-3-94
86	17-3-97
87	21-3-81
88	21-3-83
89	21-1-87
90	22-1-99
91	18-2-91
92	18-1-93
93	18-1-95
94	20-1,2-92
95	22-2-83

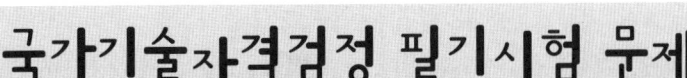

국가기술자격검정 필기시험 문제

2012년도 전기기사 일반검정 제3회

자격종목 및 등급(선택분야)	종목코드	시험시간	문제지형별	수검 번호	성 명
전기기사	1150	2시간 30분	A		

제1과목 전기자기학

문제 01 정전계에 주어진 전하분포에 의하여 발생되는 전계의 세기를 구하려고 할 때 적당하지 않은 방법은?
① 쿨롱의 법칙을 이용하여 구한다.
② 전위를 이용하여 구한다.
③ 가우스법칙을 이용하여 구한다.
④ 비오-사바르의 법칙에 의하여 구한다.

풀이
비오-사바르의 법칙은 자계의 세기 H를 구하는 데 이용한다.
$$dH = \frac{Idl\sin\theta}{4\pi r^2}\,[\text{AT/m}]$$
답 ④

문제 02 공극(air gap)이 δ[m]인 강자성체로 된 환상 영구 자석에서 성립하는 식은? (단, l[m]은 영구자석의 길이이며 $l \gg \delta$ 이고, 자속밀도와 자계의 세기를 각각 B[Wb/m²], H[AT/m]라 한다.)
① $\dfrac{B}{H} = -\dfrac{l\mu_0}{\delta}$ ② $\dfrac{B}{H} = -\dfrac{\delta\mu_0}{l}$
③ $\dfrac{B}{H} = \dfrac{\delta\mu_0}{l}$ ④ $\dfrac{B}{H} = \dfrac{l\mu_0}{\delta}$

풀이
영구자석의 외부 기자력 $F = 0$이다.
$$\therefore F = 0 = \frac{B}{\mu_0}\delta + Hl$$
$$\therefore \frac{B}{H} = -\frac{l\mu_0}{\delta}$$
답 ①

문제 03 $Q = 0.15$[C]으로 대전하고 있는 큰 도체 구에 그 반경이 큰 구의 $\frac{1}{2}$인 작은 도체구를 접촉했다가 떼면, 작은 도체구가 얻는 전하[C]는 얼마로 되는가?
① 0.01 [C] ② 0.05 [C]
③ 0.1 [C] ④ 0.2 [C]

풀이
• 전체 전하량 $Q = Q_1 + Q_2$
　여기서, Q_1: 도체구 접촉 후 A 도체의 전하량
　　　　Q_2: 도체구 접촉 후 B 도체의 전하량
　　　　Q: 도체구 접촉 전 A도체의 전하량(총 전하량)
• 두 도체구를 접속시키면 전위는 같게 되므로,
$$V = \frac{Q_1}{4\pi\epsilon_0 r_1} = \frac{Q_2}{4\pi\epsilon_0 r_2}$$
따라서, $Q_2 = \dfrac{4\pi\epsilon_0 r_2}{4\pi\epsilon_0 r_1}Q_1 = \dfrac{r_2}{r_1}Q_1 = \dfrac{r_2}{r_1}(Q - Q_2)$
$$= \frac{1}{2}(0.15 - Q_2)$$
$$\therefore Q_2 = 0.05[\text{C}]$$
답 ②

문제 04 공기 중의 두 점전하 사이에 작용하는 힘이 5 [N]이었다. 두 전하 간에 유전체를 넣었더니 힘이 2 [N]으로 되었다면 유전체의 비유전율 [F/m]은 얼마인가?
① 1 ② 2.5
③ 5 ④ 7.5

풀이
쿨롱의 법칙 $F = \dfrac{Q_1 Q_2}{4\pi\epsilon r^2} \propto \dfrac{1}{\epsilon}$
$$F_1 : F_2 = \frac{1}{\epsilon_1} : \frac{1}{\epsilon_2} = \epsilon_2 : \epsilon_1$$

$$5 : 2 = \epsilon_2 : \epsilon_0$$
$$\epsilon_2 = \epsilon_o \epsilon_s = \frac{5}{2}\epsilon_0 \qquad \therefore \ \epsilon_s = 2.5$$
답 ②

문제 05 두 개의 전기회로 간의 상호 인덕턴스를 구하는데 사용하는 방법은?

① 가우스의 법칙
② 플레밍의 오른손 법칙
③ 노이만의 공식
④ 스테판–볼쯔만의 법칙

풀이

그림과 같이 두 개의 전기 회로 C_1과 C_2와의 상호 인덕턴스 M_{21}을 구하는 방법으로 **노이만의 공식**이 있다.
상호인덕턴스

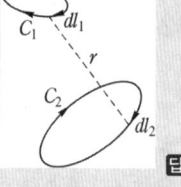

$$M_{21} = \frac{\mu}{4\pi} \oint_{c2} \oint_{c1} \frac{dl_1 \cdot dl_2}{r}$$
답 ③

문제 06 물질의 자화 현상은?

① 전자의 자전
② 전자의 공전
③ 전자의 이동
④ 분자의 운동

풀이

물체의 자화는 물질을 구성하는 각 원자 내의 핵과 전자의 운동으로 인한 미소전류 루프에 의한 것으로 생각된다. 즉 핵 주위를 회전하는 전자의 궤도운동과 궤도전자 및 **핵의 자전운동**(spin)에 해당한 미소전류 루프의 자기 쌍극자 모멘트 방향이 외부자계에 의한 회전력에 의하여 일정방향으로 배열됨으로 형성된다.
답 ①

문제 07 유전체에서의 변위 전류에 대한 설명으로 옳은 것은?

① 유전체의 굴절률이 2배가 되면 변위 전류의 크기도 2배가 된다.
② 변위 전류의 크기는 투자율의 값에 비례한다.
③ 변위 전류는 자계를 발생시킨다.
④ 전속 밀도의 공간적 변화가 변위 전류를 발생시킨다.

풀이

변위 전류는 시간적으로 변화하는 전속밀도에 의한 전류로서 전도 전류와 마찬가지로 그 주위에 자계를 발생시키고 그 크기와 방향은 비오–사바르의 법칙이나 암페어의 주회적분 법칙에 따른다.
답 ③

문제 08 진공 중에 있는 대전 도체구의 표면전하밀도가 σ[C/m²], 전위가 V[V]일 때 도체 표면의 법선방향(바깥쪽)을 n이라 할 때 성립되는 관계식은?

① $\frac{\partial V}{\partial n} = -\sigma$
② $\frac{\partial V}{\partial n} = -\frac{\sigma}{\epsilon_o}$
③ $\frac{\partial V}{\partial n} = -\frac{2\sigma}{\epsilon_o}$
④ $\frac{\partial V}{\partial n} = -\frac{\sigma}{2\epsilon_o}$

풀이

$$E = -\mathrm{grad}\ V = -\left(\frac{\partial V}{\partial n}\right)$$
$$\therefore \frac{\partial V}{\partial n} = -E = -\frac{\sigma}{\epsilon_0} \ (표면전하밀도 \ \sigma 일 \ 때 \ E = \frac{\sigma}{\epsilon_0} 이므로)$$
답 ②

문제 09 그림과 같은 원형 코일이 두 개 있다. A의 권선수는 1회, 반지름 1[m], B의 권선수는 2회, 반지름은 2[m]이다. A와 B의 코일중심을 겹쳐 두면 중심에서의 자속이 A만 있을 때의 2배가 된다. A와 B의 전류비 I_B/I_A는?

① $\frac{1}{2}$
② 1
③ 2
④ 4

풀이

코일 중심의 자계는 $\frac{I}{2a}$[AT/m] 이므로

• A코일에 의한 자계= $\frac{I_A}{2 \times 1}$[AT/m]

• B코일에 의한 자계= $\frac{2I_B}{2 \times 2}$[AT/m]

(B의 권선수는 2회이므로 2배가 된다.)
A, B 코일 중심을 겹쳐 두면 중심에서의 자계는 A코일만 있을 때의 2배가 되므로

$2 \times \dfrac{I_A}{2 \times 1} = \dfrac{I_A}{2 \times 1} + \dfrac{2I_B}{2 \times 2}$ 에서

$I_A = \dfrac{1}{2} I_A + \dfrac{1}{2} I_B \qquad \dfrac{1}{2} I_A = \dfrac{1}{2} I_B$

$\therefore \dfrac{I_B}{I_A} = 1$ **답** ②

③ $\dfrac{0.02413}{\log_{10} \dfrac{4h^3}{r D^2}}$ ④ $\dfrac{0.2413}{\log_{10} \dfrac{4h^3}{r D^2}}$

풀이

3상 1회선인 경우 대지 정전 용량

$C_s = \dfrac{0.02413}{\log_{10} \dfrac{8h^3}{r D^2}} [\mu F/km]$ **답** ①

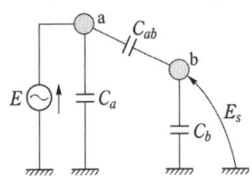

제2과목 전력공학

문제 21 전력선 a의 충전 전압을 E, 통신선 b의 대지 정전 용량을 C_b, $a-b$ 사이의 상호 정전 용량을 C_{ab}라고 하면 통신선 b의 정전 유도 전압 E_s는?

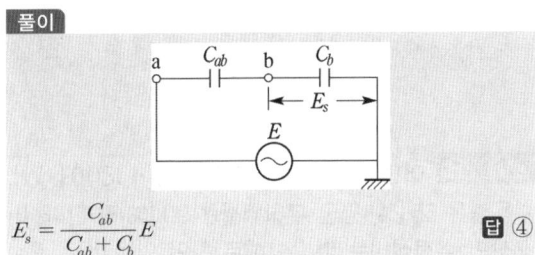

① $\dfrac{C_{ab} + C_b}{C_b} E$ ② $\dfrac{C_{ab} + C_b}{C_{ab}} E$

③ $\dfrac{C_b}{C_{ab} + C_b} E$ ④ $\dfrac{C_{ab}}{C_{ab} + C_b} E$

풀이

$E_s = \dfrac{C_{ab}}{C_{ab} + C_b} E$ **답** ④

문제 22 전선의 굵기가 동일하고 완전히 연가되어 있는 3상 1회선 송전선의 대지정전용량을 옳게 나타낸 것은? (단, r [m] : 도체의 반지름, D[m] : 도체의 등가선간거리, h[m] : 도체의 평균 지상 높이이다.)

① $\dfrac{0.02413}{\log_{10} \dfrac{8h^3}{r D^2}}$ ② $\dfrac{0.2413}{\log_{10} \dfrac{8h^3}{r D^2}}$

문제 23 각각 다른 2개의 전력계통을 연락선(Tie line)을 통하여 상호 연계하면 여러 가지 장점이 있는데, 계통 운용상 이득이 아닌 것은?

① 전력의 융통으로 설비용량이 저감된다.

② 배후 전력이 커져 단락전류가 감소한다.

③ 경제적인 발전력 배분이 가능하다.

④ 안정된 주파수 유지가 가능하다.

풀이

전력계통의 연계방식의 장·단점

[장점]

① 전력의 융통으로 설비용량이 절감된다.

② 건설비 및 운전 경비를 절감하므로 경제 급전이 용이하다.

③ 계통 전체로서의 신뢰도가 증가한다.

④ 부하 변동의 영향이 작아져서 안정된 주파수 유지가 가능하다.

[단점]

① 연계설비를 신설해야 한다.

② 사고시 타계통에의 파급 확대될 우려가 있다.

③ 단락전류가 증대하고 통신선의 전자유도 장해도 커진다.

답 ②

문제 24 기력발전소의 열사이클 중 가장 기본적인 것으로 두 개의 등압변화와 두 개의 단열변화로 되는 열사이클은?

① 재생 사이클

② 랭킨 사이클

③ 재열 사이클

④ 재생재열사이클

풀이

랭킨 사이클 : 기력발전소의 열사이클 중 가장 기본적인 것으로서 두 개의 등압변화와 두 개의 단열변화로 이루어진다.

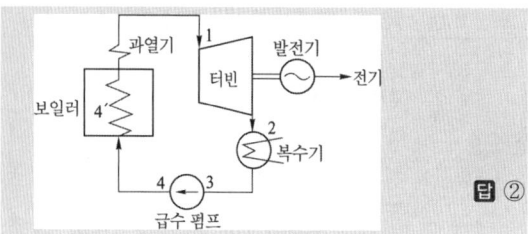

답 ②

문제 25 최소 동작전류값 이상이면 일정한 시간에 동작하는 한시 특성을 갖는 계전기는?

① 정한시 계전기
② 반한시 계전기
③ 순한시 계전기
④ 반한시성 정한시 계전기

풀이

보호 계전기 특징
① 순한시 특성 : 최소 동작 전류 이상의 전류가 흐르면 즉시 동작하는 특성
② 반한시 특성 : 동작 전류가 커질수록 동작 시간이 짧게 되는 특성
③ **정한시 특성** : 최소 동작전류값 이상이면 동작 전류의 크기에 관계없이 **일정한 시간에 동작하는 특성**
④ 반한시 정한시 특성 : 동작 전류가 적은 동안에는 동작 전류가 커질수록 동작 시간이 짧게 되고 어떤 전류 이상이면 동작 전류의 크기에 관계없이 일정한 시간에 동작하는 특성

답 ①

문제 26 그림과 같은 수전단 전력원선도에서 직선 OL은 지상역률 $\cos\theta$인 부하직선을 나타낸다. 다음 설명 중 옳지 않은 것은? (단, C점은 원선도의 중심점이다.)

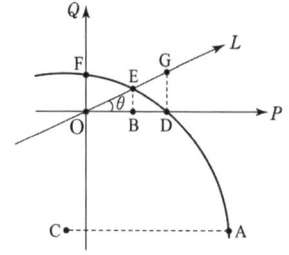

① A점은 이론상의 극한 수전 전력을 표시한다.
② B점은 부하역률이 1일 때의 수전전력을 표시한다.
③ G점은 전압조정을 위하여 진상 무효전력이 필요하다.
④ F점은 전력이 0이므로 역률조정이 필요 없다.

풀이

정전압 송·수전 방식에서 운전점은 원선도의 원주상에 존재하여야 한다. 따라서, 무부하의 경우 **일정 전압을 유지하기 위해서는 OF에 해당하는 지상무효 전력을 공급**하여 주어야 한다.

답 ④

문제 27 송전전력, 송전거리, 전선로의 전력손실이 일정하고 같은 재료의 전선을 사용한 경우 단상 2선식에 대한 3상 3선식의 1선당의 전력비는 얼마인가?

① 0.7　　　　　② 1.0
③ 1.15　　　　　④ 1.33

풀이

• 단상 2선식에서 1선당 전력 $P_2 = \dfrac{VI\cos\theta}{2}$

• 3상 3선식에서 1선당 전력 $P_3 = \dfrac{\sqrt{3}\,VI\cos\theta}{3}$

• $\dfrac{P_3}{P_2} = \dfrac{\dfrac{\sqrt{3}\,VI\cos\theta}{3}}{\dfrac{VI\cos\theta}{2}} = \dfrac{2}{\sqrt{3}} = 1.15$

∴ $P_3 = 1.15P_2$

답 ③

문제 28 어떤 공장의 수용설비 용량이 1800 [kW], 수용률은 55 [%] 평균 부하역률은 90 [%]라 한다. 이 공장의 수전설비는 몇 [kVA]로 하면 되는가?

① 900 [kVA]　　　　② 990 [kVA]
③ 1100 [kVA]　　　　④ 1800 [kVA]

풀이

수전설비 용량[kVA] $= \dfrac{설비\ 용량[kW] \times 수용률}{부등률 \times 역률}$

$= \dfrac{1800 \times 0.55}{1 \times 0.9} = 1100[kVA]$

(별도의 언급이 없으면 부등률=1)

답 ③

문제 29 부하전력 및 역률이 같을 때 전압을 n배 승압하면 ㉠ 전압 강하와 ㉡ 전력손실은 각각 어떻게 되는가?

① ㉠ $\frac{1}{n}$, ㉡ $\frac{1}{n^2}$ ② ㉠ $\frac{1}{n^2}$, ㉡ $\frac{1}{n}$

③ ㉠ $\frac{1}{n}$, ㉡ $\frac{1}{n}$ ④ ㉠ $\frac{1}{n^2}$, ㉡ $\frac{1}{n^2}$

풀이

① 전압 강하 $e = \frac{P}{V}(R + X\tan\theta)$ 에서

n배 승압하였을 때 전압 강하 $e' = \frac{P}{(nV)}(R + X\tan\theta)$

$\therefore \frac{e'}{e} = \frac{\frac{P}{nV}(R+X\tan\theta)}{\frac{P}{V}(R+X\tan\theta)} = \frac{1}{n}$

② 전력 손실 $P_l = 3I^2R = \frac{P^2R}{V^2\cos^2\theta}$ 에서

n배 승압하였을 때의 전력손실 $P_l' = \frac{P^2R}{(nV)^2\cos^2\theta}$

$\therefore \frac{P_l'}{P_l} = \frac{\frac{P^2R}{n^2V^2\cos^2\theta}}{\frac{P^2R}{V^2\cos^2\theta}} = \frac{1}{n^2}$ 배   **답** ①

문제 30 3상 동기발전기 단자에서의 고장 전류 계산 시 영상전류 $\dot{I_0}$, 정상전류 $\dot{I_1}$ 및 역상전류 $\dot{I_2}$ 가 같은 경우는?

① 1선 지락 고장   ② 2선 지락 고장
③ 선간 단락 고장   ④ 3상 단락 고장

풀이

고장별 대칭분 및 전류의 크기

고장의 종류	대 칭 분	전류의 크기
3상 단락	정상분	$I_1 \neq 0,\ I_2 = I_0 = 0$
선간 단락	정상분, 역상분	$I_1 = -I_2 \neq 0,\ I_0 = 0$
1선 지락	정상분, 역상분, 영상분	$I_0 = I_1 = I_2 \neq 0$

답 ①

문제 31 일반 회로정수가 A, B, C, D이고 송전단 상전압이 E_s인 경우 무부하시 송전단의 충전전류(송전단 전류)는?

① CE_s ② ACE_s

③ $\frac{A}{C}E_s$ ④ $\frac{C}{A}E_s$

풀이

$E_s = AE_r + BI_r$ 에서 무부하$(I_r = 0)$이므로

$E_s = AE_r$ $\therefore E_r = \frac{E_s}{A}$

$I_s = CE_r + DI_r$ 에서 무부하$(I_r = 0)$이므로

$I_s = CE_r = \frac{C}{A}E_s$ **답** ④

제3과목   전기기기

문제 41 3상 유도 전동기의 회전방향은 이 전동기에서 발생되는 회전 자계의 회전 방향과 어떤 관계가 있는가?

① 아무 관계도 없다.
② 회전 자계의 회전 방향으로 회전한다.
③ 회전 자계의 반대 방향으로 회전한다.
④ 부하 조건에 따라 정해진다.

풀이

전동기 U, V, W의 대칭 3상 권선에 3상 교류 전압을 공급하면 회전 자계가 발생하고, **회전자는 회전 자계 방향으로 회전**한다. 즉, 자계의 발생이 없으면 회전력은 생기지 않는다.   **답** ②

문제 42 돌극(凸極)형 동기발전기의 특성이 아닌 것은?

① 직축 리액턴스 및 횡축 리액턴스의 값이 다르다.
② 내부 유기기전력과 관계없는 토크가 존재한다.
③ 최대출력의 출력각이 90°이다.
④ 리액션 토크가 존재한다.

풀이

• 돌극기 최대 출력의 출력각 : 60° 부근
• 비돌극기 최대 출력의 출력각 : 90°   **답** ③

문제 43 Y결선한 변압기의 2차측에 다이오드 6개로 3상 전파의 정류회로를 구성하고 저항 R을 걸었을 때의 3상 전파 직류전류의 평균치 I[A]는? (단, E는 교류측의 선간전압이다.)

① $\dfrac{6\sqrt{2}}{2\pi}\dfrac{E}{R}$ ② $\dfrac{3\sqrt{6}}{2\pi}\dfrac{E}{R}$

③ $\dfrac{3\sqrt{6}}{\pi}\dfrac{E}{R}$ ④ $\dfrac{6\sqrt{2}}{\pi}\dfrac{E}{R}$

풀이

• 3상 반파 정류회로(평균값) :

$$E_{d0}=\dfrac{3\sqrt{6}}{2\pi}V_p \ (V_p : 상전압)$$

• 3상 전파 정류회로(평균값) :

$$E_{d0}=\dfrac{3\sqrt{6}}{2\pi}\times\dfrac{V_l}{\sqrt{3}}\times 2(배)=\dfrac{3\sqrt{2}}{\pi}V_l \ (V_l : 선간전압)$$

$$\therefore I_{d0}=\dfrac{E_{d0}}{R}=\dfrac{3\sqrt{2}}{\pi}\cdot\dfrac{V_l}{R} \ (V_l=E)$$

$$\therefore I_{d0}=\dfrac{3\sqrt{2}}{\pi}\cdot\dfrac{E}{R} \left(=\dfrac{6\sqrt{2}}{2\pi}\cdot\dfrac{E}{R}\right)$$

답 ①

문제 44 권수가 같은 2대의 단상 변압기로 3상 전압을 2상으로 변압하기 위하여 스코트 결선을 할 때 T좌 변압기의 권수는 전권수의 어느 점에서 택해야 하는가?

① $\dfrac{1}{\sqrt{2}}$ ② $\dfrac{1}{\sqrt{3}}$

③ $\dfrac{\sqrt{3}}{2}$ ④ $\dfrac{2}{\sqrt{3}}$

풀이

T좌 변압기는 1차 권선이 주좌 변압기와 같다면 $\sqrt{3}/2$ 지점에서 인출한다.

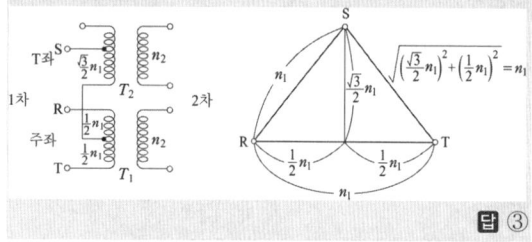

답 ③

문제 45 전동기 기동시 1차 각상의 권선에 정격전압의 $1/\sqrt{3}$ 전압이 가해지고, 기동 전류는 전 전압 기동을 한 경우보다 1/3이 되는 기동법은

① 전전압 기동법
② Y-△ 기동법
③ 기동보상기법
④ 기동저항기 기동법

풀이

Y-△ 기동법 : 선간 전압을 V, 기동시의 1상 임피던스를 Z라 하면 선전류 I는

• Y결선의 경우 $I_Y=\dfrac{V}{\sqrt{3}Z}$

• △결선의 경우 $I_\Delta=\dfrac{\sqrt{3}V}{Z}$

$$\therefore \dfrac{I_Y}{I_\Delta}=\dfrac{\dfrac{V}{\sqrt{3}Z}}{\dfrac{\sqrt{3}V}{Z}}=\dfrac{1}{3} \quad \therefore I_Y=\dfrac{1}{3}I_\Delta$$

즉, △에서 Y로 바꾸면 전동기 1차 각상의 권선에 정격전압의 $1/\sqrt{3}$ 전압이 가해지고, **권선 내의 전류는 1/3이 된다.**

답 ②

문제 46 실리콘 정류 소자(SCR)와 관계없는 것은?

① 교류 부하에서만 제어가 가능하다.
② 아크가 생기지 않으므로 열의 발생이 적다.
③ 턴온(TURN ON) 시키기 위해서 필요한 최소의 순전류를 래칭(Latching)전류라 한다.
④ 게이트 신호를 인가할 때부터 도통할 때까지의 시간이 짧다.

풀이

SCR은 **교류 부하뿐만 아니라 직류부하의 제어에도 사용**된다. 그 사용 예로는 가변직류 전압을 얻기 위한 컨버터 및 직류 쵸퍼 회로가 있다.

답 ①

문제 47 단자 전압 220[V]에서 전기자 전류 30[A]가 흐르는 직권 전동기의 회전수는 500[rpm]이다. 전기자 전류 20[A]일 때의 회전수는 약 몇 [rpm]인가? (단, 전기자 저항과 계자권선의 저항의 합은 0.8[Ω]이고 자기 포화와 전기자 반작용은 무시한다.)

① 620 ② 680 ③ 720 ④ 780

풀이

역기전력 $E_c = V - I_a(R_a + R_s)$ 에서

$E_{c1} = 220 - 30 \times 0.8 = 196[\text{V}]$

$E_{c2} = 220 - 20 \times 0.8 = 204[\text{V}]$

직권 전동기에서 자기포화가 없는 경우 $E_c = k\phi n = KI_a n$

이므로

$K = \dfrac{E_{c1}}{I_{a1} n_1} = \dfrac{196}{30 \times 500}$

$n_2 = \dfrac{E_{c2}}{KI_{a2}} = \dfrac{30 \times 500}{196} \times \dfrac{204}{20} = 780.61[\text{rpm}]$ **답 ④**

문제 48 3상 유도전동기의 특성에서 비례추이 하지 않는 것은?

① 출력
② 1차 전류
③ 역률
④ 2차 전류

풀이

- 비례 추이할 수 있는 특성 : 1차 전류, 2차 전류, 역률, 동기 와트
- 비례 추이할 수 없는 특성 : 출력, 2차 동손, 효율 **답 ①**

문제 49 단상 직권 정류자 전동기에 있어서의 보상권선의 효과로 틀린 것은?

① 전동기의 역률을 개선하기 위한 것이다.
② 전기자(電機子) 기자력을 상쇄시킨다.
③ 누설(leakage) 리액턴스가 적어진다.
④ 제동효과가 있다.

풀이

보상권선을 전기자 권선과 직렬로 접속하고 전기자 전류와 반대 방향으로 전류를 흐르게 하면, 전기자 전류에 의한 전기자 반작용 자속은 보상 권선의 자속으로 상쇄되어 전기자 반작용이 상쇄된다.
그러므로, **보상권선은 제동효과와는 관계가 없다.** **답 ④**

제4과목 회로이론 및 제어공학

문제 61 2단자 임피던스 함수

$Z(s) = \dfrac{(s+1)(s+2)}{(s+3)(s+4)}$ 일 때 극점(pole)은?

① $-1, -2$
② $-3, -4$
③ $-1, -2, -3, -4$
④ $-1, -3$

풀이

극점 : $Z(s) = \infty$, 회로의 개방상태를 의미
(즉, 분모가 0이 되는 경우)
따라서, 극점은 분모가 0이 되는 $-3, -4$ 가 된다. **답 ②**

문제 62 샘플러의 주기를 T라 할 때 s-평면상의 모든 점은 식 $z = e^{sT}$ 에 의하여 z-평면상에 사상된다. s-평면의 좌반평면상의 모든 점은 z-평면상 단위원의 어느 부분으로 사상되는가?

① 내점
② 외점
③ 원주상의 점
④ z-평면 전체

풀이

특성방정식의 근의 위치에 따른 안정도 판별법

계의 안정도	근의 위치	
	s평면의	z평면상
안 정	좌반면	단위원 내부
불안정	우반면	단위원 외부
임계안정	허수축	단위 원주상

답 ①

문제 63 다음 논리회로의 출력은?

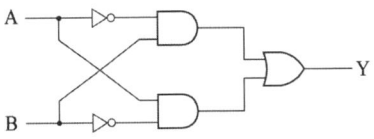

① $Y = A\overline{B} + \overline{A}B$
② $Y = \overline{A}\,\overline{B} + \overline{A}B$
③ $Y = A\overline{B} + \overline{A}\,\overline{B}$
④ $Y = \overline{A} + \overline{B}$

풀이

Exclusive OR 회로(베타적 논리합 회로)
($A \oplus B = A\overline{B} + \overline{A}B$ 의 논리회로) **답 ①**

문제 64 다음 쌍곡선 함수의 라플라스 변환은?

$$f(t) = \sinh at$$

① $\dfrac{s}{s^2 - a}$　　　　② $\dfrac{s}{s^2 + a}$

③ $\dfrac{a}{s^2 + a^2}$　　　　④ $\dfrac{a}{s^2 - a^2}$

풀이

함 수	$f(t)$	$F(s)$
쌍곡 정현파 함수	$\sinh at$	$\dfrac{a}{s^2 - a^2}$
쌍곡 여현파 함수	$\cosh at$	$\dfrac{s}{s^2 - a^2}$

답 ④

문제 65 다음 전달함수 중 적분 요소에 해당되는 것은?

① 전위차계　　　　② 인덕턴스회로

③ RC 직렬회로　　④ LR 직렬회로

답 ③

문제 66 다음 함수의 역라플라스 변환은?

$$I(s) = \frac{2s+3}{(s+1)(s+2)}$$

① $e^{-t} + e^{-2t}$　　　　② $e^{-t} - e^{-2t}$

③ $e^{-t} - 2e^{-2t}$　　　　④ $e^{-t} + 2e^{-2t}$

풀이

$$I(s) = \frac{2s+3}{(s+1)(s+2)} = \frac{k_1}{s+1} + \frac{k_2}{s+2}$$

$$k_1 = \lim_{s \to -1}(s+1)I(s) = \left[\frac{2s+3}{s+2}\right]_{s=-1} = 1$$

$$k_2 = \lim_{s \to -2}(s+2)I(s) = \left[\frac{2s+3}{s+1}\right]_{s=-2} = 1$$

$$I(s) = \frac{1}{s+1} + \frac{1}{s+2}$$

$$\therefore i(t) = \mathcal{L}^{-1}[I(s)] = \mathcal{L}^{-1}\left[\frac{1}{s+1} + \frac{1}{s+2}\right] = e^{-t} + e^{-2t}$$

답 ①

문제 67 L형 4단자 회로망에서 4단자 상수가 $A = \dfrac{15}{4}$, $D = 1$이고 영상 임피던스 $Z_{02} = \dfrac{12}{5}$ [Ω]일 때 영상 임피던스 Z_{01}은 몇 [Ω]인가?

① 8 [Ω]　　　　② 9 [Ω]

③ 10 [Ω]　　　　④ 11 [Ω]

풀이

$$Z_{01} = \sqrt{\frac{AB}{CD}}, \quad Z_{02} = \sqrt{\frac{DB}{CA}} \text{ 이므로}$$

$$\frac{Z_{01}}{Z_{02}} = \sqrt{\frac{\dfrac{AB}{CD}}{\dfrac{DB}{CA}}} = \frac{A}{D} \text{가 된다.}$$

따라서, $Z_{01} = \dfrac{A}{D} \times Z_{02} = \dfrac{\dfrac{15}{4}}{1} \times \dfrac{12}{5} = 9[\Omega]$

답 ②

문제 68 무왜형(無歪形) 선로를 설명한 것 중 옳은 것은?

① 특성 임피던스가 주파수의 함수이다.

② 감쇠정수는 0이다.

③ $LR = CG$의 관계가 있다.

④ 위상속도 v는 주파수에 관계가 없다.

풀이

$$v = f\lambda = f\frac{2\pi}{\beta} = \frac{\omega}{\beta} = \frac{\omega}{\omega\sqrt{LC}} = \frac{1}{\sqrt{LC}}$$

따라서, 위상속도 v는 주파수에 관계가 없다.

답 ④

문제 69 그림의 회로에서 스위치 S를 닫을 때의 충전전류 $i(t)$ [A]는 얼마인가? (단, 콘덴서에 초기 충전전하는 없다.)

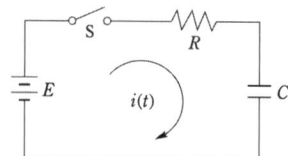

① $\dfrac{E}{R}e^{-\frac{1}{CR}t}$　　　　② $\dfrac{E}{R}e^{\frac{R}{C}t}$

③ $\dfrac{E}{R}e^{-\frac{C}{R}t}$　　　　④ $\dfrac{E}{R}e^{\frac{1}{CR}t}$

풀이

스위치를 닫았을 때 회로의 평형 방정식은

$$Ri(t) + \frac{1}{C}\int i(t)dt = E$$

C의 전하를 $q(t)$, C의 양단 전압을 v_0라 하면

$$q(t) = \int i(t)dt = Cv_0, \qquad i(t) = \frac{dq(t)}{dt}$$

따라서, 윗 식은

$$R\frac{dq(t)}{dt} + \frac{1}{C}q(t) = E$$

초기 전하를 0라 하면

$$\therefore \ q(t) = CE\left(1 - e^{-\frac{1}{RC}t}\right)$$

또, $i(t) = \frac{dq(t)}{dt} = \frac{d}{dt}CE\left(1 - e^{-\frac{1}{RC}t}\right) = \frac{E}{R}e^{-\frac{1}{RC}t}$ **답** ①

문제 70 스위치 S를 열었을 때 전류계의 지시는 10 [A]였다. 스위치 S를 닫았을 때 전류계의 지시는 몇 [A]인가?

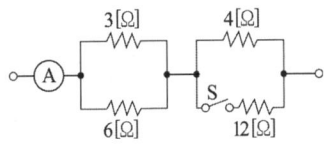

① 8 [A]   ② 10 [A]

③ 12 [A]   ④ 15 [A]

풀이

스위치 S를 열었을 때 전전압을 구해 보면,

$$E = IR = 10\left(\frac{3 \times 6}{3 + 6} + 4\right) = 60 \ [\text{V}]$$

따라서, 스위치 S를 닫으면 전전류 I'는,

$$I' = \frac{E}{R'} = \frac{60}{\frac{3 \times 6}{3 + 6} + \frac{4 \times 12}{4 + 12}} = \frac{60}{2 + 3} = 12 \ [\text{A}]$$ **답** ③

문제 71 어떤 함수 $f(t)$를 비정현파의 푸리에급수에 의한 전개를 옳게 나타낸 것은?

① $\displaystyle\sum_{n=1}^{\infty} a_n \sin n\omega t + \sum_{n=1}^{\infty} b_n \sin n\omega t$

② $\displaystyle\sum_{n=1}^{\infty} a_n \sin n\omega t + \sum_{n=1}^{\infty} b_n \cos n\omega t$

③ $\displaystyle a_0 + \sum_{n=1}^{\infty} a_n \cos n\omega t + \sum_{n=1}^{\infty} b_n \cos n\omega t$

④ $\displaystyle a_0 + \sum_{n=1}^{\infty} a_n \cos n\omega t + \sum_{n=1}^{\infty} b_n \sin n\omega t$

풀이

비정현파는 기본파에 여러 개의 고조파가 포함되었다고 생각할 수 있다.

즉, "비정현파 = 직류분(a_0) + 기본파 + 여러 개의 고조파"이다. 이를 푸리에 급수로 전개하면 다음과 같다.

$$f(t) = a_0 + \sum_{n=1}^{\infty} a_n \cos n\omega t + \sum_{n=1}^{\infty} b_n \sin n\omega t$$ **답** ④

제5과목 **전기설비 기술기준**

문제 81 특고압 가공 전선과 가공약전류 전선 사이에 사용하는 보호망에 있어서 보호망을 구성하는 금속선의 상호 간격[m]은 얼마 이하로 시설하여야 하는가?

① 0.5   ② 1.0

③ 1.5   ④ 2.0

풀이

333.26 특고압 가공전선과 저고압 가공전선 등의 접근 또는 교차

보호망은 규정에 준하여 접지공사를 한 금속제의 망상장치로 하고 또한 다음에 따라 시설하여야 한다.

가. 보호망을 구성하는 금속선은 그 외주 및 특고압 가공 전선의 바로 아래에 시설하는 금속선에 인장강도 8.01 [kN] 이상의 것 또는 지름 5[mm] 이상의 경동선을 사용하고 기타 부분에 시설하는 금속선에 인장강도 3.64[kN] 이상 또는 지름 4[mm] 이상의 아연도철선을 사용할 것.

나. 보호망을 구성하는 **금속선 상호 간의 간격은 가로세로 각 1.5[m] 이하일 것**.

다. 보호망과 저고압 가공전선 등과의 수직 이격거리는 60[cm] 이상일 것.   **답** ③

문제 82 욕실 등 인체가 물에 젖어 있는 상태에서 물을 사용하는 장소에 콘센트를 시설하는 경우에 적합한 누전차단기는?

① 정격감도전류 15 [mA] 이하, 동작시간 0.03초 이하의 전압 동작형 누전 차단기
② 정격감도전류 15 [mA] 이하, 동작시간 0.03초 이하의 전류 동작형 누전 차단기
③ 정격감도전류 15 [mA] 이하, 동작시간 0.3초 이하의 전압 동작형 누전 차단기
④ 정격감도전류 15 [mA] 이하, 동작시간 0.3초 이하의 전류 동작형 누전 차단기

풀이

234.5 콘센트의 시설
욕조나 샤워시설이 있는 **욕실 또는 화장실** 등 인체가 물에 젖어있는 상태에서 전기를 사용하는 장소에 콘센트를 시설하는 경우에는 다음에 따라 시설하여야한다.
가. 인체감전보호용 **누전차단기(정격감도전류 15[mA] 이하, 동작시간 0.03[초] 이하의 전류동작형의 것에 한한다)** 또는 절연변압기(정격용량 3[kVA] 이하인 것에 한한다)로 보호된 전로에 접속하거나, 인체감전보호용 누전차단기가 부착된 콘센트를 시설하여야 한다.
나. 콘센트는 접지극이 있는 방적형 콘센트를 사용하여 규정에 준하여 접지하여야 한다. **답** ②

문제 83 최대 사용 전압이 6600 [V]인 3상 유도 전동기의 권선과 대지 사이의 절연내력 시험전압은 최대 사용전압의 몇 배인가?

① 1.75   ② 1.0
③ 1.25   ④ 1.5

풀이

133 회전기 및 정류기의 절연내력

종류		시험 전압	시험방법
회전기	발전기·전동기·조상기·기타회전기	7[kV] 이하	1.5배 (최저 500 [V])	권선과 대지 사이에 연속하여 10분간
		7[kV] 초과	1.25배 (최저 10.5 [kV])	
	회전 변류기		직류측의 최대사용전압의 1배의 교류전압(최저 500 [V])	

답 ④

문제 84 접지공사에 관한 내용 중 옳지 않은 것은?

① 접지극은 지표면으로부터 지하 0.75[m] 이상으로 하되 동결 깊이를 감안하여 매설 깊이를 정해야 한다.
② 지중에 매설되어 있고 대지와의 전기저항치가 3[Ω] 이하의 값을 유지하고 있는 금속제 수도관로는 접지공사의 접지극으로 사용할 수 있다.
③ 접지선을 철주 기타의 금속체를 따라서 시설하는 경우 접지극을 철주의 밑면으로부터 30[cm] 이상의 깊이에 매설하는 경우 이외에는 접지극을 지중에서 그 금속체로부터 1 [m] 이상 떼어 매설한다.
④ 대지와의 사이에 전기저항치가 3[Ω] 이하인 건물의 철골 기타의 금속제는 이를 비접지식 고압전로에 시설하는 기계기구의 철대에 실시하는 접지공사의 접지극으로 사용할 수 있다.

풀이

142.2 접지극의 시설 및 접지저항
가. 접지극의 매설은 다음에 의한다.
① 접지극은 지표면으로부터 지하 0.75[m] 이상으로 하되 동결 깊이를 감안하여 매설 깊이를 정해야 한다.
② 접지도체를 철주 기타의 금속체를 따라서 시설하는 경우에는 접지극을 철주의 밑면으로부터 0.3[m] 이상의 깊이에 매설하는 경우 이외에는 접지극을 지중에서 그 금속체로부터 1[m] 이상 떼어 매설하여야 한다.
나. 지중에 매설되어 있고 대지와의 전기저항 값이 3[Ω] **이하의 값을 유지하고 있는 금속제 수도관로**가 규정에 따르는 경우 접지극으로 사용이 가능하다.
다. 대지와의 사이에 전기저항 값이 2[Ω] 이하인 값을 유지하는 **건축물·구조물의 철골 기타의 금속제**는 접지공사의 접지극으로 사용할 수 있다. **답** ④

문제 85 저압 연접 인입선은 인입선에서 분기하는 점으로부터 몇 [m]를 초과하는 지역에 미치지 아니하도록 시설하여야 하는가?

① 10[m]   ② 20[m]
③ 100[m]   ④ 200[m]

풀이

221.1.2 연접 인입선의 시설
저압 연접인입선은 다음에 따라 시설하여야 한다.
가. 인입선에서 분기하는 점으로부터 100[m]를 초과하는 지역에 미치지 아니할 것.
나. 폭 5[m]를 초과하는 도로를 횡단하지 아니할 것.
다. 옥내를 통과하지 아니할 것.　　**답 ③**

문제 86 66[kV]특고압전로와 저압전로를 결합한 변압기에 실시한 접지공사의 저항 값은 몇 [Ω] 이하로 하여야 하는가? (단, 전로에 지락이 생겼을 때 1초 이내에 차단하는 장치가 되어있으며, 1선 지락전류는 6 [A]이다.)

① 10　　　　　　② 20
③ 25　　　　　　④ 30

풀이

322.1 고압 또는 특고압과 저압의 혼촉에 의한 위험방지 시설
고압전로 또는 특고압전로와 저압전로를 결합하는 변압기의 저압측의 중성점에는 규정에 의하여 **계산한 값이 10 [Ω]을 넘을 때에는 접지저항치가 10 [Ω] 이하가 되도록 할 것.**
(단, 사용전압이 35[kV] 이하의 특고압전로로서 전로에 지락이 생겼을 때에 1초 이내에 자동적으로 이를 차단하는 장치가 되어 있는 것 및 사용전압이 25 [kV] 이하인 특고압 가공전선로로서 중성선 다중접지식의 것으로서 전로에 지락이 생겼을 때 2초 이내에 자동적으로 이를 전로로부터 차단하는 장치가 되어 있는 것은 제외한다.)　　**답 ①**

12년 3회　동일 및 유사 문제 (년도-회-번호)

1과목 전기자기학		**54**	21-2-45
10	17-3-13	**55**	22-3-55
11	22-3-11	**56**	17-3-50
12	21-2-02	**57**	18-1-56
13	17-2-07	**58**	20-4-42
14	17-2-20	**59**	21-1-51
15	21-2-16	**60**	20-4-54
16	20-4-15	**4과목 회로이론 및 제어회로**	
17	17-1-06	**72**	20-1,2-61
18	22-3-16	**73**	21-1-78
19	18-2-06	**74**	14-1-64
20	16-2-02	**75**	22-3-70
2과목 전력공학		**76**	13-2-69
32	22-1-39	**77**	19-1-61
33	20-1,2-38	**78**	15-1-69
34	21-2-25	**79**	17-2-80
35	22-3-40	**80**	21-3-74
36	21-3-28	**5과목 전기설비기술기준**	
37	22-2-39	**87**	21-1-82
38	21-2-26	**88**	19-3-92
39	20-3-36	**89**	21-2-97
40	20-3-31	**90**	20-4-97
3과목 전기기기		**91**	20-1,2-86
50	16-1-54	**92**	19-2-86
51	13-2-49	**93**	15-1-84
52	19-1-48	**94**	17-3-81
53	22-2-49	**95**	14-3-86

memo

D60-1

2011년도 전기기사 필기

- 2011년도 제1회 전기기사
- 2011년도 제2회 전기기사
- 2011년도 제3회 전기기사

국가기술자격검정 필기시험 문제

2011년도 전기기사 일반검정 제 1 회				수검 번호	성 명
자격종목 및 등급(선택분야)	종목코드	시험시간	문제지형별		
전기기사	1150	2시간 30분	A		

제1과목 전기자기학

문제 01 다음과 같은 맥스웰(Maxwell)의 미분형 방정식에서 의미하는 법칙은?

$$\nabla \times E = -\frac{\partial B}{\partial t}$$

① 패러데이의 법칙
② 암페어의 주회적분법칙
③ 가우스의 법칙
④ 비오사바르의 법칙

풀이

비정상계(시변계)에서의 맥스웰 방정식의 미분형
① rot $\boldsymbol{E} = \nabla \times \boldsymbol{E} = -\dfrac{\partial B}{\partial t}$: 패러데이 법칙의 미분형
② div $\boldsymbol{D} = \rho$: 가우스 법칙의 미분형
③ div $\boldsymbol{B} = 0$: 가우스 법칙의 미분형
④ rot $\boldsymbol{H} = i_c$: 주회적분 법칙의 미분형 **답** ①

문제 02 그림과 같은 유한길이의 솔레노이드에서 비투자율이 μ_s인 철심의 단면적이 $S[\mathrm{m}^2]$이고 길이가 $l[\mathrm{m}]$인 것에 코일을 N회 감고 $I[\mathrm{A}]$를 흘릴 때 자기저항 $R_m[\mathrm{AT/Wb}]$은 어떻게 표현되는가?

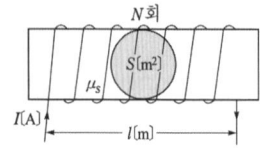

① $R_m = \dfrac{l}{\mu_0\mu_s}$ ② $R_m = l\mu_0\mu_s$

③ $R_m = \dfrac{l}{\mu_0\mu_s S}$ ④ $R_m = lS\mu_0\mu_s$

풀이

자기 회로의 자기저항 $R_m = \dfrac{l}{\mu S} = \dfrac{l}{\mu_0\mu_s S}[\mathrm{AT/Wb}]$ **답** ③

문제 03 자기 인덕턴스 $L[\mathrm{H}]$인 코일에 전류 $I[\mathrm{A}]$를 흘렸을 때, 자계의 세기가 $H[\mathrm{AT/m}]$ 었다. 이 코일을 진공 중에서 자화시키는데 필요한 에너지 밀도 $[\mathrm{J/m}^3]$는?

① $\dfrac{1}{2}LI^2$ ② LI^2

③ $\dfrac{1}{2}\mu_0 H^2$ ④ $\mu_0 H^2$

풀이

$$w_m = \frac{1}{2}BH = \frac{1}{2}\mu H^2 = \frac{B^2}{2\mu}[\mathrm{J/m}^3] \quad (\because B = \mu H)$$

진공 중에서 $\mu_s = 1$이므로 $\mu = \mu_0\mu_s = \mu_0$

따라서, $w_m = \dfrac{1}{2}\mu_0 H^2[\mathrm{J/m}^3]$ **답** ③

문제 04 간격 $d[\mathrm{m}]$인 2개의 평행판 전극 사이에 유전율 ϵ의 유전체가 있다. 전극 사이에 전압 $V_m\cos\omega t[\mathrm{V}]$를 가했을 때 변위전류 밀도는 몇 $[\mathrm{A/m}^2]$인가?

① $\dfrac{\epsilon}{d}V_m\cos\omega t$ ② $-\dfrac{\epsilon}{d}\omega V_m\sin\omega t$

③ $-\dfrac{\epsilon}{d}\omega V_m\cos\omega t$ ④ $\dfrac{\epsilon}{d}V_m\sin\omega t$

풀이

- $v = V_m\cos\omega t$
- 전계 $E = \dfrac{v}{d} = \dfrac{V_m}{d}\cos\omega t$

• 전속밀도 $D = \epsilon E = \dfrac{\epsilon V_m}{d} \cos\omega t$

• 변위 전류 밀도

$i_d = \dfrac{\partial D}{\partial t} = \dfrac{\epsilon}{d} V_m \dfrac{\partial}{\partial t} \cos\omega t = -\dfrac{\epsilon}{d} \omega V_m \sin\omega t \ [\text{A/m}^2]$ 답 ②

문제 05 공기 중에서 5[V], 10[V]로 대전된 반지름 2[cm], 4[cm]의 2개의 구를 가는 철사로 접속했을 때 공통 전위는 몇 [V]인가?

① 6.25   ② 7.5

③ 8.33   ④ 10

풀이

도체구의 정전용량 $C = 4\pi\epsilon_0 a$

• 2[cm] 구의 정전용량 $C_1 = 4\pi\epsilon_0 a_1$

• 4[cm] 구의 정전용량 $C_2 = 4\pi\epsilon_0 a_2$

① 두 도체구를 연결하기 전의 전하

$Q = Q_1 + Q_2 = C_1 V_1 + C_2 V_2 = 4\pi\epsilon_0 a_1 V_1 + 4\pi\epsilon_0 a_2 V_2$

$Q = 4\pi\epsilon_0 (a_1 V_1 + a_2 V_2) [\text{C}]$

② 연결 후의 전하 Q'는 등전위이므로,

$Q' = Q_1' + Q_2' = C_1 V + C_2 V = 4\pi\epsilon_0 a_1 V + 4\pi\epsilon_0 a_2 V$

$Q' = 4\pi\epsilon_0 V (a_1 + a_2)$

③ 연결 전·후 총 전기량은 변함이 없으므로 $Q = Q'$이므로

$V = \dfrac{4\pi\epsilon_0 (a_1 V_1 + a_2 V_2)}{4\pi\epsilon_0 (a_1 + a_2)} = \dfrac{2 \times 5 + 4 \times 10}{2 + 4} = 8.33[\text{V}]$ 답 ③

문제 06 철심을 넣은 환상 솔레노이드의 평균 반지름은 20 [cm]이다. 코일에 10[A]의 전류를 흘려 내부 자계의 세기를 2000[AT/m]로 하기 위한 코일의 권수는 약 몇 회인가?

① 200   ② 250

③ 300   ④ 350

풀이

환상 솔레노이드 내부 자계의 세기 $H = \dfrac{NI}{2\pi r}$ 에서

$\therefore N = \dfrac{2\pi r H}{I} = \dfrac{2\pi \times 20 \times 10^{-2} \times 2000}{10} = 251.32[\text{회}]$ 답 ②

문제 07 평등 자계를 얻는 방법으로 가장 알맞은 것은?

① 길이에 비하여 단면적이 충분히 큰 솔레노이드에 전류를 흘린다.

② 길이에 비하여 단면적이 충분히 큰 원통형 도선에 전류를 흘린다.

③ 단면적에 비하여 길이가 충분히 긴 솔레노이드에 전류를 흘린다.

④ 단면적에 비하여 길이가 충분히 긴 원통형 도선에 전류를 흘린다.

풀이

평등자계 (가늘고 긴 solenoid)

① **단면적에 비하여 길이가 충분히 긴 solenoid**

② 솔레노이드에 도선을 촘촘히 감는다.

③ 무한장 솔레노이드 (∵ 누설 자속이 발생하지 않도록 하기 위함)

※ 평등자계는 가늘고 길수록, 도선을 촘촘히 감을수록 (solenoid 임) 누설 자속의 발생이 감소하기 때문에 평등자계가 양호하게 얻어진다. 답 ③

문제 08 자성체에 외부의 자계 H_0를 가하였을 때 자화의 세기 J와의 관계식은? (단, N은 감자율, μ는 투자율이다.)

① $J = \dfrac{H_0}{1 + N(\mu_s - 1)}$

② $J = \dfrac{H_0(\mu_s - 1)}{1 + N}$

③ $J = \dfrac{H_0 \mu_0 (\mu_s - 1)}{1 + N(\mu_s - 1)}$

④ $J = \dfrac{H_0(\mu_s - 1)}{1 + N\mu_0(\mu_0 - 1)}$

풀이

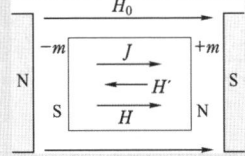

H_0 : 외부자계

H' : 자화($-m$, $+m$)에 의한 자계(감자력)

H : 자성체 내부자계

감자력 H'는 자화의 세기 J에 비례하며 자성체의 형태에 따라 결정되므로 감자력 $H' = \dfrac{NJ}{\mu_0}$가 된다. (N : 감자율)

따라서, 자성체의 내부 자계

$H = H_0 - H' = H_0 - \dfrac{NJ}{\mu_0} [\text{A/m}]$

$J = \chi_m H$ 이므로

$$\frac{J}{\chi_m} = H_0 - \frac{NJ}{\mu_0}, \quad J\left(\frac{1}{\chi_m} + \frac{N}{\mu_0}\right) = H_0$$

$J = \dfrac{\chi_m \mu_0}{\mu_0 + N\chi_m} \cdot H_0$에 $\chi_m = \mu_0(\mu_s - 1)$을 대입하여 정리하면

$$\therefore J = \frac{\mu_0(\mu_s - 1)}{1 + N(\mu_s - 1)} H_0 \, [\text{Wb/m}^2]$$

답 ③

문제 09 유전율이 ϵ_1인 유전체에서 유전율이 ϵ_2인 유전체로 전계 E_1이 입사각 $\theta_1 = 0°$로 입사할 경우 성립되는 식은?

① $E_1 = E_2$

② $E_1 = \epsilon_1 \epsilon_2 E_2$

③ $\dfrac{E_1}{E_2} = \dfrac{\epsilon_1}{\epsilon_2}$

④ $\dfrac{E_2}{E_1} = \dfrac{\epsilon_1}{\epsilon_2}$

풀이

유전율이 서로 다른 두 종류의 경계면에 전속과 전기력선이 수직($\theta_1 = 0°$)으로 입사할 때

① 전속 및 전기력선은 굴절하지 않고 직진한다($\theta_2 = 0°$)

② 전계는 불연속이다.($E_1 \neq E_2$)

③ 전속밀도는 연속(일정)한다.($D_1 = D_2$)

따라서, $D_1 = D_2$이므로 $\epsilon_1 E_1 = \epsilon_2 E_2$

그러므로 $\dfrac{E_2}{E_1} = \dfrac{\epsilon_1}{\epsilon_2}$의 관계가 성립한다.

답 ④

문제 10 공기 중에 그림과 같이 가느다란 전선으로 반경 a인 원형 코일을 만들고, 이것에 전하 Q가 균일하게 분포하고 있을 때 원형코일의 중심축상에서 중심으로부터 거리 x만큼 떨어진 P점의 전계의 세기는 몇 [V/m]인가?

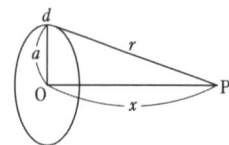

① $\dfrac{Q}{2\pi\epsilon_0 \sqrt{a + x}}$

② $\dfrac{Q}{4\pi\epsilon_0 \sqrt{a + x}}$

③ $\dfrac{Qx}{2\pi\epsilon_0 (a^2 + x^2)^{\frac{3}{2}}}$

④ $\dfrac{Qx}{4\pi\epsilon_0 (a^2 + x^2)^{\frac{3}{2}}}$

풀이

$dE_x = dE\cos\theta = \dfrac{dQ}{4\pi\epsilon_0 r^2} \dfrac{x}{r} = \dfrac{x \, dQ}{4\pi\epsilon_0 r^3}$에서

$r = \sqrt{a^2 + x^2}$, $dQ = \dfrac{Q}{2\pi a} dl$ 을 대입하여 적분하면

$$E = \int_0^{2\pi a} E_x = \frac{Q \cdot x}{8\pi^2 a \epsilon_0 (a^2 + x^2)^{\frac{3}{2}}} \int_0^{2\pi a} dl$$

$$= \frac{Q \cdot x}{4\pi\epsilon_0 (a^2 + x^2)^{\frac{3}{2}}} \, [\text{V/m}]$$로 풀 수 있다.

답 ④

문제 11 $E = i + 2j + 3k \,[\text{V/cm}]$로 표시되는 전계가 있다. $0.01[\mu\text{C}]$의 전하를 원점으로부터 $3i\,[\text{m}]$로 움직이는데 필요한 일은 몇 [J]인가?

① 3×10^{-8}

② 3×10^{-7}

③ 3×10^{-6}

④ 3×10^{-5}

풀이

$W = \boldsymbol{F} \cdot \boldsymbol{r} = QE \cdot r$

$= 0.01 \times 10^{-6} \times (i + 2j + 3k) \times 10^2 \cdot (3i)$

$(i \cdot i = j \cdot j = k \cdot k = 1$ 이고

$i \cdot j = j \cdot k = k \cdot i = 0,$

$j \cdot i = k \cdot j = i \cdot k = 0)$

$= 0.01 \times 10^{-6} \times 3 \times 10^2$

$= 0.03 \times 10^{-4} = 3 \times 10^{-6} \,[\text{J}]$

답 ③

제2과목 **전력공학**

문제 21 페란티(ferranti) 효과의 발생 원인은?

① 선로의 저항

② 선로의 인덕턴스

③ 선로의 정전용량

④ 전로의 누설 컨덕턴스

풀이

무부하의 경우 **선로의 정전용량** 때문에 전압보다 위상이 $90°$ 앞선 **충전 전류**의 영향이 커져서 선로에 흐르는 전류가 진상이 되어 수전단 전압(E_r)이 송전단 전압(E_s)보다 높아지는 현상을 페란티 현상이라 한다.

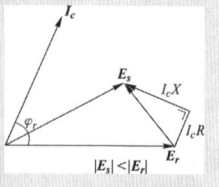

답 ③

문제 22 직류 2선식 대비 전선 1가닥 당 송전 전력이 최대가 되는 전송 방식은? (단, 선간전압, 전송전류, 역률 및 전송거리가 같고 중성선은 전력선과 동일한 굵기이며 전선은 같은 재료를 사용하고, 교류 방식에서 $\cos\theta = 1$로 한다.)

① 단상 2선식　　　② 단상 3선식
③ 3상 3선식　　　④ 3상 4선식

풀이

항목	단상 2선식	단상 3선식	3상 3선식	3상 4선식
회로도				
공급 전력	$P_1 = VI$ $\cos\theta$	$P_2 = VI$ $\cos\theta$	$P_3 = \sqrt{3}\,VI$ $\cos\theta$	$P_4 = \sqrt{3}\,VI$ $\cos\theta$
전선 가닥수	2	3	3	4
1선당 전력	$\dfrac{P_1}{2}$	$\dfrac{P_2}{3} = \dfrac{P_1}{3}$	$\dfrac{P_3}{3} = \dfrac{\sqrt{3}\,P_1}{3}$	$\dfrac{P_4}{4} = \dfrac{\sqrt{3}\,P_1}{4}$
직류 2선식 기준	100[%]	66.6[%]	115.5[%]	86.6[%]

답 ③

문제 23 송전단전압 3300[V], 길이 3[km]인 고압 3상배전선에서 수전단전압을 3150[V]로 유지하려고 한다. 부하전력 1000[kW], 역률 0.8(지상)이며 선로의 리액턴스는 무시한다. 이 때 적당한 경동선의 굵기[mm²]는? (단, 경동선의 저항률은 $\dfrac{1}{55}[\Omega \cdot mm^2/m]$이다.)

① 100　　　② 115
③ 130　　　④ 150

풀이

$$e = V_s - V_r = \sqrt{3}\,I(R\cos\theta + X\sin\theta)$$

에서 리액턴스를 무시하면

$$e = \sqrt{3}\,IR\cos\theta = \frac{\sqrt{3}\,V_r I\cos\theta}{V_r}R = \frac{P}{V_r}R = \frac{P}{V_r} \times \rho\frac{l}{A}$$

$$\therefore \text{단면적 } A = \frac{P \cdot \rho \cdot l}{V_r \cdot e} = \frac{1000 \times 10^3 \times \frac{1}{55} \times 3000}{3150 \times (3300 - 3150)}$$

$$\fallingdotseq 115.44[mm^2]$$

답 ②

문제 24 증기압, 증기 온도 및 진공도가 일정할 때에 추기할 때는 추기하지 않을 때보다 단위 발전량 당 증기소비량과 연료소비량은 어떻게 변화하는가?

① 증기소비량, 연료소비량은 다 감소한다.
② 증기소비량은 증가하고 연료소비량은 감소한다.
③ 증기소비량은 감소하고 연료소비량은 증가한다.
④ 증기소비량, 연료소비량은 다 증가한다.

풀이

화력발전소에서 터빈을 돌리고 나온 증기는 복수기에서 냉각수에 의해서 응축되며 이 과정에서 증기가 갖고 있던 열량은 손실로 된다. 따라서, 이 손실을 감소시키기 위하여 터빈에서 팽창 도중에 있는 일부분의 **증기를 추출(추기)하여 급수 가열에 이용**하면, 회수되는 열량이 크므로 **연료 소비량은 감소하고, 증기 소비량이 증가**하여 발전 효율이 향상된다.

답 ②

문제 25 회전속도의 변화에 따라서 자동적으로 유량을 가감하는 것은?

① 예열기　　　② 급수기
③ 여자기　　　④ 조속기

풀이

조속기(governor) : 부하가 변화여도 수차의 회전수를 일정하게 유지하기 위하여 **수차의 유량을 자동적으로 조정하는** 장치를 조속기(governor)라 한다.

답 ④

문제 26 피상전력 P[kVA], 역률 $\cos\theta$인 부하를 역률 100 [%]로 개선하기 위한 전력용 콘덴서의 용량은 몇 [kVA]인가?

① $P\sqrt{1 - \cos^2\theta}$　　　② $P\tan\theta$

③ $P\cos\theta$　　　④ $P\dfrac{\sqrt{1 + \cos^2\theta}}{\cos\theta}$

풀이

역률 개선용 콘덴서 용량

$Q_c[kVA] = P[kW](\tan\theta_1 - \tan\theta_2)$에서

$$Q_c = P\cos\theta\left(\frac{\sin\theta}{\cos\theta} - \frac{0}{1}\right) = P\cos\theta\left(\frac{\sqrt{1 - \cos^2\theta}}{\cos\theta}\right)$$

$$= P\sqrt{1 - \cos^2\theta}$$

답 ①

문제 27 3상 154[kV] 송전선의 일반회로정수가 $A = 0.900$, $B = 150$, $C = j0.901 \times 10^{-3}$, $D = 0.930$일 때 무부하시 송전단에 154[kV]를 가했을 때 수전단 전압은 몇 [kV]인가?

① 143   ② 154
③ 166   ④ 171

풀이

송전단 상전압 $E_s = AE_r + BI_r$에서
송전단 선간 전압 $V_s = AV_r + \sqrt{3}BI_r$
무부하이므로 $I_r = 0$, 따라서 $V_s = AV_r$

$\therefore V_r = \dfrac{V_s}{A} = \dfrac{154}{0.9}$[kV] = 171[kV]

답 ④

문제 28 저압 뱅킹 방식의 장점이 아닌 것은?

① 전압강하 및 전력손실이 경감된다.
② 변압기 용량 및 저압선 동량이 절감된다.
③ 부하 변동에 대한 탄력성이 좋다.
④ 경부하시의 변압기 이용 효율이 좋다.

풀이

저압 뱅킹 방식의 장점으로는
• 전압 강하 및 전력 손실이 경감된다.
• 변압기 용량 및 저압선 동량이 절감된다.
• 부하 증가에 대응할 수 있는 탄력성이 향상된다.
• 고장 보호 방법이 적당할 때 공급 신뢰도가 향상되며, 플리커 현상이 경감된다.
그러나, 저압 뱅킹 방식은 경부하시의 변압기 이용 효율과는 관계가 없다.

답 ④

문제 29 가스냉각형 원자로에 사용하는 연료 및 냉각재는?

① 천연우라늄, 수소가스
② 농축우라늄, 질소
③ 천연우라늄, 이산화탄소
④ 농축우라늄, 흑연

풀이

원자로의 연료, 감속재 및 냉각재

종류	연료	감속재	냉각재
가스 냉각로(GCR)	천연우라늄	흑연	탄산가스
가압수형 경수로(PWR)	저농축우라늄	경수	경수

종류	연료	감속재	냉각재
비등수형 경수로(BWR)	저농축우라늄	경수	경수
중수로(CANDU)	천연우라늄	중수	중수
고속 증식로(FBR)	농축우라늄, 플루토늄	-	나트륨

답 ③

제3과목 | **전기기기**

문제 41 철심의 단면적이 0.085[m²], 최대자속밀도가 1.5 [Wb/m²]인 변압기가 60[Hz]에서 동작하고 있다. 이 변압기의 1차 및 2차 권수는 120, 60이다. 이 변압기가 1차측에 발생하는 전압의 실효치는 약 몇 [V]인가?

① 4076   ② 2037
③ 918   ④ 496

풀이

$E = 4.44f\phi_m N_1$[V] 에서 $\phi_m = B_m \cdot A$[Wb] 이므로,
$\therefore E = 4.44fB_m AN_1 = 4.44 \times 60 \times 1.5 \times 0.085 \times 120$
$\fallingdotseq 4076$[V]

답 ①

문제 42 정류기에 있어 출력측 전압의 리플(맥동)을 줄이기 위한 가장 좋은 방법은?

① 적당한 저항을 직렬로 접속한다.
② 적당한 리액터를 직렬로 접속한다.
③ 커패시터를 직렬로 접속한다.
④ 커패시터를 병렬로 접속한다.

풀이

정류기 출력측에 커패시터를 병렬로 접속하면, 도통시 콘덴서에 충전된 전압이 역바이어스시 시정수에 의해 서서히 방전되어 다음 입력시까지 유지되므로 맥동이 줄어들게 된다.

답 ④

문제 43 6극인 유도전동기의 토크가 τ이다. 극수를 12극으로 변환하였다면 변환한 후의 토크는?

① τ ② 2τ ③ $\dfrac{\tau}{2}$ ④ $\dfrac{\tau}{4}$

$\tau = 0.975 \dfrac{P_2}{N_s} = 0.975 \dfrac{P_2}{\frac{120}{p}f}$ [kg·m]에서, $\tau \propto p$(극수) 이다.

따라서, 극수가 6극에서 12극으로 2배 증가하였으므로, 토크도 2배 증가하게 된다. **답** ②

문제 44 3상 유도전동기의 기동법으로 사용되지 않는 것은?

① Y−△ 기동법
② 기동보상기법
③ 2차저항에 의한 기동법
④ 극수변환 기동법

(1) 유도 전동기의 기동법
- 전 전압 기동법 (5 [kW] 이하의 소형)
- Y−△ 기동법 (5~15 [kW] 정도)
- 리액터 기동법 (기동 전류를 제한하고자 할 때)
- 기동 보상기법 (15 [kW] 이상)
- 2차 저항에 의한 기동법(권선형)

(2) **농형 유도 전동기의 속도 제어법**
- 주파수를 바꾸는 방법
- **극수를 바꾸는 방법**
- 전원 전압을 바꾸는 방법

(3) 권선형 유도 전동기의 속도 제어법
- 2차 저항을 제어하는 방법
- 2차 여자법
- 종속 제어법 **답** ④

문제 45 다이오드를 이용한 저항 부하의 단상반파 정류회로에서 맥동률(리플률)은?

① 0.48
② 1.11
③ 1.21
④ 1.41

맥동률 = $\dfrac{교류분}{직류분} \times 100$ [%]

- **단상 반파 : 121[%]**
- 단상 전파 : 48[%]
- 삼상 반파 : 17[%]
- 삼상 전파 : 4[%] **답** ③

문제 46 직류 분권전동기의 기동시에는 계자저항기의 저항값을 어떻게 해두어야 하는가?

① 0(영)으로 해둔다.
② 최대로 해둔다.
③ 중위(中位)로 해둔다.
④ 끊어 놔둔다.

- 토크 $T = K\phi I_a$

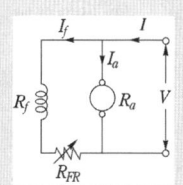

- 회전속도 $N = K\dfrac{V - I_a R_a}{\phi}$ 에서 기동시 계자 저항을 최소로 하여 계자 전류를 크게하면 기동 토크가 크게 되고 속도는 저속으로 된다.
- **즉, 기동시 계자저항(R_{FR})을 0(영)으로 한 후 기동**한다. **답** ①

문제 47 60[Hz], 4[극]의 유도 전동기의 슬립이 3[%]인 때의 매분 회전수는?

① 1260[rpm]
② 1440[rpm]
③ 1455[rpm]
④ 1746[rpm]

동기속도 $N_s = \dfrac{120f}{p} = \dfrac{120 \times 60}{4} = 1800$[rpm]

$\therefore N = (1-s)N_s = (1-0.03) \times 1800 = 1746$[rpm] **답** ④

문제 48 출력 P_o, 2차동손 P_{c2}, 2차입력 P_2 및 슬립 s인 유도전동기에서의 관계는?

① $P_2 : P_{c2} : P_o = 1 : s : (1-s)$
② $P_2 : P_{c2} : P_o = 1 : (1-s) : s$
③ $P_2 : P_{c2} : P_o = 1 : s^2 : (1-s)$
④ $P_2 : P_{c2} : P_o = 1 : (1-s) : s^2$

- 2차 입력 $P_2 = E_2 I_2 \cos\theta_2$[W]
- 2차 동손 $P_{c2} = sP_2$[W]
- 기계적 출력 $P_0 = P_2 - P_{c2} = (1-s)P_2$[W]

$\therefore P_2 : P_{c2} : P_0 = 1 : s : (1-s)$ **답** ①

$G(s)H(s) = \dfrac{20}{s(s-1)(s+2)}$인 계의 이득 여유는?

① $-20[\text{dB}]$ ② $-10[\text{dB}]$
③ $1[\text{dB}]$ ④ $10[\text{dB}]$

풀이

$$G(j\omega)H(j\omega) = \frac{20}{j\omega(j\omega-1)(j\omega+2)} = \frac{20}{-\omega^2 - j(\omega^3 + 2\omega)}$$
$$= \frac{20[-\omega^2 + j\omega(\omega^2+2)]}{\omega^4 + (\omega^3+2\omega)^2}$$
$$= \frac{20\omega^2}{\omega^4 + (\omega^3+2\omega)^2} + j\frac{20\omega(\omega^2+2)}{\omega^4 + (\omega^3+2\omega)^2}$$

위상교차 주파수 ω_c는 허수부를 0으로 할 때 값이므로

$\omega_c^2 = -2$ ($\omega \neq 0$ 이므로)

$$\left| G(j\omega_c)H(j\omega_c) \right|_{\omega_c^2 = -2} = \left| \frac{20}{-\omega_c^2} \right|_{\omega_c^2 = -2} = \left| \frac{20}{2} \right| = 10$$

이득여유 $[G.M] = 20\log_{10}\dfrac{1}{|G(j\omega_c)H(j\omega_c)|}$
$$= -20\log_{10}|G(j\omega_c)H(j\omega_c)|$$
$$= -20\log_{10}10 = -20[\text{dB}]$$

답 ①

제4과목 회로이론 및 제어공학

문제 61 선형 시불변 시스템의 상태 방정식이 $\dfrac{d}{dt}x(t) = Ax(t) + Bu(t)$로 표시될 때, 상태 천이 방정식 (state transition equation)의 식은?
(단, $\phi(t)$는 일치하는 상태천이 행렬이다.)

① $x(t) = \phi(t)x(0) + \displaystyle\int_0^t \phi(t+\tau)u(\tau)d\tau$

② $x(t) = \phi(t)x(0) + \displaystyle\int_0^t \phi(t-\tau)u(t)d\tau$

③ $x(t) = \phi(t)x(0) + \displaystyle\int_0^t \phi(t+\tau)Bu(t)d\tau$

④ $x(t) = \phi(t)x(0) + \displaystyle\int_0^t \phi(t-\tau)Bu(\tau)d\tau$

답 ④

문제 62 다음 중 $\dfrac{1}{s-\alpha}$을 z변환하면?

① $\dfrac{1}{1 - z^{-1}e^{\alpha T}}$ ② $\dfrac{1}{1 - z^{-1}e^{-\alpha T}}$

③ $\dfrac{1}{1 - ze^{\alpha T}}$ ④ $\dfrac{1}{1 + ze^{\alpha T}}$

풀이

$\dfrac{1}{s-\alpha}$을 역라플라스하면 $e^{\alpha t}$이므로

$\therefore z[e^{\alpha t}] = 1 + e^{\alpha T}z^{-1} + e^{2\alpha T}z^{-2} + \cdots = \dfrac{1}{1 - z^{-1}e^{\alpha T}}$

답 ①

문제 65 특성방정식
$(s+1)(s+2)(s+3) + K(s+4) = 0$
의 완전 근궤적상 $K = 0$인 점은?

① $s = -4$인 점
② $s = -1$, $s = -2$, $s = -3$인 점
③ $s = 1$, $s = 2$, $s = 3$인 점
④ $s = 4$인 점

풀이

$K = -\dfrac{(s+1)(s+2)(s+3)}{s+4} = 0$ 이므로,

따라서, $s = -1$, $s = -2$, $s = -3$ 이다.

답 ②

문제 63 보드 선도의 이득 교차점에서 위상각 선도가 $-180°$ 축의 상부에 있을 때 이 계의 안정 여부는?

① 불안정하다. ② 판정 불능이다.
③ 임계 안정이다. ④ 안정하다.

풀이

이득 곡선이 0 [dB]인 점을 지날 때의 주파수에서 **위상 여유가 양(+)**이고, 위상 곡선이 $-180°$를 지날 때 이득 여유가 양(+)이면 **시스템은 안정**하다.

답 ④

문제 66 어떤 시스템을 표시하는 미분방정식이
$2\dfrac{d^2 y(t)}{dt^2} + 3\dfrac{dy(t)}{dt} + 4y(t) = \dfrac{dx(t)}{dt} + 3x(t)$인
경우 $x(t)$를 입력, $y(t)$를 출력이라면 이 시스템의 전달함수는? (단, 모든 초기조건은 0이다.)

① $G(s) = \dfrac{s+3}{2s^2+3s+4}$

② $G(s) = \dfrac{s-3}{2s^2-3s+4}$

③ $G(s) = \dfrac{s+3}{2s^2+3s-4}$

④ $G(s) = \dfrac{s-3}{2s^2-3s-4}$

풀이

$2\{s^2 Y(s) - sy(0) - y'(0)\} + 3\{sY(s) - y(0)\} + 4Y(s)$
$= \{sX(s) - x(0)\} + 3X(s)$

모든 초기값을 0으로 보고 정리하면

$(2s^2 + 3s + 4)Y(s) = (s+3)X(s)$

$\therefore \dfrac{Y(s)}{X(s)} = \dfrac{s+3}{2s^2+3s+4}$ **답** ①

문제 67 RLC 직렬회로에서 자체 인덕턴스 $L = 0.02$[mH]와 선택도 $Q = 60$일 때 코일의 주파수 $f = 2$[MHz]였다. 이 코일의 저항은 몇 [Ω]인가?

① 2.2 ② 3.2
③ 4.2 ④ 5.2

풀이

직렬 공진조건 $\omega L = \dfrac{1}{\omega C}$에서 $C = \dfrac{1}{\omega^2 L}$

$\therefore C = \dfrac{1}{(2\pi \times 2 \times 10^6)^2 \times 0.02 \times 10^{-3}} \fallingdotseq 0.317 \times 10^{-9}$[F]

직렬공진에서 선택도 $Q = \dfrac{1}{R}\sqrt{\dfrac{L}{C}}$에서

$R = \dfrac{1}{Q}\sqrt{\dfrac{L}{C}} = \dfrac{1}{60}\sqrt{\dfrac{0.02 \times 10^{-3}}{0.317 \times 10^{-9}}} \fallingdotseq 4.2$[Ω] **답** ③

문제 68 $R = 5$[Ω], $L = 20$[mH] 및 가변 콘덴서 C로 구성된 RLC 직렬회로에 주파수 1000[Hz]인 교류를 가한 다음 C를 가변시켜 직렬 공진시킬 때 C의 값은 약 몇 [μF]인가?

① 1.27 ② 2.54
③ 3.52 ④ 4.99

풀이

직렬공진 조건 $\omega L = \dfrac{1}{\omega C}$에서

$C = \dfrac{1}{\omega^2 L} = \dfrac{1}{(2\pi \times 1000)^2 \times 20 \times 10^{-3}} \fallingdotseq 1.27 \times 10^{-6}$ [F]
$= 1.27[\mu\text{F}]$ **답** ①

문제 69 그림과 같은 폐루프 전달함수 $T = \dfrac{C}{R}$에서 H에 대한 감도 S_H^T는?

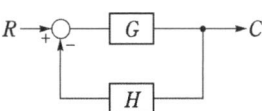

① $\dfrac{GH}{1+GH}$ ② $\dfrac{-GH}{1+GH}$

③ $\dfrac{GH}{(1-GH)^2}$ ④ $\dfrac{-GH}{(1+GH)^2}$

풀이

$T = \dfrac{C}{R} = \dfrac{G}{1+GH}$

H에 대한 감도

$S_H^T = \dfrac{H}{T} \cdot \dfrac{dT}{dH} = \dfrac{H}{\dfrac{G}{1+GH}} \cdot \dfrac{d}{dH}\left(\dfrac{G}{1+GH}\right)$

$= \dfrac{H(1+GH)}{G} \cdot \dfrac{-G \cdot G}{(1+GH)^2} = \dfrac{-GH}{1+GH}$ **답** ②

문제 70 그림과 같은 회로에 $t = 0$에서 S를 닫을 때의 방전 과도전류 $i(t)$[A]는?

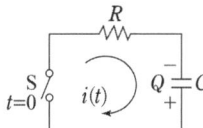

① $\dfrac{Q}{RC}e^{-\frac{t}{RC}}$ ② $-\dfrac{Q}{RC}e^{\frac{t}{RC}}$

③ $\dfrac{Q}{RC}(1+e^{\frac{t}{RC}})$ ④ $-\dfrac{1}{RC}(1-e^{-\frac{t}{RC}})$

풀이

스위치를 닫은 상태에서 회로의 평형 방정식은

$R\dfrac{dq(t)}{dt} + \dfrac{1}{C}q(t) = 0$ 이므로 $q(t) = Ae^{-\frac{1}{RC}t}$

초기 조건에서 $q(0) = Q$라 하면

$q(t) = Qe^{-\frac{1}{RC}t}$

$$\therefore i(t) = \frac{dq(t)}{dt} = \frac{d}{dt} Q e^{-\frac{1}{RC}t} = -\frac{Q}{RC} e^{-\frac{1}{RC}t}$$

그런데, 문제의 그림에서는 전류 방향이 일치하므로 부호는 +이다. **답 ①**

문제 71 라플라스 변환함수

$F(s) = \dfrac{s+2}{s^2 + 4s + 13}$ 에 대한 역변환함수 $f(t)$는?

① $e^{-2t}\cos3t$ 　　② $e^{-3t}\cos2t$

③ $e^{3t}\cos2t$ 　　④ $e^{2t}\cos3t$

풀이

$F(s) = \dfrac{s+2}{s^2+4s+13} = \dfrac{s+2}{s^2+4s+4+9} = \dfrac{s+2}{(s+2)^2+3^2}$

이므로 $\therefore f(t) = e^{-2t}\cos3t$ 가 된다. **답 ①**

문제 72 기전력 E, 내부저항 r인 전원으로부터 부하저항 R_L에 최대 전력을 공급하기 위한 조건과 그 때의 최대전력 P_m은?

① $R_L = r, \ P_m = \dfrac{E^2}{4r}$

② $R_L = r, \ P_m = \dfrac{E^2}{3r}$

③ $R_L = 2r, \ P_m = \dfrac{E^2}{4r}$

④ $R_L = 2r, \ P_m = \dfrac{E^2}{3r}$

풀이

① 최대 전력 전송 조건 : r(내부저항) $= R_L$(부하저항)

② 최대전력 $P_m = I^2 R_L = \left(\dfrac{E}{r+R_L}\right)^2 R_L = \dfrac{E^2}{4r}$ [W]

　 $(\because r = R_L)$ **답 ①**

제5과목 전기설비 기술기준

문제 81 특고압의 전기집진장치, 정전도장장치 등에 전기를 공급하는 전기설비 시설로 적합하지 아니한 것은?

① 전기집진 응용장치에 전기를 공급하는 변압기 1차측 전로에는 그 변압기 가까운 곳에 개폐기를 시설할 것

② 케이블을 넣는 방호장치의 금속체 부분에는 접지공사를 하지 않도록 한다.

③ 잔류전하에 의하여 사람에게 위험을 줄 우려가 있으면 변압기 2차측에 잔류전하를 방전하기 위한 장치를 할 것

④ 전기집진장치는 그 충전부에 사람이 접촉할 우려가 없도록 시설할 것

풀이

241.9 전기 집진장치 등

가. 전기집진 응용장치에 전기를 공급하기 위한 변압기의 1차측 전로에는 그 변압기에 가까운 곳으로 쉽게 개폐할 수 있는 곳에 개폐기를 시설할 것.

나. 전기집진 응용장치에 전기를 공급하기 위한 변압기·정류기 및 이에 부속하는 특고압의 전기설비 및 전기집진 응용장치는 취급자 이외의 사람이 출입할 수 없도록 설비한 곳에 시설할 것.

다. 잔류전하에 의하여 사람에게 위험을 줄 우려가 있는 경우에는 변압기의 2차측 전로에 잔류전하를 방전하기 위한 장치를 할 것.

라. 금속제 외함 또한 케이블을 넣은 방호장치의 금속제 부분 및 방식케이블 이외의 케이블의 피복에 사용하는 금속체 에는 규정에 준하여 접지공사를 하여야 한다. **답 ②**

문제 82 비접지식 고압전로에 시설하는 금속제 외함에 실시하는 접지공사의 접지극으로 사용할 수 있는 건물의 철골 기타의 금속제는 대지와의 사이에 전기저항 값을 얼마이하로 유지하여야 하는가?

① 2[Ω] 　　② 3[Ω]

③ 5[Ω] 　　④ 10[Ω]

풀이

142.2 접지극의 시설 및 접지저항

건축물·구조물의 철골 기타의 금속제는 이를 비접지식 고압 전로에 시설하는 기계기구의 철대 또는 금속제 외함의 접지공사 또는 비접지식 고압전로와 저압전로를 결합하는 변압기의 저압전로의 접지공사의 접지극으로 사용할 수 있다. 다만, 대지와의 사이에 전기저항 값이 2[Ω] 이하인 값을 유지하는 경우에 한한다. **답** ①

문제 83 고압 가공전선로의 지지물로는 A종 철근 콘크리트주를 사용하고, 전선으로는 단면적 22 [mm²]의 경동연선을 사용한다면 경간은 최대 몇 [m] 이하이어야 하는가?

① 150 　　　　② 250

③ 300 　　　　④ 500

풀이

332.9 고압 가공전선로 경간의 제한

가. 고압 가공전선로의 경간은 표에서 정한 값 이하이어야 한다.

지지물의 종류	경간
목주·A종 철주 또는 A종 철근 콘크리트주	150[m]
B종 철주 또는 B종 철근 콘크리트주	250[m]
철탑	600[m]

나. 고압 가공전선로의 전선에 인장강도 8.71[kN] 이상의 것 또는 단면적 22[mm²] 이상의 경동연선의 것을 규정에 따라 지지물을 시설하는 경우에 그 전선로의 경간은 다음과 같다.

지지물의 종류	22[mm²] 이상의 경동선 사용
목주·A종 철주 또는 A종 철근 콘크리트주	300[m]
B종 철주 또는 B종 철근 콘크리트주	500[m]
철탑	600[m]

전선의 굵기가 22[mm²] 이므로 A종 철근콘크리트주의 경간은 최대 300[m] 이하이어야 한다. **답** ③

문제 84 22.9[kV] 다중접지식의 특고압 가공전선이 교류전차선과 교차하고 교류전차선의 위에 시설되는 경우, 지지물로 A종 철근 콘크리트주를 사용한다면 특고압 가공전선로의 경간은 몇 [m] 이하로 하여야 하는가? 단, 전로에 지락이 생겼을 때에 2초 이내에 자동적으로 이를 전로로부터 차단하는 장치가 되어있다.

① 30 　② 40 　③ 50 　④ 60

풀이

333.32 25[kV] 이하인 특고압 가공전선로의 시설

사용전압이 15 [kV]를 초과하고 25 [kV] 이하인 특고압 가공전선로(중성선 다중접지식의 것으로서 전로에 지락이 생겼을 때에 2초 이내에 자동적으로 이를 전로로부터 차단하는 장치가 되어 있는 것에 한한다.)가 교류 전차선의 위에 시설되는 경우 가공전선의 경간

지지물의 종류	경간
목주·A종 철주·A종 철근 콘크리트주	60 [m]
B종 철주·B종 철근 콘크리트주	120 [m]

답 ④

문제 85 버스덕트공사에 의한 저압 옥내배선에 대한 시설로 잘못 설명한 것은?

① 환기형을 제외한 덕트의 끝부분은 막을 것

② 덕트를 조영재에 붙이는 경우에는 덕트의 지지점 간의 거리를 5 [m]이하로 하고 또한 견고하게 붙일 것.

③ 덕트의 내부에 먼지가 침입하지 아니하도록 할 것

④ 덕트에 접지 공사를 할 것

풀이

232.61 버스덕트공사

가. 덕트 상호 간 및 전선 상호 간은 견고하고 또한 전기적으로 완전하게 접속할 것.

나. 덕트를 조영재에 붙이는 경우에는 **덕트의 지지점 간의 거리를 3[m]**(수직으로 붙이는 경우에는 6[m]) 이하로 하고 또한 견고하게 붙일 것.

다. 덕트(환기형의 것을 제외한다)의 끝부분은 막을 것.

라. 덕트(환기형의 것을 제외한다)의 내부에 먼지가 침입하지 아니하도록 할 것.

마. 덕트는 접지공사를 할 것. **답** ②

11년 1회   동일 및 유사 문제 (년도-회-번호)

1과목 전기자기학

12	22-2-18
13	20-4-02
14	13-3-03
15	20-1,2-05
16	13-2-05
17	19-3-17
18	13-1-09
19	19-3-01
20	21-2-06

2과목 전력공학

30	13-2-25
31	16-3-23
32	18-3-24
33	17-2-24
34	21-2-32
35	18-1-24
36	16-2-24
37	20-4-31
38	18-1-31
39	16-3-28
40	19-1-28

3과목 전기기기

49	22-1-53
50	22-3-50
51	22-3-45
52	16-3-50
53	16-3-49
54	19-2-59

55	15-3-49
56	21-2-49
57	15-2-51
58	20-1,2-49
59	16-2-50
60	17-1-42

4과목 회로이론 및 제어공학

73	22-1-74
74	20-1,2-68
75	16-2-61
76	15-2-68
77	19-3-73
78	16-1-73
79	19-3-71
80	19-3-74

5과목 전기설비기술기준

86	21-3-97
87	18-1-89
88	18-2-92
89	22-1-87
90	22-2-91
91	20-4-92
92	20-1,2-86
93	18-3-81
94	22-1-82
95	17-3-81
96	22-2-92
97	20-3-90
98	18-2-96

국가기술자격검정 필기시험 문제

2011년도 전기기사 일반검정 제 2 회				수검 번호	성 명
자격종목 및 등급(선택분야)	종목코드	시험시간	문제지형별		
전기기사	1150	2시간 30분	A		

제1과목 **전기자기학**

문제 01 자성체에서 자기 감자력은?

① 자화의 세기(J)에 비례한다.

② 감자율(N)에 반비례한다.

③ 자계(H)에 반비례한다.

④ 투자율(μ)에 비례한다.

풀이

감자력 H'는 자화의 세기 J에 비례하며 자성체의 형태에 따라 결정되므로 다음과 같이 놓을 수 있다.

$$H' = \frac{N}{\mu_0} J \propto J$$

따라서, **감자력은 자화의 세기 J에 비례하게 된다.** **답** ①

문제 02 진공 중에 반지름이 4[cm]인 도체구 A와 내외 반지름이 5[cm] 및 10[cm]인 도체구 B를 동심(同心)으로 놓고 도체구 A에 $Q_A = 4 \times 10^{-10}$[C]인 전하를 대전시키고 도체구 B의 전하를 0으로 했을 때 도체구 A의 전위는 약 몇 [V] 인가?

① 15   ② 30

③ 46   ④ 54

풀이

동심도체구에서 도체 A의 전하를 Q_A, 도체 B의 전하를 0으로 한 경우 도체구 A의 전위 $V_A = \dfrac{Q_A}{4\pi\epsilon_0}\left(\dfrac{1}{a} - \dfrac{1}{b} + \dfrac{1}{c}\right)$에서

$$V_A = \frac{4 \times 10^{-10}}{4\pi\epsilon_0}\left(\frac{1}{4 \times 10^{-2}} - \frac{1}{5 \times 10^{-2}} + \frac{1}{10 \times 10^{-2}}\right)$$

$$= 4 \times 10^{-10} \times 9 \times 10^9 \times \left(\frac{1}{4} - \frac{1}{5} + \frac{1}{10}\right) \times 10^2$$

$$= 54 \,[\text{V}]$$ **답** ④

문제 03 간격이 1.5[m]이고 평행한 무한히 긴 단상 송전선로가 가설되었다. 여기에 6600[V], 3[A]를 송전하면 단위길이당 작용하는 힘은?

① 1.2×10^{-3}[N], 흡인력

② 5.89×10^{-5}[N], 흡인력

③ 1.2×10^{-6}[N], 반발력

④ 6.28×10^{-7}[N], 반발력

풀이

$$F = \frac{\mu_0 I_1 I_2}{2\pi r} = \frac{2 I_1 I_2}{r} \times 10^{-7} [\text{N}] \text{에서} \ (\because \mu_0 = 4\pi \times 10^{-7})$$

$$F = \frac{2 \times 3 \times 3}{1.5} \times 10^{-7} = 1.2 \times 10^{-6} [\text{N}] \ (\text{반발력})$$

도체에 작용하는 힘의 방향은 두 도체의 전류가 동일 방향으로 흐를 때에는 흡인력, 반대 방향일 때에는 반발력이 작용한다. 따라서, **단상 송전선로의 경우 두 전류의 방향이 반대이므로 반발력이 작용한다.** **답** ③

문제 04 공기 콘덴서의 극판 사이에 비유전율 5인 유전체를 넣었을 때 동일 전위차에 대한 극판의 전하량은 어떻게 되는가?

① $5\epsilon_0$배로 증가한다.   ② 불변이다.

③ 5배로 증가한다.   ④ $\dfrac{1}{5}$로 감소한다.

풀이

· 공기 콘덴서의 정전용량 $C_0 = \dfrac{\epsilon_0 A}{d}$ [F]

· 유전체를 넣을 때의 정전용량 $C = \dfrac{\epsilon_0 \epsilon_s A}{d} = \epsilon_s C_0$[F]

· 전하량 $Q = CV$ 에서 $Q \propto C$

따라서, $\epsilon_s = 5$ 이므로 유전체를 넣을 때의 전하량은 공기 콘덴서 전하량의 5배가 된다. **답** ③

문제 05 점전하 Q[C]에 의한 무한 평면도체의 영상전하는?

① $-Q$[C]보다 작다.
② Q[C]보다 크다.
③ $-Q$[C]와 같다.
④ Q[C]와 같다.

풀이

무한 평면도체와 점전하

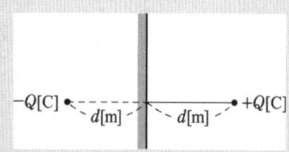

• 영상점 : d (평면도체로부터 점전하까지의 거리와 동일)
• 영상전하 : $-Q$
(점전하와 크기는 같고, 부호는 반대) **답** ③

문제 06 도체 표면에서 전계
$E = E_x a_x + E_y a_y + E_z a_z$ [V/m]이고, 도체면과 법선방향인 미소길이 $dL = dx a_x + dy a_y + dz a_z$ [m]일 때 성립되는 식은?

① $E_x dx = E_y dy$
② $E_y dz = E_z dy$
③ $E_x dy = E_y dz$
④ $E_y dy = E_z dz$

풀이

전기력선 방정식 $\dfrac{dx}{E_x} = \dfrac{dy}{E_y} = \dfrac{dz}{E_z}$ **답** ②

문제 07 철심이 있는 평균반지름 15[cm]인 환상솔레노이드 코일에 5[A]가 흐를 때 내부자계의 세기가 1600 [AT/m]가 되려면 코일의 권수는 약 몇 회 정도인가?

① 150
② 180
③ 300
④ 360

풀이

환상 솔레노이드 내부 자계의 세기 $H = \dfrac{NI}{2\pi r}$ 에서

$\therefore N = \dfrac{2\pi r H}{I} = \dfrac{2\pi \times 15 \times 10^{-2} \times 1600}{5} = 301.59$[회] **답** ③

문제 08 자석의 세기 0.2[Wb], 길이 10[cm]인 막대자석의 중심에서 60도의 각을 가지며 40[cm]만큼 떨어진 점 A의 자위는 몇 [A]인가?

① 1.97×10^3
② 3.96×10^3
③ 7.92×10^3
④ 9.58×10^3

풀이

$U = \dfrac{M\cos\theta}{4\pi\mu_0 r^2} = 6.33 \times 10^4 \times \dfrac{ml\cos\theta}{r^2}$ [AT]에서

$U = 6.33 \times 10^4 \times \dfrac{0.2 \times 10 \times 10^{-2} \times \cos 60}{(40 \times 10^{-2})^2} = 3.96 \times 10^3$ [A]

여기서, m : 자극의 세기[Wb], l : 길이[m],
r : 자극으로 부터의 거리[m] **답** ②

제2과목　전력공학

문제 21 전선 지지점의 고저차가 없을 경우 경간 300[m]에서 이도 9[m]인 송전 선로가 있다. 지금 이 이도를 11[m]로 증가시키고자 할 경우 경간에 더 늘려야할 전선의 길이는 약 몇 [cm]인가?

① 25
② 30
③ 35
④ 40

풀이

전선의 실제 길이 $L = S + \dfrac{8D^2}{3S}$ [m] 에서

• 이도 9[m]일 때의 전선의 실제길이
$L = 300 + \dfrac{8 \times 9^2}{3 \times 300} = 300.72$ [m]

• 이도 11[m]일 때의 전선의 실제길이
$L' = 300 + \dfrac{8 \times 11^2}{3 \times 300} = 301.07$ [m]

• 필요한 전선의 길이 $= L' - L = 301.07 - 300.72$
$= 0.35$[m] $= 35$[cm] **답** ③

문제 22 송전선 보호범위 내의 모든 사고에 대하여 고장점의 위치에 관계없이 선로 양단을 쉽고 확실하게 동시에 고속으로 차단하기 위한 계전방식은?

① 회로선택 계전방식
② 과전류 계전방식

③ 방향거리(directive distance) 계전방식
④ 표시선(pilot wire) 계전방식

풀이

표시선 계전방식의 특징
① 고장점의 위치에 관계 없이 **양단을 동시 고속 차단**할 수 있다.
② 송전선에 평행되도록 표시선을 설치하여 양단을 연락케 한다.
③ 고장시 장해를 받지 않게 하기 위하여 연피 케이블을 설치한다.
④ 시한차에 구애받지 않고 양단 동시에 고속 차단한다.

답 ④

문제 23 수변전설비에서 1차측에 설치하는 차단기의 용량은 어느 것에 의하여 정하는가?

① 변압기 용량
② 수전계약용량
③ 공급측 단락용량
④ 부하설비용량

풀이

차단기의 차단 용량은 계통의 단락 용량 이상의 것을 선정하여야 한다.

답 ③

문제 24 가공송전선로에서 선간거리를 도체 반지름으로 나눈 값($\frac{D}{r}$)이 클수록 인덕턴스와 정전용량은 어떻게 되는가?

① 인덕턴스와 정전용량이 모두 작아진다.
② 인덕턴스와 정전용량이 모두 커진다.
③ 인덕턴스는 커지나, 정전용량은 작아진다.
④ 인덕턴스는 작아지나, 정전용량은 커진다.

풀이

- 인덕턴스 $L = 0.05 + 0.4605 \log \frac{D}{r} \rightarrow L \propto \log \frac{D}{r}$

- 정전용량 $C = \dfrac{0.02413}{\log \dfrac{D}{r}} \rightarrow C \propto \dfrac{1}{\log \dfrac{D}{r}}$

따라서, $\frac{D}{r}$가 클수록 인덕턴스는 커지나 정전용량은 작아진다.

답 ③

문제 25 직접 접지 방식에서 변압기에 단절연이 가능한 이유는?

① 고장전류가 크므로
② 지락전류가 저역률이므로
③ 중성점 전위가 낮으므로
④ 보호계전기의 동작이 확실하므로

풀이

단절연 : 직접접지방식에서 변압기의 **중성점은 항상 영 전위** 부근에 유지되기 때문에 변압기 권선의 절연을 선로측으로부터 중성점까지로 접근함에 따라 점차적으로 낮출 수 있으며 이와 같은 절연 방법을 단절연이라 한다.

답 ③

문제 26 애자가 갖추어야 할 구비조건으로 옳은 것은?

① 온도의 급변에 잘 견디고 습기도 잘 흡수하여야 한다.
② 지지물에 전선을 지지할 수 있는 충분한 기계적 강도를 갖추어야 한다.
③ 비, 눈, 안개 등에 대해서도 충분한 절연저항을 가지며, 누설전류가 많아야 한다.
④ 선로전압에는 충분한 절연내력을 가지며, 이상전압에는 절연내력이 매우 작아야 한다.

풀이

애자란 전선을 기계적으로 고정시키고 전기적으로 절연하기 위하여 사용되는 절연 지지체를 애자라 하며 애자의 구비조건은 다음과 같다.
- **절연 내력이 크고 누설전류가 적을 것**
- 비, 눈, 안개 등에 대해서도 필요한 표면 저항을 갖출 것
- **기계적 강도가 클 것**
- 전기적 및 기계적 특성의 열화가 적어야 한다.
- 정전 용량이 작을 것
- 온도의 급변에 견디고 **습기를 흡수하지 않아야 한다.**

답 ②

문제 27 다음 중 고압 배전계통의 구성 순서로 알맞은 것은?

① 배전변전소 ⇒ 간선 ⇒ 분기선 ⇒ 급전선
② 배전변전소 ⇒ 급전선 ⇒ 간선 ⇒ 분기선
③ 배전변전소 ⇒ 간선 ⇒ 급전선 ⇒ 분기선
④ 배전변전소 ⇒ 급전선 ⇒ 분기선 ⇒ 간선

풀이

① 급전선(feeder) : 배전 변전소 또는 발전소로부터 배전 간선에 이르기까지의 도중에 부하가 접속되어 있지 않은 선로
② 간선(main line) : 급전선에 접속된 수용 지역에서의 배전 선로 가운데에서 부하의 분포 상태에 따라서 배전하거나 또는 분기선을 내어서 배전하는 주간 부분
③ 분기선(branch line) : 간선으로부터 분기한 배전 선로의 가지 모양으로 된 부분 **답 ②**

문제 28 다음 중 전동기 등 기계 기구류 내의 전로의 절연 불량으로 인한 감전 사고를 방지하기 위한 방법으로 거리가 먼 것은?

① 외함 접지
② 저전압 사용
③ 퓨즈 설치
④ 누전차단기 설치

풀이

퓨즈는 회로 및 기기의 단락 보호용으로 사용된다. 따라서, 절연불량에 의한 **감전사고 방지와는 무관**하다. **답 ③**

문제 29 송전선로의 건설비와 전압과의 관계를 나타낸 것은?

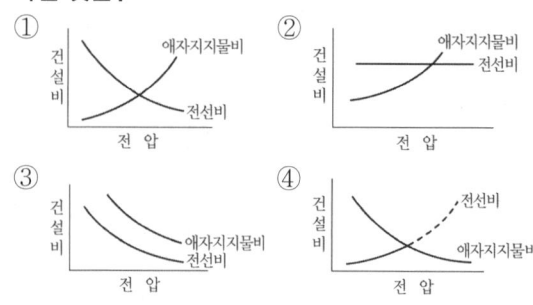

풀이

• 전선비 : 송전전압이 증가하면 전류가 감소하므로 전선의 굵기는 가늘어진다.
• 애자지지물비 : 송전전압이 증가하면 절연 레벨의 상승으로 애자의 개수 및 선로의 건설비용이 증가한다. 따라서, **전압이 상승하면 전선비는 감소하지만** 반대로 애자지지물비는 증가한다. **답 ①**

제3과목 **전기기기**

문제 41 유도전동기의 제동법 중 유도전동기를 전원에 접속한 상태에서 동기속도 이상의 속도로 운전하여 유도 발전기로 동작시킴으로써 그 발생 전력을 전원으로 반환하면서 제동하는 방법은?

① 발전제동
② 회생제동
③ 역상제동
④ 단상제동

풀이

전기적 제동방법
① 발전제동 : 전동기를 전원으로부터 분리한 후 1차측에 직류전원을 공급하여 발전기로 동작시킨 후 발생된 전력을 저항에서 열로 소비시키는 방법
② **회생제동** : 유도 전동기를 **유도 발전기로 동작**시켜 그 발생 전력을 전원에 반환하면서 제동하는 방법
③ 역전제동(역상제동, Pluging) : 회전중인 전동기의 1차 권선 3단자 중 임의의 2단자의 접속을 바꾸면 역방향의 토오크가 발생되어 제동하는 방법
④ 단상제동 : 권선형 유도전동기의 1차측을 단상교류로 여자하고 2차측에 적당한 크기의 저항을 넣으면 전동기의 회전과는 역방향의 토오크가 발생되므로 제동된다. **답 ②**

문제 42 동기기에서 동기 리액턴스가 커지면 동작 특성이 어떻게 되는가?

① 전압 변동률이 커지고 병렬운전시 동기화력이 커진다.
② 전압 변동률이 커지고 병렬운전시 동기화력이 작아진다.
③ 전압 변동률이 적어지고 지속단락 전류도 감소한다.
④ 전압 변동률이 적어지고 지속단락 전류는 증가한다.

풀이

동기 리액턴스(동기 임피던스)가 커지면 전압강하가 증가하여 정격부하시 단자전압 V_n은 감소하게 되고 전압변동률 $\epsilon = \dfrac{V_0 - V_n}{V_n}$ 에서 **전압변동률이 커지게 된다.**
또한, 동기화력 $P_s = \dfrac{E_1^2}{2x_s}\sin\delta$ 에서 **동기화력은 동기 리액턴스에 반비례**하므로 동기리액턴스가 증가하면 동기화력은

감소한다. **답 ②**

문제 43 단권 변압기에서 W_2 권선에 흐르는 전류의 크기[A]는?

① 5
② 10
③ 15
④ 20

풀이

W_2 권선에는 부하전류 I_2와 W_1에 흐르는 1차 전류 I_1의 차에 의해 구해지며, 그 방향은 I_1과 반대이다.

$$\therefore I = I_2 - I_1 = 10 - 5 = 5[A]$$ **답 ①**

문제 44 자여식 인버터의 출력 전압의 제어법에 주로 사용되는 방식은?

① 펄스폭 방식
② 펄스 주파수 변조 방식
③ 펄스폭 변조방식
④ 혼합 변조 방식

풀이

자여식 인버터의 **출력 전압의 제어는 주로 펄스폭 변조 방식**을 적용한다. **답 ③**

문제 45 변압기의 기름 중 아크 방전에 의하여 가장 많이 발생하는 가스는?

① 수소
② 일산화탄소
③ 아세틸렌
④ 산소

풀이

아크 방전에 의한 발생 가스 중 **수소의 비율은 대략 57~74[%] 정도이다. **답 ①**

문제 46 다음 중 DC 서보 모터의 기계적 시정수를 나타낸 것은? (단, R은 권선의 저항, J는 관성 모멘트, K_e는 서보 유기 전압 정수, K_f는 서보 모터의 도체 정수이다.)

① $\dfrac{K_e K_f}{JR}$
② $\dfrac{JR}{K_e K_f}$
③ $\dfrac{K_e R}{JK_f}$
④ $\dfrac{JK_f}{K_e R}$

답 ②

문제 47 다음 전력용 반도체 중에서 가장 높은 전압용으로 개발되어 사용되고 있는 반도체 소자는?

① LASCR
② IGBT
③ GTO
④ BJT

풀이

GTO는 게이트에 흐르는 전류를 점호할 때와 반대로 흐르게 함으로서 소자를 소호시킬 수 있으며, **고전압, 대전류 계통에 사용**한다. **답 ③**

문제 48 유도 전동기의 여자전류는 극수가 많아지면 정격전류에 대한 비율이 어떻게 되는가?

① 적어진다.
② 원칙적으로 변화하지 않는다.
③ 거의 변화하지 않는다.
④ 커진다.

풀이

유도 전동기의 자기 회로에는 갭(gap)이 있기 때문에 정격 전류 I_1에 대한 여자 전류 I_0의 비율이 매우 커서, 일반적으로 전부하 전류의 25~50 [%]에 이른다. 또한 I_0의 값은 용량이 작은 것일수록 크고, 같은 용량의 전동기에서는 **극수가 많을수록 크다.** **답 ④**

문제 49 인가전압과 여자가 일정한 동기전동기에서 전기자 저항과 동기 리액턴스가 같으면 최대출력을 내는 부하각은 몇 도[°]인가?

① 30°
② 45°
③ 60°
④ 90°

풀이

최대출력은 $\delta = \beta$에서 발생한다.
여기서, δ : 단자전압 V와 역기전력 E의 위상차,
β : 부하각

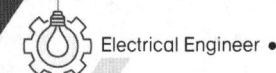
문제에서 **저항과 리액턴스가 같다고** 하였으므로

부하각 $\beta = \tan^{-1}\dfrac{X}{R} = \tan^{-1}\dfrac{1}{1} = 45°$ 에서 최대출력을 낸다.

답 ②

문제 50 직류 분권전동기가 있다. 그 출력이 9[kW]일 때, 단자전압은 220[V], 입력전류는 51.5[A], 계자전류는 1.5[A], 회전속도는 1500[rpm]이었다. 이때의 발생 토크[kg·m]와 효율[%]은? (단, 전기자 저항은 0.1[Ω]이다.)

① 5.85[kg·m], 94.8[%]

② 6.98[kg·m], 79.4[%]

③ 36.74[kg·m], 79.4[%]

④ 57.33[kg·m], 94.8[%]

풀이

• 전기자 전류 $I_a = I - I_f = 51.5 - 1.5 = 50[\text{A}]$

• 전기자 역기전력 $E_c = V - R_a I_a = 220 - 0.1 \times 50 = 215[\text{V}]$

• 기계적 출력 $P = E_c I_a = 215 \times 50 = 10750[\text{W}]$

• 발생 토크 $\tau = 0.975\dfrac{P}{N} = 0.975 \times \dfrac{10750}{1500} = 6.98[\text{kg·m}]$

• 효율 $\eta = \dfrac{출력}{입력} \times 100 = \dfrac{P}{VI} \times 100 = \dfrac{9 \times 10^3}{220 \times 51.5} \times 100$
 $= 79.43[\%]$

답 ②

문제 51 5[kVA]의 단상 변압기 3대를 △결선하여 급전하고 있는 경우 1대가 소손되어 나머지 2대로 급전하게 되었다. 2대의 변압기로 과부하를 10[%]까지 견딜 수 있다고 하면 2대가 분담할 수 있는 최대 부하는 약 몇 [kVA]인가?

① 5   ② 8.6

③ 9.5   ④ 15

풀이

• V결선시 공급할 수 있는 전력 $P_V = \sqrt{3}\,P_1 = 5\sqrt{3}[\text{kVA}]$

• 과부하율 고려시 공급할 수 있는 최대전력
 $P = 1.1 \times 5\sqrt{3} = 9.53[\text{kVA}]$

답 ③

제4과목 **회로이론 및 제어공학**

문제 61 제어계 전달함수의 극값(pole)이 그림과 같을 때 이 계의 고유 각주파수 ω_n는?

① $\dfrac{1}{\sqrt{2}}$

② $\dfrac{1}{2}$

③ $\sqrt{2}$

④ $\sqrt{3}$

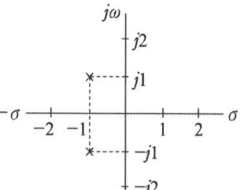

풀이

특성근은 $s_1 = -1 + j$, $s_2 = -1 - j$ 이므로
특성 방정식은 $(s + 1 - j)(s + 1 + j) = 0$ 이다.

$s^2 + 2\delta\omega_n s + \omega_n^2 = (s + 1 - j)(s + 1 + j)$
$\qquad\qquad\qquad = (s+1)^2 + 1 = s^2 + 2s + 2 = 0$ 이므로

$\omega_n^2 = 2 \quad \therefore \omega_n = \sqrt{2}$

답 ③

문제 62 그림과 같은 보드 위상선도를 갖는 회로망은 어떤 보상기로 사용될 수 있는가?

① 진상 보상기

② 지상 보상기

③ 지상 진상 보상기

④ 진상 지상 보상기

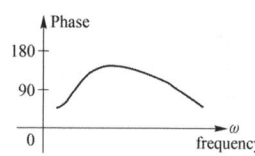

답 ①

문제 63 ω가 0에서 ∞까지 변화하였을 때 $G(j\omega)$의 크기와 위상각을 극좌표에 그린 것으로 이 궤적을 표시하는 선도는?

① 근궤적도

② 나이퀴스트선도

③ 니콜스선도

④ 보드선도

풀이

영점과 극점에 의한 s의 경로를 s평면상에 나타낸 것을 나이퀴스트선도라고 한다.

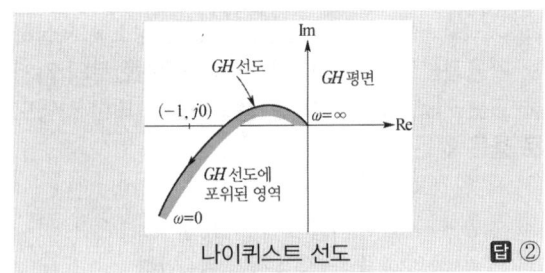

나이퀴스트 선도

답 ②

문제 64 다음 그림은 전압이 10[V]인 전원장치에 가변저항과 전열기를 연결한 회로이다. 가변저항이 5[Ω]일 때 회로에 흐르는 전류는 1[A]이다. 가변저항을 15[Ω]으로 바꾸고 전열기를 4초 동안 사용할 경우 전열기에서 소비되는 전력[W]은 얼마인가? (단, 전원장치의 전압과 전열기의 저항은 일정하다.)

① 1.25
② 1.5
③ 1.88
④ 2.0

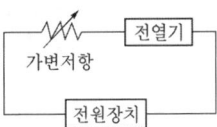

풀이

① 전체 저항(R_T)은 가변 저항과 전열기 저항(R_H)의 합이므로,

$$R_T = \frac{V}{I} = \frac{10}{1} = 10 = 5 + R_H \ [\Omega]$$

가변 저항이 5[Ω]일 때 전열기의 저항은 5[Ω]이다.

② 가변 저항을 15[Ω]으로 바꾸면

$$I = \frac{V}{R_T} = \frac{10}{(15+5)} = 0.5[A]$$

따라서, 전열기에서 소비되는 전력

$$P = I^2 R_H = 0.5^2 \times 5 = 1.25[W]$$

답 ①

문제 65 전류원의 내부저항에 관하여 맞는 것은?

① 전류공급을 받는 회로의 구동점 임피던스와 같아야 한다.
② 클수록 이상적이다.
③ 경우에 따라 다르다.
④ 작을수록 이상적이다.

풀이

• 이상적인 전류원 : 내부 저항값이 클수록 이상적이다.
• 이상적인 전압원 : 내부 저항값이 작을수록 이상적이다.

답 ②

문제 66 그림과 같은 회로의 전달함수 $\dfrac{E_o(s)}{E_i(s)}$ 는?

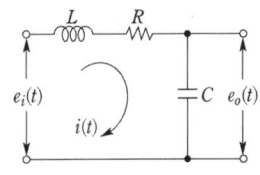

① $\dfrac{s}{LCs^2 + RCs + 1}$

② $\dfrac{1}{LCs^2 + RCs + 1}$

③ $\dfrac{Ls}{LCs^2 + RCs + 1}$

④ $\dfrac{Cs}{LCs^2 + RCs + 1}$

풀이

$$\begin{cases} e_i(t) = L\dfrac{d}{dt}i(t) + Ri(t) + \dfrac{1}{C}\int i(t)dt \\ e_o(t) = \dfrac{1}{C}\int i(t)dt \end{cases}$$

초기값을 0으로 하고 라플라스 변환하면,

$$\begin{cases} E_i(s) = LsI(s) + RI(s) + \dfrac{1}{Cs}I(s) = \left(Ls + R + \dfrac{1}{Cs}\right)I(s) \\ E_o(s) = \dfrac{1}{Cs}I(s) \end{cases}$$

$$\therefore \ G(s) = \frac{E_o(s)}{E_i(s)} = \frac{\dfrac{1}{Cs}}{Ls + R + \dfrac{1}{Cs}} = \frac{1}{LCs^2 + RCs + 1}$$

답 ②

문제 67 임피던스 $Z(s)$가

$$Z(s) = \frac{s+20}{s^2 + 5RLs + 1}$$ 으로 주어지는 2단자 회로에 직류 전류원 10[A]를 가할 때 이 회로의 단자전압 [V]은?

① 20　　　　　　　　② 40
③ 200　　　　　　　④ 400

풀이

직류 전원이므로 $f = 0$, $\therefore \ s(j\omega) = 0$

$$Z = \left.\frac{s+20}{s^2 + 5RLs + 1}\right|_{s=0} = 20[\Omega]$$

$$\therefore \ E = Z \cdot I = 20 \times 10 = 200 \ [V]$$

답 ③

문제 68 직류를 공급하는 $R-C$ 직렬회로에서 회로의 시정수 값은?

① $\dfrac{R}{C}$[sec] ② $\dfrac{C}{R}$[sec]

③ $\dfrac{1}{RC}$[sec] ④ RC[sec]

풀이

전하량 $q(t) = CE(1-e^{-\frac{1}{RC}t})$[C] 에서 **시정수 τ는 전하가 0에서 정상전하량의 약 63.2[%]에 도달할 때 까지의 시간**이므로

$$q(\tau) = CE(1-e^{-\frac{1}{RC}\times RC}) = CE(1-e^{-1}) = 0.632CE$$

따라서, 시정수 $\tau = RC$ 가 된다. **답** ④

제5과목 전기설비 기술기준

문제 81 과전류 차단기로서 저압 전로에 사용하는 400 [A] 퓨즈를 수평으로 붙여서 시험할 때 정격전류의 1.6배의 전류를 통하는 경우 몇 분 안에 용단되어야 하는가?

① 60분 ② 120분
③ 120분 ④ 180분

풀이

212.3.4 보호장치의 특성
과전류차단기로 저압전로에 사용하는 범용의 퓨즈는 표에 적합한 것이어야 한다.

표. 퓨즈(gG)의 용단특성

정격전류의 구분	시간	정격전류의 배수	
		불용단전류	용단전류
4 [A] 이하	60분	1.5배	2.1배
4 [A] 초과 16 [A] 미만	60분	1.5배	1.9배
16 [A] 이상 63 [A] 이하	60분	1.25배	1.6배
63 [A] 초과 160 [A] 이하	120분	1.25배	1.6배
160 [A] 초과 400 [A] 이하	**180분**	**1.25배**	**1.6배**
400 [A] 초과	240분	1.25배	1.6배

답 ④

문제 82 인가가 많이 연접되어 있는 장소에 시설하는 가공전선로의 구성재 중 고압 가공전선로의 지지물 또는 가섭선에 적용하는 풍압하중에 대한 설명으로 옳은 것은?

① 갑종 풍압하중의 1.5배를 적용시켜야 한다.
② 을종 풍압하중의 2배를 적용시켜야 한다.
③ 병종 풍압하중을 적용시킬 수 있다.
④ 갑종 풍압하중과 을종 풍압하중 중 큰 것만 적용시킨다.

풀이

331.6 풍압하중의 종별과 적용
인가가 많이 연접되어 있는 장소에 시설하는 가공전선로의 구성재 중 다음의 풍압하중에 대하여는 규정에 불구하고 갑종 풍압하중 또는 을종 풍압하중 대신에 **병종 풍압하중을 적용**할 수 있다.
가. 저압 또는 고압 가공전선로의 지지물 또는 가섭선
나. 사용전압이 35[kV] 이하의 전선에 특고압 절연전선 또는 케이블을 사용하는 특고압 가공전선로의 지지물, 가섭선 및 특고압 가공전선을 지지하는 애자장치 및 완금류 **답** ③

문제 83 사용전압 22.9[kV] 특고압 가공전선과 저고압 가공전선 등 또는 이들의 지지물이나 지주 사이의 이격거리는 최소 몇 [m] 이상이어야 하는가?
(단, 특고압 가공전선이 저고압 가공전선과 제1차 접근상태일 경우이다.)

① 1.5 ② 2
③ 2.5 ④ 3

풀이

333.26 특고압 가공전선과 저고압 가공전선 등의 접근 또는 교차
특고압 가공전선이 가공약전류전선 등 저압 또는 고압의 가공전선이나 저압 또는 고압의 전차선(이하에서 "저고압 가공전선 등"이라 한다)과 제1차 접근상태로 시설되는 경우
가. 특고압 가공전선로는 제3종 특고압 보안공사에 의할 것.
나. 특고압 가공전선과 저고압 가공 전선 등 또는 이들의 지지물이나 지주 사이의 이격거리는 표 에서 정한 값 이상일 것.

사용전압의 구분	이격거리
60[kV] 이하	2 [m]
60[kV] 초과	• 이격거리 = 2 + 단수 × 0.12 [m] • 단수 = $\dfrac{전압\,[kV]-60}{10}$ 단수 계산에서 소수점 이하는 절상

답 ②

문제 84 태양전지 발전소에 시설하는 태양전지 모듈 시설에 대한 설명 중 틀린 것은?

① 충전부분은 노출되지 아니하도록 시설할 것
② 태양전지 모듈에 접속하는 부하측 전로에는 그 접속점에 멀리하여 개폐기를 시설할 것
③ 전선은 공칭 단면적 2.5[mm²] 이상의 연동선 또는 동등 이상의 세기 및 굵기일 것
④ 태양전지 모듈을 병렬로 접속하는 전로에는 전로를 보호하는 과전류차단기 등을 시설할 것

풀이

522 태양광설비의 시설
가. 태양전지 모듈에 접속하는 부하측의 태양전지 어레이에서 전력변환장치에 이르는 전로에는 그 **접속점에 근접하여 개폐기** 기타 이와 유사한 기구(부하전류를 개폐할 수 있는 것에 한한다)를 시설할 것
나. 모듈을 병렬로 접속하는 전로에는 그 주된 전로에 단락전류가 발생할 경우에 전로를 보호하는 과전류차단기 또는 기타 기구를 시설할 것
다. 어레이 출력개폐기는 점검이나 조작이 가능한 곳에 시설할 것
라. 전선은 공칭단면적 2.5[mm²] 이상의 연동선 또는 이와 동등 이상의 세기 및 굵기의 것일 것.

답 ②

문제 85 22.9[kV] 다중접지 특고압 가공전선로의 전로와 저압 전로를 변압기에 의하여 결합하는 경우의 중성점 접지공사에 사용하는 연동 접지선 굵기는 최소 몇 [mm²] 이상인가? (단, 전로에 지락이 생겼을 때에 2초 이내에 자동적으로 이를 전로로부터 차단하는 장치가 되어 있다)

① 0.75 　　　② 2.5
③ 6 　　　④ 8

풀이

142.3 접지도체
중성점 접지용 접지도체는 공칭단면적 16[mm²] 이상의 연동선 또는 동등 이상의 단면적 및 세기를 가져야 한다. 다만, 다음의 경우에는 **공칭단면적 6[mm²] 이상의 연동선** 또는 동등 이상의 단면적 및 강도를 가져야 한다.
① 7[kV] 이하의 전로
② 사용전압이 25[kV] 이하인 특고압 가공전선로. 다만, 중성선 **다중접지식**의 것으로서 전로에 지락이 생겼을 때 **2초 이내에 자동적으로 이를 전로로부터 차단하는 장치**가 되어 있는 것.

답 ③

문제 86 엘리베이터 등의 승강로 내에 시설되는 저압 옥내배선에 사용되는 전압의 최대한도는?

① 250[V] 이하 　　　② 300[V] 이하
③ 400[V] 이하 　　　④ 600[V] 이하

풀이

242.11 엘리베이터·덤웨이터 등의 승강로 안의 저압 옥내배선 등의 시설
엘리베이터·덤웨이터 등의 승강로 내에 시설하는 **사용전압이 400[V] 이하**인 저압 옥내배선, 저압의 이동전선 및 이에 직접 접속하는 리프트 케이블은 비닐 리프트 케이블 또는 고무 리프트 케이블을 사용하여야 한다.

답 ③

문제 87 2차측 개방전압이 7[kV] 이하인 절연변압기를 사용하고 절연 변압기의 1차측 전로를 자동적으로 차단하는 보호장치를 시설한 경우의 전격살충기는 전격격자가 지표상 또는 마루 위 몇 [m] 이상의 높이에 설치하여야 하는가?

① 1.5 　② 1.8 　③ 2.5 　④ 3.5

풀이

241.7 전격살충기
전격살충기는 다음에 의하여 시설하여야 한다.
가. 전격살충기의 전격격자는 지표 또는 바닥에서 3.5[m] 이상의 높은 곳에 시설할 것. 다만, 2차측 개방 전압이 7[kV] 이하의 절연변압기를 사용하고 보호격자에 사람이 접촉될 경우 절연변압기의 **1차측 전로를 자동적으로 차단하는 보호장치**를 시설한 것은 지표 또는 바닥에서 1.8[m]까지 감할 수 있다.
나. 전격살충기의 전격격자와 다른 시설물(가공전선은 제외한다) 또는 식물과의 이격거리는 0.3[m] 이상일 것.

답 ②

11년 2회 동일 및 유사 문제 (년도-회-번호)

1과목 전기자기학

09	18-2-05
10	21-3-09
11	22-1-07
12	14-1-08
13	18-3-05
14	17-1-12
15	21-2-18
16	18-1-12
17	19-2-16
18	22-3-15
19	20-4-01
20	15-3-13

2과목 전력공학

30	22-1-32
31	20-3-21
32	22-2-39
33	20-4-28
34	17-2-23
35	20-1,2-28
36	21-1-30
37	19-3-38
38	17-1-31
39	19-1-26
40	19-1-35

3과목 전기기기

52	17-2-43
53	17-1-52
54	16-3-43

55	14-2-46
56	13-3-45
57	20-4-47
58	20-1,2-46
59	15-1-48
60	16-3-54

4과목 회로이론 및 제어공학

69	21-1-70
70	19-3-64
71	21-3-75
72	20-3-66
73	19-1-69
74	17-2-61
75	19-1-64
76	22-1-68
77	18-1-73
78	15-3-70
79	19-2-79
80	19-1-76

5과목 전기설비기술기준

88	21-2-85
89	21-3-99
90	16-3-90
91	19-2-91
92	18-3-82
93	14-1-88
94	14-2-85
95	21-2-97
96	19-1-82

국가기술자격검정 필기시험 문제

2011년도 전기기사 일반검정 제3회				수검 번호	성 명
자격종목 및 등급(선택분야)	종목코드	시험시간	문제지형별		
전기기사	**1150**	**2시간 30분**	**A**		

제1과목 전기자기학

문제 01 비투자율은? (단, μ_0는 진공의 투자율, χ_m은 자화율이다.)

① $1 + \dfrac{\chi_m}{\mu_0}$　　② $\mu_0(1 + \chi_m)$

③ $\dfrac{1}{1 + \chi_m}$　　④ $\dfrac{1}{1 - \chi_m}$

풀이

자화의 세기 J와 자계의 세기 H와의 관계에서

$J = \chi_m H = (\mu - \mu_0)H = \mu_0(\mu_s - 1)H$ [Wb/m²]

따라서, $\chi_m H = \mu_0(\mu_s - 1)H$

∴ 비투자율 $\mu_s = 1 + \dfrac{\chi_m}{\mu_0}$　　**답** ①

문제 02 대전도체 내부의 전위는?

① 진공 중의 유전율과 같다.

② 항상 0 이다.

③ 도체표면 전위와 동일하다.

④ 대지전압과 전하의 곱으로 표시한다.

풀이

도체의 성질

① **도체 표면과 내부의 전위는 동일**하고(등전위), 표면은 등전위면이다.

② 도체 내부의 전계의 세기는 0 이다.

③ 전하는 도체 내부에는 존재하지 않고, 도체 표면에만 분포한다.

④ 도체 면에서의 전계의 세기는 도체 표면에 항상 수직이다.

⑤ 도체 표면에서의 전하밀도는 곡률이 클수록(뾰족할수록) 높다.　　**답** ③

문제 03 어떤 막대꼴 철심이 있다. 단면적이 0.5 [m²], 길이가 0.8[m], 비투자율이 20 이다. 이 철심의 자기저항 [AT/Wb]은?

① 6.37×10^4　　② 4.45×10^4

③ 3.67×10^4　　④ 1.76×10^4

풀이

자기저항 $R_m = \dfrac{l}{\mu_0 \mu_s S} = \dfrac{0.8}{4\pi \times 10^{-7} \times 20 \times 0.5}$

$\qquad = 6.37 \times 10^4$ [AT/Wb]　　**답** ①

문제 04 간격 d[m]의 평행판 도체에 V[kV]의 전위차를 주었을 때 음극 도체판을 초속도 0으로 출발한 전자 e[C]이 양극 도체판에 도달할 때의 속도는 몇 [m/s] 인가? (단, m[kg]은 전자의 질량이다.)

① $\sqrt{\dfrac{eV}{m}}$　　② $\sqrt{\dfrac{2eV}{m}}$

③ $\sqrt{\dfrac{eV}{2m}}$　　④ $\dfrac{2eV}{m}$

답 ②

문제 05 200[V], 30[W]인 백열전구와 200[V], 60 [W]인 백열전구를 직렬로 접속하고, 200[V]의 전압을 인가하였을 때 어느 전구가 더 어두운가? (단, 전구의 밝기는 소비전력에 비례한다.)

① 둘 다 같다.

② 30[W] 전구가 60[W] 전구보다 더 어둡다.

③ 60[W] 전구가 30[W] 전구보다 더 어둡다.

④ 비교할 수 없다.

풀이

• 30[W] 전구의 저항 $R_{30} = \dfrac{V^2}{P} = \dfrac{200^2}{30} = 1333.33[\Omega]$

• 60[W] 전구의 저항 $R_{60} = \dfrac{V^2}{P} = \dfrac{200^2}{60} = 666.67[\Omega]$

두 개의 전구를 직렬로 연결하여 $200[\Omega]$의 전압을 가할 때 각 전구에 흐르는 전류는 동일하다.

따라서, 소비전력 $P = I^2 R[W]$에서 I가 동일하면 $P \propto R$ 이므로 저항값이 적은 60[W] 전구가 더 어둡다. **답** ③

문제 06
변의 길이가 각각 $a[m]$, $b[m]$인 그림과 같은 직사각형 도체가 X축 방향으로 $v[m/s]$의 속도로 움직이고 있다. 이때 자속밀도는 X–Y평면에 수직이고 어느 곳에서든지 크기가 일정한 $B[Wb/m^2]$ 이다. 이 도체의 저항을 $R[\Omega]$이라고 할 때 흐르는 전류는 몇 [A]인가?

① 0

② $\dfrac{Babv}{R}$

③ $\dfrac{Bv}{R}$

④ $\dfrac{2Bav}{R}$

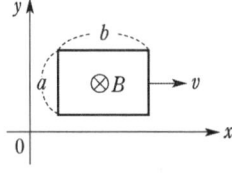

풀이

전자유도에 의해 발생하는 유도기전력 $e = -n\dfrac{d\phi}{dt}$ 이다.

직사각형 코일 내의 쇄교자속은 시간적 변화가 없이 항상 일정하므로 $\left(\dfrac{d\phi}{dt} = 0\right)$ 유기기전력 $e = 0$ 이다. **답** ①

문제 07
쌍극자의 중심을 좌표 원점으로 하여 쌍극자 모멘트 방향을 x축, 이와 직각 방향을 y축으로 할 때 원점에서 같은 거리 r만큼 떨어진 점의 y방향의 전계의 세기가 가장 작은 점은 x축과 몇 도의 각을 이룰 때인가?

① $0°$ ② $30°$ ③ $60°$ ④ $90°$

풀이

$E = \dfrac{M}{4\pi\epsilon_0 r^3}\sqrt{1+3\cos^2\theta}\,[V/m]$

따라서, 전계는 $\theta = 0°$일 때 최대이고, $\theta = 90°$일 때 **최소**가 된다. **답** ④

문제 08
반지름 a, $b\,(a<b)$인 동심 원통전극 사이에 고유저항 ρ의 물질이 충만되어 있을 때 단위 길이당의 저항은?

① $2\pi\rho \ln\dfrac{b}{a}$

② $2a\rho$

③ $\dfrac{\rho}{2\pi \ln\dfrac{b}{a}}$

④ $\dfrac{\rho}{2\pi}\ln\dfrac{b}{a}$

풀이

$RC = \rho\epsilon$ 에서 $R = \dfrac{\rho\epsilon}{C} = \dfrac{\rho\epsilon}{\dfrac{2\pi\epsilon}{\ln\dfrac{b}{a}}} = \dfrac{\rho}{2\pi}\ln\dfrac{b}{a}\,[\Omega]$ **답** ④

문제 09
3개의 콘덴서 $C_1 = 1[\mu F]$, $C_2 = 2[\mu F]$, $C_3 = 3[\mu F]$를 직렬 연결하여 600[V]의 전압을 가할 때, C_1 양단 사이에 걸리는 전압 약 몇 [V]인가?

① 55 ② 164

③ 327 ④ 382

풀이

콘덴서 직렬연결에서 각 콘덴서의 전하량은 동일하므로
$Q = C_1 V_1 = C_2 V_2 = C_3 V_3$
따라서, 각 콘덴서에 걸리는 전압의 비는

$V_1 : V_2 : V_3 = \dfrac{1}{1} : \dfrac{1}{2} : \dfrac{1}{3} = 6 : 3 : 2$

또한 $V = V_1 + V_2 + V_3 = 600[V]$ 이므로

$\therefore V_1 = \dfrac{6}{11}V = \dfrac{6}{11}\times600 = 327.27[V]$ **답** ③

제2과목 전력공학

문제 21
동기 조상기와 전력용 콘덴서를 비교할 때 전력용 콘덴서의 장점으로 맞는 것은?
① 진상과 지상의 전류 공용이다.
② 전압조정이 연속적이다.
③ 송전선의 시충전에 이용 가능하다.
④ 단락고장이 일어나도 고장전류가 흐르지 않는다.

풀이

	진상	지상	시충전	조정	단락시 고장전류 공급
콘덴서	○	×	×	단계적	×
리액터	×	○	×	단계적	×
동기 조상기	○	○	○	연속적	○

답 ④

풀이

무부하시 **수전단 전압을 일정하게 유지하기** 위해서는 부하시나 무부하시의 **피상전력의 크기가 일정**하여야 한다. 따라서, 무부하시($P_r = 0$) 수전단 전압을 일정하게 유지하기 위해서는

$$0 + (Q_r + 400)^2 = 500^2$$

∴ $Q_r = 100$의 지상 무효 전력이 필요하다. **답** ②

문제 22 1상의 대지정전용량 C[F], 주파수 f[Hz]인 3상 송전선의 소호리액터 공진탭의 리액턴스는 몇 [Ω]인가? (단, 소호리액터를 접속시키는 변압기의 리액턴스는 X_t[Ω]이다.)

① $\dfrac{1}{3\omega C} + \dfrac{X_t}{3}$ ② $\dfrac{1}{3\omega C} - \dfrac{X_t}{3}$

③ $\dfrac{1}{3\omega C} + 3X_t$ ④ $\dfrac{1}{3\omega C} - 3X_t$

풀이

$$\omega L + \frac{1}{3}X_t = \frac{1}{3\omega C} \quad ∴ \omega L = \frac{1}{3\omega C} - \frac{1}{3}X_t[\Omega]$$ **답** ②

문제 23 차단은 쉽게 가능하나 재점호가 발생하기 쉬운 차단은 어느 것인가?

① $R-L$ 회로 차단 ② 단락전류 차단
③ L 회로 차단 ④ C 회로 차단

풀이

충전전류를 차단할 때 전류파의 0의 위치에서 소거된 아크가 재기전압에 의하여 극간에 다시 발생하는 것을 재점호라고 하며 이러한 **재점호 전류는 콘덴서 C에 의한 진상전류에 의해 발생**한다. **답** ④

문제 24 수전단 전력원의 방정식이

$$P_r^2 + (Q_r + 400)^2 = 250000 으로 표현되는 전력계$$

통에서 무부하시 수전단 전압을 일정하게 유지하는데 필요한 조상기의 종류와 조상용량으로 알맞은 것은?

① 진상 무효 전력 100
② 지상 무효 전력 100
③ 진상 무효 전력 200
④ 지상 무효 전력 200

문제 25 중거리 및 장거리 송전선로에서 페란티 효과의 발생 원인으로 볼 수 있는 것은?

① 선로의 누설컨덕턴스
② 선로의 누설전류
③ 선로의 정전용량
④ 선로의 인덕턴스

풀이

무부하의 경우 **선로의 정전용량** 때문에 전압보다 위상이 **90° 앞선 충전 전류의 영향이 커져서** 선로에 흐르는 전류가 진상이 되어 **수전단 전압이 송전단 전압보다 높아지는 현상을** 페란티 현상이라 한다. **답** ③

문제 26 그림과 같이 3300[V], 비접지식 배전선로에 접속된 주상 변압기의 1차와 2차 간에 고저압 혼촉 고장이 발생하였을 경우, X 표시 한 부분의 대지전위는 몇 [V]인가? (단, 접지저항은 20[Ω], 접지저항에 흐르는 지락전류는 5[A]이다.)

① $\dfrac{3300}{\sqrt{3}}$
② $3300\sqrt{3}$
③ 3300
④ 100

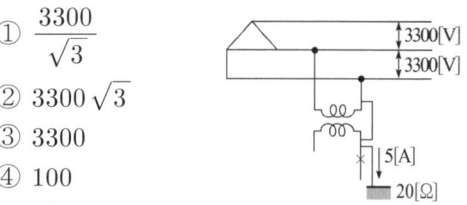

풀이

$$V_g = I_g R = 5 \times 20 = 100[V]$$ **답** ④

문제 27 전선에 전류가 흐르면 열이 발생한다. 이 경우 관계되는 법칙은?

① 패러데이 법칙 ② 쿨롱의 법칙
③ 옴의 법칙 ④ 줄의 법칙

풀이

줄의 법칙 : 전류가 흐르는 전선에서 매초 발생되는 열의 양은 전선의 저항과 전류의 제곱에 비례한다

$$Q = 0.24I^2Rt = 0.24\frac{V^2}{R}t \text{ [cal]}$$ **답** ④

제3과목 ▶ 전기기기

문제 41 유도전동기의 부하를 증가시키면 역률은?

① 좋아진다. 　② 나빠진다.

③ 변함이 없다. ④ 1이 된다.

풀이

유도 전동기는 자기 회로에 공극이 있기 때문에 여자 전류가 전부하 전류의 20~50[%]에 이른다. 그리고 무부하 상태에서는 유효 전류가 매우 적기 때문에 무부하 전류늑자화 전류로 보아도 좋다. 따라서, 무부하 전류는 역률이 매우 낮다. 그러나 2차측에 부하가 증가하면 유효분 전류의 증가로 인하여 1차측에서 본 역률은 점점 좋아지게 된다. **답** ①

문제 42 유도전동기가 회전자속도 n[rpm]으로 회전할 때, 회전자 전류에 의해 생기는 회전자계는 고정자의 회전자계 속도 n_s와 어떤 관계인가?

① n_s와 같다.

② n_s보다 적다.

③ n_s보다 크다.

④ n속도이다.

풀이

회전자에 의하여 생긴 회전자계의 회전속도

$$n_r = \frac{120f_2}{P} = \frac{120f}{P}s = sn_s$$

고정자에 대한 회전자의 속도 $n = (1-s)n_s$

그러므로 고정자에 대한 회전자계의 속도 $n_r{}'$

$$n_r{}' = n_r + n = sn_s + (1-s)n_s = n_s$$ **답** ①

문제 43 일정 전압 및 일정 파형에서 주파수가 상승하면 변압기 철손은 어떻게 변하는가?

① 증가한다.

② 감소한다.

③ 불변이다.

④ 증가와 감소를 반복한다.

풀이

① 와류손 $P_e = KE^2$ 에서 와류손은 주파수와 무관하다.

② 히스테리시스손 $P_h = K\dfrac{E^2}{f}$로 주파수에 반비례 한다.

③ 철손 = 와류손 + 히스테리시스손

주파수가 상승하면 와류손은 변함이 없지만, 히스테리시스손은 감소하므로 철손은 감소하게 된다. **답** ②

문제 44 직류 분권전동기의 정격전압이 300[V], 전부하 전기자 전류 50[A], 전기자저항 0.2[Ω]이다. 이 전동기의 기동전류를 전부하 전류의 120[%]로 제한시키기 위한 기동 저항값은 몇 [Ω]인가?

① 3.5 　② 4.8

③ 5.0 　④ 5.5

풀이

• 기동전류 $I_s = 1.2 \times$정격전류$= 1.2 \times 50 = 60$[A]

• 기동전류 $I_s = \dfrac{V}{R_a + R_s}$ 에서

• 기동저항 $R_s = \dfrac{V}{I_s} - R_a = \dfrac{300}{60} - 0.2 = 4.8$[Ω] **답** ②

문제 45 3상 동기발전기에서 그림과 같이 1상의 권선을 서로 똑같은 2조로 나누어서 그 1조의 권선전압을 E[V], 각 권선의 전류를 I[A]라 하고 지그재그 △형으로 결선하는 경우 선간전압과 선전류는?

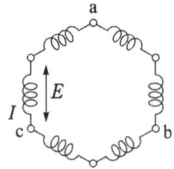

① 선간전압 : $3E$, 선전류 : I

② 선간전압 : $\sqrt{3}E$, 선전류 : $2I$

③ 선간전압 : E, 선전류 : $2I$

④ 선간전압 : $\sqrt{3}E$, 선전류 : $\sqrt{3}I$

풀이

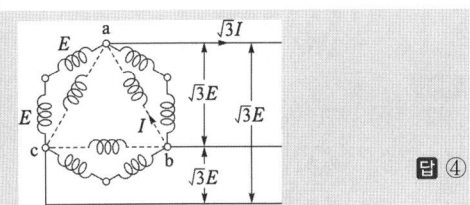

답 ④

문제 46 3상 서보전동기에 평형 2상 전압을 가하여 동작시킬 때의 속도-토크 특성곡선에서 최대 토크가 발생하는 슬립 s의 범위로 가장 적당한 것은?

① $0.05 < s < 0.2$ ② $0.2 < s < 0.8$

③ $0.8 < s < 1$ ④ $1 < s < 2$

답 ②

문제 47 어떤 변압기의 1차 환산 임피던스 $Z_{12} = 484[\Omega]$이고 이것을 2차로 환산하면 $Z_{21} = 1[\Omega]$이다. 2차 전압이 400[V]이면 1차 전압[V]은?

① 8800 ② 6000

③ 3000 ④ 1500

풀이

$Z_{12} = a^2 Z_{21}$에서 $484 = a^2 \times 1$

따라서, $a^2 = 484$이므로 $a = 22$

$\therefore E_1 = aE_2 = 22 \times 400 = 8800$ [V] 답 ①

문제 48 단상변압기의 병렬운전조건에 대한 설명 중 잘못된 것은? (단, r과 x는 각 변압기의 저항과 리액턴스를 나타낸다.)

① 각 변압기의 극성이 일치할 것

② 각 변압기의 권수비가 같고 1차 및 2차 정격전 압이 같을 것

③ 각 변압기의 백분율 임피던스 강하가 같을 것

④ 각 변압기의 저항과 임피던스의 비는 $\dfrac{x}{r}$ 일 것

풀이

변압기 병렬 운전 조건

① 권수비가 같을 것 (정격 전압이 같을 것)

---

② 극성이 같을 것

③ %임피던스 강하가 같을 것

④ 저항과 리액턴스비가 같을 것 답 ④

제4과목 회로이론 및 제어공학

문제 61 다음 연산 증폭기의 출력은?

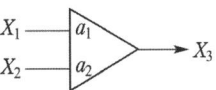

① $X_3 = -a_1 X_1 - a_2 X_2$

② $X_3 = a_1 X_1 + a_2 X_2$

③ $X_3 = (a_1 + a_2)(X_1 + X_2)$

④ $X_3 = -(a_1 - a_2)(X_1 + X_2)$

풀이

$X_3 = -a_1 X_1 - a_2 X_2$ 답 ①

문제 62 $\mathcal{L}^{-1}\left[\dfrac{1}{s^2 + 2s + 5}\right]$의 값은?

① $e^{-t}\sin 2t$ ② $e^{-t}\sin t$

③ $\dfrac{1}{2}e^{-t}\sin 2t$ ④ $\dfrac{1}{2}e^{-t}\sin t$

풀이

$F(s) = \dfrac{1}{s^2 + 2s + 5} = \dfrac{1}{s^2 + 2s + 1 + 4} = \dfrac{1}{2} \cdot \dfrac{2}{(s+1)^2 + 2^2}$

이므로

$\therefore f(t) = \dfrac{1}{2}e^{-t}\sin 2t$ 가 된다. 답 ③

문제 63 $R = 30[\Omega]$, $L = 0.127[H]$의 직렬회로에 $v = 100\sqrt{2}\sin 100\pi t[V]$의 전압이 인가되었을 때 이 회로 역률은 약 얼마인가?

① 0.2 ② 0.4

③ 0.6 ④ 0.8

$$X_L = \omega L = 100\pi \times 0.127 = 39.9[\Omega]$$

따라서, 역률 $\cos\theta = \dfrac{R}{\sqrt{R^2 + X^2}} = \dfrac{1}{\sqrt{1 + \left(\dfrac{X}{R}\right)^2}}$

$$= \dfrac{1}{\sqrt{1 + \left(\dfrac{39.9}{30}\right)^2}} = 0.6$$

답 ③

문제 64 삼각파의 최대치가 1 이라면 실효치, 평균치는 각각 얼마인가?

① $V = \dfrac{1}{\sqrt{2}}, \quad V_{av} = \dfrac{1}{\sqrt{3}}$

② $V = \dfrac{1}{\sqrt{3}}, \quad V_{av} = \dfrac{1}{2}$

③ $V = \dfrac{1}{\sqrt{2}}, \quad V_{av} = \dfrac{1}{2}$

④ $V = \dfrac{1}{\sqrt{3}}, \quad V_{av} = \dfrac{1}{3}$

풀이

파 형	정현파	정현반파	삼각파	구형반파	구형파
실효값	$\dfrac{V_m}{\sqrt{2}}$	$\dfrac{V_m}{2}$	$\dfrac{V_m}{\sqrt{3}}$	$\dfrac{V_m}{\sqrt{2}}$	V_m
평균값	$\dfrac{2V_m}{\pi}$	$\dfrac{V_m}{\pi}$	$\dfrac{V_m}{2}$	$\dfrac{V_m}{2}$	V_m

답 ②

문제 65 다음과 같은 Z파라미터로 표시되는 4단자망의 1-1 단자간에 4 [A], 2-2 단자 간에 1 [A]의 정전류원을 연결하였을 때의 1-1 단자간의 전압 V_1과 2-2간의 전압 V_2가 바르게 구하여진 것은?
(단, Z 파라미터 단위는 [Ω]이다.)

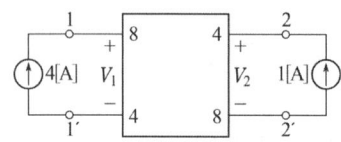

① $V_1 = 18[V], \quad V_2 = 12[V]$

② $V_1 = 18[V], \quad V_2 = 24[V]$

③ $V_1 = 36[V], \quad V_2 = 24[V]$

④ $V_1 = 24[V], \quad V_2 = 36[V]$

풀이

$$\begin{bmatrix} V_1 \\ V_2 \end{bmatrix} = \begin{bmatrix} Z_{11} & Z_{12} \\ Z_{21} & Z_{22} \end{bmatrix}\begin{bmatrix} I_1 \\ I_2 \end{bmatrix} = \begin{bmatrix} 8 & 4 \\ 4 & 8 \end{bmatrix}\begin{bmatrix} 4 \\ 1 \end{bmatrix} = \begin{bmatrix} 8\times4 + 4\times1 \\ 4\times4 + 8\times1 \end{bmatrix} = \begin{bmatrix} 36 \\ 24 \end{bmatrix}$$

답 ③

문제 66 그림과 같은 신호 흐름 선도에서 $\dfrac{C}{R}$의 값은?

① $a+2$

② $a+3$

③ $a+5$

④ $a+6$

풀이

메이슨의 정리 $G = \dfrac{\sum G_k \Delta_k}{\Delta}$

$\Delta = 1$(루프가 없으므로 $\Delta = 1$)

$G_1 = 2, \quad \Delta_1 = 1$

$G_2 = a, \quad \Delta_2 = 1$

$G_3 = 3, \quad \Delta_3 = 1$

$\therefore \ G = \dfrac{G_1\Delta_1 + G_2\Delta_2 + G_3\Delta_3}{\Delta} = \dfrac{2 + a + 3}{1} = a + 5$

답 ③

문제 67 s평면의 우반면에 3개의 극점이 있고, 2개의 영점이 있다. 이때 다음과 같은 설명 중 어느 나이퀴스트 선도일 때 시스템이 안정한가?

① $(-1, \ j0)$ 점을 반 시계방향으로 1번 감쌌다.

② $(-1, \ j0)$ 점을 시계방향으로 1번 감쌌다.

③ $(-1, \ j0)$ 점을 반 시계방향으로 5번 감쌌다.

④ $(-1, \ j0)$ 점을 시계방향으로 5번 감쌌다.

풀이

z : s평면의 우반 평면상에 존재하는 영점의 개수

p : s평면의 우반 평면상에 존재하는 극의 개수

N : GH 평면상의 $(-1, j0)$점을 $G(s)H(s)$ 선도가 원점 둘레를 오른쪽(시계방향)으로 일주하는 회전수라고 하면, $N = z - p$ 의 관계가 성립한다. 즉, $N = 2 - 3 = -1$이므로 -1회, 다시 말하면 **왼쪽(반시계방향)으로 1회 일주하여야 안정하게 된다.**

답 ①

문제 68 어떤 회로에서 전압과 전류가 각각

$e = 50\sin(\omega t + \theta)[V], \quad i = 4\sin(\omega t + \theta - 30°)$

[A] 일 때 무효전력[Var]은 얼마인가?

① 100 ② 86.6 ③ 70.7 ④ 50

풀이

$$P_r = \frac{V_m}{\sqrt{2}} \times \frac{I_m}{\sqrt{2}} \sin\theta = \frac{50 \times 4}{2} \sin 30° = 50[Var] \quad \boxed{답} ④$$

제5과목 ▶ 전기설비 기술기준

문제 81 접지공사에 사용되는 접지선을 사람이 접촉할 우려가 있으며, 철주 기타의 금속체를 따라서 시설하는 경우에는 접지극을 철주의 밑면으로부터 30[cm]이상의 깊이에 매설하는 경우 이외에는 접지극을 지중에서 그 금속체로부터 몇 [cm] 이상 떼어 매설하여야 하는가?

① 50 ② 75 ③ 100 ④ 125

풀이

142.2 접지극의 시설 및 접지저항
접지극의 매설은 다음에 의한다.
가. 접지극은 지표면으로부터 지하 0.75[m] 이상으로 하되 동결 깊이를 감안하여 매설 깊이를 정해야 한다.
나. 접지도체를 철주 기타의 금속체를 따라서 시설하는 경우에는 접지극을 철주의 **밑면으로부터 0.3[m] 이상**의 깊이에 매설하는 경우 이외에는 접지극을 지중에서 그 **금속체로부터 1[m] 이상 떼어 매설**하여야 한다.

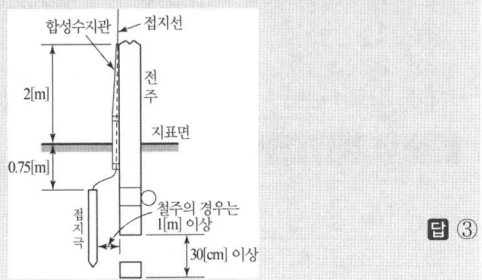

$\boxed{답} ③$

문제 82 특고압 가공전선이 저고압 가공전선 등과 제2차 접근상태로 시설되는 경우에 특고압 가공전선로는 어떤 보안공사에 의하여야 하는가?

① 고압 보안공사
② 제1종 특고압 보안공사
③ 제2종 특고압 보안공사
④ 제3종 특고압 보안공사

풀이

333.26 특고압 가공전선과 저고압 가공전선 등의 접근 또는 교차
특고압 가공전선이 저고압 가공전선 등과 제2차 접근상태로 시설되는 경우에는 특고압 가공전선로는 제2종 특고압 보안공사에 의할 것. 다만, 사용전압이 35[kV] 이하인 특고압 가공전선과 저고압 가공전선 등 사이에 보호망을 시설하는 경우에는 제2종 특고압 보안공사(애자장치에 관한 부분에 한한다)에 의하지 아니할 수 있다. $\boxed{답} ③$

문제 83 가공 전선로에 사용하는 지지물의 강도 계산에 적용하는 병종풍압하중은 갑종풍압하중의 몇 [%]를 기초로 하여 계산한 것인가?

① 30 ② 50 ③ 80 ④ 110

풀이

331.6 풍압하중의 종별과 적용
가. 갑종 풍압하중 : 구성재의 수직 투영면적 1[m²]에 대한 풍압을 기초로 하여 계산한 것.
나. 을종 풍압하중 : 전선 기타의 가섭선 주위에 두께 6[mm], 비중 0.9의 빙설이 부착된 상태에서 수직 투영면적 372 [Pa](다도체를 구성하는 전선은 333[Pa]), 그 이외의 것은 갑종풍압하중의 2분의 1을 기초로 하여 계산한 것.
다. 병종 풍압하중 : 갑종풍압하중의 2분의 1을 기초로 하여 계산한 것. $\boxed{답} ②$

문제 84 100[kV] 미만의 특고압 가공전선로의 지지물로 B종 철주를 사용하여 경간을 300[m]로 하고자 하는 경우, 전선으로 사용되는 경동연선의 최소 단면적은 몇 [mm²] 이상이어야 하는가?

① 38 ② 50
③ 100 ④ 150

풀이

333.21 특고압 가공전선로의 경간 제한
특고압 가공전선로의 경간은 표 에서 정한 값 이하이어야 한다.

지지물의 종류	표준 경간 22[mm²] 이상의 경동연선	인장강도 21.67[kN] 이상 또는 단면적 50[mm²] 이상의 경동연선
목주 · A종 철주 또는 A종 철근 콘크리트주	150[m] 이하	300[m] 이하
B종 철주 또는 B종 철근 콘크리트주	**250[m] 이하**	**500[m] 이하**
철 탑	600[m] 이하(단주인 경우 400[m])	600[m] 이하

답 ②

문제 85 **과전류가 생긴 경우 자동적으로 전로로부터 차단하는 장치를 하여야 하는 전력용 케패시터의 뱅크용량[kVA]은?**

① 500[kVA] 초과 15000[kVA] 미만
② 500[kVA] 초과 20000[kVA] 미만
③ 50[kVA] 초과 15000[kVA] 미만
④ 50[kVA] 초과 10000[kVA] 미만

풀이

351.5 조상설비의 보호장치
조상 설비에는 그 내부에 고장이 생긴 경우에 보호하는 장치를 표와 같이 시설하여야 한다.

설비 종별	뱅크 용량의 구분	자동적으로 전로로부터 차단하는 장치
전력용 커패시터 및 분로리액터	**500 [kVA] 초과 15,000 [kVA] 미만**	· 내부에 고장이 생긴 경우 · **과전류가 생긴 경우**
	15,000 [kVA] 이상	· 내부에 고장이 생긴 경우 · 과전류가 생긴 경우 · 과전압이 생긴 경우
조상기	15,000 [kVA] 이상	· 내부에 고장이 생긴 경우

답 ①

문제 86 **옥내에 시설하는 저압 접촉전선 공사법이 아닌 것은?**

① 점검할 수 있는 은폐된 장소의 애자공사
② 버스덕트공사
③ 금속몰드공사
④ 절연 트롤리공사

풀이

232.81 옥내에 시설하는 저압 접촉전선 배선
이동하며 사용하는 저압의 전기기계기구에 전기를 공급하기 위하여 사용하는 **접촉전선**을 옥내에 시설하는 경우에는 기계기구에 시설하는 경우 이외에는 전개된 장소 또는 점검할 수 있는 은폐된 장소에 **애자공사 또는 버스덕트공사 또는 절연 트롤리 공사**에 의하여야 한다.

답 ③

11년 3회 동일 및 유사 문제 (년도-회-번호)

1과목 전기자기학

10 20-4-02
11 19-2-09
12 22-2-02
13 22-2-16
14 17-3-20
15 20-3-02
16 13-3-07
17 19-2-16
18 19-1-12
19 15-2-08
20 18-3-20

2과목 전력공학

28 21-1-21
29 22-3-40
30 19-2-23
31 21-1-27
32 20-3-37
33 19-2-22
34 20-4-22
35 20-1,2-35
36 17-1-36
37 20-3-31
38 18-1-28
39 22-3-37
40 15-1-28

3과목 전기기기

49 21-3-46
50 13-3-41
51 16-3-47
52 16-3-45
53 20-4-49
54 13-3-43
55 20-3-51
56 19-3-55
57 18-1-46
58 21-2-44
59 20-4-54
60 20-1,2-52

4과목 회로이론 및 제어공학

69 19-1-67
70 14-2-63
71 16-3-72
72 15-3-67
73 20-3-66
74 20-1,2-70
75 17-2-62
76 20-1,2-63
77 12-2-67
78 16-1-61
79 19-1-73
80 15-3-68

5과목 전기설비기술기준

87 22-3-98
88 21-3-84
89 14-1-84
90 13-3-90
91 18-2-87
92 13-3-89
93 14-3-89
94 18-3-95
95 21-1-91
96 17-2-83

D60-1

2010년도 전기기사 필기

국가기술자격검정 필기시험 문제

2010년도 전기기사 일반검정 제1회				수검 번호	성 명
자격종목 및 등급(선택분야)	종목코드	시험시간	문제지형별		
전기기사	**1150**	2시간 30분	**A**		

제1과목   전기자기학

문제 01 렌쯔의 법칙을 올바르게 설명한 것은?

① 전자유도에 의하여 생기는 전류의 방향은 항상 일정하다.

② 전자유도에 의하여 생기는 전류의 방향은 자속 변화를 방해하는 방향이다.

③ 전자유도에 의하여 생기는 전류의 방향은 자속 변화를 도와주는 방향이다.

④ 전자유도에 의하여 생기는 전류의 방향은 자속 변화와는 관계가 없다.

풀이

유도 기전력 $e = -N\dfrac{d\phi}{dt}$ [V]

• **렌쯔의 법칙** : 전자유도에 의해 발생하는 기전력은 **자속 변화를 방해하는 방향으로 전류가 발생**한다. 즉, 기전력의 방향을 결정한다.

• **패러데이 법칙 또는 노이만 법칙** : 유도기전력의 크기는 폐회로에 쇄교하는 자속의 시간적 변화율에 비례한다. 즉, 기전력의 크기를 결정한다.   **답** ②

문제 02 앙페르의 주회 적분의 법칙(Ampere's circuital law)을 설명한 것으로 올바른 것은?

① 폐회로 주위를 따라 전계를 선적분한 값은 폐회로내의 총 저항과 같다.

② 폐회로 주위를 따라 전계를 선적분한 값은 폐회로내의 총 전압과 같다.

③ 폐회로 주위를 따라 자계를 선적분한 값은 폐회로내의 총 전류와 같다.

④ 폐회로 주위를 따라 전계와 자계를 선적분한 값은 폐회로내의 총 저항, 총 전압, 총 전류의 합과 같다.

풀이

앙페르의 주회 적분의 법칙 : 임의의 폐곡선에 대한 **자계의 선적분은 이 폐곡선을 관통하는 전류와 같다.**

$$\oint_c H \cdot dl = I$$ **답** ③

문제 03 자유공간에서 전파

$E(z, t) = 10^3 \sin(\omega t - \beta z) a_y$ [V/m]일 때 자파 $H(z, t)$ [A/m]는?

① $\dfrac{10^3}{120\pi} \sin(\omega t - \beta z) a_z$

② $\dfrac{10^3}{120\pi} \sin(\omega t - \beta z) a_x$

③ $-\dfrac{10^3}{120\pi} \sin(\omega t - \beta z) a_z$

④ $-\dfrac{10^3}{120\pi} \sin(\omega t - \beta z) a_x$

풀이

전파 E의 크기는 a_y 방향, 진행파는 a_z 방향(z축 방향)이 된다. 따라서 전자파의 진행 방향은 $E \times H$ 방향이므로 그림과 같이 자파 H의 방향은 $-a_x$ 방향이 된다.

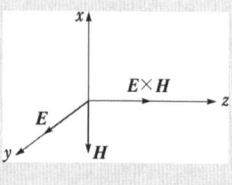

또 자파 H의 최대값 H_m은

$$H_m = \frac{E_m}{z} = \frac{10^3}{120\pi}$$

$$\therefore H(z, t) = -\frac{10^3}{120\pi} \sin(\omega t - \beta z) a_x$$ **답** ④

문제 04 자유공간 중에서 점 P(2, −4, 5)가 도체면 상에 있으며, 이 점에서 전계 $E = 3a_x - 6a_y + 2a_z$ [V/m]이다. 도체면에 법선성분 E_n 및 접선성분 E_t의 크기는 몇 [V/m]인가?

① $E_n = 3$, $E_t = -6$

② $E_n = 7$, $E_t = 0$

③ $E_n = 2$, $E_t = 3$

④ $E_n = -6$, $E_t = 0$

풀이

점 P에서의 표면 전하 밀도

$\sigma = D = \epsilon_0 E$

$= \sqrt{3^2 + (-6)^2 + 2^2}\, \epsilon_0$

$= 7\epsilon_0\ [C/m^2]$

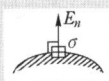

도체의 면 전하밀도 σ일 때 도체의 성질로부터 전계는 수직 (법선성분)으로 향하고 크기 $E_n = \dfrac{\sigma}{\epsilon_0}$이며 접선 성분 $E_t = 0$ 이 된다.

즉, 법선 성분 $E_n = \dfrac{\sigma}{\epsilon_0} = \dfrac{7\epsilon_0}{\epsilon_0} = 7[V/m]$, 접선 성분 $E_t = 0$

답 ②

문제 05 자기 인덕턴스 0.05[H]의 회로에 흐르는 전류가 매초 530[A]의 비율로 증가할 때 자기 유도 기전력[V]은?

① $-13.3[V]$ ② $-26.5[V]$

③ $-39.8[V]$ ④ $-53.0[V]$

풀이

유도 기전력 $e = -L\dfrac{di}{dt}\ [V]$에서

$e = -0.05 \times \dfrac{530}{1} = -26.5[V]$

답 ②

문제 06 비유전율이 ϵ_r인 유전체 표면에서 d_1만큼 떨어져 있는 점전하 Q에 작용하는 힘의 크기와 유전체 표면에서 d_2만큼 떨어져 있는 점전하 $2Q$에 작용하는 힘의 크기가 같을 때 d_2는?

① $d_2 = 0.5d_1$ ② $d_2 = d_1$

③ $d_2 = 1.5d_1$ ④ $d_2 = 2d_1$

풀이

유전체 ϵ_1 속에 점전하 Q가 있을 경우 점전하 Q와 유전체 ϵ_2 사이에 작용하는 힘 F는

$$F = \frac{Q^2}{16\pi\epsilon_1 d^2}\left(\frac{\epsilon_1 - \epsilon_2}{\epsilon_1 + \epsilon_2}\right)$$

① 점전하 Q, d_1, $\epsilon_1 = \epsilon_0$, $\epsilon_2 = \epsilon_0\epsilon_r$ 으로부터

$$F_1 = \frac{Q^2}{16\pi\epsilon_0 d_1^2}\left(\frac{\epsilon_0 - \epsilon_0\epsilon_r}{\epsilon_0 + \epsilon_0\epsilon_r}\right) = \frac{Q^2}{16\pi\epsilon_0 d_1^2}\left(\frac{1 - \epsilon_r}{1 + \epsilon_r}\right)[N]$$

② 점전하 $2Q$, d_2, $\epsilon_1 = \epsilon_0$, $\epsilon_2 = \epsilon_0\epsilon_r$ 으로부터

$$F_2 = \frac{(2Q)^2}{16\pi\epsilon_0 d_2^2}\left(\frac{\epsilon_0 - \epsilon_0\epsilon_r}{\epsilon_0 + \epsilon_0\epsilon_r}\right) = \frac{4Q^2}{16\pi\epsilon_0 d_2^2}\left(\frac{1 - \epsilon_r}{1 + \epsilon_r}\right)[N]$$

③ $F_1 = F_2$ 조건

$d_2^2 = 4d_1^2$ $\therefore\ d_2 = 2d_1$

답 ④

문제 07 어떤 자기회로에 3000[AT]의 기자력을 줄 때, 2×10^{-3}[Wb]의 자속이 통하였다. 이 자기회로 의 자화에 필요한 에너지는 몇 [J]인가?

① $3 \times 10^{-3}[J]$ ② $3.0[J]$

③ $1.5 \times 10^{-3}[J]$ ④ $1.5[J]$

풀이

$W = \dfrac{1}{2}LI^2$ 에서 $LI = N\phi$ 이므로

$W = \dfrac{1}{2}N\phi I = \dfrac{1}{2}F\phi[J]$ ($\because$ 기자력 $F = NI$[AT])

$\therefore\ W = \dfrac{1}{2} \times 3000 \times 2 \times 10^{-3} = 3\ [J]$

답 ②

문제 08 무손실 전송회로의 특성 임피던스[Ω]는?

① $Z_0 = \sqrt{\dfrac{L}{C}}$ ② $Z_0 = \sqrt{LC}$

③ $Z_0 = \sqrt{\dfrac{C}{L}}$ ④ $Z_0 = \dfrac{1}{\sqrt{LC}}$

풀이

선로의 특성 임피던스 $Z_0 = \sqrt{\dfrac{R + j\omega L}{G + j\omega C}}\ [Ω]$

무손실 회로에서 $R = 0$, $G = 0$ 이므로

특성임피던스 $Z_0 = \sqrt{\dfrac{L}{C}}\ [Ω]$

답 ①

제2과목 전력공학

문제 21 수력 발전소의 댐을 설계하거나 저수지의 용량 등을 결정하는데 가장 적당한 것은?

① 유량도   ② 적산 유량 곡선

③ 유황 곡선   ④ 수위 유량 곡선

풀이

적산 유량 곡선은 매일의 수량을 차례로 적산해서 가로축에 일수를, 세로축에 적산 수량을 그린 곡선으로서 수력 발전소의 댐을 설계하거나 저수지 용량 결정에 사용된다. **답 ②**

문제 22 부하에 따라 전압 변동이 심한 급전선을 가진 배전 변전소에서 가장 많이 사용되는 전압조정 장치는?

① 유도 전압 조정기   ② 직렬 리액터

③ 계기용 변압기   ④ 전력용 콘덴서

풀이

부하 변동이 심한 경우 탭 절환 방식을 채용할 수 없다. 따라서, **유도 전압 조정기**가 많이 채용된다. **답 ①**

문제 23 6.6[kV] 3상3선식 배전선로에서 완전 1선 지락고장이 발생하였을 때 GPT 2차에 나타나는 전압 [V]은? (단, GPT는 변압기 3대로 구성되어 있으며, 변압기의 변압비는 $\dfrac{6600}{\sqrt{3}}$ / $\dfrac{110}{\sqrt{3}}$ V이다.)

① $\dfrac{110}{\sqrt{3}}$ [V]

② 110[V]

③ $110\sqrt{3}$ [V]

④ 330[V]

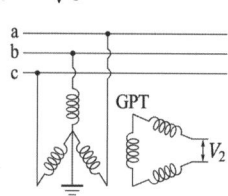

풀이

1선 지락 시 GPT 2차측에 나타나는 전압은 정상 상태에서 GPT 2차측에 나타나는 전압($110/\sqrt{3}$)의 3배 전압이 나타난다.

V_2 = GPT 1차측 전압 × $\dfrac{1}{변압비}$ × 3

$= \dfrac{6600}{\sqrt{3}} \times \dfrac{110}{6600} \times 3 = \dfrac{110}{\sqrt{3}} \times 3 = 110\sqrt{3} = 190.5[\text{V}]$

답 ③

문제 24 종축에 절대온도 T, 횡축에 엔트로피 S를 취할 때 $T-S$ 선도에 있어서 단열변화를 나타내는 것은?

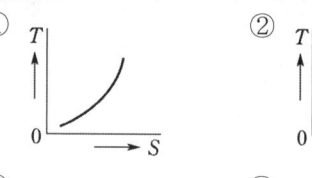

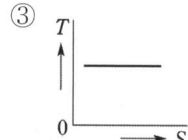

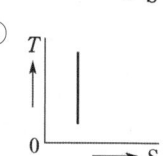

풀이

단열변화란 열의 이동(출입)이 없다($\triangle Q=0$)는 것을 의미한다. 따라서 엔트로피의 변화가 없고($\triangle s = \dfrac{\triangle Q}{T}$) 온도만 변화하는 것이다. **답 ④**

문제 25 (㉠), (㉡)에 들어갈 내용으로 알맞은 것은?

송전선로의 전압을 2배로 승압할 경우 동일 조건에서 공급 전력을 동일하게 취하면 선로손실은 승압 전의 (㉠)로 되고, 선로손실률을 동일하게 취하면 공급 전력은 승압전의(㉡)로 된다.

① ㉠ $\dfrac{1}{4}$, ㉡ 4배   ② ㉠ $\dfrac{1}{2}$, ㉡ 4배

③ ㉠ $\dfrac{1}{4}$, ㉡ 2배   ④ ㉠ $\dfrac{1}{2}$, ㉡ 2배

풀이

전력 손실 $P_l = 3I^2R = 3\left(\dfrac{P}{\sqrt{3}\,V\cos\theta}\right)^2 R = \dfrac{RP^2}{V^2\cos\theta^2}$ 에서

$P_l \propto \dfrac{1}{V^2}$

따라서, $P_l : P_l' = \dfrac{1}{V^2} : \dfrac{1}{(2V)^2}$ $\therefore P_l' = \dfrac{1}{4}P_l$

전력 손실률 $h = \dfrac{P_l}{P} = \dfrac{RP}{V^2\cos\theta^2}$ 에서 $P \propto V^2$

따라서, $P : P' = V^2 : (2V)^2$

$\therefore P' = 4P$ **답 ①**

제3과목 전기기기

문제 41 정격 5[kW], 100[V]의 타여자 직류 전동기가 어떤 부하를 가지고 회전하고 있다. 전기자 전류 20[A], 회전수 1500[rpm], 전기자 저항이 0.2[Ω]이다. 발생 토크는 약 몇 [kg·m]인가?

① 1.00   ② 1.15
③ 1.25   ④ 1.35

풀이

역기전력 $E_c = V - I_a R_a = 100 - 20 \times 0.2 = 96[\text{V}]$

토크 $T = 0.975 \dfrac{P}{N} = 0.975 \dfrac{E_c I_a}{N} = 0.975 \dfrac{96 \times 20}{1500}$

$\qquad = 1.25[\text{kg} \cdot \text{m}]$ **답** ③

문제 42 3상 6극 슬롯수 54의 동기 발전기가 있다. 어떤 전기자 코일의 두 변이 제1슬롯과 제8슬롯에 들어 있다면 단절권 계수는 약 얼마인가?

① 0.9397   ② 0.8367
③ 0.7306   ④ 0.6451

풀이

• 코일간격 : $8 - 1 = 7$

• 극간격 $= \dfrac{총 슬롯수}{극수} = \dfrac{S}{p} = \dfrac{54}{6} = 9$

• $\beta = \dfrac{코일간격}{극 간격} = \dfrac{7}{9}$

∴ 단절권 계수 $K_P = \sin \dfrac{1}{2} \beta \pi = \sin \dfrac{1}{2} \times \dfrac{7}{9} \pi = 0.9397$ **답** ①

문제 43 유도 전동기의 슬립(slip) s 의 범위는?

① $1 > s > 0$ ② $0 > s > -1$
③ $2 > s > 1$ ④ $-1 < s < 1$

풀이

슬립의 범위
• 유도 전동기 : $0 < s < 1$
• 유도 발전기 : $s < 0$
• 제동기 : $s > 1$ **답** ①

문제 44 정류자형 주파수 변환기를 동일한 전원에 연결된 유도전동기의 축과 직결해서 사용하고 있다. 다음 설명 중 옳지 않은 것은?

① 농형 유도전동기의 2차 여자를 할 수 있다.
② 권선형 유도전동기의 속도제어 및 역률개선을 할 수 있다.
③ 유도전동기의 속도제어범위가 동기속도 상하 10~15[%] 정도이다.
④ 유도전동기가 동기속도 이하에서는 2차 전력이 변압기를 통해 전원으로 반환된다.

풀이

농형 유도 전동기는 전동기의 구조상 2차 여자를 할 수 없다. 2차 여자를 할 수 있는 전동기는 권선형 유도전동기이다.   **답** ①

문제 45 3상 직권 정류자 전동기의 특성으로 옳지 않은 것은?

① 직권 특성의 변속도 전동기이다.
② 토크는 거의 전류의 제곱에 비례하고 기동토크가 크다.
③ 역률은 동기속도 이상에서 저하되며 80[%] 정도이다.
④ 효율은 고속에서는 거의 일정하며 동기속도 근처에서 가장 좋다.

풀이

3상 직권 정류자 전동기의 특성
① 속도−토크 특성은 직권성의 변속도 특성을 갖고 있다.
② 토크는 거의 전류의 제곱에 비례하며 기동 토크가 매우 크다.
③ 효율은 저속에서는 나쁘나 동기속도 근처에서 가장 좋지만 3상 유도 전동기에 비하면 뒤진다.
④ 역률은 저속에서 좋지 않으나 동기속도 근처나 그 이상에서는 매우 양호하며 거의 100[%] 정도이다.   **답** ③

문제 46 단상 변압기의 임피던스 와트를 구하기 위하여 어느 시험이 필요한가?

① 무부하시험   ② 단락시험
③ 유도시험   ④ 반환부하시험

풀이

변압기의 시험
① 개방 회로 시험(무부하 시험)으로 측정할 수 있는 항목
 • 무부하 전류 • 히스테리시스손 • 와류손
 • 여자 어드미턴스 • 철손
② **단락 시험**으로 측정할 수 있는 항목
 • 동손 • **임피던스 와트** • 임피던스 전압 **답** ②

문제 47 서보 전동기로 사용되는 전동기와 제어방식의 종류가 아닌 것은?
① 직류기의 전압 제어
② 릴럭턴스기의 전압 제어
③ 유도기의 전압 제어
④ 동기 기기의 주파수 제어

풀이

현재 사용되고 있는 **서보 전동기의 종류**
• 직류기의 전압제어(DC 서보모터)
• **릴럭턴스기의 주파수 제어(스텝모터)**
• 유도기의 전압 제어(브레이크 모터, 2상 서보모터)
• 동기기의 주파수 제어(트랜지스터 모터, SM 서보모터)
• 유도기의 주파수 제어(IM 서보모터) **답** ②

제4과목 회로이론 및 제어공학

문제 61 다음과 같이 1개의 콘덴서와 2개의 코일이 직렬로 접속 된 회로에 300[Hz]의 주파수가 공진한다고 한다. $C = 30[\mu F]$, $L_1 = L_2 = 4$[mH]이면 상호인덕턴스 M값은 약 몇 [mH]인가? (단, 코일은 동일 축 상에 같은 방향으로 감겨져 있다.)
① 2.8 [mH]
② 1.4 [mH]
③ 0.7 [mH]
④ 0.4 [mH]

풀이

화동 결합(코일의 감긴 방향이 같은 방향)이므로 두 코일의 인덕턴스 L은
$$L = L_1 + L_2 + 2M \cdots\cdots ①$$

또, L과 C 사이에 300 [Hz]로 공진이 되므로
$$L = \frac{1}{\omega^2 C} \cdots\cdots\cdots ②$$
식 ①, ②에서 $L_1 + L_2 + 2M = \frac{1}{\omega^2 C}$
$$\therefore M = \frac{1}{2}\left(\frac{1}{\omega^2 C} - L_1 - L_2\right)$$
$$= \frac{1}{2}\left\{\frac{1}{(2\pi \times 300)^2 \times 30 \times 10^{-6}} - 4 \times 10^{-3} - 4 \times 10^{-3}\right\}$$
$$= 0.69 \text{ [mH]} \quad \textbf{답} ③$$

문제 62 상태방정식 $\frac{d}{dt}x(t) = Ax(t) + Bu(t)$에서 $A = \begin{bmatrix} -6 & 7 \\ 2 & -1 \end{bmatrix}$이라면 A의 고유값은?
① 1, −8
② 1, −5
③ 2, −8
④ 2, −5

풀이

특성 방정식 $[sI - A] = 0$에서
$$\begin{bmatrix} s & 0 \\ 0 & s \end{bmatrix} - \begin{bmatrix} -6 & 7 \\ 2 & -1 \end{bmatrix} = \begin{bmatrix} s+6 & -7 \\ -2 & s+1 \end{bmatrix}$$
$$= (s+6)(s+1) - 14 = 0$$
$$\therefore s^2 + 7s - 8 = 0$$
$$(s-1)(s+8) = 0$$
$$s = 1 \text{ or } -8 \quad \textbf{답} ①$$

문제 63 다음 중 어떤 계통의 파라미터가 변할 때 생기는 특성방정식의 근의 움직임으로 시스템의 안정도를 판별하는 방법은?
① 보드 선도법
② 나이퀴스트 판별법
③ 근 궤적법
④ 루드−후르비쯔 판별법

풀이

시스템의 파라미터가 변할 때 **근궤적 방법을 이용**하면 폐루프 극의 위치를 s−평면에 그릴 수 있으며, 이것을 통하여 **시스템의 안정도를 파악**할 수 있다. **답** ③

문제 64 그림과 같은 블록 선도로 표시되는 계는 무슨 형인가?

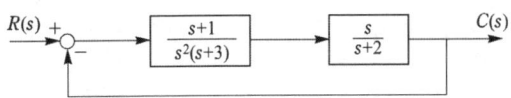

① 0형   ② 1형

③ 2형   ④ 3형

풀이

$$G(s)H(s) = \frac{s(s+1)}{s^2(s+3)(s+2)} = \frac{(s+1)}{s(s+3)(s+2)}$$

식에서 분모의 차수가 1이므로 1형 제어계이다. **답** ②

문제 65 다음 회로를 테브낭(Thevenin)의 등가회로로 변환할 때 테브낭의 등가저항 R_T [Ω]와 등가전압 V_T [V]는?

① $R_T = \frac{8}{3}$, $V_T = 8$

② $R_T = 8$, $V_T = 12$

③ $R_T = 8$, $V_T = 16$

④ $R_T = \frac{8}{3}$, $V_T = 16$

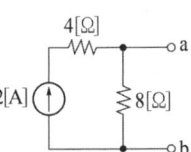

풀이

개방 단자 전압 E_T는

$$E_T = 2 \times 8 = 16 [V]$$

전류원을 개방하고 a, b에서 본 저항 R_T는

$$R_T = 8 [\Omega]$$ **답** ③

문제 66 60[Hz], 120[V]정격인 단상유도 전동기의 출력은 3[HP]이고 효율은 90[%]이며 역률은 80[%]이다. 역률을 100[%]로 개선하기 위한 병렬 콘덴서의 용량은 약 몇 [VA]인가? (단, 1[HP] = 746 [W] 이다.)

① 1865[VA]   ② 2252[VA]

③ 2667[VA]   ④ 3156[VA]

풀이

$$Q_c = P_i(\tan\theta_1 - \tan\theta_2) = \frac{P}{\eta}\left(\frac{\sin\theta_1}{\cos\theta_1} - \frac{\sin\theta_2}{\cos\theta_2}\right)$$

$$= \frac{3 \times 746}{0.9}\left(\frac{0.6}{0.8} - \frac{0}{1}\right) = 1865 [VA]$$ **답** ①

제5과목 **전기설비 기술기준**

문제 81 쇼윈도내의 배선에 사용전압 400[V] 이하에 사용하는 캡타이어 케이블의 단면적은 최소 몇 [mm²]인가?

① 1.25   ② 1.0

③ 0.75   ④ 0.5

풀이

231.3.1 저압 옥내배선의 사용전선

가. 저압 옥내배선의 전선 : 단면적 2.5[mm²] 이상의 연동선

나. 옥내배선의 사용 전압이 400[V] 이하인 경우는 다음에 의하여 시설할 수 있다.

  ① 전광표시 장치 또는 제어 회로

    • 단면적 1.5[mm²] 이상의 연동선

    • 단면적 0.75[mm²] 이상인 다심케이블 또는 다심 캡타이어 케이블을 사용하고 또한 과전류가 생겼을 때에 자동적으로 전로에서 차단하는 장치를 시설

  ② 진열장 또는 이와 유사한 것의 내부 배선 : 단면적 0.75 [mm²] 이상인 코드 또는 캡타이어케이블 **답** ③

문제 82 빙설이 많은 지방의 특고압 가공 전선 주위에 부착되는 빙설의 두께[mm]와 비중은?

① 6[mm], 0.9   ② 6[mm], 1.0

③ 8[mm], 0.9   ④ 8[mm], 1.0

풀이

331.6 풍압하중의 종별과 적용

가. 갑종 풍압하중 : 구성재의 수직 투영면적 1[m²]에 대한 풍압을 기초로 하여 계산한 것.

나. 을종 풍압하중 : 전선 기타의 가섭선 주위에 **두께 6 [mm], 비중 0.9의 빙설**이 부착된 상태에서 수직 투영면적 372 [Pa](다도체를 구성하는 전선은 333[Pa]), 그 이외의 것은 갑종풍압하중의 2분의 1을 기초로 하여 계산한 것.

다. 병종 풍압하중 : 갑종풍압하중의 2분의 1을 기초로 하여 계산한 것. **답** ①

문제 83 터널내에 3300[V] 전선로를 케이블공사를 시행하려고 한다. 케이블을 조영재의 옆면 또는 아래면에 따라 붙일 경우에 케이블의 지지점간의 거리는 몇 [m] 이하로 하여야 하는가?

① 1　　　　　　② 1.5
③ 2　　　　　　④ 2.5

풀이

335.1 터널 안 전선로의 시설
케이블을 조영재의 옆면 또는 아랫면에 따라 붙일 경우에는 케이블의 지지점 간의 거리를 2[m] (수직으로 붙일 경우에는 6[m])이하로 하고 또한 피복을 손상하지 아니하도록 붙일 것.　　**답** ③

문제 84 변압기에 의하여 특고압전로에 결합되는 고압전로에는 사용전압의 3배 이하의 전압이 가하여진 경우에 방전하는 피뢰기를 어느 곳에 시설할 때, 방전장치를 생략할 수 있는가?

① 변압기의 단자
② 변압기 단자의 1극
③ 고압전로의 모선의 각상
④ 특고압 전로의 1극

풀이

322.3 특고압과 고압의 혼촉 등에 의한 위험방지 시설
변압기에 의하여 특고압전로에 결합되는 고압전로에는 사용전압의 3배 이하인 전압이 가하여진 경우에 방전하는 장치를 그 변압기의 단자에 가까운 1극에 설치하여야 하나 다음의 경우 그러하지 아니하다.
가. **사용전압의 3배 이하인** 전압이 가하여진 경우에 **방전하는 피뢰기를 고압전로의 모선의 각상에 시설한 경우**
나. 특고압권선과 고압권선 간에 혼촉방지판을 시설하여 접지저항 값이 10[Ω] 이하 또는 변압기 중성점 접지의 규정에 따른 접지공사를 한 경우에는 그러하지 아니하다.　　**답** ③

문제 85 시가지에 시설하는 통신선을 특고압 가공전선로의 지지물에 시설하고자 하는 경우 통신선은?

① 2.6 [mm] 이상의 절연전선
② 4 [mm] 이상의 절연전선
③ 5 [mm] 이상의 절연전선
④ 5.5 [mm] 이상의 절연전선

풀이

362.5 특고압 가공전선로 첨가설치 통신선의 시가지 인입 제한
시가지에 시설하는 통신선은 특고압 가공전선로의 지지물에 시설하여서는 아니 된다. 다만, 통신선이 절연전선과 동등 이상의 절연효력이 있고 인장강도 5.26[kN] 이상의 것. 또는 단면적 16[mm²](지름 4[mm]) 이상의 절연전선 또는 광섬유 케이블인 경우에는 그러하지 아니하다.　　**답** ②

문제 86 가공전선로의 지지물에 시설하는 통신선과 고압 가공전선 사이의 이격거리는 몇 [cm] 이상이어야 하는가?

① 120　　② 100　　③ 75　　④ 60

풀이

362.2 전력보안통신선의 시설 높이와 이격거리
가공전선과 첨가 통신선과의 이격거리
가. 통신선은 가공전선의 아래에 시설할 것.
나. 이격거리

가공전선		통신선		
		일반	절연전선	광섬유 케이블
중성선	25[kV]이하, 다중 접지 중성선	0.6[m] 이상		
저압 가공전선	일 반	0.6[m]이상		
	절연전선 또는 케이블		0.3[m]이상	
	인입선			0.15[m]이상
고압 가공전선	**일 반**	**0.6[m]이상**		
	케이블		0.3[m]이상	
특고압 가공전선	일 반	1.2[m]이상		
	케이블		0.3[m]이상	
	25[kV]이하, 다중 접지방식	0.75[m]이상		

답 ④

문제 87 합성수지관공사에 의한 저압 옥내배선에 대한 설명으로 옳은 것은?

① 합성수지관 안에 전선의 접속점이 있어도 된다.
② 전선은 반드시 옥외용 비닐절연전선을 사용한다.
③ 기계적 충격을 받을 우려가 없도록 시설하여야 한다.
④ 관의 지지점간의 거리는 3 [m] 이하로 한다.

풀이

232.11 합성수지관공사

가. 전선은 절연전선(옥외용 비닐절연전선을 제외한다)일 것.

나. 전선은 연선일 것. 다만, 다음의 것은 적용하지 않는다.
   ① 짧고 가는 합성수지관에 넣은 것.
   ② 단면적 10[mm²](알루미늄선은 단면적 16[mm²]) 이하의 것.

다. 전선은 합성수지관 안에서 접속점이 없도록 할 것.

라. 중량물의 압력 또는 현저한 **기계적 충격을 받을** 우려가 **없도록 시설**할 것.

마. 관 상호 간 및 박스와는 관을 삽입하는 깊이를 관의 바깥지름의 1.2배(접착제를 사용하는 경우 0.8배) 이상으로 할 것.

바. 관의 지지점 간의 거리는 1.5 [m] 이하로 할 것. **답** ③

문제 88 특고압 가공전선로의 지지물로 사용하는 목주의 풍압하중에 대한 안전율은 얼마 이상이어야 하는가?

① 1.2 이상 ② 1.5 이상
③ 2.0 이상 ④ 2.5 이상

풀이

333.10 특고압 가공전선로의 목주 시설

특고압 가공전선로의 지지물로 사용하는 **목주**는 다음에 따르고 또한 견고하게 시설하여야 한다.

가. 풍압하중에 대한 안전율은 1.5 이상일 것.

나. 굵기는 말구 지름 0.12 [m] 이상일 것. **답** ②

1과목 전기자기학		4과목 회로이론 및 제어공학	
09 20-3-12	52 16-1-47		
10 19-3-01	53 14-2-46		
11 21-2-08	54 22-2-50		
12 17-3-18	55 18-3-49		
13 19-2-15	56 16-3-41		
14 19-1-03	57 22-3-58		
15 21-2-07	58 18-2-60		
16 15-2-05	59 15-1-44		
17 21-3-05	60 16-3-51		
18 15-2-08	67 19-3-61		
19 20-3-02	68 18-1-68		
20 15-2-06	69 16-2-70		

2과목 전력공학
26 20-1,2-26
27 21-1-23
28 20-3-29
29 17-2-36
30 20-3-28
31 17-1-36
32 15-3-27
33 20-1,2-35
34 18-3-30
35 22-3-39
36 14-2-25
37 17-1-24
38 20-4-39
39 11-3-21
40 12-1-23

70 19-2-76
71 21-2-78
72 19-3-70
73 18-3-67
74 17-2-65
75 16-1-65
76 15-1-69
77 21-3-74
78 16-1-69
79 21-3-77
80 16-2-76

3과목 전기기기
48 18-2-41
49 17-2-59
50 21-3-55
51 17-2-53

5과목 전기설비기술기준
89 20-3-88
90 19-1-87
91 20-3-86
92 21-3-89
93 15-2-91
94 18-1-95
95 20-3-94
96 13-1-83
97 20-1,2-91

국가기술자격검정 필기시험 문제

2010년도 전기기사 일반검정 제2회

자격종목 및 등급(선택분야)	종목코드	시험시간	문제지형별	수검 번호	성 명
전기기사	**1150**	**2시간 30분**	**A**		

제1과목 **전기자기학**

문제 01 그림과 같이 $q_1 = 6 \times 10^{-8}$[C], $q_2 = -12 \times 10^{-8}$[C]의 두 전하가 서로 100[cm] 떨어져 있을 때 전계 세기가 0이 되는 점은?

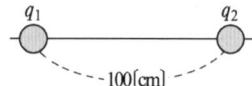

① q_1과 q_2의 연장선상 q_1으로부터 왼쪽으로 약 24.1[m] 지점이다.

② q_1과 q_2의 연장선상 q_1으로부터 오른쪽으로 약 14.1[m] 지점이다.

③ q_1과 q_2의 연장선상 q_1으로부터 왼쪽으로 약 2.41[m] 지점이다.

④ q_1과 q_2의 연장선상 q_1으로부터 오른쪽으로 약 1.41[m] 지점이다.

풀이

두 전하의 부호가 다르므로 전계의 세기가 0이 되는 점은 전하의 절대값이 작은 쪽의 외부가 된다. 즉, q_1으로부터 왼쪽이 된다.

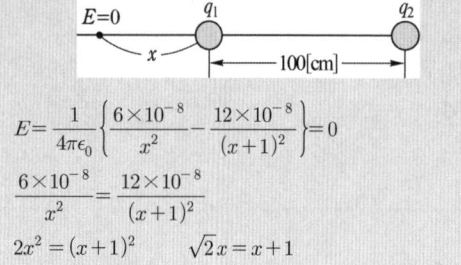

$$E = \frac{1}{4\pi\epsilon_0}\left\{\frac{6\times10^{-8}}{x^2} - \frac{12\times10^{-8}}{(x+1)^2}\right\} = 0$$

$$\frac{6\times10^{-8}}{x^2} = \frac{12\times10^{-8}}{(x+1)^2}$$

$$2x^2 = (x+1)^2 \qquad \sqrt{2}\,x = x+1$$

$$\therefore x = \frac{1}{\sqrt{2}-1} \fallingdotseq 2.41[m]$$

답 ③

문제 02 $z = 0$인 평면상에 중심이 원점에 있고 반경이 a[m]인 원형도체에 그림과 같이 전류 I[A]가 흐를 때 $z = b$인 점에서 자계의 세기는? (단, a_z는 단위 벡터이다.)

① $\dfrac{a^2 I}{2(a^2+b^2)^3} a_z$[AT/m]

② $\dfrac{a I}{2(a^2+b^2)^{\frac{3}{2}}} a_z$[AT/m]

③ $\dfrac{a^2 I}{2(a^2+b^2)^{\frac{3}{2}}} a_z$[AT/m]

④ $\dfrac{a^2 I}{2(a^2+b^2)^2} a_z$[AT/m]

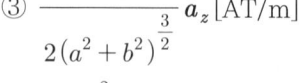

풀이

반경 a[m]인 원형 코일의 미소길이 dl[m]에 의한 중심축 상의 한점 z의 미소 자계의 세기는 비오-사바르의 법칙에 의해

$$dH = \frac{Idl}{4\pi r^2}\sin\theta = \frac{I\cdot a dl}{4\pi r^3}[AT/m]$$

$$\left(r = \sqrt{a^2+b^2}\,,\ \sin\theta = \frac{a}{r}\right)$$

$$H = \int\frac{I\cdot a dl}{4\pi r^3} = \frac{aI}{4\pi r^3}\int dl$$

$$= \frac{aI}{4\pi r^3}2\pi a = \frac{a^2 I}{2r^3}[AT/m]$$

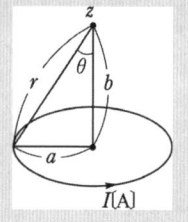

여기서, $r = \sqrt{a^2+b^2}$ 이므로

$$H = \frac{a^2 I}{2(a^2+b^2)^{\frac{3}{2}}}[AT/m]$$

답 ③

문제 03 그림과 같은 무한 직선 전류 I_1과 직사각형 모양의 루프 선전류 I_2간의 상호유도계수는? (단, 진공 중에서 이다.)

① $\dfrac{\mu_0 h}{4\pi} \ln \dfrac{d+w}{d}$

② $\dfrac{\mu_0 h}{2\pi} \ln \dfrac{d+w}{d}$

③ $\dfrac{\mu_0 h}{\pi} \ln \dfrac{d+w}{d}$

④ $\dfrac{\mu_0 h}{\pi} \ln \dfrac{d}{d+w}$

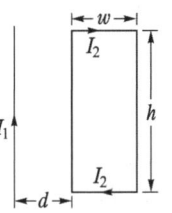

풀이

무한 직선 전류 I_1에 의한 직사각형 내의 자속 ϕ_2는

$$\phi_2 = \frac{\mu_0 I_1 h}{2\pi} \ln \frac{d+w}{d}$$

$\phi_2 = M I_1$에서 상호 유도 계수 M은

$$\therefore M = \frac{\phi_2}{I_1} = \frac{\mu_0 h}{2\pi} \ln \frac{d+w}{d}$$

답 ②

문제 04 그림과 같이 n개의 동일한 콘덴서 C를 직렬 접속하여 최하단의 한 개와 병렬로 정전용량 C_o의 정전전압계를 접속하였다. 이 정전전압계의 지시가 V일 때 측정 전압 V_o는 몇 [V]인가?

① nV

② $\dfrac{C_o}{C}(n-1)V$

③ $\left\{ n - \dfrac{C_o}{C}(n-1) \right\} V$

④ $\left\{ n + \dfrac{C_o}{C}(n-1) \right\} V$

풀이

병렬 부분의 전하량 $Q = (C + C_o) V$

직렬 부분의 각 콘덴서의 전하량은 Q가 되고, 각각의 콘덴서 단자 전압을 V'라 하면 $Q = CV'$

$$CV' = (C + C_o) V, \quad V' = \left(1 + \frac{C_o}{C} \right) V$$

따라서, 전체전압

$$V_o = V + (n-1)V' = V \left\{ 1 + \left(1 + \frac{C_o}{C} \right)(n-1) \right\}$$

$$= \left\{ n + \frac{C_o}{C}(n-1) \right\} V$$

답 ④

문제 05 평등자계내의 내부로 ㉠자계와 평행한 방향, ㉡자계와 수직인 방향으로 일정 속도의 전자를 입사시킬 때 전자의 운동 궤적을 바르게 나타낸 것은?

① ㉠ 원, ㉡ 타원

② ㉠ 직선, ㉡ 타원

③ ㉠ 직선, ㉡ 원

④ ㉠ 원, ㉡ 원

풀이

평등자계 내에서 전자가 받는 힘은 $F = e(v \times B)$이고, 전자의 운동 방향에 대해 각각

① 자계와 평행 입사 : $F = 0$이 되어 처음 상태와 같은 직선 궤적

② 자계와 수직 입사 : $F = evB$가 되고 플레밍 왼손법칙에 의해 원궤적

답 ③

문제 06 자계가 비보존적인 경우를 나타내는 것은? (단, j는 공간상에 0이 아닌 전류 밀도를 의미한다.)

① $\nabla \cdot B = 0$ ② $\nabla \cdot B = j$

③ $\nabla \times H = 0$ ④ $\nabla \times H = j$

풀이

자계가 비보존적인 경우는 회전하는 계를 의미하므로

$$\nabla \times H = \text{rot } H = \text{curl } H = j$$

답 ④

문제 07 무한 평면 도체 표면으로부터 r[m] 거리의 진공 중에 전자 e[C]가 있을 때 이 전자의 위치 에너지는?

① $\dfrac{e^2}{4\pi \epsilon_0 r}$ [J]   ② $\dfrac{-e^2}{4\pi \epsilon_0 r}$ [J]

③ $\dfrac{e^2}{16\pi \epsilon_0 r}$ [J]   ④ $\dfrac{-e^2}{16\pi \epsilon_0 r}$ [J]

풀이

무한 평면 도체와 전자 e[C]이 작용하는 힘 F는

$$F = \frac{-e^2}{4\pi \epsilon_0 (2r)^2} = \frac{-e^2}{16\pi \epsilon_0 r^2} \text{[N]}$$

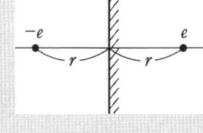

전자의 위치 에너지 w는

$$w = -\int_\infty^r F dr = \int_\infty^r \frac{e^2}{16\pi \epsilon_0 r^2} dr$$

$$= \frac{e^2}{16\pi \epsilon_0} \int_\infty^r \frac{1}{r^2} dr = \frac{e^2}{16\pi \epsilon_0} \left[-\frac{1}{r} \right]_\infty^r = \frac{-e^2}{16\pi \epsilon_0 r} \text{[J]}$$

답 ④

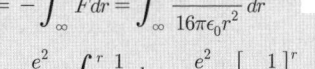

문제 08 두 평행판 축전기에 채워진 폴리에틸렌의 비유전율이 ϵ_r, 평행판간 거리 $d=1.5$[mm]일 때, 만일 평행판내의 전계의 세기가 10 [kV/m]라면 평행판간 폴리에틸렌 표면에 나타난 분극전하 밀도는?

① $\dfrac{\epsilon_r-1}{18\pi}\times10^{-5}[\text{C/m}^2]$

② $\dfrac{\epsilon_r-1}{36\pi}\times10^{-6}[\text{C/m}^2]$

③ $\dfrac{\epsilon_r}{18\pi}\times10^{-5}[\text{C/m}^2]$

④ $\dfrac{\epsilon_r-1}{36\pi}\times10^{-5}[\text{C/m}^2]$

풀이

분극 전하 밀도 σ'는 분극의 세기 P와 같으므로

$$\sigma'=P=\epsilon_0(\epsilon_r-1)E=\frac{10^7}{4\pi C^2}\times(\epsilon_r-1)\times10\times10^3$$

$$=\frac{10^7}{4\pi(3\times10^8)^2}\times(\epsilon_r-1)\times10^4$$

$$=\frac{10^{11}(\epsilon_r-1)}{36\pi\times10^{16}}=\frac{\epsilon_r-1}{36\pi}\times10^5[\text{C/m}]$$

(단, 광속 $C=\dfrac{1}{\sqrt{\epsilon_0\mu_0}}$ 에서 $\epsilon_0=\dfrac{10^7}{4\pi C^2}$ 임) **답** ④

문제 09 저항 10[Ω], 저항의 온도계수 $\alpha_1=5\times10^{-3}$[1/℃]의 동선에 직렬로 저항 90[Ω], 온도계수 $\alpha_2\fallingdotseq0$ [1/℃]의 망간선을 접속하였을 때의 합성 저항 온도계수는?

① 2×10^{-4} [1/℃]　　② 3×10^{-4} [1/℃]

③ 4×10^{-4} [1/℃]　　④ 5×10^{-4} [1/℃]

풀이

합성 저항 온도 계수

$$\alpha=\frac{R_1\alpha_1+R_2\alpha_2}{R_1+R_2}=\frac{10\times5\times10^{-3}+90\times0}{10+90}$$

$$=5\times10^{-4}\,[1/℃]$$ **답** ④

문제 10 반자성체에 속하는 물질은?

① Ni　　　　　　② Co

③ Ag　　　　　　④ Pt

풀이

• 강자성체 : Fe, Ni, Co 등
• 상자성체 : Al, Mn, Pt, W, Sn, O_2, N_2 등
• 반자성체 : Bi, C, Si, **Ag**, Pb, Zn, S, Cu, H_2O 등 **답** ③

제2과목　전력공학

문제 21 66[kV], 3상 1회선 송전선로의 1선의 리액턴스가 26[Ω], 전류가 300[A]일 때, %리액턴스는?

① 약 17.3[%]　　　　② 약 20.5[%]

③ 약 34.6[%]　　　　④ 약 49.0[%]

풀이

$$\%X=\frac{I_n X}{E}\times100=\frac{300\times26}{\frac{66\times10^3}{\sqrt{3}}}\times100\fallingdotseq20.5$$ **답** ②

문제 22 저항 접지 방식 중 고저항 접지 방식에 사용하는 저항은?

① 30~50[Ω]　　　　② 50~100[Ω]

③ 100~1000[Ω]　　④ 1000[Ω] 이상

풀이

저항 접지 방식 [resistance grounded system]
중성점을 저항으로 접지하는 방법으로서 접지 저항의 크기에 따라 저저항 접지와 고저항 접지로 나눌 수 있다.

• 저 저항 접지 : $R=30[\Omega]$ 정도
• 고 저항 접지 : $R=100\sim1,000[\Omega]$ 정도 **답** ③

문제 23 전력 조류계산을 하는 목적으로 거리가 먼 것은?

① 계통의 신뢰도 평가
② 계통의 확충 계획 입안
③ 계통의 운용 계획 수립
④ 계통의 사고 예방 제어

풀이

조류 계산의 필요성
1) 전력 계통의 운전 상태 파악
  • 각 모선의 전압 분포   • 각 모선의 전력
  • 각 선로의 전력 조류   • 각 선로의 송전 손실
  • 각 모선간의 상차각
2) 전력 계통의 운용과 계획 수립
  • 계통의 사고 예방 제어
  • 계통의 운용 계획 입안
  • 계통의 확충 계획 입안   **답** ①

문제 24 유황곡선으로부터 알 수 없는 것은?

① 월별 하천 유량
② 하천의 유량 변동 상태
③ 연간 총 유출량
④ 평수량

풀이

유황곡선 : 유량도를 사용하여 **가로 측에 1년의 일수를 취하고** 세로 측에 유량을 취하여 **매일의 유량을 크기의 순으로** 배열한 것으로서 하천 유량의 종류를 알 수 있으며 하천 유량은 다음과 같이 구분된다.
• 갈수량 • 저수량 • 평수량 • 풍수량   **답** ①

문제 25 그림과 같은 계통을 노드 어드미턴스 (node admittance) 행렬로 나타낼 때 모선 ②의 구동점 어드미턴스 Y_{22} 및 모선 ①과 ②간의 전달 어드미턴스 Y_{12}는? (단, 그림에 표시된 Z_1, Z_2, Z_3는 선로의 원시 임피던스, ①, ②, ③은 모선번호를 표시한다.)

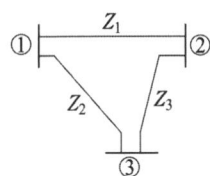

① $Y_{22} = \dfrac{1}{Z_1 + Z_3}$, $Y_{12} = \dfrac{1}{Z_1}$

② $Y_{22} = \dfrac{1}{Z_1} + \dfrac{1}{Z_3}$, $Y_{12} = -\dfrac{1}{Z_1}$

③ $Y_{22} = \dfrac{1}{Z_1} + \dfrac{1}{Z_3}$, $Y_{12} = \dfrac{1}{Z_1}$

④ $Y_{22} = -\dfrac{1}{Z_1} + \dfrac{1}{Z_3}$, $Y_{12} = -\dfrac{1}{Z_1}$

풀이

1) 자기 어드미턴스(구동점 어드미턴스) Y_{nn}
  모선에 접속된 어드미턴스의 합
  • $Y_{11} = \dfrac{1}{Z_1} + \dfrac{1}{Z_2}$ • $Y_{22} = \dfrac{1}{Z_1} + \dfrac{1}{Z_3}$
  • $Y_{33} = \dfrac{1}{Z_2} + \dfrac{1}{Z_3}$
2) 상호 어드미턴스(전달 어드미턴스) $Y_{nm} = Y_{mn}$
  모선과 모선 사이에 연결된 어드미턴스로서 − 부호를 취한다.
  • $Y_{12} = Y_{21} = -\dfrac{1}{Z_1}$ • $Y_{13} = Y_{31} = -\dfrac{1}{Z_2}$
  • $Y_{23} = Y_{32} = -\dfrac{1}{Z_3}$ **답** ②

문제 26 피뢰기에서 속류를 끊을 수 있는 최고의 교류 전압은?

① 정격전압   ② 제한전압
③ 차단전압   ④ 방전개시전압

풀이

피뢰기의 정격 전압
• 피뢰기의 정격 전압이란 속류 차단이 가능한 최고의 교류 전압을 말한다.
• $E_R = \alpha \beta \dfrac{V_m}{\sqrt{3}}$

여기서, E_R : 피뢰기의 정격전압
  α : 접지계수 (유효접지 계통 : 1.1~1.3)
  β : 여유도 (1.15)
  V_m : 선간의 최고 허용전압 ($V_m = $공칭전압$\times \dfrac{1.2}{1.1}$)
      답 ①

문제 27 고장 전류와 같은 대전류를 차단할 수 있는 것은?

① 단로기   ② 선로개폐기
③ 유입개폐기   ④ 차단기

풀이

• **차단기**(Breaker) : 아크 소호능력이 있어 **부하전류나 사고전류의 차단이 가능**
• 스위치(Switch) : 아크 소호능력이 없어 부하전류나 사고전류의 차단이 불 가능   **답** ④

제3과목 전기기기

문제 41 SCR을 이용한 인버터 회로에서 SCR 이 도통상태에 있을 때 부하전류가 20[A] 흘렀다. 게이트 동작 범위내에서 전류를 1/2로 감소시키면 부하 전류는?

① 0[A] ② 10[A]
③ 20[A] ④ 40[A]

풀이

SCR는 게이트에 (+)의 트리거 펄스가 인가되면 통전 상태로 되어 정류 작용이 개시되고, 일단 통전이 시작되면 게이트 전류를 차단해도 주전류(애노드 전류)는 차단되지 않는다. 따라서, **게이트 전류를 감소시켜도 주전류(부하 전류) 의 크기는 변함이 없다.** **답** ③

문제 42 동기발전기의 단락비는 기계의 특성을 단적으로 잘 나타내는 수치로서, 동일정격에 대하여 단락비가 큰 기계가 갖는 특성이 아닌 것은?

① 동기 임피던스가 적어져 전압변동율이 좋으며, 송전선 충전용량이 크다.
② 기계의 형태, 중량이 커지며, 철손, 기계손이 증가하고 가격도 비싸다.
③ 과부하 내량이 크고 안정도가 좋다.
④ 극수가 적은 고속기가 된다.

풀이

단락비가 큰 기계(철기계)
• 동기 임피던스가 적다 $(K_s \propto \frac{1}{Z})$
• 전압변동률이 작다.
• 전기자 반작용이 작다.
• 출력이 크다.
• 과부하 내량이 크고 안정도가 높다.
• 자기 여자 현상이 작다.
• **극수가 많은 저속기에 적합**하다. **답** ④

문제 43 똑같은 두 권선을 주권선과 보조 권선으로 사용한 분상 기동형 단상 유도 전동기를 운전하려고 할 때 전원 공급 장치에 사용할 변압기의 결선 방식은?

① Y결선 ② △결선 ③ V결선 ④ T결선

풀이

T결선 : 3상에서 2상으로 변환 **답** ④

문제 44 직류 발전기의 종류별 특성 설명 중 틀린 것은?

① 타여자 발전기 : 전압 강하가 적고 계자 전압은 전기자 전압과 관계없이 설계된다.
② 분권 발전기 : 타여자 발전기와 같이 전압 변동률이 적고, 다른 여자전원이 필요 없다.
③ 가동 복권 발전기 : 단자 전압을 부하의 증감에 관계없이 거의 일정하게 유지할 수 있다.
④ 차동 복권 발전기 : 부하의 변화에 따라 전압이 변화하지 않는 특성이 있는 발전기이다.

풀이

차동 복권 발전기는 **분권 계자 권선의 기자력과 직권 계자권선의 기자력이 서로 반대 방향**으로 되어 있어 **부하 전류가 증가하면 전체 자속이 감소하고**$(\Phi = \Phi_{sh} - \Phi_{se})$ 동시에 내부의 등가 저항 강하$(V = E - I_a(R_a + R_{se}))$도 증가하여 **단자 전압이 심하게 떨어지는 수하특성을 갖고 있다.** **답** ④

문제 45 3000[V], 60[Hz], 8극, 100[kW] 3상 유도전동기의 전부하 2차 동손이 3[kW], 기계손이 2[kW]라면 전부하 회전수는?

① 약 986[rpm] ② 약 967[rpm]
③ 약 896[rpm] ④ 약 874[rpm]

풀이

2차 입력 $P_2 = P + P_m + P_{c2} = 100 + 2.0 + 3.0 = 105\,[\text{kW}]$

슬립 $s = \dfrac{P_{c2}}{P_2} = \dfrac{3.0}{105} = \dfrac{1}{35}$

$\therefore N = (1-s)N_s = \left(1 - \dfrac{1}{35}\right) \times \dfrac{120 \times 60}{8} = 874\,[\text{rpm}]$ **답** ④

문제 46 다음 설명 중 잘못된 것은?

① 전동차용 전동기는 직권 전동기를 쓴다.
② 승용 엘리베이터는 워드-레오나드 방식이 사용된다.

③ 기중기용 전동기는 직류 분권 전동기를 쓴다.
④ 크레인, 엘리베이터 등은 가동 복권 전동기를 쓴다.

풀이

직권 전동기에서는 토크가 증가하면 속도가 저하하므로 회전 속도와 토크의 곱에 비례하는 출력은 어떤 범위내에서 대체로 일정하다. 그러므로 직권 전동기가 **전차, 기중기 등**의 부하 변동이 심하고 큰 기동 토크가 요구되는 기기에 주로 사용되는 기기이다. **답** ③

문제 47 동기 발전기에서 유기기전력과 전기자 전류가 동상인 경우의 전기자 반작용은?

① 감자 작용
② 증자 작용
③ 교차 자화 작용
④ 직축 반작용

풀이

발전기와 전동기의 전기자 반작용은 서로 반대이다.

분 류	동기 발전기	동기 전동기
전압과 동상	교차 자화 작용	교차 자화 작용
진상 전류	증자 작용	감자 작용
지상 전류	감자 작용	증자 작용

답 ③

문제 48 변압기의 내부 고장에 대한 보호용으로 사용되는 계전기는 어느 것이 적당한가?

① 차동 계전기
② 접지 계전기
③ 과전류 계전기
④ 역상 계전기

풀이

변압기 내부에서 단락 사고가 생기면, 변압기 1차와 2차의 전류값이 달라진다. 따라서 **차동 계전기에 이들 값의 차이에 해당하는 전류가 흘러 계전기가 동작**하는 것이다. **답** ①

문제 49 차동 복권 발전기를 분권기로 하려면 어떻게 하여야 하는가?

① 분권 계자를 단락시킨다.
② 직권 계자를 단락시킨다.
③ 분권 계자를 단선시킨다.
④ 직권 계자를 단선시킨다.

풀이

복권 발전기를 분권 발전기로 운전 하려면, **직권 계자 권선을 단락**시킨다.

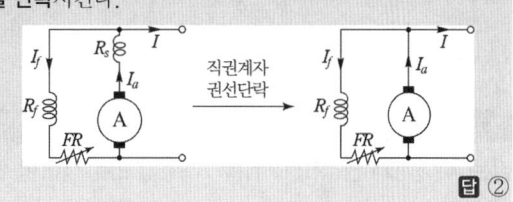

답 ②

제4과목 회로이론 및 제어공학

문제 61 $1 - \cos\omega t$를 라플라스 변환하면?

① $\dfrac{\omega}{s(s^2 + \omega^2)}$
② $\dfrac{s}{s(s^2 + \omega^2)}$
③ $\dfrac{s^2}{s(s^2 + \omega^2)}$
④ $\dfrac{\omega^2}{s(s^2 + \omega^2)}$

풀이

$$\mathcal{L}[1 - \cos\omega t] = \frac{1}{s} - \frac{s}{s^2 + \omega^2} = \frac{\omega^2}{s(s^2 + \omega^2)}$$ **답** ④

문제 62 $\dfrac{k}{s+a}$인 전달함수를 신호 흐름선도로 표시하면?

①

②

③

④

풀이

메이슨의 정리에 의한 전달함수

① $G = \dfrac{-ks}{1 - as}$
② $G = \dfrac{ks}{1 + ak}$

③ $G = \dfrac{\dfrac{k}{s}}{1 + \dfrac{a}{s}} = \dfrac{k}{s+a}$

④ $G = \dfrac{-ks}{1-ak}$

답 ③

문제 63 다음 중 Routh 안정도 판별법에서 그림과 같은 제어계가 안정되기 위한 K의 값으로 적합한 것은?

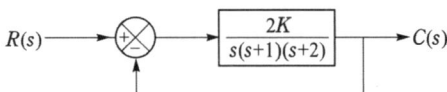

① 1　　② 3　　③ 5　　④ 7

풀이

특성 방정식 $1 + G(s)H(s) = s(s+1)(s+2) + 2K$
$\qquad\qquad\qquad\qquad = s^3 + 3s^2 + 2s + 2K = 0$

이므로 루드의 표는

s^3	1	2
s^2	3	$2K$
s^1	$\dfrac{6-2K}{3}$	0
s^0	$2K$	

제1열의 부호 변화가 없어야 안정하므로

$6 - 2K > 0$ 에서 $3 > K$

$K > 0$　　$\therefore\ 0 < K < 3$

답 ①

문제 64 어느 시퀀스 제어시스템의 내부 상태가 9가지로 바뀐다면 이를 설계할 때 필요한 플립플롭의 최소 개수는?

① 3　　　　　　② 4
③ 5　　　　　　④ 9

풀이

n bit 2진 카운터는 n개의 플립플롭으로 구성되어 있으며 $2^n - 1$ 가지 셀 수 있다. 따라서, 9가지 경우를 생각한다면 4개의 플립 플롭($2^4 - 1 = 15$)이 필요하다.

답 ②

문제 65 다음 중 논리식 $L = \overline{A}\,\overline{B} + \overline{A}B + AB$을 간단히 하면?

① $A + B$　　　　② $\overline{A} + B$
③ $A + \overline{B}$　　　　④ $\overline{A} + \overline{B}$

풀이

$L = \overline{A}\,\overline{B} + \overline{A}B + AB = \overline{A}(\overline{B} + B) + AB\ (\because\ \overline{B} + B = 1)$
$\quad = \overline{A} + AB$
$\quad = (\overline{A} + A)(\overline{A} + B)$ (분배법칙, $\overline{A} + A = 1$)
$\quad = \overline{A} + B$

답 ②

문제 66 $G(j\omega) = \dfrac{K}{1 + j\omega T}$일 때 $|G(j\omega)|$와 $\angle G(j\omega)$는?

① $|G(j\omega)| = \dfrac{K}{\sqrt{1 + (\omega T)^2}}$, $\angle G(j\omega) = -\tan^{-1}(\omega T)$

② $|G(j\omega)| = -\dfrac{K}{\sqrt{1 + (\omega T)}}$, $\angle G(j\omega) = \tan(\omega T)$

③ $|G(j\omega)| = -\dfrac{K}{\sqrt{1 + (\omega T)}}$,
　　$\angle G(j\omega) = -\tan^{-1}(\omega T)$

④ $|G(j\omega)| = \dfrac{K}{\sqrt{1 + (\omega T)^2}}$, $\angle G(j\omega) = \tan(\omega T)$

풀이

$G(j\omega) = \dfrac{K}{1 + j\omega T} = \dfrac{K(1 - j\omega T)}{1 + (\omega T)^2}$

• 크기는 $|G(j\omega)| = \left|\dfrac{K}{1 + j\omega T}\right| = \dfrac{K}{\sqrt{1 + (\omega T)^2}}$

• 위상각은 $\theta = -\tan^{-1}\dfrac{\omega T}{1} = -\tan^{-1}\omega T$

답 ①

문제 67 $G(S) = \dfrac{1}{5s + 1}$일 때, 보드 선도에서 절점 주파수 ω_0는?

① $0.2[\text{rad/sec}]$
② $0.5[\text{rad/sec}]$
③ $2[\text{rad/sec}]$
④ $5[\text{rad/sec}]$

풀이

$G(j\omega) = \dfrac{1}{1 + j5\omega}$

$5\omega_c = 1$

$\therefore\ \omega_c = \dfrac{1}{5} = 0.2[\text{rad/sec}]$

답 ①

문제 68 대칭 3상 Y결선 부하에서 각 상의 임피던스가 $16+j12[\Omega]$이고 부하전류가 10[A]일 때 이 부하의 선간 전압은?

① 235.4[V]　　② 346.4[V]
③ 456.7[V]　　④ 524.4[V]

풀이

상전압 = 상전류 × 1상 임피던스
$\quad = 10 \times \sqrt{16^2+12^2} = 200$ [V]

Y결선 선간 전압 = $\sqrt{3}$×상전압

∴ $V_l = \sqrt{3}\,V_p = \sqrt{3}\times200 = 346.4$ [V]　　**답** ②

문제 69 어떤 회로에 $E=100+j20$[V]인 전압을 가했을 때 $I=4+j3$[A]인 전류가 흘렀다면 이 회로의 임피던스는?

① $19.5+j3.9[\Omega]$　　② $18.4-j8.8[\Omega]$
③ $17.3-j8.5[\Omega]$　　④ $15.3+j3.7[\Omega]$

풀이

$Z = \dfrac{V}{I} = \dfrac{100+j20}{4+j3} = \dfrac{(100+j20)(4-j3)}{(4+j3)(4-j3)} = \dfrac{460-j220}{25}$
$\quad = 18.4-j8.8\,[\Omega]$　　**답** ②

문제 70 최대값이 E_m인 정현파의 파형률은?

① 1　　② 1.11
③ 1.41　　④ 2

풀이

• 정형파의 실효값은 $\dfrac{E_m}{\sqrt{2}}$

• 평균값은 $\dfrac{2E_m}{\pi}$

• 파형률(form factor)$=\dfrac{\text{실효값}}{\text{평균값}}=\dfrac{\frac{E_m}{\sqrt{2}}}{\frac{2E_m}{\pi}}=\dfrac{\pi}{2\sqrt{2}}=1.11$　　**답** ②

문제 71 $R=10$[kΩ], $L=10$[mH], $C=1\,[\mu F]$인 직렬 회로에 크기가 100[V]인 교류 전압을 인가할 때 흐르는 최대 전류는? (단, 교류 전압의 주파수는 0에서 무한대까지 변화한다.)

① 0.1[mA]　　② 1[mA]
③ 5[mA]　　④ 10[mA]

풀이

최대 전류는 $\omega L = \dfrac{1}{\omega C}$일 때이며 이때의 임피던스 $Z=R$이 된다. 즉,

$I = \dfrac{E}{\sqrt{R^2+(\omega L-\frac{1}{\omega C})^2}} = \dfrac{E}{R} = \dfrac{100}{10\times10^3} = 0.01[A]$
$\quad = 10[mA]$　　**답** ④

문제 72 다음과 같은 회로가 정저항 회로가 되기 위한 저항 R의 값은?

① $8.2[\Omega]$
② $14.1[\Omega]$
③ $20[\Omega]$
④ $28[\Omega]$

풀이

정 저항 회로 조건 $R^2 = \dfrac{L}{C}$ 에서

$R = \sqrt{\dfrac{L}{C}} = \sqrt{\dfrac{2\times10^{-3}}{10\times10^{-6}}} = 14.1[\Omega]$　　**답** ②

제5과목　전기설비 기술기준

문제 81 변압기의 고압측 1선 지락전류가 60[A]라 할 때 중성점 접지저항값은 최대 몇 [Ω]인가? (단, 2초 이내에는 자동적으로 고압전로를 차단하는 장치가 없다고 한다.)

① 2.5[Ω]　　② 5[Ω]
③ 7.5[Ω]　　④ 10[Ω]

풀이

142.5 변압기 중성점 접지
변압기의 중성점접지 저항 값은 다음에 의한다.
가. 변압기의 고압·특고압측 전로 1선 지락전류로 150을 나눈 값과 같은 저항 값 이하

$R = \dfrac{150}{\text{변압기의 고압측 또는 특고압측의 1선 지락전류}}[\Omega]$

나. 사용전압이 35[kV] 이하의 특고압전로가 저압측 전로와 혼촉하고 저압전로의 대지전압이 150[V]를 초과하는 경우는 저항 값은 다음에 의한다.
　① 1초 초과 2초 이내에 고압·특고압 전로를 자동으로 차단하는 장치를 설치할 때는 300을 나눈 값 이하

$$R = \frac{300}{\text{변압기의 고압측 또는 특고압측의 1선 지락전류}} [\Omega]$$

　② 1초 이내에 고압·특고압 전로를 자동으로 차단하는 장치를 설치할 때는 600을 나눈 값 이하

$$R = \frac{600}{\text{변압기의 고압측 또는 특고압측의 1선 지락전류}} [\Omega]$$

따라서, 2초 이내 동작하는 자동 차단장치가 없는 경우 이므로

중성점 접지 저항값 $= \dfrac{150}{1선\ 지락\ 전류} = \dfrac{150}{60} = 2.5[\Omega]$

답 ①

문제 82 연료전지 및 태양전지 모듈의 절연내력은 최대 사용 전압의 (㉠)배의 직류전압 또는 1배의 교류전압을 충전부분과 대지사이에 연속하여 (㉡)분간 가하여 절연내력을 시험하였을 때에 이에 견디는 것이어야 한다. (㉠), (㉡)안에 알맞은 것은?

① ㉠ 1.2, ㉡ 5
② ㉠ 1.2, ㉡ 10
③ ㉠ 1.5, ㉡ 5
④ ㉠ 1.5, ㉡ 10

풀이

134 연료전지 및 태양전지 모듈의 절연내력
연료전지 및 태양전지 모듈은 **최대사용전압의 1.5배의 직류전압 또는 1배의 교류전압**(500[V] 미만으로 되는 경우에는 500[V])을 충전부분과 대지사이에 **연속하여 10분간** 가하여 절연내력을 시험하였을 때에 이에 견디는 것이어야 한다.

답 ④

문제 83 저압 또는 고압 가공전선이 도로에 접근상태로 시설되는 경우 잘못된 것은?

① 저압 가공전선이 도로에 접근하는 경우는 2[m] 이상을 이격하여야 한다.
② 저압 가공전선이 도로와의 수평 이격거리가 1[m] 이상인 경우는 예외 조항을 적용할 수 있다.
③ 고압 가공전선로는 고압 보안공사에 기준하여 시설한다.

---

④ 고압 가공전선은 저압 전차선로의 지지물과 60[cm]를 이격하여야 한다.

풀이

332.12 고압 가공전선과 도로 등의 접근 또는 교차
222.12 저압 가공전선과 도로 등의 접근 또는 교차
저압 가공전선 또는 고압 가공전선이 도로·횡단보도교·철도·궤도·삭도 또는 저압 전차선과 접근상태로 시설되는 경우에는 다음에 따라야 한다.
가. **고압 가공전선로는 고압 보안공사에 의할 것.**
나. 저·고압 가공전선과 도로 등의 이격거리는 표에서 정한 값 이상일 것. 다만, 가공전선과 도로·횡단보도교·철도 또는 궤도와의 **수평 이격거리가 저압에서 1[m] 이상, 고압에서 1.2[m] 이상인 경우에는 그러하지 아니하다.**

도로 등의 구분		저압	고압
도로·횡단보도교·철도 또는 궤도		3[m]	3[m]
삭도나 그 지주 또는 저압 전차선	고압절연 전선	0.3[m]	0.8[m]
	케이블	0.3[m]	0.4[m]
	기 타	0.6[m]	0.8[m]
저압 전차선로의 지지물	케이블	0.3[m]	0.3[m]
	기 타	0.3[m]	0.6[m]

답 ①

문제 84 고압 또는 특고압 전로 중 기계기구 및 전선을 보호하기 위하여 필요한 곳에 시설하여야 하는 것은?

① 콘덴서형 변성기
② 동기 조상기
③ 과전류 차단기
④ 영상 변류기

풀이

341.10 고압 및 특고압 전로 중의 과전류차단기의 시설
고압 또는 특고압의 전로에 단락이 생긴 경우에 동작하는 과전류차단기는 이것을 시설하는 곳을 통과하는 단락전류를 차단하는 능력을 가지는 것이어야 한다.

답 ③

1과목 전기자기학

11	22-3-09
12	22-2-01
13	20-3-13
14	17-1-02
15	18-2-13
16	21-3-12
17	19-1-19
18	13-2-09
19	12-2-07
20	19-2-05

2과목 전력공학

28	22-1-22
29	21-1-31
30	17-1-25
31	18-1-34
32	22-1-23
33	13-2-28
34	18-3-25
35	21-3-31
36	16-2-23
37	14-2-24
38	17-1-24
39	21-2-31
40	22-1-40

3과목 전기기기

50	21-2-55
51	16-2-45
52	17-2-58
53	17-2-46
54	18-2-44

55	19-1-55
56	11-3-44
57	15-3-44
58	13-1-42
59	19-2-42
60	22-1-47

4과목 회로이론 및 제어공학

73	17-1-70
74	22-2-76
75	19-3-73
76	19-1-62
77	20-1,2-63
78	17-2-65
79	20-4-78
80	16-2-70

5과목 전기설비기술기준

85	20-1,2-94
86	18-3-97
87	15-2-91
88	15-3-87
89	21-1-91
90	22-3-86
91	18-2-83
92	21-1-94
93	22-1-83
94	13-3-87
95	22-2-92
96	14-3-86
97	21-3-89
98	17-2-83

국가기술자격검정 필기시험 문제

자격종목 및 등급(선택분야)	종목코드	시험시간	문제지형별	수검 번호	성 명
전기기사	1150	2시간 30분	A		

제1과목 ▶ 전기자기학

문제 01 길이 1[m], 단면적 15 [cm²]인 무단 솔레노이드에 0.01 [Wb]의 자속을 통하는데 필요한 기자력은? (단, 철심의 비투자율을 1000이라 한다.)

① $\dfrac{10^8}{6\pi}$ [AT]   ② $\dfrac{10^7}{6\pi}$ [AT]

③ $\dfrac{10^6}{6\pi}$ [AT]   ④ $\dfrac{10^5}{6\pi}$ [AT]

풀이

기자력 $F = R_m \phi = \dfrac{l}{\mu S}\phi = \dfrac{l\phi}{\mu_s \mu_o S}$

$= \dfrac{1 \times 0.01}{1000 \times 4\pi \times 10^{-7} \times 15 \times 10^{-4}} = \dfrac{10^5}{6\pi}$ [AT]

답 ④

문제 02 지구 중심방향으로 향하는 300[V/m]의 전계가 지표면에 있다면 그 표면의 전하밀도는? (단, 지구는 도체로 본다.)

① $+2.66 \times 10^{-9}$ [C/m²]

② -2.66×10^{-9} [C/m²]

③ $+1.33 \times 10^{-9}$ [C/m²]

④ -1.33×10^{-9} [C/m²]

풀이

전계의 방향이 지표면이므로 지표면의 전하는 음(−)이다.
따라서, 전계의 세기 $E = \dfrac{-\sigma}{\epsilon_0}$

$\therefore \sigma = -\epsilon_0 E = -8.85 \times 10^{-12} \times 300 = -2.66 \times 10^{-9}$[C/m²]

답 ②

문제 03 자유공간을 진행하는 전자기파의 전계와 자계의 위상차는?

① 전계가 $\dfrac{\pi}{2}$ 빠르다.   ② 자계가 $\dfrac{\pi}{2}$ 빠르다.

③ 위상이 같다.   ④ 전계가 π 빠르다.

풀이

전계(전파)와 자계(자파)는 90°로 직교하며, 같은 위상(동상)으로 **진행**한다. 또한, 전파와 자파는 항상 공존하기 때문에 전자파라고 한다.

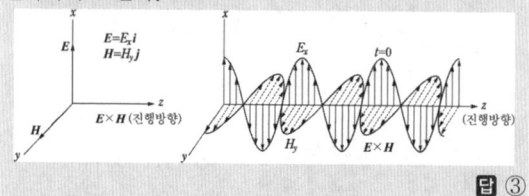

답 ③

문제 04 두 유전체의 경계면에서 정전계가 만족하는 것은?

① 전속은 유전율이 작은 유전체로 모인다.

② 두 경계면에서의 전위는 서로 같다.

③ 전속밀도는 접선성분이 같다.

④ 전계는 법선성분이 같다.

풀이

경계 조건
- 전속밀도의 법선 성분(수직 성분)이 같다.
  ($D_1 \cos\theta_1 = D_2 \cos\theta_2$)
- 전계는 접선 성분(평행 성분)이 같다. ($E_1 \sin\theta_1 = E_2 \sin\theta_2$)
- **두 경계면에서의 전위는 서로 같다.** ($V_1 = V_2$)
- $\epsilon_1 > \epsilon_2$이면, $\theta_1 > \theta_2$ 이다.
- $\dfrac{\tan\theta_1}{\tan\theta_2} = \dfrac{\epsilon_1}{\epsilon_2}$
- 전속선은 유전율이 큰 유전체 쪽으로 모이려는 성질이 있다.

답 ②

문제 05 순수한 물($\epsilon_s = 80$, $\mu_s = 1$)중에 있어서의 고유임피던스는?

① 약 $38.2\,[\Omega]$

② 약 $42.2\,[\Omega]$

③ 약 $46.2\,[\Omega]$

④ 약 $50.2\,[\Omega]$

풀이

고유 임피던스

$$Z_0 = \frac{E}{H} = \sqrt{\frac{\mu}{\epsilon}} = \sqrt{\frac{\mu_0}{\epsilon_0}} \cdot \sqrt{\frac{\mu_s}{\epsilon_s}}$$

$$= \sqrt{\frac{4\pi \times 10^{-7}}{8.855 \times 10^{-12}}} \cdot \sqrt{\frac{\mu_s}{\epsilon_s}} = 377\sqrt{\frac{\mu_s}{\epsilon_s}} = 377\sqrt{\frac{1}{80}}$$

$$= 42.15\,[\Omega]$$

답 ②

문제 06 진공 중에 선간거리 1 [m]의 평행왕복 도선이 있다. 두 선간에 작용하는 힘이 4×10^{-7} [N/m]이었다면 전선에 흐르는 전류는?

① 1[A]

② $\sqrt{2}$ [A]

③ $\sqrt{3}$ [A]

④ 2[A]

풀이

평행 왕복 도선에 작용하는 전자력 $F = \dfrac{\mu_0 I^2}{2\pi r}$ [N/m] 에서

$$I = \sqrt{\frac{2\pi r F}{\mu_0}} = \sqrt{\frac{2\pi \times 1 \times 4 \times 10^{-7}}{4\pi \times 10^{-7}}} = \sqrt{2}\,[\text{A}]$$

답 ②

문제 07 z방향으로 진행하는 평면파에 대한 설명으로 잘못된 것은?

① z성분이 0 이다.

② x의 미분계수(도함수)가 0 이다.

③ y의 미분계수가 0 이다.

④ z의 미분계수가 0 이다.

풀이

전자파가 z 방향으로 전달시에는

$$E(t, z) = E_m \sin(\omega t - \beta z) a_x$$

$$H(t, z) = H_m \sin(\omega t - \beta z) a_y \text{이다.}$$

x, y 위치에 따른 E, H값은 동일하고

z 위치에 따라 E, H 값은 일정하지 않고 변화하므로 미분계수(미분값 = 변화율)는 0이 아니다.

답 ④

문제 08 다음 설명 중 잘못된 것은?

① 저항률의 역수는 전도율이다.

② 도체의 저항률은 온도가 올라가면 그 값이 증가한다.

③ 저항의 역수는 컨덕턴스이고, 그 단위는 지멘스[S]를 사용한다.

④ 도체의 저항은 단면적에 비례한다.

풀이

도체의 저항 $R = \rho \dfrac{l}{S}\,[\Omega]$

따라서, 도체의 저항은 길이에 비례하고 단면적에 반비례한다.

답 ④

문제 09 저항 $20\,[\Omega]$인 동선과 저항 $90\,[\Omega]$인 망간선을 직렬로 접속한 경우 회로의 합성 온도 계수는? (단, 동선의 온도 계수 $\alpha_1 = 0.00427$이고, 망간선의 온도 계수 $\alpha_2 \fallingdotseq 0$이다.)

① 약 $5 \times 10^{-4}\,[1/\text{℃}]$

② 약 $6 \times 10^{-4}\,[1/\text{℃}]$

③ 약 $8 \times 10^{-4}\,[1/\text{℃}]$

④ 약 $9 \times 10^{-4}\,[1/\text{℃}]$

풀이

합성 저항 온도 계수

$$\alpha = \frac{R_1 \alpha_1 + R_2 \alpha_2}{R_1 + R_2} = \frac{20 \times 0.00427 + 90 \times 0}{20 + 90} \fallingdotseq 8 \times 10^{-4}\,[1/\text{℃}]$$

답 ③

문제 10 극판의 면적이 4 [cm²], 정전용량이 10 [pF]인 종이콘덴서를 만들려고 한다. 비유전율 2.5, 두께 0.01 [mm]의 종이를 사용하면 약 몇 장을 겹쳐야 되겠는가?

① 89장

② 100장

③ 885장

④ 8850장

풀이

$$C = \epsilon \frac{S}{d} = \epsilon_0 \, \epsilon_s \frac{S}{d} \text{에서 두께 } d \text{는}$$

$$d = \frac{\epsilon_0 \, \epsilon_s \, S}{C} = \frac{8.85 \times 10^{-12} \times 2.5 \times 4 \times 10^{-4}}{10 \times 10^{-12}}$$

$$= 0.89 \times 10^{-3}\,[\text{m}] = 0.89\,[\text{mm}]$$

이므로 0.01 [mm] 두께의 종이로 쌓으면,

$$\therefore N = \frac{0.89}{0.01} = 89\,[\text{장}]$$

답 ①

제2과목 전력공학

문제 21 전력 계통에서 전력용 콘덴서와 직렬로 연결하는 리액터로 제거되는 고조파는?

① 제2고조파   ② 제3고조파

③ 제4고조파   ④ 제5고조파

풀이

고조파 전류의 경감
- 공진현상을 막기 위해 직렬 리액터를 삽입한다.
- 직렬 리액터에 의해 제5고조파가 제거된다.   **답** ④

문제 22 다음 중 보호 계전 방식이 그 역할을 다하기 위하여 요구 되어지는 구비 조건과 거리가 먼 것은?

① 고장 회선 내지 고장 구간의 선택 차단을 신속 정확하게 할 수 있을 것

② 과도 안정도를 유지하는데 필요한 한도 내의 작동 시한을 가질 것

③ 적절한 후비 보호 능력이 있을 것

④ 고장 파급 범위를 최대로 하기 위한 재폐로를 실시할 것

풀이

고장 구간을 신속히 차단하고, 고장 파급 범위를 최소로 하기 위해 재폐로를 실시한다.   **답** ④

문제 23 다음 송전선로의 전기방식 중 전선의 중량 (전선비용)이 가장 적게 소요되는 방식은? (단, 송전전압, 송전거리, 송전전력 및 선로손실 등은 같다.)

① 단상 2선식   ② 단상 3선식

③ 3상 3선식   ④ 3상 4선식

풀이

배전 선로 소요 전선량의 비교

방 식	$1\phi 2W$ 소요 전선량을 100[%]로 기준
$1\phi 3W$	37.5 [%]
$3\phi 3W$	75 [%]
$3\phi 4W$	33.33 [%]

   답 ④

문제 24 화력발전소에서 열사이클의 효율 향상을 기하기 위한 방법이 아닌 것은?

① 고압, 고온증기의 채용과 과열기의 설치

② 절탄기, 공기예열기의 설치

③ 재생, 재열사이클의 채용

④ 조속기의 설치

풀이

열 사이클 효율 향상 대책
① 고압, 고온 증기 채용
② 과열기 설치
③ 재생, 재열 사이클 채용
④ 절탄기, 공기예열기 설치
그러나, 조속기는 터빈의 속도를 일정하게 유지하는 장치로서 열효율 향상과는 관계가 없다.   **답** ④

문제 25 전력 퓨즈에 대한 설명 중 틀린 것은?

① 차단용량이 크다.   ② 보수가 간단하다.

③ 정전용량이 크다.   ④ 가격이 저렴하다.

풀이

한류형 전류 퓨즈의 장·단점

장 점	단 점
• 현저한 한류특성을 가진다.	• 재투입이 불가능하다 (가장 큰 단점).
• 고속도 차단할 수 있다.	
• 소형으로서 **큰 차단 용량**을 가진다.	• 차단시 과전압을 발생한다.
• 한류형 퓨즈는 차단시 무소음, 무방출이다.	• 과전류에 의해 용단되기 쉽고 결상을 일으킬 우려가 있다.
• 소형, 경량이다.	• 한류형 퓨즈는 용단되어도 차단되지 않는 전류 범위가 있다.
• **가격이 저렴**하며, 유지 보수가 간단하다.	• 동작 시간 – 전류 특성을 계전기처럼 자유롭게 조정할 수 없다.

   답 ③

문제 26 154 [kV], 60 [Hz], 길이 50 [km]인 3상 송전선로에서 $C_s = 0.004$ [μF/km], $C_m = 0.0012$ [μF/km]일 때 1선에 흐르는 충전 전류는?

① 약 0.25 [A]   ② 약 8.71 [A]

③ 약 9.66 [A]   ④ 약 12.73 [A]

풀이

작용 정전 용량
$$C = C_s + 3C_m = (0.004 + 3 \times 0.0012) = 0.0076 \ [\mu F/km]$$

충전 전류 $I_C = 2\pi f C \cdot \dfrac{V}{\sqrt{3}} \cdot l$

$\qquad = 2\pi \times 60 \times 0.0076 \times 10^{-6} \times \dfrac{154000}{\sqrt{3}} \times 50$

$\qquad = 12.73\,[\mathrm{A}]$ **답 ④**

풀이

압력수두 $H = \dfrac{P}{w} = \dfrac{P}{1000} = \dfrac{90000}{1000} = 90\,[\mathrm{m}]$

(여기서, w : 물의 단위 체적당 중량 ($w = 1000\,[\mathrm{kg/m^3}]$,

$\qquad 9\,[\mathrm{kg/cm^2}] = 90{,}000\,[\mathrm{kg/m^2}]$) **답 ④**

문제 27 최근 송전계통에 단권변압기가 사용되고 있다. 그 특성과 관계가 없는 것은?

① 누설 임피던스가 커 단락전류가 작다.

② 1차측 이상전압이 2차측에 미친다.

③ 중량이 가볍다.

④ 전압 변동률이 작다.

풀이

단권 변압기의 특징은

① 중량이 가볍다.

② 전압 변동률이 작다.

③ 동손의 감소에 따른 효율이 높다.

④ 변압비가 1에 가까울수록 더 경제적이다.

⑤ 1차측의 이상 전압이 2차측에 미친다.

⑥ **누설 임피던스가 작으므로 단락 전류가 증가한다.**

⑦ 단권 변압기의 분로권선은 공통 권선이므로 절연강도를 낮출 수 없다. **답 ①**

문제 28 다음 중 송전선의 코로나손과 가장 관계가 깊은 것은?

① 상대공기밀도 ② 송전선의 정전용량

③ 송전거리 ④ 송전선의 전압변동률

풀이

Peek의 식 코로나 손

$P_c = \dfrac{241}{\delta}(f+25)\sqrt{\dfrac{d}{2D}}(E - E_0)^2 \times 10^{-5}\,[\mathrm{kW/km/선}]$

E : 전선의 대지전압 [kV], E_o : 코로나 임계전압 [kV]

f : 주파수 [Hz], d : 전선의 지름 [cm]

D : 선간거리 [cm], δ : 상대공기밀도 **답 ①**

문제 29 수압관 안의 한 점에서 흐르는 물의 압력을 측정한 결과 9 [kg/cm²]이고, 유속을 측정한 결과 49 [m/s]이었다. 그 점에서의 압력수두는?

① 30 [m] ② 50 [m]

③ 70 [m] ④ 90 [m]

문제 30 그림과 같은 배전선이 있다. 급전점 O의 전압을 110 [V]라 하면 C점의 전압은? (단, 선로 OA, AB, BC간의 저항은 각각 0.2 [Ω]이며, 부하역률은 100 [%]이다.)

① 92 [V]

② 97 [V]

③ 99 [V]

④ 104 [V]

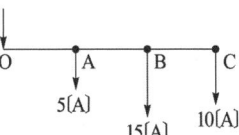

풀이

- $V_A = V_O - R_{OA} \cdot (I_A + I_B + I_C)$

$\qquad = 110 - 0.2 \times (5 + 15 + 10) = 104\,[\mathrm{V}]$

- $V_B = V_A - R_{AB} \cdot (I_B + I_C) = 104 - 0.2 \times (15 + 10) = 99\,[\mathrm{V}]$

- $V_C = V_B - R_{BC} \cdot I_C = 99 - 0.2 \times 10 = 97\,[\mathrm{V}]$ **답 ②**

제3과목 전기기기

문제 41 20 [HP], 4극, 60 [Hz]의 3상 유도전동기가 있다. 전부하 슬립이 4 [%]일 때 전부하시의 토크는? (단, 1 [HP]은 746 [W]이다.)

① 약 11.41 [kg·m]

② 약 10.41 [kg·m]

③ 약 9.41 [kg·m]

④ 약 8.41 [kg·m]

풀이

$N_s = \dfrac{120f}{p} = \dfrac{120 \times 60}{4} = 1800\,[\mathrm{rpm}]$

$N = (1 - s)N_s = (1 - 0.04) \times 1800 = 1728\,[\mathrm{rpm}]$

$P = 20 \times 746 = 14920\,[\mathrm{W}]$

$\therefore\ T = 0.975 \times \dfrac{P}{N} = 0.975 \times \dfrac{14920}{1728} = 8.41\,[\mathrm{kg \cdot m}]$ **답 ④**

문제 42 단상전파 정류회로에서 저항 부하시 맥동율은 약 얼마인가?

① 17 [%] ② 48 [%]

③ 52 [%] ④ 83 [%]

풀이

• 단상 전파 정류 회로에서 순저항시의 맥동률은

$$v = \frac{\sqrt{(I_s)^2 - (I_{av})^2}}{I_{av}} \times 100$$

$$= \sqrt{\left(\frac{I_s}{I_{av}}\right)^2 - 1} \times 100 = \left(\sqrt{\left[\frac{\frac{I_m}{\sqrt{2}}}{\frac{2I_m}{\pi}}\right]^2} - 1\right) \times 100$$

$$= \sqrt{\left(\frac{\pi}{2\sqrt{2}}\right)^2 - 1} \times 100 = \sqrt{\frac{\pi^2}{8} - 1} \times 100$$

$$= 0.48 \times 100 = 48[\%]$$

• 맥동률

– 단상 반파 : 121 [%]   – 단상 전파 : 48 [%]

– 삼상 반파 : 17 [%]   – 삼상 전파 : 4 [%]   **답** ②

문제 43 단상 유도 전동기에서 2전동기설(two motor theory)에 관한 설명 중 틀린 것은?

① 시계 방향 회전자계와 반시계 방향 회전자계가 두 개가 있다.

② 1차 권선에는 교번자계가 발생한다.

③ 2차 권선 중에는 sf_1과 $(2-s)f_1$ 주파수가 존재한다.

④ 기동시 토크는 정격토크의 1/2이 된다.

풀이

그림과 같이 **기동시 즉, $s=1$에서 기동토크는 0** 으로 기동할 수 없다. 그러나 어떤 방향으로 회전을 시키면 그 방향으로 토크가 발생되어 회전은 계속된다.

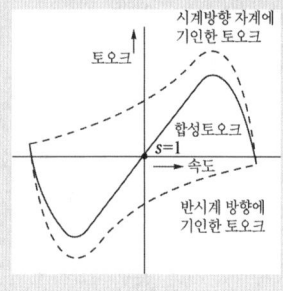

답 ④

문제 44 200 [V], 60 [Hz], 4극, 20 [kW]의 3상 유도전동기가 있다. 전부하 일 때의 회전수가 1728 [rpm]이면 2차 효율[%]은?

① 45 ② 56

③ 96 ④ 100

풀이

2차 효율 $\eta_2 = \dfrac{P}{P_2} = \dfrac{N}{N_s}$

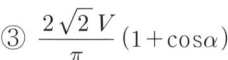

$$N_s = \frac{120f}{p} = \frac{120 \times 60}{4} = 1800 \, [\text{rpm}]$$

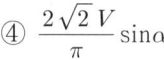

$$\eta_2 = \frac{1728}{1800} \times 100 = 96 \, [\%]$$ **답** ③

문제 45 유입 변압기에 기름을 사용하는 목적이 아닌 것은?

① 효율을 좋게 하기 위하여

② 절연을 좋게 하기 위하여

③ 냉각을 좋게 하기 위하여

④ 열방산을 좋게 하기 위하여

풀이

변압기의 기름은 절연 및 냉각의 매질 역할을 겸용하는 것

답 ①

문제 46 그림과 같은 환류다이오드를 사용하여 전파 정류할 때 출력전압의 평균값은? (단, α는 점호각이다.)

① $\dfrac{2\sqrt{2}\,V}{\pi} \cos\alpha$

② $\dfrac{\sqrt{2}\,V}{\pi}(1+\cos\alpha)$

③ $\dfrac{2\sqrt{2}\,V}{\pi}(1+\cos\alpha)$

④ $\dfrac{2\sqrt{2}\,V}{\pi}\sin\alpha$

풀이

$$V_{d\alpha} = \frac{1}{\pi}\int_\alpha^\pi \sqrt{2}\,V\sin\theta\,d\theta = \frac{\sqrt{2}\,V}{\pi}\left[-\cos\theta\right]_\alpha^\pi$$

$$= \frac{\sqrt{2}\,V}{\pi}(1+\cos\alpha)$$ **답** ②

문제 47 외분권 차동 복권 발전기의 단자 전압 V는? (단, Φ_s[Wb] : 직권 계자 권선에 의한 자속, Φ_f [Wb] : 분권 계자의 자속, $R_a[\Omega]$: 전기자의 저항, $R_s[\Omega]$: 직권 계자 저항, I_a[A] : 전기자의 전류, I [A] : 부하 전류, n[rps] : 속도, $k=\dfrac{pZ}{a}$ 이며 자기회로의 포화 현상과 전기자 반작용은 무시한다.)

① $V=k(\Phi_f+\Phi_s)n-I_aR_a-IR_s$[V]

② $V=k(\Phi_f-\Phi_s)n-I_aR_a-IR_s$[V]

③ $V=k(\Phi_f+\Phi_s)n-I_a(R_a+R_s)$[V]

④ $V=k(\Phi_f-\Phi_s)n-I_a(R_a+R_s)$[V]

풀이

• 단자전압 $V=E-I_a(R_a+R_s)$ [V]

• 유기 기전력 $E=p\Phi n\dfrac{Z}{a}=k\Phi n$ [V]

• 차동 복권 이므로 전체 자속 $\Phi=\Phi_f-\Phi_s$
 (분권 계자 권선의 자속과 직권 계자 권선의 자속이 서로 반대 방향)

• $V=k(\Phi_f-\Phi_s)n-I_a(R_a+R_s)$[V] **답** ④

문제 48 두 개의 동기 발전기가 병렬 운전하고 있다. 그림과 같이 동기 검정기가 접속되었을 때 상회전 방향이 일치되어 있다면?

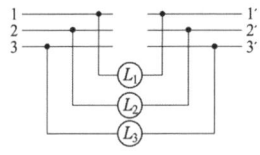

① L_1, L_2, L_3 모두 어둡다.

② L_1, L_2, L_3 모두 밝다.

③ L_1, L_2, L_3 순서대로 점멸한다.

④ L_1, L_2, L_3 모두 점등되지 않는다.

풀이

상회전 방향이 일치된 경우에는 L_1, L_2, L_3 모두 점등되지 않고, 상회전 방향이 서로 반대되면 L_1, L_2, L_3의 순서로 명멸한다. **답** ④

문제 49 변압기 내부의 백분율 저항강하와 백분율 리액턴스강하는 각각 3 [%], 4 [%]이다. 부하의 역률이 지상 60 [%]일 때 변압기의 전압변동률은?

① 2.8 [%] ② 4 [%]

③ 5 [%] ④ 7.4 [%]

풀이

전압변동률 $\epsilon=p\cos\phi+q\sin\phi=3\times0.6+4\times0.8=5$[%] **답** ③

문제 50 분권 직류전동기에서 부하의 변동이 심할 때 광범위하고 안정되게 속도를 제어하는 가장 적당한 방식은?

① 계자제어 방식 ② 저항제어 방식

③ 워드 레오나드 방식 ④ 일그너 방식

풀이

일그너 방식 : 일그너 방식은 전동기의 공급 전압 V를 조정하는 전압 제어 방식으로서 **제어 범위가 넓고 손실도 거의 없으며 제어법으로는 이상적**이지만 설비비가 많이 드는 것이 결점이다.

또한, 일그너 방식은 보조 전동기로 유도 전동기를 사용하고 그 축에 큰 플라이 휘일을 붙인 것으로서 전동기 부하가 급변해도 전원에서 공급되는 전력의 변동이 적다는 것이 특징이며 큰 압연기나 권상기에 사용된다. **답** ④

제4과목 **회로이론 및 제어공학**

문제 61 Nyquist의 안정론에서는 벡터 궤적과 점 $(X,\ Y)$의 상대적 관계로 안정 판별이 결정되는데 이때 X, Y의 값으로 옳은 것은?

① $(1,\ j0)$ ② $(-1,\ j0)$

③ $(0,\ j0)$ ④ $(\infty,\ j0)$

풀이

자동 제어계(또는 폐회로계)가 안정한지 또는 불안정한지는 $G(s)H(s)$의 $\omega>0$에 대한 벡터 궤적을 ω가 증가하는 방향으로 궤적을 따라갈 때 **점 $(-1,\ j0)$을 왼쪽으로 보게 되면 안정, 오른쪽으로 보게 되면 불안정**이라고 말할 수 있다. **답** ②

문제 62 제어계 중에서 물체의 위치(속도, 가속도), 각도(자세, 방향) 등의 기계적인 출력을 목적으로 하는 제어는?

① 프로세스 제어 ② 프로그램 제어
③ 자동 조정 제어 ④ 서보 제어

풀이

제어량의 종류에 의한 분류

항 목	프로세스 제어	서보 제어	자동 조정 제어
특 징	플랜트나 생산 공정 중의 상태량을 제어량으로 하는 제어	기계적 변위를 제어량으로 해서 목표값의 임의의 변화에 추종하도록 구성된 제어계	전기적, 기계적 양을 주로 제어하는 것으로서, 응답 속도가 대단히 빨라야 한다.
제어량의 종 류	·온도 ·유량 ·압력 ·액위 ·농도 ·밀도 등	·물체의 위치 ·방위 ·자세 등	·전압 ·전류 ·주파수·회전속도 ·힘 등

답 ④

문제 63 특성 방정식 $Ks^3 + s^2 - 2s + 5 = 0$인 제어계의 안정 상태는?

① $K < 0$이면 불안정하다.
② $K < -\dfrac{2}{5}$이면 안정하다.
③ $K > \dfrac{2}{5}$이면 안정하다.
④ K의 값에 관계없이 불안정하다.

풀이

제어계가 안정 상태로 되려면
• 특성 방정식의 모든 계수가 같은 부호를 가져야 한다.
• 계수 중 어느 하나라도 0이 되어서는 안된다.
• 루드 수열의 제1열의 원소 부호가 같아야 한다.
그러나, 특성 방정식 중에 부호 변화(s^2에서 $-s$)가 있으므로 K 값에 관계없이 불안정하다. **답** ④

문제 64 그림과 같은 제어계에서 단위 계단 외란 D가 인가되었을 때의 정상편차는?

① 20
② 21
③ $\dfrac{1}{10}$
④ $\dfrac{1}{21}$

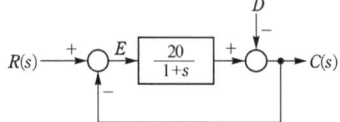

풀이

$R(s) = 0, \ D(s) = \dfrac{1}{s}$일 때

$E(s) = -\left\{ -D(s) + \dfrac{20}{1+s} E(s) \right\}$

$E(s)\left(1 + \dfrac{20}{1+s}\right) = D(s)$

$E(s) = \dfrac{1}{1 + \dfrac{20}{1+s}} \cdot D(s) = \dfrac{1+s}{s+21} \cdot \dfrac{1}{s}$

$\therefore e_{ss} = \lim_{s \to 0} sE(s) = \lim_{s \to 0} s \cdot \dfrac{1+s}{s+21} \cdot \dfrac{1}{s} = \lim_{s \to 0} \dfrac{1+s}{s+21} = \dfrac{1}{21}$

답 ④

문제 65 다음 중 $t = 0$에서 상태 천이행렬 $\Phi(t) = e^{At}$의 값은?

① e
② e^{-1}
③ I
④ 0

풀이

$\Phi(0) = I \ (I, \ \text{단위 행렬})$ **답** ③

문제 66 Laplace 변환된 함수 $X(s) = \dfrac{1}{s(s+1)}$에 대한 z-변환은?

① $\dfrac{z(1-e^{-t})}{(z-1)(z-e^{-t})}$
② $\dfrac{z(1-e^{-t})}{(z+1)(z+e^{-t})}$
③ $\dfrac{z(1-e^{-t})}{(z+1)(z-e^{-t})}$
④ $\dfrac{z(1+e^{-t})}{(z+1)(z-e^{-t})}$

풀이

$X(s) = \dfrac{1}{s(s+1)} = \dfrac{1}{s} - \dfrac{1}{(s+1)}$

$\mathcal{L}^{-1}[X(s)] = x(t) = u(t) - e^{-t}$

$$\lim_{t \to 0} e(t) = \lim_{s \to \infty} E(z)$$

$f(t)$	$F(s)$	$F(z)$
$u(t)$	$\dfrac{1}{s}$	$\dfrac{z}{z-1}$
e^{-at}	$\dfrac{1}{s+a}$	$\dfrac{z}{z-e^{-at}}$

$\therefore z[x(t)] = \dfrac{z}{(z-1)} - \dfrac{z}{(z-e^{-t})} = \dfrac{z(1-e^{-t})}{(z-1)(z-e^{-t})}$

답 ①

문제 67 $f(t) = \sin t + 2\cos t$를 라플라스 변환하면?

① $\dfrac{2s}{s^2+1}$

② $\dfrac{2s+1}{s^2+1}$

③ $\dfrac{2s+1}{(s+1)^2}$

④ $\dfrac{2s}{(s+1)^2}$

풀이

라플라스 변환의 선형성 정리에 의해서

$F(s) = \mathcal{L}[f(t)] = \mathcal{L}[\sin t] + \mathcal{L}[2\cos t]$

$\quad = \dfrac{1}{s^2+1} + \dfrac{2s}{s^2+1} = \dfrac{2s+1}{s^2+1}$ **답** ②

문제 68 시스템의 특성이 $G(s) = \dfrac{C(s)}{U(s)} = \dfrac{1}{s^2}$ 과

같을 때 천이행렬은?

① $\begin{bmatrix} 1 & 0 \\ 0 & 1 \end{bmatrix}$

② $\begin{bmatrix} 1 & t \\ 0 & 1 \end{bmatrix}$

③ $\begin{bmatrix} 1 & -t \\ 0 & 1 \end{bmatrix}$

④ $\begin{bmatrix} -1 & 0 \\ 0 & 1 \end{bmatrix}$

풀이

$G(s) = \dfrac{C(s)}{U(s)} = \dfrac{1}{s^2}$, $s^2 C(s) = U(s)$, $\dfrac{d^2 c(t)}{dt^2} = u(t)$

을 위상 변수형으로 나타내면

$\begin{bmatrix} 0 & 1 \\ 0 & 0 \end{bmatrix} \begin{bmatrix} c_1(t) \\ c_2(t) \end{bmatrix} = \begin{bmatrix} 0 \\ 1 \end{bmatrix} u(t)$에서 $A = \begin{bmatrix} 0 & 1 \\ 0 & 0 \end{bmatrix}$

$[sI - A] = \begin{bmatrix} s & 0 \\ 0 & s \end{bmatrix} - \begin{bmatrix} 0 & 1 \\ 0 & 0 \end{bmatrix} = \begin{bmatrix} s & -1 \\ 0 & s \end{bmatrix}$

$\Phi(s) = [sI - A]^{-1} = \dfrac{1}{\begin{vmatrix} s & -1 \\ 0 & s \end{vmatrix}} \begin{bmatrix} s & 1 \\ 0 & s \end{bmatrix}$

$\quad = \dfrac{1}{s^2} \begin{bmatrix} s & 1 \\ 0 & s \end{bmatrix} = \begin{bmatrix} \dfrac{1}{s} & \dfrac{1}{s^2} \\ 0 & \dfrac{1}{s} \end{bmatrix}$

$\therefore \Phi(t) = \mathcal{L}^{-1}\{[sI - A]^{-1}\} = \begin{bmatrix} 1 & t \\ 0 & 1 \end{bmatrix}$ **답** ②

문제 69 어떤 정현파 전압의 평균값이 150 [V]이면 최대값은 약 얼마인가?

① 300 [V]

② 236 [V]

③ 115 [V]

④ 175 [V]

풀이

정현파에서 $V_{av} = \dfrac{2V_m}{\pi}$ 이므로

$V_m = \dfrac{\pi}{2} V_{av} = \dfrac{\pi}{2} \times 150 \fallingdotseq 236 \,[\text{V}]$ **답** ②

문제 70 내부에 기전력이 있는 회로가 있다. 이 회로의 한 쌍의 단자 전압을 측정 하였을 때 70[V]이고, 또 이 단자에서 본 이 회로의 임피던스가 60 [Ω]이라 한다. 지금 이 단자에 40 [Ω]의 저항을 접속하면, 이 저항에 흐르는 전류는?

① 0.5 [A]

② 0.6 [A]

③ 0.7 [A]

④ 0.8 [A]

풀이

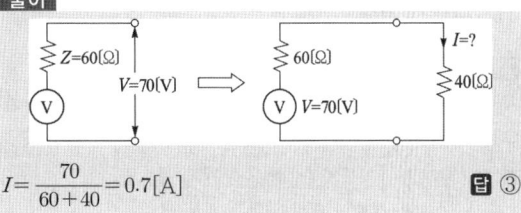

$I = \dfrac{70}{60+40} = 0.7[\text{A}]$ **답** ③

문제 71 개루프 전달함수 $G(s)H(s) = \dfrac{K(s+1)}{s(s+2)}$

일 경우, 실수축상의 근궤적 범위는?

① 원점과 (−2)사이

② 원점에서 점(−1)사이와 (−2)에서 (−∞)사이

③ (−2)와 (+∞)사이

④ 원점에서 (+2)사이

풀이

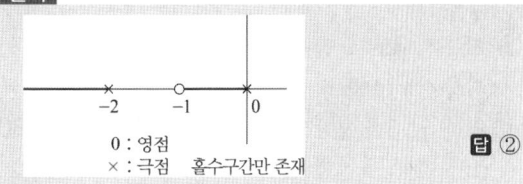

0 : 영점

× : 극점   홀수구간만 존재 **답** ②

문제 72 1상의 임피던스 $Z = 4 + j3[\Omega]$인 평형 Y 부하에 평형 3상 전압 208 [V]가 인가되었다면 소비전력은?

① 약 4500 [W]

② 약 5300 [W]

③ 약 5180 [W]

④ 약 6910 [W]

풀이

$$P = 3I^2 R = 3 \times \left(\frac{V_P}{Z}\right)^2 \times R = 3 \times \left(\frac{208/\sqrt{3}}{\sqrt{4^2+3^2}}\right)^2 \times 4$$
$$= 6922.24[\text{W}]$$

답 ④

문제 73 다음 그림과 같이 2개의 전력계에 의한 3상 전력측정 시 전 3상전력 [W]는?

① $\sqrt{3}\,(\,|W_1| + |W_2|\,)$

② $3\,(\,|W_1| + |W_2|\,)$

③ $|W_1| + |W_2|$

④ $\sqrt{W_1^2 + W_2^2}$

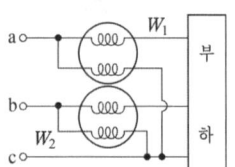

풀이

$$W_1 = VI\cos(30° - \theta)$$
$$W_2 = VI\cos(30° + \theta)$$
$$W_1 + W_2 = VI\,[\cos(30° - \theta) + \cos(30° + \theta)]$$
$$= VI \times 2\cos30°\cos\theta = \sqrt{3}\,VI\cos\theta$$

따라서, 전 전력 $W = W_1 + W_2$

답 ③

제5과목　전기설비 기술기준

문제 81 지중전선로 시설 규정 중 옳은 내용은?

① 지중전선로는 전선으로 케이블을 사용할 수 없다.

② 지중전선로는 암거식에 의해 시설할 수 없다.

③ 지중전선로를 직접 매설하는 경우에는 차량에 의해 압력을 받을 우려가 있는 장소에서는 60[m] 이상 매설한다.

④ 방호장치의 금속제 부분, 지중전선의 피복으로 사용하는 금속체는 접지공사를 하여야한다.

풀이

334.1 지중전선로의 시설

가. 지중 전선로는 전선에 **케이블을 사용**하고 또한 **관로식·암거식 또는 직접 매설**에 의하여 **시설**하여야 한다.

나. 지중 전선로를 직접 매설식에 의하여 시설하는 경우에는 매설 깊이는

① 차량 기타 중량물의 압력을 받을 우려가 있는 장소 : 1.0[m] 이상

② 기타 장소 : 0.6 [m] 이상

다. 지중전선을 넣은 방호장치의 금속제부분(케이블을 지지하는 금구류는 제외한다)·금속제의 전선 접속함 및 지중전선의 피복으로 사용하는 **금속체에는 접지공사를 하여야 한다.**

답 ④

문제 82 애자공사에 의한 고압 옥내배선공사를 할때 전선의 지지점간의 거리는 몇 [m] 이하로 하여야 하는가? (단, 전선은 조영재의 면을 따라 붙였다고 한다.)

① 2　　② 3　　③ 4　　④ 5

풀이

342.1 고압 옥내배선 등의 시설

가. 고압 옥내배선은 다음에 따라 시설하여야 한다.

① 애자공사(건조한 장소로서 전개된 장소에 한한다)

② 케이블공사

③ 케이블트레이공사

나. 전선은 공칭단면적 6[mm²]이상의 연동선

다. 이격거리

전 압	전선과 조영재와의 이격 거리	전 선 상호 간 격	전선 지지점간의 거리	
			조영재의 면을 따라 붙이는 경우	조영재에 따라 시설하지 않는 경우
고압	5 [cm] 이상	8[cm] 이상	2 [m] 이하	6 [m] 이하

답 ①

문제 83 전로에 시설하는 기계기구 중에서 외함 접지공사를 생략할 수 없는 경우는?

① 사용전압이 직류 300 [V] 또는 교류 대지전압이 150 [V]이하인 기계기구를 건조한 장소에 시설하는 경우

② 정격감도전류 40 [mA], 동작시간이 0.5초인 전류 동작형의 인체감전 보호용 누전차단기를 시설하는 경우

③ 외함이 없는 계기용변성기가 고무·합성수지 기타의 절연물로 피복한 것일 경우

④ 철대 또는 외함의 주위에 적당한 절연대를 설치하는 경우

풀이

142.7 기계기구의 철대 및 외함의 접지

전로에 시설하는 기계기구의 철대 및 금속제 외함에는 접지공사를 하여야 하나 다음의 어느 하나에 해당하는 경우에는 접지를 생략할 수 있다.

가. 사용전압이 **직류 300[V] 또는 교류 대지전압이 150[V]** 이하인 기계기구를 건조한 곳에 시설하는 경우

나. 철대 또는 외함의 주위에 적당한 절연대를 설치하는 경우

다. 외함이 없는 계기용변성기가 고무·합성수지 기타의 절연물로 피복한 것일 경우

라. 2중 절연구조로 되어 있는 기계기구를 시설하는 경우

마. 저압용 기계기구에 전기를 공급하는 전로의 전원측에 절연변압기(2차 전압이 300 [V] 이하이며, 정격용량이 3 [kVA] 이하인 것에 한한다)를 시설하고 또한 그 절연변압기의 부하측 전로를 접지하지 않은 경우

바. 물기 있는 장소 이외의 장소에 시설하는 저압용의 개별 기계기구에 전기를 공급하는 전로에 **인체감전보호용 누전차단기(정격감도전류가 30[mA] 이하, 동작시간이 0.03 [초] 이하의 전류동작형에 한한다)**를 시설하는 경우 **답** ②

문제 84 저압 옥내배선 공사 중 인입용 비닐 절연전선을 사용할 수 없는 공사는?

① 합성수지관공사

② 금속몰드공사

③ 애자공사

④ 금속제 가요전선관공사

풀이

232.56 애자공사

전선은 절연전선(옥외용 비닐 절연전선 및 인입용 비닐 절연전선을 제외한다)일 것. **답** ③

| 10년 3회 | 동일 및 유사 문제 (년도-회-번호) |

1과목 전기자기학

11	21-1-18
12	20-4-20
13	20-3-16
14	21-1-15
15	20-3-18
16	17-2-03
17	22-2-18
18	22-3-16
19	12-2-05
20	13-3-09

2과목 전력공학

31	19-3-33
32	19-2-25
33	20-3-37
34	13-3-26
35	19-1-32
36	22-3-32
37	18-3-25
38	13-3-23
39	14-1-27
40	22-1-40

3과목 전기기기

51	18-1-54
52	18-3-41
53	22-3-54
54	18-1-53
55	20-4-44

56	22-3-51
57	22-2-56
58	19-1-47
59	21-2-49
60	21-2-55

4과목 회로이론 및 제어공학

74	15-1-66
75	18-3-68
76	13-1-68
77	21-1-72
78	21-3-80
79	13-3-71
80	10-2-73

5과목 전기설비기술기준

85	13-3-85
86	22-3-96
87	20-4-90
88	14-2-86
89	18-1-96
90	21-2-88
91	21-3-94
92	20-3-86
93	17-2-81
94	17-1-91
95	15-2-91
96	31-4-99
97	12-2-83

memo

D60-1

2009년도 전기기사 필기

- 2009년도 제1회 전기기사
- 2009년도 제2회 전기기사
- 2009년도 제3회 전기기사

국가기술자격검정 필기시험 문제

2009년도 전기기사 일반검정 제1회

자격종목 및 등급(선택분야)	종목코드	시험시간	문제지형별	수검 번호	성 명
전기기사	**1150**	**2시간 30분**	**A**		

제1과목 전기자기학

문제 01 반사계수가 $\Gamma = 0.8$일 때 정재파비 S를 데시벨[dB]로 표시하면?

① $10\log_{10}\dfrac{1}{9}$ ② $10\log_{10}9$

③ $20\log_{10}\dfrac{1}{9}$ ④ $20\log_{10}9$

풀이

• 정재파

자유공간에서 전계와 자계는 모든 z에 대하여 $90°$의 위상차를 가지고 있으며, 파형은 일정한 점에서 정지한 채로 진행하지 않고 진폭만 시간에 따라 변화하고 있는 것처럼 보인다. 이와 같은 파를 정재파(standing wave)라고 한다.

• 정재파비(VSWR : voltage standing wave ratio)
정재파비는 정재파의 최소값과 최대값의 비로서 다음과 같이 나타낸다.

정재파비 $S = \dfrac{1+\text{반사계수}}{1-\text{반사계수}}$

데시벨[dB]로 표시하면 $S = 20\log_{10}\dfrac{1+\Gamma}{1-\Gamma}$[dB]

$\therefore$ 정재파비 $S = 20\log_{10}\dfrac{1+0.8}{1-0.8} = 20\log_{10}9$[dB] **답** ④

문제 02 다음 중 국제 단위계(SI)에 있어서 인덕턴스(Inductance)의 차원(次元)으로 옳은 것은?
(단, L은 길이, M은 질량, T는 시간, I는 전류이다.)

① $LMT^{-2}I^{-2}$

② $L^2MT^{-2}I^{-2}$

③ $L^2MT^{-3}I^{-2}$

④ $L^{-2}M^{-1}T^4I^2$

풀이

유도량	이름	기호	SI 단위로 나타낸 값
자기선속	웨버	Wb	$\text{V s} = \text{m}^2\,\text{kg s}^{-2}\,\text{A}^{-1}$
인덕턴스	헨리	H	$\text{Wb/A} = \text{m}^2\,\text{kg s}^{-2}\,\text{A}^{-2}$

따라서, 국제 단위계 (SI)에 있어서의 인덕턴스는 $L^2MT^{-2}I^{-2}$ 가 된다. **답** ②

문제 03 그림과 같은 반지름 ρ[m]인 원형 영역에 걸쳐 균등 자속밀도가 $B = B_0 a_z$[T]로 측정되었다면 그 원형 영역내의 벡터포텐셜 A[Wb/m]는 얼마인가?

① $\dfrac{\rho B_0}{2\pi}a_z$

② $\dfrac{\rho B_0}{2\pi}a_\phi$

③ $\dfrac{\rho B_0}{2}a_z$

④ $\dfrac{\rho B_0}{2}a_\phi$

풀이

$B = \text{rot}\,A = \nabla \times A$

$\phi = \displaystyle\int_s B \cdot ds = \int_s (\nabla \times A) \cdot ds = \oint_c A \cdot dl$ (스토크스 정리)

$\phi = BS = B_0 \times (\pi\rho^2)$, $\oint_c A \cdot dl = \displaystyle\int_0^{2\pi} A\,dl = A \cdot 2\pi\rho$

$\therefore B_0 \cdot \pi\rho^2 = A \cdot 2\pi\rho$

$\therefore A = \dfrac{\pi\rho^2 B_0}{2\pi\rho} = \dfrac{\rho B_0}{2}$

$\therefore A = A a_\phi = \dfrac{\rho B_0}{2}a_\phi$ **답** ④

문제 04 다음 사항 중 옳은 것은?

① $\nabla \times H$는 면전류밀도 $[A/m^2]$를 의미하며, curl H 또는 rot H 와 같다.

② ∇V는 전계방향과 반대이고, 등전위면과 직각방향인 전위가 감소하는 방향으로 향한다.

③ $\nabla \cdot D$는 단위면적당의 발산전속수를 의미한다.

④ $\nabla \times (\nabla \times A)$는 벡터 항등식에서

$\nabla (\nabla \cdot A) + \nabla^2 A$와 같다.

풀이

① $\nabla \times H = \mathrm{curl}\, H = \mathrm{rot}\, H = i\ [A/m^2]$, i : 전류밀도 (○)

② $E = -\nabla V$에서 전위경도(∇V)는 전계방향과 반대이고 **전위가 상승방향**으로 향한다. (×)

③ $\nabla \cdot D = \rho [C/m^3]$ ρ(공간전하밀도) : **단위체적당의 발산 전속수** (×)

④ $\nabla \times (\nabla \times A) = \nabla(\nabla \cdot A) - \nabla^2 A$ (×)   **답** ①

문제 05 자기 쌍극자의 자위에 관한 설명 중 맞는 것은?

① 쌍극자의 자기모멘트에 반비례 한다.

② 거리제곱에 반비례 한다.

③ 자기 쌍극자의 축과 이루는 각도 θ의 $\sin\theta$에 비례한다.

④ 자위의 단위는 $[Wb/J]$이다.

풀이

자기 쌍극자에 의한 자위 $U_m = \dfrac{M\cos\theta}{4\pi\mu_0 r^2} [AT]$에서

• 자기 쌍극자에 의한 자위는 자기모멘트 M에 비례한다.

• 자기 쌍극자에 의한 **자위는 거리 r의 제곱에 반비례한다.**

• 자기 쌍극자에 의한 자위는 자기 쌍극자의 축과 이루는 각도 θ의 $\cos\theta$에 비례한다.

• 자기 쌍극자에 의한 자위의 단위는 $[AT]$ 이다.   **답** ②

문제 06 저항 $10[\Omega]$의 코일을 지나는 자속이 $\phi = 5\sin 10t [A]$일 때, 유도기전력에 의한 전류$[A]$의 최대값은?

① $1[A]$ ② $2[A]$

③ $5[A]$ ④ $10[A]$

풀이

$\phi = \phi_m \sin\omega t$ 일 때

$e = -\dfrac{d\phi}{dt} = -\omega\phi_m \cos\omega t = \omega\phi_m \sin\left(\omega t - \dfrac{\pi}{2}\right)$

$= E_m \sin\left(\omega t - \dfrac{\pi}{2}\right)$

따라서, $E_m = \omega\phi_m$, $\phi_m = 5$, $\omega = 10$ 이므로

$E_m = 10 \times 5 = 50 [V]$

$\therefore I_m = \dfrac{E_m}{R} = \dfrac{50}{10} = 5 [A]$ **답** ③

문제 07 $E [V/m]$의 평등 전계를 가진 절연유(비유전율 ϵ_r) 중에 있는 구형기포(球形氣泡) 내의 전계의 세기는 몇 $[V/m]$인가?

① $\dfrac{2\epsilon_r}{3\epsilon_r + 1} E$ ② $\dfrac{\epsilon_r}{2\epsilon_r + 1} E$

③ $\dfrac{3\epsilon_r}{2\epsilon_r + 1} E$ ④ $\dfrac{\epsilon_r}{3\epsilon_r + 1} E$

풀이

평등 전계 E 중에 있는 유전체구의 내부 전계 E_i는 평등전계이고 다음과 같다.

$E_i = \dfrac{3\epsilon_1}{2\epsilon_1 + \epsilon_2} E$

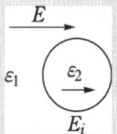

여기서, 절연유 $\epsilon_1 = \epsilon_0 \epsilon_r$, 기포 $\epsilon_2 = \epsilon_0$를 대입하면

$\therefore E_i = \dfrac{3\epsilon_0 \epsilon_r}{2\epsilon_0 \epsilon_r + \epsilon_0} E = \dfrac{3\epsilon_r}{2\epsilon_r + 1} E$ **답** ③

문제 08 반지름이 $1[cm]$와 $2[cm]$인 동심원통의 길이가 $50[cm]$일 때 이것의 정전용량은 약 몇 $[pF]$인가? (단, 내원통에 $+\lambda[c/m]$, 외원통에 $-\lambda[c/m]$인 전하를 준다고 한다.)

① $0.56 [pF]$ ② $34 [pF]$

③ $40 [pF]$ ④ $141 [pF]$

풀이

동심원통 사이의 정전용량 $C = \dfrac{2\pi\epsilon_0 l}{\ln\dfrac{b}{a}}$ 에서

$C = \dfrac{2\pi \times 8.85 \times 10^{-12} \times 0.5}{\ln\dfrac{2}{1}} = 40 \times 10^{-12} [F] = 40 [pF]$ **답** ③

문제 09 평등 전계 내에 수직으로 비유전율 $\epsilon_r = 3$ 인 유전체판을 놓았을 경우 판 내의 전속밀도 $D = 4 \times 10^{-6}$ [C/m²]이었다. 이 유전체의 비 분극률은?

① 2   ② 3

③ 1×10^{-6} ④ 2×10^{-6}

풀이

$$\epsilon_r = 1 + \frac{\chi_e}{\epsilon_0} = 1 + \chi_{er}$$

여기서, ϵ_r : 비 유전율, χ_e : 분극률, χ_{er} : 비 분극률

$\therefore \chi_{er} = \epsilon_r - 1 = 3 - 1 = 2$ **답** ①

문제 10 대전된 도체구 A를 반지름이 2배가 되는 대전되어 있지 않는 도체구 B에 접속하면 도체구 A는 처음 갖고 있던 전계 에너지의 얼마가 손실되겠는가?

① $\dfrac{3}{2}$ ② $\dfrac{2}{3}$ ③ $\dfrac{5}{2}$ ④ $\dfrac{2}{5}$

풀이

대전 도체구 A의 정전 용량을 C_A, 대전되어 있지 않는 도체구 B의 정전 용량을 C_B 라 하면

$$C_A = 4\pi\epsilon_0 a$$
$$C_B = 4\pi\epsilon_0(2a) = 2C_A$$

연결 전후의 에너지를 각각 W, W' 라 하면

$$W = \frac{Q^2}{2C_A}, \quad W' = \frac{Q^2}{2(C_A + C_B)} = \frac{Q^2}{2(C_A + 2C_A)} = \frac{Q^2}{6C_A}$$

$\therefore$ 손실비 $= \dfrac{W - W'}{W} = \left(\dfrac{Q^2}{2C_A} - \dfrac{Q^2}{6C_A} \right) \bigg/ \dfrac{Q^2}{2C_A} = \dfrac{2}{3}$ **답** ②

문제 11 비유전율 $\epsilon_r = 4$, 비투자율 $\mu_r = 1$인 매질 내에서 주파수가 1[GHz]인 전자기파의 파장은 몇 [m]인가?

① 0.1 [m]   ② 0.15 [m]

③ 0.25 [m]   ④ 0.4 [m]

풀이

전자파의 전파속도

$$v = \frac{1}{\sqrt{\epsilon\mu}} = \frac{1}{\sqrt{\epsilon_0\mu_0}\sqrt{\epsilon_r\mu_r}} = \frac{1}{\sqrt{\epsilon_0\mu_0}} \times \frac{1}{\sqrt{\epsilon_r\mu_r}}$$

여기서,

$$\frac{1}{\sqrt{\epsilon_0\mu_0}} = \frac{1}{\sqrt{\frac{1}{4\pi \times 9 \times 10^9} \times 4\pi \times 10^{-7}}} = 3 \times 10^8 \text{ [m/sec]}$$

$$v = \frac{3 \times 10^8}{\sqrt{\epsilon_r\mu_r}} = \frac{3 \times 10^8}{\sqrt{4 \times 1}} = 1.5 \times 10^8 \text{ [m/s]}$$

$$\lambda = \frac{v}{f} = \frac{1.5 \times 10^8}{1 \times 10^9} = 0.15 \text{ [m]}$$

   답 ②

문제 12 다음 중 20[℃]에서 저항온도계수 (temperature coefficient of resistance)가 가장 큰 것은?

① Ag   ② Cu   ③ Al   ④ Ni

풀이

저항 온도계수

- 은 : 0.00405
- 구리 : 0.00393
- 알루미늄 : 0.0042
- 니켈 : 0.0054   **답** ④

문제 13 비투자율이 2500인 철심의 자속밀도가 5 [Wb/m²]이고 철심의 부피가 4×10^{-6} [m³]일 때, 이 철심에 저장된 자기에너지는 몇 [J]인가?

① $\dfrac{1}{\pi} \times 10^{-2}$ [J]   ② $\dfrac{3}{\pi} \times 10^{-2}$ [J]

③ $\dfrac{4}{\pi} \times 10^{-2}$ [J]   ④ $\dfrac{5}{\pi} \times 10^{-2}$ [J]

풀이

자성체의 단위 체적당 자기에너지

$$w = \frac{1}{2}\mu H^2 = \frac{1}{2}BH = \frac{B^2}{2\mu} \text{ [J/m}^3\text{]}$$

따라서, 철심에 저장된 자기에너지

$$W = \frac{B^2}{2\mu_0\mu_r}S = \frac{5^2}{2 \times 4\pi \times 10^{-7} \times 2500} \times 4 \times 10^{-6}$$

$$= \frac{5}{\pi} \times 10^{-2} \text{ [J]}$$

   답 ④

제2과목 전력공학

문제 21 다음 중 보상 변류기에 대한 설명으로 알 맞은 것은?

① 변압기의 고·저압간의 전류, 위상을 보상한다.

② 계전기의 오차와 위상을 보상한다.

③ 전압강하를 보상한다.

④ 역률을 보상한다.

풀이

비율 차동계전기를 사용하면 다음과 같은 문제점이 발생될 수 있다.

- 1차, 2차(또는 3차)측 CT에 흐르는 **전류 위상이 다르다.**
- **변압비와 CT의 변류비가 달라** 계전기로 유입되는 전류의 크기가 일치하지 않는다.

따라서 이러한 문제점을 보상하기 위하여 **보상 변류기가 사용**된다. **답** ①

문제 22 송전선이 통신선에 미치는 유도장해를 억제 및 제거하는 방법이 아닌 것은?

① 송전선에 충분한 연가를 실시한다.

② 송전계통의 중성점 접지개소를 택하여 중성점을 리액터 접지한다.

③ 송전선과 통신선의 상호 접근거리를 크게 한다.

④ 송전선측에 특성이 양호한 피뢰기를 설치한다.

풀이

유도 장해 경감 대책

(1) 전력선 측 대책

　① 송전선로를 통신선로부터 멀리 이격시킨다.
　　 (M의 저감)

　② 중성점의 접지저항값을 크게 한다.
　　 (기유도 전류의 억제)

　③ 고속도 지락보호 계전기 채택 (고장 지속시간 단축)

　④ 송전선과 통신선 사이에 차폐선 가설 (M의 저감)

　⑤ 철탑의 정상 부분에 가공지선을 시설한다.

(2) 통신선측 대책

　① 통신선의 도중에 중계코일 설치 (병행길이의 단축)

　② 연피 통신케이블 사용 (M의 저감)

　③ **통신선에 우수한 피뢰기 설치 (유도전압을 강제적으로 저감)**

　④ 배류코일, 중화코일 등으로 통신선을 접지해서 저주파수의 유도전류를 대지로 흘려준다. (통신 잡음

의 저감)

　⑤ 통신선에 광섬유(optical fiber) 케이블을 설치한다.

따라서, **성능이 우수한 피뢰기를 설치하는 것은 전력선 측의 대책이 아니고 통신선 측의 대책이다.** **답** ④

문제 23 변압기 중성점의 비접지방식을 직접접지 방식과 비교한 것 중 옳지 않은 것은?

① 전자유도장해가 경감된다.

② 지락전류가 작다.

③ 보호계전기의 동작이 확실하다.

④ 선로에 흐르는 영상전류는 없다.

풀이

비접지의 특징(직접 접지와 비교)

① 지락 전류가 비교적 적다.(유도 장해 감소)

② **보호 계전기 동작이 불확실하다.**

③ △결선 가능

④ V－V결선 가능

⑤ 저전압 단거리에 적합 **답** ③

문제 24 변압기를 보호하기 위한 계전기로 사용되지 않는 것은?

① 비율차동계전기　　② 온도계전기

③ 부흐홀쯔계전기　　④ 주파수계전기

풀이

변압기는 단순히 전압과 전류의 크기를 변성하는 기기이다. 따라서 **변압기 보호용 계전기로는 비율 차동 계전기, 부흐홀쯔 계전기, 온도 계전기 등이 대표적으로 사용되나 주파수 계전기는 사용되지 않는다.** **답** ④

문제 25 중거리 송전선로의 T형 회로에서 일반 회로 정수 C는 무엇을 나타내는가?

① 저항　　　　　　　② 어드미턴스

③ 임피던스　　　　　④ 리액턴스

풀이

4단자 정수

$$E_s = A E_r + B I_r$$

$$I_s = C E_r + D I_r \text{ 에서}$$

A : 전압비, B : 임피던스, C : **어드미턴스**, D : 전류비를 의미한다. **답** ②

문제 26 화력발전소의 기본 랭킨 사이클(Rankine cycle)을 바르게 나타낸 것은?

① 보일러 → 급수펌프 → 터빈 → 복수기 → 과열기 → 다시 보일러로

② 보일러 → 터빈 → 급수펌프 → 과열기 → 복수기 → 다시 보일러로

③ 급수펌프 → 보일러 → 과열기 → 터빈 → 복수기 → 다시 보일러로

④ 급수펌프 → 보일러 → 터빈 → 과열기 → 복수기 → 다시 보일러로

풀이

실제 기력 발전소에 쓰이는 기본 사이클(Rankine cycle)은 다음과 같다.

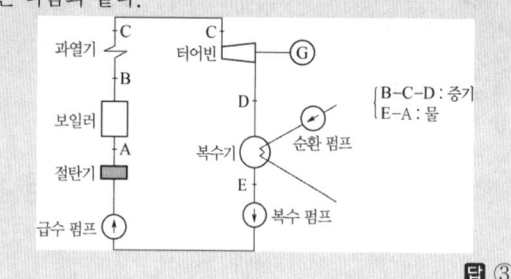

$\begin{cases} B\text{-}C\text{-}D : 증기 \\ E\text{-}A : 물 \end{cases}$

답 ③

문제 27 원자로의 제어재가 구비하여야 할 조건으로 옳지 않은 것은?

① 중성자의 흡수 단면적이 적어야 한다.

② 높은 중성자 속에서 장시간 그 효과를 간직하여야 한다.

③ 내식성이 크고, 기계적 가공이 쉬워야 한다.

④ 열과 방사선에 대하여 안정적이어야 한다.

풀이

제어봉은 원자로 내에서 핵분열의 연쇄 반응을 제어하고 증배율을 변화시키기 위해서 사용되는 것으로 제어재로는 cd (카드뮴), B (붕소), Hf (하프늄) 등이 사용되며 구비 조건으로는

① 중성자 흡수 단면적이 클 것

② 냉각재에 대하여 내부식성이 있는 것

③ 열과 방사능에 대해 안정적일 것

답 ①

제3과목 전기기기

문제 41 동기 전동기의 전기자 전류가 최소일 때 역률은?

① 0
② 0.707
③ 0.866
④ 1

풀이

역률 1에서 전기자 전류가 최소가 된다.

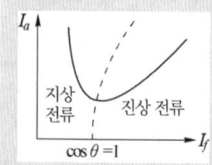

답 ④

문제 42 사이클로 컨버터(cycloconverter)란?

① AC → AC로 바꾸는 장치이다.

② AC → DC로 바꾸는 장치이다.

③ DC → DC로 바꾸는 장치이다.

④ DC → AC로 바꾸는 장치이다.

풀이

사이클로 컨버터란 정지 사이리스터 회로에 의해 **전원 주파수와 다른 주파수의 전력으로 변환**시키는 직접 회로 장치이다.

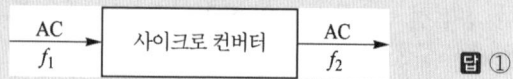

답 ①

문제 43 100 [HP], 600 [V], 1200 [rpm]의 직류 분권전동기가 있다. 분권 계자저항이 400[Ω], 전기자 저항이 0.22[Ω]이고 정격부하에서의 효율이 90[%]일 때 전부하시의 역기전력은 약 몇 [V]인가?

① 550[V]
② 570[V]
③ 590[V]
④ 610[V]

풀이

전동기의 입력을 P_i 라고 하면

$$P_i = \frac{P_o}{\eta} = \frac{100 \times 746}{0.9} = 82888[W]$$

전부하 전류 $I = \frac{P_i}{V} = \frac{82888}{600} = 138[A]$

계자 전류 $I_f = \dfrac{V}{R_f} = \dfrac{600}{400} = 1.5[\text{A}]$

전기자 전류 $I_a = I - I_f = 138 - 1.5 = 136.5[\text{A}]$

따라서, 역기전력 $E_c = V - I_a R_a$

$\qquad\qquad = 600 - 136.5 \times 0.22 \fallingdotseq 570[\text{V}]$ 답 ②

문제 44 직류 분권 발전기의 전기자 저항이 0.05 $[\Omega]$이다. 단자 전압이 200 [V], 회전수 1500 [rpm]일 때 전기자 전류가 100 [A]이다. 이것을 전동기로 사용하여 전기자 전류와 단자전압이 같을 때 회전속도는 약 몇 [rpm]인가? (단, 전기자 반작용은 무시한다.)

① 1427 [rpm]

② 1577 [rpm]

③ 1620 [rpm]

④ 1800 [rpm]

풀이

발전기의 기전력 $E = V + I_a R_a = 200 + 100 \times 0.05$

$\qquad\qquad\qquad = 205[\text{V}]$

전동기때의 역기전력 $E_c = V - I_a R_a = 200 - 100 \times 0.05$

$\qquad\qquad\qquad\qquad = 195[\text{V}]$

$E = p\phi n \dfrac{z}{a}$ 에서 회전속도는 기전력에 비례하므로

$N' = \dfrac{E_c}{E} \times N = \dfrac{195}{205} \times 1500 = 1427 [\text{rpm}]$ 답 ①

문제 45 변압기의 여자 어드미턴스를 구하는 시험법은?

① 단락시험

② 무부하시험

③ 부하시험

④ 충격전압시험

풀이

변압기의 시험

① 개방 회로 시험(무부하 시험)으로 측정할 수 있는 항목

　•무부하 전류　•히스테리시스손　•와류손

　•여자 어드미턴스　•철손

② 단락 시험으로 측정할 수 있는 항목

　•동손　•임피던스 와트　•임피던스 전압 답 ②

문제 46 단상 반파의 정류 효율은?

① $\dfrac{4}{\pi^2} \times 100[\%]$

② $\dfrac{\pi^2}{4} \times 100[\%]$

③ $\dfrac{8}{\pi^2} \times 100[\%]$

④ $\dfrac{\pi^2}{8} \times 100[\%]$

풀이

$\eta = \dfrac{P_{dc}}{P_{ac}} = \dfrac{(I_m/\pi)^2 R}{(I_m/2)^2 R} \times 100 = \dfrac{4}{\pi^2} \times 100 = 40.6[\%]$ 답 ①

문제 47 변압기의 부하와 전압이 일정하고 주파수가 높아지면?

① 철손증가

② 동손증가

③ 동손감소

④ 철손감소

풀이

히스테리시스손 $P_h = K\dfrac{E^2}{f}$에서 **주파수에 반비례**하고 전압의 자승에 비례한다. 또한 **와류손** $P_e = KE^2$에서 **주파수에 무관**하고 전압의 자승에 비례한다.

따라서, 철손 = 히스테리시스손 + 와류손 이므로, **정격 전압이 일정한 상태에서 주파수가 증가하면 철손은 감소**한다. 답 ④

문제 48 4극 60 [Hz]의 3상 동기 발전기가 있다. 회전자 주변속도를 200 [m/s] 이하로 하려면 회전자의 지름을 약 몇 [m]로 하여야 하는가?

① 2.1 [m]

② 2.6 [m]

③ 3.1 [m]

④ 3.5 [m]

풀이

동기속도 $n_s = \dfrac{2f}{P} = \dfrac{2 \times 60}{4} = 30[\text{rps}]$

회전자 주변속도 $v = \pi D n_s [\text{m/s}]$ 에서

회전자의 지름 $D = \dfrac{v}{\pi n_s} = \dfrac{200}{\pi \times 30} = 2.12[\text{m}]$ 답 ①

문제 49 3상 유도전동기에서 2차 저항을 증가하면 기동 토크는?

① 증가한다.

② 감소한다.

③ 제곱에 반비례한다.

④ 변하지 않는다.

풀이

$$\frac{r_2}{s_m} = \frac{r_2 + R_s}{s_t}$$

여기서, r_2 : 2차 권선의 저항, S_m : 최대 토크시 슬립

S_t : 기동시 슬립 (정지상태에서 기동시 $S_t = 1$)

R_s : 2차 외부회로 저항

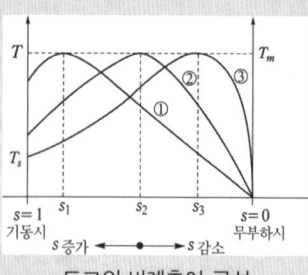

토크의 비례추이 곡선

외부 회로 저항 R_s의 값이 클수록 최대 토크 T_m을 발생하는 슬립 s_t의 값도 커져야 하므로 곡선은 ③ → ② → ①로 이동하게 되어 **기동시($s = 1$) 기동토크는 증가**하게 된다.

답 ①

문제 50 60 [Hz], 8극, 3상 유도 전동기가 전부하로 873 [rpm]의 속도로 67 [kg·m]의 토크를 내고 있다. 이때의 기계적 출력[kW]은 약 얼마인가?

① 40 [kW]　　　② 50 [kW]

③ 60 [kW]　　　④ 70 [kW]

풀이

$T = 0.975\dfrac{P}{N}$ [kg·m]에서

$$P = \frac{T \cdot N}{0.975} = \frac{67 \times 873}{0.975} \times 10^{-3} ≒ 60[\text{kW}]$$　　**답** ③

제4과목 **회로이론 및 제어공학**

문제 61 6[Ω]과 2[Ω]의 저항 3개를 그림과 같이 연결하였을 때 a, b 사이의 합성저항은 몇 [Ω]인가?

① 1 [Ω]

② 2 [Ω]

③ 3 [Ω]

④ 4 [Ω]

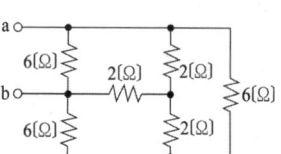

풀이

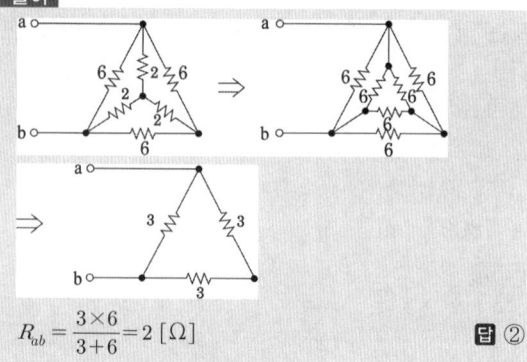

$$R_{ab} = \frac{3 \times 6}{3 + 6} = 2\,[\Omega]$$　　**답** ②

문제 62 일정 전압의 직류 전원에 저항을 접속하고 전류를 흘릴 때 이 전류값을 20 [%] 증가시키기 위해서는 저항 값을 몇 배로 하여야 하는가?

① 1.25배　　　② 1.20배

③ 0.83배　　　④ 0.80배

풀이

$$I_1 = \frac{E}{R_1} \cdots\cdots ①, \quad I_2 = \frac{E}{R_2} = 1.2I_1 \cdots\cdots ②$$

식 ①, ②에서

$$E = I_1 R_1 = 1.2 I_1 R_2 \quad \therefore R_2 = \frac{I_1 R_1}{1.2 I_1} ≒ 0.83 R_1 \quad \textbf{답} ③$$

문제 63 4단자 정수가 각각 $A = \dfrac{5}{3}$, $B = 800$, $C = \dfrac{1}{450}$ [℧], $D = \dfrac{5}{3}$일 때, 전달정수 θ는 얼마인가?

① $\log_e 2$　　　② $\log_e 3$

③ $\log_e 4$　　　④ $\log_e 5$

풀이

전달정수 $\theta = \log_e \left(\sqrt{AD} + \sqrt{BC} \right)$

$= \log_e \left(\sqrt{\dfrac{5}{3} \times \dfrac{5}{3}} + \sqrt{\dfrac{800}{450}} \right) = \log_e 3$ **답** ②

문제 64 RL 직렬회로에

$v = 80 + 141.4 \sin \left(3\omega t + \dfrac{\pi}{3} \right)$ [V]

를 가할 때 전류[A]의 실효값은 약 얼마인가?
(단, $R = 4[\Omega]$, $\omega L = 1[\Omega]$ 이다.)

① 24.2 [A] ② 26.3 [A]
③ 28.3 [A] ④ 30.2 [A]

풀이

주어진 비정현파는 직류분과 제3고조파 분으로 이루어져 있다.

• 직류분에 의하여 흐르는 전류

$I_0 = \dfrac{V_0}{R} = \dfrac{80}{4} = 20[A]$

(∵ 직류에서는 리액턴스 성분은 고려할 필요 없다)

• 제3고조파에 의하여 흐르는 전류
제3고조파에 대한 임피던스

$Z_3 = R + j3\omega L = 4 + j3 \times 1 = 4 + j3 = 5[\Omega]$ 이므로(제3고조파에 대해서는 주파수가 3배가 되므로 **리액턴스 값도 3배가 된다.**)

$I_3 = \dfrac{V_3}{Z_3} = \dfrac{\frac{141.4}{\sqrt{2}}}{5} = 20[A]$

∴ 실효전류 $I = \sqrt{I_0^2 + I_3^2} = \sqrt{20^2 + 20^2} = 20\sqrt{2} = 28.28[A]$ **답** ③

문제 65 $f(t) = te^{-3t}$ 일 때 라플라스 변환은?

① $\dfrac{1}{(s+3)^2}$ ② $\dfrac{1}{(s-3)^2}$
③ $\dfrac{1}{(s-3)}$ ④ $\dfrac{1}{(s+3)}$

풀이

복소 추이 정리에 의해서

$\mathcal{L}[te^{-3t}] = \mathcal{L}[t]_{s=s+3} = \left[\dfrac{1}{s^2} \right]_{s=s+3} = \dfrac{1}{(s+3)^2}$ **답** ①

문제 66 다음 중 전달함수에 관한 표현으로 옳은 것은?

① 전달함수의 분모의 차수는 초기값에 따라 결정된다.
② 2계 회로에서 전달함수의 분모는 s의 2차식이 된다.
③ 전달함수의 분자의 차수에 따라 분모의 차수가 결정된다.
④ 2계 회로의 분모와 분자의 차수의 차는 s의 1차식이 된다.

풀이

2차 지연 요소의 전달함수 일반식은 다음식과 같다.

$G(s) = \dfrac{E_o(s)}{E_i(s)} = \dfrac{1}{LCs^2 + RCs + 1} = \dfrac{1}{T^2 s^2 + 2\delta Ts + 1}$

여기서, $T = \sqrt{LC}$, $\delta = \dfrac{R}{2}\sqrt{\dfrac{C}{L}}$ **답** ②

문제 67 △ 결선된 3상 회로에서 상전류가 다음과 같을 때 선전류 I_1, I_2, I_3 중에서 그 크기가 가장 큰 것은 몇 [A]인가?

$I_{12} = 4\angle -36°[A]$
$I_{23} = 4\angle -156°[A]$
$I_{31} = 4\angle 84°[A]$

① 2.31[A] ② 4.0[A]
③ 6.93[A] ④ 8.0[A]

풀이

$I_{12} = 4(\cos 36° - j\sin 36°)$
$I_{23} = 4(\cos 156° - j\sin 156°)$
$I_{31} = 4(\cos 84° + j\sin 84°)$ 이다.

즉, 각 상전류의 크기는 동일하고 위상차가 120°이므로 평행상태이다. (∵ 84°, -36°, -156° 사이에 120° 상차각이 있다)

따라서 각 선전류는 동일하고 $I_l = \sqrt{3}\,I_P = 4\sqrt{3} ≒ 6.93[A]$ **답** ③

문제 68 그림과 같은 직류 LC 직렬회로에 대한 설명 중 옳은 것은?

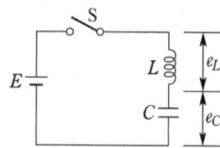

① e_L은 진동함수이나 e_C는 진동하지 않는다.
② e_L의 최대치가 $2E$까지 될 수 있다.
③ e_C의 최대치가 $2E$까지 될 수 있다.
④ C의 충전전하 q는 시간 t에 무관하다.

풀이

$e_L = E\cos\dfrac{1}{\sqrt{LC}}t,\ e_C = E\left(1-\cos\dfrac{1}{\sqrt{LC}}t\right)$ 이므로

$e_{L\max}=E,\ e_{L\min}=-E$
$e_{C\max}=E[1-(-1)]=2E$ **답** ③

문제 69 $A=\begin{bmatrix}0&1&0\\0&-1&6\\-1&-1&-5\end{bmatrix}$의 고유값은?

① $-1,\ -2,\ -3$
② $-2,\ -3,\ -4$
③ $-1,\ -2,\ -4$
④ $-1,\ -3,\ -4$

풀이

특성방정식의 근이 행렬 A의 고유치 이므로 $|sI-A|=0$에서 3차 방정식을 세워 인수분해를 한다.

$\begin{bmatrix}s&0&0\\0&s&0\\0&0&s\end{bmatrix}-\begin{bmatrix}0&1&0\\0&-1&6\\-1&-1&-5\end{bmatrix}=\begin{bmatrix}s&-1&0\\0&s+1&-6\\1&1&s+5\end{bmatrix}$

$=s(s+1)(s+5)+6+6s=s(s+1)(s+5)+6(s+1)$
$=(s+1)[s(s+5)+6]=(s+1)(s^2+5s+6)$
$=(s+1)(s+2)(s+3)$

따라서 근의 고유값은 $-1,\ -2,\ -3$이 된다. **답** ①

문제 70 나이퀴스트(Nyquist) 경로에 포위되는 영역에 특성방정식의 근이 존재하지 않으면 제어계는 어떻게 되는가?

① 불안정
② 안정
③ 진동
④ 발산

풀이

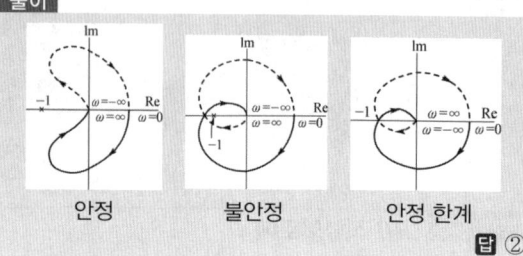

안정   불안정   안정 한계 **답** ②

문제 71 어떤 제어 계통에서 정상 위치 편차가 유한값일 때 이 제어계는 무슨 형인가?

① 0형
② 1형
③ 2형
④ 3형

풀이

기준 시험 입력에 대한 정상오차

계	정상 위치 편차	정상 속도 편차	정상 가속도 편차
2형	0	0	R/K_1
1형	0	R/K_1	∞
0형	R/K_1	∞	∞

답 ①

문제 72 $G(s)=\dfrac{1}{1+Ts}$와 같이 주어진 제어시스템에서 절점주파수의 이득은 약 얼마인가?

① -2[dB]
② -3[dB]
③ -4[dB]
④ -5[dB]

풀이

$\omega T=1$에서 $\omega=\dfrac{1}{T}$(절점 주파수)이므로

$G(s)=\dfrac{1}{1+jT\times\dfrac{1}{T}}=\dfrac{1}{1+j1}$

$g=20\log|G(j\omega)|=20\log\left|\dfrac{1}{1+j1}\right|=20\log\left(\dfrac{1}{\sqrt{2}}\right)$
$\fallingdotseq-3$[dB] **답** ②

제5과목 전기설비 기술기준

문제 81 고압용 또는 특고압용 개폐기로서 부하전류를 차단하기 위한 것이 아닌 개폐기의 차단을 방지하기 위한 조치가 아닌 것은?

① 개폐기의 조작위치에 부하전류 유무 표시
② 개폐기 설치위치의 1차측에 방전장치 시설
③ 개폐기의 조작위치에 전화기, 기타의 지령장치 시설
④ 터블렛 등을 사용함으로서 부하전류가 통하고 있을 때에 개로조작을 방지하기 위한 조치

풀이

341.9 개폐기의 시설
고압용 또는 특고압용의 개폐기로서 부하전류를 차단하기 위한 것이 아닌 개폐기는 부하전류가 통하고 있을 경우에는 개로할 수 없도록 시설하여야 한다. 다만, 다음의 경우에는 예외로 한다.
가. 개폐기를 조작하는 곳의 보기 쉬운 위치에 **부하전류의 유무를 표시한 장치**
나. **전화기 기타의 지령 장치를 시설**
다. **터블렛 등을 사용**함으로서 부하전류가 통하고 있을 때에 개로 조작을 방지하기 위한 조 치를 하는 경우

답 ②

문제 82 풀장용 수중조명등에 전기를 공급하기 위하여 사용되는 절연변압기에 대한 설명으로 옳지 않은 것은?

① 절연변압기 2차측 전로의 사용전압은 150 [V] 이하이어야 한다.
② 절연변압기 2차측 전로의 사용전압이 30 [V] 이하인 경우에는 1차권선과 2차권선 사이에 금속제의 혼촉방지판이 있어야 한다.
③ 절연변압기의 2차측 전로에는 반드시 접지를 하며, 그 저항값이 5[Ω] 이하가 되도록 하여야 한다.
④ 절연변압기의 2차측 전로의 사용전압이 30[V]를 넘는 경우에는 그 전로에 지락이 생긴 경우 자동적으로 전로를 차단하는 차단장치가 있어야 한다.

풀이

234.14 수중조명등
가. 수영장 기타 이와 유사한 장소에 사용하는 수중조명등에 전기를 공급하기 위해서는 절연변압기를 사용하고, 그 사용전압은 다음에 의하여야 한다.
　① 1차측 전로의 사용전압은 400[V] 이하일 것.
　② 2차측 전로의 사용전압은 150[V] 이하일 것.
나. **절연변압기의 2차 측 전로는 접지하지 말 것.**
다. 절연변압기는 그 2차측 전로의 사용전압이 30[V] 이하인 경우는 1차권선과 2차권선 사이에 금속제의 혼촉 방지판을 설치하고, 규정에 준하여 접지공사를 하여야 한다.
라. 절연변압기의 2차측 전로의 사용전압이 30[V]를 초과하는 경우에는 그 전로에 지락이 생겼을 때에 자동적으로 전로를 차단하는 정격감도전류 30[mA] 이하의 누전차단기를 시설하여야 한다.

답 ③

문제 83 다음 (㉠), (㉡)에 들어갈 내용으로 알맞은 것은?

> 가공전선과 안테나 사이의 이격거리는 저압은 (㉠) 이상, 고압은 (㉡)이상일 것

① ㉠ 30[cm], ㉡ 60[cm]
② ㉠ 60[cm], ㉡ 90[cm]
③ ㉠ 60[cm], ㉡ 80[cm]
④ ㉠ 80[cm], ㉡ 120[cm]

풀이

332.14 고압 가공전선과 안테나의 접근 또는 교차
저압 가공전선 또는 고압 가공전선이 안테나와 접근상태로 시설되는 경우에는 다음에 따라야 한다.
가. 고압 가공전선로는 고압 보안공사에 의할 것.
나. 가공전선과 안테나 사이의 이격거리

사용 전압 부분 공작물의 종류		저압	고압
안테나	일반적인 경우	0.6 [m]	0.8 [m]
	전선이 고압절연전선	0.3 [m]	0.8 [m]
	전선이 케이블인 경우	0.3 [m]	0.4 [m]

답 ③

문제 **84** 건조한 장소에 시설하는 저압용의 개별 기계기구에 전기를 공급하는 전로 또는 개별 기계기구에 전기용품안전관리법의 적용을 받는 인체 감전보호용 누전차단기를 시설하면 외함의 접지를 생략할 수 있다. 이 경우의 누전차단기의 정격으로 알맞은 것은?

① 정격감도전류 30 [mA] 이하, 동작시간 0.03초 이하의 전류 동작형

② 정격감도전류 45 [mA] 이하, 동작시간 0.01초 이하의 전류 동작형

③ 정격감도전류 300 [mA] 이하, 동작시간 0.3초 이하의 전류 동작형

④ 정격감도전류 450 [mA] 이하, 동작시간 0.1초 이하의 전류 동작형

풀이

142.7 기계기구의 철대 및 외함의 접지

전로에 시설하는 기계기구의 철대 및 금속제 외함에는 접지공사를 하여야 하나 다음의 어느 하나에 해당하는 경우에는 접지를 생략할 수 있다.

가. 사용전압이 직류 300[V] 또는 교류 대지전압이 150 [V] 이하인 기계기구를 건조한 곳에 시설하는 경우

나. 철대 또는 외함의 주위에 적당한 절연대를 설치하는 경우

다. 외함이 없는 계기용변성기가 고무·합성수지 기타의 절연물로 피복한 것일 경우

라. 2중 절연구조로 되어 있는 기계기구를 시설하는 경우

마. 저압용 기계기구에 전기를 공급하는 전로의 전원측에 절연변압기(2차 전압이 300[V] 이하이며, 정격용량이 3[kVA] 이하인 것에 한한다)를 시설하고 또한 그 절연변압기의 부하측 전로를 접지하지 않은 경우

바. 물기 있는 장소 이외의 장소에 시설하는 저압용의 개별 기계기구에 전기를 공급하는 전로에 **인체감전보호용 누전차단기(정격감도전류가 30[mA] 이하, 동작시간이 0.03 [초] 이하의 전류동작형에 한한다)를** 시설하는 경우

답 ①

09년 1회 동일 및 유사 문제 (년도-회-번호)

1과목 전기자기학	
14	17-2-14
15	21-1-09
16	19-1-03
17	18-2-07
18	12-2-02
19	13-1-03
20	13-2-03

2과목 전력공학	
29	20-4-30
30	21-2-33
31	15-2-23
32	20-1,2-27
33	22-2-24
34	16-2-32
35	22-1-22
36	19-2-25
37	22-3-31
38	13-3-22
39	16-2-30
40	18-2-36

3과목 전기기기	
51	18-3-48
52	21-2-50
53	17-3-51
54	14-1-42
55	12-2-42
56	16-2-43

57	15-3-51
58	17-2-49
59	12-1-42
60	17-1-44

4과목 회로이론 및 제어공학	
73	20-1,2-65
74	22-2-76
75	10-3-70
76	17-3-65
77	13-3-62
78	18-3-65
79	18-2-70
80	17-2-65

5과목 전기설비기술기준	
85	21-3-97
86	13-1-85
87	21-3-82
88	20-1,2-91
89	18-2-87
90	15-1-84
91	15-3-81
92	21-2-88
93	16-2-82
94	20-1,2-86
95	18-2-96
96	16-2-86
97	22-2-92

국가기술자격검정 필기시험 문제

2009년도 전기기사 일반검정 제2회				수검 번호	성 명
자격종목 및 등급(선택분야)	종목코드	시험시간	문제지형별		
전기기사	1150	2시간 30분	A		

 제1과목 **전기자기학**

문제 01 다음 설명 중 잘못된 것은?

① 초전도체는 임계온도 이하에서 완전 반자성을 나타낸다.

② 자화의 세기는 단위 면적당의 자기 모멘트이다.

③ 상자성체에 자극 N극을 접근시키면 S극이 유도된다.

④ 니켈(Ni), 코발트(Co) 등은 강자성체에 속한다.

풀이

자성체의 양 단면의 **단위면적**에 발생한 자기량을 그 자성체에 대한 **자화의 세기**라고 하며, 자성체의 자화 정도를 정량적으로 표시할 수 있다.

• 자화의 세기 $J = \dfrac{m}{S}$: 단위면적당의 자극의 세기

• 자화의 세기 $J = \dfrac{M}{V}$: 단위 체적당의 자기모멘트 **답** ②

문제 02 그림과 같이 무한히 긴 두 개의 직선상 도선이 1[m] 간격으로 나란히 놓여 있을 때 도선 ①에 4[A], 도선 ②에 8[A]가 흐르고 있을 때 두 선간 중앙점 P에 있어서의 자계의 세기는 몇 [A/m]인가? (단, 지면의 아래쪽에서 위쪽으로 향하는 방향을 정 (+)으로 한다.)

① $\dfrac{4}{\pi}$

② $\dfrac{12}{\pi}$

③ $-\dfrac{4}{\pi}$

④ $-\dfrac{5}{\pi}$

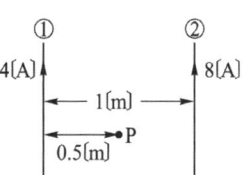

풀이

$$H_1 = \frac{I}{2\pi a} = \frac{4}{2\pi \times 0.5} = \frac{4}{\pi}[\text{AT/m}] \text{ (자계의 방향 : } \otimes)$$

$$H_2 = \frac{I}{2\pi a} = \frac{8}{2\pi \times 0.5} = \frac{8}{\pi}[\text{AT/m}] \text{ (자계의 방향 : } \odot)$$

따라서, 중앙점 P에 있어서의 자계의 세기 H는

$$H = H_2 - H_1 = \frac{8}{\pi} - \frac{4}{\pi} = \frac{4}{\pi}[\text{AT/m}]$$ **답** ①

문제 03 코일 A 및 코일 B가 있다. 코일 A의 전류가 1/30초간에 10[A] 변화할 때 코일 B에 10[V]의 기전력을 유도한다고 한다. 이때의 상호인덕턴스는 몇 [H]인가?

① $\dfrac{1}{0.3}$ ② $\dfrac{1}{3}$ ③ $\dfrac{1}{30}$ ④ $\dfrac{1}{300}$

풀이

상호유도 작용에 의하여 유기되는 기전력은

$$e_B = M\frac{di_A}{dt} \text{에서}$$

$$M = e_B \frac{dt}{di_A} = 10 \times \frac{\frac{1}{30}}{10} = \frac{1}{30}[\text{H}]$$ **답** ③

문제 04 정전계와 반대방향으로 전하를 2[m]이동시키는데 240[J]의 에너지가 소모되었다. 이 두 점 사이의 전위차가 60[V]이면 전하의 전기량은 몇 [C]인가?

① 1[C] ② 2[C] ③ 4[C] ④ 8[C]

풀이

$$W = QV[\text{J}]$$

$$\therefore Q = \frac{W}{V} = \frac{240}{60} = 4[\text{C}]$$ **답** ③

문제 05 그림에서 질량 m[kg], 전기량 q[C]인 대전입자가 속도 v[m/sec]로 지면에 수직인 균등자장 B[Wb/m²]에 들어올 때 입자는 원운동을 시작한다. 이 원운동의 각속도 ω는 몇 [rad/sec]인가?

① $\omega = \dfrac{qB}{2\pi m}$

② $\omega = \dfrac{qB}{m}$

③ $\omega = \dfrac{2\pi m}{qB}$

④ $\omega = mqB$

풀이

전자의 원운동

• 회전 반경 : $r = \dfrac{mv}{qB}$[m]

• 각속도 : $\omega = \dfrac{qB}{m}$[rad/sec]

• 주기 : $T = \dfrac{2\pi m}{qB}$[sec]

답 ②

문제 06 전계의 실효치가 377[V/m]인 평면전자파가 진공을 진행하고 있다. 이때 이 전자파에 수직되는 방향으로 설치된 단면적 10[m²]의 센서로 전자파의 전력을 측정하려고 한다. 센서가 1[W]의 전력을 측정했을 때 1[mA]의 전류를 외부로 흘려준다면 전자파의 전력을 측정했을 때 외부로 흘려주는 전류는 몇 [mA]인가?

① 3.77 [mA]

② 37.7 [mA]

③ 377 [mA]

④ 3770 [mA]

풀이

전력 $W = PS = EHS = \sqrt{\dfrac{\epsilon_0}{\mu_0}} E^2 S = \dfrac{1}{377} \times 377^2 \times 10$

$= 3770$[W]

1[W]의 전력을 측정했을 때 1[mA]의 전류를 외부로 흘려주므로, 3770[W]의 전력을 측정했을 때 외부로 흘려주는 전류는 3770[mA] 이다. **답 ④**

문제 21 원자번호 92, 질량수 235인 우라늄 1[g]이 핵분열함으로써 발생하는 에너지는 6000[kcal/kg]의 발열량을 갖는 석탄 몇 [t]에 상당하는가? (단, 우라늄 1[g]이 발생하는 에너지는 약 1965×10^4[kcal] 이다.)

① 3.3[t]

② 32.7[t]

③ 327.5[t]

④ 3275[t]

풀이

$_{92}U^{235}$ 1[g]이 발생하는 에너지는 약 1965×10^4[kcal]이므로

∴ 석탄량 $= \dfrac{1965 \times 10^4}{6000} = 3275$[kg] ≒ 3.3[t] **답 ①**

문제 22 선로의 길이가 250[km]인 3상3선식 송전선로가 있다. 중성선에 대한 1선 1[km]의 리액턴스는 0.5[Ω], 용량 서셉턴스는 3×10^{-6}[℧] 이다. 이 선로의 특성임피던스는 약 몇 [Ω]인가?

① 366 [Ω]

② 408 [Ω]

③ 424 [Ω]

④ 462 [Ω]

풀이

특성 임피던스 $Z_0 = \sqrt{\dfrac{Z}{Y}} = \sqrt{\dfrac{(R+j\omega L)}{(G+j\omega C)}}$ [Ω]

선로의 특성임피던스는 선로의 저항(R)과 누설콘덕턴스(G)를 무시하면 $Z_0 ≒ \sqrt{\dfrac{L}{C}}$ 로 표현된다.

$Z_0 = \sqrt{\dfrac{0.5}{3 \times 10^{-6}}} = 408.25$[Ω] **답 ②**

문제 23 코로나 현상에 대한 설명으로 거리가 먼 것은?

① 소호리액터의 소호능력이 저하된다.

② 전선 지지점 등에서 전선의 부식이 발생한다.

③ 공기의 절연성이 파괴되어 나타난다.

④ 전선의 전위경도가 40[kV/cm] 이상일 때부터 나타난다.

풀이

코로나 방전이란 전선 주위의 공기절연이 국부적으로 파괴

되어 낮은 소리나 엷은 빛을 내면서 방전하게 되는 현상을 말한다. **공기의 절연이 파괴되는 전위경도**는 아래와 같다.

• DC : 30 [kV/cm]

• AC : 21 [kV/cm] (실효값 = $\dfrac{최대값}{\sqrt{2}} = \dfrac{30}{\sqrt{2}} = 21.2[kV]$)

답 ④

문제 24 평균유효낙차 48 [m]의 저수지식 발전소에서 1000 [m³]의 저수량은 약 몇 [kWh]의 전력량에 해당하는가? (단, 수차 및 발전기의 종합효율은 85 [%]라고 한다.)

① 111 [kWh]   ② 122 [kWh]

③ 133 [kWh]   ④ 144 [kWh]

풀이

전력량 $W = P \times t = 9.8QH\eta \times t$

$= 9.8 \times \dfrac{V}{3600 \times t} \times H \times \eta \times t$

$= \dfrac{9.8 \times 1000 \times 48 \times 0.85}{3600} = 111.07[kWh]$ 답 ①

문제 25 정전압 송전방식에서 전력원선도를 그리려면 무엇이 주어져야 하는가?

① 송·수전단 전압, 선로의 일반회로정수

② 송·수전단 전류, 선로의 일반회로정수

③ 조상기 용량, 수전단 전압

④ 송전단 전압, 수전단 전류

풀이

전력 원선도 작성시 필요한 것

① 송전단 전압 : E_s

② 수전단 전압 : E_r

③ 회로정수 : A, B, C, D   답 ①

문제 26 3상 송전선로의 고장에서 1선 지락사고 등 3상 불평형 고장 시 사용되는 계산법은?

① 옴[Ω]법에 의한 계산

② %법에 의한 계산

③ 단위(PU)법에 의한 계산

④ 대칭좌표법

풀이

3상 단락 고장은 평형고장으로 옴(ohm)법, %임피던스법, 단위(PU)법으로 풀 수 있으나 1선 지락과 같은 불평형 고장에서는 대칭좌표법으로 풀어야 한다.   답 ④

제3과목 **전기기기**

문제 41 동기발전기에서 자기여자 방지법이 되지 않는 것은?

① 전기자 반작용이 적고 단락비가 큰 발전기를 사용한다.

② 발전기를 여러 대 병렬로 사용한다.

③ 송전선 말단에 리액터나 변압기를 사용한다.

④ 송전선 말단에 동기조상기를 접속하고 계자권선에 과여자 한다.

풀이

발전기의 자기여자

발전기에 **진상전류가 흐르면 전기자 반작용의 증자작용**에 의해 여자전류를 가하지 않은 상태에서도 전압이 상승하여 정상전압 까지 올라가는 현상을 발전기의 자기여자라 한다.

자기 여자 방지법

① 발전기 2대 또는 3대를 병렬로 모선에 접속한다.

② **수전단에 동기 조상기를 접속하고 이것을 부족 여자로 하여** 송전선에서 지상 전류를 취하게 하면 충전 전류를 그 만큼 감소시키는 것이 된다.

③ 송전선로의 수전단에 변압기를 접속한다.

④ 수전단에 리액턴스를 병렬로 접속한다.

⑤ 발전기의 단락비를 크게 한다.   답 ④

문제 42 직류 직권전동기의 회전수를 반으로 줄이면 토크는 몇 배가 되는가?

① $\dfrac{1}{4}$ ② $\dfrac{1}{2}$ ③ 4   ④ 2

풀이

• 직권 전동기의 속도 $n = K\dfrac{V}{\phi}$ 에서 $n \propto \dfrac{1}{\phi} \propto \dfrac{1}{I_a}$

(직권전동기에서 $I = I_a = I_f \propto \phi$ 이므로)

• 토크 $T = K\phi I_a$ 에서 자기 포화를 무시하면 $I_a = I_f \propto \phi$ 이므로 $T = KI_a^2$ 가 된다.

따라서, 토크 $T \propto \dfrac{1}{n^2}$ 이므로 회전수를 $\dfrac{1}{2}$ 로 줄이면 토크 T는 4배로 된다. **답 ③**

문제 43 8극의 3상 유도전동기가 60 [Hz]의 전원에 접속되어 운전할 때 864 [rpm]의 속도로 494[N·m]의 토크를 낸다. 이때의 동기 와트[W] 값은 약 얼마인가?

① 76214 [W]　　　　② 53215 [W]
③ 46558 [W]　　　　④ 34761 [W]

풀이

$$N_s = \frac{120f}{p} = \frac{120 \times 60}{8} = 900 \ [\text{rpm}]$$

$$P_2 = 2\pi n_s T [\text{W}] \ \text{이므로} \ \ P_2 = 2\pi \times \frac{900}{60} \times 494 = 46558 [\text{W}]$$

답 ③

문제 44 변압기에서 발생하는 손실 중 1차측이 전원에 접속되어 있으면 부하의 유무에 관계없이 발생하는 손실은?

① 동손　　　　② 표유부하손
③ 철손　　　　④ 부하손

풀이

무부하손 ┬ ⓐ 철손 ┬ 히스테리시스손
　　　　　│　　　　 └ 와류손
　　　　　├ ⓑ 여자 전류에 의한 권선의 저항손
　　　　　└ ⓒ 절연물 중의 유전체손

ⓑ, ⓒ는 ⓐ에 비하여 매우 적으므로 무부하손은 철손이라고 보는 것이 보통이며, 이 **무부하손은 부하의 유무에 관계없이 1차측에 전원만 공급되면 손실이 발생**된다. **답 ③**

문제 45 2대의 직류발전기를 병렬 운전할 때 필요 조건 중 잘못된 것은?

① 정격전압이 같을 것
② 극성이 일치할 것
③ 유도 기전력이 같을 것
④ 외부 특성이 같을 것

풀이

병렬 운전 조건
① 정격 전압 및 극성이 같을 것
② 외부 특성 곡선이 어느 정도 수하 특성일 것
③ 용량이 다를 경우 [%] 부하 전류로 나타낸 외부 특성 곡선이 거의 일치할 것

즉, 발전기의 병렬운전 조건은 유기기전력이 같아야 하는 것이 아니고 정격전압(단자전압)이 같아야 한다.

$$E_1 - I_{a1} R_{a1} = E_2 - I_{a2} R_{a2} = V$$

답 ③

문제 46 권수비가 70인 단상변압기의 전부하 2차 전압은 200 [V], 전압변동률이 4 [%]일 때 무부하시 1차 단자전압은 몇 [V]인가?

① 11670 [V]　　　　② 12360 [V]
③ 13261[V]　　　　④ 14560 [V]

풀이

$$\epsilon = \frac{V_{20} - V_{2n}}{V_{2n}} \times 100 = \left(\frac{V_{20}}{V_{2n}} - 1 \right) \times 100 = 4$$

$$\frac{V_{20}}{V_{2n}} = \frac{4}{100} + 1$$

$$\therefore V_{20} = 1.04 V_{2n} = 200 \times 1.04 = 208 \ [\text{V}]$$

$$V_{10} = a V_{20} \ \text{이므로}$$

$$\therefore V_{10} = 70 \times 208 = 14560$$

답 ④

문제 47 6000 [V], 5 [MVA]의 3상 동기 발전기의 계자전류 200 [A]에서의 무부하 단자전압이 6000 [V]이고, 단락전류는 600 [A]라고 한다. 동기임피던스[Ω]와 %동기임피던스는 약 얼마인가?

① 5.8 [Ω], 80 [%]　　　　② 6.4 [Ω], 85 [%]
③ 6.4 [Ω], 73 [%]　　　　④ 6.0 [Ω], 75 [%]

풀이

$$I_n = \frac{P}{\sqrt{3} \ V_n} = \frac{5 \times 10^6}{\sqrt{3} \times 6000} = 481.1 \ [\text{A}]$$

단락시의 유도 기전력 $E_n = \dfrac{V_n}{\sqrt{3}}$ 은 동기 임피던스 강하 $I_s Z_s$ 와 같으므로

$$I_s Z_s = \frac{V_n}{\sqrt{3}} = E_n, \quad 600 Z_s = \frac{6000}{\sqrt{3}} = 3464.2 [\text{V}]$$

$$\therefore Z_s = \frac{6000}{\sqrt{3} \times 600} = 5.77 [\Omega]$$

% 동기 임피던스 Z_s' 는

$$\therefore Z_s' = \frac{I_n Z_s}{E_n} \times 100 = \frac{481.1 \times 5.77}{3464.2} \times 100 = 80.1[\%]$$

답 ①

문제 48 전압이 정상치 이상으로 되었을 때 회로를 보호하려는 동작으로 기기 설비의 보호에 사용되는 계전기는?

① 지락 계전기　　　② 방향 계전기

③ 과전압 계전기　　④ 거리 계전기

풀이

과전압 계전기(OVR : over voltage relay)는 일정값 이상의 전압이 공급되면 동작하는 것으로 과전압 보호용이다.

답 ③

문제 49 50 [kVA], 3300/210 [V], 60 [Hz]의 단상 변압기가 있다. 1차 권수 660, 철심 단면적 161 [cm²]이다. 자속 밀도는 약 몇 [Wb/m²]인가?

① 1.41 [Wb/m²]

② 1.16 [Wb/m²]

③ 1.02 [Wb/m²]

④ 0.98 [Wb/m²]

풀이

1차 권선에 유기되는 기전력의 실효값 E_1은

$E_1 = 4.44fN_1\Phi_m$ [V]식에서

$$\Phi_m = \frac{E_1}{4.44fN_1} = \frac{3300}{4.44 \times 60 \times 660} = 0.0188[\text{Wb}]$$

자속 밀도 B는, 철심의 단면적을 A [m²]라 하면

$$\therefore B = \frac{\Phi_m}{A} = \frac{0.0188}{161 \times 10^{-4}} = 1.1677[\text{Wb/m}^2]$$

답 ②

문제 50 반파 정류회로에서 순저항 부하에 걸리는 직류 전압의 크기가 200 [V]이다. 다이오드에 걸리는 최대 역전압의 크기는 약 몇 [V]인가?

① 400 [V]　　　　② 479 [V]

③ 512 [V]　　　　④ 628 [V]

풀이

$$PIV = \pi E_d = \pi \times 200 = 628.32 \text{ [V]}$$

답 ④

문제 51 정격용량 1000 [kVA]인 동기발전기가 역률이 0.8인 500 [kW]의 부하에 전력을 공급하고 있다. 이 발전기가 정격상태가 될 때까지는 100 [W]의 전구를 약 몇 개나 사용할 수 있는가?

① 42개　　　　　② 427개

③ 4270개　　　　④ 42700개

풀이

유도전동기의 유효전력을 P [kW], 무효전력을 Q [kVar], 전구의 소비전력을 P_l [kW]라 하면

$$Q = \frac{P}{\cos\theta} \times \sin\theta = \frac{500}{0.8} \times 0.6 = 375[\text{kVar}]$$

전구의 역률 $\cos\theta = 1$이므로

발전기 출력 $P_a = \sqrt{(P+P_l)^2 + Q^2}$ 에서

$$P_l = \sqrt{P_a^2 - Q^2} - P = \sqrt{1000^2 - 375^2} - 500 = 427 \text{ [kW]}$$

$$\therefore \text{전구의 개수} = \frac{427}{100 \times 10^{-3}} = 4270개$$

답 ③

제4과목　회로이론 및 제어공학

문제 61 다음과 같은 4단자 회로에서 임피던스 파라미터 Z_{11}의 값은?

① 8 [Ω]

② 5 [Ω]

③ 3 [Ω]

④ 2 [Ω]

풀이

$$Z_{11} = \frac{V_1}{I_1}\bigg|_{I_2=0} \quad \text{에서} \quad I_1 = \frac{V_1}{5+3}$$

따라서, $Z_{11} = 5 + 3 = 8[\Omega]$

답 ①

문제 62 a, b 양단에 220 [V] 전압을 인가시 전류 I가 1 [A] 흘렸다면 R의 저항은 몇 [Ω]인가?

① 100 [Ω]

② 150 [Ω]

③ 220 [Ω]

④ 330 [Ω]

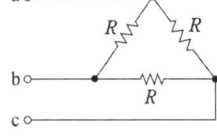

풀이

합성저항

$$R_t = \frac{R \times 2R}{R + 2R} = \frac{2}{3}R\,[\Omega]$$

$I = \dfrac{E}{R_t}$ 에서

$$R_t = \frac{E}{I} = \frac{220}{1} = 220\,[\Omega]$$

$$\therefore R = \frac{3}{2} \times R_t = \frac{3}{2} \times 220 = 330\,[\Omega]$$ 답 ④

문제 63 주파수 전달함수 $G(j\omega) = \dfrac{1}{j100\omega}$ 인 제어

계에서 $\omega = 0.1\,[\text{rad/s}]$ 일 때의 이득[dB]과 위상차는?

① 40, 90°   ② −40, −90°

③ −20, −90°   ④ 20, 90°

풀이

$$g = 20\log|G(j\omega)| = 20\log\left|\frac{1}{j100\omega}\right| = 20\log\left|\frac{1}{j10}\right|$$

$$= 20\log\frac{1}{10} = -20\,[\text{dB}]$$

$$\theta = \angle G(j\omega) = \angle \frac{1}{j100\omega} = \angle \frac{1}{j10} = -90°$$ 답 ③

문제 64 $\sin\omega t$의 라플라스 변환은?

① $\dfrac{s}{s^2 + \omega^2}$ ② $\dfrac{\omega}{s^2 + \omega^2}$

③ $\dfrac{s}{s^2 - \omega^2}$ ④ $\dfrac{\omega}{s^2 - \omega^2}$

풀이

$f(t)$	$F(s)$
$\sin\omega t$	$\dfrac{\omega}{s^2 + \omega^2}$
$\cos\omega t$	$\dfrac{s}{s^2 + \omega^2}$

답 ②

문제 65 회로의 전압비 전달함수

$$H(j\omega) = \frac{V_c(j\omega)}{V(j\omega)} \text{ 는?}$$

$$V \;(+) \quad 1[\Omega] \quad 1[\text{H}] \quad 0.25[\text{F}] \quad V_c$$

① $\dfrac{2}{(j\omega)^2 + j\omega + 2}$ ② $\dfrac{2}{(j\omega)^2 + j\omega + 4}$

③ $\dfrac{4}{(j\omega)^2 + j\omega + 4}$ ④ $\dfrac{1}{(j\omega)^2 + j\omega + 1}$

풀이

전압비 전달함수

$$H(s) = \frac{V_c(s)}{V(s)} = \frac{\dfrac{1}{sC}}{R + sL + \dfrac{1}{sC}} = \frac{1}{sCR + s^2 LC + 1}$$

$R = 1\,[\Omega]$, $L = 1\,[\text{H}]$, $C = 0.25\,[\text{F}]$를 대입하면

따라서 $H(j\omega) = \dfrac{1}{j\omega CR + (j\omega)^2 LC + 1}$

$$= \frac{1}{j\omega(0.25 \times 1) + (j\omega)^2(1 \times 0.25) + 1}$$

$$\therefore H(j\omega) = \frac{1}{0.25(j\omega)^2 + 0.25(j\omega) + 1} = \frac{4}{(j\omega)^2 + j\omega + 4}$$ 답 ③

문제 66 $R = 2\,[\Omega]$, $L = 10\,[\text{mH}]$, $C = 4\,[\mu\text{F}]$의

직렬 공진회로의 Q는 얼마인가?

① 20   ② 25   ③ 45   ④ 50

풀이

직렬 공진회로에서 선택도

$$Q = \frac{1}{R}\sqrt{\frac{L}{C}} = \frac{1}{2}\sqrt{\frac{10 \times 10^{-3}}{4 \times 10^{-6}}} = \frac{1}{2} \times \frac{1 \times 10^2}{2} = 25$$ 답 ②

문제 67 다음 지상 네트워크의 전달함수는?

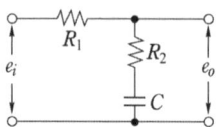

① $\dfrac{s(R_1 + R_2)C + 1}{sCR_1 + 1}$ ② $\dfrac{sCR_2 + 1}{s(R_1 + R_2)C + 1}$

③ $\dfrac{R_1 + sC}{R_1 + R_2 + sC}$ ④ $\dfrac{1}{1/R_1 + 1/R_2 + sC}$

풀이

$$G(s) = \frac{V_o(s)}{V_i(s)} = \frac{R_2 + \frac{1}{Cs}}{R_1 + R_2 + \frac{1}{Cs}} = \frac{sCR_2 + 1}{s(R_1 + R_2)C + 1}$$

답 ②

문제 68 $G(j\omega) = 10(j\omega) + 1$에서 절점 각주파수 ω_o[rad/ sec]는?

① 0.1　　　　② 1

③ 10　　　　④ 100

풀이

$$10\,\omega_0 = 1, \quad \omega_0 = \frac{1}{10} = 0.1\text{[rad/sec]}$$

답 ①

문제 69 다음 신호흐름 선도에서 $\dfrac{C(s)}{R(s)}$ 의 값은?

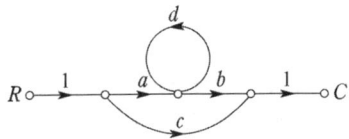

① $\dfrac{ab + c(1-d)}{1-d}$　　② $\dfrac{ab + c}{1-d}$

③ $ab + c$　　④ $\dfrac{ab + c(1+d)}{1+d}$

풀이

$G_1 = ab, \quad \Delta_1 = 1$

$G_2 = c, \quad \Delta_2 = 1 - d$

$L_{11} = d, \quad \Delta = 1 - L_{11} = 1 - d$

$\therefore G = \dfrac{C}{R} = \dfrac{G_1\Delta_1 + G_2\Delta_2}{\Delta} = \dfrac{ab + c(1-d)}{1-d}$

답 ①

문제 70 그림과 같은 블록선도에서 전달함수는?

---

① $G(s) = \dfrac{G_1 G_2}{1 - G_1 G_2 - G_2 G_3}$

② $G(s) = \dfrac{G_1 G_3}{1 - G_1 G_2 - G_2 G_3}$

③ $G(s) = \dfrac{G_1 G_3}{1 + G_1 G_2 + G_2 G_3}$

④ $G(s) = \dfrac{G_1 G_2}{1 + G_1 G_2 + G_2 G_3}$

풀이

$[(R - C)G_1 - CG_3]G_2 = C$

$RG_1 G_2 - CG_1 G_2 - CG_2 G_3 = C$

$RG_1 G_2 = C(1 + G_1 G_2 + G_2 G_3)$

$\therefore G(s) = \dfrac{C(s)}{R(s)} = \dfrac{G_1 G_2}{1 + G_1 G_2 + G_2 G_3}$

답 ④

문제 71 다음 중 피드백 제어계의 일반적인 특징이 아닌 것은?

① 비선형 왜곡이 감소한다.

② 구조가 간단하고 설치비가 저렴하다.

③ 대역폭이 증가한다.

④ 계의 특성 변화에 대한 입력 대 출력비의 감도가 감소한다.

풀이

피드백 제어계의 특징

① 정확성의 증가

② 계의 특성 변화에 대한 입력 대 출력비의 감도 감소

③ 비선형과 왜형에 대한 효과의 감소

④ 감쇠폭의 증가

⑤ 발진을 일으키고 불안정한 상태로 되어 가는 경향성

⑥ 구조가 복잡하고 설치비가 고가

답 ②

제5과목 전기설비 기술기준

문제 81 과전류차단기로 저압전로에 사용하는 80 [A] 퓨즈는 수평으로 붙일 경우 정격전류의 1.6배 전류를 통한 경우에 몇 분 안에 용단되어야 하는가?

① 30분   ② 60분
③ 120분   ④ 180분

풀이

212.3.4 보호장치의 특성
1. 과전류 보호장치는 KS C 또는 KS C IEC 관련 표준(배선차단기, 누전차단기, 퓨즈등의 표준)의 동작특성에 적합하여야 한다.
2. 과전류차단기로 저압전로에 사용하는 범용의 퓨즈는 표 에 적합한 것이어야 한다.

표. 퓨즈(gG)의 용단특성

정격전류의 구분	시 간	정격전류의 배수	
		불용단전류	용단전류
4[A] 이하	60분	1.5배	2.1배
4[A] 초과 16[A] 미만	60분	1.5배	1.9배
16[A] 이상 63[A] 이하	60분	1.25배	1.6배
63[A] 초과 160[A] 이하	**120분**	1.25배	**1.6배**
160[A] 초과 400[A] 이하	180분	1.25배	1.6배
400[A] 초과	240분	1.25배	1.6배

답 ③

문제 82 사용전압이 22.9[kV]인 가공전선이 삭도와 제1차 접근상태로 시설되는 경우, 가공전선과 삭도 또는 삭도용 지주 사이의 이격거리는 몇 [m]이상이어야 하는가? (단, 가공전선으로는 나전선을 사용한다고 한다.)

① 0.5[m]   ② 1.0[m]
③ 1.5[m]   ④ 2.0[m]

풀이

333.25 특고압 가공전선과 삭도의 접근 또는 교차
특고압 가공전선이 삭도와 제1차 접근상태로 시설되는 경우에는 다음에 따라야 한다.
가. 특고압 가공전선로는 제3종 특고압 보안공사에 의할 것.
나. 특고압 가공전선과 삭도 또는 삭도용 지주 사이의 이격거리는 표에서 정한 값 이상일 것.

사용전압	전선의 종류	이격거리
35 [kV] 이하	표 준	2 [m]
	특고압 절연전선 사용	1 [m]
	케이블	0.5 [m]
35 [kV] 초과 60 [kV] 이하		2 [m]
60 [kV] 초과	• 이격거리 = 2 + 단수×0.12 [m] • 단수 = $\frac{(전압 [kV]-60)}{10}$ 단수 계산에서 소수점 이하는 절상	

답 ④

문제 83 다음 중 전로의 중성점을 접지하는 주 목적으로 볼 수 없는 것은?

① 전로의 보호 장치의 확실한 동작의 확보
② 부하 전류의 일부를 대지로 흐르게 함으로써 전선 절약
③ 이상 전압의 억제
④ 대지전압의 저하

풀이

322.5 전로의 중성점의 접지
전로의 중성점 접지공사의 목적
① 보호 장치의 확실한 동작의 확보
② 이상 전압의 억제
③ 대지전압의 저하

답 ②

문제 84 고주파 이용 설비에서 다른 고주파 이용 설비에 누설되는 고주파 전류의 허용한도는 기준에 따라 측정하였을 때 각각 측정치의 최대치의 평균치가 몇 [dB]이어야 하는가? (단, 1 [mW]를 0 [dB]로 한다.)

① 20 [dB]   ② −20 [dB]
③ −30 [dB]   ④ 30 [dB]

풀이

341.5 고주파 이용 전기설비의 장해방지
고주파 이용 전기설비에서 다른 고주파 이용 전기설비에 누설되는 고주파 전류의 허용한도는 **측정 장치로 2회 이상 연속하여 10분간 측정**하였을 때에 각각 측정값의 **최대값에 대한 평균값이 −30[dB]** (1 [mW]를 0[dB]로 한다)일 것

답 ③

09년 2회 — 동일 및 유사 문제 (년도-회-번호)

1과목 전기자기학

07	22-2-01
08	21-1-17
09	21-1-20
10	22-2-17
11	20-1,2-04
12	20-4-11
13	18-3-14
14	20-3-05
15	21-3-09
16	18-3-03
17	11-3-05
18	20-4-02
19	19-3-17
20	13-1-09

2과목 전력공학

27	19-2-40
28	22-3-34
29	16-1-22
30	21-3-40
31	20-4-36
32	10-2-27
33	20-3-37
34	17-2-24
35	19-1-32
36	19-2-23
37	21-3-35
38	19-1-31
39	15-1-26
40	10-3-24

3과목 전기기기

52	16-2-51

53	19-1-52
54	19-3-60
55	17-3-49
56	10-3-42
57	19-3-52
58	15-3-48
59	19-2-44
60	16-2-53

4과목 회로이론 및 제어공학

72	18-3-79
73	22-1-77
74	21-1-69
75	20-3-66
76	22-3-69
77	19-3-73
78	16-3-74
79	12-1-70
80	15-3-63

5과목 전기설비기술기준

85	21-2-90
86	22-3-82
87	20-3-93
88	17-3-89
89	18-2-92
90	21-2-97
91	19-3-82
92	15-3-83
93	15-3-89
94	22-2-97
95	14-2-85
96	13-3-93

국가기술자격검정 필기시험 문제

2009년도 전기기사 일반검정 제3회

자격종목 및 등급(선택분야)	종목코드	시험시간	문제지형별	수검 번호	성 명
전기기사	1150	2시간 30분	A		

제1과목 ▶ 전기자기학

문제 01 0.2 [Wb/m²]의 평등 자계 속에 자계와 직각 방향으로 놓인 길이 90 [cm]의 도선을 자계와 30° 방향으로 50 [m/s]의 속도로 이동시킬 때 도체 양단에 유기되는 기전력은 몇 [V]인가?

① 0.45[V] ② 0.9[V]
③ 4.5[V]   ④ 9.0[V]

풀이

$e = Blv\sin\theta = 0.2 \times 0.9 \times 50 \times \sin 30° = 4.5[V]$ **답** ③

문제 02 용량계수와 유도계수에 대한 표현 중에서 옳지 않은 것은?

① 용량계수는 정(+)이다.
② 유도계수는 정(+)이다.
③ $q_{rs} = q_{sr}$
④ 전위계수를 알고 있는 도체계에서는 q_{rr}, q_{rs}를 계산으로 구할 수 있다.

풀이

용량계수 및 유도계수의 성질
• q_{11}, q_{22}, q_{33}, ⋯⋯ > 0 : 용량계수(q_{ii}) > 0
• q_{12}, q_{21}, q_{31}, ⋯⋯ ≤ 0 : 유도계수(q_{ij}) ≤ 0
• $q_{11} \geq -(q_{21} + q_{31} + q_{41} + \cdots + q_{n1})$ 또는
  $q_{11} + q_{21} + q_{31} + q_{41} + \cdots + q_{n1} \geq 0$
• 전위계수 $P_{12} = P_{21}$의 성질이 있으므로 다음의 관계가 성립한다.
  $q_{12} = q_{21}$ 일반적으로 $q_{ij} = q_{ji}$ **답** ②

문제 03 자기인덕턴스 L[H]인 코일에 전류 I[A]를 흘렸을 때, 자계의 세기가 H[A/m]이다. 이 코일에 전류 $I/2$[A]를 흘리면 저장되는 자기에너지 밀도 [J/m³]는?

① $\frac{1}{2}LI^2$ ② $\frac{1}{8}LI^2$
③ $\frac{1}{2}\mu_0 H^2$ ④ $\frac{1}{8}\mu_0 H^2$

풀이

$H \propto I$ 이고, 자기 에너지 밀도 $w = \frac{1}{2}\mu_0 H^2$ 이므로
전류 $\frac{I}{2}$[A]가 흘렀을 때 $H' = \frac{1}{2}H$ 가 되므로
자기에너지 밀도 w'는

$w' = \frac{1}{2}\mu_0 \left(\frac{1}{2}H\right)^2 = \frac{1}{8}\mu_0 H^2$ [J/m³] **답** ④

문제 04 그림과 같은 2동심 구도체에서 도체 1의 전하가 $Q_1 = 4\pi\epsilon_0$ [C], 도체 2의 전하가 $Q_2 = 0$일 때 도체 1의 전위는 몇 [V]인가? (단, $a = 10$[cm], $b = 15$ [cm], $c = 20$[cm]라 함)

① $\frac{1}{12}$ [V]

② $\frac{13}{60}$ [V]

③ $\frac{25}{3}$ [V]

④ $\frac{65}{3}$ [V]

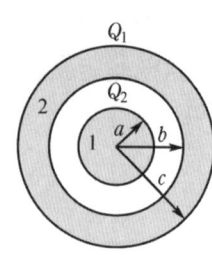

풀이

$V_1 = \frac{Q_1}{4\pi\epsilon_0}\left(\frac{1}{a} - \frac{1}{b} + \frac{1}{c}\right)$에서

$$V_1 = \frac{4\pi\epsilon_0}{4\pi\epsilon_0}\left(\frac{1}{0.1} - \frac{1}{0.15} + \frac{1}{0.2}\right) = \left(\frac{3}{0.3} - \frac{2}{0.3} + \frac{1.5}{0.3}\right)$$

$$= \frac{2.5}{0.3} = \frac{25}{3}\,[\text{V}]$$

답 ③

문제 05 다음 ( )안에 공통적으로 들어갈 내용으로 알맞은 것은?

> "줄열은 자유전자가 ( )사이의 공간을 이동하여 서로 충돌하거나 ( )와의 충돌 때문"

① 핵　　② 원자　　③ 분자　　④ 전자

풀이

금속의 온도가 올라가는 것은 **자유전자가 원자간의 공간을 이동하여 서로 충돌하거나 원자와의 충돌** 때문에 발열하는 것으로서 이것을 줄(joule)열 이라고 한다.　　답 ②

문제 06 반지름이 각각 2 [cm], 4 [cm]인 두 중공 동심 도체구가 있고 구사이의 공간은 진공이다. 이 때 정전용량 C는 약 몇 [pF]인가?

① 4.45 [pF]　　　　② 8.90 [pF]
③ 13.35 [pF]　　　④ 17.80 [pF]

풀이

동심 도체구에서의 정전용량 $C = \dfrac{4\pi\epsilon_0 ab}{b-a}$ 에서

$$C = \frac{4\pi\epsilon_0 \times 2 \times 10^{-2} \times 4 \times 10^{-2}}{4 \times 10^{-2} - 2 \times 10^{-2}} = \frac{1}{9 \times 10^9} \times 4 \times 10^{-2}$$

$$= 4.44 \times 10^{-12}\,[\text{F}] = 4.44\,[\text{pF}]$$

답 ①

문제 07 평등 자계 H_0중에 매우 얇은 철판(비투자율 μ_s)을 자계와 직각으로 놓았을 때의 철판 내 중앙부의 자계 H_1과 평행으로 놓았을 때의 철판 내 중앙부 자계 H_2의 비를 구하면?

① $\dfrac{1}{\mu_s}$　　② 1　　③ μ_s　　④ $\mu_s - 1$

풀이

외부자계 H_0, 자성체의 내부자계 H, 감자력 H', 감자율 N

$$H = H_0 - H' = H_0 - \left(\frac{N}{\mu_0}J\right) = H_0 - \frac{N}{\mu_0}\{\mu_0(\mu_s - 1)H\}$$

$$\therefore H = \frac{H_0}{1 + N(\mu_s - 1)}$$

① 철판을 자계 H_0와 직각으로 놓았을 때 $N=1$이므로
　내부자계 $H_1 = \dfrac{H_0}{\mu_s}$

② 철판을 자계 H_0와 평행으로 놓았을 때 $N=0$이므로
　내부자계 $H_2 = H_0$

$$\therefore H_1 = \frac{H_2}{\mu_s} \qquad \therefore \frac{H_1}{H_2} = \frac{1}{\mu_s}$$

답 ①

문제 08 10[mW], 20[kHz]의 송신기가 자유공간 내에서 사방으로 균일하게 전파를 발사할 때 송신기로부터 10 [km]지점에서의 포인팅 벡터는 약 몇 [W/m²]인가?

① 4×10^{-11} $[\text{W/m}^2]$
② 8×10^{-11} $[\text{W/m}^2]$
③ 4×10^{-12} $[\text{W/m}^2]$
④ 8×10^{-12} $[\text{W/m}^2]$

풀이

포인팅 벡터란 전자계 내의 한 점을 통과하는 에너지 흐름의 **단위 면적당 전력 또는 전력 밀도**를 표시하는 벡터를 의미한다.

포인팅벡터 $P = \dfrac{W}{S} = \dfrac{10 \times 10^{-3}}{4 \times \pi \times (10 \times 10^3)^2}$

$$\fallingdotseq 7.96 \times 10^{-12}\,[\text{W/m}^2]$$

답 ④

제2과목　전력공학

문제 21 송전 전압 154 [kV], 주파수 60 [Hz], 선로의 작용 정전 용량 0.01 [μF/km], 길이 100 [km]인 1회선 송전선을 충전시킬 때 자기 여자를 일으키지 않는 발전기의 최소 용량 [kVA]은? (단, 발전기의 단락비는 1.1이고, 포화율은 0.1이라고 한다.)

① 5162[kVA]　　　② 8941[kVA]
③ 15486[kVA]　　④ 26822[kVA]

풀이

$$Q' = 3 \times 2\pi f \, Cl \left(\frac{V}{\sqrt{3}}\right)^2$$

$$= 3 \times 2\pi \times 60 \times 0.01 \times 100 \times 10^{-6} \times \left(\frac{154,000}{\sqrt{3}}\right)^2 \times 10^{-3}$$

$$= 8941 \, [\text{kVA}]$$

$$K_s \geq \frac{Q'}{Q}\left(\frac{V}{V'}\right)^2(1+\sigma)$$

단, K_s : 단락비, Q : 정격 전압 [kVA]

　　Q' : 충전 전압으로서 충전했을 때의 충전 용량 [kVA]

　　V : 정격 전압, V' : 충전 전압, σ : 포화율

윗식에서 $V = V'$ 라면

$$K_s = \frac{Q'}{Q}(1+\sigma)$$

$$\therefore Q = \frac{Q'}{K_s}(1+\sigma) = \frac{8941}{1.1}(1+0.1) = 8941 \, [\text{kVA}] \quad \boxed{\text{답}} \, ②$$

문제 22 원자로에서 핵분열로 발생한 고속 중성자를 열중성자로 바꾸는 작용을 하는 것은?

① 제어재　　　　　② 냉각재

③ 감속재　　　　　④ 반사재

풀이

• 제어재 : 원자로의 핵분열 반응을 조절하기 위하여 중성자를 흡수할 목적으로 사용

• 냉각제 : 원자로에서 생긴 열을 노심 밖으로 보내기 위하여 사용되는 열 매체

• **감속재** : 핵분열로 발생한 **고속 중성자를 열중성자로 바꾸는 작용**

• 반사재 : 핵분열에 의하여 발생하는 중성자가 외부로 누설되는 것을 원자로 내부로 다시 반사시키는 목적으로 사용

$\boxed{\text{답}}$ ③

문제 23 불평형 3상 전압을 V_a, V_b, V_c라 하고 $a = \epsilon^{j\frac{2\pi}{3}}$ 라 할 때 $V_x = \frac{1}{3}(V_a + aV_b + a^2 V_c)$ 이다. 여기에서 V_x 는 어떤 전압을 나타내는가?

① 정상 전압　　　　② 단락 전압

③ 영상 전압　　　　④ 지락전압

풀이

• 영상전압 $V_0 = \frac{1}{3}(V_a + V_b + V_c)$

• 정상전압 $V_1 = \frac{1}{3}(V_a + aV_b + a^2 V_c)$ $(1 \to a \to a^2$ 의 순서)

• 역상전압 $V_2 = \frac{1}{3}(V_a + a^2 V_b + aV_c)$ $(1 \to a^2 \to a$ 의 순서)

$\boxed{\text{답}}$ ①

문제 24 복도체 선로가 있다. 소도체의 지름 8 [mm], 소도체 사이의 간격 40 [cm]일 때, 등가 반지름 [cm]은?

① 2.8[cm]　　　　② 3.6[cm]

③ 4.0[cm]　　　　④ 5.7[cm]

풀이

등가 반지름 $r_e = {}^n\sqrt{rs^{n-1}}$ 에서 복도체 이므로 $n=2$

따라서, 복도체 등가반지름

$$r_e = \sqrt{rs} = \sqrt{0.4 \times 40} = 4[\text{cm}]$$

$\boxed{\text{답}}$ ③

문제 25 전력계통의 안정도 향상대책으로 직렬 리액턴스를 적게 하기 위한 방법이 아닌 것은?

① 발전기의 리액턴스를 적게 한다.

② 변압기의 리액턴스를 적게 한다.

③ 복도체를 사용한다.

④ 단락비가 작은 발전기를 사용한다.

풀이

직렬 리액턴스(X)를 적게 하기 위해서는

① 발전기나 변압기의 리액턴스를 작게 한다.

② **발전기의 단락비를 크게 한다.** (단락비 $K_s = \frac{1}{Z_s}$)

③ 선로의 병행 회선수를 늘리거나 복도체 또는 다도체 방식을 사용한다.

④ 직렬 콘덴서를 삽입하여 선로의 리액턴스를 보상한다.

$\boxed{\text{답}}$ ④

문제 26 송전용량계수법에 의하여 송전선로의 송전용량을 결정할 때 수전 전력의 관계를 옳게 표현한 것은?

① 수전전력의 크기는 송전거리와 송전전압에 비례한다.

② 수전전력의 크기는 송전거리에 비례하고 수전단 선간전압의 제곱에 비례한다.

③ 수전전력의 크기는 송전거리에 반비례하고 수전단 선간전압에 비례한다.

④ 수전전력의 크기는 송전거리에 반비례하고 수전단 선간전압의 제곱에 비례한다.

풀이

송전용량 $P = k\dfrac{V_r^2}{l}$ [kW]

여기서, V_r : 수전단 선간 전압 [kV]

l : 송전 거리 [km]

k : 송전 용량계수 **답** ④

문제 27 전력 손실이 없는 송전선로에서 서지파(진행파)가 진행하는 속도는? (단, L : 단위 선로 길이당 인덕턴스, C : 단위 선로 길이당 커패시턴스이다.)

① $\sqrt{\dfrac{L}{C}}$ ② $\sqrt{\dfrac{C}{L}}$

③ $\dfrac{1}{\sqrt{LC}}$ ④ $\sqrt{LC}$

풀이

$v = \dfrac{\omega}{\beta} = \dfrac{\omega}{\omega\sqrt{LC}} = \dfrac{1}{\sqrt{LC}}$ **답** ③

제3과목 전기기기

문제 41 다음 중 동기 전동기에서 동기 와트로 표시되는 것은?

① 출력 ② 토크

③ 1차 입력 ④ 동기 속도

풀이

2차 입력(동기 와트) P_2, 회전 각속도 ω, 동기 각속도 ω_s 라 하면

$T = \dfrac{P}{\omega} = \dfrac{P_2(1-s)}{\omega_s(1-s)} = \dfrac{P_2}{\omega_s}$

$\therefore P_2 = \omega_s T$ [동기 와트]

즉, 동기 와트는 동기 각속도로 회전시 2차 입력을 토크로 표시한 것이다. **답** ②

문제 42 일반적인 직류기 전기자 권선법에 대한 설명 중 틀린 것은?

① 정류 개선을 위한 단절권 사용

② 대부분 회전자 권선은 2층권

③ 각 슬롯에 다른 두 코일변 삽입

④ 환상권, 개로권 사용

풀이

직류기의 전기자 권선법

• 환상권과 고상권 중에서 **고상권**을 사용

• 폐로권과 개로권 중에서 **폐로권**을 사용

• 단층권과 2층권 중에서 **2층권**을 사용

• 전절권과 단절권 중에서 **단절권**을 사용 **답** ④

문제 43 발전기 권선의 층간 단락 보호에 가장 적합한 계전기는?

① 과부하 계전기 ② 차동 계전기

③ 온도 계전기 ④ 접지 계전기

풀이

• 과부하 계전기 : 선로의 과부하 및 단락 검출용

• 온도 계전기 : 절연유 및 권선의 온도 상승 검출용

• 접지 계전기 : 선로의 접지 검출용

• **차동 계전기** : 발전기 및 변압기의 **층간 단락** 등 내부 고장 **검출용**에 사용된다. **답** ②

문제 44 권선형 유도 전동기에서 2차 저항을 변화시켜 속도를 제어하는 경우 최대 토크는?

① 최대 토크가 생기는 점은 슬립에 비례한다.

② 최대 토크가 생기는 점은 슬립에 반비례한다.

③ 2차 저항에만 비례한다.

④ 항상 일정하다.

풀이

• 최대 토크 $T_m \propto \dfrac{V^2}{2x_n}$: 2차 저항에 무관

• 최대 토크를 발생하는 슬립 $s_m \fallingdotseq \pm\dfrac{r_2}{x_2}$: 2차 저항에 비례

따라서, 3상 유도 전동기의 **최대 토크의 크기는 2차저항** r_2 와 슬립 s 에 관계없이 항상 일정하고 다만 최대 토크가 발생하는 슬립점이 2차 회로의 저항에 비례해서 이동할 뿐이다. **답** ④

문제 45 4극, 60 [Hz]인 3상 유도기가 1750 [rpm]으로 회전하고 있을 때 전원의 b상과 c상을 바꾸면 이때의 슬립은 약 얼마인가?

① 2.03   ② 1.97
③ 1.05   ④ 0.83

풀이

$$N_s = \frac{120f}{p} = \frac{120 \times 60}{4} = 1800[\text{rpm}]$$

회전중인 유도전동기 **전원의 b상과 c상을 바꾸면** 전동기의 **회전자가 역전**하게 되며 그 때의 슬립 s는

$$\therefore s = \frac{N_s - (-N)}{N_s} = \frac{1800 - (-1750)}{1800} = 1.97$$ **답** ②

문제 46 4극, 7.5 [kW], 200 [V], 60 [Hz]인 3상 유도 전동기가 있다. 전부하에서 2차 입력이 7950[W]이다. 이 경우에 2차 효율[%]은 얼마인가? (단, 기계손은 130 [W]이다.)

① 93 [%]   ② 94 [%]
③ 95 [%]   ④ 96 [%]

풀이

기계적 출력 P_0 = 전동기 출력 + 기계손
$$= 7500 + 130 = 7630[\text{W}]$$

2차 효율 $\eta_2 = \frac{P_0}{P_2} = \frac{7630}{7950} \times 100 = 95.97\,[\%]$ **답** ④

문제 47 다음 중 반작용전동기(반동전동기 : reaction motor)의 설명으로 옳은 것은?

① 전기자에 뒤진 전류가 흐르면 전기자 반작용은 증자작용을 한다.
② 전기자에 앞선 전류가 흐르면 전기자 반작용은 증자작용을 한다.
③ 전기자에 뒤진 전류가 흐르면 전기자 반작용은 감자작용을 한다.
④ 전기자에 뒤진 전류가 흐르면 전기자 반작용은 교차자화작용을 한다.

풀이

반동전동기 : 동기 전동기의 반작용 특성을 이용한 것으로 여자전류를 약하게 하면 전기자에 지상전류가 흐르고 전기자 반작용은 증자작용을 하게 되는 전동기 **답** ①

문제 48 정격 전류 이하로 전류를 제어해주면 과전압에 의해서는 파괴되지 않는 반도체 소자는?

① Diode   ② TRIAC
③ SCR   ④ SUS

풀이

TRIAC : TRIAC은 2개의 SCR을 역병렬 접속한 것과 같은 것으로서 게이트에 전류를 흘리면 어느 방향이건 전압이 높은 쪽에서 낮은 쪽으로 도통하게 된다. 따라서, **TRIAC은 정격 전류 이하의 전류에 있어서 과전압에 의해 파괴되지 않는다.** **답** ②

문제 49 용량 5 [kW], 3300/220의 변압기에 전부하를 걸어 줄 때, 역률 100 [%]에서 효율이 96.2 [%]이다. 이 변압기의 입력은?

① 5.0 [kW]   ② 5.2 [kW]
③ 5.4 [kW]   ④ 5.8 [kW]

풀이

변압기의 효율 $\eta = \frac{\text{출력}}{\text{입력}} = \frac{P_2}{P_1}$ 에서

입력 $P_1 = \frac{P_2}{\eta} = \frac{5}{0.962} \fallingdotseq 5.2[\text{kW}]$ **답** ②

문제 50 효율 80 [%], 출력 10 [kW]인 직류 발전기의 고정 손실이 1300 [W]라 한다. 이때 이 발전기의 가변 손실은?

① 1000 [W]   ② 1200 [W]
③ 1500 [W]   ④ 2500 [W]

풀이

$$\eta = \frac{\text{출력}}{\text{출력} + \text{손실}}$$

손실 $= \frac{\text{출력}}{\eta} - \text{출력} = \frac{10000}{0.8} - 10000 = 2500\,[\text{W}]$

손실=고정 손실+가변 손실 이므로
$$\therefore \text{가변 손실} = 2500 - 1300 = 1200\,[\text{W}]$$ **답** ②

문제 51 100 [V], 10 [kW], 1000 [rpm]의 분권 전동기를 부하 전류 102 [A]의 정격 속도로 운전하고 있다. 지금 전기자에 직렬 저항 0.4 [Ω]를 접속하고 전과 동일한 토크로 운전하려면 몇 [rpm]으로 회전하겠

는가? (단, 전기자 및 분권 계자 회로의 저항은 각각 0.05 [Ω]과 50 [Ω]이다.)

① 560[rpm]　　② 570[rpm]

③ 580[rpm]　　④ 590[rpm]

풀이

$$I_f = \frac{V}{R_f} = \frac{100}{50} = 2 \,[\text{A}]$$

$$I_a = I - I_f = 102 - 2 = 100 \,[\text{A}]$$

$$E_c = V - I_a \, r_a = 100 - 100 \times 0.05 = 95 \,[\text{V}]$$

동일 토크이므로 $I_a = I_a'$

$$\therefore \ E_c' = V - I_a'(r_a + r_s) = 100 - 100 \times (0.05 + 0.4) = 55\,[\text{V}]$$

$E_c = P\phi n \dfrac{z}{a} = k\phi n$ 에서 $k\phi = \dfrac{E_c}{n}$, I_f 가 일정하므로 $k\phi$도 일정

$$\therefore \ \frac{E_c}{n} = \frac{E_c'}{n'}$$

$$n' = \frac{E_c'}{E_c} \times n = \frac{55}{95} \times 1000 = 578.95\,[\text{rpm}]$$　**답 ③**

문제 52 다음 중 3상 직권 정류자전동기의 설명으로 틀린 것은?

① 고정자와 회전자 권선 기자력이 동위상일 때 토크가 발생한다.

② 고정자와 회전자 권선이 역위상일 때 브러시는 단락 한다.

③ 브러시가 회전 방향으로 이동하면 철손이 증가한다.

④ 속도제어는 브러시 위치 이동으로 한다.

풀이

3상 직권 정류자전동기 : 고정자 권선에 의한 기자력과 회전자권선에 의한 기자력이 공간적으로 **동위상과 역위상일 때 토크가 발생하지 않게** 된다.　**답 ①**

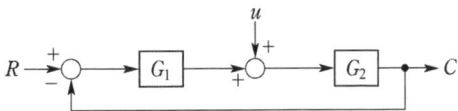

제4과목　**회로이론 및 제어공학**

문제 61 그림과 같이 2중 입력으로 된 블록선도의 출력 C는?

① $\left(\dfrac{G_2}{1 - G_1 G_2}\right)(G_1 R + u)$

② $\left(\dfrac{G_2}{1 + G_1 G_2}\right)(G_1 R + u)$

③ $\left(\dfrac{G_1}{1 - G_1 G_2}\right)(G_1 R - u)$

④ $\left(\dfrac{G_1}{1 + G_1 G_2}\right)(G_1 R - u)$

풀이

$$\{(R - C)G_1 + u\}G_2 = C$$

$$R G_1 G_2 - C G_1 G_2 + u G_2 = C$$

$$R G_1 G_2 + u G_2 = C(1 + G_1 G_2)$$

$$\therefore \ C = \frac{G_1 G_2}{1 + G_1 G_2}R + \frac{G_2}{1 + G_1 G_2}u = \frac{G_2}{1 + G_1 G_2}(G_1 R + u)$$　**답 ②**

문제 62 다음 중 $G(j\omega) = \dfrac{1}{1 + j10\omega}$ 로 주어지는 계의 절점 각 주파수는?

① 0.1 [rad/sec]　　② 1 [rad/sec]

③ 10 [rad/sec]　　④ 11 [rad/sec]

풀이

$$\omega T = 1, \quad 10\omega = 1, \quad \omega = \frac{1}{10} = 0.1$$　**답 ①**

문제 63 $G(j\omega) = K(j\omega)^2$ 인 보드 선도의 기울기는 몇 [dB/ dec]인가?

① −40　　② −20

③ 20　　④ 40

풀이

$$g = 20\log|G(j\omega)| = 20\log|K(j\omega)^2| = 20\log K\omega^2$$
$$= 20\log K + 40\log\omega$$

$\omega = 0.1$ 일 때 $g = 20\log K - 40$ [dB]

$\omega = 1$ 일 때 $g = 20\log K$

$\omega = 10$ 일 때 $g = 20\log K + 40$ [dB]

그러므로 40 [dB/dec]의 경사를 가지며

$$\theta = \angle G(j\omega) = \angle K(j\omega)^2 = 180°$$

답 ④

문제 64 다음 중 $G(s)H(s) = \dfrac{K}{Ts+1}$ 일 때 이 계통은 어떤 형인가?

① 0형 ② 1형

③ 2형 ④ 3형

풀이

시스템의 형 $\displaystyle\lim_{s\to 0}G(s)H(s) = \dfrac{K}{s^l}$ 에서

• 0형의 제어 시스템 : $l = 0$ 인 제어 시스템
• 1형의 제어 시스템 : $l = 1$ 인 제어 시스템
• 2형의 제어 시스템 : $l = 2$ 인 제어 시스템

따라서 $\displaystyle\lim_{s\to 0}G(s)H(s) = \lim_{s\to 0}\dfrac{K}{Ts+1} = K$ 이므로 $l = 0$ 인 제어 시스템으로 0형이다.

답 ①

문제 65 개루프 전달 함수 $G(s) = \dfrac{(s+2)}{(s+1)(s+3)}$ 인 부궤환 제어계의 특성 방정식은?

① $s^2 + 3s + 2 = 0$ ② $s^2 + 4s + 3 = 0$

③ $s^2 + 4s + 6 = 0$ ④ $s^2 + 5s + 5 = 0$

풀이

부궤환 제어계의 전달 함수는 $\dfrac{G(s)}{1+G(s)H(s)}$ 이고, 특성 방정식은 $1 + G(s)H(s) = 0$ 이다.

$$1 + \dfrac{s+2}{(s+1)(s+3)} = 0$$

$$\therefore\ s^2 + 5s + 5 = 0$$

답 ④

문제 66 그림과 같은 회로에서 $t = 0$ 에서 스위치 S 를 닫으면서 전압 E [V]를 가할 때 L 양단에 걸리는 전압 e_L[V]는?

① $E\left(1 - e^{-\frac{R}{L}t}\right)$

② $E e^{-\frac{R}{L}t}$

③ $E\left(1 + e^{\frac{R}{L}t}\right)$

④ $-E e^{-\frac{R}{L}t}$

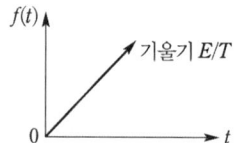

풀이

과도 기간에 인덕턴스 L 의 단자 전압 $v_L(t)$ 는

$$v_L(t) = L\dfrac{di(t)}{dt} = L\cdot\dfrac{d}{dt}\dfrac{E}{R}\left(1 - e^{-\frac{R}{L}t}\right) = L\cdot\dfrac{E}{R}\cdot\dfrac{R}{L}e^{-\frac{R}{L}t}$$

$$= E e^{-\frac{R}{L}t}$$

답 ②

문제 67 다음 파형의 라플라스 변환은?

$f(t)$, 기울기 E/T

① $\dfrac{E}{s^2}$ ② $\dfrac{E}{Ts^2}$ ③ $\dfrac{E}{s}$ ④ $\dfrac{E}{Ts}$

풀이

$$f(t) = \dfrac{E}{T}t\,u(t),\quad F(s) = \dfrac{E}{T}\cdot\dfrac{1}{s^2}$$

답 ②

문제 68 다음 중 라플라스 변환값과 Z 변환값이 같은 함수는?

① t^2 ② t

③ $u(t)$ ④ $\delta(t)$

풀이

$\displaystyle\lim_{t\to 0}e(t) = \lim_{s\to\infty}E(z)$		
$f(t)$	$F(s)$	$F(z)$
$\delta(t)$	1	1
$u(t)$	$\dfrac{1}{s}$	$\dfrac{z}{z-1}$
t	$\dfrac{1}{s^2}$	$\dfrac{Tz}{(z-1)^2}$

답 ④

문제 69 4단자 정수 A, B, C, D 중에서 임피던스의 차원을 가지는 것은?

① A ② B ③ C ④ D

풀이

$A = \left(\dfrac{E_1}{E_2}\right)_{I_2=0}$: 개방 전압 감쇠율

$B = \left(\dfrac{E_1}{I_2}\right)_{E_2=0}$: 단락 전달 **임피던스**

$C = \left(\dfrac{I_1}{E_2}\right)_{I_2=0}$: 개방 전달 어드미턴스

$D = \left(\dfrac{I_1}{I_2}\right)_{E_2=0}$: 단락 전류 감쇠율

답 ②

문제 70 정 K형 필터(여파기)에 있어서 임피던스 Z_1, Z_2는 공칭 임피던스 K와는 어떤 관계가 있는가?

① $Z_1 Z_2 = K$ ② $\dfrac{Z_1}{Z_2} = K$

③ $\sqrt{\dfrac{Z_1}{Z_2}} = K^2$ ④ $Z_1 Z_2 = K^2$

풀이

정K형 여파기가 되려면 임피던스 Z_1 과 Z_2 가 역회로의 관계가 되어야 한다. 즉, $Z_1 Z_2 = K^2$의 관계가 되어야 한다.

답 ④

문제 71 다음 회로에서 전류 I 는 몇 [A]인가?

① 50[A]
② 25[A]
③ 12.5[A]
④ 10[A]

풀이

브리지 회로의 **평형상태이므로** 1[Ω]의 저항에는 전류가 흐르지 않는다. 따라서, 1[Ω]의 저항을 제거하여도 무방하다.

$R_t = \dfrac{8 \times 8}{8+8} = 4[\Omega]$

$\therefore I = \dfrac{E}{R_t} = \dfrac{100}{4} = 25[A]$

답 ②

제5과목 전기설비 기술기준

문제 81 전력 보안 통신 설비는 가공 전선로로부터의 어떤 작용에 의하여 사람에게 위험을 줄 우려가 없도록 시설해야 하는가?

① 정전 유도 작용 또는 전자 유도 작용
② 표피 작용 또는 부식 작용
③ 부식 작용 또는 정전 유도 작용
④ 전압 강하 작용 또는 전자 유도 작용

풀이

362.4 전력유도의 방지
전력보안통신설비는 가공전선로로부터의 **정전유도작용 또는 전자유도작용**에 의하여 사람에게 위험을 줄 우려가 없도록 시설하여야 한다.

답 ①

문제 82 고압용의 개폐기·차단기·피뢰기 기타 이와 유사한 기구로서 동작시에 아크가 생기는 것은 목재의 벽 또는 천장, 기타의 가연성 물체로부터 몇 [m] 이상 떼어놓아야 하는가?

① 1.0 [m]   ② 1.2 [m]
③ 1.5 [m]   ④ 2.0 [m]

풀이

341.7 아크를 발생하는 기구의 시설
고압용 또는 특고압용의 개폐기·차단기·피뢰기 기타 이와 유사한 기구로서 동작 시에 아크가 생기는 것은 목재의 벽 또는 천장 기타의 가연성 물체로부터 표에서 정한 값 이상 이격하여 시설하여야 한다.

기구 등의 구분	이격거리
고압용의 것	1 [m] 이상
특고압용의 것	2 [m] 이상

답 ①

문제 83 유희용 전차의 시설에 대한 설명 중 틀린 것은?

① 전로의 사용전압은 직류의 경우 60[V] 이하, 교류의 경우 40[V] 이하일 것
② 전기를 공급하기 위하여 사용하는 접촉전선은 제 3레일 방식일 것

③ 전기를 변성하기 위하여 사용하는 변압기의 1차 전압은 400[V] 이하일 것

④ 전차안의 승압용 변압기의 2차 전압은 200[V] 이하일 것

241.8 유희용 전차
가. 유희용 전차에 전기를 공급하기 위하여 사용하는 변압기의 1차 전압은 400[V] 이하이어야 한다.
나. 유희용 전차에 전기를 공급하는 전원장치의 2차측 단자의 최대사용전압은 직류의 경우 60[V] 이하, 교류의 경우 40[V] 이하일 것.
다. 접촉전선은 제3레일 방식에 의하여 시설할 것.
라. 유희용 전차의 전차 내에서 승압하여 사용하는 경우 변압기는 절연변압기를 사용하고 2차 전압은 150[V] 이하로 할 것.
답 ④

문제 84 B종 철주를 사용한 고압 가공전선로가 교류 전차선로와 교차하는 경우에 고압 가공전선이 교류전차선 등의 위에 시설되는 때에 가공전선로의 경간은 몇 [m] 이하이어야 하는가?

① 60 [m]　　　　② 80 [m]
③ 100 [m]　　　　④ 120 [m]

332.15 고압 가공전선과 교류전차선 등의 접근 또는 교차
저압 가공전선 또는 고압 가공전선이 교류 전차선 등과 교차하는 경우에 저압 가공전선 또는 고압 가공전선이 교류 전차선 등의 위에 시설되는 때에 가공전선로의 경간은 다음에 따라야 한다.

지지물의 종류	경간
목주 · A종 철주 또는 A종 철근 콘크리트주	60 [m] 이하
B종 철주 또는 B종 철근 콘크리트주	120 [m] 이하

답 ④

문제 85 변압기에 의하여 특고압 전로에 결합되는 고압 전로에는 사용 전압의 3배 이하인 전압이 가하여진 경우에 어떤 장치를 그 변압기 단자의 가까운 1극에 설치하여야 하는가?

① 스위치 장치
② 계전 보호 장치
③ 누설 전류 검지 장치
④ 방전하는 장치

322.3 특고압과 고압의 혼촉 등에 의한 위험방지 시설
변압기에 의하여 특고압전로에 결합되는 고압전로에는 사용전압의 3배 이하인 전압이 가하여진 경우에 방전하는 장치를 그 변압기의 단자에 가까운 1극에 설치하여야 한다.
답 ④

문제 86 다음 중 수상 전선로를 시설하는 경우에 대한 설명으로 알맞은 것은?

① 사용 전압이 고압인 경우에는 제3종 캡타이어 케이블을 사용한다.
② 가공 전선로의 전선과 접속하는 경우, 접속점이 육상에 있는 경우에는 지표상 4[m] 이상의 높이로 지지물에 견고하게 붙인다.
③ 가공 전선로의 전선과 접속하는 경우, 접속점이 수면상에 있는 경우, 사용 전압이 고압인 경우에는 수면상 5[m] 이상의 높이로 지지물에 견고하게 붙인다.
④ 고압 수상 전선로에 지락이 생길 때를 대비하여 전로를 수동으로 차단하는 장치를 시설한다.

335.3 수상전선로의 시설
수상전선로를 시설하는 경우에는 그 사용전압은 저압 또는 고압인 것에 한 한다.
가. 전선
　① 저압 : 클로로프렌 캡타이어 케이블
　② 고압 : 캡타이어 케이블
나. 수상전선로의 전선과 가공전선로 접속점의 높이
　① 접속점이 육상에 있는 경우 : 지표상 5[m] 이상. 다만, 저압인 경우에 도로상 이외의 곳에 있을 때에는 지표상 4[m]
　② 접속점이 수면상에 있는 경우 : 저압 4 [m] 이상, 고압 5[m] 이상
다. 수상전선로의 사용전압이 고압인 경우에는 전로에 지락이 생겼을 때에 자동적으로 전로를 차단하기 위한 장치를 시설하여야 한다.
답 ③

문제 87 사용전압이 15 [kV] 이하인 가공전선로의 중성선을 다중접지 하는 경우에 1 [km] 마다의 중성선과 대지사이의 합성 전기저항 값은 몇 [Ω] 이하가 되어야 하는가?

① 10[Ω]   ② 15[Ω]

③ 20[Ω]   ④ 30[Ω]

풀이

333.32 25[kV] 이하인 특고압 가공전선로의 시설

사용전압이 15[kV] 이하인 특고압 가공전선로의 중성선의 다중접지 및 중성선의 시설은 다음에 의할 것.

가. 접지도체는 공칭단면적 6[mm²] 이상의 연동선

나. 접지한 곳 상호 간의 거리는 전선로에 따라 300[m] 이하일 것.

다. 각 접지도체를 중성선으로부터 분리하였을 경우의 각 접지점의 대지 전기저항 값과 1[km] 마다의 중성선과 대지사이의 합성전기저항 값은 표 에서 정한 값 이하일 것.

사용전압	각 접지점의 대지 전기저항 치	1[km] 마다의 합성 전기저항 치
15 [kV] 이하	300 [Ω]	30 [Ω]
15 [kV] 초과 25 [kV] 이하	300 [Ω]	15 [Ω]

답 ④

문제 88 방직 공장의 구내 도로에 220[V] 조명등용 저압 가공 전선로를 설치하고자 한다. 전선로의 경간은 몇 [m] 이하이어야 하는가?

① 20[m]   ② 30[m]

③ 40[m]   ④ 50[m]

풀이

222.23 구내에 시설하는 저압 가공전선로

가. 전선은 지름 2[mm] 이상의 경동선의 절연전선 일 것. 다만, 경간이 10[m] 이하인 경우에 한하여 공칭단면적 4[mm²] 이상의 연동 절연전선을 사용할 수 있다.

나. 전선로의 경간은 30[m] 이하일 것

다. 1구내에만 시설하는 사용전압이 400[V] 이하인 저압 가공전선로의 높이

  ① 도로(폭이 5[m] 이하)를 횡단하는 경우 : 4[m] 이상

  ② 도로를 횡단하지 않는 경우 : 3 [m] 이상의 높이일 것

답 ②

---

memo

D60-1

2008년도 전기기사 필기

국가기술자격검정 필기시험 문제

2008년도 전기기사 일반검정 제1회

자격종목 및 등급(선택분야)	종목코드	시험시간	문제지형별	수검 번호	성 명
전기기사	1150	2시간 30분	A		

제1과목 **전기자기학**

문제 01 임의의 단면을 가진 2개의 원주상의 무한히 긴 평행 도체가 있다. 지금 도체의 도전율을 무한대라고 하면 C, L, ϵ 및 μ 사이의 관계는? 단, C는 두 도체간의 단위 길이당 정전 용량, L은 두 도체를 한 개의 왕복 회로로 한 경우의 단위 길이당 자기 인덕턴스, ϵ은 두 도체 사이에 있는 매질의 유전율, μ는 두 도체 사이에 있는 매질의 투자율이다.

① $\dfrac{C}{\epsilon} = \dfrac{L}{\mu}$

② $\dfrac{1}{LC} = \epsilon\mu$

③ $LC = \epsilon\mu$

④ $C\epsilon = L\mu$

풀이

$$C = \frac{\pi\epsilon}{\log\dfrac{d}{a}}[\text{F/m}]\ ,\quad L = \frac{\mu}{\pi}\log\frac{d}{a}[\text{H/m}]$$

$$\therefore\ LC = \frac{\mu}{\pi}\log\frac{d}{a}\cdot\frac{\pi\epsilon}{\log\dfrac{d}{a}} = \epsilon\mu$$

답 ③

문제 02 유전체 내의 전계의 세기 E와 분극의 세기 P와의 관계를 나타내는 식은? 단, ϵ_0는 자유공간의 유전율이며, ϵ_s는 상대유전 상수이다.

① $P = \epsilon_0(\epsilon_s - 1)E$

② $P = \epsilon_0\epsilon_s E$

③ $P = \epsilon_s(\epsilon_0 - 1)E$

④ $P = \epsilon(\epsilon_s - 1)E$

풀이

$$E = \frac{\sigma - \sigma_p}{\epsilon_0} = \frac{D - P}{\epsilon_0}[\text{V/m}]$$

$$D = \epsilon_0 E + P = \epsilon_0\epsilon_s E\,[\text{C/m}^2]$$

$$\therefore\ P = \epsilon_0(\epsilon_s - 1)E\,[\text{C/m}^2]$$

답 ①

문제 03 그림에서 축전기를 $\pm Q$로 대전한 후 스위치 k를 닫고 도선에 전류 i를 흘리는 순간의 축전기 두 판 사이의 변위전류는?

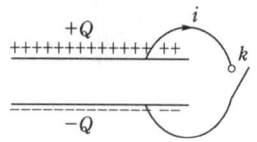

① $+Q$판에서 $-Q$판 쪽으로 흐른다.

② $-Q$판에서 $+Q$판 쪽으로 흐른다.

③ 왼쪽에서 오른쪽으로 흐른다.

④ 오른쪽에서 왼쪽으로 흐른다.

풀이

스위치 k를 닫으면 축전기의 방전상태와 같다. 따라서 방전시에는 도체를 흐르는 전도전류는 $+Q$에서 $-Q$로 흘러들어가고 축전기의 유전체 내에서는 $-Q$에서 $+Q$로 전도전류와 동등한 변위전류가 흐르게 된다.

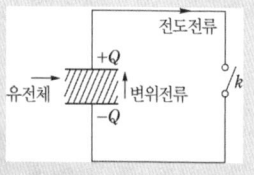

답 ②

문제 04 강자성체의 히스테리시스 루프의 면적은?

① 강자성체의 단위 체적당의 필요한 에너지이다.

② 강자성체의 단위 면적당의 필요한 에너지이다.

③ 강자성체의 단위 길이당의 필요한 에너지이다.

④ 강자성체의 전체 체적의 필요한 에너지이다.

풀이

H축과 B축으로 이루어진 **면적은 (HB)단위 체적당 에너지 밀도에 해당된다.**

답 ①

문제 05 다음 (㉠), (㉡)에 알맞은 것은?

전자유도에 의하여 발생되는 기전력에서 우변에 (−)의 부호를 가진 것은 암페어의 오른나사법칙에 의한 (㉠)와(과) (㉡)의 방향을 (+)로 하고 있기 때문이다.

① ㉠ 전압 ㉡ 전류
② ㉠ 전압 ㉡ 자속
③ ㉠ 전류 ㉡ 자속
④ ㉠ 자속 ㉡ 인덕턴스

풀이

- 암페어의 오른나사 법칙 : 전류에 의한 자계 방향의 관계
- 유도기전력 $e = -\dfrac{d\phi}{dt}$ 에서
  - 기전력의 크기 $\left(\dfrac{d\phi}{dt}\right)$: 패러데이 법칙 또는 노이만 법칙
  - 기전력의 방향(−) : 렌쯔의 법칙　　**답** ③

문제 06 자기모멘트 M[Wb·m]인 막대자석이 평등 자계 H[A/m]내에 자계의 방향과 θ의 각도로 놓여 있을 때 이것에 작용하는 회전력 T[N·m/rad]는?

① $MH\cos\theta$
② $MH\sin\theta$
③ $MH\tan\theta$
④ $MH\cot\theta$

풀이

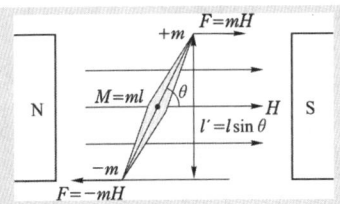

그림과 같이 평등자계 H 내에 길이 l, 자극의 세기 $\pm m$인 자석이 자계와 θ 의 각을 이루고 있을 때, 자석의 N 극 $(+m)$은 자계와 동일 방향, S 극$(-m)$은 자계와 반대 방향으로 작용하여 자석에는 크기가 같고 방향은 반대인 회전력이 작용한다. 따라서 회전력 T는
$$T = Fl' = Fl\sin\theta = mHl\sin\theta \text{ [N·m]}$$
가 된다. 이 식을 다시 자기모멘트 $M = ml$ 과 자계의 세기 H를 이용하여 벡터적으로 표현하면
$$T = MH\sin\theta$$ 　　**답** ②

문제 07 다음 사항 중 옳지 않은 것은?

① 전계가 0이 아닌 곳에서는 전력선과 등전위면은 직교한다.
② 정전계는 정전에너지가 최소인 분포이다.
③ 정전대전상태에서는 전하는 도체표면에만 분포한다.
④ 정전계 중에서 전계의 선적분은 적분경로에 따라 다르다.

풀이

전계의 선적분 $V_{BA} = -\displaystyle\int_A^B \boldsymbol{E} \cdot dl$ 은 임의의 경로를 따라 점 A에서 점 B까지 단위전하가 한 일을 의미하므로 **전계의 선적분 값은 경로에 무관하고 두 점으로만 결정된다.**
(정전계 = 보존계)　　**답** ④

문제 08 합성 수지($\epsilon_s = 4$)중에서 전자파의 속도는 몇 [m/s]인가? 단, $\mu_s = 1$이다.

① 1.5×10^7
② 1.5×10^8
③ 3×10^7
④ 3×10^8

풀이

$$v = \frac{c}{\sqrt{\epsilon_s \mu_s}} = \frac{3 \times 10^8}{\sqrt{\epsilon_s \mu_s}} = \frac{3 \times 10^8}{\sqrt{4 \times 1}} = 1.5 \times 10^8 \text{[m/s]}$$ 　　**답** ②

문제 09 진공 내에서 전위 함수가 $V = x^2 + y^2$ 과 같이 주어질 때 점 (2, 2, 0) [m]에서 체적전하밀도 ρ는 몇 [C/m³]인가? 단 ϵ_0는 자유공간의 유전율이다.

① $-4\epsilon_0$
② $-2\epsilon_0$
③ $4\epsilon_0$
④ $2\epsilon_0$

풀이

전위와 전하밀도의 관계를 나타낸 포아송의 방정식
$$\nabla^2 V = -\frac{\rho}{\epsilon_0} \text{ 에서}$$
$$\rho = -\epsilon_0 (\nabla^2 V) = -\epsilon_0 \left(\frac{\partial^2 V}{\partial x^2} + \frac{\partial^2 V}{\partial y^2} + \frac{\partial^2 V}{\partial z^2} \right)$$
$$= -\epsilon_0 (2+2) = -4\epsilon_0 \text{ [C/m}^3\text{]}$$
$$\therefore \rho = -4\epsilon_0 \text{ [C/m}^3\text{]}$$ 　　**답** ①

제2과목 전력공학

문제 21 송전 계통의 중성점 접지용 소호 리액터의 인덕턴스 L은? 단, 선로 한 선의 대지 정전 용량을 C라 한다.

① $L = \dfrac{1}{C}$

② $L = \dfrac{C}{2\pi f}$

③ $L = \dfrac{1}{2\pi f C}$

④ $L = \dfrac{1}{3(2\pi f)^2 C}$

풀이

소호리액터 접지방식은 **선로의 대지정전용량과 공진하는 리액터를 통하여 접지하는 방식**이므로

$$\omega L = \frac{1}{3\omega C} \quad (\because \text{변압기의 리액턴스는 무시})$$

$$\therefore L = \frac{1}{3\omega^2 C} = \frac{1}{3(2\pi f)^2 C} \qquad \text{답 ④}$$

문제 22 루프(Loop)배전방식에 대한 설명으로 옳은 것은?

① 전압강하가 적은 이점이 있다.
② 시설비가 적게 드는 반면에 전력손실이 크다.
③ 부하밀도가 적은 농어촌에 적당하다.
④ 고장시 정전범위가 넓은 결점이 있다.

풀이

루프(환상)식
• 선로의 전류 분포가 좋다.
• **전압 강하 및 전력손실이 적다.**
• 선로에 고장이 일어난 경우 고장 부분을 제거하고 공급을 계속 할 수 있다.
• 시설비가 많이 든다.

수지식
• 공사비가 저렴하다.
• 전압강하가 크고 사고시 정전범위가 크므로 공급신뢰도가 낮다.
• 부하밀도가 적은 농·어촌에 적당하다. 답 ①

문제 23 그림은 유입 차단기(탱크형)의 구조도이다. A의 명칭은?

① 절연 liner
② 승강간
③ 가동 접촉자
④ 고정 접촉자

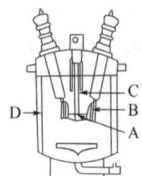

풀이

A : 가동 접촉자   B : 고정 접촉자
C : 승강간   D : 절연 liner   답 ③

문제 24 3상 4선식 배전 방식에서 1선당의 최대 전력은? 단, 상전압을 V, 선전류를 I라 한다.

① $0.5\,VI$ ② $0.57\,VI$
③ $0.75\,VI$ ④ $1.0\,VI$

풀이

3상 4선식 배전방식은 Y결선이고 Y결선에서는 선전류 = 상전류 이므로 $P = 3VI$ 이다.

1선당 최대전력은 $P_1 = \dfrac{P}{4} = \dfrac{3}{4}VI = 0.75\,VI$ 가 된다. 답 ③

문제 25 전력계통의 전압 조정과 무관한 것은?

① 발전기의 조속기
② 발전기의 전압 조정 장치
③ 전력용 콘덴서
④ 전력용 분로 리액터

풀이

조속기는 부하의 변화에 따라 터빈에 유입되는 증기의 유입량을 조절하여 터빈의 회전속도를 일정하게, 즉 **주파수를 일정하게 유지시켜주는 장치**이다. 답 ①

문제 26 단상 2선식(110[V]) 저압 배전선로를 단상 3선식(110/220[V])으로 변경하였을 때 전선로의 전압 강하율은 변경전에 비해서 어떻게 되는가? 단, 부하용량은 변경 전후에 같고 역률은 1.00이며 평형부하이다.

① $\dfrac{1}{4}$배로 된다.   ② $\dfrac{1}{3}$배로 된다.

③ $\dfrac{1}{2}$배로 된다.   ④ 변하지 않는다.

풀이

전압 강하율 $\epsilon = \dfrac{e}{V} = \dfrac{P}{V^2}(R + X\tan\theta)$의 식에서 n배 승압

하였을 때의 전압 강하율은

$$\frac{\epsilon'}{\epsilon} = \frac{\dfrac{P}{(nV)^2}(R + X\tan\theta)}{\dfrac{P}{V^2}(R + X\tan\theta)} = \frac{1}{n^2} \text{ 가 된다.}$$

즉, 단상 2선식을 단상 3선식으로 변경하였을 경우는 2배 승압
한 경우이므로 전압 강하율은 $\dfrac{1}{4}$배가 된다.　**답** ①

문제 27　파동 임피던스 $Z_1 = 500[\Omega]$인 선로의 종
단에 파동 임피던스 $Z_2 = 1000[\Omega]$의 변압기가 접속
되어 있다. 지금 선로에서 파고 $e_1 = 600[kV]$의 전압
이 진입할 경우 접속점에서의 전압 반사파의 파고는
몇 [kV]인가?

① 200 [kV]　　　　　② 300 [kV]
③ 400 [kV]　　　　　④ 500 [kV]

풀이

반사 전압 $e_2 = \dfrac{Z_2 - Z_1}{Z_2 + Z_1} e_1 = \dfrac{1000 - 500}{1000 + 500} \times 600 = 200\ [kV]$

답 ①

문제 28　154/22.9 [kV], 40 [MVA]인 3상 변압기
의 % 리액턴스가 14 [%]라면 1차측으로 환산한 리액
턴스는 약 몇 [Ω]인가?

① 5　　　　　　　② 1.8
③ 83　　　　　　　④ 560

풀이

$\%Z = \dfrac{ZP}{10V^2}$에서 임피던스 $Z = \dfrac{10V^2 \times \%Z}{P}$

여기서, V : 정격전압 [kV], P : 기준용량 [kVA]

$Z = \dfrac{10 \times 154^2 \times 14}{40000} = 83\ [\Omega]$　**답** ③

문제 29　송전선로의 페란티 효과에 관한 설명으로
옳지 않은 것은?

① 송전선로에 충전전류가 흐르면 수전단 전압이
　송전단 전압보다 높아지는 현상을 말한다.

② 페란티 효과를 방지하기 위하여 선로에 분로리
　액터를 설치한다.
③ 장거리 송전선로에서 정전용량으로 인하여 발
　생한다.
④ 페란티 현상을 방지하기 위해서는 진상 무효전
　력을 공급하여야 한다.

풀이

페란티 현상이란 선로의 정전 용량으로 인하여 무부하시나
경부하시에 **진상 전류**가 흘러 수전단 전압이 송전단 전압보다
높아지는 현상을 말하며 이의 대책으로는 **분로 리액터나 동
기 조상기의 지상 용량**으로 방지할 수 있다.　**답** ④

제3과목　전기기기

문제 41　수은 정류기에서 역호 현상의 큰 원인은?

① 과부하 전류
② 내부 잔존 가스 압력의 저하
③ 전원 주파수의 저하
④ 내부 저항의 저하

풀이

역호의 발생 원인
① 내부 잔존 가스 압력의 상승
② 화성 불충분
③ 양극의 수은 물방울 부착
④ 양극 표면의 불순물 부착
⑤ 양극 재료의 불량
⑥ **전류, 전압의 과대**
⑦ 증기 밀도의 과대　**답** ①

문제 42　전슬롯수 24의 고정자에 단상 4극의 권선
을 설치한 경우 인접한 슬롯 사이의 전기각은?

① 30°　　　　　　② 60°
③ 90°　　　　　　④ 180°

풀이

전기각(α) $= \dfrac{180°}{\text{슬롯수/극수}} = \dfrac{180}{24/4} = 30°$　**답** ①

문제 43 직류 발전기에서 회전속도가 빨라지면 정류가 힘드는 이유는?

① 정류주기가 길어진다.

② 리액턴스 전압이 커진다.

③ 브러시 접촉저항이 커진다.

④ 정류자속이 감소한다.

풀이

정류 주기를 T_c라 할 때 정류시 발생하는 평균 리액턴스 전압 $e_L = L \dfrac{2I_c}{T_c}$ [V]에서 회전속도가 빨라지면 **정류주기 T_c가 짧아지므로 리액턴스 전압 e_L이 증대되어 정류가 불량**해진다. **답** ②

문제 44 교류 발전기의 동기 임피던스는 철심이 포화하면 어떻게 되는가?

① 증가한다.

② 관계없다.

③ 감소한다.

④ 증가, 감소가 불명확하다.

풀이

교류발전기의 철심이 포화하면 변화하는 것은 동기 리액턴스 중의 전기자 반작용이다. 철심이 포화하면 기자력은 생겨도 반작용 자속은 충분히 생기지 않는다고 생각된다. 즉, **철심이 포화하면 동기 임피던스는 감소**한다. **답** ③

문제 45 광스위치, 릴레이, 카운터 회로 등에 사용되는 감광역저지 3단자 사이리스터는 어느 것인가?

① LAS

② SCS

③ SSS

④ LASCR

풀이

각종 반도체 소자의 비교

명 칭		단자	신 호	응용 예
사이리스터		SCR	3단자	게이트 신호	정류기 인버터
	역저지 사이리스터	LASCR		빛 또는 게이트 신호	정지스위치 및 응용 스위치
		GTO		게이트 신호 on, off	초퍼 직류 스위치
		SCS	4단자		
	쌍방향 사이리스터	TRIAC	3단자	게이트 신호	조광장치, 교류 스위치
		역도통 사이리스터		게이트 신호	직류 효과

명 칭	단자	신 호	응용 예
다이오드	2단자		정류기
트랜지스터	3단자		증폭기

답 ④

문제 46 정격 3300/210 [V]의 변압기의 1차에 3300 [V]를 가하고 2차에 부하를 접속하니 1차에 3 [A]의 전류가 흘렀다. 2차 출력 [kVA]은 약 얼마인가?

① 2.5

② 4.9

③ 9.9

④ 19.8

풀이

손실이 없는 경우 1차 입력 P_1과 2차 출력 P_2가 같으므로
$$P_2 = V_2 I_2 = V_1 I_1 = 3300 \times 3 = 9900 [\mathrm{VA}] = 9.9 [\mathrm{kVA}]$$
답 ③

문제 47 기전력에 고조파를 포함하고 중성점이 접지되어 있을 때에는 선로에 제3고조파를 주로 하는 충전전류가 흐르고 변압기에서 제3고조파의 영향으로 통신 장해를 일으키는 3상 결선법은?

① △-△ 결선

② Y-Y 결선

③ Y-△ 결선

④ △-Y 결선

풀이

Y-Y 결선은 제3고조파 여자 전류에 의한 제3고조파가 기전력에 포함되며 중성점 접지시 유도 장애를 일으킨다. 따라서, 제3고조파에 의한 영향을 없애기 위해서는 1차 또는 2차를 △결선하여야 한다. **답** ②

문제 48 변압기의 이상적인 병렬 운전에 대한 설명이 아닌 것은?

① 각 변압기가 그 용량에 비례하여 전류를 분담한다.

② 각 변압기의 자화 전류는 정현파가 된다.

③ 병렬로 된 각 변압기 폐회로에는 순환 전류가 흐르지 않는다.

④ 각 변압기에 대한 전류의 대수합이 언제나 전체의 부하 전류와 같다.

풀이

병렬 운전의 이상적인 조건

① 용량에 비례하여 전류를 분담할 것

② 각 변압기에 흐르는 전류의 대수합이 전체 부하 전류와 같을 것

③ 변압기 상호간에 순환전류가 흐르지 않을 것　**답 ②**

제4과목　회로이론 및 제어공학

문제 61 그림과 같은 회로에서 전압비의 전달 함수 $\dfrac{V_2(s)}{V_1(s)}$ 는?

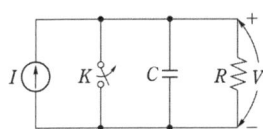

① $\dfrac{LCs}{s^2 + LC}$　　② $\dfrac{\dfrac{1}{LCs}}{s^2 + LC}$

③ $\dfrac{\dfrac{1}{LC}}{s^2 + \dfrac{1}{LC}}$　　④ $\dfrac{\dfrac{1}{LC}}{s^2 + LC}$

풀이

$V_1(s) = \left(Ls + \dfrac{1}{Cs}\right) I(s)$,　$V_2(s) = \dfrac{1}{Cs} I(s)$

$\therefore G(s) = \dfrac{V_2(s)}{V_1(s)} = \dfrac{\dfrac{1}{Cs}}{Ls + \dfrac{1}{Cs}} = \dfrac{1}{1 + s^2 LC} = \dfrac{\dfrac{1}{LC}}{s^2 + \dfrac{1}{LC}}$

답 ③

문제 62 회로에서 스위치 K는 닫혀진 상태에 있었다. $t = 0$에서 K를 열었을 때 다음 서술 중 잘못된 것은?

① $t \geq 0$에 대한 회로방정식은 $C\dfrac{dV}{dt} + \dfrac{V}{R} = I$ 이다.

② $V(0^+) = 0$ 이다.

③ $\left.\dfrac{dV}{dt}\right|_{t=0^+} = 0$ 이다.

④ V의 정상값 $V_{ss} = RI$ 이다.

풀이

① K의 개로시 회로방정식 : $C\dfrac{dV}{dt} + \dfrac{V}{R} = I$

② K가 개로되기 전에 전류는 흐르지 않으므로 V의 초기 조건 $V(0^+) = 0$ 이다.

③ $V(t) = RI\left(1 - e^{-\frac{1}{RC}t}\right)$이므로 $\dfrac{dV}{dt} \neq 0$ 이다.

④ V의 정상값 $V_{ss} = RI$ 이다.　**답 ③**

문제 63 개루프 전달함수가 다음과 같을 때 폐루프 전달함수는?

$$G(s) = \dfrac{s+2}{s(s+1)}$$

① $\dfrac{s+2}{s^2 + s}$　　② $\dfrac{s+2}{s^2 + 2s + 2}$

③ $\dfrac{s+2}{s^2 + s + 2}$　　④ $\dfrac{s+2}{s^2 + 2s + 4}$

풀이

폐루프 전달 함수를 $G'(s)$라 하면,

$G'(s) = \dfrac{G(s)}{1 + G(s)} = \dfrac{\dfrac{s+2}{s(s+1)}}{1 + \dfrac{s+2}{s(s+1)}} = \dfrac{s+2}{s^2 + 2s + 2}$　**답 ②**

문제 64 그림과 같은 회로는 어떤 논리회로 인가?

① AND 회로

② NAND 회로

③ OR 회로

④ NOR 회로

풀이

AND 회로에 NOT 회로를 접속한 AND-NOT 회로로서 논리식은 $X = \overline{A \cdot B}$가 된다.　**답 ②**

문제 65 회로를 테브난(Thevenin)의 등가 회로로 변환하려고 한다. 이때 테브난의 등가저항[Ω] R_T와 등가전압[V] V_T는?

① $R_T = \dfrac{8}{3}$, $V_T = 8$

② $R_T = 6$, $V_T = 12$

③ $R_T = 8$, $V_T = 16$

④ $R_T = \dfrac{8}{3}$, $V_T = 16$

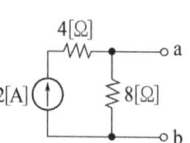

풀이

a, b에서 본 개방 단자 전압 V_T는

$V_T = 2 \times 8 = 16$ [V]

전류원을 개방하고 a, b에서 본 저항 R_T는

$R_T = 8$ [Ω] **답** ③

문제 66 5 [mH]인 두 개의 자기 인덕턴스가 있다. 결합 계수를 0.2로부터 0.8까지 변화시킬 수 있다면 이것을 접속하여 얻을 수 있는 합성 인덕턴스의 최대값과 최소값은 각각 몇 [mH]인가?

① 20, 8

② 20, 2

③ 18, 8

④ 18, 2

풀이

합성 인덕턴스 $L_0 = L_1 + L_2 \pm 2M$ 이고

$M = k\sqrt{L_1 L_2}$ 이므로 $k = 0.8$만 고려하면 된다.

∴ $L_0 = L_1 + L_2 \pm 2k\sqrt{L_1 L_2}$

$= 5 + 5 \pm 2 \times 0.8 \times \sqrt{5 \times 5} = 10 \pm 8$ [mH] **답** ④

문제 67 전압 대칭분을 각각 V_0, V_1, V_2, 전류의 대칭분을 각각 I_0, I_1, I_2라 할 때 대칭분으로 표시되는 전 전력은 얼마인가?

① $V_0 I_1 + V_1 I_2 + V_2 I_0$

② $V_0 I_0 + V_1 I_1 + V_2 I_2$

③ $3V_0 I_1 + 3V_1 I_2 + 3V_2 I_0$

④ $3V_0 I_0 + 3V_1 I_1 + 3V_2 I_2$

풀이

1상 전력 $P_1 = V_0 I_0 + V_1 I_1 + V_2 I_2$

3상 전력 $P_3 = 3P_1 = 3(V_0 I_0 + V_1 I_1 + V_2 I_2)$ **답** ④

문제 68 3상 교류 대칭 전압에 포함되는 고조파 중에서 상회전이 기본파에 대하여 반대인 것은?

① 제 3 고조파

② 제 5 고조파

③ 제 7 고조파

④ 제 9 고조파

풀이

• $h = 3n + 1$: 기본파와 같은 방향

• $h = 3n - 1$: 기본파와 반대 방향

여기서, h : 고조파 차수, n : 1, 2, 3, …

따라서, **제 5 고조파는 $3n - 1$에 적용되므로 상회전이 기본파와 반대이다.** **답** ②

문제 69 PID 동작은 어느 것인가?

① 사이클링과 오프셋이 제거되고 응답속도가 빠르며 안정성도 있다.

② 응답속도를 빨리 할 수 있으나 오프셋은 제거되지 않는다.

③ 오프셋은 제거되나 제어동작에 큰 부동작 시간이 있으면 응답이 늦어진다.

④ 사이클링을 제거할 수 있으나 오프셋이 생긴다.

풀이

PID 제어는

① 정상특성과 응답속응성을 동시에 개선시킨다.

② 오버슈트를 감소시킨다.

③ 정정시간을 적게 하는 효과가 있다.

④ 연속선형 제어 **답** ①

문제 70 다음 요소 중 피드백(feed Back)제어계의 제어장치에 속하지 않는 것은?

① 설정부

② 제어요소

③ 검출부

④ 제어대상

풀이

피드백 제어계의 구성도

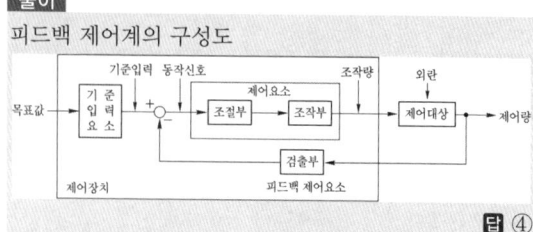

답 ④

제5과목 ▶ 전기설비 기술기준

문제 81 345 [kV]의 가공송전선로를 평지에 건설하는 경우 전선의 지표상 높이는 최소 몇 [m] 이상이어야 하는가?

① 7.58 [m]　　　　② 7.95 [m]
③ 8.28 [m]　　　　④ 8.85 [m]

풀이

333.7 특고압 가공전선의 높이

전압의 범위	일반 장소	도로 횡단	철도 또는 궤도횡단	횡단보도교
35[kV] 이하	5 [m]	6 [m]	6.5 [m]	4 [m](특고압절연전선 또는 케이블 사용)
35[kV] 초과 160[kV] 이하	6 [m]	6 [m]	6.5 [m]	5 [m](케이블 사용)
	산지 등에서 사람이 쉽게 들어갈 수 없는 장소 ; 5 [m] 이상			
160[kV] 초과	일반장소	가공전선의 높이 = 6 + 단수×0.12 [m]		
	철도 또는 궤도횡단	가공전선의 높이 = 6.5 + 단수×0.12 [m]		
	산지	가공전선의 높이 = 5 + 단수×0.12 [m]		

※ 단수 = $\dfrac{(전압\,[kV]-160)}{10}$ … 단수 계산에서 소수점 이하는 절상

• 단수 = $\dfrac{345-160}{10}$ = 18.5 → 19단

∴ 전선의 지표상 높이 = 6 + 19×0.12 = 8.28[m]　**답** ③

문제 82 옥내에 시설하는 관등회로의 사용전압이 1000 [V]를 넘는 방전관에 네온 방전관을 사용하고, 관등회로의 배선은 애자공사에 의하여 시설할 경우 다음 설명 중 옳지 않은 것은?

① 전선은 네온관용 전선일 것
② 전선 상호간의 간격은 6 [cm] 이상일 것
③ 전선의 지지점간의 거리는 1 [m] 이하일 것
④ 전선은 조영재의 앞면 또는 위쪽면에 붙일 것

풀이

234.12 네온방전등
네온방전등에 공급하는 전로의 대지전압은 300[V] 이하로 하여야 하며, 다음에 의하여 시설하여야 한다. 다만, 네온방전등에 공급하는 전로의 대지전압이 150[V] 이하인 경우는 적용하지 않는다.

가. 네온변압기는 옥내배선과 직접 접촉하여 시설할 것.
나. 관등회로의 배선은 애자공사로 다음에 따라서 시설하여야 한다.
　① 전선은 네온관용전선을 사용할 것.
　② 전선은 자기 또는 유리제 등의 애자로 견고하게 지지하여 **조영재의 아랫면 또는 옆면**에 부착하고 전선 상호간의 이격거리는 60[mm] 이상일 것.
　③ 전선지지점간의 거리는 1 [m] 이하로 할 것.
　④ 애자는 절연성·난연성 및 내수성이 있는 것일 것.
　　　　　　　　　　　　　　　　　　　답 ④

문제 83 스러스트 베어링의 온도가 현저히 상승하는 경우 자동적으로 이를 전로로부터 차단하는 장치를 시설하여야 하는 수차 발전기의 용량은 몇 [kVA] 이상인가?

① 500 [kVA]　　　　② 1000 [kVA]
③ 1500 [kVA]　　　　④ 2000 [kVA]

풀이

351.3 발전기 등의 보호장치
발전기에는 다음의 경우에 자동적으로 이를 전로로부터 차단하는 장치를 시설하여야 한다.
가. 발전기에 과전류나 과전압이 생긴 경우
나. 용량이 2,000[kVA] 이상인 수차 발전기의 스러스트 베어링의 온도가 현저히 상승한 경우
다. 용량이 10,000[kVA] 이상인 발전기의 내부에 고장이 생긴 경우
라. 정격출력이 10,000[kW]를 초과하는 증기터빈은 그 스러스트 베어링이 현저하게 마모되거나 그의 온도가 현저히 상승한 경우　　　　　　　　**답** ④

문제 84 고압 가공선로의 지지물에 대한 경간의 제한 기준으로 옳지 않은 것은?

① A종 철주를 사용하는 경우 최대 경간은 150[m]이다.
② 철탑을 사용하는 경우 최대 경간은 600[m] 이다.
③ 경간이 100[m]를 넘는 경우 지름 4.5[mm] 이상의 동복강선을 고압 가공전선으로 사용한다.
④ 고압 가공전선로의 전선으로 단면적 22[mm²] 이상의 경동연선을 사용하는 경우 A종 철주의 경간은 300[m] 이하이어야 한다.

풀이

332.9 고압 가공전선로 경간의 제한

가. 고압 가공전선로의 경간은 표에서 정한 값 이하이어야 한다.

지지물의 종류	경 간
목주 · A종 철주 또는 A종 철근 콘크리트주	150[m]
B종 철주 또는 B종 철근 콘크리트주	250[m]
철 탑	600[m]

나. 고압 가공전선로의 전선에 인장강도 8.71[kN] 이상의 것 또는 단면적 22[mm²] 이상의 경동연선의 것을 규정에 따라 지지물을 시설하는 경우에 그 전선로의 경간은 다음과 같다.

지지물의 종류	22[mm²] 이상의 경동선 사용
목주·A종 철주 또는 A종 철근 콘크리트 주	300[m]
B종 철주 또는 B종 철근 콘크리트 주	500[m]
철탑	600[m]

답 ③

국가기술자격검정 필기시험 문제

2008년도 전기기사 일반검정 제2회

자격종목 및 등급(선택분야)	종목코드	시험시간	문제지형별	수검 번호	성 명
전기기사	1150	2시간 30분	A		

제1과목 **전기자기학**

문제 01 다음 중 유전체에서 전자 분극이 나타나는 이유를 설명한 것으로 가장 알맞은 것은?

① 단결정 매질에서 전자운과 핵의 상대적인 변위에 의한다.

② 화합물에서 (+)이온과 (−)이온간의 상대적인 변위에 의한다.

③ 단결정에서 (+)이온과 (−)이온간의 상대적인 변위에 의한다.

④ 영구 전기 쌍극자의 전계 방향의 배열에 의한다.

풀이

• **전자 분극** : 원자를 구성하는 **전자운의 중심이 원자핵에 대하여 상대적 변위에 의해 나타나는 분극**

• **이온 분극** : 이온결정 내에서 양으로 대전된 원자와 음으로 대전된 원자의 상대적 변위에 의하여 일어나는 분극

• **쌍극자 배향분극** : 유극성 분자의 영구 쌍극자에 전계가 작용하면 영구 쌍극자는 전계와 같은 방향으로 회전력을 받아 분극을 일으킨다. **답 ①**

문제 02 전지에 연결된 진공 평행판 콘덴서에서 진공 대신 어떤 유전체로 채웠더니 충전전하가 2배로 되었다면 전기 감수율(susceptibility) χ_{er}은 얼마인가?

① 0   ② 1   ③ 2   ④ 3

풀이

$$\frac{Q}{Q_0} = \frac{CV}{C_0 V} = \frac{C}{C_0} = \epsilon_s = 2$$

분극의 세기 P는 전계의 세기 E에 비례하고, 이때 비례상수 χ는 분극의 발생 용이성을 나타내는 분극률이다.

또 $\dfrac{\chi}{\epsilon_0}$를 전기감수율(비분극률) χ_{er}이라 한다.

$$P = \chi E = \epsilon_0(\epsilon_s - 1)E = \epsilon_0 \chi_{er} E$$

분극률 $\chi = \epsilon_0(\epsilon_s - 1)$

전기감수율 $\chi_{er} = \dfrac{\chi}{\epsilon_0} = \epsilon_s - 1$

$\therefore \chi_{er} = 2 - 1 = 1$ **답 ②**

문제 03 다음 중 전계 E가 보존적인 것과 관계되지 않는 것은?

① $\oint_c E \cdot dl = 0$ ② $E = -\operatorname{grad} V$

③ $\operatorname{rot} E = 0$ ④ $\operatorname{div} E = 0$

풀이

$$\operatorname{div} E = \frac{\rho}{\epsilon_0}$$ **답 ④**

문제 04 $\nabla \cdot J = -\dfrac{\partial \rho}{\partial t}$에 대한 설명으로 옳지 않은 것은?

① "−"부호는 전류가 폐곡면에서 유출되고 있음을 뜻한다.

② 단위 체적당 전하밀도의 시간당 증가 비율이다.

③ 전류가 정상 전류가 흐르면 폐곡면에 통과하는 전류는 0(ZERO)이다.

④ 폐곡면에서 수직으로 유출되는 전류밀도는 미소체적인 한 점에서 유출되는 단위 체적당 전류가 된다.

풀이

전류의 연속 방정식 $\nabla \cdot J = -\dfrac{\partial \rho}{\partial t}$ 으로부터 전류밀도의 발산을 **체적전하밀도의 단위시간당 감소(-) 비율**을 의미하고, 정상전류에서는 $\dfrac{\partial \rho}{\partial t} = 0 (\rho \text{ 일정})$ 이므로 $\nabla \cdot J = 0$ 이다.

답 ②

문제 05 점전하에 의한 전위함수가 $V = x^2 + y^2$ [V]로 주어진 전계가 있을 때 이 전계의 전기력선 방정식은? 단, A 는 상수이다.

① $xy = A$ ② $y = Ax$

③ $y = Ax^2$ ④ $\dfrac{1}{x} + \dfrac{1}{y} = A$

풀이

$$E = -\operatorname{grad} V = -\left(i\dfrac{\partial}{\partial x} + j\dfrac{\partial}{\partial y} + k\dfrac{\partial}{\partial z}\right)(x^2 + y^2)$$

$$= -i\,2x - j\,2y = -2(ix + jy) = iE_x + jE_y$$

전기력선의 방정식 $\dfrac{dx}{E_x} = \dfrac{dy}{E_y}$, $\dfrac{dx}{-2x} = \dfrac{dy}{-2y}$

$\therefore \dfrac{dx}{x} = \dfrac{dy}{y}$ 를 양변 적분하면

$\ln x + \ln k_1 = \ln y + \ln k_2$

$k_1 x = k_2 y$

$\therefore y = \dfrac{k_1}{k_2}x = Ax$ 단, $A = \dfrac{k_1}{k_2}$

답 ②

문제 06 다음 중 거리 r 에 반비례 하는 것은?

① 무한장 직선전하에 의한 전계

② 구도체 전하에 의한 전계

③ 전기쌍극자에 의한 전계

④ 전기쌍극자에 의한 전위

풀이

• **무한장 직선 전하에 의한 전계** $E = \dfrac{\rho\,l}{2\pi\epsilon_0 r}$

• **구도체(점전하)에 의한 전계** $E = \dfrac{1}{4\pi\epsilon_0} \times \dfrac{Q}{r^2}$

• **전기 쌍극자에 의한 전계** $E = \dfrac{M\sqrt{1 + 3\cos^2\theta}}{4\pi\epsilon_0 r^3}$

• **전기쌍극자에 의한 전위** : $V = \dfrac{M\cos\theta}{4\pi\epsilon_0 r^2}$ [V]

답 ①

문제 07 전자유도법칙과 관계가 가장 먼 것은?

① 노이만의 법칙

② 렌쯔의 법칙

③ 패러데이의 법칙

④ 앙페르의 오른나사 법칙

풀이

$e = -N\dfrac{d\phi}{dt}$ 에서

• **렌쯔의 법칙** : 전자유도에 의해 발생하는 기전력은 자속 변화를 방해하는 방향으로 전류가 발생한다. 즉, **기전력의 방향을 정의한 법칙**

• **패러데이 법칙 또는 노이만의 법칙** : 유도기전력의 크기는 폐회로에 쇄교하는 자속의 시간적 변화율에 비례한다. 즉, **기전력의 크기를 정의한 법칙**

답 ④

문제 08 다음 중 무한 솔레노이드에 전류가 흐를 때에 대한 설명으로 가장 알맞은 것은?

① 내부 자계는 위치에 상관없이 일정하다.

② 내부 자계와 외부 자계는 그 값이 같다.

③ 외부 자계는 솔레노이드 근처에서 멀어 질수록 그 값이 작아진다.

④ 내부 자계의 크기는 0 이다.

풀이

• 무한장 솔레노이드 **내부의 자계** $H_i = nI$ [AT/m] (위치에 관계없는 **평등자계**)

• 무한장 솔레노이드 외부의 자계 $H_o = 0$ [AT/m]

답 ①

제2과목 **전력공학**

문제 21 20 [kV] 미만의 옥내 변류기로 주로 사용되는 것은?

① 유입식 권선형   ② 부싱형

③ 관통형   ④ 건식 권선형

풀이

변류기

1. 권선형 변류기

① 유입식 : 11 [kV] 이상의 옥외용으로 사용

② 몰드식 : 3.3~33 [kV]의 옥내용으로 사용

③ 건식 : 20 [kV] 미만의 옥내용으로 사용

2. 관통형 변류기

3. 붓싱형 변류기 　　　　　　　　　　답 ④

문제 22 배전선로에서 수용가에의 공급 전압을 허용 범위 내에 유지하기 위해서 적용하는 방법이 아닌 것은?

① 배전변압기에서의 전압조정에는 고압선 각 부의 전압에 따라서 배전변압기의 사용 탭을 적정하게 선정한다.

② 66 [kV] 이하의 변전소에서의 전압조정에는 모선 또는 급전선 마다 정지형 전압 조정기를 설치해서 조정한다.

③ 우리나라에서는 배전선로에서의 전압강하 한도를 10 [%]로 잡고 적정한 전압강하 값을 설비별로 분담하는 방법으로 전압 조정용 기기와 병용해서 사용한다.

④ 배전선로의 부하는 중부하시와 경부하시에 크게 변화하므로 변전소 수전측의 송전선로에 대해서는 소호리액터를 사용해서 조정한다.

풀이

소호 리액터는 전압조정을 하기 위한 것이 아니라 **지락사고 시 지락 전류를 억제**하기 위한 목적으로 사용된다. 답 ④

문제 23 직류송전방식이 교류송전방식에 비하여 유리한 점을 설명한 것으로 옳지 않은 것은?

① 표피효과에 의한 송전손실이 없다.

② 통신선에 대한 유도잡음이 적다.

③ 선로의 절연이 쉽다.

④ 정류가 필요 없고 승압 및 강압이 쉽다.

풀이

직류 송전 방식의 장·단점

[장점]

① 선로의 리액턴스가 없으므로 안정도가 높다.

② 유전체손 및 충전 용량이 없고 절연 내력이 강하다.

③ 비동기 연계가 가능하다.

④ 단락 전류가 적고 임의 크기의 교류 계통을 연계시킬 수 있다.

⑤ 코로나손 및 전력 손실이 적다.

⑥ 표피 효과나 근접 효과가 없으므로 실효 저항의 증대가 없다.

[단점]

① **직교 변환 장치가 필요**하다.

② **전압의 승압 및 강압이 불리**하다.

③ 고조파나 고주파 억제 대책이 필요하다.

④ 직류 차단기가 개발되어 있지 않다. 답 ④

제3과목　전기기기

문제 41 변압기의 단락시험과 관계 없는 것은?

① 누설 리액턴스　　　② 전압 변동률

③ 임피던스 와트　　　④ 여자 어드미턴스

풀이

변압기의 단락 시험으로는 임피던스 와트, 임피던스 전압 및 입력 전류를 측정하여 누설 임피던스, 누설 리액턴스, 권선의 저항 등을 산출하고, **여자 어드미턴스는 무부하 시험으로 계산**한다. 답 ④

문제 42 다음은 IGBT에 관한 설명이다. 잘못된 것은?

① Insulated Gate Bipolar Thyristor의 약자이다.

② 트랜지스터와 MOSFET를 조합한 것이다.

③ 고속 스위칭이 가능하다.

④ 전력용 반도체 소자이다.

풀이

IGBT(insulated gate bipolar transistor)

IGBT는 MOSFET와 트랜지스터의 장점을 취한 것으로서

① 소스에 대한 게이트의 전압으로 도통과 차단을 제어한다.

② 게이트 구동전력이 매우 낮다.

③ 스위칭 속도는 FET와 트랜지스터의 중간정도로 빠른 편에 속한다.

④ 용량은 일반 트랜지스터와 동등한 수준이다. 답 ①

문제 43 3300/210 [V], 10 [kVA]의 단상 변압기가 있다. %저항강하는 3 [%], %리액턴스 강하는 4 [%]이다. 이 변압기가 무부하인 경우의 2차 단자전압은 약 몇 [V]인가? 단, 변압기는 지역률 80 [%]일 때 정격출력을 낸다고 한다.

① 168 　② 216

③ 220 　④ 228

풀이

$\epsilon = p\cos\phi + q\sin\phi = 3 \times 0.8 + 4 \times 0.6 = 4.8 [\%]$

정격출력에서 변압기를 무부하로 했을 때의 2차 단자전압을 V_{20}, 정격 2차 전압을 V_{2n}이라 하면,

$\epsilon = \dfrac{V_{20} - V_{2n}}{V_{2n}} \times 100$ 에서

$\therefore V_{20} = \left(1 + \dfrac{\epsilon}{100}\right) V_{2n} = \left(1 + \dfrac{4.8}{100}\right) \times 210 = 220.08 [V]$

답 ③

문제 44 변압기의 누설 리액턴스를 줄이는데 가장 효과적인 방법은?

① 철심의 단면적을 크게 한다.

② 코일의 단면적을 크게 한다.

③ 권선을 분할하여 조립한다.

④ 권선을 동심 배치한다.

풀이

변압기의 설계에서 **권선을 분할하여 조립하면, 누설 리액턴스는 절반 이상 감소**된다. 즉, 교호 배치한다. **답** ③

문제 45 단상 유도 전압 조정기와 3상 유도 전압 조정기의 비교 설명으로 옳지 않은 것은?

① 모두 회전자와 고정자가 있으며 한편에 1차 권선을, 다른 편에 2차 권선을 둔다.

② 모두 입력 전압과 이에 대응한 출력 전압 사이에 위상차가 있다.

③ 단상 유도 전압 조정기에는 단락 코일이 필요하나 3상에서는 필요 없다.

④ 모두 회전자의 회전각에 따라 조정된다.

풀이

3상 유도 전압 조정기의 입력 전압과 출력 전압 사이에는 위상차가 있지만, **단상 유도 전압 조정기는 위상차가 없다.** **답** ②

문제 46 200 [V], 60 [Hz], 6극 10 [kW]의 3상 유도 전동기가 있다. 전부하시의 회전수가 1152 [rpm]이면 회전자 기전력의 주파수는 몇 [Hz]인가?

① 2.2 　② 2.4

③ 2.6 　④ 2.8

풀이

동기속도 $N_s = \dfrac{120f}{P} = \dfrac{120 \times 60}{6} = 1200 [rpm]$

슬립 $s = \dfrac{N_s - N}{N_s} = \dfrac{1200 - 1152}{1200} = 0.04$ 이므로

회전자 기전력의 주파수 $f_2 = sf_1 = 0.04 \times 60 = 2.4 [Hz]$

답 ②

문제 47 AC 서보 전동기(AC servomotor)의 설명 중 틀린 것은?

① AC 서보전동기는 그다지 큰 회전력이 요구되지 않는 시스템에 사용되는 전동기 이다.

② 이 전동기에는 기준권선과 제어권선의 두 고정자 권선이 있으며, 90° 위상차가 있는 2상의 전압을 인가하여 회전자계를 만든다.

③ 고정자의 기준권선에는 정전압을 인가하며, 제어권선에는 제어용 전압을 인가한다.

④ 이 전동기는 속도 회전력 특성을 선형화하고 제어전압을 입력으로 회전자의 회전각을 출력으로 보았을 때 이 전동기의 전달함수는 미분요소와 2차 요소의 직렬결합으로 볼 수 있다.

답 ④

문제 48 교류 발전기의 손실은 단자 전압 및 역률이 일정할 때 $P = P_0 + \alpha I + \beta I^2$으로 된다. 부하 전류 I가 어떤 값일 때 발전기 효율이 최대가 되는가? 단, P_0는 무부하손이며, α, β는 계수이다.

① $I = \dfrac{P_0}{\beta}$ 　② $I = \sqrt{\dfrac{P_0}{\beta}}$

③ $I = \dfrac{\alpha}{\beta}$ 　④ $I = \sqrt{\dfrac{\alpha}{\beta}}$

풀이

αI는 부하 전류에 의한 누설 자속 때문에 생기는 와류손, 즉 표유 부하손으로 직접 측정할 수 없는 손실이다. 일반적으로 전기 기계에서는 무부하손 P_0와 부하손 βI^2이 같을 때, 즉 $\beta I^2 = P_0$일 때 최대 효율이 된다.

$$\therefore I = \sqrt{\frac{P_0}{\beta}}$$

답 ②

문제 49 단상 50 [kVA], 1차 3300, 2차 210 [V], 60[Hz], 1차 권수 550, 철심의 유효 단면적 150[cm²]의 변압기 철심의 자속 밀도[Wb/m²]는 약 얼마인가?

① 2.0   ② 1.5
③ 1.2   ④ 1.0

풀이

1차 권선에 유기되는 기전력의 실효값 E_1은

$E_1 = 4.44 f N_1 \Phi_m$ [V] 식에서

$$\Phi_m = \frac{E_1}{4.44 f N_1} = \frac{3300}{4.44 \times 60 \times 550} = 0.0225[\text{Wb}]$$

자속 밀도 B는, 철심의 단면적을 A [m²]라 하면

$$\therefore B = \frac{\Phi_m}{A} = \frac{0.0225}{150 \times 10^{-4}} = 1.5[\text{Wb/m}^2]$$

답 ②

제4과목   회로이론 및 제어공학

문제 61 상태 방정식 $\frac{d}{dt}x(t) = Ax(t) + Bu(t)$, 출력 방정식 $y(t) = Cx(t)$에서

$$A = \begin{bmatrix} -1 & 2 & 3 \\ 0 & -4 & 0 \\ 0 & 1 & -5 \end{bmatrix}, B = \begin{bmatrix} 0 \\ 0 \\ 1 \end{bmatrix}, C = [1 \ 0 \ 0]$$

일 때, 아래 설명 중 맞는 것은?

① 이 시스템은 가제어하고(controllable), 가관측하다.(observable).

② 이 시스템은 가제어하나(controllable), 가관측하지 않다(unobservable).

③ 이 시스템은 가제어하지 않으나(uncontrollable), 가관측하다(observable).

④ 이 시스템은 가제어하지 않고(uncontrollable), 가관측하지 않다(unobservable).

답 ③

문제 62 특성방정식이 실수계수를 갖는 s의 유리함수 일 때 근궤적은 무엇에 대하여 대칭인가?

① 실수축   ② 허수축
③ 대칭축 없음   ④ 원점

풀이

근궤적의 작도법

• 극점에서 출발하여 원점에서 끝남

• 근궤적은 $G(s)H(s)$의 극에서 출발하여 0점에서 끝나므로 근궤적의 개수는 z와 p중 큰 것과 일치한다. 또한 근궤적의 갯수는 특성 방정식의 차수와 같다.

• 근궤적의 수 : 근궤적의 수(N)는 극점의 수(p)와 영점의 (z)수에서

  $z > p$이면 $N = z$

  $z < p$이면 $N = p$

• 근궤적의 대칭성 : 특성 방정식의 근이 실근 또는 공액 복소근을 가지므로 근궤적은 실수축에 대하여 대칭이다.

• 근궤적의 점근선 : 큰 s에 대하여 근궤적은 점근선을 가진다.

• 점근선의 교차점 : 점근선은 실수축 상에만 교차하고 그 수는 $n = p - z$ 이다.

답 ①

문제 63 어떤 제어계의 전달 함수가

$$G(s) = \frac{2s + 1}{s^2 + s + 1}$$ 로 표시될 때, 이 계에 입력 $x(t)$를 가했을 때 출력 $y(t)$를 구하는 미분 방정식으로 알맞은 것은?

① $\dfrac{d^2 y}{dt^2} + \dfrac{dy}{dt} + y = 2\dfrac{dy}{dx} + x$

② $\dfrac{d^2 y}{dt^2} + \dfrac{dy}{dt} + y = 2\dfrac{dx}{dt} + x$

③ $\dfrac{d^2 x}{dt} + \dfrac{dy}{dt} + y = 2\dfrac{dx}{dt} + x$

④ $\dfrac{d^2 y}{dt} + \dfrac{dy}{dx} + y = 2\dfrac{dx}{dt} + x$

풀이

$$\frac{Y(s)}{X(s)} = \frac{2s+1}{s^2+s+1}$$

$$Y(s)(s^2+s+1) = X(s)(2s+1)$$

역라플라스 변환하면,

$$\therefore \frac{d^2y}{dt^2} + \frac{dy}{dt} + y = 2\frac{dx}{dt} + x$$

답 ②

문제 64 제어 목적에 의한 분류에 해당 되는 것은?

① 프로세스 제어   ② 서보 기구
③ 자동조정   ④ 비율제어

풀이

1) 제어 목적에 의한 분류
　① 정치 제어   ② 프로그램 제어
　③ 추종 제어   ④ **비율 제어**
2) 제어량의 성질에 의한 분류
　① 프로세스 제어   ② 서보 기구   ③ 자동 조정   **답 ④**

문제 65 저항 R, 커패시턴스 C의 병렬 회로에서 전원 주파수가 변할 때 임피던스 궤적은?

① 제1상한 내의 반직선
② 제1상한 내의 반원
③ 제4상한 내의 반원
④ 제4상한 내의 반직선

풀이

회로	임피던스 궤적	어드미턴스 궤적 (전류 궤적)
$R-L$ 직렬	• 가변하는 축에 평행인 반직선 벡터 • 1상한에 존재	• 가변하지 않는 축에 원점을 둔 반원 벡터 • 4상한에 존재
$R-C$ 직렬	• 가변하는 축에 평행인 반직선 벡터 • 4상한에 존재	• 가변하지 않는 축에 원점을 둔 반원 벡터 • 1상한에 존재
$R-L$ 병렬	• 가변하지 않는 축에 원점을 둔 반원 벡터 • 1상한에 존재	• 가변하는 축에 평행인 반직선 벡터 • 4상한에 존재
$R-C$ 병렬	• 가변하지 않는 축에 원점을 둔 **반원 벡터** • **4상한에 존재**	• 가변하는 축에 평행인 반직선 벡터 • 1상한에 존재

답 ③

문제 66 그림과 같은 4단자 회로의 4단자 정수 A, B, C, D 중 C의 값은?

① $1 - j\omega C$
② $1 - \omega^2 LC$
③ $j\omega L(2 - \omega^2 LC)$
④ $j\omega C$

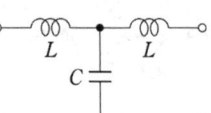

풀이

$$\begin{bmatrix} 1 & j\omega L \\ 0 & 1 \end{bmatrix} \begin{bmatrix} 1 & 0 \\ j\omega C & 1 \end{bmatrix} \begin{bmatrix} 1 & j\omega L \\ 0 & 1 \end{bmatrix} = \begin{bmatrix} 1 - \omega^2 LC & j\omega L(2 - \omega^2 LC) \\ j\omega C & 1 - \omega^2 LC \end{bmatrix}$$

답 ④

문제 67 단위 부궤환 제어시스템(Unit negative feedback control system)의 개루프(Open loop) 전달함수 $G(s)$가 다음과 같이 주어졌다. 이 때 다음 설명 중 틀린 것은?

$$G(s) = \frac{\omega_n^2}{s(s + 2\zeta\omega_n)}$$

① 이 시스템은 $\zeta = 1.2$일 때 과제동된 상태에 있게 된다.
② 이 폐루프 시스템의 특성방정식은
　$s^2 + 2\zeta\omega_n s + \omega_n^2 = 0$이다.
③ ζ값이 작게 될수록 제동이 많이 걸리게 된다.
④ ζ값이 음의 값이면 불안정하게 된다.

풀이

• $\zeta < 1$인 경우 : 부족 제동(감쇠 진동)
• $\zeta > 1$인 경우 : 과제동(비진동)
• $\zeta = 1$인 경우 : 임계 제동(임계 상태)
• $\zeta = 0$인 경우 : 무제동(무한 진동 또는 완전 진동)

답 ③

문제 68 샘플링된 신호를 다음 샘플링 신호와 직선으로 연결하는 홀드를 무엇이라 하는가?

① Zero Order Hold
② First Order Hold
③ Second Order Hold
④ Third Order Hold

답 ②

문제 69 어느 함수가 $f(t) = 1 - e^{-at}$인 것을 라플라스 변환하면?

① $\dfrac{1}{s^2(s+a)}$ ② $\dfrac{a}{s(s-a)}$

③ $\dfrac{1}{s(s+a)}$ ④ $\dfrac{a}{s(s+a)}$

풀이

$$\mathcal{L}[f(t)] = \mathcal{L}[1 - e^{-at}] = \frac{1}{s} - \frac{1}{s+a} = \frac{a}{s(s+a)}$$ **답** ④

문제 70 다음 회로는 무엇을 나타낸 것인가?

① AND
② OR
③ Exclusive OR
④ NAND

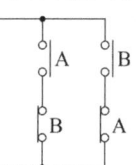

풀이

$Y = A\bar{B} + \bar{A}B = A \oplus B$이므로 Exclusive OR 회로이다. **답** ③

제5과목 ▶ 전기설비 기술기준

문제 81 교통신호등 회로의 사용전압은 몇 [V] 이하이어야 하는가?

① 110 [V] ② 220 [V]
③ 300 [V] ④ 380 [V]

풀이

234.15 교통신호등
가. 교통신호등 제어장치의 **2차측 배선의 최대사용전압은 300[V] 이하**이어야 한다.
나. 교통신호등의 2차측 배선(인하선을 제외한다)은 전선이 케이블인 경우 이외에는 공칭단면적 2.5[mm²] 연동선과 동등 이상의 세기 및 굵기의 450/750[V] 일반용 단심비닐절연전선 또는 450/750[V] 내열성에틸렌아세테이트 고무절연전선일 것. **답** ③

문제 82 과전류 차단기로 저압 전로에 사용하는 퓨즈를 수평으로 붙인 경우의 동작 특성으로 옳은 것은? 단, 정격 전류는 30 [A]라고 한다.

① 정격전류의 1.25배의 전류에 견딜 것
② 정격전류의 1.6배로 60분 이상 견딜 것
③ 정격전류의 1.8배의 120분 이내 용단될 것
④ 정격전류의 2배의 전류로 10분안에 용단될 것

풀이

212.3.4 보호장치의 특성
1. 과전류 보호장치는 KS C 또는 KS C IEC 관련 표준(배선차단기, 누전차단기, 퓨즈등의 표준)의 동작특성에 적합하여야 한다.
2. 과전류차단기로 저압전로에 사용하는 범용의 퓨즈는 표 에 적합한 것이어야 한다.

표. 퓨즈(gG)의 용단특성

정격전류의 구분	시 간	정격전류의 배수	
		불용단전류	용단전류
4[A] 이하	60분	1.5배	2.1배
4[A] 초과 16[A] 미만	60분	1.5배	1.9배
16[A] 이상 63[A] 이하	**60분**	**1.25배**	**1.6배**
63[A] 초과 160[A] 이하	120분	1.25배	1.6배
160[A] 초과 400[A] 이하	180분	1.25배	1.6배
400[A] 초과	240분	1.25배	1.6배

답 ①

문제 83 154 [kV]의 특고압 가공 전선을 사람이 쉽게 들어갈 수 없는 산지(山地) 등에 시설하는 경우 지표상의 높이는 몇 [m] 이상으로 하여야 하는가?

① 4 [m] ② 5 [m]
③ 6.5 [m] ④ 8 [m]

풀이

333.7 특고압 가공전선의 높이

전압의 범위	일반 장소	도로 횡단	철도 또는 궤도횡단	횡단보도교
35 [kV] 이하	5 [m]	6 [m]	6.5 [m]	4 [m](특고압절연전선 또는 케이블 사용)
35 [kV] 초과 160 [kV] 이하	6 [m]	6 [m]	6.5 [m]	5 [m](케이블 사용)
	산지 등에서 사람이 쉽게 들어갈 수 없는 장소 ; 5 [m] 이상			

전압의 범위	일반 장소	도로 횡단	철도 또는 궤도횡단	횡단보도교
160 [kV] 초과	일반장소	가공전선의 높이 = 6 + 단수×0.12 [m]		
	철도 또는 궤도횡단	가공전선의 높이 = 6.5 + 단수×0.12 [m]		
	산지	가공전선의 높이 = 5 + 단수×0.12 [m]		

※ 단수 = $\dfrac{(전압\,[kV]-160)}{10}$ … 단수 계산에서 소수점 이하는 절상

답 ②

문제 84 다음 중 특고압의 전선로로 시설하여서는 아니 되는것은?

① 터널 안 전선로
② 지중 전선로
③ 물밑 전선로
④ 옥상 전선로

풀이
331.14.2 특고압 옥상전선로의 시설
특고압 옥상전선로(특고압의 인입선의 옥상부분을 제외한다)**는 시설하여서는 아니 된다.**
답 ④

문제 85 지중전선로의 시설에 관한 사항으로 옳은 것은?

① 전선은 케이블을 사용하고 관로식, 암거식 또는 직접 매설식에 의하여 시설한다.
② 전선은 절연전선을 사용하고 관로식, 암거식 또는 직접 매설식에 의하여 시설한다.
③ 전선은 나전선을 사용하고 관로식, 암거식 또는 직접 매설식에 의하여 시설한다.
④ 전선을 절연전선을 사용하고 내화성능이 있는 비닐관에 인입하여 시설한다.

풀이
334.1 지중전선로의 시설
가. 지중 전선로는 전선에 **케이블을 사용하고 또한 관로식·암거식 또는 직접 매설식에 의하여 시설**하여야 한다.
나. 지중 전선로를 직접 매설식에 의하여 시설하는 경우에는 매설 깊이를 차량 기타 중량물의 압력을 받을 우려가 있는 장소에는 1.0[m] 이상, 기타 장소에는 0.6[m] 이상으로 하고 또한 지중 전선을 견고한 트라프 기타 방호물에 넣어 시설하여야 한다.
답 ①

문제 86 태양전지 발전소에 시설하는 태양전지 모듈을 옥내에 시설할 경우 사용하는 공사방법에 포함되지 않는 것은?

① 합성수지관공사
② 애자공사
③ 금속관공사
④ 케이블공사

풀이
522 태양광설비의 시설
배선설비 공사는 옥내에 시설할 경우에는 **합성수지관공사, 금속관공사, 금속제가요전선관공사 및 케이블공사** 규정에 준하여 시설할 것.
답 ②

문제 87 저압 전로의 중성점에 접지선으로 시설하는 연동선의 단면적은 몇 [mm²] 이상이어야 하는가?

① 4[mm²] 이상
② 6[mm²] 이상
③ 10[mm²] 이상
④ 16[mm²] 이상

풀이
322.5 전로의 중성점의 접지
가. 전로의 중성점 접지공사의 목적
　① 보호 장치의 확실한 동작의 확보
　② 이상 전압의 억제
　③ 대지전압의 저하
나. 접지도체는 공칭단면적 16[mm²] 이상의 연동선(**저압 전로의 중성점에 시설하는 것은 공칭단면적 6[mm²] 이상의 연동선**)으로서 고장시 흐르는 전류가 안전하게 통할 수 있는 것을 사용하고 또한 손상을 받을 우려가 없도록 시설할 것.
답 ②

문제 88 사용 전압 60 [kV]인 특고압가공전선과 그 지지물·지주·완금류 또는 지선 사이의 이격거리는 일반적으로 몇 [cm] 이상이어야 하는가?

① 35 [cm]
② 40 [cm]
③ 45 [cm]
④ 65 [cm]

풀이
333.5 특고압 가공전선과 지지물 등의 이격거리
특고압 가공전선과 그 지지물·완금류·지주 또는 지선 사이의 이격거리는 표 에서 정한 값 이상이어야 한다. 다만, 기술상 부득이한 경우에 위험의 우려가 없도록 시설한 때에는 표 에서 정한 값의 0.8배까지 감할 수 있다.

특고압 가공전선과 지지물 등과의 이격거리		단위 : [m]		
사용전압	이격거리	사용전압	이격거리	
15[kV] 미만	0.15	70[kV] 이상 80[kV] 미만	0.45	
15[kV] 이상 25[kV] 미만	0.2	80[kV] 이상 130[kV] 미만	0.65	
25[kV] 이상 35[kV] 미만	0.25	130[kV] 이상 160[kV] 미만	0.9	
35[kV] 이상 50[kV] 미만	0.3	160[kV] 이상 200[kV] 미만	1.1	
50[kV] 이상 60[kV] 미만	0.35	200[kV] 이상 230[kV] 미만	1.3	
60[kV] 이상 70[kV] 미만	0.4	230[kV] 이상	1.6	

답 ②

문제 89 66 [kV] 가공 전선로에 6 [kV] 가공전선을 동일 지지물에 시설하는 경우 특고압 가공전선은 케이블인 경우를 제외하고 인장 강도가 몇 [kN] 이상의 연선이어야 하는가?

① 5.26 [kN] ② 8.31 [kN]
③ 14.5 [kN] ④ 21.67 [kN]

풀이

333.17 특고압 가공전선과 저고압 가공전선 등의 병행설치 사용전압이 35 [kV] 을 초과하고 100 [kV] 미만인 특고압 가공전선과 저압 또는 고압 가공전선을 동일 지지물에 시설하는 경우에는 다음에 따라 시설하여야 한다.

가. 특고압 가공전선로는 제2종 특고압 보안공사에 의할 것.

나. 특고압 가공전선은 케이블인 경우를 제외하고는 **인장 강도 21.67 [kN] 이상의 연선 또는 단면적이 50[mm²] 이상인 경동연선일 것.**

다. 특고압 가공전선로의 지지물은 철주·철근 콘크리트주 또는 철탑일 것.

답 ④

국가기술자격검정 필기시험 문제

2008년도 전기기사 일반검정 제3회

자격종목 및 등급(선택분야)	종목코드	시험시간	문제지형별	수검 번호	성 명
전기기사	**1150**	2시간 30분	**A**		

제1과목 ▶ **전기자기학**

문제 01 비유전율 $\epsilon_s = 5$인 유전체 중에서 전속밀도가 4×10^{-4} [C/m²]일 때 분극의 세기는 몇 [C/m²]인가?

① 1.6×10^{-4} ② 2.4×10^{-4}

③ 3.2×10^{-4} ④ 4.8×10^{-4}

풀이

분극의 세기는
$$P = \epsilon_0 (\epsilon_s - 1) E = D - \epsilon_0 E$$
$$= D\left(1 - \frac{1}{\epsilon_s}\right) = 4 \times 10^{-4} \times \left(1 - \frac{1}{5}\right) = 3.2 \times 10^{-4} [\text{C/m}^2]$$

답 ③

문제 02 그림에서 직선 도체 바로 아래 10 [cm] 위치에 자침이 나란히 있다고 하면 이때의 자침에 작용하는 회전력은 약 몇 [N·m/rad]인가? 단, 도체의 전류는 10 [A], 자침의 자극의 세기는 10^{-6} [Wb]이고, 자침의 길이는 10 [cm]이다.

① 1.59×10^{-6}

② 7.95×10^{-7}

③ 15.9×10^{-6}

④ 79.5×10^{-7}

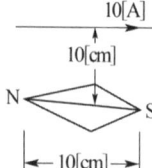

풀이

전류에 의한 자석 위치의 자계
$$H = \frac{I}{2\pi r} = \frac{10}{2\pi \times 0.1} = 15.92 \,[\text{A/m}]$$
회전력 $T = MH\sin\theta = MH = mlH$
$$= 10^{-6} \times 0.1 \times 15.92$$
$$= 1.592 \times 10^{-6} [\text{N·m}]$$

답 ①

문제 03 그림과 같이 환상 철심에 2개의 코일을 감고, 1차 코일을 전지에 2차 코일을 검류계 Ⓖ에 연결한다. 다음의 각 경우 중 검류계에 흐르는 전류의 방향이 옳게 언급된 것은?

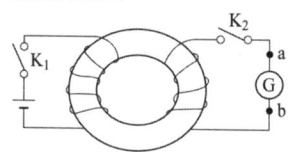

① 스위치 K_2를 닫은 다음 스위치 K_1을 닫으면 전류는 b에서 a로 흐른다.

② 스위치 K_1을 닫은 후 잠깐 있다가 스위치 K_2를 닫으면 전류는 a에서 b로 흐른다.

③ 스위치 K_1과 K_2를 닫아 놓고 스위치 K_1을 급히 열면 전류는 b에서 a로 흐른다.

④ 스위치 K_1과 K_2를 닫아 놓고 스위치 K_2를 급히 열면 전류는 b에서 a로 흐른다.

답 ③

문제 04 도전율 $\sigma = 4$[S/m], 비투자율 $\mu_s = 1$, 비유전율 $\epsilon_s = 81$인 바닷물 중에서 최소한 유전손실정접($\tan\delta$)이 100 이상이 되기 위한 주파수 범위[MHz]는?

① $f \leq 2.23$ ② $f \leq 4.45$

③ $f \leq 8.89$ ④ $f \leq 17.78$

풀이

$$\tan\delta = \left|\frac{i_c}{i_d}\right| = \frac{\sigma}{\omega\epsilon} = \frac{\sigma}{2\pi f\epsilon}$$

$$\tan\delta = \frac{\sigma}{2\pi f\epsilon} = \frac{4}{2\pi \times 8.85 \times 10^{-12} \times 81 \times f} \geq 100$$

$f \leq 8.89 \times 10^6 \,[\text{Hz}]$ $\therefore f \leq 8.89 \,[\text{MHz}]$

답 ③

문제 05 진공 중에 전하량 3×10^{-6}[C]인 두 개의 대전체가 서로 떨어져 있고, 상호간에 작용하는 힘이 9×10^{-3}[N]일 때 이들 사이의 거리는 몇 [m]인가?

① 2 　　② 3 　　③ 4 　　④ 5

풀이

쿨롱의 법칙 $F = 9 \times 10^9 \times \dfrac{Q_1 Q_2}{r^2}$ [N]에서

$F = 9 \times 10^{-3}$ [N], $Q_1 = Q_2 = 3 \times 10^{-6}$ [C] 이므로

$r^2 = \dfrac{9 \times 10^9 \times Q^2}{F} = \dfrac{9 \times 10^9 \times (3 \times 10^{-6})^2}{9 \times 10^{-3}}$

$r = 3$ [m] **답** ②

문제 06 유전체에 작용하는 힘과 관련된 사항으로 전계 중의 두 유전체가 경계면에서 받는 변형력을 무엇이라 하는가?

① 쿨롱의 힘 　　② 맥스웰의 응력
③ 톰슨의 응력 　　④ 볼타의 힘

풀이

유전체 경계면에서 유전율이 큰 유전체가 작은 유전체 쪽으로 끌려 들어가는 힘(인장 응력)을 받는다. 이 힘을 맥스웰 (Maxwell)의 응력이라 한다. **답** ②

문제 07 그림과 같이 반지름이 20 [cm]인 도체 원판이 그 축에 평행이고, 세기가 2.4×10^3 [AT/m]인 균일 자계 내에서 1분간에 1800회의 회전 운동을 하고 있다. 이 원판의 축과 원판 주위 사이에 2 [Ω]의 저항체를 접속시킬 때, 이 저항에 흐르는 전류는 약 몇 [mA]인가? 단, 원판의 저항은 무시하고, 원판의 투자율은 공기의 투자율과 같다고 가정한다.

① 2.8
② 3.8
③ 5.7
④ 11.4

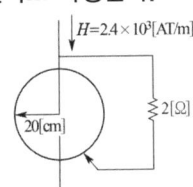

풀이

$e = \dfrac{\omega B a^2}{2} = \dfrac{\omega \mu_0 H a^2}{2} = \dfrac{\left(\dfrac{2\pi N}{60}\right) \mu_0 H a^2}{2} = \dfrac{\pi N \mu_0 H a^2}{60}$

$= \dfrac{\pi \times 1800 \times 4\pi \times 10^{-7} \times 2.4 \times 10^3 \times (20 \times 10^{-2})^2}{60}$

$= 1.14 \times 10^{-2}$ [V]

저항에 흐르는 전류는 I는

$I = \dfrac{e}{R} = \dfrac{1.14 \times 10^{-2}}{2} = 5.7 \times 10^{-3}$ [A] **답** ③

문제 08 두 종류의 금속으로 하나의 폐회로를 만들고 여기에 전류를 흘리면 양 접속점에서 한 쪽은 온도가 올라가고 다른 쪽은 온도가 내려가서 열의 발생 또는 흡수가 생기고 전류를 반대 방향으로 변화시키면 열의 발생부와 흡수부가 바뀌는 현상이 발생한다. 이 현상을 지칭하는 효과로 알맞은 것은?

① Pinch 효과 　　② peltier 효과
③ Thomson 효과 　　④ seebeck 효과

풀이

펠티에 효과(Peltier effect)
서로 다른 두 종류의 금속선으로 폐회로를 만들고 온도를 일정하게 유지하면서 **전류를 흘리면 금속선의 접속점에서 열의 흡수(온도 강하) 또는 발생(온도 상승)이 일어나는 현상을 펠**티에 효과라 한다. 이때, 발열 및 흡수 현상은 전류의 방향을 반대로 흘려주면 바뀌게 되고 이때의 총 발열량 H는

$H = 0.24 P \displaystyle\int_0^t I dt$ [cal] **답** ②

문제 09 자계의 실효값이 1 [mA/m]인 평면 전자파가 공기 중에서 이에 수직되는 수직 단면적 10 [m²]을 통과하는 전력은 몇 [W]인가?

① 3.77×10^{-2} 　　② 3.77×10^{-3}
③ 3.77×10^{-4} 　　④ 3.77×10^{-6}

풀이

$W = PS = EHS = \sqrt{\dfrac{\mu_0}{\epsilon_0}} H^2 S = 377 \times (10^{-3})^2 \times 10$

$= 3.77 \times 10^{-3}$ [W] **답** ②

제2과목 전력공학

문제 21 다음 중 모선 방식의 종류에 속하지 않는 것은?

① 단일 모선　　② 2중 모선

③ 3중 모선　　④ 환상 모선

풀이

모선 방식은 **단일 모선**, 복모선(**2중 모선**, 절환모선, 1.5차 단방식), **환상 모선**으로 구분된다.　**답** ③

문제 22 다음 중 송·배전선로에 대한 설명으로 옳지 않은 것은?

① 송·배전선로는 저항, 인덕턴스, 정전용량, 누설컨덕턴스라는 4개의 정수로 이루어진 연속된 전기회로이다.

② 송·배전선로는 전압강하, 수전전력, 송전손실, 안정도 등을 계산하는데 선로 정수가 필요하다.

③ 장거리 송전선로에 대해서 정밀한 계산을 할 경우에는 분포 정수 회로로 취급한다.

④ 송·배전선로의 선로정수는 원칙적으로 송전전압, 전류 또는 역률 등에 의해서 영향을 많이 받게 된다.

풀이

선로정수란 저항 R, 인덕턴스 L, 정전용량 C 및 누설컨덕턴스 G 의 4가지 정수를 **선로정수**라 하며 선로정수는 전선의 종류, 굵기, 배치에 따라 정해지며 **송전전압, 주파수, 전류, 역률 및 기상 등에는 영향을 받지 않는다.**　**답** ④

문제 23 다음 중 원자로 내의 중성자 수를 적당하게 유지하기 위해 사용되는 제어봉의 재료로 알맞은 것은?

① 나트륨　　② 베릴륨

③ 카드뮴　　④ 경수

풀이

원자로 내에서 핵 분열의 연쇄 반응을 제어하고 증배율을 변화시키기 위해서 **제어봉**을 노심에 삽입하고 이것을 넣었다 뺐다 할 수 있도록 한다. **붕소(B), 카드뮴(Cd), 하프늄(Hf)**

와 같이 중성자 흡수 단면적이 큰 재료로써 만들어진다.　**답** ③

문제 24 정격 10 [kVA]의 주상 변압기가 있다. 이것의 2차측 일부하 곡선이 그림과 같을 때 1일의 부하율은 몇 [%]인가?

① 52.35

② 54.35

③ 56.25

④ 58.25

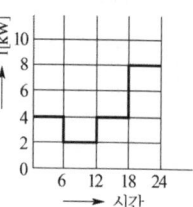

풀이

$$\text{부하율} = \frac{\text{평균 전력}}{\text{최대 전력}} = \frac{\dfrac{4\times6+2\times6+4\times6+8\times6}{24}}{8} \times 100$$

$$= 56.25 \, [\%]$$　**답** ③

문제 25 선택접지(지락)계전기의 용도를 옳게 설명한 것은?

① 단일 회선에서 접지고장 회선의 선택차단

② 단일 회선에서 접지전류의 방향 선택 차단

③ 병행 2회선에서 접지고장 회선의 선택 차단

④ 병행 2회선에서 접지사고의 지속시간 선택 차단

풀이

다회선 송전 선로에서 한쪽의 1회선에 지락 또는 접지 고장이 발생하였을 때 이것을 검출하여 **고장 회선만을 선택하여 차단할 수 있는 계전기를 선택 접지(지락) 계전기**라 한다.　**답** ③

문제 26 총낙차 80.9 [m], 사용 수량 30 [m³/sec]인 발전소가 있다. 수로의 길이가 3800[m], 수로의 구배가 $\dfrac{1}{2000}$, 수압 철관의 손실 낙차를 1 [m]라고 하면 이 발전소의 출력은 약 몇 [kW]인가? 단, 수차 및 발전기의 종합 효율은 83 [%]라 한다.

① 15000　　② 19000

③ 24000　　④ 28000

풀이

- 손실 수두 $h_1 = 3800 \times \dfrac{1}{2000} = 1.9[m]$
- 유효낙차 $H = 80.9 - (1.9 + 1) = 78$
- 출력 $P = 9.8HQ\eta = 9.8 \times 78 \times 30 \times 0.83 = 19033.56[kW]$

답 ②

문제 27 중성점 비접지방식에서 가장 많이 사용되는 변압기의 결선 방법은?

① V-V 결선
② Y-Y 결선
③ △-Y 결선
④ △-△ 결선

풀이

△-△ 결선은 파형에 고조파를 포함하지 않으며 또한 변압기의 1상분 고장시에도 V결선으로 일부 송전이 가능하므로 **중성점 비접지 방식에는 △-△ 결선이 가장 많이 사용**된다.

답 ④

문제 28 교류 송전방식에 비교하여 직류 송전방식을 설명할 때 옳지 않은 것은?

① 선로의 리액턴스가 없으므로 안정도가 높다.
② 유전체손은 없지만 충전용량이 커지게 된다.
③ 코로나손 및 전력손실이 적다.
④ 표피효과나 근접효과가 없으므로 실효저항의 증대가 없다.

풀이

직류 송전 방식의 장·단점
[장점]
① 선로의 리액턴스가 없으므로 안정도가 높다.
② **유전체손 및 충전 용량이 없고 절연 내력이 강하다.**
③ 비동기 연계가 가능하다.
④ 단락전류가 적고 임의 크기의 교류 계통을 연계시킬 수 있다.
⑤ 코로나손 및 전력 손실이 적다.
⑥ 표피 효과나 근접 효과가 없으므로 실효 저항의 증대가 없다.
[단점]
① 직교 변환 장치가 필요하다.
② 전압의 승압 및 강압이 불리하다.
③ 고조파나 고주파 억제 대책이 필요하다.
④ 직류 차단기가 개발되어 있지 않다.

답 ②

제3과목 전기기기

문제 41 단상 유도 전동기의 기동법이 아닌 것은?

① 분상 기동
② Y-△ 기동
③ 콘덴서 기동
④ 반발 기동

풀이

Y-△ 기동법은 3상농형 유도 전동기의 기동 방법이다.

답 ②

문제 42 다음 중 서보모터가 갖추어야 할 조건이 아닌 것은?

① 기동 토크가 클 것
② 토크 - 속도곡선이 수하 특성을 가질 것
③ 회전자를 굵고 짧게 할 것
④ 전압이 0이 되었을 때 신속하게 정지할 것

풀이

서보 모터의 특징
① 기동 토크가 크다.
② **회전자 관성 모멘트가 작다.**
③ 제어권선 전압이 0에서는 기동해서는 안되고, 곧 정지해야 한다.
④ 직류 서보 모터의 기동 토크가 교류 서보 모터보다 크다.
⑤ 속응성이 좋다. 시정수가 짧다. 기계적 응답이 좋다.
⑥ 회전자 팬에 의한 냉각 효과를 기대할 수 없다.
따라서, 서보 모터는 속응성이 좋고, 회전자의 관성 모멘트가 적어야 하므로 회전자의 직경을 적게 한다.

답 ③

문제 43 그림과 같은 정류회로에서 전류계의 지시 값은 약 몇 [mA]인가? 단, 전류계는 가동 코일형이고 정류기의 저항은 무시한다.

① 1.8
② 4.5
③ 6.4
④ 9.0

풀이

- 직류 전압 $E_d = \dfrac{2\sqrt{2}}{\pi}V = 0.9V = 0.9 \times 10 = 9[V]$
- 전류 $I_d = \dfrac{E_d}{R} = \dfrac{9}{5000} = 1.8 \times 10^{-3}[A] = 1.8[mA]$

여기서, **직류 전압이므로 전류의 크기는 리액턴스에 무관하다.** 답 ①

문제 44 인견 공장에서 사용되는 포트 모터의 속도 제어는?

① 극수 변환에 의한 제어
② 주파수 변화에 의한 제어
③ 저항에 의한 제어
④ 2차 여자에 의한 제어

풀이

주파수 변환기 또는 전용 발전기를 구동하는 전동기의 속도를 조정하여 **포트 모터의 전원 주파수를 변환**한다. 답 ②

문제 45 유도발전기에 관한 설명 중 틀린 것은?

① 회전자속을 만들기 위해 회전자에 DC 여자전류를 공급한다.
② 유도발전기의 주파수는 전원의 주파수로 정하고 회전속도에는 관계가 없다.
③ 출력은 회전자속도와 회전자속의 상대속도에 비례하기 때문에 출력을 증가하려면 속도를 증가시킨다.
④ 동기발전기와 같이 동기화할 필요가 없고 난조 등 이상현상이 생기지 않는다.

풀이

유도전동기를 전원에 접속한 후 전동기로서의 **회전방향과 같은 방향**으로 동기속도 이상의 속도로 회전시키면 유도전동기는 발전기가 되며 이것을 **유도발전기 또는 비동기 발전기**라고 한다. 따라서, 유도 발전기는 여자기로서 동기발전기가 필요하며 유도발전기의 주파수는 전원의 주파수로 정하여지고 회전속도에는 관계가 없다. 답 ①

문제 46 무부하 전압이 120 [V]인 분권 발전기의 전압 변동률이 5 [%]이다. 이 발전기의 정격 전압[V]은 약 얼마인가?

① 125.4
② 119.3
③ 114.3
④ 109.4

풀이

전압 변동률 $\epsilon = \dfrac{V_0 - V_n}{V_n} \times 100 \, [\%]$ 에서

$$V_n = \frac{V_0}{1 + \dfrac{\epsilon}{100}} = \frac{120}{1 + \dfrac{5}{100}} = 114.29 \, [V]$$

답 ③

문제 47 3상 동기발전기의 1상의 유도 기전력 120 [V], 반작용 리액턴스 0.2 [Ω]이다. 90° 진상 전류가 20 [A]일 때 발전기의 단자 전압[V]은? 단, 기타는 무시한다.

① 116
② 120
③ 124
④ 140

풀이

90° 앞선 진상전류가 흐르므로 전류는 $+jI$ 가 된다.
$V = E - (jI)(jX) = E + IX = 120 + 20 \times 0.2 = 124 \, [V]$

답 ③

문제 48 누설 변압기의 설명 중 틀린 것은?

① 2차 전류가 증가하면 누설자속이 증가한다.
② 누설자속이 증가하면 주자속은 증가하여 2차 유도기전력이 증가한다.
③ 2차 전류가 증가하면 2차 전압강하가 증가한다.
④ 리액턴스가 크기 때문에 전압변동률이 크고 역률은 낮다.

풀이

누설 변압기는 **2차 전류가 증가**하려 하면 1차 및 2차 **누설자속이 증가**하여 2차 유기 기전력이 **감소**하고 전압강하가 증대되어 2차 전류는 감소하게 된다. 즉, I_2가 증가하면 E_2가 감소하는 수하특성을 갖게 되어 I_2를 일정하게 유지시키게 된다. 답 ②

문제 49 임피던스 전압강하가 5[%]인 변압기가 운전중 단락되었을 때 단락전류는 정격전류의 몇 배인가?

① 2
② 5
③ 10
④ 20

풀이

단락 전류 $I_s = \dfrac{100}{\%Z} \times I_n = \dfrac{100}{5} \times I_n = 20 I_n$ 답 ④

문제 50 반작용 전동기(reaction motor)에 관한 설명 중 틀린 것은?

① 여자를 약하게 하면 뒤진 전류가 흐르고 전기자 반작용은 크게 계자를 강화시키는 작용을 한다.

② 뒤진 전류가 흐를 때는 직류여자가 없어도 계자가 여자되므로 계자권선이 없다.

③ 3상 교류를 가하면 전기자 전류의 무효분은 계자 자속을 만들어 전류의 유효분 사이의 토크가 발생한다.

④ 직류여자를 필요로 하고, 철극성 때문에 동기 속도 이하로 회전한다.

풀이

반작용 전동기는 자극만 있고 여자권선이 없는 회전자를 가진 일종의 동기전동기로서 출력은 작고 역률이 낮지만 **직류전원을 필요로 하지 않으므로 구조가 간단**하여 전기시계 및 각종 측정장치 용으로 사용된다. **답** ④

문제 51 직류기의 전기자 권선을 중권(重卷)으로 하였을 때 다음 중 틀린 것은?

① 전기자권선의 병렬 회로수는 극수와 같다.

② 브러시 수는 항상 2개이다.

③ 전압이 낮고, 비교적 전류가 큰 기기에 적합하다.

④ 균압환 접속을 할 필요가 있다.

풀이

중권과 파권의 비교

구 분	중권 (병렬권)	파권 (직렬권)
전기자 병렬회로 수 a	$p\ (a=mp)$	$2\ (a=2m)$
브러시 수 b	p	2
용 도	저전압, 대전류	고전압, 소전류
균압접속	4극 이상	

여기서, p : 극수, m : 다중도

즉, **중권에서 브러시 수는 항상 2가 아니고 극수와 같다.** **답** ②

문제 52 변압기 결선에서 제3고조파 전압이 발생하는 결선은?

① Y-Y   ② △-△

③ △-Y   ④ Y-△

풀이

제3고조파는 변압기의 △결선에 의하여 순환 전류가 되어 소멸되나 Y결선에서는 2차측에도 나타난다. 따라서, △결선이 없는 Y-Y 결선은 잘 사용되지 않는다. **답** ①

제4과목 **회로이론 및 제어공학**

문제 61 어떤 회로의 전류가 $i(t) = 20 - 20e^{-200t}$ [A]로 주어졌다. 정상값은 몇 [A]인가?

① 5   ② 12.6

③ 15.6   ④ 20

풀이

$i(t) = 20 - 20e^{-200t}$ 에서 **정상값은** $t = \infty$인 경우 이므로

$i(t) = 20 - 20 \times \dfrac{1}{e^{200t}} = 20 - 20 \times \dfrac{1}{e^{200 \times \infty}} = 20$[A]가 된다. **답** ④

문제 62 그림과 같이 선간전압 200 [V] 의 3상 전원에 대칭 부하를 접속 할 때 부하역률은?

단, $R = 9\ [\Omega]$, $\dfrac{1}{\omega C} = 4\ [\Omega]$이다.

① 0.6

② 0.7

③ 0.8

④ 0.9

풀이

△결선의 저항 R을 Y결선으로 바꾸면

$R_Y = \dfrac{R_\triangle}{3} = \dfrac{9}{3} = 3[\Omega]$

상전압을 E 라고 하면,

$R-C$ 병렬회로에서의 역률 $\cos\theta$는

$\cos\theta = \dfrac{I_R}{\sqrt{I_R^2 + I_X^2}} = \dfrac{\dfrac{E}{3}}{\sqrt{\left(\dfrac{E}{3}\right)^2 + \left(\dfrac{E}{4}\right)^2}}$

$\therefore\ \cos\theta = \dfrac{4}{\sqrt{4^2 + 3^2}} = \dfrac{4}{5} = 0.8$ **답** ③

문제 63 60 [Hz]에서 3 [Ω]의 리액턴스를 갖는 자기 인덕턴스 L값 및 정전 용량 C값은 약 얼마인가?

① 6 [mH], 660 [μF]

② 7 [mH], 770 [μF]

③ 8 [mH], 884 [μF]

④ 9 [mH], 990 [μF]

풀이

$$X_L = 2\pi f L$$

$$\therefore L = \frac{X_L}{2\pi f} = \frac{3}{2\pi \times 60} = 8 \times 10^{-3} \text{ [H]} = 8 \text{ [mH]}$$

$$X_C = \frac{1}{2\pi f C}$$

$$C = \frac{1}{2\pi f X_C} = \frac{1}{2\pi \times 60 \times 3} = 8.84 \times 10^{-4} \text{ [F]} = 884 \text{ [μF]}$$

답 ③

문제 64 그림과 같은 4단자망 회로의 4단자 정수 중 D의 값은? 단, 각주파수는 ω[rad/s] 이다.

① $j\omega C$

② $j\omega L$

③ $j\omega L(1 - \omega^2 LC)$

④ $1 - \omega^2 LC$

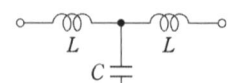

풀이

$$\begin{bmatrix} 1 & j\omega L \\ 0 & 1 \end{bmatrix}\begin{bmatrix} 1 & 0 \\ j\omega C & 1 \end{bmatrix}\begin{bmatrix} 1 & j\omega L \\ 0 & 1 \end{bmatrix} = \begin{bmatrix} 1-\omega^2 LC & j\omega L(2-\omega^2 LC) \\ j\omega C & 1-\omega^2 LC \end{bmatrix}$$

답 ④

문제 65 자동제어계에서 중량 함수(Weight function)라고 불리어지는 것은?

① 인디셜 함수

② 임펄스 함수

③ 전달 함수

④ 램프 함수

풀이

① 인디셜 응답 : 단위 계단 응답

② 임펄스 응답 : 하중 함수

③ 전달 함수 : 임펄스 응답의 라플라스 변환

답 ②

문제 66 그림과 같은 회로에서 $i_1 = I_m \sin \omega t$일 때 개방된 2차 단자에 나타나는 유기 기전력 e_2는 얼마인가?

① $\omega M \sin \omega t$

② $\omega M \cos \omega t$

③ $\omega M I_m \sin (\omega t - 90°)$

④ $\omega M I_m \sin (\omega t + 90°)$

풀이

$$e_2 = -M\frac{di_1}{dt} = -\omega M I_m \cos\omega t = \omega M I_m \sin(\omega t - 90°)$$ **답** ③

문제 67 s평면의 허수축은 z평면의 어느 부분에 사상 되는가?

① 원점을 중심으로 한 무한소 원주상

② 원점을 중심으로 한 단위 원상

③ 원점을 중심으로 한 단위 원 내부

④ 원점을 중심으로 한 단위 원 외부

풀이

특성방정식의 근의 위치에 따른 안정도 판별법

계의 안정도	근의 위치	
	s평면의	z평면상
안 정	좌반면	단위원 내부
불안정	우반면	단위원 외부
임계안정	허수축	단위 원주상

답 ②

문제 68 상태 방정식 $\frac{d}{dt}x(t) = Ax(t) + Bu(t)$, 출력방정식 $y(t) = Cx(t)$에서 $A = \begin{bmatrix} -1 & 1 \\ 0 & -3 \end{bmatrix}$, $B = \begin{bmatrix} 0 \\ 1 \end{bmatrix}$, $C = [0 \ 1]$일 때 다음 설명 중 옳은 것은?

① 이 시스템은 제어 및 관측이 가능하다.

② 이 시스템은 제어는 가능하나 관측은 불가능하다.

③ 이 시스템은 제어는 불가능하나 관측은 가능하다.

④ 이 시스템은 제어 및 관측이 불가능하다.

답 ②

문제 69 단위 궤환 제어계의 개루프 전달함수가 $G(s) = \dfrac{K}{s(s+2)}$ 일 때 특성방정식의 근 K 가 $-\infty$ 로부터 $+\infty$ 까지 변할 때 알맞지 않은 것은?

① $-\infty < K < 0$에 대하여 근이 모두 실근이다.

② $K = 0$에 대하여 $s_1 = 0$, $s_2 = -2$의 근은 $G(s)$의 극과 일치한다.

③ $0 < K < 1$에 대하여 2개의 근은 모두 음의 실근이다.

④ $1 < K < \infty$에 대하여 2개의 근은 음의 실부를 갖는 중근이다.

답 ④

문제 70 근궤적의 출발점 및 도착점과 관계되는 $G(s)H(s)$의 요소는? 단, $K > 0$ 이다.

① 영점, 분기점 ② 극점, 영점
③ 극점, 분기점 ④ 지지점, 극점

풀이
근궤적은 극에서 출발하여 0점에서 끝나므로 근궤적의 개수는 z와 p중 큰 것과 일치한다. 또한 근궤적의 개수는 특성 방정식의 차수와 같다.
답 ②

제5과목 전기설비 기술기준

문제 81 사용 전압이 35 [kV] 이하인 특고압 가공 전선과 저압 가공전선을 동일 지지물에 시설하는 경우 전선 상호간 이격거리는 몇 [m] 이상이어야 하는가? 단, 특고압 가공전선으로는 케이블을 사용하지 않는 것으로 한다.

① 1.0 ② 1.2
③ 1.5 ④ 2.0

풀이
333.17 특고압 가공전선과 저고압 가공전선 등의 병행설치
100[kV] 미만인 특고압 가공전선과 저·고압 가공전선을 동일 지지물에 설치 시 이격거리

전 압	표 준	특고압에 케이블 사용 및 저·고압에 절연전선 또는 케이블 사용
35 [kV] 이하	1.2 [m] 이상	0.5 [m] 이상
35 [kV] 초과 100 [kV] 미만	2 [m] 이상	1 [m] 이상

답 ②

08년 3회 동일 및 유사 문제 (년도-회-번호)

1과목 전기자기학	
10	22-1-20
11	18-2-13
12	19-3-04
13	18-1-08
14	19-3-11
15	12-3-07
16	21-2-05
17	21-2-16
18	18-3-07
19	19-2-05
20	14-2-08

2과목 전력공학	
29	17-2-39
30	14-2-25
31	21-3-30
32	22-1-40
33	18-3-31
34	17-1-24
35	18-3-36
36	15-3-26
37	14-2-24
38	22-3-28
39	10-2-21
40	19-3-23

3과목 전기기기	
53	19-2-60
54	16-3-48
55	09-1-47
56	12-2-44
57	22-3-50

58	17-2-59
59	16-2-54
60	16-3-51

4과목 회로이론 및 제어공학	
71	22-3-77
72	17-2-69
73	21-2-65
74	21-2-67
75	21-2-75
76	19-1-73
77	08-2-69
78	16-2-68
79	20-1,2-63
80	09-2-63

5과목 전기설비기술기준	
82	22-1-97
83	19-3-84
84	18-3-81
85	18-1-98
86	22-2-83
87	18-1-93
88	14-1-83
89	13-2-84
90	13-3-85
91	14-2-85
92	21-1-82
93	22-2-88
94	13-3-81
95	13-3-86
96	22-2-89

memo

D60-1

2007년도 전기기사 필기

- 2007년도 제1회 전기기사
- 2007년도 제2회 전기기사
- 2007년도 제3회 전기기사

국가기술자격검정 필기시험 문제

2007년도 전기기사 일반검정 제1회				수검 번호	성 명
자격종목 및 등급(선택분야)	종목코드	시험시간	문제지형별		
전기기사	**1150**	**2시간 30분**	**A**		

제1과목 　 전기자기학

문제 01 자유 공간에서 변위 전류는 무엇에 의해서 발생하는가?

① 전압에 의해서　　　② 자계에 의해서
③ 전속 밀도에 의해서　④ 자속 밀도에 의해서

풀이

변위 전류 밀도

① 전속 밀도 D의 시간적 변화율 $i_d = \dfrac{\partial D}{\partial t}$
② 자유 공간에서 맥스웰의 전파 방정식 이론의 토대

답 ③

문제 02 그림과 같이 직류 전원에서 부하에 공급하는 전류는 50 [A]이고, 전원 전압은 480 [V] 이다. 도선이 10 [cm] 간격으로 평행하게 배선되어 있다면 1 [m]당 두 도선 사이에 작용하는 힘은 몇 [N]이며, 어떻게 작용하는가?

① 5×10^{-3}, 흡인력
② 5×10^{-3}, 반발력
③ 5×10^{-2}, 흡인력
④ 5×10^{-2}, 반발력

풀이

• 평행하는 두 도선 사이에 작용하는 힘

$$F = \frac{2I_1 I_2}{r} \times 10^{-7} \text{ [N]} \text{에서}$$

$$F = \frac{2 \times 50^2 \times 10^{-7}}{0.1} = 5 \times 10^{-3} \text{[N]}$$

• 두 도체에 흐르는 **전류 방향이 서로 반대 방향이므로 두 도체 사이에는 반발력**이 작용

답 ②

문제 03 유전체의 분극도 표현으로 옳지 않은 것은? (단, P : 분극의 세기, D : 전속 밀도, E : 전계의 세기, ϵ : 유전율, ϵ_0 : 진공의 유전율, ϵ_r : 비유전율 이다.)

① $P = D - \epsilon_0 E$　　② $P = D - \epsilon_0 \left(\dfrac{D}{\epsilon} \right)$

③ $P = D \left(1 - \dfrac{1}{\epsilon_r} \right)$　④ $P = E - \epsilon_0 \left(\dfrac{D}{\epsilon} \right)$

풀이

분극도 $P = D - \epsilon_0 E$ 에서 $D = \epsilon E = \epsilon_0 \epsilon_r E$ 이므로

$P = D - \epsilon_0 \left(\dfrac{D}{\epsilon} \right) = D - \dfrac{D}{\epsilon_r} = D \left(1 - \dfrac{1}{\epsilon_r} \right)$
답 ④

문제 04 그림과 같은 수평한 연철봉 위에 절연된 동선을 감아 이것에 저항, 전압, 스위치를 접속하여 연철봉의 한 끝에는 알루미늄링(輪)을 축과 일치시켜 움직일 수 있도록 가느다란 실로 매달아 정지시켰을 때 다음 설명 중 옳은 것은?

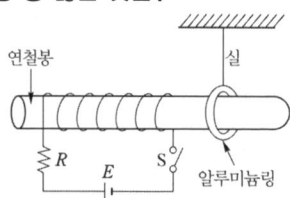

① 전류를 계속하여 흘리고 있을 때 알루미늄링은 왼쪽으로 움직인다.
② 스위치 S를 닫아 전류를 흘리고 있다가 스위치 S를 개방하는 순간 알루미늄링은 좌우로 진동한다.
③ 스위치 S를 닫는 순간 알루미늄링은 오른쪽으로 움직인다.

④ 전류를 흘리고 있다가 스위치 S를 개방하는 순간 알루미늄링은 오른쪽으로 움직인다.

풀이

스위치 S 닫는 순간		링 내부에 통과하는 자속수가 증가하므로 방해(감소)하는 방향으로 유도 전류 발생 (렌쯔의 법칙)
스위치 S 닫힌 상태		링 내부에 통과하는 자속수는 일정하므로 유도 전류 발생하지 않음
스위치 S 개방 순간		링 내부에 통과하는 자속수가 감소하므로 방해(증가)하는 방향으로 유도 전류 발생

답 ③

문제 05 전위 V가 단지 x만의 함수이며 $x=0$에서 $V=0$이고, $x=d$일 때 $V=V_0$인 경계 조건을 갖는다고 한다. 라플라스 방정식에 의한 V의 해는?

① $\nabla^2 V = \rho$　　　② $V_0 d$

③ $\dfrac{V_0}{d}x$　　　④ $\dfrac{Q}{4\pi\epsilon_0 d}$

풀이

라플라스 방정식에서 V가 x만의 함수이므로

$$\nabla^2 V = \frac{\partial^2 V}{\partial x^2} = 0 \, (V는 \ x의 \ 1차 \ 함수)$$

$\therefore V = Ax + B$에 $x=0$일 때 $V=0$　$\therefore B=0$

$x=d$ 일 때 $V=V_0$에서

$\therefore A = \dfrac{V_0}{d}$이므로　　$\therefore V = \dfrac{V_0}{d}x$　**답** ③

문제 06 점전하 Q_1, Q_2 사이에 작용하는 쿨롱의 힘이 F일 때 이 부근에 점전하 Q_3를 놓을 경우 Q_1과 Q_2 사이의 쿨롱의 힘은 F'이다. F와 F'의 관계로 옳은 것은?

① $F > F'$ 이다.

② $F < F'$ 이다.

③ $F = F'$ 이다.

④ Q_3의 크기에 따라 다르다.

풀이

Q_1과 Q_2 사이에 작용하는 **쿨롱의 힘은** $F = \dfrac{1}{4\pi\epsilon} \cdot \dfrac{Q_1 \cdot Q_2}{r^2}$ [N]으로 두 전하 사이의 거리와 전하량 및 주위의 유전율에만 관계되므로 Q_3의 영향은 받지 않는다.　**답** ③

문제 07 벡터 $A = i - j + 3k$, $B = i + ak$ 일 때 벡터 A와 벡터 B가 수직이 되기 위한 a의 값은? (단, i, j, k는 x, y, z 방향의 기본 벡터이다.)

① -2　　② $-\dfrac{1}{3}$　　③ 0　　④ $\dfrac{1}{2}$

풀이

$A \perp B$가 되기 위한 조건은 $A \cdot B = AB\cos 90° = 0$ 이므로

$$A \cdot B = A_x B_x + A_y B_y + A_z B_z = 0$$
$$= 1\times 1 + (-1)\times 0 + 3\times a = 0$$

$1 + 3a = 0$

$\therefore a = -\dfrac{1}{3}$이 된다.　**답** ②

문제 08 그림과 같이 평등자장 및 두 평행 도선이 놓여 있을 때 두 평행 도선상을 한 도선봉이 V [m/s]의 일정한 속도로 이동한다면 부하 R [Ω]에서 줄열로 소비되는 전력[W]은 어떻게 표시되는가? (단, 도선봉과 두 평행 도선은 완전도체로 저항이 없는 것으로 한다.)

① $\dfrac{B d^2 V^2}{R}$　　　② $\dfrac{B^2 d V^2}{R}$

③ $\dfrac{B^2 d^2 V^2}{R}$　　　④ $\dfrac{B^2 d^2 V^2}{2R}$

풀이

소비전력 $P = \dfrac{e^2}{R}$ [W]

$e = BdV$ [V] 이므로

$\therefore P = \dfrac{(BdV)^2}{R} = \dfrac{B^2 d^2 V^2}{R}$ [W]　**답** ③

문제 09 유전체 A, B의 접합면에 전하가 없을 때, 각 유전체 중 전계의 방향이 그림과 같고 $E_A = 100$ [V/m]이면, E_B는 몇 [V/m]인가?

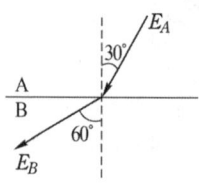

① $\dfrac{100}{3}$　　　　② $\dfrac{100}{\sqrt{3}}$

③ 300　　　　④ $100\sqrt{3}$

풀이

전계의 접선 성분이 같으므로

$$E_A \sin\theta_A = E_B \sin\theta_B$$

$$\therefore E_B = \frac{\sin\theta_A}{\sin\theta_B} \cdot E_A = \frac{\sin 30°}{\sin 60°} \times 100 = \frac{\frac{1}{2}}{\frac{\sqrt{3}}{2}} \times 100$$

$$= \frac{100}{\sqrt{3}} \,[\text{V/m}]$$

답 ②

문제 10 유전체 역률($\tan \delta$)과 무관한 것은?

① 주파수　　　　② 정전 용량
③ 인가 전압　　　　④ 누설 저항

풀이

$$\tan\delta = \frac{I_R}{I_c} = \frac{E}{R} \bigg/ \frac{E}{\frac{1}{\omega C}} = \frac{1}{\omega CR} = \frac{1}{2\pi f CR}$$

답 ③

문제 11 다음 유전체 중 비유전율이 가장 작은 것은?

① 고무　　　　② 유리
③ 운모　　　　④ 물

풀이

비유전율
• 고무 : 2.0~3.5　　• 유리 : 3.5~10
• 운모 : 6.7　　• 물 : 80

답 ①

제2과목 **전력공학**

문제 21 이상 전압에 대한 설명 중 옳지 않은 것은?

① 송전 선로의 개폐 조작에 따른 과도 현상 때문에 발생하는 이상 전압을 개폐 서지라 부른다.
② 충격파를 서지라 부르기도 하며 극히 짧은 시간에 파고값에 도달하고 극히 짧은 시간에 소멸한다.
③ 일반적으로 선로에 차단기를 투입할 때가 개방할 때보다 더 높은 이상 전압을 발생한다.
④ 충격파는 보통 파고값과 파두 길이와 파미 길이로 나타난다.

풀이

개폐 이상 전압은 회로의 폐로때보다 개방시가 크며, 또한 부하 차단시보다 무부하 차단시가 더 크다. 따라서, 이상 전압이 가장 큰 경우는 무부하 송전선로의 충전 전류를 차단할 경우이다.

답 ③

문제 22 소호 리액터 접지의 합조도가 정(+)인 경우에는 어느 것과 관련이 있는가?

① 공진　　　　② 과보상
③ 접지 저항　　　　④ 아크 전압

풀이

$$합조도(P) = \frac{I_L - I_C}{I_C}$$

I_L : 소호 리액터 탭전류, I_C : 전대지 충전 전류
에서 합조도가 정(+)인 경우는 과보상 상태를 의미하며

$$I_L > I_C \ 즉, \ \omega L < \frac{1}{3\omega C} 이 \ 된다.$$

답 ②

문제 23 수력 발전소에서 조속기의 작동을 민감하게 하면, 수압 상승률 α와 속도 상승률 β는 어떻게 변화하는가?

① α는 감소하고, β는 증가한다.
② α는 증가하고, β는 감소한다.
③ α, β 모두 증가한다.
④ α, β 모두 감소한다.

풀이

조속기 동작이 민감하면 동일한 부하 변화에 대해 주파수 변화가 적다. 즉, **속도 상승률은 감소**하게 된다. **답** ②

풀이

병렬 운전 조건이 다른 경우

병렬 운전 조건	다른 경우 흐르는 전류
기전력의 크기가 같을 것	**무효 순환 전류**
기전력의 위상이 같을 것	동기화 전류
기전력의 주파수가 같을 것	동기화 전류
기전력의 파형이 같을 것	고주파 무효순환전류

답 ①

제3과목 ▶ 전기기기

문제 41 전압을 일정하게 유지하기 위해서 이용되는 다이오드는?

① 정류용 다이오드　② 버랙터 다이오드
③ 바리스터 다이오드　④ 제너 다이오드

풀이

• 정류용 다이오드 : AC를 DC로 정류
• 버랙터 다이오드 : 정전용량이 전압에 따라 변화하는 소자
• 바리스터 다이오드 : 과도 전압, 이상 전압에 대한 회로 보호용으로 사용되는 소자
• 제너 다이오드 : 정전압 회로용 소자　**답** ④

문제 42 4극 중권 직류 전동기의 전기자 도체수가 160, 1극당 자속수 0.01[Wb], 전기자 전류가 100 [A]라면 발생 토크는 약 몇 [N·m]인가?

① 12.8　　　　② 25.5
③ 38.4　　　　④ 43.2

풀이

중권이므로 $a = p = 4$
토크 $T = \dfrac{pz\phi I_a}{2\pi a} = \dfrac{4 \times 160 \times 0.01 \times 100}{2\pi \times 4} = 25.5[\text{N·m}]$

답 ②

문제 43 동기 발전기의 병렬 운전에서 한 쪽의 계자 전류를 증대시켜 유기 기전력을 크게 하면 어떻게 되는가?

① 무효 순환 전류가 흐른다.
② 두 발전기의 역률이 모두 낮아진다.
③ 주파수가 변화되어 위상각이 달라진다.
④ 속도 조정률이 변한다.

제4과목 ▶ 회로이론 및 제어공학

문제 61 $R-L$ 직렬 회로에서 스위치 S를 닫아 직류 전압 E[V]를 회로 양단에 급히 가한 후 $\dfrac{L}{R}$[초] 후의 전류값은 약 얼마인가?

① $\dfrac{E}{R}$ [A]　　　　② $0.368\dfrac{E}{R}$ [A]
③ $0.5\dfrac{E}{R}$ [A]　　　　④ $0.632\dfrac{E}{R}$ [A]

풀이

$$i = \frac{E}{R}\left(1 - e^{-\frac{R}{L}t}\right) = \frac{E}{R}\left(1 - e^{-\frac{R}{L} \cdot \frac{L}{R}}\right) = \frac{E}{R}\left(1 - e^{-1}\right)$$

$$= 0.632\frac{E}{R}[\text{A}]$$　**답** ④

문제 62 그림과 같은 T형 회로의 임피던스 파라미터 Z_{11}의 값은?

① Z_3
② $Z_1 + Z_2$
③ $Z_2 + Z_3$
④ $Z_1 + Z_3$

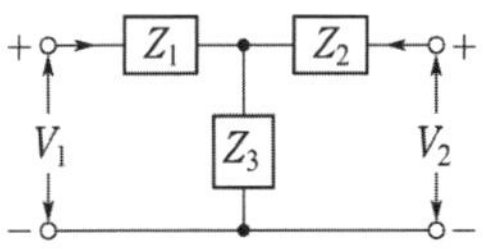

풀이

$$Z_{11} = \frac{V_1}{I_1}\bigg|_{I_2 = 0} = Z_1 + Z_3 \qquad Z_{12} = \frac{V_1}{I_2}\bigg|_{I_1 = 0} = Z_3$$

$$Z_{21} = \frac{V_2}{I_1}\bigg|_{I_2 = 0} = Z_3 \qquad Z_{22} = \frac{V_2}{I_2}\bigg|_{I_1 = 0} = Z_2 + Z_3$$

답 ④

Electrical Engineer

문제 63 회로에서 7 [Ω]의 저항 양단의 전압은 몇 [V]인가?

① 7
② −7
③ 4
④ −4

풀이

• 중첩의 정리(Superposition theorem) : 한 개의 전원(전압원이나 전류원)을 취하고 나머지 전원은 모두 없앤다(이때, 다른 전압원은 단락, 다른 전류원은 개방)
• 전압원이 존재할 때 전류원은 개방하므로 회로에 전류가 흐르지 않게 되고, 전류원이 존재할 때는 전압원은 단락하므로 이때 저항 양단의 전압은 1[A]×7 [Ω]=7[V] 가 된다.
• 전류원의 방향과 V의 방향이 반대이므로 $V=-7$ [V]가 된다. **답** ②

문제 64 $R-C$ 저역 필터 회로의 전달함수 $G(j\omega)$는 얼마인가? (단 $\omega=0$ 이다)

① 0
② 0.5
③ 0.707
④ 1

풀이

$$G(j\omega)=\frac{V_2(j\omega)}{V_1(j\omega)}=\frac{\frac{1}{j\omega C}}{R+\frac{1}{j\omega C}}=\frac{1}{j\omega CR+1}$$

$\omega=0$이므로 ∴ $G(j\omega)=\frac{1}{1}=1$ **답** ④

문제 65 특성 방정식이 $s^3+s^2+s=0$일 때 이 계통은 어떻게 되는가?

① 안정하다.
② 불안정하다.
③ 조건부 안정이다.
④ 임계 상태이다.

풀이

루드의 표

|---|---|---|
s^3	1	1
s^2	1	0
s^1	1	
s^0	0	

제1열의 부호가 변하지 않았으나 0이 있으므로 임계상태이다. **답** ④

문제 66 상태 방정식 $\dot{X}=AX+BU$ 에서 $A=\begin{bmatrix}0&1\\-2&-3\end{bmatrix}$, $B=\begin{bmatrix}0\\1\end{bmatrix}$일 때 고유값은?

① −1, −2
② 1, 2
③ −2, −3
④ 2, 3

풀이

$|sI-A|$의 행렬식은,
$$|sI-A|=\begin{vmatrix}s&-1\\2&s+3\end{vmatrix}=s(s+3)+2=s^2+3s+2$$
$s^2+3s+2=(s+1)(s+2)=0$
∴ $s=-1,\ -2$ **답** ①

문제 67 다음의 상태 방정식으로 표시되는 제어계가 있다. 이 방정식의 값은 어떻게 되는가? 단, $x(0)$는 초기 상태 벡터이다.

$$\dot{x}(t)=A\,x(t)$$

① $e^{-At}x(0)$
② $e^{At}x(0)$
③ $A\cdot e^{-At}x(0)$
④ $A\cdot e^{At}x(0)$

풀이

$x(t)=Ax+Bu$를 라플라스 변환하면
$sX(s)-x(0^+)=AX(s)+Bu(s)$
$X(s)(s-A)=x(0)$ 과도 상태 무시
∴ $X(s)=\frac{1}{s-A}x(0)$를
역라플라스 변환하면 $x(t)=e^{At}x(0)$ **답** ②

문제 68 함수 $f(t)=e^{-2t}\cos 3t$의 라플라스 변환은?

① $F(s)=\frac{s+2}{s^2+4s+13}$
② $F(s)=\frac{s-2}{s^2+4s+13}$
③ $F(s)=\frac{s+2}{s^2+4s-5}$
④ $F(s)=\frac{s-2}{s^2+4s-5}$

풀이

$\mathcal{L}\left[e^{-at}\cos\omega t\right]=\dfrac{s+a}{(s+a)^2+\omega^2}$ 이므로

$\mathcal{L}\left[e^{-2t}\cos 3t\right]=\dfrac{s+2}{(s+2)^2+3^2}=\dfrac{s+2}{s^2+4s+13}$ **답** ①

문제 69 자동 제어의 추치 제어에 속하지 않는 것은?

① 프로세스 제어   ② 추종 제어

③ 비율 제어   ④ 프로그램 제어

풀이

추치 제어는 출력의 변동을 조정하는 동시에 목표값에 정확히 추종하도록 설계한 제어계로서 **추종 제어, 프로그램 제어, 비율 제어**가 이에 속한다.   **답** ①

문제 70 그림과 같은 블록 선도에서 등가 전달 함수는?

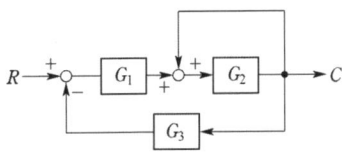

① $\dfrac{G_1 G_2}{1+G_2+G_1 G_2 G_3}$

② $\dfrac{G_1 G_2}{1-G_2+G_1 G_2 G_3}$

③ $\dfrac{G_1 G_3}{1-G_2+G_1 G_2 G_3}$

④ $\dfrac{G_1 G_3}{1+G_2+G_1 G_2 G_3}$

풀이

G_2의 피드백 요소를 없애면 그림과 같다.

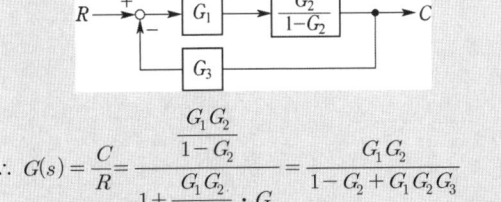

$\therefore\ G(s)=\dfrac{C}{R}=\dfrac{\dfrac{G_1 G_2}{1-G_2}}{1+\dfrac{G_1 G_2}{1-G_2}\cdot G_3}=\dfrac{G_1 G_2}{1-G_2+G_1 G_2 G_3}$ **답** ②

문제 71 그림과 같은 제어계에서 단위 계단 외란 D가 인가되었을 때의 정상편차는?

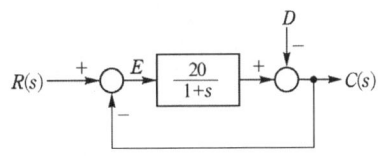

① 20   ② 21   ③ $\dfrac{1}{10}$ ④ $\dfrac{1}{21}$

풀이

$R(s)=0,\ D(s)=\dfrac{1}{s}$ 일 때

$E(s)=-\left\{-D(s)+\dfrac{20}{1+s}E(s)\right\}$

$E(s)\left(1+\dfrac{20}{1+s}\right)=D(s)$

$E(s)=\dfrac{1}{1+\dfrac{20}{1+s}}\cdot D(s)=\dfrac{1+s}{s+21}\cdot\dfrac{1}{s}$

$\therefore\ e_{ss}=\lim_{s\to 0}sE(s)=\lim_{s\to 0}s\cdot\dfrac{1+s}{s+21}\cdot\dfrac{1}{s}=\lim_{s\to 0}\dfrac{1+s}{s+21}=\dfrac{1}{21}$ **답** ④

제5과목   전기설비 기술기준

문제 81 전력 계통의 운용에 관한 지시를 하는 곳은?

① 발전소   ② 변전소

③ 개폐소   ④ 급전소

풀이

급전소 : 전력계통의 운용을 지시하는 곳을 말한다.   **답** ④

문제 82 피뢰기를 반드시 시설하여야 할 곳은?

① 전기 수용 장소 내의 차단기 2차측

② 가공 전선로와 지중 전선로가 접속되는 곳

③ 수전용 변압기의 2차측

④ 경간이 긴 가공 전선로

풀이

341.13 피뢰기의 시설

고압 및 특고압의 전로 중 다음에 열거하는 곳 또는 이에 근접한 곳에는 피뢰기를 시설하여야 한다.

가. 발전소·변전소 또는 이에 준하는 장소의 가공전선 인입구 및 인출구

나. 특고압 가공전선로에 접속하는 배전용 변압기의 고압측 및 특고압측

다. 고압 및 특고압 가공전선로로부터 공급을 받는 수용장소의 인입구

라. 가공전선로와 지중전선로가 접속되는 곳　　　답 ②

풀이

222.5 저압 가공전선의 굵기 및 종류

전 압	조 건	전선의 굵기 및 인장강도
400 [V] 이하	절연전선	인장강도 2.3 [kN] 이상의 것 또는 지름 2.6 [mm] 이상의 경동선
	케이블 이외	인장강도 3.43 [kN] 이상의 것 또는 **지름 3.2 [mm] 이상의 경동선**
400 [V] 초과인 저압 (케이블 이외)	시가지에 시설	인장강도 8.01 [kN] 이상의 것 또는 지름 5 [mm] 이상의 경동선
	시가지 외에 시설	인장강도 5.26 [kN]이상의 것 또는 지름 4 [mm] 이상의 경동선

답 ③

문제 83 저압 가공 전선 상호간을 접근 또는 교차하여 시설하는 경우 전선 상호간 이격 거리 및 하나의 저압 가공전선과 다른 저압 가공 전선로의 지지물 사이의 이격 거리는 각각 몇 [cm] 이상이어야 하는가? (단, 어느 한 쪽의 전선이 고압 절연 전선, 특고압 절연 전선 또는 케이블이 아닌 경우이다.)

① 전선 상호간 : 30, 전선과 지지물간 : 30
② 전선 상호간 : 30, 전선과 지지물간 : 60
③ 전선 상호간 : 60, 전선과 지지물간 : 30
④ 전선 상호간 : 60, 전선과 지지물간 : 60

풀이

222.16 저압 가공전선 상호 간의 접근 또는 교차
저압 가공전선이 다른 저압 가공전선과 접근상태로 시설되거나 교차하여 시설되는 경우 이격거리

전선의 종류구분	다른 저압 가공전선	
	전선 상호 간	지지물
저압 절연전선	0.6[m]	0.3[m]
어느 한 쪽의 전선이 고압·특고압절연전선 또는 케이블	0.3[m]	

답 ③

문제 84 사용 전압이 400[V] 이하인 저압 가공 전선은 케이블이나 절연전선인 경우를 제외하고 인장강도가 3.43 [kN] 이상인 것 또는 지름이 몇 [mm] 이상의 경동선이어야 하는가?

① 1.2　　　　② 2.6
③ 3.2　　　　④ 4.0

07년 1회 동일 및 유사 문제 (년도-회-번호)

1과목 전기자기학

12	18-1-08
13	19-1-11
14	15-3-03
15	09-3-02
16	21-2-10
17	18-2-05
18	12-1-01
19	17-1-12
20	18-1-18

2과목 전력공학

24	17-1-29
25	17-1-23
26	20-4-30
27	22-2-39
28	18-2-36
29	22-3-39
30	16-3-21
31	13-2-28
32	15-3-23
33	10-3-26
34	16-3-33
35	30-3-28
36	20-4-36
37	09-2-24
38	18-3-28
39	18-3-31
40	15-2-21

3과목 전기기기

44	14-1-46
45	08-3-42
46	13-1-48
47	22-2-55
48	21-3-55
49	17-2-49

50	16-3-51
51	20-1,2-53
52	12-2-42
53	10-1-45
54	08-3-49
55	09-1-48
56	16-3-45
57	15-3-44
58	16-1-47
59	15-3-49
60	09-1-43

4과목 회로이론 및 제어공학

72	15-2-27
73	17-3-80
74	18-2-62
75	09-2-66
76	21-2-75
77	08-1-66
78	18-1-69
79	13-2-66
80	13-1-64

5과목 전기설비기술기준

85	17-2-81
86	20-1,2-82
87	20-3-87
88	19-3-84
89	19-1-92
90	09-2-83
91	15-1-83
92	09-3-82
93	21-3-82
94	13-2-82
95	19-1-84
96	09-2-84

국가기술자격검정 필기시험 문제

2007년도 전기기사 일반검정 제2회

자격종목 및 등급(선택분야)	종목코드	시험시간	문제지형별	수검 번호	성 명
전기기사	**1150**	**2시간 30분**	**A**		

제1과목 | 전기자기학

문제 01 반지름 50[cm]의 서로 나란한 두 원형 코일(헤름홀쯔 코일)을 1[mm] 간격으로 동축상에 평행 배치한 후 각 코일에 100[A]의 전류가 같은 방향으로 흐를 때 코일 상호간에 작용하는 인력은 몇 [N] 정도 되는가?

① 3.14 ② 6.28

③ 31.4 ④ 62.8

풀이

$dF = B_2 I_1 dl = \mu_0 H_2 I_1 dl$

$d \ll a$이면 원형 도선을 직선 전류로 볼 수 있으므로

$H_2 = \dfrac{I_2}{2\pi d}$가 되므로

$dF \fallingdotseq \mu_0 \dfrac{I_2 I_1}{2\pi d} dl$

$\therefore F = \displaystyle\int dF = \mu_0 \dfrac{I_1 I_2}{2\pi d} \int_0^{2\pi a} dl = \dfrac{\mu_0 I_1 I_2 a}{d}$ [N]

$\therefore F = \dfrac{\mu_0 I^2 a}{d} \quad (I_1 = I_2 = I)$

$= \dfrac{4\pi \times 10^{-7} \times 100^2 \times 0.5}{1 \times 10^{-3}} \fallingdotseq 6.28 [N]$

답 ②

문제 02 다음 중 정상 자계(시불변 자계)의 원천이 아닌 것은?

① 도선을 흐르는 직류 전류

② 영구자석

③ 가속도를 가지고 이동하는 전하

④ 일정한 속도로 회전하는 대전원반

풀이

시불변 : 전류에 의한 자계의 세기가 일정한 자계를 말한다.

답 ③

문제 03 다음 중 자기 유도 계수(self inductance)를 구하는 방법이 아닌 것은?

① 자기 에너지법

② 자속쇄교법

③ 벡터 포텐셜법(Vector Potential Method)

④ 스칼라 포텐셜법(Scalar Potential Method)

풀이

자기 유도 계수 구하는 방법

① **자기 에너지법** : $W = \dfrac{1}{2} L I^2 \quad \therefore L = \dfrac{2W}{I^2}$

② **자속 쇄교법** : $N\phi = LI \quad \therefore L = \dfrac{N\phi}{I}$

③ **벡터 포텐셜법** : $W = \dfrac{1}{2} \displaystyle\int A \cdot i \, dv = \dfrac{1}{2} L I^2$

$\therefore L = \dfrac{\displaystyle\int A \cdot i \, dv}{I^2}$

답 ④

문제 04 다음 중 전계의 세기를 나타낸 것으로 옳지 않은 것은?

① 선전하에 의한 전계 : $E = \dfrac{Q}{4\pi\epsilon_0 r}$

② 점전하에 의한 전계 : $E = \dfrac{Q}{4\pi\epsilon r^2}$

③ 구전하에 의한 전계 : $E = \dfrac{Q}{4\pi\epsilon r^2}$

④ 전기 쌍극자에 의한 전계 :

$$E = \frac{M}{4\pi\epsilon_0 r^3}\sqrt{1+3\cos^2\theta}$$

풀이

- 선전하에 의한 전계 $E = \dfrac{\lambda}{2\pi\epsilon_0 r}$

- 점전하에 의한 전계 $E = \dfrac{Q}{4\pi\epsilon r^2}$

- 구전하에 의한 전계 $E = \dfrac{Q}{4\pi\epsilon r^2}$

- 전기 쌍극자에 의한 전계 $E = \dfrac{M\sqrt{1+3\cos^2\theta}}{4\pi\epsilon_0 r^3}$ **답** ①

문제 05 반지름이 10 [cm]인 접지 구도체의 중심으로부터 1 [m] 떨어진 거리에 한 개의 전자를 놓았다. 접지구도체에 유도된 충전 전하량은 몇 [C]인가?

① -1.6×10^{-20} ② -1.6×10^{-21}
③ 1.6×10^{-20} ④ 1.6×10^{-21}

풀이

전자 한 개의 전하량 $e = -1.602 \times 10^{-19}$[C]
접지구도체에 유도된 전하량

$$Q' = -\frac{a}{d}Q = -\frac{a}{d}e = -\frac{0.1}{1}(-1.602 \times 10^{-19})$$
$$= 1.602 \times 10^{-20}\,[C]$$ **답** ③

제2과목 전력공학

문제 21 기력 발전소에서 1톤의 석탄으로 발생할 수 있는 전력량은 약 몇 [kWh]인가? 단, 석탄의 발열량은 5500 [kcal/kg]이고 발전소 효율을 33[%]로 한다.

① 1860 ② 2110
③ 2580 ④ 2840

풀이

$$효율\ \eta = \frac{출력}{입력} = \frac{전력량[kWh] \times 860[kcal]}{연료의\ 열량[kcal]} \times 100[\%]$$
$$(\because 1[kWh] = 860[kcal])$$
$$P = \frac{1 \times 10^3 \times 5500 \times 0.33}{860} = 2110.47[kWh]$$ **답** ②

문제 22 전선의 반지름 r[m], 소도체 간의 거리 l [m], 선간 거리 D[m]인 복도체의 인덕턴스 L은 $L = 0.4605P + 0.025$[mH/km]이다. 이 식에서 P에 해당되는 값은?

① $\log_{10}\dfrac{D}{\sqrt{rl}}$ ② $\log_e\dfrac{D}{\sqrt{rl}}$

③ $\log_{10}\dfrac{l}{\sqrt{rD}}$ ④ $\log_e\dfrac{l}{\sqrt{rD}}$

풀이

$$L_n = \frac{0.05}{n} + 0.4605\log_{10}\frac{D}{\sqrt[n]{rl^{n-1}}}$$
에서 복도체이므로 $n = 2$
$$\therefore L = 0.025 + 0.4605\log_{10}\frac{D}{\sqrt{rl}}$$ **답** ①

제3과목 전기기기

문제 41 10 [kVA], 2000/100 [V] 변압기의 1차 환산 등가임피던스가 $6 + j8$[Ω]일 때 %리액턴스 강하는 몇 [%]인가?

① 1.5 ② 2 ③ 5 ④ 10

풀이

$$I_{1n} = \frac{P_n}{V_{1n}} = \frac{10 \times 10^3}{2000} = 5\,[A]$$
$$q = \frac{I_{1n}X}{V_{1n}} \times 100 = \frac{5 \times 8}{2000} \times 100 = 2[\%]$$ **답** ②

문제 42 단상 변압기를 병렬 운전하는 경우 부하 분담을 용량에 비례시키는 조건 중에서 틀린 것은?

① 정격 전압과 변압비가 같을 것
② 각 변위가 다를 것
③ %임피던스 강하가 같을 것
④ 극성이 같을 것

풀이

병렬 운전의 조건
① 각 변압기의 극성이 같을 것

② 각 변압기의 권수비가 같고, 1차와 2차의 정격 전압이 같을 것
③ 각 변압기의 %임피던스 강하가 같을 것
④ 3상식에서는 위의 조건 외에 각 변압기의 **상회전 방향** 및 위상 변위가 같을 것 **답** ②

문제 43 4극 고정자 홈수 48인 3상 유도 전동기의 홈 간격을 전기각으로 표시하면 어떻게 되는가?

① 3.75° ② 7.5°
③ 15° ④ 30°

풀이

$$전기각(\alpha) = \frac{180°}{슬롯수/극수} = \frac{180}{48/4} = 15°$$ **답** ③

문제 44 변압기의 철손과 동손을 측정할 수 있는 시험은?

① 무부하 시험, 단락 시험
② 부하 시험, 유도 시험
③ 무부하 시험, 절연 내력 시험
④ 단락 시험, 극성 시험

풀이

변압기의 시험
① **개방 회로 시험**(무부하 시험)으로 측정할 수 있는 항목
• 무부하 전류 • 히스테리시스손 • 와류손
• 여자 어드미턴스 • **철손**
② **단락 시험**으로 측정할 수 있는 항목
• **동손** • 임피던스 와트 • 임피던스 전압 **답** ①

문제 45 다음 중 DC 서보 모터의 회전 전기자 구조가 아닌 것은?

① 슬롯(slot)이 있는 전기자
② 철심이 있고 슬롯(slot)이 없는 전기자
③ 철심이 없는 평판상 프린트 코일형
④ 전기자 권선이 없는 돌극형

답 ④

문제 61 그림과 같은 회로에서 2[Ω]의 단자 전압 [V]은?

① 3
② 4
③ 6
④ 8

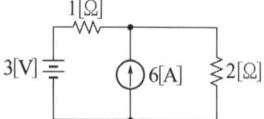

풀이

전압원만 존재할 때 2[Ω]에 흐르는 전류 I_1 (**전류원은 개방**)

$$I_1 = \frac{3}{2+1} = 1[A]$$

전류원만 존재할 때 2[Ω]에 흐르는 전류 I_2 (**전압원은 단락**)

$$I_2 = \frac{1}{1+2} \times 6 = 2[A]$$

2[Ω]을 흐르는 전 전류 I는

$$I = I_1 + I_2 = 1 + 2 = 3[A]$$

$$\therefore V = IR = 3 \times 2 = 6[V]$$ **답** ③

문제 62 4단자망의 파라미터 정수에 관한 서술 중 잘못된 것은?

① A, B, C, D 파라미터 중 A 및 D는 차원 (dimension)이 없다.
② h 파라미터 중 h_{12} 및 h_{21}은 차원이 없다.
③ A, B, C, D 파라미터 중 B는 어드미턴스, C는 임피던스의 차원을 갖는다.
④ h 파라미터 중 h_{11}은 임피던스, h_{22}는 어드미턴스의 차원을 갖는다.

풀이

4단자 정수에서 A=전압비, B=**임피던스 차원**, C=어드미턴스 차원, D=전류비의 의미를 갖는다. **답** ③

제5과목 ▶ 전기설비 기술기준

문제 81 특고압 가공 전선로의 지지물에 시설하는 통신선 또는 이에 직접 접속하는 통신선 중 옥내에 시설하는 부분은 몇 [V] 초과의 저압 옥내 배선의 규정에 준하여 시설하도록 하고 있는가?

① 150　　　　　② 300
③ 380　　　　　④ 400

풀이

362.7 특고압 가공전선로 첨가설치 통신선에 직접 접속하는 옥내 통신선의 시설
특고압 가공전선로의 지지물에 시설하는 통신선(광섬유 케이블을 제외한다) 또는 이에 직접 접속하는 통신선 중 **옥내에 시설하는 부분은 400[V] 초과의 저압옥내 배선시설에 준하여 시설**하여야 한다.　　**답** ④

문제 82 154[kV] 가공 전선이 도로와 제2차 접근 상태로 시설되는 경우 가공 전선 중 도로 등에서 수평 거리 3[m] 미만으로 시설되는 부분의 길이가 연속하여 100[m] 이하이고 또한 1경간 안에서의 그 부분의 길이의 합계가 몇 [m] 이하이어야 하는가?

① 100　　　　　② 110
③ 120　　　　　④ 130

풀이

333.24 특고압 가공전선과 도로 등의 접근 또는 교차
특고압 가공전선이 도로 등과 제2차 접근상태로 시설되는 경우 특고압 가공전선중 **도로 등에서 수평거리 3[m] 미만으로 시설되는 부분의 길이가 연속하여 100[m] 이하이고 또한 1경간 안에서의 그 부분의 길이의 합계가 100[m] 이하일 것.**　　**답** ①

문제 83 저고압 가공 전선(다중접지된 중성선은 제외)을 병행 설치하는 방법 중 옳지 않은 것은?

① 저압 가공 전선과 고압 가공 전선을 동일 지지물에 시설하는 경우 저압 가공 전선을 아래에 둔다.
② 저압 가공전선과 고압 가공 전선을 동일 지지물에 시설하는 경우 별개의 완금류에 시설해야 한다.
③ 저압 가공전선과 고압 가공전선 사이의 이격 거리는 50 [cm] 이상이어야 한다.
④ 저압 가공 인입선을 분기하기 위한 목적으로 저압 가공 전선을 고압용의 완금류에 시설할 수 없다.

풀이

332.8 고압 가공전선 등의 병행설치
가. 저압 가공전선(다중접지된 중성선은 제외한다)과 고압 가공 전선을 동일 지지물에 시설하는 경우에는 다음에 따라야 한다.
　① 저압 가공전선을 고압 가공전선의 아래로 하고 별개의 완금류에 시설할 것.
　② 저압 가공전선과 고압 가공전선 사이의 **이격거리는 0.5[m] 이상일 것.**
나. 다음의 어느 하나에 해당하는 경우에는 "가"에 의하지 아니할 수 있다.
　① 고압 가공전선에 케이블을 사용하고, 또한 그 케이블과 저압 가공전선 사이의 이격거리를 0.3[m] 이상으로 하여 시설하는 경우
　② 저압 가공인입선을 분기하기 위하여 저압 가공전선을 고압용의 완금류에 견고하게 시설하는 경우　　**답** ④

07년 2회　동일 및 유사 문제 (년도-회-번호)

1과목 전기자기학

06	17-1-04
07	17-1-20
08	20-1,2-10
09	20-4-02
10	21-3-08
11	09-1-11
12	22-2-01
13	12-1-06
14	11-3-03
15	10-1-04
16	16-3-01
17	10-2-01
18	13-2-02
19	14-1-11
20	22-2-03

2과목 전력공학

23	17-1-38
24	17-3-31
25	21-1-26
26	22-1-39
27	22-3-35
28	20-1,2-24
29	15-3-27
30	16-2-25
31	11-3-23
32	18-2-30
33	17-2-38
34	19-1-32
35	13-2-23
36	16-2-32
37	21-1-29
38	22-3-32
39	22-3-37
40	18-1-30

3과목 전기기기

46	18-2-51
47	18-2-46
48	09-3-50
49	08-1-43
50	10-2-45

51	18-1-47
52	22-2-60
53	13-2-49
54	19-1-52
55	09-2-46
56	12-3-48
57	14-1-42
58	09-2-41
59	13-2-48
60	15-3-44

4과목 회로이론 및 제어공학

63	18-1-73
64	20-3-65
65	21-2-64
66	10-2-68
67	11-1-68
68	16-2-74
69	19-3-73
70	09-2-64
71	13-3-72
72	11-2-66
73	21-3-65
74	20-1,2-65
75	20-1,2-63
76	09-1-72
77	12-2-63
78	13-3-62
79	13-1-64
80	17-2-61

5과목 전기설비기술기준

84	18-3-93
85	18-2-83
86	20-3-94
87	16-3-82
88	16-3-87
89	13-3-81
90	12-2-83
91	20-4-94
92	18-3-95
93	18-3-90
94	18-1-95

국가기술자격검정 필기시험 문제

2007년도 전기기사 일반검정 제3회

자격종목 및 등급(선택분야)	종목코드	시험시간	문제지형별	수검 번호	성 명
전기기사	1150	2시간 30분	A		

제1과목 ▶ 전기자기학

문제 01 정자계 현상에 대하여 전류에 의한 자계에 관하여 성립하지 않는 식은? 단, H는 자계, B는 자속 밀도, A는 자계의 벡터 퍼텐셜, μ는 투자율, i는 전류 밀도이다.

① $H = \dfrac{1}{\mu} \mathrm{rot}\, A$ ② $\mathrm{rot}\, A = -\mu i$

③ $\mathrm{div}\, B = 0$ ④ $\mathrm{rot}\, H = i$

풀이

$\mathrm{rot}\, A = B$ **답** ②

문제 02 단위 길이당 정전 용량 및 인덕턴스가 각각 0.2[μF/m], 0.5[mH/m]인 전송선의 특성 임피던스는 몇 [Ω]인가?

① 50 ② 75

③ 125 ④ 250

풀이

특성 임피던스 $Z_0 = \sqrt{\dfrac{Z}{Y}} = \sqrt{\dfrac{R+j\omega L}{G+j\omega C}}$ 에서 R, G를 무시하면

$Z_0 ≒ \sqrt{\dfrac{L}{C}} ≒ \sqrt{\dfrac{0.5 \times 10^{-3}}{0.2 \times 10^{-6}}} = 50[\Omega]$ **답** ①

문제 03 자기 회로에서 투자율, 단면적 및 길이를 각각 1/2로 하면 자기 저항은 몇 배로 되는가?

① 1/2 ② 2

③ 4 ④ 8

풀이

$R_{m0} = \dfrac{l}{\mu S}$

$R_m = \dfrac{\frac{1}{2}l}{\left(\frac{1}{2}\mu\right)\left(\frac{1}{2}S\right)} = 2 \cdot \dfrac{l}{\mu S} = 2R_{m0} \ (\therefore \ 2\text{배})$ **답** ②

문제 04 자극의 세기 m [Wb]의 점자극이 반지름 a [m]인 원형 코일 축상에 그림과 같이 놓여있을 때, 이 점자극을 d_1[m]되는 점에서 d_2 [m]되는 점까지 t 초 동안에 이동시켰다면 코일 내에 유기되는 기전력은 몇 [V]로 표시되는가?

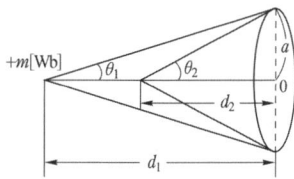

① $\dfrac{m}{2\pi t} \times (\sin\theta_1 - \sin\theta_2)$

② $\dfrac{m}{2\pi t} \times (\cos\theta_1 - \cos\theta_2)$

③ $\dfrac{m}{2t} \times (\sin\theta_1 - \sin\theta_2)$

④ $\dfrac{m}{2t} \times (\cos\theta_1 - \cos\theta_2)$

풀이

거리 d_1, d_2에 있을 때 코일에 관통하는 자속을 ϕ_1, ϕ_2라고 할 때

$\phi_1 = m\dfrac{\omega_1}{4\pi} = m\dfrac{2\pi(1-\cos\theta_1)}{4\pi} = \dfrac{m}{2}(1-\cos\theta_1)$

$\phi_2 = m\dfrac{\omega_2}{4\pi} = m\dfrac{2\pi(1-\cos\theta_2)}{4\pi} = \dfrac{m}{2}(1-\cos\theta_2)$

$$\text{유기 기전력} : e = \frac{d\phi}{dt} = \frac{\triangle\phi}{\triangle t} = \frac{\phi_2 - \phi_1}{t}$$
$$= \frac{m[\cos\theta_1 - \cos\theta_2]}{2t}$$

답 ④

문제 05 $E = 2i + j + 4k$ [V/m]인 전계가 존재할 때 10^{-5} [C]의 전하를 원점으로부터 $r = 4i + j + 2k$ [m]까지 움직이는데 필요한 일은 몇 [J]인가?

① 1.7×10^{-4} ② 2.0×10^{-4}

③ 2.4×10^{-4} ④ 2.7×10^{-4}

풀이

$$W = F \cdot r = QE \cdot r$$
$$= 10^{-5} \times (2i + j + 4k) \cdot (4i + j + 2k)$$
$$= 10^{-5} \times (8 + 1 + 8)$$
$$= 1.7 \times 10^{-4} \text{ [J]} \quad (\because i \cdot i = 1, \ i \cdot j = k \cdot i = 0)$$

답 ①

문제 06 도체계에서 임의의 도체를 일정 전위(영전위)의 도체로 완전 포위하면 내외 공간의 전계를 완전히 차단할 수 있다. 이것을 무엇이라 하는가?

① 표피 효과 ② 핀치 효과

③ 전자 차폐 ④ 정전 차폐

풀이

임의의 도체를 접지된 도체로 완전 포위하면 외부에서 유도되는 전하를 차단할 수 있다. 이것을 정전 차폐라고 한다.

답 ④

문제 07 자유 공간에 있어서 포인팅 벡터를 S [W/m²]라 할 때 전장의 세기의 실효값 E_e [V/m]를 구하면?

① $S\sqrt{\dfrac{\mu_0}{\epsilon_0}}$ ② $S\sqrt{\dfrac{\epsilon_0}{\mu_0}}$

③ $\sqrt{S\sqrt{\dfrac{\mu_0}{\epsilon_0}}}$ ④ $\sqrt{S\sqrt{\dfrac{\epsilon_0}{\mu_0}}}$

풀이

$$S = E \cdot H \text{ [W/m}^2] \cdots\cdots \text{①}$$

$$Z_0 = \frac{E}{H} = \sqrt{\frac{\mu_0}{\epsilon_0}} \text{ 에서 } H = \frac{E}{\sqrt{\dfrac{\mu_0}{\epsilon_0}}} \text{를 식 ①에 대입하면}$$

$$S = E^2 \cdot \frac{1}{\sqrt{\dfrac{\mu_0}{\epsilon_0}}}, \quad E = \sqrt{S\sqrt{\frac{\mu_0}{\epsilon_0}}} \text{ [V/m]}$$

답 ③

문제 08 지구는 태양으로부터 P [kW/m²]의 방사열을 받고 있다. 지구 표면에서의 전계의 세기는 몇 [V/m]인가?

① $377P$ ② $\dfrac{P}{377}$

③ $\sqrt{\dfrac{P}{377}}$ ④ $\sqrt{377P}$

풀이

$$H = \sqrt{\frac{\epsilon_0}{\mu_0}} E \text{ [A/m] 이므로}$$

$$P = EH = E^2\sqrt{\frac{\epsilon_0}{\mu_0}}$$

$$E^2 = \sqrt{\frac{\mu_0}{\epsilon_0}} \cdot P = \sqrt{\frac{4\pi \times 10^{-7}}{8.855 \times 10^{-12}}} \cdot P = 377 \cdot P$$

$$\therefore E = \sqrt{377P}$$

답 ④

문제 09 유전율이 서로 다른 두 유전체가 서로 경계면을 이루면서 접해있는 경우 전속 및 전기력선은 작은 유전율을 가진 유전체에서 큰 유전체로 입사할 때 굴절각은 입사각에 비하여 어떻게 되는가?

① 감소한다. ② 불변한다.

③ 증가한다. ④ 90° 증가한다.

풀이

굴절의 법칙 : 입사각과 굴절각은 유전율에 비례

$$\frac{\tan\theta_1}{\tan\theta_2} = \frac{\epsilon_1}{\epsilon_2} \ (\theta_1 : \text{입사각}, \ \theta_2 : \text{굴절각})$$

$\epsilon_1 < \epsilon_2$ 이므로 $\theta_1 < \theta_2$(증가)이 된다.

답 ③

제2과목 전력공학

문제 21 그림은 랭킨 사이클을 나타내는 $T-S$ (온도–엔트로피) 선도이다. 여기에서 A_2–B의 과정은 화력 발전소의 어떤 과정에 해당하는가?

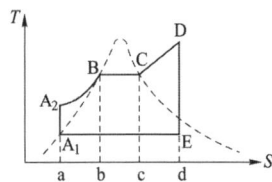

① 급수 펌프내의 등적 단열 압축
② 보일러내에서 등압 가열
③ 보일러내에서 증기의 등압 등온 수열
④ 급수 펌프에 의한 단열 팽창

풀이

$A_1 \rightarrow A_2$: 급수 펌프에 의한 등적 단열 압축
$A_2 \rightarrow B$: **보일러 내에서의 등압 가열**
$B \rightarrow C$: 보일러 내에서의 건조 포화 증기의 등온 등압 수열
$C \rightarrow D$: 과열기 내에서의 건조 포화 증기의 등압 과열
$D \rightarrow E$: 터빈 내의 단열 팽창
$E \rightarrow A_1$: 복수기 내의 터빈 배기의 등온 등압 응결 **답** ②

문제 22 다음 중 고속도 재투입용 차단기의 표준 동작책무 표기로 가장 옳은 것은? 단, t는 임의의 시간 간격으로 재투입하는 시간을 말하며, O은 차단 동작, C는 투입 동작, CO는 투입 동작에 계속하여 차단 동작하는 것을 말함

① O – 1분 – CO
② CO – 15초 – CO
③ CO – 1분 – CO – t초 – CO
④ O – t초 – CO – 1분 – CO

풀이

차단기의 동작책무 : 어느 시간 간격을 두고 행하여지는 일련의 동작을 규정한 것
• **일반용** : CO – (15초) – CO, O – (3분) – CO – (3분) – CO
• **고속도 재투입용** : O – (0.3초) – CO – (3분 또는 15초, 1분) – CO **답** ④

문제 23 3상 3선식 송전선이 있다. 1선당의 저항은 8 [Ω], 리액턴스는 12 [Ω]이며, 수전단의 전력이 1000 [kW], 전압이 10 [kV], 역률이 0.8일 때, 이 송전선의 전압강하율은 몇 [%]인가?

① 14 ② 15
③ 17 ④ 18

풀이

전압강하율 $\delta = \dfrac{P}{V^2}(R + X\tan\theta) \times 100\,[\%]$에서

$\delta = \dfrac{1000 \times 10^3}{(10 \times 10^3)^2} \times \left(8 + 12 \times \dfrac{0.6}{0.8}\right) \times 100 = 17\,[\%]$ **답** ③

문제 24 다음 중 코로나 손실에 대한 설명으로 옳은 것은?

① 전선의 대지 전압의 제곱에 비례한다.
② 상대 공기 밀도에 비례한다.
③ 전원 주파수의 제곱에 비례한다.
④ 전선의 대지 전압과 코로나 임계전압의 차의 제곱에 비례한다.

풀이

peek의 식

코로나 손 $P_c = \dfrac{241}{\delta}(f+25)\sqrt{\dfrac{d}{2D}}(E-E_0)^2 \times 10^{-5}\,[\text{kW/km/선}]$

$\therefore P_c \propto (E-E_0)^2$이 된다.

여기서, E : 전선의 대지전압[kV]
　　　　 E_0 : 코로나 임계전압[kV] **답** ④

문제 25 모선 전압이 6600 [V]인 변전소에서 저항 6 [Ω], 리액턴스 8 [Ω]인 송전선을 통하여 역률 0.8의 부하에 급전할 때 부하점 전압을 6000 [V]로 하면 몇 [kW]의 전력이 전송되는가?

① 300 ② 400 ③ 500 ④ 600

풀이

전압강하 $e = \dfrac{P}{V}(R + X\tan\theta)\,[\text{V}]$에서

$6600 - 6000 = \dfrac{P}{6000}\left(6 + 8 \times \dfrac{0.6}{0.8}\right)$이므로

$P = \dfrac{600 \times 6000}{6 + 8 \times \dfrac{0.6}{0.8}} = 300000\,[\text{W}] = 300\,[\text{kW}]$ **답** ①

문제 26 그림과 같이 평지에서 동일 장력으로 가설된 두 경간의 이도가 각각 4 [m], 9 [m] 이다. 지금 중앙의 지지점에서 전선이 풀어졌을 경우 지표상의 최저 높이는 약 몇 [m]인가? 단, 지지점의 높이는 16 [m]라 하고 전선의 신장은 무시하는 것으로 한다.

① 2.43
② 2.77
③ 3.45
④ 3.86

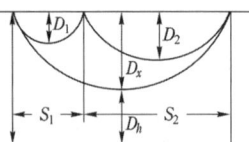

풀이

$$D_x{}^2 = \left(1 + \sqrt{\frac{D_2}{D_1}}\right)D_1{}^2 + \left(1 + \sqrt{\frac{D_1}{D_2}}\right)D_2{}^2$$

$$= \left(1 + \sqrt{\frac{9}{4}}\right)\cdot 4^2 + \left(1 + \sqrt{\frac{4}{9}}\right)\cdot 9^2 = 175[\text{m}]$$

$$\therefore D_x = \sqrt{175} = 13.23$$

그러므로 높이 $D_h = 16 - 13.23 = 2.77[\text{m}]$ **답** ②

문제 27 아래의 충격파형은 직격뇌에 의한 파형이다. 여기에서 T_f와 T_t는 무엇을 표시한 것인가?

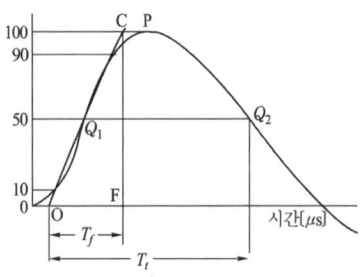

① T_f =파고값, T_t =파미 길이
② T_f =파두 길이, T_t =충격파 길이
③ T_f =파미 길이, T_t =충격반파 길이
④ T_f =파두 길이, T_t =파미 길이

풀이

• T_f (파두장) : 규약 영점에서 파고값에 도달할 때 까지의 시간으로 표준 충격 파형에서는 1.2[μs]이다.
• T_t (파미장) : 규약 영점에서 파고값의 50 [%]로 감쇠할 때 까지의 시간으로 표준 충격 파형에서는 50 [μs] 이다. **답** ④

문제 28 다음 중 모선 보호용 계전기로 사용하면 가장 유리한 것은?

① 재폐로 계전기
② 옴형 계전기
③ 역상 계전기
④ 차동 계전기

풀이

모선 보호용 계전기의 종류
① 전류 차동 계전 방식
② 전압 차동 계전 방식
③ 위상 비교 계전 방식
④ 방향 비교 계전 방식 **답** ④

문제 29 송배전 선로는 저항 R, 인덕턴스 L, 정전용량(커패시턴스) C, 누설 콘덕턴스 G라는 4개의 정수로 이루어진 연속된 전기 회로이다. 이들 정수를 선로 정수라고 부르는데 이것은 (㉠), (㉡) 등에 따라 정해진다. 다음 중 (㉠), (㉡)에 알맞은 내용은?

① ㉠ 전압·전선의 종류 ㉡ 역률
② ㉠ 전선의 굵기·전압 ㉡ 전류
③ ㉠ 전선의 배치·전선의 종류 ㉡ 전류
④ ㉠ 전선의 종류·전선의 굵기 ㉡ 전선의 배치

풀이

선로정수란 저항 R, 인덕턴스 L, 정전용량 C 및 누설컨덕턴스 G의 4가지 정수를 선로정수라 하며 **선로정수는 전선의 종류, 굵기, 배치에 따라 정해지며 송전전압, 주파수, 전류, 역률 및 기상 등에는 영향을 받지 않는다.** 따라서 리액턴스는 주파수에 관계되므로 선로정수가 아니다. **답** ④

제3과목 **전기기기**

문제 41 다음 기기 중 입력 전압과 위상이 다른 전압을 얻고자 할 때 쓰이는 기기는?

① 3상 유도 전압 조정기
② 단상 유도 전압 조정기
③ V결선의 변압기
④ T결선의 변압기

3상 유도 전압 조정기의 원리

회전자속에 의하여 직렬 권선의 1상에 유도되는 기전력을 조정전압이라 하고 이것을 E_2[V]라고 하면 E_2는 일정한 크기의 회전자속에 의하여 생기는 것이므로 회전자와 고정자와의 관계 위치에 관계없이 항상 그 크기는 일정하다. 그러나 회전자와 고정자의 관계 위치의 변화에 따라 분로 권선 전압 E_1에 대한 E_2의 위상이 변화한다. 즉, 3상 유도전압 조정기의 출력측 전압

$E = \sqrt{(E_1 + E_2\cos\theta)^2 + (E_2\sin\theta)^2}$ 으로 나타낸다. **답 ①**

문제 42 3상 유도 전동기의 원선도를 그리면 등가 회로의 정수를 구할 때 몇가지 시험이 필요하다. 그 시험이 아닌 것은?

① 무부하 시험
② 구속 시험
③ 고정자 권선의 저항 측정 시험
④ 슬립 측정 시험

풀이

1) 원선도 작성에 필요한 시험은
 • 저항 측정 • 무부하 시험 • 구속 시험이 있다.
2) 유도 전동기의 **원선도에서 구할 수 있는** 항목
 • 전부하 전류 • 역률 • 효율 • 슬립
 • 최대출력/정격출력 • 토크 **답 ④**

제4과목　회로이론 및 제어공학

문제 61 그림의 대칭 T회로의 일반 4단자 정수가 다음과 같다. $A = D = 1.2$, $B = 44[\Omega]$, $C = 0.01[\mho]$일 때, 임피던스 $Z[\Omega]$의 값은?

① 1.2
② 12
③ 20
④ 44

풀이

$A = 1 + \dfrac{Z}{\frac{1}{Y}} = 1 + ZY = 1.2$, $C = Y = 0.01[\mho]$ 이므로

$1 + ZY = 1 + Z \times 0.01 = 1.2$
$\therefore Z = 20[\Omega]$ **답 ③**

문제 62 라플라스 함수 $F(s) = \dfrac{4s+16}{s^2+8s+20}$ 에 대한 시간 함수는?

① $4e^{-4t}\cos 2t$
② $e^{-4t}\cos 2t$
③ $e^{-4t}\sin 4t$
④ $4e^{-t}\sin 4t$

풀이

$F(s) = \dfrac{4s+16}{s^2+8s+20} = 4 \cdot \dfrac{s+4}{s^2+8s+16+4}$

$= 4 \cdot \dfrac{s+4}{(s+4)^2 + 2^2}$

$e^{-at}\cos\omega t = \dfrac{s+a}{(s+a)^2+\omega^2}$ 이므로 역라플라스 변환하면

$f(t) = 4e^{-4t}\cos 2t$ 가 된다. **답 ①**

문제 63 그림과 같은 성형 평형 부하가 선간 전압 220 [V]의 대칭 3상 전원에 접속되어 있다. 이 접속선 중에 한 선이 ×점에서 단선되었다고 하면 이 단선점 ×의 양단에 나타나는 전압은 몇 [V]인가? 단, 전원 전압은 변화하지 않는 것으로 한다.

① 110
② $110\sqrt{3}$
③ 220
④ $220\sqrt{3}$

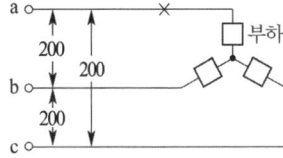

풀이

단선되기 전 전압 벡터는 그림과 같다. a상의 ×점이 단선되었을 때 ×점 양측에 나타나는 전압은 a점과 O점의 전위차가 된다.

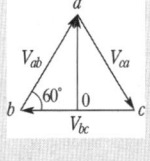

$V_{ao} = 220\sin 60° = 220 \times \dfrac{\sqrt{3}}{2}$
$= 110\sqrt{3}[V]$ **답 ②**

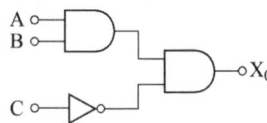 다음 논리 회로의 출력 X_0는?

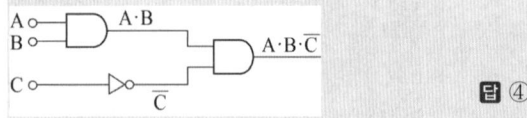

① $A \cdot B + \overline{C}$
② $(A + B)\overline{C}$
③ $A + B + \overline{C}$
④ $A \cdot B \cdot \overline{C}$

풀이

A o— [A·B] —
B o—
C o—[\overline{C}]— [A·B·\overline{C}]

답 ④

문제 65 C[F]의 콘덴서에 V[V]의 직류 전압을 인가시 축적되는 에너지는 몇 [J]인가?

① $\dfrac{CV^2}{2}$
② $\dfrac{C^2V^2}{2}$
③ $2CV^2$
④ 0

풀이

콘덴서에 축적되는 에너지

$$W = \frac{1}{2}CV^2 = \frac{Q^2}{2C} = \frac{1}{2}QV[J]$$

답 ①

문제 66 보상기에서 원래 시스템에 극점을 첨가하면 일어나는 현상은?
① 시스템의 안정도가 감소된다.
② 시스템의 과도응답 시간이 짧아진다.
③ 근궤적을 s-평면의 왼쪽으로 옮겨준다.
④ 안정도와는 무관하다.

풀이

극점을 첨가하면
① 분모의 S의 차수를 증가시킨다.
② 회로내에 L, C 개수 증가
③ **시스템은 불안정화**된다 (안정도 감소)
④ 과도 응답시간이 길어진다.
⑤ 근궤적을 s-평면의 오른쪽으로 옮겨준다.

답 ①

문제 67 $A = \begin{bmatrix} -2 & 2 \\ 1 & -3 \end{bmatrix}$의 고유값은?

① $-2, -5$
② $-1, -4$
③ $1, 4$
④ $2, 5$

풀이

특성 방정식 $[sI - A] = 0$에서
$\begin{bmatrix} s & 0 \\ 0 & s \end{bmatrix} - \begin{bmatrix} -2 & 2 \\ 1 & -3 \end{bmatrix} = \begin{bmatrix} s+2 & -2 \\ -1 & s+3 \end{bmatrix} = (s+2)(s+3) - 2 = 0$
$\therefore s^2 + 5s + 4 = 0$
$(s+1)(s+4) = 0$
$s = -1 \ or \ -4$

답 ②

문제 68 다음과 같이 정의된 신호를 z 변환하면?

$$\delta(k) = \begin{cases} 1, & k = 0 \\ 0, & k \neq 0 \end{cases}$$

① 1
② $\dfrac{1}{1 + z^{-1}}$
③ $\dfrac{1}{1 - z^{-1}}$
④ $\dfrac{1}{z}$

풀이

$\displaystyle\lim_{t \to 0} e(t) = \lim_{s \to \infty} E(z)$		
$f(t)$	$F(s)$	$F(z)$
$\delta(t)$	1	1
$u(t)$	$\dfrac{1}{s}$	$\dfrac{z}{z-1}$
t	$\dfrac{1}{s^2}$	$\dfrac{Tz}{(z-1)^2}$
e^{-at}	$\dfrac{1}{s+a}$	$\dfrac{z}{z-e^{-at}}$

답 ①

제5과목 전기설비 기술기준

문제 81 다음 중 고압 보안 공사에 사용되는 전선의 기준으로 옳은 것은?

① 케이블인 경우 이외에는 인장강도 8.01 [kN] 이상의 것 또는 지름 5 [mm] 이상의 경동선일 것

② 케이블인 경우 이외에는 인장강도 8.01 [kN] 이상의 것 또는 지름 4 [mm] 이상의 경동선일 것

③ 케이블인 경우 이외에는 인장강도 8.71 [kN] 이상의 것 또는 지름 5 [mm] 이상의 경동선일 것

④ 케이블인 경우 이외에는 인장강도 8.71 [kN] 이상의 것 또는 지름 4 [mm] 이상의 경동선일 것

풀이

332.10 고압 보안공사

고압 보안공사는 다음에 따라야 한다.

가. 전선은 케이블인 경우 이외에는 **인장강도 8.01[kN] 이상의 것 또는 지름 5[mm] 이상의 경동선**일 것.

나. 목주의 풍압하중에 대한 안전율은 1.5 이상일 것. **답** ①

문제 82 저압 옥상 전선로에 시설하는 전선은 인장강도 2.30 [kN] 이상의 것 또는 지름이 몇 [mm] 이상의 경동선이어야 하는가?

① 1.6　② 2.0　③ 2.6　④ 3.2

풀이

221.3 옥상전선로

저압 옥상전선로는 전개된 장소에 다음에 따르고 또한 위험의 우려가 없도록 시설하여야 한다.

가. 전선은 인장강도 2.30[kN] 이상의 것 또는 **지름 2.6[mm] 이상의 경동선**을 사용할 것.

나. 전선은 조영재에 견고하게 붙인 지지주 또는 지지대에 절연성·난연성 및 내수성이 있는 애자를 사용하여 지지하고 또한 그 지지점 간의 거리는 15[m] 이하일 것.

다. 전선과 그 저압 옥상 전선로를 시설하는 조영재와의 이격거리는 2[m](전선이 고압절연전선, 특고압 절연전선 또는 케이블인 경우에는 1[m]) 이상일 것. **답** ③

문제 83 다음 중 사용 전압이 35[kV]를 넘고 100 [kV] 미만인 특고압 가공전선과 저압 또는 고압 가공전선을 동일 지지물에 시설할 수 있는 조건으로 옳지 않은 것은?

① 특고압 가공전선로는 제2종 특고압 보안공사에 의한다.

② 특고압 가공전선과 고압 또는 저압가공전선과의 이격거리는 0.8 [m] 이상으로 한다.

③ 특고압 가공전선은 케이블인 경우를 제외하고 인장강도 21.67 [kN] 이상의 연선 또는 단면적이 50 [mm²]인 경동연선을 사용한다.

④ 특고압 가공전선로의 지지물은 철주, 철근 콘크리트주 또는 철탑이어야 한다.

풀이

333.17 특고압 가공전선과 저고압 가공전선 등의 병행설치

사용전압이 35[kV]을 초과하고 100[kV] 미만인 특고압 가공전선과 저압 또는 고압 가공전선을 동일 지지물에 시설하는 경우에는 다음에 따라 시설하여야 한다.

가. 특고압 가공전선로는 제2종 특고압 보안공사에 의할 것.

나. 특고압 가공전선은 케이블인 경우를 제외하고는 인장강도 21.67[kN] 이상의 연선 또는 단면적이 50[mm²] 이상인 경동연선일 것.

다. 특고압 가공전선(100[kV] 미만)과 저·고압 가공전선을 동일 지지물에 설치 시 이격거리

전 압	표 준	특고압에 케이블 사용 및 저·고압에 절연전선 또는 케이블 사용
35 [kV] 이하	1.2 [m] 이상	0.5 [m] 이상
35 [kV] 초과 100 [kV] 미만	2 [m] 이상	1 [m] 이상

라. 특고압 가공전선로의 지지물은 철주·철근 콘크리트주 또는 철탑일 것 **답** ②

문제 84 다음 중 제2종 특고압 보안 공사의 기준으로 옳지 않은 것은?

① 특고압 가공 전선은 연선일 것

② 지지물로 사용하는 목주의 풍압 하중에 대한 안전율은 2 이상일 것

③ 지지물이 목주일 경우 그 경간은 100[m] 이하일 것

④ 지지물이 A종 철주일 경우 그 경간은 150[m] 이하일 것

풀이

333.22 특고압 보안공사
제2종 특고압 보안공사는 다음에 따라야 한다.
가. 특고압 가공전선은 연선일 것.
나. 지지물로 사용하는 목주의 풍압하중에 대한 안전율은 2 이상일 것.
다. 경간은 표 에서 정한 값 이하일 것

지지물의 종류	경 간
목주 · **A종 철주** 또는 A종 철근 콘크리트주	**100 [m]**
B종 철주 또는 B종 철근 콘크리트주	200 [m]
철탑	400[m](단주인 경우에는 300 [m])

답 ④

문제 85 다음 중 피뢰기를 설치하지 않아도 되는 곳은?

① 발전소, 변전소의 가공 전선 인입구 및 인출구
② 가공 전선로의 말구 부분
③ 가공 전선로에 접속한 1차측 전압이 35[kV] 이하인 배전용 변압기의 고압측 및 특고압측
④ 고압 및 특고압 가공 전선로로부터 공급을 받는 수용 장소의 인입구

풀이

341.13 피뢰기의 시설
고압 및 특고압의 전로 중 다음에 열거하는 곳 또는 이에 근접한 곳에는 피뢰기를 시설하여야 한다.
가. 발전소·변전소 또는 이에 준하는 장소의 **가공전선 인입구 및 인출구**
나. 특고압 가공전선로에 접속하는 **배전용 변압기의 고압측 및 특고압측**
다. 고압 및 특고압 가공전선로로부터 공급을 받는 **수용장소의 인입구**
라. 가공전선로와 지중전선로가 접속되는 곳

답 ②

07년 3회 동일 및 유사 문제 (년도-회-번호)

1과목 전기자기학
10 21-3-10
11 22-3-06
12 20-4-09
13 22-3-01
14 19-2-14
15 21-1-13
16 21-2-02
17 13-1-04
18 19-1-12
19 18-3-11
20 20-4-03

2과목 전력공학
30 19-3-37
31 20-4-32
32 19-3-32
33 13-3-26
34 16-2-24
35 16-2-32
36 19-1-32
37 15-1-25
38 19-3-24
39 21-3-40
40 11-2-28

3과목 전기기기
43 18-2-41
44 20-3-43
45 21-1-53
46 19-3-49
47 19-2-58
48 20-4-73
49 17-3-73
50 16-3-42
51 09-1-44
52 15-2-41
53 15-3-51
54 10-1-46
55 10-3-42
56 21-2-49
57 10-2-48
58 09-1-45
59 19-3-52
60 17-3-50

4과목 회로이론 및 제어공학
69 17-3-77
70 20-1,2-75
71 17-2-66
72 18-1-66
73 21-1-66
74 19-2-66
75 19-3-73
76 09-2-67
77 17-3-79
78 09-1-68
79 11-1-63
80 14-1-68

5과목 전기설비기술기준
86 19-2-82
87 19-2-89
88 19-3-94
89 18-1-89
90 20-4-81
91 21-1-87
92 07-1-81
93 13-3-86
94 09-3-81
95 19-2-86
96 22-2-100
97 20-1,2-91

D60-1

2006년도 전기기사 필기

국가기술자격검정 필기시험 문제

2006년도 전기기사 일반검정 제1회				수검 번호	성 명
자격종목 및 등급(선택분야)	종목코드	시험시간	문제지형별		
전기기사	1150	2시간 30분	A		

제1과목 전기자기학

문제 01 전계 E[V/m], 전속 밀도 D[C/m²], 유전율 ϵ[F/m]인 유전체 내에 저장되는 에너지 밀도 [J/m³]는?

① ED

② $\dfrac{1}{2}ED$

③ $\dfrac{1}{2\epsilon}E^2$

④ $\dfrac{1}{2}\epsilon D^2$

풀이

$D = \epsilon E$ 이므로

$$w = \frac{1}{2}\boldsymbol{E} \cdot \boldsymbol{D} = \frac{\epsilon E^2}{2} = \frac{D^2}{2\epsilon}\,[\text{J/m}^3]$$

답 ②

문제 02 자속의 연속성을 나타낸 식은?

① $\operatorname{div}\boldsymbol{B} = \rho$

② $\operatorname{div}\boldsymbol{B} = 0$

③ $\boldsymbol{B} = \mu\boldsymbol{H}$

④ $\operatorname{div}\boldsymbol{B} = \mu\boldsymbol{H}$

풀이

$\nabla \cdot B = \operatorname{div}B = 0$ 의 의미

• 독립된 자극은 존재하지 않고 항상 N, S극이 존재함을 의미

• 발산의 원천이 없기 때문에 자속선의 새로운 발생이나 소멸이 없는 연속을 의미

답 ②

문제 03 전선에 흐르는 전류를 1.5배 증가시켜도 저항에 의한 전압강하가 변하지 않으려면 전선의 반지름을 약 몇 배로 하여야 되는가?

① 0.67

② 0.82

③ 1.22

④ 3

풀이

$R = \rho\dfrac{l}{\pi r^2}$, $e = Ri$에서 전압강하가 변하지 않고 흐르는 전류를 1.5배 증가할 경우 저항은 1/1.5이 되어야 한다. 따라서, **저항은 반지름의 제곱에 반비례하므로**

$$\frac{R'}{R} = \frac{\dfrac{1}{r'^2}}{\dfrac{1}{r^2}} \ \text{에서} \quad \frac{R}{1.5}\frac{1}{R} = \frac{r^2}{r'^2} \quad \therefore \ \frac{1}{1.5} = \frac{r^2}{r'^2}$$

$r' = \sqrt{1.5}\,r = 1.22r$

답 ③

문제 04 간격 3[m]의 평행 무한 평면 도체에 각각 ±4[C/m²]의 전하를 주었을 때, 두 도체간의 전위차는 몇 [V]인가?

① 1.5×10^{11}

② 1.5×10^{12}

③ 1.36×10^{11}

④ 1.36×10^{12}

풀이

$$E = \frac{\sigma}{\epsilon_0} = \frac{4}{8.85 \times 10^{-12}} = 4.52 \times 10^{11}\,[\text{V/m}]$$

$$\therefore \ V = Ed = 4.52 \times 10^{11} \times 3 = 1.36 \times 10^{12}\,[\text{V}]$$

답 ④

문제 05 반지름 a[m]인 접지 구도체 중심에서 d [m]($> a$)인 곳에 점전하 Q가 있을 때 영상 전하 Q'의 크기는?

① $\dfrac{a}{d^2}Q$

② $\dfrac{a^2}{d}Q$

③ $\dfrac{d}{a}Q$

④ $\dfrac{a}{d}Q$

풀이

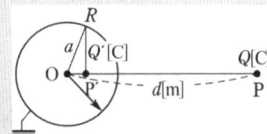

점 P'의 영상 전하는 도체에 유기되는 전하를 대표할 수 있으므로 그 값은 $Q' = -\dfrac{a}{d}Q$ [C]이고(실제로 유기된 구도체 상의 전하밀도는 불균일) 중심으로부터의 거리 $\overline{OP'} = \dfrac{a^2}{d}$ [m]이다.

답 ④

문제 06 유전율 ϵ [F/m], 고유저항 ρ [$\Omega \cdot$m]인 유전체로 채운 정전용량 C [F]의 콘덴서에 전압 V [V]를 가할 때 유전체 중의 t초 동안에 발생하는 열량은 몇 [cal]인가?

① $4.2 \times \dfrac{CV^2 t}{\rho \epsilon}$ ② $4.2 \times \dfrac{CVt}{\rho \epsilon}$

③ $0.24 \times \dfrac{CV^2 t}{\rho \epsilon}$ ④ $0.24 \times \dfrac{CVt}{\rho \epsilon}$

풀이

$R = \dfrac{\epsilon \rho}{C}$

$Q = 0.24 I^2 R t = 0.24 \left(\dfrac{V}{R}\right)^2 R t = 0.24 \dfrac{V^2}{R} t = \dfrac{0.24 CV^2 t}{\epsilon \rho}$

답 ③

문제 07 전계 $E = i\, 2e^{3x} \sin 5y - j\, e^{3x} \cos 5y + k\, 3Ze^{4z}$일 때, 점$(x=0,\ y=0,\ z=0)$에서의 발산은?

① 0 ② 3 ③ 6 ④ 10

풀이

$\operatorname{div} \boldsymbol{E} = \nabla \cdot \boldsymbol{E} = \dfrac{\partial}{\partial x} E_x + \dfrac{\partial}{\partial y} E_y + \dfrac{\partial}{\partial z} E_z$

$= \dfrac{\partial}{\partial x}(2e^{3x} \sin 5y) + \dfrac{\partial}{\partial y}(-e^{3x} \cos 5y) + \dfrac{\partial}{\partial z}(3ze^{4z})$

$= 6e^{3x} \sin 5y + 5e^{3x} \sin 5y + 3(e^{4z} + 4ze^{4z})$

$= 11e^{3x} \sin 5y + 3(1+4z)e^{4z}$

점 $(0, 0, 0)$ 대입 $\operatorname{div} \boldsymbol{E} = 3$

답 ②

문제 08 점전하 0.5[C]이 전계 $E = 3a_x + 5a_y + 8a_z$[V/m] 중에서 속도 $4a_x + 2a_y + 3a_z$로 이동할 때 받는 힘은 몇 [N]인가?

① 4.95 ② 7.45
③ 9.95 ④ 13.47

풀이

$F = qE \quad \therefore\ F = 0.5 \times \sqrt{3^2 + 5^2 + 8^2} = 4.95[\text{N}]$

답 ①

문제 09 그림과 같이 반지름 a인 무한길이 직선도선에 I인 전류가 도선 단면에 균일하게 흐르고 있다. 이때 축으로부터 $r\ (a > r)$인 거리에 있는 도선 내부의 점 P의 자계의 세기에 관한 설명으로 옳은 것은?

① r에 비례한다.

② r에 반비례한다.

③ r^2에 반비례한다.

④ r에 관계없이 항상 0이다.

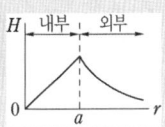

풀이

원주도체 내부의 자계의 세기 $(r < a)$

$H_i = \dfrac{Ir}{2\pi a^2}\ (\therefore\ H_i \propto r)$

내부 자계의 세기 H_i는
거리(r)에 비례한다.

답 ①

제2과목 전력공학

문제 21 전력 계통의 주파수 변동은 주로 무엇의 변화에 기인하는가?

① 유효 전력 ② 무효 전력
③ 계통 전압 ④ 계통 임피던스

풀이

- 유효 전력 변동 = 주파수 변동
- 무효 전력 변동 = 전압 변동

답 ①

문제 22 우리 나라에서 사용하는 공칭 전압 22,000 (22,000/38,000)에서 괄호 안인 (22,000/38,000)의 의미는?

① (선간전압/상전압)

② (비접지전압/접지전압)

③ (상전압/선간전압)

④ (접지전압/비접지전압)

풀이

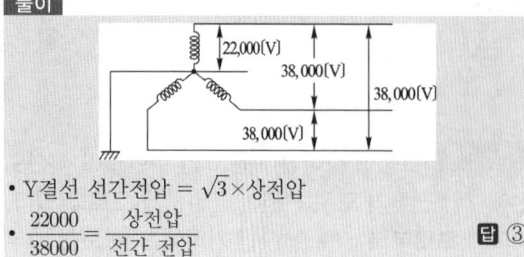

- Y결선 선간전압 = $\sqrt{3}$×상전압
- $\dfrac{22000}{38000}$ = $\dfrac{상전압}{선간\,전압}$

답 ③

문제 23 전선 및 기계기구를 보호하기 위한 목적으로 전로 중 필요한 개소에는 과전류 차단기를 시설하여야 하는데 다음 중 필요한 개소가 아닌 곳은?

① 인입구
② 간선의 전원측
③ 평형 부하의 말단
④ 분기점

풀이

전선 및 기계기구를 보호하기 위한 목적으로 전로 중 **인입구, 간선의 전원측, 분기점** 등의 보호상 또는 보안상 필요가 있는 개소는 과전류 차단기를 시설하여야 한다. **답 ③**

문제 24 다음 중 감전 방지 대책으로 적절하지 못한 것은?

① 회로 전압의 승압
② 누전 차단기를 설치
③ 이중 절연 기기를 사용
④ 기계 기구류의 외함을 접지

풀이

감전 방지 대책으로는
① 인체 보호용 누전 차단기 설치
② 기기의 이중 절연
③ 기계 기구류의 외함 접지
④ 절연 변압기의 사용
등이 있으며, **승압을 하는 경우는 감전의 위험성을 높이게 된다.** **답 ①**

문제 25 그림과 같이 수심이 5[m]인 수조가 있다. 이 수조의 측면에 미치는 수압 P_0[kg/m²]는 얼마인가?

① 2500
② 3000
③ 3500
④ 4000

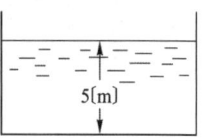

풀이

수조벽에 가해지는 평균 압력의 세기를 P_0라 하면

$P_0 = \dfrac{1}{2}wH$에서 $w = 1000$[kg/m³], $H = 5$[m]이므로

$P_0 = \dfrac{1}{2} \times 1000 \times 5 = 2500$[kg/m²] **답 ①**

문제 26 3상 선로의 전압이 V[V]이고, P[W], 역률 $\cos\theta$인 부하에서 한 선의 저항이 R[Ω]이라면 이 3상 선로의 전체 전력손실은 몇 [W]가 되겠는가?

① $\dfrac{PR}{\sqrt{3}\,V^2\cos^2\theta}$

② $\dfrac{P^2R^2}{V^2\cos^2\theta}$

③ $\dfrac{PR^2}{V\cos^2\theta}$

④ $\dfrac{P^2R}{V^2\cos^2\theta}$

풀이

$P = \sqrt{3}\,VI\cos\theta$ [kW]에서 $I = \dfrac{P}{\sqrt{3}\,V\cos\theta}$

전력손실 $P_l = 3I^2R = \dfrac{P^2R}{V^2\cos^2\theta}$ [W] **답 ④**

문제 27 화력 발전이 점유하는 비중이 수력 발전에 비하여 대단히 큰 전력계통에서 수력 발전의 운전 방법으로 가장 적절한 것은?

① 일정 출력 운전
② 기저 부하 운전
③ 예비 출력 운전
④ 첨두 부하 운전

풀이

발전 설비별 운전 방식
- 기저부하 운전 : 원자력, 대용량 석탄화력
- 중간부하 운전 : 복합화력, 중용량 이하의 화력
- 첨두부하 운전 : 양수식, 조정지식, 댐식 **수력**
즉, **수력 발전**은 효율이 좋고, 부하 변동에 대한 속응성이 우수하므로 **첨두 부하용 발전소**로서 운전하고 있다. **답 ④**

제3과목 전기기기

문제 41
정격 출력시 부하손/고정손의 비는 2이고, 효율 0.8인 어느 발전기의 1/2 정격 출력시의 효율은?

① 0.7
② 0.75
③ 0.8
④ 0.83

풀이

부하손을 P_c, 고정손을 P_i, 출력을 P라 하면

① 전부하시 효율

$\dfrac{P_c}{P_i} = 2,\ \eta = 0.8$이므로

$\eta = \dfrac{P}{P + P_i + P_c} = \dfrac{P}{P + P_i + 2P_i} = \dfrac{P}{P + 3P_i} = 0.8$

② $\dfrac{1}{2}$ 부하시 효율

$\eta_{\frac{1}{2}} = \dfrac{\frac{1}{2}P}{\frac{1}{2}P + P_i + \left(\frac{1}{2}\right)^2 P_c} = \dfrac{P}{P + 3P_i}$

따라서, $\dfrac{1}{2}$ 부하시 효율은 0.8이 된다. **답** ③

문제 42
직류기의 효율이 최대가 되는 경우는 다음 중 어느 것인가?

① 고정손 = 부하손
② 기계손 = 전기자 동손
③ 와류손 = 히스테리시스손
④ 전부하 동손 = 철손

풀이

직류기의 **최대 효율**은 고정손(철손)과 부하손(동손, 전부하 동손이 아님)이 같을 경우이다. **답** ①

문제 43
보통 전기기계에서는 규소강판을 성층하여 사용하는 경우가 많다. 성층하는 이유는 다음 중 어느 것을 줄이기 위한 것인가?

① 히스테리시스손
② 와류손
③ 동손
④ 기계손

풀이

와류손 $P_e = \sigma_e\,(t\,f\,k_f\,B_m)^2$에서 철심의 **단위 두께 t를 적게 하여 와류손을 감소시킨다.** **답** ②

문제 44
직류 복권 발전기를 병렬 운전할 때 반드시 필요한 것은?

① 과부하 계전기
② 균압모선
③ 용량이 같을 것
④ 외부 특성 곡선이 일치할 것

풀이

복권 발전기는 **직권 계자 권선이 있으므로 균압선 없이는 안정된 병렬 운전을 할 수 없다.** **답** ②

문제 45
그림과 같은 단상 전파 제어 회로의 전원 전압의 최대값이 2300 [V]이다. 저항 2.3 [Ω], 유도 리액턴스가 2.3 [Ω]인 부하에 전력을 공급하고자 한다. 제어 범위는?

① $0 \le \alpha \le \dfrac{\pi}{2}$

② $\dfrac{\pi}{2} \le \alpha \le \pi$

③ $0 \le \alpha \le \pi$

④ $\dfrac{\pi}{4} \le \alpha \le \pi$

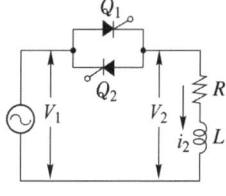

풀이

부하각(ϕ) ≤ 제어범위 ≤ π

여기서, $\phi = \tan^{-1}\dfrac{\omega L}{R} = \tan^{-1}\dfrac{2.3}{2.3} = 45$

$\therefore \dfrac{\pi}{4} \le \alpha \le \pi$ **답** ④

문제 46
동기 속도를 2배로 하였을 때 3상 유도 전동기의 동기 와트는 몇 배가 되는가?

① 1
② 2
③ 3
④ 4

풀이

$P_2 = 2\pi \dfrac{N_s}{60} T\,[\text{W}]$

에서 $P_2 \propto N_s$ 이므로 N_s 가 2배로 증가하면 P_2 도 2배로 증가한다. **답** ②

제4과목 **회로이론 및 제어공학**

문제 47 그림과 같은 정합 변압기(matching transformer)가 있다. R_2에 주어지는 전력이 최대가 되는 권선비 a 는?

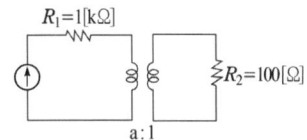

① 약 2
② 약 1.16
③ 약 2.16
④ 약 3.16

풀이

최대 전력 공급조건은 "전원의 내부 저항 = 부하 저항" 이다.
즉, $R_1 = a^2 R_2$

$\therefore a = \sqrt{\dfrac{R_1}{R_2}} = \sqrt{\dfrac{1000}{100}} = \sqrt{10} = 3.16$ **답** ④

문제 48 동기 발전기의 돌발 단락 전류를 주로 제한하는 것은?

① 동기 리액턴스
② 권선 저항
③ 누설 리액턴스
④ 동기 임피던스

풀이

• 돌발 단락 전류 억제 : 누설 리액턴스
• 영구 단락 전류 억제 : 동기 리액턴스(누설 리액턴스+전기자 반작용 리액턴스) **답** ③

문제 61 그림과 같은 회로에서 E_1과 E_2는 각각 100 [V]이면서 60°의 위상차가 있다. 유도 리액턴스의 단자전압은? (단, $R = 10[\Omega]$, $X_L = 30 [\Omega]$임)

① 164 [V]
② 174 [V]
③ 200 [V]
④ 150 [V]

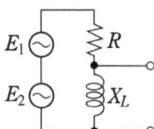

풀이

$|E_1| = |E_2| = E$ 라 하면
$E_t = 2E\cos 30° = \sqrt{3}\,E$

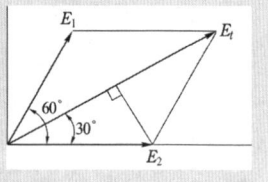

$I = \dfrac{E_t}{Z} = \dfrac{\sqrt{3} \times 100}{\sqrt{10^2 + 30^2}}$
$= 5.4772[A]$

$E_L = I\,X_L = 5.4772 \times 30 = 164.32[V]$ **답** ①

문제 62 $R - L$ 직렬회로에서 주파수가 변할 때 임피던스 궤적은?

① 4사분면 내의 직선
② 1사분면 내의 반원
③ 2사분면 내의 직선
④ 1사분면 내의 직선

풀이

$R-L$ 직렬 회로
$Z_0 = R_0 + jX_L = R_0 + j2\pi f L$에서 $f = 0$일 때 $X_L = 0$ 이므로 $Z_0 = R_0$가 되며 궤적은 다음과 같다.

회로의 종류	임피던스	어드미턴스
![회로도]	$X_L=\infty$, $X_L=0$	$X_L=0$, $X_L=\infty$

회로의 종류	전류
![회로도]	$\dfrac{E}{R_0}$, $X_L=0$, $X_L=\infty$

답 ④

문제 63 다음 설명 중 옳지 않은 것은?

① s 평면의 우측면은 z 평면의 원점에 중심을 둔 단위원 내부로 사상된다.

② $\dfrac{Z}{Z-1}$ 에 대응되는 라플라스 변환함수는 $\dfrac{1}{S}$ 이다.

③ $\dfrac{Z}{Z-e^{-\alpha t}}$ 에 대응되는 시간함수는 $e^{-\alpha t}$ 이다.

④ $e(t)$ 의 초기값은 $e(t)$ 의 Z 변환을 $E(z)$ 라 할 때 $\displaystyle \lim_{z \to \infty} E(z)$ 이다.

풀이

특성방정식 의 근의 위치에 따른 안정도 판별법

계의 안정도	근의 위치	
	s 평면의	z 평면상
안 정	좌반면	단위원 내부
불 안 정	**우반면**	**단위원 외부**
임계안정	허수축	단위 원주상

답 ①

문제 64 다음 논리식 중 다른 값을 나타내는 논리식은?

① $XY + X\overline{Y}$
② $(X + Y)(X + \overline{Y})$
③ $X(X + Y)$
④ $X(\overline{X} + Y)$

풀이

① $XY + X\overline{Y} = X(Y + \overline{Y}) = X \cdot 1 = X$
② $(X + Y)(X + \overline{Y}) = XX + X(Y + \overline{Y}) + Y\overline{Y}$
$\qquad\qquad\qquad = X + X \cdot 1 + 0 = X$
③ $X(X + Y) = XX + XY = X + XY = X(1 + Y) = X$
④ $X(\overline{X} + Y) = X\overline{X} + XY = 0 + XY = XY$ **답** ④

문제 65 비정현파를 구성하는 일반적인 성분이 아닌 것은?

① 기본파
② 고조파
③ 직류분
④ 삼각파

풀이

비정현파 = 직류분 + 기본파 + 고조파 **답** ④

제5과목 **전기설비 기술기준**

문제 81 방전등용 안정기로부터 방전관까지의 전로를 무엇이라고 하는가?

① 소세력 회로
② 관등회로
③ 급전선로
④ 약전류 전선로

풀이

112 용어 정의
"관등회로"란 방전등용 안정기 또는 방전등용 변압기로부터 방전관까지의 전로를 말한다. **답** ②

문제 82 154 [kV] 가공전선을 지지하는 애자장치의 50 [%] 충격섬락전압 값이 그 전선의 근접한 다른 부분을 지지하는 애자장치의 값의 몇 [%] 이상이고, 또한 위험의 우려가 없도록 하면 시가지 기타 인가가 밀집하는 지역에 시설하여도 되는가?

① 100
② 105
③ 110
④ 115

풀이

333.1 시가지 등에서 특고압 가공전선로의 시설
사용전압이 170 [kV] 이하인 특고압 가공전선을 지지하는 애자장치를 다음 중 어느 하나에 의하여 시설하는 경우에는 시가지 그 밖에 인가가 밀집한 지역에 시설할 수 있다.
가. 50[%] 충격섬락전압 값이 그 전선의 **근접한 다른 부분**을 지지하는 애자장치 값의 110[%](사용전압이 130[kV]를 초과하는 경우는 105[%]) 이상인 것.
나. 아크 혼을 붙인 현수애자 · 장간애자 또는 라인포스트 애자를 사용하는 것.
다. 2련 이상의 현수애자 또는 장간애자를 사용하는 것.
라. 2개 이상의 핀애자 또는 라인포스트애자를 사용하는 것. **답** ②

문제 83 빙설이 많은 지방이고 인가가 많이 연접된 장소에 시설하는 가공전선로의 구성재 중 병종 풍압하중의 적용을 할 수 없는 것은?

① 저압 또는 고압 가공전선로의 가섭선
② 저압 또는 고압 가공전선로의 지지물
③ 35[kV] 이하인 전선에 특고압 절연전선을 사용하는 특고압 가공전선로의 지지물

④ 35[kV]를 초과하는 특고압 가공전선로의 지지
  물에 시설하는 가공전선

풀이

331.6 풍압하중의 종별과 적용
인가가 많이 연접되어 있는 장소에 시설하는 가공전선로
의 구성재 중 다음의 풍압하중에 대하여는 규정에 불구하
고 갑종 풍압하중 또는 을종 풍압하중 대신에 병종 풍압하
중을 적용할 수 있다.
가. 저압 또는 고압 가공전선로의 지지물 또는 가섭선
나. 사용전압이 35[kV] 이하의 전선에 특고압 절연전선 또
  는 케이블을 사용하는 특고압 가공전선로의 지지물, 가
  섭선 및 특고압 가공전선을 지지하는 애자장치 및 완
  금류   답 ④

국가기술자격검정 필기시험 문제

2006년도 전기기사 일반검정 제2회				수검 번호	성 명
자격종목 및 등급(선택분야)	종목코드	시험시간	문제지형별		
전기기사	1150	2시간 30분	A		

제1과목 ▶ **전기자기학**

문제 01 와전류의 방향에 대한 설명으로 옳은 것은?

① 일정하지 않다.

② 자력선의 방향과 동일하다.

③ 자계와 평행되는 면을 관통한다.

④ 자속에 수직되는 면을 회전한다.

풀이

와전류는 도체내에 국부적으로 흐르는 맴돌이 전류로 $\mathrm{rot}\, i = -K\dfrac{\partial B}{\partial t}$ 로 자속의 변화를 방해하기 위한 역자속을 만드는 전류이다. 따라서 이 전류는 **자속의 수직되는 면을 회전**한다. **답** ④

문제 02 원통좌표계에서 길이 d의 짧고 가는 도선에 일정 전류 I를 흘릴 때, 벡터 전위 A를 구한 값?

단, $d \ll R$이고,

따라서 $\dfrac{1}{r} \approx \dfrac{1}{R}$ 이라 가정한다.

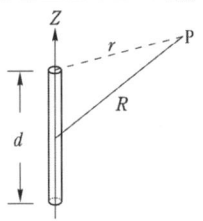

① $\dfrac{\mu_0 Id}{4\pi r}a_z$

② $\dfrac{Id}{4\pi \mu_0 r}a_z$

③ $\dfrac{\mu_0 Id}{4\pi r R}a_z$

④ $\dfrac{Id}{4\pi \mu r R}a_z$

풀이

$$dA = \frac{\mu_0 I dl}{4\pi r}$$

$$A = \frac{\mu_0 I}{4\pi}\int_l \frac{dl}{r} = \frac{\mu_0 I}{4\pi r}\int_0^d da_z = \frac{\mu_0 I}{4\pi r}[z]_0^d a_z = \frac{\mu_0 I}{4\pi r}da_z$$

$$\therefore A = \frac{\mu_0 Id}{4\pi r}a_z$$

답 ①

문제 03 다음 정전계에 대한 설명 중 틀린 것은?

① 도체에 주어진 전하는 도체 표면에만 분포한다.

② 중공 도체(中空導體)에 준 전하는 외부 표면에만 분포하고 내면에는 존재하지 않는다.

③ 단위 전하에서 나오는 전기력선의 수는 $1/\epsilon_0$개이다.

④ 전기력선은 전하가 없는 곳에서는 서로 교차한다.

풀이

전기력선은 서로 교차하지 않으며, 전하가 없는 곳에서는 전기력선의 발생과 소멸이 없고 연속적이다. **답** ④

문제 04 공기 중에 $10^{-3}[\mu C]$과 $2 \times 10^{-3}[\mu C]$의 두 점전하가 1[m] 거리에 놓여졌을 때 이들이 갖는 전계 에너지는 몇 [J]인가?

① 18×10^{-3}

② 18×10^{-9}

③ 36×10^{-3}

④ 36×10^{-9}

풀이

$$V_1 = \frac{1}{4\pi\epsilon_0}\frac{Q_2}{r} = 9 \times 10^9 \times \frac{2 \times 10^{-9}}{1} = 18[\mathrm{V}]$$

$$V_2 = \frac{1}{4\pi\epsilon_0}\frac{Q_1}{r} = 9 \times 10^9 \times \frac{10^{-9}}{1} = 9[\mathrm{V}]$$

$$W = \sum_{n=1}^{n} \frac{1}{2} Q_i V_i = \frac{1}{2}[Q_1 V_1 + Q_2 V_2]$$
$$= \frac{1}{2}(10^{-9} \times 18 + 2 \times 10^{-9} \times 9) = 18 \times 10^{-9} [J] \quad \boxed{답} ②$$

문제 05 Z축상에 놓여 있는 선전하밀도 $\lambda = 2\pi\epsilon$ [C/m]인 균일한 선전하에 의한 점 (1, 2, 4)를 통과하는 전기력선의 방정식은 다음 중 어느 것인가?

① $y = 0.5x$ ② $y = x$
③ $y = 2x$ ④ $y = 4x$

풀이

원통 좌표계 $E = \dfrac{\lambda}{2\pi\epsilon_0 r} a_r$

직각 차표계 $r = \sqrt{x^2 + y^2}$

$a_r = \dfrac{x}{\sqrt{x^2+y^2}} i + \dfrac{y}{\sqrt{x^2+y^2}} j \left(= \dfrac{x}{r} i + \dfrac{y}{r} j\right)$

$E = \dfrac{\lambda x}{2\pi\epsilon_0 (x^2+y^2)} i + \dfrac{\lambda y}{2\pi\epsilon_0 (x^2+y^2)} j (= E_y i + E_y j)$

전기력선 방정식

$\dfrac{dx}{E_x} = \dfrac{dy}{E_y} \Rightarrow \dfrac{2\pi\epsilon_0 (x^2+y^2)}{\lambda x} dx = \dfrac{2\pi\epsilon_0 (x^2+y^2)}{\lambda y} dy$

$\dfrac{dx}{x} = \dfrac{dy}{y}, \int \dfrac{dx}{x} = \int \dfrac{dy}{y} + C, \ln x = \ln y + C$

$\ln x - \ln y = \ln \dfrac{x}{y} = C \Rightarrow \dfrac{x}{y} = e^c$

$x = 1, \ y = 2$를 대입 $e^c = \dfrac{1}{2}$이 된다.

$\therefore \dfrac{x}{y} = \dfrac{1}{2} \qquad y = 2x \qquad \boxed{답} ③$

문제 06 전자기파의 기본 성질이 아닌 것은?

① 횡파이며 속도는 매질에 따라 다르다.
② 반사, 굴절현상이 있다.
③ 자계의 방향과 전계의 방향은 서로 수직이다.
④ 완전 도체 표면에서는 전부 흡수된다.

풀이

전자기파는 완전 도체 표면에서는 전부 반사한다. 따라서 전자기파의 차폐는 완전 도체로 포위시키는 방법을 이용한다. $\boxed{답} ④$

문제 07 그림과 같이 무한 평면 S 위에 한 점 P가 있다. S 가 P점에 대해서 이루는 입체각 ω는?

① π
② 2π
③ 3π
④ 4π

• P
_____
                S

풀이

입체각 $\omega = 2\pi(1-\cos\theta) = 2\pi(1-\cos 90°) = 2\pi$
$\therefore$ 무한 평면의 입체각 2π $\boxed{답} ②$

문제 08 그림과 같이 단심 연피 케이블의 내외도체를 단절연할 경우 두 도체간의 절연내력을 최대로 하기 위한 조건으로 옳은 것은? 단, ϵ_1, ϵ_2는 각각의 유전율이다.

① $\epsilon_1 = \epsilon_2$로 한다.
② $\epsilon_1 > \epsilon_2$로 한다.
③ $\epsilon_2 > \epsilon_1$로 한다.
④ 유전율과는 관계없다.

풀이

단심 연피 케이블 내의 전계의 세기 $E = \dfrac{Q}{2\pi\epsilon r}$로 표시되므로 E와 ϵr은 반비례한다. 이때, E가 일정하려면 ϵr이 일정해야 된다. 따라서, $r_1 < r_2$ 임을 고려하면 $\epsilon_1 > \epsilon_2$가 되어야 E가 균일하게 되어 경제적 절연이 된다. 즉, 내측으로 갈수록 비례해서 유전율이 커져야 한다. $\boxed{답} ②$

제2과목 전력공학

문제 21 그림과 같은 선로에서 A점의 차단기 용량은 몇 [MVA]가 가장 적당한가?

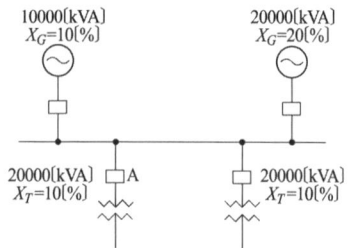

① 50 [MVA]　　② 100 [MVA]
③ 150 [MVA]　　④ 200 [MVA]

풀이

기준용량 $P_n = 20000[kVA]$로 정하고, $\%Z$를 기준용량으로 환산하면

$$\%X_G = 10 \times \frac{20000}{10000} = 20[\%]$$

A점에서의 합성 $\%X = \frac{20 \times 20}{20 + 20} = 10[\%]$

$\therefore P_s = \frac{100}{\%Z} \times P_n$ 에서

$$P_s = \frac{100}{10} \times 20000 \times 10^{-3} = 200[MVA] \qquad \boxed{답} ④$$

문제 22 그림과 같은 $T\text{-}s$ 선도를 갖는 열 사이클은?

① 카르노 사이클
② 랭킨 사이클
③ 재생 사이클
④ 재열 사이클

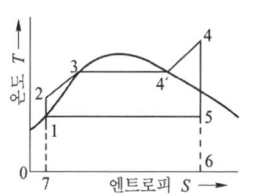

$\boxed{답}$ ②

문제 23 저압 뱅킹(banking) 방식에 대한 설명으로 옳은 것은?

① 깜빡임(light flicker) 현상이 심하게 나타난다.
② 저압간선의 전압강하는 줄여지나 전력손실은 줄일 수 없다.
③ 캐스케이딩(cascading) 현상의 염려가 있다.
④ 부하의 증가에 대한 융통성이 없다.

풀이

저압 뱅킹방식은 고압 배전선에 접속되어 있는 두 대 이상의 변압기의 2차측을 서로 접속시켜 공동으로 사용하는 배전방식으로 그 특징은 다음과 같다.
• 전압 변동에 의한 **플리커가 적다.**
• 전압강하와 전력손실이 적다.
• 부하증가에 대한 융통성이 있으므로 변압기의 용량을 줄일 수 있다.
• 공급의 신뢰도가 좋다.
• **캐스케이딩(cascading)현상**을 일으킬 수 있다.
• 수지식에 비해 건설비가 높다.

$\boxed{답}$ ③

문제 24 취수구에 제수문을 설치하는 주된 목적은?

① 낙차를 높이기 위하여
② 홍수위를 낮추기 위하여
③ 모래를 배제하기 위하여
④ 유량을 조정하기 위하여

풀이

제수문은 취수량을 조절하고 물의 유입을 단절하기 위함이다.

$\boxed{답}$ ④

문제 25 옥내 배선의 굵기를 설계하는 요령으로 가장 적당하게 설명한 것은?

① 부하의 위치와 전압강하를 고려하여 결정하여야 한다.
② 승강기 등의 부하와 동일 굵기로 사용할 수 있도록 하여야 한다.
③ 부하의 수용률과 허용전류를 고려하여 결정하여야 한다.
④ 전압강하, 허용전류, 기계적 강도 등을 고려하여 결정하여야 한다.

풀이

전선의 굵기를 결정하는 요인
① 허용 전류　② 기계적 강도　③ 전압 강하
이며, **허용 전류가 가장 중요한 요소**가 된다.

$\boxed{답}$ ④

제3과목 **전기기기**

문제 41 전원 전압이 200 [V], 부하가 20 [Ω]인 단상 반파 정류 회로의 부하 전류는 약 몇 [A]인가?

① 125　　　　② 4.5
③ 17　　　　④ 8.2

풀이

$$I_d = \frac{E_d}{R} = \frac{\sqrt{2}}{\pi} \times \frac{E}{R} = \frac{\sqrt{2}}{\pi} \times \frac{200}{20} = 4.5[A] \qquad \boxed{답} ②$$

문제 42 동기 발전기의 기전력의 파형을 정현파로 하기 위해 채용되는 방법이 아닌 것은?

① 매극 매상의 슬롯수를 크게 한다.
② 단절권 및 분포권으로 한다.
③ 전기자 철심을 사(斜)슬롯으로 한다.
④ 공극의 길이를 작게 한다.

풀이

고조파 기전력을 소거하는 방법은 다음과 같다.
① 매극 매상의 슬롯수 q를 크게 한다.
② 부정수(不整數) 슬롯권을 채용한다.
③ 단절권 및 분포권으로 한다.
④ 반폐 슬롯을 사용한다.
⑤ 전기자 철심을 스큐 슬롯으로 한다.
⑥ 공극의 길이를 크게 한다.
⑦ Y결선을 한다.　　　　　　　　　　**답** ④

문제 43 직류 전압을 직접 제어하는 것은?

① 초퍼형 인버터
② 3상 인버터
③ 단상 인버터
④ 브리지형 인버터

풀이

초퍼는 직류인 전원전압으로부터 초퍼된(짧게 자른) 부하전압을 만들며 전원으로부터 부하를 연결 혹은 단절하는 다이리스터 온/오프 스위치이다.　　　　**답** ①

제4과목 ▶ **회로이론 및 제어공학**

문제 61 2단자 임피던스 함수 $Z(s)$가
$Z(s) = \dfrac{(s+3)}{(s+4)(s+5)}$ 일 때 영점은?

① 4, 5　　　　　　② −4, −5
③ 3　　　　　　　④ −3

풀이

영점은 $Z(s) = 0$일 때 이므로
$(s+3) = 0$
∴ $s = -3$　　　　　　　　　　　**답** ④

문제 62 회로에서 $V_1(s)$를 입력, $V_2(s)$를 출력 이라할 때 전달함수가 $\dfrac{1}{s+1}$ 이 되려면 $C[\mu F]$의 값은?

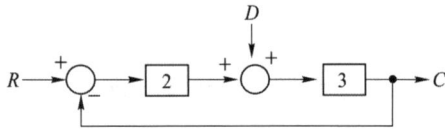

① 10^{-6}
② 10^{-3}
③ 10^3
④ 10^6

풀이

$G(s) = \dfrac{V_2(s)}{V_1(s)} = \dfrac{\dfrac{1}{SC}}{R + \dfrac{1}{SC}} = \dfrac{1}{RCS + 1}$

$G(s) = \dfrac{1}{S+1}$ 이 되기 위해서는 $RC = 1$

∴ $1000 \times C = 1$

$C = \dfrac{1}{1000} = 0.001[\text{F}] = 10^3[\mu F]$　**답** ③

문제 63 그림과 같은 블록선도에서 전달함수 $\dfrac{C}{R}$ 는 얼마인가? (단, $D = R$ 이다.)

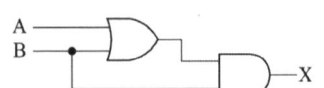

① $\dfrac{6}{7}$　　② $\dfrac{8}{7}$　　③ $\dfrac{9}{7}$　　④ $\dfrac{11}{7}$

풀이

$\dfrac{C}{R} = \dfrac{2 \times 3}{1 + (2 \times 3)} = \dfrac{6}{7}$

$\dfrac{C}{D} = \dfrac{3}{1 + (2 \times 3)} = \dfrac{3}{7}$

$G(s) = \dfrac{C}{R} + \dfrac{C}{D} = \dfrac{6}{7} + \dfrac{3}{7} = \dfrac{9}{7}$　**답** ③

문제 64 다음의 논리 기호가 나타내는 논리식은?

① X = A + B
② X = (A + B) · B
③ X = A · B + A
④ X = $\overline{A}$ · B + A · $\overline{B}$

풀이

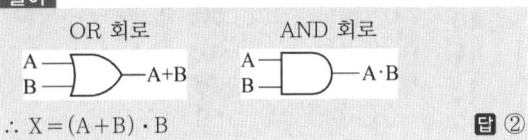

∴ X = (A + B) · B

답 ②

문제 65 시퀀스 $y(K)$의 z변환을 $Y(z)$라고 할 때, 시퀀스 $y(K+n)$의 z변환으로 옳은 것은?

① $z^n \left[Y(z) - \sum_{K=1}^{n-1} y(K) z^{-K} \right]$

② $z^n \left[Y(z) - \sum_{K=0}^{n-1} y(K) z^{-K} \right]$

③ $z^n \left[Y(z) - \sum_{K=0}^{n-1} y(K) z^{K} \right]$

④ $z^n \left[Y(z) - \sum_{K=1}^{n-1} y(K) z^{K} \right]$

답 ②

제5과목 전기설비 기술기준

문제 81 시가지에서 저압 가공전선로를 도로에 따라 시설할 경우 지표상의 최저 높이는 몇 [m] 이상이어야 하는가?

① 4.5
② 5
③ 5.5
④ 6

풀이

332.5 고압 가공전선의 높이,
222.7 저압 가공전선의 높이
저·고압 가공전선의 높이는 다음에 따라야 한다.

설치장소		가공전선의 높이
도로횡단 (번잡하지 않은 도로 제외)		지표상 6 [m] 이상
철도 또는 궤도 횡단		레일면상 6.5 [m] 이상
횡단보도교 위	저압	노면상 3.5 [m] 이상 (단, 절연전선의 경우 3 [m] 이상)
	고압	노면상 3.5 [m] 이상
일반장소		지표상 5 [m] 이상. 단, 저압의 경우 절연전선 또는 케이블을 사용하여 교통에 지장이 없도록 하여 옥외조명용에 공급하는 경우 4 [m]까지 감할 수 있다.
다리의 하부 기타 이와 유사한 장소		저압의 전기철도용 급전선은 지표상 3.5[m]까지로 감할 수 있다.

답 ②

문제 82 가공 전선로에 사용하는 지지물을 강관으로 구성되는 철탑으로 할 경우, 지지물의 강도계산에 적용하는 병종 풍압 하중은 구성재의 수직 투영 면적 1 [m²]에 대한 풍압을 몇 [Pa]를 기초로 하여 계산하는가? 단, 단주는 제외한다.

① 441
② 627
③ 705
④ 1078

풀이

331.6 풍압하중의 종별과 적용
갑종 풍압하중

	단주 (완철류는 제외함)	원형의 것	588 [Pa]
철탑		기타의 것	1,117 [Pa]
	강관으로 구성되는 것(단주는 제외함)		1,255 [Pa]
	기타의 것		2,157 [Pa]

병종 풍압하중 = 갑종 풍압하중 × $\frac{1}{2}$ = 1255 × $\frac{1}{2}$ = 627[Pa]

답 ②

문제 83 특고압 지중전선과 고압 지중전선이 서로 교차하며, 각각의 지중전선을 견고한 난연성의 관에 넣어 시설하는 경우, 지중함내 이외의 곳에서 상호간의 이격거리는 몇 [cm] 미만으로 시설하여도 되는가?

① 30
② 60
③ 100
④ 120

풀이

334.7 지중전선 상호 간의 접근 또는 교차
지중전선이 다른 지중전선과 접근하거나 교차하는 경우에 지중함 내 이외의 곳에서 상호 간의 거리가 저압 지중전선과 고압 지중전선에 있어서는 0.15[m] 미만, **저압이나 고압의 지중전선과 특고압 지중전선에 있어서는 0.3[m] 미만인** 때에는 다음의 어느 하나에 해당하는 경우에 한하여 시설할 수 있다.

가. 각각의 지중전선이 다음 중 어느 하나에 해당하는 경우
　① 규정된 시험에 합격한 난연성의 피복이 있는 것을 사용하는 경우
　② **견고한 난연성의 관에 넣어 시설하는 경우**
나. 어느 한쪽의 지중전선에 불연성의 피복으로 되어 있는 것을 사용하는 경우
다. 어느 한쪽의 지중전선을 견고한 불연성의 관에 넣어 시설하는 경우
라. 지중전선 상호 간에 견고한 내화성의 격벽을 설치할 경우
마. 사용전압이 25[kV] 이하인 다중접지방식 지중전선로를 관에 넣어 0.1[m] 이상 이격하여 시설하는 경우

답 ①

06년 2회　동일 및 유사 문제 (년도-회-번호)

국가기술자격검정 필기시험 문제

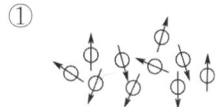

전기자기학

문제 01 높은 주파수의 전자파가 전파될 때 일기가 좋은 날보다 비오는 날 전자파의 감쇄가 심한 원인은?

① 도전율 관계임   ② 유전율 관계임

③ 투자율 관계임   ④ 분극률 관계임

풀이

진공이 아닌 이상 일반 공기는 무시할 수 있을 정도의 도전율을 갖고 있으나 **비오는 날(즉, 습도상승)은 도전성이 증가**하며 감쇄가 더 심하게 나타난다.   **답** ①

문제 02 그림들은 전자의 자기 모멘트의 크기와 배열 상태를 그 차이에 따라서 배열한 것이다. 강자성체에 속하는 것은?

①

②

③

④

풀이

- 반자성체 : 영구자기 쌍극자가 없는 재질
- 상자성체 : 인접 영구자기 쌍극자의 방향이 규칙성이 없는 재질
- **강자성체** : 인접 영구자기 쌍극자의 방향이 동일 방향으로 **배열**하는 재질

- 반강자성체 : 인접 영구자기 쌍극자의 배열이 서로 반대인 재질   **답** ③

문제 03 변위 전류 또는 변위 전류 밀도에 대한 설명 중 틀린 것은?

① 변위 전류 밀도는 전속밀도의 시간적 변화율이다.

② 자유공간에서 변위 전류가 만드는 것은 자계이다.

③ 변위 전류는 주파수와 관계가 있다.

④ 시간적으로 변화하지 않는 계에서도 변위 전류는 흐른다.

풀이

변위 전류는 전속 밀도의 시간적 변화에 의해서 발생한다.

즉, $i_d = \dfrac{\partial D}{\partial t}$ **답** ④

문제 04 무한장의 직선 도체에 선전하 밀도 ρ [C/m]로 전하가 충전될 때 이 직선 도체에서 r[m]만큼 떨어진 점의 전위는?

① ρ이다.

② $\rho \cdot r$이다.

③ 0 (zero) 이다.

④ 무한대(∞) 이다.

풀이

$$V = -\int_{\infty}^{r} \boldsymbol{E} \cdot dr = -\int_{\infty}^{r} \frac{\rho}{2\pi\epsilon_0 r} dr$$

$$= \frac{-\rho}{2\pi\epsilon_0}[\ln r]_{\infty}^{r} = \frac{\rho}{2\pi\epsilon_0}[\ln r]_{r}^{\infty} = \infty$$ **답** ④

문제 05 100[kW]의 전력이 안테나로부터 사방으로 균일하게 방사되어 나갈 때 안테나로부터 10[km] 떨어진 점에서의 전계의 세기를 실효값으로 나타내면 약 몇 [V/m]인가?

① 0.087 ② 0.173
③ 0.346 ④ 0.519

풀이

$$P = \frac{W}{S} = \frac{W}{4\pi r^2} = \frac{100 \times 10^3}{4 \times 3.14 \times (10^4)^2}$$

$$= 0.0796 \times 10^{-3} \ [\text{W/m}^2]$$

$$H_e = \sqrt{\frac{\epsilon_0}{\mu_0}} E_e = \sqrt{\frac{8.855 \times 10^{-12}}{4\pi \times 10^{-7}}} E_e$$

$$= 2.654 \times 10^{-3} E_e \ [\text{A/m}]$$

$$P = H_e E_e \ \text{이므로}$$

$$2.654 \times 10^{-3} E_e^2 = 0.0796 \times 10^{-3}$$

$$E_e^2 = 0.03$$

$$\therefore \ E_e = \sqrt{0.03} = 1.732 \times 10^{-1} \ [\text{V/m}]$$

답 ②

문제 06 다음의 전위함수에서 라플라스 방정식을 만족하지 않는 것은?

① $V = r\cos\theta + \varphi$ ② $V = x^2 - y^2 + z^2$

③ $V = \rho\cos\varphi + z$ ④ $V = \frac{V_0}{d}x$

풀이

라플라스 방정식 :

$$\nabla^2 V = \frac{\partial^2}{\partial x^2}(x^2 - y^2 + z^2) + \frac{\partial^2}{\partial y^2}(x^2 - y^2 + z^2)$$

$$+ \frac{\partial^2}{\partial z^2}(x^2 - y^2 + z^2) \neq 0$$

$\therefore \ \nabla^2 V = 0$이 되어야 하나 $V = x^2 - y^2 + z^2$의 $\nabla^2 V$는 0이 되지 않으므로 라플라스 방정식을 만족하지 않는다.

답 ②

문제 07 어떤 종류의 결정(結晶)을 가열하면 한 면(面)에 정(正), 반대면에 부(負)의 전기가 나타나 분극을 일으키며, 반대로 냉각하면 역(逆) 분극이 생긴다. 이것을 무엇이라 하는가?

① 파이로(pyro) 전기
② 볼타(volta) 효과

③ 바아크 하우젠(Barkhausen) 법칙
④ 압전기(Piezo-electric)의 효과

풀이

• 압전 현상 : 압력을 가하면 전기 분극이 발생
• 파이로 전기 : 열을 가하면 전기 분극이 발생
• 톰슨 효과 : 동일 종류 금속 접속면에서의 열전 현상

답 ①

제2과목 전력공학

문제 21 선로의 길이가 50 [km]인 66 [kV] 3상 3선식, 1회선 송전선의 1선당 대지 정전 용량은 0.0058 [μF/km]이다. 여기에 시설할 소호 리액터의 용량은 약 몇 [kVA]인가? 단, 소호 리액터의 용량은 10 [%]의 여유를 주도록 한다.

① 386 ② 435
③ 524 ④ 712

풀이

소호 리액터의 용량 $P_c = 3 \times 2\pi f C_s E^2$ [VA]에서

$$P_c = 3 \times 2\pi \times 60 \times 0.0058 \times 10^{-6} \times 50 \times \left(\frac{66000}{\sqrt{3}}\right)^2 \times 10^{-3}$$

$$= 476.23 \ [\text{kVA}]$$

여유 10[%] 감안하면

$$P_c = 476.23 \times 1.1 = 523.85 \ [\text{kVA}]$$

답 ③

문제 22 송전선로에서 단선 고장시 이상 전압이 가장 큰 접지 방식은?

① 비접지 방식
② 직접 접지방식
③ 저항 접지방식
④ 소호 리액터 접지방식

풀이

• 이상 전압의 크기 : 소호 리액터 접지 > 비접지 > 고저항 접지 > 직접 접지
• 지락 전류의 크기 : 소호 리액터 접지 < 비접지 < 고저항 접지 < 직접 접지

답 ④

문제 23 송배전 선로에서 전선의 장력을 2배로 하고 또 경간을 2배로 하면 전선의 이도는 처음의 몇 배가 되는가?

① $\frac{1}{4}$ ② $\frac{1}{2}$ ③ 2   ④ 4

풀이

$D = \dfrac{WS^2}{8T}$ 에서

$D' = \dfrac{W \times (2S)^2}{8 \times (2T)} = \dfrac{W \times 4S^2}{8 \times 2T} = 2 \times \dfrac{WS^2}{8T} = 2D$ **답** ③

문제 24 선로의 단위 길이당의 분포 인덕턴스를 L, 저항을 r, 정전용량을 C, 누설 콘덕턴스를 g라 할 때 전파정수는 어떻게 표현되는가?

① $\sqrt{g + \dfrac{j\omega C}{r}} + j\omega L$

② $\sqrt{r + \dfrac{j\omega L}{g}} + j\omega C$

③ $\sqrt{(r + j\omega L)(g + j\omega C)}$

④ $(r + j\omega L)(g + j\omega C)$

풀이

$Z = r + j\omega L, \ Y = g + j\omega C$에서
전파정수 $\gamma = \sqrt{ZY} = \sqrt{(r + j\omega L)(g + j\omega C)}$ **답** ③

문제 25 가압수형 동력용 원자로에 대한 설명으로 옳은 것은?

① 냉각재인 경수는 가압되지 않은 상태이므로 끓여서 높은 온도까지 올려야 한다.

② 노심에서 발생한 열은 가압된 경수에 의하여 열교환기에 운반된다.

③ 노심은 약 100[kg/cm²] 정도의 압력에 견딜 수 있는 압력 용기 안에 들어 있다.

④ 가압수형 원자로는 BWR이라고 한다.

풀이

가압수형 원자로 (PWR)
이 원자로의 연료는 3~4[%]의 저농축 우라늄을 산화우라늄 UO₂ 형태로 가공해서 사용하고, 물(경수)을 감속재와

냉각재로 사용하며 냉각재인 물이 비등하지 않도록 **원자로 내부를 160 [kg/cm²]** 정도로 **가압**하고 있다. 이 때문에 냉각수의 노 출구온도는 320[℃], 노 입구온도는 290[℃]로 되고 있다. 이 고온의 **가압수를 증기발생기(열교환기)의 1차측에 유도**해서 2차측에 온도 269~274[℃], 압력 55~60 [kg/cm²]의 증기를 만들고 이것으로 증기터빈을 구동해서 발전하고 있다. **답** ②

문제 26 MHD 발전에 대한 설명으로 옳은 것은?

① 수차 직결 유도 발전기에 의한 발전 방식이다.

② 2종의 도체의 접점간에 온도차가 생겼을 때 기전력이 발생되는 발전 방식이다.

③ 열음극으로부터의 열전자 방출에 의한 발전 방식이다.

④ 도전성 유체와 자장의 상호 작용에 의한 직접 발전 방식이다.

풀이

유체 도체에 있어서의 **전자 유도 작용을 이용한 발전 방식을 총칭하여 M.H.D**(Magneto - hydro dynamic) 발전이라고 한다. 기체를 유체로 한 것을 특히 M.P.D(magneto plasma dynamic) 발전이라고도 부른다. **자장 속을 도전성의 물질이 운동**하면 기전력이 발생한다. MHD 발전은 페러데이(Faraday)의 전자 감응 원리를 이용한 것으로서 도전성 유체의 통로를 싸고, 자장을 두면 유체의 흐름과 자속의 양자에 직각 방향으로 기전력이 발생한다. **답** ④

제3과목 ▶ **전기기기**

문제 41 전기기기에서 절연의 종류 중 B종 절연물의 최고 허용 온도는 몇 [℃]인가?

① 90   ② 105
③ 120   ④ 130

풀이

절연의 종류	Y	A	E	B	F	H	C
허용 최고 온도 [℃]	90	105	120	130	155	180	180초과

답 ④

문제 42 4극, 회전수 1800[rpm]인 직류 발전기가 있다. 축방향의 길이가 0.4[m], 전기자 지름이 0.6[m], 전기자 코일 수가 24, 한 개의 코일 권수가 18, 공극의 평균 자속 밀도가 0.1[Wb/m²]일 때 유기 기전력은 몇 [V]인가? 단, 권선법은 단중 파권일 때이다.

① 204　　　　　② 244

③ 407　　　　　④ 977

풀이

$$P=4, \ n=\frac{1800}{60}=30 \ [\text{rps}], \ l=0.4 \ [\text{m}],$$
$$D=0.6 \ [\text{m}], \ B=0.1 \ [\text{Wb/m}^2], \ a=2 \ (\text{파권})$$

총 도체수 $Z=24 \times 18 \times 2 = 864$

매극당 자속 $\phi = \dfrac{B \times \pi Dl}{P} = \dfrac{0.1 \times \pi \times 0.6 \times 0.4}{4}$
$$= 0.01885 [\text{Wb}]$$

$\therefore \ E = P\phi n \dfrac{Z}{a}$ 에서

$$E = 4 \times 0.01885 \times 30 \times \frac{864}{2} = 977.2 \ [\text{V}]$$　　**답** ④

문제 43 권선형 유도 전동기를 급격히 정지시키려 할 때 가장 적합한 방식은?

① 2차 저항법

② 역상제어법

③ 고정자 단상법

④ 불평형법

풀이

역상제어법은 회전 중인 전동기의 1차 권선 3단자 중 임의의 2단자의 접속을 바꾸면 상회전의 순서가 반대로 되어 회전자에 작용하는 토크의 방향이 역으로 되므로 **전동기는 급제동** 된다.　　**답** ②

문제 44 반도체 사이리스터에 의한 속도 제어에서 제어되지 않는 것은?

① 토크　　　　　② 전압

③ 위상　　　　　④ 주파수

답 ①

문제 45 회전 변류기의 직류측 전압을 조정하는 방법이 아닌 것은?

① 직렬 리액턴스에 의한 방법

② 부하시 전압 조정 변압기를 사용하는 방법

③ 동기 승압기에 의한 방법

④ 여자 전류를 조정하는 방법

풀이

회전 변류기는 교류측과 직류측의 전압비가 일정하므로 **직류측 여자 전류를 가감하여 직류 전압을 조정할 수 없다.** 따라서 **직류 전압을 조정하기 위해서는 슬립링에 가해지는 교류 전압을 조정**하여야 한다. 이 방법은 다음과 같다.

① **직렬 리액턴스에 의한 방법**

② **유도 전압 조정기를 사용하는 방법**

③ **부하시 전압 조정 변압기를 사용하는 방법**

④ **동기 승압기를 사용하는 방법**　　**답** ④

문제 46 100 [kW] 4극, 3300 [V], 주파수 60 [Hz]의 3상 유도 전동기의 효율이 92 [%], 역률이 90 [%]일 때 입력은 약 몇 [kVA]인가?

① 42.8　　　　　② 220.8

③ 21.1　　　　　④ 120.8

풀이

$$입력[\text{kVA}] = \frac{출력[\text{kVA}]}{효율} = \frac{\dfrac{100}{0.9}}{0.92} = 120.77 \ [\text{kVA}]$$　　**답** ④

문제 47 8극과 4극 2개의 유도 전동기를 직렬 종속법으로 속도 제어를 할 때 전원 주파수가 60 [Hz]인 경우 무부하 속도는 몇 [rpm]인가?

① 600　　　　　② 900

③ 1200　　　　　④ 1800

풀이

직렬 종속 $N = \dfrac{2f}{p_1 + p_2} \ [\text{rps}] = \dfrac{120f}{p_1 + p_2} \ [\text{rpm}]$ 에서

직렬 종속 $N = \dfrac{2f}{p_1 + p_2} \ [\text{rps}] = \dfrac{120f}{p_1 + p_2} \ [\text{rpm}]$ 에서

$$N = \frac{120 \times 60}{8 + 4} = 600 \ [\text{rpm}]$$　　**답** ①

문제 48 직류 발전기의 계자 철심에 잔류자기가 없어도 발전을 할 수 있는 발전기는?

① 타여자 발전기
② 분권 발전기
③ 직권 발전기
④ 복권 발전기

풀이

타여자 발전기는 외부에서 계자 권선 F에 **직류 전원을 공급**하므로 잔류 자기가 없어도 된다.

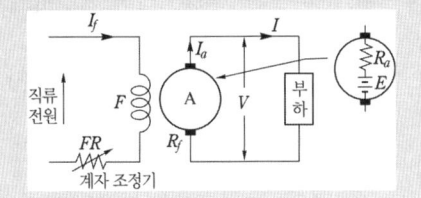

답 ①

문제 49 무부하의 경우 분권 전동기의 설명 중 가장 옳은 것은?

① 공급 전압의 극성을 반대로 하면 회전 방향이 바뀐다.
② 공급 전압을 증가시켜도 회전 속도는 별로 변하지 않는다.
③ 분권 계자 권선의 계자 조정기의 저항을 감소시키면 회전속도는 증가한다.
④ 발전 제동을 하는 경우에 분권 계자 권선의 접속을 반대로 접속한다.

풀이

회전속도 $n = k \dfrac{V - I_a R_a}{\phi}$에서 무부하 상태에서는 $I_a R_a$가 매우 적으므로 무시할 수 있다. 즉, $n = K \dfrac{V}{\phi}$가 된다. **공급 전압 V를 증가시키면** 계자전류 $I_f = \dfrac{V}{R_f}$에서 계자전류 I_f가 증가하고, 따라서 **자속 ϕ가 증가하므로** 회전속도 n의 변화는 매우 적다.

답 ②

제4과목 **회로이론 및 제어공학**

문제 61 그림과 같은 회로에서 처음에 스위치 S가 닫힌 상태에서 회로에 정상 전류가 흐르고 있었다. $t = 0$에서 스위치 S를 연다면 회로의 전류는?

① $2 + 3e^{-5t}$
② $2 + 3e^{-2t}$
③ $4 + 2e^{-2t}$
④ $4 + 2e^{-5t}$

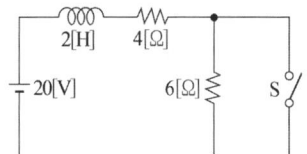

풀이

스위치를 열 때 회로 방정식은

$$2 \frac{di}{dt} + (4 + 6)i = 20$$

특별해 i_s는 정상 전류이므로

$$0 + (4 + 6)i_s = 20 \qquad \therefore \ i_s = 2$$

보조해는 우변 E를 0으로 놓은 미분 방정식, 즉

$$2 \frac{di}{dt} + (4 + 6)i_t = 0$$

$i_t = Ae^{-\frac{4+6}{2}t} = Ae^{-5t}$ 이다. 따라서, 일반해는

$$i = i_s + i_t = 2 + Ae^{-5t} \ [A]$$

적분 상수 A를 구하면 $t = 0$에서 $i = \dfrac{20}{4} = 5$ [A] 이다.

$$\therefore \ A = 5 - 2 = 3$$

그러므로 일반해는 $i = 2 + 3e^{-5t}$[A] 이다.

답 ①

문제 62 3 [μF]인 커패시턴스는 50 [Ω]의 용량 리액턴스로 사용하면 주파수는 몇 [Hz]인가?

① 1.06×10^3
② 2.06×10^3
③ 3.06×10^3
④ 4.06×10^3

풀이

$X_C = \dfrac{1}{2\pi f C}$에서 $f = \dfrac{1}{2\pi C \cdot X_C}$ 이므로

$$f = \frac{1}{2\pi \times 3 \times 10^{-6} \times 50} \fallingdotseq 1.06 \times 10^3 \ [\text{Hz}]$$

답 ①

문제 63 함수 $f(s) = \dfrac{3}{(s+2)^2}$ 를 라플라스 역변

환하면 $f(t)$는 어떻게 되는가?

① $3e^{-2t}$ 　　　　　② $3e^{2t}$

③ $3te^{2t}$ 　　　　　④ $3te^{-2t}$

풀이

$$\mathcal{L}(t) = \mathcal{L}^{-1}[f(s)]$$

$$= \mathcal{L}^{-1}\left[\frac{3}{(s+2)^2}\right] = 3\mathcal{L}^{-1}\left[\frac{1}{(s+2)^2}\right] = 3te^{-2t} \quad \boxed{답} ④$$

문제 64 단위 부궤환 시스템에서 개루프 전달함수 $G(s)$가 다음과 같을 때 $K=3$이면 무슨 제동인가?

$$G(s) = \frac{K}{s(s+4)}$$

① 무제동 　　　　② 임계제동

③ 과제동 　　　　④ 부족제동

풀이

$K=3$일 때 특성 방정식

$s(s+4) + K = s^2 + 4s + 3 = 0$

$\therefore\ s = -2 \pm 1$

(서로 다른 두 실근)이므로 **과제동**이 되어 비진동이다.

특성근의 종류	제동비	시간응답특성	안정도
서로 다른 실근 $s = -\alpha,\ -\beta$	$\zeta > 1$, 과제동	지수적 감쇠	안정
중복근 $s = -\alpha$	$\zeta = 1$, 임계제동	지수적 감쇠	안정
공액 복수근 $s = -\alpha \pm j\beta$	$\zeta < 1$, 부족제동	감쇠진동	안정

$\boxed{답}$ ③

문제 65 동작 중 속응도와 정상 편차에서 최적 제어가 되는 것은?

① PI 동작 　　　　② P 동작

③ PD 동작 　　　　④ PID 동작

풀이

PID 제어는 뒤진–앞선 회로의 특성과 같으며 **정상 편차, 응답, 속응성 모두가 최적**이다.　$\boxed{답}$ ④

문제 66 폐루프 전달 함수 $G(s)$가 $\dfrac{8}{(s+2)^3}$ 일 때

근궤적의 허수축과의 교점이 64이면 이득 여유는 몇 [dB]인가?

① 6 　　　　　② 12

③ 18 　　　　　④ 24

풀이

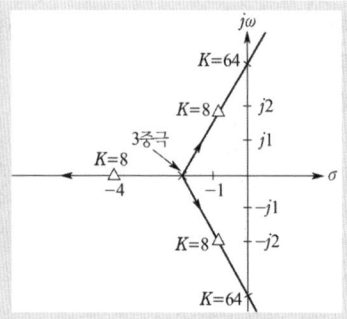

$$이득\ 여유(GM) = \frac{허수축과의\ 교차점에서\ K의\ 값}{K의\ 설계값}$$

문제에서 $G(s)$의 이득 정수 K의 설계값은 8이고, 근궤적으로부터 허수축과 교차점에서의 K값은 64이므로

$$이득\ 여유 = \frac{64}{8} = 8$$

이다. [dB]로 표시한 이득 여유는

$$\therefore\ GM = 20\log 8 = 18[\text{dB}] \quad \boxed{답} ③$$

문제 67 논리식 $\overline{x} \cdot y + \overline{x} \cdot \overline{y}$ 을 간단히 하면?

① $x \cdot y$ 　　　　　② $\overline{x}$

③ $\overline{y}$ 　　　　　④ $x + y$

풀이

$$\overline{x} \cdot y + \overline{x} \cdot \overline{y} = \overline{x}(y + \overline{y}) = \overline{x} \cdot 1 = \overline{x} \quad \boxed{답} ②$$

제5과목 전기설비 기술기준

문제 81 사용 전압이 몇 [kV]를 넘는 특고압 가공 전선과 가공 약전류 전선 등은 동일 지지물에 시설하여서는 아니 되는가?

① 6.6 　　② 22.9 　　③ 30 　　④ 35

풀이

333.19 특고압 가공전선과 가공약전류전선 등의 공용설치

사용전압이 35[kV]를 초과하는 특고압 가공전선과 가공약전류전선 등은 동일 지지물에 시설하여서는 아니 된다.　**답** ④

문제 82 전로에 시설하는 기계기구의 철대 및 금속제 외함에는 접지공사를 하여야 하나 그렇지 않은 경우가 있다. 접지공사를 하지 않아도 되는 경우에 해당되는 것은?

① 철대 또는 외함의 주위에 적당한 절연대를 설치하는 경우

② 사용 전압이 직류 300 [V]인 기계기구를 습한 곳에 시설하는 경우

③ 교류 대지전압이 300 [V]인 기계기구를 건조한 곳에 시설하는 경우

④ 저압용의 기계기구를 사용하는 전로에 지기가 생겼을 때 그 전로를 자동적으로 차단하는 장치가 없는 경우

풀이

142.7 기계기구의 철대 및 외함의 접지

전로에 시설하는 기계기구의 철대 및 금속제 외함에는 접지공사를 하여야 하나 다음의 어느 하나에 해당하는 경우에는 접지를 생략할 수 있다.

가. 사용전압이 직류 300[V] 또는 **교류 대지전압이 150[V] 이하인 기계기구를 건조한 곳에 시설하는 경우**

나. **철대 또는 외함의 주위에 적당한 절연대를 설치하는 경우**

다. 외함이 없는 계기용변성기가 고무·합성수지 기타의 절연물로 피복한 것일 경우

라. 2중 절연구조로 되어 있는 기계기구를 시설하는 경우

마. 저압용 기계기구에 전기를 공급하는 전로의 전원측에 절연변압기(2차 전압이 300[V] 이하이며, 정격용량이 3[kVA] 이하인 것에 한한다)를 시설하고 또한 그 절연변압기의 부하측 전로를 접지하지 않은 경우

바. 물기 있는 장소 이외의 장소에 시설하는 저압용의 개별 기계기구에 전기를 공급하는 **전로에 인체감전보호용 누전차단기**(정격감도전류가 30[mA] 이하, 동작시간이 0.03[초] 이하의 전류동작형에 한한다)를 **시설하는 경우**　**답** ①

문제 83 특고압 가공 전선로에 사용하는 가공 지선에는 지름 몇 [mm]의 나경동선 또는 이와 동등 이상의 세기 및 굵기의 나선을 사용하여야 하는가?

① 2.6 　　　　　　② 3.5

③ 4 　　　　　　　④ 5

풀이

333.8 특고압 가공전선로의 가공지선

특고압 가공전선로에 사용하는 **가공지선**은 다음과 같다.

가. 인장강도 8.01[kN] 이상의 나선

나. **지름 5[mm] 이상의 나경동선**

다. 단면적 22[mm²] 이상의 나경동연선

라. 아연도강연선 22[mm²]

마. OPGW 전선　**답** ④

06년 3회 동일 및 유사 문제 (년도-회-번호)

1과목 전기자기학

08	18-2-15
09	18-3-20
10	21-2-14
11	19-3-16
12	19-1-10
13	20-1,2-18
14	19-3-12
15	20-4-12
16	17-3-14
17	18-3-07
18	08-1-06
19	22-3-16
20	19-1-19

2과목 전력공학

27	19-2-32
28	19-1-23
29	18-1-22
30	21-2-24
31	20-4-24
32	15-1-28
33	18-3-25
34	09-3-23
35	12-2-28
36	20-1,2-38
37	09-3-25
38	19-1-35
39	18-3-31
40	22-1-40

3과목 전기기기

50	20-4-59
51	18-2-58
52	20-3-25
53	09-2-44
54	11-2-49
55	19-1-48
56	09-1-48
57	09-3-51
58	15-3-48
59	10-2-47
60	19-2-60

4과목 회로이론 및 제어공학

68	18-2-74
69	21-3-61
70	21-2-66
71	07-1-62
72	15-1-69
73	22-3-67
74	08-1-66
75	16-2-72
76	09-2-67
77	16-2-74
78	21-2-75
79	17-3-65
80	12-1-63

5과목 전기설비기술기준

84	14-3-81
85	19-3-84
86	16-2-91
87	14-2-89
88	19-3-82
89	13-2-84
90	18-3-95
91	22-2-100
92	08-2-81
93	21-3-89
94	17-2-81
95	13-3-81

D60-1

2005년도 전기기사 필기

- 2005년도 제1회 전기기사
- 2005년도 제2회 전기기사
- 2005년도 제3회 전기기사

국가기술자격검정 필기시험 문제

2005년도 전기기사 일반검정 제1회				수검 번호	성 명
자격종목 및 등급(선택분야)	종목코드	시험시간	문제지형별		
전기기사	1150	2시간 30분	A		

제1과목 ▶ 전기자기학

문제 01 비유전율 ϵ_s에 대한 설명으로 틀린 것은?

① 진공의 비유전율은 0이다.

② 공기 중의 비유전율은 약 1정도 된다.

③ ϵ_s는 항상 1보다 큰 값이다.

④ ϵ_s는 절연물의 종류에 따라 다르다.

풀이

진공 $\epsilon_s = 1$, 공기 $\epsilon_s \fallingdotseq 1.00058$

유전율 ϵ과 비유전율 ϵ_s의 관계식 $\epsilon = \epsilon_0 \epsilon_s$ 이다. 유전체의 ϵ_s는 물질의 종류에 따라 다르고, 항상 1보다 크다. 답 ①

문제 02 전속 밀도 $D = x^2 i + 2y^2 j + 3zk$ [C/m²]을 주는 원점의 1 [mm³] 내의 전하는 몇 [C]인가?

① 3

② 3×10^{-6}

③ 3×10^{-9}

④ 3×10^{-12}

풀이

P (0, 0, 0)에서 전하 밀도 ρ는

$$\rho = \text{div } \boldsymbol{D} = \frac{\partial D_x}{\partial x} + \frac{\partial D_y}{\partial y} + \frac{\partial D_z}{\partial z} = 2x + 4y + 3 = 3 \, [\text{C/m}^3]$$

$$(\because x = y = z = 0)$$

이므로 1 [mm³] 내의 전하량은,

$$\therefore \rho \cdot v = 3 \times 10^{-9} [\text{C}]$$

답 ③

문제 03 10[cm³]의 체적에 3[μC/cm³]의 체적 전하 분포가 있을 때 이 체적 전체에서 발산하는 전속은?

① 3×10^5 [C]

② 3×10^6 [C]

③ 3×10^{-5} [C]

④ 3×10^{-6} [C]

풀이

전속 ψ는 매질에 관계없이 전하 Q [C]일 때 Q 개의 전속선이 나오므로

$$N = 3 \times 10^{-6} \times 10 = 3 \times 10^{-5} [\text{C}]$$

답 ③

문제 04 그림과 같은 무한 직선 전류 i에 의한 P점의 Vector Potential과 자장의 방향은? 단, x축은 종이 뒷면에서 앞으로 향함

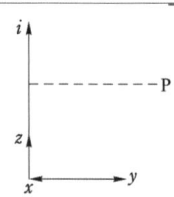

① 벡터 포텐셜 : $-z$, 자장 : $+x$

② 벡터 포텐셜 : $-x$, 자장 : $+x$

③ 벡터 포텐셜 : $-x$, 자장 : $-x$

④ 벡터 포텐셜 : $+z$, 자장 : $-x$

풀이

① 벡터 포텐셜 : $A = \frac{\mu_0}{4\pi} \int \frac{I}{r} dl$ 에서 점 P의 벡터 포텐셜의 방향은 전류의 방향 $+z$축과 같다.

② 자장 : 암페어의 오른나사 법칙에 의하여 P점에서의 자장은 $-x$축 방향이 된다. 답 ④

문제 05 원형 코일이 평등 자계 내에서 지름을 축으로 하여 회전하고 있을 때 코일에 유기되는 기전력의 주파수는?

① 회전속도와 코일의 권수에 의해 결정된다.

② 자계와 지름축과의 사이각에 의해 변화된다.

③ 회전수에 의해서만 결정된다.

④ 회전방향과 회전속도에 의해 결정된다.

풀이

회전수 $n_s = \dfrac{2f}{p}$ 에서 $f \propto n_s$ ▣ ③

$G_2 = \dfrac{100}{30} \times 20 = 66.67[\%]$

$T_r = \dfrac{100}{50} \times 10 = 20[\%]$, 선로 = 5[%]

고장점까지의 전체 $\%Z = \dfrac{100 \times 66.67}{66.67+100} + 20 + 5 = 65[\%]$

단락 용량 $P_s = \dfrac{100}{\%Z} \times P_n = \dfrac{100}{65} \times 100 = 153.85[MVA]$ ▣ ③

제2과목 전력공학

문제 21 전파 정수 γ, 특성 임피던스 Z_0, 길이 l 인 분포 정수 회로가 있다. 수전단에 이 선로의 특성 임피던스와 같은 임피던스 Z_0를 부하로 접속하였을 때 송전단에서 부하측을 본 임피던스는?

① Z_0
② $\dfrac{1}{Z_0}$
③ $Z_0 \tanh \gamma l$
④ $Z_0 \coth \gamma l$

풀이

특성 임피던스와 같은 부하를 연결하면 무한장 선로와 같아지므로 송전단에서 본 임피던스는 특성 임피던스와 같다. ▣ ①

문제 22 그림과 같은 154 [kV] 송전 계통의 F점에서 무부하시 3상 단락 고장이 발생하였을 경우 고장 전력은 약 몇 [MVA]인가? 단, 발전기 G_1(용량 20 [MVA]), G_2(용량 30 [MVA])의 %과도 리액턴스 및 변압기 T_r(용량 50 [MVA])의 %리액턴스는 각각 자기 용량 기준으로 20 [%], 20 [%], 10 [%]이고 변압기에서 고장점 F까지의 선로 리액턴스는 100 [MVA] 기준으로 5 [%]라 한다.

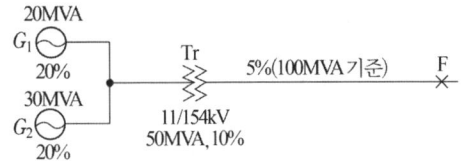

① 133   ② 143   ③ 154   ④ 182

풀이

100 [MVA] 기준 %Z 환산

$G_1 = \dfrac{100}{20} \times 20 = 100[\%]$

문제 23 전력 계통의 경부하시 또는 다른 발전소의 발전 전력에 여유가 있을 때, 이 잉여 전력을 이용해서 전동기로 펌프를 돌려 물을 상부의 저수지에 저장하였다가 필요에 따라 이 물을 이용해서 발전하는 발전소는?

① 조력 발전소
② 양수식 발전소
③ 수로식 발전소
④ 유역 변경식 발전소

풀이

양수식 발전소란 경부하시 또는 심야에 잉여 전력을 이용해서 펌프로 물을 하부 저수지에서 상부저수지로 양수하여 저장하였다가 **첨두부하 시에 발전하는 발전소**를 말한다. ▣ ②

문제 24 송전 선로의 코로나 손실을 나타내는 Peek 식에서 E_0에 해당하는 것은?

$P = \dfrac{241}{\delta}(f+25)\sqrt{\dfrac{d}{2D}}(E-E_0)^2 \times 10^{-5}$ [kW/km/선]

① 코로나 임계 전압
② 전선에 걸리는 대지 전압
③ 송전단 전압
④ 기준 충격 절연 강도 전압

풀이

$P = \dfrac{241}{\delta}(f+25)\sqrt{\dfrac{d}{2D}}(E-E_0)^2 \times 10^{-5}$ [kW/km/선]

δ : 상대 공기 밀도, D : 선간 거리,
d : 전선의 지름, f : 주파수
E : 전선에 걸리는 대지 전압
E_0 : 코로나 임계 전압 ▣ ①

문제 25 수력발전설비에 이용되는 차동조압수조의 특징으로 옳은 것은?

① 수조에 수실을 설치하여 서징의 주기를 빠르게 한다.

② 수조에 제수 구멍을 설치하여 서징이 누가되지 않도록 한다.

③ 수압 변동을 생기게 하는 에너지를 흡수하며, 탱크를 소형으로 하기 위하여 상승관을 설치한다.

④ 수압관 내의 압력의 변동을 크게 하고, 수격작용을 완화시키는 효과가 있다.

풀이

차동 조압 수조에서는 발전소의 부하 변동시의 서징 현상이 저수지 수위와 수조의 라이자 수위 사이에서 이루어진다. 그런데 라이자의 단면적이 비교적 작기 때문에 라이자 내의 수위의 승강이 빨라, 서징이 급속히 진정된다. **답** ③

문제 26 그림과 같은 열사이클은?

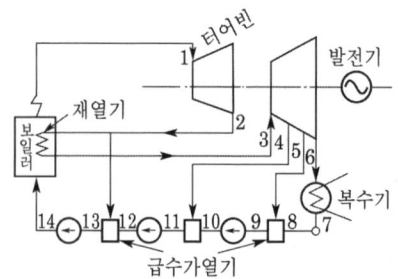

① 재열 사이클

② 재생 사이클

③ 재열 재생 사이클

④ 기본 열사이클

풀이

- **재생 사이클** : 증기터빈에서 팽창 도중에 있는 **증기를 일부 추기하여 급수가열에 이용**함으로써 열효율을 향상시키는 방법

- **재열 사이클** : 어느 압력까지 **터빈에서 팽창한 증기를 보일러에 되돌려** 가지고 재열기로 적당한 온도까지 재가열시킨 다음 다시 터빈에 보내서 팽창시키도록 하여 열효율을 향상시키는 방법

- **재열 재생 사이클** : 재생 사이클+재열 사이클 **답** ③

문제 27 단일부하 배전선에서 부하 역률 $\cos\theta$, 부하 전류 I, 선로 저항 r, 리액턴스를 x라 하면 배전선에서 최대 전압강하가 생기는 조건은?

① $\cos\theta \fallingdotseq \dfrac{r}{x}$

② $\sin\theta \fallingdotseq \dfrac{x}{r}$

③ $\tan\theta \fallingdotseq \dfrac{x}{r}$

④ $\tan\theta \fallingdotseq \dfrac{r}{x}$

풀이

전압 강하 $e = I(r\cos\theta + x\sin\theta)$

$\dfrac{\partial e}{\partial \theta} = I(-r\sin\theta + x\cos\theta) = 0$

$x\cos\theta = r\sin\theta$

$\therefore\ \tan\theta = \dfrac{x}{r}$ **답** ③

문제 28 특고압 차단기 중 개폐 서지 전압이 가장 높은 것은?

① 유입 차단기(OCB)

② 진공 차단기(VCB)

③ 자기 차단기(MBB)

④ 공기 차단기(ABB)

풀이

진공 차단기의 개폐 서지 전압이 높기 때문에 VCB 2차측에 Mold 변압기가 설치된 경우 VCB 2차측에 SA(서지 흡수기)를 **설치**하여 서지로부터 변압기를 보호해야 한다. **답** ②

제3과목 **전기기기**

문제 41 그림과 같은 정류 회로에서 I_a(실효치)는?

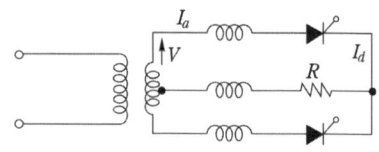

① $1.11 I_d$

② $0.707 I_d$

③ I_d

④ $0.577 I_d$

풀이

전파 정류이므로 $E_d = \dfrac{2\sqrt{2}}{\pi} E \cos\alpha$ [V]

점호 제어를 일으키지 않을 경우($\alpha=0$)라면 $\cos\alpha=1$이므로

$$E_d = \dfrac{2\sqrt{2}}{\pi} E, \quad I_d = \dfrac{E_d}{R} = \dfrac{2\sqrt{2}}{\pi} \cdot \dfrac{E}{R} = \dfrac{2\sqrt{2}}{\pi} I_s$$

$$\therefore \ I_s = \dfrac{\pi}{2\sqrt{2}} I_d = 1.11 I_d \qquad \text{답} \ ①$$

문제 42 6극 3상 권선형 유도 전동기를 동일 토크로 운전할 때 60[Hz]의 전원에서 2차측에 0.3[Ω]의 저항을 Y로 삽입하면 500[rpm]으로 회전하고, 0.2[Ω]을 삽입하면 700[rpm]이 된다. 회전수를 550[rpm]으로 하려면 외부 저항을 매상 몇 [Ω]으로 하면 되는가?

① 약 0.34
② 약 0.7
③ 약 0.275
④ 약 0.43

풀이

$$N_s = \dfrac{120f}{p} = \dfrac{120 \times 60}{6} = 1200 \text{ [rpm]}$$

0.3 [Ω]시의 슬립 s_1은

$$s_1 = \dfrac{N_s - N}{N_s} = \dfrac{1200 - 500}{1200} = \dfrac{7}{12}$$

0.2 [Ω]시의 슬립 s_2는

$$s_2 = \dfrac{N_s - N}{N_s} = \dfrac{1200 - 700}{1200} = \dfrac{5}{12}$$

$$\dfrac{r_2 + R_1}{s_1} = \dfrac{r_2 + R_2}{s_2} = \dfrac{r_2 + R_3}{s_3}$$

$$\dfrac{(0.3 + r_2)}{s_1} = \dfrac{0.2 + r_2}{s_2}, \quad \dfrac{0.3 + r_2}{7/12} = \dfrac{0.2 + r_2}{5/12}$$

$$\therefore \ r_2 = 0.05 \text{ [Ω]}$$

550 [rpm]일 때의 슬립 s_3는

$$s_3 = \dfrac{1200 - 550}{1200} = \dfrac{13}{24}$$

이때의 외부 삽입 저항 R_3은

$$\dfrac{0.05 + 0.3}{7/12} = \dfrac{0.05 + R_3}{13/24}$$

$$(0.05 + R_3) \times 14 = 0.35 \times 13$$

$$\therefore \ R_3 = 0.275 \text{ [Ω]} \qquad \text{답} \ ③$$

문제 43 단상 유도 전압 조정기에서 단락 권선의 성질이 아닌 것은?

① 회전자에 2차 권선과 직각으로 감는다.
② 2차 권선의 기자력중 1차 권선으로 소거되지 않는 기자력분을 소거한다.
③ 2차 권선의 리액턴스 전압강하를 감소시킨다.
④ 2차 철심의 철손 증가를 억제한다.

풀이

단락 권선은 회전자에 1차 권선과 직각으로 감는다. 답 ①

문제 44 10 [kW], 200 [V], 전기자 저항 0.15 [Ω]의 타여자 발전기를 전동기로 사용하여 발전기의 경우와 같은 전류를 흘렸을 때 단자 전압은 몇 [V]로 하면 되는가? 단, 여기서 전기자 반작용은 무시하고 회전수는 같도록 한다.

① 200
② 207.5
③ 215
④ 225.5

풀이

$$I = \dfrac{P}{V} = \dfrac{10 \times 10^3}{200} = 50 \text{[A]}$$

발전기의 경우

$$E = V + R_a I_a = 200 + 0.15 \times 50 = 207.5 \text{[V]}$$

회전수가 같고 타여자이므로 자속도 같으므로 전동기의 역기전력 E_c는 발전기의 유기 기전력 E와 같게 된다. 전동기의 경우 단자 전압 V는

$$V = E_c + R_a I_a = 207.5 + 0.15 \times 50 = 215 \text{ [V]} \qquad \text{답} \ ③$$

제4과목 **회로이론 및 제어공학**

문제 61 리액턴스 구동점 임피던스 $Z(s)$가 리액턴스 2단자망의 구동점 임피던스가 되기 위한 필요 충분 조건이 아닌 것은?

① $Z(s)$의 극은 항상 실수축 상에 존재한다.
② $Z(s)$의 영점은 단순근이다.
③ $Z(s)$는 s의 정의 실수계 유리 함수이다.
④ $\dfrac{dZ(s)}{ds}$는 항상 실수이다.

풀이

$Z(s)$의 극은 항상 허수축 상에 존재한다.　　**답** ①

문제 62 그림의 회로에서 1/8 [F]의 콘덴서에 흐르는 전류는 일반적으로 $i(t) = A + Be^{-\alpha t}$[A]로 표시된다. B의 값은? 단, $E = 16$[V] 이다.

① 1
② 2
③ 3
④ 4

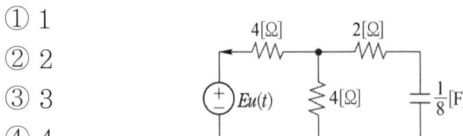

풀이

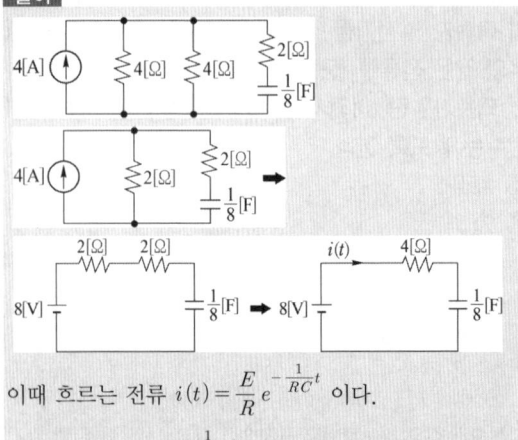

이때 흐르는 전류 $i(t) = \dfrac{E}{R}\, e^{-\frac{1}{RC}t}$ 이다.

따라서 $i(t) = \dfrac{8}{4}\, e^{-\frac{1}{4\times\frac{1}{8}}t} = 2e^{-2t}$가 된다.

$\therefore A = 0,\ B = 2$　　**답** ②

문제 63 어떤 4단자망의 입력 단자 1, 1′ 사이의 영상 임피던스 Z_{01}과 출력 단자 2, 2′ 사이의 영상 임피던스 Z_{02}가 같게 되려면 4단자 정수 사이에 어떠한 관계가 있어야 하는가?

① $AD = BC$
② $AB = CD$
③ $A = D$
④ $B = C$

풀이

$Z_{01} = Z_{02}$ 이므로

$Z_{01} = \sqrt{\dfrac{AB}{CD}}$, $Z_{02} = \sqrt{\dfrac{BD}{AC}}$ 에서 $A = D$　　**답** ③

문제 64 서보 기구에서 직접 제어되는 제어량은 주로 어느 것인가?

① 압력, 유량, 액위, 온도
② 수분, 화학 성분
③ 위치, 각도, 방향, 자세
④ 전압, 전류, 회전 속도, 회전력

풀이

주로 물체의 위치, 방위, 자세 등을 제어하는 자동 제어계로 목표값이 임의의 변화에 추종하도록 구성되어 있는 것을 서보 기구라 한다.　　**답** ③

문제 65 다음 임펄스 응답 중 안정한 계는?

① $c(t) = 1$
② $c(t) = \cos\omega t$
③ $c(t) = e^{-t}\sin\omega t$
④ $c(t) = 2t$

풀이

$\lim\limits_{t\to\infty} c(t) = 0$이 되면 계는 안정하다.

① $\lim\limits_{t\to\infty} 1 = 1$　　② $\lim\limits_{t\to\infty} \cos\omega t = \cos\omega t$

③ $\lim\limits_{t\to\infty} e^{-t}\sin\omega t = 0$　　④ $\lim\limits_{t\to\infty} 2t = \infty$　　**답** ③

문제 66 그림과 같은 보드 선도를 갖는 계의 전달 함수는?

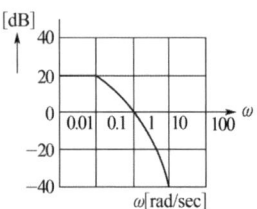

① $G(s) = \dfrac{10}{(s+1)(10s+1)}$

② $G(s) = \dfrac{5}{(s+1)(10s+1)}$

③ $G(s) = \dfrac{10}{(s+1)(s+1)}$

④ $G(s) = \dfrac{10}{(s+1)(s+10)}$

풀이

$$G(s) = \frac{10}{(s+1)(10s+1)} \text{의 보드 선도 이득 곡선은}$$

$$g\,[\text{dB}] = 20\log\left|\frac{10}{(j\omega+1)(j10\omega+1)}\right|$$

$$= 20\log\frac{10}{\sqrt{\omega^2+1}\sqrt{(10\omega)^2+1}}$$

$$= 20\log 10 - 20\log\sqrt{\omega^2+1} - 20\log\sqrt{(10\omega)^2+1}$$

$\omega < 0.1$일 때

$$g = 20 - 20\log 1 - 20\log 1 = 20\,[\text{dB}]$$

$0.1 < \omega < 1$일 때

$$g = 20 - 20\log 1 - 20\log 10\omega = 20 - 20\log 10 - 20\log\omega$$

$$= -20\log\omega \text{이므로} -20\,[\text{dB/dec}]$$

$\omega > 1$일 때

$$g = 20 - 20\log\omega - 20\log 10\omega$$

$$= 20 - 20\log\omega - 20\log 10 - 20\log\omega$$

$$= -40\log\omega \text{이므로} -40\,[\text{dB/dec}]$$

답 ①

문제 67 다음으로 표시되는 식의 Laplace는 어느 것으로 나타내는가?

$$f(t) = e^{at}\sin\omega t$$

① $\dfrac{s+a}{(s+a)^2+\omega^2}$ ② $\dfrac{\omega}{(s+a)^2+\omega^2}$

③ $\dfrac{s-a}{(s-a)^2+\omega^2}$ ④ $\dfrac{\omega}{(s-a)^2+\omega^2}$

풀이

$$\mathcal{L}\left[e^{at}f(t)\right] = F(s-a)$$

$$\mathcal{L}\left[e^{at}\sin\omega t\right] = \frac{\omega}{(s-a)^2+\omega^2}$$

답 ④

제5과목 전기설비 기술기준

문제 81 중성점 접지식 22.9 [kV] 특고압 가공전선로를 A종 철근 콘크리트주를 사용하여 시가지에 시설하는 경우 반드시 지키지 않아도 되는 것은?

① 전선로의 경간은 75 [m] 이하로 할 것

② 전선은 단면적 55 [mm²]의 경동연선 또는 이와 동등 이상의 세기 및 굵기의 연선일 것

③ 전선이 특고압 절연전선인 경우 지표상의 높이는 8 [m] 이상일 것

④ 전로에 지기가 생긴 경우 또는 단락한 경우에 경보하는 장치를 시설할 것

풀이

333.1 시가지 등에서 특고압 가공전선로의 시설
특고압 가공전선로는 전선이 케이블인 경우 또는 전선로를 다음과 같이 시설하는 경우에는 시가지 그 밖에 인가가 밀집한 지역에 시설할 수 있다.

가. 특고압 가공전선로의 경간은 표에서 정한 값 이하일 것.

지지물의 종류	경 간
A종 철주 또는 A종 철근 콘크리트주	75[m]
B종 철주 또는 B종 철근 콘크리트주	150[m]
철탑	400[m] (단주인 경우에는 300[m]) 다만, 전선이 수평으로 2이상 있는 경우에 전선 상호 간의 간격이 4[m] 미만인 때에는 250[m]

나. 지지물에는 철주·철근 콘크리트주 또는 철탑을 사용할 것.

다. 전선은 단면적이 표에서 정한 값 이상일 것.

사용전압의 구분	전선의 단면적
100[kV] 미만	인장강도 21.67[kN] 이상의 연선 또는 단면적 55[mm²] 이상의 경동연선
100[kV] 이상	인장강도 58.84[kN] 이상의 연선 또는 단면적 150[mm²] 이상의 경동연선

라. 전선의 지표상의 높이는 표 에서 정한 값 이상일 것.

사용전압의 구분	지표상의 높이
35 [kV] 이하	10[m] (전선이 특고압 절연전선인 경우에는 8[m])
35 [kV] 초과	10[m]에 35[kV]를 초과하는 10[kV] 또는 그 단수마다 0.12[m]를 더한 값

마. 사용전압이 100[kV]를 초과하는 특고압 가공전선에 지락 또는 단락이 생겼을 때에는 1초 이내에 자동적으로 이를 전로로부터 차단하는 장치를 시설할 것. **답** ④

문제 82 발전소에 사용되는 뱅크용량 15000 [kVA]의 송유풍냉식 특고압용 변압기의 보호장치를 하려고 한다. 경보장치만 가지고는 아니되고, 반드시 자동차단장치가 필요한 경우는?

① 유압펌프가 정지된 경우
② 송풍기가 고장으로 정지된 경우
③ 변압기에 내부 고장이 생긴 경우
④ 변압기의 온도가 현저히 상승한 경우

풀이

351.4 특고압용 변압기의 보호장치
특고압용의 변압기에는 그 내부에 고장이 생겼을 경우에
보호하는 장치를 표와 같이 시설하여야 한다.

뱅크 용량의 구분	동작 조건	장치의 종류
5,000 [kVA] 이상 10,000 [kVA] 미만	변압기 내부 고장	자동 차단 장치 또는 경보 장치
10,000 [kVA] 이상	변압기 내부 고장	자동 차단 장치
타냉식 변압기(변압기의 권선 및 철심을 직접 냉각시키기 위하여 봉입한 냉매를 강제 순환시키는 냉각 방식을 말한다.)	냉각 장치에 고장이 생긴 경우 또는 변압기의 온도가 현저히 상승한 경우	경보 장치

답 ③

문제 83 전력 계통의 용량과 비슷한 동기 조상기를 시설하는 경우에 반드시 시설되어야 할 검정 장치나 계측 장치가 아닌 것은?

① 동기 검정 장치
② 동기 조상기의 역률
③ 동기 조상기의 전압 및 전류 또는 전력
④ 동기 조상기의 베어링 및 고정자의 온도

풀이

351.6 계측장치
동기조상기를 시설하는 경우에는 다음의 사항을 계측하는 장치 및 동기검정장치를 시설하여야 한다. 다만, 동기조상기의 용량이 전력계통의 용량과 비교하여 현저히 적은 경우에는 동기검정장치를 시설하지 아니할 수 있다.
가. 동기조상기의 **전압 및 전류 또는 전력**
나. 동기조상기의 **베어링 및 고정자의 온도**

답 ②

05년 1회 동일 및 유사 문제 (년도-회-번호)

1과목 전기자기학

06	22-1-11
07	19-2-06
08	22-3-05
09	18-3-16
10	19-3-08
11	15-3-03
12	17-1-20
13	19-2-15
14	16-3-01
15	13-2-09
16	20-3-02
17	06-2-06
18	12-1-02
19	17-1-12
20	13-1-08

2과목 전력공학

29	20-3-24
30	18-2-24
31	14-1-28
32	16-1-21
33	20-3-28
34	20-4-36
35	20-3-36
36	13-3-26
37	13-2-22
38	19-1-38
39	18-3-35
40	16-2-24

3과목 전기기기

45	19-3-54
46	07-3-42
47	09-1-45
48	18-1-47
49	14-3-43
50	16-1-46

51	09-3-48
52	18-2-51
53	08-1-46
54	16-3-51
55	09-1-43
56	18-2-41
57	14-1-46
58	10-1-47
59	07-2-42
60	22-1-47

4과목 회로이론 및 제어공학

68	18-1-63
69	20-3-65
70	14-3-65
71	21-2-75
72	11-1-68
73	18-1-69
74	16-3-74
75	17-3-79
76	12-2-63
77	14-2-63
78	19-1-61
79	07-3-64
80	11-1-61

5과목 전기설비기술기준

84	16-3-93
85	14-1-86
86	10-1-81
87	11-1-82
88	16-2-92
89	08-1-84
90	18-2-87
91	12-3-86
92	14-1-84
93	21-3-82
94	09-3-87

국가기술자격검정 필기시험 문제

2005년도 전기기사 일반검정 제 2 회

자격종목 및 등급(선택분야)	종목코드	시험시간	문제지형별	수검 번호	성 명
전기기사	**1150**	**2시간 30분**	**A**		

제1과목 전기자기학

문제 01 그림과 같이 단면적 S[m²], 평균 자로 길이 l[m], 투자율 μ[H/m]인 철심에 N_1, N_2 권선을 감은 무단(無端) 솔레노이드가 있다. 누설 자속을 무시할 때 권선의 상호 인덕턴스는 몇 [H]가 되는가?

① $\dfrac{\mu N_1 N_2 S}{l^2}$[H]

② $\dfrac{\mu N_1 N_2 S}{l}$[H]

③ $\dfrac{\mu N_1{}^2 N_2{}^2 S}{l}$[H]

④ $\dfrac{\mu N_1 N_2 S^2}{l}$[H]

풀이

상호 인덕턴스

$$M_{21} = M_{12} = M = \frac{N_2 \phi_{21}}{I_1} = \frac{N_1 \phi_{12}}{I_2} = \frac{N_1 N_2}{R_m} = \frac{\mu S N_1 N_2}{l}\text{[H]}$$

답 ②

문제 02 주파수의 증가에 대하여 가장 급속히 증가하는 것은?

① 표피 효과의 두께의 역수
② 히스테리시스 손실
③ 교번 자속에 의한 기전력
④ 와전류 손실

풀이

① 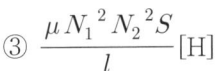 $\delta = \dfrac{1}{\sqrt{\pi f \sigma \mu}}$: $\delta^{-1} \propto \sqrt{f}$

② $W_h = \eta_h f B^{1.6}$: $W_h \propto f$

③ $e = N\phi(2\pi f)\cos\omega t$: $e \propto f$

④ $W_e = \eta_e f^2 B^2$: $W_e \propto f^2$

따라서, 와전류 손실은 $W_e \propto f^2$의 관계에서 주파수에 가장 큰 영향을 받는다.

답 ④

문제 03 자화된 철의 온도를 높일 때 자화가 서서히 감소하다가 급격히 강자성이 상자성으로 변하면서 강자성을 잃어버리는 온도는?

① 켈빈(Kelvin) 온도
② 연화 온도(Transition)
③ 전이 온도
④ 퀴리(Curie) 온도

풀이

자화된 철의 온도를 높이면 자화가 서서히 감소하다가 690~870[℃](순철에서는 790[℃])에서 **급속히 강자성이 상자성으로 변하면서 강자성을 잃어버리는** 데 이것은 철의 결정을 구성하는 원자의 열운동이 심해져서 자구(磁區)의 배열이 파괴되기 때문이다. 이 변하는 온도를 **임계 온도 또는 퀴리점**이라 한다.

답 ④

문제 04 다음 설명 중 틀린 것은?

① 전기력선의 방정식은 "전기력선의 접선방향이 전계의 방향이다."에서 유래된 것이다.

② "전기력선은 스스로 루프(loop)를 만들 수 없다."라 함은 전계의 세기의 유일성을 나타내는 것이다.

③ 구좌표로 표시한 전기력선의 방정식은 $\dfrac{dr}{E_r} = \dfrac{r\,d\theta}{E_\theta} = \dfrac{r\cos\theta\,d\phi}{E_\phi}$ 로 표시된다.

④ 진공 중에서 1 [C]의 점전하로부터 발산되어 나오는 전기력선의 수는 약 1.13×10^{11}개 이다.

 풀이

전기력선 방정식(구좌표계)

$$\frac{dr}{E_r} = \frac{rd\theta}{E_\theta} = \frac{r\sin\theta d\phi}{E_\phi}$$ 답 ③

문제 05 그림과 같이 반지름 a[m]인 원형도선에 전하가 선밀도 λ[C/m]로 균일하게 분포되어 있다. 그 중심에 수직한 z축상의 한 점 P의 전계의 세기는?

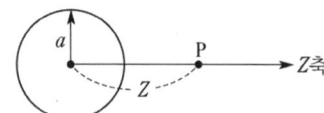

① $\dfrac{\lambda z a}{2\epsilon_0 (a^2 + z^2)^{\frac{3}{2}}}$ [V/m]

② $\dfrac{\lambda z a}{2\pi\epsilon_0 (a^2 + z^2)^{\frac{3}{2}}}$ [V/m]

③ $\dfrac{\lambda z a}{4\pi\epsilon_0 (a^2 + z^2)^{\frac{3}{2}}}$ [V/m]

④ $\dfrac{\lambda z a}{4\epsilon_0 (a^2 + z^2)^{\frac{3}{2}}}$ [V/m]

풀이

미소부분 dl 부분에 대한 P점의 전위 dV는
$dl = ad\theta$, $dQ = \lambda dl = \lambda a d\theta$ 이므로

$$dV = \frac{dQ}{4\pi\epsilon_0 r} = \frac{\lambda a d\theta}{4\pi\epsilon_0 \sqrt{a^2 + z^2}}$$

코일 전체에 대한 P점의 전위는

$$V = \int_0^{2\pi} dV$$

$$= \frac{\lambda a}{4\pi\epsilon_0 \sqrt{a^2 + z^2}} \int_0^{2\pi} d\theta$$

$$= \frac{\lambda a}{2\epsilon_0 \sqrt{a^2 + z^2}} \text{[V]}$$

전계는 z방향만 남으므로

$$E = E_z = -\frac{\partial V}{\partial z} = -\frac{\partial}{\partial z}\left[\frac{\lambda a}{2\epsilon_0 \sqrt{a^2 + z^2}}\right]$$

$$= \frac{\lambda a}{2\epsilon_0} \frac{z}{(a^2 + z^2)^{\frac{3}{2}}} \text{[V/m]}$$ 답 ①

문제 06 반지름 a[m], 중심간 거리 d[m]인 두 개의 무한장 왕복 선로에 서로 반대 방향으로 전류 I[A]가 흐를 때, 한 도체에서 x[m] 거리인 A점의 자계의 세기는 몇 [AT/m]인가? (단, $d \gg a$, $x \gg a$ 라고 한다.)

① $\dfrac{I}{2\pi}\left(\dfrac{1}{x} + \dfrac{1}{d-x}\right)$

② $\dfrac{I}{2\pi}\left(\dfrac{1}{x} - \dfrac{1}{d-x}\right)$

③ $\dfrac{I}{4\pi}\left(\dfrac{1}{x} + \dfrac{1}{d-x}\right)$

④ $\dfrac{I}{4\pi}\left(\dfrac{1}{x} - \dfrac{1}{d-x}\right)$

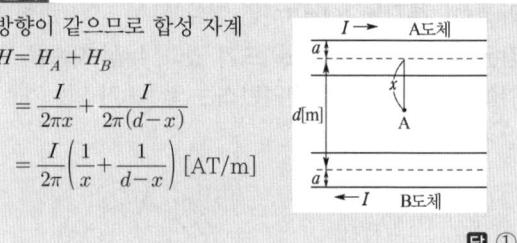

풀이

방향이 같으므로 합성 자계

$$H = H_A + H_B$$

$$= \frac{I}{2\pi x} + \frac{I}{2\pi(d-x)}$$

$$= \frac{I}{2\pi}\left(\frac{1}{x} + \frac{1}{d-x}\right) \text{[AT/m]}$$ 답 ①

문제 07 비유전율 $\epsilon_s = 5$인 등방 유전체의 한 점에서 전계의 세기가 $E = 10^4$ [V/m]일 때, 이 점의 분극률 χ[F/m]는?

① $\dfrac{10^{-9}}{9\pi}$

② $\dfrac{10^{-9}}{18\pi}$

③ $\dfrac{10^9}{9\pi}$

④ $\dfrac{10^9}{36\pi}$

풀이

분극의 세기 $P = \epsilon_0(\epsilon_s - 1)E$ 식에서

분극률 $\chi = \dfrac{P}{E} = \epsilon_0(\epsilon_s - 1) = \dfrac{1}{36\pi \times 10^9} \times (5-1)$

$$= \frac{10^{-9}}{9\pi} \text{[F/m]}$$ 답 ①

제2과목 전력공학

표에 의해 $\dfrac{3상\ 3선식}{3상\ 4선식} = \dfrac{18}{8} = \dfrac{9}{4}$ **답** ④

문제 21 어떤 수력발전소의 안내날개의 열림 등 기타조건은 불변으로 하여 유효 낙차가 30 [%] 저하되면 수차의 효율이 10[%] 저하된다면 이런 경우에는 출력은 원래의 출력의 약 몇 [%]가 되는가?

① 53   ② 58   ③ 63   ④ 68

풀이

출력 P, 낙차 H, 효율을 η라 하면

$P \propto QH\eta$, $Q \propto H^{\frac{1}{2}}$ 이므로 $P \propto H^{\frac{3}{2}} \cdot \eta$

$\therefore P = (0.7^{\frac{3}{2}} \times 0.9) \times 100 ≒ 52.7[\%]$ **답** ①

문제 22 고속 중성자를 감속시키지 않고 냉각재로 액체 나트륨을 사용하는 원자로를 영문 약어로 나타내면?

① FBR   ② CANDU
③ BWR   ④ PWR

풀이

종류	연료	감속재	냉각재
가스 냉각로(GCR)	천연 우라늄	흑연	탄산가스
경수로(PWR, BWR)	저농축 우라늄	경수	경수
중수로(CANDU)	천연 우라늄	중수	중수
고속증식로(FBR)	**농축우라늄, 플루토늄**	**–**	**액체 나트륨**

답 ①

문제 23 전력, 역률, 거리가 같을 때, 사용 전선량이 같다면 3상 3선식과 3상 4선식의 전력 손실비는 얼마인가? 단, 4선식의 중성선의 굵기는 외선과 같고, 외선과 중성선간의 전압은 3선식의 선간 전압과 같고, 3상 평형 부하이다.

① $\dfrac{1}{3}$ ② $\dfrac{1}{2}$ ③ $\dfrac{3}{4}$ ④ $\dfrac{9}{4}$

풀이

공급 방식	단상 2선식	단상 3선식	3상 3선식	3상 4선식
소요 전선량 전력 손실비	24	9	18	8

문제 24 직류 송전에 대한 설명으로 틀린 것은?

① 직류 송전에서는 유효전력과 무효전력을 동시에 보낼 수 있다.
② 역률이 항상 1로 되기 때문에 그 만큼 송전 효율이 좋아진다.
③ 직류 송전에서는 리액턴스라든지 위상각에 대해서 고려할 필요가 없기 때문에 안정도상의 난점이 없어진다.
④ 직류에 의한 계통연계는 단락용량이 증대하지 않기 때문에 교류 계통의 차단용량이 적어도 된다.

풀이

직류 송전 방식의 장·단점

[장점]
① 선로의 리액턴스가 없으므로 안정도가 높다.
② 유전체손 및 충전 용량이 없고 절연 내력이 강하다.
③ 비동기 연계가 가능하다.
④ 단락 전류가 적고 임의 크기의 교류 계통을 연계시킬 수 있다.
⑤ 코로나손 및 전력 손실이 적다.
⑥ 표피 효과나 근접 효과가 없으므로 실효 저항의 증대가 없다.

[단점]
① 직교 변환 장치가 필요하다.
② 전압의 승압 및 강압이 불리하다.
③ 변환 장치에서 발생한 고조파나 고주파 억제 대책이 필요하다.
④ 직류 차단기가 개발되어 있지 않다.
⑤ **무효 전력을 송전할 수 없으므로 별도의 무효 전력 공급 장치가 필요**하다. **답** ①

문제 25 그림과 같은 단상 2선식 배전선의 급전점 A에서 부하쪽으로 흐르는 전류는 몇 [A]인가? 단, 저항값은 왕복선의 값이다.

① 28
② 32
③ 37
④ 41

70[A] 부하

풀이

부하 공급점의 전압을 V_C라고 하면 **공급점에서의 전압은 같으므로**

$$\frac{100 - V_C}{0.8} + \frac{102 - V_C}{1.2} = 70[\text{A}]$$

$$\therefore V_C = 67.2 \, [\text{V}]$$

$$I_A = \frac{V_A - V_C}{0.8} = \frac{100 - 67.2}{0.8} = 41[\text{A}] \qquad \text{답 } ④$$

문제 26 반지름이 r [m]인 3상 송전선 A, B, C가 그림과 같이 수평으로 D[m] 간격으로 배치되고 3선이 완전 연가된 경우 각 인덕턴스는 몇 [mH/km]인가?

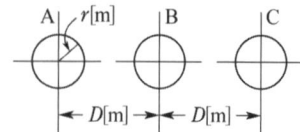

① $L = 0.05 + 0.4605 \log_{10} \dfrac{D}{r}$

② $L = 0.05 + 0.4605 \log_{10} \dfrac{\sqrt{2}\,D}{r}$

③ $L = 0.05 + 0.4605 \log_{10} \dfrac{\sqrt{3}\,D}{r}$

④ $L = 0.05 + 0.4605 \log_{10} \dfrac{\sqrt[3]{2}\,D}{r}$

풀이

$L = 0.05 + 0.4605 \log_{10} \dfrac{D_e}{r}$ [mH/km]

$D_e = \sqrt[3]{D \cdot D \cdot 2D} = \sqrt[3]{2} \cdot D$

$\therefore L = 0.05 + 0.4605 \log_{10} \dfrac{\sqrt[3]{2}\,D}{r}$ [mH/km]   답 ④

문제 27 소호 리액터 접지 계통에서 리액터의 탭을 완전 공진 상태에서 약간 벗어나도록 하는 이유는?

① 전력 손실을 줄이기 위하여

② 선로의 리액턴스분을 감소시키기 위하여

③ 접지 계전기의 동작을 확실하게 하기 위하여

④ 직렬 공진에 의한 이상 전압의 발생을 방지하기 위하여

풀이

직렬 공진에 의한 이상 전압을 억제하기 위하여 10[%] 정도 과보상하는 것이 일반적이다.   답 ④

문제 28 전력 계통의 절연 협조 계획에서 채택되어야 하는 모선 피뢰기와 변압기의 관계에 대한 그래프로 옳은 것은?

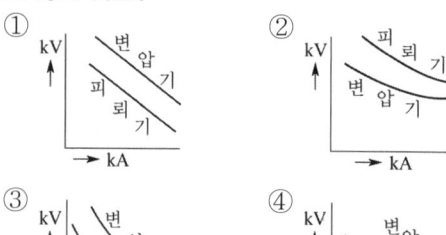
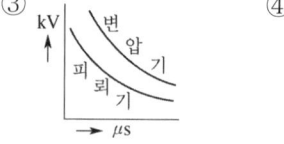
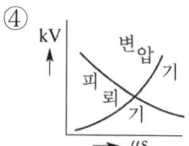

풀이

절연 협조는 계통의 각 기기 및 기구, 선로, 애자 상호간의 균형있는 적당한 절연 강도를 가지는 것을 말하며 **피뢰기의 제한 전압이 기기의 기준 충격 절연 강도보다 낮아야 한다.**   답 ③

문제 29 송전선로의 특성 임피던스를 $Z_0[\Omega]$, 전파 정수를 α라 할 때, 이 선로의 직렬 임피던스는 어떻게 표현되는가?

① $Z_0 \cdot \alpha$ ② $\dfrac{Z_0}{\alpha}$ ③ $\dfrac{\alpha}{Z_0}$ ④ $\dfrac{1}{Z_0\alpha}$

풀이

특성 임피던스 $Z_0 = \sqrt{\dfrac{Z}{Y}}$

전파 정수 $\alpha = \sqrt{Z \cdot Y}$

$Z_0 \cdot \alpha = \sqrt{\dfrac{Z}{Y} \cdot ZY} = Z$ 답 ①

문제 30 송전 선로의 페란티 효과를 방지하는데 효과적인 것은?

① 분로 리액터 사용   ② 복도체 사용

③ 병렬 콘덴서 사용   ④ 직렬 콘덴서 사용

풀이

페란티 현상이란 선로의 정전 용량으로 인하여 무부하시나 경부하시에 진상 전류가 흘러 수전단 전압이 송전단 전압보다 높아지는 현상을 말하며 이의 대책으로는 **분로 리액터나 동기 조상기의 지상 용량으로 방지**할 수 있다. **답** ①

제3과목 전기기기

문제 41 다음은 직류 직권 전동기를 교류 단상 정류자 전동기로 사용하기 위하여 교류를 가했을 때 발생하는 문제점을 열거한 것이다. 옳지 않은 것은?

① 효율이 나빠진다.
② 역률이 떨어진다.
③ 정류가 불량하다.
④ 계자 권선이 필요없다.

풀이

직류직권전동기는 **계자권선과 전기자권선이 직렬로 접속**되어 있으므로 두 단자에 가하는 **직류전압의 극성을 바꾸면 전기자 전류와 계자전류의 방향은 동시에 같이 바뀌므로 토크와 회전방향은 바뀌지 않는다.** 따라서, 직류직권전동기를 교류용에 사용할 수 있으나 다음과 같은 단점이 있다.
• 철손이 크다.   • 효율이 나쁘다.
• 역률이 나쁘다.   • 정류가 불량하다. **답** ④

문제 42 전기자 저항 0.3 [Ω], 직권 계자 권선의 저항 0.7 [Ω]의 직권 전동기에 110 [V]를 가하였더니 부하 전류가 10 [A]이었다. 이때 전동기의 속도[rpm]는? 단, 기계 정수는 20이다.

① 3600   ② 1800   ③ 1200   ④ 800

풀이

직류 직권 전동기의 속도 N은

$$N = K \frac{V - I_a(R_a + R_s)}{I}$$

이므로 $V = 110[V]$, $I = 10[A]$, $R_a = 0.3[\Omega]$, $R_s = 0.7[\Omega]$
$K = 2$를 대입하면,

$$\therefore N = 2 \times \frac{110 - 10(0.3 + 0.7)}{10} = 20 \,[\text{rps}] = 1200[\text{rpm}]$$

답 ③

문제 43 3상 유도 전동기를 불평형 전압으로 운전하면 토크와 입력과의 관계는?

① 토크는 감소하고 입력도 감소
② 토크는 감소하고 입력은 증가
③ 토크는 증가하고 입력도 증가
④ 토크는 증가하고 입력은 감소

풀이

전압이 불평형이 되면 불평형 전류가 흘러 전체적인 **전류는 증가**하고, **역상분의 전류**는 전동기에서 제동작용을 하여 **전동기의 토크를 감소**시킨다. **답** ②

문제 44 전기자 전류를 I, 역률이 $\cos\theta$인 철극형 동기 발전기에서 횡축 반작용을 하는 전류 성분은?

① $\dfrac{I}{\cos\theta}$ ② $\dfrac{I}{\sin\theta}$

③ $I\cos\theta$ ④ $I\sin\theta$

풀이

$I\cos\theta$는 **기전력과 같은 위상의 전류 성분으로서 횡축 반작용**을 하며 무효분 $I\sin\theta$는 $\pi/2[\text{rad}]$만큼 뒤지거나 앞서기 때문에 직축 반작용을 한다. **답** ③

문제 45 직류 분권 발전기의 무부하 포화 곡선이 $V = \dfrac{940 I_f}{33 + I_f}$ 이고, I_f는 계자 전류[A], V는 무부하 전압[V]으로 주어질 때 계자 회로의 저항이 20 [Ω]이면 몇 [V]의 전압이 유기되는가?

① 140   ② 160   ③ 280   ④ 300

풀이

$$V = \frac{940 I_f}{33 + I_f}$$

계자 권선의 저항이 20 [Ω]이므로

$$V = I_f R_f = 20 I_f \qquad \therefore I_f = \frac{V}{20}$$

이 식을 윗식에 대입하면

$$V = \frac{940 \dfrac{V}{20}}{33 + \dfrac{V}{20}}$$

$$33V + \frac{V^2}{20} = 940 \times \frac{V}{20}, \qquad 33 + \frac{V}{20} = 47$$

$$\therefore V = 280[V]$$

답 ③

제4과목 **회로이론 및 제어공학**

문제 61 그림에서 10[Ω]의 저항에 흐르는 전류는?

① 2 [A]
② 12 [A]
③ 30 [A]
④ 32 [A]

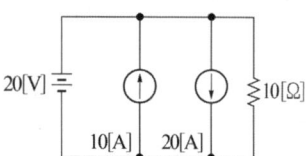

풀이

• 전압원만 존재할 때 10[Ω]에 흐르는 전류 I_1 (이때, 전류원은 개방)

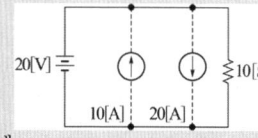

$$I_1 = \frac{V}{R} = \frac{20}{10} = 2[A]$$

• 10[A] 전류원만 존재할 때 10[Ω]에 흐르는 전류 I_2 (이때, 전압원은 단락)

$I_2 = 0$(10[A] 전류는 단락된 전압원 측으로 흐르므로 저항에는 전류가 흐르지 않는다.)

• 20[A] 전류원만 존재할 때 10[Ω]에 흐르는 전류 I_3 (이때, 전압원은 단락)

$I_3 = 0$ (20[A] 전류는 단락된 전압원 측으로 흐르므로 저항에는 전류가 흐르지 않는다.)

$\therefore I_1 + I_2 + I_3 = 2 + 0 + 0 = 2[A]$

답 ①

문제 62 3상 평형 부하에 선간 전압 200 [V]의 평형 3상 정현파 전압을 인가했을 때 선전류는 8.6[A]가 흐르고 무효 전력이 1788 [Var]이었다. 역률은 얼마인가?

① 0.6
② 0.7
③ 0.8
④ 0.9

풀이

피상 전력을 P_a, 무효 전력을 P_r 이라 하면

$$P_a = \sqrt{3}\, VI = \sqrt{3} \times 200 \times 8.6 = 2980 \text{ [VA]}$$

$P_r = P_a \sin\theta$ 에서

$$\sin\theta = \frac{P_r}{P_a} = \frac{1788}{2980} = 0.6$$

$$\therefore \cos\theta = \sqrt{1 - \sin^2\theta} = \sqrt{1 - 0.6^2} = 0.8$$

답 ③

문제 63 다음 중 과도 특성을 해치지 않고 보상하는 것은?

① 진상 보상기
② 지상 보상기
③ 관측자 보상기
④ 직렬 보상기

풀이

과도 특성을 해치지 않고 보상하는 것은 지상 보상기 이다.

답 ②

문제 64 PD 제어 동작은 프로세스 제어계의 과도 특성 개선에 흔히 쓰인다. 이것에 대응하는 보상요소는?

① 지상 보상 요소
② 진상 보상 요소
③ 진지상 보상 요소
④ 동상 보상 요소

풀이

PD 동작은 진상 요소에 대응된다.

답 ②

문제 65 다음 중 파형률과 파고율에 대한 설명으로 틀린 것은?

① 파형률$=\dfrac{\text{실효치}}{\text{평균치}}$

② 파고율$=\dfrac{\text{최대치}}{\text{평균치}}$

③ 파형율과 파고율은 1에 가까울수록 평탄해진다.
④ 구형파가 가장 평탄하다.

풀이

$$\text{파고율} = \frac{\text{최대치}}{\text{실효치}}$$

답 ②

문제 66 주파수 특성에 관한 정수 가운데 첨두공진점 M_p 값은 대략 어느 정도로 설계하는 것이 가장 좋은가?

① 0.1 이하
② 0.1~1.0
③ 1.1~1.5
④ 1.5~2.0

풀이

M_p가 크면 과도 응답 시 오버슈트가 커진다. 제어계에서 **최적의 M_p 값은 1.1~1.5**이다.

답 ③

문제 67 그림과 같은 미분요소에 입력으로 단위계단 함수를 사용하면 출력 파형으로 알맞은 것은?

① 임펄스 파형
② 사인파형
③ 삼각파형
④ 톱니파형

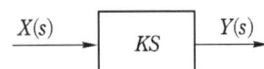

답 ①

문제 68 다음 중 위상여유의 정의는 무엇인가?

① 이득교차 주파수에서의 위상각이다.
② 크기는 이득교차 주파수에서의 위상각이고 부호는 반대이다.
③ 이득교차 주파수에서의 위상각에서 90°를 더한 것이다.
④ 이득교차 주파수에서의 위상각에서 180°를 더한 것이다.

풀이

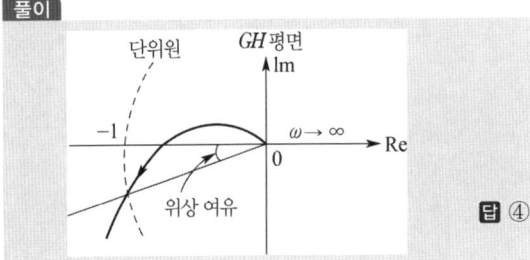

답 ④

제5과목 전기설비 기술기준

문제 81 변압기 고압측 전로의 1선 지락전류가 5[A] 이고, 저압측 전로와의 혼촉에 의한 사고시 고압측 전로를 자동적으로 차단하는 장치가 되어 있지 않은 즉, 일반적인 경우에는 접지저항값의 최대값은 몇 [Ω]인가?

① 10   ② 20
③ 30   ④ 40

풀이

142.5 변압기 중성점 접지
변압기의 중성점접지 저항 값은 다음에 의한다.
가. 변압기의 고압·특고압측 전로 1선 지락전류로 150을 나눈 값과 같은 저항 값 이하

$$R = \frac{150}{변압기의\ 고압측\ 또는\ 특고압측의\ 1선\ 지락전류}[\Omega]$$

나. 사용전압이 35[kV] 이하의 특고압전로가 저압측 전로와 혼촉하고 저압전로의 대지전압이 150[V]를 초과하는 경우는 저항 값은 다음에 의한다.
① 1초 초과 2초 이내에 고압·특고압 전로를 자동으로 차단하는 장치를 설치할 때는 300을 나눈 값 이하

$$R = \frac{300}{변압기의\ 고압측\ 또는\ 특고압측의\ 1선\ 지락전류}[\Omega]$$

② 1초 이내에 고압·특고압 전로를 자동으로 차단하는 장치를 설치할 때는 600을 나눈 값 이하

$$R = \frac{600}{변압기의\ 고압측\ 또는\ 특고압측의\ 1선\ 지락전류}[\Omega]$$

$$\therefore R = \frac{150}{1선\ 지락전류} = \frac{150}{5} = 30[\Omega]$$

답 ③

Electrical Engineer

05년 2회 동일 및 유사 문제(년도-회-번호)

1과목 전기자기학

|---|---|
08	18-2-10
09	17-1-03
10	22-3-10
11	20-1,2-06
12	17-3-20
13	11-1-07
14	12-1-06
15	12-2-03
16	12-3-02
17	08-1-09
18	08-1-01
19	14-3-04
20	19-1-13

2과목 전력공학

|---|---|
31	20-3-25
32	14-2-22
33	22-1-24
34	20-4-32
35	21-1-39
36	22-3-39
37	16-2-30
38	13-2-24
39	17-2-39
40	10-3-27

3과목 전기기기

|---|---|
46	19-2-51
47	18-2-42
48	18-1-47
49	12-1-42
50	08-3-48
51	22-2-60
52	11-3-42
53	19-3-54
54	17-1-44
55	22-2-47

56	13-2-48
57	16-1-47
58	10-3-45
59	09-1-44
60	07-2-43

4과목 회로이론 및 제어공학

|---|---|
69	20-1,2-74
70	16-2-75
71	21-3-72
72	15-2-70
73	08-3-64
74	09-3-66
75	20-1,2-65
76	21-2-75
77	11-1-66
78	14-1-68
79	13-1-62
80	08-2-61

5과목 전기설비기술기준

|---|---|
82	22-3-88
83	17-2-91
84	12-3-83
85	20-1,2-81
86	21-1-91
87	12-2-81
88	22-2-92
89	21-2-97
90	14-1-83
91	16-2-82
92	18-3-82
93	13-2-84
94	16-3-87
95	13-3-87
96	11-2-82
97	14-3-89
98	21-3-99

국가기술자격검정 필기시험 문제

2005년도 전기기사 일반검정 제3회				수검 번호	성 명
자격종목 및 등급(선택분야)	종목코드	시험시간	문제지형별		
전기기사	1150	2시간 30분	A		

제1과목　전기자기학

문제 01 다음 중 투자율이 가장 큰 것은?

① 니켈　　　　　　② 코발트

③ 순철　　　　　　④ 규소강

풀이

자계가 높은 영역에서는 순철의 투자율이 규소강의 투자율보다 높다. 그러나 자계가 낮은 영역에서는 규소강내 규소가 자화를 용이하게 하는 역할을 해서 규소강의 투자율이 순철의 투자율보다 높게 된다.　　**답** ③

문제 02 유전체에 전도 전류 i_c 와 변위 전류 i_d 가 흘러, 양 전류의 크기가 같게 되는 임계 주파수를 f_c 라 할 때 임의의 주파수 f 에 있어서의 유전체 역률 $\tan\delta$ 는?

① $\dfrac{f}{f_c}$　　② $\dfrac{f_c}{f}$　　③ $f \cdot f_c$　　④ $\dfrac{f_2}{f_c}$

풀이

전도전류 : $i_c = \dfrac{e}{R} = \dfrac{\sigma S}{d} V_m \sin\omega t \,[\text{A}]$

변위전류 : $i_d = \dfrac{dq}{dt} = \dfrac{d}{dt} Cv = C \dfrac{dv}{dt} = \omega C V_m \cos\omega t$

$\qquad\qquad\qquad = \omega C V_m \sin(\omega t + 90)\,[\text{A}]$

i_c, i_d 를 벡터(페이저)로 내타내면

$\quad i_c = \dfrac{\sigma S V_m}{d}$

$\quad i_d = j\omega C V_m = j\omega \dfrac{\epsilon S}{d} V_m$

$|i_c| = |i_d|$ 조건을 만족하는 주파수를 f_c

$\quad \dfrac{\sigma S V_m}{d} = \omega \dfrac{\epsilon S}{d} V_m \qquad \therefore \sigma = \omega\epsilon = 2\pi f_c \epsilon$

$\tan\theta$ (유전체 손실각) $= \dfrac{i_c}{i_d}$ 에서 $f_c = \dfrac{\sigma}{2\pi\epsilon}$

$\therefore \tan\theta = \dfrac{i_c}{i_d} = \dfrac{\dfrac{\sigma S}{d} V_m}{\omega \dfrac{\epsilon S}{d} V_m} = \dfrac{\sigma}{\omega\epsilon} = \dfrac{\sigma}{2\pi f\epsilon} = \dfrac{f_c}{f}$　　**답** ②

문제 03 공간 내의 한 점의 자속밀도 B 가 변화할 때 전자유도에 의하여 유기되는 전계 E 에 관련된 식으로 옳은 것은?

① $\nabla \cdot \boldsymbol{E} = -\dfrac{\partial \boldsymbol{B}}{\partial t}$　　② Curl $\boldsymbol{E} = -\dfrac{\partial \boldsymbol{B}}{\partial t}$

③ $\nabla \cdot \boldsymbol{E} = \dfrac{\partial \boldsymbol{B}}{\partial t}$　　④ Curl $\boldsymbol{E} = \dfrac{\partial \boldsymbol{B}}{\partial t}$

풀이

rot $\boldsymbol{E} = \nabla \times \boldsymbol{E} = $ curl $\boldsymbol{E} = -\dfrac{\partial \boldsymbol{B}}{\partial t}$　　**답** ②

문제 04 공기 중 원점의 점전하에서 0.5, 2 [m] 거리의 전위가 각각 30, 15 [V]일 때, 1 [m] 거리인 점의 전위 [V]는?

① 15　　② 17.5　　③ 20　　④ 22.5

풀이

1[C]	V_A=30[V]	V_C	V_B=15[V]
0	0.5	1	2

$\begin{cases} 15 = \dfrac{1}{4\pi\epsilon_0 \times 2} + A & \cdots\cdots ① \\[2mm] 30 = \dfrac{1}{4\pi\epsilon_0 \times 0.5} + A & \cdots\cdots ② \\[2mm] V_c = \dfrac{1}{4\pi\epsilon_0 \times 1} + A & \cdots\cdots ③ \end{cases}$

① 식에서 $\dfrac{1}{4\pi\epsilon_0}=(15-A)\times 2$이므로

② 식은 $30=(15-A)\times 2\times 2+A$ $\quad\therefore A=10$

따라서, $\quad\therefore \dfrac{1}{4\pi\epsilon_0}=(15-10)\times 2=10$

$$\therefore V_c=\dfrac{1}{4\pi\epsilon_0}+A=10+10=20\,[\text{V}]$$ 답 ③

풀이

• 7100[kcal/kg]을 내기 위한 석탄의 양은

$$\dfrac{7100}{8000}=0.89\,[\text{kg}]=890[\text{g}]$$

• 회분의 양 = 1000 - 890 = 110[g]

• 회분의 비율 $=\dfrac{110}{1000}\times 100=11[\%]$ 답 ①

문제 05 그림과 같이 무한 평면도체로부터 d[m] 떨어진 점에 $+Q$[C]의 점전하가 있을 때 $\dfrac{d}{2}$[m]인 P점에 있어서의 전계의 세기는 몇 [V/m]인가?

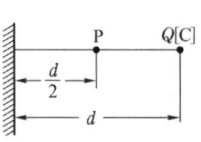

① $\dfrac{Q}{3\pi\epsilon_0 d}$

② $\dfrac{8Q}{9\pi\epsilon_0 d^2}$

③ $\dfrac{10Q}{9\pi\epsilon_0 d^2}$

④ $\dfrac{Q}{\pi\epsilon_0 d^2}$

풀이

• 점전하에 의한 전계

$$E_+=\dfrac{Q}{4\pi\epsilon_0\left(\dfrac{d}{2}\right)^2}=\dfrac{Q}{\pi\epsilon_0 d^2}$$

• 영상전하에 의한 전계

$$E_-=\dfrac{Q}{4\pi\epsilon_0\left(\dfrac{3}{2}d\right)^2}=\dfrac{Q}{9\pi\epsilon_0 d^2}$$

• $E=E_++E_-=\dfrac{Q}{\pi\epsilon_0 d^2}+\dfrac{Q}{9\pi\epsilon_0 d^2}=\dfrac{10Q}{9\pi\epsilon_0 d^2}$ 답 ③

문제 22 250[mm] 현수 애자 10개를 직렬로 접속한 애자연의 건조 섬락 전압이 590[kV]이고 연효율(string efficiency) 0.74이다. 현수 애자 한 개의 건조 섬락 전압은 약 몇 [kV]인가?

① 80 ② 90 ③ 100 ④ 120

풀이

$$\eta=\dfrac{V_n}{nV_1}\text{에서}\quad V_1=\dfrac{V_n}{n\eta}=\dfrac{590}{10\times 0.74}\fallingdotseq 80\,[\text{kV}]$$

여기서, V_n : 애자련의 섬락전압, n : 애자련의 애자개수

$\quad\quad V_1$: 애자 1개의 섬락전압 답 ①

문제 23 제3고조파의 단락 전류가 흘러서 일반적으로 사용되지 않는 변압기 결선 방식은?

① $\triangle-\text{Y}$

② $\text{Y}-\triangle$

③ $\text{Y}-\text{Y}$

④ $\triangle-\triangle$

풀이

제3고조파는 변압기의 △결선에 의하여 순환 전류가 되어 소멸되나 Y결선에서는 2차측에도 나타난다. 따라서, △결선이 없는 Y-Y 결선은 잘 사용되지 않는다. 답 ③

제2과목 ▶ 전력공학

문제 21 평균 발열량 7100 [kcal/kg]의 석탄이 있다. 탄소와 회분으로 되어 있다면 회분은 몇 [%]인가? 단, 탄소만인 경우의 발열량은 8000 [kcal/kg]이다.

① 11 ② 14

③ 17 ④ 20

문제 24 "수용률이 크다. 부등률이 크다. 부하율이 크다"라는 의미는?

① 항상 같은 정도의 전력을 소비하고 있다는 것이다.

② 전력을 가장 많이 소비할 때는 사용하지 않는 전기 기구가 별로 없다는 것이다.

③ 전력을 가장 많이 소비하는 시간은 지역에 따라 다르다는 것이다.

④ 전력을 가장 많이 소비하는 시간은 모든 지역이 같다는 것이다.

풀이

- 부하율 = $\dfrac{\text{평균전력}}{\text{최대 전력의 합계}}$ = $\dfrac{\text{평균전력}}{\text{합성 최대전력}}$

  = $\dfrac{\text{평균전력} \times \text{부등률}}{\text{설비용량의 합계} \times \text{수용률}}$

- 부등률 = $\dfrac{\text{최대 전력의 합계}}{\text{합성 최대 전력}}$ · 수용률 = $\dfrac{\text{최대 전력}}{\text{설비용량}}$ **답** ②

문제 25 지중 케이블에 있어서 고장점을 찾는 방법이 아닌 것은?

① 머리 루프 시험기에 의한 방법

② 메거에 의한 측정 방법

③ 수색 코일에 의한 방법

④ 펄스에 의한 측정법

풀이

지중 케이블의 고장 수색법
① **머리 루프법**
② 정전 용량의 측정으로 발견하는 법
③ **수색 코일**로 하는 방법
④ **펄스**로 하는 방법
⑤ 음향으로 고장점을 측정하는 방법
※ **메거는 절연저항 측정**에 사용된다. **답** ②

문제 26 초고압 장거리 송전선로에 접속되는 1차 변전소에 분로 리액터를 설치하는 목적은?

① 송전용량의 증가

② 전력 손실의 경감

③ 과도 안정도의 증진

④ 페란티 현상의 방지

풀이

페란티 현상이란 선로의 정전 용량으로 인하여 무부하시나 경부하시에 진상 전류가 흘러 수전단 전압이 송전단 전압보다 높아지는 현상을 말하며 이의 대책으로는 **분로 리액터나 동기 조상기의 지상 용량으로 방지**할 수 있다. **답** ④

문제 27 2회선 송전 선로가 있다. 사정에 의하여 그 중 1회선을 정지하였다고 하면 이 송전 선로의 일반 회로 정수 B의 크기는 어떻게 되는가?

① 변화 없다. ② 1/2배로 된다.

③ 2배로 된다. ④ 4배로 된다.

풀이

- A=전압비, B=임피던스 차원,
  C=어드미턴스 차원, D=전류비
- 2회선 송전 선로 중 1회선을 정지한 경우는 합성 임피던스가 2배로 증가하고, 어드미턴스는 1/2배로 감소한 것과 같다. **답** ③

제3과목 ▶ 전기기기

문제 41 450 [kVA], 역률 0.85, 효율 0.9되는 동기 발전기 운전용 원동기의 입력[kW]은? 단, 원동기의 효율은 0.85이다.

① 450 ② 500

③ 550 ④ 600

풀이

발전기의 입력은 $P_G = \dfrac{450 \times 0.85}{0.9} = 425\,[\text{kW}]$

이것은 원동기의 출력이므로 원동기의 효율을 0.85로 하면 원동기의 입력은

∴ $P = \dfrac{P_G}{0.85} = \dfrac{425}{0.85} = 500\,[\text{kW}]$ **답** ②

문제 42 두 대 이상의 변압기를 이상적으로 병렬 운전하려고 할 때 필요 없는 것은?

① 각 변압기의 손실비가 같을 것

② 무부하에서 순환 전류가 흐르지 않을 것

③ 각 변압기의 부하 전류가 같은 위상이 될 것

④ 부하 전류가 용량에 비례해서 각 변압기에 흐를 것

풀이

변압기 병렬 운전에서 **변압기 상호간 같지 않아도 되는 사항**
① **출력**
② **손실비**
③ 절연저항
④ 각 군의 임피던스가 용량에 비례할 것 **답** ①

문제 43 그림과 같은 단상 전파 제어 회로에서 전원 전압의 최대값이 2300 [V]이다. 저항 2.3 [Ω], 리액턴스 2.3 [Ω]인 부하에 전력을 공급하고자 한다. 최대 전력은?

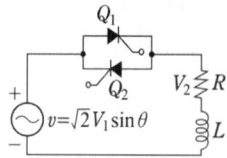

① 약 1.15 [kW]　　② 약 1.62 [kW]
③ 약 1150 [kW]　　④ 약 1626 [kW]

풀이

$$P_{\max} = i^2 R = \left(\frac{V_m}{\sqrt{R^2+X^2}}\right)^2 R$$
$$= \left(\frac{2300}{\sqrt{2.3^2+2.3^2}}\right)^2 \times 2.3 \times 10^{-3}$$
$$= 1150 [\text{kW}]$$　　**답** ③

문제 44 전압 제어가 아닌 것은?

① 정지형 레너드 제어
② 초퍼 제어
③ 회생 제어
④ 일그너 제어

풀이

전압 제어
① 워어드 레너드 방식
② 정지형 워어드 레너드 방식(초퍼 제어)
③ 일그너 방식　　**답** ③

문제 45 전기자 지름 0.2 [m]의 직류 발전기가 1.5 [kW]의 출력에서 1800 [rpm]으로 회전하고 있을 때 전기자 주변 속도[m/sec]는?

① 15.32　　　　② 17.01
③ 18.84　　　　④ 20.25

풀이

$$v = \pi D \frac{N}{60} = 3.14 \times 0.2 \times \frac{1800}{60} = 18.84 \ [\text{m/s}]$$　　**답** ③

제4과목 **회로이론 및 제어공학**

문제 61 $R-L-C$ 직렬 회로에서 진동 조건은 어느 것인가?

① $R = 2\sqrt{\dfrac{L}{C}}$　　　② $R < 2\sqrt{\dfrac{L}{C}}$

③ $R > 2\sqrt{\dfrac{L}{C}}$　　　④ $R = \dfrac{1}{\sqrt{LC}}$

풀이

• $R = 2\sqrt{\dfrac{L}{C}}$: 임계진동

• $R > 2\sqrt{\dfrac{L}{C}}$: 비진동

• $R < 2\sqrt{\dfrac{L}{C}}$: 진동　　**답** ②

문제 62 그림과 같은 4단자 회로망의 4단자 정수 중 C는 어떻게 되는가?

① $1 - \dfrac{1}{\omega^2 LC}$

② $\dfrac{1}{j\omega C}\left(2 - \dfrac{1}{\omega^2 LC}\right)$

③ $\dfrac{1}{j\omega L}$

④ $1 - \dfrac{1}{j\omega C}$

풀이

$$\begin{bmatrix} 1 & \dfrac{1}{j\omega C} \\ 0 & 1 \end{bmatrix}\begin{bmatrix} 1 & 0 \\ \dfrac{1}{j\omega L} & 1 \end{bmatrix}\begin{bmatrix} 1 & \dfrac{1}{j\omega C} \\ 0 & 1 \end{bmatrix}$$
$$= \begin{bmatrix} 1 - \dfrac{1}{\omega^2 LC} & \dfrac{1}{j\omega C}\left(2 - \dfrac{1}{\omega^2 LC}\right) \\ \dfrac{1}{j\omega L} & 1 - \dfrac{1}{\omega^2 LC} \end{bmatrix}$$　　**답** ③

문제 63 다음의 신호선도에서 $\dfrac{Y(s)}{D(s)}$를 구하면?

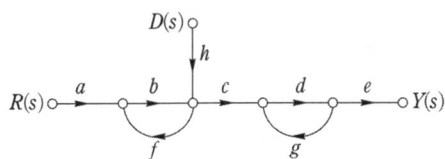

① $\dfrac{cdeh}{1-bf-dg+bfdg}$ ② $\dfrac{abcde+hcde}{1-bf-dg+bfdg}$

③ $\dfrac{cdeh}{1-dg}$ ④ $\dfrac{abcde+hcde}{1-dg}$

답 ①

문제 64 $G(s)=\dfrac{1}{s(1+Ts)}$로 표시되는 제어계에서 ω가 아주 클 때 $|G(j\omega)|$의 경사와 위상각은?

① -40 [dB], $-180°$
② -40 [dB], $-90°$
③ -20 [dB], $-180°$
④ -20 [dB], $-90°$

풀이

$g=20\log|G(j\omega)|=20\log\left|\dfrac{1}{j\omega(1+j\omega T)}\right|$

$=20\log\left|\dfrac{1}{(j\omega)^2 T}\right|=20\log\dfrac{1}{\omega^2 T}=20\log\dfrac{1}{T}-40\log\omega$

$\therefore -40[\text{dB/dec}]$

$\theta=\angle G(j\omega)=\lim_{\omega\to\infty}\angle\dfrac{1}{j\omega(1+j\omega T)}$

$=\lim_{\omega\to\infty}\angle\dfrac{1}{(j\omega)^2 T}=-180°$

답 ①

문제 65 최대값 V_0, 내부 임피던스 $Z_0=R_0+jX_0(R_0>0)$인 전원에서 공급할 수 있는 최대 전력은?

① $\dfrac{V_0{}^2}{8R_0}$ ② $\dfrac{V_0{}^2}{4R_0}$

③ $\dfrac{V_0{}^2}{2R_0}$ ④ $\dfrac{V_0{}^2}{2\sqrt{2}R_0}$

풀이

교류회로에서 최대 공급 전력 조건은 "내부 임피던스 공액 $(\overline{Z_s})$ = 부하 임피던스(Z_0)"이다. 또 이때의 최대 전력 $P_{\max}$는

$P_{\max}=\dfrac{V^2}{4R_0}=\dfrac{\left(\dfrac{V_0}{\sqrt{2}}\right)^2}{4R_0}=\dfrac{V_0{}^2}{8R_0}$

답 ①

문제 66 8개 비트(bit)를 사용한 아날로그-디지털 변환기(Analog-to-Digital Converter)에 있어서 출력의 종류는 몇 가지가 되는가?

① 256 ② 128
③ 64 ④ 8

풀이

출력의 종류 : $2^8=256$개

답 ①

제5과목 전기설비 기술기준

문제 81 가공전선 및 지지물에 관한 시설기준 중 틀린 것은?

① 가공 전선은 다른 가공 전선로, 전차선로, 가공 약전류 전선로 또는 가공 광섬유 케이블선로의 지지물을 사이에 두고 시설하여서는 아니된다.
② 가공 전선의 분기는 분기점에서 전선에 장력이 가하여지지 아니하도록 시설하는 경우 이외에는 그 전선의 지지점에서 하여야 한다.
③ 가공 전선로의 지지물에는 승탑 및 승주를 할 수 있도록 발판못 등을 시설하여서는 아니된다.
④ 가공 전선로의 지지물로는 목주·철주·철근 콘크리트주 또는 철탑을 사용하여야 한다.

풀이

331.4 가공전선로 지지물의 철탑오름 및 전주오름 방지 가공전선로의 지지물에 취급자가 오르고 내리는데 사용하는 발판 볼트 등을 지표상 1.8[m] 미만에 시설하여서는 아니된다.

답 ③

문제 82 특고압 가공전선로의 지지물에 시설하는 통신선 또는 이에 직접 접속하는 통신선이 도로 · 횡단보도교 · 철교 · 궤도 또는 삭도와 교차하는 경우에는 통신선은 지름 몇 [mm]의 경동선이나 이와 동등 이상의 세기의 것이어야 하는가?

① 4　　② 4.5
③ 5　　④ 5.5

풀이

362.2 전력보안통신선의 시설 높이와 이격거리
특고압 가공전선로의 지지물에 시설하는 통신선이 도로 · 횡단보도교 · 철도의 레일 또는 삭도와 교차하는 경우에는 통신선은 연선의 경우 단면적 16[mm^2](단선의 경우 지름 4[mm])의 절연전선과 동등 이상의 절연 효력이 있는 것, 인장강도 8.01[kN] 이상의 것 또는 **연선의 경우 단면적 25[mm^2](단선의 경우 지름 5[mm])의 경동선일 것.** 답 ③

05년 3회 동일 및 유사 문제 (년도-회-번호)

1과목 전기자기학

06	20-3-10
07	22-1-18
08	22-1-09
09	18-3-08
10	21-3-18
11	11-2-04
12	12-2-08
13	21-2-05
14	18-2-13
15	13-3-11
16	20-4-18
17	11-2-01
18	08-3-09
19	11-1-07
20	16-3-01

2과목 전력공학

28	21-2-30
29	08-3-22
30	19-3-34
31	22-2-24
32	17-1-24
33	11-2-23
34	13-1-29
35	12-2-23
36	20-4-25
37	20-3-21
38	12-3-29
39	21-3-30
40	20-3-37

3과목 전기기기

46	20-4-41
47	18-2-54
48	18-3-56
49	14-2-43
50	21-1-53
51	13-3-48
52	21-3-46
53	16-1-54
54	19-3-51
55	13-1-43
56	15-3-51
57	14-3-42
58	08-3-52
59	20-4-49
60	19-2-44

4과목 회로이론 및 제어공학

67	20-4-70
68	22-3-62
69	22-3-68
70	07-1-68
71	16-3-67
72	19-2-66
73	09-2-67
74	13-2-75
75	09-2-66
76	15-2-78
77	19-1-67
78	13-3-63
79	17-3-79
80	21-2-75

5과목 전기설비기술기준

83	17-2-89
84	16-1-85
85	13-3-90
86	10-1-81
87	13-2-84
88	18-2-87
89	20-1,2-94
90	20-3-94
91	08-1-82
92	21-3-97
93	22-3-99
94	13-2-83
95	21-3-89

D60-1

2004년도 전기기사 필기

- 2004년도 제1회 전기기사
- 2004년도 제2회 전기기사
- 2004년도 제3회 전기기사

국가기술자격검정 필기시험 문제

2004년도 전기기사 일반검정 제1회

자격종목 및 등급(선택분야)	종목코드	시험시간	문제지형별	수검 번호	성 명
전기기사	1150	2시간 30분	A		

제1과목 전기자기학

문제 01 정전계내에 있는 도체 표면에서의 전계의 방향은 어떻게 되는가?

① 임의 방향
② 표면과 접선 방향
③ 표면과 45도 방향
④ 표면과 수직 방향

풀이

전기력선의 성질은 다음과 같다.

① 전기력선은 정전하에서 시작하여 부전하에서 그친다.
② 전하가 없는 곳에서는 전기력선의 발생, 소멸이 없고 연속적이다.
③ 전위가 높은 점에서 낮은 점으로 향한다.
④ 그 자신만으로 폐곡선이 되는 일은 없다.
⑤ 전계가 0이 아닌 곳에서는 2개의 전기력선은 교차하지 않는다.
⑥ 도체 내부에는 전기력선이 없다.
⑦ 수직 단면의 전기력선 밀도는 전계의 세기이고(1 [개/m^2]=1 [N/C]), 전기력선의 접선 방향은 전계의 방향이다.
⑧ 도체면(등전위면)에서 전기력선은 수직으로 출입한다.
⑨ 단위전하 ±1 [C]에서는 $1/\epsilon_0$개의 전기력선이 출입한다.

답 ④

문제 02 유전율이 다른 두 유전체의 경계면에 작용하는 힘은? 단, 유전체의 경계면과 전계 방향은 수직이다.

① 유전율의 차이에 비례
② 유전율의 차이에 반비례
③ 경계면의 전계의 세기의 제곱에 비례
④ 경계면의 전하밀도의 제곱에 비례

풀이

경계면에 작용하는 힘

$$f = \frac{1}{2}\left(\frac{1}{\epsilon_2} - \frac{1}{\epsilon_1}\right)\sigma^2 [N/m^2]$$

답 ④

문제 03 전력용 유입 커패시터가 있다. 유(기름)의 비유전율 $\epsilon_s = 2$이고 인가된 전계 $E = 200\sin\omega t a_x$ [V/m]일 때 커패시터 내부에서 변위 전류 밀도는 몇 [A/m^2]인가?

① $400\omega\cos\omega t a_x$
② $400\sin\omega t a_x$
③ $200\omega\cos\omega t a_x$
④ $400\omega\sin\omega t a_x$

풀이

$$J_d = \frac{\partial D}{\partial t} = \frac{\partial(\epsilon E)}{\partial t} = \epsilon\frac{\partial}{\partial t}E = \epsilon\frac{\partial}{\partial t}(200\sin\omega t a_x)$$
$$= 400\omega\cos\omega t a_x [A/m^2]$$

답 ①

문제 04 다음 중 옳은 것은?

① grad V는 전계 방향으로 향하는 전위의 변화율이다.
② curl curl H=grad div $H-\nabla^2 H$의 벡터 항등식은 맥스웰 전자 방정식을 이용하여 전신 방정식(telegraphic equation)을 유도하는데 필요하다.
③ div E는 폐곡면의 단위 면적당의 전기력선의 발산량이다.
④ curl $H(=\nabla\times H)$는 rot H와 같은 것이며 자계 내의 1 [Wb]가 이동하여 만든 폐로면내 단위 길이당의 선적분이다.

풀이

① $E = -\text{grad}\,V$ (−부호 : 전계와 반대방향)

③ $\text{div}\,E$ (폐곡면의 **단위체적당의 전기력선의 발산량**)

④ $\text{rot}\,H = i$ (**단위면적당의 전류**) **답** ②

제2과목 전력공학

문제 21 케이블을 부설한 후 현장에서 절연내력시험을 할 때 직류를 사용하는 이유로 가장 적당한 것은?

① 절연 파괴시까지의 피해가 적다.

② 절연내력은 직류가 크다.

③ 시험용 전원의 용량이 적다.

④ 케이블의 유전체손이 없다.

풀이

케이블의 절연 내력 시험을 **직류로 시험하는 이유**는 케이블의 충전전류가 없고 **시험용 전원의 용량이 적어** 이동이 간편하며 휴대하기 쉽다. **답** ③

문제 22 피뢰기의 제한전압이 728 [kV]이고 변압기의 기준충격절연강도가 1040 [kV]라고 하면 보호여유도는 약 몇 [%] 정도 되는가?

① 31　② 38　③ 43　④ 47

풀이

$$\text{피뢰기의 여유도} = \frac{\text{기기의절연강도} - \text{제한전압}}{\text{제한전압}}$$

$$= \frac{1040 - 728}{728} \times 100 = 42.86[\%]$$ **답** ③

문제 23 가스터빈 발전의 장점은?

① 효율이 가장 높은 발전방식이다.

② 기동시간이 짧아 첨두부하용으로 사용하기 용이하다.

③ 어떤 종류의 가스라도 연료로 사용이 가능하다.

④ 장기간 운전해도 고장이 적으며 발전효율이 높다.

풀이

가스터빈 발전기는 기동 시간이 짧고 운전 조작이 쉬우며, 부하 변동에 대한 속응성이 좋기 때문에 **첨두 부하용에 유리**하다. **답** ②

문제 24 3본의 송전선에 동상의 전류가 흘렀을 경우 이 전류를 무슨 전류라 하는가?

① 영상 전류　② 평형 전류

③ 단락 전류　④ 대칭 전류

풀이

영상 전류는 크기가 같고 같은 위상각을 가진 평형 단상 전류이다. **답** ①

문제 25 송배전 선로에서 도체의 굵기는 같게 하고 경간을 크게하면 도체의 인덕턴스는?

① 커진다.

② 작아진다.

③ 변함이 없다.

④ 도체의 굵기 및 경간과는 무관하다.

풀이

$$L = 0.05 + 0.4605 \log_{10} \frac{D}{r} [\text{mH/km}]$$

에서 단위길이당 인덕턴스는 전선의 굵기에 관계되지만 경간과는 무관하다. **답** ③

문제 26 단상 교류회로에 3150/210 [V]의 승압기를 60 [kW], 역률 0.8인 부하에 접속하여 전압을 상승시키는 경우에 몇 [kVA]의 승압기를 사용해야 적당한가? 단, 전원전압은 2900 [V]이다.

① 3　② 5　③ 7　④ 10

풀이

변압기 용량(자기 용량, 승압기 용량)

$w = I_2 e_2$

$$E_2 = E_1\left(1 + \frac{1}{n}\right) = 2900\left(1 + \frac{210}{3150}\right) = 3093.33\,[\text{V}]$$

$$I_2 = \frac{60 \times 10^3}{3093.33 \times 0.8} = 24.25\,[\text{A}]$$

$$\therefore w = I_2 e_2 = 24.25 \times 210 \times 10^{-3} = 5.09[\text{kVA}] \fallingdotseq 5[\text{kVA}]$$ **답** ②

문제 27 포밍(foaming)의 원인은?

① 과열기의 손상

② 냉각수의 불순물

③ 급수의 불순물

④ 기압의 과대

풀이

급수 중에 칼슘, 마그네슘, 나트륨의 염류 등과 같은 **불순물이 포함되어 있으면 포밍 또는 프라이밍의 원인**이 된다.

답 ③

문제 28 그림과 같은 회로에서 4단자 정수 A, B, C, D는? 여기서 E_S, I_S는 송전단 전압, 전류 E_R, I_R는 수전단 전압, 전류이고 Y는 병렬 어드미턴스이다.

① 1, 0, Y, 1

② 1, Y, 0, 1

③ 1, Y, 1, 0

④ 1, 0, 0, 1

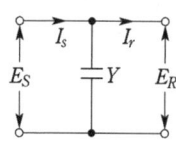

풀이

$E_S = E_R$, $I_S = YE_R + I_R$

∴ $A = 1$ $B = 0$ $C = Y$ $D = 1$

답 ①

문제 29 특유속도가 큰 수차일수록 발생되는 현상으로 옳은 것은?

① 회전자의 주변속도가 대단히 작아진다.

② 회전수가 커진다.

③ 저낙차에서는 사용할 수 없다.

④ 경부하에서 효율의 저하가 심하다.

풀이

특유 속도가 크면 경부하시의 **효율 저하가 더욱 심해진다.**

답 ④

문제 30 어떤 선로의 양단에 같은 용량의 소호 리액터를 설치한 3상 1회선 송전선로에서 전원측으로부터 선로 길이의 1/4 지점에 1선 지락 고장이 일어났다면 영상전류의 분포는 대략 어떠한가?

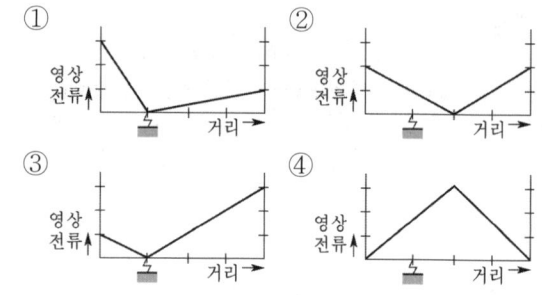

풀이

같은 용량의 소호 리액터를 설치한 경우 **고장점의 위치에 관계없이 선로의 2등분 점에서 공진이 발생**한다.

답 ②

제3과목 | **전기기기**

문제 41 브러시를 중성축에서 이동시키는 것은?

① 로커

② 피그테일

③ 홀더

④ 라이저

풀이

• **로커** : 브러시 전체를 정류자 면에 따라 이동시킬 때, 브러시 홀더를 지지할 때 사용

• **피그테일** : 브러시 전류가 스프링을 통해 흐르면 스프링이 과열되어 특성이 변화하므로 이를 방지하기 위하여 동연선으로 만든 전선을 통해 브러시의 전류가 흐르도록 한 것을 피그테일이라 한다.

• **홀더** : 브러시를 정류자 면의 적당한 위치에서 스프링에 의해 항상 일정한 압력으로 정류자면에 접촉시키는 장치

답 ①

문제 42 제어 정류기의 역률제어 방법중 대칭각 제어기법의 내용이 아닌 것은?

① 출력측이나 입력측에 고조파 성분 적음

② 스위치에 대한 제어신호는 삼각파와 기준전압을 비교

③ 삼각파의 위상은 입력전압의 위상과 동일하도록 제어

④ 입력전압과 입력전류는 동일위상이 되어 역률이 높음

답 ①

문제 43 3상 4극 220 [V]인 유도 전동기의 권선이 2병렬 델타(△×2) 결선으로 되어 있다. 결선을 고쳐 3상 380 [V]로 사용하려면 다음 중 옳은 것은?

① △×1

② 人×2

③ 人×1

④ 人×1

풀이

Y결선에서

선간전압 $V_l = \sqrt{3}\ V_p$ (상전압) $= \sqrt{3} \times 220 = 380 [\text{V}]$

선전류 $I_l = I_p$ (상전류)   **답** ②

제4과목   회로이론 및 제어공학

문제 61 그림의 게이트(gate) 명칭은 어떻게 되는가?

① AND gate

② OR gate

③ NAND gate

④ NOR gate

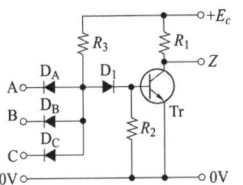

답 ③

문제 62 개루프 전달함수

$$G(s)H(s) = \frac{K(s+2)}{(s+1)(s^2+6s+10)},\ K > 0 일 때 점근$$

선의 실수축과의 교차점은?

① −1   ② −1.5   ③ −2   ④ −2.5

풀이

교차점

$$\sigma = \frac{\sum G(s)H(s)의\ 극 - \sum G(s)H(s)의\ 영점}{P - Z}$$

$P = 3,\ Z = 1$ 이고

영점 : −2

극점 : −1, $\dfrac{-6 \pm \sqrt{6^2 - 4 \times 1 \times 10}}{2} = -3 \pm j1$

따라서, 교차점 $\sigma = \dfrac{-1 + (-3 + j1) + (-3 - j1) - (-2)}{3 - 1}$

$$= -2.5$$ **답** ④

문제 63 그림 (a)를 그림 (b)와 같은 등가 전류원으로 변환할 때 I [A]와 R [Ω]은?

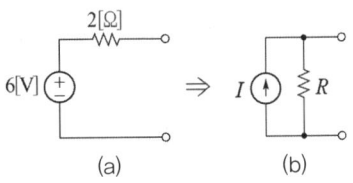

(a)   (b)

① $I = 6,\ R = 2$ ② $I = 3,\ R = 5$

③ $I = 4,\ R = 0.5$ ④ $I = 3,\ R = 2$

풀이

$$I = \frac{V}{R} = \frac{6}{2} = 3 [\text{A}]$$

$$R = R' = 2 [\Omega]$$ **답** ④

문제 64 그림의 신호 흐름 선도를 단순화하면?

① $X_1 \circ\!\!\xrightarrow{\quad AB \quad}\!\!\circ X_2$

② $X_1 \circ\!\!\xrightarrow{\quad 1/A-B \quad}\!\!\circ X_2$

③ $X_1 \circ\!\!\xrightarrow{\quad A/1-B \quad}\!\!\circ X_2$

④ $X_1 \circ\!\!\xrightarrow{\quad 1-B \quad}\!\!\circ X_2$

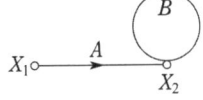

풀이

$G_1 = A,\ \Delta_1 = 1,\ L_{11} = B$

$\Delta = 1 - L_{11} = 1 - B$

$\therefore\ G = \dfrac{G_1 \Delta_1}{\Delta} = \dfrac{A}{1-B}$ **답** ③

제5과목   전기설비 기술기준

문제 81 사용전압이 22.9 [kV]인 특고압 가공전선이 건조물 등과 접근상태로 시설되는 경우 지지물로 A종 철근콘크리트주를 사용하면 그 경간은 몇 [m] 이하이어야 하는가? 단, 중성선 다중접지식으로 전로에 지기가 생겼을 때에 2초 이내에 자동적으로 이를 전로로부터 차단하는 장치가 되어있다고 한다.

① 100

② 150

③ 200

④ 250

풀이

333.32 25[kV] 이하인 특고압 가공전선로의 시설
사용전압이 15[kV]를 초과하고 25[kV] 이하인 특고압 가
공전선로(중성선 다중접지식의 것으로서 전로에 지락이
생겼을 때에 2초 이내에 자동적으로 이를 전로로부터 차
단하는 장치가 되어 있는 것에 한한다.)가 건조물·도
로·횡단보도교·철도·궤도·삭도·가공약전류전선
등·안테나·저압이나 고압의 가공전선 또는 저압이나 고
압의 전차선과 접근 또는 교차상태로 시설되는 경우의 경
간

지지물의 종류	경 간
목주·A종 철주 또는 A종 철근 콘크리트주	100[m]
B종 철주 또는 B종 철근 콘크리트주	150[m]
철탑	400[m]

답 ①

문제 82 특고압 지중전선이 가연성이나 유독성의
유체를 내포하는 관과 접근하기 때문에 상호간에 견
고한 내화성의 격벽을 시설하였다. 상호간의 이격거
리가 몇 [m] 이하인 경우인가?

① 0.4   ② 0.6   ③ 0.8   ④ 1

풀이

334.6 지중전선과 지중약전류전선 등 또는 관과의 접근
또는 교차
지중전선이 다음 조건의 이격거리 이하로 설치되는 경우
에는 상호간에 내화성의 격벽을 설치하여야 한다.

조 건		전 압	이격거리
지중 약전류 전선과 접근 또는 교차하는 경우		저압 또는 고압	0.3[m]
		특고압	0.6[m]
가연성, 유독성의 유체를 내포하는 관과 접근 또는 교차		특고압	1[m]
		25[kV] 이하, 다중접지방식	0.5[m]
기타의 관과 접근 또는 교차		특고압	0.3[m]

답 ④

문제 83 특고압 전로와 비접지식 저압 전로를 결합
하는 변압기로서 그 특고압 권선과 저압 권선간에 금
속제의 혼촉방지판이 있고 또한 그 혼촉방지판에 접
지공사를 한 것에 접속하는 저압전선을 옥외에 시설
할 때의 시설 방법으로 옳지 않은 것은?

① 저압 전선은 1구내에만 시설할 것
② 저압 가공 전선로 또는 저압 옥상 전선로의 전
선은 케이블일 것
③ 저압 가공 전선과 케이블이 아닌 특고압의 가공
전선은 동일 지지물에 시설하지 아니할 것
④ 저압 전선의 구외에의 연장 범위는 반드시 200
[m] 이하일 것

풀이

322.2 혼촉방지판이 있는 변압기에 접속하는 저압 옥외전
선의 시설 등
고압전로 또는 특고압전로와 비접지식의 저압전로를 결합
하는 변압기로서 그 고압권선 또는 특고압권선과 저압권
선 간에 금속제의 혼촉방지판이 있고 또한 그 혼촉방지판
에 규정에 의하여 접지공사를 한 것에 접속하는 저압전선
을 옥외에 시설할 때에는 다음에 따라 시설하여야 한다.
가. 저압전선은 1구내에만 시설할 것.
나. 저압 가공전선로 또는 저압 옥상전선로의 전선은 케이블
일 것.
다. 저압 가공전선과 고압 또는 특고압의 가공전선을 동일 지
지물에 시설하지 아니할 것. 다만, 고압 가공전선로 또
는 특고압 가공전선로의 전선이 케이블인 경우에는 그
러하지 아니하다.

답 ④

문제 84 사용 전압 400 [V] 이하의 이동 전선으로
목욕탕에 시설하여 사용되는 것은?

① 면절연전선   ② 고무절연전선
③ 면코드   ④ 고무코드

풀이

234.3 코드 및 이동전선
옥내에서 조명용 전원코드 또는 이동전선을 습기가 많은 장
소 또는 수분이 있는 장소에 시설할 경우에는 고무코드(사
용용압이 400[V] 이하인 경우에 한함) 또는 0.6/1[kV] EP
고무 절연 클로로프렌캡타이어케이블로서 단면적이
0.75[mm²] 이상인 것이어야 한다.

답 ④

문제 85 변전소 또는 이에 준하는 곳에 사용되는
특고압용 변압기의 계측장치로 반드시 시설하여야 하
는 것은?

① 절연   ② 용량
③ 유량   ④ 온도

풀이

351.6 계측장치

변전소 또는 이에 준하는 곳에는 다음의 사항을 계측하는 장치를 시설하여야 한다. 다만, 전기철도용 변전소는 주요 변압기의 전압을 계측하는 장치를 시설하지 아니할 수 있다.

가. 주요 변압기의 전압 및 전류 또는 전력

나. **특고압용 변압기의 온도**   **답 ④**

04년 1회 동일 및 유사 문제 (년도-회-번호)

1과목 전기자기학

05	19-3-13
06	15-1-03
07	15-1-02
08	15-3-08
09	15-1-10
10	08-1-01
11	21-3-12
12	13-3-11
13	21-2-05
14	19-3-17
15	19-2-03
16	17-1-06
17	18-2-06
18	19-2-05
19	17-3-07
20	12-1-06

2과목 전력공학

31	17-2-21
32	16-2-33
33	16-3-25
34	16-2-22
35	19-2-23
36	12-1-23
37	09-1-21
38	22-3-30
39	11-1-28
40	22-3-39

3과목 전기기기

44	21-2-54
45	20-4-49
46	20-4-45
47	14-1-41
48	13-2-42
49	16-1-41
50	08-2-42
51	21-3-55
52	20-3-43

53	14-2-49
54	16-3-45
55	09-3-41
56	10-1-43
57	09-2-46
58	22-2-56
59	18-1-47
60	12-1-46

4과목 회로이론 및 제어공학

65	19-2-69
66	18-2-74
67	22-1-66
68	20-1,2-77
69	18-2-69
70	14-3-75
71	15-3-68
72	20-4-63
73	07-1-68
74	13-3-62
75	13-1-68
76	08-3-66
77	18-3-65
78	20-4-70
79	09-1-63
80	07-1-65

5과목 전기설비기술기준

86	21-1-98
87	14-1-88
88	17-3-84
89	17-3-94
90	19-3-84
91	19-3-87
92	13-1-83
93	17-2-83
94	18-1-85
95	09-1-84
96	17-3-81

국가기술자격검정 필기시험 문제

2004년도 전기기사 일반검정 제 2 회

자격종목 및 등급(선택분야)	종목코드	시험시간	문제지형별	수검 번호	성 명
전기기사	1150	2시간 30분	A		

제1과목 전기자기학

문제 01 면적 100 [cm²]인 두 장의 금속판을 0.5 [cm]인 일정 간격으로 평행 배치한 후 양판간에 1000[V]의 전위를 인가하였을 때 단위 면적당 작용하는 흡인력은 몇 [N/m²]인가?

① 1.77×10^{-1} ② 1.77×10^{-2}

③ 3.54×10^{-1} ④ 3.54×10^{-2}

풀이

$$f = \frac{1}{2}\epsilon_o E^2 = \frac{1}{2}\epsilon_o \left(\frac{V}{d}\right)^2$$
$$= \frac{1}{2} \times 8.85 \times 10^{-12} \times \left(\frac{1000}{0.5 \times 10^{-2}}\right)^2$$
$$= 1.77 \times 10^{-1} \, [\text{N/m}^2] \qquad \textbf{답} \, ①$$

문제 02 영역 1의 자유공간에서 전파 $E_0^{\ i}$ [V/m]와 자파 $H_0^{\ i}$ [A/m]가 비유전율 $\epsilon_r = 3$을 가진 유전체 영역으로 수직하게 입사될 때 계면에서의 값으로 틀린 것은?

① 반사 전파의 크기는 $-0.268E_0^{\ i}$ 이다.

② 투과 전파의 크기는 $0.732E_0^{\ i}$ 이다.

③ 반사 자파의 크기는 $1.268H_0^{\ i}$ 이다.

④ 투과 자파의 크기는 $1.268H_0^{\ i}$ 이다.

풀이

$$\text{I (자유공간)} \quad \rightarrow \quad \text{II (유전체)}$$
$$\epsilon_0, \ \mu_0 \qquad \epsilon = 3\epsilon_0, \ \mu = \mu_0$$

특성 임피던스 $\eta_1 = \sqrt{\dfrac{\mu_0}{\epsilon_0}} = 377 \, [\Omega]$

$$\eta_2 = \sqrt{\frac{\mu}{\epsilon}} = \sqrt{\frac{\mu_0}{\epsilon_0}} \cdot \sqrt{\frac{1}{3}} = 217.7 \, [\Omega]$$

① 반사파의 전파

$$E_3 = \frac{\eta_2 - \eta_1}{\eta_2 + \eta_1} E_0^{\ i} = \frac{217.7 - 377}{377 + 217.7} E_0^{\ i} = -0.268 E_0^{\ i}$$

② 투과파의 전파

$$E_2 = \frac{2\eta_2}{\eta_2 + \eta_1} E_0^{\ i} = \frac{2 \times 217.7}{377 + 217.7} E_0^{\ i} = 0.732 E_0^{\ i}$$

③ 반사파의 자파

$$H_3 = -\frac{\eta_2 - \eta_1}{\eta_2 + \eta_1} H_0^{\ i} = -\frac{217.7 - 377}{377 + 217.7} H_0^{\ i} = 0.268 H_0^{\ i}$$

④ 투과파의 자파

$$H_2 = \frac{2\eta_1}{\eta_2 + \eta_1} H_0^{\ i} = \frac{2 \times 377}{377 + 217.7} H_0^{\ i} = 1.268 H_0^{\ i} \qquad \textbf{답} \, ③$$

문제 03 무한장 직선 도선에 흐르는 직류전류 I에 의해, 무한장 직선 도선의 전류 상하에 존재하는 자침이, 그림과 같이 자침중심축을 중심으로 회전하여 정지하였다. (ㄱ) (ㄴ) (ㄷ) (ㄹ)의 극을 순서적으로 잘 배열한 것은?

① S, N, S, N

② S, N, N, S

③ N, S, N, S

④ N, S, S, N

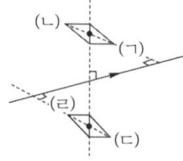

풀이

전류 도체에 의한 **자계의 방향**은 **암페어 오른나사법칙**으로 결정된다. 자계 내에 있는 자침의 **N극**을 자계방향과 일치하도록 맞춘다.   **답** ④

문제 04 10 [A]의 전류가 흐르고 있는 도선이 자계 내에서 운동하여 5 [Wb]의 자속을 끊었다고 하면, 이때 전자력이 한 일은 몇 [J]인가?

① 25   ② 50   ③ 75   ④ 100

풀이

$$e = \frac{d\phi}{dt} = 5[V]$$

$$W = e I \cdot t = 5 \times 10 \times 1 = 50[J]$$
답 ②

문제 05 반지름 a[m], 전하 Q[C]을 가진 두 개의 물방울이 합쳐서 한개의 물방울이 되었다. 합쳐진 후의 정전에너지를 합쳐지기 전과 비교하면 어떻게 되는가?

① 변화하지 않는다.   ② 2배로 감소한다.
③ 1/2로 감소한다.   ④ 증가한다.

풀이

처음의 물방울 반지름 a[m], 합한 후의 물방울 반지름 a'[m]라 하면

$$\frac{4}{3}\pi a'^3 = 2 \times \frac{4}{3}\pi a^3 \qquad a'^3 = 2a^3 \qquad \therefore \ a' = \sqrt[3]{2}\,a[m]$$

처음의 정전에너지 $(W_1 + W_2)$

$$W_1 + W_2 = 2 \times \left(\frac{Q^2}{2C}\right) = \frac{Q^2}{C} = \frac{Q^2}{4\pi \epsilon_0 a} \ [J]$$

합한 후의 정전에너지 w

$$W = \frac{(2Q)^2}{2C'} = \frac{1}{2} \times \frac{4Q^2}{4\pi \epsilon_0 (\sqrt[3]{2}\,a)} = \frac{2}{\sqrt[3]{2}} \cdot \frac{Q^2}{4\pi \epsilon_0 a} \ [J]$$

$$\therefore \ W = 1.59 (W_1 + W_2)$$

즉, 합한 후의 정전에너지가 1.59배 증가한다.
답 ④

제2과목 ▶ 전력공학

문제 21 그림과 같이 4단자 정수가 A_1, B_1, C_1, D_1인 송전선로의 양단에 Z_S, Z_r의 임피던스를 갖는 변압기가 연결된 경우의 합성 4단자 정수 중 A의 값은?

① $A = C_1$

② $A = B_1 + A_1 Z_r$

③ $A = A_1 + C_1 Z_s$

④ $A = D_1 + C_1 Z_r$

풀이

$$\begin{bmatrix} A & B \\ C & D \end{bmatrix} = \begin{bmatrix} 1 & Z_s \\ 0 & 1 \end{bmatrix} \begin{bmatrix} A_1 & B_1 \\ C_1 & D_1 \end{bmatrix} \begin{bmatrix} 1 & Z_r \\ 0 & 1 \end{bmatrix}$$

$$= \begin{bmatrix} A_1 + C_1 Z_s & B_1 + D_1 Z_s \\ C_1 & D_1 \end{bmatrix} \begin{bmatrix} 1 & Z_r \\ 0 & 1 \end{bmatrix}$$

$$= \begin{bmatrix} A_1 + C_1 Z_s & (A_1 + C_1 Z_s) Z_r + (B_1 + D_1 Z_s) \\ C_1 & C_1 Z_r + D_1 \end{bmatrix}$$
답 ③

문제 22 차단기 절연유를 여과한 후 절연 내력을 시험하였을 때 절연 내력은 최소 몇 [kV] 이상이면 양호한 것으로 판단하는가? 단, 절연유 시험기기는 구 직경 12.5 [mm]로 간격 2.5 [mm]에서 내압 시험을 하였을 경우임.

① 15   ② 30   ③ 50   ④ 100

풀이

절연유의 절연 내력은 30[kV]/2.5[mm] 이상일 것
답 ②

문제 23 가공 송전선로에서 이상전압의 내습에 대한 대책으로 틀린 것은?

① 철탑의 탑각 접지저항을 작게 한다.
② 기기 보호용으로서의 피뢰기를 설치한다.
③ 가공지선을 설치한다.
④ 차폐각을 크게 한다.

풀이

이상 전압에 대한 대책
• 매설지선(탑각 접지저항을 낮춤) : 역섬락 방지
• 피뢰기 : 뇌로부터 기기 보호
• 가공지선 : 뇌의 차폐(가공지선의 차폐각이 적을수록 보호 효율이 높다)
답 ④

문제 24 온도가 t[℃] 상승했을 때의 딥(dip)은 몇 [m]인가? 단, 온도 변화 전의 딥을 D_1[m], 경간을 s [m], 전선의 온도 계수를 α 라 한다.

① $\sqrt{D_1 + \dfrac{3}{8} s \alpha t}$ ② $\sqrt{D_1^{\,2} + \dfrac{8}{3} s \alpha^2 t^2}$

③ $\sqrt{D_1^{\,2} + \dfrac{3}{8} s^2 \alpha t}$ ④ $\sqrt{D_1^{\,2} + \dfrac{8}{3} s^2 \alpha^2 t}$

풀이

L_1 : 온도 상승 전 길이, L_2 : 온도 상승 후 길이 라 하면

$L_2 = L_1 + \alpha t L_1$

$L_1 \fallingdotseq s$ 라 하면 $L_2 \fallingdotseq L_1 + \alpha t s$

$s + \dfrac{8 D_2^{\,2}}{3s} = s + \dfrac{8 D_1^{\,2}}{3s} + \alpha t s$

$\therefore \ D_2 = \sqrt{D_1^{\,2} + \dfrac{3}{8} \alpha t s^2}$ **답** ③

문제 25 저압 배전선로의 플리커(fliker) 전압의 억제 대책으로 볼 수 없는 것은?

① 내부 임피던스가 작은 대용량의 변압기를 선정한다.

② 배전선은 굵은 선으로 한다.

③ 저압뱅킹방식 또는 네트워크방식으로 한다.

④ 배전선로에 누전차단기를 설치한다.

풀이

누전차단기는 정상 상태의 선로에 지락이 발생 하였을 경우 그 지락 전류를 감지해서 전로를 차단하는 장치이다. 따라서 **누전차단기는 플리커 방지 대책과는 무관**하다.

답 ④

제3과목 ▶ 전기기기

문제 41 분권 전동기가 120 [V]의 전원에 접속되어 운전되고 있다. 부하시에는 50 [A]가 흐르고 무부하로 하면 4 [A]가 흐른다. 분권 계자 회로의 저항은 40 [Ω], 전기자 회로 저항은 0.1 [Ω]이다. 부하 운전시의 출력은 몇 [kW]인가? 단, 브러시의 전압 강하는 2 [V]이다.

① 약 5.2   ② 약 6.4

③ 약 7.1   ④ 약 8.7

풀이

역기전력 $E_c = V - I_a R_a - v_b = V - (I - I_{a0}) R_a - v_b$
$= 120 - (50 - 4) \times 0.1 - 2 = 113.4 \,[\text{V}]$

출력 $P = E_c I_a = E_c (I - I_{a0})$
$= 113.4 \times (50 - 4) \times 10^{-3} = 5.21 \,[\text{kW}]$

여기서, E_c : 역기전력, I_a : 전기자 전류
I_{a0} : 무부하시 전류, I : 부하 전류   **답** ①

문제 42 동기 전동기에 설치한 제동 권선의 역할에 해당되지 않는 것은?

① 난조 방지

② 불평형 부하시의 전류와 전압 파형 개선

③ 송전선의 불평형 부하시 이상 전압 방지

④ 단상 혹은 3상의 불평형 부하시 역상분에 의한 역회전의 전기자 반작용을 흡수하지 못함.

풀이

제동 권선의 역할은

① 난조 방지

② 기동하는 경우 유도전동기의 농형권선으로서 **기동 토크를 발생**

③ 불평형 부하시의 전류 전압 파형의 개선

④ 송전선의 불평형 단락시의 이상 전압의 방지   **답** ④

문제 43 정격 출력 P[kW], 역률 0.8, 효율 0.82로 운전되는 3상 유도 전동기에 2대를 V결선으로 한 변압기로 전력을 공급할때 변압기 1대의 최소용량 [kVA]은?

① $\dfrac{P}{0.8 \times 0.82 \times 2}$

② $\dfrac{\sqrt{3}\,P}{0.8 \times 0.82 \times 2}$

③ $\dfrac{P}{0.8 \times 0.82 \times 3}$

④ $\dfrac{P}{\sqrt{3} \times 0.8 \times 0.82}$

풀이

전동기 입력 [kVA] $= \dfrac{P\,[\text{kW}]}{\eta \times \cos\theta} = \dfrac{P}{0.82 \times 0.8}$

변압기 1대 용량 $P_1 = \dfrac{P_V}{\sqrt{3}} = \dfrac{P}{0.82 \times 0.8 \times \sqrt{3}}$ **답** ④

제4과목 회로이론 및 제어공학

$$\therefore P = \frac{V^2}{R} = \frac{100^2}{50} = 200[\text{W}] \qquad \text{답 } ④$$

문제 61 △결선된 부하를 Y결선으로 바꾸면 소비전력은 어떻게 되겠는가? 단, 선간 전압은 일정하다.

① 3배   ② 6배   ③ $\frac{1}{3}$배   ④ $\frac{1}{6}$배

풀이

$$P_△ = 3I^2 R = 3\left(\frac{V}{R}\right)^2 R = 3 \cdot \frac{V^2}{R}$$

다음 Y결선시 상전압은 선간 전압의 $\frac{1}{\sqrt{3}}$ 이므로

$$P_Y = 3\left(\frac{\frac{V}{\sqrt{3}}}{R}\right)^2 \cdot R = 3 \cdot \frac{V^2}{3R} = \frac{V^2}{R}$$

$$\therefore \frac{P_Y}{P_△} = \frac{\frac{V^2}{R}}{\frac{3V^2}{R}} = \frac{1}{3} \qquad P_Y = \frac{1}{3} P_△ \qquad \text{답 } ③$$

문제 62 무접점 릴레이의 장점이 아닌 것은?

① 동작속도가 빠르다.
② 온도의 변화에 강하다.
③ 고빈도 사용에 견디며 수명이 길다.
④ 소형이고 가볍다.

풀이

무접점 릴레이는 반도체를 사용한 것으로 동작속도가 빠르며, 고빈도 사용에 견디며 수명이 길고, 소형이고 가볍다. 반면에 반도체 소자이기 때문에 온도의 변화에 약하다.   답 ②

문제 63 다음 회로의 정상상태에서 저항에서 소비되는 전력[W]은? 단, $R = 50[\Omega]$, $L = 50[\text{H}]$ 이다.

① 50
② 100
③ 150
④ 200

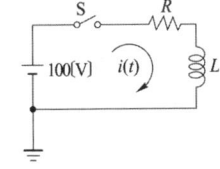

풀이

정상상태에서는 인덕턴스 L은 단락 상태이므로 저항 R만 존재하는 회로로 취급하면 된다.

문제 64 어떤 제어계에서 입력신호를 가한 다음 출력신호가 정상상태에 도달할 때까지의 응답은?

① 정상응답   ② 선형응답
③ 과도응답   ④ 시간응답

풀이

입력 신호를 가하고 난 후 출력 신호가 정상 상태에 도달할 때까지의 응답을 과도 응답이라 한다.   답 ③

문제 65 그림과 같은 정현파 교류를 푸리에 급수로 전개할 때 직류분은?

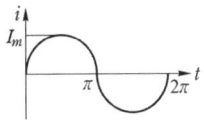

① I_m ② $\frac{I_m}{2}$ ③ $\frac{I_m}{\sqrt{2}}$ ④ $\frac{2I_m}{\pi}$

풀이

- 정현파(전파 정류파)의 평균값(직류분)은 $\frac{2I_m}{\pi}$
- 반파 정류파의 평균값은 $\frac{I_m}{\pi}$ 이다.   답 ④

문제 66 어떤 회로에 $v = V_m \sin \omega t$ [V]를 가했을 때, $i = I_m\left(\sin \omega t - \frac{1}{\sqrt{3}} \sin 3\omega t\right)$ [A]가 흘렀다고 한다. 이 회로의 역률은?

① 0.5   ② 0.75
③ 0.87   ④ 0.92

풀이

유효 전력 $P = \frac{V_m}{\sqrt{2}} \cdot \frac{I_m}{\sqrt{2}} = \frac{V_m I_m}{2}$ 이고

$$V = \frac{V_m}{\sqrt{2}}, \quad I = \frac{I_m}{\sqrt{2}}\sqrt{1 + \left(\frac{1}{\sqrt{3}}\right)^2} = \frac{\sqrt{2} I_m}{\sqrt{3}}$$

$$\therefore \cos\theta = \frac{P}{VI} = \frac{\dfrac{V_m I_m}{2}}{\dfrac{V_m}{\sqrt{2}} \cdot \dfrac{\sqrt{2}\,I_m}{\sqrt{3}}} = \frac{\sqrt{3}}{2} = 0.87 \qquad \boxed{답} ③$$

문제 67 구동점 임피던스(driving point impedance) $Z(s)$에 있어서 영점(zero)은?

① 전류가 흐르지 않는 상태이다.

② 회로상태와 관련없다.

③ 개방회로 상태를 나타낸다.

④ 단락회로 상태를 나타낸다.

풀이

$Z(s) = 0$이 되는 s의 값을 **영점(zero)**이라 하며 회로의 단락 상태를 나타내고 $Z(s) = \infty$가 되는 s의 값을 **극점(pole)**이라 하며 회로가 개방상태 임을 의미한다. $\boxed{답}$ ④

문제 68 z 변환함수 $\dfrac{Tz}{(z-1)^2}$에 대응되는 라플라스 변환함수는? 단, T는 이상적인 샘플러의 샘플 주기이다.

① $\dfrac{1}{s^2}$

② $\dfrac{2}{s^2}$

③ $\dfrac{1}{(s-3)^2}$

④ $\dfrac{2}{(s-3)^2}$

풀이

$\displaystyle\lim_{t\to 0} e(t) = \lim_{s\to\infty} E(z)$		
$f(t)$	$F(s)$	$F(z)$
$\delta(t)$	1	1
$u(t)$	$\dfrac{1}{s}$	$\dfrac{z}{z-1}$
t	$\dfrac{1}{s^2}$	$\dfrac{Tz}{(z-1)^2}$
e^{-at}	$\dfrac{1}{s+a}$	$\dfrac{z}{z-e^{-at}}$

$\boxed{답}$ ①

문제 69 3개의 같은 저항 $R[\Omega]$을 그림과 같이 △ 결선하고, 기전력 $V[V]$, 내부 저항 $r[\Omega]$인 전지를 n개 직렬 접속했다. 이때 전지 내를 흐르는 전류가 I [A]라면 R는 몇 $[\Omega]$인가?

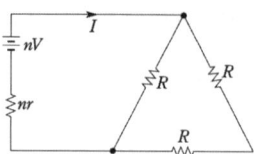

① $\dfrac{3}{2}n\left(\dfrac{V}{I}+r\right)$

② $\dfrac{2}{3}n\left(\dfrac{V}{I}+r\right)$

③ $\dfrac{3}{2}n\left(\dfrac{V}{I}-r\right)$

④ $\dfrac{2}{3}n\left(\dfrac{V}{I}-r\right)$

풀이

$$nV = I\left(nr + \frac{R \cdot 2R}{R+2R}\right), \quad nV = I\left(nr + \frac{2R}{3}\right)$$

$$n\frac{V}{I} = nr + \frac{2R}{3}, \quad n\left(\frac{V}{I} - r\right) = \frac{2}{3}R$$

$$\therefore R = \frac{3}{2}n\left(\frac{V}{I} - r\right) \qquad \boxed{답} ③$$

문제 70 다음의 상태선도에서 가관측정 (observability)에 대해 설명한 것 중 옳은 것은?

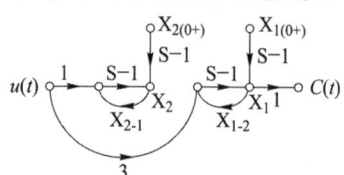

① X_1은 관측할 수 없다.

② X_2은 관측할 수 없다.

③ X_1, X_2 모두 관측할 수 없다.

④ 이 계통은 완전히 가관측에 있다.

$\boxed{답}$ ②

문제 71 다음의 전달 함수를 갖는 회로가 진상 보상 회로의 특성을 가지려면 그 조건은 어떠한가?

$$G(s) = \frac{s+b}{s+a}$$

① $a > b$

② $a < b$

③ $a > 1$

④ $b > 1$

분기점으로부터 5[m] 이내의 부분에서 하여야 한다. 다만, 금속제 수도관로와 대지 사이의 전기저항 값이 2[Ω] 이하인 경우에는 분기점으로부터의 거리는 5[m]을 넘을 수 있다.
나. 접지도체와 금속제 수도관로의 접속부를 수도계량기로부터 수도 수용가 측에 설치하는 경우에는 수도계량기를 사이에 두고 양측 수도 관로를 등전위본딩 하여야 한다. **답** ②

• 지상 보상 조건 : $b > a$
• 진상 보상 조건 : $a > b$ **답** ①

제5과목 전기설비 기술기준

문제 81 고압 및 특고압 가공 전선로로부터 공급을 받는 수용 장소의 인입구에 반드시 시설하여야 하는 것은?

① 댐퍼   ② 아킹혼
③ 조상기   ④ 피뢰기

341.13 피뢰기의 시설
고압 및 특고압의 전로 중 다음에 열거하는 곳 또는 이에 근접한 곳에는 **피뢰기를 시설**하여야 한다.
가. 발전소·변전소 또는 이에 준하는 장소의 가공전선 인입구 및 인출구
나. 특고압 가공전선로에 접속하는 배전용 변압기의 고압측 및 특고압측
다. **고압 및 특고압 가공전선로로부터 공급을 받는 수용장소의 인입구**
라. 가공전선로와 지중전선로가 접속되는 곳 **답** ④

문제 83 사용전압이 35 [kV] 이하인 특고압 가공 전선이 건조물과 제2차 접근 상태로 시설되는 경우, 특고압 가공 전선로의 보안 공사는?

① 고압 보안 공사
② 제1종 특고압 보안 공사
③ 제2종 특고압 보안 공사
④ 제3종 특고압 보안 공사

333.23 특고압 가공전선과 건조물의 접근
가. 특고압 가공전선이 건조물과 제1차 접근상태 : 특고압 가공전선로는 제3종 특고압 보안공사에 의할 것.
나. 사용전압이 **35[kV] 이하인 특고압 가공전선**이 건조물과 **제2차 접근상태 : 제2종 특고압 보안공사**에 의할 것. **답** ③

문제 82 지중에 매설되어 있고 대지와의 전기 저항치가 3 [Ω]인 금속제 수도관로를 접지공사의 접지극으로 사용할 때 접지선과 수도관로의 접속은 안지름 75 [mm] 이상인 금속제 수도관의 부분 또는 이로부터 분기한 안지름 75 [mm] 미만인 금속제 수도관의 분기점으로부터 몇 [m] 이내의 부분에서 하여야 하는가?

① 3   ② 5   ③ 8   ④ 10

142.2 접지극의 시설 및 접지저항
지중에 매설되어 있고 대지와의 **전기저항 값이 3[Ω] 이하의 값**을 유지하고 있는 금속제 수도관로가 다음에 따르는 경우 접지극으로 사용이 가능하다.
가. 접지도체와 금속제 수도관로의 접속은 **안지름 75[mm] 이상인 부분** 또는 여기에서 분기한 안지름 75[mm] 미만인

04년 2회 동일 및 유사 문제 (년도-회-번호)

1과목 전기자기학

06	21-1-04
07	21-3-20
08	16-3-03
09	18-2-14
10	17-1-17
11	18-2-20
12	19-1-10
13	18-2-05
14	17-1-03
15	08-1-04
16	20-3-18
17	21-3-08
18	22-3-01
19	21-2-05
20	08-1-09

2과목 전력공학

26	20-1,2-30
27	17-2-31
28	16-2-31
29	18-2-33
30	15-3-29
31	20-3-24
32	16-3-23
33	21-2-21
34	21-3-21
35	07-2-21
36	19-3-35
37	20-4-24
38	20-4-39
39	05-3-23
40	12-2-21

3과목 전기기기

44	14-3-46
45	20-3-60
46	14-1-44
47	15-3-46
48	17-2-45
49	18-1-47
50	18-1-57
51	15-3-49
52	16-3-48
53	11-3-44
54	15-1-43
55	20-4-44
56	21-1-58
57	20-3-51
58	18-2-60
59	08-1-47
60	12-2-42

4과목 회로이론 및 제어공학

72	17-1-78
73	17-1-62
74	15-2-69
75	07-1-71
76	22-1-71
77	07-1-68
78	11-2-66
79	17-3-75
80	16-2-68

5과목 전기설비기술기준

84	18-3-98
85	14-3-88
86	19-1-87
87	15-3-88
88	19-1-84
89	14-1-86
90	17-2-89
91	13-2-84
92	22-3-98
93	22-3-88
94	19-2-94
95	20-4-81
96	13-3-90

국가기술자격검정 필기시험 문제

2004년도 전기기사 일반검정 제3회				수검 번호	성 명
자격종목 및 등급(선택분야)	종목코드	시험시간	문제지형별		
전기기사	1150	2시간 30분	A		

제1과목 ▶ 전기자기학

문제 01 그림과 같이 두께 d, 내외 반지름이 r_1, r_2인 원환의 1/8이 되는 부채꼴 모양의 반지름 방향에 대한 저항은? 단, 원환의 재료 도전율을 σ라고 한다.

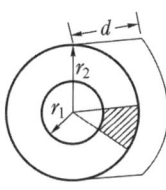

① $\dfrac{4\pi\sigma}{d}\log\dfrac{r_2}{r_1}$ ② $\dfrac{4}{\pi\sigma d}\log\dfrac{r_2}{r_1}$

③ $\dfrac{2\pi\sigma}{d}\log\dfrac{r_2}{r_1}$ ④ $\dfrac{2}{\pi\sigma d}\log\dfrac{r_2}{r_1}$

풀이

$R=\dfrac{\epsilon}{\sigma C}\quad\left(\because RC=\epsilon\rho=\dfrac{\epsilon}{\sigma}\right)$

$C=\dfrac{2\pi\epsilon_o}{\log\dfrac{r_2}{r_1}}\times\dfrac{1}{8}\times d=\dfrac{\pi\epsilon_o d}{4\log\dfrac{r_2}{r_1}}\ [\text{F}]$

$\therefore R=\dfrac{4}{\pi\sigma d}\log\dfrac{r_2}{r_1}\ [\Omega]$ **답 ②**

문제 02 플레밍(Flaming)의 왼손법칙을 나타내는 $F-B-I$에서 F는 무엇인가?

① 전동기 회전자의 도체의 운동방향을 나타낸다.
② 발전기 정류자의 도체의 운동방향을 나타낸다.
③ 전동기 자극의 운동방향을 나타낸다.
④ 발전기 전기자의 도체 운동방향을 나타낸다.

풀이

• 전동기에 적용되는 플레밍의 왼손법칙에서

F : 도체의 운동방향, B : 자속의 방향, I : 전류의 방향
• 발전기에 적용되는 플레밍의 오른손법칙
v : 도체의 운동방향, B : 자속의 방향
e : 유기기전력의 방향   **답 ①**

문제 03 그림과 같은 안반지름 7 [cm], 바깥반지름 9 [cm]인 환상철심에 감긴 코일의 기자력이 500 [AT]일 때, 이 환상철심 내단면의 중심부의 자계의 세기는 몇 [AT/m]인가?

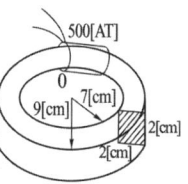

① $\dfrac{2778}{\pi}$ ② $\dfrac{3125}{\pi}$ ③ $\dfrac{3571}{\pi}$ ④ $\dfrac{6349}{\pi}$

풀이

$H=\dfrac{NI}{2\pi r_0}=\dfrac{500}{2\pi\times0.08}=\dfrac{3125}{\pi}\ [\text{AT/m}]$ **답 ②**

문제 04 다음 사항 중 옳은 것은?

① 지구 상공에는 대기가 전리되어 전자와 이온으로 구성된 전리층이 있는데 A층, B층, C층, D층, E층, F층 등이 있다.
② 지구상에서 전자파를 발사하면 파장이 긴 것일수록 전리층을 쉽게 벗어날 수가 있다.
③ 장파는 주로 F층에서 반사되어 지구로 되돌아온다.
④ 송신 안테나에서 방사되는 전자파는 직접파, 대지 반사파, 산악 회절파, 전리층 반사파 등으로 수신 안테나에 이른다.

답 ④

문제 05 전자의 비전하는 몇 [C/kg]인가?

① -1.759×10^{11} ② -2.759×10^{11}

③ -8.559×10^{11} ④ -9.559×10^{11}

풀이

비전하 $= \dfrac{e}{m} = \dfrac{-1.602 \times 10^{-19} \, [\text{C}]}{9.107 \times 10^{-31} \, [\text{kg}]} = -1.759 \times 10^{11}$ **답** ①

제2과목 전력공학

문제 21 3300[V] △결선 비접지 배전선로에서 1선이 지락하면 전선로의 대지전압은 몇 [V]까지 상승하는가?

① 4125 ② 4950

③ 5715 ④ 6600

풀이

비접지 방식에서 1선 지락시 건전상의 전위는 **상전압에서 선간전압으로 되기 때문에** 대지전압은 $\sqrt{3}$ 배 올라간다.

$\sqrt{3} \times 3300 = 5715[\text{V}]$ 이상 **답** ③

문제 22 원자로의 주기란 무엇을 말하는 것인가?

① 원자로의 수명

② 원자로가 냉각 정지 상태에서 전출력을 내는 데까지의 시간

③ 원자로가 임계에 도달하는 시간

④ 중성자의 밀도(flux)가 $\epsilon = 2.718$배만큼 증가하는 데 걸리는 시간

풀이

원자로 주기란 중성자 밀도가 2.718배만큼 증가하는데 요하는 시간을 말한다. **답** ④

문제 23 송전선로에 있어서 장경간(long span)이라고 하는 것은 표준경간에 몇 [m]를 더한 경간을 넘는 것을 말하는가?

① 100 ② 150 ③ 200 ④ 250

풀이

장경간이라고 하는 것은 **표준 경간에 250[m]를 더한 경간을 넘는 것을 말한다.** **답** ④

문제 24 발전기의 정상, 역상, 영상임피던스를 각각 Z_1, Z_2, Z_0라 하고 a상의 무부하 기전력을 E_a라 할 때 a상 단자가 접지된 경우의 전류 I_a는?

① $\dfrac{E_a}{Z_0 + Z_1 + Z_2}$ ② $\dfrac{\sqrt{3}\,E_a}{Z_0 + Z_1 + Z_2}$

③ $\dfrac{3E_a}{Z_0 + Z_1 + Z_2}$ ④ $\dfrac{6E_a}{Z_0 + Z_1 + Z_2}$

풀이

대칭 좌표법과 발전기의 기본식을 이용하여 풀면

$$I_0 = I_1 = I_2 = \frac{E_a}{Z_0 + Z_1 + Z_2}$$

$$I_a = I_0 + I_1 + I_2 = 3I_0 = \frac{3E_a}{Z_0 + Z_1 + Z_2}$$ **답** ③

문제 25 콘덴서용 차단기의 정격 전류는 콘덴서군 전류의 몇 [%] 이상의 것을 선정하는 것이 바람직한가?

① 120 ② 130

③ 140 ④ 150

풀이

• 일반 회로 : 120[%] 이상

• 콘덴서 회로 : 150[%] 이상 **답** ④

문제 26 단상 3선식에 사용되는 밸런서(balancer)의 특성이 아닌 것은?

① 여자 임피던스가 적다.

② 누설 임피던스가 적다.

③ 권수비가 1 : 1이다.

④ 단권 변압기이다.

풀이

밸런스는 권수비가 1 : 1인 단권변압기로서 누설 임피던스가 적다. **답** ①

문제 27 단선 고장시의 이상 전압이 최저인 접지 방식은?

① 직접 접지식   ② 비접지식

③ 고저항 접지식   ④ 소호리액터 접지식

풀이

직접 접지의 경우 1선 지락시 건전상의 대지 전압이 거의 상승하지 않으며, 단절연이 가능하다. **답** ①

문제 28 최근 154 [kV]급 변전소에 주로 설치되는 차단기의 종류는?

① 자기 차단기(MBB)

② 유입 차단기(OCB)

③ 기중 차단기(ACB)

④ SF₆ 가스 차단기(GCB)

답 ④

제3과목   전기기기

문제 41 주상 변압기의 고압측에는 몇 개의 탭을 내놓았다. 그 이유는?

① 예비 단자용으로

② 부하 전류를 조정하기 위하여

③ 수전점의 전압을 조정하기 위하여

④ 여자 전류를 조정하기 위하여

풀이

전원 전압의 변동이나 부하에 의해서 변압기의 2차에 생긴 전압 변동을 보상하여 **2차 전압을 일정한 값으로 유지**하기 위해서 변압기의 권수비(변압비)를 바꾸기 위해서 몇 개의 탭을 설치한다. **답** ③

문제 42 변압비 10 : 1의 단상변압기 3대를 Y-△로 접속하여 2차측에 200 [V], 75 [kVA]의 3상 평형 부하를 걸었을 때 1차측에 흐르는 전류는 몇 [A]인가?

① 3464   ② 2000

③ 12.5   ④ 13.5

풀이

2차측 선전류 $I_{2l} = \dfrac{75000}{\sqrt{3} \times 200} = 216.51 [\text{A}]$

2차측 상전류 $I_{2p} = \dfrac{I_{2l}}{\sqrt{3}} = \dfrac{216.51}{\sqrt{3}} = 125 [\text{A}]$

1차측 상전류 $I_{1p} = \dfrac{I_{2p}}{a} = \dfrac{125}{10} = 12.5 [\text{A}]$

1차측은 Y결선으로 선전류 = 상전류 이므로

$I_{1p} = I_{1l} = 12.5 [\text{A}]$ **답** ③

문제 43 직류기의 전기자 반작용에 관한 설명으로 옳지 않은 것은?

① 보상 권선은 계자 극면의 자속 분포를 수정할 수 있다.

② 전기자 반작용을 보상하는 효과는 보상 권선보다 보극이 유리하다.

③ 고속기나 부하 변화가 큰 직류기에는 보상 권선이 적당하다.

④ 보극은 바로 밑의 전기자 권선에 의한 기자력을 상쇄한다.

풀이

전기자 반작용의 방지대책

보극과 보상권선을 설치한다.

• 보극 → 중성측 부근의 전기자 반작용 상쇄

• **보상권선** → 대부분의 **전기자 반작용 상쇄 : 가장 유효한 방법** **답** ②

문제 44 고정자의 속도가 N_1[rpm], 주파수는 f [Hz]이고 회전자의 속도가 N_2[rpm], 슬립이 s 라면 회전자 도체에 유기되는 기전력의 주파수[Hz]는?

① $\dfrac{N_2 - N_1}{N_1} \cdot f$ ② $\dfrac{N_2 - N_1}{N_2} \cdot f$

③ $\dfrac{N_1 - N_2}{N_1} \cdot f$ ④ $\dfrac{N_1 - N_2}{N_2} \cdot f$

풀이

$f_2 = sf_1 = \dfrac{N_1 - N_2}{N_1} f_1 [\text{Hz}]$ **답** ③

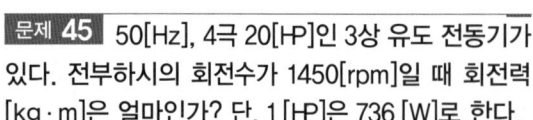

문제 45 50[Hz], 4극 20[HP]인 3상 유도 전동기가 있다. 전부하시의 회전수가 1450[rpm]일 때 회전력 [kg·m]은 얼마인가? 단, 1 [HP]은 736 [W]로 한다.

① 6.85   ② 7.85

③ 9.85   ④ 10.85

풀이

$$T = 0.975 \times \frac{P}{N} = 0.975 \times \frac{20 \times 736}{1450} = 9.89 [\text{kg} \cdot \text{m}]$$ **답** ③

문제 46 교류 전동기에서 브러시 이동으로 속도변화가 편리한 전동기는?

① 농형 전동기   ② 시라게 전동기

③ 동기 전동기   ④ 2중 농형 전동기

풀이

속도를 변화시킬 수 있는 교류 전동기로서 널리 사용되고 있는 것은 **시라게 전동기**이며 그 구조는 직류전동기와 유사하지만 브러시가 2조가 있어 각 조의 **브러시를 반대 방향으로 이동**하면 속도를 조정할 수 있다. **답** ②

제4과목 **회로이론 및 제어공학**

문제 61 대칭 3상 전압 V_a, $V_b = a^2 V_a$, $V_c = a V_a$일 때 a상을 기준으로 한 각 대칭분 V_0, V_1, V_2은?

① 0, V_a, 0

② $a^2 V_a$, $a V_a$, V_a

③ $\frac{1}{3}(V_a + V_b + V_c)$, $\frac{1}{3}(V_a + a^2 V_b + a V_c)$, $\frac{1}{3}(V_a + a V_b + a^2 V_c)$

④ $\frac{1}{3}(V_a + V_b + V_c)$, $\frac{1}{3}(V_a + a V_b + a^2 V_c)$, $\frac{1}{3}(V_a + a^2 V_b + a V_c)$

풀이

$$\begin{bmatrix} V_0 \\ V_1 \\ V_2 \end{bmatrix} = \frac{1}{3} \begin{bmatrix} 1 & 1 & 1 \\ 1 & a & a^2 \\ 1 & a^2 & a \end{bmatrix} \begin{bmatrix} V_a \\ V_b \\ V_c \end{bmatrix} = \frac{1}{3} \begin{bmatrix} 1 & 1 & 1 \\ 1 & a & a^2 \\ 1 & a^2 & a \end{bmatrix} \begin{bmatrix} V_a \\ a^2 V_a \\ a V_a \end{bmatrix} = \begin{bmatrix} 0 \\ V_a \\ 0 \end{bmatrix}$$

답 ①

문제 62 계단 응답이 입력 신호와 같은 파형이고 시간만이 뒤졌을 때 이 계의 요소는?

① 미분 요소   ② 부동작 시간 요소

③ 1차 뒤진 요소   ④ 2차 뒤진 요소

답 ②

문제 63 그림과 같이 내부 저항 r[Ω], 기전력 E [V]인 전원의 단자 a, b에 R_1[Ω]의 저항을 접속한 경우와 R_2[Ω]의 저항을 접속한 경우의 부하 저항의 소비 전력이 같았다. r과 R_1, R_2와의 사이에 어떤 관계가 있는가?

① $r = R_1 R_2$

② $r = \frac{R_1}{R_2}$

③ $r = \sqrt{R_1 R_2}$

④ $r = R_1^2 R_2^2$

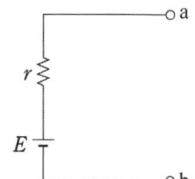

풀이

문제의 뜻에 따라 두 경우의 전력이 같으므로

$$P = \left(\frac{E}{r + R_1}\right)^2 R_1 = \left(\frac{E}{r + R_2}\right)^2 R_2$$

$$\frac{R_1}{(r + R_1)^2} = \frac{R_2}{(r + R_2)^2}$$

$$r^2 R_2 - R_1 r^2 = R_1 R_2^2 - R_1^2 R_2$$

$$r^2(R_2 - R_1) = R_1 R_2 (R_2 - R_1) \quad \therefore r = \sqrt{R_1 R_2}$$ **답** ③

문제 64 $R - L - C$ 직렬 회로에 $t = 0$에서 교류 전압 $e = E_m \sin(\omega t + \theta)$를 가할 때 $R^2 - 4\frac{L}{C} < 0$ 이면 이 회로는?

① 비진동적   ② 임계적

③ 진동적   ④ 비감쇠 진동적

풀이

$$\begin{bmatrix} A & B \\ C & D \end{bmatrix} = \begin{bmatrix} 1 & 2 \\ 0 & 1 \end{bmatrix} \begin{bmatrix} 1 & 0 \\ \frac{1}{4} & 1 \end{bmatrix} = \begin{bmatrix} \frac{3}{2} & 2 \\ \frac{1}{4} & 1 \end{bmatrix}$$

$A = \dfrac{3}{2}, \quad B = 2, \quad C = \dfrac{1}{4}, \quad D = 1$

$\therefore \theta = \log_e \left(\sqrt{AD} + \sqrt{BC} \right)$

$\qquad = \log_e \left(\sqrt{\dfrac{3}{2} \times 1} + \sqrt{2 \times \dfrac{1}{4}} \right) = 0.66$ **답** ②

풀이

- $R^2 = 4\dfrac{L}{C}$: 임계진동   - $R^2 - 4\dfrac{L}{C} > 0$: 비진동

- $R^2 - 4\dfrac{L}{C} < 0$: 진동 **답** ③

문제 65 궤환제어계에서 반드시 필요한 것은?

① 구동장치

② 정확성을 높이는 장치

③ 안정성을 증가시키는 장치

④ 입력과 출력을 비교하는 장치

풀이

오차를 자동적으로 정정하게 하는 자동제어 방식을 피드백 제어라고 하며, 이 제어 회로가 폐회로로 형성되어 있으므로 이것을 폐회로 제어라고도 한다. **피드백 제어계에는 입력과 출력을 비교하는 장치가 필수적이다.** **답** ④

제5과목 ▶ 전기설비 기술기준

문제 81 교통 신호등 시설을 다음과 같이 하였다. 옳지 않은 것은?

① 회로의 사용전압을 $600 \,[\text{V}]$로 하였다.

② 교통 신호등 회로의 인하선을 지표상 $2.5[\text{m}]$로 하였다.

③ 교통 신호등의 제어장치의 전원측에는 전용 개폐기 및 과전류 차단기를 각 극에 설치하였다.

④ 교통 신호등의 제어장치의 금속제 외함에는 접지공사를 하였다.

풀이

234.15 교통신호등
교통신호등 제어장치의 2차측 배선의 **최대사용전압은 300 [V] 이하이어야 한다.** **답** ①

문제 66 다음 그림의 보안 계통에서 입력 변환기 K_1에 대한 계통의 전달함수 T의 감도는 얼마인가?

① −1

② 0

③ 0.5

④ 1

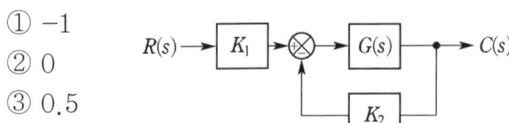

풀이

$T = \dfrac{GK_1}{1 + GK_2}$

$\therefore C_{K1}^{T} = \dfrac{K_1}{T} \cdot \dfrac{dT}{dK_1} = \dfrac{K_1}{\dfrac{GK_1}{1 + GK_2}} \cdot \dfrac{d}{dK_1} \left(\dfrac{GK_1}{1 + GK_2} \right)$

$\qquad = \dfrac{1 + GK_2}{G} \cdot \dfrac{G(1 + GK_2)}{(1 + GK_2)^2} = 1$ **답** ④

문제 82 과전류 차단기를 시설하여도 되는 경우는?

① 저항기·리액터 등을 사용하여 접지공사를 한 때에 과전류차단기의 동작에 의하여 그 접지선이 비접지 상태로 되지 않는 경우

② 접지공사의 접지선의 경우

③ 다선식 전로의 중성선의 경우

④ 전로의 일부에 접지공사를 한 저압가공선로의 접지측 전선의 경우

문제 67 그림과 같은 4단자망의 영상전달정수 θ는?

① 0.33

② 0.66

③ 0.99

④ 1.22

2[Ω]

4[Ω]

풀이

341.11 과전류차단기의 시설 제한
접지공사의 접지도체, 다선식 전로의 중성선 및 전로의 일부에 접지공사를 한 저압 가공전선로의 접지측 전선에는 과전류차단기를 시설하여서는 안 된다.
다만, 다음의 경우에는 예외로 한다.
가. 다선식 전로의 중성선에 시설한 과전류차단기가 동작한 경우에 각 극이 동시에 차단될 때
나. 저항기·리액터 등을 사용하여 접지공사를 한 때에 **과전류차단기의 동작에 의하여 그 접지도체가 비접지 상태로 되지 아니할 때** 답 ①

문제 83 154[kV] 특고압 가공전선로를 시가지에서 B종 철주를 사용하여 시설하는 경우, 경간은 몇 [m] 이하이어야 하는가?

① 50 　　② 75 　　③ 150 　　④ 200

풀이

333.1 시가지 등에서 특고압 가공전선로의 시설
시가지 등에서 170[kV] 이하 특고압 가공전선로의 경간 제한

지지물의 종류	경 간
A종 철주 또는 A종 철근 콘크리트주	75 [m]
B종 철주 또는 B종 철근 콘크리트주	150 [m]
철탑	400[m] (단주인 경우에는 300[m]) 다만, 전선이 수평으로 2이상 있는 경우에 전선 상호 간의 간격이 4[m] 미만인 때에는 250[m]

답 ③

문제 84 중성선 다중 접지식의 것으로 전로에 지기가 생겼을 때에 2초 이내에 자동적으로 이를 전로로부터 차단하는 장치가 되어 있는 22.9 [kV] 가공전선로를 상부 조영재의 위쪽에서 접근상태로 시설하는 경우, 가공전선과 건조물과의 최소 이격거리는 몇 [m]인가? 단, 전선으로는 나전선을 사용한다고 한다.

① 1.2 　　② 2 　　③ 2.5 　　④ 3

풀이

333.32 25[kV] 이하인 특고압 가공전선로의 시설
사용전압이 15[kV]를 초과하고 25[kV] 이하인 특고압 가공전선로(중성선 다중접지식의 것으로서 전로에 지락이 생겼을 때에 2초 이내에 자동적으로 이를 전로로부터 차단하는 장치가 되어 있는 것에 한한다)가 건조물과 접근하는 경우에 특고압 가공전선과 건조물의 조영재 사이의 이격거리는 표 에서 정한 값 이상일 것.

건조물의 조영재	접근 형태	전선의 종류	이격거리
상부 조영재	위쪽	나전선	3.0 [m]
		특고압 절연전선	2.5 [m]
		케이블	1.2 [m]
	옆쪽 또는 아래쪽	나전선	1.5 [m]
		특고압 절연전선	1.0 [m]
		케이블	0.5 [m]
기타의 조영재		나전선	1.5 [m]
		특고압 절연전선	1.0 [m]
		케이블	0.5 [m]

답 ④

문제 85 전자 개폐기의 조작회로 또는 초인벨, 경보벨 등에 접속하는 전로로서 최대사용전압이 몇 [V] 이하인 것으로 대지전압이 300 [V] 이하인 강전류 전기의 전송에 사용하는 전로와 변압기로 결합되는 것을 소세력회로라 하는가?

① 60 　　② 80 　　③ 100 　　④ 150

풀이

241.14 소세력 회로
가. 전자 개폐기의 조작회로 또는 초인벨 · 경보벨 등에 접속하는 전로로서 **최대 사용전압이 60[V] 이하**인 것
나. 소세력 회로에 전기를 공급하기 위한 절연변압기의 사용전압은 대지전압 300[V] 이하로 하여야 한다. 답 ①

04년 3회 동일 및 유사 문제 (년도-회-번호)

1과목 전기자기학

06	22-3-07
07	19-1-08
08	17-2-09
09	21-1-10
10	16-2-04
11	12-3-04
12	19-2-14
13	10-2-04
14	19-2-04
15	13-3-07
16	19-1-03
17	20-1,2-15
18	19-1-12
19	18-1-18
20	07-3-07

2과목 전력공학

29	21-1-36
30	20-3-27
31	20-1,2-33
32	20-3-31
33	18-2-36
34	21-3-35
35	13-3-29
36	15-1-26
37	22-1-23
38	12-1-39
39	11-1-24
40	14-3-25

3과목 전기기기

47	22-1-44
48	19-3-53
49	21-2-48
50	20-3-41
51	22-2-49
52	22-1-56

53	06-3-48
54	20-1,2-47
55	06-1-48
56	16-3-41
57	20-4-59
58	18-2-41
59	13-1-48
60	07-2-41

4과목 회로이론 및 제어공학

68	15-2-74
69	16-3-73
70	15-2-66
71	17-1-67
72	16-1-76
73	22-1-68
74	19-3-73
75	08-3-70
76	19-2-78
77	17-3-77
78	19-3-76
79	21-3-65
80	07-1-66

5과목 전기설비기술기준

86	21-3-95
87	07-1-82
88	17-3-94
89	19-3-83
90	14-1-85
91	13-3-86
92	18-3-82
93	09-3-82
94	07-3-84
95	22-3-88
96	14-2-89
97	18-3-90

memo

D60-1

2003년도 전기기사 필기

- 2003년도 제1회 전기기사
- 2003년도 제2회 전기기사
- 2003년도 제3회 전기기사

국가기술자격검정 필기시험 문제

2003년도 전기기사 일반검정 제1회

자격종목 및 등급(선택분야)	종목코드	시험시간	문제지형별	수검 번호	성 명
전기기사	**1150**	**2시간 30분**	**A**		

제1과목 ▶ 전기자기학

문제 01 철심이 들어있는 환상코일에서 1차 코일의 권수가 100회일 때 자기인덕턴스는 0.01 [H]이었다. 이 철심에 2차 코일을 200회 감았을 때 2차 코일의 자기인덕턴스와 상호인덕턴스는 각각 몇 [H]인가?

① 자기인덕턴스 : 0.02, 상호인덕턴스 : 0.01
② 자기인덕턴스 : 0.01, 상호인덕턴스 : 0.02
③ 자기인덕턴스 : 0.04, 상호인덕턴스 : 0.02
④ 자기인덕턴스 : 0.02, 상호인덕턴스 : 0.04

풀이

$L_1 = \dfrac{N_1^2}{R}$ [H], $M = \dfrac{N_1 N_2}{R}$ [H] 이므로

$R = \dfrac{N_1^2}{L_1} = \dfrac{N_1 N_2}{M}$ [H]   ∴ $M = L_1 \dfrac{N_2}{N_1}$

따라서 $N_1 = 100$회, $N_2 = 200$회, $L_A = 0.01$[H]를 대입하면

상호 인덕턴스는 $M = L_1 \dfrac{N_2}{N_1} = 0.01 \times \dfrac{200}{100} = 0.02$[H]

$L_2 = L_1 \left(\dfrac{N_2}{N_1} \right)^2$ 에서

자기 인덕턴스 $L_2 = 0.01 \times \left(\dfrac{200}{100} \right)^2 = 0.04$ [H]   **답** ③

문제 02 분극 중 온도의 영향을 받는 분극은?

① 전자분극(electronic polarization)
② 이온분극(ionic polarization)
③ 배향분극(orientational polarization)
④ 전자분극과 이온분극

풀이

유극성 분자의 영구 쌍극자는 **열운동에 의하여 임의의 방향**을 가지기 때문에 물질 전체로 보면 분극은 0이 되지만 전계가 작용하면 영구쌍극자는 전계와 반대 방향으로 회전력을 받아 분극을 일으킨다. 이것을 **배향분극**이라 한다.
   답 ③

문제 03 다음 사항 중 옳은 것은?

① 텔레비전(TV)은 전자를 발생시키는 전자총과, 전계를 걸어 전자의 방향을 구부러지게 하는 편향코일과 전자가 면에 부딪치면 특정한 색깔을 내는 금속이 칠해져 있는 브라운관을 구비하고 있다.

② 자석을 영어로 마그넷트(magnet)라고 하는 이유는 고대 희랍의 마그네시아라고 불리워지는 지방에서 철을 흡인하는 돌이 취해졌기 때문이다.

③ 모피(毛皮)로 호박(amber, 琥珀)을 마찰하면 그 에너지를 받아 모피에서 음전기를 띤 자유전자가 호박으로 옮겨져, 모피는 음(−)전기를 띠고 호박은 양전기(+)를 띤다.

④ 쿨롱은 전계와 자계의 세기 및 음극선의 구부러지는 정도에서 전자의 비전하(전하량/질량)를 계산하였다.

   답 ②

문제 04 자유 공간 중에서 $V = xyz$ [V]일 때 $0 \leq x \leq 1, 0 \leq y \leq 1, 0 \leq z \leq 1$인 입방체에 존재하는 정전 에너지는 몇 [J]인가?

① $\dfrac{1}{6} \epsilon_0$ ② $\dfrac{1}{5} \epsilon_0$ ③ $\dfrac{1}{4} \epsilon_0$ ④ $\dfrac{1}{3} \epsilon_0$

풀이

$$W = \int_v \frac{1}{2}\epsilon_0 E^2 dv = \frac{1}{2}\epsilon_0 \int_v |-\text{grad } V|^2 dv$$

$$= \frac{1}{2}\epsilon_0 \int_0^1 \int_0^1 \int_0^1 |-(yz\boldsymbol{i} + xz\boldsymbol{j} + xy\boldsymbol{k})|^2 dx\, dy\, dz$$

$$= \frac{1}{6}\epsilon_0 \qquad \boxed{\text{답}}\ ①$$

문제 05 $\sum_{i=1}^{n} Q_i \cos\theta_i = C$(일정)이란 전기력선 방정식이 성립할 수 있는 조건 중 틀린 것은?

① 점전하 Q_i가 일직선상에 있어야 한다.

② 점전하 Q_i가 시간적으로 불변이어야 한다.

③ 상수 C는 주위 매질에 관계없이 일정하다.

④ 점전하의 주위 공간은 유전율이 같아야 한다.

풀이

균일한 공간의 정전계에서 점전하가 직선상으로 분포할 때의 전력선 방정식으로 **주위 공간의 유전율이 다르면 굴절** 등이 나타난다. 따라서, **상수 C의 값은 주위 매질에 따라 변한다.** $\boxed{\text{답}}\ ③$

문제 06 그림과 같은 자기 회로에서 R_1, R_2, R_3는 각 회로의 자기 저항이고 ϕ_1, ϕ_2, ϕ_3는 각각 R_1, R_2, R_3에 투과되는 자속이라 하면 ϕ_3의 값은?

단, $R_1 \rightarrow \overline{acdb}$, $R_2 \rightarrow \overline{aefb}$, $R_3 \rightarrow \overline{ab}$ 이다.

① $\dfrac{N_2 I_2 - N_1 I_1}{R_1 + R_2 + R_3}$

② $\dfrac{(N_2 I_2 - N_1 I_1)R_3}{R_1 R_2 R_3}$

③ $\dfrac{(N_2 I_2 - N_1 I_1)R_1 R_2 R_3}{R_3}$

④ $\dfrac{R_1 N_2 I_2 - R_2 N_1 I_1}{R_1 R_2 + R_1 R_3 + R_2 R_3}$

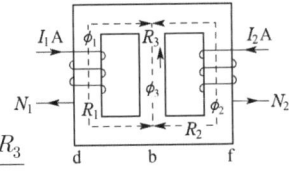

풀이

자기회로를 전기회로로 등가변환하면 우측과 같다. 밀만 정리 이용

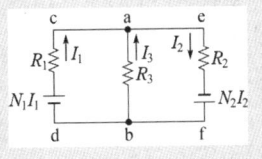

$$V_{ab} = \frac{\sum \dfrac{E}{R}}{\sum \dfrac{1}{R}} = \frac{-\dfrac{N_1 I_1}{R_1} + \dfrac{0}{R_3} + \dfrac{N_2 I_2}{R_2}}{\dfrac{1}{R_1} + \dfrac{1}{R_2} + \dfrac{1}{R_3}}$$

$$= \frac{-R_2 R_3 N_1 I_1 + R_1 R_3 N_2 I_2}{R_2 R_3 + R_1 R_3 + R_1 R_2}$$

$$\therefore \phi_3 = \frac{V_{ba}}{R_3} = \frac{-R_2 N_1 I_1 + R_1 N_2 I_2}{R_2 R_3 + R_1 R_3 + R_1 R_2} \qquad \boxed{\text{답}}\ ④$$

제2과목 전력공학

문제 21 송전 선로의 1선 지락 고장시, 인접 통신선에 대한 전자 유도 장애의 방지 대책이 아닌 것은?

① 전력선과 통신선과의 병행 거리 단축

② 전력선과 통신선과의 이격 거리 단축

③ 고속도 계전기 및 차단기를 채용

④ 도전율이 높은 도체로 가공 지선 설치

풀이

전력선측 대책
① **전력선과 통신선과의 상호 거리를 크게 하여 상호 인덕턴스를 줄인다.**
② 연가를 충분히 한다 (선로 정수를 평형시켜 중성점 잔류 전압을 적게 한다).
③ 케이블을 사용한다.
④ 고주파의 발생을 방지한다.
⑤ 통신선과의 교차를 직각으로 한다.
⑥ 소호 리액터의 사용(지락 전류를 적게 하여 전자 유도를 적게 한다).
⑦ 고장 회선의 고속도 차단
⑧ 차폐선의 시설(가공선도 차폐선과 같은 효과가 있으며, 본선과 동일 도체를 사용하면 차폐 효과가 크다). $\boxed{\text{답}}\ ②$

문제 22 변압기의 %임피던스가 표준치보다 훨씬 클 때 고려하여야 할 문제점은?

① 온도 상승

② 여자 돌입 전류

③ 기계적 충격

④ 전압 변동률

풀이

전압 변동률 $\epsilon = p\cos\theta + q\sin\theta$

여기서, p : %저항 강하, q : %리액턴스 강하 **답** ④

문제 23 변전소에 사용되는 축전지의 용량 계산에 고려되지 않는 사항은?

① 충전율 ② 방전 전류

③ 보수율 ④ 용량 환산 시간

풀이

축전지 용량 산출 일반식 $C = \dfrac{1}{L}KI$ [Ah]

단, L : 경년용량 저하율(보수율),

K : 용량 환산 시간 [h],

I : 방전 전류 [A] **답** ①

문제 24 전압이 다른 송전선로를 루프로 사용하여 조류제어를 할 때 필요한 기기는?

① 동기 조상기 ② 3권선 변압기

③ 분로 리액터 ④ 위상 조정 변압기

풀이

전력 조류제어에서 유효전류 분포를 조정하기 위하여 형성 전압에 대하여 위상이 90° 다른 조정전압을 줄 때 사용하는 변압기를 위상 조정 변압기라고 한다. **답** ④

문제 25 소호 리액터 접지방식에서 10 [%] 정도의 과보상을 한다고 할 때 사용되는 탭의 크기로 일반적인 것은?

① $\omega L > \dfrac{1}{3\omega C}$ ② $\omega L < \dfrac{1}{3\omega C}$

③ $\omega L > \dfrac{1}{3\omega^2 C}$ ④ $\omega L < \dfrac{1}{3\omega^2 C}$

풀이

합조도 $P = \dfrac{I - I_c}{I_c} \times 100$ [%]

단, I : 소호 리액터 사용 탭 전류

I_c : 전 대지 충전 전류

• $\omega L < \dfrac{1}{3\omega C}$ $(I > I_c)$: 과보상, 합조도 +

• $\omega L = \dfrac{1}{3\omega C}$ $(I = I_c)$: 완전 공진, 합조도 0

• $\omega L > \dfrac{1}{3\omega C}$ $(I < I_c)$: 부족 보상, 합조도 − **답** ②

제3과목 전기기기

문제 41 그림에서 고정자의 회전자계가 매초 100 회전하고, 회전자가 매초 95 회전하고 있을 때 회전자의 도체에 유기되는 기전력의 주파수[Hz]는?

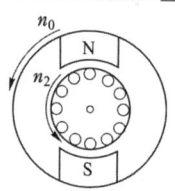

① 5 ② 10 ③ 15 ④ 20

풀이

$s = \dfrac{n_0 - n_2}{n_0} = \dfrac{100 - 95}{100} = 0.05$

$\therefore f_2 = sf_1 = 0.05 \times 100 = 5$ [Hz] **답** ①

문제 42 15 [kW], 60 [Hz], 4극의 3상 유도 전동기가 있다. 전부하가 걸렸을 때의 슬립이 4 [%]라면 이때의 2차(회전자) 측 동손 및 2차 입력은?

① 0.4 [kW], 136 [kW]

② 0.62 [kW], 15.6 [kW]

③ 0.06 [kW], 156 [kW]

④ 0.8 [kW], 13.6 [kW]

풀이

$P_0 = (1 - s)P_2$ 에서

$P_2 = \dfrac{P_0}{1 - s} = \dfrac{15}{1 - 0.04} = 15.625$ [kW]

$P_{c2} = sP_2 = 0.04 \times 15.625 = 0.625$ [kW] **답** ②

문제 43 어떤 변압기에 있어서 그 전압변동률은 부하 역률 100 [%]에 있어서 2[%], 부하 역률 80[%]에서 3[%] 이다. 이 변압기의 최대 전압변동률[%]은 약 얼마인가?

① 6.2 ② 5.1

③ 4.2 ④ 3.1

풀이

$\epsilon = p\cos\phi + q\sin\phi$ 식에서

부하 역률 $\cos\phi = 100[\%]$일 때 $\epsilon = p = 2\,[\%]$

부하 역률 $\cos\phi = 80[\%]$일 때 $3 = 2 \times 0.8 + q \times 0.6$

$\therefore q = 2.3[\%]$

따라서, 최대 전압변동률 ϵ_{max} 는

$\therefore \epsilon_{max} = \sqrt{p^2 + q^2} = \sqrt{2^2 + 2.3^2} = 3.048[\%]$ **답** ④

문제 44 보호 계전기 구성요소의 기본 원리에 속하지 않는 것은?

① 전자 흡인
② 전자 유도
③ 정지형 스위칭 회로
④ 광전관

풀이

광전 효과를 이용하여 **빛의 변화를 전류의 변화로 바꾸는 것을 광전관**이라 하며 보호 계전기와 무관하다. **답** ④

문제 45 동기 전동기의 용도가 아닌 것은?

① 크레인   ② 분쇄기
③ 압축기   ④ 송풍기

풀이

크레인은 속도를 자주 변화시켜야 하므로 운전용 전동기로는 3상 권선형 유도 전동기가 사용된다. **답** ①

문제 46 다음 중 동기발전기의 여자방식이 아닌 것은?

① 직류여자기방식
② 브러시레스 여자방식
③ 정류기 여자방식
④ 회전계자방식

풀이

동기 발전기의 여자방식

• **직류 여자기** : 동기 발전기와 별도로 직류 발전기를 동기 발전기와 동일 축에 직결하여 사용하는 방법
• **정류기 여자법** : 주 발전기에서 발생한 전력의 일부를 반도체 정류기를 이용하여 정류하여 사용하는 방법

• **브러시레스 여자기** : 동기 발전기의 축단에 회전전기자형의 교류발전기를 사용하고 이 발생된 교류를 회전자상에 설치된 반도체 정류기로 정류하여 사용하는 방법 **답** ④

문제 47 직류기에 있어서 불꽃없는 정류를 얻는데 가장 유효한 방법은?

① 탄소 브러시와 보상 권선
② 보극과 탄소 브러시
③ 자기 포화
④ 보극과 보상 권선

풀이

양호한 정류를 얻기 위한 방법
• **보극 설치**(전압정류)
• **탄소 브러시 사용**(저항정류) **답** ②

문제 48 피크 역전압 5000 [V]에 견딜 수 있는 정류 회로 소자를 이용하여 얻어지는 무부하 직류 전압(평균치)은 3상 브리지 정류일 때 약 몇 [V]인가?

① 2388   ② 3183
③ 4775   ④ 1591

풀이

$PIV = \sqrt{2}\,E_s = 5000$

3상 전파 정류의 평균값

$E_{dc} = \dfrac{3\sqrt{2}}{\pi}E_s = 1.35E_s = 1.35 \times \dfrac{5000}{\sqrt{2}} \fallingdotseq 4773\,[V]$ **답** ③

제4과목 **회로이론 및 제어공학**

문제 61 60 [Hz], 100 [V]의 교류 전압이 200 [Ω]의 전구에 인가될 때 소비되는 전력은 얼마인가?

① 50 [watt]   ② 100 [watt]
③ 150 [watt]   ④ 200 [watt]

풀이

$P = \dfrac{V^2}{R} = \dfrac{100^2}{200} = 50\,[watt]$ **답** ①

문제 62 수전단 개방시의 무손실 선로에 있어서 입력 임피던스의 절대값을 특성 임피던스와 같게 하려면 선로의 길이를 파장의 몇 배로 하면 되는가?

① $\frac{1}{8}\lambda$　② $\frac{1}{6}\lambda$　③ $\frac{1}{4}\lambda$　④ $\frac{1}{2}\lambda$

풀이

수전단 개방시 입력 임피던스

$Z_{s0} = Z_0 \coth \gamma l$

여기서 **무손실 선로**이므로

$R = G = 0$, $Z_0 = \sqrt{\frac{L}{C}}$, $\gamma = j\beta = j\frac{2\pi}{\lambda}$

$\therefore Z_{s0} = \sqrt{\frac{L}{C}} \coth j\beta l = -j\sqrt{\frac{L}{C}} \cot \beta l$

$Z_{s0} = \sqrt{\frac{L}{C}} \cot \beta l = Z_0 = \sqrt{\frac{L}{C}}$

$\therefore \cot \beta l = 1$, $\beta l = \frac{\pi}{4}$

$\therefore l = \frac{\pi}{4\beta} = \frac{\pi}{4 \times \frac{2\pi}{\lambda}} = \frac{\lambda}{8}$　**답** ①

문제 63 그림과 같이 이득이 A인 연산 증폭기 회로에서 출력 전압 V_o을 나타낸 것은? 단, V_1, V_2, V_3는 입력 신호이다.

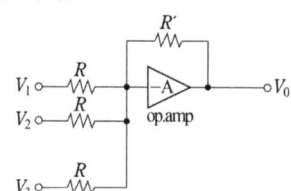

① $V_0 = -\frac{R'}{3R}(V_1 + V_2 + V_3)$

② $V_0 = \frac{R'}{3R}(V_1 + V_2 + V_3)$

③ $V_0 = -\frac{R'}{R}(V_1 + V_2 + V_3)$

④ $V_0 = \frac{R'}{R}(V_1 + V_2 + V_3)$

풀이

$V_0 = -\frac{R'}{R_1}V_1 - \frac{R'}{R_2}V_2 - \frac{R'}{R_3}V_3$

$= -\frac{R'}{R}V_1 - \frac{R'}{R}V_2 - \frac{R'}{R}V_3 = -\frac{R'}{R}(V_1 + V_2 + V_3)$　**답** ③

문제 64 그림의 $R-C$ 직렬 회로에서

$v = Ri + \frac{1}{C}\int i\,dt$ 로 주어질 때 $i(t)$는?

① $10^{-3} \cdot e^{-t}$

② $10^{-1} \cdot e^{-t}$

③ $10^{-2} \cdot e^{-t}$

④ e^{-t}

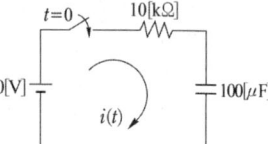

풀이

$i(t) = \frac{E}{R}e^{-\frac{1}{RC}t}$ 이므로

$i(t) = \frac{10}{10000} \cdot e^{-\frac{1}{10 \times 10^3 \times 100 \times 10^{-6}}t} = 10^{-3} \cdot e^{-t}$　**답** ①

문제 65 그림과 같은 2단자 회로에서 반공진 각주파수 ω_r [rad/s]을 구하면?

① 100
② 200
③ 400
④ 800

풀이

공진 조건 $\omega_r L = \frac{1}{\omega_r C}$에서

$\omega_r = \frac{1}{\sqrt{LC}} = \frac{1}{\sqrt{100 \times 10^{-3} \times 250 \times 10^{-6}}} = 200[\text{rad/s}]$　**답** ②

문제 66 폐루프 전달 함수 $\frac{C(s)}{R(s)} = \frac{1}{2s+1}$인 계에서 대역폭(帶域幅, BW)은 몇 [rad]인가?

① 0.5 [rad]　　② 1 [rad]
③ 1.5 [rad]　　④ 2 [rad]

풀이

$G(j\omega) = \frac{1}{2j\omega+1}$, $|G(j\omega)| = \frac{1}{\sqrt{(2\omega)^2+1}}$

대역폭을 구하기 위하여 차단 주파수를 ω_c라 하면

$\frac{1}{\sqrt{(2\omega_c)^2+1}} = \frac{1}{\sqrt{2}}$ [rad]

$\therefore \omega_c = 0.5$　**답** ①

문제 67 연료의 유량과 공기의 유량과의 사이의 비율을 연소에 적합한 것으로 유지하고자 하는 제어는?

① 비율 제어　　　　② 추종 제어
③ 프로그램 제어　　④ 시퀀스 제어

풀이
비율 제어는 목표값이 다른 양과 비율 관계를 가지고 변화하는 경우의 제어로서 보일러의 자동 연소 제어 등이 이에 속한다. **답** ①

문제 68 기전력 2 [V], 내부 저항 0.5 [Ω]의 전지 9개가 있다. 이것은 3개씩 직렬로 하여 3조 병렬 접속한 것에 부하 저항 1.5 [Ω]을 접속하면 부하 전류[A]는?

① 1.5　　② 3　　③ 4.5　　④ 5

풀이
$$R_0 = \frac{0.5 \times 3}{3} + 1.5 = 2 \, [\Omega]$$
$$I_0 = \frac{V}{R_0} = \frac{6}{2} = 3 \, [A] \text{(전지의 기전력은 } 2 \times 3 = 6[V])$$ **답** ②

문제 69 그림과 같은 회로의 전달함수는?

단, $\dfrac{L}{R} = T$: 시정수 이다.

① $Ts^2 + 1$

② $\dfrac{1}{Ts + 1}$

③ $Ts + 1$

④ $\dfrac{1}{Ts^2 + 1}$

풀이
$$e_1(t) = Ri(t) + L\frac{d}{dt}i(t)$$
$$e_2(t) = Ri(t)$$
초기값을 0으로 하고 라플라스 변환하면
$$e_1(s) = (R + Ls)I(s)$$
$$e_2(s) = RI(s)$$
$$\therefore \ G(s) = \frac{e_2(s)}{e_1(s)} = \frac{R}{R + Ls} = \frac{1}{1 + \frac{L}{R}s} = \frac{1}{1 + Ts}$$ **답** ②

제5과목 **전기설비 기술기준**

문제 81 22.9 [kV] 배전 선로(나전선)와 건조물에 취부된 안테나와의 수평 이격 거리는 최소 몇 [m]이상이어야 하는가? 단, 중성선 다중접지식의 것으로서 전로에 지락이 생겼을 때에 2초 이내에 자동적으로 이를 전로로부터 차단하는 장치가 되어 있다고 한다.

① 1　　　　② 1.25
③ 1.5　　　④ 2.0

풀이
333.32 25[kV] 이하인 특고압 가공전선로의 시설
사용전압이 15[kV]를 초과하고 25[kV] 이하인 특고압 가공전선로(중성선 다중접지식의 것으로서 전로에 지락이 생겼을 때에 2초 이내에 자동적으로 이를 전로로부터 차단하는 장치가 되어 있는 것에 한한다)가 가공약전류전선 등 · 저압 또는 고압의 가공전선 · 안테나저압 또는 고압의 전차선(이하 "저고압 가공전선 등"이라 한다)과 접근 또는 교차하는 경우 이의 이격거리는 표에서 정한 값 이상일 것.

구분	가공전선의 종류	이격(수평이격) 거리
가공약전류전선 등 · 저압 또는 고압의 가공전선 · 저압 또는 고압의 전차선 · 안테나	나전선	2.0 [m]
	특고압 절연전선	1.5 [m]
	케이블	0.5 [m]
가공약전류전선로 등 · 저압 또는 고압의 가공전선로 · 저압 또는 고압의 전차선로의 지지물	나전선	1.0 [m]
	특고압 절연전선	0.75 [m]
	케이블	0.5 [m]

답 ④

문제 82 154 [kV] 특고압 가공전선로를 시가지에 위험의 우려가 없도록 시설하는 경우, 지지물로 A종 철주를 사용한다면 경간은 최대 몇 [m] 이하인가?

① 50　　　　② 75
③ 150　　　④ 200

풀이
333.1 시가지 등에서 특고압 가공전선로의 시설
특고압 가공전선로의 경간은 표에서 정한 값 이하일 것.

지지물의 종류	경 간
A종 철주 또는 A종 철근 콘크리트주	75[m]
B종 철주 또는 B종 철근 콘크리트주	150[m]
철탑	400[m] (단주인 경우에는 300[m]) 다만, 전선이 수평으로 2이상 있는 경우에 전선 상호 간의 간격이 4[m] 미만인 때에는 250[m]

답 ②

문제 83 금속관을 콘크리트에 매설하여 시설하려고 한다. 관의 두께는 몇 [mm] 이상이어야 하는가?

① 0.8 ② 1.0
③ 1.2 ④ 1.5

풀이

232.12 금속관공사
가. 전선은 절연전선(옥외용 비닐절연전선을 제외한다)일 것.
나. 관의 두께는 다음에 의할 것.
　① 콘크리트에 매설하는 것은 1.2[mm] 이상
　② 콘크리트 매설 이외의 것 : 1 [mm] 이상　답 ③

문제 84 전로의 중성점 접지의 목적으로 볼 수 없는 것은?

① 대지 전압의 저하
② 이상 전압의 억제
③ 손실 전력의 감소
④ 보호 장치의 확실한 동작의 확보

풀이

322.5 전로의 중성점의 접지
가. 전로의 **중성점 접지공사의 목적**
　① 보호 장치의 확실한 동작의 확보
　② 이상 전압의 억제
　③ 대지전압의 저하
나. 접지도체는 공칭단면적 16[mm²] 이상의 연동선(저압
　전로의 중성점에 시설하는 것은 공칭단면적 6[mm²]
　이상의 연동선)으로서 고장시 흐르는 전류가 안전하
　게 통할 수 있는 것을 사용하고 또한 손상을 받을 우려
　가 없도록 시설할 것.　답 ③

03년 1회　동일 및 유사 문제 (년도-회-번호)

1과목 전기자기학		
07	17-3-16	
08	17-2-05	
09	19-1-06	
10	21-3-16	
11	30-3-18	
12	12-1-05	
13	20-1,2-12	
14	19-1-11	
15	17-3-14	
16	21-1-13	
17	18-2-14	
18	07-1-11	
19	20-4-08	
20	20-4-09	

2과목 전력공학		
26	15-1-23	
27	20-3-36	
28	22-1-30	
29	21-2-31	
30	12-3-23	
31	19-2-27	
32	16-1-26	
33	22-1-23	
34	15-2-21	
35	10-1-21	
36	18-3-36	
37	18-3-31	
38	10-3-21	
39	16-2-32	
40	16-2-33	

3과목 전기기기		
49	21-2-52	
50	22-3-42	
51	11-1-47	

52	20-1,2-56	
53	06-3-48	
54	19-1-52	
55	22-2-60	
56	20-1,2-53	
57	06-3-45	
58	06-3-49	
59	17-3-51	
60	06-1-48	

4과목 회로이론 및 제어공학		
70	19-3-77	
71	17-1-75	
72	15-3-65	
73	16-3-67	
74	12-2-65	
75	11-3-66	
76	12-3-62	
77	06-2-61	
78	15-2-70	
79	13-2-66	
80	22-1-68	

5과목 전기설비기술기준		
85	12-1-81	
86	20-3-86	
87	22-3-96	
88	19-3-82	
89	20-1,2-81	
90	22-2-88	
91	22-3-89	
92	22-2-92	
93	18-1-83	
94	12-2-83	
95	04-2-83	
96	22-1-87	

국가기술자격검정 필기시험 문제

2003년도 전기기사 일반검정 제2회				수검 번호	성 명
자격종목 및 등급(선택분야)	종목코드	시험시간	문제지형별		
전기기사	1150	2시간 30분	A		

제1과목 ▶ **전기자기학**

문제 01 전하 혹은 전류 중심으로부터 거리 R 에 반비례하는 것은?

① 균일 공간 전하밀도를 가진 구상전하 내부의 전계의 세기

② 원통의 중심축 방향으로 흐르는 균일 전류밀도를 가진 원통도체 내부의 자계의 세기

③ 전기쌍극자에 기인된 외부 전계내의 전위

④ 전류에 기인된 자계의 벡터포텐샬

풀이

① $E = \dfrac{r\,Q}{4\pi\epsilon_0 a^3}$ $\therefore E \propto r$

② $H = \dfrac{r\,I}{2\pi a^2}$ $\therefore H \propto r$

③ $V = \dfrac{M\cos\theta}{4\pi\epsilon_0 r^2}$ $\therefore V \propto \dfrac{1}{r^2}$

④ $A = \dfrac{1}{4\pi}\displaystyle\int_v \dfrac{\mu_0 i}{r}dv$ $\therefore A \propto \dfrac{1}{r}$ 답 ④

문제 02 자유공간 중에서 자계 $H = xz^2 a_x$ [A/m] 일 때 $0 \le x \le 1$, $0 \le z \le 1$, $y = 0$인 면을 통과하는 전전류는 몇 [A]인가?

① 0.5 ② 1.0

③ 1.5 ④ 2.0

풀이

$$\nabla \times H = \begin{vmatrix} i & j & k \\ \dfrac{\partial}{\partial x} & \dfrac{\partial}{\partial y} & \dfrac{\partial}{\partial z} \\ xz^2 & 0 & 0 \end{vmatrix} = \dfrac{\partial}{\partial z}(xz^2)j - \dfrac{\partial}{\partial y}(xz^2)k$$

$$= 2xzj + 0$$

$$ds = dx \cdot dz j$$

$$\therefore I = \int_s i \cdot ds = \int_s 2xzj \cdot dx\,dz\,j$$

$$= \int_0^1 \int_0^1 2xz\,dx\,dz = \frac{1}{2}$$ 답 ①

문제 03 균일한 자계에 수직으로 입사한 수소 이온의 원운동의 주기는 $2\pi \times 10^{-5}$[sec]이다. 이 균일 자계의 자속 밀도는 몇 [Wb/m²]인가? 단, 수소 이온의 전하와 질량의 비는 2×10^7[C/kg] 이다.

① 2×10^{-3} ② 3.5×10^{-3}

③ 5×10^{-3} ④ $2\pi \times 10^{-3}$

풀이

$$T = \frac{2\pi m}{eB} \text{ 에서}$$

$$B = \frac{2\pi m}{eT} = \frac{m}{e} \cdot \frac{2\pi}{T} = \frac{1}{2\times 10^7} \times \frac{2\pi}{2\pi \times 10^{-5}} = 5 \times 10^{-3}$$ 답 ③

문제 04 그림에서 전계와 전속밀도의 분포 중 맞는 것은? 단, 경계면에 전하가 없는 경우이다.

① $E_{t1} = 0$, $D_{n1} = \rho_s$

② $E_{t2} = 0$, $D_{n1} = \rho_s$

③ $E_{t1} = E_{t2}$, $D_{n1} = D_{n2}$

④ $E_{t1} = E_{t2} = 0$, $D_{n1} = D_{n2} = 0$

(그림) E_{t1} ↑ E_{t2} / D_{n1} → D_{n2} →

매질 I (공기) | 매질 II (유리)

풀이

유전율이 다른 경계면에 전계(전속)가 입사되면, 경계면 양쪽에서 **전계의 경계면에 접선성분은 서로 같고**($E_{t1} = E_{t2}$),

전속 밀도는 경계면의 법선 성분이 서로 같게($D_{n1} = D_{n2}$) 굴절이 된다.

답 ③

문제 05 균일하게 자화된 체적 0.01 [m³]인 막대 자성체가 500 [A·m²]인 자기모멘트를 가지고 있을 때, 이 막대 자성체의 자속밀도가 500 [mT]이었다면 이 막대 자성체내의 자계의 세기는 몇 [kA/m] 인가?

① 318　　　　② 328
③ 338　　　　④ 348

풀이

$B = \mu_0 H + \mu_0 J = \mu_0 (H + J)$

$\therefore H = \dfrac{B}{\mu_0} - J \quad \left(J = \dfrac{M}{V} = \dfrac{500}{0.01} = 5 \times 10^4 [A/m] \right)$

$H = \dfrac{500 \times 10^{-3}}{4\pi \times 10^{-7}} - 50000 = 347887 [A] = 347.9 [kA]$

답 ④

문제 06 그림과 같이 구형의 자성체가 병렬로 접속된 경우 전체의 자기저항 R_T는 몇 [AT/Wb]가 되겠는가? 단, 가로방향 즉, 200 [mm] 방향임

① $R_T = 2.7 \times 10^4$

② $R_T = 5.3 \times 10^4$

③ $R_T = 1.1 \times 10^{-6}$

④ $R_T = 1.9 \times 10^{-6}$

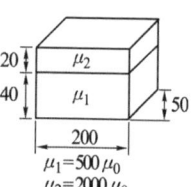

$\mu_1 = 500 \mu_0$
$\mu_2 = 2000 \mu_0$

풀이

$R_{m1} = \dfrac{l}{\mu S} = \dfrac{l}{\mu_0 \mu_s S}$

$= \dfrac{200 \times 10^{-3}}{4\pi \times 10^{-7} \times 500 \times 40 \times 10^{-3} \times 50 \times 10^{-3}}$

$\fallingdotseq 160 \times 10^3$

$R_{m2} = \dfrac{l}{\mu S} = \dfrac{l}{\mu_0 \mu_s S}$

$= \dfrac{200 \times 10^{-3}}{4\pi \times 10^{-7} \times 2000 \times 20 \times 10^{-3} \times 50 \times 10^{-3}}$

$\fallingdotseq 80 \times 10^3$

$\dfrac{1}{R_T} = \sum_{i=1}^{n} \dfrac{1}{R_{mi}}$ 이므로

$R_T = \dfrac{1}{\dfrac{1}{160 \times 10^3} + \dfrac{1}{80 \times 10^3}} = 5.33 \times 10^4 [AT/Wb]$

답 ②

문제 07 간격 d의 평행 도체판간에 비저항 ρ인 물질을 채웠을 때 단위 면적당의 저항은?

① ρd　　　　② $\dfrac{\rho}{d}$

③ $\rho - d$　　　　④ $\rho + d$

풀이

저항 $R = \rho \dfrac{d}{S}$ 에서 단위 면적당($S=1$)의 저항은 ρd가 된다.

답 ①

제2과목 **전력공학**

문제 21 가압수형 원자력 발전소에 사용하는 연료, 감속재 및 냉각 재로 적당한 것은?

① 연료 : 천연 우라늄, 감속재 : 흑연, 냉각재 : 이산화탄소

② 연료 : 농축 우라늄, 감속재 : 중수, 냉각재 : 경수

③ 연료 : 저농축 우라늄, 감속재 : 경수, 냉각재 : 경수

④ 연료 : 저농축 우라늄, 감속재 : 흑연, 냉각재 : 경수

풀이

종 류	연 료	감속재	냉각재
가스 냉각로(GCR)	천연우라늄	흑연	탄산가스
가압수형 경수로(PWR)	저농축우라늄	경수	경수
비등수형 경수로(BWR)	저농축우라늄	경수	경수
중수로(CANDU)	천연우라늄	중수	중수
고속 증식로(FBR)	농축우라늄, 플루토늄	-	나트륨

답 ③

문제 22 발변전소에서 사용되는 상분리 모선(Isolated phase bus)의 특징으로 틀린 것은?

① 절연 열화가 적고 선간 단락이 거의 없다.

② 다도체로서 대전류를 흘릴 수 있다.

③ 기계적 강도가 크고 보수가 용이하다.

④ 폐쇄되어 있으므로 안정도가 크고 외부로부터 손상을 받지 않는다.

풀이

상분리 모선은 각 상의 도체를 각각 접지한 **금속판재의 상자 속에 수납**하고 각 상을 분리한 폐쇄모선이다. **답** ②

문제 23 1일의 평균 사용 유량이 35 [m³/s]인 수력 지점에 조정지를 설치하여 첨두부하시 5시간, 최대 65 [m³/s]의 물을 사용하려고 한다. 이에 필요한 조정 지의 유효 저수량은 몇 [m³]인가?

① 9000 ② 540000

③ 648000 ④ 900000

풀이

$$V = (Q_P - Q) \cdot T \times 3600 \, [\text{m}^3]$$
$$= (65 - 35) \times 5 \times 3600 = 540000 \, [\text{m}^3]$$
답 ②

문제 24 가스 절연 개폐 장치(GIS)의 특징이 아닌 것은?

① 감전 사고 위험 감소

② 밀폐형이므로 배기 및 소음이 없음

③ 신뢰도가 높음

④ 변성기와 변류기는 따로 설치

풀이

가스 절연 개폐 장치(GIS)는 차단기, 단로기, 피뢰기, 변성기, 변류기 및 접지장치 등의 변전설비를 SF₆ 가스를 충전한 금속제 함에 수납한 **구조**로서 특징은 다음과 같다.

GIS의 특징

① 충전부가 대기에 노출되지 않아 기기의 **안정성, 신뢰성**이 우수하다.

② 감전 사고 위험이 적다.

③ 밀폐형이므로 배기 소음이 없다.

④ 소형화 가능하다.

⑤ 보수, 점검이 용이하다. **답** ④

문제 25 발전기 보호용 비율 차동 계전기의 특성이 아닌 것은?

① 외부 단락시 오동작을 방지하고 내부고장시에 만 예민하게 동작한다.

② 계전기의 최소동작전류를 일정치로 고정시켜 비율에 의해 동작한다.

③ 발전기 전류와 계전기의 차전류의 비율에 의해 동작한다.

④ 외부 단락으로 인한 전기자 전류의 격증시 계전 기의 최소동작전류도 증대된다.

풀이

비율 차동 계전기는 발전기 전류와 계전기의 차전류에 의해 동작하는 것이 아니고 **피보호기기**(발전기, 변압기, …) 의 **1차 전류와 2차 전류의 차가 일정 비율 이상으로 되었을 때 동작하는 계전기**로 변압기 및 발전기의 내부 고장 보호에 사용된다. **답** ③

문제 26 장거리 송전로에서 4단자 정수가 같은 것은?

① A = B ② B = C

③ C = D ④ A = D

풀이

장거리 송전선로는 대칭회로이므로 4단자 정수중 **A와 D는 같게** 된다. **답** ④

문제 27 송전 계통의 중성점 접지방식에서 유효접지라 하는 것은?

① 저항접지 및 직접접지를 말한다.

② 1선 지락사고시 건전상의 전위가 상용전압의 1.3배 이하가 되도록 중성점 임피던스를 억제한 중성점접지 방식을 말한다.

③ 리액터 접지방식 이외의 접지방식을 말한다.

④ 저항접지를 말한다.

풀이

유효접지 : 1선 지락사고시 **건전상의 전위가 평상시 대지전압의 1.3배 이하가 되도록** 중성점 임피던스를 억제한 중성점 접지 방식 **답** ②

문제 28 선로개폐기(LS)에 대한 설명으로 틀린 것은?

① 책임 분계점에 전선로를 구분하기 위하여 설치한다.

② 3상 선로개폐기는 3개가 동시에 조작되게 되어 있다.

③ 부하상태에서도 개방이 가능하다.

④ 최근에는 기중부하개폐기나 LBS로 대체되어 사용하고 있다.

풀이

• 선로개폐기는 보안상의 책임 분기점에서 보수 점검시 전로를 구분하기 위하여 시설한다(단로기와 비슷한 용도).

• **차단기**(Breaker) : 아크 소호능력이 있어 부하전류나 **사고전류의 차단이 가능**

• **스위치**(Switch) : 아크 소호능력이 없어 부하전류나 **사고전류의 차단이 불 가능**

• **선로개폐기**(LS : Line Switch) : 선로개폐기는 스위치로서 부하전류 차단능력이 없다.　　　　**답** ③

문제 29 전력선 반송보호계전방식의 고장선택 방법에 해당되는 것은?

① 방향비교방식

② 전압차동보호방식

③ 방향거리모선보호방식

④ 고주파 억제식 비율차동보호방식

풀이

전력선 반송계전방식은 가공송전선을 이용하여 반송파를 전송하는 계전방식으로 **방향비교방식, 위상비교방식, 전류차동 및 전송 차단 방식**이 있다.　　**답** ①

문제 30 과도 안정 극한 전력이란?

① 부하가 서서히 감소할 때의 극한 전력

② 부하가 서서히 증가할 때의 극한 전력

③ 부하가 갑자기 사고가 났을 때의 극한 전력

④ 부하가 변하지 않을 때의 극한 전력

풀이

갑자기 사고가 났을 때 탈조를 일으키지 않고 안전하게 공급할 수 있는 최고 전력을 과도 안정 극한 전력이라 한다.　**답** ③

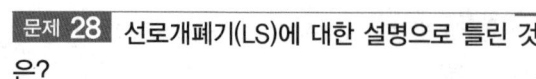

제3과목 **전기기기**

문제 41 3상 유도 전동기로 직류분권발전기를 구동하여 직류를 얻어 사용했었다. 유도기의 1차측 3선 중 2선을 바꾸어 결선을 하고 운전하였다면 직류분권발전기의 전압은?

① 전압이 0이 된다.

② 과전압이 유도된다.

③ +, − 극성이 바뀐다.

④ +, − 극성이 변함없다.

풀이

유도 전동기의 1차측 3선중 2선을 바꾸어 결선할 경우 유도 전동기는 역회전하게 된다. 이 경우 자여자 발전기인 직류 분권 발전기는 잔류자기가 소멸되어 발전하지 못하게 된다.

　　　　답 ①

문제 42 무부하에서 자기 여자로서 전압을 확립하지 못하는 직류 발전기는?

① 직권 발전기　　　② 분권 발전기

③ 타여자 발전기　　④ 차동 복권 발전기

풀이

직권 발전기에서 $I=I_f=I_a$ 이다.

따라서, **무부하인 경우 $I=0$ 즉, $I_f=0$이므로 자속 $\phi=0$** 이 되어 유기기전력 $E=p\phi n\dfrac{Z}{a}$에서 유기기전력 $E=0$이 된다.　　　　**답** ①

문제 43 부하용량(선로출력) 6600 [kVA]이고, 전압조정을 6600±660 [V]로 하려는 선로에 3상 유도전압 조정기의 용량은?

① 6000 [kVA]　　② 3000 [kVA]

③ 1500 [kVA]　　④ 600 [kVA]

풀이

$$P= 부하용량 \times \frac{승압\ 전압}{고압측\ 전압}$$

$$= 6600 \times \frac{660}{6600+660}$$

$$= 600[kVA]$$

　　　　답 ④

문제 **44** 변압기 권선을 건조하는데 맞지 않은 것은?

① 진공법　　　　　② 단락법
③ 반환부하법　　　④ 열풍법

풀이

반환 부하법은 변압기의 온도 상승 시험 방법이다. **답** ③

문제 **45** 누설 변압기의 특성은 어떤 것인가 ?

① 수하 특성　　　　② 정전압 특성
③ 저 저항 특성　　　④ 저 임피던스 특성

풀이

누설 변압기는 전류가 증가하면 전압이 저하하는 수하 특성을 갖고 있다. **답** ①

문제 **46** 전동기 축의 벨트 축 지름이 28 [cm], 1140 [rpm]에서 20 [kW]를 전달하고 있다. 벨트에 작용하는 힘 [kg]은?

① 약 122 [kg]　　　② 약 168 [kg]
③ 약 212 [kg]　　　④ 약 234 [kg]

풀이

전동기의 발생 토크 T는

$$T = 0.975 \times \frac{P}{N} \ [\mathrm{kg \cdot m}] \text{에서}$$

토크 $T = 0.975 \times \dfrac{20000}{1140} = 17.11 [\mathrm{kg \cdot m}]$

벨트에 작용하는 힘은

$$\therefore \ F = \frac{T}{r} = \frac{17.11}{0.14} = 122.21 [\mathrm{kg}]$$ **답** ①

제4과목　회로이론 및 제어공학

문제 **61** 시간 구간 a, 진폭이 $1/a$인 단위 펄스에서 $a \to 0$에 접근할 때의 단위 충격 함수에 대한 Laplace 변환은?

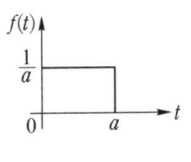

① a　　　　　　② 1

③ 0　　　　　　④ $\dfrac{1}{a}$

풀이

단위 임펄스 함수 : 폭이 t_1, 높이가 $1/t_1$이고 면적이 1인 파형에 대해서 $t_1 \to 0$으로 하는 극한 파형을 단위 임펄스 함수라 하고 $\delta(t)$로 표현한다. 그리고 단위 임펄스 함수의 라플라스 변환은 "1" 이다. **답** ②

문제 **62** 기전력 3 [V], 내부 저항 0.2 [Ω]인 전지 6개를 직렬로 접속하여 단락시켰을 때의 전류[A]는?

① 30　　　　　　② 25
③ 15　　　　　　④ 10

풀이

직렬 연결이므로 흐르는 전류는
$$I = \frac{nE}{nr} = \frac{6 \times 3}{6 \times 0.2} = 15 [\mathrm{A}]$$
여기서, n은 전지의 갯수 **답** ③

문제 **63** 비정현파를 바르게 나타내는 식은?

① 교류분 + 고조파 + 기본파
② 직류분 + 기본파 + 고조파
③ 기본파 + 고조파 − 직류분
④ 직류분 + 고조파 − 기본파

풀이

비정현파 = 직류분 + 기본파 + 고조파 **답** ②

문제 **64** 루프 전달함수

$$G(s)H(s) = \frac{K}{(s+2)(s^2+2s+2)} \text{의}$$

근궤적에서 $s = -1 + j$ 에서의 출발각($K > 0$)은?

① 30°　　　　　② 45°
③ 60°　　　　　④ 90°

풀이

$\phi = [\pm 180° \times (\text{홀수})] - (\text{개루프 전달 함수의 나머지 극 및 영점에서부터 해당되는 극까지의 벡터 각의 총합})$ **답** ②

문제 65 안정된 제어계의 특성근이 2개의 공액복소근을 가질 때 이 근들이 허수축 가까이에 있는 경우 허수축에서 멀리 떨어져 있는 안정된 근에 비해 과도 응답 영향은 어떻게 되는가?

① 천천히 사라진다.
② 영향이 같다.
③ 빨리 사라진다.
④ 영향이 없다.

답 ①

문제 66 T를 샘플 주기라고 할 때 z 변환은 라플라스 변환 함수의 s 대신 다음의 어느 것을 대입하여야 하는가?

① $\dfrac{1}{T}\ln\dfrac{1}{z}$ ② $\dfrac{1}{T}\ln z$

③ $T\ln z$ ④ $T\ln\dfrac{1}{z}$

풀이

라플라스 변환 함수의 s 대신 $\dfrac{1}{T}\ln z$를 대입한다. **답 ②**

제5과목 ▶ 전기설비 기술기준

문제 81 과전류 차단기로 저압 전로에 사용하는 정격 전류 30 [A]인 퓨즈에 정격전류의 1.6배의 전류를 통하였을 때 몇 분 안에 용단되어야 하는가?

① 20   ② 40
③ 60   ④ 80

풀이

212.3.4 보호장치의 특성
1. 과전류 보호장치는 KS C 또는 KS C IEC 관련 표준(배선차단기, 누전차단기, 퓨즈등의 표준)의 동작특성에 적합하여야 한다.
2. 과전류차단기로 저압전로에 사용하는 범용의 퓨즈는 표 에 적합한 것이어야 한다.

표. 퓨즈(gG)의 용단특성

정격전류의 구분	시 간	정격전류의 배수	
		불용단전류	용단전류
4[A] 이하	60분	1.5배	2.1배
4[A] 초과 16[A] 미만	60분	1.5배	1.9배
16[A] 이상 63[A] 이하	**60분**	**1.25배**	**1.6배**
63[A] 초과 160[A] 이하	120분	1.25배	1.6배
160[A] 초과 400[A] 이하	180분	1.25배	1.6배
400[A] 초과	240분	1.25배	1.6배

답 ③

문제 82 사용전압이 400 [V] 초과인 저압 가공전선은 케이블인 경우 이외에 시가지에 시설하는 것은 지름 몇 [mm]의 경동선 또는 이와 동등이상의 세기 및 굵기의 것이어야 하는가?

① 3.2   ② 3.5
③ 4   ④ 5

풀이

222.5 저압 가공전선의 굵기 및 종류

전 압	조 건	전선의 굵기 및 인장강도
400[V] 이하	절연전선	인장강도 2.3 [kN] 이상의 것 또는 지름 2.6 [mm] 이상의 경동선
	케이블 이외	인장강도 3.43 [kN] 이상의 것 또는 지름 3.2 [mm] 이상의 경동선
400[V] 초과인 저압 (케이블 이외)	시가지에 시설	인장강도 8.01 [kN] 이상의 것 또는 **지름 5 [mm] 이상의 경동선**
	시가지 외에 시설	인장강도 5.26 [kN]이상의 것 또는 지름 4 [mm] 이상의 경동선

답 ④

문제 83 특고압절연전선을 사용한 22.9 [kV] 가공전선과 안테나와의 최소 이격거리는 몇 [m]인가? 단, 중성선 다중접지식의 것으로 전로에 지기가 생겼을 때, 2초 이내에 자동적으로 이를 전로로부터 차단하는 장치가 되어 있음

① 1.0   ② 1.2   ③ 1.5   ④ 2.0

풀이

333.32 25[kV] 이하인 특고압 가공전선로의 시설
사용전압이 15[kV]를 초과하고 25 [kV] 이하인 특고압 가공전선로(중성선 다중접지식의 것으로서 전로에 지락이

생겼을 때에 2초 이내에 자동적으로 이를 전로로부터 차단하는 장치가 되어 있는 것에 한한다)가 저고압 가공전선 등과 접근상태로 시설되는 경우에 이의 이격거리는 표에서 정한 값 이상일 것.

구 분	가공전선의 종류	이격(수평이격) 거리
가공약전류전선 등·저압 또는 고압의 가공전선·저압 또는 고압의 전차선·**안테나**	나전선	2.0 [m]
	특고압 절연전선	1.5 [m]
	케이블	0.5 [m]

답 ③

국가기술자격검정 필기시험 문제

2003년도 전기기사 일반검정 제3회

자격종목 및 등급(선택분야)	종목코드	시험시간	문제지형별	수검 번호	성 명
전기기사	1150	2시간 30분	A		

제1과목 ▶ 전기자기학

문제 01 100회 감은 코일과 쇄교하는 자속이 1/10초 동안에 0.5 [Wb]에서 0.3 [Wb]로 감소했다. 이때 유기되는 기전력은 몇 [V]인가?

① 20　　② 80　　③ 200　　④ 800

풀이

$$e = -N\frac{d\phi}{dt} = -100 \times \frac{(-0.2)}{\frac{1}{10}} = 200[V]$$

답 ③

문제 02 폐곡면으로부터 나오는 유전속(dielectric flux)의 수가 N일 때 폐곡면 내의 전하량은 얼마인가?

① N　　② $\dfrac{N}{\epsilon_0}$　　③ $\epsilon_0 N$　　④ $\dfrac{N}{2\epsilon_0}$

풀이

유전속에 관한 가우스의 정리

$$\oint_s D \cdot dS = Q$$

즉, 폐곡면 S를 나오는 유전속 수 = 폐곡면 S 내의 진전하임을 의미한다. **답 ①**

문제 03 진공 중에 있어서의 전자파의 속도(단위 : m/s)가 아닌 것은?

① $\dfrac{1}{120\pi\epsilon_o}$　　② $500\sqrt{\dfrac{10}{\pi\epsilon_o}}$

③ $\dfrac{1}{\sqrt{\epsilon_o \mu_o}}$　　④ $\sqrt{\dfrac{\pi\mu_o}{10\epsilon_o}}$

풀이

전자파의 속도는 $v^2 = \dfrac{1}{\epsilon\mu}$에서

$$\therefore v = \frac{1}{\sqrt{\epsilon\mu}} = \frac{1}{\sqrt{\epsilon_0\mu_0}} \cdot \frac{1}{\sqrt{\epsilon_s\mu_s}} = c\frac{1}{\sqrt{\epsilon_s\mu_s}}$$

$$= \frac{3 \times 10^8}{\sqrt{\epsilon_s\mu_s}}[m/s]$$

답 ④

문제 04 $\text{div } E = \dfrac{\rho}{\epsilon_o}$와 의미가 같은 식은?

단, E : 전계, ρ : 전하밀도, ϵ_o : 진공의 유전율 이다.

① $\oint_s E \cdot dS = \dfrac{\rho}{\epsilon_o}$

② $E = -\text{grad } V$

③ $\text{div} \cdot \text{grad } V = -\dfrac{\rho}{\epsilon_o}$

④ $\text{div} \cdot \text{grad } V = 0$

풀이

• 가우스 법칙의 미분형 : $\text{div } E = \dfrac{\rho}{\epsilon_0}$

• 가우스 법칙의 적분형 : $\oint_s E ds = \dfrac{\rho}{\epsilon_0}$

답 ①

문제 05 유전률 ϵ 인 유전체를 넣은 무한장 동축 케이블의 중심 도체에 q[C/m]의 전하를 줄 때 중심축에서 r[m](내외반지름의 중간점)의 전속밀도는 몇 [C/m²]인가?

① $\dfrac{q}{4\pi r^2}$　　② $\dfrac{q}{4\pi\epsilon r^2}$

③ $\dfrac{q}{2\pi r}$　　④ $\dfrac{q}{2\pi\epsilon r}$

풀이

$$E = \frac{q}{2\pi\epsilon r} \quad \therefore D = \epsilon E = \frac{q}{2\pi r}$$ **답** ③

문제 06 반지름이 각각 r_1[m], r_2[m]이고 전위차가 V[V]인 동심 도체구가 있을 때 내구 표면의 전장의 세기의 최소치는 몇 [V/m]인가?

① $\dfrac{4V}{r_1}$ ② $\dfrac{2V}{r_1}$ ③ $\dfrac{V}{r_1}$ ④ $\dfrac{V}{2r_1}$

풀이

$$V = \frac{q}{4\pi\epsilon_0}\left(\frac{1}{r_1} - \frac{1}{r_2}\right) = \frac{q}{4\pi\epsilon_0} \cdot \frac{r_2 - r_1}{r_1 r_2} = E \cdot \frac{r_1(r_2 - r_1)}{r_2}$$

$$\therefore E = \frac{r_2 V}{r_1(r_2 - r_1)}$$

분모가 최대값을 가질 때 E는 최소가 된다. 즉

$$\frac{d}{dr_1}(r_1 r_2 - r_1^2) = 0$$

$$r_2 - 2r_1 = 0 \qquad \therefore r_2 = 2r_1$$

$$E = \frac{2r_1 V}{r_1(2r_1 - r_1)} = \frac{2V}{r_1}$$ **답** ②

문제 07 N회의 권선에 최대값 1[V], 주파수 f[Hz]인 기전력을 유기시키기 위한 쇄교 자속의 최대값은 몇 [Wb]인가?

① $\dfrac{f}{2\pi N}$ ② $\dfrac{2N}{\pi f}$

③ $\dfrac{1}{2\pi f N}$ ④ $\dfrac{N}{2\pi f}$

풀이

$$E_m = \omega N\phi_m = 2\pi f N\phi_m [V]$$

$$\therefore \phi_m = \frac{E_m}{2\pi f N} = \frac{1}{2\pi f N}[Wb]$$ **답** ③

문제 08 정전 유도에 의해서 고립 도체에 유기되는 전하는?
① 정전하만 유기되며 도체는 등전위이다.
② 정·부 동량의 전하가 유기되며 도체는 등전위이다.
③ 부전하만 유기되며 도체는 등전위가 아니다.

④ 정·부 동량의 전하가 유기되며 도체는 등전위가 아니다.

풀이

정전 유도에 의해서 고립 도체에 유기되는 전하는 **정·부동량의 전하가 유기되며 도체는 등전위이다.** **답** ②

제2과목 **전력공학**

문제 21 송전계통의 한 부분이 그림에서와 같이 Y-Y로 3상 변압기가 결선이 되고 1차측은 비접지로 그리고 2차측은 접지로 되어 있을 경우 영상전류(zero sequence current)는?

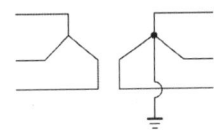

① 1차측 선로에만 흐를 수 있다.
② 2차측 선로에만 흐를 수 있다.
③ 1차 및 2차측 선로에 모두 다 흐를 수 있다.
④ 1차 및 2차측 선로에 모두 다 흐를 수 없다.

풀이

변압기 결선(Y-Y)이 한쪽 중성점만 접지된 경우, **접지되어 있지 않은 점에는 영상전류가 흐르지 못하고,** 접지된 Y도 임피던스가 매우 커지므로 영상전류는 흐르지 않는다. (왜냐하면 Y는 일종의 **초크코일 역할**을 하므로) **답** ④

문제 22 그림과 같은 회로에서 송전단의 전압 및 역률 $E_1, \cos\phi_1$ 수전단의 전압 및 역률 $E_2, \cos\phi_2$일 때 전류 I는?

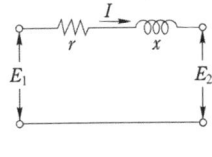

① $(E_1\cos\phi_1 + E_2\sin\phi_2)/r$
② $(E_1\cos\phi_1 - E_2\cos\phi_2)/r$
③ $(E_1\sin\phi_1 + E_2\cos\phi_2)/\sqrt{r^2 + x^2}$
④ $(E_1\cos\phi_1 - E_2\cos\phi_2)/\sqrt{r^2 + x^2}$

풀이

그림과 같은 회로에서의 손실 전력 P_l은

$$P_l = I^2 r = P_1 - P_2 = E_1 I \cos \phi_1 - E_2 I \cos \phi_2$$

정리하면,

$$I^2 r = I(E_1 \cos \phi_1 - E_2 \cos \phi_2)$$

$$\therefore I = (E_1 \cos \phi_1 - E_2 \cos \phi_2)/r$$

답 ②

문제 23 배전방식에서 루프계통에 대한 설명으로 옳은 것은?

① 일반적으로 배전변압기나 2차변전소에 대하여 1개의 공급회로를 가지고 있다.

② 계전방식이 비교적 간단하다.

③ 공급의 계속성은 없으나 증설이 용이하며, 초기 설비비가 저렴하다.

④ 전압 변동률이 방사상 계통보다 좋고 부하를 균등히 할 수 있다.

풀이

루프(환상)식

• 선로의 전류 분포가 좋다.
• **전압 강하 및 전력손실이 적다.**
• 선로에 고장이 일어난 경우 고장 부분을 제거하고 공급을 계속 할 수 있다.
• 시설비가 많이 든다.

답 ④

문제 24 "전선의 단위 길이 내에서 연간에 손실되는 전력량에 대한 전기요금과 단위 길이의 전선값에 대한 금리(金利), 감가상각비 등의 연간 경비의 합계가 같게 되는 전선 단면적이 가장 경제적인 전선의 단면적이다." 이것은 누구의 법칙인가?

① 뉴크의 법칙

② 켈빈의 법칙

③ 플레밍의 법칙

④ 스틸의 법칙

풀이

• 켈빈의 법칙 : 경제적인 전선의 굵기 선정
• 알프레드 스틸 식 : 경제적인 송전전압 선정

답 ②

문제 25 펠톤 수차에 있어서 노즐로부터의 분출수의 속도를 V_1, 버킷(bucket)의 주변 속도를 U라 할 때 이론상 수차의 효율이 최대로 되는 경우는 어느 때인가?

① $\dfrac{V_1}{U} = \dfrac{1}{4}$ ② $\dfrac{U}{V_1} = \dfrac{1}{3}$

③ $\dfrac{V_1}{U} = \dfrac{1}{2}$ ④ $\dfrac{U}{V_1} = \dfrac{1}{2}$

풀이

최고 효율 $\eta_{\max}$ 는 $d\eta_h / d(u/V_1) = 0$이라고 둠으로써 결국은 $(u/V_1) = 1/2$일 경우임을 알 수 있다.

답 ④

제3과목 ▶ 전기기기

문제 41 일정 전압으로 운전하고 있는 직류 발전기의 손실이 $\alpha + \beta I^2$으로 표시될 때 효율이 최대가 되는 전류는? 단, α, β는 정수이다.

① $\dfrac{\alpha}{\beta}$ ② $\dfrac{\beta}{\alpha}$ ③ $\sqrt{\dfrac{\alpha}{\beta}}$ ④ $\sqrt{\dfrac{\beta}{\alpha}}$

풀이

손실 $\alpha + \beta I^2$ 중에서 α는 부하 전류에 관계없는 고정손이고, βI^2는 전류의 제곱에 비례하는 가변손이다. **최대 효율 조건은 고정손 = 가변손**이므로, 즉 $\alpha = \beta I^2$이 되는 부하 전류 I는 $I = \sqrt{\dfrac{\alpha}{\beta}}$ 에서 최대 효율이 된다.

답 ③

문제 42 유도전동기에서 2차 전류 I_2를 1차측으로 환산한 $I_2{}'$는? 단, α는 권선비, β는 상수비이다.

① $\dfrac{I_2}{\beta \alpha}$ ② $\alpha \beta I_2$

③ $\dfrac{\beta I_2}{\alpha}$ ④ $\dfrac{\alpha I_2}{\beta}$

풀이

$$m_1 I_1 N_1 k_{w1} = m_2 I_2 N_2 k_{w2}$$

$$\therefore \frac{I_2{}'}{I_2} = \frac{m_2}{m_1} \cdot \frac{N_2 k_{w2}}{N_1 k_{w1}} = \frac{1}{\beta \alpha}$$

답 ①

문제 43 동기 발전기에서 앞선 전류가 흐를 때 어떤 작용을 하는가?

① 감자작용　　　　② 증자작용
③ 교차 자화작용　　④ 아무 작용도 하지 않음

풀이

발전기와 전동기의 전기자 반작용은 서로 반대 이다.

분 류	동기 발전기	동기 전동기
전압과 동상	교차 자화 작용	교차 자화 작용
진상전류	**증자 작용**	감자 작용
지상전류	감자 작용	증자 작용

답 ②

문제 44 3상 동기 발전기에 유기기전력 보다 90° 뒤진 전기자 전류가 흐를 때 전기자 반작용은?

① 교차 자화 작용을 한다.
② 증자 작용을 한다.
③ 자기 여자 작용을 한다.
④ 감자 작용을 한다.

풀이

발전기와 전동기의 전기자 반작용은 서로 반대 이다.

분 류	동기 발전기	동기 전동기
전압과 동상	교차 자화 작용	교차 자화 작용
진상전류	증자 작용	감자 작용
지상전류	**감자 작용**	증자 작용

답 ④

문제 45 100 [kW], 230 [V] 자여자식 분권 발전기에서 전기자 회로 저항이 0.05 [Ω]이고 계자 회로저항이 57.5 [Ω]이다. 이 발전기가 정격 전압 전부하에서 운전할 때 유기 전압을 계산하면?

① 232 [V]　　　② 242 [V]
③ 252 [V]　　　④ 262 [V]

풀이

$$I = \frac{P}{V} = \frac{100 \times 10^3}{230} = 434.7 \,[\text{A}]$$

$$I_f = \frac{V}{R_f} = \frac{230}{57.5} = 4 \,[\text{A}]$$

$$E = V + I_a R_a = V + (I + I_f) R_a$$
$$= 230 + (434.7 + 4) \times 0.05 = 251.93 \,[\text{V}]$$

답 ③

문제 46 기중차단기와 배선용 차단기의 보호협조 시에 단락, 과전류 보호방식이 아닌 것은?

① 전용량차단방식
② 캐스케이드(Cascade)차단방식
③ 선택차단방식
④ 한류차단방식

풀이

보호방식
• **전정격 차단방식** : 보호장치 설치점에 추정단락전류 이상의 **차단용량을 가진 보호장치를 설치**하여 보호하는 방식
• **캐스케이드 차단방식** : 캐스케이드 차단방식이란 분기회로의 MCCB 설치점에서 추정 단락전류가 분기 회로의 MCCB의 차단용량보다 클 경우 **주회로용 MCCB로 후비 보호를 행하는 방식**이다. 즉 두 개의 차단기를 조합하여 동시에 단락 회로를 차단하는 방식으로, 분기회로용 차단기의 차단용량을 적게하여 경제성을 도모하는 차단방식이다.
• **선택 차단방식** : 사고 회로에 직접 관계되는 보호 장치만 동작하고 다른 건전한 회로는 그대로 급전을 계속하는 것을 목적으로 하는 보호방식으로, 펌프장과 같이 여러 개의 펌프가 병렬로 운전되고 있는 중 한 펌프가 선로 고장으로 정지 하여도 다른 펌프는 정지 되어서는 안되는 경우에 적용하는 보호 방식이다.

답 ④

문제 47 3상 유도 전동기에서 제5고조파에 의한 기자력의 회전 방향 및 속도가 기본파 회전 자계에 대한 관계는?

① 기본파와 같은 방향이고 5배의 속도
② 기본파와 역방향이고 5배의 속도
③ 기본파와 같은 방향이고 1/5배의 속도
④ 기본파와 역방향이고 1/5배의 속도

풀이

7차, 13차, … 등은 기본파와 같은 방향의 회전 자계로 $1/v$ (v : 고조파 차수)의 속도로 회전하는 차동기 운전의 현상을 발생하고, 5, 11차, … 등은 기본파와 반대 방향의 $1/v'$의 **속도로 회전하는 비동기 토크**가 된다. **답** ④

제4과목 회로이론 및 제어공학

문제 61 다음은 s — 평면에 극점(×)과 영점(○)을 도시한 것이다. 나이퀴스트 안정도 판별법으로 안정도를 알아내기 위하여 Z, P의 값을 알아야 한다. 이를 바르게 나타낸 것은?

① $Z=3$, $P=3$

② $Z=1$, $P=2$

③ $Z=2$, $P=1$

④ $Z=1$, $P=3$

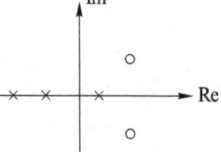

풀이

나이퀴스트 안정도 판별법으로 안정도를 알기 위해서는 s 평면의 우반 평면상에 존재하는 영점과 극점의 수를 알아야 한다. **답** ③

문제 62 그림과 같은 회로에서 스위치 S를 $t=0$에서 닫을 때 $t=0$에서의 전류 $i(0)$ [A]는? 단, $V_c(0)$는 C의 초기전압이며 20 [V]이다.

① 0

② 4

③ 5

④ 10

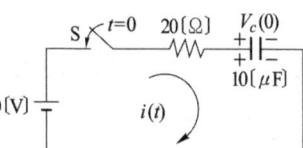

풀이

$t=0$이므로

$i(t) = \dfrac{V - V_c}{R} = \dfrac{100-20}{20} = 4[\text{A}]$ **답** ②

문제 63 개루프 전달함수

$G(s)H(s) = \dfrac{K}{s(s+2)(s+4)}$ 의 근궤적이 $j\omega$축과 교차하는 점은?

① $\omega = \pm 2.828[\text{rad/sec}]$

② $\omega = \pm 1.414[\text{rad/sec}]$

③ $\omega = \pm 5.657[\text{rad/sec}]$

④ $\omega = \pm 14.14[\text{rad/sec}]$

풀이

특성 방정식은 $s(s+2)(s+4)+K = s^3+6s^2+8s+K = 0$

윗식의 루드 배열은

s^3	1	8
s^2	6	K (보조 방정식의 계수)
s^1	$\dfrac{48-K}{6}$	0
s^0	K	0

K의 임계값은 s^1의 제1열 요소를 0으로 놓아 얻을 수 있다.

$\dfrac{48-K}{6} = 0$ ∴ $K=48$

허수축($j\omega$)을 끊은 점에서의 주파수 ω는

보조 방정식 $6s^2+K=0$에 $K=48$을 대입하면

$6s^2+48=0$

∴ $s = \pm j2\sqrt{2} = \pm 2.828j$ 이므로

∴ $\omega = \pm 2.828$ [rad/s] **답** ①

문제 64 $R=50[\Omega]$, $L=200[\text{mH}]$의 직렬 회로에 주파수 $f=50[\text{Hz}]$의 교류에 대한 역률[%]은?

① 62.3

② 72.3

③ 82.3

④ 92.3

풀이

$R-L$ 직렬 회로의

$\cos\theta = \dfrac{R}{Z} = \dfrac{R}{\sqrt{R^2+X_L^2}}$

$\cos\theta = \dfrac{50}{\sqrt{50^2+(2\times3.14\times50\times200\times10^{-3})^2}} = 0.623$

∴ $62.3[\%]$ **답** ①

문제 65 어떤 부하에 $V=80+j60[\text{V}]$의 전압을 가하여 $I=4+j2[\text{A}]$의 전류가 흘렀을 경우, 이 부하의 역률과 무효율은?

① 0.8, 0.6

② 0.894, 0.448

③ 0.916, 0.401

④ 0.984, 0.179

풀이

$P_a = \overline{V}I = (80-j60)(4+j2)$

$\quad = 440-j80 = 447.21\angle-10.3[\text{VA}]$ 이므로

역률은 $\cos10.3 = 0.984$, 무효율은 $\sin10.3 = 0.179$ 가 된다.

답 ④

문제 66 다음의 상태방정식의 설명 중 옳은 것은?

$$\dot{x} = \begin{bmatrix} -1 & 1 & 0 \\ 0 & -1 & 0 \\ 0 & 0 & -2 \end{bmatrix} \cdot X + \begin{bmatrix} 0 \\ 1 \\ 1 \end{bmatrix} \cdot U$$

$$y = \begin{bmatrix} 1 & 0 & 0 \end{bmatrix} \cdot X$$

① 이 시스템은 가제어이다.

② 이 시스템은 가제어가 아니다.

③ 이 시스템은 가제어가 아니고 가관측이다.

④ 가제어성 여부를 따질 수 없다.

답 ①

문제 67 주파수를 제어하고자 하는 경우 이는 어느 제어에 속하는가?

① 비율제어 　　　② 추종제어

③ 비례제어 　　　④ 정치제어

풀이

• 정치 제어는 목표값이 시간에 대하여 변화하지 않는 제어를 말하며, 프로세스 제어, **자동 조정**이 이에 속한다.

• **자동 조정** : 전압, 전류, **주파수**, 회전속도, 힘 등 **답** ④

문제 68 그림과 같은 극좌표 선도를 갖는 계통의 전달함수는?

① $G(s) = \dfrac{K_O}{1 + ST}$

② $G(s) = \dfrac{K_O}{s(1 + ST)}$

③ $G(s) = \dfrac{K_O}{(1 + ST_1)(1 + ST_2)}$

④ $G(s) = \dfrac{K_O}{(1 + ST_1)(1 + ST_2)(1 + ST_3)}$

답 ④

문제 69 단위 계단 함수 $u(t)$에 상수 5를 곱해서 라플라스 변환식을 구하면?

① $\dfrac{s}{5}$ 　② $\dfrac{5}{s^2}$ 　③ $\dfrac{5}{s-1}$ 　④ $\dfrac{5}{s}$

풀이

$$\mathcal{L}\left[5u(t)\right] = 5\int_0^\infty e^{-st}dt = 5\left[\frac{e^{-st}}{-s}\right]_0^\infty = \frac{5}{s}$$

답 ④

제5과목 **전기설비 기술기준**

문제 81 사용전압 22.9 [kV]인 가공전선로의 중성선 다중접지식에 사용되는 접지선의 굵기는 단면적 몇 [mm²]의 연동선 또는 이와 동등이상의 굵기로서 고장전류를 안전하게 통할 수 있는 것이어야 하는가? 단, 전로에 지기가 생긴 경우 2초안에 전로로부터 자동 차단하는 장치를 하였다.

① 4 　　　② 6

③ 10 　　　④ 16

풀이

333.32 25[kV] 이하인 특고압 가공전선로의 시설

사용전압이 15[kV]를 초과하고 25[kV] 이하인 특고압 가공전선로(중성선 다중접지식의 것으로서 전로에 지락이 생겼을 때에 2초 이내에 자동적으로 이를 전로로부터 차단하는 장치가 되어 있는 것에 한한다.)의 중성선의 **접지도체**는 **공칭단면적 6 [mm²] 이상의 연동선** 또는 이와 동등 이상의 세기 및 굵기의 쉽게 부식하지 않는 금속선으로서 고장 시에 흐르는 전류가 안전하게 통할 수 있는 것일 것.

답 ②

03년 3회 동일 및 유사 문제 (년도-회-번호)

1과목 전기자기학
09 20-4-07
10 16-2-08
11 19-2-02
12 20-3-12
13 22-3-20
14 20-4-15
15 13-2-08
16 17-3-07
17 10-3-07
18 20-3-10
19 06-3-06
20 18-3-14

2과목 전력공학
26 18-1-33
27 18-3-37
28 18-2-39
29 17-1-36
30 22-3-32
31 21-2-26
32 22-2-33
33 21-1-28
34 12-2-22
35 18-2-36
36 15-1-28
37 20-4-25
38 19-3-33
39 09-3-27
40 05-1-22

3과목 전기기기
48 17-1-41
49 18-2-45
50 22-3-41
51 18-1-43
52 14-2-51
53 22-1-43

54 12-2-49
55 20-3-25
56 20-4-59
57 16-2-43
58 18-3-48
59 15-3-44
60 08-3-42

4과목 회로이론 및 제어공학
70 21-2-74
71 16-2-74
72 14-2-61
73 21-1-70
74 07-2-61
75 05-1-63
76 13-2-73
77 10-3-69
78 06-3-65
79 07-1-67
80 11-1-71

5과목 전기설비기술기준
82 17-3-85
83 13-3-82
84 22-1-83
85 21-1-82
86 11-3-83
87 16-2-88
88 18-1-96
89 21-3-89
90 13-3-86
91 20-1,2-81
92 12-3-83
93 20-4-81
94 13-2-84
95 04-3-85
96 07-1-81

판권
소유

D60-1

전기기사필기

발   행 / 2025년 11월 10일

저   자 / 검정연구회
펴 낸 이 / 이 지 연
펴 낸 곳 / 엔트미디어
주   소 / 서울시 강서구 강서로 47-8 302호
          (화곡동 평인빌딩)
전   화 / 02) 2608-8339
팩   스 / 02) 2608-8314
등록번호 / 제839-91-00430

낙장 및 파본된 책은 구입서점이나 본사에서 교환해 드립니다.

ISBN : 979-11-92810-66-9 13560

값 / 32,000원